U0175356

汉哈英化学词典

حانزۇشا ـ قازاقشا ـ اعىلشىنشا
تەرمينولوگيالىق سوزدىك
حيميا

سوزدىكتى قۇراستىرعان: قيزامەدەن قۇرمان ۇلى بەيسەنوۆ

合扎木丁·库尔满 编

民族出版社
ۇلتتار باسپاسى
THE ETHNIC PUBLISHING HOUSE

مازمۇنى

حانزۇشا فونەتىكالىق ترانسكرىپتسىيا يندەكسى

A

a

吖	aza-		ازا
吖丙啶	aziridine		ازيريدسن
吖卟吩	azaporphins		ازافورفينۇۋۇلفـر
吖丁	azete	HC:CH·N:CH	ازەت
吖丁啶	azetidine	C_3H_7N	ازەتيدين
吖啶	acridine	$C_{13}H_9N$	اكريدين
吖啶橙	acridine orange	$C_{17}H_{19}N_3$	اكريدينى قىزعملت سارى
吖啶红	acridine red	$CH_3NHC_{13}H_7ON(Cl)CH_2$	اكريدينى قىزى
吖啶黄	acridine yellow	$C_{27}H_{25}ClN_6$	اكريدينى سارى
吖啶基	acridinyl, acridyl	$C_{13}H_8N$	اكريدينيل، اكريديل
吖啶满	acridan	$C_{13}H_{11}N$	اكريدان
吖啶满基	acridanyl	$C_{13}H_{10}N$	اكريدانيل
吖啶偶氮酚	acridanyl		اكريدين ازوفەنول
吖啶染料	acridine dye		اكريدينى بوياۋلار
吖啶酸	acridinic acid	$C_9H_5N(COOH)_2$	اكريدين قشقىلى
吖啶酮	acridone	$C_6H_4COC_6H_4NH$	اكريدون
吖庚因	azepine	C_6H_7N	ازەپين
吖黄素	acriflavine		اكريفلاۋين
吖内酯	azlactone		ازلاكتون
吖嗪	azine		ازين
吖嗪基	azine group		ازين راديكالى
吖嗪染料	azine dye (azines)		ازيندى بوياۋلار
吖糖	acrose		اكروزا

吖吲哚　azaindole　　　　　　　　　　　　　ازايندول

吖卓　azatropylidone　　　　　　　　　　　ازاتروپيليدەن

阿，啊　ar－　　　　　　　　　　　　　　　ار－

阿贝树脂　arbertol　　　　　　　　　　　　البەرتول

阿丙啶　aziridine　　　　　　　　　　　　　ازيريدين

阿茶碱　cathin　　　　　　　　　　　　　　كاتين

阿达林　adalin　$(C_2H_5)_2CBrCONHCONH_2$　　ادالين

阿达米学说　adami's theory　　　　　　　ادامي تەورياسى

阿达姆凯威斯反映　adamkiewiz reaction　ادامكيەۋيس رەاكسياسى

阿的平　atebrin　$C_{23}H_{30}ON_3Cl$　　　　　اتەبرين

阿东丁　adonidine　　　　　　　　　　　　ادونيدين

阿东酸　adonic acid　　　　　　　　　ادون قۇشقىلى

阿东糖　adonose(= ribulose)　　　　　　ادونوزا

阿东糖醇　adonitol　$HOCH_2(CHOH)_2CH_2OH$　ادونيتول

阿度那　adona　　　　　　　　　　　　　ادونا

阿恩特－艾斯特反应　arandt－eistert reaction　اراند ـ ەيستەرت رەاكسياسى

阿番宁　aphanin　　　　　　　　　　　　افانين

阿番素　aphanicin　　　　　　　　　　　افانيتسين

阿番叶素　aphanizophyll　　　　　　　　افانيزوفيل

阿伏加德罗常数　avogadro's constant　اۋوگادرو تۇراقتىسى

阿伏加德罗定律　avogadro's law　　اۋوگادرو زاڭى

阿伏加德罗数　avogadro's number　اۋوگادرو سانى

阿果　algol　　　　　　　الگول (بوياۋدىڭ تاۋار اتى)

阿果橄榄绿　algol oliva　　　الگول ٴزايتون جاسلى

阿果橄榄绿 R　algol oliva R　الگول ٴزايتون جاسلى R

阿果黄　algol yellow　　　　　　　الگول سارسى

阿果黄 R　algol yellow R　　　　　الگول سارسى R

阿果蓝　algol blue　　　　　　　　الگول كوگى

阿果亮绿　algol brilliant green　الگول جارقىراۋىق جاسلى

阿果染料　algol colors　　　　　الگول بوياۋلارى

阿果枣红　algol bordeaux　　　　　　　　　　　الگول كۆرەڭ قىزىلى

阿果棕　algol brown　　　　　　　　　　　　الگول قىزىل قوڭغىرى

阿加马黑　agalma black　　　　　　　　　　　اگالما قاراسى

阿胶　　　　　　　　　　　　　"阿[ē]胶" گە قاراڭىز.

阿卡　acar　　　　　　　　　　　　　　　　اكار

阿卡－338　acar－338　　　　　　　　　　اكار ـ 338

阿康碱　aconine　　　　　　　　　　　　　اكونين

阿康酸　aconic acid　$CH_2COOHCCOOH$　　اكون قىشقىلى

阿康酸盐　aconate　$M_2COOHCCOOH$　　اكون قىشقىل تۇزدارى

阿克糖　aconate　　　　　　　　　　　　　اكتوزا

阿克利纶　acrilane　　　　　　　　　　　　اكريلان

阿克吐米定　acutuxmidine　　　　　　　　اكۆتۇميدين

阿克吐明　acutumine　　　　　　　　　　　اكۆتۇمين

阿克吐明宁　acutuminine　　　　　　　　اكۆتۇمينين

阿(拉伯)聚糖　arabanase(＝araban)　　ارابانازا، ارابان

阿拉伯树胶　arabic gum(＝gum arabic)　　اراب جەلمىى

阿拉伯糖　arabinose　$C_5H_{10}O_5$　　　ارابينوزا

阿(拉伯)糖醇　arabitol　$C_5H_7(OH)_5$　　ارابيتول

阿(拉伯)糖酸　arabitic acid(＝arabonic acid)　$CH_2OH(CHOH)_3COOH$ ارابون

قىشقىلى، ارابينوزا قىشقىلى

阿(拉伯)糖酸盐　arabate　$CH_2OH(CHOH)_3COOM$　ارابون قىشقىل تۇزدارى

阿(拉伯)酮糖　araboketose　　　　　　　ارابوكەتوزا

阿拉伯戊四醇酸　　　　　　　　　"阿(拉伯)糖酸" گە قاراڭىز.

阿兰醇　alantol　$C_{10}H_{16}O$　　　　　　الانتول

阿兰粉　alantin　　　　　　　　　　　　　الانتين

阿兰内酯　alantolactone　$C_{15}H_{20}O_2$　　الانتولاكتون

阿兰酸　alantic acid　$C_{15}H_{22}O_3$　　الانت قىشقىلى، الان قىشقىلى

阿乐丹　arathane　　　　　　　　　　　　اراتان

阿卢糖　allulose　　　　　　　　　　　　　اللۇلوزا

阿鲁朋　oropon　　　　　　　　　　　　　وروپون

阿洛糖　allose		اللوزا
阿洛糖二酸		"别粘酸" گە قاراڭىز.
阿洛糖酸　allonic acid　$CH_2OH(CHOH)_4COOH$		اللون قىشقىلى
阿洛酮糖　psicosel（＝allulose）		پسىكوزا، اللۇلوزا
阿马灵(阿义马林)　ajmaline		ايمالين
阿马宁　ajmalinine		ايمالينين
阿马堇枣红　amalthion bordeaux		امالتيون كۆرەڭ قىزلى
阿曼堇染料　amandone colors		اماندونى بوياۆلار
阿曼堇枣红　amandone bordeaux		اماندونى كۆرەڭ قىزل
阿曼尼天青　amanil azurine		امانيل كوگەلدىرى
阿曼士林暗蓝　amanthrene dark blue		امانترەندى قاراكوك
阿曼士林橄榄绿　amanthrene olive		امانترەندى ئزايتۇن ياسىل
阿曼士林染料　amanthrene dyes		امانترەندى بوياۆلار
阿曼士林枣红　amanthrene bordeaux		امانترەندى كۆرەڭ قىزل
阿芒吉力丁		"铵胶" گە قاراڭىز.
阿芒拿　ammonal		اممونال
阿霉素　amycin		اميتسىن
阿美来　amalie		امالي
阿美索卡因　amethocain		امەتوكاين
阿米多　amidol　$C_6H_8ON_2 \cdot 2HCl$		اميدول
阿米酚		"阿米多" گە قاراڭىز.
阿米纳金　aminazine		امينازين
阿米诺法　amylo process		اميلو ئادسى
阿米他　amital　$(C_2H_5)(C_3H_{11})$:CCONHCONHCO		اميتال
阿米脱　amitrole		اميترول
阿米妥		"异戊巴比妥" گە قاراڭىز.
阿米妥钠		"异戊巴比妥钠" گە قاراڭىز.
阿米坐　amizol		اميزول
阿摩尼亚　Ammonia　$NH_3 \cdot H_2O$		امياك سۇئى
阿尼林		"苯胺" گە قاراڭىز.

阿尼林黑		"苯胺黑" گە قاراڭىز.
阿脲 alloxan	$NH(CO)_3NHCO$	اللوكسان
阿脲酸 alloxanic acid		اللوكسان قشقىلى
阿诺醇 anol		انول، انول سپىرتى
阿诺酮 anon		انون
阿朴 apo–		اپو –
阿朴阿托品 apoatropine	$C_{17}H_{21}O_2N$	اپواتروپىين
阿朴白腐酸 apocrenic acid		اپوكرەن قشقىلى
阿朴胆酸 apocholic acid	$C_{24}H_{38}O_4$	اپوحول قشقىلى
阿朴啡 aporphine		اپورفىن
阿朴莳烯 apofenchene	C_9H_6	اپوفەنحەن
阿朴咖啡因 apocaffeine	$C_7H_7O_5N_3$	اپوكاففەين
阿朴莰烷 apocamphene	$C_{19}H_{16}$	اپوكامقان
阿朴可待因 apocodeine	$C_{18}H_{19}O_2N$	اپوكودەين
阿朴奎宁 apoquinine		اپوحينىن
阿朴良姜酮 apoalpinone		اپوالپىنون
阿朴雷沙林 apresoline		اپرەزولىين
阿朴吗啡 apomorphine		اپومورفىن
阿朴棉子醇 apogossypol	$C_{28}H_{30}O_6$	اپوگوسسىپول
阿朴棉子醇酸 apogossypolic acid	$C_{13}H_{16}O_6$	اپوگوسسىپول قشقىلى
阿朴羧化酶 apocarcoxylase		اپوكاربوكسىلازا
阿朴铁蛋白 apoferritin		اپوفەررىتىن
阿朴托品 apotropine		اپوتروپىين
阿朴樟脑 apocamphor	$C_9H_{14}O_2$	اپوكامفورا
阿扑樟脑酸 apocamphoric acid	$C_7H_{12}(COOH)_2$	اپوكامفورا قشقىلى
阿撒西丁 arsacetin		ارساتسەتىن
阿散酸 arsanilic acid	$NH_2C_6H_4AsO(OH)_2$	ارسانيل قشقىلى
阿散酸钠 sodium arsanilate	$NH_2C_6H_4AsO(ONa)_2$	ارسانيل قشقىل ناتري
阿散酸盐 arsanilate		ارسانيل قشقىل تۇزدارى
阿舍沙耳 acesal		اتسەزال

阿斯木碱	alstonine		الستونين
阿斯匹林	aspirin	$CH_3CO_2C_6H_4COOH$	اسپيرين
阿苏精			"甲基硫脒" كه قاراڭمز.
阿苏妙	asomute(= asomate)		ازومۆت
阿苏仁			"甲基硫脒" كه قاراڭمز.
阿他素	artarin		ارتارين
阿糖苯腙	arabinose phenyl hydrazone	$C_6H_5NHN{:}C_3H_{10}O_4$	ارابينوزا فەنيل گيدرازون
阿糖醇			"阿(拉伯)糖醇" كه قاراڭمز.
阿糖酸			"阿(拉伯)糖酸" كه قاراڭمز.
阿糖腺苷	adenine arabinoside		ادەنين ارابينوزيد
阿特拉津	atrazine		اترازين
阿特拉嗪			"阿特拉津" كه قاراڭمز.
阿特拉通	atratone		اتراتون
阿特洛诺醇	adronole		ادرونول
阿剔定	atidine		اتيدين
阿剔僧	atisine		اتيزين
阿酮糖			"阿(拉伯)酮糖" كه قاراڭمز.
阿脱红	autol red		اۆتول قىزلى
阿托	atropic		اتروپ
阿托方	atophan		اتوفان
阿托腈	atroponitrile		اتروپونيتريل
阿托那斯炸药	atlas powder		اتلاس قوپارعىش ٴدارسى
阿托品	atropine	$C_{17}H_{23}O_3N$	اتروپيين
阿托酸	atropic acid	$C_9H_8O_2$	اتروپ قىشقىلى
阿托酰	atropoyl	$C_6H_5C({:}CH_2)CO-$	اتروپويىل
阿维烯	avitene		اۆيتەن
阿魏胶	gum asafetide		ساسىر جەلىمى
阿魏醛	ferulaldehyde		فەرۇلا الدەگيدتى، ساسىر الدەگيدتى
阿魏树脂	resina asafoetida		ساسىر سمولاسى

阿魏酸　ferulic acid　$C_{10}H_{10}O_4$　فەرۇلا قىشقىلى، ساسىر قىشقىلى

阿魏酸酯　"谷维素" گه قاراڭىز.

阿魏烯　ferulene　$C_{15}H_{26}$　فەرۇلەن

阿戊糖　"阿拉伯糖" گه قاراڭىز.

阿戊糖－2:4－二硝基苯脎　arabinose－2:4－dinitrophenyl osazone
ارابىنوزا ـ 4:2 ـ دىنىتروفەنيل وزازون

阿西炸药　axite　اكسيت (قوپارعىش‘دارى)

阿育凡油　ajowan oil　ايوۋان مايى

阿卓　"ᶆ卓" گه قاراڭىز.

阿卓甘油酸　atroglyceric acid　$CH_2OH \cdot C(C_6H_5)OH \cdot COOH$　اتروگليتسەرين قىشقىلى

阿卓庚醛呋喃糖　altroheptulofuranose　التروگەپتۇلو فۇرانوزا

阿卓乳酸　atrolactinic acid　$C_6H_5(OH)C(CH_3) \cdot COOH$　اترولاكتين قىشقىلى

阿卓糖　altrose　التروزا

阿卓糖酸　altronic acid　الترون قىشقىلى

阿祖林　azurine　ازۇرين

锕(Ac)　actinium (Ac)　اكتيني (Ac)

锕类　actinide　اكتينويدتار

锕射气　actinone　اكتينون

锕系　actinium series　اكتينويدتار قاتارى (89 ～ 100 گه دەيىنگى ەلەمەنتتەردى كورسەتەدى)

锕系元素　actinide　اكتينويدتار

锕族放射系　radioactive actinium chain　اكتينويدتاردىڭ راكتيۆتىك قاتارى

ai

埃　angstrom　انگسترەم (تولقىن ۇزىندىعى بىرلىگى)

埃尔利希重氮反应　Ehrlich diazo reaction　ەرليچ ديازو رەاكسياسى

埃弗立特盐　Everitt's salt　ەۆەريت تۇزى

埃格劳夫方程式　Egloff's equation　ەگلوف تەڭدەۋى

埃欧得 17　ionad 17	يوناد 17
锿(Es)　einsteinium (Es)	ھينشتەيني (Es)
矮状素　cycocel	سيكوتسەل
艾杜酸　idonic acid　$CH_2OH \cdot (CHOH)_4 \cdot COOH$	يدون قشقىلى
艾杜糖　idose	يدوزا
艾杜糖醇　iditol　$CH_2OH \cdot (CHOH)_4CH_2OH$	يديتول
艾杜糖酸　idosaccharic acid	يدو ساخار قشقىلى، يدو قانت قشقىلى
艾榴醇　eleutherinol	ەلەۋتەرينول
艾榴脑　eleutherol	ەلەۋتەرول
艾摩林油　emoline oil	ەمولين مايى
艾氏剂　aldirine	الديرين
砹(At)　astatine (At)	استاتين (At)
爱耳德萘	"艾氏剂" گە قاراڭـز.
爱各克列斯汀碱	"麦角隐亭" گە قاراڭـز.
爱各米特令碱	"麦角袂春" گە قاراڭـز.
爱各米特令宁碱	"麦角袂春宁" گە قاراڭـز.
爱珞琔　erodin	ەرودين

an

安匒素　anchusin	انچۆزين
安匒酸　anchusic acid	انچۆز قشقىلى
安福粉　ammophos	امموفوس
安福钾　ammophoska	امموفوسكا
安福托品　amphotropine　$[(CH_2)_6N_{11}]_2C_8H_{14}(COOH)_2$	امفوتروپيين
安钩酮　angustione	انگۇستيون
安哈胺　anhalamine	انحالامين
安哈定　anhalidine	انحاليدين
安哈里宁　anhalinine	انحالينين
安哈灵　anhaline	انحالين

安哈酮定　anhalonidine　　　　　　　　　　　　　　انحالونيدين

安哈酮宁　anhalonine　　　　　　　　　　　　　　انحالونين

安眠剂　hypnotic　　　　　　　　　　　　　　　　گيپنوتيك

安眠酮　hypnone　　　　　　　　　　　　　　　　گيپنون

安纳晶　analgen　　　　　　　　　　　　　　　　انالگەن

安诺剔宁　annotinine　$C_{17}H_{22}NO_4Cl$　　　　　اننوتينين

安培　ampere　　　　　　　　　　　　　　　　امپەر

安培计　ampere meter　　　　　　　　　　　　　امپەرمەتر

安(培)时计　ampere – hour meter　　　　امپەر ـ ساعات مەتر

安全玻璃　safety glass　حاۋپسىز شنى، حاۋپسىز اينەك

安全操作　safety operatation　　　　　حاۋپسىز جۇمس

安全虹吸管　safety syphon　　　　　　　حاۋپسىز سيفون

安全剂量　safety dose　　　　　　　　　حاۋپسىز دوزا

安全漏斗　safety funnel　　　　　　　　حاۋپسىز ۋورونكا

安全浓度　safety concentration　　　　حاۋپسىز قويۇلۇق

安全燃料　safety fuel　　　　　　　حاۋپسىز جانار زات

安全烧瓶　safety flask　　　　　　　　حاۋپسىز كولبا

安全试验　innocuity test　　　　　　　حاۋپسىز سناق

安全炸药　safety explosive　　　حاۋپسىز جارىلعىش ٴدارى

安全装置　safety device　　　　　　حاۋپسىز قۇرىلعى

安色灵染料　anceline colors　　　انسەليندى بوياۋلار

安替比林　antipyrine　$C_{11}H_{12}ON_2$　　　　انتيپيرين

安替比林合三氯乙醛　antipyrine chloral　$Cl_3CCH(OH)_2C_{11}H_{12}ON_2$　انتيپيرين حلورال

安替比林基　antipyrinyl　$CON(C_6H_5)\cdot N(CH_3)\cdot C(CH_3):C-$　انتيپيرينيل

安替比林(甲)酰　antipyroyl(= antipyryl)　　　انتيپيرويل

安替比林氯醛　　　"安替比林合三氯乙醛" گە قاراڭز.

安替比林乙酰苯胺　antipyrine – acetanilide　انتيپيرين ـ اتسەتانيليد

安妥　antu　　　　　　　　　　　　　　انتۇ

安妥新　anthosin　　　　　　　　　　　انتوزين

安息香			"苯偶姻" گه قاراڭز.
安息香胶	benzoin gum		بەنزوىن جەلىم
安息香酸			"苯(甲)酸" گه قاراڭز.
安息香酸盐			"苯甲酸盐" گه قاراڭز.
桉豆配质	andogenin		اندوگەنىن
桉树脑	cineol(= eucalyp tole)	$C_{10}H_{18}O$	سىنەول، ەۆكالىپتول
桉树脑酸	cineolic acid	$C_{10}H_{16}O_5$	سىنەول قىشقىلى
桉树脑烯	eucalyptdene	$C_{10}H_{16}$	ەۆكالىپتولەن
桉树烯	eucalyptene	$C_{10}H_{16}$	ەۆكالىپتەن
桉树油	eucalyptus oil		ەۆكالىپت مايى
桉烯酸	cinenic acid	$C_9H_{16}O_3$	سىنەن قىشقىلى
桉叶油醇	eudesmol		ەۆدەسمول
氨	ammonia	NH_3	ءاممىياك
氨丙酰			"β-氨基丙酰" گه قاراڭز.
氨草胶	ammoniac		اممونىياك
氨茶碱			"氨基非林" گه قاراڭز.
氨处理	ammonia treatment		اممىياكپەن ۆكدەۋ
氨醇溶液	spiritous of ammonia		اممىياكتىك سپىيرتتەگى ەرىتىندىسى
氨氮	ammonia nitrogen		اممىياكتىك ازوت
氨的水溶液	ammonia spirit		اممىياكتىك سۆداعى ەرىتىندىسى
氨法苏打灰	ammonia soda ash		اممىياك ادىسمەن سودا كۆلىن الؤ
氨法碳酸钠			"氨法(制的)碱" گه قاراڭز.
氨法(制的)碱	ammonia ash		اممىياك ادىسمەن المعان ءسلتى
氨法(制的)苏打	ammonia soda		اممىياك ادىسمەن المعان سودا
氨非林	amino fillin		امىنو فيللىن
氨铬矾	ammonium chromic alum		اممىياك ـ حرومدى اشؤداس
氨合成法	ammonia synthesis		اممىياك سىنتەزدەۋ ءادىسى
氨合物	ammoniate		اممىياكاتتار
氨合(作用)	ammonation		اممىياكتاۋ
氨化	ammoniation		

اممیاكتانۇ

氨化物 amide   امیدتار، اممیاكتى قوسلىمستار

氨化(作用)   "氨合作用" گه قاراڭىز.

氨磺酰 sulfomoyl,sulfamyl,sulfamine NH_2SO_2- سۇلفامویل، سۇلفامیل، سۇلفامین

氨磺酰苯酸 sulfamine–benzoic acid $NH_2SO_2C_6H_4COOH$ سۇلفامین بەنزوي قشقىلى

氨荒酸   "二硫代氨基甲酸" گه قاراڭىز.

氨荒酸二乙胺酯 carbothialdine $NH_2CSSN(CHCH_3)_2$ كاربوتیالدین

氨荒酸盐 dithiocarbamate   دیتیوكاربامین قشقىلىنىڭ تۇزدارى

氨荒酰 dithiocarbamoyl H_2NCS دیتیوكاربامویل

氨茴基 anthranilo– C_6H_4CON انترانیلو

氨茴霉素 anthramycin   انترامیسین

氨茴内酐 anthranil NHC_6H_4CO انترانیل

氨茴酸 anthranilic acid $O-H_2NC_6H_4COOH$ انترانیل قشقىلى

氨茴酸甲酯 methylanthranilate $NH_2C_6H_4CO_2CH_3$ انترانیل قشقىل مەتیل ەستەرى

氨茴酰 anthranoyl, anthraniloyl $O-H_2NC_6H_4CO-$ انترانویل، انترانیلویل

氨茴酰氨茴酸 anthraniloyl anthranilic acid $NH_2C_6H_4CONHC_6H_4COOH$ انترانیلویل انترانیل قشقىلى

氨基 amino, amino group NH_2 امینو، امینو گرۇپپاسى

氨基氨基甲酸 amino carbamic acid $NH_2NHCOOH$ امینو كاربامین قشقىلى

2–氨基巴比土酸   "尿咪" گه قاراڭىز.

β–氨基巴豆酸乙酯 ethyl β–amino crotonate   β ـ امینو كروتون قشقىل ەتیل ەستەرى

氨基钡 aminobarium   امینو باري

氨基苯 aminobenzene   امینو بەنزول

氨基苯并噻唑 aminobenzothiazol   امینو بەنزوتیازول

氨基苯醋酸 amino phenyl acetic acid   امینو فەنیل سىركە قشقىلى

氨基苯二酰一肼   "鲁米诺" گه قاراڭىز.

氨基(苯)酚　amino phenol　　　　　　　　　　　　　امینو فەنول

氨基苯酚磺酸　amino phenol sulfonic acid　$C_6H_3(OH)(NH_2)SO_3H$　امینو فەنول
سۇلفون قشقىلى

氨基苯磺酸　amino benzene sulfonic acid　　امینو بەنزول سۇلفون قشقىلى

氨基苯甲醚　　　　　　　　　"氨基茴香醚" گە قاراڭىز.

氨基苯甲醛　amino benzaldehyde　$NH_2C_6H_4CHO$　امینو بەنزالدەگىدتى

氨基苯甲醛肟　amino benzaldoxime　　　　امینو بەنزالدوكسیم

氨基苯甲酸　　　　　　　　　"氨基苯酸" گە قاراڭىز.

β－[4－氨基苯甲酰基]一乙二甲胺　　"奴弗卡因" گە قاراڭىز.

氨基苯胂化硫　amino phenyl arsine sulfide　$NH_2C_6H_4AsS$　امینو فەنیل
ارسیندى كۇكىرت

氨基苯胂酸　amino－benzene arsonic acid　امینو بەنزول ارسون قشقىلى،
امینو فەنیل ارسین قشقىلى

氨基苯胂酸汞　mercuric aminophenyl arsenate　امینو فەنیل ارسین قشقىل
سناپ

氨基苯胂酸钠　　　　　　　　"阿散酸钠" گە قاراڭىز.

氨基苯胂酸银　silver atoxylate　　امینو فەنیل ارسین قشقىل كۇمس

氨基苯酸　amino benzoic acid　$NH_2C_6H_4COOH$　امینو بەنزوي قشقىلى

氨基苯酸丙酯　propyl amino benzoate　$NH_2C_6H_4CO_2C_3H_7$　امینو بەنزوي قشقىل
پروپیل ەستەرى

氨基苯酸异丁酯　isobutyl aminobenzoate　$H_2NC_6H_4CO_2C_4H_9$　امینو بەنزوي
قشقىل یزوبۇتیل ەستەرى

氨基苯替乙氨酸　aminophenyl glycine　　امینو فەنیل گلیتسین

氨基苯替乙酰替乙胺　amino ethyl acetanilide　امینو ەتیل اتسەت انیلید

氨基苯酰醋酸　amino benzoyl acetic acid　$NH_2C_6H_4COCH_2COOH$　امینو بەنزویل
سركە قشقىلى

氨基苯酰甲酸　amino benzoyl formic acid　امینو بەنزویل قۇمىرسقا قشقىلى

氨基苯乙腈　amino phenyl acetonitrile　　امینو فەنیل اتسەتونیتریل

氨基苯乙醚　　　　　　　　　"苯乙定" گە قاراڭىز.

氨基苯乙酮　amino aceto phenone　$NH_2C_6H_4COCH_3$

امينو اتسەتوفەنون

氨基比林　aminopyrine　$(CH_2)_2NC=CCH_3OCNC_6H_5$　امينو پيرين

氨基吡啶　aminopyridine　امينو پيريدين

氨基苄醇　amino benzylalcohol　امينو بەنزيل سپيرتى

氨基苄基青霉素　aminobenzyl penicillin　امينو بەنزيل پەنيتسيللين

氨基苄腈　amino benzonitril　امينو بەنزونيتريل

氨基丙苯　aminopropyl benzene　امينو پروپيل بەنزول

氨基丙二酰脲　aminomalonyl urea（＝murexan）　امينو مالونيل ۇرەا

2－氨基丙酰脲　"尿咪" گە قاراڭىز.

β－氨基丙腈　β－aminopropionitrile　β ـ امينو پروپيونيتريل

氨基丙酸　"丙氨酸" گە قاراڭىز.

α－氨基丙酸　α－alanine　$CH_3CH(NH_2)COOH$　α ـ الانين

β－氨基丙酸　β－alanine　$NH_2CH_2CH_2COOH$　β ـ الانين

2－氨基丙酸　lactamic acid　CH_3CHNH_2COOH　2 ـ لاكتام قىشقىلى

氨基丙酮　amino acetone　$NH_2CH_2COCH_3$　امينو اتسەتون

2－氨基丙烷　2－amino propane　2 ـ امينو پروپان

氨基丙烯酸　amino acrylic acid　امينو اكريل قىشقىلى

α－氨基丙酰　"丙氨酰" گە قاراڭىز.

β－氨基丙酰　β－alanyl　$H_2NCH_2CH_2CO-$　β ـ الانيل

氨基草酰　amidoxalyl, oxamoyl　$H_2NCOCO-$　اميدوكساليل، وكسامويل

氨基草酰胺　amino－oxamide　$NH_2COCONHNH_2$　امينو وكساميد

氨基草酰肼　semioxam azide（＝amino－oxamide）　سەميوكسامازيد، امينو وكساميد

氨基草酰脲　"草尿酰胺" گە قاراڭىز.

氨基醇　aminoalcohol; alkamine　$NH_2\cdot R\cdot CH_2OH$　امينو سپيرت؛ الكامين

氨基醋酸　amino acetic acid　NH_2CH_2COOH　امينو سىركە قىشقىلى

氨基醋酸甲酯　methyl amino acetate　$NH_2CH_2CO_2CH_3$　امينو سىركە قىشقىل مەتيل ەستەرى

氨基醋酸乙酯　ethyl amino acetate　NH_2CH_2COOEt　امينو سىركە قىشقىل ەتيل ەستەرى

氨基醋酸酮　cupric aminoacetate　　　　　　　　　ئامىنو سىركە قىشقىل مىس

氨基氮　aminonitrogen　　　　　　　　　　　　　　ئامىنو ازوت

氨基丁二酸　amino－succinic acid　COOHCH₂CHNH₂COOH　ئامىنو سۆكتسىن
　　　　　　　　　　　　　　　　　　　　　　　　قىشقىلى

氨基丁二酸一酰　　　　　　　　　　　　　　　"天冬酰" گە قاراڭىز.

α－氨基丁二酸一酰　α－aspartyl　HOOCCH₂CH(NH₂)CO－　α – اسپارتىل

β－氨基丁二酸一酰　β－asparty　HOOCCH(NH₂)CH₂CO　β – اسپارتىل

α－氨基丁二酸一酰胺　　　　　　　　　　　"天冬酰胺" گە قاراڭىز.

氨基丁酸　aminobutyric acid　CH₃CH₂CHNH₂COOH　ئامىنو بۇتىر قىشقىلى

3－氨基对甲苯酚甲醚　　　　　　　　　　　"甲酚定" گە قاراڭىز.

2－氨基对伞花烃　2－amino－p－cymene　　　ئامىنو –P– سىمەن

氨基多肽酶　amino polypeptidase　　　　ئامىنو پولىپەپتىدازا

氨基蒽　aminoanthracene　　　　　　　　　ئامىنو انتراتسەن

氨基蒽醌　amino anthraquinone　　　　　　ئامىنو انتراحىنون

氨基二苯胺　aminodiphenylamine　　　　ئامىنو دىفەنىلامىن

氨基二苯甲酮　aminobenzophenone　　　ئامىنو بەنزوفەنون

氨基二苯甲烷　aminodiphenyl methane　ئامىنو دىفەنىل مەتان

氨基二甲苯　aminoxylene　(CH₃)₂C₆H₃NH₂　ئامىنو كسىلەن

氨基二酸　dibasic amino acid　ئىككى نەگىزدى ئامىنو قىشقىلى

4－氨基－N－2－二乙胺乙基苯酰胺　　　"百浪斯剔" گە قاراڭىز.

氨基非林　aminophylline　　　　　　　　ئامىنوفىللىن

氨基分解　aminolysis　　　　　　　　　　ئامىنو ىدىراۋى

氨基酚　　　　　　　　　　　　　　"氨基苯酚" گە قاراڭىز.

氨基甘露糖　amino mannose　　　　　　　ئامىنو ماننوزا

氨基汞化氟　amino fluoride　　　　　　　ئامىنو سىناپتى فتور

氨基汞化氯　ammoniated mercury　[NH₂Hg]Cl　ئامىنو سىناپتى حلور

氨基胍　amino guanidine　H₂NC(NH)NHNH₂　ئامىنو گۇئانىدىن

氨基胍基戊酸　aminoguanidyl valeric acid　ئامىنو گۇئانىدىل ۋالەرىان قىشقىلى

2－氨基－5－胍基戊酸　　　　　　　　　"精氨酸" گە قاراڭىز.

氨基胍硫酸盐　amino guanidine sulfate　H₂NC(NH)NHNH₂H₂SO₄　ئامىنو

گۇئانىدىندى كۆكىرت قىشقىل تۇزدارى

氨基胍碳酸盐　aminoguanidine carbonate　$NHC(NH)NHNH_2 \cdot H_2CO_3$ ئامىنو

گۇئانىدىندى كومىر قىشقىل تۇزدارى

氨基琥珀酰胺酸　amino‑succinamic acid　$CONH_2CH_2CHNH_2COOH$ ئامىنو

سۇكتسىنامىن قىشقىلى

氨基化合物　amino compound ئامىنو قوسۇلمىستارى

氨基(化)钠　sodium amide　NH_2Na ئامىنو ناترى

氨基化物　amide ئامىدتار

氨基化作用　amination ئامىنولاۋ، ئامىنولاندۇرۇ

氨基环醇　aminocyclitol ئامىنو سىكلىتول

氨基磺酸　amino sulfonic acid　$SO_2(OH)NH_2$ ئامىنو سۇلفون قىشقىلى

氨基磺酸铵　sulfomate ammonium ئامىنو سۇلفون قىشقىل ئاممونى

氨基磺酸盐　amino sulfonate ئامىنو سۇلفون قىشقىلىنىڭ تۇزدارى

氨基茴香醚　amino anisole ئامىنو ئانىزول

氨基己醛糖　amino aldehexose ئامىنو ئالدەگەكسوزا

氨基己酸　amino caproic acid　$CH_3(CH_2)_3CHNH_2COOH$ ئامىنو كاپرون قىشقىلى

ε‑氨基己酸　ε‑amino caproic acid ε ـ ئامىنو كاپرون قىشقىلى

6‑氨基己酸　6‑amino caproic acid 6 ـ ئامىنو كاپرون قىشقىلى

氨基己糖　amino hexose ئامىنو گەكسوزا

氨基甲苯　amino toluene　$CH_3C_6H_4NH_2$ ئامىنو تولۇئون

氨基甲苯磺酸　amino toluene sulfonic acid　$C_6H_3(CH_3)(NH_2)SO_3H$ ئامىنو

تولۇئول سۇلفون قىشقىلى

氨基甲酸　amino formic acid (= carbamic acid)　$NH_2 \cdot COOH$ ئامىنو قۇمۇرسقا

قىشقىلى، كاربامىن قىشقىلى

氨基甲酸铵　ammonium carbamate كاربامىن قىشقىل ئاممونى

氨基甲酸苯酯　phenyl carbamate　$NH_2CO_2C_6H_5$ كاربامىن قىشقىل فەنيل

ەستەرى

氨基甲酸苄基苯酯　benzyl phenyl carbamate　$O_7H_7C_6H_4O_2CNH_2$ كاربامىن

قىشقىل بەنزيل فەنيل ەستەرى

氨基甲酸苄酯　benzyl carbamate　$H_2NCO_2CH_2C_6H_5$ كاربامىن قىشقىل بەنزيل

هستەرى

氨基甲酸丁酯　butyl carbamate　$H_2NCOC_6H_4$　كاربامين قىشقىل بۇتيل ھەستەرى

氨基甲酸甲酯　methyl carbamate　$H_2NCO_2CH_3$　كاربامين قىشقىل مەتيل

هستەرى

氨基甲酸特戊酯　tert－amylcarbamate　$H_2NCO_2C(CH_3)_2C_2H_5$　كاربامين

قىشقىل تەرت اميل ھەستەرى

氨基甲酸烷基酯　alkyl carbamate　H_2NCOOR　كاربامين قىشقىل الكيل

هستەرى

氨基甲酸戊醇－[n]－酯　methyl－n－propyl carbinol urethane

$H_2NCO_2CH(CH_3) CH_2CH_2CH_3$　مەتيل – n – پروپيل كاربينول ۇرەتان

氨基甲酸戊酯　amyl carbamate　$H_2NCO_2C_5H_{11}$　كاربامين قىشقىل اميل ھەستەرى

氨基甲酸盐　carbaminate　NH_2COOM　كاربامين قىشقىلنىڭ تۇزدارى

氨基甲酸乙酯　ethyl carbamate　$NH_2CO_2C_2H_5$　كاربامين قىشقىل ھەتيل ھەستەرى

氨基甲酸异丁酯　isobutyl carbamate　$H_2NCO_2C_4H_9$　كاربامين قىشقىل

يزوبۇتيل ھەستەرى

氨基甲酸异戊酯　isoamyl carbamate　$H_2NCOC_5H_{11}$　كاربامين قىشقىل يزواميل

هستەرى

氨基甲酸酯　carbamate　كاربامين قىشقىل ھەستەرى

氨基甲肟　formamidoxime　فورماميدوكسيم

氨基甲酰　carbamoyl（＝carbamyl）　كارباميويل، كارباميل

氨基甲酰丙氨酸　carbamoyl alanine　كارباميويل الانين

氨基甲酰甘恶啉　carbamoyl glyoxaline　كارباميويل گليوكسالين

氨基甲酰氯　carbamyl chloride　NH_2COCl　كارباميل حلور

氨基钾　amino potassium　امينو كالي

氨基间苯二酚　amino resorcinol　$NH_2C_6H_3(OH)_2$　امينو رەزورتسينول

氨基碱金属　alkali amide　امينو سىلتىلىك مەتالدار، سىلتىلىك اميدتار

氨基金属　ammonobase　MNH_2　امينو مەتالدار

氨基腈　amino nitrile　امينو نيتريل

氨基喹恶啉　aminoquinoxaline　$NH_2C_8H_5N_2$　امينو حينوكسالين

氨基喹啉　aminoquinoline　امينو حينولين

氨基联苯　aminobiphenyl　$C_6H_5C_6H_4NH_2$　امىنو بىفەنىل

氨基联苯胺　aminobenzidine　امىنو بەنزىدىن

氨基磷酸　phosphoramidic acid　$H_2N(OH)_2PO_2$　امىنو فوسفور قشقىلى

氨基磷酸酶　phosphaminase　فوسفامىنازا

氨基磷酸盐　phosphoroamidate　امىنو فوسفور قشقىلىنىڭ تۇزدارى

氨基硫脲　thiosemicarbazide　$NH_2NHCSNH_2$　تىيوسەمىكاربازىد

氨基硫羰基　"氨荒酰" گە قاراڭىز.

氨基卤化物　aminohalide　$R_2 \cdot NX$　امىنو گالوگەن قوسىلىستار

氨基钠　$NaNH_2$　"氨基化钠" گە قاراڭىز.

2－氨基萘－5,7－二磺酸　2－aminonaphthalene－5,7－disulfonic acid
2 ـ امىنو نافتالىن ـ 5، 7 ـ دىسۇلفون قشقىلى

2－氨基萘－6,8－二磺酸　2－aminopathalene－6,8－disulfonic acid
2 ـ امىنو نافتالىن ـ 8، 6 ـ دىسۇلفون قشقىلى

氨基萘酚　aminonaphthol　$NH_2C_{10}H_6OH$　امىنو نافتول

1－氨基－8－萘酚－2,4－二磺酸　1－amino－8－naphthol－2,4－disul
fonic acid
1 ـ امىنو ـ 8 ـ نافتول ـ 2، 4 ـ دىسۇلفون قشقىلى، (چىكاگو قشقىلى)

氨基萘酚磺酸　amino－naphthol sulfonic acid　$NH_2C_{10}H_6(OH)SO_3H$　امىنو نافتول سۇلفون قشقىلى

氨基萘磺酸　amino－naphthalene sulfonic acid　امىنو نافتالىن سۇلفون قشقىلى

4－氨基萘磺酸－[1]　"对氨基萘磺酸" گە قاراڭىز.

1－氨基萘－4－磺酸　1－amino naphthalene－4－sulfonic acid
1 ـ امىنو نافتالىن ـ 4 ـ سۇلفون قشقىلى

1－氨基萘－5－磺酸　1－amino naphthalene－5－sulfonic acid
1 ـ امىنو نافتالىن ـ 5 ـ سۇلفون قشقىلى

1－氨基萘－6－磺酸　1－amino naphthalene－6－sulfonic acid
1 ـ امىنو نافتالىن ـ 6 ـ سۇلفون قشقىلى

1－氨基萘－7－磺酸　1－amino naphthalene－7－sulfonic acid
1 ـ امىنو نافتالىن ـ 7 ـ سۇلفون قشقىلى

1－氨基萘－8－磺酸　1－amino naphthalene－8－sulfonic acid

2－氨基萘－1－磺酸　2－amino naphthalene－1－sulfonic acid　1 ـ امينو نافتالين ـ 8 ـ سۆلفون قشقىلى

2－氨基萘磺酸－[5]　2 ـ امينو نافتالين ـ 1 ـ سۆلفون قشقىلى

"咖马酸" گە قاراڭىز．

2－氨基萘－6－磺酸　2－amino naphthalene－6－sulfonic acid　2 ـ امينو نافتالين ـ 6 ـ سۆلفون قشقىلى

1－氨基萘－3,6,8－三磺酸　1－amino naphthalene－3,6,8－trisulfonic acid　1 ـ امينو نافتالين ـ 3، 6، 8 ـ تريسۆلفون قشقىلى

氨基尿嘧啶　aminouracyl　$H_2NCCHNHCONHCO$　امينو ۇراتسيل

氨基脲　semicarbazide　$NH_2NHCONH_2$　سەميكاربازيد

氨基脲化氢氯　semicarbazide hydrochloride　$NH_2CON_2H_3HCl$　سەميكاربازيدتى تۆز قشقىلى

氨基偶氮苯　aminoazobenzene　$NH_2C_6H_4N_2C_6H_5$　امينو ازو بەنزول

氨基偶氮萘　aminoazo naphthalene　امينو ازو نافتالين

6－氨基嘌呤　6－aminopurine　$C_5H_5H_5$　6 ـ امينو پۇرين

氨基葡糖　glucosamin(＝amino glucose)　گليۆكوزامين، امينوگليۆكوزا

氨基葡萄糖　"氨基葡糖" گە قاراڭىز．

氨基茜素　amino alizarine　امينو اليزارين

氨基羟基丙酸　amino hydroxy propionic acid　$CH_2OHCHNH_2COOH$　امينو گيدروكسيل پروپيون قشقىلى

氨基羟基酸　amino hydrox acid　امينو گيدروكسيل قشقىلى

2－氨基－6－羟尿环　2－amino－6－hydroxy purine　$C_5H_5N_5O$　2 ـ امينو ـ 6 ـ گيدروكسيل پۆرين

氨基氰　cyanamide　$N_2H·CN$　سيانامىد، امينوسيان

6－氨基青霉(素)烷酸　6－amino penicillanic acid　6 ـ امينو پەنيتسىللان قشقىلى

氨基醛　amino aldehyde　$R·NH_2·CHO$　امينو الدەگيد

氨基醛树脂　aminoaldehyde resin　امينو الدەگيد سمولاسى

氨基壬酸　aminononanoic acid　امينونونان قشقىلى

氨基肉桂酸　aminocinnamic acid　$NH_2C_6H_4CHCHCOOH$　امينو سيننام

قشقملى

氨基噻吩　amino thiophene　امينو تيوفەن

氨基噻唑　amino thiazole　امينو تيازول

3－氨基－1,2,4－三唑　3－amino－1,2,4－triazole　3 ـ امينو ـ 1، 2،
4 ـ تريازول

氨基伞花烃　"伞花碱" گە قاراڭىز.

氨基胂化氧　aminoarsen oxide　$NH_2 \cdot R \cdot As O$　امينو ارسەن توتمەى

ω－氨基十一酸　ω－aminoundecanoic acid　ω ـ امينو ۋندەكان قشقملى

氨基树脂　amino resin　امينو سمولا

氨基水杨酸　amino salicyllic acid　امينو ساليتسيل قشقملى

氨基塑胶　"氨基塑料" گە قاراڭىز.

氨基塑料　amino plastics　امينو سۆليياۋ، امينو پلاستيكتەر

氨基酸　amino acid　امينو قشقملدارى، امين قشقملدارى

氨基 G 酸　amino－G－acid　امينو G قشقمل

氨基 J 酸　amino－J－acid　امينو J قشقمل

氨基酸发酵　amino acid fermentation　امينو قشقملدى اشۇ

氨基酸式氮　amino acid nitrogen　امينو قشقملدىق ازوت

氨基酸脱羧酶　amino acid decarboxylase　امينو قشقمل دەكاربوكسيلازا

氨基酸氧化酶　amino acid oxidase　امينو قشقمل وكسيدازا

氨基酞酶　amino peptidase　امينو پەپتيدازا

氨基羰基反应　aminocarbonyl reaction(＝Maillard reaction)　امينو كاربونيل رەاكسياسى، مايللارد رەاكسياسى

氨基糖　amino sugar　امينو ساحار، امينو قانت

氨基酮　"酮胺" گە قاراڭىز.

氨基戊二酸　amino glutaric acid　$COOH(CH_2)_2CHNH_2COOH$　امينو گليۆتار قشقملى

2－氨基戊二酸　"谷氨酸" گە قاراڭىز.

氨基戊酸　amino valeric acid　امينو ۋالەريان قشقملى

氨基戊烷　amino pentane　امينو پەنتان

氨基硒脲　seleno semicarbazide　سەلەندى سەميكاربازيد

氨基纤维素　amino cellulose　　　　　　　　امىنو سەللىۋلوزا

氨基酰化酶　amino‑acylase　　　　　　　　امىنو اتسىلازا

氨基辛酸　amino caprylic acid　　　　　　امىنو كاپرىل قشقىلى

氨基辛烷　amino‑octane　　　　　　　　　امىنو وكتان

氨基锌　amino zinc　　　　　　　　　　　امىنو مىرش

氨基移换酶　transaminase(＝amino pherase)　ترانسامىنازا، امىنوفەرازا

氨基移转　transamination　　　　　　　　امىنو ئۆستىرۆ

氨基移转酶　　　　　　　"氨基移换酶" گە قاراڭىز.

氨基乙苯　amino ethylbenzene　　　　　امىنو ەتىل بەنزول

氨基乙醇　amino ethylalcohol(＝ethanolamine)　$NH_2CH_2CH_2OH$　امىنو ەتىل

سپىرتى، ەتانولامىن

氨基乙二酰　　　　　　　　"草氨酰" گە قاراڭىز.

氨基乙磺酸　　　　　　　　"牛磺酸" گە قاراڭىز.

氨基乙磺酰　　　　　　　　"牛磺酰" گە قاراڭىز.

氨基乙酸　　　　　　　　"氨基醋酸" گە قاراڭىز.

氨基乙缩醛　amino acetal　　　　　　امىنو اتسەتال

氨基乙烷　amino ethane　　　　　　　امىنوەتان

氨基乙酰　　　　　　　　"甘氨酰" گە قاراڭىز.

δ‑氨基乙酰丙酸　δ‑amino‑laevulic acid　δ ـ امىنولەۋۈل قشقىلى

氨基乙酰肼　amino acethydrazine　　امىنو اتسەت گىدرازىن

氨基异丙苯　amino cumene　$(CH_3)_2CHC_6H_4NH_2$　امىنو كۇمەن

α‑氨基异丙醇　α‑amino‑isopropyl alcohol　$NH_2CH_2CHOHCH_3$

α ـ امىنو يزوپروپىل سپىرتى

氨基异丁酸　amino isobutyric acid　امىنو يزوبۈتىر قشقىلى

氨基异戊酸　amino isovaleric acid　امىنو يزوۋالەرىان قشقىلى

α‑氨基异戊酸　　　　　　　"缬氨酸" گە قاراڭىز.

氨基之形成　aminogenesis　　　امىنونىڭ ئۇزۇلۇشى

氨碱法　amino‑soda process　　امىنو ـ سودا ئادىسى

氨解酶　ammonia‑lyase　　　امميياك ـ لياز ا

氨解作用　ammonolysis　　　امميياك ـ دراۆ

氨腈		ئاممىاكتى توڭازىتۇ ٴادسى
氨冷冻法 ammonia refigerating process		ئامميائ توڭازىتقىش (ئاگەنت)
氨冷冻剂 ammonia refrigerant		تىراتسەتازون، تىبيىون
氨硫脲 thioacetazon(= tibione)		انلون
氨纶 anlon		ئامميائ تالشعى
氨络 ammino, ammine		ئامموني حروم
氨络铬 chromammine		ئامىوكوبالت
氨络钴 cobaltammin		ئامميائتى قوسلمستار
氨络化合物 ammino compound		"米隆碱" گە قاراڭز.
氨络双氧化汞		ئامموني كومپلەكس، ئامموني كەشەن، ئامميائاتتار
氨络物 ammino complex		ئامميائ كومپلەكس تۇزى
氨络盐 ammonia complex salt		ئامميائتى اشۇداس
氨明矾 ammonia alum $NH_4Al(SO_4)_2 \cdot 12H_2O$		"氨基脲" گە قاراڭز.
氨脲		ئامميائ گازى
氨气 ammonia gas		ئامميائ سۇڭتقىش (اسپاپ)
氨气冷却器 ammonia cooler		ئامميائ مۇناراسى
氨气塔 ammonia still		ئامميائتى سۇ، ٴمۇساتىر
氨水 ammonia water		ئامميائ كۇيسندەگى ازوت
氨态氮 ammoniacal nitrogen		"氨基肽酶" گە قاراڭز.
氨肽酶		"天冬酰胺酶" گە قاراڭز.
氨羰丙氨酸酶		"谷酰胺" گە قاراڭز.
氨羰丁氨酸		"草氨酸" گە قاراڭز.
氨羰基甲酸		"草氨酸丁酯" گە قاراڭز.
氨羰基甲酸丁酯		"草氨酸乙酯" گە قاراڭز.
氨羰基甲酸乙酯		"草氨酰肼" گە قاراڭز.
氨羰基甲酰肼		مۇكوليت ھنزيم
氨糖酶 mucolytic enzime		وكساميدين
氨肟 oxamidine $R \cdot C(NOH)NH_2$		امينواتسيل
氨酰基 amino acyl		

氨型氮　ammonia nitrogen　　　　　　　　　　　"氨氮" گه قاراڭىز.

氨盐　ammonia salt　　　　　　　　　　　　　ئاممىاك تۇزى

氨盐水　ammoniacal brine　　　　　　　　ئاممىاكتى تۇزدى سۇ

氨氧化反应　ammoxidation　　　　ئاممىاكتىڭ توتعۇ رەاكسىياسى

氨液　ammoniacal liquor　　　　　　　　　ئاممىاكتى سۇيىقتىق

氨乙基纤维素　amino ethyl cellulose　　　ئامىنو ەتيل سەللىۋلوزا

氨油　ammonia oil　　　　　　　　　　　　　ئاممىاك مايى

氨(之)氧化　ammonia oxidation　　　　　ئاممىاكتىڭ توتعۇى

氨(制)碱法　ammonia－soda process　ئاممىاك ـ سودا ئادسى، سولۇۋاي ئادسى

铵　ammonium　NH₄　　　　　　　　　　　　ئامموني

铵矾　ammonium alum　　　　　　　　ئاممونيلى اشۇداس

铵胶　ammongelatine　　　　　　　　　　ئاممونى جەلاتين

铵胶炸药　ammongelatine dynamite　ئاممونى جەلاتينندى قوپارعىش ئدارى

铵离子　ammonium ion　　　　　　　　　ئاممونى يونى

铵磷肥　ammo－phos　　　　　　ئاممونى فوسفورلى تىڭايتقىش

铵铝矾　　　　　　　　　　　"铵矾" گه قاراڭىز.

铵明矾　　　　　　　　　　　"铵矾" گه قاراڭىز.

铵水　ammonium water　　　　　ئاممونيلى سۇ، ئمۇساتىر

铵铁矾　ammonium ferric alum　ئاممونى تەمىرلى اشۇداس

铵盐　ammonium salt　　　　　　　　　ئاممونى تۇزى

胺　amine　－NH₂　　　　　　　　　　　　ئامين

胺丙威　prothiocarp　　　　　　　　پروتيوكارپ

胺仿　amino form　　　　　　　　　　　ئامينوفورم

胺黑绿　amine black green　　　ئامىندى قارالتقىم جاسىل

胺化　aminate　　　　　　　　　　　　ئامىندەنۇ

胺化剂　aminating agent　　　　　ئامىندەگىش اگەنت

胺化氧　　　　　　　　　　"氧化胺" گه قاراڭىز.

胺化(作用)　amination　　　　　　　ئامىندەۇ

胺基草酰　amidoxalyl＝(axamoyl)　H₂NCOCO－　ئامىدوكسالىل

胺甲萘　denapon　　　　　　　　　دەناپون

胺苦酸　picramic acid　　　　　　　　　　　　　پیکرامین قشقنلی

胺类　amines　　　　　　　　　　　　　　　　ئامیندەر

胺霉素　amidomycin　　　　　　　　　　　　ئامیدومیتسین

胺尿　aminuria　　　　　　　　　　　　　　ئامیندی نەسەپ

胺氰化钙　calcium cyanamide　　　　　　سیانامیدتی کالتسی

胺酸　　　　　　　　　　　　　"氨基酸" گە قاراڭز.

胺酸杀　benzadox　　　　　　　　　　　　بەنزادوكس

胺盐　amine salt　　　　　　　　　　　　ئامین تۇزداری

胺氧化　　　　　　　　　　　　　"氧化胺" گە قاراڭز.

胺氧化酶　amine oxidase　　　　　　　ئامین وكسیدازا

暗　dark　　　　　　　　　بۇلىڭعىر، كۇڭگىرت

暗淡色　faintly colored　　بۇلىڭعىر ئوس، كۇڭگىرت رەڭ

暗光　dark light　　　　　كۆرىنبەیتىن ساۋلە

暗褐菌素　fuscin　　　　　　　　　　فۇسسین

暗黑　darkening　　قارایۇ، كۇڭگىرتتەنۇ، بۇلىڭعىرلانۇ

暗红　dark red　　　　　　　　كۇڭگىرت قىزىل

暗绿　dark green　　　　　　　　كۇڭگىرت جاسىل

暗煤　dull coal　　كۇڭگىرت كۆمىر، قاراقوڭىر كۆمىر

暗纤维　dull fiber　　　　　كۇڭگىرت تالشىق

暗原子　　　　　　　　"无放射性原子" گە قاراڭز.

ao

熬硝　boiling saltpetre　　　　　سەلیترا قایناتۇ

螯　chela　　　　　　حەلا، قىسۇ، قىسقىش

螯合测定法　cheltometry　　　حەلاتمەترلەۇ

螯合的　chelate　　　　　　　حەلاتتى

螯合滴定　chelatometric titration　حەلاتمەترلىك تامشىلاتۇ

螯合高分子　chelate polymer　حەلاتتى جوعاری مولەكۇلا

螯合估测(法)　chelatometric estimation　حەلاتمەترلىك مۆلشەرلەۇ

螯合基	chelate group	حەلات گرۇپپاسى
螯合剂	chelating agent	حەلاتتاعمش اگەنت
螯合试剂	chelating reagent	حەلاتتاۇ رەاكتىۋى
螯合铜	copper chelate	حەلاتتى مىس
螯合物	chelate	حەلاتتار
螯合指示剂	chelatemetric indicator	حەلاتمەترلىك ىندىكاتور
螯合作用	chelation	حەلاتتاۇ
螯形的		"螯合的" گە قاراڭىز .
螯形化合物	chelate compound	حەلاتتى قوسىلستار
螯形环	chelate ring	حەلاتتى ساقىنا
螯形聚合物	chelate polymer	حەلاتتى پولىمەرلەر
奥厄合金	Auer metal	اۇەر قورىتپاسى
奥格林尼电炉	Augelini furnace	اۇگەلىينى ەلەكتر پەشى
奥利佛滤器	Oliver filter	وليۆەر سۇزگىشى
奥林萨斯试验	Oliensis spot test	وليەنسيس سىناعى
奥纶	Orlon	ورلون
奥墨伽铬红 B	omega chrome red B	ومەگا حرومدى قىزىلى B
奥贫诺尔氧化作用	oppenauer oxidation	وپپەناۇەر توتىعۇى
奥气油	oiticica	ويتيتسيكا مايى
奥氏粘度计		"奥斯托惠尔特粘度计" گە قاراڭىز .
奥氏体	austenite	اۇستەنيت
奥斯陆结晶器	oslo crystalizer	وسلو كريستالداعمشى (اسپاپ)
奥斯托惠尔特法	ostwald process	وستۇالد ٴادىسى
奥斯托惠尔特粘度计	ostwald viscosimeter	وستۇالدتاڭ تۇتقىرلىق ولشەگمشى
奥斯托惠尔稀释律	ostwald's dilution law	وستۇالدتاڭ سۇيىلتۇ زاڭى
奥陶巴脂	otoba butter	وتوبا مايى
奥托精硫(化)蓝	autogene sulfur blue	اۇتوگەندى كۇكىرت كوگى
奥沃霉素	avoparcin	ۆۇپارتسين
奥夏酸	oshaic acid	وشا قمشقىلى
澳洲茄边碱	solamergin	سولامەرگين

澳洲茄碱　solasonine سولاسونين

澳洲茄新碱　solasurine سولاسۇرين

澳洲(树)胶　Australian gum ئاۋسترالىيا جەلىمى

澳洲朱砂　Australian cinnabar ئاۋسترالىيا كىنو ۋارى (سىرى)

B

ba

八　octa, octo　　　　　　　　　　　　　　　وكتا ـ، وكتو ـ (گرەكشە)، سەگىز

八八－R　aramite　　　　　　　　　　　　　　　　　ارامىت

八叠球菌烯　sarcinene　　　　　　　　　　　　　　سارتسىنەن

八氟化锇　osminum fluoride　OsF$_8$　　　　　سەگىز فتورلى وسمي

八环化合物　octocyclic compound　　　　سەگىز ساقىنالى قوسلىستار

八甲撑　octomethylene　　　　　　　　　　　　وكتومەتىلەن

八甲撑二醇　octamethylene glycol　$HOCH_2(CH_2)_6CH_2OH$ وكتامەتىلەن گلىكول

八甲基　prestox Ⅲ（＝OMPA）　　　　　　　پرەستوكس Ⅲ

八甲基焦磷酰胺　octamethyl pyrophosphor amide　　　وكتامەتىل

　　　　　　　　　　　　　　　　　　　　　　پىروفوسفور امىد

八甲磷　　　　　　　　　　　　　　"希拉登" گە قاراڭىز.

八价　octavalence　　　　　　　　　　　　سەگىز ۆالەنت

八价物　octad　　　　　　　　وكتادتار، سەگىز ۆالەنتتى زاتتار

八角茴香油　oleum anisi stellate　　　　　　　بەدىان مايى

八角式　octet formula　　　　　　　　　　وكتەت فورمۇلا

八角体　octet　　　　　　　　　　　　　　　　وكتەت

八聚物　octamer　　　　　　　　　　　　　　وكتامەر

八氯丙烷　octachloro propane　C$_3$Cl$_8$　　سەگىز حلورلى پروپان

八氯代萘　naphthalene octachloride　C$_{10}$Cl$_8$　سەگىز حلورلى نافتالين

八氯化甲桥茚　　　　　　　　　　　"氯丹" گە قاراڭىز.

八氯莰烯　octachloro－camphene　　　　سەگىز حلورلى كامفەن

八羟基花生酸　octohydroxy－arachidic acid　وكتاگىدروكسىل اراحيد

قشقلى

八羟基酸　octohydroxylated acid　وكتا گيدروكسيلدى قشقىل

八羟基硬脂酸　octohydroxy－stearic acid　وكتاگيدروكسيل ستەارين
قشقلى

八氢雌酮　octohydroestrone　سەگىز سۆتەكتى ەسترون

八氢化萘　octahydro－naphthalene(＝octalin)　سەگىز سۆتەكتى نافتالين، وكتالين

八水合氯　chlorine hydrate　$Cl_2 \cdot 8H_2O$　سەگىز مولەكۆلا سۇلى حلور

八水合砷酸钴　cobalt bloom　$CO_3(AsO_4)_2 \cdot 8H_2O$　سەگىز مولەكۆلا سۇلى ارسەن قشقىل كوبالت

八炭烷　"辛烷" گە قاراڭز.

八烷醇　octyl alcohol　وكتيل سپيرتى

八氧化三轴　uranous－uranic oxide　V_3O_8　ۋران سەگىز توتعى

八乙基卟啉　octaethyl porphirin　وكتاەتيل پورفيرين

八隅(电子)说　octet theory　وكتەت (ەلەكترون) تەورياسى

八隅式　"八角式" گە قاراڭز.

八隅体　"八角体" گە قاراڭز.

巴　barie　بار (بىرلىك)

巴巴苏仁油　"巴巴苏油" گە قاراڭز.

巴巴苏油　babassu oil　باباسۇ مايى

巴比合金　babbitt metal　باببيت قورىتپاسى

巴比通　barbitone　باربيتون

巴比土酸　barbituric acid　$CH_3CONHCONHCO$　باربيتۇر قشقلى

巴比土酸盐　barbiturates　باربيتۇر قشقلمنىڭ تۇزدارى

巴布科克管　Babcock tube　بابكوك تۇتگى

巴达维亚垯玛(树)脂　Batavia dammar　باتاۋيادامار سمولاسى

巴迪氏酸　Badische acid　باديش قشقلى

巴豆胺　crotylamine　$CH_3CHCHCH_2NH_2$　كروتيلامين

巴豆叉　crotonylidene　CH₃CH:CHCH =　كروتونيليدەن

巴豆醇　crotonyl alcohol　CH₃CH:CHCH₂OH　كروتونيل سپيرتى

巴豆甙　crotonoside　C₁₀H₁₃O₅N₅　كروتونوزيد

巴豆基　crotonyl, crotyl　CH₃CH:CHCH₂ −　كروتونيل، كروتيل

巴豆基碘　crotyl iodide　CH₃CH:CHCH₂I　كروتيل يود

巴豆基芥子油　crotyl mustarol oil　C₄H₇NOS　كروتيلدى قشى مايى

巴豆基卤　crotyl halide　C₄H₇X　كروتيل گالوگەن

巴豆基氯　crotyl chloride　كروتيل حلور

巴豆基溴　crotyl bromine　C₄H₇Br　كروتيل بروم

巴豆腈　crotonic nitril　كروتون نيتريل

巴豆醛　crotonaldehyde　CH₃CH:CHCHO　كروتون الدەگيدتى

巴豆炔　crotonylene　CH₃C ⫶ CH₃　كروتونيلەن

巴豆树酯　croton resin　كروتون سمولاسى

巴豆酸　crotonic acid　CH₃CH:CHCOOH　كروتون قشقلى

巴豆酸丁酯　butyl crotonate　كروتون قشقل بۇتيل ەستەرى

巴豆酸酐　crotonic anhydride　(CH₃CH:CHCO)₂O　كروتون انگيدريدتى

巴豆酸甲酯　methyl crotonate　C₃H₅CO₂CH₃　كروتون قشقل مەتيل ەستەرى

巴豆酸酶　crotonase　كروتونازا

巴豆酸内酯　crotonic lactone　كروتون لاكتون

巴豆酸乙酯　ethyl crotonate　C₃H₅CO₂C₂H₅　كروتون قشقل ەتيل ەستەرى

巴豆酸酯　crotonate　كروتون قشقل ەستەرى، كروتوناتتار

巴豆烯共轭系统　crotonoid system　كروتونويد جۇيەسى

巴豆酰　crotonoyl　CH₃CH:CHCO −　كروتونويل

巴豆酰胺　crotonamide　CH₃CH:CHCONH₂　كروتوناميد

巴豆酰基　crotonyl　CH₃CH:CHCO −　كروتونيل

巴豆酰氯　crotonyl chloroide　CH₃CH:CHCOCl　كروتونيل حلور

巴豆油　croton oil　كروتون مايى

巴豆油酸　crotonolic acid　كروتونول قشقلى

巴豆脂	"巴豆树脂" كه قاراڭىز.
巴豆中毒 crotonism	كروتوننان ۋلانۇ
巴端特氏滴定管 Barret burrette	باررەت تامشلاتق تۇتگى
巴尔巴克－修姆炼银法 Balback－Thum silver process	بالباك ـ تۇمننك كۇمىس قورىتۇ ادسى
巴尔板	"燕麦灵" كه قاراڭىز.
巴杰二两级蒸馏法 Badger two－stage distillation process	بادگەردنك ەكى ەلەكترودتىق بۇلاندسرپ ايداۋ ادسى
巴克表 barkometer	باركومەتر
巴克尔－纳山效应 Baker－Natan effect	باكەر ـ ناتان ەففەكتى
巴克尔(提锌)法 Baker process	باكەردنك (مىرش الۋ) ادسى
巴库橄榄油 Bacu olive oil	باكۇ زايتۇن مايى
巴拉东 paratone	پاراتون (تۇتقىرلىقتى ارتتىرعىشتنك بىر تۇرى)
巴拉弗洛 praflow	پارافلوۋ (قاتۇعا قارسى اگەنتتنك بىر تۇرى)
巴拉盖尔 paragel	پاراگەل (قاتۇعا قارسى اگەنتتنك بىر تۇرى)
巴拉诺克斯 paranox	پارانوكس
巴拉塔胶 balata	بالاتا، بالاتا جەلمى
巴拉塔树胶	"巴拉塔胶" كه قاراڭىز.
巴拉橡胶 para rubber	پارا كاۋچۇگى
巴黎白 paris white	پاريج اعى
巴黎红 paris red	پاريج قىزىلى
巴黎蓝 paris blue	پاريج كوگى
巴黎绿 paris green	پاريج جاسىلى
巴黎紫 paris vielet	پاريج كۇلگنى
巴龙霉素	"拍罗摩霉素" كه قاراڭىز.
巴马亭 palmatine $C_{21}H_{23}O_5N$	پالماتين
巴氏杀菌器 pasteurizer	پاستەردنك باكتەريا قىرعىشى (اسپاپ)
巴斯德滤(菌)器 pasteur filter	پاستەردنك باكتەريا سۇزگىشى (اسپاپ)

巴斯德培养(烧)瓶　pasteur flusk	پاستەردىڭ باكتەريا ئوسرۇ كولباسى
巴斯德效应　pasteur effect	پاستەر ەففەكتى
巴斯德盐溶液　pasteur salting liquid	پاستەر تۇز ەرىتىندىسى
巴他酸　batatic acid	باتات قىشقىلى
巴土(树)脂　batu	باتۇ، باتۇ سمولاسى
巴西并　brazo −	برازو −
巴西果蛋白　excelsin	ەكسسەلزىن
巴西果朊	"巴西果蛋白" گە قاراڭىز.
巴西基酸　brassilic acid　$COOH(CH_2)_{11}COOH$	برازيل قىشقىلى
巴西蜡　brasilic wax	برازيل بالاۋىزى
巴西勒酸　brasilic acid　$Me(CH_2)_7(CHOH)_2(CH_2)_{12}COOH$	برازيلەي قىشقىلى
巴西勒因　brasilein　$C_{16}H_{14}O_5$	برازيلەىن
巴西灵　brasilin　$C_{16}H_{14}O_5$	برازيلىين
巴西酸　brasilic acid　$C_{12}H_{12}O_6$	برازيل قىشقىلى
巴西烷　brazan	برازان
α − 巴西烷　α − brazan	α − برازان
β − 巴西烷　β − brazan	β − برازان
γ − 巴西烷　γ − brazan	γ − برازان
巴西翁　brazylium	برازيليۇم
巴西烯酸　brassidic acid　$C_{21}H_{41}COOH$	براززيدىن قىشقىلى
巴西橡胶　bevea brasiliensis	برازيليا كاۋچۇگى
巴西棕榈醇　carnaubyl alcohol	كارناۋبيل سپيرتى
巴西棕榈蜡　carnauba wax	كارناۋبا بالاۋىزى
巴西棕榈酸　carnaubic acid	كارناۋب قىشقىلى
巴茵体　bainite	باينيت
菝葜甙	"菝葜素" گە قاراڭىز.
菝葜精酮　smilagenone	سميلاگەنون
菝葜配质　smilaggenin	سميلاگەنىن

菝葜素　smilacin　　　　　　　　　　　　　　　سميلاتسين

钯　palladium (Pd)　　　　　　　　　　　　(Pd) پاللادي

钯催化剂　palladium catalyst　　　　　پاللادي كاتاليزاتور

钯黑　palladium black　　　　　　　　　پاللادي قاراسى

坝　bar –　　　　　　　　　　　　　　　　– بار

坝巴醇　barbatol　　　　　　　　　　　　　بارباتول

坝巴醇酸　barbatolic acid　　　　　بارباتول قەشقەللى

坝巴醇羧酸　barbatol – carboxylic acid　بارباتول كاربوكسيل قەشقەللى

坝巴甙　barbaloin　　　　　　　　　　　　باربالوين

坝巴道斯焦油　Barbados tar　　　باربادوس كوكس مايى

坝巴酸　barbatinic acid　　　　　　بارباتين قەشقەللى

坝坝树胶　barbary gum　　　　　　باربارى جەلىمى

坝比流度　barbery fluidity　　　　　　باربەي اعمسى

坝比妥钠　barbital sodium　　　　　باربيتال ناترى

bai

伯啶　perimidine　$C_{11}H_8N_2$　　　　　　پەريميدين

伯啶基　perimidinyl (= perimidyl)　پەريميدينيل، پەريميديل

白　leuco, white　لەۆكو – ۆيتە – (گرەكشە)، اق، اق ٴتۆستى

白氨酸　leucine　$(CH_3)_2CHCH_2CH(NH_2)COOH$　لەۆتسين

白氨酰　leucyl　$(CH_3)_2CHCH_2CH(NH_2)CO –$　لەۆتسيل

白氨酰肽酶　leucylpeptidase　　　لەۆتسيل پەپتيدازا

白氨酰乙氨酸　leucyl glycine　　　لەۆتسيال گليتسين

白斑霉素　albydine　　　　　　　　　　البيدين

白苯胺　leucoaniline　$CH_3C_6H_3(NH_2)CH:(C_6H_4NH_2)_2$　لەۆكوانيلين

白玻璃　white glass　　　　　　اق شنىى، اق اينەك

白醋　white vinegar　　　　　　　اق سەركە سۆى

白蛋白　albumin　　　　　　　　　　　البۆمين

白蝶呤　leucopterin لەۇكوپتەرين

白淀汞　white precipitate　[NH₂Hg]Cl اق پرەتسيپيتات، حلورلى امينو سناپ

白垩　chalk بور، كومىر قىشقىل كالتسي

白垩处理　chalking بورمەن وگدەۇ

白垩粉　chalk powder بور ۇنتاعى

白垩省　chalcacen　C₃₀H₁₆ حالكاتسەن

白凡士林　white vaselin اق ۆازەلين

白矾 "明矾" گە قاراڭىز.

白腐酸　crenic acid كرەنين قىشقىلى

白钙沸石　griolite　H₄CaSi₃O₁₀ گريوليت

白喉毒素　diphtheria toxin ديفتەريا توكسينى

白喉菌素　diphtherin ديفتەرين

白喉抗毒素　diphtheria antitoxin ديفتەريا انتيتوكسينى

白坚木碱 "楣籽碱" گە قاراڭىز.

白胶　albane البان، اق جەلىم

白芥子甙 "芥子白" گە قاراڭىز.

白芥子酸 "芥子酸" گە قاراڭىز.

白芥子油　white mustard oil اق قىشى مايى

白金　platinum(= white gold) پلاتينا، اق التىن

白金箔 "铂箔" گە قاراڭىز.

白金电极 "铂电极" گە قاراڭىز.

白金坩埚 "铂坩埚" گە قاراڭىز.

白金海棉 "铂棉" گە قاراڭىز.

白金黑 "铂黑" گە قاراڭىز.

白金精　leucoaurin　(OHC₆H₄)₃CH لەۇكو اۇرين

白金皿　platinum dish پلاتينا ىدىس

白金片 "铂片" گە قاراڭىز.

白金石棉 "铂石棉" گە قاراڭىز.

白金属 white metal	اق مەتال
白金丝	"铂丝" گە قاراڭىز.
白金酸盐	"铂酸盐" گە قاراڭىز.
白金族元素	"铂族元素" گە قاراڭىز.
白口铁 white cast iron	اق شويىن
白矿脂	"白凡石林" گە قاراڭىز.
白蜡 Chinese insect wax	اق بالاۋزى، جۇڭگو جاندىكتەر بالاۋزى
白藜芦碱	"杰尔碱" گە قاراڭىز.
白藜芦酸 jervic acid	جەرۋي قىشقىلى
白粒岩 granulite	گرانۇليت
白利糖度 brix degree	بريكس دارەجەسى
白蔹素 ampeloptin	امپەلوپتين
白磷 white phosphorus	اق فوسفور
白硫堇 leucothionine	لەۇكويتونين
白马来乳酯	"白胶" گە قاراڭىز.
白玛瑙 white agate	اق ماناۋ، اق اقىق
白毛茛碱	"北美黄莲碱" گە قاراڭىز.
白霉素 albomycin	البوميتسين
白镁氧 magnesia alba $4MgCO_3 \cdot Mg(OH)_2 \cdot 5H_2O$	اق ماگنەزيا
白锰矾 mallardite $MnSO_4 \cdot 7H_2O$	ماللارديت
白明胶 gelatine alba	اق جەلاتين، جانۋارلار جەلمى
白砒 white arsenic (= arsenic trioxide)	اق ارسەن، ارسەن ۇش توتىعى
白千层酸 melaleucic acid	مەلالەۇتسين قىشقىلى
白铅 white lead	اق قورعاسىن
白铅漆 white lead paint	اق قورعاسىندى سىر
白屈氨酸 chelidamic acid $C_5H_3ON(COOH)_2$	حەليدامين قىشقىلى
白屈菜氨酸 chelidonamic acid $C_7H_7O_6N$	حەليدونامين قىشقىلى
白屈菜红 chelerythrine $C_{21}H_{17}O_4N$	حەلەريترين
白屈菜黄质 chelidoxan thine	

حەليدوكسانتين

白屈菜碱 chelidonine $C_{20}H_{19}O_5N$ حەليدونين

白屈菜素 chelidonoid   حەليدونويد

白屈菜酸 chelidonic acid $C_7H_4O_6$ حەليدون قىشقىلى

白屈菜酸盐 chelidonate $C_7H_2O_6M$ حەليدون قىشقىلىنىڭ تۇزدارى

白屈菜中毒 chelidonism   حەليدوننان ژلانۇ

白雀胺 quebrachamine $C_{19}H_{26}N_2$ كۆبراحامىن

白雀鞣酸 quebracho tannin   كۆبراحوتاننىن

白雀树萃 quebracho extract   كۆبراحو سەمەندسى

白朊 albumin   البۇمىن

白朊丹宁 tannalbin   تاننالبىن

白朊化物 albuminate   البۇمىناتار، البۇمىن قوسىلىستارى

白朊计 albuminometer   البۇمىنومەتر، البۇمىن ولشەگىش

白朊仪 albuminoscope   البۇمىنوسكوپ

白瑞香酸 mezereic acid   مەزەرەىن قىشقىلى

白瑞香脂 megeresin   مەگەرەزىن

白色 white, whiteness   اق، اق ئۇستى

白色代胶 white india rubber substitute   ىندىا اق ئۇستى بالاما كاۋچوگى

白色发烟硝酸 white fuming nitric acid   اق ئۇتىندى ازوت قىشقىلى

白色金属 white metal   اق مەتال

白色煤油 white kerosene   اق كارەسىن

白(色)铁矾土 white bauxite   اق (ئۇستى) باۋكسيت

白色颜料 white pigment   اق ئۇستى بوياعىشتار

白石蜡 white paraffin   اق پارافىن

白氏硬度 Brinell hardness   برينەل قاتتىلىعى

白树脂 white resin   اق سمولا

白水 white water   اق سۇ، ئۇسسىز سۇ

白水泥 white cement   اق سەمەنت

白松油	white pine oil	اق قاراعاي مايى
白苏打	white alkali	اق سودا، اق ٴسلتى
白酸	white acid	اق قشقىل
白檀油	santal oil	(اق) ساندال مايى
白炭	white charcoal	اق كومٴر
白炭黑	white carbon	اق كۆيە
白陶土	white clay	اق بالشىق
白铁	galvanized iron (= white iron)	اق قاڭىلتىر
白铜		"德国银" گە قاراڭىز.
白酮酸	Leuconic acid (CH)₅	لەۆكون قشقىلى
白土		"粘土" گە قاراڭىز.
白涂料	white Lime (= whitewash)	اق بور بوياۋ، اق اك
白卧仁	leucovorin	لەۆكوۆۆورين
白藓胺	dictamine	ديكتامين
白藓碱	dictamnin	ديكتامنين
白藓交酯	dictamnolide	ديكتامنوليد
白藓脑内酸	dictamnolic acid	ديكتامنول قشقىلى
白藓脑内酯	dictamnolacton	ديكتامنولاكتون
白藓脑酸		"白藓脑内酸" گە قاراڭىز.
白藓醛	dictamnal	ديكتامنال
白纤维	white fiber	اق تالشىق
白锌漆	white zinc paint	اق مىرشتى سىر
白英果红素	lycophyll	ليكوفيل
白油	white oill	اق ماي، جەڭىل ماي
白釉	white glase	اق ەمال، اق كەرەۆۆكە
白云石	dolomite	دولوميت
白云石水泥	dolomite cement	دولوميت سەمەنت
白云石砖	dolomite brick	دولوميت كەرپىش

白鳟精朊 coregonin		كورەگونين
百 hecto		گەكتو ـ (گرەكشە)، ٴجوز
百部定 stemonidine		ستەمونيدين
百部碱 paipunine, stemonine		پايپونين، ستەمونين
百部碱 III hodorine		گودورين
百部碱 IV tuberostestemonine		تۇبەروستەمونين
百部块茎碱		"百部碱IV" گە قاراڭز.
百分(比)浓度 percentage concentration		پروتسەنتتاك (سالىستىرمالى) قويۇلۇق
百分率 percentage		پروتسەنتتاك مولشەر
百分浓度 percentage concentration		پروتسەنتتاك قويۇلۇق
百分浓度单位 percentage concentration unit		پروتسەنتتاك قويۇلۇق بىرلىگى
百分数		"百分率" گە قاراڭز.
百分温度计 centigrade thermometer		ٴجوز گرادۇستىق تەرمومەتر
百克 hectogram (hg)		ٴجوز گرام (hg)
百浪多息 prontosil		پرونتوزيل
百浪斯剔 pronestyl		پرونەستيل
百里醇 thymotic alcohol		تيموت سپيرتى
百里碘酚 thymiodol, thymotol, thymodine		تيميودول، تيموتول، تيمودين
百里仿 thymoform $C_{21}H_{28}O_2$		تيموفورم
百里酚 thymol $(CH_3)_2CHC_6H_3(CH_3)OH$		تيمول
百里酚苯醚 thymol phenyl ether $C_6H_5OC_{10}H_{13}$		تيمول فەنيل ەفيرى
百里酚醋酸酯 thymol acetate $CH_3CO_2C_{10}H_{13}$		تيمول سىركە قىشقىل ەستەرى
百里酚磺酸 thymolsulfonic acid		تيمول سۋلفون قىشقىلى
百里酚磺酞 thymol sulfonphthalein		تيمول سۋلفون فتالەين
百里酚甲醚 thymol methyl ether $CH_3COC_{10}H_{13}$		تيمول مەتيل ەفيرى
百里酚蓝 thymol blue $C_{27}H_{30}O_5S$		تيمول كوك
百里酚羧酸 thymol carboxylic acid $(CH_3)(C_3H_7)C_6H_2(OH)COOH$		تيمول

كاربوكسيل قەشقەللى

百里酚酞　thymol phthalein　$C_{28}H_{30}O_4$　تيمول فتالەين

百里酚乙醚　thymol ethyl ether　$C_2H_5OC_{10}H_{13}$　تيمول ەتيل ەفيرى

百里基　thymyl　HC:C(CH₃)CH:CHC[CH(CH₃)₂]:C –　تيميل

百里基胺　thymylamine　$CH_3(NH_2)C_6H_3C_3H_7$　تيميلامين

百里醌　thymoquinone　$O:C_6H_2(CH)_3(C_3H_7):O$　تيموحينون

百里醌肟　thymoquinone – oxime　$ONC_{10}H_{12}CH$　تيموحينون وكسيم

百里孟醇　thymydol　تيميدول

百里柠檬油　thymelemon oil　تيمول ليمون مايى

百里氢醌　thymohydroquinone(= thymoquinol)　$C_{10}H_{14}O_2$　تيمو سۇتەكتى حينون، تيموحينول

百里酸　thymotic acid　$C_{11}H_{14}O_3$　تيموت قەشقەللى

百里酸酐　thymotic anhydride　$C_{11}H_{12}O_2$　تيموت انگيدريدتى

百里亭酚　thymotin alcohol　$(CH_3)_2CHC_6H_3(CH_3)CH_2OH$　تيموتين سپيرتى

百里亭醛　thymotinic aldehyde　$(C_3H_7)CH_3C_6H_2(OH)CHO$　تيموتين الدەگيدتى

百里亭酸　thymotinic acid　$(C_3H_7)CH_3C_6H_2(OH)COOH$　تيموتين قەشقەللى

百里烯　thymene　$C_{10}H_{16}$　تيمەن

百里香素　cymen　سيمەن

百里香油　thymus oil　تيمۇس مايى، جەبىر مايى

百里油　thyme oil　تيمە مايى

百里樟脑　thymo camphora　تيمە كامفورا

百米 (hm)　hectometer (hm)　ٴجۇز مەتر (hm)

百升 (hL)　hectoliter (hL)　ٴجۇز ليتر (hL)

百万当量数　equivalent parts per million　ميلليون ەكۆالەنتتەك سان

百微克　hectogamma　ٴجۇز ميكروگرام

百微升　hecto lambda　ٴجۇز ميكروليتر

柏油　asphalt　اسفالت، قاراماي

柏油混凝　asphalt bitumn　اسفالت بەتون

拜耳　K·J·Bayer　　　　　　　　　　　بايەر (ئاۋسترالىيا ھيمىگى)

拜耳法　Bayer process　　　　　　　　　　بايەر ئادىسى

拜拉特　palite　　　　　　　　　　　　　پاليت

ban

斑点反应　spot reaction　　　　نوقتا رەاكسىياسى، تامىزۇ رەاكسىياسى

斑点酸　stictic acid　　　　　نوقتا قىشقىلى، داق قىشقىلى

斑蝥素　cantharidin　　　　　كانتاريدين

斑蝥素醋　acetic cantharidin　　كانتاريدين سىركە سۇي

斑蝥酸　cantharidic acid　　　كانتاريد قىشقىلى، الاكۇلىك قىشقىلى

半　hemi, semi　گەمى ـ (گرەكشە)، سەمى ـ (لاتىنشا)، شالا، جارتى، جارتىلاي

半饱和　half saturated　　　　شالا قانعۇ

半苯　semi－benzene　　　　شالا بەنزول

半波电势　half wave potential　　جارتىلاي تولقىندى پوتەنتسيال

半玻璃化　semi vitreous　　　جارتىلاي شىنىلانۇ (ينەكتەنۇ)

半成品(纸浆)　half stuff　　　جارتىلاي ئونىم (قاعاز قويمالجىڭى)

半瓷釉　semi－faiense　　　　جارتىلاي قىشكارلەن

半促进剂　semi－rein forcing agent　جارتىلاي تەزدەتكەش اگەنت

半胆红素　hemibilirubin　　　گەمىبيليرۇبين

半当量溶液　hemi－normal－solution　جارتىلاي نورمال ەرتىندى

半导电体　　　　　　　　　　　"半导体" گە قاراڭىز.

半导体　semiconductor　　شالا وتكىزگىشتەر، جارتىلاي وتكىزگىشتەر

半导体材料　semiconducting material　شالا وتكىزگىش ماتەريالدار

半导体高分子　semiconducting high molelule　جوعارى مولەكۇلالى شالا وتكىزگىشتەر

半导体化合物　semiconducting compound　شالا وتكىزگىش قوسىلىستار

半导体化学　semiconducting chemistry　شالا وتكىزگىشتەر ھيمياسى

半导体晶体　semiconducting crystal　شالا وتكىزگىشتەر كريستالى

半导体塑料　semiconducting plastic　شالا وتكـزگـش سـۆلياۋﯔلار (پلاستيكتەر)

半导体陶瓷　semiconducting ceramic　شالا وتكـزگـش قـش ـ كارلەن

半电池　half cell　جارتـلاي باتارەيا

半电池　half element　جارتـلاي ەلەمەنت

半方程式　half equation　شالا تەڭدەۋ

半干法　semi – drying process　جارتـلاي قۇرعاتۇ ٴادسى

半干性油　semi – drying oil　جارتـلاي قۇرعاق ماي، جارتـلاي سرماي

半钢　semi – steel　شالا بولات

半固体　semi – solid　جارتـلاي قاتتى دەنە

半固体沥青物质　semi – solid bitumnous materials　جارتـلاي قاتتى بيتۇمدى ماتەرىيالدار

半固体润滑剂　semi – solid lubricants　جارتـلاي قاتتى كۆيدەگى سلمقتاعـش (اگەنت)

半胱氨酸　systeine　$HSCH_2CH(NH_2)COOH$　سيستەين

半胱氨酰　systeinyl　$CH_2(SH)CH(NH_2)CO-$　سيستەينيل

半胱氨酸脱硫酶　systein desulfurase　سيستەين دەسۇلفۇرازا

半硅砖　semi – silica brick　جارتـلاي كرەمنيلى كەرپش

半合成纤维　semi – synthetic fiber　جارتـلاي سينتەزدىك تالشق

半 – α – 胡萝卜酮　semi – α – carotinone　جارتـلاي ـ α ـ كاروتينون

半化学纸浆　semichemical pulp　جارتـلاي حيميالـق قاعاز قويمالجـگى

半环的　hemicylic　جارتـلاي ساقينالى

半环键　semi – cyclic bond　جارتـلاي ساقينالـق بايلانس

半环双键　semi – cyclic duble bond　جارتـلاي ساقينالـق قوس بايلانس

半极性　semi – polar　شالا پوليارلى، شالا ۆيەكتى

半极性键　semipolar duble bond　شالا پوليارلى بايلانس، شالا ۆيەكتى بايلانس

半极性双键　semipolar duble bond　شالا پوليارلى قوس بايلانس

半价　semi – valence　جارتـلاي ۆالەنتتـك

半焦化作用　semi – coking　جارتـلاي كوكستەۋ

半焦炭　semi‐coke　جارتىلاي كوكس

半焦油　coalite tar　جارتىلاي كوكس مايى

半胶体　semi colloid(= hemicolloid)　جارتىلاي كوللويد

半胶体结构　hemicolloid structure　جارتىلاي كوللويد قۇرىلمىسى

半结晶的　hemicrystalline　شالا كرىستال

半结晶区　semi‐crystalline region　شالا كرىستال اۇماعى

半金属　semi‐metal　جارتىلاي مەتال

半金属元素　semi‐metal element　جارتىلاي مەتال ەلەمەنتتەر

半卡巴腙　semi‐carbazone　RRC:NNHCONH　سەمىكار بازون

半抗原　haptene(= haptin)　گاپتەن، گاپتىن

半可逆性　semi‐revorsibility　جارتىلاي قايتىمدىلىق

半醌　semiquinone　شالاحينون

半醌型　hemiquinoid　R₂C₆H₄:O　شالاحينويد

半理想溶液　semi ideal solution　جارتىلاي يدەال ەرىتىندىلەر

半粒肥皂　half grained soap　جارتىلاي تۇيىرشىكتى كەرسابىن

半沥青油　semi asphaltic oil　جارتىلاي اسفالت ماي

半朕胺　semidine　RC₆H₄NHC₆H₄NH₂　سەمىدين

半朕胺变化　semidine change　سەمىديننىڭ ۆزگەرۋى

半朕胺重排作用　semidine rearrangement　سەمىديننىڭ قايتالاي ورنالاسۋى

半量子数　half quantium number　جارتىلاي كۋانت سانى

半硫化　semi‐cure　شالا كۇكىرتتەنۋ

半硫化作用　semi‐ulcanization　شالا كۇكىرتتەنۋ، جارتىلاي كۇكىرتتەنۋ

半硫醛　hemimercaptol　R₂C(SR)OH　گەمىمەركاپتول

半酶　seminase　سەمىنازا

半面晶型　hemihedral form　جارتىلاي گەدرال فورمالى

半尿囊酸　alantoric acid　الانتور قىشقىلى

半蒎酸　hemipinic acid　(CH₃O)₂C₆H₂(COOH)₂　گەمىپين قىشقىلى

半漂白　half‐bleaching　جارتىلاي اعارتقىش

半氢化作用 semihydrogenation		جارتىلاي سۆتەكتەنۈ
半醛 halfaldehyde CHO·R·COOH		جارتىلاي الدەگيد
半日花甙 heliarthemin		گەليارتەمين
半日花定		"劳丹尼定" گە قاراڭز.
半日花碱		"劳丹碱" گە قاراڭز.
半日花素 helianthin(e)		گەليانتين
半日花酸盐 helianthate		لاۋران قىشقىلىننىڭ تۇزدارى
半日花酮 helianthrone		گەليانترون
半日花烯 helianthrene		گەليانترەن
半日花油		"劳丹油" گە قاراڭز.
半日花甾醇 helisterol		گەليستەرول
半熔酚醛树脂		"乙阶(段)酚醛树脂" گە قاراڭز.
半乳阿拉伯糖胶 galacto arabane		گالاكتوارابان
半乳甘露聚糖 galactomannan		گالاكتوماننان
半乳甘露聚糖肽 galactomannan peptide		گالاكتوماننان پەپتيد
半乳庚糖 galactoheptose		گالاكتوگەپتوزا
半乳庚酮糖		"鳄梨酮糖" گە قاراڭز.
半乳聚糖 galactan(=galactosan) $(C_6H_{10}O_5)_x$		گالاكتان، گالاكتوزان
半乳葡萄甘露聚糖 galactoglucomannan		گالاكتوگليۇكوماننان
半乳糖 galactose $C_5H_{11}O_5CHO$		گالاكتوزا
半乳糖胺 galactosamine $C_6H_{11}(NH_2)O_5$		گالاكتوزامين
半乳糖胺－[2]		"软骨糖胺" گە قاراڭز.
半乳糖醇 galactitol		گالاكتيتول
半乳糖甙 galactoside		گالاكتوزيد
半乳糖甙果糖 lactulose		لاكتۇلوزا
半乳糖甙酶 galactosidase		گالاكتوزيدازا
α－半乳糖甙酶 α-galactosidase		α ـ گالاكتوزيدازا
β－半乳糖甙酶 β-galactosidase		β ـ گالاكتوزيدازا

半乳糖二酸		"粘酸" گه قاراڭز.
半乳糖激酶	galactokinase	گالاكتوكينازا
半乳糖肌醇	galactinol	گالاكتينول
半乳糖类脂物		"半乳糖脂" گه قاراڭز.
半乳糖酶	galactase	گالاكتازا
半乳糖脑甙	galactocerebroside	گالاكتوسەرەبروزيد
半乳糖鞘氨甙	sphingsyl galactoside	سيفينگوزين گالاكتوزيد
半乳糖醛酸	galacturonic acid	گالاكتۇرون قشقىلى
半乳糖脎	galactosazone	گالاكتوسازون، گالوكتوزازون
半乳糖酸	galactonic acid $CH_2OH(CHOH)_4COOH$	گالاكتون قشقىلى
半乳糖原	galactogen	گالاكتوگەن
半乳糖脂	galactolipid	گالاكتوليپيد
半软沥青	medium soft pitch	جارتىلاي جۇمساق اسفالت
半衰期	half life period	جارتىلاي ىدىراۋ پەريودى
半水合物	hemihydrate	جارتىلاي گيدرات
半水晶	semi - crystal	شالا كريستال
半水煤气	semi - water gas	جارتىلاي سۇ گازى، شالا سۇ گازى
半缩甲醛	hemi - formal $CH_2(OH)·OR$	گەميفورمال
半缩醛	hemi - acetal $RCH(OH)(OR)$	جارتىلاي اتسەتال
半萜	hemiterpene C_5H_8	گەميتەرپەن
半透明的	semi - transparent	جارتىلاي تۇنىق، جارتىلاي ؤمولدىر
半透膜	semipermeable membrane	جارتىلاي ؤوتىمدى جارعاق
半透性	semipermeability	جارتىلاي وتىمدىلىك
半瓦	half watt	جارىم ۆات
半微(量)	semimicro	جارتىلاي ميكرو
半微量苯胺点试验	semi - microaniline point test	جارتىلاي ميكرو انيلين نۆكتەسى سىناعى
半微量法	semimicro method	جارتىلاي ميكرولىق ؤادىس

半微量分镏　semimicro tractionation　جارتىلاي ميكرو ٴبولۇپ ايداۋ

半微量分析　semimicro analysis　جارتىلاي ميكرو تالداۋ

半微量化学　semimicro – chemistry　جارتىلاي ميكرو حيميا

半微量加氢装置　semimicro hydrogenation apparatus　جارتىلاي ميكرو

سۇتەكتەندىرۋ قۇرالمىسى

半微量天平　semimicro balance　جارتىلاي ميكرو تارازى

半无烟煤　semianthracite　جارتىلاي ٴتۇتىنسىز كومىر

半纤维素　semicellulose　جارتىلاي سەلليۋلوزا

半酰胺　halfamide　جارتىلاي اميد

半雅酸　"半羡酸" گە قاراڭىز.

半液体　semiliquid　جارتىلاي سۇيىقتىق

半液相过程　semiliquid phase process　جارتىلاي سۇيىق فازا بارسى

半硬橡胶　semi – hard rubber　جارتىلاي قاتتى رازىنكە

半正常　halfnormal　جارتىلاي نورمال

半周期　halfperiod　شالا پەريود

半煮皂　semiboiled soap　شالا قايناتىلعان سابىن

伴白蛋白　conalbumin　كونالبۇمين

伴白朊　"伴白蛋白" گە قاراڭىز.

伴蚕豆嘧啶核甙　convicin　كونۆيتسين

bang

磅达　poundal　پۇنددال (ولشەم بىرلىگى)

磅分子　pound – molecule　پۇند مولەكۇلا

磅衡分子　"磅分子" گە قاراڭىز.

磅衡原子　"磅原子" گە قاراڭىز.

磅卡　pound calorie　پۇندكالوريا

磅原子　pound atom　پۇندا اتوم

棒麦角素　clavine　كلاۆين

棒曲霉素　clavacin(＝clavatin, patulin)　C₇H₆O₄　كلاۋاتسىن، كلاۋاتىن، پاتۆلىن

棒状杆菌素　corynecin　كورىنەتسىن

棒状蜡　"蜡棒" گە قاراڭىز.

棒状磷　stick phosphorous　تاياقشا فوسفور

棒状硫磺　"硫棒" گە قاراڭىز.

bao

包含化合物　inclusion compound　قۇرامدىق قوسىلمىستار

包含形成物　inclusion－forming substance　قۇرامدىق تۆزىلگەن زاتتار

包合物　"包含化合物" گە قاراڭىز.

包宁地衣酸　Boninic acid　بونىن قشقىلى

包皮纸　kratt paper　وراۋش قاغاز

包斯威酸　boswellic acid　بوسۆەل قشقىلى

包扎霉素　bandamycin　بانداميتسىن

包装纸　wrapping paper　قوراپتاۋ قاغازى، قوراپتىق قاغاز

胞啶　cytidine　سيتيدين

胞啶酸　cytidylic acid　سيتيديل قشقىلى

胞活性　cytoactive　سيتواكتيۆتەك

胞间反应　intermiceller reaction　كلەتكا ارالىق رەاكسيا

胞浆素　plasmin　پلازمين

胞嘧啶　"胞嗪" گە قاراڭىز.

胞嘧啶核甙　"胞啶" گە قاراڭىز.

胞嘧啶核甙酸　"胞啶酸" گە قاراڭىز.

胞嗪　cytosine　C₄H₅ON₃　سيتوزين

胞质分裂素　cytokinin　سيتوكينين

胞质朊　cytoplasmic protein　سيتوپلازمالىق پروتەين

胞质素　"胞浆素" گە قاراڭىز.

薄层色谱法　thin layer chromatography　جۇقا قاباتتى حروما توگرافتاۋ

薄膜　thin film　جۇۇقا جارعاق، قابىرشاق

薄膜分子的定向　film orientation　جارعاق مولەكۇلاسىننىڭ باعىتتالۇى

薄膜温度　film temperature　جارعاق تەمپېراتۇراسى

薄膜橡胶　hull rubber　جارعاق رازىنكە

薄膜型成的　film forming　جارعاقتىڭ ٴتۇزىلۇى

薄膜增塑剂　film plasticizer　جارعاقتىڭ سوزىمدىلىعىن ارتتىرعىش (اگەنت)

薄膜蒸发器　film evaporator　جارعاق بۇلاندىرعىش (اسپاپ)

薄膜状态　filminess　جارعاق كۇيى

饱和　satisfying（= saturation)　قانىعۇ

饱和层　saturated layer　قانىققان قابات

饱和的环　saturated cycle　قانىققان ساقينا

饱和点　saturation point　قانىعۇ نۇكتەسى

饱和电流　saturation current　قانىعۇ توگى

饱和电压　saturation voltage　قانىعۇ كەرنەۋى

饱和度　degree of saturation　قانىعۇ دارەجەسى

饱和硅酸盐　saturated silicate　قانىققان كرەمني قىشقىلىنىڭ تۇزدارى

饱和化合物　saturated compound　قانىققان قوسىلىستار

饱和混合物　saturated mixture　قانىققان قوسپا

饱和加氢作用　saturation hydrogenation　قانىعۇ سۇتەگىن قوسۇ

饱和(开)链烃　saturated acrylic hydrocarbon　قانىققان (اشىق) تىزبەكتى كومىر سۇتەكتەر

饱和空气　saturated air　قانىققان اۋا

饱和链烃　 "饱和(开)链烃" گە قاراعىز.

饱和量　saturation capacity　قانىعۇ شاماسى (مولشەرى)

饱和粘土　saturated clay　قانىققان بالشىق، قانىققان سالمز توپىراق

饱和器　saturator　قانىقتىرعىش (اسپاپ)

饱和典线　saturated line　قانىققان قيسىق سىزىق

饱和染液　saturated staining solution　قانىققان بوياۋ ەرىتىندىسى

饱和溶液 saturated solution		قانىققان ېرىتىندى
饱和溶液沉和物 saturite		قانىققان ېرىتىندى شوڭكىندىسى
饱和色 full shade		قانعۆ ئتۈسى
饱和石脑油 saturated napha		قانىققان نافتا
饱和湿度 saturated humidity		قانىققان بلغالدىق دارەجەسى
饱和水蒸汽 moist steam		قانىققان سۇ بۆئى
饱和速度 saturating speed		قانعۆ جىلدامدىغى
饱和酸 saturated acid		قانىققان قىشقىل
饱和碳坏 saturated carbon ring		قانىققان كۆمىرتەك ساقىناسى
饱和体积 saturated valume		قانىققان كۆلەم
饱和烃 saturated hydrocarbon		قانىققان كۆمىر سۇتەكتەر
饱和温度 saturation temperature		قانعۆ تەمپېراتۇراسى
饱和无环烃 saturated acrylic hydrocarbon		قانىققان ساقىناسىز كۆمىر
		سۇتەكتەر
饱和物 saturates		قانىققان زاتتار
饱和系数 saturation coefficient		قانعۆ كوەففىتسەنتى
饱和限度 saturation limit		قانعۆ شەگى
饱和压(力) saturation pressure		قانعۆ قىسىمى
饱和岩 saturated rock		قانىققان جىنىس (تاۇ جىنىسى)
饱和样品 saturated sample		قانىققان ۇلگى
饱和异构 saturation isomerism		قانعۆ يزومەريزىمى
饱和油 saturated oil		قانىققان ماي
饱和蒸汽 saturated vapor		قانىققان بۇ
饱和蒸汽(曲)线 saturated vapor line		قانىققان بۇ (قىسىق) سىزىغى
饱和蒸汽压 saturated vapor pressure		قانىققان بۇ قىسىمى
饱和脂肪酸 saturated fatty acid $C_{17}H_{35}COOH$		قانىققان ماي قىشقىلدارى
饱和值 saturation value		قانعۆ ئمانى
饱和指数 saturation index		قانعۆ كۆرسەتكىشى

饱和状态	saturated conditions	قانىققان كۈي
保护基	protective group	قورعاعش گرۇپپا
保护胶体	protective colloid	قورعاشى كوللويد
保护颜色	protective color	قورعاعش ئتۈس
保护作用	protective action	قورعاۇ رولى
保利原理	pauli principle	پاۇلي پرينسيپى، پاۇلي قاعيداسى
保留时间	retention time	ساقتالۇ ۋاقتى، توقتالۇ ۋاقتى
保留体积	retention volume	ساقتالۇ كولەمى، توقتالۇ كولەمى
保留指数	retention index	ساقتالۇ كورسەتكشى، توقتالۇ كورسەتكشى
保棉丰	baumenfon	باۇمەنفون
保棉磷	azinphos – methyl	ازينفوس مەتيل
保泰松	prednisone	پرەدنيسون
保险粉		"次硫酸钠" گە قاراڭىز.
保险铅丝	lead fuse wire	قورعاعش قورعاسىن سىم
堡树苦素	castelamarin	كاستەلامارين
报春碱	aureolin	اۇرەولين
报春酸	aureolic acid	اۇرەول قىشقىلى
暴燃	deflagrate	قوپارىلۇ
暴燃混合物	deflagrating mixture	قوپارىلعش قوسپا
暴燃器	deflagrator	قوپارععش (اسپاپ)
暴燃性	deflagrability	قوپارىلعش، قوپارىلعشتىق
暴燃(作用)	deflagration	قوپارىلۇ (رولى)
爆轰	detonation	جارىلۇ، قوپارىلۇ، اتىلۇ
爆轰波		"爆炸波" گە قاراڭىز.
爆轰剂		"爆炸剂" گە قاراڭىز.
爆轰力	detonation power	جارىلۇ كۈشى، قوپارىلىس كۈشى
爆轰气		"爆鸣气" گە قاراڭىز.
爆轰热		"爆炸热" گە قاراڭىز.

爆轰时间	detonation time	جارىلۇ ۋاقتى، قوپارىلىس ۋاقتى
爆轰速度		"爆炸速度" گه قاراڭىز.
爆轰温度	detonation temperature	جارىلۇ تەمپەراتۇراسى، قوپارىلىس تەمپەراتۇراسى
爆轰药		"爆炸药" گه قاراڭىز.
爆轰(作用)		"爆炸(作用)" گه قاراڭىز.
爆聚	implosion	يمپىلوزيون
爆裂原子	exploding atom	جارىلعىش اتوم
爆鸣气	detonating gas	شتەرلاۋىق گاز
爆燃匙	deflagrating spoon	قوپارىلىس سىناق قاسىعى
爆炸	exploding, explosion	جارىلىس، قوپارىلىس
爆炸波	explosion wave	جارىلىس تولقىنى، قوپارىلىس تولقىنى
爆炸反应	explosive reaction	جارىلىس رەاكسياسى، قوپارىلىس رەاكسياسى
爆炸化合物	explosive compound	جارىلعىش قوسىلىستار
爆炸混合物	explosive mixture	جارىلعىش قوسپالار
爆炸剂	explosive agent	جارىلعىش اگەنت
爆炸极限	explosion limit	جارىلۇ شەگى
爆炸浓度	explosion ratio	جارىلۇ قويۇلىعى
爆炸热	explosion heat	جارىلۇ جىلۇى
爆炸速度	detonation velocity	جارىلۇ جىلدامدىعى
爆炸威力	explosive force	جارىلۇ كۈشى
爆炸物	explosive substance	جارىلعىش زاتتار
爆炸性	explosivity	جارىلعىش، جارىلعىشتىق
爆炸药	blasting explosive	جارىلعىش دارىلەر
爆炸油	explosive oil	جارىلعىش مايلار

bei

卑比令碱	"贝比碱" گه قاراڭىز.

卑膦酸 phosphinous acid $R_2P(OH)$		فوسفىن قشقىلى
卑宁油 petitgrain oil		پەتىتگراىن ماىى
卑胂酸 arsinous acid R_2AsOH		ارسىن قشقىلى
北美黄莲碱 hydrastine		گىدراستىن
苝 perylene		پەرىلەن
贝比碱 beberine		بەبەرىن
贝比碱甲炔 beberine methine		بەبەرىن مەتىن
贝比烯 beberylene $C_{34}H_{28}O_6$		بەبەرىلەن
贝卟啉 conchoporphyrin		كونحوپورفىرىن
贝蒂反应 betti reaction		بەتتى رەاكسىياسى
贝加灵 baicalin $C_{21}H_{18}O_{11}$		باىكالىن
贝加因 baicalein		باىكالەىن
贝壳松脑酸 kaurinolic acid $C_{17}H_{34}O_2$		كاۋرىنول قشقىلى
贝壳松让酸 kauronolic acid $C_{12}H_{34}O_7$		كاۋرونول قشقىلى
贝壳松酸 kaurinic acid $C_{10}H_{16}O_2$		كاۋرىن قشقىلى
贝壳松油酸 kaurolic acid $C_{12}H_{20}O_2$		كاۋرول قشقىلى
贝壳松脂 kauri resin		كاۋرى سمولاسى
贝壳松脂丁醇 kauri butanol		كاۋرى بۇتانول
贝壳松脂烯 kauroresene		كاۋرورەزەن
贝壳硬蛋白 chonchiolin		حونحىيولىن
贝壳硬朊	"贝壳硬蛋白" گە قاراڭىز.	
贝克曼重排作用 Backmann rearrangement		بەكماندىق قاىتا ورنالاسۇ رولى
贝克曼温度计 Beckmann thermometer		بەكمان تەرمومەترى
贝隆 perlon		پەرلون
贝纶	"贝隆" گە قاراڭىز.	
贝纶－1 perlon－1		پەرلون ـ 1
贝螺杀 niclosamide		نىكلوزامىد
贝母醇 propeimin		پروپەىمىن

贝母分碱　peiminine　　　　　　　　　　　　　　پەيمينين

贝母碱　peimine　　　　　　　　　　　　　　　پەيمين

贝母属碱　fritillarine　　　　　　　　　　　فريتيللارين

贝母植物碱　fritillaria alkoloids　　　فريتيللاريا الكولويدى

贝内迪克特溶液　Benedict solution　　بەنەديكت ەرتمەندىسى

贝内迪克特试验　Benedict test　　　　بەنەديكت سىناەى

贝内尔　bernyl　　　　　　　　　　　　　　　بەرنيل

贝又菌素　bamicetin　　　　　　　　　　بامىتسەتين

钡(Ba)　barium　　　　　　　　　　　　　　باري (Ba)

钡－140　barium－140　　　　　　　　　　باري ـ 140

钡白　barium white　　BaSO₄　　　　　　　　باري اەى

钡玻璃　barium glass　　　　　　باريلى اينەك (شنى)

钡餐　barium meal　　　　　　　　　　باري بوتقاسى

钡黄　barium yellow　　　　　　　　　　باري سارسى

钡盐　barium salt　　　　　　　　　　　　باري تۇزى

钡酯　barium ester　　　　　　　　　　باري ەستەرى

钡中毒　bariumism　　　　　　　　باريدان ژالانۇ

倍半硅酸钠　sodium sesqui silicate　سەسكۆي كرەمني قشقىل ناتري

倍半醌　sasquiquinone　　　　　　سەسكۆي حينوندار

倍半硫化物　sesqui sulfide　　سەسكۆي كۆكىرت قوسلىستارى

倍半氯化物　sesqui chloride　　سەسكۆي حلور قوسلىستارى

倍半碳酸钠　sodium sesqui carbonate　Na₂CO₃　سەسكۆي كومىر قشقىل ناتري

倍半萜烯　sesquiterpene　　　　　سەسكۆي تەرپەندەر

倍半盐　sesqui salt　　　　سەسكۆي تۇزدار، ٴبىر جارىم تۇزدار

倍半氧化物　sesquioxide　　سەسكۆي توتىقتار، ٴبىر جارىم توتىقتار

倍比　multiple proportion　　　　　　هەسەلى قاتىناس

倍比定律　law of multiple proportion　　هەسەلى قاتىناستار زاڭى

倍比键　　　　　　　　　　قاراڭىز "重键" گە .

倍格莫油　bergamot oil

بەرگاموت مايى

倍腈松　valaxon　ۋالاكسون

倍硫磷　fenthion　فەنتيون

倍太克斯　baitex　بايتەكس

蓓豆氨酸　baikiain　بايكياين

棓氨酸　gallamic acid　(OH)₃C₆H₂CONH₂　گاللامين قشقىلى

棓醇　gallinol(＝gallol)　C₆H₅NHC₆H₂(OH)₃　گاللينول، گاللول

棓醇化合物　gallols　گاللول قوسىلستارى

棓丹宁酸　gallotannic acid　گاللوتاننين قشقىلى

棓儿茶酸　gallochatechin　گاللوحاتحىين

棓吩宁 GD　gallophenine GD　گاللوفەنىن GD

棓酚　“棓酰替苯胺” گە قاراڭىز.

棓花青　gallocyanin(e)　C₁₅H₁₂O₅N₂　گاللوسيانىن

棓花青 BD　gallocyanine BD　گاللوسيانىن BD

棓黄素　galloflavin　گاللوفلاۋىن

棓黄质　galloxan thin　گاللوكسانتىن

棓灵　gallin　C₂₀H₁₄O₇　گاللىن

棓酸　gallic acid　گال قشقىلى

棓酸铵　ammonium gallate　گال قشقىل اممونى

棓酸丙酯　propyl gallate　(OH)₃C₆H₂CO₂C₃H₇　گال قشقىل پروپيل ەستەرى

棓酸甲酯　methyl gallate　C₈H₈O₅　گال قشقىل مەتيل ەستەرى

棓酸盐　gallate　C₆H₂(OH)₃COOM　گال قشقىلنىڭ تۇزدارى

棓酸乙酯　ethyl gallate　(OH)₃C₆H₂CO₂C₂H₅　گال قشقىل ەتيل ەستەرى

棓酰　galloyl　(3, 4, 5)－(OH)₃C₆H₂CO－　گاللويل

棓酰胺　gallamide　(OH)₃C₆H₂CONH₂　گاللامىد

棓酰替苯胺　gallanilide　C₁₃H₁₁NO₄　گاللانيليد، گال انيليد

棓因　gallein　C₂₀H₁₀O₇　گاللەين

棓原　gallogen　C₁₄H₆O₈　گاللوگەن

棓紫 DF　galloviolet DF　　　　　　　　　　　گاللو كۆلگنى DF

ben

本卟啉　ethioporphirine　　　　　　　　　　ەتيوپورفيرين

本胆烷　ethio folane　　　　　　　　　　　ەتيوفولان

本胆烷二酮　ethio folanedion　　　　　　　ەتيوفولانەديون

本生灯　Bunsen burner　　　　　بۆنزەن لامپاسى، بۆنزەن جانارەعسى

本生灯焰　Bunsen flame　　　　　بۆنزەن جانارعى، جالمنى

本生电池　Bunsen cell　　　　　　　بۆنزەن باتارەياسى

本生烧瓶　Bunsen blask　　　　　　بۆنزەن كولباسى

本生焰　Bunsen – type flame　　　　بۆنزەن تيپتى جالسن

本体聚合　bulk polymerization　　تۆتاس پوليمەرلەنۆ، تۆلعالسق پوليمەرلەتۆ

本扎西丁　benzacetin　　　　　　　بەنزاتسەتين

苯　benzene(= benzol)　C_6H_6　　　بەنزول

苯氨基苯胺　　　　　　"苯朕胺" گە قاراڭىز.

苯氨基甲酸乙酯　　　　　"苯基尿烷" گە قاراڭىز.

苯氨基乙腈　nitrile of phenylglycine　فەنيل گليتسين نيتريل

苯氨腈　phenyl – cyanamide　$C_6H_5 \cdot NH \cdot CN$　فەنيل سياناميد

苯氨羰基　phenyl carbamoyl　C_6H_5NHCO-　فەنيل كاربامويل

苯胺　aniline　$C_6H_5NH_2$　　　انيلين

苯胺 – N, 2 – d₂　aniline – N, 2 – d₂　انيلين، N، 2 ـ d₂

苯胺叉　phenylimino　$C_6H_5N=$　فەنيل يمينو

苯胺橙　aniline orange　　　　انيليندك قىزعملت سارى

苯胺当量　aniline equivalent　　انيلين ەكۆيۆالەنتى

苯胺点　aniline point　　　　انيليندك نۆكتە

苯胺点测定仪　aniline test apparatus　انيليندك نۆكتەنى ولشەگش

苯胺法　aniline process　　　انيليندك ٴادس

苯胺黑　aniline black　　　　انيليندك قارا

苯胺黑类染料　anioline black dyestuffs　ئانىلىندىك قارا بوياۋلار

苯胺黑染料　"苯胺黑类染料" گە قاراڭىز.

苯胺红　aniline red　ئانىلىندىك قىزىل

苯胺黄　aniline yellow　ئانىلىندىك سارى

苯胺磺酸　aniline sulfonic acid　$NH_2C_6H_4SO_3H$　ئانىلىن سۇلفون قىشقىلى

苯胺基　anilino−　C_6H_5NH-　ئانىلىنو −

苯胺基磺酸　phenyl sulfamic acid(＝phenyl thionami cacid)　$C_6H_5NHSO_3H$

فەنىل سۇلفامىن قىشقىلى، فەنىل تىونامىن قىشقىلى

苯胺基磺酰　phenylsulfamyl(＝phenyl sulfamoyl)　فەنىل سۇلفامىل،

فەنىل سۇلفاموىل

苯胺基甲酸　carbaniloyl　كاربانىلوىل

苯胺基甲酸乙酯　" N − 苯基尿烷" گە قاراڭىز.

苯胺基甲酸异丙酯　isopropyl carbamate　كاربامىن قىشقىل يزوپروپىل

ەستەرى

苯胺基甲酰　carbanilino(＝phenyl carbamoyl)　C_6H_5NHCO-　كاربانىلىنو،

فەنىل كاربامويل

苯胺基硫脲　phenyl thiosemicarbazide　$C_6H_5NHNHCSNH_2$　فەنىل تىوسە

مىكاربازىد

β − 苯胺基乙醇　β − anilino − ethanol　$C_6H_4HN(C_2H_4OH)$　β − ئانىلىنو

ەتانول

苯胺甲醛树脂　aniline − formaldehyde resin　ئانىلىن ـ فورمالدەگىدتى سمولالار

苯胺甲醛塑料　aniline − formaldehyde polastic　ئانىلىن ـ فورمالدەگىدتى

سۇلياۋ

苯胺腈　phenyl cyanamide　فەنىل سىانامىد

苯胺蓝　aniline blue　$C_{37}H_{29}N_3 \cdot HCl$　ئانىلىندىك كوك

苯胺灵　propham　پروفام

苯胺绿　aniline green　ئانىلىندىك جاسىل

苯胺偶氮酚　"萘酚 A5" گە قاراڭىز.

苯胺染料　aniline dye　ئانىلىندىك بوياۋلار

苯胺染色法　aniline dying　انىلىنمەن بوياۋ ؛ادىسى

苯胺树脂　aniline resin　انىلىندى سمولالار

苯胺数　aniline number　انىلىن سانى

苯胺塑料　anilino plastic　انىلىندى سۆلياۋ

苯胺羰酸　phenylocamic acid(＝oxanilic acid)　$C_6H_5NHCOCOOH$　فەنىل
وكسامىن قىشقىلى، وكسانىل قىشقىلى

苯胺系数　aniline factor　انىلىن كوەففىتسەنتى

苯胺盐　aniline salt　انىلىن تۇزى

苯胺衍生物　anils　انىلىن تۇىندىلارى

苯胺油　aniline oil　انىلىن مايى

苯胺中毒　anilism　انىلىننەن ۋلانۋ

苯胺紫　aniline violet　انىلىندك كۇلگىن

苯巴比通　pheobarbitone　$C_{12}H_{12}O_3N_2$　فەنوباربىتون

苯巴比妥　phenobarbital　$C_{12}H_{12}O_3N_2$　فەنو باربىتال

苯巴比妥钠　phenobarbital sodium　$C_{12}H_{11}O_3N_2Na$　فەنو باربىتال ناتري

苯半卡巴腙　phenyl semicarbazone　فەنىل سەمىكاربازون

苯吡醇　parinol　پارىنول

苯丙胺　raphetamine　رافەتامىن

苯丙醇　phenylpropanol　$C_6H_5(CH_2)_2CH_2OH$　فەنىل پروپىل سپىرتى

苯丙醇－[2]　"苄基甲基甲醇" گە قاراڭـز.

苯丙二酮　"甲基苯基二甲酮" گە قاراڭـز.

苯丙砜　phenprofon, sulphetron　فەنپروفون، سۆلفەترون

苯丙磺胺苯磺酸钠　soluseptazine　سولۇسەپتازىن

苯丙基　"氢化肉桂基" گە قاراڭـز.

3－苯丙基　3－phenylpropyl　$C_6H_5CH_2CH_2CH_2-$　3 ـ فەنىل پروپىل

苯丙醚　"丙基苯基醚" گە قاراڭـز.

苯丙炔　phenyl allylene　فەنىل اللىلەن

苯丙炔酸　phenyl propiolic acid　$C_6H_5:CCOOH$　فەنىل پروپپيول قىشقىلى

苯丙炔酸乙酯　ethyl－phenyl propiolate　$C_6H_5:CCO_2C_2H_5$

فەنيل پروپيول قشقىل ەتيل ەستەرى

苯丙酸　phenylpropionic acid
فەنيل پروپيون قشقىلى

β-苯丙酸　β-phenylpropionic acid
β ـ فەنيل پروپيون قشقىلى

苯丙酸诺龙　nandroloni phenylpropionas, durabolin
فەنيل پروپيون قشقىل ناندرولون

苯丙酮尿　phenyl ketonuria
فەنيلى كەتوندى نەسەپ

苯丙酮溶剂　benzol－acetone solution
بەنزول ـ اتسەتون ەرىتكىش
(اگەنت)

苯丙酮酸　phenyl－pyruvic acid　$C_6H_5CH_2COCOOH$
فەنيل پيرۇۆين قشقىلى

苯丙烯
. "苄基乙烯" گە قاراڭـز

苯丙烯酸苯丙烯酯
. "苏合香英" گە قاراڭـز

苯丙烯酰苯
. "查耳酮" گە قاراڭـز

2－苯丙酰　2－phenyl propionyl
2 ـ فەنيل پروپيونيل

3－苯丙酰　3－phenyl propionyl
3 ـ فەنيل پروپيونيل

苯丙酰胺
. "氢化肉桂酰胺" گە قاراڭـز

苯丙酰苯
. "苄基乙酰苯" گە قاراڭـز

苯丙酰基
. "氢化肉桂酰基" گە قاراڭـز

苯并　benzo-
بەنزو

苯并吡啶　benzopyridine
بەنزوپيريدين

苯并吡咯　benzopyrrol
بەنزوپيررول

苯并吡喃基　benzopyranyl　C_9H_7O-
بەنزوپيرانيل

苯并吡喃酮　benzopyrone
بەنزوپيرون

2,3－苯并吡喃酮　2,3－benzopyrone
2، 3 ـ بەنزوپيرون

苯并吡喃酮系　benzopyrone series
بەنزوپيرون قاتارى

苯并噌啉　benzcinnol
بەنزسيننولين

苯并醋蒽　benzaceanthrylene
بەنزاتسەانترىلەن

苯并靛蓝　benzo－indigo blue
بەنزو ـ ينديگو كوك

1,2,3－苯并恶二唑　1,2,3－benzoxadiazole　$C_6H_4ON_2$
1، 2، 3 ـ

بەنزوكسادىيازول

苯并恶嗪 benzoxazine بەنزوكسازىن

1,2,3－苯并恶嗪 1,2,3－benzoxazine C₈H₇NO ‏1، 2، 3 ـ بەنزوكسازىن

1,4,2－苯并恶嗪 1,4,2－benzoxazine C₇H₇NO ‏1، 4، 2 ـ بەنزوكسازىن

2,3,1－苯并恶嗪 2,3,1－benzoxazine C₈H₆NO ‏2، 3، 1 ـ بەنزوكسازىن

2,4,1－苯并恶嗪 2,4,1－benzoxazine C₈H₇NO ‏2، 4، 1 ـ بەنزوكسازىن

苯并恶嗪基 benzoxazinyl－ C₈H₆NO－ بەنزوكسازىنيل

苯并恶嗪酮 benzoxazinone C₆H₄CHNOCO－ بەنزوكسازىنون

苯并恶唑 benzoxazole C₆H₄NCHO بەنزوكسازول

苯并恶唑基 benzoxazolyl C₇H₄NO－ بەنزوكسازوليل

苯并恶唑啉酮 benzoxazolinone بەنزوكسازولينون

苯并苊 fluoran thene فلۇورانتەن

苯并蒽 benzanthracene, benzanthrene C₁₈H₁₂ بەنزانتراتسەن، بەنزانترەن

苯并[α]蒽 benz[a]anthracene بەنز [a] انتراتسەن

苯并蒽酮 benzanthrone C₁₇H₁₀O بەنزانترەن

苯并蒽酮染料 benzanthrone dye بەنزانتروندك بوياۋلار

苯并二氮杂卓类 benzodiazepines بەنزودىيازەپىندەر

苯并二恶烷 benzdioxan بەنزدىيوكسان

1,2－苯并二嗪 1,2－benzodiazine C₆H₄(CH)₂N₂ ‏1، 2 ـ بەنزودىيازىن

1,3－苯并二嗪 1,3－benzodiazine C₆H₄(CH)₂N₂ ‏1، 3 ـ بەنزودىيازىن

苯并二唑 benzdiazole بەنزدىيازول

苯并芳庚 قاراڭىز گە "苯品".

苯并呋喃 benzofuren بەنزوفۇران

苯并呋喃并[2,3－f]喹啉 benzofuro [2,3－f]quinoline ‏2، 3 ـ f] حينولين بەنزوفۇرو [

苯并呋喃基 benzofuranyl(＝benzofuryl) C₈H₅O بەنزوفۇرانيل، بەنزوفۇريل

苯并呋咱 benzofurazan C₆H₄N₂O بەنزوفۇرازان

苯并橄榄绿 benzo－olive بەنزو ئزايتۇن جاسلى

苯并铬棕 G benzochrome brown G بەنزوحرومدى قىزىل قوڭىر G

苯并黑蓝 benzo – black – blue بەنزو قارا ـ كۆك

苯并红蓝 benzo – red – blue بەنزو قىزىل ـ كۆك

苯并红紫 4B benzopur purine 4B بەنزو قىزىل ـ كۆلگىن 4B

苯并环已烯 "萘满" گە قاراڭىز.

苯并黄素 benzo flavine بەنزوفلاۋّين

苯并黄酮 benzoflavone بەنزوفلاۋّون

7,8 – 苯并黄酮 7,8 – benzoflavone $C_{19}H_{12}O_2$ 7، 8 ـ بەنزوفلاۋّون

5,6 – 苯并黄酮醇 5,6 – benzflavonol 5، 6 ـ بەنزوفلاۋّونول

苯并甲叉茂 "甲叉茚" گە قاراڭىز.

苯并坚牢橙 benzo – fast orange بەنزو جۇعىمدى قىزعىمتىل سارسى

苯并坚牢橙 S benzo – fast orange S بەنزو بەربك قىزعەمتل سارسى S

苯并坚牢淡紫 benzo – fast heliotrope بەنزو جۇعىمدى سولعىن كۆلگىنى

苯并坚牢红 benzo – fast red بەنزو جۇعىمدى قىزىلى

苯并坚牢红 8BL benzo – fast red 8BL بەنزو جۇعىمدى قىزىلى 8BL

苯并坚牢黄 5GL benzo – fast yellow 5GL بەنزو جۇعىمدى سارسى 5GL

苯并坚牢蓝 benzo – fast blue بەنزو جۇعىمدى كوگى

苯并坚牢桃红 2BL benzo – fast pink 2BL بەنزو جۇعىمدى قىزعىمتىمى 2BL

苯并坚牢猩红 4BA benzo – fast scarlet 4BA بەنزو جۇعىمدى قان قىزىلى 4BA

苯并碱红 "苯并若杜林红" گە قاراڭىز.

苯并金精 benzaurin $C_6H_5C(C_6H_4O)C_6H_2OH$ بەنزاۋّرين

苯并喹啉 benzoquinoline $C_{13}H_9N$ بەنزوحينولين

苯并喹哪啶 benzoquinaldine بەنزوحينالدين

苯并蓝 benzo blue بەنزو كوگى

苯并蓝 RW benzo blue RW بەنزو كوگى RW

苯并亮橙 CR benzo brilliant orange CR بەنزو جارقىراۋّق قىزعەمتل سارسى CR

苯并亮黄　benzo light yellow		بەنزو جارقىراۋۇق سارسى
苯并亮玉红　benzo light rubine		بەنزو جارقىراۋۇق رۇبىنى (لاعمل)
苯并茂		"茚满" گە قاراڭىز.
苯并咪唑　benzimidazol	C_6H_4NHCHN	بەنزىمىدازول
苯并咪唑基　benzimidazolyl	$C_7H_5N_2-$	بەنزىمىدازولىل
苯并咪唑酮　benzimidazolone		بەنزىمىدازولون
1-苯并[de]萘　benzonaphthene		1 ـ بەنزونافتەن
苯并芘　benzo pyrene		بەنزوپيىرەن
苯并[a]芘　benzo[a]pyrene		بەنزو [a] پيىرەن
2-苯并[cd]芘　benzo[cd]pyrene		2 ـ بەنزو [cd] پيىرەن
2-苯并嗪　2-benzaline	C_9H_7N	2 ـ بەنزازين
苯并青　benzo sky blue		بەنزو كۆگىلدىرى
苯并染料　benzo-colors		بەنزو بوياۋلار
苯并若杜林红　benzorhoduline red		بەنزورودۇلىندىك قىزىل
2,1,3-苯并噻二唑		"苯邻噻脑" گە قاراڭىز.
苯并噻吩　benzothiophene		بەنزوتيوفەن
1,4-苯并噻嗪　1,4-benzothiazine	C_8H_7NS	1، 4 ـ بەنزوتيازين
苯并噻唑　benzothiazole	C_6H_4NCHS	بەنزوتيازول
苯并噻唑基　benzothiazolyl	C_6H_4NCS	بەنزوتيازولىل
1,2,3-苯并三嗪　1,2,3-benzotriazine	$C_6H_4CHN_3$	1، 2، 3 ـ بەنزوتريازين
1,2,4-苯三嗪　1,2,4-benzotriazine	$C_6H_4CHN_3$	1، 2، 4 ـ بەنزوتريازين
苯并三唑　benzotriazole	$C_6H_4N_3H$	بەنزوتريازول
1,2,3-苯并三唑　1,2,3-benzotriazole	$C_6H_4N_3H$	1، 2، 3 ـ بەنزوتريازول
苯并色酮　benzchromone		بەنزحرومون
1,2,3,4-苯并四嗪　1,2,3,4-benzotetrazine	$C_6H_4N_4$	1، 2، 3، 4 ـ بەنزو تەترازين
苯并天青精　benzoazurine		بەنزوازۇرين
苯并天青精 G　benzoazurine G		بەنزوازۇرين G

苯并芴 benzfluorene $C_{17}H_{12}$ بەنزفلۇورەن

1:2－苯并芴 1:2－benzfluorene 1 ـ 2 ـ بەنزفلۇورەن

苯并芴醇 benzfluorenol $C_{17}H_{11}OH$ بەنزفلۇورەنول

1:2－苯并芴酮 1:2－benzfluorenone 1 ـ 2 ـ بەنزفلۇورەنون

2,1,3－苯并硒二唑 . قاراڭـز گە "苯硒脑"

苯并(C)氧氮茂 benzopseudoxazolo بەنزوپسەۋدوكسازول

苯并(C)氧二氮茂 . قاراڭـز گە "苯并呋咱"

苯并氧芴 benzodiphenylene oxide(＝brazan) ،بەنزو ديفەنيلەن توتمعى

برازان

α－苯并氧芴 . قاراڭـز گە " α － 巴西烷"

β－苯并氧芴 . قاراڭـز گە " β － 巴西烷"

γ－苯并氧芴 . قاراڭـز گە " γ － 巴西烷"

1,2－苯并异恶嗪 1,2－benzoxazine C_8H_7NO 1، 2 ـ بەنزوكسازين

1,4－苯并异恶嗪 1,4－benzoxazine C_8H_7NO 1، 4 ـ بەنزوكسازين

1,2－苯并异恶唑 1,2－benzisoxazole C_6H_4ONCH 1، 2 ـ بەنزيزوكسازول

苯并异二唑 indiazole $C_6H_4CH_2N_2$ ينديازول

苯并异喹啉 benzisoquinoline بەنزيزوحينولين

1,2－苯并异噻嗪 1,2－benzothiazine C_8H_7NS 1، 2 ـ بەنزوتيازين

α－苯并吲唑 α－naphthindazole α ـ نافتيندازول

β－苯并吲唑 β－naphthindazole β ـ نافتيندازول

苯并茚 benzindene بەنزيندەن

IH－苯并[e]茚 IH－benz[e]indene IH ـ بەنز [e] يندەن

苯并茚并吡喃 benzindopyran بەنزيندوپيران

IH－苯并[e]茚－2－醋酸 IH－benz[e]indene－2－acetic acid

IH ـ بەنز [e] يندەن ـ 2 ـ سركە قـشقـلـى

苯并茚满 benzindan(＝benzhydrindene) بەنزيندان، بەنزگيدريندەن

苯并[e]茚满 benz[e]indane بەنز [e] يندان

苯并[f]茚满 benz[f]indane بەنز [f] يندان

α－苯并茚满 α－naphthindane α ـ نافتيندان

苯并茚满醇　benzindanol　　　　　　　　　　　　　بەنزيندانول

α：β－苯并茚满二酮　α：β－naphthindandinone　α ـ β ـ نافتينداندىيون

苯并茚满酮　benzhydrindone　　　　　　　　　　بەنزگيدرىندون

α－苯并茚满酮　α－naphthindanone　　　　　α ـ نافتيندانون

苯并[c]茚[2,1,a]芴　benz[c]indeno[2,1,a]fluorene　بەنز [c] يندەن [2، 1، a]
　　　　　　　　　　　　　　　　　　　　　　　فلۇورەن

苯并棕 BR　benzobrown BR　　　　　　　　بەنزو قىزىل قوڭۇرى BR

苯叉　phenylidene　　　　　　　　　　　　　　فەنيليدەن

苯叉苯胺黑　benzanyl black　　　　　　　　　بەنزانيل قاراسى

苯叉苯胺红紫　benzanyl purpurine　　　بەنزانيل قىزىل كۆلگىنى

苯叉苯胺黄　benzanyl yellow　　　　　　　　بەنزانيل سارسى

苯叉苯胺坚牢橙　benzanyl fast orange　بەنزانيل جۇءممەدى قىزعىلت سارسى

苯叉苯胺蓝　benzanyl blue　　　　　　　　　بەنزانيل كوگى

苯叉苯胺染料　benzanyl color　　　　　　　بەنزانيل بوياۋلار

苯叉肼　benzhydrazide　　　　　　　　　　　بەنزگيدرازىد

苯撑　phenylene　　－C₆H₄－　　　　　　　　فەنيلەن

苯撑二甲叉　phenylene－dimethylidyne　　فەنيلەن دىمەتيليدين

苯(撑)二甲基　xylylene（＝phenylene dimethylene）　－H₂CC₆H₄CH₂－
　　　　　　　　　　كسيليلەن، فەنيلەندى دىمەتيلەن

苯撑蓝　phenylene blue　　　فەنيلەندى كوك، فەنيلەندىك كوك

苯撑硫脲　phenylene－thiourea　CSN₂H₂C₆H₄　فەنيلەندى تيوۋرەا

苯撑双偶氮　phenylene bisaza　－NNC₆H₄NN－　فەنيلەندى قوس ازوت

苯虫威　ethiofencarb　　　　　　　　　　　　ەتيوفەنكارب

苯稠[9,10]菲　triphenylene　C₁₈H₁₂　　　　　تريفەنيلەن

苯川三氯　benzoic trichloride　C₆H₅CCl　ءۇش حلورلى بەنزوي

苯次磺酰胺　benzene sulfenamide　C₆H₅SNH₂　بەنزول سۆلفەناميد

苯次膦酸　phenyl phosphinic acid　C₆H₅HPOOH　فەنيل فوسفين قىشقىلى

苯次乙基　　　　　　　　　　　"苯乙烯" گە قاراڭىز.

苯雌酚　benzestrol　　　　　　　　　　　　　بەنزەسترول

苯醋醛　phenyl acetaldehyde　$C_6H_5CH_2CHO$　فەنىل سىركە الدەگيدتى

苯醋酸　phenyl acetic acid　$C_6H_5CH_2COOH$　فەنىل سىركە قشقىلى

苯醋酸丁酯　butyl phenyl acetate　$C_6H_5CH_2COC_4H_9$　فەنىل سىركە قشقىل بۇتيل ەستەرى

苯醋酸酐　phenyl acetic anhydride　$(C_6H_5CH_2CO)_2O$　فەنىل سىركە قشقىل انگيدريدتى

苯醋酸汞　phenyl mercuric acetate　فەنىل سىركە قشقىل سناپ

苯醋酸甲酯　methyl phenyl acetate　$C_6H_5CH_2CO_2CH_3$　فەنىل سىركە قشقىل مەتيل ەستەرى

苯醋酸盐　phynyl acetate　$C_6H_5CH_2CO_2M$　فەنىل سىركە قشقىلىننىڭ تۇزدارى

苯醋酸乙酯　ethyl phenyl acetate　$C_6H_5CH_2CO_2C_2H_5$　فەنىل سىركە قشقىل ەتيل ەستەرى

苯醋酸异丁酯　isobutyl phenyl acetate　$C_6H_5CH_2CO_2C_4H_9$　فەنىل سىركە قشقىل يزوبۇتيل ەستەرى

2－苯代间氮杂硫茚　"苄川氨硫酚" گە قاراڭز.

2－苯代肉桂酸　"苯基肉桂酸" گە قاراڭز.

苯代乙撑　"苯乙烯" گە قاراڭز.

苯代乙撑二醇　styrene glycol　$C_6H_5CHOHCH_2OH$　ستيرەن گليكول

苯代乙撑二氯　styrene dichloride　$C_6H_5CHClCH_2Cl$　ستيرەن ەكى حلور

苯代乙撑二溴　styrene dibromide　$C_6H_5CHBrCH_2Br$　ستيرەن ەكى بروم

苯代乙撑氯醇　styrene chlorohydrin　$C_6H_5CHOHCH_2Cl$　ستيرەن حلور گيدرين

苯代乙撑溴醇　styrene bromohydrin　$C_6H_5CHOHCH_2Br$　ستيرەن بروم گيدرين

苯代乙撑氧　phenyl ethylene oxide　$C_6H_5CHOCH_2$　فەنيل ەتيلەن توتىعى

1－苯代异丁醇　"异丙基苯基甲醇" گە قاراڭز.

苯甙　phenol glycoside　فەنول گليكوزيد

苯当量　benzol equivalent　بەنزول ەكۋىۋالەنتى

苯敌草　betanal　بەتانال

苯丁酸　phenyl butyric acid　فەنيل بۇتير قشقىلى

苯丁酸氮芥　leukeran　　　　　　　　　　　　　　　لەۇكەران

苯丁烯－[1]－酮－[3]　　　　　　　　　"苄叉丙酮" گە قاراڭز.

苯对二甲醛　terephthalaldehyde　$C_6H_4(CHO)_2$　تەرەفتال الدەگيدتى

苯多甲酸　　　　　　　　　　　　　　"苯多羧酸" گە قاراڭز.

苯多羧酸　benzene polycarboxylic acid　بەنزول پوليكار بوكسيل قىشقىلى

苯二胺　phenylenediamin　　　　　　　فەنيلەن دياميندەر

苯二胺氧化酶　phenylene－diamine oxidase　فەنيلەن ـ ديامين وكسيدازا

苯二醋酸　phenylene diacetic acid　$C_6H_4(CH_2·COOH)_2$　فەنيلەن ەكى سىركە
قىشقىلى

苯二磺酸　benzene disulfonic acid　$C_6H_4(SO_3H)_2$　بەنزول ەكى سۇلفون قىشقىلى

苯二磺酸钾　potassium benzodisulfonate　$C_6H_4(SO_3K)_2$　بەنزو ەكى سۇلفون
قىشقىل كالي

苯二磺酸盐　benzene disulfonate　$C_6H_4(SO_3M)_2$　بەنزول ەكى سۇلفون
قىشقىلىننىڭ تۇزدارى

苯二磺酰氯　benzene－disulfo－chloride　$C_6H_4(SO_2Cl)_2$　بەنزول ديسۇلفونيل
حلور

苯二甲胺　dimethyl aniline　　　　　　ديمەتيل انيلين

苯二甲醇　xylyl alcohol(＝xylene glycol)　$C_6H_4(CH_2OH)_2$　كسيليل سپيرتى،
كسيلەن گليكول

苯二甲基　　　　　　　　　　　　　"苯(撑)二甲基" گە قاراڭز.

苯二甲基溴　xylylene bromide　　　　　كسيلەن بروم

苯二甲腈　　　　　　　　　　　　　"酞腈" گە قاراڭز.

苯二甲尿酸　phthaleuric acid　　　　　فتالدى نەسەپ قىشقىلى

苯二甲酸　benzone dicarbonic acid　　بەنزولى ەكى قۇمىرسقا قىشقىلى

苯二甲酸氢盐　　　　　　　　　　　"酞酸氢盐" گە قاراڭز.

苯二甲酸氢酯　　　　　　　　　　　"酞酸氢酯" گە قاراڭز.

苯二(甲)酰抱亚胺基　　　　　　　　"酞酰亚胺基" گە قاراڭز.

苯二硫酚－[1,3]　　　　　　　　　　"二硫代间苯二酚" گە قاراڭز.

苯二硫酚－[1,4]

	"二硫代氢醌" گە قاراڭز.
苯二醛	"酞醛" گە قاراڭز.
苯二胂酸 phenylene – diarsonic acid	فەنيلەن ەكى ارسون قىشقىلى
苯二酸	"酞酸" گە قاراڭز.
苯二酸氢盐	"苯二甲酸氢盐" گە قاراڭز.
苯二酸氢酯	"苯二甲酸氢酯" گە قاراڭز.
苯二羧酸 benzene dicarboxylic acid $C_6H_4(COOH)_2$	بەنزول ەكى كاربوكسيل قىشقىلى
苯二酰(抱)亚胺肟	"酞酰亚胺肟" گە قاراڭز.
苯二亚甲基	"苯撑二甲叉" گە قاراڭز.
苯二氧代茚满 benzdicetohyrindene	بەنزديكە توگيريندەن
苯酚 phenol(= benzophenol) C_6H_5OH	فەنول، بەنزوفەنول
苯酚 – d phenol – d C_6H_5O	فەنول – d
苯 – 4 – d – 酚 phen – 4 – d – ol – d	فەن – 4 – d – ol – d
苯酚二磺酸 phenoldisulfonic acid $C_6H_3(OH)(SO_3H)_2$	فەنول ەكى سۇلفون قىشقىلى
β – 苯酚二磺酸铝 β – phenol disulfonate	β – فەنول ەكى سۇلفون قىشقىل الۇمين
苯酚二羟铋 bismuthyl phenolate $Bi(OH)_2OC_6H_5$	فەنول بيسمۇتيلى
苯酚钙 calcium phenolate $Ca(OC_6H_5)_2$	فەنول كالتسي
苯酚磺酸 phenol sulfonic acid $HOC_6H_4SO_3H$	فەنول سۇلفون قىشقىلى
苯酚磺酸铵 ammoni pheno sulfonate	فەنول سۇلفون قىشقىل امموني
苯酚磺酸钙 calcium pheno sulfonate $Ca(SO_3C_6H_4OH)_2$	فەنول سۇلفون قىشقىل كالتسي
苯酚磺酸钾 potassium phenol sulfonate $KO_3SC_6H_4OH$	فەنول سۇلفون قىشقىل كالي
苯酚磺酸锰 manganous phenol sulfonate $Mn(OHC_6H_4SO_3)_2$	فەنول سۇلفون قىشقىل مارگانەتس

苯酚磺酸钠　sodilm phenol sulfonate　$OHC_6H_4SO_3Na$　فەنول سۇلفون قىشقىل ناترى

苯酚磺酸铅　lead phenol sulfonate　$Pb(OHC_6H_4SO_3H)_2$　فەنول سۇلفون قىشقىل قورعاسىن

苯酚磺酸盐　phenol sulfonate　$HOC_6H_4SO_3M$　فەنول سۇلفون قىشقىلىنىڭ تۇزدارى

苯酚磺酸银　silver phenol sulfonate　$AgC_6H_5O_4S$　فەنول سۇلفون قىشقىل كۈمىس

苯酚磺酸酯　sulfophenylate　$OHC_6H_4SO_2 \cdot OR$　فەنول سۇلفون قىشقىل ەستەرى

苯酚磺酞　phenol sulfonphthalein　$C_{19}H_{14}O_5S$　فەنول سۇلفون فتالەين

苯酚甲醛树脂　phenol formaldehyde resin　فەنول ـ فورمالدەگىدتى سمولالار

苯酚钾　potassium phenolate　KOC_6H_5　فەنول كالي

苯酚精制过程　phenol extraction process　فەنول وگدەۋ بارسى

苯酚糠醛树脂　phenol furfural resin　فەنول ـ فۇرفۇرالدى سمولالار

苯酚醚　phenol ether　فەنول ەفيرى

苯酚钠　sodium phenolate　$NaOC_6H_5$　فەنول ناترى

苯酚醛　phenoladehyde　فەنول الدەگىدتى

苯酚三羟酸　phenol tricarboxylic acid　$HOC_6H_2(COOH)_3$　فەنول ئۇش كاربوكسيل قىشقىلى

苯酚塔　phenol tower　فەنول مۇناراسى

苯酚钛　　"苯氧基钛" گە قاراڭىز.

苯酚提取　phenol extraction　فەنول الۇ

苯酚提取过程　phenol extraction process　فەنول الۇ بارسى

苯酚吸收塔　phenol absorber tower　فەنول ئسمىرۇ مۇناراسى

苯酚盐　phenolate　C_6H_5OM　فەنول تۇزى

苯酚衍生物　phenol derivatives　فەنولى تۈۋندىلارى

苯酚乙醛树脂　phenol acetaldehyde resin　فەنول ـ سىركە الدەگىدتى سمولالار

苯酚酯　phenol ester　فەنول ەستەرى

苯汞化氯   "氯汞基苯" قاراڭز گە.

苯汞化溴   bromo - mercury benzene $HgBrC_6H_5$ بەنزول سىناپتى بروم

苯过酸   benzo - hydroperoxide(= benzoylhydroperoxide) $C_6H_5CO \cdot O_2H$ بەنزول اسقىن قىشقىلى

苯胲   phenyl hydroxylamine C_6H_5NHOH فەنيل گيدروكسيلامين

苯核   benzene nuclens   بەنزول يادروسى

苯环   benzene ring   بەنزول ساقيناسى

苯(环)型   benzenoid form   بەنزول ساقيناسى فورمالى، بەنزەنويدفورمالى

苯(环)型的   benzenoid   بەنزەنويدتى

苯(换)硫酸秘   bismuth phenyl sulfate   فەنيل كۆكىرت قىشقىل بيسمۇت

苯换碳酸   phenyl carbonic acid C_6H_5COOH فەنيل كومىر قىشقىلى

苯换碳酸盐   phenyl carbonate C_6H_5OCOOM فەنيل كومىر قىشقىل تۇزدارى

苯荒酸   "二硫代苯酸" قاراڭز گە.

苯荒酰替苯胺   "硫代苯酰替苯胺" قاراڭز گە.

苯磺二氯酰胺   bennzene sulfodichloramide   بەنزول سۆلفو ەكى حلوراميد

苯磺氯酰胺钠   sodium benzene sulfo chloramide   بەنزول سۆلفو حلوراميد ناترى

苯磺酸   benzene sulfonic acid $C_6H_5SO_3H$ بەنزول سۆلفون قىشقىلى

苯磺酸钡   barium benzo sulfonate $Ba(C_6H_5SO_3)_2$ بەنزول سۆلفون قىشقىل بارى

苯磺酸甲酯   methyl benzene sulfonate $C_6H_5SO_3CH_3$ بەنزول سۆلفون قىشقىل مەتيل ەستەرى

苯磺酸铝   aluminum phenyl sulfonate $(C_6H_5SO_3)_2Al$ فەنيل سۆلفون قىشقىل الۇمين

苯磺酸铜   cupric sulfophenate $Cu(SO_3C_6H_5)_2$ فەنيل سۆلفون قىشقىل مىس

苯磺酸盐   benzene sulfonate $C_6H_5 \cdot SO_3M$ بەنزول سۆلفون قىشقىلىنىڭ تۇزدارى

苯磺酸乙酯   ethyl benzene sulfonate $C_6H_5SO_3C_2H_5$ بەنزول سۆلفون قىشقىل ەتيل ەستەرى

苯磺酸酯   benzene sulfonate $C_6H_5 \cdot SO_2 \cdot OR$ بەنزول سۆلفون قىشقىل ەستەرى

苯磺酰   benzene sulfonyl(= phenyl sulfonyl) $C_6H_5SO_2-$ بەنزول سۆلفونيل،

فەنیل سۇلفونیل

苯磺酰胺　benzene sulfonamide　بەنزول سۇلفونامید

苯磺酰胺基　benzene sulfonamido(= phenyl sulfonamide)　$C_6H_5SO_2NH$

بەنزول سۇلفونامیدو ــ، فەنیل سۇلفونامیدو ــ

苯磺酰胲　benzene sulfonyl hydroxylamine　$C_6H_5SO_2NHOH$　بەنزول

سۇلفونیل گیدروكسیلامین

苯磺酰基　benzene sulfonylgroup　بەنزول سۇلفونیل گرۇپپاسى

苯磺酰肼　phenyl sulfoacyl hydrazine　فەنیل سۇلفواتسیل گیدرازین

苯磺酰氯　benzene sulfonylchloride　$C_6H_5SO_2Cl$　بەنزول سۇلفونیل حلور

苯磺唑酮　sulfinpyraone　سۇلفین پیرازون

苯混合物　benzol mixture　بەنزول قوسپالارى

苯基　phenyl, phenyl group　C_6H_5-　فەنیل، فەنیل گرۇپپاسى

苯基吖啶　pehnyl acridine　$C_5H_6C_{13}H_8N$　فەنیل اكریدین

苯基氨荒酰　phenyl - thiocarbamyl　فەنیل تیوكارباميل

苯基氨茴酸　phenyl athranilic acid　$C_6H_5NHC_6H_4COOH$　فەنیل اترانیل قەشقەلى

苯基氨腈　phenyl cyanamide　C_6H_5NHCN　فەنیل سیانامید

苯基氨脲　phenyl semicarbazide　$C_6H_5NHNHCONH_2$　فەنیل سەمیكاربازید

苯基巴豆炔　phenyl crotonylene　$C_6H_5CH_2C:CCH_3$　فەنیل كروتونیلەن

苯基巴豆酸　phenyl crotonic acid　$C_6H_5CH_2CHCHCOOH$　فەنیل كروتون

قەشقەلى

苯基苯　phenyl bonzene　فەنیل بەنزول

苯基苯胺　phneyl aniline　$C_6H_5C_6H_4NH_2$　فەنیل انیلین

苯基苯胺脲　phenyl aniline urea　فەنیل انیلین ۇرەا

苯基苯酚　xenol, phenyl phenol　$C_6H_5C_6H_4OH$　كسەنول، فەنیل فەنول

苯基苯甲酸　phenyl benzoic acid　فەنیل بەنزوي قەشقەلى

苯基苯酸盐　phenyl benzoate　$C_6H_5C_6H_4COOM$　فەنیل بەنزوي

قەشقەلىننىڭ تۇزداری

苯基苯酰胺酸　"联苯酰胺酸" گە قاراڭىز.

苯基苯酰撑脲　phenyl benzoylene urea　$C_6H_4NHCON(C_6H_5)CO$　فەنیل بەنزویلەن

ۇرەا

α－苯基苯乙酰　α－phenyl phenacyl　　　　α ـ فەنيل فەناتسيل

苯基吡唑酮　phenyl pyrazolone　C$_9$H$_8$N$_2$　　فەنيل پيرازولون

苯基苄基甲醇　phenyl－benzyl－carbinol　C$_6$H$_5$CHOHCH$_2$C$_6$H$_5$　ـ فەنيل

بەنزيل كاربينول

苯基苄基甲酮　phenyl－benzyl keton　C$_6$H$_5$COCHC$_6$H$_5$　فەنيل ـ بەنزيل كەتون

苯基苄基尿烷　phenyl－benzyl urethane　C$_6$H$_5$CH$_2$(C$_6$H$_5$)NCO$_2$C$_2$H$_5$　ـ فەنيل

بەنزيل ۇرەتان

N－苯基苄羟肟酸　N－phenyl benzohydroxamic acid　فەنيل ـ N

بەنزوگيدروكسام قىشقىلى

苯基丙氨酸　phenyl alanine　C$_6$H$_5$CH$_2$CH(NH$_2$)COOH　فەنيل الانين

苯基丙醇　phenyl propyl alcohol　　فەنيل پروپيل سپيرتى

1－苯基丙醇　1－phenyl propanol　　1 ـ فەنيل پروپانول

1－苯基丙醇－[2]　　"甲基苄基甲醇" گە قاراڭز.

苯基丙醛　phenyl propionaldehyde　فەنيل پروپيون الدەگيدتى

苯基丙酸　phenyl propionic acid　C$_6$H$_5$CH$_2$CH$_2$COOH　فەنيل پروپيون قىشقىلى

苯基丙酮　phenyl－acetone　　فەنيل اتسەتون

苯基丙烷　penyl propan　　فەنيل پروپان

苯基丙烯醇　phenyl allyl alcohol　فەنيل الليل سپيرتى

苯基丙烯醛　phenyl acrolein　　فەنيل اكرولەين

苯基丙烯酸　phenyl acrylic acid　CH$_2$C(C$_6$H$_5$)COOH　فەنيل اكريل قىشقىلى

苯基丙烯－[2]－酸　　"肉桂酸" گە قاراڭز.

α－苯基丙烯酸　α－phenyl acrylic acid　CH$_2$C(C$_6$H$_5$)COOH　فەنيل ـ α

اكريل قىشقىلى

2－苯基丙烯酸　2－phenyl acrylic acid　C$_6$H$_5$C(:CH$_2$)COOH　فەنيل اكريل ـ 2

قىشقىلى

1－苯基丙烯酰　1－phenyl acryloyl(－atropoyl)　C$_6$H$_5$C(: CH$_2$)CO－

1 ـ فەنيل اكريلۋيل

2－苯基丙烯酰　2－phenyl acryloyl　　2 ـ فەنيل اكريلۋيل

3－苯基丙烯酰　3－phenyl acryloyl　　　　　　　　　　3 ـ فەنيل اكريلويل

苯基丙烯酰氯　phenyl acryloyl chloride　　　　　　　فەنيل اكريلويل حلور

苯基草醋酸酯　phenyl－oxalacetic ester　　$C_6H_5O \cdot CO \cdot CO \cdot CH(C_6H_5)$　ـ فەنيل

وكسال سركه قىشقىل ەستەرى

苯基次膦酸钠　sodium phenyl phosphinate　　فەنيل فوسفيندىلەۋ قىشقىل

ناتري

苯基的　phenylic　　　　　　　　　　　　　　　　فەنيلدى

苯基碘　phenyl iodide　　C_6H_5I　　　　　　　　فەنيل يود

苯基叠氮　phenyl azide　　$C_6H_5N_3$　　　　　　　فەنيل ازيد

1－苯基丁醇－[1]　　　　　　　"丙基苯基甲醇" گە قاراڭىز.

2－苯基丁醇－[2]　　　　　　　"甲基苯基乙基甲醇" گە قاراڭىز.

苯基丁氮酮　phenyl butazone　　　　　　　　　فەنيل بۇتازون

苯基丁二酸　phenyl succinic acid　　$C_6H_5C_2H_3(COOH)_2$　فەنيل سۇكتسين قىشقىلى

苯基丁酸　　　　　　　　　　　　　"苯丁酸" گە قاراڭىز.

苯基蒽　phenyl anthracene　　$C_6H_5C_{14}H_9$　　　فەنيل انتراتسەن

苯基二甘醇碳酸酯　phenyl diglycol carbonate　فەنيل ەكى گليكول كومىر

قىشقىل ەستەرى

苯基二氯磷　phenydichloro phosphine　　　فەنيل ەكى حلورلى فوسفين

苯基二氯胂　phenyl dichloroarsine　　$C_6H_5AsCl_2$　فەنيل ەكى حلورلى ارسين

苯基二氢喹唑啉　phenyl dihydroquin azoline　$C_6H_4CH_2N(C_6H_5)CH:N$　فەنيل

ەكى سۇتەكتى حينازولين

苯基二乙醇胺　phenyl diethanol－amine　　$(HOCH_2CH_2)_2NC_6H_5$　فەنيل ەكى

ەتانول ـ امين

苯基氟　phenyl fluoride　　C_6H_5F　　　　　　فەنيل فتور

苯基甘氨酸　phenyl glycine　　$C_6H_5NHCH_2COOH$　فەنيل گليتسين

苯基甘氨酸乙酯　phenyl glycine ethyl ester　$C_6H_5NHCH_2CO_2C_2H_5$　فەنيل

گليتسين ەتيل ەستەرى

苯基甘油　pheyl glycerol　　　　　　　　　　فەنيل گليتسەرول

2－苯基甘油酸　　　　　　　　　　　　　"阿卓甘油酸" گه قاراڭىز.

α－苯基庚醇　α－phenyl heptanol　$C_6H_{13}CHOHC_6H_5$　α ـ فەنيل گەپتانول

苯基汞化碘　phenyl mercuric iodide　C_6H_5HgI　فەنيل سىناپتى يود

苯基汞化卤　phenyl mercuric－salt　$HgXC_6H_5$　فەنيل سىناپتى گالوگەن

苯基汞化氯　phenyl mercuric chloride　C_6H_5HgCl　فەنيل سىناپتى حلور

苯基汞化溴　phenyl mercuric bromide　C_6H_5HgBr　فەنيل سىناپتى بروم

苯(基)硅酸　benzene siliconic acid　$C_6H_5\cdot SiO\cdot OH$　بەنزول كرەمنى قىشقىلى

苯基海硫因酸　phenyl thiohydantoic acid　$C_6H_5NC(NH_2)SCH_2COOH$　فەنيل تيوگيدانتوين قىشقىلى

苯基化　phenylating　فەنىلدەنۆ

苯基化剂　phenylating agent　فەنىلدەگىش اگەنت

苯基化硒　　　　　　　　　　"二苯硒" گه قاراڭىز.

苯基化(作用)　phenylation　فەنىلدەۆ

苯基环己醇　phenyl cyclohexanol　فەنيل ساقينالى گەكسانول

苯基环己烷　phenyl cyclohexane　$C_6H_5CH(CH_2)_4CH_2$　فەنيل ساقينالى گەكسان

苯基黄原酸　phenyl xanthogenic acid　C_6H_5OCSSH　فەنيل كسانتوگەن قىشقىلى

苯基黄原酸盐　phenyl xanthogenate　C_6H_5OCSSM　فەنيل كسانتوگەن قىشقىلىنىڭ تۇزدارى

苯基己基甲酮　phenyl hexyl ketone　$C_6H_5COC_6H_{11}$　فەنيل گەكسيل كەتون

苯基甲醇　phenyl carbinol　فەنيل كاربينول

苯基甲硅酸　　　　　　　　"硅苯酸" گه قاراڭىز.

1－苯基－3－甲基吡唑啉酮－[5]　3－methyl－1－phenyl－[5]－pyrazolone　3 ـ مەتيل، 1 ـ فەنيل، 5 ـ پيرازولون

苯基－3－甲基吡唑酮　phenyl－3－methyl－pyrazolon　$C_6H_5ON_2C_6H_5$　فەنيل ـ 3 ـ مەتيل پيرازولون

苯基甲基次胂酸　phenyl－methyl－arsinic acid　$C_6H_5(CH_3)AsON$　فەنيل ـ مەتيل ارسين قىشقىلى

苯基甲基甲醇　phenyl－methyl carbinol　$C_6H_5CHOHCH_3$　فەنيل ـ مەتيل كاربينول

苯基甲基甲酮　phenyl‐methyl ketone　　　　　　　　فەنيل ـ مەتيل كەتون

苯基钾　phenyl potassium　KC₆H₅　　　　　　　　　　فەنيل كالي

苯基芥子油　phenyl mustard oil　C₆H₅NCS　　　　　فەنيلدى قىشى مايى

苯基金属　phenide　MC₆H₅　　　　　　　　　فەنيلدى مەتال، فەنيد

苯基肼甲酸　phenyl carbazinic acid　C₆H₅NHNHCOOH　　فەنيل كاربازين
قىشقىلى

苯基卡可基　phenyl cacodyl　(C₆H₅)₂·As·As·(C₆H₅)₂　　فەنيل كاكوديل

苯基锂　phenyl lithium　　　　　　　　　　　　　　فەنيل ليتي

苯基联亚胺　phenyl diimide　C₆H₅NNH　　　　　　فەنيل دييميد

苯基两个羟乙基胺　　　　　　　"苯基二乙醇胺" گە قاراڭىز.

苯基膦酸　　　　　　　　　　　　"苯膦酸" گە قاراڭىز.

苯基硫脲　phenyl thiourea　C₆H₅NHCSNH₂　　　فەنيل تيوۋژرەا

苯基卤　phenyl halide　C₆H₅X　　　　　　　　　فەنيل گالوگەن

苯基氯　phenyl chloride　C₆H₅Cl　　　　　　　　فەنيل حلور

苯基氯仿　phenyl chloroform　C₆H₅CCl₃　　　فەنيل حلوروفورم

苯基吗啡　phenyl morphine　　　　　　　　　　فەنيل مورفين

苯基镁化卤　phenyl manganesium halide　C₆H₅MgX　فەنيل ماگنيلى گالوگەن

苯基镁化氯　phenyl magnesium chloride　MgClC₆H₅　فەنيل ماگنيلى حلور

苯基镁化溴　phenyl magnesium bromide　MgBrC₆H₅　فەنيل ماگنيلى بروم

苯(基)脒　benzene carbon amidine　C₆H₅C(NH₂)NH　بەنزول كومسرتەكتى اميدين

苯基醚　phenyl ether　C₆H₅OC₆H₅　　　　　　　فەنيل ەفيرى

苯基钠　phenyl sodium　　　　　　　　　　　　فەنيل ناتري

苯基萘　phenyl naphthalene　C₆H₅C₁₀H₇　　　فەنيل نافتالين

2‐苯基萘　2‐phenyl naphthalene　　　　　　2 ـ فەنيل نافتالين

苯基萘基胺　phenyl narhthyl amine　　　　　فەنيل نافتيلامين

苯基‐α‐萘基胺　phenyl‐α‐naphthyl amine　C₆H₅NHC₁₀H₇　فەنيل ـ
α ـ نافتيلامين

苯基‐β‐萘基胺　phenyl‐β‐naphthyl amine　فەنيل ـ β ـ نافتيلامين

苯基－1－萘基胺		"苯基－α－萘基胺" گە قاراڭز.
苯基尿基烷	phenyl urethylan $C_6H_5NHCOOCH_3$	فەنيل ۋرەتيلان
苯基尿烷	phenyl urethan $C_6H_5NHCOOC_2H_5$	فەنيل ۋرەتان
N－苯基尿烷	N－phenyl urethane $C_6H_5NHCO_2C_2H_5$	N － فەنيل ۋرەتان
苯基偶氮苯	phenyl－azo－benzene	فەنيل ازوبەنزول
苯基偶氮磺酸	benzene－azo－sulfonic acid $C_6H_5N_2·SO_3H$	بەنزول ازوسۇلفون قىشقىلى
苯基硼酸	phenyl－boric acid $C_6H_5B(OH)_2$	فەنيل بور قىشقىلى
苯基硼酸盐	phenyl boronate	فەنيل بور قىشقىلىنىڭ تۇزداری
苯基葡糖脎	phenyl glucosazone $(C_6H_5NHN)_2C_6H_{10}O_4$	فەنيل گليۇكوزازون
2－苯基－3－羟基丙酸	tropic acid $HOCH_2CH(C_6H_5)COOH$	تروپين قىشقىلى
苯基氰	phenyl cyanide(＝benzonitrile) C_6H_5CN	فەنيل سيان، بەنزونيتريل
苯基氰基甲醇	benzal cyanhydrine $C_6H_5CH(OH)CN$	بەنزال سيان گيدرين
N－苯基巯胺	N－phenyl hydrosulfanamine C_6H_5NHSH	N ـ فەنيل گيدروسۇلفامين
苯基肉桂酸	phenyl－cinnamic acid $C_6H_5CHC(C_6H_5)COOH$	فەنيل سيننام قىشقىلى
苯基乳酸	phenyl－lactic acid $CH_3C(C_6H_5)OH·COOH$	فەنيل ٴسۇت قىشقىلى
苯基脁酸		"苯胁酸" گە قاراڭز.
苯基四碘酚酞	phenyl－tetraiodophenol phthalein	فەنيل ٴتورت يودتى فەنولفتالەين
苯基酞氨酸	phenyl－phthalamic acid $C_6H_5·C_6H_3(CONH_2)·COOH$	فەنيل فتالامين قىشقىلى
苯基惕各酸	phenyl tiglic acid $C_6H_5CHC(C_2H_5)COOH$	فەنيل تيگل قىشقىلى
1－苯基戊酮－[1]		"(正)丁基苯基甲酮" گە قاراڭز.
1－苯基戊烷	1－phenyl pentane	فەنيل پەنتان
苯基硒酸	benzene selenonic acid $C_6H_5SeO_3H$	بەنزول سەلەنون قىشقىلى
苯基硝基甲烷	phenyl nitromethane	فەنيل نيترومەتان

苯基硝基肉桂酸　phenyl－nitro－cinnamic acid　NO₂C₆H₄CHCHCOOH

فەنيل نيتروسيننام قوشقملى

苯基硝酸灵　phenyl nitrone

فەنيل نيترون

苯基辛可宁酸烯丙酯　allyl phenyl cinchonimate　C₆H₅N(C₆H₅)CO₂C₃H₅

فەنيل سينحونين قوشقمل ەستەرى

苯基溴　phenyl bromide　C₆H₅Br

فەنيل بروم

苯基亚膦酸　phenyl phosphonous acid　C₆H₅P(OH)₂

فەنيل فوسفوندى قوشقمل

苯基乙醇　phenyl－ethyl alcohol

فەنيل ـ ەتيل سپيرتى

苯基乙醇酸　　　　　　　　　　　　　"苯乙醇酸" گە قاراڭز.

苯基乙炔　phenyl acetylene　C₆H₅：CH

فەنيل اتسەتيلەن

苯基乙酸　　　　　　　　　　　　　　"苯醋酸" گە قاراڭز.

苯基乙酸钠　sodium phenyl acetate

فەنيل سىركە قوشقمل ناترى

苯基异丙基甲酮　phenyl isopropyl ketone　C₆H₅COC₃H₇

فەنيل يزوپروپيل كەتون

苯基异戊基甲酮　phenyl isoamyl icetone　C₅H₁₁COC₆H₅

فەنيل يزواميل كەتون

苯基硬脂酸金属盐　metal phenyl stearates

فەنيل ستەارين قوشقملىننىڭ مەتال توزدارى

苯基脂肪酸　phenyl fatty acid

فەنيلدى ماي قوشقملى

苯基己酸　6－phenylhexanoic acid

فەنيل كاپرون قوشقملى

苯甲胺　benzylamine

بەنزيلامين

苯甲胺肟　benzamidoxime

بەنزاميدوكسيم

苯甲胺－[1]－肟－[1]　　　　　　"苄川胺肟" گە قاراڭز.

苯一甲苯一二甲苯　benzene－toluene－xylene (BTX)

بەنزول ـ تولۇەن ـ كسيلەن (BTK)

苯甲醇　　　　　　　　　　　　　　"苄醇" گە قاراڭز.

苯甲恶嗪　phenmetrazine

فەنمەترازين

苯甲酐　　　　　　　　　　　　　"苯(甲)酸酐" گە قاراڭز.

苯甲基　benzyl(＝phenmethyl)　C₆H₅CH₂－

بەنزيل، فەنمەتيل

苯甲基丁二酸钠　sodiumbenzyl succinate

بەنزيل سۇكتسين قوشقمل ناترى

苯甲腈　benzonitrile　　　　　　　　　　　　　　　　بەنزونيتريل

苯甲硫基　　　　　　　　　　　　　　　　"苄硫基" گە قاراڭز.

苯甲硫醛　thiobenzaldehyde　$(C_6H_5CHS)_3$　　　تيوبەنز الدەگيدتى

苯甲脒　　　　　　　　　　　　　　　　　　"苄脒" گە قاراڭز.

苯甲醚　methyl phenate(＝anisole)　$CH_3OC_6H_5$　　فەنيل ـ مەتيل ەفيرى

苯甲醛　benzaldehyde　C_6H_5CHO　　　　　　　　بەنز الدەگيدتى

苯(甲)醛合氰化氢　benzaldehyde cyanhydrine　$C_6H_5 \cdot CH(OH) \cdot CN$

بەنز الدەگيد سيانگيدرين

苯甲醛缩苯胺　　　　　　　　　　　"苯叉苯胺" گە قاراڭز.

苯甲醛肟　benzaldoxime　　　　　　　　　　　بەنز الدوكسيم

苯(甲)酸　benzoic acid　C_6H_5COOH　　　　　　بەنزوي قىشقىلى

苯(甲)酸－d　benzoic acid－d　C_6H_5COOHd　　d ـ بەنزوي قىشقىل

苯－2,4－d₂(甲)酸　benzoic－2,4－d₂－acid　$2,4-D_2C_6H_3COOH$

بەنزوي 2، 4 ـ d₂ ـ قىشقىلى

苯甲酸铵　ammonium benzoate　　　　　　بەنزوي قىشقىل امموني

苯甲酸苯酯　phenyl benzoate　$C_6H_5COOC_6H_5$ بەنزوي قىشقىل فەنيل ەستەرى

苯甲酸铋　bismuth benzoate　$Bi(C_6H_5COO)_3$ بەنزوي قىشقىل بيسموت

苯甲酸苄酯　benzyl benzoate　　　بەنزوي قىشقىل بەنزيل ەستەرى

苯甲酸雌二醇　estradiol benzoate　　　بەنزوي قىشقىل ەستراديول

苯甲酸醋酸(混合)酐　　　　　　　"醋酸苯酰" گە قاراڭز.

苯基酸丁酯　butyl benzoate　$C_6H_5CO_2C_4H_9$ بەنزوي قىشقىل بۇتيل ەستەرى

苯甲酸钙　calcium benzoate　　　　بەنزوي قىشقىل كالتسي

苯甲酸酐　benzoic acid anhydride　　بەنزوي قىشقىل انگيدريدتى

苯甲酸汞　mercuric benzoate　$Hg(C_6H_5COO)_2$ بەنزوي قىشقىل سناپ

苯(甲)酸基　benzoxy(＝benzoyloxy)　C_6H_5COO- بەنزوكسي، بەنزويلوكسي

苯甲酸甲酯　methyl benzoate　$C_6H_5CO_2CH_3$ بەنزوي قىشقىل مەتيل ەستەرى

苯甲酸钾　potassium benzoate　C_6H_5COOK بەنزوي قىشقىل كالي

苯甲酸卵泡素　folliculin benzoate　　بەنزوي قىشقىل فولليكۆلين

苯甲酸马萘雌酮酯　equilenin benzoate　$C_{18}H_{17}CO_2CC_6H_5$ بەنزوي قىشقىل

ەكۆيلەنين ەستەرى

苯甲酸镁　magnesium benzoate　　　　　　بەنزوي قىشقىل ماگني

苯甲酸钠　sodium benzoate　$C_6H_5 \cdot COONa$　　بەنزوي قىشقىل ناترى

苯甲酸钠咖啡因　caffeine sodium benzoate　　بەنزوي قىشقىل ناترى

كاففەين

苯甲酸萘酚　benzonaphthol　　　　　　　　　بەنزونافتول

苯甲酸－β－萘酚　β－naphthol benzoate　بەنزوي قىشقىل ـ β ـ نافتول

苯(甲)酸－α－萘酯　α－naphthyl benzoate　$C_6H_5CO_2C_{10}H_7$　بەنزوي

قىشقىل ـ α ـ نافتيل ەستەرى

苯(甲)酸－β－萘酯　β－naphthyl benzoate　بەنزوي قىشقىل ـ β ـ نافتيل

ەستەرى

苯甲酸铯　cesium benzoate　　　　　　　　بەنزوي قىشقىل سەزي

苯甲酸杉酯　coniferil benzoate　　　　بەنزوي قىشقىل كونيفەريل ەستەرى

苯甲酸铁　ferric benzoate　　　　　　　　بەنزوي قىشقىل تەمىر

苯甲酸戊酯　amyl benzoate　$C_6H_5CO_2C_5H_{11}$　بەنزوي قىشقىل اميل ەستەرى

苯甲酸盐　benzoate　C_6H_5COOM　　بەنزوي قىشقىلىنىڭ تۇزدارى

苯甲酸乙酯　ethyl benzoate　$C_6H_5CO_2C_2H_5$　بەنزوي قىشقىل ەتيل ەستەرى

苯甲酸异戊酯　isoamyl benzoate　　بەنزوي قىشقىل يزواميل ەستەرى

苯甲酸愈疮木酚　guaiacol benzoate　　بەنزوي قىشقىل گۆاياكول

苯甲酸酯　benzoate　C_6H_5COOR　　بەنزوي قىشقىل ەستەرى

苯甲托品　benztropin　　　　　　　　　　بەنزتروپين

苯甲酰　benzoyl　C_6H_5CO-　　　　　　بەنزويل

苯(甲)酰胺　benzamide　$C_6H_5CONH_2-$　　بەنزاميد

苯(甲)酰胺基　benzamido－　C_6H_5CONH-　ـ بەنزاميدو

苯甲酰苯甲胺　benzoyl benzylamine　　بەنزويل بەنزيلامين

苯甲酰苯甲醇　benzoyl phenyl carbinol　بەنزويل فەنيل كاربينول

苯甲酰苯肼　benzoyl phenyl hydrazine　بەنزويل فەنيل گيدرازين

苯甲酰丙醛　benzoyl propion aldehyde　بەنزويلى پروپيون الدەگيدتى

苯甲酰丙酸	benzoyl propionic acid		بەنزۋيل پروپيون قىشقىلى
苯甲酰丙酮			"苯酰丙酮" گە قاراڭىز.
苯甲酰撑	benzoylene	$-C_6H_4CO-$	بەنزۋيلەن
苯(甲)酰叠氮	benzoyl azide	$C_6H_5CON_3$	بەنزۋيل ازيد
苯(甲)酰化	benzoylate, benzoylating		بەنزۋيلدانۇ
苯(甲) 酰化过氧	benzoperoxide(＝benzoylperoxide)	$(C_6H_5CO)_2O_2$	بەنزۋيل اسقىن توتىعى
苯(甲)酰(化)剂	benzoylating agent		بەنزۋيلداەمش اگەنت
苯甲酰化(了)的	benzoylated		بەنزۋيلدانعان
苯(甲)酰化物	benzoylate		بەنزۋيل قوسىلمىستارى
苯(甲)酰化(作用)	benzoylation		بەنزۋيلاۇ، بەنزۋيلداۇ
苯甲酰槐黄			"苯酰金胺" گە قاراڭىز.
苯甲酰磺胺			"苯酰磺胺" گە قاراڭىز.
苯(甲)酰甲叉	phenacylidene	$C_6H_5COCH=$	فەناتسيليدەن
苯甲酰甲醇	benzoyl carbinol		بەنزۋيل كاربينول
苯(甲)酰甲基	phenacyl	$C_6H_5COCH_2-$	فەناتسيل
苯甲酰甲酸			"苯酰甲酸" گە قاراڭىز.
苯甲酰亚甲基			"苯(甲)酰甲叉" گە قاراڭىز.
苯甲酰乙酸			"苯酰醋酸" گە قاراڭىز.
苯肼	phenyl hydrazine	$C_6H_5NHNH_2$	فەنيل گيدرازين
苯肼对磺酸	phenyl hydrazine－p－sulfonic acid	$H_2NNHC_6H_4SO_3H$	فەنيل گيدرازين ـ پاراسۇلفون قىشقىلى
苯肼基喹啉	phenyl hydrazo quinoline	$C_6H_5(NH)_2C_9H_6N$	فەنيل گيدرازوحينولين
苯肼基萘	benzene hydrasino naphthalene		فەنيل گيدرازينو نافتالين
苯腈磷	cyanofenphos		سيانوفەنفوس
苯酒精	benzene alcoho		بەنزول سپيرتى
苯菌灵	benomyl		بەنوميل
苯胩	phenyl isocyanide	C_6H_5NC	فەنيل يزوسيان

苯胩化二氯　phenyl carbylamine dichloride　C_6H_5NCCl　فەنيل كارېيلامين
ەكى حلور

苯苦杏碱　benza marone　بەنزامارون

苯醌　benzoquinone　$C_6H_4O_2$　بەنزوحينون

苯醌基　phenyl quinonyl　$C_6H_3O_2-$　فەنيل حينونيل

苯连四酸　prenitic acid　$C_6H_2(COOH)_4$　پرەنيت قەشقىلى

苯邻二酚　"儿茶酚" گە قاراڭـز.

苯邻二甲叉　o－phenylenedimethylidyne　ورتو ـ فەنيلەندى ديمەتيليدين

苯膦　phenyl phosphine　$C_6H_5PH_2$　فەنيل فوسفين

苯膦化二氯　"苯基二氯磷" گە قاراڭـز.

苯膦酸　phenyl phosphinic acid　$C_6H_5OP(OH)_2$　فەنيل فوسفين قەشقىلى

苯膦酰二氯　phenyl phosphonyl dichloride　$C_6H_5POCl_2$　فەنيل فوسفونيل
ەكى حلور

苯膦氧化二氯　phosphenylic oxychloride　$C_6H_5POCl_2$　فوسفەنيل وتتەكتى حلور

苯邻二甲叉　"酞叉" گە قاراڭـز.

苯邻二酸　"酞酸" گە قاراڭـز.

苯邻二酰亚胺　"酞酰亚胺" گە قاراڭـز.

苯邻甲内酰胺　"氨茚内酐" گە قاراڭـز.

苯邻内酰胺基　"氨茚基" گە قاراڭـز.

苯硫代磺酸　benzene thiosulfonic acid　بەنزول تيوسۇلفون قەشقىلى

苯硫酚　thiophenol(＝phenthiol, phenylmetcaptan)　C_6H_5SH　تيوفەنول،
فەنتيول، فەنيل مەركاپتان

苯硫化物离子　thiophenoxide ions　تيوفەنوكسيدىيونىدارى

苯硫基　thiophenyl(＝benzene sulfenyl)　تيوفەنيل، بەنزول سۇلفەنيل

苯硫基甲烷　thioanisole　$C_6H_5SCH_3$　تيوانيزول

苯硫醚　"二苯硫" گە قاراڭـز.

苯硫脲　"苯基硫脲" گە قاراڭـز.

苯硫酸　phenyl sulfuric acid　$C_6H_5HSO_4$　فەنيل كۆكـرت قەشقىلى

苯六酚　hexaphenol　　　　　　　　　　　　　　　گەكسافەنول

苯六甲酸　　　　　　　　　　　　　　".苯六羧酸" گە قاراڭىز

苯六(甲)酸盐　mellate　$C_6(COOM)_6$　　　مەلليت قىشقىلىنىڭ تۇزدارى

苯六(甲)酸酯　mellate　$C_6(COOR)_6$　　　مەلليت قىشقىل ەستەرى

苯六(羧)酸　benzene hexacarboxylic acid(= mellitic acid)　$C_6(COOH)_6$

بەنزول التى كاربوكسيل قىشقىلى، مەلليت قىشقىلى

苯醚　phenylate　$R \cdot O \cdot C_6H_5$　　　　　　فەنيل ەفيرى

苯萘甲酸　　　　　　　　　　　　　　".屈生酸" گە قاراڭىز

苯脲　phenyl – urea　$C_6H_5NHCONH_2$　　　فەنيل ژرەا

苯脲基　phenyl – ureido　$C_6H_5NHCONH–$　　فەنيل ژرەيدو –

苯偶氮苯　benzene – azo – benzene　$C_6H_5 \cdot N:N \cdot C_6H_5$　بەنزول – ازو – بەنزول

苯偶氮苯酚　benzeneazophenol　　　　　بەنزول ازوفەنول

苯偶氮茴香胺　benzeneazo – anisidine　$C_6H_5N:NC_6H_3(NH_2) \cdot OCH_3$　بەنزول
ازو انيزيدين

苯偶氮基　phenylazo –　$C_6H_5N:N–$　　فەنيلازو –

苯偶氮甲基苯酚　benzeneazo cresol　　بەنزول ازو كرەزول

苯偶氮间苯二酚　benzeneazo resorcinol　$C_6H_5N_2C_6H_3(OH)_2$　بەنزول ازو
رەزورتسينول

苯偶氮萘胺　benzeneazo – naphthylamine　بەنزول ازو نافتيلامين

苯偶酰　benzil　$(C_6H_5CO)_2$　　　　　بەنزيل

苯偶酰二肟　benzil dioxime　$(C_6H_5C:NOH)_2$　بەنزيل ديوكسيم

α – 苯偶酰二肟　α – benzil dioxime　$(C_6H_5 \cdot C:NOH)_2$　α – بەنزيل ديوكسيم

苯偶酰脎　benzil osazone　$(C_6H_5C)_2(NNHC_6H_5)_2$　بەنزيل وزازون

苯偶酰一肟　benzil monoxime　$C_6H_5COC(:NOH)C_6H_5$　بەنزيل مونوكسيم

苯偶姻　benzoin　$C_6H_5 \cdot CH(OH) \cdot CO \cdot C_6H_5$　بەنزوين

苯偶姻暗缘　benzoin dark – green　بەنزوين قارا التقمم جاسلى

苯偶姻苯腙　benzoin phenylhydrazone　$C_6H_5NHN:C(C_6H_5)CHOHC_6H_5$　بەنزوين
فەنيل گيدرازون

苯偶姻醋酸酯　benzoin acetate　$C_6H_5COCH(C_6H_5)O_2CCH_3$　بەنزوين سركە

قىشقىل ەستەرى

苯偶姻坚牢红　benzoin fast‒red　　　　　　　بەنزوين جۇعممدى قىزىل

苯偶姻蓝　benzoin blue　　　　　　　　　بەنزوين كوگى

苯偶姻缩合　benzoin condensation　　　　بەنزوين كوندەنساتسيالانۇ

苯偶姻肟　benzoin oxime(＝cupron)　$C_{14}H_{12}O{:}NOH$　بەنزوين وكسيم

苯偶姻乙醚　benzoin ethyl ether　$C_6H_5CH(OC_2H_5)COC_2H_5$　بەنزوين ەتيل ەفيرى

苯偶姻棕　benzoin brown　　　　　　بەنزوين قىزىل قوڭىرى

苯硼化二氟　boron phenyl difluoride　$C_6H_5Br_2$　فەنيل بورلى ەكى فتور

苯偏三酚　　　　　　　　"羟基氢醌" گە قاراڭىز.

苯偏三酸　trimellitic acid(＝trihemellitic acid)　$C_6H_3(COOH)_3$　تريمەلليت

قىشقىلى، تريگەمەلليت قىشقىلى

苯偏四(甲)酸　mellophanic acid　$C_6H_2(COOH)_4$　مەللوفان قىشقىلى

苯频哪醇　benzapinacol(＝benzpinacone)　$Ph_2C(OH){\cdot}C(OH){\cdot}Ph_2$

بەنزوپيناكول، بەنزپيناكون

苯频哪酮　benzopinacolone　$(C_6H_5)_3CCOC_6H_5$　بەنزپيناكولون

苯品　benzepine　　　　　　　　بەنزپين

苯嵌萘　　　　　　　　　　"周萘" گە قاراڭىز.

苯羟(基)乙腈酶　　　　　　"扁桃腈酶" گە قاراڭىز.

苯取三甲基硅　phenyl‒trimethylsilicane　$C_6H_5Si(CH_3)_3$　فەنيل ‒ تريمەتيل

كرەمنى

苯取三氯硅　phenyl‒trichloro‒silicane　$C_6H_5SiCl_3$　فەنيل ٴۇش حلورلى

كرەمنى

苯取三乙基硅　phenyl‒triethyl‒silicane　$C_6H_5Si(C_2H_5)_3$　فەنيل تريەتيل

كرەمنى

苯醛酸　phthalaldehydic acid(＝aldehyde benzoic acid)　فتال الدەگيد

قىشقىلى، الدەگيدتى بەنزوي قىشقىلى

苯醛羧酸　benzaldehyde‒carboxylic acid بەنزالدەگيدتى كاربوكسيل قىشقىلى

苯醛肟　benzaldoxime　　　　　　　بەنزالدوكسيم

苯炔　benzyne(＝dehydrobenzene)　(بەنزين (سۇتەكسىزدەنگەن بەنزول

苯脎　phenylosazone　　　　　　　　　　　　　فەنیل وزازون

苯三酚　　　　　　　　　　　　"三羟基苯" گە قاراڭىز.

苯三酚 – [1,2,4]　　　　　　　"羟基氢醌" گە قاراڭىز.

苯三磺酸　benzene trisulfonic acid　$C_6H_5(SO_3H)_3$　بەنزول ئۇش سۇلفون قىشقىلى

苯三甲酸　　　　　　　　　　"苯三羧酸" گە قاراڭىز.

苯三嗪　phentriazine　C_6H_3NNNCH　　　فەنتریازین

苯三羧酸　benzene tricarboxylic acid　$C_6H_3(COOH)_3$　بەنزول ئۇش كاربوكسیل
قىشقىلى

苯三羧酸 – [1,2,3]　benzene – 1, – 2, – 3 – tricarboxylic acid　بەنزول – 1،
2، 3 – كاربوكسیل قىشقىلى

苯杀螨　benzomate　　　　　　　　　　　بەنزومات

苯砷叉胺　　　　　　　　　　"苯砷亚胺" گە قاراڭىز.

苯砷酸钠　sodium benzene – arsenate　$C_6H_5 \cdot AsO \cdot (ONa)_2$　بەنزول ارسەن
قىشقىل ناترى

苯砷亚胺　phenyl – arsenimide　$C_6H_5As:NH$　فەنیل ارسەنیمید

苯胂　phenylarsine　$C_6H_5AsH_2$　　فەنیل ارسین

苯胂化二氯　　　　　　　　　　"苯基二氯胂" گە قاراڭىز.

苯胂化四氯　phenyl – arsine tetrachloride　$C_6H_5AsCl_4$　فەنیل ارسینىدى تۆرت
حلور

苯胂化氧　phenyl – arisine oxide　$C_6H_5 \cdot As:O$　فەنیل ارسین توتىعى

苯胂基硫　phenyl – arsine sulfide　$C_6H_5As:S$　فەنیل ارسینىدى كۇكمرت

苯胂酸　phenylarsonic acid　$C_6H_5AsO(OH)_2$　فەنیل ارسون قىشقىلى

苯胂酸钠　sodium phenyl – arsonate　$C_6H_5 \cdot AsO(ONa)_2$　فەنیل ارسون قىشقىل
ناترى

苯胂酸盐　phenyl – arsonate　$C_6H_5AsO(OM)_2$　فەنیل ارسون قىشقىلىنىڭ
تۇزدارى

苯胂氧化二氯　phenyl – arsine oxychloride　$C_6H_5 \cdot AsOCl_2$　فەنیل ارسین
وتتەكتى حلور

苯双键 benzene double bonds　　　　بەنزولدىق قوس بايلانس

苯双偶氮基　　　　　　　　　　　　"苯撑双偶氮" گە قاراڭـز.

苯四酚　　　　　　　　　　　　　　"四羟基酚" گە قاراڭـز.

苯四甲酸　　　　　　　　　　　　　"苯四羧酸" گە قاراڭـز.

苯四甲酸 – [1,2,3,4]　　　　　　　"苯连四酸" گە قاراڭـز.

苯四羧酸 benzene tetra carboxylic acid $C_6H_4(COOH)_4$　بەنزول ٴتورت
كاربوكسيل قـشقـلـى

苯四羧酸 – [1,2,4,5] benzene – 1,2,4,5 – tetracarboxylic acid　بەنزول ـ 1 ،
2، 4 ،5 ـ ٴتورت كاربوكسيل قـشقـلـى

苯酸苯乙酯 phenyl – ethyl benzoate $C_6H_5CO_2C_2H_4C_6H_5$　بەنزوي قـشقـل
فەنيل ـ ەتيل ەستەرى

苯酸苄酯 benzyl benzoate $C_6H_5CO_2CH_2C_6H_5$　بەنزوي قـشقـل بەنزيل ەستەرى

苯酸丙酯 propyl benzeoate $C_6H_5CO_2C_3H_7$　بەنزوي قـشقـل پروپيل ەستەرى

苯酸酐 benzoic anhydride $(C_6H_5CO)_2O$　بەنزوي انگيدريدتى

苯酸过氧羰化作用 benzoxyperoxy carboylation　بەنزوكسي اسقـن
وتتەگننـك كاربونيلدانۇى

苯酸化作用 benzoyloxylation　بەنزويلداۋ

苯酸基醋酸　　　　　　　　　　　　"苯酰乙醇酸" گە قاراڭـز.

苯酸甲酯　　　　　　　　　　　　　"尼哦油" گە قاراڭـز.

苯酸咖啡碱钠 caffeine sodio – benzoate　بەنزوي قـشقـل كوفەين ناترى

苯酸氢糖酯 tetrahydro furfuryl benzoate $C_6H_5CO_2CH_2C_4H_7O$　بەنزوي قـشقـل
ٴتورت سۇتەكتى فۇرفۇريل ەستەرى

苯酸烯丙酯 allyl benzoate $C_6H_5CO_2C_3H_5CH_3$　بەنزوي قـشقـل الليل ەستەرى

苯酸异胆甾醇酯 isocholestryl benzoate $C_6H_5CO_2C_{27}H_{45}$　بەنزوي قـشقـل
يزوۋولەستريل ەستەرى

苯酸异丁酯 isobutyl benzoate $C_6H_5CO_2C_4H_9$　بەنزوي قـشقـل يزوبۇتيل ەستەرى

苯酸酯 benzoic ether $C_6H_5CO·OR$　بەنزوي ەستەرى، بەنزوي قـشقـل ەستەرى

苯羧酸 benzene carboxylic acid　بەنزول كاربوكسيل قـشقـلـى

苯酞　phthalide　$C_6H_4CH_2COO$　فتاليد

苯替胺茴酸　N－phenyl anthranilic acid　N ـ فەنيل انترانيل قىشقىلى

苯替苄胺基甲酸乙酯　"苯基苄基尿烷" گە قاراڭىز.

苯替茴香胺　benzeani sidide　بەنزانيزيديد

N－苯替吗啉　N－phenyl－morpholine　$(CH_2)_2O(CH_2)_2NC_6H_5$　N ـ فەنيل مورفولين

苯替三甲铵化碘　phenyl－trimethylammonium iodide　فەنيل تريمەتيل اممونيلى يود

苯替三甲铵化氢氧　phenyl－trimethyl ammonium hydroxide　فەنيل تريمەتيل اممونى توتعنىناڭ گيدراتى

N－苯替酞酰亚胺　N－phenylphthalimide　N ـ فەنيل فتاليميد

苯替乙酰胺　phenylacetanilide　$C_6H_5CH_2CONHC_6H_5$　فەنيل اتسەتانيليد

苯替乙酰胺基　"N－苯乙酰胺基" گە قاراڭىز.

苯酮　benzophenone　$(C_6H_5)_2CO$　بەنزوفەنون

苯酮尿　phenyl ketouria　فەنيل كەتوندى نەسەپ

苯妥英　phenytoin　فەنيتوين

苯妥英钠　phenytoin sodium　فەنيتوين ناتري

苯肟胺　benzohydroxamamide　$C_6H_5(NOH)NH_2$　بەنزوگيدروكسام اميد

苯五胺　"五氨基苯" گە قاراڭىز.

苯五酚　pentahydroxy－benzene　$C_6H(OH)_5$　پەنتاگيدروكسي بەنزول

苯五甲酸　"苯五羧酸" گە قاراڭىز.

苯五羧酸　benzene－pentacarboxylic acid　$C_6H(COOH)_5$　بەنزول بەس كاربوكسيل قىشقىلى

苯硒醇　benzene selenol　C_6H_5SeOH　بەنزولدى سەلەنول

苯硒酚　selenophenol　C_6H_5SeH　سەلەنوفەنول

苯硒醚　"二苯硒" گە قاراڭىز.

苯锡化三氯　phenyl－tin－chloride　$C_6H_5SnCl_3$　فەنيل قالايلى (ؤش) حلور

苯系　benzene series　بەنزول قاتارى

苯系烃　benzene hydrocarbon　بەنزول كومۇر سۇتەكتەرى

苯酰　"苯甲酰" گە قاراڭىز.

苯酰氨茴酸　benzoyl anthranilic acid　$C_6H_5CONHC_6H_4CO_2H$　بەنزويل انترانيل قىشقىلى

苯酰胺　"苯(甲)酰胺" گە قاراڭىز.

苯酰胺叉　benzoylimino−　$C_6H_5CON=$　بەنزويل يمينو −

苯酰胺基苯酸　benzoylamino benzoic acid　بەنزويل امينو بەنزوي قىشقىلى

苯酰胺基醋酸　"苯酰甘氨酸"، "马尿酸" گە قاراڭىز.

苯酰胺基醋酸盐　"马尿酸盐" گە قاراڭىز.

苯酰胺基乙酸　"苯酰胺基醋酸" گە قاراڭىز.

苯酰胺基乙酰　"马尿酰" گە قاراڭىز.

苯酰苯　benzyol benzene(＝benzophenone)　$(C_6H_5)_2CO$　بەنزويل بەنزول، بەنزوفەنون

苯酰苯酸　benzoyl benzoic acid　$C_6H_5COC_6H_4COOH$　بەنزويل بەنزوي قىشقىلى

苯酰苯亚胂酸　"二羟砷基二苯甲酮" گە قاراڭىز.

苯酰丙酮　benzoyl acetone　$C_6H_5COCH_2COCH_3$　بەنزويل اتسەتون

苯酰丙酮酸　benzoyl pyruvic acid　$C_6H_5COCH_2COCOOH$　بەنزويل بيرۇۋين قىشقىلى

苯酰丙烯酸　benzoyl acrylic acid　$C_6H_5COCH:CHCO_2H$　بەنزويل اكريل قىشقىلى

苯酰撑脲　benzoylene urea　$C_6H_5CONHCONH$　بەنزويلەن ۋرەا، بەنزويلەن نەسەپنار

苯酰醋酸　benzoyl acetic acid　$C_6H_5COCH_2COOH$　بەنزويل سىركە قىشقىلى

苯酰醋酸甲酯　methyl benzoylacetate　$C_6H_5COCH_2COCH_3$　بەنزويل سىركە قىشقىل مەتيل ەستەرى

苯酰醋酸乙酯　ethyl benzoyl acetate　$C_6H_5COCH_2CO_2C_2H_5$　بەنزويل سىركە قىشقىل ەتيل ەستەرى

苯酰碘　benzoyl iodide　C_6H_5COI　بەنزويل يود

苯酰叠氨　benzazide(＝benzoy azide)　$C_6H_5CON_3$　بەنزازيد، بەنزويل ازيد

苯酰迭氮　benzoylazide　$C_6H_5CON_3$　بەنزويل ازيد

苯酰丁子香酚　benzoyl eugenol　$C_6H_5CO_2C_{10}H_{11}O$　بەنزويل ھۆگەنول

苯酰氟　benzoyl fluoride　$C_6H_5 \cdot COF$　بەنزويل فتور

苯酰甘氨酸　benzoyl glycin　بەنزويل گليتسين

苯酰胲　benzoyl hydroxylamine　$C_6H_5CONHOH$　بەنزويل گيدروكسيلامين

苯酰化过氧　قاراڭمز． گە "苯甲酰化过氧"

苯酰磺胺　sulfabenzamide　سۆلفابەنزراميد

苯酰基苯酸丙酯　propyl benzoyl benzoate　$C_6H_5COC_6H_4CO_2C_3H_7$　بەنزويل
بەنزوي قىشقىل پروپيل ەستەرى

苯酰甲醇　phenacyl alcohol　$C_6H_5COCH_2OH$　فەناتسيل سپيرتى

苯酰甲基丙酮　phenacyl – acetone　$C_6H_5COCH_2CH_2COCH_3$　فەناتسيل اتسەتون

苯酰甲基卤　phenacyl halide　$C_6H_5CU \cdot RX$　فەناتسيل گالوگەن

苯酰甲基氯　phenacyl chloride　$C_6H_5COCH_2Cl$　فەناتسيل حلور

苯酰甲基溴　phenacyl bromide　C_6H_5CORBr　فەناتسيل بروم

苯酰甲酸　benoyl formic acid　$C_6H_5 \cdot CO \cdot COOH$　بەنزويل قۇمىرسقا قىشقىلى

苯酰甲酸乙酯　ethyl benzoyl formate　$C_6H_5COCO_2C_2H_5$　بەنزويل قۇمىرسقا
قىشقىل ەتيل ەستەرى

苯酰金胺　benzoyl auramine　$[(CH_3)_2NC_6H_4]_2CNCOC_6H_5$　بەنزويل اۋرامين

苯酰肼　benzoyl hydrazine　$C_6H_5CONHNH_2$　بەنزويل گيدرازين

苯酰硫脲　benzoyl thiourea　$C_6H_5CONHCSNH_2$　بەنزويل تيوۋرەا

苯酰氯　benzoyl chloride　C_6H_5COCl　بەنزويل حلور

苯酰脲　benzoylurea　$C_6H_5CONHCONH_2$　بەنزويل ۋرەا

1 – 苯酰葡糖甙酸　1 – benoylglucuronic acid　بەنزويل گليۇكۆرون قىشقىلى ـ 1

苯酰氰　benzoyl cyanide　C_6H_5COCN　بەنزويل سيان

苯酰乳酸　benzoyl lactic acid　$CH_3CH(O_2C_3H_7)COOH$　بەنزويل ءسۇت قىشقىلى

苯酰水杨酸甲酯　methyl – benzoyl salicylate　$C_6H_5CO_2C_6H_4CO_2CH_3$　بەنزويل
ساليتسيل قىشقىل مەتيل ەستەرى

苯酰酞酸　benzoyl phthalic acid　$C_6H_5COC_6H_3(COOH)_2$　بەنزويل فتال قىشقىلى

苯酰替苯胺　benzanilide　C₆H₅NHCOC₆H₅　بەنزانیلید

苯酰替丙氨酸　benzoyl alanine　C₆H₅CONHCH(CH₃)COOH　بەنزویل الانین

苯酰替甲苯胺　benzoyl toluidine　بەنزویل تولۇیدین

苯酰(替)萘胺　benznaphthalide　بەنزنافتالید

苯酰(替)‒α‒萘胺　benzoyl‒α‒naphthylamine　C₆H₅CONHC₁₀H₇

بەنزویل ‒ α ‒ نافتیلامین

苯酰替萘胺‒[1]　"苯酰(替)‒α‒萘胺" گە قاراڭىز.

苯酰溴　benzoyl bromide　C₆H₅COBr　بەنزویل بروم

苯酰芽子碱　benzoyl ecgonine　بەنزویل ەكگونین

苯酰氧基　"苯(甲)酸基" گە قاراڭىز.

苯酰乙醇酸　benzoyl glycollic acid　C₆H₅COOCH₂COOH　بەنزویل گلیكول قىشقىلى

苯酰乙腈　benzoyl acetonitrile　C₆H₅COCH₂CN　بەنزویل اتسەتونیتریل

苯酰乙烯酮　ketene, benzoyl　C₆H₅COCHCO　بەنزویل كەتەن

苯酰乙酰丙酮　benzoyl acetyl acetone　C₆H₅COCH₂COCH₂COCH₃　بەنزویل اتسەتیل اتسەتون

苯酰乙酰醋酸乙酯　ethyl benzoyl‒acetoacetate　C₂H₃OCH(C₇H₅O)CO₂C₂H₅

بەنزویل اتسەتو سىركە قىشقىل ەتیل ەستەری

苯辛可那酸　phenyl cinchonic acid　فەنیل سینحون قىشقىلى

苯型化合物　benzoid compound　بەنزویدتى قوسىلمستار

苯型结构　benzenoid structure　بەنزەنویدتى قۇرىلىم

苯溴磷　phosvel　فوسۆۋەل

苯亚胺酸　benzimidic acid　C₆H₅C(NH)OH　بەنزیمید قىشقىلى

苯亚丙烯基　"肉桂叉" گە قاراڭىز.

苯亚砜　phenyl sulfoxide　(C₆H₅)₂SO　فەنیل سۆلفوكسید

苯亚磺酸　benzene sulfinic acid　C₆H₅SO₂H　بەنزول سۆلفون قىشقىلى

苯亚磺酸盐　benene sulfinate　C₆H₅SO₂M　بەنزول سۆلفین قىشقىلىنىڭ تۇزداری

苯亚磺酰　benzene sulfinyl(=phenyl sulfinyl)　C₆H₅SO‒　بەنزول سۆلفینیل،

فەنيل سۇلفينيل

苯亚磺酰胺　benzene sulfinamide　$C_6H_5SONH_2$　بەنزول سۇلفيناميد

苯亚甲基　　　　　　　　　　　　　"苄叉" گە قاراڭىز.

苯亚胂酸　phenyl arsonous acid　$C_6H_5As(OH)_2$　فەنيل ارسوندى قىشقىل

苯亚胂酸二芳酯　phenyl – diarhl oxyarsine　$C_6H_5As(OR)_2$　فەنيل ارسوندى
قىشقىل دياريل ەستەرى

苯亚胂酸二甲酯　dimethyl – phenyl arsenite　$C_6H_5As(OCH_3)_2$　فەنيل ارسوندى
قىشقىل ديمەتيل ەستەرى

苯亚胂酸钠　sodium phenyl arsenite　$C_6H_5As(ONa)$　فەنيل ارسوندى قىشقىل
ناتري

苯亚胂酸盐　phenyl – arsenite　$C_6H_5As(OM)_2$　فەنيل ارسوندى قىشقىلىنىڭ
تۇزدارى

苯亚胂氧化杨　phenyl arsineoxide　فەنيل ارسيندى توتىقتار

苯亚硒酸　benzene seleninic acid　C_6H_5SeOOH　بەنزول سەلەندى قىشقىل

苯氧苄胺盐酸　phenyl benzamine hydrochloric acid　فەنوكسي بەنزاميندى
تۇز قىشقىلى

苯氧基　phenoxy　C_6H_5O-　فەنوكسي

苯氧基苯酸　phenoxy benzoic acid　$C_6H_5OC_6H_4COOH$　فەنوكسي بەنزوي
قىشقىلى

苯氧基丙二醇　phenoxy propandiol　فەنوكسي پروپانديول

苯氧基丙酮　phenoxy acetone　$C_6H_5OCH_2COCH_3$　فەنوكسي اتسەتون

苯氧基丙烯　　　　　　"烯丙基苯基醚" گە قاراڭىز.

苯氧基醋酸　phenoxy acetic acid　$C_6H_5OCH_2COOH$　فەنوكسي سىركە قىشقىلى

苯氧基丁腈　phenoxy butyronierile　$C_6H_5O(CH_2)_3CN$　فەنوكسي بۇتيرونيتريل

苯氧基丁酸乙酯　ethyl phenoxy butyrate　$C_6H_5OCH_2(CH_2)_2COC_2H_5$　فەنوكسي
بۇتير قىشقىل ەتيل ەستەرى

苯氧基二羟铋　bismuth phenylate　$Bi(OH)_2OC_6H_5$　بيسمۇت فەنيلاتى

苯氧基硅　phenoxy silicane　فەنوكسي كرەمني

苯氧基树脂　phenoxy resin　　　　　　　　　　　　فەنوكدي سمولالار

苯氧基钛　phenoxide, titanium　　　　　　　　　　فەنوكسي تيتان

苯氧基乙醇　phenoxy ethyl alcohl　$C_6H_5OCH_2CH_2OH$　فەنوكسي ەتيل
سپيرتى

苯氧基乙酸　　　　　　　　　　　"苯氧基醋酸" گە قاراڭز.

苯氧基乙烯　　　　　　　　　　"乙烯基苯基醚" گە قاراڭز.

苯氧基乙酰胺　phenoxy－acetamide　$C_6H_5OCH_2CONH_2$　فەنوكسي اتسەتاميد

苯氧甲基青霉素　phenoxy methyl penicillin　فەنوكسي مەتيل فەنيتسيلللين

苯氧肟酸　benzhydroxamic acid　　　　　بەنزگيدروكسام قىشقىلى

苯一磺酸　benzenemonosulfonic acid　$C_6H_5SO_3H$　بەنزول مونوسۆلفون قىشقىلى

苯乙胺　phenylethylamine　　　　　　　　　فەنيل ەتيلامين

苯乙醇　phethyl alcohol　　　　　　　　　　فەنيل سپيرتى

苯乙醇腈　　　　　　　　　　　　"扁桃腈" گە قاراڭز.

苯乙醇酸　phenyl glycolic acid(＝amygdalinic acid)　فەنيل گليكول
قىشقىلى

苯乙醇酸甲酯　　　　　　　　　"扁桃酸甲酯" گە قاراڭز.

苯乙醇酰　　　　　　　　　　　　"扁桃酰" گە قاراڭز.

苯乙定　phenetidine　$C_6H_5OC_6H_4NH_2$　　　　　فەنەتيدين

苯乙二醇　benzoglycols　　　　　　　　　　بەنزوگليكول

苯乙荒酰胺　phenyl－thioacetamide　$C_6H_5CH_2CSNH_2$　فەنيل تيواتسەتاميد

苯乙基　phenethyl(＝phenyl－ethyl)　$C_6H_5CH_2CH_2-$　فەنيل (فەنيل ـ ەتيل)

苯乙基甲醇　phenyl－ethyl carbinol　　　فەنيل ـ ەتيل كاربينول

苯乙基芥子油　phenyl－ethyl－mustard oil　$C_6H_5CH_2CH_2NCS$　فەنيل ـ ەتيلدى
قىشى مايى

苯乙腈　　　　　　　　　　　　"苄基氰" گە قاراڭز.

苯乙硫醚　　　　　　　　　　"乙基苯基硫" گە قاراڭز.

苯乙醚　phenetol(＝ethyl phenylate)　$C_6H_5OC_6H_5$　فەنەتول، فەنيل ـ ەتيل ەفيرى

苯乙尿酸　phenaceturic acid　　　　　فەناتسەت نەسەپ قىشقىلى

苯乙醛　phenylacetaldehyde　فەنیل سركە الدەگیدتی

苯乙炔基镁化溴　magnesium bromide, phenyl acetylenyl　فەنیل اتسەتیلەنیل
ماگنیلی بروم

苯乙双胍　phenetyl diguanidium　فەنەتیل دیگۇانیدین

苯乙酸　"苯醋酸" گە قاراڭىز.

苯乙酸睾丸素　testosterone phenyl acetate　فەنیل سركە قىشقىل
تەستوستەرون

苯乙酸甲酯　"苯醋酸甲酯" گە قاراڭىز.

苯乙酮　acetophenone　CH₃COC₆H₅　اتسەتوفەنون

苯乙酮酯　phenacyl ester　فەناتسیل ەستەری

苯乙烷　phenylethane　فەنیل ەتان

苯乙烯　styrene, styrol, phenyl ethylene, cinnamene　C₆H₅CH:CH₂　ستیرەن،
ستیرول، فەنیل ەتیلەن، سیننامەن

苯乙烯胺　styrylamine　C₆H₅CHCHNH₂　ستیریلامین

苯乙烯一二乙烯苯　styrone - divinyl benzene　ستیرەن دیۋینیل بەنزول

苯乙烯海棉塑料　stiropor　ستیروپور

苯乙烯化二氯　"苯代乙撑二氯" گە قاراڭىز.

苯乙烯化二溴　"苯代乙撑二溴" گە قاراڭىز.

苯乙烯化氧　styrene oxide(= phenyl - ethylene oxide)　C₆H₅CHOCH₂
ستیرەن توتعى، فەنیل ەتیلەن توتعى

苯乙烯化油　styrenated oil　ستیرەندەنگەن ماي

苯乙烯基　styryl(= cinnamenyl)　C₆H₅CH:CH -　ستیریل، سیننامەنیل

苯乙烯基吡啶　"芪唑" گە قاراڭىز.

α - 苯乙烯基吡啶　" α - 芪唑" گە قاراڭىز.

γ - 苯乙烯基吡啶　" γ - 芪唑" گە قاراڭىز.

苯乙烯基当归酸　cinnamenyl angelic acid　سیننامەنیل انگەل قىشقىلى

苯乙烯基甲醇　styryl carbinol　ستیریل كاربینول

苯乙烯基甲酸　styryl formic acid　ستیریل قۇمىرسقا قىشقىلى

苯乙烯基镁化溴　magnesium bromide styryl　ستیریل ماگنیلی بروم

苯乙烯树脂　styrene resin		ستيرەندى سمولالار
苯乙烯脂		"苯乙烯树脂" گە قاراڭـز.
苯乙酰　phenyl acetyl　C₆H₅CH₂CO –		فەنيل اتسەتيل
苯乙酰胺　phenyl acetamide　C₆H₅CH₂CONH₂		فەنيل اتسەتاميد
N–苯乙酰胺基　N–phenyl acetamide　CH₃CON(C₆H₅) –		N ـ فەنيل
		اتسەتاميدو
苯乙酰半胱氨酸　phenyl mercapturic acid		فەنيل مەركاپتۇر قـشقـلى
苯乙酰谷氨酰胺　phenylacetyl glutamine		فەنيل اتسەتيل گليۆتامين
苯乙酰氯　phenyl acetyl chloride　C₆H₅CH₂COCl		فەنيل اتسەتيل حلور
苯乙酰脲　phenylacetylurea		فەنيل اتسەتيل ۇرەا
苯乙酰替苯胺　phenacetylaniline　C₆H₅CH₂CONHC₆H₅		فەناتسەتيل انيلين
苯异丙胺　amphetamine(＝benzedrine)		امفەتامين، بەنزەدرين
苯异丙肼　pheniprazine		فەنيپرازين
苯异硫脲基醋酸		"苯基海硫因酸" گە قاراڭـز.
苯异妥英　pemoline		پەمولين
苯茚胺　phenindamine(＝thephorin)		فەنيندامين، تەفورين
苯茚二酮　phenindione		فەنينديون
苯茚酮		"苯茚二酮" گە قاراڭـز.
苯硬脂磺酸　phenyl stearine sulfonic acid		فەنيل ستەارين سۆلفون قـشقـلى
苯扎明　benzamine		بەنزامين
苯簪基　formazyl		فورمازيل
苯正乙胺　fencamfamine		فەنكامفامين
苯脂肪酸　phenyl fatty acid		فەنيل ماي قـشقـلى
苯酯　phenyl ester		فەنيل ەستەرى
苯酯基　carbobenzoxy　C₆H₅OOC –		كاربوبەنزوكسي
苯中毒　benzolism		بەنزولدان ۇلانۇ
苯重氮化氯　benzene diazonium chloride		بەنزول ـەكى ازوتى حلور
苯重氮酸　biazobenzenic acid		ـەكى ازوتى بەنزول قـشقـلى

苯重氮酸钾　potassium benzene diazotate　C_6H_5NNOK　ھكى ازوتتى بەنزول
قشقىل كالي

苯腙　phenyl hydrazone　NNHPh　فەنيل گيدرازون

苯佐卡因　benzocain　بەنزوكاين

beng

泵　pump　ناسوس

泵马力　pump horsepower　ناسوس ات كۈشى

bi

比尔定律　Beers law　بەر زاڭى

比尔-郎伯定律　Beer－Lamber law　بەر ــ لامبەرت ــ بۆگەر زاڭى

比克拉托　picratol　بيكراتول

比例　proportion　پروپورتسيا، قاتناس

比例的　proportional　پروپورتسيالىق

比例定律　law of proportional　پروپورتسيا زاڭى

比例控制　proportional control　پروپورتسيالىق تەجەۋ

比例量　proportional　پروپورتسيالىق شامالار

比例调节器　proportional controller　پروپورتسيا تەجەگىشتەرى (اسپاپ)

比例限度　proportional limit　پروپورتسيالىق شەك

比例性　proportionality　پروپورتسياللىق

比猫灵　ratilan　راتيلان، گوۋماحلور

比能　specific energy　مەنشىكتى ەنەرگيا

比粘　specific viscosity　مەنشىكتى تۈتقىرلىق

比热　specific heat　مەنشىكتى جىلۇ

比热定律　law of specific heat　مەنشىكتى جىلۇ زاڭى

比容　specific volume　مەنشىكتى كۈلەم

比容量	specific capacity	مەنشىكتى سىيمدىلىق
比散度	specific dispersion	مەنشىكتى تارالۇ دارەجەسى
比色杯	cuperette	ئۆس سالستىرۇ ستاكانى
比色表	colerimeter	كولورىمەتر، ئۆس سالستىرۇ اسپابى
比色测定	colorimetric estimation	كولورىمەترلىك ولشەۋ
比色滴定法	colorimetric titration	كولورىمەترلىك تامشلاتۇ ئادسى
比色法	colorimetric method	ئۆس سالستىرۇ ئادسى
比色分析	colorimetric analysis	كولورىمەترلىك تالداۇ
比色管	color comparison tube	ئۆس سالستىرۇ پروبيركاسى
比色计	colorimeter (= chromometer)	كولورىمەتر، حرومومەتر
比色刻度	color scale	ئۆس سالستىرۇ شكالاسى
比色盘	colorimetric disc	ئۆس سالستىرۇ تاباقشاسى
比色溶液	colorimetric solution	ئۆس سالستىرۇ ەرتنندسى
比色图表	color chart	ئۆس سالستىرۇ كەستەسى
比色仪		"比色表" گە قاراڭىز.
比色指数	color index	ئۆس سالستىرۇ كورسەتكىشى
比湿度	specific humidity	مەنشىكتى بلعالدىق دارەجەسى
比妥耳	betol $HOC_6H_4CO_2C_{10}H_7$	بەتول
比吸收系数	soecific coefficient	مەنشىكتى ابسوربتسيا كوەففيتسەنتى
比锈灵	pyracarbolid	پيراكاربوليد
PH－比值器	PH－value comparator	PH ـ ئمانىن سالستىرعىش (اسپاپ)
比重	specific gravity	مەنشىكتى سالماق
比重表	areometer	ارەومەتر، سۇيىقتىقتىڭ مەنشىكتى سالماعىن ولشەگىش
比重秤	specific gravity balance	مەنشىكتى سالماق تارازسى
比重计		"比重表" گە قاراڭىز.
比重瓶	pycnometer	پيكنومەتر، مەنشىكتى سالماق كولباسى
比重瓶测定比重法	pycnometeric method	پيكنومەترمەن مەنشىكتى سالماقتى ولشەۋ ئادسى

比浊法　turbidimetry　　　　　　　　　　　لايلانؤدى سالستەرۇ ٴادىسى

比浊分析　turbidimetric analysis　　　　　　لايلانؤدى سالستەرا تالداۋ

比浊器　trubidimeter　　　　　　　　　لايلانؤدى سالستەرعمش (اسپاپ)

吡啶　pyridine　C₆H₅N　　　　　　　　　　　　　　　　پيريدين

吡啶胺　pyrithiamine　　　　　　　　　　　　　　　　پيريتيامين

吡啶并　pyrino,pyrido　　　　　　　　　　　　پيرينو، پيريدو

1,5－吡啶并吡啶　1,5－naphthyridine　C₈H₆N₂　　1، 5 ـ نافتيريدين

1,6－吡啶并吡啶　1,6－naphthyridine　　　　　　1، 6 ـ نافتيريدين

1,7－吡啶并吡啶　1,7－naphthyrine　　　　　　　1، 7 ـ نافتيريدين

1,6,7－吡啶并达嗪　1,6,7－pyrido pyridazine　C₄H₂N₂(CH₃)N　1، 6، 7 ـ

پيريدوپيريدازين

吡啶并咔唑　pyrido－carbazole　　　　　　　　پيريدوكاربازول

吡啶并－[2,3－b]　pyrido－[2,3－b]quinoline　پيريدو-[2،3 ـ b] حينولين

吡啶叉　pyridylidene　　　　　　　　　　　　پيريديليدەن

吡啶醋酸亚酮溶液　cuprous　　پيريدين سەركە قىشقىل شالا توتىق تەمىر

ەرىتىندىسى

吡啶的衍生物　pyridine derivatives　　　　پيريدين تۇۋىندىلارى

吡啶哚　pyridindol　C₁₁H₈N₂　　　　　　　　　پيريديندول

吡啶二磺酸　pyridine disulfonic acid　C₅H₃N(SO₃H)₂　پيريدين ەكى سۆلفون

قىشقىلى

吡啶二酸－[3,4]　　　　　　　　"辛可部酸" گە قاراڭىز.

吡啶二羧酸　pyridine decarboxylic acid　C₅H₃N(COOH)₂　پيريدين ەكى

كاربوكسيل قىشقىلى

吡啶－2,3－二羧酸　pyridine－2,3－dicarboxylic acid　پيريدين ـ 2، 3 ـ

ەكى كاربوكسيل قىشقىلى

吡啶－2,4－二羧酸　pyridine－2,4－dicarboxylic acid　C₅H₃N(COOH)₂

پيريدين ـ 2، 4 ـ ەكى كاربوكسيل قىشقىلى

吡啶酚　pyridol　C₅H₄NOH　　　　　　　　　پيريدول

吡啶核甙酸　pyridine nucleotide　　　　　　پيريدين نۇكلەوتيد

吡啶黄酸　pyridine‑sulfonic acid　$C_5H_4NSO_3H$　　پیریدین سۇلفون قىشقىلى

3‑吡啶磺酸　3‑pyridine sulfonic acid　　3 ـ پیریدین سۇلفون قىشقىلى

吡啶基　pyridyl　C_5H_4N-　　پیریدیل

α‑吡啶基‑β‑偶氮萘酚　α‑pyridyl‑β‑azonaphthol　　α ـ پیریدیل ـ β ـ ازونافتول

吡啶甲基　　"皮考基" گه قاراڭمز.

吡啶甲醛　pyridyl aldehyde　　پیریدیل الدەگیدتى

吡啶三羧酸　pyridine tricarboxylic acid　　پیریدین ٴۇش كاربوكسیل قىشقىلى

吡啶酸‑[3]　　"烟酸" گه قاراڭمز.

吡啶羧酸　pyridine carboxylic acid　C_5H_4NCOOH　　پیریدین كاربوكسیل قىشقىلى

吡啶酮　pyridone　C_5H_5ON　　پیریدون

吡啶五羧酸　pyridine‑pentacarboxylic acid　$C_5N(COOH)_5$　　پیریدین بەس كاربوكسیل قىشقىلى

吡啶酰胺　picolinamide　　پیكولینامید

吡啶血色原　pyridine hemochromogen　　پیریدین گەموحروموگەن

吡啶一磺酸　pyridine monosulfonic acid　$C_5H_4NSO_3H$　　پیریدین مونوسۇلفون قىشقىلى

吡啶一羧酸　pyridine monocarboxylic acid　C_5H_4NCOOH　　پیریدین مونوكاربوكسیل قىشقىلى

吡哆胺　pyridoxamine　　پیریدوكسامین

吡哆醇　pyridoxine　$C_8H_{11}O_3N$　　پیریدوكسین، ۆیتامین B_6

吡哆醇甲醚　pyridoxine methyl ether　$CH_3OC_8H_{10}O_2N$　　پیریدوكسین مەتیل ەفیرى

吡哆醛　pyridoxal　　پیریدوكسال

吡哆醛磷酸　pyridoxal phosphate　　پیریدوكسال فوسفور قىشقىلى

吡哆素　　"吡哆醇" گه قاراڭمز.

吡哆酸　pyridoxic acid　　پیریدوكسي قىشقىلى

吡咙　pyrron　　پیررون

吡咯 pyrrole (CHCH)₂NH پيررول

吡咯并 pyrrolo- – پيررولو

2, 4 - 吡咯并吡啶 "吡任哚" گه قاراڭز.

吡咯并吲哚 pyrrolo-indole پيررولو – يندول

吡咯醋酰胺 pyracetam پيراتسەتام

吡咯环 pyrrole ring پيررول ساقيناسى

吡咯基 pyrrolyl, pyrryl C₄H₄N- پيررولىل، پيررىل

α - 吡咯基甲醛 α-pyrryl-aldehyde CHOC₄H₄N α – پيررىل الدەگيدتى

吡咯基甲酰 pyrrolyl carbonyl C₅H₃NO پيررولىل كاربونيا

吡咯-2-甲醛 pyrrole-2-aldehyde پيررول ـ 2 ـ الدەگيدتى

吡咯甲酰 pyrroyl پيررويل

吡咯蓝 pyrrol blue CH₂CH₂NHCHCH پيررول كوگى

吡咯啉 pyrroline پيررولين

吡咯啉化合物 pyrrolinum compound پيررولين قوسىلىستارى

吡咯啉基 pyrrolinyl C₄H₆N- پيررولينيل

吡咯羰基 "吡咯基甲酰" گه قاراڭز.

吡咯烷 pyrrolidin (CH₂)₄NH پيررولىدين

吡咯烷基 pyrrolidyl, pyrrolidinyl C₄H₈N- پيررولىدىل، پيررولىدينيل

吡咯烷三酮 pyrrolidine trion پيررولىدين تريون

吡咯烷酸 pyrrolidinic acid پيررولىدين قىشقىلى

吡咯烷羧酸 pyrrolidine carboxylic acid C₄H₈NCOOH پيررولىدين كاربوكسيل قىشقىلى

吡咯烷-2-羧酸 pyrrolidine-2-carboxylic acid پيررولىدين ـ 2 ـ كاربوكسيل قىشقىلى

吡咯烷酮 pyrrolidone پيررولىدون

吡咯烷酮羧酸 pyrrolidone carboxylic acid C₄H₆NCOOH پيررولىدون كاربوكسيل قىشقىلى

吡咯硝素　pyrrolnitrine　　　　　　　　　　　　　پىررول نىترىن

吡喃　pyran　C_5H_6O　　　　　　　　　　　　　　پىران

α－吡喃　α－pyran(＝1.2－pyran)　C_5H_6O　　　α – پىران

γ－吡喃　γ－pyran(＝1.4－pyran)　C_5H_6O　　　γ – پىران

吡喃阿糖　arabopyranose　　　　　　　　　　ارابوپىرانوزا

吡喃半乳糖　galactopyranose　　　　　　گالاكتوپىرانوزا

吡喃甙　pyranoside　　　　　　　　　　　　پىرانوزىد

吡喃甘露糖　mannopyranose　　　　　　　ماننوپىرانوزا

吡喃果糖　pyranofructose　　　　　　　پىرانو پرۇكتوزا

吡喃核糖　ribopyranose　　　　　　　　　رىبوپىرانوزا

吡喃环　pyranoid ring　　　　　　پىرانوىد ساقىناسى

吡喃基　pyrranyl　C_6H_5O-　　　　　　　　پىرانىل

吡喃已糖　hexapyranose　　　　　　　گەكساپىرنوزا

吡喃木糖　xylopyranose　　　　　　　كسىلوپىرانوزا

吡喃葡糖　pyranoglucose　　　　　پىرانوگلىۋكوزا

吡喃葡糖甙　glucopyranoside　　　　گلىۋكوپىرانوزىد

吡喃葡萄糖　　　　　　　　　"吡喃葡糖" گە قاراڭىز.

吡喃葡萄糖甙　　　　　　"吡喃葡糖甙" گە قاراڭىز.

1,2－吡喃－3－羧肟酸　1,2－pyran－3－carbohydroxamic acid　1، 2 –

پىران – 3 – كاربوگىدروكسام قىشقىلى

吡喃糖　pyranose　　　　　　　　　　　پىرانوزا

吡喃亭　pyrantin　$C_2H_5OC_6H_4N(COCH_2)_2$　　پىرانتىن

吡喃酮　pyrone,pyronone　　　　　پىرون، پىرونون

α－吡喃酮　α－pyrone　$C_5H_4O_2$　　　　α – پىرون

γ－吡喃酮　γ－pyrone　$C_5H_4O_2$　　　　γ – پىرون

1,4－吡喃酮　1,4－pyrone　　　　　　　1، 4 – پىرون

吡喃酮羧酸　pyrone carboxylic acid　پىرون كاربوكسىل قىشقىلى

吡喃戊糖　pentopyranose　　　　　　پەنتوپىرانوزا

吡喃型 pyroanoid form	پيرانويد فورمالى
吡喃型的 pyranoid	پيرانويدتى، پيرانويدتق
吡喃盐 pyranum salt	پيران تۇزى
吡嗪 pyrazine $C_4H_4(N)_2$	پيرازين
吡嗪并二异吲哚 pyrazinodiisoindole $C_{18}H_{12}N_2$	پيرازينو دييزويندول
吡嗪基 pyrazinyl $C_4H_3N_2-$	پيرازينيل
吡嗪酰胺 pyrazinamide	پيرازيناميد
吡任丹 phrindane	پيريندان
吡任啶 pyrindine	پيريندين
吡任哚 pyrindol	پيريندول
吡任哚酸 pyrindoxylic acid	پيريندوكسيل قشقلى
吡唑 pyrazole NCHCH:CHNH	پيرازول
1-吡唑并[b]吡嗪 1-pyrazole pyrazine $C_5H_3NHN_3$	1 - پيرازول پيرازين
吡唑酚黄 pyrazotol yellow	پيرازوتول سارسى
吡唑基 pyrazolyl $C_3H_3N_2$	پيرازوليل
吡唑蓝 pyrazol blue	پيرازول كوگى
吡唑类 pyrazoles	پيرازولدار
吡唑磷 pyrazophos	پيرازوفوس
吡唑啉 pyrazoline $C_3H_5N_2$	پيرازولين
吡唑啉基 pyrazolinyl $C_3H_5N_2$	پيرازولينيل
吡唑啉酮 pyrazolone COCH$_2$CHNNH	پيرازولون
吡唑啉酮染料 pyrazolone dye	پيرازولوندق بوياۋلار
吡唑酮	"吡唑啉酮" گه قاراڭز.
吡唑烷 pyrazolydine NH(CH$_2$)$_3$NH	پيرازوليدين
吡唑烷基 phrazolidinyl, pyrazolidyl $C_3H_2N_2$	پيرازوليدينيل، پيرازوليديل
吡唑烷酮 pyrazolidone $C_3H_6ON_2$	پيرازوليدون
俾斯麦棕 Bismarck brown	بيسمارك قنزل قوڭرى
闭环 closed ring	تۇيىق ساقينا، تۇيىقتالعان ساقينا

闭环反应	ring – closing reaction	تۇيسق ساقىناداعى رەاكسىا
闭环烃	closed – ring hydrocarbons	تۇيسق ساقىنالى كومىر سۇ تەكتەر
闭环作用	ring closure	ساقىناناڭ تۇيىقتالۇي
闭链	closed chain	تۇيسق تىزبەك
闭链化合物	closed chain compound	تۇيسق تىزبەكتى قوسىلىستار
闭链烃	closed chain hydrocarbon	تۇيسق تىزبەكتى كومىر سۇتەكتەر
闭系	closed system	تۇيسق جۇيە، تۇيىقتالعان جۇيە
必需氨基酸	essential amino acid	قاجەتتى امينو قىشقىلدارى (8 ٴتۇرلى)
必需元素	essential element	قاجەتتى ەلەمەنتتەر (ادام دەنەسىنە)
必需脂肪酸	essential fatty acid	قاجەتتى ماي قىشقىلى
铋(Bi)	bismuthum	بيسمۇت (Bi)
铋白	bismuth white	بيسمۇت اعى
铋化物	bismuthide	بيسمۇت قوسىلىستارى، بيسمۇتيتەر
铋黄	bismuth trioxide	بيسمۇت ٴۇش توتعى
铋基	bismuthino H₃Bi –	بيسمۇتينو
铋酸	bismuthic acid	بيسمۇت قىشقىلى
铋酸钠	sodium bismuthate	بيسمۇت قىشقىل ناتري
铋酸盐	bismuthate	بيسمۇت قىشقىلىنىڭ تۇزدارى
铋银	bismuth silver	بيسمۇتتى كۇمىس
铋中毒	bismuthosis	بيسمۇتتان ۇلانۇ
避虫酮	indalone	يندالون
避蚊胺	delphene	دەلفەن
蓖麻醇	ricinole	ريتسينول، ۆپلمالىك سپيرتى
蓖麻醇酸	ricinoleic acid C₁₈H₃₄O₃	ريتسينول قىشقىلى
蓖麻醇酸甲酯	methyl ricinoleate	ريتسينول قىشقىل مەتيل ەستەرى
蓖麻毒	ricin	ريتسين، ۆپلمالىك
蓖麻碱	ricinine HCHCC(OCH₃)CCNN(CH₃)CO	ريتسينين
蓖麻酸	ricinoleic acid	ريتسينول قىشقىلى

蓖麻酸乙酯　ethyl ricinoleate　$HOC_{17}H_{32}CO_2C_2H_5$　ريتسينول قىشقىل ەتيل ەستەرى

蓖麻硬脂块酸　ricinstearolic acid　$C_6H_{13}CHOHCH_2:CC_7H_{14}COOH$　ريتسين ستەارول قىشقىلى

蓖麻油　castor oil　كاستور مايى، ۋپلمالىك مايى

蓖麻子白朊　"蓖麻毒" گە قاراڭىز.

蓖麻子酸　ricinolennic acid　ريتسينولەين قىشقىلى

蓖酸丁酯　butyl ricinoleate　$HOC_7H_{32}CO_2C_4H_9$　ريتسينول قىشقىل بۇتيل ەستەرى

蓖酸异丁酯　isobutyl rininoleate　$HOC_7H_{32}CO_2C_4H_9$　ريتسينول قىشقىل يزوبۇتيل ەستەرى

bian

蝙蝠葛碱　dauricine　داۋريتسين

扁桃甙　amygdalin　$C_6H_5CH(CN)OC_{12}H_{21}O_{10}$　اميگدالين

扁桃腈　mandelonitrile　$C_6H_5CHOHCN$　ماندەلونيتريل

扁桃腈酶　mandelonitrilade　ماندەلونيتريلازا

扁桃酸　mandelic acid　$C_6H_5CHOHCOOH$　ماندەل قىشقىلى

扁桃酸钙　calcium mandelate　ماندەل قىشقىل كالتسي

扁桃酸甲酯　methyl mandelate　ماندەل قىشقىل مەتيل ەستەرى

扁桃酸龙胆糖甙　amygdalic acid　$C_{19}H_{27}O_{11}COOH$　اميگدال قىشقىلى

扁桃酸钠　sodium mandelate　$C_6H_5CHOHCOONa$　ماندەل قىشقىل ناتري

扁桃酸盐　mandelate(=amygdalate)　$C_6H_5CHOHCOOM$　ماندەل قىشقىلىننىڭ تۇزدارى

扁桃酸乙酯　ethyl mandelate　$C_6H_5CHOHCO_2CH_3$　ماندەل قىشقىل ەتيل ەستەرى

扁桃酸酯　mandelate(=amygdalate)　$C_6H_5CHOHCOOR$　ماندەل قىشقىل ەستەرى

扁桃酰　mandeloyl　$C_6H_5CH(OH)CO-$　ماندەلويل

苄胺　benzylamine　$C_6H_5CH_2NH_2$　بەنزيلامين

苄胺基苯酚　benzyl aminophenol　$C_6H_5CH_2NHC_6H_4OH$　بەنزيل امينوفەنول

苄胺基苯磺酸钠　　　　　　　　　　　　　　　　"溶液盐" گە قاراڭىز.

苄胺基醋酸　benzy aminoacetic acid　　　بەنزىل امىنو سىركە قىشقىلى

苄胺肟　benzamidoxime　$C_6H_6(NOH)NH_2$　　بەنزامىدوكسىم

苄叉　benzal(= benzylidene)　$C_6H_5CH =$　بەنزال، بەنزىلىدەن

苄叉吖嗪　benzalazine　$(C_6H_5CHN)_2$　　بەنزالازىن

苄叉氨基苯酚　benzalaminophenol　　بەنزال امىنوفەنول

苄叉苯胺　benzalaniline　$C_6H_5CHNC_6H_5$　بەنزال انىلىن

苄叉丙二酸　benzal malonic acid　$C_6H_5CH:C(CO_2H)_2$　بەنزال مالون قىشقىلى

苄叉丙酮　benzal acetone　$C_6H_5CHCHCOCH_3$　بەنزال اتسەتون

苄叉二氟　benzal fluoride　C_6H_5CHF　بەنزال فتور

苄叉二氯　benzal chloride　$C_6H_5CHCl_2$　بەنزال حلور

苄叉二溴　benzal bromide　$C_6H_5CHBr_2$　بەنزال بروم

苄叉肼　benzalhydrazine　$C_6H_5CHNNH_2$　بەنزال گىدرازىن

苄叉频哪酮　benzyllaenepinacolone　$C_6H_5CH_2CHCOC(CH_3)_3$　بەنزىللاندى پىناكولون

苄叉乳酸　benzal lactic acid　$C_6H_5CHCHCHOHCO_2H$　بەنزال ٴسۇت قىشقىلى

苄叉酞　benzal phthalide　$C_7H_6CC_6H_4COO$　بەنزال فتال

苄叉特已酮　benzal pinacolone　$(CH_3)_3CCOCHCHC_6H_5$　بەنزال پىناكولون

苄叉(替)甲胺　benzal methylamine　$C_6H_5CHNCH_3$　بەنزال مەتىلامىن

苄叉(替)甲苯胺　benzal − toluidine　　بەنزال تولۋىدىن

苄叉(替)氯苯胺　benzal chloraniline　　بەنزال حلورانىلىن

苄叉(替)硝基苯胺　benzal nitroaniline　$C_6H_5CHNC_6H_4NO$　بەنزال نىتروانىلىن

苄叉(替)乙胺　benzal ethylamine　$C_6H_5CH:NC_2H_5$　بەنزال ەتىلامىن

苄叉乙胺　　　　　　　　　　　　　　"苄叉替乙胺" گە قاراڭىز.

苄叉乙醛　benzal acetaldehyde　　بەنزال سىركە الدەگىدتى

苄叉乙酸　benzal acetic acid　　بەنزال سىركە قىشقىلى

苄叉乙酰苯　benzalacetophenone　$C_6H_5CHCHCOC_6H_5$　بەنزال اتسەتوفەنون

苄叉乙酰苯化二溴　benzalacetophenone dibromide　$C_6H_5CHBrCHBrCOC_6H_5$　بەنزال اتسەتوفەنون ٴەكى بروم

苄叉乙酰丙酮　benzalacetylacetone　$C_6H_5CHCHCOCH_2COCH_3$　بەنزال اتسەتیل اتسەتون

苄叉乙酰醋酸乙酯　ethyl benzalacetoacetate　$C_2H_5OC(:C_6H_7)CO_2C_2H_5$　بەنزال اتسەتو سىركە قىشقىل ەتیل ەستەری

苄撑　$-CH_2C_6H_4-$　تولیلەن، تولۇیلەن

苄撑二胺　tolylenediamine　$NH_2CH_2C_6H_4NH_2$　تولیلەن دیامین

苄川　benzenyl　$C_6H_5C≡$　بەنزەنیل

苄川氨硫酚　benzenyl amidothiophenol　$PhC:N·S·C_6H_4$　بەنزەنیل امیدوتیوفەنول

苄川胺肟　benzenyl amidoxime　$C_6H_5(NOH)NH_2$　بەنزەنیل امیدوکسیم

苄川三氟　benzenyl fluoride　بەنزەنیل فتور

苄川三氯　benzenyl chloride　$C_6H_5CCl_3$　بەنزەنیل حلور

苄醇　benzyl alcohol　$C_6H_5CH_2OH$　بەنزیل سپیرتى

苄二醇二醋酸酯　"亚苄二醋酸酯" گە قاراڭىز.

苄砜　benzyl sulfone　$(C_6H_5CH_2)_2SO_2$　بەنزیل سۆلفون

苄化　benzylate　بەنزیلدەنۈ

苄化的　benzylated　بەنزیلدەنگەن

苄化剂　benzylating agent　بەنزیلدەگىش اگەنت

苄磺酸　benzyl sulfonic acid　$C_6H_5CH_2SO_3H$　بەنزیل سۆلفون قىشقىلى

苄基　benzyl　C_6H_5CH-　بەنزیل

苄基胺腈　benzylcyanamide　$C_6H_5CH_2NHCN$　بەنزیل سیانامید

苄基苯　benzyl benzene　بەنزیل بەنزول

苄基苯胺　benzyl aniline　$C_6H_5CH_2NHC_6H_5$　بەنزیل انیلین

苄基苯胺偶氮苯　benzyl aniline-azo-benzene　بەنزیل انیلین - ازوبەنزول

苄基苯胺偶氮苯磺酸　benzylaniline-azo-benzene sulfonic acid　بەنزیل انیلین - ازوبەنزول سۆلفون قىشقىلى

苄基苯酚　benzylphenol　بەنزیل فەنول

苄基苯(甲)酸　"苄基苯酸" گە قاراڭىز.

苄基苯酸　benzylbenzoic acid　　　　　　　　　　بەنزيل بەنزوي قشقىلى

苄基苯酸盐　benzyl benzoate　$C_6H_5CH_2C_6H_4COOM$　بەنزيل بەنزوي قشقىلىنىڭ
تۇزدارى

苄基吡啶　benzyl pyridine　$C_6H_5CH_2C_5H_4N$　بەنزيل پيريدين

苄基吡咯　benzyl‐pyrrol　$C_4H_4NCH_2C_6H_5$　بەنزيل پيررول

苄基丙醇二酸　benzyl tartronic acid　$C_7H_7C(OH)(COOH)_2$　بەنزيل تارترون
قشقىلى

苄基丙二酸　benzyl malonic acid　$C_6H_5CH_2CH(COOH)_2$　بەنزيل مالون قشقىلى

苄基丙二酸二乙酯　diethyl benzyl malonate　بەنزيل مالون قشقىل ديەتيل
ەستەرى

苄基丙酮　benzyl aceton　$C_6H_5(CH_2)_2COCH_3$　بەنزيل اتسەتون

苄基薄荷醇　benzyl mentol　$C_{17}H_{26}O$　بەنزيل مەنتول

苄基碘　benzyl iodide　$C_6H_5CH_2I$　بەنزيل يود

苄基叠氮　benzyl azide　$C_6H_5CH_2N_3$　بەنزيل ازيد

苄基丁基砜　benzyl‐butyl sulfone　$C_6H_5CH_2SO_2C_4H_9$　بەنزيل ـ بۇتيل سۇلفون

苄基蒽　benzyl‐anthracen　$C_7H_7C_6H_3:C_2H_2:C_6H_4$　بەنزيل انتراتسەن

苄基二苯胺　benzyl diphenylamine　$(C_6H_5)_2NCH_2C_6H_5$　بەنزيل ديفەنيلامين

苄基二甲胺　benzyl dimethlamine　بەنزيل ديمەتيلامين

苄基氟　benzyl fluoride　بەنزيل فتور

苄基汞化氯　benzyl mercuric chloride　$HgClCH_2C_6H_5$　بەنزيل سىناپتى حلور

苄基胲　benzyl hydroxylamine　بەنزيل گيدروكسيلامين

苄基化作用　benzylation　بەنزيلدەۋ

苄基磺胺　benzyl sulfanilamide(＝proseptazine)　بەنزيل سۇلفانيلاميد،
پروسەپتازين

苄基甲醇　benzyl carbinol　بەنزيلى كاربينول

苄基甲基甲醇　benzyl‐methyl carbinol　$C_6H_5CH_2CHOHCH_3$　بەنزيل ـ مەتيل
كاربينول

苄基芥子油　benzyl mustard oil　$C_6H_5·CH_2·NCS$　بەنزيلدى قشى مايى

苄基肼　benzyl hydrazine　$C_6H_5CH_2NHNH_2$　بەنزيل گيدرازين

苄基联苯　benzylbiphenyl　بەنزيل بيفەنيل

苄基硫氰　benzyl sulfocyanide　$C_6H_5CH_2SCN$　بەنزيل سۆلفوسيان، بەنزيل كۆكەرتتى سيان

苄基卤　benzyl halide　$C_6H_5CH_2X$　بەنزيل گالوگەن

苄基氯　benzyl chloride　$C_6H_5CH_2Cl$　بەنزيل حلور

苄基氯苯酚　chlorophene　حلوروفەن

苄基麻黄碱　"新生乃复林" گە قاراڭز.

苄基镁化卤　benzyl magnesium halide　$MgXC_6H_5CH_2$　بەنزيل ماگنييلى گالوگەن

苄基镁化氯　benzyl magnesium chloride　$MgClC_6H_5CH_2$　بەنزيل ماگنييلى حلور

苄基萘　benzyl naphthalene　$C_6H_5CH_2C_{10}H_7$　بەنزيل نافتالين

苄基硼酸　benzyl boric acid　$C_6H_5CHB(OH)_2$　بەنزيل بور قشقىلى

6－苄基嘌呤(6－BA)　benzyl purine　بەنزيل پۆرين

苄基氰　benzylcyanide(＝tolunitrile)　$C_6H_5CH_2CN$　بەنزيل سيان، تولۆنيتريل

α－苄基氰　α－tolunitrile　α ـ تولۆنيتريل

N－苄基斯德酮　cydonone, N－benzyl　N ـ بەنزيل سيدنون

苄基酸钾　"二苯基乙醇酸钾" گە قاراڭز.

苄基碳酰氯　benzylcarbonyl chloride　بەنزيل كاربونيل حلور

苄基纤维漆　benzyl－cellulose lacquer　بەنزيل سەلليۆلوزالى لاكتار

苄基纤维素　benzyl cellulose　بەنزيل سەلليۆلوزا

苄基溴　benzyl bromide　$C_6H_5CH_2Br$　بەنزيل بروم

苄基乙烯　benzyl ethylene　$C_6H_5CH_2CHCH_2$　بەنزيل ەتيلەن

苄基乙酰苯　benzylacetophenone　$C_6H_5(CH_2)_2COC_6H_5$　بەنزيل اتسەتوفەنون

苄基乙酰醋酸乙酯　ethyl benzyl acetoacetate　$CH_3COCH(C_7H_7)CO_2C_2H_5$　بەنزيل اتسەتو سىركە قىشقىل ەتيل ەستەرى

苄基异丁子香酚　benzylisoeugenol　بەنزيل يزوەۋگەنول

苄基异硫脲　benzylisothiourea　$C_7H_5SC(:NH)NH_3$　بەنزيل يزوتيوۋۇرەا

苄基异硫脲化盐酸　benzylisothiourea hydrochlorid　$C_8H_{10}N_2SHCl$　بەنزيل يزوتيوۋۇرەالى تۇز قىشقىلى

苄基紫 4B benzyl violet 4B　　　　　　　　　　بەنزيل كۆلگىن 4B

苄腈 benzonitrile C_6H_5CN　　　　　　　　　بەنزونيتريل

苄菊酯 dimethrin　　　　　　　　　　　　　ديمەترين

苄连氮　　　　　　　　　"苄叉吖嗪" گە قاراڭىز.

苄硫醇 benzyl mercaptan $C_6H_2CH_2SH$　　بەنزيل مەركاپتان

苄硫基 benzylthio − $C_6H_5CH_2S-$　　　　بەنزيلتيو ـ

苄硫醚 benzyl thioether $(C_6H_5 \cdot CH_2)_2S$　بەنزيلتيو ەفيرى

苄硫脲 benzyl thiourea $C_6H_5CH_2NHCSNH_2$　بەنزيلتيوۆرەا

苄脒 benzenyl amidine(= benzamidine)　بەنزەنيل اميدين

苄脲 benzyl urea $NH_2 \cdot CO \cdot NH \cdot CH_2 \cdot C_6H_5$　بەنزيل ۆرەا

苄青霉素 benzylpenicillin　　　　　　　بەنزيل پەنيتسيلليين

苄胂酸 benzyl arsonic acid $C_6H_5 \cdot CH_2 \cdot AsO(OH)_2$　بەنزيل ارسون قشقىلى

苄替萘脒 benzyl − naphthyl − amidine　بەنزەنيل ـ نافتيل اميدين

苄替乙酰胺 benzyl acetamide $CH_3CONHCH_2C_6H_5$　بەنزيل اتسەتاميد

苄偕胺亚胺　　　　　　　　"苄脒" گە قاراڭىز.

苄亚胺 benzylidenimine C_6H_5CHNH　بەنزيليدەن يمين

苄亚砜 benzyl sulfoxide $(C_6H_5CH_2)_2S{:}O$　بەنزيل سۆلفون توتعى

苄亚基　　　　　　　　　　"苄叉" گە قاراڭىز.

苄氧基 benzyloxy − $C_6H_5CH_2O-$　　بەنزيلوكسي

苄氧基丁烷　　　　　　　"丁苄醚" گە قاراڭىز.

苄氧基甲烷　　　　　"甲基苄基醚" گە قاراڭىز.

苄氧碳基　　　　　　　"苄氧羰基" گە قاراڭىز.

苄氧羰甘氨酸 carbobenzoxy glycine　كاربوبەنزوكسي گليتسين

苄氧羰基 benzyloxy carbonyl group　بەنزيلوكسي گاربونيل گرۇپپاسى

变 meta(= met) − , muta −　مەتا ـ (مەت) ـ (گرەكشە)، مۇتا ـ (لاتىنشا)، وزگەرۇ

变胺蓝 B 色基 variamine blue B base　ۆاريامىندك كوك B نەگىزى

变胺蓝盐 B variamine blue salt B　ۆاريامىندك كوك تۇزى B

变更 variance	وزگەرۋ دارەجەسى
变更性	"变化性" گە قاراڭىز.
变构物 mutamer	مۇتامەر
变构现象 mutamerism	مۇتامەريزم (قۇرۇلۇمى وزگەرۋ قۇبۇلۇسى)
变化性 variability	وزگەرگۈشتەك
变坏 deterioration	بۇزۇلۇۋ، ساپاسى وزگەرۋ
变换 transformation	تۈرلەنۋ، تۈرلەندۇرۋ
变换常数 transformation constant	تۈرلەنۋ تۇراقتىسى
变换论 transformation theory	تۈرلەندۇرۋ تەورياسى
变换系数 transformation coefficient	تۈرلەندۇرۋ كوەففيتسەنتى
变甲醛 metaformaldehyde	مەتا فورمالدەگيدى، مەتا قۇمىرسقا الدەگيدتى
变晶现象 morphotropy	مورفوتروپيا (كريستال فورماسىنىڭ وزگەرۋى)
变晶影响	"变晶现象" گە قاراڭىز.
变了性的 denaturated	قاسيەتى وزگەرگەن
变曲霉酸 muta－aspergillic acid	مۇتا اسپەرگيل قىشقىلى
变色 discoloration	ئۇس وزگەرۋ
变色反应 discoloration reaction	ئۇس وزگەرتۋ رەاكسياسى
变色放线菌素 lithomocidin $C_{20}H_{22}O_9$	ليتوموتسيدين
变色曲霉素 varecoline	ۋارەكولين
变色酸 chromotropic acid	حروموتوپ قىشقىلى، ئۇس وزگەرتەتىن قىشقىل
变体 variant	ۋاريانت، ۇلگى، نۇسقا
变位酶 mutase	مۇتازا
变位异构(现象)	"位变异构现象" گە قاراڭىز.
变形 deformation	فورما وزگەرۋ، ئپىشىن وزگەرۋ
变形范围 deformation range	فورما وزگەرۋ كولەمى، ئپىشىن وزگەرۋ اۇماعى
变形区	"变形范围" گە قاراڭىز.
变形现象 metamorphism	مەتا مورفيزم (فورما وزگەرۋ قۇبۇلۇسى)
变形性 marphotrophism(＝deformability)	مورفوتروپيزم (فورما

وزگەرگشتەك)

变形(作用) metamorphosis(= denaturation)   فورما وزگەرتۆ

变性 denaturation   قاسىەتى وزگەرۆ

变性蛋白质 denaturated protein(= metaprotein)   قاسىەتى وزگەرگەن بەلوك،

مەتا پروتەىن

变性胨 metapeptone   مەتا پەپتون

变形高铁血红朊   "变性正铁血红朊" گە قاراڭىز.

变性剂 denaturant   دەناتۇرانت، قاسىەتتى وزگەرتكەش (اگەنت)

变性酒精 denaturated alcohol   قاسىەتى وزگەرگەن سپىرت، دەناتۇرات

变性朊   "变性蛋白质" گە قاراڭىز.

变性正铁血红朊 cathemoglobin(= paragematin)   كاتەموگلوبىن، پاراگەماتىن

变性珠朊 paraglobin   پاراگلوبىن

变性作用 denaturation   قاسىەتسن وزگەرتۆ اسەرى، دەناتۇراتسىا

变旋光现象   "变构现象" گە قاراڭىز.

变乙醛 metacetaldehyde   مەتا سىركە الدەگىدتى

变易 variation   وزگەرۆ، قۇبىلۇ، ىنالۇ

变易霉素 variamycin   ۆارىامىتسىن

变异化学 allelochemistry   اللەلوحىمىا

变应素 allergin   اللەرگىن

变应性 allergy   اللەرگىالىق

变应原 allergen   اللەرگەن

变质   "变坏" گە قاراڭىز.

变质暗煤 metadurain   مەتا دۇراىن، ساپاسى وزگەرگەن كۇلەڭگىر تاس كومىر

变质剂 alterant   التەرانت، ساپا وزگەرتكەش اگەنت

biao

标度效应 scale effect   شكالا ەففەكتى

标记 mark   تاڭبا، بەلگى

标记化合物 labelled compound	تاڭبالانعان قوسىلىستار
标记物 marker, label	تاڭبالانعان زات
标记元素 tagged element	تاڭبالانعان ەلەمەنت
标记原子 tagged atom(= labelled atom)	تاڭبالانعان اتوم
标签 label	ماركا، بەلگى قاعاز، تۇسىننىڭ قاعاز
标准白煤油 standart white kerosen	ولشەمدى اق كارەسىن
标准大气压力 standard atmospheric pressure	ولشەمدى اتموسفەرالىق قىسىم
标准滴定管 normal burette(= standard burette)	ولشەمدى تامشىلاتۇ تۇتەگى
标准碘 standard iodine	ولشەمدى يود
标准电池 normal cell	نورمال باتارەيا
标准电极 standard(normal) electrode	ولشەمدى ەلەكترود
标准电极势 standard electrode potential	ولشەمدى ەلەكترود پوتەنتسيالى
标准电离室 standard nionization chamber	ولشەمدى يوندانۇ كامەراسى
标准毒素 standard (normal) toxin	ولشەمگە لايىق توكسين، نورمال توكسين
标准分析 standard analysis	ولشەمدىك تالداۇ
标准甘汞电极 normal calomel electrode	نورمال كالومەل (كەپىرەش) ەلەكترود
标准化 standarization, normalization	ولشەمدەنۇ، نورمالدانۇ
标准还原蓝	"阴丹士林" گە قاراڭىز.
标准还原电势 normal reduction potential	نورمال توتىقسىزدانۇ پوتەنتسيالى
标准碱溶液 standard alkali	ولشەمدى ٴسىلتى ەرىتىندىسى
标准密度	"正常密度" گە قاراڭىز.
标准浓度 normal concentration	نورمال قويۇلىق
标准气体吸收液 normal gas solution	نورمال گاز ٴسىمىرۇ ەرىتىندىسى
标准汽油 normal benzine	نورمال بەنزين
标准氢电极 standard hudrogen elektrode	نورمال سۇ تەك ەلەكترود
标准氰氧化钠溶液 standard caustic	ولشەمدى ناتري توتەعى گيدراتىننىڭ ەرىتىندىسى
标准情况 standard(normal)conditions	نورمال جاعداي

标准燃料	standard fuel	ولشەمدى جانار زاتتار
标准溶液	standard (normal) solution	نورمال (ولشەمدى) ەرىتىندى
标准色	standard colors	ولشەمدى ئتوس
标准试验	standard test	ولشەمدى سىناق
标准试样	standard sample	ولشەمدى سىناق ۇلگى
标准体积	standard volume	ولشەمدى كولەم
标准铜	standard copper	ولشەمدى مىس
标准温度	standard temperature	ولشەمدى تەمپەراتۇرا
标准温度计	standard thermometer	ولشەمدى تەرمومەتر
标准误差	standard deviation	ولشەمدى پارىق
标准物质	standard substance	ولشەمدى زات
标准压力	standard pressure	ولشەمدى قىسىم
标准盐水	normal saline	نورمال توزدى سۇ
标准样品	standard sample	ولشەمدى ۇلگى
标准液体	normal fluid	نورمال سۇيىقتىق
标准乙基吗啉	normal ethyl morpholine	نورمال ەتيل مورفولين
标准重量	standard weight	ولشەمدى اۋىرلىق
标准状态	normal state	نورمال كۇي، قالىپتى كۇي
表层	surface layer	بەتتىك قابات
表层发酵	suface fermentation	بەتتىك قاباتتا اشۇ
表层溶液	surface solution	بەتتىك ەرىتىندى
表胆固醇	epicholesterol	ەپيحولەستەرول
表胆甾醇		"表胆固醇" گە قاراڭىز.
表碘醇	epiiodohydrin OCH_2CHCH_2I	ەپييودوگيدرين
表儿茶酚	epicatechol OCH_2CHCH_2	ەپيكاتەحول
表儿茶酸	epicatechin	ەپيكاتەحين
表二氢胆固醇	epicholestanol(= epidihydrocholesterol)	ەپيحولەستانول،
		بەتتىك ەكى سۇ تەكتى حولەستەرول

表二氢胆甾醇   "表二氢胆固醇" گە قاراڭز.

表观比热 apparent specific heat   اپپارەنتتەك مەنشىكتى جىلۇلىق

表观比量 apparent specific gravity   اپپارەنتتەك مەنشىكتى سالماق

表观纯度 apparent purity   اپپارەنتتەك كىرشىكسىزدەك

表观的 apparent   اپپارەنت، اپپارەنتتەك، اپپارەنتى، كورىنىستەك

表观分子量 apparent molecular weight   اپپارەنتتەك مولەكۇلالىق سالماق

表观粉密度 apparent powder density   اپپارەنتتەك ۇنتاق تىعىزدىعى

表观密度 apparent density   اپپارەنتتەك تىعىزدىق

表观粘度 apparent viscosity   اپپارەنتتەك تۇتقىرلىق

表观溶度 apparent solubility   اپپارەنتتەك ەرىگىشتەك دارەجەسى

表观容积 apparent volume   اپپارەنتتەك سىيمدىلىق، اپپارەنت كولەم

表观系数 apparent coefficient   اپپارەنتتەك، كوەففىتسەنت

表观重量 apparent weight   اپپارەنتتەك سالماق

表观转化率 apparent conversion   اپپارەنتتەك اينالۇ شاماسى

表硫   "环硫" گە قاراڭز.

表氯醇 epichlorohydrin   ەپيحلوروگيدرين

表面 surface   بەت، بەتتەك

表面玻璃 watch glass   بەتتەك شىنى، بەتتەك اينەك

表面不匀性 surface heterogeneity   بەتتەك ٴبىر كەلكىسىزدەك

表面层 surface coat   بەتتەك قاپتاما، بەتتەك قابات

表面处理 surface treatment   بەتتەك وڭدەۋ

表面催化的反应 surface – catalyzed reaction   بەتتەك كاتاليزدەك رەاكسيالار

表面单位 surface unit   بەتتەك بىرلىك

表面电荷 surface charge   بەتتەك زارياد

表面电势 surface potential   بەتتەك پوتەنتسيال

表面电阻 surface resistance   بەتتەك كەدەرگى

表面电阻系数 surface resistivity   بەتتەك كەدەرگى كوەففىتسەنتى

表面多相性   "表面不匀性" گە قاراڭز.

表面反应 surface reaction بەتتاك رەاكسىيالار

表面负荷 surface load بەتتاك كوتەرىمدىلمك

表面化合物 surface compound بەتتاك قوسىلمىستار

表面化学 surface chemistry بەتتاك حيميا

表面活度 surface activity بەتتاك اكتيۆتناك دارەجەسى

表面活化剂 surface active agent بەتتاك اكتيۆتەندىرگىش اگەنت

表面活性 surface active بەتتاك اكتيۆتناك

表面活性剂 "表面活化剂" گە قاراڭىز.

表面活性物质 surface active substance بەتتاك اكتيۆ زاتتار

表面极化 surface polarization بەتتاك پوليارلانۇ، بەتتاك ۋبەكتەنۇ

表面接触 surface contact بەتتاك جاناسۇ، بەتتاك ئتيسۇ

表面扩散 surface diffusion بەتتاك ديففۇزيا، بەتتاك تارالۇ

表面冷凝器 surface condenser بەتتاك سۇتقتقمش (اسپاپ)

表面力 surface force بەتتاك كۇش

表面络合物 surface complex بەتتاك كومپلەكس، بەتتاك كەشەن

表面密度 surface density بەتتاك تعىزدىق

表面面积 surface area بەتتاك اۇدان

表面皿 "表面玻璃" گە قاراڭىز.

表面膜 surface film بەتتاك پەردە

表面膜平衡 surface film balance بەتتاك پەردە تەپە ـ تەڭدگى

表面磨蚀 surface abrasion بەتتاك مۇجلۇ

表面能 surface energy بەتتاك ەنەرگيا

表面粘度 surface viscosity بەتتاك تۇتقىرلىق

表面粘度计 surface viscosimeter بەتتاك تۇتقىرلىقتى ولشەگىش

表面浓度 surface concentration بەتتاك قويۇلىق

表面膨胀 superficial expansion بەتتاك كەڭەيۇ

表面平整 surfacing بەتتاك تەگىستەلۇ

表面燃烧 surface combustion بەتتاك جانۇ

表面热 surface heat بەتتاك جىلۇ (ۋىكەلىس كەزرىندە)

表面热的传递系数 surface heat transfer coefficient بەتتاك جىلۇدىڭ تارالۇ كوەففىتسەنتى

表面热交换器 surface heat exchanger بەتتاك جىلۇ الماستىرعىشتار

表面熵 surface entropy بەتتاك ەنتروپىيا

表面水分 surface moisture بەتتاك ىلعالدىق

表面速度 surface velocity بەتتاك جىلدامدىق

表面脱碳作用 surface decarburization بەتتاك كومىرتەكسىزدەنۇ

表面温度 surface temperature بەتتاك تەمپەراتۇرا

表面吸收器 surface absorber بەتتاك سورعىش (اسپاپ)

表面系数 surface coefficient بەتتاك كوەففىتسەنت

表面现象 surface phenomena بەتتاك قۇبىلىستار

表面相 surface phase فازا

表面压力 surface pressure بەتتاك قىسىم

表面异构 surface isomerization بەتتاك يزومەرلەنۇ

表面硬化 surface hardening بەتتاك قاتايۇ

表面张力 surface tension بەتتاك كەرىلۇ كۇشى

表面张力测定秤 surface tension balance بەتتاك كەرىلۇ كۇشتى ولشەۇ تارازسى

表面张力计 surface tensiometer بەتتاك كەرىلۇ كۇشتى ولشەگىش

表面蒸发 surface evaporation بەتتاك بۇلانۇ

表面状况 surface condition بەتتاك جاعداي، بەتتاك كۇي

表面作用 surface action بەتتاك اسەر

表千金碱 epistephanine ەپىستەفانىن

表氰醇 epicyanohydrin ەپىسىيانوگيدرين

表式甾族化合物 episteroid ەپىستەرويد

表氧 "环氧" گە قاراڭىز.

表氧化纤维素 A vitamin A epoxide ەپوكسيدتى ۆيتامين A

表氧化玉黍黄质 zeaxanthine epoxide ەپوكسيدتى زەاكسانتين

表氧基		"环氧基" گه قاراڭز.
表乙灵 epiethylin	$C_2H_5OCH_2OC_2H_5$	ەپىيەتيلين
表樟脑 epicamphor	$C_{10}H_{16}O$	ەپىيكامفورا

bie

别 allo-	اللو-
别布橡胶 perbunan	پەربۇنان
别胆烷 allocholane	اللوحولان
别胆烷酸 allocholanic acid	اللوحولان قىشقىلى
别胆甾醇 allocholesterol	اللوحولەستەرول
别胆甾烷 allocholestane	اللوحولەستان
别胆甾烷酮 allocholestanone	اللوحولەستانون
别丁 bitin(=bithionol)	بيتين، بيتيونول
别丁烯基卤	"异丁烯基卤" گه قاراڭز.
别厄米磁麻甙 alloemicymarin	اللوەميتسيمارين
别杠柳磁麻甙 alloperiplocymarin	اللوپەريپلوسيمارين
别杠柳配质 alloperiplogenin	اللوپەريپلوگەنين
别戈烙毒配质 alloglaucotoxigenin	اللوگلاۋكوتوكسيگەنين
别胱硫醚 cystathionin, allo	اللوسيستاتيونين
别黄木亭 alloxanthoxyletin	اللوكسانتوكسيلەتين
别可卡因 allococaine	اللوكوكاين
别克多品 allocryptopine	اللوكريپتوپين
别罗勒烯 alloocemin	اللووكەمين
别洛霉素 beromycin	بەرومىتسين
别马来酸 allomaleic acid (CHCOOH)₂	اللومالەين قىشقىلى
别霉素 allomycin	اللومىتسين
别酶素 allomysin	اللومىزين
别拟可卡因 allopseudococain	اللوپسەۋدوكوكاين

别粘酸 allomucin acid $(CHOH)_4(COOH)_2$ ئاللومۇتسىن قىشقىلى

别廿四烷 "异廿四(碳)烷"گە قاراڭـز.

别嘌呤醇 allopurinol ئاللوپۆرىنول

别前胡精 alloimperatorin ئاللوىمپەراتورىن

别前胡宁 allopeucenin ئاللوپۆتسەنىن

别肉桂酸 allocinnamic acid $C_9H_8O_2$ ئاللوسىننام قىشقىلى

别娠烷 allopregnane ئاللوپرەگنان

别娠烷二醇 allopregnandiol ئاللوپرەگناندىيول

别失水苹果酸 "别马来酸"گە قاراڭـز.

别苏氨酸 allothreonine $C_4H_9O_3N$ ئاللوترەونىن

别乌扎配质 allouzarigenin ئاللوۇزارىگەنىن

别吴茱萸酮 alloevodione ئاللوەۋودىيون

别异白胺酸 alloisoleucine $(C_2H_5)(CH_3)CHCHNH_2COOH$ ئاللوىزولەۇتسىن

别异英波拉托林 allo – isoimperatorn ئاللوىمپەراتورن

别异玉红杰尔碱 alloisorubijervin ئاللوىزورۇبىيجەرۋىن

别羽扇醇 allolupeol ئاللولۇپەول

别孕二醇 "别娠烷二醇"گە قاراڭـز.

别孕烷 "别娠烷"گە قاراڭـز.

别甾 allosteroid ئاللوستەرويد

别甾基甲酸 allo – etiavic acid ئاللوەتىياۋىن قىشقىلى

bing

槟榔啶 arecaidine $C_{17}H_{11}O_2N$ ئارەكايدىن

槟榔啶甲酯 arecaidine methyl ester ئارەكايدىن مەتىل ەستەرى

槟榔碱 arecoline, arecane,arecaline ئارەكولىن، ئارەكان، ئارەكالىن

槟榔素 arecin $C_{23}H_{26}ON_2$ ئارەكىن، ئارەتسىن

槟榔酮 arecolone $C_7H_{11}O_2N$ ئارەكولون

槟榔因 arecaine ئارەكاين

冰　glacies مۇز

冰醋酸　glacial acetic acid مۇزدى سىركە قىشقىلى

冰岛衣酸　cetraric acid سەترارين قىشقىلى

冰点　freezing point قاتۇ نۇكتەسى

冰点测定法　cryoscopy قاتۇ نۇكتەسىن ۋلشەۇ ٴادسى

冰点测定器　cryoscope كرىوسكوپ، قاتۇ نۇكتەسىن ۋلشەگمش

冰点降低　freezing point depression قاتۇ نۇكتەسىننﯖ تومەندەۋﯢ

冰点(降低)测定 "冰点测定法" گە قاراﯕز.

冰点降低常数　freezing constant قاتۇ نۇكتەسىننﯖ تومەندەۋﯜننﯖ تۇراقتىسى

冰点降低法　croscopic method قاتۇ نۇكتەسىن تومەندەتۇ ٴادسى

冰点降低溶剂　cryoscopic solvent كرىوسكوپتىق ەرتكش، قاتۇ نۇكتەسىن
تومەندەتەتىن ەرتكش

冰点试验　freezing point test قاتۇ نۇكتەسى سىناعى

冰冻平衡　frozen equilibrium قاتۇ تەپە ـ تەﯕدىگى

冰精蓝　kryogen blue كرىوگەن كوﯕى

冰精棕 A　kryogen brown A كرىوگەن قىزىل قوﯕرى A

冰精棕 G　kryogen brown G كرىوگەن قىزىل قوﯕرى G

冰晶玻璃　cryolite glass كرىولىتتى شىنى، كرىولىتتى اينەك

冰晶石　cryolite كرىولىت

冰链　ice chain مۇزدى تىزبەك

冰磷酸　glacial phosphoric acid　HPO_3 مۇزدى فوسفور قىشقىلى

冰片　borneol, bornyl alcohol, camphol بورنەول، بورنيل سپيرتى، كامفول

冰片醇 "冰片" گە قاراﯕز.

冰片丹　alodan الودان

冰片基　bornyl　$CH_2CHCH_2CH_2C(CH_3)CH$ بورنيل

冰片基胺　bornyl amine　$C_{10}H_7NH_2$ بورنيل امين

冰片基卤　bornyl halide　$C_{10}H_{17}X$ بورنيل گالوگەن

冰片基氯　bornyl chloride　$C_{10}H_{17}Cl$ بورنيل حلور

冰片烷 bornylane		بورنيلان
冰片烯 bornylene $C_{10}H_{16}$		بورنيلەن
冰铅		"粗铅" گە قاراڭىز.
冰梁料 ice color		مۆزدى بوياۋلار
冰铜 copper matte (= matte)		ۋگدەلمەگەن مىس
冰盐 cryosel (= cryohydrate)		كريوزەل، كريوگيدرات
冰盐点 cryohydrate point		كريوزەل نۇكتەسى
冰乙酸		"冰醋酸" گە قاراڭىز.
丙氨环庚烯 protheline		پروتەلين
丙氨菌素 alanosin		الانوزين
丙氨酸 alanine (= lactamic acid) $CH_3 \cdot CHNH_2 \cdot COOH$		الانين، لاكتام قىشقىلى
丙氨酸氨基转移酶		"转氨酶" گە قاراڭىز.
丙氨酸丁氨酸硫醚		"胱硫醚" گە قاراڭىز.
丙氨肽素 alazopertin		الازوپەرتين
丙氨酰 alanyl $CH_3CH(NH_2)$		الانيل
丙氨酰甘氨酸 alanyl glycine		الانيل گليتسين
丙氨酰基 alanyl, alanyl radical		الانيل، الانيل راديكالى
丙氨酰组氨酸 alanyl histidine		الانيل گيستيدين
丙胺－[1]		"正丙胺" گە قاراڭىز.
丙胺－[2]		"异丙胺" گە قاراڭىز.
丙胺氟磷 mipafox		ميپافوكس
丙胺基甲酸乙酯		"丙基尿烷" گە قاراڭىز.
丙胺卡因 prilocain		پريلوكاين
丙苯 propyl benzene $C_6H_5CH_2C_2H_5$		پروپيل بەنزول
丙苯吡咯 prolintane		پرولينتان
丙比拉嗪 properazine		پروپەرازين
丙叉 propylidene $CH_3CH_2CH=$		پروپيليدەن
丙叉氨基脲		"丙醛缩氨基脲" گە قاراڭىز.

丙叉二卤　propylidene halide　　　　　　　　　　　پروپيليدەن گالوگەن

丙撑　　　　　　　　　　　　　　　　　　　　　"三甲撑" گە قاراڭىز.

丙撑碘醇　trimethylene iodohydrin　　$I(CH_2)_3OH$　تريمەتيلەن يودتى گيدرين

丙撑二胺　trimethylene diamine　　$NH_2(CH_2)_3NH_2$　تريمەتيلەن ديامين

丙撑二醇　trimethylene glycol　　$CH_2CH_2OHCH_2OH$　تريمەتيلەن گليكول

α－丙(撑)二醇　α－propylene glycol　　$CH_3CHOHCH_2OH$　α ـ پروپيلەن گليكول

β－丙(撑)二醇　β－propylene glycol　　$CH_2OHCH_2CH_2OH$　β ـ پروپيلەن گليكول

丙(撑)二醇二醋酸酯　propylene－glycol diacetate　　$(CH_3CO_2)_2CH_2CH(CH_3)$
پروپيلەن گليكول ەكى سىركە قىشقىل ەستەرى

丙撑二醇二醋酸酯　trimethylene glycol diacetate　　$CH_2(CH_2O_2CCH_3)_2$
تريمەتيلەن گليكول ەكى سىركە قىشقىل ەستەرى

丙撑二醇二丁酸酯　trimethylene glycol dibutyrate　　$CH_2(CH_2O_2CC_3H_7)_2$
تريمەتيلەن گليكول ەكى بۇتير قىشقىل ەستەرى

丙(撑)二醇一醋酸酯　propylene glycol monoacetate　　$CH_3CO_2CH_2CHOHCH_3$
پروپيلەن گليكول مونو سىركە قىشقىل ەستەرى

丙撑二硫醇　trimethylene dimercaptan　　$HS(CH_2)_3SH$　تريمەتيلەن ديمەركاپتان

丙撑二溴　trimethylene bromide　　$BrCH_2CH_2CH_2Br$　تريمەتيلەن بروم

丙撑甲缩醛　trimethylene－formal　　$CH_2O(CH_2)_3O$　تريمەتيلەن فورمال

丙撑氯醇　trimethylene chlorohydrin　　$Cl(CH_2)_3OH$　تريمەتيلەن حلورلى گيدرين

丙撑氯溴　trimethylene chloro bromide　　$Cl(CH_3)_3Br$　تريمەتيلەن حلورلى بروم

丙撑四聚物　propylene tetramer　　پروپيلەن تەترامەر

丙撑溴醇　trimethylene bromohydrin　　$Br(CH_2)_3OH$　تريمەتيلەن برومدى گيدرين

丙撑氧　trimethylene oxide　　$(CH_3)_2O$　تريمەتيلەن توتعى

丙撑一缩醛　trimethylene acetal　　$CH_3CHO(CH_2)_3O$　تريمەتيلەن اتسەتال

丙川　propylidyne　　$CH_3CH_2C\equiv$　پروپيليدين

丙醇　propyl alcohol（＝pyopanol）　　$CH_3CH_2CH_2OH$　پروپيل سپيرتى، پروپانول

丙醇－[1]　propanol－[1]　　$CH_3CH_2CH_2OH$　[1] ـ پروپانول

丙醇－[2] propanol－[2] $(CH_3)_2CHOH$ پروپانول ـ [2]

丙醇二酸 tartronicacid（＝propanoldiacid） COOHCHOHCOOH تارترون قشقىلى، پروپانول ەكى قشقىل

丙醇二酸氢盐 ditartronate COOHCHOHCOOM قشقىل تارترون قشقىللى تۇزدارى

丙醇二酸氢酯 ditartronate COOHCHOHCOOR قشقىل تارترون قشقىللى ەستەرى

丙醇二酸盐 tartronate تارترون قشقىللىنىڭ تۇزدارى

丙醇二酰 tartronol, tartronyl － COCH(OH)CO － تارترونويل، تارترونيل

丙醇二酰脲 tartronyl urea تارترونيل ژرەا

丙醇钙 calcium propylate $Ca(OC_3H_7)_2$ پروپانول كالتسي

丙醇钾 potassium propylate KOC_3H_7 پروپانول كالي

丙醇腈 "乳腈" گە قاراڭىز.

丙醇锂 lithium propoxide C_3H_7OLi پروپانول ليتي

丙醇铝 aluminium propylate $Al(C_3H_7O)_3$ پروپانول الۇمين

丙醇镁 magnesium propylate پروپانول ماگني

丙醇钠 sodium propylate $NaOC_3H_7$ پروپونال ناتري

丙醇醛 "乳醛" گە قاراڭىز.

丙醇酸 "乳酸" گە قاراڭىز.

丙醇酮酸 propanolon acid $CH_2OH \cdot CO \cdot COOH$ پروپانولون قشقىلى

丙醇酰 "乳酰" گە قاراڭىز.

丙醇盐 propylate（＝propoxide） MOC_3H_7 پروپانول تۇزى

丙碘酮 propyliodone پروپيل يودون

丙二胺－[1,3] "丙撑二胺" گە قاراڭىز.

丙二醇 propylene glycol پروپيلەن گليكول

丙二醇－[1,3] "丙撑二醇" گە قاراڭىز.

丙二醇－[1,3]—二醋酸酯 "丙撑二醇二醋酸酯" گە قاراڭىز.

丙二醇－[1,3]缩甲醛 "丙撑甲缩醛" گە قاراڭىز.

丙二醇－[1,3]缩乙醛   "丙撑乙缩醛" گه قاراڭز.

丙二腈 malononitrile $CH_2(CN)_2$ مالوندى نيتريل

丙二硫醇－[1,3]   "丙撑二硫醇" گه قاراڭز.

丙二醛 malonaldehyde $CH_2(CHO)_2$ مالون الدەگيدتى

丙二酸 malonic acid（＝propane diacid） $COOHCH_2COOH$ ،مالون قىشقىلى

پروپان ەكى قىشقىلى

丙二酸半酰胺 halifamide of malonic acid $CONH_2 \cdot CH_2COOH$ مالون قىشقىل

جارتىلاي اميد

丙二酸钡 barium malonate   مالون قىشقىل باري

丙二酸单腈 malonic mononitril   مالون مونونيتريل

丙二酸丁乙酯 butyl ethyl malonate $CH_2(CO_2C_4H_9)(CO_2C_2H_5)$ مالون قىشقىل

بۇتيل ـ ەتيل ەستەرى

丙二酸二苯酯 diphenyl malonate $CH_2(CO_2C_6H_5)_2$ مالون قىشقىل ديفەنيل

ەستەرى

丙二酸二丙酯 dipropyl malonate $CH_2(CO_2C_3H_7)_2$ مالون قىشقىل ديپروپيل

ەستەرى

丙二酸二丁酯 dibutyl malonate $CH_2(CO_2C_4H_9)_2$ مالون قىشقىل ديبۇتيل

ەستەرى

丙二酸二甲酯 dimethyl malonate $CH_3OCOCH_2COOCH_3$ مالون قىشقىل ديمەتيل

ەستەرى

丙二酸二乙酯 diethyl malonate $CH_2(COOC_2H_5)_2$ مالون قىشقىل ديەتيل ەستەرى

丙二酸钙 calcium malonate $CaC_3H_2O_4$ مالون قىشقىل كالتسي

丙二酸酐 malonic anhydride $CH_2(CO_2)_2O$ مالون انگيدريدتى

丙二酸甲酯 metyl malonate $CH_3OCOCH_2COOCH_3$ مالون قىشقىل مەتيل ەستەرى

丙二酸钠 sodium malonate $Na_2C_3H_2O_4$ مالون قىشقىل ناتري

丙二酸氢盐 bimalonate $COOHCH_2COOR$ قىشقىل مالون قىشقىل تۇزدارى

丙二酸氢酯 bimalonate $COOHCH_2COOR$ قىشقىل مالون قىشقىل ەستەرى

丙二酸盐 malonate $COOMCH_2COOM$ مالون قىشقىلىنىڭ تۇزدارى

丙二酸一乙酯　monoethyl malonate　CH₂(CO₂H)(CO₂C₂H₅)　مالون قىشقىل
مونوەتيل ەستەرى

丙二酸乙酯　　　　　　　　　　　　　"丙二酸酯" گە قاراڭىز.

丙二酸异丁酯　isobutyl ethyl malonate　CH₂(CO₂C₄H₉)(CO₂C₂H₅)　مالون قىشقىل
يزوبۇتيل ەستەرى

丙二酸酯　malonic ester　COOR·CH₂·COOR　مالون قىشقىلى ەستەرى

丙二羧酸　propane dicarboxylic acid　C₃H₃(COOH)₂　پروپان ەكى كاربوكسيل
قىشقىلى

丙二烯　propadien(＝allene)　CH₂CCH₂　پروپاديەن، اللەن

丙二烯系　allenolic series　اللەنول قاتارى، اللەن قاتارى

丙二烯系化合物　allenic compound　اللەن قوسىلىستارى

丙二烯系烃　allenic hudrocarbon　اللەن كومىر سۇتەكتەرى

丙二烯系同系物　allene gomologs　اللەن گومولوكتارى

丙二酰　malonyl　– COCH₂CO –　مالونيل

丙二酰胺　malonamide　CH₂(CONH₂)₂　مالوناميد

丙二酰硫脲　malonyl thiourea　C₄H₄ON₂S　مالونيل تيوۇرەا

丙二酰脲　malonylurea　C₄H₄O₃N₂　مالونيل ۇرەا

丙二酰辅酶 A　malonyl coenzyme A　مالونيل كوەنزيم A

丙二酰辅酶 A 脱羧酶　malonyl coenzyme A decarboxylase　مالونيل
كوەنزيم A دەكاربوكسيلازا

丙二酰亚胺　malonimide　C₂(CO)₂NH　مالونيميد

丙汞化碘　propyl mercuric iodide　CH₃CH₂CH₂HgI　پروپيل سىناپتى يود

丙汞化氯　propyl mercuric chloride　CH₃CH₂CH₂HgCl　پروپيل سىناپتى حلور

丙汞化溴　propyl mercuric bromide　CH₃CH₂CH₂HgBr　پروپيل سىناپتى بروم

丙硅烷　silicopropane(＝trisilane)　Si₃H₈　كرەمنيلى پروپان، تريسيلان

丙硅烷撑　trisilanylene　– SiH₂SiH₂SiH₂ –　تريسيلانيل

丙硅烷基　trisilanyl　H₃SiSiH₂SiH₂ –　تريسيلانيل

丙胲　propylhudroxylamine　C₃H₂CH₂NHOH　پروپيل گيدروكسيلامين

丙换硫酸

丙荒酰胺 「硫酸氢丙酯」 گە قاراڭنز.

「硫代丙酰胺」 گە قاراڭنز.

丙黄原酸 propyl xanthogenic acid $C_3H_7 \cdot O \cdot CS \cdot SH$ پروپيل كسانتوگەن قىشقىلى

丙黄原酸盐 propylxanthogenate $C_3H_7 \cdot O \cdot CS \cdot SM$ پروپيل كسانتوگەن قىشقىلىنىڭ تۇزدارى

丙基 propyl−, propyl group $CH_3CH_2CH_2-$ پروپيل، پروپيل گرۇپپاسى

丙基·苯基甲醇 propyl phenyl−carbinol $C_3H_7CHOHC_6H_5$ پروپيل ــ فەنيل كاربينول

丙基·苯基甲酮 propyl phenyl ketone $C_2H_5CH_2COC_6H_5$ پروپيل ــ فەنيل كەتون

丙基·苯基醚 propyl phenyl ether $C_2H_5CH_2OC_6H_5$ پروپيل ــ فەنيل ەفيرى

2−丙基吡啶 2−propyl pyridine $C_2H_5CH_2C_5H_4N$ 2 ــ پروپيل پيريدين

丙基·苄基甲酮 propyl benzyl ketone $C_3H_7COOH_2C_6H_5$ پروپيل ــ بەنزيل كەتون

丙基·苄基纤维素 propyl benzyl cellulose پروپيل بەنزيل سەلليۇلوزا

丙基丙二酸 propyl malonic acid $C_3H_7CH(COOH)_2$ پروپيل مالون قىشقىلى

丙基丙酮 propyl acetone پروپيل اتسەتون

丙基醋酸 propyl acetic acid C_4H_9COOH پروپيل سىركە قىشقىلى

丙基碘 propyl iodide $CHCH_2CH_2I$ پروپيل يود

丙基丁二酸 propyl succinic acid $C_3H_7C_2H_3(COOH)_2$ پروپيل سۇكتسين قىشقىلى

丙基·丁基甲醇 propyl butyl−carbinol پروپيل ــ بۇتيل كاربينول

丙基·丁基醚 propyl butyl ether $C_3H_7OC_4H_9$ پروپيل ــ بۇتيل ەفيرى

丙基氟 propyl fluoride $CH_3CH_2CH_2F$ پروپيل فتور

4−丙基庚醇−[4] 4−propyl heptanol−[4] $(C_2H_5CH)_3COH$ 4 ــ پروپيل گەپتانول ــ [4]

4−丙基庚烷 「二丙基已基甲烷」 گە قاراڭنز.

丙基红 propyl red پروپيل قىزىلى

丙基环已烷 propyl cylclohexane C_9H_{18} پروپيل ساقينالى گەكسان

丙基·已基甲酮 propyl hexyl ketone $C_3H_7COC_8H_{13}$ پروپیل ـ گەکسیل كەتون

丙基甲酸 propyl formic acid پروپیل قۇمۇرسقا قىشقىلى

丙基芥子油 propyl mustard oil $CH_3CH_2CH_2NCS$ پروپیلدى قىشى مايى

丙基硫尿嘧啶 propyl thiouracil پروپیل تیوۇراتسیل

丙基卤 propyl holide C_3H_7X پروپیل گالوگەن

丙基氯 propyl chloride $CH_3CH_2CH_2Cl$ پروپیل حلور

丙基醚 propyl ether C_3H_7OR پروپیل ەفیرى

丙基尿烷 propyl urethane $C_3H_7NHCO_2C_2H_5$ پروپیل ۇرەتان

丙基硼酸 propyl boric acid $C_3H_7B(OH)_2$ پروپیل بور قىشقىلى

丙基氰 propyl cyanide C_3H_7CN پروپیل سیان

丙基砷酸 "丙胂酸" گە قاراڭىز.

丙基羧酸 propyl carboxylic acid پروپیل كاربوكسیل قىشقىلى

丙基纤维素 propyl cellulose پروپیل سەللیۆلوزا

丙基溴 propyl bromide $CH_3CH_2CH_2Br$ پروپیل بروم

丙基溴丙烯基巴土酸 propyl - bromo - propenyl - barbituric acid
$(C_3H_7)(CH_3CBrCH) - C_4H_2O_3N_2$ پروپیل بروم ـ پروپەنیل باربیتۇر قىشقىلى

丙基·乙基甲酮 propyl hexyl ketone $C_3H_7COC_6H_{13}$ پروپیل ـ گەکسیل كەتون

丙基乙炔 propyl acetylene $C_2H_5CH_2C:CH$ پروپیل اتسەتیلەن

丙基乙酸 "丙基醋酸" گە قاراڭىز.

丙基乙烯 propyl acetylene $C_2H_5CH_2CHCH_2$ پروپیل ەتیلەن

丙基·乙烯基甲醇 propyl - vinyl - carbinol $C_6H_{11}OH$ پروپیل ـ ۆینیل كاربینول

丙基乙酰醋酸乙酯 ethyl propyl - acetoacetate $CH_3COCH(C_3H_7)CO_2C_2H_5$
پروپیل اتسەتوسىركە قىشقىل ەتیل ەستەرى

丙基·异丙基醚 propylisopropyl ether $C_2H_5CH_2OCH(CH_3)_2$ پروپیل یزوپروپیل ەفیرى

丙基·异丁基甲醇 propyl isobutyl - carbinol $C_3H_7CHOHC_4H_9$ پروپیل یزوبۇتیل كاربینول

丙基·异丁基甲酮 propyl isobutyl ketone $C_2H_5CH_2COC_4H_9$ پروپیل یزوبۇتیل كەتون

丙基增效剂　propylisome　　　　　　　　　　　　　　پروپیل یزوما

丙交酯　lactide　　　　　　　　　　　　　　　　　لاكتید

丙阶(段)酚醛树脂 C　resite, bakelite C　　　　　رهزیت، باكەلیت C

丙阶(段)树脂　c－stage resin　　　　　　3 ـ باسقىشتاعى سمولاار

丙腈　propionitrile　CH_3CH_2CN　　　　　　　پروپیونیتریل

丙胩　propyl carbylamine　　　　　　　　　　پروپیل كاربیلامین

丙链　γ－chain　　　　　　　　　　　　　گامما تىزبەك

丙膦　propyl phosphine　$C_3H_7PH_2$　　　　　پروپیل فوسفین

丙邻撑　propylene　CH_3CHCH_2-　　　　　　　پروپیلەن

丙邻二胺　propylene diamine　$CH_3CH(NH_2)CH_2NH_2$　پروپیلەن دیامین

丙邻二氰　propylene cyanide　$CH_3CH(CN)CH_2CN$　پروپیلەن سیان

丙硫醇　propyl mercaptane　C_3H_7SH　　　　پروپیل مەركاپتان

丙硫脲　propyl thiourea　$C_3H_7NHCSNH_2$　　پروپیل تیوۋرەا

丙硫羰胺　　　　　　　　　　　　"硫代丙酰胺" گە قاراڭىز.

丙硫酮　thioacetone　　　　　　　　　　　　تیواتسەتون

丙氯仲醇　sec－propylene chlorohydrin　sec ـ پروپیلەن حلوروگیدرین

丙纶　polyacrylic fiber　　　　　بىگلۆن (پولیاكریلدى تالشق)

丙咪嗪　imipramin　　　　　　　　　　　　یمیپرامین

丙醚　　　　　　　　　　　　　　　　"丙基醚" گە قاراڭىز.

丙脲　propyl－urea　$C_3H_7NHCONH_2$　　　پروپیل ۋرەا

丙羟肟酸　propiono hydroxamic acid　$CH_3CH_2C(NOH)OH$ پروپیون گیدروكسام
　　　　　　　　　　　　　　　　　　قىشقىلى

丙嗪　promazine　　　　　　　　　　　　　پرومازین

丙晴　　　　　　　　　　　　　　　　"乙基氰" گە قاراڭىز.

丙取三甲硅　propyl－trimethylsilicane　$C_3H_7Si(CH_3)_3$ پروپیل تریمەتیل كرەمني

丙取三氯硅　propyl－trichlorosilicane　$C_3H_7SiCl_3$ پروپیل ئۇش حلورلى كرەمني

丙取三乙硅　propyl－triethylsilicane　$C_3H_7Si(C_2H_5)_3$ پروپیل تریەتیل كرەمني

丙取三乙氧基硅　propyl－triethoxy silicane　$C_3H_7Si(OC_2H_5)_3$ پروپیل

تريەتوكسي كرەمني

丙醛 propionaldehyde(＝propyl aldehyde, propanal) CH₃CH₂CHO

پروپيون الدەگيدتى، پروپيل الدەگيدتى، پروپانال

丙醛酸 malonaldehydic acid CHOCH₂COOH مالون الدەگيد قشقىلى

丙醛缩氨基脲 propionaldehyde semicarbazone C₂H₅CHNHNNHCONH₂

پروپيون الدەگيد سەميكاربازون

丙醛缩一甲醇 propanalmethylhemiacetal پروپانال مەتيل گەمياتسەتال

丙醛肟 propionaldoxime C₂H₅CHNOH پروپيون الدوكسيم

丙炔 propine,allylene C₃H₄ پروپيين، الليلەن

丙炔醇 propiolic alcohol CH：C·CH₂OH پروپيول سپيرتى

丙炔－3－醇－[1] propene－3－ol－[1] پروپەن － 3 － ول － [1]

丙炔化氧 allilene oxide CH₃C：CHO الليلەن توتعى

丙炔基 " 1 – 丙炔基" گە قاراڭز.

1－丙炔基 1－propynyl CH₃C：C 1 － پروپينيل

丙炔－[2]－基 propynyl CH：CCH₂－ 2 － پروپينيل

丙炔腈 cyanoacetylene HC：CCN سيانواتسەتيلەن

丙炔卤 propyolic halide CH:C·CH₂X پروپيول گالوگەن

丙炔钠 "甲基乙炔钠" گە قاراڭز.

丙炔醛 propiolaldehude(＝propynal) HC：CCHO پروپيول الدەگيدتى،

پروپينال

丙炔酸 propiolicacid(＝propynoic acid) CH：C·COOH پروپيول قشقىلى،

پروپين قشقىلى

丙炔酸乙酯 ethylpropiolate CH：CCO₂C₂H₅ پروپيول قشقىل ەتيل ەستەرى

丙炔酰 propoilyl(＝propioloyl) CH：CCO－ پروپيوليل، پروپييولويل

丙炔－[2]－乙醚 "乙基·炔丙基醚" گە قاراڭز.

丙三醇 "甘油" گە قاراڭز.

丙三醇一邻苯二甲酐树脂 "甘酞树脂" گە قاراڭز.

丙三基 "甘油基" گە قاراڭز.

丙三硫醇－[1,2,3] "三硫甘油" گە قاراڭز.

丙三羧酸　propane tricarboxylic acid　$COOHCH_2CH(COOH)CH_2COOH$　پروپان ئۇش كاربوكسيل قىشقىلى

丙三羰基　propanetricarbonyl　پروپان تريكاربونيل

丙三氧基　glycero–　گليتسەرو –

丙胂酸　propylarsonic acid　$C_3H_7AsO(OH)_2$　پروپيل ارسون قىشقىلى

丙四羧酸四乙酯　tetraethyl propane–tetracarboxylate　(CH_2CHCH) $(CO_2C_2H_5)_4$　پروپان ئۇتورت كاربوكسيل قىشقىل تەتراەتيل ھەستەرى

丙酸　propionic acid(= propanic acid)　CH_3CH_2COOH　پروپيون قىشقىلى، پروپان قىشقىلى

丙–2–d–酸–d　propionic–2–d–acid–d　پروپيون – 2 – d – قىشقىلى – d

丙酸钡　barium propanate　پروپيون قىشقىل باري

丙酸苯酯　phenyl prapionate　$C_6H_5CO_2C_6H_5$　پروپيون قىشقىل فەنيل ھەستەرى

丙酸铋　bismuth propionate　پروپيون قىشقىل بيسمۇت

丙酸苄酯　benzyl propionate　$C_2H_5CO_2CH_2C_6H_5$　پروپيون قىشقىل بەنزيل ھەستەرى

丙酸丙酯　propyl propionate　$C_2H_5CO_2CH_2C_2H_5$　پروپيون قىشقىل پروپيل ھەستەرى

丙酸丁酯　butyl propionate　$C_2H_5CO_2C_4H_9$　پروپيون قىشقىل بۇتيل ھەستەرى

丙酸钙　calcium propionate　پروپيون قىشقىل كالتسي

丙酸酐　propionic anhydride　$(C_2H_5CO)_2O$　پروپيون انگيدريدتى

丙酸睾酮　testosterone propionate　پروپيون قىشقىل تەستوستەرون

丙酸睾丸素　　"丙酸睾酮" گە قاراڭىز.

丙酸睾丸酮　　"丙酸睾酮" گە قاراڭىز.

丙酸庚酯　heptyl propionate　$C_2H_5CO_2C_7H_{15}$　پروپيون قىشقىل كەپتيل ھەستەرى

丙酸基　propionyloxy　CH_3CH_2COO-　پروپيونيلوكسي

丙酸甲酯　methyl propionate　$C_2H_5CH_2CH_3$　پروپيون قىشقىل مەتيل ھەستەرى

丙酸钾　potassium propionate　پروپيون قىشقىل كالي

丙酸另丁酯　sec–butyl propionate　پروپيون قىشقىل sec – بۇتيل ھەستەرى

丙酸钠　sodium propionate　پروپيون قىشقىل ناتري

丙酸氢糠酯　tetrahydrofurfuryl propionate　$C_2H_5CO_2CH_2C_4H_7O$　پروپیيون

قىشقىل ﺋﺗورت سۆتەكتى فۆرفۆریل ھەستەری

丙酸戊酯　amyl propionate　$C_2H_5CO_2C_5H_{11}$　پروپیيون قىشقىل امیل ھەستەری

丙酸烯丙酯　allyl propionate　$C_2H_5CO_2C_3H_5$　پروپیيون قىشقىل اللیل ھەستەری

丙酸纤维素　cellulose propionate　پروپیيون قىشقىل سەللیۆلوزا

丙酸旋性戊酯　active amyl propionate　$C_2H_5CO_2C_5H_{11}$　پروپیيون قىشقىل اكتیۆ

امیل ھەستەری

丙酸盐　propionate　پروپیيون قىشقىللىرىنىڭ توزدارى

丙酸乙酯　ethyl propionate　$C_2H_5CO_2C_2H_5$　پروپیيون قىشقىل ەتیل ھەستەری

丙酸异丙酯　isopropyl propianate　$C_2H_5CO_2CH(CH_3)_2$　پروپیيون قىشقىل

یزوپروپیل ھەستەری

丙酸异丁酯　isobutyl propionate　$C_2H_5CO_2C_4H_9$　پروپیيون قىشقىل یزوبۇتیل

ھەستەری

丙酸异戊酯　isoamyl propionate　$C_2H_5CO_2C_5H_{11}$　پروپیيون قىشقىل یزوامیل

ھەستەری

丙酸正丁酯　butyl propionate　$C_2H_5CO_2C_4H_9$　پروپیيون قىشقىل n – بۇتیل

ھەستەری

丙酸酯　propionic ester　پروپیيون ھەستەری

丙缩醛　propylal　$CH_2(OCH_2C_2H_5)_2$　پروپیلال

丙糖　triose　$C_3H_6O_3$　تریوزا

丙糖变位酶　triose mutase　تریوزا مۆتازا

丙糖磷酸　troise phosphoric acid　$C_3H_5O_2 \cdot O \cdot PO_3H_2$　تریوزا فوسفور قىشقىلى

丙糖磷酸酯脱氢酶　"磷酸丙糖脱氢酶" گە قاراڭز.

丙糖磷酸酯异构酶　"磷酸丙糖异构酶" گە قاراڭز.

丙替苯胺　n – propyl aniline　$C_6H_5NHCH_2C_2H_5$　پروپیل انیلین – n

丙替吡啶酮盐　propyl pyridonium salt　پروپیل پیریدون توزى

丙替萘胺　n – propyl naphthylamine　$C_{10}H_7NHCH_2C_2H_5$　پروپیل نافتیلامین – n

丙替乙酰替苯胺　n – propyl acetanilide　$C_6H_5N(COCH_3)CH_2C_2H_5$　پروپیل – n

اتسەتانیلید

丙酮 acetone (= propanone) CH_3COCH_3 اتسەتون، پروپانون

丙酮胺 acetone amin $CH_3COCH_2NH_2$ اتسەتون امین

丙酮苯腙 acetone phenylhydrazone $C_6H_5NH\cdot N:C(CH_3)_2$ اتسەتون فەنیل گیدرازون

丙酮叉 acetonylidene $CH_3COCH=$ اتسەتونیلیدەن

丙酮醇 acetone alcohol (= acetol) $CH_3\cdot CO\cdot CH_2OH$ اتسەتون سپیرتی، اتسەتول

丙酮丁醇发酵 acetone – butanol fermentation اتسەتون بۇتانولدىق اشۇ

丙酮二醋酸 acetone – diacetic acid $CO(C_2H_4)_2(COOH)_2$ اتسەتون ەكى سىركە
قشقملى

丙酮二氯甲烷溶剂 acetone – methylene cholride solvent اتسەتون ەكى
حلورلى مەتیلەن ەرتكەش

丙酮二酸 "中草酸" گە قاراڭز.

丙酮二羧酸 acetone – dicarboxylic acid $CO(CH_2COOH)_2$ اتسەتون ەكى
كاربوكسیل قشقملى

丙酮二酰 "中草酰" گە قاراڭز.

丙酮发酵 acetone fermentation اتسەتوندى اشۇ

丙酮粉 acetone powder اتسەتون ۇنتاغى

丙酮合氰化氢 acetonc eyanohydrin $(CH_3)_2C(OH)CN$ اتسەتون سیاندى گیدرین

丙酮合亚硫酸氢钠 acetone sodium bisulfite $(CH_3)_2CONaHSO_3$ اتسەتون ـ
قشقىل كۇكەرتتى قمشقىل ناترى

丙酮化作用 acetonation اتسەتونداۋ

丙酮火棉胶 acetone colldion اتسەتوندى كوللودیون

丙酮基 acetonyl CH_3COCH_2- اتسەتونیل

丙酮基胺 acetonylamine $NH_2CH_2COCH_3$ اتسەتونیلامین

3 – 丙酮基苄基 – 4 – 羟基香豆素 3 – acetonylbenzyl – 4 – hydroxy –
coumarin 3 ـ اتسەتونیل ـ بەنزیل ـ 4 ـ گیدروكسیل كوۋمارین

丙酮基丙二酸 acetonyl malonic acid $CH_3COCH_2CH(COOH)_2$ اتسەتونیل مالون
قشقملى

丙酮基丙酮 acetonyl aceton $(CH_3COCH_2)_2$ اتسەتونیل اتسەتون

丙酮基脲　acetonyl urea　　NH₂CONHCH₂COCH₃　اتسەتونيل ۇرەا

丙酮酵母　acetone yeast　اتسەتون اشتقى

丙酮腈　گە قاراڭىز. "乙酰氰"

丙酮氯仿　acetone chloroform　　CCl₃C(CH₃)₂OH　اتسەتون حلوروفوورم

丙酮尿　acetonuria(= ketonuria)　اتسەتوندى نەسەپ، كەتوندى نەسەپ

丙酮宁　acetonines　اتسەتونين

丙酮氰醇　cyanohydrin　　(CH₃)₂C(OH)CN　سيان گيدرين

丙酮醛　pyruvic aldehyde　　CH₃COCHO　پيرۇۋىن الدەگيدتى

丙酮醛二肟　گە قاراڭىز. "甲基乙酮醛二肟"

丙酮树脂　acetone resin　اتسەتوندى سمولالار

丙酮酸　pyruvic acid　　CH₃COCOOH　پيرۇۋىن قشقىلى

丙酮酸醇化酶　گە قاراڭىز. "聚醛酶"

丙酮酸钠　sodium pyruvate　پيرۇۋىن قشقىل ناتري

丙酮酸酮酶　pyruvic ketolase　پيرۇۋىن كەتولازا

丙酮酸脱氢酶　pyruvic dehydrogenase　پيرۇۋىن دەگيدروگەنازا

丙酮酸盐　pyruvate　　CH₃CO·COM　پيرۇۋىن قشقىلمننڭ تۇزدارى

丙酸氧化酶　pyruvic oxidase　پيرۇۋىن وكسيدازا

丙酮酸乙酯　ethyl pyruvate　　CH₃COCO₂C₂H₅　پيرۇۋىن قشقىل ەتيل ەستەرى

丙酮酸酯　pyruvate　　CH₃COCOOR　پيرۇۋىن قشقىل ەستەرى

丙酮缩氨基脲　acetone semicarbazone　　(CH₃)₂CNNHCONH₂　اتسەتون سەميكاربازون

丙酮缩乙醇·苯乙醇　acetone ethyl phenethyl acetal
(CH₃)₂C·OC₂H₅·OCH₂CH₂C₆H₅　اتسەتون ەتيلى ــ فەنەتيل اتسەتال

丙酮提取法　acetone extraction　اتسەتوندى الۇ ٴادىسى

丙酮提取物　acetone extract　اتسەتوننان النعان زات

丙酮肟　acetone oxime　　(CH₃)₂CNOH　اتسەتون وكسيم، اتسەتوكسيم

丙酮酰　pyruvoyl　　CH₃COCO −　پيرۇۋوليل

丙酮酰苯　گە قاراڭىز. "乙酰苯酰"

丙酮油　acetone oil　اتسەتوندى ماي

丙酮(制)粉   "丙酮粉" گە قاراڭز.

丙酮腙 acetone hydrazone $(CH_3)_2CNNH_2$ اتسەتوندى گيدرازون

丙烷 propane C_3H_8 پروپان

丙烷丙烯馏份 propane – propylene fraction   پروپان – پروپيلەننىڭ ايدالعان قۇرامدارى

丙烷分馏 propane fractionation   پروپاندى ‹بولىپ ايداۇ

丙烷分馏器 propane fractinator   پروپاندى ‹بولىپ ايداعىش (اسپاپ)

丙烷干燥 propane drying   پروپاندى قۇرعاتۇ

丙烷干燥器 propane dryer   پروپاندى قۇرعاتقىش (اسپاپ)

丙烷回流 propane reflux   پروپاننىڭ كەرى اعۇى

丙烷四羧酸 propane tetracarboxylic acid $(COOH)_2CHCH_2CH(COOH)_2$ پروپان ‹تورت كاربوكسيل قىشقىلى

丙烷羧酸 propan carboxylic acid   پروپان كاربوكسيل قىشقىلى

1– 丙烷羧酸 1 – propane carboxylic acid $CH_2CH_2CH_2COOH$ 1 – پروپان كاربوكسيل قىشقىلى

丙烷脱蜡过程 propane dewazing process   پروپاندى بالاۋزىنسىزداندىرۇ بارسى

丙烷蒸发器 propane evaporator   پروپاندى بۇلاندىرعىش (اسپاپ)

丙硒醇 propane selanol $CH_3CH_2CH_2SeH$ پروپان سەلانول

丙烯 propane,propylene C_3H_6 پروپەن، پروپيلەن

丙烯叉 propenylidene $CH_3CH:C=$ پروپەنيليدەن

2– 丙烯叉 2 – propenylidene CH_2CHCH_2 2 – پروپەنيليدەن

丙烯撑 propenylene $-CH_2CHCH-$ پروپەنيلەن

丙烯醇 propenol C_3H_5OH پروپەنول

丙烯醇酸 glucic acid $CH_2COHCOOH$ گليۇتسين قىشقىلى

丙烯二羧酸 propene dicarboxylic acid $C_3H_4(COOH)_2$ پروپەن ەكى كاربوكسيل قىشقىلى

丙烯基 propenyl CH_3CHCH- پروپەنيل

丙烯 – [2] – 基 – [1]   "烯丙基" گە قاراڭز.

丙烯基苯 propenyl benzene $C_6H_5CHCHCH_3$ پروپەنيل بەنزول

丙烯基腈　propenyl cyanide　$CH_3CHCHCN$　　پروپەنیل سیان

4－丙烯－[1]－基－1, 2－亚甲氧基苯　　"异黄樟脑" گە قاراڭىز.

丙烯基乙基愈创木酚　propenylguaiacol　$CH_3CHCHC_6H_3(OH)-OCH_3$

پروپەنیل گۇاياكول

丙烯腈　acrylonitrile(＝vinylcyanide)　CH_2CHCN　　اكريلونيتويل

丙烯腈－苯乙烯共聚物　acrylinitrile－styrene copolymer　اكريلونيترىل ـ

ستيرەندى كوپوليمەر

丙烯腈丁二烯苯乙烯树脂　ABC resin　　ABC سمولا

丙烯腈丁二烯橡胶　acrylonitrile－butadiene rubber　　اكريلونيتريلدى

بۇتادىەن كاۋچۇك

丙烯腈共聚物　acrylonitrile copolymer　　اكريلونيتريلدى كوپوليمەر

丙烯腈氯乙烯共聚物　acrylonitrile vinyl chloride copolymer　اكريلونيتريل

ۋينيل حلورلى كوپوليمەر

丙烯腈－氯乙烯(共聚)纤维　acrylonitrile－vinylchloride copolymer
fiber　　اكريلونيتريل ۋينيل حلورلى كوپوليمەر تالشىق

丙烯腈橡胶　acrylonitrile rubber　　اكريلونيتريلدىك كاۋچۇك

丙烯腈－衣康酸酯(共聚)纤维　acrylonitrile－itaconic acidester
copolymer fiber　　اكريلونيتريل ـ يتاكون قىشقىل ەستەرلىك كوپوليمەر تالشىق

丙烯硫醇　allyl mercaptan　CH_2CHCH_2SH　　الليل مەركاپتان

丙烯硫甲基青霉素　allyl thiomethylpenicellin　الليل تيومەتيل پەنيتسيلللين

丙烯硫脲　allyl thiocarbamide　　الليل تيوكارباميد

丙烯脒　acrylamidine　　اكريلاميدين

丙烯拟除虫菊酯　allethrin　　اللەترين

丙烯醛　acrolein(＝acrylic aldehyde)　CH_2CHCHO　اكرولەين، اكريل

الدەگيدتى

丙烯醛氰醇　acrolein cyanohydrine　　اكرولەين سياندى گيدرين

丙烯醛树脂　acrolein resin　　اكرولەيندى سمولالار

丙烯三羧酸　　"乌头酸" گە قاراڭىز

丙烯酸　propenoic acid(＝acrylic acid, acroleic acid)　$CH_2CHCOOH$　پروپەن

قىشقىلى، اكريل قىشقىلى، اكرول قىشقىلى

丙烯酸苄酯　benayl acrylate　C₂H₅CO₂C₇H₇ اكريل قىشقىل بەنزيل ەستەرى

丙烯酸丁酯　butyl acrylate اكريل قىشقىل بۇتيل ەستەرى

丙烯酸二聚物　acroleic dipolymer اكرولدى دىپولىمەر

丙烯酸钙　calcium acrylate اكريل قىشقىل كالتسي

丙烯(酸)酐　acrylic anhydride　(CH₂CHCO)₂O اكريل (قىشقىلىنىڭ) انگىدرىدتى

丙烯酸化合物　acrylic compound　CH₂CNCOOR اكريل قىشقىلىنىڭ قوسىلىستارى

丙烯酸剂　acryloid اكرىلويد

丙烯酸甲酯　methyl acrylate　CH₂CHCO₂CH₃ اكريل قىشقىل مەتيل ەستەرى

丙烯酸(类)树脂　acrylic resin اكرىلدى سمولالار

丙烯酸类塑料　acrylic plastic اكرىلدى سۆليۇۋؤلار، اكرىلدى پلاستيكتەر

丙烯酸类纤维　acrylic fiber اكرىلدى تالشىقتار

丙烯酸类橡胶　acrylic rubber اكرىلدى كاۋچۇك

丙烯酸系　acrylic acid series اكريل قىشقىلى قاتارى

丙烯酸盐　acrylate اكريل قىشقىلىنىڭ تۇزدارى

丙烯酸乙酯　acrylic ester اكريل قىشقىلى ەستەرى

丙烯酸酯　acrylate اكريل قىشقىلى ەستەرى

丙烯酰　acrylyl, acryloyl　CH₂:CHCO − اكرىليل، اكرىلويل

丙烯酰胺　acrylamide　CH₂:CHCONH₂ اكرىلاميد

丙烯酰胺共聚物　acrylamide copolymer اكرىلاميدتى كوپولىمەر

丙烯酰氯　acryloyl chloride　CH₂:CHCOCl اكرىلويل حلور

丙酰　propionyl　CH₃CH₂CO − پروپيونيل

丙酰胺　propionamide　C₂H₅CONH₂ پروپيوناميد

丙酰胺基　propionamido −　CH₃CH₂CONH − پروپيوناميدو

丙酰胺酸　malonamic acid　CONH₂·CH₂·COOH مالونامين قىشقىلى

丙酰苯 "乙基·苯基甲酮" گە قاراڭىز.

丙酰碘	propionyl iodide	C₂H₅COI	پروپیونیل یود
丙酰氟	propionyl fluoride	C₂H₅COF	پروپیونیل فتور
丙酰基	propionyl group		پروپیونیل گرۇپپاسى
丙酰甲苯			"乙基·苄基甲酮" گه قاراڭز.
丙酰氯	propionyl chloride	C₂H₅COCl	پروپیونیل حلور
丙酰萘	propionaphthone	CH₃CH₂COC₁₀H₇	پروپیونافتون
丙酰水杨酸	propionyl salicylic acid		پروپیونیل سالیتسیل قشقىلى
丙酰替苯胺	propionanilide	C₂H₅CONHC₆H₅	پروپیون انیلید
丙酰溴	propionyl bromide	C₂H₅COBr	پروپیونیل بروم
丙酰氧基			"丙酸基" گه قاراڭز.
丙硝胺	propylnitramine	C₂H₅CH₂NHNO₂	پروپیل نیترامین
丙溴醇	propylene bromohydrine	CH₃CHBrCH₂OH	پروپیلەن برومدى گیدرین
丙氧化金属			"丙醇盐" گه قاراڭز.
丙氧化物	propoxide	C₃H₇OM	پروپیل توتقتارى
丙氧基	propoxy –	CH₃CH₂CH₂O –	پروپوكسي –
丙氧基丁烷			"丙基·丁基醚" گه قاراڭز.
丙酯	propyl ester	R·COOC₂H₅	پروپیل ەستەرى
丙种纤维素			" γ – 纤维素" گه قاراڭز.
并发反应	concurrent reaction		قوسىمشا جۇرىلەتىن رەاكسیالار
并合反应	composite reaction		بىرىككەن رەاكسیالار
并燃料	composite fuel		بىرىككەن جانار زاتتار
并四苯	tetracen(= naphthacen)		تەتراتسەن، نافتاتسەن
并转氢			"仲氢" گه قاراڭز.

bo

播土隆	boturon		بوتۇرون
波尔定碱	boldine		بولدین
波耳多混合液	bordeaux mixture		بوردو قوسپا سۇيىقتىعى

波耳多液　bordeaux mixture	بوردو سۇيىقتىمعى
波耳二氏原子模型　Rutherford – Bohr atom model	بوهر ــ رۇتەرفورد اتوم مودەلى
波耳兹曼常数　Boltzmanns constant	بولتسمان تۇراقتىسى
波耳兹曼方程式　Boltzmann equation	بولتسمان تەڭدەۋى
波耳兹曼因子　Boltzmann factor	بولتسمان فاكتورى
波旁醛　bourbonal	بوۋربونال
波分	"بٲ吩" گە قاراڭىز.
波分林	"بٲ啉" گە قاراڭىز.
波里诺西克纤维　polynosic	پولينوزيك
波美　Baume	باۆمه
波美比重度　Baume gravity	باۆمه دارەجەسى
波美比重计　Baume hudrometer	باۆمەگيدرومەترى
波美浓度　Baume concentration	باۆمه قويۇلعى
波诺宁　pyronine	پيرونين
波氏分析　podbielniak analysis	پودبيەلنياك تالداۋى
波氏离心提取器　podbielniak centrifugal extractor	پودبيەلنياكتاڭ سەنترىدەن تەپكىش ەكستراكتورى
波氏蒸馏装置　podbielniak distillation apparatus	پودبيەلنياكتاڭ بۇلاندىرىپ ايداۋ قۇرىلعىسى
波斯红　persian red	پەرسيا قىزىلى
波斯树脂　galbanum	گالبان، پەرسيا سمولاسى
波希米亚玻璃　Bohemian glass	بوگەميان ەينەگى، بوگەميان شىنىسى، قاتتى ەينەك
波义耳－查理定律　Boyle's – Charle's law	بويل ــ چارليز زاڭى
波义耳定律　Boyle's law	بويل زاڭى
波义耳方程式　Boyle's equation	بويل تەڭدەۋى
菠菜固醇	"菠菜甾醇" گە قاراڭىز.

菠菜素 spinacine		سپيناتسين
菠菜烯 spinacene		سپيناتسەن
菠菜甾醇 spinasterol		سپيناستەرول
菠萝蛋白酶	"菠萝朊酶" گە قاراڭىز.	
菠萝朊酶 bromelin		برومەلين
菠烷 bornane		بورنان
玻化点	"玻璃化点" گە قاراڭىز.	
玻璃 glass		شىنى، ئىنەك
玻璃板 glass plate		شىنى تاقتا، شىنى پلاستىنكا
玻璃棒 glass rod		شىنى تاياقشا
玻璃杯 glass sylider		شىنى ستاكان
玻璃布 glass cloth		شىنى ماتا
玻璃瓷 opal glass		شىنى قىشى، ئىنەك قىشى
玻璃电极 glass electrode		شىنى ەلەكترود
玻璃坩埚 glass crucible		شىنى تىگەل
玻璃缸 glass jar		شىنى ساۋت (تاجرىبىەمحانادا)
玻璃钢 glass steel		شىنى بولات، بولات ئىنەك
玻璃工业 glass industry		شىنى ۋنەركاسىپى
玻璃管 glass pipe(tube)		شىنى تۇتىك
玻璃罐 glass pot		شىنى قالبىر
玻璃化 vitrification		شىنىلانۇ
玻璃化点 vitrifying point		شىنىلانۇ نۇكتەسى
玻璃金属 glass metal		شىنى مەتال
玻璃量杯 glass measure		شىنى مەنزۇركا
玻璃料 frit		شىنى ماسا
玻璃漏斗 glass funnel		شىنى ۋورونكا
玻璃毛	"玻璃棉" گە قاراڭىز.	
玻璃棉 glass wool		شىنى ماقتا، شىنىماقتا

玻璃棉滤器 glass wool filter   شىنى ماقتا سۈزگۈش (ئاسپاپ)

玻璃片   "玻璃板" گە قاراڭلار.

玻璃瓶 glass jar   شىنى شولمەك (تاجرىبىمخانادا)، شىنى شاقشا

玻璃器皿 glass ware   شىنى ئاسپاپتار

玻璃铅笔 glass pencil   شىنى قارىنداش (ئىنەككە جازۋ جازاتىن قارىنداش)

玻璃塞(瓶) glass – stoppered bottle   شىنى تەنەن، ئىنەك تەنەن

玻璃砂纸 glass paper   شىنى نەسقى قاغاز

玻璃丝 glass fiber(＝glass silk)   شىنى تالشىق، شىنى جىپپەك

玻璃酸 hyaluronic acid   گىيالۈرون قىشقىلى

玻璃酸酶 hyaluronidase   گىيالۈرونىدازا

玻璃(态)化   "玻璃砖化" گە قاراڭلار.

玻璃(糖醛)酸   "玻璃酸" گە قاراڭلار.

玻璃糖质 hyaloidin   گىيالۋىدىن

玻璃陶瓷 glass – ceramic   شىنى قەش ـ كارلەن

玻璃瓦 glass tile   شىنى قاغىلتاق كەرپىش

玻璃纤维 glass fiber   شىنى تالشىق

玻璃仪器   "玻璃器皿" گە قاراڭلار.

玻璃云母 glass bonded mica   شىنى شرمتال

玻璃纸 glassine paper(＝cellopane)   شىنى قاغاز، سەللۇلوفان

玻璃珠子 perl   پەرل (حىمىيالىق تاجرىبىەگە ستەتىلەدى)، شىنى شارىك

玻璃砖   "瓷砖" گە قاراڭلار.

玻璃转化 glass transition   شىننىعا ئىنالۇ، ئىنەككە ئىنالۇ

玻璃状态 glass state   شىنى كۈى

玻璃状态物 glass mass   شىنى كۈيىندەگى زات

玻纶   "贝隆" گە قاراڭلار.

W 玻色子 W boson   W بوزون

玻沃－布兰反应 Bouveault – Blanc reaction   بوۋۋەاۋلت ـ بلانك رەاكسىياسى

柏林蓝 Berlin blue   بەرلىن كوگى

柏林绿　Berlin green		بەرلىن جاسلى
柏油　asphalt		اسفالىت، قارامايى
铂 (Pt)　platinum		پلاتىنا (Pt)
铂箔　platinum foil		پلاتىنا قاقتاماسى، پلاتىنا جاپراقشاسى
铂重整　platforming		پلاتىنامەن قايتا رەتتەۆ
铂重整产品　platformate		پلاتىنامەن قايتا رەتتەلگەن بۇيىم
铂重整反应　platforming reaction		پلاتىنامەن قايتا رەتتەۆ رەاكسىياسى
铂重整过程　platforming process		پلاتىنامەن قايتا رەتتەۆ بارسى
铂重整汽油		"铂重整产品" گە قاراڭز.
铂重整装置　platformer		پلاتىنامەن قايتا رەتتەۆ قۇرىلعىسى
铂催化剂　platinum catalyst		پلاتىنا كاتالىزاتور
铂电极　platinum electrode		پلاتىنا ەلەكترود
铂坩埚　platinum crucible		پلاتىنا تىگەل
铂黑　platinum black		پلاتىنا قاراسى
铂铑合金　platinum – rhodium alloy		پلاتىنا – رودي قورىتپاسى
铂类轻金属　light platinum metal		پلاتىنا تەكتەس جەڭىل مەتالدار
铂类重金属　heavy platinum metal		پلاتىنا تەكتەس اۋىر مەتالدار
铂棉　platinum sponge		پلاتىنا گۇبكا
铂片　platinum sheet		پلاتىنا پلاستىنكا، پلاتىنا تاقتا
铂石棉　platinized asbestos		پلاتىنالانعان تاسماقتا
铂丝　platinum wire		پلاتىنا سىم
铂酸盐　platinate　M_2PtO_4		پلاتىنا قىشقىلىنىڭ تۇزدارى
铂铱合金　platinum – iridium alloy		پلاتىنا – يرىدي قورىتپاسى
铂族元素　platinum family element		پلاتىنا گرۆپپاسىنداعى ەلەمەنتتەر
泊　poise		پۇيزە (جابىسقاقتىق، تۇتقىرلىق بىرلىگى)
泊松比　poisson's ratio		پۇيسسون قاتناسى
泊肃叶定律　poiseuille's law		پۇيسەۋيل زاڭى
泊肃叶公式　poiseuille's equation		پۇيسەۋيل تەڭدەۋى
伯氨喹　primaquine		

پریماحین

伯氨喹啉   "伯氨喹" گه قاراڭىز.

伯胺   primary amine   پریماري امين

伯胺类   primary amines   پریماري اميندەر، بىرىنشىلىكتى اميندەر

伯丙撑氯醇   primary propylene chlorohydrin   CH₃CHClCH₂OH   پریماري

پروپيلەن حلورلى گيدرين

伯醇   primary alcohol   پریماري سپيرتتەر، بىرىنشىلىكتى سپيرتتەر

伯的   primary   پریماري، بىرىنشىلىكتى

伯丁醇   primary butylalcohol   پریماري بۇتيل سپيرتى

伯格化合物   Berger compound   بەرگەر قوسىلىسى

伯格混合物   Berger mixture   بەرگەر قوسپاسى

伯格曼靳克耐热试验   Bergmann and Junk test   بەرگماننىڭ جىلۇ توزىمدىلىك

سىناعى

伯格索伊(炼锡)法   Bergsoe process (for tin refining)   بەركسوي (قالايى

قورىتۇ) ٴادسى

伯喹   "伯氨喹" گه قاراڭىز.

伯吉尤斯(煤高压加氢)法   Bergius process   بەرگيۇس (تاس كومىردى جوعارى

قىسىمدا سۆتەكتەندىرۇ) ٴادسى

伯吉尤斯(氢化)法   Berginization   بەرگيۇس (سۆتەكتەندىرۇ) ٴادسى

伯膦   primary phosphin   پریماري فوسفين

伯努利定理   Bernoull's theorem   بەرنوۋل تەورەماسى

伯胂   monoalkyl arsine   مونوالكيل ارسين

伯叔醇   primary - tertiary alcohol   (OH)C·R·CH₂OH   پریماري ـ تەرتيارى سپيرت

伯酸   primary acid   پریماري قىشقىل

伯碳   primary carbon   پریماري كومىرتەك

伯碳原子   primary carbon atom   پریماري كومىرتەك اتومى

伯托氏化合物   bertholide compound   بەرتول قوسىلىسى

伯烷基过氧化合物   primary alkyl peroxide   پریماري الكيل اسقىن توتىقتارى

伯仲醇　primary – secondary alcohol　پریماري ـ سەكونداري سپیرت

薄荷冰　"薄荷醇" گە قاراڭز.

薄荷醇　menthol　$C_{10}H_{19}OH$　مەنتول

薄荷二烯　"孟二烯" گە قاراڭز.

薄荷呋喃　menthofuran　مەنتوفۇران

薄荷脑　"薄荷醇" گە قاراڭز.

薄荷水　peppermint water　جالبىز سۇئى

薄荷酮　menthone　$C_{10}H_{18}O$　مەنتون

薄荷烷　"孟烷" گە قاراڭز.

薄荷烷醇　"孟烷醇" گە قاراڭز.

薄荷烷酮　"孟烷酮" گە قاراڭز.

薄荷烯　"孟烯" گە قاراڭز.

薄荷烯醇　"孟烯醇" گە قاراڭز.

薄荷烯酮　"孟烯酮" گە قاراڭز.

薄荷油　peppermint oil　جالبىز مايى

bu

卜拉挫弟　plastrotyl　پلاسترۋتیل

卜特兰水泥　portland cement　پورتلاند سەمەنتى

卟胆原　porphobilinogen　پورفوبیلینوگەن

卟非酸　porphyrilic acid　$C_{16}H_{10}O_{7}$　پورفیریل قشقىلى

卟吩　porphin　پورفین

卟吩环　porphin ring　پورفین ساقیناسى

卟啉　porphyrin　پورفیرین

卟啉原　porphyrinogen　پورفیرینوگەن

补充剂　assistant　تولىقتاعىش اگەنت

补充裂化　"二次裂化" گە قاراڭز.

补色　complementary color　ئۇس تولىقتاۋ

β－部分　beta partion	بەتا ئىشنارالىق
γ－部分　gamma partion	گامما ئىشنارالىق
部分　part	ئىشنارا، ئۇبىر ئۇبولمە، دەربەس
部分的　partial	ئىشنارالىق، دەربەستەك
部分电离　partial ionization	ئىشنارا يوندانۇ
部分电离(理)论　partial ionization theory	ئىشنارا يوندانۇ تەورياسى
部分反应　partial reaction	ئىشنارا جۇربلەتىن رەاكسيالار
部分方程式　partial equation	ئىشنارا تەڭدەۋلەر
部分还原　partial reduction	ئىشنارا توتمقسىزدانۇ
部分混合液体　partly miscible liquid	ئىشنارا ارااسقان سۇيىقتىق
部分价	. "余价" گە قاراڭىز
部分冷凝　partial condensation	ئىشنارا قاتۇ
部分裂化	ئىشنارا بولشەكتەنۇ
部分平衡　partial equilibrium	ئىشنارا تەپە－تەڭدەك، ئىشنارا تەڭگەرلىۇ
部分燃烧　partial combustion	ئىشنارا جانۇ
部分溶混的　partially miscible	ئىشنارا ھەرپ ارالاسۇ
部分(溶)混性　partial miscibility	ئىشنارا ھەرپ ارالاسقىشتىق
部分溶混液　partially miscible liquid	ئىشنارا ھەرپ ارالاسقان سۇيىقتىق
部分水解物　partial hydrolystate	ئىشنارا گيدروليزدەنگەن زاتتار
部分外消旋化合物　partially racemic compound	ئىشنارا راتسەمدى قوسىلىستار
部分外消旋(作用)　partial racemization	ئىشنارا راتسەمدەۇ
部分消旋混合物　partial racemic mixture	ئىشنارا راتسەمدى قوسپالار
部分压力　partial pressure	تارماق قىسىم، پارتسيال قىسىم
部分氧化　partial oxidation	ئىشنارا توتعۇ
部分氧化裂化　partial oxidation cracking	ئىشنارا توتعىپ بولشەكتەنۇ
部分中和试验　partial netralization test	ئىشنارا بەيتاراپتاۇ سىناعى
部奎宁　meroquinene　$C_9H_{15}O_2N$	مەروحينەن

部花青　merocyanine مەروسيانين

部色体　merochrome مەروحروما

不　non- نون ـ (لاتىنشا)، بەي، ەمەس

不安(定)常数 "不稳定常数" گە قاراڭىز.

α，β-不饱和　alpha, beta unsaturation الفا، بەتا ورىندا قانىقپاۋ

α，γ-不饱和　alpha-gamma nusaturation الفا، گامما ورىندا قانىقپاۋ

不饱和苯烃　unsaturated benzene hydrocarbon قانىقپاعان بەنزولدى كومىر سۇتەكتەر

不饱和(程)度　degree of unsaturatoin قانىقپاۋ دارەجەسى

不饱和醇　unsaturated alcohol قانىقپاعان سپيرتتەر

不饱和的　unsaturated(=nonsaturated) قانىقپاعان

不饱和度试验　unsaturation test قانىقپاۋ دارەجەسى سىناعى

不饱和化合物　unsaturated compound قانىقپاعان قوسىلىستار

不饱和键　unsaturated bond قانىقپاعان بايلانىس

不饱和聚酯　unsaturated polyesters قانىقپاعان پوليەستەرلەر

不饱和链烃 "不饱和无环烃" گە قاراڭىز.

不饱和亲和力　uncaturated affinity قانىقپاعان بىرىگۋ كۇشى

不饱和溶液　unsaturated solution قانىقپاعان ەرىتىندىلەر

不饱和酸　unsaturated acid قانىقپاعان قىشقىلدار

不饱和烃　unsaturated hydrocarbon قانىقپاعان كومىر سۇتەكتەر

不饱和无环烃　saturated acylic hydrocarbon قانىقپاعان ساقيناسىز كومىر سۇتەكتەر

不饱和物质　unsaturated materials قانىقپاعان زاتتار

不饱和系数　unsaturated coefficient قانىقپاعان كوەففيتسەنت

不饱和现象　unsaturation قانىقپاۋ قۇبىلىسى

不饱和蒸汽　unsaturated vapor قانىقپاعان بۋ

不饱和支链　unsaturated side chain قانىقپاعان تارماق تىزبەكتەر

不饱和脂肪酸　unsaturated fatty acid قانىقپاعان ماي قىشقىلدار

不饱和羟基酸　hydroxy unsaturated acid　قانىقپاغان گيدروكسيل قىشقىلى

不成对电子　unpairet electron　جۇپتاسپاغان ەلەكتروندار

不成键电子　non‑bonding electron　بايلانس تۇزبەيتىن ەلەكتروندار

不成键轨函数　nonbonding orbital　بايلانس تۇزبەيتىن وربيتال

不导体　non‑conductor　توك وتكىزبەيتىن دەنەلەر

不电离溶剂　non‑ionizing solvent　يونداىنبايتىن ەرتكىش

不电离质　nonelectrolyte　بەي ەلەكتروليتتەر، ەلەكتروليت ەمەستەر

不定形蜡　"纯地蜡" گە قاراڭىز.

不冻混合物　non‑freezing mixture　قاتپايتىن قوسپالار

不冻液　non‑freezing solution　قاتپايتىن ەرتىندىلەر

不对称　unsymmetrical　اسيممەتريالى بولماۋ، اسيممەتريالى ەمەس

不对称的　asymmetric (= unsymmetrical)　اسيممەتريالىق

不对称催化　asymmetric catalysis　اسيممەتريالىق كاتاليز

不对称电势　asymmetric potential　اسيممەتريالىق پوتەنتسيال

不对称分子　asymmetric molecule　اسيممەتريالىق مولەكۇلالار

不对称合成　asymmetric synthesis　اسيممەتريالىق سينتەز

不对称化合物　asymmetric compound　اسيممەتريالىق قوسىلىستار

不对称结构　unsymmetrical structure　اسيممەتريالىق قۇرىلىم

不对称碳原子　asymmetric carbon atom　اسيممەتريالىق كومىرتەك اتومى

不对称陀螺　asymmetrical top　اسيممەتريالىق زىربىلداۋىق

不对称陀螺分子　asymmetric top molcule اسيممەتريالىق زىربىلداۋىق مولەكۇلاسى

不对称系统　asymmetric system　اسيممەتريالىق جۇيە

不对称线式分子　unsymmetrical linear molecule　اسيممەتريالىق سىزىق ٴتارىزدى مولەكۇلا

不对称现象　asymmetry (= unsymmetry)　اسيممەتريالىق قۇبىلىستار

不对称原子　asymmetric atom　اسيممەتريالىق اتوم

不对称诱导　asymmetric induction　اسيممەتريالىق يندۇكتسيا

不反应的环烷　unreactable naphthenes　رەاكسيالاسپايتىن نافتەن

不反应相	non – reactive phase	رەاكسىيالاسپايتىن فازا، ارەكەتتەسپەيتىن فازا
不挥发燃料	non – volatile fuel	ۇشپايتىن جانار زاتتار
不挥发物	non – volatile matter	ۇشپايتىن زاتتار
不挥发油类	non – volatile oils	ۇشپايتىن مايلار
不活泼	inactive	اكتىۋ ەمەس، پاسسىۋ
不活泼气体	inactive gas	پاسسىۋ گازدار، ەنجار گازدار
不极化电极	unpolarizalbe electrode	پوليارلانباعان ەلەكترود، ۇيەكتەنبەگەن ەلەكترود
不均匀平衡		"多相平衡" گە قاراڭىز.
不均匀体系	heterogeneous system	ٴار كەلكى جۇيەلەر، كوپ فازالى جۇيەلەر، گەتەرونگەندى جۇيەلەر
不均匀性	heterogeneity	ٴار كەلكلىك، كوپ فازالىلىق، گەتەروگەندىك
不可被氧化的	inoxidizable	توتىقتىرىلمايتىن، توتىقتاندىرىلمايتىن
不可被氧化性	inoxidizability	توتىقتىرىلماۇشىلىق، توتىقتاندىرىلماۇشىلىق
不可见射线	invisible ray	كورىنبەيتىن ساۋلە
不可逆电池	irreversible cell	قايتىمسىز باتەرەيا
不可逆反应	irreversible reaction	قايتىمسىز رەاكسىيالار
不可逆过程	irreversible process	قايتىمسىز بارىستار
不可逆过程热力学	irreversible thermodynamics	قايتىمسىز بارىستار دينامىكاسى
不可逆胶体	irreversible colloid	قايتىمسىز كوللويد
不可逆扩散	irreversible diffusion	قايتىمسىز ديففۇزيا
不可逆凝胶	irreversible gel	قايتىمسىز سىرنەلەر
不可逆平衡		"完全平衡" گە قاراڭىز.
不可逆吸附	irreversible adsorption	قايتىمسىز ادسوربتسيا
不可逆性	irreversibility	قايتىمسىزدىق، قايتا قالپىنا كەلمەۇشىلىك
不可逆指示剂	irreversible indicator	قايتىمسىز يندىكاتورلار
不可凝结的	incoagulable	قاتايمايتىن، ۇيىمايتىن

不可压缩流体　incompressible fluid سـعلملايتـن اققـش دەنەلەر

不可压缩性　incompressibility سـعلملاۆشـلـمـق، سـعـلملاسـتـمق

不可氧化的　unoxidizable توتـقپـايتـن، تاتـتانبايتـن

不可氧化的合金 .كـه قاراڭـز "不锈合金"

不可氧化性　inoxidability توتـقپـاۆشـلـمـق، توتـقپـاستـمق

不扩散离子　indiffusible ion ديففـۆزيالانبـايتـن يون

不冷凝气体　incondensable gas قاتپـايتـن گاز

不良导体　poor conductor ناشار ۆتكـزگـش دەنه

不良分离　poor separation جاقسى اجـراماۆ، جاقسى بولـنبەۆ

不良化物　unsaponifiable matter ناشار زاتتار، ساپاسـز زاتتار

不良燃烧　poor combustion ناشار جانۇ، شالا جانۇ

不良溶剂　poor solvent ناشار ەرىتكـش (اگەنت)

不能皂化的油　unsaponifiable oil سابـنـدانبايتـن مـاي

不粘结煤　non‑coking coal بـرىكپـەيتـن كـومـر، بايلانبايتـن كـومـر

不粘煤 .كـه قاراڭـز "不粘结煤"

不凝气体 .كـه قاراڭـز "不冷凝气体"

不凝烃类　non‑condensable hydrocarbon قاتپـايتـن كـومـر سـۇتەكتەر

不蒎醇　nopinol　$C_9H_{16}O$ نوپـينول

不蒎酸　nopinic acid نوپـين قـشقـلـى

不蒎酮　nopinone نوپـينون

不蒎烷　nopinane　C_9H_{16} نوپـينان

不蒎烯　nopinene　$C_{10}H_{16}$ نوپـينەن

不平衡反应　non‑equilibrium reaction تەپ ـ تەڭدەكسـز رەاكسـيالار

不燃纺织品　incombustible fabric جانبـايتـن توقمـا بۇيمـدار

不燃混合物　incombustible mixture جانبايتـن قوسپـالار

不燃(烧)的　incombustible جانبايتـن، جانباۇ

不燃物　incombustible matter جانبايتـن زاتتار

不燃性　incombustibility جانبـاستـمق، جانبـاۇشـلـمـق

不熔的　infusible　　　　　　　　　　　　بالقىماۋ، بالقىمايتىن

不熔酚醛树脂　　　　　　　　　"丙阶酚醛树脂" گە قاراڭىز.

不熔阶段树脂　c‑stage resin　　　بالقىمايتىن باسقىشتاعى سمولالار

不熔性　infusibility　　　　　　　بالقىماۋشىلىق، بالقىماستىق

不熔性沉淀　infusible procipitate　　　　بالقىمايتىن تۇنبالار

不溶混的　immiscible　　　　　　　　　ەرپ ارالاسپايتىن

不溶混的液体　immiscible liquid　　　ەرپ ارالاسپايتىن سۇيىقتىق

不溶混溶剂　immiscible solution　ەرپ ارالاسپايتىن ەرىتكىش (اگەنت)

不溶混性　immiscibility　　ەرپ ارالاسپاۋشىلىق، ەرپ ارالاسپايتىق

不溶胶质　　　　　　　　　　"不溶树脂" گە قاراڭىز.

不溶解　insolubilize　　　　　　　　　　　　　ەرىمەۋ

不溶(解)的　insoluble　　　　　　　　　　　　ەرىمەيتىن

不溶(解)性　insolubility　　　　　ەرىمەۋشىلىك، ەرىمەستىك

不溶酶　desmo‑enzyme　　　　　　ەرىمەيتىن فەرمەنتتەر

不溶树脂　insoluble resins　　　　　ەرىمەيتىن سمولالار

不溶物(质)　insoluble matter（substance）　ەرىمەيتىن زاتتار

不溶性毒素　inosluble toxin　　　　ەرىمەيتىن توكسيندەر

不溶性卤素化合物　insoluble halogen compound　ەرىمەيتىن گالوگەن
قوسىلىستارى

不溶性脂肪酶　desmolypase　　　　　ەرىمەيتىن ليپازا

不溶溴值　insoluble bromide number　　ەرىمەيتىن بروم ٴمانى

不渗透性　impermeability　　سىڭدىرمەستىك، وتكىزبەستىك

不渗透性石墨　impervious graphite　سىڭدىرمەيتىن، وتكىزبەيتىن
گرافيت

不渗透性碳　impervious carbon　سىڭدىرمەيتىن كومىرتەك، وتكىزبەيتىن
كومىرتەك

不生胶燃料　non‑gumming fuel　　جەلىم تۇزبەيتىن جانار زاتتار

不生胶性质　non‑gumming properties　　جەلىم تۇزبەۋ قاسيەتى

不透明的　opaque　　　　　　　　　　　　كۆڭگەرت، ئۇلدۇر ەمەس

不透明的涂料　opaque paint　　ئۇلدۇر ەمەس بور بوياۋلار، جارىق توسقۇش
　　　　　　　　　　　　　　　　　　　سىرلار

不透明度　opacity　　　　　كۆڭگەرتتەۋ دارەجەسى، كۆڭگەرتتەلىلگى

不透明剂　opacifier　　　كۆڭگەرتتەگەش اگەنت، جارىق توسقۇش اگەنت

不透明熔融硅氧　opaque fused silica　بالقعان كۆڭگەرت كرەمنى قوس توتعى

不透明性　　　　　　　　　　　　　　"不透明度" گە قاراڭىز.

不完全蛋白质　incomplete protein　　شالا بەلوك، تولىمسىز بەلوك

不完全的　incomplete　　　　　　　　　　　　تولۇق ەمەس، شالا

不完全的烧焦　incomplete singeing　　　　　　　　　　شالا كۆيۈ

不完全反应　incomplete reaction　　تولۇق جۈرلمەيتىن رەاكسىيالار

不完全肥料　incomplete fertilizer　　　　　　　شالا تەڭايتقىشتار

不完全化合　incomplete chemical combination　شالا قوسۇلۇۋ، تولۇق قوسۇلماۋ

不完全还原　incomplete reduction　　　　　　شالا توتقىسىزدانۇ

不完全平衡　incomplete equilibrium　　تولىقسىز تەپە ـ تەڭدىك

不完全燃烧　incomplete combustion　شالا جانۇ، تولۇق جانباۋ

不完全氧化　incomplete oxidation　　　　　　شالا توتىعۇ

不完全周期　incomplete period　　　　اياقتالماعان پەرىود

不稳定常数　instability constant　　تۇراقسىزدىق تۇراقتىسى

不稳定成分　unstable constituents　　تۇراقسىز قۇرامدار

不稳定的　unstable(= labile)　　تۇراقتى ەمەس، تۇراقسىز

不稳定的氢原子　labile hydrogen atom　تۇراقسىز سۆتەك اتومى

不稳定的石脑油　unstable naphtha　　تۇراقسىز نافتا

不稳定的烃　unstable hydrocarbon　تۇراقسىز كومىر سۆتەكتەر

不稳定化合物　unstable compound　تۇراقسىز قوسۇلىستار

不稳定胶质　unstable gum　　　　　　تۇراقسىز جەلىم

不稳定境　labile region　　　　　　　تۇراقسىز ورتا

不稳定平衡　unstable equilibrium　تۇراقسىز تەپە ـ تەڭدىك

不稳定汽油　unstable gasoline

تۇراقسىز بەنزين

不稳定燃烧　unstable combstion　تۇراقسىز جانۇ

不稳定酸　labile acid　تۇراقسىز قىشقىلدار

不稳定态　labile state　تۇراقسىز كۆي

不稳定天然汽油　unstable grace natural gasoline　تۇراقسىز تابىئي بەنزين

不稳定同位素　unstable isotope　تۇراقسىز يزوتوپتار

不稳定性　instability(= lability)　تۇراقسىزدىق

不稳定性中子　instability neutron　تۇراقسىز نەيتروندار

不稳平衡　"不稳定平衡" گە قاراڭىز.

不稳状态　"不稳定态" گە قاراڭىز.

不相容性　incompatibility　سىيمسىزدىق

不锈材料　non – corrosive material　تاتتانبايتىن ماتەريالدار

不锈的　non – corrosive　تاتتانبايتىن

不锈钢　rustless steel　تاتتانبايتىن بولات

不锈合金　non – corrosive alloy　تاتتانبايتىن قورىتپا

不皂化部分　unsaponifiable　سابىندانبايتىن ئبولىمى

不皂化残查　unsaponifiable residue　سابىندانبايتىن قالدىق

不皂化的　unsaponifiable　سابىندانبايتىن

不皂化物　unsaponifiable matter　سابىندانبايتىن زاتتار

钚(Pu)　plutonium　(Pu) پلۇتوني

钚－238　plutonium－238　238 ـ پلۇتوني

钚－239　plutonium－239　239 ـ پلۇتوني

布蕃胺　buphanamine　بۇفانامين

布蕃尼君　buphanidrine　بۇفانيدرين

布蕃尼亭　buphanitine　بۇفانيتين

布赫尔反应　Bucherers reaction　بۇخەرەر رەاكسياسى

布枯脑　diosphenol　ديوسفەنول

布枯叶油　buchu leaves oil　بۇچۇ (بۆككو) جاپىراعى مايى

布枯樟脑	bucco camphor	بۇككو كامفوراسى
布朗－包维瑞试验	Brown－Boveri test	بروۋن － بوۋەري سىناعى
布朗－尼耳法	Brown－Neil process	بروۋن － نەيل (مىرش الؤ) ٴادسى
布朗运动	Brownian movement	بروۋن قوزعالىسى
布劳恩	Braun	براۋن
布勒门蓝	Bromen blue	برومەن كوگى
布勒门绿	Bromen green	برومەن جاسىلى
布龙酸	Brenner acid	بروەننەر قشقىلى
布鲁克内法	Bruckner method	برۇكنەر ٴادسى
布鲁诺－埃梅尔－特勒方程式	BET equation	BET تەڭدەۋى
布仑司维克蓝	Brunswick blue	برۇنسۋيك كوگى
布仑司维克绿	Brunswick green	برۇنسۋيك جاسىلى
布钠 N	buna N	بۇنا N
布钠 S	buna S	بۇنا S
布钠 S_3	buna S_3	بۇنا S_3
布钠橡胶	buna rubber	بۇنا كاۋچۇك
布其勒	buchner	بۇچنەر
布式耳(＝36.3L)	bushel	بۇشەل (＝36.3L)
布式漏斗	Bruchner funnel	برۇحنەر ۋورونكاسى
布式试验	Brinel test	برينەل سىناعى
布氏硬度	Brinel hardness	برينەل قاتتىلعى
布他卡因	butacaine	بۇتاكاين
布他明	butamine	$NH_2C_6H_4CO_2CH:(CH_3)CH(CH_3)CH_2N(CH_3)_2HCl$	بۇتامين
布特隆	buturon	بۇتۇرون

C

cai

菜豆碱　phaseoline فازەولىن

菜豆球蛋白 "菜豆朊" گە قاراڭىز.

菜豆朊　phaseolin فازەولىن

菜豆亭　phaseolunatin $C_{10}H_{17}NO_6$ فازەولۈناتىن

菜豆亭酸　phaseolunatinic acid فازەولۈناتىن قىشقىلى

菜油甾醇　campesterol كامپەستەرول

菜子固醇 "菜子甾醇" گە قاراڭىز.

菜子酸　rapic acid راپى قىشقىلى، قىشى قىشقىلى

菜子甾醇　brassicasterol براسسىكاستەرول

can

参键　triple bond ئۈش بايلانس

参考标准　reference standard پايدالانۋ ۆلشەمى

参考标准燃料　reference standard fules كومەكشى ۆلشەمدى جانار زاتتار

参考电极　reference electrode كومەكشى ەلەكترود

参考刻度　reference mark پايدالانۋ شكالاسى، پايدالانۋ بەلگىسى

参考离子　reference ion كومەكشى يون

参考燃料　reference fuels كومەكشى جانار زاتتار

参考燃料标度　reference fuel scales كومەكشى جانار زاتتار شكالاسى

参考燃料曲线　reference fuel framework كومەكشى جانار زاتتار قىسىق سىزىعى

参考物　reference substance پايدالاناتىن زاتتار، ۆلشەمدى زاتتار

参考油　reference oil كومەكشى ماي

参数　parameter پارامەتر

蚕豆嘧啶　divicine

دیۆیتسین

蚕豆嘌呤核甙　　　　　　　　　　　"维尔宁" گە قاراڭىز.

蚕甾醇 bomicesterol　　　　　　　بومبىسەستەرول

残余 residues　　　　　　　　　قالدىق، سارقىن

残余产物 residual product　　　قالدىق ئونىم

残余焦油 residual tar　　　　　قالدىق كوكس مايى

残余沥青 residual asphalt　　　قالدىق اسفالت

残余馏份 residual fraction　　　قالدىق ايدالعان قۇرامدار

残余气体 residual gas　　　　　قالدىق گاز

残余燃料油 residual fuel oil　قالدىق جانار زات ماي

残余石蜡 residual paraffin　　قالدىق پارافين

残余岩石 residual rocks　　　قالدىق جىنىستار

残余液体 residual liquid　　　قالدىق سۇيىقتىق

残余油 residual oil　　　　　قالدىق ماي

残余油料 residual stock　　　قالدىق ماي ماتەريال

cao

草 oxalo –　　　　　　　　　　وكسالو، قىمىزدىق

草氨酸 oxaminic acid $NH_2COCOOH$　　وكسامين قىشقىلى

草氨酸铵 ammonium oxaminate　　وكسامين قىشقىل امموني

草氨丁酯 butyl oxamate $H_2NCOCO_2C_4H_9$　وكسامين قىشقىل بۇتيل ەستەرى

草氨酸乙酯 ethyl oxamate $H_2NCOCO_2C_2H_5$　وكسامين قىشقىل ەتيل ەستەرى

草氨酰 oxamoyl, oxamyl $H_2NCOCO –$　　وكسامويل، وكساميل

草氨酰肼 oxamic hydrazide $H_2NCOCONHNH_2$　وكسامين گيدرازيد

草本橡胶 grass rubber (= herb rubber)　ئشوپ تەكتەس كاۋچۇك، شوپتەسسن كاۋچۇك

草不隆 neburon　　　　　　　　نەبۇرون

草醋酸 oxalacetic acid $HOOCCOCH_2COOH$　قىمىزدىق سىركە قىشقىلى

草醋酸二乙酯 diethyl oxalacetate $C_2H_5OCOCOCH_2COCOC_2H_5$　قىمىزدىق سىركە قىشقىل ەتيل ەستەرى

草醋酸甲酯 methyl oxalacetate　قىمىزدىق سىركە قىشقىل مەتيل ەستەرى

草醋酸羧酶 oxalacetic carboxylase　قىمىزدىق سىركە قىشقىل كاربوكسيلازا

草醋酸盐 oxalacetate ROCOCOCH₂COOR قممزدىق سركه قشقىلىنىڭ
تۇزدارى

草醋酸乙酯 ethyl oxalacetate ROCOCOCH₂COOR قممزدىق سركه قشقىل
ەتىل ەستەرى

草醋酸酯 oxalacetic ester ROCOCOCH₂COOR قممزدىق سركه قشقىل
ەستەرى

草达津 trietazine تريەتازىن

草达松 oxapyrazon وكساپيرازون

草丁二酸 oxalosuccinic acid قممزدىق سۆكتسىن قشقىلى

草多索 endothal ەندوتال

草二醋酸 oxalodiacetic acid COOHCH₂COCOCH₂COOH قممزدىق ەكى
سركه قشقىلى

草甘安 dodecin دودەتسىن

草蒿脑 estragole CH₂CHCH₂C₆H₄OCH₃ ەستراگول

草蒿油 estragon oil ەستراگون مايى

草黄油 straw oil ئشوپ سارى مايى

草碱 "钾碱" گە قاراڭىز.

草胶 "草本橡胶" عا قاراڭىز.

草履虫素 paramecin پارامەتسىن

草霉素 oxamicin وكساميتسىن

草萘胺 devrinol دەۋرينول

草尿酸 oxaluric acid NH₂CONHCOCO₂H قممزدىق نەسەپ قشقىلى

草尿酸铵 ammonium oxalurate قممزدىق نەسەپ قشقىل اممونى

草尿酰胺 oxaluramide C₃H₅O₃N₃ وكسال ۇرامىد، قممزدىق ۇرامىد

草帕津 ipazine يپازىن

草醛 oxalaldehyde CHO·CHO قممزدىق الدەگيدتى

草树树脂 yacca ياككا

草酸 oxalic acid H₂C₂O₄ قممزدىق قشقىلى

草酸铵 ammonium oxalate (NH₄)₂C₂O₄ قممزدىق قشقىل اممونى

草酸铵钠 ammonium sodium oxalate قممزدىق قشقىل اممونى ـ ناترى

草酸钡 barium oxalate BaC₂O₄ قممزدىق قشقىل بارى

草酸铋 bismuth oxalate قممزدىق قشقىل بيسمۇت

草酸镝 dysprosium oxalate قممزدىق قشقىل ديسپروزي

草酸铒	erbium oxalate	$Er(C_2O_4)_2$	قممـزدبق قشقــل ەربي
草酸二苯酯	phenostal	$C_{14}H_{10}O_4$	فەنوستال
草酸二苄酯	bibenzyl oxalate	$(CO_2CH_2C_6H_5)_2$	قممـزدبق قشقــل بەنزيل ەستەرى
草酸二丙酯	dipropyl oxalate	$(CH_2C_3H_7)_2$	قممـزدبق قشقــل ديپروپيل ەستەرى
草酸二丁酯	dibutyl oxalate	$(CO_2C_4H_9)_2$	قممـزدبق قشقــل ديپۆتيل ەستەرى
草酸二乙酯	diethyl oxalate		قممـزدبق قشقــل ديەتيل ەستەرى
草酸钆	gadolinium oxalate	$Gd_2(C_2O_4)_3$	قممـزدبق قشقــل گادولينى
草酸钙	calcium oxalate	CaC_2O_4	قممـزدبق قشقــل كالتسى
草酸镉	cadmium oxalate	CdC_2O_4	قممـزدبق قشقــل كادمى
草酸根	$C_2O_4 =$		قممـزدبق قشقــل قالدعى (راديكالى)
草酸汞	mercuric oxalate	HgC_2O_4	قممـزدبق قشقــل سناپ
草酸钴	cobaltous oxalate		قممـزدبق قشقــل كوبالت
草酸钬	holmium oxalate	$Ho_2(C_2O_4)_3$	قممـزدبق قشقــل گولمى
草酸镓	gallium oxalate		قممـزدبق قشقــل گاللى
草酸甲·乙酯	methyl ethyl oxalat	$CH_3O(CO)_2OC_2H_5$	قممـزدبق قشقــل مەتيل ــ ەتيل ەستەرى
草酸钾	potassium oxalate	$K_2C_2O_4$	قممـزدبق قشقــل كالي
草酸镧	lanthanium oxalate	$La_2(C_2O_4)_3$	قممـزدبق قشقــل لانتان
草酸锂	lithium oxalate	$Li_2C_2O_4$	قممـزدبق قشقــل ليتي
草酸二环己酯	dicyclohexyl oxalate	$(CO_2C_6H_{11})_2$	قممـزدبق قشقــل ەكى ساقينالى گەكسيل ەستەرى
草酸二烯丙酯	diallyl oxalate	$(COOC_3H_5)$	قممـزدبق قشقــل ەكى الليل ەستەرى
草酸铝	aluminium oxalate		قممـزدبق قشقــل الٶمين
草酸镁	magnesium oxalate	$Mg(C_2O_4)$	قممـزدبق قشقــل ماگني
草酸锰	manganese oxalate	MnC_2O_4	قممـزدبق قشقــل مارگانەتس
草酸钠	sodium oxalate	$Na_2C_2O_4$	قممـزدبق قشقــل ناتري
草酸尿	oxaluria		قممـزدبق قشقــل نەسەپ
草酸脲	urea oxalate	$2CO(NH_2)_2C_2H_2O_4$	قممـزدبق قشقــل ٶرەا (نەسەپنار)
草酸镍	nikelous oxalate	NiC_2O_4	قممـزدبق قشقــل نيكەل
草酸钕	neodymium oxalate	$Nd_2(C_2O_4)_3$	قممـزدبق قشقــل نەوديم
草酸铍	beryllium oxalate	BeC_2O_4	قممـزدبق قشقــل بەريللى

草酸镨　praseodymium oxalate　$Pr_2(C_2O_4)_3$　مممزدىق قشقمل پرازەودىم

草酸铅　lead oxalate　مممزدىق قشقمل قورعاسىن

草酸氢铵　ammonium bioxalate　قشقمل مممزدىق قشقمل ممموني

草酸氢钡　barium bioxalate　$Ba(HC_2O_4)_2$　قشقمل مممزدىق قشقمل باري

草酸氢钙　calcium bioxalate　$Ca(HC_2O_4)_2$　قشقمل مممزدىق قشقمل كالتسي

草酸氢钾　potassium bioxalate　$KHC_2O_4 \cdot 2H_2O$　قشقمل مممزدىق قشقمل كالي

草酸氢钠　sodium bioxalate　$NaHC_2O_4$　قشقمل مممزدىق قشقمل ناتري

草酸氢锶　strontium bioxalate　$Sr(HC_2O_4)_2$　قشقمل مممزدىق قشقمل
سترونتسي

草酸氢铜　cupric bioxalate　$Cu(HC_2O_4)_2$　قشقمل مممزدىق قشقمل مس

草酸氢盐　bioxalate　قشقمل مممزدىق قشقملنىڭ تۇزدارى

草酸氢酯　bioxalate　قشقمل مممزدىق قشقمل ەستەرى

草酸铯　cesium oxalate　$Cs_2C_2O_4$　مممزدىق قشقمل سەزي

草酸钐　samaric oxalate　$Sa_2(C_2O_4)_3$　مممزدىق قشقمل سامارى

草酸铈　cerous oxalate　$Ce_2(C_2O_4)_3$　مممزدىق قشقمل سەرى

草酸双氧铀　uranyl oxalate　$UO_2C_2O_4$　مممزدىق قشقمل ژۇرانىل

草酸锶　strontium oxalate　SrC_2O_4　مممزدىق قشقمل ستورنتسي

草酸锑钾　antimonous－potassium oxalate　مممزدىق قشقمل سۇرمە ـ كالى

草酸铁　ferric oxalate　$Fe(C_2O_4)_3$　مممزدىق قشقمل تەمىر

草酸铁铵　ferric ammonium oxalate　$(NH_4)_3Fe(C_2O_4)_3$　مممزدىق قشقمل
تەمىر ـ ممموني

草酸铁钾　potassium ferric oxalate　$K_3Fe(C_2O_4)_3$　مممزدىق قشقمل تەمىر ـ كالى

草酸铜　copper oxalate　CuC_2O_4　مممزدىق قشقمل مس

草酸锌　zinic oxalate　ZnC_2O_4　مممزدىق قشقمل مىرىش

草酸亚铁　ferrous oxalate　FeC_2O_4　مممزدىق قشقمل شالا توتىق تەمىر

草酸亚锡　stannous oxalate　SnC_2O_4　مممزدىق قشقمل شالا توتىق قالايى

草酸盐　oxalate　مممزدىق قشقملنىڭ تۇزدارى

草酸氧锑　antimonyl oxalate　$(SbO)_2C_2O_4$　مممزدىق قشقمل انتىمونىل

草酸氧锑钾　antimonyl potassium oxalate　$K(SbO)C_2O_4$　مممزدىق قشقمل
انتىمونىل كالى

草酸一甲一个丁子香酚酯　eugenol methyl oxalate　$C_3H_5C_6H_3(OCH_3)_2$
مممزدىق قشقمل مەتىل ھۇگەنول ەستەرى

草酸一甲酯　monomethyl oxalate　CH_3O_2CCOOH　مممزدىق قشقمل

مونومەتیل ھەستەری

草酸一酰基　monoacyl oxalate　HC_2O_4　قەمزدىق قشقىل مونواتسیل

草酸一乙酯　monoethyl oxalate　$C_2H_5O_2CCOOH$　قەمزدىق قشقىل مونوەتیل ھەستەری

草酸银　silver oxalate　$Ag_2C_2O_4$　قەمزدىق قشقىل كۇمۇس

草酸酯　oxalic ester　قەمزدىق قشقىل ھەستەری

草炭　grass peat　شەمتەزەك، تورف

草陶酸　oxatollic acid　$HOC(CH_2Ph)_2COOH$　وكساتول قشقىلى

草烯　oxalene　وكسالەن

草醯二胺　"草酰胺" گە قاراڭز.

草醯琥珀酸　"草酰琥珀酸" گە قاراڭز.

草醯脲　grass acyl urea　قەمزدىق ۋرەا قشقىلى

草纤维　grass fibre(= straw fiber)　ئشوپ تالشق، ئشوپ تالشعى

草酰　oxalyl　$-COCO-$　وكسالیل

草酰胺　oxamide　$NH_2COCONH_2$　وكسامید

草酰胺基　oxamido－　$H_2NCOCONH$　وكسامیدو －

草酰撑二醋酸　"草二醋酸" عا قاراڭز.

草酰二脲二肟　oxaldiureide dioxime　وكسال دیۇرەید دیوكسیم

草酰琥珀酸　oxalosuccinic acid　"草丁二酸" گە قاراڭز.

草酰氯　oxalyl chloride　$ClCOCOCl$　وكسالیل حلور

草酰脲　oxalyl urea　$C_3H_2N_2O_3$　وكسالیل ۋرەا

草酰替苯胺　oxanilide　$(CONHC_6H_5)_2$　وكسانیلید

草酰亚胺　oximide　$COCONH$　وكسیمید

草酰乙酸　oximide　"草醋酸" گە قاراڭز.

草酰乙酸羧化酶　"草醋酸羧酶" گە قاراڭز.

ce

策椿宁　cedronine　كەدرونین

测硫计　sulfometer　سۇلفومەتر، كۆكىرت ولشەگىش

测微计　micrometer　میكرومەتر

侧柏醇　thuiyl alcohol　ارشا سپیرتى

侧金盏花醇　"阿东糖醇" عا قاراڭز.

侧金盏花甙　adonin　　ادونىين

侧金盏花毒甙　adonitoxin　　ادونىتوكسىن

侧金盏花苦甙　picroadonidin, picrodonidin　پىكرو ادونىدىن، پىكرو دونىدىن

侧金盏(戊)糖醇　"阿东糖醇" گه قاراڭز.

侧链　lateral chain(= side chain)　جان تەزبەك

侧链氮(原子)　side chain nitrogen　جان تەزبەكتەگى ازوت (اتومى)

侧链碘代作用　side chain iodination　جان تەزبەكتە يودتاۇ

侧链氟代作用　side chain fluorination　جان تەزبەكتە فتورلاۇ

侧链化合物　side chain compound　جان تەزبەك قوسىلىستارى

侧链基　side chain radical　جان تەزبەك رادىكالى

侧链卤代作用　side chain halogenation　جان تەزبەكتە گالوگەندەۇ

侧链氯代作用　side chain chlorination　جان تەزبەكتە حلورلاۇ

侧链碳(原子)　side chain carbon　جان تەزبەكتەگى كومىرتەك (اتومى)

侧链溴代作用　side chain bromination　جان تەزبەكە برومداۇ

侧链异构作用　side chain isomerism　جان تەزبەكتە يزومەرلەۇ

ceng

噌啉　cinnoline　$C_6H_4CHCHNH$　سىننولىن

层压玻璃　laminated glass　قاباتتاپ قاتايتىلعان شىنى (اينەك)

层压材料　laminated material　قاباتتاپ قاتايتىلعان ماتەرىالدار

层压树脂　laminated resin　قاباتتاپ قاتايتىلعان سمولالار

层压塑料　laminated plastic　قاباتتاپ قاتايتىلعان سۇلياۇلار

cha

叉　-idene(= yliden)　ـ يدەن، ـ يلىدەن

查盾宁　spegazzinine　سپەگاززىنىن

查耳酮　chalcone　$C_{15}H_{12}O$　چالكون

茶氨酸　theanine　تەانىن

茶胺　theamin　$C_7H_8N_4O_4NHC_2H_4OH$　تەامىن

茶红　congo red　كونگو قىزىلى

茶碱　thein, coffein　تەين، كوففەين

茶酶　thease	تەازا
茶酸　bogeic acid	شاي قىشقىلى
茶叶碱　theophilline　$C_7H_8N_4O_2$	تەوفيللين
茶(子)油　thea－seed oil	شاي (ۇرعى) مايى
差位(立体)异构体　epimerid(＝epimer)	ەپيمەريد، ەپيمەر
差向(立体)异构体	"差位(立体)异构体" گە قاراڭىز.
差向(立体)异构(作用)　epimerization	ەپيمەرلەۋ

chai

柴油　diesel oil	ديزەل مايى
柴油值　diesel number	ديزەل ءمانى
柴油指数　diesel index	ديزەل كورسەتكىشى

chan

掺和剂　admixture	ارالاستىرعىش اگەنت
掺和热	"混合热" عا قاراڭىز.
掺和物　admixture	ارالاسقان زات، قوسىلعان زات
掺杂元素　alloying element	قوسپا ەلەمەنتتەر
蟾蜍毒　bufotoxin	قۇرباقا ۇتى
蟾蜍精　bufagin　$C_{24}H_{32}O_5$	فۇفاگين
蟾蜍灵　fufalin　$C_{24}H_{34}O_4$	فۇفالين
蟾蜍卵素　bufovarin	بۇفووارين
蟾蜍配质　bufogenin	بۇفوگەنين
蟾蜍他里灵　bufotalinin　$C_{24}H_{30}O_6$	بۇفوتالينين
蟾蜍他灵　bufotalin　$C_{26}H_{36}O_6$	بۇفوتالين
蟾蜍他酮　bufotalone	بۇفوتالون
蟾蜍他烯　bufotalien	بۇفوتاليەن
蟾蜍他烯酮　bufotalienone	بۇفوتاليەنون
蟾蜍特定　bufotenine	بۇفوتەنين
蟾蜍特尼定　bufotenidine　$C_{13}H_{18}ON_2$	بۇفوتەنيدين
蟾毒配基	"蟾蜍配质" گە قاراڭىز.

蟾毒配质	"蟾蜍他灵" گه قاراڭز
蟾毒配质酮	"蟾蜍他酮" گه قاراڭز.
蟾毒配质烯	"蟾蜍他烯" گه قاراڭز.
蟾毒配质烯酮	"蟾蜍他烯酮" گه قاراڭز.
蟾毒色胺	"蟾蜍特宁" گه قاراڭز.
蟾毒素	"蟾蜍毒" گه قاراڭز.
蟾毒中毒　phrynin posioning	قۇرباقا ۋسنان ۋلانۇ
蟾溶素　phrynolysine	پرينوليزين
蟾涎毒素	"蟾蜍精" گه قاراڭز.

chang

菖蒲甙　acorn　$C_{36}H_{60}O_6$	اكورين
菖蒲酮　acorone　$C_{15}H_{24}O_2$	اكورون
菖蒲油　orris oil	اندز مايى
常春藤甙　hederagenin	گەدەراگەنين
常价	"正常价" عا قاراڭز.
常量　macro -	ماكرو -
常量分析　macro analysis	ماكرولىق تالداۋ
常量化学　macro chemistry	ماكرو حيميا، ماكرولىق حيميا
常量化学分析　macro chemistry analysis	ماكرو حيميالىق تالداۋ
常量元素　macro element	ماكرو ەلەمەنتتەر
常山酮　halafuginone	گالافۇگينون
常压反应器　normal pressure reactor	نورمال قسىمداعى رەاكتور
常压合成　normal pressure synthesis	نورمال قسىمدا سينتەزدەۋ
常压蒸馏　atmospheric distillation	نورمال قسىمدا بۇلاندرسپ ايداۋ
长春胺　vincamine	ۋينكامين
长春刀林宁碱　vindolinine	ۋيندولينين
长春花碱　vinblastine	ۋينبلاستين
长春碱　vincamedine	ۋينكامەدين
长春精　vincamajine	ۋينكاماجين
长春蔻林定碱　vincolidine	ۋينكوليدين
长春罗赛定　vinrosidine	ۋينروزيدين

长春罗赛温　leurosivine　　　　　　　　　　　　لەۋروزىۋىن

长春罗新　leurosine　　　　　　　　　　　　　لەۋروزىن

长春宁　vincanine　　　　　　　　　　　　　ۋىنكانىن

长春文碱　　　　　　　　　　　　ـز. قاراڭـ گه "长春罗赛温"

长春新碱　vincristin　　　　　　　　　　　　ۋىنكرىستىن

长春质碱　catharanthin　　　　　　　　　　　كاتارانتىن

长颈烧瓶　kjeldahl flask　　　　　　　　　ۇزىن موينى كولبا

长链　long－chain　　　　　　　　　　　ۇزىن تىزبەك

长链分子　long chain molecule　　　　　ۇزىن تىزبەكتى مولەكۇلالار

长链聚合物　long chain polymer　　　　　ۇزىن تىزبەكتى پولىمەر

长链烃　long chain hydrocarbon　　ۇزىن تىزبەكتى كومىر سۇتەكتەر

长生草碱　sempervirine　　　　　　　　　سەمپەرۋىرىن

长石　felspar　$K_2O \cdot Al_2O_3 \cdot 6SiO_2$　　　　دالا شپاتى

长寿润滑脂　long－life grease　　　　　ۇزاق مەرزىمدى گرەازا

长纤维润滑脂　long－fiber grease　　　　ۇزىن تالشىقتى گرەازا

长叶松油　longleaf pine oil　　　　ۇزىن جاپىراقتى قاراعاي مايى

长叶酸　longifolic acid　　　　　　　　لونگىفول قىشقىلى

长叶烯　longipholene　　　　　　　　　لونگىفولەن

长周期　long period　　　　　　　　　　ۇزىن پەرىيود

肠激酶　enterokinase　　　　　　　　　هنتەروكىنازا

肠霉素　enteromycin　　　　　　　　　هنتەروميتسىن

肠肽酶　erepsin　　　　　　　　　　　هرەپسىن

肠抑胃素　enterogastrone　　　　　　　هنتەروگاسترون

chao

超　ultra, hyper, super, per　ۋلترا ـ (لاتىنشا)، گيپەر ـ (گرەكشە)، سۇپەر،

پەر، توتەنشە، اسقىن، اسا

超胺黑 BR　sur amine black　BR　　سۇرامىندىك قارا BR

超胺黄 G　suramine yellow　G　　سۇرامىندىك سارى G

超胺棕 R　suramine brown　R　　سۇرامىندىك قىزىل قوڭىر R

超高聚物　super polymer　　　　اسقىن پولىمەرلەر

超合金　super alloy　　　　　　اسقىن قورىتپالار

超微结构 ultramicro structure		ۋلترا ميكرو قۇرۇلمىس
超微结晶 ultramicro crystal		ۋلترا ميكرو كرىستال
超微量 ultramicro –		ۋلترا ميكرو –
超微量测定 ultramicro – determination		ۋلترا ميكرولىق ولشۇ
超微量分析 ultramicro analysis		ۋلترا ميكرولىق تالداۋ
超微量天平 ultra micro balance		ۋلترا ميكرو تارازى
超微子 amicron		امىكرون
超显微镜 ultra microscope		ۋلترا ميكروسكوپ
超氧化物 superoxide, hyperoxide, peroxide		اسقىن توتىقتار
超音氢	"氕" عا قاراڭىز .	
超硬铝 super duralumin		اسا قاتتى الۇمين
超铀元素 transuranic element		ترانسۇراندار
超甾醇 super asterol		اسقىن استەرول
超重氢 tritium		اسا اۋىر سۇتەك، ترىتى
超重水 tritium oxide		اسا اۋىر سۇ
潮解 deliquescence		دەم تارتىپ ۇگىلۇ
潮解物 deliquium		دەم تارتىپ ۇگىلگەن زات
晁模醇 chaulmoogryl alcohol $C_{18}H_{33}OH$		چاۋلموگرىل سپىرتى
晁模基 chaulmoogryl $C_5H_7(CH_2)_{12}CH_2 -$		چاۋلموگرىل
晁模酸 chaulmoogric acid $C_5H_7(CH_2)_{12}COOH$		چاۋلموگر قىشقىلى
晁模酸乙酯 ethyl chaulmoograte (= chaulmestrol) $C_5H_7(CH_2)_{12}CO_2C_2H_5$		
	چاۋلموگر قىشقىل ەتيل ەستەرى	
晁模烯 chaulmoogrene $C_{18}H_{34}$		چاۋلموگرەن
晁模酰 chaulmoogroyl $C_5H_7(CH_2)_{12}CO$		چاۋلموگرويل
晁模油 chaulmoogro oil		چاۋلموگرا مايى
巢菜甙 vicianin		ۋىتسيانين
巢菜碱 vicine		ۋىتسين
巢菜灵 vicilin		ۋىتسيلين
巢菜糖 vicianose		ۋىتسيانوزا

chen

沉淀 precipitation	شوگۇ، تۇنۇ، تۇنبالانۇ

沉淀白垩　precipitated chalk　　　　　　　تۇنبالانغان بور

沉淀的　precipitated　　　　　　　تۇنبالانغۇ، تۇنبالانغان

沉淀的催化剂　precipitated catalyst　　　تۇنبالانغان كاتالىزاتور

沉淀的沥青　precipitated asphalt　　　　تۇنبالانغان اسفالت

沉淀度　precipitability　　تۇنۇ دارەجەسى، تۇنبالانغۇ دارەجەسى، شوگۇ دارەجەسى

沉淀法　precipitation method　　تۇندىرۇ ئادسى، تۇنبالاغۇ ئادسى

沉淀反应　precipitation reaction　　　تۇنبالاندىرۇ رەاكسىياسى

沉淀分析　precipitation analysis　　　　تۇنبالاۋلۇق تالداۋ

沉淀过程　precipitation process　　تۇنۇ بارسى، تۇنبالانغۇ بارسى، شوگۇ بارسى

沉淀过磷酸钙　precipitated calcium superphosphate　شوگەندى اسقىن
فوسفور قەشقىل كالتسى

沉淀剂　precipitating agent　　تۇندىرعمش اگەنت، تۇنبالاعمش اگەنت

沉淀交换树脂　precipitation – exchange resin　تۇنبا الماستىرعمش سمولالار

沉淀磷酸钙　precipitated phosphate　شوگەندى فوسفور قەشقىل كالتسى

沉淀硫黄　precipitated sulfur　تۇنبا كۇكىرت، شوگەندى كۇكىرت

沉淀硫酸钡　precipitated barium sulfate　شوگەندى كۇكىرت قەشقىل بارى

沉淀器　precipitation tank　تۇندىرعمش، شوكتىرگمش (اسپاپ)

沉淀热　precipitation heat　تۇنبالانغۇ جىلۇئى، شوگۇ جىلۇئى

沉淀色料　　　　"色淀" گە قاراڭز.

沉淀石脑油　precipitation naphtha　تۇنبانافتا، شوگەندى نافتا

沉淀素　precipitin　　　　　پرەسىپىتىن

沉淀素反应　precipitin reaction　　پرەسىپىتىن رەاكسىياسى

沉淀素原　precipitinogen　　　پرەسىپىتىنوگەن

沉淀碳酸钡　precipitated barium carbonate　شوگەندى كومىر قەشقىل بارى

沉淀碳酸钙　precipitated calcium carbonate　شوگەندى كومىر قەشقىل
كالتسى

沉淀脱蜡过程　precipitation dewaxing process　تۇنبالانىپ بالاۋزسزدانۇ
بارسى

沉淀物　precipitate　　　تۇنبا، شوگەندى

沉淀盐　　　　"湖盐" عا قاراڭز.

沉淀硬化　precipitation hardening　تۇنباناڭ قاتايۇئى

沉淀值　precipitation number　تۇنۇ ئمانى، شوگۇ ئمانى

沉钙醇　calciferol　　　كالتسىفەرول

沉积　sedimentation	شوگىندى
沉积平衡　sedimentation equilibrium	شوگىندى تەپە ـ تەڭدىگى
沉积天平　sedimentation balance	شوگىندى تارازسى
沉积物　sediment	شوگىندىلەر
沉积盐	"湖盐" گە قاراڭز.
沉降　settling	تۆنباعا ئتۆسۆ، شوگۆ
沉降空间　settlement space	شوگۆ كەڭىستمگى
沉降力　settling capacity	شوگۆ كۆشى
沉降时间　sedimentation time	شوگۆ ۋاقتى
沉降试验　settlement test	شوگۆ سىناعى
沉降速度　sedimentation velocity	شوگۆ تەزدىگى
沉降体积　settling volume	شوگۆ كۆلەمى
沉降系数　settling ratio	شوگۆ كوەففىتسەنتى
沉降性　settle ability	شوككشتك
沉香醇	"里哪醇" گە قاراڭز.
辰砂	"朱砂" عا قاراڭز.
梣皮甙　fraxin　$C_{16}H_{18}O_{10}$	فراكسىن
梣皮丹宁酸　fraxitannic acid　$C_{26}H_{22}O_{14}$	فراكسىتاننىن قشقىلى
梣皮宁　fraxinine　$C_{43}H_{36}O_{27}$	فراكسىنىن
梣皮亭　fraxetin　$C_{10}H_8O_5$	فراكسەتىن
梣鞣酸	"梣皮丹宁酸" عا قاراڭز.

cheng

成玳异构体　anomer	انومەر
成对　paired, coupled	جۆپتاسۆ
成对电子　paired electrons	جۆپتاسقان ەلەكتروندار
成份　constituent	قۇرام
成分不变定律　law of constant composition	قۇرام تۇراقتىلىق زاڭى
成分公式	"实验式" عا قاراڭز.
成分相关定律　law of related composition	قۇرام قاتستىلىق زاڭى
成环(作用)　ring formation	ساقينالانۆ
成极作用　polariziation	پوليارلانۆ

成季碱反应	quaternization	كۇاتەرناري نەگىز قۇرۇ رەاكسىياسى
成碱氧化物		"碱性氧化物" عا قاراڭىز.
成碱元素	base (forming) element	نەگىز قۇرايتىن ەلەمەنتتەر
成键轨函数	bonding orbital	بايلانس قۇرايتىن وربيتال
成键热	heat of bond formation	بايلانس قۇرۇ جىلۇئى
成卡反应	carbilamine reaction	كاربيلامين رەاكسىياسى
成粒作用	granulation	تۇيىرشىكتەۇ
成酸氧化物		"酸性氧化物" عا قاراڭىز.
成肽反应	peptide formation	پەپتيد قۇرايتىن رەاكسيا
成叶素	phyllocaline	فيللوكالين
成(乙)醇发酵		"酒精发酵" عا قاراڭىز.
成珠聚合	pearl polymerization	تۇيىرشىكتەنپ پوليمەرلەنۇ
呈碱性反应	react basic	نەگىزدىك قاسيەت كورسەتەتىن رەاكسيا
呈酸性反应	react acid	قىشقىلدىق قاسيەت كورسەتەتىن رەاكسيا
橙 B	orange B	قىزعىلت سارى B
橙 G	orange G	قىزعىلت سارى G
橙齿菌色素		"齿菌橙" عا قاراڭىز.
橙红	orange red	اپەلسين قىزىل
橙花醇	nerol	$(CH_3)_2C{:}CHCHCH_2C(CH_3)_2CHCH_2OH$ نەرول
橙花基	neryl	$C_{10}H_{17}$ نەريل
橙花醚	nerolin	$C_{10}H_{17}OC_2H_6$ نەرولين
橙花醛	neral	$C_{10}H_{16}O$ نەرال
橙花叔醇	nerolidol	$C_{15}H_{26}O$ نەروليدول
橙花叶素	neriifolin	نەريفولين
橙花油	neroli oil	نەرولي مايى
橙黄	orange yellow	قىزعىلت سارى
橙碱	orange base	اپەلسين نەگىزى
橙皮醇	hesperetol	$CH_2CHC_6H_3(OH)OCH_2$ گەسپەرەتول
橙皮甙	hesperidin	$C_{28}H_{34}O_{15}$ گەسپەريدين
橙皮碱	hesperidine	گەسپەريدينا
橙皮素	hesperetin	$C_{16}H_{14}O_6$ گەسپەرەتين
橙皮酸	hesperitinic acid	$C_{10}H_{31}O_4$ گەسپەريتين قىشقىلى
橙皮烯	hesperiden	گەسپەريدەن

橙皮油　orange‑peel oil　　　　　　　　　اپەلسىن قابىغى مايى

橙色　orange　　　　　　　　　　　قىزغىلت سارى ٴتۇس

橙色菌素　aurantin　　　　　　　　　　　اۋرانتىن

橙叶油　orange leaf oil　　　　　　اپەلسىن جاپىراعى مايى

橙油　orange oil　　　　　　　　　اپەلسىن مايى

橙子油　orange‑seed oil　　　　　اپەلسىن ۇرىعى مايى

橙棕　orange brown　　　　　اپەلسىن قىزىل قوڭىر

chi

齿菌橙　aurantiacin　　　　　　　　　اۋرانتياتسين

齿孔酸　aburicoic acid　　　　　　　　ابۇرىكو قىشقىلى

赤　erythro‑　　　　　　　　　　　هرىترو –

赤醇　erythrol　$CH_2CHCH(OH)CH_2OH$　　　　　هرىترول

赤道键　equatorial bond　　　　　　هكۆاتورلىق بايلانس

赤极铜　　　　　　　　　　".赤杨酮" عا قاراڭىز

赤精酸　erythrogenic acid　　　　هرىتروگەن قىشقىلى

赤磷　red phosphorus　　　　　　قىزىل فوسفور

赤络物　erythro complex compound　هرىترو كومپلەكس قوسىلىستار

赤络盐　erythro salt　　　　　　　هرىترو تۇز

赤霉素　gibberellin　　　　　　　گيببەرەللىن

赤霉酸　gibberellic acid　　　　　گيببەرەل قىشقىلى

赤霉酸钾　potassium gibberelate　　گيببەرەل قىشقىل كالي

赤如糖　erythrulose　　　　　　هرىترۇلوزا

赤‑2, 4, 6, ‑三甲基廿四烯‑[2]‑酸　　".结核菌烯酸盐" عا قاراڭىز

赤式　erythro form　　　　　　　هرىترو فورمالى

赤铁矿　red iron ore(＝hematite)　Fe_2O_3　قىزىل تەمىر تاس، گەماتيت

赤铜矿　red copper ore　Cu_2O　قىزىل مىس تاس، قىزىل مىس كەنى

赤铜酸　erythronic acid　$HOCH_2CHOHCHOHCOOH$　هرىترون قىشقىلى

赤铜酸内酯　erythronolacton　　هرىترون لاكتون

赤藓醇　erythritol　$(CHOHCH_2OH)_2$　هرىترىتول

赤藓醇四硝酸酯　erythritol tetranitrate　$C_6H_4(NO_3)_4$　هرىترىتول ٴتورت ازوت قىشقىل ەستەرى

赤藓红	erythrosine	$C_{28}H_8O_5I_4$

ﻩﺭﯦﺗﺭﻭﺯﯦﻥ

赤藓红 3B	erythrosine 3B

ﻩﺭﯦﺗﺭﻭﺯﯦﻥ 3B

赤藓红钠盐	erythrosine sodium salt	$C_{28}H_6O_5I_4Na_2$

ﻩﺭﯦﺗﺭﻭﺯﯦﻥ ﻧﺎﺗﺭﻱ ﺗﯚﺯﻯ

赤藓素	erythrin

ﻩﺭﯦﺗﺭﯦﻥ

赤藓糖	erythrose	HOCH₂CHOHCOOHCHO

ﻩﺭﯦﺗﺭﻭﺯﺍ

赤藓(糖)酸	erythric acid	CH₂OH(CHOH)₂COOH

ﻩﺭﯦﺗﺭﯦﻥ ﻗﺷﻗﯨﻠﻰ

赤藓酮糖　　　　　　　　　　　　　　ﻋﺎ ﻗﺎﺭﺍﯕﯨﺯ. "赤如糖"

赤血盐　　　　　　　　　　　　　　ﮔﻩ ﻗﺎﺭﺍﯕﯨﺯ. "红血盐"

赤杨酮	alnusenone

ﺍﻟﻧﯚﺯﻩﻧﻭﻥ

赤氧基蒽醌	erythroxy anthra quinon

ﻩﺭﯦﺗﺭﻭﻛﺳﻰ ﺍﻧﺗﺭﺍﺣﯦﻧﻭﻥ

赤榆树脂	ulmin

ﯙﻟﻣﯦﻥ

赤榆酸	ulmic acid

ﯙﻟﻣﯨﻙ ﻗﺷﻗﯨﻠﻰ

赤脂单宁醇	erythro resino tannol

ﻩﺭﯦﺗﺭﻭ ﺭﻩﺯﯦﻧﻭﺗﺎﻧﻧﻭﻝ

chong

充电	charging

ﺯﺍﺭﯨﻳﺎﺩﺗﺎﯙ، ﺗﻭﻙ ﺗﻭﻟﺗﯨﺭﯙ

充电器	charger

ﺯﺍﺭﯨﻳﺎﺩﺗﺎﻋﯨﺵ، ﺗﻭﻙ ﺗﻭﻟﺗﯨﺭﻋﯨﺵ

充氧器	oxygenetor

ﻭﺗﺗﻩﻙ ﺗﻭﻟﺗﯨﺭﻋﯨﺵ

充氧水	oxygenated water

ﻭﺗﺗﻩﻛﺗﻩﻧﮔﻩﻥ ﺳﯘ

充氧(作用)	oxygenation

ﻭﺗﺗﻩﻛﺗﻩﻧﯚ

冲淡　　　　　　　　　　　　　　ﻋﺎ ﻗﺎﺭﺍﯕﯨﺯ. "稀释"

冲淡剂　　　　　　　　　　　　　　ﻋﺎ ﻗﺎﺭﺍﯕﯨﺯ. "稀释剂"

冲淡浓度　　　　　　　　　　　　　　ﻋﺎ ﻗﺎﺭﺍﯕﯨﺯ. "稀释浓度"

冲淡热　　　　　　　　　　　　　　ﻋﺎ ﻗﺎﺭﺍﯕﯨﺯ. "稀释热"

冲力	impulsive force

ﻳﻣﭘﯚﻟﺱ ﻛﯜﺷﻰ

虫红酸	kermisic acid

ﻛﻩﺭﻣﯦﺯ ﻗﺷﻗﯨﻠﻰ

虫胶	shellac, lac

ﻣﺎﻟﺷﺎﻳﻪﺭ، ﺟﺎﻧﺩﯨﻛﺗﻩﺭ ﺷﺎﻳﻪﺭﻯ

虫胶蜡	shellac wax

ﻣﺎﻟﺷﺎﻳﻪﺭ ﺑﺎﻻﯞﻧﺯﻯ

虫胶片酯　　　　　　　　　　　　　　ﻋﺎ ﻗﺎﺭﺍﯕﯨﺯ. "虫胶酯"

虫胶清漆	shellac varnish

ﻣﺎﻟﺷﺎﻳﻪﺭ ﻻﻛﺗﺎﺭ

虫胶塑料	shellac plastic

ﻣﺎﻟﺷﺎﻳﻪﺭ ﺳﯚﻟﯨﻳﺎﯙﻻﺭ

虫胶酸	shellolic acid	$C_{15}H_{20}O_6$

ﻣﺎﻟﺷﺎﻳﻪﺭ ﻗﺷﻗﯨﻠﻰ

虫胶酯　shellac ester　　　　　　　　　　مالشايىر ەستەرى

虫蜡　insect wax　　　　　　　　　　　جاندىكتەر بالاۋزى

虫漆　lac(= lacca)　　　　　　　　　　لاك، لاككا

虫漆酚　laccol　　　　　　　　　　　لاككول

虫漆蜡酸　lacceroic acid　$C_{31}H_{63}COOH$　لاككەر قىشقىلى

虫漆酶　laccase　　　　　　　　　　لاككازا

虫漆染料　lac dye　　　　　　　　　لاكتى بوياۋلار

虫漆(树)脂　lac resin　　　　　　　لاكتى سمولالار

虫漆酸　laccaic acid　$C_{16}H_{12}O_8$　لاككا قىشقىلى

虫胭脂　kermes　　　　　　　　　كەرمەز

虫脂　　　　　　　　　"虫漆" گە قاراڭز.

重复单位　repeating unit　　　　　قايتالانعان بىرلىك

重复结构单元　constitutional repeating unit　قايتالانعان قۇرىلىمدىق بىرلىكتەر

重复试验　repeated test　　　　قايتالاۋ سىناعى

重键　multiole bond　　　　　ەسەلى بايلانىستار

重结晶　recrystallization　　　قايتا كرىستالداۋ

重排　rearrangement　　　　قايتا ورنالاسۇ

重排离子　rearrangement ion　قايتا ورنالاسقان يوندار

重吸收　reabsorption　　　　قايتا ابسورىتسيالاۋ

重整　reforming　　　　　قايتا رەتتەۇ، قايتا رەتتەلۇ

chou

稠度　spissitute, consistensy　قويۇلىق دارەجەسى (شۆلمەۇ دارەجەسى)

稠合芳烃　　　　　　　　　"缩合芳烃" گە قاراڭز.

稠核　　　　　　　　　　"稠环" گە قاراڭز.

稠环　condensed ring(= condensed nucleous)　ٴجىي ساقينالار، كوندەنساتسيالانعان ساقينالار

稠环芳香烃　polycyclic aromatic hydrocarbon　ٴجىي ساقينالى اروماتتى كومىر سۇتەكتەر

稠环烃　hydrocarbon with condensed rings　ٴجىي ساقينالى كومىر سۇتەكتەر

稠环系　condensed ring system　ٴجىي ساقينالار جۇيەسى

丑式盐　belit　　　　　　　　　　　　　　　　　　　　　بەلىت

丑种酚　betol　$HOC_6H_4CO_2C_{10}H_7$　　　　　　بەتول

臭豆碱　anagyrine　　　　　　　　　　　　　　اناگىرىن

臭氧　ozone　O_3　　　　　　　　　　　　　　　وزون

臭氧苯　ozobenzene　　　　　　　　　　　وزوبەنزول

臭氧分解　ozonolysis　　　　　　　　　وزوننىڭ ىدراۋى

臭氧分解反应　ozone decomposition reaction　وزوننىڭ ىدراۋ رەاكسىياسى

臭氧化　ozonize　　　　　　　　　　　　　وزوندانۇ

臭氧化剂　ozonidate　　　　　　（وزونداعىش (اگەنت

臭氧化物　ozonide　　　　　　　　　　　وزونىبدتەر

臭氧检验器　ozonoscope　　　　　　　وزونوسكوپ

臭氧器　ozonator　　　　　　وزونداعىش، وزوناتور

臭氧值　ozone value　　　　　　　　　وزون ٴمانى

臭氧纸　ozone paper　　　　　　　　وزوندى قاغاز

chu

初　aetio　اەتىو ـ ، باستاپقى، العاشقى، بىرىنشلىكتى، تۇڭعەش

初卟啉　aetio porphyrin　　　　　العاشقى پورفىرىن

初卟啉尿　protoporphirinuria　العاشقى پورفىرىندى نەسەپ

初步反应　primary reaction　　　　العاشقى رەاكسىيالار

初步过程　primary process　　　　　العاشقى بارستار

初步还原　primary reduction　　　　العاشقى توتعۇ

初步衍生朊　primary protein derivatives　العاشقى تۆنندى پروتەىن

初步蒸汽　primary steam　　　　　　　العاشقى بۇ

初胆烷酮　aetiocholanone　　　　　ەتىوحولانون

初氟　　　　　　　　　.گە قاراڭىز "原氟"

初钙　　　　　　　　　.گە قاراڭىز "原钙"

初级醋酸纤维素　primary cellulose acetate　باستاپقى سىركە قىشقىل سەللىۆلوزا

初级(反应)电解(作用)　primary electrolysis　باستاپقى ەلەكترولىزدەنۇ

初级高聚物　primary high polymer　باستاپقى جوعارى دارەجەلى پولىمەر

初级过滤　primary filter　　　　باستاپقى ٴسۇزۇ

初级过滤液	primary filtrate	باستاپقى ‹سۇزۇندى ەرتىندى
初级裂化	primary cracking	باستاپقى بولشەكتەۋ (كرەكينگلەۋ)
初级燃烧	primary combustion	باستاپقى جانۇ
初级石油	primary petroleum	باستاپقى مۇناي
初级蒸馏	primary distillation	باستاپقى بۇلاندىرىپ ايداۋ
初磷脂	protagen	پروتاگەن
初氯化血红素	aetiohemin	ەتيوگەمين
初氢		"原氢" گە قاراڭىز.
初生态	nascent state	العاشقى كۇي
初生(态)氢	nascent hydrogen	العاشقى كۇيدەگى سۇتەك
初生(态)氧	nascent oxygen	العاشقى كۇيدەگى وتەك
初油酸		"丙酸" گە قاراڭىز.
除	de	دە ، شعارۇ
除草剂	herbicide	‹شوپ وتاعىش اگەنت
除草醚	2, 4 – dichlorophenyl – 4 – nitrophenyl ether	2، 4 ـ ەكى
		حلورفەنيل ـ 4 ـ نيتروفەنيل ەفيرى
除草油	herbicidal oil	‹شوپ وتاعىش ماي
除虫菊醇	pyrethrol(= pyrethol) $C_{21}H_{34}O$	پيرەترول، پيرەتول
除虫菊醇酮	pyrethrolone	پيرەترولون
除虫菊素	pyrethrin	پيرەترين
除虫菊酸	pyrethrinic acid	پيرەترين قشقىلى
除虫菊酯	pyrethrin	پيرەترين
除虫菊酯 I	pyrethrin I	پيرەترين I
除虫菊酯 II	pyrethrin II	پيرەترين II
除氯	dechlorination	حلورسىزدانۇ، حلورسىزداندىرۇ
除线磷	dichlorfenthion	ديحلورفەنتيون
除锌	dezincing	مىرىشسىزدانۇ، مىرىشسىزداندىرۇ
储备碱度	reserve alkalinity	زاپاس ‹سىلتى دارەجەسى
储(备溶)液	stock solution	زاپاس ەرتىندى، ساقتاۋلى ەرتىندى
储备酸度	reserve acidity	زاپاس قشقىل دارەجەسى
储备碳水化合物	reserve carbohydrates	زاپاس كومىر سۇ قوسىلىستارى
储备物	reserve	زاپاس زات
储氢合金	reserve hydrogen alloy	سۇتەك ساقتالاتىن قورىتپا

触酶　catalase　　　　　　　　　　　　　　　كاتالازا

触压树脂　　　　　　　　　　　"接触成型树脂" گه قاراڭز.

触珠朊　haptoglobin　　　　　　　　　　گاپتوگلوبين

chuan

氚 (3H)　tritium　　　　　　　　　　　تريتي (3H)

氚核　triton　　　　　　　　　　　　　تريتون

氚化水标准　tritiated water standard　تريتيلانعان سؤ ولشەمى

氚化作用　tritiation　　　　　　　　　تريتيلاۆ

川皮甙　nobiletin　$C_{21}H_{22}O_8$　　　نوبيلەتين

传导　conduction　　　　　　　　　　ۆتكىزۋ

传导本领　conducting power　　　　　ۆتكىزۋ قابلەتى

传导理论　　　　　　　　　"导电理论" گه قاراڭز.

传导率　　　　　　　　　　"传导性" گه قاراڭز.

传导性　conductivity　　　　　　　　ۆتكىزگىشتىك

传热　heat transfer　　　　　　　　جىلۋ ۆتكىزۋ

传热介质　heating medium　جىلۋ ۆتكىزەتىن ديەلەكتريك (ورتا)

传热面　heating transfer surface　　جىلۋ ۆتكىزۋ بەتى

传热系数　coefficient of heat transfer　جىلۋ ۆتكىزۋ كوەففيتسەنتى

chui

垂龙　trilon　　　　　　　　　　　　تريلون

垂龙 83　　　　　　　　　　　"塔崩" گه قاراڭز.

垂诺耳　trinol（= T·N·T）　　　　ترينول

垂陶耳　tritol　　　　　　　　　　تريتول

垂体胺　hypophamine　　　　　　گيپوفامين

α－垂体胺　α－hypophamine　　α ـ گيپوفامين

β－垂体胺　β－hypophamine　　β ـ گيپوفامين

(垂体)后叶催产(激)素　oxytocin(= pitocin)　وكسيتوتسين، پيتوتسين

垂体后叶激素　hypophysin　　　گيپوپيزين

垂体后叶加(血)压(激)素　pitressin　پيترەسسين

垂体前叶激素　tethelin　　　　　　　　　تەتەلين

chun

春黄菊油　camomile oil　　　　　　　كامومىل مايى

春雷霉素　kasngamycin　　　　　　كاسۇگامىتسىن

春日霉素　　　　　　　　"春雷霉素" گە قاراڭـز.

醇　alcohol　ROH　　　　　　　　سپىرت

醇胺　alcohol amine(＝alkylol amine)　R·(OH)·NH₂　سپىرت امىن، الكىلول امىن

醇比重计　alcoholometer　　　　　سپىرتمەتر

醇酚　alcohol phenol　　　　　سپىرتتاك فەنول

醇化物　alcoholate　　　　سپىرتتى قوسىلىستار

醇化作用　alcoholization　　　　سپىرتتەۇ

醇钾　　　　　　　　"烃氧基钾" گە قاراڭـز.

醇解　alcoholysis　　　　سپىرتتە ىدىراۇ

醇腈(醛化)酶　oxynitrilase　　وكسينيتريلازا

醇类　alcohols　　　　　سپىرتتەر

醇类化学　alcohol chemistry　سپىرتتەر حيمياسى

醇锂　　　　　　　　"烃氧基锂" گە قاراڭـز.

醇酶　alcoholase　　الكوگولازا، سپىرتازا

醇镁　　　　　　　　"烃氧基镁" گە قاراڭـز.

醇醚　alcoholether　　　سپىرتتاك ەفير

醇木醇　methnol　　　　　مەتانول

醇钠　　　　　　　　"烃氧基钠" گە قاراڭـز.

醇(钠)烯催化剂　alfin catalyst　الفين كاتاليزاتور

醇凝胶　alcogel　الكوگەل، سپىرتتاك سىرنە

醇醛　alcohol aldehyde　سپىرتتاك الدەگيد

醇醛酸　hydroxy－aldehydic acid　CHO·R(OH)·COOH　گيدروكسيل الدەگيد قىشقىلى

醇溶黄 G　spirit yellow G　سپىرتتە ەريتىن سارى G

醇溶胶　alcosol　الكوزول، سپىرتتاك كىرنە

醇溶蓝 2B　spirit blue 2B　سپىرتتە ەريتىن كوك 2B

醇溶尼格(洛辛) nigrosine sipirit soluble	سپىرتته ەرىتىن نىگروزىن
醇溶青 spirit blue	سپىرتته ەرىتىن كوگۇلدىر
醇溶染料 sipirit color (dye)	سپىرتته ەرىتىن بوياۋلار
醇溶朊 prolamin	پرولامىن
醇溶引杜林 induline sipirit soluble	سپىرتته ەرىتىن يندۇلىن
醇式羟基 alcoholic hydroxyl	سپىرتتىك گىدروكسىل
醇酸 alcoholic acid	سپىرت قىشقىلى
醇酸树脂 alkide resin	الكيدتى سمولالار
醇酮 alcohol ketone	سپىرتتىك كەتون
醇脱氢酶 alcohol dehydrogenase	سپىرتتى دەگىدروگەنازا
醇酰胺 alcohol amide $R \cdot (OH)CONH_2$	سپىرت امىد
醇亚铊 thallium alcoholate $TiOR$	سپىرتتى تاللي
醇盐 alkoxide(= alcoholate)	الكوكسيد، فەنولات
醇氧化酶 alcohol oxidase	سپىرتتى وكسىدازا
醇值 alcohol number	سپىرت ءمانى
醇酯 alcohol ester	سپىرتتىك ەستەر
醇中毒 alcoholism	سپىرتتەن ۋلانۋ
纯苯 purified petroleum benzene	تازا بەنزول
纯地蜡 ceresine	سەرەزين
纯度 purity quotient	تازالىق دارەجەسى
纯硅 pure silicon	تازا كرەمني
纯化 purify	تازارتۇ
纯化合物 pure compound	تازا قوسىلستار
纯化效能 purification effiency	تازارتۇ ءونىمى
纯化学 pure chemistry	تازارتۇ حيميياسى
纯环化合物	"碳环化合物" گە قاراڭىز.
纯碱	"苏打" گە قاراڭىز.
纯键	"同素键" گە قاراڭىز.
纯胶料 pure gum stock	تازا جەلىمدىك ماتەريالدار
纯金属 pure metal	تازا مەتال
纯(净)的 pure(= purified)	تازا كىرشىكسىز، ساپ
纯净器 purifying agent	تازارتقىش (اسپاپ)
纯净气体 pure gas	تازا گاز

纯净水煤气　blau gas　　　　　　　　　　تازا سۇ گازى

纯净物料　purifying material　　　　　　تازا ماتېريالدار

纯矿油　　　　　　　　　　　　　　　تازا مىنېرال مايى

纯沥青　pure asphalt　　　　　　　　　تازا اسفالت

纯硫酸铝　white sulfate of aluminium　　تازا كۆكەرت قىشقىل الۇمىن

纯铝　pure aluminium　　　　　　　　　تازا الۇمىن

纯煤气　pure gas　　　　　تازا كومۈر گازى، تازا گاز

纯木煤　anthraxylon　　　انتراكسىلون، ناق اعاش كومۈر

纯溶蓝　pure soluble blue　　قىشقىلدىق سۇدا ەرىتمىن كوك

纯生橡胶　　　　　　　　　　"纯胶料" گە قاراڭىز.

纯水　pure water　　　　　　　　　　تازا سۇ

纯铜　pure copper　　　　　　　　　تازا مىس

纯异辛烷　pure isooctane　　　　تازا يزرووكتان

纯银　sterling silver　　　　　　　تازا كۈمۈس

ci

瓷　porcelain　　　　　　　　　كارلەن، فارفور

瓷坩埚　porcelain crucible　كارلەن تىگەل، فارفور تىگەل

瓷夹　porcelain clip　كارلەن قىسقىش، فارفور قىسقىش

瓷蓝　　　　　　　　　　　"钴蓝" گە قاراڭىز.

瓷漏斗　　　　　　　　　　"布氏漏斗" گە قاراڭىز.

瓷皿　porcelain dish　كارلەن ىدىستار، فارفور ىدىستار

瓷漆　enamel paint　　　　　　　　ەمال سىرلار

瓷器　porcelain ware　كارلەن اسپاپتار، فارفور اسپاپتار

瓷石　pottery stone　　　كارلەن تاس، فارفور تاس

瓷土　procelain clay　كارلەن بالشىق، فارفور بالشىق

瓷研钵　porcelain mortar　كارلەن كەلى ـ كەلساپ، فارفور كەلى ـ كەلساپ

瓷砖　cafel　　　　　　　　　　　كافەل

磁　magnetism　　　　　　　　　ماگنىت

磁棒　bar magnet　　　　　　ماگنىتتى تاياقشا

磁场　magnetic field　　　　　ماگنىت ءورسى

磁导率　magnetic permeability　ماگنىت وتكۇزگۇشتىك

磁感应	magnetic induction	ماگنیت یندۇكتسیاسی
磁化	magnetization	ماگنیتتەلۇ
磁化率	magnetic susceptibility	ماگنیتتەلگشتەك
磁化学	magneto chemistry	ماگنیتتەك حیمیا
磁(化学)分析	magneto chemical analysis	ماگنیتتەك حیمیالىق تالداۋ
磁黄铁矿	pyrrhotite	ماگنیتتی ساری تەمىر تاس، پیروتیت
磁极	magnetic pole	ماگنیت پولیۇسى (ۇيەگى)
磁力	magnetic potential	ماگنیت كۇشى
磁力分离	magnetic ceparation	ماگنیتتەك ایرۇ
磁力分离器	magnetic ceparator	ماگنیتتەك ایرعىش، ماگنیتتەك سەپاراتور
磁力天平	magnetic balance	ماگنیتتەك تارازى
磁量子数	magnetic quantum number	ماگنیتتەك كۋانت سانى
磁麻甙	cymarin $C_{30}H_{44}O_9$	سیمارین
磁麻配质	cymari genin $C_{23}H_{30}O_5 \cdot H_2O$	سیماریگەنین
磁麻酸	cymaric acid	سیمار قشقىلى
磁麻糖	symarose $C_7H_{14}O_4$	سیماروزا
磁能	magnetic energy	ماگنیت ەنەرگیاسى
磁偶极子	magnetic dipole	ماگنیت دیپولى
磁石		"磁铁" گە قاراڭز.
磁体		"磁铁" گە قاراڭز.
磁铁	magnet	ماگنیت، ماگنیتتی تەمىر
磁铁矿	magnetite	ماگنیتتی تەمىر تاس، ماگنیت
磁性饱和	magnetic saturation	ماگنیتتەك قانعۇ
磁性分离		"磁性离解" گە قاراڭز.
磁性分析	magnetometric analysis	ماگنیتتەك تالداۋ
磁性过滤器	magnetic filter	ماگنیتتی سۇزگىش
磁性合金	magnetic alloy	ماگنیتتی قورىتپا
磁性黄铁矿	magnetic pyrite	ماگنیتتی ساری تەمىر تاس، ماگنیتتی پیریت
磁性极化	magnetic polarization	ماگنیتتەك پولیارلانۇ
磁性矿物	magnetic mineral	ماگنیتتی مینەرالدار
磁性离解	magnetic resolution	ماگنیتتەك ىدىراۋ
磁性水雷	magnetic mine	ماگنیتتی مینا
磁性陶瓷	magnetic ceramic	

ماگنیتتی قش ــ كارلەن، ماگنیتتی قش ــ فارفور

磁性阳极　magnetic anode		ماگنیتتی انود
磁性氧化铁　magnetic iron oxide		ماگنیتتی تەمىر توتىعى
磁学　magnetology		ماگنەتولگیا
磁诱导		"磁感应" گە قاراڭىز.
磁针　magnetic needle		ماگنیت سترەلكا
磁子　magneton		ماگنەتون
磁子(学)说　magneton theory		ماگنەتون تەورياسى
雌二醇　estradiol　$CH_3C_7H_{19}(OH)_2$		ەستراديول
雌黄　hartell(= orpimene)　As_2S_3		گارتەل
雌马促性腺(激)素　equin gonadotropin		ەكۆین گونادوتروپین
雌情化合物　estrogenic compound		ەستروگەندىك قوسىلىستار
雌情活力　estrogenic activity		ەستروگەندىك اكتیۆتىك
雌情激素　estrogen		ەستروگەن
雌情甾族激素　estrogenic steroid hormon		ەستروگەندى ستەرویدگورمون
雌三醇　estriol　$C_{18}H_{24}O_3$		ەسترييول
雌素二醇　estrodiol		ەستروديول
雌酮　estrone(= theolin)　$CH_3C_{17}H_{18}O(OH)$		ەسترون
雌烷　estrane		ەستران
雌激素　estrin		ەسترین
次　pypo‑ , deutero‑		گییپو ــ (گرەكشە)، دەۆتەرو ــ، لاۆ، لەۆ، ەكىنشى
次百部块茎碱　hypotuberostemonine		گییپوتۆبەروستەمونین
次苯基		"苯撑" گە قاراڭىز.
次丙硅烷基		"丙硅烷撑" گە قاراڭىز.
次丙基		"三甲撑" گە قاراڭىز.
次丙烯基		"丙烯撑" گە قاراڭىز.
次卟啉　deuteroporphyrin		دەیتەروپورفیرین
次初卟啉　deutero‑etioporphyrin		دەیتەرو ەتیوپورفیرین
次醋酸铅　plumbous subacetate　$Pb(C_2H_3O_2)_2 \cdot Pb(OH)_2$		سىركەلەلەۆ قىشقىل قورعاسىن
次氮酸　hyponitrous acid		ازوتتىلاۆ قىشقىل
次碘酸　hypoiodous acid　HOI		يوتتىلاۆ قىشقىل
次碘酸盐　hypoiodite　MOI		

يوتتىلاۋ قىشقىلدىڭ تۇزدارى

次丁基   "四甲撑" گە قاراڭىز.

次丁炔基   "2- 丁炔撑" گە قاراڭىز.

次苊基   "苊撑" گە قاراڭىز.

次钒酸盐 hypovasnadate $M_2V_4O_9$ ۋانادىلەۋ قىشقىلدىڭ تۇزدارى

次菲基   "菲撑" گە قاراڭىز.

次甘氨酸 hypoglycin   گيپوگليتسين

次化合价   "副价" گە قاراڭىز.

次环己二烯基   "亚环己二烯基" گە قاراڭىز.

次环戊基   "环戊撑" گە قاراڭىز.

次黄嘌呤核甙   "肌甙" گە قاراڭىز.

次黄嘌呤核甙磷酸化酶   "肌甙磷酸酶" گە قاراڭىز.

次黄嘌呤核甙酸   "肌甙酸" گە قاراڭىز.

次黄质 hypoxanthine(=sarcine) $C_5H_4N_4O$ گيپوكسانتين، سارتسين

次磺酸 sulfenic acid RSOH   سۆلفەن قىشقىلى

次磺酰胺 sulfenamide $-SNH_2$ سۆلفەناميد

次级 secondary   سەكوندارى، ەكىنشىلى، ەكىنشىلىك، ەكىنشىلىكتى

次级醋酸纤维素 secondary cellulose acetate   ەكىنشىلىكتى سىركە قىشقىل سەلليۋلوزا

次级电解 secondary electrolysis   ەكىنشىلىكتى ەلەكتروليزدەنۋ

次级电离 secondary ionization   ەكىنشىلىكتى يوندانۋ

次级电子 secondary electron   ەكىنشىلىكتى ەلەكترون

次级(反应)电池 secondary cell   ەكىنشىلىكتى (رەاكسيا) باتارەيا

次级放电 secondary discharge   ەكىنشىلىكتى زاريادسىزدانۋ

次级辐射 secondary radiation   ەكىنشىلىكتى رادياتسيا

次级还原(作用) secondary reduction   ەكىنشىلىكتى توتقسىزدانۋ

次级焦油 secondary tar   ەكىنشىلىكتى كوكس مايى

次级空气 secondary air   ەكىنشىلىكتى اۋا

次级燃烧 secondary conbustion   ەكىنشىلىكتى جانۋ

次级射线 secondary ray   ەكىنشىلىكتى ساۇلە

次甲   "亚甲" گە قاراڭىز.

次甲基   "亚甲基" گە قاراڭىز.

次甲蓝			"亚甲蓝" گە قاراڭىز.
次联氨基			"肼撑" گە قاراڭىز.
次膦酸	phosphinic acid	RHPOOH; R₂POOH	فوسفين قشقىلى
次磷羧叉	phosphinico	(OH)OP=	فوسفينيكو –
次磷酸	hypophosphorous acid	H₃PO₂	فوسفورلىلاۋ قشقىل
次磷酸钡	barium hypophosphite	Ba(H₂PO₃)₂·H₂O	فوسفورلىلاۋ قشقىل باري
次磷酸二氢铵	ammonium hypophosphate	(NH₄)H₂PO₂	قوس قشقىل فوسفورلىلاۋ قشقىل اممونى
次磷酸二氢钠	sodium hypophosphate		قوس قشقىل فوسفورلىلاۋ قشقىل ناترى
次磷酸钙	calcium hypophosphite		فوسفورلىلاۋ قشقىل كالتسي
次磷酸钾	potassium hypophosphite	KH₂PO₃	فوسفورلىلاۋ قشقىل كالي
次磷酸铝	aluminium hypophosphite		فوسفورلىلاۋ قشقىل الۇمين
次磷酸镁	magnesium hypophosphite	Mg(H₂PO₂)₂	فوسفورلىلاۋ قشقىل ماگني
次磷酸锰	manganese hypophosphite		فوسفورلىلاۋ قشقىل مارگانەتس
次磷酸钠	sodium hypophosphite	NaHPO₂	فوسفورلىلاۋ قشقىل ناترى
次磷酸镍	nikelous hypophosphite	Ni(H₂PO₂)₂	فوسفورلىلاۋ قشقىل نيكەل
次磷酸铈	cerous hypophosphite	Ce(H₂PO₂)₃	فوسفورلىلاۋ قشقىل سەري
次磷酸铁	ferric hypophosphate	Fe(H₂PO₂)₃	فوسفورلىلاۋ قشقىل تەمىر
次磷酸亚铁	ferrous hypophosphite	Fe(H₂PO₂)₂	فوسفورلىلاۋ قشقىل شالا توتىق تەمىر
次磷酸盐	hypophosphite		فوسفورلىلاۋ قشقىلداڭ تۇزدارى
次硫酸	sulfoxylic acid	H₂SO₂	كۆكىرتتەلەۋ قشقىل
次硫酸钠	sodium hyposulfite		كۆكىرتتەلەۋ قشقىل ناترى
次硫酸盐	sulfoxylate	M₂SO₂	كۆكىرتتەلەۋ قشقىلداڭ تۇزدارى
次氯酸	hypochloric acid	HOCl	حلورلىلاۋ قشقىل
次氯酸钡	barium hypochlorite	Ba(ClO₂)₂	حلورلىلاۋ قشقىل باري
次氯酸钙	calcium hypochlorite	Ca(OCl)₂	حلورلىلاۋ قشقىل كالتسي
次氯酸钙(滴定)法	calcium hypochlorite method		حلورلىلاۋ قشقىل كالتسيدى تامشلاتۋ ٴادىسى
次氯酸钙甲酯	methyl hypochlorite	CH₃OCl	حلورلىلاۋ قشقىل كالتسي مەتيل ەستەرى
次氯酸钾	potassium hypochlorite	KOCl	حلورلىلاۋ قشقىل كالي

次氯酸锂　lithium hypochlorite　حلورلىلاۆ قىشقىل ليتي

次氯酸钠　sodium hypochlorite　NaOCl　حلورلىلاۆ قىشقىل ناتري

次氯酸钠法　sodium hypochlorite process　حلورلىلاۆ قىشقىل ناتري ۋادىسى

次氯酸钠水溶液　sodium hypochlorite solution (= javelle water)　حلورلىلاۆ قىشقىل ناتري ەرتىنندىسى، جاۋەل سۇى

次氯酸钠消毒液　javelle water　جاۋەل سۇى

次氯酸钠液　sodium hypochlorite solution　حلورلىلاۆ قىشقىل ناتري ەرتىنندىسى، اعارتقىش ەرتىنندى

次氯酸盐　hypochlorite　حلورلىلاۆ قىشقىلدىڭ تۇزدارى

次氯酸盐法　hypochlorite process　حلورلىلاۆ قىشقىل تۇزى ۋادىسى

次氯酸盐法脱硫　hypochlorite sweetening　حلورلىلاۆ قىشقىل تۇزى ادسمەن كۇكىرتسىزدەندىرۆ

次氯酸盐精制法　hypochlorite refining process　حلورلىلاۆ قىشقىل تۇزىمەن مانەرلەۆ ۋادىسى

次氯酸乙酯　ethyl hypochlorite　C₂H₅OCl　حلورلىلاۆ قىشقىل ەتيل ەستەرى

次氯酸银　silver hypochlorite　AgOCl　حلورلىلاۆ قىشقىل كۇمىس

次氯血红素　deuterohemin　ديتەروگەمين

次锰酸盐　hypomanganate　M₃MnO₄　مارگانەتستىلەۆ قىشقىلدىڭ تۇزدارى

次萘基　"萘撑" گە قاراڭز.

次胂酸　arsinic acid　H₂AsO₂H　ارسيەندىلەۆ قىشقىل

次胂酸盐　arsinate　R₂AsO₂M　ارسيەندىلەۆ قىشقىلدىڭ تۇزدارى

次胂羧叉　arsinco－　(HO)OAs =　ارسيەنكو

次胂羧基　"次胂羧叉" گە قاراڭز.

次甲苯甲基　"杜撑" گە قاراڭز.

次酸　hypo acid　گيپو قىشقىل، قىشقىلدىلاۆ

次碳酸铅　plumbous subcarbonate　2PbCO₃·Pb(OH)₂　كۇمىرلىلەۆ قىشقىل قورعاسىن

次外层电子　ەكىنشى سىرتقى قاباتتاعى ەلەكتروندار

次微(胶)粒　amicron　اميكرون

次戊化氧　amylene oxide　(CH₂)₅O　اميلەن توتعى

次戊化氧环　amylene oxide ring　اميلەن توتعى ساقيناسى

次戊基　"戊撑" گە قاراڭز.

次戊基四氮杂茂

		"戊撑四唑" گه قاراڭز.	
次硝酸		"次氮酸" گه قاراڭز.	
次硝酸钠	sodium hyponitrite	$Na_2N_2O_2$	ازوتسلاۆ قىشقىل ناتري
次硝酸盐	nitroxylate	M_2NO_2	ازوتسلاۆ قىشقىلدىڭ تۇزدارى
次硝酸银	silver hyponitrite	$Ag_2N_2O_2$	ازوتسلاۆ قىشقىل كۇمىس
次溴酸	hypobromous acid	$HOBr$	برومدىلاۆ قىشقىلى
次溴酸钾	potassium hypobromite		ازوتسلاۆ قىشقىل كالي
次溴酸钠	sodium hypobromite	$NaOBr$	برومدىلاۆ قىشقىل ناتري
次溴酸盐	hypobromide	$MOBr$	برومدىلاۆ قىشقىلدىڭ تۇزدارى
次亚乙烯基		"乙烯撑" گه قاراڭز.	
次烟煤	sub – bitumionous coal		تۇتىندىلەۆ كومىر
次乙二苯二砜		"乙撑两个苯砜" گه قاراڭز.	
次乙二氧基		"乙二氧撑" گه قاراڭز.	
次乙基		"乙撑" گه قاراڭز.	
次乙炔基		"乙炔撑" گه قاراڭز.	
次乙酰塑胶	cellite		سەلليت
次乙酰塑料	celite		سەليت
刺槐甙	robinine		روبينين
刺槐三糖	robinose		روبينوزا
刺槐树胶	kuteera gum		كۇتەەرا جەلمى، ىندىا جەلمى
刺槐素	robinin		روبينين
刺槐糖	robinose		روبينوزا
刺槐糖甙	robinoside		روبينوزيد
刺槐亭	robinetin		روبينەتين
刺激剂	irritant agent		تىتىركەندىرگىش، قوزدىرعىش
刺激浓度	irritating concentration		تىتىركەندىرۇ قويۇلىعى
刺激素	stimulin		ستيمۇلين
刺激物	irritant		تىتىركەندىرگىش زات
刺激性毒气	irritant gas		تىتىركەندىرگىش ۇلى گاز
刺囊酸	echinocystin acid		مينوكيستين قىشقىلى
刺人参烯	echinopanasine		مينو پانازين
刺桐胺	erythramin	$C_{18}H_{21}O_3N$	ەريترامين

刺桐啶	erythroidine	$C_{16}H_{19}O_3N$
刺桐碱	erythrine	
刺桐灵	erythraline	$C_{18}H_{19}O_3N$
刺桐宁	erythrinine	
刺桐亭	erythratine	$C_{18}H_{21}O_4N$
刺桐烷	erythrinan	
刺桐烯	erythrene	$CH_2CHCHCH_2$
刺头素	echinopsine	
刺梧桐树胶	karaya gum	

ھريترويدين

ھريترين

ھريترالين

ھريترينين

ھريترايتن

ھريترينان

ھريترھن

ھينوپسين

كارايا جەلىمى

cong

从腐酸	apocrenic acid
从山梨糖酸	aposorbic acid
葱素	phthonicidin
枞树脂	abietin
枞萜	aylvestren	$C_{10}H_{16}$
枞香脂	balsam of air

اپوكرەن قىشقىلى

اپوسوربين قىشقىلى

فتونيتسيدين

ابيەتين

سيلۋەسترەن

سامىرسىن بالزامى، كانادا بالزامى

cu

粗氨水	vigrin ammonia liquor
粗苯	crude benzole
粗虫胶	crude lac (= seed lac)
粗丁烷	symogene
粗杜酸	tsuduic acid
粗蒽	crude anthracene
粗酚	crude carbol acid
粗甘油	crude glycerine
粗硅	crude silicon
粗挥发油	crude solvent (= naphtha)
粗甲酚	crude cresylic acid
粗钾碱	

وڭدەلمەگەن اممياكتى سۇ

وڭدەلمەگەن بەنزول

وڭدەلمەگەن لاك

سيموگەن

سۇدۇ قىشقىلى

وڭدەلمەگەن انتراتسەن

وڭدەلمەگەن فەنول، وڭدەلمەگەن كاربول قىشقىلى

وڭدەلمەگەن گليتسەرين

وڭدەلمەگەن كرەمني

وڭدەلەمگەن ۇسقىش ماي (نافتا)

وڭدەلەمگەن كرەزول

"粗碳酸钾" گە قاراڭىز.

粗金属　crude metal		وغدەلمەگەن مەتال
粗立分散胶体　macrodispersoid		ماكرودىسپەرزويد
粗沥青　crude asphalt		وغدەلمەگەن اسفالت
粗汽油　crude gasoline		وغدەلمەگەن بەنزىن
粗铅　lead matte		وغدەلمەگەن قورعاسىن
粗溶剂石脑油　crude solvent naphtha		وغدەلمەگەن ەرىتكىش نافتا
粗砷　crude arsenic		وغدەلمەگەن ارسەن
粗石蜡　crude wax(scale)		وغدەلمەگەن پارافين، وغدەلمەگەن بالاۋز
粗石脑油　crude naphtha		وغدەلمەگەن نافتا
粗视的　macro－, macroscopic		ماكرو ــ، ماكرولىق
粗视结构　macro structure		ماكرو قۇرىلمىم
粗松焦油　crude pine tar		وغدەلمەگەن قاراعاي كوكس مايى
粗松节油　crude turpentine		وغدەلمەگەن تەرپەنتين
粗苏打		"黑盐" گە قاراڭىز.
粗碳酸钾　potash black－ash		وغدەلمەگەن كومىر قىشقىل كالي (ساقار)
粗糖　raw suger		وغدەلمەگەن قانت
粗锑　crude antimony		وغدەلمەگەن سۆرمە
粗橡胶　crude rubber		وغدەلمەگەن كاۋچۇك
粗盐　crude salt		وغدەلمەگەن تۇز
粗氧化砷		"粗砷" گە قاراڭىز.
粗制乳酶　rennet		رەننەت
粗准焦螺旋		ۆلكەن قاراۋۇل ۆەنت (ميكروسكوپتا)
粗租酸　tsuzuic acid		سۆزۆ قىشقىلى
蔟　cluster		شوعىر، شوق، شۇماق، توپ
醋　vinegar		سىركە سۇ
醋氨酚　acetamino phenol		اتسەتامينوفەنول
醋胺磷　amiphos		اميفوس
醋苯酯　micotox		ميكوتوكس
醋椿脑染料　acedronoles		اتسەدرونولدار
醋氮酰胺　diamox		دياموكس
醋底庚　acedicon		اتسەديكون
醋碘苯酸　aceterizoic acid		اتسەتريزو قىشقىلى
醋碘苯酸钠　sodium acetrizoate		اتسەتريزو قىشقىل ناتري، ۆروكون ناتري

醋蒽	aceanthren		اتسەانترەن
醋蒽醌	actanthrene quinon		اتسەانترەندى حينون
醋吩宁	acetophenine		اتسەتوفەنين
醋酐			"醋(酸)酐" گە قاراڭز.
醋化	acetify		سىركەلەنۇ
醋化器	acetifier		سىركەلەگىش (اسپاپ)
醋化作用	acetification		سىركەلەنۇ
醋解			"醋酸水解" گە قاراڭز.
醋精	acetin		اتسەتين
醋霉素	acetomycin		اتسەتوميتسين
醋尿酸	aceturic acid	$CH_3CONHCH_2COOH$	سىركە نەسەپ قشقلى
醋迫萘烷	aceperinaphthan		سىركە پەرينافتان
醋醛	acetaldehyde	CH_3CHO	سىركە الدەگيدتى
醋酸	acetic acid	CH_3COOH	سىركە قشقلى
醋酸铵	ammonium acetate	$NH_4C_2H_3O_2$	سىركە قشقل امموني
醋酸胺胂	acetarsol(= acetarsone)		اتسەتارسول، اتسەتارسون
醋酸钡	barium acetate	$Ba(C_2H_3O_2)_2$	سىركە قشقل باري
醋酸苯胺	aniline acetate	$C_6H_5NH_2C_2H_4O_2$	سىركە قشقل انيلين
醋酸苯汞	phenylmercuric acetate		سىركە قشقل فەنيل ـ سناپ
醋酸苯甲酸纤维素	cellulose acetate benzoate		سىركە قشقل ـ بەنزوي قشقل سەلليۇلوزا
醋酸苯甲酰	benzoyl acetate		سىركە قشقل بەنزويل
醋酸苯甲酯			"醋酸苄酯" گە قاراڭز.
醋酸苯酸酐	acetobenzoic(acid)anhydride	$CH_3COO \cdot CO \cdot C_6H_5$	سىركە قشقل ـ بەنزوي (قشقل) انگيدريدتى
醋酸苯酰			"醋酸苯甲酰" گە قاراڭز.
醋酸苯乙酯	phenylethyl acetate	$C_6H_5C_2H_4O_2CCH_3$	سىركە قشقل فەنيل ـ ەتيل ەستەرى
醋酸苯酯	phenyl acetate	$CH_3COOC_6H_5$	سىركە قشقل فەنيل ەستەرى
醋酸(比重)计	acetometer(= acetimeter)		اتسەتيمەتر، اتسەتومەتر
醋酸吡啶汞	pyridylmecuric acetate		سىركە قشقل پيريديل سناپ
醋酸铋	bismuth acetate	$Bi(C_2H_3O_2)_3$	سىركە قشقل بيسمۇت
醋酸苄酯	benzyl acetate	$C_6H_5CH_2OCOCH_3$	سىركە قشقل بەنزيل ەستەرى

醋酸冰片酯　bornyl acetate(= borneol acetate)　$C_{10}H_{17}OCOCH_3$　سىركە
قشقىل بورنيل ەستەرى

醋酸一丙酸纤维素　cellulose acetate − propionate　سىركە قشقىل
پروپيون قشقىل سەلليلوزا

醋酸丙酯　propyl acetate　$CH_3CO_2CH_2C_2H_5$　سىركە قشقىل پروپيل ەستەرى

醋酸镝　dysprosium acetate　سىركە قشقىل ديسپروزيم

醋酸碘苯酯　idophenyl acetate　سىركە قشقىل يودتى فەنيل ەستەرى

醋酸一丁酸嫘縈　acetate butyrate rayon　سىركە قشقىل ـ بۇتير
قشقىلدى جاساندى تالشىق

醋酸一丁酸纤维素　cellulose acetate butyrate　سىركە قشقىل بۇتير
قشقىلدى سەلليۇلوزا

醋酸丁酯　butyl acetate　سىركە قشقىل بۇتيل ەستەرى

醋酸定量　acetimetry　سىركە قشقىلىنىڭ مولشەرىن تۇراقتاندىرۋ

醋酸短纤　acetate stable fiber　سىركە قشقىلدى قىسقا تالشىق

醋酸对甲苄酯　p − xylyl acetate　$CH_3C_6H_4CH_2O_2CCH_3$　سىركە قشقىل ـ پ ـ
كسيليل ەستەرى

醋酸对硝基苯酯　p − nitrophenyl acetate　سىركە قشقىل ـ پ ـ نيترو
فەنيل ەستەرى

醋酸铒　erbium acetate　سىركە قشقىل ەربي

醋酸发酵　acetic(acid) fermentation　سىركە قشقىلدى اشۇ

醋酸反应　acetic acid reaction　سىركە قشقىل رەاكسياسى

醋酸蜂花(醇)酯　melissyl acetate　سىركە قشقىل مەليسسيل ەستەرى

醋酸蜂花酯　myricyl acetate　$CH_3CO_2C_{30}H_{61}$　سىركە قشقىل ميريتسيل
ەستەرى

醋酸钆　gadolinium acetate　سىركە قشقىل گادولىنى

醋酸钙　calcium acetate　$Ca(C_2H_3O_2)_2$　سىركە قشقىل كالتسي

醋(酸)酐　acetic anhydride　$(CH_3CO)_2O$　سىركە (قشقىل) انگيدريدتى

醋酸高铅　lead tetraacetate　$Pb(C_2H_3O_2)_2$　كۆكىرت سىركە قشقىل قورعاسىن

醋酸镉　cadmium acetate　$Cd(C_2H_3O_2)_2$　سىركە قشقىل كادمي

醋酸根　acetate　CH_3COO-　سىركە قشقىل قالدىعى (راديكالى)

醋酸庚酯　heptyl acetate　$CH_3CO_2C_7H_{15}$　سىركە قشقىل گەپتيل ەستەرى

醋酸汞　mercuric acetate　$Hg(C_2H_3O_2)_2$　سىركە قشقىل سىناپ

醋酸钴　cobalt acetate　سىركە قشقىل كوبالت

醋酸胍　gyanidine acetate　$CH_5N_3HC_2H_3O_2$　سىركە قىشقىل گۇئانيدين

醋酸癸酯　decyl acetate　$CH_3CO_2C_{10}H_{21}$　سىركە قىشقىل دەتسيل ەستەرى

醋酸环已酯　cyclohexyl acetate　$CH_3CO_2C_6H_{11}$　سىركە قىشقىل ساقينالى
گەكسيل ەستەرى

醋酸基　acetoxy　CH_3COO-　اتسەتوكسي

醋酸基苯酸　acetoxy－benzoic acid　$CH_3COOC_6H_4COOH$　اتسەتوكسي بەنزوي
قىشقىلى

醋酸基丙酮　acetoxyacetone　$CH_3CO_2CH_2COCH_3$　اتسەتوكسي اتسەتون

醋酸基醋酸　acetoxyacetic acid　CH_3COOCH_2COOH　اتسەتوكسي سىركە قىشقىلى

醋酸基丁二酸　　"乙酰基苹果酸" گە قاراڭىز.

醋酸基朵烯醇酮　acetoxypregnenolone　اتسەتوكسي پرەگنە نولون

醋酸基癸酸　acetoxycapric acid　اتسەتوكسي كاپرين قىشقىلى

醋酸基辛酸　acetoxycaprylic acid　اتسەتوكسي كاپريل قىشقىلى

醋酸基乙酰苯　acetoxy－acetophenone　$C_6H_5COCH_2COCH_3$　اتسەتوكسي
اتسەتوفەنون

醋酸已酯　hexyl acetate　$CH_3CO_2C_6H_{13}$　سىركە قىشقىل گەكسيل ەستەرى

醋酸计　acetometer　اتسەتومەتر

醋酸甲苯酯　cresyl acetate　$HCO·OCCH_3$　سىركە قىشقىل كەرزيل ەستەر

醋酸甲酸酐　acetic formic anbydride　سىركە قىشقىل ـ قۇمىرسقا قىشقىل
انگيدريدتى

醋酸甲酯　methyl acetate　سىركە قىشقىل مەتيل ەستەرى

醋酸钾　potassium acetate　$KC_2H_3O_2$　سىركە قىشقىل كالي

醋酸卡红　acetocarmine　سىركە قىشقىل كارمين

醋酸糖酯　furfuryl acetate　$C_4H_3OCH_2O_2CCH_3$　سىركە قىشقىل فۇرفۇريل

醋酸可的松　cortisoni acetate　سىركە قىشقىل كورتيزون

醋酸镧　lantanum acetate　$La(C_2H_3O_2)_3$　سىركە قىشقىل لانتان

醋酸嫘萦　acetate rayon　سىركە قىشقىلدى جاساندى تالشىق

醋酸里哪酯　linalyl acetate　$CH_3CO_2C_{10}H_{17}$　سىركە قىشقىل ليناليل ەستەرى

醋酸锂　lithium acetate　$LiC_2H_3O_2$　سىركە قىشقىل ليتي

醋酸另丁酯　sec－buthyl acetate　$CH_3CO_2CH(CH_3)CH_2C_2H_5$　سىركە قىشقىل
sec بۇتيل ەستەرى

醋酸另戊酯　sec－amyl acetate　$CH_3CO_2CH(CH_3)CH_2C_2H_5$　sec سىركە قىشقىل
اميل ەستەرى

醋酸另辛酯　sec‑octyl acetate　$CH_3CO_2C_8H_{17}$　سىركە قشقىل sec وكتىل ھەستەرى

醋酸铝　aluminium　$Al(C_2H_3O_2)_2$　سىركە قشقىل ئالۇمىن

醋酸铝睾酮　chlorotestosteron acetate　سىركە قشقىل ھلورلى تەستوستەرون

醋酸酶　acetolase　ئاتسەتولوزا

醋酸镁　magnesium acetate　$Mg(C_2H_3O_2)_2$　سىركە قشقىل ماگنىي

醋酸锰　manganese acetate　$Mn(C_2H_3O_2)_2$　سىركە قشقىل مارگانەتس

醋酸锰酯　menthyl acetate　$CH_3CO_2C_{10}H_{19}$　سىركە قشقىل مەنتىل ھەستەرى

醋酸钠　sodium acetate　$NaC_2H_3O_2$　سىركە قشقىل ناترى

醋酸钠合醋酸双氧铀　سىركە قشقىل ناترى. "醋酸双氧铀钠" گە قاراڭىز

醋酸萘酯　naphthyl acetate　$CH_3CO_2C_{10}H_7$　سىركە قشقىل نافتىل ھەستەرى

醋酸β‑萘酯　β‑naphthyl acetate　سىركە قشقىل β ـ نافتىل ھەستەرى

醋酸镍　nikelous acetate　$Ni(C_2H_3O_2)_2$　سىركە قشقىل نىكەل

醋酸钕　neodymium acetate　$Nd(C_2H_3O_2)_3$　سىركە قشقىل نەودىم

醋酸铍　berillium acetate　سىركە قشقىل بەرىللىي

醋酸泼尼松　prednisoni acetate　سىركە قشقىل پرەدنىزون

醋酸铅　lead acetate　$Pb(C_2H_3O_2)_2$　سىركە قشقىل قورعاسىن

醋酸铅试验纸　lead acetate (test) paper　سىركە قشقىل قورعاسىن سىناق قاعازى

醋酸羟铝　aluminum hydroxy acetate　$Al(OH)(C_2H_3O_2)_2$　سىركە قشقىل گىدروكسىل ئالۇمىن

醋酸氢糠酯　سىركە قشقىل. "四氢糠醇醋酸酯" گە قاراڭىز

醋酸炔丙酯　propargyl acetate　$CH_3CO_2CH_2CCH$　سىركە قشقىل پروپارگىل ھەستەرى

醋酸三十三(烷)醇酯　سىركە قشقىل. "叶虫(硬脂)醇醋酸酯" گە قاراڭىز

醋酸三溴苯酯　tribromophenyl acetate　$CH_3CO_2C_6H_2Br_3$　سىركە قشقىل ئۈش برومدى فەنىل ھەستەرى

醋酸铯　cesium acetate　$CsC_2H_3O_2$　سىركە قشقىل سەزىي

醋酸十八(烷)醇酯　octadecyl acetate　سىركە قشقىل وكتا دەتسىل ھەستەرى

醋酸十二(烷)酸纤维素　cellulose acetate‑laurate　سىركە قشقىل ـ لاۇرىن سەللىۋلوزا

醋酸十二烷酯　dodecyl acetate　$CH_3CO_2C_{12}H_{25}$　سىركە قشقىل دودەتسىل ھەستەرى

醋酸十六烷酯　cetyl acetate　$CH_3CO_2C_{16}H_{33}$　سىركە قشقىل سەتىل ھەستەرى

醋酸十四烷酯　tetradecyl acetate　$CH_3CO_2C_{14}H_{29}$　سىركە قشقىل تەترادەتسىل ھەستەرى

醋酸十五(烷)酯　pentadecyl acetate　$CH_3CO_2C_{15}H_{31}$　سىركە قشقىل پەنتا دەتسىل ھەستەرى

醋酸十一基酯　undecyl acetate　سىركە قشقىل ۇندەتسىل ھەستەرى

醋酸铈　cerous acetate　$Ce(C_2H_2O_2)_3$　سىركە قشقىل سەرى

醋酸双氧铀　uranyl acetate　$UO_2(C_2H_3O_2)_2$　سىركە قشقىل ۇرانيل

醋酸双氧铀钠　uranyl sodium acetate　$UO_2(C_2H_3O_2)_2 \cdot 2NaC_2H_3O_2$　سىركە قشقىل ۇرانيل ناتري

醋酸双氧铀镍　uranyl nikel acetate　سىركە قشقىل ۇرانيل نيكەل

醋酸双氧铀锌　uranyl zinc acetate　سىركە قشقىل ۇرانيل مىرش

醋酸水解　acetolysis　سىركە قشقىل گيدروليزدەنۇ

醋酸锶　strontium acetate　$Sr(C_2H_3O_2)_2$　سىركە قشقىل سترونتسى

醋酸丝　acetate silk　سىركە قشقىلدى جىبەك

醋酸特丁酯　tert butyl acetate　$CH_3CO_2C(CH_3)_3$　سىركە قشقىل تەرت ـ بۇتيل ھەستەرى

醋酸特丁戊酯　tert－amyl acetate　$CH_3CO_2C(CH_3)_3C_2H_5$　سىركە قشقىل تەرت ـ اميل ھەستەرى

醋酸萜品酯　terpinglacetate　$CH_3CO_2C_{10}H_{17}$　سىركە قشقىل تەرپينيل ھەستەرى

醋酸铁　ferric acetate　$Fe_2(C_2H_3O_2)_3$　سىركە قشقىل تەمىر

醋酸铜　copper acetate　$Cu(C_2H_3O_2)_2$　سىركە قشقىل مىس

醋酸戊烯　amylen acetate　سىركە قشقىل اميلەن

醋酸戊酯　amyl acetate　$CH_3CO \cdot O \cdot C_2H_{11}$　سىركە قشقىل اميل ھەستەرى

醋酸烯丙酯　allyl acetate　$CH_3CO_2C_3H_5$　سىركە قشقىل الليل ھەستەرى

醋酸纤维　acetate fiber　سىركە قشقىلدى تالشق

醋酸纤维素　cellulose acetate　سىركە قشقىل سەلليۇلوزا

醋酸纤维素纤维　estron　ھەسترون

醋酸香草酯　vanil acetate　سىركە قشقىل ۋانيل ھەستەرى

醋酸橡胶　acetic acid rubber　سىركە قشقىلدى كاۋچۇك

醋酸硝基苄酯　nitrobenzyl acetate　سىركە قشقىل نيتروبەنزيل ھەستەرى

醋酸硝酸纤维素　cellulose acetate－nitrate　سىركە قشقىل ـ ازوت قشقىل سەلليۇلوزا

醋酸辛酯　n－octyl acetate　$CH_3CO_2C_8H_{17}$　سىركە قشقىل n ـ وكتيل ھەستەرى

醋酸锌　zinc acetate　$Zn(C_2H_3O_2)_2$　　سىركە قشقىل مىرش

醋酸溴甲酯　bromomethyl acetate　$CH_3CO_2CH_2Br$　سىركە قشقىل برومدى مەتيل ەستەرى

醋酸溴乙酯　bromoethyl acetate　سىركە قشقىل برومدى ەتيل ەستەرى

醋酸亚铬　chromous acetate　سىركە قشقىل شالا توتىق حروم

醋酸亚汞　mercurous acetate　$HgC_2H_3O_2$　سىركە قشقىل شالا توتىق سىناپ

醋酸亚砷酸铜　green emerald　،سىركە قشقىل ـ ارسەندى قشقىل مىس پارىج جاسىلى

醋酸亚铊　thallous(thallium)acetate　$TlC_2H_3O_2$　سىركە قشقىل شالا توتىق تاللى

醋酸亚铁　ferrous acetate　$Fe(C_2H_3O_2)_2$　سىركە قشقىل شالا توتىق تەمىر

醋酸亚铜　cuprous acetate　$CuC_2H_3O_2$　سىركە قشقىل شالا توتىق مىس

醋酸盐　acetate　CH_3COOM　سىركە قشقىلىنىڭ تۇزدارى

醋酸洋红　　　.گە قاراڭىز "醋酸卡红"

醋酸 α－乙基丙酯　α－ethyl－propyl acetate　$CH_3CO_2CH(C_2H_5)_2$　سىركە قشقىل α ـ ەتيل ـ پروپيل ەستەرى

醋酸乙烯苯酯　vinylphenyl acetate　$CH_3CO_2C_6H_4CHCH_2$　سىركە قشقىل ۆينيل ـ فەنيل ەستەرى

醋酸乙烯酯　vinyl acetate　$CH_3CO_2CHCH_2$　سىركە قشقىل ۆينيل ەستەرى

醋酸乙酯　ethyl acetate　$CH_3CO_2C_2H_5$　سىركە قشقىل ەتيل ەستەرى

醋酸异冰片酯　isobornyl acetate　$CH_3CO_2C_{10}H_{17}$　سىركە قشقىل يزوبورنيل ەستەرى

醋酸异丙酯　isopropyl acetate　$CH_3CO_2CH(CH_3)_2$　سىركە قشقىل يزوپروپيل ەستەرى

醋酸异丁酯　isobutyl acetate　$CH_3CO_2CH_2CH(CH_3)_2$　سىركە قشقىل يزوبۇتيل ەستەرى

醋酸异己酯　isohexyl acetate　$CH_3CO_2C_4H_7(CH_3)_2$　سىركە قشقىل يزوگەكسيل ەستەرى

醋酸异戊酯　isoamyl acetate　$CH_3CO_2CH_2CH_2CH(CH_3)_2$　سىركە قشقىل يزواميل ەستەرى

醋酸银　silver acetate　$AgC_2H_3O_2$　سىركە قشقىل كۇمىس

醋酸铀　uranium tetraacetate　سىركە قشقىل ۇران

醋酸铀酰锌　uranyl acetate　سىركە قشقىل ۇران ـ مىرش

醋酸(正)丁酯　n－butyl acetate　$CH_3CO_2CH_2CH_2C_2H_5$　سىركه قشقىل n ـ
بۇتيل ەستەرى

醋酸(正)戊酯　n－amyl acetate　$CH_3CO_2C_5H_{11}$　سىركه قشقىل n ـ ئاميل
ەستەرى

醋酸酯　acetic ester　CH_3COOR　سىركه قشقىل ەستەرى

醋酮酸　acetonic acid　$(CH_3)_2C(OH)COOH$　ئاتسەتون قشقىلى

醋纤　سىركه قشقىل تالا" گه قاراڭز.

醋酰胺胂　acetarson(＝spirozide)　$CH_3CONHC_6H_3(OH)AsO_3H_2$　ئاتسەتارسون،
سپيروزيد

醋酰苯胺　"乙酰(替)苯胺" گه قاراڭز.

醋酰基　"乙酰基" گه قاراڭز.

促肠液(激)素　enterocrinin　ەنتەروكرينين

促黑细胞激素　melanotropin　مەلانوتروپيين

促黄体激素　luteatropin　لۇتەوتروپيين

促黄体生成激素　prolan B　پرولان B

促甲状腺激素　thyrotropion　تيروتروپيين

促进剂　promotor　پروموتور، تەزدەتكىش اگەنت

促进剂 D　vulkacit D　ۋۆلكاتسيت D، تەزدەتكىش اگەنت D

促进剂 DM　altax　التاكس، تەزدەتكىش اگەنت DM

促进剂 H　vulkacit H　ۋۆلكاتسيت H، تەزدەتكىش اگەنت H

促进剂　captax　كاپتاكس، تەزدەتكىش اگەنت M

促进氧化　promote the oxidation　توتىنعۇدى تەزدەتۇ

促进作用　promotor actin　تەزدەتۇ ئاسەرى (رولى)

促卵泡(激)素　prolan A　پرولان A

促酶素　zymo－exciter　زيمو ـ ەكسسيتەر

促凝酶　"凝固酶" گه قاراڭز.

促皮质素　"促肾皮素" گه قاراڭز.

促溶解素　auxilysin　ئاۋكسيليزين

促肾皮素　cortico tropin(＝adreno cortico tropin)　كورتيكوتروپيين

促肾上腺皮质激素　adrenocortico tropin　ادرەنوكورتيكوتروپيين

促脱皮甾酮　ecdysteron　ەكديستەرون

促性腺激素　gonadotropin　گونادوتروپيين

促胰岛(激)素　insulinotropic hormon

ينسۇڭلينوتروپيىن گورمان

促胰酶素　pancreozymin　پانكرە وزيمين

促胰液素酶　secretinase　سەكرەتينازا

cui

催干剂　dryer　قۇرعاتقش اگەنت

催化　catalyze　كاتاليز، كاتاليزدەڭ

催化本领　catalytic power　كاتاليزدەك قابلەت

催化重整　catalytic reforming　كاتاليزدەك قايتا رەتتەڭ

催化促进剂　catalytic promoter　كاتاليزدەك تەزدەتكىش اگەنت

催化单元　catalyst unit　كاتاليزدەڭ بولەگى

催化点火　catalytic ignition　كاتاليزدەك تۇتاندىرۇ

催化毒　catalytic poison　كاتاليز ۋلارى

催化反应　catalytic reaction　كاتاليزدەك رەاكسيالار

催化反应塔　catalytic tower　كاتاليزدەك رەاكسيا مۇناراسى

催化非选择生聚合　catalytic nonseleective polymerization　كاتاليزدەك تالعامسىز پوليمەرلەنۇ

催化分解　catalytic decomposition　كاتاليزدەك بدىراۇ

催化化学　catalytical chemistry　كاتاليزدەك حيميا، كاتاليز حيميا

催化还原　catalytic reduction　كاتاليزدەك توتىقسىزدانۇ

催化环化　catalyctic cyclization　كاتاليزدەك ساقينالانۇ

催化活(动)性　catalyctic activity　كاتاليزدەك اكتيۋتك

催化活度　"催化活(动)性" گە قاراڭز.

催化剂　catalyctic agent(=catalyst)　كاتاليزاتور

催化剂表面　catalyctic surface　كاتاليزاتور بەتى

催化剂补充　catalyst make-up　كاتاليزاتور تولىقتاۇ

催化剂分离　catalyst seperating　كاتاليزاتوردك ٴبولىنۇى

催化剂还原器　catalyst reducer　كاتاليزاتور توتىقسىزداندىرعىش (اسپاپ)

催化剂抗氧化性　catalyst tolerance to oxidation　كاتاليزاتوردك توتىقتەرۇعا قارسلىعى

催化剂空间　catalyst space　كاتاليزاتور كەڭىستگى

催化剂冷却器　catalyst cooler　كاتاليزاتور سۇۋتقش (اسپاپ)

催化剂流 catalyst stream	كاتاليزاتوردىڭ اېۋى
催化剂室 catalyst chamber	كاتاليزاتور كامېراسى
催化剂塔 catalyst tower	كاتاليزاتور مۇناراسى
催化剂体积 catalyst volume	كاتاليزاتور كۆلەمى
催化剂选择性 catalyst selectivity	كاتاليزاتور تاللامدىلىعى
催化剂循环 catalyst circulation	كاتاليزاتور ايناللىسى
催化剂循环速度 catalyst circulation rate	كاتاليزاتوردىڭ اينالىس تەزدىگى
催化剂载体 catalyst carrier	كاتاليزاتور تاسۇۆشى
催化剂再生 catalyst regeneration	كاتاليزاتوردى قايتا ئوندىرۇ
催化剂中毒 catalyst poisoning	كاتاليزاتور ۋلانۇ
催化剂重量 catalyst weight	كاتاليزاتور سالماعى
催化加热器 catalytic heater	كاتاليزدىك جىلتقىش
催化甲基化(作用) catalytic methylation	كاتاليزدىك مەتيلدەۋ
催化焦化 catalytic coking	كاتاليزدىك كوكستەۋ
催化聚合 catalytic polymerization	كاتاليزدىك پوليمەرلەۋ
催化聚合物 catallytic polymer	كاتاليزدىك پوليمەرلەۋ
催化力 catalytic force	كاتاليزدىك كۇشى
催化裂化 cracking	كاتاليزدىك بولشەكتەۋ (كرەكينگىلەۋ)
催化裂化设备 catalyst cracker	كاتاليزدىك بولشەكتەۋ جابدىعى
催化裂解 catalytic craking	كاتاليزدىك پارشالاۋ
催化卤化(作用) catalytic halogenation	كاتاليزدىك گالوگەندەۋ
催化酶 catalyzing enzyme	كاتاليزدىك پەرمەنت
催化面 catalytic surface	كاتاليزدىك بەت
催化汽化器 catalytic vaporizer	كاتاليزدىك گازداندىرعىش
催化氢化(作用) catalytic hydrogenation	كاتاليزدىك سۇ تەكتەنۇ
催化去氢 catalytic dehydrogenation	كاتاليزدىك سۇ تەكتەكسىزدەنۇ
催化燃烧 catalytic combustion	كاتاليزدىك جانۇ
催化热处理 catalytic thermal treament	كاتاليزدىك جىلۇمەن وڭدەۋ
催化热加工	. "催化热处理" گە قاراڭىز
催化水合作用 catalytic hydration	كاتاليزدىك گيدراتاتاۋ
催化陶瓷 catalytic ceramic	كاتاليزدىك قىش ـ كارلەن (فارفور)
催化烃化 catalytic alkylation	كاتاليزدىك الكيلدەنۇ
催化脱硫 catalytic desulfurization	كاتاليزدىك كۇكىرتسىزدەنۇ

催化脱氢作用	"催化去氢" گه قاراڭز.
催化脱水作用 catalytic dehydration	كاتاليزدىك سۇسىزدانۇ
催化氧化 catalytic oxidation	كاتاليزدىك توتىعۇ
催化氧化反应 catalytic oxidation reaction	كاتاليزدىك توتىعۇ رەاكسياسى
催化(氧化)沥青 catalytic asphalt	كاتاليزدىك (توتىققان) اسفالت
催化仪器 catalytic apparatus	كاتاليزدىك اسپاپ
催化载体 catalytic carrier	كاتاليزدىك تاسۇشى
催化蒸馏 catalytic distillation	كاتاليزدىك بۇلاندىرىپ ايداۇ
催化酯化(作用) catalytic esterification	كاتاليزدىك ەستەرلەۇ
催化作用 catalysis(= catalytic action)	كاتاليزدەۇ، كاتاليزدىك اسەر
催泪(性毒)气 lachrymator(= lacrimator gas)	جاساۇراتقىش ۇلى گاز
催泪剂 lacrimatory agent	جاساۇراتقىش اگەنت
催乳激素 prolactin	پرولاكتين
催熟剂 ripener	پىسۇدى تەزدەتكىش اگەنت
催胃液(激)素 gastrin	گاسترين
催眠剂 somnifacient	ۇيىقتاتقىش اگەنت
催眠学 hypnology	گيپنولوگيا
摧胰酶(激)素	"促胰酶素" گه قاراڭز.
摧胰液(激)素 secretin	سەكرەتين
摧胰液素酶	"促胰液素酶" گه قاراڭز.
淬火 quenching	سۇارۇ، قاتايتۇ، شىڭايتۇ
淬火玻璃	"硬玻璃" گه قاراڭز.
淬火剂	"硬化剂" گه قاراڭز.
淬火炉	"硬化炉" گه قاراڭز.
淬火器 quenching apparatus	سۇارۇ اسپابى، قاتايتۇ اسپابى
淬火室 quenching chamber	سۇارۇ كامەراسى، قاتايتۇ كامەراسى
淬火液	"硬化液" گه قاراڭز.
淬火油	"硬化油" گه قاراڭز.
淬火浴	"硬化浴" گه قاراڭز.
翠雀拉亭 delphelatine	دەلفەلاتين
翠雀灵 delpheline	دەلفەلين
翠雀宁 delphinine	دەلفينين

翠雀酮宁　delphonine　　　　　　　　　　　دەلفونىن

萃　extract　　　　　　　　　　　ەكستراكت، شايعمن

萃取　extraction　　　　　　　ەكستراكتسيالاۋ، شايعمننداۋ

萃取丹宁　extract tanning　　تاننىندى ەكستراكتسيالاۋ (شايعمننداۋ)

萃取剂　　　　　　　　　　　　"提取剂" گە قاراڭىز.

萃取瓶　　　　　　　　　　　　"提取瓶" گە قاراڭىز.

萃取器　　　　　　　　　　　　"提取器" گە قاراڭىز.

萃取物　　　　　　　　　　　　"提取物" گە قاراڭىز.

萃取液　extract　ەكستراكتسيالانعان سۇيىقتىق، شايعمن سۇيىقتىق

萃取蒸馏　　　　　　　　　　　"提取蒸馏" گە قاراڭىز.

脆点　fragility point　　　　　مورتتانۇ نۇكتەسى

脆度　fragility　　　　　　　مورتتىق دارەجەسى

脆化温度　fragility temperature　　مورتتانۇ تەمپەراتۇراسى

脆性　fragility　　　　　مورتتىق، مورتتەلمق

脆性试验　fragility test　　　　مورتتىق سىناعى

CUO

错弟耳　trotyl(＝T·N·T)　　　　　　　تروتيل

错龙红　zolon red　　　　　　　　زولون قىزىلى

D

da

哒嗪	pyridazine	$C_4H_4N_2$	پيريدازين
哒嗪基	pyridazinyl	$C_4H_3N_2-$	پيريدازينيل
哒嗪酮	pyridaiinone	$C_4H_6ON_2$	پيريدازينون
哒酮	pyridazone	C_4H_4ON	پيريدازون

达春斯缩合　Darzens condensation دارزەنس كوندەنساتسيالانۇي

达金溶液　Dakin solulion داكين ەرىتمەندىسى

达拉明　dalapon دالاپون

达玛树胶　gum damma دامما جەلىمى

达玛醇酸　dammarolic acid دامارول قىشقىلى

达马二烯醇　dammradienol دامار اديەنول

达马尿酸　damaluric acid دامالۇرين قىشقىلى

达马树脂　dammar دامار، دامار سمولاسى

达马树脂醇乙酸酯　dammaradieyl acetate دامار اديەنيل سركه قىشقىل
ەستەرى

达马酸　damalic acid دامال قىشقىلى

达门那特　dahmenite داگمەنيت (قوپارعىش ٴداري)

达门炸药 "达门那特" گه قاراڭىز.

达纳马特　dinamite ديناميت (قوپارعىش ٴداري)

达纳炸药 "达纳马特" گه قاراڭىز.

达诺贝尔　dinobel دينابەل

达诺霉素　danomycin ديناميتسين

达仁斯反应　darsen reaction دارزەن رەاكسياسى

打拜厄斯酸　Tobia′s acid توبياس قىشقىلى

打火石　flint شاقپاق تاس

打萨泉 "双硫腙" گه قاراڭىز.

大　mega, macro　　　مەگا (گرەكشە)، ماكرو (گرەكشە)، ۇلكەن، ٴىرى

大豆蛋白质　soya protein　　　سويا پروتەينى

大豆球蛋白　glycinin　　　گليتسينين

大豆球朊　　　"大豆球蛋白" گە قاراڭىز.

大豆甾醇　soyasterol　　　سوياستەرول

大分子　macro molecule　　　ماكرو مولەكۇلا

大分子化合物　macromolecular compound　　　ماكرو مولەكۇلالى قوسىلىستار

大风子定　gyanocardin　　$C_{13}H_{19}O_9N$　　　گيانوكاردين

大风子定酸　gycinocaydinic acid　　$C_{12}H_{19}O_9 \cdot COOH$　　گيانوكاردين قىشقىلى

大风子酸　gyonocaydie acid　　$C_{17}H_{33}COOH$　　گيونوكارد قىشقىلى

达风子烯酸　　　"告尔酸" گە قاراڭىز.

达风子油　chaulrnoogra oil　　　چاۋلموگرا مايى

大风子油酸　chaulmoogric acid　　　چاۋلموگرا مايى قىشقىلى

大风子油酸乙酯　ethyl chaulmoograte　　چاۋلموگراماييى قىشقىلىننىڭ ەتيل ەستەرى

大光圈　large aperture　　ۇلكەن جارىق شەڭبەرى (ميكروسكوپتا)

大环化合物　macrocyclic compound　　ۇلكەن ساقينالى قوسىلىستار

大环内酯　large ring lactone　　ۇلكەن ساقينالى لاكتون

大(环)内酯(族)抗生素　macrolide antibiotic　　ماكروليدانتيبيوتيك

大黄丹宁酸　rheotannic acid　　$C_{26}H_{26}O_{14}$　　رەوتاننين قىشقىلى

大黄定　rheadine　　$C_{21}H_{21}O_6N$　　رادين

大黄酚　chrysophanol　　　حريزوفانول

大黄根甙　chrysophanin　　$C_{20}H_{20}O_9$　　حريزوفانين

大黄根酚　　　"大黄酚" گە قاراڭىز.

大黄根酸　chrysophanic acid　　$C_{14}H_5(OH)_2(CH_3)O_2$　　حريزوفان قىشقىلى

大黄红酸　rheic acid　　$C_{20}H_{16}O_9$　　رەين قىشقىلى

大黄剂　rhceoid　　　رەۆيد

大黄鞣酸　　　"大黄丹宁酸" گە قاراڭىز.

大黄素　emodin　　　ەمودين

大黄酸　rheinic acid (rhein)　　$C_{15}H_5O_6$　　راۆاعاش قىشقىلى، رەنين

大茴香酸　　　"茴香酸" گە قاراڭىز.

大茴香油　　　"八角茴香油" گە قاراڭىز.

大茴香油醚		"茴香脑" گه قاراڭىز.
大蓟甙 pectolinarin		پەكتولينارين
大戟脂 euphorbium		ەۋفوربي
大戟脂素 euphorbone		ەۋفوربون
大晶体 macrocrystal		ماكرو كريستال، كەسەك كريستال
大卡		"千卡" گه قاراڭىز.
大块晶体		"大晶体" گه قاراڭىز.
大离子 macro ion		ماكرويوندار
大理石 marile $CaCO_3$		مەرامور
大量元素 macro element		ماكرو ەلەمەنتتەر
大麻醇 cannabinol $C_{21}H_{26}O_2$		كاننابينول
大麻甙 cannabin		كاننابين
大麻二醇 cannabidiol $C_{21}H_{30}O_2$		كاننابيديول
大麻酚 cannabinol		كاننابينول
大麻碱 cannabine		كاننابينا (كاننابين)
大麻精		"大麻醇" گه قاراڭىز.
大麻双酮 cannabiscetin		كاننابيسسەتين
大麻素 cannaboid		كاننابويد
大麻酮 cannabinone $C_8H_{12}O$		كاننابينون
大麻烷 cannabane $C_{18}H_{22}$		كاننابان
大麻烯 cannabene $C_{18}H_{20}$		كاننابەن
大麻脂 cannabin		كاننابين
大麦醇溶朊 hordein		گوردەين
大麦芽碱 hordenine $HOC_6H_4CH_2CH_2N(CH_3)_2$		گوردەنين
大曲霉酸 gigantic acid		گيگانت قىشقىلى
大苏打 sodium thiosulfate $Na_2S_2O_3$		ۆلكەن سودا (تيو كۇكەرت قىشقىل ناتري)
大蒜氨酸 alline		اللين
大蒜酵素		"蒜酶" گه قاراڭىز.
大蒜辣素		"蒜素" گه قاراڭىز.
大蒜素		"蒜素" گه قاراڭىز.
大蒜糖 scorodose		سكورودوزا
大碳霉素 macarbomycin		ماكاربوميتسين

大盐　crude salt　　　　　　　　　　　　　اسحانالىق توز

dai

代林　dyren　　　　　　　　　　　　　　ديرەن

代马妥　dermatol　　　　　　　　　　دەرماتول

代奶油　　　　　　　　　　　"人造奶油" گە قاراڭىز.

代尼尔　dynel　　　　　　　　　　　دينەل

代森铵　abobam (dithane)　　　　　　ابوبام

代森环　milneb　　　　　　　　　　ميلنەب

代森朕　metiram　　　　　　　　　　مەتيرام

代森锰　maneb　　　　　　　　　　مانەب

代森锰锌　mancozeb　　　　　　　مانكوزەب

代森钠　nabam　 NaSSCNHCH₂CH₂NHCSSNa　نابام

代森锌　zineb　　　　　　　　　　زەينەب

甙　glycoside, heteroside　　　　گليكوزيد، گەتەروزيد

甙键　　　　　　　　　　　"配糖键" گە قاراڭىز.

甙类　glycoside　　　　　　　　گليكوزيدتەر

带电　electrification　　　　　　　زارىيادتى

带电体　electried body　　　　　زارىيادتى دەنە

带电原子　charged atom　　　　زارىيادتى اتوم

带负电(荷)　negatively charged　تەرس زارىيادتى، تەرس زارىيادتالۇ

带阳电(荷)的　positively charged　ولڭ زارىيادتى، ولڭ زارىيادتالعان

带阳电(荷)粒子　positively charged (material) particle　ولڭ زارىيادتى بولشەك

带阳电(荷)溶胶　positively charged sol　ولڭ زارىيادتى كەرنە

带阴电(荷)的　negatively charged　تەرس زارىيادتى

带阴电(荷)微粒　negatively charged particle　تەرس زارىيادتى بولشەكتەر

带正电(荷)　　　　　　　"带阳电(荷)的" گە قاراڭىز.

带(状)光谱　band spectrum　　جولاقتى سپەكتر

带状结构　zonal strusture　　جولاقتى قۇرىلىم

待寻元素　eka－element　ىزدەلەتىن ەلەمەنتتەر، ەكاەلەمەنتتەر

dan

丹宁 tannin	تاننين
丹宁白朊 tannalbin, albutannin	تاننالبين، البۇتاننين
丹宁醋酸酯 tannyl acetate	تاننيل سركه قشقمل ھستەرى
丹宁萃 tannin extrate	تاننين ەكستراتى
丹宁精 tanningen	تاننيگەن
丹宁酸 tannic acid	تاننين قشقملى، مالما قشقملى، ٴي قشقملى
丹宁酸钙 tannate of lime	تاننين قشقمل كالتسي
丹宁酸酶 dannase	تانناز ا
丹宁酸盐 tannate	تاننين قشقملمنناڭ تۇزدارى
丹宁酸皂 tannin acid soap	تاننين قشقملدى سابىن
丹宁提取物	"丹宁萃" گه قاراڭـز.
丹宁物质	"鞣料" گه قاراڭـز.
丹宁皂 tannin soap	تاننين سابىن
丹砂 cinnabar	كينووار (سىر)
丹参酮 tanshinone	تانشينون
丹酰 dansyl	دانسيل
单 mono‐	مونو (گرەكشه)، ٴبىر، دارا، جالعىز
单氨磷脂 monoaminophosphatide	مونوامينوفوسفاتيد
单胺氧化酶 monoamine oxidase	مونوامين وكسيداز ا
单贝尔 monobel C₄H₄N₂	مونوبەل
单变体系 monoviant system	جەكه وزگەرۋ جۇيەسى
单变观象 monotropy	جەكه وزگەرۋ قۇبىلسى
单变性 monotropy	جەكه وزگەرگىشتىك
单苄基对胺基苯酚 monobenzyl‐para‐amino phenol	مونوبەنزيل ـ پارا ـ امينوفەنول
单层 monolayer (single layer)	ٴبىر قابات، جالاڭ قابات
单(层)分子膜 monofilm	ٴبىر (قاباتتى) مولەكۇلالىق قابىق (پەردە)
单纯	"单一" گه قاراڭـز.
单甙 monoside	مونوزيد
单电极 single electrode	جاي ەلەكترود، جالاڭ ەلەكترود

单电子键	one electron bond	ءبىر ەلەكتروندىق بايلانس
单分散系	monodisperse system	جەكە تارالۇ جۇيەسى
单分散性	monodispersity	جەكە تار العشتىق
单分子层	monomolecular layer	ءبىر مولەكۇلالىق قابات، دارا مولەكۇلالىق قابات
单分子的	monomolecular	ءبىر مولەكۇلالى، دارا مولەكۇلالى
单分子反应	monomoleeular reaction	ءبىر مولەكۇلالىق رەاكسىيالار
单分子过程	monomolecular process	ءبىر مولەكۇلالىق بارس
单分子膜	monomolecular film	ءبىر مولەكۇلالىق پەردە
单酚	monophenol	مونوفەنول
单酚氧化酶	monophenol oxidase	مونوفەنول وكسيدازا
单甘油酯		"一甘油酯" گە قاراڭىز.
单官能分子	monofunctinal molecule	مونوفۇنكتسيالى مولەكۇلا
单过酸	monoperacid	مونواسقىن قشقىل
单核甙酸	mononucleotide	مونونۇكلەوتيد
单核甙酸酶	mononucleotidase	مونونۇكلە وتيدازا
单核的	mononuclear	ءبىر يادرولى
单核芳香烃	mononuclear aromatics	ءبىر يادرولى ارومانتتى كومىرسۇتەكتەر
单环的	monocyclic	ءبىر ساقينالى
单环硫化物	monocyclic sulfide	ءبىر ساقينالى كۇكىرت قوسىلىستارى
单环萜烯	monocyclic terpene	ءبىر ساقينالى تەرپەن
单环烃	monocyclic hydrocarbon	ءبىر ساقينالى كومىر سۇتەكتەر
单基取代	monosubstituted	جەكە الماسۇ، دارا الماسۇ
单甲碘化物	monomethiodide	ءبىر مەتيلدى يود قوسىلىستارى
单甲甘油醚	monomethylin	مونوگليتسەرىد
单甲基硫	monomethyl thionin	مونومەتيل تيونين
单甲氧肟	monomethoxime	مونومەتوكسيم
单价的	monovalente	ءبىر ۆالەنتتى
单价基(团)	monoradical	مونوراديكال
单价键		"一酸价碱" گە قاراڭىز.
单价碱	monoacidic base	ءبىر ۆالەنتتى بايلانس، جاي بايلانس
单价盐	monovalent salt	ءبىر ۆالەنتتى تۇزدار
单价元素	monnogen	ءبىر ۆالەنتتى ەلەمەنتتەر، مونوگەندەر

单键	single bond	دارا بايلانس
单晶	single crystal	جاي كريستال
单磷酸己糖		"磷酸己糖"ـ گه قاراڭز.
单缕	monofil(= monoflament)	مونوفىل، ‹بىر جىپشه، جالعىز جىپشه
单醚	monoether	مونو هفير، دارا هفير
单目显微镜	monoocular microskope	‹بىر وكۆليارلى ميكروسكوپ
单偶氮	monoazo	مونوازو
单偶氮染料	monoazo – dyes	مونوازو بوياۋلار
单色的	monochromatic	‹بىر ‹تۈستى، ‹بىر رهڭدى
单色光	monochromatic light	‹بىر ‹تۈستى ساۋله
单色光镜		"单色器"ـ گه قاراڭز.
单色器	monochromator	مونوحروماتور
单酸	simple acid	جاي قشقىل
单酸甘油酯	monoglyceride	مونوگليتسەريد
单羧基纤维素	monocarboxyl cellulose	مونوكاربوكسيلدى سەلليۇلوزا
单缩硫醛	monothioacetal	مونوتيواتسەتال
单糖	monosaccharide, monose	مونوساحاريد، مونوزا
单体	monomer	مونومەر
单体内烯酰胺	monomer acrylamide	مونومەراكرلاميد
单体氮	free nitrogen	بوس كۆيدەگى ازوت، ەركىن ازوت
单体活泼度	monomer reactivity	مونەمەردىڭ اكتيۆتىگى
单体聚合物胶粒	monomer polymer particle	مونومەر ـ پوليمەر تۈيسىرلەرى
单体硫	free sulfur	بوس كۆيدەگى كۆكىرت
单体水分子	hydrone	گيدرون
单体碳	free carbon	بوس كۆيدەگى كومىرتەك
单体元素	free element	بوس كۆيدەگى ەلەمەنتتەر
单体原子		"自由原子"ـ گه قاراڭز.
单体状态		"游离状态"ـ گه قاراڭز.
单萜烯	monoterpene	مونوتەرپەن
单萜烯类	monoterpenoids	مونەتەرپەندەر
单烃基胂	mono – alkyl arsine	مونوالكيلدى ارسين
单烷基苯	monoalkylated benzenes	مونوالكيلدى بەنزولدار
单烷基膦酸	monoalkyl phosphonic acid	$R \cdot PO \cdot (OH)_2$

مونوالكيدى فوسفون قشقىلى

单烷基硫化物　monoalkyl sulfide　مونوالكيدى كۆكىرت قوسىلمستارى

单烷基亚膦酸　monoalkyl – phosphinous acid　$R \cdot P(OH)_2$　مونوالكيدى

فوسفىندى قشقىل

单位　unit　بىرلىك

单位电荷　unit charge　بىرلىك زارياد

单位电压　unit voltage　بىرلىك كەرنەۋ

单位负荷　unit load　بىرلىك كوتەرىمدىلىك

单位活度　unit activity　بىرلىك اكتيۆتىك

单位体积　unit volume　بىرلىك كولەم

单位压力　unit pressure　بىرلىك قسىم

单位重量　unit weight　بىرلىك سالماق

单烯(属)烃　mono – olefin　مونو ولەفين

单烯型　mono – ethenoid　مونوەتەنويد

单烯型脂肪酸　monoethenoid fatty acids　مونوەتەنويدتى ماي قشقلمىلدارى

单纤丝　"单缕" گە قاراڭز. .

单纤维　single fiber　جاي تالشق، جالاڭ تالشق

单酰胺　monoamide　مونواميد

单相的　monophase　ٴبىر فازالى، مومو فازالى

单相平衡　monophase equilibrium　ٴبىر فازالىق تەپە ـ تەڭدىك

单斜(晶)硫　monoclinic sulfur　ٴبىر كلينالى كۆكىرت

单星蓝　monastral blue　موناسترال كوك

单衣藻定雌性素　gyno termon　گينوتەرمون

(单)衣藻交配素　gamon　گامون

单一　single　جالاڭ، جاي

单一分类法　single classification　جالاڭ جىكتەۋ ٴادىسى

单一粒子　single particle　جالاڭ بولشەك

单一溶剂　single solvent　جالاڭ ەرىتكىش، جاي ەرىتكىش

单一组成喷气燃料　monergol　مونەگرول

单乙基胺的饱和溶液　rich amin　قويۋ امين

单乙基苯胺　monoethyl anilin　ٴبىر ەتيلدى انيلين

单乙酰的　monoacetylated, smonoacylate　ٴبىر اتسەتيلدى، ٴبىر اتسيلدى

单元　unit　بولەك، بولەك

单元操作　unit operation　بۆلەكتمك جۆمىس

单元作业　unit process　بۆلەكتمك تاپسىرما، بۆلەكتمك جۆمىس بارسى

单原子分子　monoatomic molecule　ئبىر اتومدىق مولەكۇلا

单原子气体　monoatomic gas　ئبىر اتومدىق گاز

单原子氢　monohydrogen　ئبىر اتومدىق سۇتەگى

单支链烃　monobranched hydrocarbon　ئبىر تارماق تىزبەكتى كومىر سۇتەكتەر

单酯　monoester　مونوەستەر، دارا ەستەر

单质　simple substance　جاي زاتتار

单质碘　simple iodine　جاي زات يود

单质硅　simple silicon　جاي زات كرەمني

单质气体　elementary gas　جاي زات گاز

单质态　جاي زات كۇيى

单质酮　simple ketone　جاي زات كەتون

单子　"核子" گە قاراڭىز.

胆胺　cholamine　حولامين

胆丹酸　cholaidanic acid　$C_{24}H_{36}O_{10}$　حولايدان قىشقىلى

胆定酸　cholodinic acid　$C_{24}H_{38}O_6$　حولودين قىشقىلى

胆蒽　cholanthrene　حولانترەن

胆二烯酮　choladienone　حولاديەنون

胆法因　cholafaein　$C_{16}H_{18}O_4N_2$　حولافاەين

胆矾　blue vitriol(= blue copperas)　$CuSO_4 \cdot 5H_2O$　مىس كۇپۇروسى، توتىياىن

胆钙化醇　cholecalciferol(= vitamin D_4)　(D_4 ۆيتامين) حولەكالتسيفەرول

胆固醇　"胆甾醇" گە قاراڭىز.

胆固醇酯酶　"胆甾醇酶" گە قاراڭىز.

胆褐素　bilifuscin　$C_{16}H_{10}O_4N_2$　بيليفۇزتسين

胆红素　bilirubin(= hematoidin)　$(C_{16}H_{18}O_3N_2)_2$　بيليرۇبين، گەماتويدين

胆红素类　bilirubinoid　بيليرۇبينويد

胆红酸　bilirubic acid　بيليرۇبين قىشقىلى

胆红紫素　"胆紫素" گە قاراڭىز.

胆黄素　biliflavin(= choletelin)　بيليفلاۆين، حولەتەلين

胆碱　cholin　$(CH_3)_3N(OH)CH_2CH_2OH$　حولين

胆碱激酶　choline kinase　حولين كينازا

胆碱磷酸　phosphocholine

فوسفوحولين

胆碱磷化酶　cholinephosphorylase　　حولين فوسفوريلازا

胆碱磷酸酶　choleophosphatase　　حولەوفوسفاتازا

胆碱脱氢酶　choline dehyolrogenase　　حولين دەگيدروگەنازا

胆碱氧化酶　　"胆碱脱氢酶" گە قاراڭىز.

胆碱乙酰化酶　cholineacetylase　　حولين اتسەتيلازا

胆碱乙酰基转化酶　cholineacetylase　　حولين اتسەتيل ترانسفەرازا

胆碱酯　cholinester　　حولين ەستەرى

胆碱酯酶　choline esterase　　حولين ەستەرازا

胆蓝素　　"胆青素" گە قاراڭىز.

胆绿朊　choleglobin　　حولەگلوبين

胆绿素　biliverdin　$C_{32}H_{36}O_8N_4$　　بيليۆەردين

胆绿素盐　bilinverdinate　　بيليۆەردين تۇزى

胆绿酸　biliverdinic acid　　بيليۆەردين قىشقلى

胆青素　cholecyanin(bilicyanin)　　حولەسيانين، بيليسيانين

胆色素核　　"胆汁烷" گە قاراڭىز.

胆酸　cholic acid　$C_{23}H_{36}(OH)_3COOH$　　ٴوت قىشقلى

胆酸盐　cholate　　ٴوت قىشقلىنىڭ تۇزدارى

胆酸酯酶　cholic esterase　　ٴوت قىشقلى ەستەرازاسى

胆太灵　cholothallin　$C_9H_{11}O_3N$　　حولوتاللين

胆特灵　cholatelin　$C_{16}H_{18}N_2O_8$　　حولاتەلين

胆酮酸　cholonic acid　$C_{26}H_{41}O_5N$　　حولون قىشقلى

胆土素　bilihumin　　بيليگۇمين

胆烷　cholane　　حولان

胆烷环　cholanic ring　　حولان ساقيناسى

胆烷酸　cholanic acid　　حولان قىشقلى

胆烯酸　cholenic acid　　حولەن قىشقلى

胆盐　bile salt　　ٴوت تۇزى

胆硬脂酸　cholestearinic acid　　حولەستەارين قىشقلى

胆玉红素　cholebilirubin　　حولەبيليرۇبين

胆甾醇　cholesterine(= cholesterol)　$C_{27}H_{45}OH$　　حولەستەرين، حولەستەرول

胆甾醇苯酸酯　cholesteryl benzoate　$C_6H_5CO_2C_{27}H_{45}$

حولەستەریل بەنزوي قشقىل ھەستەری

胆甾醇丙酸酯　cholesteryl propionate　$C_2H_5CO_2C_{27}H_{45}$　حولەستەریل پروپيون
قشقىل ھەستەری

胆甾醇醋酸酯　cholesteryl acetate　$CH_3CO_2C_{27}H_{45}$　حولەستەریل سرکە قشقىل
ھەستەری

胆甾醇合水　cholesterin hydrate　$C_{27}H_{45}OH \cdot H_2O$　حولەستەرین گيدراتى

胆甾醇基　cholesteryl　حولەستەریل

胆甾醇酶　cholesterase　حولەستەرازا

胆甾醇膜　cholesterol film　حولەستەرول پەردەسى (قابى)

胆甾醇酯　chloesterol ester　حولەستەرول ھەستەری

胆甾二烯　cholestadiene　حولەستادیەن

胆甾二烯酮　cholestadienone　حولەستادیەنون

胆甾烷　cholestane　حولەستان

胆甾烷醇　cholestanol　حولەستانول

胆甾烷酮　cholestanone　حولەستانون

胆甾烯酮　cholestenone　حولەستەنون

胆樟脑酸　choleocamphoric acid　حولەوكامفورا قشقىلى

胆酯酶　cholesterase　حولەستەرازا

胆汁氨酸　felinine　فەلينين

胆汁醇　bilichol　بيليحول

胆汁二烯　bilidien　بيليدیەن

胆汁褐　bilifuscin　$C_{16}H_{10}O_4N_2$　بيليفۇتسين

胆汁红紫　bilipurpurin　بيليپۇرپۇرین

胆汁黄素　biliflavin　بيليفلاۋین

胆汁六酸　"茄呢酸" گە قاراڭىز.

胆汁绿　"胆绿素" گە قاراڭىز.

胆汁绿酸　biliverdic acid　بيليۆەردین قشقىلى

胆汁青　bilicyanin　بيليسيانين

胆汁三烯　bilin, bilitrien　بيلين، بيليتریەن

胆汁色素　bile pigment　ئوت پيگمەنتى

胆汁酸　bile acid　ئوت قشقىلى

胆汁烷　bilan(= bilinogen)　بيلان، بيلينوگەن

胆汁烷酸　bilanic acid　　　　　　　　　　　　　　　بيلان قشقىلى

胆汁烯　bilien　　　　　　　　　　　　　　　　　بيليەن

胆汁盐　bile salt　　　　　　　　　　　　　　　ئوت تۇزى

胆汁玉红　　　　　　　　　　　　　　"胆红素" گە قاراڭىز.

胆汁玉红类　bilirubinoid　　　　　　　　　بيليرۇبينويدتار

胆珠蛋白　　　　　　　　　　　　　"胆珠朊" گە قاراڭىز.

蛋氨酸　methionine　　CH$_3$S(CH$_2$)$_2$CHNH$_2$COOH　　　مەتيونين

蛋氨酰　methionyl　　CH$_3$SCH$_2$CH$_2$CH(NH$_2$)CO −　　مەتيونيل

蛋白　albumen　　　　　　　　　　　　　　البؤمەن

蛋白氮　protein nitrogen　　　　　　　بەلوكتاك ازوت

蛋白胨　pepton　　　　　　　　　　　　　پەپتون

蛋白胨液　peptone solution　　　　　پەپتون ەرىتىندىسى

蛋白分解　proteolysis　　　　　　　بەلوكتاك ىدىراۋى

蛋白酵素　　　　　　　　　　　"胃蛋白酶" گە قاراڭىز.

蛋白酶　proteinase(= protease)　　پروتەينازا، پروتەازا

蛋白溶菌素　proteidin　　　　　　　　پروتەيدين

蛋白石　opal　　　　　　　　وپال، اقىق (اسىل تاس)

蛋白水解素　proteolysin　　　　　　پروتەوليزين

蛋白酸　protein acid　　　　　　　بەلوك قشقىلى

蛋白纤维类　azelon　　　　　　　　　ازەلون

蛋白盐　proteinate　　　　　　　　بەلوكتاك تؤز

蛋白银　silver protein　　　　　　بەلوكتاك كؤمىس

蛋白脂　proteolipid　　　پروتەوليپيد، بەلوكتاك ماي

蛋白纸　albumen paper　　　　　البؤمەندى قاعاز

蛋白质　protein　　　　　　　پروتەين، بەلوك

蛋白质氮　　　　　　　　　　　"蛋白氮" گە قاراڭىز.

蛋白质的二级结构　protein secondary structure　　بەلوكتاك ەكىنشىلىكتى قۇرىلىمى

蛋白质的三级结构　protein tertiary structure　　بەلوكتاك ۇشىنشىلىكتى قۇرىلىمى

蛋白质的四级结构　protein quaternary structure　　بەلوكتاك تؤرتىنشىلىكتى قۇرىلىمى

蛋白质的一级结构　protein primary structure

بەلوكتىڭ ئبرننشى قۇربلممى

蛋白质塑料　protein plastic　　بەلوكتى سۇلياۇلار (پلاستىكتەر)

蛋白质纤维　protein fiber　　بەلوكتى تالشقتار

蛋黄球朊　livetin　　لىۆەتين

蛋黄素　letcithin　　لەتسيتين

蛋壳卟啉　ooporphyrin　　ووپورفيرين

蛋壳青素　oocyan(= oocyanin)　　ووسيان، ووسيانين

淡度　　"稀度" گه قاراڭز.

淡兰　light blue　　اشق كوك، سولعىن كوك

淡溶液　　"稀溶液" گه قاراڭز.

淡水　fresh water　　تۇششى سۇ

淡酸　　"稀酸" گه قاراڭز.

氮(N)　nitrogenium　　ازوت (N)

氮苯　　"吡啶" گه قاراڭز.

氮苯并氧芴　　"吡啶并咔唑" گه قاراڭز.

氮苯基　　"吡啶基" گه قاراڭز.

氮苯连二酸酐　　"喹啉酐" گه قاراڭز.

氮苯酸 - [3]　　"烟酸" گه قاراڭز.

氮苯酮　　"吡啶酮" گه قاراڭز.

氮苯酰胺　　"吡啶酰胺" گه قاراڭز.

氮丙啶　　"吖丙啶" گه قاراڭز.

氮丙环　　"乙撑亚胺" گه قاراڭز.

氮川　nitrilo -　　نيتريلو

氮川三醋酸　nitrilotriacetic acid(= complexon I)　　نيتريلو ئۇش سركه
قشقىلى، كومپلەكسون I

氮川三乙酸　　"氮川三醋酸" گه قاراڭز.

氮醇酯酶　azolesterase　　ازول ەستەرازا

氮代磷酸　phosphonitric acid　(HO)P(N)H　　ازوتتى فوسفون قشقىلى

氮当量　nitrogen equivalent　　ازوت ەكۆيۆالەنتى

氮的固定　fixation of nitrogen　　ازوتتىڭ تۇراقتانۇى

氮的化合物　nitrogen compound　　ازوت قوسىلىستارى

氮的氢化物　hydrides ot nitrogen

ازوتتىڭ سۇتەكتى قوسىلىستارى

氮肥　nitrogen fertilizer ازوتتى تېڭايتقىشتار

5-氮菲基 "菲啶基" گە قاراڭىز.

氮蒽 "吖啶" گە قاراڭىز.

氮化　nitriding, azotize ازوتتانۇ، ازوتتاندىرۇ

氮化催化剂　nitrided catalyst ازوتتى كاتالىزاتور

氮化二钴　cobaltum nitride ازوتتى كوبالت

氮化钙　calcium nitride ازوتتى كالتسي

氮化钢　nitriding steel ازوتتى بولات

氮化硅　nitriding silicon　Si_3N_4 ازوتتى كرەمني

氮化剂　nitridizing agent ازوتاۇشى اگەنت، ازوتاعىش اگەنت

氮化镓　gallium nitride ازوتتى گاللي

氮化磷　posphorus nitride　P_3N_5, P_4N_6, PN ازوتتى فوسفور

氮化铝　aluminium nitride　AlN ازوتتى الۇمين

氮化钠　sodium nitride ازوتتى ناتري

氮化硼　boron nitride ازوتتى بور

氮化石灰　nitrogen lime ازوتتى اك

氮化钍　thorium nitride　Th_3N_4 ازوتتى توري

氮化物　nitride ازوت قوسىلىستارى

氮化亚铜　cuprous nitride ٴبىر ۆالەنتى ازوتتى مىس

氮化油　nitrogenated oil ازوتتى ماي

氮环化合物　azo-cycle compound ازوساقينالى قوسىلىستار

氮基 "氮川" گە قاراڭىز.

氮己环 "哌啶" گە قاراڭىز.

氮己环叉 "哌啶叉" گە قاراڭىز.

氮己环丑酸 "哌可酸" گە قاراڭىز.

氮己环二酮 "二氧代哌啶" گە قاراڭىز.

氮己环基 "哌啶基" گە قاراڭىز.

氮己环酮 "哌啶酮" گە قاراڭىز.

氮碱　nitrogen base ازوتتى نەگىز

氮链　nitrogen chain ازوت تىزبەگى

氮量计　azotometer ازوتومەتر، ازوت ولشەگىش

氮磷肥料　nitrogenous phosphatic fertilizer　ازوتتى، فوسفورلى تېڭايتقىش

氮茂基　"吡咯基" گه قاراڭىز.

氮明酸　azulmic acid(= azulmin)　$C_4H_5ON_5$　ازۇلمين قىشقىلى

1 - 氮萘　1 - benzazine　C_9H_7N　1 ـ بەنزازين

2 - 氮萘　2 - benzazine　C_9H_7N　2 ـ بەنزازين

氮萘并间二氮萘　"喹啉并喹唑啉" گه قاراڭىز.

氮萘并间二氮萘酮　"喹啉并喹唑(啉)酮" گه قاراڭىز.

氮萘蓝　"喹啉蓝" گه قاراڭىز.

氮萘染料　"喹啉染料" گه قاراڭىز.

氮平衡　nitrogen balance　ازوت تەپە ـ تەڭدىگى

氮气　nitrogen gas, nitrogen　ازوت گازى

氮气层　nitrogen blanket　ازوت (گازى) قاباتى

氮气固定(作用)　nitrogen fixation　ازوتتى تۇراقتاندىرۇۋ

氮气同化(作用)　nitrogen assimilation　ازوتتى اسسيميلياتسيالاۋ

氮气温度计　nitrogen gas termometer　ازوت گازىنداق تەرمومەتر

氮桥　nitrogen bridge　ازوت كۆپىر

氮素计　azometer(= azotometer)　ازومەتر، ازوتومەتر

氮酸　nitronic acid(= NOOR)　ازوت قىشقىلى

氮羧酸　"氮酸" گه قاراڭىز.

氮戊环　pyrrolidine　$(CH_2)_4NH$　پيررولىدين

1 - 氮戊环 - 2 - 基羧酸　1 - pyrolidine - 2 - carboxylic acid (= prolin)
$HN(NH)_3CHCOOH$　1 ـ پيررولىدين ـ 2 ـ كاربوكسيل قىشقىلى (= پرولين)

氮芴　"咔唑" گه قاراڭىز.

氮芴基　"咔唑基" گه قاراڭىز.

氮稀　nitrene　نيترەن

氮循环　nitrogen cycle　ازوت اينالىسى

氮氧化物　nitrogen oxide　N_2O, NO　ازوتتىڭ توتىقتارى

氮氧正铁血红朊　NO - methemo globin　NO ـ مەتەموگلوبين

氮茚　"吲哚" گه قاراڭىز.

3 - 氮茚　indolenine or pseudoisoindole　C_6H_4NCHCH　يندولەنين ورتوپسەۋدو (جالعان) يزويندول

4 - 氮茚　"吡任啶" گه قاراڭىز.

5-氮茚	"吡任啶" گه قاراڭز.
氮茚并氮芴	"吲哚并咔唑" گه قاراڭز.
氮茚丑基	"2-吲哚基" گه قاراڭز.
4-氮茚醇	"吡任哚" گه قاراڭز.
氮茚基丙酮酸	"3-吲哚基丙酮酸" گه قاراڭز.
氮茚满　indoline	يندولين
4-氮茚满	"吡任丹" گه قاراڭز.
氮茚满酮	"钩藤碱" گه قاراڭز.
4-氮茚酸	"吡任哚酸" گه قاراڭز.
氮杂	"ٵ" گه قاراڭز.
5-氮杂胞嘧啶核甙　5-azacytidine	5 ـ ازاسيتيدين
氮(杂)苯	"吡啶" گه قاراڭز.
氮(杂)苯基	"吡啶基" گه قاراڭز.
氮杂苯类　azines	ازيندەر
氮杂苯烷	"氮已环" گه قاراڭز.
氮杂卟吩	"ٵ卟吩" گه قاراڭز.
氮杂醇　azacyclonol	ازاسيكلونول
10-氮杂蒽	"ٵ啶" گه قاراڭز.
氮杂菲	"菲啶" گه قاراڭز.
1-氮(杂)菲	"α-萘喹啉" گه قاراڭز.
4-氮杂菲	"β-萘喹啉" گه قاراڭز.
氮杂环丙烷	"氮丙啶" گه قاراڭز.
1-氮杂环丙烯	"氮丙啶" گه قاراڭز.
氮杂环丁二烯	"ٵ丁" گه قاراڭز.
氮杂环丁烷	"ٵ丁啶" گه قاراڭز.
氮杂坏己烷	"哌啶" گه قاراڭز.
氮(杂)环戊基	"吡咯烷基" گه قاراڭز.
氮杂环戊基	"吡咯烷基" گه قاراڭز.
氮杂环戊烷　pyyrolidine　(CH₂)₄NH	پيررولىدين
氮(杂)环戊烯基	"吡咯啉基" گه قاراڭز.

氮杂基　phenanthridinyl　$C_{13}H_8N-$ فەنانتريدينيل

5-氮杂基 "氮杂基" گە قاراڭز.

氮(杂)茂 "پىلخ" گە قاراڭز.

氮(杂)茂环 "پىلخ ەنۋ" گە قاراڭز.

氮杂茂环系 "ازۋل سيست" گە قاراڭز.

氮(杂)茂基 "پىلخ" گە قاراڭز.

氮(杂)萘 "خينين" گە قاراڭز.

氮杂萘羧酸 "خينين كربوكسيل قىشقىلى" گە قاراڭز.

氮杂内酯　azalactones ازالاكتون

氮杂色氨酸　azatryp tophan ازاتريپتوفان

氮(杂)酮 "پىرىدون" گە قاراڭز.

a-氮杂芴 "كاربازول" گە قاراڭز.

氮(杂)戊环-[2]-基甲酰 "پرولامين" گە قاراڭز.

氮(杂)戊基 "پىلخ" گە قاراڭز.

氮杂吲哚 "ازا ينڭول" گە قاراڭز.

氮杂茚 "ينڭول" گە قاراڭز.

氮(杂)茚基 "ينڭول" گە قاراڭز.

氮(杂)茚满基 "ينڭول ساتۋر" گە قاراڭز.

氮(杂)茚满寅叉 "ينڭول ساتۋر" گە قاراڭز.

氮族　nitrogen family ازوت گرۋپپاسى، ازوت توبى

氮族元素　nitrogem family element ازوت گرۋپپاسىنداعى ەلەمەنتتەر

dang

当归酸　angelic acid(= angelica acid)　$CH_3CH:C(CH_3)COOH$ ،انگەل قىشقىلى
سەبزەعى قىشقىلى

当归油　angelica oil انگەل مايى، سەبزەعى مايى

当量　equivalent ەكۆيۆالەنت

当量比例(定)律　law of equivalent proportions ەكۆيۆالەنتتىك سالىستىرما
زاڭى

当量长度　equivalent length ەكۆيۆالەنتتىك ۇزىندىق

当量点　equivalent point ﻪﻛﯚﻳﯟﺍﻟﻪﻧﺘﺘﺎﻙ ﻧﯚﻛﺘﻪ

当量电导(率)　equivalent conductance ﻪﻛﯚﻳﯟﺍﻟﻪﻧﺘﺘﺎﻙ ﺗﻮﻙ ﻭﺗﻜﻤﺰﯞ (ﺷﺎﻣﺎﺳﻰ)

当量电荷　equivalent charge ﻪﻛﯚﻳﯟﺍﻟﻪﻧﺘﺘﺎﻙ ﺯﺍﺭﻳﺎﺩ

当量定律　eqnivalent law ﻪﻛﯚﻳﯟﺍﻟﻪﻧﺖ ﺯﺍﯕﻰ

当量甘汞电极　normal calomel electrod ﻧﻮﺭﻣﺎﻝ ﻛﺎﻟﻮﻣﻪﻝ (ﻛﻪﭘﺮﻩﺵ)
ﻩﻟﻪﻛﺘﺮﻭﺩ

当量化学　equivlent chemistry ﻪﻛﯚﻳﯟﺍﻟﻪﻧﺘﺘﺎﻙ ﺣﻴﻤﻴﺎ

当量混合物　equivalent mixture ﻪﻛﯚﻳﯟﺍﻟﻪﻧﺘﺘﺎﻙ ﻗﻮﺳﭙﺎ

当量浓度　equivalent concentration ﻪﻛﯚﻳﯟﺍﻟﻪﻧﺘﺘﺎﻙ ﻗﻮﻳﯘﻟﺴﻖ

当量气压　equivalent air pressure ﻪﻛﯚﻳﯟﺍﻟﻪﻧﺘﺘﺎﻙ ﺋﺎﯞﺍ ﻗﯩﺴﯩﻤﻰ

当量溶液 ."规度溶液" ﮔﻪ ﻗﺎﺭﺍﯕﯩﺰ.

当量直径　equivalent diameter ﻪﻛﯚﻳﯟﺍﻟﻪﻧﺖ ﺩﻳﺎﻣﻪﺗﺮ

当量重量　equivalent weight ﻪﻛﯚﻳﯟﺍﻟﻪﻧﺘﺘﺎﻙ ﺳﺎﻟﻤﺎﻕ

dao

刀豆氨酸　canavanine　$H_2NCNHOCH_2CH_2CH(NH_2)COOH$ ﻛﺎﻧﺎﯞﺍﻧﻴﻦ

刀豆氨酸酶　canavanase ﻛﺎﻧﺎﯞﺍﻧﺎﺯﺍ

刀豆球蛋白(阮)　concanavalin ﻛﻮﻧﻜﺎﻧﺎﯞﺍﻟﻴﻦ

刀豆素　canavalin ﻛﺎﻧﺎﯞﺍﻟﻴﻦ

刀豆酸　canaline　$H_2NOCH_2CH_2CH(NH_2)COOH$ ﻛﺎﻧﺎﻟﻴﻦ

氘　denterium　(^2H) ﺩﻩﻳﺘﻪﺭﻱ (ﺋﺎﯕﺮ ﺳﯘﺗﻪﻙ)

氘核　deuteron ﺩﻩﻳﺘﻪﺭﻭﻥ

氘键　deuterium bond ﺩﻩﻳﺘﻪﺭﻳﻠﻚ ﺑﺎﻳﻼﻧﺲ

氘氯仿　deuteriochloroform ﺩﻩﻳﺘﻪﺭﻱ ﺣﻠﻮﺭﻭﻓﻮﺭﻡ

导电　electric conduction ﺗﻮﻙ ﺋﯚﺗﯚ، ﻩﻟﻪﻛﺘﺮ ﻭﺗﻜﻤﺰﯞ

导电玻璃　conductive glass ﺗﻮﻙ ﻭﺗﻜﻤﺰﻩﺗﯩﻦ ﺋﻴﻨﻪﻙ (ﺷﻨﻰ)

导电材料　conducting material ﺗﻮﻙ ﻭﺗﻜﻤﺰﻩﺗﯩﻦ ﻣﺎﺗﻪﺭﻳﺎﻟﺪﺍﺭ

导电高分子　conductive macromdecule, conductive polymer ﺗﻮﻙ
ﻭﺗﻜﻤﺰﻩﺗﯩﻦ ﻣﻮﻟﻪﻛﯘﻻﻻﺭ

导电水　conductivity water ﺗﻮﻙ ﻭﺗﻜﻤﺰﻩﺗﯩﻦ ﺳﯘ

导电塑料　conductive plastic ﺗﻮﻙ ﻭﺗﻜﻤﺰﻩﺗﯩﻦ ﺳﯘﻟﻴﺎﯞﻻﺭ (ﭘﻼﺳﺘﻴﻜﺘﻪﺭ)

导电体　conductor(= conductive body) ﺗﻮﻙ ﻭﺗﻜﻤﺰﻩﺗﯩﻦ ﺩﻩﻧﻪ

导电系数　thermal conductivity　توك وتكمزۇ كوەففيتسەنتى

导电橡胶　conductive rubber　توك وتكمزەتىن كاۋچۇك

道尔顿定律　Daltan′s Law　دالتون زاڭى

道尔顿式化合物　Daltonian compound, Daltonide　،دالتون قوسىلمىسى دالتونيت

道益氏酸　doisynolic acid　دويسينول قمشقىلى

稻瘟净　kitazin　كيتازين

稻瘟素 S　blasticidin S　بلاستيتسيدين S

de

德拜 - 休克耳方程式　Debie - Hilckel equation　دەبيە ـ گيگەل تەڭدەۋى

德比红　Derby red　دەربي قىزىلى

德次卡因　decicain　دەتسيكاين

德国橙　German orange　گەرمانيا قىزعەلت سارىسى

德国凡士林　German vaseline　گەرمانيا ۋازەلينى

德国硅藻土　German kieselgulir　گەرمانيا دياتوميتى

德国黑　German black　گەرمانيا قاراسى

德国硝石　German saltpetre　گەرمانيا سەليتراسى

德国银　German silver　گەرمانيا كۇمسى، مەلحيور

德美罗　demerol　دەمەرولى

德纳霉素　denamycin　دەنامىتسين

锝(Tc)　tehnetium　تەحنەتسي (Tc)

deng

灯黑　lamp black　كۇيە (لامپا كۇيەسى)

灯试法　lamp test　لامپا سىناعى

登纳比(炸)药　Denaby powder　دەنايي ۇنتاعى (قوپارعىش ٴداري)

登尼尔　denier　دەنيەر

等　iso -　يزو ـ (گرەكشە)، تەڭ، بىردەي، بىركەلكى

等电沉淀　isoelectric precipitation　تەڭ ەلەكترلىك تۇنبا

等电点　isoelectric point　تەڭ ەلەكترلىك نۇكتە

等电子的	isoelectroic	تەڭ ەلەكترووندى
等电子原子	isoelectronic atom	تەڭ ەلەكترووندى اتومدار
等分子的	equimolecular	تەڭ مولەكۇلالى
等分子量	equimolecular quantity	تەڭ مولەكۇلالىق سالماق
等分子量蛋白质(朊)	homomolecular protein	تەڭ مولەكۇلالى بەلوك (پروتەين)
等规	isotactic	يزوتاكتيك
等规聚丙烯	isotactic polypropylen	يزوتاكتيك پوليپروپيلەن
等规聚丙烯纤维	isotactic polypropylene fiber	يزوتاكتيك پوليپروپيلەندى تالشىق
等规聚合物	isotactic polymer	يزوتاكتيك پوليمەرلەر، يزوتاكتيكالىق پوليمەرلەر
等环母核	isocyclic stem – nucleus	تەڭ ساقينالى انا يادرو
等价	equivalence	تەڭ ۋالەنتتىك
等力(定)律	isodinamic law	تەڭ كۇش زاڭى
等离子点	iso – ionic point	تەڭ يوندىق نۇكتە
等离子体	plasma	تەڭ يوندى دەنە، پلازمالىق دەنە
等粘度液体	isorheic liquid	تۇتقىرلىق دارەجەسى تەڭ سۇيىقتىقتار
等凝胶	isogel	يزوگەل، يزوسىرنە
等氢离子浓度	isohydric concentration	سۇتەگى يونى تەڭ قويۇلىق
等氢离子溶液	isohydric solution	سۇتەگى يونى تەڭ ەرىتىندىلەر
等溶胶	isosol	يزوزول، يزوكەرنە
等熵变化	isoentropic change	تەڭ ەنتروپيالىق وزگەرىس
等熵过程	isoentropic process	تەڭ ەنتروپيالىق بارس
等渗压	isotonic(isosmotic)pressure	تەڭ ٴوسكىمدى (وسموستىق) قىسىم
等渗(压)浓度	isotonic concentration	تەڭ ٴوسكىمدى (وسموستىق) قويۇلىق
等渗(压)溶液	isotonic(isoosmotic)solution	تەڭ ٴوسكىمدى (وسموستىق) ەرىتىندى
等同周期	identity period	ۇقساس پەريود
等温变化	isothermal change	يزوتەرميالىق وزگەرىس
等温膨胀	isotherml expansion	يزوتەرميالىق كەڭەيۇ
等温吸收	isothermal absorption	يزوتەرميالىق ابسورىبتسيا
等温压缩	isothermal compression	يزوتەرميالىق سعەلۇ

等温蒸馏 isothermal distillation	ىزوتەرمىالىق بۇلاندىرىپ ايداۋ
等压变化 isobaric change	تەڭ قىسىمدى ۇزگەرىس
等(原子数)环化合物 isocyclic compound	تەڭ ساقىنالى قوسىلىستار
等中子(异位)素 isotone	ىزوتون

di

低 sub, hypo	سۇب (الاتىنشا) ــ، گىپو (گرەكشە) ــ، تومەن، از
低倍物镜 low power objective	تومەن ەسەلى وبيەكتيۆ (ميكروسكوپتا)
低比重燃料 low – gravity fuel	مەنشىكتى سالماعى تومەن جانار زاتتار
低胆烷 norcholane	نورحولان
低氮硝化纤维素	"焦木素" گە قاراڭىز.
低碘化合物 subiodide	تومەن ۆالەنتتى يود قوسىلىستارى
低碘化物	"低碘化合物" گە قاراڭىز.
低分子的 low molecular	تومەن مولەكۇلالى
低分子聚合物 low molecular polymer	تومەن مولەكۇلالى پوليمەرلەر
低分子量 low molecular weight	تومەن مولەكۇلالى سالماق
低分子量化合物 low molecular weight compound	مولەكۇلالىق سالماعى تومەن قوسىلىستار
低沸化合物 low boiler	قايناۋ نۇكتەسى تومەن قوسىلىستار
低氟化物 subfluoride	تومەن ۆالەنتتى فتور قوسىلىستارى
低汞化合物 mercurous compounds	تومەن ۆالەنتتى سناپ قوسىلىستارى
低共熔冰盐合晶	"冰盐" گە قاراڭىز.
低共熔冰盐结晶	"冰盐" گە قاراڭىز.
低共熔冰盐结晶点	"冰盐点" گە قاراڭىز.
低共熔的 eutectic	ەۆتەكتيكتى، ەۆتەكتيكالىق
低共熔点 eutectiv point	ەۆتەكتيكالىق نۇكتە
低共熔合金 eutectic alloy	ەۆتەكتيكالىق قورىتپا
低共熔混合物 eutectic mixture	ەۆتەكتيكالىق قوسپا
低共熔平衡 eutectic equilibrium	ەۆتەكتيكالىق تەپە ــ تەڭ
低共熔态 entectic state	ەۆتەكتيكالىق كۇي
低共熔温度 eutectic temperature	ەۆتەكتيكالىق تەمپەراتۇرا
低合金 lawer alloy	

قوسپاسى از قورنتپا

低合金钢　lower alloyed steel　　　قوسپاسى از بولات

低级醇　lower alcohol　　　تومەن دارەجەلەى سپيرتتەر

低级低共熔的　hypo – eutectic　　تومەن دارەجەلى ھۆتەكتيكالىق

低级低共熔体　hypo entectic　　تومەن دارەجەلى ھۆتەكتيكالىق دەنە

低级煤气　low grade gas　　　تومەن دارەجەلى كومىر گازى

低级汽油　low – test gasoline　　تومەن دارەجەلى بەنزين

低级燃料　low grade fuel　　تومەن دارەجەلى جانار زاتتار

低级酸　lower acid　　　تومەن دارەجەلى قشقىلدار

低级糖　low grade sugar　　تومەن دارەجەلى قانتتار

低级同系物　lower homologue　　تومەن دارەجەلى گومولوكتار

低级烷烃　lower paraffin hydrocarbons　تومەن دارەجەلى الكاندار

低级物　lower member　　　تومەن دارەجەلى زاتتار

低级无烟煤　low rank anthracide　تومەن دارەجەلى تۆتىنسىز كومىر

低级烟煤　low rank bitumite　تومەن دارەجەلى ٴتۇتىندى كومىر

低价化合物　low valent compound (subcompound)　تومەن ۆالەنتتى
قوسىلمىستار

低级金属盐　proto salt　تومەن ۆالەنتتى مەتال تۇزدارى

低聚糖　loigosaccharide　وليگوساحاريدەر

低聚物　　　"低分子聚合物" گە قاراڭىز.

低卡煤气　low heating valuegas　تومەن كالوريالى كومىر گازى، جەلۇى از
كومىر گازى

低卡值　lower colorific value　كالوريا ٴمانى تومەن

低磷酸　hypophosphoric acid　تومەن ۆالەنتتى فوسفور قشقىلى

低硫燃料　low salfur fuel　كۇكىرتى از جانار زاتتار

低硫化(作用)　cold vulcanization　تومەن تەمپەراتۋرادا (سۇۋقتا) كۇكىرتتەۋ

低卤化物　subhalide　تومەن ۆالەنتتى گالوگەن قوسىلمىستارى

低氯化物　subchloride　تومەن ۆالەنتتى حلور قوسىلمىستارى

低密度聚乙烯　low density polyethylene　تعمزدعى تومەن پوليەتيلەن

低绵马碱　deaspidin　دەاسپيدين

低能磷酸键　energy poor phosphate bond　تومەن ەنەرگيالى فوسفور
قشقىلدىق بايلانىس

低凝液体　low freezing liqulid　قاتۇ نۇكتەسى تومەن سۇيىقتىق

低热值气体　low btu gas　جىلۇ ئمانى تومەن گاز

低熔合金　low melting alloy　ناشار بالقيتىن قورىتپا

低肮单元　protein sub‑unit　بەلوك از بولەك (بولەك)

低渗溶液　hypotonic solution　سىڭمەدىلگى تومەن ەرىتسندى

低水合物　lower hydrate　تومەن دارەجەلى گيدرات

低速反应　low‑rate reaction　تەزدىگى تومەن رەاكسيالار

低酸度硫酸　lower acidity sulfuric acid　قشقلدىق دارەجەسى تومەن كۆكەرت قشقلى

低碳钢　low carbon steel　كومەرتەك از بولات

低温沉淀　low temperature sludge　تومەن تەمپەراتۇرادا تۇنباعا ئتۆسۇ (شوگۆ)

低温处理　low temperature treatment　تومەن تەمپەراتۇرادا وگدەۇ

低温脆性　cold brittleness, cold shortness　سۇقتا مورتتەلمق

低温干馏　low temperatuye distillation　تومەن تەمپەراتۇرادا قۇرعاق ايداۇ

低温干燥法　cold drying　سۇقتا قۇرعاتۇ

低温化学　cryochemistry　تومەن تەمپەراتۇرالق حيميا

低温计　cryometer　كريومەتر، تومەن تەمپەراتۇرالى ولشەگىش

低温甲酚　low temperature cresol　تومەن تەمپەراتۇرالى كرەزول

低温焦炭　low temperature coke　تومەن تەمپەراتۇرالى كوكس

低温焦油　low temperature tar　تومەن تەمپەراتۇرالى كوكس مايى

低温焦油化　cold tarring　تومەن تەمپەراتۇرادا كوكس ماينا اينالدىرۇ

低温聚合　low temperature polymerization　تومەن تەمپەراتۇرادا پوليمەرلەنۇ

低温(聚合)橡胶　low temperature rubber　تومەن تەمپەراتۇرادا پوليمەرلەنگەن كاۋچوك

低温硫化橡胶　cold rubber　تومەن تەمپەراتۇرادا كۆكەرتتەنگەن رازىنكە

低温硫酸处理　low temperature sulfuric acid treatment　تومەن تەمپەراتۇرادا كۆكەرت قشقلمەن وگدەۇ

低温碳化(作用)　low‑temperature carbonization　تومەن تەمپەراتۇرادا كومەرتەكتەنۇ

低温温度计　low reading thermometer　تومەن تەمپەراتۇرالق تەرمومەتر

低温氧化　low temperature oxidation　تومەن تەمپەراتۇرادا توتعۇ

低温蒸馏　low‑temperatuve distillation　تومەن تەمپەراتۇرادا بۇلاندىرىپ ايداۇ

低橡胶混合物　low‑temperature compound　تومەن دارەجەلى كاۋچوك قوسپاسى

低溴化物　protobromide　تومەن ۋالەنتتى بروم قوسىلمىستارى

低压聚乙烯　low‐pressre polyethylene　تومەن قىسىمدا پولىمەرلەنگەن تىلەن

低氧化物　suboxidel(＝protoxide)　تومەن توتىقتار

低质煤　inferior coal　ساپاسى تومەن كومىر

低质燃料　infevior fuel　ساپاسى تومەن جانار زاتتار

滴阿宋　diason　دىازون

滴滴滴　DDD　1 ـ دىحلوروەتان

滴滴甲烷　DDM　DDM ـ ۋساق مەتان

滴滴涕　DDT(＝dichloro diphenyl trichloroethane)　DDT ـ زىاندى جاندىكتى ولتىرەتىن ٴداەرى

滴滴畏　DDV　DDV ـ ٴۇلى ٴداەرى

滴滴乙酸　DDA　DDA ـ ۋساق سىركە قشقىلى

滴点　dropping point　تامىزۋ نۇكتەسى

滴定　titration　تامىزۋ، تامشىلاتۋ

滴定度　titer(＝titre)　تامىزۋ دارەجەسى

滴定法　titrimetric method　تامىزۋ ٴادىسى

滴定分析　titrimetric analysis　تامىزىپ تالداۋ

滴定管　buret(burette)　تامىزۋ تۇتىگى

滴定率　"滴定度" گە قاراڭىز.

滴定曲线　titration curve　تامىزۋ قىيسىق سىزىعى

滴定液　titer solution　تامىزۋ ەرتىندىسى

滴定指数　titration exponenet　تامىزۋ كورسەتكىشى

滴定装置　titration apparatus　تامىزۋ قوندىرعىسى

滴汞电极　dropping mercury electrode　سىناپ تامىزۋ ەلەكترودى

滴汞阴极　dropping mercury cathode　سىناپ تامىزۋ كاتوتى

滴管　dropper　تامىزۋ تۇتىگى، تامشىلاتۋ تۇتىگى

滴皿　dropping vessel　تامىزۋ ىدىسى

滴瓶　dropping bottle　تامىزۋ كولباسى

滴液　dropping liquid　تامىزۋ سۇيىقتىعى

滴液电极　dropping electrode　سۇيىقتىق تامىزۋ ەلەكترودى

滴液漏斗　dropping funnel　سۇيىقتىق تامىزۋ ۆورونكاسى

滴液吸移管　dropping pipette　سۇيىقتىق تامىزۋ پىپەتكاسى

镝(Dy) dysprosium	ديسپروزي (Dy)
的确凉(良)	"涤克纶" گه قاراڭىز.
狄安宁 dianin	ديانين
狄奥宁 dionine	ديونين
狄布卡因 dibucaine	ديبۇكاين
狄尔斯－阿德耳反应 Diels－Alder reaction	ديەلس الدەر رەاكسياسى
狄戈辛 digoxinum	ديگوكسين
狄古毒辛 digitoxine	ديگيتوكسين
狄卡普林 decapryn	دەكاپرين
狄克 dic－	ديك (بيولوگيالىق ءسلتى)
狄克胺	"白藓胺" گه قاراڭىز.
狄克毛金 dismulgan Ⅲ	ديسمۇلگان Ⅲ
狄萨雷 disacryl	ديساكريل
狄氏剂 dieldrin	ديەلدرين
敌百虫 dipterex(＝trichlorophon)	ديپتەرەكس
敌稗 propanyl	پروپانيل
敌稗因 wydac	ۋيداك
敌草隆 diuron	ديۇرون
敌稻瘟 thannite(＝terpinyl)	تاننيت، تەرپينيل
敌敌畏 DDV	فوسۇڭيت
敌恶磷 dioxathion	ديوكساتيون
敌克松 dexon	دەكسون
敌螨死 chlorphenetol	حلورفەنەتول
敌嘧菌 dimethirimol	ديمەتيريمول
敌灭生 dimexan	ديمەكسان
敌鼠 diphacinone	ديفاتسينون
敌死通 disulfoton	ديسۇلفوتون
敌蝇威 dimetilan	ديمەتيلان
涤克纶 dacron	داكرون
涤纶	"特丽纶" گه قاراڭىز.
迪阿莫克斯 diamox	دياموكس
迪布罗明 dibromin	ديبرومين
迪吉毒	"毛地黄毒素" گه قاراڭىز.

迪吉陶宁	"毛地黄皂甙" گه قاراڭــز.
迪吉陶配质	"毛地黄甙配质" گه قاراڭــز.
迪吉皂化物	"毛地黄皂甙化物" گه قاراڭــز.
迪克曼反应 Dieckmann reaction	ديەكمان رەاكسياسى
迪马宗 dimazon	ديمازون
迪姆罗冷凝器 Dimroth condenser	ديمروت سوتقتقشى
底肥 base fertilizer	نەگــزگى تەڭايتقش، ئوپ تەڭايتقش
底片 negative	نەگاتيۋ
底片红	"频哪氰醇" گه قاراڭــز.
底物 substrate	سۇبسترات، تۇپكى زات، نەگــزگى زات
底物浓度 substrate concentration	سۇبسترات قويۇلغىلعى
地安磷 mephospholan	مەفوسفولان
地奥酚 diosphenol	ديوسفەنول
地奥碱 dioscorine	ديوسكورين
地奥精酮 diosgenone	ديوسگەنون
地奥明 diosmin	ديوسمين
地奥配质 diosgenine	ديوسگەنين
地奥素 dioscin	ديوزتسين
地奥酸 diosellinic acid	ديوسەللين قشقــلى
地奥亭 diosinetin	ديوسمەتين
地巴唑 dibazolum	ديبا زول
地高辛 digoxin	ديگوكسين
地高辛配质 digoxigenin	ديگوكسيگەنين
地谷新	"地高辛" گه قاراڭــز.
地谷新配质	"地高辛配质" گه قاراڭــز.
地芰毒	"毛地黄毒素" گه قاراڭــز.
地芰毒配质	"毛地黄毒配质" گه قاراڭــز.
地芰毒糖	"毛地黄毒素糖" گه قاراڭــز.
地芰毒糖化物 digitoxosides	ديگيتوكسوزيد
地芰宁 diginin	ديگينين
地芰他灵	"毛地黄甙" گه قاراڭــز.
地芰陶宁	"毛地黄皂甙" گه قاراڭــز.

地芰陶配质		"毛地黄甙配质" گه قاراڭز.
地芰烷醇	digitanol	ديگيتانول
地芰叶英	digifolein	ديگيفولەين
地芰皂化物		"毛地黄皂甙化物" گه قاراڭز.
地卡因	dicain	ديكاين
地咖油	dica oil	ديكا مايى
地咖脂	dika fat	ديكا مايى
地可松	dexon	دەكسون
地蜡	mineral wax(＝earth wax)	مينەرال بالاۋزى، جەر بالاۋزى
地蜡黄	ozekerite yellow	جەر بالاۋزى سارسى
地沥青	aspalt(＝bitumen)	اسپالت، بيتۇم
地仑丁钠	dilantin sodium	ديلانتين ناتري
地麦丹	demetan	دەمە تان
地麦冬	demedon	دەمەدون
地麦威		"地麦丹" گه قاراڭز.
地霉素	terramycin	تەررامىتسىين
地霉素盐酸盐	terramycin hydrochloride	تەررامىتسىيندى تۇز قىشقىلىنىڭ تۇزدارى
地霉酸	terracinoic acid	تەررامتسىين قىشقىلى
地帕油	dippelis oil	ديپپەل مايى، سۇيەك كوكس مايى
地球化学	geochemistry	گەو حيميا
地球霉素	geodin	گەودين
α－地位	alpha－position	α － ورىن
地亚农	diazinon	ديازينون
地衣淀粉	lichenstarach(＝lichenin) $C_6C_{10}O_5$	قىنا كراحمالى
地衣酚	lichen phenol	قىنا فەنول
地衣红		"苔红素" گه قاراڭز.
地衣红素	erythrin	ەريترين
地衣聚糖	lichenin	ليچەنين
地衣聚糖酶	lichenase	ليچەنازا
地衣蓝	lacmus	لاكمۇس
地衣那酸	usnaric acid $C_{30}H_{22}O_{15}$	ۇسنار قىشقىلى
地衣酸	usic acid $C_{18}H_{16}O_7$	

قىنا قىشقىلى

地衣型素	licheniformin	قىنا فورمىن
地衣硬酸	lichestearinic acid	قىنا ستەارىن قىشقىلى
地衣紫	orchil, orchella, persio	قىنا كۆلگىنى
地榆精醇	sanguisorbigenol	جەر بوياۆلىق سوربىگە نول
地榆配质	sangui sorbigenin	جەر بوياۆلىق سوربىگەنىن
地质化学	geological chemistry	گەولوگىيالىق حىمىا
帝王灵	imperaline	يمپەريالىن
递氢体	hydrogen carrier	سۆتەكتى تاسۆشى دەنە
递氧体	oxygen carrier	وتتەكتى تاسۆشى دەنە
第一参比燃料		"正标准燃料" گە قاراڭىز.
第一电离能	the firet ionization energy	ٴبىرىنشى يوندانۆ ەنەرگىياسى
蒂巴酚	thebaol $C_{16}H_{13}O_3$	تەباول
蒂巴因	thebaine $C_{19}H_{21}O_3N$	تەباين
蒂巴因酚	thebainol	تەباينول
蒂巴因碱	thebain	تەباين
蒂巴因酮	thebainone	تەباينون
蒂奔酚	thebenol	تەبەنول
蒂奔酮	thebenone	تەبەنون
蒂可定	thecodine	تەكودىن
缔合	associate, association	اسوتسياتسيا، اسوتسياتسيالاۋ
缔合反应	associated (association) reaction	اسوتسياتسيالاۋ رەاكسياسى
缔合分子	associated molecule	اسوتسياتسيالانعان مولەكۆلا
缔合聚合	association polymer	اسوتسياتسيالانعان پوليمەر
缔合离子	associated ion	اسوتسياتسيالانعان يون
缔合热	association heat	اسوتسياتسيالاۋ جىلۆى
缔合液体	associated liquid	اسوتسياتسيالانعان سۇيىقتىق
缔合作用	associating	اسوتسياتسيالاۋ
碲 (Te)	tellurium	تەللۆر (Te)
碲代磺酸	telluronic acid	تەللۆرون قىشقىلى
碲代酸	tellurium acid	تەللۆرلى قىشقىل
碲代亚磺酸	tellurinic acid	تەللۆرين قىشقىلى
碲根	telluride	تەللۆرىد

碲化铋	bismuth telluride		تەللۇرلى بىسمۇت
碲化镉	cadmium telluride		تەللۇرلى كادمى
碲化钴	cobaltous telluride		تەللۇرلى كوبالت
碲化铅	tead telluride		تەللۇرلى قورعاسىن
碲化氢	hydrogen telluride	H_2Te	تەللۇر سۇتەك
碲化物	telluride		تەللۇرىدتەر، تەللۇر قوسىلىستارى
碲化锌	zinc telluride		تەللۇرلى مىرش
碲化亚铁	ferrous telluride	$FeTe$	ئبىر تەللۇرلى تەمىر
碲化亚铜	cupros telluride	Cu_2Te	ئبىر تەللۇرلى مىس
碲化银	silver telluride	Ag_2Te	تەللۇرلى كۇمۇش
碲基 (Te)	telluro −		تەللۇرو ـ
碲醚	telluride		تەللۇرىد
碲酸	telluric acid	H_2TeO_4	تەللۇر قىشقىلى
碲酸铵	ammonium tellurate	$(NH_4)_2TeO_4$	تەللۇر قىشقىل ئاممونى
碲酸根	tellurate radical		تەللۇر قىشقىلىنىڭ قالدىعى (رادىكالى)
碲酸钾	potassium tellurate	K_2TeO_4	تەللۇر قىشقىل كالي
碲酸钠	sodium tellurate	Na_2TeO_4	تەللۇر قىشقىل ناتري
碲酸盐	tellurate		تەللۇر قىشقىلىنىڭ تۇزدارى
碲酸酯	tellurate		تەللۇر قىشقىل ەستەرى
碲鎓	telluronium	R_3Te^+	تەللۇرونىيۇم

dian

颠茄定	bellaradine	بەللارادىن
颠茄碱		"阿托品" گە قاراڭىز.
颠茄宁	belladonnine	بەللادوننىن
颠茄素	atropine	اتروپىن
颠茄酮		"托品酮" گە قاراڭىز.
颠茄叶素	bellafoline	بەللافولىن
点滴反应	drop reaction	تامىزۇ رەاكسىياسى
点滴分析	spot analysis	تامىزىپ تالداۇ
点滴漏斗	dropping funnel	تامىزۇ ۇرونكاسى

点滴试验　drop test　تامزرۇ سنامى

点电荷　point charge　اقىرعى زارياد

碘 (I)　iodium　يود (I)

碘苯　"碘代苯" گه قاراڭز.

碘苯酚　iodophenol　يودتى فەنول

碘苯甲酸　iodo‐benzoic acide　IC_6H_4COOH　يودتى بەنزويبى قىشقىلى

碘苯腈　ioxynil　يوكسينيل

碘吡啦啥　iodopyracetum　يودتى پيراتسەت

碘苄基溴　iodobenzyl bromide　يودتى بەنزيل بروم

1‐碘丙醇　"碘代异丙醇" گه قاراڭز.

3‐碘丙醇‐[1]　"丙撑碘醇" گه قاراڭز.

3‐碘丙二醇　3‐iodo propandiol　$CH_2ICHOHCH_2OH$　3 ـ يودتى پروپانديول

3‐碘丙炔‐[1]　3‐iodo propenene‐[1]　3 ـ يودتى پروپەنەن (1)

碘丙酸　iodopropionic acid　يودتى پروپيون قىشقىلى

碘丙酮　iodoacetone　ICH_2COCH_3　يودتى اتسەتون

碘丙烷　"丙基碘" گه قاراڭز.

1‐碘丙烷　1‐iodopropane　$CH_3CH_2CH_2I$　1 ـ يودتى پروپان

2‐碘丙烷　2‐iodo propane　CH_3CHICH_3　2 ـ يودتى پروپان

碘丙烯　iodopropylene　يودتى بروپيلەن

3‐碘丙烯‐[1]　"烯丙基碘" گه قاراڭز.

碘醇　iodohydrin　يودتى گيدرين

碘醋酸　iodoacetic acid　CH_2ICOOH　يودتى سىركە قىشقىلى

碘醋酸乙酯　ethyl iodoacetate　$ICH_2CO_2C_2H_5$　يودتى سىركە قىشقىل ەتيل ەستەرى

碘代　iodo　يودو، يودتى

碘代氨基酸　iodo‐amino acid　$NH_2RICOOH$　يودتى امينو قىشقىلى

碘代百里酚　iodo‐thymol　$C_{10}H_{13}OI$　يودتى تيمول

碘代苯　iodo‐benzene　C_6H_5I　يودتى بەنزول

碘代丁烷　"丁基碘" گه قاراڭز.

碘代二甲苯　xylene iodide　$IC_6H_3(CH_3)_2$　يودتى كسيلەن

碘代呋喃　iodo‐furan　C_4H_3OI　يودتى فۇران

n－碘代琥珀酰亚胺	n－iodosuccinimide	

n ـ يودتى سۆكتسينينميد

碘代环己醇	iodocyclohexanol	$HOC_6H_{10}I$

يودتى ساقينالى گەكسانول

碘代环己烷	iodo cyclohexane	$C_6H_{11}I$

يودتى ساقينالى گەكسان

碘代甲烷　iodomethane　CH_3I

يودتى مەتان

碘代甲烷－t　iodomethane－t　CH_2TI

يودتى مەتان ـ t

碘代醚　iodo ether

يودتى ەفير

碘代萘

"萘基碘" گە قاراڭز.

碘代三硝基甲烷　iodo trinitromethane　$IC(NO_2)_3$

يودتى ترينيترومەتان

1－碘代十八碳烷

"十八(烷)基碘" گە قاراڭز.

碘代水杨酸　iodo－salicylic acid

يودتى ساليتسيل قشقلى

1－碘代戊烷　1－iodopentane　$CH_3(CH_2)_3CH_2I$

1 ـ يودتى پەنتان

2－碘代戊烷　2－iodopentane　$C_3H_7CHICH_2$

2 ـ يودتى پەنتان

碘代酰基碘　iodocyl iodide

يوداتسيل يود

碘代酰基氟　iodocyl fluoride

يوداتسيل فتور

碘代酰基卤　icdocyl halide

يوداتسيل گالوگەن

碘代酰基氯　iodocyl chloride

يوداتسيل حلور

碘代酰基溴　iodocyl bromide

يوداتسيل بروم

碘代氧杂茂

"碘代呋喃" گە قاراڭز.

碘代乙烯

"乙烯基碘" گە قاراڭز.

碘代异丙醇　iodo－isopropyl alcohol　$CH_2ICHOHCH_2$

يودتى يزوپروپويل سپيرتى

碘代脂族化合物　iodo－aliphatic compound

يودتى ماي گرۆپپاسنداعى قوسلىستار

碘代酯　iodo－ester

يودتى ەستەر

碘单质　oidine

يود جاي زاتى

碘淀粉反应　starch－iodin reaction

يود ـ كراحمال رەاكسياسى

2－碘丁烷

"另丁基碘" گە قاراڭز.

碘丁香酚　iodo－eugenol

يودتى ۆگەنول

碘酊　inctura iodi

يود تۇنباسى

碘仿　iodoforme

يودوفورم

碘仿反应　iodoform reaction

يودوفورم رەاكسياسى

碘仿试验　iodoform test

يودوفورم سناعى

碘粉酶　amylase

اميلازا

β － 碘粉酶　amylase　　　　　　　　　　　　　　　β ـ اميلازا

碘粉酞　iodophthalein　　　　　　　　　　　　يودتى فتالەين

碘甘油　glycerin iodohydrin　　CH₂ICHOHCH₂OH　　گليتسەرين يودوگيدرين

1－碘庚烷　1－iodoheptane　　　　　　　　　1 ـ يودتى گەپتان

碘汞基苯　iodo－mercur－benzene　　HgC₆H₅　　يود ـ سناپتى بەنزول

碘汞基苯酚　iodo mercury phenol　　HgIC₆H₄OH　　يود سناپتى فەنول

碘汞酸钾　iodomercurate potassium　　K₂[HgI₄]　　يودتى سناپ قشقەمل كالي

碘汞酸盐　iodomercurate　　　يودتى سناپ قشقەملننىڭ تۇزداري

碘化　iodinate, iodizate　　　　　　　　　　　يود تاڭۇ

碘化氨络亚金　aurous ammino iodide　　[Au(NH₃)]I　　ئبر يودتى امموني التىن

碘化铵　ammonium iodide　　NH₄I　　　　　يودتى امموني

碘化钡　barium iodide　　BaI₂　　　　　　　يودتى باري

碘化铋　bismuthous iodide　　　　　　　　يودتى بيسمۇت

碘化丙烯　propylene iodide　　CH₃CHICH₂I　　يودتى پروپيلەن

碘化铂　platinic iodide　　PtI₄　　　　　　يودتى پلاتينا

碘化氮　nitrogen iodide　　　　　　　　　يودتى ازوت

碘化低价物　　　　　　　"低碘化物" گە قاراڭىز.

碘化碲　tellurium iodide　　　　　　　　يودتى تەللۇر

碘化碲鎓　telluronium iodide　　R₃TeI　　يودتى تەللۇرونيۇم

碘化淀粉　iodized starch　　　　　　　يودتى كراحمال

碘化淀粉试纸　iodiled starch paper　　يودكراحمالدى قاغاز

碘化钙　calcium iodide　　CaI₂　　　　يودتى كالتسي

碘化锆　zirconium iodide　　　　　　يودتى زيركوني

碘化镉　cadmium iodide　　CdI₄　　　يودتى كادمي

碘化汞　mercuric iodide　　HgI　　　يودتى سناپ

碘化汞钾　potassium mercuric iodide　　K(HgI₃)　　يودتى سناپ ـ كالي

碘化钴　cobaltous iodide　　CoI₂　　يودتى كوبالت

碘化合物　iodic compound　　　يود قوسىلىستاري

碘化剂　iodating (iodizating) agent　　يودتاعمش اگەنت

碘化钾　potassium iodide　　KI　　يودتى كالي

碘化钾淀粉(试)纸　potassium iodide starch(tese)paper　　يودتى كالي ـ

كراحمالدى (سناعمش) قاغاز

碘化金	auric iodide	AuI₃

碘化金　auric iodide　AuI₃　يودتى التسن

碘化金钾　potassium auric icdide　K[AuI₄]　يودتى التسن ـ كالي

碘化钪　scandium iodide　ScI₃　يودتى سكاندي

碘化镧　lanthanum iodide　LaI₃　يودتى لانتان

碘化酪氨酸　tyrosine iodide　يودتى تيروزين

碘化锂　lithium iodide　LiI　يودتى ليتي

碘化鏻　phosphonium iodide　R₄PI　يودتى فوسفون

碘化磷　phosphorous iodide　يودتى فوسفور

碘化锍　sulfonium iodide　R₃SI　يودتى سۇلفون

碘化铝　aluminium iodide　AlI₃　يودتى الۇمىن

碘化镁　magnesium iodide　MgI₂　يودتى ماگنى

碘化钼　molybdenum iodide　يودتى موليبدەن

碘化钠　sodium iodide　NaI　يودتى ناترى

碘化镍　nickelous iodide　NiI₂　يودتى نيكەل

碘化钕　neodymium iodide　NdI₃　يودتى نەودىم

碘化硼　boron iodide　BI₃　يودتى بور

碘化铍　beryllium iodide　BeI　يودتى بەريللى

碘化镨　praseodymium iodide　PrI₃　يودتى برازەودىم

碘化铅　lead iodide　PbI₂　يودتى قورعاسىن

碘化氢　hydrogen iodide　HI　يودتى سۇتەك

碘化氰　cyan iodide　ICN　يودتى سيان

碘化铷　rubidium iodide　KbI　يودتى رۇبيدي

碘化铯　cesium iodide　CsI　يودتى سەزي

碘化钐　samarium iodide　SaI₃　يودتى سامارى

碘化铈　cerous iodide　CeI₃　يودتى سەري

碘化双氧铀　uranyl iodide　يودتى ۇرانيل

碘化锶　strontium iodide　SrI₂　يودتى سترونتسي

碘化四乙铵　tetra ethyl ammonium iodide　(C₂H₅)₄NI　يودتى تەترا ەتيل اممونى

碘化铊　thallium iodide　1. TiI ; 2. TiI₂ ; 3. TiI₃　يودتى تاللي

碘化铁　ferric iodide　FeI₃　يودتى تەمىر

碘化铜　cupric iodide　CuI₂　يودتى مىس

碘化钍　thorium iodide　يودتى تورى

碘化钨　tungsten iodide　WI₂; WI₄　يودتى ۋولفرام

碘化物 iodide MI	يود قوسـلـستـارى، يوديدتەر
碘化锡 stannic iodide SnI_4	يودتى قالايى
碘化锌 zinc iodide	يودتى مـرش
碘化锌淀粉(试)纸 zinc iodide starch paper	يودتى مـرش ـ كراحمال (سنناعش) قاعاز
碘化锌钾 zinc potassium iodide $K_2[ZnI_4]$	يودتى مـرش ـ كالي، ٔتورت يودتى مـرش قـشقـمـل كالي
碘化溴 bromine iodide IBr	يودتى بروم
碘化亚铂 platinous iodide PtI_2	ەكى يودتى بلاتينا
碘化亚铬 chromosus iodide	ەكى يودتى حروم
碘化亚汞 mercurous iodide HgI	ٔبـر يودتى سناپ
碘化亚金 AuI	"一碘化金" گە قاراڭـز.
碘化亚钐 samarium diiodide SaI_2	ەكى يودتى سامارى
碘化亚铊 thallium monoiodide	ٔبـر يودتى تاللي
碘化亚锑 aneimonous iodide SbI_3	ٔۇش يودتى سۆرمە
碘化亚铁 ferrous iodide FeI_2	ەكى يودتى تەمـر
碘化亚铜 cuprous iodide Cu_2I_2	ەكى يودتى مـس
碘化亚锡 bismuthyl iodide SnI_2	ەكى يودتى قالايى
碘化氧铋 bismuthyl iodjde (BiO)I	يودتى بيسمۆتيل
碘化乙钙 ethylcalcium iodide	يودتى ەتيل كالتسي
碘化乙烯 ethylene iodide ICH_2CH_2I	يودتى ەتيلـەن
碘化乙酰 acetyl iodide	يودتى اتسەتيل
碘化钇 yttrium iodide YI_3	يودتى يتتري
碘化银 silver iodide	يودتى كۆمـس
碘化罂粟油 lipiodol	ليپيودول
碘化油 iodized oil, atreol	يودتانعان ماي، اترەول
碘化酯 lipoiodine	ليپيويودين
碘化作甲 iodination, iodization	يودتاۋ
3-碘-1,-2-环氧丙烷	"表碘醇" گە قاراڭـز.
1-碘己烷 1-iodohexan $CH_3(CH_2)_4CH_2I$	1 ـ يودتى گەكسان
碘甲苯 iodotoluene	يودتى تولۇۆل
碘甲代氧丙环	"表碘醇" گە قاراڭـز.
1-碘-4-甲基丁烷	"异戊基碘" گە قاراڭـز.

碘甲基化	iodo methyliation	يودتى مەتيلدەۋ
碘甲基氰	iodomeltyl cianide ICH₂CN	يودتى مەتيل سيان
碘金酸	hydriodo – auric acid H[AuI₄]	يودتى التىن قىشقىلى
碘金酸钾	potassium iodaurate K[AuI₄]	يودتى التىن قىشقىل كالى
碘金酸盐	iodo – aurate M[AuI₄]	يودتى التىن قىشقىلىنىڭ تۇزدارى
碘酒		"碘酊" گە قاراڭىز.
碘菌素	iodinin	يودينين
碘咯	iodol I₄C₄NH	يودول
碘酪蛋白	iodocasein	يودتى كازەىن
碘量滴定法	iodometry	يود تامشلاتۇ ٴادسى
碘量瓶	iodine flask	يود ولشەۋ كولباسى
碘硫磷	iodo – fenphos	يودتى فەنفوس
碘硫酸奎宁	quinine iodosulfate	يودتى كۆكىرت قىشقىل حينين
碘绿	iodine green	يودتى جاسىل

7 – 碘 – 8 – 羟(基)喹啉 – 5 – 磺酸 7 – iodo – 8 – hydoxy – quindine – 5 – acid sulfonic 7 ـ يودتى ـ 8 ـ گيدروكسيل ـ حينولين ـ 5 ـ سۆلفون قىشقىلى

碘氢化反应	hydroiodination	يود ـ سۇتەكتەندىرۋ رەاكسياسى
1 – 碘壬烷	1 – iodononane CH₃(CH₂)₇CH₂I	1 ـ يودتى نونان
碘朊	iodoprotein	يودوپروتەين، يودتى بەلوك
1 – 碘十六(碳)烷	cetyl iodide CH₃(CH₂)₁₄CH₂I	يودتى سەتيل
碘水	iodo water	يودتى سۇ
碘酸	iodic acid HIO₃	يود قىشقىلى
碘酸铵	ammonium iodate (NH₄)₂IO₃	يود قىشقىل اممۇني
碘酸钡	barium iodate Ba(IO₃)₂	يود قىشل بارى
碘酸铋	bismuth iodate	يود قىشقىل بيسمۇت
碘酸钙	calcium iodate Ca(IO₃)₂	يود قىشقىل كالتسي
碘酸酐	iodic anhydride IO₅	يود انگيدريدتى
碘酸镉	cadmium iodate	يود قىشقىل كادمي
碘酸汞	mercuric iodate	يود قىشقىل سناپ
碘酸钴	cobaltous iodate	يود قىشقىل كوبالت
碘酸钾	potassium iodate KIO₃	يود قىشقىل كالي
碘酸镧	lanthanum iodate La(IO₃)₃	يود قىشقىل لانتان
碘酸锂	tithium icdate LiIO₃	يود قىشقىل ليتى

碘酸镁	magnesium iodate	$Mg(IO_3)_2$	يود قىشقىل ماگنىي
碘酸钠	sodium iodate	$NaIO_3$	يود قىشقىل ناتري
碘酸镍	nickelous iodate	$Ni(IO_3)_2$	يود قىشقىل نىكەل
碘酸铅	lead iodate	$Pb(IO_3)_2$	يود قىشقىل قورغاسىن
碘酸氢甲	potassium biiodate		قىشقىل يود قىشقىل كالي
碘酸铷	rubidium iodate	$RbIO_3$	يود قىشقىل رۇبيدي
碘酸铯	cesium iodate	$CsIO_3$	يود قىشقىل سەزي
碘酸铈	cerous iodate	$Ce(IO_3)_3$	يود قىشقىل سەري
碘酸双氧铀	urayl iodate		يود قىشقىل ۇرانيل
碘酸锶	strontium iodate	$Sr(IO_3)_2$	يود قىشقىل سترونتسي
碘酸酮	cupric iodate	$Cu(IO_3)_2$	يود قىشقىل مىس
碘酸锌	zinc iodate	$Zn(IO_3)_2$	يود قىشقىل مىرىش
碘酸亚汞	mercurous iodate		يود قىشقىل شالاتوتىق سىناپ
碘酸亚铊	thallous iodate	$TlIO_3$	يود قىشقىل شالا توتىق تاللي
碘酸盐	iodate	MIO_3	يود قىشقىلىنىڭ تۇزدارى، يود اتتەر
碘酸银	silver iodate	$AgIO_3$	يود قىشقىل كۇمىس
碘酸铟	indium iodate		يود قىشقىل يندي
碘鎓	iodonium		يودونيۇم، ۇش ۋالەنتتى يود
碘鎓化合物	iodonium compound		يودونيۇم قوسىلىستارى
碘酰苯	iodoxy benzen	$C_6H_5IO_2$	يودوكسيل بەنزول
碘酰基	iodoxy	O_2I-	يودوكسيل
碘酰基苯	iodonitro benzene		يودتى نيترو بەنزول
1-碘锌烷	1-iodo-octane	$CH_3(CH_2)_6CH_2I$	1 ـ يودتى وكتان
碘亚铋酸三苯硒	triphenyl selenonium iodobismuthite		يودوبيسمۇۋتىتى
			قىشقىل تريفەنيل سەلەن
碘氧化铋	bismuth oxyiodide	$BiOI$	"碘化氧铋" گە قاراڭىز.
碘氧化镉	cadmium oxyiodide	$ICd·O·CdI$	يودتى وتتەكتى كادمي
碘氧化物	oxyiodide		وتتەكى يودتەر
碘铱酸钾	potassium iodiridiate		يودتى يريدي قىشقىل كالي
2-碘乙醇	2-iodo-ethyl alcohol	ICH_2CH_2OH	2 ـ يودتى ەتيل سپيرتى
碘乙腈	iodoacetonitril	ICH_2CN	يودتى اتسەتونيتريل
碘乙醛	iodocetadehyde	CH_2ICHO	يودتى اتسەتالدەگيدى
碘乙醛缩二乙醇			"碘乙缩醛" گە قاراڭىز.

碘乙炔	iodoaceetylene	IC:CH	يودتى اتسەتىلەن
碘乙酸			"碘醋酸" گە قاراڭىز.
碘乙缩醛	iodoacetal	$ICH_2CH(OC_2H_5)_2$	يودتى اتسەتال
碘乙烷	iodoethane	C_2H_5I	يودتى ەتان
碘乙酰胺	iodo – acid amide		يودتى اتسەتيل اميد
碘乙酰碘	iodoacetyl iodide	$CH_2I\cdot COI$	يودتي اتسەتيل يود
碘乙酰氟	iodoacetyl fluoride	$CH_2I\cdot COF$	يودتي اتسەتيل فتور
碘乙酰卤	iodoacetyl iodide	$CH_2I\cdot COX$	يودتي اتسەتيل گالوگەن
碘乙酰氯	iodoacetyl chloride	$CH_2I\cdot COCl$	يودتي اتسەتيل حلور
碘乙酰溴	iodoacetyl bromide	$CH_2I\cdot COBr$	يودتي اتسەتيل بروم
碘乙酯	iodo – othyl ester	$R\cdot CO\cdot O\cdot C_2C_4I$	يودتي ەتيل ەستەرى
碘皂	iodine soap		يودتي سابىن
碘樟脑	iodo camphor		يودتي كامفورا
碘值	iodine number		يود ٴمانى
电	electr –		ەلەكتر
电波	electric wave		ەلەكتر تولقىنى
电场	electric field		ەلەكتر ٴورسى
电池	electric cell (= battery cell)		اككۇمۇلياتور، باتارەيا
电池充电器	battery charger		باتارەيا زارياداتاعىش
电池组	electric battery		باتارەيا تىزبەگى
电池用酸	battery acid		باتارەيالىق قىشقىل
电池用碳	battery carbon		باتارەيالىق كومىرتەك
电磁铁	electro magnet		ەلەكتر ماگنيت
电当量	electrical equivalent		ەلەكتر ەكۆيۆالەنتى
电导	eiectro conductance		ەلەكتر وتكىزۇ
电导理论	theory of conduction		ەلەكتر ٴوتۇ تەورياسى
电导体	electric conductor		ەلەكتر وتكىزگىش دەنە
电导性	electric conductivity		ەلەكتر وتكىزگىشتىك
电滴定	electro titration		ەلەكترلىك تامىزۇ (تامشلاتۇ)
电镀	electroplate		ەلەكترلىك جالاتۇ (قاپتاۇ)
电镀金	eletrogilding		التىندى ەلەكترلىك جالاتۇ
电镀锡	elecero tinplate		قالايىنى ەلەكترلىك جالاتۇ
电分析	electro analysis		ەلەكترلىك تالداۇ

电负度	electronegativity	تەرس ەلەكترلىك دارەجەسى
电负度标	electrongativity scale	تەرس ەلەكترلىكتى كورسەتكش
电负性	electronegativity	تەرس ەلەكترلىك
电负性元素	electronegative element	تەرس ەلەكترلىك ەلەمەنتتەر
电负值	electronegativity value	تەرس ەلەكترلىك ءمانى
电腐蚀	electro corrosion	ەلەكترلىك كوررۋزيالانۋ (جەمىرىلۋ)
电焊	electric welding	ەلەكترلىك دانەكەرلەۋ
电焊条	eltric welding rod	ەلەكترلىك دانەكەرلەۋ تاياقشاسى
电荷	electric charge	ەلەكتر زاريادى، زارياد
电荷密度	charge density	زارياد تىعىزدىعى
电合成(法)	electro synthesis	ەلەكترلىك سينتەزدەۋ، ەلەكتروسينتەز
电弧	electric arc	ەلەكتر دوعاسى
电弧反应	electricavc arc reaction	ەلەكتر دوعالىق رەاكسيالار
电化常数	electro chemical constand	ەلەكتر حيميالىق تۇراقتى
电化当量	electrochemical aquivalent	ەلەكتر حيميالىق ەكۆيۆالەنت
电化法	electro chemical process	ەلەكتر حيميالىق بارس (ءادس)
电化分裂	electro chemical disintegration	ەلەكتر حيميالىق بدىراۋ
电化分析	electrochemical analysis	ەلەكتر حيميالىق تالداۋ
电化工业	electrochemical industry	ەلەكتر حيميا ونەركاسبى
电化还原	electro chemical reduction	ەلەكتر حيميالىق توتقسىزدانۋ
电化价		"电价" گە قاراڭىز.
电化平衡	electrochemical equilibrium	ەلەكتر حيميالىق تەپە ـ تەڭدىك
电化学	electro chemistry	ەلەكترو حيميا، ەلەكتر حيميا
电化学方法		"电化法" گە قاراڭىز.
电化学工业		"电化工业" گە قاراڭىز.
电化学腐蚀	electro chemical corrosion	ەلەكتر حيميا جولمەن ءشىرىتۋ
电化学说	electro chemical theory	ەلەكتر حيميالىق تەوريا
电化学作用		"电化作用" گە قاراڭىز.
电化氧化	electro – chemical oxidation	ەلەكتر حيميالىق توتىعۋ
电化作用	electro – chemical action	ەلەكتر حيميالىق اسەر
电极	electrode	ەلەكترود
电极电位	electrode potential	ەلەكترود پوتەنتسيالى
电极淀积	elecetrode position	

ﺋﻪﻟﻪﻛﺘﺮﻭﺩﺗﻖ ﺷﻮﮔﯩﻨﺪﻯ

电极反应　electrode reaction　　　ﺋﻪﻟﻪﻛﺘﺮﻭﺩﺗﻖ ﺭﻩﺍﻛﺴﯩﯿﺎﻻﺭ

电极节省器　electrode economizer　　ﺋﻪﻟﻪﻛﺘﺮﻭﺩﺗﻖ ﯞﻧﻪﻣﺪﻩﮔﺶ

电极炭　electrode carbon　　　ﺋﻪﻟﻪﻛﺘﺮﻭﺩﺗﻖ ﻛﯚﻣﯜﺭ

电价　electrovalence　　　ﺋﻪﻟﻪﻛﺘﺮﻭ ﯞﺍﻟﻪﻧﺖ

电价化合物　electrovalent compound　　ﺋﻪﻟﻪﻛﺘﺮﻭ ﯞﺍﻟﻪﻧﺘﺘﺎﻙ ﻗﻮﺳﻠﺴﺘﺎﺭ

电价键　electrovalent bond　　　ﺋﻪﻟﻪﻛﺘﺮﻭ ﯞﺍﻟﻪﻧﺘﺘﺎﻙ ﺑﺎﻳﻼﻧﺲ

电解　electrolyze　　　ﺋﻪﻟﻪﻛﺘﺮﻭﻟﯩﺰ، ﺋﻪﻟﻪﻛﺘﺮﻟﻚ ﺋﺪﺭﺍﯗ

电解槽　electrolytic bath　　　ﺋﻪﻟﻪﻛﺘﺮﻭﻟﯩﺘﺘﺎﻙ ﺋﺎﺳﺘﺎﯗ

电解导电　electrolytic conduction　　ﺋﻪﻟﻪﻛﺘﺮﻭﻟﯩﺘﺘﺎﻙ ﯞﺗﻜﺰﮔﯜﺷﺘﺎﻙ

电解导电体　electrolytic conductor　　ﺋﻪﻟﻪﻛﺘﺮﻭﻟﯩﺘﺘﺎﻙ ﯞﺗﻜﺰﮔﯜﺵ ﺩﻩﻧﻪ

电解法　electrolytic method　　　ﺋﻪﻟﻪﻛﺘﺮﻭﻟﯩﺘﺘﺎﻙ ﺋﺎﺩﺳﻰ

电解分离　electrolytic separation　　　ﺋﻪﻟﻪﻛﺘﺮﻭﻟﯩﺘﺘﺎﻙ ﺋﯩﺮﯚ

电解分析　electrolytic analysis　　　ﺋﻪﻟﻪﻛﺘﺮﻭﻟﯩﺘﺘﺎﻙ ﺗﺎﻟﺪﺍﯗ

电解工业　electrolytic industry　　　ﺋﻪﻟﻪﻛﺘﺮﻭﻟﯩﺖ ﯞﻧﻪﺭﻛﺎﺳﺒﻰ

电解过程　electrolytic process　　　ﺋﻪﻟﻪﻛﺘﺮﻭﻟﯩﺘﺘﺎﻙ ﺑﺎﺭﺳﻰ

电解合成　electolytic synthsis　　　ﺋﻪﻟﻪﻛﺘﺮﻭﻟﯩﺘﺘﺎﻙ ﺳﯩﻨﺘﻪﺯ

电解还原　electrolytic reduction　　ﺋﻪﻟﻪﻛﺘﺮﻭﻟﯩﺘﺘﺎﻙ ﺗﻮﺗﻘﺴﯩﺰﺩﺍﻧﯗ

电解胶　electrosol　　　ﺋﻪﻟﻪﻛﺘﺮﻭﺯﻭﻝ، ﺋﻪﻟﻪﻛﺘﺮﻭ ﻛﻪﺭﻧﻪ

电解苛性钠　electrolytic caustic soda　　ﺋﻪﻟﻪﻛﺘﺮﻭﻟﯩﺘﺘﺎﻙ ﻛﯚﻳﺪﯛﺭﮔﯜﺵ ﻧﺎﺗﺮﻯ

电解离子　electrolytic ion　　　ﺋﻪﻟﻪﻛﺘﺮﻭﻟﯩﺘﺘﺎﻙ ﻳﻮﻥ

电解氯　electrolytic chlorine　　　ﺋﻪﻟﻪﻛﺘﺮﻭﻟﯩﺘﺘﺎﻙ ﺣﻠﻮﺭ

电解漂白　electrolytic bleaching　　ﺋﻪﻟﻪﻛﺘﺮﻭﻟﯩﺘﺘﺎﻙ ﺋﺎﻏﺎﺭﺗﯚ

电解平衡　electrolytic equilibrium　　ﺋﻪﻟﻪﻛﺘﺮﻭﻟﯩﺘﺘﺎﻙ ﺗﻪﭘﻪ ـ ﺗﻪﮕﺪﻩﻙ

电解气　electrolytic gas　　　ﺋﻪﻟﻪﻛﺘﺮﻭﻟﯩﺘﺘﺎﻙ ﮔﺎﺯ

电解迁移法　electrolytic transport　　　ﺋﻪﻟﻪﻛﺘﺮﻭﻟﯩﺘﺘﺎﻙ ﻛﯚﺷﯚ

电解氢氧化钠　electrolytic caustic soda　ﺋﻪﻟﻪﻛﺘﺮﻭﻟﯩﺘﺘﺎﻙ ﻧﺎﺗﺮﻯ ﺗﻮﺗﻌﻨﻨﺎﻙ
ﮔﯩﺪﺭﺍﺗﻰ

电解溶液　electrolytic solution　　　ﺋﻪﻟﻪﻛﺘﺮﻭﻟﯩﺘﺘﺎﻙ ﺋﻪﺭﯨﺘﻤﻨﺪﯨﻠﻪﺭ

电解势　electrolytic potential　　　ﺋﻪﻟﻪﻛﺘﺮﻭﻟﯩﺘﺘﺎﻙ ﭘﻮﺗﻪﻧﺘﺴﯩﺎﻝ

电解铜　electrolytic copper　　　ﺋﻪﻟﻪﻛﺘﺮﻭﻟﯩﺘﺘﺎﻙ ﻣﯩﺲ

电解洗净　elecerolytic cleaning　　　ﺋﻪﻟﻪﻛﺘﺮﻭﻟﯩﺘﺘﺎﻙ ﺗﺎﺯﺍﺭﺗﯚ

电解压　electrolytic solution pressure　　ﺋﻪﻟﻪﻛﺘﺮﻭﻟﯩﺘﺘﺎﻙ ﺋﻪﺭﯨﺘﻤﻨﺪﯨﻨﻨﺎﻙ ﻗﯩﺴﯩﻤﻰ

		(كەرنەۋى)
电解压理论	electrolytic solution tension theory	ھەكتروليتتىك ەرىتىندىسىنىڭ كەرنەۋ تەورياسى
电解氧化	electrolytic oxidation	ھەكتروليتتىك توتعۇ
电解质	electrolyte	ھەكتروليتەر
电解作用	electrolysis	ھەكتروليز، ھەكتروليزدەنۇ
电介体		"电介质" گە قاراڭىز.
电介质	dielectric	ديەلەكتريك، ھەكترلىك ورتا
电离	ionization	يوندانۇ، يوندانۇ
电离层	ionized layer (= ionosphera)	يوندانۇ قاباتى
电离常数	ionization constant	يوندانۇ تۇراقتىسى
电离催化剂	ionized catalyst	يوندانۇ كاتاليزاتورى
电离度	degree of ionization	يوندانۇ دارەجەسى
电离反应	ionizing effect	يوندانۇ رەاكسياسى
电离方程式	ionization equation	يوندانۇ تەڭدەۋى
电离理论	theory of ionization	يوندانۇ تەورياسى
电离能	ionization energy	يوندانۇ ەنەرگياسى
电离平衡	ionization equilibrium	يوندانۇ تەپە ـ تەڭدىگى
电离倾向	ionization tendency	يوندانۇ اۆقمى، يوندانۇ نىسايى
电离热	ionization heat	يوندانۇ جىلۇى
电离室	ionization chamber	يوندانۇ كامەراسى
电离势	ionization potential	يوندانۇ پوتەنتسيالى
电离序	ionization series	يوندانۇ رەتى، يوندانۇ قاتارى
电离质		"电解质" گە قاراڭىز.
电离(状)态	ionized state	يوندانۇ كۇيى
电离作用	ionization	يوندانۇ
电量计	voltameter	ۆولتامەتر
电流计	galvanometer	گالۆانومەتر
电木	bakelite	باكەليت
电木假漆	hakelitic varnish	باكەليتتى لاكتار
电能	electric energy	ھەكتر ەنەرگياسى
电气化	electrification	ھەكترلەندىرۇ
电容(量)	electric capacity	ھەكترلىك سىمدىلىق

电容率	permittivity	دىئەلەكترلىك وتىمدىلىك
电溶胶	electrosol	ەلەكتروزول، ەلەكترلى كىرنە
电渗	electric osmosis	ەلەكترلىك وسموس
电渗力		"电泳力" گە قاراڭىز.
电渗析	electro – dialysis	ەلەكتروودىيالىز
电渗(现象)	electric osmos	ەلەكترلىك وسموس (قۇبىلىسى)
电石		"碳化钙" گە قاراڭىز.
电石灯		"乙炔灯" گە قاراڭىز.
电石气		"乙炔" گە قاراڭىز.
电势	eletric potential	ەلەكترپوتەنتسىيال
电图分析	electrographic analysis	ەلەكتروگرافىيالىق تالداۋ
电位		"电势" گە قاراڭىز.
电位计	potentiometer	پوتەنتسىيومەتر
电(性)价		"电价" گە قاراڭىز.
电压	voltage	ەلەكتر كەرنەۋى
电压计	voltmeter	ۋولتمەتر
电泳	electrophoresis	ەلەكتروفورەز، ەلەكتر جىلمىستاۋ
电泳分析	electrophoretic analysis	ەلەكتروفورەزدىك تالداۋ
电泳力	electrophoretic force	ەلەكتروفورەز كۇشى
电泳器	electrophoresis apparatus	ەلەكتروفورەز اپپاراتى
电泳图	electrophoretograms	ەلەكتروفورەز سۇرەتى
电正度		"阳电性" گە قاراڭىز.
电正性		"阳电性" گە قاراڭىز.
电正性元素		"阳电(性)元素" گە قاراڭىز.
电中性	eletric neutrality	ەلەكتر بەيتاراپتىق
电子	electron	ەلەكترون
电子波	electron wave	ەلەكترون تولقىنى
电子层	electroni(ic)shell	ەلەكتروندىق قابات، ەلەكترون قاباتى
电子层结构	electron layer structure	ەلەكتروندىق قاباتتىڭ قۇرىلىسى
电子层数	number of electronic shell	ەلەكتروندىق قابات سانى
电子导电	electronic conduction	ەلەكتروندىق وتكىزگىشتىك
电子导体	electronic conductor	ەلەكتروندىق وتكىزگىش دەنە

电子电荷	electronic charge	ئېلېكترون زاريادى
电子对	electron pair	جۈپ ئېلېكترون، ئېلېكترون جۈپى
电子对键	electron pair bond	جۈپ ئېلېكتروندىق بايلانىس
电子发射	electron emission	ئېلېكترون شەئارۈ
电子反应	electron reaction	ئېلېكتروندىق رەاكسىيالار
电子方程式	electronic equation	ئېلېكتروندىق تەڭدەۋ
电子俘获	electron capture	ئېلېكتروندىق قارمالاۋ
电子伏特	electron volt	ئېلېكترون ۋولت
电子给予体	electron doner	ئېلېكترون بەرۈشى دەنە
电子供给体		"电子给予体" گە قاراڭىز.
电子共用	electron sharing	ورتاق ئېلېكترون
电子构型		"电子排布" گە قاراڭىز.
电子管	electron tube	ئېلېكتروندىق لامپا
电子光谱	electronic spectrum	ئېلېكتروندىق سپەكتر
电子轨道	electronic orbit	ئېلېكترون ۋربىناسى
电子过度	electronic transition	ئېلېكتروندىق ئوتۈ
电子荷		"电子电荷" گە قاراڭىز.
电子激发(作用)	electronic excitation	ئېلېكتروندىق قوزۇۋ
电子极化	electronic polarization	ئېلېكتروندىق پولىيارلانۈ
电子级位	electron level	ئېلېكترون دەڭگەيى
电子计时器	elctronic timer	ئېلېكتروندىق ۋاقىت ھەسپتەگىش
电子计算机	electrnic computer	ئېلېكتروندىق كومپيوتەر
电子假说	electronic hypothesis	ئېلېكتروندىق گىپيوتەزا
电子接受体	electron acceptor	ئېلېكترون قابىلداۈشى دەنە
电子结构	electronic structure	ئېلېكتروندىق قۇرۇلمىم
电子壳		"电子层" گە قاراڭىز.
电子控制	electronic control	ئېلېكتروندىق تەجەۋ
电子理论	electronic theory	ئېلېكتروندىق تەۋرىيا
电子流	electronic current	ئېلېكترون ائمنى
电子密度	electron density	ئېلېكترون تىغىزدىعى
电子能(量)	electronic energy	ئېلېكترون ھنەرگىياسى
电子浓度	elctron concetration	ئېلېكتروندىق قويۇۇلۇق
电子偶		

		"电子对" گه قاراڭىز.
电子排布	electron(ic) configuration	ەلەكترونداردىڭ ورنالاسۇئى
电子排布式	electronic configuratation	ەلەكترونداردىڭ ورنالاسۇ فورمۆلاسى
电子排斥	electron repelling	ەلەكترونداردىڭ تەبۇئى
电子配对法	electron pairing method	ەلەكتروناردى جۇپتاۇ ٴادىسى
电子平衡	electronic equilibrium	ەلەكتروندىق تەپە ـ تەڭدىك
电子射出	eleceron ejection	ەلەكترونداردىڭ شەعۇئى
电子设备	electronic quipment	ەلەكتروندىق جابدىقتار
电子式	electronic formula	ەلەكتروندىق فورمۆلا
电子数	electronic number	ەلەكترون سانى
电子束	electron beam	ەلەكترون شوعەرى، ەلەكترون شوعى
电子天平	eleltronic balance	ەلەكتروندىق تارازى
电子位移	electron displacement	ەلەكترونداردىڭ ورىن اۇسۇئى
电子显微镜	electron microscope	ەلەكتروندىق ميكروسكوپ
电子亲合性	electron affinity	ەلەكتروندىق بەيمدىلىك
电子亲和力		"电子亲合性" گه قاراڭىز.
电子移动	electron migration	ەلەكتروندىق جىلجۇ
电子移动异构(现象)		"电子异构" گه قاراڭىز.
电子异构	electromerism	ەلەكترومەرلىك
电子异构变化	electromeric change	ەلەكترومەرلىك وزگەرۇ
电子异构体	electromer	ەلەكترومەر، ەلەكتروندىق يزومەر
电子异构现象	electron isomerism	ەلەكتروندىق يزومەريا، ەلەكتروندىق يزومەر قۇبىلىسى
电子云	electron cloud	ەلەكترون بۇلتى، ەلەكتروندىق بۇلت
电子云密度	cloud density	ەلەكتروندىق بۇلت تىعىزدعى
电子质量	electronic mass	ەلەكترون ماسساسى، ەلەكتروندىق ماسسا
电子作用	electronic action	ەلەكتروندىق اسەر
电阻	electric resistance	كەدەرگى، ەلەكتر كەدەرگىسى
淀粉 starch	$(C_6H_{10}O_5)n$	كراحمال
淀粉胞的纤维素	farinose	فارينوزا
淀粉碘化物	starch iodide	كراحمالدى يود قوسىلىسى
淀粉碘化物反应	starch iodide reaction	كراحمال ـ يودتى قوسىلىس رەاكسياسى
淀粉碘化物试验	starch iodide test	كراحمال ـ يودتى قوسىلىس سىناعى

淀粉碘化物试纸　starc iodide paper	كراحمال ـ يودتى قوسلىستى سىناعش قاعاز
淀粉度　starchness	كراحمالدىق دارەجەسى
淀粉分解　amylolysis	كراحمال بدراۋ
淀粉分解力　amylolytic activity（power）	كراحمالدى بدراتۇ كۈشى
淀粉分解酶　amylolytic enzyme	كراحمالدى بدراتاتىن فەرمەنت
淀粉糊精　amylodextrin	اميلودەكسترىن
淀粉胶　starch glue	اميلان
淀粉粒　starch grain	كراحمال ٴتۈيسرى
淀粉磷酸化酶　amylophosphorylase	اميلوفوسفورىلازا
淀粉磷酸酶　amylophospatase	اميلوفوسفاتازا
淀粉六硝酸酯　starch hexanitrate	كراحمالدى گەكسا ازوت قىشقىل ەستەرى
淀粉酶　amylase	اميلازا
α－淀粉酶　α－amylase	α ـ اميلازا
淀粉溶质　amologen	امولوگەن، كراحمال ەرگىش
淀粉乳　milk of starch	كراحمال ٴسۈتى
淀粉(试)纸　starch paper	كراحمال (سىناعش) قاعاز
KI 淀粉试纸　potassium iodide（starch）test paper	KI كراحمال سىناعش قاعازى
淀粉糖　starch sugar	كراحمال قانتى
淀粉糖化酶　diastase	دياستازا
淀粉糖化酶尿　diastasuria	دياستازالى نەسەپ
淀粉性　starchness	كراحمالدىق، كراحمالدلىق
淀粉状朊　amyloid	اميلوۆيد
靛　indigo　$C_{16}H_{10}O_2N_2$	يندىگو
靛白　indigo white　$[C_6H_4C(OH):CNH]_2$	يندىگواعى
靛二磺酸钠　sodium indigodisulfonate	يندىگو ەكى سۆلفون قىشقىل ناتري
靛吩宁　indophenine　$(C_{12}H_7NOS)_2$	يندوفەنين
靛酚　indophenol　$C_{12}H_9O_2N$	يندوفەنول
靛酚蓝　indophenol blue	يندوفەنول كۈگى
靛酚氧化酶　indophenol oxidase	يندوفەنول وكسيدازا
靛红　indigo red（＝isatin）　$C_6H_4COCONH$	يندىگو قىزىلى، يزاتين
靛红化氯　isatin chloride	يزاتيندى حلور

靛红裂素	isatinecine	يزاتينەتسين
靛红裂酸	isatinecic acid	يزاتينەتس قىشقىلى
靛红偶	isatid $C_6H_{12}N_2O_4$	يزاتيد
靛红酸	isatic acid(＝isatinic acid) $NH_2C_6H_4COCO_2H$	يزاتين قىشقىلى
靛红缩苯胺	isatinanil $C_6H_4COCNC_6H_5$	يزاتينانيل
靛红烷	isatan $C_{16}C_{12}O_3N_2$	يزاتان
靛红肟	isatin, oxime $C_6H_4N:C(OH)C:NOH$	يزاتين وكسيم
靛红原酸	isatogenic acid $C_9H_5O_4N$	يزاتوگەن قىشقىلى
靛蓝	indigol(indigotin) $C_{16}H_{10}O_2N_2$	ينديگو، ينديگوتين
靛蓝二磺酸	indigo disulfonic acid $C_{16}H_8O_2N_2(SO_3H)_2$	ينديگوەكى سۇلفون قىشقىلى
靛蓝二羧酸	indigo dicarboxylic acid $C_{18}H_{10}O_6N_2$	ينديگو ەكى كاربوكسيل قىشقىلى
靛蓝糊	indigo paste	ينديگو پاستاسى، ينديگو جەلمم
靛蓝计	indigometer	ينديگومەتر
靛蓝色	indigo‐blue	ينديگو كوگى
靛蓝四磺酸	indigo tetrasulfonic acid	ينديگو ٴتورت سۇلفون قىشقىلى
靛蓝四磺酸盐	indigo tetrasulfonate	ينديگو ٴتورت سۇلفون قىشقىلىنناك توزدارى
靛蓝一磺酸	indigo monosulfonic acid $C_{16}H_9O_2N_2(SO_3H)$	ينديگو مونو سۇلفون قىشقىلى
靛蓝一磺酸盐	indigo monosulgonate	ينديگومونو سۇلفون قىشقىلىنناك توزدارى
靛蓝胭脂红	indigo carmine $C_{16}H_8O_2N_2(SO_3Na)_2$	ينديگو كارمين
靛蓝染料	indigoid dyes (colors)	ينديگو بوياۋلار
靛炭	indocarbon	يندو كومىرتەك
靛炭 S	indocarbon S	يندو كومىرتەك S
靛玉红	indirubin $(NHC_6H_4COC:)_2$	ينديرۇبين
典型反应	type reaction	تيپتىك رەاكسيالار
典型化合物	typical compound	تيپتىك قوسىلىستار
典型实验	type test	تيپتىك سىناقتار
典型显微结构	typical microstructure	تيپتىك ميكرو قۇرىلىمدار
典型性质	typical properties	تيپتىك قاسيەتتەر

典型元素　typical element　تىپتىك ەلەمەنتتەر

die

蝶啶　pteridine		پتەرىدىن
蝶啶基　pteridyl　$C_6H_3N_4-$		پتەرىدىل
蝶环		"蝶呤" گە قاراڭىز.
蝶蓝素　pterobilin		پتەروبىلىن
蝶呤　pterine　$C_4H_2N_4(CH)_2$		پتەرىن
蝶呤氨苯甲酸		"蝶酸" گە قاراڭىز.
蝶呤氨苯甲酸二谷氨酸　pteroyl－diglutamic acid		پتەرويل ەكى گلىۆتامين قشقىلى
蝶呤氨苯甲酰谷氨酸		"蝶酰谷氨酸" گە قاراڭىز.
蝶呤氨苯甲酰三谷氨酸　pteroyl－triglutamic acid		پتەرويل ٴتورت گيلۆتامين قشقىلى
蝶呤啶		"蝶啶" گە قاراڭىز.
蝶酸　pteroic acid		پتەرو قشقىلى
蝶酰　pteroyl　$C_{14}H_{11}N_6O_2-$		پتەرويل
蝶酰谷氨酸　pteroyl glutamic acid		پتەرويل گيلۆتامين قشقىلى، ۆيتامين
叠氮　nitrine　$[N_3]$		نيترين
叠氮撑　azimido, azimino　$-N{:}NNH-$		ازيميدو، ازيمينو
叠氮撑苯　azimido(azimino)benzene		ازيميدوبەنزول، ازيمينوبەنزول
叠氮化铵　ammonium azide		ازيدتى امموني
叠氮化钡　barium azide		ازيدتى باري
叠氮化碘　iodine azide		ازيدتى يود
叠氮化汞　mercury azide		ازيدتى سناپ
叠氮化合物　triazo－compound　$R \cdot N_3$		تريازولى قوسىلىستار، ٴۇش ازوتتى قوسىلىستار
叠氮化钾　potassium azide　$K[N_3]$		ازيدتى كالي
叠氮化卤　halogen azide　$X[N_3]$		ازيدتى گالوگەن
叠氮化氯　chlorazide　$Cl[N_3]$		ازيدتى حلور
叠氮化钠　sodium azide		ازيدتى ناتري
叠氮化铅　lead azide		ازيدتى قورعاسىن

叠氮化氢	azoimide (= hydrogen azide) HN_3	ازیدتی سۆزتەك
叠氮化氰	cyanogen azide $CN-N_3$	ازیدتی سیان
叠氮化铯	cesium azide (= cesium trinitride) $C_5[N_3]$	ازیدتی سەزي
叠氮化物	azide (= trinitride) $R[N_3]$	ازیدتی قوسىلمىستار
叠氮化亚汞	mercurous azide	ٴبىرازیدتی سناپ
叠氮化银	silver azide	ازیدتی كۆمىس
叠氮基	azido – (= triazo)	ازیدو ــ، تریازو ــ
叠氮基苯	triazobenzen $C_6H_5N_3$	تریازو، بەنزول
叠氮基醋酸	triaoacetic acid $(N:N)NCH_2COOH$	تریازو سىركە قشقىلى
叠氮基醋酸乙酯	ethyltriazo acetate $N_3CH_2CO_2C_2H_5$	تریازو سىركە قشقىل ەتیل ەستەری
叠氮基甲烯烷	triazo – methane $CH_3N(N)_2$	تریازو مەتان
叠氮菌黄素	sarcinene	سارتسینەن
叠氮酸	hydrazoic acid HN_2	گیدرازو قشقىلى
叠氮羰基	azido carbonyl	ازیدو كاربونیل
叠合反应		"合成反应" گە قاراڭىز.
叠菌黄素		"八叠球菌烯" گە قاراڭىز.
叠色素	morin $C_{15}H_{10}O_7$	مورین
叠酮	morindone $C_{15}H_{10}O_5$	موریندون
迭层结构	rhrthmic structure	قاباتتالعان قۇرىلىسم
迭氮	azide $-N_3$	ازید
迭氮化合物		"叠氮化合物" گە قاراڭىز.
迭氮化钠		"叠氮化钠" گە قاراڭىز.
迭氮化铅		"叠氮化铅" گە قاراڭىز.
迭氮基	azide group	ازیدگرۇپپاسى
迭氮基甲烷		"叠氮基甲烷" گە قاراڭىز.

ding

丁氨二酸	aspartic acid $HO_2CH(NH_2)CH_2COOH$	اسپارتین قشقىلى
丁氨二酰		"天冬氨酰" گە قاراڭىز.
丁胺	butyl amine	بۇتیل امین

丁胺基甲酸　butyl carbamic acid　$C_4H_9NHCOOH$　بۇتيل كاربامين قىشقىلى

丁胺基甲酸盐　butyl carbamate　$C_4H_9NHCOOM$　بۇتيل كاربامين قىشقىلىنىڭ تۇزدارى

丁胺基甲酸乙酯　　"丁基尿烷" گه قاراڭىز.

丁巴比妥　butethal, soneryl　بۇتەتال، سونەريل

丁抱矾　　"矾茂烷" گه قاراڭىز.

丁苯　butyl benzene　$C_6H_5C_4H_9$　بۇتيل بەنزول

丁苯胶乳　butadiene styrene latex　بۇتاديەن ـ ستيرەندى سۇتساعمز

丁苯威　bassa　باسسا

丁苯橡胶　　"丁(二烯)－苯(乙烯)橡胶" گه قاراڭىز.

丁苯[S₃]橡胶　　"布纳 S₃" گه قاراڭىز.

丁吡橡胶　　"丁二烯一乙烯吡啶橡胶" گه قاراڭىز.

丁苄醚　butyl benzyl ether　$C_{11}H_9OCH_2C_6H_5$　بۇتيل بەنزيل ەفيرى

丁叉　butylidene　$CH_3(CH_2)_2CH=$　بۇتيليدەن

丁叉丙酸　butylidene propionic acid　بۇتيليدەن پروپيون قىشقىلى

丁叉丙酮　butylidene acetone　بۇتيليدەن اتسەتون

丁叉二氯　butylidene chloride　بۇتيليدەن حلور

丁叉乙烯　butylidene ethylene　بۇتيليدەن ەتيلەن

丁撑　　"四甲撑" گه قاراڭىز.

丁撑硫环　butylene sulfide　$(CH_2)_4S$　بۇتيلەندى كۇكىرت

丁撑氯醇　butylene－chlorohydrin　$CH_3CHClCHOHCH_3$　بۇتيلەن ـ حلورلى گيدرين

丁撑氧　butylene oxide　$(CH_2)_4O$　بۇتيلەن توتعى

丁撑氧环　butylene oxide ring　بۇتيلەن توتعى ساقيناسى

丁川　butylidyne　$CH_3(CH_2)_2C\equiv$　بۇتيليدين

丁醇　butanol, butyl alcohol　C_4H_9OH　بۇتانول، بۇتيل سپيرتى

丁醇发酵　butylic fermentation　بۇتيل سپيرتتى اشۇ

丁醇钙　calcium butoxide　$Ca(C_4H_9O)_2$　بۇتوكسيل كالتسي

丁醇金属　　"丁氧金属" گه قاراڭىز.

丁醇铝　aluminium butoxide　$Al(C_4H_9O)_3$　بۇتوكسيل الۇمين

丁醇钠　sodium butoxide　$NaOC_4H_9$　بۇتوكسيل ناتري

丁醇酮　butanolon　بۇتانولون

丁达尔　J·Tyndall (1820 – 1893)　　تيندال (انگليالىق فيزىگ، 1893_1820)

丁达尔效应　Tyndall effect　　تيندال ەففەكتى

丁氮酮　butazone　　بۇتازون

丁啶　– etidine　　– ەتيدين

丁二胺　butane diamine　　بۇتان ديامين

丁二胺 – [1, 4]　butane diamine – [1, 4]　$H_2N(CH_2)_4NH_2$　　– بۇتان، ديامين
[4 ،1]

丁二醇　butylene glycol(= butanediol)　$C_4H_8(OH)_2$　　بۇتيلەن گليكول،
بۇتانەديول

丁二醇 – [1, 2]　butylene glycol – [1, 2]　$CH_3CH_2CHOHCH_2OH$　　بۇتيلەن
گليكول – [2 ،1]

丁二醇 – [1, 3]　butylene glycol – [1, 3]　$CH_3CHOHCH_2CH_2OH$　　بۇتيلەن
گليكول – [3 ،1]

丁二醇 – [1, 4]　butylene glycol – [1, 4]　$HO(CH_2)_4OH$　　بۇتيلەن
گليكول – [4 ،1]

丁二醇 – [2, 3]　butylene glycol – [2, 3]　$CH_3CHOHCHOHCH_3$　　بۇتيلەن
گليكول – [3 ،2]

丁二醇胺　butanediolamine　　بۇتانەديولامين

丁二腈　butanedinitrile　$NCCH_2CH_2CN$　　بۇتان دينيتريل

丁二醛　butanedial(= succindialdehyde)　$(CH_2CHO)_2$　　بۇتانەديال، سۇكتسين
ديالدەگيدى

丁二炔　　قاراڭىز گە "联乙炔".

1, 3 – 丁二炔　$CH \vdots C·C·CH$　　بۇتادين – 3 ،1

丁二酸　butane diacid(= succinic acid)　$C_2H_4(COOH)_2$　　بۇتان ەكى قىشقىللى،
سۇكتسين قىشقىللى

丁二酸铵　ammonium succinate　$C_4H_4O_4(NH_4)_2$　　سۇكتسين قىشقىل اممۇني

丁二酸钡　barium succinate　$BaC_4H_4O_4$　　سۇكتسين قىشقىل باري

丁二酸二苯酯　diphenyl succinate　$(CH_2CO_2C_6H_5)_2$　　سۇكتسين قىشقىل
ديفەنيل ەستەرى

丁二酸二苄酯　dibenzyl succinate　$(CH_2CO_2C_7H_7)_2$　　سۇكتسين قىشقىل
ديبەنزيل ەستەرى

丁二酸二丙酯　dipropyl succinate　$(CH_2CO_2C_3H_7)_2$　　سۇكتسين قىشقىل
ديپروپيل ەستەرى

丁二酸二丁酯　dibutyl succinate　$(CH_2CO_2C_4H_9)_2$　سۇكتسىن قىشقىل دىبۇتيل ھەستەرى

丁二酸二甲酯　dimethyl succinate　$(CH_2CO_2CH_3)_2$　سۇكتسىن قىشقىل دىمەتيل ھەستەرى

丁二酸二戊酯　diamyl succinate　$(CH_2CO_2C_5H_{11})_2$　سۇكتسىن قىشقىل دياميل ھەستەرى

丁二酸二乙酯　diethyl succinate　سۇكتسىن قىشقىل دىيەتيل ھەستەرى

丁二酸钙　calcium succinate　$CaC_4H_4O_4$　سۇكتسىن قىشقىل كالتسي

丁二酸酐　"琥珀酐" گە قاراڭز.

丁二酸镉　cadmium succinate　سۇكتسىن قىشقىل كادمي

丁二酸钾　potassium succinate　$K_2C_4H_4O_4$　سۇكتسىن قىشقىل كالي

丁二酸两个氢糖酯　di-tetrahydrofurfuryl succinate　قوس قىشقىل سۇكتسىن قىشقىل فۇرفۇريل ھەستەرى

丁二酸两个旋性戊酯　diactive amyl succinate　ھەكى اكتيۋەتتى سۇكتسىن قىشقىل اميل ھەستەرى

丁二酸钠　"琥珀酸钠" گە قاراڭز.

丁二酸氢钠　sodium bisuccinate　$NaHC_4H_4O_4$　قىشقىل سۇكتسىن قىشقىل ناتري

丁二酸氢盐　"琥珀酸盐" گە قاراڭز.

丁二酸氢酯　disuccinate　$COOH(CH_2)_2COOR$　قىشقىل سۇكتسىن قىشقىل ھەستەرى

丁二酸去氢酶　"琥珀酸脱氢酶" گە قاراڭز.

丁二酸铁　"琥珀酸铁" گە قاراڭز.

丁二酸盐　"琥珀酸盐" گە قاراڭز.

丁二酸一酰胺　"琥珀酰胺酸" گە قاراڭز.

丁二酸一酰胺一酰基　"琥珀酰胺酰" گە قاراڭز.

丁二酸乙酯　"琥珀酸乙酯" گە قاراڭز.

丁二酸愈创木酚　guajacol succinate　سۇكتسىن قىشقىل گۇاياكول

丁二酸酯　"琥珀酸酯" گە قاراڭز.

丁二酮　"双乙酰" گە قاراڭز.

丁二酮-[2，3]　"联乙酰" گە قاراڭز.

丁二酮肟　diacetyldioxime(=dimethyl glyoxime)　دياتسەتيل دىيوكسيم، دىمەتيل گيلوكسيم

丁二酮肟络钴　dimethyl glyoximatocobalt　دىمەتيل گيلوكسيماتو كوبالت

丁二酮一甲氧肟　　　　　　　　"双乙酰一甲氧肟" گە قاراڭىز.

丁二酮一肟　diacetylmonoxime　$CH_3COC(NOH)CH_3$　دياتسەتيل مونوكسيم

丁二烯　butadiene　$CH_2CHCHCH_2$　بۇتادىەن

丁二烯 - [1, 3]　butadiene - [1, 3](= divinyl)　$CH_2CHCHCH_2$　ـ بۇتادىەن
ديۆينيل ، [3 .1]

丁二烯 - [1, 2]　butadene - [1, 2]　$CH_3CH:C:CH_2$　[2 .1] ـ بۇتادىەن

丁二烯 - 苯乙烯共聚物　butadiene - styrene copolymer　ـ بۇتادىەن
ستيرەڭدى كوپوليمەر

丁(二烯) - 苯(乙烯)橡胶　butadiene - styene(styrol)rubber　ـ بۇتادىەن
ستيرولدىك كاۋچۇك

丁二烯 - 丙烯腈共聚物　butadene - acrylonitrile copolymer　ـ بۇتادىەن
اكريلونيتريلدى كوپوليمەر

丁(二烯) - (丙烯)腈橡胶　butadiene - (acrylo) nitrile rubber　ـ بۇتادىەن
(اكريلو) نيتريلدىك كاۋچۇك

丁二烯的钠 - 二氧化碳聚合物　sodium - carbon dioxide polymer of butadiene
بۇتادىەننىڭ ناتري ـ كومىرتەك قوس توتعىندىق پوليمەرى

丁二烯二聚物　butadiene dimer　بۇتادىەندى ديمەر

丁二烯共聚物　butadiene copolymer　بۇتادىەندى كوپوليمەر

丁二烯 - (1, 3) - 基　　　　　"丁间二烯基" گە قاراڭىز.

丁二烯胶乳　butadiene latex　بۇتادىەندى ٴسۇتساعىز

丁(二烯)钠聚合物　butadiene sodium polymer　بۇتادىەن ناتريلى پوليمەر

丁(二烯)钠(聚)橡胶　sodium - butadiene rubber　ناتري ـ بۇتادىەندى
كاۋچۇك

丁二烯橡胶　divinyl rubber(= butadiene rubber)　ديۆينيلدىك كاۋچۇك،
بۇتادىەندىك كاۋچۇك

丁二烯 - 乙烯吡啶橡胶　butadiene - vinyl piridine rubber　ـ بۇتادىەن
ۆينيل پيريديندىك كاۋچۇك

丁二烯 - 乙烯共聚物　butadiene - vinyl copolymer　بۇتادىەندى ۆينيل
كوپوليمەر

丁二烯 - 异戊二烯共聚物　butadiene - isopren copolymer　ـ بۇتادىەن
يزوپرەندى كوپوليمەر

丁二酰　　　　　　　　　　"琥珀酰" گە قاراڭىز.

238

丁二酰胺	"琥珀酰胺" گه قاراڭىز.
丁二酰氯	"琥珀酰氯" گه قاراڭىز.
丁二酰亚胺	"琥珀酰亚胺" گه قاراڭىز.
丁二酰亚胺基	"琥珀酰亚胺基" گه قاراڭىز.
丁二仲醇	"丁二醇－[2, 3]" گه قاراڭىز.
丁隔二醇	"丁二醇－[1, 4]" گه قاراڭىز.

丁硅烷　butylsilane تەتراسيلان

丁化作用　butylation بۇتيلدەۋ، بۇتيلدەنۇ

丁(换)硫酸　butyl hydrogen sulfate　$C_4H_9SO_4H$ بۇتيل كۇكەرت قىشقىلى

丁基　butyl　C_4H_9 بۇتيل

丁基苯　butyl benzene　$C_6H_5C_4H_9$ بۇتيل بەنزول

丁基苯基甲醇　butyl phenyl carbinol　$C_6H_5CHOHC_4H_9$ بۇتيل ـ فەنيل كاربينول

丁基苯基醚　butyl phenyl ether　$C_4H_9OC_6H_5$ بۇتيل ـ فەنيل ەفيرى

丁基苯甲酸纤维素　cellulose butyl benzoate بۇتيل بەنزوي قىشقىل سەلليۋلوزا

丁(基)苄(基)纤维素　butyl benzyl cellulose بۇتيل بەنزيل سەلليۋلوزا

丁基丙二酸　butyl malonic acid　$C_4H_9CH(COOH)_2$ بۇتيل مالون قىشقىلى

丁基丙烯基醚　butyl propenyl ether بۇتيل ـ پروپەنيل ەفيرى

丁基卡必醇　butyl carbitol　$(C_2H_5OCH_2CH_2)_2O$ بۇتيل كاربيتول

丁基醋酸　butyl acetic acid　$C_5H_{11}COOH$ بۇتيل سىركە قىشقىلى

丁基代硫脲　butyl thiourea　$C_4H_9NHCSNH_2$ بۇتيل تيوۋرەا

丁基碘　butyl iodide　C_4H_9I بۇتيل يود

1－丁基－丁烯－[2]－基　1－butyl－2－butenyl　$CH_3CH:CHCH(n-C_4H_9)-$ 1 ـ بۇتيل ـ 2 ـ بۇتەنيل

丁基对氨基酚　butyl－p－aminophenol بۇتيل ـ p ـ امينو فەنول

丁基二甘醇碳酸酯　butyl diglycol carbonate بۇتيل ديگليكول كومىرقىشقىل ەستەرى

丁基氟　butyl fluoride　C_4H_9F بۇتيل فتور

丁基汞化碘　butyl mercuric iodide　C_4H_9IHg بۇتيل سناپتى يود

丁基汞化氯　butyl mercuric chloride　C_4H_9ClHg بۇتيل سناپتى حلور

丁基汞化溴　butyl mercuric bromide　$C_4HgBrHg$ بۇتيل سناپتى بروم

丁基化羟基甲苯　butylated hydroxy toluene　بۇتيلدى گيدروكسيل تولۇول

丁基黄原酸盐　butyl xanthate　C₄H₉OCSSM　بۇتيل كسانتوگەن قىشقىلىنىڭ تۇزدارى

丁基甲醇　butyl carbinol　بۇتيل كاربينول

丁基甲基亚砜　sulfoxide butyl methyl　C₄H₉SOCH₃　بۇتيل ـ مەتيل سۇلفوكسيد

丁基邻苯二酚　butyl catechol　بۇتيل كاتەحول

丁基邻甲苯基醚　butyl－o－crecyl ether　CH₃C₆H₄OC₄H₉　بۇتيل ـ ورتو ـ كرەسيل ەفيرى

丁基硫氰　　　　"硫氰酸丁酯" گە قاراڭىز.

丁基硫氰醚　lethane 384　لەتان 384

丁基卤　butyl halide　C₄H₉X　بۇتيل گالوگەن

丁基氯　butyl chloride　C₄H₉Cl　بۇتيل حلور

丁基氯醛　butyl chloral　CH₃CHClCCl₂CHO　بۇتيل حلورال

丁基氯醛合水　butyl chloral hydrate　CH₃CHCl CCl₂CH(OH)₂　بۇتيل حلورال گيدراتى

丁基镁化氯　butyl magnesium chloride　MgClC₄H₉　بۇتيل ماگنيلى حلور

丁基镁化溴　butyl magnesium bromide　MgBrC₄H₉　بۇتيل ماگنيلى بروم

丁基醚　butyl ether　ROC₄H₉　بۇتيل ەفيرى

丁基尿烷　butyl urethane　C₄H₉NHCO₂C₂H₅　بۇتيل ۇرەتان

丁基硼酸　butyl boric acid　بۇتيلى بور قىشقىلى

丁基羟基苯甲醚　butyl hydro xyanisole　بۇتيل ـ گيدروكسيل انيزول

丁基羟基甲苯　butylated hydroxy toluene　بۇتيل ـ گيدروكسيل تولۇول

丁基氰　butyl cyanide　C₄H₉CN　بۇتيل سيان

丁基溶纤剂　butyl cellosolve　C₄H₉O(CH)₂OH　بۇتيل سەللوسولۇە، بۇتيل تالشق ەرتكەش (اگەنت)

丁基斯德酮　sydnone, N－butyl　سيدنون، N ـ بۇتيل

丁基十二酸纤维素　cellulose butyl laurate　بۇتيل لاۇرين قىشقىل سەلليۇلوزا

丁基纤维素　butyl cellulose　بۇتيل سەلليۇلوزا

丁基橡胶　buyl rubber　بۇتيل كاۋچۇك

丁基溴　butyl bromide　C₄H₉Br　بۇتيل بروم

丁基溴化镁　butyl magnesium bromide　بۇتيل برومدى ماگني

丁基乙烯　butyl ethylene　$CH_3(CH_2)_3CHCH_2$　بۇتىل ەتیلەن

丁基(正)乙炔　N－butyl－acetylene　$C_4H_9C:CH$　N ـ بۇتىل اتسەتیلەن

丁钾橡胶　butadiene－potassium rubber　بۇتادیەن كالیلی كاۋچۇك

丁间醇醛　aldol　$CH_3CHOHCH_2CHO$　الدول

丁间二醇　"丁二醇-1，3 丁" گه قاراڭـز.

丁间二烯　pyrrolylene(＝butadiene)　$CH_2:CH·CH:CH_2$　پیررولیلەن، بۇتادیەن

丁间二烯基　butadienyl　بۇتادیەنیل

丁间酮酸　"乙酰醋酸" گه قاراڭـز.

丁间酮酸盐　"乙酰醋酸盐" گه قاراڭـز.

丁间酮酰基　"乙酰乙酰基" گه قاراڭـز.

丁间酮酰替苯胺　"乙酰乙酰替苯胺" گه قاراڭـز.

丁间烯基　"3－丁烯基" گه قاراڭـز.

丁腈　butyromnitrile　بۇتیرونیتریل

丁腈橡胶　"丁(二烯)－(丙烯)腈橡胶" گه قاراڭـز.

丁卡因　dicaine　دیكایین

丁隣烯叉　butenylidene　$CH_3CH:CHCH=$　بۇتەنیلیدەن

丁隣烯川　butenylidyne　$CH_3CH:CH\equiv$　بۇتەنیلیدین

丁隣烯基　"2－丁烯基" گه قاراڭـز.

丁邻二醇　"丁二醇－(1，2)" گه قاراڭـز.

丁邻炔酸　tetrolic acid　$CH_3C:CCOOH$　تەترول قشقىلى

丁邻酮酸　"氧代丁酸" گه قاراڭـز.

丁邻烯醇　"巴豆醇" گه قاراڭـز.

丁硫醇　butyl mercaptan　C_4H_9SH　بۇتیل مەركاپتان

丁硫醚　"二丁(基硫)" گه قاراڭـز.

丁脒　butyramidine　$CH_3CH_2CH_2C(:NH)NH_2$　بۇتیرامیدین

丁钠橡胶　"丁(二烯)钠(聚)橡胶" گه قاراڭـز.

丁内酰胺　butyrolactam　بۇتیرولاكتام

α，γ－丁内酰胺　α，γ－butyrolactam　$NH(CH_2)_3CO$　α ، γ ـ بۇتیرولاكتام

丁内酯　butyvolactone　بۇتیرولاكتون

丁脲　butylurea　$C_4H_9NHCONH_2$　بۇتیل ۇرەا

丁偶烟　butyroin　$C_3H_7CHOHCOC_3H_7$

بۇتىروين

丁硼烷　tetra borane　B_4H_{10}　　　تەترابوران

丁氰　butyl cyane　　　بۇتيل سيان

丁取三甲基硅　butyl trimethylsilicane　$(C_4H_9)Si(C_2H_5)_3$　　بۇتيل تريمەتيل كرەمني

丁取三氯硅　butyltrichlorosilicane　$C_4H_9SiCl_3$　　بۇتيل ئۇش حلورلى كرەمني

丁醛　butylaldehyde　C_3H_7CHO　　بۇتيل الدەگيدتى

丁醛酸　halfaldehyde of succinic acid　$CHO(CH_2)_2COOH$　　جارتىلاي الدەگيدتى سۆكتسين قىشقىلى

丁醛肟　butyraldehyde oxime　$C_2H_5CH_2CH:NOH$　　بۇتيرالدەگيدتى وكسيم

丁炔　butine　$C_2H_5C:CH$　　بۇتين

丁炔－[2]　　　"巴豆炔" گە قاراڭىز.

2－丁炔　2－butine　$CH_3C:CCH_3$　　2 ـ بۇتين

丁炔撑　butynelene　　　بۇتينەلەن

2－丁炔撑　2－butynelene　$-CH_2C:CCH_2-$　　2 ـ بۇتينيلەن

丁炔二醇　butynediol　　　بۇتينەديول

丁炔二腈　acetylene dititrile　$CN·C:C·CN$　　اتسەتيلەن دينيتريل

丁炔二酸　　　"乙炔二羧酸" گە قاراڭىز.

丁炔基苯　　　"乙基·苯基乙炔" گە قاراڭىز.

丁炔醛　tetrolaldehyde　$CH_3C:CCO$　　نەترول الدەگيدتى

丁炔酸　butynoic acid　$C_3H_3·COOH$　　بۇتين قىشقىلى

丁三醇　butantriol　$C_6H_7(OH)_3$　　بۇتانتريول

丁三酸甘油酯酶　butrynase　　　بۇتيرينازا

丁三烯　butaerien　　　بۇتاتريەن

丁省　naphthacenec(＝tetracene)　　　نافتاتسەن، تەتراتسەن

丁四醇－[1,2,3,4]　butantetraol－[1,2,3,4]　$(CHOHCH_2OH)_2$　　بۇتان تەتراول ـ (4،3،2،1)

丁四醇四硝酸酯　　　"硝化赤藓醇" گە قاراڭىز.

丁酸　butyric acid(＝butanoic acid)　C_3H_7COOH　　بۇتير قىشقىلى، بۇتان قىشقىلى

丁酸钡　bariumbutyrate　　　بۇتير قىشقىل باري

丁酸苯酯　phenyl butyrate　$C_3H_7CO_2C_6H_5$　　بۇتير قىشقىل فەنيل ەستەرى

丁酸苄酯　benzyl butyrate　$C_3H_7CO_2CH_2C_6H_5$

بۆتیر قشقمل بەنزیل هستەری

丁酸丙酯　propyl butyrate　$C_3H_7CO_2C_3H_7$　بۆتیر قشقمل پروپیل هستەری

丁酸丁酯　butyl butyrate　$C_3H_7CO_2C_4H_9$　بۆتیر قشقمل بۆتیل هستەری

丁酸发酵　butyric acid fermentation　بۆتیر قشقملدی اشۇ

丁酸酐　butyric anhydride　$(C_2H_5SCH_2CO)_2O$　بۆتیر انگیدریدتی

丁酸甲酯　methyl butyrate　$C_3H_7CO \cdot OCH_3$　بۆتیر قشقمل مەتیل هستەری

丁酸钾　potassium butyrate　$KC_4H_7O_2$　بۆتیر قشقمل كالي

丁酸菌　butyric acid bacteria　بۆتیر قشقملی باكتەریاسی

丁酸慷糖酯　furfuryl butyrate　$C_3H_7CO_2CH_2C_4H_3O$　بۆتیر قشقمل فۇرفۆریل هستەری

丁酸藜芦基酯　veratyl butyrate　بۆتیر قشقمل ۋەراتیل هستەری

丁酸锰　manganous butyrate　$Mn(C_4H_7O_2)_2$　بۆتیر قشقمل مارگانەتس

丁酸钠　sodium butyrate　C_3H_7COONa　بۆتیر قشقمل ناتری

丁酸氢糠酯　tetrahydro furfuryl butyrate　$C_3H_7CO_2CH_2C_4H_7O$　قشقمل بۆتیر قشقمل فۇرفۆریل هستەری

丁酸特戊酯　tert – amyl butyrate　$C_3H_7CO_2C(CH_3)_2C_2H_5$　بۆتیر قشقمل تەرت ـ امیل هستەری

丁酸铜　cupric butyrate　بۆتیر قشقمل مس

丁酸戊酯　amyl butyric ester (= amyl butyrate)　بۆتیر قشقمل امیل هستەری

丁酸烯丙酯　allyl butyrate　$C_3H_7CO_2C_3H_7$　بۆتیر قشقمل اللیل هستەری

丁酸纤维素　cellulose butyrate　بۆتیر قشقمل سەللیۆلوزا

丁酸纤维素纤维　cellulose butyrate fiber　بۆتیر قشقمل سەللیۆلوزا تالشعی

丁酸酰磺胺噻唑　cuccinyl – sulfathiazol　سۇكتسینیل سۇلفاتیازول

丁酸锌　zinc butyrate　$Zn(C_4H_7O_2)_2$　بۆتیر قشقمل مرش

丁酸盐　butyrate　بۆتیر قشقمل تۇزداری

丁酸乙酯　ethyl butyrate　$C_3H_7CO_2C_2H_5$　بۆتیر قشقمل هتیل هستەری

丁酸异丙酯　isopropyl butyrate　$C_3H_7CO_2C_3H_7$　بۆتیر قشقمل یزوپروپیل هستەری

丁酸异丁酯　isobutyl butyrate　بۆتیر قشقمل یزوبۆتیل هستەری

丁酸异戊酯　isoamyl butyrate　$C_3H_7CO_2C_5H_{11}$　بۆتیر قشقمل یزوامیل هستەری

丁酸(正)戊酯　n – amyl butyrate　$C_3H_7CO_2(CH_2)_4CH_3$　بۆتیر قشقمل n ـ امیل هستەری

丁酸酯　butyrate (= butyric ester)　$C_3H_7 \cdot CO \cdot OR$　بۆتیر قشقمل هستەری

丁缩醛　butyral　بۇتيرال

丁糖　tetrose　$C_4C_8O_4$　تەتروزا

丁糖醇　tetritol　تەتريتول

丁糖酮酸　tetruronic acid　تەترۇرون قشقىلى

丁替苯胺　n－butyl aniline　$C_4H_9NHC_6H_5$　n － بۇتيل انيلين

丁替吡咯　n－butyl pyrrol　$C_4H_4NC_4H_9$　n － بۇتيل پيررول

丁替二乙醇胺　n－butyldiethanol－amine　$C_4H_9N(CH_2CH_2OH)_2$　n － بۇتيل ديەتانول امين

丁替两个羟乙基胺　"丁替二乙醇胺" گە قاراڭىز.

丁酮　butanone　$CH_3COCH_2CH_3$　بۇتانون

丁酮－[2]　2－butanone　2 ـ بۇتانون

丁酮二醇　butanonediol　بۇتانونەديۇل

丁酮二酸　butanone diacid　$COOH\cdot CH_2\cdot CO\cdot COOH$　بۇتانون ەكى قشقىلى

丁酮－[2]－二酸－[1，4]　"乙基草醋酸" گە قاراڭىز.

丁酮二酸二甲酯　"草醋酸甲酯" گە قاراڭىز.

丁酮二酸二乙酯　"草醋酸二乙酯" گە قاراڭىز.

丁酮－[2]－二酸－[1，4]二乙酯　"草醋酸乙酯" گە قاراڭىز.

丁酮－[3]－酸－[1]　"乙酰醋酸" گە قاراڭىز.

丁烷　butan　C_4H_{10}　بۇتان

丁烷－丙烷气体　butane－propane gas　بۇتان ـ پروپان گازى

丁烷－丁烯馏份　butane－butylene fraction　بۇتان ـ بۇتيلەن فراكتسياسى

丁烷二羧酸　butanedicarboxylic acid　$COOH(CH_2)_4COOH$　بۇتان ەكى كاربوكسيل قشقىلى

丁烷气　butagas　C_4H_{10}　بۇتان گازى

丁烷气化　butane gasiting　بۇتاننىڭ گازدانۇى

丁烷四羧酸　butan－tetracarboxylic acid　$(COOH)_2CH(CH)_2CH(COOH)_2$　بۇتان ئتورت كاربوكسيل قشقىلى

丁烷异构化过程　butaneisomerization process　بۇتاننىڭ يزومەرلەنۇ بارسى

丁烯　butylene, butene　C_4H_8　بۇتيلەن، بۇتەن

α－丁烯　α－butylene(＝butylene－[1])　α ـ بۇتيلەن، بۇتيلەن ـ [1]

β－丁烯　β－butylene(＝butylene－[2])　$CH_3CH:CHCH_3$　β ـ بۇتيلەن،

بۆتیلەن ـ [2]

丁烯 – [1]　　　　　　　　　　　　"α – 丁烯" گە قاراڭـز.

丁烯 – [2]　　　　　　　　　　　　"β – 丁烯" گە قاراڭـز.

1 – 丁烯　1 – butylene　CH₂ = CH – CH₂ – CH₃　　1 ـ بۆتیلەن

丁烯叉　butenylidene　　　　　　　　بۆتەنیلیدەن

丁烯撑　butenylene　　　　　　　　　بۆتەنیلەن

2 – 丁烯撑　2 – butenylene　CH₂CH:CHCH₂　2 ـ بۆتەنیلەن

丁烯川　butenylidyne　　　　　　　　بۆتەنیلیدین

丁烯醇　butenol　　　　　　　　　　بۆتەنول

丁烯醇酸　　　　　　　　"羟基·乙烯基醋酸" گە قاراڭـز.

丁烯二酸　butene diacid　C₂H₂(COOH)₂　بۆتەن ەكى قىشقىلى

丁烯二羧酸　butene dicarboxylic acid　COOHC₄H₆COOH　بۆتەن ەكى كار ـ
بوكسیل قىشقىلى

丁烯基　butenyl　CH₃CH:CHCH₂ –　　بۆتەنیل

丁烯 – [2]基　CH₃CH:CHCH₂ –　　"2 – 二烯基" گە قاراڭـز.

1 – 丁烯基　1 – butenyl　CH₃CH₂CH:CH　1 ـ بۆتەنیل

2 – 丁烯基　2 – butenyl　CH₃CH:CHCH₂　2 ـ بۆتەنیل

3 – 丁烯基　3 – butenyl　CH₂:CH(CH₂)₂ –　3 ـ بۆتەنیل

丁烯基碘　　　　　　　　　"巴豆基碘" گە قاراڭـز.

丁烯基氯　　　　　　　　　"巴豆基氯" گە قاراڭـز.

丁烯醛　　　　　　　　　　"巴豆醛" گە قاراڭـز.

丁烯酸　　　　　　　　　　"巴豆酸" گە قاراڭـز.

丁烯酸丁酯　　　　　　　　"巴豆酸丁酯" گە قاراڭـز.

丁烯酸酐　　　　　　　　　"巴豆酸酐" گە قاراڭـز.

丁酸丙酯　butenoid　　　　　　　بۆتەنوید

3 – [丁烯酸内酯]14 – 羟基甾醇　digitoxigenin　دیگیتوكسیگەنین

丁烯酸酯　　　　　　　　　"巴豆酸酯" گە قاراڭـز.

丁烯酮　　　　　"甲基乙烯基甲酮" گە قاراڭـز.

丁烯酰　　　　　　　　　　"巴豆酰" گە قاراڭـز.

丁烯酰胺　　　　　　　　　"巴豆酰胺" گە قاراڭـز.

丁烯酰氯　　　　　　　　　"巴豆酰氯" گە قاراڭـز.

丁烯橡胶 bivinyl rubber		بيۋينيلداك كاۋچۇك
丁酰 butyryl $CH_3CH_2CH_2CO-$		بۇتيريل
丁酰胺 butyramide $C_2H_5CH_2CONH_3$		بۇتيرامىد
丁酰胺酸		"قاراڭىز گە .琥珀酰胺酸"
丁酰苯 butyrophenone $C_2H_5CHCOC_6H_5$		بۇتيروفەنون
丁酰苷菌素 butyrosin		بۇتيروزىن
丁酰基 butyryl		بۇتيريل
丁酰甲苯		"قاراڭىز گە .丙基·苄基甲酮"
4-n-丁酰焦棓酚 4-n-butyryl pyrogallol $(HO)_3C_6H_2COC_3H_7$		4 _ n _ بۇتيريل پيروگاللول
丁酰鲸鱼醇 butyrospenrmol		بۇتيروسپەرمول
丁酰拉嗪 butaperazine		بۇتاپەرازين
丁酰氯 butytryl chloride $C_2H_5CH_2COCl$		بۇتيريل حلور
α-丁酰萘		"قاراڭىز گە .异丙基·α-萘基甲酮"
丁酰脲 butyryl urea $C_3H_7CONHCONH_2$		بۇتيريل ۋەرا
丁酰替苯胺 butyr anilide $C_3H_7CONHC_6H_5$		بۇتيرانيلين
丁酰溴 butyryl bromide		بۇتيريل بروم
丁香醇 syringyl alcohol		سيرينگيل سپىيرتى، قالامپىر سپىيرتى
丁香甙 syringin $C_{17}H_{14}O_9H_2O$		سيرينگين
丁香定 syringidin		سيرينگيدين
丁香酚		"قاراڭىز گە .丁子香酚"
丁香配质 syringenin $C_{11}H_{14}O_4$		سيرينگەنين
丁香醛 syringa-aldehyde		سيرەن الدەگيدتى
丁香树脂醇 syringa resinol		سيرەن رەزينول
丁香素 caryophyllin		"قاراڭىز گە .丁子香素"
丁香酸 syringic acid $HO(CH_3O)_2C_6H_2COOH$		سيرەن قىشقىلى، قالامپىر قىشقىلى
丁香亭 syringetin $C_{17}H_{14}O_6$		سيرينگەتين
丁香酮 syringone		سيرينگون
丁香油 clove oil		قالامپىر مايى
丁亚胺酸 butyrimidic acid $CH_3CH_2CH_2C(:NH)OH$		بۇتيريمىد قىشقىلى
丁氧基 butoxy $CH_3(CH_2)_2CH_2O-$		بۇتوكسى
丁氧基苯		

"丁基苯基醚" كه قاراڭز.

2- 丁氧基乙醇 - [1]　2 - butoxy ethenol － [1]　$C_4H_9OCH_2OH$　بۇتوكسي
ەتەنول ـ [1]

丁氧基乙烯　　　　　　　　　　"乙烯基·丁基醚" كه قاراڭز.

丁氧金属　butoxide　$CH_3(CH_2)_2CH_2 \cdot OM$　بۇتوكسيد

丁氧乙氧基乙硫腈 - [384]　lathane - [384]　[384] ـ لاتان

丁正巴比妥　butobarbital　بۇتو باربيتال

丁酯磷　butonate　بۇتونات

丁酯酶　butyrase　بۇتيرازا

丁子香酚　eugenol　$C_{10}H_{12}O_2$　ەۋگەنول

丁子香酚醋酸酯　eugenol acetate　$CH_3CO_2C_{10}H_{11}O$　ەۋگەنول سىركە قىشقىل
ەستەرى

丁子香酚甲醚　　　　　　　　"甲基丁子香酚" كه قاراڭز.

丁子香酚甲酸酯　eugenol formate　$C_{11}H_{12}O_3$　ەۋگەنول قۇمىرسقا قىشقىل
ەستەرى

丁子香酚肉桂酸酯　eugenol cinnamate　$C_8H_7CO_2C_{10}H_{11}O$　ەۋگەنول سيننام
قىشقىل ەستەرى

丁子香宁　eugenin　$C_{10}H_{12}O_2$　ەۋگەنين

丁子香素　　　　　　　　　　"石竹素" كه قاراڭز.

丁子香酸　eugetinic acid　$C_{11}H_{12}O_4$　ەۋگەتين قىشەعلى

丁子香烯　　　　　　　　　　"石竹烯" كه قاراڭز.

丁子香油　　　　　　　　　　"丁子油" كه قاراڭز.

叮丁　azete　C_3H_3N　ازەت

酊(剂)　tincture　تۇنبا

顶三唑　ose - triazole　NHN:CHCHNH　وزە ـ تريازول

顶生定　tectoridin　تەكتوريدين

顶生醌　tectoquinon　تەكتوحينون

顶生配质　tectorigenin　تەكتوريگەنين

定比定律　law of constant proportion　قاتىناس تۇراقتىلىق زاڭى

定比化合物　　　　　　　"非化学计量化合物" كه قاراڭز.

定氮酶　nitrogenase　نيتروگەنازا

定量测定　quantitative determination　ساندىق ولشەۋ، سان جاعىنان ولشەۋ

定量反应	quantitative reaction	ساندىق رەاكسىا
定量分析	quantitative analysis	ساندىق تالداۋ
定量滤纸	quantitative filter paper	ساندىق سۈزگى قاغاز
定量试验	quantitative experiment	ساندىق تاجرىبە
定量试验	quantitative test	ساندىق سىناق
定律	law	زاڭ، ەرەجە
定向定律	orientation law	باغىتتەلمىق زاڭى
定向法则	orientation rule	باغىتتەلمىق ەرەجەسى
定向合成		"有规立构合成" گە قاراڭىز.
定向基	orientation group	باغدارلى گرۇپپا، باغىتتاۋ رادىكالى
定向聚合		"有规立构聚合" گە قاراڭىز.
定向聚合物		"有规立构聚合物" گە قاراڭىز.
定向取代基	orienting group	باغدارلى الماسۇ رادىكالى
定向相	oriented phase	باغدارلى فازا، باغىتتى فازا
定向橡胶		"有规立构橡胶" گە قاراڭىز.
定向效应	orientation effect	باغدارلى ەففەكت، باغىتتاۋ ەففەكتى
定性测量	qualitative determination	ساپالىق ولشەۋ
定性反应	qualitativa reaction	ساپالىق رەاكسىا
定性分析	qualitative analysis	ساپالىق تالداۋ
定性检验	qualitative reaction	ساپالىق تەكسەرۇ
定性滤纸	qualitative filter paper	ساپالىق سۈزگى قاغاز
定性试验	qualitative test	ساپالىق سىناق
定像剂	fixing agent	كەسكىن تۇراقتاندىرعىش اگەنت
定油		"聚合油" گە قاراڭىز.
定组定律	law of definite proportion	قۇرام تۇراقتەلمىق زاڭى
锭剂	scone	سكون
锭子油	spindle oil	ۇرشىق مايى

diu

| 铥(Tm) | thulium | تۇلي (Tm) |

dong

东方霉素　orientomycin　　　　　　　　وريونتوميتسين

东莨菪甙　scopolin　　　　　　　　　　سكوپولين

东莨菪甙原　scopoletin　　　　　　　　سكوپولەتين

东莨菪碱　scopolamin　　　　　　　　　سكوپولامين

东印度香叶油　　　　　　　　"掌攻油" گە قاراڭىز.

冬季油　winter oil　　　　　　　　　　قىستىق ماي

冬眠灵　wintermin　　　　　　　　　　ۋينتەرمين

冬气油　winter grade gasolin　　　قىستىق بەنزين

冬青油　wintergreen oil　　　　　قىستىق كوك ماي

冬用黑油　winter black oil　قىستىق قارا ماي (قاتۇ نۇكتەسى تومەن ماشينا

ماييى)

氡(Rn)　radon　　　　　　　　　　　(Rn) رادون

动力苯　motor benzol　موتورلىق بەنزول، موتور بەنزولى

动力反应堆　power reactor　ديناميكالىق رەاكسيا قازانى، ديناميكالىق رەاكتور

动力精　kinetin　$C_{10}H_9N_5O$　　　　كينەتين

动力平衡　　　　　　　　"动态平衡" گە قاراڭىز.

动力汽油　motor gasoline　　　موتور بەنزيندەرى

动力学　dynamics(= kinetics)　ديناميكا، كينەتيكا

动力学链　kinetic chain　　　كينەتيكالىق تىزبەك

动力学链长　kinetic chain length　كينەتيكالىق تىزبەك ۇزىندىعى

动量　momentum　　　　　　قوزعالىس شاماسى

动量守恒　momentum conser vation　قوزعالىس شاماسىنىڭ ساقتالۇى

动能　kinetic energy　قوزعالىس ەنەرگياسى، كينەتيكالىق ەنەرگيا

动平衡　　　　　　　　　"动态平衡" گە قاراڭىز.

动态　dynamic state　قوزعالىس كۇيى، ديناميكالىق كۇي

动态可逆性　dynamic reversibility　ديناميكالىق قايتىمدىلىق

动态粘度　dynamic viscosity　ديناميكالىق تۇتقىرلىق

动态平衡　dynamic equilibrium　ديناميكالىق تەپە ـ تەڭدىك

动态弹性　dynamic elesticity　ديناميكالىق سەرپىمدىلىك

动态同素异形　dynamic allotropy　ديناميكالىق اللوتروپ

动态异构体　dynamic isomeride

دينامىكالىق يزومەر

动态异构现象　dynamic isomerism　دينامىكالىق يزومەريا

动物淀粉　animal starch　جانۋارلار كراحمالى

动物毒　zootoxin　زوو توكسين

动物化学　zoochemistry　زووحيمىيا

动物碱　animal alkaloide　جانۋارلار ٴسىلتىسى

动物胶　animal glue　جانۋارلار جەلمىى

动物焦油　animal tar　جانۋارلار كوكس مايى

动物蜡　animal wax　جانۋارلار بالاۋزى

动物树指　animal resin　جانۋارلار سمولاسى

动物纤维　animal fiber　جانۋارلار تالشعى

动物油　animal oil　جانۋارلار مايى

动物甾醇　zoosterol　زووستەرول

动物脂　animal fat　جانۋارلار مايى

冻点　"冷点" گە قاراڭز.

冻点降低定律　law of freezing – point depression　قاتۋ نۇكتەسىنىڭ تومەندەۋ زاڭى

冻胶　"凝胶" گە قاراڭز.

胨　peptone　پەپتون

胨化　peptonize　پەپتوندانۋ

胨化作用　peptonization　پەپتانداۋ

胨水　peptone water　پەپتوندى سۋ

dou

豆白蛋白　legumelin　لەگۇمەلين

豆白朊　"豆白蛋白" گە قاراڭز.

豆固醇　stigmasterol　$C_{29}H_{46}O$　ستيگماستەرول

豆固烷　stigmastane　ستيگماستان

豆角间(二)氮(杂)苯碱　"巢菜碱" گە قاراڭز.

豆科威　chloramben　حلورامبەن

豆球蛋白　legumin　لەگۇمين

豆球朊　"豆球蛋白" گە قاراڭز.

豆薯酮　eresone　　　　　　　　　　　　　　　　ەرەزون

豆油　soya oil　　　　　　　　　　　　　　　بۇرشاق مايى

豆甾醇　　　　　　　　　　　"豆固醇" گە قاراڭىز.

豆甾烷　　　　　　　　　　　"豆固烷" گە قاراڭىز.

豆甾烷醇　stigmas tanol　$C_{29}H_{48}O$　　　ستيگماستانول

豆甾烯醇　stigmastenol　　　　　　　　ستيگماستەنول

du

毒胺　toxanain(e)　　　　　　　توكسامين، ژنتتى امين

毒扁豆醇　physostol　　　　　　　　　　فيزوستول

毒扁豆次碱　physovenine　　　　　　　فيزوۋەنين

毒扁豆定　eseridine　$C_{15}H_{23}O_3N_3$　　　　ەزەريدين

毒扁豆碱　eresine(= physositigmine)　ەرەزين، فيزوستيگمين

毒草隆　metoxuron　　　　　　　　　مەتوكسۇرون

毒次烯　toxaphene　　　　　　　　　　توكسافەن

毒蛋白胨　toxopeptone　　　　　　　توكسوپەپتون

毒固醇　toxisterol　　　　　　　　توكسيستەرول

毒黄素　toxoflavin　　　　　　　توكسوفلاۋين

毒莰烯　　　　　　　　　　　"毒次烯" گە قاراڭىز.

毒藜碱　anabasine　　　　　　　　　　انابازين

毒理学　　　　　　　　　　　"毒物学" گە قاراڭىز.

毒卵磷脂　toxolecithin　　　　　　　توكسولەتسيتين

毒毛旋花子甙　strophantin　　　　　ستروفانتين

毒毛旋花子甙配质　strophanthigenin　ستروفانتيگەنين

毒毛旋花子二糖　strophanthobiose　ستروفانتوبيوزا

毒芹侧碱　coniceine　　　　　　　　كونيتسەين

毒芹碱　coniine　　　　　　　　　كونيين

毒芹羟碱　conhydrine　　　　　　كونگيدرين

毒芹羟碱酮　conhydrinone　　　　كونگيدرينون

毒杀芬　toxaphene　　　　　　　　توكسافەن

毒生素　toxamin　　　　　　　　توكسامين

毒树脂　toxiresin　　　　　　　توكسيرەزين

毒水芹酸		.قاراڭمز گە "庚酸"
毒素 toxine		توكسين
毒素滤器 toxin filter apparatus		توكسين سۆزگىش
毒素原 toxigen(e)		توكسيگەن
毒物 posion		ۇلى زاتتار
毒物化学 toxicological chemistry		توكسولوگيالىق حيميا
毒物学 toxicology		توكسيكولوگيا
毒性 toxicity		ۇتتتەلمىق، ۇللمىق
毒叶素 toxifoline		توكسيفولين
毒鱼藤 rotenone		روتەنون
毒甾醇 toxisterol		توكسيستەرول

毒素二烯属 dienes with independent double bonds R·CH:CH(H₂)nCH:CHR
دەربەس ديەندەر (دەربەس الشاق قوس بايلانسى بار ديەندەر)

独立移动定律 law of independent migration		دەربەس قوزعالۇ زاڭى
独立组分 independent component		دەربەس قۇرام، تاۇەلسىز قۇرام
度冷丁 dolantin		دولانتين
度量单位 measuring unit		ولشەم بىرلىگى
度量显微镜 measuring microscope		ولشەمدىك ميكروسكوپ
度米芬		.قاراڭمز گە "杜灭芬"
镀 plating		جالاتۇ، قاپتاۇ
镀铂 platinum plating		پلاتينا جالاتۇ، پلاتينا قاپتاۇ
镀铂碳电极 platinized carbon electrode		پلاتينا قاپتالعان كومىرتەكتى ەلەكترود
镀镉 cadmium plating		كادمي جالاتۇ، كادمي قاپتاۇ
镀铬 chromium plating		حروم جالاتۇ، حروم قاپتاۇ
镀金 gold plating		التىن جالاتۇ، التىن قاپتاۇ
镀镍 nickel plating		نيكەل جالاتۇ، نيكەل قاپتاۇ
镀铅 lead plating		قورعاسىن جالاتۇ، قورعاسىن قاپتاۇ
镀铜 copper plating		مىس جالاتۇ، مىس قاپتاۇ
镀钍钨 thoriated tungsten		توري قاپتالعان ۋولفرام
镀锡 tin plating		قالايى جالاتۇ، قالايى قاپتاۇ
镀锌 zinc plating		مىرىش جالاتۇ، مىرىش قاپتاۇ
镀锌铁片 galvanized sheet iron		مىرىش قاپتالعان تەمىر، اق قاڭىلتىر
镀银 silver plating		كۇمىس جالاتۇ، كۇمىس قاپتاۇ

镀银玻璃 silver glass		كۆمەستەلگەن ئىنەك (شنى)
杜撑 durylene		دۆرىلەن
杜基 duryl		دۆرىل
杜基酸 durylic acid $(CH_3)_3C_6H_2COOH$		دۆرىل قشقىلى
杜荆碱 vitexin		ۆيتەكسىن
杜鹃醇 rhododendrol $C_{10}H_{12}O_2$		رودودەندرول
杜鹃花酸		"任二酸" گە قاراڭىز.
杜拉铝		"硬铝" گە قاراڭىز.
杜冷丁		"度冷丁" گە قاراڭىز.
杜灭芬 domiphenum		دومىفەن
杜马法 Duma's method		دۇما ٴادسى
杜母配质 dumortievigenin		دۇمورتيەرىگەنين
杜南醇 duranol		دۆرانول
杜南醇橙 duranol orange		دۆرانول قىزعىلت سارسى
杜南醇黑 duranol black		دۆرانول قاراسى
杜南醇蓝 duranol blue		دۆرانول كوگى
杜南醇染料 duranol colors		دۆرانول بوياۋلارى
杜南士林 duranthrene		دۆرانترەن
杜南士林橄榄绿 R dunanthrene olive R		دۆنانترەندى ٴزايتۇن جاسلى R
杜南士林黑 dunanthrene black		دۆنانترەندى قارا
杜南士林红紫 dunanthrene red violet		دۆنانترەندى قىزىلى گۆلگىن
杜南士林金橙 dunanthrene golden orange		دۆنانترەندى التىن ٴتۇستى قىزعىلت سارى
杜南士林蓝 dunanthrene blue		دۆنانترەندى كوك
杜南士林亮紫 dunanthrene brilliant violet		دۆنانترەندى جارقىراۋىق كۆلگىن
杜南士林染料 dunanthrene colors		دۆنانترەندى بوياۋلار
杜松萜烯 cadinene		كادينەن
杜烯 durene $(CH_3)_4C_6H_2$		دۆرەن
杜烯酚 durenol $C_{10}H_{14}O$		دۆرەنول
杜茚酮 durindone		دۆرىندون
杜茚酮红 B durindone red B		دۆرىندوندى قىزىل B
杜茚酮蓝 4B durindone blue 4B		دۆرىندوندى كوك 4B
杜仲胶 gutta-percha(=gutta)		

گۆتتا ـ پەرچا، گۆتتا جەلمىى

杜仲硬橡胶　eucommea rubber　　هۆ كوميا كاۋچۇگى

duan

端苯基脂肪酸　w－phenyl fatty acid　　w ـ فەنيل ماي قىشقىلى

端环　end ring　　اقىرعى ساقىنا، سوۋعى ساقىنا

端基　terminal (end) group　　اقىرعى راديكال، سوۋعى راديكال

端基滴定　end grou ptitration　　اقىرعى راديكالدىق تامىزۋ

端基分析　end－group analysis　　اقىرعى راديكالدىق تالداۋ

端键　terminal bond(＝end bond)　　اقىرعى بايلانس، سوۋعى بايلانس

端聚物　　" W－聚合物 " گە قاراڭىز.

端氯代丙烯酸　　" β－氯丙烯酸 " گە قاراڭىز.

端氰烷基　w－cyanoalkyl　　w ـ سياندى الكيل

端三氯偕羟基乙胺　　" 氯醛氨 " گە قاراڭىز.

端三氯偕乙氧基乙醇　　" 氯醛醇酯 " گە قاراڭىز.

(端)烯戊烯酸　　" 乙烯基丙烯酸 " گە قاراڭىز.

端异丙叉　w－isopropylidene　　w ـ يزوپروپيىليدەن

短防己次碱　　" 阿克吐米定 " گە قاراڭىز.

短防己碱　　" 阿克吐明 " گە قاراڭىز.

短杆菌酪素　tyrocidine　　تيروتسيدين

短杆菌素　tyrothriein　　تيروتريتسين

短杆菌肽　　" 克杀汀 " گە قاراڭىز.

短杆菌肽 A　　" 克杀汀 A " گە قاراڭىز.

短杆菌肽 B　　" 克杀汀 B " گە قاراڭىز.

短杆菌肽 C　　" 克杀汀 C " گە قاراڭىز.

短颈瓶　short－lived flask　　قىسقا موينىندى كولبا

短毛酸　puberulic acid　$C_8H_6O_6$　　پۇبەرۋل قىشقىلى

短毛酮酸　puberulonic acid(＝puberonic acid)　$C_6H_4O_6$　　پۇبەرۋلون قىشقىلى،
پۇبەرون قىشقىلى

短霉素　bramycin　　براميتسين

短命中间化合物　short－life intermediates

عۆمـرى قـسقا ارالـق قوسلـستار

短期活度　short – lived activity　　　قـسقا ۋاقتـتـق اكتيـۆتـك

短期试验　short – time test　　　قـسقا ۋاقتـتـق سنـاق

短寿命同位素　short – lived isotope　　عۆمـرى قـسقا يزوتوپ

短纤维　short fiber　　　قـسقا تالشـق

短纤维润滑脂　short – fiber grease　　قـسقا تالشـقتـى گـرازا

短纤维石棉　short – fibered asbestos　قـسقا تالشـقتـى تاسماقتـا

短焰煤　short – flame coal　　جالـنـى قـسقا كومـر

短油　　قـسقا ماي (پوليمـەرلـەنۆ دارەجـەسى جوعارى ەمـس ماي)

短周期　short period　　　قـسقا پـەريود

断链　(short) stopped chain　تـزبـەك ٴوزـلـۆ، ۆزـلـگـەن تـزبـەك

断链聚合物　stopped polymer　تـزبـەگى ۆزـلـگـەن پوليمـەر

煅明矾　burnt alum　　　كۆيدرـلـگـەن اشـۆداس

煅曲霉素　ustin　　　ۋستين

煅烧石灰　lime burning　　كۆيدرـلـگـەن اك

煅石膏　　"烧石膏" گـە قاراڭـز.

煅树醇　basseol　　باسـەول، جوكـە سپيـرتى

煅树酸　bassic acid　　جوكـە قـشقـلـى

煅树油　basswood oil　　　جوكـە مايى

煅油　burnt oil　　　كۆيدرـلـگـەن ماي

dui

堆心菊灵　　　　"核勒哪灵" گـە قاراڭـز.

堆心菊素　　　　"核勒年" گـە قاراڭـز.

对　p – (= para)　　　پ ـ، پارا ـ

对氨苯磺酰　　　　"黄氨酰" گـە قاراڭـز.

对氨苯磺酰胺　p – aminobenzene sulfamide　پارا ـ امينو بەنزول سۆلفاميد

对氨苯磺酰氨基　　　　"磺氨基" گـە قاراڭـز.

2 – 对氨苯基 – 4 – 甲氮杂萘　　　　"磺苯胺" گـە قاراڭـز.

对氨苯基砷酸　　　　"对氨苯基胂酸" گـە قاراڭـز.

对氨苯基胂酸　arsanylic acid　　$NH_2C_6H_4AsO(OH)_2$　"阿散酸" گـە قاراڭـز.

对氨苯基胂酸盐   "阿散酸盐" گە قاراڭىز.

对氨苯甲酸盐   p－aminobenzoate   پارا ـ امينو بەنزول قىشقىلىنىڭ توزدارى

对氨苯锑酸   p－aminobenzene stibonic acid   پارا ـ امينوبەنزول سۇرمە
قىشقىلى

对氨苯替亚氨赶醌染料   "苝苯胺染料" گە قاراڭىز.

对氨酚   p－aminophenol   پارا ـ امينوفەنول

对氨基苯酚   p－amino(benzo)phenol   پارا ـ امينو (بەنزو) فەنول

对氨基苯磺酸   p－aminobenzen sulfonic acid   پارا ـ امينو بەنزول سۇلفون
قىشقىلى

对氨基苯磺酸锌   "尼锌" گە قاراڭىز.

对氨基苯磺酰盐   "磺胺酸盐" گە قاراڭىز.

对氨基苯磺酰   "磺胺" گە قاراڭىز.

对氨基苯磺酰胺   p－aminobenzene sulfonamide(＝sulfinilamide)
$NH_2C_6H_4SO_2NH_2$ پارا ـ امينو بەنزول سۇلفوناميد

对氨基苯磺酰胍   sulfanilyl guanidine   سۇلفانيليل گۋانيدين

对氨基苯磺酰基   "磺胺酰基" گە قاراڭىز.

对氨基苯基甲基酮   "氨基苯乙酮" گە قاراڭىز.

对氨基苯(甲)酸   p－aminobenzoic acid   پارا ـ امينو بەنزوي قىشقىلى

对氨基苯甲酸钠   sodium paraaminobenzoate   پارا ـ امينو بەنزوي قىشقىل
ناتري

对氨基苯甲酸乙酯   "对氨基苯酸乙酯" گە قاراڭىز.

对氨基苯胂酸   atoxylic acid $NH_2C_6H_4AsO(OH)_2$ اتوكسيل قىشقىلى

对氨基苯胂酸钠   sodium atoxylate   اتوكسيل قىشقىل ناتري

对氨基苯酸   "对氨基苯(甲)酸" گە قاراڭىز.

对氨基苯酸丁酯   butesin $C_{11}H_{15}O_2N$ بۇتەزين

对氨基苯酸乙酯   ethyl p－aminobenzoate(＝benzocaine)   پارا ـ امينو
بەنزوي قىشقىل ەتيل ەستەرى، بەنزوكاين

对氨基苯乙醚   p－phenetidine   پارا ـ فەنەتيدين

对氨基苯乙酮   p－aminoacetophenoum   پارا ـ امينو اتسەتوفەنون

对氨基酚   p－aminophenol   پارا ـ امينوفەنول

对氨基磺酰苯甲酸   p－sulfamylbenzoic acid   پارا ـ سۇلفاميل بەنزوي
قىشقىلى

对氨基联二苯　aminodiphenyl　پارا ـ امىنو دىفەنىل

对氨基马尿酸　p－aminohippuric acid　پارا ـ امىنو گىپپۇر قشقىلى

对氨基萘磺酸　naphthionic acid　$NH_2C_{10}H_6SO_3H$　نافتىون قشقىلى

对氨基萘磺酸钠　sodium naphthinate　نافتىون قشقىل ناترى

对氨基偶氮苯　p－aminoazobenzene　پارا ـ امىنو ازوبەنزول

对氨基水杨酸　p－amino salicylic acid　پارا ـ امىنو سالىتسىل قشقىلى

对氨基水杨酸粉　p－amino salicylic acid powder　پارا ـ امىنو سالىتسىل قشقىل ۇنتاعى

对氨基水杨酸钙　calcium p－aminosalicylate　پارا ـ امىنو سالىتسىل قشقىل كالتسى

对氨基水杨酸钠　sodium p－aminosalicylate　پارا ـ امىنو سالىتسىل قشقىل ناترى

对氨基水杨酸盐　p－amino salicylate　پارا ـ امىنو سالىتسىل قشقىلمنناڭ تۇزدارى

对氨基乙酰苯胺　p－aminoacetaniline　پارا ـ امىنو اتسەتىل انىلىن

对苯半醌　p－benzo semiquinone　پارا ـ بەنزول سەمىحىنون

对苯二胺　p－phenylene diamine　پارا ـ فەنىلەن دىامىن

对苯二酚　"氢醌" گە قاراڭز.

对苯二酚二苄醚　"氢醌二苄基醚" گە قاراڭز.

对苯二酚二醋酸酯　"氢醌二醋酸酯" گە قاراڭز.

对苯二酚二甲醚　"氢醌二甲基醚" گە قاراڭز.

对苯二酚配葡糖　"熊果甙" گە قاراڭز.

对苯二酚一苄醚　"氢醌一苄基醚" گە قاراڭز.

对苯二甲叉　p－phenylenedimethylidyne　$=CHC_6H_4CH=$　"对酞叉" گە قاراڭز.

对苯二甲酸　"对酞酸" گە قاراڭز.

对苯二甲酸盐　"对酞酸盐" گە قاراڭز.

对苯二腈　"对酞腈" گە قاراڭز.

对苯二醛　"对酞醛" گە قاراڭز.

对苯二酸－乙二醇缩聚物　ethylene terephthalate polymer　تەرەفتال قشقىلى ەتىلەندى پولىمەر

对苯二酰　"对酞酰" گە قاراڭز.

对苯二酰氯   گە قاراڭىز "对酞酰氯".

对苯基苯酚   p－phenylphenol   پارا ـ فەنيل فەنول

对苯基苯甲酸   p－phenylbenzoic acid   پارا ـ فەنيل بەنزوي قىشقىلى

对苯基苯乙酮   p－phenyl acetophenone $C_{12}H_9COCH_3$ پارا ـ فەنيل
اتسەتوفەنون

对苯基－w－氯乙酰苯   p－phenyl－w－chloro aceto phenone
$C_6H_2C_6H_4COCH_2Cl$ پارا ـ فەنيل ـ w ـ حلورلى اتسەفەنون

对苯醌   p－benzoquinone   پارا ـ بەنزوحينون

对苯醌合对苯二酚   گە قاراڭىز "醌氢醌".

对苯氧(杂)芑胺   pyronine   پيرونين

对吡啶酰肼   گە قاراڭىز "雷米封".

对丙基苯酚   p－propyl phenol   پارا ـ پروپيل فەنول

对丙基苯酸   p－propyl benzoic acid   پارا ـ پروپيل بەنزوي قىشقىلى

对丙基甲苯   p－propyl toluene $CH_3C_6H_4CH_2C_2H_5$ پارا ـ پروپيل تولۇول

对丙烯基苯酚   anol $CH_3CHCHC_6H_4OH$ انول

对丙烯基苯甲醚   گە قاراڭىز "对丙烯基茴香醚".

对丙烯基茴香醚   p－propenyl anisol   پارا ـ پروپەنيل انيزول

对丙烯基邻甲氧基苯酚   گە قاراڭىز "异丁子香酚".

对草快   paraquat   پاراكۋات

对称   symmetry   سيممەتريا، تەڭدەستىك

对称二苯替甲二胺   گە قاراڭىز "甲撑替二苯胺".

对称分子   symmetric molecule   سيممەترىيالى مولەكۇلالار

对称化合物   symmetirical compound   سيممەترىيالى قوسىلىستار

对称环   symmetrical ring   سيممەترىيالى ساقينالار

对称结构   symplex structure   سيممەترىيالى قۇرىلىمدار

对称取代脲   urylene $R\cdot NHCONH\cdot R$ ۋريلەن

对称四苯乙烷   sym－tetraphenyl ethane $[(C_6H_5)_2CH]_2$ sym ـ تەترافەنيل
ەتان

对称酮   گە قاراڭىز "简单酮".

对称乙酰基二溴乙酰(基)脲   acetyl carbromal(＝abasin)
$(C_2H_5)CBrCONHCONHOOCH_3$ اتسەتيل كاربرومال، ابازين

对称脂族链   bilateral aliphatic chain سيممەترىيالى ماي گرۇپپياسى تىزبەكتەرى

对氮蒽蓝	"引杜林染料" گه قاراڭىز.
对氮蒽型黑类染料	"نيغرو(لوكسين)" گه قاراڭىز.
对氮蒽型蓝	"引杜林" گه قاراڭىز.
对氮杂蒽型染料	"ﺋﺎﺷﺮﺍﺯ染料" گه قاراڭىز.
对碘苯基尿烷 p‑iodophenyl urethane	پارا ـ يودتى فەنيل ﯗﺭەتان
对恶嗪 paroxazine	پاراوكسازين
对二苯甲叉苣酮	"品红酮" گه قاراڭىز.
对二丙胺基苯(甲)醛 dipropyl amino‑benzaldehyde $(C_3H_7)_2NC_6H_4CHO$	دىپروپيل امينو بەنزالدەگىدتى
对(二)氮苯	"吡嗪" گه قاراڭىز.
对二氮苯基	"吡嗪基" گه قاراڭىز.
对二氮蒽基	"ﺋﺎﺷﺮﺍﺯ基" گه قاراڭىز.
对二氮己环	"哌嗪" گه قاراڭىز.
对二氮萘并	"喹喔啉并" گه قاراڭىز.
对二氮萘基	"喹喔啉基" گه قاراڭىز.
对二氮杂苯	"吡嗪" گه قاراڭىز.
对二氮(杂)萘	"喹喔啉" گه قاراڭىز.
对二甲氨基苯(甲)醛 p‑methyl aminobenzaldehyde	پارا ـ دىمەتيل امينو بەنزالدەگىدتى
对二甲氨基苯叉线丹宁 p‑dimethylaminobenzal rhodanine	پارا ـ دىمەتيل امينو بەنزال رودانين
对二甲氨基偶氮苯 p‑dimethyl amino‑azobenzene	پارا ـ دىمەتيل امينو ـ ازوبەنزول
对二甲苯 p‑xylene	پارا ـ كسيلەن
对二甲基苯对醌 phlorone $C_8H_8O_2$	فلورون
对二硫杂环己烷	"二噻烷" گه قاراڭىز.
对二硫杂芑	"1, 4 ‑ 二噻二烯" گه قاراڭىز.
对二氯苯 p‑dichlorobenzene	پارا ـ ەكى حلورلى بەنزول
对二氯基氨磺酰苯甲酸 halazone	گالازون
对二羟基苯 p‑dihydroxy benzene	پارا ـ دىگيدوكسيل بەنزول
对二嗪 para‑diazine	پارا ـ دىازين

对二嗪类　para－diazines（＝pirazines）　　　　　　پارا ـ دیازیندەر، پیرازیندەر

对二硝基苯偶氮萘酚　p－dinitrobenzene－azo－naphthol　　پارا ـ

دینیتروبەنزول ـ ازو ـ نافتول

对二溴苯　p－dibromo－benzene　　　　　　پارا ـ ەکی برومدی بەنزول

对二氧杂环己烷　p－dioxane　　　　　　　　　پارا ـ دیوکسان

对氟苯乙酸　p－fluoro benzene acetic acid　　پارا ـ فتور بەنزول سرکه

قىشقىلى

对氟溴苯　p－fluorobromobenzene　FC₆H₄Br　　پارا ـ فتور ـ بروم بەنزول

对环己二醇　quinitol（＝p－cyclohexandiol）　C₆H₁₀(OH)₂　ـ پارا، حینیتول

ساقینالی گەکساندیول

对环己基茴香醚　p－cyclohexyl－anisol　CH₃OC₆H₄C₆H₁₁　پارا ـ ساقینالی

گەکسیل انیزول

对磺基间甲氧基苯偶氮二甲基－a－萘胺　p－sulfo－o－methoxybenzene

－azo－dimethyl－a－napthylamine　　پارا ـ سۇلفو ـ ورتو ـ مەتوکسی

بەنزول ـ ازو ـ دیمەتیل ـ a ـ نافتیلامین

对茴香胺　p－anisidine　　　　　　　　　　　پارا ـ انیزیدین

对茴香醛　p－anisaldehyde　　　　　　　　پارا ـ انیس الدەگیدتی

对甲苯胺　p－toluidine　　　　　　پارا ـ تولۇولیدین، پارا ـ تولۇیدین

对甲苯酚　p－cresol　　　　　　　　　　　پارا ـ کرەزول

对甲苯磺酸　p－toluol sulfonic acid　　پارا ـ تولۇول سۇلفون قىشقىلى

对甲苯磺酸丙酯　propyl－p－toluene sulfonate　CH₃C₆H₄SO₃C₃H₇　ـ پارا

تولۇول سۇلفون قىشقىل پروپیل ەستەری

对甲苯磺酸丁酯　butyl－p－toluene sulfonate　CH₃C₆H₄SO₃C₄H₉　ـ پارا

تولۇول سۇلفون قىشقىل بۇتیل ەستەری

对甲苯磺酸二氯苯酯　dichlorophenyl－p－toluenesulfonate

CH₃C₆H₄SO₃C₆H₃Cl₂　پارا ـ تولۇول سۇلفون قىشقىل ەکی حلورلى فەنیل ەستەری

对甲苯磺酰　p－toluene sulfonyl　　　　پارا ـ تولۇول سۇلفونیل

对甲苯磺酰二氯胺　n, n－dichlorotoluene sulfonamide　ەکی ـ n ، n

حلورلى تولۇول سۇلفونامید

对甲苯磺酰甲基亚硝酰胺　p－tolylsulfonylmethyl nitrosamide　ـ پارا

تولیل ـ سۇلفونیل ـ مەتیل نیتروزامید

对甲苯基硼化二氟　boron－p－tolyl difluoride　CH₃C₆H₄BF₂　تولیل ـ پارا

بورلی ەکی فتور

对甲苯甲酸　p－toluic acid　　　　　　　　　پارا ـ تولۇين قىشقىلى

对甲苯硫粉　toluene－w－thiol　　　　　　　تولۇۇل ـ w ـ تيول

对甲苯酰替邻茴香胺　p－tolu－o－aniside　پارا ـ تولۇـ ورتو- انيزيد

对甲代苯二胺　p－toluylenediamine　　　پاراـ تولۇيلەن ديامين

对甲二胺　p－methyl diamine　　　　　　پارا ـ مەتيل ديامين

对甲酚　　　　　　　　　　　　"对甲苯酚" گە قاراڭىز.

对甲基苯并噻唑　p－methyl－benzothiazole　$C_6H_4N:C(CH_3)S$　پارا ـ مەتيل ـ
بەنزوتيازول

对甲基苯甲酸　p－methyl benzoic acid　پارا ـ مەتيلى بەنزوي قىشقىلى

对甲基吡啶　4－methyl pyridine（＝lepidine）　$C_{10}H_9N$　4 ـ مەتيل
پيريدين، لەپيدين

对甲基丙苯　p－methylpropyl benzene　$CH_3C_6H_4CH_2C_2H_5$　پارا ـ مەتيل بروپيل
بەنزول

对甲基-1, 4-二桥氧环己烯-[2]-异丙烷　　　"驱蛔脑" گە قاراڭىز.

对甲氧基苯胺　p－methoxy aniline　　　پارا ـ مەتوكسي انيلىين

对甲氧基苯丙饰烯　　　　　　　　　"草蒿脑" گە قاراڭىز.

对甲氧基苯基丙酮　　　　　　　　　"茴香酮" گە قاراڭىز.

对甲氧基苯甲醇　　　　　　　　"对甲氧基苄醇" گە قاراڭىز.

对甲氧基苯甲醛　p－methoxy benzaldehyde　پارا ـ مەتوكسي بەنزالدەھگيدتى

对甲氧基苯甲酸　p－methoxybemzoic acid　پارا ـ مەتوكسي بەنزوي
قىشقىلى

对甲氧基苯甲酸乙酯　　　　　　"茴香酸乙酯" گە قاراڭىز.

对甲氧基苯醛　aubepine（＝anisaldehyde）　$CH_3O\cdot C_6H_4\cdot CHO$　ئوبەپين، انيس
الدەھگيدتى

对甲氧基苯乙酮　p－methuxyacetophenone　پارا ـ مەتوكسي اتسەتوفەنون

对甲氧基芯醇　　　　　　　　　　"对甲氧基苄醇" گە قاراڭىز.

对甲氧基苄醇　p－methoxy benzyl alcohol　پارا ـ مەتوكسي بەنزيل سپيرتى

对甲氧基苄菊酯　methothrin　　　　　　　　مەتوترين

对甲氧基丙烯基苯　p－metoxypropenyl benzene　پارا ـ مەتوكسي پروپەنيل
بەنزول

对甲氧基乙酰替苯胺　metacetin　　　　　　مەتاتسەتين

对甲氧偶氮酚　　　　　　　　"苯酚－AS－RL" گە قاراڭىز.

对键(结)构   "对位键合" گه قاراڭىز.

对肼基苯磺酸   "苯肼对磺酸" گه قاراڭىز.

对卡因   "番妥卡因" گه قاراڭىز.

对抗反应   opposing reaction   قارسىلىقتى رەاكسىيالار

对醌   paraquinone   پاراحينون

对醌结构   para – quinoid structure   پارا ـ حينويد قۇرىلمىسى

对联苯基胺   p – biphenylamine   پارا ـ بيفەنيلامين

对联基   biphenylyl   بيفەنيليل

对联四苯   benzerythrene   بەنزەريترەن

对流   convection   كونۋەكتسيا، ئوتسۇ

对硫磷   parathion   پاراتيون

对硫酮   "对硫磷" گه قاراڭىز.

对六联苯   p – hexaphenyl   پارا ـگەكسافەنيل

对氯苯胺   p – chloroanilinum   پارا ـ حلورلى انيلين

对氯苯基 – N – 氨基甲酸甲酯   p – chlorophenyl – N – methyl carbamate

پارا ـ حلورلى فەنيل –N– كاربامين قىشقىل مەتيل ەستەرى

对氯苯氧基醋酸   p – chlorophen oxyacetic acid   پارا ـ حلورلى فەنوكسي

سىركە قىشقىلى

对氯苄基 – 对氯苯基硫醚   p – chlorobenzyl – p – chlorophenyl sulfide

پارا ـ حلورلى بەنزيل ـ پارا ـ حلورلى فەنيل سۇلفيد (تيوەفير)

对氯汞基苯(甲)酸   p – chloromercuribenzoic acid   پارا ـ حلورلى سىناپ

بەنزوي قىشقىلى

对氯间二甲苯酚   4 – chloro – 3, 5 – xylenole   4 ـ حلورلى ـ 5، 3 ـ

كسيلەنول

对脲苯基胂酸   p – uryeidobenzene arsonic acid(= carbarsone)

$H_2NCONHC_6H_4AsO(OH)_2$ پارا ـ ۇرەيدو بەنزول ارسون قىشقىلى، كاربارسون

对羟苯丙酮酸   p – hydroxyphenyl pyruvic acid   پارا ـ گيدروكسيل فەنيل

پيرۇۋين قىشقىلى

对羟苯基丙氨酸   tyrosine   تيروزين

对羟苯基乙胺   tyramine $HOC_6H_4CH_2CH_2NH_2$ تيرامين

对羟苯甲酸   p – hydroxybenzoic acid   پارا ـ بەنزوي قىشقىلى

对羟苯酸丙酯   "尼杷油" گه قاراڭىز.

对羟苯酸甲酯   "尼杷晋" گه قاراڭىز.

对羟苯乙酸　p–hydroxyphenylaceic acid　پارا ـ گىدروكسىل فەنىل سىركە
قىشقىلى

对羟基苯胺乙酸　p–hydroxyaniline acetic acid　پارا ـ گىدروكسىل انىلىن
سىركە قىشقىلى

对羟基苯丙酮　p–hydroxypropiophenone　پارا ـ گىدروكسىل پروپىيوفەنون

对羟基苯丙酮酸　p–oxyphenyl pyruvic acid　پارا ـ وكسىفەنىل پىرۇۋىن
قىشقىلى

对羟基苯(代)乙替二甲胺　　"大麦芽碱" گە قاراڭىز.

对羟基苯甲醛　p–hydroxybenzaldehyde　پارا ـ گىدروكسىل بەنزوي الدەگىدتى

对羟基苯甲酸　p–hydroxybenzoic acid　پارا ـ گىدروكسىل بەنزوي قىشقىلى

对羟基苯甲酸甲酯　methyl–p–hydroxybenzoate　پارا ـ گىدروكسىل
بەنزوي قىشقىل مەتىل ەستەرى

对羟基苯甲酸乙酯　ethyl–p–hydroxy benzoate　پارا ـ گىدروكسىل
بەنزوي قىشقىل ەتىل ەستەرى

对羟基苯硫酚　　"硫氢醌" گە قاراڭىز.

对羟基苯胂酸　p–hydroxyphenylarsonic acid　پارا ـ گىدروكسىل فەنىل
ارسون قىشقىلى

对羟基苯酸丙酯　propyl–p–hydroxy benzoate　$HOC_6H_4CO_2C_3H_7$　پارا ـ
گىدروكسىل بەنزوي قىشقىل پروپىيل ەستەرى

对羟基联(二)苯　parazon　پارازون

对羟青霉素　　"青霉素 X" گە قاراڭىز.

对噻嗪　parathiasine　پاراتىيازىن

对三联苯　p–terphenyl　پارا ـ تەرفەنىل

对缬花烃　p–symene　پارا ـ سىمەن

对峙反应　　"对抗反应" گە قاراڭىز.

对羧苯基磷酸　p–cavboxyphenyl phosphonic acid　$HO_2CC_6H_4PO(OH)_2$
پارا ـ كاربوكسىل ـ فەنىل فوسفور قىشقىلى

对羧苯基胂酸　p–carboxy phenyl arsonic acid　$(HO)_2OAsC_6H_4COOH$　پارا ـ
كاربوكسىل ـ فەنىل ارسون قىشقىلى

对羧基二苯甲醇　p–carboxybenzhydrol　$C_6H_5CH(OH)C_6H_4COOH$　پارا ـ
كاربوكسىل بەنزوگىدرول

对酞叉　terephthalal(=terephthalylidene)　$=CHC_6H_4CH=$　تەرەفتالال،
تەرەفتا لىلىدەن

对酞腈　terephthalonitrile　$C_6H_4(CN)_2$　تەرەفتالونیتریل

对酞醛　terephthal aldehyde　$C_6H_4(CHO)_2$　تەرەفتال الدەگیدتی

对酞酸　terephthalic acid(= p – phthalic acid)　$C_6H_4(COOH)_2$　تەرەفتال قشقپلی، پارا ـ فتال قشقپلی

对酞酸二甲酯　dimethyl terephthate　$C_6H_4(CO_2CH_3)_2$　تەرەفتال قشقپل دیمەتیل ەستەری

对酞酸盐　terephthalate　تەرەفتال قشقپلنىڭ تۇزدارى

对酞酰　terephthaloyl　$– COC_6H_4CO – (P)$　تەرەفتالویل

对酞酰氯　terephthalyl chloride　$C_6H_4(COCl)_2$　تەرەفتالیل حلور

对檀香醇　teresantalol　تەرەسانتالول

对糖精酸　para saccharinic acid　$CH_2OHCH_2COH(COOH)$　پارا ـ ساحارین قشقپلی

对特戊基苯胺　p – tert – amylaniline　$(C_2H_5)(CH_3)_2CC_6H_4NH_2$　پارا ـ تەرت ـ امیلانیلین

对位　para – position　پارا ـ ورىن، قارسی ورىن

对位氨基苯磺胺　p – aminobenzenesulfonamide　پارا ـ امینو بەنزول سۇلفونامید

对位氨基水杨酸　p – aminosalicylic acid　پارا ـ امینو سالیتسیل قشقپلی

对位定向基　para – directing group　پارا ـ باعتتاۋشی گرۇپپا

对位二取代衍生物　para – disubstitution derivative　پارا ـ ورىندا ەكی رەت الماساتىن تۇنندىلار

对位红　para red　پارا قىزىل

对位化合物　para – compound　پارا ـ قوسىلمستار

对(位)键合　para – linkage　پارا ـ (ورىندا) بایلانس ٴتۇزۇ

对位取代　para orientation　پارا ورىندا الماسۇ

对位取代基　para – orientating group　پارا ورىندا الماساتىن گرۇپپا

对位双取代衍生物　"对位二取代衍生物" گە قاراڭىز.

对位酸　"仲酸" گە قاراڭىز.

对位衍生物　para – derivative　پارا ـ تۇنندىلار

对(位)乙氧(基)苯脲　dulcin　دۇلتسین

对位－乳酰替乙氧苯胺　para – lactophenetide　پارا ـ لاكتوفەنەتید

对位－乙酰胺基苯基水杨酸盐　para – acetylaminophenyl salicylate　پارا ـ اتسەتیل امینو فەنیل سالیتسیل قشقپلنىڭ تۇزدارى

对位异构体　para‐isomer　　　　　　　　پارا ـ يزومەر

对烯丙基苯酚　　　　　　　　　　　　"佳味醇" گە قاراڭىز.

对烯丙基茴香醚　p‐allylanisole　　　　پارا ـ اللیل انیزول

对硝苯胺 S　paranitraniline S　　　　پارانیترانیلین S

对硝基苯胺　paranitraniline　　　　　پارانیترانیلین

对硝基苯酚　p‐nitrophenol　　　　　پارا ـ نیتروفەنول

对硝基苯(甲)醛　p‐nitrobenzaldehyde　پارا ـ نیتروبەنزالدەگیدتی

对硝基苯偶氮水杨酸钠　sodium‐p‐nitrophenyl azo salicylate　پارا ـ

نیتروفەنیل ازو سالیتسیل قىشقىل ناتري

对硝基甲苯　p‐nitrotoluene　　　　پارا ـ نیتروتولۇۆل

对硝基隣甲苯胺　p‐nitro‐O‐toluidine　پارا ـ نیترو ـ و ـ تولۇيدین

对硝基氯苯　p‐nitrochlorobenzene　پارا ـ نیترو حلورلى بەنزول

对硝基乙替乙酰替苯胺　p‐nitro‐ethylacetanilide
$NO_2C_6H_4N(C_2H_5)COCH_3$　　پارا ـ نیترو ـ ەتیل اتسەت انیلین

对溴苯胺　p‐bromoaniline　　　　پارا ـ برومدى انیلین

对溴苯基苯基次膦酸　(p‐bromophenyl)phenylphosphinic acid
$P·BrC_6H_4C_6H_5P:OOH$　(پارا ـ برومدى فەنیل) فەنیل فوسفین قىشقىلى

对溴苯基睇酸　p‐bromobenzenestibonic acid　پارا ـ بروم بەنزولدى

ستیبون قىشقىلى

对溴苯基锑酸　　　　　　　"对溴苯基睇酸" گە قاراڭىز.

对溴苯肼　p‐bromophenylhydrazine　پارا ـ برومدى فەنیل گیدرازین

对溴苯酰甲基溴　p‐bromophenacyl bromide　پارا ـ برومدى فەناتسیل بروم

对溴代苯酚　para‐bromophenol　پارا ـ برومدى فەنول

对溴磷　leptophos　　　　　　　لەپتوفوس

对氧氮已环　　　　　　　　"吗啉" گە قاراڭىز.

对氧氮已环酮‐[3]　　　　　　"吗啉酮" گە قاراڭىز.

对氧磷　paraoxon　　　　　　پاراۋكسون

对氧萘酮　　　　　　　　"色酮" گە قاراڭىز.

对氧(杂)苊酮　　　　　"γ ـ 吡喃酮" گە قاراڭىز.

对乙酰氨基苯磺酰胺　para‐acetamidobenzene sulfonamide　پارا ـ

اتسەتامیدو بەنزولدى سۇلفونامید

对乙酰氨基苯胂酸钠　　　　　"阿撒西丁" گە قاراڭىز.

对乙酰氨基酚　para－acetyl aminophenol　پارا ـ اتسەتیل امینو فەنول

对乙酰氨基萨罗　acetyl paramidosalol　اتسەتیل پارامیدو سالول

对乙酰氨基苯胂酸　acetyl arsanilic acid　اتسەتیل ارسانیل قشقملی

对乙氧苯替丁二酰亚胺　p－ethoxyphenylsuccinimide　پارا ـ ەتوكسی فەنیل سۇكتسین یمید

对乙氧基苯甲酸　para－ethoxybenzoic acid　پارا ـ ەتوكسی بەنزوي قشقملی

对乙氧基苯脲　p－ethoxy－phenylurea　پارا ـ ەتوكسی فەنیل ۋرەا

对乙氧基菊橙　"对乙氧基柯衣定" گە قاراڭـز.

对乙氧基柯衣定　p－ethoxy chrysoidine　پارا ـ ەتوكسی حریزرویدین

对异丙苯胺基　"枯胺基" گە قاراڭـز.

对异丙苯(甲)酰　p－isopropyl benzoyl(＝cumoyl)　پارا ـ یزوپروپیل بەنزویل، كۆمویل

对异丙苄叉　p－isopropylbenzylidene(＝cumal)　پارا ـ یزوپروپیل بەنزیلیدەن، كۆمال

对异丙苄基　p－isopropylbenzyl(＝cuminy)　پارا ـ یزوپروپیل بەنزیل، كۆمیل

对异丙基苯甲醇　"对异丙基苄醇" گە قاراڭـز.

对异丙基苯甲醛　"枯醛" گە قاراڭـز.

对异丙基苯甲酸　"枯茗酸" گە قاراڭـز.

对异丙基苯甲酰胺　"枯酰胺" گە قاراڭـز.

对异丙基苯醛　"枯茗醛" گە قاراڭـز.

对异丙基苄醇　isopropyl benzyl alcohol　یزوپروپیل بەنزیل سپیرتی

对映结晶　enantiomorphous crystal　ەنانتیومورفتی كریستال

对映体　antimer, antipade　انتیمەر، انتیدەهنە

对映(异构)现象　enantiotropy　ەنانتیوتروپیا

对(正)丁苯胂酸　p－n－butylphenylarsonic acid　پارا ـ n ـ بۆتیل فەنیل ارسون قشقملی

dun

吨　ton (T)　توننا (T)

钝化　inactivate, inactivating　پاسسیۆتەنۇ، اكتیۆسـزردەنۇ

钝化剂　passivator, passivating agent　پاسسىۋۆتەندىرگۈش اگەنت

钝态　passive state　پاسسىۋ كۈي

钝性体　inactive form　پاسسىۋ دەنە

钝性载体　inactive base　پاسسىۋ تاسۇۆشى دەنە

楠籽碱　aspidospermine　اسپىدوسپەرمىن

duo

多　poly　پولى (گرەكشە) ، مۆلتى(لاتىنشا)، كوپ

多巴　dopa　دوپا

多巴胺　dopamine　دوپامىن

多巴脱羧酶　dopa decarboxylase　دوپا دەكاربوكسىلازا

多巴氧化酶　dopa – oxidase, dopase　دوپا وكسىدازا، دوپازا

多斑素　polystyctin　$C_{14}H_{10}O_5N_2$　پولىستىكتىن

多不饱和脂肪酸　polyunsaturated fatty acid　كوپ قانىقپاغان ماي قىشقىلى

多不纳合成　Doebnep synthesis　دوەبنەرسىتەزى

多层　multilayer　كوپ قابات، كوپ قاباتتى

多层吸附　multilayer sorption　كوپ قاباتتىق ادسوربىتسيا

多氮化合物　polyazin　كوپ ازوتتى قوسىلىستار

多氮菌素　azomultin　ازومۆلتىن

多氮系　polynitrogen system　كوپ ازوتتى جۈيە

多氮杂萘　polyaza naphthalene　بوليازا نافتالين

多碘代苯　phenyl polyiodide　كوپ يودتى فەنيل

多碘化的　polyiodeted, polyiodizated　كوپ يودتانۇ، كوپ يودتانعان

多碘化反应　polyiodination, polyiodization　كوپ يودتانۇ رەاكسياسى

多碘化合物　polyiodide　كوپ يودتى قوسىلىستار

多碘烃　polyiodohydrocarbon　كوپ يودتى كومىر سۇتەكتەر

多电子原子　polyelectronic atom　كوپ ەلەكترونىدى اتوم

多二氢环青霉醛酸　cyclopalic acid　سيكلوپال قىشقىلى

多芳基化反应　polyarylation　پولياريلدەنۇ رەاكسياسى

多酚　polyphenols　پوليفەنول

多酚氧化酶　polyphenoloxidase　پوليفەنول وكسىدازا

多分散系　polydisperse system　كوپ تارالعىشتىق جۈيە

多分散性　polydispersty, polymolecularity　كۆپ تارالعشتنق، كۆپ
مولەكۆلالىلىق

多分子不可逆反应　polymolecular non - reversible reaction　جۇغارى
مولەكۆلالىق قايتىمسسز رەاكسيالار

多分子层　polymolecular layer(= multilayer)　جۇغارى مولەكۆلالىق قابات

多分子反应　polymolecular reaction　جۇغارى مولەكۆلالىق رەاكسيالار

多分子化合物　polymolecular compounad　جۇغارى مولەكۆلالىق قوسىلمستار

多分子膜　multimolecular film　جۇغارى مولەكۆلالىق پەردەلەر

多分子性　　　"多分散性" گە قاراڭىز.

多氟代苯　phenyl polyfluoride　كۆپ فتورلى فەنيل

多氟化反应　poly fluorination　كۆپ فتورلانۇ رەاكسياسى

多氟化物　poly fluoride　كۆپ فتورلى قوسىلمستار، پوليفتوريدتەر

多氟碳化物　poly fluorocarbons　كۆپ فتورلى كومىرتەكتى قوسىلمستار

多氟烃　polyfluohydrocarbon　كۆپ فتورلى كومىر سۇتەكتەر

多谷氨酰基团　polyglutamyl　پوليگلۇتاميل

多管反应器　multitubular reactor　كۆپ تۇتىكتى رەاكتور

多官能分子　multi - functional molecule　كۆپ فۇنكتسيالى ەلەمەنت

多硅酸　polysiliconic acid　پوليكرەمنى قشقلى

多果定　dodine　دودين

多核甙酸　polynucleotide　پولينۇكلەوتيدتەر

多核甙酸酶　polynucleotidase　پولينۇكلەوتيدازا

多核芳香烃　polynuclear aromatic hydrocarbone　كۆپ يادرولى ارومانتى
كومىر سۇتەكتەر

多核环　polycyclic ring　كۆپ يادرولى ساقينا

多核络合物　polynuclear complex　كۆپ يادرولى كومپلەكس

多核糖体　polyribosome　پوليريبوسوما

多花甙　multiflorin　مۆلتيفلورين

多环饱和烃　polyclic saturated hydrocarbon　كۆپ ساقينالى قانققان كومىر
سۇتەكتەر

多环芳香烃　polyclic aromatic hydrocarbon　كۆپ ساقينالى اروماتى كومىر
سۇتەكتەر

多环化合物　polycyclic compound　كۆپ ساقينالى قوسىلمستار

多环环烷　polycyclic naphthene　كۆپ ساقينالى نافتەن

多环烃	polycyclic hydrocarbon	كوپ ساقىنالى كومىر سۆتەكتەر
多极的	multipolar	كوپ پوليارلى
多价	polyvalency(= polyvalency)	كوپ ۆالەنت
多价的	multivalent(= polyvalent)	كوپ ۆالەنتتى
多价环烃基	multivalent cyclic hydrocarbon radical	كوپ ۆالەنتتى

ساقىنالى كومىر سۆتەكتەر رادىكالى

多价物	polyad	كوپ ۆالەنتتى زات، كوپ ۆالەنتتى قوسىلىس
多(碱)价的		"多元的" گە قاراڭـز.
多(碱)价酸		"多元酸" گە قاراڭـز.
多节环	polyatomic ring	كوپ اتومدىق ساقىنا
多晶铜	polycrystalline copper	كوپ كرىستالدى مىس
多聚苯乙烯	polystyrol(= polystyren)	پوليستيرول، پوليستيرەن
多聚蓖酸	polyricinoleic acid	پوليريتسينول قىشقىلى
多聚次黄嘌呤核甙酸	polyinosinic acid	پوليينوزين قىشقىلى
多聚核糖体	polyosomo	پوليوسوما
多聚己糖	hexasaccharid	گەكساساحارىد
多聚甲醛		"仲甲醛" گە قاراڭـز.
多聚酶	polymerase	پوليمەرازا
多聚酶链式反应	polymerase chain reaction	پوليمەرازانىڭ تىزبەكتى

رەاكسياسى

多聚氰		"仲氰" گە قاراڭـز.
多聚糖		"多糖" گە قاراڭـز.
多聚乙醛	metaldehyde (C_2H_4O)₄	مەتالدەگيد
多菌灵	bavistin	باۆيستين
多孔薄膜	expanded film	كەۆەكتى جارعاق
多孔玻璃	fritted (sintered) glass	كەۆەكتى ايناك (شىنى)
多孔玻璃过滤器	fritted glass filter	كەۆەكتى ايناك سۇزگىش
多孔(催化剂)粒子	porous granules	كەۆەكتى (كاتاليزاتور) بولشەكتەر
多孔隔膜	porous diaphragm	كەۆەكتى بولگىش پەردە (ديافراگما)
多孔结构	vesicular structure	كەۆەكتى قۇرىلىم
多孔金属过滤器	porous metal filter	كەۆەكتى مەتال سۇزگىش
多孔菌素	polyporin	پوليپورين
多孔菌酸	polyporenic acid(= polyporic acid)	

پوليپوزەن قىشقىلى، پوليپور قىشقىلى

多孔膜	porous membrana	كەۋەكتى پەردە
多孔塞	porous plug	كوپ تەسكتى تەعەن
多孔塑料	sponge rubber	"泡沫塑料" گە قاراڭىز.
多孔物体	porous body	كەۋەكتى دەنە
多孔橡胶	expanded rubber	كەۋەكتى رازىنكە، ۋياشسقتى رازىنكە
多孔橡皮		كەۋەكتى رازىنكە
多孔性	porousness	كەۋەكتىك، كەۋەكتىلىك
多兰汀	dolantin	دولانتين
多丽菌素	doricin	دوريتسين
多链聚合物	multi chain polymer	كوپ تىزبەكتى پوليمەر
多磷酸钠	sodium polyphosphate	پوليفوسفور قىشقىل ناترى
多硫化铵	ammonium polysulfide	كوپ كۆكىرتتى اممونى
多硫化钡	barium polysulfide Ba_mSn	كوپ كۆكىرتتى بارى
多硫化钙	calcium polysulfide	كوپ كۆكىرتتى كالتسى
多硫化合物	polysulfide	كوپ كۆكىرتتى قوسىلىستار
多硫化钾	potassium polysulfide	كوپ كۆكىرتتى كالى
多硫化钠	sodium polysulfide	كوپ كۆكىرتتى ناترى
多硫化物	poly sulfide	كوپ كۆكىرتى قوسىلىستار
多硫橡胶	thiocol	تيوكول
多卤苯酸	polyhalogen – benzoic acid	كوپ گالوگەندى بەنزوي قىشقىلى
多卤代苯	phenyl polyhalide	كوپ گالوگەندى فەنيل
多卤代萘	naphthalene polyhalide	كوپ گالوگەندى نافتالين
多卤化苯	benzene polyhalide C_6H_6Xn	كوپ گالوگەندى بەنزول
多卤化反应	polyhalogenation	كوپ گالوگەندەنۇ رەاكسياسى
多卤化物	polyhalide	كوپ گالوگەندى قوسىلىستار
多卤烃	polyhalogene hydrocarbon	كوپ گالوگەندى كومىر سۇتەكتەر
多氯代苯	phenyl polychloride	كوپ حلورلى فەنيل
多氯代萘	naphthalene polychloride	كوپ حلورلى نافتالين
多氯代烃	polychlorohydrocarbon	كوپ حلورلى كومىر سۇتەكتەر
多氯代酯	polychloroester	كوپ حلورلى ەستەر، پوليحلورلى ەستەر
多氯化反应	polychlorization	كوپ حلورلانۇ رەاكسياسى
多氯化石蜡	polychlorparaffin	كوپ حلورلى پارافين

多氯化物　polychloride　كۆپ حلورلى قوسىلمستار

多氯酞花青铜　polychloro copper phthalo cyanine　كۆپ حلورلى فتال سيناندى مىس

多氯烃　polychlorohydrocarbon　كۆپ حلورلى كومىر سۇتەكتەر

多伦试剂　Tollens' reagent　توللەن رەاكتيۆى

多醚菌素 A　poly etherin A　پوليەتەرين A

多钠炸药　donarite　دوناريت (جارىلعىش ءداري)

多粘菌素　polymyxin　پوليمىكسين

多粘菌素 A　polymyxin A　پوليمىكسين A

多粘菌素 B　polymyxin B　پوليمىكسين B

多粘菌素 B₁　polymyxin B₁　پوليمىكسين B₁

多粘菌素 C　polymyxin C　پوليمىكسين C

多粘菌素 D　polymyxin D　پوليمىكسين D

多粘菌素 E　polymyxin E　پوليمىكسين E

多羟基苯　polyhydroxy－benzene　پوليگيدروكسيلدى بەنزول

多羟基苯酚　polyhydroxy phenol　پوليگيدروكسيلدى فەنول

多羟基醇　polyhydroxy－alcohol　پوليگيدروكسيلدى سپيرت

多羟基二元酸　polyhydroxy－dibasic acid　پوليگيدروكسيلدى ەكى نەگىزدى قىشقىلدار

多羟基化的　polyhydroxylated　پوليگيدروكسيلدى، پوليگيدروكسيلدەنگەن

多羟基化反应　polyhydroxylation　پوليگيدروكسيلدەنۇ رەاكسياسى

多羟基化合物　polyhydroxy compound　پوليگيدروكسيلدى قوسىلمستار

多羟基醛　polyhydroxy－aldehyde　پوليگيدروكسيلدى الدەگيدتەر

多羟基三元酸　polyhydroxy－tribasis acid　پوليگيدروكسيلدى ءۇش نەگىزدى قىشقىلدار

多羟基酸　polyhydroxy－acid　پوليگيدروكسيلدى قىشقىلدار

多羟基酮　polyhydroxy kenone　پوليگيدروكسيلدى كەتوندار

多羟基一元酸　poly hydroxy－monobasis acid　پوليگيدروكسيلدى ءبىر نەگىزدى قىشقىلدار

多羟醛　"多羟基醛" گە قاراڭىز.

多羟酮　"多羟基酮" گە قاراڭىز.

多氢菲　polyhydric penantrene　پوليسۇتەكتى پەنانترەن

多氢盐　"多酸式盐" گە قاراڭىز.

多取代化合物	polysubstitution compound	كوپ الماساتىن قوسىلمىستار
多取代作用	polysubstitution	كوپ الماسۋ
多炔	polyyne	پوليپين
多色霉素	pluramyein	پلۋرامىتسىن
多色染料	polyhentic dye	كوپ ئتوستى بوياۋلار
多色乳浊液	chromophous emulsion	كوپ ئتوستى ەمۇلتسيا سۇيىقتىعى
多色素	esculin(=polychrom) $C_{15}H_{16}O_9$	ەسكۇلين، پوليحروم
多色现象	polychroism	كوپ تۇستىلىك قۇبىلىس
多胜		"多肽" گه قاراڭىز.
多胜酶		"多肽酶" گه قاراڭىز.
多水合物	polyhydrate	پوليگيدراتتار
多酸	polyacid	پوليقىشقىلدار
多(酸)价碱		"多元碱" گه قاراڭىز.
多酸式盐	polyhydric salt	پوليقىشقىلدىق تۇزدار
多缩阿拉伯糖		"阿(拉伯)聚糖" گه قاراڭىز.
多缩氨(基)酸		"多肽" گه قاراڭىز.
多缩半乳糖		"半乳聚糖" گه قاراڭىز.
多缩甘露糖		"甘露聚糖" گه قاراڭىز.
多缩含氧酸	polyoxid acid	پوليوتتەكتى قىشقىلدار
多缩己糖		"己聚糖" گه قاراڭىز.
多缩木糖		"木聚糖" گه قاراڭىز.
多(缩)酸	polyacid	"多酸" گه قاراڭىز.
多缩苔藓酸	vulpinic acid	ۆولپين قىشقىلى، ۆلپين قىشقىلى
多缩戊糖		"戊聚糖" گه قاراڭىز.
多肽	polypeptide	پوليپەپتيدتەر
多肽菌素	polypeptin	پوليپەپتين
多肽链	polypeptide chain	پوليپەپتيد تىزبەگى
多肽酶	polypentidase	پوليپەپتيدازا
多碳醇	higher alcohol	كوپ كومىرتەكتى سپيرت
多糖	polysaccharose(=polyose)	پوليساحاروزا، پوليوزا
多糖酶	polysaccharase(=polyase)	پوليساحارازا، پوليازا
多糖醛酸	polyuronic acid	پوليۋرون قىشقىلى

多糖醛酸甙	polyuronide	پوليۇرونيد
多糖羰酸	polyvronide	كوپ قانتتى كومىر قىشقىلى
多特树脂	polyterpene resin	پوليتەرپەندى سمولالار
多特烯	polyterpene	پوليتەرپەن
多烷基苯	polyalkylbenzene	پوليالكيل بەنزول
多烷基化作用	polyalkylation	پوليالكيلدەۆ
多烯	polyene	پوليەن
多烯化合物	polyenic compound	پوليەن قوسىلىستارى
多烯色素	polyene pigment	پوليەندى پيگمەنت
多烯系统	polyenoid system	پوليەندىك جۇيە
多相催化	heterogeneous catalysis	كوپ فازالى كاتاليز
多相催化反应	heterogeneous catalytic reaction	گەتەروگەندى كاتاليزدىك رەاكسيا
多相反应	heterogenous reaction	كوپ فازالى رەاكسيالار
多相聚合	heterophase polymerization	كوپ فازالى پوليمەرلەنۇ
多相聚合作用	heterogenous polymerization	كوپ فازالى پوليمەرلەۇ
多相平衡	polyphase equilibrium	كوپ فازالى تەپە ـ تەڭدىك
多相体系	multiphase system	كوپ فازالى جۇيە
多相硝化作用	heterogeneous nitration	كوپ فازالى نيترلەۇ
多溴化反应	polybromination	كوپ برومدانۇ رەاكسياسى
多溴化合物	poly bromide	كوپ برومدى قوسىلىستار
多溴羟	polybromo(hydro) carbon	كوپ برومدى كومىرسۇتەكتەر
多样发酵	polytrophic	كوپ ٴتۇرلى اشۇ
多氧化物	polyoxide	پوليتوتىقتار
多氧霉素	polyoxin	پوليوكسين
多乙基代反应	polyethylation	پوليەتيلدەنۇ رەاكسياسى
多乙烯	polyethylene, polyvinyl	پوليەتيلەن، پوليۆينيل
多乙烯吡咯酮	polyvinylpyrrolidone	پوليۆينيل پيرروليدون
多异丙苯	polyisopropylbenzene	پوليىزوپروپيل بەنزول
多元胺	polybasic amine	كوپ نەگىزدى امين
多元醇	polyvalent alcohol(= polybrsic alcohol)	كوپ نەگىزدى سپيرتتەر
多元醇甲醚	methylin	مەتيلين
多元酚	polyatomicphenol	كوپ نەگىزدى فەنول

多元混合物	multicomponent mixture	كوپ قۇرامدى قوسپا
多元碱	polyacid base	كوپ اتومدى نەگىزدەر
多元酸	polybasic acid	كوپ نەگىزدى قىشقىلدار
多元酸的酯	polybasic ester	كوپ نەگىزدى قىشقىل ەستەرى
多元羧酸	polybasic carboxylic acid	كوپ نەگىزدى كاربوكسيل قىشقىلى
多原子分子	polyatomic molecule	كوپ اتومدى مولەكۋلالار
多支链	highly branched chain	تارماقتالعان تىزبەك
多支链化合物	highly branched compound	تارماقتالعان تىزبەكتى قوسىلىستار
多支链烃	spider – web hydrocarbon	تارماقتالعان تىزبەكتى كومىر سۋتەكتەر
多种价元素	polygen	پوليگەن، كوپ ٴتۇرلى ۆالەنتتى ەلەمەنتتەر
多组分催化剂	multicomponent catalyst	كوپ قۇرامدى كاتاليزوتور
多组分混合物分馏	multicompenent fractionation	كوپ قۇرامدى قوسپانى ٴبولىپ ايداۋ
多组分混合物蒸馏	multicompenent distillation	كوپ قۇرامدى قوسپانى بۋلاندىرسپ ايداۋ
夺氢反应	hydrogen abstraction reaction	سۋتەگىن تارتسپ الۋ رەاكسياسى
夺取反应	abstraction reaction	تارتسپ الۋ رەاكسياسى
惰菌素	desideus	دەزيدەۆس، دەسيدەۆس
惰性	inertia	ەنجار
惰性沉降	inertial settling	ەنجار شوگۋ، ەنجار تۇنۋ
惰性气体	indifferent gas	ەنجار گاز
惰性溶剂	inert solvent	ەنجار ەرىتكىش
惰性填料	inert filler	ەنجار تولىقتىرعمشتار
惰性物质	inert material	ەنجار زاتتار، ەنجار ماتەريالدار
惰性型	inert type	ەنجار تيپ
惰性氧化物	indifferent oxide	ەنجار توتقتار
惰性元素	inert element	ەنجار ەلەمەنتتەر
惰性载体	inert carrier (support)	ەنجار تاسۋشى
惰性组分	inert constituents	ەنجار قۇرامدار

E

e

阿胶	galla asin(= gelatun nigrum)	هسەك جەلىمى، قارا جەلىم
俄歇电子	Auger electron	ئۆگەر ەلەكترونى
俄歇效应	Auger effect	ئۆگەر ەففەكتى
锇(Os)	osmium	وسمي (Os)
锇酸	osmic acid H_2OsO_4	وسمي قىشقىلى
锇酸根	osmate radical	وسمي قىشقىلىنىڭ قالدعى
锇酸钾	potassium osmate K_2OsO_4	وسمي قىشقىل كالي
锇酸盐	osmate M_2OsO_4	وسمي قىشقىلىنىڭ تۇزدارى
鹅胆酸	cheno cholic acid	حەنوحول قىشقىلى
鹅膏亭	amanitine	امانيتين
鹅肌肽	anserine	انزەرين
鹅颈瓶		قاز مويىن شولمەك
鹅牛磺胆酸	cheno taurocholic acid	حەنوتاۋروحول قىشقىلى
额马突	amatol	اماتول
额外附加物	extra	ۇستەمە زات، قوسىمشا زات
额外碳原子	extra carbon atom	قوسىمشا كومىرتەگى اتومى
厄蚩停	echitin $C_{32}O_{52}O_2$	حيتين
厄告宁		"芽子碱" گە قاراڭىز.
厄告宁酸		"芽子碱酸" گە قاراڭىز.
厄拉炸药	ecracite	ەكراتسيت (قوپارعمش ٴداری)
厄迷僧	emicin	ەميتسيين
轭合基	conjugated radicale	تۇيىندەس راديكال، ورايلاس راديكال
轭合物	con ju gates	تۇيىندەس قوسلىس
苊	acenaph thene $C_{10}H_6(CH_2)_2$	اتسەنافتەن
苊叉	acenaph thenylidene	اتسەنافتەنيليدەن

苊撑	acenaphthenylene	$C_{12}H_8$	اتسەنافتەنيلەن
苊基	acenaphthenyl	$C_{12}H_9$	اتسەنافتەنيل
苊醌	acenaphthenequinone	$C_{10}H_6CO \cdot CO$	اتسەنافتەندى حينون
苊酮	acenaphthenone		اتسەنافتەنون
苊烯	acenaphthylene	$C_{10}H_6CH : CH$	اتسەنافتەيلەن
恶	oxa －		وكسا
恶吖丙因	oxazirine		وكسازيرين
恶吡腙	oxapyrazone		وكساپيرازون
恶丙环	oxirane		وكسيران
恶丙烯	oxirene		وكسيرەن
恶二嗪	oxdiazine	$C_3H_4ON_2$	وكسديازين
恶二唑	oxdiazole	$C_2H_2ON_2$	وكسديازول
1,2,3 － 恶二唑	1,2,3 － oxadiazole	ONNCHCH	1، 2 ،3 ـ وكساديازول
1,2,4 － 恶二唑	1,2,4 － oxadiazole	ONCHNCH	1، 2 ،4 ـ وكساديازول
1,3,4 － 恶二唑	1,3,4 － oxadiazole	OCHNNCH	1، 3 ،4 ـ وكساديازول
恶二唑啉硫酮	oxadiazoline thione		وكساديازوليندى تيون
恶庚英	oxepin		وكسەپين
恶癸环	oxcecane	$C_9H_{18}O$	وكسەكان
恶嗪	oxazine	C_4H_5ON	وكسازين
1,2,4 － 恶嗪	1,2,4 － oxazine	C_3H_5NO	1، 2 ،4 ـ وكسازين
1,2,6 － 恶嗪	1,2,6 － oxazine	C_4H_5NO	1، 2 ،6 ـ وكسازين
1,3,2 － 恶嗪	1,3,2 － oxazine	C_4H_5NO	1، 3 ،2 ـ وكسازين
1,3,6 － 恶嗪	1,3,6 － oxazine	C_4H_5NO	1، 3 ،6 ـ وكسازين
1,4,2 － 恶嗪	1,4,2 － oxazine	C_4H_5NO	1، 4 ،2 ـ وكسازين
恶嗪基	oxazinyl	C_4H_4NO	وكسازينيل
恶嗪染料	oxazine dye		وكسازيندى بوياۋلار
恶王英	oxonin	$O(CH)_8$	وكسونين
恶噻吖丙啶	oxathiaziridine		وكساتيازيريدين
恶噻烷	oxathietane	$OSCH_2CH_2$	وكساتيەتان
1,2,3,4 － 恶三唑	1,2,3,4 － oxatriazole	ONNNCH	1، 2، 3 ،4 ـ وكساتريازول
1,2,3,5 － 恶三唑	1,2,3,5 － oxatriazole	ONNNCHN	1، 2، 3 ،5 ـ وكساتريازول

恶烷 oxane CH_2CH_2O		وكسان
1,2－恶辛英 1,2－oxocin C_7H_8O		وكسوكين
恶英鎓 pyrylium		پىرىلىيۆم
恶英鎓化合物 pyrylium compound		پىرىلىيۆم قوسۇلمىستارى
恶英鎓盐 pyrylium salt		پىرىلىيۆم تۇزى
恶唑 oxazole		وكسازول
恶唑基 oxazolyl C_3H_2NO-		وكسازوليل
恶唑啉 oxazoline $OCHNHCH_2CH_2$		وكسازولين
恶唑啉基 oxazolinyl C_3H_4NO-		وكسازولينيل
恶唑磷 isoxathion		يزوكساتيون، كارفوس
恶唑霉素 oxamycin		وكسامىتسىين
恶唑酮 oxazolone		وكسازولون
恶唑烷 oxazolidine $OCH_2NHCH_2CH_2$		وكسازوليدين
恶唑烷二酮 oxazolidinedione		وكسازوليديندى ديون
恶唑烷基 oxazolidinyl C_3H_6NO-		وكسازوليدينيل
恶唑烷酮 oxazolidone		وكسازوليدون
鳄梨糖醇 perseitol $C_7H_{16}O_7$		پەرسەيتول
鳄梨酮糖 persoulose		پەرسوۇلوزا

en

恩布登酯 Embden ester		ەمبدەن ەستەرى
恩盖酮 Ngaione		نگايون
恩盖樟脑 Ngai camphor $C_{10}H_{18}O$		نگاي كامفوراسى
恩氏粘度 Engler viscosity		ەنگلەر تۇتقىرلىعى
恩氏粘度计 Engler viscosimeter		ەنگلەر تۇتقىرلىعىن ولشەگىش
恩氏蒸馏 Engler distillation		ەنگلەردىڭ بۇلاندىرىپ ايداۋى
恩氏蒸馏瓶 Engler distilling flask		ەنگلەردىڭ بۇلاندىرىپ ايداۋ كولباسى
恩氏(蒸馏)曲线 Engler curve		ەنگلەر(بۇلاندىرىپ ايداۋ) قيسىق سىزىعى
恩台阿咙 endiaron		ەندياررون
蒽 anthracene		انتراتسەن
蒽胺 anthramine		انترامين
蒽棓酚 anthrallol $C_6H_4(CO)_2C_6H(OH)_3$		انتراگاللول

蒽撑 anthrylene	– C$_{14}$H$_8$ –	انتریلەن
蒽甙 anthra – glycoside		انتراگلیكوزید
蒽二胺 anthradiamine, anthracendiamine		انترادیامین، انتراتسەن دیامین
蒽二酚 oxanthranol(= anthradiol)	C$_{14}$H$_{10}$O$_2$	وكسانتر‌انول انترادیول
1,3 – 蒽二酚		"黄醇" گە قاراڭز.
蒽二酚 – (9,10) – 二醋酸酯		"蒽氢醌二醋酸酯" گە قاراڭز.
蒽酚 anthrol(= anthranol)		انترول، انترانول
蒽酚铬蓝 anthranol chrome blue		انتر‌انول حرومدی كوك
蒽酚染料 anthranol colors		انترانول بویاۋلاری
蒽酚酮 oxanthrol, oxanthrone	C$_6$H$_4$(COCHOH)C$_6$H$_4$	وكسانترول، وكسانترون
蒽环 anthracene ring		انتراتسەن ساقیناسی
蒽黄 anthracene yellow		انتراتسەندی ساری
蒽黄素 anthraflavon		انترافلاۋون
蒽黄酸 anthraflavic acid	C$_{14}$H$_6$O$_2$(OH)$_2$	انترافلاۋین قشقىلی
蒽黄酮 anthraflavon		انترافلاۋون
蒽磺酸 anthracene sulfonic acid	C$_{14}$H$_9$SO$_3$H	انتراتسەن سۆلفون قشقىلی
蒽基 anthryl	C$_{14}$H$_9$ –	انتریل
蒽夹二酚		"蒽醌醇" گە قاراڭز.
蒽甲醛 anthraldehyde		انترا الدەگیدتی
蒽甲酸		"蒽酸" گە قاراڭز.
蒽绛酚 anthrarufine	C$_{14}$H$_6$O$_2$(OH)$_2$	انترارۇفین
蒽喹啉 anthraquinoline	C$_7$H$_{11}$N	انتراحینولین
蒽醌 anthraqunone		انتراحینون
蒽醌醇 anthrachinol	C$_{14}$H$_{10}$O$_2$	انتراحینول
蒽醌甙 anthraquinone glycoside		انتراحینون گلیۆكوزید
蒽醌磺酸 anthraquinone sulfonic acid	C$_{14}$H$_7$O$_2$·SO$_3$H	انتراحینون سۆلفون قشقىلی
蒽醌基 anthraquinonyl	C$_{14}$H$_7$O$_2$ –	انتراحینونیل
蒽醌蓝 anthraquinone blue		انتراحینوندی كوك
蒽醌染料 anthraquinone dye		انتراحینوندی بویاۋلار
蒽林 anthraline		انترالین
蒽绿 anthracene green		انتراتسەندی جاسىل
蒽罗彬 anthrarobine		انترا رۇبین

蒽嵌环已烯　peri – naphthindene　　پەرى ـ نافتيندەن

蒽氢醌　anthrahydroquinone　　انترا سۆتەكتى حينون

蒽氢醌二醋酸酯　anthrahydroquinone acetate　$C_{14}H_8(O_2CCH_3)_2$　انترا

سۆتەكتى حينون ەكى سىركە قىشقىل ەستەرى

2 – 蒽醛　2 – anthraldehyde　　انترالدەگيدتى

蒽三酚　antroline　　انتروليين

蒽素橄榄绿　anthra – olive green　　انترا ئزايتوندى جاسىل

蒽素亮绿　anthra brilliant green　　انترا جارقىراۋق جاسىلى

蒽素染料　anthra colors　　انترا بوياۋلار

蒽素铜　anthra copper　　انترا مىس

蒽酸　anthroic acid　$C_{14}H_9COOH$　　انتروين قىشقىلى

蒽特来　inderal　　يندەرال

蒽酮　anthrone, anthronone　$C_6H_4COC_6H_4CH_2$　　انترون، انترونون

蒽烷　　"全氢化蒽" گە قاراگۇز.

蒽烯暗蓝　anthrene dark blue　　انترەندى قاراكوك

蒽烯红紫　anthrene red – violet　　انترەندى قىزىل كۆلگىن

蒽烯基　anthrylene　$C_{14}H_8$　　انتريلەن

蒽烯金橙　anthrene golden orange　　انترەندى قىزعىلت سارى

蒽烯蓝　anthrene blue　　انترەندى كوك

蒽烯染料　anthrene colors　　انترەندى بوياۋلار

蒽油　anthracene oil　　انتراتسەن مايى

蒽紫素　anthrapurpurin　　انترا پۇرپۆرين

蒽棕　anthracene brown　　انتراتسەندى قىزىل قوڭىر

恩贝灵　embelin　$C_{17}H_{24}O_2(OH)_2$　　ەمبەلين

恩贝酸　embelic acid(= embelin)　$C_{17}H_{24}O_2(OH)_2$　　ەمبەل قىشقىلى، ەمبەلين

er

儿茶丹宁酸　catechutannic acid　　كاتەحۋ تاننين قىشقىلى

儿茶酚　catechol　$C_6H_4O_2(OH)_2$　　كاتەحول

儿茶酚胺　catecholamine　　كاتەحولامين

儿茶酚丹宁　catecholtannine　　كاتەحول تاننين

儿茶酚酶　catecholase　　كاتەحولازا

儿茶酚氧化酶　catechol - oxidase　کاتەحول وكسيدازا

儿茶酚乙胺　"多巴胺" گە قاراڭىز.

儿茶红　catechu red　كاتەحۇ قىزىلى

儿茶精　d - catechin　d ـ كاتەحين

儿茶鞣酸　"儿茶丹宁酸" گە قاراڭىز.

儿茶素　"儿茶酸" گە قاراڭىز.

儿茶酸　catechin, catechuic acid　كاتەحين، كاتەحۇ قىشقىلى

耳蕨白　polystichalbin　$C_{22}H_{26}O_4$　پوليستيحالبين

耳蕨醇　polystichinol　$C_{20}H_{30}O_9$　پوليستيحينول

耳蕨黄素　polystichoflavin　$C_{24}H_{30}O_{11}$　پوليستيحو فلاۋين

耳蕨宁　polystichinin　$C_{18}H_{22}O_8$　پوليستيحينين

耳蕨柠檬素　polystichocitrin　$C_{15}H_{22}O_9$　پوليستيحوسيترين

耳蕨素　polystichin　$C_{22}H_{24}O_9$　پوليستيحين

铒　erbium　(Er) ەربي

尔冈　ergon　ەرگون(بىرلىك)

尔格　erg　ەرگ (ەنەرگيا بىرلىگى)

尔格计　ergometer　ەرگمەتر

二　bi, di, dui　بي، دي، ەكى، قوس

二吖癸因　1, 4 - diazecine　$C_8H_8N_2$　1، 4 ـ ديازەتسين

3,6 - 二氨基吖啶化硫酸　3,6 - diaminoacridine sulfate　$C_{13}H_{11}N_3H_2SO_4$

3، 6 ـ ديامينو اكريديندى كۆكەرت قىشقىلى

二氨基苯醋酸　diaminophenyl acetic acid　$(NH_2)C_6H_3CH_2CSOOH$　ديامينو

فەنيل سىركە قىشقىلى

二氨基(苯)酚　diaminophenol　ديامينوفەنول

1,2 - 二氨基丙烷　1,2 - diaminopropane　1، 2 ـ ديامينوپروپان

二氨基蒽　"蒽二胺" گە قاراڭىز.

二氨基蒽醌　diaminoanthraquinone　ديامينو انتراحينون

二氨基二苯硫　diaminodiphenylsulfide　$(NH_2C_6H_4)_2S$　ديامينوديفەنيل

كۆكەرت

二氨基二磷脂　diaminodiphosphatide　ديامينو ديفوسفاتيد

二氨基二羟偶砷苯　diaminodihydroxyarsenobenzene　$NH_2(OH)C_6H_3A_5C_6H_3$

$(OH)NH_2$　ديامينوديگيدروكسي ارسەندى بەنزول

二氨基二羧酸　diaminodicarbocylic acid　ديامينو ەكى كاربوكسيل قىشقىلى

2,6－二氨基庚二酸　2,6－diaminopimelic acid　2، 6 ـ دیامینوپیمەل قشقىلى

二氨基庚二酸盐　diaminopimelate　دیامینوپیمەل قشقىلىنىڭ تۇزدارى

二氨基磺酸　diaminosulfunic acid　$R \cdot NHSO_2NH_2$　دیامینوسۇلفون قشقىلى

2,6－二氨基己酸　2,6－diaminocaproic acid　$NH_2(CH_2)_4CHNH_2COOH$　2، 6 ـ دیامینوکاپرون قشقىلى

二氨基甲苯　diaminotoluene　دیامینو تولۇئول

二氨基焦磷酸　pyrophosphodiamic acid　دیامینوپیرو فوسفور قشقىلى

二氨基肼　diaminohydrazine　دیامینوگیدرازین

4,4′－二氨基联(二)苯　4,4′－diaminobiphenyl　$(H_2N \cdot C_6H_4)_2$　4، 4' ـ دیامینودیفەنیل

二氨基磷脂　diaminophosphatide　دیامینوفوسفاتید

2,4－二氨基偶氮苯　"柯衣定" گە قاراڭز.

2,4－二氨基偶氮苯磺酰胺－[4]　"百浪多息" گە قاراڭز.

二氨基芪二磺酸　diaminostilbene disulfonic acid　$[H_2NC_6H_3(SO_3H)CH_2]_2$　دیامینوستیلبەندى ەكى سۇلفون قشقىلى

二氨基酸　diamino acid　دیامینو قشقىلى

二氨基羧酸　diamino carboxylic acid　دیامینو كاربوكسیل قشقىلى

2,5－二氨基戊酸 2,5－diamino valeric acid　$H_2N(CH_2)_3CH(NH_2)COOH$　2، 5 ـ دیامینوۋالەریان قشقىلى

二氨基一磷脂　diaminomono phosphatide　دیامینو مونوفوسفاتید

二氨基一(元)羧酸　diaminomonocarboxylic acid　دیامینومونوكاربوكسیل قشقىلى

二氨基乙酸　diaminoacetic acid　دیامینو سىركە قشقىلى

二氨络亚铂化物　platosammine　$PtX_2 \cdot 2NH_3$　پلاتوساممین

二氨缩三个糠醛　"糖醛胺" گە قاراڭز.

二胺　diamine　دیامین

二胺基　diamino　دیامینو

二胺基氧化酶　diaminoxidase　دیامینو وكسیدازا

二胺尿　diaminurea　دیامینو ۋرەا

二胺氧化酶　diamine oxidase　دیامین وكسیدازا

二棓酸　digallic acid　$C_{14}H_{10}O_9$　دیگالل قشقىلى

二苯氨基脲   "苯基苯胺脲" گە قاراڭىز.

二苯胺 diphenylamine $(C_6H_5)NH$ دىفەنيلامين

二苯胺二酸 - (2,3) diphenylamine - 2,3 - dicarboxylic acid

دىفەنيلامين ـ 2، 3 ـ ەكى كاربوكسيل قىشقىلى

二苯胺化硫酸 diphenylamine - sulfate $(C_6H_5)NHH_2SO_4$ دىفەنيلامين كۆكەرت قىشقىلى

二苯胺化氢氯 diphenylhydrochloride $(C_6H_5)NHHCl$ دىفەنيلامين ھلور سۆتەك

二苯胺磺酸 diphenyl amine sulfonic acid $C_6H_5NHC_6H_4SO_3H$ دىفەنيلامين سۆلفون قىشقىلى

二苯胺磺酸钡 barium diphenylamine sulfonate   دىفەنيلامين سۆلفون قىشقىل باري

二苯胺磺酸盐 diphenylamine sulfonate $C_{12}H_{10}O_3NSM$ دىفەنيلامين سۆلفون قىشقىلىنىڭ تۇزدارى

二苯胺基甲酸乙酯   "二苯基尿烷" گە قاراڭىز.

二苯胺氯胂 diphenylamine chlorarsine   دىفەنيلامين ھلورارسين

二苯胺偶氮对苯磺酸 diphenylamino - azo - p - benzene sulfonic acid

دىفەنيل امينو ـ ازو ـ پارا ـ بەنزول سۆلفون قىشقىلى

二苯胺偶氮间苯磺酸 diphenylamino - azo - m - benzene sulfonic acid

دىفەنيل امينو ـ ازو ـ مەتا ـ بەنزول سۆلفون قىشقىلى

二苯胺氰胂 diphenylaminocyanarsine   دىفەنيل امينو سيان ارسين

二苯卑磷酸   "二苯基卑膦酸" گە قاراڭىز.

二苯并[ghi·pgr]苝 dibenzo [ghi·pgr] perylene   دىبەنزو [ghi·pgr] پەريلەن

二苯并吡喃酮 dibenzopyrone   دىبەنزوپيرون

二苯并蒽 dibenzanthracene   دىبەنزانتراتسەن

二苯并菲 dibenzphenanthrene   دىبەنزفەنانترەن

二苯并呋喃   "氧芴" گە قاراڭىز.

二苯并环戊二烯   "芴" گە قاراڭىز.

二苯并噻吩   "硫芴" گە قاراڭىز.

二苯并硃花青 dibenzothiocarbocyanine   دىبەنزوتيو كاربوسيانين

二苯撑 $- (C_6H_4)_2 -$ دىفەنيلەن

二苯稠蒽 dibenz [2:1,5:6] anthracene   دىبەنزو [2:1، 5:6] انتراتسەن

二苯次膦酸 diphenyl phosphineic acid $(C_6H_5)_2·PO·OH$ دىفەنيل فوسفين

قىشقىلى

二苯代酚酞   "酞酚酮" گە قاراڭـز.

二苯代胂腈 diphenyl cyanarsin   ديفەنيل سيان ارسين

二苯氮卓 dibenzepin   ديبەنزەپين

二苯碘化碘 diphenyliodoniumiodide $(C_6H_5)_2II$ ديفەنيل يودتى يود

二苯碘化氢氧 diphenyliodonium hydroxide $(C_6H_5)_2IOH$ ديفەنيل يود

توتعەننماڭ گيدراتى

二苯丁二酸 diphenylsuccinic acid $COOH(CHC_6H_5)_2COOH$ ديفەنيل سۇكتسين

قىشقىلى

二苯蒽   "二苯并蒽" گە قاراڭـز.

二苯二砜 diphenyldisulfoxide $(C_6H_5SO)_2$ ديفەنيل ديسۇلفون توتعەى

二苯二硫 diphenyldisulfide $(C_6H_5)_2S_2$ ديفەنيل ەكى كۇكمرت

二苯二氯甲烷 diphenyldichloromethane $(C_6H_5)_2CCl$ ديفەنيل ەكى حلورلى

مەتان

二苯砜 diphenylsulfone $(C_6H_5)_2SO_2$ ديفەنيل سۇلفون

二苯汞 diphenylmercury $Hg(C_6H_5)_2$ ديفەنيل سناپ

二苯胍 diphenylguanidine $(C_6H_5NH)_2CNH$ ديفەنيل گۇانيدين

二苯基 diphenyl $(C_6H_5)_2$ ديفەنيل

3,3-二苯基 4,5-苯并环戊烯酮-[1]   "酞酚酮" گە قاراڭـز.

二苯基卑膦酸 diphenylphosphinous acid $(C_6H_5)_2POH$ ديفەنيل فوسفين

قىشقىلى

二苯基丙二酸盐 diphenylmalonate $(C_6H_5)_2C(OOM)_2$ ديفەنيل مالون

قىشقىلىننماڭ تۇزدارى

二苯基次胂酸 diphenyl stibin acid $(C_6H_5)_2Sb:OOH$ قىشقىلى ديفەنيل ستيبين

二笨基次锑酸   "二苯基次胂酸" گە قاراڭـز.

二苯基醋酸 diphenylacetic acid $(C_6H_5)_2CHCOOH$ قىشقىلى ديفەنيل سىركە

二苯基丁二炔 diphenyldiacetylene $PhC:C·CC:CPh$ ديفەنيل دياتسەتيلەن

二苯基丁二烯 diphenyldiethylene $PhCH:CHCH:CHPh$ ديفەنيل ديەتيلەن

1,4-二苯基丁烷 1,4-diphenylbutane $(C_6H_5CH_2CH_2)_2$ ديفەنيل ـ 4، 1

بۇتان

二苯基二甲基乙烷 diphenyldimethyletane   ديفەنيل ديمەتيل ەتان

二苯基二甲酮 diphenyl diketone $C_6H_5COCOC_6H_5$ ديفەنيل ديكەتون

二苯基二酰亚胺 diphenylimide   ديفەنيل يميد

二苯基甘恶酮　diphenylglyoxalone　$C_6H_5C{:}C(C_6H_5)NHCONH$　ديفەنيل

گليوكسالون

二苯基汞　　　　　　　　　　　　　"二苯汞" گە قاراڭىز.

二苯基海因　diphenylhydantoin　$CONHCONHC(C_6H_5)_2$　ديفەنيل گيدانتوين

二苯基已二酮　diphenyldiketohecane　$PhCO(CH_2)_4COPh$　،ديفەنيل

كەتوگەكسان

二苯基甲醇　diphenyl carbinol　Ph_2CHOH　ديفەنيل كاربينول

二苯基甲基肿化溴羟　diphenyl methylarsinehydroxybromide

$CH_3(C_6H_5)_2As{\cdot}BrOH$　ديفەنيل ــ مەتيل ارسيندى گيدروكسيل بروم

N,N′－二苯基甲脒　N, N′－diphenyl formamidiyle　$HC(NC_6H_5)NHC_6H_5$

N^1، N ــ ديفەنيل فورماميدين

二苯基间甲苯基甲烷　diphenyl m－tolyl methane　$CH_3C_6H_4CH(C_6H_5)_2$

ديفەنيل ــ مەتا ــ توليل مەتان

二苯基卡巴肼　diphenylcarbazide　ديفەنيل كاربازيد

二苯基卡巴脲　　　　　　　　　"二苯基卡巴肼" گە قاراڭىز.

二苯基联苯胺　diphenylbenzidine　ديفەنيل بەنزيدين

N,N′－二苯基联苯胺　N,N′－diphenylbenzidine　$(C_6H_5NHC_6H_4)_2$

N^1، N ــ ديفەنيل بەنزيدين

二苯基联乙炔　　　　　　　　　"二苯基丁二炔" گە قاراڭىز.

二苯基联乙烯　　　　　　　　　"二苯基丁二烯" گە قاراڭىز.

二苯基硫卡巴腙　diphenylthiocarbazone(＝dithizone)　$C_6H_5NNCSNHNHC_6H_5$

ديفەنيل تيوكاربازون

二苯基硫脲　dipheneylthiourea　$CS(NH{\cdot}C_6H_5)_2$　ديفەنيل تيوۋرەا

二苯基咪唑酮　diphenylimidazolone　$C_6H_5CC(C_6H_5)NHCONH$　ديفەنيل

يميدازولون

二苯基尿烷　diphenylurethane　$(C_6H_5)NCO_2C_2H_5$　ديفەنيل ۋرەتان

二苯基三氮杂茂　　　　　　　　"二苯基三唑" گە قاراڭىز.

二苯基三甲酮　diphenyltriketone　$(C_6H_5CO)_2SO$　ديفەنيل تريكەتون

二苯基三唑　diphenyltriazole　$CPhNHPhCNH$　ديفەنيل تريازول

二苯(基)肿化氧氯　diphenyl arsine oxychloride　$(C_6H_5)_2AsOCl$　ديفەنيل

ارسيندى وتتەك حلور

二苯基锡　tin diphenyle　$Sn(C_6H_5)_2$　ديفەنيل قالايى

二苯基辛二酮　diphenyldiketooctane　$PhCO(CH)_6COPh$　ديفەنيل ديكە

تووكتان

二苯基亚砜   "苯亚砜" گه قاراڭـز.

二苯基氧 diphenyloxide (C₆H₅)₂O   ديفەنيل توتمعى

1,1－二苯基乙醇   "甲基二苯基甲醇" گه قاراڭـز.

二苯基乙醇酸重排 benzilic acid rearrangement   بەنزيل قىشقىلىنىڭ قايتا ورنالاسؤى

二苯基乙醇酸钾 potussium benzilate (C₆H₅)₂C(OH)COOK   بەنزيل قىشقىل كالي

二苯基乙二酮   "苯偶酰" گه قاراڭـز.

二苯基乙内酰脲   "二苯基海因" گه قاراڭـز.

二苯基乙烯硫酮 diphenyl thioketone Ph₂C:C:S   ديفەنيل تيوكەتون

二苯基重氮甲烷 dipenyl diazomethane   ديفەنيل دياازومەتان

二苯甲叉 diphenylmethylene(= benzhydrylidene) NC₁₃H₇   ديفەنيل مەتيلەن

二苯甲醇 syprolidol   سيپروليدول

二苯甲基 diphenylmethyl(= benzhydryl) (C₆H₅)₂CH－   ديفەنيل مەتيل

二苯甲基胺 benzhydryl amine (C₆H₅)₂CHNH₂   بەنزگيدريل امين

α－二苯甲基二苯甲醇 α－benzhydryl benzhydrol   α ـ بەزگيدريل بەنزگيدرول

二苯甲基二硫醚 diphenylmethyl disulfide   ديفەنيل مەتيل ديسؤلفيد

二苯甲基氯   "二苯氯甲烷" گه قاراڭـز.

二苯甲基硝   "硝基二苯甲烷" گه قاراڭـز.

二苯甲基溴 diphenyl methyl bromide (C₆H₅)₂CHBr   ديفەنيل مەتيل بروم

二苯甲硫酮 thiobenzo phenon (C₆H₅)₂CS   تيو بەنزو فەنون

二苯甲酮 diphenyl ketone(= benzophenone) (C₆H₅)₂CO   ديفەنيل كەتون

二苯甲酮苯胺 benzo phenone－anil (C₆H₅)₂C:NC₆H₅   بەنزوفەنون ـ انيل

二苯甲酮苯腙 benzophenone phenylhydrazone C₆H₅NHN:C(C₆H₅)₂   بەنزوفەنون فەنيل گيدرازون

二苯甲酮二羧酸 benzophenone dicarbocylix acid COOHC₆H₄COC₆H₄COOH   بەنزوفەنون ەكى كاربوكسيل قىشقىلى

二苯甲酮－2,2－二羧酸 benzophenone－2,2－dicarboxylic acid (HO₂CC₆H₄)₂CO   بەنزوفەنون ـ 2، 2 ـ ەكى كاربوكسيل قىشقىلى

二苯甲酮胂化氧 benzophenone arsine oxide C₆H₅COC₆H₄AsO   بەنزوفەنون

ارسين توتعى

二苯甲酮羧酸 benzophenone carboxylic acid $C_6H_5COC_6H_4COOH$

بەنزوفەنون كاربوكسيل قىشقىلى

二苯甲酮肟 benzophenone－oxime(＝diphenylketoxime) $(C_6H_5)_2C{:}NOH$

بەنزوفەنون ـ وكسيم

二苯甲酮亚胂酸 benzophenone arsenious acid $C_6H_5COC_6H_4As(OH)_2$

بەنزوفەنون ارسيندى قىشقىل

二苯甲烷 diphenylmethane $(C_6H_5)_2CH_2$ ديفەنيل مەتان

二苯甲烷染料 diphenylmethane dye ديفەنيل مەتاندى بوياۋلار

二苯甲酰化过氧 dibenzoyl peroxide $(C_6H_5CO)_2O_2$ ديبەنزويلدى اسقىن توتىق

二苯甲酰基 "联苯酰" گە قاراڭىز.

二苯甲酰肼 dibenzoyl hydrazine ديبەنزويل گيدرازين

二苯甲酰赖氨酸 lisuric acid ليزۋرين قىشقىلى

二苯甲酰鸟氨酸 dibenzoyl arnithin ديبەنزويل ورنيتين

二苯肼 diphenyl hydrazine ديفەنيل گيدرازين

二苯肼砞基偶氮苯 "苯基硫卡巴腙" گە قاراڭىز.

二苯卡巴肼 "二苯卡巴腙" گە قاراڭىز.

二苯卡巴腙 diphenyl carbazone PhN:NCONHNHPh ديفەنيل كاربازون

二苯联苯胺 diphenyl benzidine ديفەنيل بەنزيدين

二苯膦 diphenyl phosphine $(C_6H_5)_2Ph$ ديفەنيل فوسفين

二苯硫 diphenyl sulfide $(C_6H_5)_2S$ ديفەنيل سۇلفيد

二苯硫腙 diphenyl thiohydrazone ديفەنيل تيوگيدرازون

二苯氯甲烷 diphenyl chloromethan ديفەنيل حلورلى مەتان

二苯氯胂 diphenyl chloroarsine $(C_6H_5)_2AsCl$ ديفەنيل حلورلى ارسين

二苯醚 diphenylether $(C_6H_5)_2O$ ديفەنيل ەفيرى

二苯偶氮间苯二酚 dibenzen azoresorcine $(C_6H_5N_2){:}C_6H_2(OH)_2$ ديبەنزول

ازورەزورتسين

二苯脲 diphenylureu $CO(NHC_6H_5)_2$ ديفەنيل ۋرەا

二苯农 dipnone ديپنون

二苯取二苯氧基硅 diphenyldiphenoxysilicane $(C_6H_5)_2Si(OC_6H_5)_2$ ديفەنيل

ديفەنوكسي كرەمني

二苯胂 diphenyl arsine $(C_6H_5)_2AsH$ ديفەنيل ارسين

二苯胂化三氯 diphenylarsine trichloride $(C_6H_5)_2AsCl_3$ ديفەنيل ارسيندى

ئۈش حلور

二苯胂基硫　diphenylarsino sulfide　$(C_6H_5)_2AsS$　ديفەنيل ارسينو كۆكەرت

二苯胂基硫氰　diphenyl thiocyano arsine　$(C_6H_5)_2AsCNS$　ديفەنيل

ارسينوتيوسيان

二苯胂基氯　ديفەنيل ارسينوسيان ."二苯氯胂" گە قاراڭىز.

二苯胂基氰　diphenylcyanoarsine　$(C_6H_5)_2As(NH)$　ديفەنيل ارسينوسيان

二苯胂酸　diphenyl arsinic acid　ديفەنيل ارسين قشقىلى

二苯䏲化氯　diphenyl antimony chloride　ديفەنيل سۆرمەلى حلور

二苯䏲化氰　diphenyl antimony cyanide　ديفەنيل سۆرمەلى سيان

二苯替氨甲酰氯　diphenyl carbamyl chloride　$(C_6H_5)_2NCOCl$　ديفەنيل

كارباميل حلور

N-二苯替甲酰胺　N-diphenyl formamide　$HCON(C_6H_5)_2$　N ـ ديفەنيل

فورماميد

二苯酮　"二苯甲酮" گە قاراڭىز.

二苯硒　diphrnyl selenide　$(C_6H_5)_2Se$　ديفەنيل سەلەن

二苯硒化二氯　diphenyl selenium dichloride　$(C_6H_5)_2SeCl_2$　ديفەنيل

سەلەندى ەكى حلور

二苯锡　diphrnyl tin　$(C_6H_5)_2Sn$　ديفەنيل قالايى

二苯酰胺　dibenzamide　$(C_6H_5CO)_2NH$　ديبەنز اميد

二苯酰丙酮　dibenzoyl acetone　$(C_6H_5CO)_2CHCOCH_3$　ديبەنزويل اتسەتون

二苯酰二硫　dibenzoyl disulfide　$(C_6H_5CO)_2S_2$　ديبەنزويل ەكى كۆكەرت

二苯酰基胺　"二苯酰胺" گە قاراڭىز.

二苯酰基甲酮　dibenzoyl ketone　$(C_6H_5CO)_2CO$　ديبەنزويل كەتون

二苯酰甲烷　dibenzoyl methane　$(C_6H_5CO)_2CH_2$　ديبەنزويل مەتان

二苯酰硫脲　dibenzoyl thiourea　$(C_6H_5CONH)_2CS$　ديبەنزويل تيوۋرەا

N,N'-二苯酰鸟胺酸　dibenzyl ornithine　ديبەنزويل ورنيتين

二苯酰(替)乙撑二胺　dibenzoyl ethylene diamine　$(C_6H_5CONHCH_2)_2$

ديبەنزويل ەتيلەن ديامين

二苯酰亚胺　dibenzimide　ديبەنزيميد

二苯酰乙烯　dibenzyl ethylene　$(C_6H_5CONHH:)_2$　ديبەنزيل ەتيلەن

二苯锌　zine diphenyl　$Zn(C_6H_5)_2$　ديفەنيل مەرش

二苯溴甲烷　diphhenyl bromomethane　$(C_6H_5)_2CHBr$　ديفەنيل بروميدى مەتان

二苯亚砜　diphenyl sulfoxide(= thionyl benzene)　،ديفەنيل سۆلفون توتعى

تیونییل بەنزول

二苯亚甲基　　　　　　　　　　　　"二苯甲叉" گە قاراڭىز.

二苯亚胂酸　diphenyl arsenious acid　$(C_6H_5)_2AsO:OH$　دیفەنیل ارسینیدى قشقىل

二苯亚硝胺　diphenyl nitrosamine　$(C_6H_5)_2NNO$　دیفەنیل نیتروزامین

1,2－二苯－2－氧代乙醇－[1]　　　　　"苯偶因" گە قاراڭىز.

二苯氧化物　diphenylate　$R\cdot(OC_6H_5)_2$　دیفەنیل وتەكتى قوسىلستار

二苯氧肟酸　dibenzhydroxamic acid　$C_6H_5CONHOCOC_6H_5$　دیبەنزگیدروكسام قشقىلى

二苯氧(杂)芑胺　　　　　　　　　　"焦宁" گە قاراڭىز.

二苯氧(杂)芑胺 G　　　　　　　　　"焦宁 G" گە قاراڭىز.

二苯氧(杂)芑胺染料　　　　　　　　"焦宁染料" گە قاراڭىز.

1,2－二基乙醇　　　　　　　　　　"苯基苄基甲醇" گە قاراڭىز.

二苯乙醇酸　benzilic acid　$(C_6H_5)_2C(OH)COOH$　بەنزیل قشقىلى

二苯乙醇酮　　　　　　　　　　　"苯偶因" گە قاراڭىز.

二苯乙醇酰　benziloyl　$(C_6H_5)_2C(OH)CO-$　بەنزیلویل

二苯乙(二酮)二肟　　　　　　　　"苯偶酰二肟" گە قاراڭىز.

N,N′－二苯乙醚　N,N′-diphenyl acetamidine　$CH_3C(NHC_6H_5)NC_6H_5$　N، N^1 ـ دیفەنیل اتسەتامیدین

二苯乙内酰脲　　　　　　　　　　"二苯基海因" گە قاراڭىز.

二苯乙内酰脲钠　diphenyl hy hydantoin sodium　دیفەنیل گیدانتوین ناتری

二苯乙炔　diphenyl acetylene(＝tolane)　$C_6H_5C:CC_6H_5$　دیفەنیل اتسەتیلەن، تولان

二苯乙炔化二溴　tolane dibromide　$C_6H_5CBr:CBrC_6H_5$　تولاندى ەكى بروم

二苯乙酮　　　　　　　　　　　　"苯基苄基甲酮" گە قاراڭىز.

二苯乙酮基　desyl　　دەزیل

二苯乙烯　diphenyl ethylen(＝stilbene)　دیفەنیل ەتیلەن

1,2－二苯乙烯　1,2-diphenyl ethylene(＝stilbene)　$C_6H_5CH:CHC_6H_5$　1، 2 ـ دیفەنیل ەتیلەن

二苯乙烯酮　diphenyl ketene　$(C_6H_5)C:CO$　دیفەنیل كەتون

二苯酯　diphenyl ester　$R\cdot(CO\cdot OC_6H_5)_2$　دیفەنیل ەستەر

二吡咯甲酮　dipyrryl ketone　دیپیررریل كەتون

二吡咯甲烷　dipyrryl methane　دیپیررریل مەتان

二苾乙二胺苾青霉素 G benzathine penicillin G   G بەنزاتين پەنيتسيلليين

二蓖精 diricinoleidine   ديريتسينولەيدين

二苄胺 dibenzylamine $(C_6H_5CH_2)_2NH$ ديبەنزيلامين

二苄叉丙酮 dibenezalacetone $(C_6H_5CH:CH)_2CO$ ديبەنزال اتسەتون

二苄砜 dibenzylsulfone $(C_6H_5CH_2)_2SO_2$ ديبەنزول سۆلفون

二苄化二硫 dibenzyldisulfide $(C_6H_5CH_2S)_2$ ديبەنزيل ەكى كۆكىرت

二苄基 dibenzyl $(C_6H_5CH_2)_2$ ديبەنزيل

二苄基醋酸 dibenzyl acetic acid $(C_2H_5CH_2)_2CHCOOH$ ديبەنزيل سىركە قىشقىلى

二苄基对氨基苯酚 dibenzyl – p – aminophenol   ديبەنزيل ـ پارا ـ امينو فەنول

二苄基汞 dibenzyl mercury   ديبەنزيل سناپ

二苄基胲 dibenzyl hydroxylamine   ديبەنزيل گيدروكسيلامين

二苄基甲酮 dibenzyl ketone $(C_6H_5CH_2)_2CO$ ديبەنزيل كەتون

二苄基肼 dibenzyl hydrazine   ديبەنزيل گيدرازين

二苄基硫 dibenzyl sulfide $(C_6H_5CH_2)_2S$ ديبەنزيل كۆكىرت

二苄基硫脲 dibenzyl thiourea $(C_6H_5CH_2NH_2)_2CS$ ديبەنزيل تيوۋرەا

二苄基乙醇酸   "草陶酸" گە قاراڭىز.

二苄基乙醇酸乙酯 erhyl dibenzyl – glycolate $(C_6H_5CH_2)_2COHCO_2C_2H_5$ ديبەنزيل گليكول قىشقىل ەتيل ەستەرى

二苄硫醚 benzyl thioether $(C_6H_5CH_2)_2S$ ديبەنزيل تيوەفيرى

二苄醚 dibenzyl ether(= ben zyl ether) $(C_6H_5CH_2)_2O$ ديبەنزيل ەفيرى

二苄替苯胺 dibenzyl aniline $(C_6H_5CH_2)_2NC_6H_5$ ديبەنزيل انيلين

二苄亚砜   "苄亚砜" گە قاراڭىز.

二苄乙烷 dibenuzyl ethane   ديبەنزيل ەتان

二表氧化玉黍黄质 zeaxantin diepoxide   ديەپوكسيدتى زەاكسانتين

二丙胺 dipropyl amine $(C_2H_5CH_2)_2NH$ ديپروپىلامين

二丙醇缩甲醛   "丙缩醛" گە قاراڭىز.

二丙二硫 dipropyl sulfone $(C_2H_5CH_2S)_2$ ديپروپيل ەكى كۆكىرت

二丙砜 dipropyl sulfide $(C_2H_5CH_2)_2SO_2$ ديپروپيل سۆلفون

二丙基 dipropyl $(C_3H_7)_2$ ديپروپيل

二丙基胺   "二丙胺" گە قاراڭىز.

二丙基巴比土酸 dipropyl barbituric acid $CONHCONHCOC(C_3H_7)_2$ ديپروپيل

باربيتۇرقىشقىلى

二丙基醋酸　dipropyl aceric acid　$(C_3H_7)_2CHCOOH$　دىپروپيل سىركە قىشقىلى

二丙基二硫　　　　　"二丙二硫" گە قاراڭىز.

二丙基汞　dipropyl mercury　$(C_2H_5CH_2)_2Hg$　دىپروپيل سىناپ

二丙基基己甲烷　dipropyl hexylmethane　$(C_3H_7)_2CHC_6H_{12}$　دىپروپيل گەكسيل مەتان

二丙基甲酮　dipropyl ketone　$(C_2H_5CH_2)_2CO$　دىپروپيل كەتون

二丙硫　dipropyl sulfide（= propyl sulide）　$(C_2H_5CH_2)_2S$　دىپروپيل كۆكىرت

二丙硫醚　propyl thioether　$C_3H_7 \cdot S \cdot C_3H_7$　دىپروپيل تيو ەفيرى

二丙醚　dipropyl ether　$(C_2H_5CH_2)O$　دىپروپيل ەفيرى

二丙取乙取苄基硅　dipropyl － ethyl － phenylsilicane　$(C_3H_7)_2(C_2H_5)$ $(C_6H_5CH_2)Si$　دىپروپيل ـ ەتيل ـ فەنيل كرەمني

二丙酮　dipropyl ketone　ەكى پروپيلدى كەتون

二丙硒　selenium dipropyl　$(C_3H_7)Se$　دىپروپيل سەلەن

二丙烯巴比土酸　diallylbarbituric acid　دياليليل باربيتۇر قىشقىلى

二丙烯巴比妥　allobarbital　اللو باربيتال

二丙亚硝胺　dipropyl nitrosamine　$(C_3H_7)_2NNO$　دىپروپيل نيتروزامين

二丙氧基甲烷　"丙缩酸" گە قاراڭىز.

二醇　glycol　گليكول

二醇类　γ － glycols　γ ـ گليكولدار

二次裂化　secondary caracking　ەكىنشى رەت بولشەكتەۋ (كرەكينگلەۋ)

二醋精　diacetin　$HOC_3H_5(O_2CCH_3)_2$　دياتسەتين

二醋酸甘油酯　glyceryl diacetate（= diacetin）　ەكى سىركە قىشقىل گليتسەريل

二代醋酸盐　secondary acetate　سەكوندارى سىركە قىشقىلىنىڭ تۇزدارى

二代甲醇　"仲醇" گە قاراڭىز.

二代焦磷酸钾　patassium pyraphosphate (dimetallic)　$K_2H_2P_2O_7$　پيروفوسفور قىشقىل كالي(ەكى مەتالدى)

二代磷酸铵　"磷酸氢二铵" گە قاراڭىز.

二代磷酸钙　"磷酸氢钙" گە قاراڭىز.

二代磷酸钠　sodium orthophosphate (dimetallic)　Na_2HPO_4　ورتو فوسفور قىشقىل ناتري (ەكى مەتالدى)

二代磷酸锶　strontium phosphate, secondary　سەكوندارى فوسفور قشقىل
سترونتسى

二代磷酸盐　secondary phosphate (dimetallic)　M_2HPO_4　سەكوندارى
فوسفور قشقىلىننىڭ تۇزدارى (ەكى مەتالدى)

二代卤烷　saturated dihalide　$C_{11}H_{24}X_2$　قانىققان قوس گالوگەن

二代砷酸盐　secondaryarsenate　M_2HAsO_4　سەكوندارى ارسەن قشقىلىننىڭ
تۇزدارى

二代盐　bibasic salt (= secondary salt)　سەكوندارى تۇز

二代(正)磷酸钾　potassium orthophosphate (dimetallic)　K_2HPO_4
ورتو فوسفور قشقىل كالى (ەكى مەتالدى)

二氮苯　"二嗪" گە قاراڭز.

1,2-二氮苯　"1,2-二嗪" گە قاراڭز.

1,3-二氮苯　"1,3-二嗪" گە قاراڭز.

1,4-二氮苯　"1,4-二嗪" گە قاراڭز.

二氮芳辛　diazocine　دىازوتسىن

二氮化锆　zirconium nitride　ZrN_2　ەكى ازوتتى زيركونى

二氮化三钡　barium nitride　Ba_3N_2　ەكى ازوتتى بارى

二氮化三钙　Calcium nitride　Ca_3N_2　ەكى ازوتتى كالتسى

二氮化三镁　magnesium nitride　Mg_3N_2　ەكى ازوتتى ماگنى

二氮化三锰　manganese　Mn_3N_2　ەكى ازوتتى مارگانەتس

二氮化三镍　nikel nitride　Ni_3N_2　ەكى ازوتتى نيكەل

二氮化三铍　berillium nitride　Be_3N_2　ەكى ازوتتى بەريللى

二氮化三锶　strontium nitride　Sr_3N_3　ەكى ازوتتى سترونتسى

二氮化三锌　zinc nitride　Zn_3N_2　ەكى ازوتتى مرش

1,2-二氮萘　"1,2-苯并二嗪" گە قاراڭز.

1,2,4-二氮萘　"1,2,4-苯并二嗪" گە قاراڭز.

1,3-二氮萘　"1,3-苯并二嗪" گە قاراڭز.

1,4-二氮萘　1,4-benzo diazine　$C_6H_4(CH_2)_2N_2$　1، 4 ـ بەنزو ديازين

1,6-二氮萘　"1,6-吡啶并吡啶" گە قاراڭز.

1,7-二氮萘　"1,7-吡啶并吡啶" گە قاراڭز.

1,8-二氮萘　1,8-naphthyridine　$C_5H_3(CH_3)_3N_2$　1، 8 ـ نافتيريدين

2,3-二氮萘　"酞嗪" گە قاراڭز.

2,9-二氮芴　"γ-咔啉" گە قاراڭز.

1,9－二氮芴	"咔啉" گه قاراڭز.
2,3－二氮茚	"苯并异二唑" گه قاراڭز.
二氮(杂)苯	"二氮苯" گه قاراڭز.
1,4－二氮杂苯	"对二嗪" گه قاراڭز.
二氮杂苯环	"二嗪环" گه قاراڭز.
二氮杂草 diazepine	ديازەپيين، ەكى ازەپيين
1,10－二氮杂蒽 1,10－naphthpdiazine	1، 10 ـ نافتوديازين
二氮杂菲 $C_{12}H_8N_2$	"菲绕啉" گه قاراڭز.
二氮杂环辛间四烯	"二氮芳辛" گه قاراڭز.
1,3－二氮杂茂	"咪唑" گه قاراڭز.
二氮杂茂基	"咪唑基" گه قاراڭز.
1,2－二氮(杂)茂基	"吡唑基" گه قاراڭز.
1,3－二氮(杂)茂基	"咪唑基" گه قاراڭز.
1,2－二氮杂萘	"噌啉" گه قاراڭز.
1,3－二氮杂萘	"间二氮杂萘" گه قاراڭز.
2,3－二氮杂萘 2,3－benzodiazine $C_8H_6N_2$	2، 3 ـ بەنزوديازين
2,3－二氮杂萘基	"酞嗪基" گه قاراڭز.
二氮杂氧茂 diazo furans	ەكى ازوتتى فؤران
1,2－二氮杂茚	"吲唑" گه قاراڭز.
1,2－二氮杂茚酮	"吲唑酮" گه قاراڭز.
二氮杂原葠烷 diazanorcarane	ەكى ازوتتى نوركاران
二碘苯 diiodobenzene	ەكى يودتى بەنزول
二碘苯酚 iodophenesic acid $I_2C_6H_3OH$	ەكى يودتى فەنول
1,3－二碘丙醇－[2]	"α－二碘甘油" گه قاراڭز.
二碘醋酸 diiodo acetic acid $CHI COOH$	ەكى يودتى سىركه قىشقىلى
二碘醋酸乙酯 ethyldiiodoacetate	ەكى يودتى سىركه قىشقىل ەتيل ەستەرى
二碘(代)苯 $C_6H_4I_2$	"二碘苯" گه قاراڭز.
二碘代醚 diiodo－ether	ەكى يودتى ەفير
二碘代酯 diiodo－ester	ەكى يودتى ەستەر
二碘仿 diiodoform	ەكى يودو فورم
α－二碘甘油 glycerin α－diiodohydrin $(CH_2I)_2CHOH$	α ـ ەكى يودتى گليتسەرين
二碘化苯 benzene diiodide $C_6H_6I_2$	ەكى يودتى بەنزول

二碘化碲　tellurium diiodide　TeI₂　　　　　ەكى يودتى تەللۇر

二碘化合物　diiodo‒compound　　　　　　ەكى يودتى قوسلمستار

二碘化磷　phosphorus diiodide　PI₂　　　　ەكى يودتى فوسفور

二碘化钼　molybdous diiodide　MoI₂　　　ەكى يودتى موليبدەن

二碘化铊　thallium diiodide　　　　　　　ەكى يودتى تاللي

二碘化物　diiodide　　　　　　　　　　　ەكى يودتى قوسلمستار

二碘化锡　tin diiodide　SnI₂　　　　　　　ەكى يودتى قالايى

二碘化乙烯　ethylene diiodide　CH₂I·CH₂I　ەكى يودتى ەتيلەن

二碘化铟　indium diiodide　InI₂　　　　　ەكى يودتى يندي

二碘化锗　germanium diiodide　　　　　ەكى يودتى گەرمانى

二碘甲基胂酸　diiodo‒methyl‒arsonic acid　CHI₂·AsO(SH)₂　ەكى

يودتى ‒ مەتيل ارسون قشقلى

二碘甲烷　diiodo methane　CH₂I₂　　　　ەكى يودتى مەتان

3,5‒二碘甲状腺氨酸　3,5‒diiodo thyronide　ەكى يودتى تيرونين ـ 5،3

二碘甲溴　　　"溴二碘甲烷(一)" گە قاراڭز.

二碘酪氨酸　diiodo tyrosine　C₆H₃I₂CH₂CHNH₂COOH　ەكى يودتى تيروزين

二碘水杨酸　diiodo salicylic acid　　　ەكى يودتى ساليتسيل قشقلى

二碘水杨酸乙酯　ethyldiiodo salicylate　ەكى يودتى ساليتسيل قشقل

ەتيل ەستەرى

二碘乙醚　diiodo ethyl ether　C₂H₃I₂·OC₂H₅　ەكى يودتى ەتيل ەفيرى

1,1‒二碘乙烷　　　"乙叉二碘" گە قاراڭز.

二碘乙烯　　　"二炔化二碘" گە قاراڭز.

二碘荧光素　diiodo fluorescetin　　　　ديازوفلۇورەستەسەتين

二叠氮基　diazido‒　　　　　　　　　ديازو ـ

二叠氮基乙烷　diazidoethane　　　　　ديازيدوەتان

二丁氨腈　dibutyl cyanamide　(C₄H₉)₂NCN　ديبۇتيل سيانامىد

二丁胺　dibutylamine　　　　　　　　ديبۇتيلامين

二丁胺基甲酸乙酯　ethyl dibutyl carbamate　(C₄H₉)₂NCOC₂H₅　ديبۇتيل

كاربامين قشقل ەتيل ەستەرى

二丁二硫　dibutyldisulfide　C₄H₉SSC₄H₉　ديبۇتيل ەكى كۆكىرت

二丁砜　dibutyl sulfone　(C₄H₉)₂SO₂　　　ديبۇتيل سۇلفون

二丁基　dibutyl‒　　　　　　　　　　ديبۇتيل

二丁基醋酸　di‒n‒butylacetic acid　(C₄H₉)₂CHCOOH　دي ـ N ـ بۇتيل

سركه قشقىلى

二丁基镉　dibutyl cadmium　　　　　ديبۇتيل كادمي

二丁基(化)二硫　butyl disulfide　(C₄H₉)₂S₂　ديبۇتيل ەكى كۆكمرت

二丁基萘磺酸钠　nekal　　　　　　نەكال

二丁基甲酮　dibutyl ketone　(C₂H₅CH₂CH₂)₂CO (C₄H₉)₂　ديبۇتيل كەتون

二丁基硫　butyl sulfide　(C₄H₉)₂S　　ديبۇتيل كۆكمرت

二丁基硫脲　dibutyl thiourea　　　ديبۇتيل تيوۋرەا

二丁基醚　dibutylether　R(OC₄H₉)₂　ديبۇتيل ەفيرى

二丁基铍　dibutyl beryllium　　　ديبۇتيل بەريللي

二丁精　dibytyrin　　　　　　ديبۇتيرين

二丁卡因　dibucain　　　　　ديبۇكاين

二丁硫　　　　　　　"二丁基硫" گە قاراڭىز.

二丁醚　　　　　　　"二丁基醚" گە قاراڭىز.

二丁脲　dibutylurea　C₆H₅N(C₄H₉)₂　ديبۇتيل ۋرەا

二丁替苯胺　N－dibutylaniline　　N ـ ديبۇتيل انيلين

二丁锡化二溴　dibutyl tin bromide　Sn(C₄H₉)₂Br　ديبۇتيل قالايلى بروم

二丁烯　dibutene　　　　　ديبۇتەن

二丁锌　zinc dibutyl　Zn(CH₂CH₂CH₂CH₃)₂　ديبۇتيل مىرش

二丁酯　dibutyl aster　R·(CO·OC₄H₉)₂　ديبۇتيل ەستەرى

1,2－二恶丁亭　1,2－dioxetene　C₂H₂O₂　1، 2 ـ ديوكستەن

1,2,3,4－二恶二唑　1,2,3,4－dioxadiazole　OONHNCH　1، 2، 3، 4 ـ ديوكساديازول

1,2,3,5－二恶二唑　1,2,3,5－dioxadiazole　OONHCHN　1، 2، 3، 5 ـ ديوكساديازول

1,3,2,4－二恶二唑　1,3,2,4－dioxadiazole　ONHONCH　1، 3، 2، 4 ـ ديوكساديازول

1,3,4,5－二恶二唑　1,3,4,5－dioxadiazole　OCH₂ONN　1، 3، 4، 5 ـ ديوكساديازول

二恶磷　dioxathion　　　　ديوكساتيون

二恶茂　dioxole　　　　ديوكسول

二恶茂酮　dioxolone　　　ديوكسولون

二恶茂烷　dioxolane　　　ديوكسالان

1,3－二恶壬环　1,3－dioxonane　(CH₂)₇O₂　1، 3 ـ ديوكسونان

1,3,2－二恶噻英　1,3,2－dioxatin　$C_3H_4O_2S$　1، 3، 2 ـ ديوكساتين

二恶烷　dioxane　$C_4H_8O_2$　ديوكسان

1,3－二恶烷　1,3－dioxan　$C_4H_8O_2$　1، 3 ـ ديوكسان

1,4－二恶辛环　1,4－dithiocane　$C_6H_{12}O_2$　1، 4 ـ ديتيوكان

二恶英　dioxin　ديوكسين

1,2,3－二恶唑　1,2,3－dioxazole　OONHCHCH　1، 2، 3 ـ ديوكسازول

1,3,2－二恶唑　1,3,2－dioxazole　ONHOCHCH　1، 2، 3 ـ ديوكسازول

二 R 甲基苯酸　. گه قاراڭـز "酞灵"

二芳基汞　diaryl mercury　HgR_2　دياريل سناپ

二芳基(三价)铬盐　chromonium salts, diaryl－　دياريل حروم تۇزى

二芳基胂化氧卤　diaryl arsine oxyhalide　R_2AsOX　دياريل ارسين وتـەكتى گالوگەن

二芳基亚胂酸　diaryl arsenious acid　$R_2 \cdot AsO \cdot OH$　دياريل ارسيندى قشقىل

二酚　. گه قاراڭـز "联苯酚"

二蜂酸精　dimelossin　ديمەليسسين

二氟代苯　difluoro－benzene　$C_6H_4F_2$　ەكى فتورلى بەنزول

二氟二氯甲烷　. گه قاراڭـز "氟利昂"

二氟二氧化铼　rhenium oxyfluoride　ReO_2F_2　ەكى فتور ـ ەكى وتـەكتى رەني

二氟化钒　vanadium difluoride　VF_2　ەكى فتورلى ۋانادي

二氟化铊　thallium difluoride　TlF_2　ەكى فتورلى تاللي

二氟化物　difluoride compound　TlF_2　ەكى فتورلى قوسىلىستار

二氟化锡　tin difluoride　SnF_2　ەكى فتورلى قالايى

二氟化乙烯　ethylene difluoride　$CHF \cdot CH_2F$　ەكى فتورلى ەتيلەن

二氟基磷酸　difluoro phosphoric acid　ەكى فتورلى فوسفور قشقىلى

二氟甲基苯　. گه قاراڭـز "苄叉二氟"

二氟甲烷　difluoro methane　CH_2F_2　ەكى فتورلى مەتان

二氟醚　difluoro ether　ەكى فتورلى ەفير

二氟氧化钒　vanadium oxydifluoride　VOF_2　ەكى فتورلى وتـەكتى ۋانادي

二氟乙烷　difluoroethane　ەكى فتورلى ەتان

1,1－二氟乙烷　. گه قاراڭـز "乙叉二氟"

二氟酯　difluoro ester　ەكى فتورلى ەستەر

二钙硅酸盐(水泥)　belit　بەليت (سەمەنت)

二甘醇　diglycol(＝diethylene glycol)　$O(CH_2CH_2OH)_2$　ديگليكول، ديەتيلەن

گلیکول

二甘醇二甲醚　diethylene glycol dimethyl ether　دیەتیلەن گلیکول دیمەتیل
ەفیری

二甘醇二硝酸酯　diethyleneglycol dinitrate　دیەتیلەن گلیکول ەکی ازوت
قشقىل ەستەری

二甘醇二乙醚　diethyleneglycol diethylether　$(C_2H_5OCH_2CH_2)_2$ دیەتیلەن
گلیکول دیەتیل ەفیری

二甘醇醛　diglycol aldehyde　$OHCCH_2OCH_2CHO$ دیگلیکول الدەگیدتی

二甘醇酸　diglycolic acid　دیگلیکول قشقىلی

二甘醇–甲醚　diethylene glycol monomethyl ether　دیەتیلەن گلیکول
مونومەتیل ەفیری

二甘醇–肉豆蔻酸酯　diethylene glycol monomyristate　دیەتیلەن
گلیکول مونومیریستین قشقىلی

二甘醇–乙醚　diethyleneglycol monoethyl ether　$HO(CH_2)_2O(CH_2)_2$
دیەتیلەن گلیکول مونوەتیل ەفیری

二甘醇–硬脂酸酯　diethyleneglycol monostearate　دیەتیلەن گلیکول
مونوستەارین قشقىل ەستەری

二甘醇–油酸酯　diethylene glycol monooleate　دیەتیلەن گلیکول مونوولەین
قشقىل ەستەری

二甘醇–棕榈酸酯　diethylene glycol monopalmitate　دیەتیلەن گلیکول
مونوپالمیتین قشقىل ەستەری

二甘醇硬脂酸酯　diglycol stearate　دیەتیلەن گلیکول ستەارین قشقىل
ەستەری

二甘醇月桂酸酯　diglycol laurate　دیگلیکول لاۋرین قشقىل ەستەری

二铬酸　dichromid acid　ەکی حروم قشقىلی

二个羟乙基氨　قاراڭىز گە "二乙醇胺".

二官能单体　bifunctional monomer　ەکی فؤنكتسیالى مونومەر

二官能分子　bi functional molecula　ەکی فؤنكتسیالى مولەكۋلالار

二官能化合物　bi functional compound　ەکی فؤنكتسیالى قوسىلىستار

二官能缩聚　bi functional polycondensation　ەکی فؤنكتسیالى
پولیكوندەنساتسیالانۋ

二硅氮烷胺基　disilazanylamino–　$H_3SiNHSiH_2NH–$ دیسیلازانیل امینو –

二硅氮烷基　disilazanyl　$H_3SiNHSiH_2–$ دیسیلازانیل

二硅氮烷氧基	disilazanocy −	$CH_3SiNHSiH_2H$ −	ديسيلازانوكسي
三硅恶烷氨基	disiloxanyl amino −	$H_3SiOSiH_2NH$ −	ديسيلوكسانيل امينو
二硅恶烷基	disoloxanyl	$H_3SiOSiH_2$ −	ديسيلوكسانيل
二硅恶烷硫基	disiloxanyl thio	$H_3SiOSiH_2S$ −	ديسيلوكسانيلتيو
二硅恶烷氧基	disoloxanoxy	$H_3SiOSiH_2O$ −	ديسيلوكسانوكسي
二硅化三铬	trichromium disilicate		كرەمنيلى حروم
二硅化钽	tantalum solocide	$TaSi_2$	كرەمنيلى تانتال
二硅噻烷硅基	disil thianyl thio −	$H_3SiSSiH_2S$ −	ديسيلتيانيلتيو
二硅噻烷基	disil thianyl	$H_3SiSSiH_2$ −	ديسيلتيانيل
二硅噻烷氧基	disil thianoxy	$H_2SiSSiH_2O$ −	ديسيلتيانوكسي
二硅酸钠	sodium disilicate	$(Na_2Si_3O_5)n$	ەكى كرەمني قشقىل ناتري
二硅酸盐	disilicate	$(Na_2Si_3O_5)n$	ەكى كرەمني قشقىلىننىڭ تۇزدارى
二癸基胺	didecylamine		ديدەتسيلامين
二癸基甲酮	didecyl ketone	$CH_3(CH_2)_9CO(CH_2)_9CH_2$	ديدەتسيل كەتون
二号橙	orange Ⅱ		قىزعىلت سارى Ⅱ
二号科尬油	kogasin Ⅱ		كوگازين Ⅱ
二核甙酸	dinucleotide		دينۇكلەوتيد
二胡椒叉丙酮	dipiperonal aceton	$(CH_2O_2C_6H_3CH:CH)_2CO$	ديپيپەرونال اتسەتون
二环化合物	bicyclic compound		ەكى ساقينالى قوسىلىستار
二环己丙醇	biperiden		بيپەريدەن
二环己基碳二亚胺	bicyclo hexyl carbodiimide		ەكى ساقينالى گەكسيل كاربودييميد
二环硫化合物	bixyclo sulfide		ەكى ساقينالى كۇكىرت قوسىلىستارى
二环霉素	bicyclomycin		بيسيكلومىتسين
二环烃	bicyclic hydrocarbon		ەكى ساقينالى كومىرسۇتەكتەر
二环戊二烯	dicyclopentadiene		ەكى ساقينالى پەنتاديەن
二环辛烷	bicyclooctane		ەكى ساقينالى وكتان
二环(3,2,1)辛烷	bicyclo (3,2,1) octane	C_8H_{14}	ەكى ساقينالى (3، 2، 1) وكتان
二环(4,2,0)辛烷	bicyclo (4,2,0) octane	C_8H_{11}	ەكى ساقينالى (4، 2، 0) وكتان
二环脂族烃	bicyclo paraffin		ەكى ساقينالى پارافين

二黄质基脲　dixanthyl－urea　$(C_{13}H_9ONH)_2 \cdot CO$　ديكسانتيل ۇرەا

二磺基苯酸　disulfo－benzoic acid　$COOH \cdot C_6H_3 \cdot (SO_3H)_2$　ديسۇلفوبەنزوي قىشقىلى

二磺酸　disulfonic acid　$R \cdot (SO_3H)_2$　ەكى سۇلفون قىشقىلى

二磺酸盐　dislfonate　$R(SO_3M)_2$　ەكى سۇلفون قىشقىلىنىڭ تۇزدارى

二磺酸酯　disulonate　$R \cdot (SO_2 \cdot OR)_2$　ەكى سۇلفون قىشقىل ەستەرى

二磺酰胺　disulfonic acid amide　$R \cdot (SO_2NH)_2$　ەكى سۇلفون قىشقىل امىد

二磺酰氯　disulfonic acid chloride　$R \cdot (SO_2Cl)_2$　ەكى سۇلفون قىشقىل حلور

二基取代作用　disubstitution　ەكى رەت الماسۇ

二级醇　secondary alcohol　ەكىنشلىك سپيرتتەر

二级反应　second order reaction　ەكىنشلىكتى رەاكسيالار، ەكىنشى رەتتەك رەاكسيالار

二级结构　secondary structure　ەكىنشى دارەجەلى قۇرىلىم

二级溶剂　secondary solvent　ەكىنشلىكتى ەرتكىش اگەنتتەر

二级试剂　secondary reagent　ەكىنشلىكتى رەاكتيۋتەر

二级转变　second order transition　ەكىنشى رەتتەك جوتكەلۇ (اينالۇ)

二钾化合物　dipotossium compond　ەكى كاليلى قوسىلىستار

3,4－二甲安息香酸　"3,4－二甲氧基苯酸" گە قاراڭز.

二甲氨荒酸甲胂　dimethyl dithiocarbamate methylarsin　ديمەتيل ديتيو كاربامين قىشقىل ارسين

二甲氨荒酸铁　ferric dimethyldithiocarbamate　ديمەتيل ديتيوكاربامين قىشقىل تەمىر

二甲氨荒酸锌　zinc dimethyl dithiocarbamate　ديمەتيل ديتيوكاربامين قىشقىل مىرىش

二甲氨基安替吡啉　dimethyl aminoantipyrine　ديمەتيل امينوانتيپيرين

二甲氨基苯甲醛　dimethyl－amio－benzaldehyde　ديمەتيل امينو بەنزالدەگيدتى

二甲氨基苯醋酸氯　dimethyl aminonaphthalene sulfonyl chloride　ديمەتيل امينو نافتالين سۇلفونيل حلور

二甲氨基偶氮苯　dimethyl amino azobenzene　ديمەتيل امينو ازو بەنزول

二甲氨基氰磷酸乙酯　"塔崩" گە قاراڭز.

二甲铵　dimethyl ammony　ديمەتيل امموني

二甲胺　dimethyl amine　ديمەتيلامين

二甲胺基　dimethyl amino, dimethylin　$(CH_3)_2N-$　دیمەتیل امینو

二甲苯　dimethyl benzene(= xylene)　دیمەتیل بەنزول

1,2－二甲苯　1,2－dimethyl benzene　1، 2 ـ دیمەتیل بەنزول

1,3－二甲苯　1,3－dimethyl benzene　1، 3 ـ دیمەتیل بەنزول

1,4－二甲苯　1,4－dimethyl benzene　$HC:CH . N:CH$　1، 4 ـ دیمەتیل بەنزول

二甲苯胺　dimethyl aniline　دیمەتیل انیلین

二甲苯当量　xylene equivalent　كسیلەن ەكۋیۋالەنتى

二甲苯二磺酸　xylene disulfonic acid　$(CH_3)_2C_6H_2(SO_3H)_2$　كسیلەن ەكى سۇلفون قشقلى

二甲苯酚　xylenol(= dimethyl phenol)　$(CH_3)_2C_6H_3OH$　كسیلەنول

二甲苯酚甲醛树脂　xylenol－formaldehyde resin　كسیلەنول فورمالدەگیدتى سمولا

二甲苯酚蓝　xylenol blue　كسیلەنول كوگى

二甲苯酚(羧)酸　xylene carbaxylic acid　$OH \cdot C_6H_2 \cdot (CH_3)_2 \cdot COOH$　كسیلەنول كاربوكسیل قشقلى

二甲苯磺酸　xylene monosylfonic acid　$(CH_3)_2 \cdot C_6H_3 \cdot SO_3H$　كسیلەن مونوسۇلفون قشقلى

二甲苯磺酸盐　xylenesulfonate　كسیلەن مونوسۇلفون قشقل تۇز

二甲苯磺酰氯　xylene sulfonyl chloride　كسیلەن سۇلفونیل حلور

二甲苯基　xylyl　$(CH_3)_2C_6H_3-$　كسیلیل

二甲苯基肼　ditolyl hydrazine　دیتولیل گیدرازین

3,5－二甲苯甲基　3,5－dimerhyl benzyl　3، 5 ـ دیمەتیل بەنزین

二甲苯甲酸　xylic acid　$(CH_3)_2C_6H_3COOH$　كسیل قشقلى

二甲苯(甲)酰　dimethyl benzoyl(= xyloyl)　$(CH_3)_2C_6H_3CO-$　دیمەتیل بەنزویل

二甲苯蓝(As)　xylene blue　كسیلەندى كوك

二甲苯蓝(As)　xylene blue (As)　كسیلەندى كوك (As)

二甲苯麝香　xylene musk(= musk xylene)　$(CH_3)_2 \cdot C_6 \cdot C(CH_3)_3 \cdot (NO_2)_3$　كسیلەندى جۇپار، جۇپار كسیلەن

二甲苯胂化氧　dimethl phenyl arsine oxide　$(CH_3)_2 \cdot C_6H_3 \cdot As:O_2$　دیمەتیل فەنیل ارسین توتمعى

二甲苯酸　　"二甲苯甲酸" گە قاراڭىز.

二甲苯酰　dimethyl benzoyl　دىمەتىل بەنزويل

二甲苯香脂　xylen－balsam　كسيلەن ـ بالزام

3,5－二甲苄基　"3,5 － 二甲苯甲基" گە قاراڭىز.

二甲醇脲　dimethylolurea　دىمەتىلول ژرەا

二甲次膦酸　dimethyl phosphinic acid　$(CH_3)_2 \cdot PO \cdot OH$　دىمەتىل فوسفيندلەۋ قشقىل

二甲次胂酸　dimethyl arsinic acid　$(CH_3)_2 \cdot As \cdot OH$　دىمەتىل ارسيندلەۋ قشقىل

二甲代苯胺　xylidine　كسيليدين

二甲代苯胺基　xylidino－　$(CH_3)_2C_6H_3NH-$　كسيليدينو ـ

3,5－二甲代苯甲基　3,5－dimethyl benzyl　$(CH_3)_2C_6H_3CH$　3، 5 ـ دىمەتيل بەنزيل

二甲代苯酸　xylidine　كسيليدين

1,1－二甲代丙基　1,1－dimethyl propyl　$CH_3CH_2(CH_3)_2-$　1، 1 ـ دىمەتيل پروپيل

二甲代丁间二烯　"甲基异戊间烯" گە قاراڭىز.

二甲代丁烯二酸　"焦辛可酸" گە قاراڭىز.

二甲碲　dimethyl telluride　$(CH_3)_2Te$　دىمەتيل تەللۇژر

二甲二硫　"甲基化二硫" گە قاراڭىز.

二甲酚　dimethyl phenol　ەكى مەتيلدى فەنول

二甲酚橙　xylenol orange　كسيلەنول قىزعىلت سارىسى

二甲砜　dimethyl sulfone　$(CH_3)_2SO_2$　دىمەتيل سۇلفون

二甲汞　dimethyl mercury　$Hg(CH_3)_2$　دىمەتيل سناپ

二甲胍　dimethylguanideine　دىمەتيل گۇانيدين

二甲磺酞　p－xylenol sulfone phthalein　پارا ـ كسيلەنول سۇلفون فتالەين

二甲基　dimethyl　دىمەتيل

二甲基氨甲酸　dimethyl carbamic acid　$(CH_3)_2NCOOH$　دىمەتيل كارباﻣﻴن قشقىلى

二甲基苯胺　dimethyl aniline　$C_6H_3NH_2(CH_3)_2$　دىمەتيل انيلين

N,N′－二甲基苯胺　N,N′－dimethyl aniline　N^1, N ـ دىمەتيل انيلين

二甲基苯基吡唑酮　"非那棕" گە قاراڭىز.

4,6－二甲基苯间二酚　4,6－dimethyl resorcinol　$(CH_3)_2C_6H_2(OH)_2$　دىمەتيل رەزوتسينول

二甲基吡啶　dimethyl pyridine　$(CH_3)_2C_5H_3N$　ديمەتيل پيريدين

2,5－二甲基吡咯羧酸－[3]　"乌韦酸" گە قاراڭىز.

二甲基丙二酸　dimethyl malonic acid　$COOH \cdot C(CH_3)_2 \cdot COOH$　ديمەتيل مالون قىشقىلى

二甲基丙二酸二乙酯　"二甲基丙二酸酯" گە قاراڭىز.

二甲基丙二酸酯　dimethyl malonic ester　$RO \cdot CO \cdot C(CH_3)_2 \cdot CO \cdot OR$　ديمەتيل مالون ەستەرى

二甲基丙二烯　dimethyl allene　ديمەتيل اللەن

2,2－二甲基丙烷　2,2－dimerhyl propane　$HC:CH \cdot N:CH$　2، 2 ـ ديمەتيل پروپان

2,2－二甲基丙烷－1－d　2,2－dimethyl propane－1－d　2، 2 ـ ديمەتيل پروپان ـ 1 ـ d

二甲基丙烯　"二甲基丙二烯" گە قاراڭىز.

二甲基丙烯醛　dimethyl acrylic aldehyde　$CH_3CH:C(CH_3)CHO$　ەكى مەتيلدى اكريل الدەگيدتى

二甲基丙烯酸　dimethyl acrylic acid　ەكى مەتيلدى اكريل قىشقىلى

二甲基次胂酸　dimethylarsinic acid　$(CH_3)_2AsOOH$　ديمەتيل ارسيندلەۋ قىشقىل

二甲基醋酸　dimethyl acetic acid　$CH(CH_3)_2COOH$　ديمەتيل سىركە قىشقىلى

2,3－二甲基丁二醇－[2,3]　"频哪醇" گە قاراڭىز.

二甲基丁二酸　dimethyl succinic acid　$(CH_3CH)_2(COOH)_2$　ديمەتيل سۇكتسين قىشقىلى

二甲基丁二烯　dimethyl butadiene　$CH_2:C(CH_3) \cdot C(CH_3):CH_2$　ديمەتيل بۇتاديەن

2,3－二甲基丁二烯　2,3－dimethyl butadiene　2، 3 ـ ديمەتيل بۇتاديەن

二甲基丁二烯橡胶　dimethyl butadiene rubber　ديمەتيل بۇتاديەندى كاۋچۇك

3,3－二甲基丁酮－[2]　tert－butyl methyl ketone　تەرت ـ بۇتيل مەتيل كەتون

二甲基丁烷　dimethyl butane　ديمەتيل بۇتان

2,2－二甲基丁烷　2,2－dimethyl butane　2، 2 ـ ديمەتيل بۇتان

二甲基丁烯二酸　pyrocinchonic acid　پيروسينحون قىشقىلى

N,N′－二甲基对苯二胺　N,N′－dimethyl－p－phenylenediamine　N، N^1 ـ ديمەتيل ـ پارا ـ فەنيلەندى ديامين

二甲基二氨基联苯　dimethyl diaminobiphenyl　ديمەتيل دياﻣﻴﻨﻮ ﺑﻴﻔﻪﻧﻴﻞ

二甲基二硫代氨基甲酸钠　sodiamdim ethyl dithio carbamic acid　ديمەتيل
ديتيوكاربامين قشقمل ناتري

二甲基二氯硅烷　dimethyl dichlorosilane　$(CH_3)_2SiCl_2$　ديمەتيل ﻫﻜﻰ ﺣﻠﻮﺭﻟﻰ
سيلان

二甲基呋喃羧酸　"乌韦酸" گه قاراڭز.

二甲基镉　dimethyl cadminm　$Cd(CH_3)_2$　ديمەتيل كادمي

2,4 - 二甲基庚醇 - [4]　"甲基·丙基·异丁基甲醇" گه قاراڭز.

2,6 - 二甲基庚烷　2,6 - dimethyl heptane　6.2 ـ ديمەتيل گەپتان

3,5 - 二甲基 - 3 - 庚烯　3,5 - dimethyl - 3 - heptylene　3 ، 5 ـ ديمەتيل ـ
3 ـ گەپتيلەن

二甲基汞　"二甲汞" گه قاراڭز.

二甲基胍　dimethyl guanidine　ديمەتيل گؤانيدين

二甲基硅酮聚合液　dimethyl - silicone - polymer fluid　ديمەتيل
سيليكوندى پوليمەرسؤيقتىق

二甲基硅氧烷聚合物　dimethyl siloxane polymer　ديمەتيل سيلوكساندى
پوليمەر

二甲基化作用　dimethylation　ديمەتيلدەۇ

1,3 - 二甲基环已烷　1,3 - dimethylcyclohexane　1 ، 3 ـ ديمەتيل
ساقينالى گەكسان

二甲基环戊烷　dimetyl cyclopentane　ديمەتيل ساقينالى پەنتان

1,1 - 二甲基环氧乙烷　"异丁烯化氧" گه قاراڭز.

二甲基黄　dimethyl yellow　ديمەتيل سارسى

1,7 - 二甲基黄嘌呤　paraxanthine　پاراكسانتين

二甲基已烷　dimethylhexane　ديمەتيل گەكسان

2,3 - 二甲基已烷　2,3 - dimethylhexane　2 ، 3 ـ دەيمەتيل گەكسان

二甲基甲硅烷　dimethyl - silicane(silane)　$(CH_3)_3SiH$　ديمەتيل سيليكان
(سيلان)

二甲基甲酮连氮　dimethyl ketazine　$(CH_3)_2CNN(CH_3)_2$　ديمەتيل كەتازين

二甲基联苯胺　dimethyl benzidine　ديمەتيل بەنزيدين

3,3 - 二甲(基)联(二)苯 - 4,4¹ - 两个 - 2 - 偶氮 - 1 - 氨基苯磺酸 - [4]
- 钠　"苯并红紫 4B" گه قاراڭز.

二甲基裂化烯　dimethyl - crackene　ديمەتيل كراكەن

二甲基膦　dimethyl phosphine　(CH₃)₂PH₂　دیمەتیل فوسفین

二甲基硫醚　　　　"二甲硫"گە قاراڭـز.

二甲基硫脲　dimetyl thiourea　Cs(NHCH₃)₂　دیمەتیل تیوۋرەا

二甲基氯胂　dimethyl chloroarsine　Me₂AsCl　دیمەتیل حلورلی ارسین

二甲基吗啡　dimethyl morphine　دیمەتیل مورفین

二甲基马来酸　dimethyl maleic acid　COOH·C(CH₃):C(CH₃)·COOH　دیمەتیل
مالەین قشقملی

二甲基母生育酚　dimethyl – tocol　دیمەتیل توكول

二甲基尿酸　dimethyl uric acid　C₅H₂N₄(CH₃)₂　دیمەتیل نەسەپ قشقملی

二甲基硼酸　dimethyl borinic acid　دیمەتیل بورقشقملی

二甲(基)铍　beruyllium methide　Be(CH₃)₂　دیمەتیل بەریللي

二甲基嘌呤　dimethyl purine　دیمەتیل پۇرین

二甲基铅　lead dimethyl　Pb(CH₃)₂　دیمەتیل قورعاسىن

2,2 – 二甲基 – 3 – 羟基丙醛　"戊醛醇"گە قاراڭـز.

2,5 – 二甲基 – 4 – 羟基已酮 – [3]　"异丁偶因"گە قاراڭـز.

二甲基取代作用　"二甲基化作用"گە قاراڭـز.

二甲基噻吩　thioxene　تیوكسەن

2,2 – 二甲基噻亭　2,2 – dimethyl thetine　CH₂COOS(CH₃)₂　2، 2 ـ دیمەتیل
تەتین

二甲基肼　"二甲肼"گە قاراڭـز.

二甲基酸汞　"卡可基酸汞"گە قاراڭـز.

2,3 – 二甲基戊烯酸　tetacrulic acid　(CH₃)₂C:C(CH₃)CH₂COOH　تەتاكریل
قشقملی

二甲基硒　methyl selenide　(CH₃)₂Se　دیمەتیل سەلەن

二甲基锡　stannous methide　Sn(CH₃)₂　دیمەتیل قالایی

2,6 – 二甲基辛二烯 – [2,6] – 醇 – [8]　"橙花醇"گە قاراڭـز.

3,7 – 二甲基辛二烯 – [2,6] – 酸 – [1]　geranic acid　(CH₃)₂C:CH(CH₂)₂C(CH₃)
COOH　گەران قشقملی

二甲基锌　zinc methide　Zn(CH₃)₃　دیمەتیل مىرش

2,3 – 二甲基 – 4 – 乙基吡咯　2,3 – dimethyl – 4 – ethyl pyrrol
2، 3 ـ دیمەتیل ـ 4، 2 ـ ەتیل پیررول

2,4 – 二甲基 – 3 – 乙基吡咯　2,4 – dimethyl – 3 – ethyl pyrrol
2، 4 ـ دیمەتیل ـ 3 ـ ەتیل پیررول

二甲基乙基醋酸　dimethyl ethyl acetic acid　$C(CH_3)_2(C_2H_5)COOH$　ـ دىمەتىل
ەتىل سىركە قشقىلى

3,4 - 二甲基 - 4 - 乙基庚烷　3,4 - dimethyl - 4 - ethyl heptan

HC:CH.N:CH　　3، 4 ـ دىمەتىل ـ 4 ـ ەتىل گەپتان

二甲基乙酰醋酸乙酯　dimethyl acetoaceticester　$CH_3COC(CH_3)_2CO_2C_2H_5$

دىمەتىل اتسەتو سىركە قشقىل ەتىل ەستەرى

二甲基乙酰醋酸酯　dimethyl acetoaceticester　$CH_3 \cdot COC(CH_3)_2CO \cdot OR$

دىمەتىل اتسەتو سىركە قشقىل ەستەرى

二甲基鸢尾配质　dimethyl irigenin　دىمەتىل يرىگەنىن

二甲基锗　germanium methide　$Ge(CH_3)_2$　دىمەتىل گەرمانى

二甲基异丙醇胺　dimethyl isopropanolamine　دىمەتىل يزوپروپانولامىن

二甲精　diformin　$(HCO_2)_2C_3H_6O$　دىفورمىن

二甲膦　dimethyl phosphine　دىمەتىل فوسفىن

二甲灵　dimethyline　دىمەتىلىن

二甲硫　dimethyl sulfide　$(CH_3)_2S$　دىمەتىل كۆكىرت

二甲硫堇　dimethyl thion　دىمەتىل تىون

二甲硫吸磷　thiometon, thiomedon　تىيومەتون، تىيومەدون

二甲氯胂　dimethyl chloro arsine　$(CH_3)_2AsCl$　دىمەتىل حلورلى ارسىن

二甲马钱子碱　"番木鳖碱" گە قاراڭىز.

二甲镁　magnesium methide　$Mg(CH_3)_2$　دىمەتىل ماگنى

二甲醚　dimethyl ether　$R(OCH_3)_2$　دىمەتىل ەفىرى

二甲萘　dimethyl nephthalene　دىمەتىل ناقتالىن

二甲脲　dimethyl urea　$CO(NHCH_3)_2$　دىمەتىل ژرەا

二甲铍　"二甲基铍" گە قاراڭىز.

二甲嘌呤　"二甲基嘌呤" گە قاراڭىز.

二甲氰胂　dimethyl cyano arsine　$(CH_3)_2AsCN$　دىمەتىل سيانىدى ارسىن

二甲秋水仙酸　dimethyl colchicinic acid　دىمەتىل كولحيتسىن قشقىلى

二甲取甲硅烷　"二甲基甲硅烷" گە قاراڭىز.

二甲胂　dimethyl arsine　$(CH_3)_2AsH$　دىمەتىل ارسىن

二甲胂化氯　dimethyl arsenic chloride　$(CH_3)_2AsCl$　دىمەتىل ارسىندى حلور

二甲胂化氰　dimethyl arsenic cyanide　$(CH_3)_2AsCN$　دىمەتىل ارسىندى
سيان

二甲胂化三氯　dimethyl arsine trichloride　(CH₃)₂AsCl₃　دىمەتيل ارسيندى

ئۇش حلور

二甲胂化氧　dimethyl arsine oxide　[(CH₃)₂As]₂O　دىمەتيل ارسين توتمعى

二甲胂化乙硫　dimethyl arsine ethyl sulfide　دىمەتيل ارسيندى

ەتيل كۇكىرت

二甲胂基　dimethyl arsino　(CH₃)₂As　دىمەتيل ارسينو، كاكوديل

二甲胂基化二硫　dimethyl arsine disulfide　[(CH₃)₂As]₂S₂　دىمەتيل

ارسيندى ەكى كۇكىرت

二甲胂基化氢　　"كا可基氢" گە قاراڭىز.

二甲胂基硫　dimethyl arsine sulfide　[(CH₃)₂As]₂S　دىمەتيل ارسيندى كۇكىرت

二甲胂基氯　　"كا可基氯" گە قاراڭىز.

二甲胂基氰　　"كا可基氰" گە قاراڭىز.

二甲胂基三氯　　"كا可基三氯" گە قاراڭىز.

二甲胂基氧　　"كا可基氧" گە قاراڭىز.

二甲胂酸　　"كا可基酸" گە قاراڭىز.

二甲胂酸钾　potassium cacodylate　(CH₃)₂AsO·OK　كاكوديل قىشقىل كالي

二甲胂酸钠　sodium cacodylate　(CH₃)₂AsO·ONa　كاكوديل قىشقىل ناتري

二甲胂酸铁　ferric cacodylate　كاكوديل قىشقىل تەمىر

二甲胂酸盐　cacodylate　كاكوديل قىشقىلىنىڭ تۇزدارى

二甲双酮　dimethadione　دىمەتاديون

二甲四氯　MSP－metharon　MSP－مەتارون

二甲替苯砷化二氯　phenyl－dimethyl－arsine dichloride　(CH₃)C₆H₃·AsCl

دىمەتيل ــ فەنيل ارسيندى ەكى حلور

二甲替苯砷化二氢氧　phenyl－dimethyl－arsine dihydroxide

(CH₃)C₆H₃·As(OH)₂　دىمەتيل ــ فەنيل ارسيندى ەكى توتىق گيدراتى

二甲替苯砷化溴氰　phenyl－dimethyl－arsine cyanobromide

(CH₃)₂C₆H₃·AsBrCN　دىمەتيل ــ فەنيل ارسيندى بروم سيان

二甲替甲酰胺　dimethyl formamide　دىمەتيل فورماميد

二甲酮　dimethyl ketone　دىمەتيل كەتون

二甲戊胺　dimethylamylamine　دىمەتيل اميلامين

二甲硒　　"二甲基硒" گە قاراڭىز.

二甲锡　　"二甲基锡" گە قاراڭىز.

二甲酰甲胺　methylamine,diformyl　مەتيلامين، ديفورميل

二甲酰亚胺　dicarboximide　　　　　　　　ديكار بوكسيميد

二甲锌　　　　　　　　　　　　　　"二甲基锌" گه قاراڭز.

二甲亚砜　dimethyl sulfoxide　(CH₃)₂SO　　ديمەتيل سۇلفو توتمعى

二甲氧苯二酸　　　　　　　　　　　　"半蒎酸" گه قاراڭز.

2,6－二甲氧苯基青霉素　2,6－dimethoxy phenyl penicillin　2، 6 _

ديمەتوكسي فەنيل پەنيتسيلللين

3,4－二甲氧苯甲基　　　　　　　　　　"藜芦基" گه قاراڭز.

3,4－二甲氧苯(甲)酰　　　　　　　　　"藜芦酰" گه قاراڭز.

二甲氧苯醛酸　　　　　　　　　　　　"鸦片酸" گه قاراڭز.

3,4－二甲氧苯亚甲基　　　　　　　　　"藜芦叉" گه قاراڭز.

3,4－二甲氧苯乙基　3,4－dimethoxy phenethyl　(CH₃O)₂C₆H₃CH₂CH₂

3، 4 _ ديمەتوكسي فەنەتيل

3,4－二甲氧苯乙酰　3,4－dimethoxyphenylacecyl　(CH₃O)₂COH₃CO

3، 4 _ ديمەتوكسي فەنيل اتسەتيل

3,4－二甲氧苄叉　　　　　　　　　　"藜芦叉" گه قاراڭز.

3,4－二甲氧苄基　　　　　　　　　　"藜芦基" گه قاراڭز.

二甲氧香木鳖碱　　　　　　　　　　"马钱子碱" گه قاراڭز.

2,6－二甲氧基苯酚　2,6－dimethoxy phenol　(CH₃)₂C₆H₃OH　2، 6 _

ديمەتوكسي فەنول

3,4－二甲氧基苯隣二甲酸　3,4－dimethoxy phthalic acid

(CH₃O)₂C₆H₂:(CO₂H)₂　　　　　　　3، 4 _ ديمەتوكسي فتال قىشقىلى

3,4－二甲氧基苯醛　3,4－dimethoxybenzaldehyde　(CH₃O)₂C₆H₃CHO

3، 4 _ ديمەتوكسي بەنزالدەگيدتى

3,4－二甲氧基苯酸　3,4－dimethoxy bonzoic acid　(CH₃O)₂C₆H₃CO₂H

3، 4 _ ديمەتوكسي بەنزوي قىشقىلى

二甲氧基丁二酸　dimethoxy succinic acid　COOH(CHOCH₃)₂COOH

ديمەتوكسي سۇكتسين قىشقىلى

二甲氧基琥珀酸　　　　　　　　"二甲氧基丁二酸" گه قاراڭز.

二甲氧基甲烷　dimethoxy methane, methylal　ديمەتوكسي مەتان، مەتيلال

二甲氧基醛基苯甲酸　　　　　　　　"鸦片酸" گه قاراڭز.

二甲氧基乙烷　dimethoxyethane　(CH₃OCH₂)₂　ديمەتوكسي ەتان

二甲乙苯　dimethylethyl benzene　　　ديمەتيل ەتيل بەنزول

二甲乙烯　dimethyl ethylene　　　　　ديمەتيل ەتيلەن

二甲酯	dimethyl ester	دیمەتیل ەستەری
二价	divalence, bivalence	ەكى ۋالەنت، قوس ۋالەنت
二价醇	divalent alcohol	ەكى اتومدى سپيرتتەر
二价酚酸	dibasic phenol acid	ەكى نەگىزدى فەنول قىشقىلى
二价铬的	chromous	ەكى ۋالەنتتى حروم
二价镉的	cadmic	ەكى ۋالەنتتى كادمي
二价汞的	mercuric	ەكى ۋالەنتتى سناپ
二价汞化合物	mercuri - compound	ەكى ۋالەنتتى سناپ قوسىلىستارى
二价汞基	mercuri – – Hg –	ەكى ۋالەنتتى سناپ رادیكالى
二价钴的	cobaltous	ەكى ۋالەنتتى كوبالت
二价基	divalent (bivalent) radical	ەكى ۋالەنتتى رادیكال
二价镓的	gallous	ەكى ۋالەنتتى گاللي
二价碱	diatomic base	ەكى اتومدى نەگىزدەر
二价链节	bivalent segmer	ەكى اتومدى تىزبەك بؤنى
二价钌的	ruthenous	ەكى ۋالەنتتى رؤتەني
二价锰	mangaous	ەكى ۋالەنتتى مارگانەتس
二价锰化合物	manganous compound	ەكى ۋالەنتتى مارگانەتس قوسىلىستارى
二价钼	molybdenous	ەكى ۋالەنتتى موليبدەن
二价钼化合物	molybdous compound	ەكى ۋالەنتتى موليبدەن قوسىلىستارى
二价镍	nickelous	ەكى ۋالەنتتى نيكەل
二价铅	plumbous	ەكى ۋالەنتتى قورعاسىن
二价酸	diatomic acid	ەكى اتومدى قىشقىلدار
二价酸酯	dibasic ester	ەكى نەگىزدى قىشقىل ەستەری
二价羧酸	dibasic carboxylic acid	ەكى نەگىزدى كاربوكسيل قىشقىلى
二价碳	carbone	ەكى ۋالەنتتى كومىرتەك
二价碳基	carbyl	كاربيل
二价铁的	ferrous	ەكى ۋالەنتتى تەمىر
二价铁化合物	ferro - compound	ەكى ۋالەنتتى تەمىر قوسىلىستارى
二价烃基	bivalent hydrocarbon radical	ەكى ۋالەنتتى كومىرسۇتەك رادیكالى
二价铜	cupric	ەكى ۋالەنتتى مىس
二价铜酸	dibasic ketonic acid	ەكى نەگىزدى كەتون قىشقىلى
二价硒	selenous	ەكى ۋالەنتتى سەلەن
二价锡	stannous	ەكى ۋالەنتتى قالايى

二价阳离子　bivalent cution　ئىككى ۋالەنتتى كاتيون

二价元素　divalent element　ئىككى ۋالەنتتى ئېلېمېنتەر

二价原子　bivalent atom　ئىككى ۋالەنتتى ئاتوم

二价锗的　germanous　ئىككى ۋالەنتتى گېرمانىي

二价锗酸盐　"亚锗酸盐" گە قاراڭز.

二价自由基　biradical　ئىككى ۋالەنتتى رادىكال

二碱价的　dibasic, bibasic　ئىككى نەگىزدى (قشقىلغا قاراتلغان)

二碱价酸　"二元酸" گە قاراڭز.

二碱式磷酸胺　$(NH_4)_2HPO_4$　ئىككى نەگىزدى فوسفور قشقىل ئاممونىي

二碱式磷酸盐　dibasic phosphate　M_2HPO_4　ئىككى نەگىزدى فوسفور قشقىلىنىڭ تۇزدارى

二芥精　dierucin　دىيەرۇتسىن

二肼羰　"卡巴肼" گە قاراڭز.

二聚氨基氰　"双氰胺" گە قاراڭز.

二聚化合物　dimeric compound　دىمېرلى قوسۇلمىستار

二聚环戊二烯　"双茂" گە قاراڭز.

二聚间羟丁醛　"仲醛醇" گە قاراڭز.

二聚硫代氰酸　disulfo－cyanic acid　$(NCNS)_2$　ئىككى كۆكۈرتتى سيان قشقىلى

二聚(3－羟丁醛)　"仲醛醇" گە قاراڭز.

二聚染料　dimersing dye　دىمېرلى بوياۋلار

二聚水　dihydrol　$(H_2O)_2$　دىگىدرول

二聚水分子　hydrol　(H_4O_2)　گىدرول

二聚物　dipolymer(＝dimer)　دىپولىمېر، دىمېر

二聚(作用)　dimerization　دىپولىمېرلەۇ

二糠酰　difur furoyl　دىفۇرفۇرويل

二糠酰化过氧　difuroylperoxide　دىفۇرويل ئاسقن توتۇق

二苦胺　dipicrylamine　$(NO)_3C_6H_2)_2NH$　دىپيكرىلامين

二苦硫　dipicryl sulfide　$(NO_2)C_6H_2)_2S$　دىپيرىل كۆكۈرت

二醌(类)　diquinone(s)　دىيحينوندار

二蜡精　dicerotin(＝diacetin)　$HOC_3H_5(O_2CCH_3)_2$　دىكەروتىن، دياتسەتىن

二联蒽　dianthracene　دىيانتراتسەن

二磷化钡　barium phosphide　BaP_2　ئىككى فوسفورلى بارىي

二磷化三钙　"磷化钙" گە قاراڭز.

二磷化三镁　magnesium phosphide　Mg_3P_2　فوسفورلى ماگني

二磷化三锶　strontium phosphide　Sr_3P_2　فوسفورلى سترونتسي

二磷化三铜　cupric phosphide　Cu_3P_2　فوسفورلى مس

二磷化三锌　zinc phosphide　فوسفورلى مىرش

二磷化银　silver phasphide　AgP_2　فوسفورلى كۆمۈس

二磷酸吡啶核甙酸　diphosphopyridine nucleotide　ەكى فوسفو پىرىدىندى نۇكلەوتىد

1,3－二磷酸甘油醛　1,3－diphospoglyceraldehyde　3، 1 ـ ەكى فوسفور گلىتسەرىن الدەگىدتى

二磷酸甘油酸　diphosphoglyceric acid　$CH_2O(PO_3H_2)CHO(PO_3H)COOH$　ەكى فوسفو گلىتسەرىن قىشقىلى

1,3－二磷酸甘油酸　1,3－diphosphoglyceric acid　3، 1 ـ ەكى فوسفو گلىتسەرىن قىشقىلى

二磷酸甘油酸变位酶　diphospho glyceromutase　ەكى فوسفو گلىتسەرومۇتازا

二磷酸甘油酸磷酸酶　diphosphoglycerate phosphatase　ەكى فوسفو گلىتسەرىن قىشقىل فوسفاتازا

二磷酸果糖　fructose diphosphate　ەكى فوسفور قىشقىل فرۇكتوزا

二磷酸果糖酶　aldolase(＝zymohexase)　الدولازا، زىموگەكسازا

二磷酸核酮糖　ribolose diphospate　ەكى فوسفور قىشقىل رىبولوزا

二磷酸肌醇　diphosphoinoside　ەكى فوسفور قىشقىل ىنوزىد

二磷酸己糖　hexose diphosphate　ەكى فوسفور قىشقىل گەكسوزا

1,6－二磷酸葡萄糖　glucose－1,6－phosphate　6، 1 ـ فوسفور قىشقىل گليۇكوزا

二磷酸腺甙　adenosine diphosphate　ەكى فوسفور قىشقىل ادەنوزىن

二磷酸腺甙酶　adenosine diphosphatase　ادەنوزىن دىفوسفاتازا

二另丁基胺　di－sec－butylamine　ەكى sec بۇتيلامين

二另丁基硫　di－sec－butyl sulfide　ەكى ـ sec ـ بۇتيل كۆكۈرت

二硫　disulfide　$R·S·S·R$　دىسۇلفيد

二硫氨基乳酸　dithioaminolactic acid　دىتيوامينو ءسۇت قىشقىلى

二硫撑二蜡酸　dithio diglycollic acid　دىتيو دىگليكول قىشقىلى

二硫代　dithio－　－SS－　دىتيو

二硫代氨基甲酸　dithiocarbamic acid　$C(NH)(SH)_2$　دىتيو كاربامين قىشقىلى

二硫代苯酸　dithiobenzoic acid　$C_6H_5 \cdot CS \cdot SH$　دیتیو بەنزوي قشقملی

二硫代草酰胺　dithio‑oxamide　$(C:SNH_2)_2$　دیتیو ـ وكسامید

二硫代蜡酸　dithioacetic acid　CH_3CSSH　دیتیو سرکه قشقملی،
ەکی کۆکسرتتی سرکه قشقملی

1,2‑二硫代甘油　1,2‑dithioglycerine　$C_3H_8OS_2$　1، 2 ـ دیتیوگلیتسەرین

二硫代间苯二酚　dithioresorcin　HSC_6H_4SH　دیتیو رەزورتسین

二硫代膦酸　phosphonodithioic acid　H_3POS_2　دیتیوفوسفون قشقملی

二硫代磷酸　phosphoro dithioic acid　$H_3PO_2S_2$　دیتیو فوسفور قشقملی

二硫代氢醌　dithiohydroquinone　$CH_2C_6H_4SH$　دیتیو سۆتەك حینون

二硫代水杨酸　dithiosalicylic acid　(CH_2)　دیتیو سالیتسیل قشقملی

二硫代缩氨基脲　dithiosemicarbazone　دیتیو سەمیکار بازون

二硫代羧酸　dithiocarboxylic acid　$R \cdot CS \cdot SH$　دیتیو كاربوكسیل قشقملی

二硫代羧酸盐　dithionate　$R \cdot CS \cdot SM$　دیتیو كاربوكسیل قشقملننك
تۆزداری

二硫代碳酸　dithiocarbonic acid　$CS(OH)SH$　دیتیو كومىر قشقملی

二硫代亚膦酸　phosphonodithious acid　$(HS)_2PH$　دیتیو فوسفوندی قشقمل

二硫代乙二胺　"红氨酸" گە قاراتنىز.

二硫赶次膦酸　dithiophosphinic acid　دیتیو فوسفیندسلەۆ قشقمل

二硫赶碳酸　"二硫代碳酸" گە قاراتنىز.

二硫赶乙二酰二胺　"红氨酸" گە قاراتنىز.

二硫化钯　palladic sulfide　PdS_2　ەکی کۆکسرتتی بالادي

二硫化碲　tellurium sulfide　ەکی کۆکسرتتی تەللۆر

二硫化锇　osmium disulfide　OsS_2　ەکی کۆکسرتتی وسمي

二硫化二碘　iodine disulfide　I_2S_2　ەکی کۆکسرتتی یود

二硫化二间硫氧茚　altax　التاکس

二硫化(二)钠　sodium disulfide　ەکی کۆکسرتتی ناتري

二硫化二砷　arsenic disulfide(= realgar)　As_2S_2　ەکی کۆکسرتتی ارسەن،
رەالگار

二硫化二铯　cesium disulfide　$Cs_2(S_2)$　ەکی کۆکسرتتی سەزي

二硫化二溴　bromine disulfide　Br_2S_2　کۆکسرتتی بروم

二硫化钒　vanadium disulfide　ەکی کۆکسرتتی ۆانادي

二硫化钴　cobalt disulfide　CoS_2　ەکی کۆکسرتتی كوبالت

二硫化甲胂　methyl‑arsine disulfide　CH_3AsS_2　ەکی کۆکسرتتی مەتیل

ارسين

二硫化铼	rhenium disulfide	ReS₂

ەكى كۆكىرتتى رەني

二硫化镧　lanthanum disulfide　LaS₂

ەكى كۆكىرتتى لانتان

二硫化锰　manganese disulfide　MnS₂

ەكى كۆكىرتتى مارگانەتس

二硫化钼　molybdenum disulfide　MoS₂

ەكى كۆكىرتتى موليبدەن

二硫化镨　praseodymium disulfide　PrS₂

ەكى كۆكىرتتى پرازەوديم

二硫化铯

.ەكى كۆكىرتتى" گە قاراڭز"

二硫化铈　cerium disulfide　CeS₂

ەكى كۆكىرتتى سەري

二硫化钛　titanium disulfide　TiS₂

ەكى كۆكىرتتى تيتان

二硫化钽　tantalum sulfide　TaS₂

كۆكىرتتى تانتال

二硫化碳　carbon disulfide　CS₂

ەكى كۆكىرتتى كومىرتەك

二硫化铁　ferrous disulfide　Fe(S₂)

ەكى كۆكىرتتى تەمىر

二硫化钨　tumgsten disulfide　WS₂

ەكى كۆكىرتتى ۆولفرام

二硫化物　disulfide

ەكى كۆكىرتتى قوسىلىستار

二硫化锡　stannic disulfide　SnS₂

ەكى كۆكىرتتى قالايى

二硫化银　silver disulfide

ەكى كۆكىرتتى كۆمىس

二硫化铀　uranous sulfide　US₂

كۆكىرتتى ۇران

二硫化锗　germanium disulfide

ەكى كۆكىرتتى گەرماني

二硫甲肼

.ەكى" گە قاراڭز" 甲肼化二硫"

二硫水杨酸　dithiosalicylic acid

ديتيوساليتسيل قىشقىلى

二硫水杨酸铋　bismuth dithiosalicylate

ديتيوساليتسيل قىشقىل باري

二硫酸根络铟酸钾　potassium disulfateindate　KIn(SO₄)₂·12H₂O

ەكى

كۆكىرت قىشقىل قالدىعىنداق يندي قىشقىل كالي

二硫酸根络铟酸铯　cesium disulfateindate　CsIn(SO₄)₂·12H₂O

ەكى

كۆكىرت قىشقىل قالدىعىنداق يندي قىشقىل سەزي

二硫酸一氧化二铬　chromic oxidisulfate　Cr₂O(SO₄)₂

ەكى كۆكىرت

قىشقىلدى حروم توتىعى

二硫缩醛　dithioacetals

ديتيو اتسەتال

二硫酮　dithione, disulfotone

ديتيون

二硫戊环　dithiolan

ديتيولان

二硫杂蒽

.ەكى" گە قاراڭز" 噻蒽"

1,4 – 二流杂萘　dithianaphthalene

1، 4 – ديتيانافتالين

二硫逐草酸

.ەكى" گە قاراڭز" 硫草酸"

二卤代苯　dihalogenated benzene　$C_6H_4X_2$　ﻩﻛﻰ ﮔﺎﻟﻮﮔﻪﻧﺪﻩﻧﮕﻪﻥ ﺑﻪﻧﺰﻭﻝ

二卤代丙酮　dihalogenated acetone　$CH_2X \cdot CO \cdot CH_2X$　ﻩﻛﻰ ﮔﺎﻟﻮﮔﻪﻧﺪﻩﻧﮕﻪﻥ ﺍﺗﺴﻪﺗﻮﻥ

二卤代丙烷　　"丙叉二卤" ﮔﻪ ﻗﺎﺭﺍﻏﯩﺰ.

二卤代二甲苯　xylene dihalide　$X_2C_6H_2(CH_3)_2$　ﻩﻛﻰ ﮔﺎﻟﻮﮔﻪﻧﺪﻯ ﻛﺴﯩﻠﻪﻥ

二卤代醚　dihalogenated ether　ﻩﻛﻰ ﮔﺎﻟﻮﮔﻪﻧﺪﻩﻧﮕﻪﻥ ﻩﻓﯩﺮ

二卤代酸　dihalogen acid　ﻩﻛﻰ ﮔﺎﻟﻮﮔﻪﻧﺪﻯ ﻗﯩﺸﻘﯩﻞ

二卤代酯　dihalogenated ester　ﻩﻛﻰ ﮔﺎﻟﻮﮔﻪﻧﺪﻩﻧﮕﻪﻥ ﻩﺳﺘﻪﺭ

二卤化物　dihalide　ﻩﻛﻰ ﮔﺎﻟﻮﮔﻪﻧﺪﻯ ﻗﻮﺳﻠﺴﺘﺎﺭ، ﺩﯨﮕﺎﻟﻮﻧﯩﺪﺗﻪﺭ

二卤化乙烯　ethylene, dihalide　$CH_2X \cdot CH_2X$　ﻩﻛﻰ ﮔﺎﻟﻮﮔﻪﻧﺪﻯ ﻩﺗﯩﻠﻪﻥ

二卤甲烷　　"甲叉二卤" ﮔﻪ ﻗﺎﺭﺍﻏﯩﺰ.

二卤乙烯　　"乙炔化二卤" ﮔﻪ ﻗﺎﺭﺍﻏﯩﺰ.

二氯胺　dichloramine　ﻩﻛﻰ ﺣﻠﻮﺭﺍﻣﯩﻦ

二氯胺 b　dichloramine b　ﻩﻛﻰ ﺣﻠﻮﺭﺍﻣﯩﻦ

二氯胺 T　dichloamine T　T ﻩﻛﻰ ﺣﻠﻮﺭﺍﻣﯩﻦ

二氯巴比土酸　dichlorbarbituric acid　ﻩﻛﻰ ﺣﻠﻮﺭﻟﻰ ﭘﺎﺭﺑﯩﺘﯘﺭ ﻗﯩﺸﻘﯩﻠﻰ

二氯苯　dichlorobenzene　$C_6H_4Cl_2$　ﻩﻛﻰ ﺣﻠﻮﺭﻟﻰ ﺑﻪﻧﺰﻭﻝ

二氯苯酚　dichlorophenol　$Cl_2 \cdot C_6H_3OH$　ﻩﻛﻰ ﺣﻠﻮﺭﻟﻰ ﻓﻪﻧﻮﻝ

二氯苯肼磺酸　dichlorophenyl sulfonic acid　$Cl_2C_6H_2(SO_3H)NHNH_2$　ﻩﻛﻰ ﺣﻠﻮﺭﻟﻰ ﻓﻪﻧﯩﻞ ﺳﯚﻟﻔﻮﻥ ﻗﯩﺸﻘﯩﻠﻰ

2,4 - 二氯苯氧基蜡酸　2,4 - dichlorophenoxyacetic acid　2، 4 - ﻩﻛﻰ ﺣﻠﻮﺭﻟﻰ ﻓﻪﻧﻮﻛﺴﯩﻞ ﺳﯩﺮﻛﻪ ﻗﯩﺸﻘﯩﻠﻰ

二氯苯氧基乙酸　dichlorophenoxyacetic acid　ﻩﻛﻰ ﺣﻠﻮﺭﻟﻰ ﻓﻪﻧﻮﻛﺴﯩﻞ ﺳﯩﺮﻛﻪ ﻗﯩﺸﻘﯩﻠﻰ

1,3 - 二氯丙醇 - [2]　1,3 - dichloro - 2 - propanol　$(CH_2Cl)_2CHOH$　1، 3 - ﻩﻛﻰ ﺣﻠﻮﺭﻟﻰ - 2 - ﭘﺮﻭﭘﺎﻧﻮﻝ

2,3 - 二氯丙醇 - [1]　　" β - 二氯甘油" ﮔﻪ ﻗﺎﺭﺍﻏﯩﺰ.

2,2 - 二氯丙烷　　"二氯逐丙酮" ﮔﻪ ﻗﺎﺭﺍﻏﯩﺰ.

二氯丙烯　dichloro propylene　ﻩﻛﻰ ﺣﻠﻮﺭﻟﻰ ﭘﺮﻭﭘﯩﻠﻪﻥ

3,4 - 二氯丙酰替苯胺　3,4 - dichloropropionylanilide　3، 4 - ﻩﻛﻰ ﺣﻠﻮﺭﻟﻰ ﭘﺮﻭﭘﯩﻮﻧﯩﻞ ﺍﻧﯩﻠﯩﯩﺪ

二氯蜡酸　dichloroacetic acid　$Cl_2CHCOOH$　ﻩﻛﻰ ﺣﻠﻮﺭﻟﻰ ﺳﯩﺮﻛﻪ ﻗﯩﺸﻘﯩﻠﻰ

二氯蜡酸乙酯　ethyl dichloroacetate　$Cl_2CHCO_2C_2H_5$　ﻩﻛﻰ ﺣﻠﻮﺭﻟﻰ ﺳﯩﺮﻛﻪ

قشقىل ەتىل ەستەرى

二氯(代)苯   "二氯苯" گە قاراڭز.

二氯代丙酮   acetone dichloride $C_3H_4OCl_2$ ەكى حلورلى اتسەتون

二氯代丁二酸   dichlorosuccinic acid $COOH(CHCl)_2COOH$ ەكى حلورلى سۇكتسين قشقىلى

二氯(代)丁酸   dichloro－butyric acid $C_3H_5CCl_2·COOH$ ەكى حلورلى بۇتير قشقىلى

二氯代丁烯醛酸   "粘氯酸" گە قاراڭز.

二氯代二甲苯   xylene dichloride $Cl_2C_6H_2(CH_3)_2$ ەكى حلورلى كسيلەن

二氯代醚   dichloro ether   ەكى حلورلى ەفير

二氯代萘   naphthalene dichloride   ەكى حلورلى ناقتالين

1,1－二氯代乙胺 $CH_3CCl_2NH_2$ "二氯逐乙酰胺" گە قاراڭز.

二氯代乙醚   "二氯乙醚" گە قاراڭز.

二氯代乙炔   dichloroacetylene C_2Cl_2 ەكى حلورلى اتسەتيلەن

二氯碘甲烷   dichloroiodomethane Cl_2CHI ەكى حلورلى يودتى مەتان

二氯靛粉   dichloroindophenol   ەكى حلورلى يندوفەنول

二氯靛酚钠   sodium dichloroindophenol   ەكى حلورلى يندوفەنول ناتري

二氯丁烷   dichlorobutane   ەكى حلورلى بۇتان

二氧蒽   dichloroanthracene   ەكى حلورلى انتراتسەن

二氯－二苯－三氯乙烷 (DDT)   dichloro－dipheyl－trichloroethane (DDT) $C_{14}H_9Cl_5$ ەكى حلورلى ديفەنيل ٴۇش حلورلى ەتان

二氯二丙醚   dichloro－dipropyl ether   ەكى حلورلى ديپروپيل ەفيرى

二氯二碘甲烷   dichloro－diidomethane Cl_2CI_2 ەكى حلورلى ـ ەكى يودتى مەتان

二氯二氟甲烷   dichloro－difluoro methane   ەكى حلورلى ـ ەكى فتورلى مەتان

二氯二甲醚   dichloro－dimethyl ether $ClCH_2OCH_2Cl$ ەكى حلورلى ديمەتيل ەفيرى

2,5 二氯－3,6 一二羟醌   "氯冉酸" گە قاراڭز.

二氯二硝基甲烷   dichloro－dinitro methane $Cl_2C(NO_2)_2$ ەكى حلورلى دينيترو مەتان

二氯二溴甲烷   dichloro dibromomethane Cl_2CBr_2 ەكى حلورلى ەكى برومدى مەتان

二氯二氧化铬   chromium dioxydichloride CrO_2Cl_2 ەكى حلورلى ەكى وتتەكتى

حروم

二氯二氧化钼　molybdenum dioxydichloride　(MoO₂)Cl₂　ھەکی ھلورلی
وتەكتى موليبدەن

二氯二氧化钨　tungsten dioxy dichloride　WO₂Cl₂　ھەکی ھلورلی ھەکی وتەكتى
ۋولفرام

二氯二氧化铀　uranium oxychloride　UO₂Cl₂　حلورلی وتەكتى ژۇران

二氯二乙硫醚　dichlorodiethyl sulfide(= yperite)　ClC₂H₄SC₂H₄Cl　ھەکی
حلورلی ديەتيل سۆلفيد

二氯二乙醚　dichloro diethyl ether　(C₂H₅Cl₂)₂O　ھەکی حلورلی ديەتيل ھفيرى

二氯二乙烯氯胂　dichloro divinyl chloroarsine　ھەکی حلورلی ديۆنيل
حلورارسين

二氯酚靛酚　dichlorophenol indophenol　ھەکی حلورلی فەنيل يندوفەنول

2,6－二氯酚靛酚　2,6－dichlorophenol indophenol　2، 6 ـ ھەکی حلورلی
فەنول يندوفەنول

二氯氟甲烷　dichloro fluromethane　ھەکی حلور ـ فتورلی مەتان

二氯甘油　glycerin dichloro hydrin　ھەکی حلورلی گليتسەرين

α－二氯甘油　glycerin α－dichloro hydrin　(CH₂Cl)₂CHOH　α ـ ھەکی
حلورلی گليتسەرين

β－二氯甘油　glycerin β－dichlorohydrin　ClCH₂CHClCH₂OH　β ـ ھەکی
حلورلی گليتسەرين

二氯赶酰胺　"氯化酰胺" گە قاراڭىز.

二氯化钯　palladium dichloride　PdCl₂　ھەکی حلورلی پاللادي

二氯化苯　benzene dichloride　C₆H₆Cl₂　ھەکی حلورلی بەنزول

二氯化苯胂　phenyldichlor arsine　ھەکی حلورلی فەنيل ارسين

二氯化铋　bismuth dichloride　ھەکی حلورلی بيسمۆت

二氯化丙炔　allylene dichloride　CH₃CCl:CHCl　ھەکی حلورلی الليلەن

二氯化铂　platinum dichloride　PtCl₂　ھەکی حلورلی پلاتينا

二氯化碲　tellurium dichloride　ھەکی حلورلی تەللۆر

二氯化锇　osmium dichloride　OsCl₂　ھەکی حلورلی وسمي

二氯化二氨钯　diammie palladous chloride　Pd(NH₃)₂Cl₂　ھەکی حلورلی ديامين
پاللادي

二氯化钒　vanadiumdichloride　ھەکی حلورلی ۋانادي

二氯化铬　chromium dichloride　CrCl₂　ھەکی حلورلی حروم

二氯化汞　mercuric dichloride　HgCl₂.　　　　　پاسناپ حلورلى ەكى

二氯化钴　　　　　　　　　　　　　قارىلىز" گە قاراڭىز."氯化钴"

二氯化合物　dichloro compound　　　　قوسىلمستار حلورلى ەكى

二氯化镓　gallium dichloride　　　　　گاللي حلورلى ەكى

二氯化甲胂　methyl－arsine dichloride　ارسين مەتيل حلورلى ەكى

二氯化金　gold dichloride　　　　　　التىن حلورلى ەكى

二氯化钌　ruthenous chloride　RuCl₂　　رۋتەني حلورلى ەكى

二氯化磷　phosphorus dichloride　PCl₂　فوسفور حلورلى ەكى

二氯化硫　sulfur dichloride　SCl₂　　　كۇكىرت حلورلى ەكى

二氯化锰　manganous chloride　MnCl₂　مارگانەتس حلورلى ەكى

二氯化钼　molybdous chloride　MoCl₂　مولىبدەن حلورلى ەكى

二氯化铅　lead dichloride　PbCl₂　　قورعاسىن حلورلى ەكى

二氯化钐　samarium dichloride　SaCl₂　ساماري حلورلى ەكى

二氯化叔胂　trialkyl－arsine dichloride　R₃AsCl　تريالكيلدى حلورلى ەكى
ارسين

二氯化双氧钼　molybdenyl dichloride　مولىبدەنيل حلورلى ەكى

二氯化四胺铂　tetrammonine platinous chloride　ّتورت امميندى حلورلى ەكى
پلاتينا

二氯化铊　tallium dichloride　TlCl₂　تاللي حلورلى ەكى

二氯化钛　titanum dichloride　　　　　تيتان حلورلى ەكى

二氯化碳　carbon dichloride　CCl₂:CCl₂　كومىرتەك حلورلى ەكى

二氯化碳酰　carbonyl dichloride(＝phosgene)　،كاربونيل حلورلى ەكى
فوسگەن

二氯化铁　ferous chloride　FeCl₂　　تەمىر حلورلى

二氯化钨　tungsten dichloride　　　　ۆولفرام حلورلى ەكى

二氯化物　dichloride　　　　　　　قوسىلمستار حلورلى ەكى

二氯化锡　tin dichloride　SnCl₂　　قالايى حلورلى ەكى

二氯化亚硫酰　thionyl dichloride　　تيونيل حلورلى ەكى

二氯化氧钒　vanadyl dichloride　VOCl₂　ۆانادىل حلورلى ەكى

二氯化氧锆　zirconyl chloride　ZrOCl₂　زيركونيل حلورلى ەكى

二氯化氧铈　ceric oxychloride　　وتەكتى سەري حلورلى ەكى

二氯化铱　iridochloride　IrCl₂　　　يريدي حلورلى ەكى

二氯化一氯五氨络铬　chromic chloropentammine dichloride　ـ حلورلى ەكى

حلور بەس امميندى حروم

二氯化一氯五氨络钴　chloro‑pentammine‑cobaltichloride

$[Co(NH_3)_5Cl]Cl_2$

ھكى حلورلى حلور بەس اميندى كوبالت

二氯化乙烯　ethylene dichloride
ھكى حلورلى ھتيلەن

二氯化异戊胂　isoamyl dichlor arsine
ھكى حلورلى يزواميل ارسين

二氯化铟　indium dichloride　$InCl_2$
ھكى حلورلى يندي

二氯化铕　europium dichloride　$EuCl_2$
ھكى حلورلى ەۆروپي

二氯化锗　germanous chloride　$GeCl_2$
ھكى حلورلى گەرماني

二氯磺酞　dichloro sulfon phthalein
ھكى حلورلى سۆلفون فتالەين

二氯甲苯　toluene dichloride　$CH_3C_6H_3Cl_2$
ھكى حلورلى تولۇۆل

二氯甲基苯
"苄叉二氯" گە قاراڭز.

二氯甲基对氯苯基甲酮　dichloromethyl p‑chlorophenyl ketone

$ClC_6H_4COOCHCl_2$
ھكى حلورلى مەتيل پارا ـ حلورلى فەنيل كەتون

二氯甲烷　dichloromethane′carrene　CH_2Cl_2
ھكى حلورلى مەتان، كاررەن

二氯交脂　dichloralide
ھكى حلوراليد

二氯膦基　dichloro phosphinyl
ھكى حلورلى فوسفينيل

二氯硫化碳
"硫代羰基氯" گە قاراڭز.

二氯马来酸　dichloromaleic acid　$(:CClCOOH)_2$
ھكى حلورلى مالەين قىشقىلى

二氯脲　dichloro‑urea　$CO(NHCl)_2$
ھكى حلورلى ۇرە

2,3‑二氯萘醌　2,3‑dichloro 1,4‑naphthoqinone
2، 3 ـ ھكى حلورلى 1، 4 ـ نافتوحينون

二氯偶氮脒　azochloramide　$[ClN:C(NH_2)N:]_2$
ازو حلور اميد

二氯苹果酸　dichloromalic acid　$COOHCCl_2CHOHCOOH$
ھكى حلورلى الما قىشقىلى

二氯三甘醇　dichloro triglycol　$Cl(CH_2CH_2O)CH_2CH_2Cl$
ھكى حلورلى تريگليكول

二氯三氧化二锆　dizirconyl chloride　$(Zr_2O_3)Cl_2$
حلورلى زيركونيل

二氯散　diloxanium
ديلوكسان

二氯胂　dichloroarsin　$AsCl_2$
ھكى حلورلى ارسين

二氯四氨络高钴盐　cobaltic dichloro tetraammine salt　$[CO(NH_3)_4Cl_2]X_2$
ھكى حلورلى ئتورت اميندى كوبالت تۇزى

二氯四甘醇　dichloro tetraglycol　$(ClCH_2CH_2OCH_2CH_2)_2O$
ھكى حلورلى ئۇش گليكول

二氯戊烷　dichloropentane　　　　　　　　　ھەكى حلورلى پەنتان

二氯硝乙烷　dichloronitroethane　　　　　　ھەكى حلورلى نیتروەتان

二氯氧化锆　　　　　　　　　　.قاراڭىز گە "二氯氧化锆"

二氯氧化硫　sulfur oxychloride　　　ھەكى حلورلى وتتەكتى كۆكىرت

二氯氧化硒　selenium oxychloride　SeOCl₂　ھەكى حلورلى وتتەكتى سەلەن

二氯氧化锡　stannic oxychloride　SnOCl₂　ھەكى حلورلى وتتەكتى قالايى

二氯氧基　chloryl　Cl₂O–　　　　　　　　　　　حلوريل

二氯一水三氨络高钴盐　cobaltic dichloroaqu triammine salt　ھەكى حلور
ٴبىر سۇلى تریامىن كوبالت تۇزى

二氯(一)氧化碲　tellurium oxychloride　TeOCl₂　ھەكى حلورلى وتتەكتى
تەللۇر

二氯一氧化二钴　cobalt oxydichloride　ClCO·O·COCl　ھەكى حلورلى وتتەكتى
كوبالت

二氯一氧化钒　vanadium oxydichloride　VOCl₂　ھەكى حلورلى وتتەكتى ۆانادي

二氯一氧化铪　hafnium oxychloride　HfOCl₂　(ھەكى) حلورلى وتتەكى گافني

二氯一氧化铍　beryllium oxychloride　BeCl₂　(ھەكى) حلورلى وتتەكتى بەريللي

1,1–二氯乙胺　1,1–dichloroacetamide　1،1 – ھەكى حلورلى اتسەتامید

二氯己醇　dichloroethyl alcohol　CH₂ClCHClOC₂H₅　ھەكى حلورلى ەتیل سپیرتى

2,2–二己醇　2,2–dichloro ethyl alcohol　CH₂ClCHClOC₂H₅　2،2 – ھەكى
حلورلى ەتیل سپیرتى (ەتانول)

二氯乙硫醚　dichloro ethyl sulfide　ClC₂H₄SC₂H₄Cl　ھەكى حلورلى ەتیل سۇلفید

二氯乙醚　dichloro ethyl ether　ClCH₂CH₂OCH₂CH₂Cl　ھەكى حلورلى ەتیل ەفیرى

2,2–二氯乙醚　　　　　　　　　　　.قاراڭىز گە "二氯乙醚"

二氯乙醛　dichloro acetaldehyde　Cl₂CHCHO　ھەكى حلورلى اتسەتالدەھیدى

二氯乙酸　　　　　　　　　　　　.قاراڭىز گە "二氯醋酸"

二氯乙缩醛　dichloro acetal　CH₂CHCH(OC₂H₅)₂　ھەكى حلورلى اتسەتال

二氯乙烷　dichloroethane　　　　　　　　ھەكى حلورلى ەتان

1,1–二氯乙烷　　　　　　　　　　.قاراڭىز گە "乙叉二氯"

1,2–二氯乙烷　1,2–dichloro ethane　1،2 – ھەكى حلورلى ەتان

二氯乙烯　dichloro ethylene　CHCl:CHCl　ھەكى حلورلى ەتیلەن

二氯乙酰胺　dichloroacetamide　Cl₂CHCONH₂　ھەكى حلورلى اتسەتامید

二氯乙酰苯　ω ω–dichloro aceto phenone　ω ω – ھەكى حلورلى اتسەتوفەنون

二氯乙酰氯　dichloro acetyl chloride　Cl₂CHCOl　ھەكى حلورلى اتسەتیل حلور

二氯异巴豆酸　dichloro – isocrotonic acid　$CH_3(CHCl_2)_2COOH$　ەكى حلورلى
يزوكروتون قىشقىلى

二氯异氰尿酸钾　potassium dichloro isocyanourea acid　ەكى حلورلى يزوسيان
نەسپ قىشقىل كالي

二氯异氰尿酸钠　sodium dichloroisocyanourea acid　ەكى حلورلى يزوسيان
نەسپ قىشقىل ناتري

二氯酯　dichloro ester　ەكى حلورلى ەستەر

二氯逐丙酮　acetone dichloride　$CH_3CCl_2CH_3$　ەكى حلورلى اتسەتون

二氯逐酰胺　amide chloride　$R \cdot CCl_2NH_2$　حلور اميد

二氯逐乙酰胺　acetamide chloride　$CH_3CCl_2NH_2$　حلور اتسەتاميد

二螺(3,0,3,2)癸烷　dispiro (3,0,3,2) decane　$C_{10}H_{16}$　ەكى سپيرالدى (3،
0، 3، 2) دەتان

二茂基锡　dicyclopentadienyl tin　ەكى ساقينالى بەنتاديەنيل قالايى

二茂(络)钌　ruthenocene　$(C_5H_5)_2Ru$　رۇتەنسون

二茂(络)铁　ferrocene　فەرروتسەن

二茂镍　nickelocene　نيكەلوتسەن

二醚　diether　ديەفير

二钠化合物　disodium compound　ەكى ناتريلى قوسىلىستار

二钠盐　disodium salt　ەكى ناتريلى توز

二萘胺　dinaphthylamine　ەكى نافتيلامين

二萘甲酮　dinaphthyl ketone　دينافتيل كەتون

二萘甲烷　dinaphthyl methane　دينافتيل مەتان

二萘硫　dinaphthyl sulfide　دينافتيل كۆكىرت

二萘醚　dinaphthyl ether　دينافتيل ەفير

二萘嵌蒽　"寇" گە قاراڭىز.

二脲代丙二酸　uroxanic acid　ژروكسان قىشقىلى

二脲基醋酸　"尿囊酸" گە قاراڭىز.

二羟苯丙基替甲胺　"麻黄宁" گە قاراڭىز.

二羟苯醋酸　dihydroxy phenyl acetic acid　ديگيدروكسيل فەنيل سىركە
قىشقىلى

2,5 – 二羟苯醋酸　2,5 – dihydroxyphenyl acetic acid　2، 5 ـ ديگيدروكسيل
فەنيل سىركە قىشقىلى

3,4 – 二羟苯(甲)酰　"原二萘酰" گە قاراڭىز.

3,4－二羟苯酸   "原二茶酸" گه قاراڭز.

3,5－二羟苯乙烯 pinosylvin $(C_{14}H_{10}COH)_2$ پىنوزىلۋىن

二羟苄醇 dihydroxy benzyl alcohol   دېگىدروكسىل بەنزىل سپىرتى

3,4－二羟苄醇   "原二茶醇" گه قاراڭز.

3,4－二羟苄基   "原二茶基" گه قاراڭز.

二羟丙酮 dihydroxyacetone   دېگىدروكسىل اتسەتون

2,3－二羟丙酰   "甘油酰" گه قاراڭز.

二羟醇 dihydroxy alcohol   دېگىدروكسىل سپىرتى

二羟醋酸 glyoxylic acid $OHCCO_2H$ گلىيوكسىل قىشقىلى

二羟醋酸循环 glyoxylic acid cycle   گلىيوكسىل قىشقىل اينالىسى

二羟醋酸盐 glyoxylate   گلىيوكسىل قىشقىلىنىڭ تۇزدارى

二羟代偶氮苯 dihydroxy－azo－benzene $OHC_6H_4N_2C_6H_4OH$ دېگىدروكسىل ازوبەنزول

二羟氮苯酸   "宁嗪酸" گه قاراڭز.

二羟丁二酸 dihydroxy succinic acid $COOH(CHOH)_2COOH$ دېگىدروكسىل سۇكتسىن

3,4－二羟－1－丁烯 1－bute(die)ne－3,4－diol $CH_2CHCH(OH)CH_2OH$ 1 ـ بۇتە دىەندى ـ 3، 4 ـ دىيول

二羟蒽 dihydroxyanthracene $C_{14}H_8(OH)_2$ دېگىدروكسىل انتراتسەن

二羟蒽醌 dihydroxyanthraquinone   دېگىدروكسىل انتراحينون

1,8－二羟蒽醌   "柯桠英" گه قاراڭز.

2,3－二羟蒽醌   "后茜素" گه قاراڭز.

2,7－二羟蒽醌   "异蒽黄酸" گه قاراڭز.

二羟二酸 dihydroxy dibasic acid $COOHR(OH)\cdot R(OH)COOH$ دېگىدروكسىل ەكى نەگىزدى قىشقىل

二羟酚 dihydric phenol   دېگىدروكسىل فەنول

二羟化钯   "氢氧化亚钯" گه قاراڭز.

二羟化锰   "二氢氧化锰" گه قاراڭز.

二羟化钼 molybdeus hydroxide $Mo(OH)_2$ موليبدەن شالا توتعنىڭ گيدراتى

5,7－二羟黄酮 5,7－dihydroxy flavon   5، 7 ـ دېگىدروكسىل فلاۋون

3,6－二羟－2－磺基萘酸－[7]   "黑酸" گه قاراڭز.

二羟基 dihydvoxy   دېگىدروكسىل

二羟基苯 dihydroxybenzene $C_6H_4(OH)_2$ دېگىدروكسىل بەنزول

二羟基苯丙氨酸　dihydroxy phenyl alanine(= dopa)　ديگيدروكسيل فەنيل الانين

3,4 - 二羟基苯丙氨酸　3,4 - dihydroxyphenyl alanine(= dopa)　3、4 ـ گيدروكسيل فەنيل الانين

1,2 - 二羟基苯 - 3,5 - 二磺酸钠　"试钛灵" گه قاراڭز.

二羟基苯(甲)酸　dihydroxybenzoic acid　ديگيدروكسيل بەنزوي قشقىلى

二羟基苯酸　resorcylic acid　$(OH)_2C_6H_3COOH$　رەزورتسيل قشقىلى

2,4 - 二羟基苯乙酮　2,4 - dihydroxy acetophenone　$(HO)_2C_6H_5COCH_3$　2、4 ـ ديگيدروكسيل اتسەتوفەنون

1,3 - 二羟基丙胺 - [2]　"甘油胺" گه قاراڭز.

2,3 - 二羟基丙硫醇 - [1]　"硫甘油" گه قاراڭز.

2,3 - 二羟基丙醛　"甘油醛" گه قاراڭز.

2,3 - 二羟基丙酸　dihydroxy pvopionic acid　$HOCH_2CHOHCOOH$　ديگيدروكسيل پروپيون قشقىلى

二羟基丙酮　dihydroxy acetone　ديگيدروكسيل اتسەتون

二羟基醋酸　dihydroxy acetic acid　$CH(OH)_2COOH$　ديگيدروكسيل سىركە قشقىلى

2,3 - 二羟基丁二酸　2,3 - dihydroxy succinic acid　$HOOCCHOHCHOHCOOH$　2、3 ـ ديگيدروكسيل سۇكتسين قشقىلى

2,3 - 二羟基蒽醌　hystazarin　$C_{14}H_6O_2(OH)_2$　گيستازارين

1,8 - 二羟蒽醌　"柯嗪" گه قاراڭز.

1,9 - 二羟基蒽醌　"柯札醇" گه قاراڭز.

1,4 - 二羟基蒽醌　"醌茜" گه قاراڭز.

1,5 - 二羟基蒽醌　"蒽绛酚" گه قاراڭز.

2,6 - 二羟基 - 1,3 - 二氮杂苯　"尿嘧啶" گه قاراڭز.

2,4 - 二羟基二乙硫　"硫二甘醇" گه قاراڭز.

二羟基氟硼酸　dihydroxy fluoboric acid　ديگيدروكسيل فتورلى بور قشقىلى

二羟基化合物　dihydroxy compound　ديگيدروكسيل قوسىلىستارى

1,7 - 二羟(基)夹氧杂蒽酮　"优呫吨酮" گه قاراڭز.

二羟基酒石酸　dihydroxy tartaric acid　$COOH(COH)_2COOH$　ديگيدروكسيل شاراپ قشقىلى

二羟基联苯　dihydroxy biphenyl　ديگيدروكسيل بيفەنيل

二羟基马来酸　dihydroxy maleic acid　$COOHCOH:COHCOOH$　ديگيدروكسيل

مالەين قىشقىلى

1,8－二羟基萘－3,6－二磺酸　1,8－dihydroxy naphthalene－3,6－disulfonic acid　1، 8 ـ ديگيدروكسيل نافتالين ـ 3، 6 ـ ەكى سۇلفون قىشقىلى

5,8－二羟基萘醌　5,8－dihydroxy naphthoquinone　$(OH)_2C_{10}H_4O_2$

5، 8 ـ ديگيدروكسيل نافتوحينون

4,4′－二羟基偶胂苯－3,3′－二乙换亚硫酸钠　"硫胂凡钠明" گە قاراڭز.

2,6－二羟基嘌呤　2,6－dihydroxy purine　2، 6 ـ ديگيدروكسيل پۇرين

二羟基酸　dihydroxylated acid　ديگيدروكسيلدەنگەن قىشقىل

6,7－二羟基香豆素　6,7－dihydroxy coumarin　6، 7 ـ ديگيدروكسيل كوۇمارين

7,4－二羟基异黄酮　"黄豆甙原" گە قاراڭز.

二羟基硬脂酸　dihydroxy stearic acid　ديگيدروكسيل ستەارين قىشقىلى

1,8－二羟－4－甲蒽醇　"柯桠素" گە قاراڭز.

二羟甲基脲　dimethylol urea　ديمەتيلول ۇرەا

5,4－二羟－7－甲氧基一黄酮　"芫花素" گە قاراڭز.

二羟可待因　"蒂可定" گە قاراڭز.

二羟萘　dihydroxynaphthalene　$C_{10}H_6(OH)_2$　ديگيدروكسيل نافتالين

1,8－二羟萘－3,6－二磺酸　"1,8－二(基)萘－3,6－二磺酸" گە قاراڭز.

2,3－二羟－1,4－萘醌　"异萘茜" گە قاراڭز.

二羟偶胂苯　dihydroxy－arseno－benzene　$OH·C_6H_4:As:As:C_6H_4·OH$　ديگيدروكسيل ارسەندى بەنزول

二羟硼基　borono－　$(OH)_2B-$　بورونو－

二羟三(碱)价酸　dihydroxy tribasic acid　$COOH·R(OH)·R(OH)·(COOH)_2$　ديگيدروكسيل ئۇش نەگىزدى قىشقىل

二羟三十(烷)酸　"羊毛醋酸" گە قاراڭز.

二羟胂基二苯甲酮　dihydroxy－arsino－benzophenone　$C_6H_5COC_6H_4As(OH)_2$　ديگيدروكسيل ارسەندى بەنزوفەنون

二羟四(碱)价酸　dihydroxy tetrabasic acid　$(COOH)_2·R(OH)R·(COOH)_2$　ديگيدروكسيل ئتورت نەگىزدى قىشقىل

二羟酸　"二羟(基)酸" گە قاراڭز.

二羟衍生物　dihydroxy derivative　ديگيدروكسيل تۇىندىلارى

二羟一(碱)价酸　dihydroxy monobasic acid　R(OH)·R(OH)·COOH

ديگيدروكسيل ٔبىر نەگـمزدى قمشقملدار

二羟一元(羧)酸　monobasic dihydroxy acid　$(OH)_2$·R·COOH

ديگيدروكسيل
ٔبىر نەگـمزدى (كاربوكسيل) قمشقملدار

二羟硬脂酸　dihydroxy steric acid　$C_{17}H_{33}(OH)_2COOH$　ديگيدروكسيل ستەارين
قمشقملى

16,17 - 二羟甾酚　"雌三醇" گە قاراڭمز.

二嗪　diazine　ديازين

1,2 - 二嗪　1,2 - diazine　1، 2 ـ ديازين

1,3 - 二嗪　1,3 - diazine　1، 3 ـ ديازين

1,4 - 二嗪　1,4 - diazine　1، 4 ـ ديازين

二嗪环　diazine ring　ديازين ساقيناسى

二嗪坚牢橙　diazine fast orang　ديازيندى جۇعممدى قمزعملت سارى

二嗪蓝　diazine blue　ديازيندى كوك

二嗪农　diazinone　ديازينون

二嗪染料　diazine colors　ديازيندى بوياۋلار

二嗪棕　diazine brown　ديازيندى قمزمل قوڭمر

二氢吡喃　dihydropynane　ديگيدروپينان، ەكى سۇتەكتى پينان

二氢查耳酮　dihydrochalcone　ەكى سۇتەكتى پالكون

二氢雌酮　dihydro theelin　$CH_3C_{17}H_{19}(OH)_2$　ەكى سۇتەكتى تەلين

二氢胆固醇　dihydro cholesterin　ەكى سۇتەكتى حولەستەرين

二氢胆红素　dihydrobilirunin　ەكى سۇتەكتى بيليرۇبين

二氢胆甾醇　dihydrocholesterol　ەكى سۇتەكتى حولەستەرول

二氢碘化物　dihydroiodide　R·$(HI)_2$　ەكى سۇتەكتى يودتى قوسىلمستار

二氢呋喃　dihydrofunan　ەكى سۇتەكتى فۇران

二氢氟化物　dihydro fluoride　R·$(HF)_2$　ەكى سۇتەكتى فتورلى قوسىلمستار

二氢辅酶　dihydrocoenzyme　ەكى سۇتەكتى كوپەرمەنت

二氢辅脱氢酶　dihydrocodehydrogenase　ازاەگىدروكودە سۇتەكتى ەكى

二氢骨化醇　dihydro calciferol　ەكى سۇتەكتى كالتسيفەرول

1,2 - (二氢化)苯并[a]蒽　1,2 - dihydro benzo [a] anthracene　1، 2 ـ ەكى
سۇتەكتى بەنزوانتراتسەن

二氢化吡咯　dihydropyrrol　$CH_2CH_2NHCH:CH$　ەكى سۇتەكتى پيررول

二氢化吡唑　dihydro pyrazole　ەكى سۇتەكتى پيرازول

5,10－二氢化氮蒽   "ﺋﺎﻛﺮﯨﺪﯨﻦ" گه قاراڭز.

二氢化蒽　anthracene dihydride　$C_{14}H_{12}$ ھەكى سۆتەكتى انتراتسەن

二氢化合物　dihydro－compound   ھەكى سۆتەكتى قوسىلىستار

二氢化镁　magnium hydride　MgH_2 ھەكى سۆتەكتى ماگنىي

二氢化萘　dihydronaphthalene   ھەكى سۆتەكتى نافتالىن

二氢化三氮杂茂　triazoline　$C_2H_5N_3$ تريازولىن

二氢化物　dihydride   ھەكى سۆتەكتى قوسىلىستار

二氢化茚　hydriden, dihydroindene　$C_6H_4CH_2CH_2CH_2$ گيدرىدەن

1,2－二氢化茚   "茚满" گه قاراڭز.

2,3－二氢化茚　hydrinden   گيدرىندەن

二氢化鱼藤酮　dihydrorotenone   ھەكى سۆتەكتى روتەنون

二氢黄酮　flavonone   فلاۋونون

二氢剑霉酸　dihydro gladiolic acid   ھەكى سۆتەكتى گلادىيول قىشقىلى

二氢可待因酮　dihydrocodeinone   ھەكى سۆتەكتى كودەينون

(二)氢醌　quinol　$O:C_6H_4(OH)CH_3$ ھينول

二氢氯化－2,4－二氨基苯酚　2,4－diamino phenoldihydrochloride
$(NH_2)_2C_6H_3OH \cdot 2H_2O$ ھەكى سۆتەكتى حلورلى ـ 2، 4 ـ ديامينو فەنول

二氢氯化二氯苯酚　dichlorophenol dihydro chloride   ھەكى سۆتەكتى حلورلى
ھەكى حلورلى فەنول

二氢氯化物　dihydro chloride　$R \cdot (HCl)_2$ ھەكى سۆتەكتى حلورلى قوسىلىستار

二氢吗啡　dihydromorphine   ھەكى سۆتەكتى مورفين

二氢吗啡酮　dihydromor phinone   ھەكى سۆتەكتى مورفينون

二氢萨米定　dihydrosamidin   ھەكى سۆتەكتى سامىدىن

二氢噻唑   "噻唑啉" گه قاراڭز.

二氢砷基   "砷基" گه قاراڭز.

二氢鞘氨醇　dihydro spingosine   ھەكى سۆتەكتى سپينگوزين

二氢雄甾酮　dihydro androsterone   ھەكى سۆتەكتى اندروستەرون

二氢溴化物　dihydro bromide　$R \cdot (HBr)_2$ ھەكى سۆتەكتى برومدى قوسىلىستار

二氢盐   "二酸式盐" گه قاراڭز.

9,10－二氢－9－氧代蒽　anthrone   انترون

二氢氧化钴　cobaltoushydroxide   كوبالت توتعننىڭ گيدراتى

二氢氧化锰　manganous hydroxide　$Mn(OH)_2$ مارگانەتس توتعننىڭ
گيدراتى

二氢氧化叔胂　triaryl‐arsino dihydroxide　تريارىل ارسيندى دىگىدروكسىد

二氢荧光素　dihydro fluorescein　$C_{20}H_{14}O_5$　ھكى سۆتەكتى فلۇورەستسەين

二氢鱼藤素　dihydrodeguelin　ھكى سۆتەكتى دەگۆەلىن

二氰胺　dicyanamide　$(CN)_2NH$　دىسىانامىد

二氰化铂　platinum dicyanide　$Pt(CN)_2$　ھكى سىاندى پلاتىنا

二氰基　dicyan　$(CN)_2$　دىسىان

(2,3‐)二巯基丙醇　dimer capto propanol　(BAL)　دىمەر كاپتوپروپانول

二巯基二氮硫杂茂　"二巯基噻二唑" گه قاراڭىز.

二巯基噻二唑　dimercapto thiodiazole　دىمەر كاپتوتىودىازول

二巯基乙二胺　"氢化红氨酸" گه قاراڭىز.

二醛　dialdehyde　قوس الدەگىد

二炔酸　diacetylenic acid　دىاتسەتىلەن قشقلى

n‐二壬基甲酮　n‐dinonyl ketone　$(C_9H_{19})_2CO$　n ‐ دىونىل كەتون

1,4‐二噻二烯　1,4‐dithiadiene　4، 1 ـ دىتىادىەن

二噻磷　mephosfolan　مەفوسفولان

二噻茂　dithiol　دىتىول

二噻茂烷　"二硫戊环" گه قاراڭىز.

二噻农　dithianon, delan　دىتىانون، دەلان

二噻烷　dithian　$CH_2SCH_2CH_2SC_2$　دىتىان

二色性　dichroism, dichromatism　دىحرويزم، دىحروماتىزم

二山芋精　dibegenolin　دىبەگەنولىن

二砷化三铁　ferrous arsenide　Fe_3As_2　ارسەندى تەمىر

二砷化三锌　zinc arsenide　ارسەندى مىرش

二十酸　"花生酸" گه قاراڭىز.

二十八酸　octacosanoic acid　$CH_3(CH_2)_{26}COOH$　وكتاكوسان قشقلى

二十八烷　octacosane　$C_{28}H_{58}$　وكتاكوسان

二十八烷基　octacosyl　$CH_3(CH_2)_{26}CH_2-$　وكتاكوزىل

二十二碳六烯酸　"廿二碳六烯酸" گه قاراڭىز.

二十二(烷)基　octacosyl　$CH_3(CH_2)_{26}CH_2-$　وكتاكوزىل

二十二(烷)酸　"廿二(烷)酸" گه قاراڭىز.

二十九酸　nonacosanic acid　$CH_3(CH_2)_{27}COOH$　نوتاكوسان قشقلى

二十九烷　nonacosane　$C_{29}H_{60}$　نوناكوسان

二十九烷基　nonacosyl　$CH_3(CH_2)_{27}CH_2-$　نونا كوزيل

二十六(烷)基　hexacosyl　$CH_3(CH_2)_{24}CH_2$　گەكسا كوزيل

二十六(烷)酸　"廿六(烷)酸" گە قاراڭىز.

二十七酸　heptacosanoic acid　$CH_3(CH_2)_{25}COOH$　گەپتاكوسان قىشقىلى

二十七烷　heptacosane　$C_{27}H_{56}$　گەپتاكوسان

二十七(烷)基　heptacosyl　$CH_3(CH_2)_{25}CH_2-$　گەپتاكوزيل

二十三酸　tricosanoic acid　$CH_3(CH_2)_{21}COOH$　تريكوسان قىشقىلى

二十三烷　tricosane　$C_{23}H_{48}$　تريكوسان

二十四醇酸　phrenosinic acid　$CH_3(CH_2)_{21}CHOHCOOH$　فرەنوزين قىشقىلى

二十四酸　tetracosanoic acid　$CH_3(CH_2)_{22}COOH$　تەتراكوسان قىشقىلى

二十四烷　tetracosane　$C_{24}H_{50}$　تەتراكوسان

二十四烷基　tetracosyl　$CH_3(CH_2)_{22}CH_2-$　تەتراكوزيل

二十四(烷)酸　"廿四(烷)酸" گە قاراڭىز.

二十碳四烯酸　"花生四烯酸" گە قاراڭىز.

二十(碳)烷　"岩芹烷" گە قاراڭىز.

二十碳五烯酸 (EPA)　"廿碳五烯酸" گە قاراڭىز.

二十烷　eicosane　$C_{20}H_{42}$　ەيكوسان

二十烷基　eicosyl　$CH_3(CH_2)_{18}CH_2-$　ەيكوزيل

二十(烷)酸　eicosanoic acid　ەيكوسان قىشقىلى

二十五酸　penta cosanoic acid　$CH_3(CH_2)_{23}COOH$　پەنتاكوسان قىشقىلى

二十五(烷)基　penta cosyl　$CH_3(CH_2)_{23}CH_2-$　پەنتا كوزيل

二十五(烷)酸　"新蜡酸" گە قاراڭىز.

二十一酸　heneicosanoic acid　$CH_3(CH_2)_{19}COOH$　گەنەيكوسان قىشقىلى

二十一(烷)基　heneicosyl　$CH_3(CH_2)_{19}CH_2-$　گەنەيكوزيل

二水合草酸　urea oxalate dihydrate　$2CO(NH_2)_3C_2H_2O_4 \cdot 2H_2O$　ەكى گيدراتتى قممىزدىق قىشقىلى

二水合物　dihydrate　ەكى گيدراتتى زاتتار

二水四氨络高钴盐　cobaltic diaque tetrammine salt　$Co(NH_3)_4(H_2O)_2X_3$　ەكى سؤلى ٴتورت امميندى اسقىن كوبالت تۇزى

二四滴　2,4-D　2، 4 ـ D

二四五涕　2,4,5-T　2، 4، 5 ـ T

二素系　dyad system　ەكى ۆالەنتتى ەلەمەنتتەر جۇيەسى

二素组　dyad　ەكى ۆالەنتتى ەلەمەنتتەر گرۇپپاسى

二酸　diacid, dioic acid　　　　　　　　　　قوس قشقىل، دىقشقىل

二酸价的　diacomic(= biatomic)　　　　　هكى اتومدى، دىاتومدى

二(酸)价碱　diacid base　　　　　　　　　　هكى اتومدى نەگىز

二酸式磷酸铵　ammonium diacid phosphate　(NH₄)H₂PO₄　قوس قشقىل
فوسفور قشقىل امموني

二酸式磷酸盐　phoshate diacid　M₂H₂PO₄　قوس قشقىل فوسفور قشقىل
تۇزدارى

二酸式砷酸盐　diacid arsenate　MH₂AsO₄　قوس قشقىل ارسەن قشقىل
تۇزدارى

二酸盐　diacid salt　　　　　　　　قوس قشقىلدى تۇزدار

二缩甘油四硝酸酯　　　　　　　　"四硝基二甘油" گە قاراڭىز.

二缩三个乙二胺　　　　　　　　　"二乙撑四胺" گە قاراڭىز.

二缩三个乙二醇　　　　　　　　　"三甘醇" گە قاراڭىز.

二缩三个乙二醇二醋酸酯　　　　　"三甘醇二醋酸酯" گە قاراڭىز.

二缩原高碘酸　　　　　　　　　　"中高碘酸" گە قاراڭىز.

二缩原磷酸　　　　　　　　　　　"偏磷酸" گە قاراڭىز.

二羧酸　dicarboxylic acid　　　　هكى كاربوكسيل قشقىلى

二羧酸酯　dicarboxylic ester　　هكى كاربوكسيل هستەرى

二肽　dipeptide　　　　　　　　　دىپەپتيد

二肽酶　dipep tidase　　　　　　دىپەپتيدازا

二肽水解酶　dipeptide hydrolase　دىپەپتيدگيدرولازا

二碳化钡　barium carbide　BaC₂　كومىرتەكتى بارى

二碳花青　dicarbocyanine　　　هكى كومىرتەكتى سيانين

二碳化镧　lanthanum carbide　كومىرتەكتى لانتان

二碳化钕　neudymium carbide　كومىرتەكتى نەودىم

二碳化镨　praseodymium carbide　كومىرتەكتى پرازەودىم

二碳化三铬　chromo carbide　كومىرتەكتى حروم

二碳化钐　samavium carbide　كومىرتەكتى سامارى

二碳化铈　cerium carbide　　كومىرتەكتى سەرى

二碳化锶　strontium carbide　SrC₂　كومىرتەكتى سترونتسي

二碳化钍　thorium carbide　كومىرتەكتى تورى

二碳酸一氢三钠　　　　　　　"碳酸氢三钠" گە قاراڭىز.

二碳糖　biose, diose　　　　　بيوزا، دىوزا

二羰化合物　dicarbonyl compound　　دیكار بونیل قوسلمستاری

二羰化两个吡咯　　　　　　　　　".گه قاراڭىز "焦咯

二糖　disacharose, disaccharide　دیساحاروزا، دیسارحاریدتار، قوس قانتتار

二糖酶　disaccharidase　　　　　　دیسارحاریدازا

2,6－二特丁基－4－甲基苯酚　2,6－di－tert－butyl－4－methyl phenol　　　2، 6 ـ دي ـ تەرت ـ بۇتیل ـ 4 ـ مەتیل فەنول

二特戊基苯对二酚　di－tert－amyl hydroquinone　$[C_2H_5(CH_2)_2]\cdot C_6H_2(OH)_2$

دي ـ تەرت ـ اميل گيدروحينون

二萜苹类　diterpene　　　دیتەرپەندەر

二萜烯　diterpene　　　　دیتەرپەن

二烃胺荒酰　　　　　".گه قاراڭىز "秋兰姆

二烃基　dialkyl　　　　دیالكیل

二烃基汞　dialkylmercury　HgR_2　دیالكیل سناپ

二烃基化合物　dialkylate　　دیالكیلدى قوسلمستار

二烃基硫酸盐　dialkyl sulfate　دیالكیلدى كۆكەرت قشقلمنىڭ تۇزداری

二烃基硫酸酯　dialkyl sulfate　دیالكیلدى كۆكەرت قشقىل ەستەری

二烃基醚　dialkyl ether　　دیالكیل ەفیری

二烃基胂　dialkyl arsine　R_2AsH　دیالكیل ارسین

二烃基胂化硫　dialkyl arsine sulfide　$(R_2As)_2S$　دیالكیل ارسیندى كۆكەرت

二烃基胂化卤　dialkyl galognated arsine　R_2AsX　دیالكیل ارسیندى گالوگەن

二烃基胂化氰　dialkyl cyano arsine　R_2AsCN　دیالكیل ارسیندى سیان

二烃基胂化三卤　dialkyl arsine trihalide　R_2AsX_3　دیالكیل ارسیندى ٴۇش گالوگەن

二烃基胂化氧　dialkyl arsine oxide　دیالكیل ارسین توتعی

二烃基锡　dialky tin　SnR_2　دیالكیل قالایی

二烃基锌　dialkyl zinc　ZnR_2　دیالكیل مەرىش

二烃基亚膦酸　dialkyl phosphinic acid　دیالكیل فوسفیندى قشقىل

二烃基亚胂酸　dialkyl arsinic acid　$R_2AsO\cdot OH$　دیالكیل ارسیندى قشقىل

二酮　diketone　　دیكەتون

二酮醇　diketo alcohol　دیكەتو سپیرتى

二酮古罗糖酸　diketo gulonic acid　دیكەتوگۇلون قشقىلى

二酮哌嗪　diketopiperazine　دیكەتوپیپەرازین

二酮哌嗪环　diketopiperazine ring　دیكەتوپیپەرازین ساقیناسی

二烷基　dialkyl　　　　　　　　　　　　　　　ديالكيل

(二)烷基汞　　　　　　　　　　"二烃基汞" گە قاراڭىز.

二烷(基)铍　beryllium alkyl　BeR₂　　　ديالكيل بەريللي

二烷基硒　selenium dialkyl　R₂·Se　　　ديالكيل سەلەن

二烷氧膦基　dialkoxy phosphinyl　　　ديالكوكسي فوسفينيل

二维薄膜材料　two‑dimentional thin‑film material　ەكى ولشەمدى جارعاق ماتەريالدار

二戊胺　diamyl amine　(C₅H₁₁)₂NH　　　ديامىل امين

二戊苯　diamyl benzene　(C₅H₁₁)₂C₆H₄　ديامىل بەنزول

二戊基(化)二硫　diamyl disulfide　(C₅H₁₁S)₂　ديامىل (دى) ەكى كؤكىرت

二戊基甲酮　diamyl ketone　　　　　ديامىل كەتون

二戊醚　diamyl ether　C₅H₁₁OC₅H₁₁　ديامىل ەفير

二戊烯　dipentene　　　　　　　　　ديپەنتەن

二戊酯　diamyl ester　　　　　　　ديامىل ەستەرى

9,10‑二硒杂萘　　　　　"硒士林" گە قاراڭىز.

二烯　diene　　　　　　　　　　　ديەن

二烯醇　dienol　　　　　ديەنول، ۆينيل سپيرتى

二烯胆色素核　　　　　"胆汁二烯" گە قاراڭىز.

二烯胆酸　choladienic acid　　حولاديەن قىشقىلى

4,6‑二烯胆甾酮　4,6‑cholestadienone‑[3]　[3] ـ 6 ، 4 ـ حولاستاديەنون

二烯合成　diene synthesis　　ديەننىڭ سينتەزدەلؤى

二烯聚合体　diene polymer　　　ديەندى پوليمەر

二烯霉素　dienomycin　　　　　ديەنوميتسين

二烯属　diolefin　　　　　　　　ديولەفين

二烯属烃　diolefins　CnH₂n₋₂　　ديولەفيندەر، ديەندى كومىر سؤتەكتەر

二烯酸　diole finic acid　　　ديولەفين قىشقىلى

二烯酮　dienone　　　　　　　ديەنون

二烯系　dien series　　　　　ديەن قاتارى

二烯(系)聚合(作用)　dienepoly merization　ديەندى پوليمەرلەؤ

二烯系四环三萜烯醇　diethenoid tetracyclic triterpen alcohol　ديەتەنويد ٴتورت ساقينالى تريتەرپەن سپيرتى

二烯亲和物　dienophile　　　ديەنوفيل

二烯烟碱　　　　　　"烟碱烯" گە قاراڭىز.

二烯值　diene value　　　　　　　　　　　　دیەن ئمانی

二(酰)氨基　diamido　　　　　　　　　　دیامیدو

二酰胺　diacid amide　　(RCO)₂NH　　دیاتسیدامید

二酰亚胺　diimide　　　　　　　　　　　دییمید

二相反应　biphasic reaction　　　　ئیکساکەر قالفازا كى

二向色性　　　　　　　　　　قاراڭز گە "二色性".

二硝丁酚　dinoseb　　　　　　　　　　دینوسەب

二硝化纤维　dinitrocellalose　　دینیترو سەللیۆلوزا

二硝化作用　dinitration　　　　　　دینیترلەۆ

二硝基　dinitro-　　　　　　　　　　دینیترو

二硝基氨基苯酚　dinitrophenamic acid　HO(C₆H₂)(NH₂)NO₂)₂　دینیتروفەنامین
فەنول

4,6-二硝基-2-氨基苯酚　4,6-dinitro-2-aminophenol
HOC₆H₂(NH₂)(NO₂)₂　　　4، 2 ـ دینیترو ـ 2 ـ امینو فەنول

2,4,6-二硝基-2-氨基苯酚盐　　　"苦氨酸盐" گە قاراڭز.

二硝基苯　dinitrobenzene　　C₆H₄(NO₂)₂　دینیتروبەنزول

二硝基苯胺　dinitroaniline　　دینیترو انیلین

二硝基苯酚　dinitrophenol　　دینیتروفەنول

二硝基苯肼　dinitrophenyl hydrasine　دینیترو فەنیل گیدرازین

二硝基苯赖氨酸　dinitrophenyly sine　دینیترو فەنیلیزین

二硝基苯酸乙酯　ethyl dinitro benzoate　(NO₂)₂C₆H₃CO₂C₂H₅　دینیترو
بەنزوي قشقىل

二硝基苯酰撑脲　dinitrobenzoylene urea　C₈H₄O₆N₄　دینیترو بەنزویلەن
ۆرەا

二硝基蒽醌　dinitro anthraquinone　دینیترو انتراحینون

二硝基酚　dinitrophenol　　دینیترو فەنول

二硝基氟苯　dinitrofluobenzene　دینیترو فتورلى بەنزول

二硝基甘油　dinitroglycerine　دینیتروگلیتسەرین

二硝基甘油炸约　dinitroglycerine explosive　دینیترو گلیتسەرین جارىلعىش
ئدارى

二硝基化合物　dinitro compound　دینیترو قوسىلىستار

2,4-二硝基茴香醚　2,4-dinitro anisole　2، 4 ـ دینیترو انیزول

二硝基甲苯　dinitrotoluene　CH₃C₆H₃(NO₂)₂　دینیتروتولۆۆل

二硝基甲烷　dinitromethane　$(NO_2)_2CH_2$　دينيترو مەتان

4,6－二硝基邻环乙基苯酚　4,6－dinitro－o－cyclohexyl phenol　4، 6 _ دينيترو ورتو ساقينالى گەكسيل فەنول

二硝基邻甲酚　dinitro－o－cresol　دينيترو _ ورتو _ كرەزول

二硝基邻甲酚钠　sodium dinitro－o－cresol　دينيترو _ ورتو _ كرەزول ناترى

二硝基氯苯　dinitrochlorobenzol　دينيترو حلورلى بەنزول

二硝基萘　dinitronaphthalene　دينيترو نافتالين

二硝基萘二磺酸　dinitronaphthalene disulfonic acid　دينيترو نافتالىندى ەكى سۇلفون قىشقلى

2,4－二硝基－1－萘酚磺酸－(7)　2,4－dinitro－1－naphthol－7－sulpomicacid　دينيترو _ 1 _ نافتول _ 7 _ سۇلفون قىشقلى

2,4－二硝基萘酚钠　"马休黄" گە قاراڭز.

二硝基萘磺酸　dinitronaphthalene sulfonic acid　$NO_2)_2C_{10}H_5SO_3H$　دينيترو نافتالىندى سۇلفون قىشقلى

二硝基氢醌　dinitrohydroquinone　دينيترو سۇتەكتى حينون

2,5－二硝基氢醌　2,5－dinitrohydroquinone　2، 5 _ دينيترو سۇتەكتى حينون

二硝基氢醌醋酸酯　dinitrohydroquinone acetate　دينيترو سۇتەكتى حينون سركە قىشقىل ەستەرى

二硝基乙胺　haleite(＝EDNA)　گالەيت، EDNA

二硝基乙二胺　dinitroglycol　دينيتروگليكول

二硝基乙氧二硝基胺　albanite(＝DINA)　البانيت DINA

二硝基重氮酚　dinitrodiazophenol　دينيترو ديازو فەنول

4,6－二硝隣甲酚　4,6－dinitro－o－cresol　4، 6 _ دينيترو _ ورتوكرەزول

二硝散　nirit　نيريت

二硝四氨络高钴　cobalticdinitro teerammine salt　$[Co(NH_3)_4(NO_2)_2]X$　دينيترو تورت امميندى كوبالت تۇزى

二硝酸化乙二胺　ethylene diamindinitrate　ەكى ازوت قىشقىل ەتيلەندى ديامين

二硝戊酚　dinosam　دينوزام

二辛基醋酸　dioctyl－acetic acid　$[CH_3(CH_2)_7]_2CHCOOH$　ديوكتيل سركە قىشقىلى

二辛基甲酮　dioctylketone(＝nonylone)　$[CH_3(CH_2)_7]_2CO$،　ديوكتيل كەتون،

نونيلون

二辛醚　dioctyl ether　[CH₃(CH₂)₇]₂O　دیوكتیل ەفیری

二(型)原子化合物　homo chemical compound　گوموحیمیالىق قوسلستار

二溴氨茴酸甲酯　methyl dibromoanthranilate　Br₂C₆H₂(NH₂)CO₂CH₃　ەكی
برومدی انترانیل قشقمل مەتیل ەستەری

二溴巴比土酸　dibvomobarbi turic acid　Br₂C(CONH₂)₂CO　ەكی برومدی
باربیتۇر قشقملی

二溴百里酚磺酞　dibromothy molsulfonphtalein　ەكی برومدی تیمول سۇلفون
فتالەین

二溴棓酸　dibromogallic acid　Br₂C₆(OH)₃CO₂HH₂O　ەكی برومدی گال قشقملی

二溴苯　dibromobenzene　C₆H₄Br₂　ەكی برومدی بەنزول

二溴苯基丙酸　dibromophenyl - propionic acid　ەكی برومدی فەنیل پروپیون
قشقملی

二溴苯(甲)酸　dibromo benzoic acid　ەكی برومدی بەنزوی قشقملی

1,3 - 二溴丙醇 - [2]　گە قاراڭز. "α - 二溴甘油"

2,3 - 二溴丙醇 - [1]　گە قاراڭز. "β - 二溴甘油"

二溴丙二酸　dibromomalonic acid　Br₂C(CO₂H)₂　ەكی برومدی مالون قشقملی

二溴丙二酰溴　dibromo - malonyl bromide　COBr·CBr₂·COBr　ەكی برومدی
مالونیل بروم

二溴丙酮　dibromoacetone　ەكی برومدی اتسەتون

二溴丙酮酸　dibromopyruvic acid　CHBr₂COCO₂H　ەكی برومدی پیرۇۋین
قشقملی

二溴醋酸　dibromoacetic acid　Br₂CHCOOH　ەكی برومدی سىركە قشقملی

二溴醋酸乙酯　ethyl dibromoacetate　Br₂CHCO₂C₂H₅　ەكی برومدی سىركە
قشقمل ەتیل ەستەری

二溴(代)苯　"二溴苯" گە قاراڭز.

1,3 - 二溴代丙烷　"丙撑二溴" گە قاراڭز.

二溴代醋酸　dibromoacetic acid　ەكی برومدی سىركە قشقملی

二溴代丁烯醛酸　"粘溴酸" گە قاراڭز.

二溴代乙炔　dibromo acetylene　BrC≡CBr　ەكی برومدی اتسەتیلەن

1,1 - 二溴代乙烷　"乙叉二溴" گە قاراڭز.

二溴代乙酰胺　dibromo acetamide　Br₂CHCONH₂　ەكی برومدی اتسەتامید

二溴代锗烷　dibromogermane　ەكی برومدی گەرمان

二溴丁二酸　dibromosuccinic acid　COOH(CHBr)₂COOH　 هەكى برومدى
سۆكتسىن قىشقىلى

二溴丁酸　dibromobutyric acid　C₃H₅Br₂COOH　 هەكى برومدى بۇتير
قىشقىلى

二溴丁酮　dibromomethyl ethyl ketone　هەكى برومدى بۇتيل كەتون

二溴二苯醚　dibromo diphenyl ether　(BrC₆H₄)₂O　هەكى برومدى ديفەنيل ەفيرى

二溴二甲醚　dibrom‒dimethyl ether　هەكى برومدى ديمەتيل ەفيرى

2,5‒二溴‒3,6‒二羟对苯醌　2,5‒dibromo‒3,6‒dihydroxy‒p‒
benzoquinone　2، 5 ـ هەكى برومدى ديبرومدى ـ 3، 6 ـ ديگيدروكسي پارا بەنزو
حينون

二溴二氧化铬　　"铬酰溴" گە قاراڭىز.

二溴酚　bromophenesic acid　C₆H₃·Br₂·OH　هەكى برومدى فەنول

二溴富马酸　dibromofumaric acid　(:CBrCO₂H)₂　هەكى برومدى فۇمار قىشقىلى

二溴甘露醇　dibromomannitolum　هەكى برومدى ماننيتول

二溴甘油　glycerin dibromohydrin　هەكى برومدى گليتسەرين

α‒二溴甘油　glycerin α‒dibromohydrin　α ـ هەكى برومدى گليتسەرين

β‒二溴甘油　glycerin β‒dibromohydrin　β ـ هەكى برومدى گليتسەرين

二溴化苯　benzene dibromide　C₆H₅Br₂　هەكى برومدى بەنزول

二溴化苯胂　phenyl dibromoarsin　هەكى برومدى فەنيل ارسين

二溴化碲　tellurousdibromide　هەكى برومدى تەللۇر

二溴化铬　chromium dibromide　CrBr₂　هەكى برومدى حروم

二溴化合物　dibromo compound　هەكى برومدى قوسىلىستار

二溴化甲胂　methyl‒arsine dibrom　هەكى برومدى ديمەتيل ارسين

二溴化没食子酸　　"二溴棓酸" گە قاراڭىز.

二溴化钼　molybdous bromide　MoBr₂　هەكى برومدى موليبدەن

二溴化铅　lead dibromide　PbBr₂　هەكى برومدى قورعاسىن

二溴化羟氧钼　molybdyl dibromide　[MoO(OH)]Br₂　هەكى برومدى موليبديل

二溴化三甲胂　trimethyl‒arsine dibromide　(CH₃)₃AsBr₂　هەكى برومدى
تريمەتيل ارسين

二溴化铊　thallum dibromide　TlBr₂　هەكى برومدى تاللي

二溴化碳　carbon dibromo　C:Br₂　هەكى برومدى كومىرتەك

二溴化钨　tungstene dibromide　WBr₂　هەكى برومدى ۆولفرام

二溴化物　dibromide　هەكى برومدى قوسىلىستار

二溴化锡　tindibromide　SnBr₂　　　　　　　ەكى برومدى قالايى

二溴化一羟一氧络钼　molybdeum oxyhydroxy dibromide　(MoO)(OH)Br₂

ەكى برومدى گيدروكسي وتتەكتى موليبدەن

二溴化乙烯　ethylene dibromide　　　　　　　ەكى برومدى ەتيلەن

二溴化铟　indium dibromide　InBr₂　　　　　　ەكى برومدى يندي

二溴化锗　germanium dibromide　　　　　　　ەكى برومدى گەرماني

二溴甲基苯　　　　　　　　　　"苄叉二溴" گە قاراڭز.

二溴甲基代苯　bromo – benzal　C₆H₅CHBr₂　　برومدى بەنزال

二溴甲烷　dibromo methane　CH₂Br₂　　　　　ەكى برومدى مەتان

二溴酪氨酸　dibromo tyrosine　　　　　　　　ەكى برومدى تيروزين

二溴磷　bromex　　　　　　　　　　　　　　برومەكس

二溴邻氨基苯(甲)酸　dibromoanthranilic acid　Br₂C₆H₂(NH₂)CO₂H　　ەكى

برومدى انترانيل قىشقىلى

二溴氯丙烷　dibromochloropropane　ەكى برومدى حلورلى پروپان

1,2 – 二溴 – 3 – 氯丙烷　1,2 – dibromo – 3 – chloropropane　1، 2 ـ ەكى

برومدى ـ 3 ـ حلورلى پروپان

二溴马来酸　dibromo maleic acid　(:CBrCO₂H)₂　ەكى برومدى مالەين قىشقىلى

二溴醚　dibromo ether　　　　　　　　　　　ەكى برومدى ەفير

4,4 – 二溴频哪酮　4,4 – dibromopinacolin　Br₂CHCOC(CH₃)₃　4، 4 ـ ەكى

برومدى پيناكولين

5,7 – 二溴羟基喹啉　5,7 – dibromo hydroxyquinoline　5، 7 ـ ەكى برومدى

گيدروكسيل حينون

二溴肉桂酸　dibromo cinnamic acid　C₆H₅CBr·CBr·COOH　ەكى برومدى

سيننام قىشقىلى

二溴肉桂酸乙酯　ethyldibromo cinamate　ەكى برومدى سيننام قىشقىل ەتيل

ەستەرى

二溴三氧化二锆　dizirconyl bromide　(Zr₂O₃)Br₂　ەكى برومدى ەكى زيركونيل

二溴山芋酸钙　　　　　　　　　　　"沙波明" گە قاراڭز.

二溴替乙酰胺　N – dibromoacetamide　CH₃CONBr₂　ەكى برومدى اتسەتاميد

二溴硝基甲烷　dibromonitromethane　Br₂CHNO₂　ەكى برومدى نيترو مەتان

二溴氧化钴　zirconium oxybromide　ZrOBr₂　ەكى برومدى وتتەكتى

زيركوني

二溴乙醇　dibromo ethyl alcohol　CHBr₂CH₂OH　ەكى برومدى ەتيل سپيرتى

二溴乙醛　dibromo acetaldehyde　$CHBr_2CHO$　ھەكى برومدى اتسەتالدەھگيدى

二溴乙酸　ھەكى "二溴醋酸" گە قاراڭىز.

1,2－二溴乙烷　1,2－dibromoethane　1، 2 ـ ھەكى برومدى ھتان

二溴乙烯　ethylene dibromide　$CHBr·CHBr$　ھەكى برومدى ھتيلەن

1,2－二溴乙烯　1,2－ethylene dibromide　1، 2 ـ ھەكى برومدى ھتيلەن

二溴乙酰溴　dibromo－acetyl bromide　$CHBr_2COBr$　ھەكى برومدى اتسەتيل بروم

二溴酯　dibromo ester　ھەكى برومدى ھستەر

二亚苯　ھەكى "二苯撑" گە قاراڭىز.

二亚砜　disulfoxide　$R·SO·SO·R$　ديسۇلفوكسيد

二亚硝基樟脑　pernitroso－camphor　$C_{16}H_{16}O_2N_2$　اسقىن نيترزولى كامفورا

二亚油精　dilinolein(＝dinolin)　دينولين

二盐酸桉油烯　eucalyptene dihydrochloride　ھەكى تۇز قەشقەلدى ھۆكاليپتەن

二盐酸吡啶　pyridine dihydrochloride　$C_5H_5·N·2HCl$　ھەكى تۇز قەشقەلدى پيريدين

二盐酸化物　ھەكى "二氢氯化物" گە قاراڭىز.

二盐酸肼　hydrazine dihydrochloride　ھەكى تۇز قەشقەلدى گيدرازين

二盐酸奎宁　quinine dihydrochloride　ھەكى تۇز قەشقەلدى حينين

二盐酸联氨　ھەكى "二盐酸肼" گە قاراڭىز.

二盐酸辛可宁　cinchonine dihydrochloride　ھەكى تۇز قەشقەلدى سينحونين

二盐酸组氨酸　histidine dihydrochloride　$C_6H_9O_2N_3·2HCl$　ھەكى تۇز قەشقەلدى گيستيدين

二氧代二乙硅醚　dioxo siloxane　ھەكى وتتەكتى سيلوكسان

二氧代哌啶　dioxopiperidine　ھەكى وتتەكتى پيپەريدين

5,6－二氧代十八酸　taroxylic acid　تاروكسيل قەشقەلى

二氧代硬脂酸　"硬脂氧酸" گە قاراڭىز.

1,2,3－二氧氮茂　"1,2,3－二恶唑" گە قاراڭىز.

1,3,2－二氧氮茂　"1,3,2－二恶唑" گە قاراڭىز.

二氧碘苯　iodoxy benzene　يودوكسيل بەنزول

二氧碘基　"碘酰基" گە قاراڭىز.

1,2,3,4－二氧二氮茂　"1,2,3,4－二恶二唑" گە قاراڭىز.

1,3,2,4－二氧二氮茂　"1,3,2,4－二恶二唑" گە قاراڭىز.

1,3,4,5－二氧二氮茂　　　　　　　　　　　.1,3,4,5 – 二恶二唑" گە قاراڭز"

二氧二钒根　divanadyl　(V₂O₂)　　　　دىۋانادىل، ەكى ۋانادىل

二氧二硫钨酸盐　dioxydisulfo tungstate　M₂WO₂S₂　　ەكى ۋتەك ەكى
كۆكىرتتى ۋولفرام قىشقىلىنىڭ تۇزدارى

二氧化钯　palladic oxide(= palladium dioxide)　PdO₂　　باللادي (قوس) توتىعى

二氧化钡　　　　　　　　　　　.过氧化钡" گە قاراڭز"

二氧化铂　platium dioxide　PtO₂　　پلاتينا قوس توتىعى

二氧化钚　plutonium oxide　　پلۇتوني قوس توتىعى

二氧化氮　nitrogen dioxide　NO₂　　ازوت قوس توتىعى

二氧化碲　tellurium dioxide　　تەللۇر قوس توتىعى

二氧化碘　iodine dioxide　IO₂　　يود قوس توتىعى

二氧化锇　osmium dioxide　OsO₂　　وسمي قوس توتىعى

二氧化钒　vanadium dioxide　VO₂　　ۋانادي قوس توتىعى

二氧化钙　　　　　　　　　　　.过氧化钙" گە قاراڭز"

二氧化锆　zirconium dioxide　ZrO₂　　زيركوني قوس توتىعى

二氧化铬　chromium dioxide　CrO₂　　حروم قوس توتىعى

二氧化钴　cobalt dioxide　CoO₂　　كوبالت قوس توتىعى

二氧化硅　silicon dioxide　SiO₂　　كرەمني قوس توتىعى

二氧化硅凝胶　silica gel　　سيليكا سىرنە، سيليكاگەل

二氧化铪　hafnium oxide　　گافني توتىعى

二氧化金　gold dioxide　Au₂O·Au₂O₃　　التىن قوس توتىعى

二氧化铼　rhenium dioxide　ReO₂　　رەني قوس توتىعى

二氧化铑　rhodium dioxide　　رودي قوس توتىعى

二氧化钌　rhutenium dioxide　RuO₂　　رۇتەني قوس توتىعى

二氧化硫　sulfur dioxide　SO₂　　كۆكىرت قوس توتىعى

二氧化氯　chlorine dioxide　ClO₂　　حلور قوس توتىعى

二氧化锰　manganese dioxide　MnO₂　　مارگانەتس قوس توتىعى

二氧化钼　molybdenum dioxide　MoO₂　　موليبدەن قوس توتىعى

二氧化铌　niobium dioxide　NbO₂　　نيوبي قوس توتىعى

二氧化钕　niobium dioxide　NdO₂　　نەوديم قوس توتىعى

二氧化铅　lead dioxide　PbO₂　　قورعاسىن قوس توتىعى

二氧化三碳　carbon suboxide　C₃O₂　　كومىرتەك شالا توتىعى

二氧化铯　cesium dioxide　CsO₂　　سەزي قوس توتىعى

二氧化铈	cerium dioxide	CeO_2	سەري قوس توتمعى
二氧化钛	titanium dioxide	TiO_2	تيتان قوس توتمعى
二氧化钽	tantalum dioxide	TaO_2	تانتال قوس توتمعى
二氧化碳	carbon dioxide	CO_2	كومۇرتەك قوس توتمعى

二氧化碳分压　carbon dioxide partial pressure كومۇرتەك قوس توتمعىنىڭ
پارتسىيال قىسمى

二氧化碳结合力　carbondioxide combining power كومۇرتەك قوس
توتمعمەن قوسۇلۇش كۈشى

二氧化碳量度计　carbometer, carbonometer كاربومەتر، كاربونومەتر

二氧化碳气　carbon dioxide qas كومۇرتەك قوس توتمعى گازى، كومۇر
قىشقىل گازى

二氧化碳张力　carbon dioxide tension كومۇرتەك قوس توتمعىنىڭ كەرلۈ
كۈشى

二氧化钍	torium dioxide		توري قوس توتمعى
二氧化钨	tumgsten dioxide	WO_2	ۋولفرام قوس توتمعى
二氧化物	dioxide		قوس توتىقتار
二氧化硒	selenium dioxide	SeO_2	سەلەن قوس توتمعى
二氧化锡	stannic tin dioxide	SnO_2	قالايى (قوس) توتمعى
二氧化铱			"氧化铱" گە قاراڭز.
二氧化(一)氮			"二氧化氮" گە قاراڭز.
二氧化乙酰	acetyl dioxide		اتسەتيل قوس توتمعى
二氧化铀	uranium dioxide	UO_2	ژران قوس توتمعى
二氧化锗	germanium dioxide		گەرماني قوس توتمعى
二氧磷基	phospho - (phospho group)	O_2P-	فوسفو ـ
二氧磷基丙酮	phosphono aceton	$O_2PCH_2COCH_3$	فوسفونو اتسەتون
二氧六环			"二恶烷" گە قاراڭز.
二氧嘧啶			"尿嘧啶" گە قاراڭز.
二氧砷基	arso -	O_2As-	ارسو ـ
二氧四环素			"氧四环素" گە قاراڭز.
二氧威	dioxacarb		ديوكساكارب
二氧戊环			"二恶茂烷" گە قاراڭز.
二氧吲哚	dioxindole		ديوكسىندول
二氧杂环乙烷			"二恶烷" گە قاراڭز.

2,6－二氧杂螺[3,3]庚烷　2,6－dioxaspiro(3,3)heptane　 2، 6 ـ ديوكسا

سپېرالدى [3، 3] گەكسان

二氧杂茂酮　　　　　　　　　　　"二恶茂酮" گە قاراڭز.

二乙胺　diethylamine　　　　　　　　　ديەتىلامين

二乙氨基　diethylin　$N(C_2H_5)_2$　　ديەتىلىن

二乙胺基磺酸　diethylthionamic acid　$(C_2H_5)_2NSO_3H$　ديەتىل تيونامين

قىشقىلى

二乙巴比妥酸　diethylbarbituric acid　　ديەتىل باربىتۇر قىشقىلى

二乙苯　diethyl benzene　　　　　　　ديەتىل بەنزول

二乙草酸　　　　　　　　　"4－羟基己酸" گە قاراڭز.

二乙撑三胺　diethylene triamine　$(NH_2C_2H_4)_2NH$　ەكى ەتىلەندى تريامين

二乙醇胺　diethanol amine　$HN(CH_2CH_2OH)_2$　ەكى ەتانول امين

二乙醇缩氨基乙醛　　　　　　　"氨基缩醛" گە قاراڭز.

二乙醇缩二氯乙醛　　　　　　　"二氯乙缩醛" گە قاراڭز.

二乙醇缩三氯乙醛　trichloro acetal　$Cl_3CCH(OC_2H_5)_2$　ئۇش حلورلى اتسەتال

二乙次膦酸　diethyl phosphinic acid　$(C_2H_5)_2PO\cdot OH$　ديەتىل فوسفيندلەۋ

قىشقىل

二乙次胂酸　diethyl arsinic acid　$(C_2H_5)_2AsO\cdot OH$　ديەتىل ارسيندلەۋ قىشقىل

二乙代溴乙酰脲　carbromal　$(C_2H_5)CBrCONHCONH_2$　كاربرومال

二乙碲　ethyl telluride　$Te(C_2H_5)_2$　ەتىل تەللۇر

二乙二苯基脲　　　　　　　　　"卡巴买特" گە قاراڭز.

二乙二溴锡　diethyl tin dibromide　　ەكى برومدى ديەتىل قالايى

二乙砜　ethylsulfonylethane　　　　　ديەتىل سۇلفون

二乙镉　cadmium diethtyl　　　　　　ديەتىل كادمي

二乙化二碲　diethyl ditelluride　　　ديەتىل ەكى تەللۇر

二乙化二硫　ethyl disulfide　$C_2H_5\cdot S\cdot S\cdot C_2H_5$　ديەتىل ەكى كۇكىرت

二乙化二硒　diethyl diselenide　$C_2H_5\cdot Se\cdot Se\cdot C_2H_5$　ديەتىل ەكى سەلەن

二乙基　diethyl　　　　　　　　　　ديەتىل

二乙基氨荒盐　diethyl dithiocarbamate　ديەتىل ديتيوكاربامين

قىشقىلىنىڭ تۇزدارى

二乙基氨基苯甲醛　diethyl－aminobenzaldehyde　ديەتىل امينو

بەنزالدەگيدتى

二乙基氨基甲吖嗪　diethyl carbamazine　ديەتىل كاربامازين

二乙基氨基乙基纤维素　diethyl amino ethyl sellulose　دىەتيل امينوەتيل
سەلليۇلوزا

二乙基巴比土酸　　　　　　　　　"二乙巴比土酸" گە قاراڭز.

N,N－二乙基苯胺　N,N－diethylaniline　دىەتيل انيلىن － N٬N

二乙基吡啶　　　　　　　　　　"杷沃啉" گە قاراڭز.

二乙基丙二酸　diethyl malonic acid　COOHC(C₆H₅)₂COOH　دىەتيل مالون
قىشقىلى

二乙基丙二酸二乙酯　　　　　　　"二乙基丙二酸酯" گە قاراڭز.

二乙基丙二酸乙酯　ethyl－diethyl－malonate　KO·CO·(C₂H₅)₂CO·OR

دىەتيل مالون قىشقىل ەتيل ەستەرى

二乙基丙二酸酯　diethyl malonic ester　RO·CO·C(C₂H₅)₂COOR　دىەتيل مالون
ەستەرى

二乙基丙二酰脲　diethyl malonyl urea　دىەتيل مالونيل ۋرەا

二乙基丙二酰缩脲钠　　　　　　　"坎比妥钠" گە قاراڭز.

二乙基草醋酸二乙酯　diethyl oxaloacetic ester　RO·CO·CO(C₂H₅)₂CO·OR

دىەتيل قومىزدىق سىركە قىشقىل ەتيل ەستەرى

二乙基草醋酸酯　diethyl oxaloacetic ester　RO·CO·CO·C(C₂H₅)₂CO·OR

دىەتيل قومىزدىق سىركە قىشقىل ەستەرى

二乙基草酰胺　diethyl oxamide　دىەتيل وكساميد

二乙基醋酸　diethyl acetic acid　(C₂H₅)₂CHCOOH　دىەتيل سىركە قىشقىلى

二乙基次膦酸　　　　　　　　　"二乙次膦酸" گە قاراڭز.

二乙基碲　Te(C₂H₅)₂　　　　　　　"二乙碲" گە قاراڭز.

二乙基丁二醇　diethyl butane diol　دىەتيل بۇتانەدىۇل

二乙基丁二酸　diethyl succinic acid　COOH(CHC₂H₅)₂COOH　دىەتيل سۇكتسىن
قىشقىلى

二乙基丁烯二酸　xeronic acid　COOH·C(C₂H₅)₂:C(C₂H₅)COOH　كسەرون قىشقىلى

二乙基二苯基脲　diethyl diphenyl urea　دىەتيل دىفەنيل ۋرەا

二乙基二硫代氨基甲酸　diethyl dithio carbamic acid　دىەتيل دىتيوكاربامين
قىشقىلى

二乙基二硫代氨基甲酸钠　sodium diethyl dithio carbamate　دىەتيل دىتيو
كاربامين قىشقىل ناتري

二乙基砜　　　　　　　　　　　"乙基砜" گە قاراڭز.

二乙基汞　mercury diethyl　Hg(C₂H₅)₂　دىەتيل سىناپ

二乙基化二硫　ethyl persulfide　$C_2H_5 \cdot S \cdot S \cdot C_2H_5$　ديەتيل اسقىن كۆكرت

二乙基化二硒　ethyl perselenide　$C_2H_5 \cdot Se \cdot Se \cdot C_2H_5$　ديەتيل اسقىن سەلەن

二乙基化二氧　diethyl dioxide (peroxide)　$(C_2H_5)_2O_2$　ديەتيل قوس توتعى

二乙基化过氧　"二乙基化二氧" گە قاراڭىز.

二乙基甲醇　diethyl carsinol　ديەتيل كاربينول

二乙基甲基甲烷　diethyl methyl methane　ديمەتيل مەتيل مەتان

二乙基甲酮　diethyl ketone　$(C_2H_5)_2CO$　ديەتيل كەتون

二乙基卡泌醇　diethyl carbitol　ديەتيل كاربيتول

二乙基硫　ethyl sulfide　$(C_2H_5)_2S$　ديەتيل كۆكرت

二乙基硫脲　diethyl thiourea　$CS(NHC_2H_5)_2$　ديەتيل تيوۋرەا

二乙基马来酸　diethyl maleic acid　$COOH \cdot C(C_2H_5):C(C_2H_5) \cdot COOH$　ديەتيل مالەين قشقىلى

二乙基镁　magnesium ethil　$Mg(C_2H_5)_2$　ديەتيل ماگني

二乙基醚　diethyl ether　$C_2H_5OC_2H_5$　ديەتيل ەفيرى

二乙基脲　diethyl urea　$CO(NHC_2H_5)_2$　ديەتيل ۋرەا

二乙基铍　beryllium ethide　$Be(C_2H_5)_2$　ديەتيل بەريللي

二乙基铅　lead diethyl　$Pb(C_2H_5)_2$　ديەتيل قورعاسىن

二乙基氰基醋酸乙酯　ethyl – diethy – cyanoacetate　$CN \cdot C(C_2H_5)_2CO \cdot OC_2H_5$　ديەتيل سياندى سركە قشقىل ەتيل ەستەرى

二乙基色胺　diethyl tryptamin　ديەتيل تريپتامين

二乙基胂　diethyl arsine　$(C_2H_5)_2As$　ديەتيل ارسين

二乙基硒　diethyl selenide　$C_2H_5 \cdot Se \cdot C_2H_5$　ديەتيل سەلەن

二乙基锡　diethyl tin　$Sn(C_2H_5)_2$　ەتيل قالايى

二乙基锡化二氯　tin diethyl dichloride　ديەتيل قالايى ەكى حلور

二乙基锡化二溴　diethyl tin bromide　$Sn(C_2H_5)_2Br_2$　ديەتيل قالايلى بروم

二乙基锡化氧　tin diethyl oxide　ديەتيل قالايلى توتعى

二乙基锌　diethyl zinc　$Zn(C_2H_5)_2$　ديەتيل مرش

二乙基溴化乙酰脲　"二乙溴脲" گە قاراڭىز.

二乙基乙腈　diethyl acetonitrile　$(C_2H_5)_2CHCN$　ديەتيل اتسەتونيتريل

二乙基乙醛　diethylacetaldehyde　$(C_2H_5)_2CHCHO$　ديەتيل سركە الدەگيدتى

二乙基乙炔　diethyl acetylene　$C_2C_5C::CC_2H_5$　ديەتيل اتسەتيلەن

二乙基乙酮醇　diethy ketol　$EtCOCHOHEt$　ديەتيل كەتول

二乙基乙酰醋酸乙酯　ethyl diethyl acetoacetate　$CH_3COC(C_2H_5)_2CO_2C_2H_5$

دیەتیل اتسەتو سىركە قشقمل ەتیل ەستەرى

二乙基乙酰醋酸酯　diethyl acetoacetic ester　CH₃COC(C₂H₅)₂CO·OR　دیەتیل
اتسەتو سىركە قشقمل ەستەرى

二乙精　diethyl hydrin(= diethyline)　CH₂OEt·CHOEt·CH₂OH　دیەتیل گیدرین

二乙磷　diethyl phosphine　دیەتیل فوسفین

二乙硫　"二乙基硫" گە قاراڭىز.

二乙硫基汞　"乙硫醇汞" گە قاراڭىز.

二乙氯胂　diethyl chloroarsine　دیەتیل حلورلى ارسین

二乙醚　"二乙基醚" گە قاراڭىز.

二乙眠砜　"索佛那" گە قاراڭىز.

二乙铍　"二乙基铍" گە قاراڭىز.

二乙铅　"二乙基铅" گە قاراڭىز.

二乙炔基苯　diacetylene benzene　C₆H₄(C:CH)₂　دیاتسەتیلەندى بەنزول

二乙胂　"二乙基胂" گە قاراڭىز.

二乙酸甘油酯　glyceryldiacetate　ەكى سىركە قشقمل گلیتسەریل

二乙酸钠　sodium diacetate　ەكى سىركە قشقمل ناتري

二乙酸纤维素　diacetate cellulose　ەكى سىركە قشقمل سەللیۇلوزا

二乙酸乙酯　ethyl diacetate　ەكى سىركە قشقمل ەتیل ەستەرى

二乙铊化氯　thallium diethyl chloride　TlCl(C₂H₅)₂　دیەتیل تاللیلى حلور

二乙铊化氢氧　thallium diethyl hydroxide　Tl(OH)(C₂H₅)₂　دیەتیل تاللي
توتعننىڭ گیداراتى

二乙替乙酰胺　N,N-diethyl acetamide　CH₃CON(C₂H₅)₂　N،N ـ دیەتیل
اتسەتامید

二乙酮　diethyl ketone　دیەتیل كەتون

二乙硒　"二乙基硒" گە قاراڭىز.

二乙烯　divinyl,diethylene　دیۆینیل، دیەتیلەن

二乙烯化二氧　diethylene oxide　C₄H₈O₂　دیەتیلەندى توتىق

二乙烯基　divinyl　(CH₂:CH-)₂　دیۆینیل

二乙烯基苯　divinyl benzene　دیۆینیل بەنزول

二乙烯基硫　divinyl sulfide　(CH₂:CH)₂S　دیۆینیل كۇكەرت

二乙烯基硫醚　vinyl thioether　(CH₂:CH)₂S　دیۆنیل تیوفیرى

二乙烯基胂化三氯　trichloro divinyl arsine　C₆H₉AsCl₃　دیۆنیل ارسیندى
ۇش حلور

二乙烯基乙炔　divinyl acetylene　$CH_2CH \cdot C\dot{:}C \cdot C \cdot CHCH_2$　ديۋينيل اتسەتيلەن

二乙烯醚　divinyl ether, vinyl ether　ديۋينيل ەفيرى، ۋينيل ەفيرى

二乙烯氧　diethylene dioxide　ديۋينيل وتتەك

二乙酰胺　diacetylamide　$(CH_3CO)_2NH$　دياتسەتيل اميد

二乙酰胺基　diacetylamino −　$(CH_3CO)_2N$　ـ دياتسەتيل امينو

二乙酰醋酸　diacetyl acetic acid　$(CH_3CO)_2CHCOOH$　دياتسەتيل سىركە قەشقىلى

二乙酰醋酸乙酯　ethyl diacetyl acetate　$(CH_3CO)_2CHCO \cdot OC_2H_5$　دياتسەتيل سىركە قەشقىل ەتيل ەستەرى

二乙酰醋酸酯　diacetyl acetic ester　$(CH_3CO)_2CHCO \cdot OR$　دياتسەتيل سىركە ەستەرى

二乙酰丹宁　diacetyl tannin　دياتسەتيل تاننين

二乙酰丁二酸　diacetyl succinic acid　$COOH \cdot CH(COCH_3)CH(COCH_3) \cdot COOH$　دياتسەتيل سؤكتسين قەشقىلى

二乙酰丁二酸酯　diaceto − succinic ester　$R \cdot O \cdot CO(CHCOCH_3)_2CO \cdot O \cdot R$　دياتسەتيل سؤكتسين ەستەرى

二乙酰二硫　diacetyl disulfide　$(CH_3CO)_2S_2$　دياتسەتيل ەكى كؤكىرت

二乙酰化过氧　diacetyl peroxide　$(CH_3CO)_2O_2$　دياتسەتيل اسقىن توتىق

二乙酰化氧　diacetyl peroxide　$(CH_3CO)_2O_2$　دياتسەتيل توتعى

二乙酰基　diacetyl　$(CH_3CO)_2$　دياتسەتيل

二乙酰基胺　diacetamide　$(CH_3CO)_2NH$　دياتسەتاميد

二乙酰基丙酮　diacetyl acetone　$(CH_3COCH_2)_2CO$　دياتسەتيل اتسەتون

二乙酰基乙酰醋酸　“脱氢醋酸” گە قاراڭىز.

二乙酰甲醇　diacetyl carbinol　$(CH_3CO)_2CHOH$　دياتسەتيل كاربينول

二乙酰酒石酸　diacetyl tartaric acid　دياتسەتيل شاراپ قەشقىلى

二乙酰吗啡　diacetyl morphine　$C_{21}H_{23}O_5N$　دياتسەتيل مورفين

二乙酰脲　diacetyl urea　$(CH_3CONH)_2CO$　دياتسەتيل ۇرەا

二乙酰葡糖　diacetyl glucose　$(CH_3CO_2)_2C_6H_{10}O_6$　دياتسەتيل گليۇكوزا

二乙酰鞣酸　diacetyl tannic acid　دياتسەتيل تاننين قەشقىلى

二乙酰替苯胺　diacetyl anilide　$C_6H_5N(COCH_3)_2$　دياتسەتيل انيلين

二乙酰替联苯胺　diacetyl benzidine　$(CH_3CONHC_6H_4)_2$　دياتسەتيل بەنزيدين

二乙酰一肟　diacetyl monoxime　دياتسەتيل مونوكسيم

二乙锌　zinc diethyl　$Zn(C_2H_5)_2$　ديەتيل مىرىش

二乙溴脲	carbromal		كاربرومال
二乙亚砜			"乙基亚砜" گە قاراڭىز.
二乙氧苯	diethoxy benzene		دىەتوكسي بەنزول
二乙氧基醋酸	diethoxy acetic acid	$CH(OC_2H_5)_2COOH$	دىەتوكسي سىركە قەشقىلى
二乙氧基甲烷			"甲撑二乙醚" گە قاراڭىز.
2.2-二乙氧基乙胺			"氨基缩醛" گە قاراڭىز.
二乙氧基乙氯			"氯乙缩醛" گە قاراڭىز.
二乙氧基乙溴	bromo acetal	$BrCH_2CH(OC_2H_5)_2$	برومدى اتسەتال
二乙氧甲烷			"表乙灵" گە قاراڭىز.
二乙酯	diethyl ester	$R\cdot(CO\cdot OC_2H_5)_2$	دىەتيل ەستەرى
二异丙胺	diisopropyl amine		دىيزوپروپيلامين
二异丙氟磷	diisopropyl fluorophosphate		دىيزوپروپيل فتور ـ فوسفور
二异丙基甲酮	diisopropyl ketone	$[(CH_3)_2CH]_2CO$	دىيزوپروپيل كەتون
二异丙醚	diispropyl ether	$R[O\cdot CH\cdot CH_3]_2$	دىيزوپروپيل ەفيرى
二异丙锌	zinc diisopropyl	$Zn(CH_2C_2H_5)_2$	دىيزوپروپيل مىرش
二异丙酯	diisopropyl ester	$R[CO\cdot O\cdot CH(CH_3)_2]_2$	دىيزوپروپيل ەستەرى
二异丁胺	disobutylamine		دىيزوبۇتيلامين
二异丁基甲酮	diisobutyl ketone		دىيزو بۇتيل كەتون
二异丁精	diisobutyrin		دىيزو بۇتيرين
二异丁酮			"二异丁基甲酮" گە قاراڭىز.
二异丁烯	diisobutylene		دىيزو بۇتيلەن
二异丁锌	zinc diisobutyl	$Zn[CH_2CH(CH_3)_2]_2$	دىيزو بۇتيل مىرش
二异氰酸酯	diisosyanate		دىيزو سيان قەشقىل ەستەرى
二异戊胺	diisoamyl amine		دىيزو اميل امين
二异戊基砜	isoamyl sulfone	$(C_5H_{11})_2SO_2$	يزواميل سۇلفون
二异戊基甲酮	isoamyl ketone	$(C_5H_{11})_2CO$	يزواميل كەتون
二异戊醚	diisoamuyl ether	$R(OC_5H_{11})_2$	يزواميل ەفيرى
二异戊酯	diisoamyl ester	$R(CO\cdot OC_5H_{11})_2$	دىيزواميل ەستەرى
二银盐	disilver salt		ەكى كۇمىستى تۇز
二硬脂精	distearin(= distearolin)	$(C_{17}H_{35}COO)_2C_3H_5OH$	دىستەارين، دىستەارولين
二硬脂一苔精	distearodaturin		دىستەراوداتۇرين

二油精	diolein	دىيولەين
二元胺	diamine	دىيامىين
二元胺类	diamines	دىيامىيندەر
二元醇	dibasic alcohol	ەكى نەگىزدى سپىرت
二元分子	binary molecule	ەكى اتومدى مولەكۇلالار
二元酚	diphenol (= dihydric phenol)	ەكى نەگىزدى فەنول
二元共聚物	bipolymer	قوس پوليمەر
二元合金	binaryalloy	بيناري قورىتپالار (ەكى مەتالدان قۇرالعان قورىتپالار)
二元化合物	binary compound	بيناري قوسىلىستار (ەكى ەلەمەنتتىك قوسىلىستار)
二元混合物	binary mixture	بيناري قوسپالار (ەكى ەلەمەنتتىك قوسپالار)
二元键	double linkage	قوس بايلانىس
二元键合的碳元子	double - linked carbon	قوس بايلانىس تۇزەتىن كومىرتەك اتومى
二元燃料系统	bi - fule system	ەكى نەگىزدى جانار زات جۇيەسى (راكەتاعا ستەتىلەدى)
二元溶液	binary solution	بيناري ەرىتىندىلەر، ەكى نەگىزدى ەرىتىندىلەر
二元酸	dibasic acid	ەكى نەگىزدى قىشقىلدار
二元酸酯	dibasic acid ester	ەكى نەگىزدى قىشقىل ەستەرى
二元羧酸	dicarboxylic acid	ەكى نەگىزدى كاربوكسيل قىشقىلى
二元体系	binary system	بيناري جۇيە (ەكى ەلەمەنتتىك جۇيە)
二元酮	diketone	دىكەتون
二元酮酸	bibasic keto acid	ەكى نەگىزدى كەتون قىشقىلى
二元盐	binary salt	بيناري تۇز (ەكى ەلەمەنتتىك تۇز)
二元液体混合物	binary liquid mixtures	بيناري سۇيىقتىق قوسپاسى
二元高碘酸	diortho - periodic acid $H_{12}I_2O_{13}$	ەكى ورتو ـ اسقىن يود قىشقىلى
二元桂精	dilaurin	دىلاۋرىن
二(正)丁胺	di - N - butylamine $(C_4H_9)_2NH$	ەكى ـ N ـ بۇتيلامين
二(正)戊基甲酮	N - amyl ketone $(C_5H_{11})_2CO$	N ـ اميل كەتون
二(正)锡化合物	distannic compound	ەكى قالايلى قوسىلىستار
二酯	diester	دىيەستەرلەر
二酯酶	diesterase	دىيەستەرازا
二酯油	diester oil	دىيەستەر مايى

二中高碘酸　dimeso－periodic acid　$H_4I_2O_9$　دیمەزو ــ اسقىن یود قىشقىلى

二仲的　di－secondary　ەکى ــ سەکونداري

二仲高碘酸　dipara－periodic acid　$H_8I_2O_{11}$　ەکى پارا ــ اسقىن یود قىشقىلى

二重氮化合物　diazo compound　دیازو قوسىلىستار

二重水素　دەیتەري (D)

二腙　dihydrazon　دیگیدرازون

二棕榈精　dipalmitin　دیپالمیتین

二棕榈一油精　dipalmito－olein　دیپالمیتیندى ولەین

二棕榈硬脂精　dipalmito－stearin　دیپالمیتیندى ستەارین

F

fa

发酵	fermentation, leaven	اشۇ، اشـتۇ، قابارۇ
发酵度	degree of fermentation	اشۇ دارەجەسى
发酵粉	baking powder, yeast powder	قابارتقـش، ۇنتاق اشـتقى
发酵甘油	fermentation glycerin	گلىتسەرىندى اشۇ
发酵工厂	fermentation plant	اشـتۇ زاۋودى
发酵工业	fermentation industry	اشـتۇ ونەركاسبى
发酵管	fermentation tube	اشـتۇ تۇتگى
发酵化学	fermentation chemistry	اشـتۇ حيمياسى
发酵计	zymometer	زيمومەتر
发酵检验器		"发酵计" گە قاراڭـز.
发酵酒精		"酒精发酵" گە قاراڭـز.
发酵酶		"酿酶" گە قاراڭـز.
发酵乳酸		"乳酸发酵" گە قاراڭـز.
发酵实验	fermentation test	اشـتۇ تاجرىيبەسى
发酵微生物	fermentation microorganism	ميكرو ورگانيزمدىك اشۇ
发酵戊醇	fermentation amyl alcohol	اميل سپيرتتى اشۇ
发酵学	zymosis	"酶学" گە قاراڭـز.
发面碱	fluffy soda	قابارتقى سودا
发泡剂	inflating agent	قابارتقى اگەنت، اشـتقى اگەنت
发热醇	farrerol	فاررەرول
发色剂	color former	ٴتۇس بەرگـش اگەنت
发色母体	color base	ٴتۇس شـعارەمش انا دەنە
发色体	color bodies	ٴتۇس شـعارەمش دەنە
发色团	chromogen, chromophore	حرومو گەن، حروموفور
发色性	color emissivity	ٴتۇس شـعارەمشتـق

发生器	generator	گەنەراتور
发烟点	smoke point	تۈتۈندە ۋ نۇكتەسى، ئۇتۈن شەئارۋ نۇكتەسى
发烟剂	somke composition, smoke agent	تۈتۈندەتكش اگەنت
发烟硫酸	fuming sulfuric acid	ئۇتۈندى كۆكۈرت قشقىلى
发烟酸	fuming acid	ئۇتۈندى قشقىل
发烟硝酸	fuming nitric acid	ئۇتۈندى ازوت قشقىلى
发烟盐酸	fuming hydrochloric acid	ئۇتۈندى تۇز قشقىلى
发烟液体	fuming liquid	تۈتۈندەنەتن سۈيقتىق
发盐	hair salt $Al_2Fe(SO_4)_4 \cdot 24H_2O$	شاش تۇزى، تۇك تۇزى
法尔顿	phaltan	فالتان
法国白	French white	فرانسىيا اەى، تالىك ۇنتاەى
法国松节油	French turpentin	فرانسىيا تەرپەنتىنى
发拉	farad	فاراد (بىرلىك)
发拉第	Faraday	① فارادەي (انگلىيا فىزىكا عالىمى، 1791 — 1867)؛ ② بىرلىك
法拉第常数	Faraday constant	فارادەي تۇراقتىسى
法拉第定律	Faraday law	فارادەي زاڭى
法拉第效应	Faraday effect	فارەدەي ەففەكتى
法拉蒙	faramond	فارامون
法莫替丁	famotidine	فاموتىدىن
法哪黄绿	fanal yellow – green	فانال سارى – جاسلى
法哪蓝	fanal blue	فانال كوگى
法哪染料	fanal colors	فانال بوياۋلار
法哪桃红	fanal pink	فانال قزعەملتمى
法呢醇	farnesol $C_{15}H_{26}O$	فارنەزول
法呢醛	farnesal $C_{15}H_{24}O$	فارنەزال
法呢烷	farnesane $C_{15}H_{32}$	فارنەزان
法呢烯	farnesene $C_{15}H_{24}$	فارنەزەن
法呢烯酸	farnesenic acid $C_{15}H_{24}O_2$	فارنەزەن قشقىلى
法庭化学	legal chemistry	سوت حىمىياسى
法沃斯基反应	Favorski reaction	فاۋورسكى رەاكسىياسى
法逊炸药	Fason powder	فاسون جارىلعملەش ئدارىسى
法医化学	forensic chemistry, judicinal chemistry	زاڭ دارىگەرلىك حىمىياسى

| 砝码 | weight | تارازى تاسى، كىر تاسى |
| 珐琅 | enamel | ەمال، كىرەۋكە |

fan

番红	safranine	$C_{18}H_{14}N_4$	سافرانىن
番椒晶素			"辣精" گە قاراڭىز.
番爵床碱			"瓦丝素" گە قاراڭىز.
番硫磷	fenthion		"倍硫磷" گە قاراڭىز.
番木鳖次碱	vomicine		ۋومىتسىن
番木鳖甙	loganin, loganoside		لوگانىن، لوگانوزىد
番木鳖碱	brucine	$C_{23}H_{26}O_4N_2$	بروتسىن
番木鳖碱乙			"呕吐素" گە قاراڭىز.
番木瓜碱	carpaine		كارپاين
番(木)瓜朊酶	papain, papainase		پاپاين، پاپاينازا
番茄定	tomatidine		توماتيدىن
番茄苷			"番茄素" گە قاراڭىز.
番茄红素	lycopene	$C_{40}H_{56}$	لىكوپەن
番茄黄色素			"番茄黄质" گە قاراڭىز.
番茄黄质	lycoxanthin		لىكوكسانتىن
番茄碱			"番茄定" گە قاراڭىز.
番茄碱糖甙			"番茄素" گە قاراڭىز.
番茄菌素			"番茄红素" گە قاراڭىز.
番茄素	tomatin		توماتين
番茄萎调素	lycomrasmin		لىكومارازمين
番茄紫素	lycophyll		لىكوپەللين
番石榴酸	piscidic acid	$C_{11}H_{10}O_7$	پيستسيدين قىشقىلى
番薯甙	scammonin	$C_{34}H_{56}O_{16}$	سكاممونين
番薯树脂	scammony resin		باتان سمولاسى
番薯酮	ipomeamarone		يپومەامارون
番木鳖碱	strychnine		ستريحنين
番妥卡因	pantocarine		پانتوكاين
番泻叶碱	sonnatin		سەنناتين

凡士精 vasogen		ۋازوگەن
凡士林 vaseline		ۋازەلىن
凡士林油 vaseline oil		ۋازەلىن مايى، اق ماي
矾		"明矾" گە قاراڭز.
矾土		"氧化铝" گە قاراڭز.
钒 vanadium		ۋانادي (v)
钒催化剂 vandic catalyst		ۋانادي كاتاليزاتور
钒铁 ferrovanadium		ۋاناديلى بولات
钒酸 vanadic acid	HVO₃	ۋانادي قىشقىلى
钒酸铵 ammonium vanadate	(NH₄)VO₃	ۋانادي قىشقىل اممونى
钒酸酐 vanadic anhydride		ۋانادي قىشقىلىنىڭ انگيدريتى
钒酸钾 potassium vanadate	KVO₃	ۋانادي قىشقىل كالي
钒酸锂 lithium vanadate	LiVO₃	ۋانادي قىشقىل ليتي
钒酸钠 sodium vababate	NaVO₃	ۋانادي قىشقىل ناتري
钒酸铅 lead vanadate	Pb(V₃)₂	ۋانادي قىشقىل قورعاسىن
钒酸铁 ferric vanadate		ۋانادي قىشقىل تەمىر
钒酸盐 vanadate		ۋانادي قىشقىلىنىڭ تۇزدارى
钒铁合金 ferro vanadium		ۋانادي ــ تەمىر قورىتپاسى
钒盐 vanadic salt		ۋانادي تۇزى
钒族 vanadium family		ۋانادي گرۇپپاسى
钒族元素 vanadium family element		ۋانادي گرۇپپاسىنداعى ەلەمەنتتەر
反 de, anti		دە، شعارۋ، انتي (گرەكشە)، قارسى
反苯氨酰丙酰基		"富马苯胺酰" گە قاراڭز.
反蓖麻酸 ricinelaidic acid	C₁₈H₃₄O₃	ريتسىن ەلايدين قىشقىلى
反蓖麻酸钠 sodium ricinelaidate	C₁₇H₃₃O·CO₂Na	ريتسىن ەلايدين قىشقىل ناتري
反蓖麻酸盐 ricinelaidate	C₁₇H₃₃O·COOM	ريتسىن ەلايدين قىشقىلىنىڭ تۇزدارى
反蓖麻油酸		"反蓖麻酸" گە قاراڭز.
反超子 antihyperon		انتيگيپەرون
反冲 recoil		كەرى تەبۋ
反冲电子 recoil electron		كەرى تەبەتىن ەلەكترون
反冲原子 recoil atom		كەرى تەبەتىن اتوم

反催化剂 anticatalyzer		انتيكاتاليزاتور
反氘核 antideyteron		انتيدەيتەرون
反缔合 retrograde condensation		كەرى كوندەنساتسيالانؤ
反丁二烯型		"富马型" گە قاراڭىز.
反丁烯二酸		"富马酸" گە قاراڭىز.
反丁烯二酸型		"富马型" گە قاراڭىز.
反丁烯二酰		"富马酰" گە قاراڭىز.
反对称 anti‐symmetry		انتيسيممەتريا
反反应 antireaction		انتىرەاكسيا
反分子 antimolecule		انتيمولەكؤلا
反光镜 reflector		شاعملەستىرعىش اينا (ميكروسكوپتا)
反核子 antinucleon		انتينؤكلەون
反键轨道函数 antibonding orbital		انتيبايلانىستمق وربيتال
反芥油酸 9‐trans‐docosenoic acid		9 ـ ترانس ـ دوكوزەن قىشقىلى
反介子 antimezon		انتيمەزون
反夸克 antiquark		انتيكؤارك
反馈 feedback		كەرى بايلانىس
反馈抑制 feedback inhibition		كەرى بايلانىستى تەجەلؤ
反离子 antiparticle		انتييون
反粒子 antiparticle		انتيبولشەكتەر
反硫化(作用) devulcanization		كؤكىرتسىزدەنؤ
反密码子 anticodon		انتيكودەن
反式十氢萘 trans‐decalin		ترانس ـ دەكالين
反气旋 anticyclone		انتيكؤكلون
反‐12‐羟基十八(碳)烯‐[9]‐酸		"反蓖麻酸" گە قاراڭىز.
反轻子 antilepton		انتيلەپتون
反乳化剂 demulsifying agent		ەمؤلتسيالانؤعا قارسى اگەنت
反乳化(作用) demulsification		ەمؤلتسياسىزدانؤ
反射(定)律 law of reflection		شاعملەسؤ زاڭى
反十氢化萘 trans‐decahydro naphthalene		ترانس ـ دەكاسؤتەكتى نافتالين
反式 trans‐, anti‐form, anti‐type		① ترانس (لاتىنشا) ② انتيفورم، انتي تيپ
反式丁烯‐[2] trans‐butene‐[2]		ترانس ـ بؤتەن ـ [2]

反式丁烯二酸	"富马酸" كه قاراڭىز.
反式丁烯二酰	"富马酰" كه قاراڭىز.
反式丁烯二酰氯	"富马酰氯" كه قاراڭىز.
反式构型	"反型" كه قاراڭىز.
反式化合物 trans – compound	ترانس ـ قوسىلمىستار
反式加成(作用) trans – addition	ترانس ـ قوسىپ الۇ
反式甲基丁烯二酸	"甲基富马酸" كه قاراڭىز.
反式聚甲基丁二烯 trans – polyisoprene	ترانس ـ پولىيىزوپرەن
反式立构聚合物	"间同立构聚合物" كه قاراڭىز.
反式立体异构体 trans – steroisomer	ترانس ـ ستەرويىزومەر
反式十八(碳)烯 – [9] – 酸 trans – 9 – octadecenoic acid	ترانس ـ 9 ـ وكتادەكەن قىشقىلى
反式同分异构(现象) anti – isomerism	انتى ـ يزومەريا
反式肟 anti – oxime	انتى ـ وكسيم
反式消去(作用) trans – elimination	ترانس شعارۇ، كەرى شعارۇ
反式溴代丁烯二酸	"溴代富马酸" كه قاراڭىز.
反式衍生物 trans – (antil) – derivative	ترانس تۇىندىلار، انتيتۇىندىلار
反式异构化合物	"富马型" كه قاراڭىز.
反式异构体 trans – isomer	ترانس ـ يزومەر
反式异构(现象) trans – isomerism	ترانس ـ يزومەريا
反位 trans – position (antiposition)	ترانس ـ ورىن، انتيىورىن
反物质 antimatter	انتيماتەريا
反型 anti – configuration	انتى قۇرىلىستىق تيپ
反应 reaction	رەاكسيا
反应本领 reaction capasity	رەاكسيا قابلەتى
反应产量 reaction yield	رەاكسيا ٴونىمى
反应产品	"反应器产品" كه قاراڭىز.
反应产物	"反应生成物" كه قاراڭىز.
反应程度 extent of reaction	رەاكسيا دارەجەسى
反应动力学 reaction kinetics	رەاكسيالىق كينەتيكا
反应堆 reactor	اتوم قازانى، رەاكتور
反应锅 reaction still	رەاكسيا قازانى
反应基 reactive group	رەاكسيالىق راديكال

反应机构	reaction mechanism	رەاكسيا مەحانيزمى
反应级(数)	order of reaction	رەاكسيالارردىڭ رەتى
反应阶段	reaction step	رەاكسيا باسقسقشتارى
反应历程		"反应机构" گە قاراڭز.
反应量	reacting weight	رەاكسيالاسؤ مولشەرى
反应流	reaction stream	رەاكسيا اعنىى
反应期	reaction period	رەاكسيا پەريودى، رەاكسيا اينالمى
反应器	reactor	رەاكتور
反应器产品	reactor product	رەاكتور ٴونمى
反应区	reaction zone	رەاكسيا اؤماعى، رەاكسيا الابى
反应热	reaction heat	رەاكسيا جلؤى
反应生成物	resultant of reaction	رەاكسيادا تۇزىلگەن زاتتار
反应时间	reaction time	رەاكسيا ؤاقتى
反应式	equation	رەاكسيالىق فورمؤلا
反应室	reaction chamber	رەاكسيا كامەراسى
反应水		رەاكسيالىق سؤ
反应素	reagin	رەاگىن
反应速度	reaction velocity	رەاكسيا جلدامدعى
反应塔	reaction tower	رەاكسيا مۇناراسى
反应体系	reaction system	رەاكسيا جۇيەسى
反应条件	reaction coditions	رەاكسيا شارتتارى
反应物	reactant	رەاكسيالاساتىن زاتتار
反应型式	reaction type	رەاكسيا تۇرلەرى (تيپتەرى)
反应性	reactivity	رەاكسيالاسقىشتىق
反应液体	reaction liquid	رەاكسيا سؤيىقتىعى
反应原	reagen	رەاگەن
反应原理	principle of reaction	رەاكسيا قاعيدالارى
反应终点	reaction endpoint	رەاكسيانىڭ سوڭعى نۇكتەسى
反应中心	reaction center	رەاكسيا سەنترى
反应周期		"反应期" گە قاراڭز.
反油酸	elaidic acid $C_{17}H_{33}COOH$	ەلايدين قىشقىلى
反油酸重排作用	elaidinization	ەلايدين قىشقىلىنىڭ قايتا ورنالاسؤى
反油酸二硬脂精	elaidodisteٴearin	ەلايدو ديستەارين

反油酸反应　elaidin reaction　ھەلايدين رەاكسىياسى

反油酸检验　elaidin test　ھەلايدين سىناعى، ھەلايدىندى انقتاۋ

反油酸精　elaidin　ھەلايدين

反原子　antiatom　انتياتوم

反质子　antiproton　انتيپروتون

反中微子　antineutrino　انتينەيترىنون

反中子　antineutron　انتينەيترون

反重子　antibaryon　انتيباريون

反转氢(分子)　"正氢" گە قاراڭنز.

泛氨酸　pantonine　پانتونين

泛磺酸　pantoyl taurine(thiopanic acid)　پانتويل تاۋرين، تيوپان قىشقىلى

泛解酸　pantoic acid　پانتوين قىشقىلى

泛霉素　aurimycin　يۇرىميتسين

泛配子酸　pangamic acid(= vitamin B_{15})　پانگامين قىشقىلى، ۆيتامين B_{15}

泛酸　pantothenic acid　$HOCH_2C(CH_3)_2CH(OH)CONH(CH_2)_2COOH$　پانتوتەن قىشقىلى

泛酸钙　calcium pantothenate　$(C_9H_{16}O_5N)_2Ca$　پانتوتەن قىشقىل كالتسي

泛酸盐　pantothenate　$C_9H_{16}O_5NM$　پانتوتەن قىشقىلىنىڭ تۇزدارى

泛酰　pantoyl　پانتويل

泛酰硫氢乙胺　pantetheine　پانتەتەين

泛影钠　sodium diatrizoate　دياتريزۋاس ناتري

泛影葡胺　urografin　ۇروگرافين

范德瓦耳斯方程式　Van der Waals equation　ۆاندەر ۔ ۆاالس تەڭدەۋى

范德瓦耳斯力　Van der Waals force　ۆاندەر ۔ ۆاالس كۇشى

范德瓦耳斯吸附(作用)　Van der Wals adsorption　ۆاندەر ۔ ۆاالس ادسورپتسياسى

范宁公式　Fanning's equation　فاننين تەڭدەۋى

范托夫定律　Vant Hoffs law　ۆانت حوۆ زاڭى

fang

方程　equation　تەڭدەۋ

方解石　calcite　$CaCO_3$　كالتسيت، اك شپاتى

芳胺基萘醌类	arylaminonap hthoquinones		اریل امینو نافتوحینوندار
芳丙烯酰芳烃	chalcones (ArCH:CHCOAr)		چالكوندەر
芳叉	arylidene	ArCH =	اریلیدەن
芳代脂烷基	aralkyl		ارالكیل
芳构化	aromatization,aramatize		اروماتتانۆ، اروماتتاندسرۆ
芳化	arylate		اریلدەنۆ
芳化剂	aromatizer		اروماتتاعىش اگەنت
芳挽氨基硫酸	aryl sulfuric acids	$ArONH_2SO_2H$	اریل سۆلفامین قشقىلى
芳基	aryl radical		اریل رادیكالى، اریل
芳基胺	arylamine		اریلامین
芳基丙烯酰芳烃	chalcone		كالكون
芳基丙酰芳烃			"二氢查耳酮" گە قاراڭز.
芳基碘	aryliodide		اریل یود
芳基二胂酸	aryldiarsonic acid	$R·(AsH_2O_3)_2$	اریل ەكى ارسون قشقىلى
芳基氟	aryl fluoride		اریل فتور
芳基化合物	aryl compound		اریل قوسىلىستارى
芳基化剂	arylating agent		اریلدەگىش اگەنت
芳基化物	aryllate, arylide		اریل قوسىلىستارى، اریلاتتار
芳基化作用	arylating, arylation		اریلدەۋ
芳基磺酰氯	aryl sulfonyl chloride	$R·SO_2Cl$	اریل سۆلفونیل حلور
芳基甲基甲酮	aryl metthyl ketone		اریل مەتیل كەتون
芳基金属	metalaryl, metalarylide	MRn	اریلدى مەتال
芳基硫脲	arylthiourea		اریل تیوۆرەا
芳基硫酸	aryl hydrogen sulfate	$R·SO_4H$	اریل كۆكىرت قشقىلى
芳基卤	aryl halide		اریل گالوگەن
芳基氯	aryl chloride		اریل حلور
芳基铅	lead aryl		اریل قورعاسىن
芳基胂化四卤	aryl arsine tetrahalide	$R·AsX_4$	اریل ارسیندى ٴتورت گالوگەن
芳基胂酸	aryl arsonic acid	$R·AsO(OH)_2$	اریل ارسون قشقىلى
芳基胂氧化卤	arylarsine oxyhalide	$R·AsOX_2$	اریل ارسیندى گالوگەن توتىعى
芳基酸	arylic acid		اریل قشقىلى

芳基锡	tin aryl	SnR₂; SnR₄	اريل قالايى

芳基锡　tin aryl　SnR_2; SnR_4　اريل قالايى

芳基溴　aryl bromide　اريل بروم

芳基氧　aryl oxide　اريل توتقتارى

芳基重氮化合物　aryl diazonium compound　اريل ديازو قوسلمستارى

芳基重氮化卤　aryl diazonium halide　$R \cdot N_2 \cdot X$　اريل ديازو گالوگەن

芳基重氮化氯　aryl diazonium chloride　$R \cdot N_2 \cdot Cl$　اريل ديازو حلور

芳硫基乙炔　aryl thioacetylene　اريل تيواتسەتيلەن

芳纶　aramid fiber　اروماتتى نيلون

芳炔　aryne　ارين

芳肼基　"芳族卡可基" گە قاراڭىز.

芳烃　arene, aromatic hydrocarbon　ارەندەر، اروماتتى كومىرسۇ تەكتەر

芳烃磺酰　arene－sulfonyl　ارەندى سۇلفونيل

芳烃检验　"甲醛试验" گە قاراڭىز.

芳烃汽油　aromatic type gasoline　اروماتت تيۆتمك بەنزين

芳烃硝化(作用)　aromatic nitration　اروماتتى كومىرسۇ تەكتەردى نيترلەۇ

芳酮　arone　ارون

芳烷基　aralkyl group　ارالكيل، ارالكيل گرۇپپاسى

芳酰基　aroyl(group)　ارويل، ارويل گرۇپپاسى

芳酰基隣氨苯磺酰胺　aroyl orthanil amide　ارويل ورتانيل اميد

芳香胺　"芳族胺" گە قاراڭىز.

芳香醇　"芳族醇" گە قاراڭىز.

芳香醋　aromatic vinegar　اروماتتى سىركەسۇ

芳香度　aromaticity　اروماتتىلىق، حوش يىستىلمك

芳香化　"芳构化" گە قاراڭىز.

芳香化合物　aromatic compound　اروماتتى قوسىلىستار

芳香环　aromatic ring　ارومات ساقيناسى

芳香基原油　aromatic base crude oil　اروماتتى وڭدەلمەگەن مۇناي

芳香剂　aromatizer　اروماتتاعىش اگەنت

芳香焦油　aromatic tar　اروماتتى كوكس مايى

芳香硫酸　"芳族硫酸" گە قاراڭىز.

芳香醛　aromatic aldehyde　اروماتتى الدەگيد

芳香水　aromatic water　اروماتتى سۇ، حوش ئىستى سۇ

芳香酸　aromatic acid　اروماتتى قىشقىلدار

芳香烃		"芳烃" گه قاراڭز.
芳香酮	aromatic ketone	ارۇماتتى كەتون
芳香团	aromatophore	ارۇمات توبى
芳香物	aromatic substance	ارۇماتتى زاتتار
芳香系	aromatic series	ارۇمات قاتارى
芳香性		"芳香度" گه قاراڭز.
芳香油	aromatic oil	ارۇماتتى ماي
芳香杂环化合物	heteroaromatic compound	گەتەرو ارۇماتتى قوسىلىستار
芳香族氨基酸	aromatic amino acid	ارۇماتتى امينو قىشقىلى
芳香族含氧酸	aromatic oxyacid	ارۇماتتى وتتەكتى قىشقىلدار
芳香族化合物		"芳香化合物" گه قاراڭز.
芳香族基胂酸		"芳基胂酸" گه قاراڭز.
芳(香)族聚合(作用)	aromatic polymerization	ارۇماتتىق پوليمەرلەۆ
芳(香)族取代	aromatic substitution	ارۇماتتىق الماسۇ
芳香族酸		"芳香酸" گه قاراڭز.
芳辛(环)		"环辛四烯" گه قاراڭز.
芳氧基	aryloxy	اريلوكسي
芳氧基醋酸	arylhydroxyacetic acid R·O·CH₂·COOH	اريلوكسي سىركە قىشقىلى
芳氧基化合物	aryloxy compound	اريلوكسي قوسىلىستار
芳乙酮	aryl ethyl ketone	اريل ەتيل كەتون
芳族胺	aromatic amine	ارۇماتتى امين
芳族醇	aromatic alcohol	ارۇماتتى سپيرت
芳族汞制剂	aromatic mercurial	ارۇماتتى مەركۇريال
芳族含量	aromatic content	ارۇمات مولشەرى
芳族化合物		"芳香化合物" گه قاراڭز.
芳族环		"芳香环" گه قاراڭز.
芳族磺酸	aromatic sulfonic acid	ارۇماتتى سؤلفون قىشقىلى
芳族基	aromatic radical(group)	ارۇماتتى راديكال
芳族碱	aromatic base	ارۇماتتى نەگىز
芳族卡可基	aromatic cocodyl	ارۇماتتى كوكوديل
芳族硫酸	aromatic sulfuric acid	ارۇماتتى كؤكىرت قىشقىلى
芳族卤化物	aromatic halide	ارۇماتتى گالوگەن قوسىلىستارى

芳族醚	aromatic ether	R·O·R	ئاروماتتى ەفير
芳族羟基酸	aromatic hydroxy acid		ئاروماتتى گيدروكسيل قىشقىلى
芳族醛			"芳香醛" گە قاراڭـز.
芳族酸			"芳香酸" گە قاراڭـز.
芳族羧酸	aromatic carboxylic acid		ئاروماتتى كاربوكسيل قىشقىلى
芳族烃			"芳烃" گە قاراڭـز.
芳族酮			"芳香酮" گە قاراڭـز.
芳族硝基化合物	aromatic nitro‐compound		ئاروماتتى نيترو قوسىلىستار
芳族型汽油			"芳烃汽油" گە قاراڭـز.
芳族亚磺酸	aromatic sulfinic acid		ئاروماتتى سۇلفين قىشقىلى
芳族氧化物	aromatic oxide		ئاروماتتى توتىقتار
芳族酯	aromatic ester		ئاروماتتى ەستەر
钫(Fr)	francium (Fr)		فرانتسي (Fr)
防冻剂	deicing fluid		ۇسكتەن ساقتايتىن اگەنت
防毒面具	gas mask		ۋلانۋدان ساقتايتىن تۇمسلدىرىق
防腐剂	consenving agent		شىرۋدەن ساقتايتىن اگەنت
防护剂	protective agent		قورعاۋشى اگەنت
防护壳	protective crust		قورعاۋشى قابىرشاق
防护酶	protective enzymes		قورعاۋشى فەرمەنت
防护膜	protective film		قورعاۋشى پەردە، قورعاۋشى جارعاق
防己醇灵	fangchinoline		فانجينولين
防己定			"门尼息定" گە قاراڭـز.
防己碱			"门尼新" گە قاراڭـز.
防老剂	antiager		كونەرۋدەن ساقتايتىن اگەنت
防霉灵	anilazine		انيلازين
防燃剂	flame retardant		ورتەنۇن ساقتايتىن اگەنت
防锈剂	rust inhibitor		تاتتانۇدان ساقتايتىن اگەنت
仿	form		فورم
仿泪准			"汪尼君" گە قاراڭـز.
仿羊皮纸	parchment imitation		ۇقسامالى پەرگامەنتتى قاعاز
放大镜	magnifying glass		لۇپا
放电	(electric) discharge		زاريادسىزدانۇ
放电反应(器)	discharger		زاريادسىزداۋ رەاكسياسى

放电器	discharger	زارىيادسىزداعىش (اسپاپ)
放霉素	emimycin	ەمىمىتسىن
放能(代谢)反应	exergenic reaction	ەنەرگىيا شىعارۇ رەاكسىياسى
放氢酶	hydrogenase	گىدروگەنازا
放热	heat production	جىلۇ شىعارۇ
放热变化	exothermal reaction	جىلۇ شىعارىپ وزگەرۇ
放热反应	exothermic reaction	جىلۇ شىعاراتىن رەاكسىيالار
放热化合物	exothermic componund	جىلۇ شىعاراتىن قوسىلىستار
放射	radio	رادىو (لاتسىنشا)، ساۋلە شىعارۇ، رادىيواكتىۋ
放射化分析	radioactivation analysis	رادىيواكتىۆتىك تالداۇ
放射化学	radiochemistry	رادىيو حىمىيا
放射金相学	radiometallogeraphy	رادىيو مەتاللوگراپىيا
放射镜	radioscopy	رادىيوسكوپ
放射粒(子)	radion	رادىيواكتىۆتىك بولشەكتەر
放射能	radioactive energy	رادىيواكتىۆتىك ەنەرگىيا
放射平衡	radioactive equilibrium	رادىيواكتىۆتىك تەپە ـ تەڭدىك
放射生物学	radiobiology	رادىيو بىيولوگىيا
放射衰变律	law of radioactive decay	رادىيواكتىۆتىك ىدىراۇ زاڭى
放射性的	radioactive	رادىيواكتىۆتىك
放射性变化	radioactive change	رادىيواكتىۆتىك وزگەرۇ
放射性醋酸	radioactive acetic acid	رادىيواكتىۆتىك سىركە قىشقىلى
放射性氮	radioactive nitrogen	رادىيواكتىۆتىك ازوت
放射性碘	radioiodine	رادىيواكتىۆتىك يود
放射性分析	radiassay	رادىيواكتىۆتىك تالداۇ
放射性钴	radioactive cobalt	رادىيواكتىۆتىك كوبالت
放射性钾	radioactive potassium	رادىيواكتىۆتىك كالي
放射性磷 32	radioactive phoshorus 32	رادىيواكتىۆتىك فوسفور 32
放射性硫	radioactive sulfur	رادىيواكتىۆتىك كۇكىرت
放射性钠	radioactive sodium	رادىيواكتىۆتىك ناترى
放射性铅	radioactive lead	رادىيواكتىۆتىك قورعاسىن
放射性锶	radioactive strontium	رادىيواكتىۆتىك سترونتسى
放射性碳	radioactivecarbon	رادىيواكتىۆتىك كومىرتەك
放射性铁	radioactive iron	رادىيواكتىۆتىك تەمىر

放射性同位素	radioactive isotape	رادىيواكتىيۆتىك يزوتوپ
放射性土	radioactive earth	رادىيواكتىيۆتىك توپراق
放射性蜕变	radioactive disintegration	رادىيواكتىيۆتىك تۆرلەنۈ
放射性物质	radioactive subsance	رادىيواكتىيۆتىك زاتتار
放射性稀有金属	radioactive rare metal	رادىيواكتىيۆتىك سىرەك كەزدەسەتىن مەتالدار
放射性溴	radioactive bromine	رادىيواكتىيۆتىك بروم
放射性元素	radioactive element	رادىيواكتىيۆتىك ەلەمەنتتەر
放射性原子	radioactive atom	رادىيواكتىيۆتىك اتومدار
放射学	radiology	رادىيولوگىيا
放射移位(定)律	law of radioactive displacemenet	رادىيواكتىيۆتىك جىلجۆ زاڭى
放射指示剂	radioactive indicator	رادىيواكتىيۆتىك ىندىكاتور
放射族	radioactive family	رادىيواكتىيۆتەر گرۇپپاسى
放线菌素	actinomycin	اكتىينومىتسىين
放线菌素 A	actinomycin A	اكتىينومىتسىين A
放线菌素 B	actinomycin B	اكتىينومىتسىين B
放线菌素 C	actinomycin C	اكتىينومىتسىين C
放线菌素 D	actinomycin D	اكتىينومىتسىين D
放线菌素 K	actinomycin K	اكتىينومىتسىين K
放线菌素酸	actinomycinic acid	اكتىينومىتسىين قىشقىلى
放线菌酮		"放线酮" گە قاراڭىز.
放线菌玉红	actinorubin	اكتىينورۇبىين
放线菌紫素	actinorhodine	اكتىينورودىين
放线噻唑酸	actithiazic acid	اكتىيتىيازىين قىشقىلى
放线酮	actidione	اكتىيدىيون
放线酰胺素	actinonin	اكتىينونىين

fei

非	non –	نون (لاتىنشا)، بەي، ەمەس، جوق
非苯型	non – benzenoid	بەنزونويدسىز، بەيبەنزونويد
非苯型芳香化合物	non – benzenoid aromatic compound	بەيبەنزونويدتى

ارۇماتتى قوسۇلمىستار

非必要氨基酸　non‐essential amino‐acid　قاجەتتى ەمەس امينو

قىشقىلدارى (12 ٴتۇرلى)

非必需元素　non‐essential element　قاجەتتى ەمەس ەلەمەنتتەر (ادام

دەنەسىنە)

非必需脂肪酸　non‐essential fatty acid　قاجەتتى ەمەس ماي قىشقىلدارى

非《宾哈》（Bingham）塑料　"假塑性" گە قاراڭىز.

非草隆　fenuron　فەنۇرون

非催化聚合　non‐catalytic polymerization　كاتاليزاتورسىز پوليمەرلەنۇ

非蛋白(质)氮　non‐protein nitrogen　بەلوكسىز ازوت

非导体　"不导体" گە قاراڭىز.

非道尔顿(式)化合物　non‐Daltonian compound　دالتونسىز قوسۇلمىستار

非缔合液体　non‐associated liquid　اسسوتسيالانبايتىن سۇيىقتىق

非电解质　"不电离质" گە قاراڭىز.

非对称分子　"不对称分子" گە قاراڭىز.

非对称结构　"不对称结构" گە قاراڭىز.

非对称系数　dissymmetric coetticient　بەيسيممەتريالى كوەففيتسەنت

非对称现象　"不对称现象" گە قاراڭىز.

非对映(立体)异构物　diastereoisomer　ستەرەولى ەمەس يزومەر

非对称(立体)异构(现象)　diastereo‐isomerism　ستەرەولى ەمەس

يزومەريالىق (قۇبىلىس)

非对映体　diasteromer　بەيستەرەومەر

非对映异构体　diasteroisomer　"非对映(立体)异构物" گە قاراڭىز.

非对映异构(现象)　"非对映(立体)异构(现象)" گە قاراڭىز.

非芳香烃　non‐aromatic hydrocarbon　ارۇماتتى ەمەس كومىرسۇتەكتەر

非干性油　non‐drying oil　قۇرعامايتىن ماي

非刚性塑料　non‐rigid plastis　قاتتى ەمەس سۇلياۋلار

非冈(二氯醌)　phygon　فيگون

非共有电子对　unchared electron pair　ورتاق ەمەس جۇپ ەلەكترونۋدار

非化学计量化合物　non‐stoichiometric compound　بەيحيميالىق ولشەمدى

قوسۇلمىستار

非极性　non‐polar　پوليارلى ەمەس، پوليارسىز

非极性分子　non‐polar molecule　پوليارسىز مولەكۇلا

非极性共价键	non – polar covalent bond	پوليارسىز ورتاق ۋالەنتتەك بايلانس
非极性化合物	non – polar compound	پوليارسىز قوسىلمىستار
非极性键	non – polar bond	پوليارسىز بايلانس
非极性键合	non – polar linkage	پوليارسىز بايلانس (ئۇۇۇ)
非极性离解(作用)	non – polar dissociation	پوليارسىز ىدىراۋ
非极性溶剂	non – polar solvent	پوليارسىز ەرتكەش (اگەنت)
非极性双键	non – polar double bond	پوليارسىز قوس بايلانس
非极性液体	non – polar liquid	پوليارسىز سۇيقتىق
非极性有机反应	non – polar organic reaction	پوليارسىز ورگانيكالىق رەاكسيالار
非极性作用	non – polar action	پوليارسىز اسەر
非结晶碳	agraphitic carbon	گرافيتسىز كومىرتەك
非金属	non – metal	بەيمەتالدار
非金属材料	non – metallic materials	بەيمەتال ماتەريالدار
非金属单质	non – metallic elemetal substance	بەيمەتال جاي زاتتار
非金属光泽	non – metallaic luster	بەيمەتال جىلتىرلىق
非金属化合物	non – metalllic compound	بەيمەتال قوسىلمىستار
非金属夹杂物	non – metallic inclusion	بەيمەتال قستىرىندى زاتتار
非金属矿物	non – metallic minerals	بەيمەتال مينەرالدار
非金属氢化物	non – mentallic hydride	بەيمەتال سۇتەكتى قوسىلمىستار
非金属添加剂	non – metallic additive	بەيمەتال تولىقتىرعىشتار
非金属性	metalloid character	بەيمەتالدىق قاسيەت، بەيمەتالدىلىق
非金属氧化物	non – metalloid oxide	بەيمەتال توتىقتار
非金属元素	non – metallic element	بەيمەتال ەلەمەنتتەر
非晶性石蜡	non – crystalline wax	كريستالسىز بالاۋىز
非晶性石墨	non – crystalline graphite	كريستالسىز گرافيت
非均匀态	heterogenous state	بىركەلكى بولماعان كۇي
非均匀体系	heterogenous system	بىركەلكى بولماعان جۇيە
非兰醛	phellandral	فەللاندرال
非兰烯	phellandren	فەللاندرەن
非离子催化(作用)	non – ionic catalysis	يونسىز كاتاليز
非离子的加成反应	non – ionic addition reaction	يونسىز قوسىپ الۇ

رەاكسىياسى

非离子反应　non‐ionic reaction　　　　يونسىز رەاكسىيالار

非离子化合物　non‐ionic compound　　يونسىز قوسىلىستار

非离子化键合　non‐ionogenic linkage　يونسىزدانعان بايلانس (ئۇزۇق)

非离子型表面活性剂　non‐ionic surface active agent　يونسىز بەتتەك
اكتىۋتەگىش اگەنت

非理想溶液　non‐ideal solution　　بەيىدەال ەرىتىندى

非丽甙　phillyyrin　$C_{27}H_{34}O_{11}$　　فىلليرين

非丽配质　phillygenin　$C_{21}H_{24}O_6$　　فىللىگەنىن

非丽属配质　phillyrigenin　$(C_{30}H_{48}O_4)$　فىلليرىگەنىن

非灵　phyllin(e)　　　　فىللىن

非罗多　phanodorn　$(C_2H_5)(C_6H_9)C_4H_2O_3N_2$　فانودورن

非那根　phenergan　　　فەنەرگان

非那明　phenamine　　　فەنامىن

非那卡因　phenacaine　　فەناكاين

非那西汀　phenacetine　　فەناتسەتىن

非那宗　phenazone　$C_{11}H_{12}ON_2$　فەنازون

非牛顿粘度　　　.ﮔه قاراﮕىز "假粘度"

非牛顿液体　non‐Newtonian liquid　نيۇتونسىز سۇيىقتىق، نيۇتون
ەرەجەسىنه جاتپايتىن سۇيىقتىق

非诺可　phenecoll　$C_2H_5OC_6H_4NHCOCH_2NH_2$　فەنەكول

非偶联电子　uncoupled electron　جۇپتاسپاعان ەلەكتروندار

非偶联键　uncoupled bond　تۇيىندەسپەگەن بايلانس

非溶剂滴定　　　.ﮔه قاراﮕىز "非水滴定"

非朊基　　　.ﮔه قاراﮕىز "辅基"

非瑟酸　fisetic acid　　فىسەت قىشقىل

非瑟酮　fisetin　$C_{15}H_{10}O_6$　فىسەتىن

非石墨碳　　　.ﮔه قاراﮕىز "非结晶碳"

非水滴定　non‐aqueous titration　ەرىتكىشسىز تامشىلاتۇ، سۇسىز تامشىلاتۇ

非水胶体　non‐aqueous colloid　سۇسىز كوللويد

非水溶剂　non‐aqueous solvent　(سۇسىز ەرىتكىش (اگەنت

非水溶液　non‐aqueous solution　سۇسىز ەرىتىندى

非水溶液聚合　non‐aqueous solution polymerization　ەرىتىندىسىز

پوليمەرلەنۋ

非糖物　non‒sucrose　　　　　　　　　　　　　بەيسۋ كروزا

非铁合金　non‒ferrous aolloy　　　　تەمىرسىز قورىتپاللار، ئۆستى قورىتپاللار

非铁金属　non‒ferrous metal　　　　　تەمىرسىز مەتالدار، ئۆستى مەتالدار

非烃　non‒hydrocarbon　　　　　　　　　بەيكومىر سۆتەكتەر

非烃类化合物　non‒hydrocarbons compound　　　　كومىر سۆتەكتەرىننە

جاتپايتىن قوسىلىستار

非稳定态　non‒steady state　　　تۇراقتى ەمەس كۈي، تۇراقسىز كۈي

非线(型)聚合物　non‒linear polymer　　　سىزىقتى ەمەس پوليمەرلەر

非相性　　　　　　　　　　　　　　　".گە قاراڭىز "不均匀性

非选择裂化　non‒selective cracking　　تالعامسىز كرەكينگلەۋ (بولشەكتەۋ)

非选择溶剂　non‒selective entrainers　　تالعامسىز ەرىتكىشتەر (اگەنتتەر)

非再生过程　non‒regenerative process　　　قايتا تۋىندامايتىن بارس

非直线(型)分子　non‒linear molecula　　ئۆزۆ سىزىقتى ەمەس پوليمەرلەر

非直线(型)结构　non‒linear structure　　ئۆزۆ سىزىقتى ەمەس قۇرىلىم

非质子溶液　aprotic solution　　　　　پروتونسىز ەرىتىندى

非洲防己碱　columbamine(‒palmatine)　$C_{21}H_{23}O_5N$　كولۇمبامين، پالماتين

非洲防己酸　columbic acid　　　　　كولۇمبين قىشقىلى

非洲花椒素　　　　　　　　　　　　".گە قاراڭىز "阿他素

非洲柯巴脂　zanibar copal　　　　　　زانيبار كوپالى

非洲香脂　African balsam(=illurin balsam)　افريكا بالزامى، يللۇرين بالزامى

菲　phenanthren　　　　　　　　　　　فەنانترەن

菲并　phenanthro‒　　　　　　　　　‒ فەنانترو

菲并[1,10,9,8‒fghij]苝　phenanthro [1,10,9,8‒fghij] perylene　فەنانترو

[1,10,9,8‒fghij] پەريلەن

菲撑　phenan thrilene　$C_{14}H_8$‒　　　　فەنانتريلەن

菲啶　phenanthridine　$C_{13}H_9N$　　　　فەنانتريدين

菲啶基　phenanthridinyl　$C_{13}H_8N$‒　　فەنانتريدينيل

菲啶酮　phenanthridinone, phenanthrione　فەنانتريدينون، فەنانتريدون

菲二酚‒[9,10]　　　　　　　　　　　".گە قاراڭىز "菲氢醌

菲酚　phenanthrol　$C_{14}H_9OH$　　　　فەنانترول

菲酚‒[3]　phenanthrol　　　　　　　فەنانترول ‒ 3

菲核　phenanthrene nucleus　　　　　فەنانترەن يادروسى

菲环	phenanthren ring		فەنانترەن ساقيناسى
菲基	phenanthryl	$C_{14}H_9-$	فەنانتريل
菲醌	phenanthrene quinone		فەنانترەن حينون
菲醌二肟	phenanthrene quinone dioxime	$C_{14}H_{10}O_2N_2$	فەنانترەن حينون ديوكسيم
菲醌二肟酐	phenanthrene quinone dioxime anhydride	$C_{14}H_8ON_2$	فەنانترەن حينون ديوكسيم انگيدريتى
菲醌一肟	phenanthrene quinone monoxime	$C_{14}H_9O_2N$	فەنانترەن حينون مونوكسيم
菲利普烧杯	plillips beaker		فيلليپس حيميالىق ستاكانى
菲氢醌	phenanthrahydroquinone	$C_{14}H_8(OH)_2$	فەنانترەن سۇتەكتى حينون
菲绕啉	phenanthroline	$C_{14}H_8N_2$	فەنانترولين
菲绕啉离子	phenanthroline ion		فەنانترولين يونى
菲羧酸	phenanthrene carboxylic acid	$C_{14}H_9COOH$	فەنانترەن كاربوكسيل قىشقىلى
菲酮	phenanthrenone	$C_6H_4COCH_2C_6H_4$	فەنانترەنون
菲烷			"全氢化菲" گە قاراڭىز.
菲希尔—特罗甫希合成法	Fischer – tropsch synthesis		فيشەر ــ تروپش سيننەزى
鲱精胺	agmetine	$NH_2 \cdot C(NH) \cdot NH(CH_2)_4 \cdot NH_2$	اگماتين
鲱精朊	clupein(e)		كلۇپەين
鲱油	menhaden oil		مەنقادەن مايى
肥料	fertilizer		تىڭايتقىشتار
肥醛			"己二醛" گە قاراڭىز.
肥石灰	fat lime		مايلى اك
肥酸			"己二酸" گە قاراڭىز.
肥皂	soap		سابىن، كەر سابىن
肥皂草素	saponetin		ساپونەتين
肥皂反应	soap reaction		سابىن رەاكسياسى
肥皂构造	soap structure		سابىن قۇرىلىمى
翡翠绿			"巴黎绿" گە قاراڭىز.
斐林溶液	Fehling solution		فەلين ەرىتىندىسى
斐林试验	Fehling test		فەلين سىناعى

废纯碱	spent soda	جاراقسىز سودا
废催化剂	spent catalyst	جاراقسىز كاتاليزاتور
废碱	spent caustic	جاراقسىز ٴسىلتى
废碱液	spent lye	جاراقسىز ٴسىلتى ەرىتىندىسى
废料	spent material	جاراقسىز ماتەريالدار
废硫	sulfur waste	جاراقسىز كۇكىرت
废煤	waste coal	جاراقسىز كومىر
废气	spent gas	جاراقسىز گاز
废燃料	waste fuel	جاراقسىز جانار زاتتار
废热	waste heat	جاراقسىز جىلۇ، قالدىق جىلۇ
废溶液	lean solution	جاراقسىز ەرىتىندى
废烧碱		"废碱" گە قاراڭىز.
废石灰	spent lime	جاراقسىز اك
废试剂	spent reagent	جاراقسىز رەاكتيۆتەر
废水	waste water	جاراقسىز سۋ
废酸	waste acid	جاراقسىز قىشقىل
废铁	scrap iron	جاراقسىز تەمىر
废物	waste	جاراقسى زاتتار
废橡皮	waste rubber	جاراقسىز رازىنكە، كونەرگەن رازىنكە
废氧化铁	spent ferric oxide	جاراقسىز تەمىر توتىعى
废氧化物	spent oxide	جاراقسىز توتقتار
废液	waste liquor	جاراقسىز سۇيىقتىقتار
废油	easte oil	جاراقسىز ماي، ستەتىلگەن ماي
废纸	waste paper	جاراقسىز قاغاز، قاغاز قىقىمدارى
沸点	boiling point	قايناۋ نۇكتەسى
沸点计	ebullioscope, ebulliometer	قاينا ۋ نۇكتەسىن ولشەگىش ـ ەبۆليوسكوپ
沸点酒精计		"沸点计" گە قاراڭىز.
沸点升高	boiling point rising	قاينا ۋ نۇكتەسىن جوعارىلاتۇ
沸石	zeolite	زەۋليت
沸石水泥	zeolite cement	زەۋليتتى سەمەنت
沸水反应堆	boliing water reactor	سۇدىڭ قاينا ۋ رەاكتورى
沸水试验	boliling water test	سۇدىڭ قاينا ۋ سىناعى
沸腾	boiling	قاينا ۋ

费林溶液		"斐林溶液" گه قاراڭز.
费林试验		"斐林试验" گه قاراڭز.
费歇尔试剂	Karl Fischer reagent	كارل فيشەر رەاكتيۋى
镄(Fm)	fermium	فەرمي (Fm)

fen

分	① minute ; ② deci −	① مينۇت (min)؛ ② دەتسي (لاتىنشا)
分别结晶	fractional crystallization	ايىرىم كرىستالداۋ
分别中和	fractional neutralization	ايىرىم بەيتاراپتاۋ
分布定律	distribution law	ورنالاسۋ زاڭى، تارالۇ زاڭى
分布宽度	dispersion of distribution	تارالۇ كەڭدىگى، ورنالاسۋ كەڭدىگى
分段硫化	step up cure	باسقىشتاپ كۆكىرتتەنۇ
分级	grading	دارەجەگە ايىرۇ
分级沉淀	fractional precipitation	دارەجەگە ايىرسپ تۇنباعا ٴتۇسىرۋ
分级燃烧	fractional combustion	دارەجەگە ايىرسپ جاندىرۋ
分级溶解	fractional solution	دارەجەگە ايىرسپ ەرىتۋ
分解	decompose	ىدىراۋ، ىدىراتۋ
分解产物	decomposition product	ىدىراۋ ٴونىمى، ىدىراندى
分解常数	decomposition constant	ىدىراۋ تۇراقتىسى
分解催化剂	decomposition catalyst	ىدىراتۋ كاتاليزاتورى
分解点	decomposition point	ىدىراۋ نۇكتەسى
分解电势	decomposition potential	ىدىراۋ پوتەنتسيالى
分解反应	decomposition reaction	ىدىراۋ رەاكسيالارى، ايىرلۇ رەاكسيالارى
分解力	resolving	ىدىراۋ كۇشى
分解酶	lyase	ليازا
分解能力		"分解力" گه قاراڭز.
分解器	decomposer	ىدىراتقىش (اسپاپ)
分解热	decomposition heat	ىدىراۋ جىلۇى
分解水	water of decmposition	ىدىراعان سۇ
分解蒸馏	destructive dstillation	ىدىراتىپ بۇلاندىرسپ ايداۋ
分解值	decomposition value	ىدىراۋ ٴمانى
分解效力	decomposition efficiency	ىدىراۋ ەففەكتى

分克(dg)	decigram	دەتسیگرام (dg)
分类	classification(= itemize)	جىكتەۋ، توپقا ایرۇ
分离	separation	ئبولۇ، ایرۇ، اجراتۇ
分离剂	separating agent	ایرعىش اگەنت، اجراتقىش اگەنت
分离器	separator	ایرعىش، اجراتقىش، سەپاراتور (اسپاپ)
分离速度	separating rate	اجراۋ جىلدامدىعى
分馏	fractional distillation	ئبولۇپ ایداۋ، بولشەكتەپ ایداۋ
分馏分析	fractional analysis	بولشەكتەك تالداۋ
分馏管	fractionating tube	ئبولۇپ ایداۋ تۇتگى
分馏过程	fractional distillation process	ئبولۇپ ایداۋ بارسى
分馏器	fractionator	ئبولۇپ ایداعىش (اسپاپ)
分馏燃料	fractional combustion	ئبولۇپ ایداۋ جانار زاتى
分馏烧瓶	fractional distilling flask	ئبولۇپ ایداۋ كولباسى
分馏塔	fractional column	ئبولۇپ ایداۋ مۇناراسى
分馏系统	fractionating system	ئبولۇپ ایداۋ جۇیەسى
分馏效率	fractionating efficiency	ئبولۇپ ایداۋ ئفەكتى
分馏柱		"分馏塔" گە قاراڭىز.
分馏装置	fractionating devices	ئبولۇپ ایداۋ قوندىرعىسى
分米(dm)	decimeter	دەتسیمەتر (dm)
分配定律	partition law	ئولەستىرمدىلىك زاڭى
分批	batching	دۇركىندەۋ، توپقا ئبولۇ، توپ ـ توپبىمەن
分批操作	batch operation	دۇركىندى جۇمس
分批称重	batch weighing	دۇركىندەپ ولشەۋ (ئورلىقتى)
分批处理	batch treating	دۇركىندەپ ئبىر جاقتىلى ەتۇ (وڭدەۋ)
分批法	batch process	دۇركىندەۋ ئادسى
分批干燥器	batch drier	دۇركىندەپ قۇرعاتقىش
分批混合器	batch mixer	دۇركىندەپ ارالاستىرعىش
分批结晶	batch crystallization	دۇركىندەپ كریستالداۋ
分批结晶器	batch crystallizer	دۇركىندەپ كریستالداعىش (اسپاپ)
分批精馏	batch rectification	دۇركىندەپ مانەرلەپ ایداۋ
分批精馏器	batch still	دۇركىندەپ مانەرلەپ ایداعىش
分批式精制	batch purification	دۇركىندەپ مانەرلەۋ
分批式生产	batch production	دۇركىندەپ ئوندىرۇ

分批提取	batch extraction	دۆركىندەپ ايىرىپ الۇ
分批蒸发	batch vaporization	دۆركىندەپ بۇلاندىرۇ
分批蒸馏	batch distillation	دۆركىندەپ بۇلاندىرىپ ايداۇ
分批蒸馏器	batch still	دۆركىندەپ بۇلاندىرىپ ايداعىش (اسپاپ)
分散	disppersion	تارالۇ، بىتىراۇ، شاشىراۇ، مايدالانۇ
分散本领	dispersive capacity	مايدالانۇ قابىلەتى
分散度	dispersion degree	مايدالىق، مايدالىق دارەجەسى
分散法	dispersion method	مايدالىق ٴادىس، مايدالاۇ ٴادىسى
分散分析	dispersion analysis	مايدالىق تالداۇ
分散混合器	dispersion conductor	مايدالىق ارالاستىرعىش اسپاپ
分散剂	dispersion agent	مايدالاعىش (اگەنت)
分散胶体	dispersoid	ديسپەرزويد
分散介体	dispersion medium	مايدالاعىش ورتا
分散介质		"分散介体" گە قاراڭىز.
分散了的	diersed	مايدالانعان
分散力	dispersion force	مايدالانۇ كۇشى
分散(内)相	disaperse phase	مايدالىق (ىشكى) فازا
分散染料	disperse dyes	مايدالىق بوياۇلار
分散体	dispersion	جۇزگمن
分散体稳定剂	dispersion stabilizer	جۇزگىندى تۇراقتاندىرعىش (اگەنت)
分散添加剂	dispersing additive	مايدالىقتى تولىقتىرعىش (اگەنت)
分散外相	dispersion phase	مايدالىق سىرتقى فازا
分散物系	dispersion system	"分散系" گە قاراڭىز.
分散(物)质	dispersed substance	مايدالانعان زاتتار
分散系	dispersion system	مايدالىق جۇيەلەر
分散(系)聚合(作用)	dispersion polymerization	مايدالىق (جۇيەنى) بوليمەرلەۇ
分散系数	dispersion coefficient	مايدالانۇ كوەففيتسەنتى
分散相	dispersion phase	مايدالىق فازا
分散效应	dispersion effect	مايدالانۇ ٴەففەكتى
分散性	dispersivity	مايدالانعىشتىق
分散元素	dispersed element	شاشىراڭقى ٴەلەمەنتتەر
分散组份	dispersed compenent	مايدالىق قۇرام، مايدالانعان قۇرام

分散作用	dispersive action	مايدالىق اسەرلەسۆلەر
分升(dL)	decilnter (dL)	دەتسیلیتر (dL)
分头物	anomer	انومەر
分析	analysis	تالداۋ
分析法	analytical method	تالداۋ ٴادسی، اناليتيكالىق ٴادس
分析法码	analytical weight	تالداۋ كەر تاسی، اناليتيكالىق كەر تاسی
分析反应	analytical reaction	تالداۋ رەاكسیالاری
分析化学	analytical chemistry	تالداۋ حيمياسی، اناليتيكالىق حيميا
分析器	analyzer	تالداۋش، تالداعىش (اسپاپ)
分析试剂	anatlytical reagent	تالداۋ رەاكتيۆتەری، اناليتيكالىق رەاكتيۆتەر
分析天平	analytical balance (= chemical balance)	تالداۋ تارازىسی،
		اناليتيكالىق تارازى، حيميالىق تارازى
分析因数	analytic factor	تالداۋ فاكتورى
分析蒸馏	analycial distillation	تالداپ بۇلاندىرىپ ايداۋ
分析准确度	accurocy of analysis	تالداۋ دالدىگی
分压力		"部分压力" گە قاراڭىز.
分压(力)(定)律	law of partial pressure	پارتسيال قىسىم زاڭی
分液刻度	delivery mark	سۇيىقتىق ٴبولۇ شكالاسی
分液漏斗	separating funnel	سۇيىقتىق بولەتىن ۆورونكا
分液瓶	delivery flask	سۇيىقتىق بولەتىن كولبا
分子	molecule	مولەكۋلا
分子半径	molecular radius	مولەكۋلا راديۋسی
分子泵	molecular pump	مولەكۋلالىق ناسوس
分子比率	molecular ratio	مولەكۋلانىڭ سالستىرمالى شاماسی
分子表面能	molecular surface energy	مولەكۋلالىق بەتتىك ەنەرگيا
分子不对称(性)	molecular asymmetry	مولەكۋلالىق اسيممەترياالىق،
		مولەكۋلالىق سيممەترياسىزدىق
分子层	molecular layer	مولەكۋلا قاباتی، مولەكۋلالىق قابات
分子成分		"分子组成" گە قاراڭىز.
分子重排(作用)	molecular rearrangement	مولەكۋلالاردىڭ قايتا ورنالاسۋى
分子磁力	molecular magnetic force	مولەكۋلالىق ماگنيتتىك كۇش
分子簇	molecular clustering	مولەكۋلالىق شوعىر
分子导电系数		"克分子电导率" گە قاراڭىز.

分子碲合(现象)	molecular association	مولەكۇلالىق اسسوتسىياتسىيا
分子电离	molecular inization	مولەكۇلانىڭ يوندانۇى
分子定位		"分子定向" گە قاراڭىز.
分子定向	molecular orientation	مولەكۇلالاردىڭ باعداراللانۇى
分子反应	molecular reaction	مولەكۇلالىق رەاكسىيا
分子反应式	molecular equation	مولەكۇلالىق رەاكسىيا فورمۇلاسى
分子分散	molecular dispersion	مولەكۇلالىق مايدالانۇ
分子分散性	molecular dispersivity	مولەكۇلالىق مايدالانعىشتىق
分子构成	molecular constitution	مولەكۇلالار قۇرىلمىسى
分子构型	molecular configuration	مولەكۇلا كونفىگۇراتسىياسى
分子光谱	molecular spectrum	مولەكۇلالىق سپەكترلەر
分子轨道	molecular orbit	مولەكۇلالىق وربىتا
分子轨函数	molecular orbital	مولەكۇلالىق وربىتالدار
分子轨函数法	molecular orbita method	مولەكۇلالىق وربىتالدار ادىسى
分子轨函数学说	molecular orbital theory	مولەكۇلالىق وربىتالدار تەورىياسى
分子化合热	molecular combining heat	مولەكۇلالىق قوسىلۇ جىلۇى
分子化合物	molecular compund	مولەكۇلالىق قوسىلمىستار
分子极化(作用)	molecular polarization	مولەكۇلانىڭ پولىيارلانۇى
分子计算机	molecular computer	مولەكۇلالىق كومپيۇتەر
分子假说	molecular hypothesis	مولەكۇلالىق گيپوتەزا (بولجال)
分子间	inter molecularly	مولەكۇلا ارا، مولەكۇلا ارالىق
分子间重排作用	itermolecular rearrangement	مولەكۇلا ارالىق قايتا ورنالاسۇ
分子间呼吸	inter molecular respiration	مولەكۇلا ارالىق تىنىس الۇ
分子间缩合(作用)	inter molecular condensation	مولەكۇلا ارالىق كوندەنساتسىيالانۇ
分子间相互作用	inter molecular interaction	مولەكۇلا ارالىق اسەرلەسۇلەر
分子间氧化作用	inter molecular oxidation	مولەكۇلا ارالىق توتىعۇ
分子间转移作用	inter molecular migration	مولەكۇلا ارالىق جوتكەلۇ
分子间作用力	inter molecular force	مولەكۇلا ارالىق اسەر كۇشى
分子键	molecular bond	مولەكۇلالىق بايلانس
分子胶体	molecular colloid	مولەكۇلالىق كوللويد
分子结构	molecular structure	مولەكۇلالار قۇرىلمى

分子结合	molecular assciation	مولەكۇلالىق بىرىگۇ (قوسىلۇ)
分子结晶	molecular crystal	مولەكۇلالىق كرىستالدار
分子扩散	molecular diffusion	مولەكۇلالى دىففۇزىيا
分子类型分析	molecular type analysis	مولەكۇلا تىپىندىك تالداۋ
分子离子	molecular ion, molion	مولەكۇلا يونى، مولىيون
分子离子峰	molecular ion peak	مولەكۇلالىق يون ۋركەشى، مولىيون ۋركەشى
分子理论	molecular theory	مولەكۇلالىق تەورىيا
分子力	molecular force	مولەكۇلالىق كۇش
分子链长	molecular chain lenghth	مولەكۇلالىق ئزبەك ۇزىندىغى
分子量	molecular weight	مولەكۇلالىق سالماق
分子量测定	molecular weight determination	مولەكۇلالىق سالماقتى ولشەۇ
分子量分布	molecular weight distribution	مولەكۇلالىق سالماقتىڭ تارالۇى
分子流动	molecular flow	مولەكۇلالىق اعىن
分子氯化合物	mol‑chloric compound	مولەكۇلالىق حلور قوسىلىسى
分子论		"分子理论" گە قاراڭىز.
分子面积	molecular area	مولەكۇلا اۋدانى
分子模型	molecular model	مولەكۇلا مودەلى
分子膜	molecular film	مولەكۇلا قابىعى (پەردەسى)
分子内	intramolecularly	مولەكۇلا شىندىك
分子内部氧化还原(作用)	intra molecular oxidation and reduction	مولەكۇلا شىندىك توتىعۇ ــ توتىقسىزدانۇ
分子内重排作用	intramolecular rearrangement	مولەكۇلا شىندىك قايتا ورنالاسۇ
分子内还原(作用)	internal reduction	مولەكۇلا شىندىك توتىقسىزدانۇ
分子内络盐	inner complex salt	مولەكۇلا شىندىك كومپلەكس تۇز
分子内缩合	intramolecular condensation	مولەكۇلا شىندىك كوندەنساتسىا
分子内旋转	intramolecular ratation	مولەكۇلا شىندىك اينالىس
分子内氧化(作用)	internal oxidation	مولەكۇلا شىندىك توتىعۇ
分子内移动作用	intramolecular migration	مولەكۇلا شىندىك جىلجۇ
分子浓度	molecular concentration	مولەكۇلالاردىڭ قويۇلىعى
分子浓度(定)律	law of molecular concentration	مولەكۇلالاردىڭ قويۇلىق زاڭى
分子碰撞	molecular collision	مولەكۇلالىق قاقتىعىسۇ

分子频率	molecular frequency	مولەكۇلالىق جىيلىك
分子平衡	molecular equilibrium	مولەكۇلالىق تەپە ـ تەڭدىك
分子热	molecular heat	مولەكۇلالىق جىلۇ
分子热函	molecular heat capacity	مولەكۇلالىق جىلۇ سىيمدىلىق
分子溶液	molecular solution	مولەكۇلالىق ەرىتىندى
分子射线	molecular ray(beam)	مولەكۇلالىق ساۋلە
分子生物学	molecular biology	مولەكۇلالىق بىيولوگىيا
分子筛	molecular sieve	مولەكۇلالىق ەلەۋىشتەر
分子式	molecular formula	مولەكۇلالىق فورمۇلا
分子(式)结晶		"分子结晶" گە قاراڭىز.
分子抽机		"分子泵" گە قاراڭىز.
分子数	molecular number	مولەكۇلالار سانى
分子束	molecular beam	مولەكۇلالار شوعىرى
分子速度	molecular velocity	مولەكۇلا جىلدامدىعى
分子酸度	molecular acidity	مولەكۇلانىڭ قىشقىلدىق دارەجەسى
分子碎片	molecular fragment	مولەكۇلا سىنىقتارى، مولەكۇلا پارشالارى
分子体积	molecular volumbe	مولەكۇلالىق كولەم
分子同素异性(现象)	molecular allotropy	مولەكۇلالىق اللوتروپىيا
分子团	molecular group	مولەكۇلا گرۇپپاسى (رادىكالى)
分子温度计	molecular thermometer	مولەكۇلالىق تەرمومەتر
分子物理学	molecular physics	مولەكۇلالىق فىزىكا
分子吸附	molecular adsorption	مولەكۇلالىق ادسوربتسىيا
分子吸引	molecular attraction	مولەكۇلالىق تارتىلىس
分子下降	molecular lowering	مولەكۇلالىق ازايۇ
分子相互反应	intermolecular reaction	مولەكۇلالاردىڭ ٴوزارا رەاكسىيالاسۇى
分子相互作用	molecular interaction	مولەكۇلالاردىڭ ٴوزارا اسەرلەسۇى
分子相假说	molecular phase hypothesis	مولەكۇلالىق فازالىق گىيپوتەزا (بولجال)
分子性	molecularity	مولەكۇلالىلىق
分子性质	molecular property	مولەكۇلانىڭ قاسىيەتى، مولەكۇلالىق قاسىيەت
分子形成	molecular formation	مولەكۇلانىڭ قالىپتاسۇى
分子序(数)	molecular number	مولەكۇلانىڭ رەت ٴنومىرى
分子氧化物	moloxide	مولەكۇلالىق توتىقتار

分子遗传学	molecular gentics	مولەكۇلالىق گەنەتىكا
分子运动	molecular motion	مولەكۇلالىق قوزعالىس
分子运动方程式	kinetic equation	مولەكۇلالىق قوزعالىس تەڭدەۋى
分子运动假说	kinetic hypothesis	مولەكۇلالىڭ قوزعالىس گيپوتەزاسى
分子运动学说	kinetic molecular theory	مولەكۇلالىڭ قوزعالىس تەورياسى
分子折射度	molecular refraction	مولەكۇلالىڭ سىنۇ دارەجەسى
分子振动	molecular vibration	مولەكۇلالىق تەربەلىس
分子蒸馏	molecular distillation	مولەكۇلالىق بۇلاندىرىپ ايداۋ
分子蒸馏器	molecular distillation apparatus	مولەكۇلالىق بۇلاندىرىپ ايداعىش (اسپاپ)
分子直径	molecular diameter	مولەكۇلالىڭ ديامەترى
分子质量	molecular mass	مولەكۇلالىق ماسسا
分子状态	molecular state	مولەكۇلالىق كۇي
分子组成	molecular composition	مولەكۇلالىق قۇرام
分子作用	molecular action	مولەكۇلالىق اسەر، مولەكۇلالىق رول
芬顿试剂	Fenton's reagent	فەنتون رەاكتيۇى
芬那卡因	phenacain	فەناكاين
芬嗪蓝		"引杜林" گە قاراڭىز.
吩恶砷	phenox arsine $C_{12}H_9AsO$	فەنوكس ارسين
吩恶嗪	phenoxazine $C_6H_4NHC_6H_4O$	فەنوكسازين
吩恶碲	phenoxatellurin $C_{12}H_8OTe$	فەنوكساتەللۇرين
吩恶硒	phenoxaselenin $C_{12}H_8OSe$	فەنوكساسەلەنين
吩砷嗪	phenarsazine $C_{12}H_3AsN$	فەنارسازين
吩砷嗪化氯	phenarsazin chloride $C_{12}H_9AsCIN$	فەنارسازين حلور
吩嗪	phenazine $C_6H_4N_2C_6H_4$	فەنازين
吩嗪噁	phenothioxin $C_{12}H_8OS$	فەنوتيوكسين
吩嗪基	phenazihyl $C_{12}H_7N_2-$	فەنازينيل
吩嗪蓝		"引杜林" گە قاراڭىز.
吩嗪酮	phenazinone	فەنازينون
吩噻嗪	phenothiazine $C_6H_4NHC_6H_4S$	فەنوتيازين
吩噻嗪基	phenothiazinyl	فەنوتيازينيل
吩噻嗪酮	phenothiazone $C_{12}H_7NOS$	فەنوتيازون، فەنتيازون
吩噻嗪型抗氧化剂	phenothiazino-type antioxidant	فەنوتيازين تيپتى

انتيتوتقتمرعش

酚硒嗪 phenoselenazine C₁₂H₉NSe   فەنوسەلەنازين

酚 phenol C₆H₅OH   فەنول

酚醇 phenolic alcohol   فەنول سپيرتى

酚二酸   ''二价酚酸'' گە قاراڭـز.

酚甘油 phenol glycerite   فەنول گليتسەرين

酚红 phenol red C₁₉H₁₄O₅S   فەنول قـزـلـلى

酚磺酸 sulfocarbolic acid   سۆلفو كاربول قشقـلـلى

酚磺酸盐 sulfocarbolate HOC₆H₄SO₃M   سۆلفو كاربول قشقـل تـوزدارى

酚磺酸酯 sulfocarbolate   سۆلفو كاربول قشقـل ەستەرى

酚基 phenolic group   فەنول گرۇپپاسى

酚－甲醛树脂 resinox   رەزينوكس، فەنول ـ فورمالدەگيدتى سمولالار

酚－甲醛塑料   ''酚－甲醛树脂'' گە قاراڭـز.

酚类甾族化合物 phenolic steroid   فەنول ستەرويد

酚酶 phenolase   فەنولازا

酚醚 phenolic ether   فەنول ەفيرى

酚钠 sodium phenolate   فەنول ناترى

酚醛 phenol aldehyde   فەنول الدەگيدتى

酚醛电木 bakelite   باكەليت

酚醛胶 phenolic glue   فەنولدى جەلـم

酚醛清漆 novolac   نوۆولاك

酚醛清漆树脂 novolac resin   نوۆولاكتى سمولالار

酚醛树脂 phenolic resin   فەنول الدەگيدتى سمولالار

酚醛树脂清漆 phenolic resin varnish   فەنولدى سمولالاكتار

酚醛树脂球 phenolic resin balls   فەنولدى سمولا شارى

酚醛塑料 phenol plast(= bakelit)   فەنولدى سۆليـاۆلار، فەنوپلاستار

酚式羟基 phenolic hydroxyl   فەنولدى گيدروكسيل

酚树脂 phenol resin   فەنولدى سمولالار

酚酸 phenolic acid   فەنول قشقـلى

酚酞 phenolphthalein C₁₀H₁₄O₄   فەنولفتالەين

酚酞化合物 phenolphthaleic compound   فەنولفتالەين قوسـلـستارى

酚酞化物 phenolphthalide   فەنولفتاليدتەر

酚酞啉 phenolphthalin C₂₀H₁₆O₄   فەنولفتالين

酚酞试纸	phenolphthalein test paper	فەنولفتالەين سىناعىش قاعازى
酚酞指示剂	phenolphthalein indicator	فەنولفتالەين يندىكاتور
酚糖	phenose $C_6H_6(OH)_5$	فەنوزا
酚酮	phenolic ketone	فەنول كەتون
酚酮异构	phenol – ketone isomerism	فەنول ـ كەتون يزومەرى
酚盐	phenolate C_6H_5OM	فەنول تۇزى
酚氧化酶	phenol oxidase	فەنول وكسيدازا
酚油	carbolic oil	كاربول مايى
酚藏花红	phenosafranine	فەنوسافرانين
酚皂		"石炭酸皂" گە قاراڭىز.
酚酯	phenolic ester	فەنول ەستەرى
粉防已碱	tetrandrin	تەتراندرين
粉焦	powdered coke	ۇنتاق كوكس
粉(末)	powder	ۇنتاق
粉状催化剂	powdered catalyst	ۇنتاق كاتاليزاتور
粉状固体粒子	powdered solids	ۇنتاق قاتتى بولشەكتەر
粉状固体燃料	powdered solid fuel	ۇنتاق قاتتى جانار زاتتار
粉状酵母	dusty yeast	ۇنتاق اشتقى، ۇنتاق ۇيتقى
粉状苛性钠	powdered caustic(soda)	ۇنتاق كۇيدىرگىش ناتري (سودا)
粉状燃料	powdered fuel	ۇنتاق جانار زاتتار
粉状石墨	powdered graphite	ۇنتاق گرافيت
粉状橡胶	powdered rubber	ۇنتاق كاۋچوك
份量作用(定)律		"质量作用(定)律" گە قاراڭىز.
粪卟啉	coproporphyrin	كوپروپورفيرين
粪臭基	skatoxyl	سكاتوكسيل
粪臭基硫酸	skatoxyl sulfuric acid	سكاتوكسيل كۆكىرت قىشقىلى
粪臭素	skatole $C_6H_4(CH_3)CHNH$	سكاتول
粪胆色素		"粪胆素" گە قاراڭىز.
粪胆素	stercobilin	ستەركوبيلين
粪胆素原	stercobilinogen	ستەركوبيلينوگەن
粪固醇	coprostanol	كوپروستانول
粪固酮	coprostanone	كوپروستانون
粪化石	coprolite	كوپروليت، دايراقتاس

粪烷固醇	"粪固醇" گە قاراڭىز.
粪烷甾醇	"粪固醇" گە قاراڭىز.
粪烯酮 coprostenone	كوپروستەنون
粪盐 dung salt	قي تۇزى، تەزەك تۇزى، دايراق تۇزى، كولك تۇزى
粪甾醇 coposterol	كوپروستەرول
粪甾酮 coprosteron	كوپروستەرون
粪甾烷 coprostane	كوپروستان
粪甾烷醇 coprostanol	كوپروستانول
粪甾烷酮 coprostanone	كوپروستانون
粪甾烯 coprostene	كوپروستەن
粪脂酸 excretolic acid	ەكسكرەتول قىشقىلى

feng

封闭体系 closed system	تۇيىق جۇيە، تۇيىقتالعان جۇيە
莳胺 fenchyl amine $C_{10}H_{19}N$	فەنحيلامين
莳醇 fenchol(= fenchyl alcohol) $C_{10}H_{17}OH$	فەنحول، فەنحيل سپيرتى
莳基 fenchyl $C_{10}H_{17}-$	فەنحيل
莳基氯 fenchyl chloride $C_{10}H_{17}Cl$	فەنحيل حلور
莳酸 fencholic acid $C_{10}H_{18}O_2$	فەنحول قىشقىلى
莳酮 fenchone $C_{10}H_{16}O$	فەنحون
莳酮肟 fenchoneoxime $C_{10}H_{17}NO_3$	فەنحون وكسيم
莳烷 fenchane $C_{10}H_{18}$	فەنحان
莳烷醇 fenchanol $C_{10}H_{18}O$	فەنحانول
莳烷酮 fenchenone	فەنحانون
莳肟 fenchoxime $C_{10}H_{17}NO_3$	فەنحوكسيم
莳烯 fenchene $C_{10}H_{16}$	فەنحەن
莳烯酸 fenchenic acid $C_{10}H_{18}O_2$	فەنحون قىشقىلى
莳樟酮 fenchocamphorone $C_9H_{14}O_2$	فەنحو كامفورون
蜂醇 myricyl alcohol(= melissyl alcohol)	"蜂花醇" گە قاراڭىز.
蜂斗醇 petasol	پەتازول
蜂斗精 petasin	پەتازين
蜂花醇 melissylalcohol(= myricyl alcohol) $C_{30}H_{61}OH$	مەليسسيل سپيرتى،

ميريتسيل سپيرتى

蜂花基　myricyl　$C_{30}H_{61}-$　ميريتسيل

蜂花精　melissin　مەليسسين

蜂花素　myricoid　ميريكويد

蜂花酸　myricyl acid(= melissic acid)　$C_{30}H_{61}COOH$　ميريتسيل قىشقىلى،

مەليسي قىشقىلى

蜂花酸蜂花酯　myricyl melissate　مەليسي قىشقىل ميريتسيل ەستەرى

蜂花酸盐　melissate　مەليسي قىشقىلىنىڭ تۇزدارى

蜂花烷　melissan　$C_{30}H_{62}$　مەليسان

蜂花烯　melene　مەلەن

蜂花油　melissa oil　مەليسا مايى

蜂烷　"十六烷" گە قاراڭىز.

蜂窝杆菌素　alvein　الۋەين

风化　efflorescence　ۇگىلۇ، مۇجىلۇ، جەمىرىلۇ

风 吕醇　"拢牛儿醇" گە قاراڭىز.

砜　sulfone　RSO_2R'　سۇلفون

砜甲烷类　sulfone methanes　$R_2 \cdot C(SO_2R)_2$　سۇلفوندى مەتاندار

矾茂烷　sultolane　سۇلفولان

fo

佛尔拜　"咐拜" گە قاراڭىز.

佛尔酮　phorone　$[(CH_3)_2C:CH]_2CO$　فورون

佛黄　"群青黄" گە قاراڭىز.

佛甲草庚酮糖　sedopeptose　سەدوپەپتوزا

佛林德碱　flindersine　فليندەرزين

佛缘　"群青缘" گە قاراڭىز.

佛罗那　veronal　$C_{18}H_{12}O_3N_2$　ۋەرونال

佛罗那绿　veronal green　ۋەرونال جاسلى

佛青　"群青" گە قاراڭىز.

佛朊　gladin　گلادين

佛手油　bergamot oil　بەرگاموت مايى

fu

麸氨酸　　　　　　　　　　　　　　　　　　　"谷氨酸" گه قاراڭز.

麸醛　furfurol　　　　　　　　　　　　　　　فۇرفۇرول

麸朊　gliadin　　　　　　　　　　　　　　　گليادين

呋恶烷二醛二肟　dioxime of furoxan dialdehyde　$C_2H_2O_2(CHNOH)_2$

فۇروكسان ـەكى الدەگيدتى ـەكى وكسيم

呋二唑　furodiazole　　　　　　　　　　　فۇرودياسول

呋精法国灰　furogen French gray　　　　　فۇروگەن فرانسيا سۇرسى

呋精橄榄绿　furogen olive　　　　　　　　فۇروگەن ٴزايتۇن جاسلى

呋精黄　furogen yellow　　　　　　　　　فۇروگەن سارسى

呋精染料　furogen colors　　　　　　　　فۇروگەن بوياۋلار

呋精砂　furogen sand　　　　　　　　　　فۇروگەن قۇمى

呋喃　furan(e)　$CH:CHCH:CHO$　　　　فۇران

呋喃半乳糖　galacto furanose　　　　　　گالاكتوفۇرانوزا

呋喃苯氨酸　furosemidium　　　　　　　فۇروزەمىد

呋喃丙胺　furapromide　　　　　　　　　فۇراپرومىد

呋喃丙烯酸　furan–acrylic acid　$C_4H_3OCH:CHCO_2H$　فۇران اكريل قشقلى

β–呋喃丙烯酸丙酯　propyl β–furylacrylate　$C_4H_3OCH:CHCO_2HC_3H_7$

β ـ فۇريل اكريل قشقل پروپيل ەستەرى

呋喃叉　furylidene　$CHCHOCH_2C=$　　فۇريليدەن

β–呋喃叉　β–furylidene　　　　　　　β ـ فۇريليدەن

呋喃丹　foradan　　　　　　　　　　　　فورادان

呋喃丹啶　furadantin　　　　　　　　　فۇرادانتين

呋喃果多糖甙　polyfructo furanoside　پوليفرۇكتو فۇرانوزيد

呋喃果聚糖　fructo furanosan　　　　　فرۇكتوفۇرانوزان

呋喃果糖　fructofuranose　　　　　　　فرۇكتوفۇرانوزا

呋喃果糖　fructofuranoside　　　　　فرۇكتوفۇرانوزيد

呋喃果糖甙酶　fructofuranosidase　فرۇكتوفۇرانوزيدازا

呋喃核糖　ribofuranose　　　　　　　ريبوفۇرانوزا

呋喃环　furan nucleous　　　　　　　فۇران ساقيناسى

呋喃基　furyl　C_4H_3O-　　　　　　فۇريل

呋喃基丙酸　furonic acid　$C_4H_3O\cdot CH_2\cdot CH_2COOH$　فۇرون قشقلى

呋喃基丙烯醛　furylacrolein　$C_4H_3OCHCHCHO$　فۇريل اكرولەين

呋喃基丙烯醛肟　furylacroleinoxime　$C_4H_3O(CH)_3NOH$　فۇريل اكرولەين وكسيم

呋喃基丙烯酸戊酯　amyl furylacrylate　$C_4H_3OCHCHCO_2C_5H_{11}$　فۇريل اكريل قەشقىل اميل ەستەرى

呋喃基丙烯酰胺　furylacrylamide　$C_4H_3OCHCHCONH_2$　فۇريل اكريلاميد

呋喃基甲醇　　　"糖醇" گە قاراڭىز.

呋喃甲叉　　"糖叉" گە قاراڭىز.

呋喃甲醇　furan carbinol　$C_4H_3OCH_2OH$　فۇران كاربينول

3-呋喃甲基　3-furylmethyl　$CHCHOCH:CCH_2$　3 ـ فۇريل مەتيل

呋喃甲醛　　"糖醛" گە قاراڭىز.

2-呋喃甲烷磺酰胺　2-furanmethanesulfonamide　2 ـ فۇران مەتاندى سۆلفوناميد

呋喃甲酰　　"糖酰" گە قاراڭىز.

呋喃葡糖　glucofuranose　گليۇكو فۇرانوزا

呋喃树脂　furan resin　فۇراندى سمولالار

呋喃羧酸　furan-carboxylic acid　$C_4H_3O\cdot COOH$　فۇران كاربوكسيل قەشقىلى

α-呋喃羧酸　α-furancarboxylic acid　α ـ فۇران كاربوكسيل قەشقىلى

β-呋喃羧酸　β-furancarboxylic acid　$C_4H_3O\cdot COOH$　β ـ فۇران كاربوكسيل قەشقىلى

α-呋喃羧酸丙酯　propyl α-furan carboxylate　$C_4H_3OCO_2C_3H_7$　α ـ فۇران كاربوكسيل قەشقىل پروپيل ەستەرى

α-呋喃羧酸乙酯　ethyl α-furan carboxylate　$C_4H_3OCO_2C_2H_5$　α ـ فۇران كاربوكسيل قەشقىل ەتيل ەستەرى

呋喃糖　furanose　فۇرانوزا

呋喃糖甙　furanoside　فۇرانوزيد

呋喃妥因　furantoin　فۇرانتوين

呋喃烷　furanidine　فۇرانيدين

呋喃西林　furacillium　فۇراتسيلليين

呋喃酰胺　　"糖酰胺" گە قاراڭىز.

呋喃亚甲基　furfurylidene　فۇرفۇريليدەن

呋喃唑酮　furazolidone　فۇرازوليدون

呋咱　furazan　$C_2H_2ON_2$　فۇرازان

呋咱并 furazano –		فؤرازانو ـ
呋咱并[b]吡啶 furazano[b]pyridine		فؤرازانو [b] پيريدين
呋咱并哒嗪 furazano[d]pyridazine		فؤرازانو [d] پيريدازين
福 ferbam		فەربام
福尔马林 formalin		فورمالين
福美甲肼 urbazid		ؤربازيد
福美锰 tennam		تەننام
福美镍 sankel		سانكەل
福美砷 asomate		ازومات
福美双 thiram		تيرام
福美铁 ferbam		فەربام
福美锌 ziram		زيرام
福模糖 formose		فورموزا
福寿草甙 adonin		ادونين
福斯胺 phosphamidon		فوسفاميدون
福斯金 phosdrin		فوسدرين
辐射定律 radiation law		رادياتسيا زاڭى
辐射化学 radiation chemistry		رادياتسيالىق ﺣﻴﻤﻴﺎ
浮兹反应 Wurtz reaction		ؤرتز رەاكسياسى
浮兹－菲提希反应 Wurtz – Fittig reaction		ؤرتز ـ فؤتتيگ رەاكسياسى
俘精酸 fulgenic acid $C:C(COOH).C(COOH):C \cdot R_2$		فؤلگەن قشقىلى
俘精酸酐 fulgide $R_2 \cdot C_6H_3 \cdot R_2$		فؤلگيد
伏安 voltampere		ؤولت ـ امپەر
伏老仁 voacorine $C_{41}H_{50}O_6N_4$		ؤواكورين
伏秒 volt – line		ؤولت ـ سەكؤند
伏(特) volt		ؤولت (بىرلىك)
伏特定律 volta's law		ؤولت زاڭى
伏特弧 voltaic arc		ؤولت دوعاسى
伏特计 voltmeter		ؤولتمەتر
伏特效应 volta effect		ؤولت ەففەكتى
弗－克反应	"弗瑞德－克来福特反应" قاراڭىز. گە	
弗朗西斯公式 Francis equation		فرانكيس تەڭدەۋى
弗雷里合金 Frary metal		فراري قورىتپاسى

弗里米盐　fremy′s salt　فرەمیس توزی

弗利格方程式　Flieger′s equation　فلیەگەر تەڭدەۋی

弗利斯重排　Fries rearrangement　فریەس قایتا ورنالاسۇی

弗利斯反应　Fries reaction　فرهەس رەاكسیاسی

弗利斯移动　Fries migration　فریەس جىلجۇی

弗列惕拉令碱　fritillarine　فریتیللارین

弗列惕林　fritilline　فریتیللین

弗列惕明　fritimine　فریتیمین

弗罗英德利奇吸附式　Freundlich′s adsorption formula　فرەۋندلیش ادسوربتسیا فورمالاسى

弗瑞德－克来福特催化剂　Friedel－Crafts catalyst　فریەدەل ـ گرافت كاتالیزاتورى

弗瑞德－克来福特反应　Friedel－Crafts reaction　فریەدەل ـ گرافت رەاكسیاسی

弗瑞德－克来福特聚合　Friedel－Crafts polymerization　ـ فریەدەل گرافت پولیمەرلەۋی

氟(F)　fluorum　فتور (F)

氟苯　.قاراڭىز گە "一氟代苯"

氟苯胺　fluoroaniline　$C_6H_4(F)NH_2$　فتورلى انیلین

氟苯酚　fluorophenol　FC_6H_4OH　فتورلى فەنول

氟苯甲醚　fluoro anisol　$FC_6H_4OCH_3$　فتورلى انیزول

氟苯(甲)酸　fluorobenzoic acid　FC_6H_4COOH　فتورلى بەنزوي قىشقىلى

氟苯(甲)酰胺　fluoro benzamide　$C_6H_4FCONH_2$　فتورلى بەنزامید

氟苯酸　.قاراڭىز گە "氟苯(甲)酸"

1－氟丙烷　1－fluoropropane　1 ـ فتورلى پروپان

2－氟丙烷　2－fluoropropane　2 ـ فتورلى پروپان

氟铂酸钾　potassium fluoplatinate　$K_2[PtF_6]$　فتورلى پلاتینا قىشقىل كالي

氟醋酸　fluoro acetic acid　FCH_2COOH　فتورلى سىركە قىشقىلى

氟醋酸钠　.قاراڭىز گە "氟代醋酸钠"

氟代　fluoro－　فتورو، ـ، فتورلى

氟代氨基酸　fluoro－amino acid　$NH_2·RF·COOH$　فتورلى امینو قىشقىلى

氟代苯　fluorobenzene　C_6H_5F　فتورلى بەنزول

氟代苯乙醚　fluorophenetol　فتورلى فەنەتول

氟代丙烷　fluoro propane　فتورلى پروپان

氟代醋酸钠　sodium fluoro acetate　فتورلى سىركە قشقىل ناترى

氟代丁烷　fluoro butane　C₄H₉F　فتورلى بۇتان

氟代二甲苯　xylene fluoride　FC₆H₃(CH₃)₂　فتورلى كسيلەن

氟代甲苯　fluoro toluene　CH₃C₆H₄F　فتورلى تولۇول

氟代甲烷　fluoro methane　CH₃F　فتورلى مەتان

氟代醚　fluoro ether　فتورلى ەفير

氟代柠檬酸　fluorocitric acid　فتورلى ليمون قشقىلى

氟代酸　fluoro acid　فتورلى قشقىل

氟代酸酰胺　fluoro acidamide　RF·CONH₂　فتورلى قشقىل اميد

氟代羧酸　fluoro carboxylic acid　فتورلى كاربوكسيل قشقىلى

氟代烃　fluorohydro carbon　C₂H₃F　فتورلى كومىر سۇتەكتەر

氟代烃油　fluorocarbon oil　فتورلى كومىرسۇتەك مايى

氟代烷　fluoro alkan　فتورلى الكان

氟代烷烃　fluoric ether　RF　فتورلى ەفير

氟代乙烷　fluoro ethane　C₂H₅F　فتورلى ەتان

氟代乙酰氟　fluoro acetic fluoride　CH₂F·COF　فتورلى اتسەتيل فتور

氟代乙酰卤　fluoroacetic halide　CH₂F·COX　فتورلى اتسەتيل گالوگەن

氟代乙酰氯　fluoro acetic chloride　CH₂F·COCl　فتورلى اتسەتيل حلور

氟代乙酯　fluoro ethyl ester　R·CO·OC₂H₄F　فتورلى ەتيل ەستەرى

氟代脂肪族化合物　fluoro aliphatic compound　فتورلى ماي گرۇپپاسىندائى قوسىلىستار

氟代酯　fluoro ester　فتورلى ەستەر

氟碘化钡　barium fluoiodide　BaI₂·BaF₂　فتورلى - يورتى بارى

氟二氯甲烷　fluoro dichloro methane　فتورلى ەكى حلورلى مەتان

1－氟－1,2－二溴乙烷　1－fluoro－1,2－dibromoethane　،1 ـ فتورلى، 1، 2، ـ ەكى برومدى ەتان

氟仿　fluoroform　CHF₃　فتورلى فورم

氟仿莫耳　fluoroformol　فتورلى فورمول

氟高铅酸盐　plumbi fluoride　M₂[PbF₆]　(التى) فتورلى اسقىن قورعاسىن قشقىلىنىڭ تۇزدارى

氟锆酸铵　ammonium fluozirconate　(NH₄)₂[ZrF₆]　(التى) فتورلى زيركونى قشقىل اممونى

氟锆酸钾　potassium fluozirconate　Kz[ZrF₆]　(التى) فتورلى زيركونى قشقىل كالي

氟锆酸钠　sodium fluozirconate　Na₂[ZrF₆]　(التى) فتورلى زيركونى قشقىل ناتري

氟铬黄　fluorine crown　فتور ــ حروم سارسى

氟硅化物　silico fluoride　فتورلى كرەمنى قوسىلىستارى

氟硅酸　fluoro silicic acid　H₂SiF₆　(التى) فتورلى كرەمنى قشقىلى

氟硅酸铵　ammonium fluosilicate　(NH₄)[SiF₆]　(التى) فتورلى كرەمنى قشقىل اممونى

氟硅酸钡　barium fluosilicate　Ba[SiF₆]　(التى) فتورلى كرەمنى قشقىل باري

氟硅酸钙　calcium fluosilicate　Ca[SiF₆]　(التى) فتورلى كرەمنى قشقىل كالتسي

氟硅酸镉　cadmium fluosilicate　Cd[SiF₆]　(التى) فتورلى كرەمنى قشقىل كادمي

氟硅酸根　SiF₆ =　(التى) فتورلى كرەمنى قشقىلمنىڭ قالدىعى

氟硅酸汞　mercury fluosilicate　Hg[SiF₆]　(التى) فتورلى كرەمنى قشقىل سناپ

氟硅酸钴　cobaltous fluosilicate　Co[SiF₆]　(التى) فتورلى كرەمنى قشقىل كوبالت

氟硅酸胲　hydroxylamine fluosilicate　فتورلى كرەمنى قشقىل گيدروكسيلامين

氟硅酸钾　potassium fluosilicate　K₂[SiF₆]　(التى) فتورلى كرەمنى قشقىل كالي

氟硅酸锂　lithium fluosilicate　Li₂[SiF₆]　(التى) فتورلى كرەمنى قشقىل ليتي

氟硅酸铝　aluminium fluosilicate　Al₂[SiF₆]₃　(التى) فتورلى كرەمنى قشقىل الؤمين

氟硅酸镁　magnesium fluosilicate　Mg[SiF₆]　(التى) فتورلى كرەمنى قشقىل ماگني

氟硅酸锰　manganese fluosilicate　Mn[SiF₆]　(التى) فتورلى كرەمنى قشقىل مارگانەتس

氟硅酸钠　sodium fluosilicate　Na₂[SiF₆]　(التى) فتورلى كرەمنى قشقىل ناتري

氟硅酸镍　nickelous fluosilicate　Ni[SiF₆]　(التى) فتورلى كرمنى قشقىل نيكەل

氟硅酸铅　plumbous silicofluoride　Pb[SiF₆]　قورعاسىن قوشقىل كرەمني فتورلى (التى)

氟硅酸铷　rubidium fluosilicate　Rb₂[SiF₆]　رۇبىدي قوشقىل كرەمني فتورلى (التى)

氟硅酸铯　cesium fluosilicate　Cs₂[SIF₆]　قوشقىل كرەمني فتورلى (التى) سەزي

氟硅酸锶　strontium fluosilicate　Sr[SiF₆]　سترونتسى قوشقىل كرەمني فتورلى (التى)

氟硅酸铁　ferric fluosilicate　Fe₂[SiF₆]₃　تەمىر قوشقىل كرەمني فتورلى (التى)

氟硅酸铜　cupric fluosilicate　Cu[SiF₆]　مىس قوشقىل كرەمني فتورلى (التى)

氟硅酸锌　zinc fluosilicate　Zn[SiF₆]　مىرىش قوشقىل كرەمني فتورلى (التى)

氟硅酸亚铁　ferrous fluosilicate　Fe[SiF₆]　توتىق تەمىر قوشقىل كرەمني فتورلى (التى) شالا

氟硅酸盐　fluo(ro)silicate　M₂[SiF₆]　تۇزدارى قوشقىلىنىڭ كرەمني فتورلى (التى)

氟硅酸银　silver fluosilicate　Ag₂[SiF₆]　كۆمىس قوشقىل كرەمني فتورلى (التى)

氟铪化合物　hafni fluoride　M₂[HₓF₆]　ستارى قوسىلمى گافني فتورلى (التى)

氟铪酸盐　fluohafnate　M₃[HₓF₆]　تۇزدارى قوشقىلىنىڭ گافني فتورلى (جەتى)

氟化　fluorate, fluorating, fluorinate　فتورلاندىرۇ ،فتورلانۇ

氟化铵　ammonium fluoride　فتورلى اممونى

氟化钡　barium fluoride　BaF₂　فتورلى باري

氟化钡合碘化钡　"氯碘化钡" گە قاراڭىز.

氟化低价物　"低氯化物" گە قاراڭىز.

氟化碲　tellurium fluoride　فتورلى تەللۇر

氟化碘　fluor iodine　فتورلى يود

氟化二氯氧　chloryl fluoride　فتورلى حلورىل

氟化钒　vanadium fluoride　VF₂·VF₃·VF₄·VF₅　فتورلى ۋانادي

氟化反应　fluoridation　فتورلانۇ رەاكسىياسى

氟化钆　gadalinum fluoride　GdF₃　فتورلى كادولينى

氟化钙　calcium fluroride　GaF₂　فتورلى كالتسي

氟化锆　zirconium fluoride　ZrF₄　فتورلى زىركوني

氟化镉　cadmium fluoride　CdF₂　فتورلى كادمي

氟化铬　chromic fluoride　CrF₃　فتورلى حروم

氟化汞	mercuric fluoride	HgF_2	فتورلى سناپ
氟化钴	cobaltous fluoride	CoF_2	فتورلى كوبالت
氟化过程	fluorination process		فتورلانۇ بارسى
氟化剂	fluorating agent		فتورلاعش اگەنت
氟化甲酰	formyl fluoride	$H \cdot CO \cdot F$	فتورلى فورميل
氟化钾	potassium fluoride	KF	فتورلى كالي
氟化钪	scandium fluoride	ScF_3	فتورلى سكاندي
氟化镧	lanthanium fluoride	LaF_3	فتورلى لانتان
氟化锂	lithium fluoride	LiF	فتورلى ليتي
氟化硫	sulfur fluoride	S_2F_2, SF_2, SiF_4	فتورلى كۆكىرت
氟化铝	aluminium fluoride	AlF_3	فتورلى الۇمين
氟化铝钠	aluminium sodium fluoride	$Na_3[AlF_6]$	فتورلى الۇمين ــ ناتري
氟化氯	chlorine fluoride		فتورلى حلور
氟化镁	magnesium fluoride	MgF_2	فتورلى ماگني
氟化钼	molybdenum fluoride	MoF_3, MoF_4, MoF_6	فتورلى موليبدەن
氟化钠	sodium fluoride	NaF	فتورلى ناتري
氟化萘	naphthalene fluoride	$C_{10}H_7F$	فتورلى نافتالين
氟化镍	nickelous fluoride	NiF_2	فتورلى نيكەل
氟化钕	neodymium fluoride	NdF_3	فتورلى نەوديم
氟化硼	boron fluoride	BF_3	فتورلى بور
氟化铍	beryllium fluoride	BeF_2	فتورلى بەريللي
氟化镨	proseodymium fluoride	PrF_3	فتورلى پرازەوديم
氟化铅	lead fluoride	PbF_2	فتورلى قورعاسىن
氟化氢	fluorine hydride	HF	فتورلى سۇتەك
氟化氢铵	ammonium hydrogen fluoride	$(NH_4)HF_2$	فتورلى سۇتەك اممونيي
氟化氢镍	nicdelous hydrogen fluoride	$NiF_2 \cdot 5HF \cdot 6H_2O$	فتورلى سۇتەك ــ نيكەل
氟化氰	cyanogen fluoride	FCN	فتورلى سيان
氟化铷	rubidium fluoride	RbF	فتورلى رۇبيدي
氟化钐	samaric fluoride	SaF_3	فتورلى سامارى
氟化铯	cesium fluoride	CsF	فتورلى سەزي
氟化铈	cerous fluoride		فتورلى سەري
氟化锶	strontium fluoride	SrF_2	فتورلى سترونتسي
氟化铊	thallium fluoride	TlF, TlF_2, TlF_3	فتورلى تاللي

氟化钽钾	tantalum potassium fluoride	K₂[TaF₂]	فتورلى تانتال ـ كالي
氟化锑	antimonic fluoride	SbF₅	فتورلى سۆرمه
氟化铁	ferric fluoride	FeF₃	فتورلى تەمىر
氟化铜	cupric fluoride	CuF₂	فتورلى مىس
氟化钍	thorium fluoride		فتورلى تورى
氟化钨	tungsten fluoride	WF₂, WF₆	فتورلى ۋولفرام
氟化物	fluoride (= fluorinated compound)		فتورلى قوسىلمىستار
氟化锡	stanning fluoride	SnF₄, SnF₂	فتورلى قالايى
氟化锌	zinc fluoride	ZnF₂	فتورلى مىرىش
氟化溴	bromine fluoride	BrF	فتورلى بروم
氟化亚铬	chromous fluoride		ئبىر فتورلى حروم
氟化亚汞	mercurous fluoride		ئبىر فتورلى سىناپ
氟化亚铊	thallium monofluoride	TlF	ئبىر فتورلى تاللي
氟化亚锑	antimonous fluoride	SbF₃	ئۈش فتورلى سۆرمه
氟化亚铁	ferrous fluoride	FeF₂	ەكى فتورلى تەمىر
氟化亚铜	cuprous fluoride	Cu₂F₂	ەكى فتورلى مىس
氟化亚锡	stannous fluoride	SnF₂	ەكى فتورلى قالايى
氟化氧铋	bismuthyl fluoride	(BiO)F	فتورلى بيسمۇتيل
氟化乙烯	ethylene fluoride	CH₂F·CH₂F	فتورلى ەتيلەن
氟化钇	yttrium fluoride	YF₃	فتورلى يتتري
氟化银	silver fluoride, tachiol	AgF	فتورلى كۇمىس، تاحيول
氟化铀	uranium fluoride	UF₄; UF₆	فتورلى ۋران
氟化作用	fluoration		فتورلاۋ
氟磺酸			"氟基磺酸" گه قاراڭز.
氟茴香醚			"氟苯甲醚" گه قاراڭز.
氟基			"氟代" گه قاراڭز.
氟基铬酸	fluo chromic acid	H[CrO₃F]	فتورلى حروم قىشقىلى
氟基铬酸盐	fluochromate	M[CrO₃F]	فتورلى حروم قىشقىلىنىڭ تۇزدارى
氟基磺酸	fluosulfonic acid	SO₂(OH)F	فتورلى سۇلفون قىشقىلى
氟基磺酸盐	fluosulfonate	M₂(OH)F	فتورلى سۇلفون قىشقىلىنىڭ تۇزدارى
氟基磷酸	monfluo phosphoric acid	H₂PO₃F	ئبىر فتورلى فوسفور قىشقىلى
氟甲基化	fluoromethylation		فتورلى مەتيلدەنۋ
氟钪酸铵	ammonium fluoscandate	(NH₄)₃[ScF₆]	فتورلى سكاندي قىشقىل

ئاممونى

氟钪酸钾	potassium fluoscandate	$K_2(ScF_6)$	فتورلى سكاندى قشقىل كالى
氟钪酸钠	sodium fluoscandate	$Na(ScF_6)$	فتورلى سكاندى قشقىل ناترى
氟可的松	fluoro cortisone		فتورلى كورتيزون
氟乐灵	trifluralin		تريفلۇرالين
氟利昂	freon		فرەون
氟利昂 - 11	freon - 11	Cl_3CF	فرەون ـ 11
氟利昂 - 12	freon - 12	CF_2Cl_2	فرەون ـ 12
氟量计	fluorometer		فتورومەتر، فتور مولشەرىن ولشەگىش
氟磷灰石	fluoropatite	$Ca_5(PO_4)_3F$	فتور ـ فوسفورلى اك، فتورلى اپاتيت
氟磷酸	fluorophospharic acid	$H[PF_6]$	التى فتورلى فوسفور قشقىلى
氟隆	fluon		فلۇورون، فتورون
氟铝酸	hydro fluo aluminic acid	$H_3[AlF_6]$	فتورلى الۇمين قشقىلى
氟氯苯	fluorochloro benzene		فتور ـ حلورلى بەنزول
氟氯化钡	barium fluochloride	$BaCl_2 \cdot BaF_2$	فتور ـ حلورلى بارى
氟氯甲烷	fluorochloro methane	CH_2ClF	فتور ـ حلورلى مەتان
氟氯链烷烃	fluo chloro paraffins		فتور ـ حلورلى پارافين
氟氯溴甲烷	fluorochloro bromo methane	$CHClBrF$	فتور ـ حلور ـ برومدى مەتان
氟纶			"特氟隆" گە قاراڭىز.
氟美松	dexamethason		دەكسامەتازون
氟灭酸	flufenamic acid		فلۇفەنام قشقىلى
氟萘	fluoro naphthalene	$C_{10}H_7F$	فتورلى نافتالين
氟铌酸盐	fluoniobate	$M_2[NbF_7]$	فتورلى نيوبى قشقىلمننىڭ تۇزدارى
氟脲嘧啶	5 - fluorouracilum		5 ـ فتورلى ۇراتسيل
5 - 氟脲嘧啶			"氟脲嘧啶" گە قاراڭىز.
氟硼酸	fluoro boric acid	HBF_4	فتورلى بور قشقىلى
氟硼酸铵	fluoborate	$(CH_4)[BF_4]$	فتورلى بور قشقىل اممونى
氟硼酸钡	barium fluoborate	$Ba[BF_4]_2$	فتورلى بور قشقىل بارى
氟硼酸钾	potassium fluoborate	$K[BF_4]$	فتورلى بور قشقىل كالى
氟硼酸钠	sodium fluoborate		فتورلى بور قشقىل ناترى
氟硼酸盐	fluoborate	$M[BF_4]$	فتورلى بور قشقىلمننىڭ تۇزدارى
氟镁酸钾	potassium fluoprotactinate	$K_2[PaF_7]$	فتورلى پروتاكتينى قشقىل

كالي

氟镁酸盐　fluoprotactinate　$M_2[PaF_7]$　فتورلى پروتاكتىنى قىشقلىننىڭ تۇزدارى

氟氢化钠　sodium bifluoride　$NaHF_2$　ھكى فتورلى سۇتەكتى ناترى

氟三氯甲烷　fluoro‐trichloro methane　Cl_3CF　فتورلى ئۇش حلورلى مەتان

1‐氟‐1,1,2‐三溴乙烷　fluoro‐1,1,2,‐tribromo ethane　$BrCH_2CFBr_2$　1 ـ فتورلى ـ 1، 2 ـ ئۇش برومدى ھتان

氟石　fluorite　فتورىت، فتورلى كالتسى

氟树脂　fluororesin　فتورلى سمولالار

2‐氟‐1,1,1,2‐四溴乙烷　2‐fuoro‐1,1,2‐tetra bromo ethane　2 ـ فتورلى ـ 1، 1، 2 ـ ئتورت برومدى ھتان

氟钛酸　hydro fluotitanic acid　$H_2[TiF_6]$　التى فتورلى تىتان قىشقلى

氟钛酸钾　potassium fluotitanate　فتورلى تىتان قىشقل كالى

氟钽酸钾　potassium fluotantalate　$K_2[TaF_6]$　فتورلى تانتال قىشقل كالى

氟钽酸盐　fluotantalate　$M_2[TaF_7]$　فتورلى تانتال قىشقلىننىڭ تۇزدارى

氟碳基　fluorocarbon radicals　فتورلى كومىرتەك رادىكالى

氟铜酸盐　cuprifluoride　$M_2[CuF_3]$　فتورلى مىس قىشقلىننىڭ تۇزدارى

氟烷　fluothan, halothan　فتوروتان، گالوتان

氟锡酸　fluostannic acid　$H_2[SnF_6]$　فتورلى قالاىى قىشقلى

氟锡酸盐　fulostannate　$M_2[SnF_6]$　فتورلى قالاىى قىشقلىننىڭ تۇزدارى

氟橡胶　fluoro rubber　فتورلى كاۋچۇك

氟硝基苯　fluoro nitrobenzene　$NO_2C_6H_4F$　فتورلى نىترو بەنزول

氟硝基苯甲酸　fluoronitrobenzoic acid　$C_6H_3F(NO_2)COOH$　فتورلى نىترو بەنزوي قىشقلى

1‐氟辛烷　1‐fluoro octan　$CH_3(CH_2)_6CH_2F$　1 ـ فتورلى وكتان

氟溴化钡　barium fluobrpmide　$BaBr_2 \cdot BaF_2$　فتورلى برومدى بارى

氟亚锡酸　fluostannous acid　$H_2[SnF_4]$　فتورلى قالاىلى قىشقل

氟氧化铋　"氟化氧铋" گە قاراڭىز.

氟氧化钒　vanadinum oxyfluoride　فتورلى ۋانادىل

氟氧化铼　rhenium oxyfluoride　$ReOF_4, ReO_2F_2$　فتورلى وتتەكتى رەنى

氟氧化钼　molybdenum oxyfluoride　$MoOF$　فتورلى وتتەكتى مولىبدەن

氟氧化铊　thallic oxyfluoride　$TlOF$　فتورلى وتتەكتى تاللى

氟氧化物　oxyfluoride　وتتەكتى فتورىدەر

氟氧铌酸盐　fluoxyniobate　$M_2[N_6OF_6]$　فلۇوكسي نيوبي قىشقىلىنىڭ تۇزدارى

氟乙酸　　　　　　　　　　　　"氟醋酸" گه قاراڭىز.

氟乙烷　fluoro ethane　فتورلى ەتان

氟乙烯　fluoroethylene　فتورلى ەتيلەن

氟乙酰胺　fussol　فۇسسول

氟乙酰氟　fluoracyl fluoride　فتۇراتسيل فتور

氟乙酰卤　fluoracyl halide　فتوراتسيل گالوگەن

氟乙酰氯　fluoracyl chloride　فتوراتسيل حلور

氟乙咱　　　　　　　　　　　"氟烷" گه قاراڭىز.

氟油　fluorocarbon oil　فتورلى كومىرتەك مايى، فتور مايى

氟锗酸胲　hydroxylamine fluogermanate　فتورلى گەرماني قىشقىل گيدروكسيلامين

氟锗酸盐　fluogermanate　$M_2[GeF_6]$　فتورلى گەرماني قىشقىلىنىڭ تۇزدارى

氟中毒　fluorosis　فتوردان ۋلانۋ

辅催化剂　cocatalyst　كومەكشى كاتاليزاتور

辅基　prosthetic group(= agon)　قوسىمشا گرۇپپا

辅醇素　coferment　كوفەرمەنت، قوسىمشا فەرمەنت

辅酶　coenzyme, coferment　كوەنزيم

辅酶 I　coenzyme I　كوەنزيم I

辅酶 II　coenzyme II　كوەنزيم II

辅酶 A　coenzyme A　كوەنزيم A

辅酶 Q　coenzyme Q　كوەنزيم Q

辅酶 R　coenzyme R　كوەنزيم R

辅去氢酶　codehydrogenase　كودەگيدروگەنازا

辅羧酶　cocarboxylase　$C_{12}H_{21}O_2N_4P_2SCl$　كوكاربوكسيلازا

辅脱氢酶　　　　　　　　　"铺去氢酶" گه قاراڭىز.

辅脱氢酶　codehydrogenase I　كودەگيدروگەنازا I

辅脱氢酶　codehydrogenase II　كودەگيدروگەنازا II

辅脱羧酶　codecarboxylase　كودەكاربوكسيلازا

辅助剂　assistant(= auxiliary)　قوسىمشا اگەنت، كومەكشى اگەنت

辅助溶液　　　　　　　　　"二级溶液" گه قاراڭىز.

辅助因素　cofactor　قوسىمشا فاكتور

脯氨酸　proline　$HN(CH_2)_3CHCOOH$　پرولين

腐胺　putrescine　$NH_2(CH_2)_4NH_2$　　　　پۇترەزتسىن

腐黑物　humin　　　　گۇمىن

腐泥　copropel　　　　كوپروپەل

腐蚀　corrosion　　　　كوررۇزىيالانۇ، جەمىرىلۇ

腐蚀毒　corrosive poison　　　　كوررۇزىيالانۇ ۋى

腐蚀剂　corrodent, corrosive　　　（اگەنت）كوررۇزىيالاعىش

腐蚀实验　corrosion test　　　　كوررۇزىيالانۇ سىناعى

腐蚀速度　rate of corrosion　　　　كوررۇزىيالانۇ تەزدىگى

腐蚀性　corrosiveness　　　　كوررۇزىيالانعىشتىق

腐蚀性硫　active sulfur　　　　جەمىرگىش كۆكەرت

腐蚀性气体　corrosive gas (= active gas)　　جەمىرگىش گاز، ۆىجعىش گاز

腐蚀抑制剂　corrosion inhibitor　　　　جەمىرىلۇ تەجەگىشتەرى

腐殖硫　humic sulfur　　　　گۇمىندى كۆكەرت

腐殖煤　humic coal　　　　گۇمىندى كومىر

腐殖酸　humic acid　　　　گۇمىن قىشقىلى

腐殖酸铵　ammonium humate　　　　گۇمىن قىشقىل امموني

腐殖酸化烟碱　nicotine humate　　　گۇمىن قىشقىلدى نيكوتين

腐殖酸钾　potassium humate　　　　گۇمىن قىشقىل كالي

腐殖酸钠　sodium humate　　　　گۇمىن قىشقىل ناتري

腐殖酸盐　humate　　　　گۇمىن قىشقىلىننىڭ تۇزدارى

腐殖土　humus　　　　گۇمىندى توپىراق

腐殖质　humic substances　　　قارا شىرىك، ٴشىرىندى

咐拜　phorbide　　　　فوربيد

富集冰酮　　　　.قاراڭىز "浓缩冰酮" گە

富集铀　　　　.قاراڭىز "浓缩铀" گە

富勒烯　fullerene　　　　فوللەرالكەن

富马苯胺酰　fumaraniloyl　$C_6H_5NHCOCH{:}CHCO-$ (trans)　　فؤمار انيلويل

富马碱　fumarine　$C_{21}H_{19}O_4N$　　　　فؤمارين

富马腈　fumaronitrile　　　　فؤمارلى نيتريل

富马尿酸　fumauric acid　　　　فؤمارلى نەسەپ قىشقىلى

富马前冰岛酸　fumarprotocetraric acid　　فؤمار پروتوسەترار قىشقىلى

富马酸　fumaric acid　$(= CHCO_2H)_2$　　　فؤمار قىشقىلى

富马酸二苄酯　dibenzyl fumarate　$({:}CHCO_2CH_2C_6H_5)_2$　فؤمار قىشقىل ديبەنزيل

ﮬﻪﺳﺘﻪﺭﻯ

富马酸二乙酯　diethyl fumarate　　　　　　　ﻓﯘﻣﺎﺭ ﻗﺸﻘﻠ ﺩﯨﻪﺗﯩﻞ ﮬﻪﺳﺘﻪﺭﻯ

富马酸镉　cadmium fumarate　　　　　　　　　ﻓﯘﻣﺎﺭ ﻗﺸﻘﻠ ﻛﺎﺩﻣﻴ

富马酸酶　fumarase　　　　　　　　　　　　　ﻓﯘﻣﺎﺭﺍﺯﺍ

富马酸氢化酶　fumaric hydrogenase　　　　　　ﻓﯘﻣﺎﺭﮔﯩﺪﺭﻭﮔﯦﻨﺎﺯﺍ

富马酸氢盐　difumarate　COOH·CH:CH·COOH　ﻗﺸﻘﻠ ﻓﯘﻣﺎﺭ ﻗﺸﻘﻠ
　　　　　　　　　　　　　　　　　　　　　ﺗﯘﺯﺩﺍﺭﻯ

富马酸氢酯　difumarate　COOH·CH:CH·COOR　ﻗﺸﻘﻠ ﻓﯘﻣﺎﺭ ﻗﺸﻘﻠ ﮬﻪﺳﺘﻪﺭﻯ

富马酸铁　ferric fumarate　　　　　　　　　　ﻓﯘﻣﺎﺭ ﻗﺸﻘﻠ ﺗﻪﻣﯩﺮ

富马酰　fumaryl－　COCH:CHCO－(trans)　　ﻓﯘﻣﺎﺭﯨﻞ

富马酰胺　fumaramide　(:CHCONH₂)₂　　　　ﻓﯘﻣﺎﺭﺍﻣﯩﺪ

富马酰胺酸　fumaramic acid　NH₂COCH:CHCOOH　ﻓﯘﻣﺎﺭﺍﻣﯩﺪ ﻗﺸﻘﻠﻰ

富马酰肼　fumarhydrazide　C₄H₆O₂N₄　　　　ﻓﯘﻣﺎﺭﮔﯩﺪﺭﺍﺯﯨﺪ

富马酰氯　fumaryl chloride　(:CHCOCl)₂　　　ﻓﯘﻣﺎﺭﯨﻞ ﺣﻠﻮﺭ

富马酰亚胺　fumarimide　C₄H₄O₂N₂　　　　　ﻓﯘﻣﺎﺭﯨﻤﯩﺪ

富马型　fumaroid, fumaroid form　　　　　　ﻓﯘﻣﺎﺭﻭﯨﺪ، ﻓﯘﻣﺎﺭﻭﯨﺪ ﻓﻮﺭﻣﺎﻟﻰ

富煤气　rich gas　　　　　ﻗﻮﻳﯘ ﻛﯚﻣﯜﺭ ﮔﺎﺯﻯ، ﺑﺎﻳﺘﯩﻠﻐﺎﻥ ﻛﯚﻣﯜﺭ ﮔﺎﺯﻯ

富尼隆　fumiron　　　　　　　　　　　　　　ﻓﯘﻣﯩﺮﻭﻥ

富氢的　hydrogen－rich　　　　　　　　　　　ﺑﺎﻳﺘﯩﻠﻐﺎﻥ ﺳﯚﺗﻪﻙ

富瓦烯　fulvalene　　　　　　　　　　　　　　ﻓﯘﻟﯟﺍﻟﻪﻥ

富烯　fulvene　　　　　　　　　　　　　　　ﻓﯘﻟﯟﻩﻥ

富油　rich oil　　　　　　　　　ﺑﺎﻳﺘﯩﻠﻐﺎﻥ ﻣﺎﻱ، ﻗﻮﻳﯘ ﻣﺎﻱ

副菝葜皂角甙　　　　　　　　　　　　　."杷日灵" ﮔﻪ ﻗﺎﺭﺍﯕﯩﺰ.

副白苯胺　paraleucaniline　(NH₂C₆H₄)₃CH　ﭘﺎﺭﺍ ﻟﻪﯞﻛﺎﻧﯩﻠﯩﻦ

副产物　by－product　　　　　　　　　　　　ﻗﻮﺳﯩﻤﺸﺎ ﺋﯘﻧﯜﻡ

副大风子醇　hydnocarpyl alcohol　　　　　　ﮔﯩﺪﻧﻮﻛﺎﺭﭘﯩﻞ ﺳﭙﯩﺮﺗﻰ

副大风子基　hydnocarpyl　C₅H₇(CH₂)₁₀CH₂－　ﮔﯩﺪﻧﻮﻛﺎﺭﭘﯩﻞ

副大风子酸　hydnocarpic acid　C₅H₇(CH₂)₁₀COOH　ﮔﯩﺪﻧﻮﻛﺎﺭﭘﯩﻦ ﻗﺸﻘﻠﻰ

副大风子酰　hydnocarpoyl　C₅H₇(CH₂)₁₀CO₂－　ﮔﯩﺪﻧﻮﻛﺎﺭﭘﯘﯨﻞ

副大风子油基　　　　　　　　　　　　　."副大风子基" ﮔﻪ ﻗﺎﺭﺍﯕﯩﺰ.

副大风子油酸　　　　　　　　　　　　　."副大风子酸" ﮔﻪ ﻗﺎﺭﺍﯕﯩﺰ.

副淀粉　paramylum　　　　　　　　　　　　ﭘﺎﺭﺍﻣﯩﻞ

副电极　auxiliary electrode　　　　　　　　　ﻗﻮﺳﯩﻤﺸﺎ ﮬﻪﻟﻪﻛﺘﺮﻭﺩ

副反应　subsidiary reaction　قوسمشا رەاكسيا، تارماق رەاكسيا

副(化合)价　subsidiary valence　قوسمشا ۋالەنت

副甲基红　paramethyl red　$NaO_2CC_6H_4N{:}NC_6H_4N(CH_3)_2$　پارامەتيل قىزىلى

副价　"副(化合)价" گە قاراڭىز.

副键　auxiliary bond　قوسمشا بايلانس

副交感神经素　para sympathin　پاراسيمپاتين

副卡红　paracarmine　پاراكارمين

副可土因　paracotoin　$CH_2O_2{:}C_{11}H_6O_2$　پاراكوتوين

副酪蛋白　paracasein　پاراكازەين

副酪朊　"副酪蛋白" گە قاراڭىز.

副葎草灵酮　cohumulinone　كوگۇمۇلينون

副吗啡　paramorphine　پارامورفين

副片麻岩　parageneiss　پاراگنەيس

副品红碱　"副薔薇苯胺碱" گە قاراڭىز.

副品红无色母体　leucobase of pararosaniline　$[(CH_3)_2NC_6H_4]_3CH$　پارارۋزانيلىننىڭ ٴتۇسسىز انا دەنەسى

副薔薇苯胺碱　pararosaline (base)　$[(CH_3)_2NC_6H_4]_3COH$　پارارۋزانيلىن

副球朊　paraglobulin　پاراگلوبۇلين

副乳酸　paralactic acid　$CH_3CHOH COOH$　پارا ٴسۇت قىشقىللى، پارالاكتين قىشقىللى

副髓磷酯　paramyelin　پاراميەلين

副糖精　glucin　گليۋتسين

副纤维素　paracellulose　پاراسەلليۋلوزا

副族　subgroup B　قوسمشا گرۇپپا (پەريودتىق كەستەدەگى 8 گرۇپپا)

副族元素　sub group element　قوسمشا گرۇپپادا ٴبىرى ەلەمەنتتەر

复方碘甘油　glycerinum iodi compositum　قوسپا يودتى گليتسەرين

复方樟脑酊　tincturae camphorae compositae　قوسپا كامفورا تۇنباسى

复分解　"双分解" گە قاراڭىز.

复分解反应　metathetical reaction(＝replacement reaction)　الماسۇ رەاكسيالارى

复分子　compound molecula　قوسپا مولەكۇلا، قوس مولەكۇلا

复根　compound radical　قوسپا راديكال

复官能　complex function　كومپلەكس فۇنكتسيا

复合	compound(= recombination)	قوسپا، كۆردەلى
复合材料	composite	قوسپا ماتەريالدار
复合酊剂	compound tincture	قوسپا تۇنبا
复合肥料		"混合肥料" گە قاراڭىز.
复合粉剂	compound powder	قوسپا ۇنتاق
复合胶乳	componded latex	قوسپا قويمالجىڭ
复合矿物油	compounded mineral oil	قوسپا مينەرال مايى
复合流量计	compound meter	قوسپاناڭ اعۇ مولشەرىن ولشەگىش
复合磷酸酯酶	complex phospho esterase	كومپلەكس فوسفور ەستەرازا
复合醚	compound ether	كۆردەلى ەفيرلەر
复合润滑油	compounded libricating oil	قوسپا جاعىن مايلار
复合填料	compounded mix	قوسپا تولىقتىرما ماتەريالدار
复合物	compound(= double compound)	كۆردەلى قوسلىستار
复合物质	compound substance	قوسپا زاتتار، كۆردەلى زاتتار
复合显微镜	compound microscope	كۆردەلى ميكروسكوپ
复合纤维	composite fiber	قوسپا تالشىق
复合香料油	compounded permume oil	قوسپا ئيستى مايلار
复合橡胶	compounded rubber	قوسپا كاۋچۇك
复合盐	complex salt	كومپلەكس تۇزدار، كەشەندى تۇزدار
复合油	compound oil	قوسپا مايلار
复合原子	compound atom	قوسپا اتوم
复基	complex radical	كومپلەكس راديكال
复离子	compond ion	قوسپا يون
复溶剂	double solvent	قوسپا ەرىتكىش (اگەنت)
复式试剂	complexing reagent	كومپلەكس رەاكتيۆ
复酸	compound acid	قوسپا قىشقىل
复碳化物	double carbide	قوسپا كومىرتەكتى قوسلىستار
复体	complex	كومپلەكس، كەشەن، كۆردەلى
复盐	double salt, compound salt	قوس تۇزدار، قوسپا تۇزدار
复杂反应	complex reaction	كۆردەلى رەاكسيالار
复杂分子		"络分子" گە قاراڭىز.
复杂化	complexing	كومپلەكستەنۇ، كۆردەلىلەنۇ
复杂混合物	complex mixture	كومپلەكس قوسپا، كۆردەلى قوسپا

复质	قوسپا "混合体" گه قاراڭىز.
复指示剂 compound indicator	قوسپا ينديكاتور
附加燃料 additional fuel	قوسىمشا جانار زاتتار
附加物 addend(= addendum)	قوسىمشا زاتتار
附加蒸发 additional vaporization	قوسىمشا بۇلاندىرۇ
负催化剂 negative catalyst	تەرس كاتاليزاتور
负电 negative electricity	تەرس ەلەكتر
负电荷 negative charge	تەرس زارياد
负(电)极 negative electrode	تەرس ەلەكترود
负电性 electronegativity	تەرس ەلەكترلىك
负电(性)溶胶 negative sol	تەرس ەلەكترلىك كىرنە
负电子 negative electron	تەرس ەلەكترون
负反应 negative reaction	كەرى رەاكسيا
负荷 load	كوتەرىمدىلىك
负荷实验 load test	كوتەرىمدىلىك سىناعى
负化合价 negative oxidation state	تەرس ۆالەنت
负极 negative pole(= cathode)	تەرس پوليۇس، كاتود
负极反应	كاتودتاعى رەاكسيا
负价	"负化合价" گه قاراڭىز.
负接触剂	"负催化剂" گه قاراڭىز.
负晶体 negative crystal	كەرى كريستال
负离子 anion	انيون، تەرس يون
负离子聚合 anionic polymerization	انيوندىق پوليمەرلەنۇ
负碳离子 carbanion	كاربانيون، كومىرتەگىننىڭ تەرس يونى
负吸附(作用) negative adsorption	كەرى ادسوربتسيالاۇ
负性的 negative	تەرس ەلەكترلىك، تەرس قاسيەتتى
负(性)基 negative radical(= negative group)	تەرس راديكال، تەرس گرۇپپا
负压(力) negative pressure	كەرى قىسىم (كۇش)
负氧离子 negative oxygen ion	وتتەك انيونى، اۋا ۆيتامينى
负质子 negative proton	تەرس پروتون

G

ga

钆(Gd)	gadolinium		گادولینی (Gd)
咖马酸	gamma acid	$NH_2C_{10}H_5 \cdot SO_3H$	گامما قشقلی
尬梨波定	galipoidine		گالیپویدین
尬梨波灵	galipoline		گالیپولین
尬梨醇	galipol	$C_{15}H_{26}O$	گالیپول
尬梨定	galipidine	$C_{19}H_{19}O_3N$	گالیپیدین
尬梨频	galipine	$C_{20}H_{21}O_3N$	گالیپین
尬梨烯	galipene	$C_{15}H_{24}$	گالیپەن
尬梨因	galipeine	$C_{20}H_{21}O_3N$	گالیپەین

gai

改进剂	improver	جاقسارتقىش اگەنت
改良合金	modified alloy	جاقسارتىلعان قورىتپا
改良剂		"改进剂" گە قاراڭىز.
改良树脂	modified resin	جاقسارتىلعان سمولا
改良松香	modified resin	جاقسارتىلعان كانيفول (شايىر)
改性淀粉	modified starch	جاقسارتىلعان كراحمال
改性酚醛树脂	modified alkyd resin	جاقسارتىلعان الكيدتى سمولالار
改性油溶性树脂	modified oil – soluble resin	جاقسارتىلعان مايدا ەرگىش سمولالار
改制朊		"塑朊" گە قاراڭىز.
盖玻片	cover glasses	جابىن ەينەك، جاپقىش پلاستينكا
盖醇	menthol	مەنتول
盖尔曼 – 大久保质量公式	Gell – Mann – Okubo mass formula	گەلل _

مانىن ــ وكيۇبوماساسا فورمۇلاسى

盖尔曼关系　Gell‐Mann relation　　　گەلل ــ مانىن قاتىناسى (بايلانسى)

盖革‐勃列格斯法则　Geiger‐Briggs rule　　گەيگەر ــ بريگگس ەرەجەسى

盖革公式　Geiger formula　　　　گەيگەر فورمۇلاسى

盖革计数器　Geiger counter　　گەيگەرساناۇشى (اسپاپ)

盖革‐努塔耳定则　Geiger‐Nuttall′s law　گەيگەر ــ نۇتتالل ەرەجەسى

盖革‐努塔耳关系　Geiger‐Nuttall relation　گەيگەر ــ نۇتتالل بايلانسى

盖革‐缪勒计数管　Geiger‐Muller counter　گەيگەر ــ ميۇللەر ساناۇش

لامپاسى

盖吕萨克定律　Gay‐Lussac′s law　　گاي ــ ليۇساك زاڭى

盖吕萨克酸　Gay‐Lussac acid　　گاي ــ ليۇساك قشقىلى

盖吕萨克塔　Gay‐Lussac tower　　گاي ــ ليۇساك مۇناراسى

盖斯定律　Hess′s law　　　گەسس زاڭى

盖斯勒管　Geissler′s tube　　گەيسسلەر تۇتىگى

盖酮　menthone　　　مەنتون

盖烯　menthene　　　مەنتەن

盖烯醇　menthenol　　　مەنتەنول

钙(Ca)　calcium　　　كالتسي (Ca)

钙红　calcon　　كالكون، كالتسي قزىلى

钙红指示剂　cal‐red indicator　كالتسي قزىلى يندىكاتورى

钙化　calcification　　كالتسيلەنۇ

钙化醇　calciferol(＝vitamin D₂)　$C_{28}H_{43}OH$　كالتسيفەرول، ۆيتامين D_2

钙华　　　"石灰华" گە قاراڭز.

钙基润滑脂　lime base grease　كالتسيلى جاعىن ماي

钙基脂　calcium grease　　كالتسيلى ماي

钙卤水　calcium brine　　كالتسيلى اشتى سۇ

钙芒硝　glauberite　　گلاۇبەريت

钙镁磷肥　calcium‐magnesium‐phosphate fertilizer　ــ كالتسي ــ ماگنىي ــ

فوسفورلى تەڭايتقىش

钙铅玻璃　lime leade glass　كالتسي ــ قورعاسىن ايناك (شنى)

钙水碱　pirssonite　$CaNa_2C_2O_6·2H_2O$　پيرسسونيت

钙盐　calcium salt　　كالتسي تۇزى

钙皂　　　"石灰皂" گە قاراڭز.

钙皂脂　calcium soap grease　　　　　　　　　كالتسىلى سابىن مايى

钙酯　calcium ester　　　　　　　　　　　　　كالتسىلى ەستەر

钙脂　limed rosin　　　　　　　　　　كالتسىلى كانىفول (شايرشىق)

gan

干　xero –　　　　　　　　كەسەرو ـ (گرەكشە)، قۇرغاق

干饱和蒸汽　dry saturated steam　　　　قۇرغاق قانىققان بۇ

干冰　dry ice　　　　　　　　　　　قۇرغاق مۇز

干催化剂　dried catalyst　　　　　　قۇرغاق كاتالىزاتور

干点　dry point　　　　　　　قۇرغاۋ نۇكتەسى

干电池　dry baterry (cell)　　　　　قۇرغاق باتارەيا

干电势　drying potential　　　　قۇرغاتۋ پوتەنتسيالى

干法　dry process　　قۇرغاتۋ بارسى، قۇرغاتۋ ٴادسى

干反应　dry reaction　　　　　　قۇرغاق رەاكسيا

干肥皂　dry soap　　　　　قۇرغاق كەر سابىن

干腐蚀　dry corrosion　　　قۇرغاق كوررۇزيالانۇ

干酵母　dry yeast　　　　　قۇرغاق اشتقى

干酪素　　　　　　　"酪朊" گە قاراڭىز .

干冷凝器　dry condenser　قۇرغاق سۇتقمش (مۇزداتقمش)

干冷却　dry cooling　　　　　　قۇرغاق سۇتۇۋ

干馏　dry distillation　　　　　قۇرغاق ايداۋ

干馏焦油　dry run tar　　　قۇرغاق ايدالعان كوكس مايى

干馏煤气　carbonization gas, carbureted gas　قۇرغاق ايدالعان كومەر گازى

干滤器　dry filter　　　　　　قۇرغاق سۇزگمش

干煤　dry coal　　　　　　　قۇرغاق كومەر

干煤气　dry gas　　　　　قۇرغاق كومەر گازى

干煤气燃料　dry gas fuel　قۇرغاق گاز وتىن، قۇرغاق گاز جانار زات

干醚　dry ether　　　　　　قۇرغاق ەفير

干凝胶　xerogel　كەسەروگەل، كەسەرو سىرنە

干球温度　dry bulb temperature　قۇرغاق شار تەمپەراتۇرا

干球温度计　dry bulb thermometer　قۇرغاق شار تەرمومەتر

干扰素　interferon　　　　　　ينتەرفەرون

干热硫化　dry heat vulcanization　قۇرغاق ستىقتا كۆكەرتتەندىرۈ (كاۋچۇك ونەركاسبىندە)

干酸　dry acid　قۇرغاق قشقىل، سۇسىز قشقىل

干酮酸　xeronic acid　$COOHC(C_2H_5):C(C_2H_5)COOH$　كەسەرون قشقىلى

干洗　chemical cleaning　ھىمىيالىق قۇرغاق جۇۋ

干橡胶　dry rubber substance　قۇرغاق كاۋچۇك

干性反应　"干反应" گە قاراڭز.

干性油　dry oil, drying oil　قۇرغاق ماي، سۇسىز ماي، سەرماي، ولىفا

干性油酸　dry oleic acid　قۇرغاق ماي قشقىلى

干性油变性醇酸树脂　drying oil – modified alkud resin　قۇرغاق ماي جاقسارتلەلعان الكىدى سمولالار

干颜料　dry color　قۇرغاق بوياۋلار

干燥剂　dryer, drying agent　قۇرغاتقش اگەنت، كەپتىرگىش اگەنت

干燥天然气　dry natural gas　قۇرغاق تابيعي گاز

干真空　dry vacuum　قۇرغاق ۆاكۇۋم، قۇرغاق اۋاسز بوستىق

酐　anhydride　انگيدريدتى

酐化作用　anhydridisation　انگيدريتەۋ، وتەكتەنۇ

肝白朊　hepatoalbumin　گەپاتوالبۇمين

肝胆红质　"胆玉红素" گە قاراڭز.

肝黄质　hepaxanthin　گەپاكسانتين

肝清蛋白　"肝白朊" گە قاراڭز.

肝球蛋白　hepatoglobulin　گەپاتوگلوبۆلين

肝球朊　"肝球蛋白" گە قاراڭز.

肝素　heparin　گەپارين

肝素酶　heparinase　گەپارينازا

肝酸　jecoric acid　باۋىر قشقىلى، جەكور قشقىلى

肝糖磷脂　"介考扔" گە قاراڭز.

肝胃素　extralin　ەكسترالين

甘氨胆酸　glycocholic acid　گليكوحول قشقىلى

甘氨胆酸钠　sidium glycocholate　گليكوحول قشقىل ناتري

甘氨酸　glycine, glycocol　NH_2CH_2COOH　گليتسين، گليكوكول

甘氨酸酐　glycine anhydride　$C_4H_6O_2N_2$　گليتسين انگيدريدتى

甘氨酸氧化酶　glycine oxidase　گليتسين وكسيدازا

甘氨酸乙酯　glycine ethyl ester　$H_2NCH_2CO_2C_2H_5$　گليتسىيندى ەتيل ەستەرى

甘氨脱氧胆酸　glycodesoxy cholic acid　گليكودەزوكسىحول قىشقىلى

甘氨酰　glycyl　H_2NCH_2CO-　گليتسىيل

甘氨酰胺　glycinamide　$NH_2CH_2CONH_2$　گليتسىين اميد

甘氨酰丙氨酸　glycyl alanine　گليتسىيل الانين

甘氨酰基　glycyl　گليتسىيل

甘氨酰肽　glycyl peptide　گليتسىيل پەپتيد

甘氨酰替对乙氧基苯胺　glycine p – phenetidide(= phenecol)　گليتسىين
پارا ـ فەنەتيديد، فەنەكول

甘氨酰替甘氨酸　glycyl glycine　$H_2NCH_2CONHCH_2COOH$　گليتسىيلدى
گليتسىين

甘草根亭　liquiritin　ليحيريتىين

甘草苦甙　glycyramarin　گليتسىيرامارين

甘草酸　glycyrrhizic acid　گليتسىيررىزىن قىشقىلى

甘草酸盐　glycyrrhetate　گليتسىيررىزىن قىشقىلىنىڭ توزدارى

甘草甜　glycyrrhizin　$C_{44}H_{64}O_{19}$　گليتسىيررىزىن

甘草甜素　"甘草甜" گە قاراڭىز

甘草亭　glycyrrhetin　$C_{18}H_{26}O_4$　گليتسىيررەتين

甘草味胶　sarcocol　ساركوكول

甘草味精　sarcocollin　$C_{13}H_{23}O_6$　ساركوكوللين

甘醇　"乙(撑)二醇" گە قاراڭىز.

甘胆酸　"肝氧胆酸" گە قاراڭىز.

甘胆酸盐　glycocholate　گليكوحول قىشقىلىنىڭ توزدارى

甘恶啉　glyoxaline　CHNCH:CHNH　گليوكسالىين

甘汞　calomel　كەپىرەش، ءبىر حلورلى سناپ

甘汞电池　calomel cell　كالومەل باتارەيا، كەپىرەش باتارەيا

甘汞电极　calomel electrode　كالومەل ەلەكترود، كەپىرەش ەلەكترود

甘胶酸　"甘氨酸" گە قاراڭىز.

甘椒酸　pimentic acid　بۇرىش قىشقىلى

甘椒油　pimento oil　بۇرىش مايى

甘椒子油　pimento seed oil　بۇرىش ۇرعى مايى

甘菊环　"薁" گە قاراڭىز.

甘菊蓝　"薁" گە قاراڭىز.

甘露 manna   ماننا

甘露吡喃糖   "吡喃甘露糖" گه قاراڭىز.

甘露醇   "甘露糖醇" گه قاراڭىز.

甘露庚糖 mannoheptose $C_7H_{14}O_7$ ماننوگەپتوزا

甘露庚糖醇 mannoheptitol persitol $C_7H_{16}O_7$ ماننوگەپتيتول، پەرسيتول

甘露聚糖 mannan   ماننان

甘露聚糖酶 mannase   ماننازا

甘露三糖 mannotriose   ماننوتريوزا

甘露四糖 manno tetrose   ماننوتەتروزا

甘露糖 mannose $C_5H_{11}O_5CHO$ ماننوزا

甘露糖苯腙 mannose phenylhydrazone $C_6H_{12}O_5{:}NNHC_6H_5$ ماننوزا فەنيل گيدرازون

甘露糖醇 mannitol $CH_2OH(CHOH)CH_2OH$ ماننيتول

甘露糖醇六醋酸酯 mannitol hexaacetate $C_6H_8O_6(COCH_3)_6$ ماننيتول گەكسا سىركە قىشقىل ەستەرى

甘露糖醇六硝酸酯 mannitol hexanitrate $(O_2NOCH_2)_2[CH(ONO_2)]_4$ ماننيتول گەكسا ازوت قىشقىل ەستەرى

甘露糖甙 mannoside   ماننوزيد

甘露糖甙链霉素 mannosidostreptomyein   ماننوزيدوستەرەپتوميتسين

甘露糖甙链霉素酶 mannosidostreptomycinase   ماننوزيدوستەرەپتوميتسينازا

甘露糖甙霉 mannosidase   ماننوزيدازا

甘露糖醛酸 mannuronic acid   ماننۇرون قىشقىلى

甘露糖酸 mannonic acid $CH_2OH(CHOH)_4COOH$ ماننون قىشقىلى

甘露糖质酸 mannosaccharic acid   ماننو ساحار قىشقىلى

甘露糖腙 mannohydrazone   ماننوگيدرازون

甘脲 glycoluril   گليكولۇريل

甘素 dulcin, dulcitol   دۇلتسين، دۇلتسيتول

甘酞树脂 glyptal resin   گليپتالدى سمولالار

甘油 glycerin, glycerol $CH_2OHCHOHCH_2OH$ گليتسەرين، گليتسەرول

甘油胺 glyceramine $CH_2OHCHNH_2CH_2OH$ گليتسەرامين

甘油处理 glycerinating   گليتسەرينمەن وڭدەۋ

甘油醋酸酯 glycerol acetate   گليتسەرول سىركە قىشقىل ەستەرى

甘油淀粉润滑剂 glycerol – starch composition   گليتسەرول

كراحمال مايلاعش (اگەنت)

甘油－1,3－二苯醚　glycerin－1,3－diphenyl ether　$(C_6H_5OCH_2)_2CHOH$

گلیتسەرین ـ 1، 3 ـ دیفەنیل ەفیری

甘油二蒽酸酯　　　　　　　　　　　 "二蒽精" گە قاراڭمز.

甘油二醋酸酯　glycerin diacetate　$HOC_3H_5(O_2CCH_3)_2$　گلیتسەرین ەکی

سرکە قشقمل ەستەری

甘油－1,3－二丁醚　glycerin－1,3－dibutyl ether　$(C_4H_9OCH_2)_2CHOH$

گلیتسەرین ـ 1، 3 ـ دیبۇتیل ەفیری

甘油二丁酸酯　glycerin dibutyrate　گلیتسەرین ەکی بۇتیر قشقمل ەستەری

甘油二蜂酸酯　　　　　　　　　　　 "二蜂酸精" گە قاراڭمز.

甘油二桂酸硬脂酸酯　stearo dilaurin　ستەاریندی دیلاۆرین

甘油二花生酸酯　diarachin　دیاراحین

甘油－1,3－二甲基醚　glycerin－1,3－dimethyl ether　$(CH_3OCH_2)_2CHOH$

گلیتسەرین ـ 1، 3 ـ دیمەتیل ەفیری

甘油二甲醚　dimethyl hydrine　دیمەتیل گیدرین

甘油二甲酸酯　glycerin diformate　$(HCO_2)_2C_3H_6O$　گلیتسەرین ەکی قۇمىرسقا

قشقمل ەستەری

甘油二甲酮缩醇　glycerol dimethyl cetal　گلیتسەرول دیمەتیل كەتال

甘油二芥酸酯　　　　　　　　　　　 "二芥精" گە قاراڭمز.

甘油二醋酸酯　　　　　　　　　　　 "二蜡精" گە قاراڭمز.

甘油 α－氯醇　glycol α－chlorohydrin　$ClCH_2CH(OH)CH_2OH$　گلیكول α ـ

حلورلى گیدرین

甘油二软脂酸油酸酯　oleodipalmitin　ولەیندی دیپالمیتین

甘油二软脂酸酯　dipalmitin　دیپالمیتین

甘油二山芋酸酯　　　　　　　　　　 "二山芋精" گە قاراڭمز.

甘油二酸酯　diglyceride　دیگلیتسەرید

甘油二戊酸酯　divalerin　دیۆالەرین

甘油二硝酸酯　glycerin dinitrate　گلیتسەرین ەکی ازوت قشقمل ەستەری

甘油二硝酸酯炸药　dinnitroglycerine explosive　دینیتروگلیتسەرین

جارىلعىش ءداری

甘油二亚油酸酯　　　　　　　　　　 "二亚油精" گە قاراڭمز.

甘油二乙醚　diethyl hydrine　$CH_2OEt \cdot CHOEt \cdot CH_2OH$　دیەتیل گیدرین

甘油二乙酯

甘油二醋酸酯" گه قاراڭز.

甘油二异丁酸酯　　　"二异丁精" گه قاراڭز.

甘油－1,3－二异戊基醚　glycerin－1,3－di isoamyl ether
$(C_5H_4OCH_2)_2CHOH$　　گیلتسەرین ــ 1، 3 ــ ەکی یزو امیل ەفیری

甘油二硬脂酸油酸酯　oleodistearin　ولەیندی دیستەارین

甘油二硬脂酸酯　　　"二硬脂精" گه قاراڭز.

甘油二硬脂酸一棕榈酸酯　palmitodistearin　پالمیتین دیستەارین

甘油二油酸酯　　　　"二油精" گه قاراڭز.

甘油二月桂酸酯　　　"二月桂精" گه قاراڭز.

甘油二棕榈酸硬脂酸酯　stearo dipalmitin　ستەارىندى دیپالمیتین

甘油二棕榈酸酯　　　"二棕榈精" گه قاراڭز.

甘油反油酸二硬脂酸酯　"反油酸二硬脂精" گه قاراڭز.

甘油癸酸酯　　　　"癸酸精" گه قاراڭز.

甘油(换)磷酸　glycero phosphoric acid　$(HOCH_2)_2CHOPO(OH)_2$　گیلتسەرو
فوسفور قشقلى

甘油混酸酯　mixed glyceride　قوسپا گیلتسەرید

甘油基　glycero－, glyceryl　گیلتسەرو ـ، گیلتسەریل

甘油基三氯　glyceryl trichloride　گیلتسەریل ٷش حلور

甘油激酶　glycerokinase　گیلتسەروکینازا

甘油己酸酯　caproin　کاپروین

甘油甲醚　methylin　مەتیلین

甘油甲酸酯　　　　"甲酸精" گه قاراڭز.

甘油介考裂酸酯　　　"介考裂精" گه قاراڭز.

甘油磷酸　　　　　"磷酸甘油" گه قاراڭز.

甘油磷酸变位酶　　　"甘油磷酸移位酶" گه قاراڭز.

甘油磷酸钙　calcium glycero phosphate　گیلتسەرو فوسفور قشقل کالتسي

甘油磷酸钾　potassium glycero phosphate　گیلتسەرو فوسفور قشقل کالي

甘油磷酸酶　glycero phosphatase　گیلتسەروفوسفا تازا

甘油磷酸钠　sodium glycero phosphate　گیلتسەرو فوسفور قشقل ناتري

甘油磷酸锶　strontium glycero phosphate　گیلتسەرو فوسفور قشقل
سترونتسي

甘油磷酸铁　ferric glycero phosphate　گیلتسەرو فوسفور قشقل تەمىر

α－甘油磷酸脱氢酶　α－glycero phosphate dehydrogenase
α ـ گليتسەرو فوسفور قشقىل دەگيدروگەنازا

甘油磷酸盐　glycero phosphate　گليتسەرو فوسفور قشقىلنىڭ تۇزدارى

甘油磷酸酯　glycero phosphate　گليتسەرو فوسفور قشقىل ەستەرى

甘油磷酸移位酶　glycero phosphomutase　گليتسەرو فوسفومۇتازا

甘油磷酰胆碱　glycerophosphoryl choline　گليتسەرو فوسفوريل حولين

甘油硫酸酯　sulfuric ester of glycerol　گليتسەرول كۆكىرت قشقىل ەستەرى

甘油马来酸聚酯　glyceryl maleate polyester　گليتسەريل مالەين قشقىل
پوليەستەر

甘油内醚　glycidol, glycide　$C_2H_9OCH_2OH$　گليتسيدول، گليتسيد

甘油硼酸盐　glycero borate　گليتسەرو بور قشقىلمىنىڭ تۇزدارى

甘油醛　glyceraldehyde　$HOCH_2CHOHCHO$　گليتسەرو الدەگيدتى

D－甘油醛　D－glyceraldehyde　D ـ گليتسەرو الدەگيدتى

L－甘油醛　L－glyceraldehyde　L ـ گليتسەرو الدەگيدتى

甘油醛二磷酸盐　glyceroaldehyde diphosphate　گليتسەرو الدەگيدتى ەكى
فوسفور قشقىلمىنىڭ تۇزدارى

甘油肉豆蔻酸硬脂酸酯　myristostearin　ميريستوستەارين

甘油肉豆蔻酸棕榈酸油酸酯　myristo palmito olein　ميريستو ـ پالميتو ـ
ولەين

甘油三苯酸酯　"三苯精" گە قاراڭز.

甘油三蓖麻醇酸酯　ricinolein, ricinoleidin　ريتسينولەين، ريتسينولەيدين

甘油三丙酸酯　glycero tripropionate　$(C_2H_5CO_2)_3C_3H_5$　گليتسەرو ٷش
پروپيون قشقىل ەستەرى

甘油三醋酸酯　glycerin triacetate　$(CH_3CO_2)_3C_3H_5$　گليتسەرين ٷش سىركە
قشقىل ەستەرى

甘油三丁酸酯　glycerin tributyrate　$(C_3H_7CO_2)_3C_3H_5$　گليتسەرين ٷش بۇتير
قشقىل ەستەرى

甘油三丁酸酯酶　"三丁精酶" گە قاراڭز.

甘油三反油酸酯　glycerol trielaidate　گليتسەرول ٷش ەلايدين قشقىل
ەستەرى

甘油三蜂花酸酯　"蜂花精" گە قاراڭز.

甘油三个苯甲酸酯　glycerin tribenzoate　$(C_6H_5CO_2)_3C_3H_5$　گليتسەرين ٷش
بەنزوي قشقىل ەستەرى

甘油三个花生酸酯　glycerin triarachidate　$(C_{19}H_{39}CO_2)_3C_3H_5$　گليتسەرين
ئۇش ئاراخىد قىشقىل ەستەرى

甘油三个十二烷酸酯　glycerin trilaurate　$(C_{11}H_{23}CO_2)_3C_3H_5$　گليتسەرين
ئۇش لاۋرر قىشقىل ەستەرى

甘油三个十六烷酸酯　glycerin tripalmitate　$(C_{15}H_{31}CO_2)_3C_3H_5$　گليتسەرين
ئۇش پالميتىن قىشقىل ەستەرى

甘油三个十四烷酸酯　glycerin trimyristate　$(C_{13}H_{27}CO_2)_3C_3H_5$　گليتسەرين
ئۇش مىرىستىن قىشقىل ەستەرى

甘油三个硬脂酸酯　glycerol tristearate　گليتسەرول ئۇش ستەارىن قىشقىل
ەستەرى

甘油三个月桂酸酯　“三月桂精” گە قاراڭز.

甘油三个棕榈酸酯　“三棕榈精” گە قاراڭز.

甘油三个棕榈酸酯软脂精　glycerol tripalmitate　گليتسەرول ئۇش پالميتىن
قىشقىل ەستەرى

甘油三庚酸酯　glycerin heptylate(= triheptin)　$(C_6H_{13}CO_2)_3C_3H_5$　گليتسەرين
گەپتان قىشقىل ەستەرى

甘油三癸酸酯　glycerin tricaprate　$(C_9H_{19}CO_2)_3C_3H_5$　گليتسەرين ئۇش كاپرىن
قىشقىل ەستەرى

甘油三己酸酯　glycerin tricaproate　$(C_5H_{11}CO_2)_3C_3H_5$　گليتسەرين ئۇش
كاپرون قىشقىل ەستەرى

甘油三甲基醚　“三甲灵” گە قاراڭز.

甘油三甲酸酯　glycerin triformate　$(HCO_2)_3C_3H_5$　گليتسەرين ئۇش قۇمىرسقا
قىشقىل ەستەرى

甘油三芥酸酯　“芥酸精” گە قاراڭز.

甘油三蜡酸酯　“蜡精” گە قاراڭز.

甘油三羟蜡酸酯　“羊毛蜡” گە قاراڭز.

甘油三肉豆蔻酸酯　myristin　مىرىستىن

甘油三软脂酸酯　“三棕榈精” گە قاراڭز.

甘油三酸酯　triglyceride　تريگليتسەرىد

甘油三十酸酯　laxin　لاكسىن

甘油三松香酸酯　“酯树胶” گە قاراڭز.

甘油三桐酸酯　“桐酸精” گە قاراڭز.

甘油三戊酸酯　glycerin trivalerate　$(C_4H_9CO_2)_3C_3H_5$　گلیتسـەرین ‹ۇش ۋالەریان قسقىل ەستەرى

甘油三硝酸酯　glcerin trinitrate　$(O_2NO)_3C_3H_5$　گلیتسـەرین ‹ۇش ازوت قسقىل ەستەرى

甘油三辛酸酯　glycerin tricaprylate　$(C_7H_{15}CO_2)_3C_3H_5$　گلیتسـەرین ‹ۇش كاپریل قسقىل ەستەرى

甘油三亚麻酸酯　"三亚麻精" گە قاراڭىز.

甘油三亚硝酸酯　glycerin trinitrite　$(O_2NO)_3C_3H_5$　گلیتسـەرین ‹ۇش ازوتتى قسقىل ەستەرى

甘油三亚油酸酯　"三亚油精" گە قاراڭىز.

甘油三乙醚　glycerin triethyl ether　$C_3H_5(OC_2H_5)_3$　گلیتسـەریل تریەتیل ەفیرى

甘油三乙酸酯　"甘油三醋酸酯" گە قاراڭىز.

甘油三乙酯　glycerin triethyl ester　گلیتسـەرین تریەتیل ەستەرى

甘油三异戊酸酯　glycerin triisovalerate　$(C_4H_9CO_2)_3C_3H_5$　گلیتسـەرین ‹ۇش یزو ۋالەریان قسقىل ەستەرى

甘油三硬脂酸酯　glycerol tristearate　$(C_{17}H_{35}CO_2)_3C_3H_5$　گلیتسـەرول ‹ۇش ستەارین قسقىل ەستەرى

甘油三油酸酯　glycerin trioleate　$(C_{17}H_{33}CO_2)_3C_3H_5$　گلیتسـەرین ‹ۇش ولەین قسقىل ەستەرى

甘油三酯　triglyceride　تریگلیتسـەرید

甘油三棕榈酸酯　glycerol tripalmitate　$(C_{15}H_{31}CO_2)_3C_3H_5$　گلیتسـەرول ‹ۇش پالمیتین قسقىل ەستەرى

甘油十七酸酯　intarvin　ینتارۋین

甘油四硝酸酯　tetranitro glycerin　گلیتسـەرین ‹تورت ازوت قسقىل ەستەرى

甘油塑胶　glyptal　گلیپتال

甘油酸　glyceric acid　$HOCH_2CHOHCOOH$　گلیتسـەرین قسقىلى

甘油酸甲酯　methyl glycerate　$CH_2OHCHOHCO_2CH_3$　گلیتسـەرین قسقىل مەتیل ەستەرى

甘油酸盐　glycerate　$C_3H_5O_4M$　گلیتسـەرین قسقىلىنىڭ تۇزدارى

甘油酸乙酯　ethyl glycerate　$(HO)_2C_2H_3CO_2C_2H_2$　گلیتسـەرین قسقىل ەتیل ەستەرى

甘油酸酯　glycerate　$C_3H_5O_4R$　گلیتسـەریل قسقىل ەستەرى

甘油糖　glycerose　$C_3H_6O_3$　گلیتسـەروزا

甘油同酸酯　simple glyceride　جاي گلیتسەرید

甘油酰　glyceroyl　$HOCH_2CH(OH)CO-$　گلیتسەرویل

甘油-α-苯醚　glycerin-α-monophenyl ether　$C_6H_5OCH_2CHOHCH_2OH$
گلیتسەرین ــ α ــ مونوفەنیل ەفیری

甘油-丙酸酯　glycerin monopropionate　$C_2H_5CO_2CH_2CHOHCH_2OH$
گلیتسەرین مونوپروپیون قشقىل ەستەری

甘油-醋酸酯　glycerin monoacetate　$CH_3CO_2CH(CH_2OH)_2$
گلیتسەرین
مونو سىركە قشقىل ەستەری

甘油-α--丁醚　glycerin α-monobutyrate　گلیتسەرین ــ α ــ
مونو بۇتیل ەفیری

甘油-α--丁酸酯　glycerin α-monobutyrate
$C_3H_7CO_2CH_2CHOHCH_2OH$　گلیتسەرین ــ α ــ مونو بۇتیر قشقىل ەستەری

甘油一丁酸酯　monobutyrin　مونو بۇتیرین

甘油一蜂酸酯　monomelyssin　مونومەلیسسین

甘油一个烯丙基醚　allylin　$CH_2OHCHOHCH_2OCH_2CHCH_2$
اللیلین

甘油一桂酸酯　monolaurin　مونولاۋرین

甘油一花生酸酯　monoarchin　مونوارحین

甘油-α--甲醚　glycerin α-monomethyl ether　$CH_3OC_3H_5(OH)_2$
گلیتسەرین ــ α ــ مونومەتیل ەفیری

甘油一甲酸酯　glycerol monoformate　گلیتسەرول مونو قۇمىرسقا قشقىل
ەستەری

甘油一蜡酸酯　monocerotin　مونوكەروتین

甘油一肉豆蔻酸二桂酸酯　myristodilaurin　میریستودیلاۋرین

甘油一肉豆蔻酸二硬酸酯　myristodistearin　میریستودیستەارین

甘油一山芋酸酯　monobehenolin　مونوبەھەنولین

甘油一水杨酸酯　glycerin monosalicylate　گلیتسەرین مونوسالیتسیل
قشقىل ەستەری

甘油一酸酯　monoglyceride　مونوگلیتسەرید

甘油一苔酸二硬脂酸酯　　"二硬脂一苔精" گە قاراڭىز.

甘油一硝酸酯　mononitroglycerin　مونونیتروگلیتسەرین

甘油一亚油酸二硬脂酸酯　linoleo distearin　لینولەودیستەارین

甘油一乙醚　　"一乙灵" گە قاراڭىز.

甘油-α-异戊醚　glycerin α-monoisoamyl ether

$CH_2OHCHOH(H_2OC_5H_{11})$ گليتسەرين ــ α ــ مونويزوۋاميل ەفيرى

甘油－α－硬脂酸酯 glycerin α－monostearate $C_{17}H_{35}CO_2CH_2CHOHCH_2OH$

گليتسەرين ــ α ــ مونوستەارين قىشقىل ەستەرى

甘油－β－硬脂酸酯 glycerin β－monostearate $C_{17}H_{35}CO_2CH(CH_2OH)_2$

گليتسەرين ــ β ــ مونوستەارين قىشقىل ەستەرى

甘油一硬脂酸棕榈酸酯   "二棕榈硬脂精" گە قاراڭز.

甘油一油酸二棕榈酸酯   "二棕榈一油精" گە قاراڭز.

甘油一油酸酯   "一油精" گە قاراڭز.

甘油一瘪创木酚醚 glycerin monoguaiacol ether $CH_3OC_6H_4OC_3H_5(OH)_2$

گليتسەرين مونوگۋاياكول ەفيرى

甘油一月桂酸二蔻酸酯 lauro－dimyristin   لاۋرو ــ ديميريستين

甘油一月桂酸二硬酸酯 lauro－distearin   لاۋرو ــ ديستەارين

甘油一月桂酸酯 glycerol monolaurate   گليتسەرول مونولاۋر قىشقىل ەستەرى

甘油一棕榈酸酯 monopalmitin   مونوپالميتين

甘油硬脂酸二油酸酯 stearodiolein   ستەاروديولەين

甘油硬脂酸肉豆蔻酸月桂酸酯 stearo－myristo－laurin   ستەارو ــ

ميريستو ــ لاۋرين

甘油硬脂酸肉豆蔻酸酯 stearo－myristin   ستەارو ــ ميريستين

甘油硬脂酸月桂酸肉豆蔻酸酯 stearo－lauro－myristin   ستەارو ــ لاۋرو ــ

ميريستين

甘油硬脂酸酯   "硬脂精" گە قاراڭز.

甘油硬脂酸棕榈酸油酸酯 stearo palmito olein   ستەارو ــ پالميتو ــ ولەين

甘油棕榈酸酯   "棕榈精" گە قاراڭز.

甘油皂 glycerin soap   گليتسەريندى سابن

گليتسەريندى سابن

甘油酯 glycerin ester, glyceride   گليتسەرين ەستەرى، گليتسەريد

甘油酯类 glycerin esters   گليتسەريدتەر

甘油酯油 glyceride oil   گليتسەريد مايى

甘油值 glycerin value   گليتسەرين ٴمانى

甘酯   "甘油酯" گە قاراڭز.

坩埚 crucible   تيگەل، وتباقىراش

坩埚盖 crucible cover   تيگەل قاقپاعى

坩埚夹 crucible tongs   تيگەل قىسقىش

坩埚片　crucible disc　　　　　　　　　　　تیگەل پلاستینكاسی

坩埚钳　　　　　　　　　　　　　"坩埚夹" گە قاراڭىز.

坩埚(用)三角　crucible triangle　　　　　　تیگەل تۆپتىك

坩埚座　crucible holder　　　　　　　　　تیگەل تۆعىرى

柑桔油　　　　　　　　　　　　　"红桔油" گە قاراڭىز.

苷　　　　　　　　　　　　　　　"貳" گە قاراڭىز.

杆菌抗霉素　bacillomycin　　　　　　　باتسیللومیتسین

杆菌素　bacilllin　　　　　　　　　　　باتسیللىن

杆菌肽　bacitracin　　　　　　　　　　باتسیتراتسین

杆菌脂　bacilipin　　　　　　　　　　　باتسیلىپىن

杆菌制霉素　fungocin　　　　　　　　　فۇڭگوتسىن

感光玻璃　photosensitive glass　　جارىق سەزگىش ئەينەك (شىنى)

感光材料　sensitive material　　　جارىق سەزگىش ماتەریالدار

感光性卤化物　photohalide　جارىق سەزگىش كالوگەندى قوسىلىستار

感光氧化作用　　　　　　　　　"光致氧化作用" گە قاراڭىز.

感光异构(现象)　photoisomerism　　　　فوتویزومەریا

感胶离子　lyotrope　　　　　　　　　لیوتروپ

感胶离子(顺)序　lyotropic series　　لیوتروپ قاتارى (رەتى)

感铅性　lead susceptibility　　　　قورعاسىن سەزگىشتىك

橄榄黄　olive yellow　　　　　　　ئايتۇن سارسى

橄榄绿　olive green　　　　　　　　ئايتۇن جاسىلى

橄榄偶酰　olivil　　　　　　　　　　ولیۆيل

橄榄仁油　olive kernel oil　　　　ئايتۇن ۇرعى مايى

橄榄色　olive　　　ئايتۇن ئۇس، سارعىش جاسىل ئۇس

橄榄石　olivine　$(Mg, Fe)_2SiO_4$　　　ولیۆين

橄榄氧化酯　olease　　　　　　　　ولەازا

橄榄油　olive oil　　　　　　　　　ئايتۇن مايى

绀色的　　　　　　　　　　　　　"红紫色的" گە قاراڭىز.

gang

刚宝　corundum　　　　　　　　كورۇند، الماز

刚果柯巴脂　Congo copal　　　　كونگو كوپالى

刚果红　Congo red　　　　　　　　　　　　　کونگو قىزىلى

刚果红试纸　Congo red test paper　　　　کونگو قىزىلى سىناغىش قاغازى

刚果胶　Congo gum　　　　　　　　　　　کونگو جەلىمى

刚果荷那　Holarr hena congolensis stapf　　کونگوگەنا

刚果蓝　Cong blue　　　　　　　　　　　　کونگوكوگى

刚果素　Congocidine　$C_{18}H_{26}O_3N_{10}$　　　کونگوتسىدىن

刚果玉红　Congo rubine　　　　　　　　　کونگورۇبىنى

刚果脂　Congo ester　　　　　　　　　　　کونگو ەستەرى

刚果棕　Congo brown　　　　　　　　　　کونگو قىزىل قوڭىرى

刚果棕 G　Congo brown G　　　　　　G کونگو قىزىل قوڭىرى

刚石　　　　　　　　　　　"刚宝" گە قاراڭىز.

刚性链　rigid chain　　　　　　　　　مىقتى تىزبەك

刚玉　　　　　　　　　　　"刚石" گە قاراڭىز.

钢　stale, steel　　　　　　　　　　　بولات

钢化玻璃　　　　　　　　بولاتتانعان اينەك (شىنى)

钢研钵　steel mortar　　　　بولات كەلى ــ كەلساپ

冈伯格－巴赫曼－海伊反应　Gomberg－Bachmann－Hey reaction

　　　　　کومبەرگ ــ باحمان ــ حەي رەاكسىياسى

冈伯格反应　Gomberg reaction　　کومبەرگ رەاكسىياسى

岗松醇　baeckeol　　　　　　باككەول، بەككەل

杠柳配质　periplogenin　　　　　پەرىپلوگەنىن

杠柳素　periplocin　　　　　　　پەرىپلوتسىن

gao

高　homo, per, super　گومو، پەر ــ (لاتىنشا)، سۇپەر ــ (لاتىنشا)، اسقىن،
　　　　　　　　　جوعارى

高半胱氨酸　homocysteine　　　　گوموسىستەين

高倍镜　high power lens　جوعارى ەسەلى لينزا (ميكروسكوپتا)

高比重燃料　high gravity fuel　　مەنشىكتى سالماعى جوعارى جانار زاتتار

高比重溶液　hyperbaric solution　مەنشىكتى سالماعى جوعارى ەرىتىندىلەر

高篦硬酸　homoricin stearolic acid　گوموريتسىن ستەارول قىشقىلى

高丙体六六六　lindane　　　　　لىندان

高丙烯系　homoallic system　جوعارى اللىك جۈيەسى

高层琼脂　deep agar　كوپ قاباتتى اگار

高成分肥料　high analysis fertilizer　جوعارى قۇرامدق تمۇايتقمشتار

高赤酸　allogibberic acid　اللوگىببەر قمشقملى

高樗酸　ailantic acid　ايلانت قمشقملى

高雌马甾酮　homoequilenin　گومەكۈيلەنين

高氮硝化纤维素　"焦纤维素" گە قاراڭمز.

高氮硝化纤维素火药　"焦纤维素火药" گە قاراڭمز.

高氮原料　high‑nitrogen stock　ازوتى كوپ شيكمزات

高碘化物　periodide　اسقمن يودتى قوسملستار

高碘酸　periodic acid　HIO_4　اسقمن يود قمشقملى

高碘酸铵　ammonium periodate　اسقمن يود قمشقمل اممونى

高碘酸钡　barium periodate　$Ba(IO_6)_2$　اسقمن يود قمشقمل بارى

高碘酸钾　potassium periodate　اسقمن يود قمشقمل كالي

高碘酸钠　sodium periodate　$NaIO_4$　اسقمن يود قمشقمل ناترى

高碘酸铷　rubidium periodate　$RbIO_4$　اسقمن يود قمشقمل رۇبيدى

高碘酸铯　cesium periodate　$CsIO_4$　اسقمن يود قمشقمل سەزي

高碘酸盐　periodate　MIO_4　اسقمن يود قمشقملنناڭ تۇزدارى

高度裂化汽油　higly cracked gasoline　بارنشا بولشەكتەنگەن بەنزين

高度浓缩的过氧化氢　highly concentrated hydrogen peroxide　وتە
قويۇلانعان اسقمن سۈتەك توتمعى

高度真空　highest vacuum　جوعارى ۋاكۇۇم، جوعارى اۇاسمز بوستمق

高锇酸　perosmic acid　H_2OsO_4　اسقمن وسمي قمشقملى

高锇酸钾　potassium(per)osmate　K_2OsO_4　(اسقمن) وسمي قمشقمل كالي

高儿茶酚　homopyro catechol　$CH_3C_6H_3(OH)_2$　گوموپييروكاتەحول

高沸点　high boiling point　قايناۇ نۇكتەسى جوعارى

高沸点化合物　higher boiling compound　قايناۇ نۇكتەسى جوعارى قوسملستار

高沸点溶剂　high bolining solvent　قايناۇ نۇكتەسى جوعارى ەرتكشتەر

高沸点烃类　high bolining hydrocarbon　قايناۇ نۇكتەسى جوعارى كومسر
سۈتەكتە

高分解　high resolution　كۈشتى بدراۇ

高分子　high molecular polymer　جوعارى مولەكۈلالار

高分子半导体　semi conducting polymer　جوعارى مولەكۈلالى جارتملاي

وتكمزگمشتەر (پوليمەرلەر)

高分子材料　high molemlar material　جوعارى مولەكۆلالى ماتەريالدار

高分子侧链　high molecalar side chain　جوعارى مولەكۆلالى جان تىزبەك

高分子催化剂　high molecalar catalyst　جوعارى مولەكۆلالى كاتاليزاتور

高(分子)电解质　"聚合电解质" گە قاراڭىز.

高分子合成材料　high molecalar synthetic material　جوعارى مولەكۆلالى سينتەزدىك ماتەريالدار

高分子化合物　high molecalar compound　جوعارى مولەكۆلالى قوسىلىستار

高分子化学　polymer chemistery　پوليمەرلىك حيميا، پوليمەر حيميا

高分子聚合物　high molecalar polymer　جوعارى مولەكۆلالى پوليمەرلەر

高分子聚乙烯　high molecalar polyetilene　جوعارى مولەكۆلالى پوليەتيلەن

高分子链　high molecalar chain　جوعارى مولەكۆلالى تىزبەك

高分子量化合物　high molecalar weight compound　مولەكۆلالىق سالماعى جوعارى قوسىلىستار

高分子量烃　high molecalar weight hydrocarbon　مولەكۆلالىق سالماعى جوعارى كومىرسۇتەكتەر

高分子膜　high molecalar membrane　جوعارى مولەكۆلالى جارعاق

高分子溶液　high molecalar solution　جوعارى مولەكۆلالى ەرتىندىلەر

高分子涂料　high molecalar paint　جوعارى مولەكۆلالى سىرلار

高分子主链　high molecalar stem chain　جوعارى مولەكۆلالى نەگىزگى تىزبەك

高峰淀粉酶　taka－amylase, takadiastase　تاكا ــ اميلازا، تاكا دياستازا

高佛尔酮　homophorone　$C_{12}H_{20}O$　گوموفورون

高钙石灰　high calcium lime　كالتسيلى اك

高铬钢　high chromic steel　حرومى كوپ بولات

高铬酸铵　ammonium perchomate　اسقىن حروم قىشقىل امموني

高铬铸铁　high chromic cast iron　حرومى كوپ شويىن

高根二醇　erythrodiol　ەريتروديول

高钴化合物　cobaltic compound　كوبالت قوسىلىستارى

高钴黄盐　cobaltic xantho salt　$[Co(NH_3)_5(NO_2)]X_2$　كوبالت سارى تۇزدارى

高钴玫红四氨盐　cobaltic roseo tetrammine salt　$[Co(NH_3)_4(H_2O)_2]X_3$　كوبالت روزا تەتراممين تۇزى

高钴玫红盐　cobaltic roseo salt　كوبالت روزا تۇزى

高钴盐　cobaltic salt　كوبالت تۇزى

高钴紫盐　cobaltic violet salt　$[Co(NH_3)_4Cl]X$　كوبالت كۆلگىن تۇزى

高胱氨酸　homocystine　گوموسىستېين

高硅生铁　high silicon castiron　كرەمنىي كوپ شويىن

高硅铁　high silicon iron　كرەمنىي كوپ تەمىر

高硅铸铁　. كە قاراڭىز "高硅生铁"

高合金钢　high - alloy steel　جوغارى قورىتپالى بولات

高胡椒基　homopiperonyl　گوموپىپەرونىل

高级醇　higher alcohol　جوغارى دارەجەلى سپىرت

高级粗糖　. كە قاراڭىز "高级原糖"

高级反应　higher order reaction　جوغارى دارەجەلى رەاكسىيا

高级芳烃　higher aromatics　جوغارى دارەجەلى ارومماتتى كومىر سۇتەكتەر

高级酚　higher phenols　جوغارى دارەجەلى فەنول

高级钢　high tensile steel　جوغارى دارەجەلى بولات

高级化合物　higher order compound　جوغارى دارەجەلى قوسىلمىستار

高级(化学)衍生物　higher derivatives　جوغارى دارەجەلى (ﺣﯩﻤﯩﯿﺎﻟﯩﻖ) تۇنندىلار

高级氯化物　higher chloride　جوغارى دارەجەلى حلورلى قوسىلمىستار

高级漂白粉　high test bleaching powder　جوغارى دارەجەلى اعارتقىش ۇنتاق

高级汽油　high test gasoline　جوغارى دارەجەلى بەنزىن

高级燃料　high grade fuel　جوغارى دارەجەلى جانار زاتتار

高级水泥　high test cement　جوغارى دارەجەلى سەمەنت

高级糖　high grade sugar　جوغارى دارەجەلى قانتتار

高级烃　higher hydrocarbon　جوغارى دارەجەلى كومىرسۇتەكتەر

高级同系的　higher homolog　جوغارى دارەجەلى گومولوكتار

高级优质铸铁　high quality cast iron　جوغارى دارەجەلى ساپالى شويىن

高级原糖　high raw　جوغارى دارەجەلى وڭدەلمەگەن قانتتار

高级炸药　high explosive　جوغارى دارەجەلى جارىلعىش دارىلەر

高级脂肪酸　higher fatty acid　جوغارى دارەجەلى ماي قىشقىلدارى

高级脂肪酸甘油酯　higher fatty glyceride　جوغارى دارەجەلى ماي قىشقىل گلىتسەرىدى

高级脂肪酸钾　higher patassium aliphatate　جوغارى دارەجەلى ماي قىشقىل كالىي

高级脂肪酸钠　higher sodium alipha tate　جوغارى دارەجەلى ماي قىشقىل ناترىي

高级脂肪酸盐　higner fatty acid salt　جوعارى دارەجەلى ماي قىشقىلىنىڭ تۆزدارى

高级铸铁　high grade cast iron　جوعارى دارەجەلى شويىن

高金雀花碱　genisteine　گەنىستەين

高聚化合物　high polymeric compound　جوعارى پولىمەرلى قوسىلىستار

高聚(聚合)电解质　high polymeric polyelectrolyte　جوعارى پولىمەرلى پولىيەلەكتروليت

高聚物　high polymer(= super polymer)　جوعارى دارەجەلى پولىمەر، اسقىن پولىمەر

高聚物分子量　molecular weight of high polymer　اسقىن پولىمەردىڭ مولەكۆلالىق سالماعى

高聚物分子量分布　molecular weight distribution of high polymer　اسقىن پولىمەردىڭ مولەكۆلالىق سالماعىنىڭ ورنالاسۇى

高聚物化学　high polymer chemistry　جوعارى پولىمەرلىك حيميا

高卡值　high caloric value　جوعارى كالوريا ٴمانى

高快固水泥　"快硬水泥" گە قاراڭىز.

高铼酸　perrhenic acid　$HReO_4$　اسقىن رەنى قىشقىلى

高铼酸盐　perrhenate　$MReO_4$　اسقىن رەنى قىشقىلىنىڭ تۆزدارى

高藜芦酸　homoveratric acid　گوموۆەراترين قىشقىلى

高良姜黄碱素　galangin　گالانگين

高良姜精　galangin　$C_{15}H_{10}O_5$　گالانگين

高良姜精定　galanginidin　گالانگينيدين

高良姜辣素　galangol　گالانگول

高良姜油　galangal oil　گالانگال مايى

高粱醇溶朊　kafirin　كافيرين

高粱脑酸　kafiroic acid　كافير قىشقىلى

高钌酸钾　potassium perruthenate　$KRuO_4$　اسقىن رۇتەنى قىشقىل كالي

高邻苯二酸　"高酞酸" گە قاراڭىز

高岭石　kaolinite　كاولينيت

高岭土　kaolin　كاولين، اقساز

高硫燃料　high sulfur fuel　كۆكىرتى كوپ جانار زاتتار

高硫酸　persufuric acid　اسقىن كۆكىرت قىشقىلى

高硫酸钾　potassium persalfate　اسقىن كۆكىرت قىشقىل كالي

高硫油 high sulfur oils	كۆكۈرتتى مايلار
高硫原油 high sulfur crude oil	كۆكۈرتتى ۋۆدەلمەگەن مايلار
高龙胆酸	"尿黑酸" گە قاراڭىز.
高炉 blast furnace	دومنا پەش
高炉灰 blast furnace dust	دومنا پەش كۆلى
高炉焦炭 blast furnace coke	دومنا پەش كوكسى
高炉煤焦油 blast furnace(coal) tar	دومنا پەش (كۆمۈر) كوكس مايى
高炉煤气 blast furnace gas	دومنا پەش گازى
高炉水泥 blast furnace cement	دومنا پەش سەمەنتى
高铝水泥 aluminous cement	الۇمىندى سەمەنت
高铝砖 high alumina brick	بوكسىت كەرپىش، الۇمىندى كەرپىش
高氯化物 perchloride	اسقىن حلور قوسىلىستارى
高氯酸 perchloric acid HClO₄	اسقىن حلور قىشقىلى
高氯酸铵 ammonium perchlorate (NH₄)ClO₄	اسقىن حلور قىشقىل اممونى
高氯酸钡 barium perchlorate Ba(ClO₄)₂	اسقىن حلور قىشقىل بارى
高氯酸铋 bismuth perchlorate Bi(ClO₄)₃	اسقىن حلور قىشقىل بيسمۆت
高氯酸钙 calcium perchlorate Ca(ClO₄)₂	اسقىن حلور قىشقىل كالتسى
高氯酸镉 cadmium perchlorate Cd(ClO₄)₂	اسقىن حلور قىشقىل كادمى
高氯酸汞 mercuric perchlorate Hg(ClO₄)₂	اسقىن حلور قىشقىل سناپ
高氯酸钴 cobaltous perchlorate Co(ClO₄)₂	اسقىن حلور قىشقىل كوبالت
高氯酸胍 guanidine perchlorate	اسقىن حلور قىشقىل گۋانيدين
高氯酸钾 potassium perchlorate KClO₄	اسقىن حلور قىشقىل كالى
高氯酸锂 lithium perchlorate LiClO₄	اسقىن حلور قىشقىل ليتى
高氯酸镁 magnesium perchlorate Mg(ClO₄)₂	اسقىن حلور قىشقىل ماگنى
高氯酸钠 sodiumperchloride NaClO₄	اسقىن حلور قىشقىل ناترى
高氯酸镍 nikelous perchloride Ni(ClO₄)₂	اسقىن حلور قىشقىل نيكەل
高氯酸铷 rubidium perchloate RbClO₄	اسقىن حلور قىشقىل رۆبيدى
高氯酸铯 cesium perchlorate CsClO₄	اسقىن حلور قىشقىل سەزى
高氯酸铜 cupric perchlorate Cu(ClO₄)₂	اسقىن حلور قىشقىل مىس
高氯酸亚铊 thallous perchlorate TiClO₄	اسقىن حلور قىشقىل شالا توتىق تاللى
高氯酸亚铁 ferrous perchlorate	اسقىن حلور قىشقىل شالا توتىق تەمىر
高氯酸盐 perchlorate MClO₄	اسقىن حلور قىشقىلىنىڭ تۇزدارى

高氯酸盐炸药　perchlorate explosive　اسقىن حلور قىشقىل تۇزىندىق جارىلعىش دارىلەر

高氯酸乙酯　ethyl perchlorate　اسقىن حلور قىشقىل ەتيل ەستەرى

高氯酸银　silver perchlorate　AgClO₄　اسقىن حلور قىشقىل كۇمىس

高氯酰氟　perchloryl fluoride　اسقىن حلوريل فتور

高马炸药　homomartonite　گوموومارتونيت

高镁石灰　high magnesium lime　ماگنيى كوپ اك

高锰钢　high manganic steel　مارگانەتسى كوپ بولات

高锰酸　permanganic acid　MnClO₄　اسقىن مارگانەتس قىشقىلى

高锰酸铵　ammonium permanganate　$(NH_4)MnO_4$　اسقىن مارگانەتس قىشقىل امموني

高锰酸钡　barium permanganate　$Ba(MnO_4)_2$　اسقىن مارگانەتس قىشقىل باري

高锰酸铋　bismuth permanganate　$Bi(MnO_4)_3$　اسقىن مارگانەتس قىشقىل بيسمۇت

高锰酸钙　calcium permanganate　$Ca(MnO_4)_2$　اسقىن مارگانەتس قىشقىل كالتسي

高锰酸酐　permanganic anhydride　M_2O_7　اسقىن مارگانەتس قىشقىل انگيدريدتى

高锰酸镉　cadmium permanganate　$Cd(MnO_4)_2$　اسقىن مارگانەتس قىشقىل كادمي

高锰酸钾　potassium permanganate　$KMnO_4$　اسقىن مارگانەتس قىشقىل كالي

高锰酸钾滴淀法　potassium permanganate titration　اسقىن مارگانەتس قىشقىل كاليدى تامشلاتۇ ٴادىسى

高锰酸钾值　potassium permanganate value　اسقىن مارگانەتس قىشقىل كالي ٴمانى

高锰酸镁　magnesium permanganate　$Mg(MnO_4)_2$　اسقىن مارگانەتس قىشقىل ماگني

高锰酸钠　sodium permanganate　$NaMnO_4$　اسقىن مارگانەتس قىشقىل ناتري

高锰酸铯　cesium permanganate　$CsMnO_4$　اسقىن مارگانەتس قىشقىل سەزي

高锰酸锶　strontium permanganate　$Sr(MnO_4)_2$　اسقىن مارگانەتس قىشقىل ستورنتسي

高锰酸锌　zinc permanganate　اسقىن مارگانەتس قىشقىل مىرىش

高锰酸盐　permanganate　$MMnO_4$　اسقىن مارگانەتس قىشقىلىنىڭ تۇزدارى

高锰酸盐漂白　permanganate bleack　اسقىن مارگانەتس قىشقىل تۆزنمەن اعارتۇ

高锰酸盐氧化　permanganate oxidation　اسقىن مارگانەتس قىشقىل تۆزنمەن توتقتىرۇ

高锰酸银　silver permanganate　$AgMnO_4$　اسقىن مارگانەتس قىشقىل كۆمۇس

高锰酰　permanganyl　MnO_3　اسقىن مارگانيل

高锰酰氟　permanganyl fluoride　MnO_3F　اسقىن مارگانيل فتور

高锰酰氯　permanganyl chloride　MnO_3Cl　اسقىن مارگانيل حلور

高密度合金　high density alloy　تعنزدعى جوعارى قورىتپا، اۆزر قورىتپا

高密度聚乙烯　high density polyethylene　تعنزدعى جوعارى پوليەتيلەن

高灭磷　acephate　اتسەفان

高能化学　high energy chemistry　جوعارى ەنەرگيالىق حيميا

高能键　high energy bond　جوعارى ەنەرگيالى بايلانس

高能粒子　high energy particle　جوعارى ەنەرگيالى بولشەك

高能磷酸键　high energy phosphate bond　جوعارى ەنەرگيالى فوسفور قىشقىلدىق بايلانس

高能燃料　high energy fuel　جوعارى ەنەرگيالى جانار زاتتار

高镍　　"三价镍" گە قاراڭىز.

高镍化合物　nicklic compound　نيكەل قوسىلىستارى

高浓度过氧化氢　high strength hydrogrn peroxide　قويۇلعى جوعارى اسقىن سۇتەك توتعى

高蒎醇　homopinol　گوموپينول

高呱啶酸　homopiperidinic acid　گوموپيپەريدين قىشقىلى

高硼酸钠　sodium perborate　اسقىن بور قىشقىل ناتري

高频滴定法　high frequency titration　جوعارى جيىلىكتە تامشلاتۇ

高频率硫化　high frequency vlacanization　جوعارى جيىلىكتە كۆكىرتتەنۇ

高千金藤脑灵　stephanoline, homo　گوموستەفانولين

高铅的　　"四价铅的" گە قاراڭىز.

高铅化合物　plumbic compound　اسقىن قورعاسىن قوسىلىستارى

高铅青铜　high－lead bronze　اسقىن قورعاسىندى قولا

高铅酸　plumbic acid　اسقىن قورعاسىن قىشقىلى

高铅酸钙　calcium plumate　Ca_2PbO_4　اسقىن قورعاسىن قىشقىل كالتسي

高铅酸酐　plumbic acid anhydrous　PbO_2　اسقىن قورعاسىن قىشقىل

انگیدریدتی

| 高铅酸钾 | potassium plumbate | K_2PbO_3 | اسقىن قورعاسىن قىشقىل كالي |
| 高铅酸钠 | sodium plumbate | Na_2PbO_3 | اسقىن قورعاسىن قىشقىل ناتري |

高铅酸盐 plumbate   اسقىن قورعاسىن قىشقىلنىڭ تۇزدارى

高强度卜特兰水泥 high strength portland cement   كۈشەمەللىگى جوعارى
پورتىلاند سەمەنتى

高强度水泥 high strength cement   كۈشەمەللىگى جوعارى سەمەنت

高强度铸铁 high strength cast iron   كۈشەمەللىگى جوعارى شويىن

高氢化阿托酸 homohydratropic acid   جوعارى سۇتەكتى اتروپيىن قىشقىلى

高热值 high heating value   جوعارى جىلۇلىق ءمانى، جىلۇلىق ءمانى جوعارى

高热值煤气 high heating value gas   جىلۇلىق ءمانى جوعارى گاز

高熔点金属 high melting metal   بالقۇ نۇكتەسى جوعارى مەتال

高溶混合物 high melting mixture   بالقۇ نۇكتەسى جوعارى قوسپا

高闪点燃料 high – flash fuel   جارقىلداۇ نۇكتەسى جوعارى جانار زاتتار

高闪点溶剂 high – flash solvent   جارقىلداۇ نۇكتەسى جوعارى ەرتكىشتەر

高渗溶液 hypertonic solution   ءسىڭمدى ەرتىندى

高渗盐水 hypertonic saline   ءسىڭمدى تۇزدى سۇ

高石竹烯酸 homocaryophyllenic acid   گوموكاريوفيللەن قىشقىلى

高十六烷值燃料 high cetane fuel   كەتەن ءمانى جوعارى زات

高铈的   "四价铈的" گە قاراڭىز.

高铈化合物 ceric compound   سەري قوسىلىستارى

高丝氨酸 homoserin   گوموسەرين

高速电子 high volocity electron   شاپشاڭ ەلەكترون

高速钢 high speed steel   جوعارى جىلدامدىق بولاتى

高速离心机 high speed centrifuge   جوعارى جىلدامدىقتا سەنتردەن تەپكىش
(اسپاپ)

高速燃烧 high – volocity combustion   تەز جانۇ، شاپشاڭ جانۇ

高速柴油 high – speed diesel fuel   جوعارى جىلدامدىق ديزەل مايى

高速蒸发器 high – speed evaporator   جوعارى جىلدامدىقتا بۇلاندىرعىش
(اسپاپ)

高酞酸 hemo phthalic acid $HO_2CC_6H_4CO_2H$ گومو فتال قىشقىلى

高碳钢 high carbon steel   كومىرتەگى كوپ بولات

高碳铬 high carbon chromide   كومىرتەگى كوپ حروم

高碳数脂肪醇　high carbon number aliphatic alcohol　كومسىرتەك سانى كوپ ماي سپيرتى

α－高甜菜碱三甲基－α－丙的铵盐　α－homo betain　α ـ گوموبەتاين

高萜酸　homoterpenylic acid　$C_7H_{11}O_2 \cdot CH_2 \cdot COOH$　گوموتەرپەنيل قىشقىلى

高铁卜特兰水泥　high iron portland cement　تەمىرلى پورتلاند سەمەنتى

高铁卟啉　high iron porphyrin　تەمىرى كوپ فورفيرين

高铁胆氯素　verdogenmatin　ۋەردوگەماتين

高铁霉素　ferrimycin　فەرريميتسين

高铁酸　ferric acid　H_2FeO_4　(اسقىن) تەمىر قىشقىلى

高铁酸钡　barium ferrate　(اسقىن) تەمىر قىشقىل باري

高铁酸钾　potassium ferrate　K_2FeO_4　(اسقىن) تەمىر قىشقىل كالي

高铁酸盐　ferrate　M_2FeO_4　(اسقىن) تەمىر قىشقىل تۇزدارى

高铁血红蛋白　ferrihemoglobin　تەمىرلى گەموككوبيين

高铁血红蛋白还原酶　methemoglobin reductase　مەتە موگلوبيين رەدۇكتازا

高铜黄铜　high cupric bronze　مىسى كوپ جەز

高铜青铜　high cupric brass　مىسى كوپ قولا

高温丁苯橡胶　high temperature butadiene styrene rubber　جوعارى تەمپەراتۇراعا ٴتوزىمدى بۇتاديەن ـ ستيرەەندىك كاۋچۋك

高温反应　pyrogenetic reaction　جوعارى تەمپەراتۇرادا جۇرىلەتىن رەاكسيالار

高温分解　high temperature decomposition　جوعارى تەمپەراتۇرادا بدىراۋ

高温分解过程　high temperature decomposition process　جوعارى تەمپەراتۇرادا بدىراۋ بارسىى

高温干馏　pyrogenic distillation　جوعارى تەمپەراتۇرادا قۇرعاق ايداۋ

高温合金　high temperature alloy　جوعارى تەمپەراتۇراعا ٴتوزىمدى قورىتپالار

高温化学　pyrochemistry　جوعارى تەمپەراتۇرالىق حيميا

高温回水　high temperature tempering　جوعارى تەمپەراتۇرادا سۇارۋ

高温计　pyrometer　پيرومەتر

高温焦炭　high temperature coke　جوعارى تەمپەراتۇرالى كوكس

高温焦油　high temperature tar　جوعارى تەمپەراتۇراعا ٴتوزىمدى كوكس مايى

高温冷却　high temperature cooling　جوعارى تەمپەراتۇرادا سۇتۇ

高温裂化　pyrolitic cercking　جوعارى تەمپەراتۇرادا بولشەكتەنۇ

高温漆　high temperature lacquer　جوعارى تەمپەراتۇراعا ٴتوزىمدى لاكتار

高温溶胶　pyrosol　پيروزول

高温润滑脂　high temperature grease　جۇغارى تەمپېراتۇراعا ئۇتوزىمدى جاعىن ماي

高温碳化　high temperature carbonization　جۇغارى تەمپېراتۇرادا كومىرتەكتەنۇ

高温氧化　high temperature oxidation　جۇغارى تەمپېراتۇرادا توتىقتانۇ

高温蒸馏　high temperature distillation　جۇغارى تەمپېراتۇرادا بۇلاندىرىپ ايداۇ

高矽铁　　"高硅铁" گە قاراڭىز.

高烯汽油　higly olefinic gasoline　الكەنى كوپ بەنزين

高吸水性树脂　super absorbent polymer (SAP)　اسا سۇ سىمىرگىش سمولا

高香草基　homoveratryl　گوموۋەراتريل

高香草醛　homovanillin　HO(CH₃O)C₆H₃CH₂CHO　گوموۋانيللين

高香草酸　homovnilic acid　گوموۋانيل قىشقىلى

高香草酰　homoveratroyl　گوموۋەراترويل

高硝珂罗酊　　"焦珂罗酊" گە قاراڭىز.

高效醌　high potential quinon　جۇغارى پوتەنتسيالدى حينون

高辛烷汽油　high octane gasoline　جۇغارى وكتاندى بەنزين

高辛烷燃料　high octane fuel　جۇغارى وكتاندى جانار زاتتار

高辛烷值　high octane rating　وكتان ئمانى جۇغارى

高辛烷值混合物　high octane mixture　وكتان ئمانى جۇغارى قوسپا

高辛烷值汽油　high octane gasoline　وكتان ئمانى جۇغارى بەنزين

高辛烷值燃料　high octane fuel　وكتان ئمانى جۇغارى جانار زاتتار

高辛烷值组分　high octane number component　وكتان ئمانى جۇغارى قۇرام

高溴酸　perbromic acid　HBrO₄　اسقىن بروم قىشقىلى

高血压蛋白质酶　　"高血压朊原酶" گە قاراڭىز.

高血压朊　hypertensin　گيپەرتەنزين

高血压朊酶　hypertensinase　گيپەرتەنزينازا

高血压朊原酶　renin　رەنين

高血压发生器　high pressure producer　جۇغارى قىسىمدى گەنەراتور

高压反应　reaction under high perssure　جۇغارى قىسىمدى رەاكسيا

高压反应器　high pressure reactor　جۇغارى قىسىمدى رەاكتور

高压分离器　high pressure separator　جۇغارى قىسىمدى سەپاراتور

高压化学　high pressure chemistry　جۇغارى قىسىمدىق حيميا

高压加氢　high pressure hydrogenation　جۇغارى قىسىمدا سۇتەكتەندۈرۈش

高压聚乙烯　polyethlene from pressure process　جۇغارى قىسىمدا پوليمېرلەنگەن پوليەتيلەن

高压模制法　high pressure molding　جۇغارى قىسىمدا قالىپتاسۇ ئادىسى

高压下烃化　high pressure alkylation　جۇغارى قىسىمدا الكيلدەۋ (الكيلدەندۈرۈش)

高氧化速度　hifh rate of oxidation　جۇغارى جىلدامدىقتا توتىقتىرۈش

高皂角配质　homosapogenins　گوموساپوگەنىن

高樟脑酸　homocamporic acid　$COOHC_8H_{14}CH_2COOH$　گوموكامفور قىشقىلى

高真空泵　"分子泵" گە قاراڭىز.

高真空蒸馏　high vacuum distillation　جۇغارى ئۇئاسىز بوستىقتا (ۋاكۇئۇمدا) بۇلاندۇرۇپ ئايداۋ

高植脂　vegifat　ۋەگيفات، وسمەندىك مايى

高茚酸　"高萜酸" گە قاراڭىز.

睾丸醇　chymil alcohol testriol　حيميل سپيرتى، تەستريول

睾丸激素　"睾丸甾酮" گە قاراڭىز.

睾丸素酮　"睾丸甾酮" گە قاراڭىز.

睾丸烷　testane　تەستان

睾丸甾酮　testosterone　$C_{19}H_{28}O_2$　تەستوستەرون

锆(Zr)　zirconium　زيركوني (Zr)

锆石　zinrcon　$ZrSiO_4$　زيركون

锆酸　zirconic acid　زيركوني قىشقىلى

锆酸酐　zirconium anhydride　ZrO_2　زيركوني انگيدريدتى

锆酸根　zirconic acid radical　زيركوني قىشقىل قالدىعى (راديكالى)

锆酸盐　zirconate　M_2ZrO_3, M_4ZrO_4　زيركوني قىشقىلىنىڭ تۇزدارى

锆钛酸铅　lead zirconium titanate　زيركوني تيتان قىشقىل قورعاسىن

锆氧砖　zirconic brick　زيركوندى كەرپىش

告尔酸　gorlic acid　گورل قىشقىلى

ge

镉(Cd)　cadmium　كادمي (Cd)

镉红　cadmium red　كادمي قىزىلى

镉黄	cadmium yellow	CdS	كادمي سارسى
镉试剂			"试镉灵" گه قاراڭـز.
镉铜	cadmium cupric		كادميلى مس
镉中子	cadmium neutron		كادمي نېيترونى
革菌酸	thelephoric acid		تەلەفور قشقىلى
葛尼－莫特理论	crurney－mott theory		گۆرنەي ـ موتت تەورياسى
葛让醛	geronic aldehyde		گەرون الدەگيدتى
葛让酸	geronic acid		گەرون قشقىلى
格春树胶			"印度胶" گه قاراڭـز.
格拉斯曼定律	Grasman law		گراسمان زاڭى
格劳伯盐			"芒硝" گه قاراڭـز.
格雷伯－乌尔曼反应	Graba－Ullaman reaction		گرابا ـ ۇللمان رەاكسىياسى
格雷恩数	Graetz number		گراەتز سانى
格雷姆定律	Graham's law		گراگام زاڭى
格里斯溶液	Griess solution		گرەيس ەرىتمەندىسى
格里斯试剂	Griess reagent		گرەيس رەاكتىيۆى
格利雅反应	Grignard reaction		گريگنارد رەاكسىياسى
格利雅合成	Grignard synthesis		گريگنارد سينتەزى
格利雅化合物	Grignard compound		گريگنارد قوسىلىسى
格利雅试剂	Grignard reagent		گريگنارد رەاكتىيۆى
格曼丢斯－得雷柏定律	Grotthus Draper Law		گروتتۆس ـ دراپەر زاڭى
格曼丢斯链锁理论	Grotthus' chain theory		گروتتۆستىك تىزبەكتەلۇ تەورياسى
格曼夫合成	Groff synthesis		گرووۆ سينتەزى
格曼弗塔	Glover tower		گلووۆەر مۇناراسى
格洛弗塔酸	Glover acid		گلووۆەر قشقىلى
格木碱	erythrophleine		ەريتروفلەين
格氏试剂			"格利雅试剂" گه قاراڭـز.
格子	lattice		رەشەتكا، تور كوزى، شاقپاق
格子单位	unit ceel		كريستال رەشەتكا بىرلىگى
蛤蜊固醇			"壮蛎甾醇" گه قاراڭـز.
铬(Cr)	chromium		حروم (Cr)
铬铵矾	chromic ammonium alum		حروم ـ اممونيلى اشۇداس

铬变素	chromotrope		حروموتروپ
铬变酸	chromotropic acid	$C_{10}H_4(OH)_2(SO_3H)_2$	حروموترويين قشقىلى
铬玻璃	chromium glass		حرومدى اينەك (شىنى)
铬橙	chrome orange		حرومدى قىزعىلت سارى
铬的氧化物	chromium oxide	$CrO; Cr_2O_3; CrO_2; CrO_3; CrO_4$	حروم توتىقتارى
铬矾	chrome olum, chromic alum	$K_2SO_4 \cdot Cr_2(SO_4)_3 \cdot 24H_2O$	حرومدى اشؤداس
铬矾钢	chrome – vanadium steel		حروم – ۋاناديلى بولات
铬酐	chromic anhydride		حروم انگيدريدتى
铬钢	chromium steel		حرومدى بولات
铬黑	chrome black		حرومدى قارا
铬黑 A	chrome black A		حرومدى قارا A
铬黑 T	chrome black T		حرومدى قارا T
铬红	chrome red(= persian red)		حرومدى قىزىل، پەرسيان قىزىلى
铬黄	chrome yellow		حرومدى سارى
铬黄 2G	chrome yelllow 2G		حرومدى سارى 2G
铬黄 D	chrome yellow D		حرومدى سارى D
铬钾矾	chromic potassium alum		حروم – كاليلى اشؤداس
铬钾矾晶体	chromic potassium alum crystal		حروم – كاليلى اشؤداس كريستالى
铬坚牢橙 R	chrome fast orange R		جۇعىمدى حرومدى قىزعىلت سارى R
铬坚牢黑	chrome fast black B		جۇعىمدى حرومدى قارا B
铬坚牢红	chrome fast red B		جۇعىمدى حرومدى قىزىل B
铬坚牢花青	chrome fast cyanin		جۇعىمدى حرومدى سيانين
铬坚牢黄 RD	chrome fast yellow RD		جۇعىمدى حرومدى سارى RD
铬精	chromogen		حروموگەن
铬精靛蓝	chromogen indigo		حروموگەن ينديگو
铬精花青	chromogen cyanine		حروموگەن سيانين
铬精绿	chromogen green		حروموگەن جاسىلى
铬精染料	chromogen colors		حروموگەن بوياۋلار
铬精天青	chromogen azurine		حروموگەن ازؤرين
铬蓝 GCR	chromeblue GCR		حرومدى كوك GCR
铬蓝黑	chromeblue black		حرومدى قاراكوك
铬硫酸	chromatosulfuric acid	H_2CrSO_7	حرومدى كؤكىرت قشقىلى
铬绿	chrome green		حرومدى جاسىل

铬媒染剂	chrome mordanting		حرومدى ارالىق بوياعىشى
铬镁砖	chrome magnesia brick		حروم ـ ماگنىيلى كەرپىش
铬锰钢	chrome manganic steel		حروم ـ مارگانەتستى بولات
铬明矾			"铬矾" گە قاراڭىز.
铬钠矾	chromic sodium alum	$NaCr(SO_4)_2 \cdot 12H_2O$	حروم ـ ناترىلى اشۇداس
铬镍矾	chrome nickel steel		حروم ـ نىكەلدى بولات
铬镍合金	chrome nickel alloy		حروم ـ نىكەل قورىتپاسى
铬柠檬	chrome lemon		حرومدى لىمون
铬柠檬黄	chrome citronine		حرومدى سىترونىين
铬漂泊	chrome bleach(ing)		حرومدى اعارتقىش
铬铅红			"铬红" گە قاراڭىز.
铬染法	chromic dyeing		حرومەن بوياۋ ٵدىسى
铬染料	chrome dye(colors)		حرومدى بوياۋلار
铬溶黄	chromosol yellow		حروموزول سارسى
铬溶染料	chromosol colors		حروموزول بوياۋلار
铬溶棕	chromosol brown		حروموزول قىزىل قوڭىرى
铬鞣	chrome tanned		حروم پالما، حرومدى تاننىن
铬鞣法	chrome tanning		حرومەن يلەۋ ٵدىسى
铬铷矾	chromic rubidium alum		حروم ـ رۇبىدىلى اشۇداس
铬若灭	chromel		حرومەل
铬酸	chromic acid	H_2CrO_4	حروم قشقىلى
铬酸铵	ammonium chromate	$(NH_4)_2CrO_4$	حروم قشقىل امموني
铬酸铵铁	ferriammonium chromate		حروم قشقىل امموني ـ تەمىر
铬酸钡	barium chromate	$BaCrO_4$	حروم قشقىل بارى
铬酸钡黄颜料			"柠檬铬" گە قاراڭىز.
铬酸钡颜料			"柠檬黄" گە قاراڭىز.
铬酸铋	bismuth chromate		حروم قشقىل بىسمۇت
铬酸镝	disprosium chromate	$Dy_2(CrO_4)_3$	حروم قشقىل دىسپىروزي
铬酸电池	chromic acid cell		حروم قشقىلدى باتارەيا
铬酸钙	calcium chromate	$CaCrO_4$	حروم قشقىل كالتسي
铬酸酐	chromic(acid) anhydride		حروم (قشقىل) انگيدرىدتى
铬酸根	radical chromate		حروم قشقىل قالدعى (رادىكالى)
铬酸钴	cobaltous chromate	$CoCrO_4$	حروم قشقىل كوبالت

铬酸混合液　chromic acid mixture　خروم قشقىلىنىڭ قوسپا ەرىتىندىسى

铬酸钾　potassium chromate　K_2CrO_4　خروم قشقىل كالي

铬酸亮红　chromate brilliant red　روم قشقىل جارقىراۋڭق قىزىلى

铬酸亮棕　chromate brilliant brown　خروم قشقىل جارقىراۋڭق قىزىل قوڭرى

铬酸锂　lithium chromate　Li_2CrO_4　خروم قشقىل ليتي

铬酸镁　magnesium chromate　$MgCrO_4$　خروم قشقىل ماگني

铬酸锰　manganous chromate　$MnCrO_4$　خروم قشقىل مارگانەتس

铬酸钠　sodium chromate　Na_2CrO_4　خروم قشقىل ناتري

铬酸铅　lead chromate　$PbCr_2O_4$　خروم قشقىل قورعاسىن

铬酸氢钾　potassium bichromate　قشقىل حروم قشقىل كالي

铬酸铷　rubidium chromate　Rb_2CrO_4　خروم قشقىل رۇبيدي

铬酸铯　cesium chromate　Cs_2CrO_4　خروم قشقىل سەزي

铬酸锶　strontium chromate　$SrCrO_4$　خروم قشقىل سترونتسي

铬酸铁　ferric chromate　خروم قشقىل تەمىر

铬酸铜　cupric chromate　$CuCrO_4$　خروم قشقىل مىس

铬酸锡　stannic chromate　$Sn(CrO_4)_2$　خروم قشقىل قالايى

铬酸锌　zinc chromate　$ZnCrO_4$　خروم قشقىل مىرىش

铬酸亚汞　mercurous chromate　خروم قشقىل شالا توتىق سىناپ

铬酸亚锡　stannous chromate　$SnCrO_4$　خروم قشقىل شالا توتىق قالايى

铬酸盐　chromate　M_2CrO_4　خروم قشقىلىنىڭ تۇزدارى

铬酸盐类　chromte　خروم قشقىلى تۇزىنىڭ تۇرلەرى

铬酸银　silver chromate　Ag_2CrO_4　خروم قشقىل كۇمىس

铬酸浴　chromic acid bath　خروم قشقىل ۋاننىاسى

铬酸酯　chromic acid ester　خروم قشقىل ەستەرى

铬钛钢　chrome – titan steel　حروم – تيتاندى بولات

铬天青 E　chromazurine　حروم ازۇرين E

铬铁　chrome iron　حرومدى تەمىر

铬铁合金　ferron chrome　حروم – تەمىر قورتپاسى

铬钨钢　chrome tungsten steel　حروم – ۋولفرامدى بولات

铬酰　chromyl　CrO_2-　حروميل

铬酰氯　chromyl chloride　CrO_2Cl_2　حروميل حلور

铬酰溴　chromyl bromide　حروميل بروم

铬盐分解　chromate decomposition　حروم تۇزىنىڭ ىدىراۋى

铬液　chrome liquor حرومدى سۇيىقتىق

铬质金星玻璃　chrome avanturin حرومدى ئاۋانتۇرين

铬砖　chromite brick حرومدى كەرپىش

铬族元素　chromium family clement حروم گرۇپپاسىنداعى ەلەمەنتتەر

铬唑紫　chromazol vielet حرومازول كۇلگىنى

各里散亭　glysantine گليسانتين

各向同性晶体　isotropic body يزوتروپپيالىق كريستال

各向同行纤维　isotropic fiber يزوتروپپيالىق تالشىق

各向同性现象　isotropy يزوتروپپيالىق قۇبىلىس

gei

给电子基团　electron donating group ەلەكترون بەرۇشى گرۇپپا

给电子体　electron donating body ەلەكترون بەرۇشى دەنە

给予体　donor(= donator) دوناتور، بەرۇشى

gen

根 "基" گە قاراڭىز.

根皮甙　phloridzin, phlorizin　$C_{21}H_{24}O_{10} \cdot 2H_2O$ فلوريدزين، فلوريزين

根皮甙酚　phloretin　$C_{15}H_{14}O_5$ فلورەتين

根皮酚　phloroglucinol　$C_6H_3(OH)_3$ فلوروگليۇتسينول

根皮红　phloxin فلوكسين

根皮素 "根皮甙酚" گە قاراڭىز.

根皮酸　phloretic acid　$C_9H_{10}O_3$ فلورەت قىشقىلى

根皮糖　phlorose فلوروزا

根皮酰苯　phloracylophenone فلوراتسيلدى فەنون

根皮乙酰苯　phloracetophenone　$C_6H_2(OH)_3COCH_3$ فلوراتسەتو فەنون

geng

庚胺　heptylamine　$C_7H_{15}NH_2$ گەپتيلامين

庚巴比妥　heptabarbital گەپتا باربيتال

庚醇　heptanol, heptyl alcohol　　　　　　　　　　　گەپتانول، گەپتیل سپیرتی

庚醇－1　heptanol－1　　$CH_3(CH_2)_6OH$　　　　　　گەپتانول ــ 1

庚醇－2　heptanol－2　　$CH_3(CH_2)_4CHOHCH_3$　　　گەپتانول ــ 2

庚醇－3　heptanol－3　　$CH_3(CH_2)_3CHOHC_2H_5$　　گەپتانول ــ 3

庚醇－4　heptanol－4　　$(CH_3CH_2CH_2)_2CHOH$　　　گەپتانول ــ 4

庚搭烯　heptalene　　　　　　　　　　　　　　　　گەپتالەن

庚碘酸　heptaiodic acid　　　　　　　　　　　گەپتا يود قشقىلى

庚二醇　heptandiol　　　　　　　　　　　　　　　گەپتاندیول

庚二腈　pimelic dinitrile　　$(CH_2)_5(CN)_2$　　　　پیمەل دینیتریل

庚二炔　heptadine　　　　　　　　　　　　　　　گەپتادین

庚二炔－(1,5)　heptadine－(1,5)　　　　　　گەپتادین ــ (1، 5)

庚二炔－(1,6)　heptadine－(1,6)　　　　　　گەپتادین ــ (1، 6)

庚二酸　pimelic acid　　$(CH_2)_5(COOH)_2$　　　　پیمەل قشقىلى

庚二酸氢盐　bipimelate　　$COOH(CH_2)_5COOM$　　قشقىل پیمەل قشقىلىنىڭ تۇزدارى

庚二酸氢酯　bipimelate　　$COOH(CH_2)_5\cdot CO\cdot OR$　قشقىل پیمەل قشقىل ەستەرى

庚二酸盐　pimelate　　$COOM(CH_2)_5COOM$　　پیمەل قشقىلىنىڭ تۇزدارى

庚二酸酯　pimelate　　$COOR(CH_2)_5COOR$　　پیمەل قشقىل ەستەرى

庚二烯　heptadiene　　　　　　　　　　　　　گەپتادیەن

庚二烯－(2,4)　heptadiene (2,4)　　$(CH:CH)_2C_2H_5$　گەپتادیەن ــ (2، 4)

庚二烯酸　heptadienoic acid　　C_6H_9COOH　　گەپتادیەن قشقىلى

庚二酰　pimeloyl, heptanedioyl　　$-CO(CH_2)_5CO-$　پیمەلویل، گەپتانەدیویل

庚基　heptyl　　$CH_3(CH_2)_5CH_2-$　　　　　　گەپتیل

庚基苯　heptyl benzene　　$C_7H_{15}C_6H_5$　　　　گەپتیل بەنزول

庚基丙二酸　heptyl malonic acid　　$C_7H_{15}CH(COOH)_2$　گەپتیل مالون قشقىلى

庚基碘　heptyl oidide　　　　　　　　　　　گەپتیل يود

庚基甲基醚　heptyl methyl ether　　$CH_3O(CH_2)_6CH_3$　گەپتیل ــ مەتیل ەفیری

庚基间苯二酚　heptyl resoricine　　　　　　گەپتیل رەزورىتسین

庚基氯　heptyl chloride　　$CH_3(CH_2)_5CH_2Cl$　　گەپتیل حلور

庚基氰　heptyl cyanide　　　　　　　　　　گەپتیل سیان

庚基溴　heptyl bromide　　$CH_3(CH_2)_5CH_2Br$　　گەپتیل بروم

庚级烷　heptane　　　　　　　　　　　　　　گەپتان

庚间三酮　　　　　　　　　　　　"二乙酰基丙酮" گە قاراڭىز.

庚间三烯并庚间三烯	"庚搭烯" گە قاراڭز.
庚腈 heptanitril $CH_3(CH_2)_5CN$	گەپتانيتريل
庚硫醇 heptantiol	گەپتانتيول
庚醚 heptyl ether $(C_7H_{15})_2O$	گەپتيل ەفيرى
庚青霉素	"青霉素 k" گە قاراڭز.
庚取三甲硅 heptyl trimethyl silicone $(C_7H_{15})Si(CH_3)_3$	گەپتيل تريمەتيل كۆكرت
庚取三乙硅 heptyl triethyl silicone $(C_7H_{15})Si(C_2H_5)_3$	گەپتيل تريەتيل كۆكرت
庚醛 heptal dehyde(= enantal) $C_6H_{12}CHO$	گەپتالدەگيدتى، ەنانتال
庚醛糖 aldoheptose	الدوگەپتوزا
庚醛肟 heptaldehyde oxime $CH_3(CH_2)_5CH : NOH$	گەپتالدەگيدتى وكسيم
庚炔 heptyne C_7H_{12}	گەپتين
庚炔 – [1] heptyne – [1] $CH_3(CH_2)_4C : CH$	گەپتين – [1]
庚炔 – [2] heptyne – [2] $CH_3C : C(CH_2)_3CH_3$	گەپتين – [2]
庚炔二酸 heptyne diacid $C_5H_6 \cdot (COOH)_2$	گەپتين ەكى قىشقىلى
庚炔二羧酸 heptyne dicarboxylic acid $C_5H_6(COOH)_2$	گەپتيل ەكى كاربوكسيل قىشقىلى
庚炔酸 heptynoic acid C_6H_9COOH	گەپتين قىشقىلى
庚三烯 heptantriene C_7H_{10}	گەپتانتريەن
庚省 heptacene	گەپتاكەن
庚酸 enanthylic acid(= heptanoic acid) $C_6H_{13}COOH$	ەنانتيل قىشقىلى، گەپتان قىشقىلى
庚酸酐 heptanoic anhydride(= heptylic anhydride) $(C_6H_{13}CO)_2O$	گەپتان انگيدريدتى، گەپتل انگيدريدتى
庚酸庚酯 heptyl heptylate $C_6H_{13}CO_2C_7H_{15}$	گەپتان قىشقىل گەپتيل ەستەرى
庚酸甲酯 methyl heptylate $C_6H_{13}CO_2CH_3$	گەپتان قىشقىل مەتيل ەستەرى
庚酸盐 heptylate $C_6H_{13}COOM$	گەپتان قىشقىلمنىڭ تۇزدارى
庚酸乙酯 ethyl heptylate $C_6H_{13}CO_2C_2H_5$	گەپتان قىشقىل ەتيل ەستەرى
庚酸酯 heptylate ester	گەپتان قىشقىل ەستەرى
庚糖 heptose	گەپتوزا
庚糖醛酸 hepturonic acid $OHC(CHOH)_5COOH$	گەپتۇرون قىشقىلى
庚糖酸 heptonic acid $CH_2OH(CHOH)_5COOH$	گەپتون قىشقىلى

庚酮－[2]	heptanone－[2]	$CH_3(CH_2)_4COCH_3$	گەپتانون ـ [2]
庚酮－[3]	heptanon－[3]	$CH_3(CH_2)_4COCH_3$	گەپتانون ـ [3]

庚酮－[4]　　　　　　　　　　　"二丙基甲酮" گە قاراڭـز.

4－庚酮　　　　　　　　　　　"奶油酮" گە قاراڭـز.

庚酮－[4]二酸　　　　　　　"丙酮(撑)二醋酸" گە قاراڭـز.

庚酮二酸　　　　　　　　　　"氢化白屈菜酸" گە قاراڭـز.

庚酮糖　ketoheptose　　　　　گەتوگەپتوزا

庚烷　heptane　C_7H_{16}　　　گەپتان

庚烷基　　　　　　　　　　　"庚基" گە قاراڭـز.

庚烷－辛烷混合物　heptane octane mixture　گەپتان ـ وكتان قوسپاسى

庚肟　　　　　　　　　　　　"庚醛肟" گە قاراڭـز.

庚烯　heptene, heptylene　C_7H_{14}　گەپتەن، گەپتيلەن

庚烯－[1]	heptene－[1]	$CH_3(CH_2)_4CH:CH_2$	گەپتەن ـ [1]
庚烯－[2]	heptene－[2]	$CH_3(CH_2)_3CH:CHCH_3$	گەپتەن ـ [2]
庚烯－[3]	heptene－[3]	$CH_3(CH_2)_2CH:CHC_2H_5$	گەپتەن ـ [3]

庚烯二酸　heptene diacid　$C_5H_8(COOH)_2$　گەپتەن ەكى قشقىلى

庚烯二羧酸　heptene dicarboxylic acid　$C_7H_{12}(COOH)_2$　گەپتەن ەكى كاربوكسيل قشقىلى

庚烯基　heptenyl　گەپتەنيل

庚烯酸　heptenoic acid　$C_6H_{11}COOH$　گەپتەن قشقىلى

庚烯酮　heptenone　گەپتەنون

庚烯－[1]酮－[4]　heptenone－[1,4]　$C_3H_7COCH_2CH:CH_2$　گەپتەنون ـ [4،1]

庚烯－[1]酮－[5]　heptenone－[1,5]　$C_2H_5COCH_2CH_2CH:CH_2$　گەپتەنون ـ [5،1]

庚烯－[1]酮－[6]　heptenone－[1,6]　$CH_3CO(CH_2)_3CH:CH_2$　گەپتەنون ـ [6،1]

庚烯－[2]酮－[4]　heptenone－[2,4]　$C_3H_7COCH:CHCH_2$　[4،2] ـ گەپتەنون

庚酰　heptanoyl(＝enanthoy)　$CH_3(CH_2)_5CO-$　گەپتانول، ەنانتويل

庚酰胺　heptamide　$CH_3(CH_2)_5CONH_2$　گەپتاميد

庚酰胺基　heptanamido－　$CH_3(CH_2)_5CONH-$　گەپتاناميدو ـ

庚酰苯　　　　　　　　　　"苯基·乙基甲酮" گە قاراڭـز.

庚酰肟　heptanoyl oxime　گەپتانويل وكسيم

庚因　epine　ھپین

庚酯　heptyl ester　گەپتیل ەستەری

更迭(定)律　alternation law　الماسۇ زاڭی

更迭共聚物　alternating copolymer　الماسقان ورتاق پولیمەر

更迭极性　alternate polarity　الماسۇ پولیارلىعی

更迭键　alternate bonds　الماسقان بایلانس

更迭双键　alternate duble bonds　الماسقان قوس بایلانس

更迭酸　alternaric acid　الماسۇ قشقىلى، التەرنار قشقىلى

更迭亲力　alternating affinity　الماسپ بىرگۇ كۇشى

gong

工程化学　engineering chemistry　ينجەنەریالىق حیمیا

工程塑料　engineering plastic　ينجەنەریالىق سۇلیاۇ (پلاستیك)

工程陶瓷　engineering ceramic　ينجەنەریالىق قش ـ كارلەن (فارفور)

工具(用)钢　tool steel　قۇرال ـ سایماندىق بولات

工业白油　industrial white oil　ونەركاسپتمك اق ماي

工业玻璃　industrial glass　ونەركاسپتمك اینەك (شنى)

工业电极　industrial electrode　ونەركاسپتمك ەلەكترود

工业发酵　industrial fermentation　ونەركاسپتمك اشۇ

工业凡士林　industrial vaseline　ونەركاسپتمك ۋازەلین

工业芳香烃　industrial aromatic hydrocarbons　ونەركاسپتمك اروماتتى كومىر سۇتەكتەر

工业废水　industrial waste water　ونەركاسپ جاراقسىز سۇى، ونەركاسپ لاس سۇى

工业分析　technical analysis　ونەركاسپتمك تالداۇ، تەحنیكالىق تالداۇ

工业化学　industrial chemistry　ونەركاسپتمك حیمیا

工业级甲苯　industrial grade toluene　ونەركاسپتمك تولۇول

工业酵母　industrial yeast　ونەركاسپتمك قورتقى

工业煤气　industrial gas　ونەركاسپتمك گاز

工业品氯代莰烯　industrial chlorocamphene　تەحنیكالىق حلورلى كامفەن

工业溶剂　industrial solvent　ونەركاسپتمك ەرىتكش

工业润滑油　industrial lubricant　ونەركاسپتمك جاعىن ماي

工业石脑油　industrial naphthas　　　　　　　ونەركاسپتىك نافتا

工业塑料　industrial plastic　　　　　　ونەركاسپتىك سۆلياۋ (پلاستىك)

工业微生物　industrial microorganism　　ونەركاسپتىك مىكرو ورگانىزم

工业污水　　　　　　　　　　　　　　"工业废水" گە قاراڭىز.

工业戊醇　pentasol　　　　　　　　　　　　　　　پەنتازول

工业乙醇　industrial ethyl alcohol　　　ونەركاسپتىك ەتىل سپىرتى

工业异辛烷　technical isooctane　　　ونەركاسپتىك يزووكتان

工业用环烷酸　commercial naphthenic acid　ونەركاسپتىك نافتەن قىشقىلى

工业用硫酸　commercial sulfuric acid　ونەركاسپتىك كۆكىرت قىشقىلى

工业用硼酸　commercial boric acid　　ونەركاسپتىك بور قىشقىلى

工业用燃料油　commercial burner oil　ونەركاسپتىك جانار زات مايى

工业用石蜡　commercial wax　　　　ونەركاسپتىك بالاۋىز

工业用水　industrial water　　　　　　ونەركاسپتىك سۇ

工业用吸收剂　industrial absorbent　ونەركاسپتىك ابسوربتسىيالاعىش

工业用氧　tonnage oxygen　　　　　ونەركاسپتىك وتتەك

工业用油　industrial oil　　　　　　ونەركاسپتىك ماي

工业用皂　industrial soap　　　　　ونەركاسپتىك سابىن

工业炸药　industrial explosive　　ونەركاسپتىك جارىلعىش ٸدارى

攻击素　aggressin　　　　　　　　　　اگگرەسسىن

攻击原　aggressinogen　　　　　　　اگگرەسسىنوگەن

功能　functional　　　　　　　　　　　فۇنكتسىيا

功能材料　functional material　　فۇنكتسىيالى ماتەريالدار

功能高分子　functional polymer　فۇنكتسىيالى پوليمەر

功能键　functional bond　　　　فۇنكتسىيالىق بايلانىس

功能团　functional group　　　فۇنكتسىيالىق گرۇپپا

公尺　　　　　　　　　　　　　"米" گە قاراڭىز.

公寸　　　　　　　　　　　　"分米" گە قاراڭىز.

公担　centiner　سەنتنەر (ٸبىر سەنتنەر 100 كيلوگرامعا تەڭ)

公吨　tonne　　　　　　　　　　توننا (t)

公分当量　gram equivalent　گرام ـ ەكۆيۆالەنت

公斤(kg)　kilogram　　　　　　كيلوگرام (kg)

公里(km)　kilometer　　　　كيلومەتر (km)

公亩　are　ار (حالقارالىق ولشەم بىرلىگى، ٸبىر ار 100 شارشى مەترگە تەڭ)

公顷	hectare	گەكتار
公升	kiloliter	ليتر (L)
公式	formula	فورمۇلا
公制		"米制" گە قاراڭىز.
宫殿红	palatine red	پالاتين قىزىللى
汞(Hg)	mercury	سناپ (Hg)
汞撑化物	mercury – bis – compound	سناپ ـ قوس ـ قوسۇلسلىستارى
汞池电极	mercury pool electrode	سناپتى كۆلشەك ەلەكترود
汞滴电极	mercury dropping	سناپ تامىزۇ ەلەكترودى
汞滴定法	mercurimetry	سناپ تامىزۇ ءادسى
汞电极	mercury electrode	سناپ ەلەكترود
汞封口	mercury seal	سناپپەن بەكتتۇ
汞合金	amalgam	امالگاما، سناپ قورىتپاسى
汞和酸	amalinic acid $(CH_2)_4C_8O_8N_4$	امالين قىشقىلى
汞化	mercurating, mercurate	سناپتاندىرۇ، سناپتانۇ
汞化产物	mercurate, mercurizate	سناپ تۇىندىلارى
汞化合物	mercury compound	سناپ قوسۇلسلىستارى
汞化剂	mercurating agent	سناپتى اگەنت
汞化试验	mercurization test	سناپتاندىرۇ سىناعى
汞化物	mercuride	مەركۆرىد، سناپ قوسۇلسلىستارى
汞化作用	mercuration	سناپتاۇ
汞基	mercuri – – Hg –	سناپ رادىكالى
汞极电池	mercury cell	سناپتى باتارەيا
汞极电量计	mercury coulometer	سناپتى كۇۆلومەتر
汞胶液	hygrol(= colloidal mercury)	گيگرول، كوللويدتىق سناپ
汞齐		"汞合金" گە قاراڭىز.
汞齐电极	amalagam electrode	امالگاما ەلەكترود
汞齐法	amalgamation process	امالگالاۇ ءادسى
汞齐化	amalgmate	امالگامالاۇ، امالگامالاندىرۇ
汞撒利	mersalyl	مەرساليل
汞撒利酸	mersalylic acid	مەرساليل قىشقىلى
汞水杨酸	mercuric salicylate	سناپتى ساليتسيل قىشقىلى
汞温度计	mercury thermometer	سناپتى تەرمومەتر

汞溴红	merbromin (= mercurochrome)	مەربرومىن
汞溴明	merbrochine	مەربروحىن
汞盐	mercuric salt	سناپ تۇزى
汞阳极	mercury anode	سناپ انود
汞氧化物	mercury oxide	سناپ توتقتارى
汞液滴定法	mercurimetric determination	سناپ ەرتننددسسن تامشلاتۇ
汞阴极	mercury cathode	سناپ كاتود
汞阴极分离法	mercury cathode separation	سناپ كاتودپەن ايىرۇ
汞制剂	mercurial	مەركۇرىيال
汞皂	mercurial soap	مەركۇرىيال سابن، سناپتى سابن
汞中毒	mercurialism	سناپتان ۇلانۇ
汞柱	mercury column	سناپ باعاناسى
巩膜酸	sclerotic acid	سكلەروتىن قشقلى
共轭	conjugation	ورايلاس
共轭层	conjugate layer	ورايلاس قاباتتار
共轭二烯	conjugated diene	ورايلاس دىەندەر
共轭二烯属	dienes with conjugated double bonds	ورايلاس دىەندەر (ورايلاس قوس بايلانسى بار دىەندەر)
共轭高分子	conjugated polymer	ورايلاس جوعارى مولەكۇلالار
共轭化合物	conjugated compound	ورايلاس قوسىلمىستار
共轭碱	conjugate base	ورايلاس نەگىزدەر
共轭键	conjugated bond	ورايلاس بايلانستار
共轭键系	conjugated system of bond	ورايلاس بايلانستار جۇيەسى
共轭粒子	conjugate particles	ورايلاس ۇساق بولشەكتەر
共轭链	conjugated chain	ورايلاس تىزبەكتەر
共轭偶	conjugated pair	جۇپ ورايلاستار
共轭溶液	conjugate solution	ورايلاس ەرتىنندلەر
共轭双键	conjugated double bond	ورايلاس قوس بايلانستار
共轭双键系统		"多烯系统" گە قاراڭز.
共轭酸	conjugate acid	ورايلاس قشقلدار
共轭酸碱	conjugated acid base	ورايلاس قشقل ــ نەگىزدەر
共轭酸碱对(偶)	conjugate acid – base pairs	جۇپ ورايلاس قشقل ــ نەگىزدەر

共轭烃 conjugated hydrocarbons	ورايلاس كومىرسۇتەكتەر
共轭系统 conjugated system	ورايلاس جۇيەلەر
共轭相 conjugate phase	ورايلاس فازالار
共轭效应 conjugate effect	ورايلاس ەففەكت
共轭溶偶 conjugated liquid pair	جۇپ ورايلاس سۇيىقتىقتار
共二聚体 codimers	كوديمەر، ورتاق ديمەر
共沸点 azeotrpoic boint	ورتاق قايناۋ نۇكتەسى
共沸混合物 azeotropic mixture	ورتاق قايناۋ نۇكتەسى، ورتاق قوسپالار، ورتاق قاينايتىن قوسپالار
共沸蒸馏 azeotropic distillation	ورتاق قاينايتىپ بۇلاندىرسىپ ايداۋ
共活化作用 coactivation	ورتاق اكتيۆتەۋ
共价 covalence	كوۆالەنت، ورتاق ۆالەنت
共价半径 covalent radius	ورتاق ۆالەنتتى راديۇس
共价单键 single covalent bond	ورتاق ۆالەنتتەك دارا بايلانس
共价电子 shared electron	ورتاق ۆالەنتتى ەلەكترون
共价分子 covalent molecule	ورتاق ۆالەنتتى مولەكۇلا
共价化合物 covalent compound	ورتاق ۆالەنتتى قوسىلستار
共价环状结构 covalent ring structure	ورتاق ۆالەنتتى ساقينالى قوسىلىستار
共价键 covalent bond	ورتاق ۆالەنتتەك بايلانس، كوۆالەنتتەك بايلانس
共价结晶 covalent crystal	ورتاق ۆالەنتتى كريستال
共价晶体	"共价结晶" گە قاراڭز.
共价氢化物 covalent hydride	ورتاق ۆالەنتتى سۇتەكتى قوسىلستار
共价三键 covalent tribond	ورتاق ۆالەنتتەك ٴۇش بايلانس
共价式 covalent formula	ورتاق ۆالەنتتەك فورمۇلا
共价双键 covalent double bond	ورتاق ۆالەنتتەك قوس بايلانس
共晶反应 eutectic reaction	ورتاق كريستالدانۇ رەاكسيالارى
共聚多醚 copolyether	ورتاق پوليمەرلى ەفير
共聚多酰胺 copolyamide	ورتاق پوليمەرلى اميد
共聚多酯 copolyester	ورتاق پوليمەرلى ەستەر
共聚反应 copolymerization reaction	ورتاق پوليمەرلەنۇ رەاكسيالارى
共聚反应动力学 copolymerization kinetics	ورتاق پوليمەرلەنۇ كينەتيكاسى
共聚合 copolymerization	ورتاق پوليمەرلەنۇ
共聚合反应	"共聚反应" گە قاراڭز.

共聚合树脂 copoly resin ورتاق پولیمەرلی سمولالار
共聚合作用 "共聚合" گە قاراڭىز.
共聚体 copolymer body ورتاق پولیمەرلی دەنە
共聚物 copolymer ورتاق پولیمەر
共聚用单体 comonomer ورتاق پولیمەرلىك مونومەر، كومونومەر
共聚(作用) "共聚合" گە قاراڭىز.
共溶温度 consolute temperature ورتاق ەرۋ تەمپەراتۋراسى
共熔点 cofusion point ورتاق بالقۋ نۇكتەسى
共生现象 symbiosis ورتاق جاساۋ قۇبىلىسى
共水解作用 cohydrolysis ورتاق گیدرولیزدەۋ
共缩合反应 cocondensation reaction ورتاق كوندەنساتسيالانۋ رەاكسيالارى
共缩聚反应 copdycondensation ورتاق كوندەنساتسيالانۋ - پولیمەرلەنۋ رەاكسيالارى
共同沉淀 coprecipitation بىرگە تۇنباعا ٴتۇسۋ
共同离子 common ion ورتاق يوندار
共同离子效应 common ion effect ورتاق يون ەففەكتى
共享电子 "共价电子" گە قاراڭىز.
共用电子对 shared electron pair ورتاق جۇپ ەلەكتروندار
共折反应 eutectoid reaction ورتاق ٴبولىنۋ رەاكسياسى
共折浓度 eutectoid concentration ورتاق ٴبولىنۋ قويۋلىعى
共折温度 eutectoid temperature ورتاق ٴبولىنۋ تەمپەراتۋراسى
共振电子 resonating electron رەزونانستىق ەلەكتروندار
共振能 resonance energy رەزونانستىق ەنەرگياسى
共振现象 resonance رەزونانستىق قۇبىلىستار مەزومەرلەنۋ
共振效应 resonance effect رەزونانس ەففەكتى
共振杂化 resonance hybrid رەزونانستىق ارالاسۋ
共振杂化体 resonance hybride رەزونانستىق ارالاس دەنە
钩藤碱 uncarine ۋنكارين

gou

钩吻胺 gelsemin گەلزامين
钩吻剂 gelsemoid گەلزەمويد

钩吻碱　gelsemine　　　　　　　　　　　　　گەلزەمين

钩吻嘧啶　gelsemidine　　　　　　　　　گەلزەميدين

钩吻明　gelsemin　　　　　　　　　　　　گەلزەمين

钩吻末定　gelsemoidine　　　　　　　　گەلزەمويدين

钩吻宁　gelseminin　　$C_{47}H_{47}O_{14}N_2$　　گەلزەمينين

钩吻素　gelsemicine　　　　　　　　　　گەلزەميتسين

钩吻酸　gelseminic acid　　　　　　　گەلزەمين قىشقىلى

钩吻叶芹碱　conin, conirin　　　　كونين، كونيرين

狗舌草碱　　　　　　　"阔叶碱" گە قاراڭمز.

枸杞酸　　　　　　　　　"柠檬酸" گە قاراڭمز.

构份　　　　　　　　　　　"成分" گە قاراڭمز.

构份分析　　　　　　　"组分分析" گە قاراڭمز.

构象　conformation　　　　　　　　　كونفورماتسيا

构象分析　conformational analysis　　كونفورماتسيالىق تالداۋ

构象理论　conformational theory　　كونفورماتسيالىق تەوريا

构象异构体　conformational isomer　كونفورماتسيالىق يزومەر

构型　configuration　　　　　　　　كونفيگۇراتسيا

构型分析　configurational analysis　كونفيگۇراتسيالىق تالداۋ

构型熵　configurational entropy　كونفيگۇراتسيالىق ەنتروپيا

构型作用　configurational action　كونفيگۇراتسيالاۋ

构造　constitute　　　　　　قۇرىلىسى، ٴتۇزىلىسى

构造化学　constitute chemistry　　قۇرىلىستىق حيميا

构造式　constitutional formula　قۇرىلىس فورمۋلاسى

gu

孤电子对　lone – electron pair　وقشاۋلانعان جۇپ ەلەكتروندار

孤立反应　isolated reaction　وقشاۋ رەاكسيا، دارا رەاكسيا

孤立双键　isolated double bonds　وقشاۋلانعان قوس بايلانىس

孤立体系　isolated system　　وقشاۋ جۇيە، دارا جۇيە

孤立烃环　isolated hydrocarbon ring　وقشاۋلانعان كومىرسۇتەك ساقيناسى

古蓬香脂　galbanum　　گالبان، پەرسيا سمولاسى

古柯碱　　　　　　　　"柯卡因" گە قاراڭمز.

古柯叶液碱		"古液碱" گه قاراڭىز.
古柯叶液碱酸		"古液酸" گه قاراڭىز.
古柯液碱 cuscohydrine(= cuskhygrine)		كۆكوگيدرين، كۆكگيدرين
古论朴酸 colombic acid		كولومبى قشقىلى
古罗糖 gulose		گۆلوزا
古罗糖酸 gulonic acid $CH_2OH(CHOH)_4COOH$		گۆلون قشقىلى
古罗酮二糖酸 diketogulonic acid		ديكه‌توگۆلون قشقىلى
古罗酮糖酸 ketogulonic acid		گه‌توگۆلون قشقىلى
古敏化		"腐殖化" گه قاراڭىز.
古奇坩埚 Gooch crucible		گووچ تيگه‌لى
古奇滤器 Gooch filter		گووچ سۇزگىشى
古氏坩埚		"古奇坩埚" گه قاراڭىز.
古氏漏斗 Gooch funnel		گووچ ۆورونكاسى
古氏滤器		"古奇滤器" گه قاراڭىز.
古塔波(橡)胶		"杜仲胶" گه قاراڭىز.
古液碱 hygrine		گيگرين
古液酸 hygric acid $C_6H_{11}O_2N$		گيگر قشقىلى
钴(Co) cobaltum		كوبالت (Co)
钴-60 cobalt 60		كوبالت ــ 60
钴氨素 cobalamin		كوبالامين، ۆيتامين B_{12}
钴胺素 cobalamin		كوبالامين، ۆيتامين B_{12}
钴比林酸 cobyrinic acid		كوبيرين قشقىلى
钴宾酸 cobinic acid		كوبين قشقىلى
钴玻璃 cobalt glass		كوبالت اينه‌ك، كوبالت شنىسى
钴催化剂 cobalt catalyst		كوبالت كاتاليزاتور
钴弹 cobalt bomb		كوبالت بومبى
钴的氨络物 cobaltammine compounds		كوبالتتاڭ امىيىندى قوسىلستارى
钴的氧化物 cobalt oxide $CoO; Co_2O_3; Co_3O_4$		كوبالتتاڭ توتقتارى
钴矾 cobalt alum		كوبالتتى اشۇداس
钴钢 cobaltous steel		كوبالتتى بولات
钴黑 cobalt block CoO		كوبالت قاراسى، كوبالت شالا توتعى
钴华		"八水合钾酸钴" گه قاراڭىز.
钴黄 cobalt yellow $K_3Co(NO_2)_6$		كوبالت سارسى

钴蓝	cobalt blue $Co(AlO_2)_2$	كوبالت كوگی، كوبالت توتمعی، تەناركوگی
钴蓝釉	zaffer, zaffre	زاففەر، زاففرا
钴绿	cobalt green	كوبالت جاسلی
钴钼催化剂	cobalt – molybdate catalyst	كوبالت ـ موليبدەن كاتاليزاتور
钴青	cobalt ultramarine	كوبالت كوكشلی (كوگملدىری)
钴天蓝	cerulean blue	كوبالت اشق كوگی
钴铁	cobaltous iron	كوبالتتى تەمىر
钴土	asbolit, asbolane	اسبوليت، اسبولات
钴维生素		«钴氨素» گە قاراڭىز.
钴紫	cobalt violet	كوبالت كۇلگىنى
柯巴	copal	كوپال
柯巴清漆	copal varnish	كوپالدى لاكتار
柯巴树脂	copal resin	كوپالدى سمولالار
柯巴酸	copalic acid	كوپال قشقملى
柯巴烯	copaene	كوپاەن
柯巴油	copal oil	كوپال مايى
柯巴油酸	copalolic acid	كوپالول قشقملى
柯巴脂		«刚果脂» گە قاراڭىز.
柯巴脂酸	copalinic acid	كوپالين قشقملى
柯巴酯	ester copal	كوپال ەستەرى
骨粉	bone dust (meal)	سۇيەك ۇنتاعى
骨粉肥料	bone fertilizer	سۇيەك ۇنتاعى تەڭايتقشتار
骨粉过磷酸钙	bone super (phosphate)	سۇيەك ۇنتاعى اسقىن فوسفور قشقىل كالتسي
骨化醇	bone	«钙化醇» گە قاراڭىز.
骨灰	bone ash	سۇيەك كۇلى
骨胶	bone glue	سۇيەك جەلمم، مال جەلمى
骨胶原	collagen, ossein	گوللاگەن، وسسەين
骨焦油	bone tar oil	سۇيەك كوكس مايى
骨螺烷	murexan	مۇرەكسان
骨螺紫	murexide $C_8H_6O_6N_5NH_4H_2O$	مۇرەكسيدا
骨粘朊	osseomucoid	سۇيەك مۇكويدى
骨粘素	osseomycin	وسسەوميتسين

骨润滑脂 bone grease	سۆيەك گرەازاسى
骨炭 bone black(charcoal)	سۆيەك كومىر
骨硬朊 osseo albuminoide	سۆيەك البۇمينويدى
骨油 bone oil	سۆيەك مايى
骨脂 bone fat	سۆيەك مايى
骨质磷酸盐 bone phosphate	سۆيەك فوسفور قشقىل تۇزى
谷 grain(1 grain = 0.64799 gra)	گراين (بىرلىك)
谷氨酸 glutaminic acid $H_2OCCHNH_2(CH_2)_2COOH$	گليۇتامين قشقىلى
L－谷氨酸 L－glutamic acid	L ـ گليۇتامىن قشقىلى
dl－谷氨酸 dl－glutamic acid	dl ـ گليۇتامين قشقىلى
谷氨酸氨基移换酶 glutamic transaminase	گليۇتامين ترانسامينازا
谷氨酸丙氨酸转氨酶 glutamicalanine transaminase	گليۇتامين الانين ترانسامينازا
谷氨酸单(一)钠 monosodium glutamate	گليۇتامين قشقىل (مونو) ناترى
谷氨酸发酵 glutamic acid fermentation	گليۇتامين قشقىلدى اشۇ
谷氨酸钙 calcium glutamate	گليۇتامين قشقىل كالتسي
谷氨酸钾 potassium glutamate	گليۇتامين قشقىل كالي
谷氨酸门冬氨酸转氨酶 glutamic－aspartic transaminase	گليۇتامين ـ اسپارتين ترانسامينازا
谷氨酸钠 sodium glutamate	گليۇتامين قشقىل ناتري
谷氨酸脱氢酶 glutamic acid dehydrogenase	گليۇتامين قشقىل دەگيدروگەنازا
谷氨酸一酰胺一酰基	"谷酰胺基" گە قاراڭىز.
谷氨酸盐 glutamate	گليۇتامين قشقىلىننىڭ تۇزدارى
谷氨酸氧化酶 D glutamic oxidase	D ـ گليۇتامين وكسيدازا
谷氨酰胺	"谷酰胺" گە قاراڭىز.
谷氨酰胺合成酶 glutamine syntheaase	گليۇتامين سينتەتازا
谷氨酰胺酶 glutaminase	گليۇتامينازا
谷酰胺 glutamine	گليۇتامين
谷酰基 glutamyl	گليۇتاميل
谷蛋白 glutelin	گليۇتەلين
谷固醇	"谷甾醇" گە قاراڭىز.
谷固烷	"谷甾烷" گە قاراڭىز.

谷固烷醇		"谷甾烷醇" گه قاراڭز.
谷胱甘肽 glutathione	$C_{10}H_{17}O_6N_3S$	گليۋتاتيون
谷胱甘肽过氧化酶 glutathione perpxidase		گليۋتاتيون ـ اسقىن وكسيدازا
谷胱甘肽合成酶 glutathione－synthetase		گليۋتاتيون ـ سينتەزتازا
谷胱甘肽还原酶 glutathione－reductase		گليۋتاتيون رەدۋكتازا
谷胶 gluten		گليۋتەن
谷胶酪朊		"明胶朊" گه قاراڭز.
谷硫磷 gusathion, guthion		گۋزاتيون، گۋتيون
谷硫磷－A azinphos－ethyl		ازينفوس ەتيل
谷任乐生 granosan		گرانوزان
谷朊 glutelin		گليۋتەلين
谷赛昂 azinphos methyl		ازينفوس مەتيل
谷氏菌素 gougerotin		گوۋگەروتين
谷维素 oryzanolum		وريزانول
谷烯茶胺酸 glutaconanilic acid		گليۋتاكوناتيل قشقىلى
谷酰胺 glutamine	$H_2OCC_3H_5NH_2CONH_2$	گليۋتامين
谷酰胺基 glutaminyl	$H_2NCOCH_2CH_2CH(NH_2)CO-$	گليۋتامينيل
谷酰胺酶		"谷氨酰胺酶" گه قاراڭز.
谷酰基 glutamoyl, glutamyl	$-COCH_2CH_2CH(NH_2)CO-$	گليۋتامويل، گليۋتاميل
α－谷酰基 α－glutamyl	$HOOC(CH_2)_2CH(NH_2)CO-$	α ـ گليۋتاميل
γ－谷酰基 γ－glutamyl	$HOOCCH(NH_2)(CH_2)_2CO-$	γ ـ گليۋتاميل
谷酰转肽酶 glutamyl transpetidase		گليۋتاميل ترانسپەپتيدازا
谷氧磷 cutoxon		كۋتوكسون
谷甾醇 sitosterol		سينوستەرول
谷甾烷 sitostane		سيتوستان
谷甾烷醇 sitostenol, sistostonol		سيتوستونول، سيستوستونول
固醇		"甾醇" گه قاراڭز.
固醇蛋白质 sterol protein		ستەرول پروتەين
固醇类		"甾醇类" گه قاراڭز.
固醇酯 steroid		ستەرويد
固氮 nitrogen fixation		ازوت توپتاۋ، ازوت جيناۋ
固氮菌 azoto bacter		ازوت توپتاعۋش باكتەريا

固氮酶	.تۆراقسىز گە "定氮酶"
固定 fix, fixation	توپتاۋ، جىناۋ، تۆراقتاۋ، تۆراقتى
固定氨 fixed ammonia	تۆراقتى ئاممىاك
固定氨肥 fixed nitrogen fertilizer	تۆراقتى ازوتتى تىڭايتقىشتار
固定层 fixed bed	تۆراقتى قابات
固定成分(定)律	.تۆراقسىز گە "成分不变(定)律"
固定催化剂 fixed catalyst	تۆراقتى كاتالىزاتور
固定氮 fixed nitrogen	تۆراقتى ازوت
固定点 fixed point	تۆراقتى نۆكتە
固定电荷 fixed charge	تۆراقتى زارىاد
固定电极	.تۆراقسىز گە "静止电极"
固定电压 fixed voltage	تۆراقتى توك قىسىمى
固定法 fixation method	تۆراقتاندىرۇ ئادىسى
固定反应 fixation reaction	تۆراقتاۋ رەاكسىياسى
固定构型 fixed configuration	تۆراقتاۋ كونفىگۇراتسىياسى
固定(化学)成分 definite chemical composition	تۆراقتى (حىمىالىق) قۇرام
固定剂 fixing agent	تۆراقتاندىرعىش اگەنت
固定碱 fixed alkalies	تۆراقتى ئسلتى، بۇلانبايتىن ئسلتى
固定(晶)面角定律 law of definite interfaial angles	تۆراقتى بەتتىك بۇرىش زاڭى
固定空气 fixed air	تۆراقتى اۋا، كۆمىر قىشقىل گازى
固定孔 fixed orifices	تۆراقتى قۆس
固定气体 fixed gas	تۆراقتى گاز
固定染料 fixed dye	تۆراقتى بوياۋلار، ۋشپايتىن بوياۋلار
固定熔料 definite melting point	تۆراقتى بالقۇ نۆكتەسى
固定试验 fixation test	تۆراقتاندىرۇ سىناعى
固定酸 fixed acid	تۆراقتى قىشقىل
固定碳 fixed carbon	تۆراقتى كۆمىرتەك
固定天平 fixed weigher	تۆراقتى تارازى
固定物质 fixed substance	تۆراقتى زاتتار
固定相	.تۆراقسىز گە "静止相"
固定氧 fixed oxygen	تۆراقتى وتتەك، بىرىككەن وتتەك
固定液 stationary liquid	تۆراقتى سۇيىقتىق

固定油　fixed oil	تۇراقتى ماي، ۋشپايتىن ماي
固定油基　fixed oil radicals	تۇراقتى ماي راديكالدارى
固定油类　fixed oils	تۇراقتى مايلار
固定脂肪　fixed fat	تۇراقتى قاتتى ماي
固化	"凝固" گە قاراڭىز.
固化点	"凝固点" گە قاراڭىز.
固化剂	"凝固剂" گە قاراڭىز.
固化焦　solid coke	قاتايعان كوكس
固化酒精　solidified alcohol	قاتايعان سپيرت
固化汽油　solidified gasoline	قاتايعان بەنزين
固化热	"凝固热" گە قاراڭىز.
固化油　solidified oil	قاتايعان ماي، توتىققان ماي
固化(作用)	"凝固(作用)" گە قاراڭىز.
固气溶胶　solid‑gas sol, sogasoid	قاتتى ـ گاز كەرنە، سوگازويد
固气溶体　solid‑gas solution	قاتتى ـ گاز ەرىتىندى
固气(物)系　solid‑gas system	قاتتى ـ گاز جۇيەسى
固溶胶　solid sols	قاتتى كەرنە
固溶体	"固态溶液" گە قاراڭىز.
固溶性　solid solubility	قاتتى زاتتار ەرىگىشتىك
固塔树脂　fluavil	فلۋاۋيل
固态　solid condition, solidity	قاتتى كۇي
固态分散体　solid dispersion	قاتتى كۇيدەگى تارالعىش دەنە
固态介体　solid medium	قاتتى كۇيدەگى ورتا
固态燃料	"固体燃料" گە قاراڭىز.
固态溶液	"固体溶液" گە قاراڭىز.
固体　solid body	قاتتى دەنە
固体灯油　solidfied kerosene	قاتتى كارەسىن
固体二氧化碳　solid carbon dioxide	قاتتى كومىرتەك قوس توتىعى
固体氦　solid helium	قاتتى گەلي
固体化学　solid chemistry	قاتتى دەنە حيميياسى
固体化(作用)	"凝固作用" گە قاراڭىز.
固体黄(染)　solid yellow	قاتتى كۇيدەگى سارى بوياۋ
固体火箭燃料　solid rocket fuel	راكەتا قاتتى جانار زاتى

固体间平衡　solid – solid equilibrium　　قاتتى دەنەلەر ئاراسىنداعى تەپە ـ تەڭدىك

固体胶　solid gums　　قاتتى جەلىمدەر

固体接合剂　solid cement　　قاتتى كۆيدەگى جابىستىرعىش (ئاگەنت)

固体酒精　solid alcohol　　قاتتى كۆيدەگى سپيرت

固体蓝(染)　solid blue　　قاتتى كۆيدەگى كوك بوياۋ

固体粒子　solids　　قاتتى بولشەكتەر

固体粒子混合速度　solid velocity　　قاتتى بولشەكتەردىڭ (كاتاليزاتورلاردىڭ) ارالاسۋ جىلدامدىعى

固体粒子流　solids state　　قاتتى بولشەكتەر ئاعىنى (كۆيى)

固体粒子流动　solid flow　　قاتتى بولشەكتەر (كاتاليزاتوردىڭ) ئاعۋى

固体粒子停留时间　solids holdup　　قاتتى بولشەكتەردىڭ كىدىرۋ ۋاقىتى

固体磷酸催化剂　solid phosphoric acid catalyst　　قاتتى كۆيدەگى فوسفور قىشقىل كاتاليزاتور

固体绿(染)　solid green　　قاتتى كۆيدەگى جاسىل بوياۋ

固体摩擦定律　law of solid friction　　قاتتى دەنەنىڭ ۆيكەلىس زاڭى

固体喷气燃料　　قاراڭز. "固体推进剂" گە

固体燃料　solid fuel　　قاتتى جانار زاتتار

固体溶液　solid solution　　قاتتى ەرىتىندىلەر

固体溶质　solid solute　　قاتتى ەرىگىشتەر

固体润滑油　solid oil　　قاتتى مايلاۋ مايى، قاتتى جاعىن ماي

固体石蜡　　قاراڭز. "硬石蜡" گە

固体试剂　solid reagent　　قاتتى رەاكتيۆتەر

固体碳粒　　قاراڭز. "硬碳" گە

固体碳酸　solid carbonic acid　　قاتتى كومىر قىشقىلى، قۇرعاق مۇز

固体推进剂　solid prepellant　　قاتتى كۆيدەگى ىلگەرىلەتكىش (ئاگەنت)

固体温度计　solid thermometer　　قاتتى تەرمومەتر

固体氧化剂　solid oxidant　　قاتتى كۆيدەگى توتىقتىرعىش

固体 – 液体提取　solid – liquid extraction　　قاتتى سۇيىق دەنەنى ايىرىپ ئالۇ

固体(油)沥青　solid bitumen　　قاتتى ئاسفالت

固体有机物　solid organic substance　　قاتتى ورگانيكالىق زاتتار

固体状态　　قاراڭز. "固态" گە

固体紫染　solid violet　　قاتتى (كۆيدەگى) كۇلگىن بوياۋ

固酮　　قاراڭز. "甾酮" گە

固线   "固液相曲线" گە قاراڭز.

固相 solid phase   قاتتى فازا

固相反应 solid phase reaction   قاتتى فازا رەاكسيالارى

固相混合点 solid phase mixing point   قاتتى فازالاردىڭ ارالاسۇ نۇكتەسى

固相聚合 solid phase polymerization   قاتتى فازالىق پوليمەرلەنۇ

固相缩聚 solid phase poly condensation   قاتتى فازالىق كوندەنساتسيالانۇ ـ

پوليمەرلەنۇ

固性 solidity   قاتتىلىق، تۇراقتىلىق

固氧   "固定氧" گە قاراڭز.

固液萃取   "固体－液体提取" گە قاراڭز.

固液相曲线 solid－liquid curve   قاتتى ـ سۇيىق فازانىڭ قىسىق سىزعى

gua

栝楼酸 trichosanic acid   تريحوزان قىشقىلى

瓜氨酸 citrulline $NH_2CONH(CH_2)_3CH(NH_2)CO_2H$ سيترۇللين

瓜菊醇酮 cinerolone   سينەرولون

瓜菊酯 I cinerin I   سينەرين I

瓜菊酯 II cinerin II   سينەرين II

瓜叶除虫菊醇酮   "瓜菊醇酮" گە قاراڭز.

瓜叶除虫菊酯 I   "瓜菊脂 I" گە قاراڭز.

胍 guanidine $C(NH_2)_2{:}NH$ گۋانيدين

胍醋酸   "胍基醋酸" گە قاراڭز.

胍核甙酸 Guanidine nucleotide   گۋانيدين نۇكلەوتيد

胍基 guanidino $H_2NC(:NH)NH-$ گۋانيدينو، گۋانيدين گرۇپپاسى

胍基醋酸 guanidino acetic acid   گۋانيدينو سىركە قىشقىلى

胍基醋酸内酰胺 glycocyamidine   گليكوسياميدين

胍基丁胺 agmatine $NH_2 \cdot C(:NH) \cdot NH(CH_2)_4 \cdot NH_2$ اگماتين

胍基丁酸 guanidino butyric acid   گۋانيدينو بۇتير قىشقىلى

胍基甲酰胺 dicyandiamidine $H_2NC(:NH)NHCONH_2$ ديسيان دياميدين

胍基磷酸 guanidino phosphoric acid   گۋانيدينو فوسفور قىشقىلى

胍基酸 guanidino acid   گۋانيدينو قىشقىلى

胍基戊氨酸   "氨基胍基戊酸" گە قاراڭز.

胍基戊氨酸酶		"精氨酸酶" گه قاراڭز
胍基戊氨酰		"精氨酰" گه قاراڭز.
胍基衍生物 guanidino derivative		گۇئانيدينو تۇنندىلارى
胍基乙酸		"胍基醋酸" گه قاراڭز.
胍氯酚 guanochlorum, vatensol		گۇئانوحلور، ۋاتەنزول
胍酶 guanidase		گۇئانيدازا
胍生 guanoxanum		گۇئانوكسان
胍辛定 guazatine		گۇئازاتين
胍盐 guanidine salt		گۇئانيدين تۇزى
胍乙啶 guanetidine		گۇئانەتيدين
胍乙酸		"胍基醋酸" گه قاراڭز.
胍乙酸酶 glycocyaminase		گليكوسيامينازا
寡 oligo		وليگو ـ (گەركشه)
寡硅酸 oligo silicic acid		وليگو كرەمني قشقلى
寡聚蛋白质 oligo protein		وليگوپروتەين
寡霉素 oligomycin		وليگوميتسين

guai

怪氰酸 isocyanilic acid	NC(NOH)C(NO₂H)CHNOH		يزوسيانيل قشقلى

guan

官能 functional		فۇنكتسيال
官能度 functionality		فۇنكتسيالدق، فۇنكتسيالدق دارەجەسى
官能化合物 functional compond		فۇنكتسيالدق قوسلمستار
官能基		"官能团" گه قاراڭز.
官能团 functional group		فۇنكتسيالدق گرۇپپا (راديكال)
关系式 relation(relationship)		قاتناس فورمۇلاسى
冠花灰配质 coroglaucigenin		كوروگلاۋ تسيگەنين
冠花毒配质 corotoxigenin		كوروتوكسيگەنين
管箭毒碱 tubocurarine		تۇبوكۇرارين
管状反应器 tubular reactor		تۇتىك ٴتارنزدى رەاكتور

贯　pros−　پروس (گرەكشە)

贯众明　cyrtomine　سيرتومين

guang

光比色法　photocolorimetry　جارىقتا ٴتۇس سالىستىرۇ ٴادىسى

光催化剂　photocatalyst　فوتوكاتاليزاتور

光催化作用　photocatalysis　فوتوكاتاليز

光导纤维　optical fibre　جارىق ٶتكىزگىش تالشىق

光电比色计　photo electric colorimeter　فوتوەلەكترلىك كولوريمەتر

光电池　photo electric cell, photocell　فوتوەلەكترلىك باتارەيا

光电子　photoelectron　فوتوەلەكترون

光度分析　photometric analysis　فوتومەترلىك تالداۋ

光反应　photo reaction　فوتورەاكسيالار، جارىقتا جۇرىلەتىن رەاكسيالار

光分解(作用)　photolysis　جارىقتان ىدىراۋ، فوتوليز

光合磷酸化酶　photot phosphorilase　فوتوفوسفوريلازا

光合磷酸化(作用)　“光磷酸化(作用)” گە قاراڭىز.

光合作用　photosyntesis　فوتوسينتەز

光化臭氧化　photochemical ozonization　فوتوحيميالىق وزوندانۇ

光化臭氧化(作用)　photochemical ozonization　فوتوحيميالىق وزوندانۇ .

光化当量　photochemical equivalent　فوتوحيميالىق ەكۋيۆالەنت

光化当量定律　law of photochemical equivalent　فوتوحيميالىق ەكۋيۆالەنت زاڭى

光化电离　photo ionization　جارىقتا يوندانۇ

光化反应　photochemical reaction　فوتوحيميالىق رەاكسيالار

光化反应性　photochemical reactivity　فوتوحيميالىق رەاكسيالاسقشتىق

光化分解　photochemical decomposition　فوتوحيميالىق ىدىراۋ

光化活性　photochemical activity　فوتوحيميالىق اكتيۆتىك (اكتيۆتەنۇ)

光化加成作用　photochemical addition　فوتوحيميالىق قوسىپ الۇ

光化降解　photochemical degradation　فوتوحيميالىق باسقشتاپ ىدىراۋ

光化焦点　photochemical focus　فوتوحيميالىق فوكۇس

光化温度效应　photochemical temperature effect　فوتوحيميالىق تەمپەراتۇرا ەففەكتى

光化吸收　photochemical absorption　فوتوحيميالىق ابسوربتسيا

光化效应　photochemical effect　فوتوحيميالىق ەففەكت

光化形成　photochemical formation　فوتوحيميالىق قالىپتاسۇ

光化学　photochemistry　فوتوحيميا

光化学定律　law of photochemistry　فوتوحيميا زاڭى

光化学反应　فوتوحيميا "光化反应" گە قاراڭىز.

光化学氯化　photochemical chlorination　فوتوحيميالىق حلورلانۇ

光化学吸收定律　photochemical absorption law　فوتوحيميالىق ابسوربتسيا زاڭى

光化学氧化剂　photochemically induced oxidation　فوتوحيميالىق توتىقتىرعىش (اگەنت)

光化学诱导氧化　photochemically induct oxidation　فوتوحيميالىق يندۇكتسيالىق توتعۇ

光化诱导　photochemical induction　فوتوحيميالىق يندۇكتسيا

光化转化　photochemical inversion　فوتوحيميالىق اينالۇ

光化作用　photochemical process　فوتوحيميالىق اسەر

光黄素　lamiflavin　لۇميفلاۋين

光辉霉素　mithramycin　ميتراميتسين

光解(作用)　"光分解(作用)" گە قاراڭىز.

光介子　photomezon　فوتومەزون

光聚合　photopolymerization　جارىقتا پوليمەرلەنۇ، فوتو پوليمەرلەنۇ

光离解　photodissociation　جارىقتان ديسسوتسيالانۇ، فوتوديسسوتسياتسيا

光量子　photon　فوتون، جارىق كۇانتى

光磷酸化作用　photo phosphorylation　فوتوفوسفور قىشقىلداۇ

光硫化作用　photo vulcanization　جارىقتا كۇكىرتتەنۇ

光卤石　carnallite　كارناللليت

光密度　optical density　وپتيكالىق تىعىزدىق

光敏反应　photosensitized recation　جارىققا سەزىمتال رەاكسيالار

光敏聚合物　photosensitive polymer　جارىققا سەزىمتال پوليمەر

光敏氧化　photosensitized oxidation　جارىققا سەزىمتال توتعۇ

光明霉素　leucensomycin　لەۇسەنسوميتسين

光能　luminous energy　جارىق ەنەرگياسى

光谱　spectrum, spectro　سپەكتر

光谱定量分析　quantitative spectrometric analysis　سپەكترلىك ساندىق تالداۋ

光谱定性分析　qualitative spetrcmetric analysis　سپەكترلىك ساپالىق تالداۋ

光谱分析　spectrum analysis　سپەكترلىك تالداۋ

光谱化学　spectro chemistry　سپەكترلىك حيميا

光谱化学分析　spectro chemical analysis　سپەكترلىك حيميالىق تالداۋ

光气　phosgene　فوسگەن

光燃烧　photo combustion　جارىقتان جانۋ

光色化合物　photochromic compound　جارىق ٴتۇستى قوسىلىستار

光色瓦变现象　phototropy　جارىقتا ٴتۇستەڭ ٴبىر ـ بىرىنە وزگەرۋ قۇبىلىسى، فوتوتروپيا

光纤　"光导纤维" گە قاراڭىز.

光雄甾醇　lumiandrosterone　لۇمياندروستەرون

光学　optics　وپتيكا

光学玻璃　optical glass　وپتيكالىق ايناك (شىنى)

光学分析　optical analysis　وپتيكالىق تالداۋ

光学塑料　optical plastics　وپتيكالىق سۇليابۇلار، وپتيكالىق پلاستيكتەر

光学显微镜　optical microscope　وپتيكالىق ميكروسكوپ

光学循环　optical cyclo　وپتيكالىق ينالس

光学异构　"光学异构体" گە قاراڭىز.

光学异构体　optical isomer　وپتيكالىق يزومەرلەر

光氧化　photo oxidation　جارىقتان توتىعۇ

光氧化物　photoxide　فوتو توتىقتار

光阴极　photocathode　فوتو كاتود

光泳现象　photo phoresis　فوتو فورەز، جارىقتان جىلمىستاۋ

光甾醇　lumisterol　$C_{28}H_{43}OH$　لۇميستەرول

光泽　luster　جىلتىر، جالتىر

光泽精　lucigenin　لۇتسيگەنين

光致变色现象　photochromism　جارىقتان ٴتۇستىڭ وزگەرۋى

光致电离　photoinization　جارىقتان يوندانۋ

光致还原　photo reduction　جارىقتان توتىقسىزدانۋ

光致聚合作用　"光聚合" گە قاراڭىز.

光致氧化作用　"光氧化" گە قاراڭىز.

光质子　photo proton　فوتوپروتون

光中子　photoneutron　فوتونېيترون

光周期　photoperiod　فوتوپەريود

光子　photon　فوتون

胱氨醇　cystinol　سيستينول

胱氨酸　cystine　[HO$_2$CCH(NH$_2$)CH$_2$S]$_2$　سيستېن

胱胺酰　cystyl　$-$COCH(NH$_2$)CH$_2$·SSCH$_2$CH(NH$_2$)CO$-$　سيستيل

胱胺　cys tamin　سيستامين

胱胺二亚砜　cystamine disulfoxied　سيستامين ديسۇلفوكسيد

胱硫醚　cysta thionine　سيستاتيونىن

广草胺　prynachlor　پريناحلور

广泛 PH 试纸　extensive PH indicater paper(test strips)　PH كەڭ كولەمدى سناەمش قاعازى

广寄生甙　auicularin　اۋيكۇلارين

广口瓶　wide mouth bottle　كەڭ اۋنزدى كولبا

广木香碱　"云木香碱" گە قاراڭز.

gui

规(定浓)度　"标准浓度" گە قاراڭز.

规度的　normal　نورمال

规度溶液　"标准溶液" گە قاراڭز.

规律　"定律" گە قاراڭز.

硅(Si)　silicium, silicon　كرەمني (Si)

硅氨酸　silicoamino acid　كرەمنيلى امينو قشقلى

硅氨烷　silazane　H$_2$Si(NHSiH$_2$)nNHSiH$_3$　سيلازان

硅氨烷羧酸　silazanecarboxylic acid　سيلازاندى كاربوكسيل قشقلى

硅半导体　silicon semicondoctor　كرەمني جارتىلاي وتكەزگىش

硅苯草　silicobenzoic acid　(C$_6$H$_5$SiOOH)n　كرەمنيلى بەنزوي قشقلى

硅草酸　silico oxalic acid　(SiOOH)$_2$　كرەمنيلى قمىزدق قشقل

硅醋酸　silico acetic acid　CH$_3$SiCOOH　كرەمنيلى سىركە قشقلى

硅单质　monatomic silicon　كرەمني جاي زاتى

硅氮键　silazine link　سيلازيندك بايلانس

硅碘仿	silicoiodo form HSiI₃	كرەمنيلى يودوفورم
硅冻		"硅胶" گە قاراڭنز.
硅氟化钡	barium silico fluoride	كرەمنيلى فتورلى بارى
硅氟化钾	potassium silcofluoride	كرەمنيلى فتورلى كالي
硅氟化铝	aluminium silicofluride	كرەمنيلى فتورلى الؤمين
硅氟化镁	magnesium silicofluouride	كرەمنيلى فتورلى ماگني
硅氟化钠	sodium silicofluoride	كرەمنيلى فتورلى ناتري
硅氟化铅	plumbum silicofluoride	كرەمنيلى فتورلى قورعاسىن
硅氟化物	silico fluoride	كرەمنيلى فتوريد، كرەمنيلى فتور قوسىلستارى
硅氟酸	silico fluoric acid H₂(SiF₆)	كرەمنيلى فتور قشقىلى
硅氟酸铵	ammoniumn silico fluoric acid	كرەمنيلى فتور قشقىلى اممونى
硅钢	silicon steel	كرەمنيلى بولات
硅锆催化剂	silica – zirconia catalyst	كرەمني – زيركوني كاتاليزاتور
硅化	silicity	كرەمنيلەنۇ، كرەمنيلەندرۇ
硅化钡	barium silicide	كرەمنيلى بارى
硅化钒	vanadium silicide VSi, VSi₂	كرەمنيلى ۋانادي
硅化钙	calcium silicide	كرەمنيلى كالتسي
硅化镁	magnesium silicide	كرەمنيلى ماگني
硅化钼	molybdenium silicide	كرەمنيلى موليبدەن
硅化钛	titanium silicide	كرەمنيلى تيتان
硅化铁	ferric silicide	كرەمنيلى تەمىر
硅化物	silicide	كرەمنيلى قوسىلستار
硅化作用	silication, silicification	كرەمنيلەۋ
硅基催化剂	silica basic catalyst	كرەمني نەگىزدى كاتاليزاتور
硅甲烷	silicomethane SiH₄	كرەمنيلى مەتان
硅胶	silica gel	كرەمني جەلىمى، سيليكاگەل، قؤمسەرنە
硅胶干燥剂	silica – gel drier	سيليكاگەل قؤرعاتقىش، قؤمسەرنە قؤرعاتقىش
硅聚合物	silicon polymer	كرەمنيلى پوليمەر
硅硫烷	silithian H₃Si(SSiH₂)nSSiH₃	سيليتيان
硅氯仿	silicchloro form HSiCl₃	كرەمنيلى حلورو فورم
硅铝催化剂	silica – alumina catalyst	كرەمني – الؤمين كاتاليزاتور
硅铝胶		"硅铝凝胶" گە قاراڭنز.
硅铝凝胶	silica – alumina gel	كرەمني – الؤميندى سرنە

硅铝酸钠　sodium－silico aluminate　　كرەمنيلى ئالۇمين قشقىل ناتري

硅铝铁(合金)　forro－silico aluminum(alloy)　　كرەمني ـ ئالۇمين تەمىر
قورتپاسى

硅镁催化剂　silica－magnesia catalyst　　كرەمني ـ ماگني كاتاليزاتور

硅锰钢　silico－manganese steel　　كرەمني ـ مارگانەتس بولات

硅锰合金　silic manganese alloy　　كرەمني ـ مارگانەتس قورتپاسى

硅锰青铜　silio－manganese bronze　　كرەمني ـ مارگانەتستى قولا

硅锰铁(合金)　ferro－silico manganese(alloy)　　كرەمني ـ مارگانەتس ـ
تەمىر قورتپاسى

硅钼酸　silicomolybdic acid　　كرەمنيلى موليبدەن قشقىلى

硅钼铸铁　silico－molybdene cast iron　　كرەمني ـ موليبدەندى شوين

硅镍铁合金　ferro silico－nickel alloy　　كرەمني ـ نيكەل ـ تەمىر قورتپاسى

硅泡沫塑料　　كرەمنيلى كوپىكتى سۆلياۆلار (پلاستيكتەر)

硅青铜　silicon bronze　　كرەمنيلى قولا

硅氢化合物　hydro silicons　　كرەمني سۆتەكتى قوسىلىستار

硅氢化物　　"硅氢化合物" گە قاراڭىز.

硅溶胶　silicone collosol　　كرەمنيلى كوللوزول، كرەمنيلى كوللوكەرنە

硅润滑油　silicne grease　　كرەمنيلى جاعىن ماي

硅石　silicate rock　　شاقپاق تاس

硅石灰　silicone lime　　كرەمنيلى اك

硅树脂　silicone resin　　كرەمنيلى سمولالار

硅塑料　silicone plastic　　كرەمنيلى سۆلياۆلار (پلاستيكتەر)

硅酸　silic acid　H_2SiO_3　　كرەمني قشقىلى

硅酸钡　barium silicate　$BaSiO_4$　　كرەمني قشقىل باري

硅酸铋　bismuth silicate　$Bi_4Si_{13}O_{12}$　　كرەمني قشقىل بيسمۇت

硅酸钙　calcium silicate　$CaSiO_3$　　كرەمني قشقىل كالتسي

硅酸酐　silicic acid amhydride　SiO_2　　كرەمني قشقىل انگيدريدتى

硅酸钴　cobaltous silicate　Co_2SiO_4　　كرەمني قشقىل كوبالت

硅酸钾　potassium silicate　$K_2SiO_3; K_4SiO_4$　　كرەمني قشقىل كالي

硅酸锂　lithium silicate　$Li_2SiO_3; Li_4SiO_4$　　كرەمني قشقىل ليتي

硅酸铝　aluminum silicate　$Al(SiO_3)_3$　　كرەمني قشقىل ئالۇمين

硅酸镁　magnesium silicate　$MgSiO_3; Mg_2SiO_4$　　كرەمني قشقىل ماگني

硅酸锰　manganous silicate　$MnSiO_3; Mn_2SiO_4$　　كرەمني قشقىل مارگانەتس

硅酸钠	sodium silicate	Na_2SiO_3	كرەمني قەشقىل ناتري
硅酸钠玻璃	water soda glass		كرەمني قەشقىل ناتريلى اينەك، سۇيىق اينەك
硅酸凝胶	silica gel		كرەمني قەشقىلدى سرنە
硅酸铍	beryllium silicate	$BeSiO_4$	كرەمني قەشقىل بەريللي
硅酸铅	lead silicate	$PbSiO_3$	كرەمني قەشقىل قورعاسىن
硅酸溶胶	silicic acid collosol		كرەمني قەشقىلدى كوللوزول (كوللوكرنه)
硅酸铷	rubidium silicate	$Rb_2SiO_3; Rb_2SiO_4$	كرەمني قەشقىل رۇبيدي
硅酸铯	cesium silicate	Ce_2SiO_3	كرەمني قەشقىل سەزي
硅酸树脂	silicic acid resin		كرەمني قەشقىلدى سمولالار
硅酸锶	strontium silicate	$SrSiO_3; Sr_2SiO_4$	كرەمني قەشقىل سترونتسي
硅酸铁	ferric meta silicate		كرەمني قەشقىل تەمىر
硅酸铁胶	iron - silicate gel		كرەمني قەشقىل تەمىرلى سرنە
硅酸铜	cupric silicate	$CuSiO_3$	كرەمني قەشقىل مىس
硅酸锌	zinc silicate	$ZnSiO_3; ZnSiO_4$	كرەمني قەشقىل مىرىش
硅酸亚铁	ferrous meta silicate	$FeSiO_3$	كرەمني قەشقىل شالا توتىق تەمىر
硅酸盐	silicate	M_2SiO_3	كرەمني قەشقىلننىڭ تۇزدارى، سيليكاتتار
硅酸盐工业	silicate industry		سيليكاتتار ونەركاسپى
硅酸盐软皂	silicate soft soap		سيليكاتتى جۇمساق سابىن
硅酸盐水泥	silicate cement		سيليكاتتى سەمەنت
硅酸纤维	silicate fiber		سيليكاتتى تالشىق
硅酸盐酯	silicate ester		سيليكات ەستەرى
硅酸乙酯	ethyl silicate		كرەمني قەشقىل ەتيل ەستەرى
硅酸盐皂	silicated soap		سيليكاتتى سابىن
硅酸酯	silicate		كرەمني قەشقىل ەستەرى
硅羧基	silicono -	$HOOSi-$	سيليكونو -
硅钛铁(合金)	ferro - silico - titanum		كرەمني - تيتان - تەمىر قورىتپاسى
硅碳刚石	silundum		الماز شپاتى
硅碳氧	siloxilon		سيلوكسيلون
硅铁	durirone, ferro - silicon		كرەمنيلى تەمىر، دۇريرون
硅铁合金	ferro - silicon alloy		كرەمني - تەمىر قورىتپاسى
硅铜合金	cupric - silicon alloy		كرەمني - مىس قورىتپاسى
硅酮	silicon	$RRSiO$	سيليكون
硅酮聚合物	silicone polymer		سيليكوندى پوليمەر

硅酮树脂　silicone resin سیلیكوندى سمولالار

硅酮橡皮　silicone rubber سیلیكوندى رازىنكه

硅酮油　silicone oil سیلیكوندى ماي

硅土　silicious clay كرەمنىلى توپراق

硅烷　silane　$SinH_{2n+2}$ سىلان

硅烷醇　silanol سىلانول

硅钨酸　silico tungstic acid　$H_8[Si(W_2O_7)_6]$ كرەمنىلى ۋولفرام قشقلى

硅钨酸试验　silico tungstic acid test كرەمنىلى ۋولفرام قشقل سىناعى

硅橡胶 "硅酮橡胶" گە قاراڭز.

硅芯片　silicon chip كرەمنى جىپ

硅溴仿　silico bromo form　$HSiBr_3$ كرەمنىلى برومۋفورم

硅氧　silica سىلىكا، كرەمنى قوس توتعى

硅氧烷　siloxane　$H_3Si(OSiH_2)nOSiH_3$ سىلوكسان

硅氧烷润滑脂　siloxane grease سىلوكساندى گرەازا

硅氧烯　siloxene سىلوكسەن

硅氧系数　silica modulus سىلىكا مودۇلى، سىلىكا مولشەرى

硅(氧)橡胶 "硅酮橡皮" گە قاراڭز.

硅乙炔　silico acetylene كرەمنىلى اتسەتىلەن

硅油　silicone oil كرەمنىلى ماي

硅有机化物　silico－organic compound كرەمنىلى ورگانىكالىق قوسىلىستار

硅藻土　diatomite(＝infusorial earth) دىياتومىن

硅脂 "硅润滑油" گە قاراڭز.

硅酯　estersil ەستەرسىل، ەستەرزىل

硅质去沫剂　silicon defoamer كرەمنى كۆپىرشىكسىزدەندىرگىش (اگەنت)

硅砖　silica brick كرەمنىلى كەرپش

瑰天精　rubroskyrin رۋبرۋسكىرىن

鲑红酸　salmic acid سالىم قشقلى

鲑精蛋白　salmin(e) سالمىن

鲑精朊 "鲑精蛋白" گە قاراڭز.

鲑鱼油　salmon oil سالمون مايى

鬼笔碱　phalloidine پاللۋيدىن

鬼臼毒(素)　podophyllotoxin　$C_{15}H_{16}O_6$ پۋدۋفيللۋتوكسين

鬼臼毒酸　podophllic acid　　　　　　　　　　　پودوفيل قشقلى

鬼臼树脂　podophyllin　　　　　　　　　　　　پودوفيللين

鬼柏苦　picropodophyllin　$C_{22}H_{22}O_8$　　　پيكروپودوفيللين

轨道　orbit　　　　　　　　　　　　　　　　　وربيتا

轨道排列　orbital arrangement　　　　　وربيتانىڭ ورنالاسؤى

轨函数　orbital　　　　　　　　　　　　　　وربيتال

轨函数(学)说　orbital theroy　　　　　　　وربيتال تەورياسى

癸　deca -　　　　　　　　　　دەكا ـ (گرەكشە)، ون

癸胺　decyl amine　$CH_3(CH_2)_8CH_2NH_2$　　دەتسيل امين

癸撑二胍化二盐　cynthalin　$[NH_2C(:NH)NH(CH_2)_5]_22HCl$　سينتالين

癸醇　decanol　　　　　　　　　　　　　　دەكانول

癸醇 - [1]　decanol - [1]　$CH_3(CH_2)_8CH_2OH$　[1] ـ دەكانول

癸醇 - [4]　decanol - [4]　$C_2H_5CH_2CHOH(CH_2)_5CH_3$　[4] ـ دەكانول

癸二醇　decandiol　　　　　　　　　　　　دەكانديول

癸二腈　sebaconitrile　$(CH_2)_8(CN)_2$　　سەباتسونيتويل

癸二酸　sebecic acid　$C_8H_{16}(COOH)_2$　　سەباتسين قشقلى

癸二酸二丁酯　dibutyl sebacate　$(CH_2)_4COC_4H_9)_2$　سەباتسين قشقل ديبؤتيل
هستەرى

癸二酸二已酯　dihexyl sebacate　　سەباتسين قشقل ديگەكسيل ھستەرى

癸二酸二甲酯　dimethyl sebacate　$(CH_2)_8(CO_2CH_3)_2$　سەباتسين قشقل ديمەتيل
ھستەرى

癸二酸二辛酯　dioctyl sebacate　　سەباتسين قشقل ديوكتيل ھستەرى

癸二酸镉　cadmium sebate　　　سەباتسين قشقل كادمي

癸二酸氢盐　bisebacate, disebacate　$COOH \cdot (CH_2)_8COOM$　قشقل سەباتسين
قشقل تۇزدارى

癸二酸氢酯　dicebacate, disebacate　$COOH \cdot (CH_2)_8 \cdot COOR$　قشقل سەباتسين
قشقل ھستەرى

癸二酸盐　sebacate　$COOM(CH_2)_8COOM$　سەباتسين قشقلمنىڭ تۇزدارى

癸二酸酯　sebacate　$ROOC(CH_2)_8COOR$　سەباتسين قشقلى ھستەرى

癸二烯 - [1,3]　decadien - [1,3]　$CH_3(CH_2)_5CH:CHCH:CH_2$　ـ دەكاديەن
[3،1]

癸二烯酸　decadienoic acid　$C_9H_{15}COOH$　دەكاديەن قشقلى

癸二酰　sebacoyl, decanedioyl　$-CO(CH_2)_8CO-$　سەباتسويل، دەكانەديويل

癸基　decyl　CH₃(CH₂)₈CH₂– دەتسیل

癸基碘　decyl iode(= ioddecane)　CH₃(CH₂)₈CH₂I دەتسیل یود

癸基氯　decyl chloride　CH₃(CH₂)₈CH₂Cl دەتسیل حلور

癸基三氯硅烷　decyl trichlorosilane دەتسیل ئۈش حلورلی سیلان

癸基溴　decyl bromide　CH₃(CH₂)₈CH₂Br دەتسیل بروم

癸基乙烯　decyl ethylene دەتسیل ەتیلەن

癸间二烯 ."[1,3] – 癸二烯" گە قاراڭـز.

癸腈　capricnitril　C₉H₁₉CN كاپرین نیتریل

癸磷锡　decafentin دەكافەنتین

癸硼烷　decaborane　B₁₀H₁₄ دەكابوران

癸硼烷 – [1,4]　decaborane – [1,4] دەكابوران ـ [1، 4]

癸取三甲基硅　decyl – trimethyl – silicane دەتسیل تریمەتیل كرەمني

癸取三乙基硅　decyl triethyl – silicane　C₁₀H₂₁Si(C₂H₅)₃ دەتسیل تریەتیل
کرەمني

癸醛　capraldehyde, decyl aldehyde　C₉H₁₉CHO دەتسیل الدەگید، كاپر الدەگید

癸炔　decyne دەتسین

癸炔二酸 ."辛炔二羧酸" گە قاراڭـز.

癸炔酸　decynoic acid　C₉H₁₅COOH دەتسین قشقىلى

癸酸　capric acid(= decylic acid)　C₉H₁₉COOH كاپرین قشقىلى، دەتسیل
قشقىلى

癸酸酐　capric anhydride كاپرین انگیدریدتى

癸酸甲酯　methyl caprate　C₉H₁₉CO₂CH₂ كاپرین قشقىل مەتیل ەستەرى

癸酸精　decanoin دەكانوین

癸酸钠　sodium caprate　C₉H₁₉COONa كاپرین قشقىل ناتري

癸酸铜　cupric carate كاپرین قشقىل مـس

癸酸盐　caprate　C₉H₁₉COOM كاپرین قشقىلننىڭ تۇزدارى

癸酸乙酯　ethyl caprate　CH₃(CH₂)₈CO₂C₂H₅ كاپرین قشقىل ەتیل ەستەرى

癸酸酯　caprate　C₉H₁₉·COOR كاپرین قشقىل ەستەرى

癸糖　decose دەكوزا

癸酮 – [2]　decanone – [2]　CH₃COC₈H₁₇ دەكانون ـ [2]

癸酮 – [4] ."丙基·乙基甲酮" گە قاراڭـز.

癸酮酸　ketocapric acid كەتوكابرین قشقىلى

癸烷　decane　C₁₀H₂₂ دەكان

癸烷撑二醇　decamethylene glycol　HOCH₂(CH₂)₈CH₂OH　دەكامەتىلەن ـ
گلیکول

癸烷二羧酸　decanedicarboxylic acid　C₁₀H₂₀(COOH)₂　دەكان ەكى كاربوكسيل
قىشقىلى

癸烯　decylene　دەتسيلەن

癸烯 – [1]　decen – [1]　CH₂:CH(CH₂)₇CH₃　دەكەن ـ [1] ، α ـ دەتسيلەن

癸烯双酸　decenedioic acid　C₈H₁₆(COOH)₂　دەكەن قوس قىشقىلى

癸烯双羧酸　decene dicarboxylic acid　C₁₀H₁₈(COOH)₂　دەكەن ەكى كاربوكسيل
قىشقىلى

癸烯酸　decylenic acid　C₁₀H₁₈O₂　دەتسيلەن قىشقىلى

癸酰　decanoyl(= caprinoyl)　CH₃(CH₂)₈CO –　دەكانويل، كاپرينويل

癸酰胺　decyl amide　دەتسيل اميد

癸酰苯胺酸　sebacanilic acid　HOOC·CH₂(CH₂)₆CH₂CONHC₆H₅　سەباتسانيل
قىشقىلى

癸酰基　capryl　كاپريل

癸酰氯　capryl chloride　C₉H₁₉COCl　كاپريل حلور

桂皮利血胺　rescinnamine　رەستسيننامين

桂皮醛　"肉桂醛" گە قاراڭىز.

桂皮酸苄酯　"肉桂酸苄酯" گە قاراڭىز.

桂皮酸桂皮酯　"肉桂酸肉桂酯" گە قاراڭىز.

桂皮酸钠　"肉桂酸钠" گە قاراڭىز.

桂皮酸钠咖啡因　coffeine sodiocinnamate　سيننام قىشقىل ناتري كوففەين

桂皮酸盐　"肉桂酸盐" گە قاراڭىز.

桂皮酸乙酯　ethyl cinnamate　"肉桂酸乙酯" گە قاراڭىز.

桂皮酸愈创木酚(酯)　guajacolis cinnamate　"愈疮木酚肉桂酸酯" گە
قاراڭىز.

桂皮烯　cinnamol, cinnamen, styrol　سيننامول، سيننامەن، ستيرول

桂皮酰丁香酚酯　cinnamyl – eugenol　سينناميل ـ ەۋگەنول

桂皮酰古柯碱　"肉桂酰古柯碱" گە قاراڭىز.

桂皮酰基　"肉桂基" گە قاراڭىز.

桂皮酰麻黄碱　cinnamylefedrine　سينناميل ەفەدرين

桂皮油　"肉桂油" گە قاراڭىز.

桂酸　lauric acid　لاۋرين قىشقىلى

桂叶烯	"香叶烯" گە قاراڭىز.
桂竹香甙　cheirantin	ھەيرانتين
桂竹香宁　cheirinine	ھەيرينين
桂竹香酸　cheirantic acid	ھەيرانتي قىشقىلى
贵金属　noble metal (= precious metal)	ئەسىل مەتاللار، باعالى مەتاللار
贵榴石　almandine　$Fe_3Al_2(SiO_4)_3$	ئالماندين
贵田霉素　kidamysin	كيداميتسين
桧醇　sabinol　$C_{10}H_{16}O$	ئابينول، ئارشا سپيرت
桧甲酮　sabina ketone　$C_9H_{14}O$	ئابينا كەتون
桧酸　sabinic acid　$C_{12}H_{24}O_3$	ئابين قىشقىلى
桧烷　sabinane　$C_{10}H_{18}$	ئابينان
桧烯　sabinene　$C_{10}H_{16}$	ئابينەن
桧油　sabin oil	ئابين مايى، ئارشا مايى

guo

国际埃　internatioal angstrom	حالقارالىق ئانگستىرەم
国际安培　internatioal ampere	حالقارالىق ئامپەر
国际标准　internatioal standard	حالقارالىق ئۆلشەم
国际单位　internatioal unit	حالقارالىق بىرلىك
国际单位制(SI)　internatioal unit system	حالقارالىق بىرلىك جۇيەسى (SI)
国际法拉　internatioal farad	حالقارالىق فارادا
国际伏特　international volt	حالقارالىق ۆولت
国际亨利　international henry	حالقارالىق گەنري
国际焦耳　international joule	حالقارالىق جۇؤل
国际库仑　internationalcoulomb	حالقارالىق كۇلون
国际命名法　international nomenclature	حالقارالىق ئاتاۋ ئادىسى
国际欧姆　international ohm	حالقارالىق وم
国际瓦特　international watt	حالقارالىق ۆات
国际原子量　international atomic weight	حالقارالىق ئاتومدىق سالماق
国际蒸汽表　international steam table	حالقارالىق بۇ كەستەسى
果已糖激酶　fructohexokinase	فرۇكتوگەكسوكينازا
果胶　pectine	پەكتين

果胶甲酯酶 pectin esterase		پەكتىن ەستەرازا
果胶里哪甙 pectolinarin		پەكتولىنارىن
果胶里哪配质 pectolinarigenin		پەكتولىنارىگەنىن
果胶酶 pectase, pectinase		پەكتازا، پەكتىنازا
果胶溶解(作用) pectolysis		پەكتولىز، پەكتىننىڭ ەرۋى
果胶酸 pectic acid		پەكتىن قىشقىلى
果胶糖 pectose, pectinose $C_5H_{10}O_5$		پەكتوزا، پەكتىنوزا
果胶糖酶 pectosase, pectosinase		پەكتوزازا، پەكتوسىنازا
果胶纤维 pecto－cellulose		پەكتو ـ سەللىلۋلوزا
果聚糖 fructosan		فرۋكتوزان
果糖 fructose $C_6H_{12}O_6$		فرۋكتوزا
D－果糖 D－fructose		D ـ فرۋكتوزا
果糖胺 fructosamine $C_6H_{11}O_5(NH_2)$		فرۋكتوزامىن
果糖甙 fructoside		فرۋكتوزىد
果糖甙酶 frucosidase		فرۋكتوزىدازا
果糖甙移转酶 transfrucosidase		ترانس فرۋكتوزىدازا
果糖脎	"左旋糖脎" گە قاراڭىز.	
果糖松 fructosone $C_3H_9O_4COCHO$		فرۋكتوزون
果糖酮酸 fructuronic acid		فرۋكتۇرون قىشقىلى
果汁胶化作用 pectization		پەكتىندەۋ
过 per, super, hyper	پەر (لاتىنشا)، سۇپەر (لاتىنشا)، گيپەر (گرەكشە)،	
	اسقىن، اسا، توتەنشە	
过饱和 supersaturation		ارتىق قانىعۋ، توتەنشە قانىعۋ
过饱(和)溶液 supersaturated solution		اسا قانىققان ەرىتىندى
过饱和现象 supersaturation		ارتىق قانىعۋ قۇبىلسى
过饱和蒸汽 supersaturated vapour		اسا قانىققان بۋ
过苯甲酸 perbenzoic acid $C_6H_5CO_2OH$		اسقىن بەنزوي قىشقىلى
过醋酸 peracetic acid CH_3CO_3H		اسقىن سىركە قىشقىلى
过碘化汞 mercuri periodide $Hg[I_6]$		اسقىن يودتى سىناپ
过碘酸 periodic acid		اسقىن يود قىشقىلى
过碘酸钾 potassium periodate		اسقىن يود قىشقىل كالي
过碘酸盐 periodate		اسقىن يود قىشقىلىنىڭ تۇزدارى
过渡 transition		وتپەلى

过渡层　transition layer　وتپەلى قابات

过渡搀碳　supercarburize　كومىرتەكتى ارتىق قوسۇ

过渡结构　transition structure　وتپەلى قۇرىلىم

过渡晶体　transition crystal　وتپەلى كريستال

过渡(类)型　transition form(type)　وتپەلى فورما، وتپەلى تيپ

过渡裂化　overcracking　ارتىق بولشەكتەۇ

过渡硫化　over vulcanization　ارتىق كۇكىرتتەنۇ، ارتىق كۇكىرتتەندىرۇ

过渡漂白　over‐bleaching　اسىرا اعارتۇ، ارتىق اعارتۇ

过渡时　transit time　وتپەلى ٴداۇىر، وتپەلى ۋاقىت

过渡酸性　superacidity　اسا قىشقىلدىق، اسقىن قىشقىلدىق

过渡位置　transit site　وتپەلى ورىن

过渡压缩　super compression　ارتىق قىسۇ، اسىرا سىعۇ

过渡元素　transition element　وتپەلى ەلەمەنتتەر

过渡周期　transition period　وتپەلى پەريود

过渡状态　transition state　وتپەلى كۇي، ارالىق كۇي

过铍酸　"过铍酸" گە قاراڭىز.

过(二)铬酸　diperchromic acid　H_3CrO_7　اسقىن ەكى حروم قىشقىلى

过(二)磷酸　peroxy diphosphoric acid(= peroxy phosphoric acid)　$H_4P_2O_8$
اسقىن ەكى فوسفور قىشقىلى، اسقىن فوسفور قىشقىلى

过(二)磷酸盐　peroxydiphosphate　$M_4P_2O_8$　اسقىن ەكى فوسفور قىشقىلىنىڭ تۇزدارى

过(二)硫酸　peroxydisulfuric acid(= persulfuric acid)　$H_2S_2O_8$　اسقىن ەكى كۇكىرت قىشقىلى، اسقىن كۇكىرت قىشقىلى

过(二)硫酸铵　ammunium peroxydisulfate　اسقىن ەكى كۇكىرت قىشقىل اممونيي

过(二)硫酸钡　barium persufate　BaS_2O_8　اسقىن ەكى كۇكىرت قىشقىل باري

过(二)硫酸酐　persulfuric anhydride　اسقىن كۇكىرت قىشقىل انگيدريدتى

过(二)硫酸钾　potassium persulfate　$K_2S_2O_8$　اسقىن كۇكىرت قىشقىل كالي

过(二)硫酸钠　sodium persulfate　$Na_2S_2O_8$　اسقىن كۇكىرت قىشقىل ناتري

过(二)硫酸铷　rubidium persulfate　$Rb_2S_2O_8$　اسقىن كۇكىرت قىشقىل رۇبيدي

过(二)硫酸盐　peroxy disulfate(= persalfate)　$M_2S_2O_8$　اسقىن ەكى كۇكىرت قىشقىلىنىڭ تۇزدارى

过(二)硼酸　peroxy boric acid　اسقىن بور قىشقىلى

过(二)钽酸	pertantalic acid	$HTaO_2(O_2)$	اسقىن تانتال قىشقىلى
过(二)碳酸	peroxy dicarbonic acid	$H_2C_2O_6$	اسقىن ەكى كۆمىر قىشقىلى
过(二)碳酸钾	potassium percarbonate	$K_2C_2O_6$	اسقىن كۆمىر قىشقىل كالي
过(二)碳酸钠	sodium percarbonate		اسقىن كۆمىر قىشقىل ناتري
过(二)碳酸盐	peroxy dicarbonate	$M_2C_2O_6$	اسقىن ەكى كۆمىر قىشقىلىننىڭ تۇزدارى
过钒酸	pervanadic acid	$HVO_2(O_2)$	اسقىن ۆانادي قىشقىلى
过钒酸盐	pervanadate		اسقىن ۆانادي قىشقىلىننىڭ تۇزدارى
过氟化物	perfluoro compound		اسقىن فتورلى قوسىلىستار
过氟化盐	perfluoride		اسقىن فتورلى تۇز
过富混合物	overrich mixture		ارتىق بايتىلعان قوسپا
过锆酸	perzirconic acid	$H_2ZrO_3(O_2)$	اسقىن زيركوني قىشقىلى
过铬酸	perchromic acid		اسقىن حروم قىشقىلى
过铬酸铵	ammonium perchromate		اسقىن حروم قىشقىل امموني
过铬酸钾	potassium perchromate		اسقىن حروم قىشقىل كالي
过铬酸盐	perchromate		اسقىن حروم قىشقىلىننىڭ تۇزدارى
过甲酸	performic acid	$HCOOOH$	اسقىن قۇمىرسقا قىشقىلى
过冷	supercooling		اسا سۇۋۇ، توتەنشە سۇۋۇ
过冷却	supercooling		تىم اسىرا سۇۋىتۇ، توتەنشە سۇۋىتۇ
过冷液	supercooled liquid		اسا سۇۋىتىلعان سۇيىقتىق
过冷蒸汽	supercooled vapour		اسا سۇۋىتىلعان بۇ
过量	over doses		ارتىق دوزا، ارتىق مولشەر
过钌酸盐	perruthenate	$MRuO_4$	اسقىن رۋتەني قىشقىلىننىڭ تۇزدارى
过磷酸	perphosphoric acid	$H_4P_2O_6(O_2)$	اسقىن فوسفور قىشقىلى
过磷酸铵	ammonium superphosphate		اسقىن فوسفور قىشقىل امموني
过磷酸钙	calcium super phosphate	M_2HP	اسقىن فوسفور قىشقىل كالتسي
过磷酸钙肥料	super phosphate fertilizer		اسقىن فوسفور قىشقىل كالتسيلى تىڭايتقىش
过磷酸钾	potassium super phosphate		اسقىن فوسفور قىشقىل كالي
过磷酸石灰			"过磷酸钙" گە قاراڭىز.
过磷酸盐	peroxy phosphate		اسقىن فوسفور قىشقىلىننىڭ تۇزدارى
过硫	perthio	$S:S=$	اسقىن كۆكىرت
过硫叉	perthio	$S:S$	پەرتيو، اسقىن تيو

过硫化磷	phosphorum persulfide		اسقىن كۆكىرتتى فوسفور
过硫化钠	sodium persulfide	Na₂S₂	اسقىن كۆكىرتتى ناترى
过硫化氢	hydrogen persulfide		اسقىن كۆكىرتتى سۆتەك
过硫化锑	antimonyl persulfide	Sb₂S₅	اسقىن كۆكىرتتى سۈرمە
过硫化物	persulfide		اسقىن كۆكىرتتى قوسىلمىستار
过硫酸	persulfuric acid		اسقىن كۆكىرت قىشقىلى
过硫酸铵	ammonium persulfate	(NH₄)₂S₂O₆	اسقىن كۆكىرت قىشقىل اممونى
过硫酸钡	barium persulfate		اسقىن كۆكىرت قىشقىل بارى
过硫酸钾	potassium persulfate		اسقىن كۆكىرت قىشقىل كالى
过硫酸钠	sodium persulfate		اسقىن كۆكىرت قىشقىل ناترى
过硫酸盐	peroxy sulfate(= persulfate)		اسقىن كۆكىرت قىشقىلنىڭ تۇزدارى
过硫碳酸	perthiocarbonic acid	H₂CS₄	اسقىن كۆكىرتتى كومىر قىشقىلى
过硫碳酸钠	sodium perthiocarbonate	Na₂CS₄	اسقىن كۆكىرتتى كومىر قىشقىل ناترى
过硫碳酸盐	perthiocarbonate	M₂CS₄	اسقىن كۆكىرتتى كومىر قىشقىلنىڭ تۇزدارى
过滤	filtration, filtrating		سۈزۈۋ، سۈزگىدەن وتكىزۈۋ
过滤本领	filterability		سۈزۈۋ قابلەتى
过滤操作	filter operation		سۈزۈۋ جۇمىستارى
过滤坩埚	filter crucible		سۈزۈۋ تىگەلى
过滤固体	filter medium		قاتتى دەنەنى سۈزۈۋ
过滤剂	filtering agent		سۈزگىش اگەنت
过滤介体			"过滤介质" گە قاراڭز.
过滤介质	filtering medium		سۈزۈۋ ورتاسى، سۈزۈلۈۋ ورتاسى
过滤漏斗	filter tunnel		سۈزۈۋ ۋورونكاسى
过滤面	filtering rate		سۈزۈلۈۋ بەتى، سۈزۈۋ بەتى
过滤面积	filter area		سۈزۈۋ اۇدانى، سۈزۈلۈۋ اۇدانى
过滤母液	filtrated stock		انا ەرىتىندىنى سۈزۈۋ
过滤瓶	filter blask		سۈزۈۋ كولباسى
过滤器	filtering apparatus		سۈزگىش، سۈزگىش اسپاپتار
过滤设备	filter plant		سۈزۈۋ جابدىقتارى
过滤速度	filtering rate		سۈزۈۋ جىلدامدىعى، سۈزۈلۈۋ جىلدامدىعى
过滤效率	filter efficiency		سۈزۈۋ ونىمدىلىگى

过滤性　filterability　　　　　　　　　　　سۇزگۇشتتاك، سۇزۇلگۇشتتاك

过滤用焦炭　filter coke　　　　　　　　　　　سۇزگۇلۇك كوكس

过滤纸　filter paper　　　　　　　　　　　　سۇزگۇش قاغاز

过滤周期　filter cycle　　　　　　ٴسۇزۇۋ ئاينالمىسى، ٴسۇزۈلۈۋ ئاينالمىسى

过滤装置　filtering apparatus　　　　　　　　ٴسۇزۈۋ قۇرۇلمىسى

过氯化磷　phosphorum perchloride　　　　　اسقىن حلورلى فوسفور

过氯化锑　antimonic perchloride　　　　　　اسقىن حلورلى سۇرمە

过氯化(作用)　super chlorination　　　اسقىن حلورلاۋ، اسا حلورلاۋ

过氯酸　　　　　　　　　　　　"过氯酸" گە قاراڭىز.

过氯酸铵　　　　　　　　　　　"高氯酸铵" گە قاراڭىز.

过氯酸铯　　　　　　　　　　　"高氯酸铯" گە قاراڭىز.

过氯酸硝基重氮苯　nitro‑diazobenzene‑perchlorate اسقىن حلور قشقىل
نيترو ـ ديازوبەنزول

过氯乙烯　　　　　　　　　　　"全氯乙烯" گە قاراڭىز.

过氯乙烯漆　super chlorovinil paint　　　اسقىن حلورۆينيلدى سىرلار

过氯乙烯纤维　super chlorovinil fiber　　اسقىن حلورۆينيلدى تالشق

过锰酸　permanganic acid　　　　　　اسقىن مارگانەتس قشقىل

过锰酸钙　calcium permanganate　　اسقىن مارگانەتس قشقىل كالتسي

过锰酸钾　potassium permanganate　اسقىن مارگانەتس قشقىل كالي

过敏毒素　anaphylotoxin　　　　　　　　　ئانافيلوتوكسين

过敏毒原素　toxogenin　　　　　　　　　　توكسوگەنين

过敏素　anaphylactin　　　　　　　　　　　ئانافيلاكتين

过敏源　anaphylactogen　　　　　　　　　ئانافيلاكتوگەن

过钼酸　permolybdic acid　$H_2MoO_3(O_2)$　اسقىن موليبدەن قشقىلى

过钼酸盐　permolybdate　اسقىن موليبدەن قشقىلىنىڭ تۇزدارى

过铌酸　perculumbic acid　$HNbO_2(O_2)$　اسقىن نيوبي قشقىلى

过凝固现象　supersolid fication　　　　اسقىن ۇيۇ قۇبىلىسى

过硼酸　perboric acid　HBO_3　　　　اسقىن بور قشقىلى

过硼酸钾　potassium perborate　KBO_3　اسقىن بور قشقىل كالي

过硼酸钠　sodium perborate　　　　اسقىن بور قشقىل ناتري

过硼酸锌　zinc perborate　　　　　اسقىن بور قشقىل مىرش

过硼酸盐　perborate　MBO_3　اسقىن بور قشقىلىنىڭ تۇزدارى

过氢化物　perhydride　　　　اسقىن سۇتەكتى قوسىلىستارى

过氢酶　perhydridase　اسقىن گىيدرىيدازا، پەرگىيدرىيدازا

过氢茋　　"茋化过氢" گە قاراڭىز.

过热　super heating　اسقىن قىزۇ، قاتتى قىزۇ، توتەنشە قىزۇ

过热电子　superheated electron　قاتتى قىزعان ەلەكترون

过热器　super heater　اسقىن قىزدىرعىش، قاتتى قىزدىرعىش

过热蒸汽　super heated vapor(steam)　قاتتى قىزعان بۇ

过溶度　super solubility　اسقىن ەرىگىشتىك

过三氧化二镨　praseodymium peroxide　Pr₂O(O₂)　پرازەودىيم اسقىن توتىعى

过三氧化钛　Pr₂O(O₂)　"过氧化钛" گە قاراڭىز.

过剩电子　excess electron　اسپ قالعان ەلەكترون

过水合物　perhydrate　اسقىن گىيدراتتار

过水化物　　"过水合物" گە قاراڭىز.

过四氧化二钾　potassium peroxide　K₂[O₄]　كالي اسقىن توتىعى

过四氧化二铷　rubidium peroxide　Rb₂[O₄]　رۇبىيدي اسقىن توتىعى

过四氧化二铯　　"四氧化铯" گە قاراڭىز.

过四氧化铬　chromium peroxide　CrO₂[O₄]　حروم اسقىن توتىعى

过酸　peracid　اسقىن قىشقىل

过酸性　peracidity　اسقىن قىشقىلدىق

过酸盐　persalt　اسقىن قىشقىل تۇزى، اسقىن تۇز

过酸酯　perester　اسقىن قىشقىل ەستەرى، اسقىن ەستەر

过钛酸　pertitanic acid　H₄TiO₃[O₂]　اسقىن تىيتان قىشقىلى

过碳酸　percarbonic acid　H₂C₂O₆　اسقىن كومىر قىشقىلى

过碳酸盐　percarbonate　M₂C₂O₆　اسقىن كومىر قىشقىلىنىڭ تۇزدارى

过钨酸　pertungstic acid　اسقىن ۋولفرام قىشقىلى

过钨酸盐　pertungstate　اسقىن ۋولفرام قىشقىلىنىڭ تۇزدارى

过五氧化三铊　tallic peroxide　Ti₃O₃[O₂]　تاللي اسقىن توتىعى

过硒叉　perseleno－　Se:Se＝　پەرسەلەنو ـ، اسقىن سەلەنو ـ

过硝酸　pernitro acid　اسقىن ازوت قىشقىلى

过硝酸盐　peroxy－nitrate　اسقىن ازوت قىشقىلىنىڭ تۇزدارى

过溴化磷　phosphoric perbromide　اسقىن برومدى فوسفور

过溴化物　perbromide　اسقىن بروم قوسىلىستارى

过溴酸盐　perbromate　MBrO₄　اسقىن بروم قىشقىلىنىڭ تۇزدارى

过氧　peroxy　－O－O－　اسقىن وتتەك

过氧苯甲酸　peroxy benzoic acid　اسقىن وتەكتى بەنزوي قشقىملى

过氧丁二酸　peroxy succinic acid　$(HOOCC_2H_4CO)_2O_2$　اسقىن وتەكتى سۆكتسىن قشقىملى

过氧二苄基　peroxy dibenzyl　اسقىن وتەكتى بەنزيل

过氧二硫酸钾　potassium peroxy disulfuric acid　اسقىن وتەكتى ەكى كۆكىرت قشقىل كالي

过氧二硫酸钠　sodium peroxydisulfuric acid　اسقىن وتەكتى ەكى كۆكىرت قشقىل ناتري

过氧铬酸盐　peroxy chromate　اسقىن وتەكتى حروم قشقىلىنىڭ تۇزدارى

过氧化　peroxidize, peroxidating　اسقىن توتعۇ

过氧化钡　barium peroxide　$Ba[O_2]$　باري اسقىن توتعى

过氧化苯(甲)酰　benzoyl peroxide　$(C_6H_5 \cdot CO)_2O_2$　بەنزويل اسقىن توتعى

过氧化苯酰　　"过氧化苯甲酰" گە قاراڭىز.

过氧化铋　bismuth peroxide　باري اسقىن توتعى

过氧化蛋白磺酸　peroxyprotonic acid　اسقىن وتەكتى پروتون قشقىملى

过氧化氮　nitrogen peroxide　ازوت اسقىن توتعى

过氧化二苯(甲)酰　　"二苯甲酰化过氧" گە قاراڭىز.

过氧化二乙醚　ether peroxide　ەفير اسقىن توتعى

过氧化二乙酰　　"二乙酰化过氧" گە قاراڭىز.

过氧化反应　peroxidation　اسقىن توتعۇ رەاكسياسى

过氧化钙　calcium peroxide　$Ca[O_2]$　كالتسي اسقىن توتعى

过氧化镉　cadmium peroxide　$Cd[O_2]$　كادمي اسقىن توتعى

过氧化合物　peroxy compound　اسقىن وتەكتى قوسىلىستار

过氧化钾　　"过四氧化二钾" گە قاراڭىز.

过氧化铼　rhenium peroxide　ReO_3　رەني اسقىن توتعى

过氧化锂　lithium peroxide　$Li[O_2]$　ليتي اسقىن توتعى

过氧化镁　magnesium peroxide　$Mg[O_2]$　ماگني اسقىن توتعى

过氧化锰　manganese peroxide　مارگانەتس اسقىن توتعى

过氧化钠　sodium peroxide　Na_2O_2　ناتري اسقىن توتعى

过氧化脲　urea peroxide(= carbamid peroxide)　ۇرەا اسقىن توتعى، كارباميد اسقىن توتعى

过氧化铅　lead peroxide　قورعاسىن اسقىن توتعى

过氧化氢　hydrogen peroxide　$H_2[O_2]$　سۇتەك اسقىن توتعى، اسقىن سۇ

过氧化氢分解　hydrogen peroxide decomposition سۇتەك اسقىن توتعى
بدراۇ

过氧化氢－高锰酸盐系统　hydrogen peroxide－permanganat system
سۇتەك اسقىن توتعى ــ اسقىن مارگانەتس قىشقىلى تۇزى جۇيەسى

过氧化氢酶　catalase سۇتەگى اسقىن توتعى فەرمەنتى

过氧化氢溶液　hydrogen peroxide solution سۇتەك اسقىن توتعى ەرتىندىسى

过氧化氢试验　hydrogen peroxide test سۇتەك اسقىن توتعى سىناعى

过氧化氢水溶液　aqueous hydrogen peroxide solution سۇتەك اسقىن
توتعىنىڭ سۇداعى ەرتىندىسى

过氧化铯　cesium peroxide　$Cs_2[O_4]$ سەزي اسقىن توتعى

过氧化锶　strontium peroxide　$Sr[O_2]$ سترونتسي اسقىن توتعى

过氧化钛　titanium peroxide　$TiO[O_2]$ تيتان اسقىن توتعى

过氧化锑　antimony peroxide سۇرمە اسقىن توتعى

过氧化萜烯　terpen peroxide تەرپەن اسقىن توتعى

过氧化铜　copper peroxide　$Cu[O_2]\cdot CH(OH)$ مىس اسقىن توتعى

过氧化物　peroxide اسقىن توتقتار

过氧化物催化剂　peroxide catalyst اسقىن توتقتى كاتاليزاتور

过氧化物酶　peroxidase اسقىن وكسيدازا، پەروكسيدازا

过氧化物效应　peroxide effect اسقىن توتقتار ەففەكتى

过氧化锡　tin peroxide(＝tinoxide)　SnO_2 قالايى اسقىن توتعى، قالايى توتعى

过氧化酰　acyl peroxide اتسيل اسقىن توتعى

过氧化锌　zinc peroxide　$Zn[O_2]$ مىرىش اسقىن توتعى

过氧化性　peroxidizing property اسقىن توتققشتمق

过氧化(亚)汞　mercury peroxide　$Hg[O_2]$ سىناپ اسقىن توتعى

过氧化乙酰　acetyl peroxide　$(CH_3CO)_2O_2$ اتسەتيل اسقىن توتعى

过氧化乙酰苯甲酰　acetyl benzoyl peroxide اتسەتيل بەنزويل اسقىن توتعى

过氧化乙酰硝酸酯　acetyl nitrate peroxide اتسەتيل ازوت قىشقىل ەستەر
اسقىن توتعى

过氧化钇　ittrium peroxide　Y_4O_9 يتتري اسقىن توتعى

过氧化银　silver peroxide　$Ag_2[O_2]$ كۇمىس اسقىن توتعى

过氧化铀 "四氧化铀" گە قاراڭز.

过氧化值　peroxide value اسقىن توتعۇ ٴمانى، اسقىن توتق ٴمانى

过氧化作用　peroxidation اسقىن توتعۇ

过氧桥　peroxide bridge اسقىن توتسق كۆپرى

过氧物酶 "过氧化物酶" گە قاراڭىز.

过氧乙酸　peracetic acid (= peroxyacetic acid) اسقىن ۋەتەكتى سىركە قىشقىلى

过(一)铬酸　mono perchromic acid　$HCrO_5$ اسقىن مونوحروم قىشقىلى

过(一)磷酸　peroxy (mono) phosphoric acid　H_3PO_5 اسقىن (مونو) فوسفور قىشقىلى

过(一)磷酸盐　peroxy (mono) phosphate　M_3PO_5 اسقىن (مونو) فوسفور قىشقىلىنىڭ تۇزدارى

过一硫酸　permonosulfuric acid　H_2SO_5 اسقىن مونو كۆكىرت قىشقىلى

过一硫酸盐　peroxy – monosulfate اسقىن مونو كۆكىرت قىشقىلىنىڭ تۇزدارى

过(一)碳酸　peroxy (mono) carbonic acid　H_2CO_5 اسقىن (مونو) كومىر قىشقىلى

过(一)碳酸盐　peroxy (mono) carbonate اسقىن (مونو) كومىر قىشقىلىنىڭ تۇزدارى

过(一)硝酸　peroxynitric acid　HNO_4 اسقىن ازوت قىشقىلى

过(一)硝酸盐　peroxynitrate　MNO_4 اسقىن ازوت قىشقىلىنىڭ تۇزدارى

过乙酸 "过醋酸" گە قاراڭىز.

过早硫化　acorching ۋتە ەرتە كۆكىرتتەنۇ

过照固醇 "过照甾醇" گە قاراڭىز.

过照甾醇 "超甾醇" گە قاراڭىز.

过仲酸　perparaldehyde　$C_6H_{12}O_4$ اسقىن پارالدەگيد

H

ha

哈伯法　Haber process
حابەر،ئادىسى

哈伯-波施法　Haber - Bosch process
حابەر ـ بوش،ئادىسى (اممياكتى سىنتەزدەۋ ،ئادىسى)

哈尔醇　harmol
گارمول

哈尔碱　harmine
گارمىن

哈尔满　harman
گارمان

哈龙　halong
گالوڭ (ئورت سوندۇرگىش اگەنتتىك تاۋار اتى)

哈洛卡因　holocaine(= phenacaine)
گالوكاين، فەناكاين

哈罗磷　haloxon
گالوكسون

哈马灵　harmaline
گارمالىن

哈霉素　hamycin
گامىتسىن

哈梅醇　harmalol
گارمالون

哈梅蓝　harmalan
گارمالان

哈梅灵　harmaline
گارمالىن

哈墨特方程式　hammett equation
حاممەت تەڭدەۋى

哈母仁　harmyrin
گارمىرىن

哈-杨二氏酯　Harden - Young ester
حاردەن ـ يوۋڭ ەستەرى

铪 Hf　hafnium
گافني

hai

海豹油　seal oil
تيۋلەن مايى

海波　hypo
گيپو

海卜能　hypnone
"安眠酮" گە قاراڭىز.

海草灰　kelp
بالدىركۆلى

海草灰苏打

"苏打灰" گه قاراڭز.

海草素　algin　الگين

海草酸　"藻酸" گه قاراڭز.

海蟾蜍精　marinobufagin　مارينوبۇفاگين

海昌蓝　hydron blue　گيدروندىق كوك

海昌蓝 R　hydron blue　R　گيدروندىق كوك R

海葱甙　scillarin　ستسيلليرازيد

海葱甙　scillarin　A　ستسيللارين A

海葱定　scillaridin　ستسيللاريدين

海葱定 A　scillaridin A　ستسيللاريدين A

海葱毒　scillitoxin　ستسيلليتوكسين

海葱毒素　"海葱毒" گه قاراڭز.

海葱二糖　scillarabiose　$C_{12}H_{22}O_{10}$　ستسيللارابيوزا

海葱副甙　"海葱灵" گه قاراڭز.

海葱苦　scillipicrin　ستسلليپيكرين

海葱灵　scillin　ستسيللين

海葱青光甙　scilliglaucosidin　ستسيلليگلاۇكوزيدين

海葱任　scillaren　$C_{37}H_{54}O_{13}$　ستسيللارەن

海葱任酶　scillarenase　ستسيللارەنازا

海葱糖　sinistrin　$C_6H_{10}O_5$　سينيسترين

海葱糖甙　scilliroside　ستسيلليروزيد

海葱亭　scillitin　$C_{17}H_{25}O_6$　ستسيلليتين

海葱因　scillain　ستسيللاين

海胆黄素　"五黄质" گه قاراڭز.

海胆黄质　"五黄质" گه قاراڭز.

海胆灵　echinuline　حينۇڭلين

海胆色素　echinochrome　حينوحروم

海胆烯酮　echinenone　حينەنون

海胆紫酮　"海胆烯酮" گه قاراڭز.

海胆组蛋白　arbasin　اربازين

海胆组朊　"海胆组蛋白" گه قاراڭز.

海恩试剂　Heins reagent　گەينس رەاكتيۆى

海尔－沃尔哈德－泽林斯基反应　Hell－Volhard－Zelinsky reaction

گەلل ـ ۋولگارد ـ زەلينسكي رەاكسياسى

海格碳化铁　Hugg carbide گاك كاربيدى، گاك كومىرتەكتى تەمرى

海葵赤素　actinoerythrin اكتينوەريترين

海葵血红朊　actinogematin اكتينوگەماتين

海蜡　sea wax تەڭىزبالاۋزرى

海里　sea mile تەڭىز ميلى (1 ميل 1.852 مەترگە تەڭ)

海硫因　thiohydantoin　$C_3H_4ON_2S$ تيوگيدانتوين

海罗卡因　herocain گەروكاين

海洛因　heroin　$C_{21}H_{23}O_5N$ گەروين

海米那 "安眠酮" گە قاراڭز.

海绵　sponge گۇبكا

海绵法　sponge method گۇبكا ادسى

海绵化剂　sponging agent گۇبكالانعان اگەنت

海绵滤器　sponge filter گۇبكاسۇزگى (سۇزگىش)

海绵尿核甙　spongouridine سپونگوۇريدين

海绵橡胶 "泡沫橡皮" گە قاراڭز.

海绵胸腺定　spongo thymidine سپونگوتيميدين

海绵硬朊　spongin(e) سپونگين

海绵甾醇　spongsterol سپونگوستەرول

海绵(状)钯　palladium sponge گۇبكا (تارىزدى) پاللادي

海绵状膏　sponge paste گۇبكا تارىزدى پاستا

海绵(状)金属　spongy metal گۇبكا (تارىزدى) مەتال

海绵(状)铅　spongy lead گۇبكا (تارىزدى) قورعاسىن

海绵状润滑脂　sponge grease گۇبكا تارىزدى گرەازا

海绵(状)钛　titanium spongy گۇپكا (تارىزدى) تيتان

海绵(状)铁　spongy iron گۇپكا (تارىزدى) تەمىر

海绵(状)铜　copper sponge گۇپكا (تارىزدى) مىس

海绵(状)橡皮　sponge rubber گۇپكا (تارىزدى) رازىنكە

海鸟粪　guano گۇانو

海杷佛扔　hypaphorine گيپافورين

海人酸　kainic acid كاين قىشقىلى

海生动物油　marine animal oil تەڭىز جانۋارلار مايى

海石蕊苦素　picroroccelin　$C_2H_{22}O_4N_2$ پيكروروككەلين

海水乳胶体　sea－water emulsion		تەڭىز سۇى ەمۇلسىون كوللويدى
海水(用肥)皂　marine soap		تەڭىز سۇندىق سابىن
海松树脂　galipot, galipot resin		گاليپوت سمولاسى
海松酸　pimaric acid　$C_{20}H_{30}O_2$		پيمار قشقىلى
海松烯　pimanthrene　$C_{16}H_{14}$		پيمانترەن
海松炸药　hexenit		گەكسەنيت
海堂碱　hyperin		گيپەرين
海堂素　hypericin		گيپەريتسين
海豚油　dolphin oil		دەلفين مايى
海牙亭　hayatin		گاياتين
海牙亭宁　hayatinin		گاياتينين
海盐　sea salt		تەڭىز تۇزى
海燕蜡　petrol wax		پەترول بالاۋزى
海洋化学　chemical oceanography		وكيان حيمياسى، وكياندىق حيميا
海因　hydantoin　$HNCH_2CONHCO$		گيدانتوين
海因醋酸　hydantoin acetic acid　$C_3H_3N_2O_2CH_2COOH$		گيدانتوين سىركە قشقىلى
海罂蓝　glaucine		گلاۇتسين
海藻蜡　seaweed wax		تەڭىز بالدرى بالاۋزى
海藻煤　seaweed charcoal		تەڭىز بالدرى كومىرى
海藻酸		"藻酸" گە قاراڭىز.
海藻酸钠		"藻酸钠" گە قاراڭىز.
海藻糖　trehalose(＝mycose)　$C_{12}H_{22}O_{11}\cdot 2H_2O$		ترەگالوزا، ميكوزا
海藻糖酶　trehalase		ترەگالازا
海藻纤维　seaweed fiber		تەڭىزبالدىر تالشعى
胲　hydroxylamine　NH_2OH		گيدروكسيلامين
胲基磺酸　hydroxylamine sulfonic acid　$NHOH\cdot SO_3H$		گيدروكسيلامين سۇلفون قشقىلى
胲基磺酸钠　sodium hydoxylamine sulsonate　$NHOH\cdot SO_3Na$		گيدروكسيلامين سۇلفون قشقىل ناتري
氦(He)　helium (He)		گەلي (He)
氦族元素　helium family element		گەلي گرۇپپاسىنداعى ەلەمەنتتەر
亥讷试验　Hehner test		حەگنەرسىناعى

亥讷值　Hehner value　　　　　　　　　　　حەگنەر ئمانى

han

含氮芥子－N－氧化物　nitrogen mustard－N－oxide　ازوتتى قشى ـ N ـ توتعى

含氮的碳氟化合物　fluorocarbon－nitrogen compouds　ازوتتى كومـرتەك ـ فتور قوسلـلستارى

含氟化合物　fluoro chemicals　فتورلى قوسلـلستار

含氟水　fluorine water　فتورلى سؤ

含核的　nuclear　يادرولى

含核原子　nuclear atom　يادرولى اتوم

含核原子学说　nuclear atom theory　يادرولى اتوم تەورياسى

含环化合物　nuclear compound　ساقينالى قوسلـلستار

含晶纤维　crystal fiber　كـريستالدى تالشـقتار

含量　content　قؤرام مولشەرى

含硫化合物　sulfur compound　كؤكـرتتى قوسلـلستار

含硫燃料　sulfur fuel　كؤكـرتتى جانار زاتتار

含氯石灰　chlorinated lime　حلورلى اك

含铅沉淀　lead deposits　قورعاسـنندى تؤنبا

含铅锌白　　"含铅氧化锌" گە قاراڭـز.

含铅氧化锌　leaded zinc oxide　قورعاسـنندى مـرش توتعى

含水硫酸钾镁　kalimagnesia　$K_2SO_4 \cdot MgSO_4 \cdot 6H_2O$　سؤلى كؤكـرت قشـقـل كالي ـ ماگني

含水葡萄糖　glucose hydrate　گليؤكوزا گيدراتى، سؤلى گليؤكوزا

含碳物质　carbonaceous matter　كومـرتەكتى زاتتار

含碳元素　carbonaceous element　كومـرتەكتى ەلـمەنتتەر

含糖枸橼酸　saccharated citric acid　قانتتى سيترين قشـقـلى

含糖碳酸亚铁　saccharated ferrum carbonate　فانتتى كومـر قشـقـل شالاتوتـق تەمـر

含糖氧化铁　ferrum oxydatum saccharatum　قانتتى تەمـر توتعى

含铁蛋白酸　ferrated albuminic acid　تەمـرلى الؤمين قشـقـلى

含铁血黄素　hemosiderin　گەموزيدەرين

含氧产品   "氧化产品" گە قاراڭىز.

含氧化合物   oxy – compound   وتەكتى قوسىلىستار

含氧气体   oxygen containing gas   وتەكتى گاز

含氧酸   oxy – acid (= oxygen acid)   وتەكتى قىشقىلدار

含氧盐   oxysalt   وتەكتى تۇزدار

含氧衍生物   oxy – derivative   وتەكتى تۋىندىلار

含氧杂环   oxygen heterocycle   وتەكتى ارالاس ساقينالار

含油树脂   oleo – resin   مايلى سمولالار

含支链分子   branched molecule   تارماق تىزبەكتى مولەكۋلالار

焓   enthalpy   ەنتالپيا

汉地醇   handianol   حانديانول

汉地醇酸   handianolic acid   حانديانول قىشقىلى

汉地酮   handianone   حانديانون

汉撒黄   hansa yellow   حانسا سارسى

汉撒黄 G   hansa yellow G   حانسا سارسى G

汉撒黄 10G   hansa yellow 10G   حانسا سارسى 10G

焊剂   welding flux   دانەكەرلەۋ سۇيىقتىعى

焊接   welding (= solder)   دانەكەرلەۋ، پىسىرۋ، بالقىتىپ جالعاۋ

焊接灯   soldering lamp   دانەكەرلەۋ لامپاسى

焊接器   soldering apparatus   دانەكەرلەۋ اپپاراتى (اسپابى)

焊接焰   soldering flame   دانەكەرلەۋ جالىنى

焊接液   soldering fluid   دانەكەرلەۋ سۇيىقتىعى

焊条   welding rod   دانەكەرلەۋ تاياقشاسى

焊酸   killed spirit   دانەكەرلەۋگە ستەتىلەتىن سۇيىقتىق ٴداري

航空煤油   aviation kerosene   اۆياتسيالىق كارەسىن

航空汽油   aviation gasoline   اۆياتسيالىق بەنزين

航空燃料   aviation fuel   اۆياتسيالىق جانار زات

航空润滑油   aviation grease   اۆياتسيالىق جاعىن ماي

航空医学   aviation medicine   اۆياتسيالىق مەديتسينا

hao

蒿属醇   artemisol   ارتەميزول

蒿属素	artemisin	ارتەميزين
蒿属素	artemisic acid	ارتەميز قىشقىلى، جۇسان قىشقىلى
蒿萜	arborescine	"乔木素" گە قاراڭىز.
毫	milli	ميللي
毫安	milliamper	ميللي امپەر
毫安计	milliampermeter	ميللي امپەرمەتر
毫巴	millibar	ميللي بار
毫当量		"毫克当量" گە قاراڭىز.
毫分子(量)		"毫克分子(量)" گە قاراڭىز.
毫伏	millivolt	ميللي ۋولت
毫伏计	millivoltmeter	ميللي ۋولتمەتر
毫居里	millicurie (mc)	ميللي كيۇري (mc)
毫克	milligram (mg)	ميلليگرام (mg)
毫克百分数	milligram percent	ميلليگرام پروتسەنت
毫克当量	milli – equivalent	ميلليگرام ەكۆيۋالەنت
毫克分子	milligran – molecula	ميلليگرام مولەكۇلا
毫克离子	milligram – ion	ميلليگرام يون
毫克原子	milligram – atom	ميلليگرام اتوم
毫米	millimeter(mm)	ميلليمەتر (mm)
毫秒	millisecond	ميللي سەكۇند
毫升	milliliter(ml)	ميلليليتر (ml)
毫瓦	milliwatt	ميللي ۋات
毫微	millimicro	ميللي ميكرو
毫微克	millimicrogram	ميللي ميكروگرام
毫微米	millimicron	ميللي ميكرون
毫微升	millimicroliter	ميللي ميكروليتر
皓矾		"锌矾" گە قاراڭىز.

he

诃子素	terchebin	تەرحەبيين
核	nuclei, nucleus	يادرو
核白蛋白	nucleo albumin	يادرو البۇمينى

核层	strate nucleare	يادرو قاباتى
核磁共振	nuclear magnetic resonance	يادرو ماگنيتتمك رەزونانس
核磁共振谱	nuelear magnetic resonance spectrum	يادرو ماگنيتتمك رەزونانس سپەكترى
核甙	nucleoside	نۆكلەوزيد
核甙磷酸化酶	nucleoside phosphorylase	نۆكلەوزيد فوسفوريلازا
核甙酶	nucleosidase	نۆكلەوزيدازا
核甙酸	nucleotide	نۆكلەوتيد
核甙酸酶	nuelotidase	نۆكلەوتيدازا
核蛋白	nucleoprotein	نۆكلەوپروتەين
核蛋白示	nucleose	نۆكلە وزا
核电荷	nuelear charge	يادرو زاريادى
核电子	nucleo electron	يادرو ەلەكترونى، يادرولىق ەلەكترون
核董哪	hedonal $H_2NCO_2CH(CH_3)CH_2CH_2CH_3$	گەدونال
核毒素	nucleotoxin	نۆكلەوتوكسين
核反应	nuclear reaction	يادرو رەاكسياسى، يادرولىق رەاكسيا
核反应堆	nuclear reactor	يادرو رەاكتورى، يادرو رەاكسيا قازانى
核反应能	nuclear energy	يادرو رەاكسيا ەنەرگياسى
核反应器		"核反应堆" گە قاراڭىز.
核分裂	nuclear fissoin	يادرونناڭ ٴبولىنۇى
核分裂能	nuclear fission energy	يادرونناڭ ٴبولىنۇ ەنەرگياسى
核共振	nuclear resonance	يادرولىق رەزونانس
核化学	nuclear chemistry	يادرولىق حيميا
核黄素	riboflavin (= vitamin B₂)	رەيبوفلاۆين، ۆيتامين B₂
核黄素－5－磷酸	riboflavin－5－phosphoric acid	ريبوفلاۆين ـ 5 ـ فوسفور قىشقىلى
核间成环作用	internuclear cyclisation	يادرو ارالىق ساقينا ٴتۇزۇ رولى
核间距离	internuclear distance(= nuclear separation)	يادرو ارالىق قاشىقتىق
核结构	nuclear structure	يادرو قۇرىلىمى
核结合能	nuclear－binding energy	يادرونناڭ قوسىلۇ ەنەرگياسى
核精蛋白	nucleo protein	نۆكلەوپروتەين
核精朊		"核精蛋白" گە قاراڭىز.

核柯精酸	hecogenic acid	گەكوگەن قىشقىلى
核柯精酮	hecogenone	گەكوگەنون
核柯内酯	hecololactone	گەكولولاكتون
核柯配质	hecogenin	گەكوگەنين
核勒哪灵	helenalin	گەلەنالين
核勒年	helenien	گەلەنيەن
核勒宁	helenine $C_{15}H_{20}O_2$	گەلەنين
核粒	nuclear particle	يادرو بولشەكتەرى
核膜	nuclear film	يادرولىق جارعاق
核内的	intranuclear	يادرسرو شسندىك
核内瓦变异构	intranuclear tautomerism	يادرو شسندىك تاۋتومەريا
核碰撞	nuclear collision	يادرولىق قاقتىعىسۋ
核燃料	nuclear fuel	يادرولىق وتىن، يادرولىق جانار زات
核熔化	nuclear fusion	يادرولىق بالقۋ
核朊		"核蛋白" گە قاراڭىز.
核生成	nuclear formation	يادرونىڭ پايدا بولۋى (ۋؤزىلۋى)
核素	nuclein	نۋكلەين
核酸	nucleic acid	نۋكلەين قىشقىلى
核酸胶酶	nucleogelase	نۋكلەوگەلازا
核酸磷酸酶	nucleophosphatase	نۋكلەوفوسفوتازا
核酸酶	nuclease	نۋكلەازا
核酸盐	nucleinate	نۋكلەين قىشقىلىنىڭ تۇزداري
核糖	ribose $C_{11}H_9O_4CHO$	ريبوزا
核糖苯并咪唑甙	ribosido – benzimidazol	ريبوزيدو – بەنزيميدازول
核糖苯腙	ribose phenylhydrazone $C_5H_{10}O_4:NNHC_6H_5$	ريبوزافەنيل گيدرازون
核糖醇	ribitol	ريبيتول
核糖甙	riboside	ريبوزيد
核糖核甙	ribonueleoside	ريبونۋكلەوزيد
核糖核甙酸	ribonucleotide	ريبونۋكلەوتيد
核糖核甙酸酶	ribonucleotidase	ريبونۋكلەوتيدازا
核糖核朊	ribonucleoprotein	ريبونۋكلەو پروتەين
核糖核酸	ribonucleic acid (RNA)	ريبونۋكلەين قىشقىلى (RNA)

核糖核酸聚合酶　　　　　　　　　　　　　　　"RNA 聚合酶" گه قاراڭـز.

核糖核酸酶　ribonuclease　　　　　　　ريبونۇكلېازا

核糖酸　ribonic acid(= ribotide)　$CH_2OH(CHOH)_3COOH$　ريبون قشقىلى، ريبوتيد

核糖体　ribosoma　　　　　　　　　ريبوزوما، ريبوسوما

核体　nuclear bodies　　　　　　　يادرو دەنەشىگى

核同系物　nuclear homologue　　يادرولىق گومولوگ، يادرو گومولوگى

核同系性　nuclear gomology　يادرولىق گومولوكتىك، يادرو گومولوكتىك

核酮糖　ribulose　　　　　　　　ريبۇلوزا

核外电子　extrannuclear electron　يادرو سىرتىنداعى ەلەكتروندار

核外结构　extra – nuclear structure　يادرونناڭ سىرتقى قۇرىلمىسى

核武器　nuclear weapon　　　　يادرولىق قارۇلار

核型原子　　　　　　　　　　"含核原子" گه قاراڭـز.

核胸腺酸　nucleothyminic acid　نۇكلەوتيمين قشقىلى

核液　nuclear sap　　　　　　يادرو سۇيىقتىعى

核质量　nuclear mass　　　　يادرو ماسساسى

核质子　nuclear proton　　　يادرولىق پروتون

核重哪　hedonal　$H_2NCO_2CH(CH_3)CH_2CH_2CH_3$　گەدونال

核转变　nuclear transformation　يادرولىق اينالۇ

核子　nucleon　　　　　　　نۇكلەون

核子反应　　　　　　　　　"核反应" گه قاراڭـز.

核子反应堆　　　　　　　"核反应堆" گه قاراڭـز.

核子反应器　　　　　　　"核反应堆" گه قاراڭـز.

核子数　nucleon number　　نۇكلون سانى

核子武器　　　　　　　　"核武器" گه قاراڭـز.

核子学　nucleonics　　　　نۇكلەونيكا

核子学说　nuclear theory　يادرولىق تەوريا

核组蛋白　nucleo histone　نۇكلەوگيستون

核组朊　　　　　　　　　"核组蛋白" گه قاراڭـز.

河豚毒素　tetrodo toxin　تەترودوتوكسين

河豚毒酸　tetrodonic acid　تەترودون قشقىلى

何拉闵　　　　　　　　　"荷那亚胺" گه قاراڭـز.

何拉刃宁　　　　　　　　"荷那宁" گه قاراڭـز.

| 荷电原子 | charged atom | زاريادتى اتوم |

荷姆斯－曼莱裂化过程　Holmes – Manley cracking process　گۇلمەس ـ
مانلەي بولشەكتەۋ بارسى

荷那碱	Holarrhine	گولاررين
荷那宁	holarrhenine	گولاررەنين
荷那亚胺	holarrhimine	گولاررىمىن
合成	synthesis	سينتەز
合成氨	synthetic ammonia	سينتەزدىك امميياك
合成氨法	synthesis of ammonia	امميياكتى سينتەزدەۋ ٵدسى
合成材料	synthetic materials	سينتەزدىك ماتەريالدار
合成产物	synthetic product	سينتەزدىك ٶنىمدەر
合成醇	synthetic alcohol	سينتەزدىك سپيرت، سينتول
合成催化剂	synthetic catalyts	سينتەزدىك كاتاليزاتور
合成丹	syntan	سينتان

合成丁(二烯)钠胶　synthetic sodium butasadiene rubber　سينتەزدىك
ناتري بۇناديەندى كاۋچۇك

| 合成反应 | building – up reactins | سينتەزدىك رەاكسيالار |
| 合成反应器 | synthesis reactor | سينتەزدەۋ رەاكتورى |

合成肥皂粉　synthetic soap powder　سينتەزدىك ٷنتاق سابىن،
سينتەزدىك سابىن پاراشوگى

合成腐殖酸	synthetic humic acid	سينتەزدىك گۇمين قشقىلى
合成甘油	synthetic alycerine	سينتەزدىك گليتسەرين
合成高分子	synthetic high molecule	سينتەزدىك جوعارى مولەكۇلالار

合成高分子材料　synthetic high molecular material　سينتەزدىك جوعارى
مولەكۇلالى ماتەريال

合成高分子化合物　synthetic high molecular compound　سينتەزدىك جوعارى
مولەكۇلالى قوسىلىستار

合成革		"合成皮草" گە قاراڭىز.
合成固定氮	synthetic fixed nitrogen	سينتەزدىك تۇراقتى ازوت
合成果糖	acrose	اكروزا
合成过程	building up process	سينتەزدەۋ بارسى، سينتەزدىك بارس
合成化学	synthetic chemistry	سينتەزدىك حيميا، سينتەزدەۋ حيمياسى
合成混合物	synthetic mixture	سينتەزدىك قوسپا

合成混胶　synthetic rubber mix　　　　　　　　سىنتەزدەك قوسپا كاۋچۇك

合成胶　synthetic gum　　　　　　　　　　　سىنتەزدەك جەلمەدەر

合成胶乳　synthetic latex　　　　　　　　　سىنتەزدەك ٴسۇت ساعىز

合成芥子油　synthetic mustard oil　CH₂CHCH₂NCS　سىنتەزدەك قىشى مايى

合成矿物　synthetic mineral　　　　　　　سىنتەزدەك مىنەرالدار

合成蜡　synthetic wax　　　　　　　　　　سىنتەزدەك بالاۋىز

合成类蛋白　　　　　　　　　　　"塑朊" گە قاراڭىز.

合成类朊　　　　　　　　　　　　　"塑朊" گە قاراڭىز.

合成灵　syntalin　[H₂NC(NH)NH(CH₂)₅]₂2HCl　سىنتالين

合成煤气　　　　　　　　　"合成气" گە قاراڭىز.

合成酶　synthetase　　　　　　　　　　　　سىنتەتازا

合成皮革　synthetic leather　（قۇرىم）سىنتەزدەك بلعارى، جاساندى بلعارى

合成气　synthetic gas　　　　　　　　　　　سىنتەزدەك گاز

合成汽油　synthetic gasoline　　　　سىنتەزدەك بەنزين، سىنتىن

合成燃料　synthetic fuel　　　　　سىنتەزدەك جانار زات （وتىن）

合成染料　synthetic fuel　　　　　　　سىنتەزدەك بوياۋلار

合成鞣料　synthetic tanning material　سىنتەزدەك مالما، سىنتەزدەك ٴى

合成润滑液体　synthetic lubricant fluid　سىنتەزدەك جاعىن سۇيقتىق

合成润滑油　synthetic libricating oil　سىنتەزدەك جاعىن ماي

合成麝香　musk ambrette　CH₃(CH₃O)C₆HC(CH₃)₃(NO₂)₃　سىنتەزدەك جۇپار

合成石油　synthetic petroleum　　　سىنتەزدەك مۇناي

合成树脂　synthetic resin　　　　　سىنتەزدەك سمولالار

合成树脂粘合剂　synthetic resin bonding agent　سىنتەزدەك سمولا

جابستىرعىش اگەنت

合成塔　synthetic tower　　　　　سىنتەزدەۋ مۇناراسى

合成弹性体　synthetic elastomer　سىنتەزدەك سەرپىمدى دەنە

合成天然气　synthetic natural gas　سىنتەزدەك تابيعي گاز

合成天然橡胶　synthetic natural rubber　سىنتەزدەك تابيعي كاۋچۇك

合成维生素 D 油　oleovitamin D synthetica　سىنتەزدەك ۆيتامين D مايى

合成温度　synthesis temperature　سىنتەزدەۋ تەمپەراتۇراسى

合成洗涤剂　synthetic detergent　سىنتەزدەك تازارتقىش سۇيقتىق

合成纤维　synthetic fiber　　　　سىنتەزدەك تالشىق

合成纤维锦纶－66　synthetic fiber nylon－66　سىنتەزدەك تالشىق نيلون ـ

合成香料　synthetic perfume سىنتەزدەك خوش ئىستى ماتەريال

合成橡胶　synthetic rubber سىنتەزدەك كاۋچۇك

合成橡胶粘合剂　synthetic rubber bonding agent سىنتەزدەك كاۋچۇك
جابستىرعىش اگەنت

合成循环　synthesis cycle سىنتەزدەك ايناۋلام (ايناالىس)

合成盐酸　synthetic chlorhydric acid سىنتەزدەك تۇز قىشقىلى

合成氧化铝　borolon　Al₂O₃ بورولون، سىنتەزدەك الۇمين توتعى

合成液体　synthetic fluid سىنتەزدەك سۇيىقتىق

合成液体裂化催化剂　synthetic fluid cracking catalyst سىنتەزدەك
سۇيىقتىقتى بولشەكتەيتىن كاتاليزاتور

合成液体燃料　synthetic liquid fuel سىنتەزدەك سۇيىقتىق وتىن

合成油　synthetic oil سىنتەزدەك مايلار

合成油润滑脂　synthetic oil grease سىنتەزدەك ماي گرەازا

合成原油　synthetic crude سىنتەزدەك وڭدەلمەگەن ماي

合成樟脑　synthetic camphor سىنتەزدەك كامفورا

合成脂肪　synthetic fat سىنتەزدەك ماي

合成脂肪酸　synthetic fatty acid سىنتەزدەك ماي قىشقىلى

合成纸　synthetic paper سىنتەزدەك قاعاز

合成酯类润滑剂　synthetic esther libricant سىنتەزدەك ەستەر تەكتەس
جۇمسارتقىش اگەنت

合剂 "混合剂" گە قاراڭىز.

合金　alloy قورىتپا

合金钢　alloy steel قوسپالى بولات، قورىتپا بولات

合金元素　alloy element قورىتپا ەلەمەنتتەر

合金铸铁　alloy cast iron قورىتپا شويىن، قوسپالى شويىن

合霉素　syntomycin سىنتومىتسين

禾木胶　acaroid gum اكاروۆيدتى جەلىم، قوم جەلىم

禾木树脂　acaroid resin اكاروۆيدتى سمولا، قوم سمولا

鹤枯灵　herculin گەركۇلىين

赫德逊内酯规则　Hudson's lacton rule حۇدسوننىڭ لاكتون ەرەجەسى

赫克特制铝法　Hercolt aluminium process حەركولتتىڭ الۇمين الۇ ٴادىسى

赫克陀　Hector حەكتور

赫林顿橙　helidone orange	حەلىندوندى قىزعىلت سارى
赫林顿橙 R　helidone orange R	R حەلىندوندى قىزعىلت سارى
赫林顿红 3B　helidone red 3B	3B حەلىندوندى قىزىل
赫林顿黄 3GN　helidone yellow 3GN	3GN حەلىندوندى سارى
赫林顿蓝 BB　helindone blue BB	BB حەلىندوندى كوك
赫林顿紫 J2R　helindone violet J2R	J2R حەلىندوندى كۆلگىن
赫密特法　Hermite process	حەرمىت ٔادسى
褐煤　brown coal(= lignite)	قوڭۇر كومۇر
褐煤醇　montanyl alcohol　$C_{29}H_{59}OH$	مونتانيل سپيرتى
褐煤焦油　lignite tar oil	قوڭۇر كومۇر كوكس مايى
褐煤蜡　montan wax	مونتان بالاۋزى
褐煤汽油　lignite benzine	قوڭۇر كومۇر بەنزينى
褐煤石蜡　lignite paraffine	قوڭۇر كومۇر پارافينى
褐煤酸　montanic acid　$C_{29}H_{58}O_2$	مونتان قىشقىلى
褐煤油　lignite oil	قوڭۇر كومۇر مايى
褐泥煤　lignite	قوڭۇر شىمتەزەك، قوڭۇر تورف
褐色　brown	قوڭۇر، قوڭۇرقاي ٔتۇس
褐色汽油　brown gasoline	قوڭۇر بەنزين
褐色氧化铁粉　mammy	قوڭۇر ٔتۇستى تەمىر توتىعى ۇنتاعى
褐铁矿　limonite　$2FeO_3 \cdot 3H_2O$	قوڭۇر تەمىر تاس
褐藻胶　algin	الگين قوڭۇر بالدىر جەلىمى

hei

黑暗反应　dark reaction	قاراڭعىدا جۇزبەتىن رەاكسيا
黑刺菌素　adustin	ادۇستين
黑蛋白素　melanoidine	مەلانويدين
黑儿杀素　acacatechin	اكاكاتحين
黑矾　black alum	قارا اشۇداس
黑腐酸	"腐殖酸" گە قاراڭىز.
黑红　black red	قارا كۆرەك
黑胡椒油　black pepper oil	قارا بۇرىش مايى
黑胡桃油　black walnut oil	قارا جاڭعاق مايى

黑灰　black ash　BaS　　قارا كۆل

黑灰液　black ash liquor　　قارا كولدى سۇيىقتىق

黑火药　　"黑色火药" گه قاراڭىز.

黑芥子甙　sinigrin　　سينيگرين

黑芥子甙钾盐　potassium myronate(= sinigrin)　　ميرون قىشقىل كالي
تۇزى، سىنگرىن

黑芥子甙酸　myronic acid　　ميرون قىشقىلى

黑菌素　nigericin　　نيگەريتسين

黑拉虫色素　hallochroma　　گاللوحروما، گاللوحروم

黑蜡　black wax　　قارا بالاۋز

黑磷　blackphosphorus　　قارا فوسفور

黑氯血红素　pheohemin　　فەوگەمين

黑麦碱　secaline　$(CH_3)_3N$　　سەكالين

黑麦酒精　rye spirit　　قارا ئبيداي سپيرتى

黑麦朊　rye protein　　قارا ئبيداي پروتيينى

黑麦糖　secalose　　سەكالوزا

黑麦酮酸　secalonic acid　$C_{14}H_{14}O_6$　　سەكالون قىشقىلى

黑毛霉素　chetomin　　حەتومين

黑煤　blaxk coal　　قارا كومىر

黑尿　melanuria　　قارا نەسەپ، مەلانينىدى نەسەپ

黑尿酸　melanuric acid　　قارا نەسەپ قىشقىلى، مەلانينىدى نەسەپ قىشقىلى

黑啤酒　black beer　　قارا سىرا

黑漆　　"黑涂料" گه قاراڭىز.

黑鞣酸　melanogallicacid　　مەلانوگال قىشقىلى

黑色　black　　قارا، قارا ئتۇس

黑色褐煤　black lignite　　قارا ئتۇستى قوڭىر كومىر، قارا قوڭىر كومىر

黑色灰药　black powder　　قارا ئدارى

黑色金属　ferrous metal　　قارا مەتالدار

黑色金属材料　ferrous metal material　　قارا ماتەريالدار

黑色硫酸　black sulfuric acid　　قارا ئتۇستى كۇكىرت قىشقىلى (قايتا تۇىنداىتىن كۇكىرت قىشقىلى)

黑色素　melanin　$C_{77}H_{98}O_{33}N_{14}S$　　مەلانين

黑色酸　black acids　　قارا قىشقىل، قارا ئتۇستى قىشقىل

黑色氧化汞	black mercury oxide [Hg₂][Hg₂]O	قارا ئۇستى سناپ توتىعى
黑色冶金	ferrous metallurgy	قارا مەتاللۇرگيا
黑石榴石	melanite	مەلانيت
黑斯定律	Hess law	ھەس زاڭى
黑素		"黑色素" گە قاراڭـز.
黑素原	melanogen	مەلانوگەن
黑酸	nigrotic acid	قارا قشقىل، نيگروت قشقىل
黑索金	hexogen	گەكسوگەن
黑石榴石	melanite	مەلانيت
黑体	black body	قارا دەنە
黑体辐射	black body radiation	قارا دەنەننىڭ ساۋلە شەعارۇى، قارا دەنە رادياتسياسى
黑体系数	black body coefficient	قارا دەنە كوەففيتسەنتى
黑铜矿	black copper CuO	تەنوريت
黑涂料	black paint	قارا بور بوياۇ، قارا سىر
黑盐	black salt Na₂CO₃·H₂O	قارا توز
黑液	black liquor	قارا سۇيقتىق (قاعاز قويمالجىڭى قارا سۇيقتىمەى)
黑油	black oil	قارا ماي
黑油燃料	black oil fuel	قارا ماي جانار زات، قارا ماي وتىن
黑芝麻油	black sesame oil	قارا كۇنجۇت مايى

hen

痕量		"微量" گە قاراڭـز.
痕量分析	trace analysis	"微量分析" گە قاراڭـز.
痕量构份	trace constituent	ميكرو قۇرام
痕量金属	trace metal	ميكرو مەتالدار
痕量元素	trace element	ميكرو ەلەمەنتتەر
痕量组份		"痕量构分" گە قاراڭـز.

heng

横交共厄	corssed conjugation	كولدەنەڭنەن ايقاسپ تۇيىندەسۇ

横交双键	corssed double bond	كولدەنەڭىنەن ايقاسقان قوس بايلانس
亨利定律	Henry′s law	گەنري زاڭى
恒常平衡	constant equilibrium	تۇراقتى تەپە ــ تەڭدىك
恒沸(点)	constant equilibrium	تۇراقتى قايناۋ نۇكتەسى
恒沸点混合物	constant boiling mixture	قايناۋ نۇكتەسى تۇراقتى قوسپالار
恒沸二元混合物	constant boiling binay mixture	قايناۋ نۇكتەسى تۇراقتى
		ەكى نەگىزدى قوسپالار
恒沸三元混合物	constant boiling ternary mixture	قايناۋ نۇكتەسى تۇراقتى
		ۇش نەگىزدى قوسپالار
恒温器	thermostat	تەرموستات
衡分子		"克分子(量)" گە قاراڭىز.

hong

虹彩二醛	iridodial	يريدوديال
虹彩内酯	iridolactone	يريدولاكتون
虹吸管	syphon	سيفون، سيفون تۇتىك
虹吸气压计	syphon barometer	سيفون بارومەتر
红氨		"红氨酸" گە قاراڭىز.
红氨酸	rubeanic acid $NH_2CS \cdot CSNH_2$	رۇبەان قىشقىلى
红百里油	red thyme oil	قىزىل تيمول مايى
红比腙	rubidazone	رۇبيد ازون
红橙色	reddish orange	قىزعىلت سارعىش
红丹	lead red	قورعاسىن قىزىلى
红碘化汞	red mereuric oidide	قىزىل يودتى سىناپ
红蝶呤	erythropterine	ەريتروفتەرين
红豆碱	abrine	ابرين
红毒扁豆碱	rubreserine	رۇبرەزەرين
红矾钾		"重铬酸钾" گە قاراڭىز.
红矾钠		"重铬酸钠" گە قاراڭىز.
红粉	phlobaphenes	فلوبافەنەس
红粉苔酸	lecanoric acid	لەكانور قىشقىلى
红汞	mercurochrome	قىزىل سىناپ

红光还原紫 alizanthrene	يندانترەرەندى كۆلگەن
红核 red nuclei	قىزىل يادرو
红核黄素 rhodoflavin	رودوفلاۋين
红黑 reddish black	قىزغىلت قارا، قارا قوشقىل
红糊精 erythrodextrin	ەريترودەكسترين
红花素 carthamin	كارتامين
红花油 safflower oil	ماقساري مايى
红黄 reddish yellow	قىزغىلت ساري
红降汞	"红氧化汞" گە قاراڭىز.
红桔油 mandarin oil(= tangerine oil)	ماندارين مايى، تانگەرين مايى
红蓝色 reddish blue	قىزغىلت كوك
红藜芦碱	"玉红杰尔碱" گە قاراڭىز.
红磷 red phosphorus	قىزىل فوسفور
红毛丹蜡 rambutan wax	رامبۇتان بالاۋۇزى
红霉素 erythromycin	ەريتروميتسين
红霉糖酸 cladionic acid	كلاديون قىشقىلى
红木素 bixin	بيكسين
红泥 ked mud	قىزىل باتپاق
红粘土 red clay	قىزىل بالشىق
红皮素 erythrophlein	ەريتروفلەين
红铅 red lead Pb_3O_4	قىزىل قورعاسىن، قورعاسىن جوساسى
红群青 red ultramarine	قىزىل ۇلترامارين
红色 redness	قىزىل، قىزىل ٴتۇس
红色沉淀物 red precipitate HgO	قىزىل ٴتۇستى تۇنبا
红色石蕊试纸 litmus red test paper	قىزىل ٴتۇستى لاكمۇس سىناعىش قاعازى
红色氧化物 red oxide	قىزىل ٴتۇستى توتىق
红杉醇 sequoyitol	سەكۆۋيپتول
红杉丹宁 sequoia tannin	سەكۆۋيا تاننين
红杉丹宁酸 sequoia tannin acid	سەكۆۋيا تاننين قىشقىلى
红铜 pure copper	قىزىل مىس
红外光谱 infrared spectrum	ينفرا قىزىل ساۋلە سپەكتىرى
红外线 infrared ray	ينفرا قىزىل ساۋلە

红外线干燥　infrared drying　　ينفرا قىزىل ساؤله مەن قۇرغاتۇ

红外线加热　infrared heating　　ينفرا قىزىل ساؤله مەن قىزدىرۇ

红外线照相　infrared photography　　ينفرا قىزىل ساؤلەمەن سۇرەتكە تارتۇ

红烯　rubene　　رۇبەن

红血盐　red prussiate of potash　　قىزىل قان تۇزى، تەمىر ـ سياندى كالي

红蚜素　erythro aphin　　ەريتروافين

红氧化汞　redmercuric oxide　　قىزىل سىناپ توتعى

红萤烯　rubrene　$C_{41}H_{26}$　　رۇبرەن

红紫　reddish violet　　قىزعىلت كۆلگىن

红紫棓精　purpurogallin　　پۇرپۇروگاللين

红紫黑　purplish – black　　قىزىل كۆلگىن ـ قارا

红紫黄原酸　purpuro xanthic acid　$C_{15}H_3C_6$　پۇرپۇروكسانتىن قىشقىلى

红紫络盐　purpureo　　قىزىل كۆلگىن ٴتۇستى كومپلەكس تۇز

红紫氯钴盐　purpureo – cobaltic　$[CO(NH_3)_5Cl]Cl_2$　قىزىل كۆلگىن ٴتۇستى كوبالت ـ حلور تۇزى

红紫色的　purpureal　　قىزىل كۆلگىن ٴتۇستى

红紫素　purpurin　$C_{14}H_3O_6$　　پۇرپۇرين

红紫酸　purpuric acid　$C_8H_5N_5O_6$　　پۇرپۇر قىشقىلى

红紫酸铵　ammonium purpurate　$C_8H_4O_6N_5NH_4H_2O$　پۇرپۇر قىشقىل امموني

红紫呫吨　purpuroxanthine(= xanthopurpurin)　　پۇرپۇروكسانتىن، ەكسانتوپۇرپۇرين

红棕　reddish brown　　قىزعىلت قوڭىر

洪特规则　Hund's rule　　حۇند ەرەجەسى

hou

厚纸　karton　　كارتون قاعاز، قالىڭ قاعاز

侯氏制碱法　Hou's process(= for soda manufacture)　حۇۋدىباڭنىڭ سودا الۇ ٴادىسى

后发酵　after fermentation　　سوڭىندا اشۇ

后硫化(作用)　after ulcanization　　سوڭىندا كۆكىرتتەۋ

后马托品　homatropine　　گوما تروپيين

后茜素　hystazarin　$C_{14}H_6O_2(OH)_2$　　گيستازارين

后叶催产素	"α – 垂体胺" گە قاراڭز.
后叶激素　pituitrin	پيتۇيترين
后叶加压素	"β – 垂体胺" گە قاراڭز.
后硬化　after – hardening	ھۆل سوڭىندا قاتايتۇ

hu

呼吸反应　respiratory reaction	تىنىس ئالۇ رەاكسياسى
呼吸酶　respiratory enzyme	تىنىس ئالۇ فەرمەنتى
呼吸色素　respiratory pigment	تىنىس ئالۇ بىگمەنتى
胡薄荷醇	"蒲勒醇" گە قاراڭز.
胡薄荷酮	"蒲勒酮" گە قاراڭز.
胡椒叉　piperonylidene　$CH_2O_2:C_6H_3CH=$	پىپەرونيليدەن
胡椒叉乙酰苯　piperonal – acetophenone　$C_8H_6O_2:CHCOC_6H_5$	پىپەرونال –
	اتسەتوفەنون
胡椒醇	"胡椒基醇" گە قاراڭز.
胡椒基　piperonyl	پىپەرونيل
胡椒基醇　piperonyl alcohol　$CH_2O_2:C_6H_3CH_2OH$	پىپەرونيل سپيرتى
胡椒基丁醚　piperonyl butoxide	پىپەرونيل بۇتوكسيد
胡椒基环己烯酮　piperonyl cyclohexenon	پىپەرونيل ساقينالى گەكسونون
胡椒基酸　piperonylic acid　$CH_2O_2C_6H_3COOH$	پىپەرونيل قشقلى
胡椒基酰　piperonyloyl	پىپەرونيلويل
胡椒碱　piperine	پىپەرين
胡椒脑　piperotol	پىپەريتول
胡椒嗪　piperazine	پىپەرازين
胡椒醛　piperonal; piperonaldehyde　$CH_2O_2:C_6H_3CHO$	پىپەرونال، پىپەرون الدەگيدتى
胡椒醛缩乙酰苯	"胡椒叉乙酰苯" گە قاراڭز.
胡椒酸　piperic acid　$CH_2O_2C_6H_3C_5H_5O_2$	پىپەر قشقلى
胡椒酮　piperitone　$C_{10}H_{16}O$	پىپەريتون
胡椒酰胺　piperamide	پىپەراميد
胡椒油　pepper oil	بۇرش مايى
胡芦巴碱　trigonelline	تريگونەللين

胡芦巴酰胺	trigonellinamide	تريگونەللىين امىد
胡芦素	cucurbitacin	كۇكۇربيتاتسىن
胡萝卜醇	carotenol	كاروتەنول
胡萝卜碱	daucine	داۇتسىن
胡萝卜素	carotene, carotine $C_{40}H_{56}$	كاروتەن، كاروتىن
胡萝卜素醇		"胡萝卜醇" گە قاراڭىز.
β－胡萝卜素单酮	semi－β－carotenone	سەمي ـ β ـ كاروتەنون
胡萝卜素酶	carotenase	كاروتەنازا
β－胡萝卜素酮	β－carotenone	β ـ كاروتەنون
β－胡萝卜素氧化物	β－carotene oxide	β ـ كاروتەن توتعى
β－胡萝卜酮		"胡萝卜素酮" گە قاراڭىز.
胡敏素		"腐黑物" گە قاراڭىز.
胡敏酸		"腐殖酸" گە قاراڭىز.
胡敏酸钠		"腐殖酸钠" گە قاراڭىز.
胡桃皮酸	juglandic acid	يۇگلاند قشقىلى، جاڭعاق قشقىلى
胡桃素	juglandin	يۇگلاندىن
胡桃酮	juglone $C_{10}H_6O_3$	يۇگلون
湖鳟精蛋白	salvelin	سالۆەلين
糊精	dextrin $(C_6H_{10}O_5)m$	دەكسترين
糊精酶	dextrinase	دەكسترينازا
糊精生成(淀粉)酶	dextrinogenic amylase	دەكسترينوگەن امىلازا
葫芦素	cucurbitacin	كۇكۇربيتاتسىن
槲斗单宁	valonia tannins	ۋالونيا قشقىلى
槲斗酸	valoneic acid	ۋالون قشقىلى
槲寄生素	viscin	ۋەيزتسىن
琥磺噻唑	sulfasuxidine	سۇلفاسۇكسيدين
琥珀玻璃	amber glass	امبەر شنىسى، يانتار شنىسى، يانتار اينەك
琥珀酐	succinic anhydride $(CH_2CO)_2O$	سۇكتسىن انگيدريدتى
琥珀色胶片	amber blanket	يانتار ئۇنۇستى سۇرەت لەنتاسى
琥珀腈	succinonitrile $(CH_2CN)_2$	سۇكتسىن نيتريل
琥珀醛		"丁二醛" گە قاراڭىز.
琥珀树脂	succinoresinol	سۇكتسينوزينول، سۇكتسينىدى سمولا
琥珀酸		"丁二酸" گە قاراڭىز.

琥珀酸铵	ammonium succinate	$C_4H_4O_4(NH_4)_2$	سۇكتسىن قىشقىل ئاممونى
琥珀酸钡	barium sucuinate	$BaC_4H_4O_4$	سۇكتسىن قىشقىل بارى
琥珀酸酐			"琥珀酰化氧" گە قاراڭىز.
琥珀酸钠	sodium succinate	$C_4H_4O_4Na$	سۇكتسىن قىشقىل ناترى
琥珀酸铁	ferric succinate	$Fe(OH)(C_4H_4O_4)$	سۇكتسىن قىشقىل تەمىر
琥珀酸脱氢酶	succinic dehydrogenase		سۇكتسىن قىشقىل دەگىدروگەنازا
琥珀酸盐	succinate	$MO\cdot CO(CH_2)_2\cdot CO\cdot OM$	سۇكتسىن قىشقىللىنىڭ تۇزدارى
琥珀酸氧化	succinoxidase		سۇكتسىن قىشقىللىنىڭ توتىعۇى
琥珀酸氧化酶	succinic oxidase		سۇكتسىن قىشقىل وكسىدازا
琥珀酸乙酯	ethyl succinate	$C_2H_5O\cdot CO\cdot(CH_2)_2\cdot CO\cdot OC_2H_5$	سۇكتسىن قىشقىل ەتىل ەستەرى
琥珀酸酯	succinate	$RO\cdot CO\cdot[CH_2]_2\cdot CO\cdot OR$	سۇكتسىن قىشقىل ەستەرى
琥珀酰	succinyl	$-COCH_2CH_2CO-$	سۇكتسىنيل
琥珀酰胺	succinamide(= succindiamide)	$(CH_2CONH_2)_2$	سۇكتسىناميد، سۇكتسىن دياميد
琥珀酰胺基	succinoamino-	$(CH_2CO)_2N-$	سۇكتسىنو امينو _
琥珀酰胺酸	succinamic acid	$NH_2COCH_2CH_2COOH$	سۇكتسىنامين قىشقىلى
琥珀酰胺酰	succinamoyl	$H_2NCOCH_2CH_2CO$	سۇكتسىنامويل
琥珀酰苯胺	succinanyl	$(CH_2CO)_2NC_6H_5$	سۇكتسىنانيل
琥珀酰苯胺酸	succinanilic acid		سۇكتسىنانيل قىشقىلى
琥珀酰琥珀酸	succino succinic acid		سۇكتسىنوسۇكتسىن قىشقىلى
琥珀酰琥珀酸酯	succino succinic ester	$RO\cdot COC_6H_6O_2\cdot CO\cdot OR$	سۇكتسىنو _ سۇكتسىن ەستەرى
琥珀酰化氧	succinyl oxide	$C_4H_4O_3$	سۇكتسىنيل توتىعى
琥珀酰磺胺噻唑	succinyl sulfathiazole		سۇكتسىنيل سۈلفاتيازول
琥珀酰氯	succinic chloride	$(CH_2COCl)_2$	سۇكتسىنيل حلور
琥珀酰氯亚胺	succinic chlorimide	$(CH_2CO)_2NCl$	سۇكتسىنيل حلوريميد
琥珀酰替苯胺	succinanilide	$(CH_2CO)_2NC_6H_5$	سۇكتسىن انيليد
琥珀酰亚胺	succinimide	$(CH_2CO)_2NH$	سۇكتسىن يميد
琥珀酰亚胺基	succinimido-	$COCH_2CH_2CON-$	سۇكتسىن يميدو
琥珀一酰胺	succinic monoamide	$NH_2COC_2H_4CO_2H$	سۇكتسىن موناميد
琥珀(一)酰化过氧	succinic peroxide	$(COOH\cdot CH_2\cdot CH_2\cdot CO)_2O_2$	سۇكتسىن اسقىن توتىعى

琥珀油　amber oil　　　　　　　　　　　　امبەر مايى، يانتار مايى

琥珀脂　succinin　　　　　　　　　　　　　سۇكتسينين

琥石离子交换树脂　amberlit ion exchange resin　امبەرليت يون

الماستەرعەش سمولالار

互比(定)律　law of reciprocal proportions　ئۇزارا قاتىناس زاڭى

互变(异构)　tautomerize　　　　　　　　　تاۋتومەر

互变(异构)平衡　tautomeric equilibrium　تاۋتومەر تەپە ـ تەڭدىگى

互变(异构)体　tautomer(= tautomeride)　تاۋتومەرلەر

互变(异构)现象　tautomerism　　　　　　تاۋتومەرلەنۇ

互变(异构)效应　tautomeric effect　　　　تاۋتومەر ەففەكتى

互变(作用)　tautomerization　　　　　　　تاۋتومەرلەۇ

互换反应　mutual exchange reaction　　ئۇزارا الماسۇ رەاكسياسى

互溶度　tautural solubilty　　　　　ئبەر ـ بەرندە ەرۇ دارەجەسى

互溶液体　mutually soluble liquids　ئبەر ـ بەرندە ەريتىن سۇيىقتىق

hua

花白素　leucoanthocyanidin　　　　　　　لەۇكوانتو سيانيدين

花黄色素　anthoxanthin　　　　　　　　　انتوكسانتين

花黄素　xanthein　　　　　　　　　　　　كسانتەين

花姜酮　zerumbone　　　　　　　　　　　زەرۇمبون

花精　　　　　　　　　　　　　　"安妥新" گە قاراڭىز.

花菊醇　spilanthol　　　　　　　　　　　سپيلانتول

花菱草碱　ionidine　$C_{12}C_8N_2O_4$　　　يونيدين

花青　cyanin　$C_{27}H_{30}O_{16}$　　　　　سيانين

花青贰　　　　　　　　　　　　　"花色贰" گە قاراڭىز.

花青染料　cyanine dyes　　　　　　　　سيانيندى بوياۋلار

花青素　　　　　　　　　　　　　"花色素" گە قاراڭىز.

花青素贰　　　　　　　　　　　"花色素贰" گە قاراڭىز.

花青素化合物　anthocyanide　　　　　انتوسيان قوسىلىستارى

花楸酸　　　　　　　　　　　　　"山梨酸" گە قاراڭىز.

花色贰　anthocyanin　　　　　　　　　　انتوسيانين

花色素　anthocyan(= anthocyanidin)　انتوسيان، انتوسيانيدين

花色素甙	"花青" گه قاراڭز.
花色素类　anthocyan	انتوسياندار
花生醇　arachidic alcohol	اراحيد سپيرتى، جەر جاڭعاق سپيرتى
花生碱　arachine	اراحين
花生球蛋白　arachin	اراحين
花生球朊	"花生球蛋白" گه قاراڭز.
花生十六碳烯酸　gaidic acid	گايد قىشقىلى
花生四烯酸　arachidonic acid	اراحيدون قىشقىلى
花生酸　arachidic acid	اراحيد قىشقىلى، جەر جاڭعاق قىشقىلى
花生烯酸	"花生四烯酸" گه قاراڭز.
花生油　arachis oil	جەر جاڭعاق مايى
花药黄质　antheraxanthin	انتەرا كسانتين
滑石　talc　$(OH)_2MgSi_4O_{10}$	تالك
滑石粉　talc powder	تالك ۇنتاعى، فرانسيا اعى
滑石棉　asbestine	اسبەستين
滑液朊　sinovin	سينوۆين
华白部碱　sinopaipunine	سينوپايپۇنين
华地奥配质　sinodiosgenin	سينوديوسگەنين
华法令　warfarin	ۆارفارين
华法令钠　warfarin sodium	ۆارفارين ناتري
华氏寒暑表	"华氏温度计" گه قاراڭز.
华氏温度　Fahrenheit temperature	فارەنگەيت تەمپەراتۇراسى
华氏温度计　Fahrenheit thermometer	فارەنگەيت تەرمومەترى
桦酶　betulase	بەتۇلازا
桦木醇　betulinol	بەتۇلينول
桦木焦油　birchtar oil	قايىڭ كوكس مايى
桦木脑　birch camphor(= betulin)　$C_{24}H_{40}O_2$	قايىڭ كامفوراسى
桦木酸　betulinic acid　$C_{36}H_{54}O_6$	بەتۇلين قىشقىلى، قايىڭ قىشقىلى
桦木糖甙　betuloside　$C_{16}H_{24}O_7$	بەتۇلوزيد
桦木酮　betulin, betulinol　$C_{30}H_{50}O_2$	بەتۇلين
桦木酮酸　betulonic acid　$C_{30}H_{43}O_3$	بەتۇلون قىشقىلى
桦木子油　birch - seed oil	قايىڭ ۇرعى مايى
化肥	"化学肥料" گه قاراڭز.

化工　chemical industry　　　　　　　　　حىمىيالىق ونەركاسپ

化合　chemical union　　　　　　حىمىيالىق قوسىلۇ، قوسىلۇ، بىرىگۇ

化合比例　combining proportion　　　　　　قوسىلۇ قاتناسى

化合比例定律　law of combining proportions　　قوسىلۇ قاتناسى زاڭى

化合二氧化硫　combined sulfur dioxide　قوسۇلىس كۇيىندەگى كۇكىرت
　　　　　　　　　　　　　　　　　　　　　قوس توتعى

化合反应　combination reaction　　　　　　قوسىلۇ رەاكسىياسى

化合酚　hindered phenol　　　　　قوسۇلىس كۇيىدەگى فەنول

化合价　chemical valence　حىمىيالىق ۆالەنتتىك، حىمىيالىق ۆالەنت

化合价电子　　　　　　　　　　.قاراڭىز "价电子" گە

化合价角　　　　　　　　　　　.قاراڭىز "价角" گە

化合价模型　valence model　　　　　　　ۆالەنتتىك مودەل

化合价数　　　　　　　　　　.قاراڭىز "价数" گە

化合价相等　　　　　　　　　.قاراڭىز "等价" گە

化合价组　　　　　　　　　　.قاراڭىز "价组" گە

化合力　combining power　　　　　　قوسىلۇ كۇشى

化合量　combining weight　　　　　قوسىلۇ مولشەرى

化合量定律　law of combining weight　　قوسىلۇ مولشەرى زاڭى

化合硫　combined sulfur　قوسۇلىس كۇيىندەگى كۇكىرت، قوسىلعان كۇكىرت

化合亲和势　combining affinity　قوسىلۇعا بەيمدەلۇ كۇشى

化合氢　combined hydrogen　قوسۇلىس كۇيىندەگى سۇتەك، قوسىلعان سۇتەك

化合区(域)　combining zone　　　　　قوسىلۇ اۇماعى

化合热　combining heat　　　　　قوسىلۇ جىلۇى

化合水　combined water　قوسۇلىس كۇيىندەگى سۇ، قوسىلعان سۇ

化合松香　combined rosin　قوسۇلىس كۇيىندەگى شايىرشىق، قوسىلعان كانيفول

化合态　combined form　　　　　قوسىلۇ كۇيى

化合态氮　combined nitrogen　قوسۇلىس كۇيىندەگى ازوت، قوسىلعان ازوت

化合(态)碳　combined carbon　قوسۇلىس كۇيىندەگى كومىرتەك، قوسىلعان
　　　　　　　　　　　　　　　　　　　كومىرتەك

化合体积　combining volume　　　　قوسىلۇ كولەمى

化合条件　combination conditions　　　قوسىلۇ شارتتارى

化合物　compound　　　　　　قوسىلىستار

化合物 497　compound 497 (= dialdrin)　قوسىلىس 497، دياالدرين

化合物48　compound 48 (= aldrin)	قوسلس 48، الدرين
化合物次序　order of compound	قوسلستاردىڭ رەتى
化合氧	"固定氧" گە قاراڭىز.
化合原理　combination principle	قوسلۇ قاعيداسى
化合脂肪酸　combined fatty acids	قوسلس كۆيىندەگى ماي قىشقىلى، قوسلعان ماي قىشقىلى
化合作用　chemical combination	حيميالىق قوسلۇ
化石　fossil	تاسقا اينالعان قالدىق، قازبا قالدىق
化石燃料　fossil fuel	قازىندى جانار زات، مينەرال جانار زات
化石树脂　fossil resin	قازبا قالدىق سمولاسى
化学　chemistry	حيميا
化学半成品　chemical intermediate	حيميالىق شالا بۇيىم
化学比重计　chemical hydrometer	حيميالىق گيدرومەتر
化学变化　chemical change	حيميالىق وزگەرىس
化学变化(定)律　law of chemical change	حيميالىق وزگەرىس زاڭى
化学玻璃　chemical glass	حيميالىق شنى، حيميالىق ينەك
化学擦光剂　chemical polishing agent	حيميالىق جالتىراتقىش اگەنت، حيميالىق جالتىراتقى
化学擦光作用　chemical polishing effect	حيميالىق جالتىراتۇ رولى (ەففەكتى)
化学常数　chemical constant	حيميالىق تۇراقتى
化学沉淀　chemical precipitation	حيميالىق تۇنباعا ٴتۇسۇ
化学沉积　chemical deposit	حيميالىق شوگىندى
化学成分　chemical composition	حيميالىق قۇرام
化学澄清法　chemical defecation	حيميالىق تۇندىرۇ ٴادسى
化学处理　chemical treatment(processing)	حيميالىق وڭدەۇ
化学纯(净)　chemically pure(clean)	حيميالىق تازا، حيميالىق كىرشكسز
化学瓷器　chemical porcelain	حيميالىق فارفور ىدستار، حيميالىق كارلەن ىدستار
化学刺激　chemical irritation	حيميالىق تىتىركەندىرۇ
化学促进剂　chemical promoter	حيميالىق ىلگەرىلەتكىش اگەنت
化学催化　chemocatalysis	حيميالىق كاتاليز
化学当量　chemical equivalent	حيميالىق ەكۆيۆالەنت
化学抵抗　chemoresistance	حيميالىق قارسلىق

化学电池	chemical cell	حیمیالىق باتارەیا
化学电源	chemical power source	حیمیالىق توك كوزدەرى
化学动力	chemomotive force	حیمیالىق قوزغالتقىش
化学动力学	chemical kinetics	حیمیالىق كینەتیكا
化学动物学	chemical zoology	حیمیالىق زوولوگیا
化学镀	chemical pulting	حیمیالىق جالاتۇ، حیمیالىق قاپتاۇ
化学短纤维	staple fiber	حیمیالىق قسقا تالشىق
化学钝性	chemical passivity	حیمیالىق پاسسیۆتىك
化学发光	chemiluminescence	حیمیالىق جارىق شەعارۇ
化学发光反应	chemiluminescence reaction	حیمیالىق جارىق شەعارۇ رەاكسیاسى
化学发生	chemicogenesis	حیمیالىق پایدا بولۇ
化学法	chemical method	حیمیالىق ءادس
化学反射	chemical reflex	حیمیالىق رەفلەكس
化学反应	chemical reaction	حیمیالىق رەاكسیالار
(化学)反应本领	reacting power	(حیمیالىق) رەاكسیا قابلەتى
化学反应力	chemical reaction power	حیمیالىق رەاكسیا كۆشى
化学反应历程	chemical reaction process	حیمیالىق رەاكسیا بارسى
化学反应器	chemical reactor	حیمیالىق رەاكتور
化学反应热	chemical reaction heat	حیمیالىق رەاكسیا جىلۇى
化学反应式	chemical reaction formula	حیمیالىق رەاكسیا فورمۇلاسى
化学反应速度	chemical reaction velocity	حیمیالىق رەاكسیا جىلدامدىعى
化学反应性	chemical reactivity	حیمیالىق رەاكسیالاسقشتىق
化学方程式	chemical equation	حیمیالىق تەڭدەۇ
化学方法	chemicul method	حیمیالىق ءادس
化学肥料	chemical fertilizer	حیمیالىق تىڭعایتقىشتار
化学分化	chemodifferentiation	حیمیالىق دیففەرەنسیاتسیا، حیمیالىق ءبولىنۇ
化学分解	chemical decomposition	حیمیالىق بدىراۇ
化学分离法	fractionation	حیمیالىق ایىرۇ، حیمیالىق ءبولۇ
化学分析	chemical analysis	حیمیالىق تالداۇ
化学风化	chemical weathering	حیمیالىق ۇگىلۇ، حیمیالىق جەمىرىلۇ
化学符号	chemical symbol	حیمیالىق تاڭبا
化学腐蚀	chemical corrosion	حیمیالىق كوررۇزیالانۇ، حیمیالىق ءشرۇ

化学感受器	"化学接受体" گه قاراڭىز.
化学感应　chemoreception(chemoreceptivity)	ھىمىيالىق يندۆكتسىيا
化学个体　chemical entity	ھىمىيالىق دارا دەنە
化学根基　chemical radical	ھىمىيالىق راديكال
化学工厂　chemical plant	ھىمىيالىق ونەركاسپ زاۋودى، ھىمىيا زاۋودى
化学工程　chemical engineering	ھىمىيالىق ينجەنەريا
化学工业　chemical industry	ھىمىيالىق ونەركاسپ
化学工艺　chemical technology	ھىمىيالىق تەحنولوگيا، ھىمىيالىق ونەر
化学工艺学　chemical technology	ھىمىيالىق تەحنولوگيا
化学工作者	"化学家" گه قاراڭىز.
化学功能陶瓷　chemical functional ceramics	ھىمىيالىق فۆنكتسيالى قىش ـ كارلەن (فارفور)
化学管线　chemical pipeline	ھىمىيالىق قۇبىر جولى (جەلىسى)
化学惯性　chemical inertness	ھىمىيالىق ينەرتسيا، ھىمىيالىق ەكپىن
化学光	"化学发光" گه قاراڭىز.
化学过程的调节	"化学控制" گه قاراڭىز.
化学合成　chemical synthesis	ھىمىيالىق سينتەز
化学化　chemization	ھىمىيالاندىرۋ
化学化合物　chemical compound	ھىمىيالىق قوسىلىستار
化学化专家　chemization expert	ھىمىيزاتور، ھىمىيا مامانى
化学活(动)性　chemical activity	ھىمىيالىق اكتيۆتىك
化学活度	"化学活(动)性" گه قاراڭىز.
化学机理　chemism	ھىمىيالىق مەحانيزم
化学计量数　stoichiometric number	ھىمىيالىق ولشەم ساندار
化学计量学　stoichiometry	ستويحيومەتريا
化学计算　chemical calculation	ھىمىيالىق ەسەپتەۋ
化学计算方程式　stoichiometric equation	ھىمىيالىق ەسەپتەۋ تەڭدەۋى
化学计算器　stoichiometer	ھىمىيالىق ەسەپتەگىش
化学家　chemist	ھىمىگ
化学加速(作用)　chemical accelaration	ھىمىيالىق تەزدەتۋ (ۋدەتۋ)
化学假同晶　chemical pseudomorphy	ھىمىيالىق جالعان مورفي
化学键　chemical bond	ھىمىيالىق بايلانىستار
化学键理论　chemical bond theory	ھىمىيالىق بايلانىس تەورياسى

化学教育　chemical education　حیمیالىق تاربىيە

化学接受体　chemoceptor (= chemoreceptor)　حیمیالىق قابلداعش

化学结构　chemical constitution　حیمیالىق قۇرۇلمم

化学结构理论　chemical structure theory　حیمیالىق قۇرۇلس تەورىياسى

化学结构式　chemical structural formula　حیمیالىق قۇرۇلس فورمۇلاسى

化学结合的　chemical combined　حیمیالىق بىرىگۇ

化学解毒药　chemical antidote　حیمیالىق ایىقتىرعىش ٴدارى

化学精制过程　chemical refining process　حیمیالىق مانەرلەۇ بارسى

化学净化　chemical purification　حیمیالىق تازالاۇ، حیمیالىق تازارتۇ

化学军务　chemical warfare service　حیمیالىق اسكەرى سىتەر، حیمیالىق اسكەرى مىندەت

化学抗性　"化学抵抗" گە قاراڭز.

化学抗体　chemoantigen　حیمیالىق انتیگەن

化学控制　chemial control　حیمیالىق تەجەۇ

化学控制器　chemical inhibitor　حیمیالىق تەجەگىش

化学冷却　chemical cooling　حیمیالىق سۇتۇ

化学历程　"化学机理" گە قاراڭز.

化学疗法　chemotherapeutics　حیمیالىق ەمدەۇ

化学流变学　chemorheology　حیمیالىق رەولوگیا

化学滤毒器　chemical filter　حیمیالىق (ۇ) سۇزگىش

化学埋藏学　thaphonomye　تافونومیا

化学免疫性　chemo – immunity　حیمیالىق یممۇنیەتتىك

化学免疫学　chemo – immunology　حیمیالىق یممۇنولوگیا

化学命名法　chemical nomenclature　حیمیالىق اتاۇ ٴادىسى

化学磨光　chemical polishing　حیمیالىق جولمەن ٴهگەپ جارقىراتۇ

化学木浆　chemical wood pulp　حیمیالىق اعاش قویمالجىڭى

化学能　chemical energy　حیمیالىق ەنەرگیا

化学配剂　chemical preparate　حیمیالىق پرەپاراتتار

化学品　chemical product　حیمیالىق بۇیىمدار

化学平衡　chemical equilibrium　حیمیالىق تەپە ـ تەڭدىك

化学平衡常数　chemical equilibrium constant　حیمیالىق تەپە ـ تەڭدىك تۇراقتىسى

化学平衡状态　chemical equilibrium state　حیمیالىق تەپە ـ تەڭدىك كۇيى

化学漆　chemical lacquer　　　　　　　　　　　حيميالىق لاكتار

化学亲和力　chemical affinity　حيميالىق بىرگۈ كۈشى، حيميالىق تارتۇ كۈشى

化学亲和能　　　　　　　　　　　　.ىز قارالغ گە "化学亲和力"

化学亲和势　　　　　　　　　　　　.ىز قارالغ گە "化学亲和力"

化学亲和性　　　　　　　　　　　　.ىز قارالغ گە "化学亲和力"

化学热力学　chemical thermodynamics　حيميالىق تەرمودينامىكا

化学溶蚀　chemolysis　　　　　　　　　　حيميالىق مۇجىلۇ

化学射线　chemical ray　　　　　　　　　حيميالىق ساۇلە

化学渗透作用　chemosmosis　حيميالىق وسموس، حيميالىق ٴسگۇ

化学生物学　chemical biology　　　　حيميالىق بيولوگيا

化学师　　　　　　　　　　　　　.ىز قاراغ گە "化学家"

化学实验室　chemical laboratory　حيميا تاجرىبىمحاناسى

化学蚀剂　chemical etching　　حيميالىق شىرتكەش اگەنت

化学示踪剂　chemical tracer　حيميالىق تاڭبالاۇ اگەنتى

化学式　chemical formula　　　　　حيميالىق فورمۇلا

化学式表示　chemical formulation　حيميالىق فورمۇلا مەن كورسەتۇ

化学式量　chemical formula weight(= formula weight)　حيميالىق
فورمۇلالىق سالماق

化学试剂　chenimcal reagent　حيميالىق رەاكتيۇ

化学试验室　　　　　　　　　　.ىز قاراغ گە "化学实验室"

化学势　chemical potential　حيميالىق پوتەنتسيال

化学受纳体　　　　　　　　　　.ىز قاراغ گە "化学接受体"

化学受体　　　　　　　　　　　.ىز قاراغ گە "化学接受体"

化学术语　chemical terminology　حيميالىق تەرمين، حيميالىق تەرمينولوگيا

化学算术　chemical arithmetic　حيميالىق اريفمەتيكا

化学塔　chemical tower　　　　　حيميالىق مۇنارا

化学特性　chemical characteristics　حيميالىق ەرەكشەلىك، حيميالىق
ۋزگەشەلىك

化学天秤　chemical balance　حيميالىق تارازى

化学添加剂　chemical addition agent　حيميالىق تولىقتىرعەش اگەنت

化学推进剂　chemical propellant　حيميالىق بىلگەربلەتكەش اگەنت،
حيميالىق بىلگەربلەتكى

化学脱垢　　　　　　　　　　.ىز قاراغ گە "干洗"

化学脱灰剂	chemical deliming agent	حېمىيالىق توزاڭ كەتىرگۈش اگېنت
化学位移	chemical shift	حېمىيالىق ورنى ئۆزسۆ
化学文献	chemical literature	حېمىيالىق ۇۇجات
化学稳定化	chemical stabilization	حېمىيالىق ورنىقتىرۇۇ
化学稳定性	chemical stability	حېمىيالىق ورنىقتىلىق
化学武器	chemical weapons	حېمىيالىق قارۇلار، حېمىيالىق قارۇ ـ جاراقتار
化学物理学	chemical physics	حېمىيالىق فىزىكا
化学雾	chemical fog	حېمىيالىق تۇمان
化学稀硫化	chemical exhaust	حېمىيالىق سىرەتۆ
化学吸附	chemical adsorption	حېمىيالىق ادسوربتسيا
化学吸附的分子	chemisorbed molecula	حېمىيالىق ادسوربتسيالانعان مولەكۆلا
化学吸附的一氧化碳	chemisorbed carbon monoxide	حېمىيالىق ادسوربتسيالانعان كومىرتەك توتۇعى
化学吸力	chemical attraction	حېمىيالىق سورۇ كۆشى
化学吸收	chemical absorption	حېمىيالىق ابسوربتسيا
化学吸收剂	chemical absorbent	حېمىيالىق سورعىش اگېنت، حېمىيالىق اتسوربەنت
化学纤维	chemical fiber	حېمىيالىق تالشىق
化学显微术	chemical microscopy	حېمىيالىق مىكروسكوپيا
化学显像法	chemical development	حېمىيالىق كەسكىن ايقىنداۇ ٴادىسى
化学线		"化学射线" گە قاراڭىز.
化学现象	chemical phenomenon	حېمىيالىق ۇۇبىلىس
化学相	chemical phase	حېمىيالىق فازا
化学消毒	chemical disinfection	حېمىيالىق دەزينفەكسيا
化学辛烷值	chemical octane number	حېمىيالىق وكتان ٴمانى
化学型	chemical type	حېمىيالىق تىپ
化学行为	chemical behavior	حېمىيالىق قىمىل
化学性质	chemical property	حېمىيالىق قاسيەت
化学需氧量	chemical oxygen demand	حېمىيالىق قاجەتتى وتتەك مولشەرى
化学烟(雾)	chemical smoke	حېمىيالىق تۇتەك
化学氧化	chemical oxidation	حېمىيالىق توتۇعۇ
化学(药)剂	chemical agent	حېمىيالىق اگېنت

化学药品	chemicals	حيميالىق دارىلەر
化学医学	hermetic medicine; iatrochemistry	حيميالىق مەديتسينا
化学抑制器	chemical inhibitor	حيميالىق تەجەگىش
化学因数		"化学因素" گە قاراڭىز.
化学因素	chemical factor	حيميالىق فاكتور
化学营养	chemotropy	حيميالىق قورەكتەك
化学语言	chemical language	حيميالىق ٴتىل
化学预防	chemoprophylaxis	حيميالىق الدىن الۇ
化学元素	chemical element	حيميالىق ەلەمەنت
化学元素周期表	periodic tabie of chemical elements	حيميالىق
		ەلەمەنتتەردىڭ پەريودتىق كەستەسى
化学原理	chemical principle	حيميالىق قاعيدا
化学原子价		"化合价" گە قاراڭىز.
化学原子量	chemical atomic weight	حيميالىق اتومدىق سالماق
化学杂质	chemical impurity	حيميالىق ارالاسپا، حيميالىق كىرمە
化学战	chemical warfare	حيميالىق سوعىس
化学战队	chemical warfare troops	حيميالىق سوعىس قوسىنى
化学战剂	chemical war material	حيميالىق سوعىس ماتەريالدارى
化学战略	chemical strategy	حيميالىق ستراتەگيا
化学战争	chemical warfare	حيميالىق سوعىس
化学诊断	chemical diagnosis	حيميالىق دياگنوز
化学纸浆	chemical pulp	حيميالىق قاعاز قويمالجىڭى
化学致冷	chemical refrigeration	حيميالىق سۇۋىتۇ
化学质量	chemical mass	حيميالىق ماسسا
化学治疗		"化学疗法" گە قاراڭىز.
化学治疗术	chemotherapy	حيميالىق ەمدەۇ تەحنيكاسى
化学中间体		"化学半成品" گە قاراڭىز.
化学中性油	chemically neutral oil	حيميالىق بەيتاراپتانعان ماي
化学砖	chemical brick	حيميالىق كەرپىش
化学阻力	chemical resistance	حيميالىق كەدەرگى
化学组成		"化学成分" گە قاراڭىز.
化学作用	chemical action	حيميالىق رول، حيميالىق اسەر
化学作用物	chemical agent	حيميالىق اسەر ەتەتىن زات

化验剂　　　　　　　　　　　　　　　　　"化学药剂" گە قاراڭز.

huai

槐胺	sophoramine	سوفورامين
槐碱	sophorine	سوفورين
槐糖甙	sophorside	سوفوروزيد
槐子壳醇	sophocarbinol	سوفوكاربينول
坏死胺	necrosamine	نەكروزامين
坏死素	necrosin	نەكروزين

huan

还原　reduction　　　　　　　　　　　　　　توتىقسىزدانۇ

还原层　　　　　　　　　　　　　"还原带" گە قاراڭز.

还原带　reducing zone　　　　　　　　　توتىقسىزدانۇ ئۇماعى

还原电极　reducing electrode　　　توتىقسىزدانۇ ەلەكترودى

还原(电)势　reduction potential　　توتىقسىزدانۇ پوتەنتسيالى

还原(电)位　　　　　　　　　　"还原(电)势" گە قاراڭز.

还原反应　reduction reaction　　　توتىقسىزدانۇ رەاكسياسى

还原活化剂　reduction activator　توتىقسىزداندۇ اكتيۋتەندىرگۈش (اگەنت)

还原活化(作用)　reduction activation　توتىقسىزداندۇ اكتيۋتەندىرۇ

还原剂　reducing agent　　　　توتىقسىزداندىرعۇش (اگەنت)

还原碱　reducine　　　　　　　　　　　　رەدۇتسين

还原角蛋白　kerateine　　　　　　　　　كەراتەين

还原角朊　　　　　　　　　　　"还原角蛋白" گە قاراڭز.

还原苦味酸　reducing picric acid　　پيكرامين قىشقىلى

还原类靛蓝　indigotin (= indigo)　$C_{16}H_{10}O_2N_2$　يندىگوتين

还原酶　reductase　　　　　　　　　　　رەدۇكتازا

还原器　reductor　　　رەدۇكتور، توتىقسىزداندىرعۇش (اسپاپ)

还原气　reducing gas　　　　　　　توتىقسىزدانعان گاز

还原气层　reducing atmosphere　　توتىقسىزدانعان اتموسفەرا

还原铅白　reduced white lead　　توتىقسىزدانعان اق قورعاسىن

还原热　reduction heat توتقسزدانۇ جىلۇي

还原酸　reductic acid توتقسزدانعان قشقل

还原(性)糖　reducing sugar توتقسزدانعش قانت

还原铁　reduced iron توتقسزدانعان تەمىر

还原酮　reductone رەدۇكتون، توتقسزدانعان كەتون

还原酮类　reductones رەدۇكتوندار، توتقسزدانعان كەتوندار

还原性　reducing property توتقسزدانعشتق

还原性脱氨基(作用)　reductive deamination توتقسزدانعشتق امينوسزدانۇ

还原性脱硫(作用)　reductive desulfuration توتقسزدانعشتق كۇكرتسزدەنۇ

还原性脱卤(作用)　reductive dehalogenation توتقسزدانعشتق گالوگەنسزدەنۇ

还原血红蛋白　reduced hemoglobin توتقسزدانعان گەموگلوبين

还原焰　reducing flame توتقسزداندرۇ جالنى

还原氧化　reduction – oxidation توتقسزدانۇ ــ توتعۇ

还原值　reducing valve توتقسزدانۇ ٴمانى

还原(作用)　reduction توتقسزدانۇ (اسەرى)

环　cycle ساقينا

环氨酸钠　sodium cyclamate ساقينالى امينو قشقل ناتري

环铵　cycloaminium ساقينالى اممونى

环巴比妥　panodorn　$(C_2H_5)(C_6H_9):C_4H_2O_2N_2$ پانودورن، ساقينالى باربيتال

环巴比妥钙　cyclobarbital calcium ساقينالى باربيتال كالتسي

环丙胺　rolicypirine روليتسيپيرين

环丙叉二羧酸 "酒康酸" گە قاراڭز.

环丙二氮卓　prazepam پرازەپام

环丙基　cyclo propyl　C_3H_5 ساقينالى پروپيل

环丙基甲醇　cyclopropyl – carbinol ساقينالى پروپيل كاربينول

环丙基甲酸 "乙抱醋酸" گە قاراڭز.

环丙烷　cyclopropane　C_3H_6 ساقينالى پروپان

环丙烷二羧酸　cyclopropane – dicarboxilic acid　$C_3H_4(COOH)_2$ ساقينالى پروپان ەكى كاربوكسيل قشقلى

环丙烷 – 1,1 – 二羧酸　cycloprane – 1,1 – dicarboxylic acid ساقينالى

پروپان ــ 1، 1 ــ ەكى كاربوكسيل قەشقەلى

环丙烷羧酸　cyclopropane – carboxylic acid　ساقينالى پروپان كاربوكسيل
قەشقەلى

环丙烯阳子　cyclpropenyl cation　ساقينالى پروپەنيل كاتيون

环醇　cyclitol; cyclicalcohol　سيكليتول، ساقينالى سپيرت

环次联胺基　گە قاراڭىز. "肼抱"

环代二烯　exocyclic dienes　ساقينادا ەمەس ديەن، ساقينا سىرتىنداعى ديەن

环的封闭　ring seal　ساقيناننىڭ تۇيىقتالۇى

环碟呤　cyclopterin　ساقينالى پتەرين

环丁醇　cyclobutanol　ساقينالى بۇتانول

环丁二烯　cyclobutadiene　C_4H_4　ساقينالى بۇتاديەن

环丁基　cyclobutyl –　C_4H_7 –　ساقينالى بۇتيل

环丁烷　cyclobutane　C_4H_8　ساقينالى بۇتان

环丁烷羧酸　cyclpbutane – carboxylic acid　$(CH_2)_3CHCOOH$　ساقينالى
بۇتاندى كاربوكسيل قەشقەلى

环丁(烷)酮　cyclobutanone　$(CH_2)_3CO$　ساقينالى بۇتانون

环丁烯　cyclobutene　C_4H_6　ساقينالى بۇتەن

环二脲　گە قاراڭىز. "双脲"

环二烯　cyclic diolefine　ساقينالى ديولەفين

环二酰脲　cyclic diuroide　ساقينالى ديۇرەيد

环砜烷　sulfolane　سۇلفولان

环酐　cyclicanhydride　ساقينالى انگيدريد

环庚醇　cycloheptanol　$CH_2(CH)_5CHOH$　ساقينالى گەپتانول

环庚二烯　cycloheptadiene　C_7H_{10}　ساقينالى گەپتاديەن

环庚基　cycloheptyl　C_7H_{13} –　ساقينالى گەپتيل

环庚间三烯　tropilidene　تروپيليدەن

环庚酮　cycloheptanone　$CH_2(CH_2)_5CO$　ساقينالى گەپتانون

环庚烷　cycloheptane　$CH_2(CH_2)_5CH_2$　ساقينالى گەپتان

环庚烯　cycloheptene　$CH_2(CH_2)_4CH{:}CH$　ساقينالى گەپتەن

环硅烷　گە قاراڭىز. "环矽烷"

环化过程　cyclization process　ساقينالانۇ بارسى

环化合物　cylic compound　ساقينالى قوسىلىستار

环化加成(作用)　cycloaddition　ساقينالانىپ قوسىلۇ الۇ

环化聚合　cyclic polymerization		ساقینالانسپ پولیمەرلەنۇ
环化聚合作用		"环化聚合" گە قاراڭز.
环化脱氢作用　cyclodehydrogenation		ساقینالانسپ سۇتەكسىزدەنۇ
环化脱水作用　cyclodehydration		ساقینالانسپ سۇسىزدانۇ
环化橡胶　cyclo rubber; thermopren		ساقینالانعان كاۋچۇك، تەرموپرەن
环化橡胶粘合剂　thermoprene cement		تەرموپرەن جابىستىرعىش (اگەنت)
环化(作用)　cyclization		ساقینالانۇ
环己胺　cyclohexylamine	$C_6H_{11}NH_2$	ساقینالى گەكسیلامین
环己叉　cyclohexylidene	$(C_5H_{10})C=$	ساقینالى گەكسیلیدەن
环己撑　cyclohexylene	$-C_6H_{10}-$	ساقینالى گەكسیلەن
环己醇　cyclohexanol	$CH_2(CH_2)_4CHOH$	ساقینالى گەكسانول
环己对二烯		"环己二烯 – [1,4]" گە قاراڭز.
环己二胺　cyclohexanediamine		ساقینالى گەكسان دیامین
环己二胺四乙酸　cyclohexanediamine tetraacetic acid		ساقینالى گەكسان دیامین ٴتورت سىركە قشقىلى
环己二烯　cyclohexadien		ساقینالى گەكسادیەن
环己二烯 – [1,3]　cyclohexadiene – [1,3]		ساقینالى گەكسادیەن _ [1، 3]
环己二烯 – [1,4]　cyclohexadiene – [1,4]		ساقینالى گەكسادیەن _ [1، 4]
环己二烯基　cyclohexadienyl		ساقینالى گەكسادیەنیل
环己二烯 – [2,4] – 基　2,4 – cyclohexadienyl		2، 4 _ ساقینالى گەكسادیەنیل
环己二烯亚基　cyclohexadienylidene		ساقینالى گەكسادیەنیلیدەن
环己二烯 – [2,5] – 亚基　2,5 – cyclohexadienylidene		2، 5 _ ساقینالى گەكسا دیەنیلیدەن
环己硅烷基　cyclohexasilanyl	$SiH_2(SiH_2)_4SiH-$	ساقینالى گەكساسیلانیل
环己基　cyclohecyl	C_6H_{11}	ساقینالى گەكسیل
环己基胺基磺酸钠　sodium cyclohexyl sulfamate		ساقینالى گەكسیل سۇلفامین قشقىل ناتري
环己基苯　cyclohexyl benzene	$C_6H_5CH(CH_2)_4CH_2$	ساقینالى گەكسیل بەنزول
环己基碘　cyclohexyl iodide		ساقینالى گەكسیل یود
2 – 环己基环己醇　2 – cyclohexylcyclohexanol		2 _ ساقینالى گەكسیل ساقینالى گەكسانول
环己基甲醇　cyclohexylcarbinol	$C_6H_{11}CH_2OH$	ساقینالى گەكسیل كاربینول

环己基甲硫醇　cyclohexan methanethiol　ساقينالى گەكسان مەتانتييول

环己基甲醛　"六氢化苯(甲)醛" گە قاراڭـز.

环己基甲酸　"六氢化苯(甲)酸" گە قاراڭـز.

环己基氯　cyclohexyl chloride　$C_6H_{11}Cl$　ساقينالى گەكسيل حلور

环己基溴　cyclohexyl bromide　$C_6H_{11}Br$　ساقينالى گەكسيل بروم

环己间二烯　"环己二烯 - [1,3]" گە قاراڭـز.

环己间三肟　"间苯三酚肟" گە قاراڭـز.

环己连五醇　cyclohexanpentol(= quercitol)　$C_6H_7(OH)_5$　ساقينالى گەكسان پەنتول

环己隣烯叉　"环己烯 - [2] - 叉" گە قاراڭـز.

环己硫醇　cyclohexylmercaptan　$C_6H_{11}SH$　ساقينالى گەكسيل مەركاپتان

环己六醇　cyclohexan hexanol　$(CHOH)_6$　ساقينالى گەكسانول

环己六醇胺　"肌醇胺" گە قاراڭـز.

环己六醇类化合物　cyclohexitol　ساقينالى گەكسيتولدار

环己六酮　cyclohexanhexanon　$(CO)_6$　ساقينالى گەكسانئون

环己酮　cyclohexanone　$CH_2(CH_2)_4CO$　ساقينالى گەكسانون

环己酮 - 甲醛树脂　cyclohexanone - formaldehyde resin　ساقينالى گەكسانون قۇمـرسقا الدەگيدتى سمولالار

环己酮肟　cyclohexanone oxime　$CH_2(CH_2)_4C:NOH$　ساقينالى گەكسانون وكسيم

环己烷　cyclohexane　C_6H_{12}　ساقينالى گەكسان

1,2 - 环己烷二甲酰亚胺　1,2 - cyclohexane dicarboximid　$(CH_2)_4(CH_2)_2(CO)_2NH$　1، 2 ـ ساقينالى گەكسان ەكى كاربوكسيميد

1,4 - 环己烷二羧酸　1,4 - cyclohexane dicarboxylic acid　1، 4 ـ ساقينالى گەكسان ەكى كاربوكسيل قشقلى

环己烷甲酸　"环烷酸" گە قاراڭـز.

环己烷甲酰胺　cyclohexane carboxamide　ساقينالى گەكسان كاربوكساميد

环己烷邻二甲酸　"六氢化酞酸" گە قاراڭـز.

环己烷硫酮　cyclohexane thion　$C_6H_{10}S$　ساقينالى گەكسانتيون

环己烷三醇 - [1,3,5]　"间环己烷三醇" گە قاراڭـز.

环己烷羧酸　cyclohexane - carboxylic acid　$CH_2(CH_2)_4CHCO_2H$　ساقينالى گەكسان كاربوكسيل قشقلى

环己烷亚胺　cyclohexanimine	ساقینالی گەکسان یمین
环己烷值　cyclohexane number	ساقینالی گەکسان ؤمانى
环己五醇　cyclohexanpentol $C_6H_7(OH)_5$	ساقینالی گەکسان پەنتول
环己烯　cyclohexene $CH_2(CH_2)_3 \cdot CH \cdot CH$	ساقینالی گەکسەن
环己烯巴比妥　hexobarbital	گەکسو باربیتال
环己烯巴比妥钠　hexobarbital sodium	گەکسو باربیتال ناتري
环己烯–[2]–一叉 2– cyclohexenylidene $(CH_2)_3(CH)_2C=$	2 ـ ساقینالی گەکسەنیلیدەن
环己烯撑　cyclohexenylene $-C_6H_8-$	ساقینالی گەکسەنیلەن
1,2–环己烯二胺四醋酸　complexon Ⅳ	کومپلەکسون Ⅳ
环己烯二醇四酮	"玫棕酸" گە قاراڭىز.
环己烯化过氧氢　cyclohexene hydroperoxide $C_6H_{10}O_2$	ساقینالی گەکسەن اسقىن سۆۋتەك توتعى
环己烯基　cyclohexenyl C_6H_9	ساقینالی گەکسەنیل
环己烯–3–酮　cyclohexadienylidene	"尿型素" گە قاراڭىز.
环己烯亚基　cyclohexadienylidene	ساقینالی گەکسا دیەنیلیدەن
环己酰亚胺　cycloheximide	ساقینالی گەکسیمید
环己乙酮　$CH_3CO \cdot C_6H_{11}$	"乙酰环己烷" گە قاراڭىز.
环境友好化学　environmentally friendly chemistry	ورتاعا جاراسمدى حیمیا
环链互变(现象)　ring chain tautomerism	ساقینالی تىزبەکتەك تاۋتومەرلەنۋى
环磷酰胺　cyclophosphamide	ساقینالی فوسفامید
环硫　epithio–	ەپیتیو
环硫丁烷	"丁撑硫环" گە قاراڭىز.
(环)六亚甲基四胺	"六甲撑四胺" گە قاراڭىز.
环龙牛二烯　cyclogeraniolene	ساقینالی گەرانیولەن
环醚　cyclic ether	ساقینالی ەفیر
环(内)键　cyclo bond	ساقینادامى بایلانس
环内双键　cyclic olefinic bond	ساقینادامى قوس بایلانس
环七肽霉素　cycloheptamycin	ساقینالی گەپتامیتسین
环青霉醛酸　cyclopaldic acid	ساقینالی پالدین قشقىلى
环炔　cycloalkine	ساقینالی الکین
环绕　peri–	پەري ـ (گرەکشە)، وراما

环壬烷　cyclononane　C_9H_{18}　ساقینالی نونان

环三甲撑三硝铵　cyclo trimetylene trinitramine　ساقینالی تیرمەتیلەن ترینیترامین

环三矽氧烷　cyclo triloxane　ساقینالی تریسیلوکسان

环三亚甲基三硝胺　cyclo trimenthylene trinitramine　ساقینالی تریمەتیلەن ترینیترامین

环杀菌素　cuclacidin　سیكلاتسیدین

环上的卤　halogen in ring　ساقیناداعی گالوگەن

环上的氯　chlorine in ring　ساقیناداعی حلور

环上的氢　ring hydrogen　ساقیناداعی سۆتەك

环上碘代　ring iodinated　ساقینادا یودتانۇ

环上碘代反应　nuclear iodination　ساقینادا یودتانۇ رەاكسیاسی

环上碘代作用　ring iodination　ساقینادا یودتاۇ

环上氟代　ring fluorination　ساقینادا فتورلانۇ

环上氟代反应　nuclear fluorination　ساقینادا فتورلانۇ رەاكسیاسی

环上氟代作用　ring fluorination　ساقینادا فتورلاۇ

环上卤代　ring halogenated　ساقینادا گالوگەندەنۇ

环上卤代反应　nuclear galogenation　ساقینادا گالوگەندەنۇ اسەری

环上卤代作用　ring halogenation　ساقینادا گالوگەندەۇ

环上卤素　nuclear halogen　ساقیناداعی گالوگەن

环上氯代　ring chlorinated　ساقیناداعی حلورلانۇ

环上氯代反应　nuclear chlorination　ساقینادا حلورلانۇ رەاكسیاسی

环上氯代作用　ring clorination　ساقینادا حلورلاۇ

环上取代　ring substituted　ساقینادا ورسن باسۇ

环上取代反应　nucleus substitution　ساقینادا ورسن باسۇ رەاكسیاسی

环上取代作用　ring (nuclear) substitution　ساقینادا ورسن باسۇی

环上溴代　ring brominated　ساقینادا برومدانۇ

环上溴代反应　nuclear bromination　ساقینادا برومدانۇ رەاكسیاسی

环上溴代作用　ring bromination　ساقینادا برومداۇ

环十五酮　cyclopentadecanone　ساقینالی پەنتادەكانون

环十五烷　cyclopentadecane　ساقینالی پەنتادەكان

环十五烷内酯　cyclopentadecalacton　ساقینالی پەنتادەكالاكتون

环式取代基　cyclic substituent　ساقینالی الماسۇ (ورسن باسۇ) رادیكالی

环式叔碱	cyclic tertiary base	ساقينالى تەرتياري نەگىز
环丝氨酸	cycloserine	ساقينالى سەرين
环酸		"环烷酸" گە قاراڭىز.
环缩二白氨酸		"环缩二亮氨酸" گە قاراڭىز.
环缩二亮氨酸	leucinimide	لەؤىتسىن يمىد
环缩作用	ring contraction	ساقينانىڭ كىشرەيۇى (سولۇى)
环糖	cyclose	سيكلوزا
环烃	cyclic hydrocarbon	ساقينالى كومىر سۇتەكتەر
环酮	cyclic ketone, cyclone	ساقينالى كەتون، سيكلون
环酮烯	cyclonene	سيكلونەن
环外的	exocyclic	ساقينا سىرتىندا، ساقينادان سىرت
环外甲撑	exocyclic methylene	ساقينا سىرتىنداعى مەتيلەن
环烷	cycloalkanes; cycloparaffin; naphthenes C_nH_{2n}	ساقينالى الكاندار، ساقينالى پارافيندەر، نافتەندەر
环烷基	naphthenic base	نافتەندى، نافتەن نەگىزدى
环烷基芳香环	naphtheno – aromatic ring	نافتەندى اروماتتى ساقينا
环烷基汽油	naphthenic type gasoline	نافتەندى بەنزين
环烷基石油	naphthene base oil	نافتەندى مۇناي
环烷基原油	naphthene base crude oil	نافتەندى وڭدەلمەگەن مۇناي
环烷金属化合物	cyclo alkanoates	ساقينالى الكاندى مەتال قوسىلىستارى
环烷溶剂	naphthenic solvent	نافتەندى ەرىتكىش
环烷属烃		"环烷" گە قاراڭىز.
环烷酸	naphthenic acid	نافتەن قىشقىلى
环烷酸胺		نافتەن قىشقىل امين
环烷酸钙	calcium naphthenate	نافتەن قىشقىل كالتسي
环烷酸钴	cobalt naphthenate	نافتەن قىشقىل كوبالت
环烷酸铝	aluminum naphthenate	نافتەن قىشقىل الۇمين
环烷酸锰	manganesium naphthenate	نافتەن قىشقىل مارگانەتس
环烷酸钠	sodium naphthenate	نافتەن قىشقىل ناتري
环烷酸铅	lead naphthenate	نافتەن قىشقىل قورعاسىن
环烷酸铜	copper naphthenate	نافتەن قىشقىل مىس
环烷酸纤维素	cellulose naphthenate	نافتەن قىشقىل سەلليۋلوزا
环烷酸锌	zinc naphthenate	نافتەن قىشقىل مىرىش

环烷酸盐　naphthenate　　　　　　　　　نافتەن قىشقىلىنىڭ تۇزدارى

环烷烃　naphthenic hydrocarbon(= cycloparaffinic hydrocarbons)

نافتەندى كومىر سۇتەكتەر، ساقينالى الكاندار

环烷酮　naphthenone　　　　　　　　　　　　　　نافتەنون

环烷系　naphthene series　　(CnH₂n)　　　　　نافتەن قاتارى

环烷油　naphthenic oil　　　　　　　　　　　نافتەن مايى

环烷皂　naphthene soaps　　　　　　　　　نافتەندى سابىن

环烷族烃　naphthene hydrocarbon　　نافتەن گرۇپپاسىنداعى كومىر سۇتەكتەرى

环戊丙醇　cycrimine　　　　　　　　　　　　سىكرىمىن

环戊并　cyclopentano –　　　　　　　　ساقينالى پەنتانو –

15 – 环戊并[a]菲　15 – cyclopenta [a] phenanthrene　　ساقينالى – 15

پەنتا [a] فەنانترەن

17 – 环戊并[a]菲　17 – cyclopenta [a] phenanthrene　　ساقينالى – 17

پەنتا [a] فەننانترەن

环戊叉　cyclopentylidene　　(C₄H₈)C =　　ساقينالى پەنتيليدەن

环戊撑　cyclopentylene　　– C₅H₈ –　　ساقينالى پەنتيلەن

环戊稠全氢化菲　cyclopentanoperhydro – phenanthrene　　ساقينالى

پەنتان، اسقىن سۇتەكتى فەنانترەن

环戊醇　cyclopentanol　　(CH₂)₄CHOH　　ساقينالى پەنتانول

环戊二烯　cyclopentadiene　　C₅H₆　　ساقينالى پەنتاديەن

环戊二烯 – [1,3]　cyclopentadiene – [1,3]　C₅H₇　[3 ،1] – ساقينالى پەنتاديەن

环戊二烯十三(碳)酸　　　　　　　"告尔酸" گە قاراڭىز.

环戊基　cyclopentyl　C₅H₉ –　　　　　　ساقينالى پەنتيل

环戊基十三酸　　　　　　　　　　"大风子酸" گە قاراڭىز.

环戊甲噻嗪　　　　　　　　"环戊氯噻嗪" گە قاراڭىز.

环戊间二烯　　　　　"环戊二烯 – [1,3]" گە قاراڭىز.

环戊膦烯叉　　　　　　　" 2 – 环戊烯叉" گە قاراڭىز.

环戊氯噻嗪　cyclopenthiazide　　　　ساقينالى پەنتيازيد

环戊酮　cyclopentanone　　CH₂(CH₂)₃CO　　ساقينالى پەنتانون

环戊烷　cyclopentane　　C₅H₁₀　　　ساقينالى پەنتان

环戊烷多氢菲　cyclopentane perhydro – phenanthrene　ساقينالى پەنتاندى

اسقىن سۇتەك فەنانترەن

环戊烷羧酸　cyclopentane – carboxylic acid　(C₅H₉)·COOH　ساقينالى پەنتان

كاربوكسيل قشقملى

环戊五酮   "白酮酸" گە قاراڭز.

环戊五酮肟   "戊肟" گە قاراڭز.

环戊烯 cyclopentene C_5H_8 ساقينالى پەنتەن

环戊烯丙烯巴比土酸 cyclopentenyl allylbarbituric acid   ساقينالى پەنتەنيل الليل باربيتۇر قشقملى

环戊烯叉 cyclopentenylidene   ساقينالى پەنتەنيليدەن

2-环戊烯叉 2-cyclopentenylidene $C_4H_6C=$ 2 ـ ساقينالى پەنتەنيليدەن

环戊烯多氢烯菲 cyclopentheno perhydro phenanthrene   ساقينالى پەنتەندى اسقن سۆتەك فەنانترەن

环戊烯基 cyclopentenyl C_5H_7- ساقينالى پەنتەنيل

环戊烯-[2]-十三烷酸   "晁模酸" گە قاراڭز.

环戊烯-[2]-十一烷酸   "副大风子酸" گە قاراڭز.

环烯 cyclicolefine cyclenes   ساقينالى ولەفين، سيكلەندەر

环烯烃 cycloolefinic hydrocarbons   ساقينالى الكەندەر

环矽烷   "环硅烷" گە قاراڭز.

环酰胺 cycloamide   ساقينالى اميد

环香豆素 cyclocoumarol   ساقينالى كوۆمارول

环辛醇 cyclooctanol   ساقينالى وكتانول

环辛二烯 cyclooctadiene   ساقينالى وكتاديەن

环辛四烯 cycloocta tetraene   ساقينالى وكتاتەتراەن

环辛酮 cycloocta none   ساقينالى وكتانون

环辛烷 cyclooctane C_8H_{16} ساقينالى وكتان

环辛烯 cyclooctene   ساقينالى وكتەن

环氧-O- epoxy   ەپوكسي

2,3-环氧丙醇-[1] 2,3-epoxy-1-propanol   2، 3 ـ ەپوكسي ـ 1 ـ پروپانول

环氧丙烷 epoxy propane   ەپوكسي پروپان

1,2-环氧丙烷 1,2-epoxy propanei; epihydrin   1، 2 ـ ەپوكسي پروپان، ەپيگيدرين

1,3-环氧丙烷 1,3-epoxy propane   1، 3 ـ ەپوكسي پروپان

3,4-环氧丁腈   "表氰醇" گە قاراڭز.

环氧丁烷   "丁撑氧" گە قاراڭز.

环氧化合物　epoxy compound　　　　　　　ھۇكسى قوسۇلمىستار

环氧化胡罗卜素　carotene opoxide　　　　　ھۇكسىلى كاروتەن

环氧化维生素 A　vitamin A epoxide　　　A ھۇكسىلى ۋ‹يتامىن

环氧化物　epoxide　　　　　　　　　　　ھۇكسىد

环氧化作用　epoxidation　　　　　　　　ھۇكسىددەۋ

环氧基　epoxy group　　　　　　　　　ھۇكسى گرۇپپا

环氧聚合物　epoxy polymer　　　　　　ھۇكسى پولىمەر

环氧酶　cyclo – oxygenase　　　　　ساقىنالى وكسىگەنازا

环氧树脂　epoxy resin　　　　　　ھۇكسىدتى سمولالار

环氧衍生物　epoxy derivative　　　　ھۇكسى تۇنىندىلارى

环氧 – β – 叶红呋喃素　　　"黄体色素" گە قاراڭز.

环氧乙烷　oxiran(= oxane)　　CH₂CH₂O　وكسىران، وكسان

环异构　ring isomerism　　　　　　ساقىنالى يزومەريا

环之破裂　ring scission(cleavage)　　ساقىناناڭ ‹ۇزلۇۋى

环酯　cyclic ester　　　　　　　　ساقىنالى ەستەر

环中的氮　nuclear nitrogen　　　　ساقىناداعى ازوت

环中的碳　nuclear carbon　　　ساقىناداعى كومۇرتەك

环(状)二聚物　cyclic dimer　　　ساقىنالى دىمەر

环(状)二酯　cyclic di – ester　　ساقىنالى دىەستەر

环状反应　ring reaction　　ساقىنا ‹تارىزدى رەاكسيا

环状符号　ring symbol　　ساقىنا ‹تارىزدى تاڭبا (بەلگى)

环状杆菌素　circulin　　　　　　　سىركۆلين

环状化合物　cyclic sulfide　　"环化合物" گە قاراڭز.

环状火药　ring powder　　ساقىنا ‹تارىزدى قارا ‹ەدارى

环(状)碱　cyclic base　　　　ساقىنالى نەگز

环状结构　cyclic structure　　ساقىنا ‹تارىزدى قۇرىلىم

环状(结构的)聚烯　cyclic polyolefine　ساقىنا ‹تارىزدى (قۇرىلىمدى) پولي
ولەفين

环状硫化物　cyclic sulfide　　ساقىنالى كۆكىرت قوسۇلمىستارى

环(状)齐聚物　cyclic oligomer　　ساقىنالى ولىگومەر

环状式　cyclic formula　　ساقىنا ‹تارىزدى فورمۇلا

环(状)缩合　cyclic condensation　　ساقىنالى كوندەنساتسيالانۇ

环状缩醛　cyclic acetal　　　　ساقىنالى اتسەتال

环状糖醇　cyclic sugar – alcohol(= cyclitol) | ساقىنالى قانت ـ سپىرت؛ سىكلىتول

环状填充物　ring packed column | ساقىنا ءتارنزدى تولىقتىرما زات

环状同系(现象)　ring hamology | ساقىنالى گومولوگيا

环状系统　ring system | ساقىنا جۇيەسى

环状酰脲　cyclic ureide | ساقىنالى ۇرەيد

环状亚胺　cyclic imide | ساقىنالى يمىد

环状有机化合物　cyclic organic compound | ساقىنالى ورگانيكالىق قوسىلىستار

环状酯 | "环酯" گە قاراڭىز.

缓冲　buffer | بۇفەر

缓冲剂　buffer | بۇفەر اگەنت، ارالىم اگەنت

缓冲滤纸　buffered filter paper | بۇفەر سۇزگى قاعاز

缓冲偶　buffer pair | جۇپ بۇفەر

缓冲溶液　buffer solution | بۇفەر ەرىتىندىلەر، ارالىم ەرىتىندىلەر

缓冲物质　buffer substance | بۇفەر زاتتار

缓冲盐　buffer salt | بۇفەر تۇز

缓冲盐水溶液　buffer salt solution | بۇفەر تۇزدىڭ سۇداعى ەرىتىندىسى

缓冲值　buffer valve | بۇفەر ءمانى

缓冲指数　buffer index | بۇفەر كورسەتكىشى

缓冲作用　buffer action | بۇفەرلەۇ

缓和剂　moderator | باسەڭدەتكىش اگەنت

缓缓氧化　slow oxidation | باياۋ توتىعۇ

缓激肽　bradykinin | بر اديكينين

缓燃烧　slow combustion | باياۋ جانۇ

缓效肥料　slow – release fertilizer | ءونىمى باياۋ تىڭايتقىش

换热器 | "热交换器" گە قاراڭىز.

换位　trans position | ورىن الماسۇ

幻灯　projection lantern | پروەكسيالىق پانار (لامپا)

幻灯片　diapostive | ديا پوزيتيۆ

huang

荒酸　dithioic acid | ديتيو قىشقىلى

荒酸盐	dithionate	R·CS·SM	ديتيو قشقىلىننىڭ تۇزدارى
黄	xantho –		كسانتو ـ (گرەكشە)، سارى
黄阿托品酸	chrisatropic acid		حريزاتروپىن قشقىلى
黄安酸	flavianic acid	$(NO_2)_2C_{10}H_4(OH)SO_3H$	فلاۋيان قشقىلى
黄安酸盐	flavianate	$C_{10}H_4O_8N_2SM$	فلاۋيان قشقىلىننىڭ تۇزدارى
黄鹌菜素	crepin		كرەپين
黄胺黄胺二甲			"乌利龙" گە قاراڭىز.
黄斑	yellow spot		سارى داق
黄棓醇	flavogallol		فلاۋوگاللول
黄茶胺	flavaniline		فلاۋانيلين
黄便酮	xanthostemone		كسانتوستەمون
黄常山碱	dichroine		ديحروين
黄常山碱乙	febrifugin; β – dichroine		فەبريفۇگين؛ β – ديحروين
黄沉淀	yellow precipitate	HgO	سارى تۇنبا، سارى سناپ توتنعى
黄醇	flavol		فلاۋول
黄甙	xanthosine	$C_{10}H_{12}O_6N_4$	كسانتوزين
黄甙酸	xantholic acid		كسانتيل قشقىلى
黄丹	yellow lead		قورعاسىن توتنعى
黄丹红酸	xanthobilirubic acid		كسانتوبيليرۇبين قشقىلى
黄蛋白酸	xanthoprotein acid		كسانتوپروتەين قشقىلى
黄蛋白质	xanthoprotein		كسانتوپروتەين
黄蒂巴酮	flavothebaone		فلاۋوتەباون
黄地腊	yellow ozekerite		سارى تاس بالاۋىز
黄碘			"碘仿" گە قاراڭىز.
黄碟环羧酸	xanthopterin carboxylic acid		كسانتوپتەرين كاربوكسيل قشقىلى
黄碟呤	xanthopterin	$C_6H_5O_2N_5$	كسانتوپتەرين
黄豆甙	daidzin		دايدزين
黄豆甙原	daidzein		دايدزەين
黄凡士林	yellow vaseline		سارى ۋازەلين
黄芬宁	flavophenine		فلاۋوفەنين
黄弗剂	flavicid	$C_{18}H_{22}N_3Cl$	فلاۋىتسيد اگەنت
黄弗素	flavacidin(= flavicin)		فلاۋاتسيدين
黄弗酸	flavicidic acid		فلاۋىتسيد قشقىلى

黄芾状菌素	"黄芾素" گه قاراڭنز.
黄腐醇 xanthogymol	كسانتوگيمول
黄胱氨酸 xanthocystine	كسانتوسيستين
黄海葱甙 xanthoscillide	كسانتوستسيلليد
黄红紫素 flavopurpurin $C_{14}H_8O_5$	فلاۋوپۇرپۇرين
黄黄质 flavoxanthin	فلاۋوكسانتين
黄夹甙 thevetin $C_{42}H_{66}O_{18}$	تەۋەتين
黄夹竹桃甙	"黄夹甙" گه قاراڭنز.
黄夹竹桃素 theveresin $C_{48}H_{70}O_{17}$	تەۋەرەزين
黄金 gold	التىن
黄精	"黄玉" گه قاراڭنز.
黄矿脂	"黄凡士林" گه قاراڭنز.
黄腊 yellow wax	ساری بالاۋنز
黄连碱 soptisine	كوپتيزين
黄连霉素 xanthomycin	كسانتوميتسين
黄连丝菌素	"链霉灵" گه قاراڭنز.
黄连素 berberin	بەربەرين
黄膦 flavophosphine	فلاۋوفوسفين
黄磷 yellow phosphorus	ساری فوسفور
黄鲈精朊 persin	پەرتسين
黄纶 yellon	يەللون
黄麻毒 corchortoxin	كورحورتوكسين
黄麻亭 corchoritin	كورحوريتين
黄麻因 corchorin	كورحورين
黄霉素 xanthomycin; flavomycin	كسانتوميتسين، فلاۋوميتسين
黄酶 yellow enzime	ساری فەرمەنت
黄绵马酸 flavaspidic acid	فلاۋاسپيد قشقىلى
黄木灵-N xannthoxylin-N	كسانتوكسيلين
黄木亭 xanthoxyletin	كسانتوكسيلەتين
黄尿环核酸	"黄嘌呤核甙酸" گه قاراڭنز.
黄尿环去氢酶	كسانتين دەگيدرازا
黄尿烯酸 xanthurenic acid	كسانتۇرەن قشقىلى
黄偶氮酚	"萘酚 AS-G" گه قاراڭنز.

黄皮菌色素	corticrocin		كورتيكروتسين
黄嘌呤			"黄质" گە قاراڭنز.
黄嘌呤核甙	xanthosine		كسانتوزين
黄嘌呤核甙酸	xanthilic acid		كسانتيل قشقىلى
黄嘌呤核酸	xanthilic – nucleic acid		كسانتيل ـ نۇكلەين قشقىلى
黄嘌呤碱	xanthine base		كسانتيندى نەگىز
黄嘌呤脱氢酶	xanthin dehydrogenase		كسانتين دەگيدروگەنازا
黄嘌呤氧化酶			"黄质氧化酶" گە قاراڭنز.
黄芩配质	scutellarein	$C_{15}H_{10}O_6$	سكۇتەللارەين
黄芩素	scutellarin	$C_{21}H_{18}O_{12}$	سكۇتەللارين
黄嗪染料 G	flavazine G		فلاۋازين G
黄青霉素			"黄西林" گە قاراڭنز.
黄球蛋白	xanthoglobulin		كسانتوگلوبۇلين
黄曲霉毒素	aflatoxin		افلاتوكسين
黄曲(霉)酸			"黄莓酸" گە قاراڭنز.
黄朊(色)反应	xanthoprotein reaction		كسانتوپروتەين رەاكسياسى
黄色			"黄" گە قاراڭنز.
黄色菌素	xanthicin		كسانتيتسين
黄色素	flavochrome		فلاۋوحروم
黄(色)氧化汞	yellow mercuric oxide	HgO	سارى سىناپ توتىغى
黄色贞菌素	flavofungin		فلاۋوفۇنگين
黄色正铁血红素	xanthematin		كسانتەماتين
黄石腊	yellow wax		سارى بالاۋزى
黄示醇	luteol	$C_{19}H_{14}ONCl$	لۇتەول
黄蓍胶	bassora gum		باسسورا جەلىمى، كارابا جەلىمى، ينديان جەلىمى
黄蓍胶素	bassorin		باسسورين
黄蓍胶糖	bassorin		باسسورين
黄蓍树胶	gum tragacanth		تراگاكانت جەلىمى، سيير سەلەكەي جەلىمى
黄蓍糖			"黄蓍质" گە قاراڭنز.
黄蓍质	tragacanthin		تراگاكانتين
黄氏还原	Hung – Minlon reduction		حۇڭ ـ مينلون توتىقسىزداندىرۇئى
黄树脂单宁醇	xantho resino tannol		كسانتو سمولالى تاننول
黄素	flavin	$C_{10}H_6N_4O_2$	فلاۋين

黄素单核甙酸 flavin mononuecleotide		فلاۋين مونونۆكلەوتيد
黄素蛋白 flavoprotein		فلاۋوپروتەىن
黄素核甙酸 flavin nucleotide		فلاۋين نۆكلوتيد
黄素酶 flavine enzime		فلاۋين فەرمەنت
黄素朊		"黄素蛋白" گە قاراڭز.
黄素酸 flavianic acid		فلاۋيان قىشقىلى
黄素酸盐 flavianate		فلاۋيان قىشقىلىنىڭ تۇزداری
黄素腺二核甙酸		"黄素腺嘌呤二核甙酸" گە قاراڭز.
黄素腺嘌呤二核甙酸 flavin adenine dinucleotide		فلاۋين ـ ادەنين
		دينۆكلەوتيد
黄酸 xanthogenic acid		كسانتوگەن قىشقىلى
黄体 yellow body		ساری دەنەشەك
黄体化激素 luteinzing hormone		ساری دەنەشكتەنەتىن گورمون
黄体激素		"孕甾酮" گە قاراڭز.
黄体色素 luteochrome		لۆتەوحروم
黄体素 lutein		لۆتەىن
黄体酮		"孕甾酮" گە قاراڭز.
黄天精 flavoskyrin		فلاۋوسكيرين
黄铁矿 pyrite FeS_2		تەمىر تاس، پيريت، كولچەدان
黄铜 brass		جەز
黄铜矿 pyrite copper ore $CuFeS_2$		مىستی تەمىر تاس
黄酮 flavone $C_6H_4OC(C_6H_5):CHCO$		فلاۋون
黄酮醇 flavonol		فلاۋونول
黄酮类 flavonoid		فلاۋونويد
黄酮类化合物 flavonoid		فلاۋونويدتار، فلاۋونويد قوسىلىستاری
黄烷 flavane		فلاۋان
黄烷醇 flavanol $C_{15}H_{10}O_3$		فلاۋانول
黄烷士林 flavanthrene $C_{18}H_{12}N_2O_3$		فلاۋانترەن
黄烷酮 flavanone		فلاۋانون
黄西林 xanthocillin		كسانتوتسيللين
黄纤维 yellow fiber		ساری تالشىق
黄硝		"硝酸试剂" گە قاراڭز.
黄血盐 yellow prussiate of potash (= potassium ferrocyanide) $K_4[Fe(CN)_6]$		

ساری قان تۇزی، تەمىرلى سياندى كالي

黄血盐钠 yellow prussiate of soda ناتريلى ساری قان تۇزی، تەمىر ـ سياندى
ناتري

黄玉 topas $Al_2SiO_4(OH \cdot F)$ تۇپاز

黄原毒 xanthotoxin كسانتو توكسين

黄原酸 xanthogenic acid $C_2H_5O \cdot CS \cdot SH$ كسانتوگەن قىشقىلى

黄原酸化度 degree of xanthation كسانتوگەن قىشقىلدانۇ دارەجەسى

黄原酸化作用 xanthogenation كسانتوگەن قىشقىلدانۇ

黄原酸甲酯 "乙黄原酸甲酯" گە قاراڭز.

黄原酸钾 potassium xanthogenate $C_2H_5O \cdot CS \cdot SK$ كسانتوگەن قىشقىل كالي

黄原酸钠 sodium xanthogenate $RO \cdot CS \cdot SNa$ كسانتوگەن قىشقىل ناتري

黄原酸铜 cupric xanthogenate كسانتوگەن قىشقىل مىس

黄原酸纤维素 cellulose xanthogenate كسانتوگەن قىشقىل سەلليۇلوزا

黄原酸纤维素钠 sodium cellulose xanthate كسانتوگەن قىشقىل
سەلليۇلوزا ناتري

黄原酸盐 xanthate(= xanthonate) $C_2H_5OCNH_2$ كسانتوگەن قىشقىلىننىڭ
تۇزدارى

黄原酸乙酯 ethyl xanthogenate كسانتوگەن قىشقىل ەتيل ەستەرى

黄原酸酯 xanthogenate $RO \cdot CS \cdot SR$ كسانتوگەن قىشقىل ەستەرى

黄原酸酯反应 xanthogenate reaction كسانتوگەن قىشقىل ەستەرى رەاكسياسى

黄原酸酯硫 xanthogenate sulfide كۇكىرتتى كسانتوگەن قىشقىل ەستەرى

黄原酸酯粘度 xanthogenate viscosity كسانتوگەن قىشقىل ەستەرىننىڭ
تۇتقىرلىق دارەجەسى

黄原酸酯溶液 xanthogenate solution كسانتوگەن قىشقىل ەستەر ەرىتىندىسى

黄原酰胺 xanthamide كسانتاميد

黄原酰化二硫 xanthic disulfide $RO \cdot CS \cdot S_2 \cdot CS \cdot OR$ ەكى كۇكىرتتى كسانتين

黄樟脑 safrole $C_{10}H_{10}O_2$ سافرول

黄樟素 "黄樟脑" گە قاراڭز.

黄樟烯 safrene $C_{10}H_{16}$ سافرەن

黄质 xanthine $C_5H_4O_2N_4$ كسانتين

黄质核甙 "黄甙" گە قاراڭز.

黄质核甙酸 xanthylic acid كسانتيل قىشقىلى

黄质霉素 flavensomycin فلاۋەنزوميتسين

黄质宁　xanthinin		كسانتينين
黄质氧化酶　xanthine oxidase		كسانتين وكسيدازا
黄珠囊菌素　aranoflavin		ارانوفلاۋين
磺氨基　sulfoamino –	HO₃SNH –	سۇلفوامينو
磺氨基巴比土酸		"硫尿酸" گه قاراڭىز.
磺氨基苯酸　sulfoamino benzoic acid		سۇلفوامينو بەنزوي قشقىلى
磺胺　sulfani lamide		سۇلفانيل اميد
磺胺 E·O·S　sulfonamide E·O·S		سۇلفون اميد E · O · S
磺胺 L·S·F　sulfanilamide L·S·F		سۇلفانيل اميد L · S · F
磺胺苯吡唑　sulfaphenazol		سۇلفافەنازول
磺胺苯噻唑　sulfaphenyl thiazole		سۇلفافەنيل تيازول
磺胺苯沙明　sulfa benzamine		سۇلفابەنزامين
磺胺吡啶　sulfapyridine		سۇلفاپييريدين
磺胺吡啶钠　sodium sulfapyridine	C₁₁H₁₀O₂N₃SNa	سۇلفاپييريدين ناتري
磺胺吡咯　sulfa pyrrole		سۇلفاپييررول
磺胺吡嗪　sulfapyrazine		سۇلفاپييرازين
磺胺醋酰　sulfacetamide		سۇلفاتسەت اميد، سۇلفاسركه اميد
磺胺达嗪　sulfadiazine		سۇلفاديازين
磺胺达嗪钠　sulfadiazine sodium		سۇلفاديازين ناتري
磺胺啶　sulfidin		سۇلفيدين
磺胺二甲苯酰胺		"衣妥钠" گه قاراڭىز.
磺胺二甲恶唑　sulfamethazole		سۇلفامەتازول
磺胺二甲二氮苯　elkosine		ەلكوزين
磺胺二甲基嘧啶　sulfisamethazine		سۇلفامەتازين
磺胺二甲基异恶唑二乙醇胺　sulfisoxazole diethanolanolamine		
		سۇلفيزوكسازول ديەتانول امين
磺胺二甲嘧啶　sulfadinidine		سۇلفاديميدين
磺胺二甲嘧啶钠　sulfadimidine sodium		سۇلفاديميدين ناتري
磺胺二甲氧基嘧啶　sulfadimethoxy pyrimidine		سۇلفاديمە توكسي پييريميدين
磺胺二甲异嘧啶　sulfadimetine; sulfisomidine		سۇلفاديمەتين،
		سۇلفيزوميدين
磺胺汞　fumiron		فۇميرون
磺胺胍　sulfaguanidine		سۇلفاگۇانيدين

磺胺海因	sulfahidantoin		سۆلفاگىدانتوين
磺胺磺胺二甲	diseptal	$H_2NC_6H_4SO_2NHC_6H_4SO_2N(CH_3)_2$	دىسەپتال
磺胺基	sulfanilamido	$P-H_2NC_6H_4SO_2NH-$	سۆلفانىل امىدو
磺胺甲基嘧啶	sulfa merazine		سۆلفامەرازىن
磺胺甲基嘧啶钠	sulfamerazine sodium		سۆلفامەرازىن ناترى
磺胺甲基噻唑	sulfamethyl thiazole		سۆلفا مەتيل تيازول
磺胺甲基异恶唑	sulfaisomesole		سۆلفا يزومەزول
磺胺甲氧基达嗪			سۆلفامى قاراڭز. "磺胺甲氧嗪"
磺胺-5-甲氧嘧啶	sulfamethoxy diazin		سۆلفا مەتوكسى ديازىن
磺胺甲氧嗪	sulfamethoxy pyridazine		سۆلفا مەتوكسى پيرىدازىن
磺胺喹恶啉	sulfaquinoxaline		سۆلفاحىنوكسالىن
磺胺奎宁	sulfanilanide-quinine		سۆلفا نىلامىد حىنىن
磺胺硫脲	sulfanilyl thiourea		سۆلفانىلىل تيوۋرەا
磺胺铝	aluminum sulfanilanide		سۆلفانىلامىد الۇمىن
磺胺半隆	sulfamilon		سۆلفامىلون
磺胺脒	sulfamidin		سۆلفامىدىن
磺胺嘧啶			سۆلفا قاراڭز. "磺胺达嗪"
磺胺嘧啶钠			سۆلفا قاراڭز. "磺胺达嗪钠"
磺胺脲	sulfacarbamide		سۆلفاكاربامىد
磺胺溶	sulfasolucin		سۆلفاسولۆتسىن
磺胺噻二唑	sulfathiodiazole		سۆلفاتيوديازول
磺胺噻吩	sulfathiophene		سۆلفاتيوفەن
磺胺噻唑	sulfathiazole		سۆلفاتيازول
磺胺噻唑啉	sulfathiazoline		سۆلفاتيازولىن
磺胺噻唑钠	sulfathiazole sodium		سۆلفاتيازول ناترى
磺胺杀克啶	sulfasuxidine		سۆلفا سۆكسىدىن
磺胺杀利啶	sulfasuxidine		سۆلفاتالىدىن
磺胺酸	sulfanilic acid		سۆلفانىل قشقللى
磺胺酸铵	amonium sulfamate		سۆلفانىل قشقل اممونى
磺胺酸钠	sodium sulfanate	$NH_2C_6H_4SO_3Na$	سۆلفانىل قشقل ناترى
磺胺酸盐	sulfanilate	$NH_2C_6H_4SO_3M$	سۆلفانىل قشقلىنىڭ تۇزدارى
磺胺羧基噻唑	sulfacarboxy thiazole		سۆلفا كاربوكسيل تيازول
磺胺酞啶	sulfaphthalidine		سۆلفافتالىدىن

磺胺酰 sulfanilyl P－H₂NC₆H₄SO₂－		سۇلفانىلىل
2－磺胺酰吡啶 2－sulfanilyl pyridine		2 ـ سۇلفانىلىل پىرىدىن
磺胺酰磺胺 N⁴－sulfanilyl sulfanilamide		N⁴ ـ سۇلفانىلىل سۇلفانىلامىد
磺胺酰基 sulfanilyl radiacal		سۇلفانىلىل رادىكال
磺胺 N－乙基磺酸钠		"磺胺 E·O·S" گه قاراڭىز.
磺胺乙基硫二氮茂		"球磺胺" گه قاراڭىز.
磺胺乙基噻二唑 sulfaethyl thiadiazol		سۇلفاەتىل تىادىازول
磺胺乙基噻唑酮 sulfaethyl thiazolone		سۇلفاەتىل تىازولون
磺胺乙内酰脲		"磺胺海因" گه قاراڭىز.
磺苯基 sulfophenyl HO₃SC₆H₄		سۇلفو فەنىل
磺芳化作用 sulfoarylation R·SO₃H		سۇلفوننىڭ ارومااتانىۋى
磺化 sulfonating, sulfonated		سۇلفوندانۇ
磺化蓖麻油 sulfonated castor oil		سۇلفوندانعان ۋپلمالىك مايى
磺化菜籽油 sulfonated rape oil		سۇلفوندانعان قشى مايى
磺化反应 sulfonation reaction		سۇلفوندانۇ رەاكسىياسى
磺化剂 sulfonating agent		سۇلفوندانىش اگەنت
磺化可溶性油 sulfonated soluble oil		سۇلفوندانعان ەرىگىش ماي
磺化器 sulfonator		سۇلفوناتور، سۇلفوندانىش (اسپاپ)
磺化去垢剂 sulfonated detergent		سۇلفوندانعان قاق كەترگىش (اگەنت)
磺化物 sulfonated bodies		سۇلفوندانعان دەنە
磺化氧化作用 sulfoxidation		سۇلفوندانىپ توتعۇ
磺化硬脂酸 sulfonated stearic acid		سۇلفوندانعان ستەارىن قشقملى
磺化油 sulfonated oil		سۇلفوندانعان ماي
磺化油酸 sulfonated oleic acid		سۇلفوندانعان ولەين قشقملى
磺化脂 sulfonated grease		سۇلفوندانعان جاعىن ماي
磺化作用 sulfonation		سۇلفوندانۇ
磺基 sulfo(＝sulfonic group) HSO₃－		سۇلفو (لاتىنشا) ـ، سۇلفون گرۇپپاسى
磺基苯甲酸 sulfobenzoic acid		سۇلفو بەنزوي قشقملى
磺基苯甲酸钠 sodium sulfobenzoate		سۇلفو بەنزوي قشقمل ناتري
磺基苯酸		"磺基苯甲酸" گه قاراڭىز.
磺基蓖麻酸 sulforicinoleic acid		سۇلفو ۋپلمالىك قشقملى
磺基丙氨酸 cysteic acid HSO₃·CH₂CHNH₂·COOH		سىستەين قشقملى
磺基丙氨酸脱羧酶 cysteic decarboxylase		سىستەين دەكاربوكسىلازا

磺基醋酸	sulfoacetic acid	$HO_3SCH_3CO_2HH_2O$	سۆلفوساليتسيل سىركە قىشقىل
磺基泛酸	sulfo panthotenic acid		سۆلفوساليتسيل پانتوتەن قىشقىلى
磺基酚	sulfophenol		سۆلفو فەنول
磺基萘酚	sulfonaphthol	$HSO_3C_{10}H_6OH$	سۆلفو نافتول
磺基水杨酸	sulfosalicylic acid	$HO_3SC_6H_3(OH)CO_2H$	سۆلفوساليتسيل قىشقىلى
磺基水杨酸钠	sodium sulfosalicylate	$C_7H_5O_6SNa$	سۆلفوساليتسيل قىشقىل ناتري
磺基水杨酸盐	sulfosalicylate		سۆلفوساليتسيل قىشقىلىنىڭ تۇزدارى
磺基酸	sulfo – acid		سۆلفو قىشقىلى
磺基衍生物	sulfonic derivatives		سۆلفون تۇىندىلارى
磺基乙酰化作用	sulfoacylation	$CO \cdot R \cdot SO_3H$	سۆلفو اتسيلدانۇ
磺基鱼石脂酸	sulfoichthyolic acid		سۆلفو يحتيول قىشقىلى
磺甲基化作用	sulfomethylation		سۆلفو مەتيلدەنۇ
磺苦			"كورياكنىز" گە قاراڭىز.
磺内酰胺	sultam	$HN – R – SO_2$	سۆلتام
磺内酯	sultone	$ORSO_2$	سۆلتون
磺酸	sulfonic acid	$R \cdot SO_3H$	سۆلفون قىشقىلى
磺(酸)基	sulfonic acid group	$HSO_3 –$	سۆلفون قىشقىلى گرۇپپاسى
磺酸钠皂	mahagony soap		سۆلفون قىشقىل ناتريلى سابىن
磺酸盐	sulfonate	RSO_3M	سۆلفون قىشقىلىنىڭ تۇزدارى
磺酸盐去垢剂			"磺化去垢剂" گە قاراڭىز.
磺酸酯	sulfonate		سۆلفون قىشقىل ەستەرى
磺酞	sulfone phthalein		سۆلفون فتالەين
璜酞指示剂	sulfon phthalein indicator		سۆلفون فتالەين يندىكاتور
磺烃粉(醛塑)料			"卡包塑料" گە قاراڭىز.
磺烷基化作用	sulfoalkylation	$R \cdot SO_3H$	سۆلفو الكيلدەنۇ
磺烷油	sulfanol		سۆلفانول
磺酰	sulfonyl, sulfuryl	$= SO_2$	سۆلفونيل، سۆلفۇريل
磺酰胺	sulfamide; sulfamine	RSO_2NH_2	سۆلفاميد، سۆلفامين
磺酰胺撑	sulfonamido	$– SO_2NH –$	سۆلفوناميدو ـ
磺酰胺 – 甲醛树脂	sulfamide – formaldehyde resin		سۆلفاميد ـ قۇمىرسقا الدەگيدتى سمولالار
磺酰碘	sulfonic acid iodide	$R \cdot SO_2I$	سۆلفۇريل يود

磺酰氟	sulfuryl fluoride SO_2F_2	سۇلفۇرىل فتور
磺酰磺胺	disulon(＝disulfanylamide)	دىسۇلون
磺酰(基)	sulfuryl(＝sulfonyl) ＝SO_2	سۇلفۇرىل، سۇلفونيل
磺酰卤	sulfonic acid halide $R\cdot SO_2X$	سۇلفۇرىل گالوگەن
磺酰氯	sulfuryl chloride SO_2Cl_2	سۇلفۇرىل حلور
磺酰溴	sulfuryl bromide SO_2Br_2	سۇلفۇرىل بروم
磺血盐	potassium ferrocyanide	سارى قان تۇزى

hui

挥发	volatilization	ۇشۇ، بۇلانۇ
挥发度	volatile grade(＝volatility)	ۇشۇ دارەجەسى، بۇلانۇ دارەجەسى
挥发度值	volatility number(index)	ۇشۇ دارەجەسىننىڭ ئمانى (كورسەتكىشى)
挥发度指数		"挥发度值" گە قاراڭىز.
挥发范围	volatility range	ۇشۇ كولەمى، بۇلانۇ كولەمى
挥发物	volatile matter	ۇشقىش زاتتار
挥发性	volatile; volatility	ۇشقىش، بۇلانعىش
挥发性氨	volatile ammonia	ۇشقىش امميالك
挥发性产物	volatile products	ۇشقىش ونىمدەر
挥发性化合物	volatile compound	ۇشقىش قوسىلمىستار
挥发性碱	volatile alkali	ۇشقىش ئسلتى (امميالك، امميالك گازى NH_3)
挥发性结晶体	volatile crystal	ۇشقىش كرىستال
挥发性可燃液体	volatile inflammable liquid	جاناتىن ۇشقىش سۇيىقتىق
挥发性馏份	volatile distillates	ايدالعان ۇشقىش قۇرام
挥发性煤	valatile coal	ۇشقىش كومىر، بۇلانعىش كومىر
挥发性燃料	volatile fuel	ۇشقىش جانار زاتتار
挥发性液体	volatile liquid	ۇشقىش سۇيىقتىق
挥发性组份	volatile compenent	ۇشقىش قۇرام
挥发油	volatile oil	ۇشقىش ماي، بۇلانعىش ماي
灰口铁	gray pig iron	سۇر شويىن
灰链丝菌素		"灰霉素" گە قاراڭىز.
灰绿色	greyish－green	سۇرعىلت جاسىل ئتۇس
灰毛豆酚	toxacarol	توكساكارول

灰霉素	grisein		گریزمین
灰锰养			"高锰酸钾" گه قاراڭز.
灰色	gray(grey)		سۇرى، سۇرى ئتۇس
灰色铂	gray platinium		سۇرى پلاتىنا
灰体	gray body		سۇرى دەنە
灰叶醛	tephrosal	$C_{10}H_{16}O$	تەفروزال
灰叶素	tephrosin	$C_{23}H_{22}O_7$	تەفروزين
灰铸铁	gray castiron		سۇر شويىن
回火	tempering		سۇن قايتارۇ، قاتايتۇ
回火钢	temered steel		قاتايتىلعان بولات
回火炉	tempering furnace		قاتايتۇ پەشى
回火碳	temper carbon		قاتايتىلعان كومىرتەك
回火油	tempering oil		قاتايتىلعان ماي
茴香胺	anisidine		انيزيدين
茴香胺基	anisidino −	$CH_3OC_6H_4NH-$	انيزيدينو ـ
茴香叉	anisylidene, anisal	$CH_3OC_6H_4NH=$	انيزيليدەن، انيزال
茴香醇	anise alcohol(= anisyl alcohol)	$CH_3OC_6H_4CH_2OH$	انيس سپيرتى، انيزيل سپيرتى
茴香醇醋酸酯	anisyl acetate		انيزيل سىركە قشقىل ەستەرى
茴香醇酸	anisilic acid		انيزيل قشقىلى
茴香磺酞	anisole sulfone phthalein		انيزول ـ سۇلفون فتالەين
茴香基	anisyl	$CH_3OC_6H_4-$, $CH_3OC_6H_4CH_2-$	انيزيل
茴香精	anise spirit		انيس سپيرتى
茴香腈	anisonitrile	$MeOC_6H_4CN$	انيسو نيتريل
茴香酒	anisette		انيس اراعى
茴香硫醚			"苯硫基甲烷" گه قاراڭز.
茴香醚	anisole	$CH_3OC_6H_5$	انيزول
茴香脑	anethol	$CH_3CH:CHC_6H_4OCH_3$	انەتول
茴香偶酰	anisil	$(CH_3O\cdot C_6H_4\cdot CO)_2$	انيزيل
茴香偶姻	anisoin	$MeOC_6H_4COCHOHC_6H_4OMe$	انيزوين
茴香醛	anisaldehyde	$CH_3OC_6H_4CHO$	انيس الدەگيدتى
茴香水	anise water		انيس سۇى
茴香酸	anisic acid	$MeOC_6H_4COOH$	انيس قشقىلى

茴香酸盐 anisate	$MeOC_6H_4COOM$	انیس قىشقىلىنىڭ تۇزداری
茴香酸乙酯 ethyl anisate	$CH_3OC_6H_4CO_2C_2H_5$	انیس قىشقىل ەتیل ەستەری
茴香肟 anisaldoxime	$C_8H_9O_2N$	انیس الدوكسیم
茴香酰 anisoyl	$CH_3OC_6H_4CO-$	انیزویل
茴香酰氯 anisoyl (anisyl) chloride	$CH_3O\cdot C_6H_4COCl$	انیزویل (انیزیل) حلور
茴香油 anise oil		انیس مایی
茴香油素 cumole		كۇمول
茴香樟脑 anise camphor	$C_9H_{14}O_2$	انیس كامفوراسی

hun

混汞法 amalgamation	امالگامالاۋ
混合 mixing	قوسپا، ارالاسۇ
混合胺 mixed amine RR′·NH	قوسپا امین
混合苯胺点 mixed aniline point	انیلیننىڭ ارالاسۇ تۇكتەسی
混合比率 mixture ratio	ارالاسۇ دارەجەسی، ارالاسۇ شاماسی
混合槽 mixing tank	ارالاستىرۇ ناۋاسی
混合催化剂 mixed catalyst	قوسپا كاتالیزاتور
混合点 mixing point	ارالاسۇ نۇكتەسی
混合电极 mixed electrode	قوسپا ەلەكترود
混合丁烷 mixed butanes	قوسپا بۇتان
混合二甲苯 xylol	كسیلول
混合肥料 mixed fertilizer	قوسپا تىڭايتقىش
混合甘油酯 complex glyceride	قوسپا گلیتسەرید
混合酐 mixed anhydride	قوسپا انگیدرید
混合基 poly base	كوپ نەگىزدی، پولي نەگىزدی، قوسپانی نەگىز ەتۇ
混合基润滑脂 mixed base grease	قوسپانی نەگىز ەتكەن گرەازا
混合基原油 mixed base crude petroleum	قوسپانی نەگىز ەتكەن وڭدەلمەگەن مۇناي
混合剂 mixture	ارالاستىرعىش (اگەنت)
混合碱 mixed base	قوسپا نەگىز
混合晶(体) mixed crystal	قوسپا كریستال
混合聚合 mixed polymerization	ارالاسپ پولیمەرلەنۇ

混合聚合物	mixed polymer		قوسپا پوليمەر
混合链	combination chain		قوسپا تىزبەك، ارالاس تىزبەك
混合硫醚	mixed sulfide	R·S·R′	قوسپا كۆكىرت
混合硫硝酸	violet acids	SO₅NH₂	كۆلگىن قىشقىل
混合煤气	mixed gas		قوسپا گاز
混合醚	mixed ether	ROR′	قوسپا ەفير
混合配方	mixing formula		ارالاستىرىسپ داينداۋ، قوسىپ داينداۋ
混合器	mixer		ارالاستىرعىش (اسپاپ)
混合染料	mixed dyes		قوسپا بوياۋلار
混合热	mixing heat		ارالاسۋ جىلۋى
混合溶剂	mixed solvent		قوسپا ەرىتكىش
混合熔点	mixed melting point		قوسپانىڭ بالقۋ نۇكتەسى
混合色	compound color		قوسپا ٴتۇس، ارالاس ٴتۇس
混合熵	entrophy of mixing		قوسپا ەنتروپيا
混合试样	mixed sample		قوسپا ٴۇلگى
混合水	mixing water		قوسپا سۋ
混合水泥	mixed cement		قوسپا سەمەنت
混合酸酐	mixed acid anhydride		قوسپا قىشقىل انگيدريدتى
混合酸性磷酸盐	mixed super phosphate		قوسپا سۇپەرفوسفات
混合体	compound body		قوسپا دەنە، قوسپا
混合酮	mixed ketone	R·CO·R′	قوسپا كەتون
混合物	mixture		قوسپا، قوسپا زاتتار
混合物爆炸极限	explosive limits of mixture		قوسپانىڭ قوپارىلۋ شەگى
混合物定律	mixture law		قوسپا زاڭى
混合物之形成	compound formation		قوسپانىڭ ٴتۇزىلۋى
混合香精油	compounded essential oil		حوش ٴيىستى قوسپا ماي
混合型	mixed type		قوسپا تيپى
混合乙硫腈	lethane 384 special		لەتان 384 ەركشە
混合有机无机酸酐	mixed organic and inorganic anhydride		قوسپا

ورگانيكالىق ـ بەيورگانيكالىق قىشقىل انگيدريدتى

混合指示剂	mixed indicator		قوسپا ينديكاتور
混甲酚			"三甲酚" گە قاراڭىز.
混凝土	concrete		بەتون

混双键	mixed double bond	قوسپا قوس بايلانس
混酸	mixed acid(= violet acid) $HNO_3 + H_2SO_4$	قوسپا قشقـل، كۇلگـن قشقـل، مـالانج
混酸铵		"路那硝" گـه قاراڭـز.
混性	miscibility	قوسلعـش، ارالاسقـش
混盐	mixed salt	قوسپا تۇز
(混)杂离子	hetero – ion	ارالاس يون، گـتەروۋيون
混浊	feculence	لايلانۇ
混浊度	turbidity	لايلانۇ دارەجـسى
混浊指示计	turbidity indicator	لايلانۇ يندىكا تورى، لايلانۇ كورسـتكشى

huo

活动性	activity	اكتيۆتـك، بەلسـەندىلـك
活度	degree of activity	اكتيۆتـك، اكتيۆتـك دارەجـسى
活度比率	activity ratio	اكتيۆتـك دارەجـسى، اكتيۆتـك شاماسى
活度积	activity product	اكتيۆتـك كوبەيتـمندسى
活度顺序	activity series	اكتيۆتـك قاتار (رەت)
活度系数	activity coefficient	اكتيۆتـك كوەففيتسـەنتى
活化	activation	اكتيۆتـەنۇ، اكتيۆتـەندرۇ
活化的氢原子	labilized hydrogen atom	اكتيۆتـەنگـن سۇتـك اتومى
活化碘	activated iodide	اكتيۆتـەندرىلگـن يود
活化分析	activation analysis	اكتيۆتـەندرىلگـن تالداۇ
活化分子	activated molecula	اكتيۆ مولەكۇلا
活化复体		"活化络合物" گـه قاراڭـز.
活化焓	enthalpy of activation	اكتيۆتـەندرۇ ەنتالپياسى
活化剂	activator	اكتيۆتـەندرگـش اگـەنت، اكتيۆاتور
活化络合物	activated complex	اكتيۆتـەندرىلگـن كومپلەكس (كەشـن)
活化酶	active enzime	اكتيۆ فەرمـەنت
活化能	activation energy	اكتيۆتـەندرۇ ەنەرگياسى
活化热	activation heat	اكتيۆتـەندرۇ جىلۇى
活化熵	entropy of activation	اكتيۆتـەندرۇ ەنتروپياسى
活化原子	activated atom	اكتيۆتـەندرىلگـن اتوم

活化值	activation number	اكتىۋتەندۈرۈش ئمانى
活化状态	activated state	اكتىۋ كۈي، اكتىۋتەندۈرۈلگەن كۈي
活化作用	activation	اكتىۋتەنۈش
活力	activity	اكتىۋتەك قۇۋىتى
活泼	active	اكتىۋ
活泼金属	active metal	اكتىۋ مەتاللدار
活泼氢		"活性氢" گە قاراڭىز.
活性部位		"活性点" گە قاراڭىز.
活性氮	active nitrogen	اكتىۋ ازوت
活性点	active site	اكتىۋ ورن
活性甘油酯稳定剂	activated glyceride stabilizer	اكتىۋتەندۈرۈلگەن
		گلىتسەرىدتى تۇراقتاندۈرغىش (اگەنت)
活性根	active radials	اكتىۋ رادىكال
活性化	activate	اكتىۋتەندۈرۈش، اكتىۋتەندۈرۈلۈ
活性化法	activated process	اكتىۋتەندۈرۈش ئادىسى
活性化(作用)		"活化(作用)" گە قاراڭىز.
活性剂		"活化剂" گە قاراڭىز.
活性甲撑基	active methylene	اكتىۋ مەتىلەن
活性酵素	active ferment	"活性酶" گە قاراڭىز.
活性聚合物	reactive polymer	اكتىۋ پولىمەر
活性硫	active sulfur	اكتىۋ كۈكۈرت، ۋىعىش كۈكۈرت
活性铝	activated aluminium	اكتىۋتەندۈرۈلگەن ئالۇمىن
活性铝土		"活性氧化铝" گە قاراڭىز.
活性(粘)土	activated clay	اكتىۋ لاي، اكتىۋتەندۈرۈلگەن (ساعىز) توپراق
活性漂白土	activated fuller carth	اكتىۋتەندۈرۈلگەن اعارتقىش توپراق
活性气体	active gases	اكتىۋ گاز، ۋىعىش گاز
活性氢	active hydrogen	اكتىۋ سۈتەك
活性染料	reactive dye	اكتىۋ بوياۋلار
活性溶剂	active solvent	اكتىۋ ئەرىتكىش
活性石油焦	activated petroleum coke	اكتىۋتەندۈرۈلگەن مۇناي كوكسى
活性炭	activated char	اكتىۋتەندۈرۈلگەن كۈمۈر، اكتىۋ كۈمۈر
活性碳	activated carbon (= active carbon)	اكتىۋتەندۈرۈلگەن كۈمۈرتەك،
		اكتىۋ كۈمۈرتەك

活性填料	active filler	اكتىۋ تولىقتىرعىچ مشتار
活性铁铝氧石	activated bauxite	اكتىۋتەندۈرۈلگەن باۋكسىت
活性土	activated earth	اكتىۋتەندۈرۈلگەن تۇپراق
活性吸附	activated adsorption	اكتىۋتەندۈرۈلگەن ادسوربتسىيا
活性氧	active oxygen	اكتىۋ وتتەك
活性氧化铝	active aluminium	اكتىۋ الۇمىن توتعى
活性中间物	reactive intermediate	اكتىۋ ارالىق زات
活性中心	active center	اكتىۋ سەنترلەر، اكتىۋ ورتالىقتار
活性状态	active condition	اكتىۋ كۈي
活性组份	active component	اكتىۋ قۇرام
火柴蜡	match wax	سىرىڭكە بالاۋزى
火碱	superalkali	كۈيدۈرگۈش ئسىلتى
火箭燃料	kateygol, rocket fuel	كاتەرگول، راكەتا جانار زاتى
火落酸	hiochic acid	گيوح قىشقىلى
火棉	celloidin	سەللۇيدىن
火棉胶		"胶棉" گە قاراڭىز.
火棉胶膜	collodion membrane	كوللودىيون جارعاق
火棉漆		"焦木素漆" گە قاراڭىز.
火棉液	celloidin	كوللۇيدىن
火棉纸	celloidin paper	كوللۇيدىن قاعاز
火泥		"耐火泥" گە قاراڭىز.
火硝		"硝酸钾" گە قاراڭىز.
火焰	flame	جالىن، وت جالىنى
火焰带	flame zone	جالىن بەلدەۋى، جالىن ئوڭىرى
火焰动力学	kinetic of flame	جالىن كىنەتيكاسى
火焰反应	flame reaction	جالىن رەاكسياسى
火焰分析	flame analysis	جالىن تالداۋ
火焰光谱	flame spectrum	جالىن سپەكترلەرى
火焰结构	flame structure	جالىن قۇرىلىمى
火焰喷射	flame ejaculation	جالىن شارپۇ، جالىن اتقىلاۋ
火焰速度	flame velocity	جالىن جىلدامدىعى
火焰温度	flame temperature	جالىن تەمپەراتۇراسى
火焰稳定剂	flame stabilizator	جالىن تۇراقتاندىرعىش اگەنت

火焰稳定器　flame holder

جالىن تۇراقتاندۇرغۇش، جالىن ورنىقتىرغۇش (اسپاپ)

火药　gun powder

قارا ءداری، مىلتىق ءدارىسى

火砖

"耐火砖" گە قاراڭىز.

钬(Ho)　holmium

گولمي (Ho)

霍夫曼反应　Hofmann's reaction

گوفمان رەاكسياسى

霍夫曼氏规则　Hofmann's rule

گوفمان ەرەجەسى

霍西合成法　Hoesch's snthesis

گوەش سينتەزى

J

ji

基 radical	راديكال
基本电荷 elementary charge; basic electric charge	نەگىزگى زارياد
基本反应过程 elementary process	نەگىزگى رەاكسيا بارىسى
基本粒子 elementary particle	نەگىزگى بۆلشەك
基本重量 ground mass	نەگىزگى ماسسا
基尔霍夫规律 Kirchhoff's law	كيرحوۋ زاڭى
基肥 base(basal) fertilizer	نەگىزگى تەڭايتقىش
基(化合)价 radical valence	راديكال ۋالەنتتىلىگى
基卡因 dicain	ديكاين
基尼绿 B guinea green B	گيني جاسىلى B
基诺素	"基诺因" گە قاراڭىز.
基诺因 cinoin	كينوين
基普(气体)发生器 Kipp(gas)generator	كيپپ (گاز) گەنەراتورى
基桑关系式 keesom relationship	كيسوم قاتىناس فورمۇلاسى
基态 ground state	نەگىزگى كۇي
基态原子 ground state atom	نەگىزگى كۇيدەگى اتوم
基体 mer(= Minimum Energy Requirements)	مونومەر بەرلىگى
基体量 mer weight	مونومەر سالماعى
基耶达测氮法 kjeldeni flask	كيەلدا (ازوت ولشەۋ) ٴادىسى
基耶达烧瓶 kjeldani flask	كيەلدا كولباسى، ۆزىن مويىن كولبا
基质朊 stromatin	ستروماتين
羁附酶 desmoenzyme	دەسموەنيزم
激发 excite, excitation	قوزۇ، قوزدىرۇ
激发核 excited nuleus	قوزعان يادرو
激发剂 excitant	قوزدىرعىش (اگەنت)

激发能	excited energy	قوزدىرۇ ەنەرگيياسى
激发式	excitation formala	قوزدىرۇ فورمۇلاسى
激发态	excited state	قوزعان كۈي
激发性	excitability	قوزعىشتىق
激光	laser	لازەر
激光化学	laser chemistry	لازەرلىك حيميا
激光化学反应	laser chemical reaction	لازەر حيميالىق رەاكسيالار
激光束	laser beam	لازەر شوعى
激活		"活化" گە قاراڭىز.
激活剂		"活化剂" گە قاراڭىز.
激活能		"活化能" گە قاراڭىز.
激活原子		"活化原子" گە قاراڭىز.
激酶	kinase	كيناز
激酶原		"前激酶" گە قاراڭىز.
激素	hormone	گورمون
激肽	kinins	كينين
激肽酶	kininase	كينينازا
激肽原	kininogen	كينينوگەن
激孕二醇		"娠烷二醇" گە قاراڭىز.
激长素	kinetin, growth hormone(GH)	سوماتوتروپيين
激子	exciton	ەكسيتون
激子键	excitoic bond	ەكسيتوندىق بايلانىس
机会定律	law of chance	نقتيمالدىق زاڭى
机械除灰	mechanical ashing	مەحانيكالىق جولمەن كۈل ارىلتۇ
机械钝性	mechanical passivity	مەحانيكالىق پاسسيۋتىك
机械分离	mechanical sparation	مەحانيكالىق ايرۇ
机械分离器	mechanical separator	مەحانيكالىق سەپاراتور (ايرعىش)
机械分析	mechanical analysis	مەحانيكالىق تالداۋ
机械混合物	mechanical mixture	مەحانيكالىق قوسپا
机械搅拌	mechanical stirring	مەحانيكالىق ارالاستىرۇ
机械搅拌器	mechanical stirrer	مەحانيكالىق ارالاستىرعىش (اسپاپ)
机械解毒	mechanical antidote	مەحانيكالىق ۋسزداندىرۇ

机械空气分离　mechanical air separation	مەھانيكالىق جۇلمەن ئوا ايىرۇ
机械排气　mechanical exhaust	مەھانيكالىق جۇلمەن گاز يەستەرۇ
机械通风　mechanical draught	مەھانيكالىق جۇلمەن ئوا الماستىرۇ
机械辛烷值　mechanical octane number	مەھانيكالىق وكتان ئمانى
机械杂质　mechanical imporities	مەھانيكالىق ارالاسپا زاتتار
机油　engine oil	ئوتول، ئوتول مايى
肌氨酸　sarcosine　CH_3NHCH_2COOH	ساركوزين
肌氨酸氧化酶　sarcosine oxidase	ساركوزين وكسيدازا
肌白蛋白　myoalbumin	ميو البؤمين
肌白朊	"肌白蛋白" گە قاراڭىز.
肌醇　inositol　$(CHOH)_3$	ينوزيتول
肌醇胺　inosamine	ينوزامين
肌醇磷酸　inositol phosphate	ينوزيتول فوسفور قىشقىلى
肌醇磷脂　lipositol	ليپوزيتول
肌醇六磷酸　inositol hexaphosphoric acid	ينوزيتول گەكسا فوسفور قىشقىلى
肌醇六磷酸酶	"植酸酶" گە قاراڭىز.
肌醇三磷酸　inositol triphosphoric acid	ينوزيتول ئوش فوسفور قىشقىلى
肌甙　inosine	ينوزين
肌甙磷酸酶　inosine phosphorylase	ينوزين فوسفوريلازا
肌甙酸　inosinic acid	ينوزين قىشقىلى
肌蛋白示　myo – albumose	ميو – البؤموزا
肌动蛋白　actin	اكتين
肌动球朊　actomyosin	اكتوميوزين
肌动朊	"肌动蛋白" گە قاراڭىز.
肌毒素　creatoxin	كرەاتوكسين
肌酐	"肌酸酐" گە قاراڭىز.
肌红蛋白　myoglobin	ميوگلوبين
肌红朊	"肌红蛋白" گە قاراڭىز.
肌激酶　myokinase	ميوكينازا
肌浆朊　myogen(= myosinogen)	ميوگەن، ميوزينوگەن
肌浆朊甲　myogen A	ميوگەن A
肌浆朊乙　myogen B	ميوگەن B
肌磷酸　creatine phosphoric acid	

		كرەاتىين فوسفور قىشقىللى
肌球蛋白　myosin		مىيوزىن
肌球朊		"肌球蛋白" گە قاراڭىز.
肌肉醇　creatinol　C₄H₁₁ON₃		كرەاتىنول
肌肉蛋白质　muscle protein		بۇلشىق ەت پروتەيىنى
肌肉酿酶　myozymase		مىيوزىمازا
肌肉六零六　myarsenol		مىيارسەنول
肌肉腺嘌呤核甙酸　muscle adenyic acid		بۇلشىق ەت ادەنىن نۇكلەوتىد
肌乳酸　sarcolactic　MeCHOHCOOH		ساركولاكتىين قىشقىللى
肌乳酸盐　sarcolactate		ساركولاكتىين قىشقىلىنىڭ تۇزدارى
肌朊　myoproteid		مىيوپروتەيد
肌色素　myochrome		مىيوحروم
肌色(素)原　sarcochromogen		ساركوحروموگەن
肌酸　creatine		كرەاتىين
肌酸酐　creatinine　HN:CN(CH₃)CH₂CONH		كرەاتىنىن
肌酸酐酶　creatine anhydrase(＝creatinase)		كرەاتىين انگىدرازا، كرەاتىنازا
肌酸酐系数　creatine coefficient		كرەاتىين كوەففىتسەنتى
肌酸酶		"肌酸脱水酶" گە قاراڭىز.
肌酸(脱水)酶　creatinase		كرەاتىنازا
肌肽　carnosine　N₂C₃H₃CH₂CH(CO₂H)NHC₃H₆ON		كارنوزىن
肌糖　inosose		ينوزوزا
肌细胞质纤维		"肌原纤维" گە قاراڭىز.
肌原纤维　myofibril		مىيوفىيبرىل
鸡骨常山碱		"绿原碱" گە قاراڭىز.
鸡骨常山酸		"厄蚩亭" گە قاراڭىز.
吉勃式－亥母霍兹方程式　Gibbs－helmhotz equation		گىيببس ـ حەلمحوتز تەڭدەۋى
吉具蜡　kapok wax		كاپوك بالاۋزى
吉具油　kapok oil		كاپوك مايى
吉尔实验　Geer test		گەەرسىناعى
吉勒特绿　Guignet's green		گۇيگنەت جاسىلى
吉利甙　zierin		زىيەرىن

吉利酮　zierone	زيەرون
吉纶　geon	گەون
集气瓶　gas collecting bottle	گاز جىناۋ شولمەگى
极　pole	پوليار، ۋيەك
极化　polarize	پوليارلانۋ، ۋيەكتەنۋ
极化滴定(法)	"极谱滴定(法)" گە قاراڭىز.
极化电池　polarization cell	پوليارلانعان باتەريا
极化电荷　polarization charge	پوليارلانعان زارياد
极化电流　polarization current	پوليارلانعان توك
极化电势　polarization potential	پوليارلانعان پوتەنتسيال
极化电压　polarization voltage	پوليارلانعان ەلەكتر كەرنەۋى
极化度　polarizability	پوليارلانۋ دارەجەسى
极化分析	"极谱分析" گە قاراڭىز.
极化键　polarized bond	پوليارلانعان بايلانس
极化理论　polar tneory	پوليار تەورياسى
极化粒子　polarization pariticle	پوليارلانعان بولشەك
极化能力　polarizing power	پوليارلانۋ قابلەتى
极化溶剂液体　polar solvent liquid	پوليارلى ەرىتكىش سۇيىقتىق
极化性　polarizability	پوليارلانعمشتىق
极化中子　polarization neitron	پوليارلانعان نەيترون
极化子　polaron	پوليارون
极化作用　polarization	پوليارلانۋ، پوليارلاۋ
极间的　interpolar	پوليار ارا
极链分子　polsar chain molecule	پوليار تىزبەكتى مولەكۇلا
极谱滴定(法)　polarographic titration	پوليار گرافيكتىك تامشلاتۋ
极谱分析　polarographic analysis	پوليار گرافيكتىك تالداۋ
极限电流　limiting current	شەكتى توك، شەكتى ەلەكتر توگى
极限定律　limiting law	شەكتىلىك زاڭى
极限糊精　limit dextrin	شەكتى دەكسترين
极限密度　limiting density	شەكتى تىعىزدىق
极限浓度　limiting concentration	شەكتى قويۇلىق
极限速度　limiting velocity	شەكتى جىلدامدىق
极限氧化(作用)　ultimate oxidation	شەكتى توتعۋ

极性　polarity　پوليارلىق

极性催化剂　polar catlyst　پوليارلى كاتاليزاتور

极性反应　polar reaction　پوليارلى رەاكسيا

极性分子　polar molecula　پوليارلى مولەكۇلا

极性共价　polar covalence　پوليارلى ورتاق ۋالەنت، پوليارلى كوۋالەنت

极性共价键　polar covalent bond　پوليارلى ورتاق ۋالەنتتمك بايلانس،

پوليارلى كوۋالەنتتمك بايلانس

极性红 G　polar red G　پوليارلى قىزىل G

极性化合物　polar compound　پوليارلى قوسىلىستار

极性黄 2G　polar yellow 2G　پوليارلى ساري 2G

极性活化　polar activation　پوليارلى اكتيۋتەنۇ

极性基　polar activation group　پوليارلى گرۇپپا

极性假说　polarty hypothesis　پوليارلىق گيپوتەزا

极性价数　polar number　پوليارلى ۋالەنت ساني

极性键　polar bond　پوليارلىق بايلانس

极性键(合)　polar linkage　پوليارلىق بايلانس (ٴتۇزۇۋ)

极性晶体　polar crystal　پوليارلى كريستال

极性染料　polar colars　پوليارلى بوياۋلار

极性溶剂　polar solvent　پوليارلى ەرتكىش

极性相　polar phase　پوليارلى فازا

Q 级汽油　Q - grade gasoline　Q دارەجەلى بەنزين، تولىمدى بەنزين

脊柱酮酸　scoliodonic acid　$C_{24}H_{38}O_2$　سكوليودون قىشقىلى

几何对称　geometrical symmetry　گەومەتريالىق سيممەتريا

几何结晶构造(定)律　law of geometrical crystallography　گەومەتريالىق

كريستاللوگرافيا زاڭى

几何异构体　geometrical isomer　گەومەتريالىق يزومەر

几何异构(现象)　geometrical isomerism　گەومەتريالىق يزومەريا

己氨酸　"正白氨酸" گە قاراڭىز.

己氨酰　"正白氨酰" گە قاراڭىز.

己胺　hexylamine　$CH_3(CH_2)_5NH_2$　گەكسيلامين

己苯酚树脂　hexaphenol resin　كەكسا فەنولدى سمولالار

己叉　hexylidene　$CH_3(CH_2)_4CH=$　گەكسيليدەن

己撑　"六甲撑" گە قاراڭىز.

己撑二胺　hexamethylene diamine　$NH_2(CH_2)_6NH_2$　گەكسا مەتيلەن ديامين

己(撑)二醇　hexamethylene‐glycol　$HO(CH_2)_6OH$　گەكسا مەتيلەن گليكول

己川　hexylidyne　$CH_3(CH_2)_4C\equiv$　گەكسيليدين

己醇　hexanol　گەكسانول

己醇‐[1]　hexanol‐[1]　$C_4H_9CH_2CH_2OH$　گەكسانول ـ [1]

己醇‐[2]　hexanol‐[2]　$CH_3CHOHC_4H_9$　گەكسانول ـ [2]

己醇‐[3]　hexanol‐[3]　$C_2H_5CHOHC_3H_7$　گەكسانول ـ [3]

己雌酚　hexestrol　گەكسەسترول

己端二炔　　.قاراڭـز گە "联炔丙基"

己二胺　hexadiamine　گەكساديامين

己二胺‐[1,6]　　.قاراڭـز گە "己撑二胺"

己二醇　hexandiol　گەكسانديول

己二醇‐[1,6]　hexandiol‐[1,6]　$HO(CH_2)_6OH$　[1،6] ـ گەكسانديول

己二腈　adipic dinitrile　$(CH_2CH_2CN)_2$　اديپيين دينيتريل

己二醛　adypic aldehyde, hexandial　$OCH(CH_2)_4CHO$　اديپيين الدەگيدتى
گەكساندىال

己二炔　hexadiyne　گەكسادين

己二炔‐[1,5]　　.قاراڭـز گە "联炔丙基"

己二炔二醇　hexadiindiol　$HOCH_2C\vdots CC\vdots CCH_2OH$　گەكسادىينديول

己二炔二酸　　.قاراڭـز گە "联乙炔二羧酸"

己二酸　adipic acid　$C_4H_8(COOH)_2$　اديپيين قىشقىلى

己二酸单硼酸钠　sodium hexylene glycol monoborate　اديپيين مونو فوسفور
قىشقىل ناتري

己二酸二丙酯　dipropyl adipate　$[(CH_2)_2CO_2C_3H_7]_2$　اديپيين قىشقىل ديپروپيل
ەستەرى

己二酸二乙酯　dithyl adipate　اديپيين قىشقىل ديەتيل ەستەرى

己二酸二异癸酯　diisodecyl adipate　اديپيين قىشقىل دييزودەتسيل ەستەرى

己二酸二正丁酯　di‐n‐butyl adipate　$(CH_2CH_2CO_2C_4H_9)_2$　اديپيين قىشقىل
ەكى ـ N ـ بۇتيل ەستەرى

己二酸己二胺盐　hexamethylene diammonium adipate　گە "尼龙盐"
.قاراڭـز

己二酸两个环己酯　dicyclohexyl adipate　$(CH_2CH_2CO_2C_6H_{11})_2$　اديپيين قىشقىل

ەكى ساقىنالى گەكسىل ەستەرى

己二酸哌嗪硫酸盐　piperazine adipate sulfate　ەنتاكىل

己二酸氢盐　diadipate　COOH(CH₂)₄COOM　قىشقىل ادىپىن قشقىل تۇزدارى

己二酸氢酯　diadipate　COOH(CH₂)₄CO·OR　قىشقىل ادىپىن قشقىل ەستەرى

己二酸盐　adipate　ادىپىن قشقىلىنىڭ تۇزدارى

己二酸一甲酯　monomethyl adipate　CH₃O₂C(CH₂)₄COOH　ادىپىن قشقىل مونومەتىل ەستەرى

己二酸一乙酯　monoethyl adipate　C₂H₅O₂C(CH₂)₄COOH　ادىپىن قشقىل مونوەتىل ەستەرى

己二酸正辛正癸酯　n－octyl n－decyl adipate　ادىپىن قشقىل n ـ وكتىل n ـ دەتسىل ەستەرى

己二酸酯　adipate　ادىپىن قشقىل ەستەرى

己二酮－[2,3]　"乙酰丁酰" گە قاراڭىز.

己二酮－[2,5]　"丙酮基丙酮" گە قاراڭىز.

己二酮二酸　ketipic acid　COOH CH₂CO:COCH₂COOH　كەتىپىن قىشقىلى

己二酮－[2,3]一二酸　"草二醋酸" گە قاراڭىز.

己二烯　hexadiene　گەكسادىەن

己二烯－[1,5]　hexadiene－[1,5]　(CH₂CHCH₂)₂　گەكسادىەن ـ [5،1]

己二烯－[1,4]　hexadiene－[1,4]　گەكسادىەن ـ [4،1]

己二烯－[2,4]　hexadiene－[2,4]　گەكسادىەن ـ [4،2]

己二烯二酸　hexadiene diacid　C₄H₄(COOH)₂　گەكسادىەن ەكى قىشقىلى

己二烯－[2,4]二酸　hexadiene－[2,4] diacid　گەكسادىەن ـ [4،2] ەكى قىشقىلى

己二烯－[3,5]一炔－[1]　"乙炔基丁间二烯" گە قاراڭىز.

己二烯酸　hexadienic acid　C₅H₇COOH　گەكسادىەن قىشقىلى

己二烯－[2,4]－酸　"山梨酸" گە قاراڭىز.

己二酰　hexanedioyl, adipoyl, adipyl　－CO(CH₂)₄CO－　گەكساندىيوىل، ادىپيىل، ادىپيىل

己二酰二胺　adipamide, adipic diamide　(CH₂CH₂CONH₂)₂　ادىپامىد، ادىپيىن دىامىد

己二酰二氯　adipic chloride　(CH₂CH₂COCl)₂　ادىپيىن حلورى

己二酰二酸　adipyl diacid　ادىپيىل ەكى قىشقىلى

己酚　hexaphene

گەكسافەن

己隔酮酸   "羟基己酸 – 4" گە قاراڭز.

己基 hexyl   CH₃(CH₂)₄CH₂–   گەكسیل

己基苯 hexyl benzene   C₆H₁₁C₆H₅   گەكسیل بەنزول

己基苯基甲醇 hexyl phenyl carbinol   C₆H₁₃CHOHC₆H₅   گەكسیل فەنیل كاربینول

己基碘 hexyl iodide   CH₃(CH₂)₄CH₂I   گەكسیل یود

己基间苯二酚 hexyl resorcinol   C₆H₁₃C₅H₃(OH)₂   گەكسیل رەزورتسین

己基庚烷 hexyl heptane   گەكسیل گەپتان

己基己烷 hexyl hexane   گەكسیل گەكسان

己基氯 hexyl chloride   CH₂(CH₂)₄CH₂Cl   گەكسیل حلور

己基氰 hexyl cyanide   CH₃(CH₂)₅CN   گەكسیل سیان

己基溴 hexyl bromide   CH₃(CH₂)₄CHBr   گەكسیل بروم

己基乙炔 hexyl acetylene   گەكسیل اتسەتیلەن

己(级)烷   "己烷" گە قاراڭز.

己腈 capronitril   CH₃(CH₂)₄CN   كاپرونیتریل

己聚糖 hexosan   گەكسوزان

己雷琐辛 hexyl resorcinolum   گەكسیل رەزورتسین

己硫醇 hexyl mercaptan   CH₃(CH₂)₄CH₂SH   گەكسیل مەركاپتان

己六醇 hexan – hexol   CH₂OH(CHOH)₄CH₂OH   گەكسان ـ گەكسیل

己六醇六硝酸酯 hexanitrin   گەكسانیترین

己内酰胺 caprolactam, hexanolactam   كاپرولاكتام، گەكسانولاكتام

己内酰胺聚合作用 caprolactam polymerization   كاپرولاكتامنىڭ پولیمەرلەنۋی

己内酯 caprolactone   كاپرولاكتون

己硼烷 hexa borane   B₆H₁₁   گەكسابوران

己芘酚   "己烯雌酚" گە قاراڭز.

己取三甲硅 hexyl trimethyl silicane   C₆H₁₃Si(CH₃)₂   گەكسیل تریمەتیل كرەمنی

己取三乙硅 hexyl triethyl silicane   C₆H₁₃Si(C₂H₅)₃   گەكسیل تریەتیل كرەمنی

己醛 hexanal, caprolaldehyde   C₅H₁₁CHO   گەكسانال، كاپرول الدەگیدتی

己醛糖 aldohexose   الدوگەكسوزا

己炔 hexynel(= n – buthyl acetylene)   گەكسین ـ n ـ بۋتیل اتسەتیلەن

1 – 己炔 1 – hexyne   1 ـ گەكسین

己炔 – [2]   "甲基·丙基乙炔" گە قاراڭز.

己炔二酸　hexyne diacid　$C_4H_4(COOH)_2$　گەكسىن ەكى قىشقىللى

己炔二羧酸　hexyne dicarboxylic acid　$C_6H_8(COOH)_2$　گەكسىن ەكى كاربوكسىل قىشقىللى

己炔酸　hexynic acid　C_5H_7COOH　گەكسىن قىشقىللى

己省　hexacen　گەكساتسەن

己酸　capronic acid (= hexanoic acid)　$C_5H_{11}COOH$　كاپرون قىشقىللى، گەكسان قىشقىللى

己酸丙烯酯　propylene caproate　كاپرون قىشقىل پروپەن ەستەرى

己酸丙酯　propyl caproate　$C_5H_{11}CO_2CH_2C_2H_5$　كاپرون قىشقىل پروپىل ەستەرى

己酸丁酯　butyl caproate　$C_5H_{11}CO_2C_4H_9$　كاپرون قىشقىل بۇتىل ەستەرى

己酸甲酯　methyl caproate　كاپرون قىشقىل مەتىل ەستەرى

己酸精　caproin　كاپروين

己酸钠　sodium caproate　$C_5H_{11}COONa$　كاپرون قىشقىل ناترى

己酸氢糖酯　tetrahydrofurfuryl caproate　$C_5H_{11}CO_2CH_2C_4H_7O$　كاپرون قىشقىل ʼتورت سۆتەكتى فۇرفۇرىل ەستەرى

己酸壬酯　nonyl caproate　$C_5H_{11}CO_2C_9H_{19}$　كاپرون قىشقىل نونىل ەستەرى

己酸十二(烷)酯　dodecyl caproate　$C_5H_{11}CO_2CH_3(CH_2)_{11}$　كاپرون قىشقىل دودەتسىل ەستەرى

己酸十三(烷)酯　tridecyl caproate　$C_5H_{11}CO_2C_{13}H_{37}$　كاپرون قىشقىل تىرىدەتسىل ەستەرى

己酸十四(烷)酯　tetradecyl caproate　$C_5H_{11}CO_2C_{14}H_{29}$　كاپرون قىشقىل نەترادەتسىل ەستەرى

己酸十五(烷)酯　pentadecyl caproate　$C_5H_{11}CO_2C_{15}H_{31}$　كاپرون قىشقىل پەنتادەتسىل ەستەرى

己酸烯丙酯　allyl capeoate　$CH_3(CH_2)_4CO_2C_3H_5$　كاپرون قىشقىل اللىل ەستەرى

己酸纤维素　callulose caproate　كاپرون قىشقىل سەللىيۇلوزا

己酸盐　caproate　$C_5H_{11}COOM$　كاپرون قىشقىلنىڭ تۇزدارى

己酸乙酯　ethyl caproate　$CH_3(CH_2)_4CO_2C_2H_5$　كاپرون قىشقىل ەتىل ەستەرى

己酸异戊酯　isoamyl caproate　$C_5H_{11}CO_2(CH_2)_2CH(CH_3)_2$　كاپرون قىشقىل يزواميل ەستەرى

己酸正戊酯　amyl n－caproate　$C_5H_{11}CO_2C_5H_4$　كاپرون قىشقىل n－امىل ەستەرى

己酸酯　caproate　$C_5H_{11}CO·OR$　كاپرون قىشقىل ەستەرى

己糖　hexose　$C_6H_{12}O_6$　　　　　　　　گەكسوزا

己糖胺　hexosamine　　　　　　　　گەكسوزامين

己糖胺酶 A　hexosaminidase A　　　　گەكسوزا مينيدازا

己糖醇　hexitol　$CH_3OH(CHOH)_4CH_2OH$　گەكسيتول

己糖二磷酸　hexosediphosphoric acid　$C_6H_{10}O_4\cdot(O\cdot PO_3H_2)_2$　گەكسوزا ەكى
فوسفور قشقملى

己糖激酶　hexsokinase　　　　　　　گەكسوكينازا

己糖磷酸　hexose phosphoric acid　　گەكسوزا فوسفور قشقملى

己糖磷酸化酶　heterophosphotase　　گەتەرو فوسفوتازا

己糖酶　hexosidase　　　　　　　　گەكسوزيدازا

己糖醛酸　hexuronic acid　　　　گەكسۇرون قشقملى

己糖酸　hexonic acid　$C_6H_{12}O_7$　گەكسون قشقملى

己糖一磷酸　hexose monophosphoric acid　$C_6H_{11}O_5\cdot O\cdot PO_3H_2$　گەكسوزا فوسفور
قشقملى

己酮 - [2]　hexanone - [2]　$CH_3COC_4H_2$　گەكسانون – [2]

己酮 - [3]　　　"乙基·丙基甲酮" گە قاراڭز.

3 - 己酮　3 - hexanone　　　　　3 ـ گەكسانون

己酮二酸　ketoadipic acid　　　كەتو اديپين قشقملى

己酮酸　ketocapric acid　　　كەتو كاپروين قشقملى

己酮糖　ketohexose　　　　　　كەتوگەكسوزا

3 - 己酮糖　3 - hexulose　　　3 ـ گەكسۆلوزا

己酮糖酸　ketohexonic acid　　كەتوگەكسون قشقملى

己烷　hexane　C_6H_{14}　　　　گەكسان

己烷雌酚　hexestrol　　　　　گەكسەسترول

己烷二羧酸　hexane dicarboxylic acid　$C_6H_{12}(COOH)_2$　گەكسان ەكى كاربوكسيل
قشقملى

己烯　hexene, hexylene　C_6H_{12}　گەكسەن، گەكسيلەن

己烯 - [1]　hexene - [1]　$CH_3(CH_2)_3CH{:}CH_2$　گەكسەن – [1]

己烯 - [2]　hexene - [2]　$CH_3(CH_2)_2CH{:}CHCH_3$　گەكسەن – [2]

己烯 - [3]　hexene - [3]　$(CH_3CH_2CH)_2$　گەكسەن – [3]

己烯醇　hexenol　　　　　　گەكسەنول

己烯 - [1]醇 - [3]　hexene[1] - ol - [3]　$C_3H_{11}OH$　گەكسەن – [1] ول –
[3]

己烯－[5]醇－[2]　hexen[5]－ol－[2]　$CH_2CH(CH_2)_2CHOHCH_3$　ـ گەكسەن
[2] ـ ول [5]

己烯雌酚　stilbestrol(= diethyl stilbestrol)　ستيلبەسترول، دىەتيل
ستيبەسترول

己烯二酸　hexene diacid　$C_6H_4(COOH)_2$　گەكسەن ەكى قىشقىللى

己烯二羧酸　hexenedicarboxylic acid　$C_6H_{10}(COOH)_2$ گەكسەن ەكى كاربوكسيل
قىشقىللى

己烯醛　hexenoic aldehyde, hexenal　گەكسەن الدەگيدتى، گەكسەنال

己烯酸　hexenic acid　C_5H_9COOH　گەكسەن قىشقىللى

己烯酮　hexenone　گەكسەنون

己烯酰　hexenoyl　گەكسەنويل

己酰　hexanoyl, caproyl　$CH_3(CH_2)_4CO-$　گەكسانويل، كاپرويل

己酰胺　hexanamide　گەكسانامىد

己酰苯　"戊基·苯基甲酮" گە قاراڭـز. كاپرويل حلور

己酰氯　caproyl chloride　$C_5H_{11}COCl$　كاپرويل حلور

己酰基　hexanoyl, caproyl　گەكسانويل، كاپرويل

剂　agent　اگەنت

剂量　dose　دوزا، مولشەر

剂量学　dosology　دوزولوگيا

PH 计　PH－meter　PH ـ مەتر، سۆتەگى يونىن ولشەگـش

计算机　computer　كومپيۆتەر

计温学　thermometry　تەرمومەتريا

PH 记录器　PH－recorder　PH ـ جازعش

记忆合金　memory alloy　كەستە ساقتايتىن قورىتپا

芰毒配质　gitoxigenin　گيتوكسيگەنين

芰毒素　gitoxin　گيتوكسين

芰他毒　gitatoxin　گيتا توكسين

芰他毒配质　gitatoxigenin　گيتا توكسيگەنين

芰他录　gitalin　گيتالين

芰他配质　gitaligenin　گيتاليگەنين

季　quaternary, quarter　كۆاتەرناري، ئتورت نەگـمزدى، ئتورت ۆالەنتى، كۆارتەر،
تورتتەن ئبىر

季铵　quaternary ammonium　كۆاتەرناري امـموني

季铵化合物　quaternary compound　$R_4 \cdot N \cdot X$　كۆاتەرناري ئامموني قوسسلستارى

季铵碱　quaternary ammonium hydroxide　$R_4 \cdot N \cdot OH$　كۆاتەرناري ئامموني گيدراتى

季铵卤化物　quaternary ammonium halide　$R_4 \cdot N \cdot X$　ؤاتەرناري ئاممونى گالوگەن قوسسلستارى

季铵盐　quaternary ammonium salt　ؤاتەرناري ئاممونى تۆزدارى

季胺　quaternary amine　ؤاتەرناري ئاميندەر

季化合物　quaternary compound　ؤاتەرناري قوسسلستارى

季碱　quaternary base　ؤاتەرناري نەگىزدەر

季鏻　quaternary phosphine　$R_4 \cdot P \cdot X$　ؤاتەرناري فوسفين

季鏻化合物　quaternary phosphoninm compound　ؤاتەرناري فوسفورلى قوسسلستارى

季鏻碱　“氢氧化季鏻” گه قاراڭز.

季砷化合物　quaternary arsenical compound　$R_4 \cdot As \cdot X$　ؤاتەرناري ارسەندى قوسسلستارى

季碳原子　quaternary carbon atom　ؤاتەرناري كومىرتەك اتومى

季锑碱　“氢氧化季锑” گه قاراڭز.

季酮酸　“特窗酸” گه قاراڭز.

季戊四醇　pentaerythritol　$C(CH_2OH)_4$　پەنتا ەريتريتول

季戊四醇四错酸酯　pentaerythritol tetra-acetate　$C(CH_2O_2CCH_3)_4$　پەنتا ەريتريتول ئتورت سىركە قشقىل ەستەرى

季戊四醇四硝酸酯　pentaerythritol tetranitrate(= tetranitrol)　$C_5H_6(ONO_2)_4$　پەنتا ەريتريتول ئتورت ازوت قشقىل ەستەرى

季戊四醇四硬脂酸酯　pentaerythritol tetrastearate　پەنتا ەريتريتول ئتورت ستەارين قشقىل ەستەرى

季戊烷　“新戊烷” گه قاراڭز.

季戊炸药　pentyl, penthrite　پەنتريت

季盐　quaternary salt　كۆاتەرناري تۆز

jia

家庭碱　domesticine　دومەستيتسين، تۆرمەستىق ئسلتى

家用柴油　domestic fuel oil　تۆرمەستىق ديزەل مايى

家用焦炭　domestic coke　تۆرمەستىق كوكس

家用气体　domestic gas　　　　　　　　　　　تۇرمۇستىق گاز

家用燃料　domestic fuel　　　　　　　　　تۇرمۇستىق جانار زاتتار

家用皂　　　　　　　　　　　"洗衣皂" گە قاراڭىز.

镓(Ga)　gallium(Ga)　　　　　　　　　　　　گاللىي (Ga)

镓钾矾　gallium‑potassium alum　　　　گاللىلى ـ كاليلى اشۇداس

镓酸　gallic acid　　　　　　　　　　　　　　گاللىي قشقىلى

镓酸盐　gallate　　MGaO₂　　　　　گاللىي قشقىلنىڭ تۇزدارى

镓族　gallium family　　　　　　　　　　گاللىي گرۇپپاسى

镓族元素　gallium family element　گاللىي گرۇپپاسىنىڭ ەلەمەنتتەرى

夹层结构　　　　　　　　　　　"夹心结构" گە قاراڭىز.

夹氮蒽　　　　　　　　　　　　　"吖啶" گە قاراڭىز.

夹二氮蒽基　　　　　　　　　　"吩嗪基" گە قاراڭىز.

夹二氮蒽酮　　　　　　　　　　"吩嗪酮" گە قاراڭىز.

夹二氮(杂)蒽　　　　　　　　　　"吩嗪" گە قاراڭىز.

(夹)二硫蒽　　　　　　　　　　　"噻蒽" گە قاراڭىز.

(夹)二硫杂蒽　diphenylene disulfide　ەكى كۆكىرتتى ديفەنيلەن

夹克宾　jacobine　　　　　　　　　　　　　　جاكوبيين

夹可定　jacodine　　C₁₈H₂₅O₅N　　　　　　جاكودين

夹可宁　jaconine　　　　　　　　　　　　　　جاكونيين

夹可酸　jaconecic acid　　　　　　　　　جاكون قشقىلى

夹硫氮杂蒽　thiodiphenylamine　　　تيوديفەنيلامين

夹砷氮蒽　　　　　　　　　　　"吩吡嗪" گە قاراڭىز.

夹心结构　sandwich structure　مۇربىلىق قۇرىلزدى ياسي ارا

夹氧氮蒽　　　　　　　　　　　"吩恶嗪" گە قاراڭىز.

夹氧蒽　azete　　　　　　　　　　"咕吨" گە قاراڭىز.

夹氧硫杂蒽　dibenzthoxine　　C₆H₄OC₆H₄S　ديبەنزتيوكسين

夹氧杂蒽　　　　　　　　　　　"咕吨" گە قاراڭىز.

夹氧杂蒽基　　　　　　　　　　"咕吨基" گە قاراڭىز.

夹氧杂蒽基苯邻甲酐‑[9]　　　　"荧烷" گە قاراڭىز.

(夹)氧杂蒽酮　　　　　　　　　　"咕吨酮" گە قاراڭىز.

夹竹桃甙　nerrin　　　　　　　　　　　　　　نەررين

夹竹桃霉素　oleandomycin		ولەاندوميتسين
佳味备醇　chavibetol	HC:CHCH₂C₆H₃OMeOH	چاۋيبەتول
佳味醇　chavicol	HC:CHCH₂C₆H₄(OH)	چاۋيكول
佳味碱　chavicine		چاۋيتسين
佳味酸　chavicic acid		چاۋين قشقىلى
加布里尔合成法　Gabriel synthesis		گابريەل سينتەزى
加成　addition		قوسىلۇ، قوسىپ الۇ، قوسۇ
加成产物　addition product		قوسىلۇ ٴونىمى
加成法　addition process		قوسىلۇ جولى، قوسۇ ٴادىسى
加成反应　addition reaction		قوسىپ الۇ رەاكسياسى
1,2 – 加成反应　1,2 – addition reaction		1، 2 – قوسىپ الۇ رەاكسياسى
1,4 – 加成反应　1,4 – addition reaction		1، 4 – قوسىپ الۇ رەاكسياسى
加成化合物　addition compound		قوسىلعان قوسىلىستار
加成剂　addition agent		قوسقىش اگەنت
加成聚合　addition polymerization		قوسىپ الۇ – پوليمەرلەنۇ
加成聚合反应　addition polymerization reaction		قوسىپ الۇ – پوليمەرلەنۇ رەاكسياسى
加(成)聚(合)作用　polyaddition		قوسىپ الۇ – پوليمەرلەنۇ
加成酶　adding enzyme		قوسۇ فەرمەنتى
加成性		"相加性" گە قاراڭىز.
加工助剂　processing agent		وڭدەگىش اگەنتتەر، ارلەگىش اگەنتتەر
加汞作用		"汞化作用" گە قاراڭىز.
加合反应		"加成反映" گە قاراڭىز.
加合物　adducts		قوسىلعان زاتتار
加和性		"相加性" گە قاراڭىز.
加聚反应		"加成聚合反应" گە قاراڭىز.
加聚树脂　polyaddition resin		قوسىلىپ پوليمەرلەنگەن سمولا
加聚物　addition polymer		قوسىلعان پوليمەر
加聚作用　addition polymerization		قوسىلۇ – پوليمەرلەنۇ
加里东暗蓝 B　caledon dark blue B		كالەدون قارا كوگى B
加里东黑 B　caledon black B		كالەدون قاراسى B
加里东红 BN　caledon red BN		كالەدون قىزىلى BN

加里东红紫 R　caledon purpule R		كالەدون قىزىل كۆلگىنى R
加里东黄 G　caledon yellow G		كالەدون سارسى G
加里东金橙　caledon orange		كالەدون قىزعىلت سارسى
加里东蓝　coledon blue		كالەدون كوگى
加里东染料　caledon colors		كالەدون بوياۋلار
加里东棕 R　caledon brown R		كالەدون قىزىل قوڭرى R
加里东紫 RN　caledon violet RN		كالەدون كۆلگىنى RN
加仑　gallon		گاللون (بەرلىك)
加洛巴蜡		"巴西棕榈蜡" گە قاراڭىز.
加拿大树胶　gum Canada		كانادا (اعاش) جەلىمى
加拿大松节油　Canada turpentine		كانادا تەرپەنتينى
加拿大松树香脂		"加拿大香胶" گە قاراڭىز.
加拿大香胶　Canada balsam		كانادا بالزامى، كانادا شايىرشىقتى جەلىمى
加拿大香脂		"加拿大香胶" گە قاراڭىز.
加蓬依苦木油		"地咖油" گە قاراڭىز.
加蓬依苦木脂		"地咖脂" گە قاراڭىز.
加气剂　air entraning reagent		اۋا قوسىلعان رەاكتيۋ
加气混凝土　air entraining concrete		اۋا قوسىلعان بەتون
加气水泥　air entrained cement		اۋا قوسىلعان سەمەنت
加铅汽油　leaded gasoline		قورعاسىن قوسىلعان بەنزين
加铅燃料　leaded fuel		قورعاسىن قوسىلعان جانار زات
加强材料　reinforcing material		كۆشەيتىلگەن ماتەريالدار
加强同位素		"浓缩同位素" گە قاراڭىز.
加氢		"氢化" گە قاراڭىز.
加氢产品　hydrogenated product		سۆتەكتەندىرىلگەن ئونىم
加氢的航空燃料　hydrogenated avation fuel		سۆتەكتەندىرىلگەن اۋياتسيا جانار زاتى
加氢的环　hydrogenated ring		سۆتەكتەندىرىلگەن ساقينا
加氢的煤焦油　hydrogenated coal tar oil		سۆتەكتەندىرىلگەن كومىر كوكس مايى
加氢的燃料　hydrogenated fuel		سۆتەكتەندىرىلگەن جانار زاتتار
加氢反应器　hydrogenation reaction chamber		سۆتەكتەندىرۋ رەاكسيا اسپابى
加氢过程　hydrogenation process		سۆتەكتەندىرۋ بارىسى

加氢过程中生成的气体　hydrogenation gases سۆتەكتەندىرۇ بارسسىندا

تۈزىلگەن گاز

加氢甲醛化　hydrofoymylation سۆتەكتەندىرىپ فورمالدەگىدەتۆ

加氢裂化　hydrogen creacking سۆتەكتەندىرۇپ بولشەكتەۆ

加氢裂解　hydrocreacking سۆتەكتەندىرىپ پارشالاۆ

加氢汽油　hydrogasolin سۆتەكتەندىرىلگەن بەنزين

加氢设备 "加氢装置" گە قاراڭىز.

加氢缩合反应　hydrocondensation سۆتەكتەنىپ كوندەنساتسىيالانۇ رەاكسىياسى

加氢脱硫　hydrodesulfurizing سۆتەكتەندىرىپ كۆكىرتسىزدەندىرۇ

加氢脱硫过程　hydrodesulfurization process سۆتەكتەندىرىپ كۆكىرتسىزدەندىرۇ

بارسسى

加氢橡胶　hydrorubber سۆتەكتەندىرىلگەن كاۆچۇك

加氢装置　hydrogenation plant(unit) سۆتەكتەندىرۇ قوندىرعىسى

加氢作用 "氢化作用" گە قاراڭىز.

加热　heating قىزدىرۇ

加热装置　heating arrangement قىزدىرۇ قوندىرعىسى

加上卤化氢　hydrohaloganation گالوگەندى سۆتەگىن قوسۇ

加水分解　hydrolysis سۇمەن بدىراتۇ

加速剂　accelerator تەزدەتكىش اگەنت

加速器　accelerator تەزدەتكىش اسپاپ

加速氧化　accelerated oxidation توتىعۇدى تەزدەتۇ

加速作用　acceleration تەزدەتۇ، شاپشاڭداتۇ

加酸分解　acid splitting(= acid hydrolysis) قىشقىلمەن بدىراتۇ

加酸水解 "加酸分解" گە قاراڭىز.

加酸显色(现象) "卤色化(作用)" گە قاراڭىز.

加碳　carburizing كومىرتەكتەندىرۇ، كومىرتەگىن قوسۇ

加特曼 - 柯区合成法　Gatterman - Koch synthesis گاتتەرمان ـ كوچ

سىينتەزى

加血压(激)素　vasopressin ۆازوپرەززىن

加压　pressurization قىسىم ئۇسسىرۇ، قىسىمدى ارتتىرۇ

加压分馏　pressure fractionation قىسىم ئۇسسىرىپ ئبولىپ ايداۆ

加压过滤　pressure filtration قىسىم ئۇسسىرىپ ئسۇزۇ

加压冷却　pressure cooling

542

قىسـم ‹تۇسرسـپ سۆـتۆ

加压硫化　press vulcanization　قىسـم ‹تۇسرسـپ كۆكـرتـەنـدرۇ

加压馏出物　pressure distillate　قىسـممـەن ايداپ شـعارلـلـعان زات

加压扩散　pressure diffusion　قىسـممـەن دىففۇزيالاۇ

加压燃烧　pressure combustion　قىسـممـەن جانـدرۇ

加压水解　pressure hydrolysis　قىسـممـەن گىدرولىزدەۇ

加压蒸馏　pressure distillation　قىسـممـەن بۆلانـدرسـپ ايداۇ

加盐分离　　“盐析” گە قاراڭـز.

加氧酶　　“氧酶” گە قاراڭـز.

加异戊烷　isopentanize　يزروپـەنتان قوسۇ (اۆياتسيالـق بـەنزينگە)

加油橡胶　oil‐extended rubber　مايلانـدرلـعان كاۆچۆك

甲氨基乙酸　methyl amino acetic acid　مـەتيل امـينو سـركـە قىشقـلـى

甲氨酸酯　　“氨基甲酸酯” گە قاراڭـز.

甲氨酰　　“氨基甲酰” گە قاراڭـز.

甲氨酰氯　　“氨基甲酰氯” گە قاراڭـز.

甲胺　methyl amine　CH₃NH₂　مـەتيلامـين

甲胺基磺酸　methyl thionamic acid　CH₃NHSO₃H　مـەتيل تيونامـين قىشقـلـى

甲胺基甲酸‐1‐萘酯　1‐naphthyl methyl carbamate　مـەتيل كاربامـين قىشقـل ـ 1 ـ نافتيل ەستـەرى

甲胺基甲酸乙酯　ethyl methyl carbamate　مـەتيل كاربامـين قىشقـل ەتيل ەستـەرى

甲胺基乙醇　methyl aminoethanol　CH₃NHCH₂CH₂OH　مـەتيل امـينو ەتانول

甲胺磷　methamidophos　مـەتامـيدوفوس

甲胺嘧啶　methyl amino pyrimidine　مـەتيل امـينو پيريمـيدين

甲胺肟　carboxamidoxime　‐C(:NH)NH₂　كاربوكسامـيدوكسيم

甲胺乙醇焦性儿茶酚　methylamino ethanol pyrocatechol　مـەتيل امـينو ەتانول پيروكاتـەحول

甲拌磷　　“西梅脱” گە قاراڭـز.

甲苯　toluene, methylbenzene　CH₃C₆H₅　تولۇول

甲苯安替比林　toluantipyrine　تولۇ انتيپييرين

甲苯胺　toluidine　CH₃C₆H₄·NH₂　تولۇيدين

甲苯胺化盐酸　toluidine hydrochloride　تولۇيدينـدى تۇز قىشقـلـى

甲苯胺基　toluidino‐, toluido‐, toluino‐　CH₃C₆H₄NH‐　تولۇيدينو،
تولۇيدو، تولۇينو

甲苯胺蓝　toluidine blue　تولۇيدىندى كوك

甲苯橙　toluylene orange　تولۇيلەندى قىزعىلت سارى

甲苯撑　tolylene, cresylene　توليلەن، كرەزيلەن

甲苯醋酸　tolyl acetic acid　CH₃C₆H₄CH₂COOH　توليل سىركە قشقىلى

甲苯当量　tolune equivalent　تولۇول ەكۆيۆالەنتى

甲苯丁胺　uaimine　ۋيامين

甲苯二胺　tolylene diamine　CH₃C₆H₃(NH₂)₂　توليلەن ديامين

甲苯二磺酸　toluene disulfonic acid　CH₃C₆H₃(SO₃H)　تولۇول ەكى سۋلفون
قشقىلى

甲苯二磺酸盐　toluene disulfonate　C₇H₆O₆S₂M₂　تولۇول ەكى سۋلفون
قشقىلىننىڭ تۇزدارى

甲苯‐3,4‐二硫酚　toluene‐3,4‐dithiol　تولۇول ـ 3، 4 ـ ديتيول

甲苯二异氰酸酯　tolylendiisocyanate　توليلەن ەكى يزوسيان قشقىل ەستەرى

甲苯胲　tolyl hydroxylamine　توليل گيدروكسيلامين

甲苯红　toluylene red　تولۇيلەندى قىزىل

甲苯磺酸　toluene sulfonic acid　CH₃C₆H₄SO₃H　تولۇول سۋلفون قشقىلى

甲苯磺酸钡　barium cresyl sulfonate　Ba(CH₃C₆H₄SO₃)₂　كرەزيل سۋلفون
قشقىل باري

甲苯磺酸钙　calcium cresyl sulfonate　Ca(SO₃C₆H₄CH₃)₂　كرەزيل سۋلفون
قشقىل كالتسي

甲苯磺酸盐　toluene sulfonate　C₇H₇O₃SM　تولۇول سۋلفون قشقىلىننىڭ
تۇزدارى

甲苯磺酰　toluene sulfonyl, tolylsulfonyl, tosyl　CH₃C₆H₄SO₂‐　تولۇول
سۋلفونيل، توليل سۋلفونيل، توزيل

甲苯磺酰胺　toluene sulfonamide　CH₃C₆H₄SO₂NH₃　تولۇول سۋلفونامىد

甲苯磺酰二氯胺　toluenesulfodichloramide　CH₃C₆H₄SO₂NCl₂　تولۇول سۋلفو
ەكى حلورامىد

甲苯磺酰化　tosylation　(CH₃C₆H₄SO₂)　توزيلداندىرۇ، توزيلدەۇ

甲苯磺酰氯　toluene sulfonyl chloride　CH₃C₆H₄·SO₂Cl　تولۇول سۋلفونيل حلور

甲苯磺酰替苯胺　toluene sulfonanilide　CH₃C₆H₄SO₂NHC₆H₅　تولۇول سۋلفونيل
انيلين

甲苯磺酰替丁胺　toluene sulfonyl butylamine　$CH_3C_6H_4SO_2nH_2C_4H_9$　تولۇول سۇلفونيل بۇتيلامين

甲苯磺酰替二丁胺　toluene sulfonyl dibutyl amine　$CH_3C_6H_4SO_2N(C_4H_9)_2$　تولۇول سۇلفونيل ديبۇتيلامين

甲苯磺酰替二甲胺　toluene sulfonyl dimethylamine　$CH_3C_6H_4SO_2N(CH_3)_2$　تولۇول سۇلفونيل ديمەتيلامين

甲苯磺酰替甲胺　toluene sulfonyl methylamine　$CH_3C_6H_4SO_2NHCH_3$　تولۇول سۇلفونيل مەتيلامين

甲苯磺酰替甲苯胺　toluenesulfonyl toluidine　$CH_3C_6H_4SO_2NHC_6H_4CH_3$　تولۇول سۇلفونيل تولۇيدين

甲苯磺酰替甲替苯胺　toluene sulfonyl methylaniline　$CH_3C_6H_4SO_2N(CH_3)(C_6H_5)$　تولۇول سۇلفونيل مەتيل انيلين

甲苯磺酰替乙胺　toluene sulfonyl ethylamine　$CH_3C_6H_4SO_2NHC_2H_5$　تولۇول سۇلفونيل ەتيلامين

甲苯基　tolyl–（＝cresyl）　$CH_3C_6H_4 -$　تولىل ـ، كرەزيل

甲苯基碘　"碘甲苯" گە قاراڭز.

甲苯基氟　"氟代甲苯" گە قاراڭز.

甲苯基甘氨酸　tolyl glycine　مەتيل فەنيل گليكوكول، تولىل گليكوكول

甲苯基汞化氯　tolyl mercuric chloride　$CH_3C_6H_4HgCl$　تولىل سيناپتى حلور

甲苯基甲基醚　tolylmethyl ether　تولىل مەتيل ەفيرى

甲苯基芥子油　tolyl mustard oil　$CH_3C_6H_4NCS$　تولىلدى قشى مايى

甲苯基肼　tolyl hydrazine　تولىل گيدرازين

甲苯基硫脲　tolyl thiourea　تولىل تيوۋرەا

甲苯基卤　toluene halide　$CH_3C_6H_4 \cdot X$　تولىل گالوگەن

甲苯基氯　"氯甲苯" گە قاراڭز.

甲苯基脲　tolylurea　تولىل ۇرەا

甲苯基氰　tolunitrile　$CH_3C_6H_4CN$　تولۇ نيتريل

甲苯基脎　tolyl osazone　مەتيل ـ فەنيل وزازون

甲苯基酸　cresylic acid　كرەزيل قشقىلى

甲苯基溴　"溴甲苯" گە قاراڭز.

甲苯基乙基醚　tolyl ethyl ether　تولىل ەتيل ەفيرى

甲苯基乙酮酸　tolyl glyoxylic acid　مەتيل ەتيل گليوكسيل قشقىلى

甲苯(甲)基　"甲苄基" گە قاراڭز.

甲苯(甲)醛　tolylaldehyde　$CH_3C_6H_4CHO$　تولۇيل الدەگيدتى

甲苯(甲)酸　toluic acid　$CH_3C_6H_4COOH$　تولۇيل قىشقىلى

甲苯(甲)酸盐　toluate　$CH_3C_6H_4COOM$　تولۇيل قىشقىلىنىڭ تۇزدارى

甲苯(甲)酸乙酯　ethyl toluate　$CH_3C_6H_4CO_2C_2H_5$　تولۇيل قىشقىل ەتيل ەستەرى

甲苯(甲)酰　toluyl, toluoyl　$CH_3C_6H_4CO-$　تولۇيل، تولۇويل

甲苯(甲)酰基磺酸　toluyl sulfonic acid　تولۇيل سۇلفون قىشقىلى

甲苯间二酚　"高儿苯酚" گە قاراڭز.

甲苯间三酚　$CH_3C_2H_6(OH)_3$　"2,4,6 三羟基甲苯" گە قاراڭز.

甲苯肼　"甲苯基肼" گە قاراڭز.

甲苯醌　toluquinone　$O:C_6H_3(CH_3):O$　تولۇحينون

甲苯蓝　toluylene blue　تولۇيلەندى كوك

甲苯馏份　toluene fraction　تولۇولدىڭ ايدالعان قۇرامدارى

甲苯硫酚　thiocresol　تيوكرەزول

甲苯硫醚　"两个甲苯基硫" گە قاراڭز.

甲苯偶氮萘胺　toluene azonaphthylamine　$CH_3C_6H_4N:NC_{10}H_6NH_2$　تولۇول ازونافتيلامين

甲苯偶酰　tolil　$(CH_3C_6H_3CO)_2$　توليل، تولىل

甲苯偶酰酸　tolilic acid　$(CH_3C_3H_3)_2CHCOOH$　توليل قىشقىلى، تولىل قىشقىلى

甲苯偶姻　toluoin　$CH_3C_6H_4OH(OH)COC_6H_4CH_3$　تولۇوين

甲苯麝香　toluene musk　تولۇولدى جۇپار

甲苯胂化氧　methyl - phenyl arsine oxide　$CH_3C_6H_4AsO$　مەتيل _ فەنيل ارسين توتعى

甲苯酸　"甲苯甲酸" گە قاراڭز.

甲苯酸乙酯　"甲苯(申)酸乙酯" گە قاراڭز.

甲苯酰胺　toluamide　تولۇاميد

甲苯酰替苯胺　toluanilide　$CH_3C_6H_4CONHC_6H_5$　تولۇانيليد

甲苯亚磺酸　toluene sulfinic acid　$CH_3C_6H_4SO_2H$　تولۇول سۇلفين قىشقىلى

甲苯亚磺酸盐　toluene sulfinate　$C_7H_7O_2SM$　تولۇول سۇلفين قىشقىلىنىڭ تۇزدارى

甲苯氧基　cresoxy, tolyloxy, toloxy　$CH_3C_6H_4O-$　كرەزوكسي، توليلوكسي تولوكسي

甲苯炸药　cresylite　كرەزيليت

甲苯值　toluene value　　　　　　　　　　تولۇول ئمانى

甲苄胺　xylylamine　　　　　　　　　　　كسيليلامين

甲苄基　xylyl, methylbenzyl　$CH_3C_6H_4CH_2-$　كسيليل، مەتيل بەنزيل

α－甲苄基　α－methyl benzyl　$C_6H_5CH(CH_3)-$　α ـ مەتيل بەنزيل

甲丙基酮　　　　　　　　　"甲基·丙基甲酮" گە قاراڭىز.

甲丙醚　　　　　　　　　　"甲基丙基醚" گە قاراڭىز.

甲草酸　methoxalic acid　$CO(COOH)_2$　مەتوكسال قىشقىلى

甲草酸盐　methoxalate　$CO(COOM)_2$　مەتوكسال قىشقىلىنىڭ تۇزدارى

甲草酰　methoxalyl　$CH_3OOCCO-$　مەتوكسالىل

甲叉　methylene, methene, methano　$CH_2=$　مەتەن، مەتيلەن، مەتانو

甲叉氨苯　methylene－aniline　$CH_2NC_6H_5-$　مەتيلەن ـ انيلين

甲叉氨基乙腈　methylene amino－acetonitril　مەتيلەن امينو اتسەتونيتريل

甲叉丁二酸　methylene－succinic acid　$CN_2C(CO_2H)CH_2CO_2H$　مەتيلەن سۆكتسين قىشقىلى

甲叉丁二酸酐　　　　　　　"衣康酸酐" گە قاراڭىز.

甲叉丁二酸盐　　　　　　　"衣康酸盐" گە قاراڭىز.

甲叉丁二酸酯　　　　　　　"衣康酸酯" گە قاراڭىز.

甲叉二碘　methylene iodide　CH_2I_2　مەتيلەن يود

甲叉二氟　methylene fluoride　CH_2F_2　مەتيلەن فتور

甲叉二卤　methylene halide　CH_2X　مەتيلەن گالوگەن

甲叉二氯　methylene chloride　CH_2Cl_2　مەتيلەن حلور

甲叉二溴　methylene bromide　CH_2Br　مەتيلەن بروم

3－甲叉环己烯　3－methylene cyclohexene　3 ـ مەتيلەندى ساقينالى گەكسەن

甲叉两个草酰基抱醋酸酯　methylene bisoxaloacetic acid　مەتيلەن ەكى وكسالو سىركە قىشقىل ەستەرى

甲叉茚　benzofulvene　$C_6H_4CH:CHC:CH_2$　بەنزو فۇلۆەن

甲撑　　　　　　　　　　　"甲叉" گە قاراڭىز.

甲撑二乙醚　methylene diethyl ether　$CH_2(OC_2H_5)_2$　مەتيلەن ديەتيل ەفيرى

甲撑二锗酸　methano digermanic acid　$CH_3(GaOOH)_2$　مەتانو ەكى گەرماني قىشقىلى

3, 7－甲撑环庚烷　3, 7－methanocylohepetane　C_8H_{14}　3، 7 ـ مەتانو ساقينالى گەپتان

1，4－甲撑萘　1，4－methanonaphthalene　　　　1، 4 ـ مەتانو نافتالين

甲撑双丙二酸　methylene dimalonic acid　　　مەتيلەن قوس مالون قىشقىلى

甲撑替二苯胺　methylene dianiline　$(C_6H_5NH)_2CH_2$　مەتيلەن، ديانيلين

甲橙　　　　　　　　　　　　　　　　　"甲基橙" گە قاراڭىز.

甲川　methylidyne, methenyl　$CH\equiv$　مەتيليدين، مەتەنيل

甲醇　carbinol, methyl alcohol, methanol　كاربينول، مەتيل سپيرتى، مەتانول

甲醇钡　barium methylate(methoxide)　$Ba(CH_3O)_2$　مەتانول باري توتىعى

甲醇分解　methanolysis　　　　مەتانول ىدىراۋ، مەتانوليز

甲醇分解作用　　　　　　　　　　"甲醇分解" گە قاراڭىز.

甲醇钙　calcium methylate(methoxide)　$Ca(CH_3O)_2$　مەتانول كالتسي توتىعى

甲醇合成　methanol synthesis　　　مەتانول سينتەزى

甲醇化　methanolizing　　　　　مەتانولدانۋ

甲醇钾　potassium methoxide　$KOCH_3$　مەتانول كالي توتىعى

甲醇金属　methylate　　　　　مەتانولدى مەتال

甲醇锂　lithium methoxide　$LiOCH_3$　مەتانول ليتي توتىعى

甲醇铝　aluminum methoxide　$Al(OCH_3)_3$　مەتانول الۋمين توتىعى

甲醇镁　magnesium methoxide　$Mg(OCH_3)_2$　مەتانول ماگني توتىعى

甲醇钠　sodium methoxide　$NaOCH_3$　مەتانول ناتري توتىعى

甲醇塔　methanol column　　　مەتانول مۇناراسى

甲醇盐　methoxide methylate　CH_3OM　مەتانول تۇزى

甲次　　　　　　　　　　　　"甲川" گە قاراڭىز.

甲次苯基　　　　　　　　　　"苄撑" گە قاراڭىز.

甲代苯撑　methylphenylene(＝toluene, tolylene)　مەتيل فەنيلەن، تولۋيلەن

甲代苯撑二胺　toluylene diamine　$C_7H_{10}N_2$　تولۋيلەن ديامين

甲代吡啶基　　　　　　　　　　"皮考啉基" گە قاراڭىز.

2－甲代丙烯基　2－methyl propenyl　$CH_3C(CH_3)CH-$　2 ـ مەتيل پروپەنيل

2－甲代丙烯－2基　2－methylally group(＝2－methallyl)　2 ـ مەتيل
الليل گرۋپپاسى، 2 ـ مەتالليل

甲代丁二醛　　　　　　　　　"焦酒石醛" گە قاراڭىز.

2－甲代丁基　　　　　　　　　"旋性戊基" گە قاراڭىز.

甲代二氢醌　　　　　　　　　"(二)氢醌" گە قاراڭىز.

5－甲代己基　5－methylhexyl　$(CH_3)_2CH(CH_2)_4-$　5 ـ مەتيل گەكسيل

甲代肼　methyl substituted hydrazine　مەتيل ورسن باسقان گيدارزين

2－甲代戊叉　2－methylpentylidyne　$CH_3CH_2CH_2CH(CH_3)CH=$　2 ـ مەتيل پەنتيليدەن

2-甲代戊川　2－methylpentylidyne　$CH_3CH_2CH_2CH(CH_3)C\equiv$　2 ـ مەتيل پەنتيليدين

1－甲代戊基　1－methyl pentyl　$CH_3CH_2CH_2CH_2CH(CH_3)-$　1 ـ مەتيل پەنتيل

2－甲代戊基　2－methyl pentyl　$CH_3CH_2CH_2CH(CH_3)CH_2-$　2 ـ مەتيل پەنتيل

甲代烯丙基　methylallyl, metallyl　$CH_2:C(CH_3)CH_2-$　مەتيل اللیل، مەتاللیل

2－甲代烯丙基　2－methyl allyl　$CH_2:C(CH_3)CH_2-$　2 ـ مەتيل اللیل

甲代烯丙基碘　methallyl iodide　$CH_3:C(CH_3)\cdot CH_2I$　مەتاللیل يود

甲代烯丙基卤　methallyl halide　$CH_3:C(CH_3)\cdot CH_2X$　مەتاللیل گالوگەن

甲代烯丙基氯　methallyl chloride　$CH_3:C(CH_3)\cdot CH_2Cl$　مەتاللیل حلور

甲代烯丙基溴　methallyl bromide　$CH_3:C(CH_3)\cdot CH_2Br$　مەتاللیل بروم

1－甲代乙烯基　1－methyl vinyl　1 ـ مەتيل ۆينيل

甲氮酰胺　methazolamide, neptazan　مەتازول اميد

甲地孕酮　megestrolum　مەگەسترول

甲碘吡酮酸钠　sodium iodomethamate　پيەلەكتان

甲碘化物　methiodide　مەتيوديد، يودتى مەتان قوسىلمسى

甲二醇　methylene glycol　مەتيلەن گليكول

甲二磺酸　methionic acid, methane disulfonic acid　$CH_2:(SO_2OH)_2$　مەتيون قىشقىلى، مەتەن ەكى سۆلفون قىشقىلى

甲二磺酰　methionyl　$CH_2(SO_2)_2=$　مەتيونيل

3, 4－甲二氧苯(甲)酰　"胡椒基酰" گە قاراڭىز.

3, 4－甲二氧苯亚甲基　"胡椒叉" گە قاراڭىز.

3, 4－甲二氧苯乙基　3, 4－methylene dioxyphenethyl　3، 4 ـ مەتيلەن ەكى وتتەكتى فەنەتيل

3, 4－甲二氧苯叉　"胡椒叉" گە قاراڭىز.

甲二氧基　methylene dioxy　$-OCH_2O-$　مەتيلەندى ەكى وتتەك

β－3, 4－甲二氧基戊二烯-[2, 4]-酸　"胡椒酸" گە قاراڭىز.

甲酚　cresol　$CH_3C_6H_4OH$　كرەزول

甲酚苯因　cresol benzein　كرەزول بەنزەين

甲酚定　cresidine　$CH_3C_6H_3(OCH_3)NH_2$　كرەزيدين

甲酚红　cresol red

كرەزول قـىزىلى

甲酚红紫　metacresol purple　　　　　مەتاكرەزول قـىزىل كـۆلگـىن

甲酚甲醛树脂　cresol formaldehyde resin　كرەزول فورمالدەگـيدتى سمولالار

甲酚蓝　cresol blue　　　　　　　　　كرەزول كوگى

甲酚硫　cresol sulfur　　　　　　　　كرەزول كـۆكـىرت

甲酚硫酸　cresolsulfuric acid　　كرەزول كـۆكـىرت قـىشقىلى

甲酚酶　cresolase　　　　　　　　　كرەزولازا

甲酚葡萄糖醛酸　cresole glucuronic acid　كرەزول گليۆكـۆرون قـىشقىلى

甲酚树脂　cresol resin　　　　　　　كرەزولدى سمولالار

甲酚酸　cresotinic acid　CH₃C₆H₃(OH)COOH　كرەزوتين قـىشقىلى

甲酚羧酸　cresol‐carboxylic acid　CH₃C₆H₃(OH)COOH　كرەزول كاربوكسيل
قـىشقىلى

甲酚酞　cresolphthalein　　　　　كرەزول فتالەين

甲酚酰　cresoltyl　　　　　　　　كرەزوتيل

甲酚盐　cresylate　CH₃C₆H₄OM　　كرەزول تـۇزى

甲酚紫　cresyl purple　　　　　　كرەزول كـۆلگـىنى

甲砜达嗪　mesoridazine　　　　مەزوريدازين

甲砜霉素　thiamphenicol　　　تيامفەنيكول

甲氟磷　dimefox　　　　　　　ديمەفوكس

甲汞化碘　methyl mercuric iodide　CH₃HgI　مەتيل سناپتى يود

甲汞化卤　methyl mercuric halide　CH₃HgX　مەتيل سناپتى گالوگەن

甲汞化氯　methyl mercuric chloride　CH₃HgCl　مەتيل سناپتى حلور

甲汞化溴　metyl mercuric bromide　CH₃HgBr　مەتيل سناپتى بروم

甲胍　methyl guanidine　CH₃NHCH₃N₂　مەتيل گـۇانيدين

甲胍化硫酸　methyl guanidine sulfate　(C₂H₇N₃)₂H₂SO₄　مەتيل گـۇانيديندى
كـۆكـىرت قـىشقىلى

甲胍化硝酸　methyl guanidine nitrate　C₂H₇N₃HNO₃　مەتيل گـۇانيديندى ازوت
قـىشقىلى

甲胍基醋酸(乙酸)　　　　　"肌酸" گە قاراڭـز.

甲硅基　silicyl　H₃Si　　　　　سيليتسيل

甲硅硫醚基　　　　"二硅噻烷基" گە قاراڭـز.

甲硅硫醚氧基　　　"二硅噻烷氧基" گە قاراڭـز.

甲硅醚胺基　　　　"二硅恶烷氨基" گە قاراڭـز.

甲硅醚撑　disiloxanilen　－ SiH₂OSiH₂ －　　ديسيلوكسانيلەن

甲硅醚基　　　　"二硅恶烷基" گە قاراڭىز.

甲硅醚硫基　　　　"二硅恶烷硫基" گە قاراڭىز.

甲硅醚氧基　　　　"二硅恶烷氧基" گە قاراڭىز.

甲硅烷　monosilane, silicomethane　SiH₄　　مونوسيلان، كۆكمرتتى مەتان

甲硅烷氨基　silylamino －　H₃SiNH　　سيليل امينو －

甲硅烷胺基甲硅烷胺基　　　　"二硅氮烷胺基" گە قاراڭىز.

甲硅烷胺基甲硅烷基　　　　"二硅氮烷基" گە قاراڭىز.

甲硅烷胺基甲硅烷氧基　　　　"二硅氮烷氧基" گە قاراڭىز.

甲硅烷叉　silylene　H₂Si ＝　　سيليلەن

甲硅烷川　silylidyne　H₂Si　　سيليليدين

甲硅烷基　silyl　H₂Si －　　سيليل

甲硅烷基化合物　silyl compound　　سيليل قوسىلىستارى

甲硅烷硫基　silythio －　H₃SiS －　　سيليلتيو

甲硅烷醚基　　　　"二硅恶烷基" گە قاراڭىز.

甲硅烷氧代甲硅烷胺基　　　　"二硅恶烷氨基" گە قاراڭىز.

甲硅烷氧代甲硅烷基　　　　"甲硅醚基" گە قاراڭىز.

甲硅烷氧代甲硅烷氧基　　　　"二硅恶烷氧基" گە قاراڭىز.

甲硅烷氧基　siloxy －　H₃SiO －　　سيلوكسي

甲红　　　　"甲基红" گە قاراڭىز.

甲换硫酸　methyl sulfuric acid　CH₃OSO₂OH　　مەتيل كۆكمرت قىشقىلى

甲荒酸　carbodithioic acid　－ CSSH　　كاربوديتيو قىشقىلى

甲荒酰胺　　　　"硫代甲酰胺" گە قاراڭىز.

甲荒酰替苯胺　　　　"硫代甲酰替苯胺" گە قاراڭىز.

甲磺丁脲　tolbutamide　　تولبۇتاميد

甲磺酸　methyl sulfonic acid　CH₃SO₃H　　مەتيل سۆلفون قىشقىلى

甲磺酰　methyl sulfonyl（＝mesyl）　CH₃SO₂ －　　مەتيل سۆلفونيل، مەزيل

甲磺酰氯　methyl sulfonyl chloride　CH₃SO₂Cl　　مەتيل سۆلفونيل حلور

甲基　methyl, methyl grocp　　مەتيل، مەتيل گرۆپپاسى

甲基阿脲　methylalloxan　NHCCONCH₃　　مەتيل اللوكسان

甲基阿斯匹林　methyl aspirin　CH₃CO₂C₆H₄CO₂CH₃　　مەتيل اسپيرين

甲基吖啶　methyl acridine

مەتيل اكريدين

甲基安替比林　methyl antipyrine　　　　　　　مەتيل انتيپيرين

甲基氨茴酸甲酯　methyl methylanthranilate　CH₃NHC₆H₄CO₂CH₃　مەتيل

انترانيل قىشقىل مەتيل ەستەرى

甲基苯胺　methyl aniline　C₆H₅NHCH₃　　　　مەتيل انيلين

N－甲基苯胺　N－methyl aniline　　　　　مەتيل انيلين ـ N

甲基苯并咪唑　tolimidazole　　　　　　　　　توليميدازول

甲基苯撑　methylphenylene　CH₃C₆H₃＝　　مەتيل فەنيلەن

甲基苯对二酚　　　　　　　　　　　.قاراڭىز گە "甲基氢醌"

甲基苯对儿酚二醋酸酯　　　　　　.قاراڭىز گە "甲基氢醌二醋酸酯"

5－甲基苯二酚－[1,3]　5－methyl resorcinol　CH₃C₆H₃(OH)₂　مەتيل ـ 5

رەزورتسينول

4－甲基苯二酸－[1,3]　xylidic acid　CH₃C₆H₃(COOH)₂　كسيليد قىشقىلى ـ 4

甲基苯基胺　methyl－phenyl－amine(＝methylaniline)　C₆H₅NHCH₃　مەتيل

فەنيل امين، مەتيل انيلين

甲基苯基二甲酮　methyl phenyl diketone　CH₃COCOC₆H₅　مەتيل فەنيل

ديكەتون

甲基苯基砜　sufone, methyl phenyl　CH₃SO₂C₆H₅　مەتيل فەنيل سۆلفون

甲基苯基甲酮　methyl phenyl ketone　　　مەتيل فەنيل كەتون

甲基·苯基乙基甲醇　methyl－phenyl－ethyl－carbinol　C₁₀H₁₄O　مەتيل

فەنيل ـ ەتيل كاربينول

甲基苯甲酸甲酯　methyl toluate　CH₃C₆H₄OCOOCH₃　مەتيل تولۇئيل قىشقىل

مەتيل ەستەرى

5－甲基苯间二酚　5－methyl resorcinol　　مەتيل رەزورتسينول ـ 5

5－甲基苯间二甲酸　　　　　　　　　.قاراڭىز گە "乌韦特酸"

2－甲基苯醌　2－methylbenzoquinone　O:C₆H₃(CH₃):O　مەتيل بەنزوحينون ـ 2

甲基苯酰乙醇　methyl penacyl alcohol　CH₃C₆H₄COCH₂OH　مەتيل فەناتسيل

سپيرتى

α－甲基苯乙烯　α－methylstyrene　　مەتيل ستيرەن ـ α

甲基吡啶　methyl pyridine　　　　　　　　مەتيل پيريدين

6－甲基吡啶二羧酸－[2, 4]　　　　　　.قاراڭىز گە "乌韦酮酸"

甲基扁桃酸　methyl mandelic acid　C₆H₅C(OH)(CH₃)COOH　مەتيل ماندەل

قىشقىلى

甲基苄基醇　xylyl alcohol　$CH_3C_6H_4CH_2OH$　كسيليل سپىرتى

甲基苄基甲醇　methyl benzyl carbinol　$CH_3CHOHCH_2C_6H_5$　مەتيل بەنزيل كاربىنول

甲基苄甲酮　methyl benzyl ketone　$CH_2COCH_2C_6H_5$　مەتيل بەنزيل كەتون

甲基苄基醚　methyl benzyl ether　$CH_3OCH_2C_6H_5$　مەتيل بەنزيل ەفيرى

甲基苄肼　procarbazinum　پروكاربازين

甲基苄氯　xylyl chloride　كسيليل حلور

2－甲基－2－丙醇　2－methyl－2－propyl alcohol　2 ـ مەتيل ـ 2 پروپيل سپىرتى

甲基丙醇二酸　methyl tartronic acid　$CH_3C(OH)(COOH)_2$　مەتيل تارترون قىشقىلى

2－甲基丙二醇－[1，2]　"异丁撑二醇" گە قاراڭز.

甲基丙二酸　methyl malonic acid　$CH_3CH(COOH)_2$　مەتيل مالون قىشقىلى

甲基丙二酸乙酯　ethyl methyl malonate　$C_2H_5OCOCH(CH_3)COOC_2H_5$　مەتيل مالون قىشقىل ەتيل ەستەرى

甲基丙二酸酯　methyl malonic ester　$ROCOCH(CH_3)CO$　مەتيل مالون قىشقىل ەستەرى

甲基丙基醋酸　methyl propyl acetic acid　$C_2H_5CH_2CH(CH_3)COOH$　مەتيل پروپيل سىركە قىشقىلى

甲基丙基甲酮　methyl n－propyl ketone　$CH_3COCH_2C_2H_5$　مەتيل n ـ پروپيل كەتون

甲基丙基甲肟　methyl n－propyl ketoxime　$CH_3C(NOH)C_3H_7$　مەتيل n ـ پروپيل كەتوكسيم

甲基丙基醚　methyl propyl ether　$CH_3OCH_2C_2H_5$　مەتيل پروپيل ەفيرى

甲基丙基乙炔　methyl propyl acetylene　$CH_3C·CC_3H_7$　مەتيل پروپيل اتسەتيلەن

甲基丙基异丁基甲醇　methyl propyl isobutyl carbinol　مەتيل پروپيل يزوبۇتيل كاربىنول

2－甲基丙醛　2－methyl propanal isobutyladehyde　2 ـ مەتيل پروپيل الدەگيدتى

2－甲基丙酸　"异丁酸" گە قاراڭز.

甲基丙酮　methyl acetone　مەتيل اتسەتون

2－甲基丙烷　2－methyl propane　2 ـ مەتيل پروپان

2－甲基－1－丙烷　2－methyl－1－propane　پروپان ـ 1 ـ مەتيل ـ 2

甲基丙烯　methyl propene　مەتيل پروپەن

2－甲基－1－丙烯　2－methyl－1－propylene　پروپيلەن ـ 1 ـ مەتيل ـ 2

2－甲基丙烯醇　2－methyl allyl alcohol　$CH_2C(CH_3)CH_2OH$　الليل مەتيل ـ 2
سپيرتى

2－甲基丙烯基　2－methyl propenyl　پروپەنيل مەتيل ـ 2

甲基－4－丙烯基环已烷　"姜烯" گە قاراڭز.

甲基丙烯基甲酮　methyl propenyl ketone　$CH_3CH{:}CHCOCH_3$　پروپەنيل مەتيل
كەتون

甲基丙烯腈　methacrylonitrile　مەتاكريلونيتريل

甲基丙烯醛　methyl acrolein　مەتيل اكرولەين

2－甲基丙烯醛　2－methyl acrolein　$CH_2(CH_3)CHO$　اكرولەين مەتيل ـ 2

甲基丙烯酸　methyl acrylic acid　مەتيل اكريل قىشقىلى، مەتاكريل قىشقىلى

2－甲基丙烯酸　2－methyl acylylic acid　قىشقىلى اكريل مەتيل ـ 2

甲基丙烯酸丁酯　butylmethacrylate　$C_3H_5CO_2C_4H_9$　قىشقىل اكريل مەتيل
بۇتيل ەستەرى

甲基丙烯酸甲酯　methyl methacrylate　$C_3H_5CO_2CH_3$　قىشقىل اكريل مەتيل
مەتيل ەستەرى

甲基丙烯酸盐　methylacrylate　$CHC(CH_3)COOM$　قىشقىلىنىڭ اكريل مەتيل
تۇزدارى

甲基丙烯酸乙酯　ethylmethacrylate　$C_3H_5CO_2C_2H_5$　قىشقىل اكريل مەتيل
ەتيل ەستەرى

甲基丙烯酸酯　methylacrylate　مەتيل اكريل قىشقىل ەستەرى

2－甲基丙烯酰　2－methylacryloyl　$CHC(CH_3)CO-$　اكريلويل مەتيل ـ 2

甲基橙　methyl orange (helianthin)　$NaSO_3C_6H_4N{=}NC_6H_4N(CH_3)_2$　مەتيل
قىزعەملت سارسى، گەليانتين

甲基橙试纸　methyl orange test paper　مەتيل قىزعەملت سارى سىناعش قاعازى

甲基次黄质　methyl hypoxanthine　مەتيل گيپوكسانتين

甲基次胂酸　arrhenic acid　MeHAsOOH　اررەن قىشقىلى

甲基次胂酸盐　arrhenate　MeHAsOOM　اررەن قىشقىلىنىڭ تۇزدارى

甲基甙　methyl glucoside　مەتيل گليۇكوزيد

甲基胆蒽　methyl cholanthrene　$C_{20}H_{13}CH_3$　مەتيل حولانترەن

甲基氮菲　"萘喹哪啶" گە قاراڭز.

1－甲基氮萘红 "喹哪啶红" گە قاراڭز.

甲基碲酸 methane telluronic acid $CH_3 \cdot TeO_2 \cdot OH$ مەتيل تەللۇر قىشقىلى

甲基碘 methyl iodide CH_3I مەتيل يود

甲基碘仿 methyl iodoform مەتيل يودوفورم

甲基靛蓝 methyl indigo مەتيل ينديگو، مەتيل قاراكوگى

甲基叠氮 methyl azide $CH_3N(N)_2$ مەتيل ازيد

甲基丁苯 methyl butyl bezene مەتيل بۇتيل بەنزول

甲基丁醇 methyl butinol مەتيل بۇتينول

甲基丁二醛 methyl－succinaldehyde $CHOCH_2CH(CH_3)CHO$ مەتيل سۇكتسين الدەگيدتى

甲基丁二酸 methylsuccinic acid $CO_2H(CH_3)CHCH_2CO_2H$ مەتيل سۇكتسين قىشقىلى

甲基丁二酸盐 "焦酒石酸盐" گە قاراڭز.

甲基丁二烯 methyl butadiene $CH_2:C(CH_3)CH:CH_2$ مەتيل بۇتاديەن

2－甲基丁二烯 "甲基丁二烯" گە قاراڭز.

2－甲基丁二烯－[1,3] 2－methyl butadiene－[1,3] $CH_2:CHC(CH_3):CH_2$ 2 ـ مەتيل بۇتاديەن ـ [3، 1]

甲基丁基醋酸 methyl－buthyl－acetic acid $CH_3(C_4H_9)CHCOOH$ مەتيل ـ بۇتيل سىركە قىشقىلى

甲基丁基甲醇 methyl butyl－carbinol $CH_3(CH_2)_3CH(OH)CH_3$ مەتيل بۇتيل كاربينول

甲基丁基甲酮 methyl butyl ketone $CH_3COC_4H_9$ مەتيل بۇتيل كەتون

甲基丁基硫醚 methyl butyl sulfide $CH_3SC_4H_9$ مەتيل بۇتيل سۇلفيد

甲基丁基醚 methyl butyl ether $CH_3OC_4H_9$ مەتيل بۇتيل ەفيرى

3－甲基丁醛 3－methyl butyraldehyde $(CH_3)_2CHCH_2CHO$ 3 ـ مەتيل بۇتيل الدەگيدتى

3－甲基丁酮－[2] 3－methyl butanone－[2] $CH_3COCH(CH_3)_2$ 3 ـ مەتيل بۇتانون ـ [2]

3－甲基丁酮－[2]－缩氨基脲 "甲基异丙基甲酮缩氮基脲" گە قاراڭز.

3－甲基丁酮－[2]肟 "甲基异丙基甲酮肟" گە قاراڭز.

甲基丁烷 methylbutane مەتيل بۇتەن

2－甲基丁烷 2－methyl butane $(CH_3)_2CHC_2H_5$ 2 ـ مەتيل بۇتەن ـ

2－甲基丁烯－[1] 2－methyl butene－[1] $CH_3CH_2C(Me)CH_2$

2 ـ مەتيل بۇتەن ـ [1]

2-甲基丁烯-[2]　2-methyl butene-[2]　(CH₃)₂C:CHCH₂　مەتيل ـ 2

بۇتەن ـ [2]

2-甲基丁烯-[3]　2-methyl butene-[3]　(CH₃)₂CHCH:CH₂　مەتيل ـ 2

بۇتەن ـ [3]

3-甲基丁烯-[1]　3-methylbulene-[1]　(CH₃)₂CHCHCH₂　مەتيل ـ 3

بۇتەن ـ [1]

3-甲基丁烯基　3-methyl butenyl　مەتيل بۇتەنيل ـ 3

2-甲基丁烯-[1]炔-[3]　"缬烯炔" گە قاراڭىز.

甲基丁子香酚　methyl eugenol　مەتيل ەۇگەنول

甲基毒芹碱　methyl coniin　مەتيل كونيين

甲基多巴　methyldopa　مەتيلدوپا

甲基多缩戊糖　"甲基戊聚糖" گە قاراڭىز.

甲基对氨基苯酚　methyl p-aminophenol　مەتيل پارا ـ امينو فەنول

甲基对茴香基甲酮　methyl p-anisyl ketone　CH₃OC₆H₄CH₂COCH₃　مەتيل

پارا ـ انيزيل كەتون

甲基对硫磷　methyl parathion　مەتيل پاراتيون

甲基对溴苯基硫醚　methyl p-bromophenyl sulfide　مەتيل پارا ـ بروم

فەنيل سۇلفيد

甲基二苯胺　n-methyl-diphenyl amine　CH₃N(C₆H₅)₂　n ـ مەتيل ـ

ديفەنيلامين

甲基二苯基甲醇　methyl diphenyl-carbinol　(C₆H₅)₂C(OH)CH₃　مەتيل ديفەنيل

كاربينول

甲基二苯基羟基乙胺青霉素　methyl-diphenyl oxyamine penicillin　مەتيل

ديفەنيل وكسيامين فەنيتسيللين

甲基二苯甲酮　methyl-diphenyl ketone　C₂H₉COCH₃　مەتيل ديفەنيل كەتون

甲基二丙胺　methyl-di-n-propylamine　(C₃H₇)₂NCH₃　مەتيل ـ ەكى ـ

n ـ پروپيلامين

甲基二碘胂　methyl diiodo arsine　CH₃AsI₂　مەتيل ەكى يودتى ارسين

甲基二氯胂　methyl dichloro arsine　CH₃AsCl₂　مەتيل ەكى حلورلى ارسين

3-甲基-1,8-二羟基蒽醌　"大黄根酸" گە قاراڭىز.

甲基二羟嘧啶　methyl dioxypyrimidine　مەتيلى ديوكسي پيريميدين

甲基二乙胺　methyl-diethyl-amine　مەتيلى ديەتيل امين

甲基反式丁烯二酸　trans－2－methyl－2－butenedioic acid　ـ ترانس

2 ـ مەتيل ـ 2 ـ بۇتەن ەكى قىشقىلى

2－甲基酚嗪　2－methyl phenazine　$CH_3C_6H_3N_2C_6H_4$　2 ـ مەتيل فەنازين

2－甲基呋喃　　　　　　　　　　　　"斯尔烷" گە قاراڭىز.

甲基氟　methyl fluoride　CH_3F　مەتيل فتور

甲基富马酸　methyl fumaric acid　$CH_3C(CO_2H)CHCOOH$　مەتيل فۇمار

قىشقىلى

甲基甘氨酸　methyl glycine, methylglycocol　مەتيل گليتسين، مەتيل

گليكوكول

甲基甘露糖甙　methyl manoside　$CH_3OCC_6H_{11}O_5$　مەتيل ماننوزيد

甲基甘油　methyl glycerin　$CH_3(CHOH)_2CH_2OH$　مەتيل گليتسەرين

甲基睾丸甾酮　methyl testosterone　مەتيل تەستوستەرون

甲基格利雅试剂　methyl－grignard－reagent　$XMgCH_3$　مەتيل گريگنارد

رەاكتيۋى

甲基镉　methyl cadmium　$Cd(CH_3)_2$　مەتيل كادمي

2－甲基庚醇－[4]　　　　　　　　"丙基·异丁基甲醇" گە قاراڭىز.

6－甲基庚醇－[2]　　　　　　　　"丙基·异己基甲醇" گە قاراڭىز.

甲基·庚基甲酮　methyl n－heptyl ketone　$CH_3CO(CH_2)_6CH_3$　n ـ مەتيل

گەپتيل كەتون

2－甲基庚酮－[3]　　　　　　　"异丙基正丁基甲酮" گە قاراڭىز.

2－甲基庚酮－[4]　　　　　　　"丙基异丁基甲酮" گە قاراڭىز.

6－甲基庚酮－[2]　　　　　　　"甲基异丁基甲酮" گە قاراڭىز.

甲基庚烷　methylheptane　مەتيل گەپتان

甲基钩吻叶芹碱　　　　　　　　"甲基毒芹碱" گە قاراڭىز.

甲基硅树脂　methyl silicone resin　مەتيل كرەمنيلى سمولالار

甲基硅酸　methane－siliconic acid　$CH_3SiO·OH$　مەتيل كرەمني قىشقىلى

甲基硅烷　methyl silane　مەتيل سيلان

甲基过氧化物　methyl peroxide　مەتيل اسقىن توتىعى

甲基红　methyl red　$HO_2CC_6H_4N:NC_6H_4N(CH_3)_2$　مەتيل قىزىلى

甲基化　methylation　مەتيلدەنۇ

甲基化苯　methylated benzene　مەتيلدەندىرىلگەن بەنزول

甲基化产物　methylate　مەتيلدەندىرىلگەن ئونىم

甲基化二硫	methyl disulfide	CH_3SSCH_3	مەتيل ەكى كۆكىرت
甲基化剂	methylating agent		مەتيلدەۋشى اگەنت
甲基化酒精	methylated alcohol		مەتيلدەندۈرۈلگەن سپيرت
甲基化醚	methylated ether		مەتيلدەندۈرۈلگەن ەفير
甲基化物	methide	$M(CH_3)n$	مەتيد، مەتيل قوسىلستارى
甲基化作用	methylation		مەتيلدەۋ
甲基环丙烷	methyl cyclopropane		مەتيل ساقينالى پروپان
甲基环丁烷	methylcylobutane	$CH_3C_4H_7$	مەتيل ساقينالى بۇتان
甲基环庚醇	methylcycloheptanol	$C_8H_{16}O$	مەتيل ساقينالى گەپتانول
N－甲基环己胺	methylcyclo hexyl－amine	$CH_3NHC_6H_{11}$	N－ مەتيل ساقينالى گەكسيل امين
甲基环己醇	methyl cyclohexanol	$CH_3C_6H_{10}OH$	مەتيل ساقينالى گەكسانول
甲基环己二烯	methyl cyclohexadiene	$CH_3C_6H_7$	مەتيل ساقينالى گەكساديەن
3－甲基环己基甲醇	methylcyclohexyl carbinol		3 ـ مەتيل ساقينالى گەكسيل كاربينول
甲基环己酮	methyl cyclohexanone		مەتيل ساقينالى گەكسانون
甲基环己烷	methyl cyclohexane	$CH_3C_6H_{11}$	مەتيل ساقينالى گەكسان
甲基环己烯	methyl cyclohexene	$CH_3C_6H_9$	مەتيل ساقينالى گەكسەن
N－甲基环己酰甲基丙二酰脲			"伊维潘" گە قاراڭز.
3－甲基环十五(烷)酮	3－methyl cyclopentadecanone	$CH_3H_{15}H_{27}:O$	3 ـ مەتيل ساقينالى پەنتادەكانون
甲基环戊烷	methylcyclopentane		مەتيل ساقينالى پەنتان
甲基环戊烷羧酸	methylcyclopentane carboxylic acid		مەتيل ساقينالى پەنتان كاربوكسيل قىشقىلى
甲基换磷酸	methylphosphoric acid	$C_2H_5H_2PO_4$	مەتيل فوسفور قىشقىلى
甲基黄	methyl yellow		مەتيل سارىسى
甲基黄连碱	worenine		ۋەرەنين
甲基磺酸酚妥拉明	phentolamini methanesulfonas		مەتيل سۋلفون قىشقىل پەنتالامين
甲基磺酸盐	methyl sulfonate		مەتيل سۋلفون قىشقىلىنىڭ تۇزدارى
甲基肌醇	methyl inositol	$(HO)_5C_6H_5OCH_3$	مەتيل ينوزيتول
甲基·己基甲酮	methyl n－hexyl ketone		مەتيل n－ گەكسيل كەتون
2－甲基己烷	2－methyl hexane	$(CH_3)_2CHC_4H_9$	2 ـ مەتيل گەكسان

甲基甲苯基甲酮	methyl tolyl ketone	CH₃COC₆H₄CH₃	مەتيل توليل كەتون
甲基甲苯基硫	methyl tolyl sulfide	CH₃SC₆H₄CH₃	مەتيل توليل كۆكىرت
甲基甲苯基醚	methyl tolylether		مەتيل توليل ەفيرى
6－甲基甲叉茂	6－methyl fulvene		6 ـ مەتيل فۆلۆن
甲基甲醇	methyl carbinol		مەتيل كاربينول
甲基甲硅烷	methyl monosilane	CH₃SiH₃	مەتيل مونوسيلان
甲基甲酮	methyl ketone	RCOCH₃	مەتيل كەتون
甲基钾	potassium methide	KCH₃	مەتيل كالي
甲基间苯二酚	methyl resorcin		مەتيل رەزورتسين
2－甲基间二氯杂环戊烯－[2]			"رەسىيتدىن" گە قاراڭىز.
甲基焦棓酚	methyl pyrogallol	CH₃C₆H₂(OH)₃	مەتيل پيروكاتەحول
甲基焦儿杀酚	methyl pyrocatechol	CH₃C₆H₃(OH)₂	مەتيل پيروگاللول
甲基芥子油	methyl－mustard oil		مەتيل قىشى مايى
甲基金胺	methyl－auramin	[(CH₃)₂NC₆H₄]₂C·NCH₃	مەتيل اۋرامين، مەتيل التىن امين
甲基咖啡碱	methyl caffeine		مەتيل كافەين
甲基卡泌醇	methyl carbitol		مەتيل كاربيتول
甲基可可豆碱	methyl theobromine		مەتيل تەوبرومين
甲基喹啉	methyl quinoline		مەتيل حينولين
2－甲基喹啉	2－methyl quinoline	C₉H₆N·CH₃	2 ـ مەتيل حينولين
甲基锂	lithium methide		مەتيل ليتي
甲基联苯	methyl biphenyl	C₆H₅C₆H₄CH₃	مەتيل بيفەنيل
甲基联苯基甲酮	methyl biphenyl ketone		مەتيل بيفەنيل كەتون
甲基连苯三酚			"甲基焦棓酚" گە قاراڭىز.
甲基膦酸	methyl phosphinic(phosphonic)acid		مەتيل فوسفين (فوسفون) قىشقىلى
甲基邻苯二酚			"甲基焦儿茶酚" گە قاراڭىز.
2－甲基－1,3－硫氮杂茚			"对甲基苯并噻唑" گە قاراڭىز.
甲基硫脲	methyl thiourea	NH₂CSNHCH₃	مەتيل تيوۋرەا
甲基硫脲嘧啶	methyl thiouracyl		مەتيل تيوۋراتسيل
6－甲基硫脲嘧啶	6－methylthiouracyl		6 ـ مەتيل تيوۋراتسيل
甲基硫肼	asozine		ازوزين
甲基硫酸	methyl sulfuric acid		

مەتیل كۆكىرت قىشقىلى

甲基硫酸普罗斯的明　neostigmine　مەتیل كۆكىرت قىشقىل پروستیگمین

甲基硫酸盐　methyl sulfate　مەتیل كۆكىرت قىشقىلىنىڭ تۇزدارى

甲基硫氧嘧啶　methyl thiouracilum(MTU)　مەتیل تیيۇراتسیل (MTU)

甲基卤　methyl halide　مەتیل گالوگەن

甲基铝　aluminium methide　Al(CH₃)₃　مەتیل الۇمین

甲基氯　methyl chloride　مەتیل حلور

2－甲基－4－氯苯氧基乙酸　2－methyl－4－chlorophenoxy acetic acid
2 ـ مەتیل ـ 4 ـ حلورلى فەنوكسي سىركە قىشقىلى

甲基氯仿　methyl chloroform　CH₃CCl₃　مەتیل حلوروفورم

甲基氯化汞　methyl mercuric chloride　CH₃HgCl　مەتیل حلورلى سناپ

α－甲基－β－氯乳酸　　　"氯醋酮酸" گە قاراڭىز.

甲基绿　methyl green　مەتیل جاسلى

甲基马来酸　methyl maleic acid　COOHCHC(CH₃)COOH　مەتیل مالەین قىشقىلى

甲基吗啡　methyl morphine(＝codeine)　مەتیل مورفین، كودەین

甲基玫瑰苯胺　methyl rosaniline　مەتیل روزانیلین

甲基霉素　methyl mycin　مەتیلمیتسین

甲基镁化卤　methyl－magnesium halide　MgXCH₃　مەتیل ماگنیلى گالوگەن

甲基镁化氯　methyl－magnesium chloride　MgClCH₃　مەتیل ماگنیلى حلور

甲基镁化溴　methyl－magnesium bromide　MgBrCH₃　مەتیل ماگنیلى بروم

甲基醚　methyl ether　R·O·CH₃　مەتیل ەفیرى

甲基木糖　methyl xylose　مەتیل كسیلوزا

甲基木糖甙　methyl－xyloside　CH₃OC₅H₉O₄　مەتیل كسیلوزید

甲基钠　sodium methyl　NaCH₃　مەتیل ناتري

甲基萘　methyl naphthalene　مەتیل نافتالین

α－甲基萘　α－methyl naphthalene　α ـ مەتیل نافتالین

β－甲基萘　β－methyl naphthalene　β ـ مەتیل نافتالین

甲基萘基甲酮　methyl naphthyl ketone　CH₃COC₁₀H₇　مەتیل نافتیل كەتون

甲基萘基醚　methyl naphthyl ether　مەتیل نافتیل ەفیرى

甲基萘醌　methyl naphthquinone　مەتیل نافتوحینون

2－甲基萘醌－[1,4]　2－methyl－1,4－naphthquinone
2 ـ مەتیل ـ 4،1 ـ نافتوحینون، ۆیتامین K₃

甲基内吸腈　methylacrylonitrile　مەتيل اكريلونيتريل

甲基内吸磷　methylsystox, methylmercaptophos　،مەتيل سيستوكس

مەتيل مەركاپتوفوس

甲基内吸磷亚砜　oxydemeton‐methyl　مەتيل وكسيدەمەتون

甲基尿酸　methyl‐uric acid　$C_5H_3N_4 \cdot CH_3$　مەتيل نەسەپ قىشقىلى

甲基尿烷　methylurethane　CH_3COONH_2　مەتيل ۇرەتان

甲基脲　methylurea　$CH_3NHCONH_2$　مەتيل ۇرەا

甲基脲嘧啶　methyl uracyl　مەتيل ۇراتسيل

甲基哌啶　methyl piperidine　مەتيل پيپەريدين

甲基硼酸　methyl‐boric acid　$CH_3B(OH)_2$　مەتيل بور قىشقىلى

甲基苹果酸　methyl malic acid　$CH_3(OH)(COOH)CH_2COOH$　مەتيل الما قىشقىلى

甲基普鲁巴明　methyl propamine　مەتيل پروپامين

甲基葡(萄)糖　methyl glucose　مەتيل گليۇكوزا

甲基葡(萄)糖甙　methyl glucoside　مەتيل گليۇكوزيد

甲基铅酸　methane plumbonic acid　CH_3PbOOH　مەتيل قورعاسىن قىشقىل

N‐甲基羟胺　N‐methyl hydroxylamine　N ـ مەتيل گيدروكسيل امين

2‐甲基‐2‐羟基丙腈　"丙酮合氰化氢" گە قاراڭىز.

2‐甲基‐2‐羟基丁二酸　"柠苹酸" گە قاراڭىز.

甲基羟基甲氧基苯甲酸　"煤地衣酸" گە قاراڭىز.

甲基氢峰　hydrogen peak of methyl　مەتيل سۇتەك وركەشى

甲基氢醌　methyl hydroquinone　$CH_3C_6H_3(CH)_2$　مەتيل سۇتەك حينون

甲基氢醌二醋酸酯　methyl hydroquinone diacetate　$CH_3C_6H_3(O_2CCH_3)_2$

مەتيل سۇتەك حينون ەكى سىركە قىشقىل ەستەرى

甲基氰(化物)　methyl cyanide　$CH_3 \cdot CH$　مەتيل سيان، مەتيل سيان

قوسىلىستارى

甲基炔丙基醚　methyl propargyl ether　$HC:CCH_2OCH_3$　مەتيل پروپارگيل

ەفيرى

2‐甲基壬烷　2‐methyl nonane　$(CH_3)_2CH(CH_2)_6CH_3$　2 ـ مەتيل نونان

甲基溶纤剂　methyl cellosolve　مەتيل سەللوسولۆە، مەتيل تالشىق ەرىتكىش

(اگەنت)

甲基溶纤剂醋酸酯　methyl cellosolve acetate　$CH_3CO_2CH_2CH_2OCH_3$　مەتيل

تالشىق ەرىتكىش سىركە قىشقىل ەستەرى

甲基肉桂酸　methylcinnamic acid　$CH_3C_6H_4CHCHCOOH$　مەتيل سيننام

قشقىلى

| α – 甲基乳酸 | | "异丁醇酸" گه قاراڭز. |

甲基噻吩　methylthiophene　　　　　　　مەتيل تيوفەن

甲基噻亭　methyl – thetine　(CH₃)₂SCH₂COO　مەتيل تيوتين

甲基三氨基三苯甲烷　　　　　"白苯胺" گه قاراڭز.

甲基三硫磷　methyltrithion　　　　　مەتيل تريتيون

甲基三羟基芴　methyl trihydroxy fluorene　مەتيل تريگيدروكسيل فلۇورەن

甲基三硝基苯　methyl trinitrobenzene　مەتيل ترينيترو بەنزول

甲基色酮　methyl chromone　C₁₀H₈O₂　مەتيل حرومون

甲基胂酸　methyl arsonic acid　CH₃AsO(OH)₂　مەتيل ارسون قشقىلى

甲基胂酸二钠　arrhenal　　　　　ئاررەنال

甲基胂酸钙　calcium methane arsonate　مەتيل ارسون قشقىل كالتسي

甲基胂酸铁　ferric methylarsonate　مەتيل ارسون قشقىل تەمىر

甲基胂酸锌　zinc methyl arsonate　مەتيل ارسون قشقىل مىرش

甲基十八硬脂酸　methyl stearic acid　مەتيل وكتادەكاستەارين قشقىلى

甲基十六基甲酮　methylhexodecyl ketone　CH₃(CH₂)₁₅COCH₃　مەتيل گەكسادەتسيل كەتون

甲基十七基甲酮　methyl heptadecyl ketone　CH₃(CH₂)₁₆COCH₃　مەتيل گەپتادەتسيل كەتون

甲基十五基甲酮　methylpentadecyl ketone　CH₃(CH₂)₁₄COCH₃　مەتيل پەنتادەتسيل كەتون

甲基十一基甲酮　methylundecyl ketone　CH₃CO(CH₂)₁₀CH₃　مەتيل ۇندەتسيل كەتون

甲基十一基甲酮缩氨基脲　methyl n – undecyl ketone semicarbazone
C₁₁H₂₃(CH₃)C:NNHCONH₂　مەتيل n – ۇندەتسيل كەتون سەميكاربازون

甲基石榴(皮)碱　methylpelletierine　مەتيل پەللەتيەرين

甲基水杨酸　　　　　"甲酚酸" گه قاراڭز.

甲基顺丁烯二酸　　　　　"甲基马来酸" گه قاراڭز.

甲基四氮烯　methyl – tetrazene　CH₃NH:NNH₂　مەتيل تەترازەن

4 – 甲(基) – 3 – 羧酸基 – 1,4 – 戊内酯　　"特惹酸" گه قاراڭز.

甲基索佛那　methyl sulfonal　مەتيل سۇلفونال

甲基碳酸　methyl carbonic acid　مەتيل كومىر قشقىلى

甲基糖甙　methyl glucoside

مەتیل گلیۆكوزید

甲基糖二酸   "糖酮酸" گە قاراڭىز.

甲基糖二酸钠   "糖酮" گە قاراڭىز.

α - 甲基特窗酸   "特春酸" گە قاراڭىز.

甲基替苯胺   " N - 甲基苯胺" گە قاراڭىز.

甲基替碱性槐黄   "甲基金胺" گە قاراڭىز.

甲基吐根春   methyl psychotrine   مەتیل پسیحوترین

甲基托布津   methyl topsin   مەتیل توپسین

甲基·戊基甲酮   methyl amyl ketone $CH_3(CH_2)_4COCH_3$ مەتیل امیل كەتون

甲基·戊基醚   methyl amyl ether $CH_3OC_5H_{11}$ مەتیل امیل ەفیری

甲基·戊基乙炔   methyl amyl acetylene C_8H_{14} مەتیل امیل اتسەتیلەن

甲基戊聚糖   methyl - pentosan   مەتیل پەنتوزان

4 - 甲基戊炔 - [2]   "甲基异丙基乙炔" گە قاراڭىز.

4 - 甲基 - 1 - 戊炔   4 - methyl - 1 - pentyne $CHCCH_2CH(CH_3)_2$

4 _ مەتیل _ 1 _ پەنتین

2 - 甲基戊酸   2 - methyl valeric acid $C_3H_5CH_2CH(CH_3)COOH$ 2 _ مەتیل ۆالەریان قشقىلى

甲基戊糖   methyl pentosa   مەتیل پەنتوزا

甲基戊酮   methyl pentanone   مەتیل پەنتانون

4 - 甲基戊酮 - [2]   4 - methyl pentanone - [2]   4 _ مەتیل پەنتانون _ [2]

甲基硒酸   methane - selenonic acid $CH_3 \cdot SeO_2 \cdot OH$ مەتیل سەلەن قشقىلى

甲基锡酸   methyl stannonic acid CH_3SnOOH مەتیل قالایى قشقىلى

甲基·烯丙基胺   methyl - allyl - amine $CH_3NHC_3H_5$ مەتیل اللیل امین

甲基·烯丙基甲醇   methyl - allyl - carbinol $(CH_3)(C_3H_5)CHOH$ مەتیل اللیل كاربینول

甲基·烯丙基甲酮   methyl - allyl - ketone $CH_3COCH_2CHCH_2$ مەتیل اللیل كەتون

甲基·烯丙基醚   methyl - allyl - ether $CH_3OCH_2CHCH_2$ مەتیل اللیل ەفیری

N - 甲基仙人掌碱   "魔根碱" گە قاراڭىز.

甲基纤维素   methylcellulose   مەتیل سەللیۆلوزا

甲基香豆酮	methylcoumarone		مەتيل كوۋمارون
甲基·香芹基甲酮	methylcarvacryl ketone	CH₃COC₁₀H₁₃	مەتيل كارۋاكريل كەتون
甲基橡胶			"二甲基丁二烯橡胶" گە قاراڭـز.
甲基新吡喃糖甙	methyl neopyranuside		مەتيل نەوپيرانوزيد
甲基新烟碱	methyl anabasine		مەتيل انابازين
2-甲基辛酮-[3]			"异丙基正戊基甲酮" گە قاراڭـز.
2-甲基辛烷	2-methyl-octane	(CH₃)₂CHC₆H₁₃	2 ـ مەتيل وكتان
甲基锌	methide zinc		مەتيل مىرش
甲基溴	methyl bromide	CH₃Br	مەتيل بروم
甲基·溴丙基甲酮	methyl bromopropyl ketone		مەتيل برومدى پروپيـل كەتون
甲基·溴乙基甲酮	methyl bromoethyl ketone		مەتيل برومدى ەتيل كەتون
甲基芽子碱	methylecgonine		مەتيل ەگگونين
甲基亚碲酸	methane-telluronic acid	CH₃TeO₂·OH	مەتيـل تەللۇرلـى قىشقىل
甲基亚膦酸	methyl phosphonous acid		مەتيل فوسفوندى قىشقـىل
甲基亚硒酸	methyl-seleninic acid	CH₃SeO·OH	مەتيل سەلەندى قىشقىل
甲基烟酸	methyl nicotinic acid		مەتيل نيكوتين قىشقىل
N-甲基烟酸内盐			"胡芦巴碱" گە قاراڭـز.
甲基烟酰胺	methylnicotinamide		مەتيل تيكوتين اميد
甲基衍生物	methyl derivative		مەتيل تۋىندىلارى
甲基氧丙环			"氧化丙烯" گە قاراڭـز.
甲基氧化胂	methyl arsine oxide		مەتيل ارسين توتعى
甲基移换酶			"甲基转移酶" گە قاراڭـز.
甲基移换作用			"甲基转移作用" گە قاراڭـز.
甲基移转酶			"甲基转移酶" گە قاراڭـز.
甲基移转作用			"甲基转移作用" گە قاراڭـز.
甲基乙胺	methyl-ethyl-amine	CH₃NHC₂H₅	مەتيل ەتيل امين
甲基乙二醛	methyl-glyoxal	CH₃COCHO	مەتيل گليوكسال
甲基乙基苯胺	methyl-ethyl-aniline	C₆H₅(CH₃)C₂H₅	مەتيل ەتيل انيلين
3-甲基乙基吡咯			"调理吡咯" گە قاراڭـز.

甲基乙基丙二酸　methyl ethyl malonic acid　$(CH_3)C_2H_5C(CO_2H)_2$　مەتيل ەتيل مالون قىشقىلى

甲基乙基次胂酸　methyl ethyl arsinic acid　مەتيل ەتيل ارسين قىشقىلى

甲基乙基醋酸　methyl－ethyl－acetic acid　مەتيل ەتيل سىركە قىشقىلى

2－甲基－2－乙基丁二酸　"异庚二酸" گە قاراڭىز.

甲基乙基甲醇　methyl ethyl carbinol　$C_2H_5CH_3CHOH$　مەتيل ەتيل كاربينول

甲基乙基甲酮　methyl－ethyl ketone　$CH_3COC_2H_5$　مەتيل ەتيل كەتون

甲基乙基甲酮连氮　methyl ethyl ketazine　مەتيل ەتيل كەنازين

甲基乙基肼　methyl ethyl hydrazine　مەتيل ەتيل گيدرازين

甲基乙基醚　methyl ethyl ether　$CH_3OC_2H_5$　مەتيل ەتيل ەفيرى

甲基乙基特戊基甲醇　methyl ethyl－tert.－amyl－carbinol　مەتيل ەتيل ــ تەرت. ــ اميل كاربينول

甲基－3－乙基戊烷　2－methyl－3－ethyl pentane　$(C_2H_5)_2CHCH(CH_3)_2$　2 ــ مەتيل ــ 3 ــ ەتيل پەنتان

甲基乙基烯丙胺　methyl ethyl allylamine　$CH_3(C_6H_5)NCH_2CH:CH_2$　مەتيل ەتيل الليل امين

4－甲基－5－乙基辛烷　4－methyl－5－ethyl octane　4 ــ مەتيل ــ 5 ــ ەتيل وكتان

甲基乙基亚砜　"甲亚磺酰乙烷" گە قاراڭىز.

甲基乙基异丁基甲醇　methyl ethyl－isobutyl－carbinol　مەتيل ەتيل يزوبۇتيل كاربينول

甲基乙基异己基甲醇　methyl ethyl－isohexyl－carbinol　$C_{10}H_{22}O$　مەتيل ەتيل يزوگەكسيل كاربينول

甲基乙基异戊基甲醇　methyl ethyl－isoamyl－carbinol　مەتيل ەتيل يزواميل كاربينول

甲基乙炔　methyl acetylene　$CH_3C \equiv CH$　مەتيل اتسەتيلەن

甲基乙炔钠　sodium methyl－acetylide　$CH_3C \equiv CNa$　مەتيل اتسەتيلەن ناتري

甲基乙酸　methyl acetic acid　مەتيل سىركە قىشقىلى

甲基乙酮醛二肟　methyl－glyoxime　$C_3H_6N_2O_2$　مەتيل گليوكسيم

甲基乙烯基甲酮　methyl vinyl ketone　$CH_2CHCOCH_3$　مەتيل ۆينيل كەتون

甲基乙烯基醚　methyl vinyl ether　مەتيل ۆينيل ەفيرى

甲基乙酰醋酸　methyl－acetoacetic acid　$CH_3COCH(CH_3)COOH$　مەتيل

اتسەتو سەركە قەشقەللى

甲基乙酰醋酸乙酯　methyl－acetoacetic ester　$CH_3COCH(CH_3)COOC_2H_5$

مەتيل اتسەتو سەركە قەشقەل ھەتيل ەستەرى

甲基乙酰醋酸酯　methyl－acetoacetic ester　$CH_3COCH(CH_3)COOR$　مەتيل

اتسەتو سەركە قەشقەل ھەستەرى

甲基抑菌灵　tolylfluanide　توليل فلۇانيد

甲基异丙苯　methyl isopropyl benzene　مەتيل يزوپروپپيل بەنزول

5－甲基－2－异丙叉环戊酮　"樟脑酮" گە قاراڭىز.

甲基异丙酚　methyl propofol　مەتيل يزوپروپپيل فەنول

5－甲基－2－异丙基苯二酚－[1,4]　"百里氢醌" گە قاراڭىز.

2－甲基－5－异丙基苯酚　2－methyl－5－isopropyl phenol
（＝carvacrol）　$(CH_3)(C_3H_2)C_6H_3OH$　2 ـ مەتيل ـ 5 ـ يزوپروپپيل فەنول

5－甲基－2－异丙基苯酚　5－methyl－2－isopropyl phenol
（＝thymol）　$(CH_3)(C_3H_2)C_6H_3OH$　5 ـ مەتيل ـ 2 ـ يزوپروپپيل فەنول

1－甲基－7－异丙基菲　1－methyl－7－isopropyl phenanthrene　$C_{18}H_{18}$

1 ـ مەتيل ـ 7 ـ يزوپروپپيل فەنانترەن

甲基异丙基甲酮　methyl isopropyl ketone　$CH_3COCH(CH_3)_2$　مەتيل يزوپروپپيل
كەتون

甲基异丙基甲酮缩氨基脲　methyl isopropyl ketone semicarbazone　مەتيل
يزوپروپپيل كەتون سەميكاربازون

甲基异丙基甲酮肟　methyl isopropyl ketoxime　$CH_3C(NOH)C_3H_7$　مەتيل
يزوپروپپيل كەتوكسيم

甲基异丙基醚　methyl isopropyl ether　$CH_3OCH(CH_3)_2$　مەتيل يزوپروپپيل
ەفيرى

甲基异丙基乙炔　methyl isopropyl acetylene　$(CH_3)_2CHC \equiv CCH_3$　مەتيل
يزوپروپپيل اتسەتيلەن

甲基异丁基胺　methyl－isobutylamine　$CH_3NHC_4H_9$　مەتيل يزوبۇتيلامين

甲基异丁基醚　methyl isobutyl ether　$CH_3OC_4H_9$　مەتيل يزوبۇتيل ەفيرى

甲基异丁基酮　methyl isobutyl ketone　مەتيل يزوبۇتيل كەتون

甲基异己基甲醇　methyl isohexyl carbinol　مەتيل يزوگەكسيل كاربينول

甲基异己基甲酮　methyl isohexyl ketone　$(CH_3)_2CH(CH_2)_3COCH_3$　مەتيل
يزوگەكسيل كەتون

甲基异硫脲　methyl isothiourea　$C_2H_6N_2S$　مەتيل يزوتيوۋرەا

甲基异脲　methyl isourea　$NH_2C(OCH_3)NH$　مەتیل یزوۋرەا

甲基异内吸磷Ⅰ　demeton－o－methyl　مەتیل ـ o ـ دەمەتون

甲基异内吸磷Ⅱ　demeton－s－methyl　مەتیل ـ s ـ دەمەتون

甲基异戊基胺　methyl isoamylamine　$(CH_3)_2CH(CH_2)_2NHCH_3$　مەتیل یزوامیلامین

甲基异戊基甲酮　methyl isoamyl ketone　$CH_3COC_4H_9$　مەتیل یزوامیل كەتون

甲基异戊基甲酮肟　methyl isoamyl ketoxime　$CH_3C(NOH)C_5H_{11}$　مەتیل یزوامیل كەتوكسیم

甲基异戊基醚　methyl isoamyl ether　$CH_3OC_5H_{11}$　مەتیل یزوامیل ەفیری

甲基异戊间二烯　methyl isoprene　$CH_3C(CH_3)C(CH_3)CH_2$　مەتیل یزوپرەن

甲基吲哚　methyl indole　مەتیل یندول

3－甲基吲哚　3－methyl indole　$C_6H_4C(CH_3):CHNH$　3 ـ مەتیل یندول

甲基吲哚硫酸钾　potassium indol－3－methyl sulfate　3 ـ مەتیل یندول كۆكرت قشقىل كالی

甲基吲哚羧酸　skatolcarboxylic acid　مەتیل یندول كاربوكسیل قشقىلى

甲基茚满酮　methyl－indone　مەتیل یندون

N－甲基罂粟　"劳丹素" گە قاراڭىز.

甲基硬脂酸盐　methyl stearate　مەتیل ستەارین قشقىلمىنىڭ تۇزدارى

甲基硬脂酸酯　methyl stearate　مەتیل ستەارین قشقىل ەستەرى

甲基油酸酯　methyl oleate　مەتیل ولەین قشقىل ەستەرى

甲基原硅酸　methane ortho siliconic acid　$CH_3Si(OH)_3$　مەتیل ورتو كرەمني قشقىلى

甲基月桂酸酯　methyl laurate　مەتیل لاۋرین قشقىل ەستەرى

甲基正丙基甲酮肟　methyl n－propyl ketoxime　$CH_3CH_2CH_2CH_3C:NOH$　مەتیل n ـ پروپیل كەتوكسیم

甲基正壬基甲酮　methyl n－nonyl ketone　$CH_3(CH_2)_8COCH_3$　مەتیل n ـ نونیل كەتون

甲基正辛基甲酮　methyl n－octyl ketone　$CH_3COC_8H_{17}$　مەتیل n ـ وكتیل كەتون

2－甲基－3－植基萘醌－[1,4]　2－methyl－3－phytyl－1,4－naphtho quinone　$C_{13}H_{41}O_2$　k$_1$　2 ـ مەتیل ـ 3 ـ فیتیل ـ 1، 4 ـ نافتوحینون، ۋیتامین

甲基锗　germanium methide　مەتیل گەرماني

甲基锗酸　methane germanic acid　CH_3GeOOH　مەتیل گەرماني قشقىلى

甲基转化酶	"甲基转移酶" گه قاراڭز.
甲基转移酶　transmethylase	ترانسمەتيلازا
甲基转化作用　transmethylation	ترانسمەتيلدەندىرۇ، ترانسمەتيلدەۋ
甲基紫　methyl violet　$C_{25}H_{30}ClN_3$	مەتيل كۇلگىنى
甲基紫 B　methyl violet B	مەتيل كۇلگىنى B
甲基紫 2B　methyl violet 2B	مەتيل كۇلگىنى 2B
甲基紫 4B　methyl violet 4B	مەتيل كۇلگىنى 4B
甲基紫碱　methyl violet base	مەتيل كۇلگىن نەگىزى
甲基紫精　methyl viologen	مەتيل ۆيولوگەن
甲基紫色基　methyl violet base　$C_{24}H_{29}ON_3$	مەتيل كۇلگىنى ٴتۇس توركىنى
甲基紫试纸　methyl violet paper	مەتيل كۇلگىنى سىناۋىش قاعازى
甲基棕榈酸酯　methyl palmitate	مەتيل پالميتين قىشقىل ەستەرى
甲基组氨酸　methyl histidine	مەتيل گيستيدين
甲碱　－methine	مەتين
甲阶酚醛树脂　resol(＝bakelie A)	رەزول، باكەليت A
甲腈－CN　formonitrile, carbonitrile	فورمونيتريل، كاربونيتريل
甲肼　methylhydrazine　CH_3NHNH_2	مەتيل گيدرازين
甲肼化硫酸盐　methylhydrazine sulfate　$CH_3NHNH_2H_2SO_4$	مەتيل گيدرازيــن كۇكىرت قىشقىلى
甲肼磺酸　methyl－hydrazine－sulfonic acid　$CH_3NHNH_2H_2SO_4$	مەتيــل گيدرازين سۇلفون قىشقىلى
甲菌素　methymycin	مەتيميتسين
甲胩　methyl－isonitrile, methyl－isocyanide　$CH_3·NC$	مەتيل يزونيتريل، مەتيل يزوسيان
甲壳酶	"壳质酶" گه قاراڭز.
甲壳素　chonehiolin	حونحيولين
甲壳质	"壳质" گه قاراڭز.
甲喹啉　toluquinoline　$C_{10}H_9N$	تولۇحينولين
甲蓝　methyl blue	مەتيل كوگى
甲膦　methyl phosphine　CH_3PH_2	مەتيل فوسفين
甲灵　methylin	مەتيلين
甲硫醇　methyl mercaotan(＝methanthiol)　CH_3SH	مەتيــل مەركاپتــان (＝ مەتانتيول)

甲硫达嗪 thiordazin	مەتيوريدازين
甲硫叠氮嗪 aziprotryne	ازيپروترين
甲硫基 methylthio− CH₃S−	مەتيلتيو _
甲硫基丁氨酸	"蛋氨酸" گە قاراڭز.
甲硫(基)丁氨酰	"蛋氨酰" گە قاراڭز.
甲硫基丁烷	"甲基·丁基硫醚" گە قاراڭز.
甲硫甲丙嗪 desmetryn	دەسمەترين
甲硫咪唑 methimazole	مەتيمازول
甲硫醚	"二甲硫" گە قاراڭز.
甲硫醚丙嗪 methoprotryne	مەتوپروترين
甲硫脲	"甲基硫脲" گە قاراڭز.
甲硫噻唑	"他巴唑" گە قاراڭز.
甲硫酸	"甲基硫酸" گە قاراڭز.
甲硫酰	"甲磺酰" گە قاراڭز.
甲硫乙丁嗪 terbutryn	تەربۇترين
甲硫乙异丙嗪 ametryn	امەترين
2−甲−4−氯	"2−甲基−4−氯苯氧基乙酸" گە قاراڭز.
甲氯丙烷 methylchloropropane	مەتيل حلورلى پروپان
甲氯化物 methochloride	مەتوحلور، مەتيل حلور قوسىلمىستارى
甲绿	"甲基绿" گە قاراڭز.
甲螨脒 formparanate	فورمپارانات
甲醚 methyl ether CH₃·O·CH₃	مەتيل ەفيرى
甲脒 formamidine, carboxamidine HN:CHNH₂	فورمامىدين، كاربوكسامىدين
甲脒化二硫 formamidine disulfide [(NH:) (NH₂)CS]₂	فورمامىدينىدى ەكى كۆكىرت
甲嘧硫磷 pirimiphos methyl	مەتيل پيريميفوس
甲木质 methylin	مەتيلين
甲纳德蓝 Thenard blue	تەنارد كوگى، مەنادلان
甲萘	"甲基萘" گە قاراڭز.
甲萘胺 methylnaphthamine	مەتيل نافتالين
甲萘酚 methylnaphthol, 1−naphthol	مەتيل نافتافەنول
甲萘醌 menadione	مەناديون، ۆيتامين K₃

2－甲萘醌－[1,4]　2－methyl－1,4－naphthoquinone　2 ـ مــەتــيل ـ
1، 4 ـ نافتوحينون

甲脲　"甲基脲" گە قاراڭز.

甲脲化硝酸　methylureanitrate　$CH_3NHCONH_2HNO_3$　مــەتــيل ۋرەالـى ازوت
قشقلى

甲欧夹竹桃糖杂体　oleandrin　ولەاندرين

甲哌氯丙嗪　prochlorperazine　تەرپلازين

甲配木糖　"甲基木糖甙" گە قاراڭز.

甲配四甲换葡糖　methyl tetramethylglucoside　$(CH_3O)_5C_6H_7O$　مــەتــيل
تريمەتيل گليۆكوزيد

甲硼烷　borane　BH_3　بوران

2－甲－2－羟喹啉　"勒皮铜" گە قاراڭز.

1－甲－2－羟－3－氧－4－异丙－环己烯－[1]　كە "布枯樟脑"
قاراڭز.

甲羟异恶唑　hymexazol　گيمەكسازول

甲取三甲氧基硅　methyl trimethoxysilicane　$CH_3Si(OCH_3)_3$　مــەتــيل
تريمەتوكسي كرەمني

甲取三氯硅　methyl trichloro－silicane　CH_3SiCl_3　مــەتــيل ئۇش حــلــورلى
كرەمني

甲取三氯矽烷　methyl trichlorosilan　مەتيل ئۇش حلورلى سيلان

甲取三乙基硅　methyl triethyl silicane　$CH_3Si(OC_2H_5)_3$　مــەتـيـل تريـەتيـل
كرەمني

甲取三乙氧基硅　methyl triethoxysilicane　$CH_3Si(OC_2H_5)_3$　مــەتيل تريەتوكسي
كرەمني

甲醛　formaldehyde, formol　$HCHO$　فورمالدەگيدتى، قۇمـرسقا الدەگـيدتى،
فورمال

甲醛胺　formamine　فورمامين

甲醛次硫酸氢钠　sodium formaldehyde sulfoxylate, rongalite
فورمالدەگيدتى كۆكـرت قشقـل ناتري

甲醛滴定　formaltitration　فورمالدى تامشـلاتۇ

甲醛反应　formolite reaction　فورمال رەاكسيا

甲醛分解作用　formalysis　فورمالداڭ بدراۋى، فورماليز

甲醛合次硫酸氢钠　sodium formaldehyde sufoxylate(dihydrate)

CH₂O·NaHSO₂ فورمالدەھگيدتى كۆكرت قشقىل ناترى

甲醛合次硫酸锌　zinc formaldehyde sulfoxylate　Zn(OH·CH₂·SO₂)₂

فورمالدەھگيدتى كۆكرت قشقىل مىرش

甲醛合乙酰胺　formaldehyde‐acetamide　CH₃CONHCH₂OH فورمالدەھگيدتى اتسەتاميد

甲醛化　formolation, formylating فورمولدانۇ، فورمولداندىرۇ

甲醛化次硫酸钠　formaldehyde sodium sulfoxylate　CH₂OHSO₂Na

فورمالدەھگيدتى كۆكرت قشقىل ناترى

甲醛化连二亚硫酸钠　formaldehyde sodium hydrosulfite　CH₂ONa₂S₂O₄

فورمالدەھگيدتى كۆكرتى قشقىل ناترى

甲醛化亚硫酸氢钠　formaldehyde sodium bisulfite　CH₂OHSO₃Na

فورمالدەھگيدتى كۆكرتى قشقىل ناترى

甲醛聚糖 "福模糖" گە قاراڭىز.

甲醛试验　formolite test فورمول سناءى، فورمالدەھگيد سناءى

甲醛水 "福尔马林" گە قاراڭىز.

甲醛水溶液 "福尔马林" گە قاراڭىز.

甲醛缩二甲醇　formaldehyde dimethyl acetal　CH₂(OCH₃)₂ فورمالدەھگيدتى ديمەتيل اتسەتال

甲醛缩甘油　formal glycerine　H₂CCH₃O₃ فورمال گليتسەرين

甲醛缩己二醇　hexamethylene formal گەكسا مەتيلەندى فورمال

甲醛肟　formaldehyde oxime　H₂C:NOH فورمالدەھگيدتى وكسيم

甲醛盐　formidate فورمالدەھگيد تۇزى

甲醛值　formolite number فورمال ءمانى

甲炔基　methenyl مەتين گرۇپپاسى

甲胂　methyl arsine　CH₃AsH₂ مەتيل ارسين

甲胂钙　super crab‐E‐rad‐calcr MAC، كالتسيلى مەتيل ارسين

甲胂化二碘 "甲基二碘胂" گە قاراڭىز.

甲胂化二硫 "二硫化甲胂" گە قاراڭىز.

甲胂化二氯 "二氯化甲胂" گە قاراڭىز.

甲胂化二溴 "二溴化甲胂" گە قاراڭىز.

甲胂化硫　CH₃AsS "硫化甲胂" گە قاراڭىز.

甲胂化四氯　CH₃AsCl₄ "四氯化甲胂" گە قاراڭىز.

甲胂化氧　methyl arsine oxide　CH₃AsO　مەتيل ارسين توتنعى

甲胂钠　sodar, arsinyl, Di－Tac　داكونات، ناتريلى مەتيل ارسين

甲胂酸　"甲基胂酸" گە قاراڭىز.

甲胂酸二钠　disodium methyl arsonate　CH₃AsO(ONa)₂　مەتيـل ارسـون قشقىل ەكى ناتري

甲胂酸钠　sodium methylarsonate　CH₃AsO(ONa)₂　مەتيل ارسون قـشقىـل ناتري

甲胂酸盐　methyl arsonate　CH₃AsO(OM)　مەتيـل ارسون قـشقىلىـنىـڭ تۇزداري

甲胂铁胺　Neo－Asozin, ammonium iron methane arsonate　MAF، تەمىرلى مەتيل ارسين

甲酸　formic acid(＝formin acid)　HCOOH　قۇمىرسقا قشقىلى

甲酸铵　ammonium formate　NH₄COOH　مەتيل قۇمىرسقا قشقىل اممونى

甲酸钡　barium formate　مەتيل قۇمىرسقا قشقىل باري

甲酸苯酯　phenyl formate　HCO₂C₆H₅　قۇمىرسقا قشقىل فەنيل ەستەرى

甲酸苄酯　benzyl formate　HCO₂CH₂C₆H₅　قۇمىرسقا قشقىل بەنزيل ەستەرى

甲酸冰片酯　bornyl formate　HCO₂C₁₀H₁₇　قۇمىرسقا قشقىل بورنيل ەستەرى

甲酸丙酯　propyl formate　HCO₂CH₂C₂H₅　قۇمىرسقا قشقىل پروپيل ەستەرى

甲酸丁酯　butyl formate　HCOOC₄H₉　قۇمىرسقا قشقىل بۇتيل ەستەرى

甲酸钙　calcium formate　Ca(HCOO)₂　قۇمىرسقا قشقىل كالتسي

甲酸酐　formic anhydride　(HCO)₂O　قۇمىرسقا قشقىل انگيدريدتى

甲酸镉　cadmium formate　Cd(HCO₂)₂　قۇمىرسقا قشقىل كادمي

甲酸庚酯　heptyl formate　HCO₂C₇H₁₅　قۇمىرسقا قشقىل گەپتيل ەستەرى

甲酸汞　mercuric formate　HgHCO₂　قۇمىرسقا قشقىل سىناپ

甲酸环己酯　cyclohexyl formate　HCO₂C₆H₁₁　قۇمىرسقا قـشقىل ساقينالى گەكسيل ەستەرى

甲酸基　formyloxy　HCOO－　فورميلوكسي

甲酸己酯　hexyl formate　HCO₂C₆H₃　قۇمىرسقا قشقىل گەكسيل ەستەرى

甲酸甲酯　methyl formate　HCOOCH₃　قۇمىرسقا قشقىل مەتيل ەستەرى

甲酸钾　potassium formate　KCO₂H　قۇمىرسقا قشقىل كالي

甲酸精　formin　فورمين

甲酸莰醇－(2)酯　"甲酸冰片酯" گە قاراڭىز.

甲酸锂　lithium formate　LiHCO₂　قۇمىرسقا قشقىل ليتي

甲酸另丁酯　sec－butyl formate　HCO₂CH(CH₃)C₂H₅　قۇمۇرسقا قـشقـل
sec ـ بۇتيل ەستەرى

甲酸镁　magnesium formate　Mg(HCO₂)₂　قۇمۇرسقا قشقـل ماگني

甲酸锰　manganese formate dihydrate　Mn(HCO₂)₂　قۇمـرسقا قـشقـل
مارگانەتس

甲酸钠　sodium formate　HCO₂Na　قۇمـرسقا قشقـل ناتري

甲酸镍　nickelous formate　Ni(HCO₂)₂　قۇمـرسقا قشقـل نيكەل

甲酸铅　lead formate　Pb(HCO₂)₂　قۇمـرسقا قشقـل قورعاسـن

甲酸氢化酶　formic hydrogenase　فورمين گيدروگەنازا

甲酸壬酯　nonyl formate　HCO₂C₉H₁₉　قۇمـرسقا قشقـل نونيل ەستەرى

甲酸生成酶　formilase　فورميلازا

甲酸钐　samarium formate　قۇمـرسقا قشقـل سامارى

甲酸双氧铀　uranyl formate　قۇمـرسقا قشقـل ۇرانيل

甲酸锶　strontium formate　Sr(HCO₂)₂　قۇمـرسقا قشقـل سترونتسي

甲酸萜品酸　terpinyl formate　HCO₂C₁₀H₁₇　قۇمـرسقا قـشقـل تـەرپينيـل
ەستەرى

甲酸铁　ferric formate　Fe(HCO₂)₃　قۇمـرسقا قشقـل تەمـر

甲酸铜　cupric formate　Cu(HCO₂)₂　قۇمـرسقا قشقـل مـس

甲酸脱氢酶　formic dehydrogenase　فورمين دەگيدروگەنازا

甲酸戊酯　amyl formic ester(＝amyl formate)　قۇمـرسقا قشقـل اميـل
ەستەرى

甲酸烯丙酯　allyl formate　HCO₂C₃H₅　قۇمـرسقا قشقـل الليل ەستەرى

甲酸纤维素　cellulose formiate　قۇمـرسقا قشقـل سـەلليۇلوزا

甲酸辛酯　octyl formate　HCO₂C₈H₁₇　قۇمـرسقا قشقـل وكتيل ەستەرى

甲酸锌　zinc formate　Zi(HCO₂)₂　قۇمـرسقا قشقـل مـرش

甲酸亚铊　thallous formate　TiHCO₂　قۇمـرسقا قشقـل شالا توتـق تاللي

甲酸盐　formate　HCOOM　قۇمـرسقا قشقـلمنىڭ تۇزدارى

甲酸乙酯　ethyl formate　HCO₂C₂H₅　قۇمـرسقا قشقـل ەتيل ەستەرى

甲酸异冰片酯　isobornyl formate　HCO₂C₁₀H₁₇　قۇمـرسقا قشقـل يزوبورنيل
ەستەرى

甲酸异丙酯　ispropyl formate　HCO₂CH(CH₃)₂　قۇمـرسقا قشقـل يزوپروپيل
ەستەرى

甲酸异丁酯　isobutyl formate　HCO₂CH₂CH(CH₃)₂　مەتيل قۇمـرسقا قـشقـل

يزوبۇتيل ەستەرى

甲酸异戊酯　isoamyl formate　$HCO_2C_5H_{11}$　قۇمۇرسقا قۇشقىل يزواميل ەستەرى

甲酸正丁酯　n－butyl formate　$HCO_2(CH_2)_2C_2H_5$　قۇمۇرسقا قۇشقىل n ـ بۇتيل ەستەرى

甲酸正戊酯　n－amyl formate　$HCO_2C_5H_{11}$　مەتيل قۇمۇرسقا قۇشقىل n ـ اميل ەستەرى

甲酸酯　formic ether　$HCOOCH_3$　قۇمۇرسقا قۇشقىل ەستەرى

甲缩醛　methylal　$CH_2(OCH_3)_2$　مەتيلال

甲糖　methose　$C_6H_{12}O_6$　مەتوزا

甲替　metho－　مەتو ـ

甲替苯胺　"甲基·苯基胺" گە قاراڭىز.

甲替苯酰胺　n－methylbenzamide　n ـ مەتيل بەنزاميد

甲替吡咯啉　n－methyl pyrroline　$CH_3NCH_2(CH)_2CH_2$　n ـ مەتيل پيررولين

甲替苄胺　n－methyl benzyl amine　$CH_3NHCH_2C_6H_5$　n ـ مەتيل بەنزيل امين

甲替苄替苯胺　n－methyl benzyl－aniline　$C_6H_5CH_2N(CH_3)C_6H_5$　n ـ مەتيل انيلين

甲替苄亚胺　"苄叉(替)甲胺" گە قاراڭىز.

甲替丙胺　n－methyl propyl－amine　$CH_3NHCH_2C_2H_5$　n ـ مەتيل پروپيل امين

甲替靛红　n－methyl isatin　$C_6H_4N(CH_3)COCO$　n ـ مەتيل يزاتين

甲替丁胺　n－methyl butylamine　$CH_3NHC_4H_9$　n ـ مەتيل بۇتيل امين

甲替对苯二胺　n－methyl－p－phenylene diamine　$CH_3NHC_6H_4NH_2$　n ـ مەتيل ـ P ـ فەنيلەن ديامين

甲替胍基醋酸　n－methy－guanidyl－acetic acid　$NH_2(NH)CN(CH_3)$ CH_2COOH　n ـ مەتيل گۇانيديل سىركە قىشقىلى

甲替环己胺　$CH_3NHC_6H_{11}$　"N－甲基环己胺" گە قاراڭىز.

甲替甲氨酸　n－methylglycine　CH_3NHCH_2COOH　n ـ مەتيل گليتسين

甲替甲酰替苯胺　methyl formylanilid　$C_6H_5(CH_3)NCHO$　مەتيل فورميل انيليد

甲替喹啉满　kairolin　$C_9H_{10}NCH_3$　كايرولين

甲替喹诺酮　n－methyl carbostyrile　$C_6H_4CHCHCONCH_2$　n ـ مەتيل كاربوستيريل

甲替酪氨酸　methyl－tyrosine　$CH_3NHC_9H_9O_3$　مەتيل تيروزين

甲替哌啶　n－methyl piperidine　$C_5H_{10}NCH_3$　n ـ مەتيل پيپەريدين

甲替色氨酸　n－methyl tryptophan　n ـ مەتيل تريپتوفان

甲替四氢化喹啉　methyltetrahydroquinolin　$C_9H_{10}NCH_3$　مەتيـل ٴتورت سۆتەكتى حينولين

甲替亚硝氨基甲酸乙酯　"亚硝基甲替尿烷" گە قاراڭـز.

甲替乙酰胺　n－methyl－acetamide　$CH_3CONHCH_3$　n ـ مەتيل اتسەتاميد

甲替乙酰替苯胺　n－methyl－acetanilide　$CH_3CON(CH_3)C_6H_5$　n ـ مەتيل اتسەتانيليد

甲替中氮萘　methyl quinolizidine　مەتيل حينوليزيدين

甲锑　methyl stibine　CH_3SbH_2　مەتيل ستيبيين

甲酮　ketone　:CO　كەتون

甲酮连氮　ketasine　R_2CNNCR_2　كەتازين

甲酮肟　ketoxime　CNOH　كەتوكسيم

甲妥英　methoin　مەتوين

甲瓦龙酸　mevolonic acid　مەۆالون قىشقىلى

甲烷　methane　CH_4　مەتان

甲烷－d　methane－d　d ـ مەتيل

甲烷－d_4　methane－d_4　d_4 ـ مەتيل

甲烷－T_4　methane－T_4　مەتيل الٴۇمين

甲烷二羧酸　methanadicarboxylic acid, malonic acid　مەتان ەكى كاربوكسيل قىشقىلى

甲烷发酵　methane fermentation　مەتاندى اشۋ

甲烷分子　methane molecule　مەتان مولەكۋلاسى

甲烷分子式　methane molecular formula　مەتاننىڭ مولەكۋلالىق فورمۋلاسى

甲烷化法　methanization　مەتاناندىرۇ ٴادسى

甲烷化学　methane chemistry　مەتان حيمياسى، مەتاندىق حيميا

甲烷化作用　methanation　مەتانداۋ

甲烷基　methyl　مەتيل

甲烷甲荒酸　methane carbodithioic acid　CH_3CSSH　مەتان كاربوديتيو قىشقىلى

甲烷甲硫羟酸　methane carbothiolic acid　CH_3COSH　مەتيل كاربوتيول قىشقىلى

甲烷甲硫羰酸　methane carbothionic acid　CH_3CSOH　مەتان كاربوتيون

قشقىلى

甲烷菌　methane bacteria　مەتان باكتەرياسى

甲烷裂解　methane decomposition　مەتاندى پارشالاۋ

甲烷硫醇　methanthiol(＝methyl mercaptan)　CH₃SH　مەتانتيول (مەتيل مەركاپتان)

甲烷卤化反应　halogenation of methane　مەتاندى گالوگەندەۋ رەاكسياسى

甲烷氯化反应　methane chlorination　مەتاندى حلورلاندىرۋ رەاكسياسى

甲烷气体　methane gas　مەتان گازى

甲烷水合物　methane hydrate, methane clathrate　CH₄·NH₂O　مەتان گيدراتتارى

甲烷－水蒸汽反应　methane－steam reaction　مەتان ـ سۋ بۋى رەاكسياسى

甲烷羧硫代酸　methanecarbothioic acid　CH₃C(O)(S)H　مەتان كاربوتيو قشقىلى

甲烷系　methane series　مەتان قاتارى

甲烷系烃　hydrocarbon of methane series　مەتان قاتارىنداعى كومىر سۋتەكتەرى

甲烷转化器　methanator　مەتاناتور، مەتان جوتكەگىش

甲肟胺　carbohydroxamamide　－C(:NOH)NH₂　كاربوگيدروكسام امىد

甲物列水　javelle water　مەتيل جاۋەل سۋى

甲硒醇　methyl－hydroselenide　CH₃SeH　مەتيل سۋتەكتى سەلەن

甲矽烷　monosilan　مونو سيلان

甲矽烷叉　silylene　سيليلەن

甲矽烷基　silyl group　سيليل، سيليل گرۋپپاسى

甲矽烷基化(作用)　silylation　سيليلدەندىرۋ، سيليلدەۋ

甲烯胱氨酸　"今可豆氨酸" گە قاراڭىز.

甲烯化双巯丙氨酸　"今可豆氨酸" گە قاراڭىز.

甲烯基　methyien, methen　مەتيلەن، مەتەن

甲烯蓝　"亚甲蓝" گە قاراڭىز.

甲烯绿　"亚甲绿" گە قاراڭىز.

甲锡烷叉　stannylene　H₂Sₙ＝　ستاننيلەن

甲锡烷基　stannyl　H₃Sₙ－　ستاننيل

甲酰　formyl　HCO－　فورميل

甲酰胺　formamid　HCONH₂

فورماميد

甲酰胺基　formamido　HCONH－　فورماميدو

甲酰比值　formylation ratio　فورميلدانۋ سالستەرمالى ٴمانى

甲酰丙酮　formyl acetone　CHOCH₂COCH₃　فورميل اتسەتون

甲酰醋酸　formyl acetic acid　CHOCH₂COOH　فورميل سىركە قىشقىلى

甲酰氟　"氟化甲酰" گە قاراڭىز.

甲酰化　formylated, formylating　فورميلدانۋ، فورميلداندىرۋ

甲酰(化)剂　formylatina agent　فورميلداۋشى اگەنت

甲酰化作用　formylation　فورميلدانۋ

甲酰基　formacyl　فورماتسيل

甲酰基羟基苯甲酸　formyl－hydroxy benzoic acid　HOC₆H₃(CHO)CO₂H

فورميل ـ گيدروكسيل بەنزوي قىشقىلى

甲酰肼　formyl hydrazine　H₂NNHCHO　فورميل گيدرازين

甲酰卤　formyl halide　گالوگەندى فورميل

甲酰氯　"氯化甲酰" گە قاراڭىز.

甲酰犬尿氨酸　formylkynurenine　فورميل كينۇرەنين

N－甲酰溶肉瘤素　N－formylsarcolyzin　N ـ فورميل ساركوليزين

甲酰数　formylation number　فورميلدانۋ سانى

甲酰替苯胺　formanilide　C₆H₅NHCHO　فورمانيليد

甲酰替苯胺钠　sodium formanilide　C₆H₅N(Na)CHO　ناتريلى فورمانيليد

甲酰替(端)三氯乙醇胺　"氯醛甲酰胺" گە قاراڭىز.

甲酰替二苯胺　formyl diphenylamine　HCON(C₆H₅)₃　فورميل ديفەنيلامين

甲酰替乙氧苯胺　formyl phenetidine　فورميل فەنەتيدين

甲酰血红素　formyl heme　فورميل گەما

甲酰亚胺　carboximide　(CO)₂NH　كاربوكسيميد

甲酰氧基　formyloxy　HCOO－　فورميلوكسي

甲酰值　formylation value　فورميلدانۋ ٴمانى

甲酰紫　formyl violet　فورميل كۆلگىنى

甲腺氨酸　thyronine　تيرونين

甲腺氨酰　thyronyl　تيرونيل

甲腺醋酸　thyroacetic acid　تيرو سىركە قىشقىلى

甲硝胺　methyl－nitramin　CH₃NHNO₂　مەتيل نيترامين

甲硝达唑　metronidazol　مەترونيدازول

甲硝肟酸	methylnitrolic acid	HC(NOH)NO₂	مەتيل نيترول قىشقىلى
甲亚胺			"偶氮甲碱" گە قاراڭىز.
甲亚胺基	auxotox radical		ائۆكسوتوكس راديكالى
甲亚胺染料			"偶氮甲碱染料" گە قاراڭىز.
甲亚胺酸	– carboximidic acid	– C(:NH)OH	كاربوكسيميد قىشقىلى
甲亚磺酸	methyl – sulfonic acid	CH₃SO₂H	مەتيل سۇلفوندى قىشقىل
甲亚磺酰乙烷	methyl – sulfinyl ethane	(CH₃)(C₂H₅)SO	مەتيل سۇلفينيل ەتان
甲氧胺	methoxamine		مەتوكسامين
甲氧胺盐酸盐	methoxamine hydrochloride		مەتوكسامىندى تۇز قىشقىلىنىڭ تۇزدارى
甲氧苯胺基	ar – methoxy anilino	CH₃OC₆H₄NH –	ار ــ مەتوكسي انيلينو
甲氧苯基	methoxy phenyl	CH₃OC₆H₄ –	مەتوكسي فەنيل
甲氧苯甲基			"甲氧苄基" گە قاراڭىز.
甲氧苯甲酰	methoxy benzoyl	CH₃OC₆H₄CO –	مەتوكسي بەنزويل
甲氧苯亚甲基			"甲氧苄叉" گە قاراڭىز.
2 – 甲氧苯乙基	2 – anizylethyl		2 ــ انيزيل ەتيل
甲氧苯腙	methoxyphenylhydrazone		مەتوكسي فەنيل گيدرازين
甲氧苄叉	ar – methoxy – benzylidene	CH₃C₆H₄CH₂	ار ــ مەتوكسي بەنزيليدەن
甲氧苄基	methoxy benzyl	CH₃OC₆H₄CH₂ –	مەتوكسي بەنزيل
甲氧滴滴涕	methoxychlor, marlate		مەتيوحلور
甲氧氟烷	methoxy flurane		مەتوكسي فلۇران، مەتوكسي فتوران
甲氧基	methoxy, methoxy group	CH₃O –	مەتوكسي، مەتوكسي گرۇپپاسى
甲氧基北美黄连碱	methoxy hydrastine		مەتوكسي گيدراستين
甲氧基钡	barium methoxide	Ba(CH₃O)₂	مەتوكسي باري
甲氧基苯	methoxybenzene(= anisole)	CH₃OC₆H₅	مەتوكسي بەنزول
甲氧基苯胺	methoxyaniline	MeOC₆H₄NH₂	مەتوكسي انيلين
甲氧基苯丙胺	ortoxine, methoxyphenamine		ورتوكسين
甲氧基苯酚	methoxy phenol		مەتوكسي فەنول
甲氧基苯甲醛	methoxybenzaldehyde		مەتوكسي بەنزالدەگيدتى
甲氧基苯甲酸	methoxybenzoic acid		مەتوكسي بەنزوي قىشقىلى
甲氧基吡啶	methoxypyridine		

مەتوكسي پيريدين

甲氧基吡哆醇　methoxypyridoxine　مەتوكسيل پيريدوكسين

甲氧基丙环　　　　　　　"环氧丙烷，氧化丙烯" گە قاراڭىز.

甲氧基丙炔　　　　　　　"甲基炔丙基醚" گە قاراڭىز.

甲氧基丙烷　　　　　　　"甲基丙基醚" گە قاراڭىز.

2-甲氧基-4-丙烯基苯酚　2-methoxy-4-propenyl phenol

2 ـ مەتوكسي ـ 4 ـ پروپەنيل فەنول

2-甲氧基-1,4-萘醌　2-methoxy-1,4-naphthoquinone

2 ـ مەتوكسي ـ 1، 4 ـ ناپتوحينون

甲氧基醋酸　methoxy acetic acid　CH_3OCH_2COOH مەتوكسي سىركە قىشقىلى

甲氧基丁烷　　　　　　　"甲基丁基醚" گە قاراڭىز.

甲氧基庚烷　methoxy heptane　$CH_3O(CH_2)_6CH_3$ مەتوكسي گەپتان

5-甲氧基苯醌　5-methoxy toluquinone　5 ـ مەتوكسي تولۇحينون

3-甲氧基-4,5-甲二氧基苯甲酸　$CH_3OC_6H_3(CH_3)OH$

"肉豆蔻醚酸" گە قاراڭىز.

2-甲氧基-4-甲基苯酚　methoxy cresol　$CH_3OC_6H_3(CH_3)OH$

2 ـ مەتوكسي كرەزول

甲氧基金属　methoxide　$CH_3·OM$ مەتوكسيد، مەتوكسي مەتال

甲氧基喹啉　methoxy quinoline　مەتوكسي حينولين

6-甲氧基喹啉羧酸-[4] 6-methoxycinchoninic acid　$CH_3OC_9H_5NCOOH$

6 ـ مەتوكسي سينحونين قىشقىلى

甲氧基镁　magnesium methoxide　$Mg(OCH_3)_2$ مەتوكسي ماگني

β-3-甲氧基-4-羟基苯丁酮-[2]　"姜油酮" گە قاراڭىز.

3-甲氧基-4-羟基苯甲醛　3-methoxy-4-hydroxybenzaldehyde

3 ـ مەتوكسي ـ 4 ـ گيدروكسيل بەنزالدەگيدتى

3-甲氧基-4-羟基苯乙烯　"高香草醛" گە قاراڭىز.

甲氧基肉桂酸　methoxy cinnamic acid　$CH_3OC_6H_4CHCHCOOH$ مەتوكسي سيننام قىشقىلى

6-甲氧基四氢化喹啉　6-methoxy tetrahydroquinoline　$CH_3OC_9H_{10}N$

6 ـ مەتوكسي ٴتورت سۇٴتەكتى حينولين

甲氧基特戊苯　methoxy-tert-amylbenzene　$CH_3OC_6H_4C_5H_{11}$ مەتوكسي تەرت ـ اميل بەنزول

甲氧基戊烷　　　　　　　"甲基·戊基醚" گە قاراڭىز.

甲氧基乙醇醋酸酯　methoxyl glycol acetate　$CH_3CO_2(CH_2)_2OCH_3$　مەتوكسي گليكول سركە قشقىل ەستەرى

甲氧基乙烷　"甲基·乙基醚" گە قاراڭىز.

甲氧甲酚　cresol　$CH_3OC_6H_3(CH_3)OH$　كرەزول

甲氧甲酰　"甲酯基" گە قاراڭىز.

甲氧久效磷　methocrotophos　مەتوكروتوفوس

甲氧喹啉羧酸　methoxyquinoline carboxylic acid　مەتوكسي حينولين كاربوكسيل قشقىلى

甲氧氯　methoxychlor　مەتوكسي حلور

甲氧双丙嗪　prometon　پرومەتون

甲氧双醚嗪　methometon　مەتومەتون

甲氧双乙嗪　simetone　سيمەتون

甲氧羰基　methoxy carbonyl(＝carbomethoxy)　CH_3OOC-　مەتوكسي كاربويل، كاربومەتوكسي

甲氧乙丁嗪　secbumetone　سەسبۇمەتون

甲氧乙特丁嗪　terbumetone　تەربۇمەتون

甲氧乙酰替对乙氧基苯胺 methoxyacetyl － phenetidine
$C_2H_5OC_6H_4NHCOCH_2OCH_3$　مەتوكسي اتسەتيل فەنەتيدين

甲氧乙异丙嗪　atratone　اتراتون

甲氧值　methoxy value　مەتوكسي ٴمانى

甲伊红　methoxy eosine　مەتيل ەوزين

甲一乙胺　methoxy－ethyl－amine　$CH_3NHC_2H_5$　مەتيل ەتيل امين

甲·乙基醋酸　methyl－ethyl acetic acid　مەتيل ەتيل سركە قشقىلى

甲·乙基酮　methyl－ethyl ketone　مەتيل ەتيل كەتون

甲·乙基乙炔　methyl－ethyl－acetylene　مەتيل ەتيل اتسەتيلەن

5－甲－2－异丙苯胺　"百里基胺" گە قاراڭىز.

1－甲－7－异丙基菲　1－methyl－7－isopropryl phenantrene
1 ـ مەتيل ـ 7 ـ يزوپروپيل فەنانترەن

1－甲－4－异丙－2,4－桥环己烷　"守烷" گە قاراڭىز.

1－甲－3－异丙烯基环己烯－[1]　"枞萜" گە قاراڭىز.

甲硫羟酸　－carbathiolic acid　$-C(:O)SH$　كارباتيول قشقىلى

甲孕酮　medroxy progesteroniacetas, provera　مەدروكسي پروگەستەرون

اتسەتاس، پروۋۇرا

甲簪　formazane　فورمازان

甲簪反应　formazane reaction　فورمازان رەاكسىياسى

甲簪基　"苯簪基" گە قاراڭنز.

甲锗烷基　"三氢锗基" گە قاراڭنز.

甲酯　methyl ester　مەتىل ەستەرى

甲酯基　"甲氧羰基" گە قاراڭنز.

甲种维生素　vitamin A　A ۋىتامىندەر، تۆردەگى ۋىتامىندەر

甲种纤维素　"α–纤维素" گە قاراڭنز.

甲状旁腺(激)素　parathrine　پاراتىرىن، قالقانشا قوغسى بەزى گورمونى

甲状腺氨酸　thyronine　$P-(P-HOC_6H_4O)C_6H_4CH_2CH(NH_2)COOH$　تىرونىن

甲状腺氨酰　thyronyl　$P-(P-HOC_6H_4O)C_6H_4CH_2CH(NH_2)CO-$　تىرونىل

甲状腺醋酸　thyroacetic acid　تىرو سىركە قشقىلى

甲状腺碘质　thyreoidine, iodothyrine　تىرەۋيدىن

甲状腺毒素　thyrotoxin　تىروتوكسىن

甲状腺(激)素　"甲状腺素" گە قاراڭنز.

甲状腺精　thyroidin　تىرەۋيدىن

甲状腺球蛋白　thyroglobulin　تىروگلوبۇلين

甲状腺球朊　"甲状腺球蛋白" گە قاراڭنز.

甲状腺素　thyroxine　$C_{15}H_{11}O_4NI_4$　تىروكسىن

甲状腺素钠　thyroxine sodium　تىروكسىن ناتري توزى

甲紫　"甲基紫" گە قاراڭنز.

甲紫溶液　methylrosanilinium chloride solution　مەتىل كۆلگىنى ەرىتىندىسى

钾(K)　potassium　كالي (K)

钾玻璃　potash glass　كاليلى ەينەك، كاليلى شنى

钾长石　potash feldspar　$K_2O \cdot Al_2O_3 \cdot 6SiO_2$　كالي شپاتى

钾矾　"钾明矾" گە قاراڭنز.

钾肥(料)　potash fertilizer　كاليلى تەڭايتقىش

钾钙玻璃　potash–lime glass　كالي ـ كالتسيلى شنى (ەينەك)

钾铬矾　potassium–chrome alum　$KCr(SO_4)_2 \cdot 12H_2O$　كالي ـ حرومدى اشؤداس

钾化合物　potassium compound　كاليلى قوسلىستار

钾碱　potash　ساقار (كومىر قشقىل كالي)

钾碱醇液	alcoholic potash	ساقاردىڭ سپيرتتەگى ەرتىندىسى
钾碱液	(caustic)potash lye	ساقار ەرتىندىسى
钾铝矾	patassium – aluminum alum	كالي ـ الۆميندى اشۇداس
钾明矾	patassium alum $KAl(SO_4)_2 \cdot 12H_2O$	كاليلى اشۇداس
钾钠玻璃		"普通玻璃" گە قاراڭىز.
钾铅玻璃	potash – lead glass	كالي ـ قورعاسىندى شىنى (اينەك)
钾素肥料		"钾肥(料)" گە قاراڭىز.
钾硝	saltpeter(= saltpetre)	كاليلى سەليترا، ازوت قىشقىل كالي
钾盐	kalisalt(= sylvite)	كالي تۇزى
钾皂	potash soap(= soft soap)	كاليلى سابىن، جۇمساق سابىن
钾酯	potassium ester	كاليلى ەستەر
假不对称	pseuofoasymmetry	جالعان اسيممەترىيالىق
假催化作用	pseudocatalysis	جالعان كاتاليزدىك
假单变物	pseudo monotropic substance	جالعان مونوتروپيالىق زات
假单变性	pseudo monotropy	جالعان مونوتروپيالىق
假单分子反应	pseudo unimolecular reaction	جالعان دارا مولەكۇلالىق رەاكسيا
假单碱酯酶	pseudo cholinesterase	جالعان حولين ەستەرازا
假单甾烯	pseudo cholestene	جالعان حولەستەن
假蛋白	pseudoprotein	جالعان بەلوك
假丁酸	pesudo butyric acid	جالعان بۇتان قىشقىلى
假丁烯	pesudobutene	جالعان بۇتيلەن
假对称(现象)	pseudo symmetry	جالعان سيممەترىيالىق (قۇبىلىس)
假二元系统	pseudo binary system	جالعان ەكى نەگىزدى جۇيە
假反应		"假性反应" گە قاراڭىز.
假矾	pseudoalum	جالعان اشۇداس
假过氧化物	pseudo – peroxide	جالعان اسقىن توتىقتار
假核朊	pseudo nuclein	جالعان نۇكلەين
假虎刺酮	carissone	كاريسسون
假互变异构(现象)	pseudo tautomerism	جالعان اۇسپالى يزومەريا
假化合物	pseudo compound	جالعان قوسىلىستار
假鸡骨常山碱	pseudo chlorogenin $C_{27}H_{44}O_4$	جالعان حلوروگەنين
假碱	pseudobase	جالعان نەگىزدەر

假碱度	pseudo – basicity	جالعان نەگىزدىك دارەجەسى، جالعان نەگىزدىك
假碱性		"假碱度" گە قاراڭىز.
假胶	pseudo gums	جالعان جەلىم
假胶体	pseudo colloid	جالعان كوللويد
假角蛋白	pseudoceratin	جالعان كەراتين
假角朊		"假角蛋白" گە قاراڭىز.
假杰尔碱	pseudo jervine	جالعان جەرۋين
假晶		"假像" گە قاراڭىز.
假可待因	pseudo codeine	جالعان كودەين
假枯胺	pseudocumidine	$(CH_3)_3C_6H_2NH_2$	جالعان كۇميدين
假枯胺基	pseudocumidino –	جالعان كۇميدينو –
假枯茗醇	pseudocuminol	$HOC_6H_2(CH_3)_3$	جالعان كۇمينول
假枯烯	pseudocumene	$C_6H_3(CH_3)_3$	جالعان كۇمەت
假磷灰石	pseudoapatite	جالعان اپاتيت
假临界点	pseudo critical point	جالعان كريزيستىك (داعدارستستمق) نۇكتە
假零点	false zero	جالعان ٴنول نۇكتە
假硫化橡胶	pseudo – vlcanizate	جالعان كۇكىرتتى كاۋچوك
假卤素	pseudohalogen	جالعان گالوگەن
假麻黄碱	pseudo – ephedrine	$C_6H_5CHOHCH(CH_3)NHCH_3$	جالعان ەفەدرين
假吗啡	pseudomorphine	جالعان مورفين
假木贼碱	anabasine	انا بازين
假脑素	pseudocerebrin	جالعان سەرەبرين
假粘蛋白	pseudomucin	جالعان مۇتسين
假粘度	pseudoviscosity	جالعان تۇتقىرلىق
假粘朊		"假粘蛋白" گە قاراڭىز.
假尿酸	pseudo – uric acid	$C_4H_3O_3N_2 \cdot NHCONH_2$	جالعان نەسەپ قىشقىلى
假脲	pseudo – urea	$OHN(NH)NH_2$	جالعان ۋرەا
假平衡	false equilibrium	جالعان تەپە – تەڭدىك
假气态	pseudo gas state	جالعان گاز كۇي
假羟基毒芹碱	pseudoconhydrine	جالعان گونگيدرين
假球蛋白	pseudoglobulin	جالعان گلوبۋلين
假球朊		"假球蛋白" گە قاراڭىز.
假溶液	pseudo solution	

جالعان ھەرتتىنندىلەر

假鞣　pseudo tanning　جالعان مالما، جالعان ءاي، جالعان تاننين

假三元系统　pseudoternary system　جالعان ءۇش نەگىزدى جۇيە

假石蜡　pseudowax　جالعان بالاۋىز (پارافين)

假石榴碱　pseudopelletierine　جالعان پەللەتيەرين

假石蒜碱　pseudolycorine　جالعان ليكورين

假说　hypothesis　گيپوتەزا، عىلمي بولجال

假塑胶流体　pseudo plastic fluid　جالعان پلاستيكالىق اققشتىق

假塑性　pseudo plasticity　جالعان پلاستيكالىق

假酸　pseudo – acid　جالعان قىشقىلدار

假酸性　pseudo acidity　جالعان قىشقىلدىق

假(同分)异构(现象)　pseudoisomerism　جالعان يزومەريا

假同晶　pseudomorphy　جالعان مورفي

假同晶物　pseudomorph　جالعان مورف

假同位素　pseudoisotope　جالعان يزوتوپتار

假托品　pseudotropine　جالعان تروپيين

假外消旋混(合结)晶　pseudoracemic mixed crystal　جالعان راتسەمدىك قوسپا كريستالدار

假外消旋混合物　pseudoracemic mixture　جالعان راتسەمدىك قوسپالار

假外消旋体　pseudoraceme　جالعان راتسەمدىك دەنەلەر

假维生素 B_{12}　pseudovitamin B_{12}　جالعان ۆيتامين B_{12}

假胃蛋白酶　pseudopepsin　جالعان پەپسين

假稳定　pseudo – staple　جالعان تۇراقتىلىق

假乌头碱　pseudoaconitin　جالعان اكونيتين

假吸附　pseudo adsorption　جالعان ادسوربتسيا

假纤维蛋白　pseudofibrin　جالعان فيبرين

假向日葵酰胺　affinin　اففينين

假像　pseudomorphosis(= falseimage)　جالعان كەسكىن

假硝醇　pseudonitrol　$R_2C(NO_2)NO$　جالعان نيترول

假性胆碱酯酶　"假胆碱酯酶" گە قاراڭىز.

假性反应　pseudoreaction　جالعان رەاكسيالار

假血红蛋白　pseudohemoglobin　جالعان گەموگلوبين

假血红朊　"假血红蛋白" گە قاراڭىز.

假血凝反应　pseudoagglutination　جالعان ۋيۇ رەاكسياسى

假羊皮纸　"羊皮纸" گە قاراڭز.

假异构体　pseudomer(= isomeric pseude)　جالعان يزومەرلەر

假吲哚基　pseudoindolyl　C_8H_6N-　جالعان يندوليل

假硬　pseudohardness　جالعان قاتتىلىق

假原麻黄素　pseudo norephedrine　جالعان نورەفەدرين

假原子　pseudo atom　جالعان اتوم

假终点　pseudo end point　جالعان اقىرعى نۇكتە

假紫罗酮　pseudo – ionone　$C_{13}H_{20}O$　جالعان يونون

假紫香酮　"假紫罗酮" گە قاراڭز.

假组分　pseudocomponent　جالعان قۇرامدار

价　valence　ۋالەنت

价层电子对　valence shell electron pair　ۋالەنتتىك قاباتتاعى جۇپ ەلەكتروندار

价层电子对互斥理论　valence shell electron pair repulsion theory　ۋالەنتتىك قاباتتاعى جۇپ ەلەكتروندارداڭ ٴبىرىن – ٴبىرى تەبۇي جونىندەگى تەورىيا

价电子　valence electron　ۋالەنتتىك ەلەكترون

价电子层　valence shell　ۋالەنتتىك ەلەكترون قاباتى

价键　valence bond　ۋالەنتتىك بايلانس

价键法　valence – bond method　ۋالەنتتىك بايلانس ٴادسى

价键轨道　valence bond orbit　ۋالەنتتىك بايلانس وربيتاسى

价键结构　valence bond structure　ۋالەنتتىك بايلانس قۇرىلمى

价键理论　valence bond theory　ۋالەنتتىك بايلانس تەورىياسى

价角　valence angle　ۋالەنتتىك بۇرىش

价力　valence forces　ۋالەنتتىك كۇش

价桥　valence bridge　ۋالەنتتىك كۇپىر

价数　valence number　ۋالەنت سانى

价异构现象　valence isomerism　ۋالەنتتىك يزومەريا

价振动　valence vibrations　ۋالەنتتىك تەربەلىس

价组　valence group　ۋالەنتتىك گرۇپپا، ۋالەنتتىك توپ

架环的　pericyclo –　پەري ساقينالى، سورە ساقينالى

架环化合物　pericyclo – compound　پەري ساقينالى قوسىلىستار، سورە ساقينالى قوسىلىستار

jian

坚固啶 consolidine		كونزوليدين
坚牢度 fastness		جۇئەمدىلىق، قونمدىلىق، شەئەمدىلىق
坚牢哥林多盐 LB fast corinth salt LB		شەئەمدى كورينت تۈزى LB
坚牢铬黑 fast chrome black		جۇئەمدى حرومدى قارا، جۇئەمدى حروم قاراسى
坚牢铬花氰 fast chrome cyanine		جۇئەمدى حرومدى سياتين
坚牢黑盐 K fast black salt K		شەئەمدى قارا تۈز K
坚牢蓝盐 BB fast bule salt BB		شەئەمدى كوك تۈز BB
坚牢绿 fast green		جۇئەمدى جاسىل
坚牢浅橙 G fast light orange G		جۇئەمدى سولغۇن قىزغىلت سارى G
坚牢浅黄 fast light yellow		جۇئەمدى سولغۇن سارى
坚牢浅黄 G fast light yellow G		جۇئەمدى سولغۇن سارى G
尖刺甙 pungenin		پۇڭگەنين
尖刺碱 oxyacanthine		وكسياكانتين
尖霉素 acumycin		اكۇميتسين
间 m－（＝meta）		مەتا (لاتىنشا)، ارالىق
间氨苯酰胺基脲 m－benzoamino－semicarbazide		مەتا ـ بەنزو امينو ـ سەميكاربازيد
间氨基苯酚 m－aminophenol		مەتا ـ امينو فەنول
间氨基苯磺酸 m－amino－benzene sulfonic acid		مەتا ـ امينو بەنزول سۇلفون قىشقىلى
间氨基苯磺酰		"间胺酰" گە قاراڭىز.
间氨基苯磺酰胺基 metanylamido－m－$H_2NC_6H_4SO_2NH-$		مەتانيل اميدو ـ
间氨基苯甲醚 m－anisidine, aminoanisole		مەتا ـ امينو بەنزوي ەفيرى
间氨基苯(甲)醛 m－aminobenzaldehyde		مەتا ـ امينو بەنزوي الدەگيدتى
间氨基苯(甲)酸 m－aminobenzoic acid		مەتا ـ امينو بەنزوي قىشقىلى
间氨基苯甲酸乙酯甲基磺酸盐 tricaine methanesulfonate		تريكاين
间胺黄 metanil yellow $C_6H_5NHC_6H_4N : NC_6H_4SO_3Na$		مەتانيل سارسى
间胺酸 metanilic acid $H_2NC_6H_4SO_3H$		مەتانيل قىشقىلى
间胺酰 metanilyl m－$H_2NC_6H_4SO_2-$		مەتانيليل
间孢菌酸		التەرنار قىشقىلى
间苯撑 meta－phenylene diamine		مەتا ـ فەنيلەن

间苯二胺　metaphenylene diamine　مەتا فەنیلەن دیامین

间苯二酚　resorcinol(= resorcin)　$C_6H_4(OH)_2$　رەزورتسینول، رەزورتسین

间苯二酚二醋酸酯　resorcin diacetate　$C_6H_4(O_2CCH_3)_2$　رەزورتسین ەکی سىركە قشقىل ەستەری

间苯二酚二甲醚　resorcin dimethyl ether　رەزورتسین دیمەتیل ەفیری

间苯二酚二缩水甘油醚　resorcinol diglycidylether　رەزورتسینول دیگلیتسیدیل ەفیری

间苯二酚蓝　resorcin blue(= lacmoid)　رەزورتسین كوگی، لاكموید

间苯二酚两个苯酸酯　resorcin dibenzoate　$C_6H_4(O_2CC_6H_4)_2$　رەزورتسین ەکی بەنزوي قشقىل ەستەری

间苯二酚树脂　resorcinol resin　رەزورتسینولدى سمولالار

间苯二酚一醋酸酯　resorcin monoacetate　$CH_3CO_2C_6H_4OH$　رەزورتسین مونو سىركە قشقىل ەستەری

间苯二酚一甲醚　resorcin monomethyl ether　$HOC_6H_4OCH_3$　رەزورتسین مونو مەتیل ەفیری

间苯二酚一甲醛树脂　resorcin monoformaldehyde resin　رەزورتسینول مونو فورمالدەگیدتى سمولالار

间苯二酚棕　resorcin brown　رەزورتسین قنزىل قوڭرى

间苯二甲撑　m – phenylene dimethylidyne　مەتا ـ فەنیلەن دیمەتیلیدین

间苯二甲酸　m – phthalic acid(= isophthalic acid)　مەتا ـ فەنیلەن ەکی قۇمىرسقا قشقىلى

间苯二硫酚　"二硫代间苯二酚" گە قاراڭىز.

间苯二氰　"异酞氰" گە قاراڭىز.

间苯二醛　"异酞醛" گە قاراڭىز.

间苯二酸　"间酞酸" گە قاراڭىز.

间苯二酰　"异酞酰" گە قاراڭىز.

间苯三酚　phloroglucin　فلوروگلیۆتسین

间苯三酚的胡椒基·二甲基醚　piperonyl phloro glucinol dimethyl ether　پیپەرونیل فلوروگلیۆتسینول دیمەتیل ەفیری

间苯三酚三苯醚　phloroglucinol triphenyl ether　$C_6H_6(OC_6H_5)_3$　فلوروگلیۆتسینول تریفەنیل ەفیری

间苯三酚三甲醚　phloroglucinol trimethyl ether　$C_6H_3(OCH_3)_3$　فلوروگلیۆتسینول تریمەتیل ەفیری

间苯三酚三乙醚　phloroglucinol triethyl ether　$C_6H_3(OC_3H_5)_3$

فلوروگليۇتسينول تريەتيل ەفيرى

间苯三酚肟　phloroglucinol trioxime　$(CH_3)_2C_{14}H_8O_4$

فلوروگليۇتسينول تريوكسيم

间丙酰替甲苯胺　m－propionotoluide　$CH_3CH_2CONHC_6H_4CH_2$

مەتا ــ پروپييون تولۇيد

间充化合物　interstitial compound

ارالىق قوسلىستار

间醋酸基苯酚　euresol　$CH_3CO_2C_6H_4OH$

ەۇرەزول

间胆烷　allocholane

اللوحولان

间氮苯胺　3,3′－diaminoazobenzene

مەتا ــ ازوانيلين

间氮硫茂

"ﭱﭱﭱﭱ" گە قاراڭز.

间氮硫茚

"苯并噻唑" گە قاراڭز.

间氮硫茚基

"苯并噻唑基" گە قاراڭز.

间氮茚乙酸

"异生长素" گە قاراڭز.

间氮(杂)硫茚

"苯并噻唑" گە قاراڭز.

间氮杂氧茚

"苯并恶唑" گە قاراڭز.

间氮杂氧茚基

"苯并恶唑基" گە قاراڭز.

间氮杂氧茚满酮

"苯并恶唑啉酮" گە قاراڭز.

间碘邻羟基喹啉磺酸　meta－iodo－ortho－hydroxyquinoline sulfonic acid

مەتا ــ يودتى ــ ورتو ــ گيدروكسيل حينوليندى سۇلفون قىشقىلى

间断聚合(作用)　interrupted polymerization

ۆزىلىستەك پوليمەرلەۆ، كەمدەرتىپ پوليمەرلەۆ

间二苯胍　diphenyl quanidine

ديفەنيل گۇانيدين

间二氮苯

"嘧啶" گە قاراڭز.

间二氮苯并

"嘧啶并" گە قاراڭز.

间二氮苯基

"嘧啶基" گە قاراڭز.

间二氮苯甲胺

"嘧啶甲胺" گە قاراڭز.

间二氮茂

"咪唑" گە قاراڭز.

间二氮茂基

"咪唑基" گە قاراڭز.

间二氮萘并

"咪唑啉并" گە قاراڭز.

间二氮嗪

"间二嗪" گە قاراڭز.

间二氮戊环　　　　　　　　　　　　　　　　"四氢化甘恶啉" گە قاراڭىز.

间二氮茚　　　　　　　　　　　　　　　　　"苯并咪唑" گە قاراڭىز.

间二氮茚基　　　　　　　　　　　　　　　　"苯并咪唑基" گە قاراڭىز.

间二氮杂苯　　　　　　　　　　　　　　"嘧啶" ، "间二嗪" گە قاراڭىز.

间二氮杂环戊烯　　　　　　　　　　　　　　　"咪唑啉" گە قاراڭىز.

间二氮杂萘　phenmiazine　　　　　　　　　　　　　　فەنمىيازىن

间二氮杂萘基　　　　　　　　　　　　　　　"喹唑啉基" گە قاراڭىز.

间二氮杂戊环基　　　　　　　　　　　　　　"咪唑烷基" گە قاراڭىز.

间二氮杂茚基　　　　　　　　　　　　　　　"吲唑基" گە قاراڭىز.

间二恶英　m－dioxin　$(CH_2)_2(CH_2)_2O_2$　　　مەتا ـ دىيوكسىن

间二甲苯　m－xylene　　　　　　　　　　　مەتا ـ كسىلەن

间二甲苯胺　m－xylidine　　　　　　　　　مەتا ـ كسىلىدىن

间二甲苄基　　　　　　　　　　　"5,3－二甲代苯甲基" گە قاراڭىز.

间二甲基苯胺　metadimethylaniline　　　مەتا ـ دىمەتىل انىلىن

间二氯苯　m－dichlorobenzene　　　مەتا ـ ەكى حلورلى بەنزول

间二羟苯基　resorcyl　　　　　　　　　　　رەزورتسىل

间二嗪　metadiazine　　　　　　　　　　　مەتادىيازىن

间二硝基苯　m－dinitrobenzene　　　مەتا ـ دىنىترو بەنزول

间二氧杂环己烷　　　　　　　　　　　"1,3－二恶烷" گە قاراڭىز.

间二氧杂环戊烯　　　　　　　　　　　　　"二恶茂" گە قاراڭىز.

间隔基　space group　ارالىق گرۋپپا، كەڭىستىك گرۋپپا

间隔团　　　　　　　　　　　　　　　　　"间隔基" گە قاراڭىز.

间规聚合物　　　　　　　　　　　　"间同立构聚合物" گە قاراڭىز.

间规立构聚合物　　　　　　　　　　"间同立构聚合物" گە قاراڭىز.

间环己烷三醇　phloroglucitol　$C_6H_{12}O_3$　　فلوروگلىۋتسىتول

间甲苯胺　m－toluidine　　　　　　　　　مەتا ـ تولۋيدىن

间甲苯二胺　m－tolylene diamine　　مەتا ـ تولىلەن دىيامين

间甲苯酚　meta－resol　　　　　　　　　مەتا ـ رەزول

间甲苯基氰　m－tolunitrile　　　　　　　مەتا ـ تولۋنىترىل

间甲苯甲醛　m－tolualdehyde　　　　مەتا ـ تولۋيل الدەگيدتى

间甲苯甲酸　m－toluylic acid　　　　مەتا ـ تولۋيل قىشقىلى

间甲酚　m－cresole

مەتا ـ كرەزول

间甲基苯基氨基甲酸酯　m‑methyl mheyl carvamate　مەتا ـ مەتيل فەنيل كاربامين قىشقىل ەستەرى

间甲基苄基溴　m‑mehtyl benzyl bromide　مەتا ـ مەتيل بەنزيل بروم

间甲基硝基苯　m‑mehtylnitro benzene　مەتا ـ مەتيل نيترو بەنزول

间接法　indirect method　جاناما ٴادىس

间接肥料　indirect fertilizer　جاناما تەڭايتقىشتار

间接分析　indirect analysis　جاناما تالداۋ

间接还原　indirect reduction　جاناما توتىقسىزدانۋ

间接磺化　indirect sulfonation　جاناما سۇلفوندانۋ

间接加热　indirect heating　جاناما قىزدىرۋ

间接接触　indirect contact　جاناما ٴتيمسۇ

间接冷冻　indirect refrigeration　جاناما قاتىرۋ

间接冷凝器　indirect condenser　جاناما سۇتتقىش (اسپاپ)

间接冷却　indirect cooling　جاناما سۇتۋ

间接热交换　indirect heat exchange　جاناما جىلۇ الماستىرۋ

间接效应　indirect effect　جاناما ەففەكت

间接氧化　indirect oxidation　جاناما توتعۇ

间接液化　indirect liquefaction　جاناما سۇيقتانۋ

间接蒸发　indirect evaporation　جاناما بۇلانۋ

间接蒸汽　indirect steam　جاناما بۇ

间连孢霉酸　"更迭酸" گە قاراڭىز.

间硫氮茚硫醇‑[2]　captax　كاپتاكس

间硫氮杂茂染料　"噻唑染料" گە قاراڭىز.

间氯苯胺　m‑chloroaniline　مەتا ـ حلورلى انيلين

间氯二乙苯胺偶氮苯对磺酸　m‑chloro‑diethyl aniline azo‑p‑benzene sulfonic acid　مەتا ـ حلورلى ـ يەتيل انيليندى ازو ـ پ ـ بەنزول سۇلفون قىشقىلى

间酶　zwischen ferment　ارالىق فەرمەنت

间萘二酚　naphthoresorcinol　نافتو رەزورتسينول

间羟胺　aramine, m‑raminol　ارامين، مەتا ـ رامينول

间羟苯基　resorcyl　رەزورتسيل

间羟基苯(甲)酸　m‑hydroxybenzoic acid　مەتا ـ گيدروكسيل بەنزوي

قشقىلى

间三苯基苯　1,3,5 - triphenyl benzene　(C₆H₅)₃C₆H₃　1، 3، 5 ـ تريفەنيل
بەنزول

间三碘苯胺　2,4,6 - triiodo aniline　C₆H₂I₃NH₂　2، 4، 6 ـ ئۇش يودتى انيلين

间三碘苯酚　2,4,6 - triiodo phenol　I₃C₆H₂OH　2، 4، 6 ـ ئۇش يودتى فەنول

间三甲苯胺基　2,4,6 - trimethylanilino　2، 4، 6 ـ تريمەتيل انيلينو

间三硝苯基　"苦基" گە قاراڭز.

间酞酸　m - phthalic acid　مەتا ـ فتال قشقىلى

间糖精酸　meta - saccharinic acid　CH₂OH(CHOH)₂CHOHCOOH　مەتا ـ ساخارين
قشقىلى

间同立构聚合物　syndiotactic polymer　رەتتى ستەرەو قۇرىلمستى پوليمەر

间位　meta position　مەتا ورن

间位定位基　meta directing group　مەتا ورىندى بەلگىلەيتىن راديكال

间位定向　meta orientin　مەتا باعدارلانۇ

间位化合物　meta - compound　مەتا ـ قوسىلمستار

间位取代(作用)　meta - subsition　مەتا ورىندا الماسۇ

间位酸　meta - acid　مەتا قشقىل

间位衍生物　meta - derivative　مەتا تۇىندىلار

间位指向团　meta - orientating group　مەتا ورىندى باعدارلاعش گرۇپپا
(راديكال)

间隙水　interstitial water　ارالىق بوستىقتاعى سۇ

间硝基苯胺　m - nitroaniline　مەتا ـ نيترو انيلين

间硝基苯酚　m - nitrophenol　مەتا ـ نيترو فەنول

间硝基苯(甲)醛　m - nitrobenzaldehyde　مەتا ـ نيترو بەنزالدەگيدتى

间硝基苯(甲)酸　m - nitrobenzoic acid　مەتا ـ نيترو بەنزوي قشقىلى

间硝基甲苯　m - nitro toluene　مەتا ـ نيترو تولۇول

间硝基氯苯　m - nitrochloro benzene　مەتا ـ نيترو حلور بەنزول

间硝偶氮酚　"萘酚 AS - BS" گە قاراڭز.

间歇操作　"分批操作" گە قاراڭز.

间歇沉淀(作用)　periodic precipitation　دۇركىندەپ تۇنبالانۇ

间歇电弧　intermittent arc　دۇركىندى ەلەكتر دوعاسى

间歇反应　batch reaction　رىتىمدى رەاكسيا، دۇركىندى رەاكسيا، ئۇزىلمستى
رەاكسيا

间歇干燥器	"分批干燥器" گە قاراڭىز.
间歇过滤器　intermittent filter	دۆركىندەپ سۇزگىش
间歇焊接　intermittent solder (welding)	دۆركىندەپ دانەكەرلەۋ
间歇化学反应　periodic chemical reaction	دۆركىندى حىمىيالىق رەاكسىيالار
间歇结晶	"分批结晶" گە قاراڭىز.
间歇结晶器	"分批结晶器" گە قاراڭىز.
间歇式过程　intermittent process	ۇزىلىستى بارىس، دۆركىندى بارىس
间歇式过滤　batch filteration	دۆركىندەپ سۇزۋ
间歇式过滤机　batch filter	دۆركىندەپ سۇزگىش
间歇式焦化　batch coking	دۆركىندەپ كوكستەۋ
间歇式精馏	"分批精馏" گە قاراڭىز.
间歇式精制	"分批式精制" گە قاراڭىز.
间歇式离心机　batch centrifuge	دۆركىندەپ سەنترىردەن تەپكىش
间歇式生产	"分批式生产" گە قاراڭىز.
间歇性　intermittence	دۆركىندىك، كەدىرستىك، ۇزىلىستىك
间歇移动　intermittent motion	ۇزىلىستى جىلجۋ
间歇应用　intermittent use	ۇزىلىستى قولدانۋ
间溴苯磺酸　m-bromobenzene sulfonic acid	مەتا - بروم بەنزول سۇلفون قىشقىلى
间溴硝基苯　m-bromonitro benzene	مەتا - بروم نيترو بەنزول
间氧氮茂	"恶唑" گە قاراڭىز.
间乙烯基甲苯　m-vinyl toluene	مەتا - ەتيل تولۋول
间异丙苯硝	"硝基枯烯" گە قاراڭىز.
间应胆红素	"血胆红素" گە قاراڭىز.
减　de-	دە ــ، ازايتۋ، كەمەيتۋ
减活化剂　deactivator	اكتيۆتكتى كەمەيتكىش (اگەنت)
减活化作用　deactivation	اكتيۆتكتى كەمەيتۋ
减敏感剂　desensitizer	سەزىمتالدىقتى كەمەيتكىش (اگەنت)
减湿剂　dehumidizer	ىلعالدىقتى ازايتقىش (اگەنت)
减湿器　dehumidifier	ىلعالدىقتى ازايتقىش (اسپاپ)
减速剂　moderator	جىلدامدىقتى كەمەيتكىش (اگەنت)
减压　reduced pressure	قىسىمدى كەمەيتۋ، قىسىمدى تومەندەتۋ

减压过滤	vacuum filtration	قىسىمدى كەمەيتىپ سۇزۇۋ
减压蒸发	vacuum evaporation	قىسىمدى كەمەيتىپ بۇلاندۇرۇۋ
减压蒸馏	vacuum distillation	قىسىمدى كەمەيتىپ بۇلاندۇرۇپ ايداۋ
碱	alkali, base	سىلتى، نەگىز
碱白蛋白	alkali albumin	سىلتلىك البۇمين
碱不溶树脂		"氧化树脂" گە قاراڭىز.
碱处理	alkali treatment	سىلتىمەن وڭدەۋ
碱催化剂	base catalyst	نەگىزدەك كاتالىزاتور
碱催化作用	base catalysis	نەگىزدەك كاتالىزدەۋ
碱淀粉	alkali stearch	سىلتلىك كراحمال
碱度	alkalinity, basicity	سىلتلىك دارەجەسى، نەگىزدەك دارەجەسى
碱(法)纸浆		"碱化纸浆" گە قاراڭىز.
碱酐	basic anhydride	نەگىزدەك انگيدريد
碱化	alkalization, basifying	سىلتلەنۇ، نەگىزدەنۇ
碱化变性蛋白	alkali – metaprotein	سىلتلى مەتا پروتەين
碱化剂	alkalizer, basifier	سىلتلەندۇرگىش (اگەنت)، نەگىزدەندۇرگىش (اگەنت)
碱化纸浆	soda pulping	ناترىلى قاعاز قويمالجىڭى
碱灰		"苏打灰" گە قاراڭىز.
碱活炭	alkaline char	سىلتلىك كومىر
碱活性磷酸酶	alkaline phosphatase	سىلتلىك فوسفاتازا
碱价酸		"二元酸" گە قاراڭىز.
碱降解	alkaline degradation	سىلتىمەن بدراتۇ
碱交换化合物	base – exchanging compounds	نەگىز الماستىراتىن قوسىلىستار
碱交换离子	base – exchangeable ions	يون الماستىراتىن نەگىزدەر
碱交换作用	base exchange	نەگىز الماستىرۇ
碱解	alkaline hydrolysis	سىلتىمەن گيدرولىزدەۋ
碱金属	alkali metal	سىلتلىك مەتالدار
碱金属单质	alkali metal elementary substance	سىلتلىك مەتال جاي زاتتارى
碱金属的酚盐	alkali – phenolate C_6H_4OM	سىلتلىك مەتالداردىڭ فەنول تۇزى
碱金属的甲酸盐	alkali formate	

سلتــلمك مەتالداردىڭ قۇمــرسقا قشقىل تۇزدارى

碱金属的盐	alkali salt	سلتــلمك مەتالداردىڭ تۇزدارى
碱金属润滑脂	alkalimetal grease	سلتــلمك مەتالداردىڭ جاعىن مايلارى
碱金属碳酸盐	alkali carbonate	سلتــلمك مەتالداردىڭ كومىر قشقىل تۇزدارى
碱金属元素	alkali metal	سلتــلمك مەتال ەلەمەنتتەر
碱金属皂	alkali metal soap	سلتــلمك مەتال سابىن
碱精制		"碱洗" گە قاراڭــز.
碱离子	basic ion	نەگــز يونى
碱量滴定测定	alkalimetric estimation	ءسلتــنى تامشــلاتىپ ولشەۋ
碱量滴定法	alkalimetric method	ءسلتــنى تامشــلاتۋ ءادىسى
碱量滴定分析法	alkalimetric analysis	ءسلتــنى تامشــلاتىپ تالداۋ
碱量计	alkalimeter	الكاليمەتر، ءسلتى ولشەگىش
碱氯电池	alkali – chlorine cell	ءسلتــلى ــ حلورلى باتارەيا
碱溶性的	alkali soluble	سلتــدە ەرىگىشتــك
碱色	alkaline color	سلتــلمك ءتۇس، سلتــلمك بوياۋؤلار
碱石灰	asoda lime	ناتريلى اك
碱蚀致脆	caustic embrittlement	ءسلتــننڭ جەمىرؤنەن مورتتانۋ
碱式	basic	نەگــزدمك
碱式格酸铋	basic bismuth gallate $Bi(OH)_2C_7C_5O_5$	نەگــزدمك گالل قشقىل بيسمۇت
碱式醋酸镓	basic gallium acetate	نەگــزدمك سىركە قشقىل گاللي
碱式醋酸铝	basic aluminium acetate	نەگــزدمك سىركە قشقىل الؤمين
碱式醋酸铍	basic berillium acetate	نەگــزدمك سىركە قشقىل بەريللي
碱式醋酸铅	basic lead acetate $Pb(C_2H_3O_2)_2Pb(OH)_2$	نەگــزدمك سىركە قشقىل قورعاسىن
碱式醋酸铁	basic ironic acetate	نەگــزدمك سىركە قشقىل تەمىر
碱式醋酸铜	abasic copper acetate $Cu·2Cu(C_2H_3O_2)_2$	نەگــزدمك سىركە قشقىل مىس
碱式醋酸盐	subacetate	نەگــزدمك سىركە قشقىل تۇزدارى
碱式铬酸铅	basic lead chromate(＝Derby red)	نەگــزدمك حروم قشقىل قورعاسىن، دەربي قىزىلى

碱式铬酸铜	basic copper chromate	$CH_3(CH)_4(CrCu)$	نەگەزدەك حروم قىشقىل مىس
碱式硅酸铜	basic copper silicate		نەگەزدەك كرەمنى قىشقىل مىس
碱式甲酸铝	basic aluminium formate		نەگەزدەك قۇمۇرسقا قىشقىل ئالۇمين
碱式磷酸盐	subphosphate		نەگەزدەك فوسفور قىشقىل تۇزدارى
碱式硫酸高铅	plumbic sulfate(basic)	$Pb(OH)_2SO_4$	نەگەزدەك كۆكەرت قىشقىل اسقىن قورعاسىن
碱式硫酸铅	plumbous sulfate(basic)	$PbSO_4 \cdot PbO$	نەگەزدەك كۆكەرت قىشقىل قورعاسىن
碱式硫酸铁	ferric subsulfate		نەگەزدەك كۆكەرت قىشقىل تەمىر
碱式硫酸铜	basic copper sulfate		نەگەزدەك كۆكەرت قىشقىل مىس
碱式硫酸锌	basic zinic sulfate		نەگەزدەك كۆكەرت قىشقىل مىرىش
碱式硫酸盐	subsulfate		نەگەزدەك كۆكەرت قىشقىل تۇزدارى
碱式卤化二甲胂	basic dimethyl halogenated arsine		
$[(CH_3)_2AsX]_6[(CH_3)_2As]_2O$			نەگەزدەك گالوگەندى ديمەتيل ارسين
碱式氯化铋	basic bismuth chloride		نەگەزدەك حلورلى بيسمۇت
碱式氯化铜	basic copper chloride		نەگەزدەك حلورلى مىس
碱式没食子酸铋			"碱式格酸铋" گە قاراڭىز.
碱式品红			"碱性品红" گە قاراڭىز.
碱式砷酸钙	basic calcium arsenate		نەگەزدەك ارسەن قىشقىل كالتسي
碱式砷酸铅	basic lead arsenate		نەگەزدەك ارسەن قىشقىل قورعاسىن
碱式砷酸铜	basic copper arsenate		نەگەزدەك ارسەن قىشقىل مىس
碱式砷酸锌	basic zinc arsenate		نەگەزدەك ارسەن قىشقىل مىرىش
碱式水杨酸铋	basic bismuth salicylate	$C_6H_4(OH)COO(BiO)$	نەگەزدەك ساليتسيل قىشقىل بيسمۇت
碱式水杨酸盐	subslicylate		نەگەزدەك ساليتسيل قىشقىل تۇزدارى
碱式碳酸铋	bismuth subcarbonate	$(BiO)_2CO_3$	نەگەزدەك كومىر قىشقىل بيسمۇت
碱式碳酸钴	cobaltous dihydroxy carbonate	$CO_2(OH)_2CO_3$	نەگەزدەك

كومىر قشقىل كوبالت

碱式碳酸镁　basic magnesium carbonate　$4MgCO_3 \cdot Mg(OH)_2 \cdot 5H_2O$　نەگىزدىك

كومىر قشقىل ماگنى

碱式碳酸镍　basic nickel carbonate　نەگىزدىك كومىر قشقىل نيكەل

碱式碳酸铍　basic berillium acetate　نەگىزدىك كومىر قشقىل بەريللى

碱式碳酸铅　basic lead carbonate　$PbCO_3 \cdot 2Pb(OH)_2$　نەگىزدىك كومىر قشقىل

قورعاسىن

碱式碳酸铜　basic copper carbonate　$Cu_2(OH)_2CO_3$　نەگىزدىك كومىر

قشقىل مىس

碱式碳酸锌　basic zinc carbonate　نەگىزدىك كومىر قشقىل مىرش

碱式碳酸盐　basic carbonate　نەگىزدىك كومىر قشقىل تۇزدارى

碱式硝酸铋　basic bismuth nitrate　$Bi(OH)_2NO_3$　نەگىزدىك ازوت قشقىل

بيسمۇت

碱式硝酸碲　tellurium nitrate　$Te_2O_3(OH)NO_3$　نەگىزدىك ازوت قشقىل

تەللۇر

碱式硝酸盐　subnitrate　نەگىزدىك ازوت قشقىل تۇزدارى

碱式亚砷酸铁　basic ferric arsenite　نەگىزدىك ارسەندى قشقىل تەمىر

碱式盐　basic salf　نەگىزدىك تۇزدار

碱式硬脂酸铝　basic aluminium stearate　نەگىزدىك ستەراين قشقىل

الۇمين

碱试法　alkali test　سىلتىمەن سىناۇ ٴادىسى

碱水　alkaline water　ٴسىلتلى سۇ

碱水解　basic hydrolysis　نەگىزبەن گيدروليزدەۇ

碱水洗涤　soda lye wash　سودا ەرىتىندىسىمەن جۇۋ

碱土　alkali earth　ٴسىلتلى توپىراق (سىلتلىك جەر مەتالدار توتىعى)

碱土金属　alkali earth metal　سىلتلىك جەر مەتالدار

碱土金属元素　alkali earth metal　سىلتلىك جەر مەتال ەلەمەنتتەر

碱土族　alkali earth family　سىلتلىك جەر مەتالدار گرۇپپاسى

碱析　alkali out　سىلتىمەن ايىرۇ، نەگىزبەن ايىرۇ

碱洗　alkali washing(= soda wash)　سىلتىمەن جۇۋ، سودامەن جۇۋ

碱洗溶液　soda wash solution　　　　　　　سودامەن جۇۋ ەرىتىندىسى

碱洗液　alkaline wash　　　　　　　سىلتىمەن جۇۋ سۇيۇقتىعى

碱纤维素　alkali cellulose　　　　　　سىلتىلىك سەلليۇلوزا

碱性　alkalinity, basicity　　　　　سىلتىلىك، نەگىزدىك

碱性氨基酸　basic amino acid　　　　نەگىزدىك امينو قىشقىلى

碱性橙 S　basic orange S　　　نەگىزدىك قىزعىلت سارى S

碱性沉积　basic sediment　　　سودا نەگىزدىك شوگىندى

碱性醋酸铁　　　　".碱式醋酸铁" گە قاراڭىز

碱性醋酸铜　　　　".碱式醋酸酮" گە قاراڭىز

碱性催化剂　　　".碱催化剂" گە قاراڭىز

碱性蛋白酶　basic proteinase　　　نەگىزدىك پروتەينازا

碱性氮化合物　basic nitrogen compound　سودا نەگىزدىك ازوتتى قوسىلىستار

碱性反应　alkaline reaction　　　سىلتىلىك رەاكسيالار

碱性肥料　basic fertilizer, alkaline fertilizer　نەگىزدىك تەڭايتقىشتار

碱性废水　alkaline waste water　　نەگىزدىك جاراقسىز سۇ

碱性副品红　　　".品红 NJ" گە قاراڭىز

碱性感光黄素　lumiflavin　　　لۇميفلاۋين

碱性硅酸盐　alkaline silicate　سىلتىلىك كرەمنى قىشقىل تۇزدارى

碱性黑　basic black　　　نەگىزدىك قارا بوياۋ

碱性花岗岩　alkaline granite　　سىلتىلىك گرافيت

碱性槐黄　　　".金胺" گە قاراڭىز

碱性还原　alkaline reduction　سىلتىلىك توتقسىزدانۇ

碱性还原剂　alkaline reducer　سىلتىلىك توتقسىزداندرعىش اگەنت

碱性基团　basic group　نەگىزدىك گرۇپپا (راديكال)

碱性坚牢绿 V　alksli fast green　سىلتىلىك جۇعىمدى جاسىل V

碱性菊橙　　　".柯衣定" گە قاراڭىز

碱性聚酯　basic polyester　نەگىزدىك پولي ەستەر

碱性蓝　alkali blue　سىلتىلىك كوك

碱性蓝 6B　alkali blue 6B　سىلتىلىك كوك 6B

碱性蓝 R - 5R　alkali blue R - 5R　سىلتىلىك كوك R - 5R

碱性磷酸酶	alkaline posphatase	سلتىلىك فوسفاتازا
碱性龙胆合剂	alkaline hentian mixture	سلتىلىك گەنتيان قوسپاسى
碱性氯化铅	cassel yellow	كاززەل سارسى (سارى بوياۋدەك ‹بىر ‹تۆرى)
碱性氯化铜	basic copper chloride	نەگىزدەك حلورلى مىس
碱性绿	basic(malachite) green	سلتىلىك جاسىل
碱性玫瑰精	rhodamine bextra	نەگىزدەك رودامين
(碱性)木槿紫	mauvein	ماۋۋەين
碱性耐水材料	basic refractories	نەگىزدەك وتقا ‹توزمدى ماتەريالدار
碱性品红	basic fuchsin	نەگىزدەك فۇكسىن
碱性氢氧化物	basic hydroxide	نەگىزدەك توتىق گىدراتتارى
碱性青	alkali sky blue	سلتىلىك كوگىلدىر
碱性染料	basic dye	نەگىزدەك بوياۋلار
碱性溶液	alkaline solution	نەگىزدەك ەرىتىندى
碱性熔剂	basic flux	نەگىزدەك بالقىتقىش (اگەنت)
碱性熔渣	basic slag	نەگىزدەك شلاك، نەگىزدەك قوقىس
碱性蕊香红		"若丹明" گە قاراڭىز.
碱性砷酸铜		"碱式砷酸铜" گە قاراڭىز.
碱性生铁	basic pig iron	نەگىزدەك شويىن
碱性食物	alkaline food	سلتىلىك ازىقتىق زاتتار
碱性试剂	alkaline reagents	سلتىلىك رەاكتيۆتەر
碱性水解	basic hydrolysis	نەگىزدەك گىدرولىزدەۋ، نەگىزدەك گىدرولىز
碱性水杨酸铋		"碱式水杨酸铋" گە قاراڭىز.
碱性碳酸高铈	ceric basic carbonate $Ce_2(OH)_2(CO_3)_3$	نەگىزدەك كومىر قىشقىل اسقىن سەرى
碱性土	alkaline soil	سلتىلىك توپىراق
碱性土壤		"碱性土" گە قاراڭىز.
碱性烷基化	base alkylation	نەگىزدەك الكيلدەنۋ
碱性乌鸦黑	corvoline	كورۆۇلين
碱性洗涤水	alkali wash water	سلتىلىك جۇۋ سۈيى، سلتىلىك سۈمەن جۇۋ

碱性新品红	"品红 NB" گه قاراڭىز.
碱性蓄电池 alkaline accumulator	سىلتىلىك اككۇمۇلياتور
碱性亚甲蓝 methylene blue	مەتيلەندى كۆك
碱性岩 alkaline rocks	سىلتىلىك جىنس
碱性氧化物 basic oxide	نەگىزدىك توتىقتار
碱性元素 alkaline element(＝basylous etement)	سىلتىلىك ەلەمەنتتەر،
	نەگىزدىك ەلەمەنتتەر
碱性原子团	"碱性基" گه قاراڭىز.
碱性再生胶 alkali reclaim	سىلتىلىك جاڭعىرتىلعان كاۋچۇك
碱性藏红	"藏红" گه قاراڭىز.
碱性正铁血红素 alkali haematin	سىلتىلىك گەماتين
碱性砖 basic brick	سىلتىلىك كەرپىش
碱性转炉 basic converter	نەگىزدىك اينالمالى پەش
碱性棕 basic brown	نەگىزدىك قىزىل قوڭىر
碱液 alkali liquor(＝alkali lye)	سىلتىلىك سۇيىقتىق
碱渣	"碱性熔渣" گه قاراڭىز.
碱纸浆	"碱化纸浆" گه قاراڭىز.
碱值 base number	نەگىز ٴمانى
碱中毒 alkalosis	سىلتىدەن ۋلانۇ
碱中和值 alkali neutralisation number	سىلتىمەن بەيتاراپتاۋ ٴمانى
碱族 alkali family	ٴسىلتى گرۇپپاسى
碱组份 alkaline constituents	سىلتىلىك قۇرام
简单甘油酯 simple triglyceride	جاي تريگليتسەريد
简单基 simple radical	جاي راديكال
简单结构 simple structure	جاي قۇرىلىم
简单醚 simple ether	جاي ەفير
简单镍盐 single nickel salt	جاي نيكەل تۇزى
简朊 simple protein	جاي پروتەين
简单酮 simple ketone	جاي كەتون
简单盐 simple salt	جاي تۇز، ادەتتەگى تۇز

简单原子　simple atom		جاي اتوم
简单蒸发　single vaporization		جاي بۇلاندىرۇ، جاي بۇلانۇ
简单蒸馏(作用)　simple distillation		جاي بۇلاندىرىپ ايداۇ
剪秋罗(四)糖　lichnose		ليچنوزا
箭毒　curare		كۇرارا
箭毒碱　curarine　$C_{20}H_{21}N_2$		كۇرارين
箭毒素　curine　$C_{18}H_{19}O_3N$		كۇرين
箭毒植物碱　curarisant alkaloids		كۇراريسانت الكولۇيدى
箭鱼精朊　xiphin		كسيفين
鉴定同质　indentification		سايكەستەندىرۇ
剑霉酸　gladiolic acid		گلاديۇل قشقلى
键　bond		بايلانس
π 键　π bond		π بايلانس، pi بايلانس
σ 键　σ bond(= sigma bond)		σ بايلانس، سيگما بايلانس
h‒o 键　h‒o bond(= eta‒omicron bond)		o‒h بايلانس، ەتا ‒
		ومىكرون بايلانس
p‒p σ 键　p‒p σ bond(= rho‒rho sigma bond)		σ p‒p بايلانس،
		رو ‒ رو سيگما بايلانس
s‒p σ 键 s‒p σ　bond		σ p‒s بايلانس
s‒s σ 键 s‒s σ　bond		σ s‒s بايلانس
键半径　bond radius		بايلانس راديۇسى
键长　bond length(= bond distance)		بايلانس ۇزىندىعى
键的互变(异构)　bond tautomerism		بايلانستاڭ تاۇ تومەرلەنۇى
键的极化　bond polarization		بايلانستاڭ پوليارلانۇى
键的极性　bond pdarity		بايلانستاڭ پوليارلىعى
键的离解能　bond dissociation energy		بايلانستاڭ ديسسوتسيالانۇ ەنەرگياسى
键的裂开　scission of bonds		بايلانستاڭ جارلۇى (سزاتتانۇى)
键的折射　bond refraction		بايلانستاڭ سىنۇى
键的折射性　bond refractivity		بايلانستاڭ سىنعشتىعى
键电子　bonding electron		بايلانس ەلەكترونى

键分配分析法	bond distribution analysis	بايلانس ورنالاسؤىندىق تالداؤ
键固定	bond fixation	بايلانستىڭ بەكەمدەلؤى
键(合)	linkage	بايلانس، بايلانستىرؤ
键合电子	bonding electron	بايلانستىرؤ ەلەكترونى
键合热	linkage heat	بايلانستىرؤ جىلؤى
键合原子	bound atom	بايلانستىرؤ اتومى
键级	bond order	بايلانس دەڭگەيى
键角	bond angle	بايلانس بۇرىشى
键矩	bond moment	بايلانس مومەنتى
键裂解能		"键的离解能" گە قاراڭىز.
键能	bond energy	بايلانس ەنەرگياسى
键桥	bond bridge	بايلانس كوپىرى
键参数	bond parameters	بايلانس پارامەترى
键线式	skeletal formula, bond‐line formula	بايلانس سىزىقشا فورمؤلاسى
键轴	bond axis	بايلانس ٴوسى

jiang

姜醇	zingiberol $C_{15}H_{26}O$	زينگيبەرول
姜黄黄质		"姜黄素" گە قاراڭىز.
姜黄试纸	turmeric test paper	تؤرمەرين سىناق قاعازى
姜黄素	curcumin $C_{21}H_{20}O_6$	كؤركؤمين
姜黄酸	turmeric acid	تؤرمەرين قىشقىلى
姜黄烯	curcumene $C_{15}H_{24}$	كؤركؤمەن
姜黄纸	turmeric paper	تؤرمەرين قاعاز
姜黄纸试验	turmeric paper test	تؤرمەرين قاعاز سىناعى
姜酮	zingiberone $C_{15}H_{24}O$	زينگيبەرون
姜烯	zingiberene $C_{15}H_{24}$	زينگيبەرەن
姜油酮	zingerone $HO(CH_3O)C_6H_3CH_2CH_2COCH_3$	زينگەرون
豇豆球蛋白	vignin	ٴۆيگنين

豇豆球朊　　　　　　　　　　　　　　　　　　　　"豇豆球蛋白" گە قاراڭـز.

浆栎酚　acorn flour　　　　　　　　　　　　　　　اكورن ۋنتاعى

浆栎糖　acorn sugar　　　　　　　　　　　　　　اكورن قانتى

浆枥油　acorn oil　　　　　　　　　　　　　　　اكورن مايى

降　nor-　　　　　　　　　　　　　　　　　　　نور -

降阿托品　noratropine　　　　　　　　　　　　نوراتروپيين

降冰片　norborneol　　　　　　　　　　　　　　نوربورنەول

降冰片二烯　norbornadiene　　　　　　　　　نوربورناديەن

降冰片烷醇　norbornanol　　　　　　　　　　نوربورنانول

降冰片烯　norbornene　　　　　　　　　　　　نوربورنەن

降胆烷　norcholane　　　　　　　　　　　　　نورحولان

降胆甾醇　norcholesterol　　　　　　　نورحولەستەرول

降颠茄碱　　　　　　　　　　　　　"降阿托品" گە قاراڭـز.

降基烷　norcamphane　C_7H_{12}　　　　　نوركامفان

降莰酮　norcarenone　　　　　　　　　　　　نوركارەنون

降莰烯　norcarene　C_7H_{10}　　　　　　　نوركارەن

降解　degradation　　باسقىشتاپ بدراۋ، بىرتىندەپ تومەندەۋ

降解产物　degradation product　　باسقىشتاپ بدراعان ۋونىم

降解反应　degradation reaction　باسقىشتاپ بدراۋ رەاكسىياسى

降解(学)说　degradation theory　باسقىشتاپ بدراۋ تەورىياسى

降茨醇　norcamphane methanol　　نوركامفان مەتانول

降茨基　norcamphanyl　C_7H_{11}　　　نوركامفانيل

降茨烷　norcamphane　C_7H_{12}　　　نوركامفان

降茨烯　norcamphene　C_8H_{12}　　　نوركامفەن

降良姜酮　noralpinone　　　　　　　　　نورالپينون

降龙脑烯酸　norcamphotenic acid　نوركامفوتەن قىشقىلى

降麻黄碱　norephedrine　　　　　　　　نورەفەدرين

降尼杜林　nornidulin　　　　　　　　　　نورنيدۋلين

降蒎酸　norpinic acid　$(CH_3)_2C_4H_4(COOH)_2$　نورپين قىشقىلى

降蒎烷　norpinane　C_7H_{12}　　　　　نورپينان

降山道年　norsantonin　　　　　　　　　نورسانتونين

降肾上腺素　norepinephrine　　　　　نورەپينەفرين

降糖灵　fenformin　　　　　　　　　　　فەنفورمين

降天仙子胺	nor－hyoscyamine		نورگيوستسيامين
降鸦片酸	noroplanic acid	$C_8H_6O_5$	نوروپلان قشقىلى
降压灵	verticil		ۋەرتيتسيل
降胭脂树素	norbixin	$C_{24}H_{28}O_4$	نوربيكسين
降烟碱	nor－nicotine	$C_9H_{12}N_2$	نورنيكوتين
降樟脑	norcamphor		نوركامفورا
降脂丙二醇酯	chole solvin		حولەزۇلۇين

绛	rufi－（＝rufo－）		رۇفو –، –رۇفي
绛棓酸	rufigallic acid	$C_{14}H_2O_2(OH)_6$	رۇفيگالل قشقىلى
绛醇	rufol	$C_{14}H_{10}O_2$	رۇفول
绛酚	rufin		رۇفين
绛雅片素	rufiopin	$C_{14}H_8O_6$	رۇفيوپين
绛脂	rufin	$C_{21}H_{20}O_8$	رۇفين
酱色	caramel		كارامەل
酱油	soy sauce（＝soya oil）		سويا تۇزدىق

jiao

交叉	cross	ايقاسۇ، قيىلسۇ
交叉分类法	cross classification	ايقاستىرىپ جىكتەۇ ٴادىسى
交叉共轭	cross conjugation	ايقاسىپ تۇيىندەسۇ، ايقاس تۇيىندەس
交叉结构烯烃	trans－olefines	ايقاسقان قۇربىلمدى ولەفيندەر
交叉双键	trans－double bond	ايقاسقان قوس بايلانىس
交叉效应	cross－effect	ايقاسۇ ەففەكتى
交叉转位	cross－grained	ايقاسىپ اينالۇ ورنى
交感醇	sympathol	سيمپاتول
交感神经素		"交感素" گە قاراڭىز.
交感素	sympathin	سيمپاتين
交感消除素	sympatholytin	سيمپاتوليتين
交换	exchange	الماسۇ، اۇسۇ، ايىرباستاۇ
交换反应	exchange reaction（＝permutoid reaction）	الماسۇ رەاكسياسى
交换基团	exchange group	اۇسپالى راديكال، الماسۇ راديكالى
交换剂	exchanger	الماستىرعىش اگەنت، اۇستىرعىش اگەنت

交换能	exchange energy	اۆسپالى ەنەرگيا، الماسۋ ەنەرگياسى
交换器	exchanger	الماستىرعىش، ايىرباستاعىش (اسپاپ)
交换热	exchanged heat	اۆسپالى جىلۋ، الماسۋ جىلۋى
交换树脂	exchange resin	(يون) الماستىرعىش سمولالار
交换体	permutoid	اۆسپالى دەنە، الماسقان دەنە
交换体沉淀反应		"交换反应" گە قاراڭىز.
交换吸附	exchange adsorption	الماسىپ ادسوربتسيالاۋ
交键	cross linkage	ايقاسقان بايلانىس، ايقاس بايلانىس
交联	cross linking	ايقاسۋ، بايلانىسۋ، ايقاس بايلانىس
交联度	drgree of crosslinking	ايقاسۋ دارەجەسى
交联反应	cross linking reaction	ايقاسۋ رەاكسياسى
交联剂	cross linking agent	ايقاستىرۋشى اگەنت
交联聚合物	cross linked polymer	ايقاسقان پوليمەر
交联键	cross bond	ايقاسقان بايلانىس
交联凝胶	cross linked gel	ايقاسىپ قاتايعان جەلىم
交殊碱	crinine	كرينين
交替共聚	alternating copolymerization	ايقاسىپ ورتاق پوليمەرلەنۋ
交脂	lactide	لاكتيد
交酯	lactide	ايقاسقان ەستەر
胶	glue	جەلىمدەر
胶板印刷	offset printing	رازىنكە باسپا
胶吡啶	collidin	كولليدين
胶布	rubberized fabric	كولليدين پلاستىر، رازىنكەلەنگەن ماتا (بۇل)
胶带		"橡皮带" گە قاراڭىز.
胶淀粉	amylopectin	اميلوپەكتين
胶冻	jelly	قاتىرىلعان جەلىم
胶毒素	gliotoxin	گليوتوكسين
胶固素	conglutinin	كونگليۋتينين
胶合板	plywood	پانەركا
胶化		"胶态化" گە قاراڭىز.
胶化剂		"胶溶剂" گە قاراڭىز.
胶浆		"橡浆" گە قاراڭىز.
胶接	cementing	

جەلىمدەۋ، جابستىرۋ

胶接剂　cement　پانەركا جەلىمدەگەش، جابستىرعەش

胶接作用　cementation　جەلىمدەۋ رولى، جابستىرۋ رولى

胶泥　"胶接剂" گە قاراڭىز.

胶粒　colloidal particle　كوللويدتى بولشەك

胶粒间键　intergrain bond　كوللويد تۇيىرلەرى اراسىنداعى بايلانس

胶粒运动　"胶态运动" گە قاراڭىز.

胶料　sizing material, rubber compound　جەلىمدەك ماتەريالدار

胶棉　collodion　كوللوديون

胶棉薄膜　collodion membrane　كوللوديون جارعاق

胶棉人造纤维丝　collodion silk　كوللوديون جىبەك

胶棉炸药　explosive gelating, gelignite　كوللوديون جارىلعىش ٴدارى

胶膜　film, cutan　كوللويد جارعاق

胶木　wood adhensives　"电木" گە قاراڭىز.

胶木粉　bakelite powder　باكەليت ۇنتاعى

胶泥煤　baking coal　جابسقاق كومىر

胶粘度　adhesive capacity　جابسقاقتىق، تۇتقىرلىق

胶粘剂　"粘合剂" گە قاراڭىز.

胶粘强度　adhesive strength　جابسۋ كۇشەمەللىگى

胶粘试验　adhesive test　جابسۋ سىناعى

胶粘性　adhesiveness　جابسقاقتىق، تۇتقىرلىق

胶粘作用　adhesive action　جابسۋ رولى

胶凝　gelatinize　قاتۋ، سەرنەلەنۋ

胶凝点　"凝胶点" گە قاراڭىز.

胶凝剂　gelatining agent, gelling agent　سەرنەلەگەش اگەنت، قاتىرعەش اگەنت

胶凝水　gelation water　سەرنەلەنۋ سۋى

胶凝性能　gelling property, cementitious property　سەرنەلەنۋ قابىلەتى

胶凝作用　"凝胶化(作用)" گە قاراڭىز.

胶溶　peptizing　جەلىم ەرۋ، جەلىم ەرتۋ

胶溶剂　peptizing agent　جەلىم ەرتگەش (اگەنت)

胶溶能力　peptizing power　جەلىم ەرتۋ قابىلەتى

胶溶体　peptizate　جەلىم ەرتگەش دەنە، پەپتيزاس

胶溶性质　peptizing property　　　　　　　　　　　　جەلمە ھەرىتۆ قاسىيەتى

胶溶(作用)　peptization　　　جەلمە ھەرىتۆ اەسەرى، پەپتىزاتسىيا، مايدالــمـق

اەسەرلەسۆلەر

胶乳　latex(= rubber latex)　　　جەلمە كاۋچۇك ٴسۇتى، ٴسۇت ساعەز

胶乳白朊浆子　latex – albumen　　　　　　　　　ٴسۇت ساعەز ـ البۆمەن

胶乳比重计　latexometer　　　ٴسۇت ساعەز مەتر، ٴسۇت ساعەز ولشەگىش

胶乳的配质　latex compounding　　　　　　　　ٴسۇت ساعەز دايىنداۋ

胶乳管　latex tube　　　　　　　　　　ٴسۇت ساعەز جىناۋ تۇتىگى

胶乳接合剂　latex cement　　　　　　　　ٴسۇت ساعەز جابىستىرعىش

胶乳硫化　latex vulcanizate　　　　ٴسۇت ساعەزدى كۆكىرتتەندىرۋ

胶乳膜　latex film　　　　　　　　　　ٴسۇت ساعەز قابىرشاعى

胶乳沫　latex froth　　　　　　ٴسۇت ساعەز كۆبىگى (كوپىرشگى)

胶乳浓缩机　latex concentrator　　　　　　ٴسۇت ساعەز قويۇلاتقىش

胶乳生沫机　latex froth building machine　　ٴسۇت ساعەز كۆبىكتەندىرگىش

ماشينا

胶乳受器　latex vessel　　　　　　　　ٴسۇت ساعەز جىناۋ ىدىسى

胶乳橡胶　latex rubber　　　　　　　　ٴسۇت ساعەز كاۋچۇك

胶示银　albargin　　　　　　　　　　　　　البارگىن

胶树脂类　gum resin　　　　　　　　　　جەلىمدى سمولالار

胶水　gum water　　　　　　　　　　　سۇيىق جەلمە

胶丝　　　　　　　　　　　"胶棉丝" گە قاراڭز.

胶酸　　　　　　　　　　　"戊二酸" گە قاراڭز.

胶态　　　　　　　　　　"胶体状态" گە قاراڭز.

胶态的　colloidal　　　　　　　　　　كوللويدتى

胶态电解质　colloidal electrolite　　　كوللويدتى ەلەكتروليتتەر

胶态分散　colloidal dispersion　كوللويدتى تارالۆ، كوللويدتى تارالۆ، كوللويدتى

مايدالانۋ

胶态分散体　colloidal dispersion　　　　كوللويدتى تارالۆشى

胶态甘汞　calomelol, calomel　　　　كوللويدتى كەپسەرەش

胶态汞　colloidal mercury(= hygrol)　كوللويدتى سىناپ، گيگرول

胶态硅石　　　　　　"胶态氧化硅" گە قاراڭز.

胶态化　colloidizing　　　　　　　كوللويدتانۋ

胶态化作用　colloidization

كوللويدتاۋ

胶态介体　colloidal medium　　　　كوللويدتى دىيەلەكترىك

胶态金　colloidal gold　　　　كوللويدتى التىن

胶态金属　colloidal metal　　　　كوللويدتى مەتال

胶态离子　colloidal ion　　　　كوللويدتى يون

胶态两性离子　colloidal amphoion　　　　كوللويدتى قوس قاسيەتتى يون

胶态硫　colloidal sulfur　　　　كوللويدتى كۆكىرت

胶态煤燃料　colloidal coal fuel　　　　كوللويدتى كومىر جانار زات

胶态磨　colloidal mill　　　　كوللويدتى تىرمەن

胶态粘土　colloidal clay　　　　كوللويدتى ساعىز توپىراق، كوللويدتى بالشىق

胶态燃料　colloidal fuel　　　　كوللويدتى جانار زاتتار

胶态溶液　　　　"胶体溶液" گە قاراڭىز.

胶态润滑剂　colloidal lubricant　　　　كوللويدتى جاعىن مايلار

胶态石墨　colloidal graphite　　　　كوللويدتى گرافيت

胶态炭　colloidal carbon　　　　كوللويدتى كومىر

胶态微粒　　　　"胶体微粒" گە قاراڭىز.

胶态物系　colloidal system　　　　كوللويدتى جۆيەلەر

胶态矽酸　colloidal silica　　　　كوللويدتق كرەمنى قشقىلى

胶态悬浮　colloidal suspension　　　　كوللويدتى سۆسپەنزيا، كوللويدتق قالقىما جۆزگىن

胶态悬浮体　　　　"胶态悬浮" گە قاراڭىز.

胶态氧化硅　colloided silica　　　　كوللويدتى كرەمنى توتىعى

胶态原　colloidogen　　　　كوللويدوگەن

胶态运动　colloidal movement　　　　كوللويدتق قوزعالىس

胶态载酶体　colloidal carrier of enzyme　　　　كوللويدتى فەرمەنت تاسۇۋشى

胶态质点　colloidal particle　　　　كوللويدتق نۆكتە

胶糖　　　　"阿拉伯糖" گە قاراڭىز.

胶体　colloid　　　　كوللويد

胶体沉淀　colloidal precipitatate　　　　كوللويدتى تۇنبا

胶体的　　　　"胶态的" گە قاراڭىز.

胶体滴定　colloidal titration　　　　كوللويدتق تامشلاتۇ

胶体碘化银　colloidal silver iodide　　　　كوللويدتى يودتى كۆمىس

胶体电化学　colloid electrochemistry

		كوللويدتق ەلەكترو حيميا
胶体化学	colloidal chemistry	كوللويدتق حيميا، كوللويدتى حيميا
胶体剂		"胶化剂" گە قاراڭـز.
胶体金		"胶态金" گە قاراڭـز.
胶体粒子		"胶粒" گە قاراڭـز.
胶体硫		"胶态硫" گە قاراڭـز.
胶体氯化银	colloidal silver chloride	كوللويدتى حلورلى كۆمـس
胶体磨		"胶态磨" گە قاراڭـز.
胶体凝缩	synersis	كوللويدتق ۋيۆ
胶体溶液	colloidal solution	كوللويدتى ەرىتـندىلەر
胶体渗透	gel permeation	كوللويدتق وسموس
胶体渗透压	colloid osmostic pressure	كوللويدتى وسموستـق قسـمى
胶体体系		"胶态物系" گە قاراڭـز.
胶体微粒		"胶粒" گە قاراڭـز.
胶体学说	colloidal theory	كوللويدتار تەورياسى
胶体银	colloidal silver	كوللويدتى كۆمـس
胶体银学	colloidal silver theory	كوللويدتى كۆمـس تەورياسى
胶体浴	colloidal bath	كوللويد ۋانناسى
胶体质点		"胶态质点" گە قاراڭـز.
胶(体状)态	colloidal conditon	كوللويدتى كۆي
胶头滴管	dropper	رازىنكە باستى تامـزۇ تۇتـگى
胶头吸管	pipette	رازىنكە باستى سورۇ تۇتـگى
胶纤维素		"焦纤维素" گە قاراڭـز.
胶性电解物		"胶态电解质" گە قاراڭـز.
胶盐土	gumbrine	گۆمبرين (ﺋﺎﺭﺗﯙﻋﺎ ﺳﺘﻪﺗﻠﻪﺩﻯ)
胶原	collagene	كوللاگەن
胶原酶	collagenase	كوللاگەنازا
胶原纤维	collagene fiber	كوللاگەندى تالشـق
胶纸	gummed paper	جەلىمدى قاعاز
胶滞体		"凝胶体" گە قاراڭـز.
胶质		"胶体" گە قاراڭـز.
胶质的		"胶态的" گە قاراڭـز.

胶质化作用　gliosis, gumming　　　　　　　　　کوللویدتانۇ رولی

胶质素　collastin, collacin　　　　　　　　کوللاستین، کوللاتسین

胶质形成烃　gum forming hydrocarbons　　جەلىم تۈزەتسن كومىر سۇتەكتەر

胶质形成物　gum formers　　　　　　　　جەلىم تۈزەتسن زاتتار

胶质载体　colloid bearex　　　　　　　　كوللویدتاسۇشى

胶状溶液　　　　　　　　　　"胶体溶液" گە قاراڭىز.

胶子　gluon　　　　　　　　　　　　گلۇون

鲛肝醇　chimyl alcohol　$C_{19}H_{40}O_3$　　حیمیيل سپیرتى

鲛烯　scvalene　　　　　　　　　　سكۋالەن

蕉麻纸　　　　　　　　　　　"马尼拉纸" گە قاراڭىز.

焦　pyro-　　　　　　　　　　　بیرو - (گرەكشە)

焦棒碱　pyroclavine　　　　　　　　پیروكلاۋین

焦棓酚　pyrogallol　$(HO)_3C_6H_3$　　پیروگاللول

焦棓酚-1,3-二甲醚　pyrogallol-1,3-dimethyl ether　$(CH_3O)_2C_6H_3OH$

　　　　　　پیروگاللول ـ 3 ،1 ـ دیمەتیل ەفیرى

焦棓酚鞣料　pyrogallol tannic material　پیروگاللول مالما (ئی) ماتەریالى

焦棓酚三醋酸酯　pyrogallol triacetate　$C_6H_3(O_2CCH_3)_3$　پیروگاللول ئۇش

　　　　　　سىركە قشقىل ەستەرى

焦棓酚三甲醚　pyrogallol trimethyl ether　$C_6H_3(OCH_3)_3$　پیروگاللول

　　　　　　تریمەتیل ەفیرى

焦棓酚羧酸　pyrogallol carboxilic acid　$(OH)_3C_6H_2COOH$　پیروگاللول

　　　　　　كاربوكسیل قشقىلى

焦棓酚衍生物　pyrogallol derivatives　پیروگاللول تۈنندلارى

焦棓酸　pyrogallic acid　　　　　　پیروگاللول قشقىلى

焦棓酸盐　pyrogallate　　　پیروگاللول قشقىلمننڭ تۇزدارى

焦苯　　　　　　　　　　　　"石油苯" گە قاراڭىز.

焦卟啉　pyrroporphyrin　　　　　　پیرروپورفیرین

焦沉钙固醇　pyrocalciferol　　　　پیروكالتسیفەرول

焦沉积　coke deposits　　　　كوكس شوگىندى، كوكس تۈنبا

焦初卟啉　pyrroaetioporphyrin　　پیررۇەتیوپورفیرین

焦胆酸　pyrrocholesteric acid　　پیررۇحولەستەرین قشقىلى

焦点　focus　　　　　　　　　　　فوكۇس

焦点　focal point　　　　　　　فوكۇس نۈكتەسى

焦点平面	focal plane		فوكۇس جازىقتنعى
焦儿茶醇紫	pyrocatechol violet		پىروكاتنحول كۆلگنى
焦儿茶酚	pyrocatechol	$C_6H_4(CH_3)_2$	پىروكاتنحول
焦儿茶酚尿	pyrocatechinuria		پىروكاتنحينىدى نەسەپ
焦儿茶醛	pyrocatechu aldehyde	$(OH)_2C_6H_5CHO$	پىروكاتنحۇ الدەگىدتى
焦耳	joule		جوۇل
焦耳定律	Joule's law		جوۇل زاڭى
焦耳－湯姆孙效应	Joule－Thomson effect		جوۇل － تومسون ەففەكتى
焦钒酸	pyrovandic acid	$H_2V_2O_7$	پىروۋانادي قىشقىلى
焦钒酸钡	barium pyrovanadate		پىروۋانادي قىشقىل باري
焦钒酸盐	pyrovanadate	$M_4U_2O_7$	پىروۋانادي قىشقىلى تۇزدارى
焦骨化醇			"焦沉钙固醇" گە قاراڭز.
焦硅酸	disilicic acid	$(H_2Si_2O_5)n$	ەكى كرەمني قىشقىلى، پىرو كرەمنى قىشقىلى
焦硅酸钾	potassium disilicate	$(K_2Si_2O_5)n$	ەكى كرەمنى قىشقىل كالي، پىرو كرەمنى قىشقىل كالي
焦硅酸锂	lithium disilicate	$(LiSiO_5)n$	ەكى كرەمنى قىشقىل ليتي، پىرو كرەمنى قىشقىل ليتي
焦糊精	pyrodextrin		پىرودەكسترين
焦化	coking		كوكستەنۇ
焦化反应	pyrogenic reaction (coking reaction)		كوكستەنۇ رەاكسياسى
焦化沥青质	kerotenes		كەروتەنەز
焦化室	coking chamber		كوكستەنۇ كامەراسى، كوكستەندرۇ كامەراسى
焦结的	coked		كوكستاڭ بايلانۇى
焦精	pyrogen		پىروگەن
焦精靛蓝	pyrogene indigo		پىروگەندى قاراكوك (ينديگو)
焦精灰	pyrogene grey		پىروگەندى سۇرى
焦精绿 G	pyrogene green G		پىروگەندى جاسىل G
焦精染料	pyrogene dyes		پىروگەندى بوياۋلار
焦精深黑	pyrogene deep black		پىروگەندى قانىق قارا
焦酒石醛	pyrotartaraldehyde	$CHOCH_2CH(CH_3)CHO$	پىروشاراپ الدەگىدتى
焦酒石酸	pyrotartaric acid	$COOHCH(CH_3)COOH$	پىروشاراپ قىشقىلى
焦酒石酸盐	pyrotartrate	$COOMCH(CH_3)COOM$	پىروشاراپ قىشقىل تۇزدارى

焦咯	pyrocoll	$C_4H_3N(CO)_2NC_4H_3$	پىروكول، پىروكولل
焦考曼	pyrocomane		پىروكومان
焦珂罗酊	pyrocollodion		پىروكوللودىون
焦可林	pyrrocoline		پىرروكولىن
焦沥青	coked pitch		كوكس بەتون
焦磷酸	pyrophosphor acid	$H_4P_2O_7$	پىروفوسفور قىشقىلى
焦磷酸铵	ammonium pyrophosphate	$(NH_4)_2P_2O_7$	پىروفوسفور قىشقىل اممونى
焦磷酸钡	barium pyrophosphate	$Ba_2P_4O_7$	پىروفوسفور قىشقىل بارى
焦磷酸钙	calcium pyrophosphate	$Ca_2P_2O_7$	پىروفوسفور قىشقىل كالتسى
焦磷酸高铈	cerium pyrophosphate	CeP_2O_7	پىروفوسفور قىشقىل اسقىن سەرى
焦磷酸铬	chromic pyrophosphate	$Cr_4(P_2O_7)_3$	پىروفوسفور قىشقىل حروم
焦磷酸钾	potassium pyrophosphate	$K_4P_2O_7$	پىروفوسفور قىشقىل كالى
焦磷酸锂	lithium pyrophosphate		پىروفوسفور قىشقىل لىتى
焦磷酸硫胺素	thiamine pyrophosphate		پىروفوسفور قىشقىل تىيامىن
焦磷酸酶	pyrophosphatase		پىروفوسفاتازا
焦磷酸镁	magnesium pyrophosphate	$Mg_2P_2O_7$	پىروفوسفور قىشقىل ماگنى
焦磷酸钠	sodium pyrophosphate	$Na_4P_2O_7$	پىروفوسفور قىشقىل ناترى
焦磷酸铅	plumbous pyrophoephate	PbP_2O_7	پىروفوسفور قىشقىل قورعاسىن
焦磷酸氢镧	lanthanum hydropyrophosphate	$LaHP_2O_7$	پىروفوسفور قىشقىل لانتان
焦磷酸氢钐	samaric hydropyrophosphate	$SaHP_2O_7$	پىروفوسفور قىشقىل سامارى
焦磷酸氢铈	cerous hydropyrophosphate	$CeHP_2O_7$	پىروفوسفور قىشقىل سەرى
焦磷酸氢钇	yttrium hydrophosphate		پىروفوسفور قىشقىل يتترى
焦磷酸铈	cerous pyrophosphate	$Ce_4(P_2O_7)_3$	پىروفوسفور قىشقىل سەرى
焦磷酸四乙酯	tetraethyl pyrophosphate(= TEPP)		پىروفوسفور قىشقىل تەترا ەتىل ەستەرى، TEPP
焦磷酸铁	ferric pyrophosphate	$Fe_4(P_2O_7)_3$	پىروفوسفور قىشقىل تەمىر
焦磷酸锡	stannous pyrophosphate		پىروفوسفور قىشقىل قالايى
焦磷酸腺甙	adenyl pyrophosphate		پىروفوسفور قىشقىل ادەنىل

焦磷酸腺嘌呤	adenine pyrophosphate	پیروفوسفور قشقىل ادەنین
焦磷酸锌	zinc pyrophosphate ZnP_2O_7	پیروفوسفور قشقىل مىرش
焦磷酸盐	pyrophosphate	پیروفوسفور قشقىل تۇزدارى
焦磷酸盐酶		"焦磷酸酶" گە قاراڭىز.
焦磷酸一氢盐	monohydric pyrophosphate $M_3HP_2O_5$	ٴبىر سۇتەكتى پیروفوسفور قشقىل تۇزى
焦磷酸银	silver pyrophosphate $Ag_4P_2O_7$	پیروفوسفور قشقىل كۇمىس
焦磷酸酯	pyrophosphate	پیروفوسفور قشقىل ەستەرى
焦磷酰	pyrophosphoryl $(O:P·O·P:O)$	پیروفوسفوریل
焦磷酰氯	pyrophosphoryl chloride $P_2O_3Cl_4$	پیروفوسفوریل حلور
焦硫代砷酸铁	ferric pyrothioarsenate $Fe_4(As_2S_7)_3$	پیروتیۋارسەن قشقىل تەمىر
焦硫酸	pyrosulfuric acid $H_2S_2O_7$	پیرو كۇكىرت قشقىلى
焦硫酸铵	ammonium pyrosulfate $(NH_4)_2S_2O_7$	پیرو كۇكىرت قشقىل امموني
焦硫酸钾	potassium pyrosulfate $K_2S_2O_7$	پیرو كۇكىرت قشقىل كالي
焦硫酸硫胺素	thiamine pyrosulfate	پیرو كۇكىرت قشقىل تیامین
焦硫酸钠	sodium pyrosulfate $Na_2S_2O_7$	پیرو كۇكىرت قشقىل ناتري
焦硫酸铁	ferric pyrosulfate $Fe_2(S_2O_7)_3$	پیرو كۇكىرت قشقىل تەمىر
焦硫酸盐	pyrosulfate $M_2S_2O_7$	پیرو كۇكىرت قشقىل تۇزدارى
焦硫酰	pyrosulfuryl (S_2O_7)	پیرو سۇلفۇریل
焦硫酰氯	pyrosulfuryl chloride $(S_2O_7)Cl_2$	پیرو سۇلفۇریل حلور
焦炉(煤)气	coke oven gas	كوكس پەش گازى
焦滤器	coke filter	كوكس سۇزگىش
焦煤		"焦炭" گە قاراڭىز.
焦袂康酸	pyromeconic acid	پیرومەكون قشقىلى
焦棉		"焦木素" گە قاراڭىز.
焦面	coke side	كوكس بەتى
焦没食橙	purpurogallin	پۇرپۇروگاللین
焦没食子酚		"焦棓酚" گە قاراڭىز.
焦没食子酸		"焦棓酸" گە قاراڭىز.
焦没食子酸盐		"焦棓酸盐" گە قاراڭىز.

焦没食子酞	pyrogallophthalein		پيروگاللوفتالەين
焦木素	pyroxylin		پيروكسيلين
焦木素漆	pyroxyline lacquer		پيروكسيلىندى لاكتار
焦木素丝	pyroxyline silk		پيروكسيلىندى جىبەك
焦木酸			"木醋酸" گە قاراڭىز.
焦粘酐	pyro mucin anhydride	$(C_3H_4OCO)_2O$	پيرومۆتسىن انگيدرىدتى
焦粘腈	pyromucic nitrile	C_3H_4OCN	پيرومۆتسىن نيتريل
焦粘酸	pyromucic acid	$CH{:}CHCH{:}CCOOH$	پيرومۆتسىن قىشقىلى
β－焦粘酸	β－pyromucic acid		β – پيرومۆتسىين قىشقىلى
焦粘酸丁酯	butyl pyromucate	$C_3H_4OCO_2C_4H_9$	پيرومۆتسىن قىشقىل بۇتيل ەستەرى
焦粘酸糠酯	furfuryl pyromucate	$C_4H_3O{\cdot}CO_2CH_2C_4H_3O$	پيرومۆتسىن قىشقىل فۇرفۇريل ەستەرى
焦粘酸戊酯	amyl pyromucate	$C_4H_3OCO_2C_5H_{11}$	پيرومۆتسىن قىشقىل اميل ەستەرى
焦粘酸盐	pyromucate	$C_3H_3O{\cdot}COOM$	پيرومۆتسىن قىشقىل تۇزدارى
焦粘酸乙酯	ethyl pyromucate	$C_4H_3OCO_2C_2H_5$	پيرومۆتسىن قىشقىل ەتيل ەستەرى
焦粘酰	pyromucyl	C_4H_3OCO-	پيرومۆتسيل
焦粘酰胺	pyromucic amide	$C_4H_3OCONH_2$	پيرومۆتسىن اميد
焦粘酰氯	pyromucyl chloride	C_4H_3OCOCl	پيرومۆتسيل حلور
焦宁	pyronine		پيرونين
焦宁 G	pyronin G		پيرونين G
焦宁染料	pyronine dye		پيرونىندى بوياۋلار
焦柠檬酸	pyro citric acid		پيروليمون قىشقىلى
焦硼酸	pyroboric acid	$H_2B_4O_7$	پيروبور قىشقىلى
焦硼酸钡	barium pyroborate		پيروبور قىشقىل باري
焦硼酸汞	mercuric pyroborate	HgB_4O_7	پيروبور قىشقىل سناپ
焦硼酸钾	potassium pyroborate	$K_2B_4O_7$	پيروبور قىشقىل كالي
焦硼酸锂	lithium pyroborate	$Li_2B_4O_7$	پيروبور قىشقىل ليتي
焦硼酸钠	sodium pyroborate	$Na_2B_4O_7$	پيروبور قىشقىل ناتري
焦硼酸盐	pyroborate	$M_2B_4O_7$	پيروبور قىشقىل تۇزدارى

焦三唑	pyrotriazol		پيرروتريازول
焦筛层	coke screenings		كوكستاڭ تور قاباتى
焦砷酸	pyroarsenic acid	H_4AsO_7	پيرروارسەن قشقىلى
焦砷酸钾	potassium pyroarsenate	$K_4As_2O_7$	پيرروارسەن قشقىل كالي
焦砷酸钠	sodium pyroarsenate	$Na_4As_2O_7$	پيرروارسەن قشقىل ناتري
焦砷酸铅	lead pyroarsenate	$Pb_2As_2O_7$	پيرروارسەن قشقىل قورعاسىن
焦砷酸盐	pyroarsenate	$M_4As_2O_7$	پيرروارسەن قشقىل تۇزدارى
焦石蜡	pyroparaffin		پيرروپارافين
焦石脑油	pyronaphtha		پيررونافتا
焦酸	pyro‒acid		پيررو قشقىل
焦炭	coke		كوكس
焦炭产率	coke yield		كوكستاڭ ٴۇنىم مولشەرى
焦炭化学	coke chemical		كوكستىك حيميا
焦炭生铁	coke iron(pig)		كوكس شويىنى
焦炭塔	coke tower		كوكس مۇناراسى
焦糖	caramel		كارامەل
焦锑酸	pyroantimonic acid	$H_4Sb_2O_7$	پيرروسۇرمە قشقىلى
焦锑酸(二氢二钾)钾			"焦锑酸钾" گە قاراڭىز.
焦锑酸钾	potassium pyroantimonate	$K_2H_2Sb_2O_7$	پيرروسۇرمە قشقىلى كالي
焦锑酸钠	sodium pyroantimonate		پيرروسۇرمە قشقىلى ناتري
焦锑酸盐	pyro antimonate	M_4SbO_7	پيرروسۇرمە قشقىلى تۇزدارى
焦乌头碱	pyroaconitine		پيررواكونيتين
焦纤维素	pyrocellulose		پيرروسەلليۋلوزا
焦纤维素火药	pyrocellulose powder		پيرروسەلليۋلوزالى قارا ٴدارى
焦屑	coke breeze		كوكس قوقىمى، كوكس توزاڭى
焦辛可酸	pyrocinchonic acid	$COOHC(CH_3)C(CH_3)COOH$	پيرروكسينحۋل قشقىلى
焦形成	coke formation		كوكستاڭ قالىپتاسۋى
焦性儿茶酚			"焦儿茶酚" گە قاراڭىز.
焦性儿茶素	pyrocatechine		پيرروكاتەحين
焦性硫酸盐			

"焦硫酸盐" كه قاراڭـز .

焦性煤　coking coal　كوكستـك كومـر

焦性没食子酚　"焦培酚" كه قاراڭـز .

焦性没食子尿　"焦儿茶酚尿" كه قاراڭـز .

焦性没食子酸　"焦棓酸" كه قاراڭـز .

焦性没食子酸鞣料　"焦棓酚鞣料" كه قاراڭـز .

焦性日本乌头碱　pyrojapakonitin　پيرو جاپاكونيتين

焦性五倍子酸　"焦棓酸" كه قاراڭـز .

焦亚磷酸　pyrophosphprpus acid　$H_4P_2O_5$　پيرو فوسفورلى قشقىل

焦亚磷酸盐　pyrophosphite　$M_4P_2O_5$　پيرو فوسفورلى قشقىل تۇزدارى

焦亚硫酸　pyrosulfurous acid　$H_2S_2O_5$　پيرو كۆكىرتتى قشقىل

焦亚硫酸铵　ammonium pyrosulfite　$(NH_4)_2S_2O_5$　پيرو كۆكـىرتتى قـشـقـىـل ــ امموني

焦亚硫酸钾　potassium pyrosulfite　$K_2S_2O_5$　پيرو كۆكـىرتتى قشقىل كالي

焦亚硫酸钠　sodium pyrosulfite　$Na_2S_2O_5$　پيرو كۆكـىرتتى قشقىل ناتري

焦亚硫酸盐　pyrosulfite　$M_2S_2O_5$　پيرو كۆكـىرتتى قشقىل تۇزدارى

焦亚砷酸　pyroarsenous acid　$H_4As_2O_5$　پيرو ارسەندى قشقىل

焦亚砷酸盐　pyroarsenite　$M_4As_2O_5$　پيرو ارسەندى قشقىل تۇزدارى

焦亚锑酸　pyroantimonous acid　$H_4Sb_2O_5$　پيرو سۇرمەلى قشقىل

焦亚锑酸盐　pyroantimonite　$M_4Sb_2O_5$　پيرو سۇرمەلى قشقىل تۇزدارى

焦乙卟啉　pyrroporphyrin　پيرو ەتيل پورفيرين

焦油　tar　كوكس مايى

焦油碱　tar bases　كوكس ماي نەگـزى

焦油蓝　cresyl blue　كرەزيل كوگى

焦油气　tar gas　كوكس ماي گازى

焦油轻油　tar light oil　كوكس جەڭـل مايى

焦油酸　tar acid　كوكس ماي قشقىلى

焦油值　tar number　كوكس ماي ٴمانى

焦油中有　tar middle oil　كوكس ورتاشا مايى

焦油重油　tar heavy oil　كوكس اۇىر مايى

焦油紫	cresyl violet	كرەزيل كۆلگنى
焦值	coke number	كوكس ئمانى
焦状的	coke – like	كوكس ئتارىزدى
角菜酸盐	carragenates	كارراگەن قشقملمنىڭ تۆزدارى
角叉(菜)甙	carragenines	كارراگەنيندەر
角叉(菜)胶	carragenin	كارراگەنين
角叉(菜)酸盐		"角菜酸盐" گە قاراڭز.
角甙脂	cerasin, kerasin	كەرازين
角蛋白	keratin	كەراتين
角蛋白酶	keratinase	كەراتينازا
角豆树胶	tragasol gum(= tragon)	تراگازول جەلمى، تراگون
角量子数	azimuthal quantum number	بۇرىشتمق كۆانت سانى
角母蛋白	eleidin	ەلەيدين
角母素		"角母蛋白" گە قاراڭز.
角铅	horn lead $PbCl_2, Pb_2Cl_2CO_3$	قاتتى قورعاسىن
角取代基	angule substituents	بۇرىشتمق الماسۆ راديكالى
角朊		"角蛋白" گە قاراڭز.
角朊酶		"角蛋白酶" گە قاراڭز.
角朊纤维	keratin fiber	كەراتين تالشق
角鲨烷	squalane	سكۆالان
角鲨烯	squalene $C_{30}H_{50}$	سكۆالەن
角上甲基	angular methyl	بۇرىشتمق مەتيل
角银	horn silver $AgX \cdot AgCl$	قاتتى كۆمس
角质	cutin	كۆتين، مۆيىزگەك
角质层	cuticle	مۆيىزگەك قابات
角质橡胶	cuticle rubber	قاتتى كاۋچۇك
搅拌	agitate	ارالاستىرۋ، بۇلعاۋ
搅拌器	agitator	ارالاستىرعىش
酵		"发酵" گە قاراڭز.
酵己糖	zymohexose	زيموگەكسوزا
酵母	yeast	فەرمەنت، اشتقى، ۆيتقى
酵母丙氨酸	saccharopine	اشتقى الانين

酵母醇 yeast alcohol ەرگوستەرين
酵母促生物原 biogen بيوگەن
酵母粉 yeast powder اشتقى ۇنتاق، اشتقى ۇنتاعى
酵母固醇 "酵母甾醇" گە قاراڭىز.
酵母核酸 yeast nucleic acid اشتقى نۋكلەين قىشقىلى
酵母己糖 "酵己糖" گە قاراڭىز.
酵母己糖磷酸 zymophosphate زيموفوسفات
酵母水 yeast water اشتقى سۋى
酵母腺酸 yeast adenilic acid اشتقى ادەنيل قىشقىلى
酵母甾醇 zymosterol $C_{27}H_{44}O$ زيموستەرول
酵母汁 yeast juice اشتقى سىرنەسى
酵素 "酶" گە قاراڭىز.
酵酮酸 zymonic acid $C_6H_6O_5$ زيمون قىشقىلى

jie

接触 contact ٴتيۋ، ٴتيىسۋ، ٴتۇيىسۋ
接触变性 contact metamurphism ٴتيىسىپ قاسيەتىن وزگەرتۋ
接触变质 contact metasomatose ٴتيىسىپ ساپاسىن وزگەرتۋ
接触成型树脂 contact resin تيىسۋدەن فورمالانعان سمولا
接触次序 contact series ٴتيىسۋ رەتى
接触催化 contact catalysis ٴتيىستىرىپ كاتاليزدەۋ
接触催化剂 contact catalyst تيىستىرەتىن كاتاليزاتور
接触单位 contacting element ٴتيىسۋ بىرلىگى
接触点 contact point ٴتيىسۋ نۇكتەسى
接触电势 contact potential ٴتيىسۋ پوتەنتسيالى
接触毒 contact poison ٴتيىسۋۋى
接触(法制的硫)酸 contact acid ٴتيىستىرۋ (جولىمەن الىنعان كۇكىرت) قىشقىلى
接触反应 "催化反应" گە قاراڭىز.
接触腐蚀 contact corrosion ٴتيىسىپ كورروزيالانۋ
接触过滤 contact filtration ٴتيىستىرىپ ٴسۇزۋ
接触剂 contact agent كاتاليزاتور، تيىستىرگىش اگەنت

接触焦化	contact coking	ئېيسسپ كوكستەنۇ
接触角	contact angle	ئېيسۇ بۇرشى
接触精馏	contact rectification	ئېيستىرسپ مانەرلەپ ايداۋ
接触冷凝器	contact condenser	ئېيسسپ سۇنتقىش
接触面	contact surface	ئېيسۇ بەتى
接触器	contactor	تېيستىرگىش، جاناستىرعمىش، كونتاكتور
接触时间	contact time	ئېيسۇ ۋاقتى
接触试验	contact test	ئېيستىرۇ سىناعى
接触室	contact chamber	ئېيستىرۇ كامەراسى
接触塔	contact tower	ئېيستىرۇ مۇناراسى
接触脱色法	contact decolorization	ئېيستىرسپ تۇسسىزدەندىرۇ
接触物质	contact substance	تېيسەتىن زاتتار
接触蒸馏	contact distillation	ئېيستىرسپ بۇلاندىرسپ ايداۋ
接触作用	contact action	ئېيسۇ رولى، كاتالېزدىك رول
接骨黑甙	sambunigrin	$C_{14}H_{17}NO_6$	سانبۇنىگرين
接骨黑甙酸	sanbunigrinic acid	سانبۇنىگرين قىشقىلى
接合剂	cement	تۇتاستىرعمىش اگەنت
接合胶	joint glue	تۇتاستىرعمىش جەلىم، بىركتىرگىش جەلىم
接合粘土	bonding clay	بىركىككەن ساعمز توپىراق (بالشىق)
接受器	receiver	قابلداعمىش
接物镜	objective lens	وبيەكتىۇ لېنزا (مىكروسكوپتا)
接枝(共)聚合(反应)	graft copolymerization	جالعانپ (ورتاق) پوليمەرلەنۇ
接枝共聚物	graft copolymer	جالعانعان ورتاق پوليمەر
结构	structure	قۇرىلىم
结构促进剂		"结构助催化剂" گە قاراڭز.
结构单位	structural unit	قۇرىلىمدىق بىرلىك
结构分析	structural analysis	قۇرىلىمدىق تالداۋ
结构符号	structure – symbol	قۇرىلىمدىق تاڭبا (بەلگى)
结构钢	structural steel	قۇرىلىمدىق بولات
结构化	structuring, stuctured	قۇرىلىمدانۇ
结构化学	structural chemistry	قۇرىلىمدىق حيميا
结构剂	texturing agent	قۇرىلىمداعمىش اگەنتتەر
结构简式	condensed structural formula	قاراپايىم قۇرىلىمدىق، فورمۇلا

结构力学　mechanics of structures　قۇرۇلمىدىق مېخانىكا

结构式　structural formula　قۇرۇلمىدىق فورمۇلا

结构水　"化合水" گە قاراڭز.

结构同分异构体　structural isomer　قۇرۇلمىدىق يزومەر

结构同分异构(现象)　structural isomerism　قۇرۇلمىدىق يزومەريا

结构性质　constitutive property　قۇرۇلمىدىق قاسيەتى

结构异构体　constitutional isomer　قۇرۇلمىدىق يزومەرلەر

结构元素　structural element　قۇرۇلمىدىق ەلەمەنتتەر

结构助催化剂　structural promotor　قۇرۇلمىدىق كومەكشى كاتاليزاتور

结构族　structural group　قۇرۇلمىدىق گرۇپپا

结构组成　structure composition　قۇرۇللم تۇزگەشتەر

结合　bonding　قوسۇلۇ، بىرىگۇ، بايلانس

结合氨　fixed ammonia　بىرىككەن امميياك

结合胆汁酸　conjugated bile acid　بىرىككەن ۇت قشقىلى

结合蛋白质　conjugated protein　بىرىككەن پروتەين

结合氮　combined nitrogen　بىرىككەن ازوت، تۇراقتانعان ازوت

结合抗坏血酸　"抗坏血精" گە قاراڭز.

结合力　combining power　بايلانس كۇشى، قوسۇلۇ كۇشى

结合能　"束缚能" گە قاراڭز.

结合热　linkage heat　بايلانس جلۇى، قوسۇلۇ جلۇى

结合石灰　combined lime　بىرىككەن اك

结合水　bound(hydrate)water　بايلانعان سۇ، گيدراتتانعان سۇ

结合碳　"化合碳" گە قاراڭز.

结合同分异构现象　combine isomerism　بىرىككەن يزومەريالىق قۇبىلس، تەرمەدەستەك يزومەريزاتسيا

结合烷链　bound paraffin chains　بايلانسقان پارافين تىزبەگى

结合盐酸　combined hydrochloric acid　بىرىككەن تۇز قشقىلى

结核菌醇　phthiocerol　فتيوسەرول

结核菌核酸　tuberculinic acid　تۇبەركۇلين قشقىلى

结核菌素　tuberculin　تۇبەركۇلين

结核菌酸　phthionic acid　فتيون قشقىلى

结核菌烯酸盐　phthienoate　فتيەن قشقىلىنىڭ تۇزدارى

结核菌硬脂酸　tuberculostearic acid

تۇبەركۆلوستەارىن قىشقىلى

结核萘醌	phthicol	$C_{11}H_8O_3$

فتيوكول

结核朊　tuberculo protein

تۇبەركۆلوپروتەين

结晶　crystal

كرىستال

结晶玻璃　glass ceramics

كرىستال شنىي، كرىستال اينەك

结晶醇　crystal alcohol

كرىستال سپىرت

结晶单形　crystal form

كرىستالدىق جاي فورما

结晶的　crystalline

كرىستالدى، كرىستالدىق

结晶点阵

"结晶格子" گە قاراڭىز.

结晶度　crystallinity

كرىستالدانۇ دارەجەسى

结晶断面　crystalline fracture

كرىستالدىق قيما بەت

结晶发光　crystallo – luminescence

كرىستالدىق جارىق شەعارۇ

(结)晶格(子)　crystal lattice

كرىستالدىق رەشەتكا، كرىستالدىق تور،
كرىستالدى تور

结晶固体　crystalline solid

كرىستالدىق قاتتى دەنە

结晶化学　crystallo chemistry

كرىستالدىق حيميا، كرىستال حيميا

结晶化学分析　crystallochemical analysis

كرىستال حيميالىق تالداۇ

结晶剂　crystallizing agent

كرىستالداعىش اگەنت

结晶间歇　crystallization interval

كرىستالدانۇ كەدرسىسى

结晶进行　crystallization in motion

كرىستالدانۇدىڭ ʼجۇرىلۇى

结晶冷光

"结晶发光" گە قاراڭىز.

结晶粒　crystal grain

كرىستال تۇيىرلەر

结晶硫酸　crystalline sulfuric acid

كرىستال كۆكەرت قىشقىلى

结晶氯仿　crystal chloroform

كرىستال حلوروفورم

结晶芒硝　crystal clauber's salt, crystal mirabilite

كرىستال گلاۇبەر تۇزى

结晶醚　crystal ether

كرىستال ەفير

结晶皿　crystallizing dish

كرىستالداۇ ىدىسى

结晶模型　crystal model

كرىستال مودەل

结晶牛胰岛素　crystallized bovine insulin

كرىستال سيەر ينسۇلينى

结晶器　crystallizer

كرىستالداندرعەش (اسپاپ)

结晶清漆　crystal varnish

كرىستال لاك

结晶区　crystalline region

كرىستالدانۇ اۋماعى

结晶热　crystallization heat

كرىستالدانۇ جىلۇى

结晶石碳酸　crystallized carbolic acid　كرىستالدانعان كاربول قىشقىلى

结晶水　crystal water　كرىستالدق سۇ

结晶水合物　crystalline hydrate　كرىستاللوگيدرات

结晶温度　crystalline temperature　كرىستالدانۇ تەمپەراتۇراسى

结晶相　crystallization phases　كرىستالدق فازا

结晶性　"结晶度" گە قاراڭىز.

结晶性聚合物　crystalline polymer　كرىستالدانعىش پولىمەر

结晶形藜芦碱　veratrine　ۋەراترىن

结晶形硫　crystalline sulfur　كرىستال تۇردەگى كۆكىرت

结晶形碳　crystalline carbon　كرىستال تۇردەگى كومىرتەك

结晶形状　crystalline form　كرىستالدق پىشىن

结晶学　crystallography　كرىستاللوگرافيا

结晶油　crystal oil　كرىستال ماي

结晶釉　crystal glaze　كرىستال كەرەۆكە

结晶蒸发器　crystallizing evaporator　كرىستال بۇلاندىرعىش (اسپاپ)

结晶轴　crystallographic axis　كرىستالدق ۇس

结晶煮沸　crystal boiling　كرىستال قايناتۇ

结晶状态　crystalline state　كرىستالدق كۇي

结晶状物　crystal mass　كرىستال تارنزدى زاتتار

结晶紫　crystal violet　كرىستال كۆلگىنى

结晶阻化剂　crystallization inhibiton　كرىستالدانۇدى توسقىش (اگەنت)

结晶组份　crystallographic component　كرىستال قۇرامى

结晶(作用)　crystallization　كرىستالدانۇ

杰尔碱　jervine　جەرۆىن

杰纳斯绿　Janus green　جانۇس جاسىلى

节路顿胶　gutta jelutong(＝jelutong)　جەلۇتون جەلىمى، جەلۇتون

解　de‐　دە ـ ـ، شەعارۇ، ىدىراتۇ، قايتارۇ، شەشۇ

解毒　disintoxicating　ۇدى قايتارۇ، ۇسزداندىرۇ

解毒的气体　detoxicated gas　ۇسزداندىرىلعان گاز

解毒剂　antitoxic　ۇسزداندىرعىش (اگەنت)

解毒作用　detoxication　ۇ قايتارۇ رولى، ۇسزداندىرۇ رولى

解聚　depolymerize　پولىمەردىك ىدىراۋى

解聚合作用　depolymerization　پولىمەردى ىدىراتۇ (رولى)

解聚剂	polymerizing agent	پوليمەردى ىدىراتقىش اگەنت
解聚酶	depolymerase	دەپوليمەرازا
解离		"离解" گە قاراڭز.
解离度		"离解度" گە قاراڭز.
解离热		"离解热" گە قاراڭز.
解链作用	desmolysis	تىزبەكتىڭ شەشلىۇى
解氯剂		"脱氯剂" گە قاراڭز.
解凝剂	liquefaclent	جىبىتكىش (اگەنت)
解剖学	anatomia, anatomy	اناتومىيا
解肽	protelitic	پروتەيننىڭ ىدىراۋى
解肽本领	proteolytic activity	پروتەيننىڭ ىدىراۋ قابلەتى
解肽酶	proteolytic enzime	پروتەيندى ىدىراتاتىن فەرمەنت
解肽作用	proteolysis	پروتەيندى ىدىراتۇ (رولى)
解酮反应	ketolytic reaction	كەتوننىڭ ىدىراۇ رەاكسىياسى
解酮作用	ketolysis	كەتونسىز داندىرۇ، كەتوليزدەۇ
解吸液		"液态吸收剂" گە قاراڭز.
解脂系数	lipolytic coefficient	مايدىڭ ىدىراۇ كوەففيتسەنتى
解脂酶	lipolytic enzyme	مايدى ىدىراتاتىن فەرمەنت
介	meta-, meso-	رولى مەتا ــ، مەزو ــ (گرەكشە)
介苯乙烯	metastyrene	$(C_6H_5CHCH_2)n$ مەتا ستيرەن
介丙烯醛	metacrolein	مەتا اكرولەين
介电本领试验	dielectric power test	ديەلەكترلىك قابلەت سىناۇى
介电常数	dielectric constant	ديەلەكترلىك تۇراقتى سان، ديەلەكترلىك وتىمدىلىك
介电极化	dielectric polarization	ديەلەكترلىك پوليارلانۇ
介电强度	dielectric strength	ديەلەكترلىك كۇشەمەللىك
介电容量	dielectric capacity	ديەلەكترلىك سىيمدىلىق
介电色散	dielectric dispersion	ديەلەكترلىك شاشراۇ
介电损失	dielectric loss	ديەلەكترلىك شەعىن (قۇراۇ)
介电陶瓷	dielectric ceramics	ديەلەكترلىك قىش ــ فارفور (كارلەن)
介电体	dielectric substance(= dielectrics)	ديەلەكترلىك زاتتار، ديەلەكترلىكتەر
介电吸收	dielectric absorption	ديەلەكترلىك ابسورىتسىيا

介电性质	dielectric properties	دىەلەكترلىك قاسىەت
介电油	dielectric oil	دىەلەكترلىك ماي
介电质		"介电体" گه قاراڭز.
介胶体	mesocolloid	مەزوكوللوىد
介晶态	mesomorphic state	مەزومورفتىق كۇي
介考裂精	jecolein	جەكولەين، ەكولىت
介考裂酸	jecoleic acid	كۇي جەكولەين قشقىلى، ەكولەين قشقىلى
介考扔	jecorn	جەكولەين، ەكورىن
介考日酸	jecoric acid	جەكور قشقىلى، ەكورىن قشقىلى
介氯醛	meta chloral	مەتا حلورال، مەزو حلورال
介体		"介质" گه قاراڭز.
介稳(定)态	meta stable state	مەتا ورنىقتى كۇي، مەزوندى ورنىقتى كۇي
介稳体系	meta stable system	مەتا ورنىقتى جۇيە
介稳性	meta stability	مەتا ورنىقتلىق
介稳状态		"介稳(定)态" گه قاراڭز.
介乙醛	metaldehyde	مەتالدەگىد
介质	medium	ورتا
介质常数		"介电常数" گه قاراڭز.
介质极化		"介电极化" گه قاراڭز.
介质晶体	dielectric crystal	دىەلەكترىك كرىستال
介质气	dielectric gas	دىەلەكترىك گاز
介质强度		"介电强度" گه قاراڭز.
介质损耗		"介电损失" گه قاراڭز.
介子	meson(= mesotron)	مەزون، مەزوترون
介子分子	mesomolecule	مەزوندىق مولەكۇلا
介子原子	mesonic atom	مەزوندىق اتوم
芥酸	erucic acid $CH_3(CH_2)_7CHCH(CH_2)_{11}COOH$	ەرۇتسي قشقىلى
芥酸精	erucin	ەرۇتسين
芥酸乙酯	ethylerucate $C_{21}H_{41}CO_2C_2H_5$	ەرۇتسي قشقىل ەتيل ەستەرى
芥酮酸	mironic acid $C_{10}H_{19}NS_2O_{10}$	ميرون قشقىلى
芥子胺	sinamine $C_4H_6N_2$	سينامين
芥子白	sinalbin	سينالبين

芥子黑   "黑芥子甙" گە قاراڭىز.

芥子黑糖甙   sinigroside   سينيگروزيد

芥子基   sinapyl   ميروكسيل

芥子碱   sinapine $C_{16}H_{25}O_6N$ سيناپين

芥子灵   sinapolin $C_{21}H_{24}O_4N_3$ سيناپولين

芥子酶   myrosase, myrosinase   ميروزازا، ميروسينازا

芥子气   mustard gas $ClC_2H_4SC_2H_4Cl$ مۆستارد گازى، قىشى گازى

芥子气云   mustard – gas cloud   مۆستارد گازى بۇلتى، قىشى گازى بۇلتى

芥子素   myroxin $C_{23}H_{36}O$ ميروكسين

芥子酸   sinapic(sinapinic) acid $C_{11}H_{12}O_5$ سيناپين قىشقىلى

芥子油   mustard oil   مۆستارد مايى، قىشى مايى

界面   interface   شەكارالىق بەت، جاناسۇ بەتى، ئتيسۇ بەتى

界面反应   interface reaction   جاناسۇ بەتى رەاكسياسى

界面化学   "表面化学" گە قاراڭىز.

界面活度   "界面活性" گە قاراڭىز.

界面活性   interfacial activity   جاناسۇ بەتى اكتيۆتنگى

界面活性剂   interfacial agent   جاناسۇ بەتىن اكتيۆتەندىرگىش اگەنت

界面聚合(作用)   interfacial polymerization   جاناسۇ بەتىندە پوليمەرلەنۇ
(رولى)

界面控制   interface control   جاناسۇ بەتىن تەجەۇ

界面面积   interfacial area   جاناسۇ بەتى اۇدانى

界面能   interfacial energy   جاناسۇ بەتى ەنەرگياسى

界面势   interfacial potential   جاناسۇ بەتى پوتەنتسيالى

界面缩聚   interfacial polycondensation   جاناسۇ بەتىندە كوندەنساتسيالانۇ ـ
پوليمەرلەنۇ

界面现象   interfacial phenomenon   جاناسۇ بەتىندىك قۇبىلىس

界面张力   interfacial tension   جاناسۇ بەتىنىڭ كەرىلۇ كۇشى

jin

今可豆氨酸   jencolic acid   جەنكول قىشقىلى

金 (Au)   aurum   گە التىن (Au)

金   "黄金" گە قاراڭىز.

金胺	auramine		اۇرامىن
金胺 O	auramine O		اۇرامىن O
金箔	gold foil		التىن قاغاز، التىن قاقتاما
金橙	gold orange		التىن قىزعىلت سارسى
金钢胺	amantadin		امانتادىن
金钢黑	diamond black		الماز قاراسى
金钢黄	diamond flavine		الماز سارسى
金钢铝	diamantin		دىيامانتىن
金钢绿	diamond green		الماز جاسىلى
金钢硼	adamantin		ادامانتىن
金钢砂	carborundum		كاربورۇند، ٴزمپارا
金钢石	diamond		الماز
金钢烷	adamantane	$C_{10}H_{16}$	ادامانتان
金合欢胶	acacia gum		اكاتسىيا جەلىمى، قاراعان جەلىمى
金合欢素	acacetin		اكاتسەتىن
金合欢因	acaciin		اكاتسىين
金合欢油	acacia oil		اكاتسىيا مايى، قاراعان مايى
金红石	rutile		رۇتىل
金黄	chryso –		– حرىزو
金黄毒	chrysotoxin		حرىزوتوكسىن
金黄苦	chrysopicrine		حرىزوپىكرىن
金黄素			."柯衣定" گە قاراڭىز
金黄质	auroxanthin		اۇروكسانتىن
金基	auri –		اۇري –، التىن رادىكالى
金鸡纳	cinchona		سىنحونا، حىنىن
金鸡纳胺	cinchonamine		سىنحونامىن
金鸡纳甙			."奎诺温" گە قاراڭىز
金鸡纳红	cinchona red		سىنحونا قىزىلى
金鸡纳碱			."奎宁" گە قاراڭىز
金鸡纳脒	cinchomidine		سىنحومىدىن
金鸡纳鞣酸	cinchotannic acid		سىنحو مالما قىشقىلى، سىنحو ٴي قىشقىلى
金鸡纳(树皮)甙	chinorin		حىنورىن
金鸡纳霜			

		"奎宁" گە قاراڭز.
金鸡纳素		"辛克宁" گە قاراڭز.
金鸡纳酸		"奎尼酸" گە قاراڭز.
金鸡尼丁		"辛可尼丁" گە قاراڭز.
金鸡宁		"辛克宁" گە قاراڭز.
金胶试验 colloidal gold test		كوللويدتى التىن سناى
金精 aurin (HOC$_6$H$_4$)$_2$C:C$_6$H$_4$:O		اۇرين
金精醇 aurinol		اۇرينول
金精红 aurin red		اۇرين قىزىلى
金精三羧酸 aurin tricarboxylic acid C$_{22}$H$_{14}$O$_9$		اۇرين ئۇش كاربوكسيــل قىشقىلى
金精三羧酸盐 aurin tricarboxylate		اۇرين ئۇش كاربوكسيل قــشقــلىننىڭ تۇزدارى
金莲橙 D tropeolin D (CH$_3$)$_2$NC$_6$H$_4$NC$_6$H$_4$SO$_3$Na		تروپەولين D
金莲橙 G tropeolin G		تروپەولين G
金莲橙 O tropeolin O		تروپەلين O
金莲橙 OO tropeolin OO		تروپەلين OO
金莲橙 OOO tropeolin OOO		تروپەلين OOO
金莲花黄质 trollyxanthin		تروللي كسانتين
金莲花碱 sitisinum		سيتيزين
金硫基代丁二酸钠 myochrysin NaO$_2$CCH$_2$CH(SAu)CO$_2$Na		ميوحريزين
金氯化钾		"氯化金钾" گە قاراڭز.
金氯化钠		"氯化金钠" گە قاراڭز.
金绿宝石 chrysoberyl Al$_2$BeO$_4$		حريزوبەريل
金绿玉		"金绿宝石" گە قاراڭز.
金霉素 aureomycin		اۇرەوميتسين
金霉酸 areolic acid		ارەول قىشقىلى
金雀花碱 cytisine(= sparteine)		سيتيزين، سپارتەين
金雀花素 scoparin C$_{20}$H$_{20}$O$_{10}$		سكوپارين
金雀花酮 cytitone		سيتيتون
金色素 aurochrome		اۇروحروما
金属 metal		مەتالدار

金属卟啉	metalloporphyrin	مەتال پورفيرين
金属擦亮剂	metal polish	مەتال جالتىراتقىش (اگەنت)
金属传导		"金属电导" گە قاراڭىز.
金属传导体		"金属导电体" گە قاراڭىز.
金属单质	metal element	مەتال جاي زاتتارى
金属导电		"金属电导" گە قاراڭىز.
金属导电体	metallic conductor	مەتال ەلەكتر وتكىزگىش دەنە
金属电导	metallic conductance	مەتالدىق ەلەكتر وتكىزۇ
金属电弧	metallic aric	مەتال ەلەكتر دوعا
金属电极	metal electrode	مەتال ەلەكترود
金属毒	metallic poison	مەتال ۋى
金属粉末	metal powder	مەتال ۇنتاعى
金属酚盐	metal phenates	مەتالدىڭ فەنول تۇزى
金属腐蚀	corrosion of metals	مەتالدىڭ كورروزيالانۇى
金属铬	metal chromium	مەتال حروم
金属光泽	metallic luster	مەتالدىق جىلتىرلىق
金属过滤器	metal filter	مەتال سۇزگى
金属合金	metal alloy	مەتال قورىتپا
金属互化物	intermetallic compound	مەتال ارا قوسىلىستار
金属化	metallization	مەتالداندىرۇ
金属化合物	metallic compound	مەتال قوسىلىستارى
金属化学	metallic chemistry	مەتالدىق حيميا، مەتاللوحيميا
金属化作用	metalation	مەتالداۋ
金属活动性顺序	metal activity series	مەتالداردىڭ اكتيۇتىك قاتارى
金属加工皂	metal working soap	مەتالمەن وڭدەلگەن سابىن
金属钾	metallic potassium	مەتال كالي
金属价	metallic valence	مەتال ۆالەنتى
金属间化合物		"金属互化物" گە قاراڭىز.
金属减活剂	metal deactivator	مەتال اكتيۇتىگىن كەمەيتكىش (اگەنت)
金属键	metallic bond	مەتالدىق بايلانس
金属键半径	metallic radius	مەتالدىق بايلانس راديۇسى
金属键理论	metallic bond theory	مەتالدىق بايلانس تەورياسى
金属结构	metal structure	

مەتال تۆزبلمسى، مەتال قۇزربلمى

金属结晶 metallic crystal	مەتال كريستالى، مەتال كريستال
金属净化剂 metal scavenger	مەتال تازارتقىش (اگەنت)
金属粒子 metallics	مەتالدىق ۇساق بولشەكتەر
金属离子 metallic ion	مەتال يونى
金属硫化物 metal sulfides	مەتالدىڭ كۆكىرتتى قوسىلىستارى
金属卤化物 metal halide	مەتالدىڭ گالوگەندى قوسىلىستارى
金属铝 metallic aluminium	مەتالدىق الۇمين
金属氯化物 metal chloride	مەتالدىڭ حلورلى قوسىلىستارى
金属钠 metallic sodium	مەتالدىق ناتري
金属氢化物 metal hidride	مەتالدىڭ سۇتەكتى قوسىلىستارى
金属纳米材料 metal nanomaterial	مەتال نانو ماتەريالدار
金属配件 metal insert	مەتال زاپچاستار، مەتال بولشەكتەر
金属铅 blue lead	مەتال قورعاسىن، كوك قورعاسىن
金属氢 hydrogenium	مەتال سۇتەك
金属取代 metallation	مەتالدىڭ ورىن باسۇى
金属容器 metal container	مەتال سىيمدەلىق اسپاپ
金属色 metallic color	مەتال ءتۇسى، مەتال رەڭى
金属碳化物 metal carbonide	مەتالدىڭ كومىرتەكتى قوسىلىستارى
金属陶瓷 cermet	مەتال قىش ــ فارفور، مەتال قىش ــ كارلەن
金属特性 metallic character	مەتالدىق سىيپاتتاما
金属涂料 metallic paint	مەتالدىق بوربوياۋلار
金属雾 pyrosol(= metal fog)	پىيروزول، مەتال تۇمانى
金属吸附炭 metal – adsorbent char	مەتال ادسوربتسىيالاعان كومىر
金属纤维材料 metallic fiber	مەتال تالشىقتى ماتەريالدار
金属相 metallographic phase	مەتاللوگرافيالىق فازا، مەتالدىق فازا
金属性 metallicity	مەتالدىلىق
金属氧化物 metallic oxide	مەتال توتىقتارى
金属抑制剂	"金属减活剂" گە قاراڭىز.
金属银 metallic silver	مەتالدىق كۇمىس
金属油墨 metal ink	مەتال ماي سىيا
金属有机化合物 metallo – organic compound	مەتالدى ورگانيكالىق قوسىلىستار

金属元素	metallic element	مەتالدىق ەلەمەنتتەر
金属原子	metal atom	مەتال اتومدارى
金属原子价		"金属价" گە قاراڭىز.
金属皂	metallic soap	مەتال سابىن
金属皂复合物	metal soap complexes	مەتال سابىن كومپلەكسى
金属纸	metallic paper	مەتال قاعاز
金属指示剂	metal indicator	مەتالدىق ىندىكاتورلار
金属中毒	metallic poisoning	مەتالدان ۋلانۋ
金斯定	aureosidine	اۇرەوزيدين
金丝碱	geneserine	گەنەسەرين
金丝灵	geneseroline	گەنەسەرولين
金丝脑	geneserethol	گەنەسەرەتول
金丝雀黄	canary yellow	گاناري سارسى
金丝桃甙	hyperin	گيپەرين
金丝烯	geneserolene	گەنەسەرولەن
金丝油	canary oil	كاناري مايى
金酸	auric acid	التىن قشقىلى
金酸钡	barium aurate	التىن قشقىل باري
金酸钾	potassium aurate $KAuO_2$	التىن قشقىل كالي
金酸盐	aurate	التىن قشقىلىننىڭ توزدارى
金相学	metallography	مەتاللوگرافيا
金蛹酸	chrysalicic $C_7H_5O_6N_3$	حريزاليتسين قشقىلى
金蛹油	chrysalis oil	حريزاليز مايى
金值	gold number	التىن ٴمانى
金钟柏酸		توۋو قشقىلى، ارشا قشقىلى
金钟柏油	thuyol, thuyone	توجا مايى، ارشا مايى
堇菜黄质	violaxanthin	ۆيولا كسانتين
紧密混合物	intimate mixture	نعمز قوسپا
锦龙	nylon	نيلون
锦龙 6	nylon – 6	نيلون 6
锦龙 9	nylon – 9	نيلون 9
锦龙 11	nylon – 11	نيلون 11
锦龙 66	nylon – 66	نيلون 66

锦龙 610 nylon－610 نيلون 610

锦龙 1010 nylon－1010 نيلون 1010

近似分析 proximate analysis جۇڭ تالداش، قۇرامدىق تالداش

近似组成 proximate composition جۇڭ قۇرۇلۇش

浸入电极 dipped electrode شىلانغان ەلەكترود

浸液电极 "浸入电极" گە قاراڭىز.

浸渍催化剂 impregnated catalyst شىلانغان كاتاليزاتور، سىڭگەن كاتاليزاتور

浸渍化合物 impregenating compound شىلانغان قوسىلىس، سىڭگەن قوسىلىس

jing

鲸醇 kitol كيتول

鲸蜡 spermaceti wax(＝spermaceti) كيت بالاۋزى

鲸蜡醇 cetol, cetyl alcolol, spermol $C_{15}H_{31}CH_2OH$ سەتول، سەتيل سپيرتى، سپەرمول

鲸蜡醇醋酸酯 cetyl acetate $CH_3CO_2C_{16}H_{33}$ سەتيل سىركە قىشقىل ەستەرى

鲸蜡醇十六酸酯 cetyl pamitate $C_{15}H_{31}CO_2C_{16}H_{33}$ سەتيل پالميتين قىشقىل ەستەرى

鲸蜡基 cetyl(＝hexadecyl) "十六烷基" گە قاراڭىز.

鲸蜡基碘 cetyl iodide $CH_3(CH_2)_{14}CH_2I$ سەتيل يود

鲸蜡基溴 cetyl bromide $CH_3(CH_2)_{14}CH_2Br$ سەتيل بروم

鲸蜡素 cetin سەتين

鲸蜡酸 cetyl acid سەتيل قىشقىلى

鲸蜡烷 cetane $C_{16}H_{34}$ سەتان

鲸蜡烷值 cetan number سەتان ٸمانى

鲸蜡烯 cetene $C_{16}H_{32}$ سەتەن

鲸蜡烯酸 cetoleic acid $CH_3(CH_2)_9CH:CH(CH_2)_9COOH$ سەتولين قىشقىلى

鲸蜡油 sperm spermaceti oil كيت بالاۋزى مايى

精氨基琥珀酸 arginino succinic acid ارگينينو سۇكتسين قىشقىلى

精氨酸 arginine ارگينين

精氨酸磷酸 arginine phosphoric acid ارگينين فوسفور قىشقىلى

精氨酸酶 arginase ارگينازا

精氨酰 arginyl $H_2NC(NH)NH(CH_2)_3CH(NH_2)CO-$ ارگينيل

精胺	spermine	$NH_2(CH_2)_3NH(CH_2)_4NH(CH_2)_3NH_2$	سپەرمىين
精苯	fine benzene		تازارتىلعان بەنزول
精蛋白	protamin		پروتامىن
精蛋白酶	protaminase		پروتامىنازا
精蛋白胰岛素	protamine insulin		پروتامىندى ينسۆلىين

精华   "香精" گە قاراڭىز.

精胶   "糊精" گە قاراڭىز.

精炼铅	refined lead	وگدەلگەن قورعاسىن
精炼锡	refined tin	وگدەلگەن قالايى
精馏	rectification	تازارتىپ ايداۋ
精馏计	rectometer	تازارتىپ ايداۋدى ولشەگىش
精馏酒精	rectified spirit	تازارتىلعان سپيرت
精馏器	rectifier	تازارتىپ ايداعىش (اسپاپ)
精馏松节油	rectified oil of turpentine	تازارتىپ ايدالعان تەرپەنتىين
精馏塔	rectifing tower	تازارتىپ ايداۋ مۇناراسى
精煤	clean coal	تازارتىلعان كومىر
精脒	spermidine	سپەرمىدين
精密度	precision(= accuracy)	دالدىك دارەجەسى

精密分馏   precision fractional distillation, precise fractionation   ٴدال بولىپ
ايداۋ

精密化学天秤	precision chemical balance	ٴدال حيميالىق تارازى
精密化学温度计	exact chemical thermometer	ٴدال حيميالىق تەرمومەتر
精密天平	precision balance	ٴدال تارازى، دالدىگى جوعارى تارازى

精密温度计   precision thermometer, microthermometer   ، ٴدال تەرمومەتر
دالدىگى جوعارى تەرمومەتر

精朊	protamine	پروتامىن
精朊酶	protaminase	پروتامىنازا
精石蜡	refined paraffin wax	وگدەلگەن پارافين بالاۋزى
精苏打灰	refined soda ash	وگدەلگەن سورا كۇلى

精素   "精胺" گە قاراڭىز.

精糖	refined sugar	وگدەلگەن قانت
精细化学品	fine chemical	نازىك حيميالىق بۇيىمدار
精盐	refined salt	وگدەلگەن تۇز

精液蛋白	spermatine	سپەرماتين
精液朊		"精液蛋白" گه قاراڭز.
精油		"香精油" گه قاراڭز.
精制白碱	refined white alkali	ۋگدەلگەن اق ئسلتى، سودا
精制甘油	refined glycerine	ۋگدەلگەن گليتسەرين
精制焦油	refined tar	ۋگدەلگەن كوكس مايى
精制卵磷脂	refined lecithin	ۋگدەلگەن لەتسيتين
精制醚	ether purificatus	ۋگدەلگەن ەفير
精制棉	purified cotton	ۋگدەلگەن ماقتا
精制葡萄糖	refined glucose	ۋگدەلگەن گليۇكوزا
精制溶剂	refining solvent	ۋگدەلگەن ەرتكەش (اگەنت)
精制软蜡	refined soft wax	ۋگدەلگەن پارافين
精制石蜡	refined wax	ۋگدەلگەن بالاۋنز
精制深度	refining depth	ۋگدەۋ تەرەڭگدەگى، مانەرلەنۇ دارەجەسى
精制松节油	refined turpentine	ۋگدەلگەن تەرپەنتين
精制糖		"精糖" گه قاراڭز.
精制锑	star antimony	ۋگدەلگەن سۇرمە
精制锌	refined zinc	ۋگدەلگەن مىرىش
精制羊毛脂	refined wool fat	ۋگدەلگەن لانولين
精制油	refined oil	ۋگدەلگەن ماي
精制油混合物	refined oil mixture	ۋگدەلگەن ماي قوسپاسى
菁		"花青" گه قاراڭز.
菁蓝		"喹啉蓝" گه قاراڭز.
菁染料		"花青染料" گه قاراڭز.
腈	nitrile RCN	نيتريل
腈基	nitvile group	نيتريل گرۇپپاسى
腈纶	acrylic fibres, orlon, acrylon	نيتريلون ورلون
腈肟磷	phoxim	فوكسيم
晶白蛋白	crystalbumin	كريستال البۇمين
晶白朊		"晶白蛋白" گه قاراڭز.
晶胞		"格子单位" گه قاراڭز.
晶边	crystal edge	كريستال جيەگى

晶蛋白 crystallin	كرىستاللىن
晶格	"结晶格子" گە قاراڭىز.
晶格常数 lattice constant	كرىستالدىق تور تۇراقتىسى
晶格构造 lattice structure	كرىستالدىق تور قۇرىلمىسى
晶格模型 lattice model	كرىستالدىق تور مودەلى
晶格能 lattice energy	كرىستالدىق تور ەنەرگىياسى
晶格配位数 lattice coordination number	كرىستالدىق تور كوورديناتسيا سانى
晶核 crystal nucleous	كرىستال يادروسى
晶碱	"苏打结晶" گە قاراڭىز.
晶角 orystal angle	كرىستال بۇرىشى
晶类 crrstal class	كرىستالدار، كرىستال تۇرلەرى
晶霉素 crystallo mycin	كرىستاللومىتسىن
晶面 crystal face	كرىستال بەتى
晶朊	"晶蛋白" گە قاراڭىز.
晶态	"结晶状态" گە قاراڭىز.
晶体 crystal, crystalloid	كرىستال، كرىستالدىق دەنە
晶体玻璃 crystal glass	كرىستال شىنى، كرىستال ايناك
晶体产生 crystal birth	كرىستالدىڭ پايدا بولۇى
晶体成长 crystal growth	كرىستالدىڭ ۇلعايۇى، كرىستالدىق ٴوسۇ
晶体大小 crystal size	كرىستالدىڭ ۇلكەن ـ كىشىلىگى
晶体分析 crystal analysis	كرىستالدىق تالداۋ
晶体复合物 crys talline complex	كرىستالدىق كومپلەكس
晶体化学 crystal chemistry	كرىستالدىق حيميا
晶体结构 crystal structure	كرىستالدىق قۇرىلمم، كرىستالدىق ٴتۇزىلمس
晶体金属 crystalline metal	كرىستالدىق مەتال
晶体溶液 crystalloid solution	كرىستالدىق ەرىتىندى
晶体生长	"晶体形成" گە قاراڭىز.
晶体形成 crystal formation	كرىستالدىڭ تۇزىلۇى
晶体学	"结晶学" گە قاراڭىز.
晶体轴	"结晶轴" گە قاراڭىز.
晶纹釉 crystal glase	كرىستال كمرەڭكە
晶系 crystal system	كرىستال جۇيەسى

晶形		"结晶形状" گه قاراڭـز.
晶形蜡	crystalline wax	كريستالدىق بالاۋنز
晶性熔渣	crystalline slage	كريستالدىق شور
晶性液体	crystalline liquid	كريستالدىق سۇيىقتـىق
晶象		"晶边" گه قاراڭـز.
晶种	seed crystal	كريستال ٴتۇزى، كريستال سورتى
晶轴		"结晶轴" گه قاراڭـز.
晶状的		"结晶的" گه قاراڭـز.
晶状体白蛋白		"晶白蛋白" گه قاراڭـز.
晶状体蛋白		"晶蛋白" گه قاراڭـز.
晶簇	crystal druse	كريستال توبى
茎罂碱	stylopine	ستيلوپين
经验定律	empirical law	همپيريكال زاڭى، تاجريبه زاڭى
经验公式	empirical formula	همپيريكال فورمۇلا، تاجريبەلىك فورمۇلا
经验式		"实验式" گه قاراڭـز.
景天庚糖	sedoheptose	سەدوگەپتوزا
景天庚酮聚糖	sedoheptalosan	سەدوگەپتۇلوزان
景天庚酮糖	sedoheptulose	سەدوگەپتۇلوزا
肼	hydrazine	گيدرازين
肼抱	hydrazi –	– گيدرازي
肼抱醋酸	hydrazi – acetic acid	گيدرازي سىركه قىشقىلى
肼抱甲烷	hydrazi – metylene	گيدرازي مەتيلەن
肼抱亚甲		"肼抱甲烷" گه قاراڭـز.
肼抱乙酸		"肼抱醋酸" گه قاراڭـز.
肼苯哒嗪	hydralazin	گيدرالازين
肼叉	hydrazono – $H_2NN=$	– گيدرازونو
肼撑	hydrazo – $-NHNH-$	– گيدرازو
肼撑苯	hydrazo benzene $C_6H_5 \cdot NH \cdot NH \cdot C_6H_5$	گيدرازو بەنزول
肼撑苯甲酸	hydrazo benzoic acid $(NHC_6H_4COOH)_2$	گيدرازو بەنزولدى قۇمىرسقا قىشقىلى
肼撑二甲酰胺	hydrazodicarbonamide $(H_2NCONH)_2$	گيدرازو ديكاربوناميد
肼撑化合物	hydrazo – compound	گيدرازو قوسىلىستار

肼撑甲苯 hydrazo toluene		گیدرازو تولۇئول
肼撑萘 hydrazo naphthtalene		گیدرازو نافتالین
肼撑衍生物 hydrazo derivative		گیدرازو تۆنندىلارى
肼撑吲哚 hydrazoindol $C_{16}H_{13}N_3$		گیدرازو یندول
肼的衍生物 hydrazine derivative		گیدرازین تۆنندىلارى
肼定 hydrazidine		گیدرازیدین
肼基 hydrazino – H_2NNH		گیدرازینو –
肼基苯甲酸 hydrazino – benzoic acid		گیدرازینو بەنزوي قىشقىلى
肼基甲酸 carbazic acid $NH_2NHCOOH$		كاربازین قىشقىلى
肼甲酸		"肼基甲酸" گە قاراڭىز.
肼解作用 hydrazinolysis		گیدرازیننىڭ ىدىراۋى
肼羧酸 hydrazine carboxylic acid		گیدرازیندى كاربوكسیل قىشقىلى
肼羧酸酯 hydrazine carboxylate		گیدرازیندى كاربوكسیل قىشقىل ەستەرى
肼肽嗪		"肼苯哒嗪" گە قاراڭىز.
肼盐 hydrazonium salt		گیدرازونیۇم تۇزى
警告剂 warning agent		ەسكەرتكىش اگەنت، ساقتاندىرعىش اگەنت
镜臂 handel		میكروسكوپ مویىنى (میكروسكوپتا)
镜筒 microscope tube		میكروسكوپ وزەگى (میكروسكوپتا)
镜头 camera lens, shot		لینزا (میكروسكوپتا)
镜柱 columella		دىڭگەگكىشە (میكروسكوپتا)
镜座 microscope base		تۆعىر (میكروسكوپتا)
竟净反应 competing reaction		باسەكەلەس رەاكسیالار
净化器 purifier		تازارتقىش (اسپاپ)
净化(作用) purification		تازارتۇ (رولى)
净热值 net calorific valve		تازا جىلۇ مانى
净石蜡 detergent wax		تازارتىلعان بالاۋىز
净制糖 cures sugar		وڭدەلگەن قانت
静电 static electricity		ستاتیكالىق ەلەكتر
静电场 electrostatic field		ەلەكترو ستاتیكالىق مورس
静电单位 electrostatic unit		ەلەكترو ستاتیكالىق بىرلىك
静电防止剂 antistatic agent		انتیستاتیكالىق اگەنت
静电感应 electrostatic induction		ەلەكترو ستاتیكالىق یندۇكتسیا
静电键 electrostatic bond		ەلەكترو ستاتیكالىق بایلانس

静电离析器 electrostatic separator　　ھەلكترو ستاتیكالىق ايرعىش اسپاپ

静电能 electro static energy　　ھەلكترو ستاتیكالىق ەنەرگیا

静电涂漆 lectrostatic coating　　ھەلكترو ستاتیكالىق سىرلاۋ

静电选矿 electrostatic separation　　ھەلكترو ستاتیكالىق كەن سۇرۇپتاۋ

静电学 electrostatic　　ھەلكترو ستاتیكا

静力学 statics　　ستاتیكا

静摩擦 static friction　　ستاتیكالىق ۋيكەلىس

静水利学 hydrostatics　　گیدروستیكا

静态平衡 static equilibrium　　ستاتیكالىق تەپە ـ تەڭدىك

静压(力) static pressure　　ستاتیكالىق قىسىم (كۇش)

静止薄膜 stationary film　　تۇراقتى جۇقا جارعاق

静止电极 stationary electrode　　تۇراقتى ەلەكترود

静止电位 resting potential　　تىنىشتىقتاعى پوتەنتسیال

静止火焰 stationryflame　　تۇراقتى جالىن

静止溶剂相 stationary solvent phase　　تۇراقتى ەرىتكىش فازاسى

静止试验 static test　　ستاتیكالىق سىناق

静止相 stationary phase　　تۇراقتى فازا

静止硬度 static hardness　　ستاتیكالىق قاتتىلىق

静止原子 static atom　　ستاتیكالىق اتوم

痉挛度 spasmo toxin　　سپازموتوكسین

痉挛碱 spasmotin　　سپازموتین

径尿酸 dialuric acid　　دیالۇرین قىشقىلى

jiu

酒醇 alcohol　　ەتیل سپیرتى، شاراپ سپیرتى

酒化酶　　"酿酶" گە قاراڭىز.

酒化酶原 apozymase　　اپوزیمازا

酒精 alcohol, ethanol, spirit　　سپیرت

酒精氨 alcoholic ammonia　　سپیرتتى امیاك، امیاكتىڭ سپیرتتەگى ەرىتىندىسى

酒精苯胺混合物 anilol　　انیكول

酒精比重计 alcoholimeter　　سپیرتمەتر

酒精测定　alcoholmetry　　　　　　　　　　　　　سپيرتتى ولشەۋ

酒精测压计　　　　　　　　　　　　"酒精气压计" گە قاراڭىز.

酒精掺和液　alcohol blend　　　　　　　سپيرت قوسۇلعان سۇيىقتىق

酒精萃　alcohol extract　　　　　　　　　　　سپيرت سەعىندىسى

酒精灯　alcohol lamp　　　　　　　　　　　　سپيرت لامپاسى

酒精发酵　alcoholic fermentation　　　　　　　　　سپيرتتى اشۋ

酒精酵母　distillary yeast　　　　　　　　　سپيرت اشتقىسى

酒精净化　alcohol purification　　　　　　سپيرتپەن تازارتۋ

酒精喷灯　alcohol blast burner　　　　سپيرتتى گاز لامپا

酒精气压计　alcohol gauge　　　　　　　　　سپيرت بارومەترى

酒精燃料　alcohol fuel　　　　　　　　　　سپيرت جانار زات

酒精水掺和物　　　　　　　　"酒精水溶液" گە قاراڭىز.

酒精水溶液　alcohol – water blend　　سپيرتتەڭ سۇداعى ەرىتىندىسى

酒精提出物　　　　　　　　　　　"酒精萃" گە قاراڭىز.

酒精提取　alcoholic extraction　　　　سپيرتتى شايعىنداۋ

酒精温度计　alcohol thermometer　　　　سپيرتتەڭ تەرمومەتر

酒精消耗量　alcohol – to – oil ratio　سپيرتتەڭ جۇمسالۇ مولشەرى

酒精饮料　alcoholic beverages　　　سپيرتتى سۇسىندىقتار

酒精中毒　alcoholism　　　　　　　　　　سپيرتتەن ۋلانۋ

酒康酸　vinaconic acid　　$CH_2CH_2C(COOH)_2$　　ۆيناكون قىشقىلى

酒石　tartar　　　　　　　　　　　　　　　شاراپتاس

酒石酶　tartaric enzyme　　شاراپتاس فەرمەنتى، شاراپ فەرمەنتى

酒石酸　tartaric acid　　$HOOCCHOHCHOHCOOH$　شاراپ قىشقىلدارى

d－酒石酸　d－tartaric acid　　　　　d – شاراپ قىشقىلى

i－酒石酸　i－tartaric acid　　　　　i – شاراپ قىشقىلى

L－酒石酸　L－tartaric acid　　　　　L – شاراپ قىشقىلى

酒石酸铵　ammonium tartrate　　$(NH_4)_2C_4H_4O_6$　شاراپ قىشقىل امموني

酒石酸铵钾　potassium ammonium tartrate　$KNH_4C_4O_6$　شاراپ قىشقىل
اممونى – كالي

酒石酸钡　barium tartrate　　$BaC_4H_4O_6$　شاراپ قىشقىل باري

酒石酸钡钾　bismuth and potassium tatrate　شاراپ قىشقىل بيسمۇت – كالي

酒石酸二苄酯　dibenzyl tartrate　　$(CHOHCO_2C_7H_7)_2$　شاراپ قىشقىل ديبەنزيل
ەستەرى

酒石酸二丙酯　dipropyl tartrate　(CHOHCO₂C₃H₇)₂　شاراپ قىشقىل دىپروپىل
ەستەرى

酒石酸二丁酯　dibutyl tartrate　(CHOHCO₂C₄H₉)₂　شاراپ قىشقىل دىبۇتىل
ەستەرى

酒石酸二甲酯　dimethyl tartrate　(CHOHCO₂CH₃)₂　شاراپ قىشقىل دىمەتىل
ەستەرى

酒石酸二乙酯　diethyl tartrate　C₂H₅OCO(CHOH)₂COOC₂H₅　شاراپ قىشقىل
دىەتىل ەستەرى

酒石酸钙　calcium tartrate　CaC₄H₄O₆　شاراپ قىشقىل كالتسي

酒石酸镉　cadminum tartrate　شاراپ قىشقىل كادمي

酒石酸根络铅　tartato lead　شاراپ قىشقىل قالدىعىندىق قورعاسىن

酒石酸钾　potassium tartrate　شاراپ قىشقىل كالي

酒石酸钾铋　potassium bismuth tartrate　شاراپ قىشقىل كالي ـ بيسمۇت

酒石酸钾钠　pocassium－sodium tartrate(＝seignette salt)　شاراپ قىشقىل
كالي ـ ناتري، سەگنەت تۇزى

酒石酸镧　lantanum tartrate　La₂(C₄H₄O₆)₃　شاراپ قىشقىل لانتان

酒石酸锂　lithium tartrate　شاراپ قىشقىل ليتي

酒石酸麦角胺　ergotamine tartrate　شاراپ قىشقىل ەرگوتامىن

酒石酸镁　magenesium tartrate　MgC₄H₄O₆　شاراپ قىشقىل ماگني

酒石酸锰　manganous tartrate　MnC₄H₄O₆　شاراپ قىشقىل مارگانەتس

酒石酸钠　sodium tartrate　Na₂C₄H₄O₆　شاراپ قىشقىل ناتري

酒石酸钠钾　sodium－potassium tartrate　KNaC₄H₄O₆　شاراپ قىشقىل ناتري ـ
كالي

酒石酸铅　lead tartrate　PbC₄H₄O₆　شاراپ قىشقىل قورعاسىن

酒石酸氢铵　ammonium hydrogen tartrate　(NH₄)H·C₄H₄O₆　قىشقىل شاراپ
قىشقىل امموني

酒石酸氢钙　calcium bitartrate　Ca(HC₄H₄O₆)₂　قىشقىل شاراپ قىشقىل كالتسي

酒石酸氢化乙二胺　ethylene diaminebitartrate　قىشقىل شاراپ قىشقىل
ەتيلەن ديامين

酒石酸氢钾　potassium hydrotavtrate　KHC₄H₄O₆　قىشقىل شاراپ قىشقىل كالي

酒石酸氢钠　sodium bitartrate　NaHC₄H₄O₆　قىشقىل شاراپ قىشقىل ناتري

酒石酸氢铯　cesium bitrtate　قىشقىل شاراپ قىشقىل سەزي

酒石酸氢锶　strontium bitartrate　Sr(HC₄H₄O₆)₂　قىشقىل شاراپ قىشقىل

سترونتسي

酒石酸氢铜　cupric bitartrate　$Cu(HC_4H_4O_6)_2$　مىس قىشقىل شاراپ قىشقىل

酒石酸亚汞　mercurous bitartrate　$HC_4H_4O_6Hg$　قىشقىل شاراپ قىشقىل
شالا توتق سناپ

酒石酸氢盐　ditartrate(＝bitartrate)　تۇزدارى قىشقىل شاراپ قىشقىل

酒石酸氢酯　bitartrate　$COOH(CHOH)_2COOR$　ەستەرى قىشقىل شاراپ قىشقىل

酒石酸铷　rubidium tartrate　$Rb_2C_4H_4O_6$　رۇبيدي قىشقىل شاراپ

酒石酸铈　cerous tartrate　$Ce_2(C_4H_4O_6)_3$　سەري قىشقىل شاراپ

酒石酸锶　strontium tartrate　$SrC_4H_4O_6$　سترونتسي قىشقىل شاراپ

酒石酸锑钾　potassium antimony tartrate　كالي ـ سۇرمە قىشقىل شاراپ

酒石酸锑钠　sodium amtimony tartrate　ناتري ـ سۇرمە قىشقىل شاراپ

酒石酸铁铵　ferric ammomium tartrate　$(NH_4)Fe(C_4H_4O_6)_2$　قىشقىل شاراپ
ئاممونى ـ تەمىر

酒石酸铁蛋白　ferro－albumino tartrate　البۇمين ـ تەمىر قىشقىل شاراپ

酒石酸铁钾　potassium iron tartrate　كالي ـ تەمىر قىشقىل شاراپ

酒石酸铜　cupric tartrate　$CuC_4H_4O_6$　مىس قىشقىل شاراپ

酒石酸戊双吡铵　pentolinium tartrate　پەنتولين قىشقىل شاراپ

酒石酸亚汞　mercurous tartrate　$Hg_2C_4H_4O_6$　سناپ توتق شالا قىشقىل شاراپ

酒石酸亚铁　ferrous tartrate　$FeC_4H_4O_6$　تەمىر توتق شالا قىشقىل شاراپ

酒石酸亚锡　stannous tartrate　قالايى توتق شالا قىشقىل شاراپ

酒石酸盐　tartrate　$COOM·CHOH·CHOH·COOM$　تۇزدارى قىشقىلنىڭ قىشقىل شاراپ

酒石酸氧锑铵　ammonium antimonyl tartrate　$NH_4(SbO)(C_4H_4O_6)$　شاراپ
قىشقىل انتيمونيل ئاممونى

酒石酸氧锑钾　potassium antimonyl tartrate　كالي انتيمونيل قىشقىل شاراپ

酒石酸－酰胺　tartaric acid monoamide　$NH_2CO(CHOH)_2COOH$　شاراپ
قىشقىل مونوئاميد

酒石酸－乙酯　monoethyl tartrate　$HO_2C(CHOH)_2CO_2C_2H_5$　قىشقىل شاراپ
مونوەتيل ەستەرى

酒石酸乙酯　ethyl tartrate　ەتيل ەستەرى قىشقىل شاراپ

酒石酸银　silver tartrate　$Ag_2C_4H_4O_6$　كۇمىس قىشقىل شاراپ

酒石酸酯　tartaric esters　ەستەرى قىشقىل شاراپ

酒石盐　tartrate　تۇزى شاراپ

酒中毒　"酒精中毒" گە قاراڭز.

九 nona－   نونا (لاتىنشا)، توعمز

九环的 nonacyclic   توعمز ساقىنالى

九环化合物 nonacyclic compound   توعمز ساقىنالى قوسۇلمىسى

九节环 nonatomic ring   توعمز اتومدى ساقىنا، توعمز ساقىنا

九聚物 nonamer   نونامەر

九碳酪蛋白酸 caseanic acid   كازەان قىشقىلى

九氧化四钇 yttrium peroxide Y_4O_9 اسقىن يتتري توتىعى

久洛尼定 julolidine   جۇلولىدىن

ju

铜 curium   كىۋري (CM)

铜－242 curium－242   كىۋري ـ 242

铜－244 curium－244   كىۋري ـ 244

铜藤碱 uncarine   ۇنكارين

居里 curie   كىۋري (بىرلىك)

居里点 curie point   كىۋري نۇكتەسى

居里温度 curic temperature   كىۋري تەمپەراتۇراسى

桔霉素 citrinin $C_{13}H_{14}O_5$ سىترينىن

桔皮甙   "橙皮甙" گە قاراڭىز.

桔皮素   "橙皮素" گە قاراڭىز.

菊胺 chrysanthemine $C_{14}H_{28}O_3N_2$ حرىزانتەمىن

菊醇   "阿兰醇" گە قاراڭىز.

菊第二羧酸 chrysanthemum dicarboxylic acid   حرىزانتەم ەكى كاربوكسىل قىشقىلى

菊第二羧酸甲酯 chrysanthemum dicarboxylic acid monomethylester   حرىزانتەم ەكى كاربوكسىل قىشقىلى مونومەتيل ەستەرى

菊第一羧酸 chrysanthemum monocarboxylic acid   حرىزانتەم مونو كاربوكسىل قىشقىلى

菊粉   "旋复花粉" گە قاراڭىز.

菊酸 chrysanthemic acid   حرىزانتەم قىشقىلى

菊酸盐 chrysanthemate   حرىزانتەم قىشقىلىنىڭ تۇزدارى

菊糖   "旋复花糖" گە قاراڭىز.

菊质　chrysanthine	حريزانتيين
菊粉酶　inulase	ينۈلازا
掬酸　lygnecerin	ليگنه سەرين
局部腐蚀　local corrosion	شەكتى كوررەزيا
局部化学　topochemistry	توپو ھيميا
局部化学反应　topochemical reaction	شەكتى ھيميالىق رەاكسيالار
局部硫化　spot cure	شەكتى كۆكمرتتەنۈ، ‹ششنارا كۆكمرتتەنۈ
局部作用　local action	شەكتى ورىندى اسەر، ‹ششنارالىق اسەر
枸桔苔酸　citric acid	رامالينۇل قشقىلى، سيترونىن قشقىلى
枸橼酸	"柠檬酸" گه قاراڭز.
枸橼酸咖啡因　caffein eitrate	ليمون قشقىل كافەين
枸橼酸铝　aluminium citrate	ليمون قشقىل الۇمين
枸橼酸钠溶液　sodium citrate solution	ليمون قشقىل ناتري ەرىتمەندسى
枸橼酸哌嗪　piperazine citrate	ليمون قشقىل پيپەرازين
矩　moment	مومەنت
矩阵　matrix	ماتريتسا
矩阵力学　matrix mechanics	ماتريتسالىق مەحانيكا
聚　poly－	پولي ـ (گرەكشە)، توپتالۈ، شوعمرلانۈ، جينالۈ
聚－8－氨基庚酸　poly－8－amino caprilic acid	پولي ـ 8 ـ امينو كاپريل قشقىلى
聚w－氨基庚酸	"聚w－氨基庚酸" گه قاراڭز.
聚－10－氨基癸酸　poly－10－amino capric acid	پولي ـ 10 ـ امينو كاپرين قشقىلى
聚w－氨基癸酸	"聚－10－氨基癸酸" گه قاراڭز.
聚氨基甲酸乙酯　polyurethane	پوليۈرەتان ەتيل ەستەرى
聚氨基甲酸乙酯泡沫塑料　polyurethane foam	پوليۈرەتاندى كوپىرشكتى سۈلياۈلار
聚氨基甲酸乙酯树脂　polyurethane resin	پوليۈرەتاندى سمولالار
聚氨基甲酸乙酯纤维　polyrethane fiber	پوليۈرەتاندى تالشىق
聚氨基甲酸乙酯橡胶　polyurethane rubber	پوليۈرەتاندى كاۋچۇك
聚氨基甲酸酯　polyurethane	پوليۈرەتان ەستەرى
聚w－氨基壬酸　poly－w－aminononanic acid(＝nylon－9)	پولي ـ w ـ امينو نونان قشقىلى نيلون ـ 9

聚－11－氨基十一酸 poly－11－aminoundecanoic acid(＝nylon－11)

پولي ـ 11 ـ امينو ۋندەكان قىشقىلى، نيلون ـ 11

聚 w－氨基十一酸   "聚－11－氨基十一酸" گە قاراڭىز.

聚 w－氨基十一酸(纤维)   "锦龙－11" گە قاراڭىز.

聚氨基酸 polyamino acid   پولي امينو قىشقىلى

聚氨酯(类)   "聚氨基甲酸酯" گە قاراڭىز.

聚苯撑氧 polyphenylene oxide   پولي فەنيلەن توتسعى

聚苯撑氧化物   "聚苯撑氧" گە قاراڭىز.

聚苯二丙酰己二胺 polyhexamethylene phenylene dipropionamide   پولي فەنيلەن ديپروپيو ناميد گەكسا مەتيلەن

聚苯二醋酸对苯二甲酯 poly－p－xylene phenylene diacetate   پولي فەنيلەن ەكى سىركە قىشقىل ـ پارا ـ كسيلەن ەستەرى

聚苯二己酰癸二胺 polydecamethylene phenylene diacetamide   پولي فەنيلەن دياتسەتاميد دەكا مەتيلەن

聚苯氧   "聚苯撑氧" گە قاراڭىز.

聚苯乙烯 polystyrene   پوليستيرەن

聚苯乙烯介质 polystyrene dielectric   پولي ستيرەندى ديەلەكتريك

聚苯乙烯塑料 polystyrene plastic   پولي ستيرەندى سۆلياۋ

聚苯乙烯纤维 polystyrene fiber   پولي ستيرەندى تالشىق

聚苯乙烯膜 polystyrene film   پولي ستيرەندى جارعاق

聚丙二醇 polypropylene glycol   پولي پروپيلەن گليكول

聚丙二醇缩甲醛 polytrimethylene formal   پولي تريمەتيلەن فورمال

聚丙二酸辛二醇酯 polyoctamethylene malonate   پولي وكتا مەتيلەن ەستەرى

聚丙二酸乙二醇酯 polyethylene glycol malonate   پولي ەتيلەن گليكول مالونات

聚丙烯 polypropylene   پولي پروپيلەن

聚丙烯腈 polyacrylonitril   پولي اكريلونيتريل

聚丙烯腈纤维 poly acrylonitrile fiber   پولي اكريلونيتريلدى تالشىق

聚丙烯塑料 polypropylene plastics   پولي پروپيلەندى سۆلياۋ

聚丙烯酸 polyacrylic acid   پولي اكريل قىشقىلى

聚丙烯酸钠 polyacrylate sodium   پولي اكريل قىشقىل ناتري

聚丙烯酸纤维 polyacrylic fiber   پولي اكريلدى تالشىق

聚丙烯酸酯 polyacrylic ester

پولي اكريلدى ەستەر

聚丙烯酸酯树脂　polyacrylate resin　پولي اكريلدى سمولالار

聚丙烯酸酯纤维　　　"聚丙烯酸纤维" گە قاراڭىز.

聚丙烯酸酯橡胶　polyacrylate rubber　پولي اكريلدى كاۋچۇك

聚丙烯酰胺　polyacylamine　پولي اكريلامين

聚草酸丙二醇酯　polypropylene oxalate　پولي قىمىزدىق قىشقىل پروپيلەن ەستەرى

聚醋酸乙烯酯　polyvinyl acetate　پولي سىركە قىشقىل ۋينيل ەستەرى

聚碘乙烯　polyvinyl iodide　پولي ۋينيل يود

聚丁二酸丙二醇酯　polytrimethylene succinate　پولي سۆكتسين قىشقىل تريمەتيلەن ەستەرى

聚丁二酸丁二胺　polyteramethylene succinate　پولي سۆكتسين قىشقىل تەترا مەتيلەن

聚丁二酸庚二醇酯　polyheptamethylene succinate　پولي سۆكتسين قىشقىل گەپتا مەتيلەن ەستەرى

聚丁二酸癸二醇酯　polydecamethylene succinate　پولي سۆكتسين قىشقىل دەكا مەتيلەن ەستەرى

聚丁二酸己二醇酯　polyhexamethylene succinate　پولي سۆكتسين قىشقىل گەكسا مەتيلەن ەستەرى

聚丁二酸壬二醇酯　polynonamethylene succinate　پولي سۆكتسين قىشقىل نونا مەتيلەن ەستەرى

聚丁二酸十三烷二醇酯　polytridecamethylene succinate　پولي تريمەتيلەن سۆكتسين قىشقىل ەستەرى

聚丁二酸戊二醇酯　polypentamethylene succinate　پولي پەنتا مەتيلەن سۆكتسين قىشقىل ەستەرى

聚丁二酸乙二醇酯　polyethylene glycol succinate　پولي سۆكتسين قىشقىل ەتيلەن گليكول ەستەرى

聚丁二烯　polybutadiene　پولي بۇتاديەن

聚丁二烯橡胶类　butaprenes　بۇتاپرەندەر

聚丁烯　polybutene　پولي بۇتەن

聚丁烯合成橡胶　　　"异丁烯橡胶" گە قاراڭىز.

聚丁烯油　polybutene oil　پولي بۇتەن مايى

聚(端)羟癸酸　　　"聚 w–羟癸酸" گە قاراڭىز.

聚(端)羟十二酸   "聚 w - 羟十二酸" گه قاراڭز.

聚(端)羟十九酸   "聚 w - 羟十九酸" گه قاراڭز.

聚(端)羟十一酸   "聚 w - 羟十一酸" گه قاراڭز.

聚(端)羟戊酸   "聚 w - 羟戊酸" گه قاراڭز.

聚(端)羟辛酸   "聚 w - 羟辛酸" گه قاراڭز.

聚对苯二酚二缩羟醋酸己二醇酯 polyhexamethylene hydroquinone diglycollate پولي گيدرو حينون ەكى گليكول گەكسا مەتيلەن ەستەرى

聚对苯二酚二缩羟醋酸乙二醇酯 polyethylene glycol hydroquinoxyl diacetate پولي گيدرو حينوكسيل ەكى سىركە قەشقىل ەتيلەن گليكول ەستەرى

聚对苯二酚二缩羟基醋酸丙二醇酯 polytrimethylene hydroquinoxyl diacetate پولي گيدرو حينوكسيل ەكى سىركە قەشقىل تريمەتيلەن ەستەرى

聚对苯二酚二缩羟基醋酸丁二醇酯 polytetramethylene hydroquinone diglycollate پولي گيدرو حينون ەكى گليكول قەشقىل تەترا مەتيلەن ەستەرى

聚对苯二甲酸乙二醇酯 polytthylene glycol terephthalate پولي تەرەفتال قەشقىل ەتيلەن گليكول ەستەرى

聚对苯二酚二缩羟乙酸癸二醇酯 polydecamethylene hydroquinone diglycollate پولي گيدرو حينون ەكى گليكول قەشقىل دەكا مەتيلەن ەستەرى

聚对苯二甲酰乙二胺 polyhexamethylene terephthalamide پولي تەرەفتالامىد گەكسا مەتيلەن

聚对二甲苯   "聚乙基苯" گه قاراڭز.

聚对二甲苯基 parylene پاريلەن

聚对三氟甲基苯乙烯 poly - p - trifluoromethyl styrene پولي ـ پارا ـ ئۇش فتورلى مەتيل ستيرەن

聚对酞酸戊二醇酯 polypentamethylene terephthalate پولي تەرەفتال قەشقىل پەنتا مەتيلەن ەستەرى

聚对酞酸乙二酯 polyethylene terephthalate پولي تەرەفتال قەشقىل ەتيلەن ەستەرى

聚苊 polyacenaphthylene پولييياتسە نافتالين

聚二苯丁烷二甲酸 - [4,4']乙二醇酯 polyehylene diphenyl butane 4, 4 dicarboxylate پولي ديفەنيل بۇتان ەكى كاربوكسيل قەشقىل ـ 4، 4 ـ ەتيلەن ەستەرى

聚二苯甲烷二甲酸 - [4,4']乙二醇酯 polyethylene diphenyl methane 4,4 dicarboxylate پولي ديفەنيل مەتان ەكى كاربوكسيول قەشقىل ـ 4، 4 ـ ەتيلەن

ھەستەرى

聚二硫醚二甲酸－[4,4′]乙二醇酯　polyethylene glycol diphenyl sulfide dicarboxylate پولي ديفەنيل سۇلفيد ەكى كاربوكسيل قەشقەل ـ 4، ′4 ـ ھەتيلەن گيلكول ھەستەرى

聚二苯氧基己烷二甲酸－[4,4′]乙二醇酯　polyethylene glycol diphenoxyethane dicarboxylate پولي ديفەنوكسي ەكى كاربوكسيل قەشقەل ـ 4، ′4 ـ ھەتيلەن گيلكول ھەستەرى

聚二苄基丙二酰脲　polydibenzyl malonyl urea پولي ديبەنزيل مالونيل ۇرەا

聚二蒽 "仲蒽" گە قاراڭىز.

聚二甲基丁二烯　polydimethyl butadiene پولي ديمەتيل بۇتاديەن

聚二硫化乙烯　polyethylene disulfide پولي ەكى كۆكمرتتى ھەتيلەن

聚二氯苯乙烯　polydichloro styrene پولي ەكى حلورلى ستيرەن

聚二氯乙烯　polyvinyl dichloride پولي ەكى حلورلى ۆينيل

聚二羟基山萮酸　para－dihydroxy behenic acid پارا ـ ديگيدروكسيل بەگەن قەشقەلى

聚二羟基硬脂酸　para－dihydroxystearic acid پارا ـ ديگيدروكسيل ستەارين قەشقەلى

聚二氢化萘　polyhydronaphthalene پولي سۇتەكتى نافتالين

聚二氢萘　polydihydronaphthalene پولي ەكى سۇتەكتى نافتالين

聚二烷基硅氧烷　polydialkylsiloxane پولي ديالكيل سيلوكسان

聚二烯烃　polydiolefin پولي ديالكەن

聚二烯橡胶　polydiene rubber پولي ديەندى كاۋچۇك

聚二乙烯基乙炔　polydivinyl acetylene پولي ديۆينيل اتسەتيلەن

聚二硬酯酸乙二醇酯　poly ethylene glycol distearate پولي ديستەارين قەشقەل ھەتيلەن گليكول ھەستەرى

聚反丁烯二酸己二醇酯　polyethylene glycol fumarate پولي فۇمار قەشقەل ھەتيلەن گليكول ھەستەرى

聚酚 "多酚" گە قاراڭىز.

聚酚酶　polyphenolase پولي فەنولازا

聚酚氧化酶 "多酚氧化酶" گە قاراڭىز.

聚酚酯　polyphenol ester پولي فەنول ھەستەرى

聚砜　polysulfone پولي سۇلفون

聚砜树脂　polysalfone resin پولي سۇلفوندى سمولالار

聚氟丁二烯橡胶　polyfluorobutadiene rubber　پولي فتور دىيېنىلدىك كاۋچۇك

聚氟乙烯　polyvinyl fluoride　پولي ۋېنىل فتور

聚呋喃果糖甙　polyfructo furanoside　پولي فرۇكتو فۇرانوزىد

聚甘氨酸　polyglycine　پولي گلىتسىن

聚甘露糖醛酸钾　poly mannuronate potassium　پولي ماننۇرون قىشقىل كالي

聚甘油　polygycerol　پولي گلىتسەرول

聚甘油脂肪酸酯　polyglyceryl fatty acid ester　پولي گلىتسەرين ماي قىشقىل هستەرى

聚酐　polyanhydride　پولي انگىدرىد

聚庚二酐　polypimelic anhydride　پولي پىمەل انگىدرىدتى

聚庚二酰丁二胺　polytetramethylene pimelamide　پولي تەترامەتىلەن پىمەلاميد

聚庚二酰庚二胺　polyheptamethylene pimeleamide　پولي گەپتامەتىلەن پىمەلاميد

聚庚二酰己二胺　polyhexamethylene pimelate　پولي گەكسامەتىلەن پىمەلاميد

聚庚酰胺纤维　polyenanthoamide fiber　7 ـ نىلون، پولي گەكسامىدتى تالشىق

聚胱氨酸　polysysteine　پولي تسىستىن

聚硅醚铝皂润滑脂　polysiloxane – aluminium soap grease　پولي سىلوكسان ـ الۇمىندى سابىن جۇمسارتقىش مايى

聚硅醚润滑脂　polysiloxane grease　پولي سىلوكسان جۇمسارتقىش مايى

聚硅氧　silicone　پولي كرەمني توتىعى

聚硅氧烷　polysiloxane　پولي سىلوكسان

聚癸二醇缩甲醛　polydecamethylene formal　پولي دەكامەتىلەن فورمال

聚癸二酐　polysebacic anhydride　پولي سەباتسىن انگىدرىدتى

聚癸二酸丙二醇酯　polytrimethylene sebacate　پولي سەباتسىن قىشقىل تريمەتىلەن هستەرى

聚癸二酸癸二醇酯　polydecamethylene sebacate　پولي سەباتسىن قىشقىل دەكامەتىلەن هستەرى

聚癸二酸己二醇酯　polyhexamethylene sebacate　پولي سەباتسىن قىشقىل گەكسامەتىلەن هستەرى

聚癸二酸戊二醇酯　polypentamethylene sebacate　پولي سەباتسىن قىشقىل پەنتامەتىلەن هستەرى

聚癸二酸辛二醇酯　polyoctamethylene sebacate　پولي سەباتسين قىشقىل وكتامەتيلەن ەستەرى

聚癸二酸乙二醇酯　polythylene glycol sebacate　پولي سەباتسين قىشقىل ەتيلەن گليكول ەستەرى

聚癸二酰苯二甲醇酯　polyxylene sebacamide　پولي سەباتساميد كسيلەن ەستەرى

聚癸二酰丁二胺　polytetramethylene sebacamide　پولي سەباتساميد تەترامەتيلەن

聚癸二酰丁二醇酯　polytetramethylene sebacate　پولي سەباتسات تەترامەتيلەن ەستەرى

聚癸二酰庚二胺　polyheptamethylene sebacamide　پولي سەباتساميد گەپتامەتيلەن

聚癸二酰癸二胺　　　　　　　"锦龙－1010" گە قاراڭىز.

聚癸二酰己二胺　polyhexamethylene sebacamide　پولي سەباتساميد گەكسامەتيلەن، نيلون 610

聚癸二酰甲二胺　poly methylene sebacamide　پولي سەباتساميد مەتيلەن

聚癸二酰间苯二胺　poly－m－phenylene sebacamide　پولي سەباتساميد مەتافەنيلەن

聚癸二酰壬二胺　polynonamethylene sebacamide　پولي سەباتساميد نونامەتيلەن

聚癸二酰十一烷二胺　polyundecamethylene diamine sebacate　پولي سەباتسات ۇندەكامەتيلەن ديامين

聚癸二酰戊二胺　polypentamethylene sebacamide　پولي سەباتساميد پەنتامەتيلەن

聚癸二酰辛二胺　polyoctamethylene sebacamide　پولي سەباتساميد وكتامەتيلەن

聚癸二酰乙二胺　polyethylene glycol sebacamide　پولي سەباتساميد ەتيلەن گليكول

聚过氯乙烯　chlorinated polyvinyl chloride　پولي اسقىن حلورلى ەتيلەن

聚过氧化苯乙烯　polystyrene peroxide　پولي ستيرەن اسقىن توتىعى

聚过氧化物　polyperoxide　پولي اسقىن توتىق

聚合　polymerization　پوليمەرلەنۋ، پوليمەرلەۋ

聚合泵　polymer pump　پوليمەر ناسوس

聚合产品　polymerization product　پوليمەرلەۋ ئونمى

聚合产物　polymerizate　پوليمەر تۈنندى

聚合重整　polyforming　پوليمەرلەپ قايتا رەتتەۋ

聚合重整过程　polyforming process　پوليمەرلەپ قايتا رەتتەۋ بارسى

聚合重整馏份　polyform distillate　پوليمەرلەپ قايتا رەتتەپ ايدالعان قۇرامدار

聚合催化剂　polymerization catalyst　پوليمەرلەۋ كاتاليزاتورى

聚合的　polymeric, polymerized　پوليمەرلى، پوليمەرلەنگەن

聚合电解质　polyelecrolyte　پوليمەلەكتروليت

聚合动力学　kinetic of polymerization　پوليمەرلەك كينەتيكا

聚合度　degree of polymerization　پوليمەرلەۋ دارەجەسى

聚合度分布　distribution of polymerization degree پوليمەرلەۋ دارەجەسىنناك ورنالاسۋى

聚合反应　polymerization reaction　پوليمەرلەۋ رەاكسياسى

聚合高分子电解质　　“聚合电解质” گە قاراكمز.

聚合工厂　　“聚合设备” گە قاراكمز.

聚合过程　polymerization process　پوليمەرلەۋ بارسى، پوليمەرلەنۋ بارسى

聚合剂　polymerizer　پوليمەرلەگىش اگەنت

聚合加速剂　polymerization accelerator　پوليمەرلەنۋدى ۋدەتكىش اگەنت

聚合键　kymydupobahhble cbqcn　پوليمەرلەك بايلانس

聚合历程　mechanism of polymerization　پوليمەرلەۋ مەحانيزمى

聚合炉　polymerization furnace　پوليمەرلەۋ پەشى

聚合铝　polyaluminium　پوليمەر الۈمين

聚合酶　polymerase　پوليازا

RVA 聚合酶　RVA polymerase　RVA پوليمەرازا

聚合能力　polymerizing power　پوليمەرلەۋ قۋاتى

聚合器　polymerizer　پوليمەرلەگىش (اسپاپ)

聚合汽油　polymer benzine　پوليمەر بەنزين

聚合热　heat of polymerization　پوليمەرلەۋ جىلۋى

聚合溶质　polymerized solute　پوليمەرلەنگەن ەرىگىش

聚合润滑油　polymer oil　پوليمەر جاعىن ماي

聚合设备　polymerization unit　پوليمەرلەۋ جابدىعى

聚合树脂　polymerized resin　پوليمەرلەنگەن سمولالار

聚合松香　polymerized rosin　پوليمەرلەنگەن كانيفول (شايىرشىق)

聚合速进剂　polymerization promotor　پولیمەرلەنۆدى تەزدەتكش (اگەنت)

聚合速率　rate of polymerization　پولیمەرلەنۆ جىلدامدىعى

聚合体　"聚合物" گە قاراڭىز.

聚合添加剂　polymeric additive　پولیمەرلى تولىقتىرعىش (اگەنت)

聚合调节剂　polymerization regulator　پولیمەرلەنۆدى رەتتەگىش (اگەنت)

聚合物　polymer　پولیمەرلەر

W－聚合物　W－polymer　W ـ پولیمەر

聚合物的混合物　polymer blend　پولیمەر قوسپاسى

聚合物分子链　polymermolecular chains　پولیمەردىڭ مولەكۆلالىق تىزبەگى

聚合物分子量　polymericular weight　پولیمەردىڭ مولەكۆلالىق سالماعى

聚合物膜　polymer film　پولیمەر جارعاق

聚合物－溶剂相互作用　polymer－solvent interaction　پولیمەر ـ

ەرىتكىشتىڭ ٴوزارا اسەرى

聚合物塑料　polymer plastic　پولیمەر سۆلياۆلار (پلاستىيكتەر)

聚合物损失　polymerization losses　پولیمەرلەنۆ شعىنى

聚合物陶瓷　polymer ceramics　پولیمەر فارفور

聚合物系　"同阶聚合物" گە قاراڭىز.

聚合系数　coefficient of polymerization　پولیمەرلەنۆ كوەففیتسەنتى

聚合纤维　polymer fiber　پولیمەر تالشق

聚合现象　polymerism　پولیمەرلىك قۇبىلس، پولیمەریا

聚合盐　polysalt　پولیمەرلەنگەن تۇز

聚合抑制　polymerization retardation　پولیمەرلەنۆدى تەجەۆ

聚合引发剂　polymerization initiator　پولیمەرلەنۆدى تۇدىرعىش (اگەنت)

聚合有机硅氧烷化合物　polyorganosioxane compound　پولي ورگانيكالىق

سيلوكساندى قوسىلس

聚合油　polymerized oil　پولیمەرلەنگەن ماي

聚合装置　polymerization plant　پولیمەرلەۆ قوندىرعىسى

聚合阻抑剂　polymerization retarder　پولیمەرلەنۆدى تەجەگىش (اگەنت)

聚合作用　polymerization　پولیمەرلەۆ

聚环己二烯　polycyclohexadiene　پولي ساقینالى گەكساديەن

聚环烷酸　polynaphthenic acid　پولي نافتەن قىشقىلى

聚环戊二烯　polycyclopentadiene　پولي ساقینالى ديەن

聚环氧乙烷　polyethylene oxide　پولي ساقینالى وتەكتى ەتان

聚己二醇缩甲醛　polyhexamethylene formal　پولي گەكسامەتيلەندى فورمال

聚己二酸丙二醇酯　polytrimethylene adipate　پولي تريمەتيلەن اديپات

聚己二酸癸二醇酯　polydecamethylene adipate　پولي دەكامەتيلەن اديپات

聚己二酸己二醇酯　polyhexamethylene adipate　پولي گەكسامەتيلەن اديپات

聚己二酸壬二醇酯　polynonamethylene adipate　پولي نونامەتيلەن اديپات

聚己二酸戊二醇酯　polypentamethylene adipate　پولي پەنتامەتيلەن اديپات

聚己二酸乙二醇酯　polyethylene(glycol)adipate　پولي ەتيلەن گليكول اديپات

聚己二酰丁二胺　polytetramethylene adipamide　پولي تەترامەتيلەن اديپاميد

聚己二酰庚二胺　polyhepta methylene adipamide　پولي گەپتامەتيلەن اديپاميد

聚己二酰癸二胺　polydecamethylene adipamide　پولي دەكامەتيلەن اديپاميد

聚己二酰(1,4)环己二胺　poly – 1,4 – cyclohexylene adipamide　پولي
ساقينالى ـ 1، 4 ـ گەكسامەتيلەن اديپاميد

聚己二酰己二胺　poly hexamethylene adipamide　پولي گەكسامەتيلەن اديپاميد

聚己二酰间苯二胺　poly – m – phenylene adipamide　$C_9H_{15}O_3N$ پولي فەنيلەن
اديپاميد

聚己二酰壬二胺　polynonamethylene adipamide　پولي نونامەتيلەن اديپاميد

聚己二酰戊二胺　polypentamethylene adipamide　پولي پەنتامەتيلەن اديپاميد

聚己二酰辛二胺　polyoctamethylene adipamide　پولي وكتامەتيلەن اديپاميد

聚己内酰胺　polycaprolactam　پولي كاپرولاكتام، نيلون ـ 6

聚己内酰胺纤维　polycaprolactam fiber(= caprone)　پولي كاپرولاكتام
تالشعى، كاپرون

聚己酸内酯　polycaprolactone　پولي كاپرولاكتون

聚己酰胺　　"聚己内酰胺" گە قاراڭىز.

聚集容量　aggregate capacity　توپتالۋ سيمدىلىعى

聚集体　aggregate　توپتالعان دەنە

聚集作用　aggregation　توپتالۋ

聚甲二醇　polymethylene glycol　پولي مەتيلەندى گليكول

聚甲基苯　polymethyl – benzene　پولي مەتيل بەنزول

聚甲基苯基硅醚　polymethyl phenyl siloxane　پولي مەتيل فەنيل سيليكات

聚 – a – 甲基苯乙烯　poly – a – methyl styrene　پولي ـ a ـ مەتيل ستيرەن

聚甲基丙烯腈　polymethyl acrylonitril　پولي مەتيل اكريلونيتريل

聚甲基丙烯酸　polymethyl acrylic acid　پولي مەتيل اكريل قىشقىلى

聚甲基丙烯酸甲酯　polymethyl methacrylate　پولي مەتيل مەتاكريلات

聚甲基丙烯酸树脂　polymethacrylates film　پولي مەتيل اكريل سمولاسى

聚甲基丙烯酸缩二[乙二醇]酯　polydiethyleneglycol methacrylate　پولي مەتيل اكريل قەشقەل ديەتيلەن گليكول ەستەرى

聚甲基丙烯酸烯丙酯　polyallyl methacrylate　پولي الليل مەتاكريلات

聚甲基丙烯酸酯　polymethacrylate　پولي مەتاكريلات

聚－2－甲基丁二烯　poly－2－methylbutadiene　پولي ــ 2 ــ مەتيل بۋتاديەن

聚－2－甲基丁二烯(1,3)　"聚异戊二烯" گە قاراڭىز.

聚甲基芳香烃　polymetyl aromatics　پولي مەتيل اروماتتى كومىر سۇتەكى

聚甲基硅酮　methyl－silicone　پولي مەتيل سيليكون

聚甲基化作用　polymethylation　پولي مەتيلدەندىرۋ رولى

聚甲醛　polyformaldehyde　پولي فورمالدەگيد

聚甲炔染料　polymethine dyes　پولي مەتيلەندى بوياۋ

聚甲酸乙烯酯　polyvinyl formate　پولي ۆينيل فورمات

聚甲酸乙烯酯树脂　polyvinyl formate resin　پولي ۆينيل فورمات سمولاسى

聚甲烯化合物　polymethylene compound　پولي مەتيلەن قوسىلىستارى

聚甲烯衍生物　polymethylene derivative　پولي مەتيلەن تۋىندىلارى

聚间苯二酚二缩羟醋酸己二醇酯　polyhexamethylene resoricnol diglycollate　پولي گەكسامەتيلەن رەزورسينول ديگليكولات

聚间苯二酚二缩羟醋酸乙二醇酯　polyethyleneglycol resorcinol diglycollate　پولي ەتيلەن گليكول رەزورسينول ديگليكولات

聚间苯二酚二缩羟基醋酸丁二醇酯　polytetramethylene rosorcinol diglycolate　پولي تەترامەتيلەن رەزورسينول ديگليكولات

聚间苯二酚二缩羟基醋酸壬二醇酯　polynonamethylene resorcinol diglycollate　پولي نونامەتيلەن رەزورسينول ديگليكولات

聚间苯二酚二缩羟乙酸癸二醇酯　polydecamethylene resorcinol diglycollate　پولي دەكامەتيلەن رەزورسينول ديگليكولات

聚间苯二甲酸乙二醇酯　polyethylene glycol isophthalate　پولي ەتيلەن گليكول رەزورسينات

聚间苯二酸二缩羟醋酸丙二醇酯　polytrimethylene resorcinoxyl diacetate　پولي تريمەتيلەن رەزورسينات

聚交酯　polylactide　پولي گليكوليد

聚咔唑乙烯树脂　polyvinylcarbazole　پولي كاربازول ەتيلەن سمولاسى

聚酪氨酸　polytyrosine　پولي تيروزين

聚离子　polyion　پولي يون

聚联苯二甲酸－(2,2′)乙二醇酯　polyethylene－(2,2′) glycol diphenate

پولي گەكسامەتيلەن بەنزوات

聚联苯二甲酸－(4,4′)乙二醇酯　polyethylene－(4,4′)diphenylene
dicarboxylate　پولي ھەتيلەن گليكول بەنزوات

聚联苯二酸己二醇酯　polyhexamethylene dipheneyl dicarboxylate

پولي گەكسامەتيلەن بەنزوات

聚联苯－3,3′－二酸乙二醇酯　polyethyleneglycol－3,3′－diphenyene
dicarboxylate　پولي ديفەنيلەن ـ(3،3′) ـ ەكى كاربوكسيل قشقمل ھەتيلەن

گليكول ھەستەرى

聚链烷　polyalkane　پولي الكان

聚两性电解质　polyamphoteric electrolyte　پولي قوس قاسيەتتى ەلەكتروليت

聚两性(分子)电解质　"聚两性电解质" گە قاراڭىز.

聚邻苯二酸癸二醇酯　polydecamethylene phthalate　پولي دەكامەتيلەن فتالات

聚邻苯二酸乙二醇酯　polyethylene glycol aphthalate　پولي ھەتيلەن گليكول
بەنزوات

聚磷酸　polyphosphoric acid　پولي فوسفور قشقملى

聚磷酸盐　polyphosphates　پولي فوسفور قشقمل تۇزدارى

聚磷脂　polyphosphatide　پولي فوسفاتيد

聚硫脲环己二胺　poly－1,4－cyclohexylene dithiocarbamide　پولي
گەكسامەتيلەن سۇلفيد

聚硫橡胶　"多硫橡胶" گە قاراڭىز.

聚－a－卤(代)丙烯酸甲酯　polymethyl－a－halogenoacrylate　پولي ـ
a ـ گالوگەندى اكريل قشقمل مەتيل ھەستەرى

聚氯苯乙烯　polychlorostyrene　پولي حورلى ستيرەن

聚氯丙烯酸甲酯　polymethyl chloroacrylate　پولي حورلى اكريلى قشقمل
مەتيل ھەستەرى

聚氯丁二烯　polychloroprene　پولي حلورۇپرەن

聚氯丁烯　"聚氯丁二烯" گە قاراڭىز.

聚氯乙烯　polyvinyl chloride　پولي ۋينيل حلور

聚氯乙烯薄膜　polyvinyl chloride fim　پولي ۋينيل حلورلى جارعاق

聚氯乙烯－醋酸乙烯酯　polyvinyl chloride－acetate　پولي ۋينيل حلورلى
سىركە قشقمل ھەستەرى

聚氯乙烯树脂　polyvinyl chloride resin　پولي ۋينيل حلورلى سمولالار

聚氯乙烯纤维　polyvinyl chloride fiber　پولي ۋينيل حلورلى تالشق

聚氯乙烯塑料　polyvinyl chloride plastics　يېگكليت، پولي ۋينيل حلورلى سۇلياۋ

聚茂　　"聚环戊二烯" گە قاراڭىز.

聚醚　polye ther　پولي ەفير

聚醚树脂　polyether resin　پولي ەفيرلى سمولالار

聚醚油　polyether oil　پولي ەفير مايى

聚木糖　polyxylose　پولي كسيلوزا

聚萘二酸－[1, 4]－乙二醇酯　polyethylene glycol－1, 4－naphthalene dicarboxylate　پولي ەتيلەندى گليكول ـ 1، 4 ـ نافتاليندى ەكى كاربوكسيل قشقىل ەستەرى

聚萘二酸－[1, 5]－乙二醇酯　polyethylene－1, 5－naphthalene dicarboxylate　پولي ەتيلەندى گليكول ـ 1، 5 ـ نافتاليندى ەكى كاربوكسيل قشقىل ەستەرى

聚萘二酸－[2, 6]－乙二醇酯　polyethylene glycol－2, 6－naphthalene dicarboxylate　پولي ەتيلەندى گليكول ـ 2، 6 ـ نافتاليندى ەكى كاربوكسيل قشقىل ەستەرى

聚萘二酸－[2, 7]－乙二醇酯　polyethylene glycol－2, 7－naphthalene dicarboxylate　پولي ەتيلەندى گليكول ـ 2، 7 ـ نافتاليندى ەكى كاربوكسيل قشقىل ەستەرى

聚尿(间氮苯)甙酸　polyuridylic acid　پولي ۋريديل قشقىلى

聚脲　polyurea　پولي ۇرەا

聚脲树脂　carbamide resin　كارباميدتى سمولا (شايىر)

聚偏二氟乙烯　polyvinylidene fluoride　پولي فتورلى ۋينيليدەن

聚偏二氯乙烯　polyvinylidene chloride　پولي حورلى ۋينيليدەن

聚偏二氯乙烯纤维　polyvinyliden chloride fiber　پولي حورۋينيليدەندى تالشق

聚偏磷酸钾　potassiumpolymetaphosphate　پولي مەتا فوسفور قشقىل كالي

聚偏磷酸盐　polymetaphosphate　پولي مەتا فوسفور قشقىل تۇزدارى

聚羟醋酸乙二醇酯　polyhydroxy ethyl glycolate　پولي گيدروكسيل ەتيل گليكول ەستەرى

聚－w－羟癸酸　poly－w－oxynonane carboxylate　پولي ـ w ـ وكسي نوناندى كاربوكسيل قشقىلى

聚羟基化的   "多羟基化的" گە قاراڭز.

聚－6－羟基己酸酯 poly－6－hydroxyhexanoate پولي ـ 6 ـ گيدروكسيل گەكسان قىشقىل ەستەرى

聚－5－羟基－2,3,4－三甲氧基戊酸 poly－5－hydroxy－2,3,4－trimethoxy valeric acid پولي ـ 5 ـ گيدروكسيل ـ 2، 3، 4 ـ تريمەتوكسيل ۆللەريان قىشقىلى

聚－w－羟十二酸 poly－w－oxyundecanecarboxylate پولي ـ w ـ وكسي ۆندەكان كاربوكسيل قىشقىلى

聚－w－羟十九酸 poly－w－oxyoctadecane carboxylate پولي ـ w ـ وكسي وكتادەكاندى كاربوكسيل قىشقىلى

聚－w－羟十一酸 poly－w－oxyundecanoic acid پولي ـ w ـ وكسي ۆندەكان قىشقىلى

聚－w－羟戊酸 poly－w－oxyvalerate پولي ـ w ـ وكسي ۆالەريان قىشقىلى

聚－w－羟辛酸 poly－w－oxycaprylic acid پولي ـ w ـ وكسي كاپريل قىشقىلى

聚醛酶 carboligase كاربوليگازا

聚醛树脂 aldehyde resin الدەگيدتى سمولا

聚炔烃   "多炔" گە قاراڭز.

聚壬二醇缩甲醛 polynonamethylene formal پولي نونا مەتيلەن فورمال

聚壬二酸丁二醇酯 polytetramethylene azeleate پولي تەترا مەتيلەن ازەلات

聚壬二酸己二醇酯 polyhexamethylene azeleate پولي گەكسا مەتيلەن ازەلات

聚壬二酸壬二醇酯 polynonamethylene azeleate پولي نونا مەتيلەن ازەلات

聚壬二酸乙二醇酯 polyethylene glycol azeleate پولي ەتيلەن گليكول ازەلات

聚壬二酰丁二胺 polytetramethylene azelamide پولي تەترامەتيلەن ازەلاميد

聚壬二酰戊二胺 polypentamethylene eazelamide پولي پەنتا مەتيلەن ازەلاميد

聚乳酸 polylactic acid پولي ٴسۇت قىشقىلى

聚乳酸树脂 polylactic resin پولي ٴسۇت قىشقىلدى سمولا

聚乳酸纤维 polylactic acid fiber پولي ٴسۇت قىشقىلدى تالشىق

聚三氟氯乙烯 polytrifluorochloroethylene پولي ٴۇش فتورلى حلورلى ەتيلەن

聚三氟氯乙烯树脂 polytrifluovochloroethylene resin پولي ٴۇش فتور ـ حلور ەتيلەندى سمولا

聚十八烷二醇缩甲醛 polyoctadecamethylene fomal پولي وكتا

دەكامەتيلەندى فورمال

聚十八烷二酐 polyhexadecane dicarboxylic anhydride پولي گەكسا دەكاندى
ەكى كاربوكسيل انگيدريدتى

聚十八烷二酸丙二醇酯 polytrimethylene hexadecane dicarboxylate پولي
تريمەتيلەن گەكسا دەكاندى ەكى كاربوكسيل قەشقىل ەستەرى

聚十二烷二酸酐 polydecandicarboxylic anhydride پولي دەكان ەكى
كاربوكسيل انگيدريدتى

聚十二烷二酸乙二醇酯 polyethylene glycol decanedicarboxylate پولي
ەتيلەندى گليكول دەكان ەكى كاربوكسيل قەشقىل ەستەرى

聚十六烷二酰戊二胺 polypentamethylene tetradecane dicarboxylamide
پولي پەنتا مەتيلەندى تەترا دەكان ەكى كاربوكسيل اميد

聚十三烷二酸癸二醇酯 polydecamethylene undecandicarboxylate پولي
دەكا مەتيلەندى ۇندەكان ەكى كاربوكسيل قەشقىل ەستەرى

聚十三烷二酸戊二醇酯 polypentamethylene undecanedicarboxylate پولي
پەنتا مەتيلەندى ۇندەكان ەكى كاربوكسيل قەشقىل ەستەرى

聚十三烷二酸乙二酯 polyethylene glycol undecandicarboxylate پولي
ەتيلەندى گليكول ۇندەكان ەكى كاربوكسيل قەشقىل ەستەرى

聚十四烷二醇缩甲醛 polytetrradecamethylene formal پولي تەترا دەكا
مەتيلەندى فورمال

聚十四烷二酐 polytetradecanoic anhydride پولي تەترادەكان انگيدريدتى

聚十四烷二酸己二醇酯 polyhexamethylene dodecandicarboxylate پولي
گەكسا مەتيلەندى دودەكان ەكى كاربوكسيل قەشقىل ەستەرى

聚十四烷二酸乙二醇酯 polyethylene glycol dodecandicarboxylate پولي
ەتيلەندى گليكول دودەكان ەكى كاربوكسيل قەشقىل ەستەرى

聚十四烷二酰戊二胺 polypentamethylene dodecanedicarboxylamide پولي
پەنتا مەتيلەندى دودەكان ەكى كاربوكسيلاميد

聚十一醇 polyundecamethylene alcohol پولي ۇندەكا مەتيلەندى سپيرت

聚十一双醇 polyundecamethylene glycol پولي ۇندەكا مەتيلەندى گليكول

聚十一烷二醇 "聚十一双醇" گە قاراڭىز.

聚十一烷二酸乙二醇酯 polyethylene glycol nonadicarboxylate پولي
ەتيلەندى گليكول نونان ەكى كاربوكسيل قەشقىل ەستەرى

聚十一烷二酰丁二胺 polytetramethylene nonandicarboxylic amide پولي
تەترا مەتيلەندى نونان ەكى كاربوكسيلاميد

聚十一烷二酰戊二胺　polypentamethylene nonandicarboxylamide پولي پەنتا مەتيلەندى نونان ەكى كاربوكسيلاميد

聚顺丁烯二酸乙二醇酯　polyethylene glycol maleate پولي ەتيلەندى گليكول مالەين قشقىل ەستەرى

聚四氟乙烯　polytetrafluoroethylene پولي ئەتورت فتورلى ەتيلەن

聚四氟乙烯纤维　polytetrafluoroethylene fiber پولي ئەتورت فتورلى ەتيلەندى تالشىق

聚四硫化乙烯　polyethylene glycol tetrasulfide پولي ئەتورت كۆكىرتتى ەتيلەن

聚缩醛　polyacetal پولي اتسەتال

聚酞酸丙二醇酯　polypropylene phthalate پولي پروپيلەندى فتال قشقىل ەستەرى

聚酞酰脲　polyphthaloyl urea پولي فتاليل ۇرەا

聚碳酸苯二甲醇酯　polyxylene carbonate پولي كسيلەندى كومىر قشقىل ەستەرى

聚碳酸丙二醇酯　polytrimethylene carbonate پولي تريمەتيلەندى كومىر قشقىل ەستەرى، پولي پروپيلەن كاربونات

聚碳酸丁二醇酯　polytetramethylene carbonate پولي تەترا مەتيلەندى كومىر قشقىل ەستەرى، پولي تەترا مەتيلەن كاربونات

聚碳酸庚二醇酯　polyheptamethylene carbonate پولي گەپتا مەتيلەندى كومىر قشقىل ەستەرى

聚碳酸己二醇酯　polyhexamethylene carbonate پولي گەكسا مەتيلەندى كومىر قشقىل ەستەرى

聚碳酸壬二醇酯　polynonamethylene carbonate پولي نونا مەتيلەندى كومىر قشقىل ەستەرى

聚碳酸十二烷二醇酯　polydecamethylene glycol carbonate پولي دەكا مەتيلەندى گليكول كومىر قشقىل ەستەرى

聚碳酸十四烷二醇酯　polytetradecamethylene carbonate پولي تەترا دەكامەتيلەندى كومىر قشقىل ەستەرى

聚碳酸十一烷二醇酯　polyundecandiol carbonate پولي ۋندەكامەتيلەن كومىر قشقىل ەستەرى

聚碳酸辛二醇酯　polyoctamethylene carbonate پولي وكتا مەتيلەندى كومىر قشقىل ەستەرى

聚碳酸乙二酯　polyethylene carbonate پولي ەتيلەندى كومىر قشقىل ەستەرى

聚碳酸酯　polycarbonate　پولي كومىر قشقىل ھەستەرى

聚糖　polyose　پولي وزا، پولي قانت

聚萜　poly terpene　پولي تەرپەن

聚酮　polyketone　پولي كەتون

聚烷撑二醇　polyalkylene glycol　پولي الكىلەندى گلىكول

聚烷撑二醇润滑剂　polyalkylene glycol lubricant　پولي الكىلەندى گلىكوزا
مايلاعىش اگەنت، پولي الكىلەن گلىكول جۇمسارتقىش ءداراسى

聚烷撑二醇润滑油　polyalkylene glycol oil　پولي الكىلەندى گلىكول مايى

聚烷氧化物　polyalkoxide　پولي الكوكسىد، پولي الكان توتىعى

聚戊二醇缩甲醛　polypentamethylene formal　پولي پەنتا مەتىلەندى فورمال

聚戊二酸癸二醇酯　polydecamethylene glutarate　پولي دەكا مەتىلەندى
گلىۋتار قشقىل ھەستەرى

聚戊二酰戊二胺　polypentamethylene glutaramide　پولي پەنتا مەتىلەندى
گلىۋتارامىد

聚戊烯桥　polypren bridge　پولي پەرەن كوپسر، پولي پەنتەن كوپسرى

聚矽氧烷　polysiloxane　پولي سىلوكسان

聚烯合成润滑剂　polyalkylene synthetic lubricant　پولي الكىلەندى
سىنتەزدىك مايلاعىش اگەنت

聚烯烃　polyolefin　پولي ولەفىن، پولي الكەن

聚烯烃纤维　polyolefine fiber　پولي ولەفىندى تالشق

聚酰胺　polyamide　پولي امىد

聚酰胺树脂　polyamide resin　پولي امىدتى سمولا

聚酰胺纤维　polyamide fiber　پولي امىدتى تالشىق، پەرلون

聚酰胺酯类　polyaminoesters　پولي امىنو ھەستەرلەرى

聚酰胺脂　polyesteramide　پولي ھەستەرامىد

聚酰亚胺　polyimide　پولي يمىد

聚酰亚胺树脂　polyimide resin　پولي يمىدتى سمولا

聚腺甙酸　polyadenylic acid　پولي ادەنيل قشقىلى

聚香豆酮　polycoumarone　پولي كوۋمارون

聚硝基乙烯　polynitroethylene　پولي نيترو ەتيلەن

聚辛二酐　polysuberic anhydride　پولي سۇبەر انگيدريدتى

聚辛二酸乙二醇酯　polyethylene glycol suberate　پولي ەتيلەندى گلىكول
سۇبەر قشقىل ھەستەرى

聚辛二酰丁二胺　polytetramethylene suberamide　پولي تەترا مەتیلەندى سۇبەرامید

聚辛二酰戊二胺　polypentamethylene suberamide　پولي پەنتا مەتیلەندى سۇبەرامید

聚辛二酰辛二胺　polyoctamethylene suberamide　پولي وكتا مەتیلەندى سۇبەرامید

聚溴乙烯　polyvinyl bromide　پولي ۋينيل برومید

聚亚胺酯　"聚氨基甲酸乙酯" گه قاراڭز.

聚亚甲烃　polymethylene hydrocarboe　پولي مەتیلەندى كومىر سۇتەكتەر

聚亚烃砜　polyalkylene sulfone　پولي الكیلەندى سۇلفون

聚亚烃化硫　polyalkylene sulfide　پولي الكیلەندى كۇكىرت

聚亚乙烯树脂　polyvinylidene resin　پولي ۋينيل سمولا

聚氧丙烯　polypropylene oxide　پولي پروپیلەن توتعى

聚氧化甲烯　polyoxymethylene　(CH₂O)n　پولي وتتەكتى مەتیلەن

聚氧化烯烃树脂　polyoxyalkylene resin　پولي وتتەكتى الكیلەندى سمولا

聚氧化乙烯　polyoxyethylene　پولي وتتەكتى ەتیلەن

聚氧化乙烯烷代酚醚　polyoxyethylene alkyl phenol ether　پولي وتتەكتى ەتیلەندى الكیل فەنول ەفیرى

聚氧化乙烯脂族醇醚　polyoxyethylene aliphatic alcohol ether　پولي وتتەكتى ەتیلەندى الیفات سپیرت ەفیرى

聚氧甲烯　"聚氧化甲烯" گه قاراڭز.

聚氧乙烯　"聚氧化乙烯" گه قاراڭز.

聚氧杂茚　"聚香豆酮" گه قاراڭز.

聚乙二醇　polyethylene glycol　پولي ەتیلەندى گلیكول

聚乙二醇二硬脂酸酯　polyethylene glycol distearate　پولي ەتیلەندى گلیكول ەكى ستەارین قىشقىل ەستەرى

聚乙二醇醚　polyglycol ether　پولي گلیكول ەفیرى

聚乙二酸丙二醇酯　polytrimethylene oxalate　پولي تریمەتیلەندى قىمىزدىق قىشقىل ەستەرى

聚乙二酸癸二醇酯　polydecamethylene oxalate　پولي دەكا مەتیلەندى قىمىزدىق قىشقىل ەستەرى

聚乙二酸己二醇酯　polyhexamethylene oxalate　پولي گەكسا مەتیلەندى

قىممزدىق قىشقىل ەستەرى

聚乙二酸十一烷二酯　polyundecamethylene glycol oxalate　پولي وُندەكا

مەتيلەندى گليكول قىممزدىق قىشقىل ەستەرى

聚乙二酸戊二醇酯　polypentamethylene oxalate　پولي پەنتا مەتيلەندى

قىممزدىق قىشقىل ەستەرى

聚乙二酸乙二醇酯　polyethylene glycol oxalate　پولي ەتيلەندى گليكول

قىممزدىق قىشقىل ەستەرى

聚乙二酰癸二胺　polydecamethylene oxamide　پولي دەكا مەتيلەندى وكساميد

聚乙基苯　polyphenylene ethyl　پولي فەنيلەندى ەتيل

聚乙基三乙氧基硅烷　polyethyl triethoxylane　پولي ەتيل ‹وُش ەتوكسيلان

聚乙醛　‹介(乙)醛" گە قاراڭز.

聚乙炔　polyacetylene　پولي اتسەتيلەن

聚乙炔薄膜　polyacetylene film　پولي اتسەتيلەن جارعاق

聚乙炔酯　polyacetylenic ester　پولي اتسەتيلەن ەستەرى

聚乙酸乙烯酯　‹聚醋酸乙烯酯" گە قاراڭز.

聚乙烯　polyethylene, polythene　پولي ەتيلەن، پوليتەن

聚乙烯胺　polyvinyl amine　پولي ۆينيل امين

聚乙烯苯二酰亚胺　polyvinyl phthalimide　پولي ۆينيل فتاليميد

聚乙烯吡咯烷酮　polyvinyl pyrrolidone, polyvidon،پولي ۆينيل پيررول,يدون،

پوليۆيدون

聚乙烯醇　polyvinyl alcohol, poval　پولي ۆينيل سپيرتى، پوۋال

سولۆار

聚乙烯醇树脂　polyvinyl alcohol resin

聚乙烯醇缩丁醛　polyvinyl butyral　پولي ۆينيل بۇتيرال

聚乙烯醇缩甲醛　polyvinyl formal　پولي ۆينيل فورمال

聚乙烯醇缩甲醛纤维　‹维尼龙" گە قاراڭز.

聚乙烯醇缩醛　polyvinyl acetal　پولي ۆينيل اتسەتال

聚乙烯醇缩乙醛　‹聚乙烯醇缩醛" گە قاراڭز.

聚乙烯醇缩乙醛树脂　polyvinyl acetale resin　پولي اتسەتالدى سمولا

聚乙烯二甲胺　polyvinyl dimetylamine　پولي ۆينيل ديمەتيلامين

聚乙烯环己烯　polyvinyl cyclohexene　پولي ۆينيل ساقينالى گەكسەن

聚乙烯基甲基甲酮　polyvinyl methyl ketone　پولي ۆينيل مەتيل كەتون

聚乙烯基甲基醚　polyvinylmethyl ether　پولي ۆينيل مەتيل ەفيرى

聚乙烯(基类)树脂　polyvinyl resin

پولي ۋېنيل (تەكتەس) سمولا

聚乙烯甲胺	polyvinyl methylamine	پولي ۋېنيل مەتيلامين
聚乙烯甲醚		"聚乙烯基甲基醚" گە قاراڭـز.
聚乙烯介质	polyethylene dielectric	پولي ەتيلەن دىەلەكتريك
聚乙烯咔唑	polyvinyl carbazole	پولي ۋېنيل كاربازول
聚乙烯醚	polyvinyl ether	پولي ۋېنيل ەفيرى
聚乙烯润滑油	polyethylene oil	پولي ەتيلەندى (جاعمن) ماي
聚乙烯树脂		"聚乙烯(基类)树脂" گە قاراڭـز.
聚乙烯塑料	vinyon	ۋېنيون، پولي ەتيلەندى سۇلياۋ
聚乙烯纤维	polyethylene fiber	پولي ەتيلەندى تالشق
聚乙烯亚胺	polyethylene imine	پولي ەتيلەندى يمين
聚乙烯乙醚	polyvinyl ethyl ether	پولي ۋېنيل ەتيل ەفيرى
聚乙烯异丁醚	poly vinyl isobutyl ether	پولي ۋېنيل يزوبۇتيل ەفيرى
聚乙烯油	polyethylene oil	پولي ەتيلەندى ماي
聚乙酰氨基乙烯	polyacetyl vinyl amine	پولي اتسەتيل ۋېنيلامين
聚异丙烯甲基酮	polyisopropenyl methyl ketone	پولي يزو پروپەنيل مەتيل كەتون
聚异丁烯	polyisobuthylene	پولي يزو بۇتيلەن
聚异丁烯塑料		"维斯坦呢克丝" گە قاراڭـز.
聚异丁烯橡胶	polyisobutylene rubber	پولي يزو بۇتيلەندى كاۋچۇك
聚异戊二烯	polyisoprene	پولي يزوپرەن
聚异戊二烯橡胶	polyisoprene rubber	پولي يزو پەنتيلەندى كاۋچۇك
聚茚	polyindene	پولي يندەن
聚茚树脂		"茚树脂" گە قاراڭـز.
聚有机硅氧烷	polyorganosiloxane	پولي ورگانيكالـق سيلوكسان
聚有机磷硅氧烷	polyorganophosphorosiloxane	پولي ورگانيكالـق فوسفورلى سيلوكسان
聚有机铝硅氧烷	polyorganoaluminosiloxane	پولي ورگانيكالـق الۇميندى سيلوكسان
聚有机硼硅氧烷	polyorganoborosiloxane	پولي ورگانيكالـق بورلى سيلوكسان
聚有机钛硅氧烷	polyorganotitanosiloxane	پولي ورگانيكالـق فتالەين سيلوكسان
聚有机钛氧烷	polyorganotitanoxane	

聚有机锡硅氧烷　polyorganostannosiloxane　پولي ورگانيكالىق فتالوكسان
پولي ورگانيكالىق قالايلى سيلوكسان

聚酯　polyester　پولي ەستەر

聚酯氟橡胶　fluoriated polyester rubber　پولي ەستەر فتورلى كاۋچۇك

聚酯合成润滑剂　polytster synthetic lubricant　پولي ەستەر سينتەزدىك مايلاعىش اگەنت

聚酯化作用　polyesterification　پولي ەستەرلەنۋ

聚酯树脂　polyester resin　پولي ەستەرلى سمولا

聚酯纤维　polyester fiber　پولي ەستەرلى تالشىق

聚酯橡胶　lactoprene, polyester rubber　لاكتوپرەن، پولي ەستەر كاۋچۇك

聚腙　polyhydrazone　پولي گيدرازون

巨花精　magnoflorine　ماگنو فلورين

巨球朊　macroglobulin　ماكروگلو بۋلين

巨酸　gigantic acid　گيگانتەن قىشقىلى

juan

卷杆菌糖　synanthrose　$C_6H_{10}O_5$　سينانتروزا

jue

决定反应速度的步骤　rate – determining step　رەاكسيا جىلدامدىعىن بەلگىلەيتىن باسقىش

绝对比重　absolute specific gravity　ابسوليۋت مەنشىكتى سالماق

绝对不对称　absolute asymmetry　ابسوليۋت اسيممەتريا

绝对反应速度理论　absolute reaction rate theory　ابسوليۋت رەاكسيا جىلدامدىعى تەورياسى

绝对沸点　absolute boiling point　ابسوليۋت قايناۋ نۇكتەسى

绝对甲醇　absolute methanol　ابسوليۋت مەتانول سۇسز مەتانول

绝对价　absolute valency　ابسوليۋت ۋالەنت، ەك جوعارى ۋالەنتتىك

绝对结构　absolute structure　ابسوليۋت قۇرىلىم

绝对酒精　absolute alcohol　ابسوليۋت سپيرت، سۇسز سپيرت

绝对零度 absolute zero(point) ابسوليۋت نولدىك
绝对密度 absolute density ابسوليۋت تىعىزدىق
绝对粘度 absolute viscosity ابسوليۋت تۇتقىرلىق
绝对容量 absolute capacity ابسوليۋت سىيىمدىلىق
绝对溶剂力 absolute solvent power ابسوليۋت ەرىتكىش قۋاتى
绝对热效率 absolute heating effect ابسوليۋت جىلۋ ەففەكتى
绝对散射本领 absolute scattering power ابسوليۋت ساۋلە تاراتۋ قابىلەتى
绝对湿度 absolute humidity ابسوليۋت ىلعالدىق
绝对温标 absolute temperature scale ابسوليۋت تەمپەراتۋرا ىشكالاسى
绝对温度 absolute temperatura ابسوليۋت تەمپەراتۋرا
绝对误差 absolute error ابسوليۋت قاتەلىك
绝对压力 absolute pressure ابسوليۋت قىسىم
绝对压力计 absolute manometer ابسوليۋت مانومەتر
绝对乙醇 absolute ethyl alcohol ابسوليۋت ەتيل سپيرتى
绝对值 absolute valve ابسوليۋت ٴمان
绝对质量 absolute mass ابسوليۋت ماسسا
绝对重量 absolute weight ابسوليۋت سالماق
绝热的 adiabatic جىلۋ وتكىزبەستىك، ادياباتتىق
绝热变化 adiabatic change جىلۋ وتكىزبەي وزگەرۋ، ادياباتتىق وزگەرۋ
绝热材料 heat insulating material جىلۋ وتكىزبەيتىن ماتەريالدار، ادياباتتىق ماتەريالدار
绝热方程式 adiabatic equation جىلۋ وتكىزبەۋ تەڭدەۋى، ادياباتتىق تەڭدەۋ
绝热隔膜 adiabatic diaphragm جىلۋ وتكىزبەيتىن توسقىش پەردە، ادياباتتىق پەردە
绝热过程 adiabatic process جىلۋ وتكىزبەۋ بارىسى، ادياباتتىق بارىس
绝热膨胀 adiabatic expansion جىلۋ وتكىزبەي ۇلعايتۋ، ادياباتتى كەڭەيتۋ
绝热典线 adiabatic line(curve) جىلۋ وتكىزبەۋ قيسىق سىزىعى، ادياباتتىق قيسىق سىزىق
绝热体 "绝热材料" گە قاراڭىز.
绝热压缩 adiabatic compression جىلۋ وتكىزبەي سىعۋ، ادياباتتىق سىعۋ
绝热压缩系数 adiabatic compressibility جىلۋ وتكىزبەي سىعۋ كوەففيتسەنتى، ادياباتتىق سىعۋ كوەففيتسەنتى
绝热蒸发 adiabatic evaporation جىلۋ وتكىزبەي بۋلانۋ، ادياباتتى بۋلانۋ

绝热指数　adiabatic index　جىلۇ ۋتكەزبەۇ كورسەتكىشى، ادياباتتىق كورسەتكىش

绝热装置　adiabatic apparatus　جىلۇ ۋتكەزبەيتىن قوندىرعى، ادياباتتىق قوندىرعى

绝微子　amicron　امىكرون

绝氧脱氢酶　anoxytropic dehydrogenases　انوكسىتروپتىق دەگيدروگەنازا

绝缘　insulate, insulation　يزولياتسيالاۇ، بولەكتەۇ، ايىرۇ

绝缘本领　insulating power　يزولياتسيالاۇ قابلەتى، يزولياتسيالىق قابلەتى

绝缘材料　insulating material　يزولياتسيالىق ماتەريالدار

绝缘管　insulating tube　يزولياتسيالايتىن قۇبىر

绝缘胶布　　"绝缘胶带" گە قاراڭىز.

绝缘胶带　insulating tape　يزولياتسيالىق پلاستر

绝缘蜡　insulating wax　يزولياتسيالىق بالاۇز

绝缘清漆　insulating varnish　يزولياتسيالىق جىلتىر سىر

绝缘水泥　insulating cement　يزولياتسيالىق سەمەنت

绝缘陶瓷　insulating ceramics　يزولياتسيالىق قىش ــ فارفور (كارلەن)

绝缘体　insulator　يزولياتور، بولەكتەۇشى دەنە

绝缘物　insulating material　يزولياتسيالىق زاتتار

绝缘性质　insulating properties　يزولياتسيالاۇ قاسيەتى، يزولياتسيالىق قاسيەتى

绝缘油　insulating oil　يزولياتسيالىق ماي

绝缘纸　insulating paper　يزولياتسيالىق قاعاز

绝缘砖　insulating brick　يزولياتسيالىق كەرپىش

jun

均　homo－, sym－　گومو ــ، سيم

均苯三酚　1,3,5－trihydroxybenzene(＝phloroglucinol)　1، 3، 5 ــ ۇش
گيدروكسيل بەنزول، فلورو گليۇتسينول

均丙三羧酸　tricarballylic acid　(HO₂CCH₂)₂CHCOOH　ۇش كارباليليل قشقىلى

均二氨基脲　　"卡巴肼" گە قاراڭىز.

均二苯代乙醇　　"苯基·苄基甲醇" گە قاراڭىز.

均二苯代乙烯　　"芪" گە قاراڭىز.

均二苯胍　sym－diphenyl guanidine　sym ــ ديفەنيل گۇانيدين

均二苯基卡巴腙　sym－diphenyl carbazone　C₆H₅N:NCONHNC₆H₅

sym ــ ديفەنيل كاربازون

均二苯基乙二醇　"氢化苯偶姻" گە قاراڭز.

均二苯基肼　sym‑diphenyl hydrazine　C₆H₅NHNHC₆H₅　sym ـ ديفەنيل گيدارزين

均二苯卡巴肼　s‑diphenyl carbazide　s ـ ديفەنيل كاربازيد

均二苯硫脲　thiocarbanilide, sulfocarbanilide　(C₆H₅NH)₂CS،　تيوكاربانيليد، كۆكسرتتى كاربانيليد

均二苯脲　sym‑diphenyl urea(= carbanilide)　(C₆H₅NH)₂CO　sym ـ ديفەنيل ۇرەا

均二苯脲‑4,4′‑二羧酸二丙酯　dipropyl carbanilide‑4,4′‑dicarboxylate　CO(NHC₆H₄COCH₂C₂H₅)₂　كاربانيل ـ 4، ′4 ـ ەكى كاربوكسيل قىشقىل ديپروپيل ەستەرى

均二苯替甲脒　"N, N′‑二苯基甲脒" گە قاراڭز.

均二苯乙烯　"均二苯代乙烯" گە قاراڭز.

均二苯乙烯基　"芪基" گە قاراڭز.

均二丙脲　sym‑dipropyl urea　C₂H₅CH₂NH₂CO₂　sym ـ ديپروپيل ۇرەا

均二碘代乙烯　"乙炔化二碘" گە قاراڭز.

均二甲基硫脲　sym‑dimethyl thiourea　sym ـ ديمەتيل تيوۇرەا

均二甲脲　sym‑dimethylurea　(CH₃NH)₂C:O　sym ـ ديمەتيل ۇرەا

均二卤代乙烯　"乙炔化二卤" گە قاراڭز.

均二氯丙酮　sym‑dichloro acetone　(ClCH₂)₂CO　sym ـ ەكى حلورلى اتسەتون

均二氯代乙烯　"乙炔化二氯" گە قاراڭز.

均二氯乙烯　sym‑dichloro ethylene　sym ـ ەكى حلورلى ەتيلەن

均二脲基乙二肟　"草酰二脲二肟" گە قاراڭز.

均二溴代乙烯　"乙炔化二溴" گە قاراڭز.

均二吲哚基肼　"肼撑吲哚" گە قاراڭز.

均化　homogenize　گوموگەندەنۋ، ٴبىر كەلكىلەنۋ

均化剂　levelling agent　ٴبىر كەلكىلەندىرگىش اگەنت

均化器　homogenizer　گوموگەندەگىش، ٴبىر كەلكىلەندىرگىش

均化作用　homogenization　گوموگەندەۋ، ٴبىر كەلكىلەندىرۋ

均甲基苯肼　sym‑methyl phenyl hydrazine　C₆H₅NHNHCH₃　sym ـ مەتيل فەنيل گيدارزين

均甲基苯脲　sym‑methyl phenyl urea　C₈H₁₀N₂O　sym ـ مەتيل فەنيل ۇرەا

均甲基乙基乙烯　sym－methyl ethyl ethylene　sym مەتيل ەتيل ەتيلەن

均甲基乙酰脲　sym－methyl acethyl urea　$CH_3NHCONHCOCH_3$　sym مەتيل
اتسەتيل ۇرەا

均聚反应　homopolymerization　گومو پوليمەرلەۋ رەاكسياسى

均聚合树脂　homogeneously polymerized resin　گومو پوليمەرلەنگەن
سمولالار

均聚合作用　homopolymerization　گومو پوليمەرلەۋ

均聚物　homopolymer　گومو پوليمەرلەر

均枯基　s－pseudo cumyl　s جالعان كۇميل

均链高分子　homochain macromolecule　گومو تىزبەكتى جوعارى مولەكۇلالار

均链高聚物　homochain polymer　گومو تىزبەكتى جوعارى مولەكۇلالى
پوليمەرلەر

均链聚合物　homochain polymer　گومو تىزبەكتى پوليمەرلەر

均裂反应　homolysis　ٴبىر كەلكى بولشەكتەنۇ (رەاكسياسى)

均甘七烷酮　myristone　$(C_{13}H_{27})_2CO$　ميريستون

均三氮苯　"均三嗪" گە قاراڭىز.

均三氮茂并　s－triazolo－　s تريازولو

均三恶烷　s－trioxane　$C_3H_6O_3$　s تريوكسان

均三甲苯　mesitylene(＝mesitylol)　C_9H_{12}　مەزيتيلەن، مەزيتيلول

均三甲苯胺　mesidine　$(CH_3)_3C_6H_2NH_2$　مەزيدين

均三甲苯胺基　mesidino　مەزيدينو

均三甲苯酚　mesitol　$(CH_3)_3C_6H_2OH$　مەزيتول

均三甲苯基　mesityl　$2,4,6－(CH_3)_3C_6H_2－$　مەزيتيل

α－均三甲苯基　α－mesityl　α مەزيتيل

均三甲苯基胺　mesityl amine　$(CH_3)_3C_6H_3CH_2NH_2$　مەزيتيل امين

均三甲苯基化氧　mesityl oxide　$(CH_3)_2C:CHCOCH_3$　مەزيتيل توتعى

均三甲苯基十七基甲酮　mesityl hepta decyl ketone　مەزيتيل گەپتادەتسيل
كەتون

均三甲苯基酸　mesitylic acid　$C_9H_3O_3$　مەزيتيل قىشقىلى

均三甲苯间二酚　mesorcinol　$(CH_3)_3C_6H(OH)_2$　مەزورتسينول

均三甲苯林酸　mesitylinic acid　$(CH_3)_2C_6H_3COOH$　مەزيتيلين قىشقىلى

均三甲苯醛　mesitylenic aldehyde　مەزيتيلەن الدەگيدتى

均三甲苯酸　mesitic acid　$CH_3C_6H_3(COOH)_2$　مەزيت قىشقىلى

均三甲苯酮酸　mesitonic acid　$C_7H_{12}O_3$　مەزيتون قىشقىلى

均三甲苯酰　mesitoyl　مەزيتويل

均三甲苯氧基　mesityloxy　مەزيتيلوكسيل

均三嗪　s‐triazine　s ‐ تريازين

均三嗪三酚 s‐triazinetriol　پيروليتين قىشقىلى

均三嗪衍生物　"氰定" گە قاراڭىز.

均三硝基苯　sym‐trinitrobenzene　sym ‐ ترينيترو بەنزول

均三氧己环　"均三恶烷" گە قاراڭىز.

均三唑并　"均三氮茂并" گە قاراڭىز.

均十一酮　n‐amyl ketone　$(C_5H_{11})_2CO$　n ‐ اميل كەتون

均四苯乙烷　"对称四苯乙烷" گە قاراڭىز.

均四氮苯　s‐tetrazine　s ‐ تەترازين

均四甲苯　durene, sym‐tetrazene　دۇرەن

均四氯丙酮　sym‐tetrachloroacetone　$(Cl_2CH)_2CO$　sym ‐ ئۇورت حلورلى اتسەتون

均四氯二氟乙烷　sym‐tetrachlorodifluroethane　sym ‐ ئۇورت حلورلى ەكى فتورلى ەتان

均四氯乙烷　sym‐tetrachloro ethane　$Cl_2CHCHCl_2$　sym ‐ ئۇورت حلورلى ەتان

均态　homogenous state　گەموگەندى كۇي، ئبىر كەلكى كۇي

均相　homogeneous phase　گەموگەندى فازا، ئبىر تەكتى فازا

均相催化　homogeneous catalysis　گوموگەندى كاتاليز

均相催化剂　homogeneos catalyst　گەموگەندى كاتاليزاتور

均相催化作用　homogeneos catalysis　گەموگەندى كاتاليزدەۇ

均相化学反应　homogeneous chemical reaction　گەموگەندى حيميالىق رەاكسيالار

均相化学平衡　chemical equilibrium in a homogeneous system　گەموگەندى حيميالىق تەپە ‐ تەڭدىك

均相聚合　homogeneous polymerization　گەموگەندى پوليمەرلەنۇ

均相平衡　homogeneous equilibrium　گەموگەندى تەپە ‐ تەڭدىك

均一化溶剂　levelling solvent　ئبىر كەلكلەنگەن ەرىتكىش

均匀爆炸混合物　homogeneous explosive mixture　گەموگەندى قوپارعىش

قوسپالار

均匀的　homogeneous　گەموگەندى، ئبىر كەلكى

均匀反应　homogeneous reaction　گەموگەندى رەاكسىيالار

均匀反应速度　uniform rate of reaction　ئبىر كەلكى جۇرىلەتىن رەاكسيا
جىلدامدىعى

均匀分解　homolytic fission (dissociation)　ئبىر كەلكى ىدىراۇ

均匀腐蚀　uniform corrosion　ئبىر كەلكى كوررۇزيالانۇ

均匀共沸混合物　homogeneous azeotrope　ورتاق قاينايتىن گەموگەندى
قوسپالار

均匀混合　uniform mixing　تەگىس ارالاسۇ، ئبىر كەلكى ارالاسۇ

均匀混合物　homogeneous mixture　گەموگەندى قوسپالار

均匀接触　uniform contact　ئبىر كەلكى ئتيمسۇ، تەگىس ئتيمسۇ

均匀可燃混合物　homogeneous combustible mixture　ئبىر كەلكى جاناتىن
قوسپالار

均匀粒状结构　equigranalar texture　ئبىر كەلكى تۇيىرشەك ئتارىزدى قۇرىلمم

均匀馏分　uniform fraction　ئبىر كەلكى ايدالعان قۇرامدار

均匀伸长　uniform elengation　ئبىر كەلكى ۇزارۇ، بىردەي ۇزارۇ

均匀体　homogeneous body　گەموگەندى دەنەلەر

均匀物系　homogeneous system　گەموگەندى جۇيەلەر

均匀性　homogeneity　گەموگەندىلىك، ئبىر كەلكىلىك

菌醇　mycol　ميكول

菌红素　bacterioruberin　باكتەر يورۇبەرين

菌红质　bacteri–erythrin　باكتەريو – ەريترين

菌丝胺　mycelianamide　ميتسەليان اميد

菌丝酰胺　"菌丝胺" گە قاراگىز.

菌叶绿素　bacteriochlorophyl　باكتەريو حلوروفيل

菌萤素　bacteriofluorescein　باكتەريو فلۇورىستسەين

菌紫素　bacteriopurpurin　باكتەريو پۇرپۇرين

K

ka

咖啡　coffee　كافه، كوفەي

咖啡雌醇　cafestol　كافەستول

咖啡丹宁　caffetannine　كافەتاننين

咖啡丹宁酸　caffetannic acid　$C_{15}H_{18}O_9$　كافەتاننين قىشقىلى

咖啡碱　coffeine　كافەين

咖啡蜡　coffee berry wax　كافه بۇرشاق بالاۋنزى

咖啡内酯　caffolide　كافوليد

咖啡尿酸　caffuric acid　كافۇر قىشقىلى

咖啡鞣酸　"咖啡丹宁酸" گە قاراڭز.

咖啡酸　coffeic acid　$(OH)_2C_6H_3CHCHCOOH$　كافه قىشقىلى

咖啡酸盐　coffeate　كافه قىشقىلىننڭ تۇزدارى

咖啡因　"咖啡碱" گە قاراڭز.

咖啡油　coffee berry oil　كافه بۇرشاق مايى

咖啡中毒　caffeinism　كافەدەن ۋلانۇ

咖拉巴油　calaba oil　كالابا مايى

咖伦巴　calumba　كالۇمبا

咖伦宾　calumbin　كالۇمبين

咖马粉　rottlera (= kamala)　روتلەرا، كامالا

咖马啦　kamala　كامالا

咖马林　rottlerin (= kamalin)　$C_{22}H_{20}O_6$　روتلەرين، كامالين

咖马酸　gamma acid　$NH_2C_{10}H_5SO_3H$　گامما قىشقىلى

卡　calorie　كالۇريا

卡巴呋喃　carbofuran　كاربوفۇران

卡巴肼　carbazide　$(NH_2NH)_2CO$　كاربازيد

卡巴可　carbachole　كاربلحول

卡巴买特　carbamite　　　　　　　　　كاربامىت (راكەتا جانار زاتنىڭ قۇزامى)

卡巴咪嗪　carbamazepine　　　　　　　كارابامازەپىن

卡巴脲　　　　　　　　　　　　　　"كاربا肼" گە قاراڭىز.

卡巴胂　carbarsone　　$H_2NCONHC_6H_4AsO(OH)_2$　　كاربارزون

卡巴腙　carbazone　　$-N:NCONHNH-$　　كارابازون

卡包立　carbolite　　　　　　　　　كاربولىت

卡包纶　carbolon　　كاربولون (كومىرتەكتى كرەمنيدىڭ تاۋار اتى)

卡包塑料　carbolite　　　　　　　كاربولىت

卡宝品红　carbol fuchsin　　　　　كاربول فؤكسين

卡抱卡因　carbocaine　　　　　　　كاربوكاين

卡比咪嗪　carpipramine　　　　　　كارپيپرامىن

卡比西林　carbenicillin　　　　　كاربەنيتسيللىن

卡必醇　carbitol　　$HO(CH_2)_2O(CH_2)_2OC_2H_5$　　كاربيتول

卡苄醇醋酸酯　carbitol acetate　　كاربيتول سركە قشقىل ەستەرى

卡波金　carbogen　　　　　　　　كاربوگەن

卡波立塑料　carbolite　　　　　كاربولىت

卡布罗裂化过程　Carburol process　　كاربۇ رول بارسى

卡达明　cadamine　　　　　　　　كادامىن

卡氮芥　carmustin　　　　　　　كارمۇستىن

卡地阿唑　cardiazol　　　　　　كارديازول

卡尔酸　carlic acid　　$C_{10}H_{10}O_6$　　كارل قشقىلى

卡古第酸　cacodylic acid　　　كاكوديل قشقىلى

卡红　　　　　　　　　　　　"胭脂红" گە قاراڭىز.

卡红酸　carminic acid　　　　كارمين قشقىلى

卡计　calorimeter　　　　　　كالوريمەتر

卡可基　cacodyl group　　$(CH_3)_2As-$　　كاكوديل، كاكوديل گرۇپپاسى

卡可基化二硫　cacodyl disulfide　　$[(CH_3)_2As]_2S_2$　　ەكى كۆكىرتتى كاكوديل

卡可基硫　cacodyl sulfide　　$[(CH_3)_2As]_2S$　　كۆكىرتتى كاكوديل

卡可基氯　cacodyl chloride　　$(CH_3)_2AsCl$　　حلورلى كاكوديل

卡可基氢　cacodyl hydride　　$(CH_3)_2AsH$　　سۇتەكتى كاكوديل

卡可基氰　cacodyl cyanide　　$(CH_3)_2AsCN$　　سياندى كاكوديل

卡可基三氯　cacodyl trichloride　　$(CH_3)_2AsCl_3$　　ۇش حلورلى كاكوديل

卡可基酸　cacodylic acid(=alkargen)　　$(CH_3)_2AsCOOH$　　كاكوديل قشقىلى،

الكارگەن

卡可基酸汞　mercuric cacodylate　$Hg[O \cdot A_sO(CH_3)_2]_2$　كاكودىل قىشقىل سىناپ

卡可基酸氧化物　alkarsin　الكارزىن

卡可基氧　cacodyl oxide　$[(CH_3)_2A_s]_2O$　كاكودىل توتعى

卡可西灵　cacotheline　كاكوتەلىن

卡克生　chaksine　كاكزىن

卡拉米芬　caramiphen　كارامىفەن

卡乐施　profluralin　پروفلۇرالىن

卡藜灵　cascarrilline　كاسكارىللىن

卡藜酸　cascarillic acid　كاسكارىل قىشقىلى

卡藜油　cascarilla oil　كاسكارىللا مايى

卡灵草　carbutilate　كاربۇتىلات

卡罗酸　carosic acid　كاروز قىشقىلى

卡罗新碱　carosine　كاروزىن

卡马特灵　camadrin　كامادرىن

卡曼数　karman number　كارمان سانى

卡默酸　krameric acid　كرامەر قىشقىلى

卡那霉素　canamycin　كانامىتسىن

卡呢精　carnegine　كارنەگىن

卡诺醇　carnosol　كارنوزول

卡诺循环　carnot's cycle　كارنوت ئينالمسى

卡帕克辛　cappaxin　كاپپاكسىن

卡片纸　carton paper　كارتون قاعاز

卡普隆　caprone　كاپرون

卡普踏克斯　captax　كاپتاكس

卡若酸　carolic acid　$C_9H_{10}O_4$　كارول قىشقىلى

卡瓦因　　"醉椒素" گە قاراڭـز.

卡西定　casidiroedine　$C_{17}H_{24}O_5N_2$　كاسيمىروەدىن

卡因　－cain(e)　ـ كاين

卡因酸　　"海人酸" گە قاراڭـز.

卡英卡酸　cahincic acid(= caincic acid)　كاينتسىن قىشقىلى، كاينتسىن

卡英辛　cahincin　كاينتسىن

卡值　caloric value　كالورىيا ئمانى

咔啉　carboline　　كاربولين

γ－咔啉　γ－carboline　　γ ـ كاربولين

咔唑　carbazole　$C_{13}H_9$　　كاربازول

咔唑基　carbazolyl　$C_{12}H_8N-$　　كاربازوليل

胩　carbylamine　　كاربيلامين

胩反应　carbylamine reaction　　كاربيلامين رەاكسياسى

咯嗪　alloxazin　$C_{10}H_6N_4O_2$　　اللوكسازين

咯嗪腺嘌呤二核甙酸　alloxazin adenine dinucleotide　　اللوكسازين ادەنيندى دينۇكلەوتيد

kai

开　carat, karat　　كارات (التەننىڭ ولشەم بىرلىگى)

开耳芬电(阻)桥　kalvin bridge　　كەلۋين (ھەلەكتر كەدەرگىسى) كوپىرى

开耳芬温度　kalvin degree　　كەلۋين گرادۇسى (كيلوۋات ـ ساعات)

开尔文(k)　kelvin (k)　　كەلۋين (بىرلىك، k)

开环　ring opening　　ساقينا اشۇ، ساقينا اشلۇ

开环聚合　ring－opening polymerization　　ساقينا اشلىپ پوليمەرلەنۇ

开拉散　karathane　　كاراتان

开连散　kelthane　　كەلتان

开链　open chain　　اشىق تىزبەك

开链化合物　open chain compound　　اشىق تىزبەكتى قوسىلىستار

开链式结构　open chain structure　　اشىق تىزبەكتى قۇرىلىم

开链烃　open chain hydrocarbon　　اشىق تىزبەكتى سۇتەكتەر

开林　khellin　　كەللين

开罗油　kerol　　كەرول

开洛甙　khelloglucoside　　كەللوگليۇكوزيد

开米他　kemithal　　كەميتال

开普顿　captan　　كاپتان

锎(cf)　californium　　كاليفورنى (cf)

凯库勒　F·A·Kekule（1829－1896）　　ف. ا. كەكۇله (گەرمانيا حيميگى)

凯库勒式　kekule formula　　كەكۇله فورمۇلاسى

凯利滤机　kelly filter　　كەللي سۇزگىسى (سۇزگىشى)

蒈酮	carone	$C_{10}H_{10}O_6$	كارون
蒈酮-5			"蒈酮" گه قاراڭز.
蒈烷	carane	$C_{10}H_{18}$	كاران
蒈烯	carene	$C_{10}H_{16}$	كارەن

kan

莰	camphane	$C_{10}H_{18}$	كامفان
莰胺-[2]			"冰片基胺" گه قاراڭز.
莰醇-[2]			"冰片" گه قاراڭز.
莰二酰			"樟脑酰" گه قاراڭز.
莰非定	camphidine	$C_{10}H_{19}N$	كامفيدين
莰佛精	camphogen		كامفوگەن
莰佛酸	campho acid	$C_{10}H_{14}O_6$	كامفور قەشقەلى
莰佛羧酸	camphocarboxylic acid	$C_{11}H_{16}O_3$	كامفو كاربوكسيل قەشقەلى
莰佛烯酸	camphoceenic acid	$C_9H_{14}O_2$	كامفوتسەن قەشقەلى
莰基	camphanyl	$C_{10}H_{17}-$	كامفانيل
莰基胺	camphylamine		كامفيلامين
莰醌			"樟脑醌" گه قاراڭز.
莰那丁	canadine	$C_{20}H_{21}O_4N$	كانادين
莰那油	canadol		كانادول
莰尼叉	camphenilidene	$C_9H_{14}=$	كامفەنيليدەن
莰尼酮	camphenilone	$C_9H_{14}O$	كامفەنيلون
莰尼烷	camphenilane	C_9H_{16}	كامفەنيلان
莰尼烯	camphenilene	C_9H_{14}	كامفەنيلەن
莰酮-[2]			"樟脑" گه قاراڭز.
莰酮-[2]肟			"樟脑肟" گه قاراڭز.
莰烷			"莰" گه قاراڭز.
莰(烷)基			"莰基" گه قاراڭز.
莰烷酸			"樟脑酸" گه قاراڭز.
莰烯	camphene	$C_{10}H_{16}$	كامفەن
莰烯-[2]			"冰片烯" گه قاراڭز.
莰烯脑酸	camphenolic acid		كامفەنول قەشقەلى

莰烯酸	camphenic acid	$C_{10}H_{15}O_4$	كامفەن قشقىلى
莰烯酮	camphenone	$C_{10}H_{16}O$	كامفەنون

kang

康杜醇	canduritol		كاندۇريتول
康杜然精	kondurangin	$C_{14}H_{22}O$	كوندۇرانگىن
康海君			"دوۇ ڭەن رەتقىرەلكا" گە قاراڭىز.
康海君酮			"دوۇ ڭەن رەتقىرەلكا اتۇن" گە قاراڭىز.
康尼染料	konig dye		كىيونى بوياۋى
康铜	constantan		كونستانتان
康卓登俊			"لى زۇ رەتقا" گە قاراڭىز.
糠胺	furfuryl amine	$C_4H_3OCH_2NH_2$	فورفۇريل امىن
糠叉	furfurylidene	$OCH:CHCH:CCH=$	فورفۇريليدەن
糠叉丙酮	furfurylidene actton	$C_4H_3O\cdot CH:CHCOCH_2$	فورفۇريليدەندى اتسەتون
糠叉乙酰苯	furfurylidene acetophenone	$C_4H_3O\cdot CH:CHCOC_6H_5$	فورفۇريليدەندى اتسەتوفەنون
糠醇	furfuryl alcohol		فورفۇريلدى سپىرت، فورفۇريل سپىرتى
糠醇树脂	furfuryl alcohol resin		فورفۇريل سپىرتتاك سمولالار
糠基	furfuryl group	$O\cdot CH:CHCH:CCH_2$	فورفۇريل، فورفۇريل گرۇپپاسى
糠基醋酸	furfuryl acetic acid	$C_4H_3O\cdot CH_2COOH$	فورفۇريل سىركە قشقىلى
糠基醋酸盐	furfuryl acetate	$C_4H_3O\cdot CH_2O_2CCH_3$	فورفۇريل سىركە قشقىل تۇزدارى
糠基醋酸酯	furfuryl acetate		فورفۇريل سىركە قشقىل ەستەرى
糠基甲硫醇			"糠硫醇" گە قاراڭىز.
糠基糠醛	furfuryl fural	$C_4H_3O\cdot COCH_2OC_4H_3$	فورفۇريل فۇرال
糠基氯	furfuryl chloride	$C_4H_3O\cdot CH_2Cl$	فورفۇريل حلور
糠基溴	furfuryl bromide	$C_4H_3O\cdot CH_2Br$	فورفۇريل بروم
糠硫醇	furfuryl mercaptan	$C_4H_3O\cdot CH_2SH$	فورفۇريل مەركاپتان
糠偶配			"糖偶酰" گە قاراڭىز.
糠偶酰	furil	$(C_4H_3O\cdot CO)_2$	فۇريل
糠偶酰二肟	furil – dioxime	$(C_4H_3O\cdot C:NOH)_2$	فۇريل دىيوكسىم
α – 糠偶酰二肟	α – furil – dioxime		α – فۇريل دىيوكسىم

糠偶姻　furoin　$C_4H_3O \cdot CHOHCOC_4H_3O$　فؤروين

糠醛　furfural, furfuraldehyde　$C_4H_3O \cdot CHO$　فؤرفؤرال، فؤرفؤرالدەگيدتى

糠醛胺　furfuramide　$(C_5H_4O)_3N_2$　فؤرفؤراميد

糠醛苯腙　furfural phenylhydrazon　$C_4H_3OCH:NNHC_6H_5$　فؤرفؤرال فەنيل گيدرازون

糠醛二醋酸酯　furfural diacetate　$C_4H_3OCH(O_2CCH_3)_2$　فؤرفؤرال ەكى سىركە قشقىل ەستەرى

糠醛碱　furfurine　$C_{15}H_{12}O_3N_2$　فؤرفؤرين

糠醛润滑脂　furfural grease　فؤرفؤرال جاعىن مايى

糠醛树脂　furfural resine　فؤرفؤرالدى سمولالار

糠醛缩甘油　furfural glycerine　$C_5H_4OC_3H_6O_3$　فؤرفؤرال گليتسەرين

α－糠醛肟　α－furfural oxime　$C_4H_3O \cdot CH:NOH$　α－ فؤرفؤرال وكسيم

糠酸　furoic acid　$C_4H_3O \cdot COOH$　كەبەك قشقىلى

糠酸丁酯　butyl furoate　$C_4H_3O \cdot CO \cdot OC_4H_9$　كەبەك قشقىل بؤتيل ەستەرى

糠酸甲酯　methyl furoate　$C_4H_3O \cdot CO \cdot OCH_3$　كەبەك قشقىل مەتيل ەستەرى

糠酸戊酯　amyl furoate　$C_4H_3O \cdot CO \cdot OC_5H_{11}$　كەبەك قشقىل اميل ەستەرى

糠酸盐　furoate　$C_4H_3O \cdot COOM$　كەبەك قشقىلىنىڭ تۇزدارى

糠酸乙酯　ethyl furoate　$C_4H_3O \cdot OC_2H_5$　كەبەك قشقىل ەتيل ەستەرى

糠酸酯　furoate　$C_4H_3O \cdot CO \cdot OR$　كەبەك قشقىل ەستەرى

糠酰　furoyl　$CH:CH \cdot O \cdot CH:CCO-$　فؤرويل

2－糠酰　2－furoyl　2－ فؤرويل

糠酰胺　furamide　فؤراميد

糠油　"米糠油" گە قاراڭـز.

钪(Sc)　skandium　سكاندي (Sc)

钪盐　scandium salt　سكاندي تۇزى

抗　anti－　انتي (گرەكشە) ـ قارسى

抗癌剂　anticancer　انتيكانتسەر

抗癌霉素　sarcomycin　ساركوميتسين

抗包柔氏旋体素　borrelidin　بوررەليدين

抗催化剂　anticatalyst　انتيكاتاليزاتور

抗胆碱酯酶　anticholinesterase　انتيحولينەستەرازا

抗滴虫霉素　trichomycin　تريحوميتسين

抗淀粉酶　antiamylase　انتياميلازا

抗电气　　　　　　　　　　　　　　　　　　　　　　　　　"六氟化硫" گە قاراڭز.

抗胨　antipeptone　　　　　　　　　　　　　　　　　انتیپەپتون

抗毒素　antitoxin　　　　　　　　　　　　　　　　　انتیتوكسین

抗毒素原　antitoxigen　　　　　　　　　　　　　انتیتوكسیگەن

抗干眼醇　axerophthol　　　　　　　اكسەروفتول، ۋیتامین A

抗干眼烯　axerephthene　　　　　　　　　　　اكسەرەفتەن

抗过敏素　antianaphylaxine　　　　　　　انتیانافیلاكسین

抗衡离子　　　　　　　　　　　　　　　　　"平衡离子" گە قاراڭز.

抗坏血精　ascorbigen　　　　　　　　　　　　اسكوربیگەن

抗坏血酸　ascorbic acid　　OCOC(OH)C(OH)CHCHOHCH$_2$OH
　　　　　　　　　　　　　　　　　قشقىلى، ۋیتامین C　　اسكوربین

抗坏血酸钠　sodium ascorbate　　　اسكوربین قشقىل ناتري

抗坏血酸氧化酶　ascorbic acid oxidase　اسكوربین قشقىل وكسیدازا

抗激素　antihormone　　　　　　　　　　　　انتیگورمون

抗肌酸　anticreatine　　　　　　　　　　　　انتیكرەاتین

抗胶原酶　anticollagenase　　　　　　　انتیكوللاگەنازا

抗静电剂　antistatic agent　　　　انتیستاتیكالىق اگەنت

抗菌素　antibiotic　　　　　　　　　　　انتیبیوتیكتەر

抗痢夹竹桃碱　　　　　　　　　　　　　　"锥丝碱" گە قاراڭز.

抗硫胺　antithiamine　　　　　　　　　　　　انتیتیامین

抗霉菌素　antimycoin　　　　　　　　　　　انتیمیكوین

抗霉素　antimycin　　　　　　　　　　　　انتیمیتسین

抗酶　antienzime　　　　　　　　　　　انتیفەرمەنت

抗敏胺　　　　　　　　　　　　　　　　　"苯茚胺" گە قاراڭز.

抗内毒素　antiendotoxin　　　　　　　انتیەندوتوكسین

抗凝乳酶　antirennin　　　　　　　　　　　انتیرەننین

抗凝血酶　antithrombase　　　　　　　انتیترومبازا

抗凝血酶物　antithrombin　　　　　　انتیترومبین

抗凝血酶原　antiprothrombin　　　انتیپروترومبین

抗凝血素　anticoagulin　　　　　　　انتیكواگۋلین

抗皮炎素　adermin(= vitamin B$_6$)　　ادەرمین، ۋیتامین B$_6$

抗溶素　antilysin　　　　　　　　　　　　انتیلیزین

抗神经炎(因)素　aneurin(= vitamin B$_1$)　انەۋرین، ۋیتامین B$_1$

抗生朊　avidin　اۋىدىن

抗生素　"抗菌素" گه قاراڭىز.

抗体　anti－body　انتىدەنە

抗维生素　antivitamin　انتىۋىتامىندەر

抗胃蛋白酶　antipepsin　انتىپەپسىن

抗烟酸　antinicotinic acid　انتىنىكوتىن قىشقىلى

抗氧(化)剂　antioxidant(＝antioxigen)　انتىتوتقتىرعمشتار

抗氧化酶　antioxidase　انتىوكسىدازا

抗胰蛋白酶　antitrypsin　انتىترىپسىن

抗胰岛素　anti－insulin　انتىينسۇلين

抗胰朊酶　"抗胰蛋白酶" گه قاراڭىز.

抗原　antigen　انتىگەن

抗原－抗体反应　antigen－antibody reaction　انتىگەن ــ انتىدەنە رەاكسىياسى

抗真菌素　eumycin　ەۇمىتسىن

抗脂酶　antilypase　انتىلىپازا

kao

考龙酸　"古伦朴酸" گه قاراڭىز.

拷胶　quebracho extract　"白雀树萃" گه قاراڭىز.

栲脑酸　"贝壳松油酸" گه قاراڭىز.

栲让脑酸　"贝壳松让酸" گه قاراڭىز.

栲扔脑酸　"贝壳松脑酸" گه قاراڭىز.

栲扔酸　"贝壳松酸" گه قاراڭىز.

栲树脂　"贝壳松脂" گه قاراڭىز.

靠曼酸　comanic acid　$C_6H_4O_4$　كومان قىشقىلى

ke

柯　chryso－　حرىزو －

柯阿母　chryseam　$C_4H_5N_3S_2$　حرىزام

柯阿托酸　chrysatropic acid　حرىزاتروپ قىشقىلى

柯氨酸　chrysamminic acid　$(OH)_2C_{14}H_2O_2(NO_2)_4$　حرىزاممىن قىشقىلى

柯胺	chrysamine	$Na_2C_{18}H_{16}O_6N_4$	حريزامين
柯把魏碱	corpaverine		كورپاۋەرين
柯苯胺	chrysaniline	$C_{19}H_{15}N_3$	حريزانيلين
柯苯胺酸	chrysanilic acid		حريزانيل قىشقىلى
柯啶	chrisidine	$C_{17}H_{11}N$	حريزيدين
柯茴香酸	chrysanisic acid	$NH_2C_6H_2(NO_2)COOH$	حريزانيس قىشقىلى
柯卡	coca		كوكا
柯卡丹宁酸	cocatanic acid		كوكاتاننين قىشقىلى
柯卡因	cocaine	$C_{17}H_{21}O_4N$	كوكاين
柯卡(因尼)定	cocainidine		كوكاينيدين
柯柯糖	chocolate		چوكولات
柯拉克斯	kolox		كولاكس
柯里酯	cori ester		كوري ەستەرى
柯姆煤	kolm(= Ronnuma)		كولم كومىر (قۇرامىندا سۇتەگى مول كومىر)
柯楠低酸	corynanthidic acid		كورينانتيد قىشقىلى
柯楠定	corynanthidine		كورينانتيدين
柯楠碱	corynantheidine		كورينانتەيدين
柯楠酸	corynanthic acid		كورينانت قىشقىلى
柯楠因	corynantheine		كورينانتەين
柯楠质	corynanthine		كورينانتين
柯蒲定	kopsidine	$C_{20}H_{24}O_3N$	كوپسيدين
柯蒲素	kopsine	$C_{22}H_{28}O_4N_2$	كوپسين
柯嗪	chrysazin	$C_{14}H_8O_4$	حريزانين
柯氢醌	chrysohydroquinon		حريزوگيدروحينون
柯扔酸	corinnic acid		كورين قىشقىلى
柯桃配因	cotogenin		كوتەگەنين
柯桃因	cotoin		كوتوين
柯芴	chrysa flulorene		حريزافلۇورەن
柯酰氨酸	chrysammiolic acid	$NH_4C_7HO_2(NO_2)_2$	حريزامميد قىشقىلى
柯桠醇	chrysarobol		حريزاروبول
柯桠素	chrysarobin	$C_{15}H_{12}O_2$	حريزاروبين
柯桠英	chrysarine	$C_{14}O_2H_6(OH)_2$	حريزارين
柯衣定	chrysoidin	$(H_2N)_2C_6H_3N_2C_6H_5$	حريزويدين

柯因	chrysin(e)	$C_{15}H_{10}O_4$	حريزين
柯札醇	chrysazol	$C_{14}H_{10}O_2$	حريزازول
苛化剂	causticizing agent		كۇيدىرگىشتەندىرگىش اگەنت
苛性	causticity		كۇيدىرگىش
苛性氨	caustic ammonia		كۇيدىرگىش اممياك
苛性化	caustification		كۇيدىرگىشتەنۇ
苛性钾	caustic potash KOH		كۇيدىرگىش كالي (ساقار)
苛性碱	caustic alkali		كۇيدىرگىش ٴسلتى
苛性碱溶液	cautic solution		كۇيدىرگىش ٴسلتى ەرىتىندىسى
苛性碱液	cauctic lye(liquor)		كۇيدىرگىش ٴسلتى سۇيىقتىعى
苛性钠	superalkali(= sodium hydroxide)		كۇيدىرگىش ناتري
苛性钠甲醇溶液	caustic methanol solution		كۇيدىرگىش مەتانول ەرىتىندىسى
苛性钠烧碱	caustic soda		كۇيدىرگىش سودا
苛性石灰	caustic lime		كۇيدىرگىش اك
苛性苏打	caustic soda		كۇيدىرگىش سودا
苛性苏打粉	caustic soda powder		كۇيدىرگىش سودا ۇنتاعى
苛性苏打碱水	caustic soda lye		كۇيدىرگىش سودا ٴسلتى سۇيىقتىعى
苛性苏打水	caustic soda liquor		كۇيدىرگىش سودا سۇيىقتىعى
苛性盐	caustic salt		كۇيدىرگىش تۇز
苛性氧化镁	caustic magnesium oxide		كۇيدىرگىش ماگني توتعى
颗粒催化剂	beaded catalyst		تۇيىرشىكتى كاتاليزاتور
颗粒肥料	granulated fertilizer		تۇيىرشىكتى تىڭايتقىشتار
科达胶片	koda		كودا لەنتاسى
科顿效应	cotton effect		كوتتون ەففەكتى
科尔柏合成	kolbe synthesis		كولبەسينتەزى
科尔柏－施密特反应	kolbe – schmitt reaction		كولبه شمميت رەاكسياسى
科尬油	kogasin		كوگازين
科赫杀菌器	koch's sterillizer		كوح باكتەريا قىرعىش اسپابى
科赫(培养)瓶	koch flask		كوح (ٴوسىرۇ) شولمەگى
科赫酸	koch's acid		كوح قىشقىلى
科拉索尔	corazol		كورازول
咳必清	toklas		توكلاس
咳乐钠	cromolyn, intal		كرومولين

咳宁　keuten　　　　　　　　　　　　　　کەۋتەن

咳平　hustazol　　　　　　　　　　　کۇستازول

壳二孢呋喃酮　ascofuranone　　　اسكوفۇرانون

壳二糖　chitobiose　　　　　　　　حيۇبيوزا

壳糖　chitose　　　　　　　　　　حيتوزا

壳糖胺　chitosamine　　　　　　　حيتوزامين

壳质　chitin　　　　　　　　　　　حيتين

壳质酶　chitinase　　　　　　　　حيتينازا

可变(化合)价　variable valency　اينمالى ۋالەنت

可变化学成分　variable chemical composition　اينمالى حيميالىق قۇرامدار

可变化学组成　　　"可变化学成分" گە قاراڭز.

可变系数　variable coefficient　اينمالى كوەففيتسەنت

可待酸　codeic acid　　　　　　كودەي قشقىلى

可待乙碱　codethylin　$C_{19}H_{23}O_3N$　كودەتيلين

可待因　codeine　　　　　　　　كودەين

β－可待因　　　　　　"尼喔品" گە قاراڭز.

可待因酮　codeinone　　　　　　كودەينون

可旦民碱　codamine　　　　　　كودامين

可滴定酸度　titrable acidity　تامىزىلاتىن قشقىلدىق دارەجە

可的松　　　　　　　"皮质酮" گە قاراڭز.

可的唑　　　　　　　"皮质醇" گە قاراڭز.

可纺性　spinnability　توقىلعىشتىق، ورىلگىشتىك

可复现性　　　　　　"可再制性" گە قاراڭز.

可混合性　miascibility　　ارالاسقىشتىق

可混用性　compatibility　　سايكەستىلىك

可见光谱　visible spectrum　كورىنەتىن سپەكتر

可见光线　visible ray　　　كورىنەتىن ساۋلە

可见火焰　visible flame　كورىنەتىن جالىن

可降解高分子　degrable polymer　ىدىرايتىن جوعارى مولەكۋلالار (پوليمەرلەر)

可降解塑料　degradble plastic　ىدىرايتىن سۇلياۋلار

可卡因　cocain　　　　　　　　كوكاين

可可　cacao　　　　　　　كاكاو، كاكاۋا

可可红　cacao red　　　كاكاۋا قىزىلى

可可碱	theobromine $C_7H_8N_4$	تەوبرومين
可可碱醋酸钠	azurine	ازۇرين
可可菌素	cacaomycetin	كاكاۋامىتسەتىن
可可壳脂	cacao‒shell butter	كاكاۋا قابىعى مايى
可可酸	theobromic acid	تەوبروم قىشقىلى
可可油	theobroma oil(=cacao oil)	تەوبروم مايى، كاكاۋا مايى
可可脂	cacao butter	كاكاۋا مايى
可拉丹宁	colatannin	كولاتاننين
可拉酚	colatein	كولاتەين
可拉果	cola nut	كولانۇت
可拉精	colatin	كولاتين
可拉明	coramin	كورامين
可拉佐	corazol	كورازول
可乐津	chlor azine	حلورازين
可乐亭	clonidin	كلونيدين
可离子化的基团	ionogen	يونوگەن، يونداناتىن راديكالدار
可力丁	collidine	كوللىدين
可力芬	corifin	كوريفين
可林	coline	كولين
可洛他林	monocrotalin	مونوكروتالين
可孟酸	comenic acid	كومەن قىشقىلى
可逆	reversible	قايتىمدى
可逆变化	reversible change	قايتىمدى وزگەرىس
可逆深淀	reversibl precipitation	قايتىمدى تۇنبا
可逆电池	reversible cell	قايتىمدى باتارەيا
可逆电极	reversible electrod	قايتىمدى ەلەكترود
可逆电解	reversible electrolysis	قايتىمدى ەلەكتروليز
可逆反应	reversible reaction	قايتىمدى رەاكسيالار
可逆过程	reversible process	قايتىمدى بارستار
可逆过程热力学	reversible thermodynamics	قايتىمدى بارستار تەرمودينامىكاسى
可逆扩散	reversible diffusion	قايتىمدى ديففۇزيا
可逆溶胀	reversible swelling	قايتىمدى ۋلعايۇ

可逆水解	reversible hydrolysis	قايتمدى گىدولىز
可逆吸附	reversible adsorption	قايتمدى ادسوربتسيا
可逆性	reversibility	قايتمدىلىق
可逆循环	reversible cycle	قايتمدى اينالىس
可逆指示剂	reversible indicator	قايتمدى ينديكاتورلار
可派巴胶酸	copaibic acid	كوپايب قىشقىلى
可燃冰	flammable ice	جانعش مۇز
可燃的	combustible(= flammable, ignitible)	جاناتىن، جانعش
可燃混合物	combustible mixture	جانعش قوسپالار
可燃气体	combustible gas	جانعش گازدار
可燃物	combustible substance	جانعش زاتتار
可燃性	combustibility(= ignitability)	جانعشتىق
可燃性动物岩	caustozooliths	جانعش زوولوگيالىق جىنىستار
可燃性极限	limit of inflammability	جانعشتىق شەگى
可燃性生物岩	caustobioliths	جانعش بيولوگيالىق جىنس
可燃性植物岩	cansto phytoliths	جانعش وسىمدىكتىك جىنس
可燃液	flammable liquid	جانعش سۇيىقتىق
可燃组份	combustible component	جانعش قۇرامدار
可溶酶	lyoenzime	ەرىگىش فەرمەنت، ەرىتىن فەرمەنت
可溶铅盐	soluble lead salt	ەرىتىن قورعاسىن تۇزى
可溶性	solubility	ەرىگىشتىك
可溶性百浪多息	prontosil soluble	ەرىگىش پرونتوزيل
可溶性淀粉	amylum soluble	ەرىگىش كراحمال
可溶性毒素	soluble toxin(= exotoxin)	ەرىگىش توكسين
可溶性磺胺噻唑	sulfathiazolum soluble	ەرىگىش سۇلفاتيازول
可溶性磺乙酰胺	sulfacetamide soluble	ەرىگىش سۇلفاتسەناميد
可溶性焦油	soluble tar	ەرىگىش كوكس مايى
可溶性糖精	soluble saccharin	ەرىگىش ساحارين
可溶性杂质	soluble impurities	ەرىگىش ارالاسپا زاتتار
可溶性脂肪酶	lyolipase	ەرىگىش ليپازا
可溶胰岛素	soluble insulin	ەرىتىن ينسۇلين
可溶脂酶		"可溶性脂肪酶" گە قاراڭىز.
可溶酚醛树脂		"甲阶酚醛树脂" گە قاراڭىز.

可溶性 solubility	بالقىعشتىق
可湿性 wettability	ىلعالدانعشتىق
可湿性粉剂 wettable powder	ىلعالدانعش ۇنتاق
可湿性硫粉剂 wettable sulfur	ىلعاندانعش كۆكىرت ۇنتاعى
可塑性 plasticity	سوزىلععشتىق
可他敏 benadryl	بەنادرىل
可他宁 cotarnine	كوتارنين
可他酸 cotarnic acid	كوتارن قىشقىلى
可他酮 cotarnone	كوتارنون
可压缩的流体 conpressible fluid	سىعىلاتىن اققىش دەنەلەر
可用能 available energy	قولدانىلمالى ەنەرگيا
可再制性 repreducibility	قايتا جاسالععشتىق، قايتا وڭدەلگعشتەك
可专利(性) patentability	پاتەنتتىلىك
刻度 graduation	شكالا، سىزىق بەلگى
刻度瓶 graduated bottle	شكالالى شۇلمەك
克 gram	گرام
克胺 gramine	گرامين
克布索丁 carboazotine	كاربوازوتين
克草灵 carbetamide	كاربەتاميد
克当量 gram - equivalent	گرام ـ ەكۆيۆالەنت
克当量浓度	"当量浓度" گە قاراڭىز.
克分子 gram molecule	گرام ـ مولەكۆلا، موليار
克分子百分数 mol(e) percent	گرام ـ مولەكۆلالىق پروتسەنت
克分子本身体积 molecular co - volume	مولەكۆلانىڭ وزىندىك كولەمى
克分子比率 molar ratio	مولدىك قاتىناس
克分子表面积 molar surface	موليارلىق بەتتەك كولەم
克分子表面能 molar surface energy	موليارلىق بەتتەك ەنەرگيا
克分子专导率	"克分子电导率" گە قاراڭىز.
克分子单位 molar unit	موليارلىق بىرلىك
克分子电导 molar conductance	موليارلى ەلەكتر وتكىزۇ
克分子电导率 molar (electrical) conductivity	موليارلى ەلەكتر وتكىزگىشتەك
克分子分数 mole fraction(= molar fraction)	مولدىك ۇلەس، موليارلىق

ۋلەس

克分子沸点升高　molar elevation (of boiling point)　مولیارلی قایناۋ
نۆكتەسىننىڭ جوعارىلاۋى

克分子感应额　molecular inductive capacity　مولەكۇلالىق ىندۇكسىيالىق شاما

克分子极化(度)　molar polarization　مولیارلی پولیارلانۇ (دارەجەسى)

克分子量　mol (= mole)　مول

克分子凝固点降低　molar depression (of freezing point)　مولیارلی قاتۇ
نۆكتەسىننىڭ تومەندەۋى

克分子(凝固点)降低常数　molecular depression constant　مولەكۇلالىق
قاتۇ نۆكتەسىننىڭ تومەندەۋ تۇراقتىسى

克分子浓度　molar concentration　"容模浓度" گە قاراڭىز.

克分子平均沸点　molar average boiling point　مولیارلىق ورتاشا قایناۋ
نۆكتەسى

克分子气体常数　molar gas constant　مولیارلىق گاز تۇراقتىسى

克分子气体显热　molar sensible heat contect of gas　مولیارلى گاز جىلۇسىنىڭ
ايقىنداۋى

克分子热函(数)　molar heat content　مولیارلى جىلۇ مولشەرى

克分子热容(量)　molar (molal) heat capasity　مولیارلى جىلۇ سىمدىلىق

克分子溶液　gram molecula solution (= molar solution)　گرام ـ
مولەكۇلالىق ەرتىندى، مولیارلىق ەرتىندى

克分子(溶液)性质　molar property　مولیارلىق (ەرتىندىننىڭ) قاسیەتى

克分子熵　molar entropy　مولیارلىق ەنتروپیا

克分子数　mole number　مولدىك سانى، مولیارلىق

克分子(数)量　molar quantity　مولیارلىق كۇانت

克分子体积　molar volume　مولیارلى كولەم

克分子吸光系数　molar (molecular) extinction coefficient　مولیارلىق
ساۇلە جۇتۇ كوەففيتسەنتى

克分子下降　molar lowering　مولیارلىق تومەندەۋ

克分子折射　molar (molecular) refraction　مولیارلىق سىنۇ

克分子蒸发潜热　molar latent heat of vaporization　مولیارلىق بۇلانۇ
جاسىرىن جىلۇى

克分子自由能　molar free energy　مولیارلىق ەركىن ەنەرگیا

克化学式量　"克式量" گە قاراڭىز.

克基体量	mer mole	مولدىك مونومەر سالماعى
克菌丹	orthocide(= cuptan)	ورتوتسىيد، كاپتان
克菌定	dequalinii chloride	دەكۇاليني حلور
克卡	gram colorie	گرام ـ كالوريا
克库勒氏	kekule formula	كەكۇلە فورمالاسى
克拉克电池	clark cell	كلارك باتارەياسى
克拉克数	clak number	كلارك سانى
克拉罗林	claroline	كلارولين
克拉瓦醇	clavatol	كلاۋاتول
克拉瓦毒	clavatoxine	كلاۋاتوكسين
克拉瓦碱	clavatine	كلاۋاتين
克莱门逊还原	clemmensen reduction	كلەممەنسەن توتىقسىز داندرۇى
克莱森重排	claisen rearrangement	كلايسەن قايتا ورنالاسۇى
可莱森反应	claisen reaction	كلايسەن رەاكسياسى
可莱森缩合	claisen condensation	كلايسەن كوندەنساتسياسى
可莱森(蒸馏)瓶	claisen flask	كلايسەن (بۇلاندرسپ ايداۋ) شولمەگى
克劳特制氨法	claude process (for ammonia)	كلاۋدەننىڭ امميياك الۇ ٴادسى
克劳休斯－克拉伯龙方程式	claudius－clapeyron equation	كلاۋديۇس ـ
		كلاپەيرون تەڭدەۋى
克雷布斯循环	krebs cycle	كرەبس ايناەلسى
克离子	gram ion	گرام ـ يون
克厘米	gram centimeter	گرام ـ سانتيمەتر
克粒	gram particle	گرام ـ بولشەك
克粒量	gram particle weight	گرام ـ بولشەك سالماعى
克痢定	sulfamidin	سۇلفاميدين
克力沙罗平		"柯桠素" گە قاراڭىز.
克列氏酸	cleve's acid	كلەۋەس قىشقىلى
1,7－克列氏酸	1,7－cleve's acid	1، 7 ـ كلەۋەس قىشقىلى
克列斯纶	creslan	كرەسلان
克模		"克分子(量)" گە قاراڭىز.
克尿塞	chlorothiazide	حلوروتيازيد
克沙汀	gramicidin	گرامتسيدين
克沙汀 A	gramicidin A	گراميتسيدين A

克沙汀 B　gramicidin B	گرامىتسيدين B
克沙汀 C　gramicidin C	گرامىتسيدين C
克式量　gram formula weight(＝formal)	گرام ـ فورمۇلالىق سالماق، فورمال
克式量浓度　formal concentration	فورمال قويۇلىق
克式浓度　formality	فورمالدىق قويۇلىق
克酮酸　croconic acid　$C_5H_2O_5$	كروكون قشقىلى
克(微)分子	.‟克分子(量)‟ گه قاراڭىز
克微克(ng)　nanogram	نانوگرام (ng)
克原子　gram atom	گرام ـ اتوم
克原子量　gram atomic weight	گرام ـ اتومدىق سالماق
克原子体积　gram atom volume	گرام ـ اتوم كولەمى
克质量　gram mass	گرام ـ ماسسا
氪(Kr)　kryptonum	كرىپتون ـ (Kr)

keng

坑气	.‟沼气‟ گه قاراڭىز

kong

空间　space	كەڭىستىك
γ－空间　gamma space	گامما كەڭىستىك
空间布置	.‟空间排列‟ گه قاراڭىز
空间电荷　space charge	كەڭىستىكتەك زارياد
空间分布　spatial distribution	كەڭىستىكتەك تارالۇ
空间结构　space structure	.‟立体结构‟ گه قاراڭىز
空间晶格　space lattice	.‟立体晶格‟ گه قاراڭىز
空间量子化　space quantization	كەڭىستىكتەك كۆانتتانۇ
空间排列　spatial arrangement	كەڭىستىكتەك ورنالاسۇ
空间群　space group	كەڭىستىكتەك توپ
空间容量　spatial content	كەڭىستىكتەك سىيمدىلىق
空间速度　space－velocity	كەڭىستىكتەك جىلدامدىق
空间系统　space system	كەڭىستىكتەك جۇيە

空间异构	"立体异构" گه قاراڭز.
空气 air	اۆا
空气泵 air pump	اۆا ناسوسى
空气比重计 areometer	ارەومەتر
空气吹气机 air blower	اۆا ۇرلەگىش (اسپاپ)
空气电池 air cell	اۆالى باتارەيا
空气分级机 air classifer	اۆانى دارەجەگە ايىرعىش، اۆا سورتتاعىش (اسپاپ)
空气分配器 air distributor	اۆا ۇلەستىرگىش (اسپاپ)
空气过滤器 air filter	اۆا سۇزگىش (اسپاپ)
空气净化器 air cleaner	اۆا تازارتقىش (اسپاپ)
空气控制器 air operated controller	اۆا تەجەگىش (اسپاپ)
空气冷却 air cooling	اۆا سۇيتۇ
空气冷却器 air cooler	اۆامەن سۇيتقىش (اسپاپ)
空气密度 air density	اۆا تىعىزدىعى
空气喷射器 air ejector	اۆا بۇركككىش (اسپاپ)
空气平衡 air balance	اۆا تەپە ـ تەڭدىگى
空气 – 汽油混合物 air – petrol mixture	اۆا ـ بەنزين قوسپاسى
空气燃料混合物 air and fuel mixture	اۆا جانار زات قوسپاسى
空气溶胶 aero – sol	"气溶胶" گه قاراڭز.
空气烧热器 air heater	اۆا قىزدىرعىش (اسپاپ)
空气升液泵 airlift pump	اۆا ليفت ناسوسى، اۆا كوتەرگىش ناسوس
空气升液器 air lift	اۆا ليفت، اۆا كوتەرگىش (اسپاپ)
空气湿度 air humidity	اۆا ىلعالدىعى، اۆا دىمقىلدىعى
空气收集器 air collector	اۆا جيناعىش (اسپاپ)
空气调节 air conditioning	اۆا تەڭشەۋ، اۆا الماستىرۋ
空气调节器 air regulator	اۆا تەڭشەگىش (اسپاپ)
空气维生素	"负氧离子" گه قاراڭز.
空气污染 air pollution	اۆا لاستانۋ
空气压 air pressure	اۆا قىسىمى
空气压缩机 air compressor	اۆا سىققىش (اسپاپ)
空气压缩泵 air compressor pump	اۆا سىعۋ ناسوسى
空气氧化 air oxidation	اۆامەن توتىقتىرۋ
空气硬化 air hardening	اۆامەن قاتايتۋ، اۆادا قاتايۋ

空气浴　air bath　　　　　　　　　　　　　　　اۇا ۋانناسى

空气隙　air gap　　　　　　　　　　　　　　　اۇا بوستىعى

空气蒸汽混合物　air – steam mixture　　　　اۇا – بۇ قوسپاسى

空吸泵　suction pump　　　　　　　　　　　اۇا سورۇ ناسوسى

空隙　void　　　　　　　　　　　　　بوستىق، كەۋەك

空心纤维　hollow fiber　　　　قۇس تالشىق، وزەكتى تالشىق

空心砖　hollow brick　　　　قۇس كەرپىش، وزەكتى كەرپىش

孔　pore　　　　　　　　　　　　تەسىك، ساڭلاۋ

孔雀绿　malachite green　$C_{23}H_{25}N_2$　　مالاحيت جاسىلى

孔雀绿无色母体　leucobase of malachite green　$[(CH_3)_2NC_6H_4]_2CHC_6H_5$

مالاحيت جاسىلىننىڭ ٴتۇسسىز انا دەنەسى

孔雀石　malachite　$CuCO_3Cu(OH)_2$　　مالاحيت، تاۇستاس

孔隙容积　pore volume　　تەسىك سىمدلمعى، تەسىك كەڭدىگى

控制　control　　　　　　　　تىزگىندەۋ، تەجەۋ

控制阀　control value　　　تىزگىندەۋ قاقپاقشاسى

控制器　controller　　تىزگىندەگىش، تەجەگىش (اسپاپ)

kou

蔻　cronene　　　　　　　　　　　　　كرونەن

ku

枯胺　cumidine　$C_9H_{13}N$　　　　　كۇميدين

枯胺基　cumidino　$p - (CH_3)_2CHC_6H_4NH -$　　كۇميدينو

枯草杆菌内溶素　endosubtilysin　　ەندوسۇبتيليزين

枯草菌溶素　subtilysin　　　　سۇبتيليزين

枯草菌素　subtilin(e)　　　　　سۇبتيلين

枯草溶菌素　sublilysin　　　　سۇبليليزين

枯醇　cuminic alcohol　$(CH_3)_2CHC_4H_6CH_2OH$　　كۇمين سپيرتى

枯二酸　cumidic acid　$C_{10}H_{10}O_4$　　كۇميدين قىشقلى

枯基　cumyl　　　　　　　　　كۇميل

枯基醋酸　cumyl acetic acid　　كۇميل سىركە قىشقلى

枯基醇	cumyl alcohol	$(CH_3)_2CHC_6H_4CH_2OH$	كۇمىل سپىرتى
枯基过氧氢	cumyl hydroperoxide		كۇمىل سۇتەك اسقىن توتىغى
枯基酸	cumyl acid	$C_6H_2(CH_3)_3COOH$	كۇمىل قىشقىلى
枯醌	cumoquinone		كۇموحينون
枯茗	cumin		كۇمىن
枯茗氨酸	cuminamic acid		كۇمىنامين قىشقىلى
枯茗叉	cumal, cuminylidene		كۇمال، كۇمىنيليدەن
枯茗叉丙二酸	cuminalmalonic acid	$(CH_3)_2CHC_6H_4CHC(COOH)_2$	كۇمىنال مالون قىشقىلى
枯茗醋酸	cuminal acetic acid		كۇمىنال سىركە قىشقىلى
枯茗醇			"枯醇" گە قاراڭىز.
枯茗基	cuminyl	$(CH_3)_2CHC_6H_4CH_2-$	كۇمىنيل
枯茗基胺	cuminylamine	$C_{10}H_{15}N$	كۇمىنيلامين
枯茗基醋酸	cuminyl acetic acid		كۇمىنيل سىركە قىشقىلى
枯茗基酸	cuminylic acid	$C_{20}H_{24}O_3$	كۇمىنيل قىشقىلى
枯茗尿酸	cuminuric acid	$C_{12}H_{15}O_3N$	كۇمىن نەسەپ قىشقىلى
枯茗偶酰	cuminil	$C_9H_{11}COCOC_9H_{11}$	كۇمىنيل
枯茗偶姻	cuminoin	$C_{20}H_{24}O_2$	كۇمىنوين
枯茗醛	cuminol, cuminaldehyde	$C_{10}H_{12}O$	كۇمىنول، كۇمىن الدەگيدتى
枯茗酸	cuminic acid	$(CH_3)_2CHC_6H_4COOH$	كۇمىن قىشقىلى
枯茗酰胺	cuminamide	$(CH_3)_2CHC_6H_4CONH_2$	كۇمىناميد
枯茗油	cumin oil		كۇمىن مايى
枯茗子油	cumin-seed oil		كۇمىن ۇرىعى مايى
枯氢醌	cumohydroquinone		كۇموسۇتەك حينون
枯醛			"枯茗醛" گە قاراڭىز.
枯酸			"枯茗酸" گە قاراڭىز.
枯烯	cumene	$C_6H_5CH(CH_3)_2$	كۇمەن
枯烯醇	cumenol	$(CH_3)_2CHC_6H_4CH_2OH$	كۇمەنول
枯烯基	cumenyl	$(CH_3)_2CHC_6H_4-$	كۇمەنيل
枯烯尿酸	cumenuric acid		كۇمەن نەسەپ قىشقىلى
枯酰胺			"枯茗酰胺" گە قاراڭىز.
苦艾内酯	artabsin		ارتابزين
苦艾萜	dipentene		ديپەنتەن

苦氨算	picramic acid		پیکرامین قشقىلى
苦氨酸钠	sodium picramate	$C_6H_4O_5N_3Na$	پیکرامین قشقىل ناتري
苦氨酸盐	picramate	$(NO_3)_2(NH_2)C_6H_2OM$	پیکرامین قشقىلنىڭ تۇزدارى
苦参碱	matrine		ماترین
苦参尼定	matrinidine		ماترینیدین
苦橙油	bitter orange oil		اشتى ئاپەلسىن مايى
苦橙油醇	nerolidol		نەرولیدول
苦醇	picrol		پیکرول
苦毒	picrotoxin	$C_{30}H_{34}O_{13}$	پیکروتوكسین
苦毒宁	picrotoxinin	$C_{15}H_{16}O_6H_2O$	پیكروتوكسینین
苦基	picryl		پیكریل
苦基胺	picryl amine	$(NO_2)_3C_6H_2NH_2$	پیكریل امین
苦基硫	picryl sulfide		پیكریل كۇكەرت
苦基氯	picryl chloride	$ClC_6H_2(NO_2)_3$	پیكریل حلور
苦碱	picrin		پیكرین
苦拉拉	curara		كۇرارا
苦马酸	coumarinic acid	$OHC_6H_4CHCHCOOH$	كوۇمارین قشقىلى
苦霉素	picromycin		پیكرومیتسین
苦姆碱			"苦姆宁" گە قاراڭز.
苦姆宁	picramnine		پیكرامنین
苦木萃	quassoid		كۇاززوید، كۇاززیا سەمەندسى
苦木素	quassin	$C_{10}H_{12}O_3$	كۇاززین
苦木酸	quassiic acid		كۇاززیا قشقىلى
苦配巴香脂	copaiba balsam		كوپایبا بالزامى
苦配巴油	copaiba oil		كوپایبا مايى
苦醛	picral		پیكرال
苦树甙	picrasmine	$C_{35}H_{46}O_{10}$	پیكرازمین
苦树脂	opopanax		ۋپوپاناكس
苦苏素	kosine		كوزین
苦亭	picrotin	$C_{15}H_{18}O_7$	پیكروتین
苦酮	picrotone	$C_{14}H_{16}O_3$	پیكروتون
苦酮酸	picrolonic acid	$C_{10}H_8O_5N_4$	پیكرولون قشقىلى
苦酮酸盐	picrolonate		پیكرولون قشقىلنىڭ تۇزدارى

苦土	"氧化镁" گه قاراڭز.
苦味毒　cocculin	كوككۆلين
苦味碱　picrin	پىكرىن
苦味酸　picric acid	پىكرىن قىشقىلى
苦味酸铵　ammonium picrate	پىكرىن قىشقىل امموني
苦味酸胍　guanidine picrate	پىكرىن قىشقىل گۆانىدىن
苦味酸肌酸酐　creatinine picrate　$C_4H_7ON_3C_6H_3O_7N_3$	پىكرىن قىشقىل كرەاتىنىن
苦味酸钾　potassium picrate	پىكرىن قىشقىل كالي
苦味酸卡红　picrocarmine	پىكروكارمىن
苦味酸钠　sodium picrate　$(Na_2)_6C_6H_2ONa$	پىكرىن قىشقىل ناتري
苦味酸铅　lead picrate	پىكرىن قىشقىل قورعاسىن
苦味酸铁　iron picrate	پىكرىن قىشقىل تەمىر
苦味酸锌　zinc picrate	پىكرىن قىشقىل مىرىش
苦味酸盐　picrate	پىكرىن قىشقىلىنىڭ تۇزدارى
苦味酸银　silver picrate	پىكرىن قىشقىل كۇمىس
苦乌素　curvularin　$C_{10}H_{20}O_5$	كۆرۆڭلارىن
苦乌头碱　picroaconitin	پىكرواكونىتىن
苦酰胺　picramide　$(NO_2)_3C_6H_2NH_2$	پىكرامىد
苦硝酸　picronitric acid	پىكرو ازوت قىشقىلى
苦杏贝灵　amarbeline	اماربەلىن
苦杏甙　amarogentin　$C_{20}H_{24}O_{10}$	اماروگەنتىن
苦杏碱　amaron　$C_{28}H_{20}N_2$	امارون
苦杏精　amarin(e)	امارىن
苦杏球朊　amandin	اماندىن
苦杏仁甙　amigdalin	امىگدالىن
苦杏仁酵素　amigdalase	امىگدالازا
苦杏仁酶　emulsin, synaptase	ەمۇلسىن، سىناپتازا
苦杏仁脑　bitter almond camphor	اشتى ورىك ءدانى كامفوراسى
苦杏仁糖杂体	"苦杏仁甙" گه قاراڭز.
苦杏仁油　bitter almond oil	اشتى ورىك ءدانى مايى
苦杏仁油脑　bitter almond oil champhor	اشتى ورىك ءدانى مايى كامفوراسى
苦杏素　amaroid	امارويد

苦杏酸	amaric acid $C_{23}H_{22}O_3$	امار قىشقىلى، اشتى ورىك قىشقىلى
苦藏花素	picrocrocin	پىيكروكروتسىن
库柏碱	cusparine	كۇسپارىن
库尔修斯重排	curtius rearrangement	كۇرتىيۇس قايتا ورنالاسۇئى
库仑	coulomb	كۇلون
库仑滴定	coulometric titration	كۇلوندىق تامىزۇئ
库仑定律	coulomb's law	كۇلون زاڭى
库仑分析	coulmetry	كۇلوندىق تالداۇئ
库仑计	coulometer	كۇلونمەتر

kua

夸特锐烯	quaterrylene	كۇاتەررىلەن
跨二氮萘		"1,5 – 吡啶并吡啶" گە قاراڭىز.
跨环	transannular	ساقىنا اتتاۇئ
跨环反应	transannular reaction	ساقىنا اتتاۇئ رەاكسىياسى
跨环键	transannular bond	ساقىنا اتتامالى بايلانس
跨环桥	transannular	ساقىنا اتتامالى كۇپر
跨环氧化物	transannular peroxide	ساقىنا اتتامالى اسقىن توتىقتار
跨环移位	transannular migration	ساقىنا اتتامالى ورىن اۇئسۇئ
跨萘醌	amphi – naphthoquinone $C_{10}H_6O_2$	اتتامالى نافتوحىنون
跨(位)	amphi –	اتتامالى، ورىن اتتاۇئ

kuai

快干沥青	rapid – curing asphalt	تەز كەبەتىن اسفالت
快干漆	quick drying varnish	تەز قۇرعايتىن سىر
快干油	quick drying oil	تەز قۇرعايتىن ماي
快速反应	fast reaction	تەز جۇرىلەتىن رەاكسىيا
快速分析	rapid analysis	تەز تالداۇئ
快速坚牢橙	rapid fast orange	تەز جۇققىش قىزعىملت سارى
快速坚牢红 B	rapid fast red B	تەز جۇققىش قىزىل B
快速坚牢黄 GH	rapid fast yellow GH	تەز جۇققىش سارى GH

快速坚牢蓝	rapid fast blue	تەز جۇققىش كوك
快速坚牢枣红 IB	rapid fast bordeaux IB	تەز جۇققىش كۆرەڭ قىزىل IB
快速坚牢棕 GGH	rapid fast brown GGH	تەز جۇققىش قىزىل قوڭۇر GGH
快速精橙 G	rapidogen orange G	جۇققىش ئىنلدى قىزعمىلت سارى G
快速精黑 IR	rapidogen black IR	جۇققىش ئىنلدى قارا IR
快速精红 G	rapidogen red G	جۇققىش ئىنلدى قىزىل G
快速精黄 G	rapidogen yellow G	جۇققىش ئىنلدى سارى G
快速精枣红 IB	rapidogen bordeaux IB	جۇققىش ئىنلدى كۆرەڭ قىزىل IB
快速精紫 B	rapidogen violet B	جۇققىش ئىنلدى كۆلگىن B
快速精棕 IB	rapidogen brown IB	جۇققىش ئىنلدى قىزىل قوڭۇر IB
快速老化	rapid ageing	تەز كونەرۇۋ، تەز ەسكىرۇۋ، تەز توزۇۋ
快速硫化	high – speed vulcanization	تەز كۆكىرتتەنۇۋ، تەز كۆكىرتتەندرۇۋ
快硬卜特兰水泥	rapid – hardening portland cement	تەز قاتاياتىن پورلاند سەمەنتى
快硬水泥	rapid hardening cement	تەز قاتاياتىن سەمەنت
快中子	fast neutron	شاپشاڭ نەيترون
快中子反应	fast neutron reaction	شاپشاڭ ەلەكترون ەنەرگياسى

kuang

矿化	mineralizing	مينەرالدانۇ، مينەرالداۇ
矿化物	mineralizer	مينەرالدى زاتتار
矿化作用	mineralization	مينەرالدانۇ رولى
矿石	ore	رۇدا، كەن تاس
矿物	minerals	مينەرالدار
矿物白	mineral white	$CaSO_4 \cdot 2H_2O$	مينەرال ەيى، گيپس
矿物肥料	mineral fertilizer	مينەرالدىق تەڭايتقىشتار
矿物化		"矿"化 گە قاراڭىز.
矿物化学	mineral chemistry	مينەرالدىق حيميا
矿物胶	mineral rubber	مينەرالدى كاۇچۇك
矿物滤器	mineral filter	مينەرال سۇزگىش
矿物绿	mineral green	$CuHAsO_3$	مينەرال جاسىلى

矿物燃料	mineral fuel	مينەرالدىق جانار زاتتار
矿物树脂	mineral resin	مينەرالدى سمولا
矿物水	mineral water	مينەرالدى سۇ
矿物填料	mineral filler	مينەرالدىق تولىقتىرما زاتتار
矿物纤维	mineral fiber	مينەرالدى تالشىق
矿物学	mineralogy	مينەرالوگيا
矿物颜料	mineral color	مينەرالدى بوياۋلار
矿物油	mineral oil	مينەرالدىق مايلار
矿物油精	mineral spirit	مينەرالدى سپيرت
矿物质	mineral substance	مينەرالدىق زاتتار
矿相学	mineralography	مينەرالوگرافيا
矿渣	slag	كەن قوقسىعى، شلاك
矿渣棉	slag wool	شلاك ماقتا
矿渣水泥	slag cement	شلاك سەمەنت
矿渣砖	slag brick	شلاك كەرپىش
矿脂	mineral butter (= vaseline)	مينەرال مايى، ۆازەلين
矿质水		قاراڭىز "矿物水" گە.

kui

奎(指奎宁系化合物)	quin	حين (حيننين جۇيەسىندەگى قوسىلىستاردى كورسەتەدى)
奎吖因	quinacrine	$C_{23}H_{30}ClN_3O$	حيناكرين
奎胺	quinamine	$C_{19}H_{24}N_2O_2$	حينامين
奎丙灵	quinpropyline		حينپروپيلين
奎靛红	quinisatin	$C_9H_5NO_3$	حينيزاتين
奎靛红酸	quinisatinic acid		حينيزاتين قىشقىلى
奎米素	quinamicine	$C_{19}H_{24}N_2O_2$	حيناميتسين
奎胅	quinamidine	$C_{19}H_{24}N_2O_2$	حيناميدين
奎哪	quina		حينا
奎哪啶	quinaldine		حينالدين
奎哪亭	quinacetine	$C_{27}H_{31}N_3O_2$	حيناسەتين
奎纳仿	quinaform		حينافورم

奎纳米丁		"奎脒" گه قاراڭز.
奎纳米辛		"奎米素" گه قاراڭز.
奎萘酚 quinaphthol	$C_{20}H_{24}N_3O_2(OHC_{10}H_6SO_3H)_2$	حينافتول
奎内丁 quinoidine		حينويدين
奎尼胺 quinidamine	$C_{19}H_{24}N_2O_2$	حينيدامين
奎尼定 quinidine	$C_{20}H_{24}N_2O_2$	حينيدين
奎尼卡定 quinicardine		حينيكاردين
奎尼酸 quinic acid		حيني قشقىلى
奎尼酸盐 quinate	$(HO)_4C_4H_7COOH$	حيني قشقىلىنىڭ تۇزدارى
奎尼辛 quinicine	$C_{20}H_{24}N_2O_2$	حينيتسين
奎宁 quinine	$C_{20}H_{24}N_2O_2$	حينين
奎宁合氯醛		"奎诺醛" گه قاراڭز.
奎宁环 quinuclidine		حينۇكليدين
奎宁环基 quinnuclidinyl	$C_7H_{12}N-$	حينۇكليدينيل
奎宁环酮 quinuclidone		حينۇكليدون
奎宁母 quinium		حينيۇم
奎宁酸 quninic acid	$CH_3OC_9H_5NCOOH$	حينين قشقىلى
奎宁酮 quininon	$C_{20}H_{22}N_2O_2$	حينينون
奎宁氧化酶 quinine oxidase		حينيندى وكسيدازا
奎诺 quino-		حينو-
奎诺比林 quinopyrin		حينوپيرين
奎诺丹宁酸 quinotannic acid	$C_{14}H_{16}O_9$	حينوتاننين قشقىلى
奎诺酊 quinoidine		حينويدين
奎诺毒 quinotoxin		حينوتوكسين
奎诺方 quinophan	$C_6H_5C_9H_5NCOOH$	حينوفان
奎诺仿 quinoform		حينوفورم
奎诺醛 quinoral		حينورال
奎诺溶 quinosol		حينوزول
奎诺塞因 chinothein		حينوتەين
奎诺酸 quinovic acid	$C_{32}H_{48}O_6$	حينو قشقىلى
奎诺索尔		"奎诺溶" گه قاراڭز.
奎诺糖 quinovose		حينوۋوزا
奎诺托品 quino trophine		حينوتروفين

奎诺瓦酸 quinovaic acid		حينوۋا قشقىلى
奎诺温 quinovin $C_{30}H_{43}O_8$		حينوۋين
奎鞣酸		"奎诺丹宁酸" گه قاراڭىز.
奎特尼定 chitenidine $C_{19}H_{22}ON_2$		حيتەنيدين
奎特宁 chitenine $C_{19}H_{22}O_4N_2$		حيتەنين
奎亭酸 quinasitinic acid $C_9H_7NO_4$		حينازيتين قشقىلى
奎烷 quinane $C_{20}H_{24}N_2$		حينان
奎烯 quinene $C_{20}H_{22}N_2O$		حينەن
奎烯母 quinetum		حينەتۆم
奎吲哚 quinindole $C_{11}H_3N_2$		حينيندول
奎札因		"醌茜" گه قاراڭىز.
喹(指喹啉系化合物) quin		حين (حينولين جۇيەسسندەگى قوسىلىستاردى كورسەتەدى)
喹吖啶 quinacridine $C_{20}H_{12}N_2$		حيناكريدين
喹叨啉 quindoline $C_{15}H_{10}N$		حيندولين
喹碘方 chiniofon(= yatren)		حينيوفون
喹恶啉 quinoxaline $C_6H_4(CH)_2N_2$		حينوكسالين
喹恶啉基 quinoxalinyl(= quinoxalyl) $C_8H_5N_2-$		حينوكسالينيل، حينوكساليل
喹啉 quinoline C_9H_7N		حينولين
喹啉并 quinolino – , quino –		حينولينو ـ، حينو ـ
喹啉并恶唑 quinolinoxazole $C_{10}H_8ON_2$		حينولين وكسازول
喹啉并[4,3 – b]喹啉 quino [4,3 – b] quinoline		حينو [b ـ 3،4] حينولين
喹啉并喹唑啉 quinoquinazaline		حينوحينازولين
喹啉并喹唑(啉)酮 quinoquinazolone		حينوحينازولون
喹啉二羧酸 quioline dicarboxylic acid		حينوليندى ەكى كاربوكسيل قشقىلى
喹啉酐 quinolinie anhydride		حينولين انگيدريدتى
喹啉黄 quinoline yellow		حينولين سارسى
喹啉基 quinolyl C_9H_6N-		حينوليل
3 – 喹啉甲脒 3 – quinoline carbonamidine		3 ـ حينوليندى كاربوناميدين
5 – 喹啉甲酰胺 5 – quinoline carboxamide		5 ـ حينوليندى كاربوكساميد
喹啉蓝 quinoline blue		حينوليندى كوك

喹啉满酮			"氢化喹诺酮" گە قاراڭـز.
喹啉染料	quinoline dye		حينولىندى بوياۋۇلار
喹啉酸	quinolinic acid	$C_9H_6NCO_2H$	حينولين قىشقىلى
喹啉羧酸	quinoline carboxylic acid		حينولىندى كاربوكسىل قىشقىلى
喹啉鎓化合物	quinolinium compound		حينولىنيۆم قوسىلىستارى
喹哪啶	quinaldine	$C_9H_9NCN_3$	حينالدين
喹哪啶红	quinaldine red		حينالدىندى قىزىل
喹哪啶酸	quinaldinic acid	C_9H_6NCOOH	حينالدين قىشقىلى
喹哪啶羧酸	quinaldinic carboxylic acid		حينالدين كاربوكسىل قىشقىلى
喹诺里嗪	quinolizine	C_9H_6N	حينولىزين
喹诺糖	quinovose		حينوۋوزا
喹诺酮	quinolone		حينولون
喹喔啉	quinoxaline	$C_6H_4NCHCHN$	حينوكسالين
喹喔啉并	quinoxalo –		حينوكسالو ـ
喹喔啉基	quinoxalyl(= quinoxalinyl)	C_8H_5N –	حينوكسالىل، حينوكسالينيل
喹喔酮	quinoxalone	$C_8H_6ON_2$	حينوكسالون
喹嗪	quinazine	C_9H_9N	حينازين
喹嗪并	quinolizino –		حينولىزينو ـ
IH – 喹嗪并[1,8 – ab]喹嗪	IH – quinolizno[1,8 – ab]quinolizine		حينولىزينو [1، 8 ـ ab] حينولىزين
喹唑啉	quinazoline	$C_6H_4CHNCHN$	حينازولين
喹唑啉并	quinazo –		حينازو
喹唑啉并[4,3 – b]喹唑酮	quinazo[4,3 – b]quinazol – 8 – one		حينازو [4، 3 ـ b] حينازول ـ 8 ـ ون
喹唑啉基	quinazolinyl	$C_9H_5N_2$ –	حينازولينيل
喹唑啉酮	quinazolone	$C_8H_6N_2O_2$	حينوزولون

kun

| 昆布二糖 | laminaribiose | | لامىنارىبيوزا |
| 昆布酸 | | | "含吉酸" گە قاراڭـز. |

昆布糖　laminariose, laminarin　　　　　　　　　　لامىنارىيوزا، لامىنارىن

醌　quinone　$C_6H_4O_2$　　　　　　　　　　حىنون

醌醇　quinol　OC_6H_4HOH　　　　　　　　　　حىنول

醌醇亚胺　quinolimide　　　　　　　　　　حىنول يمىد

醌二肟　quinondioxime　　　　　　　　　　حىنون دىيوكسىم

醌构型　　　　　　　　　　"醌型" گه قاراڭىز.

醌基　quinonyl　$C_6H_3O_2-$　　　　　　　　　　حىنونىل

醌精　quinogen　$RCOCOCH_2C(OH)$　　　　　　　　　　حىنوگهن

醌茜　quinizarin　$C_{14}H_8O_4$　　　　　　　　　　حىنىزارىن

醌茜素　quinalizarin　$C_{14}H_{12}O_2$　　　　　　　　　　حىناليزارىن

醌氢醌　quinhydrone　$C_6H_4O_2C_6H_4(OH)_2$　　　　　　　　　　حىنگىدرون

醌氢醌电极　huinhydrone electrod　　　　　　　　　　حىنگىدروندى هلهكترود

醌色素　quinochromes　　　　　　　　　　حىنوحروم

醌肟　quinoxime　　　　　　　　　　حىنوكسىم

醌型　quinoid, quinonoid　　　　　　　　　　حىنوىد، حىنونوىد

醌型化合物　quinoid(quinonoid)compound　　　　　　　　　　حىنوىدتى قوسىلستار

醌型结构　quinoid(quinonoid)structure　　　　　　　　　　حىنوىدتى قۇرىلىم

醌亚胺　quinoneimin　NHC_6H_4O　　　　　　　　　　حىنون يمىن

醌亚胺染料　quinoneimine dye　　　　　　　　　　حىنون يمىندى بوياۋلار

醌亚二胺　quinone diamine　　　　　　　　　　حىنون دىيامىن

醌氧化酶　quinonoxidase　　　　　　　　　　حىنون وكسىدازا

kuo

阔胺　coumine　$C_{20}H_{22}ON_2$　　　　　　　　　　كوۋمىن

阔胺定　couminidine　$C_{19}H_{25}O_4N_2$　　　　　　　　　　كوۋمىنيدىن

阔马酸　coumalic acid　$C_6H_4O_4$　　　　　　　　　　كوۋمال قشقىلى

阔叶碱　platyphylline　　　　　　　　　　پلاتيفىللىن

扩散　diffuse(= diffusion)　　　　　　　　　　دىففۋزىيا

扩散本领　diffusibility　　　　　　　　　　دىففۋزىيالىق قابلهت

扩散常数　diffusion constant　　　　　　　　　　دىففۋزىيا تۇراقتىسى

扩散电流　diffusion current　　　　　　　　　　دىففۋزىيالىق توك

扩散电势　diffusion potential　　　　　　　　　　دىففۋزىيالىق پوتەنتسىيال

扩散电位		"扩散电势" گه قاراڭز.
扩散定律	diffusion law	دىففۇزىيا زاڭى
扩散分析	diffusion analysis	دىففۇزىيالىق تالداۋ
扩散过程	diffusion process	دىففۇزىيا بارىسى
扩散环	diffusion ring	دىففۇزىيالىق ساقىنا
扩散器	diffuser	دىففۇزىيالاعىش
扩散热	diffusion heat	دىففۇزىيا جىلۋى
扩散抽气泵	diffusion pump	دىففۇزىيالىق ناسوس
扩散速率	diffusion rate	دىففۇزىيا جىلدامدىعى
扩散梯度	diffusion gradient	دىففۇزىيا گرادىيەنتى
扩散系数	diffusion coefficent	دىففۇزىيا كوەففىتسەنتى
扩散效应	diffusion effect	دىففۇزىيا ەففەكتى
扩散性	diffusedness	دىففۇزىيالىلىق
扩散压力	diffusion pressure	دىففۇزىيالىق قىسىم كۇش
扩散阻力	diffusional resistance	دىففۇزىيالىق كەدەرگى

L

la

拉埃法　Leahy process	لەاي ٴادسى
拉电子基　electron withdrawing group	ھەكترون تارتۇ گرۇپپاسى
拉凡杜醇	"熏衣草花醇" گە قاراڭىز.
拉开粉　nekal	نەكال
拉力　tensile force	تارتۇ كۇشى، سوزۇ كۇشى
拉马灵脑酸　ramalinolic acid	رامالينول قشقىلى
拉马酸　ramalic acid	رامال قشقىلى
拉曼光谱　Raman spectrum	رامان سپەكترى
拉帕醇　lapachol　$C_{15}H_{14}O_3$	لاپاحول
拉帕车脑　lapachenol	لاپاحەنول
拉帕酸　lapachoic acid	لاپاحو قشقىلى
拉丝化合物　drawing compound	سىمشا تارتىلعان قوسىلىستار
拉瓦锡　A．L．lavoisier	A.L. لاۆۆزە (1743 ـ 1794)
喇叭茶油　labrador tea oil	قازاناق مايى
喇叭醇　ledol	لەدول
喇曼光谱	"拉曼光谱" گە قاراڭىز.
喇乌尔定律　Raoult's law	راوۋلتس زاڭى
蜡　wax	بالاۋز
蜡棒　rod wax	بالاۋز تاياقشا
蜡笔　wax pencil	بالاۋز قارىنداش
蜡醇　ceryl alcohol	بالاۋز سپيرتى
蜡分馏　wax fractionation	بالاۋز ٴبولپ ايداۋ
蜡膏　cerate	بالاۋز پاستا
蜡光纸　glazed paper	جىلتىر قاعاز
蜡混合物　wax mixture	بالاۋز قوسپاسى

蜡基　ceryl　$C_{23}H_{53}$		سەریل
蜡剂		"蜡膏" گە قاراڭـز.
蜡精　cerotin		سەروتين
蜡晶体　wax crystals		بالاۋنز كريستال
蜡馏份　wax fraction(slop)		بالاۋنزدىڭ ايدالعان قۇرامدارى
蜡煤		"石蜡煤" گە قاراڭـز.
蜡梅碱　calycanthine(capsaicin)		كاليكانتين
蜡泥塑料　plastiline		پلاستيلين
蜡素　cerin		سەرين
蜡酸　cerotinic acid　$C_{25}C_{51}COOH$		سەروتين قشقلى
蜡烯　ceroten　$C_{26}H_{52}$		سەروتەن
蜡相　wax phase		بالاۋنز فازا
蜡纸		"石蜡纸" گە قاراڭـز.
蜡烛　candle		بالاۋنز شام
腊希格环　Raschig ring		راشيگ ساقيناسى
辣椒醇　capsanthol　$C_{40}H_{57}(OH)_3$		كاپسانتول
辣椒红　capsanthin		كاپسانتين
辣椒碱　capsicine		كاپسيتسين
辣椒胶　capsicin		كاپسيتسين
辣椒精		"辣椒素" گە قاراڭـز.
辣椒苦		"辣椒素" گە قاراڭـز.
辣椒脑　capsicol		كاپسيكول، كاپزيتسول
辣椒色素　capsochrome		كاپسوحروما
辣椒素　capsaicin　$C_{18}H_{27}O_8N$		كاپسايتسين
辣椒酸　capsin acid		كاپسين قشقلى
辣椒玉红素　capsorubin		كاپسورۋبين

lai

来苏尔　lysol		ليزول
来苏糖　lyxose　$CH_2(CHOH)_4O$		ليكسوزا
来苏糖醇酸　lyxonic acid　$H_2OH(CHOH)_3COOH$		ليكسون قشقلى
来苏糖甙　lyxoside		

ليكسوزيد

莱斯莫克火药　Lesmok powder　　　لەسموك قارا ٴدارسى

楝木碱　cornine　　　كورنين

楝木酸　cornic acid(＝cornin)　　　كورن قىشقىلى، كورنين

铼(Re)　rhenium　　　رەنې (Re)

铼酸　rhenic acid　$HReO_4$　　　رەنې قىشقىلى

铼酸盐　rhenate　$MReO_4$　　　رەنې قىشقىلىنىڭ تۇزدارى

赖氨酸　lisine　$NH_2(CH_2)_4CHNH_2CO_2H$　　　ليزين

d－赖氨酸脱羧酶　d－lysine decarboxylase　　　d ـ ليزين كاربوكسىلازا

赖氨酰　lysyl　$H_2N(CH_2)_4CH(NH_2)CO-$　　　ليزيل

赖氨酰赖氨酸　lysyl－lysine　　　ليزيل ـ ليزين

赖戴特　　　"立德炸药" گە قاراڭمز.

赖酪碱　lysantine　$C_6H_{13}O_2N_3$　　　ليزانتين

赖瑟酸　lysergic acid　$C_{16}H_{16}N_2O_2$　　　ليزەرگ قىشقىلى

赖瑟酰肼　lysergic hydrazide　　　ليزەرگ گيدرازيد

赖西丁　lysidin　$C_4H_8N_2$　　　ليزيدين

lan

兰伯特－比尔定律　Lambert－Beer's law　　　لامبەرت ـ بەر زاڭى

兰金度数　Rankine degree　　　رانكين گرادۇس سانى

兰金循环　Rankine cycle　　　رانكين اينالمسى

兰菌素　cyanein　　　سيانەين

兰卡环素醇 A　lancacylinol A　　　لانكاسيكلينول

兰卡杀菌素　lancacidine　　　لانكاتسيدين

兰纳品红　lana fuchsine　　　لانا فۇكسين

兰纳盐橙　lanasol orange　　　لانازول قىزعىلت سارسى

兰纳盐染料　lanasol colours　　　لانازول بوياۋلارى

兰纳盐棕　lanasol brown　　　لانازول (قىزىل) قوڭرى

兰氏法　Ramsbottom method　　　رامسبوتتوم ٴادسى

蓝　blue　　　كوك

蓝胆素　glaucobilin　　　گلاۋكوبيلين

蓝豆蛋白　conglutin　　　كونگليۇتين

蓝矾		"胆矾" گه قاراڭز.
蓝光硫化黑		"靛炭" گه قاراڭز.
蓝红　bluish red		كوكشىل قىزىل
蓝绿　blue green		كوك ياسىل
蓝煤气　blue gas(＝blau gas)		كوك كومىر گازى، تازا سۇ گازى
蓝铅		"金属铅" گه قاراڭز.
蓝色　blue, cyano		كوك، كوك ئتۇس
蓝色石蕊试纸　litmus biue test paper		كوك ئتۇستى لاكمۇس سىناعىش قاعازى
蓝石　blue stone		كوك تاس، تابيعي توتيايىن
蓝水煤气　blue water gas		كوك سۇ گازى
蓝溪藻黄素甲　myxorhodin		ميكسورودين A
蓝溪藻黄素乙　myxoxanthophyll		ميكسوكسانتوفيل B
蓝(锌)粉　zinc pocoder		كوك (مىرش) ۇنتاق
蓝盐　blue salt		كوك تۇز
蓝焰　blue flame		كوك جالىن
蓝紫　bluish violet		كوكشىل كۇلگىن
蓝棕醇　sabalol		سابالول
篮　basket		باسكەت، سەبەت
篮式干燥机　basket drier		سەبەت فورمالى قۇرعاتقىش
篮式离心机　basket centrifuge		سەبەت فورمالى سەنترەدەن تەپكىش
篮式滤器　basket filter		سەبەت فورمالى سۇزگىش
篮式蒸发器　basket type evaporator		سەبەت فورمالى بۇلاندىرعىش
篮形电极　basket electrode		سەبەت فورمالى ەلەكترود
镧(La)　lanthanum		لانتان (La)
镧系元素　lanthanon		لانتانويدتار
镧盐　lenthanum salt		لانتان تۇزى
榄仁树脑酸　terminolic acid　$C_{30}H_{48}O_6$		تەرمينول قىشقىلى
榄香醇　elemol		ەلەمول
榄香醇酸　elemolic acid		ەلەمول قىشقىلى
榄香素　elemicin		ەلەميتسين
榄香酮酸　elemonic acid		ەلەمون قىشقىلى
榄香烯　elemene		ەلەمەن
榄香烯脑酸　elemenolic acid		ەلەمەنول قىشقىلى

榄香烯酸　elemenic acid　ھەمەن قشقىلى

榄香烯酮酸　elemenonic acid　ھەمەنون قشقىلى

榄香油　elemi oil　ھەمي مايى

榄香脂　elemi　ھەمي

lang

朗白－比尔定律　"兰伯特－比尔定律" گە قاراڭىز.

莨菪胺　scopolamine　سكوپولامين

莨菪定　"托品定" گە قاراڭىز.

莨菪碱　"托品" گە قاراڭىز.

莨菪碱吗啡中毒　scopomorphine poisoning　سكوپومورفيننەن ۋلانۇ

莨菪灵　scopoline　$C_8H_{13}O_2N$　سكوپولين

莨菪品　scopine　$C_8H_{13}NO_2$　سكوپىين

莨菪酸　scopolic acid　سكوپول قشقىلى

莨菪亭　scopoletin　$C_{10}H_8O_4$　سكوپولەتين

莨菪烷　"托烷" گە قاراڭىز.

莨菪酰　"托品酰" گە قاراڭىز.

莨菪因　scopoleine　$C_{17}H_{21}O_4N$　سكوپولەين

莨菪油　oleum hyoscyami　مەڭدۋانا مايى

莨菪中毒　hyoscyamism　مەڭدۋانادان ۋلانۇ

lao

劳丹酊　laudanum　لاۋدان تۇنباسى

劳丹碱　laudanine　لاۋدانين

劳丹胶　labdanum(gum)　لابدان جەلمى

劳丹尼定　laudanidine　لاۋدانيدين

劳丹树脂　ladanum resin　لادان سمولاسى

劳丹素　laudanosine　لاۋدانوزين

劳丹酸　labdanolic acid　لابدانول قشقىلى

劳丹油　ladanum oil　لادان جەلمى

劳厄法　laue method　لاۋ ٴادىسى

劳伦酸	laurents acid		لاۋرەنتس قىشقىلى
劳氏紫	lauth's violete(= thionine)	$C_{12}H_9N_3S$	لاۋتس كۆلگىنى
劳特马斯	lautmassse		لاۋتماس (كاتاليزدىك ەرتىندىنى تاسۇۋشى)
铹(Lr)	lawrencium		لاۋرەنسي (Lr)
老头掌胺			"安哈胺" گە قاراڭىز.
姥鲛烷			"朴日斯烷" گە قاراڭىز.
铑(Rh)	rhodium		رودي (Rh)
铑铯矾	rhodium cesium alum	$Cs_2Rh(SO_4)_2 \cdot 12H_2O$	رودي ـ سەزىلى اشۇداس
铑酸盐	rhodate	M_2RhO_4	رودي قىشقىلىنىڭ تۇزدارى
酪氨酸	tyrosine		تيروزين
酪氨酸酶	tyrosinase		تيروزينازا
酪氨酰	tyrosyl	$HOC_6H_4CH_2CH(NH_2)CO-$	تيروزيل
酪胺	tyramine	$HOC_6H_4CH_2CH_2NH_2$	تيرامين
酪胺氧化酶	tyramine oxidase		تيرامين وكسيدازا
酪蛋白	casein		كازەين
酪蛋白钙			"酪朊钙" گە قاراڭىز.
酪蛋白酶	casease		كازەازا
酪蛋白酸	caseinic acid		كازەين قىشقىلدارى
酪蛋白原	caseinogen		كازەينوگەن
酪化作用	caseation		كازەيندەۇ
酪朊			"酪蛋白" گە قاراڭىز.
酪朊钙	culcium cuseinate		كالتسيىلى كازەين
酪朊甲醛树脂	casein – formaldehyde resin		كازەين ـ فورمالدەگيدتى سمولا (شايىرلار)
酪朊胶	casein glue		كازەين جەلىمدەرى
酪朊塑料	casein plastic		كازەين سۇلياۋلار
酪朊酸			"酪蛋白酸" گە قاراڭىز.
酪朊酸盐	caseinate		كازەين قىشقىلىنىڭ تۇزدارى
酪朊纤维	casein fiber		كازەين تالشىق
酪朊原			"酪蛋白原" گە قاراڭىز.
酪	caseose		كازەوزا
酪素			"酪朊" گە قاراڭىز.
酪素纤维	lanara		

لانارا

酪酸   "酪蛋白酸" گه قاراڭز.

酪酸银   silver caseinate   كازەين قەشقىل كۇمىس

酪烷酸   caseanic acid   كازەان قەشقىلى

酪脂   butyrin   بۇتيرين

酪状皂   curd soap   كازەين ٴتارىزدى سابىن

le

乐果   rogor   روگور

勒帕胺   lepamin $C_{20}H_{32}N_2$ لەپامين

勒皮啶   lepidine $C_{10}H_9N$ لەپيدين

勒皮酮   lepidone   لەپيدون

勒夏特列   H·Le chatelier (1850－1936)   حەنرى لە شاتەلەر (1936 ـ 1850)

勒夏特列原理   Lechatelier principle   لە شاتەلەر قاعيداسى

勒辛环   Lessing ring   لەسسين ساقيناسى

lei

雷达   radar   رادار

雷佛奴尔   "利凡诺" گه قاراڭز.

雷公藤红   tryptery gine   تريپتەريگين

雷公藤碱   celastrol   سەلاسترول

雷汞   mercury fulminate   كۇركەرەۇياك سناپ

雷金   fluminating gold   كۇركەرەۇياك التىن

雷蒙德研磨机   Raymond mill   رايموند ۇنتاقتاعەشى

雷米邦   lamepone   لامەپون

雷米封   rimifon   ريميفون

雷纳克盐   Reinecke's salt   رەينەك تۇزى

雷尿酸   fulminuric acid $NCCH(NO_2)CONH_2$ كۇركەرەۇياك نەسەپ قەشقىلى

雷尿酸盐   fulminurate $(C:NOM)_3$ كۇركەرەۇياك نەسەپ قەشقىلمنىڭ تۇزدارى

雷诺数   Reinold's number   رەينولد سانى

雷氏盐   "雷纳克盐" گه قاراڭز.

雷酸 fulminic acid C:NOH		كۆركسرەۋ‹اك قشقىل
雷酸根 fulminic acid radical		كۆركسرەۋ‹اك قشقىل قالدىعى
雷酸汞 mercuric fulminate Hg(ON:C)₂		كۆركسرەۋ‹اك قشقىل سناپ
雷酸钠 sodium fulminate C:NONa		كۆركسرەۋ‹اك قشقىل ناتري
雷酸铜 copper fulminate		كۆركسرەۋ‹اك قشقىل مس
雷酸盐 fulminate MONC		كۆركسرەۋ‹اك قشقىل تۇزدارى
雷酸银 silver fulminate (CNO)₂Ag		كۆركسرەۋ‹اك قشقىل كۇمس
雷酸银钾 silver potassium fulminate		كۆركسرەۋ‹اك قشقىل كۇمس ـ كالي

雷琐苯乙酮 resacetophenone $(HO)_2C_6H_5COCH_3$ رەزاكەتوفەنول

雷琐多 resaldol رەزالدول

雷琐酚 "间苯二酚" گە قاراڭز.

雷琐酸 "二羟基苯酸" گە قاراڭز.

雷琐辛 "间苯二酚" گە قاراڭز.

雷银 fulminating siliver كۆركسرەۋ‹اك كۇمس

嫘萦 "人造纤维" گە قاراڭز.

嫘萦短纤维 rayon staple fibre جاساندى قسقا تالشق

嫘萦绳 rayon tow جاساندى ‹جىپ، جاساندى ارقان

嫘萦丝 "人造丝" گە قاراڭز.

镭(Ra) radium رادي (Ra)

镭(A) radium (A) رادي (A)

镭(放)射气 radium emanation(= niton) رادي گازى، نيتون

镭族 radium series رادي گرۇپپاسى، رادي قاتارى

蕾蒂胺 raddeamine رادەامين

蕾蒂宁 raddeanine رادەانين

累积双键 cumulative double bond توپتالعان قوس بايلانس

类 dui – دۆي ـ، تەكتەس

类低共熔体 eutectoid ﮬۆتەكتويد

类碲 duitellyrium ديۆيتەللۆر، تەللۆرتەكتەس

类淀粉 amyloid اميلويد

类毒素 toxoid, anatoxin توكسويد، اناتوكسين

类固醇 "甾族化合物" گە قاراڭز.

类硅 eka – silicon(= Germanium) ﮬكا كرەمني (ياعني گەرماني)

类黑精 melanoidins مەلانويدين

类黑素　melanoid　　　　　　　　　　　مەلانوید

类胡萝卜素　carotenoid　　　　　　　　کاروتەنوید

类胶物质　gumlike material　　　　جەلىم تەكتەس زاتتار

类金属　　　　　　　　　"非金属" گە قاراڭىز.

类卤基　halogenoid　　　　　　　　گالوگەنوید

类铝　eka－aluminum(＝gallium)　(ەکا ـ الۇمین (یاعنی گاللي

类酶　zymoid　　　　　　　　　　　زیموید

类锰　duimanganese　دیۇمارگانەتس، مارگانەتس تەكتەس

类内毒素　endotoxoid　　　　　　　ەندوتوكسوید

类粘蛋白　mucoid　　　　　　　　　مۇكوید

类凝集素　agglutinoid　　　　　اگگلیۇتینوید

类硼　eka－borium(＝scandium)　(ەکا ـ بور (یاعنی سكاندي

类铯　dvicesium　　دیۇسەزي، سەزي تەكتەس

类石蕊　lacmoid　　　　　　　　　لاكموید

类树脂　resinoid　　　　　　　　　رەزینوید

类萜(烯)　terpenoid　　　　　　　تەرپەنوید

类叶红素　　　　　　　　"胡罗卜素" گە قاراڭىز.

类胰蛋白酶　tryptase　　　　　　　تریپتازا

类胰肕酶　　　　　　　　"类胰蛋白酶" گە قاراڭىز.

类脂　lipoid　　　　　　　　　　　لیپوید

类脂化合物　lipid, lipin　　　　　لیپید، لیپین

类脂(化合物)代谢作用　lipid metabolism　لیپیدتىڭ الماسۇ رولى

(类质)同晶型混合物　isomopphous mixture　یزومورفتىق قوسپا

(类质)同晶型体　isomorph　　　　　یزومورف

(类质)同晶型现象　isomorphism　یزومورفتىق قۇبىلىس، یزومورفیزم

类质同晶(定)律　law of isomorphism　یزومورفیزم زاڭى

泪白朊　dacryolin　　　　　　　　داكریولین

肋棒碱　costaclavine　　　　　　كوستاكلاۋین

leng

冷点　cold point　　　　　　　سۇۆ نۇكتەسى

冷冻　refrigeration　مۇزداتۇ، قاتىرۇ، توڭازىتۇ

冷冻烷基化	cold alkylation	توڭازىتىپ الكىلدەھندىرۇ
冷光	lumine scence	سۇق جارىق
冷混合	cold mixing	سۇق ارالاستىرۇ
冷聚合	cold polmerization	سۇق پولىمەرلەۇ
冷聚合物	cold polymer	سۇق پولىمەر
冷蕨亭	cyrtopterinetin	كرىتوپتەرىنەتىن
冷凝	condensation	كوندەنساتسىالانۇ
冷凝薄膜	film of condensate	كوندەنساتسىالىق جارعاق
冷凝点	condensation point	كوندەنساتسىالانۇ نۇكتەسى
冷凝管	condensed tube	كوندەنساتسىالاۇ تۇتىگى
冷凝剂	condensing agent	كوندەنساتسىالاەش اگەنت
冷凝器	condenser	كوندەنسەر، كوندەنساتسىالاەش
冷凝气体	condensed gas	كوندەنساتسىالانعان گاز
冷凝气体胶体	condensed gas dispersoid	كوندەنساتسىالانعان گاز كوللوىد
冷凝热	condensation heat	كوندەنساتسىالانۇ جىلۇى
冷凝水蒸气	condensed steam	كوندەنساتسىالانعان سۇ بۇى
冷凝温度	condensing, temperature	كوندەنساتسىالانۇ تەمپەراتۇراسى
冷凝液体	condensed fluid	كوندەنساتسىالانعان سۇىقتىق
冷却	cooling	سۇنۇ، سۇتۇ
冷却管	cooling tube	سۇتۇ تۇتىگى
冷却剂	colling agent	سۇتقىش اگەنت
冷却精	cryogenine $H_2NCONHNHC_6H_4CONH_2$	كرىوگەنىن
冷却器	cooler	سۇتقىش
冷杉酸	abieninic acid $C_{13}H_{20}O_2$	ابىەنىن قىشقىلى
冷杉糖	abietite $C_4H_8O_6$	ابىەتىت
冷酸处理法	cold acid treatment	سۇق قىشقىلمەن وڭدەۇ
冷压	cold pressing	سۇق قىسىم
冷焰	cool flame	سۇق جالىن
愣琪反应	Neneki reaction	نەنكي رەاكسىاسى

li

离胺蓝	ionamine blue	يونامىندى كوك

离胺染料 ionamines		يونامين بوياۋلارى
离化(合)键 ionogenic linkage		يونوگەنداك بايلانس
离解 dissociation		ديسسوتسياتسيا، ديسسوتسياتسيالانۇ
离解本领 dissociation power		ديسسوتسياتسيالانۇ قابلەتى
离解产物 dissociation product		ديسسوتسياتسيا ءونمى
离解常数 dissociation constant		ديسسوتسياتسيا تۇراقتىسى
离解度 dissociation degree		ديسسوتسياتسيالانۇ دارەجەسى
离解法 dissoating method		ديسسوتسياتسيالانۇ ءادىسى
离解化学吸附 dissociative chemisorption		ديسسوتسياتسيالىق حيميالىق ادسوربتسيا
离解价体 dissociating meduim		ديسسوتسياتسيالىق ورتا
离解力 dissociating		ديسسوتسياتسيالانۇ كۇشى
离解能 dissociation energy		ديسسوتسياتسيالانۇ ەنەرگياسى
离解热 dissocition heat		ديسسوتسياتسيالانۇ جىلۇىي
离解吸附 dissocition adsorption		ديسسوتسياتسيالىق ادسوربتسيا
离解系数 dissocition coefficient		ديسسوتسياتسيالانۇ كوەففيتسەنتى
离解压力 dissocition pressure		ديسسوتسياتسيالانۇ قىسىم كۇشى
离解张力 dissocition tension		ديسسوتسياتسيالىق كەرىلۇ كۇشى
离解作用 dissocition		ديسسوتسياتسيالانۇ
离聚物 ionomer		يونومەر
离析		"分离" گە قاراڭز.
离析器		"分离器" گە قاراڭز.
离析物 educt		اجىراندى، اجىراندى زات
离心 centrifugalize		سەنتردەن تەبۇ
离心泵 centrifugal pump		سەنتردەن تەپكىش ناسوس
离心分离 centrifugation		سەنتردەن تەبۇى ارقىلى ايىرۇ
离心分离器 centrifugal separator		سەنتردەن تەپكىش سەپاراتور (ايىرعىش)
离心分析 centrifugal analysis		سەنتردەن تەبۇى ارقىلى تالداۇ
离心过滤 centrifugal filtration		سەنتردەن تەبۇى ارقىلى ءسۇزۇ
离心机 centrifugal machine		سەنتردەن تەپكىش (ماشينا)
离心净化 centrifugal purification		سەنتردەن تەبۇى ارقىلى تازارتۇ
离心净化机 centrifugal purfier		سەنتردەن تەپكىش تازارتقىش (ماشينا)
离心力 centrifugal force		سەنتردەن تەپكىش كۇش

离心滤器	centrifugal filter	سەنتردەن تەپكش سۇزگش
离心效应	centrifugal effect	سەنتردەن تەبۇ ەففەكتى
离子	ion	يون
离子半径	ionic radius	يون رادىيۇسى
离子层	ionospere	يون قاباتى
离子催化剂	ionic catalyst	يوندق كاتاليزاتور
离子缔合(作用)	ionic association	يوندق اسسوتسياتسيالانۇ
离子电导	ionic conduction	يوندق ەلەكتر وتكەزۇ
离子电导率	ionic conductivity	يوندق ەلەكتر وتكەزگشتەك
离子电导性		"离子电导率" گە قاراڭز.
离子电荷数	ionic charge number	يوننىڭ زارياد سانى
离子电泳作用	ionophoresis	يوننىڭ فورەزدەنۇى
离子电子法	ion – electron method	يون ـ ەلەكترون ادسى
离子对	ion – pair	يون جۇبى، جۇپ يون
离子反应	ionic reaction	يوندق رەاكسيا
离子方程式	ionic equation	يوندق تەڭدەۇ
离子分子	ionic molecule	يوندق مولەكۇلا
离子氛	ion – atmosphera	يون اتموسفەراسى
离子共振型质谱仪	ion – resonance mass spectrometer	يون ـ روزانس ماسسا سپەكترو مەترى
离子互相作用	ionic interaction	يوندق ۇوزارا اسەر
离子化	ionize	يونداۇ، يوندانۇ
离子化合物	ionic compound	يوندق قوسلمستار
离子化溶剂	ionizing solvent	يوندانعان ەرىتكش (اگەنت)
离子化作用		"电离作用" گە قاراڭز.
离子活度	ionic activity	يوندق اكتيۇتەك
离子基	ion radical	يون رادىكالى
离子积	ion product	يوندار كوبەيتندسى
离子积常数	ion product constant	يوندار كوبەيتندسننڭ تۇراقتسى
离子加成反应	ionic addition reaction	يوندق قوسلۇ رەاكسياسى
离子键	ionic bond	يوندق بايلانس
离子交换	ion exchange	يون الماسترۇ
离子交换法	ion exchange method	يون الماسترۇ ادسى

离子交换剂　ion exchanger يون الماستىرعش اگەنت

离子交换膜　ion exchange membrane يون الماستىرعش جارعاق (پەردە)

离子交换色谱法　ion exchange chromatography يون الماستىرعش حروماتوگرافتاۇ

离子交换树脂　ion exchange resin يون الماستىرعش سمولالار

离子交换纤维素　ion exchange cellulose يون الماستىرعش سەلليۇلوزا

离子交换柱　ion exchange column يون الماستىرۇ باعاناسى

离子交换作用　ion exchange يون الماستىرۇ، يون اۇستەرۇ

离子晶体　ionic crystal يوندىق كرىستال

离子两性(现象)　ionic amphoterism يوننىڭ قوس قاسيەتتەلىگى (قوۇبلىسى)

离子量　ionic weight يوندىق سالماق

离子密度　ionic density يوندىق تىعىزدىق

离子浓度　ionic concentration يوندىق قويۇلىق

离子偶极键　ion – dipole bond يون – دىپولدىق بايلانس

离子平衡　ionic equilibrium يوندىق تەپە – تەڭدىك

离子强度　ionic strength يوندىق كۇشەمەلەلىك

离子色层分离法　chromatography of ions يوندى حروماتوگرافتاۇ

离子渗透压　ionic osmotic pressure يوندىق وسموستىق قىسىم

离子式　ionic formula يوندىق فورمۇلا

离子束缚　ion binding يون ۇستاۇ، يون قارمالاۇ

离子酸度　ionic acidity يوننىڭ قىشقىلدىق دارەجەسى

离子碎片　ion fragments يون پارشالارى، يون سىنىقتارى

离子消度　ionic mobility يوننىڭ اققىشتىعى

离子团　ionic group يون رادىكالى

离子相互作用　ionic interaction يوندارىدىڭ ۇزارا اسەرى

离子(型)分子 "离子分子" گە قاراڭىز.

离子(型)结晶 "离子晶体" گە قاراڭىز.

离子移变(作用)　ionotropic change يوننىڭ جىلجۇ

离子(引发)聚合(作用)　ionic polymerization يوندىق پوليمەرلەنۇ

厘规　centinormal سانتينورمال

厘克(cg)　centigram سانتيگرام (cg)

厘米(cm)　centimeter سانتيمەتر (cm)

厘升(cl)　centiliter سانتيليتر (cl)

梨霉素 limettin	ليمەتتين
梨霉油 limetta (lime) oil	ليمەتتا مايى
藜碱 chenopodin	حەنوپودين
藜芦胺 veratramine	ۋەراترامين
藜芦叉 veratral(= veratrylidine) $3,4 - (CH_3O)_2C_6H_3CH =$	ۋەراترال، ۋەراتريليدەن
藜芦定 veratridine $C_{37}H_{53}O_{11}N$	ۋەراتريدين
藜芦基 veratryl $3,4 - (CH_3O)_2C_6H_3CH_2 =$	ۋەراتريل
藜芦基胺 vetratrylamine	ۋەراتريلامين
藜芦基醇 veratryl alchohol	ۋەراتريل سپيرتى
藜芦碱 veratrine $C_{32}H_{49}O_9N$	ۋەراترين
藜芦碱 I	"藜芦定" گە قاراڭىز.
藜芦碱类 varatrin alkaloids	ۋەراترين الكالويدتەرى
藜芦醚 veratrole $(CH_3O)_2C_6H_4$	ۋەراترول
藜芦醛 veratraldehyde $(CH_3O)_2C_6H_3CHO$	ۋەراتر الدەگيدتى
藜芦醛缩	"藜芦叉" گە قاراڭىز.
藜芦瑟文 veracevine	ۋەراتسەۋين
藜芦酸 veratric acid $(CH_3O)_2C_6H_3COOH$	ۋەراتر قىشقىلى
藜芦酰 veratroyl $3,4 - (CH_3O)_2C_6H_3CO -$	ۋەراترويل
里格若英 ligroin	ليگروين
里哪醇 linalool $C_{10}H_{18}O$	لينالول
里哪醇醋酸酯 linalool acetate $CH_3CO_2C_{10}H_{17}$	لينالول سىركە قىشقىل ەستەرى
里哪甙 linarin	لينارين
里哪基 linalyl $C_{10}H_{17} -$	ليناليل
里哪苦甙 linamarin	ليناﻣﺎرين
里哪油 linaloe oil	ليناله مايى
里廷格(压研)定律 Rittinger's law	ريتتينگەر (جانشۇ) زاڭى
浬	"海浬" گە قاراڭىز.
理论化学 theoretical chemistry	تەوريالىق حيميا
理论重量 theoretical weight	تەوريالىق سالماق
理想大气 ideal atmosphere	يدەال اتموسفەرا
理想流体 ideal fluid	يدەال اقىش دەنەلەر

理想气体	ideal gas	يدەال گاز
理想溶液	ideal solution	يدەال ەرتەندىلەر
理想塔	ideal column	يدەال مۇنارا
理想循环	ideal cyclo	يدەال ايناىلس
理想液体	ideal liquid	يدەال سۇيىقتىق
理想元素	ideal element	يدەال ەلەمەنتتەر
哩		"英里" گە قاراڭىز.
锂(Li)	lithium	ليتي (Li)
锂基润滑脂	lithium(base) grease	ليتيلى جاعسن ماي
锂氧		"氧化锂" گە قاراڭىز.
锂皂	lithium soap	ليتيلى سابىن
鲤精朊甲	cyprinine	كيپرينين A
鲤精朊乙	cyprinin	كيپرەنين B
鲤精酸	carpyrinic acid	كارپيرين قشقىلى
李比希冷凝器	Liebig condenser	ليەبيگ مۇزداتقىشى
李登键	lidenic bond [R·CH:C(CN)COR]	ليدەندىك بايلانس
立蒽	steranthrene	ستەرانترەن
立方	cube	كۇب، تەكشە
立方公里	cubic kilometer	كۇب كيلومەتر، تەكشە كيلومەتر
立方毫米	cubic millimeter	كۇب ميللليمەتر، تەكشە ميللليمەت
立方晶系	cubic system	كۇبتىك جۇيە، تەكشەلىك جۇيە
立方厘米	cubic centimeter	كۇب سانتيمەتر، تەكشە سانتيمەتر
立方米(m³)	cubic meter	كۇب مەتر، تەكشە مەتر
立格南	lignan	ليگنان
立构规整橡胶		"定向橡胶" گە قاراڭىز.
立沽辛	ligosin C₁₇H₁₂O₃Na·7H₂O	ليگوزين
立可汤宁	licotonine	ليكوتونين
立索红	lithol red	ليتول قىزىلى
立索玉红	lithol rubin B	ليتول رۇبين B
立体	stereo	ستەرەو ـ (گرەكشە)، كەڭىستىكتىك
立体定向聚合物	stereo specific polymer	ستەرەولىق باعدارلى پوليمەرلەر
立体定向性	stereo specificity	ستەرەو باعدارلىلىق
立体纲型聚合物		"立体型聚合物" گە قاراڭىز.

立体格子		"立体晶格" گە قاراڭـز.
立体共轭 spatial conjugation		ستەرەولىق تۈزيندەس
立体规则性 tacticity		ستەرەولىق قاعيدا (ەرەجە)
立体规整橡胶		"定向橡胶" گە قاراڭـز.
立体规整性 stereoregularity		ستەرەولىق رەتتەتلىك
立体化学 stereochemistry		ستەرەو حيميا
立体化学变化 stereo chemical change		ستەرەو حيمياـلىق وزگەرـس
立体化学式 stereo chemical formula		ستەرەو حيمياـلىق فورمۇلا
立体结构 spatial structure		ستەرەو قۇرـلـم
立体晶格 space lattice		ستەرەو رەشەتكا
立体聚合物 space polymer		ستەرەو پوليمەرلەر
立体模型 space model		ستەرەو مودەل
立体式 space formula		ستەرەو فورمۇلا

(立)体型聚合物 three – dimensional polymer (= space network polymer)

ۇش ۋلشەمدى پوليمەر

立体选择合成		"定向合成" گە قاراڭـز.
立体选择性 stereo seletivity		ستەرەو تالعامدلـق
立体异构聚合物		"有规聚合物" گە قاراڭـز.
立体异构体 stereoisomer		ستەرەويزومەرلەر
立体异构(现象) stereo isomerism		ستەرەويزومەريا
立体有择合成		"有规立构合成" گە قاراڭـز.
立体有择反应 stereo specific reation		ستەرەو تالعامدى رەاكسيالار
立体有择聚合物		"有规立构聚合物" گە قاراڭـز.
粒度分析 grading analysis		تۈيىرشكتـك تالداۋ
粒技碱 chondrodendrine		حوندرودەندرين
粒状 granular		تۈيىرشـك تارـزدى
粒状虫漆 grain lac		تۈيىرشكتى لاك
粒状催化剂 grained catalyst		تۈيىرشكتى كاتاليزاتور
粒状固体 granular solids		تۈيىرشكتى قاتتى زات
粒状结构 granular structure		تۈيىرشكتى قۇرـلـم
粒状聚合物 granular polymer		تۈيىرشكتى پوليمەر
粒状氯化钙 granular calcium chloride		تۈيىرشكتى حلورلى كالتسي
粒状木炭 granular charcoal		تۈيىرشكتى اعاش كۈمـر

粒状石膏	granular gypsum	$CaSO_4 \cdot 2H_2O$

تۇيىرشكتى گيپس

粒状糖　granulated sugar
تۇيىرشكتەنگەن قانت

粒状苏打　granular (soda) ash
تۇيىرشكتى سودا

粒状铁　granlar iron
تۇيىرشكتى تەمىر

粒状锡　grained tin
تۇيىرشكتى قالايى

粒状皂　grained soap
تۇيىرشكتى سابىن

粒子　particle
بولشەك

α－粒子　alpha particle
الفا ـ بولشەك

β－粒子　brta particle
بەتا ـ بولشەك

粒子大小　particle size
بولشەكتەردىڭ ۋلكەن ـ كشلىگى

粒子大小分布　particle size distribution
بولشەكتەر ۋلكەن ـ كشلىگمناڭ تارالۇى

粒子分布　particle distribution
بولشەكتەردىڭ تارالۇى

粒子胶体　particle colloid
بولشەكتك كوللويد

粒子数　particle number
بولشەك سانى

粒子重量　particle weight
بولشەك سالماعى

丽春花碱　rhoeadin
رەادين

丽丝胺绿　lissamine green V
ليززاميندى جاسىل V

沥青
"柏油" گە قاراڭز.

沥青柏油　bituminous pitch
بيتۇمدى قاراماي

沥青布　bituminized fabric
بيتۇمدالعان كەزدەمە (ماتا)

沥青产品　asphalitic product
اسفالت ونمدەرى

沥青沉淀剂　precipitant for asphalt
اسفالت تۇندىرعىش (اگەنت)

沥青的烃类　asphaltic hydrocarbons
اسفالتى كومىر سۇتەكتەر

沥青底漆　asphalt primer
اسفالت استار سىرى

沥青粉末　asphalt powder
اسفالت ۇنتاعى

沥青工业　bituminous industry
بيتۇم ونەركاسبى

沥青化　bituminzation
بيتۇمدانۇ

沥青化(作用)　asphaltization
اسفالتاۇ

沥青混凝土　bituminous concrete
بيتۇمدى بەتون، اسفالتتى بەتون

沥青焦沥青　asphaltic pyrobitumen
اسفالتتى پيروبيتۇم

沥青焦炭　pitch coke
اسفالت كوكسى

沥青焦油　asphalt tar
اسفالت كوكس مايى

沥青玛帝脂	"沥青粘合剂" گە قاراڭىز.
沥青煤　pitch coal	قاراپايىلى كومىر، اسفالتتى كومىر
沥青泥煤　bituminous peat	بىتۆمدى شىمتەزەك
沥青粘度　asphalt viscosity	اسفالت تۇتقىرلىعى
沥青粘合剂　bituminous cement	بىتۆمدى چاپسىتىرعىش (اگەنت)
沥青漆　bituminous paint	بىتۆمدى لاكتار
沥青清漆　bituminous varnish	بىتۆمدى سىرلار
沥青燃料　bituminous fuel	بىتۆمدى جانار زاتتار
沥青染料　bituminous dye	بىتۆمدى بوياۋلار
沥青乳胶体	"沥青乳浊液" گە قاراڭىز.
沥青乳浊液　asphalt emulsion	اسفالت ەمۆلتسياسى
沥青软化点　pitch softening point	اسفالتتاك جۇمسارۇ نۇكتەسى
沥青石　asphalt stone	اسفالت تاس، اسفالت
沥青石灰　asphaltic limestone	اسفالتتى اك
沥青石灰石　bitumen limestone	بىتۆمدى اك تاسى
沥青水泥　asphalt cement	اسفالت سەمەنت
沥青塑料　bitumen plastics	بىتۆمدى سۇلياۋلار (پلاستماساسالار)
沥青酸酐　asphaltous acid anhydrides	اسفالتتى قىشقىل انگيدريتتەرى
沥青铁　bitchy iron	اسفالتتى تەمىر
沥青物质　asphaltic substances	اسفالتتى زاتتار
沥青烯　asphaltene	اسفالتەن
沥青性质　aspaltic nature	اسفالتتىق قاسيەتى
沥青岩　asphalt rock	اسفالت جىنسى
沥青液　asphaltic liquid	اسفالتتى سۇيىقتىق
沥青油　asphaltic oil	اسفالتتى ماي
沥青油漆	"沥青清漆" گە قاراڭىز.
沥青毡　asphalt felt	اسفالتتى كيىز، اسفالتتالعان كيىز
沥青针入度试验　asphalt penetration test	اسفالتقا ينەننىك كىرۇ سىنامى
沥青针入度指数　asphalt penetration index	اسفالتقا ينەننىك كىرۇ كورسەتكىشى
沥青纸　bituminized paper	بىتۆمدالعان قاعاز
沥青质　asphaltine, bituminic	اسفالتين، بىتۆمدى، اسفالتتى
沥青质石油　asphaltic petroleum	اسفالتتى مۇناي

沥青状物质	"沥青物质" گە قاراڭز.
利多尔　lidol	ليدول
利多卡因　lidocain	ليدوكاين
利丸诺　rivanol	ريۋانول
利福霉素　rifamycin	ريفاميتسين
利尿剂　diuretic	نەسەپ ايداعش اگەنت
利尿素　diuretine	ديۇرەتين
利尿酸　ethacrynic acid, edecrin	ەتاكرين قشقلى، ەدەكرين
利普金法　Lipkin method	ليپكين ٔادسى
利血平　reserpine	رەزەرپين
利绚　rilsan(＝nilon 11)	ريلسان، ريلزان، نيلون 11
栎醇　quercitol　$C_6H_7(OH)_5$	كۇەرتسيتول
栎丹宁酸　quercitannic acid　$C_{28}H_{28}O_4$	كۇەرتسيتاننين قشقلى
栎焦油酸　queretaroic acid	ەمەن كوكس مايى قشقلى
栎精　quercetin　$C_{15}H_{10}O_7$	كۇەرتسەتين
栎精 – 7 – 甲基醚	"鼠李亭" گە قاراڭز.
栎精酸　quercetinic acid	كۇەرتسەتين قشقلى
栎皮粉　quercitron	كۇەرتسيترون، ەمەن قابعى ۇنتاعى
栎素　quercitrin	كۇەرتسيترين
栎素(酸)　quercitrinic acid(＝quercitrin)	كۇەرتسيترين قشقلى،
	كۇەرتسيترين
栎辛　quercin　$C_6H_{12}O_6$	كۇەرتسين
力　force	كۇش
力常数　force constant	كۇش تۇراقتسى
力学　mechanics	مەحانيكا

lian

帘布酚　cordol　$C_6H_4OHCOOC_6H_2Br_3$	كوردول
联氨　diamine, diamidogen　$NH_2 \cdot NH_2$	ديامين، دياميدوگەن
联氨法　hydrazine method	گيدرازيندەۇ ٔادسى
联氨基	"肼基" گە قاراڭز.
联苯	"联(二)苯" گە قاراڭز.

联苯胺　benzidine　$(H_2NC_6H_4)_2$　بەنزىدىن

联苯胺重排　benzidine rearrangment　بەنزىدىننىڭ قايتا ورنالاسؤى

联苯胺二磺酸　benzidine disulfonic acid　$[C_6H_3(NH_2)SO_3H]_2$　بەنزىدىن ەكى سۇلفون قىشقىلى

联苯胺二酸　diaminophenic acid　$(NH_2)_2C_{12}H_6(COOH)_2$　دىيامىنوفەن قىشقىلى

联苯胺二羧酸　benzidine dicarboxylic acid　بەنزىدىن ەكى كاربوكسىل قىشقىلى

联苯胺反应　benzidine reaction　بەنزىدىن رەاكسىياسى

联苯胺化硫酸　benzidine sulfate　$(NH_2)_2C_{12}H_6(COOH)_2$　بەنزىدىن كۆكىرت قىشقىلى

联苯胺化盐酸　benzidine hydrochloride　$(N_2H·C_6H_4)_2·2HCl$　بەنزىدىن تۇز قىشقىلى

联苯胺基　benzidino　$P-H_2NC_6H_4C_6H_4NH$　بەنزىدىنو –

联苯胺碱　benzidine base　$NH_2C_6H_4·C_6H_4NH_2$　بەنزىدىن نەگىزى

联苯胺一磺酸　benzidine monosulfonic acid　$H_2NC_6H_4C_6H_3(NH_2)·SO_3H$　بەنزىدىن مونوسۇلفون قىشقىلى

联苯胺试验　benzidine test　بەنزىدىن سىناعى

联苯抱亚胺　diphenylene imide　دىفەنىلەن يمىد

联苯抱氧　diphenylene – oxide　$(C_6H_4)_2O$　دىفەنىلەن توتىعى

联苯撑　　"二苯撑" گە قاراڭز.

联苯二酚　　"联苯酚" گە قاراڭز.

联苯二碱　　"联苯胺碱" گە قاراڭز.

联苯二羧酸　diphenyl dicarboxylic acid　$(C_6H_4)_2(COOH)_2$　دىفەنىل ەكى كاربوكسىل قىشقىلى

联苯酚　diphenol　$(C_6H_4OH)_2$　دىفەنول

联苯黑　diphenyl black　دىفەنىل قاراسى

联苯黑色基　diphenyl black base　دىفەنىل قاراسى تاعاناعى

联苯基　diphenylyl（= xenyl）　$C_6H_5C_6H_4-$　دىفەنىلىل، كسەنىل

联苯基胺　xenylamine　$C_6H_5C_6H_4NH_2$　كسەنىلامىن

联苯基肼　biphenyl hydrazine　$C_6H_5C_6H_4NHNH_2$　دىفەنىل گيدرازىن

联苯基乙醛　biphenylacetaldehyde　دىفەنىل سىركە الدەگيدتى

联苯甲酸　biphenyl formate　$C_6H_5C_6H_4CH_2CHO$　دىفەنىل قۇمىرسقا قىشقىلى

联苯间二酚　diresorcinol　$C_{12}H_6(OH)_4$　دىرەزورتسىنول

联苯酸　diphenic acid　　　　　　　　　　　دىفەن قشقىلى، قوس بەنزوي قشقىلى

联苯羰基　biphenlyl carbonyl　$C_6H_5C_6H_4CO-$　　دىفەنىلىل كاربونىل

联苯酰　dibenzoyl, bibenzoyl(= benzil)　$(C_6H_5CO)_2$　دىبەنزويل، بەنزىل

联苯酰胺酸　diphenamic acid　$C_6H_5C_6H_3(CONH_2)COOH$　دىفەنامىن قشقىلى

联苯氧基　biphenylyl oxy　$C_6H_5C_6H_4O-$　　دىفەنىلىلوكسىل

联苯乙烯　distyrene　$(C_6H_5CHCH)_2$　　　　دىستىرەن

联苯重氮撑　biphenylene bisazo　$-NNC_6H_4C_6H_4NN-$　بىفەنىلەن بىازو

联吡啶　dipyridyl　　　　　　　　　　　　　دىپىرىدىل

联吡咯　dipyrrol　　　　　　　　　　　　　دىپىررول

联苄　bibenzil　$(C_6H_5CH_2)_2$　　　　　　بىبەنزىل

联苄基　dibenzyl　$C_6H_5CH_2CH_2C_6H_5$　　دىبەنزىل

联丙烯基　diprooenyl　　　　　　　　　　دىپىروپەنىل

联氮基　　　　　　　　　"连氮基" گە قاراڭـز.

联丁酰　dibutyryl　$(CH_3CH_2CH_2CO)_2$　　دىبۇتىرىل

联(二)苯　diphenyl, biphenyl　$(C_6H_5)_2$　دىفەنىلە

联(二)苯亚砜　　　　　　　"二苯二砜" گە قاراڭـز.

联(二)苯乙酮基　bidesil　$(C_6H_5COCHC_6H_5)_2$　بىدەزىل

联二苊　biacen(= biacenaphthylidene)　$C_{10}H_{16}C_4H_4C_{10}H_{16}$　دىاتسمەن

联(二)蒽　dianthranide　$C_{28}H_{18}$　　دىانترانىد

联(二)蒽醌　dianthraquinone　$(C_6H_4COC_6H_4C)_2$　دىانتراحىنون

联二甲胺荒基　　　　　　"秋兰姆" گە قاراڭـز.

联二甲苯胺　bixylidene　　　　　　　بىكسىلىدەن

联二甲苯基　bixylil　　　　　　　　　بىكسىلىل

联二萘　　　　　　　　　　"联萘" گە قاراڭـز.

联二脲　biurea　$(NH_2CONH)_2$　　　　بىۇرەا

联二亚硫酸　dithionous acid(= hyposulfurous acid)　دىتيوندى قشقىل،
　　　　　　　　　　　　　　　　　　گيپو كۆكەرتتى قشقىل

联二乙胂基　ethyl cacodyl　$(Et_2As)_2$　　ەتيل كاكودىل

联酚　$(C_6H_4OH)_2$　　　　　　　"联苯酚" گە قاراڭـز.

α, α¹-联呋喃甲酰　　　　　　"糠偶酰" گە قاراڭـز.

联合制碱法　Hou's process(for soda manufacture)　(حوۇدياڭنىڭ) بىرلەسپە
　　　　　　　　　　　　　　　　　　سودا الۇ ٴادىسى

联茴香胺蓝　dianisidine blue　　　　دىازىندى كوك

联茴香酰 anisil $(CH_3OC_6H_4CO)_2$		انيزيل
联甲胺羰 oxal methyline $CH_3NHCO \cdot CONHCH_3$		وكسال مەتيلين
联甲苯 ditolyl $(CH_3C_6H_4)_2$		ديتوليل
联甲苯胺 tolidine $(CH_3C_6H_3NH_2)_2$		توليدين
联间苯二酚 diresorcin		ديرەزورتسين
联降甾族化合物 bisnorsteroids		تومەندەمەلى ستەرويدتار
联糠配		"糠偶配" گە قاراڭىز.
联糠醛		"糠偶姻" گە قاراڭىز.
联糠酰		"糠偶酰" گە قاراڭىز.
联喹啉 diquinolyl		ديحينوليل
联立反应 simultaneus reaction		قوسىمشا رەاكسيا، قاتار جۇرىلەتىن رەاكسيا
联两个二甲氨荒酸基		"四甲基秋兰姆化二硫" گە قاراڭىز.
联鄰一甲苯胺 O – tolidine		O ــ توليدين
联硫基		"二硫代" گە قاراڭىز.
联六苯 sexiphenyl $C_{36}H_{26}$		سەكسيفەنيل
联麦角醇 ergopinacol		ەرگوپيناكول
联脒 diamidine		ديامىدين
联萘 dinaphthalene $C_{10}H_7 \cdot C_{10}H_7$		دينافتالين
联萘胺 naphthidine		نافتيدين
联萘酚 dinaphthol, binaphthol		دينافتول
联炔丙基 dipropargyl $(CH:CCH_2)_2$		ديپووپارگيل
联胂 diarsine $R_2As \cdot AsR_2$		ديارسين
联十六基 dicetyl $CH_3(CH_2)_{30}CH_3$		ديسەتيل
联四苯 quaterphenyl		كۆاتەرفەنيل
联䏺 bistibine $H_2Sb \cdot SbH_2$		بيستيبيين
联亚胺 diimide $HN:NH$		دييمىد
联乙胺羰 oxalethyline $C_2H_5NH \cdot CO \cdot CO \cdot NHC_2H_5$		وكسال ەتيلين
联乙炔 diaceylene $CH:CC:CH$		دياتسەتيلەن
联乙炔二醇 diacetylene glycol		دياتسەتيلەن گليكول
联乙炔二羧酸 diacetylene diacarboxylic acid		دياتسەتيلەن ەكى كاربوكسيل قىشقىلى
联乙烯 divinyl $CH_2CHCHCH_2$		ديۆينيل
联乙酰 diacetyl $CH_3CO \cdot COCH_3$		

دياتسەتيل

联踔酚酮　ditropolonyl　ديتروپولونيل

连　vicinal　(4 ،3 ،2 ،1 ياكي 1، 2، 3 ،تۇتاسۇ ،جالعاسۇ)

连苯三酚　"焦棓酚" گە قاراڭىز.

连串反应　consecutive reaction　تىزبەكتى رەاكسيا

连串位置　consecutive position　تىزبەكتەلەتىن ورىندار

连氮　"吖嗪" گە قاراڭىز.

连氮基　=NN=　azino-　ازينو ـ

连多硫酸　polythionic acid　$H_2SxO_6, (x=3.4)$　پوليتيون قىشقىلى

连多硫酸盐　polythionate　$M_2S_xO_6$　پوليتيون قىشقىلىنىڭ تۇزدارى

连二次硝酸　hyponitrous acid　$H_2N_2O_2$　گيپوازوتتىلاۋ قىشقىلى

连二次硝酸盐　hyponitrite　$M_2N_2O_2$　گيپوازوتتىلاۋ قىشقىلىنىڭ تۇزدارى

连二磷酸　hypophosphoric acid　$H_4P_2O_4$　گيپو فوسفور قىشقىلى

连二磷酸钡　barium hypophosphate　$Ba_2P_2O_4$　گيپو فوسفور قىشقىل بارى

连二磷酸二氢二钾　potassium dihydrogen hypophosphate　$K_2H_2P_2O_4$
قوس قىشقىل قوس كاليلى　فوسفور قىشقىلى

连二磷酸钙　calcium hypophosphate　$Ca_2P_2O_4$　گيپو فوسفور قىشقىل كالتسي

连二磷酸钾　potassium hypophosphate　$K_4P_2O_4$　گيپو فوسفور قىشقىل كالي

连二磷酸锂　lithium hypophosphate　$Li_4P_2O_4$　گيپو فوسفور قىشقىل ليتي

连二磷酸钠　sodium hypophosphate　$Na_2PO_3; Na_4P_2O_6$　گيپو فوسفور قىشقىل ناترى

连二磷酸盐　hypophosphate　$M_4P_2O_6$　گيپو فوسفور قىشقىل تۇزدارى

连二磷酸银　silver hypophosphate　$Ag_2PO_3; Ag_4P_2O_6$　گيپو فوسفور قىشقىل كۇمىس

连二硫酸　dithionic acid (= hyposulfuric acid)　$H_2S_2O_6$　ديتيون قىشقىلى، گيپو كۇكىرت قىشقىلى

连二硫酸钡　barium hyposulfate　BaS_2O_6　گيپو كۇكىرت قىشقىل بارى

连二硫酸钙　calcium dithionate　CaS_2O_6　ديتيون قىشقىل كالتسي

连二硫酸镉　cadmium dithionate　CdS_2O_6　ديتيون قىشقىل كادمي

连二硫酸钴　cobaltous dithionate　CoS_2O_6　ديتيون قىشقىل كوبالت

连二硫酸钾　potassium hyposulfate (dithionate)　$K_2S_2O_6$　گيپو كۇكىرت قىشقىل كالي، ديتيون قىشقىل كالي

连二硫酸锂　lithium dithionate　$Li_2S_2O_6$　ديتيون قىشقىل ليتي

连二硫酸镁	magnesium dithionate	MgS_2O_6	ديتيون قشقىل ماگنى
连二硫酸锰	manganous dithionate	MnS_2O_6	ديتيون قشقىل مارگانەتس
连二硫酸钠	sodium hyposul fate (dithionate)	$Na_2S_2O_6$	گيپو كۆكىرت
			قشقىل ناترى، ديتيون قشقىل ناترى
连二硫酸镍	nikelous dithionate	NiS_2O_6	ديتيون قشقىل نيكەل
连二硫酸铅	lead dithionate (hyposulfate)	PbS_2O_6	ديتيون قشقىل قورعاسىن
连二硫酸铷	rubidium dithionate	$Rb_2S_2O_6$	ديتيون قشقىل رۇبيدي
连二硫酸铯	cesium dithionate	$Cs_2S_2O_6$	ديتيون قشقىل سەزي
连二硫酸铈	cerous dithionate	$Ce_2(S_2O_6)_3$	ديتيون قشقىل سەري
连二硫酸锶	strontium dithionate (hyposulfate)	SrS_2O_6	ديتيون قشقىل
			سترونتسي
连二硫酸铜	cupric dithionate	CuS_2O_6	ديتيون قشقىل مىس
连二硫酸盐	dithionate (hyposulfate)	$M_2S_2O_6$	ديتيون قشقىلىنىڭ تۇزدارى
连二硫酸银	silver dithionate	$Ag_2S_2O_6$	ديتيون قشقىل كۆمىس
连二硼酸	hypoboric acid	$H_4B_2O_4$	گيپوبور قشقىلى
连二硼酸盐	hypoborate	$M_4B_2O_4$	گيپوبور قشقىلىنىڭ تۇزدارى
连二亚硫酸	dithionous acid	$H_2S_2O_4$	ديتيوندى قشقىل
连二亚硫酸钡	barium hyposulfite	BaS_2O_4	گيپو كۆكىرتتى قشقىل باري
连二亚硫酸钙	calcium hyposulfite	CaS_2O_4	گيپو كۆكىرتتى قشقىل كالتسي
连二亚硫酸钾	potassium hyposulfite		گيپو كۆكىرتتى قشقىل كالي
连二亚硫酸镁	magnesium hyposulfite	MgS_2O_4	گيپو كۆكىرتتى قشقىل
			ماگنى
连二亚硫酸钠	sodium dithionite		ديتيوندى قشقىل ناترى
连二亚硫酸铅	plumbous hyposulfite	PbS_2O_4	گيپو كۆكىرتتى قشقىل
			قورعاسىن
连二亚硫酸锶	strontium hyposulfite	SrS_2O_4	گيپو كۆكىرتتى قشقىل
			سترونتسي
连二亚硫酸铜	cupric hyposulfite	CuS_2O_4	گيپو كۆكىرتتى قشقىل مىس
连二亚硫酸亚铁	ferrous hyposulfite	FeS_2O_4	گيپو كۆكىرتتى قشقىل
			شالا توتىق تەمىر
连二亚硫酸盐	dithionite (= hyposulfite)	$M_2S_2O_4$	ديتيوندى قشقىل تۇزدارى
连接酶	ligase		ليگازا
连枯基	γ - pseudocumyl		γ – جالعان كۆميل

连六硫酸 hexathionic acid $H_2S_6O_6$ گەكساتيون قشقملى

连三氮苯   "连三嗪" گە قاراڭىز.

2－连三氮茂并[b]对二氮苯   "三唑并吡嗪" گە قاراڭىز.

连[三]氮萘   "1,2,3－苯并三嗪" گە قاراڭىز.

连[三]氮茚   "1,2,3－苯并三唑" گە قاراڭىز.

连三氮杂茂   "1,2,3－三唑" گە قاراڭىز.

连三氮杂茚   "苯并三唑" گە قاراڭىز.

连三碘苯   "1,2,3－三碘苯" گە قاراڭىز.

连三甲苯   "1,2,3－三甲基苯" گە قاراڭىز.

连三甲苯酸 prehnitilic acid $(CH_3)_3C_6H_2COOH$ پرەگنيتيل قشقىلى

2,3,4－连三甲苯酸－[1]   "连三甲苯酸" گە قاراڭىز.

2,3,4－连三甲苯酸 prehnitylic acid $(CH_3)_3 \cdot C_6H_2 \cdot COOH$ پرەگنيتيل قشقىلى

连三硫酸 trithionic acid $H_2S_3O_6$ تريتيون قشقىلى

连三硫酸铅 lead trithionate PbS_3O_6 تريتيون قشقىل قورعاسىن

连三硫酸盐 trithionate $M_2S_3O_6$ تريتيون قشقىلىنىڭ تۇزدارى

连三氯苯   "1,2,3－三氯苯" گە قاراڭىز.

连三氯苯酸   "2,3,4－三氯苯酸" گە قاراڭىز.

连三羟苯酸   "2,3,4－三羟基苯酸" گە قاراڭىز.

连三羟苯羧酸   "焦棓酚羧酸" گە قاراڭىز.

连三嗪 γ－triazine $C_3H_3(N)_3$ γ－تريازين

连三唑   "1,2,3－三氮唑" گە قاراڭىز.

1－连三唑并吡啶 1－pyrido[2,3－d]－ν－triazole $C_5H_4N_4$ 1－ پيريدو [2، 3 ـ d] ـ ν ـ تريازول

连四氮苯   "连四嗪" گە قاراڭىز.

连四硫酸 tetrathionic acid $H_2S_4O_6$ تەتراتيون قشقىلى

连四硫酸钡 barium tetrathionate BaS_4O_6 تەتراتيون قشقىل باري

连四硫酸钾 potassium tetrathionate $K_2S_4O_6$ تەتراتيون قشقىل كالي

连四硫酸钠 sodium tetrathionate $Na_2S_4O_6$ تەتراتيون قشقىل ناتري

连四硫酸铜 cupric tetrathionate CuS_4O_6 تەتراتيون قشقىل مىس

连四硫酸盐 tetrathionate $M_2S_4O_6$ تەتراتيون قشقىلىنىڭ تۇزدارى

连四嗪 ν－tetrazine $(CH)_2N_4$ ν ـ تەترازين

连锁反应 chain reaction   تىزبەكتى رەاكسيالار

连锁聚合 chain polymerization		تىزبەكتى پولیمەرلەنۇ، تىزبەكتەلىپ پولیمەرلەنۇ
连位 vicinal position		جالعاسقان ورىن
连位化合物 vicinal compound		جالعاسقان قوسىلىستار
连五硫酸 pentathionate $H_2S_5O_6$		پەنتاتیون قىشقىلى
连续饱和 continuous carbanation		ۇزدىكسىز قانعۇ، جالعاستى قانىقتىرۇ
连续发酵 continuous fermentation		ۇزدىكسىز اشۇ
连续反应 successive reaction		نزدەنىس رەاكسیالار، جالعاستى رەاكسیالار
连续反应器 flow reactor		ۇزدىكسىز رەاكتور
连续分馏 continuous fractionation		ۇزدىكسىز ٴبولىپ ایداۇ
连续分析 continuous analysis		ۇزدىكسىز تالداۇ
连续光谱 continuous spectrum		ۇزدىكسىز سپەكتر
连续焦化 continuous coking		ۇزدىكسىز كوكستەنۇ، ۇزدىكسىز كوكستەۇ
连续接触焦化 continuous contact coking		ۇزدىكسىز تیسىپ كوكستەنۇ
连续聚合(法) continuous polymerization		ۇزدىكسىز پولیمەرلەۇ
连续扩散 continuous diffusion		ۇزدىكسىز دیففۇزیالانۇ
连续硫化 continuous alcanization		ۇزدىكسىز كۇكىرتتەنۇ، ۇزدىكسىز كۇكىرتتەۇ
连续滤器 continuous filter		ۇزدىكسىز سۇزگىش
连续式过滤器		"连续滤器" گە قاراڭىز.
连续相 continuous phase		ۇزدىكسىز فازا
连续蒸馏 continuous distillation		ۇزدىكسىز بۇلاندىرىپ ایداۇ
连续蒸馏器 continuous still		ۇزدىكسىز بۇلاندىرىپ ایداعىش
链 chain		تىزبەك
α－链 α－chain		α ـ تىزبەك
β－链 β－chain		β ـ تىزبەك
γ－链 γ－chain		γ ـ تىزبەك
链长度 chain length		تىزبەك ۇزىندىعى
链赤素 strepto thrycin		سترەپتوتریتسین
链传递(作用)		"连转移(作用)" گە قاراڭىز.
链道酶 strepto dornase		سترەپتودورنازا
链的终止 chain stopping		تىزبەكتىڭ ایاقتالۇى
链的终止剂 end stopper(of chain)		تىزبەكتى ایاقتاتقىش اگەنت

链端　endo of chain	تىزبەك ۋۇشى، تىزبەك باسى	
链段　segment	تىزبەك بولىگى	
链化合物　chain compound	تىزبەكتى قوسىلىستار	
链激酶　streptokinase	سترەپتوكينازا	
链结构　chain structure	تىزبەك قۇرىلمىسى	
链结合　chain combination	تىزبەكتىڭ ۇشتاسۇى (قوسىلۇى)	
链节　chain element	تىزبەك بۇنى، تىزبەك تۇينى	
链节克分子　grundmol	تىزبەك تۇينننەدەگى گرام مولەكۇلا	
链克碱　streptogramine	سترەپتوگرامين	
链菌二糖胺	"链霉二糖胺" گە قاراڭز.	
链里定　streptoidine	سترەپتوليدين	
链吗天平　chainomatic balance	تىزبەك كر تارازى	
链(霉)　strepto–	سترەپتو –	
链霉胺　streptamine	سترەپتامين	
链霉定　streptidine	سترەپتيدين	
链霉二糖胺　streptobiosamine	سترەپتوبيوزامين	
链霉胍	"链霉定" گە قاراڭز.	
链霉黄素　xanthomycin	كسانتوميتسين	
链霉灵 B　streptolin B	سترەپتولين B	
链霉配质　streptogenin	سترەپتوگەنين	
链霉素　streptomycin	سترەپتوميتسين	
链霉素 B　streptomycin B	سترەپتوميتسين B	
链霉糖　streptose	سترەپتوزا	
链桥　chain bridging	تىزبەك كۇپىرى	
链球菌促长肽	"链霉配质" گە قاراڭز.	
链球菌溶血素	"链溶素" گە قاراڭز.	
链炔　alkine　C_nH_{2n-2}	الكين	
链溶素　streptolisin	سترەپتوليزين	
链上的氯　chlorine in chain	تىزبەكتەگى حلور	
链上碘化　chain iodination	تىزبەكتە يودتانۇ	
链上氟化　chain fluorination	تىزبەكتە فتورلانۇ	
链上卤化　chain galogenation	تىزبەكتە گالوگەندەنۇ	
链上氯化　chain chlorination	تىزبەكتە حلورلانۇ	

		تـزبەكتە حلورلانۇ
链上取代	chain substitution	تـزبەكتە الماسۇ
链上溴化	chain bromination	تـزبەكتە برومدانۇ
链式泵	chain pump	تـزبەكتى ناسوس
链式反应		"连锁反应" گە قاراڭـز.
链式过程	chain process	تـزبەكتەلۇ بارسـى
链式核反应	nuclear chain reaction	تـزبەكتى يادرولـمق رەاكسيالار
链式化学反应		"连锁反应" گە قاراڭـز.
链锁爆炸	chain explosion	تـزبەكتى جارىلـۇ، تـزبەكتى قوپارىلـۇ
链锁载体	chain corrier	تـزبەك تاسۇشى
链锁中断	chain rupture	تـزبەكتـاڭ ٴۇزىلـۇى
链锁中止	chain ending	تـزبەكتـاڭ توقتاۇى
链烃	chain hydrocarbon	تـزبەكتى كومىر سۇتەكتەر
链烷	alkane C_nH_{2n+2}	الكاندار
链烷(属)烃	paraffin	پارافينـدەر
链烷(属)烃基		"石蜡基" گە قاراڭـز.
链烷水化物	paraffin hydrate	پارافين گيدراتى
链烷酸	paraffinic acid	پارافين قشقىلـى
链烷烃		"烷属烃" گە قاراڭـز.
链烯	alkene C_nH_{2n}	الكەنـدەر
链烯(烃)	olefine	ولەفينـدەر، الكەنـدەر
链烯衍生物	alkano - derivatives	الكەن تۇنـدىلارى
链型分子	chain molecule	تـزبەكتى مولەكۇلالار
链型聚合物	chain polymer	تـزبەكتى پوليمەرلەر
链型聚合(作用)	chain polymerization	تـزبەكتى پوليمەرلەۇ
链异构	chain isomerism	تـزبەكتى يزومەريا
链引发(作用)	chain initiation	تـزبەكتـاڭ تۇدسـرۇى
链增长	chain growth	تـزبەكتـاڭ ٴۇزارۇى
链增长反应	chain propagation reaction	تـزبەكتـاڭ ٴۇزارۇ رەاكسياسى
链增长(作用)	chain propagation	تـزبەكتـاڭ ٴۇزارۇى
链之断裂	chain interruption	تـزبەكتـاڭ ٴۇزىلـۇى
链之形成	chain formation	تـزبەكتـاڭ قالىپتاسۇى
链枝作用	chain branching	تـزبەكتـاڭ تارماقتالـۇى

链终止反应	chain termination reaction	تىزبەكتىڭ ئاياقتالؤ رەاكسياسى
链终止剂	chain terminator (stopper)	تىزبەكتى ئاياقتاتقىش اگەنت
链终止(作用)	chain termination	تىزبەكتىڭ ئاياقتالؤى
链转移剂	chain transfer agent	تىزبەك جوتكەگىش اگەنت
链转移(作用)	chain transfer	تىزبەكتىڭ جوتكەلؤى
链状化合物	chain compounds	تىزبەكتى قوسىلمىستار
链状烃		"链烃" گە قاراڭىز.
炼丹符号	alchemistic symbol	الحيميكتەر تاڭباسى
炼丹家	alchemist	الحيميكتەر
炼丹时代	alchemistic period	الحيميكتەر ‹داؤرى
炼丹术	alchemy	التىن قورىتؤ تەحنيكاسى
炼丹术士		"炼丹家" گە قاراڭىز.
炼焦	coking	كوكس ورتەؤ
炼焦炉	coke oven	كوكس ورتەؤ پەشى
炼焦室	coking chamber	كوكس ورتەؤ كامەراسى
炼金术		"炼丹术" گە قاراڭىز.
炼金术士		"炼丹家" گە قاراڭىز.
楝树碱	margosine	مارگوزين
楝树酸	margosic acid	مارگوزا قىشقىلى
楝树油	margosa oil	مارگوزا مايى
楝子素	mangostin $(C_{24}H_{26}O_6)$	مانگوستين
楝子油	mangosa oil	مانگوزا مايى

liang

良姜酮	alpinone	ايپينون
两	amphi	امپي ـ (گرەكشە)، ەكى، قوس، جۇپ
两分子反应	bimolecular reaction	ەكى مولەكؤلالىق رەاكسيالار
两个	bi –, di –, bis	بي ـ، دي ـ، بيس ـ، ەكى، قوس
两个氨苯基硫		"二氨基二苯硫" گە قاراڭىز.
两个苯肼基羰		"二苯长巴肼" گە قاراڭىز.
两个苯胂化三硫	phenyl – arsine sesquisulfide $(C_6H_5)_2 \cdot As_2S_3$	‹ۇش كۇكىرتتى فەنيل ارسين

两个丁二酸一酰化过氧　　　　　　　　　"过氧丁二酸" گه قاراڭز.

两个(对氨苯基)卓胂酸 bis(p–aminophenyl) arsinous acid

ھكى (p ـ امينو فەنيل) ارسيندى قشقىل

两个对氨基苯基汞 mercury p,p^1–dianiline $C_{12}H_{12}N_2Hg$　　ھكى p، p^1 ـ

انيلىندى سناپ

两个对二甲胺苯基甲叉替苯甲酰胺　　　　"苯酰金胺" گه قاراڭز.

两个二甲胺基氨基三苯甲烷　　　"四甲替三氨基三苯甲烷" گه قاراڭز.

5,5–两个(1,1–二甲基丙基)–2–甲基癸烷 5,5–bis(1,1–dimethyl
propyl)–2–methydecane مەتيل ـ 2 ـ (دىمەتيل پروپيل ـ 1،1) ھكى، 5، 5

دەكان

两个环己基 dicyclohexyl $[CH_2(CH_2)_4CH]_2$　ھكى ساقينالى گەكسيل

两个环己基胺 dicyclohexylamine $(C_6H_{11})_2NH$ ھكى ساقينالى گەكسيل امين

两个环己基甲酮 dicyclohexyl ketone $(C_6H_{11})_2CO$ ھكى ساقينالى گەكسيل

كەتون

两个甲苯砜 ditolyl sulfone $(CH_3C_6H_4)_2SO_2$　　ديتوليل سۇلفون

两个甲苯基　　　　　　　　　　　　　　"联甲苯" گه قاراڭز.

两个甲苯基硫 ditolyl sulfide $(CH_3C_6H_4)_2S$ كۇكىرتتى ديتوليل، ديتوليل

كۇكىرت

两个邻茴香叉丙酮 di–o–ansalacetone $(CH_3OC_6H_4CHCH)_2CO$　ھكى ـ

ورتو ـ انيزال اتسەتون

两个氯基硫 iperite　　　　　　　　　　　　　　　يپەريت

两个羟甲基尿 dimethylolurea　　　　　　　ديمەتيلول ۇرەا

两个羟乙基胺　　　　　　　　　　　　"二乙醇胺" گه قاراڭز.

两个羟乙基硫　　　　　　　　　　　　"硫二甘醇" گه قاراڭز.

两个炔丙基　　　　　　　　　　　　　"联炔丙基" گه قاراڭز.

两个十五基甲醇 dipentadecyl carbinol $[CH_3(CH_2)_{14}]_2CHOH$ ديپەنتادەتسيل

كاربينول

两个十五基甲酮 dippentadecyl ketone ديپەنتادەتسيل كەتون

两个十一基甲酮 diundecyl ketone $(C_{11}H_{22})_2CO$ ديۇندەتسيل كەتون

两个十一基膦 dihendecyl phosphine ديگەندەتسيل فوسفين

两个特丁基甲酮　　　　　　　　　　"六甲基丙酮" گه قاراڭز.

两个烯丙基 diallyl $CH_2CHCH_2–$ ديالليل، ھكى الليل

两个烯丙基氨腈 diallyl cyanamide $(C_3H_5)_2NCN$ ديالليل سيانامىد

两个烯丙基胺　diallylamine　　ديالليل امين

两个烯丙基巴比土酸　diallyl barbituric acid　　ديالليل باربيتۇر قىشقىلى

两个烯丙基化二硫　diallyl disulfide　[CH₂CHCH₂S]₂　ەكى كۆكىرتتى ديالليل، ديالليلدى ەكى كۆكىرت

两个烯丙基化三硫　diallyl trisulfide　(C₃H₅)₂S₃　ٷش كۆكىرتتى ديالليل، ديالليلدى ٷش كۆكىرت

两个烯丙基硫　diallyl sulfide　(CH₂CHCH₂)₂S　ديالليل كۆكىرت، كۆكىرتتى ديالليل

两个烯丙基醚　diallyl oxide　(CH₂CHCH₂)₂O　ديالليل توتعى

两个烯丙基硫脲　diallyl thiourea　CS(NHC₃H₅)₂　ديالليل تيوؤرەا

两个烯丙基替苯胺　diallyl anililne　C₆H₅N(CH₂CHCH₂)₂　ديالليل انيلين

两个(1－溴乙基)硫　di(1－bromoethyl) sulfide　C₉H₈Br₂S　ەكى (1 ـ بروم ەتيل) كۆكىرت

2, 2－两个(乙砜基)丙烷　2,2－bis－(ethyl sulfonyl)propan　CH₃(C₂H₅)C(SO₂C₂H₅)₂　2، 2 ـ ەكى (ەتيل سۆلفونيل) پروپان

两个乙氧基碳　　"一氧化碳醋酸酯" گە قاراڭىز.

两个异丙叉丙酮　diisopropylidene acetone　[C(CH₃)₂CCH]₂CO　ەكى يزوپروپيليدەندى اتسەتون

两核的　dinuclear　　ەكى يادرولى

两核芳烃　dinuclear aromatics　　ەكى يادرولى اروماتتى كومىرسۇتەكتەر

两环的　　"两核的" گە قاراڭىز.

两极的　　"偶极的" گە قاراڭىز.

两色性　dichromatism　　ەكى تۉستىلىك

两相橡胶　diphase rubber　　ەكى فازالى كاۋچۇك

两性的　amphoteric(＝amphiprotic)　قوس قاسيەتتىلىك، ەكىدايلىق

两性表面活性剂　amphoteric surface active agent　قوس قاسيەتتى (ەكىدايلى) بەتتىك اكتيۋ اگەنت

两性电解质　amphoteric electrolyte　قوس قاسيەتتى (ەكىدايلى) ەلەكتروليت

两性反应　amphoteric reaction　قوس قاسيەتتى رەاكسيا

两性分子　amphoteric molecule　قوس قاسيەتتى مولەكۋلالار

两性化合物　amphoteric compound　قوس قاسيەتتى قوسىلىستار

两性胶体　amphoteric colloid　قوس قاسيەتتى كوللويد

两性离子　amphoteric ion　قوس قاسيەتتى يوندار

两性离子假说　zwitterion hypothesis قوس قاسىەتتى يون گيپوتەزاسى

两性离子交换树脂　amphoteric ion exchange resin قوس قاسىەتتى يون الماستەرعەش سمولالار

两性霉素　amphotericin امفو تەرىتسىن

两性氢氧化物　amphoteric hydroxide قوس قاسىەتتى توتىق گيدراتتارى

两性溶剂　ampiprotic solvent (soluent) قوس قاسىەتتى ەرتكەش اگەنت

两性物 "两性化合物" گە قاراڭىز.

两性性质　amphoteric character قوس قاسىەتتى قاسىەت (حاراكتەر)

两性氧化物　amphoteric oxide قوس قاسىەتتى توتىقتار

两性元素　amphoteric element قوس قاسىەتتى ەلەمەنتتەر

亮氨酸 "白氨酸" گە قاراڭىز.

亮氨酸尿　leucinuria لەۋىتسىنىندى نەسەپ

亮氨酰甘氨酰丙氨酸 "亮甘丙肽" گە قاراڭىز.

亮氨酰肽酶 "白氨酰肽酶" گە قاراڭىز.

亮橙 G　brilliant orange G جارقىراۋىق قىزعىلت سارى G

亮橙 H　brilliant orange H جارقىراۋىق قىزعىلت سارى H

亮靛蓝　brilliant indigo جارقىراۋىق ينديگو

亮靛蓝 B　brilliant indigo B جارقىراۋىق ينديگو B

亮绯红　brilliant crimson جارقىراۋىق سولعىن قىزىل

亮甘丙肽　leucyl glycylalanine لەۋتسيل گليتسيل الانين

亮黄　brilliant yellow جارقىراۋىق سارى، گاۋھار سارى

亮金黄　brilliant phosphine جارقىراۋىق فوسفين (التىن سارى)

亮蓝纳品红　brilliantlanfuchsine جارقىراۋىق لانا فۇكسىن

亮绿　brilliant green جارقىراۋىق جاسىل، گاۋھار جاسىل

亮桃红 B　brilliant pink B جارقىراۋىق قىزعىلتىم، گاۋھار قىزعىلتىم

亮吲哚花青　brilliant indo‐cyocein 6B جارقىراۋىق يندوسيانين 6B

亮藏花青　brilliant crocein جارقىراۋىق قاراكوك

亮枣红　brilliant bordeaux جارقىراۋىق كۇرەڭ قىزىل

亮枣红 B　brilliant bordeaux B جارقىراۋىق كۇرەڭ قىزىل B

亮紫　brilliant violet جارقىراۋىق كۇلگىن، گاۋھار كۇلگىن

量杯　graduate مەنزۇكا، ولشەۋ سيليندىرى، ولشەك

量管　biuret (e) بيۋرەتكا، ولشەۋ تۇتىگى، ولشەۋىر

量瓶 "容量瓶" گە قاراڭىز.

量气管　eudiometer　　　　　　　　　　ﻩﯙﺪﻳﻮﻣﻩﺗﺮ

量器　　　　　　　　　　　　　　ﻩ ﻗﺎﺭﺍﯓﺰ. "容量计"

量热气　　　　　　　　　　　　　ﻩ ﻗﺎﺭﺍﯓﺰ. "热量计"

量筒　　　　　　　　　　　　　　ﻩ ﻗﺎﺭﺍﯓﺰ. "量杯"

量子　quantum　　　　　　　　　　　　ﻛﯜﺍﻧﺖ

量子产量　quantum yield　　　　　　ﻛﯜﺍﻧﺘﺘـﻖ ﺋﻮﻧﻢ

量子化　quantize　　　　　　ﻛﯜﺍﻧﺘﺎﯓ، ﻛﯜﺍﻧﺘﺎﻧﯘ

量子化学　quantum chemistry　　ﻛﯜﺍﻧﺘﺘـﻖ ﺣﻴﻤﻴﺎ، ﻛﯜﺍﻧﺖ ﺣﻴﻤﻴﺎﺳﻰ

量子化(作用)　quantization　　　　ﻛﯜﺍﻧﺘﺎﻧﯘ (ﺭﻭﻟﻰ)

量子力学　quantum mechanics　ﻛﯜﺍﻧﺘﺘـﻖ ﻣﻪﺣﺎﻧﻴﻜﺎ، ﻛﯜﺍﻧﺖ ﻣﻪﺣﺎﻧﻴﻜﺎﺳﻰ

量子碰撞　quantum collision　　　ﻛﯜﺍﻧﺘﺘـﻖ ﺳﻮﻗﺘﻪﻋﺴﯚ

量子数　quantum number　　　　　ﻛﯜﺍﻧﺖ ﺳﺎﻧﻰ

量子条件　quantum condition　　　ﻛﯜﺍﻧﺘﺘـﻖ ﺷﺎﺭﺕ

量子效率　quantum efficiency　　　ﻛﯜﺍﻧﺘﺘـﻖ ﻭﻧﻤﺪﻟﻠﻚ

量子跃迁　quantum transition　　　ﻛﯜﺍﻧﺘﺘـﻖ ﻛﻮﺷﯚ (ﺋﯘﺳﯚ)

liao

钌(Ru)　ruthenium　　　　　　　　　　ﺭﯗﺗﻪﻧﻰ (Ru)

钌催化剂　ruthenium catalyst　　　　ﺭﯗﺗﻪﻧﻰ ﻛﺎﺗﺎﻟﻴﺰﺍﺗﻮﺭ

钌化合物　ruthenic compound　　　ﺭﯗﺗﻪﻧﻰ ﻗﻮﺳﻠـﺴﺘﺎﺭﻯ

钌酸　ruthenic acid　H_2RuO_4　　　　ﺭﯗﺗﻪﻧﻰ ﻗﺸﻘﻠﻰ

钌酸钾　potassium ruthenate　K_2RuO_4　　ﺭﯗﺗﻪﻧﻰ ﻗﺸﻘﻞ ﻛﺎﻟﻰ

钌酸盐　ruthenate　M_2RuO_4　　ﺭﯗﺗﻪﻧﻰ ﻗﺸﻘﻠﻤﻨﯔ ﺗﯚﺯﺩﺍﺭﻯ

lie

列　series　　　　　　　　　　　　ﻗﺎﺗﺎﺭ، ﺟﻪﻟﻰ

列尬尔反应　Legal reaction　　　　ﻟﻪﮔﺎﻝ ﺭﻩﺍﻛﺴﻴﺎﺳﻰ

裂变　disintegration(= fission)　　ﺋﺒﻮﻟـﻨﯘ، ﺟﺎﺭﻟـﯘ

裂变产物　fission product　　　　　ﺋﺒﻮﻟـﻨﯘ ﺗﯚﻧﻨﺪﻳﻼﺭﻯ

裂变碎片　fission fragment　　ﺋﺒﻮﻟـﻨﯘ ﺳﻨﻨﻘﺘﺎﺭﻯ، ﺟﺎﺭﻟـﯘ ﺟﺎﺭﻗﺸﺎﻗﺘﺎﺭﻯ

裂缝　crack(= fissure)　　　　　　ﺳـﺰﺍﺕ،ﺟﺎﺭﻳﻖ

裂化　cracking	بولشەكتەۋ، كرەكينگەلەۋ
裂化层　cracking zone	بولشەكتەۋ قاباتى (ۇماغى)
裂化柴油　crackingfuel oil	بولشەكتەۋ ديزەل مايى (سالەركا)
裂化成分　cracked constituents	بولشەكتەۋ قۇرامى
裂化催化剂　cracking catalyst	بولشەكتەۋ كاتاليزاتورى
裂化的多分子反应　polymolecular reactions of cracking	بولشەكتەنگەن كوپ مولەكۇلالى رەاكسيا
裂化反应　craching reaction	بولشەكتەۋ رەاكسياسى
裂化反应器　craching case	بولشەكتەۋ رەاكتورى
裂化含铅汽油　cracked leaded gasoline	بولشەكتەنگەن قورعاسىندى بەنزين
裂化活性　cracking activity	(كاتاليزاتوردىك) بولشەكتەۋ اكتيۆتىگى
裂化焦油　cracking tar	بولشەكتەۋ كوكس مايى
裂化净汽油　cracked clear gasoline	بولشەكتەپ تازارتىلعان (قورعاسىنسىز) بەنزين
裂化沥青　cracked asphalt	بولشەكتەۋ اسفالتى
裂化炉　cracked still	بولشەكتەۋ پەشى
裂化炉气　cracked still gas	بولشەكتەۋ پەش گازى
裂化气　cracked gas	بولشەكتەۋ گازى
裂化汽油　cracked gasolin	بولشەكتەۋ بەنزينى
裂化强度　cracking intensity	بولشەكتەۋ كۇشەمەلىلگى
裂化燃料　cracked fuel	بولشەكتەۋ جانار زاتى
裂化热　heat of cracking	بولشەكتەۋ جىلۇى
裂化设备　cracking equipment	بولشەكتەۋ جابدىعى
裂化深度　cracking level	بولشەكتەۋ تەرەڭدىگى (دارەجەسى)
裂化石脑油　cracked naphtha	بولشەكتەۋ نافتاسى
裂化室　cracking chamber	بولشەكتەۋ كامەراسى
裂化速率　rate of cracking	بولشەكتەۋ جىلدامدىعى
裂化条件　cracking conditions	بولشەكتەۋ شارتى
裂化瓦斯油　cracked gas oil	بولشەكتەۋ گاز مايى
裂化效率　crackeing efficiensy	بولشەكتەۋ ونىمدىلىگى
裂化原料　cracked stock	بولشەكتەۋ شيكىزاتى
裂化蒸馏　cracking distillation	بولشەكتەپ بۇلاندىرىپ ايداۋ
裂化装置　cracking unit	بولشەكتەۋ قوندىرعىسى

lin

鳞(根) phosphonium [PH₄]⁺   فوسفون (قالدىعى)

鳞化合物 phosphonium compound   فوسفون قوسىلىستارى

鳞盐 phosphonium salt PH₄X:R₄PX   فوسفون تۇزى

膦 phosphine   فوسفين

膦二硫酐酸 phosphono dithiolic acid RP(O)(SH)₂   فوسفونو ديتيول قۇشقىلى

膦化氧 phosphine oxide R₃P:O   فوسفين توتۇعى

膦基 phosphino H₂P–   فوسفينو

膦硫羟酸   ."硫赶膦酸" گه قاراڭىز

膦硫羟羰酸   ."硫赶硫逐膦酸" گه قاراڭىز

膦硫羰酸   ."硫逐膦酸" گه قاراڭىز

膦硫逐酸 phosphono thionic acid RP(S)(OH)₂   فوسفاونوتيون قۇشقىلى

膦酸 phosphonic acid RP(O)(OH)₂   فوسفون قۇشقىلى

膦酸酯 phosphonate ester   فوسفون قۇشقىل ەستەرى

膦羧基 phosphono– (HO)₂OP   فوسفونو

膦酰氯 phosphonyl chloride   فوسفونيل حلور

磷 (P) phosphorum   (P) فوسفور

磷氨基类脂 phospho–aminolipid   فوسفو امينو ليپيد

磷胺   ."福斯胺" گه قاراڭىز

磷苯间羟基丙酸 tropic acid HOCH₂CH(C₆H₅)COOH   تروپين قۇشقىلى

磷氮基 phosphonitryl   فوسفو نيتريل

磷蛋白   ."磷朊" گه قاراڭىز

磷二钼酸 phosphato–dimolybdic acid H₃PO₂(MoO₄)₂   فوسفورلى ەكى
موليبدەن قۇشقىلى

磷肥(料) phosphatic fertilizer   فوسفورلى تىڭايتقىشتار

磷酐   ."磷酸酐" گه قاراڭىز

磷铬黄 phosphate crown   فوسفور – حروم سارسىسى

磷化 phosphorize   فوسفورلاۋ، فوسفورلانۋ

磷化钙 calcium phosphide (Ca₂P₂)   فوسفورلى كالتسي

磷化合物 phosphorous compound   فوسفور قوسىلىستارى

磷化镓 gallium phosphide

فوسفورلى گاللي

磷化铝　aluminium phosphide　AiP　　　فوسفورلى الؤمين

磷化硼　boron phosphide　　　　　　　فوسفورلى بور

磷化氢　hydrogen phosphide　PH₃　　فوسفورلى سۇ تەك

磷化铁　ferrous phosphide　Fe₃P　　فوسفورلى تەمىر

磷化铜　copper phosphide　Cu₃P　　فوسفورلى مىس

磷化物　phosphide　　فوسفيدتەر، فوسفورلى قوسىلىستار

磷化锌　zinc phosphide　　　　　　فوسفورلى مىرىش

磷化铟　indium phosphide　　　　　فوسفورلى ىندي

磷灰作用　phosphorization　　　فوسفورلاندۇ رولى

磷化石　apatite　　　　　　　　اپاتيت

磷肌酸　　　　　"磷(酸基)肌酸" گە قاراڭىز.

磷君　　　　　　　　　　"福斯金" گە قاراڭىز.

磷茂　phosphole　(CH:CH)₂PH　　فوسفول

磷钼酸　phosphomolybdic acid　H₃PO₃MoO₄　فوسفورلى موليبدەن قىشقىلى

磷钼酸铵　ammonium phosphomolybdate　فوسفورلى موليبدەن قىشقىل امموني

磷钼酸盐　phosphomolydate　فوسفورلى موليبدەن قىشقىلىنىڭ تۇزدارى

磷青铜　phosphor bronze　　فوسفورلى قولا

磷氢化合物　phosphorous hidrides　PH₃; P₂H₄; P₁₂H₆; P₅H₂; H₉H₆　فوسفورلى سۇتەك قوسىلىستارى

磷朊　phospho protein　　فوسفوپروتەين

磷酸　phosphoric acid　H₃PO₄　فوسفور قىشقىلى

磷酸阿(拉伯)糖酸　phospho arabonic acid　فوسفورابون قىشقىلى

磷酸铵　ammonium phosphate　(NH₄)₂PO₄　فوسفور قىشقىل امموني

磷酸铵镁　magnesium ammonium phosphate　Mg(NH₄)PO₄　فوسفور قىشقىل امموني - ماگني

1-磷酸半乳糖　galactose-1-phosphate　1 ـ فوسفور قىشقىل گالاكتوزا

磷酸钡　barium phosphate　Ba₃(PO₄)₂　فوسفور قىشقىل باري

磷酸苯胺　phosphaniline　　فوسفانيلين

磷酸吡啶核甙酸　phosphopyidine nucleotide　فوسفوپيريدين نۆكلەوتيد

磷酸吡哆醛　pyridoxal phosphate　فوسفور قىشقىل پيريدوكسال

磷酸铋　bismuth phosphate　BiPO₄　فوسفور قىشقىل بيسمۇت

磷酸变位酶　phosphomutase　فوسفومۇتازا

磷酸丙糖　triose phosphate（phospho trise）　$C_3H_5O_2\cdot O\cdot PO_3H_2$　فوسفور قەشقىل تريوزا، فوسفوتريوزا

磷酸丙糖脱氢酶　triose phosphate dehydrogenase　فوسفور قەشقىل تريوزا دەگيدروگەنازا

磷酸丙糖异构酶　phosphotriose isomerase　$CH_2C(OPO_3H_2)CO_2H$　فوسفور تريوزا يزومەرازا

磷酸丙酮酸　phosphopyruuic acid　$CH_2C(OPO_3H_2)COOH$　فوسفو پيرۋۋين قەشقىلى

磷酸丙酮酸水合酶　phosphopy ruvate hydrase　فوسفو پيرۋۋين قەشقىل گيدرازا

磷酸丙酮酸盐　phosphopy ruvate　فوسفو پيرۋۋين قەشقىلىنىڭ تۇزدارى

磷酸单酯酶　phospho monoesterase　فوسفو مونوەستەرازا

磷酸胆碱　cholin phosphate　فوسفور قەشقىل حولين

磷酸镝　disprosium phosphate　فوسفور قەشقىل ديسپروزي

磷酸丁酯　butyl phosphate　$(C_4H_9O)_3PO$　فوسفور قەشقىل بۇتيل ەستەرى

磷酸二铵　diammonium phosphate　فوسفور قەشقىل قوس امموني

磷酸二苯特丁酯　diphenyl tert－butyl phosphate　$C_4H_9C_6H_4OPO(OC_6H_5)_2$　فوسفور قەشقىل ديفەنيل تەرت－بۇتيل ەستەرى

磷酸二苯酯　diphenyl phosphate　$(C_6H_5O)_2POOH$　فوسفور قەشقىل ديفەنيل ەستەرى

磷酸二丁一苯酯　dibutyl phenyl phosphate　$(C_4H_9C_4H_6O)_2POOC_6H_5$　فوسفور قەشقىل ديبۇتيل فەنيل ەستەرى

磷酸二钙　dicalcium phosphate　فوسفور قەشقىل قوس كالتسي

磷酸二钾　dipotassium phosphate　فوسفور قەشقىل قوس كالي

磷酸二钠盐　phosphate disodic　Na_2HPO_4　ەكى ناتريلى فوسفور قەشقىل تۇزى

磷酸二羟丙酮　phosphodihydroxy acetone　فوسفور قەشقىل ديگيدروكسيل اتسەتون

磷酸二氢铵　ammonium dihydrogen phosphate　$(NH_4)H_2PO_4$　قوس قەشقىل فوسفور قەشقىل امموني

磷酸二氢钙　calcium dihydrogen phosphate　$Ca(H_2PO_4)_2$　قوس قەشقىل فوسفور قەشقىل كالتسي

磷酸二氢钾　potassium hidrogen phosphate　KH_2PO_4　قوس قەشقىل

فوسفور قشقىل كالي

磷酸二氢锂　lithium orthophosphate, monometallic　LiH₂PO₄　قوس قشقىل

فوسفور قشقىل ليتي

磷酸二氢钠　sodium dihydrogen phosphate　NaH₂PO₄　قوس قشقىل

فوسفور قشقىل ناتري

磷酸二氢锶　strontium biphosphate　Sr(H₂PO₄)₂　قوس قشقىل فوسفور

قشقىل سترونتسي

磷酸二氢盐　dihydric phosphate　MH₂PO₄　قوس قشقىل فوسفور قشقىل

تۈزداري

磷酸二氧二镧　lanthanum dioxy phosphate　La₂(O₂PO₄)　ەكى وتتەكتى

كۆكىرت قشقىل لانتان

磷酸二乙酯　diethyl phosphoric acid　(C₂H₅O)₂·PO·OH　فوسفور قشقىل

دىەتيل ەستەرى

磷酸二酯酶　phosphodiesterase　فوسفور قشقىل دىەستەرازا

磷酸芳基酯　acryl phosphate　(RO)₃PO　فوسفور قشقىل اكريل ەستەرى

磷酸钙　calcium phosphate　Ca₃(PO₄)₂　فوسفور قشقىل كالتسي

磷酸钙铵　ammonium calcium phosphate　فوسفور قشقىل كالتسي ـ اممۇني

磷酸甘油　phospho – glycerol　C₃H₇O₂·O·PO₃H₂　فوسفوگليتسەرول

磷酸甘油变位酶　phosphoglyceromutase　فوسفوگليتسەرو مۇتازا

磷酸甘油醛　phosphoglyceraldehyde　فوسفوگليتسەر الدەگيتى

磷酸甘油酸　phosphoglyceric acid　فوسفوگليتسەرين قشقىلى

磷(酸)酐　phosphoric anhydride　فوسفور (قشقىل) انگيدريدتى

磷酸锆　zirconium phosphate　فوسفور قشقىل زيركۇني

磷酸镉　cadmium phosphate　Cd₃(PO₄)₂　فوسفور قشقىل كادمي

磷酸铬　chromium phosphate　CrPO₄　فوسفور قشقىل حروم

磷酸汞　mercuric phosphate　Hg₃(PO₄)₂　فوسفور قشقىل سيناپ

磷酸钴　cobaltous phosphate　Co₃(PO₄)₂　فوسفور قشقىل كوبالت

1 – 磷酸果糖　fructose – 1 – phosphate　1 ـ فوسفور قشقىل فرۇكتوزا

6 – 磷酸果糖　fructose – 6 – phosphate　6 ـ فوسفور قشقىل فرۇكتوزا

磷酸核糖　ribose phosphoric acid　فوسفور قشقىل ريبوزا

磷酸核糖甙　phosphoriboside　فوسفور ريبوزيد

磷酸化　phosphorylated, phosphorylating　فوسفور قشقىلدانۇ، فوسفور

قشقىلداندرۇ

磷酸化辅酶　phosphoryl－coenzyme　　　　　فوسفوريلدى كوفەرمەنت

磷酸化酶　phosphorylase　　　　　فوسفوريلازا

磷酸化作用　phosphorylation　　　　　فوسفوريلدەۋ

磷(酸基)肌酸　phosphocreatine(＝phosphagen)　$H_3PO_2NHC(NH)N(CH_3)$
CH_2CO_2H　　　　　فوسفو كرەاتين، فوسفاگەن

磷酸激酶　phosphokinase　　　　　فوسفوركينازا

磷酸己糖　hexose phosphate　　　　　فوسفور قشقىل گەكسوزا

磷酸己糖激酶　phosphohexakinase　　　　　فوسفو گەكساكينازا

磷酸己糖酸　phosphohexonic acid　　　　　فوسفو گەكسون قشقىلى

磷酸己糖酸盐　phosphhexonate　　فوسفو گەكسون قشقىلمىنىڭ تۇزداري

磷酸己糖脱氢酶　hexose phosphate dehydrogenase　　　فوسفور قشقىل
گەكسوزا دەگيدروگەنازا

磷酸己糖异构化酶　phosphohexoisomerase　　فوسفوگەكسويزومەرازا

磷酸己糖异构酶　oxoizomerase　　　　　وكسويزومەرازا

磷酸己酮－[2]－糖酸盐　2－ketophosphahexonate فوسفو كەتوگەكسون
قشقىلمىنىڭ تۇزداري

磷酸甲苯酯　cresyl phosphate　　　فوسفور قشقىل كرەزيل ەستەرى

磷酸甲基酯　methyl phosphate　　　فوسفور قشقىل مەتيل ەستەرى

磷酸钾　potassium phosphate　$KPO_3; K_3PO_4; K_4P_2O_7$　فوسفور قشقىل كالي

磷酸键能　phosphate bond energy　　فوسفور قشقىلدىق بايلانس ەنەرگياسى

磷酸解作用　phosphorolysis　　　فوسفور قشقىلمىنىڭ ىدىراۋى

磷酸精氨酸　phospho－arginine　　فوسفو－ارگينين، فوسفور قشقىل
ارگينين

磷酸钪　scandium phosphate　$ScPO_4$　　فوسفور قشقىل سكاندي

磷酸可待因　codeine phosphate　　　فوسفور قشقىل كودەين

磷酸可卡因　cokaine phosphate　　　فوسفور قشقىل كوكاين

磷酸锂　lithium phosphate　Li_3PO_4　　فوسفور قشقىل ليتي

磷酸两个苯一个隣氯苯酯　diphenyl－o－chlorophenyl phosphate
$(C_6H_5O)_2POOC_6H_4Cl$　فوسفور قشقىل ديفەنيل－o－حلوروفەنيل ەستەرى

磷酸两个氯苯.苯酯　dichlorcphenyl phenyl phosphate　$C_6H_5OPO(ClC_6H_4O)_2$
فوسفور قشقىل ەكى حلورلى فەنيل فەنيل ەستەرى

磷酸镧钾　potassium lanthanum orthophosphate　$K_3[La(PO_4)_3]$　فوسفور
قشقىل لانتان－كالي

磷酸铝	aluminium phosphate	AlPO₄	فوسفور قەشقەل ئالۇمين
磷酸氯喹	chlorquine phosphate		فوسفور قەشقەل حلورحين
磷酸镁	magnesium phosphate	Mg₃(PO₄)₂	فوسفور قەشقەل ماگني
磷酸镁铵	ammonium magnesium phosphate	Mg(NH₄)PO₄	فوسفور قەشقەل ماگني ـ ئاممونى
磷酸酶	phosphatase		فوسفاتازا
磷酸锰	manganous phosphate	Mn₃(PO₄)₂	فوسفور قەشقەل مارگانەتس
5-磷酸木酮糖	xylulose-5-phosphate		فوسفور قەشقەل ـ 5 ـ كسيلوزا
磷酸钠	sodium phosphate	Na₃PO₄	فوسفور قەشقەل ناترى
磷酸钠铝	sodium aluminium phosphate		فوسفور قەشقەل ناترى ـ ئالۇمين
磷酸镍	nikelous phosphate	Ni(PO₃)₂	فوسفور قەشقەل نيكەل
磷酸哌嗪	piperazine phosphate		فوسفور قەشقەل پيپەرازين
磷酸铍	beryllium phosphate	Be(PO₄)₂	فوسفور قەشقەل بەريللي
磷酸铍铵	beryllium ammonium phosphate	Be(NH₄)PO₄	فوسفور قەشقەل بەريللي ـ ئاممونى
1-磷酸葡糖	glucose-1-phosphate		1 ـ فوسفور قەشقەل گليۇكوزا
6-磷酸葡糖	glucose-6-phosphate		6 ـ فوسفور قەشقەل گليۇكوزا
磷酸葡糖酸	phospho gluconic acid		فوسفوگليۇكون قەشقەلى
6-磷酸葡糖脱氢酶	glucose-6-phosphate dehydrogenase		6 ـ فوسفور قەشقەل گليۇكوزا دەگيدروگەنازا
磷酸葡萄糖变位酶	phospho glucomutase		فوسفوگليۇكومۇتازا
磷酸葡萄糖蛋白	phosphoglucopretein		فوسفو گليۇكوپروتەين
磷酸葡萄糖酶	glucophosphatase		گليۇكوفوسفاتازا
磷酸葡萄糖酸脱氢酶	phosphgluconic dehydrogenase		فوسفوگليۇكون دەگيدروگەنازا
磷酸葡萄糖异构酶	glucosephosphate isomerase		فوسفور قەشقەل گليۇكويزومەرازا
磷酸铅	lead phosphate	Pb₃(PO₄)₂	فوسفور قەشقەل قورعاسىن
磷酸氢铵钠	sodium ammonium hydrogen phosphate	NaNH₄HPO₄	قەشقەل فوسفور قەشقەل ئاممونى ـ ناترى
磷酸氢钡	barium hydrogen phosphate	BaHPO₄	قەشقەل فوسفور قەشقەل بارى
磷酸氢二铵	ammonium hydrogen phosphate	(NH₄)₂HPO₄	قەشقەل فوسفور

قشقـل امـوني

磷酸氢二钾　dipotassium hydrogen phosphate　K₂HPO₄　قشقـل فوسفور

قشقـل قوس كالي

磷酸氢二钠　disodium hydrogen phosphate　Na₂HPO₄　قشقـل فوسفور

قشقـل قوس ناتري

磷酸氢二钠盐　berlate salt　Na₂HPO₄　بەرلات تۇزى

磷酸氢钙　calcium hydrogen phosphate　CaHPO₄　قشقـل فوسفور قشقـل

كالتسي

磷酸氢高铈　ceric hydrogen phosphate　Ce(HPO₄)₂　قشقـل فوسفور قشقـل

اسقـن سەري

磷酸氢钴　cobaltous hydro phosphate　CoHPO₄　قشقـل فوسفور قشقـل

كوبالت

磷酸氢钾　potassium hydrogen phosphate　K₂HPO₄　قشقـل فوسفور

قشقـل كالي

磷酸氢镁　magnesium hydrogen phosphate　MgHPO₄　قشقـل فوسفور

قشقـل ماگني

磷酸氢锰　manganese hydrogen phosphate　MnHPO₄　قشقـل فوسفور

قشقـل مارگانەتس

磷酸氢铍　beryllium hydrophosphate　BeHPO₄　قشقـل فوسفور قشقـل

بەريللي

磷酸氢双氧铀　uranyl phosphate　(UO₂)HPO₄　قشقـل فوسفور قشقـل

ۇرانيل

磷酸氢锶　strontium monophosphate　SrHPO₄　قشقـل فوسفور قشقـل

سترونتسي

磷酸氢铜　cupric phosphate(acid)　CuHPO₄　قشقـل فوسفور قشقـل مـس

磷酸氢盐　hydrogen phosphate　قشقـل فوسفور قشقـل تۇزدارى

磷酸氢钇　yttrium hydro phosphate　Y₂(HPO₄)₃　قشقـل فوسفور قشقـل

يتتري

磷酸氢银　silver hydrogen phosphate　قشقـل فوسفور قشقـل كۇمـس

磷酸三铵　triammonium phosphate　(NH₃)PO₄　فوسفور قشقـل ئۇش امـوني

磷酸三苯酯　triphenyl phosphate　(C₆H₅O)₃PO　فوسفور قشقـل تريفەنيل

هستەرى

磷酸三丁氧乙酯　ethyl tributoxy phosphate　فوسفور قشقـل تريبۇتوكسيل

ﻫﺘﯩﻞ ﻫﻪﺳﺘﻪﺭﻯ

磷酸三丁酯　tributyl phosphate　$(C_4H_9O)_3PO$　ﻓﻮﺳﻔﻮﺭ ﻗﻪﺷﻘﻠ ﺗﺮﯨﺒﯚﺗﯩﻞ

ﻫﻪﺳﺘﻪﺭﻯ

磷酸三钙　tricalcium phosphate　$Ca_3(PO_4)_2$　ﻓﻮﺳﻔﻮﺭ ﻗﻪﺷﻘﻠ ﺋﯜﺵ ﻛﺎﻟﺘﺴﯩ

磷酸三个对甲苯酯　tri – p – cersyl phosphate　p – ﺋﯜﺵ ﻗﻪﺷﻘﻠ ﻓﻮﺳﻔﻮﺭ

ﻛﺮﻩﺯﯨﻞ ﻫﻪﺳﺘﻪﺭﻯ

磷酸三个对联苯酯　tri – p – biphenyl phosphate　$(C_6H_5C_6H_4O)_3PO$　ﻓﻮﺳﻔﻮﺭ

ﻗﻪﺷﻘﻠ ﺋﯜﺵ – p – ﺑﯩﻔﻪﻧﯩﻞ ﻫﻪﺳﺘﻪﺭﻯ

磷酸三个甲苯酯　tricersyl phosphate　ﻓﻮﺳﻔﻮﺭ ﻗﻪﺷﻘﻠ ﺋﯜﺵ ﻛﺮﻩﺯﯨﻞ ﻫﻪﺳﺘﻪﺭﻯ

磷酸三个隣甲苯酯　tri – o – cresyl phosphate　$(CH_3C_6H_4O)_3PO$　ﻓﻮﺳﻔﻮﺭ

ﻗﻪﺷﻘﻠ ﺋﯜﺵ – o – ﻛﺮﻩﺯﯨﻞ ﻫﻪﺳﺘﻪﺭﻯ

磷酸三个氯苯酯　trichloro phenyl phosphate　$(ClC_6H_4O)_3PO$　ﻓﻮﺳﻔﻮﺭ ﻗﻪﺷﻘﻠ

ﺋﯜﺵ ﺣﻠﻮﺭﻟﻰ ﻓﻪﻧﯩﻞ ﻫﻪﺳﺘﻪﺭﻯ

磷酸三汞　trimercuri phosphate　ﻓﻮﺳﻔﻮﺭ ﻗﻪﺷﻘﻠ ﺋﯜﺵ ﺳﯩﻨﺎﭖ

磷酸三甲酯　trimethyl phosphate　$(CH_3O)_3PO$　ﻓﻮﺳﻔﻮﺭ ﻗﻪﺷﻘﻠ ﺋﯜﺵ ﻣﻪﺗﯩﻞ

ﻫﻪﺳﺘﻪﺭﻯ

磷酸三钾　tripattassium phosphate　ﻓﻮﺳﻔﻮﺭ ﻗﻪﺷﻘﻠ ﺋﯜﺵ ﻛﺎﻟﻰ

磷酸三价锰　manganic phosphate　ﻓﻮﺳﻔﻮﺭ ﻗﻪﺷﻘﻠ (ﺋﯜﺵ ﯞﺍﻟﻪﻧﺘﻠﻰ) ﻣﺎﺭﮔﺎﻧﻪﺗﺲ

磷酸三钠　trisodium phosphate　ﻓﻮﺳﻔﻮﺭ ﻗﻪﺷﻘﻠ ﺋﯜﺵ ﻧﺎﺗﺮﻯ

磷酸三糖　triose phosphoric acid　$C_3H_5O_2 \cdot O \cdot PO_3H_2$　ﻓﻮﺳﻔﻮﺭ ﻗﻪﺷﻘﻠ ﺗﺮﯨﻮﺯﺍ

磷酸三锌　trizinc phosphate　ﻓﻮﺳﻔﻮﺭ ﻗﻪﺷﻘﻠ ﺋﯜﺵ ﻣﯩﺮﺵ

磷酸三氧钼　molybdenyl phosphate　$(MoO_3)PO_4$　ﻓﻮﺳﻔﻮﺭ ﻗﻪﺷﻘﻠ

ﻣﻮﻟﯩﺒﺪﻩﻧﯩﻞ

磷酸三乙酯　triethyl phosphate　$(C_2H_5O)_3PO_4$　ﻓﻮﺳﻔﻮﺭ ﻗﻪﺷﻘﻠ ﺗﺮﯨﻪﺗﯩﻞ

ﻫﻪﺳﺘﻪﺭﻯ

磷酸铈　cerous phosphate　$CePO_4$　ﻓﻮﺳﻔﻮﺭ ﻗﻪﺷﻘﻠ ﺳﻪﺭﻯ

磷酸锶　strontium phosphate　$Sr_3(PO_4)_2$　ﻓﻮﺳﻔﻮﺭ ﻗﻪﺷﻘﻠ ﺳﺘﺮﻭﻧﺘﺴﯩ

磷酸丝氨酸　phosphossreine　$PO_3H_2OCH_2CHNH_3COOH$　ﻓﻮﺳﻔﻮﺳﻪﺭﯨﻦ

磷酸四亚甲酯　tetramethylene phosphate　ﻓﻮﺳﻔﻮﺭ ﻗﻪﺷﻘﻠ ﺗﻪﺗﺮﺍﻣﻪﺗﯩﻠﻪﻥ

ﻫﻪﺳﺘﻪﺭﻯ

磷酸糖酮酸　phosphoketuronic acid　ﻓﻮﺳﻔﻮﻛﻪﺗﯘﺭﻭﻥ ﻗﻪﺷﻘﻠﻰ

磷酸铁　ironic phosphate　$FePO_4$　ﻓﻮﺳﻔﻮﺭ ﻗﻪﺷﻘﻠ ﺗﻪﻣﯩﺮ

磷酸铜　cupric phosphate　$Cu_3(PO_4)_2$　ﻓﻮﺳﻔﻮﺭ ﻗﻪﺷﻘﻠ ﻣﯩﺲ

磷酸烷基酯 alkyl phosphate فوسفور قىشقىل ئالكىل ەستەرى

磷酸戊糖循环 pentose phosphate cycle فوسفور قىشقىل پەنتوزا ئاينالىسى

磷酸戊糖异构酶 phosphopentose isomerase فوسفورپەنتوزائايزومەرازا

磷酸(烯醇)丙酮酸 phospho‐enol‐pyruvic acid فوسفو ـ ەنول ـ پىرۇۋىن قىشقىلى

磷酸(烯醇)草醋酸 phospho‐enol‐oxaloacetic acid فوسفو ـ ەنول ـ قىمىزدى سىركە قىشقىلى

磷酸纤维素 cellulose phosphate فوسفور قىشقىل سەلليۇلوزا

磷酸锌 zine phosphate $Zn_3(PO_4)_2$ فوسفور قىشقىل مىرش

磷酸亚铬 chromous phosphate $Cr(PO_3)_2$ فوسفور قىشقىل شالا توتىق حروم

磷酸亚汞 mercurous phosphate Hg_3PO_4 فوسفور قىشقىل شالا توتىق سناپ

磷酸亚铈钠 sodium cerous orthophosphate $Na_3[Ce(PO_4)_3]$ فوسفور قىشقىل شالا توتىق سەري ـ ناتري

磷酸亚铊 thallous phosphate Ti_3PO_4 فوسفور قىشقىل شالا توتىق تاللي

磷酸亚铁 ferrous phosphate $Fe_3(PO_4)_2$ فوسفور قىشقىل شالا توتىق تەمىر

磷酸盐 phosphate فوسفور قىشقىلىنىڭ تۇزدارى، فوسفاتتار

磷酸一铵 monoammonium phosphate $(NH_4)H_2PO_4$ فوسفور قىشقىل مونو امموني

磷酸一钙 monocalcium phosphate فوسفور قىشقىل مونو كالتسي

磷酸一甲酯 monocalcium phosphate "甲基换磷酸" گە قاراڭىز.

磷酸一钾 monopotassium phosphate KH_2PO_4 فوسفور قىشقىل مونو كالي

磷酸一钠 monosodium phosphate NaH_2PO_4 فوسفور قىشقىل مونو ناتري

磷酸一钠盐 phosphate, monosodic فوسفور قىشقىل مونو ناتري تۇزى

磷酸一氢钙 Calcium monohydrophosphate ئبىر سۇتەكتى فوسفور قىشقىل كالتسي

磷酸一氢盐 phosphate, monohydric ئبىر سۇتەكتى فوسفور قىشقىل تۇزدارى

磷酸一乙酯 monoethyl phosphate $C_2H_5O \cdot PO(OH)_2$ فوسفور قىشقىل مونو ەتيل ەستەرى

磷酸一酯酶 phospho monoesterase فوسفومونوەستەرازا

磷酸移转酶 transphosphatase(=phosphokinase) ترانسفوسپاتازا، فوسفوكينازا

磷酸乙基汞 ethy mercuri phosphate فوسفور قىشقىل ەتيل سناپ

磷酸银 silver phosphate Ag_3PO_4 فوسفور قىشقىل سناپ

磷酸酯　phosphoro ester　　　　　　　　　فوسفور قىشقىل ەستەرى

磷酸酯合成酶　phosphatese　　　　　　　فوسفاتەزا

磷酸酯酶　phosphesterase　　　　　　　فوسفو ەستەرازا

磷酸转移酶　　　　　　　　　　"磷酸移转酶" گە قاراڭىز .

磷酸组胺　histamine phosphate　　　　　فوسفور قىشقىل گيستامين

磷铁　ferro – phosphorus　　　　　　　فوسفور ـ تەمىر

磷钨酸　phospho wolframic acid　　　فوسفورلى ۋولفرام قىشقىل

磷钨酸钠　sodium phospho wolframate　فوسفورلى ۋولفرام قىشقىل ناتري

磷钨酸盐　phosphato – wolframate　فوسفورلى ۋولفرام قىشقىلىنىڭ تۇزدارى

磷肟酸酯　phosphorate　　　　　　　فوسفورات

磷酰　phosphinylidyne　　　　　　　فوسفينيليدەن

磷酰胺　phosphamide　　　　　　　فوسفاميد

磷酰氟　　　　　　　　　"氟氧化磷" گە قاراڭىز .

磷酰基　phosphoryl　PO≡　　　　　فوسفوريل

磷酰基胆碱　phosphoryl choline　فوسفوريل حولين

磷酰基化氮　phosphorylnitride　فوسفوريلدى ازوت

磷酰氯　phosphryl chloride　POCl₃　فوسفوريل حلور

磷酰三胺　phosphoryl triamide　PO(NH₂)₃　فوسفوريل تريامىد

磷酰精氨酸　phospho – arginine　3H₂NHC(NH)NH(CH₂)₂CHNHCOOH　فوسفو ـ ارگينين

磷盐　　　　　　　　　　"磷酸氢铵钠" گە قاراڭىز .

磷脂　phospholipid(＝phosphatide)　فوسفوليپيد، فوسفاتيد

磷脂酶　phospholipase　　　　　　فوسفوليپازا

磷脂酸　phosphatidic acid　　　فوسفاتيد قىشقىلى

磷脂酸化物　phosphotidate　فوسفاتيد قىشقىلدى زاتتار، فوسفوتيدات

磷脂酸盐　phosphatidate　فوسفاتيد قىشقىلىنىڭ تۇزدارى

磷脂酰胆碱　phosphatidyl cholin　فوسفاتيديل حولين

磷脂酰肌醇　phosphatidyl inositol　فوسفاتيديل ينوزيتول

磷脂酰丝氨酸　phosphatidyl serine　فوسفاتيديل سەرين

磷脂酰乙醇胺　phosphatidyl ethanolamine　فوسفاتيديل ەتانول امين

磷族　phosphorus family　　　فوسفور گرۇپپاسى

磷族元素　phosphorus family element　فوسفور گرۇپپاسىنىڭ ەلەمەنتتەر

鳞片酸　squamatic acid　　　سكۋاماتين قىشقىلى

鳞状蜡　scale wax　　　　　　　　　　قايمرشاقتى بالاۋنز

临界　critical　　　　　كريزيس، كريزيستاك، داعدارس، داعدارستمق

临界常数　critical constand　　　　　　　كريزيس تۇراقتىسى

临界点　critical point　　　　　　　　　　كريزيستاك نۇكته

临界电势　critical potential　　　　　كريزيستاك پوتەنتسيال

临界密度　critical density　　　　　　كريزيستاك تىعىزدىق

临界浓度　critical concentration　　　كريزيستاك قويۇلۇق

临界情况　critical condition　　　　　　كريزيستاك جاعداي

临界区域　critical region　　　　　　　كريزيستاك اۇماق

临界热　critical heat　　　　　　　　　كريزيستاك جىلۇلىق

临界溶点　critical solution point　　كريزيستاك ەرۇ نۇكتەسى

临界溶度　critical solubility　　　　كريزيستاك ەرۇ دارەجەسى

临界湿度　critical humidity　　　　كريزيستاك للعالدىق

临界数值　critical value　　　　　　　كريزيستاك ٴمان

临界水分(量)　critical moisture content　كريزيستاك سۇ قۇرامى (مولشەرى)

临界速度　critical velocity　　　　كريزيستاك جىلدامدىق

临界体积　critical volume　　　　　كريزيستاك كولەم

临界位　critical position　　　　　　كريزيستاك ورنى

临界温度　critical temperature　　كريزيستاك تەمپەراتۇرا

临界系数　critical coefficient　　كريزيستاك كوەففيتسەنت

临界现象　critical phenomenon　　كريزيستاك قۇبىلس

临界压力　critical pressure　　كريزيستاك قىسىم كۇش

临界质量　critical mass　　　　　كريزيستاك ماسسا

临界状态　critical state　　　　كريزيستاك كۇي

林丹　lindane　　　　　　　　　　ليندان

林德酸　linderic acid　　　　　ليندەر قشقىلى

林曼绿　Rinmann's green　　　رينمان جاسىلى

林奴斯酸　linusic acid　　　لينۇس قشقىلى

林萜品　silveterpin　　　　　سيلۇەتەرپين

林香芹酮　silvecarvon　　　سيلۇەكارۇون

邻　ortho - (=o)　　ورتو ـ (گرەكشە) (= و)

邻氨苯基乙酮酸　　"靛红酸" گە قاراڭز.

邻氨苯酰胺基苯邻甲酸　　"氨茴酰氨茴酸" گە قاراڭز.

邻氨苯酰替邻氨苯酸	"氨茴酰氨茴酸" گە قاراڭز.
邻氨基苯(甲)酸 o－aminobenzoic acid O－H₂NC₆H₄COOH	و ـ امينو بەنزوي قەشقىلى
邻氨基苯(甲)酸甲酯 ethyl o－aminobenzoate NH₂C₆H₄CO₂CH₃	و ـ امينو بەنزوي قەشقىل مەتيل ەستەرى
邻氨基苯(甲)酸乙酯 methyl o－aminobenzoate NH₂C₆H₄CO₂C₂H₅	و ـ امينو بەنزوي قەشقىل ەتيل ەستەرى
邻氨基苯(甲)酰	"氨茴酰" گە قاراڭز.
邻氨羰苯酰	"酞氨酰" گە قاراڭز.
邻氨羰基苯酸	"酞氨酸" گە قاراڭز.
邻苯二胺 o－phenylenediamine	و ـ فەنيلەن ديامين
邻苯二甲醇	"酞醇" گە قاراڭز.
邻苯二甲酸 phthalic acid	ورتوفتال قەشقىلى
邻苯二甲酸一酰胺一酰	"酞氨酰" گە قاراڭز.
邻苯二甲酸酯	"酞氨酯" گە قاراڭز.
邻苯二(甲)酰	"酞酰" گە قاراڭز.
邻苯二甲酰胺	"酞酰二胺" گە قاراڭز.
邻苯二(甲)酰肼	"酞酰肼" گە قاراڭز.
邻苯二醛	"酞醛" گە قاراڭز.
邻苯二酸	"酞酸" گە قاراڭز.
邻苯二酸酐	"酸酐" گە قاراڭز.
邻苯二酸两个环己酯 dicyclohexyl phthalate C₆H₄(CO₂C₆H₁₁)₂	فتال قەشقىل ەكى ساقينالى گەكسيل ەستەرى
邻苯二酸钠	"酞酸纳" گە قاراڭز.
邻苯二酸盐	"酞酸盐" گە قاراڭز.
邻苯二酰胺	"酞酰胺" گە قاراڭز.
邻苯二酰(抱)亚胺	"酞酰亚胺" گە قاراڭز.
邻苯二酰化(作用)	"酞酰化(作用)" گە قاراڭز.
邻苯二酰肼	"酞肼" گە قاراڭز.
邻苯二酰氯	"酞酰氯" گە قاراڭز.
邻苯二酰替苯胺 phthalanyl C₆H₅NC₈H₄O₂	فتالانيل
邻苯甲酰胺甲酸	"苯基酞氨酸" گە قاراڭز.
邻苯醌	"邻醌" گە قاراڭز.

邻苯酰苯酸甲酯　methyl o－benzoyl benzoate　C₆H₅COC₆H₄CO₂CH₃ _ و

بەنزويل بەنزوي قەشقەل مەتيل ەستەرى

邻苯酰基苯酸丁酯　butyl o－benzoyl benzoate　C₆H₅COC₆H₄CO₂C₄H₉ _ و

بەنزويل بەنزوي قەشقەل بۇتيل ەستەرى

邻苯酰基苯酸 β－乙氧基乙酯　β－ethoxy ethyl o－benzoyl benzoate

و ـ بەنزويل بەنزوي قەشقەل β ـ ەتوكسيل ەتيل ەستەرى

邻吡喃酮　　　　　　　　　　　　　　　"香豆灵" گە قاراڭىز.

邻噁嗪　orthoxazine　　　　　　　　ورتوكسازين

邻二酚　o－diphenol　　　　　　　　ورتوديفەنول

邻二甲苯　o－xylene　　　　　　　　ورتوكسيلەن

邻二甲苯胺　o－xylidine　　　　　　ورتوكسيليدين

邻二甲代丁酸　　　　　　　　　"二甲基乙基醋酸" گە قاراڭىز.

邻二氯苯　o－dichlorobenzene　　ورتو ەكى حلورلى بەنزول

邻二羟环戊烯三酮　　　　　　　"克酮酸" گە قاراڭىز.

邻二羟基苯　o－dihydroxy benzene　ورتوديگيدروكسيل بەنزول

邻二嗪　orthodiazine　　　　　　　ورتودىيازين

邻二烯属　dienes with adjacent double bonds　RC:C:CR　بىرگەلەس دىەندەر

(بىرگەلەس قوس بايلانىسى بار دىەندەر)

邻磺酰苯酰亚胺　o－benzoic sulfimide(＝sacharin)　C₆H₄CONHSO₂　ورتو

بەنزوي سۆلفيميد، ساحارين

邻甲胺基苯酸甲酯　　　　　　　"甲基氨茴酸甲酯" گە قاراڭىز.

邻甲苯胺　ortho toluidine　　　　　ورتوتولۇئيدين

邻甲酚　o－cresol　　　　　　　　ورتوكرەزول

邻甲酚磺酞　o－cresol sulfon phthalein　و ـ كرەزولى سۆلفون فتالەين

邻甲基苯甲酸　o－methyl benzoic acid　ورتو مەتيل بەنزوي قەشقەلى

邻甲基丁酸　　　　　　　　　　"甲基乙基醋酸" گە قاراڭىز.

邻甲氧基苯甲(酸)丁酯　butyl－o－methoxybenzoate　CH₃OC₆H₄CO₂C₄H₉

و ـ مەتوكسين بەنزوي قەشقەل بۇتيل ەستەرى

邻接　adjoin　　　　　　　　　　بىرگەلەس، قاناتتاس

邻接碳原子　adjioning carbons　　بىرگەلەس كومىرتەگى اتومدارى

邻接(的)位置　adjioning position　بىرگەلەس ورىندار

邻近　peri－　　　　　　　　　پەري ـ (گرەكشە)، جاقىن، تاياۋ، بىرگەلەس

邻醌　o－quinone　　　　　　　ورتوحينون، و ـ حينون

邻联(二)茴香胺　o－dianisidine　$(CH_3OC_6H_3NH_2)_2$　ورتوديانيزيدين

邻卤化醇　"烷邻撑卤醇" گە قاراڭىز.

邻羟苄基　"水杨基" گە قاراڭىز.

邻羟(基)苯甲醇　o－hydroxybenzyl alcohol　ورتوگيدروكسيل بەنزيل سپيرتى

邻羟基苯醛　o－hydroxy－benzaldehyde　HOC_6H_4CHO　ورتوگيدروكسيل بەنزالدەگيدتى

邻羟基苯酸　o－hydroxy benzoic acid　HOC_6H_4COOH　ورتوگيدروكسيل بەنزوي قىشقىلى

邻羟间甲苯(甲)酰　"甲酚酰" گە قاراڭىز.

邻噻嗪　orthodiazine　ورتوديازين

邻羧苯基醋酸　"高酞酸" گە قاراڭىز.

邻酞酸　o－phthalic acid　ورتوفتال قىشقىلى

邻酮醛糖　"松" گە قاراڭىز.

邻位　ortho－position　ۇرگەلەس ورىن، ورتو ورىن

邻位定向基团　ortho－orienting group　ورتو － باعدارلى راديكال

邻位化合物　ortho－compound　ورتو － قوسىلىستار

邻位羟基内醚　"乳酸" گە قاراڭىز.

邻位羟基酸系　"乳酸系" گە قاراڭىز.

邻位烷基化作用　ortho－alkylation　ورتو － الكيلدەنۇ

邻位衍生物　ortho－derivative　ورتو － تۋىندىلار

邻位异构物　ortho－isomer　ورتو － يزومەر

邻硝基苯酚　o－nitrophenol　ورتونيتروفەنول

邻硝基甲苯　o－nitrotoluene　ورتونيتروتولۋول

邻溴苯基镁化溴　magnesium bromide, o－bromophenyl　ورتوبرومدى فەنيل ماگنيلى بروم

邻溴代殊己酰胺　"阿达林" گە قاراڭىز.

邻溴掛肉桂酸　"溴肉桂酸" گە قاراڭىز.

邻氧硫杂环丁烷　"恶噻烷" گە قاراڭىز.

邻乙胺基苯酚　o－ethyl aminophenol　$C_2H_5NHC_6H_4OH$　ورتوەتيل امينو فەنول

邻乙基苯酚　phlorol　$C_8H_{10}O$　فلورولى

邻乙基苯酸　o－ethyl benzoic acid　$C_2H_5C_6H_4CO_2H$　ورتوەتيل بەنزوي قىشقىلى

邻乙氧基苯酚　o－ethoxy phenol　$C_2H_5OC_6H_4OH$　ورتوەتوكسيل فەنول

隣   "邻" گه قاراڭـز.

隣氨磺酰苯酸   o－sulfamino benzoic acid $NH_2SO_2C_6H_4COOH$ ورتوسۇلفامينو بەنزوي قىشقىلى

隣氨基苯酚   o－aminophenol   ورتوامينو فەنول

隣氨基苯磺酸   orthanilic acid $NH_2C_6H_4SO_3H$ ورتانيل قىشقىلى

隣氨基苯磺酰胺   orthanilamide $NH_2C_6H_4SO_2NH_2-$ ورتانيل اميد

隣氨基苯甲醚   o－aminoanisole   ورتوامينو انيزول

隣苯胺基苯甲酰   "苯替氨茴酸" گه قاراڭـز.

隣苯丙酰   "氢化阿托酰" گه قاراڭـز.

隣苯代乳酸   "阿卓乳酸" گه قاراڭـز.

隣苯二氨基甲酸   o－benzene dicarbamic acid   ورتوبەنزولدى ەكى ديكاربامين قىشقىلى

隣苯二酚   "焦儿茶酚" گه قاراڭـز.

隣苯二甲腈   "酞腈" گه قاراڭـز.

隣苯二(甲)酸二丁酯   dibutyl phthalate   فتال قىشقىل ديبۇتيل ەستەرى

隣苯二(甲)酸甲酯   dimethyl phthalate   فتال قىشقىل ديمەتيل ەستەرى

隣苯二(甲)酸二壬酯   dinonyl phthalate   فتال قىشقىل دينونيل ەستەرى

隣苯二(甲)酸二辛酯   dioctyl phthalate   فتال قىشقىل ديوكتيل ەستەرى

隣苯二(甲)酸二乙酯   diethyl phthalate   فتال قىشقىل ديەتيل ەستەرى

隣苯二(甲)酸二异辛酯   diisooctyl phthalate   فتال قىشقىل ديبيزو وكتيل ەستەرى

隣苯二(甲)酸氢钾   potassium hydrogen phthalate   قىشقىل فتال قىشقىل كالي

隣苯二(甲)酸树脂   phthalic resin   فتالدى سمولا

隣苯酰胺基苯酸   "苯酰氨茴酸" گه قاراڭـز.

隣丙基苯酚   o－propyl phenol $C_2H_5CH_2C_6H_4OH$ ورتوپروپيل فەنول

隣丙基苯酸   o－propyl benzoic acid $C_3H_7C_6H_4COOH$ ورتوپروپيل بەنزوي قىشقىلى

隣对位定向   ortuo－para orientation   ورتو－پارا باعدارلانۇ

隣(二)氮苯   "哒嗪" گه قاراڭـز.

隣(二)氮茂   "吡唑" گه قاراڭـز.

隣(二)氮茂基   "吡唑基" گه قاراڭـز.

隣(二)氮茚   "异吲唑" گه قاراڭـز.

隣二氮(杂)苯		"哒嗪" گه قاراڭـز.
隣二氮(杂)苯基		"哒嗪基" گه قاراڭـز.
隣二氮杂环戊烯		"吡唑啉" گه قاراڭـز.
隣二氮杂茂		"吡唑" گه قاراڭـز.
隣二氮杂茂烷		"吡唑烷" گه قاراڭـز.
隣二氮(杂)萘		"肉啉" گه قاراڭـز.
隣二甲氧基苯　o－dimethoxyl benzene　(CH₃O)₂C₆H₄		ورتودیمەتوكسي بەنزول
隣二叔醇重排作用　pinacol conversion		پیناكولدىڭ قايتا ورنالاسؤ رولى
隣二叔醇类		"频哪醇" گه قاراڭـز.
隣磺基苯甲酸　o－sulfobenzoic acid　HO₃SC₆H₄CO₂H3H₂O		ورتوسؤلفو بەنزوي قىشقىلى
隣茴香胺　o－anisidine		ورتوانيزيدين
隣甲苯基烷基甲亚胺　o－tolyl alkyl ketimines		ورتوتوليل الكيل كەتيمين
隣甲苯甲基		"隣甲苄基" گه قاراڭـز.
隣甲苄基　C－methyl benzyl　C－CH₃C₆H₄CH₂－		C ـ مەتيل بەنزيل
隣甲二苯　o－xylene		ورتوكسيلەن
隣甲呋喃		"斯尔烷" گه قاراڭـز.
隣甲偶氮酚		"萘酚 AS－D" گه قاراڭـز.
隣甲氧苯胺		"隣氨基苯甲醚" گه قاراڭـز.
隣甲氧苯基　o－methoxy phenyl		و ـ مەتوكسي فەنيل
隣甲氧基苯胺		"隣茴香胺" گه قاراڭـز.
隣甲氧基苯酚　o－methoxy phenol(＝guajacol)　CH₃OC₆H₄OH		و ـ مەتوكسي فەنول
隣甲氧偶氮酚		"萘酚 AS－OL" گه قاراڭـز.
隣氯苯胺　o－chloroaniline		ورتو حلور انيلين
隣氯苯酚　o－chloro phenol		ورتو حلور فەنول
隣羟苯基荒酸		"二硫代水杨酸" گه قاراڭـز.
隣羟苯(甲)醛		"水杨醛" گه قاراڭـز.
隣羟苯(甲)酰		"水杨酰" گه قاراڭـز.
隣羟苯酸基苯酸　diplosal		ديپلوزالى
隣羟苯亚甲基		

隣羟苄叉   "水杨叉" گە قاراڭىز.

隣羟基苯甲腈   "水杨腈" گە قاراڭىز.

隣羟基苯(甲)酸   o－hydroxybenzoic acid   و ـ گيدروكسيل بەنزوي قىشقىلى

隣巯基苯酸   "硫代水杨酸" گە قاراڭىز.

隣繖花烃   o－cymene   ورتوسيمەن

隣羧基肉桂酸   o－carboxy cinnamic acid $(C_6H_4C_2H_2)(COOH)_2$ ورتوكاربوكسيل سيننام قىشقىلى

隣位定向   ortho orientation   ورتو باعدارلانۇ

隣位效应   ortho effect   ورتو ەففەكتى

隣硝基苯胺   o－nitroaniline   ورتو نيترو انيلين

隣硝基苯(甲)醛   o－nitro benzaldehyde   ورتونيترو بەنزالدەگيتى

隣硝基苯(甲)酸   o－nitrobenzoic acid   ورتونيترو بەنزوي قىشقىلى

隣硝基氯苯   o－nitrochloro benzene   ورتونيترو حلورلى بەنزول

隣溴代殊已酰胺   uradal $(C_2H_5)_2CBrCONHCONH_2$ ۇرادال

隣氧氮茂   "异恶唑" گە قاراڭىز.

隣异丙基苯甲烷   "隣繖花烃" گە قاراڭىز.

ling

零   null   ٴنول

零点   zero point   ٴنول نۇكتە

零点能   zero－point energy   ٴنول نۇكتەلىك ەنەرگيا

零价   null valence   ٴنول ۆالەنت

零级反应   zero－order reaction   نولدىك رەتتەگى رەاكسيا

零级溶液   zero－oedre solution   نولدىك رەتتەگى ەرىتىندى

零位   null   ٴنول، نولدىك ورىن

零位电极   null electrode   نولدىك ەلەكترود

零位法   null method   نولدىك ٴادىس

零(0)族   null group   ٴنول گرۇپپا

铃兰甙   convallarin $C_{34}H_{46}O_{11}$ كونۆاللارين

铃兰毒   convallatoxin   كونۆاللا توكسينى، كونۆاللاتوكسين

铃兰苦甙　convallamarin　　　　　　　　　　　　　　كونۋاللامارين

铃兰苦亭　convallamaretin　　　　　　　　　　　كونۋاللامارەتين

铃兰亭　convallaretin　$C_{14}H_{20}O_3$　　　　　كونۋاللارەتين

灵　lin　　　　　　　　　　　　　　　　　　　　　لين

灵堡干酪　limbugite　　　(ليمبۇرگيت (ليمبرۇگ قالاسى، بەلگيادا

灵菌素　prodigiosin　　　　　　　　　　　　　پروديگيوزين

另　sec secondary　　　　　　　　　　　سەك، سەكونداري

另丁胺　sec－butylamine　$C_2H_5(CH_3)CHNH_2$　　سەك ـ بۇتيل امين

另丁叉　sec－butylidene　$CH_3CH_2C(CH_3)=$　　سەك ـ بۇتيليدەن

另丁醇　sec－butyl alcohol　$C_2H_5CHOHCH_3$　　سەك ـ بۇتيل سپيرتى

另丁基　sec－butyl　$C_2H_5CH(CH_3)-$　　　　سەك ـ بۇتيل

另丁基苯　sec－butyl benzene　　　　　سەك ـ بۇتيل بەنزول

另丁基醋酸　sec－butyl acetic acid　$C_2H_5CH(CH_3)CH_2COOH$　سەك ـ بۇتيل
　　　　　　　　　　　　　　　　　　　　　　سركه قشقىلى

另丁基碘　sec－butyl iodide　$C_2H_5CHICH_3$　سەك ـ بۇتيل يود

另丁基氯　sec－butyl chloride　$C_2H_5CHClCH_3$　سەك ـ بۇتيل حلور

另丁基溴　sec－butyl bromide　$C_2H_5CHBrCH_3$　سەك ـ بۇتيل بروم

另丁氧基　sec－butoxy　$C_2H_5CH(CH_3)O-$　　سەك ـ بۇتوكسيل

另庚酮－[2]　　　　　．"旋性戊基甲基酮"　گە قاراڭـز

另己氨酸　alloisoleucine　$(C_2H_5)(CH_3)CHCHNH_2COOH$　اللويزولەۋتسين

另己酸　　　　　　　　　．"另丁基醋酸"　گە قاراڭـز

另孟基氯　sec－menthyl chloride　$CH_3CH(CH_2)_3CHClCHCH(CH_3)_2$　ـ سەك
　　　　　　　　　　　　　　　　　　　　مەنتيل حلور

另十一基胺　sec－undecylamine　　　　سەك ـ ۇندەتسيل امين

另戊醇　sec－amyl alcohol　$CH_3CH_2CH_2CH(CH_3)OH$　سەك ـ اميل سپيرتى

另戊基　sec－amyl; sec－pentyl　$CH_3CH_2CH_2CH(CH_3)-$　;سەك ـ اميل
　　　　　　　　　　　　　　　　　　　سەك ـ پەنتيل

另戊基碘　sec－amyl iodide　$C_2H_7CHCH_2$　سەك ـ اميل يود

liu

流变学　rheology　　　　　　　　　　　　　رەولوگيا

流动电子　mobile electron　جىلجىمالى ەلەكترون، اققىش ەلەكترون

流动平衡　mobile equilibrium　　　　　　　　جىلجىمالى تەپە ـ تەڭدىك

流动平衡定律　law of mobile equilibrium　　جىلجىمالى تەپە ـ تەڭدىك زاڭى

流动氢瓦变异构　mobile H‐tautomerism　اققىش سۆتەگىنىڭ تاۋ تومەرلەنۈى

流动氢原子　mobile hydrogen　　　　　　　　اققىش سۆتەگى اتومى

流动试验室　mobile laboratory　　　　　　　كوشپەلى تاجرىبىخانا

流动相　mobile phase　　　　　　　　　　　جىلجىمالى فازا

流动性　liquidity, mobility　　　　　　　اققىشتىق، جىلجىمعشتىق

流动质子互变异构　mobile proton tautomerism　اققىش پروتوننىڭ
تاۋتومەرلەنۈى

流化状态的催化剂　fluid catalyst　اققىش كۆيدەگى كاتالىزاتور

流明　lumen　　　　　　　　　　ليۆمەن (جارىق بىرلىگى)

流体　fluid body　　　　　　　　　اققىش دەنەلەر

流体动力学　hydro dynamics　　　گيدرودينامىكا

流体静力学　hydrostatics　　　　　گيدروستاتىكا

流体力学　hydromechanics　　　　گيدرومىحانىكا

流性液体　mobile liquid　　　　　اققىش سۈيقتىق

流性油　mobile oil　　　　　　　اققىش ماي

硫(S)　sulphur　　　　　　　　كۆكىرت (S)

α‐硫　α‐sulfur(＝rhomic sulfur)　α ـ كۆكىرت، رومبى ‹تارنزدى
كۆكىرت

β‐硫　β‐sulfur　　　　　　　　β ـ كۆكىرت

λ‐硫　λ‐sulfur　　　　　　　　λ ـ كۆكىرت

硫胺素　thiamine　$C_{12}H_{17}ON_4ClS$　　تيامين

硫胺素酶　thiaminase　　　　　تيامينازا

硫胺萤　　　　　　　　　"硫色素" گە قاراڭز.

硫棒　rod sulfur　　　　　　كۆكىرت تاياقشا

硫苯胺　thio aniline　　　　　تيوانيلين

硫草酸　thioxalic acid　HOCSCSOH　تيوكسال قىشقىلى

硫撑　　　　　　　　　　"环硫" گە قاراڭز.

硫撑二苯胺　thiodiphenylamine　تيوديفەنيل امين

硫醇　mercaptan(＝thio alcohol)　مەركاپتان، تيوسپيرتتەر

硫醇分离器　mercaptan separator　مەركاپتان سەپاراتور

硫醇汞　mercury mercaptide　$Hg(SR)_2$　مەركاپتان سناپ

硫醇硫含量　mercaptan sulfur content　مەركاپتان كۆكىرت مولشەرى

硫醇尿酸　"巯基尿酸" گە قاراڭىز.

硫醇铅　"烃硫基铅" گە قاراڭىز.

硫醇式硫　mercaptan sulfur　مەركاپتان كۆكىرت

硫醇铜　copper mercaptide　(RS)₂Cu　مەركاپتان مىس

硫醇吸收塔　mercaptan absorber　مەركاپتان سورغىش مۇنارا

硫醇盐　mercaptide　RSM　مەركاپتان تۇزى

硫代　thio－, sulfo－　S=　تيو ـ، سۆلفو ـ (لاتىنشا)

硫代氨基甲酸　thiocarbmic acid　CS(NH₂)OH　تيوكاربامين قىشقىلى

硫代氨基甲酸甲酯　methyl thiocarbamate　NH₂CSOCH₃　تيوكاربامين قىشقىل مەتيل ەستەرى

硫代氨基甲酸盐　thiocarbamate　CS(NH₂)OM　تيوكاربامين قىشقىلىننىڭ تۇزدارى

硫代氨基甲酸乙酯　"硫尿烷" گە قاراڭىز.

硫代氨基甲酸O－乙酯　O－erthyl thiocarbamate　H₂NCSOC₂H₅　تيوكاربامين قىشقىل o ـ ەتيل ەستەرى

硫代氨基甲酸S－乙酯　S－ethyl thiocarbamate　تيوكاربامين قىشقىل s ـ ەتيل ەستەرى

硫代氨基甲酸酯　thiocarbamate　CS(NH₂)OR　تيوكاربامين قىشقىل ەستەرى

硫代氨甲酰　"硫荒酰" گە قاراڭىز.

硫代巴比土酸　thiobarbituric acid　C₄H₄O₂N₂S　تيوباربيتۆر قىشقىلى

硫代半乳糖甙　thiogalactoside　تيوگالاكتوزيد

硫(代)苯酚　"硫酚" گە قاراڭىز.

硫代苯酸　thiobenzoic acid　C₆H₅COSH　تيوبەنزوي قىشقىلى

硫代苯酰替苯胺　thiobenzanilide　C₆H₅NHCSC₆H₅　تيوبەنزانيليد

硫代丙酰胺　thiopropionamide　C₂H₅CSNH₂　تيوپروپيونامىيد

硫代醋酸　thioacetic acid　CH₃COSH　تيوسىركە قىشقىلى

硫代醋酸盐　thioacetate　CH₃COSM　تيوسىركە قىشقىلىننىڭ تۇزدارى

硫代醋酸γ－乙酰胺基丙酯　γ－acetamido propylthioacetate　تيوسىركە قىشقىل γ ـ اتسەتاميدو پروپيل ەستەرى

硫代醋酸乙酯　ethyl thioacetate　CH₃COSC₂H₂　تيوسىركە قىشقىل ەتيل ەستەرى

硫代醋酸酯　thioacetate　CH₃·CO·SR　تيوسىركە قىشقىل ەستەرى

硫代氮代膦酸　phosphonitrido thioic acid　(HS)P(N)H　تیو ازوتتی فوسفون قشقلی

硫代二苯胺　thiodiphenylamine　تیودیفەنیل امین

硫代二苯甲醇　thiobenzhydrol　تیوبەنزگیدرول

硫代钒酸　thiovanadic acid　H₃VS₄　تیوۋانادي قشقلی

硫代钒酸盐　thiovanadate　M₃VS₄　تیوۋانادي قشقلىننىڭ تۇزدارى

硫代硅酸　thiosilicic acid　H₂SiS₃　تیوکرەمني قشقلی

硫代甲酰胺　thioformamid　HCSNH₂　تیوفورمامید

硫代甲酰替苯胺　thioformanilide　C₆H₅NHCH:S　تیوفورمانیلید

硫代焦砷酸亚铁　ferrous pyrothioarsenate　Fe₂As₂S₇　تیوپیرروارسەن قشقىل شالا توتىق تەمىر

硫代偕肼腙　　"硫卡巴腙" گە قاراڭىز.

硫代铼酸　thioperrhenic acid　HReO₃S　تیو اسقىن رەني قشقىلی

硫代铼酸盐　thioperrhonate　MReO₃S　تیو اسقىن رەني قشقىلىننىڭ تۇزدارى

硫代磷酸　thiophosphoric acid　H₃PO₃S　تیو فوسفور قشقىلی

硫代磷酸一对硝基苯基二乙酯　thiophos　تیوفوس

硫代磷酸三苯酯　triphenyl thiophsphate　(C₆H₅O)₃PS　تیو فوسفور قشقىل تریفەنیل ەستەرى

硫代磷酸三个隣甲苯酯　tri – o – cresyl thiophosphate　تیو فوسفور قشقىل ئۇش – و – كرەزیل ەستەرى

硫代磷酸盐　thiophosphate　M₃PO₃S　تیو فوسفور قشقىلىننىڭ تۇزدارى

硫代磷酰　thiophosphoryl　PS≡　تیو فوسفوریل

硫代磷酰氯　thiophosphoryl chloride　PSCl₃　تیو فوسفوریل حلور

硫代磷酰三胺　thiophosphoryl triamide　PS(NH₂)₃　تیو فوسفوریل تریامید

硫代硫酸　thiosulfuric acid　H₂S₂O₃　تیو كۇكىرت قشقىلی

硫代硫酸铵　ammonium thiosulfate　(NH₄)₂SO₃S　تیو كۇكىرت قشقىل امموني

硫代硫酸钡　barium thiosulfate　BaS₂O₃　تیو كۇكىرت قشقىل باري

硫代硫酸铋钾　bismuth potassium thiosulfate　K₃[Bi(SO₃S)₃]　تیو كۇكىرت قشقىل بیسمۇت – كالي

硫代硫酸铋钠　bismuth sodium thiosulfate　Na[Bi(SO₃S)₃]　تیو كۇكىرت قشقىل بیسمۇت – ناتري

硫代硫酸钙　calcium thiosulfate　CaSO₃S　تیو كۇكىرت قشقىل كالتسي

硫代硫酸钾	potassium thiosulfate	K_2SO_3S	تيو كۆكىرت قشقىل كالي
硫代硫酸锂	lithium thio sulfate	Li_2SO_3S	تيو كۆكىرت قشقىل ليتي
硫代硫酸镁	magnesium thiosulfate	$MgSO_3S$	تيو كۆكىرت قشقىل ماگني
硫代硫酸钠	sodium thiosulfate	$Na_2S_2O_3$	تيو كۆكىرت قشقىل ناتري
硫代硫酸镍	nickel thiosulfate	$NiSO_3S$	تيو كۆكىرت قشقىل نيكەل
硫代硫酸铅	lead thiosulfate	$PbSO_3S$	تيو كۆكىرت قشقىل قورعاسىن
硫代硫酸锶	strontium thiosulfate	$SrSO_3S$	تيو كۆكىرت قشقىل سترونتسي
硫代硫酸铜	cupric thiosulfate	$CuSO_3S$	تيو كۆكىرت قشقىل مىس
硫代硫酸亚铁	ferrous thiosulfate	$FeSO_3S$	تيو كۆكىرت قشقىل شالا توتىق تەمىر
硫代硫酸盐	thiosulfate	$M_2S_2O_3$	تيو كۆكىرت قشقىلىنىڭ تۇزدارى
硫代硫酸一银三钠	silver sodium thiosulfate	$Na_3[Ag(SO_3S)_2]$	تيو كۆكىرت قشقىل كۈمىس ـ ناتري
硫代硫酸银	siliver thiosulfate	Ag_2SO_3S	تيو كۆكىرت قشقىل كۈمىس
硫代硫酸酯	thiosulfate		تيو كۆكىرت قشقىل ەستەرى
硫代内酯	thiolactone	$H_2C·R·CS·O$	تيولاكتون
6 - 硫代鸟嘌呤	thioguanine		تيوگۆانين
硫代偏硼酸	sulfometaboric acid	HBS_2	سۆلفومەتابور قشقىلى
硫代苹果酸	thiomalic acid	$HOOCCH(CH)CH_2COOH$	تيو الما قشقىلى
硫代苹果酸金钠	natrium aurothiomalicum		تيو الما قشقىل التىن ـ ناتري
硫代葡萄糖金	aurothioglucose		تيوگليۆكوزا التىن
硫代氰酸			"硫氰酸" گە قاراڭىز.
硫代氰酸苯酯	phenyl rhdanate (sulfocyanate)	C_6H_5SCN	سۆلفوسيان قشقىل فەنيل ەستەرى
硫代氰酸根	thiocyanate radical		تيو سيان قشقىل راديكالى
硫代氰酸根络	thiocyanate	$N:CS-$	تيوسياناتو ـ (بەيورگانيكالىق حيميادا)
硫(代)氰酸基			"氰硫基" گە قاراڭىز.
硫代氰酸盐	rhodanate(= thiocyanate)	$MSCN$	رودان (تيوسيان) قشقىلىنىڭ تۇزدارى
硫代氰酸酯	thiocyanic ester		تيوسيان قشقىل ەستەرى
硫代秋水仙碱	colchicine thio		تيوكولحيتسين
硫代乳酸	thiolactic acid	$CH_3CH(SH)COOH$	تيو ٴسۇت قشقىلى
硫代砷酸	thioarsenic acid	H_3AsS_4	تيو ارسەن قشقىلى

硫代砷酸盐	thioarsenate	M₃AsS₄	تيو ارسەن قىشقىلىنىڭ تۇزداری
硫代水杨酸	thiosalicylic acid	HSC₆H₄COOH	تيو ساليتسيل قىشقىلى
硫代酸	thioic acid	R·CS·OH	تيو قىشقىلدار
硫代酸盐	thioate		تيو قىشقىل تۇزداری
硫代碳酸	thiocarbonic acid	HOCOSH	تيو كومىر قىشقىلى
硫代碳酸钠	sodium thio carbonate		تيو كومىر قىشقىل ناتري
硫代碳酸盐	thiocarbonate	M₂CS₃	تيو كومىر قىشقىلىنىڭ تۇزداری
硫代碳酸乙酯	ethyl－thiocarbonate		تيو كومىر قىشقىل ەتيل ەستەری
硫代碳酸酯	thiocarbonate	CS(SR)₂	تيو كومىر قىشقىل ەستەری
硫代碳酰替苯胺	thiocarbanilide	(C₆H₅NH)₂CS	تيو كاربانيليد
硫代羰基			"硫基" گە قاراڭىز.
硫代羰基氯			"硫基氯" گە قاراڭىز.
硫代羰氯			"硫基氯" گە قاراڭىز.
硫代锑酸	thioantimonic acid	H₃SbS₄	تيو سۇرمە قىشقىلى
硫代锑酸盐	thioantimonate	M₃SbS₄	تيو سۇرمە قىشقىلىنىڭ تۇزداری
硫代甜菜碱			"噻亭" گە قاراڭىز.
硫代锡酸	thiosulfol stannic acid	H₂SnS₃	تيو قالايى قىشقىلى
硫代锡酸盐	sulfostannate	M₂SnS₃	سۇلفو قالايى قىشقىلىنىڭ تۇزداری
硫代烯丙醚	thio－allylether	(CH₂CHCH₂)₂S	تيو الليل ەفيرى
硫代橡胶	ulcanized rubber		كۆكىرتتى كاۋچۇك
硫代亚膦酸	phosphono thious acid	(HO)(HS)PH	تيو فوسفوندى قىشقىل
硫代亚磷酸	thio phosphorous acid	H₃PS₃	تيو فوسفورلى قىشقىل
硫代亚硫酸	thiosulfurous acid	H₂S₂O₂	تيو كۆكىرتتى قىشقىل
硫代亚硫酸盐	thiosulfite	M₂S₂O₂	تيو كۆكىرتتى قىشقىلداڭ تۇزداری
硫代亚胂酸	thioarsonous acid	RAs(SH)₂	تيو ارسوندى قىشقىل
硫代亚砷酸	thioarsenous acid	H₃AsS₃	تيو ارسەندى قىشقىل
硫代亚砷酸盐	sulfarsenite	M₃AsS₃	سۇلفوارسەندى قىشقىل تۇزداری
硫代亚锑酸盐	sulfantimonite	M₃SbS₃	سۇلفو سۇرمەلى قىشقىل تۇزداری
硫代亚锡酸	thio(sulfo)stannous acid	H₂SnS₂	تيو قالايلى قىشقىل
硫代亚锡酸盐	thio(sulfo)stannite	M₂SnS₂	تيو قالايلى قىشقىلداڭ تۇزداری
2－硫代－6－氧代间氮(杂)苯			"硫尿嘧啶" گە قاراڭىز.
硫代氧的酸			"硫代酸" گە قاراڭىز.
硫代乙酰胺	thioacetamide	CH₂CSNH₂	تيو اتسەت اميد

硫代乙酰替苯胺 thioacetanilide $C_6H_5NHCSCH_3$	تىو اتسەت انىلىد
硫代乙酰替二甲胺 thioacet - dimethylamide $CH_3CSN(CH_3)_2$	تىو اتسەت دىمەتىل امىد
硫代异恶唑 sulfisooxazole	سۆلفۇيزرووكسازول
硫丹 thiodan	تىودان
硫氮苯基 C_4H_4NS	"تىيازىن" گه قاراڭىز.
硫氮蒽基	"فىنتىيازىن" گه قاراڭىز.
1,2 - 硫氮茂	"ايزوتىيازول" گه قاراڭىز.
1,2 - 硫氮萘	"1,2 - بەنزوايزوتىيازىن" گه قاراڭىز.
1,4 - 硫氮萘	"1,4 - بەنزوايزوتىيازىن" گه قاراڭىز.
1,3 - 硫氮茚	"بەنزوتىيازول" گه قاراڭىز.
硫氮杂苯	"تىيازىن" گه قاراڭىز.
1,2 - 硫氮杂苯	"ورتوتىيازىن" گه قاراڭىز.
1,4 - 硫氮杂苯	"پارتىيازىن" گه قاراڭىز.
硫氮杂苯染料	"تىيازىن بوياۋى" گه قاراڭىز.
硫氮杂苯烷	"تىيازىن الكان" گه قاراڭىز.
硫氮杂蒽	"فىنتىيازىن" گه قاراڭىز.
硫氮杂环戊烯基	"تىيازولىن باز" گه قاراڭىز.
1,3 - 硫氮杂茂	"تىيازول" گه قاراڭىز.
硫氮杂茂基	"تىيازول باز" گه قاراڭىز.
硫氮杂戊环基	"تىيازول الكان باز" گه قاراڭىز.
1,3 - 硫氮杂茚	"بەنزوتىيازول" گه قاراڭىز.
硫弹 sulfur bomb	كۆكىرت بومبى
硫靛 thioindigo	تىيويندىگو
硫靛白 thioindigo white $C_{16}H_{10}O_2S_2$	تىيويندىگو اعى
硫靛橙 R thioindigo orange R	تىيويندىگو قىزعىلتىم سارسى
硫靛红 thioindigo red	تىيويندىگو قىزىلى
硫靛黄 3G thioindigo yellow 3G	تىيويندىگو سارسى 3G
硫靛(蓝)	"硫靛" گه قاراڭىز.
硫靛染料 thioindigoid dyes	تىيويندىگو بوياۋلارى
硫靛猩红 thioindigo scarlet	تىيويندىگو قان قىزىلى
硫丁环	"硫化丙烯" گه قاراڭىز.
硫二甘醇 thiodiglycol $(HOCH_2CH_2)_2S$	تىيودىگلىكول

硫飞得　thiofide　　　　　　　　　　　　　　　تيوفيد

硫酚　phenyl sulfydryl　$C_6H_5 \cdot SH$　　　فەنيل سۇلفىگىدرىل، تيوفەنول

硫福斯　thiophos　　　　　　　　　　　　تيوفوس

硫甘醇　thioglycol　$HOCH_2CH_2SH$　　　تيوگلىكول

硫甘油　thioglycerin　$HSCH_2C_3(OH)_2$　　تيوگلىتىسەرين

硫酐　sulfuric anhydride　　　　　　　كۆكۈرت انگىدرىدتى

硫赶　thiol –　　　　　　　　　　　　– تيول

硫赶氨基甲酸乙酯　　　　　　"硫代氨基甲酸 S – 乙酯" گە قاراڭىز.

硫赶醋酸　thiol – acetic acid　CH_3COSH　تيول سىركە قەشقىلى

硫赶醋酸钠　sodium thioacetate　CH_3COSNa　تيول سىركە قەشقىل ناتري

硫赶甲酰基　　　　　　　　"硫醛基" گە قاراڭىز.

硫赶膦酸　phosphono thiolic acid　$(HO)(HS)P(O)H$　تيول فوسفون قەشقىلى

硫赶硫逐膦酸　phosphono thiolothionic acid　$(HO)(HS)P(S)H$　تيولوتيون
فوسفون قەشقىلى

硫赶酸　– thiolic acid　– COSH　– تيول قەشقىلى

硫赶酸盐　thiolate　RCOSM　تيول قەشقىلىنىڭ تۇزدارى

硫赶碳酸　thiol carbonic acid　HOCOSH　تيول كومىر قەشقىلى

硫光气　thiophosgene　Cl_2CS　تيوفوسگەن

硫胲　thiohydroxylamine　$HSNH_2$　تيوگىدروكسىلامين

硫化　vulcanization　　　كۆكۈرتتەۋ، كۆكۈرتتەنۈ

硫化吖啶蓝　　　　　　"海昌蓝 R" گە قاراڭىز.

硫化铵　ammonium sulfide　$(NH_4)_2S$　كۆكۈرتتى ammوني

硫化钯　palladium sulfide　　كۆكۈرتتى پاللادي

硫化钡　barium sulfide　BaS　كۆكۈرتتى باري

硫化铋　bismuth sulfide　BiS　كۆكۈرتتى بيسمۆت

硫化蓖麻油　sulfonated castor oil　كۆكۈرتتەلگەن ۋپلمالاك مايى

硫化丙烯　propylene sulfide　$(CH_2)_3S$　كۆكۈرتتى پروپيلەن

硫化铂　platinic sulfide　PtS_2　كۆكۈرتتى پلاتينا

硫化茶褐　sulfur khaki　　كۆكۈرتتى كۆرەڭ

硫化橙 R　sulfur orange R　كۆكۈرتتى قىزعىلت سارى R

硫化促进剂　vulcanization – accelerator　كۆكۈرتتەنۆدى جەدەلدەتكىش اگەنت

硫化氮　nitrogen sulfide　N_4S_4; N_2S_5　كۆكۈرتتى ازوت

硫化锇　osmium sulfide　OsS_2; OsS_4　كۆكۈرتتى ۋسمي

硫化钒	vanadium sulfide	$VS;V_2S_2i;V_2S_3;V_2S_5$	كۆكىرتتى ۋانادى
硫化钆	gadolinium sulfide	Gd_2S_3	كۆكىرتتى گادولينى
硫化钙	calcium sulfide		كۆكىرتتى كالتسى
硫化橄榄绿	sulfur olive green		كۆكىرتتى ئزايتۈن ياسىلى
硫化橄榄油	sulfur olive oil		كۆكىرتتەلگەن ئزايتۈن مايى
硫化高钴	cobaltic sulfide	Co_2S_3	كۆكىرتتى اسقىن كوبالت
硫化镉	cadmium sulfide	CdS	كۆكىرتتى كادمى
硫化汞	mercuric sulfide	HgS	كۆكىرتتى سىناپ
硫化钴	cobaltous sulfide	CoS	كۆكىرتتى كوبالت
硫化硅	silicon sulfide	$SiS; SiS_2$	كۆكىرتتى كرەمنى
硫化黑	sulfur black		كۆكىرتتى قارا
硫化还原	reversion		كۆكىرتتەنىپ توتىقسىزدانۇ
硫化黄 G	sulfur yellow G		كۆكىرتتى سارى G
硫化黄 S	sulfur yellow S		كۆكىرتتى سارى S
硫化剂	vulcanizing agent		كۆكىرتتەگمىش اگەنت
硫化甲胂	methyl－arsine－sulfide	CH_3AsS	كۆكىرتتى مەتيل ارسين
硫化钾	potassium sulfide	K_2S	كۆكىرتتى كالى
硫化金	auric sulfide	AuS_3	كۆكىرتتى التىن
硫化咔叽			"硫化茶褐" گە قاراڭىز.
硫化钪	scandium sulfide	Sc_2S_3	كۆكىرتتى سكاندى
硫化镧	lanthanum sulfide	La_2SO_3	كۆكىرتتى لانتان
硫化蓝	sulfur blue		كۆكىرتتى كوك
硫化蓝绿			"硫化橄榄绿" گە قاراڭىز.
硫化锂	lithium sulfide	Li_2S_4	كۆكىرتتى ليتى
硫化膦	phosphine sulfide	R_3PS	كۆكىرتتى فوسفين
硫化六氯双乙烷	hexachloro diethyl sulfide		كۆكىرتتى گەكسا حلورلى قوس ەتان
硫化铝	aluminium sulfide	Al_2S_3	كۆكىرتتى الۇمين
硫化绿 T	sulfur green T		كۆكىرتتى ياسىل T
硫化镁	magnesium sulfide	MgS	كۆكىرتتى ماگنى
硫化锰	manganese sulfide	MnS	كۆكىرتتى مارگانەتس
硫化钼	molybdenum sulfide		كۆكىرتتى موليبدەن
硫化钠	sodium sulfide	Na_2S	كۆكىرتتى ناترى

硫化钠石灰混合机	sodium sulfide lime		كۆكىرتتى ناتري اك قوسپاسى
硫化镍	nikelous sulfide	NiS	كۆكىرتتى نيكەل
硫化钕	neodymium sulfide	Nd₂S₃	كۆكىرتتى نەوديم
硫化硼	boron sulfide		كۆكىرتتى بور
硫化镨	praseodymium sulfide	Pr₂S₃	كۆكىرتتى پرازەودىم
硫化器	ulcanizer		كۆكىرتتەگش
硫化铅	lead sulfide	PbS	كۆكىرتتى قورعاسىن
硫化铅香化法	lead sulfide sweetening process		كۆكىرتتى قورعاسىندى حوش يستەندىرۇ ٴادىسى
硫化氢	hydrogen sulfide	H₂S	كۆكىرت سۆتەك
硫化氢氘	deuterium hydrogen sulfide	(HDS)	كۆكىرت سۆتەك دەيتەري
硫化氢水	hydrogen sulfide water		كۆكىرت سۆتەك سۋ
硫化氰	syanogen sulfide	(CN)₂S	كۆكىرتتى سيان، تيۋسيان
硫化染料	sulfide colors(= sulfur dyes)		كۆكىرتتى بوياۋلار
硫化铷	rubidium sulfide	Rb₂S	كۆكىرتتى رۋبيدي
硫化润滑脂	sulfurized grease		كۆكىرتتەلگەن جاعىن ماي
硫化铯	cesium sulfide	Cs₂S	كۆكىرتتى سەزي
硫化钐	samaric sulfide	Sa₂S₃	كۆكىرتتى ساماري
硫化砷镍	nikel glance	NiAsS	كۆكىرتتى ارسەن ــ نيكەل
硫化双氧铀	uranyl sulfide	VO₂S	كۆكىرتتى ۇرانيل
硫化锶	strontium sulfide	SrS	كۆكىرتتى سترونتسي
硫化松节油	sulfurized tall oil		كۆكىرتتى تەرپەنتين
硫化铊	thallium sulfide	Tl₂S; Tl₂S₃; Tl₂S₅	كۆكىرتتى تاللي
硫化钛	titanium sulfide	TiS; TiS₂	كۆكىرتتى تيتان
硫化炭	carbon disulfide		كۆكىرتتى كومىر
硫化羰	carbonyl sulfide	COS	كۆكىرتتى كاربونيل
硫化锑	antimonic sulfide	Sb₂S₅	كۆكىرتتى سۇرمە
硫化铁	ferric sulfide	Fe₂S₃	كۆكىرتتى تەمىر
硫化铜	cupric sulfide	CuS	كۆكىرتتى مىس
硫化钍	thorium sulfide	ThSO₂	كۆكىرتتى توري
硫化钨	tungsten sulfide	WS₂; WS₃	كۆكىرتتى ۆولفرام
硫化物	sulfide		كۆكىرتتى قوسىلىستار، سۇلفيدتەر
硫化锡	tin sulfide	SnS₂; SnS	كۆكىرتتى قالايى

硫化系数	vulcanization coefficient	كۆكىرتتەنۇ كوەففيتسەنتى
硫化橡胶	perduren(= vulcanized rubber)	پەردۇرەن، كۆكىرتى كاۇچۇك
硫化锌	zinc sulfide ZnS	كۆكىرتى مىرىش
硫化亚铂	platinous sulfide	ٴبىر كۆكىرتى پلاتينا
硫化亚钒		"三硫化二钒" گە قاراڭىز.
硫化亚铬		"一硫化铬" گە قاراڭىز.
硫化亚汞	mercurous sulfide Hg₂S	ٴبىر كۆكىرتى سىناپ
硫化亚金	aurous sulfide AuS	ٴبىر كۆكىرتى التىن
硫化亚砷		"三硫化二砷" گە قاراڭىز.
硫化亚铊	thallous sulfide Tl₂S	ٴبىر كۆكىرتى تاللي
硫化亚锑	antimonous sulfide Sb₂S₃	ٴۇش كۆكىرتى سۇرمە
硫化亚铁		"一硫化铁" گە قاراڭىز.
硫化亚铜	cuprous sulfide Cu₂S	ٴبىر كۆكىرتى مىس
硫化亚锡		"一硫化锡" گە قاراڭىز.
硫化钇	yttrium sulfide Y₂S₃	كۆكىرتى يتتري
硫化铟	indium sulfide In₂S₃	كۆكىرتى يندي
硫化银	silver sulfide Ag₂S	كۆكىرتى كۇمىس
硫化油	sulfur(etted) oil	كۆكىرتتەلگەن ماي
硫化皂	sulfur soap	كۆكىرتى سابىن
硫化锗	germanium sulfide G₂S; GeS₂	كۆكىرتى گەرماني
硫化正亚金		"四硫化四金" گە قاراڭىز.
硫化正亚铁		"四硫化三铁" گە قاراڭىز.
硫化脂	sulfurized fat	كۆكىرتى ماي
硫化状态	state of cure	كۆكىرتتەنۇ كۇيى
硫化棕	sulfur brown	كۆكىرتى قىزىل قوڭىر
硫化作用	sulfuration	كۆكىرتتەۇ، سۇلفيرلەۇ
硫华		"升华硫" گە قاراڭىز.
硫黄		"硫" گە قاراڭىز.
硫黄肝	sulfur liver	كۆكىرت باۋىر (كۆكىرتتى كالي مەن پولي كۆكىرتتى كاليدىڭ قوسپاسى)
硫黄华	sulfur flowers	كۆكىرتتىڭ ٴۇوزگۇنكالانۇى
硫黄乳	milik of sulfur	كۆكىرتتى ٴسۇت
硫黄素	thioflavine	تيوفلاۆين

硫磺			"硫" گە قاراڭز.
硫磺酸	sulfacid	RSO₃H; RCOSH	سۇلفا قىشقىلى
硫基	-S-thio-; sulfenyl		تيو ـ، سۇلفەنيل
硫基卤	sulfonyl halides		سۇلفەنيل گالوگەن
硫甲醛	thio farmaldehyde	CH₂(SCH₂)₂S	تيوفورمالدەھگيدتى
硫胶			"多硫橡胶" گە قاراڭز.
硫金黄菌素	thioaurin		تيواۇرين
硫金酸盐	thioaurite	MAuS	تيو التىن قىشقىلىنىڭ تۇزدارى
硫堇	thionine	C₁₂H₉N₃S	تيونين
硫堇蓝	thionine blue		تيونيندى كوك
硫精黑	sulfogen black		سۇلفوگەن قاراسى
硫卡巴肼	thiocarbohydrazide	CS(NHNH₂)₂	تيوكاربوگيدرازيد
硫卡巴腙	thiocarbazone	-NNCSNHNH-	تيوكاربازون
硫卡因	thiocaine		تيوكاين
硫苦酸	thiopicric acid	C₆H₂(SH)(NO₂)₃	تيوپيكرين قىشقىلى
硫离子	S⁻ sulfion		كۆكىرت يونى
硫磷化合物	sulfur phosphorus compound		كۆكىرت ـ فوسفور قوسىلىسى
硫氯化氮	nitrogen sulfochloride	N₃S₄Cl	كۆكىرت ـ حلورلى ازوت
硫氯杂苯			"噻嗪" گە قاراڭز.
硫络血红朊	sulfhemoglobin		كۆكىرتتى گەموگلوبين
硫络血红素	sulfhema		كۆكىرتتى گەما
硫麻子油酸	thiolinic acid		تيولين قىشقىلى
硫茂			"噻吩" گە قاراڭز.
3-硫茂基			"噻嗯基" گە قاراڭز.
硫镁基	magnesyl	MgX	ماگنەزيل
硫醚	sulfoether(=thio ether)	RSR	تيوەفيرلەر
1,4-硫萘酮	1,4-benzo thiopyron	C₉H₆OS	1، 4 ـ بەنزوتيوپيرون
硫粘朊	sulfomucin		سۇلفومۇتسين
硫尿间氮苯			"硫尿嘧啶" گە قاراڭز.
硫尿碱			"硫尿间氮苯" گە قاراڭز.
硫尿嘧啶	thiouracil		تيوۇراتسيل
硫尿酸	thiouric acid	C₃H₃O₂N₂NHSO₃H	تيو نەسەپ قىشقىلى
硫尿烷	thiourethane	NH₂COSC₂H₅	تيوۇرەتان

硫脲　thiourea　$CS(NH_2)_2$　　　　　تيوۋرەا، تيونەسەپنار، تيوكاربامىد

硫脲(化物)　thiuronium　　　　　تيوۋرەا قوسىلىسى، تيۋۇرونيۇم

硫脲甲醛树脂　　　　　"硫脲树脂" گە قاراڭىز.

硫脲络合物　thiourea complex　　　تيوۋرەا كومپلەكسى، تيوۋرەا كەشەنى

硫脲树脂　thiourea resin　　　　　تيوۋرەا سمولاسى

硫喷妥钠　thiopental　　　　　تيوپەنتال

硫葡萄糖　thioglucose　　　　　تيوگليۇكوزا

硫葡糖糖甙酶　thioglucoidase　　　تيوگليۇكويدازا

α‒硫芑　　　　　"α‒噻喃" گە قاراڭىز.

γ‒硫芑　　　　　"β‒噻喃" گە قاراڭىز.

硫芑酮　thiapyrones　　　　　تياپيرون

硫羟酸　　　　　"羧硫赶酸" گە قاراڭىز.

硫羟羰酸　thionothiolic acid　　　تيونوتيول قشقىلى

硫桥　sulfur bridge　　　　　كۆكىرت كۆپىر

硫氢化钡　barium hydro sulfide　$Ba(HS)_2$　　　كۆكىرت سۆتەكتى باري

硫氢醌　thiohydroquinone　HSC_6H_4OH　　تيو سۆتەكتى حينون

硫氰化钾　　　　　"硫氰酸钾" گە قاراڭىز.

硫氰化砷　arsenic sulfocyanate　$As(SCH)_3$　　كۆكىرت ـ سياندى ارسەن

硫氰化铁　　　　　"硫氰酸铁" گە قاراڭىز.

硫氰化物　　　　　"硫氰酸盐" گە قاراڭىز.

硫氰化作用　thiocyanation　　　تيوسيانداتۇ رولى

硫氰络铂酸钡　barium platinic rhodanate　$Ba[Pt(CNS)_6]$　　روداندى پلاتينا قشقىل باري

硫氰尿酸　thiocyanuric acid　$C_3H_3N_3S_3$　　تيوسيان نەسەپ قشقىلى

硫氰酸　sulfocyanic(= thio cyanic, rhodanic) acid　HSCN　سۆلفوسيان قشقىلى، تيوسيان قشقىلى، رودان قشقىلى

硫氰酸铵　ammonium thiocyanate　$(NH_4)SCN$　　تيوسيان قشقىل اممونى

硫氰酸巴豆基酯　　　　　"巴豆基芥子油" گە قاراڭىز.

硫氰酸钡　barium rhodanate(thiocyanate)　$Ba(CNS)_2$　　رودان قشقىل باري، تيوسيان قشقىل باري

硫氰酸苄酯　benzyl rhodanate(rhodanide)　$C_6H_5CH_2SCN$　　رودان قشقىل بەنزيل ەستەرى

硫氰酸苄酯　benzyl thiocyanate(thiocyanide)　$C_6H_5CH_2SCN$　تيوسيان قشقىل

بەنزىل ەستەرى

硫氰酸苄酯　benzyl sulfocyanate(sulfocranide)　C₆H₅CH₂SCN　سۇلفوسىيان
قەشقەل بەنزىل ەستەرى

硫氰酸丙酯　propyl rhodanate(rhodanide)　C₃H₇SCN　رودان قەشقەل
پروپىيل ەستەرى

硫氰酸丙酯　propyl thiocyanate(thiocyanide)　C₃H₇SCN　تىيوسىيان قەشقەل
پروپىيل ەستەرى

硫氰酸丙酯　propyl sulfocyanate(sulfocyanide)　C₃H₇SCN　سۇلفوسىيان
قەشقەل پروپىيل ەستەرى

硫氰酸次乙酯　ethylene rhodanate(rhodanide)　C₂H₄(SCN)₂　رودان قەشقەل
ەتىلەن ەستەرى

硫氰酸次乙酯　ethylene thiocyanate(thiocyanide)　(CH₂SCN)₂　تىيوسىيان
قەشقەل ەتىلەن ەستەرى

硫氰酸次乙酯　ethylene sulfocyanate(sulfocyanide)　سۇلفوسىيان قەشقەل
ەتىلەن ەستەرى

硫氰酸丁酯　buthyl rhodanate(rhodanide)　C₄H₉SCN　رودان قەشقەل بۇتىيل
ەستەرى

硫氰酸丁酯　buthyl sulofocyanate(sulfocyanide)　سۇلفوسىيان قەشقەل بۇتىيل
ەستەرى

硫氰酸丁酯　buthyl thiocyanate(thiocyanide)　تىيوسىيان قەشقەل بۇتىيل
ەستەرى

硫氰酸钙　calcium rhodanate　Ca(CNS)₂　رودان قەشقەل كالتسى

硫氰酸钙　calcium thiocyanate　Ca(CNS)₂　تىيوسىيان قەشقەل كالتسى

硫氰酸铬　chromic thiocyanate　Cr(CNS)₃　تىيوسىيان قەشقەل حروم

硫氰酸根　"硫代氰酸根" گە قاراڭىز.

硫氰酸汞　mercuric rhodanate(rhodanide)　Hg(SCN)₂　رودان قەشقەل
سناپ

硫氰酸汞　mercuric sulfocyanate(sulfocyanide)　سۇلفوسىيان قەشقەل سناپ

硫氰酸汞　mercuric thiocyanate(thiocyanide)　تىيوسىيان قەشقەل سناپ

硫氰酸汞钠　sodium mercric thiocyanate　Na[Hg(SCN)₃]　تىيوسىيان قەشقەل
سناپ ــ ناترى

硫氰酸钴　cobaltous thiocyanate　Co(CNS)₂　تىيوسىيان قەشقەل كوبالت

硫氰酸胍　guanidine thiosyanate　CH₅N₃HCNS　تىيوسىيان قەشقەل گۇئانىيدىن

硫氰酸甲酯　methyl rhodanate(rhodanide)　CH₃SCN　رودان قەشقەل مەتيل ەستەرى

硫氰酸甲酯　methyl sulfocynate(sulfocyanide)　CH₃SCN　سۆلفوسيان قەشقەل مەتيل ەستەرى

硫氰酸甲酯　methyl thiocyanate(thiocyanide)　CH₃SCN　تيوسيان قەشقەل مەتيل ەستەرى

硫氰酸钾　potassium rhodanate　KSCN　رودان قەشقەل كالي

硫氰酸钾　potassium sulfocyanate(＝sulfocyanide)　KSCN　سۆلفوسيان قەشقەل كالي

硫氰酸钾　potassium thiosyanate　KSCN　تيوسيان قەشقەل كالي

硫氰酸锂　lithium sulfocyanide　LiSCN　سۆلفوسيان قەشقەل ليتي

硫氰酸锂　lithium thiosyanate　LiSCN　تيوسيان قەشقەل ليتي

硫氰酸铝　aluminium rhodanate(rodanide)　Al(SCN)₃　رودان قەشقەل الؤمين

硫氰酸铝　aluminium sulfocyanate(sulfocyanide)　سۆلفوسيان قەشقەل الؤمين

硫氰酸铝　aluminium thiocyanate(thiocyanide)　تيوسيان قەشقەل الؤمين

硫氰酸镁　magnesium rodanate　Mg(SCN)₂　رودان قەشقەل ماگني

硫氰酸酶　rhodanase　(MSCN)　رودانازا

硫氰酸钠　sodium rhodanate　NaSCN　رودان قەشقەل ناتري

硫氰酸钠　sodium sulfocyanate　NaSCN　سۆلفوسيان قەشقەل ناتري

硫氰酸钠　sodium thiocyanate　NaSCN　تيوسيان قەشقەل ناتري

硫氰酸镍　nickel thiocyanate(＝thiocyanide)　Ni(SCN)₂　رودان قەشقەل نيكەل

硫氰酸铅　plumbous rhodanate(＝lead rhodanate)　Pb(SCN)₂　رودان قەشقەل قورعاسىن

硫氰酸铅　leads sulfocyanide　Pb(SCN)₂　سۆلفوسيان قەشقەل قورعاسىن

硫氰酸铅　lead thiocyanate(thiocyanide)　Pb(SCN)₂　تيوسيان قەشقەل قورعاسىن

硫氰酸羟基苄酯　hydroxy－benzyl thiocyanate　OHC₆H₄CH₂SCN　تيوسيان قەشقەل گيدروكسيل بەنزيل ەستەرى

硫氰酸铷　rubidium thiocyanate　RbSCN　تيوسيان قەشقەل رۇبيدي

硫氰酸铯　cesium thiocyanate　Cs(CNS)　تيوسيان قەشقەل سەزي

硫氰酸十二酯　lauryl thiocyanate　تيوسيان قشقىل لاۋرىل ەستەرى

硫氰酸锶　strontium rhodonate　Sr(CNS)₂　رودان قشقىل سترونتسي

硫氰酸锶　strontium thiocyanate　Sr(CNS)₂　تيوسيان قشقىل سترونتسي

硫氰酸铁　ferric rhodanate(rhodanide)　Fe(SCN)₃　رودان قشقىل تەمىر

硫氰酸铁　ferric sulfocyanate(sulfocyanide)　Fe(SCN)₃　سۆلفوسيان قشقىل تەمىر

硫氰酸铁　ferric thiocyanate(thiocyanide)　Fe(SCN)₃　تيوسيان قشقىل تەمىر

硫氰酸铜　cupric rhodanate(rhodanide)　Cu(SCN)₂　رودان قشقىل مىس

硫氰酸铜　cupric sulfocyanate　Cu(SCN)₂　سۆلفوسيان قشقىل مىس

硫氰酸铜　cupric thiocyanide　Cu(SCN)₂　تيوسيان قشقىل مىس

硫氰酸烷基酯　alkylrhodanate(＝alkyl sulfo cyanate)　R·SCN　رودان قشقىل الكيل ەستەرى

硫氰酸戊酯　amyl rhodanate(＝amyl thiocyanate)　C₅H₁₁·SCN　رودان قشقىل اميل ەستەرى

硫氰酸戊酯　amyl sulfocyanide(＝amyl thiocyanate)　C₅H₁₁·SCN　سۆلفوسيان قشقىل اميل ەستەرى

硫氰酸戊酯　amyl thiocyanate　C₅H₁₁·SCN　تيوسيان قشقىل اميل ەستەرى

硫氰酸烯丙酯　allyl rhodanate(＝rhodanide)　C₃H₅SCN　رودان قشقىل الليل ەستەرى

硫氰酸烯丙酯　allyl sulfocyanate(＝allyl thiocyanate)　C₃H₅SCN　سۆلفوسيان قشقىل الليل ەستەرى

硫氰酸烯丙酯　allyl thiocyanate(thiocyanide)　C₃H₅SCN　تيوسيان قشقىل الليل ەستەرى

硫氰酸硝基苯酯　nitrobenzene thiocyanate　تيوسيان قشقىل نيتروبەنزول ەستەرى

硫氰酸锌　zinc rhodanate(＝zinc sulfocyanate)　Zn(SCN)₂　رودان قشقىل مىرىش

硫氰酸锌　zinc sulfocyanate(sulfocyanide)　Zn(SCN)₂　سۆلفوسيان قشقىل مىرىش

硫氰酸锌　zinc thiocyanate(thiocyanide)　Zn(SCN)₂　تيوسيان قشقىل مىرىش

硫氰酸亚铊　thallous rhodanate　TlSCN　رودان قشقىل شالا توتىق تاللي

硫氰酸亚铁　ferrous rhodanate　Fe(SCN)₂　رودان قشقىل شالا توتىق تەمىر

硫氰酸亚铁　ferrous sulfocyanate(sulfocyanide)　$Fe(SCN)_2$　سۇلفوسيان
قىشقىل شالا توتىق تەمىر

硫氰酸亚铁　ferrous thiocyanate(thiocyanide)　$Fe(SCN)_2$　تيوسيان
قىشقىل شالا توتىق تەمىر

硫氰酸亚铜　cuprous thiocyanate　$Cu(SCN)$　تيوسيان قىشقىل شالا توتىق مىس

硫氰酸盐　sulforhodanate(= sulforhodanide)　MSCN　رودان قىشقىلىنىڭ
تۇزدارى

硫氰酸盐　sulfocyanate(= sulfocyanide)　MSCN　سۇلفوسيان قىشقىلىنىڭ
تۇزدارى

硫氰酸乙酯　ethyl − rhodanate(= ethyl − rhodanide)　C_2H_5SCN　رودان
قىشقىل ەتيل ەستەرى

硫氰酸乙酯　ethyl − sulfocyanate(= ethyl − sulfocyanide)　C_2H_5SCN
سۇلفوسيان قىشقىل ەتيل ەستەرى

硫氰酸乙酯　ethyl − thiocyanate(= ethyl − thiocyanide)　C_2H_5SCN　تيوسيان
قىشقىل ەتيل ەستەرى

硫氰酸异丙酯　isopropyl thiocyanate　$(CH_3)_2CHSCN$　تيوسيان قىشقىل
يزوپروپيل ەستەرى

硫氰酸异丁酯　isobutyl thiocyanate　$(CH_3)_2CHCH_2SCN$　تيوسيان قىشقىل
يزوبۇتيل ەستەرى

硫氰酸异戊酯　isoamyl thiocyanate　$(CH_3)_2CH(CH_2)_2SCN$　تيوسيان قىشقىل
يزواميل ەستەرى

硫氰酸银　silver thiocyanate(thiocyanide)　AgSCN　تيوسيان قىشقىل
كۇمىس

硫氰酸酯　sulfocyanic ester(= rhodanic ester)　RSCN　سۇلفوسيان قىشقىل
ەستەرى

硫氰酸酯　rhodaic ester　RSCN　رودان قىشقىل ەستەرى

硫氰值　thiocyanogen number(value)　تيوسيان ٴمانى

硫醛　thioaldehyde　تيوالدەگيدتى

硫醛基　thioformyl　SHC−　تيوفورميل

硫色满　thiochroman　$C_9H_{10}S$　تيوحرومان

硫色满醇　thiochromanone　C_9H_8OS　تيوحرومانون

硫色素　thiochrome　$C_{12}H_{14}ON_4S$　تيوحروم

硫色酮　thiochromone　تيوحرومون

硫色酮醇　thiochromonol　C₉H₅O₂S　تيوحرومونول

硫色烯　thiochromene　تيوحرومەن

硫胂凡钠明　sulfarsphenamine　[NaSO₃CH₂NH(OH)C₆H₃As:]₂　كۆكىرتتى ارسىن، فەنامىن

硫砷酸盐　thioarsenite　M₃AsS₃　تيو ارسەن قشقىلىنىڭ تۇزدارى

硫示　thioproteose　تيوپروتەوزا

硫双二氯酚　bithionol　بيتيونول

硫塑料　thioplast　كۆكىرتتى سۆلياۋ، تيوپلاست

硫酸　sulfuric acid　H₂SO₄　كۆكىرت قشقىلى

硫酸阿托品　atropine sulfate　كۆكىرت قشقىل اتروپين

硫酸铵　ammonium sulfate　كۆكىرت قشقىل امموني

硫酸钯　palladous sulfate　PbSO₄　كۆكىرت قشقىل پاللادي

硫酸钡　barium sulfate　BaSO₄　كۆكىرت قشقىل بارى

硫酸钡粉　blanc fix(e)　كۆكىرت قشقىل بارى ۇنتاعى

硫酸苯氢酯　phenyl – hydrogen – sulfate　C₆H₅HSO₄　كۆكىرت قشقىل فەنيل سۆتەك ەستەرى

硫酸苯酯　phenyl sulfate(= sulfophenylate)　C₆H₆SO₄M　كۆكىرت قشقىل فەنيل ەستەرى

硫酸苯酯盐　　"硫酸苯酯" گە قاراڭز.

硫酸吡啶　pyridine acid　كۆكىرت قشقىل پيريدين

硫酸铋　bismuth sulfate　Bi₂(SO₄)₂　كۆكىرت قشقىل بيسمۇت

硫酸铂　platinic sulfate　Pt(SO₄)₂　كۆكىرت قشقىل پلاتينا

硫酸镝　dysprosium　Dy₂(SO₄)₂　كۆكىرت قشقىل ديسپروزي

硫酸碘　iodine sulfate　I₂(SO₄)₃　كۆكىرت قشقىل يود

硫酸铥　thulium sulfate　Tu₂(SO₄)₃　كۆكىرت قشقىل تۇلي

硫酸铒　erbium sulfate　Er₂(SO₄)₃　كۆكىرت قشقىل ەربي

硫酸二丙酯　propyl sulfate　(C₃H₇)₂SO₄　كۆكىرت قشقىل پروپيل ەستەرى

硫酸二丁酯　dibutyl sulfate　(C₄H₉)₂SO₄　كۆكىرت قشقىل ديبۋتيل ەستەرى

硫酸(二)甲酯　dimethyl sulfate　(CH₃)₂SO₄　كۆكىرت قشقىل ديمەتيل ەستەرى

硫酸二氧二镧　lanthanum dioxysulfate　La(O₂SO₄)　كۆكىرت قشقىل ەكى وتەكتى لانتان

硫酸二氧二铈　cerous dioxysulfate　Ce₂O₂SO₄　كۆكىرت قشقىل ەكى وتەكتى سەري

硫酸(二)乙酯	diethyl sulfate	كۆكۈرت قىشقىل دىەتىل ەستەرى
硫酸钒	vanadium sulfate VSO₄	كۆكۈرت قىشقىل ۋانادي
硫酸酚	phenol sulfate	كۆكۈرت قىشقىل فەنول
硫酸酚酯	etheral sulfate	كۆكۈرت قىشقىل ەتەرال
硫酸酚酯酶	phenol sulfatase	فەنول سۆلفاتازا
硫酸钆	gadolinium sulfate Gd₂(SO₄)₂	كۆكۈرت قىشقىل گادولينى
硫酸钙	calcium sulfate CaSO₄	كۆكۈرت قىشقىل كالتسى
硫酸酐	sulfuric (acid)anhydride SO₃	كۆكۈرت (قىشقىل) انگيدريدتى
硫酸锆	zirconium sulfate Zr(SO₄)₂	كۆكۈرت قىشقىل زيركونى
硫酸高钴	cobaltic sulfate Co₂(SO₄)₃	كۆكۈرت قىشقىل اسقىن كوبالت
硫酸高镍	nickelic sulfide Ni₂S₃	كۆكۈرت قىشقىل اسقىن نيكەل
硫酸高铈	ceric sulfate Ce(SO₄)₂	كۆكۈرت قىشقىل اسقىن سەرى
硫酸高铈铵	ammonium ceric sulfate (NH₄)₆[Ce(SO₄)₅]	كۆكۈرت قىشقىل اسقىن سەرى – اممونى
硫酸镉	cadmium sulfate GdSO₄	كۆكۈرت قىشقىل كادمى
硫酸铬	chromic sulfate Cr₂(SO₄)₃	كۆكۈرت قىشقىل حروم
硫酸铬铵	ammonium chromic sulfate (NH₄)Cr(SO₄)₂·12H₂O	كۆكۈرت قىشقىل حروم – اممونى
硫酸铬钾	chromic potassiumsulfate KCr(SO₄)₂·12H₂	كۆكۈرت قىشقىل حروم – كالى
硫酸铬钠	chromic sodium sulfate NaCr(SO₄)₂·12H₂O	كۆكۈرت قىشقىل حروم – ناترى
硫酸铬铷	chromic rubidium sulfate RbCr(SO₄)₂·12H₂O	كۆكۈرت قىشقىل حروم – رۇبيدى
硫酸铬铯	cesium chromic sulfate CsCr(SO₄)₂·12H₂O	كۆكۈرت قىشقىل حروم – سەزى
硫酸根	sulfate radical	كۆكۈرت قىشقىل راديكالى (قالدىعى)
硫酸根离子	sulfate ion	كۆكۈرت قىشقىلى قالدىعىنىڭ يونى
硫酸根络	sulfato SO₄⁻	سۆلفاتو
硫酸根络铈酸盐	sulfato cerate	سۆلفاتو سەرى قىشقىلمىنىڭ تۇزدارى
硫酸根五氨络高钴酸	cobaltic sulfatopentammine salt [Co(NH₃)₅(SO₄)]X	سۆلفاتو پەنتامميندى اسقىن كوبالت تۇزى
硫酸汞	mercuric sulfate HgSO₄	كۆكۈرت قىشقىل سىناپ

硫酸钴	cobaltous sulfate	$CoSO_4$	كۆكسرت قشقىل كوبالت
硫酸胍	guanidine sulfate	$(CH_5N_3)_2H_2SO_4$	كۆكسرت قشقىل گۋانيدين
硫酸铪	hafnium sulfate	$Hf(SO_4)_2$	كۆكسرت قشقىل گافني
硫酸胲	hydro xylamine sulfate	$(NH_2OH)H_2SO_4$	كۆكسرت قشقىل گيدروكسيلامين
硫酸化	sulfating		كۆكسرت قشقىلداندۇ، كۆكسرت قشقىلداندۇرۇ
硫酸化蓖麻油	sulfated castor oil		كۆكسرت قشقىلدانعان ۇپىلمالىك مايى
硫酸化羟氨	oxammonium sulfate	$(NH_2OH)_2 \cdot H_2SO_4$	كۆكسرت قشقىل وكسامموني
硫酸化物	hydrosulfate	$R \cdot H_2SO_4$	كۆكسرت قشقىل قوسىلىستارى
硫酸化烟碱	nicotine sulfate		كۆكسرت قشقىلدانعان نيكوتين
硫酸化液	kraft liquor		كۆكسرت قشقىلدانعان سۇيىقتىق (قاعاز جاساۋ دا قولدانىلادى)
硫酸化作用	sulfation		كۆكسرت قشقىلداندۇ رولى
硫酸钬	holmium sulfate	$Ho_2(SO_4)_3$	كۆكسرت قشقىل گولمي
硫酸镓	gallium sulfate	$Ga_2(SO_4)_3$	كۆكسرت قشقىل گاللي
硫酸镓钾	gallium potassium sulfate	$KGa(SO_4)_2 \cdot 12H_2O$	كۆكسرت قشقىل گاللي ـ كالي
硫酸甲酚	cresol sulfate		كۆكسرت قشقىل كرەزول (كرەزيل)
硫酸甲基对氨基酚			"米吐尔" گە قاراڭىز.
硫酸甲醛	formolite		فورموليت
硫酸甲替甲酯化合物	metho methyl sulfate		كۆكسرت قشقىل مەتومەتيل (قوسىلىسى)
硫酸钾	potassium sulfate	K_2SO_4	كۆكسرت قشقىل كالي
硫酸钾钠	potassium sodium sulfate		كۆكسرت قشقىل كالي ـ ناتري
硫酸金	auric sulfate	$Au_2(SO_4)_3$	كۆكسرت قشقىل التىن
硫酸肼	hydrazine sulfate		كۆكسرت قشقىل گيدرازين
硫酸钪	scandium sulfate	$Sc_2(SO_4)_2$	كۆكسرت قشقىل سكاندي
硫酸钪钾	potassium scandium sulfate	$K_3[Sc(SO_4)_3]$	كۆكسرت قشقىل سكاندي ـ كالي
硫酸钪钠	sodium scandium sulfate	$Na_3[Sc(SO_4)_3]$	كۆكسرت قشقىل سكاندي ـ ناتري
硫酸奎尼丁	quinidine sulfate	$(C_{20}H_{24}O_2N_2)_2 \cdot H_2SO_4 \cdot 2H_2O$	كۆكسرت قشقىل

حينيدين

硫酸奎宁　quinine sulfate　　كۆكـﻩرت قـﺷﻘﻪﻝ حﻴﻨﻴﻦ

硫酸镧　lanthanium sulfate　La₂(SO₄)₃　كۆكـﻩرت قـﺷﻘﻪﻝ لانتان

硫酸镭　radium sulfate　RaSO₄　كۆكـﻩرت قـﺷﻘﻪﻝ رادي

硫酸锂　lithium sulfate　Li₂SO₄　كۆكـﻩرت قـﺷﻘﻪﻝ ﻟﻴﺘﻲ

硫酸锂铵　lithium ammonium sulfate　Li(NH₄)SO₄　كۆكـﻩرت قـﺷﻘﻪﻝ ﻟﻴﺘﻲ ـ
امموني

硫酸锂钾　lithium potassium sulfate　LiKSO₄　كۆكـﻩرت قـﺷﻘﻪﻝ ﻟﻴﺘﻲ ـ كالي

硫酸联氨　diamine sulfate (= hydrazine sulfate)　كۆكـﻩرت قـﺷﻘﻪﻝ دﻳﺎﻣﻴﻦ،
كۆكـﻩرت قـﺷﻘﻪﻝ ﮔﻴﺪرازين

硫酸镥　lutecium sulfate　كۆكـﻩرت قـﺷﻘﻪﻝ ﻟﯘﺗﻪﺗﺴﻲ

硫酸铝　aluminium sulfate　Al₂(SO₄)₃　كۆكـﻩرت قـﺷﻘﻪﻝ ﺋﺎﻟﯘﻣﻴﻦ

硫酸铝铵　aluminium ammonium sulfate　NH₄Al(SO₄)₂·12H₂O　كۆكـﻩرت
قـﺷﻘﻪﻝ ﺋﺎﻟﯘﻣﻴﻦ ـ امموني

硫酸铝钾　aluminium potassium sulfate　AlK(SO₄)₂·12H₂O　كۆكـﻩرت قـﺷﻘﻪﻝ
ﺋﺎﻟﯘﻣﻴﻦ ـ كالي

硫酸铝钠　sodium aluminium sulfate　AlNa(SO₄)₂·12H₂O　كۆكـﻩرت قـﺷﻘﻪﻝ
ﺋﺎﻟﯘﻣﻴﻦ ـ ناتري

硫酸铝铷　aluminium rubidium sulfate　RbAl(SO₄)₂·12H₂O　كۆكـﻩرت قـﺷﻘﻪﻝ
ﺋﺎﻟﯘﻣﻴﻦ ـ رۇﺑﻴﺪي

硫酸铝铷铯　cesium rubidium aluminium sulfate　CsRb(SO₄)·Al(SO₄)₃·24H₂O
كۆكـﻩرت قـﺷﻘﻪﻝ ﺋﺎﻟﯘﻣﻴﻦ ـ رۇﺑﻴﺪي ـ ﺳﻪزي

硫酸铝铯　aluminium cesium sulfate　AlCs(SO₄)₂·12H₂O　كۆكـﻩرت قـﺷﻘﻪﻝ
ﺋﺎﻟﯘﻣﻴﻦ ـ ﺳﻪزي

硫酸氯铬　chromic chloro sulfate　CrClSO₄　كۆكـﻩرت قـﺷﻘﻪﻝ حﻠﻮر ـ حروم

硫酸氯甲·甲酯　chloromethyl methyl sulfate　(ClCH₂)(CH₃)SO₄　كۆكـﻩرت
قـﺷﻘﻪﻝ حﻠﻮرلي ﻣﻪﺗﻴﻞ. ﻣﻪﺗﻴﻞ ﻩﺳﺘﻪرى

硫酸马钱子碱　brucine sulfate　كۆكـﻩرت قـﺷﻘﻪﻝ ﺑﺮۆﺗﺴﻴﻦ

硫酸镁　magnesium sulfate　MgSO₄　كۆكـﻩرت قـﺷﻘﻪﻝ ﻣﺎﮔﻨﻲ

硫酸锰　manganese sulfate　MnSO₄　كۆكـﻩرت قـﺷﻘﻪﻝ مارﮔﺎﻧﻪﺗﺲ

硫酸醚　sulfur ether　R·S·R　كۆكـﻩرت قـﺷﻘﻪﻝ ﻩﻓﻴﺮى

硫酸钼　molybdenum trisulfate　Mo(SO₄)₃　كۆكـﻩرت قـﺷﻘﻪﻝ ﻣﻮﻟﻴﺒﺪﻩن

硫酸钠　sodium sulfate　Na₂SO₄　كۆكـﻩرت قـﺷﻘﻪﻝ ناتري

硫酸粘液素　mucoitin sulfate　　　　　　　　کۆکىرت قشقىل مۇكويتين

硫酸镍　nickel vitriol　　NiSO₄·7H₂O　　　　ۋىترىيول نيكەل

硫酸镍　nickel(ous) sulfate　　NiSO₄　　　　کۆکىرت قشقىل نيكەل

硫酸镍铵　ammonium nickel sulfate　　　　　کۆکىرت قشقىل نيكەل ـ اممونى

硫酸钕　neodymium sulfate　　Nd₂(SO₄)₃　　کۆکىرت قشقىل نەودىم

硫酸钕镨　didymium sulfate　　　　　کۆکىرت قشقىل نەودىم ـ پرازەودىم

硫酸铍　beryllium sulfate　　BeSO₄　　　کۆکىرت قشقىل بەريللى

硫酸镨　praseodymium sulfate　　Pr₂(SO₄)₃　کۆکىرت قشقىل پرازەودىم

硫酸铅　lead sulfate　　　　　　　کۆکىرت قشقىل قورعاسىن

硫酸铅白　basic sulfate white lead　　　کۆکىرت قشقىل قورعاسىن اعى

硫酸氢　hydrogen sulfate　　کۆکىرت قشقىل سۇتەك، قشقىل کۆکىرت
قشقىلى

硫酸氢铵　ammonium bisulfate　　(NH₄)HSO₄　قشقىل کۆکىرت قشقىل اممونى

硫酸氢钡　barium hydrogen sulfate　　Ba(HSO₄)₂　قشقىل کۆکىرت قشقىل
بارى

硫酸氢丙酯　propyl hydrogen－sulfate　　C₃H₇·HSO₄　قشقىل کۆکىرت
قشقىل پروپيل ەستەرى

硫酸氢丁酯　　　　　"丁(换)硫酸" گە قاراڭىز.

硫酸氢芳基酯　aryl hydrogen sulfate　　R·SO₄H　قشقىل کۆکىرت قشقىل
اريل ەستەرى

硫酸氢钙　calcium bisulfate　　Ca(HSO₄)₂　قشقىل کۆکىرت قشقىل كالتسى

硫酸氢根　hydrogen sulfate radical　　HSO₄⁻　قشقىل کۆکىرت قشقىل
راديكالى (قالدىعى)

硫酸氢甲酯　methyl－hydrogen－sulfate　　CH₃SO₄H　قشقىل کۆکىرت
قشقىل مەتيل ەستەرى

硫酸氢钾　potassium bisufate　　KHSO₄　قشقىل کۆکىرت قشقىل كالى

硫酸氢镧　lanthanum hydro sulfate　　La(HSO₄)₃　قشقىل کۆکىرت قشقىل
لانتان

硫酸氢锂　lithium bisulfate　　LiHSO₄　قشقىل کۆکىرت قشقىل ليتى

硫酸氢镁　magnesium bisulfate　　Mg(HSO₄)₂　قشقىل کۆکىرت قشقىل ماگنى

硫酸氢钠　sodium bisulate　　NaHSO₄　قشقىل کۆکىرت قشقىل ناترى

硫酸氢钕　neodymium hydro sulfate　　Nd(HSO₄)₃　قشقىل کۆکىرت قشقىل
نەودىم

硫酸氢镨　praseodymium hydrosulfate　$Pr(HSO_4)_3$　قشقىل كۆكەرت قشقىل پرازەودىم

硫酸氢铅　lead hydrogensulfate　$Pb(HSO_4)_2$　قشقىل كۆكەرت قشقىلى قورعاسىن

硫酸氢铷　rubidium bisulfate　$RbHSO_4$　قشقىل كۆكەرت قشقىل رۇبيدي

硫酸氢铯　cesium bisulfate　$CsHSO_4$　قشقىل كۆكەرت قشقىل سەزي

硫酸氢钐　samaric hydrosulfate　$Sa(HSO_4)_3$　قشقىل كۆكەرت قشقىل ساماري

硫酸氢铈　cerous hydro sulfate　$Ce(HSO_4)_3$　قشقىل كۆكەرت قشقىل سەري

硫酸氢锶　strontium bisulfate　$Sr(HSO_4)_2$　قشقىل كۆكەرت قشقىل سترونتىسي

硫酸氢烷基酯　　"烷硫酸” گە قاراڭىز.

硫酸氢戊酯　amyl hydrogen sulfate　$C_5H_{11}\cdot SO_4H$　قشقىل كۆكەرت قشقىل امىل ەستەرى

硫酸氢亚铜　cuprous hydro sulfate　$CuHSO_4$　قشقىل كۆكەرت قشقىل شالا توتىق مىس

硫酸氢盐　hydrogen sulfate　$MHSO_4$　قشقىل كۆكەرت قشقىلمىننىڭ تۇزدارى

硫酸氢氧金　auryl hydro sulfate　$(AuO)HSO_4$　قشقىل كۆكەرت قشقىل اۆزيل

硫酸氢乙酯　　乙(基)硫酸” گە قاراڭىز.

硫酸氢钇　yttrium hydrosulfate　$Y(HSO_4)_3$　قشقىل كۆكەرت قشقىل يتتري

硫酸氢银　silver hydrogen sulfate　$AgHSO_4$　قشقىل كۆكەرت قشقىل كۈمىس

硫酸溶胶　sulfosol　سۆلفوزول، كۆكەرت قشقىلدىق كەرنە

硫酸铷　rubidium sulfate　$RbSO_4$　كۆكەرت قشقىل رۇبيدي

硫酸铷镍　nickelous rubidium sulfate　$Rb_2SO_4\cdot NiSO_4\cdot 6H_2O$　كۆكەرت قشقىل رۇبيدي ـ نيكەل

硫酸铷铁　ferric rubidium sulfate　$RbFe(SO_4)_2\cdot 12H_2O$　كۆكەرت قشقىل رۇبيدي ـ تەمىر

硫酸三价铑　rhodium sulfate　$Rh_2(SO_4)_3$　كۆكەرت قشقىل (ۇش ۆالەنتتى) رودي

硫酸三价锰　manganic sulfate　$Mn_2(SO_4)_3$　كۆكەرت قشقىل (ۇش ۆالەنتتى) مارگانەتس

硫酸铯　cesium sulfate　Cs_2SO_4　كۆكەرت قشقىل سەزي

硫酸铯铝　cesium aluminium sulfate　$CsAl(SO_4)_2\cdot 12H_2O$　كۆكەرت قشقىل سەزي ـ الۇمين

硫酸钐　samaric sulfate　$Sa_2(SO_4)_3$　كۆكىرت قىشقىل سامارى

硫酸铈　cerous sulfate　$Ce_2(SO_4)_3$　كۆكىرت قىشقىل سەرى

硫酸铈铵　ammonium cerous sulfate　$(NH_4)[Ce(SO_4)_2]$　كۆكىرت قىشقىل سەرى ـ اممونى

硫酸铈钾　potassium ceric sulfate　$K_4[Ce(SO_4)_4]$　كۆكىرت قىشقىل سەرى ـ كالى

硫酸双氧钼　molybdenyl sulfate　$(MoO_2)SO_4$　كۆكىرت قىشقىل موليبدەنيل

硫酸双氧铀　uranyl sulfate　VO_2SO_4　كۆكىرت قىشقىل ۋرانيل

硫酸锶　strontium sulfate　$SrSO_4$　كۆكىرت قىشقىل سترونتسى

硫酸四氨(络)铜　cupric tetramino sulfate　$[Cu(NH_3)_4]SO_4$　كۆكىرت قىشقىل ٴتورت امينولى مىس

硫酸(四价)铀　uranium sulfate　$V(SO_4)_2$　كۆكىرت قىشقىل (ٴتورت ۋالەنتتى) ۋران

硫酸铊　thallic sulfate　$Tl_2(SO_4)_3$　كۆكىرت قىشقىل تاللى

硫酸钛　titanium sulfate　$Ti_2(SO_4)_3$　كۆكىرت قىشقىل تيتان

硫酸锑　antimon sulfate　$Sb_2(SO_4)_3$　كۆكىرت قىشقىل سۇرمە

硫酸铁　ferric sulfate　$Fe_2(SO_4)_3$　كۆكىرت قىشقىل تەمىر

硫酸铁铵　ammonium ferric sulfate　$(NH_4)Fe(SO_4)_2 \cdot 12H_2O$　كۆكىرت قىشقىل تەمىر ـ اممونى

硫酸铁钾　ferric potassium sulfate　$KFe(SO_4)_2 \cdot 12H_2O$　كۆكىرت قىشقىل تەمىر ـ كالى

硫酸铁铯　cesium ferric sulfate　$CsFe(SO_4)_2 \cdot 12H_2O$　كۆكىرت قىشقىل تەمىر ـ سەزى

硫酸烃化　sulfuric acid alkylation　كۆكىرت قىشقىلىنىڭ الكيلدەنۋى

硫酸铜　cupric sulfate　$CuSO_4$　كۆكىرت قىشقىل مىس

硫酸铜铵　cuprammonium sulfate　$[Cu(NH_3)_4]SO_4$　كۆكىرت قىشقىل مىس ـ اممونى

硫酸铜－5 硫酸锌复盐　cyprian vitriol　$CuSO_4 \cdot 3ZnSO_4 \cdot 28H_2O$　كيپريان ۋيتريول

硫酸钍　thorium sulfate　$Th(SO_4)_2$　كۆكىرت قىشقىل تورى

硫酸烷基氢酯　alkyl hydrogen sulfate　$R \cdot SO_4H$　قىشقىل كۆكىرت قىشقىل الكيل ەستەرى

硫酸烷基(酯)钠　alkyl sodium sulfate　$R \cdot SO_4 \cdot Na$　كۆكىرت قىشقىل

الليل ناتري

硫酸雾	sulfuric acid mist		كۆكىرت قىشقىل تۇمانى
硫酸锡	stannic sulfate	$Sn(SO_4)_2$	كۆكىرت قىشقىل قالايى
硫酸纤维素	cellulose sulfate		كۆكىرت قىشقىل سەلليۇلوزا
硫酸硝气溶液	nitrous vitriol		نيتروۆۇس ۆيتريول
硫酸硝酸铵	ammonium sulfate – nitrate		كۆكىرت قىشقىل ـ ازوت قىشقىل ئامموني
硫酸辛可宁	cinchunine sulfate		كۆكىرت قىشقىل سينحونين
硫酸锌	zinc sulfate	$ZnSO_4$	كۆكىرت قىشقىل مىرش
硫酸锌铵	ammonium zinc sulfate		كۆكىرت قىشقىل مىرش ـ ئاممونى
硫酸锌钾	potassium zinc sulfate	$K_2SO_4 \cdot SnSO_4 \cdot 6H_2O$	كۆكىرت قىشقىل مىرش ـ كالي
硫酸新烟碱	anabasine sulfate		كۆكىرت قىشقىل انابازين
硫酸亚铬	chromous sulfate	$CrSO_4$	كۆكىرت قىشقىل شالا توتىق حروم
硫酸亚汞	mercurous sulfate	Hg_2SO_4	كۆكىرت قىشقىل شالا توتىق سىناپ
硫酸亚铊	thallous sulfate	Tl_2SO_4	كۆكىرت قىشقىل شالا توتىق تاللي
硫酸亚锑	antimonous sulfate	$Sb_2(SO_4)_2$	كۆكىرت قىشقىل شالا توتىق سۇرمە
硫酸亚铁	ferrous sulfate	$FeSO_4 \cdot 7H_2O$	كۆكىرت قىشقىل شالا توتىق تەمىر
硫酸亚铁铵	ammonium ferrous sulfate	$(NH_4)_2SO_4 \cdot FeSO_4 \cdot 6H_2O$	كۆكىرت قىشقىل شالا توتىق تەمىر ـ ئاممونى
硫酸亚铁铯	cesium ferrous sulfate	$Cs_2SO_4 \cdot FeSO_4 \cdot 6H_2O$	كۆكىرت قىشقىل شالا توتىق تەمىر ـ سەزي
硫酸亚铜	cuprous sulfate	Cu_2SO_4	كۆكىرت قىشقىل شالا توتىق مىس
硫酸亚锡	stasnnous sulfate		كۆكىرت قىشقىل شالا توتىق قالايى
硫酸亚硝酰酯	nitrosyl sulfate	$NO \cdot HSO_4$	كۆكىرت قىشقىل نيتروزيل
硫酸盐	sulfate	M_2SO_4	كۆكىرت قىشقىلمىننىڭ تۇزدارى، سۇلفاتتار
硫酸盐玻璃	sulfate of soda glass		كۆكىرت قىشقىل سودا شىنى (ئينەك)
硫酸盐化作用	sulfation		سۇلفاتتاۇ
硫酸盐式硫	sulfate sulfur		كۆكىرت قىشقىل تۇزنندق كۆكىرت
硫酸氧钒	vanadyl sulfate	$(VO)_2(SO_4)_3$	كۆكىرت قىشقىل ۆاناديل
硫酸氧铬	chromyl sulfate	$(CrO)_2SO_4$	كۆكىرت قىشقىل حروميل
硫酸氧钴	cobaltyl sulfate	$(CoO)_2SO_4$	كۆكىرت قىشقىل كوبالتيل
硫酸氧化高铈	ceric oxysulfate	$CeO(SO_4)$	كۆكىرت قىشقىل وتەكتى اسقىن

硫酸氧化钪　scandium oxysulfate　$(Sc_2O)(SO_4)_2$　كۆكىرت قشقىل وتتەكتى سەرى سكاندي

硫酸氧硼(根)钠　sodium boryl sulfate　$Na(BO)SO_4$　كۆكىرت قشقىل بوريل ناتري

硫酸氧钛　titanyl sulfate　$(TiO)SO_4$　كۆكىرت قشقىل تيتانيل

硫酸氧锑　antimonyl sulfate　$(SbO)_2SO_4$　كۆكىرت قشقىل انتيمونيل

硫酸一铵　　كە قاراڭز. "硫酸氢铵"

硫酸一乙酯　monoethyl sulfate　$C_2H_5SO_4H$　كۆكىرت قشقىل مونو ەتيل ەستەرى

硫酸乙氢酯　ethyl hydrogen sulfate　$C_2H_5SO_4H$ەتيل قشقىل كۆكىرت قشقىل ەستەرى

硫酸乙酯　ethyl sulfate　$(C_2H_5)_2SO_4$　كۆكىرت قشقىل ەتيل ەستەرى

硫酸乙酯钠　sodium sulovinate　$C_2H_5 \cdot SO_4Na$　كۆكىرت قشقىل ەتيل ەستەر ناتري

硫酸钇　yttrium sulfate　$Y_2(SO_4)_3$　كۆكىرت قشقىل يتتري

硫酸镱　ytterbium sulfate　$Yb_2(SO_4)_3$　كۆكىرت قشقىل يتتەربي

硫酸铟　indium sulfate　$In_2(SO_4)_3$　كۆكىرت قشقىل يندي

硫酸铟铵　ammonium disulfatoindate　$(NH_4)In(SO_4)_2 \cdot 12H_2O$　كۆكىرت ەكى قشقىل يندي ـ امموني

硫酸铟铯　　كە قاراڭز. "铯铟矾"

硫酸银　silver sulfate　Ag_2SO_4　كۆكىرت قشقىل كۆمس

硫酸铕　europium sulfate　$Eu_2(SO_4)_3$　كۆكىرت قشقىل ەۆروپي

硫酸月桂酯钠　sodium lauryl sulfate　كۆكىرت قشقىل لاۆريل ەستەر ناتري

硫酸正亚铁　ferri ferrous sulfate　$FeSO_4 \cdot Fe(SO_4)_3$　كۆكىرت قشقىلىنىڭ دارا ـ شالا تەمىر توتىعى

硫酸酯　sulfuric acid ester　R_2SO_4H　كۆكىرت قشقىل ەستەرى

硫酸酯酶　sulfatase　سۆلفاتازا

硫酸酯钠　　كە قاراڭز. "硫酸乙酯钠"

硫缩氨脲　thiosemicarbazone　تيوسەميكاربازون

硫羧酸　　كە قاراڭز. "硫羰碳酸"

硫碳化合物　sulfocarbons　كۆكىرتتى كومىرتەگى قوسىلىستارى

硫羰胺　　كە قاراڭز. "硫羰酰胺"

硫羰撑两个乙硫醇 bisthioglycollic acid		ديتيوگليكول قشقىلى
硫羰化二氯 thiocarbonyl chloride Cl₂C:S		تيوكاربونيل حلور
硫羰基		"硃基" گە قاراڭىز.
硫羰基膦化硫 thiono phosphine sulfides		تيوفوسفيندى كۆكـرت
硫糖 thio sugar		تيوقانتتار
硫糖醛酸甙 thioglucuronid		تيوگليۇكۇرونيد
硫特普 sulfotep ;dithione		سۇلفوتەپ، ديتيون
硫铁矿 pyritic		كۆكـرتتى تەمـر تاس
硫酮 thioketone; thione		تيوكەتون، تيون
硫酮染料 thionone colors		تيونوندى بوياۋلار
硫烷 sulfanes SxHy		سۇلفاندار
硫肟 sulfime RCH(NSH)		سۇلفيم
硫戊环		"噻吩烷" گە قاراڭىز.
硫戊糖 thiopentose		تيوپەنتوزا
硫芴 dibenzo thiophene C₁₂H₆S		ديبەنزو تيوفەن
硫酰		"磺酰" گە قاراڭىز.
硫酰胺 sulfamide SO₂(NH₂)₂		سۇلفاميد
硫酰氟 sulfuryl fluoride SO₂F₂		سۇلفۆريل فتور
硫酰基 sulfuryl		سۇلفۆريل
硫酰氯 sulfuryl chloride SO₂Cl₂		سۇلفۆريل حلور
硫酰溴 sulfuryl bromide SO₂Br₂		سۇلفۆريل بروم
硫酰亚胺 sulfimide (SO₂NH)₂		سۇلفيميد
硫辛酸 thiotic acid(= lipoic acid)		تيوكتين قشقـلـى، ليپوين قشقـلـى
硫血红蛋白 sulfohemoglobin		سۇلفوگەموگلوبين
硫亚胺 sulfilimine R₂SNH		سۇلفيل يمين
硫叶卡因 thiofolicaine		تيوفوليكاين
硫乙酰醋酸酯 thioaceto – acetic ester CH₃C(SH)CHCO·OR		تيواتسەتو سـركـه قشقـل ەستـەرى
硫异烟胺 ethionamide		ەتيون اميد
硫因 thioneine		تيونەين
硫茚 thionaphthene(= thianaphthene) C₆H₄SCHCH		تيونافتەن، تيانافتەن
硫茚并 thianaphtheno		تيونافتەنو
硫茚并[6,5 – b] 硫茚 thianaphtheno[6,5 – b] thianaphthene		تيانافتەنو

硫茚酚　thianaphthenol　　　　　　　　　　تيانافتەنول

硫茚基　thianaphthenyl　C₈H₅S　　　　　تيانافتەنيل

硫茚羟　thioindoxyl　C₆H₅C(OH)CHS　　تيويندوكسيل

硫茚羟酸　thioindoxylic acid　C₆H₅C(OH): C(COOH)S　　تيويندوكسيل
قشقىلى

2(3H)硫茚酮　2(3H) - thianaphthenone　　2 (3H) تيانافتەنون

硫杂　thia -　　　　　　　　　　　　　　　تيا

硫杂草　thiatropylidene　　　　　　　　تياترويپيليدەن

硫杂蒽　　　　　　　　　　".ثz قاراڭـ گە "ئەتون

硫杂蒽酮　　　　　　　　　　".ثz قاراڭـ گە "ئەتونتون

硫杂茂　　　　　　　　　　　".ثz قاراڭـ گە "ئەفف

3- 硫(杂)茂基　　　　　　　　".ثz قاراڭـ گە "ئەزەنبەسي

硫(杂)茂亚甲基　　".ثz قاراڭـ گە "ئەففگامياخ

硫杂芑　　　　　　　　　　　".ثz قاراڭـ گە "ئەنمام

硫杂茚　　　　　　　　　".ثz قاراڭـ گە "硫茚"

硫杂茚基　　　　　　".ثz قاراڭـ گە "硫茚基"

硫杂茚满　　　　　".ثz قاراڭـ گە "ئەتەنمان"

硫脂　sulfolipide　　　　　　　　　　سۆلفوليپيد

硫值　sulfur number　　　　　　　　　كۆكىرت ٴمانى

硫酯　thioester　　　　　　　　　　　تيوەستەر

硫中毒　sulfur poisoning　　　　　كۆكىرتتەن ۋلانۋ

硫逐　thiono -　　　　　　　　　　　　تيونو -

硫逐氨基甲酸乙酯　thioxanthamide　　تيو

硫逐膦酸　phospho thionic acid　(HO)₂P(S)H　فوسفوتيون قشقىلى

硫逐酸　thionic acid　- CSOH　　تيون قشقىلى

硫逐碳酸　thion carbonic acid　CS(OH)₂　تيون كومىر قشقىلى

硫逐碳酸盐　thiocarbonate　CS(OM)₂　تيو كومىر قشقىلىنىڭ تۇزدارى

硫逐碳酸酯　thiocarbonate　　　تيو كومىر قشقىلى ەستەرى

硫族　sulfur family　　　　　　　كۆكىرت گرۇپپاسى

硫族元素　sulfur family element　كۆكىرت گرۇپپاسىنداعى ەلەمەنتتەر

硫组氨酸甲基内盐　thiohistidine - betain　C₉H₁₅O₂N₃S₂H₂O　تيوگيستيدين
بەتاين

锍　sulfonium	سۆلفونييۇم
锍化物　sulfonium compound（＝sulfin）　R_3SX	سۆلفين (ئتورت ۋالەنتتى كۆكمرتتماڭ ورگانيكالىق قوسىلستارى)
留易斯碱　Lewis base	لەۆيس نەگمزى
留易斯酸　Lewis acid	لەۆيس قىشقىلى
馏出物　distillate	ايداۋدان ايرىلىپ شىققان زاتتار
馏除丙烷　depropanize	پروپانسىزداندىرۇ
馏除甲烷　demethanie	مەتانسىزداندىرۇ
馏除戊烷　depentanize	پەنتانسىزداندىرۇ
馏除乙烷　deethanize	ەتانسىزداندىرۇ
馏分　cut	ايداپ ايمرۇ، ايمرۆ، فراكتسيا
馏份　cut fraction（＝cutter stock）	ايدالعان قۇرامدار
C_2馏分　C_2 - cut	C_2 نى ايداپ ايمرۆ
C_3馏分　C_3 - cut	C_3 تى ايداپ ايمرۆ
C_4馏分　C_4 - cut	C_4 تى ايداپ ايمرۆ
C_5馏分　C_5 - cut	C_5 تى ايداپ ايمرۆ
刘琪氏重排作用　Leuchs's rearrangement	لەۇچتىڭ قايتا ورنالاستىرۇۋى
刘琪氏碱　Leuchs's base	لەۇچ نەگمزى
柳醇　salicin(e)　$C_{13}H_{18}O_7$	ساليتسين
柳醇枣红 R　salicin bordeaux R	ساليتسين كۆرەڭ قىزىلى
柳黑甙　salinigrin　$C_{13}H_{16}O_7$	سالينيگرين
柳酸　salicylic acid	ساليتسيل قىشقىلى
柳酸高汞　mercuric salicylate	ساليتسيل قىشقىل اسقىن سىناپ
柳酸柯柯豆素钠	"利尿素" گە قاراڭىز.
柳酸盐　salicylate	ساليتسيل قىشقىلىنىڭ تۇزدارى
六　hexa; sexa	گەكسا ــ (گرەكشە)، سەكسا ــ (لاتىنشا)، التى
六氨络高钴盐　cobaltic hexammine salt　$[Co(NH_3)_6]X_3$	التى اممينولى اسقىن كوبالت تۇزى
六氨络钴盐　cobaltous hexammonate salt　$[Co(NH_3)_6]X_2$	التى اممينولى تومەن ۋالەنتتى كوبالت تۇزى
六氨络物　hexammine	گەكساممين، التى اممينولى قوسىلىس
六胺　hexamine	گەكساممين
六苯并苯	"晕苯" گە قاراڭىز.

六次甲基四胺		"六亚甲基四胺" گه قاراڭز.
六代的		"碱)的六价" گه قاراڭز.
六代盐	hexabasic salt	التى نەگىزدى تۆز
六碘(代)	hexaiodo –	گەكسايودو ‑، التى يودتى
六碘代苯	hexaiodo benzene(= phenyl – hexaiodide) C_6I_6	التى يودتى بەنزول
六碘化的	hexaiodated	التى يودتى، التى يودتانعان
六碘乙烷		"全碘乙烷" گه قاراڭز.
六方晶系	hexagonal system	گەكساگونال جۆيەسى
六氟代苯	phenyl – hexafluoride C_6I_6	التى فتورلى بەنزول
六氟化的	– hexafluoride	التى فتورلانعان، التى فتورلى
六氟化碲	tellurium hexafluoride TeF_6	التى فتورلى تەللۇر
六氟化铼	rhenium hexafluoride ReF_6	التى فتورلى رەني
六氟化硫	sulfur hexafluoride	التى فتورلى كۆكىرت، ەلەگاز
六氟化钼	molybdenum hexa fluoride MoF_6	التى فتورلى موليبدەن
六氟化钨	tungsten hexafluoride WF_6	التى فتورلى ۋولفورم
六氟化硒	selenium hexafluoride SeF_6	التى فتورلى سەلەن
六氟化铀	uranium hexa fluoride UF_6	التى فتورلى ۇران
六氟络硅氢酸		"氟硅酸" گه قاراڭز.
六氟络磷氢酸		"氟磷酸" گه قاراڭز.
六氟络钛氢酸		"氟钛酸" گه قاراڭز.
六氟乙烷	hexafluoro ethane C_2F_6	التى فتورلى ەتان
六核环	hexacyclic ring	التى ساقينالى
六环貳		"吡喃貳" گه قاراڭز.
六环化合物	hexacylic compound	التى ساقينالى قوسىلىستار
六已糖		"吡喃己糖" گه قاراڭز.
六环木糖		"吡喃木糖" گه قاراڭز.
六环糖		"吡喃糖" گه قاراڭز.
六甲苯	mellitene $C_6(CH_3)_6$	مەلليتەن
六甲撑	hexamethylene $– CH_2(CH_2)_4CH_2 –$	گەكسامەتيلەن
六甲撑胺	hexamethylenamine $(CH_2)_6N_4$	گەكسا مەتيلەن امين
六甲撑四胺	hexamethylene – tetramine $(CH_2)_6N_4$	گەكسامەتيلەندى تەترامين

六甲二锡　　　　　　　　　　　　"三甲基锡(游基)" گە قاراڭىز.

六甲基苯　hexamethyl benzene　$C_6(CH_3)_6$　گەكسامەتيل بەنزول

六甲基丙酮　hexamethyl acetone(= pivalic ketone, pivalon)　گەكسامەتيل
اتسەتون، پيۋالون

六甲基化的　hexamethylated　التى مەتيلدى، التى مەتيلدەنگەن

六甲金精　hexamethyl – aurine　گەكسامەتيل اۇرين

六价　hexavalence　التى ۆالەنت

六价的　hexavalent　التى ۆالەنتتى

六价共价的　sexi – valent　التى ورتاق ۆالەنتتى

六价碱　hexatomic base　التى اتومدى نەگىز

六价钼的　molybdic　التى ۆالەنتتى موليبدەن (مۇنىڭ قوسقىلدارىن
مەڭزەيدى)

六价钼化合物　molybdic compound　التى ۆالەنتتى موليبدەن قوسىلىستارى

六价酸　　　　　　　　　　　"六元酸" گە قاراڭىز.

六价物　hexad　التى ۆالەنتتى قوسىلىس، گەكساد

六价铀的　uranic　التى ۆالەنتتى ۇران

六价铀盐　uranic salt　التى ۆالەنتتى ۇران تۇزى

六价元素　hexad　التى ۆالەنتتى ەلەمەنتتەر

六(碱)价的　hexa basic　التى نەگىزدى

六(碱)价酸　　　　　　　　　"六元酸" گە قاراڭىز.

六碱盐　　　　　　　　　　　"六代盐" گە قاراڭىز.

六节环　hexatomic ring(= six membered ring)　التى اتومدى ساقينا

六节聚合物　　　　　　　　　"六聚物" گە قاراڭىز.

六聚钒盐　hexavanadate　$M_4[V_6O_{17}]$　التى ۆانادي قشقىلىنىڭ تۇزدارى

六聚物　hexamer　گەكسامەر

六螺烯　hexahelicene　گەكسا گەليتسەن

六六六　(= 666)　　　　　　　"六氯化苯" گە قاراڭىز.

六卤代苯　hexahalogonated benzene(= phenyl – hexahalide)　C_6X_6　التى
گالوگەندى بەنزول

六卤代的　hexahalogenated　التى گالوگەندەنۇ، التى گالوگەندى

六氯苯　hexachlorobenzene　التى حلورلى بەنزول

六氯苯酚　hexachlorophenol　التى حلورلى فەنول

六氯代　hexachloro –　گەكسا حلورو – التى حلورلى

六氯代苯　hexachloro benzene(= phenyl − hexachloride)　C_6Cl_6　التى
حلورلى بەنزول

六氯代萘　hexachloronaphtacene　$C_{10}H_2Cl_6$　التى حلورلى نافتالين

六氯蒽　hexachloroanthracene　$C_{14}H_4Cl_6$　التى حلورو انتراتسەن

六氯化苯　benzene hexachloride　$C_6H_6Cl_6$　التى حلورلى بەنزول

六氯化的　hexachlorated　التى حلورلانۇ، التى حلورلى

六氯化合物　hexachloride　التى حلورلى قوسىلس

六氯化钨　tungsten hexachloride　WCl_6　التى حلورلى ۋولفرام

六氯环己烷　hexachlorocyclohexan　التى حلورلى ساقينالى گەكسان

六氯络三价铱酸钠　"氯铱酸钠" گە قاراڭز.

六氯络锡(氢)酸　"氯锡酸" گە قاراڭز.

六氯络(正)铊酸钾　"六氯铊酸钾" گە قاراڭز.

六氯铊酸钾　potassium hexachlorothallate　$K_3[TlCl_6]$　التى حلورلى تاللى
قشقىل كالي

六氯铊酸钠　sodium hexachloro thallate　التى حلورلى تاللى قشقىل ناترى

六氯铟酸钾　potassium hexarindate　$K_3[InCl_6]$　التى حلورلى يندي قشقىل
كالي

六氯乙烷　hexachloroethane　Cl_3CCCl_3　التى حلورلى ەتان

六氯乙烷混合剂　hexachloroethane mixture　التى حلورلى ەتان قوسپاسى

六嘧啶　hexamidine　گەكساميدين

六硼化钡　barium boride　BaB_6　التى بورلى بارى

六羟的　hexahydric　التى گيدروكسيلدى

六羟苯　hexa hydroxybenzene　$C_6(OH)_6$　التى گيدروكسيلدى بەنزول

六羟基苯　"六羟苯" گە قاراڭز.

六羟基醇　hexahydric alcohol　التى گيدروكسيلدى سپيرت

六羟基单酸　hexahydroxy monobasic acid　$(OH)_6·R·COOH$　التى
گيدروكسيلدى ٴبىر نەگىزدى قشقىل

1,2,3,4,5,6,7 − 六羟基蒽醌　hexahydroxyanthraquinone　$C_{14}H_2O_2(OH)_6$
1، 2، 3، 4، 5، 6، 7 ـ التى گيدروكسيلدى انتراحينون

六羟基二酸　hexahydroxy dibasic acid　$COOH·R(OH)_6COOH$　التى
گيدروكسيلدى ەكى نەگىزدى قشقىل

六羟基酸　hexahydroxy acid　$(OH)_6·R·COOH$　التى گيدروكسيلدى
قشقىل

六氢后胆色素	"六氢化胆汁三烯" گه قاراڭىز.
六氢化安息香酸	"六氢化苯(甲)酸" گه قاراڭىز.
六氢化苯 hexahydro benzene C_6H_{12}	التى سۇتەكتى بەنزول
六氢化苯甲醇 hexahydrobenzyl alcohol $C_6H_{11}CH_2OH$	التى سۇتەكتى بەنزيل سپيرتى
六氢化苯甲醛 hexahydrobenzaldehyde $CH_2(CH_2)_4CHCHO$	التى سۇتەكتى بەنزالدەگيدتى
六氢化苯甲酸 hexa hydrobenzoic acid $CH_2(CH_2)_4CHCO_2H$	التى سۇتەكتى بەنزوي قىشقىلى
六氢化苯六甲酸 hexa hydro – mellitic acid $C_6H_6(COOH)_6$	التى سۇتەكتى مەلليت قىشقىلى
六氢化胆汁三烯 hexahydrobilin	التى سۇتەكتى بيلين، گەكساگيدروبيلين
六氢化对苯二酸	"六氢化对酞酸" گه قاراڭىز.
六氢化对酞酸 hexahydro terephthalic acid	التى سۇتەكتى تەرەفتال قىشقىلى
六氢化蒽 hexahydroanthracene $C_{14}H_{16}$	التى سۇتەكتى انتراتسەن
六氢化均三甲苯	"六氢化米" گه قاراڭىز.
六氢化枯烯 hexahydrocumene $C_3H_7C_6H_{11}$	التى سۇتەكتى كۇمەن
六氢化米 hexahydro – mesitylene $C_6H_9(CH_3)_3$	التى سۇتەكتى مەزيتيلەن
六氢化萘 hexahydro – naphthalene $C_{10}H_{14}$	التى سۇتەكتى نافتالين
六氢化水杨酸 hexahydro – salicylic acid $HOC_6H_{10}COOH$	التى سۇتەكتى ساليتسيل قىشقىلى
六氰络钴酸盐	"氰钴酸盐" گه قاراڭىز.
六氰络铁氢酸	"氰铁酸" گه قاراڭىز.
六取代产物 hexasubstitution product	التى الماسۇ ٴونىمى
六十基 hexacontyl $CH_3(CH_2)_{58}CH_2 –$	گەكساكونتيل
六十(碳)烷 hexa contane $C_{60}H_{122}$	گەكساكونتان
六十烷	"六十(碳)烷" گه قاراڭىز.
六十(烷)基	"六十基" گه قاراڭىز.
六水络钴盐 cobaltous hexahydrte salt $[Co(H_2O)_6]X_2$	التى مولەكۇلاسۇلى كوبالت تۇزى
六素精 hexogen	گەكسوگەن
六羧酸 hexacarboxylic acid	گەكساكاربوكسيل قىشقىلى

六碳碱　hexsone bases　　　　　　　　　　گەكسوندى نەگىز

六羰钼　molybdenum hexacarbonyl　Mo(CO)₆　گەكساكاربونيل موليبدەن

六硝高钴酸钠二钾　potassium sodium cobaltinierite　K₂Na[Co(NO₂)₆]　التى
نيترولى اسقىن كوبالت قىشقىل ناترى ــ قوس كالي

六硝高钴酸银二钾　potassium silvercobaltinitrite　K₂Ag[Co(NO₂)₆]　التى
نيترولى اسقىن كوبالت قىشقىل كۇمىس ــ قوس كالي

六硝基　hexanitro －　　　　　　　　　　ــ گەكسانيترو

六硝基二苯胺　hexanitro diphenyl amine　[(NO₂)₃C₆H₂]₂NH　گەكسانيترو
ديفەنيل امين

六硝基二苯砜　hexanitro diphenylsulfon　گەكسانيترو ديفەنيل سۆلفون

六硝基二苯硫　hexanitro diphenyl sulfide　[(NO₂)₃C₆H₂]₂S　گەكسانيترو ديفەنيل
كۇكىرت

六硝基二苯酯　hexanitro diphenyl ester　گەكسانيترو ديفەنيل ەستەر

六硝基甘露醇　hexanitro － mannitol　(O₂NOCH₂)₂(CHONO₂)₄　گەكسانيترو
ماننيتول

六硝基联苯　hexanitro diphenyl　گەكسانيترو ديفەنيل

六硝基乙二酰苯胺　hexanitro － oxanilide　گەكسانيترو وكسانيليد

六硝基乙烷　hexanitroethane　(NO₂)₃CC(NO₂)₃　گەكسانيترو ەتان

六溴丙酮　　　　　　　　"全溴丙酮" گە قاراڭىز.

六溴代　hexabromo　گەكسا برومو ــ، التى برومىدى

六溴代苯　hexabromo benzene　C₆Br₆　التى برومىدى بەنزول

六溴代苯酚　benzene phenol　C₆Br₆O　التى برومىدى فەنول

六溴化苯　benzene hexabromide　C₆H₆Br₆　التى برومىدى بەنزول

六溴化的　hexa bromated　التى برومدانۋ، التى برومىدى

六溴化合物　hexabromide　التى برومىدى قوسىلىس

六溴环己烷　hexabromo － cyclohexane　C₆H₆Br　التى برومىدى ساقينالى
گەكسان

六溴乙烷　hexabromo ethane　C₂Br₆　التى برومىدى ەتان

六溴值　hexabromide number (value)　التى برومىدى ٴمانى

六亚甲基四胺　　　　　　　"六甲撑四胺" گە قاراڭىز.

六亚硝酸根络高钴盐　cobaltic hexanitrite salt　التى ازوتتى قىشقىل
قالدىعىنىڭ اسقىن كوبالت تۇزى

六氧化二氯　dichlorine hexoxide　ەكى حلورلى التى ۆالەنتتى توتىقتار

六氧化物　hexaoxide الىتى ۋالەنتتى توتىقتار

六氧环己烷　hexoxy cyclohexane الىتى ۋتەكتى ساقىنالى گەكسان

六乙二锡 "三乙基锡(游基)" گە قاراڭىز.

六乙基苯　hexaethylbenzene　$(C_2H_5)_6C_6$ الىتى ەتيلدى بەنزول

六乙基二硅化氧　hexaethyldisiloxane　$[(C_2H_5)_3Si]_2O$ الىتى ەتيلدى ديسيلوكسان

六乙基二铅　hexaethyl dilead　$Pb_2(C_2H_5)_6$ الىتى ەتيلدى قوس قورعاسىن

六乙基二锡　hexaethylditin　$[(C_2H_5)_3Sn]_2$ الىتى ەتيلدى ەكى قالايى

六乙基(化或代)的　hexa ethylated الىتى ەتيلدنۇ، الىتى ەتيلدى

六隅苯　sextet سەكستەت

六元醇　hexa basic (atomic) alcohol الىتى نەگىزدى سپيرت

六元的 "六(碱)价的" گە قاراڭىز.

六元酸　hexabasic (atomic) acid الىتى نەگىزدى قىشقىل

六元酸酯　hexabasic ester الىتى نەگىزدى ەستەر

六元羧酸　hexabasic carboxylic acid الىتى نەگىزدى كاربوكسيل قىشقىلى

long

龙胆醇　saleripol(= gentisyl alcohol) سالەريپول، گەنتيزيل سپيرتى

龙胆二糖　gentiobiose گەنتيوبيوزا

龙胆二糖酶　gentiobiase گەنتيوبيازا

龙胆二糖醛酸　gentiobiuronic acid گەنتيوبيۇرون قىشقىلى

龙胆糊精　gentiodex trin گەنتيودەكسترين

龙胆吉宁　gentiogenin گەنتيوگەنين

龙胆碱　gentianine گەنتيانين

龙胆晶甙 "龙胆宁" گە قاراڭىز.

龙胆苦甙　gentiamarin گەنتيامارين

龙胆酶　gentianase گەنتيانازا

龙胆宁　gentianin　$C_{10}H_9O_2N$ گەنتيانين

龙胆醛　gentisaldehyde　$(OH)_2C_6H_3CHO$ گەنتيز الدەگيتى

龙胆鞣酸　gentiotannic acid گەنتيو مالما قىشقىلى، گەنتيو ٴي قىشقىلى

龙胆三糖　gentianose گەنتيانوزا

龙胆酸　gentianic(gentisic, gentisinic)acid　$(OH)_2C_6H_3COOH$ گەنتيان

قشقلی، گەنتیزین قشقلی

龙胆糖	"龙胆三糖" گە قاراڭىز.
龙胆紫 gentian violet	گەنتیان كۆلگنى
龙胆紫溶液 gentian violet solution	گەنتیان كۆلگنى ەرتنندسسى
龙脑	"冰片" گە قاراڭىز.
龙脑白 campolide $C_{10}H_{16}O_2$	كامفولید
龙脑基酸 campholitic acid $C_9H_{14}O_2$	كامفولیت قشقلى
龙脑内酯 campholactone $C_9H_{14}O_2$	كامفولاكتون
龙脑酸 campholic acid $C_{10}H_{18}O_2$	كامفول قشقلى
龙脑烷酸 camphonanic acid $C_9H_{16}O_2$	كامفونان قشقلى
龙脑烯 campholene C_8H_{14}	كامفولەن
龙脑烯酸 campholenic $C_{10}H_{16}O_2$	كامفولەن قشقلى
龙舌兰糖 agavose	اگاۆازا
龙虾肌碱 homarine	گومارین
龙虾子青蛋白	"卵青朊" گە قاراڭىز.
龙虾子青朊	"卵青朊" گە قاراڭىز.
龙涎香 ambergris	امبەرگریز
龙血树脂 dragon's blood(= sangui's draconis)	ایداعار قان (سمولا)
隆凸化合物 carionlyts compound	كورنەكى قوسىلىستار، شععتۇقى قوسىلىستار

lou

篓甾醇 corbisterol	كوربیستەرول
漏斗 funnel	ۋورونكا

lu

芦荟素 aloin	الوین
芦荟酸 aloetinic acid	الوي قشقلى
芦亭	"芸香甙" گە قاراڭىز.
芦竹碱	"克胺" گە قاراڭىز.
卢杷醇 luparol	لۆپارول

卢杷酮　luparone　　　　　　　　　　　　　لۇپارون

卢杷烯醇　luparenol　　　　　　　　　　　لۇپارەنول

卢剔啶　lutidine　$(CH_3)_2C_5H_3N$　　　　لۇتيدين

卢剔啶酸　lutidinic　$C_5H_3N(CO_2H)_2$　　لۇتيدين قىشقىلى

卢剔酮　lutidone　C_7H_9ON　　　　　　لۇتيدون

炉　oven　　　　　　　　　　　　پەش، مەش

炉黑　fumace black　　　　　　　　پەش كۆيەسى

炉煤气　producer gas　　　　　　　　پەش گازى

炉渣　slag　　　　　　　پەش قوقسى، شلاك

颅通定　rotundine　　　　　　　　　روتۇندين

卤胺宗　halazone　　　　　　　　　　گالازون

卤代　　　　　　　　".卤化" گە قاراڭىز

卤代胺　halogenated amine　　گالوگەندى امين

卤代苯　halogene – benzene　　گالوگەندى بەنزول

卤代苯酸　halogen benzoic acid　گالوگەندى بەنزوي قىشقىلى

卤代丙酮　halogen acetone　　گالوگەندى اتسەتون

卤代醇　halogenated alcohol　　گالوگەندى سپيرت

卤代的　　　　　　　　".卤化的" گە قاراڭىز

卤代丁烷　　　　　　　".丁基卤" گە قاراڭىز

卤代二甲苯　xylene halide　$X·C_6H_2(CH_3)_2$　گالوگەندى كسيلەن

卤代芳胂酸　halogenated aryl – arsonic acid　$XR·AsO(OH)_2$　گالوگــەنــدى

اريل ارسون قىشقىلى

卤代化合物　halogenated compound　گالوگەندى قوسىلستار

卤代甲烷　methine halide　CHX_3　گالوگەندى مەتان

卤代硫烷　halogenosulfanes　$HxSyX$　گالوگەندى سۇلفان

卤代醚　halogen ether　　گالوگەندى ەفير

卤代萘　naphthalene halide　گالوگەندى نافتالين

卤代炔　acetylenic halide　گالوگەندى اتسەتيلەن

卤代酸　halogenated acid　گالوگەندى قىشقىل

卤代羧酸　halogenated carboxylic acid　گالوگەندى كاربوكسيل قىشقىلى

卤代糖　halogene – sugar　گالوگەندى قانت

卤代烃　halohydrocarbon　گالوگەندى كومىر سۇتەكتەر

卤代酮　halogenated ketone

گالوگەندى كەتون

卤代烷　alkylogen ‖ الكيلوگەن

卤代酰胺　halogen acid amide ‖ گالوگەن قشقىل اميد

卤代酰碘　halogen acyl iodide ‖ گالوگەندى اتسيل يود

卤代酰氟　halogen acyl fluoride ‖ گالوگەندى اتسيل فتور

卤代酰卤　halogen acyl halide ‖ گالوگەندى اتسيل گالوگەن

卤代酰氯　halogen acyl chloride ‖ گالوگەندى اتسيل حلور

卤代酰溴　halogen acyl bromide ‖ گالوگەندى اتسيل بروم

卤代硝基化合物　nitro – halogen compound ‖ گالوگەندى نيترو قوسىلستارى

卤代阳离子　halogencations ‖ گالوگەندى كاتيون

卤代有机酸　halogen organic acid ‖ گالوگەندى ورگانيكالىق قشقىلدار

卤代脂肪化合物　halogeno – aliphatic compound ‖ گالوگەندى ماي قوسىلستارى

卤代脂肪酸　halogenated aliphatic acid ‖ گالوگەندى ماي قشقىلى

卤代酯　halogen ester ‖ گالوگەندى ەستەر

卤仿　halform ‖ گالوفورم

卤仿反应　haloform reaction ‖ گالوفورم رەاكسياسى

卤化　halogenate ‖ گالوگەندەنۋ، گالوگەندەندرۋ

卤化苯　benzene halide ‖ گالوگەندى بەنزول

卤化丙烯　propylene (di) halide　CH_3CHXCH_2X ‖ گالوگەندى پروپيلەن (ەكى)

卤化沉积　halgen sediments ‖ گالوگەندى تۇنبا

卤化的　halgenated, halogenating ‖ گالوگەندەنگەن، گالوگەندى

卤化低价物 ‖ "低卤化物" گە قاراڭز.

卤化丁基橡胶　halogen butyl rubber ‖ گالوگەندى بۇتيل كاۋچوك

卤化反应　halogenating – reaction ‖ گالوگەندەنۋ رەاكسياسى

卤化剂　halogenating agent ‖ گالوگەندەگىش (اگەنت)

卤化季盐　quaternary halide ‖ گالوگەندى كۋاتەرناري تۇز

卤化甲基镁 ‖ "甲基格利雅试剂" گە قاراڭز.

卤化鏻　phosphonium halide　PH_4X ‖ گالوگەندى فوسفون

卤化氢　hydrogen halide　CNX ‖ گالوگەندى سۇتەك، گالوگەن سۇتەكتەر

卤化氰　halogen cyan　CNX ‖ گالوگەندى سيان

卤化鉮　arsonium halide　R_4AsX ‖ گالوگەندى ارسون

卤化碳　halocarbon	گالوگەندى كومىرتەك
卤化物　halogenide(＝halide)	گالوگەندى قوسىلىستار، گالوگەنيدتەر
卤化酰基　acylhalide	گالوگەندى اتسيل
卤化一水五氨络铬　chromic aque pentammine halide	گالوگەندى ٴبىر
	سۋلى بەس امينو حروم
卤化乙烯　ethylene halide　$CH_2X \cdot CH_2X$	گالوگەندى ەتيلەن
卤化重氮物　diazonium halide　RN_2X	گالوگەندى ديازو قوسىلىستار
卤化(作用)　halogenation	گالوگەندەۋ
卤间化合物　interhalogen compound	گالوگەن ارا قوسىلىستار
卤硫化物　sulfohalide　R_3SX	گالوگەندى كۇكىرت قوسىلىستارى
卤色化(作用)　halochromism	گالوگەن تۇستەنۋ (رولى)، گالوحروميزم
卤水　bittern	گالوگەندى سۋ، تۇزدى سۋ
卤素单质　halogen	گالوگەن جاي زاتتارى
卤素化合物　halogen compound	گالوگەن قوسىلىستارى
卤素衍生物　halogen derivative	گالوگەن تۋىندىلارى، گالوگەن تۋىندىلار
卤酸　halogenic acid	گالوگەن قىشقىلدار
卤酸酯　haloid ether	گالۆيد ەستەرى
卤替胺	"氨基卤化物" گە قاراڭىز.
卤氧　oxyhalogen	وتتەكتى گالوگەن
卤氧(根)离子　oxyhalide ion(＝oxy halogen ion)	وتتەكتى گالوگەن يونى
卤氧化合物　oxyhalogen compound	وتتەكتى گالوگەن قوسىلىستارى
卤氧化物　oxyhalide(＝oxyhalogenide)	وتتەكتى گالوگەنيدتەر
卤氧酸　oxyhalogen－acid	وتتەكتى گالوگەن قىشقىلى
卤乙酯　halogen ethyl ester　$RCOOC_2H_4X$	گالوگەندى ەتيل ەستەرى
卤载体　halogen carrier	گالوگەن تاسۋشى دەنە
卤族　halogen family	گالوگەن گرۇپپاسى
卤族元素　haloid element	گالوگەن گرۇپپاسىنداعى ەلەمەنتتەر
鲁米那　luminal　$C_{12}H_{12}O_3N_2$	لۇمينال
鲁米那钠	"苯巴比妥钠" گە قاراڭىز.
鲁米诺　luminol	لۇمينول
鲁奇催化剂　Lurgi catalyst	لۇرگي كاتاليزاتورى
鲁奇拉吉合金　Lurgilager metal	لۇرگيلاگەر قورىتپاسى
鲁太卡平碱　rhynchophylline	"如忒卡品" گە قاراڭىز.

镥(Lu)　lutecium　　　　　　　　　　　　　　لۆتەتسي (Lu)

鹿霍非灵　rhynchophylline　　　　　　　　رينحوفيللين

鹿角菜甙　　　　　　　　　　　　"角叉(菜)甙" گە قاراڭـز.

鹿角菜胶　　　　　　　　　　　　"鹿角(菜)精宁" گە قاراڭـز.

鹿角(菜)精宁　　　　　　　　　　"角叉(菜)胶" گە قاراڭـز.

路布兰法　Leblanc process　　　　　　لەبلان ادسى

路那磷　leunaphos　　　　　　　　　لەۇنافوس

路那磷钾　leunaphoska　　　　　　　لەۇنافوسكا

路那硝　leunasaltpetra　　　　　　　لەۇناسالتپەترا

路易斯碱　　　　　　　　　　　　"留易斯碱" گە قاراڭـز.

路易斯理论　Lewis's theory　　　　　لەۇيس تەورياسى

路易斯酸　　　　　　　　　　　　"留易斯酸" گە قاراڭـز.

露点　dew point　　　　　　　　　شـق نۆكتەسى

露点湿度计　dew point hygrometer　شـق نۆكتەسى گيگرومەترى

露光计　acetinometey　　　　　　　اكتينومەتر

lü

驴皮胶　　　　　　　　　　　　　"阿胶" گە قاراڭـز.

铝(Al)　aluminum　　　　　　　　الۇمين (Al)

铝箔　alphol(＝aluminum foil)　　　الفول، الۇمين قابىرشاق

铝单质　aluminum　　　　　　　　الۇمين جاي زاتى

铝锭　aluminum ingot　　　　　　　الۇمين كەسەگى، كەسەك الۇمين

铝粉　aluminium powder　　　　　　الۇمين ۇنتاعى

铝钙合金　kalzium metal　　　　　　الۇمين ـ كالتسي قورىتپاسى

铝化铈　cerium aluminide　　　　　الۇميندى سەري

铝基　aluminium base　　　　　　　الۇمين نەگىزدى

铝钾矾　　　　　　　　　　　　　"钾矾" گە قاراڭـز.

铝胶　aluminum gel　　　　　　　　الۇمين جەلمىى

铝金　aluminium gold　　　　　　　الۇميندى التىن، الۇميندى جەز

铝镍合金　alumono – nikel　　　　　الۇمين ـ نيكەل قورىتپاسى

铝青铜　aluminium bronze　　　　　الۇميندى قولا

铝热剂　thermit　　　　　　　　　تەرميت

铝砂	aloxide		الوكسيت، ئالۇمىن توتىقى
铝酸	aluminic acid		ئالۇمىن قىشقىلى
铝酸铵	ammonium aluminate	$(NH_4)AlO_2$	ئالۇمىن قىشقىل ئاممونى
铝酸钡	barium aluminate		ئالۇمىن قىشقىل بارى
铝酸钙	calcium aluminate	$Ca(AlO_2)_2$	ئالۇمىن قىشقىل كالتسى
铝酸钴	cobalt aluminate	$Co(AlO_2)_2$	ئالۇمىن قىشقىل كوبالت
铝酸钾	potassium aluminate	K_3AlO_3	ئالۇمىن قىشقىل كالى
铝酸镁	magnesium aluminate	$Mg(AlO_2)_2$	ئالۇمىن قىشقىل ماگنى
铝酸钠	sodium aluminate	$NaAlO_2$	ئالۇمىن قىشقىل ناترى
铝酸亚钴	thenard blue	$Co(AlO_2)_2$	ئالۇمىن قىشقىل شالا توتىق كوبالت
铝酸盐	aluminate		ئالۇمىن قىشقىللىرىنىڭ تۇزدارى
铝涂料	aluminium paint		ئالۇمىندى بور بوياۋ (اق سۆرئەملەت سەر)
铝土	alumina		ئالۇمىن توتىقى
铝土矿	bauxite		باۆكسىت، بوكسىت
铝氧土	argilla	$Al_2O_3 \cdot 2SO_2 \cdot 2H_2O$	ارگىللا، باتپاق
铝皂	aluminium soap		ئالۇمىن سابنى
铝皂润滑脂	aluminium (soap) grease		ئالۇمىن سابىندى جاعىن ماي
铝族	aluminum family		ئالۇمىن گرۇپپاسى
滤板	filter plate		سۈزگى تاقتا
滤布	filter cloth		سۈزگى ماتا
滤袋	filter bag		سۈزگى دوربا
滤垫	filter bed		سۈزگى كەپىل، سۈزگى توسەنىش
滤管	filter tube		سۈزگى تۈتىك
滤光玻璃	filter glass		جارىق سۈزگىش شىنى (ئەينەك)
滤光器	light filter		جارىق سۈزگىش
滤埚	filter crucible		سۈزگى تىگەل
滤器	filter		سۈزگى، سۈزگىش
滤色玻璃			"滤光玻璃" گە قاراڭز.
滤色器	color filter		ئۆس سۈزگىش
滤液	filtrate(= filter liquor)		ئسۈزۈندى، ئسۈزۈندى سۈيىقتىق
滤纸	filter paper		سۈزگى قاعاز
薄草灵酮	humulinone		گۇمۇلينون
薄草酮	humulone		گۇمۇلون

薄草烯　humulene　　　　　　　　　　　　　　　　　　گۇمۇلەن

氯(Cl)　chlorine　　　　　　　　　　　　　　　　　(Cl) حلور

氯吖啶酮缩二苯酚　3－chloroaridone diphenyl ketal　　3 ـ حلورلى

اريدوندى ديفەنيل كەتال

氯－2－氨基苯硫酚　chloro－2－amino thiophenol　　ClC₆H₃(SH)NH₂

حلورلى ـ 2 ـ امينو تيوفەنول

氯胺　chloramine　　　　　　　　　　　　　　　　　حلورامين

氯胺 T　chloramin T　　CH₃C₆H₄SO₂NClNa·H₂O　　حلورامين T

氯胺苯醇　chloromycetin(＝chloramphenico)　　　حلوروميتسەتين،

حلورامفەنيكول

氯胺蓝　chloramine blue　　　　　　　　　　　　حلورامىندى كوك

氯胺青　chloramine sky blue　　　　　　　　حلورامىندى كوگىلدىر

氯巴豆醛　chlorocrotonaldehyde　　　　　حلورلى كروتون الدەگيتى

氯巴豆酸　chlorocrotonic acid　　　　　　حلورلى كروتون قىشقىلى

氯钯酸铵　ammonium chloropalladate　　(NH₄)₂[PdCl₆]　حلورلى پاللادي

قىشقىل اممونى

氯钯酸钾　potassium chloro palladate　K₂[PdCl₆]　حلورلى پاللادي قىشقىل كالي

氯钯酸盐　chloro palladate　M₂[PdCl₆]　حلورلى پاللادي قىشقىلىنىڭ تۇزدارى

氯苯　　　　　　　　　　　　　　　"ـ氯代苯" گە قاراڭىز.

氯苯胺　chloroaniline　　ClC₆H₄NH₂　　　　　حلورو انيلين

氯苯胺灵　chlorpropham　　　　　　　　　　حلور پروفام

氯苯并吩嗪　chlorobenzophenasine　　　حلورو بەنزوفەنازين

氯苯丁嗪　buclizine　　　　　　　　　　　　بۇكليزين

氯苯砜　sulphenone　　　　　　　　　　　　سۇلفەنون

N－氯苯基重氮硫脲　N－chlorophenyl diazo thio urea　　N ـ حلورلى

فەنيل ديازوتيوۋۆرەا

O－氯苯基重氮硫脲　O－chlorophenyl diazo thio urea　و ـ حلورلى

فەنيل ديازوتيو ۆرەا

氯苯甲醚　　　　　　　　　　　　　"氯代茴香醚" گە قاراڭىز.

氯苯(甲)醛　chlorobenzaldehyde　　ClC₆H₄CHO　حلورلى بەنزالدەگيتى

氯苯(甲)酸　chlorobenzoic acid　　ClC₆H₄COOH　حلورلى بەنزوي قىشقىلى

氯苯(甲)酰胺　chlorobenzamide　　ClC₆H₄CONH₂　حلورلى بەنزاميد

氯苯(甲)酰氯　chlorobenzoyl chloride　ClC₆H₄COCl　حلورلى بەنزويل حلور

氯苯(甲)酰溴　chloro benzoyl bromide　ClC₆H₄COBr　حلورلى بەنزويل بروم

氯苯砷化氧　chloro‐phenyl‐arsine oxide　ClC₆H₄AsO　حلورلى فەنيل ارسەن توتعى

氯苯胂酸　chloro‐phenyl‐arsonic acid　ClC₆H₄AsO(OH)₂　حلورلى فەنيل ارسون قشقلى

氯苯氧基丙酸　chlorophenoxy propionic acid　حلورلى فەنوكسيل پروپيون قشقلى

氯苯氧基醋酸　chloro phenoxy acetic acid　ClC₆H₄OCH₂COOH　حلورلى فەنوكسيل سەركە قشقلى

β‐氯‐α‐苯乙醇　"苯代乙撑氯醇" گە قاراڭز .

氯苯乙醚　chlorophenetol　حلورلى فەنەتول

氯苯乙烯　chloro‐styrene　C₆H₅C₂H₂Cl　حلورلى ستيرەن

氯吡啶　chloro pyridine　حلورلى پييريدين

氯吡唑磷　chlorprazophos　حلورپيرازوفوس

氯苄　chloro benzyl　حلورو بەنزيل

氯苄基氯　chloro benzyl chloride　حلورو بەنزيل حلور

氯别肉桂酸　chloro allo cynnamic acid　C₉H₇ClO₂　حلورلى اللو سيننام قشقلى

1‐氯‐2‐丙醇　"α‐丙撑氯醇" گە قاراڭز .

1‐氯丙醇‐[2]　1‐chloropropanol‐[2]　1 ـ حلورلى پروپانول ـ [2]

β‐氯丙醇　β‐chloropropanol　β ـ حلورلى پروپانول

2‐氯丙醇‐[1]　2‐chloropropanol‐[1]　2 ـ حلورلى پروپانول ـ [1]

2‐氯丙醇‐[1,3]　"β‐氯甘油" گە قاراڭز .

3‐氯丙醇‐[1]　"丙撑氯醇" گە قاراڭز .

3‐氯丙二醇‐[1,2]　"a‐氯甘油" گە قاراڭز .

氯丙嗪　chloropromazine　حلور پرومازين

3‐氯丙炔　3‐chloro allylene　ClCH₂C⫶CH　حلورلى الليلەن

3‐氯丙炔‐[1]　3‐chloropropene‐[1]　HC⫶CCH₂Cl　3 ـ حلورلى پروپەن ـ [1]

α‐氯丙酸乙酯　ethyl α‐chloropropionate　CH₃CHClCO₂C₂H₅　α ـ حلورلى پروپيون قشقل ەتيل ەستەرى

氯丙酮　chloro acetone　ClCH₂COCH₃　حلورلى اتسەتون

氯丙烷　chloropropane　حلورلى پروپان

1－氯丙烷　1－chloropropane　$CH_3CH_2CH_2Cl$　حلورلى پروپان ـ 1

2－氯丙烷　2－chloropropane　$CH_3CHClCH_3$　حلورلى پروپان ـ 2

氯丙烯　chloropropene　حلورلى پروپەن

3－氯丙烯－[1]　3－chloropropene－[1]　[1]　حلورلى پروپەن ـ 3

氯丙烯酸　chloro acrylic acid　حلورلى اكريل قشقىلى

α－氯丙烯酸　α－chloro acrylic acid　$CH_2CClCOOH$　α ـ حلورلى اكريل قشقىلى

β－氯丙烯酸　β－chloro acrylic acid　$ClCHCHCOOH$　β ـ حلورلى اكريل قشقىلى

氯丙酰胺　chloropropionamid　حلورلى پروپيونامىد

氯铂酸　chloroplatinic acid　$H_2[PtCl_6]$　حلورلى پلاتينا قشقىلى

氯铂酸铵　ammonium chloroplatinate　$(NH_4)_2[PtCl_6]$　حلورلى پلاتينا قشقىل اممونى

氯铂酸钡　barium chloroplatinate　$Ba[PtCl_6]$　حلورلى پلاتينا قشقىل بارى

氯铂酸钴　cobaltous chloroplatinate　حلورلى پلاتينا قشقىل كوبالت

氯铂酸钾　potassium chloroplatinate　$K_2[PtCl_6]$　حلورلى پلاتينا قشقىل كالى

氯铂酸镁　magnesium chloroplatinate　$Mg[PtCl_6]$　حلورلى پلاتينا قشقىل ماگنى

氯铂酸锰　manganese chloroplatinate　حلورلى پلاتينا قشقىل مارگانەتس

氯铂酸钠　sodium chloroplatinate　$Na_2[PtCl_6]$　حلورلى پلاتينا قشقىل ناترى

氯铂酸铷　rubidium chloroplatinate　$Rb_2[PtCl_6]$　حلورلى پلاتينا قشقىل رۇبيدى

氯铂酸铯　cesium chloroplatinate　$Cs[PtCl_6]$　حلورلى پلاتينا قشقىل سەزى

氯铂酸亚铁　ferrousplatinicchloride　$Fe[PtCl_6]$　حلورلى پلاتينا قشقىل شالا توتىق تەمىر

氯铂酸盐　chloroplatinate　$M_2[PtCl_6]$　حلورلى پلاتينا قشقىلىنىڭ تۇزدارى

氯铂酸银　silver chloroplatinate　$Ag_2[PtCl_6]$　حلورلى پلاتينا قشقىل كۆمىس

氯草明　chloropone　حلوروپون

氯醇　chlorhydrin　حلورگيدرين

氯醋酸　chloroacetic acid　$ClCH_2COOH$　حلورلى سىركە قشقىلى

氯醋酸铵　ammonium chloroacetate　$(NH_4)C_2H_2ClO_2$　حلورلى سىركە قشقىل اممونى

氯醋酸苯酯　phenyl chloroacetate　$ClCH_2CO_2C_6H_5$　حلورلى سىركە قشقىل

فەنیل ھەستەری

氯醋酸苄酯　benzyl chloroacetate　ClCH₂CO₂CM₂C₆H₅　حلورلی سرکه قشقىل

بەنزیل ھەستەری

氯醋酸丁酯　butylchloroacetate　ClCH₂CO₂C₄H₉　حلورلی سرکه قشقىل بۇتیل

ھەستەری

氯醋酸酐　chloroacetate anhydride　(ClCH₂CO)₂O　حلورلی سرکه قشقىل

انگیدریدتی

氯醋酸甲酯　methyl chloroacetate　Cl₂CHCO₂CH₃　حلورلی سرکه قشقىل

مەتیل ھەستەری

氯醋酸钠　sodium chloroacetate　حلورلی سرکه قشقىل ناتري

氯醋酸戊酯　n‑amyl chloroacetate　ClCH₂COOC₅H₁₁　حلورلی سرکه

قشقىل n ‑ امیل ھەستەری

氯醋酸盐　chloroacetate　CH₂ClCOOM　حلورلی سرکه قشقىلنىڭ تۇزداری

氯醋酸乙酯　ethyl chloroacetate　ClCH₂CO₂C₂H₅　حلورلی سرکه قشقىل

ھتیل ھەستەری

氯醋酸异戊酯　isoamyl chloroacetate　ClCH₂COOC₅H₁₁　حلورلی سرکه

قشقىل یزوامیل ھەستەری

氯醋酸银　silver chloroacetate　AgC₂H₂ClO₂　حلورلی سرکه قشقىل كۆمىس

氯醋酸酯　chloroacetate　CH₂Cl·CO·OR　حلورلی سرکه قشقىل ھەستەری

氯醋酮酸　chloro‑acetonic acid　CH₂Cl(CH₃)C(OH)COOH　حلورلی اتسەتون

قشقىلى

氯代　Cl‑　chloro‑　حلورو ‑، حلورلی

氯代氨茴酸　achloro anthranilic acid　ClC₆H₄(NH₂)COOH　حلورلی انترانیل

قشقىلى

氯代氨基酸　chloro‑amino acid　NH₂·RCl·COOH　حلورلی امینو قشقىلى

氯代百里酚　chlorothymol　(CH₃)(C₃H₇)C₆H₂(OH)Cl　حلورلی تیمول

3‑氯代苯‑1,2‑d₂　3‑chlorobenzene‑1,2‑d₂　3 ‑ حلورلی بەنزول ‑

d₂ ‑ 2، 1

3‑氯代‑1,2‑丙二醇　"甘油 α ‑ 氯醇" گە قاراڭىز.

氯代丙二酸　chloromalonic acid　ClCH₂(CO₂H)₂　حلورلی مالون قشقىلى

氯代丙烯酸　"β ‑ 氯代丙烯酸" گە قاراڭىز.

氯代醇　chlorohydrine　حلورلی گیدرین

氯代醋酸　"氯醋酸" گە قاراڭىز.

氯(代)碘醋酸　chloro‐iodoacetic acid　CHClICOOH　حلور ـ يودتى سىركە قىشقىلى

氯代丁醇　chloro butanol　حلورلى بۇتانول

氯代丁二酸　chloro succinic acid　(CHClCH₂)(COOH)₂　حلورلى سۆكتسىن قىشقىلى

2‐氯(代)丁(间)二烯　"2‐氯丁二烯" گە قاراڭىز.

氯代丁烯酸　chloro butenoic acid　حلورلى بۇتەن قىشقىلى

氯代二甲苯　xylene chloride　ClC₆H₃(CH₃)₂　حلورلى كسيلەن

氯代富马酸　chloro fumaric acid　CHCCl(CO₂H)₂　حلورلى فۇمار قىشقىلى

氯(代)铬酸钾　potassium chlorochromate　حلورلى حروم قىشقىل كالي

氯代茴香胺　chloronisidine　NH₂C₆H₃(Cl)OCH₃　حلورانيزيدين

氯代茴香胺 P　chloronisidine P　P حلورانيزيدين

氯代茴香醚　chloroanisole　ClC₆H₄OCH₃　حلورلى نيزول

氯代甲烷　chloromethane　حلورلى مەتان

氯代甲氧苯胺　"氯代茴香胺" گە قاراڭىز.

氯代邻苯二酸　"氯酞酸" گە قاراڭىز.

氯代硫赶磷酸酯　chlorothio phosphates　حلورلى تيو فوسفور قىشقىل ەستەرى

氯代马来酸　chloro maleic acid　CHCCl(COOH)₂　حلورلى مالەين قىشقىلى

氯代萘　naphthalene chloride　C₁₀H₇Cl　حلورلى نافتالين

氯代偶氮苯　chloroazobenzene　ClC₆H₄N₂C₆H₅　حلورلى ازوبەنزول

氯代苹果酸　chloromalic acid　COOHCHOHCHClCOOH　حلورلى الما قىشقىلى

氯代羟丁二酸　"氯代苹果酸" گە قاراڭىز.

氯代氢醌　chlorohydro quinone　ClC₆H₅(OH)₂　حلورلى سۆتەكتى حينون

氯(代)乳酸　chloro‐lactic acid　CH₂ClCHOHCOOH　حلورلى ‍سۈت قىشقىلى

氯代酸　chloro‐acid　حلورلى قىشقىل

氯代特丁基苯酚　chloro‐tert·butylphenol　C₄H₉C₆H₃(OH)Cl　حلورلى وتەرت، بۇتيل فەنول

氯代烃　hydro chloric ether　C₂H₅Cl　حلورلى كومىر سۆتەكتەر

氯代烷烃　chloro alkane　حلورلى الكان

氯代酰基碘　chloracyl iodide　حلوراتسيل يود

氯代酰基氟　chloracyl fluoride　حلوراتسيل فتور

氯代酰基卤　chloracyl halide　حلوراتسيل گالوگەن

氯代酰基氯　chloracyl chloride　　　　　　　　　　　حلور اتسیل حلور

氯代酰基溴　chloracyl bromide　　　　　　　　　　حلور اتسیل بروم

氯代乙醇　　　　　　　　　　　　.حلور اتسیل حلور "氯乙醇" گه قاراڭز

氯代乙酸　　　　　　　　　　　　.گه قاراڭز "氯醋酸"

氯代乙烯　　　　　　　　　　　　.گه قاراڭز "氯乙烯"

氯丹　chlordane　　　　　　　　　　　　　　　حلوردان

氯弹　chlorine bomp　　　　　　　　　　　　حلور بومبی

氯的氧化物　chlorine oxide　　1. Cl_2O; 2. ClO_2; 3. Cl_2O_6; 4. Cl_2O_7; 5. $(ClO_4)_4$　حلور داڭ

توتسقتاری

氯碘苯　chloro iodobenzene　　　　　　　حلور – یودتی بەنزول

氯碘化物　chloriodide　　MCl·MI　　حلورلی یود قوسىلمستاری

氯碘甲烷　chloro – iodo methane　　$ClCH_2I$　حلور – یودتی مەتان

氯碘喹啉　　　　　　　　　　.گه قاراڭز "氯碘羟基喹啉"

氯碘羟基喹啉　chloro iodo – hydroxyquinoline　　$ClIOHC_6H_3C_3H_3N$　– حلور

یودتی گیدروكسیل حینولین

2– 氯靛红　2 – chloro isatin　　　　　　2 – حلورلی یزاتین

氯丁醇　　　　　　　　　　　.گه قاراڭز "丁撑氯醇"

氯丁二烯　chloroprene　$CH_2CClCHCH_2$　　　　حلوروپرەن

2– 氯丁二烯　2 – chlorobutadiene　　　　2 – حلورلی بۇتادیەن

2– 氯丁二烯 – [1,3]　　　　　　.گه قاراڭز "氯丁(间)二烯"

氯丁二烯聚合物　chloroprene polymer　　حلوروپرەهندی پولیمەر

氯丁二烯橡胶　chloroprene rubber　　حلوروپرەهندی كاۋچۇك

氯丁合成橡胶　chlorobutadiene rubber　حلور – بۇتادیەهندی كاۋچۇك

氯丁(间)二烯　chlorbutadiene　　$CH_2CClCHCH_2$　حلور بۇتادیەن

氯丁腈　chlorobutyronitrile　　　　حلور – بۇتیرلی نیتریل

氯丁醛　chlorobutyraldehyde　　　　حلورلی بۇتیر الدەگیتی

氯丁酸　chlorobutyric acid　　ClC_3HCOOH　حلورلی بۇتیر قىشقىلی

1– 氯丁烷　　　　　　　　　.گه قاراڭز "(正)丁基氯"

氯丁橡胶　neopren(= chloroprene rubber)　نەوپرەن، حلوروپرەهندی كاۋچۇك

氯对苯二酚　　　　　　　　.گه قاراڭز "氯代氢醌"

氯苊　chloroace, naphthene　　$ClC_{10}H_5(CH_2)_2$　حلورلی اتسەنافتەن

氯蒽　chloroanthracene　　　　　حلورلی انتراتسەن

1– 氯蒽醌　1 – chloro anthraquinone　　$C_6H_4(CO)_2C_6H_3Cl$　حلورلی انتراحینون

2－氯蒽醌 2－chloroanthraquinone حلورلى انتراحينون ـ 2

氯二甲苯 chloro xylene حلورلى كسيلەن

氯二甲氟偶氮酚 حلورلى . "萘酚 AS－ITR" گە قاراڭز

氯二硝基甘油 chlorodinitro－glycerine حلورلى دينيتروگليتسەرين

氯仿 chloroform CHCl₃ حلوروفورم

氯仿酊 chloroform spirit حلورو فورمدى سپيرت

氯仿水 chloroform water حلوروفورمدى سؤ

氯仿提取物 chloroform extract حلوروفورمنان ئلنعان زات

氯酚 chlorophenol حلورلى فەنول

氯酚红 chlorophenol red حلورلى فەنول قىزىلى

氯酚红 2,6－二氯靛酚 2,6－dichloro phenol indophenol ھكى ـ 6، 2
حلورلى فەنول يندو فەنول

氯氟化物 chloro fluride حلورلى فتور قوسىلمىستارى

氯甘油 glycerin chlorohydrin حلورلى گليتسەرين، گليتسەرين حلورلى
گيدرين

α－氯甘油 glycerin α－chlorohydrin حلورلى گليتسەرين، ـ α
گليتسەرين حلورلى گيدرين ـ α

β－氯甘油 glycerin β－chlorohydrin گليتسەرين، گليتسەرين ـ β
حلورلى گليتسەرين ـ β

氯高铅酸盐 plumbic chloride M₂[PbCl] حلورلى ئسقىن قورعاسىن
قىشقىلىنىڭ تۇزدارى

氯铬酸 chloro－chromic acid Cr₂(OH)Cl حلورلى حروم قىشقىلى

氯庚烷 chloro heptane حلورلى گەپتان

1－氯庚烷 1－chloro heptane CH₃(CH₂)₅CH₂Cl حلورلى گەپتان ـ 1

氯汞基 chloromercuri－ ClHg－ حلورلى سناپ

氯汞基苯 chloro－mercury－benzene HgClC₆H₅ حلورلى سناپتى بەنزول

氯汞基苯酚 chloro－mercury－phenol HgClC₆H₄OH حلورلى سناپتى فەنول

氯胍 chloroquanide(＝proguanil) پروگۇانيل

氯化氨基汞 mercuricammonium chloride Hg(NH₂)Cl حلورلى امينو سناپ

氯化氨络银 silver ammino chloride [Ag(NH₃)]Cl حلورلى امينو كۇمىس

氯化铵 ammonium chloride NH₄Cl حلورلى ئمموني

氯化铵水 ammonium chloride ئمؤساتىر سپيرتى

氯化钯 palladium chloride حلورلى پاللادي

氯化钯铵　ammonium palladic chloride　(NH₄)₂[PdCl₆]　حلورلى پاللادي ـ ammoني

氯化钡　barium chloride　BaCl₂　حلورلى باري

氯化苯汞　phenyl mercuric chloride　حلورلى فەنيل سناپ

氯化丙烯　propylene dichloride　CH₃CHClCH₂Cl　ەكى حلورلى پروپيلەن

氯化铂　platinic chloride　PtCl₄　حلورلى پلاتينا

氯化铂铵　ammonium platinic chloride　(NH₄)₂[PtCl₆]　حلورلى پلاتينا ـ ammoني

氯化铂钾　potassium platinic chloride　حلورلى پلاتينا ـ كالي

氯化铂铯　cesium platinic chloride　Cs₂[PtCl₆]　حلورلى پلاتينا ـ سەزي

氯化重氮苯　benzene diazonium chloride　C₆H₅·N₂Cl　حلورلى ديازون ـ بەنزول

氯化催化剂　chlrization catalyst　حلورلى كاتاليزاتور

氯化镝　dysprosium chloride　DyCl₃　حلورلى ديسپروزي

氯化低价物　"低氯化物" گە قاراڭـز.

氯化碲　tellurium chloride　حلورلى تەللۇر

氯化碘　iodine chloride　ICl; ICl₃　حلورلى يود

氯化丁基镁　"丁基镁化氯" گە قاراڭـز.

氯化铥　thulium chloride　TuCl₃　حلورلى تۇلي

氯化锇　osmium chloride　حلورلى وسمي

氯化铒　erbium chloride　ErCl₃　حلورلى ەربي

氯化二铵铜　cupric diammino chloride　[Cu(NH₃)₂]Cl₂　حلورلى ديامينو مىس

氯化二氨亚汞　mercuri diammonium chloride　[Hg(NH₃)₂]Cl　حلورلى ديامينو سناپ

氯化二苯胂　diphenyl chloroarsine　حلورلى ديفەنيل ارسين

氯化钒　vanadium chloride　VCl₂; VCl₃; VCl₄　حلورلى ۋانادي

氯化钆　gadolinium chloride　GdCl₃　حلورلى گادوليني

氯化钙　calcium chloride　CaCl₂　حلورلى كالتسي

氯化钙卤　"钙卤水" گە قاراڭـز.

氯化钙卤水　calcium chloride brine　حلورلى كالتسي ـ گالوگەندى سۇ

氯化高汞　"氯化汞" گە قاراڭـز.

氯化高钴　"三氯化钴" گە قاراڭـز.

氯化高铅　"四氯化铅" گە قاراڭـز.

氯化锆　zirconium chloride　حلورلى زيركوني

氯化镉　cadmium chloride　CdCl₂　حلورلى كادمي

氯化铬　chromic chloride　CrCl₃

حلورلى حروم

氯化汞　mercuric bichloride　$HgCl_2$ هكى حلورلى سناپ، الماس

氯化汞胺　sal elembred　$[NH_2Hg]Cl:Hg(NH_2)Cl$ حلورلى سناپ ـ امين

氯化钴　$CoCl_2$ "二氯化钴" گه قاراڭز .

氯化管箭青碱　tubocurarine chloride حلورلى تۇبوكۇرارين

氯化硅　silicom chlorides　$SinCl_{n+2}$ حلورلى كرەمني

氯化琥珀胆碱　scoline, midarine سكولين، ميدارين

氯化化合物　chlorinated compound حلورلى قوسلسلستار

氯化钬　holmium chloride　$HoCl_3$ حلورلى گولمي

氯化剂　chlorating agent حلورلاعش اگەنت

氯化镓　gallium chloride حلورلى گالللي

氯化甲酰　formyl chloride　$HCOCl$ حلورلى فورميل

氯化钾　potassium chloride　KCl حلورلى كالي

氯化金　auric chloride, gold trichloride　$AuCl_3$ (ئۇش) حلورلى التىن

氯化金钾　potassium auric chloride　$K[AuCl_4]$ حلورلى التىن ـ كالي

氯化金钠　auric sodium chloride　$Na[AuCl_4]$ حلورلى التىن ـ ناتري

氯化莰烯　chlorinated camphene حلورلى كامفەن

氯化钪　scandium chloride　$ScCl_3$ حلورلى سكاندي

氯化苦　chloropicrin　NO_2CCl_2 حلورلى پيكرين

氯化镧　lanthanum chloride　$LaCl_3$ حلورلى لانتان

氯化铑 "三氯化铑" گه قاراڭز .

氯化镭　radium chloride　$RaCl_2$ حلورلى رادي

氯化锂　lithium chloride　$LiCl$ حلورلى ليتي

氯化钌　ruthenium chloride　$RuCl_2; RuCl_4$ حلورلى رۇتەني

氯化磷　phosphorus chloride حلورلى فوسفور

氯化硫　sulfur chloride حلورلى كۆكىرت

氯化六氨络高钴 "三氯化六氨钴" گه قاراڭز .

氯化镥　lutecium chloride　$LuCl_3$ حلورلى لۇتەتسي

氯化铝　aluminium chloride　$AlCl_3$ حلورلى الۇمين

氯化铝钠　sodium aluminium chloride حلورلى الۇمين ـ ناتري

氯化铝烃络合物　aluminium chloride hydrocarbon complex حلورلى الۇمين
كومىر ـ سۇتەك كومپىلەكسى

氯化氯胆碱　chlorocholine chloride;ccc حلورلى حوليندى حلور

氯化镁	magnesium chloride	$MgCl_2$	حلورلى ماگني
氯化镁钾	potassium magnesium chloride		حلورلى ماگني ـ كالي
氯化镁钠	sodium magnesium chloride		حلورلى ماگني ـ ناتري
氯化梦那定	monardin chloride	$C_{27}H_{31}O_{15}Cl$	حلورلى موناردين
氯化梦那因	monardaein chloride		حلورلى مونارداهين
氯化钼	molybdenum chloride	$MoCl_2$; $MoCl_3$; $MoCl_4$; $MoCl_5$	حلورلى موليبدەن
氯化钠	sodium chloride	$NaCl$	حلورلى ناتري
氯化镍	nickel chloride	$NiCl_2$	حلورلى نيكەل
氯化镍铵	ammonium nickel chloride		حلورلى نيكەل ـ امموني
氯化钕	neodymium chloride		حلورلى نەودىم
氯化钕镨	didymium chloride		حلورلى ديديميؤم
氯化硼	boron chloride	BCl_3	حلورلى بور
氯化铍	beryllium chloride	$BeCl_2$	حلورلى بەريللي
氯化镨	praseodymium chloride	$PrCl_3$	حلورلى پرازەودىم
氯化器	chlorinator		حلورلاعش، حلوريناتور (اسپاپ)
氯化铅	lead chloride		حلورلى قورعاسىن
氯化氢	hydrogen chloride	HCl	حلورلى سؤتەك
氯化氰	cyanogen chloride	$ClCN$	حلورلى سيان
氯化铷	rubidium chloride	$RbCl$	حلورلى رؤبيدي

氯化三个乙二胺络高钴　tris(ethylenediamine) cobalt(Ⅲ) chloride حلورلى
ئۇش (ەتيلەن دياميندى) كوبالت (Ⅲ)

氯化铯	cesium chloride	$CsCl$	حلورلى سەزي
氯化钐	samarium chloride	$SaCl_3$	حلورلى ساماري
氯化脾	arsonium chloride	R_4AsCl	حلورلى ارسون
氯化石蜡	chlorparaffins		حلورلى پارافين
氯化树脂	chlorinated resin		حلورلى سمولالا
氯化双氧铀	uranil chloride		حلورلى ؤرانيل
氯化锶	strontium chloride	$SrCl_2$	حلورلى سترونتسي

氯化四氨(络)铜　cupric tetraammino chloride $[Cu(NH_3)_4Cl_2]$ حلورلى ئۇورت
اممينو مىس

氯化四苯脾	tetraphenyl arsonium chloride		حلورلى ئۇورت افەنيل ارسون
氯化铊	thallium chloride	$TlCl$	حلورلى تاللي
氯化钛	titanium chloride	$TiCl_2$; $TiCl_3$; $TiCl_4$	حلورلى تيتان

氯化钽　tantalum chloride　　　　　حلورلى تانتال

氯化铽　trebium chloride　TbCl₃　　　حلورلى تەربي

氯化锑　antimonic chloride　SbCl₅　　حلورلى سۈرمە

氯化天竺葵宁　pelargonidin chloride　حلورلى پەلارگونيدين

氯化铁　ferric chloride　FeCl₃　　　　حلورلى تەمىر

氯化铁铵　ammonium ferric chloride　(NH₄)[FeCl₄]　حلورلى تەمىر ـ اممونى

氯化烃　chlor hydrocarbons　　حلورلى كومىر سۇتەكتەر

氯化铜　cupric chloride　　　　حلور مىس

氯化铜脱硫法　copper sweetening process　حلور مىسپەن كۇكىرتسىزدەندىرۇ
ادىسى

氯化钍　thorium chloride　ThCl₄　　حلورلى تورى

氯化钨　tyngsten chloride　WCl₂; WCl₃; WCl₄; WCl₅; WCl₆　حلورلى ۆولفرام

氯化五氨络高钴　　　　　"氯化五氨络高钴盐" گە قاراڭىز.

氯化五氨络高钴盐　cobaltic chloropentammine salt　[Co(NH₃)₅]Cl₃　حلورلى
بەس امميندى اسقىن كوبالت توزى

氯化物　chloride　　حلوريدتەر، حلورلى قوسىلىستار

氯化硒　selenium chloride　　حلورلى سەلەن

氯化锡　stannic chloride　SnCl₄　　حلورلى قالايى

氯化酰胺　chlorinated amide　R·CCl₂·NH₂　حلورلى امىد

氯化酰基　acid chloride　　حلورلى اتسيل، اتسيل حلور

氯化橡胶　chlorinated rubber, alloprene　حلورلى كاۋچوك، اللوپرەن

氯化锌　zinic chloride　　حلورلى مىرىش

氯化血红素　hemin　C₃₄H₃₂O₄N₄·FeCl　گەمين

氯化亚钯　　　　　"四氯化钯" گە قاراڭىز.

氯化亚钯铵　ammonium palladous chloride　(NH₄)₂[PdC₁₄]　تورت حلورلى
پاللادي ـ اممونى

氯化亚铂　platinous chloride　PtCl₂　ەكى حلورلى پلاتينا

氯化亚碲　tellurous chloride　TeCl₂　ەكى حلورلى تەللۇر

氯化亚钒　　　　　"二氯化钒" گە قاراڭىز.

氯化亚铬　chromous chloride　CrCl₂　ەكى حلورلى حروم

氯化亚汞　　　　　"一氯化汞" گە قاراڭىز.

氯化亚钴　cobaltous chloride　CoCl₂　ەكى حلورلى كوبالت

氯化亚镓　gallous chloride　GaCl₂　ەكى حلورلى گاللي

氯化亚金	AuCl		"一氯化金" گه قاراڭـز.
氯化亚硫酰	thionyl chloride		حلورلى تيونيل
氯化亚锰			"二氯化锰" گه قاراڭـز.
氯化亚铊	thallium monochloride	TlCl	ئـبـر حلورلى تاللي
氯化亚锑			"三氯化锑" گه قاراڭـز.
氯化亚铁	ferrous chloride	$FeCl_2$	ەكى حلورلى تەمىر
氯化亚铜	cuprous chloride	Cu_2Cl_2	ەكى حلورلى مىس
氯化亚锡			"二氯化锡" گه قاراڭـز.
氯化亚硝酰			"亚硝酰氯" گه قاراڭـز.
氯化亚氧钒			"一氯化氧矾" گه قاراڭـز.
氯化氧铋	bioxyl(= bismuthyl chloride)	(BiO)Cl	بيوكسيل، حلورلى بيسمؤتيل
氯化氧钒	vanadyl chloride	$(VO)_2Cl; VOCl; VOCl_2; VOCl_3$	حلورلى ۆاناديل
氯化氧锆			"二氯化氧锆" گه قاراڭـز.
氯化氧铪	hafnyl chloride	$HfOCl_2$	حلورلى گافنيل
氯化氧锑			"一氯化氧锑" گه قاراڭـز.
氯化铱钠	iridium sodium chloride	$Na_3[IrCl_6]$	حلورلى يريدي ـ ناتري
氯化一氯三氨络亚铂	chloro – triammine platinous chloride	$[Pt(NH_3)_3Cl]Cl$	حلورلى ئۇش اممىندى ئـبـر حلورلى پلاتينا
氯化乙汞			"乙基汞化氯" گه قاراڭـز.
氯化乙烯	ethylene chloride	CH_2ClCH_2Cl	حلورلى ەتيلەن
氯化乙酰			"乙酰氯" گه قاراڭـز.
氯化乙酰胆碱	acetyl choline chloride		حلورلى اتسەتيل حولين
氯化乙酰甲胆碱	acetyl methyl choline chloride		حلورلى اتسەتيل مەتيل حولين
氯化铱	iridium chloride		حلورلى يريدي
氯化钇	yttrium chloride		حلورلى يتتري
氯化镱	ytterbium chloride	$YbCl_3$	حلورلى يتتەربي
氯化铟	indium chloride	$InCl; InCl_2; InCl_3$	حلورلى يندي
氯化银	silver chloride		حلورلى كؤمىس
氯化银钠	silver sodium chloride	$Na[AgCl_2]$	حلورلى كؤمىس ـ ناتري
氯化铀	uranium chloride	$UCl_3; UCl_4; UCl_5$	حلورلى ژوران
氯化锗	germanium chloride	$GeCl_2; GeCl_4$	حلورلى گەرماني

氯化正亚金　auro – auric chloride　Au[AuCl₄]; AuCl₃·AuCl　ئۇش حلورلى ـ
ئىبىر حلورلى التىن

氯化正亚铁　ferri – ferrous chloride　FeCl₂·FeCl₃　ەكى حلورلى ـ ئۇش
حلورلى تەمىر

氯化重氮苯　diazobenzene chloride　C₆H₅N₂Cl　حلورلى دىازوبەنزول

氯化重氮物　diazonium chloride　R·N₂·Cl　حلورلى دىازو قوسىلىستار

氯化作用　chloration, chlorating　حلورلانۇ رولى

3 – 氯 – 1,2 – 环氧丙烷　3 – chloro – 1,2 – epoxyprorane　ـ ، حلورلى ـ 3
1، 2 ـ ەپوكسيل پروران

氯磺化作用　sulfochlorination　حلورلى سۇلفوندانۇ رولى

氯磺酸　chlorosulfonic acid　HOSO₂Cl　حلورلى سۇلفون قشقىلى

氯磺酸甲酯　methyl chloro sulfonate　حلورلى سۇلفون قشقىل مەتيل ەستەرى

氯磺酸乙酯　ethyl chlorosulfonate　C₂H₅OSO₂Cl　حلورلى سۇلفون قشقىل
ەتيل ەستەرى

氯磺(酰)化(作用)　chlorosulfonation　حلورلى سۇلفوندانۇ

氯基　"氯代" گە قاراڭز.

氯基铬酸钾　potassium chlorochromate　حلورو حروم قشقىل كالي

氯基磺酸　chlorosulfonic acid　SO₂(OH)Cl　حلورو سۇلفون قشقىلى

氯基磺酸盐　chlorosulfonate　M₂(OH)Cl　حلورو سۇلفون قشقىلىنىڭ
تۇزدارى

氯己烷　chlorohexane　حلورلى گەكسان

1 – 氯己烷　1 – chlorohexane　1 ـ حلورلى گەكسان

氯甲苯　chloro toluene　CH₃C₆H₄Cl　حلورلى تولۇئول

氯甲代氧丙环　chloromethyl oxirane　حلورلى مەتيل وكسيران

氯甲化作用　chloromethylation　حلورلى مەتيلدەنۇ رولى

氯甲基醚　chloromethyl ether　ClCH₂·O·R　حلورلى مەتيل ەفيرى

氯甲基氰　chloromethyl cyanide　حلورلى مەتيل سيان

氯甲基乙基甲酮　chloro methyl, ethyl ketone　ClCH₂COC₂H₅　حلورلى مەتيل،
ەتيل كەتون

氯甲·甲醚　chloromethyl·methyl ether　حلورلى مەتيل، مەتيل ەفيرى

氯甲桥萘　aldrin　الدرين

氯甲酸　chloro formic acid　Cl·CO·OH　حلورلى قۇمىرسقا قشقىلى

氯甲酸丙酯　proyl chlorocarbonate　ClCO₂C₃H₇　حلورلى قۇمىرسقا قشقىل

پروپیل ەستەرى

氯甲酸丁酯　bytyl chlorocarbonate　ClCO₂C₄H₉　حلورلى قۇمـرسقا قـشقـل
بۆتیل ەستەرى

氯甲酸甲酯　methyl chloroformate　ClONOCH₃　حلورلى قۇمـرسقا قـشقـل
مەتیل ەستەرى

氯甲酸氯甲(基)酯　chloromethyl－chloro formate　ClCH₂O·CO·Cl　حلورلى
قۇمـرسقا قـشقـل حلورلى مەتیل ەستەرى

氯甲酸氯甲酯　　　"拜拉特" گە قاراڭـز.

氯甲酸三氯甲酯　trichloromethyl chlorocarbonate　ClCO₂CCl₃　حلورلى
قۇمـرسقا قـشقـل ٴۇش حلورلى مەتیل ەستەرى (ٴۇلى گاز)

氯甲酸戊酯　amylchloro carbonate　C₅H₁₁·O·COCl　حلورلى قۇمـرسقا قـشقـل
امیل ەستەرى

氯甲酸盐　chloro carbonate　Cl·CO·OM　حلورلى قۇمـرسقا قـشقـلـننـڭ
تۇزدارى

氯甲酸乙酯　ethyl chloro formate　ClCO₂C₂H₅　حلورلى قۇمـرسقا قـشقـل
ەتیل ەستەرى

氯甲酸异丙酯　isopropyl chlorocarbonate　ClCO₂CH(CH₃)₂　حلورلى قۇمـرسقا
قـشقـل یزوپروپیل ەستەرى

氯甲酸异丁酯　isobutyl chlorocarbonate　ClCO₂C₄H₉　حلورلى قۇمـرسقا
قـشقـل یزوبۆتیل ەستەرى

氯甲酸异戊酯　isoamyl chlorocarbonate　(CH₃)₂CH(CH₂)₂OCOCl　قۇمـرسقا
قـشقـل یزوامیل ەستەرى

氯甲酸(正)戊酯　n－amyl chloro formate　حلورلى قۇمـرسقا قـشقـل
n － امیل ەستەرى

氯甲酸酯　chloro formic ester　Cl·CO·OR　حلورلى قۇمـرسقا قـشقـل ەستەرى

氯甲酰　chloroformyl　ClCO－　حلورو فورمیل

氯甲亚胺　formimido chloride　CHCl：NH　حلورلى فورمیمیدو

氯解　chlorinolysis　حلوردىڭ بدراۋى

氯金酸　chlorauric acid　H[AuCl₄]　حلورلى التـن قـشقـلى

氯金酸铵　ammonium chloraurate　(NH₄)(AuCl₄)　حلورلى التـن قـشقـل
اممـونی

氯金酸钾　potassium chloraurate　K[AuCl₄]　حلورلى التـن قـشقـل كالی

氯金酸锂　lithium chloraurate　Li[AuCl₄]　حلورلى التـن قـشقـل لیتی

氯金酸钠　sodium chloraurate　Na[AuCl₄]　حلورلى التىن قىشقىل ناترى

氯金酸铯　cesium chloraurate　Cs[AuCl₄]　حلورلى التىن قىشقىل سەزي

氯金酸亚金　　"四氯化二金" گە قاراڭىز.

氯金酸亚铊　thallous chloraurate　Tl[AuCl₄]　حلورلى التىن قىشقىل شالا توتىق تاللي

氯金酸盐　chloraurate　حلورلى التىن قىشقىلىنىڭ تۇزدارى

氯菌素　chlororaphin　حلورورافىن

2-氯莰　"冰片基氯" گە قاراڭىز.

氯钪酸铯　cesium chloroscandate　Cs[ScCl₆]　حلورلى سكاندى قىشقىل سەزي

氯奎　chloroquine　حلوروحىن

氯喹啉　chloroquinoline　حلوروحىنولىن

氯醌　chloroanil　C₆O₂Cl₄　حلورانىل

氯醌酸　chloranilic acid　حلورانىل قىشقىلى

氯磷灰石　chlorapatite　حلوراپاتىت

氯硫磷　chlorothion　حلوروتىون

氯硫羟胺　chlorthiamide　حلورتيامىد

氯纶　polyvinyl chloride fibre　حلورولون، حلورلون

氯霉素　chloromycetin　حلوروميتسەتىن

氯灭酸　chlofenamic acid　حلوفەنام قىشقىلى، حلورلى جويعىش قىشقىل

氯萘　chloro naphthalene　حلورلى نافتالين

氯萘酚　chloronaphthol　C₁₀H₆Cl(OH)　حلورلى نافتول

氯漂白　chlorine bleaching　حلورلى اعارتقىش

氯普鲁卡因　chloro procain　حلورلى پروكاين

氯普马嗪　"氯丙嗪" گە قاراڭىز.

氯气　chlorine gas　حلور گاز

氯羟化钴　cobalt hydroxy chloride　CO(OH)Cl　حلورلى گيدروكسيل كوبالت

氯羟戊醇　chlorhexadol　حلور گەكسادول

氯氰化物　chlor–cyanid　MCl·MCN　حلورلى سيان قوسىلىستارى

氯取三苄基硅　"三苄取氯硅" گە قاراڭىز.

氯取三甲基硅　"三甲取氯硅" گە قاراڭىز.

氯醛　chloral　Cl₃CCHO　حلورال

氯醛氨　chloral ammonia　Cl₃CCH(OH)NH₂　حلورال اممياك

氯醛丙酮　chloral aceton　Cl₃CCHOHCH₂COCH₃　حلورال اتسەتون

氯醛醇酯　chloral alcoholate　Cl₃CCH(OH)OC₂H₅　حلورال سپيرت ھەستەرى

氯醛合氨基甲酸乙酯　"氯醛尿烷" گە قاراڭىز.

氯醛合氨甲醛　"氯醛酰胺" گە قاراڭىز.

氯醛合水　chloral hydrate　Cl₃CCH(OH)₂　حلورال گيدراتى

氯醛甲酰胺　chloral formamide　Cl₃CCHOHNHCOH　حلورال فورماميد، حلورال قۇمسرسقا اميد

氯醛交酯　chloralide　حلورالىد

氯醛酶　chloralase　حلورالازا

氯醛尿烷　chloralurethane　CCl₃CH(OH)NHCOOC₂H₅　حلورال ۇرەتان

氯醛氰化氢　chloral cyanhydrin　Cl₃CCHOHNH　حلورال سيانوگيدرين، حلورال سياندى سۇتەك

氯醛糖　chloralose　C₈H₁₁O₆Cl₃　حلورالوزا

氯醛酰胺　chloral amide　CCl₃CH(OH)NHCHO　حلورال اميد

氯醛酰亚胺　chloralimide　C₆H₆N₃Cl₉　حلورال يميد

氯醛乙酰胺　chloralacetamide　CCl₃CH(OH)NHCOCH₃　حلورال اتسەتاميد

氯醛乙酰苯　chloral acetophenone　CCl₃CH(OH)CH₂COC₆H₅　حلورال اتسەتوفەنون

氯冉氨　chloranilam　C₆H₃O₃NCl₂　حلورانيلام

氯冉醇　chloranol　C₆H₂O₂Cl₄　حلورانول

氯冉酸　chloranilic acid　C₆Cl₂O₂(OH)₂　حلورانيل قىشقىلى

氯冉酸盐　chloranilate　C₆Cl₂O₄M　حلورانيل قىشقىلىنىڭ تۇزدارى

氯冉替苯胺　chloranil anilide　C₆Cl₂(NHPh)₂O₂　حلورانيل انيليد

氯冉亭坚牢染料　chlorantine fast dye　حلورانتيندى جۇعمىدى بوياۋلار

氯冉酰氨　chloranilamide　C₆H₂O₃N₂Cl₂　حلورانيلاميد

氯冉酰氨酸　chloranil amidic acid (chlranilam)　حلورانيلاميد قىشقىلى

氯惹酮　chloretone　CCl₃CMe₂OH　حلورەتون

氯壬烷　chlorononane　حلورونونان

氯肉桂醛　chlorocinamaldehyde　حلوروسيننام الدەگيتى

氯肉桂酸　chloro‒cinnamic acid　C₆H₅CHCClCOOH　حلوروسيننام قىشقىلى

α‒氯肉桂酸　"氯肉挂酸" گە قاراڭىز.

氯赛昂　chlorthion　حلورتيون

氯噻酮　chlorthalidone　حلورتاليدون

氯三氟甲烷　chloro trifluoromethane　حلورلى ۇش فتورلى مەتان

氯三氟乙烯聚合物　chlorotri fluoroethylene polymer حلورلى ٴۇش فتورلى ٴ
هتيلەندى پوليمەر

氯三乙嗪　trietazine تريەتازين

氯色化学　green chemistry حلورلى حيميا

氯杀鼠灵　coumachlor كوۇماحلور

氯胂　chloroarsine　AsHCl حلورلى ارسين

氯双环烯　chlorbicyclen حلوربيسيكلەن، حلورلى قوس سيكلەن

氯双乙嗪　simazine سيمازين

氯双异丙嗪　propazine پروپازين

氯水　chlorine water حلورلى سۇ، حلور سۇى

氯四环素　chlortetracycline حلور تەترا سيكلين

氯酸　chloric acid　$HClO_3$ حلور قشقىلى

氯酸铵　ammonium chlorate　NH_4ClO_3 حلور قشقىل امموني

氯酸钡　barium chlorate　$Ba(ClO_3)_2$ حلور قشقىل باري

氯酸钙　calcium chlorate　$Ca(ClO_3)_2$ حلور قشقىل كالتسي

氯酸镉　cadmium chlorate　$Cd(ClO_3)_2$ حلور قشقىل كادمي

氯酸汞　mercuric chlorate　$Hg(ClO_3)_2$ حلور قشقىل سناپ

氯酸钴　cobaltous chlorate　$Co(ClO_3)_2$ حلور قشقىل كوبالت

氯酸胍　guanidine chlorate حلور قشقىل گۇانيدين

氯酸化乙二胺　ethylene diamine chlorate حلور قشقىلدى ٴهتيلەندى ديامين

氯酸钾　potassium chlorate　$KClO_3$ حلور قشقىل كالي

氯酸锂　lithium chlorate　$LiClO_3$ حلور قشقىل ليتي

氯酸铝　aluminium chlorate　$Al(ClO_3)_3$ حلور قشقىل الٴۇمين

氯酸镁　magnesium chlorate　$Mg(ClO_3)_2$ حلور قشقىل ماگني

氯酸钠　sodium chlorate　$NaClO_3$ حلور قشقىل ناتري

氯酸镍　nickel chlorate حلور قشقىل نيكەل

氯酸铍　beryllium chlorate　$Be(ClO_3)_2$ حلور قشقىل بەريللي

氯酸铅　lead chlorate　$Pb(ClO_3)_2$ حلور قشقىل قورعاسىن

氯酸铷　rubidium chlorate　$RbClO_3$ حلور قشقىل رۇبيدي

氯酸铯　cesium chlorate　$CsClO_3$ حلور قشقىل سەزي

氯酸锶　strontium chlorate　$Sr(ClO_3)_2$ حلور قشقىل سترونتسي

氯酸铁　ferric chlorate　$Fe(ClO_3)_3$ حلور قشقىل تەمىر

氯酸铜　cupric chlorate　$Cu(ClO_3)_2$ حلور قشقىل مىس

氯酸锌　zine chlorate　$Zn(ClO_3)_2$　حلور قىشقىل مىرش

氯酸亚汞　mercurous chlorate　حلور قىشقىل شالا توتىق سىناپ (ءبىر ۋالەنتتى حلور قىشقىل سىناپ)

氯酸亚铊　tallous chlorate　$TlClO_3$　حلور قىشقىل شالا توتىق تاللي (ءبىر ۋالەنتتى حلور قىشقىل تاللي)

氯酸盐　chlorate　$MClO_3$　حلور قىشقىلىنىڭ تۇزدارى

氯酸银　silver chlorate　$AgClO_3$　حلور قىشقىل كۇمىس

氯钛酸铵　ammonium chlorotitanate　$(NH_4)_2[TiCl_6]$　حلورلى تيتان قىشقىل امموني

氯酞酸　chlorophthalic acid　$ClC_6H_3(CO_2H)_2$　حلورلى فتال قىشقىلى

氯碳酸甲酯　methyl chlorocarbonate　$ClCO·OCCH_3$　حلورلى كومىر قىشقىل مەتيل ەستەرى

氯羰(基)　"氯甲酰" گە قاراڭىز.

氯(替)脲　chloro－urea　$NH_2CONHCl$　حلورلى ۇرەا

氯替乙酰胺　chloroacetamide　$CH_3CONHCl$　N ــ حلورلى اتسەت اميد

氯锑酸铯　cesium chlorantimonite　$Cs_3[SbCl_6]$　حلورلى سۇرمە قىشقىل سەزي

氯锑酸盐　chloro－antimonate　$M[SbCl_6]$　حلورلى سۇرمە قىشقىلىنىڭ تۇزدارى

氯铁胆绿素　verdohemin　ۋەردوگەمين

氯铁黑卟啉　"黑氯血红素" گە قاراڭىز.

氯铁酸铵　ferriammonium chloride　$NH_4[FeCl_4]$　حلورلى تەمىر قىشقىل امموني

氯铜酸铵　ammonium chlorocuprate　$(NH_4)_2[CuCl_4]$　حلورلى مىس قىشقىل امموني

氯酮酸盐　chloro－cuprate　$M_2[CuCl_4]$　حلورلى مىس قىشقىلىنىڭ تۇزدارى

氯肟磷　chlorpboxim　حلورلى فوكسيم

氯戊烷　chloropentane　حلورلى پەنتان

1－氯戊烷　1－chloropentane　$CH_3(CH_2)_3CH_2Cl$　1 ــ حلورلى پەنتان

氯锡酸　chloro－stannic acid　$H_2[SnCl_6]$　حلورلى قالايى قىشقىلى

氯锡酸铵　ammonium chlorostannate　$(NH_4)_2[SnCl_6]$　حلورلى قالايى قىشقىل امموني

氯锡酸钾　potassium chlorostannate　$K_2[SnCl_6]$　حلورلى قالايى قىشقىل كالي

氯锡酸镁　magnesium chlorostannate　$Mg[SnCl_6]$　حلورلى قالايى قىشقىل ماگني

氯锡酸铷　rubidium chlorostannate　$Rb_2[SnCl_6]$　حلورلى قالايى قشقىل روبيدي

氯锡酸铯　cesium chlorostannate　$Cs[SnCl_6]$　حلورلى قالايى قشقىل سەزي

氯锡酸盐　chloro－stannate　$M_2[SnCl_6]$　حلورلى قالايى قشقىلىنىڭ توزدارى

氯酰胺　chloro－acid amide　$RCl \cdot CONH_2$　حلورو ـ قشقىل امىد

氯香豆素　chlorocoumarin　حلورلى كوۋمارىن

氯硝胺　dicloran　دىكلوران

2－氯－6－硝基甲苯　2－chloro－6－nitrotoluene　2 ـ حلورلى ـ 6 ـ نىترو تولۇۋل

2－氯－3－硝基甲苯－5－磺酸钠　sodium 2－chloro－3－nitro toluene－5－sulfonate　2 ـ حلورلى ـ 3 ـ نىتروتولۇۋل ـ 5 ـ سۇلفون قشقىل ناتري

氯硝基萘　chloro－nitroonaphthalene　$ClC_{10}H_6NO_2$　حلورلى نىترونافتالىن

氯辛烷　chloro－octane　$CH_3(CH_2)_6CH_2Cl$　حلورلى وكتان

1－氯辛烷　1－chloro－octane　1 ـ حلورلى وكتان

3－氯－1－溴丙烷　3－chloro－1－bromo propane　$Cl(CH_2)_3OH$　3 ـ حلور ـ 1 ـ برومدى پروپان

氯溴醋酸　chloro－bromo－acetic acid　$ClBrCHCOOH$　حلور ـ برومدى سركه قشقىلى

1－氯－2－溴代乙烷　"氯乙基溴" گه قاراڭز.

氯溴化物　chlorobromide　حلورلى بروم قوسىلىستارى

氯亚钯酸铵　ammonium chloropalladite　$(NH_4)_2[PdCl_4]$　حلور پاللادىلى قشقىل امموني

氯亚钯酸钾　potassium chloropalladite　$K_2[PdCl_4]$　حلور پاللادىلى قشقىل كالي

氯亚钯酸钠　sodium chloro palladite　$Na[PdCl_4]$　حلور پاللادىلى قشقىل ناتري

氯亚钯酸盐　chloro－palladite　$M_2[PdCl_4]$　حلور پاللادىلى قشقىلىنىڭ توزدارى

氯亚铂酸　chloro－platinous acid　$H_2[PtCl_4]$　حلور پلاتىنالى قشقىلى

氯亚铂酸铵　ammonium chloroplatinite　$(NH_4)_2[PtCl_4]$　حلور پلاتىنالى قشقىل امموني

氯亚铂酸钡　barium chloroplatinite　$Ba[PtCl_4]$　حلور پلاتىنالى قشقىل بارى

氯亚铂酸钾　potassium chloroplatinite　$K_2[PtCl_4]$　حلور ـ پلاتىنالى قشقىل كالي

氯亚铂酸钠　sodium chloroplatinite　$Na_2[PtCl_4]$　حلور ـ پلاتىنالى قشقىل ناتري

氯亚铂酸盐	chloro‐platinite	M₂[PtCl₄]	حلور ـ پلاتینالی قەشقەل تۇزداری
氯亚金酸盐	aurochloride(=chloraurite)	M[AuCl₂]	حلور ـ التىندى قەشقەل تۇزداری
氯亚铜酸	chloro‐cuprous acid	H[CuCl₂]; H₂[CuCl₃]	حلور ـ مىستى قەشقەلى
氯亚铜酸盐	chloro‐cuprite	M[CuCl₂]; M₂[CuCl₃]	حلور ـ مىستى قەشقەل تۇزداری
氯亚锡酸	chloro‐stannous acid	H₂[SnCl₄]	حلور قالايلى قەشقەلى
氯亚锡酸盐	chloro‐stannite	M₂[SnCl₄]	حلور قالايلى قەشقەل تۇزداری
氯氧化铋	bismuthyl chloride	(BiO)Cl; BiOCl	حلورلى بيسمۇتيل
氯氧化氮	nitrogen oxychloride	NOCl	حلورلى وتەكتى ازوت
氯氧化镝	dysprosium oxychloride	DyOCl	حلورلى وتەكتى ديسپروزي
氯氧化铒	erbium oxychloride	ErOCl	حلورلى وتەكتى ەربي
氯氧化钒	vanadium oxychloride	(VO)₂Cl; VOCl; VOCl₂; VOCl₃	حلورلى وتەكتى ۋانادي
氯氧化钆	gadolinium oxychloride	GdOCl	حلورلى وتەكتى گادوليني
氯氧化镉	cadmium oxychloride	ClCd·O·CdCl	حلورلى وتەكتى كادمي
氯氧化铬	chromic oxychloride	CrOCl	حلورلى وتەكتى حروم
氯氧化铼	rhenium oxychloride	ReOCl₄; ReOCl₅	حلورلى وتەكتى رەني
氯氧化钼	molybdenum oxychloride	MoOCl	حلورلى وتەكتى موليبدەن
氯氧化钕	neodymium oxychloride	NdOCl	حلورلى وتەكتى نەوديم
氯氧化镨	praseodymium oxychloride	PrOCl	حلورلى وتەكتى پرازەودیم
氯氧化铅	lead oxychloride	PbCl₂·PbO; PbCl₂·2PbO	حلورلى وتەكتى قورعاسىن
氯氧化钐	samaric oxychloride	SaOCl	حلورلى وتەكتى سامارى
氯氧(化)水泥	oxychloride cement		حلورلى وتەكتى سەمەنت
氯氧化铊	thallic oxychloride	TlOCl	حلورلى وتەكتى تاللي
氯氧化铽	terbium oxychloride	TbOCl	حلورلى وتەكتى تەربي
氯氧化锑			"三氯氧化锑" گە قاراڭىز.
氯氧化钨	tungsten oxychloride	WO₂Cl₂; WOCl₄	حلورلى وتەكتى ۋولفرام
氯氧化物	oxychloride		وتەكتى حلوريدتەر
氯氧化镱	ytterbium oxychloride	YbOCl	حلورلى وتەكتى يتتەربي
氯氧化铟	indium oxychloride	InOCl	حلورلى وتەكتى يندي
氯氧化铕	europium oxychloride	EuOCl	حلورلى وتەكتى ەۋروپي
氯铱酸	chloro‐iridic acid	H₂[IrCl₆]	حلورلى يريدي قەشقەلى

氯铱酸铵　ammonium chloroiridate　$(NH_4)_2[IrCl_6]$　حلورلى يريدي قشقىل
اممونى

氯铱酸钠　sodium iridichloride　$Na_3[IrCl_6]$　حلورلى يريدي قشقىل ناترى

氯乙醇　chloroethanol　حلورلى ەتانول

2－氯乙醇　2－chloroethanol　$ClCH_2CH_2OH$　2 ـ حلورلى ەتانول

氯乙磺酰氯　chloro－ethane－sulfonyl chloride　$ClC_2H_4SO_2Cl$　حلورلى ەتاندى
سۇلفونيل حلور

氯乙基化　chloro－ethylation　حلورلى ەتيلدەۋ

氯乙基·甲基醚　chloro－ethyl－methyl ether　$ClC_2H_4 \cdot O \cdot CH_3$　حلورلى ەتيل
مەتيل ەفيرى

2－氯乙基三甲基氯化铵　2－chloroethyl trimethyl ammonium chloride
2 ـ حلورو ەتيل تريمەتيل حلورلى اممونى

氯乙基溴　ethylene chloro bromide　CH_2ClCH_2Br　حلورلى ەتيلەندى بروم

氯乙基酯　chloro－ethyl ester　$R \cdot CO \cdot OC_2H_4Cl$　حلورلى ەتيل ەستەر

氯乙·甲醚　"氯乙基·甲基醚" گە قاراڭىز.

氯乙腈　chloroacetoni tril　$ClCH_2CN$　حلورلى اتسەتونيتريل

氯乙硫基乙烷　chloro－ethylation　"氯乙·乙硫醚" گە قاراڭىز.

氯乙醛　chloroacetaldehyde　CH_2ClCHO　حلورلى سىركە الدەگيدتى

氯乙醛缩二乙醇　"氯乙缩醛" گە قاراڭىز.

氯乙炔　chloroacethylene　$C \vdots CHCl$　حلورلى اتسەتيلەن

氯乙酸　$ClCH_2COOH$　"氯醋酸" گە قاراڭىز.

氯乙酸酐　"氯醋酸酐" گە قاراڭىز.

氯乙酸甲酯　"氯醋酸甲酯" گە قاراڭىز.

氯乙酸钠　"氯醋酸钠" گە قاراڭىز.

氯乙酸乙酯　"氯醋酸乙酯" گە قاراڭىز.

氯乙缩醛　chloroacetal　$ClCH_2CH(OC_2H_5)_2$　حلورلى اتسەتەل

氯乙烷　chloro ethane　حلورلى ەتان

氯乙烯　"乙烯基氯" گە قاراڭىز.

氯乙烯基苯　"氯苯乙烯" گە قاراڭىز.

氯乙烯基二氯胂　chlorovinyl dichloroarsine　حلورلى ۆينيل ەكى حلورلى
ارسين

氯乙烯基甲酮　chlorovinyl ketone　حلورلى ۆينيل كەتون

氯乙烯－偏二氯乙烯共聚物　vinylchloride－vinylidene chloride

copolymer   حلورلى ۋىنيل ـ حلورلى ۋىنيليدەھندى كوپوليمەر

氯乙烯橡胶   vinyl chloride rubber   حلور ۋىنيل كاۋچۇك

氯乙酰胺   chloroacetamide $ClCH_2CONH_2$ حلور اتسەتامىد

氯乙酰苯   chloroacetophenone   حلور اتسەتوفەنون

氯乙酰丙氨酸   chlor acetyl alanine   حلور اتسەتيل الانين

α－氯乙酰醋酸乙酯   ethyl α－chloro acetoacetate $CH_3COCHClCO_2C_2H_5$

α ـ حلور اتسەتو سركە قشقىل ەتيل ەستەرى

氯乙酰碘   chlor(o)acetyl iodide $CH_2Cl·COI$ حلور اتسەتيل يود

氯乙酰氟   chlor(o)acetyl fluoride $CH_2Cl·COF$ حلور اتسەتيل فتور

氯乙酰卤   chlor(o)acetyl halide $CH_2Cl·COX$ حلور اتسەتيل گالوگەن

氯乙酰基   chloroacetyl   حلور اتسەتيل

氯乙酰氯   chlor(o)acetyl chloride $CH_2Cl·COCl$ حلور اتسەتيل حلور

氯乙酰溴   chlor(o)acetyl bromide $CH_2Cl·COBr$ حلور اتسەتيل بروم

1－氯乙亚胺 $CH_3CHCl:NH$ "偕氯代乙亚胺" گە قاراڭز .

氯乙氧基甲烷   "氯乙基·甲基醚" گە قاراڭز .

氯乙·乙硫醚   chloroethyl ethyl sulfide $(ClC_2H_4)(C_2H_5)S$ حلورلى ەتيل ەتيل سۇلفيد

氯载体   chlorine carrier   حلور تاسۇشى

氯樟脑   chloro camphor   حلورلى كامفور

氯锗仿   germanium chloro forme $GeHCl_3$ گەرمانيلى حلوروفورم

氯酯醒   meclofenoxan   مەكلوفەنوكسان

氯族   chlorine family   حلور گرۋپپاسى

氯唑黑   chlorazol black   حلورازول قاراسى

氯唑蓝   chlorazol blue   حلورازول كوگى

氯唑绿   chlorazol green   حلورازول جاسىلى

氯唑染料   chlorazol colors   حلورازول بوياۋلارى

氯唑天青   chlorazol azurine   حلورازولى ازۋرين، حلورازول اشىق كوگى

氯唑棕   chlorazol brown   حلورازول قىزىل قوڭىرى

绿瓷漆   chlorazol enamel   جاسىل ەنامەل، جاسىل فارفور سىر

绿矾   green vitriol(＝copperas)   تەمىر كۇپوروسى

绿肥   green manure   جاسىل تىڭايتقىش

绿肥皂   green soap   جاسىل كىر سابىن، جاسىل سابىن

绿过氧化物酶   verdoperoxidase   ۆەردوپەروكسيدازا

绿黄 green‑yellow	جاسىل سارى
绿焦油 green tar	جاسىل كوكس مايى
绿蓝 greenish blue	جاسىل كوك
绿麦隆 chlortoluron	حلورتولۇرون
绿蜜糖 green syrup	جاڭا قانت سوقتاسى (سيروبى)
绿脓菌酶 pyocyanase	پيوسيانازا
绿配质 chlorogenin	حلوروگەنين
绿色 green	جاسىل، جاسىل ٴتۇس
绿色化学 green chemistry	جاسىل حيميا
绿色气体 green gases	جاسىل گاز، جاڭا گاز
绿酸 green acid	جاسىل قىشقىل
绿铁(合金) ferroverdin	فەررووۆردين
绿叶醇 patchouli alcohol $C_{16}H_{26}O$	پاتحوۆۆل سپيرتى، جاسىل جاپىراق سپيرتى
绿叶灵 patchoulin $C_{15}H_{26}O$	پاتحوۆۆلين
绿叶烯 patchoulene $C_{15}H_{24}$	پاتحوۆۆلەن
绿叶油 patchouli oil	پاتحوۆۆل مايى، جاسىل جاپىراق مايى
绿油 green oil(= anthracene oil)	جاسىل ماي، انتراتسەن مايى
绿原碱 chlorogenine	حلورووگەنين
绿原酸 chlorogenic acid $C_8H_7COOC_6H_7(OH)_3COO$	حلورووگەن قىشقىلى
绿藻素 chlorellinH	حلورەللين
绿皂 green soap	جاسىل سابىن
绿柱石 beryl	بەريل، بەريلل

luan

卵白朊 ovalbumin	وۆالبۇمين
卵巢素 ovarin	وۆارين
卵黄磷蛋白	"卵黄磷朊" گە قاراڭىز.
卵黄磷朊 ovovitellin(= vitellin)	وۆووۆيتەللين، ۆيتەللين
卵黄磷肽 ovotyrin	وۆوتيرين
卵类粘朊 ovomucoid	وۆومۇكويد
卵磷朊 lecithoprotein	لەسيتوپروتەين
卵磷脂 lecithine $C_{42}H_{84}O_9PN$	لەسيتين

卵磷脂酶 lecithinase لەستیتینازا

卵磷脂酯 lecithase لەستیازا

卵粘朊 ovomucin ۋوومۇتسین

卵泡素 folliculin فوللیكۇلین

卵青朊 ovoverdin ۋووۋەردین

卵清酸 lisalbic acid لیزالبین قىشقىلى

卵球蛋白 ovoglobulin ۋووگلوبۇلین

卵球朊 "卵球蛋白" گە قاراڭىز.

lun

伦敦红紫 london purple لوندون قىزىل كۇلگىنى

伦琴 roentgen رەنتگەن (بىرلىك)

luo

螺 spiro－; spiral سپیرو ـ (گىرەكشە)، سپیرال

螺电极 "螺旋电极" گە قاراڭىز.

螺二环己烷 spirobicyclohexane سپیرالدى ەكى ساقینالى گەكسان

螺二茚 spirobinden سپیروبیندەن

螺庚烷 spiroheptane C_7H_{12} سپیرالدى گەپتان

螺[3:3]庚烷 "螺庚烷" گە قاراڭىز.

络庚烷二羧酸 spiroheptane dicarboxylic acid $C_9H_{12}O_4$ سپیرال گەپتاندى ەكى كاربوكسیل قىشقىلى

螺[4,5]癸烷 spiro[4,5] decane سپیرالدى [4 ، 5] دەكان

螺环 "螺旋环" گە قاراڭىز.

螺[环丙烷－1,2′－原莰烷] spiro[cyclopropane－1,2′－norcamphane] C_9H_{14} سپیرو [ساقینالى پروپان ـ 1، 2 ـ نوركامفان]

螺环化合物 spiro compound سپیرالدى قوسىلىستار

螺环结构 "螺旋结构" گە قاراڭىز.

螺环烃 spiro hydrocarbon سپیرالدى كومىر سۇتەكتەر

螺环烷 spiro cyclane سپیرالدى سیكلان

螺环系 spiro system سپیرال جۇیەسى

螺[间二恶烷 - 2,2′ - 原莰烷]　spiro [M - dioxane - 2,2′ - norcamphane] $C_{10}H_{16}O_2$　سپېرو [M ـ دىيوكسان 2، 2ʹ ـ نوركامفان]

螺接　spiro union　سپېرالدىڧ جالغاسۇ

螺菌黄质　spirilloxanthin　سپېرىيللو كسانتېن

螺[4,4]壬烷　spiro [4,4] nonane　C_9H_{16}　سپېرالدى [4، 4] نونان

螺双　spirobi　سپېرالى ەكى، سپېرال قوس

1,1′ - 螺双茚　1,11 - spirobiindene　1، ʹ1 ـ سپېرالدى ەكى يندەن، 1، ʹ1 ـ سپېرالدى قوس يندەن

螺烷　spiran　سپېران

螺戊烷　spiropentane　C_5H_8　سپېرالدى پەنتان

螺[3,4]辛烷　spiro [3,4] octane　C_8H_{14}　سپېرالدى [3، 4] وكتان

螺旋　"螺" گە قاراڭىز.

螺旋泵　screw pump　سپېرال ناسوس

螺旋电极　spiral electrod　سپېرال ەلەكترود

螺旋分离器　spiral separator　سپېرال سەپاراتور، سپېرال ايرعمش

螺旋环　spiral ring　سپېرال ساقىنا

螺旋搅拌器　spiral agitator (stirrer)　سپېرالدى ارالاستىرعمش

螺旋结构　spirane structure　سپېرالدى قۇرۇلمم

螺旋霉素　spiramycin　سپېرامېتسېن

螺血红朊　helicorubin　گەلىكورۇبېن

螺原子　spiro - atom　سپېرال اتوم

螺甾烷酮　spirostanone　سپېروستانون، سپېرالدى ستانون

罗伯特蒸发器　Robert evaporator　روبەرت بۇلاندرۇۋ بدسسى

罗地砜　rodilon(= 1399F)　رودېلون

罗丁醇　rodinol　رودېنول

罗克斯伯氏碱　roxburghine　روكسبۇرگېن

罗勒烯　ocimene　$C_{10}H_{16}$　وتسىمەن، وكىمەن

罗马红紫　Roman purple　رومان قىزىل كۇلگىنى

罗马水泥　Roman cement　رومان سەمەنتى

罗氏硬度　Rockwell hardiness　روكۇەل قاتتىلعى

罗斯坩埚　Rose crucible　روزا نېگەلى

罗斯酸　rosilic acid　روزىل قىشقىلى

罗威定碱　rovidine　روۋېدېن

罗谢尔盐 Rochelle salt $KNaC_4H_4O_6 \cdot 4H_2O$		روچەلل تۇزى
萝芙碱 rauwolfine		راۋ ۋولفين
萝芙木碱		"萝芙碱" گە قاراڭىز.
萝芙素 rauwolscine		راۋۋولزتسين
萝芙素醇 rauwolscinyl alcohol		راۋۋولزتسينيل سپيرتى
萝芙藤碱 rauwolfia alkaloid		راۋۋولفيا ٴسلتىسى، جىلانتامىر ٴسلتىسى
萝芙藤碱类 rauwolfia serpentina alkaloids		جىلانتامىر سىلتىلەرى
萝芙烷 rauwolscane		راۋۋوليزكان
萝楷米定 raujemidine		راۋجەميدين
萝莱碱 raunescine		راۋنەزتسين
萝藦甙		"杠柳素" گە قاراڭىز.
萝藦甙辅基		"杠柳配质" گە قاراڭىز.
萝藦蛋白酶 asclepain		اسكلەپاين
萝藦毒素 cynancho toxin		سينانحوتوكسين
萝藦朊酶		"萝藦蛋白酶" گە قاراڭىز.
洛倍烷		"山梗(菜)烷" گە قاراڭىز.
洛贝林		"山梗(菜)碱" گە قاراڭىز.
洛粉碱 lophine $(C_6H_5)_3C:CN:CNH$		لوفين
洛滂酸 loiponic acid $C_{17}H_{11}NO_4$		لويپون قىشقىلى
洛森重排(作用) Lossen rearrangement		لوسسوننىڭ قايتا ورنالاستىرۇى
络胆酸 choleic acid		حولەين قىشقىلى
络分子 complex molecule		كومپلەكس مولەكۇلا
络合 complexing		كومپلەكستى كەشەندى
络合滴定 complexometric titration		كومپلەكستاك تامشلاتۇ
络合反应 complexation		كومپلەكس رەاكسيا
络合基 complex		كومپلەكس، كومپلەكس راديكال
络合剂 complexing agent		كومپلەكستەگش اگەنت
络合酮 complexon		كومپلەكسون
络合物 complex, complex compound		كومپلەكس، كەشەن
络合物化学 chemistry of complex		كومپلەكستاك حيميا
络合物之形成 complex formation		كومپلەكستاك ٴتۇزىلۇى
络合指示剂 complex indicator		كومپلەكس ينديكاتور
络化合物 complex compound		كومپلەكس قوسىلىستار، كەشەندى قوسىلىستار

络离子　complex ion　کومپلەکس یوندار

络离子形成分析(法)　complex ion formation analysis(method)　کومپلەکس یوننىڭ ئۇزۇلۇش تالداۋ (ئادسى)

络羟离子　complex hydroxo ion　کومپلەکس گیدروکسیل یونی

络石糖甙　tracheloside　تراخەلوزید

络酸　complex acid　کومپلەکس قشقىل

络烃混合物　complex hydrocarbon mixture　کومپلەکس کومىرسۇتەک قوسپاسى

络盐　complex salt　کومپلەکس تۇزدار، کەشەندى تۇزدار

络阳离子　complex cation　کومپلەکس کاتیون

络阴离子　complex anion　کومپلەکس انیون

M

ma

麻风菌红素　leprotin	لەپروتين
麻风菌素　lepromin	لەپرومين
麻风菌烯　leprotene　C_4H_{54}	لەپروتەن
麻黄碱	"麻黄素" گە قاراڭـز.
麻黄宁　epinine　$(HO)_2C_6H_3CH_2CH_2NHCH_3$	ەپينين
麻黄素　ephedrine　$C_6H_5CHOHCH(CH_3)NHCH_3$	ەفەدرين
麻仁球朊　edestin	ەدەستين
麻仁(球)纤维　edestin fiber	ەدەستين تالشەعى
玛尔古逊试验　marcusson test	ماركۇسسون سناءى
玛华油　mahua butter	ماحۇا مايى
玛拉巴油　malabar oil	مالابار مايى
玛瑙　agate	اقىق، ماناۋ
玛瑙研钵　agate mortar	اقىق كەلى ـ كەلساپ
玛帝树胶　gum mastic	ماستي جەلمىى
玛帝脂	"玛帝树胶" گە قاراڭـز.
吗啡　morphine　$C_{17}H_9O_3N$	مورفين
吗啡酚　morphol　$C_{14}H_{10}O_2$	مورفول
吗啡基　morpholinyl	مورفولينيىل
吗啡碱　morphin	مورفين
吗啡喃　morphinan	مورفينان
吗啡散　morphosan	مورفوزان
吗啡烷　morphan	مورفان
吗啡烷啶　morphanthridine	مورفانتريدين
吗啡乙酸　morphoxyl acetic acid	مورفوكسيل سىركە قىشقـلـى
吗吩醇　morphenol　$C_{14}H_9O_2$	مورفەنول

吗福松　morphothion　مورفوتيون

吗啉　morpholine　$NH(CH_2)_2O(CH_2)_2$　مورفولين

吗啉代　morpholino　$CH_2CH_2OCH_2CH_2N-$　مورفولينو

吗啉化合物　morpholinium compound　مورفولين قوسلستارى

吗啉基　morpholnyl　$NHCH_2CH_2OCH_2CH-$　مورفولينيل

吗啉双胍　moroxydin　موروكسيدين

吗啉酮　morpholone　مورفولون

马鞍酸　helvellic acid　گەلۋەللين قشقىلى

马鞭草甙　verbenalin　ۋەربەنالين

马鞭草烯醇　verbenalol　ۋەربەنالول

马鞭草油　verbena oil　ۋەربەنا مايى، ٴقامشسۋپ مايى

马鞭烷醇　verbanol　ۋەربانول

马鞭烷酮　verbanone　ۋەربانون

马鞭烯醇　verbenol　ۋەربەنول

马鞭烯酮　verbenone　ۋەربەنون

马达石脑油　motor naphtha　موتور نافتا

马达油　motor oil　موتور مايى

马当炸药　martonite　مارتونيت (قوپارعش ٴدارى)

马德仑合成法　madelung synthesis　مادەلۇڭ سينتەزدەۇ ٴادىسى

马丁结构　marfensitic structure　مارتەنسيت قۇرىلمىى

马丁炉　martin furnace　مارتين پەشى

马丁试验　martins test　مارتين سىنامى

马丁体　martensite　مارتەنسيت

马兜铃次酸　arstolochinic acide　ارستولوحينين قشقىلى

马兜铃酸　arstolochic acid　ارستولوحين قشقىلى

马都嫩香脂　maturin balsam　ماتۋرين بالزامى

马法胂　mapharsen　$NH_2(HO)C_6H_5AsO_2 \cdot HCl$　مافارسەن

马芙油　mafuraoil　مافۇرا مايى

马格达拉红　magdala red　ماگدالا قىزىلى

马赫数　Mach number　ماح سانى

马科尼科夫规则　Markownikov's rule　ماركوۋنيكوۋ ەرەجەسى

马口铁　"白铁" گە قاراڭز.

马拉硫磷　"马拉松" گە قاراڭز.

马拉斯酸　Marasse acid　　　　　　　　　　　　　مارازم قىشقىلى

马拉松　malathion　　　　　　　　　　　　　　　مالاتيون

马拉酸　marasuric acid　　　　　　　　　　　ماراسۆر قىشقىلى

马拉息昂　　　　　　　　　　　　　　　. "马拉松" گە قاراڭىز

马来酐　maleic anhydride　(:CHCO)₂O　مالېندى انگيدريدتى، الېين

انگيدريدتى

马来克司　marlex　　　　　　　　　　　　　　مارلەكس

马来醛　male aldehyde　CHOCHCHCHO　مالېين الدەگيدتى

马来树脂　maleic resin　　　　　　　　　　مالېندى سمولا

马来酸　maleic acid　(:CHCO₂H)₂　　　　مالېين قىشقىلى

马来酸二苄酯　dibenzyl maleate　(:CHCO₂CH₂C₆H₅)₂　مالېين قىشقىل بەنزيل

ەستەرى

马来酸二丙酯　dipropyl maleate　(:CHCO₂C₃H₇)₂　مالېين قىشقىل ديپروپيل

ەستەرى

马来酸二丁酯　dibutyl maleate　(:CHCO₂C₄H₉)₂　مالېين قىشقىل ديبۇتيل

ەستەرى

马来酸二乙酯　diethyl maleate　C₂H₅O·COCHCHCOOC₂H₅　مالېين قىشقىل

ديەتيل ەستەرى

马来酸钙　calcium maleate　CaC₄H₂O₄　مالېين قىشقىل كالتسي

马来酸酐　　　　　　　　　　　　　　. "马来酐" گە قاراڭىز

马来酸一季戊四醇树脂　penta erythritol maleic resin　مالېين قىشقىل

پەنتا ەريترولدى سمولا

马来酸两个环己酯　dicyclo hexyl maleate　(:CHCO₂C₆H₁₁)₂　مالېين قىشقىل

ەكى ساقينالى گەكسيل ەستەرى

马来酸两个氢糖酯　di‐tetrahydrofurfuryl maleate　(CH₂CO₂CH₂C₄H₇O)₂

مالېين قىشقىل ەكى سۆتەكتى فۇرفۇژريل ەستەرى

马来酸麦角新碱　maleic acid ergonocin　مالېين قىشقىل ەرگونوۋين

马来酸钠　sodium maleate　Na₂C₃H₂O₄　مالېين قىشقىل ناتري

马来酸氢盐　bimaleate　COOHCHCHCOOM　قىشقىل مالېين قىشقىل تۇزدارى

马来酸氢酯　bimaleate　COOHCHCHCOOR　قىشقىل مالېين قىشقىل ەستەرى

马来酸锶　strontinm maleate　SrC₄H₂O₄　مالېين قىشقىل سترونتىسي

马来酸亚锡　stannans maleate　SnC₄H₂O₄　مالېين قىشقىل شالا توتىق قالايى

马来酸盐　maleate　COOMCHCHCOOM　مالېين قىشقىلىنىڭ تۇزدارى

马来酸酯	maleate	COORCHCHCOOR	مالەين قشقىل ەستەرى
马来酰	maleoyl	– COCH·CHCO – (CiS)	مالەۋيل
马来酰胺酸	maleamic acid	CONH₂CH·CHCOOH	مالەامين قشقىلى
马来酰肼	maleic hydrazine		مالەين گيدرازين
马来酰亚胺	maleimide	(CH₂)₂(CO₂)₂NH	مالەيميد
马来鱼藤酮	malaccol		مالاككول
马利尔	malyl		ماليل
马力	horse power		ات كۈشى
马连酸	marrianolic acid		مارريانول قشقىلى
马铃薯淀粉	potato starch		كارتوپ كراحمالى
马铃薯球蛋白	tuberin		تۇبەرين
马铃薯氧化酶	patato oxidase		پاتاتووكسيدازا
马龙尿酸	malonuric acid		مالون نەسەپ قشقىلى
马栾汉香脂	maranham balsam		مارانحام بالزامى
马萘雌酮	equilenin	C₁₈H₁₈O₂	ەكۆيلەنين
马尼拉纸	manila paper		مانيلا قاعازى
马尿灵	hippulin		گيپپۇلين
马尿酸	hippuric acid	C₆H₅CONHCH₂COOH	گيپپۇر قشقىلى
马尿酸钙	calcium hippurate	(C₉H₈O₃N)₂Ca	گيپپۇر قشقىل كالتسي
马尿酸酶	hippuricase		گيپپۇريكازا
马尿酸钠	sodium hippurate	C₉H₈O₃NNa	گيپپۇر قشقىل ناتري
马尿酸盐	hippurate	C₆H₅CONHCH₂COOM	گيپپۇر قشقىلىننڭ تۇزدارى
马尿酰	hippuroyl(= hippuryl)	C₆H₅CONHCH₂CO –	گيپپۇروۋيل، گيپپۇريل
马尿酰氨基醋酸	hippuryl aminoacetic acid		گيپپۇريل امينو سىركە قشقىلى
马钱子碱	strychnine		ستريحنين
马钱子碱反应	strychnine reaction		ستريحنين رەاكسياسى
马青烯	maltenes		مالتەن
马西柯	mashico		ماشيكو
马烯雌酮	equilin	C₁₈H₂₀O₂	ەكۆيلين
马休黄	martius yellow	C₁₀H₅O₅N₂Na	مارتيۆس سارسى
马许试砷法	Marsh's test		مارش سىناعى
马缨酮			"南山酮" گە قاراڭز.
马郁兰油	marjoram oil		ماريۋرام مايى

mai

麦胺	ergamine	ەرگامىن
麦白朊	leucosin	لەۆكوزىن
麦白糖	leucrose	لەۆكروزا
麦啶	dolantin	دولانتىن
麦尔多拉蓝	meldola blue	مەلدولا كوگى
麦粉蛋白粒	alellrone	الەۆرون
麦格宁	megnin	مەگنىن
麦谷蛋白	glutenin	گلىۆتەنىن
麦谷朊		"麦谷蛋白" گە قاراڭز.
麦谷朊纤维	glutenin fiber	گلىۆتەنىن تالشق
麦加香脂	Mecca balsam	مەككە (مەكە) بالزامى
麦碱	ergine	ەرگىن
麦胶蛋白	gladin	گلادىن
麦角胺	ergotamine	ەرگوتامىن
麦角胺宁	ergotaminine	ەرگوتامىنىن
麦角巴生	ergobasine	ەرگوبازىن
麦角巴生宁	ergobasinine	ەرگوبازىنىن
麦角棒碱	ergoclavine	ەرگوكلاۆىن
麦角毒	ergotoxine $C_{35}H_{41}O_6N_5$	ەرگوتوكسىن
麦角毒碱		"麦角毒" گە قاراڭز.
麦角毒素		"麦角毒" گە قاراڭز.
麦角毒酸	sphacelinic acid	سفاتسەلىن قىشقىلى
麦角钙化醇	ergocalciferol	ەرگوكالتسىفەرول
麦角固醇		"麦角甾醇" گە قاراڭز.
麦角黄素	ergot flavin	ەرگوفلاۆىن
麦角脊亭	ergocristine	ەرگوكرىستىن
麦角脊亭宁	ergocristinine	ەرگوكرىستىنىن
麦角碱	ergotine	ەرگوتىن
麦角碱酸	ergotinic acid	ەرگوتىن قىشقىلى
麦角考宁	ergocornine $C_{31}H_{39}O_5N_5$	ەرگوكورنىن

麦角克碱		"麦角脊亭" گە قاراڭىز.
麦角袂春 ergometrine		ەرگومەترين
麦角袂春宁 ergometrinine		ەرگومەترينين
麦角诺文 ergonovine		ەرگونوۆين
麦角僧 ergosine $C_{30}H_{37}O_5N_5$		ەرگوزين
麦角僧宁 ergosinine $C_{30}H_{37}O_5N_5$		ەرگوزينين
麦角生物碱 ergot – alkoloid		قاستاۋش ـ الكولويد
麦角酸 ergotic acid $C_{15}H_{30}O_{15}(NH_2)SO_3H$		قاستاۋش قىشقىلى
麦角亭宁 ergotinine $C_{35}H_{39}O_5N_6$		ەرگوتينين
麦角妥生 ergotocine		ەرگوتوتسين
麦角新碱 ergonvin`ergometrine		ەرگونوۆين، ەرگومەترين
麦角星		"麦角僧" گە قاراڭىز.
麦角星宁		"麦角僧宁" گە قاراڭىز.
麦角异胺		"麦角胺宁" گە قاراڭىز.
麦角异毒碱		"麦角亭宁" گە قاراڭىز.
麦角异克碱		"麦角脊亭宁" گە قاراڭىز.
麦角异生碱		"麦角僧宁" گە قاراڭىز.
麦角异新碱		"麦角巴生" گە قاراڭىز.
麦角隐亭 ergocryptine $C_{32}H_{41}O_5N_5$		ەرگوكريپتين
麦角硬酸 sclerotinic acid		سكلەروتين قىشقىلى
麦角甾春 ergostetrine		ەرگوستەترين
麦角甾醇 ergosterol $C_{28}H_{44}O$		ەرگوستەرول
麦角甾酮 ergosterol		ەرگوستەرون
麦角甾烷 ergostane		ەرگوستان
麦角甾烷醇 ergostanol		ەرگوستانول
麦角甾烯醇 ergostenol		ەرگوستەنول
麦角中毒 ergotinism		قاستاۋشتان ۋلانۋ
麦克斯韦 maxwell		ماكسۆەل (بىرلىك)
麦克斯韦分布(定)律 maxwell's distribution law		ماكسۆەلدىڭ تارالۋ زاڭى
麦硫因 ergothioneine $C_9H_{15}O_2N_3S_2H_2O$		ەرگوتيونەين
麦宁炸药 melinite		مەلينيت (قوپارعىش ٴدارى)
麦司卡林		"墨斯卡灵" گە قاراڭىز.

麦他西丁	metacetin	مەتاتسەتین
麦他西尔	metacil	مەتاتسیل
麦替农	metinon	مەتینون
麦芽丙糖	maltoeriose	مالتوتریوزا
麦芽醇	maltol	مالتول
麦芽醇溶蛋白	bynine	بینین
麦芽醇溶朊		"麦芽醇溶蛋白" گە قاراڭز.
麦芽淀粉酶	malto – amylase	مالتو ـ امیلازا
麦芽酚	maltol	مالتول
麦芽黄素	malto flavin	مالتوفلاۋین
麦芽咯嗪		"麦芽黄素" گە قاراڭز.
麦芽糖	maltose $C_{12}H_{22}O_{11}$	مالتوزا
麦芽糖醇		"麦芽醇" گە قاراڭز.
麦芽糖甙	maltoside	مالتوزید
麦芽糖糊精	malto dextrin	مالتودەكسترین
麦芽糖酵素		"葡糖化酶" گە قاراڭز.
麦芽糖酶	maltase	مالتازا
麦芽糖尿	maltosuria	مالتوزدى نەسەپ
麦芽糖脎	maltosasone	مالتوزازون
麦芽乙糖	maltobiose	مالتوبیوزا
迈克尔反应	Michael reaction	میحەل رەاكسیاسى

man

螨卵酯	ovotran	ۋوۋوتران
曼得灵试剂	Mandelin's reagent	ماندەلین رەاكتیۋى
曼尼斯反应	Mannich reaction	ماننیچ رەاكسیاسى
曼尼斯碱	Mannich base	ماننیچ نەگزى
曼陀罗碱	meteloidine $C_{13}H_{21}NO_4$	مەتەلویدین
曼陀罗中毒	daturism	ساسىق مەڭدۋانادان ۋلانۋ
慢干树脂	slow curing resin	باياۋ قۇرعايتىن سمولا
慢干水泥	slow cement	باياۋ كەبەتىن سەمەنت
慢固水泥	slow setting cement	باياۋ قاتاياتىن سەمەنت

慢速化学吸附　slow chemisorption　　　　حىمىيالىق باياۋ ادسوربتسىيا

慢性氧化　eremacausis　　　　　　　　　باي，ۋ توتعۇ

慢中子　slow neutron　　　　　　　　　شابان نەيترون

蔓果碱　mandragorine　$C_{17}H_{23}O_3N$　　　ماندراگورىن

蔓生鱼藤素　scandenin　　　　　　　　　سكاندەنىن

mang

芒硝　clauber's salt　$Na_2SO_4 \cdot 10H_2O$　　　گلاۋبەرتۇزى

牻牛儿醇　geraniol　　　　　　　　　　گەرانيول

牻牛儿醇醋酸酯　geranyl acetate　$CH_3CO_2C_{10}H_{17}$　گەرانيل سركە قشقىل هستەرى

牻牛儿醇丁酸酯　geranyl butyrate　$C_3H_7CO_2C_{10}H_{17}$　گەرانيل بۇتير قشقىل هستەرى

牻牛儿醇甲酸酯　geranyl farmate　$HCO_2C_{10}H_{17}$　گەرانيل قۇمسرسقا قشقىل هستەرى

牻牛儿基　geranyl　$C_{10}H_{17}$　　　　　گەرانيل

牻牛儿醛　geranial　$C_{10}H_{16}O$　　　　گەرانيال

牻牛儿酸　geranic acid　$(CH_3)_2C:CH(CH_2)_2C(CH_3):CHCOOH$　گەران قشقىلى

牻牛儿烯　geranene　　　　　　　　　گەرانەن

牻牛儿油　geranium oil　　　　　　　　گەران مايى

莽草脑　shikimol　　　　　　　　　　شيكيمول

莽草素　shikimin(= shikimen)　　　　شيكيمين، شيكيمەن

莽草酸　shikimic acid　　　　　　　　شيكيم قشقىلى

莽那贝尔　monabel　　　　　　　　　مونابەل

莽那贾特　monachite　　　　　　　　موناحيت

莽那卡特　monarkite　　　　　　　　موناركيت

mao

毛胺黑　setamine black　　　　　　　سەتامىندى قارا (بوياۋ)

毛胺蓝　setamine blue　　　　　　　سەتامىندى كوك

毛胺染料　setamine colors　　　　　سەتامىندى بوياۋلار

毛胺桃红　setamine pink

سەتامىندى قىزعىلت

毛玻璃　clouded glass(= prosted glass)　كۇڭگىرت ئىنەك، تۇرپىلەنگەن ئىنەك

毛地黄甙　digitonide(= digitalin)　دىگىتونىد، دىگىتالىن

毛地黄甙化物　digitonide　دىگىتونىد

毛地黄甙配质　digitogenin　دىگىتوگەنىن

毛地黄毒配质　digitoxigenin　دىگىتوكسىگەنىن

毛地黄毒素　digitoxin　دىگىتوكسىن

毛地黄(毒素)糖　digitoxose　دىگىتوكسوزا

毛地黄素　digitalin　دىگىتالىن

毛地黄酸　digitalic acid　دىگىتال قىشقىلى

毛地黄皂甙　digitonin　دىگىتونىن

毛地黄皂甙化物　"毛地黄甙化物" گە قاراڭىز.

毛防己碱　sinomenine　$C_{19}H_{23}O_4N$　سىنومەنىن

毛纲草酚　"圣草酚" گە قاراڭىز.

毛茛黄素　flavoxanthin　فلاۋوكسانتىن

毛果(芸香)定　pilocarpidine　$C_{10}H_{14}N_2O_2$　پىلوكارپىدىن

毛果(芸香)碱　pilocarpine　$C_{11}H_{16}N_2O_2$　پىلوكارپىن

毛花(洋地黄)甙　lanatoside　لاناتوزىد

毛花(洋地黄)甙 A　lanatoside A　لاناتوزىد A

毛花(洋地黄)甙 B　lanatoside B　لاناتوزىد B

毛花(洋地黄)甙 C　lanatoside C　لاناتوزىد C

毛花叶英　lanafolein　لانافولەين

毛皮氨酚黄　"乌搔 Ga" گە قاراڭىز.

毛皮氨酚棕　"乌搔 B" گە قاراڭىز.

毛皮对氨黑　"四灵" گە قاراڭىز.

毛皮二氨黑　"乌搔 SC" گە قاراڭىز.

毛皮绿　"亚硝基－B－萘酚" گە قاراڭىز.

毛皮硝基黄　"硝基非那明" گە قاراڭىز.

毛蕊花糖　verbascose　ۋەرباسكوزا

毛罂红　erythroglaucin　ەرىتروگلاۋتسىن

毛罂蓝　setoglaucin　سەتوگلاۋتسىن

毛罂蓝 O　setoglaucin O　سەتوگلاۋتسىن O

茅草枯　dalapon
           دالاپون

卯位
      "δ 位" گە قاراڭـز.

卯位取代
    "δ 位取代" گە قاراڭـز.

卯位碳原子
   "δ 位碳原子" گە قاراڭـز.

卯位氧化
    "δ 位氧化" گە قاراڭـز.

茂
   "环戊二烯 - [1,3]" گە قاراڭـز.

茂叉　cyclopentadienylidene　$(C_4H_4)C=$
 ساقينالى پەنتا ديەنيليدەن

茂稠[e]蒽　cyclopent [e] anthracene
 ساقينالى پەنت [e] انتراتسەن

茂基　cyclopentadienyl group　C_5H_5-
 ساقينالى پەنتاديەنيل

茂金属　metallocene
      مەتاللوتسەن

茂烷　- olane
       - ولان

mei

煤　coal
      تاسكومـر، كومـر

煤地衣二酸　evernic acid　$C_{17}H_{16}O_7$
  ەۆەرن قىشقىلى

煤地衣酸　everninic acid　$HO(CH_3O)C_6H_2(CH_3)COOH$
  ەۆەرنين قىشقىلى

煤地衣因　everniine　$C_6H_{14}O_7$
      ەۆەرنيين

煤酚　cresol
      كرەزول

煤酚水　cresol water
     كرەزول سۆى

煤酚皂　cresol soap
    كرەزول سابن

煤酚皂溶液　lysol
      ليزول

煤焦油　coal - tar(oil)
 تاسكومـر مايى، كومـر - كوكس مايى

煤焦油燃料　coal - tar fuel
 تاسكومـر مايىندىق جانار زات، كومـر - كوكس
 مايى جانار زات

煤焦油溶剂　coal - tar solvent
 تاسكومـر مايىندىق ەرىتكش، كومـر - كوكس
 ماي ەرىتكش

煤焦油树脂　coal tan resin
 تاسكومـر مايىندىق سمولا، كومـر - كوكس ماي
 سمولا

煤气　coal gas
     كومـر گازى

煤炭　coal
      تاسكومـر

煤油　keosene
      كارەسىن

煤油气　kerosene oil - gas

كارەسەن گازی

煤油燃料　kerosne stock كارەسەن جانار زات، كارەسەن وتەن

煤油烯　kerenes كەرەنەز

煤油烟　keresene smoke كارەسەن ئۇتەنى

煤之干馏　dry distillation of coal كومۇردى قۇرعاق ايداۋ

煤之气化　coal gasifi cation كومۇردى گازداندرۇ

煤之碳化　coal carbonization كومۇردى كومۇرتەكتەندرۇ

煤之液化　liquefaction of coal كومۇردى سۇيىقتاندرۇ

煤之蒸馏(作用)　coal distillation كومۇردى بۇلاندەرسپ ايداۋ

媒染剂　mordant بوياۋ سىڭدرگەش اگەنت

媒染三号茜素红 ."黄红紫素" گە قاراڭز.

媒染茜素棕 ."蒽棓酚" گە قاراڭز.

玫(瑰)苯胺　rosaaniline روزانيلىين

玫瑰精 ."若丹明" گە قاراڭز.

玫瑰色酸　rosolic acid روزول قشقملى

玫瑰水　rose water روزا سۇى

玫瑰油　rose oil روزا مايى

玫红卟啉　rhodoporphyrin رودوپورفيرين

玫红醇　rhodinol　$C_{10}H_{19}OH$ رودينول

玫红对氮蒽 ."蔷薇引杜林" گە قاراڭز.

玫红弧素　rhodovibrin رودوۋيبرين

玫红化合物　rose compound　$CO(NH_3)_5X_3 \cdot H_2O$ روزا قوسلىستارى

玫红黄质　rhodoxanthin　$C_{40}H_{50}O_2$ رودوكسانتىن

玫红奎宁　roseoquinine روزاحىنىن

玫红霉素　rhodomycin(= rhodomycetin) رودوميتسىن

玫红品　rhodopin رودوپىين

玫红鞣酸　rhododubilic acid رودودۇبيل قشقملى

玫红省 ."绕达省" گە قاراڭز.

玫红酸　rosolic acid(= p − rosolic acid) روزول قشقملى

玫红酸盐　rosolate روزول قشقملىنىڭ تۇزدارى

玫红紫素　rhodoviolasin رودو ۋيولازين

玫色霉素 روزاميتسىن

玫棕酸　rhodizonic acid

رودیزون قشقىلى

霉酚酸　mycophenolic acid　$C_{17}H_{20}O_6$　 میکوفەنول قشقىلى

霉黄体素　mycolutein　 میکولیۆتەین

霉菌沉淀素　mycoprecipitin　 میکوپرەتسىپىتىن

霉菌淀粉酶　mould amylase　زەڭ امىلازا

霉菌毒素　micotoxin　 میكوتوكسىن

霉菌固素　mycosterol　ميكوستەرول

霉菌核蛋白　myconucleoalbumine　ميكونۆكلەوالبؤمين

霉菌朊　mycoprotein　ميكوپروتەين

霉菌朊酶　moldprotease　زەڭ پروتەازا

霉菌素　mycin　ميتسين

霉菌酸　mycolic acld　ميكول قشقىلى، كوگەرتكمش قەشقمل

霉菌酸酯　mycolate　ميكول قشقىل ەستەرى

霉菌糖　mycose　ميكوزا

霉菌甾醇　mycosterin　ميكوستەرين

霉霉素　mycomycin　ميكوميتسين

霉酸　“霉菌酸” گە قاراڭىز.

霉脂酸　mycolipenic acid　ميكوليپەن قشقىلى

梅开普索　mercapsol　مەركاپسول

梅笠草烯　pyrolene　پيرولەن

梅笠灵　chimaphilin　$C_{24}H_{21}O_4$　حيمافيلين

梅笠素　chimaphiloid　حيمافيلويد

梅木地衣酸　“气达酸” گە قاراڭىز.

梅嫩　menen　مەنەن

酶　enzyme　ەنزيم، فەرمەنت

C_1酶　C_1 enzyme　فەرمەنت C_1

Cx酶　Cx enzyme　فەرمەنت Cx

酶本体　“酶蛋白” گە قاراڭىز.

酶变化　enzyme change　فەرمەنتتاڭ وزگەرۇى

酶蛋白　apoenzyme(= apoferment)　اپوفەرمەنت، اپوەنزيم

酶钝化　enzymic inactivition　فەرمەنتتاڭ پاسسيۆتەنۇى

酶反应　enzyme reaction　فەرمەنتتاڭ رەاكسيالار

酶酚解　zymolysis　فەرمەنتتاڭ ىدىراۇى

酶化学	zymochemistry	زيموخيميا
酶活基	agon	اگون
酶类蛋白质	enzymic protein	فەرمەنت تەكتەس پروتەيندەر
酶凝结	enzymic coagulation	فەرمەنتتىڭ ۋيۆى (قاتايۆى)
酶凝酪素		. "皱胃酪素" گە قاراڭىز
酶朊	zymoprotein(= pheron, apoenzyme)	زيموپروتەين، فەرون، اپوەنزيم
酶水解	enzyme hydrolysis	فەرمەنتتىڭ گيدروليزدەنۋى
酶特异性	enzymatic specificity	فەرمەنتتىڭ وزگەشەلىگى
酶学	zymologyl, enzymology	زيمولوگيا، ەنزيمولوگيا
酶抑制剂	enzyme inhibitor	فەرمەنت تەجەگىش اگەنت
酶原	zymogen	زيموگەن
酶之活性	enzyme activity	فەرمەنتتىڭ اكتيۆتىگى
酶作用	enzymo action	فەرمەنت اسەرى
镅(Am)	americium	امەريتسي (Am)
美黄素	curcumine	كۇركۇمين
美胶树橡胶	castilloa rubber	كاستيللا كاۋچۇگى
美解眠	megimide	مەگيميد
美菌素	eulicin	ۇليتسين
美苦草甙	sabbatin	ساباتين
美拉德反应	Maillard reaction	مايللارد رەاكسياسى
美兰	methylene blue	مەتيلەن كوگى
美其敏	meclizine	مەكليزين
美沙酮	methadone	مەتادون
美术玻璃	artglass	كوركەمونەر اينەگى (شننسى)
美索卡因	mesocain	مەزوكاين
美索因	mesation(= methoin)	مەساتيون، مەتوين
美托盆	methopon	مەتوپون
镁(Mg)	magnesium	ماگني (Mg)
镁卟啉	magnesium porphyrin	ماگنيلى پورفۆرين
镁带	magnesium ribbon	ماگني تاسپاسى، ماگني تاياقشا
镁肥	magnesium fertilizer	ماگنيلى تەڭايتقىش
镁合金	magnesium alloy	ماگني قورىتپاسى
镁化铈	cerium magneside 1.CeMg; 2.CeMg₃; 3.CeMg₂	ماگنيلى سەري

镁剂   "镁氧混合剂" گه قاراڭـز.

镁条   "镁带" گه قاراڭـز.

镁盐 magnesium salt   ماگني تۆزى

镁氧 magnesia (= magnesium oxide)   ماگنەزيا، ماگني توتىعى

镁氧混合剂 magnesia mixture   ماگنەزيا قوسپاسى

镁氧石灰 magnesia lime   ماگنەزيالى اك

镁氧水泥 magnesia cement   ماگنەزيالى سەمەنت

镁氧牙膏 magnesia tototh paste   ماگنەزيالى ٴتىس پاراشوگى

镁砖 magnesia brick   ماگنەزيالى كەرپىش

袂康 meconidin   مەكون

袂康定 meconidin $C_{21}H_{23}NO_4$ مەكونيدين

袂康花色甙 mecocynin $C_{27}H_{30}O_{16}$ مەكوسيانين

袂康宁 meconin $C_{10}H_{10}O_4$ مەكونين

袂康宁酸 meconinic acid $C_{10}H_{12}O_5$ مەكونين قىشقىلى

袂康酸 meconic acid $C_7H_4O_7$ مەكون قىشقىلى

袂康酸蓝 meconate $C_5H_3(COOM)_2$ مەكون قىشقىلىنىڭ تۇزدارى

袂兰赛扔 melantherine BH   مەلانتەرين

袂把克扔 mepacrine   مەپاكرين

袂搔宁 mesonin   مەزونين

袂塔酚 metaphen $HgC_7H_5O_3N$ مەتافەن

men

门德列夫 Mendeleev   مەندەلەەۆ

门德列夫周期表 Mendeleev's periodic system   مەندەلەۆتىك پەريود كەستەسى

门冬氨酰 aspartyl(= asparatoyl) $-COCH_2CH(NH_2)CO-$ اسپارتيل، اسپاراتويل

门冬酰 asparagyl(= asparaginyl) $H_2NCOCH_2CH(NH_2)CO-$ اسپاراگيل، اسپاراگينيل

门冬酰胺 aminosuccinamic acid $CONH_2CH_2CHNH_2COOH$ امينوسۋكتسينامين قىشقىلى

门尼息定 menisidine   مەنيزيدين

门尼新 menisine   مەنيزين

门衣司亭　munjistin　مۇنىيستىن

钔(Md)　mendelevium　مەندەلەۋى (Md)

闷可乐　marplan, maraplan　مارپلان، ماراپلان

meng

蒙德煤气　Mond gas　موند گازى

蒙德燃料气　Mond fuel gas　موند جانار زات گازى

蒙内尔合金　monel metal　مونەل قورىتپاسى

锰(Mn)　manganese　مارگانەتس (Mn)

锰肥　manganese fertilizer　مارگانەتستى تەڭايتقىش

锰粉　manganese powder　مارگانەتس ۇنتاعى

锰酐　manganese anhydride　مارگانەتس انگيدريدتى

锰钢　manganese steel　مارگانەتستى بولات

锰黑　manganese black　مارگانەتستى قارا

锰化合物　mamganic compound　مارگانەتس قوسىلىستارى

锰结核　manganese nodule　مارگانەتس شورى

锰矿　manganese ore　مارگانەتس كەنى

锰青铜　manganese bronze　مارگانەتستى قولا

锰酸　manganic acid　H_2MnO_4　مارگانەتس قىشقىلى

锰酸钡　barium manganate　$BaMnO_4$　مارگانەتس قىشقىل بارى

锰酸钙　calcium manganate　$CaMnO_4$　مارگانەتس قىشقىل كالتسي

锰酸钾　potassium manganate　K_2MnO_4　مارگانەتس قىشقىل كالي

锰酸锂　lithium manganate　Li_2MnO_4　مارگانەتس قىشقىل ليتي

锰酸钠　sodium manganate　Na_2MnO_4　مارگانەتس قىشقىل ناتري

锰酸铷　yubidium manganate　Rb_2MnO_4　مارگانەتس قىشقىل رۇبيدي

锰酸铯　cesium manganate　$CsMnO_4$　مارگانەتس قىشقىل سەزي

锰酸锶　strontium manganate　$SrMnO_4$　مارگانەتس قىشقىل سترونتسي

锰酸锌　zinic manganate　$ZnMnO_4$　مارگانەتس قىشقىل مەرىش

锰酸盐　manganate　M_2MnO_4　مارگانەتس قىشقىلىنىڭ تۇزدارى

锰酸银　silver manganate　$AgMnO_4$　مارگانەتس قىشقىل كۇمىس

锰铁合金　manganese – iron allog　مارگانەتس ــ تەمىر قورىتپاسى

锰铜　manganese copper　مارگانەتستى مىس

锰土　wad　مارگانەتس توتعى

锰质玻璃　manganese glass　مارگانەتستى اينەك (شىنى)

锰族元素　manganese family element　مارگانەتس گرۇپپاسىنىداعى ەلەمەنتتەر

梦那定　monardin　مۇناردىن

梦那红　monascin　$C_{24}H_{30}O_6$　مۇنازتسىن

梦那油　monarda oil　مۇناردا مايى

孟胺　menthyl amine　$C_{10}H_{19}NH_2$　مەنتىلامىن

孟醇　"薄荷醇" گە قاراڭز.

孟二烯　menthadiene　مەنتادىەن

孟基　menthyl　$CH_3CH(CH_2)_2CH(CH_3)_2CH_2CH-$　مەنتىل

孟酮　"薄荷酮" گە قاراڭز.

孟烷　menthane　$CH_3C_6H_{10}C_3H_7$　مەنتان

孟烷醇　menthanol　$C_{10}H_{20}O$　مەنتانول

孟烷酮　menthanone　مەنتانون

孟烯　menthene　$C_{10}H_{18}$　مەنتەن

孟烯醇　menthenol　مەنتەنول

孟烯酮　menthenone　مەنتەنون

mi

咪　mesitylen　مەزىتىلەن

咪基化氧　mesityl oxide　مەزىتىل توتعى

咪基尿　guanylurea　گۇانىل ۇرەا

咪唑　imidazole　CHNCHCHNH　يمىدازول

咪唑并　imidazo-　يمىدازو -

咪唑并吡啶　imidazopyridine　يمىدازوپيرىدىن

IH-咪唑并(1,2-a)吡啶　IH-imidazo(1,2-a)pyridinum　IH -
يمىدازو [a - 2 ،1] پيرىدىن

咪唑并哌嗪　imidazopyrazine　يمىدازوپيرازىن

IH-咪唑并哌嗪　IH-imidazo[b]pyrazine　IH - يمىدازو [b] پيرازىن

咪唑化合物　imidazolium compound　يمىدازول قوسىلمىستارى

咪唑基　imidazolyl　C_3H_3N-　يمىدازوليل -

咪唑啉　imidazoline　يمىدازولىن

2－咪唑啉	2－imidazoline	NHCHNCH₂CH₂	2 ـ يميدازولين
3－咪唑啉	3－imidazoline	NHCH₂NCHCH₂	3 ـ يميدازولين
4－咪唑啉	4－imidazoline	NHCH₂NHCHCH	4 ـ يميدازولين
咪唑啉醇	imidazolinol		يميدازولينول
咪唑啉化合物	imidazolinium compaunds		يميدازولين قوسىلمستارى
咪唑啉基	imidazolinyl		يميدازولينيل
咪唑啉酮	imidazolinone		يميدازولينون
咪唑烷基	imidazolidyl	C₃H₇N₂－	يميدازوليديل
糜蛋白酶			"胰凝乳蛋白酶" گە قاراڭىز.
糜蛋白酶原			"胰乳凝蛋白酶原" گە قاراڭىز.
迷迭香宁	rosmarinine		روسمارينين
醚	ether	ROR¹	ەفير، جاي ەفير
醚醇	ather alcohol		ەفير سپيرتى
醚化	etherify		ەفيرلەنۇ
醚化作用	etherification		ەفيرلەۇ
醚环	ether ring		ەفير ساقيناسى
醚键	ether bond	R·O·R	ەفيرلىك بايلانس
醚类化合物	etheric compound		ەفير تەكتەس قوسىلمستار
醚酸	ether acid		ەفير قشقىلى
醚酯	ester ether	R·C(OR¹)·CO·O·R¹¹	ەستەر ـ ەفير (ءارى ەفير ءارى ەستەر)
醚酯	ether ester	R¹·O·R·CO·OR	ەفير ـ ەستەر (ءارى ەفير ءارى ەستەر)
米(m)	meter (m)		مەتر (m)
米蚩醇	Michler's carbinol	[(CH₃)₂NC₆H₄]₂CHOH	ميچلەر كاربينولى
米蚩酮	Michler's keton	[(CH₃)₂NC₆H₄]₂CO	ميچلەر كەتونى
米尔文－庞道夫还原作用	Meerwein－Ponndorf reduction		مەرۋەين ـ پوندورۋتاڭ توتىقسزداندىرۇى
米酵霉酸	bongkrek acid		بونگكرەك قشقىلى
米卡多橙 G	micado orange G		ميكادو قىزعىلت سارسى G
米卡多黄	micado yellow		ميكادو سارسى
米卡塔	micarta		ميكارتا (بۇيىم اتى)
米糠蜡	rice bran wax		كەبەك بالاۋزى
米糠油	rice bran oil		كەبەك مايى
米来西 D	miracil D		ميراتسيل D

米隆反应	millon's reaction	ميللون رەاكسىياسى
米隆碱	millon's base $Hg_2O_2NH_3$	ميللون نەگىزى
米隆试剂	millon's reagent	ميللون رەاكتىيۋى
米洛丽蓝	milori blue	مىلوري كوگى
米·尼效应	Mills－Nixon effect	مىللس ـ نىكسون ەففەكتى
米·千克·秒制	M·K·S system	S·K·M تىك جۆيە
米吐尔	metol	مەتول
米吐尔几奴尼	metoxinon	مەتوكسىنون
米制	metric system	مەترلىك جۆيە
米制单位	metric unit	مەترلىك جۆيە بىرلىگى
脒	amidine $-C(:NH)NH_2$	امىدىن، گۆانىل
脒基	amidino(= guomyl) $H_2NC(:NH)-$	امىدىنو، گۆانىل
脒基胍	guanyl guanidine $NH_2C(:NH)NH·C(NH_2):NH_2$	گۆانىل گۆانىدىن
脒基酶	amidinase	امىدىنازا
脒基	guanylurea $NH_2CONH·C(NH)·NH_2$	گۆانىل ۆرەا
脒基移换酶	amidinopherase	امىدىنوفەرازا
脒脲	amidinourea	امىدىنوۆرەا
脒肟	amidoxime $-C(:NOH)NH_2$	امىدوكسىم
脒腙	amidrazone	امىدرازون
蜜胺	melamine(= cyanuramide) $C_3N_3(NH_2)_3$	مەلامىن
蜜胺甲醛树脂	melamino－formaldehyde resin	مەلامىن ـ فورمالدەگىتى سمولالار
蜜胺树脂	melamine resin	مەلامىندى سمولالار
蜜胺塑料	melamine plastic	مەلامىندى سۆلياۋ
蜜白胺	melam $C_6H_9N_{11}$	مەلام
蜜白胺甲醛塑料		"蜜醛塑料" گە قاراڭىز.
蜜苯胺	melaniline $(C_6H_5NH)_2CNH$	مەلانىلىن
蜜毒素	melitoxin	مەلىتوكسىن
蜜二糖	melibiose $C_{12}H_{22}O_{11}$	مەلىبيوزا
蜜二糖酶	melibiase	مەلىبيازا
蜜柑蛋白	pomelin	پومەلىن
蜜柑朊		"蜜柑蛋白" گە قاراڭىز.
蜜勒胺	melem $C_6H_6N_{10}$	مەلەم

蜜里三糖	melitriose	مەليتريوزا
蜜里糖	melitose $C_{12}H_{22}O_{11}$	مەليتوزا
蜜弄	mellon(e)	مەللون
蜜醛塑料	melamac	مەلاماك سۆلياۋ
蜜三糖	melitriose	مەليتريوزا
蜜亚胺	mellimide $C_{12}H_3O_6N_6$	مەلليميد
密斑油	mirbanoil $C_6H_5NO_2$	ميربان مايى
密度	density	تىغىزدىق
密度瓶	density bottle	تىغىزدىق شولمەگى
密度升落	density fluctuation	تىغىزدىقتاڭ جوعارىلاپ ــ تومەندەۋى
密度指数	density index	تىغىزدىق كورسەتكشى
密陀僧	litharge(= lead monoxide)	ليتارگە (قورعاسىن شالا توتىعى)
嘧啶	pyrimidine $C_4H_4(N)_2$	پيريميدين
嘧啶并	pyrimido –	پيريميدو ـ
嘧啶并[4,5 – b]喹啉	pyrimido[4,5 – b]quinoline	پيريميدو [b ــ 5، 4] حينولين
嘧啶并异喹啉	pyrimido – isoquinoline	پيريميدين يزوحينولين
2H – 嘧啶并[4,3 – a]异喹啉	2H – pyrimido[4,3 – a]isoquinoline	2H ــ پيريميدو [4، 3 ــ a] يزوحينولين
嘧啶核甙	pyrimidine nucleoside	پيريميدىندى نۇكلەوزيد
嘧啶基	pyrimidinyl	پيريميديل
嘧啶甲胺	pyrimetamine	پيريمەتامين
5 – 嘧啶甲腈	5 – pyrimidine carbonitrile	5 ــ پيريميدىندى كاربونيتريل
嘧啶碱	pyrimidine base	پيريميدىندى نەگىز
嘧啶酮	pyrimidone $C_4H_6N_2O$	پيريميدون
秘鲁古柯酸		"吐昔酸" گە قاراڭىز.
秘鲁鸟粪	peru guano	پەرۋ قۇس ساڭعىرىعى
秘鲁香脂	peru balsam	پەرۋ بالزامى
秘鲁香脂油	perubalsam oil	پەرۋ بالزام مايى

mian

棉花火药	"硝化纤维(素)" گە قاراڭىز.

棉胶　catton gum		ماقتا جەلمىى
棉隆　mylone		ميلون
棉绒纤维　linters		ماقتا ۋلپلدەگى تالشعى
棉纤维　cotton fiber		ماقتا تالشعى
棉油　cotton oil		ماقتا مايى
棉子醇　gossypol		گوسسيپول
棉子醇酸　gossypolic acid		گوسسيپول قشقىلى
棉子酚　gossypol		ماقتا ۋرعى فەنولى، چيگيت فەنولى
棉子基醇　gossypyl alcohol		گوسسيپيل سپيرتى
棉子皮醇　gossy pitol		گوسسيپيتول
棉子皮亭　gossy petin		گوسسيپەتين
棉子皮酮　gossypitone		گوسسيپيتون
棉子皮酮酸　gossypetonic acid		گوسسيپەتون قشقىلى
棉子糖　gossypose(= raffiose)	$C_{18}H_{32}O_{16}$	گوسسيپوزا، راففينوزا
棉子糖酶　raffinase		راففينازا
棉子油　cottonseed oil		ماقتا ۋرعى مايى
棉子油酚		.قاراڭز گە "棉子酚"
绵马醇　aspidinol		اسپيدينول
绵马丹宁酸　filitannic acid		فيليتاننين قشقىلى
绵马酚　aspidinol		اسپيدينول
绵马根酸　filixic acid	$C_{35}H_{38}O_{12}$	فيليكس قشقىلى
绵马碱　aspidin(e)	$C_{25}H_{32}O_8$	اسپيدين
绵马精　filicin	$C_{35}H_{40}O_{12}$	فيليتسين
绵马精酸　filicinic acid	$C_8H_{10}O_3$	فيليتسين قشقىلى
绵马齐林　filicilene		فيليتسيلەن
绵马鞣酸		.قاراڭز گە "绵马丹宁酸"
绵马素　filimarone		فيليمارون
绵马酸　filicic acid	$C_{14}H_{14}O_5$	فيليك قشقىلى
绵马油树脂　aspidium oleoresin		اسپيديۇم مايلى سمولا
眠尔通　miltowin		ميلتوۋين
眠砜		.قاراڭز گە "砜甲烷类"
眠砜甲烷　sulfone methan		سۋلفوندى مەتان
眠砜乙基甲烷　sulfonethyl methane	$CH_3(C_2H_5)C(SO_2C_2H_5)_2$	سۋلفوندى

ەتیل مەتان

眠哥欣　hyminal　　　　　　　　　　　　گیمینال

免疫化学　immuno－chemistry　　　يممۇنو حیمیا، يممۇنیتەتتىك حیمیا

免疫球蛋白　immunoglobulin　　　　يممۇنوگلوبۇلین

免疫球朊　　　　　　　　"免疫球蛋白" گە قاراڭىز.

免疫学　immunology　　　　　　　يممۇنولوگیا

免疫组织化学　immunohistochemistry　يممۇنوگیستو حیمیا

冕玻璃　crown glass　ساپالی شىنی (ەینەك)، قورعاسىنسىز شىنی ەینەك

miao

渺羟萘磺酸　croceic acid　　　　　كروتسەین قشقىلى

渺位　cata, kata　كاتا (گرەكشە نافتالین ٴتارىزدى ساقینانانڭ 1، 7 ـ ورنى)

渺位缩合环　kata－condensed ring　كاتا كوندەننساتسیالانعان ساقینا

秒(S)　second (S)　　　　　　　سەكۇند (S)

秒表　secondomer　　　　　　　سەكۇندومەر

mie

灭癌素　tumorcidin　　　　　　تۇمورتسیدین

灭胞素　cellocidin　　　　　　سەللوتسیدین

灭草定　methazole　　　　　　مەتازول

灭草尔　monalid　　　　　　　مونالید

灭草隆　monuron　　　　　　　مونۇرون

灭虫宁　bephenin　　　　　　بەفەنین

灭滴灵　flagy(＝metronidazol)　فلاگي، مەترونیدازول

灭尔谷仁　mercurane　　　　　مەركۇران

灭火器　fire extinguisher　　　ٴورت سوندۇرگىش

灭菌丹　folpet(＝phaltan)　　فولپەت، فالتان

灭那虫　menazon　　　　　　مەنازون

灭皮尔　benenyl　　　　　　بەبەنیل

灭绦灵　niclosamide　　　　نیكلوسامید

灭吐灵　paspertinum(＝maxolon)　پاسپەرتین، ماكسولون

min

敏感素	sensibilin	سەنسىبىلىن
敏化剂	sensibilizer(＝sensitizer)	سەزگۇرلەندۇرگۈش اگەنت
敏克静	meclizinum	مەكلىزىن
敏乐啶	minoxidil	مىنوكسىيدىل

ming

冥菌素	narbomicin	ناربومىتسىن
明矾	alum	اشۇداس
明矾卡红	alum－carmine	اشۇداس كارمىنى
明矾类毒素	alum toxoid	اشۇداس توكسويد
明矾石	alumite	$3Al_2O_3 \cdot K_2O \cdot 4SO_3 \cdot 6H_2O$	اشۇداس تاس، الؤمىت
明矾苏木精	alum hematoxylin	اشۇداس گەماتوكسىلىن
明矾土	alum earth	Al_2O_3	اشۇداس توتعى
明矾盐	alum salt	اشۇداس تۇزى
明胶	gelatin(e)	سۇيەك جەلمىى، جەلاتىن
明胶蛋白银	albargin	البارگىن
明胶(合)甲醛	glutol	گلىۇتول
明胶合物	gelatinate	گەلاتىنات
明胶酶	gelatinase	گەلاتىنازا
明胶朊	glutin	گلىۇتىن
明胶示	gelatose	گەلاتوزا
明胶炸药	gelatin dynamite	گەلاتىن قوپارعمش ءداری
命名	name	اتاۇ
命名法	nomenclature	اتاۇ ادستەری
命名原则		"命名法" گە قاراگۇز.

mo

| 磨玻璃 | ground glass | "毛玻璃" گە قاراگۇز. |

磨口玻璃	"毛玻璃" گە قاراڭىز.
磨砂玻璃	"毛玻璃" گە قاراڭىز.
摩擦力　friction	ۋىكەلىس كۇشى
摩擦热　heat friction	ۋىكەلىس جىلۇى
摩擦试验　friction test	ۋىكەلىس سىناعى
摩擦系数　coefficiene of friction	ۋىكەلىس كوەففيتسەنتى
摩擦阻力　friction resistance	ۋىكەلىس كەدەرگىسى
摩尔　mole	مول (بىرلىك)
摩尔林　morellin	مورەللين
摩尔浓度	"容模浓度" گە قاراڭىز.
摩尔体积　molar volume	موليارلى كولەم، مولدىك كولەم
摩尔质量　molar mass	مولدىك ماسسا، موليارلىق ماسسا
摩洛哥槐(树)胶	"坎坎树胶" گە قاراڭىز.
魔根碱　lophorphorin	لوفورفورين
模板　template	قالىپ، ۇلگى، نۇسقا
模板聚合　matrix polymerization	نۇسقالاپ پوليمەرلەۋ
模量　modulus	مودۇل، شاما
模拟　imitation	ەلىكتەۋ، ۇقساۋ
模凝计算机　analog computer	انالوگيالىق كومپيۇتەر
模型　model	مودەل
模型板	"模板" گە قاراڭىز.
模型试验　model test	مودەل تاجىريبەسى (سىناعى)
模型纤维　model fiber	مودەل تالشىق
模制　molding(＝moulding)	قالىپتاۋ، قالىپقا سالىپ جاساۋ
模制固体催化剂　moulded solid catalyst	قالىپتالعان قاتتى كاتاليزاتور
模制煤　moulded coal	قالىپتالعان كومىر، قۇيما كومىر
模制品　moldings(＝molded goods)	قالىپتالعان بۇيىمدار (تاۋارلار)
膜的渗透性　membrane permeability	جارعاقتىڭ سىڭگىرگىشتىگى
膜电极　membranc electrod	جارعاق ەلەكترود
膜电位　membrane potential	جارعاق پوتەنتسيالى
膜滤器　membrane filter	جارعاق سۇزگى (سۇزگىش)
膜(渗)平衡　membrane equilibrium	جارعاق (ءسىڭرۇ) تەپە ـ تەڭدىگى
膜系数　film coefficient	

جارعاق كوەففيتسەنتى

抹香鲸酸　physeteric acid　فيسەتەر قشقىلى

抹香鲸烯酸　physetoleic acid　فيسەتولە قشقىلى

末端　terminal (= end)　تەرمينال، سوڭى، اقىرى، سوڭعى ۇشى

末端分析　terminal analysis　تەرمينالدىق تالداۋ

末端羟基　terminal hydroxy　تەرمينال گيدروكسيل

末端双键　terminal double bond　تەرمينال قوس بايلانس

末端羧基　terminal carboxyl　تەرمينال كاربوكسيل

末端速度　"终点速度" گە قاراڭىز.

末端碳　terminal (end) carbon　تەرمينال كومىرتەك

末端碳原子　terminal (end) carbon　تەرمينال كومىرتەك اتومى

末端烯键　terminal olefinc bond　تەرمينال ولەفيندك بايلانس

茉莉花蜡　jasmine flower wax　جاسمين گۇلى بالاۋزى

茉莉酮　jasmone　C₁₁H₁₆O　جاسمون

茉莉油　jasmineoil　جاسمين مايى

莫尔滤机　Moore filter　موور سۇزگىشى

莫尔盐　Mohr's salt　مور تۇزى

莫尔盐晶体　mohr's salt crystal　مور تۇزى كريستالى

莫那粉　mowrah meal　موۋراگ ۇنتاعى

莫那吉宁酸　mowrageninic acid　موۋراگەنين قشقىلى

莫那碱　mowrin　موۋرين

莫那酸　mowric acid　موۋر قشقىلى

莫那原酸　moeragenic acid　موۋراگەن قشقىلى

莫那脂　mowrah fat　موۋراگ مايى

墨角藻醇　fucusol　C₅H₄O₂　فۇكۇزۇل

墨角藻碱　fucusine (= fucusamide)　C₁₅H₁₂O₃N₂　فۇكۇزين، فۇكۇساميد

墨角藻酸　fucusoic acid　فۇكۇس قشقىلى

墨角藻酰胺　"墨角藻碱" گە قاراڭىز.

墨晶　smoky quartz　بۇالدىر كۇارتس

墨斯卡灵　mescaline　مەسكالين

没食子苯乙酮　gallacetophenon　گالل اتسەتوفەنون

没食子儿茶酸　"棓儿茶酸" گە قاراڭىز.

没食子鞣酸　"棓丹宁酸" گە قاراڭىز.

没食子酸	"棓酸" گه قاراڭز.
没食子酸甲酯	"棓酸甲酯" گه قاراڭز.
没食子酸盐　gallate	گالل قىشقىلىنىڭ تۇزدارى
没药树脂　myrrh	ميرر سمولاسى
没药酸　myrrholic acid　$C_{17}H_{22}O_5$	ميررول قىشقىلى
没药油　myrrh oil	ميرر مايى
没药脂　myrrhin	ميررين

mu

牡荆碱　vitexin	ۋيتەكسين
牡蛎甾醇　ostreasterol	وستەرەاستەرول
目标化合物　target compound	نىسانا قوسىلىستار
目镜　ocular	وكۆليار (ميكروسكوپتا)
母参樟脑	"母菊樟脑" گه قاراڭز.
母合金　mother alloy	انا قورىتپا
母菊素　matricin	ماتريتسين
母菊樟脑　matricaria camphor　$C_{10}H_{16}O$	ماتريكاريا كامفوراسى
母菊酯　matricaria ester	ماتريكاريا ەستەرى
母链　funtamental chain	انا تىزبەك
母生育酚　tocol	توكول
母体化合物　parent compound	انا قوسىلىس
母体混合物　masterbatch	انا قوسپا
母体溶液	"母液" گه قاراڭز.
母体元素　parent element	انا ەلەمەنتتەر
母液　mother liquor(solution)	انا ەرىتىندى
木材防腐剂　wood preservative	اعاشتى شىرۇدەن ساقتايتىن اگەنت
木材干馏　dry distillotion of wood	اعاشتى قۇرعاق ايداۋ
木材炭化　carbonization of wood	اعاشتى كومىرلەندىرۇ
木材糖化　sacharification of wood	اعاشتى فانتتاندىرۇ
木醇　wood alchol	اعاش سپيرتى
木醋酸　wood vinegar	اعاش سىركە قىشقىلى
木防己素丙　mufongchin C	مۇفونگحين C

木防己素 A	mufongchin A	مۇفونگچين A
木防己素乙	mufongchin B	مۇفونگچين B
木瓜蛋白酶	papainase	پاپايناز ا
木瓜酶		"番木瓜朊酶" گه قاراڭـز.
木瓜凝乳蛋白酶	chymopapain	حيموپاپاين
木瓜凝乳朊酶		"木瓜凝乳蛋白酶" گه قاراڭـز.
木瓜酸	cydonic acid	سيدون قـشقـلـى
木灰	wood ash	اعاش كۇلى
木间二酚	xyloricinol $(CH_3)_2C_6H_2(OH)_2$	كسيلو ريتسينول
木焦油	wood tar oil	اعاش كوكس مايى
木槿花素	saponaretin	ساپونارەتين
木槿紫	mauvein(e)	ماۋۋەين، كەتميا كۇلگنى
木精		"木醇" گه قاراڭـز.
木聚糖	xylan	كسيلان
木聚糖酶	xylanase	كسيلاناز ا
木菌素	dermadin	دەرمادين
木卡因	xylocaine	كسيلوكاين
木兰胺	magnolamine	ماگنولامين
木兰甙	magnoline	ماگنولين
木兰碱	magnoflorine	ماگنوفلورين
木溜磺酸	erosolic acid	ەروزول قـشقـلـى
木(煤)气	wood gas	اعاش (كومىرى) گازى
木霉菌素	trichodermin	تريحودەرمين
木醚	wood ether	اعاش ەفيرى، مەتيلدى ەفير
木蜜三糖	manninotriose	ماننينوتريوز ا
木棉油	baobab oil	باوباپ مايى
木塞	cork stopper	اعاش تىعىن، پروپكا تىعىن
木塞穿孔器	cork bober	تىعىن تەسكىش
木石脑油	wood naphtha	اعاش نافتاسى
木薯橡胶	manihot rubber	مانيحوت كاۇچۇگى
木薯油	manihot oil	مانيحوت مايى
木素	lignin	ليگنين
木炭	wood charcoal	اعاش كومىر

木糖　xylose(= wood sugar)　$C_4H_9O_4CHO$	كسيلوزا، اعاش قانتى
木糖醇　xylitol　$C_5H_{12}O_5$	كسيليتول
木糖甙　xyloside	كسيلوزيد
木糖胶	"多缩木糖" گه قاراڭـز.
木糖胶酶　xylasase	كسيلانازا
木糖醛酮　xylosone	كسيلوزون
木糖脎　xylosazone	كسيلوزازون
木糖酸　xylosic acid　$HOC(CHOH)_3COOH$	كسيلوزين قىشقىلى
木条　batten	اعاش تاياقشا، شـرا
木通甙　akebin	اكەبين
木通甙元　akebigenin	اكەبيگەنين
木酮糖　xyloketose(= xylulose)	كسيلوكەتوزا، كسيلۇلوزا
木纤维　xylon(= wood fiber)	كسيلون، اعاش تالشـعى
木纤维素　wood cellulose	اعاش سەلليۋلوزاسى
木香醇　costol	كوستول
木香内酯　costus lacton	كوستۇس لاكتون
木香酸　coctus acid	كوسكتۇس قىشقىلى
β − 木香烃　costen	كوستەن
木油　wood oil	اعاش مايى
木云艺素　polistictin	پوليستيكتين
木杂酚油　wood creosote	اعاش كرەوزوتى
木(蒸)松香　wood rosin	اعاش شايىرشىق، اعاش كانيفول
木质　lignin	"木素" گه قاراڭـز.
木质的　xyloid(= wooden)	كسيلويد، اعاش تەكتى
木质磺酸　lognosulfonic acid	ليگنو سۇلفون قىشقىلدارى
木质塑料　lignin plastic	ليگنين سۇليادۇلار
木质素	"木素" گه قاراڭـز.
木质酸　xylonic acid　$CH_2OH \cdot (CHOH)_3 \cdot COOH$	كسيلون قىشقىلى
木质糖　lignose	ليگنوزا
木质酮　lignon	ليگنون
木质物　xyloid material	كسيلويد ماتەريالدار، اعاش تەكتى ماتەريالدار
木质纤维　ligno celluose	ليگنو سەلليۋلوزا
木质酰胺　xylonamide	كسيلون اميد

钼(MO)　molybdenum　موليبدەن (MO)

钼催化剂　molybdenum catalyst　موليبدەن كاتاليزاتور

钼钢　molybdenum steel　موليبدەندى بولات

钼化合物　molybdic compound　موليبدەن قوسىلىستارى

钼磷酸　phospho molybdic acid　فوسفورلى موليبدەن قشقىلى

钼磷酸铵　ammonium phosphomolybdate　$(NH_4)_3PO_4 \cdot 12M_0O_3 \cdot 6H_2O$　فوسفورلى قشقىل امموني موليبدەن

钼铝催化剂　molybdana alumina catalyst　موليبدەن ـ الؤمين كاتاليزاتور

钼丝　molybdenum wire　موليبدەن سم

钼酸　molybdic acid　موليبدەن قشقىلى

钼酸铵　ammonium molybdate　$(NH_4)_2MoO_4$　موليبدەن قشقىل امموني

钼酸钡　barium molybdate　$BaMoO_4$　موليبدەن قشقىل باري

钼酸铋　bismuth molybdate　$Bi_2(MoO_4)_3$　موليبدەن قشقىل بيسمؤت

钼酸钙　calcium molybdate　$CaMoO_4$　موليبدەن قشقىل كالتسي

钼酸钾　potassium molybdate　K_2MoO_4　موليبدەن قشقىل كالي

钼酸镧　lanthanum molybdate　$La_2(MoO_4)_3$　موليبدەن قشقىل لانتان

钼酸锂　lithium molybdate　Li_2MoO_4　موليبدەن قشقىل ليتي

钼酸镁　magnesium molybdate　$MgMoO_4$　موليبدەن قشقىل ماگني

钼酸钠　sodium molybdate　Na_2MoO_4　موليبدەن قشقىل ناتري

钼酸钕　neodium molybdate　$Nb_2(MoO_4)_3$　موليبدەن قشقىل نەوديم

钼酸镨　praseodymium molybdate　$Pr_2(MoO_4)_3$　موليبدەن قشقىل پرازەودەيم

钼酸铅　lead molybdate　P_bMoO_4　موليبدەن قشقىل قورعاسىن

钼酸铈　cerous molybdate　$Ce(MoO_4)_3$　موليبدەن قشقىل سەري

钼酸锶　strontium molybdate　موليبدەن قشقىل سترونتسي

钼酸盐　molybdenate　M_2MoO_4　موليبدەن قشقىلىنىڭ تؤزدارى

钼酸钇　yttrium molybdate　$Y_2(MoO_4)_3$　موليبدەن قشقىل يتتري

钼酸银　silver molybdate　Ag_2MoO_4　موليبدەن قشقىل كؤمس

钼铁(合金)　ferro - molybdenum(alloy)　تەمىر ـ موليبدەن (قورىتپاسى)

钼铸铁　موليبدەندى شويىن

牧氨酸　muramic acid　مؤرامين قشقىلى

穆斯鲍尔反应　Mosbauer effect　موسباؤەر رەاكسياسى

穆斯鲍尔谱　Mosbauer spectrum　موسباؤەر سپەكترى

N

na

拿捕净　babu　　　　　　　　　　　　　　　　　　نابۇ

拿草特　propyzamide　　　　　　　　　　　　پروپىيزاميد

拿发唑啉　napazolinum　　　　　　　　　　　ناپازولين

拿浦黄　nables yellow　　　　　　　　　ناپلەس سارسى

镎(Np)　neptunium　　　　　　　　　　　نەپتۇني (Np)

镎系(列)　neptunium series　　　　　　　نەپتۇني قاتارى

哪考棕 D　nak brown D　　　　　　ناك قىزىل قوڭىرى

娜檀宁　rhatanin　$C_{40}H_{43}O_3N$　　　　　　راتانين

钠(Na)　sodiun　　　　　　　　　　　　ناتري (Na)

钠玻璃　soda glass　　　　　　　ناتريلى ەينەك (شىنى)

钠代苄基丙二酸乙酯　etyl－sodium benzyl malonate
$C_2H_5O\cdot CO\cdot CNa(C_2H_5\cdot CH_2)\cdot COOC_2H_5$　　ناتري－بەنزيل مالون قىشقىل ەتيل ەستەرى

钠代丙二酸酯　sodiun malonic ester　$NaHC(COOR)_2$　ناتريلى مالون قىشقىل
ەستەرى

钠代草醋酸乙酯　sodium oxaloacetic ester　$C_2H_5O\cdot CO\cdot CO\cdot CHNa\cdot COOC_2H_5$
ناتريلى قىمىزدىق سىركە قىشقىل ەتيل ەستەرى

钠代草醋酸酯　sodium oxaloacetic ester　$ROCOCOCHNaCO\cdot OC_2H_5$
ناتريلى قىمىزدىق سىركە قىشقىل ەستەرى

钠代甲基丙二酸盐　sodium methyl malonate　　ناتري－مەتيلدى مالون
قىشقىلىنىڭ تۇزدارى

钠代甲基丙二酸乙酯　sodium－methyl malonic ester
$C_2H_5OCOCNa(CH_3)CO\cdot OC_2H_5$　　ناتري－مەتيلدى مالون قىشقىل ەتيل ەستەرى

钠代甲基丙二酸酯　$ROCOCNa(CH_3)CO\cdot OR$　گە "钠代甲基丙二酸乙酯"
قاراڭىز.

钠代甲基乙酰醋酸乙酯　sodium methyl - acetoacetic ester

$CH_3COC(CH_3)Na \cdot CO \cdot OC_2H_5$

ناتري ـ مەتيلدى اتسەتيل سركە قشقىل ھتىل ھستەرى

钠代甲基乙酰醋酸酯　"钠代甲基乙酰醋酸乙酯" گە قاراڭىز.

钠代氰基醋酸乙酯　sodium cyanoacetic ester　$CNCHNaCOOC_2H_5$

ناتري ـ سياندى سركە قشقىل ھستەرى

钠代氰基醋酸酯　"钠代氰基醋酸乙酯" گە قاراڭىز.

钠代酮酸酯　sodio - ketoester

ناتريلى كەتون ھستەرى

钠代烷基丙二酸乙酯　sodium alkylmalonic ester　$C_2H_5O \cdot CO \cdot CRNa \cdot CO \cdot OC_2H_5$

ناتري الكيلدى مالون قشقىل ھتىل ھستەرى

钠代烷基丙二酸酯　"钠代烷基丙二酸乙酯" گە قاراڭىز.

钠代乙基丙二酸乙酯　sodio - ethyl malonic ester

$C_2H_5O \cdot CO \cdot CNa(C_2H_5) \cdot CO \cdot OC_2H_5$

ناتريلى مالون قشقىل ھتىل ھستەرى

钠代乙基丙二酸酯　"钠代乙基丙二酸乙酯" گە قاراڭىز.

钠代乙酰醋酸乙酯　sodium - acetoacetic ester　$CH_3 \cdot Co \cdot CHNa \cdot CO \cdot OC_2H_5$

ناتري اتسەتيلدى سركە قشقىل ھتىل ھستەرى

钠代乙酰醋酸酯　"钠代乙酰醋酸乙酯" گە قاراڭىز.

钠矾　sodium alum

ناتريلى اشۇداس

钠肥皂　soda soap

ناتريلى كەمر سابىن، قاتتى سابىن

钠钙玻璃　soda - lime glass

ناتري ـ كالتسيلى اينەك (شنى)

钠汞剂　sodium amalgam

ناتريلى امالگاما

钠化二苯酮(游)基　sodium diphenyl - ketyl

ناتريلى ديفەنيل كەتيل

钠基润滑脂　sodium base grease(= sodium grease)

ناتريلى جىبىتكىش ماي

钠钾玻璃　soda potash glass

ناتري ـ كاليلى اينەك (شنى)

钠碱　"苏打" گە قاراڭىز.

钠碱灰　"苏打灰" گە قاراڭىز.

钠碱晶　"苏打结晶" گە قاراڭىز.

钠聚　sodium polymerization

ناتريدىڭ بوليمەرلەنۇى

钠聚合物　sodium polymer

ناتريلى پوليمەر

钠酪朊　nutrose

نۇتروزا

钠镁矾　loweite　$2MgSO_4 \cdot 2Na_2SO_4 \cdot 5H_2O$

ناتري ـ ماگنيلى اشۇداس

钠明矾　merdozite　$Na_2SO_4 \cdot Al_2S_9O_{12} \cdot 24H_2O$

	ناتريلى اشۇداس
钠铅合金　hydrone	ناتري ـ قورعاسىن قورىتپاسى
钠石灰　calx natrica	ناتريلى اك
钠铁矾　natrojarosite	ناتري ـ تەمىرلى اشۇداس
钠铜矾　natrochalcite	ناتري ـ مىستى اشۇداس
钠橡胶　buna rubber	ناتريلى كاۋچۇك
钠硝矾　darapskite	ناتري ـ ازوتتى اشۇداس
钠硝石　sodium nitro selitra　$NaNO_3$	ناتريلى سەليترا
钠盐　sodium salt	ناتري تۇزى
钠云　sodium cloud	ناتري بۇلتى (جاساندى سەرىكتەر شعارادى)
钠皂	"钠肥皂" گە قاراڭىز.
钠皂润滑脂	"钠基润滑脂" گە قاراڭىز.
钠酯　sodium ester　RO·CO·R·COONa	ناتريلى ەستەر
纳(n)　nano	نانو (n)
纳夫妥　naptol	ناپتول
纳伦　nalline(＝nolorphine)	ناللين، نالورفين
纳洛芬	"纳伦" گە قاراڭىز.
纳米(nm)　nanometer	نانومەتر (nm)
纳米材料　nanomaterials	نانومەترلىك ماتەريالدار
纳米秤　nanobalance	نانومەترلىك تارازى
纳米管　nanotubes	نانومەترلىك تۇتىك
纳米技术　nanotechnology	نانومەترلىك تەحنيكا
纳米粒子　nanoparticles	نانومەترلىك بولشەك
纳米碳管　carbon nanotube	نانومەترلىك كومىرتەكتى تۇتىك
纳他霉素　natamycin	ناتاميتسين
纳替耘　natrin	ناترين
那波霉素　narbomycin	ناربوميتسين
那可丁　narcotine	ناركوتين
那可丁酸　narcotinic acid	ناركوتين قىشقىلى
那可兰　narcolan	ناركولان

那可奴马　narconumal　　　　　　　　　　ناركونۇمال

那可提耳　narcotile　　　　　　　　　　　ناركوتيل

那可托灵　narcotoline　　　　　　　　　　ناركوتولين

那如宾　narrubiin　　　　　　　　　　　نارۇبين

那碎酮酸　narceonic acid　　　　　　　نارتسەون قشقىلى

那碎因　narceine　$C_{23}H_{27}O_8N \cdot 3H_2O$　　　نارتسەين

nai

氖(Ne)　neon　　　　　　　　　　　نەون (Ne)

氖灯　neon lamp　　　　　　　　　　نەون لامپاسى

氖管　neon tube　　　　　　　　　　نەون تۇتكاك

奶油酮　butyrone　$(C_2H_5CH_2)_2CO$　　　بۇتيرون

奈温酸　Neville and winter acid　$OH \cdot C_{10}H_6 \cdot SO_3H$　نەۆيلله ـ ۆينتەر قشقىلى

萘　naphthalene　$C_{10}H_8$　　　　　　　نافتالين

萘吖啶　naphthacridine　$C_{21}H_{13}N$　　　نافتاكريدين

萘胺　naphthyl amine　$C_{10}H_7NH_2$　　　نافتيلامين

萘胺纯蓝　naplthamine pure blue　　نافتاميندى ناق كوك

萘胺二磺酸　naphthyl amine disulfonic acid　$NH_2C_{10}H_5(SO_3H_2)$　نافتيلامين
ديسۆلفون قشقىلى

β－萘胺－5,7－二磺酸　β－naphthylamine－5,7－disulfonic acid
β ـ نافتيلامين ـ 5، 7 ـ ديسۆلفون قشقىلى

β－萘胺－6,8－二磺酸　naphthylamine－6,8－disulfonic acid
β ـ نافتيلامين ـ 6، 8 ـ ديسۆلفون قشقىلى

萘胺二磺酸盐　naphthyl amine disulfonate　$C_{10}H_8O_6NS_2M$　نافتيلاميندى
سۆلفون قشقىلىننىڭ تۇزدارى

萘胺化盐酸　naphthylamine hydrochloride　$C_{10}H_7NH_2HCl$　نافتيلاميندى تۇز
قشقىلى

萘胺磺酸　naphehylamine sulfonic acid　$NH_2C_{10}H_6SO_3H$　نافتيلاميندى سۆلفون
قشقىلى

α－萘胺－4－磺酸　α－naphthylamine－4－sulfonic acid

α ـ نافتيلامين ـ 4 ـ سۇلفون قىشقىلى

α－萘胺－5－磺酸　α－naphthyl amine－5－sulfonic acid

α ـ نافتيلامين ـ 5 ـ سۇلفون قىشقىلى

α－萘胺－6－磺酸　α－naphthyl amine－6－sulfonic acid

α ـ نافتيلامين ـ 6 ـ سۇلفون قىشقىلى

α－萘胺－7－磺酸　α－naphthyl amine－7－sulfonic acid

α ـ نافتيلامين ـ 7 ـ سۇلفون قىشقىلى

α－萘胺－8－磺酸　α－naphthyl amine－8－sulfonic acid

α ـ نافتيلامين ـ 8 ـ سۇلفون قىشقىلى

β－萘胺－1－磺酸　β－naphthylamine－1－sulfonic acid

β ـ نافتيلامين ـ1ـ سۇلفون قىشقىلى

β－萘胺－6－磺酸　β－naphthylamine－6－sulfonic acid　$NH_2C_{10}H_6SO_3H$

β ـ نافتيلامين ـ6ـ سۇلفون قىشقىلى

α－萘胺基偶氮苯　α－naphthylamino－azo－benzene　α ـ نافتيلامينو

ازو ـ بەنزول

α－萘胺基偶氮苯对磺酸　α－naphthylamino－azo－benzene－p－
benzene sulfonic acid　α ـ نافتيلامينو ـ ازو ـ p ـ بەنزول سۇلفون قىشقىلى

萘胺坚牢黑　naphthmine fast black　نافتامىنىدى جۆمەمدى قارا

萘胺蓝　naphthamine blue　نافتامىنىدى كوك

萘胺亮枣红　naphthamine brilliant bordeaux　نافتامىنىدى جارقىراۇڭق

كۆرەڭ قىزىل

萘胺偶氮酚　"苯酚 AS－SW" گە قاراڭىز.

1－萘胺偶氮酚　"苯酚 AS－BO" گە قاراڭىز.

萘胺浅蓝　naphthamine light blue　نافتامىنىدى سولعىن كوك

α－萘胺－3,6,8－三磺酸　α－naphthylamine－3,6,8－trisulfonic acid
$NH_2C_6H_4(SO_3H)_3$　α ـ نافتيلامين ـ 3، 6، 8 ـ تريسۇلفون قىشقىلى

萘胺－磺酸　naphthylamine mono sulfonic acid　$NH_2 \cdot C_{10}H_6 \cdot SO_3H$

نافتيلامين مونوسۇلفون قىشقىلى

萘并　naphtho－　نافتو ـ

2,1,3－萘并[1,2]恶二噻茂　2,1,3－naphtho[1,2]oxadithiole　2، 1، 3 ـ

نافتو [1، 2] وكساديتيول

萘并萘　naphthacene　نافتاتسەن

2,1,3－萘并[1,2]氧二氮茂　2,1,3－naphtho[1,2]dithiole　نافتو [1 ، 2] ديتيول　2، 1، 3 _

萘叉　naphthylidene　CH:CHCHC₆H₄C＝　نافتيليدەن

萘撑　naphthylene　$C_{10}H_{16}$　نافتيلەن

萘醋酸　naphthyl acetic acid　$C_{10}H_7CH_2COOH$　نافتيل سركه قشقىلى

β－萘醋酸　β－naphthyl acetic acid　β _ نافتيل سركه قشقىلى

萘啶　naphthyridine　$C_8H_6N_2$　نافتيريدين

萘啶酸　nalidixic acid　ناليديكس قشقىلى

萘二胺　naphthylenediamine　نافتيلەنديامين

萘二磺酸　naphthalene disulfonic acid　$C_{10}H_6(SO_3H)_2$　نافتالين ديسۇلفون قشقىلى

萘二甲酸　naphthalic acid　$C_{10}H_6(COOH)_2$　نافتال قشقىلى

萘二甲(酸)酐　naphthalic (acid)anhydride　$C_{10}H_6(CO)_2O$　نافتال (قشقىل) انگيدريدتى

萘二甲酰(抱)胺基　naphthalimido　$C_{10}H_6(CO)_2N-$　نافتال يميدو

萘二羧酸　naphthalene dicarboxylic acid　$C_{10}H_6(COOH)_2$　نافتالين ديكاربوكسيل قشقىلى

萘酚　naphthol　$C_{10}H_7OH$　نافتول

α－萘酚　alpha－maphthol　$C_{10}H_7OH$　α _ نافتول

β－萘酚　beta－naphthol　$C_{10}H_7OH$　β _ نافتول

萘酚 AS　naphthol AS　AS نافتول

萘酚 AS－BG　naphthol AS－BG　BG－AS نافتول

萘酚 AS－BO　naphthol AS－BO　BO－AS نافتول

萘酚 AS－BS　naphthol AS－BS　BS－AS نافتول

萘酚 AS－D　naphthol AS－D　D－AS نافتول

萘酚 AS－G　naphthol AS－G　G－AS نافتول

萘酚 AS－ITR　naphthol AS－ITR　ITR－AS نافتول

萘酚 AS－LB　naphthol AS－LB　LB－AS نافتول

萘酚 AS－OL　naphthol AS－OL　OL－AS نافتول

萘酚 AS－RL　naphthol AS－RT　RL－AS نافتول

萘酚 AS－SW naphtol AS－SW نافتول AS－SW

萘酚苯 naphthol benzene نافتول بەنزەين

α－萘酚苯 α－naphthol benaene α ـ نافتول بەنزەين

萘酚比林 naphthopyrine نافتوپيرين

萘酚橙 naphtholorange نافتول قىزعملت سارسىسى

萘酚二磺酸 naphthol disulfonic acid OHC$_{10}$H$_5$(SO$_3$H)$_2$ نافتول ديسۇلفون قىشقىلى

β－萘酚－3,6－二磺酸 β－naphthol－3,6－disulfonic acid β ـ نافتول ـ 6، 3 ـ ديسۇلفون قىشقىلى

β－萘酚－6,8－二磺酸 β－naphtol－6,8－disulfonic acid β ـ نافتول ـ 8، 6 ـ ديسۇلفون قىشقىلى

萘酚汞 mercuric naphthalate (C$_{10}$H$_7$O)$_2$Hg نافتول سناپ

萘酚红 naphthol red نافتول قىزىلى

萘酚化物 naphtolate نافتول قوسىلىستارى

萘酚黄 naphthol yellow نافتول سارسىسى

萘酚黄 S naphthol yellow S نافتول سارسىسى S

萘酚磺酸 naphthol sulfonic acid HSO$_3$·C$_{10}$H$_6$·OH نافتول سۇلفون قىشقىلى

β－萘酚磺酸 beta－naphthol sulfonic acid β ـ نافتول سۇلفون قىشقىلى

萘酚－[2]磺酸－[8] "渺羟萘磺酸" گە قاراڭىز.

α－萘酚－4－磺酸 α－naphthol－4－sulfonic acid OH·C$_{10}$H$_6$·SO$_3$H α ـ نافتول ـ 4 ـ سۇلفون قىشقىلى

α－萘酚－5－磺酸 α－naphthol－5－sulfonic acid α ـ نافتول ـ 5 ـ سۇلفون قىشقىلى

α－萘酚－8－磺酸 α－naphthol－8－sulfonic acid α ـ نافتول ـ 8 ـ سۇلفون قىشقىلى

β－萘酚－6－磺酸 β－naphthol－6－sulfonic acid β ـ نافتول ـ 6 ـ سۇلفون قىشقىلى

β－萘酚－8－磺酸 β－naphthol－8－sulfonic acid β ـ نافتول ـ 8 ـ سۇلفون قىشقىلى

萘酚磺酸盐　naphthol sulfonate　$C_{10}H_7O_4SM$　نافتول سۇلفون قىشقىلىنىڭ تۇزدارى

萘酚蓝　naphthol blue　نافتول كوگى

萘酚蓝黑　naphthol blue black　نافتول قارا كوگى

萘酚雷琐辛　naphtholresorcine　نافتول رەزورتسين

萘酚绿　naphthol green　نافتول جاسىلى

萘酚绿 B　naphthol green B　نافتول جاسىلى B

萘酚醚　naphthol ether　نافتول ەفيرى

萘酚－偶氮－苯磺酸钠　sodium naphthol－azobenzene sulfonate　نافتول ـ ازوبەنزول سۇلفون قىشقىل ناتري

萘酚染料　naphthol dye　نافتول بوياۋ

萘酚三磺酸　naphthol trisulfonic acid　$OH·C_{10}H_4(SO_3H)_3$　نافتول تريسۇلفون قىشقىلى

α－萘酚试验　alpha naphthol test　الفا نافتول تاجىربيەسى (سىناعى)

萘酚水杨甙　naphthosalicine　نافتول ساليتسين

萘酚羧酸　naphthol carboxylic acid　نافتول كاربوكسيل قىشقىلى

萘酚酞　naphthol phthalein　$C_8H_4O_2(C_{10}H_6OH)_2$　نافتول فتالەين

β－萘酚酞　β－naphthol phthalein　β ـ نافتول فتالەين

萘酚一磺酸　naphthol monosulfonic acid　$OH·C_{10}H_6·SO_3H$　نافتول مونوسۇلفون قىشقىلى

萘酚皂　naphthol soap　نافتول سابىن

萘酚中毒　naphtholism　نافتولدان ۋلانۇ

萘吩嗪　naphthophenazine　$C_{16}H_{10}N_2$　نافتوفەنازين

萘胲　naphthyl hydroxylamine　$C_{10}H_7NHOH$　نافتيل گيدروكسيلامين

萘红　naphthaline red　نافتالين قىزىلى

萘环　naphthalene ring　نافتالين ساقيناسى

萘黄　naphthalene yellow　نافتالين سارسى

萘黄酮　naphtho flavine　$C_{19}H_{12}O_2$　نافتوفلاۋون

萘磺酸　naphthalene sulfonic acid　$C_{10}H_7SO_3H$　نافتاليندى سۇلفون قىشقىلى

3－萘磺酸　3－naphthalene sulfonic acid　3 ـ نافتاليندى سۇلفون قىشقىلى

萘磺酸氯　naphthalene sulfonic acid chloride　$C_{10}H_7SO_2Cl$　نافتالیندى سۇلفون قىشقىل حلور

萘磺酸钠　sodium naphthalene sulfonate　$C_{10}H_7O_2SNa$　نافتالیندى سۇلفون قىشقىل ناتري

萘磺酰盐　naphthalene sulfonate　$C_{10}H_7O_2SM$　نافتالیندى سۇلفون قىشقىلىنىڭ تۇزدارى

萘磺酰氯　naphthalene – sulfonyl chloride　$C_{10}H_7SO_2Cl$　نافتالیندى سۇلفونیل حلور

萘基　naphthyl　$C_{10}H_7$ –　نافتیل

萘基苯恶唑　naphthyl phenyloxazole　نافتیل فەنیل وكسازول

萘基苯基甲硫酮　1 – naphthyl phenyl thione　نافتیل فەنیلتیون

萘基醋酸钠　sodium naphthalene acetate　نافتیل سىركە قىشقىل ناتري

萘基碘　naphthalene iodide　$C_{10}H_7I$　نافتالیندى یود، یودتى نافتالین

萘基甲基醚　naphthyl methyl ether　نافتیل مەتیل ەفیرى

萘基金属　naphthalide　$C_{10}H_7M$　نافتالید

萘基硫脲　naphthyl thiourea　$C_{10}H_7$ – $NHCSNH_2$　نافتیل تیوۇرەا

萘基萘　naphthyl naphthalene　$C_{10}H_7 \cdot C_{10}H_7$　نافتیل نافتالین

萘基亚硒酸　naphthalene seleninic acid　$C_{10}H_7$ – SeO_2H　نافتالیندى سەلەنین قىشقىلى

萘基乙基醚　naphthol ethyl ether　نافتول ەتیل ەفیرى

萘甲叉　naphthal　$C_{10}H_7CH=$　نافتال

萘甲川　naphthyl methyli dene (= naphthenyl)　$C_{10}H_7C\equiv$　نافتیل مەتیلیدین، نافتەنیل

萘甲腈　naphthonitrile　$C_{10}H_7CN$　نافتونیتریل

萘甲醛　naphthaldehyde　$C_{10}H_7CHO$　نافتالدەگیدتى

萘甲醛缩　　"萘亚甲基" گە قاراڭىز.

萘(甲)酸　naphthoic acid　$C_{10}H_7COOH$　نافتو قىشقىلى

萘甲酸基　naphthoyloxy　$C_{10}H_7COO$ –　نافتویلوكسیل

萘甲酸盐　naphthoate　$C_{10}H_7COOM$　نافتو قىشقىلىنىڭ تۇزدارى

萘甲酰　　"萘酰" گە قاراڭىز.

萘(甲)酰胺　naphtho amide　　　　　　　　　　نافتوامید

萘甲酰基　　　　　　　　　　　"萘酰" گه قاراڭىز.

萘肼　naphthyl hydrazine　C₁₀H₇NHNH₂　　نافتیل گیدرازین

α－萘肼化盐酸　α－naphthyl hydrazine hydrochloride　C₁₆H₇NHNH₂HCl

α ـ نافتیل گیدرازیندی تۇز قشقىلى

β－萘肼化盐酸　β－naphthyl hydrazine hydrochloride　β ـ نافتیل

گیدرازیندی تۇز قشقىلى

萘苦酸　naphthopicric acid　(NO₂)₃C₁₀H₄OH　نافتوپیکرین قشقىلى

萘喹啉　naphthoquinoline　C₁₃H₉N　　نافتوحینولین

α－萘喹啉　α－naphthoquinoline　C₁₃H₉N　α ـ نافتوحینولین

β－萘喹啉　β－naphthoquinoline　　β ـ نافتوحینولین

萘喹哪啶　naphthoquinaldine　C₁₃H₈NCH₃　نافتوحینالدین

萘醌　naphthoquinone　C₁₀H₆O₂　　نافتاحینون

萘醌－[1,2]　1,2－naphthoquinone(＝β－naphthoquinone)　1، 2 ـ

نافتوحینون، β ـ نافتوحینون

萘醌－[1,4]　1,4－naphthoquinone(＝α－naphthoquinone)　1، 4 ـ

نافتوحینون، β ـ نافتوحینون

萘醌－[2,6]　　　　　　　　"跨萘醌" گه قاراڭىز.

α－萘醌　　　　　　　　　　"萘醌－[1,4]" گه قاراڭىز.

β－萘醌　　　　　　　　　　"萘醌－[1,2]" گه قاراڭىز.

萘醌醇　naphthaquinol　　　　نافتاحینول

萘醌磺酸盐　naphthoquinonesulfonate　نافتوحینوندى سۇلفون قشقىلىننىڭ

تۇزدارى

萘来苏尔　naphthalizole　　　نافتالیزول

萘蓝　naphthalene blue　　　نافتالین كوگى

萘硫酚　thionaphthol　　　　تیونافتول

α－萘硫脲　α－naphthyl thiourea　α ـ نافتیل تیوۇرەا

萘绿　naphthalene green　　　نافتالین جاسىلى

萘满　tetralin(e)　C₆H₄CH₂(CH₂)₂CH₂　تەترالین

萘满醇　tetralol　　　　　　تەترالول

萘满基　tetralyl

تەترالىل

萘满汽油　tetralinbenzin　تەترالىن بەنزىن

萘满酮　tetralone　تەترالون

萘玫红　naphthalene rose　نافتالىن روزا قىزىلى

萘迫磺内酰胺　.قاراڭز گە "磺内酰胺"

萘迫磺内酯　.قاراڭز گە "磺内酯"

萘茜　naphthazarine　$(HO)_2C_{10}H_4O_2$　نافتازارىن

萘嵌苯酮　.قاراڭز گە "周萘酮"

萘嵌二氮(杂)苯基　.قاراڭز گە "伯啶基"

萘嵌间二氮杂苯　.قاراڭز گە "伯啶"

萘嵌间二氮(杂)苯基　.قاراڭز گە "伯啶基"

萘嵌戊烷　.قاراڭز گە "苊"

萘嵌戊烯　.قاراڭز گە "苊烯"

萘球　naphthalene ball　نافتالىن شارى

α－萘取三乙氧基硅　α－aphthyl triethyoxy－silicane　$C_{10}H_7Si(OC_2H_5)_3$
α ـ نافتيل تريوكسيل كرەمني

β－萘取三乙氧基硅　β－naphthyl triethyoxy－silicane　β ـ نافتيل
تريوكسيل كرەمني

1－萘醛　1－naphthaldehyde　1 ـ نافتالدەگيتى

1,3,6－萘三酚　1,3,6－trihdroxy naphthalene　$C_{10}H_5(OH)_3$　1، 3، 6 ـ
گيدروكسيلدى نافتالىن

萘三磺酸　naphthalene trisulfonic acid　$C_{10}H_5(SO_3H)_3$　نافتالىندى تريسؤلفون
قشقلى

萘生育酚　naphthotocoperol　نافتوتوكوفەرول

萘四磺酸　naphthalene tetrasulfonic acid　$C_{10}H_4(SO_3H)_4$　نافتالىندى
تەتراسؤلفون قشقلى

萘酸黑　naphthalene acid black　نافتالىن قشقلى قاراسى

萘羧酸　naphthalene carboxylic acid　$C_{10}H_7COOH$　نافتالىندى كاربوكسيل
قشقلى

萘凡　.قاراڭز گە "萘球"

萘烷　decalin　$C_{10}H_{18}$　دەكالىن

萘烷酮　decalone ده‌كالون

萘酰　naphthoyl　$C_{10}H_7CO-$ نافتويل

萘酰胺　naphthamide　$C_{10}H_7CONH_2$ نافتامىد

萘酰基乙腈　naphthoylacetonitrile نافتويل اتسه‌تونىترىل

萘酰氯　naphthoyl chloride　$C_{10}H_7COCl$ نافتويل حلور

萘酰替苯胺　naphthanilide نافتانىلىد

萘亚甲基　naphthyl methylene　$C_{10}H_7CH=$ نافتيل مه‌تىله‌ن

萘衍生物　naphthalene derivatives نافتالين تۆنىدلارى

萘盐　naphthalene salts نافتالين تۇزى

萘氧基　naphthyloxy(＝naphthoxy)　$C_{10}H_7O-$ نافتيلوكسيل، نافتوكسيل

萘氧基汞 "萘酚汞" گه قاراڭىز.

β－萘乙醚　β－naphthol ethyl ether β ـ نافتول ه‌تيل ه‌فيرى

萘乙酸 "萘醋酸" گه قاراڭىز.

β－萘乙酸 "β－萘醋酸" گه قاراڭىز.

萘乙酮　acetonaphthone　$CH_3COC_{10}H_7$ اتسه‌تونافتون

萘乙酰胺　naphthalene acetamide نافتالين سىركه اميد، نافتالين اتسه‌تاميد

萘乙酰半胱氨酸　naphthylmercapturic acid نافتيل مه‌ركاپتۆر قشقىلى

萘吲哚靛　naphthalene indolindygo نافتالين يندول يندىگو

萘油　naphthalene oil نافتالين مايى

萘状环　naphthalene ring نافتالين ‹تارىزدى ساقينا

萘唑啉　naphthazoline نافتازولين

耐醇性　alcohol resistance سپيرتكه توزىمدىلىك

耐腐蚀合金　corrosion resisting alloy كوررۇزىياعا ‹توزىمدى قورتپا

耐腐蚀性　corrsion resistance كوررۇزىياعا توزىمدىلىك

耐光度　fastness to light جارىققا توزىمدىلىك، جارىققا توزىمدىلىك داره‌جه‌سى

耐寒性　low tempera ture resistance سۇۋىققا توزىمدىلىك

耐火(材)料　refractories وتقا ‹توزىمدى ماته‌رىالدار

耐火产品　refractory products وتقا ‹توزىمدى بۇيىمدار

耐火瓷　refractory porcelain وتقا ‹توزىمدى كارله‌ن

耐火坩埚　refractory crucible وتقا ‹توزىمدى تيگه‌ل

耐火金属	refractory metal	ئوتقا ئۇزۇمدى مەتاللدار
耐火绝缘体	refractory insulator	ئوتقا ئۇزۇمدى يزوليياتور
耐火泥	fire clay	ئوتقا ئۇزۇمدى بالشىق
耐火粘土		"耐火泥" گە قاراڭنز.
耐火漆	fire-retarding paint	ئوتقا ئۇزۇمدى سىر
耐火水泥	refractory cement	ئوتقا ئۇزۇمدى سەمەنت
耐火土		"耐火泥" گە قاراڭنز.
耐火陶瓷坩埚	refractory ceramic crucible	ئوتقا ئۇزۇمدى قىش، كارلەن تىگەل
耐火性	fire resistance	ئوتقا ئۇزۇمدى، ئوتقا شىدامدىلىق
耐火砖	refractory brick	ئوتقا ئۇزۇمدى كەرپىش
耐碱度	fastness to alkali	سىلتىگە توزۇمدىلىك دارەجەسى
耐碱性	alkali resistance	سىلتىگە توزۇمدىلىك
耐纶		"尼龙" گە قاراڭنز.
耐纶-6		"尼龙-6" گە قاراڭنز.
耐纶-66		"尼龙-66" گە قاراڭنز.
耐霉素	duramycin	دۇراميتسىن
耐热玻璃	heat resisting glass	ئوتقا ئۇزۇمدى ئەينەك (شىنى)
耐热度	heat resistance	ئىستىققا توزۇمدىلىك دارەجەسى
耐热钢	heat resisting steel	ئىستىققا ئۇزۇمدى بولات
耐热合金	heat resistance alloy	ئىستىققا ئۇزۇمدى قورۇتپا
耐热漆	heat resistance paint	ئىستىققا ئۇزۇمدى سىر
耐热试验	heat-resistance test	ئىستىققا توزۇمدىلىك تاجرىبەسى (سىناۋى)
耐热系数	heat resisting coefficient	ئىستىققا توزۇمدىلىك كوەففىتسەنتى
耐热性	heat resisting property	ئىستىققا توزۇمدىلىك
耐湿性	wet fastness	نەمگە توزۇمدىلىك
耐水度	fastness to water	سۇغا توزۇمدىلىك دارەجەسى
耐水剂	water (proofing) agent	سۇغا ئۇزۇمدى ئاگەنت
耐酸材料	acid-proof materials	قىشقىلغا ئۇزۇمدى ماتېرىيالدار
耐酸钢	acid resisting steel	قىشقىلغا ئۇزۇمدى بولات
耐酸合金	acid-proof alloy	قىشقىلغا ئۇزۇمدى قورۇتپا

耐酸混凝土　acid – proof concrete قىشقىلعا ئوزىمدى بەتون

耐酸漆　acid – proof paint قىشقىلعا ئوزىمدى سىر

耐酸软管　acid – proof hose (قىشقىلعا ئوزىمدى قۇبىر (تۇتەك

耐酸水泥　acid – proof cement قىشقىلعا ئوزىمدى سەمەنت

耐酸搪瓷　acid – proof enamel قىشقىلعا ئوزىمدى ەمال

耐酸陶器　acid – proof pottery قىشقىلعا ئوزىمدى قىش

耐酸铁　acid resisting iron قىشقىلعا ئوزىمدى تەمىر

耐酸性　acid resistance قىشقىلعا توزىمدىلمك

耐酸砖　acid – proof brick قىشقىلعا ئوزىمدى كەرپىش

耐油性　oil resistance مايعا توزىمدىلمك

耐蒸度　fastness to decatizing بۇعا توزىمدىلمك دارەجەسى

nan

南非金刚石　South African dianmond وڭتۇستەك افرىكا المازى

南非石棉　South African asbestos وڭتۇستەك افرىكا تاس ماقتاسى

南美花椒酰胺 ".قاراڭمز گە "鹤枯灵

南山酮　lanthanon لانتانون

南蛇藤醇　celastrol سەلاسترول

南天竹碱　domesticine دومەستيتسين

难挥发物　involatile matter ناشار ۇشاتىن زات

难熔玻璃　high melting glass (ناشار بالقيتىن اينەك (شىنى

难熔化合物　refractory compound ناشار بالقيتىن قوسىلمستار

难熔金属　high melting metal ناشار بالقيتىن مەتالدار

难熔稀有金属　refractory rare metal ناشار بالقيتىن سيرەك مەتالدار

难熔性沉淀　infusible precipitate ناشار بالقيتىن تۇنبا

nao

硇砂　sal ammoniac مۇساتىر، حلورلى اممونى

脑氨脂 krinsin		كرينزين
脑初甙		"初磷脂" گه قاراڭىز.
脑甙 cerebroside		سەروبروزىد
脑甙脂 cerasine		"脑酮" گه قاراڭىز.
脑啡肽 encefalin		ەنكەفالين
脑磷脂 cephalin(= kephalin)		كەفالين
脑素 cerebrin		سەرەبرين
脑糖 cerebrose		سەرەبروزا
脑糖尿 cerebroseurea		سەرەبروزالى نەسەپ
脑糖酸 cerebric acid		سەرەبروزا قىشقىلى
脑酮 cerebron		سەرەبرون
脑酮酸 cerebronic acid	$CH_3(CH_2)_{21}CHOHCOOH$	سەرەبرون قىشقىلى
脑油脂 cerebrolein		سەرەبرولەين
脑组织素		"初磷脂" گه قاراڭىز.
闹塔亭 notatin		نوتاتين

nei

内胺 intramine	$[O-NH_2C_6H_4S]_2$	ينترامين
内铵盐		"甜菜碱" گه قاراڭىز.
内半缩醛 inner hemiacetal		ىشكى گەمياتسەتال
内壁 inner wall		ىشكى ٴبۇيىر
内部结构 inner structure		ىشكى قۇرىلىس
内部转变 inner transformation		ىشكى وزگەرۋ، ىشكى اينالۇ
内部作用 internal action		ىشكى رول، ىشكى اسەر
内电解法 internal electrolysis		ىشكى ەلەكتروليزدەۋ
内电阻 internal resistance		ىشكى ەلەكترلىك كەدەرگى
内毒素 endotoxin		ەندوتوكسين
内二聚体 interdimer		ينتەرديمەر، ىشكى ديمەر
内反应 internal reaction		ىشكى رەاكسيا

内夫反应　Nef reaction	نەۆ رەاكسياسى
内酐　inneranhydride	شكى انگيدريد
内根酸　entagenic acid	ەنتاگەن قشقلى
内环　internal ring	شكى ساقينا
内混浊　internal hase	شكى لايلانۇ
内加热　internal heating	شتەن قـزدسرۇ، شتەي قـزدسرۇ
内扩散　internal diffusion	شكى ديففۇزيا
内量子数　inner quantum number	شكى كۆانت سانى
内龙盐　nylon salt	نيلون توزى
内霉素　endomycin	ەندوميتسين
内酶　endoenzyme	ەندوەنزيم، شكى فەرمەنت
内醚　inner ether	شكى ەفير
内能　internal energy	شكى ەنەرگيا
内平衡　inner equilibrium	شكى تەپە ــ تەڭداك
内燃烧　internal combustion	شكى جانۇ
内溶素　endolysin	ەندوليزين
内渗当量　endosmotic equivalent	شكى ءسىڭۇ ەكۆيۆالەنتى
内渗(现象)　endosmose	شكى ءسىڭۇ قۇبـلـسى
内双键　internal double bond	شكى قوس بايلانس
内循环　internal recycling	شكى اينالس
内缩合(作用)　internal condensation	شكى كوندەنساتسيالانۇ
内缩醛　aldolactol	الدولاكتول
内缩酮　keto－lactol	كەتولاكتول
内酮二酸	"中草酸" گە قاراڭز.
内酮二酰	"中草酰" گە قاراڭز.
内吸磷　demeton(＝systox)	دەمەتون، سيستوكس
内锡盐　ylide	يليد، شكى قالايى توزى
内酰胺　lactam	لاكتام
内酰胺酸　lactaminic acid	لاكتامين قشقلى
内酰亚胺　laetim, lactin	لاكتيم، لاكتين

内消旋 meso -	مەزو -
内消旋环己六醇	"内消旋肌醇" گە قاراڭىز.
内消旋肌醇 meso - inositol	مەزو - ينوزيتول
内消旋酒石酸	"中酒石酸" گە قاراڭىز.
内消旋体 mesomer, mesomeride	مەزومەر، مەزومەريد
内消旋体离析 mesotomy	مەزوتومي، مەزومەردى ىدىراتۇ
内消旋型 meso - form	مەزوفورمالى، مەزوتيپ
内消旋异构体 meso isomer	مەزويزومەر
内压力 internal pressure	ىشكى قىسىم كۇش
内焰 inner flame	ىشكى جالىن
内盐 inner salt	ىشكى تۇز
(内)液(外)固胶体 lisoloid	ليزولويد
内酯 inner ester, lactone	ىشكى ەستەر - لاكتون
内酯环 lactonic ring	لاكتون ساقيناسى
内酯酶 lactonase	لاكتونازا
内酯酸 lactonic acid	لاكتون قىشقىلى
内酯异构现象 lactone isomerism	لاكتون يزومەر قۇبىلسى
内指示剂 internal indicator	ىشكى ينديكاتور

neng

能 energy	ەنەرگيا
能层 shell	ەنەرگيا قاباتى
能当量 energy equivalente	ەنەرگيا ەكۆيۆالەنتى
能级 energy level	ەنەرگيا دەڭگەيى
能级符号 energy level simbol	ەنەرگيا دەڭگەيى تاڭبالارى
能链 energy chain	ەنەرگيا تىزبەگى، ەنەرگيالىق تىزبەك
能量持久(定)律 law of persistance of energy	ەنەرگيانىڭ ۇزاق ساقتالۇ زاڭى
能量代谢 energy metabolism	ەنەرگيانىڭ الماسۇى
能量单位 energy unit	ەنەرگيا بىرلىگى

能(量)级(位)　"能级" گه قاراڭز.

能量平衡　energy balance　ھنەرگىيالىق تەپ ـ تەڭدىك

能量守恒　energy conservation　ھنەرگىيانىڭ ساقتالۇی

能量守恒定律　law of conservation of energy　ھنەرگىيانىڭ ساقتالۇ زاڭی

能量子　energy quantum　ھنەرگىيا كۇۋانتى

能量最低原理　the lowest energy principle　ھڭ تومەن ھنەرگىيا قاعیداسی

能源　energy, the sources of energy　ھنەرگىيا قاینارى، ھنەرگىيا كوزی

能子　energon　ھنەرگون

ni

尼阿密　niamide　نیامید

尼哦油　niobe oil　$C_6H_5CO \cdot OCH_3$　نیوب مایی

尼丸宁　nirvanin　نیرۋانین

尼丸诺　nirvanol　نیرۋانول

尼格(落辛)　nigrosine　نیگروزین

尼格色基　nigrosine base　نیگروزین ﺋتۇس تەگی

尼古丁　nicotine　نیكوتین

尼奎　niquine　$C_{19}H_{24}O_2N_2$　نیحین

尼卡洛伊　nicaloy　نیكالوي

尼科耳棱晶　nicol　نیكول

尼可沺　nicofer　نیكوفەر

尼可刹米　nikethaminde　نیكەتامید

尼克酰胺　nicotinamide　نیكوتینامید

尼兰德溶液　Nylander solution　نیلاندەر ھرتنندسسی

尼兰德试剂　Nylander reagent　نیلاندەر رەاكتیۇی

尼龙　nylon　نیلون

6-尼龙　nylon-6　نیلون ـ 6

66-尼龙　nylon-66　نیلون ـ 66

尼龙盐　nylon salt　نیلون تۇزی

尼孟合金 nimonine		نيمونين
尼莫汀酸 nemotinec acid		نەموتين قىشقىلى
尼喔仿 nioform		نيوفورم
尼喔配林 neopelline		نەوپەللين
尼喔品 neopine		نەوپين
尼杷晋 nipagin	HOC_6H_4COOMe	نيپاگين
尼杷油 nipasol	$C_{10}H_{12}O_3$	نيپازول
尼帕炸药 niperit		نيپەريت (قوپارعش ٴداری)
尼泊金 nipagen		نيپاگەن
尼生素 nisin		نيزين
尼斯喔酸 nisioic acid		نيسيو قىشقىلى
尼特龙 nitron		نيترون (جاساندى جبپەكتاڭ ٴبىر ٴتۇرى)
尼瓦林 nivalin		نيۆالين
尼锌 nizin		نيزين
尼亚加拉蓝 Niagara bule		نياگارا كوگى
泥煤		"泥炭" گە قاراڭىز.
泥煤焦炭 peat charcoal		شىمتەزەكتاك كوكس
泥煤焦油 peat tar		شىمتەزەكتاك كوكس مايى
泥煤焦油酸 peat – tar acids		شىمتەزەكتاك كوكس مايى قىشقىلى
泥煤气体 peat gas		شىمتەزەك گازى
泥煤石醋 peat paraffin		شىمتەزەكتاك پارافين
泥煤砖 peat brick		شىمتەزەك كەرپىش
泥三角 pipeclay triangle		تۇپتاك (تاجريبەحانادا)
泥炭 peat		شىمتەزەك، تورف
泥土		"粘土" گە قاراڭىز.
霓虹灯		"氖灯" گە قاراڭىز.
霓虹管		"氖管" گە قاراڭىز.
铌(Nb) niobium		نيوبي (Nb)
铌酐 niobic anhydride	Nb_2O_5	نيوبي انگيدريدتى
铌酸 niobic acid	H_3NbO_4	نيوبي قىشقىلى

铌酸钡钠　barium sodium niobate(BNN)　نىيوبي قىشقىل بارى ـ ناترى

铌酸钠　sodium nibute(colubate)　NaNbO₃　نىيوبي قىشقىل ناترى

铌酸盐　niobate(= columbate)　MNbO₄　نىيوبي قىشقىلىنىڭ تۇزدارى

铌氧基　niobyl, niobioxyl　نىيوبيل، نىيوبيوكسىل

铌氧团　niobioxy group　نىيوبيوكسىل گرۇپپاسى

鲵精朊　esocin　ەزوتسىين

拟除虫菊酯(类)　pyrethroid　پىرەتروپدتار

拟芳香性　pseudoaromaticity　جالعان ارۇماتتىق

拟核朊　paranuclein　پارانۇكلەين

拟金属　"非金属" گە قاراڭز.

拟晶质　"准晶质" گە قاراڭز.

拟藜芦碱　"假杰尔碱" گە قاراڭز.

拟树脂　resinoide　رەزىنوىد

拟维生素　vitamer　ۋيتامەر

拟维生素类　"黄酮类化合物" گە قاراڭز.

逆反应　reverse reaction　كەرى رەاكسيا

逆合成分析法　كەرى سينتەزدەپ تالداۇ

逆扩散　counter diffusion　كەرى دىففۇزيا

nian

粘蛋白　mucin　مۇتسىين

粘蛋白酶　mucase, mucinase　مۇكازا، مۇتسىينازا

粘蛋白原　mucinogen, mucigen　مۇتسىينوگەن، مۇتسىيگەن

粘蛋白质　mucoprotein　مۇكوپروتەين

粘毒素　viscotoxin　ۆيزكوتوكسىين

粘度　degrec of viscosity　تۇتقىرلىق

粘度比　ratio of viscosities　تۇتقىرلىق دارەجەسى

粘度单位　viscosity unit　تۇتقىرلىق بىرلىگى

粘度定律　viscosity law　تۇتقىرلىق زاڭى

粘度梯度	viscosity gradient	تۇتقۇرلۇق گرادىيەنتى (ساتسى)
粘度系数	viscosity coefficient	تۇتقۇرلۇق كوەففىتسەنتى
粘度值	viscosity number	تۇتقۇرلۇق ئمانى
粘度指数	viscosity index	تۇتقۇرلۇق كورسەتكشى
粘多糖	mucopolysaccharide	مۇكوپولىساھارىدتار
粘附	adhesion, adherency	جابسۇ
粘附力	adhesion	جابسۇ كۈشى
粘附能	adhesional energy	جابسۇ ھنەرگىياسى
粘附强度	adhesion strength	جابسۇ كۈشەمەلملگى
粘附热	adhesion heat	جابسۇ جىلۇى
粘附体	adherend	جابسقان دەنە
粘附现象	adhension	جابسۇ قۇبلىسى
粘杆菌素	colistin	كولىستىن
粘合		"粘附" گە قاراڭز.
粘合剂	bouding agent(= adhesives)	جابستىرعمش اگەنت
粘合力	binding power	جابسۇ كۈشى، جابستىرۇ كۈشى
粘胶	viscose	ۋىسكوزا
粘胶溶液	viscose solution	جابسقاق ەرتنەندى
粘胶丝	viscose silk	تۇتقۇر جىبەك
粘胶纤维	viscose	تۇتقۇر تالشق
粘结剂		"粘合剂" گە قاراڭز.
粘菌素		"粘杆菌素" گە قاراڭز.
粘康酸	muconic acid	مۇكون قشقىلى
粘康酸盐	muconate	مۇكون قشقىلىنڭ تۇزدارى
粘氯酸	mucochloro acid	مۇكوحلور قشقىلى
粘霉醇	glutinol	گلۇتىنول
粘霉素	glutinosin	گلىيۇتىنوزىن
粘霉酮	glutinone	گلىيۇتىنون
粘霉烯	glutinene	گلىيۇتىنەن
粘朊	mucin(= mucoprotein)	مۇتسىن، مۇكوپروتەين

粘朊化合物　mucoproteid	مۇكوپروتەيد، مۇتسىن قوسىلمىستارى
粘朊酶　mucinase	مۇتسىنازا
粘朊微生物　mucoid microorganisms	مۇكويد مىكرو ورگانىزمدەر
粘丝体　viscoid	ۋىسكويد
粘酸　mucic acid　$(CHOH)_4(CO_2H)_2$	مۇتسىن قىشقىلى
粘土　clay　$Al_2O_3 \cdot 2SiO_2 \cdot 2H_2O$	ساعىز توپراق، بالشىق
粘性胶体　viscolid	ۋىسكولىد، تۇتقىر كوللويد
粘性凝胶　viscogel	ۋىسكوگەل، تۇتقىر سىرنە
粘溴酸　mucobromic acid	مۇكوبروم قىشقىلى
粘液丝　viscose silk	تۇتقىر سۇيىق جىبەك
粘液素　mucoitin	مۇكويتىن
粘液素硫酸　mucoitin sulfuric acid	مۇكويتىن كۇكىرت قىشقىلى
粘液酸　mucic acid	كەلەگەيلى قىشقىل، مۇتسىن قىشقىلى
粘因　rein	رەين
粘滞液体　viscous liquid	كەلەگەيلى سۇيىقتىق
年 (y)　year	جىل (ۋاقىت بىرلىگى)
廿　twenty	جىيىرما
廿八(碳)烷　octacosane $C_{28}H_{58}$	وكتاكوزان
廿八烷醇　octacosanol	وكتاكوزانول
廿八烷基　octacosyl　$CH_3(CH_2)_{26}CH_2-$	وكتاكوزيل
廿八烷酸　octocosoic acid　$C_{27}H_{55}COOH$	وكتاكوزا قىشقىلى
廿醇	"廿烷醇" گە قاراڭىز.
廿二醇	"山萮醇" گە قاراڭىز.
廿二碳二酮-[12,13]-酸	"山萮氧酸" گە قاراڭىز.
廿二碳六烯酸　docosahexonoic acid	دوكوزا گەكسەن قىشقىلى
廿二(碳)炔-[13]-酸-[1]	"山萮炔酸" گە قاراڭىز.
廿二碳四烯酸　docosatetrenoic acid	دوكوزا تەترەن قىشقىلى
廿二碳酸　docosanoic acid	دوكوزان قىشقىلى
廿二(碳)烷酸	"山萮酸" گە قاراڭىز.
廿二(碳)烷酸甲酯	"山萮酸甲酯" گە قاراڭىز.

廿二(碳)烯-[5]酸   "鳙鱼酸" گە قاراڭىز.

廿二烷 docosane $C_{22}H_{46}$ دوكوزان

廿二烷醇 docosyl alcohol $CH_3(CH_2)_{20}CH_2OH$ دوكوزيل سپيرتى

廿二烷二酸 docosandioic acid $C_2H_{40}(COOH)_2$ دوكوزان ەكى قىشقىلى

廿二烷基 docosyl $CH_3(CH_2)_{20}CH_2-$ دوكوزيل

廿二烷双酸   "廿二烷二酸" گە قاراڭىز.

廿二烷酸 docosanoic acid $C_{21}C_{43}COOH$ دوكوزان قىشقىلى

廿二(烷)酸甲酯   "山萮酸甲酯" گە قاراڭىز.

廿二烯二酸   "廿碳烯二羧酸" گە قاراڭىز.

廿二烯二羧酸 docosenedicarboxylic acid $C_{22}H_{42}(COOH)_2$ دوكوزەن ديكاربوكسيل قىشقىلى

廿二烯酸 docosenoic acid $C_{21}C_{41}COOH$ دوكوزەن قىشقىلى

廿九酸   "褐煤酸" گە قاراڭىز.

廿九碳烷 nonaccosane $C_{20}H_{60}$ نوناكوزان

廿九烷醇 nonacosanyl alcohol $C_{29}H_{59}OH$ نوناكوزانيل سپيرتى

廿九烷基 nonacosyl $CH_3(CH_2)_{27}CH_2$ نوناكوزيل

廿九烷酸   "褐煤酸" گە قاراڭىز.

廿六酸   "廿六(烷)酸" گە قاراڭىز.

廿六碳二烯 hexacosandiene   گەكسا كوزانديەن

廿六碳二烯二酸 hexacosandiendioic acid $C_{24}H_{44}(COOH)_2$ گەكسا كوزانديەن ەكى قىشقىلى

廿六碳二烯酸 hexacosandienoic acid $C_{25}H_{47}COOH$ گەكسا كوزانديەن قىشقىلى

廿六(碳)(级)烷   "廿六烷" گە قاراڭىز.

廿六(碳)烯   "蜡烯" گە قاراڭىز.

廿六碳烯二酸 hexacosendi acid $C_{24}H_{46}(COOH)_2$ گەكسا كوزەن ەكى قىشقىلى

廿六碳烯二羧酸 hexacosendi carboxylic acid $C_{26}H_{50}(COOH)_2$ گەكسا كوزەن ديكاربوكسيل قىشقىلى

廿六碳烯酸 hexacosenoic acid $C_{25}H_{49}COOH$ گەكسا كوزەن قىشقىلى

廿六烷 hexacosane $C_{26}H_{54}$ گەكساكوزان

廿六烷醇-[1] hexacosyl alcohol $C_{26}H_{53}OH$ گەكساكوزيل سپيرتى

廿六烷二酸 hexacosandiacid $C_{24}H_{48}(COOH)_2$

گەكساكوزان ەكى قىشقىلى

廿六烷二羧酸　hexacosane dicarboxylic acid　$C_{26}H_{52}(COOH)_2$　گەكساكوزان

ديكاربوكسيل قىشقىلى

廿六烷基　hexacosyl(= ceryl)　$C_{26}H_{53}-$　گەكساكوزىيل، سەرىل

廿六(烷)酸　hexacosanic acid　$C_{25}H_{51}COOH$　گەكساكوزان قىشقىلى

廿六烯双酸　 "廿六碳烯二酸" گە قاراڭىز.

廿七(碳)烷　heptacosane　گەپتاكوزان

廿七烷　 "廿七(碳)烷" گە قاراڭىز.

廿七烷酸　carboceric acid　$CH_3(CH_2)_{25}COOH$　كاربوسەرين قىشقىلى

廿七烷酮－[4]　 "肉豆蔻酮" گە قاراڭىز.

廿七烷酮－[14]　 "肉豆蔻酮" گە قاراڭىز.

廿三基醋酸　tricosylacetic acid　تريكوزىيل سىركە قىشقىلى

廿三双酸　tricosanediacid　تريكوزان ەكى قىشقىلى

廿三碳二烯酸　tricosadienoic acid　$C_{22}H_{41}COOH$　تريكوزاديەن قىشقىلى

廿三(碳)烷　tricosane　تريكوزان

廿三碳烯二酸　tricosene diacid　$C_{21}H_{40}(COOH)_2$　تريكوزەن ەكى قىشقىلى

廿三(碳)烯二羧酸　tricosene dicarboxylic acid　$C_{23}H_{44}(COOH)_2$　تريكوزەن

ديكاربوكسيل قىشقىلى

廿三(碳)烯酸　tricosenoic acid　$C_{22}H_{43}COOH$　تريكوزەن قىشقىلى

廿三烷二酸　tricosane diacid　$C_{21}H_{42}(COOH)_2$　تريكوزان ەكى قىشقىلى

廿三(烷)基　tricosyl　$CH_3(CH_2)_{21}CH_2-$　تريكوزىيل

廿三(烷)酸　tricosanic acid　$C_{22}H_{45}COOH$　تريكوزان قىشقىلى

廿三(烷)酮－[12]　tricsanone－[12]　$(C_{11}H_{23})_2CO$　تريكوزانون

廿四醇　tetracosanol　تەتراكوزانول

廿四酸　tetracosanoic acid　تەتراكوزان قىشقىلى

廿四碳醇　carnaubyl alcohol　كارناۋبيل سپيرتى

廿四碳二烯酸　tetracosandienic acid　$C_{23}H_{43}COOH$　تەتراكوزاديەن قىشقىلى

廿四碳六烯酸　 "尼斯喔酸" گە قاراڭىز.

廿四碳烯二酸　tetracosene diacid　$C_{22}H_4(COOH)_2$　تەتراكوزەن ەكى قىشقىلى

廿四碳烯二羧酸　tetracosane dicarboxylic acid　$C_{24}H_{46}(COOH)_2$　تەتراكوزەن

ديكاربوكسيل قشقملى

廿四碳烯双酸   "廿四碳烯二酸" گه قاراڭز.

廿四碳烯酸 tetracosenic acid $C_{23}H_{45}COOH$ تەتراكوزەن قشقملى

廿四碳烯 – 9 – 酸   9 – tetracosenic acid   9 ـ تەتراكوزەن قشقملى

廿四烷 lignocerane $C_{24}H_{50}$ ليگنوسەران

廿四(烷)醇 tetracosanol   تەتراكوزانول

廿四烷二酸 tetracosane diacid $C_{22}H_{44}(COOH)_2$ تەتراكوزان ەكى قشقملى

廿四烷二羧酸 tetracosane dicarboxylic acid $C_{24}H_{48}(COOH)_2$ تەتراكوزان
ديكاربوكسيل قشقملى

廿四烷基 tetracosyl $CH_3(OH_2)_{22}CH_2-$ تەتراكوزيل

廿四(烷)酸 tetracosanoic acid $C_{24}H_{48}O_2$ تەتراكوزان قشقملى

廿四酰神经氨醇 lignocerylsphingosine   ليگنوسەريل سفينگوزين

廿碳二烯酸 eicosadienoic acid   ەيكوزاديەن قشقملى

廿(碳)烷 eicosane   ەيكوزان

廿(碳)烷酸   "廿(烷)酸" گه قاراڭز.

廿碳五烯酸 eicosapentaenoic acid   ەيكوزاپەنتەن قشقملى

廿碳烯二酸 eicosene diacid $C_{20}H_{38}(COOH)_2$ ەيكوزەن ەكى قشقملى

廿碳烯二羧酸 eicosene dicarboxylic acid   ەيكوزەن ديكاربوكسيل قشقملى

廿碳烯酸 eicosenoic acid $C_{20}H_{38}O_2$ ەيكوزەن قشقملى

廿烷 larane   لاران

廿(烷)醇 eicosyl alcohol, eicosanol $CH_3(CH_2)_{18}CH_2OH$ ەيكوزيل سپيرتى،
ەيكوزانول

廿烷二酸 eicosane diacid   ەيكوزان ەكى قشقملى

廿烷二羧酸 eicosane dicarboxylic acid   ەيكوزان ديكاربوكسيل قشقملى

廿烷基 eicosyl $CH_3(CH_2)_{18}CH_2-$ ەيكوزيل

廿(烷)酸 eicosanoic acid $C_{20}H_{36}O_2$ ەيكوزان قشقملى

廿五(碳)烷 pentacosane $C_{25}H_{52}$ پەنتاكوزان

廿五(碳)烷酸 hyenic acid(= tricosyl acetic acid)   كيەن قشقملى

廿五烷   "廿五(碳)烷" گه قاراڭز.

廿五烷二酸 pentacosane diacid $C_{23}H_{46}(COOH)_2$ پەنتاكوزان ەكى قشقملى

廿五烷二羧酸 pentacosane dicarboxylic acid $C_{25}H_{50}(COOH)_2$ پەنتاكوزان ديكاربوكسيل قىشقىلى

廿五(烷)基 pentacosyl $CH_3(CH_2)_{23}CH_2-$ پەنتاكوزيل

廿五(烷)酸 pentacosanoic acid $C_{24}H_{49}COOH$ پەنتاكوزان قىشقىلى

廿烯二酸 "十八烯二羧酸" گە قاراڭىز.

廿烯双酸 docosendioic acid $C_{20}H_{38}(COOH)_2$ دوكوزەن قوس قىشقىلى

廿一双醇-[3,6] heneicosandiol-[3,6] $CH_3(CH_2)_{14}CHOH(CH_2)_2CHOHCH_2CH_2$ گەنەيكوزاندىيول ـ [6,3]

廿一双酸 "日本酸" گە قاراڭىز.

廿一(碳)(级)烷 "廿一(碳)烷" گە قاراڭىز.

廿一(碳)烷 heneicosane $C_{21}H_{44}$ گەنەيكوزان

廿一(碳)烷酸 heneicosanic acid $CH_3(CH_2)_{19}COOH$ گەنەيكوزان قىشقىلى

廿一(碳)烷酮-[11] "二癸基甲酮" گە قاراڭىز.

廿一碳烯 heneicosene $C_{21}H_{42}$ گەنەيكوزەن

廿一烷二醇-[-3,6] "廿一双醇[-3,6]" گە قاراڭىز.

廿一烷二酸 heneicosane diacid $C_{19}H_{38}(COOH)_2$ گەنەيكوزان ەكى قىشقىلى

廿一烷二羧酸 heneicosane dicarboxylic acid $C_{21}H_{42}(COOH)_2$ گەنەيكوزان ديكاربوكسيل قىشقىلى

廿一(烷)基 heneicosyl $CH_3(CH_2)_{19}CH_2-$ گەنەيكوزيل

廿一烷酸 heneicosanic acid گەنەيكوزان قىشقىلى

念珠精 candidin كانديدين

念珠菌素 candidulin $C_{11}H_{15}O_3N$ كانديدۇلين

niang

酿酶 zymase زيمازا

酿造学 zymurgy زيمۆرگيا

niao

鸟氨酸 ornithine $H_2N(CH_2)_3CH(NH_2)COOH$ ورنيتىين

鸟氨酸循环　ornithine cycle　　　　　　　　　　　　　ورنيتين اينالىسى

鸟氨脱羧酶　ornithine decarboxylase　　　　　　　ورنيتين دەكاربوكسيلازا

鸟氨酰基　ornithyl　$CH_2(NH_2)(CH_2)CH(NH_2)CO-$　　　　　ورنيتيل

鸟甙　guanosine　　　　　　　　　　　　　　　　　　　گؤانوزين

鸟甙四磷酸　guanosine tetraphosphate　　　گؤانوزيندى تەترا فوسفور قىشقىلى

鸟甙酸　guanilic acid　$C_5H_4N_4OC_5H_8O_3PO_3H_2$　　　گؤانيل قىشقىلى

鸟甙脱氨酶　guanosine deaminase　　　　　　گؤانوزين دەامينازا

鸟粪　guano　　　　　　　　　　　　　　　قۇس ساڭعىرعى

鸟粪素　guanin　　　　　　　　　　　　　　　　　گؤانين

鸟粪素酶　guanase　　　　　　　　　　　　　　　　گؤانازا

鸟尿酸　ornituric acid　$C_6H_5CONH(CH_2)_3CH(NHCOC_6H_5)COOH$　ورنيتؤر قىشقىلى

鸟嘌呤　guanine　C_5HN_5O　　　　　　　　　　　　　گؤانين

鸟嘌呤核甙　　　　　　　　　　　　قاراڭىز. گه "鸟甙"

鸟嘌呤核甙酸　guanosinic acid　　　　　　　　گؤانوزين قىشقىلى

鸟嘌呤酶　guanase　　　　　　　　　　　　　　　　　گؤانازا

鸟嘌呤唑　guanazol　　　　　　　　　　　　　　　گؤانازول

尿　urine　　　　　　　　　　　　　　　　　　ؤرين، نەسەپ

尿比重计　urometer(=urinometer)　　　　ؤرومەتر، ؤرينومەتر

尿卟啉　uroporphyrine　　　　　　　　　　　　ؤروپورفيرين

尿叉醋酸　allanturic acid　$NH_2CONCHCOOH$　　اللانتؤر قىشقىلى

尿赤素　uroerythrin　　　　　　　　　　　　　　ؤروەريترين

尿甙二磷酸　uridine diphosphate　　(UDP) ؤريديل ديفوسفور قىشقىلى

尿甙二磷酸葡萄糖　uridine diphosphate gluoose　ؤريديل ديفوسفور قىشقىل
　　　　　　　　　　　　　　　　　　　(UDPG) گليؤكوزا

尿甙磷酸　uridine phosphate　　　　　　　ؤريديل فوسفور قىشقىلى

尿甙酸　uridylic acid　　　　　　　　　　　　ؤريديل قىشقىلى

尿胆素　urobilin　　　　　　　　　　　　　　　ؤروبيلين

尿胆素尿　urobilinuria　　　　　　　　　　ؤروبيليندى نەسەپ

尿胆素原　urobilinogen　　　　　　　　　　ؤروبيلينوگەن

尿喋呤　uropterin　　　　　　　　　　　　　　ؤورپتەرين

尿定 uridine C₄H₃O₂N₂C₅H₉O₄		ۋريدين
尿毒素 urotoxin		ۋروتوكسين
尿返物 urophan		ۋروفان
尿肝素 uroheparin		ۋروگەپارين
尿狗碱 urocanin C₁₁H₁₉ON₄		ۋروكانين
尿狗碱酸 urocaninic acid C₆H₆O₂N₂·2H₂O		ۋروكانين قىشقىلى
尿狗酸 urocanic acid C₆H₆O₂N₂		ۋروكان قىشقىلى
尿狗酸酶 urocanase		ۋروكانازا
尿核甙		"尿定" گە قاراڭىز.
尿黑素 uromelanin		ۋرومەلانين
尿黑酸 gomogentisic acid, alcapton (OH)₂C₆H₃CH₂COOH		گوموگەنتيزين قىشقىلى، الكاپتون
尿黑酸酶 gomogenticase		گوموگەنتيكازا
尿黑酸尿 alcaptonuria		الكاپتوندى نەسەپ، الكاپتون ۋريا
尿红素 urorhodin, urrhodin		ۋرورودين، ۋررودين
尿环		"嘌呤" گە قاراڭىز.
尿环体		"嘌呤体" گە قاراڭىز.
尿黄质 uroxanthin		ۋروكسانتين
尿基酸		"尿甙酸" گە قاراڭىز.
尿基烷 urethylan C₂H₅O₂N		ۋرەتيلان
尿激酶 urokinase		ۋروكينازا
尿间二氮苯		"尿嘧啶" گە قاراڭىز.
尿(间二氮苯核)甙酸		"尿甙酸" گە قاراڭىز.
尿刊宁		"尿狗碱" گە قاراڭىز.
尿刊宁酸		"尿狗碱酸" گە قاراڭىز.
尿刊酸		"尿狗酸" گە قاراڭىز.
尿蓝母 indican C₁₄H₁₇O₆N₃H₂O		ينديكان
尿咪 uramil (CONH)₂COCHNH₂		ۋراميل
尿咪二醋酸 uramil diacetic acid		ۋراميل ديسىركە قىشقىلى
尿嘧啶 uracil CHCHCONHCONH		ۋراتسيل
尿嘧啶核甙		"尿核甙" گە قاراڭىز.

尿囊毒酸　botulinic acid	بوتۇلين قىشقىلى
尿囊脲酸　allanturinic acid	اللانتۇرين قىشقىلى
尿囊素　allantoin　$C_6H_4O_3N_4$	اللانتۇين
尿囊素酶　allantoinase	اللانتوينازا
尿囊酸　allantoic acid	اللانتويك قىشقىلى
尿囊酸酶　allantoicase	اللانتويكازا
尿嘌呤核甙酸　uridylic acid	ۋريدين نۆكلەوزيد
尿嗪　urazine　$C_2H_4O_2N_4$	ۋرازين
尿醛树脂　ureaformaldehyde resin	ۋرەافورمالدەگيتى سمولا
尿色素　urochrome　$C_{43}H_{51}O_{26}N$	ۋروحروم
尿色素原　urochromogen	ۋروحروموگەن
尿石二醇	"尿甾二醇" گە قاراڭز.
尿素　urea　NH_2CONH_2	ۋرە، نەسەپنار (كارباميد)
尿素酐　urea anhydride	ۋرە انگيدريدتى
尿素化氢氯	"盐酸脲" گە قاراڭز.
尿素化硝酸	"硝酸脲" گە قاراڭز.
尿素计　ureameter	ۋرە مەتر
尿素甲醛树脂	"尿醛树脂" گە قاراڭز.
尿素甲醛塑料	"脲醛塑料" گە قاراڭز.
尿素络合物　urea complex	ۋرە كومپلەكس
尿素酶　urease	ۋرەازا
尿素树脂　urea resin	ۋرەالى سمولا (شايىر)
尿素塑料(类)　ureas	ۋرەالى سۇليائۋلار
尿素循环　urea cycle(= ornithin cycle)	ۋرە اينالىسى، ورنيتين اينالىسى
尿素衍生物　urea derivative	ۋرە تۇنندىلارى
尿酸　uric acid　$C_5H_4O_3N_4$	نەسەپ قىشقىلى
尿酸分解　uricolysis	نەسەپ قىشقىلىنىڭ ىدىراۋى
尿酸计　uricometer	نەسەپ قىشقىلىن ولشەگىش، ۋريكومەتر
尿酸酶　uricase	ۋريكازا
尿酸生成(作用)　uricosenesis	نەسەپ قىشقىلىنىڭ ʼتۇزىلۇى

尿酸盐　urate　　　　　　　　　　　　نەسەپ قىشقىلىنىڭ توزدارى

尿酸氧化酶　urico‐oxidase(＝uricase)　　ۋريكو وكسيدازا، نەسەپ قىشقىل
وكسيدازا

尿酸酯　ureate　　　　　　　　　　　　نەسەپ قىشقىل ەستەرى

尿烷　urethane　$NH_2CO_2C_2H_5$　　　　ۋرەتان

尿烷树脂　urethane resin　　　　　　　ۋرەتاندى سمولا

尿胃蛋白酶　urouepsin　　　　　　　　ۋروپەپزين

尿型素　urinoid　　　　　　　　　　　ۋرينويد

尿抑胃素　urogastrone　　　　　　　　ۋروگاسترون

尿(杂)环　　　　　　　　　　　　.嘌呤" گە قاراڭىز

尿甾　urane　　　　　　　　　　　　　ۋران

尿甾二醇　urandiol　　　　　　　　　ۋرانديول

尿唑　urazole　$C_2H_3O_2N_3$　　　　　ۋرازول

脲　carbamide(＝urea)　NH_2CONH_2　　كاربامىد، ۋرەا

脲氨叉　semicarbazono‐　$H_2NCONHN＝$　سەميكاربازونو ـ

脲氨基　semicarbazido　$H_2NCONHNH‐$　سەميكاربازيدو

脲苯甲酸　uramino benzoic acid　　　ۋرامينو بەنزوي قىشقىلى

尿叉醋酸　allanturic acid　$NH_2CONCHCOOH$　اللانتۇرين قىشقىلى

脲叉脲　azodicarbonamide　$NH_2CON:NCONH_2$　ازوديكاربونامىد

脲撑　ureylene, urylene　　　　　　ۋرەيلەن، ۋريلەن

L‐脲代琥珀酸　L‐ureidosaccinic acid　L ـ ۋرەيدو سۆكتسين قىشقىلى

脲氮　ureanitrogen　　　　　　　　ازوتتى ۋرەا

脲合四氧嘧啶酸　alluranic acid　　اللۇران قىشقىلى

脲荒酸　dithiocarbamino carboxylic acid　$NH_2CONH‐CSSH$　ديتيوكاربامينو
كاربوكسيل قىشقىلى

脲基　ureido(＝carbamido, uramino‐)　ۋرەيدو ـ، كاربامىدو

脲基苯酸　carbaminobenzoic acid　$NH_2CONHC_6H_4COOH$　كاربامينو بەنزوي
قىشقىلى

脲基丙二酮酸　alloxanic acid　$C_4H_4O_5N_2$　اللوكسان قىشقىلى

脲基草酸　oxaluric acid　　　　　وكسالۋرين قىشقىلى

脲基醋酸　hydantoic acid　H₂NCONHCH₂COOH　گیدانتوین قشقملی

脲基醋酸内酰胺　"乙内酰脲" گه قاراڭـز.

脲基甲醇　"羟甲基脲" گه قاراڭـز.

脲基甲酸　allophanic acid　H₂NCONHCOOH　اللوفان قشقملی

脲基甲酸盐　allophanate　NH₂CONHCOOM　اللوفان قشقملىنىڭ تۇزداری

脲基甲酸乙酯　ethyl allophanate　NH₂CONHCO₂C₂H₅　اللوفان قشقمل ەتیل ەستەری

脲基甲酰　allophanyl　اللوفانیل

脲基甲酰胺　allophanamide　اللوفانامید

脲基间二氮杂茂二酮－[2,4]　allantoin　C₄H₆O₃N₄　اللانتوین

脲基磷酸　carbamido phosphoric acid　كاربامیدو فوسفور قشقملی

脲基酸　ureido acid　NH₂CONHCOR·COOH　ۋرەیدو قشقملی

脲基乙磺酸　tauro carbamic acid　"牛磺脲酸" گه قاراڭـز.

脲基乙酮酸　"草尿酸" گه قاراڭـز.

脲基乙酮酸胺　"草尿酰胺" گه قاراڭـز.

脲－硫脲－甲醛树脂　urea－thiourea－formaldehyde resin　ۋرەا – تیوۋرەا – فورمالدەگیتی سمولالار

脲酶　"尿素酶" گه قاراڭـز.

脲牛磺酸　uramino tauric acid　ۋرامینو تاۋرین قشقملی

脲醛树脂　urea－formaldehyde resin　ۋرەا – فورمالدەگیتی سمولالار

脲醛塑料　urea－formaldehyde plastics　ۋرەا – فورمالدەگیتی سۇلیاۋلار

脲生成　ureogenesis　ۋرەاناڭ ئتۇزىلۇی

脲羰基　"脲基甲酰" گه قاراڭـز.

脲羰基苯胺　allophanylaniline　اللوفانیل انیلین

脲羰基醋酸　"马龙尿酸" گه قاراڭـز.

脲乙醛酸　allanic acid(＝allanturic acid)　اللان قشقملی، اللانتۇر قشقملی

脲乙酸　"脲基醋酸" گه قاراڭـز.

nie

捏和橡胶　plasticate　پلاستیكات

镍(Ni)　niccolum　نیكەل (Ni)

镍－63　niccolum－63　　　　　　　　　　　　　　　نيكەل ـ 63

镍催化剂　nickel catalyst　　　　　　　　　　نيكەل كاتاليزاتور

镍钢　nickel steel　　　　　　　　　　　　　نيكەلدى بولات

镍铬合金　nickel－chrome alloy(＝nichrome)　نيكەل ـ حروم قورىتپاسى

镍合金　nickel alloy　　　　　　　　　　　نيكەل قورىتپاسى

镍黑　nickel black　　NiO₂　　　　　　　　نيكەل قاراسى

镍华　nickel arseniate　　3NiCAs₂O₅·8H₂O　ارسەن قىشقىللى نيكەل

镍黄铜　nickel brass　　　　　　　　　　　نيكەلدى جەز

镍青铜　nickel brenze　　　　　　　　　　نيكەلدى قولا

镍酸盐　nickelate　　　　　　　　　نيكەل قىشقىلىنىڭ تۇزدارى

镍盐　nickel salt　　　　　　　　　　　　نيكەل تۇزى

ning

柠碱　limonin　　　　　　　　　　　　　　ليمونين

柠康酐　citraconic anhydride　　CH₃CCHCOOCO　سيتراكون انگيدريدتى

柠康酸　citraconic acid　　COOH·CHC(CH₃)COOH　سيتراكون قىشقىلى

柠康酸盐　citraconate　　　　　　سيتراكون قىشقىلىنىڭ تۇزدارى

柠康酰　citraconyl　　－COC(CH₃)CHCO－(CiS)　سيتراكونيل

柠檬草油　lemongrass oil　　　　　　　　ليمون ٴشوپ مايى

柠檬甙　　　　　　　　　　　"柠碱" گە قاراڭز.

柠檬芬　citrophen　　C₈H₁₁ONC₆H₈O₇　　سيتروفەن

柠檬铬　lemon chrome　　　　　　　　　ليمون حروم

柠檬黄　citron yellow(＝lemon yellow)　سيترون سارسى، ليمون سارسى

柠檬醛　citral　　　　　　　　　　　　سيترال

柠檬素 P　citrin(＝vitamin P)　　سيترين، ۆيتامين P

柠檬素 A　citronine A　　　　　　　سيترونين A

柠檬素 Y　citronine Y　　　　　　　سيترونين Ý

柠檬酸　citrc acid　HO₂CCH₂C(OH)(CO₂H)CH₂CO₂H　ليمون قىشقىلى

柠檬酸铵　ammonium citrate　　　　ليمون قىشقىل اممونى

柠檬酸钡　barium citrate　　$Ba_2(C_6H_5O_7)_2$　　ليمون قشقىل بارى

柠檬酸铋　bismuth citrate　　$BiC_6N_5O_7$　　ليمون قشقىل بيسمۇت

柠檬酸丁酯　butyl citrate　　ليمون قشقىل بۇتيل ەستەرى

柠檬酸发酵　citric acid fermentation　　ليمون قشقىلدى اشۇ

柠檬酸钙　calcium citrate　　$Ca_3(C_6H_5O_7)_2$　　ليمون قشقىلدى كالتسى

柠檬酸化对氨基苯乙酯　p‒phenetidine citrate　　p ‒ ليمون قشقىل
فەنەتيدين

柠檬酸钾　potassium citrate　　$K_3C_6H_5O_7$　　ليمون قشقىل كالي

柠檬酸锂　lithium citrate　　ليمون قشقىل ليتى

柠檬酸镁　magnesium citrate　　$Mg_3(C_6H_5O_7)_2$　　ليمون قشقىل ماگنى

柠檬酸锰　manganese citrate　　ليمون قشقىل مارگانەتس

柠檬酸钠　sodium citrate　　$Na_3C_6H_5O_7$　　ليمون قشقىل ناترى

柠檬酸铅　lead citrate　　$Pb(C_3H_6O_7)_2$　　ليمون قشقىل قورعاسىن

柠檬酸三苄酯　tribenzyl citrate　　$(C_6H_5CH_2)_3C_6H_5O_7$　　ليمون قشقىل تريبەنزيل
ەستەرى

柠檬酸三丁酯　tributyl citrate　　$(C_4H_9)_3C_6H_5O_7$　　ليمون قشقىل تريبۇتيل
ەستەرى

柠檬酸三甲酯　trimethyl citrate　　$(CH_3)_3C_6H_5O_7$　ليمون قشقىل تريمەتيل ەستەرى

柠檬酸三乙酯　triethyl citrate　　$(C_2H_5)_3C_6H_5O_7$　ليمون قشقىل تريەتيل ەستەرى

柠檬酸生成酶　citrogenase　　سيتروگەنازا

柠檬酸铈　cerous citrate　　ليمون قشقىل سەرى

柠檬酸锶　strotium citrate　　$Sr(C_6H_5O_7)_2$　　ليمون قشقىل سترونتسى

柠檬酸铁　ironic (ferric) citrate　　$FeC_6H_5O_7$　　ليمون قشقىل تەمىر

柠檬酸铁铵　ammonium iron citrate　　$(NH_4)_3Fe(C_6H_5O_7)_2$　ليمون قشقىل تەمىر ‒
امموني

柠檬酸脱氢酶　citric dehydrogenase　　ليمون قشقىل دەگيدروگەنازا

柠檬酸循环　citric acid cyclo　　ليمون قشقىلى اينالسى

柠檬酸亚锡　stannous citrate　　$Sn_3(C_6H_5O_7)_2$　ليمون قشقىل شالا توتىق قالايى

柠檬酸盐　citrate　　ليمون قشقىلىنىڭ تۇزدارى

柠檬酸一钾　　"—碱价柠檬酸钾" گە قاراڭىز.

柠檬酸银	silver citrate	AgC₆H₅O₇

柠檬酸银　silver citrate　AgC₆H₅O₇　ليمون قشقىل كۆمۈس

柠檬烯　"苧烯" گه قاراڭز.

柠檬酰胺　citric amide　C₃H₅O(CONH₂)₃　ليمون اميد، ليمون قشقىل اميد

柠檬盐　lemon salt　KHC₂O₄·2H₂O　ليمون تۇزى

柠檬皂　citron soap(＝lemon soap)　ليمون سابىن، سيترون سابىن

柠檬油　citronoil(lemon oil), citryl　ليمون مايى، سيترون مايى، سيتريل

柠檬子油　lemon seed oil　ليمون ۇرعى مايى

柠苹酸　citramalic acid　COOH(CH₃)C(OH)CH₂COOH　سيترامال قشقىلى

柠苹酸酶　citramalase　سيترامالازا

柠嗪酸　citrazinic acid　سيترازين قشقىلى

柠嗪酰胺[2,6－二氢异烟酰胺]　citrazinic amide　سيترازين اميد

苧烯　limonene　C₁₀H₁₆　ليمونەن

a－苧烯　a－limonene　a ـ ليمونەن

凝固　set solid, solidifying　قاتايۇ

凝固点　solidification point　قاتايۇ نۇكتەسى

凝固剂　coagulating agent(＝coagulant)　قاتايتقش اگەنت، قاتايتقى

凝固酶　coagulase　كواگۆلازا

凝固热　solidification heat　قاتايۇ جىلۇى

凝固时间　set time　قاتايۇ ۋاقتى

凝固树脂　"硬树脂" گه قاراڭز.

凝固温度　"硬化温度" گه قاراڭز.

凝固(作用)　solidification　قاتايۇ

凝集素　agglutinin　اگگليۋتينين

凝集素原　agglutinogen　اگگليۋتينوگەن

凝集(作用)　agglutination　ۇيۇ، توپتاسۇ

凝胶　gel　گەل، سىرنه

凝胶点　gel point　سىرنەلەنۇ نۇكتەسى

凝胶过滤　gel filtration　سىرنه ءسۇزۇ

凝胶化(作用)　gelatination　سىرنەلەۇ

凝胶体　gel　سىرنەلەر، سىرنەمەلەر

凝胶纤维	gelatinous fiber	سەرنە تالشىق
凝胶橡皮	gel rubber	سەرنە رازىنكە
凝结	coagulation	قاتۇ
凝结点	coagulatiog point	قاتۇ نۇكتەسى
凝结剂	coaguating agent(= cuogulant)	قاتايتقىش اگەنت، قاتىرتقى
凝结酶	coagulase	كواگۇلازا
凝结器	coagulator	قاتىرعمش (اسپاپ)
凝结热	coagulation heat	قاتۇ جىلۇي
凝结时间	setting time	قاتۇ ۋاقتى
凝结性	coaglability	قاتقىشتىق
凝结值	coagulation value	قاتۇ ٴمانى
凝聚	coacervation	ۇيۇ، قويىلۇ
凝聚层	coacervate	ۇيۇ قاباتى
凝聚胶	coagel	كواگەل، قويىلعان سەرنە
凝聚气体		"冷凝气体" گە قاراڭىز.
凝聚热	condensation heat	كوندەنساتسيالانۇ جىلۇي، ۇيۇ جىلۇي
凝聚物系	condensed system	كوندەنساتسيالانۇ جۇيەسى، قويىلۇ جۇيەسى
凝聚(作用)		"缩合(作用)" گە قاراڭىز.
凝乳	curd	سۇزبە
凝乳酶	rennin, rennase(= clymosin)	رەننين، رەننازا، حيموزين
凝乳酶原	prorennin(= chymosinogen)	پرورەننين، حيموزينوگەن
凝朊	coagulated protein	قويۇلانعان پروتەين
凝缩		"缩合" گە قاراڭىز.
凝相		"缩相" گە قاراڭىز.
凝血酶	thrombin	ترومبين
凝血酶活素		"凝血致活酶" گە قاراڭىز.
凝血酶原	prothrombin	پروترومبين
凝血酶原前体		"前血清酶" گە قاراڭىز.
凝血酸	transamic acid	ترانسامين قىشقىلى
凝血致活酶	thromboplastin(= thrombokinase)	ترومبوپلاستين،

ترومبوكينازا

凝硬反应 pozzolanic reaction قاتايۇ رەاكسىياسى

凝油酸 elaidic acid ەلاپدىن قشقىللى

niu

牛蒡脑 "拉帕车脑" گە قاراڭز.

牛胆碱 "牛磺酸" گە قاراڭز.

牛痘酸 vaccinic acid ۋاكسىنا قشقللى

牛顿粘性定律 Newton's law of viscosity نيۇتوننىڭ جابىسقاقتىق زاڭى

牛顿液体 Newtonian liquid نيۇتون سۇيىقتىعى

牛磺胆酸 taurocholic acid $C_{26}H_{45}O_7NS$ تاۇروحول قشقللى

牛磺胆酸钠 sodium taurocholate $NaC_{28}H_{44}SO_7$ تاۇروحول قشقىل ناترى

牛磺胆酸盐 taurocholate تاۇروحول قشقىلىنىڭ تۇزدارى

牛磺脲酸 tauro carbamic acid $H_2NCONHCH_2CH_2SO_3H$ تاۇروكاربامىن قشقللى

牛磺酸 taurine $NH_2CH_2CH_2SO_3H$ تاۇرىن

牛磺脱氧胆酸 taurodesoxycholic acid تاۇرو دەزوكسيحول قشقللى

牛磺酰 tauryl $H_2NCH_2CH_2SO_2{}^-$ تاۇرىل

牛磺酰酸 taurylic acid تاۇرىل قشقللى

牛角瓜配质 calotropagenin كالوترو پاگەنين

牛角花碱 loturine لوتۇرىن

牛角花素 lotusin لوتۇزىن

牛皮液 lotusin "硫酸化液" گە قاراڭز.

牛皮纸 "包皮纸" گە قاراڭز.

牛扁碱 lycoctonine $C_{27}H_{41}O_3N$ ليكوكتونين

纽白卡因 nupercain نۇپەركاين

纽兰的八元素律 Law Newland of octa element نەۋلاندنىڭ سەگىز ەلەمەنت زاڭى

纽维德尔绿 neuwieder green نەۋۋىەدەر جاسلى

nong

农棒素 agroclavine	اگروكلاۋىن
农田棒麦角素	"农棒素" گە قاراڭىز.
农环素	"阿格菌素" گە قاراڭىز.
农药 pesticide	اۆىل شارۇاشلىق دارىلەرى
农业化学 agricultural chemistry	اۆىل شارۇاشلىق حيميا
农业化学化 chemical application of agriculture	اۆىل شارۇاشلعن حيميالاندرۇ
农业化学药品 agricultural chemicals	اۆىل شارۇاشلىق حيميالىق دارىلەر
农业杀虫剂 agricultural insecticide	اۆىل شارۇاشلىق قۇرت قىرعىش دارىلەر
农用石灰 agricultural lime	اۆىل شارۇاشلىقتىق اك
农用盐 agricultural salt	اۆىل شارۇاشلىقتىق تۇز
浓氨溶液 liqor ammoniae fortis	قويۇ امميياك ەرىتىندىسى
浓氨水 strong aqua	قويۇ امميياكتى سۇ
浓碘溶液	قويۇ يود ەرىتىندىسى
浓度 concentration	قويۇلىق
浓度比 concentration ratio	قويۇلىق قاتىناسى
浓度梯度 concentration gradiene	قويۇلىق گرادىەنتى (ساتىسى)
浓度作用	"质量作用" گە قاراڭىز.
浓肥料 concentrated fertilizer	قويۇ تىڭايتقىش
浓胶乳 concentrated latex	قويۇ، قويمالجىڭ
浓硫酸 concentrated sulfuric acid	قويۇ كۇكىرت قىشقىلى
浓氢氧化钠溶液 strong caustic	قويۇ ناترى توتعى گيدراتىنىڭ ەرىتىندىسى
浓溶液 strong solution	قويۇ ەرىتىندى
浓缩 concentration, concentrating	قويۇلتۇ
浓缩氨水 concentrated gasliquor	قويۇلتىلعان امميياكتى سۇ
浓缩冰酮 concentrated matte	قويۇلتىلعان ماتتا
浓缩反应 condensation	قويۇ رەاكسىياسى
浓缩混合物 enriched mixture	قويۇلتىلعان قوسپا

浓缩器 concentrator	قويىلتقش، قويۇۇلاندرعمش
浓缩同位素 enriched isotope	قويىلتىلعان يزوتوپ
浓缩纤维素 E vegol	ۋەگول
浓缩油 enriched oil	قويىلتىلعان ماي
浓缩铀 enriched uranium	قويىلتىلعان ۋران
浓硝酸 concentrated nitric acid	قويۇ ازوت قۇشقىلى
浓盐水 strong brine	قويۇ تۇزدى سۇ
脓 pyo-	پيو -
脓胞素 pyosin $C_{57}H_{110}O_{15}N_2$	پيوزين
脓丹宁 pyoctanin	پيوكتانين
脓丹宁黄 pyoktanin yellow	پيوكتانين سارسى
脓丹宁蓝 pyoktanin blue	پيوكتانين كوگى
脓黄质 pyoxanthin	پيوكسانتين
脓吉宁 pyogenin	پيوگەنين
脓菌素 I pyo I	پيو I
脓菌素 Ib pyo Ib	پيو Ib
脓菌素 Ic pyo Ic	پيو Ic
脓菌素 II pyo II	پيو II
脓菌素 III pyo III	پيو III
脓菌素 IV pyo IV	پيو IV
脓菌素类化合物 pyocompounds	پيو قوسىلمستار
脓硫烯 pyoluene $C_5H_9O_2SN$	پيولۇەن
脓配质	"脓吉宁" گە قاراڭىز.
脓青酶 pyocyanase	پيوسيانازا
脓青素 pyocyanin	پيوسيانين
脓萤光黄 pyofluororescein	پيوفلۇۇرو رەستسەين

nu

| 奴白卡因 | "纽白卡因" گە قاراڭىز. |

奴弗卡因　novocain 　　　　　　　　　　　　　　نووّوكاين

nü

女貞素　ligustrin 　　　　　　　　　　　　　　ليگۆسترين
女貞酮　ligustron 　　　　　　　　　　　　　　ليگۆسترون
钕(Nd)　neodymium 　　　　　　　　　　　(Nd) نەوديم
钕玻璃　neodymium glass 　　　　　　　نەوديمدى اينەك (شنى)
钕镨　didymium 　　　　　　　　　　　　　　ديديميۆم

nüe

疟涤平 　　　　　　　　"阿的平" گە قاراڭىز.

nuo

挪威杉树脂　Norway spruce resin 　　　نورۆەگيا شىرشا سمولاسى (شايىرى)
诺丹明　rhodamine 　　　　　　　　　　　　رودامين
诺丹明 B　rhodamine B 　　　　　　　　　　B رودامين
诺甫醇　nopol 　　　　　　　　　　　　　　نوپول
诺里树胶　nauli gum 　　　　　　　　　　ناۋلي جەلىمى
诺哩斯　norris 　　　　　　　　　　　　　　نورريس
诺卢达　noludar 　　　　　　　　　　　　نولۇدار
诺罗丁　norodin 　　　　　　　　　　　　نورودين
诺珀林　noperrne 　　　　　　　　　　　نوپەرين
诺斯卡品　noscapin 　　　　　　　　　　نوسكاپين
诺瓦经　novalgin 　　　　　　　　　　　نووّالگين
诺文葛尔反应　knoevenagel reaction 　نووّەناگەل رەاكسياسى
锘(No)　nobelium 　　　　　　　　　　　(No) نوبەلي

O

ou

欧白芷酸	angelic acid	انگەل قىشقىلى
欧姆	ohm	وم
欧姆表	ohm meter	وممەتر
欧姆定律	ohm's law	وم زاڭى
欧瑞香脂	mezereon	مەزەرەون
欧石南霉素	ericamycin	ەريكاميتسين

欧莳罗   "枯茗" گە قاراڭىز.

欧松油烯	sylvestren	سىلۋەسترەن
呕吐素	vomicine	ۆوميتسين
偶	couple, even	جۇپ، پار، قوس
偶氮	azo — — N:N —	ازو
偶氮胺类	azoamines	ازوامىندەر
偶氮白蛋白	azoalbumin	ازوالبۇمىن
偶氮苯	azobenzene $C_6H_5N:NC_6H_5$	ازوبەنزول
偶氮苯酚	azophenol $OH \cdot C_6H_4 \cdot N_2 \cdot C_6H_4OH$	ازوفەنول
偶氮苯磺酸	helianthic acid	گەليانتين قىشقىلى
偶氮苯基	azophenyl	ازوفەنيل
偶氮苯基甲烷	azophenyl methan	ازوفەنيل مەتان
偶氮苯甲醚	azoanisol $(CH_3OC_6H_4N:)_2$	ازوانيزول
偶氮苯甲酸	azobenzoic acid	ازوبەنزوي قىشقىلى
偶氮苯间二酚磺酸	resorcihe – azobenzene sulfonic acid	رەزورتسين – ازوبەنزول سۇلفون قىشقىلى
偶氮苯乙醚	azophenetol	ازوفەنەتول
偶氮胆红素	azobilirubin	ازوبيليرۇبين
偶氮蛋白	azoprotein	ازوپروتەين

偶氮二异丁腈　azobis isobutyl nitrile　جۇپ ازوتتى يزوبۇتيل نيتريل

偶氮酚类　azotols　ازوتولدەر

偶氮酚宁　azophenine　ازوفەنين

偶氮复红　"偶氮品红" گە قاراڭىز.

偶氮汞剂　azomercurial　ازومەركۇريال

偶氮红　azophloxine　ازوفلوكسين، ازو قىزىللى

偶氮红质 S　azorubin S　ازورۇبين S

偶氮化合物　azo – compound　ازو قوسىلمىستار

偶氮化氢　azoimide phosphine　HN_3　ازويميد

偶氮黄　azo phosphine　ازوفوسفين

偶氮黄素　azo flavin(e)　ازوفلاۋين

偶氮磺胺　sulfon amido – crysoidin(= prontosil)　سۋلفون اميدو – كريزويدين

偶氮磺酸　azo sulfonic acid　$R \cdot N_2SO_3H$　ازو سۋلفون قىشقىلى

偶氮磺酰胺　azo sulfamide　ازوسۋلفاميد

偶氮茴香醚　"偶氮苯甲醚" گە قاراڭىز.

偶氮基　azo group　$-N{:}N-$　ازو گرۇپپا

偶氮甲苯　azo tolueme　ازوتولۇئول

偶氮甲碱　azo methine　RN:CHR　ازومەتين

偶氮甲碱染料　azo methine dyes　ازومەتيندى بوياۋلار

偶氮甲酸　azoformid acid　$COOH \cdot N_2 \cdot COOH$　ازو قۇمىرسقا قىشقىلى

偶氮甲烷　azo methane　ازو مەتان

偶氮甲酰胺　azoformamide　$NH_2CON{:}HCONH_2$　ازوفورماميد

偶氮卡红 G　azocarmin G　ازوكارمين G

偶氮蓝　azo blue　ازو كوگى

偶氮氯胺　azo chloramide　ازوحلورامىد

偶氮萘　azo naphthalene　ازونافتالين

6 – 偶氮鸟嘌呤　6 – azo guanine　6 – ازوگۇانين

6 – 偶氮尿嘧啶核甙　6 – azouridin　6 – ازوۇريدين

偶氮宁　azonine　ازونين

偶氮宁类染料　azonines　ازونيندى بوياۋلار

偶氮皮服药　azo dermine　$CH_3C_6H_4NNC_6H_3(CH_3)$　ازودەرمين

偶氮品红　azofuchsine

		ازو فؤكسين
偶氮球蛋白	azo globulin	ازوگلوبۇلين
偶氮染料	azoic dye(colour)	ازو بوياۋؤلار
偶氮朊		"偶氮蛋白" گه قاراڭز.
偶氮色素	azo pigment	ازو پيگمەنت
偶氮亚氨基	azimido－, azimino	"叠氮撑" گه قاراڭز.
偶氮亚氨基化合物	azimino compound	ازيمينولى قوسىلمىستار
偶氮亚胺	azoimide	ازويميد
偶氮胭脂红		"偶氮卡红" گه قاراڭز.
偶氮玉醇红 2G	azorubinol 2G	ازو رۇبينول
偶氮玉红	azo rubin	ازو رۇبين
偶氮酯教素	azoles terase	ازول ەستەرازا
偶电子	duplet electron	جۇپ ەلەكترون
偶二氮化合物	tetrazone $R_2NH:HNR_2$	تەترازون
偶合	coupling, coupled	جۇپتاسۇ، ورايلاسۇ
偶合常数	coupling constant	ورايلاسۇ تۇراقتىسى
偶合电子	coupled electron	جۇپتاسقان ەلەكترون
偶合反应	coupling reaction	ورايلاس رەاكسيالار
偶合品红	para magenta	پاراماگەنتا
偶合染料	para－dye	پارابۇياۋؤلار
偶合氧化	coupled oxidation	جۇپتاسپ توتعۇ
偶合棕 G	para brown G	پارا قوڭىر G
偶极	dipole	ديپول
偶极层	dipole layer	ديپولدىق قابات
偶极的	dipolar	ديپولدى
偶极分子	dipole molecule	ديپولدى مولەكۇلا
偶极矩	dipole moment	ديپول مومەنتى
偶极离子	dipolar ion	ديپوليارلى يون
偶极取向(作用)	dipole orientation	ديپولدىق باعدار
偶极子	dipol	ديپول
偶键		"双键" گه قاراڭز.
偶联		"偶合" گه قاراڭز.

偶联反应		"偶合反应" گە قاراڭىز.
偶磷 phosphoro	$-P:P-$	فوسفورو ـ
偶磷苯 phosphoro benzene	$C_6H_5 \cdot P:P \cdot C_6H_5$	فوسفوروبەنزول
偶磷氮(基) phosphaza	$-P:N-$	فوسفازا ـ
偶磷砷(基) phospharseno	$-P:As-$	فوسفا ارسەنو
偶砷 arseno	$-As:As-$	ارسەنو
偶砷苯 arseno benzene	$C_6H_5As:AsC_6H_5$	ارسەنو بەنزول
偶砷(苯)酚 arseno phenol	$OHC_6H_4As:AsC_6H_4OH$	ارسەنو فەنول
偶砷(苯)酸 dicarboxy arseno benzene	$COOHC_6H_4As:AsC_6H_4COOH$	دىكاربوكسيل ارسەندى بەنزول
偶砷蜡酸 arseno acetic acid		ارسەندى سىركە قىشقىلى
偶砷化合物 arseno – compound	$RAs:AsR$	ارسەنو قوسىلىستار
偶砷基 arseno	$-As:As-$	ارسەنو
偶砷甲烷 arseno – methane	$CH_3 \cdot As:As \cdot CH_3$	ارسەنو مەتان
偶砷原子团 arseno – group		ارسەنو اتوم گرۋپپاسى
偶锑基 antimono	$-Sb:Sb-$	انتيمونو ـ جۇپ سۇرمە راديكالى
偶锑砷基 stibarseno	$-Sb:As-$	ستيبارسەنو
偶锑乙炔化合物 antimono acetylene compound		انتيمونو اتسەتيلەن قوسىلىستارى
偶酰 $-il$	$(RCO)_2$	ـ يل
偶姻 acyloin	$RCHOHCOR$	اكيلوين
偶姻缩合 acyloin condensation		اكيلوين كوندەنساتسيالانۇ

P

pa

杷碱	pavine $C_{20}H_{23}O_4N$	پاۋین
杷日定	paridine $C_{16}H_{28}O_7$	پاریدین
杷日立酸	parillic acid(= parillin)	پاریلل قشقىلى
杷日灵	parillin $C_{40}H_{70}O_{18}$	پاریللین
杷日素	paricine $C_{16}H_{18}ON_2$	پاریتسین
杷沃啉	parvoline	پارۋولین
帕拉胶	para	پارا
帕拉橡胶	para rubber	پارا كاۋچۇك
帕拉香脂	para balsam	پارا بالزام
帕腊美萨酮	para methadione	پارامەتادیون
帕雷胺	pare namine	پارەنامین
帕里醇	parimol	پاریمول
帕麦尔磷肥	palmer phosphate	پالمەر فوسفورلى تىڭايتقىشى
帕帕林	perperine	پەرپەرین
帕皮特	papite	پاپیت

pai

拍卡民	percamin	پەركامین
拍卡因	percaine	پەركاین
拍拉息昂		"对硫磷" گە قاراڭىز.
拍罗摩霉素	paramomycin	پارا مومیتسین
排出体积	displaced volume	نەستىرۋ كولەمى
排代	displace	نەستىرۋ
排代次序	displacement series	نەستىرۋ رەتى

排代滴定法　displacement titration　تامشلاتپ ئەعستىرۆ ئادسى

排代定律　displacement law　ئەعستىرۆ زاڭى

排代反应　displacement reaction　ئەعستىرۆ رەاكسىيالارى

排代剂　displacer　ئەعستىرعمش اگەنت

哌苯甲醇　pipradrol　پىپرادرول

哌啶　piperidine　$CH_2(CH_2)_4NH$　پىپەرىدىن

哌啶叉　piperidylidene　$C_5H_9N=$　پىپەرىدىيلىدەن

哌啶基　piperidyl　$C_5H_{10}N-$　پىپەرىدىل

1-哌啶甲荒酸　1-piperidine carbodithio acid　1 ـ پىپەرىدىن كاربودىتىو قشقىلى

哌啶酸-[2]　pipecolinic acid-[2]　پىپەكولىن قشقىلى

哌啶酸-[3]　pipecotic acid-[3]　$C_5H_{10}NCaOH$　پىپەكوتىن قشقىلى

哌啶酮　piperidone　C_5H_9NO　پىپەرىدون

哌啶子基　piperidino　$C_5H_{10}N-$　پىپەرىدىنو

哌可啉　pipecoline　$CH_3C_5H_{10}N$　پىپەكولىن

哌可酸　"哌啶酸" گە قاراڭىز.

哌嗪　piperazine　$NHC_2H_4NHC_2H_4$　پىپەرازىن

哌嗪二酮-[2, 5]　piperazinedione　$C_4H_6O_2N_2$　2، 5 ـ پىپەرازىنەدىون

哌嗪宁　tviforin　ترىفورىن

哌嗪松　piperazineson　فەرناكسن

哌烯素　piperenol　الدەن

哌替啶　pethidin　پەتىدىن

派利卡林碱　pericalline　پەرىكاللىن

派利维定碱　perividine　پەرىۋىدىن

派利文碱　perivine　پەرىۋىن

派热克期玻璃　pyrex glass　پىرەكس ئاينەگى (شىنىسى)

派若宁　pyronin　پىرونىن

派司　pas(=amino salicylic acid)　پاس (= ئامىنو سالىتسىلى قشقىلى)

派司粉　pas powder　پاس ۇنتاعى

蒎　pinane　پىنان

蒎立醇　pinite　$C_6H_{12}O_5$　پىنىت

蒎脑　pinol　$C_{10}H_{16}O$　پىنول

蒎脑二醇　pinoglycol　$C_{10}H_{18}O_3$　پىنوگلىكول

890

蒎酸　pinic acid　$C_8H_{14}O_4$ پین قشقىلى

蒎酮　pinone　$C_{10}H_{16}O$ پینون

蒎酮酸　pinonic acid　$C_{10}H_{16}O_3$ پینون قشقىلى

蒎烷　pinane　$C_{10}H_{18}$ پینان

蒎烯　pinene　$C_{10}H_{16}$ پینەن

蒎烯化二氯　pinene dichloride　$C_{10}H_{16}Cl_2$ پینەندى ەكى حلور

蒎烯化氢氯　pinene hydrochloride　$C_{10}H_{16}HCl$ پینەندى تۇز قشقىلى

pan

潘比啶　pempidine پەمپيدين

潘生丁　persantin پەرسانتین

潘糖　panose پانوزا

潘特生　pantethin　$C_{18}H_{32}O_5N_2S$ پانتەتین

潘托卡因　pantocaine　$C_4H_9NHC_6H_4CO_2(CH_2)_2N(CH_3)_2HCl$ پانتوكاین

盘铜 "红铜" گە قاراڭىز.

pang

滂胺坚牢红　pontamine fast red پونتامیندى جۇعممدى قىزىل

滂胺蓝　pontamine blue پونتامیندى كوك

滂胺偶氮猩红　pontamine diazo scarlet پونتامیندى دیازو قىزعىلتىم

滂胺染料　pontamine colors پونتامیندى بویاۋلار

滂胺天蓝　pontamine sky – blue پونتامیندى كوگىلدىر

滂铬蓝　pontachrome blue پونتاحرومدى كوك

滂铬蓝黑　pontachrome blue – black پونتاحرومدى قاراكوك

滂阡树脂　pontianak پونتیاك

滂梭黑 B　ponsol black B پونسول قاراسى B

滂梭黄 G　ponsol yellow G پونسول سارسى G

滂梭蓝 GD　ponsol blue GD پونسول كوگى GD

滂梭染料　ponsol colors پونسول بویاۋلارى

滂梭紫 RR　ponsol violet RR پونسول كۇلگىنى RR

滂酰浅绿　pontacyl light green پونتاتسیل اشق جاسىلى

pao

泡铋 bismuth	بيسمۇت
泡碱 natron	ناترون
泡碱湖 natron lake	ناتروندى كۆل
泡利反应 pauly's reaction	پاۋلي رەاكسياسى
泡利原理	"保利原理" گە قاراڭىز.
泡沫 foam, froth	كۆپۈك، كۆپۈرشەك
泡沫玻璃 foam glass	كۆپۈك ئەينەك، كۆپۈك شىنى
泡沫发生器 foam generrator	كۆپۈك گەنەراتورى
泡沫发生室 foam chamber	كۆپۈك ئۆزۈلۈۋ كامەراسى
泡沫分析 foam analysis	كۆپۈك تالداۋ
泡沫混凝土 foam concrete	كۆپۈك بەتون
泡沫结构 foamy structure	كۆپۈك قۇرۇلمىسى
泡沫聚苯乙烯 foamed polystyrene	كۆپۈك پوليستىرەن
泡沫聚乙烯 foamed polyethylene	كۆپۈك پوليەتيلەن
泡沫灭火剂 fire – extinguishing foam	كۆپۈك ئورت سوندۇرگۈش (اگەنت)
泡沫塑料 foamed plastics	كۆپۈك سۆليالاۋلار
泡沫稳定剂 foam stabilizer	كۆپۈك تۇراقتاندۇرغۇش (اگەنت)
泡沫系统 foaming system	كۆپۈك جۈيەسى
泡沫橡胶 froth rubber (famed rubber)	كۆپۈك كاۋچۇك
泡沫橡皮 foamed rubber	كۆپۈك رەزىنكە
泡沫油 foam oil	كۆپۈك ماي (قاغاز جاساعاندا قولدانىلاتىن شام مايى)
泡胀度 degree of swelling	ئىسسىپ ۋلعايۇ دارەجەسى
泡胀热 heat of swelling	ئىسسىپ ۋلعايۇ جىلۇسى
泡胀值 swelling value	ئىسسىپ ۋلعايۇ ئمانى

pei

胚芽定 germidine	گەرميدين
胚芽儿碱 germerine	گەرمەرين
胚芽碱 germine	گەرمين

胚芽春	germitrine	$C_{42}H_{67}O_{13}N$	گەرميترين
陪替丁	pethidine		پەتيدين
陪替氏培养皿	petri dish		پەتري ئوسرۇ ىدسى
锫(Bk)	berkelium		بەركەلي (Bk)
裴罗宁	peronin		پەرونين
佩洛林	perolene		بەرولەن
配方	dispense		تەڭستەرۇ
配合物	coordination compound		كوورديناتسيالىق قوسىلىستار، ۋيلەسمىدى قوسىلىستار
配基	aglycone		اگليكون
配价键	coordination bond		كوورديناتسيالىق بايلانس، ۋيلەستەك بايلانس
配价络盐	coordinate complex salt		كوورديناتسيالىق كومپلەكس تۇز
配价式	coordinate formula		كوورديناتسيالىق فورمۇلا
配糖键	glucosidic bond		گليۇكوزيدتق بايلانس
配糖朊	glucoprotein		گليۇكوپروتەين
配糖(生物)碱	glycoalkaloid		گليۇكوالكالويد
配糖体			"糖甙" گە قاراڭىز.
配糖物			"糖甙" گە قاراڭىز.
配体			"配位体" گە قاراڭىز.
配位	coordination		كوورديناتسيا، ۋيلەستەك
配位电子键	coordinate electrovalent bond		كوورديناتسيالىق ەلەكترو ۆالەنتتەك بايلانس
配位反应	coordination rection		كوورديناتسيالىق رەاكسيالار
配位高聚物	coordination polymer		كوورديناتسيالىق پوليمەر
配位共价键	coordinate covalent bond		كوورديناتسيالىق ورتاق ۆالەنتتەك بايلانس
配位化合物			"配合物" گە قاراڭىز.
配位化学	coordination chemistry		كوورديناتسيالىق حيميا
配位价	coordination valent		كوورديناتسيالىق ۆالەنت
配位键			"配价键" گە قاراڭىز.
配位络盐			"配价络盐" گە قاراڭىز.
配位平衡	coordination equilibrium		كوورديناتسيالىق تەپە ـ تەڭدىك

配位式	"配价式" گە قاراڭـز.
配位数　coordination number	كوورديناتسيالىق سانى، ۋىلەسمدىك سانى
配位体　ligand	كوورديناتسيالىق دەنە
配位异构(现象)　coordination isomerism	كوورديناتسيالىق يزومەريالىق
	قۇبـلـس
配质	"配基" گە قاراڭـز.

pen

喷亭酸　pentinic acid	$C_2H_5C_4H_3O_3$	پەنتين قشقىلى
喷妥撒　penta tole		پەنتوتال

peng

膨胀　expansion(= bulking)	ۋلعايتۇ، كەڭـيۇ
膨胀剂　bulking agent	ۋلعايتقـش اگەنت
膨胀率　expansion ratio	ۋلعايۇ دارەجەسى
膨胀热　swelling heat	ۋلعايۇ جلـۇى
膨胀体积　expanding volume	ۋلعايۇ كولەمى
膨胀温度计　dilatometric thermometer	ۋلعايعـش تەرمومەتر
膨胀系数　exdansion coefficient	ۋلعايۇ كوەففيتسـەنتى
膨胀性　expansibility	ۋلعايعشتـق
膨胀压力　swelling pressure	ۋلعايۇ قسـمى
硼(B)　borium, boran	بور (B)
硼安息香酸　bornobenzoic acid	بورلى بەنزوي قشقىلى
硼酐　boric anhydride	بور (قشقـلى) انگيدريدتى
硼硅酸镁玻璃　magnesia borosilicate glass	بورلى كرەمنـي قشقـل ماگنيلى
	اينەك (شنى)
硼硅酸钠　sodium borosilicate(= borsyl, borvsal)	بورلى كرەمنـي قشقـل
	ناتري، بورسيل، بورسال
硼硅酸盐　borosilicate	بورلى كرەمنـي قشقملـنناڭ تۇزدارى
硼硅(酸盐)玻璃　borosilicate glass	بورسيليكاتى اينەك (شنى)
硼硅(酸盐)黄　borosilicate crown	بورسيليكاتى سارسى

硬化锆	zirconium boride		بورلى زىركونى
硬化铬	chromiam boride	CrB:CrB₂	بورلى حروم
硬化硅	silicon boride	SiB:SiB₆	بورلى كرەمنى
硬化铝	aluminum boride		بورلى ئالۇمىن
硬化锰	manganese boride	MnB:MnB₂	بورلى مارگانەتس
硬化塑料	boron plastic		بورلى سۇلياۋ، بورلى پلاستىك
硬化钛	titanium boride		بورلى تىتان
硬化钨	tungsten boride		بورلى ۋولفرام
硬化物	boride		بورلى قوسۇلمىستار، بورىدتار
硬甲酸钠	sodium boroformiate		بورلى قۇمۇرسقا قىشقىل ناترى
硬聚合物	boron polymer		بورلى پولىمەر
硬霉素	boromycin		بورومىتسىن
硬铍石	hambergite	Be₂O₃B·OH	گامبەرگىت
硬嗪	borazole		بورازول
硬氢化合物	boranes	BnHm	بور ـ سۇتەك قوسۇلمىستارى
硬氢化钾	potassium borohydride		بور ـ سۇتەكتى كالي
硬氢化铝	aluminium borohydride		بور ـ سۇتەكتى ئالۇمىن
硬氢化钠	sodium borohydride		بور ـ سۇتەكتى ناترى
硬氢化物			"硬氢化合物" گە قاراڭز.
硬砂	borax		بوراكس، بۇرا
硬砂玻璃	borax glass		بوراكستى ئىنەك، بوراكستى شىنى
硬砂卡红	borax carmine		بوراكستى كارمىن
硬水杨酸	boro salicylic acid		بورلى سالىتسىمىل قىشقىلى
硬酸	boric acid	H₃BO₃	بور قىشقىلى
硬酸铵	ammonium borate	(NH₄)BO₂	بور قىشقىل ئاممونى
硬酸钡	barium borate	Ba(BO₃)₂	بور قىشقىل بارى
硬酸苯酯	phenyl borate	B(OC₆H₅)₃	بور قىشقىل فەنىل ەستەرى
硬酸丙酯	propyl borate		بور قىشقىل پروپىل ەستەرى
硬酸丁酯	butyl borate	B(OC₄H₉)₃	بور قىشقىل بۇتىل ەستەرى
硬酸钙	calcium borate	Ca(BO₂)₂	بور قىشقىل كالتسي
硬酸甘油	boro glycerin		بور قىشقىل گلىتسەرىن
硬酸甘油酯	glyceryl borate		بور قىشقىل گلىتسەرىل ەستەرى
硬酸甲酯	methyl borate	B(OCH₃)₃	بور قىشقىل مەتىل ەستەرى

硼酸钾	potassium borate	KBO_2	بور قىشقىل كالي
硼酸铝	aluminum borate		بور قىشقىل الۇمين
硼酸镁	magnesium borate	$Mg(BO_2)_2$	بور قىشقىل ماگني
硼酸锰	manganese borate		بور قىشقىل مارگانەتس
硼酸钼	molybdenum borate		بور قىشقىل موليبدەن
硼酸钠	sodium borate		بور قىشقىل ناتري
硼酸镍	nikelous borate	$Ni(BO_2)_2$	بور قىشقىل نيكەل
硼酸铅	lead borate	$Pb(BO_2)_2$	بور قىشقىل قورعاسىن
硼酸三丙酯	tripropoxy – boron	$B(OC_3H_7)_3$	بور قىشقىل تريپروبوكسيل هستەرى
硼酸三丁酯	tributoxy – boron	$B(OC_4H_9)_3$	بور قىشقىل تريبۇتيل هستەرى
硼酸三甲酯	trimethyl borate	$B(OCH_3)_3$	بور قىشقىل تريمەتيل هستەرى
硼酸三戊酯	triamyl borate	$B(C_5H_{11}O)_3$	بور قىشقىل تريامىل هستەرى
硼酸三乙酯	triethyl borate	$B(OC_2H_5)_3$	بور قىشقىل تريەتيل هستەرى
硼酸锶	stron tium borate		بور قىشقىل سترونتسي
硼酸戊酯	amylborate	$B(OC_2H_{11})_3$	بور قىشقىل اميل هستەرى
硼酸锌	zinc borate		بور قىشقىل مىرىش
硼酸盐	borate		بور قىشقىلننىڭ تۇزدارى
硼酸乙酯	ethyl borate	$B(OC_2H_5)_3$	بور قىشقىل هتيل هستەرى
硼酸酯	boric acid ester	$B(OR)_3$	بور قىشقىل هستەرى
硼烷	borane(= boranes)		بوران
硼钨酸	boro walframic acid	$B_2O_3 \cdot 24WO_3 \cdot 9H_2O$	بورلى ۋولفرام قىشقىلى
硼钨酸钡	barium boro wolframate	$2BaO \cdot B_2O_3 \cdot 9WO_3 \cdot 18H_2O$	بورلى ۋولفرام قىشقىل باري
硼钨酸镉	cadmium boro wolframate	$2CdO \cdot B_2O_3 \cdot 9WO \cdot 18H_2O$	بورلى ۋولفرام قىشقىل كادمي
硼矽酸盐	boro silicate		بورلى كرەمني قىشقىلمننىڭ تۇزدارى
硼矽(酸盐)玻璃	boro silicate glass		بورلى كرەمني قىشقىل تۇزرىندىق اينەك (شنى)
硼氧烯	boroxene		بوروكسەن
硼乙烷	boroxane		بوروكسان
硼族	boron family		بور گرۇپپاسى
碰撞	collision		قاقتىعىسۇ

| 碰撞(理)论 | collision theory | قاقتىسۇ تەورياسى |
| 碰撞频率 | collision frequency | قاقتىسۇ جىىلگى |

pi

披钯木碳	palladium charcoal	پاللادي قاپتالعان اعاش كومىرى
披钯石棉	palladium asbestos	پاللادي قاپتالعان تاسماقتا
披铂硅胶	platinized silicagel	پلاتينا قاپتالعان كرەمنيلى سرنه
披铂石棉	platinized asbestos	پلاتينا قاپتالعان تاسماقتا
砒	arsa－, arsena－	ارسا ـ، ارسەنا ـ، كۇشان
砒啉	arsinoline C_aH_7As	ارسينولين
砒霜	white arsenic(＝diarsenic trioxide) As_2O_3	اق ارسەن، ارسەن ٴۇش توتىعى
砒茚满	arsaindane	ارسايندان
芘	pyrene $C_{16}H_{10}$	پيرەن
芘醇	pyrenol	پيرەنول
芘基	pyrenyl $C_{16}H_9－$	پيرەنيل
皮(p)	pico	پيكو (p)
皮蒽	pyran threne $C_{30}H_{16}$	پيرانترەن
皮蒽酮染料	pyran throne	پيرانترون
皮考基	picolyl	پيكوليل
皮考啉	picoline C_6H_7N	پيكولين
皮考啉基	picolinyl	پيكولينيل
皮考啉酸	picolinic acid $C_5H_4NCO_2H$	پيكولين قشقلى
皮克托液体	pictor liqiuid	پيكتور سۇيىقتىعى
皮罗依	pyroil	پيرويل
皮让酮	pyronone $OCOCH_2COCH:CH$	پيرونون
皮脂酸		"癸二酸" گه قاراگٸز.
皮质醇	cortisol	كورتيزول
皮质激素	corticosterone(＝cortico)hormone	كورتيكوستەرون، قەرتس گورمونى
皮质激素萃	cortin	كورتين
皮质弱酮	cortico steron	كورتيكوستەرون

皮质素	cortin	كورتين
皮质酮	cortisone	كورتيزون
皮质甾类	cortico steroid	كورتيكو ستەرويدتەر
铍(Be)	beryllium	بەريللي (Be)
铍合金	beryllium alloy	بەريللي قورىتپاسى
铍化物	beryllide	بەريللي قوسىلستارى
铍蒙乃尔合金	beryllium monel alloy	بەريللي مونەل
铍酸	beryllic acid	بەريللي قىشقىلى
铍酸钙	calcium beryllate	بەريللي قىشقىل كالتسي
铍酸钾	potassium beryllate K_2BeO_2	بەريللي قىشقىل كالي
铍酸钠	sodium beryllate Na_2BeO_2	بەريللي قىشقىل ناتري
铍酸盐	beryllate	بەريللي قىشقىلمىنىڭ تۇزدارى
匹克洛酸		"苦酮酸" گە قاراڭىز.
匹拉米董	pyramidon	پيراميدون
匹罗卡品	pyrocarpine	پيروكارپين
匹马菌素	pimaricin	پيماريتسين
苉	picene $C_{22}H_{14}$	پيسەن
苉化过氢	picene perhydride $C_{22}H_{36}$	پيسەندى اسقىن سۇتەك
苉甲酮	picene ketone $C_{21}H_{12}O$	پيسەندى كەتون
苉醌	picene quinone $C_{22}H_{12}O_2$	پيسەندى حينون
苉酸	picenic acid $C_{21}H_{14}O_2$	پيسەن قىشقىلى

pian

偏	meta(= met)	مەتا (بەيورگانيكالىق قىشقىلدارعا قولدانىلادى)
偏苯三酚	hydroxy quinol	گيدروكسيل حينول
偏苯三酸		"苯偏三酸" گە قاراڭىز.
偏铋酸	meta bismuthic acid $HBiO_3$	مەتا بيسمۇت قىشقىلى
偏铋酸钠	sodium meta bismuthate	مەتا بيسمۇت قىشقىل ناتري
偏二苯基乙烷	unsym − diphenyl ethane $(C_6H_5)_2CHCH_3$	ۇنسيم ـ ديفەنيل ەتان
偏二苯脲	unsym − dipheyl urea $(C_6H_5)_2NCONH_2$	ۇنسيم ـ ديفەنيل ۋرەا
偏二丙脲	unsym − dipropyl urea $(C_3H_7)_2NCONH_2$	ۇنسيم ـ ديپروپيل ۋرەا

偏二碘代二乙醚　diiodo‐ethyl ether　$C_2H_3I_2OC_2H_5$　ەكى يودتى ەتيل ەفيرى

偏二氟乙烯　vinylidene fluoride　ۋىنىليدەن فتور

偏二甲(基)肼　unsym‐dimethyl hydrazine　$C_2H_8N_2$　ۋنسىم ــ دىمەتيل گيدرازىن

偏二甲脲　unsym‐dimethyl urea　$(CH_3)_2NCONH_2$　ۋنسىم ــ دىمەتيل ۋرەا

偏二氯丙酮　unsym‐dichloroacetone　ۋنسىم ــ ەكى حلورلى اتسەتون

偏二氯乙烯　"乙烯叉二氯" گە قاراڭىز.

偏二氯乙烯树脂　"亚乙烯树脂" گە قاراڭىز.

偏钒酸　meta vanadic acid　HVO_3　مەتا ۋانادي قشقىلى

偏钒酸钠　sodium meta vanadate　$NaVO_3$　مەتا ۋانادي قشقىل ناترى

偏钒酸铁　ferric meta vanadate　مەتا ۋانادي قشقىل تەمىر

偏钒酸盐　meta vanadate　MVO_3　مەتا ۋانادي قشقىلىنىڭ تۇزدارى

偏高碘酸　meta periodic acid　$I_2O_7 \cdot H_2O$　مەتا اسقىن يود قشقىلى

偏高铅酸　meta plumbic acid　H_2PbO_3　مەتا اسقىن قورعاسىن قشقىلى

偏高铅酸钙　calcium meta blumbate　$CaPbO_3$　مەتا اسقىن قورعاسىن قشقىل كالتسي

偏高铅酸铅　lead meta plumbate　$Pb(PbO_3)$　مەتا اسقىن قورعاسىن قشقىل قورعاسىن

偏高铅酸盐　meta plumbate　M_2PbO_3　مەتا اسقىن قورعاسىن قشقىلىنىڭ تۇزدارى

偏铬橄榄棕　metachrome olive brown　مەتا حرومدى ئزايتۇن قىزىل قوڭىرى

偏铬黄 (RA)　meta chrom yellow (RA)　مەتا حروم سارسى (RA)

偏铬酸　meta chromic acid　H_2CrO_4　مەتا حروم قشقىلى

偏铬枣红　meta chromo bordaux　مەتا حرومدى قىزىل كۇرەڭ

偏硅酸　meta silicic acid　$(H_2SiO_3)n$　مەتا كرەمني قشقىلى

偏硅酸镉　cadmium metasilicate　$CdSiO_3$　مەتا كرەمني قشقىل كادمي

偏硅酸钠　sodium meta silicate　Na_2SiO_3　مەتا كرەمني قشقىل ناترى

偏硅酸盐　meta silicate　M_2PbO_3　مەتا كرەمني قشقىلىنىڭ تۇزدارى

偏甲基乙基乙烯　unsym‐methyl‐ethyl‐ethylene　ۋنسىم ــ مەتيل ــ ەتيل ەتيلەن

偏晶反应　monotectic reaction　مونوتەكتيك رەاكسىياسى

偏酒石酸　meta tartarie acid　مەتا شاراپ قشقىلى

偏克分子含量　partial molal content　ئشىنارا موليارلىق قۇرام مولشەرى

偏克分子量比热	partial molal specific heat		ئشنارا موليارلىق مەنشىكتى جلۇ
偏克分子量功函	partial molal work content		ئشنارا موليارلىق جۇمس مولشەرى
偏克分子量热函	partial molal heat content		ئشنارا موليارلىق جلۇ مولشەرى
偏克分子量熵	partial molal entropy		ئشنارا موليارلىق ەنتروپيا
偏克分子量自由能	partial molal free energy		ئشنارا موليارلىق ەركىن ەنەرگيا
偏克分子容量	partial molal capacity		ئشنارا موليارلىق سيمدلىق
偏克分子(数)量	partial molal quantity		ئشنارا موليار سانى
偏克分子体积	partial molal volume		ئشنارا موليارلى كولەم
偏枯基	as – pseudocumyl		as ـ جالعان كۇميل
偏磷酸	metaphosphoric acid		مەتا فوسفور قىشقللى
偏磷酸铵	ammonium metaphosphate		مەتا فوسفور قىشقىل امموني
偏磷酸钙	calcium metaphosphate	$Ca(PO_3)_2$	مەتا فوسفور قىشقىل كالتسي
偏磷酸铬	chormic metaphosphate	$Cr(PO_3)_3$	مەتا فوسفور قىشقىل حروم
偏磷酸钾	potassium metaphosphate	KpO_3	مەتا فوسفور قىشقىل كالي
偏磷酸镧	lanthanum metaphosphate		مەتا فوسفور قىشقىل لانتان
偏磷酸锂	lithium metaphosphate	$LiPO_3$	مەتا فوسفور قىشقىل ليتي
偏磷酸酶	metaphosphatase		مەتا فوسفاتازا
偏磷酸钠	sodium metaphosphate	$NaPO_3$	مەتا فوسفور قىشقىل ناتري
偏磷酸钐	samaric metaphosphate	$Sa(PO_3)_3$	مەتا فوسفور قىشقىل ساماري
偏磷酸铈	cerous metaphosphate	$Ce(PO_3)_3$	مەتا فوسفور قىشقىل سەري
偏磷酸盐	metaphosphate	MPO_3	مەتا فوسفور قىشقىلىننىڭ تۇزدارى
(偏)磷酸氧硼	boryl phosphate	$(BO)PO_3$	(مەتا) فوسفور قىشقىل بوريل
偏磷酸镱	ytterbium metaphosphate	$Yb(PO_3)_3$	مەتا فوسفور قىشقىل يتتەربي
偏磷酸银	silver metaphosphate	$AgPO_3$	مەتا فوسفور قىشقىل كۇمس
偏磷酸氯	meta phosphoryl chloride	PO_2Cl	مەتا فوسفوريل حلور
偏铝酸	meta – aluminic acid	$HAlO_2$	مەتا الۇمين قىشقللى
偏铝酸钙	calcium meta – aluminate	$Ca(AlO_2)_2$	مەتا الۇمين قىشقىل كالتسي
偏铝酸锂	calcium meta – aluminate	$LiAlO_2$	مەتا الۇمين قىشقىل ليتي

偏铝酸钠	sodium meta – aluminate	NaAlO₂	مەتا الۇمين قشقىل ناتري
偏铝酸盐	meta – aluminnate	MAlO₂	مەتا الۇمين قشقىلىننىڭ تۇزدارى
偏摩尔体积	partial mole volume		شنارا موليارلىق كولەم
偏钼酸	metamolybdic acid	H₂MOO₄	مەتا موليبدەن قشقىلى
偏硼酸	metaboric acid	HBO₂	مەتا بور قشقىلى
偏硼酸铵	ammonium metaborate	(NH₄)BO₂	مەتا بور قشقىلى امموني
偏硼酸钡	barium metaborate	Ba(BO₂)₂	مەتا بور قشقىل باري
偏硼酸钙	calcium metaborate	Ca(BO₂)₂	مەتا بور قشقىل كالتسي
偏硼酸钾	potassium metaborate	KBO₂	مەتا بور قشقىل كالي
偏硼酸锂	lithium metaborate	LiBO₂	مەتا بور قشقىل ليتي
偏硼酸镁	magnesium metaborate	Mg(BO₂)₂	مەتا بور قشقىلى ماگني
偏硼酸钠	sodium metaborate	NaBO₂	مەتا بور قشقىل ناتري
偏硼酸铅	lead metaborate	Pb(BO₂)₂	مەتا بور قشقىل قورعاسىن
偏硼酸锶	strontian metaborate	Sr(BO₂)₂	مەتا بور قشقىل سترونتسي
偏硼酸盐	metaborate	MBO₂	مەتا بور قشقىلىننىڭ تۇزدارى
偏铅酸铅	plumbous metaplumbate	Pb(PbO₃)	مەتا قورعاسىن قشقىل قورعاسىن
偏(三)氮苯			"1, 2, 4 – 三嗪" گە قاراڭز.
偏三嗪	as – triazine		as – تريازين
偏砷酸	meta – arsesin acid		مەتا ارسەن قشقىلى
偏砷酸钾	potassium metaarsenate	KAsO₃	مەتا ارسەن قشقىل كالي
偏砷酸盐	meta – arsenate	MAsO₃	مەتا ارسەن قشقىلىننىڭ تۇزدارى
偏四氮苯	a – tetrazine	C₂H₂N₄	a – تەترازين
偏四甲苯			"1, 2, 3, 5 – 四甲基苯" گە قاراڭز.
偏四氯乙烷	unsm – tetrachloro ethan		مەتا ٴتورت حلورلى ەتان
偏四嗪			"偏四氮苯" گە قاراڭز.
偏酸	meta – acid		مەتا قشقىل
偏钛酸	meta – titanic acid	H₂TiO₃	مەتا تيتان قشقىلى
偏钛酸钙	calcium meta – titanate	CaTiO₃	مەتا تيتان قشقىل كالتسي
偏钛酸盐	meta – titanate	M₂TiO₃	مەتا تيتان قشقىلىننىڭ تۇزدارى
偏锑酸	meta – antimonic acid	HsBO₃	مەتا سۇرمە قشقىلى
偏锑酸钠	sodium antimonate	Na₃SbO₄	مەتا سۇرمە قشقىل ناتري
偏锑酸铅	plumbous antimonate	Pb₃(SbO₄)	مەتا سۇرمە قشقىل قورعاسىن
偏锑酸盐	meta – antimonate	MSbO₃	مەتا سۇرمە قشقىلىننىڭ تۇزدارى

偏钨酸　meta‐wolframic acid　　　　　　　　مەتا ۋولفرام قىشقىلى

偏钨酸铵　ammonium meta‐tungstate　$(NH_4)_2W_4O_{13}$　مەتا ۋولفرام قىشقىل امموني

偏钨酸钡　barium meta‐tungstate　$BaO \cdot 4WO_3 \cdot 9H_2O$　مەتا ۋولفرام قىشقىل باري

偏钨酸盐　meta‐tungstate　$M_2O \cdot 4WO_3 \cdot H_2O$　مەتا ۋولفرام قىشقىلنىڭ تۇزدارى

偏锡酸　meta‐stamic acid　　　　　　　　مەتا قالايى قىشقىلى

偏锡酸钠　sodium meta‐stannate　$NaSn_5O_{11}$　مەتا قالايى قىشقىل ناترى

偏亚磷酸　meta‐phosphorons acid　HPO_2　مەتا فوسفورلى قىشقىلى

偏亚磷酸盐　meta‐phosphatite　MPO_2　مەتا فوسفورلى قىشقىل تۇزدارى

偏亚砷酸　meta‐arsenous acid　$HAsO_2$　مەتا ارسەندى قىشقىلى

偏亚砷酸钾　potassium meta‐arsenite　$KAsO_2$　مەتا ارسەندى قىشقىل كالي

偏亚砷酸钠　sodium meta‐arsenite　$NaAsO_2$　مەتا ارسەندى قىشقىل ناترى

偏亚砷酸锌　zinc meta‐arsenite　　　　　　مەتا ارسەندى قىشقىل مىرىش

偏亚砷酸盐　meta‐arsenite　$MaSO_2$　مەتا ارسەندى قىشقىل تۇزدارى

偏亚锑酸　meta‐antimonous acid　　　　　مەتا سۇرمەلى قىشقىل

偏亚锑酸盐　meta‐antimonous acid　　　　مەتا سۇرمەلى قىشقىل تۇزدارى

偏铟酸　meta‐indic acid　　　　　　　　مەتايندى قىشقىلى

偏振光显微镜　polarization microscope　پوليارىزاتسىيالىق مىكروسكوپ

片玻璃　sheet glass　　　　　تاقتا ئەينەك، تاقتا شىنى

片麻岩　gneiss　　　　　گنەيس

片型聚合物　sheet polymer　　　تاقتا پوليمەر

片状沥青　sheet asphalt　　　تاقتا ئتارىزدى اسفالت

片装石蜡　sheet paraffin　　　تاقتا ئتارىزدى پارافين

piao

瓢儿菜醇　erucyl alcohol　$C_{22}H_{43}OH$　ەرۇتسىيل سپىيرتى

瓢儿菜基醋酸　eruyl acetic acid　$CH_3 \cdot (CH_2)_7CH{:}CH(CH_2)_{13}COOH$　ەرۇتسىيل سىركە قىشقىلى

漂白　bleach, bleaching　　　اعارۇ، اعارتۇ

漂白虫胶　bleached lac　　　اعارتىلعان لاك (سىردىڭ ئبىر ئتۇرى)

漂白粉　bleaching powder　　　اعارتقىش ۇنتاق

漂白剂　bleaching agent　اعارتقىش اگەنت

漂白(了)的　bleached　اعارعان، اعارتەلعان

漂白土　bleching clay　اعارتقىش ساعىز توپراق

漂白液　bleching solution(= bleaching)　اعارتقىش ەرىتمەندى

漂白油　bleached oil　اعارتەلعان ماي

漂白脂　bleached tallow　اعارتەلعان جانۋارلار مايى

漂粉精　"高级漂白粉" گە قاراڭىز.

嘌呤　purine　$C_5H_4N_4$　پۇرين

嘌呤核甙　purine nucleoside　پۇرين نۇكلەوزيد

嘌呤碱　purine base　پۇرين نەگىزى

嘌呤碱尿　allox uria　پۇريندى نەسەپ

嘌呤类化合物　purineis compound　پۇرين قوسىلمىستارى

嘌呤硫堇　purothionine　پۇروتيونين

嘌呤霉素　puromycin　پۇروميتسين

嘌呤体　purine bodies　پۇرين دەنەشىگى

嘌呤脱氨基酶　purine deaminase　پۇرين دەامينازا

嘌呤脱酰胺酶　purine deamidase　پۇرين دەاميدازا

嘌呤酰胺酶　purine amidase　پۇرين اميدازا

嘌呤氧化酶　purine oxidase　پۇريندى وكسيدازا

pie

氕(H)　protium　پروتي (H)

氕核　"质子" گە قاراڭىز.

苯吖噻脑　piaz thiole　پيازتيول

苯硒脑　piaselenol　پياسەلەنول

pin

频哪醇　pinacol(= pinacone)　$[(CH_3)_2COH]_2$　پيناكول، پيناكون

频哪基醇　pinacolyl alcohol　$(CH_3)_3CCHOHCH_3$　پيناكوليل سپيرتى

频哪基醇醋酸酯	pinacolyl acetate	CH₃CO₂C₆H₅	پیناكولیل سركه قشقىل هستەرى
频哪氰醇	pina cyanol	C₂₃H₂₀N₂C₂H₅I	پیناسیانول
频哪酮	pina colone	CH₃COC(CH₃)₃	پیناكولون
频哪酮重排作用	pinacolone rearrangement		پیناكولوننىڭ قایتا ورنالاستىرۇۋى
蘋婆酸	sterculic acid		ستەركۇل قشقىلى
贫乏限度	lean limit		كەمۇ شەگى، ازایۇ شەگى
贫乏效应	leaning – out effect		جەتەرسىز ەففەكت، تاپشى ەففەكت
贫化铀			كەمەیگەن ۇران، ازایعان ۇران
贫混合物	weak mixture		ٴالسىز قوسپا
贫混凝土	lean concrete		ناشار بەتون
贫煤	lean coal		ناشار كومىر، قۇنارسىز كومىر
贫煤气			"低级煤气" گە قاراڭز.
贫气	lean gas		ناشار گاز، ساپاسىز گاز
贫氢燃料	hydrogen deficient fuel		سۇتەك از جانار زات
贫燃料混合物	lean(fuel)mixture		جانار زات از قوسپا
贫石灰	lean lime		ناشار اك
贫油	lean oil		ناشار ماي
品红	fuchsine(= magenta)		فۇكسین
品红 NB	fuchsine NB		فۇكسین NB
品红 NJ	fuchsine NJ		فۇكسین NJ
品红 P	magenta P		ماگەنتا P
品红醛试剂	fuchsin – aldehyde reagent		فۇكسین ـ الدەگیدتى رەاكتیۆى
品红酸	magenta acid		ماگەنتا قشقىلى
品红酮	fuchsone		فۇكسون

ping

瓶	"烧瓶" گە قاراڭز.

瓶纳醇		"频哪醇" گە قاراڭىز.
平底漏斗	buchner filter	تەگىس ئۇيپتى ۋورونكا
平底烧瓶	flat bottom flask(= busenflask)	تەگىس ئۇيپتى كولبا، بۇنسەن كولباسى
平二氮萘		"酞嗪" گە قاراڭىز.
平伏键		"赤道键" گە قاراڭىز.
平衡	equilibrium	تەپە ـ تەڭدىك
平衡比	equilibrium ratio	تەپە ـ تەڭدىك قاتناسى
平衡常数	equilibrium constant	تەپە ـ تەڭدىك تۇراقتىسى
平衡成分	equilibrium composition	تەپە ـ تەڭدىك قۇرامى
平衡单元	equilibrium unit	تەپە ـ تەڭدىك بولەگى
平衡电势	equilibrium potential	تەپە ـ تەڭدىك پوتەنتسيالى
平衡反应	balanced reaction	تەپە ـ تەڭدىك رەاكسيالار
平衡方程式	equilibrium equation	تەپە ـ تەڭدىك تەڭدەۋى
平衡沸点	equilibrum boiling point	تەپە ـ تەڭدىك قايناۋ نۇكتەسى
平衡关系	equilibrum relation ship	تەپە ـ تەڭدىك بايلانسى
平衡混合物	equilibrium mixture	تەپە ـ تەڭ قوسپا
平衡级	equilibrium stage	تەپە ـ تەڭدىك دەڭگەيى
平衡离子	counterion(= gegenion)	تەپە ـ تەڭ يون
平衡律	law of equilibrium	تەپە ـ تەڭدىك زاڭى
平衡浓度	equilibrum concentration	تەپە ـ تەڭدىك قويۇلعى
平衡曲线	equilibrium curve	تەپە ـ تەڭدىك قيسىق سىزىعى
平衡溶解度	equilibrium solubility	تەپە ـ تەڭدىك ەرىگىشتىك دارەجەسى
平衡溶液	equilibrium solution	تەپە ـ تەڭ ەرىتىنندى
平衡湿度	equilibrium moisture	تەپە ـ تەڭدىك لەعالدىق دارەجەسى
平衡水	equilibrium water	تەپە ـ تەڭدىكتەگى سۇ
平衡图表	equilibrium diagram	تەپە ـ تەڭدىك دياگراممـاسى
平衡相	equilirium phase	تەپە ـ تەڭدىك فازاسى
平衡压力	equilibrium pressure	تەپە ـ تەڭدىك قىسىم (كۇشى)
平衡移动	shift of equilibrium state	تەپە ـ تەڭدىكتاڭ جىلجۇى

平衡蒸发	equilibrium vaporization	تەپە ـ تەڭدكتە بۇلانۇ
平衡蒸馏	equilibrium distillation	تەپە ـ تەڭدكتە بۇلاندىرىپ ايداۇ
平衡状态	balanced state	تەپە ـ تەڭدك كۈي
平滑酸	glabric acid	گلابر قىشقىلى
平均	average	ورتاشا
平均分子	mean molecula	ورتاشا مولەكۇلالار
平均分子量	average molecular weight	ورتاشا مولەكۇلالىق سالماق
平均沸点	average boiling point	ورتاشا قايناۇ نۇكتەسى
平均活度	mean activity	ورتاشا اكتيۋتەك
平均聚合度	average degree of polymerization	ورتاشا پوليمەرلەنۇ دارەجەسى
平均克分子数量	mean molar quantity	ورتاشا گرام ـ مولەكۇلا سانى، ورتاشا موليارلىق سانى
平衡温差	average temperature difference	ورتاشا تەمپەراتۇرا ايىرماسى
平均链烷	average paraffins	ورتاشا پارافيندەر
平均值	mean value	ورتاشا ٴمانى
平均寿命	average life period	ورتاشا ٴومرى
平均速度	average velocity	ورتاشا جىلدامدىق
平均有效粘度	mean effective viscosity	ورتاشا ٴونىمدى تۇتقىرلىق
平均有效压力	mean effective pressure	ورتاشا ٴونىمدى قىسىم
平均指示压力	mean indicated pressure	ورتاشا كورسەتكىش قىسىم
平拉加	peregal	پەرەگال
平面反光镜	flat mirror	جازىق شاعىلىستىرعىش اينا (ميكروسكوپتا)
平行反应	parallel reaction	پاراللەل رەاكسيالار، قاپتالداس رەاكسيالار
苹果酸	malic acid	COOHCHOHCH₂COOH	مالين قىشقىلى، الما قىشقىلى
苹果酸钡	barium malate	BaC₄H₄O₅	الما قىشقىل بارى
苹果酸二丁酯	dibutyl malate	C₄H₄O₅(C₄H₉)₂	الما قىشقىل ديبۇتيل ەستەرى
苹果酸二乙酯	diethyl malate	C₂H₅O·CO·CH₂·CHOH·COOC₂H₅	الما قىشقىل ديەتيل ەستەرى
苹果酸钙	calcium malate	CaC₄H₄O₅	الما قىشقىل كالتسي
苹果酸钾	potassium malate	K₂C₄H₄O₅	الما قىشقىل كالي

苹果酸镁　magnesium malate　$MgC_4H_4O_5$　الما قشقىل ماگنيي

苹果酸钠　sodium malate　$Na_2C_4H_4O_5$　الما قشقىل ناتري

苹果酸氢钙　calcium acid malate　$Ca(HC_4H_4O_5)_2$　قشقىل الما قشقىل كالتسي

苹果酸氢盐　dimalate　$COOHCHOHCH_2COOM$　قشقىل الما قشقىل تۆزدارى

苹果酸氢酯　dimalate　$COOHCHOHCH_2COOR$　قشقىل الما قشقىل ەستەرى

苹果酸锶　strontium malate　$SrC_4H_4O_5$　الما قشقىل سترونتسي

苹果酸铁　ironi(ferric) malate　$Fe_2(C_4H_4O_5)_2$　الما قشقىل تەمىر

苹果酸脱氢酶　malate dehydrogenase　الما قشقىل دەگيدروگەنەزا

苹果酸亚锡　stannous malate　$SnC_4H_4O_5$　الما قشقىل شالا توتىق قالايى

苹果酸盐　malate　$COOMCHOHCH_2COOM$　الما قشقىلىنڭ تۆزدارى

苹果酸酯　malate　$COORCHOHCH_2COOR$　الما قشقىل ەستەرى

苹果酰　maloyl　$-COCH(OH)CH_2CO-$　مالويل

苹果酰胺　malamide　$CONH_2CHOHCH_2CONH_2$　مالاميد

苹果酰胺酸　malamic acid　$CONH_2CHOHCH_2COOH$　مالامين قشقىلى

萍蓬汀　nupharidine　نۇفاردين

po

钋(Po)　polonium　(Po) پولونيي

坡威灵　powellin　پوۋەللىين

坡威烷　powellane　پوۋەللان

泼尼松　prednison　پرەدنيزون

泼尼松龙　prednisolone　پرەدنيزولون

钷(Pm)　promethium　(Pm) پرومەتەي

迫　peri-　پەري ـ (گرەكشە) كورشەلـەس، جاقـن

迫苯并茚满　peri-naphthindan　پەري ـ نافتيندان

迫苯并茚满二酮　peri-naphthindandion　پەري ـ نافتيناندپون

迫苯并茚满三酮　peri-naphthindantrion　پەري ـ نافتيندانتريون

迫苯并茚满酮　peri-naphthindanon　پەري ـ نافتيندانون

迫二氮杂萘　گە قاراڭـز. "萘啶"

迫甲基喹啉

"甲喹啉" گه قاراڭز.

迫位 peri （نافتالین ساقیناسننداعی 1 ـ 8 ـ یاكی 4 ـ 5 ـ ورسن） پەری ـ

迫位化合物 peri – compound پەری قوسىلىستار

迫位桥 peri – bridge پەری ـ كۆپۈرشە

迫位酸 peri – acid پەری ـ قىشقىل

迫位衍生物 peri – derivative پەری ـ تۆۋەندىلار

珀迪溶液 Purdi's solution پۇردي ەرتىندىسى

珀金苯胺紫 mauvein(e) ماۋۋەين

珀金斯反应 Perkin's reaction پەركينس رەاكسياسى

珀瑞玲 pyralin پيرالين （سۇليياۋدنىڭ ٴبىر ٴتۇرىننىڭ تاۋار اتى）

破伤风毒素 tetano toxin تەتانوتوكسين

破伤风精朊 "破伤风宁" گه قاراڭز.

破伤风痉挛毒素 tetanospasmin تەتانوسپازمين

破伤风宁 tetanine تەتانين

破伤风溶血素 tetanolysin تەتانوليزين

破 – AC – 四羧胆酸 choloidnic acid مولويدان قىشقىلى

破 – ABC – 五羧胆酸 biloidenic acid بيلويدان قىشقىلى

pu

扑草净 prometrine پرومەترين

扑打散 potasan پوتاسان

扑灭津 propazine پروپازين

扑灭生 proxan پروكسان

扑灭通 prometon پرومەتون

扑疟喹 pamaquin پامامين

扑疟母星 plasmochin پلازمومين

扑日斯烷 pristane پريستان

菩提树油 lindan tree oil ليندەن اعاش مايى

菩提油 linden oil ليندەن مايى

蒲公英醇	taraxol	تاراكسول
蒲公英华	taraxal cerin $C_8H_{16}O$	تاراكساتسەرين
蒲公英黄质	taraxanthin	تاراكسانتىن
蒲公英苦素	taraxacin	تاراكساتسىن
蒲公英色素	tarachrome	تاراحروم
蒲公英赛醇	taraxerol	تاراكسەرول
蒲公英赛烷	taraxerane	تاراكسەران
蒲公英赛烷醇	taraxeranol	تاراكسەرانول
蒲公英赛烯	taraxerene	تاراكسەرەن
蒲公英赛烯酮	taraxerenon	تاراكسەرەنون
蒲公英素		"蒲公英苦素" گە قاراڭز.
蒲公英橡胶	taraxacum rubber	باقباقتىق كاۋچۇك
蒲公英甾醇	taraxasterol	تاراكساستەرول
蒲公英甾酮	taraxasterone	تاراكساستەرون
蒲卡特因	pukateine	پۇكاتەين
蒲勒醇	pulegol	پۆلەگول
蒲勒酮	pulegone $C_{16}H_{16}O$	پۆلەگون
蒲桃酸		"庚二酸" گە قاراڭز.
葡贰醛酸	glucosiduronic acid	گليۇكوزيد ۋرون قىشقىلى
葡二醛己糖	glucodialohexose	گليۇكودياللوگەكسوزا
葡甘露聚糖	glucomannan	گليۇكوماننان
葡庚糖	glucoheptose $C_7H_{14}O_7$	گليۇكوگەپتوزا
葡庚糖酸	glucoheptonic acid	گليۇكوگەپتون قىشقىلى
葡庚糖酸钠	sodium glucoheptonate	گليۇكوگەپتون قىشقىل ناتري
葡基胺	glycosylamine	گليكوسيلامين
葡聚糖	dextran, glucosane	دەكستران، گليۇكوزان
葡聚糖生成酶	dextransucrase	دەكستران سۇكرازا
葡配马柯精	glucomalcolmiin	گليۇكومالكولمين
葡配庭荠精	glucoalyssin	گليۇكواليسسين
葡石酸		"苯连四酸" گە قاراڭز.

葡糖　glucosa　$C_6H_{12}O_6$　گليۇكوزا

葡糖胺　glucosamine　گليۇكوزامين

葡糖苯甙酸　phenol glucuronic acid　فەنول گليۇكۇرون قشقىلى

葡糖苯腙　glucose phenyl hydrazone　$C_6H_5NHNC_6H_{12}O_5$　گليۇكوزا فەنيل گيدرازون

葡糖甙　glucoside　گليۇكوزيد

葡糖甙酶　glucosa ccharase(= glucosiduse)　گليۇكوساحارازا، گليۇكوزيدازا

葡糖二酸内酯　saccharonolacton　ساحارونولاكتون

蒲糖化酶　glucase　گليۇكازا

蒲糖基　glucosyl　$C_6H_{11}O_5 -$　گليۇكوزيل

葡糖磷酸变位酶　"葡糖磷酸移位酶" گە قاراڭـز.

葡糖磷酸酶　glucophosphatase　گليۇكوفوسفا تازا

葡糖－6－磷酸脱氢酶　glucose－6－phosphatedeliydrogenase　گليۇكوزا ـ 6 ـ فوسفور قشقىل دەگيدروگەنازا

葡糖磷酸移位酶　gluco－phosphomutase　گليۇكوفوسفومۇتازا

葡糖－1－磷酸酯　glucose－1－phosphate　گليۇكوزا ـ 1 ـ فوسفور قشقىل ەستەرى

葡糖－6－磷酸酯　glucose－6－phosphate　گليۇكوزا 6 ـ فوسفور قشقىل ەستەرى

葡糖木二糖　glucoxylose　گليۇكوكسيلازا

葡糖醛酸　glucuronic acid　$COH(CHOH)_4COOH$　گليۇكۇرون قشقىلى

葡糖醛酸甙　glucuronide　گليۇكۇرونيد

葡糖醛酸甙酶　glucuronidase　گليۇكۇرونيدازا

葡糖醛酸的苯酚甙　phenyl glucuronide　فەنيل گليۇكۇرونيد

葡糖醛酸内酯　glucuronic acid lacton　گليۇكۇرون قشقىل لاكتون

7－葡糖醛酸－5, 6, 7－三羟黄酮　"贝加灵" گە قاراڭـز.

葡糖醛酮　"葡糖松" گە قاراڭـز.

葡糖脎　glucosazone　$C_{18}H_{21}N_4O_4$　گليۇكوسازون

葡糖三醋酸酯　triacetyl－glucose　$C_9H_7O_2(O_2CCH_3)_3$　گليۇكوزا ٴۇش سىركە قشقىل ەستەرى

葡糖松　glucosone　$C_3H_9O_4COCHO$

گلىۇكوزون

葡糖酸	gluconic acid	$CH_2OH(CHOH)_4CO_2H$	ٴجۇزۇم قىشقىلى، گلىۇكون قىشقىلى
葡糖酸铵	ammonium gluconate		ٴجۇزۇم قىشقىل اممونى
葡糖酸发酵	gluconic acid fermentation		ٴجۇزۇم قىشقىلدى اشۇ
葡糖酸钙	calcium gluconate	$C_{12}H_{22}O_{14}Ca$	ٴجۇزۇم قىشقىل كالتسي
葡糖酸钾	potassium gluconate		ٴجۇزۇم قىشقىل كالي
葡糖酸锰	manganese gluconate		ٴجۇزۇم قىشقىل مارگانەتس
蒲糖酸钠	sodium gluconate		ٴجۇزۇم قىشقىل ناتري
葡糖酸内酯	gluconolaton	$C_6H_{10}O_6$	ٴجۇزۇم قىشقىل لاكتون
葡糖酸铜	cupric gluconate		ٴجۇزۇم قىشقىل مىس
葡糖酸亚铁	ferrous gluconate		ٴجۇزۇم قىشقىل شالا توتىق تەمىر
葡糖酸盐	gluconate	$CH_2OH(CHOH)_4COOM$	ٴجۇزۇم قىشقىلىنىڭ تۇزدارى
葡糖缩氯醛	glucochloral	$CH_3CCHOC_6H_7O(OH)_3$	گلىۇكوحلورال
葡糖脱氢酶	glucose dehydrogenase		گلىۇكوزا دەگيدروگەنازا
葡糖肟	glucoseoxime	$C_6H_{12}O_5NOH$	گلىۇكونوكسيم
葡糖型抗坏血酸	glucoascorbic acid		گلىۇكوزالى اسكوربين قىشقىلى
葡糖氧化基	glucosyloxy	$C_6H_{11}O_6$	گلىۇكونوكسيل
葡糖氧化酶	glucose oxidase		گلىۇكوزيدازا
葡糖质酸	gluco saccharic acid	$C_6H_{10}O_8$	گلىۇكوساحارين قىشقىلى
葡糖缀朊	glucosido protein		گلىۇكوزيد
葡糖庚糖	glucoheptose		گلىۇكوگەپتوزا
葡萄庚糖酸	glucoheptonic acid		گلىۇكوگەپتوزا قىشقىلى
葡萄聚糖生成酶			"葡聚糖生成酶" گە قاراڭىز.
葡萄琼脂	glucose agar		گلىۇكوزا اگارى
葡萄琼菌激酶	staphylokinase		ستافيلوكينازا
葡萄朊	glucagon		گلىۇكاگون
葡萄糖	glucosa(= dextrose)	$C_6H_{12}O_6$	گلىۇكوزا
α－葡萄糖	α－glucose		α ـ گلىۇكوزا
D－葡萄糖	D－glucose		D ـ گلىۇكوزا

γ－葡萄糖　γ－glucose	γ ـ گليۆكوزا
葡萄糖胺	"葡糖胺" گه قاراڭز.
葡萄糖甙	"葡糖甙" گه قاراڭز.
葡萄糖甙酶	"葡糖甙酶" گه قاراڭز.
葡萄糖磷酸变位酶	"葡糖磷酸移位酶" گه قاراڭز.
葡萄糖磷酸激酶　hexokinase	گەكسوكينازا
葡萄糖－6－磷酸盐脱氢酶	"葡糖－6－磷酸盐脱氢酶" گه قاراڭز.
葡萄糖没食子酸　glucogallic acid	گليۆكوگالل قىشقىلى
葡萄糖醛酸	"葡糖醛酸" گه قاراڭز.
葡萄糖醛酸酚　glucuronic acid phenol	گليۆكۆرون قىشقىل فەنول
葡萄糖醛酸化物　glucuroinde	گليۆكۆرونيد
葡萄糖醛酸内酯	"葡糖醛酸内酯" گه قاراڭز.
葡萄糖醛酸酯　glucuronate	گليۆكۆرون قىشقىل ەستەرى
葡萄糖醛酮	"葡糖松" گه قاراڭز.
葡萄糖酸	"葡糖酸" گه قاراڭز.
葡萄糖酸铵	"葡糖酸铵" گه قاراڭز.
葡萄糖酸丙酮　gluconoaceton	گليۆكونو اتسەتون
葡萄糖酸钙	"葡糖酸钙" گه قاراڭز.
葡萄糖酸内酯	"葡糖酸内酯" گه قاراڭز.
葡萄糖肟	"葡糖肟" گه قاراڭز.
葡萄糖氧化酶	"葡糖氧化酶" گه قاراڭز.
葡醉酮　glucazidone	گليۆكازيدون
脯氨酸　proline	پرولين
脯氨酸肽酶　prolinase, prolidase	پرولينازا، پروليدازا
脯氨酰　prolyl　NHCH₂CH₂CHCO－	پروليل
脯肽羧酶	"脯氨酸肽酶" گه قاراڭز.
镤(Pa)　protactinium	پروتاكتيني (Pa)
普钙	"普通过磷酸钙" گه قاراڭز.
普环啶　procyclidine	پروسيكليدين
普拉嗪　properazin	پروپەرازين

普朗克常数　Planck's constant پلانك تۇراقتىسى

普朗克函数　Planck's potential پلانك پوتەنتسىالى

普乐民　promin پرومىن

普列斯通　preston پرەستون

普鲁巴明　propamine پروپامىن

普鲁卡因　procain پروكاين

普鲁卡因青霉素　procain penicillin پروكاين پەنىتسىللىن

普鲁士红　prussian red پرۇسسىا قىزىلى

普鲁士蓝　prussian blue پرۇسسىا كوگى

普鲁士蓝试验　prussian‐blue test پرۇسسىا كوگى سىناعى

普鲁士绿　prussian green پرۇسسىا جاسىلى

普罗多里特　prodorit پرودورىت

普罗米那　prominal　$(C_6H_5)(C_2H_5)(CH_3)C_4HO_3N_2$ پرومىنال

普洛斯的民化溴　prostigmine brom　$Br(CH_3)_3NC_6H_4OCN(CH_3)_2$ پروستىگمىيەندى بروم

普切明　pulcherrimine پۇلچەررىمىن

普施安　procion پروتسىون (بوياۋدىڭ اتى)

普通玻璃　simple glass ادەتتەگى اينەك، جاي شىنى، كالي ‐ ناترىلى اينەك

普通酐　simple anhydride　$(R\cdot CO)_2O$ قاراپايىم انگىدرىدتى، قسقىل انگىدرىدتى

普通过磷酸钙　simple superphosphate جاي اسقىن فوسفور قسقىل كالتسي

普通化学　general chemistry جالپى حىمىيا

普通极性　general poliarity جالپى پولىارلىق

普通键　general flat key جاي بايلانس

普通铅　simple lead ادەتتەگى قورعاسىن

普通水泥　normal cement نورمال سەمەنت

镨(Pr)　praseodymium پرازەودىم (Pr)

Q

qi

漆　lacker(= urushi, lacquer)　لاك

漆沉积　lacquer deposit　لاك تۇنباسى، لاك شوگىندىسى

漆冲淡剂　lacquer diluent　لاك سۈيۇلتقىش (ئاگەنت)

漆酚　urushiol　$C_6H_3(OH)_2C_{15}H_{27}$　ۇرۇشيول

漆蜡　urushiwax　لاك بالاۋزى

漆生成　lacquer formation　لاك ئۇزۇلۇۋ

漆酸　urushic acid　$C_{23}H_{36}O_2$　لاك قىشقىلى

漆烯　urusene　$C_{15}H_{28}$　ۇرۇسەن

漆稀释用溶剂　lacquer thinner　لاك سۈيۇلتقىش ەرىتكىش (ئاگەنت)

漆用溶剂　lacquer solvent　لاككە سۇستەتمەلەتىن ەرىتكىش (ئاگەنت)

七　hepta, septa　گەپتا ـ (گرەكشە)، سەپتا ـ (لاتىنشا)، جەتى

七氟络铌酸钾　potassium fluocolumbate　$K_2[NbOF_7]$　جەتى فتورلى نيوبي قىشقىل كالي

七氟络钽酸钾　"氟钽酸钾" گە قاراڭىز.

七氟镁酸钾　"氟镁酸钾" گە قاراڭىز.

七核环　heptacyclic ring　جەتى ساقينالى

七环化合物　heptacylic compound　جەتى ساقينالى قوسىلمستار

七甲撑　heptamethylene　$CH_2(CH_2)_5CH_2$　گەپتا مەتيلەن

七价的　septa valence　جەتى ۆالەنتتى

七价物　"七价的" گە قاراڭىز.

七价元素　hepta valent element　جەتى ۆالەنتتى ەلەمەنتتەر

七(碱)价醇　"七元醇" گە قاراڭىز.

七节环　heptatomic ring　جەتى اتومدى ساقينا

七聚物　heptamer　گەپتامەر

七硫化二铼　rhenium heptasulfide　Re_2S_7　جەتى كۇكىرتتى رەني

七氯　heptachlor　　　　　　　　　　　　گەپتا حلور، جەتى حلور

七氯丙烷　heptachloro propane　Cl₃CCCl₂CHCl₂　　جەتى حلورلى پروپان

七氯代萘　naphthalene heptachloride　C₁₀HCl₇　　جەتى حلورلى نافتالين

七十(碳)(级)烷　heptacontane　　　　　　　گەپتا كونتان

七水合硫酸镁　epson salt(= bitter salt)　MgSO₄·7H₂O　جەتى مولەكۇلا سۇلى كۆكىرت قىشقىل ماگنى

七水合硫酸铁　　　　　　　　　　　"绿矾" گە قاراڭىز.

七水合硫酸锌　　　　　　　　　　　"锌矾" گە قاراڭىز.

七水合硫酸亚铁　　　　　　　　　　"铁矾" گە قاراڭىز.

七氧化二铼　rhenium heptoxide　Re₂O₇　رەنى جەتى توتىعى

七氧化二氯　chlorine heptoxide　Cl₂O₇　حلور جەتى توتىعى

七氧化二锰　manganese heptoxide　مارگانەتس جەتى توتىعى

七氧化物　heptoxide　　　جەتى توتىقتار، گەپتا وكسيدتەر

七叶灵　esculin　C₁₅H₁₆O₉　　　　ەسكۇلين

七叶灵酸　esculinic acid　　　　　ەسكۇلين قىشقىلى

七叶亭　esculetini　C₉H₆O₄　　　　ەسكۇلەتين

七叶亭酸　esculetinic acid　C₉H₈O₅　　ەسكۇلەتين قىشقىلى

七元醇　heptabasic alcohol　　جەتى نەگىزدى سپيرت

七原子的　hepta atomic　　جەتى اتومدى، جەتى نەگىزدى

齐巴尼特　cibanite　　　　　　سيبانيت

齐墩果醇　oleanol　　　　　　ولەانول

齐墩果醇酸　oleanolic acid　　　ولەانول قىشقىل

齐墩果君　oleandrin　　　　　　ولەاندرين

齐墩果配质　oleandrigenin　　　ولەاندريگەنين

齐墩果酮酸　oleanoic acid　　　ولەانون قىشقىلى

齐分子量聚合物　oligomer　　　وليگومەرلەر

齐分子量取作用　oligomerization　وليگومەرلەۋ

齐格勒催化剂　Ziegler catalyst　زيەگلەر كاتاليزاتورى

齐格勒法　Ziegler process　　زيەگلەر ٴادسى

奇通蓝　kiton blue　　　　　كيتون كوگى

奇通染料　kiton colors　　　كيتون بوياۋلارى

芪　stilbene　C₆H₅CH:CHC₆H₅　　ستيلبەن

芪橙 4R　stilbene orange 4R　ستيلبەندى قىزعىلت سارى 4R

芪基 stilbenyl	ستيلبەنيل
芪二酚 stilbene – diol $HOC_6H_4CH:CHC_6C_4OH$	ستيلبەنيل ـ ديول
芪染料 stilbene dye	ستيلبەندى بوياۋلار
芪唑 stilbazole	ستيلبازول
α－芪唑 α－stilbazol $NC_5H_4CH:CHC_6H_5$	α ـ ستيلبازول
γ－芪唑 γ－stilbazole	γ ـ ستيلبازول
岐化缩合作用 disproportionative condensations	تارماقتالمپ كوندەنساتسيالانۇ رولى
岐化(作用) disproportionation(＝dismutation)	تارماقتالۇ (رولى)
琪琪巴宾反应 chichibabin reaction	چيچيبابين رەاكسياسى
棋盘花碱 zygadenine $C_{27}H_{43}O_7N$	زيگادەنين
芑	"环己间二烯" گە قاراڭز.
芑叉	"环己烯亚基" گە قاراڭز.
芑撑	"亚环己二烯基" گە قاراڭز.
芑基	"环己二烯基" گە قاراڭز.
杞奴索尔	"奎诺溶" گە قاراڭز.
启普器 cyp apparature	كيپپ اپپاراتتى، كيپپ قۇرالعەسى
起沫 frothing	كوبىكتەنۇ، كوپىرشۇ
起沫发酵 froth fermentation	كوبىكتى اشۇ، كوبىكتەنپ اشۇ
起沫剂 frothing agent	كوبىكتەندىرگىش اگەنت
起泡 foaming	"起沫" گە قاراڭز.
起泡发酵 foam fermentation	"起沫发酵" گە قاراڭز.
起泡剂	"起沫剂" گە قاراڭز.
器械分析	"仪器分析" گە قاراڭز.
气孢素 aerosporin	اەروسپورين
气表	"气量计" گە قاراڭز.
气达酸 physodallic acid	فيزودال قىشقىلى
气焊 gas welding	گازبەن دانەكەرلەۇ
气黑 gas black	گاز كۆيەسى
气化 gasification, gasifying	گازدانۇ، گازداندىرۇ
气化器 gasifier	گازداعىش
气胶溶体	"气溶胶" گە قاراڭز.

气孔玻璃	"泡沫玻璃" گە قاراڭنز .
气量计 gasometer	گازومەتر ، گازولشەگش
气煤 gas coal	گازدى كومىر، جەگىل كومىر
气密性 gas tightness	گاز ساڭلاۋ سىزدىعى، گاز شقپاۋشىلىق
气凝胶 aerogel	اەروگەل، اەروسىرنەلەر
气泡 bubble	كوبىك، كوپىرشەك
气泡法 bubble method	كوبىكتەندىرۋ ٴادسى
气泡橡皮 gas expanded rubber	كوبىكتى رازىنكە
气泡指示器 bubble gauge	كوبىك كورسەتكىش (اسپاپ)
气溶胶 aerosol	اەروزول، اەروكسىرنەلەر
气溶体 gaseous solution (state)	گازدى ەرتىندى
气态 gaseity, gaseousness	گاز كۇيى
气态分散体 gas dispersoid	گاز كۇيدەگى تارالعىش
气态离子 gas ion	گاز يونى
气态流体 gaseous fluid	گاز كۇيدەگى اققىش دەنە
气态汽油 gas spirit	گازدى بەنزين
气态燃料 gaseous fuel	گاز كۇيدەگى جانار زاتتار
气态烃 hydrocarbon gas	گاز كۇيدەگى كومىرسۋتەك
气态烃类 gaseous hydrocarbons	گاز كۇيدەگى كومىرسۋتەكتەر
气态氧 gaseous oxygen	گاز كۇيدەگى وتتەگى
气态元素	"单质气体" گە قاراڭنز .
气态杂质 gaseous impurities	گاز كۇيدەگى ارالاسپا زاتتار
气态蒸汽 gaseous steam	گاز كۇيدەگى بۋ
气碳 gas carbon	گاز كومىرتەك
气体 gas	گاز
气体爆炸 gaseous detanation	گاز قوپارىلىسى، گازداڭ جارىلۋى
气体泵 gas pump	گاز ناسوسى
气体比重计 aerometer	اەرومەتر، گازداڭ مەنشكتى سالماعىن ولشەگش
气体比重瓶 gas balloon	گازداڭ مەنشكتى سالماعىن ولشەۋ شولمەگى
气体层 gas blanket	گاز قاباتى
气体产物 gaseous product	گاز ونىمدەرى
气体常数 gas constant	گاز تۇراقتىسى
气体处理 gas conditioning	گازبەن وڭدەۋ

气体导管　gas conduit	گاز وتەتسن تۇتىك
气体的分子运动理论　kinetic theory of gases	گازدىك مولەكۇلالىق
	قوزعالىس تەورىياسى
气体电导　gaseous conductance	گازدىك ەلەكتر وتكەرزۇي
气体定量　gasometry	گاز مولشەرى
气体定律　gas law	گاز زاڭى
气体动力燃料　gas motor fuel	گاز قوزعالتقىشتى جانار زاتتار
气体发生瓶　gas generator bottle	گاز ئۇزىلۇ شولمەگى
气体发生器　gas generator	گاز گەنەراتور
气体反应　gas reaction	گاز رەاكسياسى
气体反应定律　law of gas reaction	گازداردىك رەاكسيالاسۇ زاڭى
气体方程式　gas equation	گاز تەڭدەۇي
气体分离　gas separation	گاز ايىرۇ
气体分离器　gas separator	گاز ايىرعىش
气体分析　gas amalysis	گازدى تالداۇ، گازدىك تالداۇ
气体分析器　gas analyzator	گاز تالداعىش، گاز انالىزاتور
气体腐蚀　gas attact(＝gaseous corrosion)	گازدى جەمىرلۇ
气体公式	"气体方程式" گە قاراڭىز.
气体回收　gas recovery	گازدى قايتا جيناپ الۇ
气体回收系统　gas recovery system	گازدى قايتا جيناپ الۇ جۇيەسى
气体混合物　gas(eous) mixture	گازدى قوسپالار
气体加热　gas heating	گاز قىزدىرۇ
气体检定器　gas detector(＝gasoscope)	گاز انىقتاعىش
气体净化器　gas cleaner	گاز تازارتقىش
气体空间　gas space	گازدى كەڭىستىك
气体－空气混合物　gas air mixture	گاز – اۋا قوسپاسى
气体－空气焰　gas air flame	گاز – اۋا جالىنى
气体扩散定律　law of gas diffusion	گازدىك ديففۇزيالانۇ (تارالۇ) زاڭى
气体冷却器　gas cooler	گاز بەن سۇتقىش
气体离子　gas ion	گاز يونى
气体量管　gas burette	گاز ولشەۇ تۇتىگى
气体硫化　gas vulcanization	گاز بەن كۇكىرتتەندىرۇ
气体摩尔体积　molar volume of gas	گازدىك موليارلىق كولەمى

气体膨胀	gas amplification	گازدى ۇلعايۇ
气体漂白	gas bleaching	گازبەن اعارتۇ
气体汽油	gasoline	گازولين، گازدى بەنزين
气体燃料	gaseous fuel	گاز جانار زات، گاز وتىن
气体燃烧	gaseous combustion	گازدىڭ جانۋى
气体色层法	gaschromatography	گازدى حروماتوگرافتاۇ
气体色层分离法	chromatography of gases	گازدى حروماتوگرافتاۇ
气体色谱法		"气体色层分离法" گە قاراڭىز.
气体石脑油	gas naphtha	گاز نافتا
气体收集	gathering ofgas	گاز جيناۇ
气体收集系统	gas gathering system	گاز جيناۇ جۇيەسى
气体速度	gas velocity	گاز جىلدامدىعى
气体体积分析法	gas volumeteric analysis	گازدى ۆوليۇمەترلىك تالداۇ
气体体积计	gas volumeter (= volumescope)	گاز كولەمىن ولشەگىش
气体天平	gas balance	گاز تارازى
气体调节器	gas regulator	گاز رەتتەگىش
气体温度计	gas themometer	گازدى تەرمومەتر
气体吸附	gas adsorbtion	گازدىڭ ٴسىمىرىلۇى
气体吸收	gas absorbtion	اۋانى ٴسىمىرۇ
气体洗涤	gas washing	گاز جۋۇ
气体洗涤器	gas scrubber	گاز جۋعىش
气体消毒	gas depoisoning	گاز بەن دەزينفەكسيالاۇ
气体循环过程	gasrecycle process	گاز اينالىسى بارىسى
气体压力	gaseous tension	گازدىڭ قىسىم كۇشى، گازدىڭ كەرىلۇ كۇشى
气体液体反应	gas liquid reaction	گاز ـ سۇيىقتىق رەاكسياسى
气体油	gasol	گازول
气体杂质		"气态杂质" گە قاراڭىز.
气体张力	gaseous tension	گازدىڭ كەرىلۇ كۇشى، گازدىڭ قىسىم كۇشى
气体着火	gas ignition	گازدىڭ وتالۇى
气味	odor	گاز ٴيسى
气味测定	odorimery	گاز ٴيسىن ولشەۇ
气味浓度	odorousness	گاز ٴيسى قويۇلىعى
气味强度	odor intensity	گاز ٴيسىنىڭ كۇشتىلىگى

气味持久性　odor permenency	گاز ئىسى تۇراقتىلمعى
气味试验　odor test	گاز ئىسى سىناعى
气味组份　odor producing component	گاز ئىسى قۇرامى
气相　gas phase	گاز فازاسى
气相反应　gas phase reaction	گاز فازاسىنداعى رەاكسيا
气相聚合　gas phase polymerization	گاز فازاسىنداعى پوليمەرلەنۇ
气相色谱法	"气体色层法" گە قاراڭىز.
气压表	"气压计" گە قاراڭىز.
气压计　barometer	بارومەتر
气压力　gaseous tension	گازدىڭ قىسىم كۇشى
气烟末	"气黑" گە قاراڭىز.
气液色层分离法　gas–liquid chromatography	گاز – سۇيىقتىق حروماتوگرافتاۇ
气液色谱法	"气液色层分离法" گە قاراڭىز.
气硬石灰　air–hardening lime	اۇادا قاتاياتىن اك
汽油	"瓦斯油" گە قاراڭىز.
汽巴黑　ciba black	سيبا قاراسى (بوياۇ)
汽巴红 B　ciba red B	سيبا قىزىلى B
汽巴蓝 B　ciba blue B	سيبا كوگى B
汽巴弄橄榄绿　cibanone olive	سيبانوندى ئزايتۇن جاسىلى
汽巴弄黄　cibanone yellow	سيبانوندى سارى
汽巴弄金橙　cibanone gold orange	سيبانوندى التىن قىزعملت سارى
汽巴弄蓝　cibanone blue	سيبانوندى كوك
汽巴弄染料　cibanone colors	سيبانوندى بوياۇلار
汽巴弄枣红　cibanone bordeaux	سيبانوندى كۇرەڭ قىزىل
汽巴染料　ciba colors	سيبا بوياۇلار
汽巴赛特染料　cibacet colors	سيباتسەت بوياۇلار
汽巴桃红 B　ciba pink B	سيبا قىزعملتى B
汽巴猩红 G　ciba scarlet G	سيبا قان قىزىلى G
汽化　vaporation	بۇلانۇ، بۇعا اينالۇ
汽化管　vaporizing tube	بۇلاندىرۇ تۇتىگى
汽化能　vaporization energy	بۇلاندىرۇ ەنەرگياسى
汽化器　vaporizer	بۇلاندىرعىش (اسپاپ)

汽化潜热	latent heat of vaporization	بۇلانۇ جاسىرىن جىلۇي
汽化热	heat of vaporization	بۇلانۇ جىلۇي
汽化温度	vaporization temperature	بۇلانۇ تەمپېراتۇراسى
汽化性	vaporability	بۇلانعشتىق، بۇغا ايىنالعشتىق
汽馏	steam distillation	بۇلاندىرىپ ايداۋ
汽水	sparkling water	گازدى سۇ
汽相	vapor phase	بۇ فازاسى
汽相处理	vapor – phase treatment	بۇ فازاسمەن وڭدەۋ
汽相反应	vapor phase reaction	بۇ فازاسى رەاكسياسى
汽相聚合	vapor phase polymerization	بۇ فازاسمەن پوليمەرلەۋ
汽相热裂	vapor phase cracking	بۇلى فازالىق بولشەكتەۋ (كرەكينگ)
汽相热裂化	vapor – phase thermal cracking	بۇلى فازالىق جىلۇمەن بولشەكتەۋ
汽相系统	vapor – phase system	بۇ فازاسى جۇيەسى
汽相硝化	vapor phase nitration	بۇ فازاسىنناڭ نيترلەنۇى
汽相氧化	vapor phase oxidation	بۇ فازاسىنناڭ توتعۇى
汽相作业	vapor phase process	بۇ فازاسى جۇمىسى
汽液比	vapor – liquid rate	بۇ – سۇيىقتىق قاتىناسى
汽油	benzine, gasoline	بەنزين
汽油泵	gasoline pump	بەنزين ناسوسى
汽油过滤器	gasoline filter	بەنزين سۇزگىش
汽油混合物	gasoline mixture	بەنزين قوسپاسى
汽油馏分	gasoline fraction	بەنزين فراكتسيالاۇ، بەنزين ايرۇ
汽油离析器	gasoline separator	بەنزين ايىرعىش
汽油凝固点	gasoline freezing point	بەنزيننىڭ قاتايۇ نۇكتەسى
汽油气	gasoline gas	بەنزين گازى
汽－油－水分离器	vapor – oil – water separator	بۇ – ماي – سۇ ايىرعىش
汽油辛烷值	gasoline octane number	بەنزيننىڭ وكتان ٴمانى
汽油氧化	gasoline oxidation	بەنزيننىڭ توتعۇى
汽油蒸馏	gasoline distillation	بەنزيندى بۇلاندىرىپ ايداۋ
汽油蒸气	gasoline vapor	بەنزين بۇي
汽油值	gasoline value	بەنزين ٴمانى
槭素	acerin	اتسەرين
槭糖	maple sugar	مالپە قانتى، ۇيەڭكى قانتى

槭糖醇	aceritol	اتسەريتول
槭糖浆	maple syrup	مالپه سوقتاسى، ۋيەڭكى سوقتاسى
槭糖汁	maple syrup	مالپه شەرننى، ۋيەڭكى شەرننى

qian

千(K)	kilo (K)		كيلو (K، گرەكشە)
千安培(KA)	kiloampere (KA)		كيلوامپەر (KA)
千伏(KV)	kilovolt (KV)		كيلوۋۆلت (KV)
千伏安(KVA)	kilovolt–ampere (KVA)		كيلوۋۆلت ـ امپەر (KVA)
千伏计	kilovoltmeter		كيلوۋۆلتمەتر
千公斤			"公吨" گه قاراڭىز.
千赫兹(KHz)	kilohertz(KHz)		كيلوھەرتس (KHz)
千焦耳(KJ)	kilojoule(KJ)		كيلوجوۇل (KJ)
千金藤碱	stephanine		ستەفانين
千卡(KKa)	kilogram calorie(KKa)		كيلوگرام كالوريا (KKa)
千克			"公斤" گه قاراڭىز.
千克当量	kilogram equivalent		كيلوگرام ـ ەكۋيۋالەنت
千克/分	kilogram perminut		كيلوگرام ـ مينۋت
千克分子	kilogram molecule		كيلوگرام مولەكۇلا
千克力	kilogram force		كيلوگرام كۇش
千克米	kilogrammeter		كيلوگرام ـ مەتر
千克/秒	kilogram persecond		كيلوگرام ـ سەكۆند
千克/时	kilogram perhour		كيلوگرام ـ ساعات
千里碱	senecianine	$C_{18}H_{25}NO_6$	سەنەتسيونين
千里酸	senecionic acid	$(CH_3)_2C:CHCOOH$	سەنەتسيون قشقىلى
千里酰	senecioyl	$(CH_3)_2C:CHCO-$	سەنەتسيويل
千里叶定	senecifolidine	$C_{18}H_{29}NO_7$	سەنەتسيفوليدين
千里叶碱	senecifoline	$C_{17}H_{28}NO_8$	سەنەتسيفولين
千里叶宁	senecifolinine	$C_8H_{11}NO_2$	سەنەتسيفولينين
千里叶酸	senecifolic acid	$C_{10}H_{16}O_6$	سەنەتسيفول قشقىلى
千里因	senecine		سەنەتسين
千米			"公里" گه قاراڭىز.

千牛顿	kilonewton	كيلونيۆتون
千欧姆	kiloohm	كيلووم
千升	kiloliter	كيلوليتر
千瓦计	kilowattmeter	كيلوۆاتمەتر
千瓦特	kilowatt	كيلوۆات
千瓦小时	kilowatt – hour	كيلوۆات ـ ساعات
千微克	kilogamma	كيلوگامما
千微升	kilolambda	كيلولامبدا
千兆	kilomega	كيلومەگا
千周	kilocyclo	كيلواينالىم
铅(Pb)	lead	قورعاسىن (Pb)
铅白	white lead	اق قورعاسىن
铅玻璃	lead glass	قورعاسىندى شنى (اينەك)
铅箔	lead fiol	قورعاسىن قاقتاماسى
铅丹		"红铅" گە قاراڭىز.
铅丹漆	red lead paint	قىزىل قورعاسىندى سىر
铅的氧化物	lead oxide	قورعاسىن توتىقتارى
铅矾	lead vitriol	PbSO₄	قورعاسىن كۆپورۋسى
铅膏	lead plaster	قورعاسىندى پلاستىر
铅铬绿		"铬绿" گە قاراڭىز.
铅焊料	lead solder	قورعاسىنمەن دانەكەرلەۆ ماتەرياليى
铅化合物	plumbous compound	قورعاسىندى قوسىلىستار
铅黄	massicot	قورعاسىن سارىسى
铅灰色	lead grey	سۇرى، سۇرعىلت، سۇرى ٴتۇس
铅块	lead pig	كەسەك قورعاسىن
铅粒	lead button	قورعاسىن ٴتۇيىرى
铅片	lead sheet	قورعاسىن پلاستينكا
铅青铜	lead bronze	قورعاسىندى قولا
铅室	lead chamber	قورعاسىن كامەرا
铅室法	lead chamber process	قورعاسىن كامەرا ٴادىسى، كامەرا ٴادىسى
铅室结晶	lead chamber crystal	قورعاسىن كامەرا كريستالى، كامەرا كريستالى
铅室硫酸	lead chamber sulfuric acid	قورعاسىن كامەرا كۇكىرت قىشقىلى
铅室气	lead chamber gases	قورعاسىن كامەرا گازى، كامەرا گازى

铅室容积	lead chamber space		قورعاسىن كامەرا كولەمى
铅室容量	chamber space		كامەرا سىيمدىلىكى
铅室酸	chamber acid		(قورعاسىن) كامەرا قىشقىلى
铅丝	lead wire		قورعاسىن سىم
铅酸	plumbic acid	H_2PbO_3	قورعاسىن قىشقىلى
铅酸钙	calcium plumbite	$CaPbO_3$	قورعاسىن قىشقىل كالتسى
铅酸酐	plumbic acid anhydride		قورعاسىن قىشقىل انگيدريدتى
铅酸钾	potassium plumbite	K_2PbO_2	قورعاسىن قىشقىل كالي
铅酸钠	sodium plumbite	Na_2PbO_2	قورعاسىن قىشقىل ناتري
铅酸盐	plumbite	M_2PbO_3	قورعاسىن قىشقىلىننىڭ تۇزدارى
铅酸盐处理	plumbite treatment		قورعاسىن قىشقىلىننىڭ تۇزىمەن وڭدەۋ
铅酸盐香化	plumbite sweetening		قورعاسىن قىشقىلىننىڭ تۇزىن حوش يستەندرۇ
铅酸盐香化器	plumbite sweeterner		قورعاسىن قىشقىلىننىڭ تۇزىن حوش يستەندرگىش
铅糖	lead sugar		قورعاسىندى قانت
铅条	lead bar		قورعاسىن تاياقشا
铅烷基	plumbyl	H_3Pb-	پلۇمبيل، قورعاسىندى الكيل
铅锌蓄电池	lead zinc accumulator		قورعاسىن ــ مىرىشتى اككۇمۇلياتور
铅蓄电池	lead accumulator		قورعاسىندى اككۇمۇلياتور
铅盐	lead salt		قورعاسىن تۇزى
铅釉	lead glaze		قورعاسىندى ەمال
铅皂	lead soap		قورعاسىندى سابىن
铅皂润滑脂	lead grease		قورعاسىندى جاعىن ماي
铅中毒	lead poisoning		قورعاسىننان ۋلانۇ
前	pre-; pro-		پرە ــ (لاتىنشا)، پروز ــ (گرەكشە)، الدىنعى، ىلگەرگى، بۇرىنعى
前胡碱			"橙皮碱" گە قاراڭىز.
前胡精	peusedanine		پەۋسەدانين
前胡宁	peucenin		پەۋسەنين
前黄素	proplavine	$C_{13}H_{11}N_3H_2SO_4$	پروفلاۋين
前激酶	prokinase		پروكينازا
前胶原	precollagen		پرەكوللاگەن
前酵素	proferment		پروفەرمەنت

前聚合物	prepolymer		پرەپوليمەر
前列腺素	prostaglandin		پروستاگلاندين
前陶品	protopine	$C_{20}H_{19}O_5N$	پروتوپين
前维生素	provitamin		پرووّيتامين
前维生素 A	provitamin A	$C_{40}H_{56}O$	پرووّيتامين A
前血清酶	proserozyme		پروسەروزيم
潜伏期	latent period		جاسىرىن كەزەڭ، جاسىرىن مەزگىل
潜伏状态	latence (= latency)		جاسىرىن كۇي
潜化合价	latent valency		جاسىرىن ۆالەنت
潜极性	latend polarity		جاسىرىن پوليارلىق
潜能	latent energy		جاسىرىن ەنەرگيا
潜热	latent heat		جاسىرىن جىلۇ
潜像	latent image		جاسىرىن كەسكىن
潜影			"潜像" گە قاراڭىز.
浅蓝色	light blue		كوگىلدىر
浅蓝色染料	light colors		كوگىلدىر بوياۋلار
浅色的	light		اشق ءتۇستى، سولعىن ءتۇستى
浅色团	hypsochrome		سولعىن ءتۇس راديكالى، سولعىندانۇ راديكالى
浅色效应	hypsochromic effect		سولعىن ءتۇس ەففەكتى، سولعىندانۇ ەففەكتى
浅棕色	light brown		سولعىن قىزىل قوڭىر ءتۇس
茜草甙	rubican		رۇبيكان
茜草素			"茜草甙" گە قاراڭىز.
茜草油	alizarin oil		اليزارين مايى
茜粗酚红紫	alizurol purple		اليزۇرول قىزىل كۇلگىنى
茜粗酚蓝黑	alizurol blue – black		اليزۇرول قارا كوگى
茜粗酚玉红	alizarol ruby		اليزۇرول كوكشىل قىزىلى
茜酚橙	alizarol orange		اليزارول قىزعىلت سارسى
茜酚花青绿 E	alizarol cyanine green E		اليزارول سيانيندى جاسىل E
茜酚玉醇蓝	alizarol saphirol		اليزارول سافيرول
茜酚棕	alizarol brown		اليزارول قىزىل قوڭىرى
茜根定	rubiadin	$C_{15}H_{10}O_4$	رۇبيادين
茜根酸	rubianic acid (= ruberythrinic acid)	$C_{26}H_{28}O_{14}$	رۇبيان قىشقىلى،
			رۇبەرتيرين قىشقىلى

茜士醇黄　alizanthrol yellow R	الىزانترول سارسى R
茜士林　alizanthrene	الىزانترەن
茜士林 G　alizanthrene G	الىزانترەندى G
茜士林黑 B　alizanthrene black	الىزانترەندى قارا B
茜士林蓝 R　alizanthrene blue R	الىزانترەندى كوك R
茜士林紫 RR　alizanthrene violet RR	الىزانترەندى كۆلگىن RR
茜素　alizarin　$C_6H_4(CO)_2C_6H_2(OH)_2$	الىزارىن
茜素 DCA　alizarin DCA	الىزارىن DCA
茜素 IP　alizarin IP	الىزارىن IP
茜素暗蓝 SW　alizarin dark blue SW	الىزارىن قارالتقىم كوگى SW
茜素橙 AO　alizarin orange AO	الىزارىن قىزعىلتىم سارسى AO
茜素橙黄　alizarin orange yellow　$C_6H_4(CO)_2C_6H(OH)_2NO_2$	الىزارىن قىزعىلتىم سارسى
茜素纯蓝 B　alizarin pure blue B	الىزارىن ناق كوگى B
茜素翠雀醇 B　alizarin delphinol B	الىزارىن دەلفىنول B
茜素翠雀醇 SEN　alizarin delphinol SEN	الىزارىن دەلفىنول SEN
茜素蒽醌蓝	"茜素玉醇蓝" گە قاراڭز.
茜素蒽醌青　alizarin cyanol	الىزارىن سىانول
茜素黑　alizarin black　$C_{17}H_9O_4N$	الىزارىن قاراسى
茜素红　alizarin red	الىزارىن قىزلى
茜素红 S　alizarin red S	الىزارىن قىزلى S
茜素花青 3R　alizarin cyanine 3R	الىزارىن سىانىن 3R
茜素花青绿 F　alizarin cyanine green F	الىزارىن سىانىندى جاسىل F
茜素黄　alizarin yellow	الىزارىن سارسى
茜素黄 A　alizarin yellow A	الىزارىن سارسى A
茜素黄 C　alizarin yellow C　$(HO)_3C_6H_2COCH_3$	الىزارىن سارسى C
茜素黄 G　alizarin yellow G　$NO_2C_6H_4N:NC_6H_3(OH)COOH$	الىزارىن سارسى G
茜素黄 G－G　alizarin yellow G－G	الىزارىن سارسى G－G
茜素黄 R　alizarin yellow R	الىزارىن سارسى R
茜素磺酸　alizarin slfonic acid　$(HO)_2C_{14}H_5O_2SO_3H$	الىزارىن سۆلفون قىشقىلى
茜素磺酸钠　sodium alizarin sulfonate	الىزارىن سۆلفون قىشقىل ناترى
茜素卡红　alizarin carmine	الىزارىن كارمىنى
茜素蓝　alizarin blue　$C_6H_4(CO)_2C_9H_5N(OH)_2$	الىزارىن كوگى

茜素蓝 ABC   alizarin blue ABC   الیزارین کۆگی ABC

茜素蓝 NRB   alizarin blue NRB   الیزارین کۆگی NRB

茜素蓝 S   alizarin blue S   الیزارین کۆگی S

茜素蓝黑   alizarin blue – black   الیزارین قارا کۆگی

茜素蓝黑 NB   alizarin blue – black NB   الیزارین قارا کۆگی NB

茜素亮纯蓝   alizarin brilliant pure blue   الیزارین جارقىراۆىق ناق کۆگی

茜素亮绿 EF   alizarin brillian green EF   الیزارین جارقىراۆىق جاسىلى EF

茜素绿 ZGS   alizarin green ZGS   الیزارین جاسىلى ZGS

茜素青   alizarin celestol   الیزارین کۆکشىلى

茜素青 B   alizarin sky blue B   الیزارین کۆکشىلى B

茜素青绿   alizarin viridine   الیزارین کۆکشىل جاسىلى

茜素菁   alizarin cyanine   الیزارین سیانین

茜素染料   alizarin colors   الیزارىندى بویاۆلار

茜素鲜红   alizarin astrol   الیزارین قان قىزىلى

茜素胭脂红   alizarin carmine   الیزارین کارمینى

茜素玉醇红 G   alizarin rubinol G   الیزارین رۇبینول

茜素玉醇蓝   alizarin saphirol   الیزارین سافیرول

茜素鸢尾醇 D   alizarin irisol D   الیزارین یریزول

茜素枣红 BA   alizarin bordeaux BA   الیزارین کۆرەڭ قىزىلى BA

茜素棕   alizarin brown   الیزارین قىزىل قوڭرى

茜酰胺   alizaramide   الیزارامید

欠硫化   under – vulcanization   جەتكىلىكسىز کۆکىرتتەنۆ

嵌段共聚   block copolymerization   کەرىگۆ باسقىشىنداعى ورتاق پولیمەرلەنۆ

嵌段共聚物   block copolymer   کەرىگۆ باسقىشىنداعى ورتاق پولیمەر

嵌二萘   "芘" گە قاراڭىز.

嵌入性   imbedibility   کەرىککىشتىك، سۇعىنعىشتىق، ەنگىشتىك

嵌镶构造   mosaic structure   کەرىکتىرىلگەن قۇرىلىم

qiang

墙草碱   pellitorine   پەللیتورین

蔷薇苯胺   "玫(瑰)苯胺" گە قاراڭىز.

蔷薇苯胺化盐酸   rosaniline hydrochloride $C_{20}H_{20}N_3Cl$

روزانىلىندى تۇز قىشقىلى

蔷薇龙牛儿油　rose geranium oil　روزا گرانى مايى

蔷薇鞣酸　rosetannic acid　روزا مالما قىشقىلى، روزا ٴي قىشقىلى

蔷薇色酸　"玫瑰色酸" گه قاراڭىز.

蔷薇石英　rose quartz　روزا كۆارتس

蔷薇士林　rosanthrene　روزانترەن

蔷薇水　"玫瑰水" گه قاراڭىز.

蔷薇引杜林　rosinduline　$HNC_6H_5NC_6H_4NC_6H_5$　روزىندۆلين

蔷薇引杜林酮　rosindulone, rosindone　$C_{22}H_{14}N_2O$　روزىندۆلون، روزىندون

蔷薇油　rose oil　روزا مايى، ٴيتمۇرىن مايى

强的松　"泼尼松" گه قاراڭىز.

强的松龙　"泼尼松龙" گه قاراڭىز.

强电解质　strong electrolite　كۆشتى ەلەكتروليت

强度　intensity　كۆشتىلىك، كۆشەمەللىك

强度性质　intensive property　كۆشەمەللىك قاسيەتى

强度因数　"强度因素" گه قاراڭىز.

强度因素　intensity factor　كۆشەمەللىك فاكتورى، كۆشتىلىك فاكتورى

强极性键　strong polar bond　كۆشتى پوليارلىق بايلانىس

强碱　strong base(= alkali)　كۆشتى نەگىز، ٴسلتى

强碱水　strong liquor(lye)　ٴسلتلى سۇ

强碱中和值　strong - base number　كۆشتى نەگىزبەن (سلتپمەن) بەيتاراپتاۇ ٴمانى

强力霉素　doxycycline　دوكسيتسيكلين

强力纤维　strong fiber　مىقتى تالشىق، بەرىك تالشىق

强力铸铁　high - strength castiron　بەرىك شويىن، مىقتى شويىن

强硫酸钠　strong (sodium) sulfate　كۆشتى كۆكىرت قىشقىل ناترى

强棉　"焦棉" گه قاراڭىز.

强溶剂　strong solution　كۆشتى ەرىتكىش (اگەنت)

强双氧水　perhydrol　پەرگيدرول، اسقىن سۇ

强酸　strong acid　كۆشتى قىشقىل

强酸中和值　strong - acid number　كۆشتى قىشقىلمەن بەيتاراپتاۇ ٴمانى

强心甙　cardiac glycoside　جۇرەكتى كۆشەيتكىش گليۆكوزيد

强心甙配质　cardiak aglycone　　　　　　جۇرەكتى كۇشەيتكىش اگلىكون

强心剂　cardiotonic　　　　　　كارديوتون، جۇرەكتى كۇشەيتكىش اگەنت

强心灵　　　　　　　　　　　　　"黄夹甙" گە قاراڭىز.

羟氨基　hydroxyamino, amidoxyl　HONH−　　　گيدروكسيل امينو،
　　　　　　　　　　　　　　　　　　　　امىدوكسيل

羟氨基醋酸　amidoxyl acetic acid　HONHCH₂COOH　امىدوكسيل سركە
　　　　　　　　　　　　　　　　　　　　قشقىلى

羟胺　hydroxylamine　　　　　　گيدروكسيلامين

羟胺衍生物　hydroxylamine derivative　گيدروكسيلامين تۇىندىلارى

羟苯　hydroxybenzene　　　　　　گيدروكسيل بەنزول

羟苯基丙烯酸　　　　　　　　　　"香豆酸" گە قاراڭىز.

羟苯基甘氨酸　hydroxyphenyl glycine　HOC₆H₄NHCH₂COOH　گيدروكسيل
　　　　　　　　　　　　　　　　　فەنيل گليتسين

羟苯胂化氧　hydroxy − phenyl arsine oxide　HOC₆H₄AsO　گيدروكسيل
　　　　　　　　　　　　　　　　　فەنيل ارسين توتعى

羟苯乙酮　hydroxy − aceto phenone　OH·C₆H₄·CO·CH₃　گيدروكسيل
　　　　　　　　　　　　　　　　　اتسەتوفەنون

羟苄基　acrinyl　OHC₆H₄CH₂−　　　　　اكرينيل

羟苄基卤　hydroxy − benzyl halide　OHC₆H₄CH₂X　گيدروكسيل بەنزيل
　　　　　　　　　　　　　　　　　گالوگەن

羟苄基氯　hydroxy − benzyl chloride　OHC₆H₄CH₂Cl　گيدروكسيل بەنزيل
　　　　　　　　　　　　　　　　　حلور

羟苄基异硫氰酸酯　acrinyl isothiocyanate　OHC₆H₄CH₂NCS　اكرينيل
يزوتيوسيان قشقىل ەستەرى

羟丙二酸氢盐　ditartronate　COOH·CHOH·COOM　قشقىل تارترون
قشقىل تۇزدارى

羟丙酸　ethylene lactic acid　CH₂OH·CH₂·COOH　ەتيلەندى لاكتين قشقىلى

3 − 羟丙酸 − [1]　　　　　　　　　　"羟丙酸" گە قاراڭىز.

　α − 羟丙酰　　　　　　　　　　　　"乳酰" گە قاراڭىز.

羟戳甲苯基　cresyl(= ar − hydroxy − tolyl)　CH₃C₆H₄−　كرەزيل، ار −
گيدروكسيل توليل

羟代酰溴　hydroxy − acid bromide　　گيدروكسيل قشقىل بروم

羟氮叉　hydroxyimino group　HON=

گیدروكسیل یمینوگرۇپپا

羟丁二酰	"苹果酰" گه قاراڭز.

3 - 羟 - 4, 4 - 二甲 - 2 - 异丁基环己 - 2, 5 - 二烯 - 1 - 酮

xanthostemone كسانتوستەمون

羟挂苯乙酰 "扁桃酰" گه قاراڭز.

羟化芳香族化合物　hydroxyaromatic compound گیدروكسیل ارۇماتتی
قوسۇلمىستار

羟化酶　hydroxylase گیدروكسیلازا

羟基　hydroxy(= hydroxyl)　HO – گیدروكسیل

羟基氨基丁酸　hydroxy – amino – butyric acid　$NH_2 \cdot C_3H_5 \cdot OH \cdot COOH$
گیدروكسیل امینو بۋتیر قىشقىلى

羟基氨基酸　hydroxy – amino acid　$ROH \cdot RNH_2 \cdot COOH$ گیدروكسیل امینو
قىشقىلى

羟基胺　hydroxy – alkyl amine　$OH \cdot R \cdot NR_2$ گیدروكسیل الكیل امین

5 - 羟基巴比土酸　5 - hydroxy barbituric acid　$C_4H_4O_4N_2$ گیدروكسیل ـ 5
باربیتۇر قىشقىلى

1 - 羟基苯并三唑　1 - hydroxy benztriazol گیدروكسیل بەنزتریازول ـ 1

羟基苯磺酸盐 "苯酚磺酸盐" گه قاراڭز.

羟基苯甲酸　hydroxy benzoic acid گیدروكسیل بەنزوي قىشقىلى

羟基苯胂　hydroxy – phenyl – arsine　HOC_6H_4AsH گیدروكسیل فەنیل
ارسین

羟基苯胂酸　hydroxyphenylarsonic acid　$HOC_6H_4AsO(OH)_2$ گیدروكسیل
فەنیل ارسون قىشقىلى

羟基苯胂酸盐　hydroxy phenyl arsonate گیدروكسیل فەنیل ارسون
قىشقىلىنىڭ تۇزداری

羟基苯酸 "羟基苯甲酸" گه قاراڭز.

羟基苯酸甲酯　methylhydroxy benzoate　$HOC_6H_4CO_2CH_3$ گیدروكسیل بەنزوي
قىشقىل مەتیل ەستەری

羟基扁桃酸　hydroxy – mandelic acid　$OHC_6H_4CHOHCOOH$ گیدروكسیل
ماندەل قىشقىلى

羟基苄叉乙酰苯　hydroxybenzalacetophenone　$C_6H_5COCH:CHC_6H_4OH$
گیدروكسیل بەنزال اتسەتوفەنون

羟基苄醇　hydroxy – benzyl alcohol　$OHC_6H_4CH_2OH$ گیدروكسیل بەنزیل

سپيرتى

羟基丙氨酸   "氨基羟基丙酸" گه قاراڭز.

羟基丙二酸 hydroxy propandioic acid COOH·CHOH·COOH گيدروكسيل پروپان ەكى قىشقىلى

羟基丙二酰基   "丙醇二酰" گه قاراڭز.

2－羟基丙腈   "乳腈" گه قاراڭز.

3－羟基丙腈   "乙撑氰醇" گه قاراڭز.

α－羟基丙醛 α－hydroxy－propion aldehyde CH₃CHOHCHO

α ـ گيدروكسيل پروپيون الدەگيدتى

2－羟基丙三羧酸 citric acid HOOCCH₂CCOOH(OH)CH₂COON سيترين قىشقىلى

羟基丙酸 hydroxy－propionic acid C₂H₅O·COOH گيدروكسيل پروپيون قىشقىلى

α－羟基丙酸 α－hydroxypropionic acid α ـ گيدروكسيل پروپيون قىشقىلى

β－羟基丙酸 β－hydroxypropionic acid β ـ گيدروكسيل پروپيون قىشقىلى

羟基丙酮 hydroxy－aceton CH₃COCH₂OH گيدروكسيل اتسەتون

1－羟基丙酮-[2] 1－hydroxy－propanone-[2] 1 ـ گيدروكسيل پروپانون ـ 2

羟基丙酮酸 hydroxy－pyruvic acid CH₂OHCOCOOH گيدروكسيل پيرۇۋين قىشقىلى

2－羟基丙烷-1,2,3－三羧酸 2－hydroxypropane－1,2,3－tricarboxylic acid 2 ـ گيدروكسيل پروپاندى ـ 1، 2، 3 ـ تريكاربوكسيل قىشقىلى

羟基丙烯酸 hydroxy acrylic acid CHOHCHCOOH گيدروكسيل اكريل قىشقىلى

羟基查耳酮 hydroxy－chalcone C₆H₅COOHCHC₆H₄OH گيدروكسيل چالكون

羟基醋酸 hydroxy－acetic acid CH₂OHCOOH گيدروكسيل سىركە قىشقىلى

羟基胆甾醇 oxycholesterol وتەكتى حولەستەرول

2－羟基氮杂茚配-β－葡萄糖 indoxyl－β－glucosid(＝indican) C₁₄H₁₇O₆N₃H₂O يندوكسيل ـ β ـ گليۋكوزيد، يندىكان

羟基碘化物 hydroxyiodide R(OH)I گيدروكسيل يوديدتەر

羟基丁二酸　hydroxy－succinic acid　$COOH \cdot CHOH \cdot CH_2COOH$　گېدروكسىل سۆكتسىن قشقىلى

羟基丁二酰　　"苹果酰" گە قاراڭز.

羟基丁二酰胺　hydroxyl succinamide　گېدروكسىل سۆكتسىن ئامىد

2－羟基丁醛　2－hydroxy butyraldehyde　2 ـ گېدروكسىل بۇتىر ئالدېگىدتى

羟基丁酸　hydroxy butyric acid　OHC_3H_6COOH　گېدروكسىل بۇتىر قشقىلى

β－羟基丁酸　β－hydroxy butyric acid　β ـ گېدروكسىل بۇتىر قشقىلى

羟基丁酸内酯　　"丁内酯" گە قاراڭز.

3－羟基丁酮－[2]　3－hydroxybutanone－[2]　3 ـ گېدروكسىل بۇتانون ـ 2

3－羟基丁烯－[2]－1, 4－内酯　　"特窗酸" گە قاراڭز.

2－羟基丁烯－[3]－酸－[1]　　"乙烯基乙醇酸" گە قاراڭز.

β－羟基对吡喃酮　β－hydroxy pyrone　$H_5H_4O_2$　β ـ گېدروكسىل پىرون

羟基蒽醌　hydroxy anthraquinone　گېدروكسىل ئانتراھېنون

4－羟基－3, 5－二甲氧基苯甲酸　4－hydroxy－3, 5－dimethoxy－benzoic acid　4 ـ گېدروكسىل ـ 3، 5 ـ دىمەتوكسىلدى بەنزوي قشقىلى

羟基二酸　hydroxy－dibasic acid　$R \cdot OH \cdot (COOH)_2$　گېدروكسىل ھەكى نەگمزدى قشقىمل

羟基氟化物　hydroxy fluoride　$R \cdot (OH)F$　گېدروكسىل فتورىدتەر

羟基谷氨酸　hydroxy－glutamic acid　$COOH \cdot CH_2 \cdot CHOH \cdot CHNH_2 \cdot COOH$　گېدروكسىل گلۇتامىن قشقىلى

羟基化反应　hydroxylating　گېدروكسىلدەۇ رەاكسىياسى

羟基化合物　hydroxy compound　گېدروكسىلدى قوسۇلمىستار

羟基化物　　"羟基化合物" گە قاراڭز.

羟基化(作用)　hydroxylation　گېدروكسىلدەۇ (رولى)

羟基己酸　hydroxyhexanoic acid　گېدروكسىل گەكسان قشقىلى

4－羟基己酸　diethoxalic acid　$C_2H_5CHOH(CH_2)_2COOH$　دىەتوكسال قشقىلى

6－羟基己酸　6－hydroxy hexanoic acid　6 ـ گېدروكسىل گەكسان قشقىلى

3－羟基－2－甲基萘醌－[1, 4]　　"结核萘醌" گە قاراڭز.

4－羟基－3－甲氧基苯甲醇　　"香草醇" گە قاراڭز.

3－羟基－4－甲氧基苯甲醛 3－hydroxy－4－methoxy－benzaldehyde
$(CH_3O)C_6H_3(OH)CHO$ 　　　　3 ـ گيدروكسيل ـ 4 ـ مەتوسيلدى بەنزالدەگيدتى

4－羟基－3－甲氧基苯酸　　　　"香草酸" گە قاراڭز.

2－羟基－3－甲氧基－6－甲苯醌－[1,4]　　"烟曲霉素" گە قاراڭز.

7－羟基－6－甲氧基香豆素　7－hydroxy－6－methoxy coumarin
$C_{10}H_8O_4$ 　　　　7 ـ گيدروكسيل ـ 6 ـ مەتوكسيلدى كوۋمارين

羟基键　hydroxy bond 　　گيدروكسيلدىك بايلانس

羟基喹啉　hydroxy quinoline 　　گيدروكسيل حينولين

2－羟基喹啉　　　　"喹诺酮" گە قاراڭز.

8－羟基喹啉　8－hydroxyquinolin(＝oxin) 　　8 ـ گيدروكسيل حينولين

4－羟基喹啉酸－[3]　　　　"犬尿烯酸" گە قاراڭز.

羟基喹啉硫酸盐　hydroxyquinoline sulfate 　$(HOC_9H_6N)_2H_2SO_4$ گيدروكسيل
حينوليندى كۆكىرت قىشقىلىنىڭ تۇزدارى

羟基磷灰石　hydroxyapatite 　　گيدروكسيل اپاتيت

羟基卤化物　hydroxy halide 　　گيدروكسيلدى گالوگەنيدتەر

羟基氯二苯基－1,3－二氮杂萘　　"黄示醇" گە قاراڭز.

羟基氯化物　hydroxychloride 　　گيدروكسيل حلوريدتەر

羟基醚　hydroxy ether 　$R·O·R·OH$ گيدروكسيل ەفيرى

羟基萘　hydroxy－naphthalene 　$C_{10}H_7OH$ گيدروكسيلى نافتالين

羟基萘二磺酸　hydroxy naphthalene disulfonic acid گيدروكسيل نافتاليندى
ەكى سۇلفون قىشقىلى

2－羟基萘－3,6－二磺酸　2－hydroxynaphthalene－3,6－disulfonic
acid 　2 ـ گيدروكسيل نافتاليندى ـ 6، 3 ـ ەكى سۇلفون قىشقىلى

2－羟基萘－6,8－二磺酸　2－hydroxynaphthalene－6,8－disulfonic
acid 　2 ـ گيدروكسيل نافتاليندى ـ 8، 6 ـ ەكى سۇلفون قىشقىلى

1－羟基萘－4－磺酸　1－hydroxynaphthalene－4－sulfonic acid
1 ـ گيدروكسيل نافتاليندى ـ 4 ـ سۇلفون قىشقىلى

1－羟基萘－5－磺酸　1－hydroxynaphthalene－5－sulfonic acid
1 ـ گيدروكسيل نافتاليندى ـ 5 ـ سۇلفون قىشقىلى

1－羟基萘－8－磺酸　1－hydroxynaphthalene－8－sulfonic acid
1 ـ گيدروكسيل نافتاليندى ـ 8 ـ سۇلفون قىشقىلى

2－羟基萘－6－磺酸　2－hydroxynaphthalene－6－sulfonic acid
2 ـ گيدروكسيل نافتاليندى ـ 6 ـ سۇلفون قىشقىلى

2－羟基萘－8－磺酸　2－hydroxynaphthalene－8－sulfonic acid

2 ـ گيدروكسيل نافتاليىندى ـ 8 ـ سۇلفون قىشقىلى

羟基萘甲酸　hydroxy－naphthoic acid　$HO \cdot C_{10}H_6 \cdot COOH$

گيدروكسيل نافتو قىشقىلى

羟基内酯　hydroxy－lactone

گيدروكسيل لاكتون

羟基脲　hydroxy urea　$NH_2CONHOH$

گيدروكسيل ۇرەا

羟基偶氮苯　hydroxyazobenzene

گيدروكسيل ازوبەنزول

羟基偶氮苯磺酸钠　sodium hydroxy－azobenzene sulfanate　HOC_6H_4N:

$NC_6H_4SO_3Na$

گيدروكسيل ازوبەنزول سۇلفون قىشقىل ناتري

羟基偶氮苯磺酸盐　hydroxy－azobenzene sulfanate　$HOC_6H_4N:NC_6H_4SO_3M$

گيدروكسيل ازوبەنزول سۇلفون قىشقىلنىڭ تۇزدارى

羟基皮质甾酮　hydroxy corticosterone

گيدروكسيل كورتيكوستەرون

羟基嘌呤　oxypurine

وتەكتى پۇرين، وكسيپۇرين

6－羟基嘌呤　6－hydroxypurine　$C_5H_4N_4O$

6 ـ گيدروكسيل پۇرين

羟基脯氨酸　hydorxy－proline

گيدروكسيل پرولين

羟基茄碱

"茄解碱" گە قاراڭىز.

羟基氢醌　hydroxy－hydroquinone　$C_6H_3(OH)_3$

گيدروكسيل سۇتەك حينون

羟基醛　hydroxyaldehyde

گيدروكسيل الدەگيتى

羟基炔酸　hydroxy－acetylenic acid

گيدروكسيل اتسەتيلەن قىشقىلى

羟基肉桂酸　hydroxy－cinnamic acid　$OHC_6H_4CHCHCOOH$

گيدروكسيل سيننام قىشقىلى

羟基朊酸　oxyproteinic acid

وتەكتى پروتەين قىشقىلى

羟基三价酸　hydroxy tribasic acid　$HO \cdot R \cdot (COOH)_3$

گيدروكسيل ۇش نەگىزدى قىشقىل

羟基三十一烷酸

"胭脂虫蜡酸" گە قاراڭىز.

5－羟基色胺　5－hydroxy tryptamine

5 ـ گيدروكسيل تريپتامين

羟基神经酸　oxynervonic acid

وتەكتى نەرۋون قىشقىلى

羟基十八碳炔－[9]－酸

"蓖麻硬脂炔酸" گە قاراڭىز.

羟基数　hydroxy number

گيدروكسيل سانى

羟基四价酸　hydroxy tetrabasic acid　$HO \cdot R \cdot (COOH)_4$

گيدروكسيل تورت نەگىزدى قىشقىل

羟基酸　hydroxylated acid

گيدروكسيل ەنگەن قىشقىل

羟基酸酐　hydroxy－anhydride

گيدروكسيل انگيدريدتى

934

2－羟基－3－羟基戊二酸　"异柠檬酸" گە قاراڭز.

羟基酮　hydroxy－ketone　گىدروكسيل كەتون

羟基酮酸　hydroxy－keto－acid　$R \cdot OH \cdot CO \cdot COOH$　گىدروكسيل كەتون قىشقىلى

羟基脱氧皮质甾酮　hydroxy deoxycorticosteron　گىدروكسيل وتەكسزدەنگەن كورتيكوستەرون

羟基五价酸　hydroxy pentabasic acid　$HO \cdot R \cdot (COOH)_5$　گىدروكسيل بەس نەگىزدى قىشقىل

羟基戊酸内酯　"戊内酯" گە قاراڭز.

羟基烯酸　hydroxy－ethylenic (olefinic) acid　گىدروكسيل ەتيلەن (ولەفين) قىشقىلى

羟基酰胺　hydroxamide(＝hydroxy－acid amide)　$R \cdot (OH) \cdot CONH_2$　گىدروكسيل امىد

羟基酰碘　hydroxy－acid iodide　گىدروكسيل قىشقىل يود

羟基酰氟　hydroxy－acid fluoride　گىدروكسيل قىشقىل فتور

羟基酰卤　hydroxy－acid halide　گىدروكسيل قىشقىل گالوگەن

羟基酰氯　hydroxy－acid chloride　گىدروكسيل قىشقىل حلور

7－羟基香豆素　7－hydroxycoumarin　7 ـ گىدروكسيل كوؤمارين

羟基香茅醛　hydroxysitronellale　گىدروكسيل سيترونەللال

羟基雄刈萱油醛　fixole　فيكسول

羟基溴化物　hydroxy bromide　$R(OH)Br$　گىدروكسيل بروم قوسىلىستارى

羟基血红素　hematin　$C_{34}H_{32}N_4O_4 \cdot FeOH$　گەماتين

羟基亚胺　hydroxyl imide　گىدروكسيل يمىد

羟基一元酸　hydroxy monobasic acid　$R \cdot OH \cdot COOH$　گىدروكسيل ٴبىر نەگىزدى قىشقىل

羟基一元羧酸　monobasic hydroxy－acid　گىدروكسيل ٴبىر نەگىزدى كاربوكسيل قىشقىلى

羟基乙胺　oxy－ethylamine　وتەكتى ەتيلامين

2－羟基乙胺　"乙醇胺" گە قاراڭز.

羟基乙磺酸　hydroxy－ethyl sulfonic acid　$CH_2OHCH_2SO_3H$　گىدروكسيل ەتيل سؤلفون قىشقىلى

2－羟基乙硫醇　ethanol－[1]－thiol－[2]　$HOCH_2CH_2SH$　ەتانول ـ [1] ـ تيول ـ [2]

羟基乙醛 glycollic aldehyde CH_2OHCHO گلیکولل الدەگیدتی

2－羟基乙醇 glycolaldehyde $HOCH_2CHO$ گلیکول الدەگیدتی

羟基乙酸   "羟基醋酸" گە قاراڭز.

羟基乙烯基醋酸 hydroxy－vinyl acetic acid $CH_2CHCHOHCOOH$

گیدروكسیل ۋینیل سركە قشقلی

羟基异巴豆酸 hydroxy－isocrotonic acid $CH_3C(OH)CHCOOH$ گیدروكسیل

یزوكروتون قشقلی

羟基异丁酸 hydroxy－isobutyric acid $(CH_3)_2C(OH)COOH$ گیدروكسیل

یزوبۆتیر قشقلی

α－羟基异丁酸   "醋酮酸" گە قاراڭز.

9－羟基异呋恶唑 9－hydroxy isophenoxazol $HOC_{12}H_6ONO$ 9 ـ

گیدروكسیل یزوفەنوكسازول

羟基吲哚 hydroxy－indole(＝oxyindole) $C_6H_4CH_2CONH$ گیدروكسیل

یندول، وتتەكتی یندول

2－羟基吲哚   "羟吲哚" گە قاراڭز.

3－羟基－2－吲哚羧酸 3－hydroxy－2－indole carboxylic acid

$C_6H_4C(OH)C(CO_2H)NH$ ، 3 ـ گیدروكسیل ـ 2 ـ یندولدی كاربوكسیل قشقلی

یندوكسیل قشقلی

羟基哽脂酸 hydroxy－stearic acid $C_{17}H_{34}(OH)COOH$ گیدروكسیل

ستەارین قشقلی

4－羟基硬脂酸 4－hydroxy－stearic acid   4 ـ گیدروكسیل ستەارین

قشقلی

10－羟基硬脂酸 10－hydroxy－stearic acid   10 ـ گیدروكسیل ستەارین

قشقلی

羟基硬脂酸甲酯 methy hydroxy－stearate گیدروكسیل ستەارین قشقل

مەتیل ەستەری

羟基硬脂酸锂润滑脂 lithium hydroxy－stearate grease گیدروكسیل

ستەارین قشقل لیتی جاعسن مایی

羟基愈创木脂酸 guaiaconic acid گۆایاكون قشقلی

羟基孕酮 hydroxy progesterone گیدروكسیل پروگەستەرون

9－羟基呫吨 9－hydroxy xanthene $HOCH(C_6H_4)_2O$ 9 ـ گیـدروكسیــل

كسانتەن

羟基酯 hydroxy ester $R\cdot OH\cdot CO\cdot OR$ گیدروكسیل ەستەری

羟基脂肪酸　hydroxy fatty acid گیدروكسیل مای قشقىلى

羟甲基　hydroxy methyl(= methylol) گیدروكسیل مەتیل، مەتیلول

羟甲基氨基塑料　methylol – amino plasts مەتیلول – امینولى سۇلياۋ

羟甲基苯酚　methyl benzephenol مەتیلول بەنزوفەنول

2 - 羟 - 3 - 甲基苯甲酰 "甲酚酰" گە قاراڭز.

羟甲基丁二酸 "衣苹酸" گە قاراڭز.

羟甲基化作用　hydroxy methylation گیدروكسیلدەك مەتیلدەۋ

羟甲基尿素 "羟甲基脲" گە قاراڭز.

羟甲基脲　methylol urea مەتیلول ۋرەا

羟甲基替乙酰胺 "甲醛合乙酰胺" گە قاراڭز.

4 - 羟 - 3 - 甲氧苯甲基 "香草基" گە قاراڭز.

4 - 羟 - 3 - 甲氧苯酰 "香草酰" گە قاراڭز.

4 - 羟 - 3 - 甲氧苯亚甲基 "香草叉" گە قاراڭز.

4 - 羟 - 3 - 甲氧苄叉 "香草叉" گە قاراڭز.

1 - 羟 - 2 - 甲氧基 - 5 - 烯丙基苯 "佳味备醇" گە قاراڭز.

羟离子 "氢氧离子" گە قاراڭز.

羟离子浓度 "氢氧离子浓度" گە قاراڭز.

羟氯化叔肼 "三烃基肼化羟氯" گە قاراڭز.

羟萘对醌 "胡桃酮" گە قاراڭز.

羟萘磺酸盐 "萘酚磺酸盐" گە قاراڭز.

羟萘酸芯酚宁 "灭虫宁" گە قاراڭز.

羟脑甙脂　phrenosin فرەنوزین

α - 羟廿四(烷)酸 "脑酮酸" گە قاراڭز.

羟漆酸　oxyurushic acid ۋتتەكتى سىر قشقىلى

羟肟酸　hydroximie acid R·C(OH):NOH گیدروكسیم قشقىلى

羟氧化铬　chromic oxyhydroxide HCrO₂; CrO(OH) حروم توتعمننڭ گیدراتى

羟氧离子　oxhydryile ion HOO – وكسگیدریل یونى

羟氧钼根　molybdyl مولیبدیل

2 - 羟乙胺 "胆胺" گە قاراڭز.

羟乙硫酸　basic ethylene sulfate OHC₂H₄SO₄H نەگىزدەك ەتیلەندى كۇكەرت قشقىلى

羟乙基　ethoxyl－, ethylol　HOC_2H_4-　ەتوكسيل، ەتيلول

羟乙基苯胺　hydroxy ethylaniline(＝ethoxylaniline)　$HOC_2H_4C_6H_4NH$

گيدروكسيل ەتيل انيلين، ەتوكسيل انيلين

羟乙基硫酸　ethylene－hydroxy－sulfuric acid　$OH\cdot C_2H_4\cdot HSO_4$

گيدروكسيل ـ ەتيلەندى كۆكمرت قشقملى

羟乙基替乙二胺　hydroxy ethyl－ethylene diamine

$HOCH_2CH_2NHCH_2CH_2NH_2$

گيدروكسيل ـ ەتيل ـ ەتيلەندى ديامين

羟值　hydroxy value　گيدروكسيل ٴمانى

羟中氢　hydroxyl hydrogen　گيدروكسيلدەگى سۆتەك

羟中氧　hydroxyl oxygen　گيدروكسيلدەگى وتتەك

qiao

翘摇甙　incarnatin　$C_{21}H_{20}O_{12}\cdot 3H_2O$　ينكارناتين

乔木素　arborescin　ارپورەزتسين

桥渡元素　bridge element　كوپرشه ەلەمەنتتەر

桥环　endocyclic　كوپرشه ساقينالار

桥环键　endocyclic bond　كوپرشه ساقينالىق بايلانس

桥环化合物　endocyclic compound　كوپرشه ساقينالى قوسلمستار

桥环双键　endocyclic double bond　كوپرشه ساقينالىق قوس بايلانس

桥甲撑基　endo－methylene group　كوپرشه مەتيلەن گرۆپپاسى

桥键　bridged bond　كوپرشه بايلانس

桥(连的)环　bridged ring　كوپرشه (جالعاسقان) ساقينالار

桥(连的)基　bridged group　كوپرشه (جالعاسقان) گرۆپپا

桥硫－S－　"环硫" گە قاراڭز.

桥式联接　bridged linkage　كوپرشه جالعاسۋ

桥头氮　bridge head nitrogen　كوپرشه باسىندىق ازوت

桥头汞剂　bridge head mercurial　كوپرشه باسىندىق سىناپتى اگەنت

桥氧－O－　bridge oxygen　كوپرشه وتتەك، ەپوكسي

桥氧基　"环氧" گە قاراڭز.

桥原子　bridge atom　كوپرشه اتوم

壳二糖　chitobiose　حيتوبيوزا

壳糖　chitose　حيتوزا

壳烷 shellane شەللان

壳烯 shellene $C_{13}H_{20}$ شەللەن

壳质 chitin حيتين

壳质酶 chitinase حيتينازا

鞘氨醇 sphingosine(= sphingol) $CH_3(CH_2)_{12}CH:CHCHNH_2 \cdot CHOHCH_2OH$

سفينگوزين، سفينگول

鞘氨醇半乳糖甙 "半乳糖鞘氨甙" گە قاراڭىز.

鞘类脂物 sphingolipid سفينگوليپيد

鞘磷脂 sphingomyeline سفينگومىەلين

qie

茄啶 solanidine $C_{27}H_{43}O_3N$ سولانيدين

茄碱 solanine $C_{52}H_{91}O_{18}N$ سولانين

茄解定 solasodinet(= solancarpidine) سولازودين، سولانكارپيدين

茄解碱 solasonine سولازونين

茄君 solandrine سولاندرين

茄科宁 trifulralin تريفلۇرالين

茄灵 solanin $C_{45}H_{78}O_{15}N$ سولانين

茄呢醇 solanesol سولانەزول

茄呢酸 solanellic acid $C_{23}H_{34}O_{12}$ سولانەلل قشقىلى

茄酸 solanic acid سولان قشقىلى

茄玉红 solanorubin(= licopene) سولانورۇبين، ليكوپەن

qin

亲电子的 electrophilic ەلەكترونعا بەيىم

亲电子反应 electrophilic reaction ەلەكترونعا بەيىم رەاكسيا

亲电子取代作用 electrophilic substitution ەلەكترونعا بەيىم الماسۇ

亲电子溶剂 electrophilic solvent ەلەكترونعا بەيىم ەرىتكىش (اگەنت)

亲电子试剂 electrophilic reagent ەلەكترونعا بەيىم رەاكتيۆ

亲核的 nucleophilic يادروعا بەيىم

亲核反应 nucleophilic reaction يادروعا بەيىم رەاكسيا

亲核反应性	nucleophilic reactivity	يادرولىق رەاكسياعا بەيمدىلمك
亲核取代	nucleophilic substitution	يادروعا بەيم الماسۇ
亲核试剂	nucleophilic reagent	يادروعا بەيم رەاكتيۆ
亲合常熟	affinity constant	بەرىگۆ تۇراقتىسى
亲合力		"亲力" گە قاراڭىز.
亲合能		"亲力" گە قاراڭىز.
亲合曲线	affinity curve	بەرىگۆ قيسىق سىزعى
亲合势		"亲力" گە قاراڭىز.
亲合系数	affinity coefficient	بەرىگۆ كوەففيتسەنتى
亲合性	affinity	بەرىككشتەك، قوسىلعىشتىق
亲和力		"亲力" گە قاراڭىز.
亲和色谱法	affinity chromatography	بەرىكتەرىپ حروماتوگراپتاۋ
亲力	affinity	بەرىگۆ كۇشى
亲双烯物		"二烯亲和物" گە قاراڭىز.
亲水的	hydrophilic	سۇعا بەيم، سۇ سۇيگىشتەك
亲水基	hydrophilic group	سۇ سۇيگىش راديكالى
亲水胶体	hydrophilic colloid	سۇ سۇيگىش كوللويد
亲水溶胶	hydrophilic sol	سۇ سۇيگىش كەرنە
亲水头	hydrophilic head	سۇعا بەيم جاعى
亲水物质	hydrophilic substance	سۇ سۇيگىش زات
亲铁元素	siderophilic element	تەمىرگە بەيم ەلەمەنت
亲铜的	chalcophilic	مىسقا بەيم
亲铜元素	chalcophilic element	مىسقا بەيم ەلەمەنت
亲氧元素	oxyphilic element	وتتەگىنە بەيم ەلەمەنت
亲液的	lyophilic	سۇيىقتىق سۇيگىش
亲液胶体	liophilic colloid	سۇيىقتىق سۇيگىش كوللويد
亲液物	lyophile	سۇيىقتىق سۇيگىش زات
亲有机物质的	organophilic	ورگانيكالىق زاتتارعا بەيم
亲脂的	lipophilic	مايعا بەيم، ماي سۇيگىش
亲脂性	lipophilia	مايعا بەيمدىلمك، ماي سۇيگىشتەك
亲质的		"亲核的" گە قاراڭىز.
亲质子物	protophile	پروتونعا بەيم زات
亲质子性	protophilia	

پروتونعا بەيمەدىلىك

嗪氨灵　triforine　تريفورين

芹菜甙　apiin　$C_{26}H_{28}O_{14}$　اپيين

芹菜脑　apiol　$C_{12}H_{14}O_4$　اپيول

芹菜脑醛　apiol aldehyde　$C_{10}H_{10}O_5$　اپيول الدەگيدتى

芹菜脑酸　apiolic acid　$C_{10}H_{10}O_6$　اپيول قشقلى

芹菜配质　apigenin　$C_{15}H_{10}H_5$　اپيگەنين

芹菜糖　apiose　$(HOH_2C)_2C(OH)CH(OH)CHO$　اپيوزا

芹菜酮　apione　$C_9H_{10}O_4$　اپيون

芹菜酮醇　apionol　$C_6H_6O_4$　اپيونول

芹菜酮酸　apionic acid　$(HOH_2C)_2C(OH)CH(OH)COOH$　اپيون قشقلى

椵木毒　andromedotoxine　اندرومەدوتوكسينى، دارشن ۋى

qing

青瓷　celladon　سەللادون

青矾　"铁矾" گە قاراڭىز.

青蒿碱　abrotanine　ابروتانين

青蒿素　artemisin　ارتەميزين

青胶蒲公英橡胶　kok‑sagyz rubber　كوك ساعىز كاۋچۇك

青莲色的　"红紫色的" گە قاراڭىز.

青鲈精朊　crenilabrin　كرەنيلابرين

青霉胺　penicillamine　پەنيتسيللامين

青霉醛　penilloaldehyde　پەنيللو الدەگيدتى، كوگىلدەر زەڭ الدەگيدتى

青霉醛酸　penaldic acid　پەنالدىن قشقلى

青霉噻唑酰　penicilloyl　پەنيتسيللويل

青霉杀菌素　pencidine　پەنيتسيدين

青霉素　penicillin　پەنيتسيللين

青霉素 A　penicillin A　پەنيتسيللين A

青霉素 B　penicillin B　پەنيتسيللين B

青霉素 F　penicillin F　پەنيتسيللين F

青霉素 G　penicillin G　پەنيتسيللين G

青霉素 K　penicillin K　پەنيتسيللين K

青霉素 O penicillin O		پەنىتسىللىن O
青霉素 V penicillin V		پەنىتسىللىن V
青霉素 G 胆碱酯 pencholester		پەنحولەستەر
青霉素 G 钾盐 potassium pencillin G		پەنىتسىللىن G كالي تۇزى
青霉素酶 pencillinase		پەنىتسىللىنازا
青霉素 G 钠 sodium pencillin G		پەنىتسىللىن G ناتري تۇزى
青霉素普鲁卡因 procain pencillin		پەنىتسىللىن پروكاين
青霉素酰胺酶 pencillin amidase		پەنىتسىللىن اميدازا
青霉酸 pencillic acid $C_8H_{10}O_4$		پەنىتسىل قىشقىلى، كوگىلدىر زەڭ قىشقىلى
青霉酮酸 penillonic acid		پەنىللون قىشقىلى
青霉烷酸 penicillanic acid		پەنىتسىللان قىشقىلى
青霉氧化酶 penatin		پەناتىن
青藤碱		"汉防己碱" گە قاراڭىز.
青铜 bronze		قولا
青铜粉 bronze powder		قولا ۇنتاعى
青蟹肌醇 scyllitol $C_6H_6(OH)_6$		سكىللىتول
青蟹肌糖 scylloinosose		سكىللوينوزوزا
清蛋白		"白蛋白" گە قاراڭىز.
清漆 varnish		جىلتىر سىر
鲭精蛋白 scombrine		سكومبرين
鲭精朊		"鲭精蛋白" گە قاراڭىز.
鲭组蛋白 scombrone		سكومبرون
鲭组朊		"鲭组蛋白" گە قاراڭىز.
轻度裂化 mild cracking		جەڭىل بولشەكتەۋ، جەڭىل كرەكينگىلەۋ
轻度氧化 mild oxidation		جەڭىل توتىعۇ
轻合金 light alloy		جەڭىل قورىتپالار
轻混凝土 light concrete		جەڭىل بەتون
轻金属 light metal		جەڭىل مەتالدار
轻聚油 exanol		ەكسانول
轻馏份 light fracion(= light distillate)		جەڭىل فراكتسيالار
轻煤 light coal		جەڭىل كومىر، گازدى كومىر
轻镁土 light magnesia		جەڭىل ماگنەزيا
轻木油 light wood oil		

جەڭىل اعاش مايى

轻氢　light hydrogen　　جەڭىل سۇتەك

轻燃料　light fuel　　جەڭىل جانار زاتتار

轻燃料油　light fuel oil　　جەڭىل جانار زات مايلار

轻溶剂　light naphtha　　جەڭىل ەرتكىش (اگەنت)

轻水　light water　　جەڭىل سۇ

轻苏打　light soda ash　　جەڭىل سودا

轻循环油　light cycle oil　　جەڭىل اينالىستى ماي

轻油　light oil　　جەڭىل ماي

轻油裂化　light oil cracking　　جەڭىل مايدى بولشەكتەۋ (كرەكينگىلەۋ)

轻油组份　light oil costituents　　جەڭىل ماي قۇرامى

轻原油　light crude　　وڭدەلمەگەن جەڭىل مۇناي، تابيعي جەڭىل مۇناي

轻杂酚油　light creosote oil　　جەڭىل كرەوزوت مايى

轻质柴油燃料　light diesel fuel　　جەڭىل ديزەل جانار زات

轻质产品　light – end products　　جەڭىل بۇيىمدار

轻质混凝土　light – weight concrete　　جەڭىل سالماقتى بەتون

轻质耐火物　light – weight refractories　　جەڭىل سالماقتى وتتوزىمدەلەر

轻质润滑油　light lubricating oil　　جەڭىل جاعىن ماي

轻质油　　"轻油" گە قاراڭىز.

轻质油裂化　　"轻油裂化" گە قاراڭىز.

氢(H_2)　hydrogen　　سۇتەك (H_2)

氢标度　hydrogen scale　　سۇتەك شكالاسى

氢传递反应　　"氢转移反应" گە قاراڭىز.

氢弹　hydrogen bomb　　سۇتەك بومبىسى

氢的　　"氢化的" گە قاراڭىز.

氢碲酸　hydrotelluric acid　　تەللۇر سۇتەك قىشقىلى

氢碘化物　hydroiodide　　سۇتەكتى يوديدتەر، سۇتەكتى يود قوسىلىستارى

氢碘酸　hydroiodic acid　　يود سۇتەك قىشقىلى

氢电极　hydrogen electrode　　سۇتەك ەلەكترودى

氢叠氮酸　hydronitric acid　$H[N_3]$　　سۇتەكتى ازوت قىشقىلى

氢二　　"氘" گە قاراڭىز.

氢二核　　"氘核" گە قاراڭىز.

氢分子离子	hydrogen molecular ion		سۆتەكتى مولەكۇلاسى يونى
氢氟化的	fluohydric		سۆتەك فتورلانغ
氢氟化铊	thallous hydrofluoride	$Tl(HF_2)$	فتورلى سۆتەك تاللي
氢氟化物	hydrofluoride		سۆتەكتى فتوريد، فتورلى سۆتەك قوسىلىسى
氢氟化作用	hydrofluorination		سۆتەكتى فتورلانغ رولى
氢氟酸	hydrofluoric acid	HF	فتور سۆتەك قىشقىلى، بالقىتقىش قىشقىل
氢氟酸盐	hydrofluorate		فتور سۆتەك قىشقىلىنىڭ تۇزدارى
氢供体	hydrogen donator		سۆتەكپەن قامداۋشى
氢硅碳化合物	hydrosilico carbons		كرەمنى ـ كومىرتەگىنىڭ سۆتەكتى قوسىلىسى
氢过氧化枯烯	cumene hydroperoxide		كۇمەن سۆتەك اسقىن توتىعى
氢氧化物	hydroperoxide	$ROOH$	سۆتەك اسقىن توتىقتار
氢焊	hydroegen soldering		سۆتەگىمەن دانەكەرلەۆ
氢核			"质子" گە قاراڭىز.
氢化	hydrogenate		سۆتەكتەۆ، سۆتەكتەندىرۇ
氢化阿托腈	hydratroponitryle	$C_6H_5CH(CH_3)CN$	سۆتەكتى اترۋپونيتريل
氢化阿托酸	hydratropic acid		سۆتەكتى اترۋپ قىشقىلى
氢化阿托酰	hydratropoyl	$C_6H_5CH(CH_3)CO-$	سۆتەكتى اترۋپويل
氢化铵	hydroammonium	NH_4H	سۆتەكتى امموني
氢化巴拉塔树胶	hydobalata		سۆتەكتى بالاتا
氢化白屈菜酸	hydrochelidonic acid	$CO(CH_2CH_2COOH)_2$	سۆتەكتى حەليدون قىشقىلى
氢化保泰松	prednisolone		پرەدنيزولون
氢化钡	barium hydride	BaH_2	سۆتەكتى بارى
氢化苯偶姻	hydrobenzoin	$(C_6H_5CHOH)_2$	سۆتەكتى بەنزوين
氢化苯酰胺	hydrobenzamide	$C_6H_5CH(NCHC_6H_5)_2$	گيدروبەنزاميد
氢化催化剂	hydrogenation catalyst		سۆتەكتەندىرىلگەن كاتاليزاتور
氢化胆红素	hydrobilirubin		سۆتەكتى بيليرۇبين
氢化的	hydro-		سۆتەكتى، سۆتەكتەنگەن
氢化杜仲胶	hydrogutta-percha		سۆتەكتى گۇتتا ـ پەرچا
氢化芳香系	hydroaromatic series		سۆتەكتى ارومات قاتارى
氢化芳香族化合物	hydroaromatic compound		سۆتەكتى ارۋماتتى قوسىلىستار

氢化钙　calcium hydride　Ca_2H_2　سۇتەكتى كالتسي

氢化锆　zirconium hydride　سۇتەكتى زيركوني

氢化镉　cadmium hydride　CdH_2　سۇتەكتى كادمي

氢化共二聚体　hydrocodimer　سۇتەكتى كوديمەر

氢化古塔坡树胶　"氢化杜仲胶" گە قاراڭىز.

氢化硅酸盐催化剂　hydrosilicate catalyst　سۇتەكتى كرەمني قىشقىللى
تۇزدارىنىڭ كاتاليزاتورى

氢化红氨酸　hydrorubeanic acid　$NH_2C(SH)\cdot(SH)CNH_2$　سۇتەكتى رۇبەان
قىشقىلى

氢化剂　hydrogenant agent　سۇتەكتەندىرگىش اگەنت

氢化甲酸化　hydro formylation　سۇتەكتى قۇمىرسقا قىشقىلداندىرۇ

氢化钾　potassium hydride　KH　سۇتەكتى كالي

氢化金　metal hydride　سۇتەكتى مەتال

氢化聚合物　hydropolymer　سۇتەكتى پوليمەر

氢化聚合作用　hydropolymerization　سۇتەكتى پوليمەرلەنۇ رولى

氢化可的松　hydrocortisone　سۇتەكتى كورتيزون

氢化可他宁　hydrocotarnine　سۇتەكتى كوتارنين

氢化奎尼丁　hydroquinidine　سۇتەكتى حينيدين

氢化奎宁　hydroquinine　سۇتەكتى حينين

氢化喹诺酮　hydrocarbostyril　C_9H_9ON　سۇتەكتى كاربوستيريل

氢化锂　lithium hydride　سۇتەكتى ليتي

氢化裂解　hydrocracking　سۇتەكتىك بولشەكتەۇ (كرەكينگمەلەۇ)

氢化铝锂　lithium – aluminium hydride　سۇتەكتى الۇمين – ليتي

氢化铝硼　aluminum boron hydride　سۇتەكتى الۇمين – بور

氢化酶　hydrogenase　گيدروگەنازا

氢化镁　magnesium hydride　سۇتەكتى ماگني

氢化钠　sodium hydride　NaH　سۇتەكتى ناتري

氢化钕　neodimium hydride　NdH_3　سۇتەكتى نەوديم

氢化硼　boron hydride　سۇتەكتى بور

氢化硼锂　lithium borohydride　سۇتەكتى بور – ليتي

氢化硼钠　sodium borohydride　سۇتەكتى بور – ناتري

氢化镨　praseodymium hydride　PrH_3　سۇتەكتى پرازەوديم

氢化器　hydrogenator　سۇتەكتەندىرگىش

氢化器皿	hydrogenation vessel		سۆتەكتەندىرۋ ىدىسى
氢化汽油	hydroogenation gasoline		سۆتەكتەندىرىلگەن بەنزين
氢化溶剂	hydrogenation solvent		سۆتەكتەندىرىلگەن ەرىتكىش (اگەنت)
氢化溶液	hydrogenation solution		سۆتەكتەندىرىلگەن ەرىتىندى
氢化肉桂醇	hydrocinnamyl alcohol	$C_6H_5(CH_2)_2CH_2OH$	سۆتەكتى سىنناميل

سپيرتى

氢化肉桂基	hydrocinnamyl	$C_6H_5CH_2CH_2CH_2CH_2-$	سۆتەكتى سىنناميل
氢化肉桂醛	hydrocinnamaldehyde		سۆتەكتى سىننام الدەگيدتى
氢化肉桂酸	hydrocinnamic acid	$C_6H_5CH_2CH_2CO_2H$	سۆتەكتى سىننام

قىشقىلى

| 氢化肉桂酸乙酯 | ethyl hydrocinnamate | $C_6H_5(CH_2)_2CO_2C_2H_5$ | سۆتەكتى سىننام |

قىشقىل ەتيل ەستەرى

氢化肉桂酰胺	hydrocinnamate	$C_6H_5(CH_2)_2CONH_2$	سۆتەكتى سىننامامىد
氢化肉桂酰基	hydrocinnamoyl	$C_6H_5CH_2CH_2CO-$	سۆتەكتى سىنناموىل
氢化铷	rubidium hydride	RbH	سۆتەكتى رۇبيدي
氢化三甲锡			"三甲基锡化氢" گە قاراڭىز.
氢化铯	cesium hydride		سۆتەكتى سەزي
氢化四羰基铁	iron carbonyl hydride	$Fe(CO)_4H_2$	سۆتەكتى كاربونيل تەمىر
氢化物	hydride		سۆتەكتى قوسىلىستار
氢化锡	stannic hydride		سۆتەكتى قالايى
氢化酰胺	hydracetamide	$(CH_3CH)_3N_2$	سۆتەكتى اتسەتامىد
氢化橡胶	hydrorubber		سۆتەكتى كاۋچۇك
氢化橡皮	hydrogenated rubber		سۆتەكتەندىرىلگەن رازىنكە
氢化小檗碱			"苡那丁" گە قاراڭىز.
氢化乙基	ethyl hydride		سۆتەكتى ەتيل
氢化乙酰胺			"三乙醛缩二氨" گە قاراڭىز.
氢化异构现象	hydroisomerisation		سۆتەكتىك يزومەريالىق قۇبىلىس
氢化油	hydrogenated oil		سۆتەكتەندىرىلگەن ماي
氢化油脂	hydrogenated oil and fat		سۆتەكتەندىرىلگەن مايلار
氢化锗	germanium hydride		سۆتەكتى گەرماني
氢化脂	hydrogenated fat		سۆتەكتەندىرىلگەن قاتتى ماي
氢化装置	hydrogenation appratus		سۆتەكتەندىرۋ قوندىرعىسى (قۇرىلعىسى)
氢化作用	hydrogenation		سۆتەكتەندىرۋ، سۆتەكتەنۋ رولى

氢键　hydrogen bond سۆتەكتىك بايلانس

氢交换　hydrogen exchange سۆتەك الماسۆ

氢解　hydrogenolysis سۆتەگىمەن ىدىراتۆ

氢解作用　hydrogenolysis سۆتەگىمەن ىدىراتۆ، سۆتەگىمەن ىدىراۆ رولى

氢糠基 "四氢化糠基" گە قاراڭىز.

氢醌　hydroquinone $C_6H_4(OH)_2$ سۆتەكتى حينون

氢醌电极　quinhydrone electrode سۆتەكتى حينون ەلەكترودى

氢醌单甲醚　hydroquinone monomethyl ether سۆتەكتى حينون مونومەتيل ەفيرى

氢醌单戊醚　hydroquinone monopentyl ether سۆتەكتى حينون مونوپەنتيل ەفيرى

氢醌二苄基醚　hydroquinone dimethyl ether سۆتەكتى حينون ديبەنزيل ەفيرى

氢醌二醋酸酯　hydroquinone diacetate $(CH_3CO_2)_2C_6H_4$ سۆتەكتى حينون ەكى سىركە قىشقىل ەستەرى

氢醌二甲基醚　hydroquinone dimethyl ether $C_6H_4(OCH_3)_2$ سۆتەكتى حينون ديمەتيل ەفيرى

氢醌酚酞　hydroquino phthalein $C_{20}H_{12}O_5$ سۆتەكتى حينون فتالەين

氢醌一苄基醚　hydroquinone monobenzyl ether $C_6H_5CH_2OC_6H_4OH$ سۆتەكتى حينون مونوبەنزيل ەفيرى

氢离子　hydrogen ion سۆتەك يونى

氢离子比色法　ionocolorimeter سۆتەگى يوننىڭ ٴتۇس سالىستىرعىشى

氢离子(当量)浓度负对数值　hydrogen ion expondent سۆتەگى يونى (ەكۆيۆالەنتتىك) قويۇلعەننىڭ تەرس لوگاريفمدىك ٴمانى

氢离子活度　hydrogen ion activity سۆتەگى يوننىڭ اكتيۆتىگى

氢离子计 "PH 计" گە قاراڭىز.

氢离子浓度　hydrogen ion concentration سۆتەك يوندارىننىڭ قويۇلعىلعى

氢离子浓度记录器 "PH 记录器" گە قاراڭىز.

氢离子指示剂　hydrogen ion indicator سۆتەك يوندارىننىڭ ينديكاتورى

氢离子指数　hydrogen ion index سۆتەك يوندارىننىڭ كورسەتكىشى

氢硫化铵　ammonium hydrosulfide كۈكىرتتى سۆتەك امموني

氢硫化钡　barium hydrosulfide كۈكىرتتى سۆتەك باري

氢硫化钙　calcium hydrosulfide $Ca(HS)_2$ كۈكىرتتى سۆتەك كالتسي

氢硫化钴	cobalt hydrosulfide	Co(HS)₂	كۆكىرتتى سۆتەك كوبالت
氢硫化钾	potassium hydrosulfide	KHS	كۆكىرتتى سۆتەك كالي
氢硫化钠	sodium hydrosulfide	NaHS	كۆكىرتتى سۆتەك ناتري
氢硫化锶	strontium hydrosulfide	Sr(HS)₂	كۆكىرتتى سۆتەك سترونتسي
氢硫化物	hydrosulfide	MHS	كۆكىرتتى سۆتەك قوسىلستارى
氢硫化锌	zinc sulfhydrate	Zn(HS)₂	كۆكىرتتى سۆتەك مىرش
氢硫化铟	indium hydrosulfide	In(HS)₃	كۆكىرتتى سۆتەك يندي

氢硫基 HS- hydrosulfo, hydrosulfuryl, mercapto – sulfhydryl HS-
گيدروسۆلفو ـ، گيدروسۆلفۆريل، سۆلفگيدريل، مەركاپتو ـ، كۆكىرت سۆتەك
گرۇپپاسى

氢硫基醋酸	"疏基醋酸" گە قاراڭىز.
氢硫基二氢化 - 1, 3 - 硫氮杂茂	"疏基噻唑啉" گە قاراڭىز.
氢硫基烷	"烷基硫醇" گە قاراڭىز.
氢硫酸	hydrosulfuric acid	H₂S	كۆكىرت سۆتەك قىشقىلى
氢卤化物	hydrohalide		گالوگەندى سۆتەك قوسىلستارى
氢卤化作用			"加上卤化氢" گە قاراڭىز.
氢卤酸	halogen acid		گالوگەندى سۆتەك قىشقىلى
氢氯化反应	hydrochlorination		حلورلى سۆتەكتەنۇ رەاكسياسى، تۆز قىشقىلدانۇ رەاكسياسى
氢氯化物			"盐酸化物" گە قاراڭىز.
氢氯酸	hydrochloric acid	HCl	حلور سۆتەك قىشقىلى، تۆز قىشقىلى
氢硼化钠	borohydride sodium		بورلى سۆتەك ناتري
氢硼化物	borohydride		بورلى سۆتەك قوسىلستارى
氢平衡	hydrogen balance		سۆتەك تەپە ـ تەڭدىگى
氢气层	hydrogen blanket		سۆتەك قاباتى
氢气发生器	hydrogen generator		سۆتەك گەنەراتور
氢气流	hydrogen stream		سۆتەك ەڭسى
氢桥	hydrogen bridge		سۆتەك كۆپىر
氢氰化物	hydrocyanide		سۆتەكتى سيانيدتەر، سياندى سۆتەك قوسىلستارى
氢氰酸	hydrocyanic acid	HCN	سيان سۆتەك قىشقىلى، كوگەرتكىش قىشقىل
氢氰酸乙酯	ethyl – hydrocyanic ether	C₂H₅CN	سيان سۆتەك قىشقىل ەتيل ەستەرى

氢三

"氢" گه قاراڭىز.

氢蚀致脆　hydrogen embrittlement سۇتەكتىڭ جەمرۈنىدەن مورتتانۇ

氢受体　hydrogen acceptor سۇتەك قابىلداۇشى

氢酸　hydrogen acid سۇتەك قىشقىلى

氢酸酯　hydrogen acid ester سۇتەك قىشقىل ەستەرى

氢碳键　hydrogen – carbon link سۇتەك ـ كۆمىرتەكتىك بايلانس

氢温度计　hydrogen thermometer سۇتەك تەرمومەتر

氢硒基　selenyl　HSe‑ سەلەنيل

氢溴化苯胺　aniline hydrobromide　$C_6H_5NH_2HBr$ برومدى سۇتەك انيلين

氢溴酸　hydrobromic acid　HBr بروم سۇتەك قىشقىلى

氢氧比　oxygen – hydrogen ratio سۇتەك ـ وتەك قاتناسى

氢氧吹管　oxyhydrogen blowpipe سۇتەك ـ وتەك ۇرلەۇ تۇتىگى

氢氧根　hydroxide radical　HO‑ گيدروكسيل قالدىعى

氢氧化铵　ammonium hydroxide امموني توتعىننىڭ گيدراتى

氢氧化胺　　　　"羟胺" گه قاراڭىز.

氢氧化钯　palladium hydroxide　$Pd(OH)_2; Pd(OH)_4$ پاللادي توتعىننىڭ گيدراتى

氢氧化钡　barium hydroxide　$Ba(OH)_2$ باري توتعىننىڭ گيدراتى

氢氧化铋　bismuth hydroxide　$Bi(OH)_3$ بيسمۇت توتعىننىڭ گيدراتى

氢氧化铂　platinic hydroxide　$Pt(OH)_4$ پلاتينا توتعىننىڭ گيدراتى

氢氧化镝　dysprosium hydroxide　$Dy(OH)_3$ ديسپروزي توتعىننىڭ گيدراتى

氢氧化铥　thulium hydroxide　$Tu(OH)_3$ تۇلي توتعىننىڭ گيدراتى

氢氧化二氨络银　silver diammino hydroxide　$[Ag(NH_3)_2]OH$ ديامينوگيدرين
توتعىننىڭ گيدراتى

氢氧化二氨铜　cupric diammino hydroxide　$[Cu(NH_3)_2](OH)_2$ مىس
توتعىننىڭ گيدراتى

氢氧化铒　erbium hydroxide　$Er(OH)_3$ ەربي توتعىننىڭ گيدراتى

氢氧化钒　vanadium hydroxide　$V(OH)_2; V(OH)_3$ ۋانادي توتعىننىڭ گيدراتى

氢氧化钆　gadolinium hydroxide　$Gd_2(OH)_2$ گادوليني توتعىننىڭ گيدراتى

氢氧化钙　calcium hydroxide　$Ca(OH)_2$ كالتسي توتعىننىڭ گيدراتى

氢氧化高钴　cobaltic hydroxide　$Co(OH)_3$ كوبالت (اسقىن) توتعىننىڭ
گيدراتى

氢氧化高镍　nikelic hydroxide　$Ni(OH)_3$ نيكەل (اسقىن) توتعىننىڭ گيدراتى

氢氧化高铈　ceric hydroxide　$Ce(OH)_4$ سەري (اسقىن) توتعىننىڭ گيدراتى

氢氧化锆	zirconium hydroxide		زیرکونی توتعننىڭ گیدراتی
氢氧化镉	cadmium hydroxide	Cd(OH)₂	کادمی توتعننىڭ گیدراتی
氢氧化铬	chromic hydroxide	Cr(OH)₃	حروم توتعننىڭ گیدراتی
氢氧化钴	cobaltous hydroxide	Co(OH)₂	کوبالت توتعننىڭ گیدراتی
氢氧化铪	hafnium hydroxide	Hf(OH)₄; HfO(OH)₂	گافني توتعننىڭ گیدراتی
氢氧化合物	oxyhydroxide		وتەك ـ سۇتەك توتقتارى
氢氧化钬	holmium hydroxide	He(C₂O₄)₃	گولمي توتعننىڭ گیدراتی
氢氧化季鏻	quaternary phosphonium hydroxide	R₄·P·OH	كۇاتەرناري فوسفون توتعننىڭ گیدراتی
氢氧化季锑	quaternary stibenium hydroxide	R₄·Sb·OH	كۇاتەرناري سۇرمە توتعننىڭ گیدراتی
氢氧化钾	potassium hydroxide	KOH	كالي توتعننىڭ گیدراتی
氢氧化镓	gallium hydroxide	Ga(OH)₃	گاللي توتعننىڭ گیدراتی
氢氧化金	auric hydroxide	Au(OH)₃	التىن توتعننىڭ گیدراتی
氢氧化钪	scandium hydroxide	Sc(OH)₃	سكاندي توتعننىڭ گیدراتی
氢氧化镧	lanthanum hydroxide	La(OH)₃	لانتان توتعننىڭ گیدراتی
氢氧化铑	rhodium hydroxide	Kh(OH)₃	رودي توتعننىڭ گیدراتی
氢氧化锂	lithium hydroxide	LiOH	لیتي توتعننىڭ گیدراتی
氢氧化鏻	phosphonium hydroxide	PH₄OH; R₄POH	فوسفون توتعننىڭ گیدراتی
氢氧化铝	aluminium hydroxide	Al(OH)₃	الۇمین توتعننىڭ گیدراتی
氢氧化铝凝胶	aluminium hydroxide gel		الۇمین توتعى گیدراتىننىڭ سرنەسى
氢氧化镁	magnesium hydroxide	Mg(OH)₂	ماگني توتعننىڭ گیدراتی
氢氧化锰	manganese hydroxide		مارگانەس توتعننىڭ گیدراتی
氢氧化钼	molybdenum hydroxid	1. Mo(OH)₂; 2. Mo(OH)₄; 3. Mo(OH)₅	مولیبدەن توتعننىڭ گیدراتی
氢氧化钠	sodium hydroxide	NaOH	ناتري توتعننىڭ گیدراتی
氢氧化镍	nickelous hydroxide	Ni(OH)₂	نیكەل توتعننىڭ گیدراتی
氢氧化钕	neodymium hydroxide	Nd(OH)₃	نەدویم توتعننىڭ گیدراتی
氢氧化硼	boron hydroxide		بور توتعننىڭ گیدراتی
氢氧化铍	beryllum hydroxide	Be(OH)₂	بەریللي توتعننىڭ گیدراتی
氢氧化镨	praseodymium hydroxide	Pr(OH)₃	پرازەودیم توتعننىڭ گیدراتی

氢氧化铅　lead hydroxide　Pb(OH)₂　قورعاسىن توتعىنناڭ گيدراتى

氢氧化铷　rubidium hydroxide　رۇبيدي توتعىنناڭ گيدراتى

氢氧化三甲锡　"三甲基锡化氢氧" گە قاراڭىز.

氢氧化铯　cesium hydroxide　CsOH　سەزي توتعىنناڭ گيدراتى

氢氧化钐　samaric hydroxide　Sa(OH)₃　ساماري توتعىنناڭ گيدراتى

氢氧化铈　cerous hydroxide　Ce(OH)₃　سەري توتعىنناڭ گيدراتى

氢氧化双氧铀　uranyl hydroxide　VO₂(OH)₂　ۋرانيل توتعىنناڭ گيدراتى

氢氧化锶　strontium hydroxide　Sr(OH)₂　سترونتسي توتعىنناڭ گيدراتى

氢氧化四氨络铜　cupric tetrammino hydroxide　[Cu(NH₃)₄](OH)　تەترا اممونى مىس توتعىنناڭ گيدراتى

氢氧化四乙铵　tetraethyl ammonium hydroxide　(C₂H₅)NOH　تەترا ەتيل اممونى توتعىنناڭ گيدراتى

氢氧化铊　thallic hydroxide　Tl(OH)₃　تاللي توتعىنناڭ گيدراتى

氢氧化钛　titanium hydroxide　Ti(OH)₄　تيتان توتعىنناڭ گيدراتى

氢氧化铽　terbium hydroxide　Tb(OH)₃　تەربي توتعىنناڭ گيدراتى

氢氧化䏱　stibine hydroxide　Sb(OH)R₂　ستيبين توتعىنناڭ گيدراتى

氢氧化铁　ferric hydroxide　Fe(OH)₃　تەمىر توتعىنناڭ گيدراتى

氢氧化铜　cupric hydroxide　Cu(OH)₂　مىس توتعىنناڭ گيدراتى

氢氧化钍　thorium hydroxide　Th(OH)₄　توري توتعىنناڭ گيدراتى

氢氧化物　hydratedoxide(＝hydroxide)　توتق گيدراتتارى

氢氧化锡　stannic hydroxide　Sn(OH)₄　قالايى توتعىنناڭ گيدراتى

氢氧化锌　zinc hydroxide　Zn(OH)₂　مىرىش توتعىنناڭ گيدراتى

氢氧化亚钯　palladous hydroxide　Pd(OH)₂　پاللادي شالا توتعىنناڭ گيدراتى

氢氧化亚铂　platinous hydroxide　Pt(OH)₄　پلاتينا شالا توتعىنناڭ گيدراتى

氢氧化亚铬　chromous hydroxide　Cr(OH)₂　حروم شالا توتعىنناڭ گيدراتى

氢氧化亚金　aurous hydroxide　AuOH　التىن شالا توتعىنناڭ گيدراتى

氢氧化亚钼　molybdous hydroxide　Mo(OH)₂　موليبدەن شالا توتعىنناڭ گيدراتى

氢氧化亚铊　thallous hydroxide　TiOH　تاللي شالا توتعىنناڭ گيدراتى

氢氧化亚铁　ferrous hydroxide　Fe(OH)₂　تەمىر شالا توتعىنناڭ گيدراتى

氢氧化亚铜　cuprous hydroxide　CuOH　مىس شالا توتعىنناڭ گيدراتى

氢氧化亚锡　stannous hydroxide　Sn(OH)₂　قالايى شالا توتعىنناڭ گيدراتى

氢氧化氧铋　bismutyl hydroxide　(BiO)OH　بيسمۇتيل توتعىنناڭ گيدراتى

氢氧化钇	ittrium hydroxide	$Y(OH)_2$	يتتري توتعنننىڭ گيدراتى
氢氧化镱	ytterbium hydroxide	$Yb(OH)_3$	يتتەربي توتعنننىڭ گيدراتى
氢氧化铟	indium hydroxide	$In(OH)_3$	يندي توتعنننىڭ گيدراتى
氢氧化银	silver hydroxide	$AgOH$	كۆمۈس توتعنننىڭ گيدراتى
氢氧化铕	europium hydroxide	$Eu(OH)_3$	ەۆروپي توتعنننىڭ گيدراتى
氢氧化(正)钼	molybdic hydroxide	$Mo(OH)_3$	موليبدەن توتعنننىڭ (نورمال) گيدراتى
氢氧化正亚铁	ferri ferrous hydroxide	$2Fe(OH)_3 \cdot Fe(OH)_2$	تەمىردىڭ شالا ـ دارا توتعنننىڭ گيدراتى
氢氧化重氮苯	diazobenzene hydroxide	$C_6H_5 \cdot N_2 \cdot OH$	ديازو بەنزول توتعنننىڭ گيدراتى
氢氧化重氮苯	diazonium hydroxide	$R \cdot N_2 \cdot OH$	ديازو توتعنننىڭ گيدراتى
氢氧基			"羟基" گە قاراڭىز.
氢氧仑仑计	hydrogen – oxygen coulombmeter		سۆتەك ـ وتتەك كوۋلومبمەتر
氢氧离子	hydroxide ion		توتىق گيدراتى يونى، گيدروكسيل يونى
氢氧离子浓度	hydroxide ion concentration		توتىق گيدراتى يونننىڭ قويۇلمعى
氢氧(气)	oxyhydrogen		وتتەك ـ سۆتەك (گازى)
氢氧焰	oxyhydrogen flame		وتتەك ـ سۆتەك جالىنى
氢一			"气" گە قاراڭىز.
氢载体	hydrogen carrier		سۆتەك تاسۇۋشى
氢值	hydrogen value		سۆتەك ٴمانى
氢酯	hydrogen ester		سۆتەك ەستەرى
氢转移	hydrogen transter		سۆتەگىن جوتكەۋ (تاسىمالداۋ)
氢转移反应	hydrogen transter reaction		سۆتەگىن جوتكەۋ (تاسىمالداۋ) رەاكسياسى
氰	cyanogen(= dicyanogen)	$(CN)_2$	سيانوگەن، ديسيان
氰氨法	cyanamide process		سيانامىد ٴادسى
氰氨基化钙	calcium cyanamide(= nitrolime)		سيانامىدتى كالتسي، نيتروليم
氰氨基钠	sodium cyanamide	$Na_2NCN; NaCN_2$	سيانامىد ناتري
氰氨式氮	cyan – amide nitrogen		سيانامىدتى ازوت
氰白	cyamelide	$(CNOH)_3$	سيامەلىد
氰白尿酸	cyameluric acid		سيامەل نەسەپ قىشقىلى

氰苄基氯	cyanobenzylchloride		سیاندی بەنزیل حلور
氰铂酸镁	magnesium cyano platinate	$Mg[Pt(CN)_6]$	سیاندی پلاتینا قشقىل ماگني
氰醇	cyanhyrin (= cyanhydrin)		سیان گیدرین، سیان سپیرتی
氰醇合成法	cyanhydrin synthesis		سیان گیدریندی سینتەزدەۋ ادسی
氰定	cyanidin	$C_{15}H_{10}O_6 \cdot HCl$	سیانیدین
氰仿	cyano form	$CH(CN)_3$	سیانوفورم
氰高钴酸	cobalticyanic acid	$H_3[Co(CN)_6]$	سیاندی اسقىن كوبالت قشقىلى
氰高钴酸钾	potassium cobalticyanide	$K_3[Co(CN)_6]$	سیاندی اسقىن كوبالت قشقىل كالي
氰高钴酸盐	cobalticyani	$M_3[Co(CN)_6]$	سیاندی اسقىن كوبالت قشقىلمننى تۇزدارى
氰铬酸钾	potassium chromicyanide	$K_3[Cr(CN)_6]$	سیاندی حروم قشقىل كالي
氰钴氨素	cyanocobaltamin		سیاندی كوبالتامین
氰钴酸盐	cobalto cyanide	$M_4[Co(CN)_6]$	سیاندی كوبالت قشقىلمننى تۇزدارى
氰化	cyanating		سیانداۋ، سیانداندىرۋ
氰化铵	ammonium cyanide	$(NH)_4CN$	سیاندی اممونی
氰化钡	barium cyanide	$Ba(CN)_2$	سیاندی باري
氰化钙	calcium cyanide	$Ca(CN)_2$	سیاندی كالتسي
氰化高钴钾	potassium cobalticyanide	$K_3[Co(CN)_6]$	سیاندی اسقىن كوبالت ـ كالي
氰化镉	cadmiun cyanide	$Cd(CN)_2$	سیاندی كادمي
氰化汞	mercuric cyanide	$Hg(CN)_2$	سیاندی سىناپ
氰化汞钾	mercuric potassium cyanide	$K[Hg(CN)_3]$	سیاندی سىناپ ـ كالي
氰化钴	cobaltous cyanide	$Co(CN)_2$	سیاندی كوبالت
氰化剂	cyanator		سیاناتور، سیانداعىش اگەنت
氰化甲汞	methyl mercury cyanide		سیاندی مەتیل سىناپ
氰化钾	potassium cyanide		سیاندی كالي
氰化金	auric cyanide	$Au(CN)_3$	سیاندی التىن
氰化金钾	auric potassium cyanide	$K[Au(CN)_4]$	سیاندی التىن ـ كالي
氰化锂	lithium cyanide	$LiCN$	سیاندی لیتي
氰化镁	magnesium cyanide	$Mg(CN)_2$	سیاندی ماگني
氰化钠	sodium cyanide	$NaCN$	سیاندی ناتري

氰化镍	nickelous cyanide	Ni(CN)₂	سياندى نيكەل
氰化铅	lead cyanide	Pb(CN)₂	سياندى قورعاسىن
氰化氢	hydrogen cyanide	HCN	سياندى سۆتەك
氰化铯	cesium cyanide	CsCN	سياندى سەزي
氰化锶	strontium cyanide	Sr(CN)₂	سياندى سترونتسي
氰化铜	cupric cyanide	Cu(CN)₂	سياندى مـس
氰化物	cyanide		سيانيد، سياندى قوسـلـس
氰化物法	cyanide process		سيانيد ٴادسى
氰化锌	zinc cyanide	Zn(CN)₂	سياندى مـرش
氰化锌钾	zinc potassium cyanide	K₂[Zn(CN)₄]	سياندى مـرش ـ كالي
氰化溴	bromine cyanide		سياندى بروم
氰化亚铂	platinous cyanide	Pt(CN)₂	ەكى سياندى پلاتينا
氰化亚汞	mercurous cyanide	HgCN	ٴبىر سياندى سىناپ
氰化亚金	aurous cyanide	Au(CN)	ٴبىر سياندى التـن
氰化亚金钾	aurous potassium cyanide	K[Au(CN)₂]	ەكى سياندى التـن ـ كالي
氰化亚铊	thallous cyanide	TlCN	ٴبىر سياندى تاللي
氰化亚铜	cuprous cyanide	Cu₂(CN)₂	ٴبىر سياندى مـس
氰化乙烯	vinyl cyanide		سياندى ۆينيل
氰化乙酰	acetyl cyanide		سياندى اتسەتيل
氰化银	silver cyanide	AgCN	سياندى كؤمـس
氰化银钾	silver potassium cyanide	K[Ag(CN)₂]	سياندى كؤمـس ـ كالي
氰化银钠	silver sodium cyanide	Na[Ag₉CN)₂]	سياندى كؤمـس ـ ناتري
氰化正亚铜	cuprocupric cyanide	Cu₂[Cu(CN)₄]	سياندى ٴبىر ۆالەنتتى جانە ەكى ۆالەنتتى مـس
氰化重氮苯	benzene diazonium cyanide	C₆H₅N₂CN	سياندى ديازون بەنزول
氰化作用	cyanation		سياندانۇ رولى
氰基	cyano-	N:C-	سيانو
氰基苯甲酸	cyanobenzoic acid		سيانو بەنزوي قشقـلى
氰基苯乙腈	cyano benzyl cyanide	CNC₆H₄CH₂CN	سيانو بەنزيل سيان
氰基丙酸	cyano propionic acid		سيانو پروپيون قشقـلى
氰基丙烷	dicyanopropane		ديسيانوپروپان
1,2-氰基丙烷	1,2-dicyanopropane	CH₃CH(CN)CH₂CN	1، 2 ـ ديسيانوپروپان

氰基丙烯化氧　cyanopropyleneoxide　　　　　　　سيانوپروپيلەن توتمعى

氰基醋酸　cyanoacetic acid　HO_2CCH_2CN　　　سيانو سركه قشقىلى

氰基醋酸甲酯　methyl cyanoacetate　$NCCH_2CO_2CH_3$　سيانو سركه قشقىل
مەتيل ەستەرى

氰基醋酸盐　cyanoacetate　$CNCH_2COOM$　سيانو سركه قشقىلنناڭ تۇزدارى

氰基醋酸乙酯　ethylcyano acetate　$CNCH_2CO_2C_2H_5$　سيانو سركه قشقىل ەتيل
ەستەرى

氰基醋酸酯　cyan–acetic ester　$CNCH_2COOR$　سيانو سركه قشقىل ەستەرى

氰基甙　cyanophoric glycoside　　　　سيانوفور گليۇكوزيدى

氰基氮　cyanide nitrogen　　　　　سيانو ازوت

氰基丁酸　cyano butiric acid　CNC_3H_6COOH　سيانو بۇتير قشقىلى

2–氰基丁酸酯　　　　　　"乙基氰基醋酸酯" گه قاراڭز.

氰基胍　cyanoguanidine　$H_2NC(NH)NHCN$　سيانو گۇانيدين

氰基甲酸　cyanoformic acid　$CNCOOH$　سيانو قۇمىرسقا قشقىلى

氰基甲酸乙酯　ethylcyano formate　$C_2H_5CO_2CN$　سيانو قۇمىرسقا قشقىل
ەتيل ەستەرى

氰基甲酸酯　cyanoformic ester　$CNCO·OR$　سيانو قۇمىرسقا قشقىل ەستەرى

氰基尿嘧啶　cyanouracyl　　　　سيانو ۇراتسيل

氰基衍生物　cyanoderivation　　　سيانو تۇىندىلارى

氰基乙醛　cyanoacetaldehyde　$NCCH_2CHO$　سيانواتسەت الدەگيدتى

氰基乙酸　　　　　　　"氰基醋酸" گه قاراڭز.

氰基乙酸甲酯　　　　　　"氰基醋酸甲酯" گه قاراڭز.

氰基乙酰胺　cyanoacetamide　$NCCH_2CONH_2$　سيانو اتسەتاميد

氰基乙酰苯　cyanoacetophenone　$(CN)C_6H_4CCH_3$　سيانو اتسەتوفەنون

氰基乙酰替苯胺　cyanoacetanilide　$C_6H_5NHCOCH_2CN$　سيانواتسەت انيليد

氰甲碱　cyanmethine　$C_6H_9N_2$　سيان مەتين

氰甲酸甲酯　methyl cyano formate　سيانو قۇمىرسقا قشقىل مەتيل ەستەرى

氰金酸　auric ayanide acid　$H[Au(CN)_4]$　سياندى التىن قشقىلى

氰金酸铵　ammonium auriccyanide　$(NH_4)[Au(CN)_4]$　سياندى التىن قشقىل
اممونى

氰金酸钾　　　　　　　"氰化金钾" گه قاراڭز.

氰金酸盐　auricyanide　$M[Au(CN)_4]$　سياندى التىن قشقىلنناڭ تۇزدارى

氰肼

"氰胺" گه قاراڭز.

氰硫基 thiocyanato- N:CS- تیوسیاناتو ـ (ورگانیکالىق حیمیادا)

氰硫基醋酸冰片酯 bronyl thiocyano acetate تیوسیاندى سىركه قشقىل بورنیل هستهرى

氰硫基醋酸莔酯 fenchyl thiocyano acetate تیوسیاندى سىركه قشقىل فەنچیل هستهرى

氰硫基醋酸异冰片酯 isobornyl thiocyano acetate تیوسیاندى سىركه قشقىل یزوبورنیل هستهرى

氰卤化叔胈 "三烃基胈化氰卤" گه قاراڭز.

氰络血红朊 cyangemoglobin سیاندى گەموگلوبین

氰尿二酰胺 cyanurodiamide (CN)₃(NH₂)₂CH سیاندى نەسەپ دیامید

氰尿三酰胺 cyanurotriamide سیاندى نەسەپ تریامید

氰尿酸 cyanuric acid سیاندى نەسەپ قشقىلى

氰尿酸三甲酯 trimethyl cyanurate C₃N₃(OCH₃)₃ سیاندى نەسەپ قشقىل تریمەتیل هستهرى

氰尿酸三乙酯 triethyl cyanurate C₃N₃(OC₂H₅)₃ سیاندى نەسەپ قشقىل تریەتیل هستهرى

氰尿酰胺 syanuramide سیاندى نەسەپ امید، سیان ۇرامید

氰尿酰氯 cyanuryl chloride C₃N₃Cl₃ سیانۇریل حلور

氰醛 cyanaldehyde سیان الدەگیدتى

氰胂 -cyano arsine -AsHCN سیاندى ارسین

氰酸 cyanic acid HOCN سیان قشقىلى

氰酸铵 ammonium cyanate NH₄OCN سیان قشقىل اممونی

氰酸钡 barium cyanate Ba(CNO)₂ سیان قشقىل باري

氰酸苯酯 phenyl cyanate C₆H₅OCN سیان قشقىل فەنیل هستهرى

氰酸丙酯 propyl cyanate C₃H₇OCN سیان قشقىل پروپیل هستهرى

氰酸钙 calcium cyanate Ca(OCN)₂ سیان قشقىل كالتسي

氰酸镉 cadmium cyanate Cd(OCN)₂ سیان قشقىل كادمي

氰酸根络 cyanic acid radical سیان قشقىل قالدعى (بەيورگانیكالىق حیمیادا)

氰酸汞 mercuric cyanate سیان قشقىل سىناپ

氰酸钴钾 potassium cobaltocyanate K₂[Co(OCN)₄] سیان قشقىل كوبالت ـ كالي

氰酸甲酯	methyl cyanate	NC·OCH₃	سيان قشقىل مەتيل ەستەرى
氰酸钾	potassium cyanate	KOCN	سيان قشقىل كالي
氰酸钠	sodium cyanate	NaOCN	سيان قشقىل ناتري
氰酸铅	lead cyanate		سيان قشقىل قورعاسىن
氰酸戊酯	amyl cyanate	C₅H₁₁·OCN	سيان قشقىل اميل ەستەرى
氰酸盐	cyanate	MOCN	سيان قشقىلنىڭ تۇزدارى
氰酸乙酯	ethyl cyanate	C₂H₅OCN	سيان قشقىل ەتيل ەستەرى
氰酸银	silver cyanate	AgOCN	سيان قشقىل كۆمۇس
氰酸酯	cyanate		سيان قشقىل ەستەرى
氰替苯胺	cyananilide	C₆H₅NHCN	سيان انيليد
氰铁化亚铁	ferrous ferricyanide		سياندى تەمىر شالا توتىق تەمىر
氰铁酸	ferricyanic acid	H₃[Fe(CN)₆]	سياندى تەمىر قشقىلى
氰铁酸铵	ammonium ferriccyanide	(NH₄)₃[Fe(CN)₆]	سياندى تەمىر قشقىل امموني
氰铁酸钙	calcium ferricyanide	Ca₃[Fe(CN)₆]₂	سياندى تەمىر قشقىل كالتسي
氰铁酸镉	cadmium ferricyanide	Cd₃[Fe(CN)₆]₂	سياندى تەمىر قشقىل كادمي
氰铁酸盐	ferricyanide	M₂[Fe(CN)₆]₂	سياندى تەمىر قشقىلنىڭ تۇزدارى
氰铁酸银	silver ferricyanide	Ag₃[Fe(CN)₆]₂	سياندى تەمىر قشقىل كۆمۇس
氰铜酸盐	cupricyanide		سياندى مىس قشقىلنىڭ تۇزدارى
氰烷基			"端氰烷基" گە قاراڭىز.
氰硒基	selenocyano		سەلەنوسيانو –
氰酰	cyanato		سياناتو
氰亚铂酸铵	ammonium cyanoplatinite	(NH₄)₂[Pt(CN)₄]	پلاتينالى سيان قشقىل امموني
氰亚铂酸钡	barium platinocyanide	Ba[Pt(CN)₄]	پلاتينالى سيان قشقىل باري
氰亚铂酸钙	calcium cyanoplatinite	Ca[Pt(CN)₄]	پلاتينالى سيان قشقىل كالتسي
氰亚铂酸钾	potassium platinocyanide	K₂[Pt(CN)₄]	پلاتينالى سيان قشقىل كالي
氰亚铂酸锂	lithium cyanoplatinite	Li[Pt(CN)₄]	پلاتينالى سيان قشقىل ليتي
氰亚铂酸镁	magnesium cyanoplatinite	Mg[Pt(CN)₄]	پلاتينالى سيان قشقىل ماگني
氰亚铂酸钠	sodium platinocyanide	Na₂[Pt(CN)₄]	پلاتينالى سيان قشقىل

ناتري

氰亚铂酸锶　strontium plationcyanide　Sr[Pt(CN)₄]　پلاتىنالى سىان قىشقىل سترونتسي

氰亚铂酸钍　thorium platinocyanide　پلاتىنالى سىان قىشقىل توري

氰亚铂酸盐　platinocyanide　M₂[Pt(CN)₄]　پلاتىنالى سىان قىشقىلىنىڭ تۈزدارى

氰亚金酸铵　ammonium aurocyanide　(CN₄)[Au(CN)₂]　التىندى سىان قىشقىل ئاممونى

氰亚金酸钾　aurous potassium cyanide　K[Au(CN)₂]　التىندى سىان قىشقىل كالي

氰亚金酸盐　aurocyanide　M[Au(CN)₂]　التىندى سىان قىشقىلىنىڭ تۈزدارى

氰亚铁化亚铁　ferrous ferrocyanide　Fe[Fe(CN)₆]　تەمىرلى التى سىاندى شالا توتىق تەمىر

氰亚铁酸　　“亚铁氰酸” گە قاراڭىز.

氰亚铁酸铵　ammonium ferrocyanide　(NH₄)₄[Fe(CN)₄]　تەمىرلى سىان قىشقىل ئاممونى

氰亚铁酸钡　barium ferrocyanide　Ba[Fe(CN)₆]　تەمىرلى سىان قىشقىل بارى

氰亚铁酸钡钾　barium potassium ferrocyanide　BaK₂[Fe(CN)₆]　تەمىرلى سىان قىشقىل بارى ـ كالي

氰亚铁酸钙　calcium ferrocyanide　Ca₂[Fe(CN)₆]　تەمىرلى سىان قىشقىل كالتسي

氰亚铁酸钙二钾　calcium potassium ferrocyanide　CaK₂[Fe(CN)₆]　تەمىرلى سىان قىشقىل كالتسي ـ كالي

氰亚铁酸镉　cadmium ferrocyanide　Cd₂[Fe(CN)₆]　تەمىرلى سىان قىشقىل كادمي

氰亚铁酸汞　mercuric ferrocyanide　Hg₂[Fe(CN)₆]　تەمىرلى سىان قىشقىل سناپ

氰亚铁酸镁　magnesium ferrocyanide　Mg[Fe(CN)₆]　تەمىرلى سىان قىشقىل ماگني

氰亚铁酸铅　plumbous ferrocyanide　Pb₂[Fe(CN)₆]　تەمىرلى سىان قىشقىل قورعاسسن

氰亚铁酸铜　cupric ferrocyanide　Cu[Fe(CN)₆]　تەمىرلى سىان قىشقىل مىس

氰亚铁酸锌　zinc ferrocyanide　Zn₂[Fe(CN)₆]　تەمىرلى سىان قىشقىل مىرىش

氰亚铁酸亚铁　ferro ferriccyamide　$Fe_3[Fe(CN)_6]_2$　تەمىرلى سيان قىشقىل
شالا توتوق تەمىر

氰亚铁酸盐　ferrocyanide　$M_4Fe(CN)_6$　،تەمىرلى سيان قىشقىلىنىڭ تۇزدارى
تەمىرلى سيانيدتەر

氰亚铁酸银　silver ferrocyanide　$Ag[Fe(CN)_6]$　تەمىرلى سيان قىشقىل كۇمۇس

氰亚铜酸钾　potassium cuprocyanide　$K_3[Cu(CN)_4]$　مىستى سيان قىشقىل
كالي

氰亚铜酸盐　cuprocyanide　$M_3[Cu(CN)_4]$　مىستى سيان قىشقىلىنىڭ تۇزدارى

氰氧基　　"氰酰" گە قاراڭىز.

氰乙基化作用　cyanoethylation　سياندى ەتىلەندىرۇ

氰乙酸　cyanacetic acid　سياندى سىركە قىشقىلى

氰银酸钾　silver potassium cyanide　$K[Ag(CN)_2]$　سياندى كۇمۇس قىشقىل كالي

氰银酸钠　silver sodium cyanide　$Na[Ag(CN)_2]$　سياندى كۇمۇس قىشقىل ناتري

qiong

琼脂　agar(=agar－agar)　اگار، اگار ـ اگار، كەلكەلدەك

琼脂电泳　agar electrophoresis　اگار ەلەكتروفورەزى

琼脂扩散　agar diffusion　اگاردا دىففۇزيالانۇ

琼脂酶　gelase　گەلازا

琼脂酸　agaric acid　$OHC_{19}H_{26}COOH$　اگار قىشقىلى

琼脂糖　agarose　اگاروزا

琼脂糖凝胶　agarose gel　اگاروزا سەرنەسى

qiu

秋兰姆　thiuram　تيۇرام

秋水仙碱　colchicine　كولحيتسين

秋水仙裂碱　colchiceine　كولحيتسەين

秋水仙素　　"秋水仙碱" گە قاراڭىز.

秋水仙酸　colchicinic acid　كولحيتسين قىشقىلى

秋水仙酰胺　colchicinamidum　كولحيتسين امىد

秋水仙脂　colchicoresin　كولحيكورەزين

秋酰胺	"秋水仙酰胺" گه قاراڭز.
蚯蚓亭 lumbritin	لۇمبريتين
蚯蚓血红蛋白 hemerythrin	گەمەريترين
蚯蚓血红蛋白辅基	"血铁素" گه قاراڭز.
蚯蚓血红朊	"蚯蚓血红蛋白" گه قاراڭز.
求偶二醇 estradiol	ەستراديول
球蛋白 globulin	گلوبۇلين
球磺胺 globucid	گلوبۇتسيد
球朊	"球蛋白" گه قاراڭز.
球型聚合物 globular polymer	شار ئارىزدى پوليمەر
球状蛋白质 globular protein	شار ئارىزدى پروتەين (بەلوك)
巯胺 hydrosulfamine $HSNH_2$	گيدروسۇلفامين
巯基 mercapto - (= sulfhydryl) HS -	مەركاپتو ـ (= سۇلفگيدريل)
巯基氨基酸 mercaptoamino acid	مەركاپتو امينو قشقىلى
巯基苯并噻唑 mercaptobenzothiazole	مەركاپتو بەنزوتيازول
β - 巯基苯并噻唑 β - mercaptobenzothiazole	β ـ مەركاپتو بەنزوتيازول
2 - 巯基苯并噻唑 2 - mercaptobenzothiazole	2 ـ مەركاپتو بەنزوتيازول
巯基丙氨酸	"半胱氨酸" گه قاراڭز.
巯基丙酸 thiohydracrylic acid $HSCH_2CH_2COOH$	تيوگيدراكريل قشقىلى
巯基醋酸 mercaptoacetic acid $HSCH_2COOH$	مەركاپتو سىركە قشقىلى
巯基醋酸钠 sodium mercaptoacetate	مەركاپتو سىركە قشقىل ناترى
巯基醋酸乙酯 ethyl thioglycolate $HSCH_2CO_2C_2H_5$	تيوگليكول ەتيل ەستەرى
巯基丁氨酸	"高半胱氨酸" گه قاراڭز.
巯基尿酸 mercapturic acid	مەركاپتو نەسەپ قشقىلى
巯基肉桂酸 mercaptocinnamic acid HSC_8H_6COOH	مەركاپتو سيننام قشقىلى
巯基噻唑啉 mercaptothiozoline $C_3H_5NS_2$	مەركاپتو تيازولين
巯基酸 mercaptan acid $SH·R·COOH$	مەركاپتان قشقىلى
巯基乙醇 mercapto ethanol	مەركاپتو ەتانول
2 - 巯基乙醇 2 - mercapto ethanol	2 ـ مەركاپتو ەتانول
巯基乙酸	"巯基醋酸" گه قاراڭز.
巯基卓酚酮 mercapto tropolone	مەركاپتو تروپولون

巯基卓酮	mercaptotropone	مەركاپتوتروپون
巯萘基	thianalide	تيانالىد
巯乙胺	mercaptaminum, mercaminum	مەركاپتامىن، مەركامىن
巯乙酰替萘胺 – [2]		"巯萘剂" گە قاراڭز.
巯组氨酸	thiolhistidine	تيول گيستيدين

qu

驱蛔脑	ascaridol	$CH_3C_6H_6O_2CH(CH_2)_2$	اسكارىدول
驱蚊醇	ethohexadiol		ەتوگەكسادىيول
曲颈瓶	retort		ئىر مويىن كولبا
曲菌素	aspergin		اسپەرگىن
曲菌素酮	asperginon		اسپەرگىنون
曲霉酸	aspergillic acid	$C_{12}H_{20}O_2N_2$	اسپەرگىل قىشقىلى
曲酸	kojic acid	$C_6H_6O_4$	كوجين قىشقىلى
曲特素	cyrtolerinetine		سىرتولەرينەتين
曲折链	zigzag chain		ئىر تىزبەك، قىسىق تىزبەك
屈	chrysene	$C_{18}H_{12}$	حرىزەن
屈基	chrysenyl	$C_{18}H_{11}-$	حرىزەنيل
屈醌	chrysoquinon(= chrysene quinon)	$C_{10}H_6(CO)_2C_6H_4$	حرىزوحينون، حرىزەن حينون
屈生酸	chrysenic acid		حرىزەن قىشقىلى
屈酸			"屈生酸" گە قاراڭز.
取代	substituting		ورىن باسۇ، ورىن الماسۇ
α – 取代	alpha – substitution		الفا ورىندا ورىن باسۇ
β – 取代	beta – substitution		بەتا ورىندا ورىن باسۇ
取代苯	substituted benzene		ورىن باسقان بەنزول
取代(次)序			"置换(次)序" گە قاراڭز.
取代反应			"置换反应" گە قاراڭز.
取代芳香化合物	substituted aromatics		ورىن باسقان اروماتتى قوسىلىستار
取代化合物	substituted compound		ورىن باسقان قوسىلىستار
取代基	substituting group(= substituent)		ورىن باسۇ راديكالى

取代剂　substituting agent(= displacer)　نەستەرمەش (ئاگەنت)

取代衍生物　susbtitution derivative　ورىن باسۇ تۆنندىلارى

取代作用　substitution　ورىن باسۇ

取甲基硅酮　methyl silicone　مەتيل سيليكون

取醛树脂　aldehyde resin　الدەگيدتى سمولا (شايىر)

去　de-　دە ـ ، شەعارۇ، نەستەمرۇ

去电子剂　de-electronating agent　ەلەكترونسىزداعمش (ئاگەنت)

去电子作用　de-electronation　ەلەكترونسىزدانۇ

去极化　depolarization　پوليارسىزدانۇ

去极剂　depolarizer　پوليارسىزداعمش (ئاگەنت)

去甲　nor-　نور ـ

去甲基金霉素　demethylaureomycin　مەتيلسىزدەنگەن ئۆرەومىتسىن

去甲山道年　"降山道年" گە قاراڭىز.

去甲肾上腺素　noradrenalin　نورادرەنالىن

去甲烟碱　"降烟碱" گە قاراڭىز.

去离子作用　deionization　يونسىزدانۇ رولى

去沫剂　defoamer agent　كوبىكسىزدەندىرگمش (ئاگەنت)

去氢表雄弱酮　dehydroepiandrosterone　سۇتەكسىزدەنگەن ھيپياندروستەرون

去氢可的松　dehydrocortisone　دەگيدروكورتيزون

去氢酶　dehydrogensa　دەگيدروگەنازا

去氢氢化可的松　dehydrohydrocortisone　سۇتەكسىزدەنگەن سۇتەكتى كورتيزون

去氢脆弱醇　dehydrocholesterol　سۇتەكسىزدەنگەن حولەستەرول

quan

全氘甲烷　"甲烷-t₄" گە قاراڭىز.

全氘甲烷　"甲烷-d₄" گە قاراڭىز.

全氘乙醛　"乙醛-d₄" گە قاراڭىز.

全碘(代)　periodo-　اسقىن يودتى

全碘代烃　periodo-hydrocarbon　اسقىن يودتى كومىر سۇتەكتەر

全碘化碳　periodo carbon　اسقىن يودتى كومىرتەك

全碘乙醚　periodo-ether　$(C_2I_5)_2O$

اسقـن يودتى (ەتيل) ەفير

全碘乙烷	periodo – ethan	C_2I_6	اسقـن يودتى ەتان
全碘乙烯	periodo – ethylene	$CI_2:CI_2$	اسقـن يودتى ەتيلەن
全氟代	perfluoro –		اسقـن فتورلى
全氟代烃	perfluoro hydrocarbon		اسقـن فتورلى كومىر سۇتەكتەر
全氟化碳	perfluorocarbon		اسقـن فتورلى كومىرتەك
全氟化物	perfluoro compound		اسقـن فتورلى قوسىلىستار
全氟化盐			"过氟化盐" گە قاراڭىز
全氟烃基	perfluoro alkyl		اسقـن فتورلى الكيل
全氟乙醚	perfluoro ether	$(C_2F_5)_2O$	اسقـن فتورلى (ەتيل) ەفير
全氟乙烯	perfluoro ethylene		اسقـن فتورلى ەتيلەن
全合成	complete synthesis		تولىق سينتەزدەلۇ
全硫硅酸			"硫代硅酸" گە قاراڭىز.
全硫连二磷酸	thiohypophosphoric acid	$(H_2PO_3)_2$	تيوگيپو فوسفور قىشقىلى
全硫连二磷酸盐	thiohypophosphate	$(M_2PS_3)_2$	تيوگيپو فوسفور قىشقىلى تۇزى
全硫砷酸钠	sodium thioarsenate	Na_3AsS_4	تيو ارسەن قىشقىل ناتري
全硫碳酸	trithiocarbonic acid	HSCSSH	ۇش كۇكىرتتى كومىر قىشقىلى
全硫碳酸铵	ammonium thiocarbonate	$(NH_4)_2CS_3$	تيو كومىر قىشقىل امموني
全硫碳酸钾	potassium sulfocarbonate	K_2CS_3	سۇلفو كومىر قىشقىل كالي
全硫碳酸钠	sodium thiocarbonate	Na_2CS_3	تيو كومىر قىشقىل ناتري
全硫碳酸盐	trithiocarbonate	M_2CS_3	ۇش كۇكىرتتى كومىر قىشقىلىنىڭ تۇزدارى
全硫锑酸钾	potassium sulfantimonate	K_3SbS_4	سۇلفو سۇرمە قىشقىل كالي
全硫锑酸锂	lithium sulfantimonate	Li_3SbS_4	سۇلفو سۇرمە قىشقىل ليتي
全硫锑酸钠	sodium thioantimonate	Na_3SbS_4	تيو سۇرمە قىشقىل ناتري
全硫锑酸盐			"硫代锑酸盐" گە قاراڭىز.
全硫锡酸			"硫代锡酸" گە قاراڭىز.
全硫锡酸铵	ammonium thiostannate	$(NH_4)_2SnS_3$	تيو قالايى قىشقىل امموني
全硫亚磷酸			"硫代亚磷酸" گە قاراڭىز.
全硫亚锡酸			"硫代亚锡酸" گە قاراڭىز.
全硫亚锡酸盐			"硫代亚锡酸盐" گە قاراڭىز.

全卤代	perhalogeno –		اسقىن گالوگەندى
全卤化碳	perhalocarbon		اسقىن گالوگەندى كومىرتەك
全卤化物	perhalide		اسقىن گالوگەندى قوسىلىستار، اسقىن گالوگەنىيد
全卤甲烷	perhalogene methane		اسقىن گالوگەندى مەتان
全氯丙烷	perchloropropane	C_3Cl_8	اسقىن حلورلى پروپان
全氯代	perchloro –		اسقىن حلورلى
全氯代烃	perchloro – hydrocarbon		اسقىن حلورلى كومىر سۇتەكتەر
全氯丁二烯	perchloro – butadiene	C_4Cl_6	اسقىن حلورلى بۇتادىەن
全氯化石蜡	perchloroparaffin		اسقىن حلورلى پارافىن
全氯化碳	perchloro – carbon		اسقىن حلورلى كومىرتەك
全氯化物	perchloride		اسقىن حلورلى قوسىلىستار، اسقىن حلورىد
全氯甲硫醇	perchloromethyl – mercaptan		اسقىن حلورلى مەتيل مەركاپتان
全氯乙醚	perchloroether	$Cl_5C_2OC_2Cl_5$	اسقىن حلورلى (ەتيل) ەفير
全氯乙烷	perchloro ethane	C_2Cl_6	اسقىن حلورلى ەتان
全氯乙烯	perchloro ethylene	$CCl_2:CCl_2$	اسقىن حلورلى ەتيلەن
全酶	holoenzim, holoferment		گولوەنزيم، گولوفەرمەنت
全霉素	holomycin		گولوميتسين
全酿酶	holozymase		گولوزيمازا
全氢化蒽	anthracene perhydride	$C_{14}H_{24}$	اسقىن سۇتەكتى انتراتسەن
全氢化菲	perhydro phenantrene		اسقىن سۇتەكتى فەنانترەن
全氢化维生素 A	perhydrovitamin A		اسقىن سۇتەكتەنگەن ۆيتامين A
全同聚丙烯			"等规聚丙烯" گە قاراڭىز.
全同聚丙烯纤维			"等规聚丙烯纤维" گە قاراڭىز.
全同(立构)			"等规" گە قاراڭىز.
全同(立构)聚合物			"等规聚合物" گە قاراڭىز.
全纤维素	holocellulose		گولوسەلليۋلوزا
全溴丙醛肟	perbromo – propionaldoxime	CBr_3CBr_2CHNOH	اسقىن برومدى پروپيون الدوكسيم
全溴丙酮	perbromo – acetone	CBr_3COCBr_3	اسقىن برومدى اتسەتون
全溴代	perbromo –		اسقىن برومدى
全溴代烃	perbromo – hydrocarbon		اسقىن برومدى كومىر سۇتەكتەر
全溴化碳	perbromo carbon		اسقىن برومدى كومىرتەك
全溴乙醚	perbromo – ether	$(C_2Br_5)_2O$	

اسقىن برومدى (ەتيل) ەفير

全溴乙烷　perbromo ethane　CBr_3CBr_3 اسقىن برومدى ەتان

全溴乙烯　perbromo ethylene　CBr_2CBr_2 اسقىن برومدى ەتيلەن

醛　aldehyde　$-CHO$ الدەگيدتەر

B6 醛 "维生素 B6 醛" گە قاراڭىز.

醛氨　aldehyde ammonia الدەگيدتى امىياك

醛变位酶　aldehyde mutase الدەگيدتى مۇتازا

醛醇　aldehyde alcohol, aldol الدەگيدتى سپيرت، الدول

醛醇缩合　aldol (aldehyde) condensation الدولدى (الدەگيدتى) كوندەنساتسىيالاۋ

醛醇缩合反应　aldol reaction الدول رەاكسىياسى

醛醇酮糖　aldalcoketose　$CH_2OH(CHOH)nCOCHO$ الدالكوكەتوزا

醛代　aldo-　$O=$ الدو ــ، الدەگيدتى

醛固酮 "醛甾酮" گە قاراڭىز.

醛合水　aldehyde hydrate　$R\cdot CO(OH)_2$ الدەگيد گيدراتى

醛基　aldehyde group　$-CHO$ الدەگيد رادىكالى

醛基苯酸　aldehyde benzoic acid　$CHOC_6H_4COOH$ الدەگيدتى بەنزوي قىشقىلى

醛基羧酸　aldehyde carboxylic acid الدەگيدتى كاربوكسيل قىشقىلى

醛基外尿酸　aldehydo apurinic acid الدەگيدتى اپۇرين قىشقىلى

2－醛基异酞酸　2－aldeydo isophthalic acid 2 ــ الدەگيدتى يزو فتال قىشقىلى

醛聚合物　aldehyde polymer الدەگيدتى پوليمەر

醛连氮　aldazine　$RHCNNCHR$ الدازين

醛酶　aldehydrase الدەگيدرازا

醛鞣　aldehyde tanning الدەگيدتەك يلەۋ، الدەگيد پەن يلەۋ

醛鞣法　aldehyde tannage الدەگيد پەن يلەۋ ٴادسى

醛式氢　aldehyde hydrogen الدەگيدتى سۇتەك

醛式糖　aldose الدوزا

醛树脂　aldehyde resin الدەگيدتى سمولا

醛酸　aldehyde acid　$CHO\cdot R\cdot COOH$ الدەگيد قىشقىلى

醛缩醇　acetal　$RCH(OR)_2$ اتسەتال

醛缩二醇 "醛缩醇" گە قاراڭىز.

醛缩二甲醇　acetal, aldehyde dimethyl－ اتسەتال، الدەگيدتى ديمەتيل ــ

醛缩酶　aldolase الدولازا

醛缩作用 "醛醇缩合" گە قاراڭـز.

醛糖 "醛式糖" گە قاراڭـز.

醛糖内酯　lactal لاكتـال

醛糖移转酶　transaldolase ترانس الدولازا

醛酮　aldehydeketone　R·CO·CHO الدەگيدتى كەتون

醛脱氢酶　aldehyde dehydrogenase الدەگيدتى دەگيدروگەنازا

醛肟　aldoxime الدوكسيم

醛烯酮　aldoketone الدوكەتون

醛亚胺　aldimine الديمين

醛氧化酶　aldehyde oxidase الدەگيدتى وكسيدازا

醛甾酮　aldosterone الدوستەرون

醛酯　aldehydo‐ester　CHO الدەگيد ەستەر

犬尿氨酸　kynurenine كينۆرەنين

犬尿氨酸甲酰胺酶　formamidase فورماميدازا

犬尿胺酸酶　kynureninase كينۆرامينازا

犬尿碱　kynurine　C₉H₇ON كينۆرين

犬尿喹啉酸　kynurenic acid كينۆرەن قىشقىلى

犬尿素　kynurenine　NH₂C₆H₄COCH₂CH(NH₂)COOH كينۆرەنين

犬尿素酶　kynureninase كينۆرەنازا

犬尿酸　kynuric acid　C₉H₇ON كينۆري قىشقىلى (ءيت نەسەپ قىشقىلى)

犬尿烯酸　kynurenic acid كينۆرەن قىشقىلى

que

炔　alkyne الكين

α‐炔　alpha‐acetylenes الفا ـ اتسەتيلەن، الفا ـ ورىنداعى اتسەتيلەن

炔丙醇　propargyl alcohol　CHCCH₂OH پروپارگيل سپيرتى

炔丙基　propargyl　CHCCH₂‐ پروپارگيل

炔丙基重排作用　propargylic rearrangement پروپارگيلدىڭ قايتا ورنالاسۋى

炔丙基碘　propargyl iodide　HCCCH₂I پروپارگيل يود

炔丙基卤　propargyl halide　CHCCH₂X پروپارگيل گالوگەن

炔丙基氯　propargyl chloride　HCCCH₂Cl پروپارگيل حلور

炔丙基溴　propargyl bromide　HCCCH₂Br پروپارگيل بروم

炔丙酸　propargylic acid　CHCCOOH پروپارگيل قشقىلى

炔醇　alkynol الكينول

炔化　ethynylation ەتينيلدەۋ (ئۇش بايلانس ەنگىزۋ)

炔基化合物　alkynyl compound الكينيلدى قوسىلىستار

炔键　acetylene bond ەتسەتيلەندىك بايلانس

炔键碳　acetylenic carbon ەتسەتيلەندىك بايلانستى كومىرتەك

炔热粉 . "B－巯基苯并噻唑" گە قاراڭىز

炔属醇　acetylene alcohol ەتسەتيلەن سپيرتى

炔属多卤化物　acetylenic polyhalide ەتسەتيلەندى پوليگالوگەندى قوسىلىستار

炔属化合物　acetylenic compound ەتسەتيلەن قوسىلىستارى

炔属卤化物　acetylenic halide ەتسەتيلەندى گالوگەن قوسىلىستارى

炔属酸　acetylene acid ەتسەتيلەن قشقىلى

炔属烃　alkyne(= hydrocarbon of acetylene series) الكيندەر (ەتسەتيلەندى كومىر سۆتەك قاتارى)

炔属酮　acetylenic ketone ەتسەتيلەندى كەتون

炔酸 . "乙炔酸" گە قاراڭىز

炔烃 . "炔属烃" گە قاراڭىز

炔系　alkyne series الكين قاتارى

qun

群青　ultramarine ۋلترامارين (اشىق كوك بوياۋلار)

群青黄　ultramarine yellow ۋلتراماريندى سارى

群青绿　ultramarine green ۋلتراماريندى جاسىل

群青青　ultramarine blue ۋلتراماريندى كوكشىل

群青紫　ultramarine violet ۋلتراماريندى كۆلگىن

群青棕　ultramarine brown ۋلتراماريندى قىزىل قوڭىر

R

ran

髯毛甙	"坎巴甙" گە قاراڭىز.
燃点	"着火点" گە قاراڭىز.
燃料 fuel	جانار زات، وتىن
燃料电池 fuel cell	جانار زات باتەريا
燃料层 fuel bed	جانار زات قاباتى
燃料挥发性 fuel volatility	جانار زات ۇشقىشتىعى
燃料混合物 fuel mixture	جانار زات قوسپاسى
燃料加热器 fuel heater	جانار زات قىزدىرعىش
燃料酒精 fuel alcohol	جانار زات سپيرت
燃料气 fuel gas	جانار زات گاز
燃料气系统 fuel gas system	جانار زات گاز جۇيەسى
燃料试验 fuel testing	جانار زات سىنامى (تاجىريبەسى)
燃料树脂 fuel resin	جانار زات سمولا
燃料酸 fuel acid	جانار زات قىشقىلى (جانار زات جانعاننان كەيىن پايدا بولاتىن قىشقىلدار)
燃料效率 fuel efficiency	جانار زات ونىمدىلىگى
燃料烟黑 fuel sott	جانار زات ٴتۇتىنى، جانار زات كۇيەسى
燃料油 fuel oil	جانار زات مايى
燃料蒸发 fuel vaporization	جانار زات بۋلانۋ
燃料蒸汽 fuel vapours	جانار زات بۋى
燃烧 combustion	جانۋ، كۇيۋ
燃烧层 burning zone	جانۋ قاباتى، جانۋ اؤماعى
燃烧产品 combustion products	جانۋ ٴونىمى
燃烧匙 combustion spoon	كۇيدىرۋ قاسىعى
燃烧池 combustion cell	جانۋ كولشىگى

燃烧催化剂	combustion catalyst	جانۇ كاتالىزاتورى
燃烧带		"燃烧区域" گه قاراڭىز.
燃烧弹	combustion bomb	جانعىش بومبى، وت بومبى
燃烧点	flare point	جانۇ نۇكتەسى
燃烧动力学	kinetic of combustion	جانۇ كينەتيكاسى
燃烧反应	combustion reactions	جانۇ رەاكسياسى
燃烧分析	combustion analysis	جانۇلىق تالداۋ
燃烧管	combustion tube	جانۇ تۇتگى
燃烧过程	combustion processes	جانۇ بارسى
燃烧极限	combustion limits	جانۇ شەگى
燃烧记录器	combustion recorder	جانۇ جازعىش
燃烧气体	combustion gas	جانار گاز
燃烧强度	combustion intensity	جانۇ كۇشتىلگى
燃烧区域	combustion zone	جانۇ اۇماعى
燃烧曲线	combustion curve(line)	جانۇ قيسىق سىزعى
燃烧热	combustion heat	جانۇ جىلۇى
燃烧设备	combustion equipment	جاندىرۇ جابدىعى
燃烧试验	combustion test	جانۇ سىناعى
燃烧室	combustion chamber	جانۇ كامەراسى
燃烧收缩	burning shrinkage	جانۇدىڭ سولۇى
燃烧速度	burning velocity	جانۇ جىلدامدىعى
燃烧特性	combustion characteristic	جانۇ ەرەكشەلگى
燃烧温度	combustion temperature	جانۇ تەمپەراتۇراسى
燃烧效率	burning efficiency	جانۇ ونىمدىلگى
燃烧学说	combustion theory	جانۇ تەورياسى
燃烧压力	combustion pressure	جانۇ قىسمى
燃烧研究	combustion research	جانۇدى زەرتتەۋ
燃烧油	burning oil	جانار ماي
燃烧原理	combustion principle	جانۇ قاعيداسى
燃烧质量	burning quality	جانۇ ساپاسى
燃烧装置	combustion train	جانۇ قوندىرعىسى
燃素	phlogiston	جانارتەك، فلوگيستون
燃素学说	phlogiston theory	جانارتەك تاعلىمى، فلوگيستون تاعلىمى

染料　dye(= dyestuff)		بوياۋلار، بوياعمشتار
染料调色法　dye toning		بوياۋدنك ئتۇسىن تەگشەۋ
染料木甙　genistin		گەنيستىن
染料木碱　genisteine		گەنيستەين
染料木因　genistein		گەنيستەين
染料浓度　dye strength		بوياۋدنك قويۋلعى
染料溶液　dye solution		بوياۋ مرتىنندىسى
染料中间体　dye intermediate		بوياۋدنك ارالىق زاتى
染色溶液		"染料溶液" گە قاراعنز.
染色酸胨　chromosomin		حرومۇسۇمين
染色质核胨　chromo nucleo protein		حرومۇنۇكلەۋپروتەين
染色质核酸　chromo nucleic acid		حرومۇنۇكلەين قىشقىلى

rao

绕雌酸　rothic acid　$C_{14}H_{12}O_7$		روتين قىشقىلى
绕达省　rhodacene　$C_{30}H_{20}$		رۇداتسەن
绕丹宁　rhodanine　$SCH_2CONHCS$		رۇدانين
绕丹酸　rhodanic acid(= rhodanine)　$SCH_2CONHCS$		رۇدان قىشقىلى
绕丹酸盐　rhodanate		رۇدان قىشقىلمنىك تۇزدارى
绕色灵　rocceline		رۇسسەللين

re

惹烯　retene　$C_{18}H_{18}$		رەتەن
惹卓碱　retrorsine　$C_{18}H_{25}NO_6$		رەترورزين
惹卓裂碱　retronecine　$C_8H_{13}NO_2$		رەترونەتسين
惹卓裂酸　retronecinic acid　$C_{10}H_{16}O_6$		رەترونەتسين قىشقىلى
热　thermo, heat		تەرمو (گرەكشە)، ستتق، جىلى
热处理　thermal treatment(= hot cure)		ستتقتاي وگدەۋ، تەرميالىق وگدەۋ
热当量　heat equivalent		جىلۋ ەكۆۋالەنتى
热电序　thermo electric serics		تەرمو ەلەكتر رەتى
热电子　thermo electron		تەرمو ەلەكترون

热分析	termo analysis	تەرميالىق تالداۋ، جىلۇلىق تالداۋ
热工学	pyrology	پيرولوگيا
热固	thermosetting	جىلۇدان قاتايۇ
热固性	thermoset	جىلۇدان قاتايعمشتىق
热固(性)聚合物	thermosetting polymer	جىلۇدان قاتايعمش پوليمەر
热固(性)树脂	thermosetting resin	جىلۇدان قاتايعمش سمولالار (شايىرلار)
热固(性)塑料	thermosetting plastic	جىلۇدان قاتايعمش سۇلياۋلار
热核反应	thermonuclear reaction	تەرمويادرولىق رەاكسيالار
热化学	thermochemistry	تەرموحيميا
热化学方程式	thermochemical equation	تەرموحيميالىق تەڭدەۋلەر
热化学量度	thermochemical measurment	تەرموحيميالىق ولشەۋ
热化学平衡	thermochemical equilibrium	تەرموحيميالىق تەپە ـ تەڭدىك
热活化	thermal activation	جىلۇ مەن اكتيۇتەنۇ
热加工	hot working	قمزدىرىپ وڭدەۋ
热甲基化	hot methylation	ستمقتاي مەتيلدەۋ
热交换	heat change	جىلۇ الماسۇ
热交换器	heat exchanger	جىلۇ الماسترعمش
热解	thermolysis	جىلۇلىق ىدىراۋ، تەرميالىق ىدىراۋ
热解反应	pyrolitic reaction	جىلۇدان ىدىراۋ رەاكسيالارى
热精	pyrogen	پيروگەن
热聚合	heat polymerization (= thermal polymerization)	جىلۇلىق پوليمەرلەنۇ، تەرميالىق پوليمەرلەنۇ
热聚合物	pyrolytic polymer	جىلۇلىق پوليمەر
热聚橡胶	heat polymerization rubber	جىلۇ مەن پوليمەرلەنگەن كاۇچۇك
热空气硫化	hot – air vulcanization	جىلى اۋا مەن كۇكىرتتەۇ
热扩散	thermodiffusion	تەرموديففۇزيا، جىلۇداك ديففۇزيالانۇى
热拉尔	C·F·Gerhart	س . ف . گەرحارد (فرانسيا حيميگى)
热老化	heat aging	جىلۇدان ەسكىرۇ
热离解	thermal dissociation	تەرميالىق ديسسوتسياتسيا
热离子	thenmoin	تەرميون
热离子效应	thermionic effect	تەرميوندىق ەففەكت
热离子学	thermionics	تەرميونيكا
热(力分)解产物	thermal decomposition product	جىلۇلىق ىدىراۋ ۇونىمى،

تەرمىيالىق بدراۋ ئونمى

热(力分)解(作用)　thermal decomposition　تەرمىيالىق دىسسوتسىياتسىيالاۋ

热力加成作用　thermal addition　تەرمىيالىق قوسپ الۇ

热力老化　thermal aging　جىلۇلۇق ەسكىرۋ، تەرمىيالىق ەسكىرۋ

热力老化试验　thermal aging test　تەرمىيالىق ەسكىرۋ سىناعى (تاجىرىبەسى)

热力离解作用　thermal dissociation　تەرمىيالىق دىسسوتسىياتسىيالاۋ

热力脱氢作用　thermal dehydration　تەرمىيالىق سۇتەكسىز دەندىرۋ

热力学　thermo dynamics　تەرمودىناميكا

热力学第二定律　second law of thermodynamics　تەرمودىناميكانىڭ ەكىنشى زاڭى

热力学第三定律　third law of thermodynamics　تەرمودىناميكانىڭ ئۈشىنشى زاڭى

热力学第一定律　first law of thermodynamics　تەرمودىناميكانىڭ ئبىرىنشى زاڭى

热力(学)平衡　thermodynamic equilibrium　تەرمودىناميكالىق تەپە ــ تەڭدىك

热力有效浓度　thermodynamic conceneration　تەرمودىناميكالىق ئونىمدى قويۇلىق

热量　heat quantity　جىلۇ مولشەرى، جىلۇ

热量单位　thermal unit　جىلۇ بىرلىگى

热量计　colorimeter　كولورىمەتر، جىلۇ ولشەگىش

热裂化　thermal cracking　تەرمىيالىق بولشەكتەۋ (كرەكىنگ)

热裂化气　thermal cracking gas　تەرمىيالىق بولشەكتەنگەن گاز

热裂化汽油　thermal cracking gasoling　تەرمىيالىق بولشەكتەنگەن بەنزىن

热裂化石脑油　thermal naphtha　تەرمىيالىق نافتا

热硫化　hot vulcanization　ىستىقتاي كۇكىرتتەۋ

热能　heat energy　جىلۇ ەنەرگىياسى

热(能)聚合　thermal polymerization　جىلۇ مەن پولىمەرلەنۋ

热能中子　thermal neutron　جىلۇلۇق نەيترون، تەرمىيالىق نەيترون

热能中子反应堆　thermal neutron reactor　تەرموەلەكتروندىق رەاكتور

热膨胀　heat expansion　جىلۇلۇق ۇلعايۇ

热膨胀系数　thermal expansivity　جىلۇلۇق ۇلعايۇ كوەففىتسەنتى

热平衡　thermal equilibrium　جىلۇلۇق تەپە ــ تەڭدىك، تەرمىيالىق تەپە ــ تەڭدىك

热气净化　hot gas purification　ىستىق گازبەن تازالاۋ

热气蒸汽硫化	hot－air steam cure	ستىق گاز بۇمەن كۆكىرتتەۆ
热容比	ratio of specific heat	جىلۇدىك سىمدىلىق دارەجەسى
热容量	heat capacity	جىلۇ سىمدىلىعى
热塑性	thermo plasticity	جىلۇدان سوزىلعشتتق
热塑(性)聚合物	thermoplastic polymer	جىلۇدان سوزىلعش پوليمەرلەر
热塑(性)树脂	thermoplastic resin	جىلۇدان سوزىلعش سمولالار
热塑(性)塑料	thermoplstic plastics	جىلۇدان سوزىلعش سۆلياۇلار
热塑(性)纤维	thermoplastic fiber	جىلۇدان سوزىلعش تالشقتار
热酸处理	hot－acid treatment	ستىق قشقملمەن وكدەۆ
热酸聚合过程	hot－acid polymerization process	ستىق قشقملمەن
		پوليمەرلەۆ بارسى
热天平	thermo balance	تەرموتارازىلار
热烃化	thermal alkylation	جىلۇمەن كومىر سۇتەكتەندرۇ
热烷基化	hot－alkylation	جىلۇمەن الكيلدەۆ
热文呢灵	revenelin	رەۆەنەلين
热吸收	heat absorption	جىلۇلىق جۇتلۇ
热吸收剂	heat absorbent	جىلۇلىق ابسوربەنت
热冶学	pyrmoetallurgy	پيرومەتاللۇرگيا
热原子	hot atom	قىزۇ اتوم، تەرماتوم
热原子过程	thermatomic process	تەرماتومدىق بارس
热原子炭黑	thermatomic black	تەرماتومدىق كۇيە
热载体	heat carrier	جىلۇ تاسۇشى
热蒸馏	thermal distillation	جىلۇمەن بۇلاندرسپ ايداۇ
热值	heating value(＝thermal value)	جىلۇ ٴمانى
热指数	heat index	جىلۇ كورسەتكشى
热中和定律	law of thermoneutrality	جىلۇلىق بەيتاراپتاۇ زاڭى
热子	thermistor	تەرميستور
热总量不变(定)律	law of constand heat summation	جىلۇ جالپى
		مولشەرنىك وزگەرمەۆ زاڭى

ren

人工	artificial	جاساندى، قولدان جاسالعان

人工放射性	artificial radioactivity	جاساندى رادىۋاكتىۋتك
人工肥料	artificial fertilizer	جاساندى تىڭايتقىشتار
人工老化	artificial aging	جاساندى ھەسكرۇۆ
人工石墨	delanium graphite	جاساندى گرافىت
人工氧化铝	borolon Al_2O_3	بورولون، جاساندى الؤمين توتسعى
人造		"人工" گە قاراڭمز.
人造柏油		"人造沥青" گە قاراڭمز.
人造凡士林	artificial vaseline	جاساندى ۋازەلين
人造胶体	artificial colloid	جاساندى كوللوىد
人造胶质	artificial gum	جاساندى جەلمە
人造芥子油	artificial mustard CH_2CHCH_2NCS	جاساندى قىشى مايى
人造孔雀石	artificial malachite	جاساندى مالاحىت
人造矿脂		"人造凡士林" گە قاراڭمز.
人造沥青	artificial asphalt	جاساندى اسفالت
人造毛	artificial wool	جاساندى ٔجۇن
人造棉	artificial cotton	جاساندى ماقتا
人造奶油	margarin	مارگارىن، جاساندى ٔسۇت مايى (سارى ماي)
人造气体	artificial gas	جاساندى گاز
人造石油工业	artificial petroleum industry	جاساندى مۇناي ۋنەركاسبى
人造石脂		"人造凡士林" گە قاراڭمز.
人造树脂	artificial resin	جاساندى سمولا (شايىرلار)، سىنتەزدىك سمولا (شايىرلار)
人造丝	artificial silk	جاساندى جىبەك
人造无烟煤	artificial anthracite	جاساندى ٔتۇتىنسىز كومىر
人造纤维	rayon	جاساندى تالشىق
人造橡胶	artificial rubber	جاساندى كاۋچۇك
人造油	artificial fat	جاساندى ماي
人造樟脑	artificial camphore	جاساندى كامفورا
壬胺	nonylamine $CH_3(CH_2)_7CH_2NH_2$	نونىلامىن
壬撑	nonamethylene $-(CH_2)_9-$	نونامەتىلەن
壬醇	nonyl alcohol (= nonanol) $C_8H_{17}CH_2OH$	نونانول، نونيل سپىرتى
壬醇 – [1]	nonanol – [1] $C_8H_{17}CH_2OH$	نونانول – [1]
壬醇 – [2]	nonanol – [2] $C_7H_{15}CHOHCH_3$	نونانول – [2]
壬醇 – [3]	nonanol – [3]	نونانول – [3]

壬醇 - [5]　nonanol - [5]　　　　　　　　　　[5] ـ نونانول

壬二腈　azelaic dinitril　$(CH_2)_7(NH)_2$　　ازەلا دينيتريل

壬二酸　azelaic acid　$C_7H_{14}(COOH)_2$　ازەلا قىشقىلى، نونان ەكى قىشقىلى

壬二酸二辛酯　dioctyl azelate　　ازەلا قىشقىل ەكى وكتيل ەستەرى

壬二酸氢盐　diazelate　　قىشقىل ازەلا قىشقىل توزدارى

壬二酸盐　azelate　$COOH(CH_2)_7COOH$　ازەلا قىشقىلىنىڭ توزدارى

壬二酸乙酯　ethyl azelate　$C_2H_5OCO(CH_2)_7COOC_2H_5$　ازەلا قىشقىل ەتيل ەستەرى

壬二烯二酸　nonadiendioic acid　$C_7H_{10}(COOH)_2$　نوناديەن ەكى قىشقىلى

壬二烯酸　nonadienoic acid　$C_8H_{13}COOH$　نوناديەن قىشقىلى

壬二酰　azelaoul(= nonanedioyl)　$- CO(CH_2)_7CO -$　ازەلاويل، نونانەديويل

壬基　nonyl　$CH_3(CH_2)_7CO_2 -$　　نونيل

壬基苯　nonyl benzene　　نونيل بەنزول

壬基苯酚　nonylphenol　　نونيل فەنول

壬基苯氧基乙酸　nonyl phenoxyacetate　نونيل فەنوكسيل سىركە قىشقىلى

壬基碘　nonyl iodide　$CH_3(CH_2)_7CH_2I$　نونيل يود

壬基甲醇　nonyl carbinol　　نونيل كاربينول

壬醛　pelargonaldehyde　$C_8H_{17}CHO$　پەلاگرون الدەگيدتى

壬醛肟　pelargonic aldehyde oxime　$C_8H_{17}CHNOH$　پەلارگون الدەگيدوكسيم

壬炔　nonyne　　نونين

壬酸　pelargonic acid(= nonylic acid; nonanoic acid)　$C_8H_{17}CO_2H$　پەلارگون

قىشقىلى، نونيل قىشقىلى، نونان قىشقىلى

壬酸丙酯　propyl pelargonate　$C_8H_{17}CO_2C_3H_7$　پەلارگون قىشقىلى پروپيل ەستەرى

壬酸甲酯　methyl pelargonate　$C_8H_{17}CO_2CH_3$　پەلارگون قىشقىل مەتيل ەستەرى

壬酸戊酯　amyl pelargonate　$C_8H_{17}CO_2C_5H_{11}$　پەلارگون قىشقىل اميل ەستەرى

壬酸纤维素　cellulose pelargonate　پەلارگون قىشقىل سەلليۋلوزا

壬酸乙酯　ethyl pelargonate　$C_8H_{17}CO_2C_2H_5$　پەلارگون قىشقىل ەتيل ەستەرى

壬酸(正)丁酯　n - butyl pelargonate　$C_8H_{17}CO_2C_4H_9$　پەلارگون قىشقىل n ـ

بۇتيل ەستەرى

壬糖　nonose　　نونوزا

壬酮 - [2]　nonanone - [2]　　[2] ـ نونانون

壬酮 - [5]　nonanone - [5]　قاراڭىز. گە "二丁基甲酮"

壬烷　nonane　C_9H_{20}　نونان

壬烷二羧酸　nonane dicarboxylic acid　$C_9H_{18}(COOH)_2$　نونان ەكى كاربوكسيل

قشقملى

壬烯 nonene, nonylene C_9H_{18} نونەن، نونيلەن

壬烯二酸 nonene diacid $C_7H_{12}(COOH)_2$ نونەن ەكى قشقملى

壬烯二羧酸 nonene dicarboxylic acid $C_9H_{16}(COOH)_2$ نونەن ەكى كاربوكسيل قشقملى

壬烯双酸 decenoic acid $C_9H_{17}(COOH)_2$ دەكەن ەكى قشقملى

壬烯酸 nonenoic acid $C_8H_{15}COOH$ نونەن قشقملى

壬酰 nonanoyl(= pelargonyl) $CH_3(CH_2)_7CO-$ نونانويل، پەلارگونيل

壬酰胺 pelargonamide $CH_3(CH_2)_7CONH_2$ پەلارگوناميد

壬酰氯 pelargonyl chloride $CH_3(CH_2)_7COCl$ پەلارگونيل حلور

壬英 onin, onine   ونين

荏油   "紫苏子油" گە قاراڭىز.

忍碱度   "忍碱性" گە قاراڭىز.

忍碱性 alkali tolerance   ٴسلتى توزىمدىلمك

妊娠二醇 pregnanediol   پرەگنانەديول

妊娠二醇葡萄糖醛酸甙 pregnanediol glucuronide   پرەگنانەديول گليۋكۇرونيد

妊娠二酮 pregnanedione   پرەگنانەديون

妊娠激素   "孕甾酮" گە قاراڭىز.

妊娠双烯醇酮醋酸酯 dehyropregnenolone acetate   دەگيدرو پرەگنە نولون سركە قشقىل ەستەرى

妊娠素 ethisterone   ەتيستەرون

刃天青 resazoin(= resazurin)   رەزازوين، رەزازۇرين

ri

日柏醇 hinokitiol   گينوكيتيول

日本蜡 Japan wax   جاپون بالاۋزى

日本漆 Japan lacquer   جاپون سىرى

日本沙丁鱼油 Japan sardine oil   جاپون ساردين (بالىق) مايى

日本酸 Japanic acid   جاپون قشقملى

日本桐油 Japanese tung oil   جاپون تۇڭگى (اعاش) مايى

日本乌头碱 Japaconithine   جاپاكونيتين

日本乌头宁	Japaconine	جاپاكونين
日本樟脑	Japan comphor $C_{10}H_{16}O$	جاپون كامفوراسى
日甘蓝 G	rigan blue G	ريگان كوگى G
日甘青 G	rigan skyblue G	ريگان كوگلدرى G
日光霉素	heliomycin	گەليوميتسىن
日内瓦命名法	Genevanomenchatura	جەنەۋا اتاۋ ‹ادسى
日斯酸	risic acid $C_6H_2(OMe)_2COOH\cdot OCH_2COOH$	رىس قىشقىلى

rong

容积	volume	كولەم، اۋماق
容积百分数	volume percentage	كولەمدىك پروتسەنت (سانى)
容积比	volumetric proportions	كولەمدەر قاتناسى
容积热量		"体积热容" گە قاراڭز.
容积收缩		"体积收缩" گە قاراڭز.
容积系数	volumetric coefficient	كولەمدىك كوەففيتسەنت
容积增加		"体积增加" گە قاراڭز.
容积指示器		"体积指示器" گە قاراڭز.
容积指数	volume index	كولەمدىك كورسەتكش
容量	capacity(= volume)	سىمدىلىق، كولەمدىلىك
容量测定	volumetric determination	سىمدىلىقتى ولشەۋ
容量反应速度系数	volumetric rate of reaction coefficient	كولەمدىك رەاكسيا جىلدامدىعىنىڭ كوەففيتسەنتى
容量分析		"体积分析" گە قاراڭز.
容量计	volumemeter	سىمدىلىق ولشەگش، كولەم ولشەگش
容量克分子浓度	volumetric molar concentration	"容模浓度" گە قاراڭز.
容量瓶		سىمدىلىق ولشەۋ كولباسى
容量吸移管	volumetric pipette	كولەمدىك پيپەتكا
容量仪器	volumetric apparatus	سىمدىلىق اسپابى
容量指数	volume index	سىمدىلىق كورسەتكشى
容模	molarity	موليارلىق
容模浓度	molar concentration	موليارلىق قويۋلىق

容模溶解度 molar solubility	موليارلىق ەرۆ دارەجەسى
容模溶液 molar solution	موليارلىق ەرىتىندى
容器 container	ىدىس
溶靛素 indigosol	ينديگوزول
溶靛素 DH indigosol DH	ينديگوزول DH
溶靛素 04B indigosol 04B	ينديگوزول 04B
溶靛素橙 indigosol orange	ينديگوزول قىزعىلت سارىسى
溶靛素橙 HR indigosol orange HR	ينديگوزول قىزعىلت سارىسى HR
溶靛素红紫 IRH indigosol red－violet	ينديگوزول قىزىل كۆلگىنى IRH
溶靛素灰 IBL indigosol gray IBL	ينديگوزول سۇرسى
溶靛素金黄 indigosol golden yellow	ينديگوزول التىن سارىسى
溶靛素金黄 IGK indigosol golden yellow IGK	ينديگوزول التىن سارىسى
溶靛素蓝	"溶靛素 DH" گە قاراڭىز.
溶靛素蓝 AGG indigosol AGG	ينديگوزول كوگى AGG
溶靛素亮橙 IRK indigosol brilliant orange IRK	ينديگوزول جىلتىر قىزعىلت سارىسى IRK
溶靛素亮玫红 indigosol brilliant rose	ينديگوزول جارقىراۋتق كۆلگىن قىزىلى
溶靛素亮桃红 13B indigosol brilliant pink 13B	ينديگوزول جارقىراۋتق سولعىن قىزىلى 13B
溶靛素绿 indigosol green	ينديگوزول جاسىلى
溶靛素绿 IB indigosol green IB	ينديگوزول جاسىلى IB
溶靛素绿 IGG indigosol green IGG	ينديگوزول جاسىلى IGG
溶靛素桃红 indigosol pink	ينديگوزول سولعىن قىزىلى
溶靛素桃红 IR indigosol pink IR	ينديگوزول سولعىن قىزىلى IR
溶靛素紫 indigosol red－violet	ينديگوزول كۆلگىنى
溶靛素紫 IRH indigosol violet IRH	ينديگوزول كۆلگىنى IRH
溶靛素棕 indigosol brown	ينديگوزول قىزىل قوڭىرى
溶靛素棕 IRRD indigosol brown IRRD	ينديگوزول قىزىل قوڭىرى
溶度积 solubility product	ەرىگىشتىك كۆبەيتىندىسى
溶蒽素 cubozols	كۆبوزولدار، كۆبكرنەلەر
溶杆菌素 bacilysin	باتسيليزين
溶剂 dissolvent(＝solvent)	ەرىتكىشتەر، ەرىتكىش اگەنت
溶剂层 solvent layer	ەرىتكىش قاباتى

溶剂分解(作用)　solvolysis	ەرىتكشتنىڭ بدىراۋى
溶剂分馏　solvent fractionation	ەرىتكشتى ئبولپ ايداۋ
溶剂度　solvability	ەرىتكشتاك دارەجەسى
溶剂化反应　solvolytis reaction	ەرىتكشتەندرۇ رەاكسياسى
溶剂化热　heat of solvation	ەرىتكشتەنۇ جىلۇى
溶剂化物　solvate	ەرىتكش قوسىلىستارى
溶剂化作用　solvation	ەرىتكشتەۇ
溶剂离解(作用)　solvolytic dissociation	ەرىتكشتاك ديسسوتسياتسيالاۋ
溶剂浓度　solvent strength	ەرىتكش قويۇلىعى
溶剂偶　solvent pairs	جۇپ ەرىتكش
溶剂石脑油　solvent naphtha	ەرىتكش نافتا
溶剂水分　solvent water	ەرىتكش سۇى
溶剂提取　solvent extraction	ەرىتكشتى ايىرپ الۇ
溶剂相　solvent phase	ەرىتكش فازاسى
溶剂效应　solvent effect	ەرىتكش ەففەكتى
溶剂选择性　solvent selectivity	ەرىتكش تالعامپازدعى
溶胶　collosol(= sol, colloidal sol)	كوللوزول، زول، كەرنە
溶胶体	"溶胶" گە قاراڭىز.
溶解　dissolve	ەرۇ، ەرىتۇ
溶解本领　solution power	ەرۇ قابىلەتى
溶解槽　dissolving tank	ەرىتۇ ناۋاسى، ەرۇ ناۋاسى
溶解池	"溶解槽" گە قاراڭىز.
溶解度　solubility	ەرۇ دارەجەسى
溶解度测定　solubility test	ەرۇ دارەجەسىن ولشەۇ
溶解度定律　solubility law	ەرۇ دارەجەسى زاڭى
溶解度曲线　solubility curve	ەرۇ دارەجەسىنىڭ قيسىق سزرعى
溶(解)度(乘)积　solubility product	ەرۇ دارەجەسىنىڭ كوبەيتىندىسى
溶(解)度系数　solubility coefficient	ەرۇ دارەجەسىنىڭ كوەففيتسەنتى
溶(解)度指数　solubility exponent	ەرۇ دارەجەسىنىڭ كورسەتكشى
溶解平衡　dissolution equilibrium	ەرۇ تەپە ـ تەڭدىگى
溶解器　dissolver	ەرىتۇ اسپابى (ىدسى)
溶解热　solubility geat	ەرۇ جىلۇى
溶解烷　dissolvane	ديسسولۇان

溶解物	dissolve matter		هرىگهن زات
溶菌酶	lysozyme		لىزوزىم
溶菌原	lysogen		لىزوگهن
溶媒			"溶剂" گه قاراڭىز.
溶素	lysin		لىزىن
溶纤剂	cellosolve	$HOCH_2CH_2OC_2H_5$	سوللوسولۆه، تالشىق هرىتكىش (اگهنت)
溶橡胶	sol rubber		سۇيىق كاۋچۇك، كهرنه كاۋچۇك
溶性巴比酮	soluble barbiton		هرىگىش باربىتون
溶性巴比妥	soluble barbital	$(C_2H_5)_2C_4O_3N_2HNa$	هرىگىش باربىتال
溶性玻璃	soluble glass		هرىگىش ەينهك (شىنى)
溶性淀粉	soluble starch		هرىگىش كراحمال
溶性碘酚酞	soluble iodophthalein		هرىگىش يودتى فتالەين
溶性蒽系还原染料			"溶蒽素" گه قاراڭىز.
溶性磺胺噻唑	soluble sulfuthiazole		هرىگىش سۆلفا تيازول
溶性胶	soluble gum		هرىگىش جهلىم
溶性焦油	soluble tar		هرىگىش كوكس مايى
溶性蓝	soluble blue		هرىگىش كوك
溶性磷酸	soluble phosohoric acid		هرىگىش فوسفور قىشقىلى
溶性糖精	soluble sacharin		هرىگىش ساحارين
溶性荧光素	soluble fluorescein	$C_{20}H_{12}O_5Na_2$	هرىگىش فلۆۆ رەستسەين
溶性油脂乳胶	soluble oil emulsion		هرىگىش مايىلى همۆلتسيا
溶血反应	hemolytic reaction		گەموليتتى رەاكسيالار
溶血卵磷脂	lysolecithin		لىزولەتسيتين
溶血脑磷脂	lysocephalin		لىزوسەفالىن
溶血素	hemolysin		گەموليزين
溶液	solution		هرىتىندىلهر
溶液的分子运动理论	kinetic theory of solution		هرىتىندىننىڭ مولەكۇلالىق قوزعالىس تەورياسى
溶液混合器	solution mixer		هرىتىندى ارالاستىرعىش
溶液加热器	solution heater		هرىتىندى جىلىتقىش
溶液聚合(作用)	solution polymerization		هرىتىندىننىڭ پوليمەرلەنۋى
溶液冷却器	solution cooler		هرىتىندى سۇتقىش
溶液络合物	solution complex		هرىتىندى كومپلەكس

溶液天平	solution balance	ەرىتمەندى تارازىسى
溶液盐	solution salt	ەرىتمەندى تۇزى
溶质	solute	ەرىگشتەر
溶质的质量分数	mass fraction of solute	ەرىگشتەك ماسسالىق ۇلەسى
熔点	smelting point	بالقۇ نوكتەسى
熔度	fusibility	بالقۇ دارەجەسى
熔合物		"合金" گە قاراڭىز.
熔化	smeliting(= fusion)	بالقۇ، بالقىتۇ
熔化的	molten	بالقعان
熔化电解质	molten electrolite	بالقعان ەلەكتروليت
熔化混合物	fusion mixture	بالقعان قوسپا
熔化能	fusion energy	بالقۇ ەنەرگىياسى
熔化器	melter	بالقىتۇ اسپابى، بالقىتقىش
熔化热	fusion heat	بالقۇ جىلۇى
熔化溶剂	molten solvent	بالقعان ەرىتكىش
熔化熵	entropy of fusation	بالقىتۇ ەنتروپىياسى
熔溶胶		"高温溶胶" گە قاراڭىز.
熔融催化剂	fused catalyst	بالقعان كاتاليزاتور
熔融金属	molten metal	بالقعان مەتال
熔融磷肥	fused phosphate	ەرىتلگەن فوسفورلى تەڭايتقىش
熔融烧碱	molten caustic(soda)	ەرىتلگەن كۇيدىرگىش
熔融水泥	fuset cement	سەمەنت ەرىتۇ
熔融铁	molten iron	ەرىتلگەن تەمىر، بالقىتلعان تەمىر
熔盐	fused salt	ەرىتلگەن تۇز
熔融状态	molten state	بالقعان كۇي
榕蜡醇	ficoceryl alcohol	فيكوسەريل سپيرتى
榕蜡酸	ficoceryl acid	فيكوسەريل قىشقلى
蝾螈定	salamanderine	سالاماندارىدين
蝾螈碱	salamanderine $C_{24}H_{60}O_5N_2$	سالاماندەرين

rou

柔和酸	amalinic acid $(CH_2)_4H_8O_8N_2$	امالين قىشقلى

鞣酐 phlobaphen		فلوبافەن
鞣花丹宁 ellagitannine		ەللاگىتاننىن
鞣花丹宁酸 ellagitannic acid $C_{14}H_{10}O_{10}$		ەللاگىتاننىن قىشقىلى
鞣花酸 ellagic acid $C_{14}H_6O_8$		ەللاگىن قىشقىلى
鞣花烯 ellagene $C_{20}H_{14}$		ەللاگەن
鞣剂 tannic agent		مالمالاعىش اگەنت
鞣料 tanning material		مالما، ʼى
鞣酸		"丹宁酸" گە قاراڭىز.
鞣酸蛋白 tannin albuminate (= tannalbin)		تاننىن قىشقىل البۇمىن،
		تاننالبىن
鞣酸化烟碱 nicotin tannate		تاننىن قىشقىلدى نىكوتىن
鞣酸酶		"丹宁酸酶" گە قاراڭىز.
鞣酸盐		"丹宁酸盐" گە قاراڭىز.
鞣酸皂		"丹宁酸皂" گە قاراڭىز.
鞣液 tanning liquor		مالما سۇيىقتىعى، ʼى ەرتىندىسى
鞣质		"丹宁" گە قاراڭىز.
肉豆蔻醇 myristic alcohol		مىرىستىن سپىرتى
肉豆蔻基 myristyl		مىرىستىل
肉豆蔻基硫醇 myristyl mercaptane		مىرىستىل مەركاپتان
肉豆蔻基取三甲基硅 myristyl – trimethyl silicane $(C_{14}H_{29})Si(CH_3)_3$		
		مىرىستىل تىرىمەتىل كرەمنى
肉豆蔻腈 myristonitrile $C_{13}H_{27}CN$		مىرىستونىترىل
肉豆蔻醚 myristicin $C_{11}H_{12}O_3$		مىرىستىتسىن
肉豆蔻醚酸 myristicic acid $H_2C(O_2)C_6H_2(OCH_3)(COOH)$		مىرىستىتسىن
		قىشقىلى
肉豆蔻脑 myristicol $C_{10}H_{16}O$		مىرىستىكول
肉豆蔻脑酸 myristoleic acid $C_{14}H_{26}O_2$		مىرىستول قىشقىلى
肉豆蔻醛 myristic aldehyde $CH_2(CH_2)_{12}CHO$		مىرىستىن الدەگىدتى
肉豆蔻酸 myristic acid $CH_3(CH_2)_{12}COOH$		مىرىستىن قىشقىلى
肉豆蔻酸酐 myristic anhydride $(C_{13}H_{27}CO)_2O$		مىرىستىن (قىشقىلى)
		انگىدرىدتى
肉豆蔻酸甲酯 methyl myristate $CH_3(CH_2)_{12}CO_2CH_3$		مىرىستىن قىشقىل
		مەتىل ەستەرى

肉豆蔻酸乙酯　ethyl myristate　$C_{13}H_{27}CO_2C_2H_5$　ميريستين قشقىل ەتيل ەستەرى

肉豆蔻酮　myriston　$(C_{13}H_{27})_2CO$　ميريستون

肉豆蔻酰　myristoyl　$(CH_2)_{12}CO-$　ميريستويل

肉豆蔻酰胺　myristic amide　$C_{13}H_{27}CONH_2$　ميريستين ئاميد

肉豆蔻酰基氯　myristyl chloride　$C_{13}H_{27}COCl$　ميريستيل حلور

肉豆蔻酰替苯胺　myristyl anilide　ميريستيل انيلين

肉豆蔻油　mace oil (= nutmeg oil)　ماكه مايى

肉豆蔻油醚　"肉豆蔻醚" گه قاراڭىز.

肉豆蔻脂　"肉豆蔻油" گه قاراڭىز.

肉豆蔻酯　myristin　ميريستين

肉毒碱　carnitine　كارنيتين

肉毒碱二乙酯　oblitin　وبليتين

肉桂叉　synamilidene　$C_6H_5CH:CHCH=$　سينامىليدەن

肉桂叉丙二酸酯　cinnamal malonic ester　$C_6H_5(CH)_3:C(COOC_2H_5)_2$　سينامال مالون ەستەرى

肉桂叉乙酰苯　cinamylidene – acetophenon　$C_6H_5(CH:CH)_2COC_6H_5$　سيناميليدەن اتسەتو فەنون

肉桂醇　cynnamyl alcohol　$C_6H_5CH:CHCH_2OH$　سينامىل سپيرتى

肉桂基　cynnamyl　$C_6H_5CH:CHCH_2-$　سينامىل

肉桂基甲基酮　cinnamyl methylketone　سينامىل مەتيل كەتون

肉桂精　cinnamon spirit　سينامون سپيرتى

肉桂醛　cinnamaldehyde　سينام الدەگيدتى

肉桂塑料　styrolene　ستيرولەن

肉桂酸　cinnamic acid　$C_6H_5CH:CHCOOH$　سينام قشقىلى

肉桂酸钡　barium cinnamate　$Ba(C_6H_5C_2H_2COO)_2$　سينام قشقىل بارى

肉桂酸铋　bismuth cinnamate　سينام قشقىل بيسمۇت

肉桂酸苄酯　benzyl cinnamate　$C_6H_5CH:CHCOOCH_2C_6H_5$　سينام قشقىل بەنزيل ەستەرى

肉桂酸丙酯　propyl cinnamate　$C_8H_7CO_2C_3H_7$　سينام قشقىل پروپيل ەستەرى

肉桂酸钙　calcium cinnamate　$Ca(C_9H_7O_2)_2$　سينام قشقىل كالتسي

肉桂酸基苯脲　cinnamoyl oxyphenyl urea　$C_6H_5CH:CHCO_2C_6H_4NHCONH_2$　سينامويل وكسيفەنيل ۇرەا

肉桂酸甲酯　methyl cinnamate　$C_6H_5C_2H_2CO_2CH_3$　سينام قشقىل مەتيل

هستەرى

肉桂酸钾	potassium cinnamate	$KC_9H_7O_2$	سيننام قشقىل كالي
肉桂酸钠	sodium cinnamate	$NaC_9H_7O_4$	سيننام قشقىل ناتري
肉桂酸肉桂酯	styracine	$C_{18}H_{16}O_2$	ستيراتسين
肉桂酸烯丙酯	allyl cinnamate	$C_8H_7CO_2C_3H_5$	سيننام قشقىل الليل هستەرى
肉桂酸戊酯	amyl cinnamate	$C_8H_7CO_2C_5H_{11}$	سيننام قشقىل اميل هستەرى
肉桂酸盐	cinnamate	$C_6H_5CHCOOM$	سيننام قشقىلننىڭ تۇزدارى
肉桂酸乙酯	ethyl cinnamate	$C_6H_5C_2H_2CO_2C_2H_5$	سيننام قشقىل ەتيل هستەرى
肉桂酸银	silver cinnamate	$AgC_9H_7O_2$	سيننام قشقىل كۈمۈس

肉桂酸愈创木酚酯 ."苏合香脑" گە قاراڭىز.

肉桂酰	cinnamoyl	$C_6H_5CH{:}CHCO-$	سينناميل
肉桂酰胺	cinnamamide	$C_6H_5CH{:}CHCONH_2$	سينناميد
肉桂酰古柯碱	cinnamyl cocaine		سينناميل كوكاين
肉桂酰氯	cinnamyl chloride	$C_6H_5CH{:}CHCOCl$	سينناميل حلور

肉桂酰氧基苯胺 ."肉桂酸基苯脲" گە قاراڭىز.

肉桂油 cinnamon oil دارشىن مايى، 'دامقابىق مايى

肉咻 ."噜咻" گە قاراڭىز.

| 肉灵酸 | corolinic acid | $C_9H_{10}O_6$ | كورولين قشقىلى |
| 肉瘤霉素 | sarkomycin | | ساركوميتسين |

肉霉酸 $C_9H_{10}O_4$."卡若酸" گە قاراڭىز.

肉酸 carnic acid كارن قشقىلى، ەت قشقىلى

肉铁质酸 oxylic acid وكسيل قشقىلى

ru

铷(Rb)	rubidium	رۇبيدي (Rb)
如比阿唑	rubiazol	رۇبيازول
如钩素	rugulosin	رۇگۇلوزين
如忒卡品	rutecarpine	رۇتەكارپين
乳	lacto-	لاكتو ـ، 'سۈت

乳胺 ."内酰胺" گە قاراڭىز.

| 乳白玻璃 | opal galss | وپال شىنى، وپال ەينەك |
| 乳白朊 | lactoalbumin | لاكتو البۇمين |

乳白油　opal oil　　　　　　　　　　　　　　　وپال مايى

乳(比)重计　lactometer　　　　　　　　　　لاكتومەتر

乳醇　lactol　　　　　　　　　　　　　　　لاكتول

乳蛋白质　milk protein　　　　　　ٴسۇت بەلوگى، لاكتوپروتەين

乳霉素　lactotoxin　　　　　　　　　　لاكتو توكسين

乳粉　milk powder　　　　ٴسۇت ۇنتاعى، ۇنتاق ٴسۇت

乳吩呤　lactophenine　$C_2H_5OC_6H_4NHCOCHOHCH_3$　لاكتو فەنين

乳杆酸　lactobacillic acid　　　　لاكتوباتسيللين قىشقىلى

乳过氧化酶　lactoperoxidase　　　لاكتواسقىن وكسيدازا

乳化　emulsification　　　　　سرمىكتەۋ، ەمۇلتسيالاۋ

乳化剂　emulsor, emulsifiyning agent　سرمىكتەندىرگىش اگەنت، ەمۇلگاتور

乳化胶体　emulsifyning colloid　　سرمىكتەنگەن كوللويد

乳化器　emulsifier, emulsor　　　　سرمىكتەندىرگىش

乳化液　emulsol　　　　　　　　　　ەمۇلسول

乳黄素　lacto flavine　$C_{17}H_{20}O_6N_4$　لاكتوفلاۋين

乳剂　emulsion　　　　　　　ەمۇلتسيا (فوتوگرافيادا)

乳胶　emulsion　　　　　　　　　　　ەمۇلتسيا

乳胶分解　emulsion resolving　　　ەمۇلتسيانىڭ ىدىراۋى

乳胶分解剂　emulsion braker　　ەمۇلتسيا ىدىراتقىش اگەنت

乳胶染料　latex dyes　　　　　ٴسۇتساعمز بوياۋلارى

乳胶体　emulsoid(= emulsion colloid)　　ەمۇلسويد

乳胶微粒　emulsion particle　ەمۇلتسيا ۇساق تۇيىرشىكتەرى

乳胶液　　　　　　　　　　"乳胶体" گە قاراڭىز.

乳腈　lactonitrile　　　　　　　　　لاكتونيتريل

乳酪计　lactoscope　　　　　　　　لاكتوسكوپ

乳酪素　lactin casein　　لاكتين كازەين، ٴسۇت كازەين

乳酪酸　cheese acid　　　　　　كازەين قىشقىلى

乳硫　　　　　　　　　　　"硫黄乳" گە قاراڭىز.

乳酶　　　　　　　　　　　"乳酸酶" گە قاراڭىز.

乳脒　lactamidine　$CH_3CH(OH)C(NH)NH_2$　لاكتاميدين

乳醚　lactolide　　　　　　　　　　لاكتوليد

乳清蛋白　　　　　　　　　"乳白朊" گە قاراڭىز.

乳清酸　orotic acid　$C_5H_6N_2O_5$　　وروتين قىشقىلى

乳球蛋白	lactoglobulin		لاكتوگلوبۇلين
乳球朊			"乳球蛋白" گه قاراڭىز.
乳醛	lactic aldehyde	$CH_3CHOHCHO$	لاكتين الدەگيدتى
乳水	milk water		ءسۇت سۇيى
乳酸	lactic acid	$CH_3CHOHCO_2H$	ءسۇت قىشقىلى
乳酸铵	ammonium lactate		ءسۇت قىشقىل امموني
乳酸钡	barium lactate		ءسۇت قىشقىل باري
乳酸铋	bismuth latate	$Bi(C_3H_5O_3)_3$	ءسۇت قىشقىل بيسمۇت
乳酸苄酯	benzyl lactate	$CH_3CHOHCO_2C_7H_7$	ءسۇت قىشقىل بەنزيل ەستەرى
乳酸丙酯	propyl lactate	$C_2H_4(OH)CO_2C_3H_7$	ءسۇت قىشقىل پروپيل ەستەرى
乳酸丁酯	butyl lactate	$CH_3CHCO_2C_4H_9$	ءسۇت قىشقىل بۇتيل ەستەرى
乳酸－6,9－二氨基－2－2 氧基吖啶			"利凡诺" گه قاراڭىز.
乳酸发酵	lactic acid fermentation		ءسۇت قىشقىلدى اشۋ
乳酸钙	calcium lactate		ءسۇت قىشقىل كالتسي
乳酸酐	lactic acid anhydride	$CH_3(HOCO)_2O$	ءسۇت قىشقىل انگيدريدتى
乳酸杆菌	lactic acid bacteria		ءسۇت قىشقىل باكتەرياسى
乳酸汞	mercury lactate	$Hg(C_3H_5O_3)_2$	ءسۇت قىشقىل سناپ
乳酸甲酯	methyl lactate	$CH_3COCHCO_2CH_3$	ءسۇت قىشقىل مەتيل ەستەرى
乳酸钾	potassium lactate	$KC_3H_5O_3$	ءسۇت قىشقىل كالي
乳酸精	lactacidogen	$C_6H_{11}O_5 \cdot O \cdot PO_3H_2$	لاكتاتسيدوگەن
乳酸菌酶	lactalase		لاكتالازا
乳酸奎尼丁	quinidine lactate		ءسۇت قىشقىل كۇيندين
乳酸锂	lithium lactate		ءسۇت قىشقىل ليتي
乳酸酶	lactase		لاكتازا
乳酸镁	magnesium lactate	$Mg(C_3H_5O_2)_2$	ءسۇت قىشقىل ماگني
乳酸锰	magnesium lactate	$Mn(C_3H_5O_2)_2$	ءسۇت قىشقىل مارگانەتس
乳酸钠	sodium lactate	$NaC_2H_5O_3$	ءسۇت قىشقىل ناتري
乳酸氢糠酯	tetrahydro furfuryl lactate	$CH_3CHOHCO_2CH_2C_4H_7O$	قىشقىل
			ءسۇت قىشقىل فۇرفۇريل ەستەرى
乳酸铁	ironic lactate	$Fe(C_3H_5O_3)_3$	ءسۇت قىشقىل تەمىر
乳酸锑	antimony lactate	$(C_3H_5O_3)_3Sb$	ءسۇت قىشقىل سۇرمە
乳酸锶	strontium lactate	$Sr(C_3H_5O_3)_2$	ءسۇت قىشقىل سترونتسي
乳酸脱氢酶	lactic dehydrogenase		ءسۇت قىشقىل دەگيدرەگەنازا

乳酸系　lactic acid series　$CnH_2nOH \cdot COOH$　ئسۆت قىشقىلى قاتارى

乳酸消旋酶　lactic acid racemase　ئسۆت قىشقىل راتسەمازا

乳酸锌　zinc lactate　$Zn(C_3H_5O_3)_2$　ئسۆت قىشقىل مەرش

乳酸亚铁　ferrous lactate　$Fe(C_3H_5O_2)_2$　ئسۆت قىشقىل شالا توتقان تەمىر

乳酸盐　lactate　ئسۆت قىشقىلنىڭ تۇزدارى

乳酸乙酯　ethyl lactate　$CH_3CHOHCO_2C_2H_5$　ئسۆت قىشقىل ەتيل ەستەرى

乳酸异丙酯　isopropyl lactate　$C_2H_4(OH)CO_2C_3H_7$　ئسۆت قىشقىل يزوپروپيل ەستەرى

乳酸异丁酯　isobutyl lactate　$CH_3CHOHCO_2C_4H_9$　ئسۆت قىشقىل يزوبۇتيل ەستەرى

乳酸银　silver lactate　$AgC_3H_5O_3$　ئسۆت قىشقىل كۇمىس

乳酸原　"乳酸精" گە قاراڭز.

乳酸酯　lactate　ئسۆت قىشقىل ەستەرى

乳糖　lactose　$C_{12}H_{22}O_{11}H_2O$　لاكتوزا

乳糖酶　lactase　لاكتازا

乳糖醛酸　lactobionic acid　لاكتوبيئون قىشقىلى

乳糖酸　"乳糖醛酸" گە قاراڭز.

乳糖脂　galactolipin　گالاكتوليپين

乳铁蛋白　lactaferrin　لاكتوفەررين

乳酰　lactoyl, lactyl　$CH_3CHOHCO-$　لاكتويل، لاكتيل

乳酰胺　lactamid(= lactin amide)　$CH_3CHOHCONH_2$　لاكتاميد، ئسۆت قىشقىل اميد

乳酰(换)乳酸　"双乳酸" گە قاراڭز.

乳酰乳酸　lactyl – lactic acid　$CH_3CHOHCOOCH(CH_3)COOH$　لاكتيل ئسۆت قىشقىلى

乳酰替苯胺　lactanilide　لاكتانيليد

乳酰替乙氧苯胺　"乳肹咛" گە قاراڭز.

乳香　olibanum(= mastic)　وليبان، ماستيك

乳香二烯酮酸　masticadienonic acid　ماستيكا ديەنون قىشقىلى

乳香油　olibanum oil(= mastix oil)　وليبان مايى، ماستيكس مايى

乳香脂　olibano resin　وليباندى سمولا (شايىر)

乳亚胺　"内酰亚胺" گە قاراڭز.

乳液聚合物　emulsion polymer　ەمۇلتسيا پوليمەر

乳脂 milk fat	‹سۈت مايى
乳脂酸	"乳酸" گه قاراڭز.
乳状胶体 liliquoid	‹سۈت ‹تارىزدى كوللويد
乳状液	"乳胶体" گه قاراڭز.
乳浊液	"乳胶体" گه قاراڭز.
乳紫灵 lactaroviolin $C_{15}H_{14}O$	لاكتاروۋىيولين

ruan

软白胶 soft white gum	جۇمساق اق جەلىم
软柏油 soft pitch	جۇمساق قاراماي، جۇمساق اسفالت
软玻璃 soft glass	جۇمساق اينەك (شىنى)
软瓷器 soft porcelain	جۇمساق كارلەن اسپاپ
软肥皂 soft soap	جۇمساق كەر سابىن، كالىلى كەر سابىن
软钢 soft steel	جۇمساق بولات
软骨安 chondrosamine	حوندروزامين
软骨氨酸 chondrosaminic acid	حوندروزامين قىشقىلى
软骨蛋白质 chondroprotein	حوندروپروتەين
软骨碱 chondroine $C_{16}H_{21}O_4N$	حوندروين
软骨胶 chondrin	حوندرين
软骨硫酸粘朊蛋白 chondro mucoid	حوندرومۇكويد
软骨粘朊	"软骨硫酸粘朊蛋白" گه قاراڭز.
软骨宁酸 chondroninic acid	حوندرونين قىشقىلى
软骨生 chondrosin $C_{12}H_{21}O_{11}N$	حوندروزين
软骨生酸 chondrosinic acid	حوندروزين قىشقىلى
软骨素 chondroitin	حوندرويتين
软骨素硫酸 chondroitin sulfuric acid	حوندرويتين كۆكەرت قىشقىلى
软骨素硫酸酶 chondro sulfatase	حوندروسۇلفاتازا
软骨酸 chondroitic acid $C_{18}H_{27}O_{17}NS$	حوندرويت قىشقىلى
软骨糖氨酸	"软骨氨酸" گه قاراڭز.
软骨糖胺 chondrosamine $C_6H_{13}O_5N$	حوندروزامين
软骨酮酸 chondronic acid	حوندرون قىشقىلى
软骨硬朊 chondroalbuminoid	حوندروالبۇمينويد

软骨原	chondrigen	حوندريگەن
软化	soften, softening	جۇمسارۇ، جۇمسارتۇ
软化点	softening point	جۇمسارۇ نۇكتەسى
软化剂	softener, softening agent	جۇمسارتقش اگەنت
软化水	softened water	جۇمساق سۇ، جۇمسارتىلعان سۇ
软化温度	softening temperature	جۇمسارۇ تەمپېراتۇراسى
软化橡胶	softened rubber	جۇمساق كاۋچۇك، جۇمسارتىلعان كاۋچۇك
软钾皂	soft potash soap	جۇمساق كاليلى سابن
软件	soft ware	جۇمساق دەتال
软胶	soft gum	جۇمساق جەلىم
软聚氯乙烯塑料		"捏和橡胶" گە قاراڭىز.
软蜡	soft wax	جۇمساق بالاۋز
软木	soft wood(= cork)	تەعن، پروفكا، پروفكا اعاش
软木醇	suberol $CH_2(CH_2)_5CO$	سۇبەرول
软木焦油	soft wood tar	پروفكا كوكس مايى
软木酸	phellonic acid(cork acid)	فەللون قشقىلى، تەعن قشقىلى
软木酮	suberone $CH_2(CH_2)_5CO$	سۇبەرون
软木烷	suberane	سۇبەران
软木蒸馏	soft wood distillation	پروفكا مەن بۇلاندىرىپ ايداۇ
软木脂	suberin	سۇبەرين
软木片	film	جۇمساق پلاستىينكا
软铅	soft lead	جۇمساق قورعاسن
软生铁	soft cast iron	جۇمساق شوين
软石蜡	soft paraffin	جۇمساق پارافين
软水	soft water	جۇمساق سۇ
软水剂	water softener	سۇ جۇمسارتقش اگەنت
软水器	water softener	سۇ جۇمسارتقش
软铁	soft iron	جۇمساق تەمىر
软纤维	soft fiber	جۇمساق تالشق
软橡皮	soft rubber	جۇمساق رازىنكە
软皂		"软肥皂" گە قاراڭىز.
软脂	soft fat	جۇمساق ماي
软脂精		"棕榈精" گە قاراڭىز.

软脂酸		"棕榈酸" گه قاراڭز.
软脂酸盐		"棕榈酸盐" گه قاراڭز.
朊		"蛋白质" گه قاراڭز.
朊变性 protein denaturation		بەلوكتاڭ وزگەرگىشتىگى
朊酶		"蛋白酶" گه قاراڭز.
朊水解酶 protolytic enzyme		بەلوكتى گيدروليزدەيتىن فەرمەنت
朊塑料		"蛋白质塑料" گه قاراڭز.
朊纤维		"蛋白质纤维" گه قاراڭز.
朊性胺 proteinogenic amnes		بەلوكتىق امىندەر
朊盐 protein salt		پروتەين توزى
朊银		"蛋白银" گه قاراڭز.
朊脂 proteolipid		"蛋白质" گه قاراڭز.
朊重氮		"蛋白质氮" گه قاراڭز.
朊缀化合物 protein－bound compound		بەلوكتاك قوسىلىستار

rui

锐莫－梯曼反应 Reimer－Thiemann reaction		رەيمەن ـ تيمان رەاكسياسى
瑞藏醛 rhizonaldehyde		ريزون الدەگيدتى
瑞藏酸 rhizonic acid $C_{10}H_{12}O_4$		ريزون قىشقىلى
瑞香素 daphnetin OCOCH:CHC$_6$H$_2$(OH)$_2$		دافتەتين

run

润滑剂 lubricant		جۇمسارتقىش اگەنت، مايلاعىش اگەنت
润滑设备 lubrication equipment		مايلاۋ جابدىعى
润滑系统 lubricating system		مايلاۋ جۇيەسى
润滑性质 lubricating property		مايلاۋ قاسيەتى
润滑性质载体 lubricity carriers		مايلاۋ قاسيەتىن تاسۇشى دەنە
润滑液体 lubricating fluid		مايلاۋ سۇيىقتىعى، جاعىن سۇيىقتىق
润滑油 lubricating oil(＝luboil)		جاققى ماي، جاعىن ماي
润滑脂 grease		گرەازە
润滑脂稠度 grease consistency		

گرهازا قويؤلىعى

润滑脂稠度计　grease consistometer　گرهازا قويؤلىعىن ولشهگش

润滑脂弹性　grease elasticity　گرهازاناڭ سەرپىمدىلگى

润滑脂的基　grease base　گرهازاناڭ نەگىزى (قايناری)

润滑脂的抗氧化基　grease antioxidant　گرهازاناڭ انتىتوتىقتىرعىشى

润滑脂的视粘度　grease apparent viscosity　گرهازاناڭ كورىنمەرلىك توتقىرلىعى

润滑脂的添加剂　grease additive　گرهازاناڭ تولىقتىرعىشى

润滑脂滴点　grease dropping point　گرهازانى تامىزۋ نۇكتەسى

润滑脂分类　grease classification　گرهازانى جىكتەۋ، توپقا ايىرۋ

润滑脂分析　grease analysis　گرهازالىق تالداۋ

润滑脂分油　grease bleeding　گرهازاناڭ مايىن ايىرۋ

润滑脂过滤器　grease filter　گرهازا سۇزگىشى

润滑脂染料　grease dye　گرهازا بوياۋلارى

润滑脂性质　grease characteristic　گرهازاناڭ قاسيەتى

润滑脂蒸发损失　grease evaporation loss　گرهازانى بۇلاندىرۋ شعىنى

润滑脂组成　grease composition　گرهازا قۇرامدارى

润滑脂组份混合　grease compounding　گرهازا قۇرامدارىنىڭ ارالاسۋى

润滑值　lubricating value　مايلاۋ ٴمانى

润滑质量　lubricating quality　مايلاۋ ساپاسى

润滑(作用)　lubrication　مايلاۋ، ٴجىبىتۋ، جۇمسارتۋ

润湿　wetting　دىمدانۋ، دىم تارتۋ

润湿剂　wetting agent　دىمداعىش اگەنت

润湿力　wetting powder　دىمدانۋ كۇشى، دىم تارتۋ كۇشى

润湿热　wetting heat　دىمدانۋ جىلۋى

润湿性　wetting quality　دىمدانعىشتىق، دىم تارتقىشتىق

ruo

若丹明　rhodamine　رودامين

若丹明 B　rhodamine B　رودامين B

若丹明 G　rhodamine G　رودامين G

若丹明 6G　rhodamine 6G　رودامين 6G

若杜林蓝　rhoduline blue　رودۇلين كوگى

弱蛋白银　argyrol ئارگىرول

弱电解质　weak electrolyde ئاسىز ھەكتروليد

弱混酸　weak nitrous acid ئاسىز قوسپا قشقىل

弱极性键　weak polar bond ئاسىز پوليارلى بايلانس

弱碱　weak base ئاسىز نەگىزدەر

弱碱性　weak alkaline ئاسىز سىلتىلىك قاسيەت

弱碱性反应　faintly alkaline reaction ئاسىز سىلتىلىك (قاسيەتتى) رەاكسيا

弱键　weak bond ئاسىز بايلانس

弱结合的分子　weak－bonded molecula ئاسىز بايلانسقان مولەكۇلالار

弱苛性碱溶液　weak caustic solution ئاسىز كۆيدۈرگۈش ئسلتى ەرىتىندىسى

弱苛性溶液　weak caustic solution ئاسىز كۆيدۈرگۈش ەرىتىندى

弱棉　pyroxylin كوللوكسيلين

弱酸　weak acid ئاسىز قشقىلدار

弱酸性　faintly acid ئاسىز قشقىلدىق قاسيەت

弱亚硝酸　weak nitrous acid ئاسىز ازوتتى قشقىل

S

sa

撒尔维尔油	sage oil		ساگە مايى
撒尔佛散	salvar san		سالۋارسا
酒剔酸	sativic acid	$C_{18}H_{36}O_6$	ساتيىق قشقىلى
卅醇	myricyl alcohol	$C_{30}H_{61}OH$	ميريتسيل
卅三酸	psyllic acid	$C_{32}H_{65}COOH$	پسيلل قشقىلى
卅烷	triacontane	$CH_3(CH_2)_{28}CH_3$	ترياكونتان
卅烷醇	triacontanol		ترياكونتانول
卅一烷	hentriacontane	$C_{31}H_{64}$	گەنترياكونتان
卅一(烷)酸			"杨梅酸" گە قاراڭز.
脎	osazone		وزازون
萨利比林	salpyrine		سالپيرين
萨罗	salol	$HOC_6H_4CO_2C_6H_5$	سالول
萨罗次膦酸	salophosphinic acid		سالوفوسفين قشقىلى
萨罗汾	salophen	$H_6H_4(OH)COOC_6H_4NH(COCH_3)$	سالوفەن
萨罗考	salocoll	$C_6H_4(OC_2N_5)NHCOCH_2$	سالاكولل
萨罗奎宁	saloquinine	$C_{27}H_{28}O_4N_2$	سالومينين
萨门胶	salmon gum		سالمون جەلمى
萨米定	samidin		ساميدين
萨杷民	sapamine		ساپامين
萨冉树脂	saran		ساران
萨冉纤维	saran		ساران
萨参碱	sarothamnine		ساروتامنين
萨它酸	satavic acid		ساتاۋ قشقىلى
萨贪糖甙	sarotanoside		ساروتانوزيد

sai

塞丹糖　septanose　　　　　　　　　　　　　　　سەپتانوزا

塞洛仿　xeroform　　　　　　　　　　　　　　　كسەروفورم

塞佩克(氮固定)法　serpek process　　سەرپەك (ازوتتى تۇراقتانىرۇ) ئادسى

噻　thia-　　HC:CH·N:CH　　　　　　　　　　　تيا ـ

1,2-噻吖丁啶　1,2-thiazetidine　　CH₂CH₂SNH　　1، 2 ـ تيازەتيدين

噻醇篮 2B　thionol blue 2B　　　　　　　تيونول كوگى 2B

噻丁环　thietane　C₃H₆S　　　　　　　　　　　تيەتان

1,3,2-噻叮丁亭　1,3,2-thiazetine　　CH₂CHSN　　تيازەتين

噻啶　thialdine　(CH₃)₃C₃H₄S₂N　　　　　　　تيالدين

噻吨　thiaxanthen(=thioxanthene)　　　　تيوكسانتەن

噻吨酮　thioxanthon　C₁₃H₈OS　　　　　　　تيوكسانتون

噻噁烷　thioxane　C₄H₈OS　　　　　　　　　تيوكسان

噻蒽　thianthrene　　　　　　　　　　　تيانترەن

噻噁并　thieno-　　　　　　　　　　　　　تيەنو ـ

噻噁并呋喃　thieno furan　　　　　　　　تيەنوفۇران

噻噁并异噻唑　thienoisothiazole　　　تيەنويزوتيازول

噻噁基　thienyl　C₄H₃S-　　　　　　　　　تيەنيل

噻噁酮　thienone　　　　　　　　　　　تيەنون

1,3,4-噻二吖辛因　1,3,4-thiadiazocine　C₅H₅SN₂　1، 3، 4 ـ تياديازوتسين

噻吩　thiophene　(CH)₄S　　　　　　　　تيوفەن

噻吩甲叉　thenylidene　C₄H₃SCH=　　　تەنيليدەن

噻吩甲醇　thenyl alcohol　　　　　　تەنيل سپيرتى

噻吩甲基　thenyl　C₄H₃SCH₂-　　　　　تەنيل

噻吩甲酸　thiophenic acid　　　　　تيوفەن قىشقىلى

噻吩甲酰　thenoyl　SCHCHCHCCO-　　　تەنويل

噻吩甲酰三氟丙酮　thenoyl trifluoroacetone　تەنويل ئۇش فتورلى اتسەتون

噻吩羧酸　thiophene carboxylic acid　C₄H₃SCOOH　تيوفەن كاربوكسيل قىشقىلى

噻吩烷　thiophane　　　　　　　　　تيوفان

噻庚英　thiepin　C₆H₆S　　　　　　　تيەپين

噻呼　　　　　　　　　　　　"噻吨" گە قاراڭىز.

噻黎芦碱　　　　　　　　　　"沙巴定宁" گە قاراڭىز.

噻茂烷 thiolane C_4H_8S		تىيولان
噻喃 thiapyran(＝thiopyran)		تىياپىران، تىيوپىران
α－噻喃 α－thiopyran C_5H_6S		α － تىيوپىران
γ－噻喃 γ－thiopyran		γ － تىيوپىران
噻喃鎓 thiapyrylium		تىياپىرىليۇم
噻喃鎓化合物 thiapyrylium compounds		تىياپىربىليۇم قوسىلمىستارى
噻喃染料 thiazine dye		تىيازىندى بوياۋلار
噻嗪 thiazine C_4H_5NS		تىيازىن
噻嗪基 thiazinyl C_4H_5NS-		تىيازىنىل
噻嗪染料 thiazine dye HC:CH		تىيازىندى بوياۋلار
噻嗪烷 thiazan C_4H_9NS		تىيازان
噻替派 thiotepa(＝thio－TEPA) HC:CH		تىيوتەفا
噻亭 thetine R_2SCH_2COO		تەتىن
噻翁那暗蓝 thional dark blue		تىيونال قارا كوگى
噻茚满 thiaindan		تىيانىدان
噻唑 thiazole C_3H_3NS		تىيازول
噻唑基 thiazolyl		تىيازولىل
噻唑啉 thiazoline		تىيازولىن
噻唑啉基 thiazolinyl C_3H_2NS-		تىيازولىنىل
噻唑啉酮 thiazolinone		تىيازولىنون
噻唑啉(鎓)化合物 thiazolinium compound		تىيازولىنىيۇم قوسىلمىستارى
噻唑染料 thiazole dye		تىيازولدى بوياۋلار
噻唑三唑 thiazoltriazol $C_4H_3N_3S$		تىيازول تىرىيازول
噻唑烷 thiazolidine C_3H_7NS		تىيازولىدىن
噻唑烷并 thiazolidino－		تىيازولىدىنو －
噻唑烷基 thiazolidinyl		تىيازولىدىنىل
噻唑烷酮 thiazolidone		تىيازولىدون
噻唑鎓化合物 thiazolium compounds		تىيازولىيۇم قوسىلمىستارى
噻唑亚胺－[2] rhodime		رودىم
赛庚啶 cyproheptadine		سىپروگەپتادىن
赛劳丁 xyloidin		كسىلويدىن
赛力散 serasan		سەرازان
赛璐玢 cellophane		سەللوفان

赛璐卡因　xylocain　　　　　　　　　　　　كسيلوكاين

赛璐珞　selluloid　　　　　　　　　　　　　سەلليۆلويد

赛珞璇纸　　　　　　　　　　"火棉纸" گه قاراڭز.

赛纶　cellon　　　　　　　　　　　　　　سەللون

赛灭散　semesan　　　　　　　　　　　سەمەزان

san

三　tri‐, ter‐　　　تري ‐ (گرەكشە جانە لاتىنشا)، تەر ‐ (لاتىنشا)، ٴۇش، 3

1,3,5,2‐三吖磷因　1,3,5,2‐triazaphosphorin　　　1، 3، 5، 2 ‐
تريازافوسفورين

三氨基偶氮苯　triaminoazobenzene　NH₂C₆H₄NC₆H₃(NH₂)₂　　تريامينو ازوبەنزول

三氨基三苯甲醇　triamino triphenyl‐carbinol　HOC(C₆H₄NH₂)₃　　تريامينو
تريفەنيل كاربينول

三氨基三苯烷　triamino triphenyl‐methane　(NH₂C₆H₄)₃CH　　تريامينو
تريفەنيل مەتان

2,2′,2″‐三氨基三苯甲烷　　　　"副白苯胺" گه قاراڭز.

三胺硫磷　thiofosyl　　　　　　　　　تيوفوزيل

三孢素　tritisporin　　　　　　　　　تريتيسپورين

三苯胺　triphenylamine　(C₆H₅)₃N　　تريفەنيلامين

三苯铋　　　　　　　　　"三笨基铋" گه قاراڭز.

三苯(代)甲硅烷基　　　　"三笨甲硅烷基" گه قاراڭز.

三苯(代)甲基　　　　　　"三笨甲基" گه قاراڭز.

α‐三苯胍　α‐triphenylguanidine　C₆H₅N:C(CHC₆H₅)₂　　α ‐ تريفەنيل
گۋانيدين

三苯化合物　terphenyl compound　　　تريفەنيل قوسىلىستارى

三苯基　triphenyl　　　　　　　　　تريفەنيل

三苯基胺　　　　　　　　"三笨胺" گه قاراڭز.

1,3,5‐三苯基苯　1,3,5‐triphenyl benzene　(C₆H₅)₃C₆H₃　　1، 3، 5 ‐ تريفەنيل
بەنزول

2,4,6‐三苯基吡啶　　　　"醋吩宁" گه قاراڭز.

三苯基铋　triphenyl bismuth　Bi(C₆H₅)₃　　تريفەنيل بيسمۋت

三苯基醋酸　triphenyl acetic acid　$(C_6H_5)_3CCOOH$　تريفەنيل سىركە قىشقىلى

三苯基丁酸酐　triphenyl‐succinic anhydride　$(C_6H_5)_3C_4HO_3$　اتريفەنيل سۇكتسىن انگيدرىدتى

三苯基噁唑　triphenyl oxazole　$C_6H_5C:C(C_6H_5)OC(C_6H_5)N$　تريفەنيل وكسازول

三苯基甲醇　triphenyl carbinol　$(C_6H_5)_3COH$　تريفەنيل كاربينول

三苯基甲醇甲醚　triphenyl carbinol methyl ether　$(C_6H_5)_3COCH_3$　تريفەنيل ـ كاربينول مەتيل ەفيرى

三苯基甲醇盐　triphenyl methoxide　$(C_6H_5)_3COM$　تريفەنيل كاربينول تۇزى

三苯基铝　triphenyl aluminum　$Al(C_6H_5)_3$　تريفەنيل الۇمين

三苯基氯甲烷　triphenyl chloramethane　$(C_6H_5)_3CCl$　تريفەنيل حلورلى مەتان

2,4,5‐三苯基咪唑　 "洛粉碱" گە قاراڭىز.

2,4,5‐三苯基咪唑啉　amarine　$C_6H_5CHNHC(C_6H_5)CC_6H_5$　امارين

三苯基硼　triphenyl boron　$(C_6H_5)_3B$　تريفەنيل بور

三苯基氢氧化锡　triphenyl tin hydroxide　تريفەتين

三苯基砷化硫　triphenyl‐arsine sulfide　$(C_6H_5)_3As:S$　تريفەنيل ارسينەدى كۇكمرت

三苯基砷化氰溴　triphenyl‐arsine cyanobromide　$(C_6H_5)_3AsBrCN$　تريفەنيل ارسينەدى سيان ـ بروم

三苯基砷　arsenic triphenyl　$As(C_6H_5)_3$　تريفەنيل ارسەن

三苯基四唑(鎓)化氯　triphenyl tetrazolium chloride　تريفەنيل تەترازولىندى حلور

三苯基锑　antimony triphenyl　$Sb(C_6H_5)_3$　تريفەنيل سۇرمە

三苯基脿　triphenyl stibine　$(C_6H_5)_3Sb$　تريفەنيل ستيبين

三苯基溴甲烷　triphenyl bromo methane　$(C_6H_5)_3CBr$　تريفەنيل برومدى مەتان

1,1,2‐三苯基乙烷　1,1,2‐triphenyl ethane　$CH(C_6H_5)_2CH_2(C_6H_5)$　1، 1، 2 ـ تريفەنيل ەتان

三苯甲醇　trityl alcohol　$(C_6H_5)_3COH$　تريفەنيل سپيرت

三苯基硅烷基　triphenyl silyl　$(C_6H_5)_3Si-$　تريفەنيل سيليل

三苯甲基　trityl　تريتيل

三苯甲基化过氧　triphenyl peroxide　$[(C_6H_5)_3CO]_2$　تريفەنيل اسقىن توتىقتار

三苯甲基化作用　tritylation　تريفەنيل مەتيلدەۋ

三苯甲基氯　trityl chlor　$(C_6H_5)_3C\cdot Cl$　تريتيل حلور

三苯甲基镁化氯　trityl magnesium chloride　$MgCl\cdot C(C_6H_5)_3$　تريتيل ماگنيلى حلور

حلور

三苯甲基溴　trityl bromide　$(C_6H_5)_3C \cdot Br$　تريتيل بروم

三苯甲醛缩二氨　tribenzal – diamine　$C_6H_5CH(NCH_6CH_5)_2$　تريبەنزال ديامين

三苯甲烷　triphenyl methane (= tritane)　$(C_6H_5)_3CH$　تريفەنيل مەتان، تريتان

三苯甲烷染料　triphenyl methane dye　تريفەنيل مەتاندى بوياۋچلار

三苯甲烷一羧酸　tritanecarboxylic acid　$(C_6H_5)_2CHC_6H_4COOH$　تريتاندى كاربوكديل قشقىلى

三苯甲游基　triphenyl methyl　تريفەنيل مەتيل

三苯精　tribenzoin　$(C_6H_5CO_2)_3C_3H_5$　تريبەنزوين

三苯肼　triphenyl hydrazine　$(C_6H_5)_2NNHC_6H_5$　تريفەنيل گيدرازين

三苯膦　triphenyl phosphine　$(C_6H_5)_3P$　تريفەنيل فوسفين

三苯蔷薇苯胺化硫酸　triphenylrosaniline sulfate　$(C_{38}H_{32}N_3)_2SO_4$　تريفەنيل روزانيلىندى كۆكىرت قشقىلى

三苯取氯硅　triphenylchlorosilicane　$(C_6H_5)_3SiCl$　تريفەنيل حلورلى كرەمنى

三苯胂　triphenylarsine　$(C_6H_5)_3As$　تريفەنيل ارسين

三苯䏶　تريفەنيل “三苯锑” گە قاراڭىز.

三苯锑　triphenyl antimony　تريفەنيل سۆرمە

三苯锡化氯　triphenyltin chloride　$(C_6H_5)_3SnCl$　تريفەنيل قالايلى حلور

三苯酰胺　tribenzamide　$(C_6H_5CO)_3N$　تريبەنز اميد

三苯酰基胺　“三苯酰胺” گە قاراڭىز.

三苯酰甲烷　tribenzoylmethane　تريبەنزويل مەتان

三苯乙酸　tripheylacetic acid　$(C_6H_5)_3CCOOH$　تريفەنيل سىركە قشقىلى

三苯乙烯　triphenyl ethylene　تريفەنيل ەتيلەن

三苯锗基锂　germanyl – lithium triphenyl　تريفەنيل گەرمانيل ليتى

三吡咯　tripyrrole　تريپيررول

三蓖麻精　triricinoleidin　تريريتسينولەيدين

三苄胺　tribenzylamine　$(C_6H_5CH_2)_3N$　تريبەنزيلامين

三苄基苯　tribenzyl – benzene　$C_{27}H_{18}$　تريبەنزيل بەنزول

三苄取氯硅　tribenzyl chlorosilicane　$(C_7H_7)_3SiaCl$　تريبەنزيل حلورلى كرەمنى

三苄锡化氯　tribenzyltin chloride　$(C_6H_5CH_2)_3SnCl$　تريبەنزيل قالايلى حلور

三变物系　trivariant system　ئۇش ۋاريانتتىق جۇيە

三丙胺　tripropylamine　$(C_2H_5CH_2)_3N$　تريپروپيلامين

三丙醇胺　tripropanolamine　$N(CH_2CHOHCH_3)_3$　تريپروپانولامين

三丙基　tripropyl　(CH₃CH₂CH₂)₃　　　　　　　تریپروپیىل

三丙基甲醇　　　　　　　4 – 丙基庚醇 – [4]" گه قاراڭىز.

三丙硼　tripropyl boron　(C₃H₇)₃B　　　　تریپروپیىل بور

三丙酮胺　triacetonamine　C₉H₁₇ON　　　تریاتسەتونامین

三丙酮二胺　triacetonediamine　C₉H₂₀N₂O　ئۇش اتسەتوندى ديامين

三丙氧基甲硅烷　tripropoxy – silicane　(C₃H₇O)₃SiH　تریپروپوكسیل سیلیكان

三丙氧基铝　alumininum propoxide　Al(C₃H₇O)₃　تریپروپوكسیل ئالۇمین

三丙氧基硼　tripropoxy – boron　B(OC₃H₇)₃　تریپروپوكسیل بور

三草酸根络铁酸盐　trioxalatoferriate　ئۇش قمىزدىق قشقىل قالدععنىدق
تەمىر قشقىلىنىڭ تۇزدارى

三层的　trilaminar　　　　ئۇش قاباتتى

三重线　triplet　　　　ۇشەم سىزىقتار

三溴氧化苯　benzene triozonide　　ئۇش ۇزوندى بەنزول

三醇　– triol　　　　　تریول

三次甲基三硝基胺　cyclonite(＝RDX)　سیكلونیت

三醋精　triacetin　(CH₃CO₂)₃C₃H₅　تىرباتسەتین

三醋酸纤维素　cellulose triacetate　ئۇش سىركە قشقىلدى سەللیۇلوزا

三醋酸酯　triacetate　[C₆H₇O₂(OCOCH₃)₃]n　ئۇش سىركە قشقىل ەستەرى

三代的　trisubstituted　　ۇشىنشىلىكتى

三代甲醇　trisubstituted carbinol　ۇشىنشىلىكتى كاتبینۇل

三代磷酸钙　tertiary calcium phosphate　Ca₃(PO₄)₂　تەرتیاري فوسفور قشقىل
كالتسي

三代磷酸锶　strontium phosphate, tertiary　تەرتیاري فوسفور قشقىل
ستروننتسي

三代磷酸盐　phosphate, tertiary　تەرتیاري فوسفور قشقىلىنىڭ تۇزدارى

三代胂酸盐　tertiary arsenate　M₃AsO₄　تەرتیاري ارسەن قشقىلىنىڭ تۇزدارى

1,2,3 – 三氮苯　　　　"连三嗪" گه قاراڭىز.

1,2,4 – 三氮苯　　　　"偏三嗪" گه قاراڭىز.

1,3,5 – 三氮苯　　　　"均三嗪" گه قاراڭىز.

三氧化铯　cesium trinitride　Cs[N₃]　ئۇش ازوتتى سەزي

1,2,3 – 三氮茂　1,2,3 – triazole　1، 2، 3 ـ تریازول

1,2,4 – 三氮茂　　　　"1,2,4 – 三唑" گه قاراڭىز.

1,2,5 – 三氮茂

	"1,2,5 – 三唑" گه قاراڭـز.
1,3,5 – 三氮茂	"1,3,4 – 三唑" گه قاراڭـز.
1,2,3 – 三氮萘	"1,2,3 – 苯并三嗪" گه قاراڭـز.
1,6,7 – 三氮萘	"1,6,7 – 吡啶并达嗪" گه قاراڭـز.
三氮烷 triazane NH₂NHNH₂	تريازان
三氮烯 triazene NH₂N:NH	تريازەن
三氮烯撑	"叠氮撑" گه قاراڭـز.
三氮烯基 triazeno – H₂NN:N –	تريازەنو –
三氮烯纸 triazene paper	تريازەندى قاغاز
1,2,3, – 三氮茚	"1,2,3 – 苯并三唑" گه قاراڭـز.
三氮杂苯	"三嗪" گه قاراڭـز.
三氮杂苯基	"三嗪基" گه قاراڭـز.
三氮杂茂	"三唑" گه قاراڭـز.
1,2,3 – 三氮杂茂	"1,2,3 – 三唑" گه قاراڭـز.
1,2,4 – 三氮杂茂	"1,2,4 – 三唑" گه قاراڭـز.
1,2,5 – 三氮杂茂	"顶三唑" گه قاراڭـز.
三氮(杂)茂基	"三唑基" گه قاراڭـز.
三氮杂茂萘 triazanaphthalene	ئۇش ازوتتى نافتالين
三氮杂茂环基	"三唑烷基" گه قاراڭـز.
1,2,3 – 三氮杂茚 1,2,3 – benzotriazol C₆H₄N₃H	1، 2 ،3 – بەنزوتريازول
1,2,3 – 三碘苯 1,2,3 – triiodobenzene I₃C₆H₃	1، 2 ،3 – ئۇش يودتى بەنزول
2,4,6 – 三碘苯胺 2,4,6 – triiodoaniline C₆H₂I₃NH₂	2، 4 ،6 – ئۇش يودتى انيلين
三碘苯酚 triiodophenol I₃C₆H₂OH	ئۇش يودتى فەنول
2,4,6 – 三碘苯酚 2,4,6 – triiodophenol I₃C₆H₂OH	2، 4 ،6 – ئۇش يودتى فەنول
2,3,5 – 三碘苯甲酸 2,3,5 – triiodo benzoic acid I₃C₆H₂COOH	2، 3 ،5 – ئۇش يودتى بەنزوي قىشقىلى
三碘醋酸 triiodo acetic acid I₃CCOOH	ئۇش يودتى سىركە قىشقىلى
三碘代笨 triiodobenzene CH₃I₃	ئۇش يودتى بەنزول
三碘代醚 triiodo ether	ئۇش يودتى ەفير
三碘代酯 triiodo ester	

ئۇش يودتى ھەستەر

三碘化 的　triiodated　　ئۇش يودتى، ئۇش يودتانعان

三碘化铬　chromic iodide　CrI_3　　ئۇش يودتى حروم

三碘化合物　triiodo compound　　ئۇش يودتى قوسۇلمىستار

三碘化镓　gallium triiodide　　ئۇش يودتى گاللي

三碘化磷　phosphorus triiodide　PI_3　　ئۇش يودتى فوسفور

三碘化铝　aluminium triiodide　AlI_3　　ئۇش يودتى الۇمين

三碘化铯　cesium triiodide　CsI_3　　ئۇش يودتى سەزي

三碘化砷　arsenic triiodide　AsI_3　　ئۇش يودتى ارسەن

三碘化铈　cerium triiodide　CeI_3　　ئۇش يودتى سەري

三碘化铊　thallium triiodide　TlI_3　　ئۇش يودتى تاللي

三碘化钛　titanium triiodide　TiI_3　　ئۇش يودتى تيتان

三碘化锑　antimony triiodide　SbI_3　　ئۇش يودتى سۇرمە

三碘化物　triiodide　　ئۇش يودتىلار، ئۇش يودتى قوسۇلمىستار

三碘化铟　indium triiodide　InI_3　　ئۇش يودتى يندي

三碘甲硅烷　　"硅碘仿" گە قاراڭز.

三碘甲烷　triiodomethane　HCl_3　　ئۇش يودتى مەتان

三碘甲腺原氨酸　tritodo thyronine　(T_3)　　ئۇش يودتى تريونين

三碘乙酸　　"三碘醋酸" گە قاراڭز.

1,1,1－三碘乙烷　1,1,1－triiodo ethene　CH_3Cl_3　　ئۇش يودتى ەتان

三碘乙酰氟　triiodo－acetic fluoride　$CI_3 \cdot COF$　　ئۇش يودتى اتسەتيل فتور

三碘乙酰氯　triiodo－acetyl chloride　$CI_3 \cdot COCl$　　ئۇش يودتى اتسەتيل حلور

三电子键　three－electron bond　　ئۇش ەلەكتروندىق بايلانىس

三叠　triassic　　تريئاس

三叠酸　triassic acid　　تريئاس قىشقىلى

三丁胺　tributyl amin　$(C_4H_9)_3N$　　تريبۇتيلامين

三丁基甲醇　tributyl carbinol　$(C_4H_9)_3COH$　　تريبۇتيل كاربينول

三丁精　tributyrin　$(C_3H_7CO_2)_3C_3H_5$　　تريبۇتيرين

三丁精酶　tributyrinase　　تريبۇترينازا

三丁酸甘油酯　　"三丁精" گە قاراڭز.

三丁酸甘油酯酶　　"三丁精酶" گە قاراڭز.

三丁氧基铝　　"丁醇铝" گە قاراڭز.

三丁氧基硼　tributoxy－boron　$B(OC_4H_9)_3$

تريبۇتوكسي بور

三度的		"三维的" گە قاراڭز.
三度结构		"三维结构" گە قاراڭز.
三对节酸 serretagenic acid		سەررەتاگەن قشىقلى
三噁 trioxa –		تريوكسا ـ
三噁烷 trioxan(e) $(CH_2O)_3$		تريوكسان
三噁英 trioxin		تريوكسين
三噁唑 trioazole CHO_3N		تريوازول
1,2,3,4 – 三噁唑 1,2,3,4 – trioxazole CHO_3N		1، 2، 3، 4 ـ تريوكسازول
三芳基的 triacrylated		ترياكريلاتتى
三芳基胂化二氢氧 triacryl – arsino dihydroxide $R_3As(OH)_2$		ترياكريلاتتى ـ ارسيندى ەكى توتنق گيدراتى
三方结晶 trigonal crystal		تريگونال كريستال
三方晶系 trigonal system		تريگونال جۇيەسى
三分子的 trimolecular		ٴۇش مولەكۇلالى
三分子反应 trimolecular reaction		ٴۇش مولەكۇلالىق رەاكسيالار
三分子碰撞 triple collision		ٴۇش مولەكۇلالىق سوقتىعىسۋ
三分子水 trihydrol		ٴۇش مولەكۇلالى سۋ
2,4,5 – 三呋喃基咪唑		"糠醛碱" گە قاراڭز.
三氟醋酸 trifluoro acetic acid CF_3COOH		ٴۇش فتورلى سىركە قشىقلى
三氟醋酸乙酯 ethyl trifluoro acetate $CF_3COOC_2H_5$		ٴۇش فتورلى سىركە قشىقلى ەتيل ەستەرى
三氟代苯 trifluoro – benzene $C_6H_3F_3$		ٴۇش فتورلى بەنزول
三氟代醚 trifluoro ether		ٴۇش فتورلى ەفير
三氟代酯 trifluoro ester		ٴۇش فتورلى ەستەر
三氟化的 trifluorated		ٴۇش فتورلى
三氟化钒 vanadium trifluoride VF_3		ٴۇش فتورلى ۆانادي
三氟化铬 chromium trifluoride CrF_3		ٴۇش فتورلى حروم
三氟化钴 cobaltic fluoride CoF_3		ٴۇش فتورلى كوبالت
三氟化合物 trifluoro – compound		ٴۇش فتورلى قوسىلمستار
三氟化磷 phosphorus trifluoride PF_3		ٴۇش فتورلى فوسفور
三氟化硼 boron trifluoride BF_3		ٴۇش فتورلى بور
三氟化砷 arsenous fluoride AsF_3		ٴۇش فتورلى ارسەن

三氟化铈　cerous fluoride　CeF₃　　　ئۇش فتورلى سەري

三氟化铊　thallium trifluoride　TlF₃　　ئۇش فتورلى تاللى

三氟化钛　titanium trifluoride　TiF₃　　ئۇش فتورلى تيتان

三氟化锑　antimony trifluoride　SbF₃　　ئۇش فتورلى سۇرمە

三氟化钨　tugsten trifluoride　WF₃　　ئۇش فتورلى ۋولفرام

三氟化物　trifluoride　ئۇش فتورلى قوسلىستار، ئۇش فتوريدتەر

三氟化氧钒　"三氟氧化钒" گە قاراڭز.

三氟化铟　indium trifluoride　InF₃　　ئۇش فتورلى يندي

三氟甲烷　trifluon methane　CHF₃　　ئۇش فتورلى مەتان

三氟硫化磷　phosphorus sulfofluoride　SPF₃　ئۇش فتورلى كۇكمرتتى فوسفور

1,2,2－三氟－1－氯乙烷　1,2,2－trifluoro－1－chloroethane　F₂CHCHFCl

1، 2، 2، ـ ئۇش فتورلى ـ 1 ـ حلورلى ەتان

三氟氯乙烯　trifluorochloroethylene　ئۇش فتورلى ـ حلورلى ەتيلەن

三氟氧化钒　vanadium oxytrifluoride　VOF₃　ئۇش فتورلى وتەكتى ۋانادي

三氟氧化磷　phosphoru oxyfluoride　POF₃　ئۇش فتورلى وتەكتى فوسفور

三氟氧化铌　niobium oxytrifluoride　NbOF₃　ئۇش فتورلى وتەكتى نيوبي

三氟乙酸　"三氟醋酸" گە قاراڭز.

三氟乙酰氟　trifluoro－acetic fluoride　CF₃·COF　ئۇش فتورلى اتسەتيل فتور

三氟乙酰氯　trifluoro－acetic chloride　CF₃·COCl　ئۇش فتورلى اتسەتيل حلور

三钙蔗糖　tricalcium saccharide　ئۇش كالتسيلى ساحارد

三甘氨酰甘氨酸　triglycylglycine　NH₂(CH₂CONH)₃CH₂CO₂H　ئۇش گليتسيل
گليتسين

三甘醇　tri ethylene－glycol　(HOCH₂CH₂OCH₂)₂　ئۇش ەتيلەندى سپيرت

三甘醇二醋酸酯　triethylene－glycol diacetate　(CH₃CO₂CH₂CH₂OCH₂)₂　ئۇش
ەتيلەندى سپيرت ەكى سركە قشقىل ەستەرى

三个苯胺基　trianilino－　تريانيلينو ـ

三个苯甲基胺　"三苄胺" گە قاراڭز.

三个对羟苯基甲烷　"白金精" گە قاراڭز.

三个羟丙基胺　"三丙醇胺" گە قاراڭز.

三个羟甲基甲胺　trihydroxymethylaminomethane　H₂NC(CH₂OH)₃
تريگيدروكسيل مەتيل امينو مەتان

三个羟乙基胺　"三乙醇胺" گە قاراڭز.

三个旋性戊基胺　tri－active amilamine　[C₂H₅CH(CH₃)CH₂]₃N

ٴۇش اكتيۆتىك اميلامين

三个一组 triad ارىد، ٴۇش ٴبىر گرۋپپا

三铬酸盐 trichromate $M_2Cr_3O_{10}$ ٴۇش حروم قىشقىلىنىڭ تۇزى

三庚精 triheptin تريگەپتين

三光气 triphosgene تريفوسگەن

三癸精 tricaprin تريكاپرين

三过氧铬酸 triperchromic acid H_3CrO_8 ٴۇش اسقىن حروم قىشقىلى

三号橙 orange Ⅲ (= methyl orange) قىزعىلت سارى Ⅲ، مەتيل قىزعىلت سارى

三核的 trinuclear ٴۇش يادرولى، ٴۇش ساقينالى

三核染料 trinuclear dye ٴۇش يادرولى بوياۋلار

三花生精 triarachidin $(C_{19}H_{39}CO_2)_3C_3H_5$ ترياراحيدين

三环的 tricyclic ٴۇش ساقينالى

三环芳香化合物 tricyclic aromatics ٴۇش ساقينالى اروماتتى قوسىلىستار

三环核 tricyclic ring ٴۇش ساقينالى رادرو

三环化合物 tricyclic compound ٴۇش ساقينالى قوسىلىستار

三环环烷 tricyclic naphthenes ٴۇش ساقينالى نافتەندەر

三环萜 tricyclene $C_{10}H_{16}$ تريسيكلەن

三环烃 tricyclic hydrocarbon ٴۇش ساقينالى كومىر سۋتەكتەر

三环烯 "三环萜" گە قاراڭىز.

三环[3,2,1,$0^{2,4}$]辛烷 tricyclo [3,2,1,$0^{2,4}$] octane C_8H_{12} ٴۇش ساقينالى [3,2,1,$0^{2,4}$] وكتان

三磺酸 trisulfonic acid $R\cdot(SO_3H)_3$ ٴۇش سۋلفون قىشقىلى

三磺酸盐 trisulfonate $R\cdot(SO_3M)_3$ ٴۇش سۋلفون قىشقىلىنىڭ تۇزدارى

三级醇 three - alcohol ۇشىنشىلىكتى سپيرتتەر

三级反应 third order reaction ۇشىنشىلىكتى رەاكسيالار

三级汽油 third - grade gasoline ٴۇشىنشى دارەجەلى بەنزين

三级压缩机 three stage compressor 3 ـ رەتتىك قىسۋ ماشيناسى

三级蒸馏 three stage distillation 3 ـ رەتتىك بۋلاندىرىپ ايداۋ ماشيناسى

三己胺 trihexylamine $(C_6H_{13})_3N$ تريگەكسيلامين

三己基萘 trihexyl naphthalene $C_{28}H_{44}$ تريگەكسيل نافتالين

三己精 tricapeoin $(C_5H_{11}COO)_3C_3H_5$ تريكاپروين

三甲胺化氧　trimethyl－amine oxide　(CH₃)₃N　ترىمەتىيل امىن توتمعى

三甲胺乙内酯　"甜菜碱" گە قاراڭمز.

三甲胺　trimethylamine(＝secaline)　(CH₃)₃N　ترىمەتىيلامىن

三甲胺化盐酸　trimethylamine hydrochloride　(CH₃)₃NHCl　ترىمەتىيلامىندى توز قشقملى

三甲胺氧化酶　trimethylamine oxidase　ترىمەتىيلامىندى وكسىدازا

1,2,3－三甲苯　1,2,3－trimethyl benzene(＝hemimellitene)　(CH₃)₃C₆H₂　1، 2، 3 ـ ترىمەتىيل بەنزول

1,2,4－三甲苯　1,2,4－trimethylbenzene　C₆H₃(CH₃)₃　1، 2، 3 ـ تـرىـمـەتـيـل انىلىن

2,4,5－三甲苯胺　2,4,5－trimethyl aniline　(CH₃)₃C₆H₂NH₂　2، 4، 5 ـ ترىمەتىيل انىلىن

2,4,5－三甲苯胺基　2,4,5－trimethyl anilino－　2، 4، 5 ـ ترىمەتىيل انىلىنو ـ

2,4,6－三甲苯胺基　2,4,6－trimethyl anilino－　2، 4، 6 ـ ترىمەتىيل انىلىنو ـ

2,4,5－三甲苯酚　2,4,5－trimethyl phenol　(CH₃)₃C₆H₂OH　2، 4، 5 ـ ترىمەتىيل فەنول

2,4,6－三甲苯酚　2,4,6－trimethyl phenol　(CH₃)₃C₆H₂OH　2، 4، 6 ـ ترىمەتىيل فەنول

2,3,5－三甲苯基　2,3,5－trimethyl phenyl　2، 3، 5 ـ ترىمەتىيل فەنول

2,3,6－三甲苯基　2,3,6－trimethyl phenyl　2، 3، 6 ـ ترىمەتىيل فەنول

2,4,6－三甲苯基　2,4,6－trimethyl phenyl　2، 4، 6 ـ ترىمەتىيل فەنول

2,3,4－三甲苯酸－[1]　"2,3,4－连三甲苯酸" گە قاراڭمز.

三甲铋　bismuth trimethyl　(CH₃)₃Bi　ترىمەتىيل بىسمۇت

三甲撑　trimethylene　－C₃H₆－　ترىمەتىيلەن

三甲撑二醇　trimethylene glycol　HOCH₂CH₂CH₂OH　ترىمەتىيل گلىكول

三甲撑三硝基胺　trimethylene－trinitramine　ترىمەتىيلەندى ترىنتىرامىن

三甲酚　tricresol(＝timethyl phenol)　ترىكرەزول

三甲硅烷代硅基　disilyl disilanyl　(CH₃Si)₃Si－　دىسىلىل دىسىلانىل

三甲基　trimethyl　ترىمەتىيل

三甲基铵内酯　"内铵盐" گە قاراڭمز.

三甲基棓酰叠氮　trimethyl galloyl azide　ترىمەتىيل گاللويل ازىد

1,2,3－三甲基笨　1,2,3－trimethyl benzene　(CH₃)₃C₆H₃　1، 2، 3 ـ ترىمەتىيل بەنزول

1,2,4 – 三甲基笨　1,2,4 – trimethyl benzene　۱، ۲، ٤ ـ ترينيترول بەنزول

1,3,5 – 三甲基笨　1,3,5 – trimethyl benzene　C_9H_{12}　۱، ۳، ٥ ـ ترينيترول بەنزول

2,4,5 – 三甲基笨胺　2,4,5 – trimethylaniline　$(CH_3)_3C_6H_2NH_2$　۲، ٤، ٥ ـ ترينيترول انيلين

2,4,6 – 三甲基笨胺　2,4,6 – trimethylaniline　$(CH_3)_3C_6H_2NH_2$　۲، ٤، ٦ ـ ترينيترول انيلين

三甲基笨酚　"假枯茗醇" گە قاراڭىز.

2,4,6 – 三甲基笨酚　" ۲،٤،٦ – 三甲苯酚 " گە قاراڭىز.

2,4,5 – 三甲基笨甲酸　"枯基酸" گە قاراڭىز.

3,4,5 – 三甲基笨醛　3,4,5 – trimethylbenzaldehyde　$C_6H_4(CH_3)_3CHO$　۳، ٤، ٥ ـ ترينيترول بەنزالدەگيتى

2,3,4 – 三甲基笨酸　2,3,4 – trimethylbenzoic acid　$(CH_3)_3C_6H_2COOH$　۲، ٣، ٤ ـ ترينيترول بەنزوي قىشقىلى

2,4,5 – 三甲基苯酸　durilic acid　$(CH_3)_2C_6H_2COOH$　دۇريل قىشقىلى

2,4,6 – 三甲基苯乙酮　2,4,6 – trimethylacetophenone　$(CH_3)_3C_6H_2COCH_3$　۲، ٤، ٦ ـ ترينيتول اتسەتوفەنون

2,3,4 – 三甲基吡啶　2,3,4 – trimethyl pyridine　۲، ٣، ٤ ـ ترينيترول پيريدىن

三甲基醋酸　trimethylacetic acid　ترينيترو سىركە قىشقىلى

三甲基醋酸甲酯　methyl trimethyl acetate　$(CH_3)_2CCO_2·COOH$　ترينيترو سىركە قىشقىل مەتيل ەستەرى

三甲基丁二酸　trimethyl succinic acid　$COOH·CH(CH_3)·C(CH_3)_2·COOH$　ترينيترو سۆكتسين قىشقىلى

2,2,3 – 三甲基丁烷　2,2,3 – triptane　تريپتان

2,3,3 – 三甲基丁烷烯 – [1]　2,3,3 – trimethyl butene – [1]　$(CH_3)_3CC(CH_3)CH_2$　۲، ٣، ٣ ـ ترينيترو بۇتەن ـ [1]

2,4,6 – 三甲基噁英鎓　2,4,6 – trimethyl pyrylium perchlorate　۲، ٤، ٦ ـ تريمەتيل اسقىن حلور قىشقىل پيريليۇم

2,4,6 – 三甲基噁英鎓高氯酸盐　2,4,6 – trimethylpyrylium chlorate　۲، ٤، ٦ ـ تريمەتيل اسقىن حلور قىشقىل پيريليۇم تۇزى

三甲基甲烷　trimethyl methane　تريمەتيل مەتان

三甲基金属　trimethid　$M(CH_3)_3$　تريمەتيلدى مەتال

3,5,5 – 三甲基环己烯 – [2] – 酮 – [1]　3,5,5 – trimethylcyclohexan – [2] – [1]

3、5、5 ـ تريمەتيل ساقينالى گەكسەن ـ [2] ـ ون ـ [1]

2,3,4－三甲基喹啉　2,3,4－trimethyl quinoline　تريمەتيل حينولين ـ 4، 3، 2

三甲基膦　trimethyl phosphine　(CH₃)P　تريمەتيل فوسفين

三甲基铝　trimethyl aluminium　Al(CH₃)₃　تريمەتيل الۇمين

三甲基脲　trimethyl－urea　CH₃NHCON(CH₃)₂　تريمەتيل ۋرەا

三甲基尿酸　trimethyl－uric acid　C₅HN₄O₃(CH₃)₃　تريمەتيل نەسەپ قىشقىلى

三甲基硼　trimethyl borine (borone)　B(CH₃)₃　تريمەتيل بور

三甲基葡萄糖　trimethyl glucose　تريمەتيل گليۆكوزا

三甲基砷　arsenic trimethyl　As(CH₃)₃　تريمەتيل ارسەن

三甲基胂氧　trimethylarsinoxide　(CH₃)₃AsO　تريمەتيل ارسين توتعى

2,2,3－三甲基－3－羰基戊二酸　“樟脑酮酸” گە قاراڭز.

三甲基锑　trimethyl antimony　Sb(CH₃)₃　تريمەتيل سۇرمە

2,4,4－三甲基戊醇－[2]　2,4,4－trimethyl pentanol－[2]
(CH₃)₃CCH₂C(OH)(CH₃)₂－　[2] ـ تريمەتيل پەنتانول ـ 4، 4، 2

2,2,4－三甲基戊酮－[3]　“异丙基. 特丁基甲酮” گە قاراڭز.

2,2,3－三甲基戊烷　2,2,3－trimethyl－pentane　(CH₃)₃CCH(CH₃)C₂H₅　تريمەتيل پەنتان ـ 3، 2، 2

2,2,4－三甲基戊烷　“纯异辛烷” گە قاراڭز.

2,3,3－三甲基戊烯－[1]　2,3,3－trimethyl－pentene－[1]
C₂H₅C(CH₃)₂C(CH₃)CH₂　[1] ـ تريمەتيل پەنتەن ـ 3، 3، 2

三甲基锡　tin－trimethyl　تريمەتيل قالايى

三甲基锡化氢　trimethyl tin hydride　Sn(CH₃)₃H　تريمەتيل قالايى سۇتەك

三甲基锡化氢氧　trimethyl tin hydroxide　Sn(OH)(CH₃)₃　تريمەتيل قالايى توتعىنناڭ گيدراتى

三甲基锡化溴　trimethyl tin bromide　SnBr(CH₃)₃　تريمەتيل قالايى بروم

三甲基锡基　tin trimethyl radical　تريمەتيل قالايى راديكالى

三甲基锡游基　“三甲基锡基” گە قاراڭز.

三甲基乙腈　trimethylacetonitrile　(CH₃)₃CCN　تريمەتيل اتسەتونيتريل

三甲基乙内铵盐　trimethyl－a－propiobetaine　تريمەتيل ـ a ـ پروپيوپەتايل

三甲基乙醛　trimethylacetaldehyde　(CH₃)₃CCHO　تريمەتيل سەركە الدەگيتى

三甲基乙醛肟　trimethylacetaldoxime　(CH₃)₃CCH:NOH　تريمەتيل سەركە الدوكسيم

三甲基乙酸	"三甲基醋酸" گه قاراڭمز.
三甲基乙酮醇 trimethylketol CH₃COC(OH)(CH₃)₂	تريمەتيل كەتول
三甲基乙烯 trimethyl‐ethylene (CH₃)₂C:CH₂	تريمەتيل ەتيلەن
三甲基乙酰	"特戊酰" گه قاراڭمز.
三甲基乙酰氯	"特戊酰氯" گه قاراڭمز.
三甲精 trifermin C₃H₅(HCO₂)₃	تريفورمين
三甲灵 trimethylin C₃H₅(OCH₃)₃	تريمەتيلين
三甲羟替乙烯胺	"神经碱" گه قاراڭمز.
三甲取氯硅 trimethylchloro‐silicane (CH₃)₃SiCl	تريمەتيل حلورلى سيليكان
三甲醛 trioxin	تريوكسين
三甲胂 trimethylarsine (CH₃)₃As	تريمەتيل ارسين
三甲胂化二溴 trimethylarsine dibromide (CH₃)AsBr	ەكى برومدى تريمەتيل ارسين
三甲铊 thallium methyl Tl(CH₃)₃	تريمەتيل تاللي
三甲脒 Sb(CH₃)₃	"三甲基锑" گه قاراڭمز.
三甲锡(基)	"三甲基锡基" گه قاراڭمز.
三甲氧苯基 2,4,5‐trimethoxy phenyl	تريمەتوكسي فەنيل
2,4,5‐三甲氧苯基 2,4,5‐trimethoxyphenyl (CH₃O)₆C₆H₂‐	2، 4، 5 ـ تريمەتوكسي فەنيل
2,4,5‐三甲氧笨基丙烯	"细辛脑" گه قاراڭمز.
2,4,5‐三甲氧基苯甲醛	"细辛醛" گه قاراڭمز.
2,4,5‐三甲氧基苯甲酸	"细辛酸" گه قاراڭمز.
2,3,4‐三甲氧基酸 2,3,4‐trimethoxybenzoic acid (CH₃O)C₆H₂COOH	2، 3، 4 ـ تريمەتوكسي بەنزوي
三甲氧基铝 aluminium methoxide Al(OCH₃)₃	تريمەتوكسي الؤمين
三甲氧基硼 trimethoxy‐boron B(OCH₃)₃	تريمەتوكسي بور
三价 trivalence	ؤش ۋالەنت، ؤش ۋالەنتتى
三价苯基 phenenyl C₆H₃≡	فەنەنيل
三价铋的 bismuthous	ؤش ۋالەنتتى بيسمؤت
三价铋化合物 bismuthous componud	ؤش ۋالەنتتى بيسمؤت قوسىلىستارى
三价醇 trivalent alcohol	ؤش ۋالەنتتى سپيرت

三价氮基 nitrilo— N≡	نیتریلو ـ
三价碘 iodonium	ئۇش ۋالەنتتى يود
三价铬 chromic	ئۇش ۋالەنتتى حروم
三价根 trivalent radical	ئۇش ۋالەنتتى راديكال (قالدىق)
三价钴的 cabaltic	ئۇش ۋالەنتتى كوبالت
三价基 trivalent radical	ئۇش ۋالەنتتى راديكال
三价碱 triatomic base	ئۇش ۋالەنتتى نەگىز
三价金的 auric Au≡	ئۇش ۋالەنتتى التىن
三价金基 auri Au≡	ئۇش ۋالەنتتى التىن راديكالى
三价磷酸	"بەي لينسۇان" گە قاراڭىز.
三价膦的 phosphorous	ئۇش ۋالەنتتى فوسفور
三价锰的 manganic	ئۇش ۋالەنتتى مارگانەتس
三价锰化合物 mangannic compound	ئۇش ۋالەنتتى مارگانەتس قوسۇلمىستارى
三价钼的 molybdenic	ئۇش ۋالەنتتى موليبدەن (مۇنداق تۇزدارىن مەڭزەيدى)
三价钼化合物 molybdic compound	ئۇش ۋالەنتتى موليبدەن قوسۇلمىستارى
三价铌 niobious	ئۇش ۋالەنتتى نيوبي
三价铌化合物 niobious compound	ئۇش ۋالەنتتى نيوبي قوسۇلمىستارى
三价镍 nickelic	ئۇش ۋالەنتتى نيكەل
三价羟基 trivalent hydrocarbon radical	ئۇش ۋالەنتتى گيدروكسيل
三价钐 samaric	ئۇش ۋالەنتتى سامارى
三价砷 arsenous	ئۇش ۋالەنتتى ارسەن
三价铈的 cerous	ئۇش ۋالەنتتى سەري
三价酸 triatomic acid	ئۇش ۋالەنتتى اتومدى قىشقىل
三价铊 thallic	ئۇش ۋالەنتتى تاللي
三价钛 titanous	ئۇش ۋالەنتتى تيتان
三价钽的 tantalous	ئۇش ۋالەنتتى تانتال
三价碳假说 trivalent carbon hypothesis	ئۇش ۋالەنتتى كومىرتەك گيپوتەزاسى
三价锑的 antimonous	ئۇش ۋالەنتتى سۇرمە
三价锑盐 antimonous salt	ئۇش ۋالەنتتى سۇرمە تۇزى
三价铁的 ferric	ئۇش ۋالەنتتى تەمىر
三价氧钒根的	"اكسىل ۋانادى" گە قاراڭىز.
三价氧钼基 molybdenyl MoO≡	موليبدەنيل
三价铱的化合物 iridous compound	ئۇش ۋالەنتتى يريدي قوسۇلمىستارى

三价元素　trivalent element　　　　　　　　ئۈچ ۋالەنتتى ھەمەنتتەر

三价原子　triad　　　　　　　　　　　　　ئۈچ ۋالەنتتى اتوم

三碱(价)的　　　　　　　　　　　　　"三元的" گە قاراڭمز.

三(碱)价酸　　　　　　　　　　　　　"三元酸" گە قاراڭمز.

三碱酸　　　　　　　　　　　　　　　"三元酸" گە قاراڭمز.

三脚架　tripod　　　　　　　　　　　　　　　　　　وشاق

三节环　triatomic ring　　　　　　　　ئۈچ اتومدى ساقينا

三劲玻璃瓶　　　　　　　　　　　"三劲烧瓶" گە قاراڭمز.

三劲烧瓶　three－neck flask　　　　　ئۈچ مويىندى كولبا

三聚蓖麻酸　triricinoleic acid　　　　ئۈچ رىتسىنيول قشقىلى

三聚丙烯醛　　　　　　　　　　"介丙烯醛" گە قاراڭمز.

三聚对丙烯基苯甲醚　　　　　"三聚茴香脑" گە قاراڭمز.

三聚硅酸　trisilicic acid　$(C_6SiO_3O_9)n$　ئۈچ كرەمنى قشقىلى

三聚茴香脑　trianethol　　　　　　　　　　　تريانەتول

三聚甲硫醛　　　　　　　　　　　"硫甲醛" گە قاراڭمز.

三聚甲醛　trioxymethylene(＝meta formaldehyde)　$(CH_2O)_3$　ئۈچ وتەڭكتى مەتيلەن، مەتا فورمالدەھگيتى

三聚硫氰酸　trithiocyanuric acid　$C_3H_3N_3S_3$　ئۈچ كۆكمرتتى سياندى نەسەپ قشقىلى

三聚氰胺　melamine　　　　　　　　　　　　مەلامين

三聚氰胺(甲醛)塑料　　　　　　　"蜜胺塑料" گە قاراڭمز.

三聚氰酸　　　　　　　　　　　　"氰尿酸" گە قاراڭمز.

三聚氰酸二酰胺　ammeline　$(CN)_3(NH_2)_2OH$　اممەلين

三聚氰酸三甲酯　　　　　　　"氰尿酸三甲酯" گە قاراڭمز.

三聚氰酸三乙酯　　　　　　　"氰尿酸三乙酯" گە قاراڭمز.

三聚氰酸－酰胺　ammelide　$(CH_3)_3NH_2(OH)_2$　اممەليد

三聚氰酰胺　　　　　　　　　　"氰尿酰胺" گە قاراڭمز.

三聚氰酰氯　　　　　　　　　　"氰尿酰氯" گە قاراڭمز.

三聚物　terpolymer, trimer　　　　تەرپوليمەر، تريمەر

三聚盐　triple salt　　　　　　　　　　ئۈچ ھەسەلى تۇز

三聚乙硫醛　　　　　　　　　　"仲乙硫醛" گە قاراڭمز.

三聚乙醛

«仲(乙)醛» گە قاراڭىز.

三聚乙丁烯　tri－isobutylene　　　تريىزوبۇتيلەن

三聚乙氰酸　　　　«氰白» گە قاراڭىز.

三聚乙氰酸三苄酯　tribenzyl isocyanurate　$(C_6H_5CH_2NCO)_3$　يزوسياندى نەسەپ قىشقىل تريبەنزيل ەستەرى

三聚异氰酸(三)甲酯　　«异氰尿酸甲酯» گە قاراڭىز.

三聚作用　terpolymerization　　ئۇش پوليمەرلەۋ، تەرپوليمەرلەۋ

三醌基　triquinoyl　$(CO)_6$　　　　تريحينويل

三联笨　terphenyl　$C_6H_5C_6H_4C_6H_5$　　تەرفەنيل

三联吡啶　terpyridyl　　　　　تەرپيريديل

三隣氨苯基甲烷　　　«副白苯胺» گە قاراڭىز.

三磷赶亚硫酸　　　«硫代亚磷酸» گە قاراڭىز.

三磷酸吡啶核甙酸　triphosphopyridine nucleotide　ئۇش فوسفوپيريديندى نۇكلەوتيد

三磷酸腺甙　adenosine triphosphate　ئۇش فوسفور قىشقىل ادەنوزين

三磷酸腺甙酶　adenosine triphosphatase　ادەنوزين تريفوسفاتازا، ATP － ازا

三磷酸盐　triphosphate　$M_5P_3O_{10}$　ئۇش فوسفور قىشقىلىننىڭ تۇزدارى

三硫　trisulfide　$R \cdot S_3 \cdot R$　تريسۇلفيد، ئۇش كۆكىرتتى

三硫代磷酸　phosphonotrithionic acid　$(HS)_2P(S)H$　ئۇش كۆكىرتتى فوسفون قىشقىلى

三硫代磷酸三笨酯　trithiophenyl phosphate　$(C_6H_5S)_3PO$　ئۇش كۆكىرتتى فوسفور قىشقىل فەنيل ەستەرى

三硫代碳酸　trithiocarbon acid　HSCSSH　ئۇش كۆكىرتتى كومىر قىشقىل

三硫代碳酸甲酯　methyl trithiocarbonate　ئۇش كۆكىرتتى كومىر قىشقىل مەتيل ەستەرى

三硫代碳酸盐　trithiocarbonate　M_2CS_3　ئۇش كۆكىرتتى كومىر قىشقىلىننىڭ تۇزدارى

三硫甘油　trithio glycerin　$C_3H_3(SH)_3$　ئۇش كۆكىرتتى گليتسەرين

三硫酐硅酸　　　«硫代硅酸» گە قاراڭىز.

三硫赶碳酸　sulfocarbonic acid　H_2CS_3　ئۇش كۆكىرتتى كومىر قىشقىلى

三硫赶碳酸钾　　　«全刘碳酸钾» گە قاراڭىز.

三硫赶碳酸钠　　　«全硫碳酸钠» گە قاراڭىز.

三硫赶锡酸			"硫代锡酸" گە قاراڭز.
三硫化二铋	bismuth trisulfide	BiS_3	ئۇش كۆكەرتتى بيسمۇت
三硫化二钒	vanadium trisulfide	V_2S_3	ئۇش كۆكەرتتى ۋانادي
三硫化二铬	chromium sesquisulfide	Cr_2S_3	ئۇش كۆكەرتتى حروم
三硫化二钴	cobalt sesquisulfide	Co_2S_3	ئۇش كۆكەرتتى كوبالت
三硫化二镓	gallium sesquisulfide		ئۇش كۆكەرتتى گاللي
三硫化二金	gold trisulfide	AuS_3	ئۇش كۆكەرتتى التىن
三硫化二磷	phosphorus trisulfide		ئۇش كۆكەرتتى فوسفور
三硫化二铝	aluminium sulfide	Al_2S_3	ئۇش كۆكەرتتى الۇمين
三硫化二某			"倍半硫化物" گە قاراڭز.
三硫化二钼	molybdenum hemitrisulfide (= molybdic sulfide)	Mo_2S_3	گەمي ئۇش كۆكەرتتى موليبدەن
三硫化二硼	boron sulfide	B_2S_3	ئۇش كۆكەرتتى بور
三硫化二氢	hydrogen trisulfide	$H_2[S_3]$	ئۇش كۆكەرتتى سۈتەك
三硫化二铯	cesium trisulfide	Cs_2S_3	ئۇش كۆكەرتتى سەزي
三硫化二砷	arsenic trisulfide	As_2S_3	ئۇش كۆكەرتتى ارسەن
三硫化二铊	tallium trisulfide	Tl_2S_3	ئۇش كۆكەرتتى تاللي
三硫化二锑	antimony trisulfide	Sb_2S_3	ئۇش كۆكەرتتى سۈرمە
三硫化二铁	iron sesquisulfide (= ironic sulfide)	Fe_2S_3	ئۇش كۆكەرتتى تەمىر
三硫化二铟	indium trisulfide	In_2S_3	ئۇش كۆكەرتتى يندي
三硫化合物	trisulfide		ئۇش كۆكەرتتى قوسىلمىستار
三硫化钼	molybdenium trisulfide	MoS_3	ئۇش كۆكەرتتى موليبدەن
三硫化四磷	phosphorus sesquisulfide		سەسكۆي كۆكەرتتى فوسفور
三硫化钨	tungsten trisulfide	WS_3	ئۇش كۆكەرتتى ۋولفرام
三硫磷	trithion		تريتيون
三硫酸根络锑酸钾			"硫酸锑钾" گە قاراڭز.
三硫酸根络锑酸钠			"硫酸锑钠" گە قاراڭز.
三硫酸盐	tersulfate		ئۇش كۆكەرت قىشقىلىنىڭ تۇزدارى
三硫氧钨酸盐	oxytrisulfotungstate	$M_2[WOS_3]$	ئۇش كۆكەرتتى ــ وتتەكتى ۋولفرام قىشقىلىنىڭ تۇزدارى
三硫杂环己烷	tritian		تريتيان
三卤(代)苯	trihalogeno – benzene	$C_6H_3X_3$	ئۇش گالوگەندى بەنزول
三卤代的	trihalogenated		ئۇش گالوگەندى

三卤代醚　trihalogen ether　ئۇش گالوگەندى ەفیر

三卤代羧酸　　"三卤酸" گە قاراڭز.

三卤代酯　trihalogen ester　ئۇش گالوگەندى ەستەر

三卤化合物　trihalide　ئۇش گالوگەندى قوسىلمىستار

三卤甲烷　　"卤仿" گە قاراڭز.

三卤酸　trihalogen acid　ئۇش گالوگەندى قشقل

三卤乙酰衍生物　trihalo‐acetyl derivative　$(CX_3 \cdot CO)_3R$　ئۇش گالوگەندى اتسەتیل تۇىندىلارى

三氯‐氨络亚铂酸盐　trichloro‐amineplatinite　$M_2[Pt(NH_3)Cl_3]$　ئۇش حلور ـ اممیندى پلاتینالى قشقلمىننڭ تۇزدارى

1,2,3‐三氯苯　1,2,3‐trichlorobenzene　$Cl_3C_6H_2NH_2$　1، 2 ،3 ـ ئۇش حلورلى بەنزول

2,3,4‐三氯苯胺　2,3,4‐trichloroaniline　$Cl_3C_6H_2NH_2$　2، 3 ،4 ـ ئۇش حلورلى انیلین

三氯苯酚　trichlorophenol　$Cl_3C_6H_2OH$　ئۇش حلورلى فەنول

2,4,6‐三氯苯甲醚　2,4,6‐trichloroanisoide　$C_7H_5Cl_3O$　2، 4 ،6 ـ ئۇش حلورلى انیزویید

2,3,4‐三氯苯酸　2,3,4‐trichlorobenzoic acid　$Cl_3C_6H_2COOH$　2، 3 ،4 ـ ئۇش حلورلى بەنزوي قشقلى

三氯苯替乙酰胺　trichloroacetanilid　$C_8H_6Cl_3NO$　ئۇش حلورلى اتسەتیل انیلید

2,4,5‐三氯苯氧基醋酸　2,4,5‐trichlorophenoxyacetic acid　2، 4 ،5 ـ ئۇش حلورلى فەنوكسي سركە قشقلى

三氯吡啶　trichloropyridine　$C_5H_3NCl_3$　ئۇش حلورلى بیریدین

三氯丙醇腈　trichlorolactonitrile　ئۇش حلورلى لاكتونیتریل

三氯丙酮　trichloroacetone　CCl_3COCH_3　ئۇش حلورلى اتسەتون

三氯丙烷　trichloropropane　$CH_3CHClCHCl_2$　ئۇش حلورلى پروپان

1,2,3‐三氯丙烷　　"甘油基三氯" گە قاراڭز.

三氯醋酸　trichloroacetic acid　Cl_3CCOOH　ئۇش حلورلى سركە قشقلى

三氯醋酸甲酯　methyl trichloroacetate　$Cl_3CCO_2CH_3$　ئۇش حلورلى سركە قشقل مەتیل ەستەرى

三氯醋酸乙酯　ethyl trichloroacetate　$Cl_3CCO_2C_2H_5$　ئۇش حلورلى سركە قشقل ەتیل ەستەرى

三氯(代)苯　trichloro‐benzene　$C_6H_3Cl_3$　ئۇش حلورلى بەنزول

三氯代丙酮	acetone trichloride	C₃H₃OCl₃	ئۇش حلورلى اتسەتون
三氯代丙烯酸	trichloro‐acrylic acid	Cl₂C:CClCOOH	ئۇش حلورلى اكريل قشقىلى
三氯代二甲苯	xylene trichloride	Cl₃·CH·(CH₃)₂	ئۇش حلورلى كسيلەن
三氯代醚	trichloro ether		ئۇش حلورلى ەفير
三氯代萘	naphthalene trichloride	C₁₀H₅Cl₃	ئۇش حلورلى نافتالين
三氯代乙烯	ethylene trichloride	CHCl:CCl₂	ئۇش حلورلى ەتيلەن
三氯代酯	trichloro ester		ئۇش حلورلى ەستەر
三氯碘甲烷	trichloro‐iodomethane	Cl₃CI	ئۇش حلورلى يودتى مەتان
三氯丁醛	trichloro butyraldehyde	Cl₃C₄H₄CHO	ئۇش حلورلى بۇتيرالدەگيتى
三氯丁酸	trichloro butyric acid		ئۇش حلورلى بۇتير قشقىلى

1,1,1‐三氯‐2,2‐二溴乙烷　1,1,1‐trichloro‐2,2‐dibromo ethane

BrCHCCl　1، 1، 1 ـ ئۇش حلورلى ـ 2، 2 ـ ەكى برومدى ەتان

三氯氟甲烷	trichloro‐fluoromethane	CFCl₃	ئۇش حلورلى ـ فتورلى مەتان
三氯硅烷			"三氯矽烷" گە قاراڭىز.
三氯化铋	bismuth trichloride	BiCl₃	ئۇش حلورلى بيسمۇت
三氯化的	trichlorated		ئۇش حلورلى
三氯化碘	iodotrichloride	ICl₃	ئۇش حلورلى يود
三氯化锇	osmium trichloride		ئۇش حلورلى وسمي
三氯化某			"倍半氯化物" گە قاراڭىز.
三氯化钒	vanadium trichloride	VCl₃	ئۇش حلورلى ۋانادي
三氯化铬	chromium trichloride	CrCl₃	ئۇش حلورلى حروم
三氯化钴			"氯化高钴" گە قاراڭىز.
三氯化合物	trichloro‐compound		ئۇش حلورلى قوسىلمىستار
三氯化镓	gallium trichloride	GaCl₃	ئۇش حلورلى گاللي
三氯化金	gold trichloride	AuCl₃	ئۇش حلورلى التىن
三氯化铼	rhenium trichloride	ReCl₃	ئۇش حلورلى رەني
三氯化铑	rhodium chloride	RhCl₃	ئۇش حلورلى رودي
三氯化磷	phosphorus trichloride	PCl₃	ئۇش حلورلى فوسفور
三氯化六氨铬	chromic hexammino chloride	[Cr(NH₃)₆]Cl₃	ئۇش حلورلى گەكسامينو حروم
三氯化六氨钴	hexammine cobaltic chloride	[Co(NH₃)₆]Cl₃	ئۇش حلورلى گەكساميندى كوبالت

三氯化铝　aluminium trichloride　AlCl₃　ئۇش حلورلى الۆمين

三氯化－氯五氨络铂　chloro－pentammine－platinic chloride

[Pt(NH₃)₅Cl]Cl₃　حلورلى پەنتامميندى پلاتينا حلور

三氯化锰　manganic chloride　MgCl₃　(ئۇش) حلورلى مارگانەتس

三氯化钼　molybdenum trichloride　MoCl₃　ئۇش حلورلى موليبدەن

三氯化三乙胺　trichloro triethylamine　ئۇش حلورلى تريىيلامين

三氯化砷　arsenic trichloride　AsCl₃　ئۇش حلورلى ارسەن

三氯化铈　cerium trichloride　CeCl₃　ئۇش حلورلى سەري

三氯化四氨钴　tetrammine cobalttrichloride　[Co(NH₃)₄]Cl₃　ئۇش حلور
تەترامميندى كوبالت

三氯化铊　thallium trichloride　TlCl₃　ئۇش حلورلى تاللي

三氯化钛　titanum trichloride　TiCl₃　ئۇش حلورلى تيتان

三氯化钽　tantalous trichloride　TaCl₃　ئۇش حلورلى تانتال

三氯化锑　antimony trichloride　SbCl₃　ئۇش حلورلى سۇرمە

三氯化铁　iron trichloride　(FeCl₃)　ئۇش حلورلى تەمىر

三氯化钨　tungsten trichloride　WCl₃　ئۇش حلورلى ۋولفرام

三氯化物　trichloride　ئۇش حلورلى قوسىلستار، ئۇش حلوريدتەر

三氯化氧钒　　ئۇش حلورلى "三氯氧化钒" گە قاراڭىز.

三氯化氧钼　molybdenyl trichloride　MoOCl₃　ئۇش حلورلى موليبدەنيل

三氯化氧锑　　"三氯氧化锑" گە قاراڭىز.

三氯化－羟－氧络钼　molybdenum oxyhydroxy trichloride

[(MoO)(OH)]Cl₃　ئۇش حلورلى ۋتتەكتى گيدروكسيل موليبدەن

三氯化－水五氧钴　roseo－cobaltichloride　[Co(NH₃)₅N₂O]Cl₃　ئۇش حلورلى
روزەوكوبالت

三氯化铱　iridous chloride　IrCl₃　ئۇش حلورلى يريدي

三氯化铟　indiuum trichloride　InCl₃　ئۇش حلورلى يندي

三氯化铀　uranium trichloride　UCl₃　ئۇش حلورلى ژران

三氯化铕　europium chloride　EuCl₃　(ئۇش) حلورلى ەۋروپي

三氯甲苯　trichlorotoluene　C₆H₂Cl₃(CH₃)　ئۇش حلورلى تولۇۇل

a,a,a－三氯甲苯　　"苯基氯仿" گە قاراڭىز.

三氯甲苄　w－trichlorotoluene　w － ئۇش حلورلى تولۇۇل

三氯甲硅烷　　"硅氯仿" گە قاراڭىز.

三氯甲基　trichloromethyl group　ئۇش حلورلى مەتيل راديكالى

三氯甲基苯		"苯川三氯" گە قاراڭىز.
三氯甲基叔丁醇		"偕三氯特丁醇" گە قاراڭىز.
三氯甲烷 trichloromethane CHCl₃		ٴۇش حلورلى مەتان
三氯甲烷-d chloroform-d CDCl₃		حلوروفورم – d
三氯甲矽烷		"三氯甲硅烷" گە قاراڭىز.
三氯甲溴 bromotrichloro methane CBrCl₃		ٴۇش حلورلى برومدى مەتان
三氯甲锗烷		"氯锗仿" گە قاراڭىز.
三氯间笨二酚 trichlororesorcinol C₆HCl₃(OH)₂		ٴۇش حلورلى رەزورتسينول
三氯醌 trichloroquinone O:C₆HCl₃:O		ٴۇش حلورلى حينون
三氯硫化磷 phosphorus sulfochloride SPCl₃		ٴۇش حلورلى كۇكىرتتى فوسفور
三氯萘 trichloronaphthalene C₁₀H₅Cl₃		ٴۇش حلورلى نافتالين
三氯嘌呤 tricholropurine C₅HCl₃N₄		ٴۇش حلورلى بۋرين
3,3,3-三氯-2-羟基丙腈		"三氯丙醇腈" گە قاراڭىز.
5,5,5-三氯-4-羟基戊酮		"氯醛丙酮" گە قاراڭىز.
2,2,2-三氯-1-羟(基)乙胺		"氯醛胺" گە قاراڭىز.
三氯乳酸 trichloro-lactic acid CCl₃CHOHCOOH		ٴۇش حلورلى ٴسۇت قىشقىلى
三氯三溴乙烷 trichloro-tribromo ethane Cl₂CBrCClBr₂		ٴۇش حلور – ٴۇش برومدى ەتان
三氯三乙烯砷 trichlorotrivinylarsine		ٴۇش حلور – ٴۇش ۆينيلدى ارسين
三氯杀螨砜 fedion		تەديون
三氯铁胆青盐 ferrobilin		فەررۋبيلين
三氯铜酸 trichloro-cupric acid H[CuCl₃]		ٴۇش حلورلى مىس قىشقىلى
三氯矽烷 trichlorosilane		ٴۇش حلورلى سيلان
三氯硝基苯 trichloronitrobenzene C₆H₂(NO₂)Cl₃		ٴۇش حلورلى نيتروبەنزول
三氯硝基甲烷 trichloronitromethane NO₂CCl₃		ٴۇش حلورلى نيترومەتان
三氯溴甲烷 trichlorobromomethane CBrCl₃		ٴۇش حلورلى برومدى مەتان
三氯氧化钒 vanadium oxytrichloride VOCl₃		ٴۇش حلورلى وتتەكتى ۆانادي
三氯氧化铌 niobium oxytrichloride NbOCl₃		ٴۇش حلورلى وتتەكتى نيوبي
三氯氧化锑 antimonic oxychloride SbOCl₃		(ٴۇش) حلورلى وتتەكتى سۇرمە
三氯乙醛 trichloroacetaldehyde Cl₃CCHO		ٴۇش حلورلى سىركە الدەگيتى
三氯乙醛合水		"氯醛合水" گە قاراڭىز.
三氯 乙酸		"三氯醋酸" گە قاراڭىز.

三氯乙缩醛　trichloroacetal　Cl₃CCH(OC₂H₅)₂　ئۇش حلورلى اتسەتال

三氯乙烷　trichloroethane　ئۇش حلورلى ەتان

1,1,1－三氯乙烷　1,1,1－trichloroethane　CH₃CCl₃　1، 1، 1 ـ ئۇش حلورلى ەتان

三氯乙烯　trichloroethylene　ClCH:CCl₂　ئۇش حلورلى ەتيلەن

三氯乙酰胺　trichloroacetamide　Cl₃CCONH₂　ئۇش حلورلى اتسەتاميد

三氯乙酰胺叉磷化氯　trichloroacetamido phosphorus trichloride

[CCl₃·CON:PCl₃]　ئۇش حلورلى اتسەتاميدو فوسفورلى ئۇش حلور

三氯乙酰丙烯酸　trichloro－phenomalic acid　CCl₃·CO·CH:CH·COOH　ئۇش حلورلى فەنومال قشقللى

三氯乙酰氯　trichloro－acethylchloride　CCl₃·COCl　ئۇش حلورلى اتسەتيل حلور

三氯乙酰溴　trichloro－acetyl bromide　CCl₃·COBr　ئۇش حلورلى اتسەتيل بروم

三氯乙亚胺　trichloro－ethylideneimide　(Cl₃CCH:NH)₃　ئۇش حلورلى ەتيليدەندى يميد

2,2,2－三氯－1－乙氧基乙醇－[1]　"氯醛醇酯" گە قاراڭز.

三氯异丙醇　trichloroisopropyl alcohol　ئۇش حلورلى يزوپروپيل سپيرتى

三氯杂笨　　"三嗪" گە قاراڭز.

三氯杂萘　triazanaphthalene　ترياز انافتالين

三偶氮化合物　tris－azocompound　تريس ـ از و قوسىلستارى

三砒丙环　triarsirane　تريارزيران

3,4,5－三羟笨甲酰　　"棓酰" گە قاراڭز.

3,4,5－三羟笨替苯胺　　"棓醇" گە قاراڭز.

3,4,5－三羟苯酰替苯胺　　"棓醇" گە قاراڭز.

3,4,5－三羟苯酰替苯胺　　"棓酚" گە قاراڭز.

3,4,5－三羟苯酰替苯胺　　"棓醇" گە قاراڭز.

2,3,4－三羟笨乙酮　2,3,4－trihydroxyacetophenone　(HO)₃C₆H₂COCH₃　2، 3، 4 ـ ترگيدروكسيل اتسەتوفەنون

三羟代　　"三氧代" گە قاراڭز.

三羟狗尿氨酸　3－hydroxy kynurenine　3 ـ گيدروكسيل كينۆرەنين

三羟化钌　　"三氢氧化钌" گە قاراڭز.

三羟化锰   "三氢氧化锰" گه قاراڭـز.

三羟化钼   molybdenum trihydroxide   موليبدهن (ئۇش) توتعمننىڭ گيدراتى

5,6,7 – 三羟黄酮   "5,6,7 – 三羟基黄酮" گه قاراڭـز.

三羟基   trihydroxy –   تريگيدروكسيل

三羟基苯   trihydroxy benzene $C_6H_3(OH)_3$ تريگيدروكسيل بهنزول

1,2,3 – 三羟基苯   1,2,3 – trihydroxy benzene $(HO)_3C_6H_3$ 1، 2، 3 – تريگيدروكسيل بهنزول

2,3,4 – 三羟基苯丁酮   2,3,4 – trihydroxy butyrophenone $(HO)_3C_6H_2COC_3H_7$ 2، 3، 4 – تريگيدروكسيل بۇتيروفهنون

3,4,5 – 三羟基苯甲酰胺   "棓酰胺" گه قاراڭـز.

2,3,4 – 三羟基苯酸   2,3,4 – trihydroxy benzoic acid $(HO)_3C_6H_2COOH$ 2، 3، 4 – تريگيدروكسيل بهنزوي قـشقـللى

三羟基苄醇   trihydroxy benzyl alcohol $(OH)_3C_6H_2CH_2OH$ تريگيدروكسيل بهنزيل سپيرتى

三羟基丁醛   trihydroxy – butyraldehyde $C_3H_4(OH)_3CHO$ تريگيدروكسيل بۇتيرالدهگيدتى

三羟基丁酸   trihydroxybutyric acid $C_3H_4(OH)_3COOH$ تريگيدروكسيل بۇتير قـشقـللى

三羟基丁烷   trihydroxybutane $C_6H_7(OH)_3$ تريگيدروكسيل بۇتان

1,2,3 – 三羟基蒽醌   trihydroxyanthraquinone $C_6H_4(OH)_2C_6H(OH)_3$ 1، 2، 3 – تريگيدروكسيل انتراحينون

1,2,4 – 三羟基蒽醌   "红紫素" گه قاراڭـز.

2,3,4 – 三羟基二苯甲酮   2,3,4 – trihydroxy – benzophenone
$C_6H_3COC_6H_2(OH)_3$ 2، 3، 4 – تريگيدروكسيل بهنزوفهنون

三羟基二元酸   trihydroxy dibasic acid $(HO)_3 \cdot R \cdot (COOH)_2$ تريگيدروكسيل هكى نهگىزدى قـشقـل

三羟基硅烷   "原甲硅酸" گه قاراڭـز.

5,6,7 – 三羟基黄酮   5,6,7 – trihydroxyflavone   5، 6، 7 – تريگيدروكسيل فلاۋون

2,4,6 – 三羟基甲苯   2,4,6 – trihydroxy toluen $CH_3C_6H_2(OH)_3$ 2، 4، 6 – تريگيدروكسيل تولۇول

5,7,3 三羟基 – 4 – 甲氧基黄烷酮   "橙皮素" گه قاراڭـز.

1,3,6 – 三羟基萘   1,3,6 – trihydroxy naphthalene $C_{10}H_5(OH)_3$

1، 3، 6 ـ تریگیدروكسیل نافتالین

2,6,8－三羟基嘌呤　　　　　　　　　"尿酸" گه قاراڭـز.

4,4′,4″－三羟基三笨甲烷　　　　　　"白金精" گه قاراڭـز.

三羟基三元酸　trihydroxytribasic acid　$(OH)_3 \cdot R \cdot (COOH)_3$　تریگیدروكسیل
ئۇش نەگـزدی قشقـل

三羟基酸　trihydroxy acid　$(HO)_3 \cdot R \cdot COOH$　تریگیدروكسیلدی قشقـل

2,3,4－三羟基戊二酸　2,3,4 － trihydroxyglutaric acid　$(CHOH)_3(COOH)$
2، 3، 4 ـ تریگیدروكسیل گلیۆتار قشقـلی

三羟基一元酸　trihydroxy monobasic acid　$(OH)_3 \cdot R \cdot COOH$　تریگیدروكسیل
ئبر نەگـزدی قشقـل

三羟基硬酯酸　trihydroxy － stearic acid　تریگیدروكسیل ستەرین قشقـلی

三羟甲基苯酚　trimethylol benzophenol　تریگیدروكسیل بەنزوفەنول

2,4,6－三羟甲基苯酚　2,4,6 － trimethylolbenzophenol　2، 4، 6 ـ
تریگیدروكسیل بەنزوفەنول

三羟一元酸　　　　　　　　　　"三羟基一元酸" گه قاراڭـز.

3,7,12－三羟甾代异戊酸　　　　　　"胆酸" گه قاراڭـز.

三嗪　triazine　$C_3H_4N_3$　تریازین

1,2,4－三嗪　1,2,4 － triazine　$C_3H_4N_3$　1، 2، 4 ـ تریازین

1,3,5－三嗪　1,3,5 － triazine　1، 3، 5 ـ تریازین

三嗪基　triazinil　$C_3H_2N_3-$　تریازینیل

三氢化镧　lanthanum hydride　LaH_3　لانتان سۆتەكتی (ئۇش)

三氢化钐　samaric hydride　SaH_3　ساماري سۆتەكتی (ئۇش)

三氢化砷　arsenous hydride　ئۇش سۆتەكتی ارسەن

三氢化锑　antimonous hydride　SbH_3　ئۇش سۆتەكتی سۆرمە

三氢氧化钴　　　　　　　　　　"氢氧化高钴" گه قاراڭـز.

三氢氧金　　　　　　　　　　　"氢氧化金" گه قاراڭـز.

三氢氧化钌　ruthenium hydroxide　$Ru(OH)_3$　رۇتەني توتعـننـڭ گیدراتی

三氢氧化锰　manganic hydroxide　$Mn(OH)_3$　مارگانەتس توتعـننـڭ گیدراتی

三氢锗基　germyl　H_3Ge-　گەرمیل

三氰基代甲烷　　　　　　　　　　"氰仿" گه قاراڭـز.

三氰基乙烷　tricyano ethane　$CH_3C(NH)_3$　تریسیاندی ەتان

三取代产物　trisubstitution product　ئۇش رەت ورن باسقان ئونـم

三肉豆蔻精	trimyristin	$(C_{13}H_{27}CO_2)_3C_3H_5$	تريميريستين
三噻烟	trithian		تريتيان
三色分析	trichromatic analysis		ئۇش ئۇترلى ئۇستى تالداۋ
三十八烷	octatriacontane	$C_{38}H_{78}$	وكتاتريا كونتان
三十二酸			"虫漆蜡酸" گه قاراڭىز.
三十二烷	dotriacontane	$C_{32}H_{66}$	دوترياكونتان
三十二烷基	dotriacontyl -	$CH_3(CH_2)_{30}CH_2-$	دوترياكونتيل
三十九烷	nonatriacontane	$C_{39}H_{80}$	نوناترياكونتان
三十六烷	hexatriacontane	$H_{36}H_{74}$	گەكساتريا كونتان
三十七烷	heptatriacontane	$C_{37}H_{76}$	گەپتاتريا كونتان
三十三(碳)烷	tritriacontane	$C_{33}H_{68}$	ترىترياكونتان
三十三(烷)醇			"叶虫(硬脂)醇" گه قاراڭىز.
三十三烷基	tritriacontyl	$CH_3(CH_2)_{31}CH_2-$	ترىترياكونتيل
三十三(烷)酸			"叶虫(硬脂)酸" گه قاراڭىز.
三十四(碳)烷	tetratria contane	$CH_3(CH_2)_{32}CH_3$	تەتراترياكونتان
三十四(烷)醇	inearnatyl alcohol		ينەارناتيل سپيرتى
三十碳六烯			"角鲨烯" گه قاراڭىز.
三十(碳)烷醇-[16]			"两个十五基甲醇" گه قاراڭىز.
三十碳烯	triacontylene	$CH_{30}H_{60}$	ترياكونتيلەن
三十烷	triacontane	$CH_3(CH_2)_{28}CH_3$	ترياكونتان
三十烷醇	triacontanol	$C_{30}H_{61}OH$	ترياكونتانول
三十(烷)醇三十一(烷)酸酯			"蜂花酸蜂酯" گه قاراڭىز.
三十烷基	triacontyl	$CH_3(CH_2)_{28}CH_2-$	ترياكونتيل
三十烷酸	triacontanoic acid	$CH_3(CH_2)_{28}COOH$	ترياكونتان قىشقىلى
三十烷酸盐			"蜂花酸盐" گه قاراڭىز.
三十五碳烷	pentatriacontane	$CH_3(CH_2)_{33}CH_3$	پەنتاترياكونتان
三十五(烷)酮-[18]	pentatriacontanone-[18]	$C_{35}H_{70}O$	پەنتاترياكونتانون - [18]
三十一(碳)烷	hentriacontane	$CH_3(CH_2)_{29}CH_2-$	گەنترياكونتان
三十一烷醇	hentriacontanol		گەنترياكونتانول
三十一(烷)基	hentriacontyl	$CH_3(CH_2)_{29}CH_2-$	گەنترياكونتيل
三十一(烷)酸			"蜂花酸" گه قاراڭىز.

三十一(烷)酮－[16]　dipentadecyl ketone　$(C_{15}H_{31})_2CO$　دىپەنتادەتسىل كەتون

三水钒土　hibbsite　ئۇش گيدراتتى ئالۇمين توتمعى

三水合醋酸钠　sodium acetate trihydrate　ئۇش گيدراتتى سىركە قوشقىل ناتري

三水合醋酸铅　lead acetate trihydrate　ئۇش گيدراتتى سىركە قوشقىل قورعاسىن

三水氧化铝　"三水钒矾土" گە قاراڭز.

三水缩四个乙二醇　tetra ethylene – glycol　ئۇتورت ھەتىلەندى گليكول

三四基乙酰　"特戊酰" گە قاراڭز.

三个一组　"三素组" گە قاراڭز.

三(酸)价的　triacid, triacidic　ئۇش ۋالەنتتى

三(酸)价碱　"三价碱" گە قاراڭز.

三酸式盐　triacid salt　ئۇش قوشقىلدىق توز

三缩四个乙氨酸　"三甘氨酰甘氨酸" گە قاراڭز.

三缩四个乙二胺　tetraethylene pentamine　$NH(CH_2CH_2NH)_3CH_2CH_2NH_2$　ئۇتورت ھەتىلەندى پەنتامين

三羧酸　tricarboxylic acid　$R \cdot (COOH)_3$　ئۇش كاربوكسيل قوشقىلى

三羧酸循环　tricarboxylic cycle　ئۇش كاربوكسيل قوشقىل اينالىسى

三羧酸酯　tricarboxylic ester　$R \cdot (CO \cdot OR)_3$　ئۇش كاربولسيل قوشقىل ھەستەرى

三肽　tripeptide　تريپەپتيد

三碳重排　three – carbon rearrangement　ئۇش كۆمىرتەكتىك قايتا ورنالاسۇ

三糖　trisaccharide　تريسلحاريد

三糖酶　trisaccharidase　تريسلحاريدازا

三陶品　tritopine　تريتوپين

三萜酸　triterpenic acid　تريتەرپەن قوشقىلى

三萜(烯)　triterpene　تريتەرپەن

三萜系化合物　triterpenoid　تريتەرپەنويدتتەر

三烃基苯　trialkylated benzene　تريالكيل بەنزول

三烃基的　trialkylated　تريالكيدى

(三烃基)膦化氧　phosphine oxide　R_3PO　فوسفون توتمعى

三烃基硫化碘　trialkyl sulfonium iodide　R_3SI　تريالكيل كۆكىرتتى يود

三烃基硫化氢氧　sulfine oxide(= sulfonium hydroxide)　R_3SOH　سۇلفين توتمعى، سۇلفون توتمعننك گيدراتى

三烃基胂　trialkyl – arsine　R_3As

تريالكيل ارسين

三烃基胂化二氯　trialkyl‒arsine dichloride　تريالكيل ارسيندى ەكى حلور

三烃基胂化羟氯　trialkyl arsine hydroxychloride　$R_3As(OH)Cl$　تريالكيل

ارسيندى گيدروكسيل حلور

三烃基胂化氰卤　trialkyl‒arsine cyanohalide　$K_3As(CN)X$　تريالكيل ارسيندى

سيان گولوگەن

三烃膦基硫　phosphine sulfide　R_3PS　فوسفيندى كۆكىرت

三通　triton　تريتون (تاۋاتى)

三通 B　triton B　RuNOH　تريتون B

三酮　triketone(＝trion)　تريكەتون

三烷基胂化氧　trialkyl‒arsine oxide　$R_3As:O$　تريالكيل ارسين توتىعى

三维材料　three‒dimensional material　ئۇش ۆلشەمدى ماتەريالدار

三维的　three‒dimensional　ئۇش ۆلشەمدى

三维结构　three‒dimensional structure　ئۇش ۆلشەمدى قۇرىلىم

三维空间　three‒dimensional space　ئۇش ۆلشەمدى كەڭىستىك

三维缩聚　three‒dimensional polycondensation　ئۇش ۆلشەمدى

كوندەنساتسيالانۇ ‒ پوليمەرلەنۇ

三肟　trioxime　تريوكسيم

三戊胺　triamyl amine　$(C_5H_{11})_3N$　ترياسيل امين

三戊精　trivalerin　$(C_4H_9COO)_3C_3H_5$　تريۋالەرين

三戊氧基硼　triamyloxyboron　$B(OC_5H_{11})_3$　ترياسيل ۆتەەكتى بور

三锡化二铋　bismuth selenide　(ئۇش) سەلەندى بيسمۇت

三硒化二镓　gallium sesquiselenide　سەسكۋئي سەلەندى گاللي

三硒化二砷　arsenic triselenide　$AsSe_3$　ئۇش سەلەندى ارسەن

三硒化二锑　antimony triselenide　Sb_2Se_3　ئۇش سەلەندى سۇرمە

三烯胆酸　cholatrienic acid　حولاتريەن قىشقىلى

三烯酸　triolefinic acid　ئۇش ولەفين قىشقىلى

三仙丹　"氧化汞" گە قاراڭىز.

三酰胺　triamide　$(RCO)_3N$　ترياميد

三酰基的　triacylated　تريابتسيلدى

三相的　three‒phase　ئۇش فازالى

三相点　triplet point　ۇشتىك نۇكتە، ئۇش فازالى نۇكتە

三相电流　three‒phase current　ئۇش فازالى توك

三向结构   "三维结构" گە قاراڭز.

三向缩聚   "三维缩聚" گە قاراڭز.

三硝苯基肼 trinitrophenyl‑hydrazine $(NO_2)_3C_6H_2N_2H_3$ ترينيترو فەنيل گيدرازين

2,4,6‑三硝基氨基苯酚 2,4,6‑trinitroaminophenol $C_6H(NO_2)_3(NH_2)OH$ 2، 4، 6 ـ ترينيترو امينو فەنول

三硝基笨 trinitrobenzene ترينيترو بەنزول

1,2,3‑三硝基笨 1,2,3‑trinitrobenzene $(NO_2)_3C_6H_3$ 1، 2، 3 ـ ترينيترو بەنزول

1,3,5‑三硝基笨 1,3,5‑trinitrobenzene 1، 3، 5 ـ ترينيترو بەنزول

2,4,6‑三硝基苯胺 2,4,6‑trinitroaniline $(NO_2)_3C_6H_2NH_2$ 2، 4، 6 ـ ترينيترو انيلين

2,4,6‑三硝基笨二酚‑[1,3] 2,4,6‑trinitro‑resorcinol $(NO_2)_3C_6H(OH)_2$ 2، 4، 6 ـ ترينيترو رەزورتسينول

三硝基苯酚 trinitrophenol $(NO_2)_3C_6H_2OH$ ترينيترو فەنول

2,4,6‑三硝基笨酚 2,4,6‑trinitrophenol $(NO_2)_3C_6H_2OH$ 2، 4، 6 ـ ترينيترو فەنول

三硝基苯酚铵   "苦味酸铵" گە قاراڭز.

2,4,6‑三硝基苯基   "苦基" گە قاراڭز.

2,4,6‑三硝基苯甲醚 2,4,6‑trinitroanisole $(NO_2)_3C_6H_2OCH_3$ 2، 4، 6 ـ ترينيترو انيزول

三硝基苯甲酸 trinitrobenzoic acid ترينيترو بەنزوي قشقىلى

2,4,6‑三硝基苯回二酚   "收敛酸" گە قاراڭز.

三硝基笨间二酚铅 lead trinitro‑resorcinate ترينيترو رەزورتسينول قورعاسىن

2,4,6‑三硝基苯硫酚   "硫苦酸" گە قاراڭز.

2,4,6‑三硝基苯醛 2,4,6‑trinitrobenzaldehyde $(NO_2)_3C_6H_2CHO$ 2، 4، 6 ـ ترينيترو بەنزالدەگيتى

2,4,6‑三硝基苯酸 2,4,6‑trinitrobenzoic $(NO_2)_3C_6H_2COOH$ 2، 4، 6 ـ ترينيترو بەنزوي قشقىلى

2,4,6‑三硝基苯(替)甲硝胺 2,4,6‑trinitrophenyl methylnitramine $(NO_2)_3C_6H_2N(CH_3)NO_2$ ترينيترو فەنيل مەتيل نيترامين

2,3,6‑三硝基对二甲苯 2,3,6‑trinitro‑p‑xylene $(NO_2)_3C_6H(CH_3)_2$

2، 3، 6 ـ ترینیترو ـ پاراکسیلەن

1,2,5 - 三硝基苊　1,2,5 - trinitroacenaphthalene　$(NO_2)_3C_{12}H_5$　1، 2، 5 ـ

ترینیترو اتسە نافتالین

三硝基二甲苯　trinitro - xylene

ترینیترو کسیلەن

三硝基二甲特丁苯　xylene musk　$(CH_3)_3 \cdot C_6 \cdot C(CH_3)_3(NO_2)_3$

کیسلەندی جۇپار

三硝基二氯苯　trinitrodichloro benzene

ترینیترو ەکی حلورلی بەنزول

三硝基酚　trinitrophenol　$(NO_2)_3C_6H_2OH$

ترینیترو فەنول

三硝基酚盐　trinitro - phenoxide　$C_6H_2(NO_2)_3OM$

ترینیترو فەنول تۇزی

三硝基甘油　trinitrin　$C_3H_5(ONO_2)_3$

ترینیترین

三硝基化合物　trinitro compound

ترینیترو قوسىلمىستارى

三硝基甲胺　trinitro methylamine

ترینیترو مەتیل امین

三硝基甲苯　trinitro - toluene　$CH_3C_6H_2(NO_2)_3$

ترینیترو تولۇول

β - 三硝基笨　β - trinitrotoluene　$(NO_2)_3C_6H_2CH_3$　β ـ ترینیترو تولۇول

2,3,4 - 三硝基甲苯　2,3,4 - trinierotoluene　$(NO_2)_3C_6H_2CH_3$　2، 3، 4 ـ

ترینیترو تولۇول

2,4,6 - 三硝基甲苯　2,4,6 - trinitro toluene　2، 4، 6 ـ ترینیترو تولۇول

三硝基甲苯炸药　amatol(= blastin)

اماتول

三硝基甲碘　　　　　"碘代三硝基甲烷" گە قاراڭىز.

三硝基甲酚　trinitrocresol

ترینیترو کرەزول

三硝基甲酚铵　ecractite

ەکراتسیتیت (قوپارعىش عدارى)

三硝基甲酚铅　lead trinitro(= cresylate)

ترینیترو کرەزول قورعاسىن

2,4,6 - 三硝基 - 5 - 甲基苯酚 - [1,3]　"三硝基苔黑酚" گە قاراڭىز.

三硝基甲烷　trinitromethane　$(NO_2)_3CH$

ترینیترو مەتان

三硝基间甲笨二酚　trinitroresorcinol　$(NO_2)_3C_6H(CH)_2$ ترینیترو رەزورتسینول

三硝基间笨二酚铅　　　"三硝基笨间二酚铅" گە قاراڭىز.

三硝基间甲苯酚　trinitro - m - cresol　$(NO_2)_3C_6H(CH_3)OH$　m ـ ترینیترو

کرەزول

三硝基氯苯　trinitro - chlorobenzene

ترینیترو حلورلی بەنزول

2,4,6 - 三硝基氯苯　　　"苦基氯" گە قاراڭىز.

三硝基米　trinitro - mesitylene　$(NO_2)_3C_6(CH_3)_3$

ترینیترو مەزیتیلەن

三硝基萘　trinitronaphthalene

ترینیترو نافتالین

三硝基 - α - 萘酚　nitro - α - naphthol　$(NO_2)_3C_{10}H_4OH$

ترینیترو

α – نافتول

2,4,5 – 三硝基萘酚 – [1]　　　　　　　　　　"萘苦酸" گه قاراڭز.

三硝基三笨基甲醇　trinitro triphenyl carbinol　$(NO_2C_6H_4)_3COH$　ترينيترو تريفەنيل كاربينول

三硝基三笨基甲烷　trinitro triphenyl – methane　$(NO_2C_6H_4)_3CH$　ترينيترو تريفەنيل مەتان

2,4,6 – 三硝基 – 1,3,5 – 三甲苯　2,4,6 – trinitro – 1,3,5 – trimethyl benzene　$(O_2N)_3C_6(CH_3)_3$　2، 4، 6 ـ ترينيترو ـ 1، 3، 5 ـ تريمەنيل بەنزول

三硝基苔黑酚　trinitro – orcinol　$(NO_2)_3C_6(OH)_2CH_3$　ترينيترو ورتسينول

三硝基·特丁基·二甲苯　trinitro – tert – butyl xylene　$(NO_2)_3C_6(CH_3)_2C(CH_3)_3$　ترينيترو تەرت ـ بۇتيل كسيلەن

三硝基·特丁基·甲苯　trinitro – butyl – toluene　$CH_3·C_6H·C(CH_3)_3·(NO_2)_3$　ترينيترو بۇتيل تولۇئول

三硝基纤维素　trinitrocellulose　ترينيترو سەلليۇلوزا

三硝基乙腈　trinitroacetonitrile　$(NO_2)_3CCN$　ترينيترو اتسەتونيتريل

1,1,1 – 三硝基乙烷　1,1,1 – trinitroethane　$CH_3C(NO_2)_3$　1، 1، 1 ـ ترينيترو ەتان

三硝甲苯炸药　astralite　استرالين (قوپارعش ؟دارى)

三硝酸甘油酯　glyceryl trinitrate　ۇش ازوت قىشقىل گليتسەريل

三硝酸盐　trinitrate　ۇش ازوت قىشقىلىنىڭ تۇزدارى

三硝酸酯　trinitrate　ۇش ازوت قىشقىل ەستەرى

三硝油　trinitrol　ترينيترو

三斜晶系　triclinic system　تريكلين جۇيەسى

三辛精　tricaprylin　$(C_7H_{15}COO)_3C_3H_5$　تريكاپريلين

三溴苯酚　tribromophenol　ۇش برومدى فەنول

2,4,6 – 三溴苯酚　2,4,6 – tribromophenol　2، 4، 6 ـ ۇش برومدى فەنول

三溴醋酸　tribromoacetic acid　Br_3CCOOH　ۇش برومدى سىركە قىشقىل

三溴醋酸乙酯　ethyl tribromacetate　$Br_3CCO_2C_2H_5$　ۇش برومدى سىركە قىشقىل ەتيل ەستەرى

三溴(代)　tribrom(o)　ۇش بروم، ۇش برومدى

三溴代笨　tribromobenzene　$C_6H_3Br_3$　ۇش برومدى بەنزول

三溴代醚　tribromo ether　ۇش برومدى ەفير

三溴代乙烯　ethylene tribromide　$CHBr:CBr_2$　ۇش برومدى ەتيلەن

三溴代酯	tribromo ester		ئۇش برومدى ەستەر
三溴三氯乙烷	tribromodichloro ethane		ئۇش بروم – ەكى حلورلى ەتان
三溴酚	bromophenic acid	$C_6H_2 \cdot Br \cdot OH$	ئۇش برومدى فەنول
三溴酚三氧化二铋			"سەلوفىن" گە قاراڭىز.
三溴化的	tribromated		ئۇش برومدى، ئۇش برومدانعان
三溴化铋	bismuth tribromide	$BiBr_3$	ئۇش برومدى بيسمۇت
三溴化钒	vanadous bromide	VBr_3	ئۇش برومدى ۋانادي
三溴化合物	tribromo compound		ئۇش برومدى قوسىلىستار
三溴化镓	gallium tribromide		ئۇش برومدى گاللي
三溴化金	gold tribromide	$AuBr_3$	ئۇش برومدى التىن
三溴化磷	phosphorus tribromide	PBr_3	ئۇش برومدى فوسفور
三溴化铝	aluminium tribromide	$AlBr_3$	ئۇش برومدى الۇمين
三溴化钼	molybdic tribromide	$MoBr_3$	ئۇش برومدى موليبدەن
三溴化硼	boron tribromide	BBr_3	ئۇش برومدى بور
三溴化铯	cesium tribromide	$Cs[Br_3]$	ئۇش برومدى سەزي
三溴化砷	arsenic tribromide	$AsBr_3$	ئۇش برومدى ارسەن
三溴化铈	cerium tribromide	$CeBr_3$	ئۇش برومدى سەري
三溴化铊	thallium tribromide	$TlBr_3$	ئۇش برومدى تاللي
三溴化钛	titanium tribromide	$TiBr_3$	ئۇش برومدى تيتان
三溴化钽	tantalous tribromide	$TaBr_3$	ئۇش برومدى تانتال
三溴化锑	antimony tribromide	$SbBr_3$	ئۇش برومدى سۇرمە
三溴化物	tribromide		ئۇش برومىيدتەر، ئۇش برومدى قوسىلىستار
三溴化氧钒			"三溴氧化钒" گە قاراڭىز.
三溴化氧钼	moybdenyl tribromide	$(MoO)Br_3$	ئۇش برومدى موليبدەنيل
三溴化铟	indium tribrimide	$InBr_3$	ئۇش برومدى يندي
三溴化重氮笨	benzene diazonium tribromide	$C_6H_5N(Br_3){:}N$	ئۇش برومدى ديازون بەنزول
三溴化笨	toluene tribromide	$CH_3 \cdot C_6H_2 \cdot Br_3$	ئۇش برومدى تولۇئول
三溴甲酚	tribromocresol		ئۇش برومدى كرەزول
三溴甲硅烷			"硅溴仿" گە قاراڭىز.
三溴-2-甲基氮杂萘			"三溴喹哪啶" گە قاراڭىز.
三溴甲烷	tribromo methane	$CHBr_3$	ئۇش برومدى مەتان
三溴甲矽烷	tribromosilane		

ئۇش برومدى سيلان

三溴喹哪啶　tribromoquinaldine　C₉H₆NCBr₃　ئۇش برومدى حينالدين

三溴硫化磷　phosphorus thiobromide　ئۇش برومدى كۆكمرتتى فوسفور

三溴叔丁醇　tribromo‑tertiarybutyl alcohol　ئۇش برومدى تەرتيارى بۇتيل

سپيرتى

三溴硝基甲烷　trinitromethane　ئۇش برومدى مەتان

三溴氧化钒　vanadium oxytribromide　VOBr₃　ئۇش برومدى وتتەكتى ۋانادي

三溴氧化磷　phosphorus oxybromide　POBr₃　(ئۇش) برومدى وتتەكتى فوسفور

三溴乙醇　tribromoethyl alcohol　BrCCH₂OH　ئۇش برومدى ەتيل سپيرتى

三溴乙醛　tribromo acetaldehyde　ئۇش برومدى سىركە الدەگىتى

1,1,2‑三溴乙烷　1,1,2‑tribromoethane　BrCH₂CHBr₂　1، 1، 2 ـ ئۇش برومدى

ەتان

三溴乙烯　tribromoethylene　BrCH:CHBr　ئۇش برومدى ەتيلەن

三溴乙酰胺　tribromoacetamide　Br₃CCONH₂　ئۇش برومدى اتسەتاميد

三溴乙酰氟　tribromo‑acetic fluoride　CBr₃COF　ئۇش برومدى اتسەتيل فتور

三溴乙酰氯　tribromo‑acetic chloride　CBr₂·COCl　ئۇش برومدى اتسەتيل حلور

三溴乙酰溴　tribromo‑acetyl bromide　CBr₂·COBr　ئۇش برومدى اتسەتيل

بروم

三亚笨　triphenylene　C₁₈H₁₂　تريفەنيلەن

三亚麻精　trilinolenine　تريلينولەنين

三亚油精　trilinolein, linolein　تريلينولەين، لينولەين

三盐酸化物　trihydrochloride　ئۇش توز قىشقىلدى قوسىلس

三氧代　trioxy　تريوكسى

1,2,3,4‑三氧氮茂　"1,2,3,4‑三噁唑" گە قاراڭىز.

三氧氮杂茂　trioazole　CHO₃N　تريوازول

三氧二锆根(二价根)　dizyrconyl　(Zr₂O₃)　ديزيركونيل

三氧铬络硫酸　H₂[CrO₃·(SO₄)]　"铬硫酸" گە قاراڭىز.

三氧化碲　tellurix trioxide　TeO₃　ديزيركونيل

三氧化二铋　bismuth trioxide　Bi₂O₃　تەللۇر ئۇش توتعى

三氧化二铂　platinum sesquioxide　Pt₂O₃　پلاتينا ئۇش توتعى، پلاتينا ئبر

جارىم توتعى

三氧化二氮　nitrogen trioxide　N₂O₃　ازوت ئۇش توتعى

三氧化二锇　osmium sesquioxide　Os₂O₃　وسمي ئۇش توتعى

三氧化二钒	vanadium sesquioxide	V_2O_3	ۋانادي ئۇش توتىغى
三氧化二钆	gadolinium sesquioxide	Cd_2O_3	گادولينى ئۇش توتىغى
三氧化二锆	zirconium sesquioxide	Zr_2O_3	زىركونى ئۇش توتىغى
三氧化二铬	chromium sesquioxide	Cr_2O_3	حروم سەسكۇي توتىغى
三氧化二镓	gallium sesquioxide	Ga_2O_3	گاللى ئۇش توتىغى
三氧化二铼	rhenium sesquioxide	Re_2O_3	رەنى ئۇش تورىغى
三氧化二镧	lanthanium sesquioxide	La_2O_3	لانتان ئۇش توتىغى
三氧化二铑	rhodium sesquioxide	Rh_2O_3	رودي ئۇش توتىغى
三氧化二钌	rutenium sesquioxide	Ru_2O_3	رۇتەنى ئۇش توتىغى
三氧化二磷	phosphorus trioxide	P_2O_3	فوسفور ئۇش توتىغى
三氧化二硫	sulfur sesquioxide		كۇكىرت ئۇش توتىغى
三氧化二锰	mangenese sesquioxide	Mn_2O_3	مارگانەتس ئۇش توتىغى
三氧化二某化合物			"倍半氧化物" گە قاراڭز.
三氧化二钼	molybdenum hemitrioxide	Mo_2O_3	موليبدەن شالا ئۇش توتىغى
三氧化二铌	niobium sesquioxide	Nb_2O_3	نيوبي ئۇش توتىغى
三氧化二镍	nikel sesquioxide	Ni_2O_3	نيكەل ئۇش توتىغى
三氧化二铵	neodium sesquioxide	Nd_2O_3	نەودىم ئۇش توتىغى
三氧化二硼	boron trioxide	B_2O_3	بور ئۇش توتىغى
三氧化二错	praseodymium sesquioxide	Pr_2O_3	پرازەودىم ئۇش توتىغى
三氧化二铅	lead sesquioxide	$Pb(PbO_3)$	قورعاسىن ئۇش توتىغى
三氧化二铯	cesium trioxide	Cs_2O_3	سەزي ئۇش توتىغى
三氧化钐	samarium sesquioxide	Sa_2O_3	سامارى ئۇش توتىغى
三氧化二砷	arsenic trioxide	As_2O_3	ارسەن ئۇش توتىغى
三氧化二铈	cerium sesquioxide	Ce_2O_3	سەري ئۇش توتىغى
三氧化二铊	thallium trioxide(= thallium sesquioxide)	Tl_2O_3	تاللى ئۇش توتىغى
三氧化二钛	titanium sesquioxide	Ti_2O_3	تيتان ئۇش توتىغى
三氧化二锑			"氧化亚锑" گە قاراڭز.
三氧化二铁	iron trioxide(= iron sesquioxide)	Fe_2O_3	تەمىر ئۇش توتىغى
三氧化二铜	copper sesqui oxide	Cu_2O_3	مىس ئۇش توتىغى
三氧化二钇			"氧化钇" گە قاراڭز.
三氧化二铱	iridous oxide	Ir_2O_3	يرىدي ئۇش توتىغى
三氧化二铟	indium trioxide(= indium sesquioxide)	In_2O_3	يندي ئۇش توتىغى

三氧化二银　silver sesquioxide　Ag_2O_3　كۇمۇس ئۈش توتىعى

三氧化二铀　uranium sesquiixide　U_2O_3　ئۇران ئۈش توتىعى

三氧化二铕　europium oxide　ھۇروپي توتىعى

三氧化铬　chromium trioxide　حروم ئۈش توتىعى

三氧化铼　rhenium trioxide　ReO_3　رەني ئۈش توتىعى

三氧化硫　sulfur trioxide　SO_3　كۈكۈرت ئۈش توتىعى

三氧化锰　manganese trioxide　MnO_3　مارگانەتس ئۈش توتىعى

三氧化钼　molybdenum trioxide　MoO_3　موليبدەن ئۈش توتىعى

三氧化钛　titanium trioxide　TiO_3　تيتان ئۈش توتىعى

三氧化锑　antimony trioxide　Sb_2O_3　سۈرمە ئۈش توتىعى

三氧化钨　tungsten trioxide　WO_3　ۋولفرام ئۈش توتىعى

三氧化物　teroxide　ئۈش توتىقتار

三氧化硒　selenium trioxide　SeO_3　سەلەن ئۈش توتىعى

三氧化(一)氮　nitrogen peroxide　ازوت اسقىن توتىعى

三氧化铀　uranium trioxide　UO_3　ئۇران ئۈش توتىعى

三氧硫络钨酸盐　trioxy salfo tungstate　$M_2[WO_3O_3S]$　ئۈش ۋتتەكتى سۈلفو ۋولفرام قىشقىلىنساڭ تۇزدارى

三氧杂　"三噁" گە قاراڭىز.

三氧杂环己烷　"三噁烷" گە قاراڭىز.

三叶甙　trifolin　تريفۇلين

三乙胺　triethylamine　$(C_2H_5)_3N$　تريەتيلامين

三乙胺化氢氯　triethylamine hydrochloride　$(C_2H_5)_3NHCl$　تريەتيلاميندى تۇز قىشقىلى

三乙胺氢溴　triethylamine hydrobromide　$(C_2H_5)_3NHBr$　تريەتيلاميندى سۇتەك بروم

三乙铋　triethyl bismuth　$Bi(C_2H_5)_3$　تريەتيل بيسمۇت

三乙撑二胺　triethylene diamine　تريەتيل ديامين

三乙撑四胺　triethylene – tetramine　$(H_2NCH_2CH_2NHCH_2)_2$　تريەتيل تەترامين

三乙醇胺　triethanolamine　$N(CH_2CH_2OH)_3$　ئۈش ھەتانول امين

三乙胆酸　triethylcholine　تريەتيل حولين

三乙基铋　"三乙铋" گە قاراڭىز.

三乙基醋酸　triethylacetic acid　$(C_2H_5)_3CCOOH$　تريەتيل سىركە قىشقىلى

三乙基硅化羟　triethyl – silicon hydroxide　تريەتيل كرەمني توتىعىنىڭ

گیدراتى

三乙基硅化氧　triethyl‒silicon oxide　$[(C_2H_5)_3Si]_2O$　تريەتيل كرەمنى توتعى

三乙基硅氧基乙烷　triethyl‒silane ethyloxide　$(C_2H_5)_3\cdot Si\cdot OC_2H_5$　تريەتيل

سيلاندى ەتيل توتعى

三乙基硅氧基乙烷　triethyl‒cilicol ethyl ether　$(C_2H_5)_3\cdot Si\cdot OC_2H_5$　ترەتيل

سيليكور ەتيل ەفيرى

三乙基硅氧基乙烷　ethoxy‒triethil silicane　$(C_2H_5)_3\cdot Si\cdot OC_2H_5$　تريەتيل

وتوكسي سيلان

三乙基甲硅烷　triethyl silicane　$SiH(C_2H_5)_3$　تريەتيل سيليكان

三乙基甲烓　　　　　三乙基甲硅烷" گە قاراڭـز."

三乙基金属　tri ethide　$M(C_2H_5)_3$　تريەتيل مەتال

三乙基膦　triethyl phosphine　$(C_2H_5)_2P$　تريەتيل فوسفين

三乙基铝　triethyl aluminum　$Al(C_2H_5)_3$　تريەتيل الؤمين

三乙基硼　triethyl borine (boron)　$B(C_2H_5)_3$　تريەتيل بور

三乙砷　arsenic triethyl　$(C_2H_5)_3As$　تريەتيل ارسەن

三乙铊　thallium ethide (ethyl)　$Tl(C_2H_5)_3$　تريەتيل تاللي

三乙锑　triethyl stibine　$Sb(C_2H_5)_3$　تريەتيل ستيبين (سۇرمە)

三乙基锡　triethyl tin　$[(C_2H_5)_3Sn]_2$　تريەتيل قالايى

三乙基锡化氯　triethyl tin chloride　$(C_2H_5)_3SnCl$　تريەتيل قالايىلى حلور

三乙基锡化氯氢氧　stannic ethyl hydroxide　$SnOH(C_2H_5)_3$　تريەتيل قالايى

توتعننىڭ گيدراتى

(三)乙基锡化一氯　ethyl‒tin‒monochloride　$SnCl(C_2H_5)_3$　تريەتيل قالايىلى

مونوحلور

三乙基锌酸根阴离子　triethylzinicateanion　تريەتيل مىرش قشقىل

قالدىعىنىڭ انيونى

三乙膦化硫　triethyl‒phosphin sulfide　$(C_2H_5)_3PS$　تريەتيل فوسفينىدى كؤكىرت

三乙膦化氧　triethyl‒phosphin oxide　$(C_2H_5)_3PO$　ترەتيل فوسفين توتعى

三乙灵　triethylin　$C_3H_5(OC_2H_5)_3$　تريەتيلين

三乙眠砜　　　　　台俄那" گە قاراڭـز."

三乙铅化氢氧　lead triethylhydroxide　$Pb(OH)(C_2H_5)_3$　تريەتيل قورعاسىن

توتعننىڭ گيدراتى

三乙取氯硅　triethyl chloro‒silicane　$(C_2H_5)_3Si(OC_2H_5)$　تريەتيل حلورلى

كرەمنى

三乙取乙氧基硅	triethylethoxy silicane	$(C_2H_5)_3SiCl$	تريەتيل ەتوكسي كرەمني
三乙醛缩二氨	hydracetamide	$(CH_3CH)_3N_2$	گيدراتسە تاميد
三乙砷			"三乙基砷" گە قاراڭز.
三乙胂	triethyl arsine	$(C_2H_5)_3As$	تريەتيل ارسين
三乙胂化溴羟	triethyl – arsine hydroxybromide	$(C_2H_5)_3 \cdot As(OH)Br$	تريەتيل ارسيندى گيدروكسيل بروم
三乙胂化溴氰	triethyl – arsine syanobromide	$(C_2H_5)_3 \cdot As(NH)Br$	تريەتيل ارسين – سياندى بروم
三乙锑	triethyl antimony	$Sb(C_2H_5)_3$	تريەتيل سۇرمە
三乙锡(基)	tin triethyl		تريەتيل قالايى
三乙酰胺	triacetamide	$(CH_3CO)_3N$	تريا تسەتاميد
三乙酰基甲基羟基萘醌	triacetyl methyl hydroxynaphthoquinon	$C_{17}H_{16}O_6$	تراسەتيل مەتيل – گيدروكسيل نافتوحينون
三乙酰焦棓酚	triacetyl pyrogallol		تريا تسەتيل پيروگاللول
三乙酰葡糖	triacetyl glucose	$C_6H_7O_2$	تريا تسەتيل گليۇكوزا
1,2,3 – 三乙氧基丙烷			"甘油三乙醚" گە قاراڭز.
三乙氧基甲硅烷	triethoxy – silane(silicane)	$(C_2H_5O)_3SiH$	تريەتوكسي سيلان
三乙氧基甲烷	triethoxy methane		تريەتوكسي مەتان
三乙氧基甲烷			"三乙氧基甲硅烷" گە قاراڭز.
三乙氧基铝	aluminium ethaxide	$Al(C_2H_5O)_3$	تريەتوكسي الۇمين
三乙氧基硼	triethoxy – boron	$B(OC_2H_5)_3$	تريەتوكسي بور
三异丙醇胺	triisopro panolamine		ۇش يزوپيروپانول امين
三异丙氧基铝	aluminium isopropoxide	$Al(C_2H_7O)_3$	"异丙醇铝" گە قاراڭز.
三异丁胺	tri – isobutylamine	$(C_4H_9)_3N$	ۇش يزو بۇتيلامين
三异丁基硼	tri – iso butyl – boron	$(C_5H_9)_3B$	ۇش يزوبۇتيل بور
三异戊胺	tri – iso amylamine	$(C_5H_{11})_3N$	ۇش يزواميلامين
三异戊基硼	tri – iso amyl – boron	$(C_5H_{11})_3B$	ۇش يزواميل بور
三异戊基锡化氯	tri – isoamyltion chloride	$[(CH_3)_2CHCH_2CH_2]_3SnCl$	ۇش يزواميل قالايلى حلور
三异戊精	tri – isovalerin	$(C_4H_9COO)_3C_3H_5$	ۇش يزوۋالەرين
三异辛胺	tri – iso octylamine		ۇش يزوۋوكتيلامين
三硬脂精	tristearin	$(C_{17}H_{35}COO)_3C_3H_5$	تريستەارين

三硬脂酸甘油酯		"三硬脂精" گه قاراڭـز.
三油精　triolein　$(C_{17}H_{33}COO)_3C_3H_5$		تريولەين
三油酸甘油酯		"三油精" گه قاراڭـز.
三油酸甘油酯皂　olein soap		ولەين سابىن
三元醇　trihydrixy alcohol		ئۇش نەگـزدى سپيرت
三元的　tribasic(=ternary)		ئۇش نەگـزدى
三元电解质　ternary electrolite		ئۇش نەگـزدى ەلەكترولىيت
三元酚　trihydric phenol		ئۇش نەگـزدى فەنول
三元过磷酸钙　triple super(phosphate)		ئۇش نەگـزدى اسقـن فوسفور
		قشقـل كالتسي
三元化合物　ternary compound		ئۇش نەگـزدى قوسـلـستار
三元混合物　ternary mixture		ئۇش نەگـزدى قوسپـالار
三元取代的		"三代的" گه قاراڭـز.
三元酸　tribasic acid		ئۇش نەگـزدى قشقـلدار
三元酸酯　tribasic ester		ئۇش نەگـزدى ەستەر
三元羧酸　tribasic carboxylic acid　$R\cdot(COOH)_3$		ئۇش نەگـزدى كاربوكسيل
		قشقـلى
三元液体系统　ternaryliquid system		ئۇش نەگـزدەك سۇيىقتـق جۇيەسى
三原子的　triatomic		ئۇش اتومـدى
三原子分子　triatomic molecula		ئۇش اتومـدى مولەكۇلا
三原子酚　triatomic phenol		ئۇش اتومـدى فەنول
三原子互变体系　triad prototropic system		ئۇش اتومـنـڭ ئوزارا وزگەرۇ جۇيەسى
三月桂精　trilaurin　$C_3H_5[COC(CH_2)_{10}CH_3]_3$		تريلاۇرين
三中心(型)反应　three-center(type)reaction		ئۇش سەنترلى (تيپتى)
		رەاكسيا
三重染料　triple dye		ئۇش ەسەلى بوياۇلار
三重碳-碳键　triple carbon-to-carbon linkage		ئۇش قايتالانعان
		كومـرتەك ـ كومـرتەكتەك بايلانس
三棕榈精　tripalmitin　$C_3H_5(O_2CC_{15}H_{31})_3$		تريپالميتين
三唑　pyrrdiazole(=diazole)　$C_2H_3N_3$		پيرروديازول، ديازول
1,2,3-三唑　1,2,3-triazole		1، 2، 3 ـ تريازول
1,2,4-三唑　1,2,4-triazole		1، 2، 4 ـ تريازول
三唑并吡嗪　2-v-triazolo[b]pyrazine　$C_4H_2N_4NH$		2 ـ v ـ تريازول [b]

پیرازین

三唑基	triazolyl	C₂H₂N₃ -	<div dir="rtl">تریازولیل</div>

三唑基　triazolyl　C₂H₂N₃ - تریازولیل

三唑啉　triazoline　C₂H₅N₃ تریازولین

三唑酮　triazolone　NHNHCONCH تریازولون

三唑烷　triazolidine　C₂H₇N₃ تریازولیدین

三唑烷基　triazolidinyl　C₂H₆N₃ - تریازولیدینیل

繖二酸(伞二酸)　umbellaric acid　C₈H₁₂O₄ ۇمبەللار قشقىلى

繖花基　cymyl سیمیل

繖花碱　cymidine سیمیدین

繖花烃　cymene　CH₃C₆H₄CH(CH₃)₂ سیمەن

繖柳酸　umbellulic acid　C₁₁H₂₂O₂ ۇمبەللۇل قشقىلى

繖柳酮　umbellulone　C₁₀H₁₄O ۇمبەللۇلون

繖酮酸　umbellonic acid　C₉H₁₄O₃ ۇمبەللون قشقىلى

繖形酸　umbellic acid　HOC₆H₄CHCHCOOH ۇمبەلل قشقىلى

繖形酸盐　umbellate　HOC₆H₄CHCHCOOM ۇمبەلل قشقىلمىنىڭ تۇزدارى

繖形酸酯　umbellate　HOC₆H₄CHCHCOOR ۇمبەلل قشقىل ەستەرى

繖形酮　umbelliferone　HOC₆H₃CHCHCOO ۇمبەللیفەرون

散得麦尔反应　Sandmeyer reaction ساندەمەيەر رەاكسیاسى

sang

桑橙素　maclurin　C₁₃H₁₀O₆H₂O ماكلۇرین

桑寄生醇　loranthyl alcohol لورانتیل سپیرتى

桑鞣酸　moringatannic acid مورینگاتاننین قشقىلى

桑色素　morin　C₁₅H₁₀O₇ مورین

桑酮　morindone　C₁₅H₁₀O₅ موریندون

sao

搔尔威红紫　solway purple سولۇاي قىزىل كۇلگىنى

搔尔威染料　solway colors سولۇاي بویاۇلارى

搔兰士林黑　solanthrene black سولانترەندى قارا

搔兰士林蓝　solanthrene blue سولانترەندى كوك

搔兰士林亮绿　solanthrene brilliantgreen　سولانترەندى جارقىراۆىق جاسىل

搔兰士林染料　solanthrene colors　سولانترەندى بوياۆلار

搔兰亭蓝　solantine blue　سولانتيندى كوك

搔兰亭染料　solantine colors　سولانتيندى بوياۆلار

搔兰亭桃红　solantine pink　سولانتيندى قىزعىلتىم

搔勒熏黄　soledon yellow　سولەدون سارسى

搔勒熏亮红紫　soledon brilliant purple　سولەدون جارقىراۆىق قىزىل كۆلگىنى

搔勒熏染料　soledon colors　سولەدون بوياۆى

搔卢醇　solurol　سولۆرول

搔早碘酸　sozoiodolic acid　$C_6H_4O_4I_2S$　سوزويودول قىشقىلى

搔早碘酸汞　mercury sozoiodolate　$C_6H_2O_4I_2SHg$　سوزويودول قىشقىل سىناپ

搔早碘酸钠　sodium sozoiodolate　$C_6H_3O_4I_2SNa$　سوزويودول قىشقىل ناترى

搔早碘酸锌　zinic sozoiodolate　$(C_6H_3O_4I_2S)_2Zn$　سوزويودول قىشقىل مىرىش

搔早碘酸盐　sozoiodolate　سوزويودول قىشقىلىنىڭ تۇزدارى

搔早酸　sozolic acid(= aseptol)　سوزول قىشقىلى، اسەپتول

扫描器　scanner　جايمالاعىش، سكاننەر

扫描式电子显微镜　scanning electron microscope　جايمالاعىش ەلەكتروندىق ميكروسكوپ

扫描遂道显微镜　scanning tunneling microscope STM　جايمالاعىش تۇتكتى (تۇننەلدى) ميكروسكوپ

se

色氨醇　tryptosol　تريپتوزول

色氨酸　tryptophane　$C_6H_4NHCHCC_2H_3(NH_2)COOH-$　تريپتوفان

色氨酸酶　tryptophanase　تريپتوفانازا

色氨酸脱羧酶　tryptophan decarboxylase　تريپتوفان كاربوكسيلازا

色氨酰　tryptophyl　$C_8H_6NCH_2CH(NH_2)CO-$　تريپتوفيل

色胺　tryptamine　$NHC_6H_4CCHCH_2CH_2NH_2$　تريپتامين

色胺化氢氯　"盐酸色胺" گە قاراڭىز．

色层分离　chromatographic fractionation　ئۇستى قاباتقا ايىرۆ، حروماتوگرافيالىق ايىرۆ

色层分离法　chromatography　تۇستەردى قاباتقا ايىرۆ ٴادسى،

		حروماتوگرافتاۋ
色层(分离)谱	chromatogram(= chromatography)	حروماتوگرامما
色层分析	chromatographic analysis	حروماتوگرافتىق تالداۋ
色层吸附	chromatographic adsorption	حروماتوگرافتىق ادسوربتسيا
色蛋白	chromoprotein	حرومو بروتەين
色淀	lakel(= lakes)	فانال
色淀红	lake red	فانال قىزىلى
色淀红 C	lake red C	فانال قىزىلى C
色淀红 P	lake red P	فانالى قىزىلى P
色淀红 R	lake red R	فانالى قىزىلى R
色淀红漆	Lake red paint	فانالدى لاكتار، فانالدى سىرلار
色淀染料	lake colors	فانالدى بوياۋلار
色淀猩红 3B	lake scarler 3B	فانال قىزعىلتىمى 3B
色酚	azatole	ازاتول
色基	chromophore	حرومو فور
色菌绿素		"绿菌素" گە قاراڭىز.
色料	coloring material(= colors)	بوياعىش ماتەريالدار، بوياعىشتار
色满	chroman	حرومان
色满基	chromanyl C_9H_9O-	حرومانيل
色满酮	chromanone	حرومانون
色谱法		"色层分离法" گە قاراڭىز.
色谱分离		"色层分离" گە قاراڭىز.
色谱柱	chromatographic colum	حروماتوگرافتاۋ باعاناسى
色朊	chromoprotein	حرومو پروتەين
色素	coloring material; pigment	بوياۋ تەكتەر، پيگمەنتتەر
色酮	chromone $C_9H_6O_2$	حرومون
色酮酚	chromonol	حرومونول
色烯	chromene	حرومەن
色原	chromogen	حروموگەن
色纸	chromo paper	رەڭدى قاعاز، ٴتۇستى قاعاز
铯(Cs)	cesium (Cs)	سەزي (Cs)
铯钒	cesium alum	سەزيلى اشۇداس

铯铷矾　cesium rubidium alum　　سـەزي ــ رۇبييدىلى اشۇؤداس

铯铟矾　cesium indium alum　　$CsIn(SO_4)_2 \cdot _{12}H_2O$　　سـەزي ــ ينديلى اشۇؤداس

瑟丹交酯　sedanolid(e)　　$C_{12}H_{18}O_2$　　سەدانوليد

色丹酮酐　sedanonic anhydride　　$C_{12}H_{18}O_3$　　سەدانون انگيدريدتى

瑟它酰颜色　setacyl colors　　سەتاتسيل رەڭى ('تۇسى)

瑟它酰直接紫　setacyl direct violet　　سەتاتسيل تىكەلەي كۆلگىنى

瑟陶花青O　setocyanine O　　سەتوسيانين O

瑟瓦地灵　cevadilline　　سەۆاديللين

瑟瓦定　cevadine　　$C_{32}H_{49}O_9N$　　سەۆادين

瑟瓦酸　cevadic acid　　$CH_3CHC(CH_3)COOH$　　سەۆا قىشقىلى

瑟文　cevine　　$C_{27}H_{43}O_8N$　　سەۆين

seng

僧托烷　syntropan　　سينتروپان

sha

沙巴春　sabatrine　　$C_{51}H_{86}O_{17}N$　　ساباترين

沙巴达　sabadilla　　ساباديللا

沙巴达碱　　"沙巴定" گە قاراڭىز.

沙巴底林　　"沙巴灵" گە قاراڭىز.

沙巴定　sabadine　　$C_{29}H_{51}O_8N$　　سابادين

沙巴定宁　sabadinine　　$C_{29}H_{43}NO_3$　　سابادينين

沙巴碱　　"沙巴定宁" گە قاراڭىز.

沙巴灵　sabadilline　　$C_{34}H_{53}O_3N$　　سابادىللين

沙巴酸　sabadillic acid　　سابادىل قىشقىلى

沙波明　sabromin　　$Ca(C_{22}H_{41}O_2Br_2)_2$　　سابرومين

沙丁(鱼)油　sardin oil　　ساردىن (بالىق) مايى

沙尔苏林　　"猪毛莱碱" گە قاراڭىز.

沙芬酸　sabinenic acid　　سابينەن قىشقىلى

沙夫卡因　sovcaine　　سوۆكاين

沙利比林　salipyren(＝salipyrine)　　$C_{18}H_{18}O_4N_2$　　ساليپيرەن، ساليپييتين

沙利尔干　salirgan　$C_{13}H_{16}O_6NHgNa$　ساليرگان

沙里特　salit　ساليت

沙啉　thalline　$CH_3OC_9H_{10}N$　تاللين

沙纶　saran　ساران

沙诺赛宁　"ساران" گە قاراڭىز. "سالراگان"

鲨胆固醇　scymnol　سيمنول

鲨胆甾醇　"鲨胆固醇" گە قاراڭىز.

鲨肝醇　batyl alcohol　باتيل سپيرتى

鲨油醇　selachyl alcohol　سەلاحيل سپيرتى

鲨油酸　selacholeic acid　سەلاحول قشقىلى

砂肥皂　sand soap　ئۆزدى سابىن، سىقى سابىن

砂金　alluvial gold　كەبەك التىن

砂纸　sand paper　قۇم قاغاز، ئۇرپى قاغاز، سىقى قاغاز

杀虫粉　insect powder　قۇرت قىرعىش ۇنتاق

杀虫剂　intecticide　قۇرت قىرعىش ئدارى

杀虫油　insecticide oil　قۇرت قىرعىش ماي

杀菌剂　bactericide(= fungicide)　باكتەريا قىرعىش ئدارى

杀螨剂　acaricide　اكاريتسيد

杀螨醚　neotran　نەوتران

杀螨酯　chlorfenson　حلورفەنسون

杀霉定　fungicidine　فۇڭگيتسيدين

杀螟松　sumithion(= fenitrothion)　سۇميتيون، فەنيتروتيون

杀啮齿类剂　"杀鼠剂" گە قاراڭىز.

杀鼠剂　rodenticide　تىشقان قىرعىش ئدارى

杀鼠灵　warfarin　ۋارفارين

杀鼠酮　pindone　پيندرون

杀细菌素　bactericide　باكتەريتسيد

shan

山扁豆酸　cassin acid　كاسسين قشقىلى

山扁豆油　cassia oil　كاسسيا مايى

山达脂　sandarac　ساندارالك

山道年 santonin $C_{15}H_{28}O_3$	سانتونين
山道年酸 santoninic acid $C_{15}H_{20}O_4$	سانتونين قشقىلى
山道年酸酯 santoninate	سانتونين قشقىل ەستەرى
山道年肟 santonin oxime $C_{15}H_{18}O_2(NOH)$	سانتونين وكسيم
山道士林 sandothrene	ساندوترەن
山道士林蓝 sandothrene blue	ساندوترەندى كوك
山道士林染料 sandothrene colors	ساندوترەندى بوياۋلار
山道士林深蓝 sandothrene dark blue	ساندوترەندى قانىق كوك
山道士林桃红 sandonthrene pink	ساندوترەندى قىزعىلت
山道酸 santonic acid $C_{15}H_{20}O_4$	سانتون قشقىلى
山道酸酐 anhydride of santonic acid	سانتون قشقىلىنىڭ انگيدريدتى
山地酶 orinase	ورينازا
山豆根可林 dauricoline	داۋرىكولين
山豆根诺林 daurinoline	داۋرينولين
山梗莱碱 lobeline	لوبەلين
山梗莱烷 lobelane	لوبەلان
山梗莱烷定 lobelanidine	لوبەلانيدين
山梗莱烷碱 lobelanine	لوبەلانين
山核桃碱 caryin $C_7H_8O_3N_4H_2O$	كاريين
山榄碱 sapotin $C_{29}H_{52}O_{20}$	ساپوتين
山榄裂碱 sapotinetin $C_{17}H_{32}O_{10}$	ساپوتينەتين
山榄烯 sapotalene $C_{13}H_{14}$	ساپوتالەن
山莨菪碱 anizodamine	انيزودامين
山梨腈 sorbonitrile	سوربونيتريل
山梨配质 sorigenin	سوريگەنين
山梨酸 sorbic acid $CH_3(CH)_4COOH$	سوربي قشقىلى
山梨酸钾 potassium sorbate	سوري قشقىل كالي
山梨酸酯 sorbate $CH_3CHCHCH_2CHCOOH$	سوربي قشقىل ەستەرى
山梨糖 sorbose $C_6H_{12}O_6$	سوربوزا
山梨糖醇 sorbitol $HOCH_2(CHOH)_4CH_2OH$	سوربيتول
山梨糖醇酐 sorbitan $HOCH_2CHOHCHCHOHCHOHCH_2O$	سوربيتان
山梨糖醇六醋酸酯 sorbitol hexaacetate $C_6H_8O_6(COCH_3)_6$	سوربيتول گەكسان
	سىركە قشقىل ەستەرى

山梨糖酮酸	sorburonic acid	سوربۇرون قشقلى
山罗林	sanorin	سانورين
山毛榉杂酚油		"木杂酚油" گه قاراڭز.
山梅炔酸	ximenynic acid	كسيمەنين قشقلى
山奈酚	kaempferol	كاەمپفەرول، كەمپفەرول
山羊豆碱	galagine $C_6H_{13}N_3$	گالاگين
山嵛苯酮	behenophenone $C_6H_5CO(CH_2)_{20}CH_3$	بەگەنوفەنون
山嵛醇	behenyl alcohol $CH_3(CH_2)_{21}OH$	بەگەنيل سپيرتى
山嵛萘酮	behenonaphthone $C_{10}H_7CO(CH_2)_{20}CH_3$	بەگەنونافتون
山嵛炔酸	behenolic acid $C_8H_{17}CC(CH_2)_{11}COOH$	بەگەنول قشقلى
山嵛酸	behenic acid $CH_3(CH_2)_{20}COOH$	بەگەن قشقلى
山嵛酸甲酯	methyl behenate $C_{21}H_{43}CO_2CH_3$	بەگەن قشقل مەتيل ەستەرى
山嵛酮	behenone $CH_3(CH_2)_{20}CO(CH_2)_{20}CH_3$	بەگەنون
山嵛酰萘		"山嵛萘酮" گه قاراڭز.
山嵛氧酸	behenoxylic acid $CH_3(CH_2)_7COCO(CH_2)_{10}CH_2COOH$	بەگەنوكسيل قشقلى
山楂酸	crataegic acid	دولانا قشقلى
山竹果油	mangosteon oil	مانگوستەن مايى
钐(Sm)	samarium	سامارى (Sm)
珊氨酸	gorgoin acid	گورگونين قشقلى
山硬蛋白	gorgonin	گورگونين
山硬朊		"山硬蛋白" گه قاراڭز.

shang

熵	entropy	ەنتروپيا
熵变	entropy change	ەنتروپيا وزگەرسى
熵的增加	entropy increase	ەنتروپيانىڭ ارتۇى
熵判据	entropy criteion	ەنتروپيالىق تۇجىرىم نەگىزى
熵增原理	principle of entropy increase	ەنتروپيانىڭ ارتۇ قاعيداسى
商陆毒	phytolaccotoxin $C_{24}H_{38}O_8$	فيتولاكسوتوكسين
商陆碱	phytolaccine	فيتولاكسين
商陆精	ombuine	ومبۇين

商陆素	phytolaccin	فيتولاكتسين
商陆酸	phytolaccin acid	فيتولاكتسي قىشقىلى
商品苯	comercial benzol	تاۋارلىق بەنزول
商品催化剂	commercial catalyst	تاۋارلىق كاتاليزاتور
商品丁烷	commerial butane	تاۋارلى بۇتان
商品肥料	commercial fertilizer	تاۋارلىق تەڭايتقىش
商品分析	commercial analysis	تاۋارلى تالداۋ
商品钢	merchant steel	تاۋارلىق بولات
商品化学	commercial chemistry	تاۋار حيمياسى، كوممەرتسيال حيميا
商品级	commercial grade	تاۋارلىق دارەجەسى
商品级染料	commercial grade fuel	تاۋارلىق دارەجەدەگى جانار زاتتار
商品汽油	commercial gasoline	تاۋارلىق بەنزين
商品染料	commercial(= merchantable) fuel	تاۋارلى جانار زات، تاۋار وتىن
商品润滑油	commercial lubricating oil	تاۋارلىق جاعىن ماي
商品天然气	commercial natural gas	تاۋارلىق تابيعي ماي
商品铁	merchant iron	تاۋارلىق تەمىر
商品纤维	commercial celluse	تاۋارلىق سەلليۋلوزا
商品锌	spelter	تاۋارلىق مىرىش
商品脂环酸	commercial naphthenic acid	تاۋارلىق نافتەن قىشقىلى
商业溶剂	commercial solvent	تاۋارلىق ەرىتكىش
商业皂	commercial soap	تاۋارلىق سابىن
伤寒毒	typhotoxin	تيفوتوكسين
上层清液	supernatant	ۇستىڭگى قاباتتاعى تۇنىق سۇيىقتىق
上行色层分离(法)		"上行色谱(法)" گە قاراڭىز.
上行色谱(法)	ascending chromatography	جوعارى قاراي حروماتوگرافتاۋ

shao

烧杯	beaker	حيميالىق ستاكان، قىزدىرۋ ستاكانى
烧杯夹	beaker stamp	حيميالىق ستاكان قىسقىشى
烧苯胺蓝	azulin	ازۋلين
烧碱	caustic soda	كۇيدىرگىش سودا، كۇيدىرگىش ناتري
烧碱石棉剂	ascarite	اسكاريت

烧结 sintering	سورلاندىرۇ، كەسەكتەۇ، كۇيدىرىپ بايلاندىرۇ
烧结玻璃 sintered glass	كۇيدىرىلگەن ئىينەك (شنى)
烧结玻璃滤器 sintered – glass filter	كۇيدىرىلگەن شنى سۇزگىش
烧结催化剂 sintered catalyst	كۇيدىرىلگەن كاتالىزاتور
烧明矾 brunit alum	كۇيدىرىلگەن اشۇداس
烧瓶 flask	كولبا
烧瓶颈 flask neck	كولبا موينى
烧瓶刷 flask brush	كولبا شوتكىسى
烧石膏 calcined gypsum	كۇيدىرىلگەن گيپس
烧铁催化剂 sintercd iron catalyst	كۇيدىرىلگەن تەمىر كاتالىزاتور
烧制磷肥 calcined phosphate	كۇيدىرىلگەن فوسفورلى تەڭايتقىش
芍药醇 peonol $C_9H_{10}O_3$	پەونول
芍药碱 peonine	پەونين
芍药精 peonin(= aurine)	پەونين، ئاۇرين

she

蛇床烷 selinane	سەلينان
蛇床烯 B – selinene	B ـ سەلينەن
蛇根碱 serpentine	سەرپەنتين
蛇根碱素 serpentin	سەرپەنتين
蛇根宁 serpinine	سەرپينين
蛇根平 serpine	سەرپينين
蛇根树脂酸 aristidic acid	اريستيدين قىشقىلى
蛇根酸 sristic acid	اريستين قىشقىلى
蛇根亭宁 serpentinine	سەرپەنتينين
蛇根甾醇 serposterol	سەرپوستەرول
蛇麻鞣酸 humulotannic acid	قۇلماق مالما قىشقىلى
蛇麻酮 lupulone	لۇپۇلون
蛇麻腺酸 lupulinic acid	لۇپۇلين قىشقىلى
蛇肉碱 orphidine	ورفيدين
蛇头宁 chelonin	حەلونين
蛇头素 chelonoid	حەلونويد

蛇纹石　serpentine	سەرپەنتين
摄氏温度(℃)　celsius temperature	سەلتسي تەمپېراتۇرا (℃)
摄氏温度计　celsius thermometer	سەلتسي تەرمومەتر، ئجوز گرادۇستىق تەرمومەتر
射锕　radio‐actinium	رادىواكتىيۆتلاك اكتينى
射氮	"放射性氮" گە قاراڭمز.
射碲　radio tellurium	رادىواكتىيۆتلاك تەللۇر
射碘	"放射性碘" گە قاراڭمز.
射钙　radio‐calcium	رادىياكتىيۆتلاك كالتسي
射干定　belmacamdin	بەلماكامدىن
射干配质　belmacamgenin	بەلماگامگەنىن
射钴	"放射性钴" گە قاراڭمز.
射镓　radiogallium	رادىياكتىيۆتلاك گاللي
射钾	"放射性钾" گە قاراڭمز.
射解作用　radiolysis	رادىولىز، رادىواكتىيۆتلاك ددىراۋ
射金　radio‐gold	رادىواكتىيۆتلاك التىن
射磷　radio‐phosphorus	رادىواكتىيۆتلاك فوسفور
射硫	"放射性硫" گە قاراڭمز.
射氯　radiochlorine	رادىواكتىيۆتلاك حلور
射镁　radiomagnesium	رادىواكتىيۆتلاك ماگنى
射纳	"放射性纳" گە قاراڭمز.
射铅	"放射性铅" گە قاراڭمز.
射锶	"放射性锶" گە قاراڭمز.
射钽　radio tantalum	رادىواكتىيۆتلاك تانتال
射碳	"放射性碳" گە قاراڭمز.
射铁	"放射性铁" گە قاراڭمز.
射钍　radio‐thorium	رادىواكتىيۆتلاك تورى
射线　ray(=rays)	ساۋلە
α‐射线　α‐ray	الفا ساۋلە
β‐射线　β‐ray	بەتا ساۋلە
γ‐射线　γ‐ray	گامما ساۋلە
χ‐射线　χ‐ray	رەنتگەن ساۋلەسى

射线化学	actinism	رادىئواكتىپتىك ساۋلە ھىمىياسى
射线学	actinology	اكتىنولوگىيا
麝香	musk	جۆپار

麝香草酚　"百里酚" گە قاراڭىز.

麝香草醌　"百里醌" گە قاراڭىز.

| 麝香草萜 | thymene | تىمەن |

麝香草油　"百里油" گە قاراڭىز.

麝香二甲苯　"二甲苯麝香" گە قاراڭىز.

麝香氢醌　"百里氢醌" گە قاراڭىز.

麝香酮　musk ketone(＝muskone)　$CH_3H_{15}CH_{27}O_5$　جۆپار كەتون، مۇسكون

麝子油醇　farnesol　فارنەزول

shen

娠烷	pregnane	پرەگنان
娠烷醇酮	pregnanolone	پرەگنانولون
娠烷二醇	pregnandiol $C_{21}H_{36}O_2$	پرەگناندىيول
娠烷酮	preganone	پرەگنانون
娠烯	pregnene	پرەگنەن
娠烯醇酮	pregnenolone	پرەگنە نولون
娠烯二酮	pregnendione	پرەگنەندىيون
深度冷却	deep refrigeration	تولىق سۆنتۈ، ابدەن سۆنتۈ
深度裂化	deep cracking	تولىق بولشەكتەۇ، پارشالاۇ
深谷醇	khusol	كۇزرول
深红色	deep red color	كۇرەڭ قىزىل ئۆس، قانىق قىزىل ئۆس
深色	deep color	قويۇ ئۆس، قانىق ئۆس
深色剂	saddening agent	ئۆس قويۇۇلاتقىش اگەنت
深色团	bathochrome	قويۇ ئۆس رادىيكالى، قويۇۇلانۇ رادىيكالى
深色效果	bathochromic effect	قويۇ ئۆس ەففەكتى، قويۇۇلانۇ ەففەكتى
深棕色	dark brown	قانىق قىزىل قوڭۇر ئۆس
申纳德蓝	thenard blue $Co(AlO_2)_2; Al_2(CoO_4)$	تەنار كوگى
砷(As)	arsenium	ارسەن (As)
砷氯杂蒽		

"吩砒嗪" گه قاراڭـز.

砷的氯化物　hydride of arsenic　AsH₃　ارسەننىڭ سۇتەكتى قوسىلىستارى

砷粉　arsenic powder　As₂O₅　ارسەن ۇنتاعى، ارسەن بەس توتعى

砷化　arsenolite　As₂O₃　ارسەنولىت، ارسەن ۇش توتعى

砷化钡　barium arsenide　Ba₃As₂　ارسەندى بارى

砷化镓　gallium arsenide　ارسەندى گاللى

砷化锂　lithium arsenide　Li₃As　ارسەندى لىتى

砷化镁　magnesium arsenide　Mg₃As₂　ارسەندى ماگنى

砷化钠　sodium arsenide　Na₃As　ارسەندى ناترى

砷化镍　nikel arsenide　NiAs　ارسەندى نىكەل

砷化氢　　"砷化三氢" گه قاراڭـز.

砷化三氢　arsenic trihydride　AsH₃　ارسەندى ۇش سۇتەگى

砷化锶　strontium arsenide　Sr₃As₂　ارسەندى سترونتسى

砷化锑　arsenical antiminy　AsSb　ارسەندى سۇرمە

砷化铁　arsenical iron　FeAs₂　ارسەندى تەمىر

砷化铜　copper arsenide (= arsenical copper)　Cu₃As　ارسەندى مىس

砷化物　arsenide　ارسەنىد، ارسەندى قوسىلىستار

砷化铟　indium arsenide　ارسەندى يندى

砷化银　silver arsenide　ارسەندى كۇمىس

砷镜　arsenic mirror　① ارسەندى اينا؛ ② شاعىلىستىرعىش ارسەندى اينا

砷石灰　arsenic lime　ارسەندى اك

砷受体　arsenoceptor　ارسەن تاسۇشى

砷酸　arsenic acid　H₃AsO₄　ارسەن قىشقىلى، كۇشان قىشقىلى

砷酸铵　ammonium arsenate　ارسەن قىشقىل اممونى

砷酸钡　barium arsenate　Ba(AsO₃)₂　ارسەن قىشقىل بارى

砷酸铋　bismuth arsenate　ارسەن قىشقىل بيسمۇت

砷酸二氢铵　ammonium dihydrogen arsenate　(CN₄)H₂AsO₄　قوس قىشقىل
ارسەن قىشقىل اممونى

砷酸二氢钙　calcium biarsenate　Ca(H₂AsO₄)₂　قوس قىشقىل ارسەن قىشقىل
كالتسى

砷酸二氢钾　potassium dihydrogen arsenate　KH₂AsO₄　قوس قىشقىل ارسەن
قىشقىل كالى

砷酸二氢钠　sodium dihydrogen arsenate　NaH₂AsO₄　قوس قىشقىل ارسەن

قشقمل ناتري

砷酸二氢铅　lead dihydro arsenate　$Pb(H_2AsO_4)_2$ قوس قشقمل ارسەن قشقمل

قورعاسىن

砷酸二氢盐 "二酸式砷酸盐" گە قاراڭىز.

砷酸钙　calcium arsenate　ارسەن قشقمل كالتسي

砷酸酐　arsenic acid anhydryde　ارسەن قشقمل انگيدريدتى

砷酸汞　mercury arsenate　ارسەن قشقمل سناپ

砷酸钴　cobaltous arsenate　$Co_3(AaO_4)_2$　ارسەن قشقمل كوبالت

砷酸钾　potassium arsenate　ارسەن قشقمل كالي

砷酸锂　lithium arsenate　Li_3As　ارسەن قشقمل ليتي

砷酸铝　aluminum arsenate　ارسەن قشقمل الۇمين

砷酸镁　magnesium arsenate　$Mg_3(AsO_4)_2$　ارسەن قشقمل ماگني

砷酸镁铵　ammonium magnesium arsenate　$Mg(NH_4)AsO_4$　ارسەن قشقمل

ماگني – امموني

砷酸锰　manganous arsenate　$Mn_3(AsO_4)_2$　ارسەن قشقمل مارگانەتس

砷酸钠　sodium arsenate　$NaAsO_3$　ارسەن قشقمل ناتري

砷酸镍　nicelous arsenate　$Ni(AsO_4)_2$　ارسەن قشقمل نيكەل

砷酸铅　lead arsenate　Pb_3AsO_4　ارسەن قشقمل قورعاسىن

砷酸氢钡　barium hydrogen arsenate　$BaHAsO_4$　قشقمل ارسەن قشقمل باري

砷酸氢二钾　dipotassium hydrogen arsenate　قشقمل ارسەن قشقمل قوس

كالي

砷酸氢二钠　sodium hydrogen arsenate　Na_2HAsO_4　قشقمل ارسەن قشقمل

قوس ناتري

砷酸氢镉　cadmium arsenate　قشقمل ارسەن قشقمل كادمي

砷酸氢镁　magnesium hydrogen arsenate　$MgHAsO_4$　قشقمل ارسەن قشقمل

ماگني

砷酸氢铅　lead hydrogen arsenate　$PbHAsO_4$　قشقمل ارسەن قشقمل قورعاسىن

砷酸氢锶　strontium hydrogen arsenate　قشقمل ارسەن قشقمل سترونتسي

砷酸铁　ferric arsenate　$FeAsO_4$　ارسەن قشقمل تەمىر

砷酸铜　cupric arsenate　$Cu_3(AsO_3)_2$　ارسەن قشقمل مىس

砷酸锌　zinc arsenate　ارسەن قشقمل مىرىش

砷酸亚汞　mercurous arsenate　ارسەن قشقمل شالا توتىق سناپ

砷酸亚铁　ferrous arsenate　ارسەن قشقمل شالا توتىق تەمىر

砷酸盐 arsenate		ارسەن قىشقىلىنىڭ تۇزدارى، ارسەناتتار
砷酸氧硼 boryl arsenate	$(BO)AsO_3$	ارسەن قىشقىل بوريل
砷酸一钠 mono sodium arsenate	NaH_2AsO_4	ئبىر ناتري ارسەن قىشقىلى
砷酸一氢盐 monohydric orthoarsenate	M_2HAsO_4	ئبىر سۇتەكتى ارسەن قىشقىلىنىڭ تۇزدارى
砷酸银 silver arsenate	$AgAsO_4$	ارسەن قىشقىل كۇمىس
砷钨酸 arsenowolframic acid	$As_2O_5 \cdot 24WO_3 \cdot 7HO$	ارسەن ۋولفرام قىشقىلى
砷油 arsenic butter		ارسەندى ماي
砷杂		"砒" گە قاراڭىز.
砷杂萘		"砒啉" گە قاراڭىز.
砷皂 arsenical soap		ارسەندى سابىن
砷族 arsenic family		ارسەن گرۇپپاسى
砷组 arsenic group		ارسەن گرۇپپاسى، ارسەن توبى
鉮 arsonium		ارسون
胂 arsine	AsH_2	ارسين
胂叉 arsylene	$HAs-$	ارسيلەن
胂凡纳明 arsphenamine		ارسفەنامين
胂化氧 arsine oxide	$R_3 \cdot As \cdot O$	ارسين توتەعى
胂基 arsino-, arsyl	H_2As-	ارسينو- ، ارسيل
胂基乙烷 arsino-ethane	$C_2H_5AsH_2$	ارسينوەتان
胂酸 arsonic acid		ارسون قىشقىلى
胂酸盐 arsonate	$R \cdot AsO(OM)_2$	ارسون قىشقىلىنىڭ تۇزدارى
胂羧基 arsono-	$(HO)_2OAs-$	ارسونو-
胂氧		"胂化氧" گە قاراڭىز.
神经氨基醇 spingosine		سفينگوزين
神经氨酸 neuraminic acid		نەۋرامين قىشقىلى
神经定 neurodine	$C_5H_{19}N_2$	نەۋرودين
神经碱 neurine	$CH_2CHN(CH_3)_3OH$	نەۋرين
神经角朊 neurokeratin		نەۋروكەراتين
神经节甙脂 ganglioside		گانگليوزيد
神经鞘氨醇		"鞘氨醇" گە قاراڭىز.
神经鞘类脂物		"鞘类脂物" گە قاراڭىز.
神经鞘磷脂		

"鞘磷脂" گە قاراڭىز.

神经鞘磷脂酸　sphingo myelinic acid　سفينگومىيەلين قشقىلى

神经鞘糖脂　siphingo glycolipid　سفينگوگلىۋ كولىپيد

神经鞘硬脂酸　sphingostearic acid　سفينگو ستەرارىن قشقىلى

神经球朊　neuroglobulin　نەۋروگلوبۇلين

神经球朊　neuroprotein　نەۋروپروتەين

神经酸　nervonic acid　نەرۋون قشقىلى

神经错乱性毒气　nervo gas　نەرۋ گازى

肾上腺皮质激素　adrenal cortex hormone　بۇيرەك ۇستى بەزى قىرتس گورمونى

肾上腺皮甾酮　corticosterone　كورتيكوستەرون

肾上腺素　adrenaline(= epinephrine)　$C_6H_3(OH)_2(CHOHCH_2NHCH_3)$、 ادرەنالين، ەپينەفرين

肾上腺素红　adrenochreme　$C_9H_8O_3N$　ادرەنوحروم

肾上腺甾酮　　"肾上腺皮质甾酮" گە قاراڭىز.

肾素　renin　رەنين

渗出　exudation　سعەلىپ شعۋ

渗出物　exudate　سعەندى، سعەندى زات

渗出液　diffusate(= exudate)　سعەندى سۇيىقتىق، ديالىزات

渗滤　percolation　سۇڭرىپ سۇزۋ

渗滤器　percolater　سۇڭرىپ سۇزگىش

渗摩　osmol　وسمول (شايىر كەسپەلتەك)

渗氢(性)试验　hydrogen permeability test　سۋتەك سۇمىرۋ سىناعى

渗碳　cement carbon　كومىرتەك سۇڭىرۋ

渗碳钢　cement steel　كومىرتەك سۇڭىرىلگەن بولات

渗碳体　cementite　كومىرتەك سۇڭىرىلگەن دەنە

渗碳铜　cement copper　كومىرتەك سۇڭىرىلگەن مىس

渗透　osmosis　وسموس، ۇتۋ، سۇڭۋ

渗透池　osmotic ceel　وسموستىق كولشەك

渗透当量　osmotic equivalent　وسموستىق ەكۆيۆالەنت

渗透剂　penetrating agent, penetrator　سۇڭرگىش اگەنت

渗透计　osmometer　وسمومەتر

渗透试验器　osmoscope　وسموسكوپ

渗透天平　osmotic balance　　　　　　　　وسموستىق تارازى

渗透系数　osmotic coefficient　　　　　　وسموستىق كوەففيتسەنت

渗透性　perme ability　　　　　　　وتكزگمش سىڭگرگمش، سىڭگمش

渗透性土壤　permeable soil　　　وتكزگمش توپىراق، سىڭگرگمش توپىراق

渗透压　osmotic pressure　　　　　　　　وسموستىق قىسىم

渗透压力测定(法)　osmometry　　وسموستىق قىسىم كۇشتى ولشەۋ

渗透压力计　　　　　　　"渗透计" گە قاراڭىز.

渗透亚梯度　ocmotic pressure gradiene　وسموستىق قىسىم گراديەنتى

渗透值　osmotic value　　　　　　　　وسموس ٴمانى

渗透(作用)　osmose(= osmosis)　　　وسموستىق (اسەر)

渗析　dialysis(= dialyze)　　　　　　　　ديالىز

渗析膜　dialyzer　　　　　　ديالىزدىك پەردە، ديالىزاتور

渗析器　dialyzer　　　　　　ديالىزدەگمش، ديالىزاتور

渗析液　dialyzate　　　　　　　　　ديالىزات

渗析纸　dialyzing paper　　　　　　ديالىزدىك قاعاز

渗压计　　　　　　　　"渗透计" گە قاراڭىز.

sheng

声化学　phono chemistry　　　　فونوحيميا، دببستىق حيميا

声化学反应　phonochemical reaction　فونوحيميالىق رەاكسيا

声学　acoustics　　　　　　　　　اكۇستيكا

生莱油　salad oil　　　　　　　　سالات مايى

生成　formation　　　ٴتۇزىلۋ، قالىپتاسۋ، فورمالانۋ

生成胶质的烃　　　　　　"胶质形成烃" گە قاراڭىز.

生成胶质的物质　　　　　"胶质形成物" گە قاراڭىز.

生成焦质酸类　　　　　　"聚环烷酸" گە قاراڭىز.

生成热　　　　　　　"形成热" گە قاراڭىز.

生成物　product(= resultant)　　　تۇزىلگەن زات

生成自由能　free energy of formation　ەركىن ەنەرگيا پايدا بولۋ

生活素　　　　　　　"生物素" گە قاراڭىز.

生姜醇　shogaol　$C_{17}H_{24}O_3$　　　　　شوگاۋل

生理化学　physiological chemistry　فیزیولوگیالىق حیمیا

生理还原(作用)　physiological reduction　فیزیولوگیالىق توتقسزدانۇ

生理活动(性)　physiological activity　فیزیولوگیالىق اكتیۋتىك

生理平衡　physiological equilibrium　فیزیولوگیالىق تەپە ـ تەڭدىك

生理溶液　physiological solution　فیزیولوگیالىق ەرىتمەندى

生理学　physiology　فیزیولوگیا

生理盐水　physiologic saline (= normal saline)　فیزیولوگیالىق تۇزدى سۇ

生理氧化(作用)　physiological oxidation　فیزیولوگیالىق توتىعۇ

生麦芽糖淀粉酶　maltogenic amylase　مالتوگەندى امىلازا، مالتوگەن امىلازا

生酶素　.قاراڭز "前酵素" گە

生命必要元素　bioelement　بیو ەلەمەنتتەر

生命分子　biomolecule　بیو مولەكۇلا

生命粒子　biomone　بو بولشەكتەر

生啤酒　draft beer　شیكى سىرا

生气剂　① blowing agent; ② inflating agent　گاز داندىرعىش اگەنت، قابارتقىش اگەنت

生色团　.قاراڭىز "发色团" گە

生石膏　gypsum(= calcium sulfate)　شیكى گیپس، كۇیدىرىلمەگەن گیپس

生石灰　quick lime(= calcium lime)　سۇندىرىلمەگەن اك

生糖激素　glycotropic hormon　قانت پایدا قىلاتىن گورمون

生甜团　glucophore　گلیۋكوفور

生铁　cast iron　سویىن

生酮激素　ketogenic hormon　كەتون پایدا قىلاتىن گورمون

生酮(作用)　(كەتون پایدا بولۇ (رولى

生物催化剂　biocatalyst　بیولوگیالىق كاتالیزاتور

生物分析　bioanalysis　(بیولوگیالىق تالداۇ (ەادسى

生物高分子　biopolymer　بیوپولیمەر، بیوسفەرا

生物合成　biosynthesis　بیولوگیالىق سینتەز

生物化学　biochemistry　بیوحیمیا

生物化学还原　biochemical reduction　بیولوگیالىق توتقسزدانۇ

生物化学原理　biochemical theory　بیولوگیالىق قاعیدا

生物活性　biological activity　بیولوگیالىق اكتیۋتىك

生物碱　alkoloid　الكالوید، بیولوگیالىق ٴسىلتى

生物碱试剂　alkaloid reagent	الكالۇيدتىق رەاكتيۋ
生物鉴定(法)　bioassay	بيولوگيالىق انىقتاۋ
生物降解　biodegradation	بيولوگيالىق ىدىراۋ
生物胶体　biocolloid	بيولوگيالىق كوللۇيد
生物渗透(现象)　bio‒osmos	بيولوگيالىق وسموس (قۇبىلىسى)
生物试验　biologic test	بيولوگيالىق سىناق
生物素　biotin(＝vitamin H)　$C_{10}H_{18}O_3N_2S$	بيوتين ، ۆيتامين H
生物素砜　biotin‒sulfon	بيوتين سۇلفون
生物素甲醚　biotin methyl ether　$C_{11}H_{18}O_3N_2S$	بيوتين مەتيل ەفيرى
生物物理化学　biophysical chemistry	بيوفيزيكالىق حيميا
生物物理学　biophysics	بيوفيزيكا
生物效能	"生物活性" گە قاراڭىز.
生物效应　biological effect	بيولوگيالىق ەففەكت
生物性(发)光　bioluminescence	بيولوگيالىق جارىق شەغارۋ
生物学　biology	بيولوگيا
生物氧化　biological oxidation	بيولوگيالىق توتعۇ
生橡胶　raw rubber	شيكى كاۋچۇك
生锈　rustiness, rusting	تاتتانۇ، تات باسۇ
生血素　hematopoietin	گەماتوپويەتين
生育胺　tocopherylamine	توكوفەرىلامين
生育酚　tocopherol(＝vitamin E)	كوكوفەرول، ۆيتامين E
α‒生育酚　α‒tocopherol(＝vitamin E₁)	α ‒ توكوفەرول، ۆيتامين E₁
β‒生育酚　β‒tocopherol(＝vitamin E₂)	β ‒ توكوفەرول ۆيتامين E₂
生育醌　tocopherol quinone	توكوفەرول حينون
牲粉	"动物淀粉" گە قاراڭىز.
升(L)　litre(＝liter)	ليتر (L)
升胺　sublamine	سۇبلامين
升汞　sublimate(＝corrosive sublimate)　$HgCl_2$	الماس، ەكى حلورلى سىناپ
升华　sublime	ۇوزگونكا (بۇدى قاتتى دەنەگە، قاتتى دەنەنى قايتادان بۇعا ينالدىرۇ)
升华白铅　sublimed white lead	ۇوزگونكالانعان اق قورعاسىن
升华碘　sublimed iodine	ۇوزگونكالانعان يود
升华干燥　sublimation drying	ۇوزگونكالانىپ قۇرعاۋ (كەبۇ)
升华硫　sublimed sulfur	ۇوزگونكالانعان كۇكىرت

升华皿	subliming pot	ۋوزگونكالاۋ يدسى
升华器	sublimator	ۋوزگونكالاعىش
升华热	sublimation heat	ۋوزگونكالانۇ جلۇى
升华物	sublimate	ۋوزگونكالانعان زات
升华作用	sublimation	ۋوزگونكالانۇ (رولى)
升瓶	litre flask	ليترلىك كولبا
剩余氮	residual nitrogen	قالدىق ازوت
剩余的	residual	اسپ قالۇ، ارتپ قالۇ، قالدىق
剩余电荷	residual charge	قالدىق زارياد
剩余电流	residual current	قالدىق توك
剩余电容	residual capacity	قالدىق (توك) سيمدىلىق
剩余(化合)价	residual valence	قالدىق ۆالەنت
剩余价力	residual valence force	قالدىق ۆالەنتتىك كۇش
剩余空气	excess air	قالدىق اۋا
剩余氯	residual chloride	قالدىق حلور
剩余亲和力	residual affinity	قالدىق بەرىگۇ كۇشى
剩余收缩	residual shrinkage	قالدىق كونتراكتسيا
剩余效应	residual effectt	قالدىق ەففەكت
圣草甙	eriodictin	ەريوديكتين
圣草酚	eriodictyol $(HO)_2C_7H_2O_2C_6H_3(OH)$	ەريوديكتيول
圣草素	eriodictyol	ەريوكيكتيول
圣霉素	sacromycin	ساكروميتسين

shi

湿沉淀	moist precipitate	بلعالدى تۇنبا، دەمقىل تۇنبا
湿处理	wet processing	دەمداپ وگدەۇ، سۇلاپ وگدەۇ
湿催化剂	moist catalysis	دەمقىل كاتاليزاتور
湿卒火	wet quenching	سۇلاپ قاتايتۇ، دەمداپ سۇارۇ
湿度	humidity(= moisture)	بلعالدىق دارەجەسى
湿度计	hygrometer	گيگرومەتر، بلعال ولشەگىش
湿度学	hygrology	گيگرولوگيا
湿法	wet method	بلعالداۇ ادىسى

湿法分析　humid analysis	ىللاعالداپ تالداۋ
湿(法研)磨　wet grinding	دىمداپ ۋنتاقتاۋ، ىللاعالداپ تالقانداۋ
湿反应　wet reaction	ىللاعال رەاكسىياسى
湿分析(法)　wet analysis	ىللاعالداپ تالداۋ (۴ادسى)
湿过滤器　wet filter	ىللاعال سۆزگىش
湿菌素　humidin	گۆمىدىن
湿空气　humid air	ىللاعالدى اۋا، دىمقىل اۋا
湿量　moisture content	ىللاعالدىق مولشەرى، دىمقىلدىق شاماسى
湿醚　humid ether	دىمقىل ەفير، ىللاعالدى ەفير، سۆلى ەفير
湿膜　wet film	ىللاعالدى پەردە، دىمقىل جارعاق
湿气	"湿度" گە قاراڭىز.
湿气体　humid gas	ىللاعالدى گاز، دىمقىل گاز
湿气梯度　moisture gradient	ىللاعال گرادىەنتى (ساتىلمىعى)
湿热　humid heat	دىمقىل ىستىق، ىللاعالدى ىستىق
湿润器　moistener	ىللاعالداعىش، دىمداعىش
湿碳化(法)　wet carbonization	ىللاعالداپ كومىرتەكتەندىرۋ (۴ادسى)
湿提纯(法)　werpurification	دىمداپ تازارتۋ، سۆلاپ تازارتۋ (۴ادسى)
湿体积　humid volume	ىللاعال كولەم
湿天然气　wet natural gas	دىمقىل تابيعىي گاز
湿蒸汽　moist steam(＝wet steam)	ىللاعالدى بۋ، دىمقىل بۋ
蓍草油　miltoil oil	مىيفۋيل مايى، مىڭجاپىراق مايى
失水苹果酸	"马来酸" گە قاراڭىز.
失重　loss of weight	سالماق جويىلۋ، سالماقتان ايرىلۋ
尸胺　cadaverine　$H_2N(CH_2)_5NH_2$	كاداۋەرين
尸碱　ptomaine	پتوماين
实际价　actual valency	ناقتى ۋالەنت
实际酸度　actual acidity	ناقتى قىشقىلدىق دارەجەسى
实际辛烷值　actual octane value	ناقتى وكتان ۋمانى
实验　experiment	تاجرىبە
实验化学　experimental chemistry	تاجرىبەلىك حيميا، لابوراتورىالىق حيميا
实验式　experical formula	تاجرىبە فورمۋلاسى
实验室　laboratory	لابوراتورىا، تاجرىبەحانا
实验室报告　laboratory report	تاجرىبەحانا دوكلاتى

实验室试剂　laboratory reagent　تاجىرىبخانا رەاكتىيۆتەرى

实验室试验　laboratory test　تاجىرىبخانالىق سناق لابوراتورىالىق سناق

实验装置　laboratory apparootus(equipment)　تاجىرىبە قوندىرعىسى

实验台　"实验桌" گە قاراڭز.

实验仪器　laboratory apparatus　تاجىرىبە اسپاپتارى

实验桌　experiment table　تاجىرىبە ۈستەلى

实用分析　"近似分析" گە قاراڭز.

实用化学　practical chemistry　قولدانىلمالى حىمىيا

实在平衡常数　actual equilibrium constants　ناقتى تەپ ــ تەڭدىك تۇراقتىسى

实在气体　real gas　ناقتى گاز

实在溶液　real solution　ناقتى ەرىتمەندىلەر

实在液体　real liquid　ناقتى سۇيىقتىق

十　deca –　دەكا ــ، (گرەكشە)، ون

十八　octadece –　وكتادەكا ــ، (گرەكشە)، ون سەگىز

十八双酸　octadecane diacid　$C_{16}H_{32}(COOH)_2$　وكتا دەكان قوس قىشقىلى

十八碳二烯酸　octadecadienic acid　$C_{17}H_{31}COOH$　وكتا دەكادىەن قىشقىلى

十八碳二烯 – [7,8] – 酸　"瓦克岑酸" گە قاراڭز.

十八碳二烯 – [9,12] – 酸　"亚油酸" گە قاراڭز.

十八(碳)炔　octadecyne　وكتادەتسىن

十八(碳)酸　octadecynoic acid　وكتادەتسىن قىشقىلى

十八(碳)炔 – [5] – 酸　"塔日酸" گە قاراڭز.

十八(碳)炔 – [9] – 酸　9 – octadecynoic acid　9 ــ وكتا دەتسىن قىشقىلى

十八碳三烯酸　"介考日酸" گە قاراڭز.

十八碳三烯 – [9,11,13] – 酸　"桐酸" گە قاراڭز.

十八碳三烯 – [9,12,15] – 酸　"亚麻酸" گە قاراڭز.

十八(碳)四烯 – [4,8,12,15] – 酸　moroctic acid　موروكتىن قىشقىلى

十八碳四烯酸　"治疗酸" گە قاراڭز.

十八(碳)烷　"十八烷" گە قاراڭز.

十八(碳)(烷)醛　"硬脂醛" گە قاراڭز.

十八(碳)(烷)酸　"硬酯酸" گە قاراڭز.

十八碳烯 – [1]　octadecene – [1]　$CH_3(CH_2)_{15}CHCH_2$　وكتادەكەن ــ [1]

十八碳烯酸　octadecenic acid　$C_{17}H_{38}COOH$　وكتادەكەن قىشقىلى

9－十八碳烯酸　9－octadecenoic acid　$C_{17}H_{33}COOH$　قشقىلى وكتادەكەن ـ 9

十八烷　octadecane　$C_{18}H_{38}$　وكتادەكان

十八烷胺　octadecylamin　وكتادەتسىلامىن

十八(烷)醇　octadecyl alcohol　$CH_3(CH_2)_{16}CH_2OH$　وكتادەتسىل سپىرتى

十八烷二酸　octadecane diacid　$C_{16}H_{32}(COOH)_2$　وكتادەكان قوس قشقىلى

十八烷二羧酸　octadecane dicarboxylic acid　$C_{18}H_{36}(COOH)_2$　وكتادەكان ەكى

كاربوكسىل قشقىلى

十八(烷)基　octadecyl　$CH_3(CH_2)_{16}CH_2-$　وكتادەتسىل

十八(烷)基碘　octadecylic iodide　$CH_3(CH_2)_{16}CH_2I$　وكتادەتسىل يود

十八(烷)基溴　octadecyl bromide　$CH_3(CH_2)_{16}CHBr$　وكتادەتسىل بروم

十八(烷)腈　"硬脂腈" گە قاراڭىز.

十八(烷)硫醇　octadecyl mercaptan　وكتادەتسىل مەركاپتان

十八(烷)内酯　"硬脂内酯" گە قاراڭىز.

十八(烷)酸　octadecanoic acid(= octadecylic acid)　$C_{17}H_{35}COOH$　وكتادەكان

قشقىلى وكتادەتسىل قشقىلى

十八(烷)酸酐　"硬脂酸酐" گە قاراڭىز.

十八(烷)酮－[2]　"甲基十六基甲酮" گە قاراڭىز.

十八(烷)酰　"硬脂酰" گە قاراڭىز.

十八(烷)酰胺　"硬脂酰胺" گە قاراڭىز.

十八(烷)酰基　octadecanoyl　وكتادەكانوىل

十八(烷)酰氯　"硬脂酰氯" گە قاراڭىز.

十八烯二酸　octadecene diacid　$C_{16}H_{30}(COOH)_2$　وكتادەكەن قوس قشقىلى

十八烯二羧酸　octadecene dicarboxylic acid　$C_{18}H_{34}(COOH)_2$　وكتادەكەن ەكى

كاربوكسىل قشقىلى

十八酰苯　"硬脂苯酮" گە قاراڭىز.

十二醛　"十二(烷)醛" گە قاراڭىز.

十二双酸　dodecandioic acid　$C_{10}H_{20}(COOH)_2$　دودەكان قوس قشقىلى

十二酸　dodecandioic acid　$C_{11}H_{23}COOH$　دودەكان قشقىلى

十二酸纤维素　cellulose laurate　لاۋرين قشقىل سەللىۋلوزا

十二碳二烯酸　dodecadienoic acid　$C_{11}H_{19}COOH$　دودەكادىەن قشقىلى

十二(碳)炔　dodecyne　$C_{12}H_{22}$　دودەتسىن

十二(碳)炔－[1]　dodecyne－[1]　$CH_3(CH_2)_9C:CH$　دودەتسىن ـ [1]

十二(碳)炔－[2]	dodecyne－[2]	CH₃(CH₂)₈C⫶CCH	دودەتسين ـ [2]
十二碳炔酸	dodecynoic acid	C₁₁H₁₉COOH	دودەتسين قىشقىلى
十二碳三炔	dodecatriyne		دودەكاترين
十二(碳)烯	dodecylene, dodecene	C₁₂H₂₄	دودەتسيلەن، دودەكەن
1－十二碳烯	1－dodecene	CH₃(CH₂)₉CHCH₂	1 ـ دودەكەن
十二(碳)烯醇			"羊毛脂醇" گە قاراڭىز.
十二碳烯二羧酸	dodecene dicarboxylic acid	C₁₂H₂₂(COOH)₂	دودەكەن ەكى كاربوكسيل قىشقىل
十二碳烯双酸	dodecenedioic acid	C₁₀H₁₈(COOH)₂	دودەكەن قوس قىشقىلى
十二碳烯酸	dodecenoic acid	C₁₁H₂₁COOH	دودەكەن قىشقىلى
十二烷	dodecane	C₁₂H₂₆	دودەكان
十二烷胺	dodecyl amine	C₁₂H₂₅NH₂	دودەتسيل امين
十二烷醇	dodecanol		ازوت
十二烷二脒肟	dodecane diamidoxime	H₂N(HON)C(CH₂)₁₀C(NOH)NH₂	دودەكان ەكى اسيدتى وكسيم
十二烷磺酸	dodecane sulfonic acid	C₁₂H₂₅SO₃H	دودەكان سۇلفون قىشقىلى
十二烷基	dodecyl	CH₃(CH₂)₁₀CH₂－	دودەتسيل
十二(烷)基笨	dodecyl benzene		دودەتسيل بەنزول
十二(烷)基氯	dodecyl chloride	CH₃(CH₂)₁₀CH₂Cl	دودەتسيل حلور
十二(烷)基氰	dodecyl cyanide	CH₃(CH₂)₁₀CH₂CN	دودەتسيل سيان
十二(烷)基溴	dodecyl bromide	CH₃(CH₂)₁₀CH₂Br	دودەتسيل بروم
十二烷腈			"月桂腈" گە قاراڭىز.
十二烷硫醇	dodecyl mercaptan	CH₃(CH₂)₁₀CH₂SH	دودەتسيل مەركاپتان
十二(烷)醛	dodecyl aldehyde(＝lauraldehyde)	C₁₁H₂₃CHO	دودەتسيل الدەگيتى
十二(烷)酸	dodecanic acid(＝dodecylic acid)		دودەكان قىشقىلى
十二(烷)酸苄酯	benzyl laurate	C₁₁H₂₃CO₂C₇H₇	لاۋر قىشقىل بەنزيل ەستەرى
十二(烷)酸酐			"月桂酸酐" گە قاراڭىز.
十二(烷)酸甲酯	methyl laurate	CH₃CO(CH₂)₁₀CO₂CH₃	لاۋر قىشقىل مەتيل ەستەرى
十二(烷)酸氢糠酯	tetrahydrofurfuryl laurate	C₁₅H₂₃CO₂CH₂C₄H₇O	قىشقىل لاۋر قىشقىل فۇرفۇريل ەستەرى
十二(烷)酸乙酯	ethyl laurate	CH₃(CH₂)₁₀CO₂C₂H₅	لاۋر قىشقىل ەتيل ەستەرى

十二(烷)硒醇　dodecane selenol　$C_{12}H_{25}SeH$　دودەكاندى سەلەنول

十二(烷)酰　dodeca noyl　$CH_3(CH_2)_{10}CO-$　دودەكانويل

十二烷亚磺酸　dodecane sulfinic acid　C12H25SO2H　دودەكاندى سۇلفىين قىشقىلى

十二烯酸　"月桂烯酸" گە قاراڭىز.

十二酰基笨　"月桂苯酮" گە قاراڭىز.

十分之一　deci-　دەتسى ــ (لاتىنشا)، وننان ئبىر

十分之一当量溶液　decinormal solution　دەتسى نورمال ەرىتمەندى

十分之一克分子(量)的　decimolar　دەتسى موليار، وننان ئبىر گرام ــ مولەكۇلالىق سالماق

十环烯　decacyclene　$C_{36}H_{18}$　دەكا سيكلەن

十九节环　nineteen-ring　ون توعىز اتومدى ساقينا

十九碳二烯酸　nonadecadienoic acid　$C_{18}H_{33}COOH$　نوناەدەكاديەن قىشقىلى

十九(碳)烷　"十九烷" گە قاراڭىز.

十九(碳)烷基　n-nonadecyl　نوناەدەتسيل ــ n

十九(碳)烷酮-[10]　"二壬基甲酮" گە قاراڭىز.

十九碳烯二酸　nonadecene diacid　$C_{19}H_{36}(COOH)_2$　نوناەدەكەن قوس قىشقىلى

十九碳烯二羧酸　nonadecene dicarboxylic acid　$C_{19}H_{36}(COOH)_2$　نوناەدەكەن ەكى كاربوكسيل قىشقىلى

十九(碳)烯酸　"介考裂酸" گە قاراڭىز.

十九烷　nonadecane　$C_{19}H_{40}$　نوناەدەكان

十九烷二酸　nonadecane diacid　$C_{17}H_{34}(COOH)_2$　نوناەدەكان قوس قىشقىلى

十九烷二羧酸　nonadecane dicarboxylic acid　$C_{19}H_{33}(COOH)_2$　نوناەدەكان ەكى كاربوكسيل قىشقىلى

十九烷基　nonadecyl　$CH_3(CH_2)_{17}CH_2-$　نوناەدەتسيل

十九烷酸　nonadecanoic acid　$CH_3(CH_{17})COOH$　نوناەدەكان قىشقىلى

十九烷酮-[2]　nonadecanone-[2]　نوناەدەكانون ــ [2]

十九烯酸　nonadecenoic acid　$C_{18}H_{35}COOH$　نوناەدەكەن قىشقىلى

十克(dkg)　decagram　ون گرام (dkg)

十六基　"十六烷基" گە قاراڭىز.

十六基膦酸　hexadecyl phosphonic acid　گەكسادەتسيل فوسفون قىشقىلى

十六醚　margaron　$(C_{16}H_{33})_2O$　مارگارون

十六三甲胺　cetyl trimetlamine　　　　　سەتيل تريمەتيلامين

十六双酸　　　　　　　　　"十四烷二羧酸" گە قاراڭىز.

十六酸　　　　　　　　　　"十六(烷)酸" گە قاراڭىز.

十六酸蜂花酯　myricyl palmitate　$C_{16}H_{31}O_2C_{30}H_{61}$　پالميتين قىشقىل ميريتسيل هستەرى

十六(碳)二酸　　　　　　　"ٴىت پۇ قىشقىلى" گە قاراڭىز.

十六碳二烯酸　hexadecadienedioic acid　$C_{14}H_{24}(COOH)_2$　گەكسادەكاديەن قوس قىشقىلى

十六碳二烯酸　hexadecadienoic acid　$C_{15}H_{27}COOH$　گەكسادەكاديەن قىشقىلى

十六(碳)(级)烷　　　　　　"十六烷" گە قاراڭىز.

十六碳炔　hexadecyne　$C_{16}H_{30}$　　گەكسادەتسين

十六碳炔－[1]　hexadecyne－[1]　$CH_3(CH_2)_{13}C⦂CH$　[1] ـ گەكسادەتسين

十六碳炔－[2]　hexadecyne－[2]　$CH_3(CH_2)_{12}C⦂CCH$　[2] ـ گەكسادەتسين

十六碳炔二酸　hexadecyne diacid　$C_{14}H_{24}(COOH)_2$　گەكسادەتسين قوس قىشقىلى

十六碳炔二羧酸　hexadecyne dicarboxylic acid　$C_{16}H_{28}COOH$　گەكسادەتسين ەكى كاربوكسيل قىشقىلى

十六碳炔酸　hexadecynoic acid　$C_{15}H_{27}COOH$　گەكسادەتسين قىشقىلى

十六碳炔－[7]－酸　7－hexadecynoic acid　$CH_3(CH_2)_7C⦂C(CH_2)_5COOH$　7 ـ گەكسادەتسين قىشقىلى

十六碳三烯酸　hexadecatrienoic acid　　گەكسادەكاتريەن قىشقىلى

十六碳酸铝　　　　　　　　"棕榈酸铝" گە قاراڭىز.

十六碳烯　hexadecene　　　گەكسادەكەن

十六碳烯－[1]　cetene　　　"鲸蜡烯" گە قاراڭىز.

十六碳烯二酸　hexadecene diacid　$C_{14}H_{25}(COOH)_2$　گەكسادەكەن قوس قىشقىلى

十六碳烯二羧酸　hexadecene dicarboxylic acid　$C_{16}H_{30}(COOH)_2$　گەكسادەكەن ەكى كاربوكسيل قىشقىلى

十六碳烯酸　hexadecenoic acid　$C_{15}H_{29}COOH$　گەكسادەكەن قىشقىلى

十六(碳)烯－[8]－酸－[1]　hypogeic acid　$C_{15}H_{29}COOH$　گيپوگەين قىشقىلى

十六碳烯－[9]－酸　9－hexadecenoic acid(＝palmitoleic acid)　9 ـ گەكسادەكەن قىشقىلى

十六烷　hexadecane(＝cetane)　$C_{16}H_{34}$　گەكسادەكان، سەتان

十六(烷)胺　hexadecylamine　　گەكسادەتسيلامين

十六烷醇　hexadecanol(= hexadecyl alcohol)　$CH_3(CH_2)_{14}CH_2OH$　گەكسادەكانول سەتيل سپيرتى، گەكسادەتسيل سپيرتى

十六烷二酸　hexadecane diacid　$C_{14}H_{28}(COOH)_2$　گەكسادەكان قوس قشقىلى

十六烷二羧酸　hexadecane dicarboxylic acid　$C_{16}H_{32}(COOH)_2$　گەكسادەكان ەكى كاربوكسيل قشقىلى

十六烷基　hexadecyl(= cetyl)　$CH_3(CH_2)CH_2-$　گەكسادەتسيل، سەتيل

十六烷腈　گە قاراڭز. "棕榈腈"

十六(烷)酸　hexadecanoic acid　$C_{15}H_{31}COOH$　گەكسادەكان قشقىلى

十六(烷)酸甲酯　گە قاراڭز. "棕榈酸甲酯"

十六(烷)酸氢糠酯　tetrahydrofurfuryl palmitate　$C_{15}H_{31}CO_2CH_2C_4H_7O$　قشقىل پالميتين قشقىلى فؤرفۇريل ەستەرى

十六(烷)酸酰胺　گە قاراڭز. "棕榈酸酰胺"

十六烷酸盐　گە قاراڭز. "棕榈酸盐"

十六(烷)酸乙酯　گە قاراڭز. "棕榈酸乙酯"

十六(烷)酰　hexadecanoyl(= palmitoyl)　$CH_3(CH_2)_{14}CO-$　گەكسادەكانول

十六烷值　cetane number　سەتان ئمانى (مؤنايدا)

十六烷值单位　cetane unit　سەتان بەرلىگى

十六烯　cetene　سەتەن

十六烯单位　cetene unit　سەتەن بەرلىگى

十六烯值　cetene number　سەتەن ئمانى

十氯代联苯　decachloro biphenyl　$Cl_5C_6C_6Cl_5$　ون حلورلى قوس فەنيل

十米(dkm)　decameter　ون مەتر (dkm)

十七基碘　heptadecyl iodide　$CH_3(CH_2)_{15}CH_2I$　گەپتادەتسيل يود

十七基氯　heptadecyl chloride　$CH_3(CH_2)_{15}CH_2Cl$　گەپتادەتسيل حلور

十七基溴　heptadecyl bromide　$CH_3(CH_2)_{15}CH_2Br$　گەپتادەتسيل بروم

十七节环　seventeen - ring　ون جەتى اتومدى ساقينا

十七腈　margaronitrile　$C_{17}H_{33}N$　مارگارونيتريل

十七酸　"十七(烷)酸" گە قاراڭز.

十七碳二烯酸　heptadecadienoic acid　$C_{16}H_{29}COOH$　گەپتادەكاديەن قشقىلى

十七(碳)(级)烷　"十七烷" گە قاراڭز.

十七碳炔酸　heptadecynoic acid　$C_{16}H_{29}COOH$　گەپتادەتسين قشقىلى

十七碳四烯酸　thrapic acid　تراپين قشقىلى

十七(碳)酸盐　margarate　$C_{16}H_{33}COOM$　گەپتادەكان قىشقىلىنىڭ تۇزدارى

十七(碳)酸酯　margarate　$C_{16}H_{33}COOR$　گەپتادەكان قىشقىلى ەستەرى

十七(碳)烷　"十七烷" گە قاراڭىز.

十七(碳)烷酮－[9]　"二辛基甲酮" گە قاراڭىز.

十七碳烯　heptadecene　$C_{17}H_{34}$　گەپتادەكەن

十七碳烯二酸　heptadecene diacid　$C_{15}H_{28}(COOH)_2$　گەپتادەكەن قوس قىشقىلى

十七碳烯二羧酸　heptadecene dicarboxylic acid　$C_{17}H_{32}(COOH)_2$　گەپتادەكەن
ەكى كاربوكسيل قىشقىلى

十七碳烯酸　heptadecenoic acid　$C_{16}H_{31}COOH$　گەپتادەكەن قىشقىلى

十七烷　heptadecane　$C_{17}H_{36}$　گەپتادەكان

十七烷胺　heptadecyl－amin　$C_{17}H_{35}NH_2$　گەپتادەتسيل امين

十七(烷)醇　heptadecanol　$C_{17}H_{35}OH$　گەپتادەكانول

十七(烷)醇－[9]　heptadecanol－[9]　$[CH_3(CH_2)_7]_2CHOH$　[9] گەپتادەكانول

十七烷二酸　heptadecane diacid　$C_{15}H_{30}(COOH)_2$　گەپتادەكان قوس قىشقىلى

十七烷二羧酸　heptadecane dicarboxylic acid　$C_{17}H_{34}COOH$　گەپتادەكان ەكى
كاربوكسيل قىشقىلى

十七烷基　heptadecyl　$CH_3(CH_2)_{15}CH_2-$　گەپتادەتسيل

十七烷腈　heptadecane nitrile　گەپتادەكان نيتريل

十七(烷)醛　heptadecyl aldehyde　$CH_3(CH_2)_{15}CHO$　گەپتادەتسيل الدەگيتى

十七(烷)酸　heptadecanoic acid(＝margaric acid)　$C_{16}H_{33}COOH$　گەپتادەكان
قىشقىلى، مارگارين قىشقىلى

十七(烷)酸甲酯　methyl margarate　$CH_3(CH_2)_{15}CO_2CH_3$　گەپتادەكان قىشقىل
مەتيل ەستەرى

十七(烷)酸乙酯　ethyl margarate　$CH_3(CH_2)_{15}CO_2C_2H_5$　گەپتادەكان قىشقىل
ەتيل ەستەرى

十七烷酮　heptadecanone　$C_{17}H_{34}O$　گەپتادەكانون

十七烷酮－[2]　"甲基十五基甲酮" گە قاراڭىز.

十七(烷)酰　heptadecanoyl　$CH_3(CH_2)_{15}CO-$　گەپتادەكانويل

十氢二羟基甲氧基芴酮　decahydrodihydroxymethoxy fluorenone
$C_{14}H_{22}O_4$　ون سۇتەكتى ديگيدروكسيل مەتوكسيل فلۇورەنون

十氢化氮芴　"十氢咔唑" گە قاراڭىز.

十氢萘　decahydronapthalene　$C_{10}H_{18}$　ون سۇتەكتى نافتالين

十氢咔唑　decahydrocarbazol　$C_{12}H_{19}N$　ون سۇتەكتى كاربازول

十氢喹啉　decahydroquinoline　$C_9H_{17}N$　　　ون سۇتەكتى حينولين

十氢 α－萘酚　decahydro－α－naphthol　$C_{10}H_{18}O$　　ون سۇتەكتى ـ α ـ نافتول

十氢 β－萘酚　decahydro－β－naphthol　　　　ون سۇتەكتى ـ β ـ نافتول

十三双酸　　　　　　　　　　"十三烷二酸" گە قاراڭـز.

十三碳二烯酸　tridecadienoic acid　$C_{12}H_{21}COOH$　تريدەكاديەن قىشقىلى

十三(碳)(级)烷　　　　　　　　　　"十三烷" گە قاراڭـز.

十三(碳)烷腈　　　　　　　　　　"十二(烷)基氰" گە قاراڭـز.

十三碳烯　tridecylene　$C_{13}H_{26}$　　　　تريدەتسيلەن

十三碳烯二酸　tridecene diacid　$C_{11}H_{20}(COOH)_2$　تريدەكەن قوس قىشقىلى

十三碳烯二羧酸　tridecene dicarboxylic acid　$C_{13}H_{24}(COOH)_2$　تريدەكەن
ەكى كاربوكسيل قىشقىلى

十三碳烯酸　trdecenoic acid　$C_{12}H_{23}COOH$　تردەكەن قىشقىلى

十三碳(一)烯二酸　undecylene dicarbixylic acid　$C_{11}H_{20}(COOH)_2$　ۇندەتسيلەن
ەكى كاربوكسيل قىشقىلى

十三烷　trdecane　$C_{13}H_{28}$　　　　تريدەكان

十三(烷)胺　tridecyl amine　$C_{13}H_{27}NH_2$　　تريدەتسيل امين

十三(烷)醇　trdecyl alcohol　$CH_3(CH_2)_{11}CH_2OH$　تريدەتسيل سپيرتى

十三烷醇－[1]　trdecanol－[1]　$CH_3(CH_2)_{11}CH_2OH$　تريدەكانول ـ [1]

十三烷二酸　tridecane diacid　$C_{11}H_{22}(COOH)_2$　تريدەكان ەكى قىشقىلى

十三烷二羧酸　tridecane dicarboxylic acid　$C_{13}H_{26}(COOH)_2$　تريدەكان ەكى
كاربوكسيل قىشقىلى

十三烷荒酸　tridecane thionothiolic acid　تريدەكاندى تيونوتيول قىشقىلى

十三(烷)基　tridecyl　$CH_3(CH_2)_{11}CH_2-$　تريدەتسيل

十三烷腈　tridecane nitrile　$CH_3(CH_2)_{11}CN$　تريدەكاندى نيتريل

十三烷硫逐酸　tridecane thionic acid　تريدەكاندى تيون قىشقىلى

十三烷硫代酸　tridecanethioic acid　تريدەكاندى تيو قىشقىلى

十三(烷)醛　tridecylic aldehyde　$C_{12}H_{25}CHO$　تريدەتسيل الدەگيتى

十三(烷)酸　tridecanoic acid　$C_{12}H_{25}COOH$　تريدەكان قىشقىلى

十三(烷)酰　tridecanoyl　$CH_3(CH_2)_{11}CO-$　تريدەكانويل

十三(烷)酰胺　tridecanamide　$CH_3(CH_2)_{11}CONH_2$　تريدەكاناميد

十三烷亚胺酸　tridecanimidic acid　تريدەكانيميد قىشقىلى

十升(dkL)　decaliter　　　　ون ليتر (dkL)

十水(合)碳酸钠　sal soda　　　　ون گیدراتتى كومىرقىشقىل ناترى، تۇزدى سودا

十水合溴　bromine hydrate　$Br_2 \cdot 10H_2O$　گیدراتتى بروم، ون سۇلى بروم

十四醇　tetradecyl alcohol　$CH_3(CH_2)_{12}CH_2OH$　تەترادەتسیل سپیرتى

十四节环　tourteen ring　　　　ون ئۇتورت اتومدى ساقینا

十四酸甲酯　　　　　"肉豆蔻酸甲酯" گه قاراڭىز.

十四碳二烯酸　tetradecadienoic acid　$C_{13}H_{23}COOH$　تەترادەكادیەن قىشقىلى

十四(碳)(级)烷　　　　　"十四烷" گه قاراڭىز.

十四(碳)炔酸　tetradecynic acid　$C_{13}H_{23}COOH$　تەترادەتسین قىشقىلى

十四(碳)烷　　　　　"十四烷" گه قاراڭىز.

十四(碳)烯　tetradecene　　　　تەترادەكەن

十四(碳)烯 - [1]　tetradecene - [1]　$CH_3(CH_2)_{11}CHCH_2$　[1] ـ تەترادەكەن

十四(碳)烯 - [2]　tetradecene - [2]　$CH_3(CH_2)_{10}CHCHCH_3$　[2] ـ تەترادەكەن

α - 十四(碳)烯　α - tetradecylene　$CH_3(CH_2)_{11}CHCH_2$　تەترادەتسیلەن ـ α

十四(碳)烯二酸　tetradecane diacid　$CH_{12}(CH_2)_{22}(COOH)_2$　تەترادەكەن قوس قىشقىلى

十四(碳)烯二羧酸　tetradecylene dicarboxylic acid　$C_{14}H_{26}(COOH)_2$　تەترادەتسیلەن ەكى كاربوكسیل قىشقىلى

十四(碳)烯酸　tetradecenic acid　$C_{13}H_{25}COOH$　تەترادەكەن قىشقىلى

十四(碳)烯 - [4]酸　　　　　"衣散酸" گه قاراڭىز.

十四(碳) - [5]酸　　　　　"抹香鲸酸" گه قاراڭىز.

十四(碳一)烯二羧酸　tetradecene dicarboxylic acid　$C_{14}H_{26}(COOH)_2$　تەترادەكەن ەكى كاربوكسیل قىشقىلى

十四烷　tetradecane　$C_{14}H_{30}$　تەترادەكان

十四(烷)胺　terradecylamine　$C_{13}H_{27}CH_2NH_2$　تەترادەتسیلامین

十四烷二酸　tetradecane diacid　$C_{12}H_{24}(COOH)_2$　تەترادەكان قوس قىشقىلى

十四烷二羧酸　tetradecane dicarboxylic acid　$C_{14}H_{28}(COOH)_2$　تەترادەكان ەكى كاربوكسیل قىشقىلى

十四(烷)基　tetradecyl　$C_{14}H_{29} -$　تەترادەتسیل

十四(烷)腈　tridecyl cyanide　$C_{13}H_{27}CN$　تریدەتسیل سیان

十四(烷)醛　　　　　"肉豆蔻醛" گه قاراڭىز.

十四(烷)双酸　dodecane dicarboxylic acid　$C_{12}H_{24}(COOH)_2$　دودەكان ەكى كاربوكسیل قىشقىلى

十四(烷)酸　tetradecanoic acid　$C_{13}H_{27}COOH$　تەترادەكان قىشقىلى

十四(烷)酸酐　"肉豆蔻酸酐" گە قاراڭىز.

十四(烷)酸乙酯　"肉豆蔻酸乙酯" گە قاراڭىز.

十四(烷)酮－[3]　"乙基·十一基甲酮" گە قاراڭىز.

十四(烷)酰　tetradecanoyl　$CH_3(CH_2)_{12}CO-$　تەترادەكانويل

十四(烷)酰胺　"肉豆蔻酰胺" گە قاراڭىز.

十四(烷)酰氯　"肉豆蔻酰基氯" گە قاراڭىز.

十四(烷)酰替苯胺　"肉豆蔻酰替苯胺" گە قاراڭىز.

十四烯二酸　"十四(碳)烯二酸" گە قاراڭىز.

9－十四烯酸　9－tetradecenoic acid(＝myristoleic acid)　9 ـ تەترادەكەن قىشقىلى

十四酰　"肉豆蔻酰" گە قاراڭىز.

十五酸内酯　pentadecanolide　پەنتادەكانوليد

十五碳二烯酸　pentadecadienoic acid　$C_{14}H_{25}COOH$　پەنتادەتسين قىشقىلى

十五碳炔酸　pentadecynic acid　$C_{14}H_{25}COOH$　پەنتادەتسين قىشقىلى

十五碳烯二酸　pentadecene diacid　$C_{13}H_{24}(COOH)_2$　پەنتادەكەن قوس قىشقىلى

十五碳烯二羧酸　pentadecenedicarboxylic acid　$C_{15}H_{30}(COOH)_2$　پەنتادەكەنەكى كاربوكسيل قىشقىلى

十五碳烯酸　pentadecenic acid　$C_{14}H_{27}COOH$　پەنتادەكەن قىشقىلى

十五烷　pentadecane　$C_{15}H_{32}$　پەنتادەكان

十五(烷)胺　pentadecyl amine　$C_{15}H_{31}NH_2$　پەنتادەتسيل امين

十五(烷)醇　pentadecanol(＝pentadecyl alcohol)　$CH_3(CH_2)_{13}CH_2OH$　پەنتادەكانول، پەنتادەتسيل سپيرتى

1－十五(烷)醇　1－penta decanol　1 ـ پەنتادەكانول

十五烷二酸　pentadecane diacid　$C_{13}H_{26}(COOH)_2$　پەنتادەكان قوس قىشقىلى

十五烷二羧酸　pentadecane dicarboxylic acid　$C_{15}H_{30}(COOH)_2$　پەنتادەكان ەكى كاربوكسيل قىشقىلى

十五(烷)基　pentadecyl　$CH_3(CH_2)_{13}CH_2-$　پەنتادەتسيل

十五(烷)溴　pentadecyl bromide　$CH_3(CH_2)_{13}CH_2Br$　پەنتادەتسيل بروم

十五(烷)醛肟　pentadecanoloxime　$C_{14}H_{29}CH:NOH$　پەنتادەكانول وكسيم

十五烷酸　pentadecanoic acid　$C_{14}H_{29}COOH$　پەنتادەكان قىشقىلى

十五烷酮　pentadecanone　پەنتادەكانون

十五(烷)酰　pentadecanoyl　$CH_3(CH_2)_{13}CO-$　پەنتادەكانويل

十一　undeca-, hendeca　ئوندەكا ـ (گرەكشە)، گەندەكا ـ ، ون ئبىر

十一基　hendecyl(= undecyl)　$CH_3(CH_2)_9CH_2-$　گەندەتسىل، ئوندەتسىل

十一基亚磷酸　undecyl phosphonous acid　ئوندەتسىل فوسفوندى قىشقىل

十一酸　undecanoic acid　$C_{10}H_{21}COOH$　ئوندەكان قىشقىلى

十一碳二烯酸　undecandienoic acid　$C_{10}H_{17}COOH$　ئوندەكاندىئەن قىشقىلى

十一碳炔　hendecyne　$C_{11}H_{20}$　گەندەتسىن

十一碳炔-[1]　undecyne-[1]　$C_{11}H_{20}$　ئوندەتسىن ـ [1]

十一碳炔二酸　hendecyne diacid　$C_9H_{14}(COOH)_2$　گەندەتسىن ەكى قىشقىلى

十一碳炔二羧酸　hendecyne dicarboxylic acid　$C_{11}H_{18}(COOH)_2$　گەندەتسىن ەكى كاربوكسىل قىشقىلى

十一碳炔酸　hendecynoic acid　$C_{10}H_{17}COOH$　گەندەتسىن قىشقىلى

十一(碳)烷　　"十一烷" گە قاراڭـز.

十一(碳)烷酸内酯　undecalactone　ئوندەكالاكتون

十一碳烷酸乙酯　ethylundecylate　$C_{10}H_{21}CO_2C_2H_5$　ئوندەتسىل قىشقىل ەتيل ەستەرى

十一碳烯　undeecene(= hendecene)　$C_{11}H_{22}$　ئوندەكەت، گەندەكەن

十一(碳)烯二酸　undecene diacid　$C_9H_{16}(COOH)_2$　ئوندەكەن قوس قىشقىلى

十一碳烯二羧酸　undecene dicarboxylic acid　$C_{11}H_{20}(COOH)_2$　ئوندەكەن ەكى كاربوكسىل قىشقىلى

十一碳烯基　hendecenyl　$C_{11}H_{22}-$　گەندەكەتيل

十一碳烯双酸　　"壬烯双酸" گە قاراڭـز.

十一碳烯酸　hendecenoic acid(= undecenoic acid)　$C_{10}H_{19}COOH$　گەندەكەن قىشقىلى

十一碳(一)炔酸　　"十一碳炔酸" گە قاراڭـز.

十一碳(一)烯酸　　"十一(碳烯二酸)" گە قاراڭـز.

十一烷　undecane　ئوندەكان

十一(烷)醇　undecanol　ئوندەكانول

十一(烷)醇-[1]　undecanol-[1]　$CH_3(CH_2)_9CH_2OH$　ئوندەكانول ـ [1]

十一(烷)醇-[2]　undecanol-[2]　$C_9H_{19}CHOHCH_3$　ئوندەكانول ـ [2]

十一烷二酸　undecane diacid　$C_9H_{18}(COOH)_2$　ئوندەكان قوس قىشقىلى

十一烷二羧酸　undecane dicarboxylic acid　$C_{11}H_{22}(COOH)_2$　ئوندەكان ەكى

كاربوكسيل قىشقىلى

十一烷基　undecyl(= hendecyl)　ۋندەتسيل، گەندەتسيل

3-十一烷基-2,5-二羟(基)笨醌-[1,4]　"摁贝灵" گە قاراڭىز.

十一烷腈　undecanonitril　$CH_3(CH_2)_9CN$　ۋندەكانونيتريل

十一烷膦　hendecyl phosphine　گەندەتسيل فوسفين

十一烷脒　hendecanamidine　$CH_3(CH_2)_9C(NH)NH_2$　گەندەكاناميدين

十一(烷)醛　undecylic aldehyde　$CH_3(CH_2)_9CHO$　ۋندەتسيل الدەگيد

十一烷醛肟　undecylic aldehyde oxime　$CH_3(CH_2)_9CHNOH$　ۋندەتسيل الدەگيدودوكسيم

十一(烷)酸　"十一酸" گە قاراڭىز.

十一烷酮-[2]　undecanone-[2]　$CH_3(CH_2)_8COCH_3$　ۋندەكانون _ [2]

十一烷酮-[3]　"乙基辛基甲酮" گە قاراڭىز.

十一(烷)酰　undecanoyl　$CH_3(CH_2)_9CO-$　ۋندەكانويل

十一(烷)酰胺　undecanoic amide　$CH_3(CH_2)_9CONH_2$　ۋندەكان اميد

十一烯　hendecene　$C_{11}H_{22}$　گەندەكەن

十一烯二酸　"壬烯二羧酸" گە قاراڭىز.

鲥霉素　ezomycin　ەزوميتسين

石胆酸　lithocholic acid　ليتوحول قىشقىلى

石膏　gypsum　گيپس

石膏混凝土　gypsum concrete　گيپس بەتون

石斛碱　dendrobine　دەندروبين

石灰　lime　CaO　اك

石灰白　lime white　اك اعى

石灰玻璃　lime glass　اك اينەك، اك شىنى

石灰处理　lime treatment　اكپەن وڭدەۋ

石灰氮　lime nitrogen　اك ازوتى

石灰混凝土　lime concrete　اك بەتون

石灰净化　lime purification　اكپەن تازارتۋ

石灰华　travertine　تراۋەرتين

石灰硫磺合剂　lime sulfur mixture　اك _ كۇكىرت قوسپاسى

石灰乳　lime milik　اك ەرىتىندىسى، اك ٴسۇتى

石灰石　lime rock　اك تاسى، اكتاستار

石灰水	lime wather	Ca(OH)$_2$	اك سۇى
石灰松(香)	limed resin		اكتى سمولا
石灰皂	lime soap		اك سابن، كالتسيلى سابن
石蜡	paraffin wax		پارافين بالاۇنزى
石蜡二甲苯溶液	paraffin xylol		پارافين كسيلول
石蜡基石油	paraffin – base petroleum		پارافين نەگىزدى مۇناي
石蜡馏分	paraffin distillate		پارافيننىڭ ايدالعان قۇرامدارى، پارافين
			اجرراندىلارى
石蜡煤	paraffin coal		پارافيندى كومىر
石蜡气体			"烷烃气体" گە قاراڭز.
石蜡醛	paraffin aldehyde		پارافين الدەگيتى
石蜡燃料	parol		پارول
石蜡酸	paraffinic acid		پارافين قىشقىلى
石蜡油	paraffin oil		پارافين مايى
石蜡皂	paraffin soap		پارافين سابن، كالتسيلى سابن
(石)蜡纸	paraffin paper (= wax paper)		پارافيندى قاعاز، بالاۇنز قاعاز، جىلتىر
			قاعاز
石蜡脂	paraffin butter		پارافين كەلمەگەيى
石蜡族溶剂	paraffinic solvent		پارافيندەك ەرىتكىش
石蜡族酸			"链烷酸" گە قاراڭز.
石硫合剂			"石灰硫磺合剂" گە قاراڭز.
石榴碱	pelletierine		پەللەتيەرين
石榴皮丹宁	granatanine		گراناتانين
石榴皮丹宁醇	granataninol		گراناتانينول
石榴皮丹宁酸	granatotannic acid		گراناتوتاننين قىشقىلى
石榴皮基胺	granatylamine		گراناتيلامين
石榴皮碱	granatenine		گراناتەنين
石榴皮灵	granatolin		گراناتولين
石榴皮宁	granatonine, grantianine		گراناتونين، گرانتيانين
石榴皮醛	granatal		گراناتال
石榴皮酸	granatic acid		گرانات قىشقىلى، انار قابىعى قىشقىلى
石榴皮亭	granatin		گراناتين
石榴皮烷	granatane		

گراناتان

石榴皮素　punicine　پۇنیتسین

石榴酸　punicic　$C_{18}H_{32}O_2$　پۇنین قشقىلى

石棉　rock wool(= asbestos)　تاسماقتا

石棉酚醛塑料　pholite　فاۋلیت

石棉绒　asbestos fiber(= asbestos wool)　تاسماقتا تالشعىی، تاسماقتا مامعىی

石棉线　asbestos yarn　تاسماقتا ٴجىپ

石棉纸　asbestos paper　تاسماقتا قلعاز

石棉砖　asbestos brick　تاسماقتا كەرپىش

石墨　graphite　گرافین

石墨棒　graphite rod　گرافیت تایاقشا

石墨电极　graphite electrolite　گرافیت ەلەكترود

石墨酚　graphite powder　گرافیت ۇنتاعىی

石墨坩埚　graphite crucible　گرافیت تیگەل

石墨化　graphitization　گرافیتەۋ

石墨化的碳　graphitized carbon　گرافیتەنگەن كومىرتەك

石墨化(作用)　graphitization　گرافیتەنۇ (رولی)

石墨酸　graphitic acid　گرافیت قشقىلى

石墨碳　graphitic carbon　گرافیت كومىرتەك

石南素　eisolin(= ericolin)　ﻪیكۋلین، ەریكۋلین

石脑油　naphtha　نافتا

石脑油气　naphtha gas　نافتا گازی

石脑油英　naphthein　نافتەین

石脑油皂　naphtha soap　نافتا سابىن

石脑油蒸馏　naphtha distillation　نافتانی بۇلاندىرىپ ایداۋ

石芹樟脑　parsley camphor　$(CH_3O)_2C_7H_3O_2CH_2CHCH_2$　پارسلەي كامفوراسىی

石青　azurite　ازۇرىت

石茸酸　umbilicaric acid(= gyrophoric acid)　$C_{25}H_{22}O_{11}$　ۇمبیلیكار قشقىلى، گیرۋفور قشقىلى

石蕊　lacmus(= litmus)　لاكمۇس

石蕊萃　lacmosol　لاكمۋزول

石蕊精　azolitmin　ازۋلیتمین

石蕊蓝　litmus blue　لاكمۇس كوگی

石蕊试验	litmus test	لاكمۇس سىناغى
石蕊试液	litmus (test) solution	لاكمۇس سىناغش ەرىتىندىسى
石蕊试纸	litmus test paper	لاكمۇس سىناغش قاغازى
石蕊酸	roccellic acid $C_{20}H_{20}O_7$	روكتسەرل قىشقىلى
石松碱	lycopodine, clavaline $C_{16}H_{25}O_2N$	لىكوپودىن، كلاۋالىن
石松酸	lycopodic acid	لىكوپود قىشقىلى
石蒜碱	lycorine	لىكورىن
石蒜宁	lycorenin	لىكورەنىن
石蒜四糖	lycotetraose	لىكوتەتراوزا
石蒜素	lycorisin	لىكورىزىن
石炭酸	carbolic acid	كاربول قىشقىلى
石炭酸铋	bismuth carbolate	كاربول قىشقىل بيسمۇت
石炭酸二甲苯	carbol – xylol	كاربول قىشقىل كسيلول
石炭酸盐	carbolate	كاربول قىشقىلىنىڭ تۇزدارى
石炭酸皂	carbolic soap	كاربول سابىن
石烯醇	stenol	ستەنول
石纤维	mineral wool	مىنەرال تالشىق
石盐	rock salt(= halite)	تاس تۇزى
石印油	litho oil	تاس باسپا مايى
石印纸	litho – paper	تاس باسپا قاغازى
石英	quartz	كۇۋارتس
石英玻璃	quartz glass	كۇۋارتس شىنى، كۇۋارتس ايناك
石英坩埚	quartz crucile	كۇۋارتس تيگەل
石英温度计	quartz – tube thermometer	كۇۋارتس وزەكتى تەرمومەتر
石英油		"里格若英" گە قاراڭىز.
石油	petroleum	مۇناي
石油笨	petro benzene	مۇناي بەنزولى
石油产品	petroleum product	مۇناي ونىمدەرى
石油地蜡	petroleum ceresin	مۇناي سەرەزينى
石油工程	petroleum engineering	مۇناي ينجەنەرياسى
石油工业	petroleum industry	مۇناي ونەركاسىبى
石油化学	petrochemistry	مۇناي حيميا
石油化学产品	petroleum chomical	مۇناي حيميا ونىمدەرى

石油化学反应	petrochemical reaction	مۇناي حيميالىق رەاكسيالار
石油磺酸	petroleum suolfonate	مۇناي سۇلفون قىشقىلى
石油基	petroleum base	مۇناي نەگىزدەرى
石油焦		"石油焦炭" گە قاراڭىز.
石油焦炭	petroleum coke	مۇناي كوكسى
石油沥青	petroleum pitch(asphalt)	مۇناي اسفالتى
石油裂化	petroleum cracking	مۇناي بولشەكتەۋ (كرەگىينگمەلەۋ)
石油淋	petroline	پەترولىين
石油馏分	petroleum fractions	مۇناي پراكتسيالارى، مۇنايدىڭ ايدالعان قۇرامدارى
石油醚	ligarin(= petroleum ether)	ليگارين، مۇناي ەفيرى، پەترولەين ەفيرى
石油脑		"石脑油" گە قاراڭىز.
石油气体	petroleum gas	مۇناي گازدارى
石油气体油	petroleum gas oil	مۇناي گازدارى مايى
石油燃料油	petroleum fuel oil	مۇناي جانار زاتتار مايى
石油溶剂	petroleum solvent	مۇناي ەرىتكىشتەرى
石油乳剂	petroleum emulsion	مۇناي ەمۆلتسيالاعىش
石油软膏	petrosapol	پەتروساپول
石油生成	petroleum formation	مۇناي ٴتۇزىلۋ
石油省	petrocene	پەتروتسەن
石油石蜡	petroleum paraffin	مۇناي پارافينى
石油树脂	petroleum resin	مۇناي سمولاسى
石油酸	petroleum acid	مۇناي قىشقىلى
石油酸类	petroleum acids	مۇناي قىشقىلدارى
石油炭黑	petroleum black	مۇناي كۇيەسى، مۇناي قاراسى
石油烯	petrolene	پەترولەت
石油形成	petroleum genesis	مۇنايدىڭ قالىپتاسۇۋى
石油衍生物	petroleum derivative	مۇناي تۇىندىلارى
石油英		"里格若英" گە قاراڭىز.
石油蒸馏	petroleum distillation	مۇنايدى بۇلاندىرىپ ايداۋ
石油蒸气	petroleum vapour	مۇناي بۋى
石油脂		"马青烯" گە قاراڭىز.
石油质		

صصصص

صصص

صصص

صصصصصصصصص

صصصصص

صصص

صصص

صصص

صصص

صصصصص

صصص

صصص

صصصص

صصص

"马青烯" گه قاراڭىز.

石油组成　petroleum composition　مۇناي قۇرامدارى

石竹素　caryophillin　كاريوفيللين

石竹烷　caryophyllane　كاريوفيللان

石竹烯　caryophillene　كاريوفيللەن

石竹烯醇　caryophillenol　$C_{15}H_{24}O$　كاريوفيللەنول

石竹烯酸　caryophillenic acid　كاربوفيللەن قىشقىلى

石梓醇　gmelinol　گمەلينول

食醋　vinegar(edible vinegar)　اس سىركە سۋى

食碱　edible alkali　اس سوداسى

食品化学　food chemistry　ازىق ـ تۇلىكتىك حيميا

食品添加剂　food additives　ازىق ـ تۇلىك تولىقتىرماسى

食物毒　food poison　تاعام ۋى، ازىق ـ تۇلىك ۋى

食物化学　"食品化学" گه قاراڭىز.

食物连锁　food chain　ازىقتىق تىزبەك

食用染料　food color　تاعامدىق بوياعىشتار

食用油　edible oil　تاعامدىق ماي، اس ماي

始沸点　bubble point　باستاپ قايناتۇ نۇكتەسى

始霉素　pristinamycin　پريستيناميتسين

铈(Ce)　cerium　سەري (Ce)

铈土　"二氧化铈" گه قاراڭىز.

蚀玻璃　"白酸" گه قاراڭىز.

史弟蒙尼定碱　"百部定" گه قاراڭىز.

柿涩醇　shibuol　$C_{14}H_{20}O_9$　شيبۇول

视赤质　porphyropsin　پورفيروپسين

视褐质　fuscin　فۇسسين

视红紫质　"视玫红质" گه قاراڭىز.

视黄醛　retinene　رەتينەن

视黄醛-[1]　retinene-[1]　رەتينەن ـ [1]

视黄醛-[2]　retinene-[2]　رەتينەن ـ [2]

视黄醛肟　retinene oxime　رەتينەن وكسيم

视黄素　"视黃醛" گه قاراڭىز.

视黄质 xanthopsin	كسانتوپسين
视蓝质 cyanopsin	سيانوپوسين
视玫红质 rhodopsin	رودوپسين
视色质 chromophane	حروموفان
视网膜醛	"视黄醛" گه قاراڭىز.
视紫蓝质 iodopsin	يودوپسين
视紫质	"视玫红质" گه قاراڭىز.
示 albumose(= proteose)	البؤموزا، پروتەوزا
示波器 oscillograph	وستسيلوگراف
示构式 rational pormula	راتسيونال فورمؤلا
示构分析 rational analysis	راتسيونالدىق تالداۋ
示跡原子	"标记原子" گه قاراڭىز.
示性式	"示构式" گه قاراڭىز.
示意图 schematic diagram	سحەما
示踪电子 tracer electron	تاڭبالانعان ەلەكترون
示踪化学 tracer chemistry	تاڭبالاۋ حيمياسى
示踪技术 tracer thechnique	تاڭبالاۋ تەحنيكاسى
示踪砲弹 tracer shell	تاڭبالانعان زەڭبىرەك وعى
示踪实验 tracer experiment	تاڭبالاۋ تاجريبەسى
示踪同位素 tracer isotope	تاڭبالانعان يزوتوپ
示踪物 tracer	تاڭبالانعان زات
示踪研究 tracer studies	تاڭبالاپ زەرتتەۋ
示踪原子	"标记原子" گه قاراڭىز.
示踪子弹	تاڭبالانعان وق
士的宁	"马钱子碱" گه قاراڭىز.
嗜癌素 carzinophillin	كارزينوفيللين
式量	"化学式量" گه قاراڭىز.
式子 formula	فورمؤلا
试镉灵 cadion	كاديون
试钴铁灵	"亚硝基 R 盐" گه قاراڭىز.
试管 test – tube	پروبيركا
试管架 test – tube rack	پروبيركا سورەسى

试管夹	test－tube clamp	پروبیرکا قسقمش
试管刷	test－tube brush	پروبیرکا شوتکسی
试剂	reagent	رەاکتیۋ
试剂瓶	reagent bottle	رەاکتیۋ کولباسی
试金	assay	تالتن سناۋ
试金炉	assay furanace	التن سناۋ پەشی
试金天平	assay balance	التن تارازسی
试硫液	doctor solution	کۆکۈرتتی سناۋ ھەرتەندسسی
试卤灵	resorufin　　$HOC_{12}H_6ON:O$	رەزورۋفین
试铝灵	aluminon	الۇمینون
试镁灵	magneson	ماگنەزون
试镍剂	reagent of nickel	نیکەل سناعش رەاکتیۋ
试水糊	water finding pasta	سۆ سناۋ پاستاسی
试钛灵	terone(＝tiron)	تەرون، تیرون
试铁灵	ferron, loretin	فەررون، لورەتین
试铜灵	cupron	کۆپرون
试铜铁灵	cupferron	کۆپفەررون
试铜锌灵	sodium diethyldithiocarbamate	دیەتیل دیتیو کاربامین قشقىل ناتری
试亚铁灵	ferroin	فەرروین
试验	test	سناق، تاجىریبە
试验报告	test report	تاجىریبە دوکلاتی
试验标本	test specimen	سناق ۇلگی، تاجىریبە ۇلگىسی
试验灯	test buner	تاجىریبە لامپاسی
试验管		"试管" گە قاراڭز.
试验混合物	test mixture	سناق قوسپاسی
试验计划	test program	سناق جوسپاری، تاجىریبە جوسپاری
试验模型	test model	سناق مودەلی، تاجىریبە مودەلی
试(验溶)液	test solution	سناق ھەرتەندسسی، تاجىریبە ھەرتەندسسی
试验设备	test equipment	تاجىریبە جابدقتاری، سناق جابدقتاری
试验时间	test duration	سناق ۋاقتی، تاجىریبە ۋاقتی
试验食物	test－meal	سناق ازبق－ تۆلىکتەری
试验室		"实验室" گە قاراڭز.

试验数据	test dsta	تاجریبه ساندىق مالىمەتلەرى
试验数字	test figures	تاجریبه ساندارى
试验台		"实验桌" گە قاراڭىز.
试验条件	test conditing	تاجریبه شارتتارى، سىناق شارتتارى
试验仪表	test – meter	تاجریبه كورسەتكىش اسپاپتارى
试验饮食	test diet	سىناق ئشم – جەمدەرى
试验装置	test unit(plant)	تاجریبه قۇربلعەلارى، تاجریبه قوندىرعىسى
试样	sample	سىناق ۇلگى
试药		"试剂" گە قاراڭىز.
试银灵		"对二甲胺基苯叉绕丹宁" گە قاراڭىز.
试纸	test paper	سىناعىش قاعاز
PH 试纸	PH test paper	PH سىناعىش قاعاز
室	chamber	كامەرا
势	potential	پوتەنتسىيال
势垒	potential barrier	پوتەنتسىيالدىق توسقاۋىل
势论	potential theory	پوتەنتسىيالدار تەورىياسى
势能	potential energy	پوتەنتسىيالدىق ەنەرگىيا
势差	potential difference	پوتەنتسىيالدار ايىرماسى
适应酶	adaptive enzime	ۇيلەسكەن فەرمەنت

shou

收敛剂	astringent	جيىرعەش اگەنت
收敛酸	styphnic acid	ستيفن قىشقىلى
收敛酸铅	lead styphnate	ستيفن قىشقىل قورعاسىن
收敛酸盐	styphnate $(NO_2)_3C_6H(OM)_2$	ستيفن قىشقىلىنىڭ تۇزدارى
收敛酸酯	styphnate $(NO_2)_3C_6H(OR)_2$	ستيفن قىشقىل ەستەرى
收敛性	astringency	جيىرىلعىش، قۇرساقىش
收缩	contraction	جيىرىلۇ، قىسقارۇ، كىشرەيۇ، تارايۇ
守恒定律		"质量守恒定律" گە قاراڭىز.
手上试验	hand test	قولدا سىناۋ
手性	chirality	قول سىپاتتى
手性催化剂	chirality catalyst	قول سىپاتتى كاتاليزاتور

手性分子　chirality molecula　قول سىپاتتى مولەكۇلا

手性合成　chirality synthesis　قول سىپاتتى سىنتەز

手性化合物　chirality compound　قول سىپاتتى قوسىلىس

手性碳原子　chirality carbonic atom　قول سىپاتتى كومىرتەك اتومى، سىممەترىيالى بولمىغان كومىرتەك اتومى

手性药物　chiral drug　قول سىپاتتى دارىلەر

手性异构体　chirality isomer　قول سىپاتتى يزومەر

手性异构体分子　chirality isomeric molecula　قول سىپاتتى يزومەر مولەكۇلاسى

寿山黑　"阿加马黑" گە قاراڭز.

受激分子　excited molecule　قوزغان مولەكۇلا

受激态　excited state　قوزغان كۇي

受激乙烯(分子)　excited ethylene　قوزغان ەتىلەن

受激原子　excited atom　قوزغان اتوم

受铅性　lead response　قورغاسىن قابىلداعىشتىق

受氢体　hydrgen acceptor　سۇتەگىن قابىلداعىش دەنە

受体　acceptor　اكسەپتور، قابىلداعىش (دەنە)

受体分子　acceptor molecule　قابىلداعىش مولەكۇلا

受氧体　oxygen acceptor　وتتەگىن قابىلداعىش (دەنە)

受阻酚　"化合酚" گە قاراڭز.

shu

梳黄质　pec tenoxanthin　پەكتەنوكسانتيين، پەكتەندى كسانتيين

梳碱　pectenine　پەكتەنين

疏水的　hydrophobic　سۇ سۇيمەيتىن، سۇ قاشقىلىق

疏水基团　hydrophobic radical　سۇ سۇيمەيتىن راديكال

疏水胶体　hydrophobic colloid　سۇ سۇيمەيتىن كوللويد

疏水物质　hydrophobic substance　سۇ سۇيمەيتىن زات

疏松石蜡　slack wax　بوس بالاۋىز، جۇمساق بالاۋىز

疏液的　lyophobic　سۇيىقتىق سۇيمەيتىن

疏液胶体　lyophobic colloid　سۇيىقتىق سۇيمەيتىن كوللويد

疏液胶体溶液　lyphobic colloidal solution　سۇيىقتىق سۇيمەيتىن كوللويد

ھەرتىندىسى

| 疏液物 | lyophobe | سۇيىقتىق سۆيمەيتىن زات |

| 殊己腈 | "二乙基乙腈" گە قاراڭىز. |

| 殊己醛 | "二乙基乙醛" گە قاراڭىز. |

| 殊己酸 | "二乙基醋酸" گە قاراڭىز. |

| 叔 | tertiary, tert | تەرتىياري، تەرت، ٴۇشىنشى |

| 叔胺 | tertiary amine | R_3N | تەرتىياري امين |

| 叔醇 | tertiary alcohol | R_3COH | تەرتىياري سپيرت |

| 叔丁胺 | tertiary－butyl amine | تەرتىياري بۋتيل امين |

| 叔丁醇 | tertiary－butyl alcohol | تەرتىياري بۋتيل سپيرتى |

| 叔丁基酚 | tertiary－butyl phenol | تەرتىياري بۋتيل فەنول |

| 叔丁基化过氧氢 | tertiary－butyl hydrogen peroxide | تەرتىياري بۋتيل سۆتەك اسقىن توتعى |

| 叔丁基氯 | tertiary－butyl chloride | تەرتىياري بۋتيل حلور |

| 叔丁基乙烯基硫 | tertiary－butyl vinyl sulfide | تەرتىياري بۋتيل ۆينيل كۆكىرت |

| 叔碱 | tertiary base | تەرتىياري نەگىز |

| 叔膦 | tertiary phosphine | R_3P | تەرتىياري فوسفين |

| 叔霉素 | tertiomycin | تەرتيوميتسين |

| 叔氢 | tertiary hydrogen | تەرتىياري سۆتەك، 3 ـ سۆتەكتى |

| 叔砷化二氯 | tertiary arsine dichloride | $R_3 \cdot AsCl$ | تەرتىياري ارسيندى ەكى حلور |

| 叔砷化氰卤 | tertiary arsine cyanohalide | $R_3 \cdot AsXCN$ | تەرتىياري ارسيندى سيانوگەلوگەن |

| 叔砷化氧 | tertiary arsine oxide | $R_3 \cdot As{:}O$ | تەرتىياري ارسين توتعى |

| 叔砷化氧卤 | tertiary arsine oxyhalide | $R_3 \cdot AsX \cdot OH$ | تەرتىياري ارسيندى وتەكتى گالوگەن |

| 叔碳原子 | tertiary carbon atom | تەرتىياري كومىرتەك اتومى |

| 叔烃 | tertiary hydrocarbon | تەرتىياري كومىر سۆتەكتەر |

| 叔酮 | "频哪酮" گە قاراڭىز. |

| 叔戊基 | tert－amyl | $CH_3CH_2C(CH_3)_2-$ | تەرت ـ اميل |

| 叔硝基化合物 | tertiary nitro compound | تەرتىياري نيترو قوسىلىستار |

| 熟化 | ripening | پىسىرۋ، قاتايتۋ، ٴسوندىرۋ |

| 熟石膏 | dried gypsum |

كۆيدىرىلگەن گيپس

| 熟石灰 slaked lime | سۇندۇرۇلگەن اك |

| 熟铁 wrought iron | پىسىرىلگەن تۆمۇر، تاپتالغان تۆمۇر، شىڭگالغان تۆمۇر |

| 薯磷酸化酶 potato phospberylase | پوتاتو فوسفورىلازا |

| 薯球蛋白 tuberin | تۇبەرين |

| 薯球朊 | "薯球蛋白" گە قاراڭىز. |

| 薯红 eosine $C_{20}H_8O_5Br_4$ | ھوزين |

| 薯红钠(盐) eosin sodium salt $C_{20}H_6O_5Br_4Na_2$ | ھوزين ناترى تۇزى |

| 薯红苏木精 eosin – gematoxylin | ھوزين گەما توكسيلين |

| 鼠李半乳糖甙 rhamnogalactoside | رامنوگالاكتوزيد |

| 鼠李醇 rhamnol $C_{10}H_{36}O$ | رامنول |

| 鼠李翠 rhamnin | رامنين |

| 鼠李甙 rhamnoside $C_{26}H_{30}O_{15}$ | رامنوزيد |

| 鼠李氟 rhamnofluorin | رامنوفلۇورين، رامنوفتورين |

| 鼠李甘露糖甙 rhamnomannoside | رامنومانتوزيد |

| 鼠李庚酮酸 rhamnoheptonic acid | رامنوگەپتون قىشقىلى |

| 鼠李固醇 | "鼠李甾醇" گە قاراڭىز. |

| 鼠李黄质 rhamnoxanthin | رامنوكسانتين |

| 鼠李精 rhamnegin $C_{12}H_{10}O_5$ | رامنەگين |

| 鼠李科甙 rhamnicoside $C_{26}H_{30}O_{15}$ | رامنيكوزيد |

| 鼠李科精醇 rhamnicogenol | رامنيكوگەنول |

| 鼠李酶 rhamnase | رامنازا |

| 鼠李醚 | "鼠李亭" گە قاراڭىز. |

| 鼠李葡糖甙 rhamnoglucoside | رامنوگليۇكوزيد |

| 鼠李三糖 rhamninose $C_{18}H_{32}O_{14}$ | رامنينوزا |

| 鼠李酸 rhamnoic acid | رامنوين قىشقىلى |

| 鼠李糖 rhamnose $C_6H_{12}O_5 \cdot H_2O$ | رامنوزا |

| 鼠李糖苯腙 rhamnose phenyl hydrazone $C_6H_{12}O_4NNHC_6H_5$ | رامنوزا فەنيل گيدرازونى |

| 鼠李糖醇 rhamnitol $C_6H_{14}O_3$ | رامنيتول |

| 鼠李糖甙 rhamnoside | رامنوزيد |

| 鼠李糖脂 ehamnolipid | رامنوليپيد |

| 鼠李亭 rhamnetin | رامنەتين |

鼠李泻甙	rhamno－cathartin	رامنوكاتارتين
鼠李泻素	rhamno－emodin	رامنوەمودين
鼠李甾醇	rhamnoseterin $C_{18}H_{28}O_2$	رامنوستەرين
鼠青绿	griseoviridin	گريزەوۆبريدين
鼠尾草油		"撒尔维尔油" گە قاراڭىز.
鼠尾烯	salvene	سالۋەن
数(量平)均分子量	number－average molecular weight	سانى ورتاشا مولەكۇلالىق سالماعى
数字计算机	digital computer	سيفرلى كومپيۋتەر، ساندىق ەسەپتەۋ ماشيناسى
树枝虫胶	stick lac	اعاش بۇتاعى لاكتارى
树枝(状)晶(体)	dendrite	دەندريت
树胶	gum	اعاش جەلىمى، جەلىم
树胶缘		"橡皮缘" گە قاراڭىز.
树胶脂	gum resin	جەلىمدى سمولا (شايىر)
树脂	resin	سمولا، شايىر، رەزين
树脂点滴试验	resin spot test	سمولا تامىزۇ سىناعى
树脂醇	resinol	رەزينول
树脂单宁醇	resino tannol	زەرينوتاننول، سمولاتاننول
树脂化	resinification（＝resinifying）	سمولالانۇ
树脂化剂	resinifying agent	سمولالاەش اگەنت
树脂黄	alos	الوس
树脂加工	resin treatment	سمولا وڭدەۇ
树脂精	resin spirt	سمولا سپيرتى
树脂酸	resin acid	سمولا قىشقىلى
树脂酸钙	calcium resinate	سمولا قىشقىل كالتسي
树脂酸锰	manganese resinate	سمولا قىشقىل مارگانەتس
树脂酸铅	lead resinate	سمولا قىشقىل قورعاسىن
树脂酸铁	iron resinate	سمولا قىشقىل قورعاسىن
树脂酸铜	cupric resinate	سمولا قىشقىل مىس
树脂酸盐	resinate	سمولا قىشقىلىنىڭ تۇزدارى
树脂香油	resineon	رەزينەون
树脂型酸	resinoic asids	سمولا تيپتى قىشقىلدار
树脂型物	resinoid	رەزينويدتار

树脂油　resin oil سمولا مايى

树脂原　resinogen رەزىنوگەن

树脂皂　resin soap سمولا سابىن، شايىر سابىن

树脂酯　resin ester سمولا ەستەرى

树脂状物质　resinous substance(matter) سمولا ٴتارىزدى زاتتار

树脂状杂质　resinous impurities سمولا ٴتارىزدى ارالاسپا زاتتار

束缚　binding ٴۇستاۆ، قارمالاۆ، شىرماۆ، بايلاۆ

束缚电子　bound electron بايلانسقان ەلەكترون

束缚分子　bound molecule بايلانسقان مولەكۋلا، بايلانعان مولەكۋلا

束缚力　binding force بايلانسقان كۇش، بايلانۇ كۇشى

束缚能　binding energy بايلانسقان ەنەرگيا

束缚气体　bound gas قارمالانعان گاز، بايلانعان گاز

束缚水　bound water قارمالانعان سۋ، بايلانعان سۋ

束生藻色素甲 "阿番宁" گە قاراڭىز.

束生藻色素乙 "阿番素" گە قاراڭىز.

竖键 "直立键" گە قاراڭىز.

shuai

衰变　decay ىدىراۆ

α–衰变　α–decay α – ىدىراۆ

β–衰变　β–decay β – ىدىراۆ

γ–衰变　γ–decay γ – ىدىراۆ

衰变常数　decay constant ىدىراۆ تۇراقتىسى

衰变期　decay period ىدىراۆ پەريودى

衰变速率　rate of decay ىدىراۆ تەزدەگى

shuang

双　bi–, bis–, bi ٴبي – ، ٴبيس – ، دي – ، جۇپ، قوس، پار

双阿脲　alloxantin $C_8H_6O_8N_4 \cdot 2H_2O$ اللوكسانتين

双阿司匹林　diasprin قوس اسپيرين

双胺暗氯　diamine dark–green قوس اميەندى قاراڭعىم جاسىل

双胺金黄　diamine gold yellow قوس اميندى التىن سارى

双胺精染料　diaminogen dye قوس امينوگەن بوياۋلارى

双胺蓝　diamine blue قوس اميندى كوك

双胺绿 B　diamine green B قوس اميندى جاسىل B

双胺绿 G　diamine green G قوس اميندى جاسىل G

双胺玫红　diamine rese قوس اميندى قىزعىلت (القىزىل، كۇلگىن قىزىل)

双胺青　diamine cyanine قوس اميندى سيانين

双胺青铜　diamine bronze قوس اميندى قولا

双胺染料　diamine dyes قوس اميندى بوياۋلار

双胺深黑　diamine deep black قوس اميندى قويۇ قارا (قانىق قارا)

双胺棕　diamine brown قوس اميندى قىزىل قوڭىر

双棓酸　diagallic acid $C_{14}H_{10}O_9$ ديگال قشقىلى، قوس گال قشقىلى

双笨胺黑　dianil black ديانيل قاراسى، قوس انيل قاراسى

双笨胺黄　dianil yellow ديانيل سارسى، قوس انيل سارسى

双笨胺坚牢红　dianil fast red ديانيل جۇعىمدى قىزىلى

双笨胺蓝　dianil blue ديانيل كوگى، قوس انيل كوگى

双笨胺青　dianil azurin(e) ديانيل ازۇرين

双笨胺枣红　dianil bordeaux ديانيل قىزىل كۇرەڭى، قوس انيل قىزىل كۇرەڭى

双笨亚甲基　dibenzylidene قوس بەنزيليدەن

双笨亚甲基丙酮　dibenzylidene aceton قوس بەنزيليدەندى اتسەتون

双笨亚甲基丁二酸　dibenzylidene succinnic acid قوس بەنزيليدەندى سۇكتسين قشقىلى

双吡啶　dipyridine $C_{10}H_{10}N_2$ دييىريدين، قوس پيريدين

双吡咯　dipyrrol دييىررول، قوس پيررول

双蓖酸　diricinoleic acid قوس ريتسينول قشقىل، قوس ۆپلمالىك قشقىلى

双变性 "对映(异构)现象" گە قاراڭز.

双丙二酸　dimalonic acid $(COOH)_2CHCH(COOH)_2$ قوس مالون قشقىلى

双丙酮　diaceton $CH_3COCH_2COCH_3$ قوس اتسەتون

双丙酮胺　diacetone amine $(CH_3)C(NH_2)CH_2COCH_3$ قوس اتسەتوندى امين

双丙酮醇　diacetone alcohol $(CH_3)_2COHCH_2COCH_3$ قوس اتسەتوندى سپيرت

双层　duble layer قوس قابات

双春塑料　bistrine بيسترين، قوس سترين

双醋酸　diacetate قوس سىركە قشقىلى

双醋酸盐　diacetate　　　　　　　　　　　قوس سىركە قشقىلىنىڭ تۇزدارى

双醋酸乙酯　ethyl diacetate　　　　　　　قوس سىركە قشقىل ەتيل ەستەرى

双电价　double electrovalence　　　　　　قوس ەلەكترلىك ۋالەنت

双(对氯苯基)二氯乙烷　di(P－chlorophenyl)－dichloro ethane　　قوس
（پارا ــ حلورلى فەنيل) ــ ەكى حلورلى ەتان

双对氯苯基二氯乙烷　2,2－bis(P－chlorophenyl)－1,1－
dichleroethane(＝DDD)　　2، 2 ــ قوس (پارا ــ حلورلى فەنيل) ــ 1، 1 ــ ەكى
حلورلى ەتان

双(对氯苯基)甲基甲醇　di(P－chjlorophenyl) methyl carbinol　قوس
(پارا ــ حلورلى فەنيل) مەتيل كاربينول

双对氯苯基三氯乙烷　2,2－bis(P－chlorophenyl)－1,1,1－
trichloroethane(＝DDT)　2، 2 ــ قوس (پارا ــ حلورلى فەنيل) 1، 1، 1 ــ ٴۇش
حلورلى ەتان

双对氯苯基乙醇　1,1－bis(P－chlorophenyl) ethanol　ــ پارا) قوس ــ 1، 1
حلورلى فەنيل) ەتانول

双对氯苯氧基甲烷　bis(P－cholorophenoxyl－methane)　ــ (پارا) قوس
حلورلى فەنوكسيل) مەتان

双(对乙酰氨基苯)砜　　　　　　　قاراڭـز. "罗地砜" گە

双蒽蓝　dianthrene blue　　　　قوس انتىرەندى كوك

双二笨胂化氧　diphenyl arsine oxide　[(C₆H₅)₂As]₂O　قوس فەنيلدى ارسين
توتعى

双二甲胂　　　　　　　　　　قاراڭـز. "双卡可基" گە

双二甲胂基硫　　　　　　　　قاراڭـز. "卡可基硫" گە

双二乙胂　　　　　　　　　　قاراڭـز. "四乙化二砷" گە

双泛酰硫乙胺　　　　　　　　قاراڭـز. "潘特生" گە

双分解　double decomposition　　　هەسەلەپ بدىراۋ

双分解反应　double decomposition reaction　قاراڭـز. "复分解反应" گە

双分子　bimolecular　　　　　قوس مولەكۇلا

双分子反应　　　　　　　　　قاراڭـز. "两分子反应" گە

双分子反应定律　bimolecular law　قوس مولەكۇلالىق رەاكسيا زاڭى

双分子还原　dimolecular reduction　قوس مولەكۇلالىق توتىقسىزدانۋ

双分子裂化反应　bimolecular reaction of cracking　قوس مولەكۇلالىق

بولشەكتەۋ رەاكسياسى

双酚 A　bisphenol A　　قوس فەنول A

双甘醇　diglycol　HOCH₂CH₂OCH₂CH₂OH　ديگليكول، قوس گليكول

双甘油　diglycerol　(CH₂OHCHOHCH₂)₂O　ديگليتسەرول

双共价　double covalence　قوس كوۋالەنت، قوس ورتاق ۋالەنت

双共振　double resonance　قوس رەزونانس

双胍　biguanide　NH₂C(NH)NHC(NH₂)NH　قوس گۋانيد

双光气　diphosgene　ClCO₂CCl₃　ديفوسگەن، قوس فوسگەن

双过酸　diperacid　H₂(R[O₂])₂　قوس اسقىن قىشقىل

双核甙酸　dinucleotide　قوس نۋكلەوتيد

双核分子　dinuclear molecula　قوس يادرولى مولەكۋلا

双环　dicyclo－　قوس ساقينا

双环的　dicyclic　قوس ساقينالى

双环核　dicyclic ring　قوس ساقينالى يادرو

双环化合物　dicyclic compound　قوس ساقينالى قوسىلمىستار

双环己基　dicyclohexyl　قوس ساقينالى گەكسيل

双环己基碳酰亚胺　dicyclohexyl carbon diimide(＝DDC)　قوس ساقينالى گەكسيل كومىرسۋتەكتەر

双环烃类　dicyclic hydrocarbons　قوس ساقينالى كومىرسۋتەكتەر

双环胺　disulfanylamide(＝disulon)　H₂NC₆H₄SO₂NHC₆H₄SO₂NH₂　قوس سۋلفانيل اميد

双磺胺　"璜酰磺胺" گە قاراڭز.

双极的　bipolar　قوس پوليارلى

双极性　bipolarity　قوس پوليارلىلىق

双甲氨砜二亚磺酸钠　"滴阿宋" گە قاراڭز.

双甲酮　dimedone　ديمەدون، قوس مەدون

双甲氧苯基三氯乙烷　2,2－bis (P－methoxyphenyl)－1,1,1－trichloroethane　2، 2 ـ قوس (پارا ـ مەتوكسيل فەنيل) ـ 1، 1، 1 ـ ʼۇش حلورلى ەتان

双键　double bond　قوس بايلانس

α，β－双键　alpha－beta double bond　الفا ـ بەتا ورىنداعى قوس بايلانس

双键结合的碳原子　double linked carbon　قوس بايلانسپەن بايلانسقان كومىرتەك اتومى

双金属电极　bimetallic alectrode قوس مەتال ەلەكترود

双金属温度计　bimetallic thermometer قوس مەتال تەرمومەتر

双肼定　dihydrazidine ديگيدرازيدين

双卡可基　dicacodyl ديكاكوديل

双联胍　bisdiguanide قوس ديگۆانيد

双料过磷酸钙　duble super phospahate قوس سۆپەرفوسفات (قوس ماتەريالدى اسقىن فوسفور قىشقىل كالتسي)

双硫腙　dithizone $C_6H_5NNCSNHNHC_6H_5$ دينيزون

双氯苯二氯乙烷　dichloro phenol sulfonephthalein قوس حلورلى فەنول سۆلفوندى فتالەين

双氯苯三氯乙烷　$2,2-bis(P-chlorophenyl)-1,1,1-trichloroethane$ 2، 2 ـ قوس (پارا ـ حلورلى فەنيل) 1، 1، 1 ـ ٴۇش حلورلى ەتان

双氯酚　dichlorophen ديحلوروفەن، قوس حلوروفەن

双氯乙基硫　yperite $ClC_2H_4SC_2H_4Cl$ يپەريت

双茂　dicyclo pentadiene $(CHCHCH_2CHCH)_2$ قوس ساقينالى پەنتاديەن

双没食子酸 "双棓酸" گە قاراڭىز.

双目的　binocular قوس وكۆليارلى، قوس كوزدى

双目放大镜　biocular magnifler قوس وكۆليارلى لۆپا، قوس كوزدى لينزا

双目镜　binocular قوس وكۆليار

双目(之)目镜　biocular eyepiece قوس وكۆليارلى وكۆليار

双目显微镜　binocular microscope قوس وكۆليارلى ميكروسكوپ

双脲　diurea $CO(NHNH)_2CO$ ديۇرەا، قوس ۇرەا

双偶氮　bisdiazo قوس ديازو

双偶氮化合物　biazocompound قوس ازولى قوسىلىستار، ٴتورت ازوتتى قوسىلىستار

双偶氮化了的 "四氮化的" گە قاراڭىز.

$2,2-双-(4'-羟基苯基)丙烷$　$2,2-bis(4'-hydroxyphenyl)propane$ 2، 2 (4' ـ گيدروكسيل فەنيل) پروپان

双氢链霉素　dihydrostreptomycin ەكى سۇتەكتى سترەپتوميتسين

双氢氯噻嗪　dihydrochloro thiazide ەكى سۇتەكتى حلورلى تيازيد

双氰胺　dicyandiamide $H_2NC(NH)NHCN$ قوس سياندى ەكى اميد

双硫丙氨酸 "胱氨酸" گە قاراڭىز.

双取代物　disubstitution product ەكى رەت الماسقان زات

双取代作用   قاراڭـز. گە "二基取代作用"

双乳胺酸   diloctamic acid $CH_3CHOHCOOCH(CH_3)CONH_2$ قوس لاكتامين
قشقىلى

双乳酸   dilactic acid (= dihydracrylic acid) $CH_3CHOHCOOCH(CH_3)COOH$

قوس ئـسۆت قشقىلى

双乳酰胺   قاراڭـز. گە "双乳胺酸"

双三甲基锡化氧   trimethyl tin oxide $(CH_3)_3SnOSn(CH_3)_3$ ئـۇش مـەتيلدى قالىيى
توتعى

双色比色法   bicolorimetric method   قوس كولەريمەترلمـاك ئـادس

双色比色计   bicolerimeter   قوس كولەريمەتر

双水杨内酯   disalicylide   قوس ساليتسيليد

双水杨酸   disalicylic acid $HOC_6H_4CO_2C_6CO_2C_6H_4COOH$ قوس ساليتسيل
قشقىلى

双水杨酸二乙烯二胺   disalicylatethylendiamine   قوس ساليتسيل قشقـىل
ەتيلـەندى ەكى امين

双四氧嘧啶   قاراڭـز. گە "双阿脲"

双酸   dioic acid   قوس قشقىل

双糖   disaccharide   قوس سلحاريد، قوس قانت

双萜   diterpene   ديتەرپەن، قوس تەرپەن

双瓦落酸   divalomic acid   ديۆالوم قشقـىلى، قوس ۆالوم قـشقـىلى

双戊烯   diamylene $C_{10}H_{20}$ ديـاميلـەن، قوس اميلـەن

双烯胺   bisonamine   قوس سونامين، بيسونامين

双烯丙基脲   قاراڭـز. گە "介子灵"

双烯雌酚   dienestrol   ديەن ەسترول

双烯合成   diene synthesis   ديەندىك سينتەز

双烯酮   diketon   ديكەتون، قوس كەتون

双相电流   biphase current   قوس فازالى توك

双新戊基醋酸   dineopentyl acetic acid $[(CH_3)_2C\cdot CH_2]_2CHCOOH$ دينەوپەنتيل
سـركە قشقـىلى

双形蕈酸   biferminic acid   بيفورمين قشقـىلى، قوس فورمين قشقـىلى

双性电极   bipolar electrode   قوس پوليارلى ەلەكترود

双性反应   amphoteric reaction   قوس قاسيەتتى رەاكسيا

双旋光   birotation   بيروتاتسا، قوس روتاتسيا

双氧钼基　molybdenyl　$MoO_2 =$　　موليبدەنيل

双氧水　perhydrole　　"强双氧水" گه قاراڭـز.

双氧水水溶液　　"过氧化氢溶液" گه قاراڭـز.

双氧钨　wolframyl　　ۋولفراميل

双氧铀(根)　uranyl　UO_2^{2+}　　ژرانيل قوس توتمعى

双-2-乙基己基癸二酸酯　di-2-ethylhexyl sebacate　قوس ـ 2 ـ ەتيل
گەكسيل سەباتسين قىشقىل ەستەرى

双乙酸基　diacetoxyl　　دياتسەتوكسيل، قوس اتسەتوكسيل

双乙酸基笨基靛红　diacetoxyl phenylisatin　$C_6HN{:}COHC{:}(C_6H_4O_2CCH_3)_2$
قوس اتسەتوكسيلدى فەنيليزاتين

双乙酰　diacetyl　$CH_3COCOCH_3$　　دياتسەتيل، ەكى اتسەتيل

双乙酰-甲氧肟　diacetyl monomethoxime　$CH_3COC(NOCH_3)CH_3$　　ەكى
اتسەتيلدى مونومەتوكسيم

双异丁叉丁酮　　"高佛尔酮" گه قاراڭـز.

双游离基　　"二价自由基" گه قاراڭـز.

双元油　diatol　$CO(OC_2H_5)_2$　　دياتول

双元燃料火箭推进剂　duble base propelland　قوس نەگـزدى پروپەللاند

双原子的　diatomic　　قوس اتومدى

双原子分子　diatomic molecula　　قوس اتومدى مولەكۇلا

双重氮化合物　bis-diazo compound　قوس ديازولى قوسىلىستار

双组份火箭燃料　hypergolic fuel(=hypergol)　گيپەرگول جانار زات

shui

水　water　H_2O　　سۋ

水八角灵　gratiolin　　گراتيولين

水八角酮　gratiolone　　گراتيولون

水八配质　gratiogenin　　گراتيوگەنين

水白矿物油　　"无色矿物油" گه قاراڭـز.

水白馏份　water-white distillate　ٴتۇسسىز ايدالعان قۇرام

水白色的　water-white　سۋداي اق ٴتۇستى، ٴتۇسسىز

水白石蜡　water-white paraffin wax　ٴتۇسسىز پارافين بالاۋىزى

水白酸　water-white acid

ئۇسسىز قىشقىل

水白盐酸　water－white acid　ئۇسسىز تۇز قىشقىلى

水白油　"无色油" گە قاراڭىز.

水泵　water pump　سۇ ناسوس

水玻璃　water glass　$NaSiO_3$　سۇيىق شىشنى (ئىينەك)

水彩颜料　aquarele colors　ئاكۇارەل بوياۇ، سۇئا ەزىلگەن بوياۇ

水槽　water bath　سۇ ۋاننىسى

水层　water layer　سۇ قاباتى

水处理　water curing　سۇمەن ۋڭدەۇ

水当量　water equivalent　سۇ ەكۋىۋالەنتى

水的离子积　ion－product constant for water　سۇدىڭ يوندىق كوبەيتىندىسى

水的软化　water coftening　سۇدىڭ جۇمسارۇى

水的污染　water pollution　سۇدىڭ لاستانۇى

水的硬度　hardness of water　سۇدىڭ كەرمەكتىك دارەجەسى

水的总硬度　total hardness of water　سۇدىڭ جالپى كەرمەكتىك دارەجەسى

水分　moisture　ىلعالدىق، سۇ قۇرامى

水分散系　aqueous dispersion　سۇدىڭ تارالۇ جۇيەسى

水分析　water analysis　سۇمەن تالداۇ

水粉颜料　"水合颜料" گە قاراڭىز.

水果酸　fruit acid　جەمىس قىشقىلى

水合　hydrated, aquated　گيدرات

水合阿脲　alloxan monohydrate　$CONHCONHCOC(OH)_2$　ئبىر گيدراتتى اللوكسان

水合本领　hydratability　گيدراتتانۇ قابىلەتى، گيدراتتانعىشتىق

水合过氧化物　hydrated peroxide　سۇ پەرپەندىكۇلياتسياسى

水合结晶　"结晶水合物" گە قاراڭىز.

水合晶体　"结晶水合物" گە قاراڭىز.

水合肼　hydrazine hydrate　گيدرازين گيدراتى

水合离子　hydrated ion　گيدرات يونى

水合氯醛　"氯醛合水" گە قاراڭىز.

水合蒎脑　pinol hydrate　$C_{10}H_{18}O_2$　پينول گيدراتى

水合蒎烯　pinen hydrate(＝homopinol)　$C_{10}H_{18}O$　پينەن گيدراتى

水合芪　stilbene hydrate　$C_{14}H_{14}O$

ستيلبەن گيدراتى

水合氢离子　hydronium ion　　　　　　　　　　　گيدرات سۆتەك يونى

水合醛　aldehyde hydrate　　R·CH(OH)₂　　　الدەگيد گيدراتى

水合热　hydration heat　　　　　　　　　　　　گيدراتتانۇ جىلۇيى

水合三氯乙醛　　　　　　　　　　　"氯醛合水" گە قاراڭىز.

水合三溴乙醛　　　　　　　　　　　"溴醛合水" گە قاراڭىز.

水合式　hydrated form　　　　　گيدراتتانۇ ئاسلى، فورماسى

水合水　hydrate water　　　　　گيدراتتانعان سۇ، بىرىككەن سۇ

水合碳酸钠　sodium carbonate hydrate　　كومىر قىشقىل ناتري گيدراتى

水合萜二醇 − [1,8]　terpine hydrate　　C₁₀H₂₀O₂H₂O　تەرپين گيدراتى

水合萜品　　　　　　　　"水合萜二醇 − [1,8]" گە قاراڭىز.

水合同分异构(现象)　hydratisomery(= hydration isomerism)　گيدرات
يزومەريالىق (قۇبىلىس)

水合铜离子　Cu(H₂O)₄²⁺　　　　　　　　　گيدرات مىس يونى

水合戊烯氯醛　chloral amylene hydrate　حلورال اميلەن گيدراتى

水合物　hydrate　　　　　　　　　　　　　　گيدراتتار

水合纤维素　hydrate cellulose　　　　گيدرات سەلليۇلوزا

水合性　hydratability　　　　　　　　　گيدراتتانعىشتىق

水合颜料　water color　　　　　　　　　سۇ بوياۋلار

水合盐　hydrated salt　　　　گيدراتتانعان تۇز، تۇز گيدراتى

水合氧化铝　hydrated alumina　الۇمين توتعىننىڭ گيدراتى

水合氧化物　hydrous oxide　　　　توتىق گيدراتتارى

水合乙醛酸　glyoxalic acid hydrate　OHCCOOH　گليوكسال قىشقىلىنىڭ
گيدراتى

(水合)茚满三酮　ninhydrin　C₈H₆O₄　　　نينگيدرين

(水合)茚满三酮试验　ninhydrin test　　نينگيدرين سىناعى

水合值　hydration value　　　　　　گيدراتتانۇ ئمانى

水合(作用)　hydration　　　　　　　　گيدراتاۇ

水化本领　　　　　　　　　　"水合性" گە قاراڭىز.

水化酶　hydrase　　　　　　　　　　　گيدرازا

水化葡萄糖　glucose aldohydrol　گليۇكوزا الدوگيدرول

水化器　hydrator　　　　　　　　　گيدراتتاعىش

水化设备　hydration pland

گیدراتتاۋ جابدىعى

水化物   "水合物" گە قاراڭىز.

水化纤维Ⅰ   cellulose hydrate Ⅰ   سەلليۋلوزا گيدراتى Ⅰ

水化纤维素Ⅱ   cellulose hydrate Ⅱ   سەلليۋلوزا گيدراتى Ⅱ

水化性   hydrability   گيدراتتانعشتنق

水化抑制剂   hydrate inhibitor   گيدراتتانۋدى تەجەگىش اگەنت

水黄精   kanugin   كانۋگين

水灰比   "水 - 水泥比" گە قاراڭىز.

水茴香萜   phellandrene   فەللاندرەن

水碱   thermonatrite   NaCO$_3\cdot$H$_2$O   تەرموناتريت

水胶   hydrocolloid   گيدروكوللويد

水解   hydrolyze   گيدروليز

水解槟榔碱   "槟榔啶" گە قاراڭىز.

水解产物   hydrolysis product   گيدروليز ٴونىمى

水解常数   hydrolytic constant   گيدروليز تۇراقتىسى

水解催化剂   hydrolyst   گيدروليز كاتاليزاتورى

水解反应   hydrolysis reaction   گيدروليز رەاكسياسى

水解分裂   hydrolytic scission   گيدروليزدىك بولشەكتەنۋ

水解剂   hydrolytic reagent   گيدروليزدىك رەاكتيۆ

水解降解   hydrolytic degradation   گيدروليزدىك ىدىراۋ

水解酶   hydrolase   گيدرولازا

水解器   hydrolyzer   گيدروليزدەگىش

水解羟基茄碱   "水解定" گە قاراڭىز.

水解氢化   hydrolysis hydrogenation   گيدروليزدىك سۇتەكتەنۋ

水解缩合   hydrolytic condensation   گيدروليزدىك كوندەنساتسيالانۋ

水解胱氨   hydrolytic deaminization   گيدروليزدىك امميياكسىزدانۋ

水解物   "水解产物" گە قاراڭىز.

水解纤维素   hydrosellulose   گيدروسەلليۋلوزا

水解纤维素硝酸酯   hydrocellulose nitrate   گيدروسەلليۋلوزا ازوت قىشقىل ەستەرى

水解质   hydrolite   گيدروليت

水解作用   hydrolytic action   گيدروليزدەنۋ رولى

水介质	aqueous medium	سۇلى ورتا
水晶	rock crystal	تاۋ ھرۇستالى (ئتۇسسىز كۋارتس)
水晶玻璃	crystal glass	ھرۇستال
水晶玻璃杯	crystal glass	ھرۇستال ستاكان
水净化	water purification	سۇ تازارتۇ
水冷却	water cooling	سۇمەن سۇتۇ
水离解	hydrolytic dissociation	سۇمەن ايىرۇ
水力学	hydraulics	گيدراۆليكا، گيدرومەحانيكا
水量计	water meter	سۇ ۆلشەگىش، سۇمەتر
水馏分	aqueous distillate	سۇدى ايداپ ايىرۇ
水绿矾		"绿矾" گە قاراڭىز.
水铝英石	allophane	اللوفان
水煤气	water gas	سۇ گازى
水煤气催化剂	water – gas catalyst	سۇ گازى كاتاليزاتور
水煤气电池	water gas cell	سۇ گازى باتەرياسى
水煤气发生器	water gas generator	سۇ گازى گەنەراتورى
水煤气反应	water – gas reaction	سۇ گازى رەاكسياسى
水煤气过程	water – gas process	سۇ گازى بارىسى
水煤气焦油	water – gas tar	سۇ گازى كوكس مايى
水煤气冷凝器	water gas condenser	سۇ گازى سۇتقىش
水煤气沥青	water – gas tar pitch	سۇ گازى كوكس ماي اسفالتى
水磨	water mill	سۇ تيىرمەن
水泥	cement	سەمەنت
水凝胶	hydrogel	گيدروگەل، گيدروسىرنە
水凝水泥	hydraulic cement	سۇدا قاتاياتىن سەمەنت
水汽		"水蒸汽" گە قاراڭىز.
水汽压	aqueous vapour pressure	سۇ بۇى قىسىمى
水汽张力	aqueous vapour tension	سۇ بۇى كەرىلۇ كۇشى
水热量计	water colorimeter	سۇ كولەريمەتر
水溶剂	hydrosolvent	سۇ ەرىتكىش، گيدرو ەرىتكىش (اگەنت)
水溶胶	hydrosol	گيدروزول، گيدروكەرنە
水溶蓝	water blue	سۇدا ەريتىن كوك
水溶尼格(洛辛)	nigrosine water – soluble	سۇدا ەريتىن نيگروزين

水溶性　water solubility		سۇدا ەرىگىش، سۇدا ەرىگىشتەك
水溶性初示		"原示 . گە قاراڭىز
水溶性催化剂　water – solube catalyst		سۇدا ەرىگىش كاتالىزاتور
水溶性树脂　water soluble resin		سۇدا ەرىگىش سمولا (شايىرلار)
水溶性维生素　water soluble vitamin		سۇدا ەرىتىن ۋىتاميندار
水溶性油　water soluble oils		سۇدا ەرىتىن مايلار
水溶性脂　water – soluble grease		سۇدا ەرىگىش گرەازا
水溶颜料		"水彩颜料 . گە قاراڭىز
水溶液　water solution		سۇداەى ەرىتىندى

水 – 水泥比　water – cement rario
سۇ مەن سەمەنتتەڭ سالستىرماسى
(قاتناسى)

水苏打玻璃　water soda glass
سۈيىق سودا اينەك، كەرەمنى قىشقىل ناترىلى اينەك
(شىنى)

水苏碱　stachydrin		ستاحيدرين
水苏糖　stachyose		ستاحيوزا
水塗料　water paint		سۈيىق بور بوياۋلار
水系　aque – system		سۇ جۇيەسى
水系碱　aquo – base		سۇ جۇيەسىندىك نەگىزدەر، اكۇو نەگىزدەر
水系酸　aquo – acid		سۇ جۇيەسىندىك قىشقىلدار، اكۇو قىشقىلدار
水系指示剂　aquo – system indicator		سۇ جۇيەسىندىك ينديكاتورلار
水仙胺　narcissamine		نارتسيس امين
水仙花胺　tazettamin		تازەتتامين
水仙花二醇　tazettadiol		تازەتتاديول
水仙花甲碱　tazettine methine		تازەتتين مەتين
水仙花碱　tazettine　$C_{18}H_{21}O_5N$		تازەتتين
水仙花碱醇　tazettinol		تازەتتينول
水仙花碱酮　tazettinone		تازەتتينون
水仙花酰胺　tazettamide		تازەتتاميد
水仙花新甲碱　tazettine neomethine		تازەتتين نەومەتين
水仙碱　narcissine		نارتسيسزين
水相　aqueous phase		سۇ فازاسى
水杨安眠酮　salhypnone　$C_6H_4(OOCPh)COOCH_3$		سالگيپنون
水杨百里酚　salithymol　$C_6H_4(OH)COOC_{10}H_{16}$		ساليتيمول

水杨棓酚　saligallol　　　　　　　　　　　　　　　　　ساليگاللول

水杨叉　salicylidene　O－HOC₆H₄CH＝　　　　　　　ساليتسييليدەن

水杨叉连氮　　　　　　　　　　　"水杨嗪" گە قاراڭىز.

水杨替笨酰胺　salicylidene benzamide　HOC₆H₄CH:NCOC₆H₅　　ساليتسييليدەن
بەنزاميد

水杨叉替对乙氧基笨胺　salicylidene p－phenetidine　HOC₆H₄CH:
NC₆H₄OC₂H₅　　　　　　　　　　ساليتسيلكيدەن پارا ـ فەنەتيدين

水杨叉替海硫因　salicylidene thiohydantoin　HOC₆H₄CH:C₃H₂ON₂S
ساليتسييليدەن تيوگيدانتوين

水杨替乙酰胺　salicylidene acetamide　HOC₆H₄CH:NCOCH₃　　ساليتسييليدەن
اتسەتاميد

水杨醇　salicyl alcohol　C₇H₈O₂　　　　　　　ساليتسيل سپيرتى

水杨甙　saligenin(＝salicoside)　C₁₃H₁₈O₇　　ساليگەنين، ساليكوزيد

水杨丹醇　salitannol　C₁₄H₁₀O₇　　　　　　　　ساليتاننول

水杨汾　saliphen(＝saliphenin)　C₁₅H₁₅O₃N　　ساليفەن، ساليفەنين

水杨干　　　　　　　　　　　　　　"沙利尔干" گە قاراڭىز.

水杨酐　salicylic anhydride　　　　　　　　ساليتسيل انگيدريدتى

水杨基　salicyl　　　　　　　　　　　　　　　　ساليتسيل

水杨基黄　salicyl yellow　　　　　　　　　　ساليتسيل سارسى

水杨基间笨二酚　salicylre sorcinol　C₁₃H₁₀O₄　ساليتسيل رەزورتسينول

水杨基水杨酸　salicyl salicylic acid　　　ساليتسيلدى ساليتسيل قىشقلى

水杨腈　salicylonitrile　HOC₆H₄CN　　　　ساليتسيلدى نيتريل

水杨孟醇　salimenthol　C₆H₄(OH)COOC₁₀H₁₉　　ساليمەنتول

水杨酶　salicylase　　　　　　　　　　　　　ساليتسيلازا

水杨萘酚　salinaphthol　　　　　　　　　　سالينافتول

水杨内酯　salicylide　C₂₈H₁₆O₆　　　　　　　ساليتسيليد

水杨嗪　salazine　HOC6H4CH:N.N:CHC₆H₄OH　　سالازين

水杨嗪酸　salazinic acid　　　　　　　　　سالازين قىشقلى

水杨醛　salicylaldehyde　HOC₆H₄CHO　　ساليتسيل الدەگيتى

水杨醛肟　salicylaldoxime　　　　　　　　ساليتسيل الدوكسيم

水杨扔　saliseparin　　　　　　　　　　　　ساليسەپارين

水杨酸　salicylic acid　HOC₆H₄COOH　　ساليتسيل قىشقلى

水杨酸安替比林　　　　　　　　　　　　"沙利比林" گە قاراڭىز.

水杨酸铵　ammonium salicylate　ساليتسيل قشقىل اممونى

水杨酸钡　barium salicylate　ساليتسيل قشقىل بارى

水杨酸笨酯　phenyl salicylate　$HOC_6H_4CO_2C_6H_5$　ساليتسيل قشقىل فەنيل هستەرى

水杨酸铋　bismuth salicylate　ساليتسيل قشقىل بيسمۇت

水杨酸苄酯　benzyl salicylate　ساليتسيل قشقىل بەنزيل هستەرى

水杨酸冰片酯　borneol salicylate(= bornyl salicylate)　$HOC_6H_4CO_2C_{10}H_{17}$　ساليتسيل قشقىل پورنيل هستەرى

水杨酸丙酮酯　salicylacetol(= salacetol)　$C_6H_4(OH)COOCH_2COMe$　ساليتسيل اتسەتول، سالاكەتول

水杨酸丙酯　propyl salicylate　$HOC_6H_4CO_2C_3H_7$　ساليتسيل قشقىل پروپيل هستەرى

水杨酸丁酯　butyl salicylate　$HOC_6H_4CO_2C_4H_9$　ساليتسيل قشقىل بۇتيل هستەرى

水杨酸毒扁豆碱　eserin salicylate　$C_{15}H_{21}N_3O_2C_6H_7O_2$　ساليتسيل قشقىل ەزەزين

水杨酸非那明　phenamine salicylate　$C_{10}H_{14}O_2N_2H_6H_7O_3$　ساليتسيل قشقىل فەنامين

水杨酸钙　calcium salicylate　$(C_5H_7O_3)_2Ca$　ساليتسيل قشقىل كالتسي

水杨酸汞　mercuric salicylate　ساليتسيل قشقىل سناپ

水杨酸甲苯酯　cresyl salicylate　ساليتسيل قشقىل كرەزيل

水杨酸甲氧基甲酯　methoxyl methyl salicylate　$HOC_6H_4CO_2CH_2OCH_3$　ساليتسيل قشقىل مەتوكسيل مەتيل هستەرى

水杨酸甲酯　methyl salicylate　$HOC_6H_4CO_2CH_3$　ساليتسيل قشقىل مەتيل هستەرى

水杨酸奎宁　salicylquinine　ساليتسيل قشقىل حينين

水杨酸锂　lithium salicylate　ساليتسيل قشقىل ليتي

水杨酸镁　magnesium salicylate　ساليتسيل قشقىل ماگني

水杨酸钠　sodium salicylate　ساليتسيل قشقىل ناترى

水杨酸 α－萘酯　α－naphthyl salicylate　$HOC_6H_4CO_2C_{10}H_7$　ساليتسيل قشقىل α ـ نافتيل هستەرى

水杨酸 β－萘酯　β－naphthyl salicylate　$HOC_6H_4CO_2C_{10}H_7$　ساليتسيل قشقىل β ـ نافتيل هستەرى

水杨酸氢糠酯　tetrahydrofurfuryl salicylate　$HOC_6H_4CO_2CH_2C_4H_8O$　ساليتسيل قشقىل ءتورت سۇتەكتى فۇرفۇريل هستەرى

水杨酸三溴笨酯　tribromophenyl salicylate　$HOC_6H_4CO_2C_6H_3Br_3$　ساليتسيل

قىشقىل ئۇش برومدى فەنيل ەستەرى

水杨酸铈　cerous salicylate　ساليتسيل قىشقىل سەرى

水杨酸锶　strontium salicylate　ساليتسيل قىشقىل سترونتسي

水杨酸檀香酯　santalyl salicylate　ساليتسيل قىشقىل سانتاليل ەستەرى

水杨酸铁　ferric salicylate　ساليتسيل قىشقىل تەمىر

水杨酸铜　cupric salicylate　ساليتسيل قىشقىل مىس

水杨酸肟　salicyl aldoxime　ساليتسيل قىشقىل الدوكسيم

水杨酸戊酯　amylsalicylate　$HOC_6H_4CO_2C_5H_{11}$　ساليتسيل قىشقىل اميل

ەستەرى

水杨酸锌　zinc salicylate　ساليتسيل قىشقىل مىرىش

水杨酸亚铋　bismuthous salicylate　ساليتسيل قىشقىل شالاتوتىق بيسمۇت

水杨酸盐　salicylate　OHC_6H_4COOM　ساليتسيل قىشقىلىنىڭ تۇزدارى

水杨酸乙酯　ethyl salicylate　$HOC_6H_4CO_2C_2H_5$　ساليتسيل قىشقىل ەتيل ەستەرى

水杨酸异丙酯　isopropyl salicylate　$HOC_6H_4CO_2C_3H_7$　ساليتسيل قىشقىل

يزوپروپيل ەستەرى

水杨酸异戊酯　isoamyl salicylate　$HOC_6H_4CO_2C_5H_4$　ساليتسيل قىشقىل يزواميل

ەستەرى

水杨酸酯　salicylate　$OHC_6H_4CO\cdot OR$　ساليتسيل قىشقىل ەستەرى

水杨酸中毒　salicylism　ساليتسيل قىشقىلىنان ۋلانۇ

水杨亭　saliretin　$C_{14}H_{14}O_3$　ساليرەتين

水杨酰　salicylyl　$C_6H_4(OH)CO-$　ساليتسيليل

水杨酰胺　salicylamide　$HOC_6H_4CONH_2$　ساليتسيل اميد

水杨酰偶氮磺胺吡啶　salicylazosulfa pyridine　ساليتسيل ازوسۇلفا پييريدين

水杨酰替苯胺　salicylanilide　$HOC_6H_4CONHC_6H_5$　ساليتسيل انيليد

水杨油　salicylol　$C_7H_8O_2$　ساليتسيلول

水银　"汞" گە قاراڭىز.

水银电极　"汞电极" گە قاراڭىز.

水银柱　"汞柱" گە قاراڭىز.

水硬石灰　hydraulic lime　سۇدا قاتاياتىن اك

水硬系数　hydraulic modulus　سۇدا قاتايۇ كوەففيتسەنتى

水蒸汽　water vapor　سۇ بۇى

水值　water value　سۇ ئمانى

水蛭素	hirudin	گیرۇدین
睡莱醇	menyanthol $C_7H_{11}O_2$	مەنیانتول
睡莱质	menyanthin $C_{33}H_{50}O_{14}$	مەنیانتین
睡乙酰胺	hypnacetine $C_{16}H_{15}O_3N$	گیپناتسەتین

shun

瞬时克分子浓度	instantaneous molar concentration	لەزدىك مولیارلىق قویۇلۇق
瞬时燃烧	instantaneous combustion	لەزدىك جانۇ
瞬时形变	instantaneous deformation	لەزدىك فورما وزگەرۇ
瞬时值	instantaneous value	لەزدىك ءمان
顺磁共振	paramagnetic resonance	پارا ماگنیتتىك رەزونانس
顺磁性	paramagnetism	پاراماگنیتتىك
顺丁烯二醛		"马来醛" گە قاراڭىز.
顺丁烯二酸丙三醇树脂		"马来树脂" گە قاراڭىز.
顺丁烯二酰抱亚胺		"马来酰亚胺" گە قاراڭىز.
顺番红花酸二甲酯	cis – crocetin dimethyl ester	cis – كروتسەتین دیمەتیل ەستەرى
顺反异构	cis – trans isomerism	cis – ترانس یزومەریا، cis – ترانس یزومەریالىق قۇبىلىس
顺反异构体	cis – trans – isomer	cis – ترانس یزومەرلەر
顺(基)型	syn – type	syn تیپتى
顺 – 2 – 甲基丁烯酸		"异当归酸", "瑟瓦酸" گە قاراڭىز.
顺聚 – 2 – 甲基丁二烯		"顺式聚异戊间二烯" گە قاراڭىز.
顺卡因	syncaine	سینكاین
顺十八(碳)炔酸		"塔拉酸" گە قاراڭىز.
顺十八烯 – [9] – 酰	cis – 9 – octadecenoyl	cis – 9 – وكتا دەكەنویل
顺式	cis – , cis – form, syn – form, syn – type, malenoid form	cis – ، cis – فورمالى، syn – فورمالى، syn – تیپى، مالەنوید فورمالى
顺式丁烯二醛		"马来醛" گە قاراڭىز.
顺式丁烯二酸		"马来酸" گە قاراڭىز.

顺式丁烯二酸酐   گه قاراڭز. "马来酐"

顺式丁烯二酸盐   گه قاراڭز. "马来酸盐"

顺式丁烯二酸酯   گه قاراڭز. "马来酸酯"

顺式丁烯二酰   گه قاراڭز. "马来酰"

顺(式)反(式)异构现象   cis – trans isomerism   cis ـ ترانس يزومەريا،
ترانس يزومەريالىق قۇبىلس

顺式构型   cis – configuration   cis ـ قۇرىلىم تيپى

顺式化合物   cis – compound   cis ـ قوسىلىستار

顺式甲基丁烯二酸   گه قاراڭز. "柠康酸"

顺式–2–甲基丁烯–[2]醛–[1]   گه قاراڭز. "惕格醛"

顺式–2–甲基丁烯–[2]酸   گه قاراڭز. "惕格酸"

顺式–2–甲基丁烯–[2]酸乙酯   گه قاراڭز. "惕格酸乙酯"

顺(式)加(减)作用   cis – addition   cis ـ قوسىپ الۇ رولى

顺式聚异戊间二烯   cis – polyisoprene   cis ـ پولييزوپرەن

顺式均二笨代乙烯   گه قاراڭز. "异芪"

顺式立构聚合物   گه قاراڭز. "等规聚合物"

顺式立体异构体   cis – stereoisomer   cis ـ ستەرەوىزومەرلەر

顺式邻甲代烯酸   گه قاراڭز. "当归酸"

顺式邻羟笨丙烯酸   گه قاراڭز. "苦马酸"

顺式氯代丁烯二酸   گه قاراڭز. "氯代马来酸"

顺式廿二碳烯–[13]–酸   cis – 13 – docosenoic acid $C_{21}H_{41}COOH$
cis ـ 13 ـ دوكوسەن قشقىلى

顺式廿三(碳)烯–[12]–酸–[1]   dodecosenoic acid   12 ـ دودەكوسەن
قشقىلى

顺式–12–羟基十八(碳)烯–9–酸   12 – hydroxy – cis – 9 –
octadecenoic acid   12 ـ گيدروكسيل ـ cis ـ 9 ـ وكتادەكەن قشقىلى

顺式十八碳二烯–9,12–酸   cis – 9, cis – 12 octadecadienoic acid
cis ـ 9، cis ـ 12 ـ وكتادەكاديەن قشقىلى

顺式十八(碳)三烯–9,12,15–酸   cis – 9,cis – 12,cis – 15 –
octadecatrienoic acid   cis ـ 9، cis ـ 12، cis ـ 15 ـ وكتادەكاتريەن قشقىلى

顺式十八碳烯–9–酸   cis – 9 – octadecenoic acid   cis ـ 9 وكتادەكەن
قشقىلى

顺式双键　cis－double bonds　　　　　　　　　　　cis ـ قوس بايلانسى

顺式萜二醇－[1,8]－内醚　　　　　　　　"桉树脑" گه قاراڭز.

顺式(同分)异构　syn－isomerism　syn، ـ يزومەريا ـ يزومەريالىق قۇبۇلىس ـ syn

顺式肟　sun－oxime　　　　　　　　　　　　　syn ـ وكسىم

顺式溴代丁烯二酸　　　　　　　　　　　"溴代马来酸" گه قاراڭز.

顺式异构化合物　maleinoid　　　　　　　　　　مالەينويد

顺式异构体　cis－isomer　　　　　　　　　　cis ـ يزومەرلەر

顺式异构现象　cis－isomerism　cis، ـ يزومەريا ـ يزومەريالىق قۇبۇلىس ـ cis

顺位　cis－position　　　　　　　　　　　　　cis ـ ورنى

顺位消除　cis－elinination　　　　　　　　　cis ـ ورىندا جويىلۇ

顺位效应　cis－effect　　　　　　　　　　　cis ـ ەففەكت

顺乌头酸　cis－aconitic acid　　　　　　　cis ـ اكونيت قىشقىلى

顺芥酸　brassidic acid　$C_{21}H_{41}COOH$　　　براززي قىشقىلى

顺向定位　cis－orientation　　　　　　　　cis ـ ورىنعا باعىتتاۋ

顺芷醛　　　　　　　　　　　　　　"惕各醛" گه قاراڭز.

顺芷酸　　　　　　　　　　　　　　"惕各酸" گه قاراڭز.

si

斯阿树脂酸　siaresinolic acid　$C_{30}H_{46}O_4$　سيا رەزينول قىشقىلى، سيا سمولا
قىشقىلى

斯德酮　sydnone(＝sydonone)　　　　　سيدنون، سيدونون

斯尔烷　sylvan　　　　　　　　　　　سيلۇان

斯克洛浦氏合成　Skraup's synthesis　　سكراۇپ سينتەزى

斯夸甙　Squarine　　　　　　　　　　سكۇارين

斯拉氧化试验　Sligh oxidation test　　سيلگ توتىقتىرۇ سىناعى

斯特霍克合成　Strecker synthesis　　ستەرەكەر سينتەزى

斯托克定律　Stoke's law　　　　　　　ستوك زاڭى

斯妥乏因　stovaine　$C_6H_5CO_2C(C_2H_5)(CH_3)CH_2N(CH_3)_2$　ستوۋاين

斯威特兰滤器　Sweetland filter　　　سۇەتلاند سۇزگىشى

斯温森－华克结晶器　Swenson－walker crystalizer　سۆەنسون ـ ۋالكەر
كريستالداعىشى

锶(Sr)　strontium　　　　　　　　　　(Sr) سترونتسي

司可巴比妥　secobarbital	سەكوباربيتال
司可钠　seconal	سەكونال
丝氨醇　serinol	سەرينول
丝氨酸　serin	سەرين
丝氨酸氨基丁酸硫醚　cistathionin	سيستاتيونين
丝氨酸磷脂　serine phosphatide	سەرين فوسفاتيد
丝氨酰　seryl　$HOCH_2CH(NH)_2CO-$	سەريل
丝蛋白　fibroin	فيبروين
丝瓜碱　luffanine	لۇففانين
丝瓜子油　luffa‐seed oil	لۇففا ۇرىعى مايى
丝光处理　mercerization; mercerizing	زەرلەۋ، زەرمەن وڭدەۋ
丝光棉　mercerized cotton	جىبەك ماقتا، جىلتىر ماقتا
丝光纤维　mercerized fiber	جىلتىر تالشىق
丝胶蛋白	"丝胶朊" گە قاراڭىز.
丝胶朊　sericin　$C_{15}H_{25}O_3N_5$	سەريتسين
丝裂霉素 C　mitomycin C	ميتوميتسين C
丝朊	"丝蛋白" گە قاراڭىز.
丝石竹配质　gyposogenin　$C_{30}H_{46}O_4$	گيپسوگەنين
丝石竹皂甙元	"丝石竹配质" گە قاراڭىز.
丝素	"丝胶朊" گە قاراڭىز.
丝炭　mineral charcoal	مينەرال كومىر، جۇمساق كومىر
丝纤朊	"丝蛋白" گە قاراڭىز.
丝心蛋白	"丝蛋白" گە قاراڭىز.
丝心朊	"丝蛋白" گە قاراڭىز.
四　tetra‐	تەترا ‐ (گرەكشە)، كۇۋادرى ‐ (لاتىنشا)، ٴتورت
四氨基　tetramino‐	تەترامينو ‐
四氨基‐3,3′‐二甲基二笨甲烷　tetra‐amino‐3,3′‐dimethyldiphenyl methane　$[CH_3(NH_2)_2C_6H_2]_2CH_2$	تەترا امينو ‐ 3,3′ ‐ديمەتيل ديفەنيل مەتان
四氨络物　tetrammine	تەتراممين
四胺　tetramine	تەترامين
四胺　fouramin	فوۋرامين

四笨撑 tetra phenylene		تەترافەنيلەن
四笨代乙二醇－[1,2]		"笨频哪醇" گە قاراڭىز.
四苯代乙隣二醇		"笨频哪醇" گە قاراڭىز.
四笨胍 tetraphenyl guanidine HNC[N(C₆H₅)₂]₂		تەترافەنيل گۋانيدين
四苯基吡嗪 tetraphenyl pyrazine		تەترافەنيل پيرازين
四苯基的 tetra phenylated		تەترا فەنيلدى
四苯基－1,4－二氮杂笨		"四苯基吡嗪" گە قاراڭىز.
四苯基呋喃 tetraphenyl furan		تەترا فەنيل فۇران
四苯基硅 tetraphenyl silicane (C₆H₅)₄·Si		تەترا فەنيل كرەمني
四苯基化的 tetraphenylated		تەترا فەنيلدەنۆ، تەترا فەنيلدەنگەن
四苯基甲烷 tetra phenyl methane (C₆H₅)₄C		تەترا فەنيل مەتان
四苯基茂酮		"环酮" گە قاراڭىز.
四苯基脲 tetrapheny urea [(C₆H₅)₂N]₂CO		تەترا فەنيل ۋرەا
四苯基哌嗪 tetraphenyl pyrazine C₂₈H₂₀N₂		تەترا فەنيل پيرازين
四苯基铅 tetraphenyl－lead Pb(C₆H₅)₄		تەترا فەنيل قورعاسىن
四苯基锑化碘 tetraphenyl stibionium iodide (C₆H₅)₄SbI		تەترا فەنيل سۇرمەلى يود
四苯基锡 tetraphenyl tin (C₆H₅)₄Sn		تەترا فەنيل قالايى
四笨肼 tetraphenyl hydrazine (C₆H₅)₂NN(C₆H₅)₂		تەترا فەنيل گيدرازين
四笨连砷		"苯基卡可基" گە قاراڭىز.
四笨嗪 tetrabenazin		تەترا بەنازين
四笨氧基硅 tetraphenoxy silicane (C₆H₅O)₄Si		تەترا فەنوكسيل كرەمني
四笨乙烯 tetrapohenyl ethylene (C₆H₅)₂C:C(C₆H₅)₂		تەترا فەنيل ەتيلەن
四吡咯 tetra pyrrol		تەتراپيررول
四苄基硅 tetrabenzyl－silicane (C₆H₅CH₂)₄Si		تەترا پەنزيل كرەمني
四丙铵化碘 tetrapropyl ammonium iodide (C₂H₅CH₂)₄NI		تەترا پروپيل اممونيلى يود
四丙基硅 tetrapropyl－silicane (C₃H₂)₄Si		تەترا پروپيل كرەمني
四丙基铅 tetrapropyl lead Pb(C₃H₇)₄		تەترا پروپيل قورعاسىن
四丙基锡 tetrapropyl tin (CH₃CH₂CH₂)₄Sn		تەترا پروپيل قالايى
四丙氧基硅 tetrapropoxy－silicane (C₃H₇O)₄Si		تەترا پروپيل كرەمني
四代笨酚 phenosic acid		ٴتورت ورىن باسقان فەنول
1,2,4,5－四氮笨		

			"四嗪 – 1,2,4,5" گه قاراڭـز.
四氮卟吩	tetrazaporphin		تەترازاپورفين، ئـتورت ازوتتى پورفين
四氮化的	tetrazotized		ئتورت ازوتتى، ئتورت ازوتتانعان
四氮化三硅	silicon nitride	Si₃N₄	ئتورت ازوتتى كرەمني
四氮化三钛			"氮化钛" گه قاراڭـز.
四氮化三锡	stannic nitride	Sn₃N₄	ئتورت ازوتتى قالايى
1,2,3,4 – 四氮茂			"四唑 – 1,2,3,4" گه قاراڭـز.
1,2,3,5 – 四氮茂			"四唑 – 1,2,3,5" گه قاراڭـز.
四氮茂并			"四唑并" گه قاراڭـز.
四氮茂基			"四唑基" گه قاراڭـز.
1,2,3,4 – 四氮萘			"1,2,3,4 – 笨并四嗪" گه قاراڭـز.
1,4,5,7 – 四氮萘			"蝶呤" گه قاراڭـز.
1,2,3,7 – 四氮茚			"1 – 连三唑并吡啶" گه قاراڭـز.
1,2,4,7 – 四氮茚			" [b]吡唑并 – 1 吡嗪" گه قاراڭـز.
四氮烷	tetrazane	H₂NNHNHNH₂	تەترازان
四氮烯	tetrazene	NH₂NHN:NH	تەترازەن
四氮杂笨			"四嗪" گه قاراڭـز.
四氮杂己环对二酮			"双脲" گه قاراڭـز.
四氮杂茂			"四唑" گه قاراڭـز.
四氮杂茚			"嘌呤" گه قاراڭـز.
四氮腙	tetrazone	R₂NHHNR₂	تەترازون
四碘苯酚磺酞	tetraiodophenol sulfon phthalein	C₁₉H₁₀O₅I₄S	ئتورت يودتى فەنول سـۆلفون فتالەين
四碘吡咯	tetraiodo pyrrole	I₄C₄NH	ئتورت يودتى پيررول
四碘代笨	tetraiodo – benzene (phenyltetraiodide)	C₆H₂I₄	ئتورت يودتى بەنزول (فەنيل)
四碘代甲烷	tetraiodo – methane		ئتورت يودتى مەتان
四碘代磷笨二(酸)酐			"四碘酞酐" گه قاراڭـز.
四碘(代)乙烯	tetraiodo – ethylene	I₂C:CI₂	ئتورت يودتى ەتيلەن
四碘酚酞	tetraiodo phenolphthalein	C₂₀H₁₀O₄I₄	ئتورت يودتى فەنول فتالەين
四碘酚酞钠	tetraiodophenol phthalein sodium salt	C₂₀H₈O₄I₄Na₂	ئتورت

يودتى فەنول فتالەين ناترى تۆزى

四碘化苯	benzene tetraiodide	$C_6H_6I_4$	ئورت يودتى بەنزول
四碘化的	tetraiodated		ئورت يودتى، ئورت يودتانعان
四碘化碲	tellurium tetraiodide	TeI_4	ئورت يودتى تەللۇر
四碘化硅	silicon tetraiodide	SiI_4	ئورت يودتى كرەمني
四碘化合物	tetraiodo compound		ئورت يودتى قوسۇلمىستار
四碘化钛	titanium tetraiodide		ئورت يودتى تيتان
四碘化碳	carbon tetra iodide		ئورت يودتى كومىرتەك
四碘化钨	tungsten tetraiodide	WI_4	ئورت يودتى ۋولفرام
四碘化物	tetraiodide		ئورت يوديتتەر، ئورت يودتى قوسۇلمىستار
四碘化锡	tin tetraiodide	SnI_4	ئورت يودتى قالايى
四碘化铀	uranium tetraiodide	UI_4	ئورت يودتى ۋران
四碘化锗	germanium tetraiodide		ئورت يودتى گەرماني
四碘络金氢酸			"碘金酸" گە قاراڭىز.
四碘酞	tetraiodophthalein		ئورت يودتى فتالەين
四碘酞酐	tetraiodophthalic anhydride	$I_4C_6(CO)_2O$	ئورت يودتى انگيدريدتى
四碘锌酸钾			"碘化锌钾" گە قاراڭىز.
四碘乙烯			"四碘(代)乙烯" گە قاراڭىز.
四碘萤光素	tetraiodofluorescein(= iodeosin)		ئورت يودتى فلۇورەستسەين، يودەوزين
四丁铵化碘	tetrabutylammonium iodide	$(C_4H_9)_4NI$	ئورت بۇتيل اممونيلى يود
四丁基	tetrabutyl		تەترابۇتيل
四丁基硅	tetrabutyl silicane	$(C_4H_9)_4Si$	تەترابۇتيل كرەمني
四丁基铅	tetrabutyl lead	$Pb(C_4H_9)_4$	تەترابۇتيل قورعاسىن
四丁基锡	tetrabutyl tin	$Sn(C_4H_9)_4$	تەترابۇتيل قالايى
四芳基(化了)的	tetra – arylated		تەترا الكيلدى، تەترا الكيلدەنۇ
四芳基茂酮			"环酮" گە قاراڭىز.
四分法	quatering		تورتتىك ئادىس، تورتكە ئبولۇ ئادىسى
四分子的	tetra molecular		ئورت مولەكۇلالى
四分子反应	tetramolecular reaction		ئورت مولەكۇلالىق رەاكسيا
四氟代苯	phenyl tetrafluoride		ئورت فتورلى بەنزول (فەنيل)
四氟代甲烷	tetra fluoro – methane	CF_4	

ئورت فتورلى مەتان

四氟化钒　vanadium tetra fluoride　VF₄　ئورت فتورلى ۋانادي

四氟化硅　silicon tetra fluoride　ئورت فتورلى كرەمنى

四氟化合物　tetrafluoro compound　ئورت فتورلى قوسلىستار

四氟化硫　sulfur tetra fluoride　SF₄　ئورت فتورلى كۆكىرت

四氟化铈　ceric fluoride　CeF₄　ئورت فتورلى سەرى

四氟化钛　trtanium tetrafluoride　ئورت فتورلى تيتان

四氟化碳　carbon tetrafluoride　CF₄　ئورت فتورلى كومىرتەك

四氟化物　tetrafluoride　ئورت فتوريدتەر، ئورت فتورلى قوسلىستار

四氟化硒　“四氟化硅” گە قاراڭز.

四氟化锡　tin tetrafluoride　SnF₄　ئورت فتورلى قالاي

四氟化氧钨　tungsten oxyfluoride　WOF₄　ئورت فتورلى وتەكتى ۋولفرام

四氟化铀　uranium tetrafluoride　UF₄　ئورت فتورلى ۇران

四氟化锗　germanium tetrafluoride　ئورت فتورلى گەرمانى

四氟硼酸销　“四氟硼酸硝鎓” گە قاراڭز.

四氟硼酸硝鎓　nitronium tetrafluoro barate　ئورت فتورلى بور قىشقىل ازوت

四氟氧化铼　rhenium oxyfluoride　ReOF₄　ئورت فتورلى وتەكتى رەنى

四氟氧化钨　tungsten oxyfluoride　WOF₄　ئورت فتورلى وتەكتى ۋولفرام

四甘醇　tetraglycol　$(CH_2OCH_2)_2 \cdot (CH_2OH)_2$　تەتراگليكول، ئورت گليكول

四铬酸　tetrachromic acid　$H_2Cr_4O_{13}$　ئورت حروم قىشقىل

四铬酸盐　tetrachromate　$M_2Cr_4O_{13}$　ئورت حروم قىشقىلىنىڭ تۇزدارى

四个　tetrakis-　ئورت، ئورت دانا

四个对甲苯氧基硅　tetra-p-cresoxy-silicane　$(CH_3C_6H_4O)_4Si$　ئورت ـ پارا ـ كرەزوكسيلدى كرەمنى

四个环己基锡　tetracyclo hexyltin　$(C_6H_4)_4Sn$　ئورت ساقينالى گەكسيلتين

四个羟乙基铵化氢氧　tetraethanolammonium hydroxide　$(HOCH_2CH_2)_4NOH$　ئورت ھەتانولدى اممونى توتعننىڭ گيدراتى

四个烯丙氧基硅　tetra-allyloxy-silicane　$(C_3H_5O)_4Si$　ئورت اللىلوكسيلدى كرەمنى

四庚氧基硅　tetraheptoxy-silicane　$(C_7H_{15}O)_4Si$　ئورت گەپتوكسيلدى كرەمنى

四号橙　orange IV　قىزعىلت سارى IV

四核甙酸　tetranucleotid　ئورت نۆكلەوتيد

四核的		"四环的" گه قاراڭز.
四核环	tetracyclic ring	"四环的" گه قاراڭز.
四环的	tetracyclic	ٴتورت ساقينالى
四环化合物	tetracyclic compound	ٴتورت ساقينالى قوسىلىستار
四环素	tetracyclin(e)	تەتراسيكلين
四环素腈	tetracyclinonitril	تەتراسيكليندى نيتريل
四环烃	tetracyclic hydrocarbon	ٴتورت ساقينالى كومىر سۇتەكتەر
四环酮	tetracyclone	تەتراسيكلون، ٴتورت سيكلون
四环系抗菌素	tetracycline antibiotic	ٴتورت ساقينالى انتيبيوتيكتەر
四基聚合物	quadripolymer	كۆادري پوليمەر، ٴتورت پوليمەر
四甲铵化碘	tetramethylammonium iodide	(CH₃)₄NI ٴتورت مەتيل اممونيلى يود
四甲铵化氯	tetramethylammonium chloride	(CH₃)₄NCl ٴتورت مەتيل اممونيلى حلور
四甲铵化氢氧	tetramethyl ammonium hydroxide	(CH₃)₄NOH ٴتورت مەتيلدى امموني توتععننىڭ گيدراتى
四甲铵化溴	tetramethylammonium bromide	(CH₃)₄NBr ٴتورت مەتيل اممونيلى بروم
1,2,3,4 - 四甲苯		"连四甲苯" گه قاراڭز.
四甲苯基硅	tetratolyl silicane	تەتراتوليل كرەمني
四甲苯基铅	tetratolyl lead	تەتراتوليل قورعاسىن
四甲苯基锡	tetratolyl tin	تەتراتوليل قالايى
四甲撑	tetramethylene	– (CH₂)₄ – تەترامەتيلەن
四甲撑二胺	tetramethylene diamine	H₂N(CH₂)₄NH₂ تەترامەتيلەن ديامين
四甲撑硫	tetramethylene sulfide	(CH₃)₄S تەترامەتيلەن كۇكىرت
四甲撑氧	tetramethylene oxide	(CH₃)₄O تەترامەتيلەندى توتىق
四甲二胂	tetramethyl biarsin	تەترامەتيلدى ەكى ارسين
四甲基半乳糖	tetramethyl galactose	تەترامەتيل گالاكتوزا
四甲基苯	tetramethyl benzene	(CH₃)₄C₆H₂ تەترامەتيل بەنزول
1,2,3,5 - 四甲基苯	1,2,3,5 – tetramethyl benzene	1، 2، 3، 5 _ تەترامەتيل بەنزول
1,2,4,5 - 四甲基苯	1,2,4,5 – tetramethyl benzene	1، 2، 4، 5 _ تەترامەتيل بەنزول

四甲基苯撑　tetramethyl phenylene　تەترامەتيل فەنيلەن

2,3,5,6 - 四甲基苯基　2,3,5,6 - tetramethyl phenyl　2، 3، 5، 6 -
تەترامەتيل فەنيل

四甲基苯醌　tetramethyl benzoquinone　(CH₃)₄C₆O₂　تەترامەتيل بەنزوحينون

四甲基吡喃葡糖　tetra methyl gluopoyranose　تەترامەتيل گليۇكوپيرانوزا

四甲(基代)笨对撑　tetramethyl - p - phenylene　تەترامەتيل ـ پارا ـ مەتيلەن

2,3,5,6 - 四甲(基代)苯基　2,3,5,6 - tetramethyl phenyl　2، 3، 5، 6 -
تەترامەتيل فەنيل

四甲基甙　tetramethyl glucoside　تەترامەتيل گليۇكوزيد

四甲基丁二酸　tetramethyl succinic acid　[(CH₃)₂COOH]₂　تەترامەتيل سۇكتسين
قىشقىلى

四甲基 - 1,4 - 二氮杂笨　tetraphenyl pyrazine　تەترافەنيل پيرازين

四甲基硅　tetramethyl silicane　Si(CH₃)₄　تەترامەتيل كرەمني

四甲基硅烷　tetramethyl silane　تەترامەتيل سيلان

四甲基果糖　tetramethyl fructose　تەترامەتيل فرۇكتوزا

四甲基化的　tetramethyl ated　تەترامەتيلدەنۇ، تەترامەتيلدەنگەن

1,2,2,3 - 四甲基环戊烷羧酸 - [1]　"龙脑酸" گە قاراڭىز.

四甲基甲基甙　tetramethyl methyl glucoside　تەترامەتيلدى مەتيل گليۇكوزيد

四甲基甲烷　tetramethyl methane　تەترامەتيلدى مەتان

四甲基金属　tetramethide　M(CH₃)₄　تەترامەتيلدى مەتال

2,2′,6,6′ - 四甲基联苯胺　"联二甲苯胺" گە قاراڭىز.

四甲基联胂　tetramethyl biarsine　(CH₃)₂AsAs(CH₃)₂　تەترامەتيلدى قوس ارسين

四甲基脲　tetramethyl urea　[(CH₃)₂N]₂CO　تەترامەتيلدى ۇرەا، ٴتورت مەتيلدى
ۇرەا

四甲基尿酸　tetramethyl uric acid　C₅H₄O₃(CH₃)₄　تەترامەتيلدى نەسەپ قىشقىلى

四甲基哌啶酮　tetramethylpiperidone　تەترامەتيلدى نەسەپ قىشقىلى

四甲基葡糖　tetramethyl glucose　تەترامەتيل پيپەريدون

四甲基葡糖甙　tetramethyl glucoside　تەترامەتيل گليۇكوزا

四甲基铅　tetramethyl lead　Pb(CH₃)₄　تەترامەتيل قورعاسىن

四甲基秋兰姆化二硫　tetramethyl - thiuram disulfide　[(CH₃)₂NCSS]₂
تەترامەتيل تيۇرامدى قوس كۇكەرت

四甲基秋兰姆化一硫　tetramethyl - thiuram monosulide　تەترامەتيل
تيۇرامدى مونوكۇكەرت

四甲基矽	"四甲基硅" گه قاراڭىز.
四甲基锡　tetramethyl tin　Sn(CH₃)₄	تەترامەتيل قالايى
四甲基锡烷　tetramethyl stannane　(CH₃)₄Sn	تەترامەتيل ستاننان
四甲基乙二醇	"频哪醇" گه قاراڭىز.
四甲基乙烯　tetramethyl - ethylene　(CH₃)₂CC(CH₃)₂	تەترامەتيل ەتيلەن
四甲基锗　germanium methide	تەترامەتيل گەرماني
四甲联苯基	"联二甲苯基" گه قاراڭىز.
四甲秋兰姆化二硫	"四甲基秋兰姆化二硫" گه قاراڭىز.
四甲鉮化氢氧　tetramethyl arsenium hydroxide　(CH₃)₄AsOH	تەترامەتيلدى ارسەن توتمعەننىڭ گيدراتى
四甲替苯二胺　tetramethyl phenylene diamine　C₆H₄[N(CH₃)₂]₂	تەترامەتيل - فەنيلەندى ديامين
四甲替对苯二胺　tetramethyl - p - phenylene diamine	تەترامەتيل - پارا - فەنيلەندى ديامين
四甲替联苯胺　tetramethyl benzidine　[(CH₃)₂NC₆H₄]₂	تەترامەتيل بەنزيدين
四甲替三氨基三苯甲烷　tetramethyl - triamino triphenyl methane	تەترامەتيل - ترياميتو - تريفەنيلدى ەتان
四甲氧基硅　tetramethoxy - silicane　(CH₃O)₄Si	تەترامەتوكسي كرەمني
四甲氧基化合物　tetramethoxy - compound	تەترامەتوكسي قوسىلىستارى
四价　tetravalence	ٴتورت ۆالەنت
四价钯的　palladic	ٴتورت ۆالەنتتى پاللادي
四价铂的　platicic	ٴتورت ۆالەنتتى پلاتينا
四价的　tetravalent(＝tetrad)	ٴتورت ۆالەنتتى
四价锇化合物　osmic compound	ٴتورت ۆالەنتتى وسمي قوسىلىستارى
四价碱　tetravalent base	ٴتورت ۆالەنتتى نەگىز
四价键　quaduple bond	ٴتورت ۆالەنتتى بايلانس
四价钌的　ruthenic	ٴتورت ۆالەنتتى رۆتەني
四价铅的　plumbic	ٴتورت ۆالەنتتى قورعاسىن
四价羟基酸　tetra basic hydroxy acid	ٴتورت ۆالەنتتى گيدروكسيل قىشقىلى
四价铈的　ceric	ٴتورت ۆالەنتتى سەري
四价酸　quadri basic acid	ٴتورت نەگىزدى قىشقىل
四价钛　titanic	ٴتورت ۆالەنتتى تيتان
四价硒的　selenic	ٴتورت ۆالەنتتى سەلەن

四价锡的　stannic ئورت ۋالەنتتى قالايى

四价锡化合物　stannic compound ئورت ۋالەنتتى قالايى قوسىلمىستارى

四价衍生物　quadrivalent derivative ئورت ۋالەنتتى تۋىندىلار

四价阳离子　quadrivalent cation ئورت ۋالەنتتى كاتيون

四价氧化合物 "氧鎓化合物" گە قاراڭىز .

四价铱的　iridic ئورت ۋالەنتتى يريدي

四价阴离子　quadrivalent anion ئورت ۋالەنتتى انيون

四价铀　uranous ئورت ۋالەنتتى ۋران

四价元素　quadrivalent alement ئورت ۋالەنتتى ەلەمەنتتەر

四价原子　quadrivalent atom ئورت ۋالەنتتى اتوم

四价锗的　germanic ئورت ۋالەنتتى گەرماني

四碱价的　tetrabasic ئورت نەگىزدى

四(碱)价酸　tetrabasic acid ئورت نەگىزدى قىشقىلدار

四键 "四价键" گە قاراڭىز .

四节环　tetraatomic ring ئورت اتومدى ساقينا

四聚蓖酸　tetraricinoleic acid ئورت ريتسينول قىشقىلى

四聚物　tetramer تەترامەر ، تورتمەر

四聚乙醛 "介(乙)醛" گە قاراڭىز .

四磷酸六乙脂　bladen (= hexaethyl tetraphosphate) بلادەن (ئورت فوسفور قىشقىل گەكساەتيل)

四磷酸铅　lead teraphosphate $Pb_3P_4O_{13}$ ئورت فوسفور قىشقىل قورعاسىن

四灵 D　fourrine فوۋررين D

四硫代原碳酸　ortho – thiocarbonic acid $S(SH)_4$ ورتو – تيو كومىر قىشقىل

四硫赶钒酸 "硫代钒酸" گە قاراڭىز .

四硫赶砷酸钠 "全硫砷酸钠" گە قاراڭىز .

四硫赶锑酸 "硫代锑酸" گە قاراڭىز .

四硫赶锑酸钾 "全硫锑酸钾" گە قاراڭىز .

四硫赶锑酸锂 "全硫锑酸锂" گە قاراڭىز .

四硫赶锑酸钠 "全硫锑酸钠" گە قاراڭىز .

四硫化钡　barium tetra sulfide ئورت كۇكىرتتى باري

四硫化锇　osmium tetra sulfide O_sS_4 ئورت كۇكىرتتى وسمي

四硫化二氢　hydrogen tetrasulfide $H_2[S_4]$ ئورت كۇكىرتتى (ەكى) سۇتەك

四硫化钼	molybdenum tetra sulfide	$MoS_2(S_2)$	‹تورت كۆكىرتتى موليبدەن
四硫化钠	sodium tetrasulfide		‹تورت كۆكىرتتى ناترى
四硫化三钴	cobaltosic sulfide	$CoS \cdot Co_2S_3$	‹تورت كۆكىرتتى كوبالت

四硫化三铁　"硫化正亚铁" گە قاراڭـز.

四硫化四金　auro – auric sulfide　"硫化正亚金" گە قاراڭـز.

四硫酸根络铈酸钾　"硫酸铈钾" گە قاراڭـز.

四卤代苯　tetragalogeno – benzene(= phenyl tetrahalide)　$C_6H_2X_4$
‹تورت گالوگەندى بەنزول (فەنيل)

四卤化的　tetrahalogenated　‹تورت گالوگەندى، ‹تورت گالوگەندەنگەن

四卤化合物　tetragalogene – compound　‹تورت گالوگەندى قوسىلىستار

四卤化碳　carbon tetragalide　CX_4　‹تورت گالوگەندى كومىرتەك

四卤化物　tetrahalide　‹تورت گالوگەنيدتەر، ‹تورت گالوگەندى قوسىلىستار

四氯苯对酚　"四氯代氢醌" گە قاراڭـز.

四氯苯酚　chlorophenosic acid(= tetrachlorphenoxide)　$Cl_4C_6H \cdot OH$
‹تورت حلورلى فەنول

四氯苯醌　"氯醌" گە قاراڭـز.

四氯苯钛　tetrachlorophthale　‹تورت حلورلى فتال

1,1,3,3 – 四氯丙酮 – [2]　"场四氯丙酮" گە قاراڭـز.

四氯(代)苯　tetrachloro benzene(= phenyltetrachloride)　$C_6H_2Cl_4$　‹تورت حلورلى بەنزول (فەنيل)

四氯代(苯对)醌　tetrachloroquinone(= chloral)　$O:C_6Cl_4:O$　‹تورت حلورلى حينون

四氯代丙酮　acetone tetrachloride　$CCl_3 \cdot CO \cdot CH_2Cl$　‹تورت حلورلى اتسەتون

2,3,7,8 – 四氯代二笨并二噁英　TCDD　‹كى 8، 7، 3، 2 ـ ‹تورت حلورلى فەنولدى ديوكسين

四氯代二甲苯　xylene tetrachloride　$Cl_4C_6(CH_3)_2$　‹تورت حلورلى كسيلەن

四氯代甲烷　tetrachloromethane　CCl_4　‹تورت حلورلى مەتان

四氯代萘　naphthalene tetrachloride　$C_{10}H_4Cl_4$　‹تورت حلورلى نافتالين

四氯代氢醌　tetrochlorohydroquinone　$(HO)_2C_6HCl_4$　‹تورت حلورلى سۇتەكتى حينون

四氯代乙烷　tetrachloroethane　‹تورت حلورلى ەتان

四氯代乙烯　tetrachloroethylene　‹تورت حلورلى ەتيلەن

四氯对笨醌酸

.ﯞﺰﺋﺎﻗﺍﺭﺍﻗ ﮔﻪ "氯冉酸"

四氯蒽	tetrachloroanthracene		ﺳﻪﻥﺎﺘﺳﺍﺮﺘﻧﺍ ﻰﻟﺭﻮﻠﺣ ﺕﺭﻮﺗﺋ
四氯蒽醌	tetrachloroanthraquinone	$C_{14}H_4Cl_4O_2$	ﻥﻮﻨﻴﺤﺗﺍﺮﺘﻧﺍ ﻰﻟﺭﻮﻠﺣ ﺕﺭﻮﺗﺋ
四氯酚酞	tetrachlorophenol phthalein	$C_{20}H_{10}O_4Cl_4$	ﻝﻮﻨﻪﻓ ﻰﻟﺭﻮﻠﺣ ﺕﺭﻮﺗﺋ

ﻦﻴﻠﺎﺘﻓ

四氯化钯	palladium tetrachloride	$PdCl_4$	ﻱﺩﺎﻠﻟﺎﺑ ﻰﻟﺭﻮﻠﺣ ﺕﺭﻮﺗﺋ
四氯化苯	benzene tetrachloride	$C_6H_6Cl_4$	ﻝﻭﺰﻨﻪﺑ ﻰﻟﺭﻮﻠﺣ ﺕﺭﻮﺗﺋ
四氯化铂	platinum tetrachloride		ﺎﻨﻴﺗﺎﻠﭘ ﻰﻟﺭﻮﻠﺣ ﺕﺭﻮﺗﺋ
四氯化的	tetrachlorated		ﻥﺎﻌﻧﺎﻟﺭﻮﻠﺣ ﺕﺭﻮﺗﺋ ،ﻰﻟﺭﻮﻠﺣ ﺕﺭﻮﺗﺋ
四氯化碲	telluric tetrachloride	$TeCl_4$	ﺭﯜﻟﻠﻪﺗ ﻰﻟﺭﻮﻠﺣ ﺕﺭﻮﺗﺋ
四氯化锇	osmium tetrachloride	$OsCl_4$	ﻰﻤﺳﻭ ﻰﻟﺭﻮﻠﺣ ﺕﺭﻮﺗﺋ
四氯化二金	auro–auric chloride	$AuCl_3 \cdot AuCl$	ﻦﺴﺘﻟﺍ ﻰﻜﻫ ﻰﻟﺭﻮﻠﺣ ﺕﺭﻮﺗﺋ
四氯化二铊	tallosic chloride	$TiCl \cdot TiCl_3$	ﻰﻠﻟﺎﺗ ﻰﻟﺭﻮﻠﺣ ﺕﺭﻮﺗﺋ
四氯化二氧钒	divanadyl tetrachloride		ﻞﻳﺩﺎﻧﺍﻭ ﻰﻟﺭﻮﻠﺣ ﺕﺭﻮﺗﺋ
四氯化钒	vanadium tetrachloride	VCl_4	ﻱﺩﺎﻧﺍﻭ ﻰﻟﺭﻮﻠﺣ ﺕﺭﻮﺗﺋ
四氯化锆	zirconium tetrachloride		ﻰﻧﻮﻜﺭﻳﺯ ﻰﻟﺭﻮﻠﺣ ﺕﺭﻮﺗﺋ
四氯化硅	silicon tetrachloride		ﻰﻨﻤﻫﺮﻛ ﻰﻟﺭﻮﻠﺣ ﺕﺭﻮﺗﺋ
四氯化合物	tetrachloro compound		ﺭﺎﺘﺴﻤﻠﺳﻮﻗ ﻰﻟﺭﻮﻠﺣ ﺕﺭﻮﺗﺋ
四氯化甲胂	methyl–arsine–tetrachloride		ﻦﻴﺳﺭﺍ ﻞﻴﺘﻣﻪ ﻰﻟﺭﻮﻠﺣ ﺕﺭﻮﺗﺋ
四氯化铼	rhenium tetra chloride	$ReCl_4$	ﻰﻨﻫﺭ ﻰﻟﺭﻮﻠﺣ ﺕﺭﻮﺗﺋ
四氯化钌	ruthenic chloride	$RuCl_4$	ﻰﻨﺗﯜﺭ ﻰﻟﺭﻮﻠﺣ ﺕﺭﻮﺗﺋ
四氯化六氨铂	hexammine platinic chloride	$[Pt(NH_3)_3]Cl_4$	ﻰﻟﺭﻮﻠﺣ ﺕﺭﻮﺗﺋ

ﺎﻨﻴﺗﺎﻠﭘ ﻱﺪﻨﻴﻤﻣﺍ ﻰﺘﻟﺍ

四氯化锰	manganese tetrachloride	$MnCl_4$	ﺲﺗﻪﻧﺎﮔﺭﺎﻣ ﻰﻟﺭﻮﻠﺣ ﺕﺭﻮﺗﺋ
四氯化钼	molybdenum tetrachloride	$MoCl_4$	ﻥﻪﺪﺒﻴﻟﻮﻣ ﻰﻟﺭﻮﻠﺣ ﺕﺭﻮﺗﺋ
四氯化铅	lead tetrachloride	$PbCl_4$	ﻦﺳﺎﻋﺭﻮﻗ ﻰﻟﺭﻮﻠﺣ ﺕﺭﻮﺗﺋ
四氯化双氧钼	molybdenyl tetrachloride	$(MoO)_2Cl_4$	ﻰﻟﺭﻮﻠﺣ ﺕﺭﻮﺗﺋ

ﻞﻴﻨﻩﺪﺒﻴﻟﻮﻣ

四氯化钛	titanium tetrachloride		ﻥﺎﺘﻴﺗ ﻰﻟﺭﻮﻠﺣ ﺕﺭﻮﺗﺋ
四氯化碳	carbon tetrachloride	CCl_4	ﻚﺗﺮﻤﻛﻮﻛ ﻰﻟﺭﻮﻠﺣ ﺕﺭﻮﺗﺋ
四氯化钨	tungsten tetrachloride	WCl_4	ﻡﺍﺮﻔﻟﻭﯝ ﻰﻟﺭﻮﻠﺣ ﺕﺭﻮﺗﺋ
四氯化物	tetrachloride		ﺭﺎﺘﺴﻤﻠﺳﻮﻗ ﻰﻟﺭﻮﻠﺣ ﺕﺭﻮﺗﺋ ،ﺮﻫﺪﻳﺭﻮﻠﺣ ﺕﺭﻮﺗﺋ
四氯化硒	selenic chloride	$SeCl_4$	ﻦﻫﻪﻠﺳ ﻰﻟﺭﻮﻠﺣ ﺕﺭﻮﺗﺋ

四氯化矽　　　　　　　　　　　　　　　　　　　　　　"四氯化硅" گه قاراڭىز.

四氯化锡　tin tetrachloride　SnCl₄　　　　　　　　　ئۇرت حلۇرلى قالايى

四氯化铱　iridic chloride　IrCl₄　　　　　　　　　　ئۇرت حلۇرلى يرىدى

四氯化乙炔　acetylene trichloride　　　　　　　　　ئۇرت حلۇرلى اتسەتىلەن

四氯化乙烯　ethylene trichloride　　　　　　　　　ئۇرت حلۇرلى ەتىلەن

四氯化铀　uranium tetrachloride　　　　　　　　　　ئۇرت حلۇرلى ژران

四氯化锗　germanium tetra chloride　GeCl₄　　　　ئۇرت حلۇرلى گەرمانى

四氯磺酸　tetra chloro sulfonic acid　　　　　　　ئۇرت حلۇرلى سۇلفون قىشقىلى

四氯甲苯　toluene tetrachloride　CH₃C₆HCl₄　　　ئۇرت حلۇرلى تولۇئول

四氯甲烷　tetrachloro methane　　　　　　　　　　ئۇرت حلۇرلى مەتان

四氯醌醇　　　　　　　　　　　　　　　　　　　　"氯冉醇" گه قاراڭىز.

四氯络亚锡(氢)酸　　　　　　　　　　　　　　　　"氯亚锡酸" گه قاراڭىز.

四氯噻吩　tetrachlorothiophen　Cl₄S　　　　　　　ئۇرت حلۇرلى تىيوفەن

四氯杀螨钒　tetradiphone　　　　　　　　　　　　تەترادىفون

四氯酸　tetrachloric acid　　　　　　　　　　　ئۇرت حلۇر قىشقىلى

四氯酞酸　tetrachlorophthalic acid　Cl₄C₆(COOH)₂ ئۇرت حلۇرلى فتال قىشقىلى

四氯酞酸酐　tetrachlorophthalic anhydride　　　　ئۇرت حلۇرلى فتال انگيدرىدىتى

四氯酞酸－乙酯　monoethyl tetrachloro－phthalate　HO₂CC₆Cl₄CO₂C₂H₅

　　　　　　　　　　　　　　　　　ئۇرت حلۇرلى فتال قىشقىل ەتيل ەستەرى

四氯乙叉胺基磷酰二氯　N－tetrachloro ethylidenephospheramide

CCl₂CClNPOCl₂　　　　N ئۇرت حلۇرلى ەتيلىدەندى فوسفور امىد ەكى حلۇر

四氯乙烷　tetrachloro ethane　Cl₂CHCHCl₂　　　ئۇرت حلۇرلى ەتان

1,1,2,2－四氯乙烷　　　　　　　　　　　　　　　"均四氯乙烷" گه قاراڭىز.

1,1,1,2－四氯乙烷　　　　　　　　　　　　　　　"偏四氯乙烷" گه قاراڭىز.

四氯乙烯　tetrachloro ethylene　CCl₂＝CCH₂　　ئۇرت حلۇرلى ەتيلەن

四面体　tetrahedral　　　　　　　　　　　　　　ئۇرت جاقتى

四面体对称分子　tetrahedral－symmetrical molecula　ئۇرت جاعى

　　　　　　　　　　　　　　　　　سيممەترىيالى مولەكۇلا

四配价的　quadri covalent　　　　　　　　　　ئۇرت كوۋالەنتتى

四配位体　quadri dentate　　　　　　　　　　　ئۇرت كووردينالىق دەنە

四配位体螯合物　quadridentate chelate　　　　　ئۇرت كوورديناتسيالىق مەلاتتى

　　　　　　　　　　　　　　　　　قوسىلىستار

四硼酸　tetraboric acid　H₂B₄O₇

ئۇرت بور قىشقىلى

四硼酸钡	barium tetra chlaride	BaB_4O_7	ئۇرت بور قىشقىل باري
四硼酸钙	calcium tetraborate	CaB_4O_7	ئۇرت بور قىشقىل كالتسي
四硼酸钾	potassium tetraborate	$K_2B_4O_7$	ئۇرت بور قىشقىل كالي
四硼酸锂	lithium tetraborate	LiB_4O_7	ئۇرت بور قىشقىل ليتي
四硼酸钠	sodium tetraborate		ئۇرت بور قىشقىل ناتري
四硼酸锶	strontium tetraborate	SrB_4O_7	ئۇرت بور قىشقىل سترونتىسي
四硼酸锌	zinic tetraborate	ZnB_4O_7	ئۇرت بور قىشقىل مىرش
四硼酸盐	tetraborate	$M_2B_4O_7$	ئۇرت بور قىشقىلمىنىڭ تۇزدارى
四硼酸银	silver tetraborate	$Ag_2B_4O_7$	ئۇرت بور قىشقىل كۈمىس

四羟丁酸   "二羟基酒石酸" گە قاراڭز .

四羟化铂   "氢氧化铂" گە قاراڭز .

四羟化钨   tungsten tetrahydroxide $W(OH)_4$ تەتراگىدروكسىل ۋولفرام

四羟基苯   tetrahydroxy benzene $C_6H_2(OH)_4$ تەتراگىدروكسىل بەنزول

四羟基苯对醌   "四羟基醌" گە قاراڭز .

四羟基丁二酸   tetrahydroxy succinic acid   تەتراگىدروكسىل سۈكتسىين قىشقىلى

四羟基丁烷   tetrahydroxy butane   تەتراگىدروكسىل بۇتان

四羟基二元酸   tetrahydroxy dibasic acid $(OH)_4 \cdot R \cdot (COOH)_2$ تەتراگىدروكسىل ەكى نەگىزدى قىشقىل

四羟基化的   tetrahydroxylated   تەتراگىدرەكسىلدەنۇ

四羟基化合物   tetrahydroxy compound   تەتراگىدروكسىل قوسىلىستار

1,3,4,5－四羟基环己烷羧酸－[1]   "奎尼酸" گە قاراڭز .

3′,4′,5,7－四羟基黄酮   3′,4′,5,7－tetrahydroxy flavone(= tetralin)
3′، 4′، 5، 7 ـ تەتراگىدروكسىل فلاۋون

四羟基黄酮醇   tetrahydroxyflavanol $C_{15}H_{10}O_7$ تەتراگىدروكسىل فلاۋونول

四羟基己二酸   tetra hydroxy adipic acid $COOH \cdot (CHOH)_4COOH$ تەتراگىدروكسىل ادىپىين قىشقىلى

四羟基醌   tetrahydroxy quinone $(HO)_4C_6H_4$ تەتراگىدروكسىل مىنون

四羟基酸   tetrahydroxy acid   تەتراگىدروكسىل قىشقىل

四羟基酸一元酸   tetrahyfroxy － monobasic acid $(OH)_4 \cdot R \cdot COOH$ تەتراگىدروكسىل ئبىر نەگىزدى قىشقىل

四羟基硬脂酸   tetrahydroxy － stearic acid   تەتراگىدروكسىل ستەارىن قىشقىلى

四嗪　tetrazine　$C_2H_2N_4$　تەترازىن

1,2,4,5－四嗪　1,2,4,5－tetrazine　$C_2H_2N_4$　1، 2، 4، 5 ـ تەترازىن

四氢呋喃　tetrahydro furan　ئۇتورت سۆتەكتى فۇران

四氢化苯　tetra hydrobenzene　ئۇتورت سۆتەكتى بەنزول

四氢化苯甲酸　tetrahydrobenzoic acid　ئۇتورت سۆتەكتى بەنزوي قىشقىلى

四氢化的　tetrahydric　ئۇتورت سۆتەكتەنۆ، ئۇتورت سۆتەكتەنگەن

四氢化吡咯　tetrahydropyrrole　ئۇتورت سۆتەكتى پىررول

四氢化锇　　"四氢氧化锇" گە قاراڭىز.

四氢化菲　tetanthrene　$C_{14}H_{14}$　تەتانترەن

四氢化呋喃甲醇－[2]　"四氢糠醇" گە قاراڭىز.

四氢化甘噁啉　tetra hydroglyoxaline　ئۇتورت سۆتەكتى گلىيوكسالىن

四氢化硅　tetrahydro silicane　ئۇتورت سۆتەكتى كرەمني

四氢化合物　tetrahydro－compound　ئۇتورت سۆتەكتى قوسىلىستار

四氢化甲苯　tetrahydro toluene　$CH_3C_6H_9$　ئۇتورت سۆتەكتى تولۇئول

四氢化糠基　tetrahydro furfuryl　ئۇتورت سۆتەكتى فۇرفۇرىل

四氢化萘　tetrahydro naphthalene　ئۇتورت سۆتەكتى نافتالىن

1,2,3,4－四氢化萘　1,2,3,4－tetrahydronaphthalene　$C_6H_4CH_2(CH_2)_2CH_2$

1، 2، 3، 4 ـ ئۇتورت سۆتەكتى نافتالىن

四氢化萘汽油　　"萘满汽油" گە قاراڭىز.

四氢化三氮杂茂　　"三唑烷" گە قاراڭىز.

四氢化酞酸　tetrahydrophthalic acid　$C_8H_{10}O_4$　ئۇتورت سۆتەكتى فتال قىشقىلى

四氢化鱼藤酮　tetrahydrorotenone　ئۇتورت سۆتەكتى روتەنون

四氢化锗　germanium tetrahdride(＝tetrahydrogermanium)　ئۇتورت سۆتەكتى گەرماني

四氢糠醇　tetrahydro furfuryl alcohol　$C_4H_7CH_2OH$　ئۇتورت سۆتەكتى فۇرفۇرىل سپىرتى

四氢糠醇醋酸酯　tetrahydro furfurylacetate　$CH_3CO_2CH_2C_4H_7O$　ئۇتورت سۆتەكتى فۇرفۇرىل سىركە قىشقىل ەستەرى

四氢可的松　tetrahydrocortisone　ئۇتورت سۆتەكتى كورتىزون

四氢嘧啶　tetrahydropyrimidine　ئۇتورت سۆتەكتى پىرىمىدىن

四氢皮质醇　tetrahydrocortisol　ئۇتورت سۆتەكتى كورتىزول

四氢噻吩　tetrahydrothiophene　ئۇتورت سۆتەكتى تىيوفەن

四氢噻唑　　"噻唑烷" گە قاراڭىز.

四氢芴酮　tetrahydro fluorenone　ئۇتورت سۇتەكتى فلۇورەنون

四氢烟酸　guvacine　$C_5H_8N\cdot COOH$　گۇۋاتسىن

四氢烟酸甲酯　guvacoline　$C_5H_8N\cdot COOMe$　گۇۋاكولىن

四氢氧化锇　osmichydroxide　$Os(OH)_4$　ۋسمي توتعەننىڭ گىدراتى

四氢氧化钨　tungstentetrahydroxide　$W(OH)_4$　ۋولفرام توتعەننىڭ ئۇتورت گىدراتى

四氰基苯　tetracyanobenzene　ئۇتورت سىياندى بەنزول

四氰基喹啉并二甲烷　tetracyanoquinodimethane　ئۇتورت سىياندى حينو ەكى مەتان

四氰基乙烯　tetracyanoethylene　ئۇتورت سىياندى ەتيلەن

四氰络高钴盐　cobaltic tetracyanide salt　$[Co(CN)_4]M$　ئۇتورت سىياندى اسقىن كوبالت تۇزى

四氰酸根络钴酸钾　"氰酸钴钾" گە قاراڭىز.

四氰锌酸钾　zinc potassiumcyanide　$K_2[Zn(CN)_4]$　ئۇتورت سىياندى مىرش قىشقىل كالي

四炔二羧酸　tetracetylenedicarboxylic acid　ئۇتورت اتسەتيلەندى ەكى كاربوكسيل قىشقىلى

1,2,5,8－四噻癸英　1,2,5,8－tetrathiecin　$C_6H_6S_4$　1، 2، 5، 8 ـ تەترا تيەتسين

四十八烷　octatetracontane　$C_{48}H_{98}$　وكتاتەترا كونتان

四十二烷　dotetracontane　$C_{42}H_{86}$　دوتەترا كونتان

四十九烷　nonatetracontane　$C_{49}H_{100}$　نوناتەترا كونتان

四十六烷　hexatetracontane　$C_{46}H_{94}$　گەكساتەترا كونتان

四十七烷　heptatetracontane　$C_{47}H_{96}$　گەپتاتەترا كونتان

四十三烷　tritetracontane　$C_{43}H_{88}$　تريتەترا كونتان

四十四烷　tetratetracontane　$C_{44}H_{90}$　تەتراتەترا كونتان

四十烷　tetracontane　$C_{40}H_{82}$　تەترا كونتان

四十烷基　tetracontyl　$CH_3(CH_2)_{38}CH_2-$　تەترا كونتيل

四十烷酸　tetradecanoic acid　$CH_3(CH_2)_{12}COOH$　تەترا دەكان قىشقىلى

四十五烷　pentatetracontane　$C_{45}H_{92}$　پەنتاتەترا كونتان

四十一烷　hentetracontane　$C_{41}H_{84}$　گەنتەترا كونتان

四水(合)酒石酸钾钠　"罗谢尔盐" گە قاراڭىز.

四水铜离子　"水合铜离子" گە قاراڭىز.

四水合物　tetrahydrate　تەترا گىدراتتار، ئۇتورت گىدراتتار

四酸　tetra acid　　　　　　　　　　　　　　　　تەترا قىشقىللدار، ‹تورت قىشقىللدار

四(酸)价碱　tetra acidbase　　　　　　　　　　‹تورت ۋالەنتتى نەگىزدەر

四酸式盐　tetrahydric salt　　　　　　　　　　‹تورت قىشقىللدىق تۇزدار

四羧酸　tetracarboxylic acid　R(COOH)₄　　　　‹تورت كاربوكسيلدى قىشقىللدار

四羧酸酯　tetracarboxylic ester　　　　　　　　‹تورت كاربوكسيل قىشقىل ەستەرى

四肽　tetra peptide　　　　　　　　تەترا پەپتيدتەر، ‹تورت پەپتيدتەر

四羰基钴　cobalt tetra carbonyl　　　　　　　‹تورت كاربونيلدى كوبالت

四羰(络)铁　iron tetra carbonyl　Fe(CO)₄　　　‹تورت كاربونيلدى تەمىر

四糖　tetrasaccharide　　　　　　تەترا ساحاريدتار، تەترا قانتتار

四萜烯　tetraterpene　　　　　　　تەترا تەرپەن، ‹تورت تەرپەن

四烃基的　tetra‒alkylated　　　　　　　　　　تەترا الكيلدى

四烃基铵化氢氧　tetra‒alkylammonium hydroxide　R₄·N·OH　تەترا
الكيلدى اممونى توتىعەننىڭ گيدراتى

四烃基硅　silikane　　　　　　　　تەترا الكيلدى كرەمني

四烃基钾化氯　tetra‒alkylarsenium chloride　R₄·As·Cl　تەترا الكيلدى
ارسەندى حلور

四烃基锑化碘　stibonium iodide　SbIR₄　　　　‹تورت الكيل سۇرمەلى يود

四烃基锑化氢氧　stibonium hydroxide　Sb(OH)R₄　‹تورت الكيلدى سۇرمە
توتىعەننىڭ گيدراتى

四烃基乙二醇　　　　"2,3‒二甲基丁二醇" گە قاراڭىز.

四酮　‒tetrone　　　　　　　　　　تەترون

四烷基铅　lead tetraalkyl　PbR₄　　　　　　　تەترا الكيلدى قورعاسىن

四戊基苯　tetraamyl benzene　　　　　　　　تەترا اميلدى بەنزول

四戊基硅　tetraamyl‒silicane　(C₅H₁₁)₄Si　　　تەترا اميلدى كرەمني

四烯醇素　tetrenolin　　　　　　　　　　　　تەترەنولين

四酰胺基　tetramido‒　　　　　　　　　، ‒ تەتراميدو

四酰基化了的　tetra‒acylated　　　　تەترا اتسيلدى، تەترا اتسيلدەنگەن

四硝基苯胺　tetranitro‒aniline　　　　　　　تەترا نيترو انيلين

四硝基苯酚磺酞　tetranitro phenol sulfon phthalein　تەترا نيترو فەنول
سۇلفون فتالەين

四硝基苯甲醚　tetranitro‒anisole　　　　　　تەترا نيترو انيزول

四硝基苯甲硝胺　tetranitro‒methylaniline　　تەترا نيترو مەتيل انيلين

四硝基苯乙硝胺　tetranitro‒ethylaniline　　　تەترا نيترو مەتيل انيلين

四硝基二苯胺　tetranitro‐diphenylamine　تەترا نیترو دیفەنیلامین

四硝基二苯二硫　tetranitrodiphenyl disulfide　[(NO₂)₂C₆H₃S]₂　تەترا نیترو دیفەنیل ەکی كۆكمرت

四硝基二苯甲烷　tetranitrodiphenyl‐methane　C₁₃H₈(NO₂)₄　تەترا نیترو دیفەنیل مەتان

四硝基二苯醚　tetranitrodiphenyl ether　[C₆H₃(NO₂)₂]₂O　تەترا نیترو دیفەنیل ەفیری

四硝基二甘油　tetranitrodiglycerine　C₆H₁₀N₄O₁₃　تەترا نیترو ەکی گلیتسەرین

四硝基‐1,8‐二羟基蒽醌　تەترا نیترو گە قاراڭـز. "四硝基柯嗪"

2,4,5,7‐四硝基‐1,8‐二羟基蒽醌　گە قاراڭـز. "柯氨酸"

四硝基二羟基联苯　tetranitro‐dihydroxydiphenyl　[(NO₂)₂C₆H₂OH]₂　تەترا نیترو ‐ دیگیدروکسیلدی قوس فەنیل

四硝基化的　tetranitrolated　تەترا نیترو اتانىۇ، ‘تورت نیترا اتانعان

四硝基化合物　tetranitro compound　تەترا نیترولی قوسلىستار

四硝基甲烷　tetranitromethane　C(NO₂)₄　تەترا نیترو مەتان

四硝基咔唑　tetranitrocarbazol　تەترا نیترو کاربازول

四硝基柯嗪　tetranitrochrysazin　(NO₂)₄C₁₄H₂(OH)O₂　تەترا نیترو حریزازین

四硝基萘　tetranitro‐naphthalene　تەترا نیترو نافتالین

四硝酸根络(正)金(氢)酸　گە قاراڭـز. "硝金酸"

四硝酸酯　tetranitrate　‘تورت ازوت قىشقىل ەستەری

四溴　tetrabrom　تەترا بروم

四溴苯　tetrabromo‐benzene　C₆H₂Br₄　‘تورت برومدی بەنزول

四溴苯胺　tetrabromoaniline　‘تورت برومدی انیلین

四溴苯酚磺酞　tetrabromophenol sulfonphthalein　‘تورت برومدی فەنول سۆلفون فتالەین

四溴苯酚酞　tetrabromophenol phthalein　C₂₀H₁₀O₄Br₄　‘تورت برومدی فەنول فتالەین

四溴吡咯　tetrabromopyrrol　C₄HBr₄N　‘تورت برومدی پیررول

四溴代苯　phenyl tetrabromide　C₆H₂Br₄　‘تورت برومدی فەنیل

四溴代(对)苯醌　bromanil　O:C₆Br₄:O　برومانیل

四溴代环己烯　گە قاراڭـز. "四溴化苯"

四溴代乙烯　tetrabromo‐ethylene　Br₂C:CBr₂　‘تورت برومدی ەتیلەن

四溴二氯荧光黄　گە قاراڭـز. "根皮红"

四溴酚酞			"四溴苯酚酞" گه قاراڭىز.
四溴化苯	banzene tetrabromide	$C_6H_6Br_4$	ئورت برومدى بەنزول
四溴化碲	tellurium tetrabromide	$TeBr_4$	ئورت برومدى تەللۇر
四溴化锆	zirconium tetrabromide		ئورت برومدى زيركوني
四溴化硅	silicane tetrabromide		ئورت برومدى كرەمني
四溴化钼	molybdenum tetrabromide	$MoBr_4$	ئورت برومدى موليبدەن
四溴化铅	lead tetrabromide	$PbBr_4$	ئورت برومدى قورعاسىن
四溴化钛	titanium tetrabromide	$TiBr_4$	ئورت برومدى تيتان
四溴化碳	carbon tetrabromide	CBr_4	ئورت برومدى كومىرتەك
四溴化物	tetrabromide		ئورت برومدى قوسلىستار
四溴化锡	tin tetrabromide	$SnBr_4$	ئورت برومدى قالايى
四溴化铀	uranium tetrabromide	UBr_4	ئورت برومدى ۋران
四溴化锗	germanium tetrabromide		ئورت برومدى گەرماني
四溴甲烷	tetrabromomethane	CBr_4	ئورت برومدى مەتان
四溴间甲苯酚磺酞	tetrabromo – m – cresolsulfon phthalein	$C_{21}H_{14}O_5Br_4S$	

ئورت برومدى – مەتا – كرەزول سۇلفون فتالەين

四溴菊酯	tralate		ترالات
四溴醌	tetrabromoquinone (= bromani)	$O{:}C_6Br_4{:}O$	ئورت برومدى حينون
四溴噻吩	tetrabrmothiophene	C_4Br_4S	ئورت برومدى تيوفەن
四溴双酚 A	tetrabromo biphenol A		ئورت برومدى قوس فەنول A
四溴酞酸酐	tetrabromophthalic anhydride	C_6Br_4COOCO	ئورت برومدى

فتال (قىشقىل) انگيدريدتى

| 四溴乙烷 | tetrabromoethane | | ئورت برومدى ەتان |
| 1,1,2,2－四溴乙烷 | 1,1,2,2 – tetrabromoethane | | 1، 1، 2، 2 ـ ئورت برومدى |

ەتان

四氧荧光素	tetrabromofluorescein		ئورت برومدى فلۇورەستسەين
四溴化锇	osmium tetraoxide	OsO_4	وسمي ئورت توتعى
四氧化二铋	bismuth tetroxide	Bi_2O_4	بيسمۇت ئورت توتعى
四氧化二氮	nitrogen tetroxide	N_2O_4	ازوت ئورت توتعى
四氧化二碘	iodine tetroxide	I_2O_4	يود ئورت توتعى
四氧化二磷	hphsphorous tetroxide	P_2O_4	فوسفور ئورت توتعى
四氧化二铌	niobium tetroxide	Nb_2O_4	نيوبي ئورت توتعى
四氧化二铯	cesium tetroxide		سەزي ئورت توتعى

四氧化二钽　tantalum tetroxide　　　　　　　　　　تانتال ئتورت توتعى

四氧化二锑　antimony tetroxide　Sb_2O_4　　　　　　سۈرمه ئتورت توتعى

四氧化铬　chromium tetroxide　CrO_4　　　　　　حروم ئتورت توتعى

四氧化钌　ruthenium tetroxide　RuO_4　　　　　رۇتەني ئتورت توتعى

四氧化三钴　cobalto‐cobaltic oxide　$Co_2(CoO_4)$　كوبالتتنىڭ شالا ـ دارا توتعى

四氧化三锰　mangano‐manganic oxide　MnO_4　مارگانەتستنىڭ شالا ـ دارا توتعى

四氧化三镍　nickelous‐nickelic oxide　$NiO·Ni_2O_3$　نيكەلدىڭ شالا ـ دارا توتعى

四氧化三铅　trilead tetroxide　　　　　　قورعاسسن ئتورت توتعى

四氧化三铁　ferroferric oxide　$FeO·Fe_2O_3$　تەمىردىڭ شالا ـ دارا توتعى

四氧化铯　cesium tetroxide　$Cs_2[O_4]$　　　سەزي ئتورت توتعى

四氧化四金　auro‐auric oxide　$Au_2O·Au_2O_3$　التننىڭ شالا ـ دارا توتعى

四氧化物　tetroxide(=quadrioxide)　تەترا توتسقتار، ئتورت توتسقتار

四氧化铀　uranium tetroxide　UO_4　　ۇران ئتورت توتعى

四氧嘧啶　　　　　　　　　　"阿脲" گە قاراڭىز.

四乙铵化碘　tetraethyl ammonium iodide　$(C_2H_5)_4NI$　تەتراەتيل ممونيلى يود

四乙铵化氯　tetraethyl ammonium chloride　$(C_2H_5)_4NCl_4H_2O$　تەترا ەتيل ممونيلى حلور

四乙铵化氢氧　tetraethyl ammonium hydrxide　$(C_2H_5)_4NOH$　تەترا ەتيل ممونيي توتعننىڭ گيدراتى

四乙铵化溴　tetra ethyl ammonium bromide　$(C_2H_5)_4NBr$　ئتورت ەتيل ممونيلى بروم

四乙撑五胺　tetraethylenepentamine　$NH_2(CH_2CH_2NH)_3CH_2CHNH_2$　ئتورت ەتيلەندى پەنتامين، ئتورت ەتيلەندى

四乙代丁二酸　tetraethyl‐succinic acid　$COOH·C(C_2H_5)_2·C(C_2H_5)_2·COOH$　تەترا ەتيل سۆكتسين قشقىلى

四乙化二砷　tetraethyl‐diarsine　$(C_2H_5)_2AsAs(C_2H_5)_2$　تەترا ەتيل ەكى ارسەن

四乙基苯　tetraethylbenzene　　　تەترا ەتيل بەنزول

四乙基放射铅　tetraethyl radiolead　تەترا ەتيل رەاكتيۆتك قورعاسسن

四乙基硅　tetraethyl silicane　$Si(C_2H_5)_4$　تەترا ئتيل كرەمني

四乙基化的　tetraethylated　　تەترا ەتيلدى، تەترا ەتيلدەنگەن

四乙基化合物　tetraethyl compound　تەترا ەتيل قوسىلستارى

四乙基金属　tetra ethide　$M(C_2H_5)_4$　تەترا ەتيلدى مەتالدار

四乙基联锑　tetraethyl bistibine　$(C_2H_5)_2Sb\cdot Sb(C_2H_5)_2$　تەترا ەتیلدى سۈرمە

四乙基脲　tetraethyl urea　$(C_2H_5)_2NCON(C_2H_5)_2$　،تەترا ەتیلدى ۇرەا
تەترا ەتیلدى نەسپىنار

四乙基铅　lead tetraethyl　$Pb(C_2H_5)_4$　تەترا ەتیل قورعاسىن

四乙基秋兰姆化二硫　tetraethyl – thiuram disulfide　تەترا ەتیل تیۈرامدى
قوس كۆكەرت

四乙基秋兰姆化一硫　tetraethyl – thiuram monosulfide　تەترا ەتیل
تیۈرامدى مونو كۆكەرت

四乙基四氮烯　tetraethyl tetrazen　تەترا ەتیلدى تەترازەن

四乙基锡　tetraethyl tin　$Sn(C_2H_5)_4$　تەترا ەتیل قالايى

四乙眠砜　"特妥那" گە قاراڭىز.

四乙铅　"四乙基铅" گە قاراڭىز.

四乙铅分布　lead distribution　ئۈترا ەتیلدى قورعاسىننىڭ تارالۇيى

四乙替二氨基二苯甲酮　tetraethyldiamino benzophenone
$[(C_2H_5)_2NC_6H_4]_2CO$　ئۈترا ەتیل – ەكى امینولى بەنزو فەنون

四乙替二胺基二苯甲烷　tetraethyldiaminodiphenyl methane
$[(C2H_5)_2NC_6H_4]CH_2$　ئۈترا ەتل – ەكى امینو – ەكى فەنیلدى مەتان

四乙替二胺基三苯甲醇　tetraethyldiamino triphenyl carbinol
$[(C_2H_5)_2NC_6H_4]C(OH)C_6H_5$　ئۈترا ەتیل – ەكى امینو – ئۈش فەنیلدى كاربینول

四乙酰化了的　tetra – acetylated　ئۈترا اتسەتیلدى، ئۈترا اتسەتیلدەنگەن

四乙酰肼　tetraacetyl – hydrazine　$[(CH_3CO)_2N]_2$　ئۈترا اتسەتیلدى گیدرازین

四乙酰葡糖　tetraacetyl – glucose　$C_6H_8O_2(OCOCH_3)_4$　ئۈترا اتسەتیلدى
گلیۈكوزا

四乙氧基硅　tetraethoxy – silicane　$(C_2H_5O)_4Si$　ئۈترا ەتوكسیلدى كرەمني

四乙氧基甲烷　tetraethoxymethane　ئۈترا ەتوكسیكدى مەتان

四乙锗　germanium tetraethyl　$(C_2H_5)_4Ge$　ئۈترا ەتیلدى گەرماني

四异丙基苯　tetraisopropyl benzene　$[(CH_3)_2CH]_4C_6H_2$　ئۈترا يزوپروپیلدى
بەنزول

四异丙基铅　tetraisopropyl – lead　$Pb[CH(CH_3)_2]_4$　ئۈترا يزوپروپیلدى قورعاسىن

四异丙基秋兰姆化二硫　tetraisopropyl – thiuramdisulfide　ئۈترا يزوپروپیل
تیۈرامدى قوس كۆكەرت

四异丁基铅　tetraisobutyl – lead　$Pb[CH_2CH(CH_3)_2]_4$　تەترا يزوبۇتیل قورعاسىن

四异丁氧基硅　tetraisobutoxy – silicane　$(C_4H_9O)_4Si$　تەترا يزوبۇتوكسیل

كرەمني

四昇戊基硅　tetraisoamyl silicane　$(C_5H_{11})_4Si$　تەترا يزواميل كرەمني

四昇戊基铅　tetraisoamyl lead　$Pb[CH_2CH_2CH(CH_3)_2]_4$　تەترا يزواميل قورعاسىن

四昇戊基锡　tetraisoamyl tin　$[(CH_3)_2CHCH_2CH_2]_4Sn$　تەترا يزواميل قالايى

四昇戊氧基硅　tetraisoamoxy - silicane　$(C_5H_{11}O)_4Si$　تەترا يزواموكسي كرەمني

四元醇　tetrahydric alcohol　ئوترت نەگىزدى سپيرت

四元的　quaternary　ئوترت نەگىزدى

四元酚　tetrahydric phenol　ئوترت نەگىزدى فەنول

四元合金　quaternary allow　ئوترت نەگىزدى قورتپالار

四元化合物　quaternary compound　ئوترت نەگىزدى قوسىلىستار

四元混合物　quaternary mixture　ئوترت نەگىزدى قوسپالار

四元取代　tetrasubstituted　ئوترت نەگىزدەك الماسۇ

四元取代产物　tetrasubstitution product　ئوترت نەگىزدى الماسۇ ونمدەرى

四元素(学)说　four element theory　ئوترت ەلەمەنت تەورياسى

四元酸　tetrabasic acid　ئوترت نەگىزدى قىشقىل

四元系统　quaternary system　ئوترت نەگىزدى جۇيە

四元液体系统　quaternary liquid system　ئوترت نەگىزدى سۇيقتىق جۇيەسى

四原子的　tetratomic　ئوترت اتومدى

四中心(型)反应　four - center (type) reaction　(تيپتى) ئوترت سەنترلى
رەاكسيا

四唑　tetrazole　تەترا زول

1,2,3,4 - 四唑　1,2,3,4 - tetrazole　NHNNNCH　1، 2، 3، 4 ـ تەترا زول

1,2,3,5 - 四唑　1,2,3,5 - tetrazole　NHNNCHN　1، 2، 3، 5 ـ تەترا زول

2,3,4 - 四唑　"焦三唑" گە قاراڭىز.

四唑并　tetrazolo -　تەترا زولو ـ

四唑基　tetrazolyl　CHN₄ -　تەترا زوليل

四唑鎓　tetrazolium　تەترا زوليۆم

似　quasi -　كۆازي ـ (لاتىنشا)، بەينە، قۆددى، سياقتى، ئتارىزدى، سەكىلدى، ۇقساس

似虫菊　tetramethrin　تەترا مەترين

似芳族化合物　quasi - aromatic compound　اروماتتى قوسىلىستارعا ۇقساۇ

似化学方法　quasi - chemical method　حيميالىق ادستەرگە ۇقسايدى

似消旋化合物　quasi - racemic compound　راتسەمدى قوسىلىستارعا ۇقسايدى

song

松柏醇	coniferol(= coniferyl alcohol)	$C_{10}H_{12}O_3$	كونيفەرول، كونيفەريل سپىرتى
松柏甙	coniferin	$C_{16}H_{22}O_3 \cdot 2H_2O$	كونيفەرين
松柏基	caniferyl	$HO(MeO)C_6H_3CH:CH-$	كونيفەريل
松柏醛	coniferyl aldehyde	$HO(CH_3O)C_6H_3CHCH \cdot CHO$	كونيفەريل الدەگيتى
松醇			"松柏醇" گە قاراڭىز .
松丹宁酸	pinitannic acdi		پينيتاننين قشقىلى
松二糖			"土冉糖" گە قاراڭىز .
松果油	pinaster seed oil		قاراعاي بۇرشگى مايى
松焦油	pine tar oil		قاراعاي كوكس مايى
松节酸	terebentylic acid	$C_8H_{10}O_2$	تەرەبەنتيل قشقىلى
松节油	turpentine		تەرەپەنتين، سكيپيدار
松节油精	terebene		تەرەبەن
松节油樟脑	terpentine camphor		تەرەپەنتيندى كامفورا
松莰酮	pinocamphone		پينوكامفون
松莰烷	pinocamphane	$C_{10}H_{18}$	پينوكامفان
松栎精	pinoquercetin		پينوكۇەرتسەتين
松里汀	pinidine		پينيدين
松木焦油	pine wood oil		قاراعاي اعاشى كوكس مايى
松木油	pine wood oil		قاراعاي اعاشى مايى
松脑	pine camphor	$C_{10}H_{16}O$	قاراعاي كامفوراسى
松皮脂	pine marten fat		قاراعاي قابعى مايى
松三糖	melizitose(= melezitose)		مەليزيتوزا، مەلەزيتوزا
松三糖酶	melizitase		مەليزيتازا
松色素	pinachrome	$C_{26}H_{29}IH_2O_2$	پيناحروم
松树油	pine tree oil		قاراعاي مايى
松香	rosin(= colophony)		كانيفول، شايىرشىق
松香－富马酐加成物	rosin – fumaric anhydride adduct		شايىرشىق ـ فؤمار الدەگيدتى تولىقتىرما
松香改性醇酸树脂	rosin – modified alkyd resin		سايەرشقتان وزگەرتىلگەن

الكيدتى سمولا

松香改性酚醛树脂　rosin－modifie phenolic resin　شايەرشقتان وزگەرتىلگەن
فەنولدى سمولا (شايەر)

松香胶　　　　　　　　　　"加拿大香胶" گە قاراڭىز.

松香精　　　　　　　　　　"松脂醇" گە قاراڭىز.

松香沥青　rosin pitch　　　　شايەرشق اسفالت

松香－马来酐加成物　rosin－maleic anhydride adduct　شايەرشق ـ مالەين
الدەگيدتى تولىقتىرما

松香芹酮　pino carvone　$C_{10}H_{14}O$　پينوكارۆون

松香清漆　rosin varnish　　شايەرشقتى لاكتار

松香酸　abietic acid(＝rosin acid)　$C_{20}H_{30}O_2$　ابيەتين قىشقىلى

松香酸酐　abietic anhydride　ابيەتين قىشقىلىنىڭ انگيدريدتى

松香酸甲酯　methyl abietate　$C_{19}H_{29}CO_2CH_3$　ابيەتين قىشقىل مەتيل ەستەرى

松香酸盐　abietate　ابيەتين قىشقىلىنىڭ تۇزدارى

松香酸乙酯　ethyl abietate　$C_{19}H_{29}CO_2C_2H_5$　ابيەتين قىشقىل ەتيل ەستەرى

松(香酸)酯胶　　　　　　　"酯树胶" گە قاراڭىز.

松香停　abietin　ابيەتين

松香停脑酸　abietinolic acid　ابيەتينول قىشقىلى

松香停酸　abietinic acid　ابيەتين قىشقىلى

松香烯　abietene　$C_{19}H_{30}$　ابيەتەن

松香油　rosin oil(＝rosinol, retinol)　$C_{32}H_{16}$　شايەرشق مايى، روزينول، رەتينول

松香皂　rosin soap　شايەرشق سابىن

松香酯　rosin ester　شايەرشق ەستەرلەرى

松薷酸　　　　　　　　　　"琼脂酸" گە قاراڭىز.

松杨梅精　pinomyricetin　پينومىيرىتسەتين

松叶油　pine needle oil　قاراعاي جاپىراعى مايى

松油　pine oil　قاراعاي مايى

松油脂　　　　　　　　　　"松节油" گە قاراڭىز.

松针油　　　　　　　　　　"松叶油" گە قاراڭىز.

松脂　　　　　　　　　　　"松香" گە قاراڭىز.

松脂醇　pinoresinol(＝rosin spirit)　پينورەزينول، شايەرشق سپيرتى

松脂次酸　abietolic acid　ابيەتول قىشقىلى

松脂合剂	rosin mixture		شايىرشىق قوسپاسى
松脂酸			"树脂酸" گە قاراڭىز.
松脂酸钴	cobaltic resinate		سمولا (شايىر) قىشقىل كوبالت
松脂酸锰	manganese resinate		سمولا (شايىر) قىشقىل مارگانەتس
松脂酸铅	lead resinate		سمولا (شايىر) قىشقىل قورعاسىن
松脂酸双酯	pinic acid diester		پين قىشقىلى ەكى ەستەرى
松脂酸盐	rosinate		شايىرشىق قىشقىلىنىڭ تۇزدارى
松脂酸酯	rosinate		شايىرشىق قىشقىلىنىڭ ەستەرى
松子油	pine–seed oil		قاراعاي ۇرىعىننىڭ مايى

su

苏	threo–		ترەو –
苏氨酸	threonine	$CH_3CH(OH)CH(NH_2)COOH$	ترەونين
苏氨酰	threonyl	$CH_3CH(OH)CH(NH_2)CO–$	ترەونيل
苏拜精宁	thurberogenin		تۇربەروگەنين
苏拜精酮	thurberogenone		تۇربەروگەنون
苏布酸	sumbulic acid		سۇمبۇل قىشقىلى
苏布油	sumbul oil		سۇمبۇل مايى
苏打	soda	Na_2CO_3	سودا
苏打灰	soda ash		سودا كۇلى
苏打结晶	soda crystals	$Na_2CO_3 \cdot H_2O$	سودا كريستالى
苏打粒	granular ash		سودا تۇيىرشىگى
苏打卤	soda brine		سودا تۇزدى سۇيى، ناتريلى تۇزدى سۇ
苏打溶液	soda solution		سودا ەرتىندىسى
苏打水	soda water		سودالى سۇ
苏丹	Sudan	$C_6H_5N_2C_6H_3(OH)_2$	سۇدان
苏丹 G	Sudan G		سۇدان G
苏丹Ⅲ	Sudan Ⅲ		سۇدان Ⅲ
苏丹Ⅳ	Sudan Ⅳ		سۇدان Ⅳ
苏丹黑	Sudan black		سۇدان قاراسى
苏丹红	Sudan red		سۇدان قىزىلى
苏丹四号红	Sudan 4 red		سۇدان 4 – ٴنومىرلى قىزىلى

苏尔未法	solvay process	سولۇاي ٴادسى (اممىاك سودا ٴادسى)
苏尔未液	solvay solution	سولۇاي ەرتەندىسى
苏合香醇	styracitole	ستىراتسىتول
苏合香脑	styracol $C_6H_5CHCHCOOC_6H_4OCH_3$	ستىراكول
苏合香树脂	storesin $C_{36}H_{55}(OH)_3$	ستورەزين
苏合香英	styracin $C_6H_5CHCHCOOH_2CHCHC_6H_5$	ستىراتسين
苏合香油	styrax oil	ستوراكس مايى
苏门树脂脑酸	sumaresinolic acid	سۆمارەزينول قىشقلى
苏门塔蜡酚	sumatrol	سۆماترول
苏门塔蜡樟脑	sumatra camphor $C_{10}H_{17}OH$	سۆماترا كامفوراسى
苏木精	hematoxylin(= hematin, phenodin) $C_{16}H_{14}O_6 3H_2O$	گەماتوكسيلين
苏木精结晶	hematine crystal	گەماتين كريستالى
苏木精明矾	hematoxyline alum	گەماتوكسيلىندى اشۇداس
苏木素		"苏木精" گە قاراڭىز.
苏木素－曙红	hematoxylin－eosin	گەماتوكسيلين － ەوزين
苏木因	hematein $C_{16}H_{12}O_6$	گەماتەين
苏木紫		"苏木精" گە قاراڭىز.
苏搔毒	sustoxin(= susotoxin) $C_{10}H_{26}N_2$	سۆستوكسين، سۆسوتوكسين
苏式	threo form	ترەو فورمالى
苏糖	threosa	ترەوزا
苏糖酸	threonic acid	ترەون قىشقلى
苏铁素	cycasin	سيكازين
塑化	plastify	پلاستيفيكاتسيالىق
塑料	plastic	پلاستيك، سۆلياۋ، پلاستماسسا
塑料溶胶	plastisol	پلاستيزول
苏朊	plastein	پلاستەين
苏弹性	elasto－plasticity	پلاستيكالىق سەرپىمدلدلك
塑性	plasticity	سوزىلعەشتەنلق، مايسقاقتەنلق، پلاستيكالىق
塑(性)变(形)	plastic deformation	پلاستيكالىق ٴپىشىن وزگەرتۇ
塑性材料		"蜡泥塑料" گە قاراڭىز.
塑性测定法	plastometry	پلاستيكالىق ولشەۋ ٴادسى
塑性常数	plastometer constant	پلاستيكالىق تۇراقتسى
塑性流动	plastic flow	پلاستيكالى اعۇ

塑性范围	plastic range	پلاستیکالىق كولەمى
塑性固体	plastic solid	پلاستیکالىق قاتتى دەنه
塑性极限	plastic limit	پلاستیکالىق شەگى
塑性剂	plasticity agent (= plastifier)	پلاستیفیکاتور
塑性计	plastometer	پلاستومەتر
塑性记忆	plastic memory	پلاستیکالىق هستە ساقتاۋ
塑性煤	plastic coal	پلاستیکالى كومىر
塑性摩擦	plastic friction	پلاستیکالىق ۇيكەلىس
塑性粘土	plastic clay	پلاستیکالىق بالشىق
塑性凝胶	plastigel (= plastogel)	پلاستیگەل
塑性石蜡	plastic wax	پلاستیکالى بالاۋىز
塑性推进剂	plastic propellant	پلاستیکالى ىلگەرىلەتكىش اگەنت
塑性液体	plastic fluid	پلاستیکالى سۇيىقتىق
速度常数	velocity constant	جىلدامدىق تۇراقتىسى
速度计	velocity meter	جىلدامدىق ولشەگىش
速度梯度	velocity gradient	جىلدامدىق گرادیەنتى
速甾醇	tachysterin (= tachysterol)	تەحیستەرین، تەحیستەرول
速止反应	short stepped reaction	تەز ایاقتایتىن رەاكسیا
速止剂	short stopping agent	سورت توقتاتقىش اگەنت
粟醇		"栎醇" گە قاراڭىز.
粟精		"栎精" گە قاراڭىز.
粟皮粉		"栎皮粉" گە قاراڭىز.
粟素		"栎素" گە قاراڭىز.

suan

酸	acid	قىشقىل
酸白蛋白	acid albumine	قىشقىل البۇمین
酸白朊		"酸白蛋白" گە قاراڭىز.
酸笨胺燃料	acid aniline fuel	قىشقىل انیلیندى جانار زات
酸丙基	propyloic $(CH_2 \cdot CH_2 \cdot COOH)$	قىشقىل پروپیل گرۇپپاسى
酸槽	acid tank	قىشقىل (ٴوندىرۋ) ناۋاسى
酸处理	acid treatment	

قىشقىلمەن ۋگدەۋ

	قىشقىل سپىرتى
酸醇　acid alcohol	قىشقىل كاتالىزاتور
酸催化剂　acid catalyst	قىشقىلدىق دارەجەسى
酸度　acidity	قىشقىلدىق دارەجەسىنىڭ تۇراقتىسى
酸度常数　acidity constant	" PH 计" گە قاراڭىز.
酸度计	قىشقىلدىق دارەجەسىن انقتاۋ
酸度检定　acidity test	قىشقىلدىق دارەجەسىنىڭ كورسەتكشى
酸度指数　acidity index	قىشقىل رەاكسياسى
酸反应　acid reaction	قىشقىل مولەكۇلا
酸分子　acid molecula	قىشقىلدىق كوررۇزيالانۇ
酸腐蚀　acid corrosion	قىشقىل انگىدرىدتى
酸酐　acid anhydride　(R·CO)₂O	قىشقىل قالدعى
酸根　acid radical (group)	قىشقىلداڭ قۇرامدىق مولشەرى
酸含量　acid content	قىشقىلدانۇ، قىشقىلداندرۇ
酸化　acidation, acidify	قىشقىلداندىرعش اگەنت
酸化剂　acidating agent	قىشقىلدى مەتا پروتەين
酸化偏蛋白　acid metaprotein	قىشقىلداندىرعش
酸化器　acidifier	قىشقىلدى قايتا جىناپ الۇ
酸回收　acid recovery	قىشقىلمەن اكتيۋتەندرۇ
酸活化　acid activation	قىشقىل رادىكالى، قىشقىل گرۇپپاسى
酸基　acid radical(= acid group)	ەتولىد
酸基烃酸　etholide　R·CH(OCO·R′)CH₂·COOH	اكيلوكسيل تۇىندىلارى، قىشقىل گرۇپپاسى
酸基衍生物　acyloxy derivatives	تۇىندىلارى
	سيتونين
酸肌球偏蛋白　sytonin	قىشقىلدىق ـ نەگىزدەك كاتالىزاتور
酸碱催化剂　acid‐base catalyst	قىشقىلدىق ـ نەگىزدەك (زات) الماسۇ
酸碱代谢　acid base metabolism	قىشقىلدىق ـ نەگىزدەك تامشلاتۇ
酸碱滴定(法)　acid base titration	قىشقىلدىق ـ نەگىزدەك
酸碱度　PH　value	قىشقىل ـ نەگىز تەپە ـ تەڭدىگى
酸碱平衡　acid base balance	قىشقىلدىق ـ نەگىزدەك يندىكاتوررلار
酸碱指示剂　acid base indicator	فيسالين
酸浆果红素　physalin	قىشقىل كوكس مايى
酸焦油　acid tar	

酸解	"加酸分解" گە قاراڭنز.
酸浸　picking	قىشقىل شىلاۋ
酸净化系统　acid purification system	قىشقىلمەن تازارتۇ جۇيەسى
酸离子　acid ion	قىشقىل يونى
酸量测定　acidimetric estimation	قىشقىل (مولشەرىن) ولشەۋ
酸量滴定法　acidimetric method	قىشقىل تامىزۇ ٴادىسى، اتسيدىمەترلەۋ
酸量滴定分析法　acidimetric analysis	قىشقىل تامىزىپ تالداۋ
酸凝集反应　acid agglutination reaction	قىشقىلدىق ۇيۇ رەاكسياسى
酸浓度　acid concentration	قىشقىلداڭ قويۋلىعى
酸浓缩器　acid concentrator	قىشقىلدى قويۋلتقش
酸气　sour gas	قىشقىل گاز
酸强度　acid strength	قىشقىلداڭ كۇشتىلىگى
酸热　acid heat	قىشقىل جىلۇى
酸朊键　acid protein bond	قىشقىل پروتەيندىك بايلانس
酸式　acidic, acid – form	قىشقىلدىق، قىشقىل
酸式苯二酸盐	"酸式酞酸盐" گە قاراڭنز.
酸式苯二酸酯	"酸式酞酸酯" گە قاراڭنز.
酸式丙醇二酸盐　acid tartronate　COOH·CHOH·COOM	قىشقىل تارترون قىشقىل تۇزدارى
酸式丙二酸盐　acid malonate　COOH·CH₂·COOM	قىشقىل مالون قىشقىل تۇزدارى
酸式草酸钡　acid barium oxalate　Ba(HC2O₄)₂	قىشقىل قىممزدىق قىشقىل باري
酸式草酸钾　acid potassium oxalate　KHC₂O₄	قىشقىل قىممزدىق قىشقىل كالي
酸式草酸钠　acid sodium oxalate	قىشق钠ل قىممزدىق قىشقىل ناتري
酸式草酸盐　acid oxalate　COOH·COOM	قىشقىل قىممزدىق قىشقىل تۇزدارى
酸式醋酸钾　acid potassium acetate　KH(C₂H₃O₂)₂	قىشقىل سىركە قىشقىل كالي
酸式醋酸钠　acid sodium acetate　NaH(C₂H₃O₂)₂	قىشقىل سىركە قىشقىل ناتري
酸式丁二酸盐　acid succinate　COOH(CH₂)₂COOM	قىشقىل سۇكتسين قىشقىل تۇزدارى
酸式氟化铵　acid ammonium fluoride	

			قشقىل فتورلى اممونى
酸式氟化钾	acid potassium fluoride		قشقىل فتورلى كالي
酸式氟化钠	acid sodium fluoride		قشقىل فتورلى ناترى
酸式富马酸盐	acid fumarate	COOH·CHCH·COOM	قشقىل فؤمار قشقىل تۇزدارى
酸式庚二酸盐	acid pimalate	COOH(CH₂)₅COOM	قشقىل پيمەل قشقىل تۇزدارى
酸式癸二酸盐	acid sebacate	COOH(CH₂)₈COOM	قشقىل سەباتسين قشقىل تۇزدارى
酸式化合物	acid – compound		قشقىل قوسلىستارى
酸式己二酸盐	acid adipate	COOH(CH₂)₄COOM	قشقىل اديپات قشقىل تۇزدارى
酸式己二酸酯	acid adipate	COOH(CH₂)₄COOR	قشقىل اديپات قشقىل ەستەرى
酸式酒石酸钾	acid potassium tartrate	COOH(CHOH)₂COOK	قشقىل شاراپتاس قشقىل كالي
酸式酒石酸钠	acid sodium tartrate	NaHC₄H₄O₆	قشقىل شاراپتاس قشقىل ناترى
酸式酒石酸盐	acid tartrate	COOH(CHOH)₂COOM	قشقىل شاراپتاس قشقىل تۇزدارى
酸式磷酸钙	calcium (acid) phosphate		قشقىل فوسفور قشقىل كالتسي
酸式磷酸钾	potassium acid phosphate		قشقىل فوسفور قشقىل كالي
酸式磷酸锰	manganese acid phosphate		قشقىل فوسفور قشقىل مارگانەتس
酸式磷酸钠	sosium acid phosphate	NaH₂PO₄	قشقىل فوسفور قشقىل ناترى
酸式磷酸锶	strontium acid phosphate		قشقىل فوسفور قشقىل سترونتسي
酸式磷酸盐	acid phosphate	MH₂PO₄; M₂HPO₄	قشقىل فوسفور قشقىل تۇزدارى
酸式硫化钠	sodium acid sulfate	NaHS	قشقىل كۆكىرتتى ناترى
酸式硫酸铵	ammonium acid sulfate	(NH₄)HSO₄	قشقىل كۆكىرت قشقىل اممونى
酸式硫酸钾	potassium acid sulfate		قشقىل كۆكىرت قشقىل كالي
酸式硫酸奎宁	quinine bisulfate		قشقىل كۆكىرت قشقىل حينين
酸式硫酸钠	sodium acid sulfate		قشقىل كۆكىرت قشقىل ناترى

酸式硫酸盐	acid sulfate	$MHSO_4$	قىشقىل كۆكىرت قىشقىل تۇزداری
酸式硫酸氧金	auryl hydrosulfate	$(AuO)HSO_4$	قىشقىل كۆكىرت قىشقىل اۇريل
酸式硫酸乙烯酯	acid ethylene sulfate	$C_2H_4(HSO_4)_2$	قىشقىل كۆكىرت قىشقىل ەتيلەن ەستەرى
酸式硫酸乙酯	acid ethyl sulfate	$C_2H_5 \cdot HSO_4$	قىشقىل كۆكىرت قىشقىل ەتيل ەستەرى
酸式马来酸盐	acid maleate	$COOH \cdot CHCH \cdot COOM$	قىشقىل مالەين قىشقىل تۇزداری
酸式柠檬酸镁	acid magnesium citreate	$MgH \cdot C_6H_5O_7$	قىشقىل ليمون قىشقىل ماگني
酸式苹果酸盐	acid malate	$COOH \cdot CHOH \cdot CH_2 \cdot COOH$	قىشقىل الما قىشقىل تۇزداری
酸式羟丙二酸氢酯	bitartronate	$COOH \cdot CHOH \cdot CODR$	قىشقىل تارترون قىشقىل ەستەرى
酸式氢	acid hydrogen		قىشقىل سۇتەك
酸式壬二酸盐	acid azelaate (biazelaate)	$COOH(CH_2)_7COOM$	قىشقىل ازەلا قىشقىل تۇزداری
酸式壬二酸酯	acid azelaate(= biazelaate)	$COOH \cdot (OH_2)_7COOR$	قىشقىل ازەلا قىشقىل ەستەرى
酸式砷酸铵	ammonium acid arsenate	$(NH_4)_2HAsO_4$	قىشقىل ارسەن قىشقىل امموني
酸式砷酸钠	sodium acid arsenate		قىشقىل ارسەن قىشقىل ناتري
酸式砷酸盐	acid arsenate	MH_2AsO_4	قىشقىل ارسەن قىشقىل تۇزداری
酸式酞酸钾	acid potassium phthalate		قىشقىل فتال قىشقىل كالي
酸式酞酸盐	acid phthalate	$COOH \cdot C_6H_4 \cdot COOM$	قىشقىل فتال قىشقىل تۇزداری
酸式碳酸铵	ammonium acid carbonate	$(NH_4)HCO_3$	قىشقىل كومىر قىشقىل امموني
酸式碳酸钾	potassium acid carbonate		قىشقىل كومىر قىشقىل كالي
酸式碳酸钠	sodium acid carbonate		قىشقىل كومىر قىشقىل ناتري
酸式碳酸盐	acid carbonate	$RHCO_3$	قىشقىل كومىر قىشقىل تۇزداری
酸式戊二酸盐	acid glutarate	$COOH(CH_2)_3COOM$	قىشقىل گليۇتار قىشقىل تۇزداری

酸式辛二酸盐　acid suberate　$COOH(CH_2)_6COOM$　قىشقىل سۇبېر قىشقىل تۇزدارى

酸式亚磷酸乙酯　acid ethyl phosphite　$C_2H_5PO(OH)_2$　قىشقىل فوسفورلى قىشقىل ەتيل ەستەرى

酸式亚硫酸钾　acid potassium sulfite　قىشقىل كۆكىرتتى قىشقىل كالي

酸式亚硫酸钠　acid sodium sulfite　قىشقىل كۆكىرتتى قىشقىل ناتري

酸式亚硫酸盐　acid sulfite(= bisulfite)　$MHSO_3$　قىشقىل كۆكىرتتى قىشقىل تۇزدارى

酸式亚硫酸乙酯　acid ethyl sulfite　$C_2H_5HSO_4$　قىشقىل كۆكىرتتى قىشقىل ەتيل ەستەرى

酸式盐　acid salt　قىشقىل تۇزدار

酸式酯　ester acid　قىشقىل ەستەر

酸水　acid water　قىشقىل سۇ

酸塔　acid tower　قىشقىل (ئوندىرۇ) مۇناراسى

酸提取物　acid extract　قىشقىلمەن الىنعان زات

酸烃乳胶体　"酸烃乳浊液" گە قاراڭىز.

酸烃乳浊液　acid – hydrocarbon emulsion　قىشقىل كومىرسۇتەكتى ەمۇلسيون

酸雾　acid mist　قىشقىل تۇمان

酸洗显色试验　acid wash color test　قىشقىلمەن جۇپ ئۇس ايقىنداۇ سىناعى

酸硝叉　"酸硝基" گە قاراڭىز.

酸硝基　aci – nitro group　$(HO)ON=$　قىشقىل ـ نيترو گرۇپپا

酸硝式　aci – nitro form　قىشقىل نيترو فورمالى

酸性　acidic(= acidic property)　قىشقىلدىق، قىشقىلدىق قاسيەت

酸性残渣　acid residue　قىشقىلدىق قوقىر

酸性橙　acid orange　قىشقىلدىق قىزعىملت سارى

酸性萃　"酸提取物" گە قاراڭىز.

酸性氨红　acid carmoisine　قىشقىلدىق اشق قىزىل

酸性地沥青　acid asphalt　قىشقىلدىق اسفالت

酸性靛蓝　"靛蓝胭脂红" گە قاراڭىز.

酸性定像液　acid fixing solution　كەسكەن تۇراقتاندىرعىش قىشقىل ەرىتىندى

酸式蒽醌蓝　acid anthraquinone blue　قىشقىلدىق انتراحينوندى كوك

酸性蒽醌青　acid anthraquinone blue　قىشقىلدىق انتراحينوندى كوگىلدىر

酸性蒽棕　acid anthracene brown

قشقىلدىق انتراتسەندى قىزىل قوغىر

酸性发酵	acid fermentation	قشقىلدىق اشۇ
酸性反应	acid reaction	قشقىلدىق رەاكسيا
酸性翻造	acid receiver	قشقىلدىق قايتا وگدەۋ
酸性肥料	acid fertilizer	قشقىلدىق تەگايتقىشتار
酸性分解	acid decomposition	قشقىلدىق ىدىراۋ
酸性铬黑	acid chrome black	قشقىلدىق حرومدى قارا
酸性铬黄	acid chrome yellow	قشقىلدىق حرومدى سارى
酸性铬盐	acid chrome salt	قشقىلدىق حروم تۇزدارى
酸性铬盐染料	acid chrome dye	قشقىلدىق حروم تۇزدى بوياۋلار
酸性黑	acid black	قشقىلدىق قارا
酸性红	acid red	قشقىلدىق قىزىل
酸性还原作用	acid reduction	قشقىلدىق توتقسىزدانۇ رولى
酸性黄	acid yellow	قشقىلدىق سارى
酸性间胺黄	methanyl yellow	مەتانيل سارسى
酸性焦炭	acid coke	قشقىلدىق كوكس
酸性酒石黄	acid tartrazine	تارترازين
酸性酒石酸铵	ammonium bitartrate	قشقىلدىق شاراپتاس قشقىل اممونى
酸性酒石酸盐	acid tartrate	COOH·COOH·CHOH·COOM قشقىلدىق شاراپتاس قشقىل تۇزدارى
酸性酒石酸酯	acid tartrate	COOH·COOH·COOH·COOR قشقىلدىق شاراپتاس قشقىل ەستەرى
酸性喹啉黄	quinoline yellow	قشقىل حينوليندى سارى
酸性蓝	acid blue	قشقىل كوك
酸性蓝黑	acid - blue black	قشقىل قار كوك
酸性类		"酸性团" گە قاراڭىز.
酸性丽春红	acid ponceau	قشقىلدىق پونتسەاۋ
酸性亮蓝	acid brilliant blue	قشقىل جارقىراۋچق كوك
酸性磷酸酶	acid phosphatase	قشقىلدىق فوسفاتازا
酸性磷酸盐	superphosphate	قشقىلدىق فوسفور قشقىل تۇزدارى
酸性硫	sour sulfur	قشقىل كۇكىرت
酸性硫化	acid cure	قشقىلدىق كۇكىرتتەنۇ
酸性硫酸盐	acid sulfate	قشقىلدىق كۇكىرت قشقىلى تۇزدارى

酸性硫酸盐离子　acid sulfate ion　قىشقىلدىق كۆكىرت قىشقىلى تۇزدارنىڭ يونى

酸性硫酸乙烯　acid ethylene sulfate　قىشقىلدىق كۆكىرت قىشقىل ەتىلەن

酸性绿　acid green　قىشقىلدىق ياسىل

酸性媒染料　acid mordant dyes　قىشقىل دانەكەرلىك بوياۋلار

酸性萘酚黄　"萘酚黄" گە قاراڭىز .

酸性耐火材料　acid repractory　وتقا ئۇزەىمدى قىشقىلدىق ماتەرىيالدار

酸性粘多糖　acid mucosaccharide　قىشقىلدىق مۇكوساحارىد

酸性粘土　acid clay　قىشقىل بالشىق

酸性偶氮红　azo fuchsine, azophloxine　ازوفۇكسىين، ازوفلوكسىين

酸性偶氮黄　azo flavin(e)　ازوفلاۋىن

酸性偶氮染料　acid－azo－color　قىشقىل ازو بوياۋلار

酸性漂白　acid bleaching　قىشقىل اعارتقىش

酸性品红　acid rubin　قىشقىل رۇبىن

酸性气体　acid gases　قىشقىل گاز

酸性汽油　sour gasoline　قىشقىل بەنزىن (قۇرامىندا كۆكىرت بار بەنزىن)

酸性茜素黑　acid alizarine black　قىشقىل الىزارىندى قارا

酸性茜素蓝　acid alizarine blue　قىشقىل الىزارىندى كوك

酸性茜素蓝黑　acid alizarine blue－black　قىشقىل الىزارىندى قاراكوك

酸性茜素绿　acid alizarine green　قىشقىل الىزارىندى ياسىل

酸性染料　acid dye　قىشقىل بوياۋلار

酸性砷酸铵　acid ammonium arsenate　قىشقىلدىق ارسەن قىشقىل امموني

酸性砷酸盐　acid arsenate　قىشقىلدىق ارسەن قىشقىل تۇزدارى

酸性食物　acid food　قىشقىل ازىقتىق زاتتار

酸性树脂　acidico resins　قىشقىل سمولالار (شايىرلار)

酸性碳酸盐　acid carbonate　قىشقىلدىق كومىر قىشقىل تۇزدارى

酸性烃　acidic hydrocarbon　قىشقىل كومىرسۇتەكتەر

酸性团　acidic group　قىشقىل گرۇپپا

酸性烷基化作用　acid alkylation　قىشقىلدىق الكيلدەنۇ رولى

酸性物质　acidic material　قىشقىل زاتتار

酸性显像剂　acid developer　كەسكىن ايقىنداعىش قىشقىل اگەنت

酸性亚磷酸乙酯　acid ethyl phosphite　قىشقىلدىق فوسفور قىشقىلدىدى ەتيل
ەستەرى

酸性盐　acid salt　قىشقىل تۇزدار

酸性岩　acid rock	قشقىل جىنسىستار
酸性氧化物　acidic oxide(= acid oxide)	قشقىل توتقتار
酸性一号铬变棕　chromotrope	حروموتروپ
酸性樱红　acid serise	قشقىل شىمقاي قىزىل
酸性油　acid oil	قشقىل ماي (بەيتاراپتانبلاغان ماي)
酸性淤渣　acid sludge	قشقىل قوقىر، قشقىل تۇنبا
酸性玉红　azo - rubinol	ازورۇبينول
酸性原油　sour crude oil	قشقىلدىق وگدەلمەگەن ماي
酸性再生	"酸性翻造" گە قاراڭىز.
酸性枣红　acid bordeaux	قشقىل كۇرەڭ قىزىل
酸性紫　acid violet	قشقىل كۇلگىن
酸性组分　acidic components	قشقىلدىق قۇرامدار
酸亚胺　acid imid　$R \cdot (OH) \cdot NH$	قشقىل يميد
酸烟　acid fume	قشقىل ٴتۇتىن
酸(液)比重计　acidometer	اسيدومەتر
酸雨　acid rain	قشقىل جاڭبىر
酸再生系统	"酸净化系统" گە قاراڭىز.
酸之过氧化物　acid peroxide	قشقىلداڭ اسقىن توتقتارى
酸值　acid number(= acid value)	قشقىل ٴمانى
酸酯　acid aster	قشقىل ەستەر
酸中毒　acidosis	قشقىلدان ۋلانۋ
蒜甙　allin	اللين
蒜碱　alliin　$C_6H_{11}O_3NS$	الليين
蒜藜芦碱	"杰尔碱" گە قاراڭىز.
蒜硫胺素　allithiamin	اللىتيامين
蒜酶　allinase	اللينازا
蒜素　allicin　$(CH_2CHCH_2S)_2O$	اللىتسين
蒜制菌素　allistatin	اللىستاتين

sui

碎片峰　fragment peak	سىنىقتار ٶركەشى، پارشالار ٶركەشى
碎片离子　fragment ion	پارشالار يونى

碎裂作用　fragmentation　　　　　　　　　　　پارشالاۋ، پارشالانۇ

SUO

莎草酮　cyperone　　　　　　　　　　　　　　کیپەرون

莎草油　cyperus oil　　　　　کیپەرۆس مایی، توكسز توپىراق مایی

莎拉争酸　　　　　　　　　　　"水杨嗪酸" گه قاراڭـز.

缩氨基草酰肼　semioxamazone　　　　　سەموكسامازون

缩氨基硫脲　thiosemicarbazone　NNHCSNH₂　تیوسەمیكاربازون

缩氨基脲　　　　　　　　"半卡巴腙" گه قاراڭـز.

缩氨脲　　　　　　　　　"缩氨基脲" گه قاراڭـز.

缩氨酸　　　　　　　　　　　"肽" گه قاراڭـز.

缩氨酸酶　　　　　　　　　"肽酶" گه قاراڭـز.

缩半草肼　semioxa mazone　NNHCOCONH₂　سەمیوكسامازون

缩苯氨基脲　　　　　"苯半卡巴腙" گه قاراڭـز.

缩苯胺　anil　:NC₆H₅　　　　　　　　　　　　　انیل

缩肠绒毛素　villikinin　　　　　　　　　ۆیللیكینین

缩胆囊素　cholecyc tokinin　　　مولەكیستوكینین

缩胆囊素酶　cholecyc tokinase　مولوكیستوكینازا

缩多氨酸　　　　　　　　　"多肽" گه قاراڭـز.

缩多酸　polyacid　　　　　　　　　پولي قـشقـلدار

缩二氨基脲　　　　　　　"卡巴腙" گه قاراڭـز.

缩二氨酸　　　　　　　　　"二肽" گه قاراڭـز.

缩二胍　　　　　　　　　　"双胍" گه قاراڭـز.

缩二脲　biuret　NH(CONH₂)₂　　　　　　بیۆرەت

缩二脲反应　biuret reaction　بیۆرەت رەاكسیاسی

缩二脲试验　biuret test　　　بیۆرەت سىنـاعى

缩酚酸　depside　　　　　　　　　　　دەپسید

缩酚羧酸　　　　　　　　"缩酚酸" گه قاراڭـز.

缩合　condense　　　　　　　　كوندەنساتسیا

缩合产物　condensation product　كوندەنساتسیالانۇ ۇنىمى

缩合法　condensation method　كوندەنساتسیالانۇ ٴادىسى

缩合反应	condensation reaction	كوندەنساتسىيالانۇ رەاكسىياسى
缩合芳烃	condensed aromatics	كوندەنساتسىيالانعان ارۇماتتى كومۇر سۇتەكتەر
缩合剂	condensing agent	كوندەنساتسىيالامش اگەنت
缩合聚合	condensation polymerization	كوندەنساتسىيالانۇ ــ پوليمەرلەنۇ
缩合聚合反应	condensation – polymerization reaction	كوندەنساتسىيالانۇ ــ پوليمەرلەنۇ رەاكسىياسى
缩合聚合物	condensation polymer	كوندەنساتسىيالانعان پوليمەر
缩合聚合作用	condensation polymerization	كوندەنساتسىيالانۇ ــ پوليمەرلەنۇ رولى
缩合磷酸	condensed phosphoric acid	كوندەنساتسىيالانعان فوسفور قىشقىلى
缩合酶	condensing enzyme	كوندەنساتسىيالاۇ فەرمەنتى
缩合膜	condensed film	كوندەنساتسىيالانعان جارعاق
缩合树脂	condensation resin	كوندەنساتسىيالانعان سمولا (شايىر)
缩合物	condensation compound	كوندەنساتسىيالانعان قوسىلىستار
缩合型	condensed type	كوندەنساتسىيالانۇ تيپى
缩合作用	condensation	كوندەنساتسىيالانۇ رولى
缩聚		"缩合聚合" گە قاراڭىز.
缩聚产物	polycondensate	كوندەنساتسىيالانۇ ــ پوليمەرلەنۇ ٴونىمى
缩聚反应		"缩合聚合反应" گە قاراڭىز.
缩聚物		"缩合聚合物" گە قاراڭىز.
缩聚作用		"缩合聚合作用" گە قاراڭىز.
缩硫醇	mercaptol	مەركاپتول
缩硫醛	mercaptal	$R \cdot CH(SR)_2$	مەركاپتال
缩硫醛化作用	mercaptalation	مەركاپتالدانۇ رولى
缩苹果酸		"丙二酸" گە قاراڭىز.
缩醛		"醛缩醇" گە قاراڭىز.
缩醛磷脂	acetalphosphatide	اتسەتال فوسفاتيد
缩醛树脂	acetal resin	اتسەتال سمولا (شايىر)
2,5 - 缩水甘露糖		"壳糖" گە قاراڭىز.
缩水甘油	epihydrin alcohol	$C_2H_3O \cdot CH_2OH$	ەپيگيدرين سپيرتى
缩水甘油醇	glycidic alcohol	$C_2H_3O \cdot CH_2OH$	گليتسيد سپيرتى
缩水甘油醚	glycidol ether	$C_2H_3O \cdot CH_2 \cdot O \cdot R$	گليتسيدول ەفيرى

缩水甘油酸　epihydrin carboxylic acid　$C_2H_3O \cdot CH_2 \cdot COOH$　ھپيگيدرين كاربوكسيل قشقىلى

缩水甘油酸　epihydrinic acid　$C_2H_3O \cdot COOH$　ھپيگيدرين قشقىلى

缩水甘油酸酯　glycidic ester　$C_2H_3O \cdot CO \cdot OR$　گليتسيد ەستەرى

缩水甘油乙醚　glycidyl ethyl ether　$C_2H_3O \cdot CH_2 \cdot O \cdot C_2H_5$　گليتسيديل ەتيل ەفيرى

缩酮　"酮缩醇" گە قاراڭز.

缩相　condensed phase　كوندەنسناتسيالىق فازا

缩一醇　– hemiacetal　گەمي اتسەتال، گەمياتسەتال

羧苯胂化氧　carboxy phenyl arsine oxide　$COOHC_6H_4 \cdot As:O$　كاربوكسيل فەنيل ارسين توتعى

羧苯胂酸　carboxy phenyl arsinic acid　$COOHC_6H_4 \cdot AsO(OH)_2$　كاربوكسيل فەنيل ارسين قشقىلى

羧苯亚胂酸　carboxy phenyl arsenous acid　$COOHC_6H_4 \cdot As(OH)_2$　كاربوكسيل فەنيل ارسيندى قشقىل

羧戳甲苯胂酸　"妥卢胂酸" گە قاراڭز.

羧二硫代酸　carbodithioic acid　$R \cdot CS \cdot SH$　كاربوديتيو قشقىلى

羧化酶　carboxylase　كاربوكسيلازا

羧化物　carboxylate　كاربوكسيلدى قوسلىستار

羧化作用　carboxylation　كاربوكسيلدانۇ رولى

羧基　carboxyl(= carboxyl group)　$HCOO-$　كاربوكسيل، كاربوكسيل گرۇپپاسى

羧基多肽酶　carboxyl polypeptidase　كاربوكسيل پوليپەپتيدازا

2 - 羧基 - 4,5 - 二甲氧基苯氧基醋酸　"日斯酸" گە قاراڭز.

1 - 羧基 - 2,3 - 二羟基丁二酸　"脱草酸" گە قاراڭز.

羧基反应　carboxyl reaction　كاربوكسيل رەاكسياسى

羧基甲基苯胂酸　carboxy methyl phenyl arsonic acid
$COOH(CH_3)C_6H_3AsO(OH)_2$　كاربوكسي مەتيل فەنيل ارسون قشقىلى

羧基酶　"羧化酶" گە قاراڭز.

β - 羧基酶　β - carboxylase　β ـ كاربوكسيلازا

羧基偶氮磺酸　"如比阿唑" گە قاراڭز.

羧基肽酶　carboxypeptidase　كاربوكسي پەپتيدازا

羧基酰胺　carboxamide　كاربوكسامىد

羧甲基　carboxymethyl　　　　　　　　　　　　　　　　　كاربوكسي مەتىل

羧甲基醚　carboxymethyl ether　R·O·CH₂·COOH　　　　كاربوكسي مەتىل ەفىرى

羧甲基纤维素　carboxylmethyl cellulose　　　　　　كاربوكسي مەتىل سەللىيۇلوزا

羧硫代酸　carbothioic acid　R·C(O)(S)H　　　　　　　كاربوتىو قشقىلى

羧硫赶酸　carbothiolic acid　R·CO·SH　　　　　　　　كاربوتىول قشقىلى

羧硫逐酸　carbothionic acid　　　　　　　　　　　　　كاربوتىون قشقىلى

羧络血红朊　carboxyhemoglobin　　　　　　　　　كاربوكسي گەموگلوبىن

羧酶　　　　　　　　　　　　　　　　　　"羧花酶" گە قاراڭز.

β－羧酶　　　　　　　　　　"β－羧基酶" گە قاراڭز.

羧酸　carboxylic acid　　　　　　　　　　　　　كاربوكسىل قشقىلى

羧酸盐　carboxylate　　　　　　　كاربوكسىل قشقىلىنىڭ تۇزدارى

羧酸酯　carboxylic ester　　　　　　　　　　كاربوكسىل ەستەرى

羧肽酶　　　　　　　　　　　　　　　"羧基肽酶" گە قاراڭز.

羧肟酸　－carbohydroxamic acid　　　　كاربوگىدروكسام قشقىلى

羧乙基　carboxyethyl　HOOCC₂H₄　　　　　　　　كاربوكسي ەتىل

羧乙基醚　carboxy ethylester(＝ether)　R·O·CH₂·CH₂·COOH　كاربوكسي ەتىل

　　　　　　　　　　　　　　　　　　　　　　　　　ەفىر

嗍砜　sulfon　　　　　　　　　　　　　　　　　　　سۇلفون

朔砜花青 SR　sulfon cyanine SR　　　　　　　　SR سۇلفون سيانىندى

朔砜花青 G　sulfon cyanine G　　　　　　　　　G سۇلفون سيانىندى

朔砜花青黑　sulfoncyanine black　　　　　　سۇلفون سيانىندى قارا

朔砜花青黑 BA　sulfon cyanine BA　　　　　BA سۇلفون ساينىندى

朔砜花青黑 G　sulfon yanine black G　　　G سۇلفون سيانىندى قارا

朔砜黄 R　sulfon yellow R　　　　　　　　　R سۇلفون سارسى

朔砜哪　sulfonal　　　　　　　　　　　　　　　　سۇلفونال

朔砜酸性蓝 BA　sulfon acid blue BA　　BA سۇلفوننىڭ قشقىلدىق كوگى

朔砜酸性蓝 R　sulfon acid blue R　　　R سۇلفون قشقىلدىق كوگى

朔砜酸性青　sulfon acid bluo　　سۇلفوننىڭ قشقىلدىق كوگىلدرى

索德伯格电极　Soderberg electrode　　سودەربەرگ ەلەكترودى

索尔维制碱法　E. Solvay (1838－1922) methode　سولۋەيدىك سودا الۇ

　　　　　　　　　　　ءادسى (امميـاك سودا ءادسى)

索佛哪　　　　　　　　　　　　　　　"朔风哪" گە قاراڭز.

索格利特萃取器	soxhlet extractor	سوگلەت ەكستراكتورى
索格利特溶液	soxhlet solution	سوگلەت ەرىتىندىسى
索拉油	solar oil	سولار مايى
索瑞耳法	sorel method	سورەل ٴادىسى
索瑞耳水泥	sorel cement	سورەل سەمەنتى
索瑞效应	soret effect	سورەل ەففەكتى
索引化合物	index compound	كورسەتكىش قوسىلىستار
索佐酸	sozolic acid	سوزول قىشقىلى

T

ta

铊(Tl) thallium	تاللي (Tl)
铊矾 thallous alum $TlAl(SO_4)_2 \cdot 12H_2O$	تاللي اشۇۋداس
它普酸 thapsic acid $HOOC(CH_2)_{24}COOH$	تاپس قشقملى
他巴唑 tapazole	تاپازول
塔格糖 tagatose	تاگاتوزا
塔格糖酮酸 tagaturanic acid	تاگاتۇرون قشقملى
塔格酮 tagatone	تاگاتون
塔拉酸 tarelaidic acid	تارەلايد قشقملى
塔龙酸 talonic acid	تالون قشقملى
塔鲁香脂 balsam of tolu	تولۇ بالزامى
塔罗甲基糖 talomethylose	تالومەتيلوزا
塔罗粘酸 talomucic acid $(CHOH)_4(COOH)_2$	تالومۇتسين قشقملى
塔罗糖 talose	تالوزا
塔罗糖胺 talosamine	تالوزامين
塔罗糖醇 talitol	تاليتول
塔罗糖二酸	"塔罗粘酸" گە قاراڭىز.
塔崩 tabun $(CH_3)_2NP(OC_2H_5)(O)CN$	تابۇن
塔崩酶 tabunase	تابۇنازا
塔日酸 tariric acid	تارير قشقملى
塔斯品 taspine	تاسپين
塔斯品酸 taspinic acid	تاسپين قشقملى
塔酸 tower acid	مۇنارا قشقملى

塔氧酸　taroxylic acid　　　　　　　　　　　تاروكسيل قشقملى

tai

胎盘毒素　placento toxin　　　　　　　　　　پلاتسەنتوتوكسين

台俄那　trional　$(C_2H_5)(CH_3)C(SO_2C_2H_5)_2$　　تريونال

台罗德氏溶液　Tyrode's solution　　　　　　تيرودە ەرىتىندسى

台盼蓝　trypan blue　　　　　　　　　　　تريپان كوگى

苔黑酚　orcinol　$CH_3C_6H_3(OH)_2$　　　　ورتسينول

苔黑酚酞　orcinol phthalein　$C_{22}H_{16}O_5$　ورتسينول فتالەين

苔红素　orcein　$C_{23}H_{24}O_7N_2$　　　　　ورتسەين

苔红素染料　orcein dye　　　　　　　　　ورتسەين بوياۋلارى

苔聚糖酶　　　　　　"地衣(聚糖)酶" گە قاراڭز.

苔菌素　　　　　　　　"地衣型素" گە قاراڭز.

苔色素　orselle(= orchil)　　　　　ورسەللا، ورحيل

苔色酸　orsellinic acid　$CH_3C_6H_2(CO_2)COOH$　ورسەللىين قشقملى

苔酸　vulpic acid　　　　　　　　　ۆلفين قشقملى

苔藓酚酸　orcellic acid　　　　　　مؤك قشقملى

太坦黄　　　　　　　　　"钛黄" گە قاراڭز.

太阳猩红　solar scarlet　　سولار قزىلى، سولارقان قزىلى

太阳盐　solar salt　　سولار توز، كؤنگە قاقتالعان توز

太阳油　　　　　　　　"索拉油" گە قاراڭز.

肽　peptide　　　　　　　　　　پەپتيد

肽键　peptide bond　$(CO·NH)$　پەپتيدتىك بايلانس

肽链　pentide chain　　　　　　پەپتيد تىزبەگى

α－肽链　α－peptide chain　　α – پەپتيد تىزبەگى

β－肽链　β－peptide chain　　β – پەپتيد تىزبەگى

肽链端解酶　exopeptidase　　ەكسوپەپتيدازا

肽链内断酶　endopeptidase　　ەندو پەپتيدازا

肽酶 peptidase		پەپتيدازا
肽偶氮蛋白 peptidoazoprotein		پەپتيدوازو پروتەين
肽(式)键(合) peptide linkage		پەپتيدتىك بايلانس ئۇزۇۋ
肽糖脂 peptido glycolipid		پەپتيدوگليكوليپيد
肽转移酶 transpeptidase		ترانسپەپتيدازا
钛(Ti) titanium		تيتان (Ti)
钛白 titanium white		تيتان اعى
钛(白)粉		"钛白" گە قاراڭىز.
钛钡白 titanox		تيتانوكس
钛瓷 titanium porcelain		تيتاندى كارلەن، تيتاندى فارفور
钛酐 titanium anhydride		تيتان انگيدريدتى
钛合金 titanium alloy		تيتان قورتپاسى
钛黄 titan yellow		تيتان سارسى
钛聚合物 titanium polymer		تيتاندى پوليمەر
钛醚 titanium ether		تيتاندى ەفير
钛尿 titanium uria		تيتاندى نەسەپ
钛铅钡白 titone		تيتون
钛酸 titanic acid		تيتان قىشقىلى
钛酸钡 barium titanate		تيتان قىشقىل باري
钛酸丁酯 butyl titanate		تيتان قىشقىل بۇتيل ەستەرى
钛酸根 titanate radical		تيتان قىشقىلىنىڭ قالدىعى
钛酸钾 potassium titanate K_4TiO_4		تيتان قىشقىل كالي
钛酸锂 lithium titanate Li_2TiO_3		تيتان قىشقىل ليتى
钛酸镁 magnesium titanate $MgTiO_3$		تيتان قىشقىل ماگني
钛酸钠 sodium trititanate		تيتان قىشقىل ناتري
钛酸铅 lead titanate $PbTiO_3$		تيتان قىشقىل قورعاسىن
钛酸锶 strontium titanate $SrTiO_3$		تيتان قىشقىل سترونتسي
钛酸四丁酯 butyl tetratitanate		تيتان قىشقىل ئتورت بۇتيل ەستەرى
钛酸纤维 titanated fabric		تيتان قىشقىلدى تالشىق

钛酸亚铁　ferrus titanate　$FeTiO_3$　تیتان قىشقىل شالا توتىق تەمىر

钛酸盐　titanate　تیتان قىشقىلىنىڭ تۇزدارى

钛酸酯　titanate　تیتان قىشقىل ەستەرى

钛铁　ferro – titanium　تیتاندى تەمىر

钛颜料　titanium pigment　تیتاندى بویاۋلار

钛盐滴丁法　titanometry　تیتان تۇزىن تامشىلاتۇ ٴادسى

钛氧基　titanyl　$TiO=$　تیتانیل

钛族　titanium family　تیتان گرۇپپاسى

钛族元素　titanium family element　تیتان گرۇپپاسىنداعى ەلەمەنتتەر

酞　phthalein　C_6H_5CRCOO　فتالەین

酞氨酸　phthalamic acid　$C_8H_7O_3N$　فتالامین قىشقىلى

酞氨酰　phthalamoy　$H_2NCOC_6H_4CO-$　فتالامویل

酞叉　phthalylidene　$(C_6H_4)(CH=)_2$　فتالیلیدەن

酞川　phthalylidene(= phthalal)　فتالیلیدەن، فتالال

酞醇　phthalyl alcohol　فتالیل سپیرتى

酞酚酮　phthalophenone　$(C_6H_5)_2CC_6H_4COO$　فتالوفەنون

酞酐　phthalic anhydride　$C_6H_4(CO)_2O$　فتال انگیدریدتى

酞花青　phthalocyanine(= phthalocyanin)　فتالو سیانین

酞花青染料　phthalocyanine dye　فتالو سیانیندى بویاۋلار

酞磺醋酰　phthalyl sulfacetamide　فتالیل سۇلفا اتسە تامید

酞磺甲氧嗪　phthalylsulfamethoxypyridazine　فتالیل سۇلفا مەتوكسیل پیریدازین

酞磺噻唑　phthalylsulfathiazole　فتالیل سۇلفا تیازول

酞基　phthalidyl　$C_6H_4COOCH-$　فتالیدیل

酞基叉　phthalidylidene　$C_6H_4COOC=$　فتالیدیلیدەن

酞基叉醋酸　phthalidylidene acetic acid　فتالیدیلیدەن سىركە قىشقىلى

酞菁　"酞花青" گە قاراڭز.

酞腈　phthalonitril　$C_8H_4N_2$　فتالونیتریل

酞肼　phthalo hydrazide　$C_6H_8N_2O_2$　فتالوگیدرازید

酞量计　phthaleinometer　فتالین ۋلشەگش

酞灵　phthaline　$R_2CHC_6H_4COOH$　فتالین

酞嗪　phthalazine(=phthalizine)　فتالازین، فتالیزین

酞嗪基　phthalazinyl　$C_8H_5N_2-$　فتالازینیل

酞醛　phthaladehyde　$C_6H_4(CHO)_2$　فتال الدەگیدتی

酞醛酸　phthalaldehyhydic acid　$OHCC_6H_4COOH$　فتال الدەگید قىشقىلى

酞酸　phthalic acid　$C_6H_4(COOH)_2$　فتال قىشقىلى

酞酸铵　ammonium phthalate　فتال قىشقىل اممونی

酞酸二苯酯　diphenyl phthalate　$C_6H_4(CO_2C_6H_5)$　فتال قىشقىل دیفەنیل ەستەرى

酞酸二苄酯　dibenzyl phthalate　$C_6H_4(CO_2C_7H_7)_2$　فتال قىشقىل دیبەنریل ەستەرى

酞酸二丙酯　dipropyl phthalate　$C_6H_4(CO_2C_3H_7)_2$　فتال قىشقىل دیپروپیل ەستەرى

酞酸二丁酯　dibutyl phthalate　$C_6H_4(CO_2C_4H_9)_2$　فتال قىشقىل دیبۇتیل ەستەرى

酞酸二甲酯　dimethyl phthalate　فتال قىشقىل دیمەتیل ەستەرى

酞酸二戊酯　diamyl phthalate　$C_6H_4(CO_2C_5H_{11})_2$　فتال قىشقىل دیامیل ەستەرى

酞酸二烯丙基酯　diallyl phthalate　فتال قىشقىل دیاللیل ەستەرى

酞酸二辛酯　dioctyl phthalate　فتال قىشقىل دیوكتیل ەستەرى

酞酸二乙酯　diethyl phthalate　فتال قىشقىل دیەتیل ەستەرى

酞酸二异癸酯　diisodecyl phthalate　فتال قىشقىل ەكی یزودەتسیل ەستەرى

酞酸酐　　"酞酐" گە قاراڭىز.

酞酸 - 季戊四醇树脂　pentaerythritol - phthalic resin　فتال قىشقىل پەنتا ەریتریتول سمولاسى (شایرى)

酞酸木糖树脂　xylite - phthalic resin　فتال قىشقىل ـ كسیلیت سمولاسى (شایرى)

酞酸钠　sodium phthalate　$C_8H_5O_4Na$　فتال قىشقىل ناتری

酞酸氢钾　potassium biphthalate　قىشقىل فتال قىشقىل كالی

酞酸氢盐　biphthalate　$COOHC_6H_4COOM$　قىشقىل فتال قىشقىل تۇزدارى

酞酸氢酯	biphthalate	$COOHC_6H_4COOR$	قشقىل فتال قشقىل ھەستەرى
酞酸戊酯	amyl phthalate		فتال قشقىل امىل ھەستەرى
酞酸烯丙基氢酯	allylhydrogen phthalate		قشقىل فتال قشقىل الليل ھەستەرى
酞酸盐	phthalate	$C_6H_4(COOM)_2$	فتال قشقىلنىڭ تۇزدارى
酞酸一丁酯	monobutyl phthalate	$HO_2CC_6H_4CO_2C_4H_9$	فتال قشقىل مونوبۇتيل ھەستەرى
酞酸一乙酯	monoethyl phthalate	$C_6H_4(CO_2C_2H_5)COOH$	فتال قشقىل مونوەتيل ھەستەرى
酞酸正辛正癸酯	n－octyl n－decyl phthalate		فتال قشقىل n－وكتيل n－دەتسيل ھەستەرى
酞酸酯	phthalic ester	$C_6H_4(CO·OR)$	فتال قشقىلى ھەستەرى
酞酰	phthaloyl(＝phthalyl)	$COC_6H_4CO·(O)$	فتالويل، فتاليل
酞酰胺	phthalamide	$C_6H_4(CONH_2)_2$	فتالاميد
酞酰二胺	phthalic diamide	$C_6H_4(CONH_2)_2$	فتاليل دياميد
酞酰氟	phthaloyl fluoride		فتالويل فتور
酞酰甘氨酸	phthalyl glycine		فتاليل گليتسين
酞酰谷氨酸	phthalylglutamic acid		فتاليل گليۇتامين قشقىلى
酞酰化(作用)	phthalation		فتالدانۇ (رولى)
酞酰磺胺噻唑	phthalyl sulathiazole		فتاليل سۇلفوتيازول
酞酰基合成(法)	phthalyl synthesis		فتاليلدى سينتەزدەۇ (ادسسى)
酞酰肼	phthalyl hydrazide	$C_6H_{11}CONHNHCO$	فتاليل گيدرازيد
酞酰氯	phthalyl chloride	$C_6H_4(COCl)_2$	فتاليل حلور
酞酰潜苯胺	phthalanyl	$C_6H_5NC_8H_4O_2$	فتالانيل
酞酰亚胺	phthalic imidne(＝phthalimide)	$C_6H_4(CO)_2NH$	فتاليميد، فتاليميدين
酞酰亚胺基	phthalimido－	$COC_6H_4CON－$	فتاليميدو
酞酰亚胺肟	phthalimidoxime		فتاليميدوكسيم

贪吉酸	tangic acid		تانجى قشقىلى
檀醇	santol	$C_8H_6O_3$	سانتول
檀基	santyl	$HOC_6H_4CO_2C_{15}H_{23}$	سانتيل
檀烯	santene	C_9H_{14}	سانتەن
檀烯醇	santenol	$C_9H_{16}O$	سانتەنول
檀烯酸	santenic acid		سانتەن قشقىلى
檀烯酮	santenone		سانتەنون
檀香醇	santalol		سانتالول
檀香基	santalyl		سانتاليل
檀香基氯	santalyl chloride	$C_{15}H_{23}Cl$	سانتاليل حلور
檀香脑	santalol		سانتالول
檀香醛	santalal		سانتالال
檀香酸	santalic acid	$C_{14}H_{15}O_5$	سانتال قشقىلى
檀香烷	santalane		سانتالان
檀香烯	santalene	$C_{15}H_{24}$	سانتالەن
檀香烯酸	santalenic acid(= santalin)		سانتالەن قشقىلى، سانتالين
檀香油	sandal oil		ساندال مايى
檀香皂	sandal soap		ساندال سابىن
弹性	elasticity		سەرپىمدىلىك، يىلمىدىلىك
弹性变形	elastic deformation		سەرپىمدى پىشنسىزدەنۇ
弹性地蜡	helenite		گەلەنيت
弹性高聚物	elastopolymer		سەرپىمدى پوليمەر
弹性合成物	elastic synthetic		سەرپىمدى سينتەزدىك زات
弹性极限	elastic limit		سەرپىمدىلىك شەگى
弹性计	elastometer		ەلاستومەتر، سەرپىمدىلىك ولشەگىش
弹性硫	elastic sulfur		سەرپىمدى كۇكىرت، ٴيىلمىدى كۇكىرت
弹性能	elastic energy		سەرپىمدىلىك ەنەرگياسى

弹性凝胶	elastic gel (= elastogel)	سەرپەمدى سەرنە، ھلاستوگەل
弹性试验	elasticity test	سەرپەمدىلىك سىناعى
弹性树胶	gum elastic	سەرپەمدى جەلىم، سوزىلعىش جەلىم
弹性塑料	elastoplast	سەرپەمدى سۆليياۇ
弹性体	elastomer	سەرپەمدى دەنە
弹性系数	elastic coefficient	سەرپەمدىلىك كوەففيتسەنتى
弹性纤维	elastic fiber	سەرپەمدى تالشىق
弹性硬朊	elastin	ھلاستين
钽(Ta)	tantalum	تانتال (Ta)
钽酸	tantalic acid	تانتال قىشقىلى
钽酸钙	calcium tantalate	تانتال قىشقىل كالتسي
钽酸酐	tantalic anhydride	تانتال (قىشقىلى) انگيدريدتى
钽酸盐	tantalate	تانتال قىشقىلىننىڭ تۇزدارى
钽铁矿	tantalite	تانتاليت
炭	char	كومىر
炭黑	carbon black	كۈيە، كومىر كۈيەسى
炭黑焰	carbon black flame	كۈيە جالىنى
炭极		"炭精电极" گە قاراڭىز.
炭精棒	carbon stick	كومىر تاياقشا
炭精电极	carbon electrode	كومىر ەلەكترود
炭青质	carboid	كاربويد
炭素钢		"碳钢" گە قاراڭىز.
炭渣	carbon residue	كومىر قوقىرى، كوكس قالدىعى
炭砖	carbon brick	كومىر كەرپىش
碳(C)	carbonium	كومىرتەك (C)
碳 12	carbon12	كومىرتەك 12
α－碳	alpha－carbon	α ــ ورىنداعى كومىرتەك
碳棒		"炭精棒" گە قاراڭىز.

碳氮比 carbon nitrogen ratio	كومسرتەك ـ ازوت قاتىناسى	
碳胆碱 carbocholine	كاربوحولين	
碳的化合物 carbon compound	كومسرتەكتى قوسىلىستار	
碳电池 carbon battery	كومسرتەك باتارەيا	
碳二馏分	"C_2 馏分" گە قاراڭىز.	
碳氟化合物 fluoro carbon	كومسرتەكتى فتورلى قوسىلىستار	
碳酐	"碳酸酐" گە قاراڭىز.	
碳钢 carbon steel	كومسرتەكتى بولات	
碳化 carbonization	كومسرتەكتەۋ، كومسرتەكتەنۋ	
碳化钡 barium carbide	كومسرتەكتى باري	
碳化催化剂 carbited catalyst	كومسرتەكتى كاتاليزاتور	
碳化二铍 beryllium carbide	كومسرتەكتى بەريللي	
碳化二亚胺 carbodiimide $C(:NH)_2$	كومسرتەكتى ەكى يميد	
碳化钒 vanadium carbide VC	كومسرتەكتى ۋانادي	
碳化钙 calciunl carbide CaC_2	كومسرتەكتى كالتسي	
碳化锆 zirconium carbide ZrC	كومسرتەكتى زيركوني	
碳化铬 chromium carbide	كومسرتەكتى حروم	
碳化硅 silicon carbide SiC	كومسرتەكتى كرەمني	
碳化铪 hafnium carbide	كومسرتەكتى گافني	
碳化机理 carbonization mechanism	كومسرتەكتەنۋ ماشيناسى	
碳化锂 lithium carbide Li_2C_2	كومسرتەكتى ليتي	
碳化铝 alumium carbide Al_4C_3	كومسرتەكتى الؤمين	
碳化镁 magnesium carbide MgC_2	كومسرتەكتى ماگني	
碳化钠 sodium carbide Na_2C_2	كومسرتەكتى ناتري	
碳化铌 niobium carbide	كومسرتەكتى نيوبي	
碳化硼 boron carbide B_6C	كومسرتەكتى بور	
碳化铍 berylium carbide	كومسرتەكتى بەريللي	
碳化双苯亚胺 carbodiphenylimide $C_6H_5N:C:NC_6H_5$	كومسرتەكتى قوس فەنيل	

يمىد

碳化钛	titanium carbide	كومىرتەكتى تيتان
碳化钽	tantalum carbide	كومىرتەكتى تانتال
碳化铁	iron carbide	كومىرتەكتى تەمىر
碳化钍	thorium carbide	كومىرتەكتى تورى
碳化钨	tungsten carbide	كومىرتەكتى ۋولفرام
碳化物	carbide(＝carbonide)	كومىرتەكتى قوسىلستار، كاربيدتەر
碳化矽		"碳化硅" گە قاراڭىز.
碳化纤维	carbon fiber	كومىرتەكتى تالشىق
碳化镱	ytterbium carbide	كومىرتەكتى يتتەربي
碳化铀	uranium carbide	كومىرتەكتى ۇران
碳化作用	carbonification(＝carbonizing)	كومىرتەكتەۋ، كومىرتەكتەنۇ
碳环	carbocycle	كومىرتەك ساقيناسى
碳环核	homocyclic nucleus	كومىرتەك ساقيناسى يادروسى
碳环化合物	carbocyclic compound	كومىرتەك ساقينالى قوسىلستار
碳基化(作用)	carbonilation	كاربونيلدەنۇ (رولى)
碳基加成反应	carbonyl addition reaction	كاربونيل قوسىپ الۋ رەاكسياسى
碳基试剂	carbonyl reagent	كاربونيل رەاكتيۋ
碳基酸	carbilic acid	كاربيل قشقىلى
碳键	carbon bond	كومىرتەكتەك بايلانىس
碳粒子	carbon particles	كومىرتەك بولشەكتەرى
碳链	carbon chain	كومىرتەك تىزبەگى
碳链长度	carbon chain length	كومىرتەك تىزبەگى ۇزىندىعى
碳链断联酶		"碳链酶" گە قاراڭىز.
碳链分解作用		"解链作用" گە قاراڭىز.
碳链化合物	carbon chain compound	كومىرتەك تىزبەكتى قوسىلستار
碳链酶	desmolase	دەسمولازا
碳霉素	carbomycin	كاربوميتسين

碳硼烷	carboran	كاربوران
碳平衡	carbon balance	كۆمۈرتەك تەپە ـ تەڭدىگى
碳氢比	carbon hydrogen ratio	كۆمۈرتەك سۈتەك قاتناسى
碳氢化合物	hydrocarbon CnH_{2n}	كۆمۈر سۈتەكتەر، كۆمۈر سۈتەك قوسىلمىستارى
碳氢键	carbon – hydrogen link	كۆمۈر ـ سۈتەكتەك بايلانىس
碳三馏分		"C_3 馏分" گە قاراڭىز.
碳式硝酸钪	scandium hydroxy nitrate $Sc(OH)(NO_3)_2$	كۆمۈرتەكتەك ازوت قىشقىل سكاندي
碳水化合物	carbohydrate	كۆمۈر سۇ قوسىلمىستارى، ۋگلەۋودتار
碳四馏分		"C_4 馏分" گە قاراڭىز.
碳素钢		"碳钢" گە قاراڭىز.
碳酸	carbonic acid H_2CO_3	كۆمۈر قىشقىلى
碳酸铵	ammonium carbonate $(NH)_4CO_3$	كۆمۈر قىشقىل امموني
碳酸铵镁	$MgCO_3 \cdot (NH_4)_2CO_3 \cdot 4H_2O$	كۆمۈر قىشقىل امموني ـ ماگني
碳酸饱和	carbonation	كۆمۈر قىشقىلىنىڭ قانعۈى
碳酸钡	barium carbonate $BaCO_3$	كۆمۈر قىشقىل باري
碳酸镝	dysprosium carbonate $Dy_2(CO_3)_3$	كۆمۈر قىشقىل ديسپروزي
碳酸定量法	carbometry	كۆمۈر قىشقىلىنىڭ مولشەرىن ولشەۋ ۋادسى
碳酸定量计		"碱量计" گە قاراڭىز.
碳酸铥	thulium carbonate $Tm_2(CO_3)_3$	كۆمۈر قىشقىل تۈلي
碳酸二苯酯	diphenyl carbonate	كۆمۈر قىشقىل ەكى فەنيل ەستەرى
碳酸二丙酯	dipropyl carbonate $(C_2H_5CH_2O)_2CO$	كۆمۈر قىشقىل ەكى پروپيل ەستەرى
碳酸二丁酯	dibutyl carbonate $(OC_4H_4)_2CO$	كۆمۈر قىشقىل ەكى بۈتيل ەستەرى
碳酸二甲酯	dimethyl carbonate $CO(OCH_3)_2$	كۆمۈر قىشقىل ديمەتيل ەستەرى
碳酸二另丁酯	di – sec – butyl carbonate	كۆمۈر قىشقىل ەكى – sec – بۈتيل ەستەرى
碳酸二氢钠	sodium dihydrogen carbonate	قوس قىشقىل كۆمۈر قىشقىل

ناتري

碳酸二戊酯　diamyl carbonate　$(C_5H_{11}O)_2CO$　كومىر قشقىل ەكى امىل ەستەرى

碳酸二氧铬　chromicdioxy carbonate　$OCr(CO_3)CrO$　كومىر قشقىل ەكى وتتەكتى حروم

碳酸二乙酯　diethyl carbonate　$CO(OC_2H_5)_2$　كومىر قشقىل ديەتيل ەستەرى

碳酸钆　gadolinium carbonate　$Cd_2(CO_3)_3$　كومىر قشقىل گادولينى

碳酸钙　calcium carbonate　$CaCO_3$　كومىر قشقىل كالتسى

碳酸钙合硝酸铵　calcium carbonate – ammonium nitrate　كومىر قشقىل كالتسى ـ ازوت قشقىل اممونى

碳酸酐　carbonic(acid)anhydride　كومىر (قشقىل) انگيدريدتى

碳酸酐酶　carbonic anhydrase　كومىر قشقىل انگيدرازا

碳酸镉　cadmium carbonate　$CdCO_3$　كومىر قشقىل كادمى

碳酸根　carbonic acid radical　كومىر قشقىل قالدىعى

碳酸庚烯·甲酯　heptenyl methyl carbonate　كومىر قشقىل گەپتەنيل مەتيل ەستەرى

碳酸钴　cobaltous carbonate　$CoCO_3$　كومىر قشقىل كوبالت

碳酸胍　guanidine carbonate　$(CH_5N_3)_2H_2CO_3$　كومىر قشقىل گؤانيدين

碳酸化　carbonating　كومىر قشقىلداندىرۇ

碳酸化器　carbonator　كومىر قشقىلداندىرعىش، كاربوناتور

碳酸化塔　carbonating column　كومىر قشقىلداندىرۇ مۇناراسى

碳酸基　"碳酰二氧基" گە قاراڭىز.

碳酸计　carbonometer(= calcimeter)　كاربونومەتر، كومىر قشقىلىن ولشەگىش

碳酸甲·乙酯　methyl – ethyl – carbonate　$CH_3OCOOC_2H_5$　كومىر قشقىل مەتيل ـ ەتيل ەستەرى

碳酸甲酯　methyl carbonate　كومىر قشقىل مەتيل ەستەرى

碳酸钾　potassium carbonate　كومىر قشقىل كالي

碳酸钪　scandium carbonate　$Cs_2(CO_3)_3$　كومىر قشقىل سكاندي

碳酸奎宁　quinine carbonate　كومىر قشقىل حينين

碳酸镧　lanthanium carbonate　$La_2(CO_3)_2$　كومىر قشقىل لانتان

碳酸镭	radium carbonate	$RaCO_3$	كومـﯗر قشقـﯞل رادي
碳酸锂	lithium carbonate	Li_2CO_3	كومـﯗر قشقـﯞل ليتي
碳酸铝	aluminium carbonate	$Al_2(CO_3)_3$	كومـﯗر قشقـﯞل الؤمـين
碳酸芒硝	hanksite	$2Na_2SO_4 \cdot 2Na_2SO_3 \cdot KCl$	كومـﯗر قشقـﯞل گلاؤبەر تۆزى
碳酸镁	magnesium carbonate		كومـﯗر قشقـﯞل ماگني
碳酸镁钙	magnesium calcium carbonate	$MgCO_3 \cdot CaCO_3$	كومـﯗر قشقـﯞل ماگني ـ كالتسي
碳酸锰	manganese carbonate	$MnCO_3$	كومـﯗر قشقـﯞل مارگانەتس
碳酸钠	sodium carbonate	Na_2CO_3	كومـﯗر قشقـﯞل ناتري، سودا
碳酸钠钾	potassium sodium carbonate	$KNaCO_3$	كومـﯗر قشقـﯞل ناتري ـ كالي
碳酸镍	nickel carbonate	$NiCO_3$	كومـﯗر قشقـﯞل نيكەل
碳酸钕	neodymium carbonate	$Na_2(CO_3)_2$	كومـﯗر قشقـﯞل نەودىم
碳酸铍	berillium carbonate	$BeCO_3$	كومـﯗر قشقـﯞل بەريللي
碳酸镨	praseodymium carbonate	$Pr_2(CO_3)_3$	كومـﯗر قشقـﯞل پرازەودىم
碳酸气	carbonic acid gas		كومـﯗر قشقـﯞل گازى
碳酸铅	lead carbonate		كومـﯗر قشقـﯞل قورعاسـﯗن
碳酸铅白	basic carbonate white lead		نەگـﯔزدىك كومـﯗر قشقـﯞل قورعاسـﯗن اعى، اق قورعاسـﯗن
碳酸氢铵	ammonium hydrogen carbonate		قشقـﯞل كومـﯗر قشقـﯞل اممـوني
碳酸氢钡	barium bicarbonate	$Ba(HCO_3)_2$	قشقـﯞل كومـﯗر قشقـﯞل باري
碳酸氢钙	calcium bicarbonate		قشقـﯞل كومـﯗر قشقـﯞل كالتسي
碳酸氢钾	potassiuni bicartonate	$KHCO_3$	قشقـﯞل كومـﯗر قشقـﯞل كالي
碳酸氢锂	lithium bicarbonate	$LiHCO_3$	قشقـﯞل كومـﯗر قشقـﯞل ليتي
碳酸氢镁	magnesium bicarbonate	$Mg(HCO_3)_2$	قشقـﯞل كومـﯗر قشقـﯞل ماگني
碳酸氢钠	sodium bicarbonate	$NaHCO_3$	قشقـﯞل كومـﯗر قشقـﯞل ناتري، اس سوداسى
碳酸氢铷	rubidium bicarbonate	$RbHCO_3$	قشقـﯞل كومـﯗر قشقـﯞل رؤبيدي
碳酸氢铯	cesium bicarbonate	$CsHCO_3$	قشقـﯞل كومـﯗر قشقـﯞل سەزي
碳酸氢三钠	sesquicarbonate of soda	$NaHCO_3 \cdot Na_2CO_3 \cdot 2H_2O$	

قشقىل كومۇر قشقىل ئوش ناترى

碳酸氢锶　strontium bicarbonate　Sr(HCO₃)₂ قشقىل كومۇر قشقىل سترونتسي

碳酸氢盐　bicarbonate　MHCO₃ قشقىل كومۇر قشقىل تۇزدارى

碳酸氢亚铁　ferrous bicarbonate　Fe(HCO₃)₂ قشقىل كومۇر قشقىل شالا توتۇق تەمۇر

碳酸氢银　silver bicarbonate　AgHCO₃ قشقىل كومۇر قشقىل كۇمۇس

碳酸铷　rubidium carbonate　Rb₂HCO₃ كومۇر قشقىل رۇبيدي

碳酸铯　cesium carbonate　Cs₂CO₃ كومۇر قشقىل سەزي

碳酸钐　samaric carbonate　Sa₂(CO₃)₃ كومۇر قشقىل سامارى

碳酸铈　cerous carbonate　Ce₂(CO₃)₃ كومۇر قشقىل سەرى

碳酸水 "汽水" گە قاراڭىز.

碳酸锶　strontium carbonate　SrCO₃ كومۇر قشقىل سترونتسي

碳酸铊　thallium carbonate كومۇر قشقىل تاللي

碳酸檀香酯　santalyl carbonate كومۇر قشقىل سانتاليل ەستەرى

碳酸铽　terbium carbonate　Tb₂(CO₃)₃ كومۇر قشقىل تەربي

碳酸铁　ferric carbonate　Fe₂(CO₃)₃ كومۇر قشقىل تەمۇر

碳酸铜　copper carbonate كومۇر قشقىل مىس

碳酸同化作用　carbonic acid assimilation كومۇر قشقىلىنىڭ اسسيميليياتسياالاۋى

碳酸烷基酯　alkyl carbonate　CO(OR)₂ كومۇر قشقىل الكيل ەستەرى

碳酸戊酯　amyl carbonate　CO(OC₅H₁₁)₂ كومۇر قشقىل اميل ەستەرى

碳酸锌　zinc carbonate　ZnCO₃ كومۇر قشقىل مىرش

碳酸血红蛋白　carbohemoglobin كاربوگەموگلوبين

碳酸血红朊 "碳酸血红蛋白" گە قاراڭىز.

碳酸亚铬　chromous carbonate　CrCO₃ كومۇر قشقىل شالا توتۇق حروم

碳酸亚汞　mercurous carbonate　Hg₂CO₃ كومۇر قشقىل شالا توتۇق سناپ

碳酸亚铊　thallous carbonate　Tl₂CO₃ كومۇر قشقىل شالا توتۇق تاللي

碳酸亚铁　ferrous carbonate　FeCO₃ كومۇر قشقىل شالا توتۇق تەمۇر

碳酸亚烃酯 alkylene carbonate		كومىر قشقىل الكيلەندى ەستەر
碳酸亚铜 cuprous carbonate Cu_2CO_3		كومىر قشقىل شالا توتىق مىس
碳酸盐 carbonate M_2CO_3		كومىر قشقىلىنىڭ تۇزدارى
碳酸盐化(作用) carbonatation		كومىر قشقىلىنىڭ تۇزدانۋى
碳酸衍生物 carbon acid derivative		كومىر قشقىلىنىڭ تۇىندىلارى
碳酸氧铋 bismuthyl carbonate $(BiO)_2CO_3$		كومىر قشقىل بيسمۇتيل
碳酸氧锆 zirconyl carbonate $(ZrO)CO_3$		كومىر قشقىل زيركونيل
碳酸乙酯 ethyl carbonate $CO(OC_2H_5)_2$		كومىر قشقىل ەتيل ەستەرى
碳酸乙酯奎宁 quinine ethyl carbonate		كومىر قشقىل ەتيل ەستەر حينين
碳酸钇 yttrium carbonate $Y_2(CO_3)_3$		كومىر قشقىل يتتري
碳酸镱 ytterbium carbonate $Yb_2(CO_3)_3$		كومىر قشقىل يتتەربي
碳酸银 silver carbonate Ag_2CO_3		كومىر قشقىل كۇمىس
碳酸愈疮木酚酯 duotal		دۇوتال
碳酸酯 carbonic acid ester $CO(OR)_2$		كومىر قشقىل ەستەرى
碳－碳单键 carbon－carbon single bond		كومىرتەك ــ كومىرتەكتىك دارا بايلانس
碳－碳 δ 共价键 carbon－carbon δ covalent bond		كومىرتەك ــ كومىرتەكتىك δ ورتاق ۆالەنتتىك بايلانس
碳－碳键 carbon－carbon bond		كومىرتەك ــ كومىرتەكتىك بايلانس
碳－碳键断裂 carbon－to－carbon rupture		كومىرتەك ــ كومىرتەكتىك بايلانستىڭ ۇزىلۋى
碳－碳键合 carbon－to－carbon linkage		كومىرتەك ــ كومىرتەكتىك بايلانستىڭ تۇزىلۋى
碳－碳双键 carbon－carbon double bond $C＝C$		كومىرتەك ــ كومىرتەكتىك قوس بايلانس
碳翁 carbonium		كاربون
碳翁根 carbonium radical		كاربونيل
碳翁离子 carbonium ion		كاربوندى يون
碳翁离子(催化)聚合(作用) carbonium ion polymerization		كاربون يوننىڭ

	(كاتاليزدىك) پوليمەرلەنۇ رولى
碳五馏分	"C₅ 馏分" گە قاراڭىز.
碳烯 carbene	كاربەن
碳纤维 carbon fiber	كومىرتەكتى تالشىق
碳酰	"羰基" گە قاراڭىز.
碳酰胺	"异尿素" گە قاراڭىز.
碳酰胺树脂	"聚脲树脂" گە قاراڭىز.
碳酰苯肼	"卡巴肼" گە قاراڭىز.
碳酰吡咯 carbonyl pyrrol	كاربونيل پيررول
碳酰(二)溴 carbonyl bromide	كاربونيل بروم
碳酰二氧基 carbonyl dioxy	كاربونيل ديوكسيل
碳酰氟 carbonyl fluoride	كاربونيل فتور
碳酰基	"羰基" گە قاراڭىز.
碳酰氯 carbonyl chloride	كاربونيل حلور
碳酰氯溴 carbonyl chlorobromide COClBr	كاربونيل حلورو بروم
碳酰替苯胺 carbanilide CO(NHC₆H₅)₂	كاربانيليد
碳酰溴 carbonyl bromide COBr₂O₂	كاربونيل بروم
碳氧化物 carbonic oxide	كومىرتەك توتىقتارى
碳氧键 carbon oxygen bond	كومىرتەك ـ وتتەكتەك بايلانس
碳油 carbon oil	كومىر مايى، كارەسەن
碳原子 carbon atom	كومىرتەك اتومى
α‒碳原子 alpha‒carbon atom	الفا ورىنداعى كومىرتەك اتومى
β‒碳原子 beta‒carbon atom	بەتا ورىنداعى كومىرتەك اتومى
γ‒碳原子 gamma‒carbon atom	گامما ورىنداعى كومىرتەك اتومى
碳原子的 SP² 杂化 SP² hybridization of carbon atoms	كومىرتەك اتومنىڭ SP² ارالاسۇى
碳原子环 carboatomic ring	كومىرتەك اتوم ساقيناسى
碳质沉积 carbonaceous deposit	كومىرتەكتەك شوگۇ
碳质(电)弧 carbon arc	

كومىرتەكتمك (ەلەكتر) دوعا

碳质炸药　carbonite　　كاربونيت، كومىرتەكتمك قوپارىلعىش ٴداری

碳族　carbon family　　كومىرتەك گرۇپپاسی

碳族分析　carbon group analysis　　كومىرتەك گرۇپپاسىندىق تالداۇ

tang

羰　carbo-　　كاربو _

羰化钴　cobalt carbonyl　　كاربونيل كوبالت

羰化青　carbocyanine　　كاربوسيانين

羰化反应　oxo reaction　　وكسو رەاكسياسی، كەتو رەاكسياسی

羰基　carbonyl(= carbonyl group)　　كاربونيل، كاربونيل گرۇپپاسی

羰基反应　carbonyl reaction　　كاربونيل رەاكسياسی

羰基钴　cobalt carbonyl　1.$Co_2(CO)_8$; 2.$Co(CO)_3$　　كاربونيل كوبالت

羰基化合物　carbonyl compound　　كاربونيل قوسىلىستاری

羰基化物　carboxide　M(CO)n　　كاربوكسيد

羰基化作用　carbony lation　　كاربونيلدەۋ

羰基键　carbonyl bond　　كاربونيلدىك بايلانس

羰基金属　metal carbonyl　　كاربونيل مەتال

羰基镍　nickel carbonyl　$Ni(CO)_4$　　كاربونيل نيكەل

羰基铁　carbonyl iron(= iron carbanyl)　$Fe(CO)_4$; $Fe(CO)_5$; $Fe_2(CO)_9$　　كاربونيل
تەمىر

羰基中的氧　carbonyl oxygen　　كاربونيلدەگی وتتەك

羰络肌红朊　carbonyl myoglobin　　كاربونيل ميوگلوبين

羰络金属　　"羰基金属" گە قاراڭىز.

羰络血红朊　carbonyl hemoglobin　　كاربونيل گەموگلوبين

羰络血红素　carbonylheme　　كاربونيل گەما

4-羰-5-羟-3-甲-1-茚满基醋酸　terracinoic acid　　تەرراتسين
قىشقىلی

糖　sugar　　قانت

糖胺	dxamine	وكسامين
糖醇	sugar alcohol	قانت سپيرتى
糖甙	glycosid	گليكوزيد
糖甙基	aglucone (= aglycone)	اگليؤكون، اگليكون
糖甙酶	glucosidase (= glycosidase)	گليكوزيدازا
糖定量分析	quantitative sugar analysis	قانتتى ساندق تالداؤ
糖定性分析	qualitative sugar analysis	قانتتى ساپالـق تالداؤ
糖蛋白		"糖朊" گه قاراڭـز.
糖二酸	parasaccharic acid	پارا ساحار قىشقىلى، پارافانت قىشقىلى
糖二酸锶	strontium saccharate $2SrO \cdot C_{12}H_{22}O_{11}$	قانت قىشقىل سترونتيسى
糖化本领	saccharogenic power	قانتتانؤ قابلـهتى
糖化过程	saccharifying	قانتتانؤ بارسى
糖化力		"糖化本领" گه قاراڭـز.
糖化能力		"糖化本领" گه قاراڭـز.
糖化酶	saccharogenic enzime	قانتتاندرؤ فەرمەنتى
糖化物	saccharide	ساحاريدتەر، قانتتى قوسىلـىستار
糖化(作用)	saccharification	قانتتانؤ (رولى)، ساحاريدتەنؤ
糖基	glycosyl	گليكوزيل
糖基转移酶	glycosyltrasferase	گليكوزيل ترانسفەرازا
糖胶树胶	chicle gum (= balata)	چيكله جەلىم، بالاتا
糖酵解		"精解" گه قاراڭـز.
糖解	glycolysis	قانتتىڭ ىدىراؤى
糖解酶	glycolytic enzyme	قانتتى ىدىراتاتىن فەرمەنت
糖精	saccharine $C_6H_{12}O_6$	ساحارين
糖精钠	saccharin sodium salt $C_7H_4O_3SNNa$	ساحارين ناتري توزى
糖精酸	saccharin acid $C_6H_{12}O_6$	ساحارين قىشقىلى
糖类	saccharide	ساحاريدتەر، قانتتار
糖量测定法	saccharimetry	ساحاريمەترلەؤ، قانت مولشەرىن ولشەؤ (ادىسى)

糖量计　saccharimeter		ساخاريمەتر، قانت مولشەرىن ولشەگش
糖磷酸化酶　saccharophosphorylase		ساخاروفوسفوريلازا
糖磷脂　glycophospholipin		گليكوفوسفوليپين
糖萝卜碱　betaine		بەتاين
糖酶　carbohydrase		كاربوگيدرازا
糖醚　sugar ether		قانت ەفيرى
糖蜜　molasses		مولاسسەس
糖蜜膜　molasses film		مولاسسەس قابرشاعى
糖蜜酸　molassic acid		مولاسسەس قشقىلى
糖尿酸　glycosuric acid		قانتتى نەسەپ قشقىلى
糖配巨肽　macropeptid, glyco		گليكوماكرو پەپتيد
糖醛酸　alduronic acid(= aldonic acid, glycyromic acid)	CHO(CHOH)COOH
	الدۇرون قشقىلى، الدون قشقىلى، گليكۇرون قشقىلى	
糖醛酸苯(甲)酸酯　glycuronic monobenzoate		گليكۇرون قشقىلىننىڭ
	مونو بەنزولي قشقىل ەستەرى	
糖醛酸甙　glycuronide		گليكۇرونيد
糖醛酸生成(作用)　glycuronogenesis		گليكۇرون قشقىلىننىڭ ٴتۇزىلۇى (رولى)
糖醛酸盐　glycuronate		گليكۇرون قشقىلىننىڭ تۇزدارى
糖醛酸酯　glycuronate		گليكۇرون قشقىلى ەستەرى
糖乳酸　saccharolactic acid		قانتتى ٴسۇت قشقىلى
糖朊　glycoprotein		گليكوپروتەين
糖(缩甲)䏡　sugar formazan		قانت فورمازان
糖缩硫醇　sugar mercaptal		قانت مەركاپتال
糖酮　saccharon　$C_6H_8O_6$		ساخارون
糖酮酸　saccharonic acid(= keturonic acid)		ساخارون قشقىلى، كەتۇرون
	قشقىلى	
糖原　glycogen　$(C_6H_{10}O_5)n$		گليكوگەن
糖原分解(作用)　glycogenolysis		گليكوگەننىڭ ىدىراۋى (رولى)
糖原酶　glycogenase		گليكوگەنازا

糖原生成(作用) glycogenesis	گليكوگەننىڭ تۈزۈلۈشى (رولى)
糖蔗衣 saccharetin $(C_5H_7O_{10})n$	ساحارەتين
糖酯 suger ester	قانت ەستەرى
糖脂 glycolipide	گليكوليپيد
糖质酸 saccharic acid $C_6H_{10}O_8$	ساحار قىشقىلى، قانت قىشقىلى
糖质酸盐 saccharate	ساحار (قانت) قىشقىلىننىڭ تۇزدارى
糖质酰胺 saccharamide $C_6H_{12}O_6N_2$	ساحاراميد
糖缀朊	"糖朊" گە قاراڭىز.
糖淬酸	"糖蜜酸" گە قاراڭىز.
搪玻璃 glass lining	ئىستارلىق ئەينەك (شىنى)
搪瓷	"琺瑯" گە قاراڭىز.
搪瓷漆 lacguer enamel	ەمال لاكتار
搪瓷青 enemal blue	ەمال كۆگۈلدىرى
搪瓷土 enamel clay	ەمال بالشىق
搪瓷颜料 enamel color (dye)	ەمال بوياۋلار

tao

桃红胆色素	"胆特灵" گە قاراڭىز.
桃金娘萃 myrtilin	ميرتيلين
桃金娘蜡 myktle wax	ميرتله بالاۋزى
桃金娘灵 myrtillin $C_{22}H_{22}O_{12}$	ميرتيللين
桃金娘配质 myrtillidin	ميرتيلليدين
桃金娘烷醇 myrtanol $C_{10}H_{17} \cdot OH$	ميرتانول
桃金娘烯醇 myrtenol $C_{10}H_{16}O$	ميرتەنول
桃金娘烯基氯 myrtenyl chloride $C_{10}H_{15}Cl$	ميرتەنيل حلور
桃金娘烯醛 myrtenal $C_{10}H_{14}O$	ميرتەنال
桃金娘烯酸 myrtenic alid $C_{10}H_{14}O_2$	ميرتەن قىشقىلى
桃金娘油 myrtle oil	ميرتله مايى

桃柘醇	totarol	توتارول
淘析	elutriation	جۇپ سەركتەۋ، شايقاپ سۆرپىتاۋ، تاسقاۋ
淘析分析	elutriation analysis	سەركتەپ تالداۋ، سۆرپىتاپ تالداۋ
淘析漏斗	elutriting funnel	شايقاۋ ۋورونكاسى
淘析瓶	elutriating flask	شايقاۋ كولباسى
淘析器	elutriating apparatus	شايقاعمىش
淘析柱	elutriating sylinder	شايقاۋ سيليندىرى (مۇناراسى)
淘洗		"淘析" گە قاراڭىز.
淘选		"淘析" گە قاراڭىز.
陶瓷	ceramics	قىش ــ فارفور، قىش ــ كارلەن
陶瓷坩埚	ceramic crucible	قىش ــ فارفور تيگەل، قىش ــ كارلەن تيگەل
陶瓷工业	ceramic industry	قىش ــ فارفور ۋنەركاسىبى، قىش ــ كارلەن ۋنەركاسىبى
陶瓷学	ceramics	كەراميكا
陶器	pottery	قىش اسپاپتار
陶器工业		"陶瓷工业" گە قاراڭىز.
陶土	pottery clay(= kaolin)	قىش بالشىق، كاۋلين
套层蒸发器	jackted evaporator	كيگىزبە قاباتتى بۋلاندىرعمىش
套管	jacket	كيگىزبە تۇتىك، قاپتاما تۇتىك
套管反应器	duble − tube reactor	كيگىزبە تۇتىكتى رەاكتور
套管热交换器	duble − pipe heat exchanger	كيگىزبە تۇتىكتى جىلۇ الماستىرعمىش

te

忒	tenulin	$C_{17}H_{22}O_5$	تەنۇلين
铽(Tb)	terbium		(Tb) تەربي
特	tertiary(= tert)		تەرتيارى، تەرت ــ
特窗酸	tetronic acid	$CH_2COOCOCH_2$	تەترون قىشقىلى
特窗酰亚胺	tetronimide		تەترون يميد
特春酸	tetrinic acid		تەترين قىشقىلى
特丁胺	tert − butylamine	$(CH_3)_3CNH_2$	تەرت ــ بۇتيل امين
特丁苯氧基乙醇	tert − butyl phenoxyl ethanol	$(CH_3)_3CC_6H_4OCH_2CH_2OH$	

تەرت ـ بۇتيل فەنوكسيل ھتانول

特丁醇　tert－butyl alcohol　(CH₃)₃COH　　تەرت ـ بۇتيل سپيرتى

特丁醇钾　potassium tert－butoxide　　تەرت ـ بۇتانول كالي

特丁基　tert－butyl　(CH₃)₃C－　　تەرت ـ بۇتيل

特丁基苯　tert－butyl benzene　C₆H₅C(CH₃)₃　　تەرت ـ بۇتيل بەنزول

特丁基苯酚　tert－butyl phenol　(CH₃)₃CC₆H₄OH　　تەرت ـ بۇتيل فەنول

特丁基醋酸　tert－butyl acetic acid　(CH₃)₃CCH₂COOH　تەرت ـ بۇتيل سىركە

قىشقىلى

特丁基碘　tert－butyl iodide　(CH₃)₃CI　　تەرت ـ بۇتيل يود

特丁基对苯酚　tert－butyl p－phenol　　تەرت ـ بۇتيل بارا ـ فەنول

特丁基过氧化氢　tert－butyl hydroperoxide　تەرت ـ بۇتيل اسقىن سۇۆتەك

توتعى

特丁基间苯酚　tert－butylm－phenol　　تەرت ـ بۇتيل مەتا ـ فەنول

特丁基焦儿苯酚　tert－butyl pyrocatechol　(CH₃)₃CC₆H₃(CH)₂　تەرت ـ بۇتيل

پيروكاتەحول

特丁基邻苯基苯酚　tert－butyl－o－phenylphenol　C₆H₅C₆H₃(OH)C(CH₃)₃

تەرت ـ بۇتيل ورتو ـ فەننيل فەنول

特丁基氯　tert－butyl chloride　(CH₃)₃CCl　　تەرت ـ بۇتيل حلور

特丁基溴　tert－butyl bromide　(CH₃)₃CBr　　تەرت ـ بۇتيل بروم

特丁基氧基乙醇　tert－butylphenuxyl ethanol　(CH₃)₂CC₆H₄OCH₂CH₂OH

تەرت ـ بۇتيل فەنوكسيل ھتانول

特丁硫醇　tert－butyl mercaptan　(CH₃)₃CSH　　تەرت ـ بۇتيل مەركاپتان

特丁替乙酰胺　N－tert－butylacetamide　　N ـ تەرت ـ بۇتيل اتسەتاميد

特丁氧基　tert－butoxy　(CH₃)₃CO－　　تەرت ـ بۇتوكسيل

特尔法酸　telfairic acid　　تەلفاير قىشقىلى (تەلفاير ـ ادام اتى)

特氟隆　leflon　　تەفلون

特己醇－[2]　　"频哪基醇" گە قاراڭىز.

特己酸　　"特丁基醋酸" گە قاراڭىز.

特己酮　　"频哪酮" گە قاراڭىز.

特己酮缩氨基脲　pinacolone semicarbazone　C₅H₁₂CNNHCONH₂　پيناكولون

سەميكاربازون

特考民　tecomine　　تەكومين

特拉纶　dralon　　درالون

特丽纶	terilen		تەرىلەن
特孟基氯	tert – menthyl chloride	$CH_3CH(CH_2)_4CClCH(CH_3)_2$	تەرت ـ مەنتىيل حلور
特普	TEPP(= tetraethylpyrophosphate)		TEPP (پيروفوسفور قشقىل ئتورت ەتيل ەستەرى)
特屈儿	tetryl	$(NO_2)_3C_6H_2N(CH_3)NO_2$	تەترىل
特惹酸	terebinic acid	$(CH_3)_2CCH(CO_2H)CH_2CO_2$	تەرەبين قشقىلى
特惹烯	terebene	$C_{10}H_{16}$	تەرەبەن
特锐烯	terrylene		تەررىلەن
特殊工具钢	special tool steel		ەرەكشە قۇرالدىق بولات
特妥那	tetronal	$(C_2H_5)_2C(SO_2C_2H_5)_2$	تەترونال
特烷基	tertiary alkyl		تەرتيارى الكيل، تەرت ـ الكيل
特烷基化过氧	tertiary alkyl peroxide		تەرتيارى الكيل اسقىن توتعى
特威契尔试剂	twitchell reagent		تؤيتچەللل رەاكتيۋى
特戊醇	tertiary amyl alcohol	$C_2H_5(CH_3)_2COH$	تەرتيارى اميل سپيرتى
特戊基	tertiary amyl(= tertiary pentyl)	$CH_3CH_2C(CH_3)_2 -$	تەرتيارى اميل، تەرتيارى پەنتيل، تەرت ـ اميل
特戊基胺	tert – amylamine	$(C_2H_5)(CH_3)_2CNH_2$	تەرت ـ اميل امين
特戊基苯	tert – amyl benzene	$C_6H_5C(CH_3)_2(C_2H_5)$	تەرت ـ اميل بەنزول
特戊基苯酚	tert – amyl phenol	$C_5H_{11}C_6H_4OH$	تەرت ـ اميل فەنول
特戊基碘	tert – amyl iodide	$(CH_3)_2ClC_2H_5$	تەرت ـ اميل يود
特戊基氯	tert – amylchloride	$(CH_3)_2CClC_2H_5$	تەرت ـ اميل حلور
特戊基溴	tert – amylbromide	$(CH_3)_2C(Br)C_2H_5$	تەرت ـ اميل بروم
特戊腈			"三甲基乙腈" گە قاراڭىز.
特戊脲	tert – amyl urea	$C_5H_{11}NHCONH$	تەرت ـ اميل ۇرەا
特戊醛	pivaladehyde	$C_5H_{10}O$	پيۋال الدەگيتى
特戊醛肟			"三甲基乙醛肟" گە قاراڭىز.
特戊酸	pivalic acid	$C_5H_{10}O_2$	پيۋال قشقىلى
特戊酸甲酯			"三甲基醋酸甲酯" گە قاراڭىز.
特戊酰	pivalyl, pivaloyl	$(CH_3)_3CCO -$	پيۋاليل، پيۋالويل
特戊酰卤	pivalyl halide	$(CH_3)_3CCOX$	پيۋاليل گالوگەن
特戊酰氯	pivalyl chloride	CMe_3COCl	پيۋاليل حلور
特戊酰溴	pivalyl bromide	$(CH_3)_3CCOBr$	پيۋاليل بروم

特效试剂　precific reagent　　　　　　　ھەركشە ئونىمدى رەاكتيۋ

特性　characteristic　　　　　　　　　سىپاتتاما، ھاراكتەرىستىكا

特性反应　characteristic reaction　　　سىپاتتامالىق رەاكسىالار

特性函数　characteristic function　　　سىپاتتامالىق فۇنكتسىالار

特性基　characteristic group　　　　　سىپاتتامالىق گرۇپپا

特性粘度　intrinsic viscosity　　　　　سىپاتتامالىق تۆتقىرلىق

特性频率　characteristic frequency　　سىپاتتامالىق جىلىك

特性曲线　characteristic curve　　　　سىپاتتامالىق قىسىق سىزىق

特性X－射线　charcteristic X－ray　سىپاتتامالىق X ـ ساۋلەسى

特性温度　charecteristic temperature　سىپاتتامالىق تەمپەراتۇرا

特性吸收带　charecteristic absorption band　سىپاتتامالىق ابسوربتسىا
بەلدەۋى

特性因素　characterization factor　　سىپاتتامالىق فاكتور

特性组份　characteristic component　سىپاتتامالىق قۇرام

特异性　specificity　　　　　　　　وزگەشە، ايرىقشا

特种钢　special steel　　　　　　　ھەركشە بولات

teng

藤氮黄呋喃素　　　　　　　　　"玉红色素" گە قاراڭىز.

藤黄霉素　luteomycin　　　　　　ليۋتەوميتسىن

藤黄酸　gambogic acid　　　　　　گامبوگ قشقىلى

藤胶　liana rubber　　　　　　　　ليانا كاۋچۇك

ti

梯度　gradient　　　　　گراديەنت، دارەجە، باسقىش، ساتى

梯段反应　staircase reaction　　　ساتلى رەاكسىا

梯恩梯　TNT (2,4,6－tritiro toluene)　TNT (2، 4 ، 6 ـ ئۇش نيتروتولۇۋلى

梯普尔　teepol　　　　　　　تەپول

梯形聚合物　ladder polymer　　ساتى فرومالى پوليمەر

锑(Sb)　stibium(＝antimony)　سۇرمە (Sb)

锑－273　stibium－273　　　سۇرمە ـ 273

锑白	antimony white (= antimony oxide)	سۇرمە ئەيى، سۇرمە توتمعى
锑胺	stibamine	ستيبامين
锑胺葡萄糖甙	stibamine glucoside	ستيلبامين گليۇكوزيد
锑波芬	stibophen	ستيبوفەن
锑玻璃	antimonial glass	سۇرمەلى ئىنەك، سۇرمەلى شنى
锑醋精	stibacetin	ستيباتسەتىن
锑电极	antimony electrode	سۇرمە ەلەكترود
锑黑	antimony black Sb_2S_5	سۇرمە قاراسى، كۇكەرتتى سۇرمە
锑华	antimony bloom (= valentinite)	ۇالەنتينت
锑化合物	antimony compound	سۇرمە قوسۇلمستارى
锑化铝	aluminium antimonide	سۇرمەلى ئالۇمين
锑化镍	nickel antimonide $NiSb$	سۇرمەلى نيكەل
锑化氢	stibine	ستيبين
锑化(三)氢		"锑化氢" گە قاراڭز.
锑化物	stibide (= antimonide)	سۇرمە قوسۇلمستارى، سۇرمەلى زاتتار
锑化铟	indium antimonide	سۇرمەلى يندي
锑黄	antimony yellow	سۇرمە سارسى
锑基	stibyl (= stibino –) H_2Sb-	ستيبيل – ، ستيبينو
锑脒	stilbamidine	ستيلباميدين
锑铅合金	antimonial lead	سۇرمە – قورعاسىن قورتپاسى
锑散	stibosan	ستيبوزان
锑酸	antimonic acid H_3SbO_4	سۇرمە قىشقىلى
锑酸铵	ammonium antimonate $(NH_4)SbO_4$	سۇرمە قىشقىل اممونى
锑酸酐	antimonic acid anhydride	سۇرمە قىشقىلىنىڭ انگيدريدتى
锑酸钾	potassium antimonate K_3SbO_4	سۇرمە قىشقىل كالي
锑酸钠	sodium antimonate	سۇرمە قىشقىل ناتري
锑酸铝	lead antimonate	سۇرمە قىشقىل قورعاسىن
锑酸盐	stibate (= antimonate) M_3SbO_4	سۇرمە قىشقىلىنىڭ تۇزدارى
锑羧基	stibono $(HO)_2OSb-$	ستيبونو –
锑酰	stibo O_2Sb-	ستيبو –
锑盐	antimonic salt	سۇرمە تۇزى
锑皂	antimonial soap	سۇرمەلى سابىن
锑朱	antimony vermillion	سۇرمە قىزىلى

提出物	extract	"萃" گە قاراڭـز.
提纯		"净化" گە قاراڭـز.
提纯器		"净化器" گە قاراڭـز.
提取		"萃取" گە قاراڭـز.
提取层	extract layer	ەكستراكتسيالاۋ قاباتى، شايعىنداۋ قاباتى
提取法	extraction method	ەكستراكتسيالاۋ ٴادسى، شايعىنداۋ ٴادسى
提取管	extraction tube	ەكستراكتسيالاۋ تۇتگى، شايعىنداۋ تۇتگى
提取剂	extracting reagent(= extragent)	ەكستراگەنت، شايعىنداتقى
提取率	extraction rate	ەكستراكتسيالاۋ ونىمدىلىگى
提取瓶	extraction flask	ەكستراكتسيالاۋ كولباسى، شايعىنداۋ كولباسى
提取器	extractor	ەكستراكتور، شايعىنداعىش (اسپاپ)
提取塔	extraction column(tower)	ەكستراكتسيالاۋ مۇناراسى، شايعىنداۋ مۇناراسى
提取物	extract	ەكستراكتتار، شايعىندى زاتتار
提取系统	extraction system	ەكستراكتسيالاۋ جۇيەسى، شايعىنداۋ جۇيەسى
提取相	extract phase	ەكستراكت فاراسى، شايعىن فازاسى
提取性	extractability	ەكستراكتسيالانعىشتىق، شايعىندالعىش
提取因素	extraction factor	ەكستراكتسيالاۋ فاكتورى، شايعىنداۋ فاكتورى
提取油	extracted oil	ەكستراكتسيالانعان ماي، شايعىندالعان ماي
提取蒸馏	extractive distillation	ەكستراكتسيالىق بۇلاندىرىپ ايداۋ
体积	volume	كولەم
体积百分比	volume percent	كولەمدىك پروتسەنت قاتىناسى، كولەم پروتسەنتى
体积百分数	volume percentage	كولەمدىك پروتسەنت
体积比	volume ratio	كولەمدەر قاتىناسى
体积变化	volume change	كولەم وزگەرسى
体积电量计	volume coulometer(voltameter)	كولەمدىك كۋلومەتر، كولەمدىك ۆولتامەتر
体积分析	volumetric analysis	كولەمدىك تالداۋ
体积固定性	volume constancy	كولەمدىك تۇراقتىلىق
体积计	volumet	كولەم ولشەگىش
(体积)克分子份数	molar fraction	موليارلىق ۇلەس
体积克分子浓度		"容模浓度" گە قاراڭـز.
体积克式浓度	volume formality	

كۆلەمدىك فورمالدىق قويۇلمىق

体积密度	volume density	كۆلەمدىك تىعىزدىق
体积粘度	bulk viscosity	كۆلەمدىك جابىسقاقتىق
体积粘性	volume viscosity	كۆلەمدىك جابىسقاقتىلىق
体积浓度	volume concentration	كۆلەمدىك قويۇلۇش
体积膨张	volume expansion	كۆلەمدىك كەڭەيۇ (ۇلعايۇ)
体积膨张系数	volume expansivity	كۆلەمدىك ۇلعايۇ كوەففيتسەنتى
体积热容	volumetric heat capacity	كۆلەمدىك جىلۇ سىيمدىلمەى
体积收缩	volume contraction	كۆلەمدىك تارايۇ
体积弹性	volume elasticity	كۆلەمدىك سەرپىمدىلمەك
体积增加	volume gain	كۆلەمدىك ارتۇ
体积值	volume cost	كۆلەمدىك ٴمان
体积指示器	volume indicator	كۆلەمدىك يندىكاتور، كۆلەمدىك كورسەتكىش
体内	in vivo	دەنە ٴىشى، دەنە ٴىشىندىك
体视合成	stereoscopic synthesis	ستەرەوسكوپيالىق سينتەز
体视显微镜	stereoscopic microscope	ستەرەوسكوپيالىق ميكروسكوپ
体外	in vitro	دەنە سىرتى، دەنە سىرتىندىق
体型结构		"三维结构" گە قاراڭىز.
体型聚合物	three – dimensional polymer	ٴۇش ۆلشەمدى پوليمەر
体型缩聚		"三维缩聚" گە قاراڭىز.
体重管	volume weight tube	كۆلەمدىك سالماق تۇتگى
涕泌灵	thiabendazole	تيابەندازول
惕告吉宁	tigogenin	تيگوگەنين
惕各醛	tiglic aldehyde $CH_3CH:C(CH_3)CHO$	تيگل الدەگيتى
惕各酸	tiglic acid $CH_3CH:(OH)COOH$	تيگل قىشقلى
惕各酸乙酯	ethyl tiglate $CH_3CH:C(CH_3)CO_2C_2H_5$	تيگل قىشقىل ەتيل ەستەرى
嚏根草甙	helleborein	گەللەبورەين
嚏根草素	helleboresin	گەللەبورەزين
嚏根草亭	helleboretin	گەللەبورەتين
嚏根草因	helleborin	گەللەبورين
嚏根甙	corelborin	كورەل بورين
嚏根因	hellebrin	گەللەبرين

tian

天地红   "三氯杀螨砜" گه قاراڭز.

天冬氨酸   aspartic acid(= asparaginic acid)   COOHCHNH₂CH₂COOH   ئاسپارتىن قىشقىلى، ئاسپاراگىن قىشقىلى

天冬氨酸氨基移转酶   aspartic transaminase   ئاسپارتىن ترانس ئامىنازا

天冬氨酸盐   aspartate   ئاسپارتىن قىشقىلمىنىڭ تۇزدارى

天冬氨酰   aspartyl   − COCH₂CH(NH₂)CO −   ئاسپارتيل

天冬酶   aspartase   ئاسپارتازا

天冬酰   asparagyl   H₂NCOCH₂CH(NH₂)CO −   ئاسپاراگيل

天冬酰胺   asparamide(= asparagine)   CONH₂CH₂CHNH₂COOH   ئاسپارامىد، ئاسپاراگىن

天冬酰胺酶   asparaginase   ئاسپاراگىنازا

天芥菜春   heliotrine   گەليوترين

天芥菜春酸   heliotrinic acid   گەليوترين قىشقىلى

天芥菜定   heliotridine   C₈H₁₅O₂N   گەليوتريدين

天芥菜基胺   heliotridylamine   گەليوتريديلامين

天芥菜精   heliotropine   گەليوتروپين

天芥菜酸   heliotropic acid   گەليوتروپ قىشقىلى

天芥菜烷   heliotridane   C₈H₁₅N   گەليوتريدان

天芥菜烯   heliotridene   C₈H₁₃N   گەليوتريدەن

天芥菜油   heliotrope oil   گەليوتروپ مايى

天门冬氨酸   "天冬氨酸" گه قاراڭز.

天门冬氨酸酶   "天冬酶" گه قاراڭز.

天门冬氨酸脱氢酶   aspartic dehydrogenase   ئاسپارتىن دەگيدروگەنازا

天门冬氨酸转氨酶   "天冬氨酸氨基移转酶" گه قاراڭز.

天门冬素   "天冬酰胺" گه قاراڭز.

天门冬酰胺   "天冬酰胺" گه قاراڭز.

天门冬酰胺酶   "天冬酰胺酶" گه قاراڭز.

天平   balance   تارازى

天青蓝   azure − blue   كۆگۈلدەر كۆك، ئاقشىل كۆك

天青色   azure   كۆگۈلدەر، كۆكشىل ئۆڭ

天然白土	natural clay	تابىئعي اق بالشىق، تابىئعي ساءمز توپراق
天然催化剂	natural catalyst	تابىئعي كاتالىزاتور
天然蛋白质	native protein	تابىئعي پروتەين، تابىئعي بەلوك
天然地蜡	native mineral wax	تابىئعي مىنەرال بالاۋنز
天然凡士林	natural vaseline	تابىئعي ۋازەلين
天然高分子	natural high molecule	تابىئعي جوۋارى مولەكۇلا
天然高分子化合物	natural high molecule compound	تابىئعي جوۋارى مولەكۇلالى قوسىلىستار
天然高聚物	natural high polymer	تابىئعي جوۋارى مولەكۇلالى پولىمەر
天然化合物	native compound	تابىئعي قوسىلىستار
天然胶乳	natural rubber latex	تابىئعي كاۋچوك ءسۇتساءمزى
天然胶体	natural colloid	تابىئعي كوللويد
天然焦炭	natural coke	تابىئعي كوكس
天然聚合物	natural polymer	تابىئعي پولىمەر
天然抗氧化剂	natural oxidation inhibitor	تابىئعي انتيتوتىقتىرعىش
天然老化	natural aging	تابىئعي كونەرۋ (ەسكىرۋ، توزۋ)
天然沥青	natural asphalt(= natural bitumen)	تابىئعي اسفالت، تابىئعي بيتۇم
天然硫	native sulfur	تابىئعي كۇكىرت
天然硫化物	natural sulfide	تابىئعي سۇلفيدتەر، تابىئعي كۇكىرتتى قوسىلىستار
天然硫酸钡	native sulfate of barium BaSO₄	تابىئعي كۇكىرت قشقىل بارى
天然煤气	natural gas	تابىئعي كومىر گازى
天然漂白	natural bleaching	تابىئعي اعارتقىش
天然气	natural gas	تابىئعي گاز
天然气体汽油	natural gas gasoline	تابىئعي گازدى بەنزين
天然汽油	natural gasoline	تابىئعي بەنزين
天然染料	natural dyestuff	تابىئعي بوياۋلار
天然乳状液	natural latex	تابىئعي ءسۇتساءمز
天然麝香	natural musk	تابىئعي جۇپار
天然石蜡	native paraffin	تابىئعي پارافين
天然石墨	natural graphite	تابىئعي گرافيت
天然树脂	natural resin	تابىئعي سمولالار
天然水泥	natural cement	تابىئعي سەمەنت
天然丝	natural silk	تابىئعي جىبەك

天然苏打　natural soda　تابىغىي سودا

天然酸　natural acid　تابىغىي قشقىل

天然碳酸纳　natural carbonate(＝natron)　،تابىغىي كومۇر قشقىل ناترى

ناترون

天然纤维　natural fiber　تابىغىي تالشقتار

天然纤维素　native cellulose　تابىغىي سەللىيۇلوزا

天然橡胶　natural rubber　تابىغىي كاۋچۇك، تابىغىي كوكساغىزدار

天然硝石　soda nitre　تابىغىي سەلىترا، سودا سەلىتراسى

天然盐　mineral salt　مىنەرال تۇزدار

天然盐水　natural brine　تابىغىي تۇزدى سۇ

天然油　natural oil　تابىغىي مايلار

天然元素　native element　تابىغىي ەلەمەنتتەر

天然脂肪　natural fat　تابىغىي قاتتى ماي

天文化学　astrochemistry　استروحيميا

天仙子胺　hyoscyamine　گىيوزتسيامىن

天仙子碱　hyoscine　گىيوزتسىن

天仙子碱溴氢酸盐　hyoscine hydrobromide　$C_{17}H_{21}O_4N \cdot HBr \cdot 3H_2O$

گىيوزتسىنىدى بروم سۇتەك قشقىلىنىڭ تۇزدارى

天竺葵　pelargonium　پەلارگون

天竺葵定　pelargonidin　$C_{15}H_{10}O_5HCl$　پەلارگونىدىن

天竺葵宁　pelargonin　پەلارگونىن

天竺葵酸　pelargonic acid　پەلارگون قشقىلى

天竺葵油　pelargonium oil　پەلارگون مايى

添加剂　additive　تولىقتىرما اگەنت، تولىقتىرغىش اگەنت

田菁　sesbania　سەزبانيا (جاسىل تىڭايتقىشتىڭ ٴبىر ٴتۇرى)

甜菜碱　betaine　$(CH_3)_3NCH_2COO$　بەتاين

甜菜糖　beet sugar　قشى قانتى

甜醇　dulcitol　دۇلتسىتول

甜瓜毒　melotoxin　مەلوتوكسين

tiao

调聚反应　telomeric acid　تەلومەر رەاكسياسى، رەتتەپ پوليمەرلەۋ رەاكسياسى

调聚体	telogen	تەلوگەن
调聚物	telomer	تەلومەر
调理吡咯	opsopyrrole	وپسوپىررول
调理素	opsonin	وپسونىن
调味剂	seasonings(= flavouring)	ٴدام تەكشەگەش

tie

萜醇－[3]		"薄荷醇" گە قاراڭىز.
萜醇－[3] 醋酸酯		"醋酸孟酯" گە قاراڭىز.
萜二醇－[1, 8]		"萜品" گە قاراڭىز.
萜二烯	terpadiene	تەرپادىەن
萜二烯－[1, 3]		α－"萜品烯" گە قاراڭىز.
萜二烯－[1, 8]		"苧烯" گە قاراڭىز.
1, 2, 4, 8－萜二烯 $C_{10}H_6$		"萜品油烯" گە قاراڭىز.
萜基烯	terpilene(= terpinylene) $C_{10}H_{16}$	تەرپىلەن، تەرپىنىلەن
萜类化合物	terpenoid	تەرپەنويدتەر
萜品	terpine $C_{10}H_{20}O_2$	تەرپىن
萜品醇	terpineol	تەرپىنەول
萜品基	terpinyl	تەرپىنىل
萜品基酸	terpinylic acid	تەرپىنىل قىشقىلى
萜品烯	terpinene $C_{10}H_{16}$	تەرپىنەن
α－萜品烯	α－terpinene $C_{10}H_{16}$	α ـ تەرپىنەن
萜品油	terpinol	تەرپىنول
萜品油烯	terpinolene $C_{10}H_{16}$	تەرپىنولەن
萜松醇		"萜品醇" گە قاراڭىز.
萜松油		"萜品油" گە قاراڭىز.
萜(烃)		"萜烯" گە قاراڭىز.
萜烷	terpane	تەرپان
萜烷酮	terpanone	تەرپانون
萜烯	terpene	تەرپەن
萜烯醇	terpenol	تەرپەنول

萜烯－[1]－醇－[8]－醋酸酯　terpinyl acetate ．"醋酸萜品酯" گه قاراڭز

萜烯－[6]－二醇－[28]－内酯　"蒎脑" گه قاراڭز.

萜烯基　terpenyl　تەرپەنيل

萜烯基酸　terpenylic acid　تەرپەنيل قەشقەلى

萜烯酸　terpenic acid　تەرپەن قەشقەلى

萜烯酮　terpenone　تەرپەنون

萜烯－[8]－酮－[3]　"昇蒲勒酮" گه قاراڭز.

萜烯系　terpenic series　تەرپەن قاتارى

铁(Fe)　ferrum　تەمىر (Fe)

α－铁　alpha ferrite　الفا تەمىر

γ－铁　gamma ferrite　گامما تەمىر

铁铵矾　"铁明矾" گه قاراڭز.

铁斑　iron speck(= iron mould)　تەمىر داغى

铁棒　iron rod　تەمىر تاياقشا

铁玻璃　iron glass　تەمىر ەينەك، تەمىر شىنى

铁卟啉朊　iron porphyrin protein　تەمىر پورفيريندى پروتەين

铁磁性　ferromagnetism　تەمىر ماگنيتتەلىك

铁磁性材料　ferromagntic material　تەمىر ماگنيتتەلىك ماتەريالدار

铁催化剂　iron catalyst　تەمىر كاتاليزاتور

铁丹　rouge　تەمىر قىزىلى

铁蛋白　"铁朊" گه قاراڭز.

铁矾　iron vitrol　تەمىر كۆپوروسى

铁坩埚　iron crucible　تەمىر تيگەل

铁橄榄石　fayalite　فاياليت

铁合金　ferro－alloy　تەمىر قورىتپاسى

铁黑　iron black　تەمىر قاراسى

铁环　iron ring　تەمىر ساقينا

铁黄　ferrite yellow　تەمىر سارسى

铁基合金　iron－base alloy　تەمىر نەگىزدى قورىتپا

铁钾矾　ironic potassium alum　$KFe(SO_4)_2 \cdot 12H_2O$　تەمىر ـ كاليلى اشۇداس

铁架台　iron stand　تەمىر سورە

铁蜡　iron wax　تەمىر بالاۋزى

铁蓝　iron blue

تهمـر كوگی

铁类金属	ferrous metal		تهمـر تهكتهس مهتالدار، قارا مهتالدار
铁铝合金	ferro aluminium alloy		تهمـر الۇمين قورىتپاسى
铁铝氧石			"铝土矿" گه قاراڭـز.
铁锰合金	ferro – manganess		تهمـر ـ مارگانهتس قورىتپاسى
铁明矾	ferric alum(= iron alum)	$Al_2Fe(SO_4)_4 \cdot 24H_2O$	تهمـرلى اشۇداس
铁器时代	iron period		تهمـر قۇرالدار ٴداۋرى
铁氰化钾	potassium ferricyanide		تهمـر ـ سياندى كالي، قـزـل قان تۇزى
铁氰化钠	sodium ferricyanide	$Na_3[Fe(CN)_6]$	تهمـر ـ سياندى ناتري
铁氰化铁	ferric ferricyanide	$Fe[Fe(CN)_6]$	تهمـر ـ سياندى تهمـر
铁氰化物	ferricyande	$M_3[Fe(CN)_6]$	تهمـر ـ سياندى قوسىلىستار
铁氰酸	ferriccyanic acid		تهمـر ـ سيان قشقـلى
铁氰酸盐	ferricyanate		تهمـر ـ سيان قشقـلىـنڭ تۇزدارى
铁铷矾	ferric rubidium alum	$RbFe(SO_4)_2 \cdot 12H_2O$	تهمـر ـ رۇ بيديلى اشۇداس
铁朊	ferritin		فهرريتين
铁丝玻璃			"装甲玻璃" گه قاراڭـز.
铁酸	ferrous acid	$HFeO_2$	تهمـرلى قشقـل
铁酸钙	calcium ferrite	$Ca(FeO_2)_2$	تهمـرلى قشقـل كالتسي
铁酸钾	potassium ferrite	$KFeO_2$	تهمـرلى قشقـل كالي
铁酸钠	sodium ferrite	$NaFeO_2$	تهمـرلى قشقـل ناتري
铁酸盐	ferrite	$MFeO_2$	تهمـرلى قشقـلداڭ تۇزدارى
铁碳合金			"铸铁" گه قاراڭـز.
铁铜催化剂	iron copper catalyst		تهمـر ـ مـس كاتاليزاتور
铁锈	rust	Fe_2O_3	تهمـر تاتى، تات
铁锈指示剂	ferroxyl indicator		تهمـر تاتى يندىيكاتورى، تهمـر تاتى كورسهتكىشى
铁盐	molysite	$FeCl_3$	تهمـر تۇزى
铁质橡胶	iron rubber		تهمـرلى كاۋچوك
铁族元素	iron family element		تهمـر گرۇپپاسـنـداعى هلهمهنتتهر

ting

| 停留时间 | | | "保留时间" گه قاراڭـز. |
| 停止反应 | stopped reaction | | |

رەاكسیاننىڭ توقتاۋى

烃   "碳氢化合物" گە قاراڭىز.

烃的衍生物　derivative of hydrocarbon   كومىر سۋتەك تۇىنىدلارى

烃砜　hydrocarbon sulfones   كومىر سۋتەكتى سۋلفون

烃官能团　hydrocarbon functional groups   كومىر سۋتەكتىڭ فۇنكتسیال گرۇپپاسى

烃黑　hydrocarbon black   كومىر سۋتەك قاراسى (كۇیەسى)

烃化促进剂　promotor for alkylation   الكیلدەنۋدى جەدەلدەتكىش

烃化法　alkylation methods   الكیلدەۋ ٴادسى، الكیلدەندىرۋ ٴادسى

烃化剂　alkylation agent   الكیلدەگىش اگەنت

烃(换)硫酸　sulfovinic acid   RSO₄H   سۋلفوۆین قىشقىلى

烃(换)硫酸盐　sulfovinate   RSO₄M   سۋلفوۆین قىشقىلىنىڭ تۇزدارى

烃混合物　hydrocarbon mixture   كومىر سۋتەك قوسپاسى

烃基　alkyl, alkyl radical, hydrccarbon radical   الكیل، الكیل رادیكالى، كومىر سۋتەك رادیكالى

烃基硅　silicon alkyl   الكیلدى كرەمني

烃基硅酸　siliconic acid   R·SiOOH   الكیلدى كرەمني قىشقىلى

烃基化过氧氢　hydro peroxide, alky–   الكیلدى سۋتەك اسقىن توتىعى

烃基化合物　alkyl compound   الكیلدى قوسىلىستار

烃基磺酸根　alkyl sulfonate   الكیلدى سۋلفون قىشقىلىنىڭ قالدىعى

烃基碱金属　alkali alkyl   الكیلدى سىلتىلىك مەتالدار

烃基金属　metallic alkide   الكیلدى مەتالدار

烃基硼　borine   BR₃   بورین

烃基铝　plumbane   الكیلدى قورعاسىن

烃基溶液　hydrocarbon–based solution   الكیلدى ەرىتىندى

烃基锡化三氢　stannonium   الكیلدى قالایلى ٴۇش سۋتەك

(烃基)锡酸　stannonic acid   R·SnO·OH   (الكیلدى) قالایى قىشقىلى

烃基衍生物　alkyl derivative   الكیل تۇىنىدلارى

烃基重氮胺　azimide   RN=N:NH   ازیمید

烃类产物　hydrocarbon products   كومىر سۋتەك ونىمدەرى

烃类抽提　hydrocarbon extraction   كومىر سۋتەكتەرىن ەیىرىپ الۋ

烃类的自动氧化　autooxidation of hydrocarbons   كومىر سۋتەكتەرىنىڭ وزدىگىنەن توتىعۋى

烃类分布	hydrocarbon distribution	كومىر سۇتەكتەردىڭ تارالۇى
烃类分析	hydrocarbon analysis	كومىر سۇتەكتىك تالداۋ
烃类合成	hydrocarbon synthesis	كومىر سۇتەكتەرىن سينتەزدەۇ
烃类化合物	hydrocarbon compound	كومىر سۇتەكتىك قوسىلىستار
烃类碱度	basicity of hydrocarbons	كومىر سۇتەكتەردىڭ نەگىزدىك دارەجەسى
烃类气体		"烃气"گە قاراڭىز.
烃类燃料	hydrocarbon fuel	كومىر سۇتەكتىك جانار زاتتار
烃类溶解度	hydrocarbon solubility	كومىر سۇتەكتەردىڭ ەرىگىشتىك دارەجەسى
烃类树脂	hydrocarbon resin	كومىر سۇتەكتىك سمولا (شايىر)
烃类制水煤气法	hydrocarbon water gas process	كومىر سۇتەكتەرىنەن سۇگازىن الۇ ٴادسى
烃类转化	hydrocarbon conversion	كومىر سۇتەكتەردىڭ اينالۇى
烃类转化过程	hydrocarbon conversion pvocess	كومىر سۇتەكتەردىڭ اينالۇ بارسى
烃类族分析	hydrocarbon group analysis	كومىر سۇتەك گرۇپپاسىندىق تالداۋ
烃硫基铅	lead mercaptide (R·S₂)Pb	مەركاپتيد قورعاسىن
烃气	hydrocarbon gas	كومىر سۇتەك گازى
烃型含量	hydrocarbon type content	كومىر سۇتەك تيپىنىڭ قۇرام مولشەرى
烃氧基	− oxyl(= alkoxy) RO−	الكوكسي (ٴسوز سوڭىندا) وكسيل
烃氧基丙酸		"羧乙基醚"گە قاراڭىز.
烃氧基甲亚胺		"亚氨代甲基醚"گە قاراڭىز.
烃氧基钾	potassium alkoxide ROK	الكوكسي، كالي
烃氧基金属	alcoxides	الكوكسي مەتال
烃氧基锂	lithium alkoxide LiOR	الكوكسي ليتي
烃氧基铝	aluminium alkoxide	الكوكسيلدى الۇمين
烃氧基镁	magnesium alkoxide	الكوكسي ماگني
烃氧基钠	sodium alkoxide	الكوكسي ناتري
烃氧基亚铊		"醇亚铊"گە قاراڭىز.
烃氧基乙酸		"羧甲基醚"گە قاراڭىز.
烃油	hydrocarbon oil	كومىر سۇتەك مايى
烃蒸汽	hydrocarbon vapour	كومىر سۇتەك بۇى
烃蒸汽再生	hydrocarbon steam reforming	كومىر سۇتەك بۇن قايتالاي

ئوندىرۇ

烃蒸汽转化　hydrocarbon steam conversion　كومىر سۆتەك گازىنىڭ ئينالۇى

tong

通式　general formula		جالپى فورمۇلا
通用指示剂　universal indicator		ۇنىۋەرسال يندىكاتور
同　iso‑		يزو ـ (گرەكشە) ۇقساس، تەڭ
同步　synchronization		سىنخروندى، قادامداس، ادىمداس
同多钼酸盐　isopoly‑molybdate		يزوپولي موليبدەن قىشقىلىنىڭ تۇزدارى
同多酸　isopoly‑acid		يزوپولي قىشقىلدار
同多钨酸盐　isopoly‑wolframate		يزوپولي ۋولفرام قىشقىلىنىڭ تۇزدارى
同二晶(现象)　isodimorphism		يزودىمورفيزم
(同分)异构		"异构" گە قاراڭىز.
(同分)异构体		"异构体" گە قاراڭىز.
(同分)异构物		"异构体" گە قاراڭىز.
(同分)异构现象		"异构" گە قاراڭىز.
同分异量质凝胶		"等凝胶" گە قاراڭىز.
同分异量质溶胶		"等溶胶" گە قاراڭىز.
同构(异素)体　isolog		يزولوگ
同构(异素)系　isologous series		يزولوگ قاتارى
同核双原子分子　homonuclear diatomic molecule		يادرولاس ەكى اتومدى مولەكۇلا
同核异构体　nuclear isomer		يادرولاس يزومەر
同核异构物		"同核异构体" گە قاراڭىز.
同核异构现象　nuclear isomerism		يادرولاس يزومەرلەك قۇبىلىس
同化(作用)　assimilation		اسسيميليياتسيا، وزدەستىرۇ
同化产物　assimilation product		اسسيميليياتسيا ئونىمى، وزدەستىرۇ ئونىمى
同阶聚合物　polymer‑homologous range		باسقىشتاس پوليمەر
同晶型　isomorphisim		يزومورفيزم، يزومورفتىق
同晶型混合物　isomorphous mixture		يزومورفتى قوسپالار
同晶体　isomorphous substance		يزومورفتى دەنەلەر

同类异性物	heterotype	گەتەروتیپتەر
同离子	homo – ion	گومو ـ یون
同离子溶液	homo – ionic solution	گومو ـ یوندی ەرتمندی
同量异位素		"同量异序(元)素" گە قاراڭىز.
同量异序(元)素	isobar	یزوبارا
同量异序原子	isobaric atom	یزوبارالىق اتوم
同名极	similar poles	ىتتاس پولیۇس
同色异构体	homochromo – isomer	تۇستەس یزومەر
同色异构现象	homochromo – isomerism	تۇستەس یزومەرلىك قۇبىلس
同属混合物	intraclass mixture	تۇستاس قوسپالار
同素环	homoatomic ring(= homocycle)	اتومداس ساقینا، ساقینالاس
同素环核	homocylic nucleus	ساقینالاس یادرو
同素环化合物	homocylic compound	ساقینالاس قوسىلستار
同素键	homoatomic bond	اتومدىق بایلانس
同素链化合物	homogenes chain compound	تىزبەكتەس قوسىلستار
同素异形变化	allotropic change	اللوتروپییالىق وزگەرس
同素异形体	allotrope	اللوتروپتار، تۇرپاتتاستار
同素异形物		"同素异形体" گە قاراڭىز.
同素异形现象	allotropizm(= allotropy)	اللوتروپییا، اللوتروپییالىق قۇبىلس، تۇرپاتتاستىق
同位素	isotope	یزوتوپتار
同位素分析	isotopic analysis	یزوتوپتىق تالداۋ
同位素分子	isotope molecula	یزوتوپتار مولەكۋلاسی
同位素交换	isotopic exchange	یزوتوپتىق الماسۋ
同位素交换反应	isotope exchange reaction	یزوتوپتىق الماسۋ رەاكسیاسی
同位素量	isotopic weight	یزوتوپ سالماعی
同位素稀释	isotopic dilution	یزوتوپتىق سۇیىلتۇ
同位素稀释(分析)法	isotope dilution method	یزوتوپتىق سۇیىلتۇ (تالداۋ) ٴادسی
同位素效应	isotope effect	یزوتوپتىق ەففەكت
同位素(质)量	isotopic mass	یزوتوپ ماسساسی
同位元素	isotopic element	یزوتوپتىق ەلەمەنتتەر
同系聚合物	polymer – gomologue	گەمولوكتىك پولیمەر، پولیمەر تەكتەستەر

同系聚合作用　homologous polymerization　گومولوكتك پوليمەرلەنۇ

同系列　homologous series　گومولوكتك قاتار

同系物　homolog(＝homologue)　گومولوكتار

同系(现象)　homology　گومولوكتك قۇبلىس، گەمولوگيا

同相　homophase　گوموفازا، فازالاس

同型　gomotype　گوموتيپ، ۇقساس تيپ، تيپتەس

同型半胱氨酸　"高半胱氨酸" گە قاراڭز.

同型丝氨酸　"高丝氨酸" گە قاراڭز.

同型物　analog　انالوگ، تيپتەس زاتتار

同型异性物　"同类异性物" گە قاراڭز.

同(原子)量异序的　isobaric　يزوبارالىق

同(原子)量异序元素　isobaric heterotope　يزوبارالىق گەتەروتوپتار

(同质)异能结构　isomeric structure　يزومەرلىك قۇرىلمىس

同质异能素　isomer　يزومەر

同质异能转移　isomer shift　يزومەرلىك اۇشۇ

同种原子环　"同素环" گە قاراڭز.

同族素　homotope　گوموتوپ

同组通性　group property　گرۇپپالاس ەلەمەنتتەردىك جالپى قاسيەتى

桐酸　eleostearic acid　$C_{18}H_{32}O_2$　ەلەوستەارين قىشقىلى

桐酸精　elaeostearin　ەلەوستەارين

桐酸酯　eleostearate　ەلەوستەارين قىشقىلىنىك ەستەرى

桐油　tung oil　تۇڭگى مايى

桐油氧化物　tungoxyn　تۇڭگوكسين

铜(Cu)　cuprum　مىس (Cu)

铜氨嫘萦　cuprammonium rayon(＝copper rayon)　مىس ‐ اممونيلى جاساندى تالشق

铜氨(溶液)浓度　cuprammonium viscosity　مىس ‐ اممونى (ەرتىندىسىسنىك) جابىسقاقتىعى

铜铵丝　cuprammonium silk　مىس ‐ اممونيلىق جبپەك

铜铵纤维素络合物　cuprammonium cellulose complex　مىس ‐ اممونيلى سەلليۇلوزا كومپلەكسى

铜铵液　cuprammonium solution　مىس ‐ اممونى ەرتىندىسى

铜粉　copper powder

مس ۋنتاعى

铜伏安计　copper voltameter مس ۋولتامەتر

铜焊接　brazing مسپەن دانەكەرلەۋ

铜矿　copper ore مس كەنى

铜蓝　indigo copper (= covelline)　CuS مس كوگى، كوۋەللىن

铜绿　verdigris مس جاسلى

铜酶　cuprase كۆپرازا

铜片　copper sheet مس پلاستىنكا، جۇقاسىن تاقتا

铜氰酸亚铜 "氰化正亚铜" گە قاراڭىز.

铜溶液　cupper solution مس ەرىتىندسى

铜朊　cuprein مس بەلوگى

铜色树碱　cupreine كۆپورىن

铜丝　copper wire مس سىم

铜酸盐　cuprate　M₂(CuO₂) مس قىشقىلىنىڭ تۇزدارى

铜填料　copper packing مس تولىقتىرما

铜条试验　copper strip test مس تاياقشا سىناعى

铜调色法　copper toning مسپەن ٴتۇس تەڭشەۋ

铜铁灵　cupferron　C₆H₅N(NO)ONH₄ كۆپفەررون

铜锌蓄电池　copper – zinc accumulator مس – مىرىشتى اككۇمۇليياتور

铜蓄电池　copper storage battery مستى اككۇمۇليياتور

铜盐　nantokite　Cu₂Cl₂; CuCl نانتوكيت، ەكى حلورلى مس

铜玉红玻璃　copper ruby glass مس – رۇبيندى ينەك (شىنى)

铜值　copper value مس ٴمانى

铜族元素　copper family element مس گرۇپپاسىنداعى ەلەمەنتتەر

铜组　copper group مس گرۇپپاسى، مس توبى

酮　ketone كەتون

酮胺　keto – amine　RNH₂COR كەتو – امين

酮苯脱蜡法　ketone – benzol – dewaxing process كەتون – بەنزولدىڭ بالاۋزسىزدانۋى

酮醇　keto – alcohol (= ketal)　RCOCH₂OH كەتون سپيرتى، كەتول

酮二酸　keto – dibasic acid　COOH·R·CO·COOH كەتو ەكى نەگىزدى قىشقىل

酮二羧酸　keto – dicarboxylic acid كەتو ەكى كاربوكسيل قىشقىلى

酮分解　ketone decomposition كەتوننىڭ ىدىراۋى

酮化合物	ketonic compound		كەتون قوسىلمىستارى
酮化作用	ketonization		كەتوندانۇ
酮基	keto(= ketene group)		كەتو ــ كەتون گرۇپپاسى
酮连氮	ketazine	RR':N·N:CRR'	كەتازين
酮酶	ketolase		كەتولازا
酮醚	ketone ether		كەتون ەفيرى
酮–内酯瓦变异构	keto – lactole tautomerisim		كەتون ــ لاكتوندى تاۇتومەرلەنۇ
酮尿	ketonuria	R·CO·CH₃O·OR	كەتوندى نەسەپ
酮醛	ketoaldehyde	RCOCHO	كەتون الدەگيدتى
酮醛变位酶	keton aldehyde mutase		كەتون الدەگيد مۇتازا
酮朊	cuprein		كۇپرەين
酮色树碱	cupveine		كۇپرەين، كۇپرەينا
酮式	keto – form(= ketonic type)		كەتون فورمالى، كەتون تيپتى
酮式糖	ketose(= keto – sugar)		كەتوزالار، كەتو قانتتار
酮式烯酮	ketoketene	R₂C:CO	كەتوكەتەن
酮酸	ketonic acid	CH₃COCOOH	كەتون قىشقىلى
酮酸钡	barium cuprate	Ba[Cu(OH)₄]₂	كەتون قىشقىل باري
酮酸钙	keto acid calcium	Ca[Cu(OH)₄]₂	كەتون قىشقىل كالتسي
酮缩醇	ketal		كەتال
酮缩硫醇	thioketal	RR'C(SR)₂	تيوكەتال
酮糖酸	– osonic acid		وزون قىشقىلى
酮糖移转酶	transketolase		ترانسكە تولازا
酮体	keteno body(= acetone body)		كەتون دەنەشگى
酮肟	ketoxime		كەتوكسيمدەر
酮–烯醇瓦变异构	keto – enol tautomerism		كەتون ــ ەنولدى تاۇتومەرلەنۇ
酮酰胺	keto – amide	R·CO·CONH₂	كەتواميد
酮亚胺	ketoimine	RR'C:NH	كەتويمين
酮乙烯化作用	ketovinylation		كەتو ۆينيلدانۇ
酮酯	ketone ester	R·CO·R'·CO·OR''	كەتون ەستەرى
酮酯型	ketonic ester type		كەتون ەستەرى تيپتى (فورمالى)
统扑净	topsin		توپسين

tou

透度计	penetrometer	پەنەترومەتر
透光度	transmittancy	جارىق ئوتۇ دارەجەسى، جارىق ۋتكمزۇ دارەجەسى
透镜	lens	لينزا (ميكروسكوپتا)
透酶	permease	پەرمەازا
透明层	transparent layer	ئمولدىر قابات
透明度	transparence	مولدىرلىك، تۇنىقتىق
透明反应器	transparent reactor	ئمولدىر رەاكتور، تۇنق رەاكتور
透明剂	diapanol	دياپانول
透明朊	hyalin	گيالين
透明皂	transparent soap	ئمولدىر سابىن
透明正片	diapositive	دياپوزيتيۇ
透明纸		"玻璃纸" گە قاراڭز.
透明质酸		"玻璃酸" گە قاراڭز.
透明质酸酶		"玻璃酸酶" گە قاراڭز.
透气性	gas permeability	گاز ۋتكمزگىشتىك
透析		"渗析" گە قاراڭز.
透析器		"渗析器" گە قاراڭز.
透析液		"渗析液" گە قاراڭز.
透紫外光玻璃	ultraviolet ray transmitting glass	ۇلترا كۆلگىن ساۇلەلى اينەك (شنى)
徒里达	tolita($=T \cdot N \cdot T$)	توليتا ($T \cdot N \cdot T=$)
徒里特	tolit(e)($=T \cdot N \cdot T$)	توليت ($T \cdot N \cdot T=$)
图表	1.graph; 2.chart	گرافيكتاك كەستە، كەستە، دياگرامما
图解(方)法	graphic method	گرافيكتاك ئادس
图解符号	graphic symbol	گرافيكتاك تاڭبا
图解式	graphic formula	گرافيكتاك فورمۇلا
涂料	paint	سىر، بوياۇ، بور بوياۇ
涂料薄膜	paint film	بور بوياۇ قابرشاعى
涂料稀释剂	paint thinner	بور بوياۇ سۇيىلتقىش
涂片	smear	مازۋك

土芭酸 tubaic acid	تۆباي قىشقىلى
土的宁	"马钱子碱" گە قاراڭىز.
土耳其红油 turkey red oil	تۆركىيا قىزىل مايى
土金属 earth metal	جەر مەتاللدار
土霉酸 terracinoic acid	تەرراتسىن قىشقىلى
土木香醇	"阿兰醇" گە قاراڭىز.
土木香酚	"阿兰酚" گە قاراڭىز.
土木香灵	"核勒哪灵" گە قاراڭىز.
土木香脑	"核勒宁" گە قاراڭىز.
土木香内酯	"阿兰内酯" گە قاراڭىز.
土木香素	"核勒年" گە قاراڭىز.
土木香酸	"阿兰酸" گە قاراڭىز.
土木香油 elecampane oil	قاراندىر مايى
土壤 soil	توپىراق
土壤反应 soil reaction	توپىراق رەاكسىياسى
土壤肥度 soil fertility	توپىراقتىڭ قۇنارلىلىق دارەجەسى
土壤结构 soil structure	توپىراق قۇرىلمىى
土壤矿物 soil mineral	توپىراق مينەرالدارى
土壤类型 soil type	توپىراق تۈرلەرى
土壤酸度 soil acidity	توپىراقتىڭ قىشقىلدىق دارەجەسى
土壤微生物 soil micrope	توپىراق ميكرو ورگانيزمدەرى
土丝菌素 A proactinomycin A	پرواكتينوميتسىين A
土丝菌素 B proactinomycin B	پرواكتينوميتسىين B
土丝菌素 C proactinomycin C	پرواكتينوميتسىين C
土族元素 earthy element	جەر ەلەمەنتتەر
钍(Th) thorium	تورى (Th)
钍酐 thori anhydride	تورى انگيدريدتى
钍射气 thoron	تورون
钍系 thorium series	تورى قاتارى
吐根胺 emetamine	ەمەتامين
吐根酚碱 cephaeline	كەفاەلين
吐根碱 emetine	ەمەيتىن

吐根碱丁		"吐根替" گه قاراڭز.
吐根素	psychosine	پسیحوزین
吐根替	psychotrine $C_{28}H_{36}O_4N_2$	پسیحوترین
吐温型乳化剂	twin – type emulsifier	تۆەن
吐昔灵	truxilline $C_{38}H_{46}N_2O_8$	ترۆكسیللین
吐昔酸	truxillic acid $(C_6H_5)_2C_4H_4(COOH)_2$	ترۆكسیلل قشقملى
吐昔酮	truxone	ترۆكسون
吐昔酰苯胺酸	truxillanilic acid	ترۆكسیلل انیلین قشقملى
吐昔酰酸	truxllamic acid	ترۆكسیل امین قشقملى
吐星酸	truxinic acid $C_{18}H_{16}O_4$	ترۆكسین قشقملى
吐雪酸	truxellic acid	ترۆكسەلل قشقملى

tuan

湍动	turbulent motion	تۇربۇلەنتتى قوزعالىس
湍动的	turbulent	تۇربۇلەنتتى، تۇربۇلەنتتىك
湍动空气	turbulent air	تۇربۇلەنتتى اۋا، قۇيىندى اۋا
湍流	turbulent flow	تۇربۇلەنتتى اعس
湍流的		"湍动的" گه قاراڭز.
湍流扩散	turbulent diffusion	تۇربۇلەنتتى دیففۇزیا
团集酮	conglomerone	كونگلومەرون

tui

推动力	driving force	يتەرۋ كۈشى، قوزعالتۇ كۈشى
推进剂	propellant	ىلگەرىلەتكەش اگەنت
蜕变	disintegration	ىدىراۋ، ىدىراتۇ
蜕变产物	disintegration product	ىدىراۋ ٴونىمى
蜕变常数	disintegration constant	ىدىراۋ تۇراقتىسى
蜕变系列	disintegrution series	ىدىراۋ قاتارى
蜕变学说	disintegration theory	ىدىراتۇ تەوریاسى، ىدىراتۇ ٴىلىمى
蜕皮激素	molting hormone	تۈلەتۇ گورمونى
蜕皮素	ecdysone	ەكدیسون

退化作用　degeneration　　　　　　　　　　　ازۇ، ازعنداۇ، ‘شوجۇ

退火　annealing　　　　　　　　　سۆن قايتارۇ، جاستۇ، سۇارۇ

退火炉　annealing furnace　　　　　　　　　　جاستۇ پەشى

退火温度　annealing temperature　　　　　　جاستۇ تەمپەراتۇراسى

退热冰　antifebrin　　　　　　　　　　　　　　انتيفەبرين

退热剂　febrifuga　　　　　　　　　　　　ستىق قايتارعىش

退热碱　febrifugin　$C_{16}H_{19}O_3N$　　　　　فەبريفۇگين

褪色　fading　　　　　　　　　تۈسسىزدەنۇ، ‘ۇڭى كەتۇ

褪色反应　color－fading reaction　　　　تۈسسىزدەندرۇ رەاكسياسى

tuo

脱　de－　　　　　　　　　　دە ــ، شعارۇ، بعستىرۇ

脱阿扑棉子醇　deapogossyool　　　　　　اپوگوسسيولسىزدەنۇ

脱氨基　deaminizating　　　　　　　　　　امينوسىزدانۇ

脱氨基酶　deaminase　　　　　　　　　　　دەامينازا

脱氨基作用　deamination　　　　　　　　　　امينوسىزداۇ

脱丙烷　depropanizing　　　　　　　　　پروپانسىزدانۇ

脱草酸　desoxalic acid　　　　　قممزدىق قشقىلسىزدانۇ

脱臭　deodorization　　　　　　　　　　　يىسسىزدەنۇ

脱臭剂　deodorant　　　　　　‘يىس كەتىرگىش اگەنت

脱臭氧　deozonization　　　　　　　　وزونسىزدانۇ

脱臭液　odorant liquid　　　　‘يىس كەتىرگىش سۇيقتىق

脱醇　dealcoholizing　　　　　　　　سپيرتسىزدەنۇ

脱醇(作用)　dealcoholization　　　　　　سپيرتسىزدەنۇ

脱氮(作用)　denitrification　　　　　　　ازوتسىزدانۇ

脱碘作用　deiodination　　　　　　　　　يوتسىزدانۇ

脱丁基(作用)　debutylizing　　　　　بۇتيلسىزدەنۇ

脱丁烷(作用)　debutanization　　　　　بۇتانسىزدانۇ

脱酚　dephenolize　　　　　　　　فەنولسىزدانۇ

脱酚剂　dephenolizer　　　　فەنولسىزداندرعىش اگەنت

脱氟　defluorinate　　　　　　　　فتورسىزدانۇ

脱氟作用　defluorination　　　　　　　فتورسىزدانۇ

脱钙　decalcify　　　　　　　　　　　　　　　كالتسىزدەنۇ

脱钙(作用)　decalcification　　　　　　　　　كالتسىزدەنۇ

脱环(作用)　decyclization　　　　　　　　ساقىناساىزدانۇ

脱灰　deliming　　　　　　　　　　　　　كۆلسىزدەنۇ

脱甲基(作用)　demfthylation　　　　　　　مەتىلسىزدەنۇ

脱甲奎宁　　　　　　　　"铜色树碱" گە قاراڭىز.

脱甲秋水仙碱　　　　　"秋水仙裂碱" گە قاراڭىز.

脱甲烷(作用)　demethanization　　　　　　مەتانسىزدانۇ

脱甲樟脑　　　　　　　　　"莳樟酮" گە قاراڭىز.

脱碱(作用)　dealkalization　　　　　　　سىلتسىزدەنۇ

脱胶　degumming　　　　　　　　　تۆتقمرسىزدانۇ

脱胶油　degummed oil　　　　　تۆتقمرسىزدانعان ماي

脱矿质(作用)　demineralization　　　مىنەرالسىزدانۇ

脱矿质水　demineralized water　مىنەرالسىزدانعان سۇ

脱蜡　dewaxing　　　　　　　　　بالاۋسىزدانۇ

脱蜡(溶)剂　dewaxing agent　　بالاۋسىزداندىرعىش اگەنت

脱蜡油　dewaxed oil　　　　　بالاۋسىزدانعان ماي

脱沥青　deasphaliting　　　　　اسفالتسىزدانۇ

脱硫　desulfate　　　　　　　　　كۆكىرتسىزدەنۇ

脱硫化氢作用　dehydrochlorination　حلورلى سۇتەكسىزدەنۇ

脱硫剂　devulcanizing agent　كۆكىرتسىزدەندىرگىش اگەنت

脱硫酶　desulfurase　　　　　　　دەسۇلفۇرازا

脱硫器　desulfurizer　　　　كۆكىرتسىزدەندىرگىش

脱硫(作用)　desulfuration　　　　كۆكىرتسىزدەنۇ

脱卤化氢作用　dehydrohalogenation　گالوگەندى سۇتەكسىزدەنۇ

脱卤(作用)　dehalogenation　　　　گالوگەنسىزدەنۇ

脱氯　dechlorinate　　　　　　　حلورسىزدانۇ

脱氯剂　anti - chlor　　　　حلورسىزداندىرعىش اگەنت

脱氯(作用)　dechlorination　　　　حلورسىزدانۇ

脱洛酸　abscisic acid　　　　ابستسىزىن قىشقىلى

脱镁叶绿素　pheophytin(＝phaeophytin)　$C_{55}H_{74}O_6N_4$　فەوفيتين

脱镁叶绿酸(化物)　pheophorbide(＝phaeophorbide)　$C_{35}H_{36}O_6N_4$ فەوفوربيد

脱镁叶绿酸铁　pheophorbide, iron　فەوفوربيد تەمىر

脱脒基酶　deamidinase(＝amidinase)　ده امیدینازا، امیدینازا

脱气　degasification　گازسزدەنۇ

脱铅剂　deleading agent　قورعاسنسزداندرعمش اگەنت

脱羟　deshydroxy−　گیدروكسیلسزدەنۇ

脱氢　dehydro−　سۇتەكسزدەنۇ

脱氢安钩酮　dehydroangustione　سۇتەكسزدەنگەن انگۇستیون

脱氢苯　dehydrobenzene　سۇتەكسزدەنگەن بەنزول

脱氢苯酰醋酸　hydro−benzoyl−acetic acid　$C_6H_5COCHCOCHC(C_6H_5)OCO$

سۇتەكسزدەنگەن بەنزویلی سىركە قشقىلی

脱氢表雄甾酮　dehydroepiandrosterone　سۇتەكسزدەنگەن ەپیاندروستەرون

脱氢醋酸　dehydro acetic acid　$CH_3COCH_2COCH(COOH)COCH_3$ سۇتەكسزدەنگەن

سىركە قشقىلی

脱氢催化剂　dehydrogenation catalyst　سۇتەكسزدەنگەن كاتالیزاتور

脱氢胆固醇　dehydrocholesterol　سۇتەكسزدەنگەن حولەستەرول

脱氢胆红素　dehydrobilirubin　سۇتەكسزدەنگەن بیلیرۇبین

脱氢胆酸　dehydrocholic acid　سۇتەكسزدەنگەن ٴوت قشقىلی

脱氢胆甾醇　"脱氢胆固醇" گە قاراڭز.

7−脱氢胆甾醇　7−dehydrocholesterol　7 ـ سۇتەكسزدەنگەن حولەستەرول

脱氢二苯并二蒽酮基　dehydro dibenzodianthronyl　سۇتەكسزدەنگەن ەكی

بەنزو ەكی انترانیل

脱氢反雄甾酮　dehydro transandrosterone　سۇتەكسزدەنگەن ترانساندروستەرون

脱氢芳羟　"芳炔" گە قاراڭز.

脱氢氟作用　dehydro fluorination　سۇتەكسز ـ فتورسزدانۇ

脱氢环化　dehydro cyclization　سۇتەكسزدەنپ ساقینالانۇ

脱氢剂　dehydrogenating agent　سۇتەكسزدەندرگەش اگەنت

脱氢抗坏血酸　dehydroacorbic acid　سۇتەكسزدەنگەن اسكوربین قشقىلی

脱氢酶　dehydrogenase　دەگیدروگەنازا

脱氢酶朊　apodehydrogenase　اپودەگیدروگەنازا

11−脱氢皮质甾酮　dehydrocorticosterone　11 ـ سۇتەكسزدەنگەن

كورتیكوستەرون

脱氢雄甾酮　dehydroandrosterone　$C_{19}H_{28}O_2$　سۇتەكسزدەنگەن اندروستەرون

脱氢叶绿素　dehydrochlorophyl　سۇتەكسزدەنگەن حلوروفیل

脱氢乙酸　"脱氢醋酸" گە قاراڭز.

脱氢异雄甾酮　dehydroisoandrosterone	سۆتەكسىزدەنگەن يزواندروستەرون
脱氢鱼藤酮　dehydrorotenone	سۆتەكسىزدەنگەن روتەنون
脱氢(作用)　dehydrogenation	سۆتەكسىزدەنۆ
脱氰(作用)　desyanation	سيانسىزدانۆ
脱去氨基　deaminate	امينوسىزدانۆ
脱去丙基(作用)　depropylation	پروپيلسىزدەنۆ
脱去蛋白质	"脱朊作用" گە قاراڭىز.
脱去碘化氢　dehydroiodination	يودتى سۆتەكسىزدەنۆ
脱去丁基　debutylize	بۆتيلسىزدەنۆ
脱丁烷气油　debutanized gasoline	بۆتانسىز بەنزين
脱丁烷(作用)　debutanization	بۆتانسىزدانۆ
脱去甲基　demethylating	مەتيلسىزدەنۆ
脱去磷酸　dephosphorylate	فوسفور قىشقىلسىزدانۆ
脱去磷酸(作用)　dephosphorylation	فوسفور قىشقىلسىزدانۆ
脱去卤化氢　dehydro halogenation	گالوگەندى سۆتەكسىزدەنۆ
脱去氯化氢　dehydrochlorination	حلورلى سۆتەكسىزدەنۆ
脱去羧基　decarboxylate	كاربوكسيلسىزدەنۆ
脱去酰胺基　deamidate	اميدوسىزدانۆ
脱去硝酸盐　denitrate	ازوت قىشقىل تۇزىن شەعارۆ
脱去溴化氢　dehydrobromination	برومدى سۆتەكسىزدەنۆ
脱去乙酰基　deacetylate	اتسەتيلسىزدەنۆ
脱朊作用　deproteinization	پروتەينسىزدەنۆ
脱色　decolorization	تۇسسىزدەنۆ
脱色剂　decoloring agent	تۇسسىزدەندىرگىش اگەنت
脱色炭　decolorizing char(coal)	تۇسسىزدەنگەن كومىر
脱色土　decolorizing earth	تۇسسىزدەنگەن توپىراق
脱树脂　deresining	سمولاسىزدانۆ، شايىرسىزدەنۆ
脱树脂装置　deresining plant	سمولاسىزداندىرۇ، شايىرسىزدەندىرۇ قوندىرعىسى
脱树脂作用　deresination	سمولاسىزدانۆ، شايىرسىزدەنۆ
脱水　dehydration	سۇسىزدانۆ
脱水蓖麻油　dehydrated castor oil	سۇسىزدانعان ۋپلمالىك مايى
脱水产物　dehydration product	سۇسىزدانۆ ٴونىمى
脱水成环作用	"环化脱水作用" گە قاراڭىز.

脱水催化剂	dehydration catalyst	سۇسىزدانعان كاتاليزاتور
脱水剂	dehydrting agent	سۇسىزداندۇرعۇش اگەنت
脱水焦油	dehydrated tar	سۇسىزدانعان كوكس مايى
脱水酒精	dehydrated alcohol	سۇسىزدانعان سپيرت
脱水酶	dehydrase	دەگيدرازا
脱水粘酸	dehydro mucic acid $C_4H_2O(COOH)_2$	سۇسىزدانعان مۇتسين قىشقىلى
脱水器	dehydrator	سۇسىزداندۇرعۇش
脱水收缩	syneresis	سۇسىزدانىپ كىشرەيۇ
脱水塔	dehydrating tower	سۇسىزداندۇرۇ مۇناراسى
脱水维生素 A	anhydrovitamin A	سۇسىزدانعان ۋيتامين A
脱水物	dehydrate	سۇسىزدانعان زات
脱水性	dehydration property	سۇسىزدانعىشتىق
脱水芽子碱	anhydroecgonine	سۇسىزدانعان ەكگونين
脱水作用	dehydrating (= deaquation)	سۇسىزدانۇ
脱酸	deacidification	قىشقىلسىزدانۇ
脱酸硫	acidless sulfur	قىشقىلسىزدانعان كۇكىرت
脱羧基酰化作用	decarboxylative acylation	كاربوكسيلسىزدەنىپ اتسيلدەنۇ
脱羧剂	decarboxylating agent	كاربوكسيلسىزدەندۇرگۇش اگەنت
脱羧酶	decarboxylase	دەكاربوكسيلازا
脱羧作用	decarboxylation	كاربوكسيلسىزدەنۇ
脱碳	decarbonizing	كومىرتەكسىزدەنۇ
脱碳(作用)	decarbonization	كومىرتەكسىزدەنۇ
脱羰	decarbonylation	كاربونيلسىزدەنۇ
脱糖	desugar	قانتسىزدانۇ
脱糖(作用)	desugarization	قانتسىزدانۇ
脱铁铁朊	apoferritin	اپوفەررىتين
脱烃作用	alkylation	الكيلسىزدەنۇ
脱矽酸作用	desilication	كرەمنى قىشقىلسىزداندۇرۇ رولى
脱锡	detinning	قالايسىزدانۇ
脱酰胺基	deamidizate	اميدوسىزدانۇ
脱酰胺基作用	deamidation	اميدوسىزدانۇ
脱酰胺酶	deamidase	دەاميدازا
脱硝		"脱去硝酸盐" گە قاراڭىز.

脱硝酸(去了硝酸盐的酸) denitrated acid   ازوتسىزداندۇرغەش قىشقىل

脱硝(酸盐)器 denitrator   ازوتسىزداندۇرغەش

脱硝(酸盐)塔 denitrating tower   ازوتسىزداندۇرغەش مۇنارا

脱硝(酸盐)作用 denitration   ازوتسىزدانۇ

脱溴 debrominate   برومسىزدانۇ

脱溴作用 debromination   برومسىزدانۇ

脱盐 desalting   تۇزسىزداندۇرۇ، تۇسسىزدانۇ

脱氧 deoxidation(＝desoxy－)   وتتەكسىزدەنۇ، وتتەكسىزدەندۇرۇ

脱氧胞啶 desoxycytidine   وتتەكسىزدەنگەن سىتيدين

脱氧苯偶姻 desoxybenzoin $C_6H_5COCH_2C_6H_5$ وتتەكسىزدەنگەن بەنزوين

脱氧胆酸 desoxycholanic acid $C_{24}H_{40}O_4$ وتتەكسىزدەنگەن ٴوت قىشقىلى

脱氧味喃核糖 desoxyribo furanose   وتتەكسىزدەنگەن رىبوفۇرانوزا

脱氧核苷酸   "脱氧核糖核苷酸" گە قاراڭىز.

2－脱氧核糖 desoxyribose $C_5H_{10}O_4$ 2 ـ وتتەكسىزدەنگەن رىبوزا

脱氧核糖苷 desoxyriboside   وتتەكسىزدەنگەن رىبوزيد

脱氧核糖核苷   "脱氧核糖苷" گە قاراڭىز.

脱氧核糖核苷酸 deoxyribonucleosides   وتتەكسىزدەنگەن رىبونۇكلەوزيد

脱氧核糖核朊 deoxyribonueleoprotein   وتتەكسىزدەنگەن رىبونۇكلەوپروتەين

脱氧核糖核酸 desoxyribonuleic acid   وتتەكسىزدەنگەن رىبونۇكلەين قىشقىلى

脱氧核糖核酸聚合酶 desaxyribonucleic acid polymerase   وتتەكسىزدەنگەن رىبونۇكلەين قىشقىل پوليمەرازا

脱氧核糖核酸连结酶 desoxyribonucleic acid ligase   وتتەكسىزدەنگەن رىبونۇكلەين قىشقىل ليگازا

脱氧核糖核酸酶 desoxyribonuclease   وتتەكسىزدەنگەن رىبونۇكلەازا

脱氧核糖核组朊 desoxyribonucleohistone   وتتەكسىزدەنگەن رىبونۇكلەوگيستون

脱氧己糖 dexoxyhexamethylose   وتتەكسىزدەنگەن گەكسامەتيلوزا

脱氧剂 deoxidizing agent   وتتەكسىزدەندۇرگىش اگەنت

脱氧皮质酮 deoxycorticosteron   وتتەكسىزدەنگەن كورتيكوستەرون

脱氧糖 desoxysugar   وتتەكسىزدەنگەن قانت

脱氧铜 oxidized copper   وتتەكسىزدەنگەن مىس

脱氧戊糖核酸 desoxypentose nucleic acid   وتتەكسىزدەنگەن پەنتوزا نۇكلەين قىشقىلى

脱氧腺核甙	desoxyadenosine	وتتەكسىزدەنگەن ادەنوزين
脱氧作用	desoxydation	وتتەكسىزدەنۇ
脱乙基作用	de – ethylation	ەتيلسىزدەنۇ
脱乙烷作用	deethanization	ەتانسىزدانۇ
脱乙酰作用	deacetlation	اتسەتيلسىزدەنۇ
脱银	desilver	كۆمۈسسىزدەنۇ
脱银(作用)	desilverisation	كۆمۈسسىزدەنۇ
脱脂	degrease, degreasing	مايسىزداندىرۇ، مايسىزدانۇ
脱脂酸卵磷脂		"溶血卵磷酯" گە قاراڭىز.
脱脂(作用)	defatting(= degreasing)	مايسىزدانۇ
托拜厄斯酸	Tobais acid	توبايس قشقىلى
托马斯磷肥	Thomas phosphate	توماس فوسفورلى تىڭايتقىشى
托杷柯卡因	tropacocaine	تروپاكوكاين
托盘天平	table balance	تاباقتى تارازى
托品	tropine $C_8H_{15}ON$	تروپين
托品定	tropidine $C_8H_{13}N$	تروپيدين
托品基	tropyl	تروپيل
托品酸	tropic acid $HOCH_2CH(C_6H_5)COOH$	تروپين قشقىلى
托品酸盐	tropate $C_6H_5CH(CH_2OH)COOM$	تروپين قشقىلىنىڭ تۇزدارى
托品酮	tropinone	تروپينون
托品酰	tropoyl $C_6H_5CH(CH_2OH)CO-$	تروپويىل
托烷	tropane	تروپان
妥尔油	tallol oil	تاللول مايى
妥卢	tolu	تولۇ
妥卢胂酸	toluarsonic acid	تولۇارسون قشقىلى
妥卢香脂	tolubalsam	تولۇ بالزامى
妥鲁香胶		"妥卢香脂" گە قاراڭىز.
妥妥霉素	totomycin	توتوميتسين
唾液淀粉酶	ptyalase(= ptyalin)	پتيالازا
唾液淀粉酶原	ptyalinogen	پتيالينوگەن
唾液酶		"唾液淀粉酶" گە قاراڭىز.
唾液粘蛋白	sialomucin	سيالومۇتسين
唾液酸	sialinic acid	سيالين قشقىلى، سىلەكەي قشقىلى

W

wa

瓦拜因	wabain $C_{36}H_{46}O_{12}$	ۋاباين
瓦波剂	vapocide	ۋاپوتسيد
瓦尔	var	ۋار(رەاكسيا كۈشننىڭ بىرلىگى)
瓦尔米	valmide(= ethinamate)	ۋالميد
瓦克岑酸	vaccenic acid	ۋاكتسەن قىشقىلى
瓦利兹滤机	vallez filter	ۋاللەر ٴسۈزۈ ماشيناسى
瓦士精		"凡士精" گە قاراڭىز.
瓦士林		"凡士林" گە قاراڭىز.
瓦士林油		"凡士林油" گە قاراڭىز.
瓦斯煤		"轻煤" گە قاراڭىز.
瓦斯油	gas oil	گاز مايى، جەڭىل بەنزين
瓦丝素	vasicine	ۋازيتسين
瓦(特)	watt	ۋات
瓦(特)计	wattmeter	ۋاتمەتر
瓦(特)秒	watt second	ۋات ـ سەكۈند
瓦(特小)时	watt – hour	ۋات ـ ساعات
瓦(特小)时计	watt – hourmeter	ۋات ـ ساعاتمەتر

wai

歪惕酮	vetivone	ۋەتيۆون
歪惕瓦薁	vetivazulene	ۋەتيۆازۇلەن
歪惕瓦烯	vetivalene	ۋەتيۆالەن
歪惕蔚酮	vetiverone	ۋەتيۆەرون
歪惕蔚油	vetiver oil	ۋەتيۆەر مايى
歪惕烯	vetivene	ۋەتيۆەن

外表比热		"表观比热" گە قاراڭىز.
外表比重		"表观比重" گە قاراڭىز.
外毒素	exotoxin	ەكسو توكسين، سىرتقى توكسين
外环	external ring	سىرتقى ساقينا
外换热器	external heat exchanger	سىرتقى جىلۇ الماستىرعىش
外酶	exoenzime	سىرتقى فەرمەنت
外尿酸	apurinic acid	اپۇرين قىشقىلى
外渗	exomosis	ەكزوسموس سىرتقا قاراي ٴوتۋ (ٴسىڭۇ)
外双键	external duble bond	سىرتقى قوس بايلانىس
外相	external phase	سىرتقى فازا
外向环	exocylic	سىرتقى ساقينا
外向式	exo form	سىرتقى فورما، سىرتقى ٴپىشىن
外消旋	racemize	راتسەم
外消旋(变)体	racemic modification	راتسەمدى (وزگەرگەن) دەنە
外消旋的	racemic	راتسەمدى
外消旋谷氨酸		"dl-谷氨酸" گە قاراڭىز.
外消旋化合物	racemic compound	راتسەمدى قوسىلىستار
外消旋混合物	racemic mixture	راتسەمدى قوسپالار
外消旋酒石酸	racemic tartaric acid	راتسەمدى شاراپتاس قىشقىلى
外消旋酒石酸盐	racemate	راتسەمدى شاراپتاس قىشقىلىننىڭ تۇزدارى
外消旋热	racemization heat	راتسەمدەنۇ جىلۋى
外消旋酸	racemic acid	راتسەمدى قىشقىلدار
外消旋体	racemic body	راتسەماتتار، راتسەمدى دەنەلەر
外消旋物	racemoid	راتسەمويدتار، راتسەماتتار
外消旋性	racemizm	راتسەمدىلىك
外消旋作用	racemization	راتسەمدەۋ، راتسەمدەندىرۋ
外压力	external pressure	سىرتقى قىسىم كۇش
外焰	outer flame	سىرتقى جالىن
外指示剂	external indicator	سىرتقى ينديكاتور

wan

| 豌豆球朊 | | "巢菜灵" گە قاراڭىز. |

弯曲	bend(= bending)	ئىۋ، ئىلۋ، مايسۋ
弯曲强度	bending strength	ئىلۋ كۆشەمەللىگى
弯曲试验	bending test	ئىلۋ سىنامى
完成反应		"完全反应" گە قاراڭز.
完美气体		"理想气体" گە قاراڭز.
完美溶液		"理想溶液" گە قاراڭز.
完全蛋白质	complete protein	تولۇق پروتەين (بەلوك)
完全电离	complete ionization	تولۇق يوندانۋ
完全电离学说	complete ionization theory	تولۇق يوندانۋ تەورياسى (ئىلمى)
完全反应	complete reaction	تولۇق رەاكسىالاسۋ
完全肥料	complete fertilizer	تولۇق تەڭايتقىش، كەمەلدى تەڭايتقىش
完全混溶性	complete miscibility	تولۇق ارالاسپ ەرىگىشتەك
完全离解	complete dissociation	تولۇق ىدىراۋ
完全膨胀	complete expansion	تولۇق ۇلعايۋ، تولۇق كەڭىيۋ، تولۇق كەرىلۋ
完全平衡	complete equilibrium	تولۇق تەپە ـ تەڭدىك
完全气化	complete gasification(process)	تولۇق گازدانۋ
完全燃烧	complete combustion	تولۇق جانۋ
完全异构变化	complete isomeric change	تولۇق يزومەرلەنىپ وزگەرۋ
烷	– ane	ان (قانىققان كومىر سۇتەكتەر)
烷叉	alkylidene RCH=	الكيليدەن
烷叉基	alkylidene radical	الكيليدەن راديكالى
烷撑	alkylene	الكيلەن
烷醇胺	alcanolamine	الكانولامين
烷醇铝		"烃氧基铝" گە قاراڭز.
烷化苯基		"烷基苯基" گە قاراڭز.
烷化	alkylation	الكيلدەنۋ، الكيلدەندىرۋ
烷化法	alkylation method	الكيلدەۋ ئادسى، الكيلدەندىرۋ ئادسى
烷化芳香烃	alkylated aromatic hydrocarbons	الكيلدەنگەن اروماتتى كومىر سۇتەكتەر
烷化工厂	alkation plant	الكيلدەۋ زاۋودى، الكيلدەندىرۋ زاۋودى
烷化过程	alkylation process	الكيلدەۋ بارسى، الكيلدەندىرۋ بارسى
烷化环烷	alkylated naphthenes	الكيلدەنگەن نافتەندەر
烷化剂	alkylating agent	الكيلدەندىرگىش اگەنت

烷化聚合物　alkylate polymer الكيلدى پوليمەر

烷化汽油　alkylation gasoline الكيلدەنگەن بەنزين، الكيلدى بەنزين

烷化酸　alkylation acid الكيلدەنگەن قەشقەل، الكيلدى قەشقەل

烷基　alkyl group(＝alkyl) الكيل گرۇپپاسى، الكيل

烷基胺　alkylamine الكيلامين، الكيلدى امين

烷基苯　alkylbenzene الكيلدى بەنزول

烷基苯酚　alkyl phenol الكيلدى فەنول

烷基苯基　alkyl phenyl الكيلدى فەنيل

烷基苯磺酸　alkyl benzene sulfonic acid الكيل بەنزولدى سۇلفون قەشقەلى

烷基苯磺酸盐　alkyl benzene sulfonate الكيل بەنزولدى سۇلفون قەشقەلىنىڭ
تۇزدارى

烷基次膦酸　alkyl phosphinic acid الكيلدى فوسفين قەشقەلى

烷基碘　alkyl iodide الكيلدى يود

烷基叠氮　alkyl azide الكيلدى ازيد

烷基二卤胂　alkyl dihalogenated arsine　RAsX₂ الكيل ەكى گالوگەندى
ارسين

烷基芳香烃　alkylaromatics الكيل اروماتتى كومىر سۇتەكتەر

烷基氟　alkyl fluoride الكيلدى فتور

烷基汞　mercury alkylide الكيلدى سناپ

烷基汞化氯　alkyl mercuric chloride الكيل سناپتى حلور

烷基汞化氢氧　alkyl mercuric hydroxide　R·Hg·OH الكيلدى سناپ
توتسعننىڭ گيدراتى

烷基汞盐　alkyl mercuric salt　R·Hg·X الكيلدى سناپ تۇزى

烷基化　alkylate الكيلدەنۇ، الكيلدەندىرۇ

烷基化二硫　alkyl disulfide　RS₂R الكيلدى ەكى كۇكىرت

烷基化合物　alkyl compound الكيلدى قوسىلىستار

烷基化环烃　parathene پاراتەن

烷基化物　alkylate الكيلاتتار، الكيلدى قوسىلىستار

烷基化硒　alkyl selenide　R₂·Se الكيلدى سەلەن

烷基化氧　alkyl oxide　R·O·R الكيلدى توتسق

烷基化一硫　alkyl monosulfide الكيلدى مونو كۇكىرت

烷基(换)硫代硫酸　alkyl thiosulfuric acid　RSSO₃H الكيلدى تيو كۇكىرت
قەشقەلى

烷基(换)硫酸　alkyl sulfuric acid　RSO₄H　الكیلدى كۆكسرت قشقىلى

烷基磺酸　alkyl sulfonic acid　الكیلدى سۆلفون قشقىلى

烷基磺酸钠　alkyl sulfonate sodium　الكیلدى سۆلفون قشقىل ناترى

烷基磺酸盐　alkyl sulfonate　RSO₃M　الكیلدى سۆلفون قشقىلىننىڭ تۇزدارى

烷基磺酸氯　alkyl sulfonyl chloride　RSO₂Cl　الكیلدى سۆلفونیل حلور

烷基交换作用　transalkyllation　الكیلدى الماستىرۇ رولى

烷基金属　metalakylide　الكیلدى مەتالدار

烷基肼　alkyl isocyanide　RNC　الكیلدى یزوسیان

烷基锂　lithium alkylide　LiR　الكیلدى لیتي

烷基膦化二氯　alkyl phosphine dichloride　R·P·Cl₂　الكیل فوسفینىدى ھكى حلور

烷基膦酸　alkyl phosphonic acid　R·PO(OH)₂　الكیلدى فوسفون قشقىلى

烷基硫　alkyl sulfide　RSR　الكیلدى كۆكسرت

烷基硫醇　alkyl fulfhydryl　RSH　الكیل كۆكسرتتى گیدریل

烷基硫代磺酸　alkyl thiosulfonic acid　RSO₂SH　الكیلدى تیوسۆلفون قشقىلى

烷基硫化物　alkyl sulfide　الكیلدى كۆكسرتتى قوسلىستار

烷基硫脲　alkyl thiourea　CS(NHR)₂　الكیلدى تیوۋۇرەا

烷基硫氢　　.الكیلدى "烷基硫醇" گە قاراڭىز

烷基硫酸　alkyl sulfuric acid　الكیلدى كۆكسرت قشقىلى

烷基卤　alkyl halide　RX　الكیلدى گالوگەن

烷基氯　alkyl chloride　RCl　الكیلدى حلور

烷基氯矽烷　alkyl chlorosilane　الكیلدى حلور سیلان

烷基镁化卤　alkyl magnesium halide　RMgX　الكیل ماگنیلى گالوگەن

烷基镁化氯　alkylmagnesium chloride　RMgCl　الكیل ماگنیلى حلور

烷基镁化溴　alkyl magnesium bromide　RMgBr　الكیل ماگنیلى بروم

烷基醚　alkyl ether　الكیلدى ھفیر

烷基萘　alkyl naphthalene　الكیلدى نافتالین

烷基萘磺酸盐　alkyl naphthalene sulfonate　الكیل نافتالینىدى سۆلفون قشقىلىننىڭ تۇزدارى

烷基脲　alkyl urea　الكیلدى ۋۇرەا

烷基硼　boron alkyl　BR₃　الكیلدى بور

烷基硼酸　alkyl boric acid　RB(OH)₂　الكیلدى بور قشقىلى

烷基硼烷　alkyl　الكیلدى بوران

烷基铅　alkyl boranlead　　　　　　　　　　　　　الكیلدی قورعاسین

烷基氢化硼　alkyl borohydride　　　　　　　　الكیل سۇتەكتی بور

烷基氰　alkyl cyanide　RCN　　　　　　　　الكیلدی سیان

烷基胂化二硫　alkyl arsine disulfide　R‒As‒S₂　الكیل ارسیندی ەكی كۆكىرت

烷基胂化二卤　　　　　　　　　　"烷基二卤胂" گە قاراڭىز.

烷基胂化硫　alkyl arsine sulfide　R·As·S　الكیل ارسیندی كۆكىرت

烷基胂化四卤　alkyl arsine tetrahalide　R·As·X₄　الكیل ارسیندی ٴتورت
گالوگەن

烷基胂化氧　alkyl arsine oxide　R·As:O　الكیلدی ارسین توتعی

烷基胂酸　alkyl arsonic acid　R·AsO(OH)₂　الكیلدی ارسون قشقىلی

烷基替氨基磺酸　alkyl sulfaminic acid　R·NH·SO₃H　الكیلدی سۇلفامین
قشقىلی

烷基替偕氯代亚胺　alkyl imido chloride　R·CCl:NR　الكیلدی یمیدو حلور

烷基矽醇　alkyl silanol　　　　　　　　　الكیلدی سینانول

烷基锡　alkyl tin(＝tin alkyl)　SnR₂:SnR₄　الكیلدی قالایی

烷基锡化碘　alkyl tin iodide　　　　　　الكیلدی قالایی یود

烷基锌　alkyl zinc　　　　　　　　　　الكیلدی مىرش

烷基锌化卤　alkyl zinc halide　Zn·X·R　الكیل مىرشتى گالوگەن

烷基溴　alkyl bromide　R·Br　　　　　الكیلدی بروم

烷基亚砜　alkyl sulfoxide　R₂S:O　الكیلدی سۇلفوكسید

烷基亚磺酸　alkyl sulfinic acid　RSO₂H　الكیلدی سۇلفین قشقىلی

烷基亚磺酸钠　sodium alkyl‒sulfinate　الكیل سۇلفیندی قشقىل ناتري

烷基衍生物　alkyl derivative　　　　الكیل تۇىندىلارى

烷基异氰　alkyl isocyanide　RNO　الكیلدی یزوسیان

烷邻撑卤醇　alkylene halohydrin　R·CHOH·CH₂X　الكیلەندى گالوگیدرین

烷硫酸　vinic acid　R·SO₄H　　　　ۆینین قشقىلی

烷属烃　paraffin hydrocarbons(＝alkane)　پارافین كومىر سۇتەكتەر، الكاندار

烷替甲酰胺　alkyl formamide　H·CO·NHR　الكیلدی فورماميد

烷替硫酸胺　alkyl sulfamide　R₂NSO₂NR₂　الكیلدی سۇلفاميد

烷烃　paraffin(＝alkane)　　　　پارافین، الكان

烷烃的环化　cyclization of paraffin　پارافیننىڭ ساقینالانۇی، ساقینالانعان
پارافین

烷烃气体　paraffin gas　　　　پارافین گازی

烷氧基	alkoxy, alkoxyl group		الكوكسيل، الكوكسيل گرۇپپاسى
烷氧基化作用	alkoxylation		الكوكسيلدەندۈرۈۋ
烷氧基铝	aluminium alkoxide	$Al(OR)_3$	الكوكسيلدى ئالۇمين
烷氧基酮			"酮醚" گە قاراڭـز.
烷氧基原子团	alkoxyl group		الكوكسيل گرۇپپاسى
烷酯基	alkyoxy carbonyl	$ROOC - ROOC -$	الكوكسيل كاربونيل
晚香玉油	tuberose oil		تۈبەروزا مايى، ئتۈن جۇپار مايى
万古酶素	vancomycin		ۋانكومىتسىن
万年青甙	rhodein		رودەين
万年青糖	rhodeose	$C_6H_{12}O_5$	رودەوزا
万年青糖醇	rhodeol	$C_6H_{14}O_5$	رودەول
万年青亭	rhodeoretin		رودەورەتين
万年青烯	rhodiene	$(C_{10}H_{16})X$	رودىەن
万寿菊碱	tagetin		تاگەتين
万寿菊酮	tagetone		تاگەتون
万有引力	unversal gravitation		الـەمدىك تارتىلىس كۈشى

wang

汪尼君	vonedrine		ۋونەدرين
王草黄			"喔斯吐质" گە قاراڭـز.
王草因	imperatorn		يمپەراتورن
王水	aqua regia(= nitro – hydrochloric acid)		پاتشا سۇيـعى
往复反应			"可逆反应" گە قاراڭـز.
网霉素	reticulin		رەتىكۇلين
网硬朊	reticulin		رەتىكۇلين
网状分子	network molecule		تور ئتارىزدى مولەكۇلا
网状结构	network structure		تور ئتارىزدى قۇرۇلىم
网状聚合物	network polymer		تور ئتارىزدى پولىمەر

wei

| 威博磷肥 | wiborgh phosphate | | ۋىبورگ فوسفورلى تىڭايتقىشى |

威尼斯红	venetian red	ۋەنەتيان قىزىللى
威尼斯松节油	venise turpentine	ۋەينس تەرپەنتىنى
威严仙配质	caulosapogenin	كاۋلوسا پوگەنين
微（μ）	micro	ميكرو (μ ـ گرەكشە)
微安(培)	microampere	ميكرو امپەر
微孢酰胺	micelianamide $C_{22}H_{28}O_4N_2$	ميتسەليان اميد
微波	microwave	ميكرو تولقىن
微波系统	microwave system	ميكرو تولقىنىدىق جۇيە
微分子体积		"克分子体积" گە قاراڭىز.
微分蒸馏	differential distillation	ديففەرانتسيالىق بۇلاندىرىپ ايداۋ
微胶囊	micro capsule	ميكرو كاپسۇل
微晶	micro crystal	ميكرو كرىستال
微晶玻璃		"结晶玻璃" گە قاراڭىز.
微晶粉末	micro crystal powder	ميكرو كرىستال ۇگمەندى (ۇنتاق)
微晶结构	micro crystalline structure	ميكرو كرىستالدى قۇرىلىم
微晶蜡		"纯地蜡" گە قاراڭىز.
微晶石蜡	microcrystalline wax	ميكرو كرىستالدى بالاۋىز
微晶纤维素	avicel	اۋيتسەل
微克	microgram(= gamma)	ميكرو گرام (mic · g)
微孔橡胶	microporous ebonite	ميكرو كەۋەكتى رازىنكە
微粒分散胶体	micro dispersoid	ميكرو بولشەك تارالعان كوللويد
微粒凝胶	microgel	ميكرو گەل، ميكرو سىرنە
微粒体	microsome	ميكرو سوما، ميكرو دەنەشەك
微量比色计	microcolorimeter	ميكرو كولوريمەتر
微量测定	micro determination	ميكرو ولشەۋ
微量称量	microweighing	ميكرو سالماقتى ولشەۋ
微量滴定管	microburat(te)	ميكرو تامشىلاتۋ تۇتىگى
微量电解测定	micro electrolytic determination	ميكرو ەلەكتروليتتى ولشەۋ
微量法	micromethod	ميكرو ءادىس
微量分析	micro – analysis	ميكرو تالداۋ
微量反应	micro – reaction	ميكرو رەاكسيا
微量化学	microchemistry	ميكرو حيميا

微量化学分析	microchemical analysis	ميكرو حيميالىق تالداۋ
微量化学仪器	microchemical apparatus	ميكرو حيميالىق اپپاراتتار
微量刻度	microdial	ميكرو شكالا
微量熔化法	microfusion method	ميكرو بالقىتۋ ٴادىسى
微量天平	micro balance	ميكرو تارازى
微量吸移管	micropipet(te)	ميكرو پيپەتكا
微量元素		. "痕量元素" گە قاراڭىز
微量元素肥料	trace – element fertilizer	ميكرو ٴەلەمەنتتى تىڭايتقىش
微煤气灯	micro gas burner	(ميكرو گاز شام (لامپا
微米	micrometer (= mic)	ميكرومەتر ، ميكرون
微秒	micro – second	ميكرو سەكۋند
微生物	micro – organism	ميكرو ورگانيزمدەر
微生物检定	microbiological assay	ميكرو بيولوگيالىق انىقتاۋ
微生物学	microbiology	ميكرو بيولوگيا
微生(物引起的)氧化作用	microbial oxidation	ميكرو بيولوگيالىق توتىعۋ
微生(物引起的)转化作用	microbial conversion	ميكرو بيولوگيالىق اينالۋ
微升	microliter	ميكرو ليتر
微微克	micro – microgram	ميكرو – ميكروگرام
微微米	micro – micron	ميكرو ميكرون
微纤维	micro fibril	ميكرو تالشىقتار
微中子		. "中微子" گە قاراڭىز
维多利亚蓝	victoria blue	ۆيكتوريا كوگى
维多利亚蓝 B	victoria blue B	B ۆيكتوريا كوگى
维多利亚蓝 BO	victoria blue BO	BO ۆيكتوريا كوگى
维多利亚蓝 R	victoria blue R	R ۆيكتوريا كوگى
维多利亚绿	victoria green	ۆيكتوريا جاسىلى
维多利亚紫	victoria violet	ۆيكتوريا كۇلگىنى
维尔宁	vernin	ۆەرنين
维尔惕僧	verticne	ۆەرتيتسين
维尔烯	versene	ۆەرسەن
维尔烯醇	versenol	ۆەرسەنول
维尔烯酸	versenic acid	ۆەرسەنول قىشقىلى
维尔烯酸盐	versenate	

ۋەرسەنول قىشقىلىنىڭ تۇزدارى

维克斯硬度　vickers hardness　　　　ۋىكەرس قاتتىلىعى

维里　virial　　　　　　　　　　　ۋىريال

维里系数　virial coefficient　　　　ۋىريال كوەففىتسەنتى

维纶　veilon　　　　　　　　　　　ۋەيلون

维尼昂　vinyon　　　　　　　　　　ۋىنيون

维尼龙　vinylon　　　　　　　　　　ۋىنيلون

维喔仿　vioform　　　　　　　　　　ۋيوفورم

维让钠　　　　　　　"溶性巴比妥" گە قاراڭىز.

维日定　viridin　　　　　　　　　　ۋىريدين

维生食物　vitagen　　ۋىتاگەن، ۋىتامىندىك ازىقتىق زاتتار

维生素　vitamin　　　　　　　　　　ۋىتامىندەر

维生素 A　vitamin A（= axerophthol）　A ۋىتامىن

维生素 A_1　vitamin A_1　　　　　　A_1 ۋىتامىن

维生素 A_2　vitamin A_2　　　　　　A_2 ۋىتامىن

维生素 A_3　vitamin A_3　　　　　　A_3 ۋىتامىن

维生素 B　vitamin B　　　　　　　B ۋىتامىن

维生素 B_1　vitamin B_1（= ancurin）　B_1 ۋىتامىن

维生素 B_2　vitamin B_2（= riboflavin）　B_2 ۋىتامىن

维生素 B_6　vitamin B_6（= pyridoxine, adermin）　B_6 ۋىتامىن

维生素 B_{12}　vitamin B_{12}（= cobalamin）　B_{12} ۋىتامىن

维生素 Bc　vitamin Bc（= folic acid）　Bc ۋىتامىن

维生素 Bx　vitamin Bx　　　　　　Bx ۋىتامىن

维生素 C　vitamin C（= ascorbic acid）　C ۋىتامىن

维生素 D　vitamin D　　　　　　　D ۋىتامىن

维生素 D_2　vitamin D_2　　　　　　D_2 ۋىتامىن

维生素 D_3　vitamin D_3　　　　　　D_3 ۋىتامىن

维生素 E　vitamin E（= tocopherol）　E ۋىتامىن

维生素 E_1　vitamin E_1　　　　　　E_1 ۋىتامىن

维生素 E_2　vitamin E_2　　　　　　E_2 ۋىتامىن

维生素 F　vitamin F（= nicotinic acid）　F ۋىتامىن

维生素 G　vitamin G	ۋىتامىن G
维生素 H　vitamin H (= biotin)	ۋىتامىن H
维生素 K　vitamin K (= phylloquinon)	ۋىتامىن K
维生素 K₁　vitamin K₁ (= 2 − methyl − 3 − phytyl − 1,4 − naphthoquinone)	
	ۋىتامىن K₁
维生素 K₂　vitamin K₂	ۋىتامىن K₂
维生素 K₃　vitamin K₃ (= 2 − methyl − 1,4 − naphthoquinone)	ۋىتامىن K₃
维生素 L　vitamin L	ۋىتامىن L
维生素 L₁　vitamin L₁	ۋىتامىن L₁
维生素 L₂　vitamin L₂	ۋىتامىن L₂
维生素 M　vitamin M (= folic acid)	ۋىتامىن M
维生素 P　vitamin P (= citrin)	ۋىتامىن P
维生素 PP　vitamin PP (= nicotinamide)	ۋىتامىن PP
维生素 T　vitamin T	ۋىتامىن T
维生素 U　vitamin U	ۋىتامىن U
维生素 B 胺	"پىرىدوكسامىن" گە قاراڭز.
维生素 A 醇　vitamin A alcohol	ۋىتامىن A سپىرتى
维生素 B₆ 醇	"پىرىدوكسول" گە قاراڭز.
维生素 B 复体　vitamin B complex	ۋىتامىن B كومپلەكسى
维生素化作用　vitaminization	ۋىتامىنىندەھنۆ
维生素 B 类　vitamin B group	ۋىتامىن B تۈرلەرى
维生素 A 醚　vitamin A ether	ۋىتامىن A ەفىرى
维生素 A 醛　vitamin A aldehyde	ۋىتامىن A الدەگىتى
维生素 B 醛	"پىرىدوكسال" گە قاراڭز.
维生素 D 溶液　liquor vitamin D	ۋىتامىن D ەرىتمىندىسى
维生素 A 酸　vitamin A acid	ۋىتامىن A قىشقىلى
维生素 A 酮　vitamin A ketone	ۋىتامىن A كەتون
维生素学　vitaminology	ۋىتامىنولوگىيا
维生素 C 氧化酶	"抗坏血酸氧化酶" گە قاراڭز.
维生素油剂　oleovitamin	مايلى ۋىتامىن
维生素原	"前维生素" گە قاراڭز.
维生素值　vitamin value	ۋىتامىن ماني
维生素 A 酯　vitamin A ester	ۋىتامىن A ەستەرى

维斯哪啶　veisnadin　ۋىسنادىن

维斯坦呢克丝　veistanex　ۋىستانەكس

维苏文 R　vesuvine R　ۋەسۇۋىن R

维他玻璃　vita glass　ۋىتا ئاينەك، ۋىتا شىنى

维他命　"维生素" گە قاراڭز.

维悌稀试剂　wittig reagent　ۋتتىگ رەاكتىۋى

维推特　vitrite　ۋتترىت (حلورلى سيان مەن ئۆش حلورلى ارسەننىڭ قوسپاسى)

围延树碱　erythriphilene(＝erythrophloeine)　ەرىترىفيلەن، ەرىتروفلوەين

萎因酸　fusaric acid　فۇسار قىشقىلى

萎蒿酸　fusarinic acid　فۇسارين قىشقىلى

尾端　end(＝terminal)　سوڭى، سوڭعى، اقىرى، اقىرعى

尾反应　"终反应" گە قاراڭز.

尾气　"废气" گە قاراڭز.

鲔精朊　thynnin　تيننين

未稠环烃　hydrocarbon with separated nuelei(rings)　ساقيناسى جىلەنبەگەن كومىر سۆتەكتەر

未共(享)电子对　unshared electron pair　ورتاقتاسپاعان جۇپ ەلەكتروندار

未甲基化的碱　unmethylated base　مەتيلدەنبەگەن نەگىز

未消石灰　"生石灰" گە قاراڭز.

未知溶液　unknown solution　بەلگىسىز ەرتىنندى

味精　(mono) sodium glutamate　دامدەندىرگىش، گليۋتامين قىشقىل مونوناتري

味素　"味精" گە قاراڭز.

胃蛋白酶　pepsin　پەپسين

胃蛋白酶原　"胃朊酶原" گە قاراڭز.

胃朊酶　"胃蛋白酶" گە قاراڭز.

胃朊酶原　pepsinogen　پەپسينوگەن

胃液素　"胃蛋白酶" گە قاراڭز.

胃脂肪酶　gastric lipase　اسقازان ليپازاسى

位　"势" گە قاراڭز.

α－位　alpha position　α － ورىن، الفا ورىن

β－位　beta position　β － ورىن، بەتا ورىن

γ－位　gamma position　γ － ورىن، گامما ورىن

δ - 位 delta position	δ ـ ورسن، دەلتا ورسن
位变异构体 meta isomeride(= metamer)	مەتا يزومەر، مەتامەر
位变异构(现象) meta isomerism(= metamerism)	مەتايزومەريا، مەتامەريا
位垒	"势垒" گە قاراڭىز.
位差	"势差" گە قاراڭىز.
位论	"势论" گە قاراڭىز.
位能	"势能" گە قاراڭىز.
γ - 位取代 gamma substitution	گامما ورسندا ورسن باسۇ
δ - 位取代 delta substitution	دەلتا ورسندا ورسن باسۇ
α - 位炔 α - acetylenes RC≡CH	الفا اتسەتيلەن
δ - 位碳原子 delta carbon	دەلتا ورسنداعى كومىرتەك اتومى
位相 phase	فازا
δ - 位氧化 delta oxidation	دەلتا ورسندا توتىعۇ
位移 displacement law	جىلجۇ، ورسن اۇىستىرۇ
位移定律 displacement	جىلجۇ زاڭى
位移试剂 shift reagent	جىلجىتۇ رەاكتيۆى
位置异构 position isomerism	ورسن يزومەرياسى
位置异构物 position isomers	ورسن يزومەرلەرى
卫矛(己六)醇 dulcitol HOCH₂(CHOH)₄CH₂OH	دۇلتسيتول

wen

温标 temperature scale	تەمپەراتۇرا شكالاسى
温差 temperature difference	تەمپەراتۇرا ايىرمىسى
温差电动势 thermo electromotive force	تەرموەلەكترلىك قوزعاۇشى كۇش
温差电堆 thermoelectric battery	تەرموەلەكترلىك باتارەيا (قازان)
温差电流 thermoelectric current	تەرموەلەكتر توگى
温差电偶 thermoelectric element(couple)	تەرموەلەكترلىك ەلەمەنت
温差电势 thermoelectric force	تەرموەلەكترلىك كۇش
温度 temperature	تەمپەراتۇرا
温度比 temperature ratio	تەمپەراتۇرا سالىستىرماسى
温度变化 temperature variantion	تەمپەراتۇرا وزگەرىسى
温度滴定法 thermometric titration	تەرمومەترلىك تامشلاتۇ

温度计　thermometer　تەرمومەتر

温度控制　temperature control　تەمپېراتۇرالىق تەجەۇ (تەجەلۇ)

温度平衡　temperature balance　تەمپېراتۇرا تەپە ـ تەڭدىگى

温度上升　temperature rise　تەمپېراتۇرانىڭ جۇغارىلاۋى

温度梯度　temperature gradient　تەمپېراتۇرا گرادىيەنتى

温度调节　heat control　تەمپېراتۇرانى رەتتەۇ (تەڭشەۇ)

温度调节器　thermoregulator　تەمپېراتۇرا رەتتەگىش

温度位　temperature level　تەمپېراتۇرا دەڭگەيى

温度误差　temperature error　تەمپېراتۇرا قاتەلىگى

温度系数　temperature coeffcient　تەمپېراتۇرالىق كوەففىتسەنت

温度下降　temperature drop　تەمپېراتۇرانىڭ تومەندەۋى

温度效应　temperature effect　تەمپېراتۇرالىق ەففەكت

温度因素　temperature factor　تەمپېراتۇرا فاكتورى

温度指示器　temperature indicator　تەمپېراتۇرا كورسەتكشى

温度转化(作用)　temperature inversion　تەمپېراتۇرالىق ايىنالۇ

文殊碱　crinine　كرينين

稳变异构体　desmotrope　دەسموتروپ

稳变异构物　desmotropic compound　دەسموتروپتىق قوسىلمىستار

稳变异构现象　mesomerism(＝desmotrpism)　مەزومەرلەنۇ

稳定度　stability　تۇراقتىلىق، تۇراقتىلىق دارەجەسى

稳定(度)常熟　stability constant　تۇراقتىلىق تۇراقتىسى

稳定度试验　stability test　تۇراقتىلىق سىناۋى

稳定剂　stabilizing agent　تۇراقتاندىرعىش اگەنت

稳定凝固点　stable pour－point　تۇراقتى قاتۇ نۇكتەسى

稳定平衡　stable equilibrium　تۇراقتى تەپە ـ تەڭدىك

稳定器　stabilizer　تۇراقتاندىرعىش

稳定汽油　stabilized gasolin　تۇراقتانعان بەنزين

稳定燃烧　stable burning　تۇراقتى جانۇ

稳定乳胶　stable emulsion　تۇراقتى ەمۇلتسيا

稳定塔　stabilizer column(tower)　تۇراقتاندىرۇ مۇناراسى

稳定塔气体　stabilizer gas　تۇراقتاندىرۇ مۇنارا گازى

稳定态　stable state　تۇراقتى كۇي، ورنىقتى كۇي

稳定天然汽油　stabilized natural gasolin　تۇراقتانعان تابيعي بەنزين

稳定烃　stable hydrocarbon　تۇراقتى كومىر سۆتەكتەر، قانىققان كومىر سۆتەكتەر

稳定同位素　stable istope　تۇراقتى يزوتوپتار

稳定性　stability　تۇراقتىلىق، ورنىقتىلىق

稳定性试验　stability test　تۇراقتىلىق سىناعى

稳定装置　stabilization plant　تۇراقتاندىرۋ قۇرىلعىسى (قوندىرعىسى)

稳定作用　stabilization　تۇراقتانۋ

稳态　steady state　تۇراقتى كۉي

weng

鎓类化合物　onium compound　ونيۇم قوسىلىستارى

鎓盐　onium salt　ونيۇم تۇزى

wo

倭勒米糖　volemite(= D − mannoheptose)　ۆولەميت (= D ـ ماننوگەپتوزا)

涡动性　tubulence　تۇربۇلەنتتىك

涡流　"湍流" گە قاراڭىز.

喔巴油　oba oil　وبا مايى

喔斯脑　osthol　$C_{15}H_{16}O_3$　وستول

喔斯吐质　ostruthin　وسترۇتين

喔星　oxine　وكسين

肟　oxime　:NOH　وكسيم

肟基　oximido − (= hydroxyimino)　HON =　وكسيميدو ـ

肟基丙酮　isonitroso acetone　$CH_3COCH:NON$　يزونيتروزواتسەتون

肟基丙酰苯　isonitroso − propio phenone　$C_6H_5COC(:NON)CH_3$　يزونيتروزو ـ پروپيو فەنون

3 − 肟基戊酮 − [2]　"肟甲基·正丙基甲酮" گە قاراڭىز.

1 − 肟基辛酮 − [3]　"肟乙基·戊基甲酮" گە قاراڭىز.

3 − 肟基辛酮 − [2]　"肟甲基·正己基甲酮" گە قاراڭىز.

肟甲基·乙基甲酮　isonitrosomethyl ethyl ketone　$CH_3COC(:NOH)CH_3$　يزونيتروزو مەتيل ەتيل كەتون

肟甲基·正丙基甲酮　isonitrosomethyl n − propyl ketone

CH₃COC(:NOH)C₂H₅

肟甲基·正己基甲酮　isonitrosomethyl n – hexyl ketohe　CH₃COC(:NOH)(CH₂)₄CH₃

يزونيتروزو مەتيل n ـ پروپيل كەتون

肟乙基·戊基甲酮　isonitrosoethyl amyl ketone　C₈H₁₅O₂N

يزونيتروزو مەتيل n ـ گەكسيل كەتون

يزونيتروزو
ەتيل اميل كەتون

沃尔特斯磷肥　wolters phosphate　ۋولتەرس فوسفورلى تىڭايتقىشى

沃贡宁　wogonin　C₁₆H₁₂O₅　ۋوگەنين

沃斯特氏红　wursters red　ۋرستەرس قىزىلى

沃斯特氏蓝　wursters blue　ۋرستەرس كوگى

WU

污染　pollution　لاستاۋ، لاستانۇ

污染物　contaminant　لاستانعان زاتتار

乌巴配质　ouabagenin　ۋوۋاباگەنين

乌巴因　ouabain　ۋوۋاباين

乌斑宁醇　urbaninol　ۇربانينول

乌本(箭毒)甙　uabain(= ouabain)　ۇاباين

乌比醌　uniquinone　ۋبيجينون

乌耳科合金　vlco metal　ۋولكو قورىتپاسى

乌卡福　vulkafor(= vulcafor)　ۋۋولكافور

乌卡西特　vulkacit　ۋۋولكاسيت

乌卡西特 D　vulkacit D　ۋۋولكاسيت D

乌卡西特 H　vulkacit H　ۋۋولكاسيت H

乌坎宾　ukambine　ۋكامبين

乌康油　ucon oils　ۋكون مايى

乌拉胆碱　urecholine　ۋرە حولين

乌拉米尔　　"尿咪"گە قاراڭىز.

乌拉坦　urethane　ۇرەتان

乌乐碱　ulexine　ۋلەكسين

乌利龙　uleron(= uliron, diseptal)　H₂NC₆H₄SO₂NH₂NHC₆H₄SO₂N(CH₃)₃

ۋلەرون، ۋليرون

乌洛康钠　sodium urocon　ۋروكون ناتري

乌洛托品　urotropine　(CH₂)₆N₄

ؤروترووپىن

乌木蜡　ebonite wax　　　　　　　　　　　ھبونيت بالاۋنزى

乌萨烯酸盐　ursaenate　　　　　ؤرساەن قشقىلمىننىڭ تۇزدارى

乌萨烯酸酯　ursaenate　　　　　ؤرساەن قشقىلمىننىڭ ەستەرى

乌散酸　ursanic acid　$C_{30}H_{48}O_2$　　　　　ؤرساەن قشقىلى

乌搔 B　ursol B　　　　　　　　　　　　　B ؤرسول

乌搔 GG　ursol GG　　　　　　　　　　　GG ؤرسول

乌搔 SC　ursol SC　　　　　　　　　　　SC ؤرسول

乌搔灵　usolin　　　　　　　　　　　　ۇسولىين

乌搔(染料)　ursol　　　　　　　　　（بوياۋ）ؤرسول

乌搔素　ursin　　　　　　　　　　　　ؤرسىين

乌搔酸　ursolic acid　$C_{30}H_{48}O_3$　　　　ؤرسول قشقىلى

乌搔酸盐　ursolate　　　　ؤرسول قشقىلمىننىڭ تۇزدارى

乌斯勃隆　uspulin　　　　　　　　　　ۇسپۆلىين

乌宋　urson(= ursolic acid)　　　　　　　ؤرسون

乌宋酸　ursonic acid　$C_{30}H_{46}O_3$　　　　ؤرسون قشقىلى

乌索酸　　　　　　　　 گە قاراڭىز "乌搔酸"

乌头碱　aconitine　　　اكونيتىين، ؤ قورعاسىن ٴسلتىسى

乌头酸　aconitic acid　$C_3H_3(COOH)_3$　اكونيت قشقىلى، ؤ قورعاسىن قشقىلى

乌头酸酶　aconitase　　　　　　　　　اكونيتازا

乌头酸盐　aconitate　　　اكونيت قشقىلمىننىڭ تۇزدارى

乌头原碱　aconine　　　　　　　　　　اكونىين

乌头植物碱　aconite alkoloide　　　اكونيت الكولۋيدى

乌韦酸　uvinic acid　$(CH_3)_2C_4HO \cdot COOH$　ؤۋاي قشقىلى

乌韦酸盐　uvinate　$(CH_3)_2 \cdot C_4HO \cdot COOM$　ؤۋاي قشقىلمىننىڭ تۇزى

乌韦酸酯　uvinate　$(CH_3)_2 \cdot C_4HO \cdot CO \cdot OR$　ؤۋاي قشقىل ەستەرى

乌韦特酸　uvitinic acid　$CH_3C_6H_3(COOH)_2$　ۆۆەتىين قشقىلى

乌韦酮酸　uvitonic acid　$CH_3C_5H_2N(COOH)_2$　ۆۆەرۇن قشقىلى

钨　wolfram(= tungstem)　　　　　　（W）ۆولفرام

钨钢　wolfram steel　　　　　　ۆولفرامدى بولات

钨矿　wolfram ore　　　　　　　ۆولفرام كەنى

钨蓝　tungsten blue　　　　　　ۆولفرام كوگى

钨磷酸铵　ammonium phospho wolframate　فوسفورلى ۆولفرام قشقىل اممونيي

钨青铜	tungsten bronzes		ۋولفرامدى قولالار
钨砷酸	arseno tungstic acid	$As_2O_5 \cdot 24WO_3 \cdot 7H_2O$	ارسەندى ۋولفرام قىشقىلى
钨丝	wolfram filamant(wire)		ۋولفرام سىم، ۋولفرام قىل
钨酸	wolframic acid		ۋولفرام قىشقىلى
钨酸铵	ammonium tungstate	$(NH_4)_2WO_4$	ۋولفرام قىشقىل اممونى
钨酸钡	barium wolframate	$BaWO_4$	ۋولفرام قىشقىل بارى
钨酸铋	bismuth tungstate	$Bi(WO_4)_3$	ۋولفرام قىشقىل بيسمۇت
钨酸钙	calcium wolframate	$CaWO_4$	ۋولفرام قىشقىل كالتسى
钨酸镉	calmium wolframate		ۋولفرام قىشقىل كادمى
钨酸铬	chromium tungstate	$Cr_2(WO_4)_3$	ۋولفرام قىشقىل حروم
钨酸根	wolframate radical		ۋولفرام قىشقىلىنىڭ قالدىعى
钨酸钴	cobaltous tungstate		ۋولفرام قىشقىل كوبالت
钨酸钾	potassium tungstate	K_2WO_4	ۋولفرام قىشقىل كالى
钨酸镁	magnesium tungstate	$MgWO_4$	ۋولفرام قىشقىل ماگنى
钨酸钠	sodium tungstate	Na_2WO_4	ۋولفرام قىشقىل ناترى
钨酸铅	lead tungstate	$PbWO_4$	ۋولفرام قىشقىل قورعاسىن
钨酸铈	cerous tungstate	$Ce_2(WO_4)_3$	ۋولفرام قىشقىل سەرى
钨酸锶	strontium tungstate	$SrWO_4$	ۋولفرام قىشقىل سترونتسى
钨酸铜	cupric wolframate		ۋولفرام قىشقىل مىس
钨酸亚铁	ferrous tungstate	$FeWO_4$	ۋولفرام قىشقىل شالا توتىق تەمىر
钨酸盐	tungstate	M_2WO_4	ۋولفرام قىشقىلىنىڭ تۇزدارى
钨酸银	silver wolframate		ۋولفرام قىشقىل كۆمىس
钨铁合金	ferro‑tungsten		ۋولفرام ـ تەمىر قورىتپاسى
无	non‑		نون ـ (لاتىنشا)، بەي، ەمەس، جوق
无磁性异构体	non‑magnetic isomer		ماگنىتسىز يزومەر
无定形的	amorphous		امورفتى، ٴپىشنسىز
无定形蜡	amorphous wax		ٴپىشنسىز بالاۋز
无定形硫	amorphous sulfur		ٴپىشنسىز كۆكىرت
无定形碳	amorphous carbon		ٴپىشنسىز كومىرتەك
无定形物	amorphous substance		ٴپىشنسىز زاتتار
无定形状态	amorphous state		ٴپىشنسىز كۇي
无放射性原子	dark atom		راديواكتيۆسىز اتوم
无官能化合物	non‑functional compound		فۇنكتسياسىز قوسىلىستار

无光嫘萦　delustered rayon　جارقسىز امايتىن جاساندى تالشقتار

无光焰　non - luminous flame　جارقسىز جالىن

无规共聚物　random copolymer　رەتسىز كوپولیمەر، رەتسىز ورتاق پولیمەر

无规(立构)聚合物　atactic polymer　رەتسىز (قۇرىلمىدى) پولیمەر

无害物质　innocuous substance　زیانسىز زاتتار

无花醇　sycoceryl alcohol　$C_{17}H_{27}CH_2OH$　سیكوسەریل سپیرتى

无花果朊酶　ficin　فیتسین

无花基　sycoceryl　$C_{17}H_{27}CH_2-$　سیكوسەریل

无环的　acyclic　ساقیناسىزدىق

无环化合物　acyclic compound　ساقیناسىز قوسىلمىستار

无环母核　acyclic stem - nucleus　ساقیناسىز انا یادرو (ساقیناسىز قوسىلمىستاردىڭ انا تىزبەگى)

无环烃　acyclic hydrocarbon　ساقیناسىز كومىر سۇتەكتەر

无羁萜　friedelin　فریەدەلین

无极的　homopolar　پولیارسىزدىق

无极化合物　homopolar compound　پولیارسىز قوسىلمىستار

无极价　homopolar valency　پولیارسىز ۋالەنت

无极键　homopolar bond　پولیارسىز بایلانس، ٴبىر ۋیەكتى بایلانس

无极晶体　homopolar crystal　پولیارسىز كریستال

无机不溶试验　inorganic insoluble test　بەیورگانیكالىق ەرىمەۇ سىناعى

无机沉积物　inoganic sediments　بەیورگانیكالىق شوگىندى

无机代谢　inorganic metabolism　بەیورگانیكالىق زات الماسۇ

无机氮肥　inorganic nitrogenous fertilizer　بەیورگانیكالىق ازوتتى تەڭایتقىشتار

无机的　inorganic　بەیورگانیكالىق

无机肥料　inorganic fertilizer　بەیورگانیكالىق تەڭایتقىشتار، مینەرال تەڭایتقىشتار

无机分析　inorganic analysis　بەیورگانیكالىق تالداۋ

无机化合物　inorganic compound　بەیورگانیكالىق قوسىلمىستار

无机化学　inorganic chemistry　بەیورگانیكالىق حیمیا

无机碱　inorganic base　بەیورگانیكالىق نەگىزدەر

无机胶体　inorganic colloid　بەیورگانیكالىق كوللوید

无机磷　inorganic phosphate　بەیورگانیكالىق فوسفور

无机硫　inorganic sulfur　بەيورگانىكالىق كۆكەرت

无机生理学　abiophysiology　بەيورگانىكالىق فىزولوگىيا

无机酸　inorganic acid(= mineral acid)　بەيورگانىكالىق قىشقىلدار، مىنەرال قىشقىلدار

无机酸度　inorganic acidity　بەيورگانىكالىق قىشقىلدىق دارەجەسى

无机酸中和数　inorganic acid neutralization number　بەيورگانىكالىق قىشقىلداردىڭ بەيتاراپتانۇ سانى

无机物(质)　inorganic substance　بەيورگانىكالىق زاتتار

无机学说　inorganic theory　بەيورگانىكالىق تەورىيا

无机盐　inorganic　مىنەرال تۇزدار، بەيورگانىكالىق تۇزدار

无机血红朊　erythrocruorine　ەرىتروكرۆۆرىن

无空隙催化剂　non-porous catalyst　ساڭلاۋسىز كاتالىزاتور

无硫燃料　sulfur free fuel　كۆكەرتسىز جانار زاتتار

无硫油　sweet oil　كۆكەرتسىز مايلار

无粘性石蜡　non-sticking wax　جابسپايتىن بالاۋىز

无气味的　inodorous　ىيسسىز، گاز ئىيسى جوق

无热溶液　athermal solution　جىلۇسىز ەرىتىندى

无溶剂清漆　solventless vainish　ەرىتكىشسىز سىرلار

无色化合物　leuco compound　ئۇسسسىز قوسىلىستار

无色矿物油　water-white mineral oil　ئۇسسسىز مىنەرال مايلارى

无色母体　leucobase　ئۇسسسىز انا دەنە

无色染料　leuco dye　ئۇسسسىز بوياۋلار، رەڭسىز بوياۋلار

无色亚甲蓝　leucomethylene blue　ئۇسسسىز مەتىلەندى كوك

无色油　water-white oil　ئۇسسسىز مايلار

无水氨(液)　anhydrous ammonia　سۇسىز اممىياك (ەرىتىندىسى)

无水醇　absolute alcohol　سۇسىز سپىرت، تازا سپىرت

无水的　anhydrous　سۇسىز، سۇى جوق، تازا

无水二磷酸钙　anhydrous dicalcium phosphate　سۇسىز ەكى فوسفور قىشقىل كالتسى

无水氟化铝　anhydrous aluminum fluoride　سۇسىز فتورلى الۇمىن

无水氟化氢　anhydrous hydrogen fluoride　سۇسىز فتورلى سۇتەك

无水甲醇　absolute methanal　سۇسىز مەتانول، تازا مەتانول

无水酒精　absolute alcohol　سۇسىز مەتانول، تازا سپىرت

无水硫酸钙	anhydrous calcium sulfate	سۆسىز كۆكىرت قىشقىل كالتسى
无水硫酸钴	anhydrous cobalt sulfate	سۆسىز كۆكىرت قىشقىل كوبالت
无水硫酸钠	anhydrous sodium sulfate	سۆسىز كۆكىرت قىشقىل ناتري
无水硫酸铜	anhydrous cupric sulfate	سۆسىز كۆكىرت قىشقىل مىس
无水氯化氢	anhydrous hydrogen chloride	سۆسىز ھلورلى سۆتەك
无水氯化铁	anhydrous ferric chloride	سۆسىز ھلورلى تەمىر
无水醚	ether dehydratum	سۆسىز ەفير
无水葡萄糖	glucosum ahydrum	سۆسىز گليۇكوزا
无水溶剂	anhydrous solvent	سۆسىز ەرىتكىش (اگەنت)
无水石膏		"硬石膏" گە قاراڭىز.
无水石脑油	dry naphtha	سۆسىز نافتا
无水酸	anhydrous acid	سۆسىز قىشقىلدار
无水碳酸钠	anhydrous sodium carbonate	سۆسىز كومىر قىشقىل ناتري
无水糖	anhydro sugar	سۆسىز قانت
无水硝酸铝	anhydrous aluminum nitrate	سۆسىز ازوت قىشقىل الؤمين
无水盐	anhydrous salt	سۆسىز توز
无水羊毛脂	anhydrous lanolin	سۆسىز لانولين
无水乙醇	absolute ethyl alcohol	تازا ەتيل سپيرتى، سۆسىز ەتيل سپيرتى
无水皂	anhydrous soap	سۆسىز سابىن
无酸的	acidless	قىشقىلسىز، قىشقىلسىزدىق
无酸硫		"脱酸硫" گە قاراڭىز.
无萜油	terpeneless oil	تەرپەنسىز ماي
无味奎宁		"优奎宁" گە قاراڭىز.
无限稀释	infinite dilution	شەكسىز سۇيىلتۇ
无烟火药	smokeless powder	ٴتۇتىنسىز قارا ٴدارى
无烟煤	anthracite coal	ٴتۇتىنسىز كومىر
无烟煤粉	anthracite smalss	ٴتۇتىنسىز كومىر ۇنتاعى
无烟燃料	smokeless fuel	ٴتۇتىنسىز جانار زاتتار
无焰气体	non - luminous gas	جالىنسىز گاز
无氧代谢	anaerbic metabolism	وتەكسىز زات الماسۇ
无氧培养	anaerobic culture	وتەكسىز ٴوسىرۇ
无氧酸	anaerobic acid	وتەكسىز قىشقىلدار
无皂润滑脂	nosoap grease	سابىنسىز گرەازالار

吴茱萸胺	evodiamine		ەۋوديامين
吴茱萸定	evodine		ەۋودين
吴茱萸酮	evodone	$C_{10}H_{12}O_2$	ەۋودون
蜈蚣苔素	parietin		پاريەتين
五	penta, quinque		پەنتا ـ (گرەكشە)، بەس، حينحە ـ (لاتىنشا)، بەس
五氨基苯	pentaamino benzene	$(NH_2)_5C_6H$	بەس امينولى بەنزول،
			پەنتامينوبەنزول
五氨络物	pentanimine		پەنتاممين
五倍子染料			"پەيىن" گە قاراڭىز.
五棓子酸			"پەيتاسيد" گە قاراڭىز.
五苯基乙烷	pentaphenyl ethane	$(C_6H_5)_5C_2H$	بەس فەنيلدى ەتان، پەنتا فەنيل
			ەتان
五丙基葡萄	pentapropyl glucose	$C_6H_7O_6(COC_2H_5)_5$	بەس پروپيلدى گليۇكوزا،
			پەنتاپروپيل گليۇكوزا
五醇	pentol		پەنتول
五醋酸盐	pentacetate		بەس سىركە قىشقىلىنىڭ تۇزدارى
五氮苯			"پەنتازين" گە قاراڭىز.
五氮二烯	pentazdiene	HN:NHNH:NH	پەنتازديەن
五氮杂茂			"پەنتازول" گە قاراڭىز.
五氮杂茂基			"پەنتازولىل" گە قاراڭىز.
五滴林合剂	pentalidol		پەنتاليدول
五碘苯	penta iodobenzene	C_6HI_5	بەس يودتى بەنزول
五碘代苯	pheny – pentaiodide	C_6HI_5	بەس يودتى فەنيل
五碘化的	penta iodated		بەس يودتى، بەس يودتانعان
五碘化反应	penta iodination		بەس يودتانۋ
五碘化砷	arsenic pentaiodide	AsIs	بەس يودتى ارسەن
五碘化物	pentaiodide		پەنتايوديديتەر، بەس يودتى قوسىلىستار
五碘乙烷	pentaiodoethane		بەس يودتى ەتان
五丁酰葡糖	pentabutyryl glucose	$C_6H_7O_6(COC_3H_7)_5$	بەس بۋتيريلدى گليۇكوزا،
			پەنتابۋتيريل گليۇكوزا
五芳基代的	pentarylated		بەس اريلدى، بەس اريلدەنگەن
五分子反应	quinque molecular reaction		بەس مولەكۋلالى رەاكسيالار
五氟代苯	phenyl – penta fluoride	C_6HF_5	بەس فتورلى فەنيل

五氟化的	penta flurinated		بەس فتورلى، بەس فتورلانعان
五氟化碘	iodine penta fluoride	IF₅	بەس فتورلى يود
五氟化钒	vanadic pentafluoride	VF₅	بەس فتورلى ۋانادي
五氟化反应	pentafluorination		بەس فتورلانۋ
五氟化磷	phosphorus penta fluoride		بەس فتورلى فوسفور
五氟化铌	niobium penta fluoride	NbF₅	بەس فتورلى نيوبي
五氟化砷	arsenic pentafluoride	AsF₅	بەس فتورلى ارسەن
五氟化钽	tantalum pantafluoride	TaF₅	بەس فتورلى تانتال
五氟化锑	antimony pentafluoride	SbF₅	بەس فتورلى سۆرمە

五氟化物　pentafluoride پەنتافتوريدتەر، بەس فتورلى قوسىلىستار

五氟－氧络铌酸钾　potassium fluoxy columbate　K₂[NbOF₅]　بەس فتورلى ـ وتتەكتى نيوبي قىشقىل كالي

五核的 "五环的" گە قاراڭىز.

五环的　pentacyclic بەس ساقينالى

五环化合物　pentacyclic compound بەس ساقينالى قوسىلىستار

五环糖 "呋喃糖" گە قاراڭىز.

五黄质　pentaxanthin پەنتا كسانتين

五极二甲苯　five – grade xylene بەسىنشى رەتكى كسيلەن

五甲苯 "五甲基苯" گە قاراڭىز.

五甲撑　pentamethylene　– CH₂(CH₂)₃CH₂ – پەنتا مەتيلەن

五甲代苯酸　pentamethylbenzoic acid　(CH₃)₅C₆COOH بەس مەتيلدى بەنزوي قىشقىلى

五甲基苯　pentamethyl benzene　(CH₃)₅C₆H بەس مەتيلدى بەنزول

五甲基苯胺　pentamethyl amino benzene　(CH₃)₅C₆NH₂ بەس مەتيلدى امينو بەنزول

五甲基苯酚　pentamethyl phenol　(CH₃)₅C₆OH بەس مەتيلدى فەنول

五甲基苯甲醇　mellityl alcohol　(CH₃)₅C₆CH₂OH مەلليتيل سپيرتى

五甲基苯甲酸　pentamethyl benzoic acid بەس مەتيلدى بەنزوي قىشقىلى

五甲基代的　pentamethylated بەس مەتيلدى، بەس مەتيلدەنگەن

五甲炔花青　pentamethine cyanide بەس مەتيلدى سيان

五甲替副品红碱　pentamethyl – pararosaniline　C₂₄H₂₉ON₃ بەس مەتيلدى پارا روزانيلين

五甲氧基红　pentametoxyl red بەس مەتوكسيل قىزىلى

五价　pentavalence　بەس ۋالەنت

五价铋化合物　bismuthic compound　بەس ۋالەنتتى بيسمۇت قوسىلمىستارى

五价的　penta valent　بەس ۋالەنتتى

五价碱　pentatomic base　بەس ۋالەنتتى نەگىزدەر

五价铌化合物　niobic compound　بەس ۋالەنتتى نيوبي قوسىلمىستارى

五价钽　tantalic　بەس ۋالەنتتى تانتال

五价钽化合物　tantalic compound　بەس ۋالەنتتى تانتال قوسىلمىستارى

五价锑的　stibial　بەس ۋالەنتتى سۇرمە

五价物　pentat　بەس ۋالەنتتەر، بەس ۋالەنتتى زاتتار

五(碱)价酸　pentatomic acid　بەس ۋالەنتتى قىشقىلدار

五节环　"五原子环" گە قاراڭىز.

五节聚合物　"五聚物" گە قاراڭىز.

五聚箆酸　pentaricinolic acid　پەنتارينسينول قىشقىلى

五聚物　pentamer　پەنتامەر

五硫二钒　vanadium pentasulfide　V_2S_5　بەس كۇكىرتتى ۋانادي

五硫化二铵　ammonium pentasulfide　بەس كۇكىرتتى امموني

五硫化二钾　potassium pentasulfide　بەس كۇكىرتتى كالي

五硫二磷　phosphorus pentasulfide　P_2S_5　بەس كۇكىرتتى فوسفور

五硫二硼　borium pentasulfide　بەس كۇكىرتتى بور

五硫化二氢　hydrogen pentasulfide　$H_2[S_5]$　بەس كۇكىرتتى سۇتەك

五硫化二铯　cesium pentasulfide　Cs_2S_5　بەس كۇكىرتتى سەزي

五硫化二砷　diarsenic pentasulfide　As_2S_5　بەس كۇكىرتتى ارسەن

五硫化二铊　tallium pentasulfide　Tl_2S_5　بەس كۇكىرتتى تاللي

五硫化二锑　antimonyl pentasulfide　Sb_2S_5　بەس كۇكىرتتى سۇرمە

五硫化钼　molybdenum penta sulfide　Mo_2S_5　بەس كۇكىرتتى موليبدەن

五硫化物　penta sulfide　پەنتا سۇلفيدتەر، بەس كۇكىرتتى قوسىلمىستار

五硫酸　pentathionic acid　پەنتا تيون قىشقىلى، بەس كۇكىرتتى قىشقىل

五卤代苯　pentahalogeno–benzene　C_6HX_5　بەس گالوگەندى بەنزول

五卤化物　pentahalide　پەنتا گالوگەنيدتەر، بەس گالوگەندى قوسىلمىستار

五氯氨铂盐　pentachloro–ammine–platinate　$M[Pt(NH_3)Cl_5]$　بەس حلورلى
اممين – پلاتينا تۇزى

五氯苯　pentachlorobenzene　Cl_5C_6H　بەس حلورلى بەنزول

五氯苯胺　pentachloroaniline　$Cl_5C_6NH_2$　بەس حلورلى انيلين

五氯苯酚　pentachloro phenol　$Cl_5C_6H_2OH$　بەس حلورلى فەنول

五氯(代)　pentachloro　پەنتا حلورو ـ، بەس حلورلى

五氯代苯　phenyl–penta chloride　C_6HCl_5　بەس حلورلى فەنيل

五氯代苯酚　"五氯苯酚" گە قاراڭىز.

五氯代萘　naphthalene pentachloride　$C_{10}H_3Cl_5$　بەس حلورلى نافتالين

五氯酚　"五氯苯酚" گە قاراڭىز.

五氯酚钠　sodium pentachlorophenate　بەس حلورلى فەنول ناتري

五氯化的　penta chlorated　بەس حلورلى، بەس حلورلانعان

五氯化二铁　ferriferous chloride　$FeCl_2·FeCl_3$　بەس حلورلى ەكى تەمىر

五氯化铼　rhenium pentachloride　$ReCl_5$　بەس حلورلى رەني

五氯化磷　phosphorus penta chloride　PCl_5　بەس حلورلى فوسفور

五氯化钼　molybdenum penta chloride　$MoCl_5$　بەس حلورلى موليبدەن

五氯化铌　niobium pentachloride　$NbCl_5$　بەس حلورلى نيوبي

五氯化镁　protactinium penta chloride　$PaCl_5$　بەس حلورلى پروتاكتيني

五氯化砷　arsenic pentachloride　$AsCl_5$　بەس حلورلى ارسەن

五氯化钽　tantalum pentachloride　$TaCl_5$　بەس حلورلى تانتال

五氯化锑　antimony pentachloride　$SbCl_5$　بەس حلورلى سۇرمە

五氯化钨　tungsten pentachloride　WCl_5　بەس حلورلى ۆولفرام

五氯化物　pentachloride　پەنتا حلوريدتەر، بەس حلورلى قوسىلىستار

五氯化溴　bromine pentachloride　$BrCl_5$　بەس حلورلى بروم

五氯化铀　uranium pentachloride　UCl_5　بەس حلورلى ۋران

五氯化作用　pentachlorization　بەس حلورلانۇ

五氯甲苯　toluene pentachloride　$CH_3·C_6·Cl_5$　بەس حلورلى تولۋەن، پەنتا حلور

五氯氢氧化钼　molybdenum hydroxy pentachloride　$2MoCl_2·Mo(OH)Cl$　بەس حلورلى موليبدەن توتعىنىڭ گيدراتى

五氯硝基苯　pentachlorothyl benzene　بەس حلورلى نيترو بەنزول

五氯乙基苯　pentachloroethyl benzene　$Cl_5C_6C_2H_5$　بەس حلورلى ەتيل بەنزول

五氯乙烷　pentachloroethane　$CHCl_2CCl_3$　بەس حلورلى ەتان

五羟二(碱)价酸　pentahydroxydibasix acid　$(OH)_5·R·(COOH)_2$　بەس گيدروكسيلدى ەكى نەگىزدى قىشقىلدار

五羟基二苯甲酮　pentahydroxy benzophenone　$(OH)_2C_6H_3COC_6H_2(OH)_3$　بەس گيدروكسيلدى بەنزو فەنون

五羟基化合物　pentahydroxyl compound　بەس گيدروكسيلدى قوسىلىستار

五羟基酸　pentahydroxy – acid　$(OH)_5 \cdot R \cdot COOH$　بەس گیدروكسیلدی قشقىلدار

五羟一(碱)价酸　pentahydroxy monobasic acid　$(OH)_5 \cdot R \cdot COOH$　بەس گیدروكسیلدی ئبر نەگىزدی قشقىلدار

五羟一元酸　monobasic pentahydroxy – acid　$(OH)_5 \cdot R \cdot COOH$　بەس گیدروكسیلدی ئبر نەگىزدی قشقىلدار

五嗪　pentazine　CHN_5　پەنتازین

五氰一羰络亚铁酸　carbonyl ferrocyanic acid　$H_3[FeCO(CN)_5]$　بەس سیاندی كاربونیل تەمىرلی قشقىل

五取代苯酚　phenasic acid　بەس الماسقان فەنول

五十八烷　octapentacontane　$C_{58}H_{118}$　وكتا پەنتا كونتان

五十二烷　dopentacontane　$C_{52}H_{106}$　دوپەنتا كونتان

五十九烷　nonapenta contane　$C_{59}H_{120}$　نوناپەنتا كونتان

五十六烷　hexapenta contane　$C_{54}H_{114}$　گەكساپەنتا كونتان

五十七烷　heptapenta contane　$C_{57}H_{116}$　گەپتاپەنتا كونتان

五十三烷　tripenta contane　$C_{53}H_{108}$　تریپەنتا كونتان

五十四烷　tetrapenta contane　$C_{54}H_{110}$　تەتراپەنتا كونتان

五十烷　pentacontane　$C_{50}H_{102}$　پەنتا كونتان

五十(烷)基　pentacontyl　$CH_3(CH_2)_{48}CH_2 -$　پەنتا كونتیل

五十五烷　penta pentacontane　$C_{55}H_{112}$　پەنتا پەنتا كونتان

五十一烷　henpenta contane　$C_{51}H_{104}$　گەنپەنتا كونتان

五水合硫代亚硫酸钠　"海波" گە قاراغىز.

五水合硫酸酮　cupricsulfate pentahydrate　$CuSO_4 \cdot 5H_2O$　بەس گیدراتتی كۆكمرت قشقىل مس، توتیایىن، مس كۆپوروسی

五水合物　pentahydrate　پەنتا گیدرات، بەس گیدرات

(五缩)四硼酸　tetraboric acid　$H_2B_4O_7$　تەترا بور قشقىلى، ئتورت بور قشقىلى

五羧酸　pentacarboxylic acid　پەنتا كاربوكسیل قشقىلى، بەس كاربوكسیل قشقىلى

五肽　pentapeptid　پەنتا پەپتید

五碳环烷　five carbon ring naphthene　بەس كومىرتەكتى ساقینالى نافتەن

五羰铁　iron pentacarbonyl　$Fe(CO)_5$　بەس كاربونیلدی تەمىر

五糖　pentasaccharides　پەنتا ساحاریدتار، پەنتا قانتتار

五烃基代的　pentalkylated　بەس الكیلدی، بەس الكیلدەنگەن

五味子醇	schizendrol		شیزاندرول
五味子素	schizandrin		شیزاندرین
五硝基苯酚	pentanitrophenenol	$C_6(NO_2)_5OH$	پەنتانیتروفەنول
五硝基苯酚醚	pentanitrophenol ether		پەنتانیتروفەنول ەفیری
五硝络镧酸钾			"硝酸镧钾" گە قاراڭز.
五硝络镧酸钠			"硝酸镧钠" گە قاراڭز.
五溴苯	pentabrombenzene	Br_5C_6H	بەس برومدی بەنزول
五溴苯胺	pentabromo aniline	$C_6Br_5NH_2$	بەس برومدی انیلین
五溴苯酚	pentabromo phenol	Br_5C_6OH	بەس برومدی فەنول
五溴丙酮	pentabromoacetone	$Br_3CCOCHBr_2$	بەس برومدی اتسەتون
五溴代苯	phenyl – pentabromide	C_6HBr_5	بەس برومدی فەنیل
五溴化的	pentabromated		بەس برومدی، بەس برومدانعان
五溴化反应	pentabromination		بەس برومدانۇ
五溴化磷	phosphorus pentabromide	PBr_5	بەس برومدی فوسفور
五溴化钽	tantalic pentabromide	$TaBr_5$	بەس برومدی تانتال
五溴化钨	tungsten pentabromide	WBr_5	بەس برومدی ۆولفرام
五溴化物	pentabromide		پەنتا برومیدتەر، بەس برومدی قوسىلىستار
五溴乙烷	pentabromethane	$CHBr_2CBr_3$	بەس برومدی ەتان
五氧化碘	iodine pentaoxide		يود بەس توتعى
五氧化二铋	bismuth pentoxide	Bi_2O_5	بیسمۇت بەس توتعى
五氧化二氮	dinitrogen pentoxide	N_2O_5	ازوت بەس توتعى
五氧化二碘	iodic anhydride	I_2O_5	يود بەس توتعى
五氧化二钒	vanadium pentoxide	V_2O_5	ۆانادي بەس توتعى
五氧化二磷	phosphorus pentoxide	P_2O_5	فوسفور بەس توتعى
五氧化二钼	molybdenum pentoxide	Mo_2O_5	موليبدەن بەس توتعى
五氧化二铌	niobium pentoxide	Nb_2O_5	نيوبي بەس توتعى
五氧化二鏷	protactinium pentoxide	Pa_2O_5	پروتاكتيني بەس توتعى
五氧化二砷	arsenic pentoxide	As_2O_5	ارسەن بەس توتعى
五氧化二钽	tantalum pentaoxide	Ta_2O_5	تانتال بەس توتعى
五氧化二锑	antimony pentoxide	Sb_2O_5	سۇرمە بەس توتعى
五氧化二钨	tungsten pentoxide	W_2O_5	ۆولفرام بەس توتعى
五氧化物	pentoxide		بەس توتىقتار، پەنتا توتىقتار
五乙苯			"五乙基苯" گە قاراڭز.

五乙基苯　pentaethyl benzene　$(C_2H_5)_5C_6H$　بەس ھەتیلدى بەنزول

五乙基化的　pentaethylated　بەس ھەتیلدى، بەس ھەتیلدەنگەن

五乙基化物　pentathide　بەس ھەتیلدى قوسىلمىستار

五乙锑　pentaethyl antimony　$Sb(C_2H_5)_5$　بەس ھەتیلدى سۇرمە

五乙酰基　pentacetyl　پەنتا اتسەتیل، بەس اتسەتیل

五乙酰葡糖　pentacetyl glucose　$C_6H_7(OCOCH_3)_5$　بەس اتسەتیلدى گلیۇكوزا

五元醇　pentabasic alcohol　بەس نەگىزدى سپیرت

五元酚　pentatomic phenol　بەس نەگىزدى فەنول

五元(碱)酸　“五元酸” گە قاراڭز.

五元碱酸酯　pentabasic ester　بەس نەگىزدى ەستەرلەر

五元碱羧酸　pentabasic carboxylic acid　بەس نەگىزدى كاربوكسیل قىشقىلى

五元碱性的　pentabasic　بەس نەگىزدەلمەك

五元酸　pentabasic acid　بەس نەگىزدى قىشقىلدار

五原子的　pentatomic　بەس اتومدى

五原子环　pentatomic ring　بەس اتومدى ساقینا

五唑　pentazole　N:NN:NNH　پەنتازول

五唑基　pentazolyl　N:NN:NN −　پەنتازولیل

伍德玻璃　Wood's glass　ۋوودس اینەگى

伍德合金　Wood's alloy　ۋوودس قورىتپاسى

戊氨酸　norvaline　نورۋالین

戊胺二酸一酰胺　“谷酰胺” گە قاراڭز.

戊胺　amylamine　$CH_3(CH_2)_4NH_2$　امیلامین

戊巴比妥　pentobarbital　پەنتوباربیتال

戊巴比妥钠　pentobarbital sodium　پەنتوباربیتال ناتري

戊苯醚　amyl phenyl ether　$CH_3(CH_2)_4OC_6H_5$　امیل فەنیل ەفیرى

戊叉　pentylidene　$CH_3(CH_2)_3CH=$　پەنتیلیدەن

戊撑　pentylene(= pentamethylene)　$- CH_2(CH_2)_3CH_2 -$　پەنتیلەن،
پەنتامەتیلەن

戊撑二胺　pentamethylene diamine　$C_5H_{10}(NH_2)_2$　پەنتامەتیلەندى دیامین

戊撑二醇　pentamethylene glycol　$CH_2(CH_2CH_2OH)_2$　پەنتامەتیلەندى گلیكول

戊撑四唑　pentylene tetrazole　$N(CH_2)_5C:(N_3)$　پەنتیلەندى تەترازول

戊撑氧　pentamethylene oxide　$(CH_2)_5O$　پەنتامەتیلەن توتعى

戊撑氧环　amylene oxide ring　امیلەن توتعى ساقیناسى

戊丑烯基			"戊烯基" گه قاراڭـز.
戊川	pentylidyne		پەنتيليدين
戊醇	amyl alcohol	$C_5H_{11}OH$	اميل سپيرتى
戊醇 – [1]			"正戊醇" گه قاراڭـز.
戊搭烷	pentalane		پەنتالان
戊搭烯	pentalene		پەنتالەن
戊二胺 – [1, 5]			"戊撑二胺" گه قاراڭـز.
戊二醇	pentadiol		پەنتاديول
戊二醇 – [1,2]	pentadiol – [1,2]	$C_3H_7CHOHCH_2OH$	پەنتاديول ـ [1، 2]
戊二醇 – [1,5]	pentadiol – [1,5]	$CH_2(CH_2CH_2OH)_2$	پەنتاديول ـ [1، 5]
戊二腈	glutaronitrile	$CH_2(CH_2CN)_2$	گليۇتارونيتريل
2, 4 – 戊二硫酮	2, 4 – pentanedithione	$CH_3CSCH_2CSCH_3$	2، 4 ـ پەنتاندى دىتيون
戊二醛	glutaric dianhydride	$CHO·(CH_2)_3·CHO$	گليۇتار ەكى الدەگيتى
戊二炔	pentadiine		پەنتاديين
戊二酸	glutaric acid	$C_3H_6(COOH)_2$	گليۇتار قىشقىلى
戊二(酸)酐	glutaric anhydride		گليۇتار (قىشقىلى) انگيدريدتى
戊二酸氢盐	gluarate(biglutarate)	$COOH·(CH_2)_3·COOM$	قىشقىل گليۇتار قىشقىلى تۇزدارى
戊二酸氢酯	biglutarate	$COOH·(CH_2)_3COOR$	قىشقىل گليۇتار قىشقىلى ەستەرى
戊二(酸)酰胺	glutaramide	$CONH_2·(CH_2)_3·CONH_2$	گليۇتاراميد
戊二酸盐	glutarate	$COOM·(CH_2)_3COOM$	گليۇتار قىشقىلىنىڭ تۇزدارى
戊二酸乙酯	ethyl glutarate	$C_2H_5O·CO·(CH_2)_3·CO·OC_2H_5$	گليۇتار قىشقىل ەتيل ەستەرى
戊二酸酯	glutarate	$CO·OR·(CH_2)_3·CO·OR$	گليۇتار قىشقىلى ەستەرى
戊二羧酸	pentadicarboxylic acid		پەنتا ەكى كاربوكسيل قىشقىلى
戊二酮 – [2, 3]			"乙酰丙酰" گه قاراڭـز.
戊二烯	pentadien		پەنتاديەن
戊二烯 – [1, 3]	pentadiene – [1, 3]		پەنتاديەن ـ [1، 3]
戊二烯 – [2, 3]	pentadiene – [2, 3]		پەنتاديەن ـ [2، 3]
2, 4 – 戊二烯腈	2, 4 – pentadiene nitrile	$CH_2:CHCH:CHCN$	2، 4 ـ پەنتاديەندى نيتيريل

戊二烯酸　pentadienoic acid　$C_4H_5 \cdot COOH$ پەنتادىيەن قىشقىلى

戊二烯 - [2, 4] - 酸 - [1] "乙烯基丙烯酸" گە قاراڭىز.

戊二烯橡胶　pentadiene rubber(= piperilene rubber) پەنتادىيەندى كاۋچۇك

戊二酰　glutaryl　$-CO(CH_2)_3CO-$ گلىۋتارىل

戊芬　pentaphene پەنتافەن

戊隔酸丙酯　propyl levulinate　$CH_3CO(CH_2)_2CO_2C_3H_7$ لەۋۆلىن قىشقىل پروپىل ەستەرى

戊隔酮醛 "乙酰丙醛" گە قاراڭىز.

戊隔酮酸 "乙酰丙酸" گە قاراڭىز.

戊隔酮酸丁酯　butyl levulinate　$CH_3CO(CH_2)_2CO_2C_4H_9$ لەۋۆلىن قىشقىل بۇتىل ەستەرى

戊隔酮酸甲酯　methyl levulinate　$CH_3CO(CH_2)_2CO_2CH_3$ لەۋۆلىن قىشقىل مەتىل ەستەرى

戊隔酮酸乙酯　ethyl levulinate　$CH_3CO(CH_2)_2CO_2C_2H_2$ لەۋۆلىن قىشقىل ەتىل ەستەرى

戊汞化碘　amylmercuric iodide　$CH_3(CH_2)_3CH_2HgI$ امىل سىناپتى يود

戊汞化氰　amylmercuric cyanide　$CH_3(CH_2)_3CH_2HgCN$ امىل سىناپتى سىان

戊基　amyl(= pentyl) امىل، پەنتىل

戊基苯　amylbenzene امىلدى بەنزول

戊基苯酚　amylphenol امىلدى فەنول

戊基苯基甲酮　amyl phenyl ketone　$C_5H_{11}COC_6H_5$ امىل فەنيل كەتون

戊基丙炔醛　amyl - propiolaldehyde　$C_5H_{11} \equiv CCHO$ امىل - پروپىل الدەگيتى

戊基碘　amyl iodide　$C_5H_{11}I$ امىلدى يود

戊基氟　amyl fluoride　$C_5H_{11}F$ امىلدى فتور

戊基·甲基甲酮　amyl methyl ketone امىل مەتيل كەتون

戊基芥子油　amyl mustard oil امىلدى قىشى مايى

戊基卤　amyl halide　$C_5H_{11}X$ امىلدى گالوگەن

戊基氯　amyl chloride　$C_5H_{11}Cl$ امىلدى حلور

戊基醚　amyl ether　ROC_5H_{11} امىلدى ەفىر

戊基硼化二氢氧　amyl boron dihydroxide　$C_5H_{11} \cdot B(OH)_2$ امىلدى ەكى بور توتعمننك گيدراتى

戊基硼酸　amyl boric　$C_5H_{11} \cdot B(OH)$ امىلدى بور قىشقىلى

戊基氰	amyl cyanide	$C_5H_{11}CN$

اميلدى سيان

戊基肉桂醛　amyl cinnam aldehyde

اميل سيننام الدەگيدتى

戊基乙炔　amyl acetylene

اميلدى اتسەتيلەن

戊间二酮

"乙酰丙酮" گه قاراڭـز.

戊碱二烯　piperylene　$CH_3CH:CHCH:CH_2$

پيپەريلەن

戊间二烯型

"乙烯基烯丙基型" گه قاراڭـز.

戊腈　valeronitrile　$CH_3(CH_2)_3CN$

ۋالەرونيتريل

戊聚糖　pentosan

پەنتوزان

戊(隣)炔酸

"戊炔酸" گه قاراڭـز.

戊隣酮二酸盐

"α‒氧化戊二酸盐" گه قاراڭـز.

戊硫醇　pentan‒thiol

پەنتانتيول

戊硫醇混合物　pentalarm

پەنتانتيول قوسپاسى، پەنتالارم

3‒戊硫酮　3‒pentanthione　$CH_3CH_2CSCH_2CH_3$

3 ـ پەنتانتيون

戊卯乳醇

"γ‒戊乳醇" گه قاراڭـز.

戊卯乳甲醚

"γ‒戊乳甲醚" گه قاراڭـز.

戊醚　amyl ether　$C_5H_{11}O \cdot C_5H_{11}$

اميل ەفيرى

戊内酰胺　valerolactam

ۋالەرولاكتام

戊内酯　valerolactone

ۋالەرولاكتون

γ‒戊内酯　γ‒valerolactone

γ ـ ۋالەرولاكتون

1,4‒戊内酯

"γ‒戊内酯" گه قاراڭـز.

δ‒戊内酯　δ‒valerolctone

δ ـ ۋالەرولاكتون

1,5‒戊内酯

"δ‒戊内酯" گه قاراڭـز.

戊硼烷　pentaboran　B_5H_{11}

پەنتابوران

戊青霉素 F　penicillin dihydro F

F پەنيتسيللين سۇۋتەكتى ەكى

戊取三甲硅　amyl trimethyl silicane　$C_5H_{11}Si(CH_3)_3$

اميل ئۇش مەتيلدى كرەمنى

戊取三乙硅　amyl triethyl silicane　$C_5H_{11}Si(C_2H_5)_3$

اميل ئۇش ەتيلدى كرەمنى

戊醛　valer aldehyde　C_4H_9CHO

ۋالەر الدەگيدتى

戊醛醇　pentadol　$(CH_3)_2C(CHO)CH_2OH$

پەنتالدول

戊醛糖　aldopentose

الدوپەنتوزا

戊醛肟　valeraldehyde oxime　$C_4H_9CN:NOH$

ۋالەرالدەگيد وكسيم

戊炔　pentine　C_5H_8

پەنتين

戊炔‒[1]　pentine‒[1]　$C_2H_5CH_2C \equiv CH$

پەنتين ـ [1]

2‒戊炔　2‒pentine

2 ـ پەنتين

戊炔二酸　glutinic acid　HOOCC≡CCH₂COOH　گلیۋتین قشقىلى

戊炔酸　pentinoic acid　CH₃CH₂C≡CCOOH　پەنتىن قشقىلى

γ－戊乳醇　lactol, γ－valero　OCHMeCH₂CH₂CHOH　γ ـ ۋالەرولاكتول

γ－戊乳甲醚　lactolide, methyl－γ－valero　γ ـ ۋالەرومەتىل لاكتولید

戊省　pentacene　پەنتاتسەن

戊酸　pentanoic acid(＝valerianic acid)　C₄H₉·COOH　،پەنتان قشقىلى
ۋالەریان قشقىلى

戊酸丙酯　propyl valerate　C₄H₉CO₂C₃H₇　ۋالەریان قشقىل پروپیل ەستەرى

戊酸丁酯　butyl valerate　CH₃(CH₂)₃CO₂C₄H₉　ۋالەریان قشقىل بۇتیل ەستەرى

戊酸酐　valeric anhydride　(C₄H₉CO)₂O　ۋالەریان (قشقىلى) انگیدریدتى

戊酸甲酯　methyl valerate　CH₃(CH₂)₃CO₂CH₃　ۋالەریان قشقىل مەتیل ەستەرى

戊酸戊酯　amyl valerate　C₄H₉CO₂C₅H₁₁　ۋالەریان قشقىل امیل ەستەرى

戊酸纤维素　cellulose valerate　ۋالەریان قشقىل سەللیۋلوزا

戊酸盐　valerianate　C₄H₉COOM　ۋالەریان قشقىلمنىڭ تۇزدارى

戊酸乙酯　ethyl valerate　CH₃(CH₂)₃CO₂C₂H₅　ۋالەریان قشقىل ەتیل ەستەرى

戊酸异冰片酯　isobornyl valerate　CH₃(CH₂)₃CO₂C₁₀H₁₇　ۋالەریان قشقىل
یزوبورنیل ەستەرى

戊酸酯　valerianate　C₄H₉COOR　ۋالەریان قشقىل ەستەرى

戊糖　pentose　پەنتوزا

戊糖醇　"戊五醇" گە قاراڭز.

戊糖核酸　pentosenucleic acid　پەنتوزا نۇكلەین قشقىلى

戊糖尿　pentosuria　پەنتوزالى نەسەپ

戊糖醛酸　penturonic acid　پەنتۇرون قشقىلى

戊糖脎　pentosazone　پەنتوسازون

戊糖酸　pentonic acid　CH₂OH(CHOH)₃COOH　پەنتون قشقىلى

戊糖烯　pentose－enes　پەنتوزا ـ ەنز

戊酮　pentanone　پەنتانون

戊酮－[2]　pentanone－[2]　CH₃COCH₂C₂H₅　[2] ـ پەنتانون

2－戊酮　2－pentanone　CH₃COCH₂CH₂CH₃　2 ـ پەنتانون

戊酮－3－二酸　3－ketoglutaric acid　CO(CH₂CO₂H)₂　3 ـ كەتوگلیۋتار
قشقىلى

戊酮－[3]－缩二乙砜　"特妥那" گە قاراڭز.

戊酮－[2] 肟　"甲基丙基甲肟" گە قاراڭز.

戊烷 pentane C_5H_{12}	پەنتان
戊烷灯 pentane lamp	پەنتان لامپاسى
戊烷化 pentalizing	پەنتاندانۇ، پەنتاندانۇ
戊烷基 pentyl	پەنتىل
1,3,5-戊烷三甲腈 1,3,5-pentane tricarbonitrile	1، 3، 5 ـ پەنتاندى ئۇش كاربونيتريل
戊烷-3-羧酸 pentane-3-methyloic acid	پەنتان ـ 3 ـ كاربوكسيل قشقىلى
戊烷温度计 pentane thermometer	پەنتاندى تەرمومەتر
戊烷以上的烃 pentanes plus	پەنتاننان جوغارى كومىر سۇتەكتەر
戊肟 pentoxime	پەنتوكسيم
戊五醇 pentitol $CH_2OH \cdot (COOH)_3 \cdot CH_2OH$	پەنتيتول
戊烯 pentene(= amylene) $CH_3CH_2CH_2CH:CH_2$	پەنتەن، اميلەن
戊烯-[1] pentene-[1] (= α-amylene) $C_2H_5CH_2CH:CH_2$	[1] ـ پەنتەن
戊烯-[2] pentene-[2] (= β-amylene) $C_2H_5CH_2CH:CH_3$	[2] ـ پەنتەن
1-戊烯 1-pentene $CH_3CH_2CH_2CH:CH_2$	1 ـ پەنتەن
戊烯-[4]-醇-[2]	"甲基·烯丙基甲醇" گە قاراڭىز.
戊烯二腈 glutacon nitrile $NCCH_2CH:CHCH_2$	گليۇتاكون نيتريل
戊烯二酸 glutaconic acid $C_3H_4(COOH)_2$	گليۇتاكون قشقىلى
戊烯二(酸)酐 glutaconic anhydride	گليۇتاكون (قشقىلى) انگيدريدتى
戊烯二羧酸 pentene dicarboxylic acid	پەنتەن ەكى كاربوكسيل قشقىلى
戊烯基 pentenyl $CH_3CH_2CH:CHCH_2$	پەنتەنيل
戊烯-[2]-基	"戊烯基" گە قاراڭىز.
3-戊烯基青霉素 penicillin, 3-pentenyl	3 ـ پەنتەنيلدى پەنيتسيللين
戊烯-[2]-青霉素	"青霉素 F" گە قاراڭىز.
戊烯酸 pentenic acid $C_4H_7 \cdot COOH$	پەنتەن قشقىلى
戊烯-[4]-酮-[2]	"甲基烯丙基甲酮" گە قاراڭىز.
戊酰 valeryl $CH_3(CH_2)_3CO-$	ۋالەريل
戊酰胺 valeramide $CH_3(CH_2)_3CONH_2$	ۋالەراميد
戊酰胺酸 glutaramic acid $CONH_2(CH_2)_3COOH$	گليۇتارامين قشقىلى
戊酰苯	"(正)丁基苯基甲酮" گە قاراڭىز.
戊酰迭氮 valeryl azide $CH_3CH_2CH_2CH_2CONH_3$	ۋالەريل ازيد
戊酰氯 valeryl chloride $CH_3(CH_2)_3COCl$	ۋالەريل حلور

戊硝酚	dinosam		دينوزام
戊氧基	amoxy(= pentyloxy)	$C_5H_{11}O-$	اموكسيل، پەنتيلوكسيل
戊氧基苯			"戊苯醚" گە قاراڭىز.
戊氧键	amyl oxide link(age)		اميل توتعنندىق بايلانس
戊酯	amyl ester		اميل ەستەرى
芴	fluorene	$C_{13}H_{10}$	فلۋورەن
芴叉	fluorenylidene	$C_{13}H_8 =$	فلۋورەنيليدەن
芴醇	fluorenol	$C_6H_4CHOHC_6H_4$	فلۋورەنول
芴基	fluorenyl	$C_{13}H_5$	فلۋورەنيل
芴酸	fluorenic acide	$C_{14}H_{10}O_2$	فلۋورەن قىشقىلى
芴酮	fluorenone	$C_6H_4COC_6H_4$	فلۋورەنون
芴酮肟	fluorenone – oxime	$C_{12}H_8:C:NOH$	فلۋورەنون وكسيم
物镜	obiective		وبيەكتيۆ (ميكروسكوپتا)
物理变化	physical change		فيزيكالىق وزگەرس
物理化学	physical chemistry		فيزيكالىق حيميا
物理化学分析	physico – chemical analysis		فيزيكالىق ـ حيميالىق تالداۋ
物理溶液	physical solution		فيزيكالىق ەرتىندىلەر
物理吸附	physical adsorption		فيزيكالىق ادسوربتسيا
物理(性)溶剂	physical solvent		فيزيكالىق ەرتكىش (اگەنت)
物理性质	physical property		فيزيكالىق قاسيەت
物量守恒	matter conservation		زاتتاردىڭ ساقتالۋى
物料平衡	material balance		ماتەريالدىق تەڭگەرىم (تەپە ـ تەڭدىك)
物态	physical state		فيزيكالىق كۇي، زات كۇي
物态方程式	equation of state		زات كۇيىنىڭ تەڭدەۋى
物质	matter(= substance)		زاتتار، زاتتەكتەر
物质不灭定律	law of indestructibility		ماتەريانىڭ جويىلماۋ زاڭى
物质常住			"物质守恒" گە قاراڭىز.
物质的量	amount of substance		زات مولشەرى
物质的量浓度	amount – of – substance concentyation		زات مولشەرى قويۇلىسى
物质结构	subatance structure		زاتتار قۇرىلىمى
物质守恒定律	law of conservation of matter		زاتتاردىڭ ساقتالۋ زاڭى

X

xi

西贝母碱	sipeimne	سیپەیمین
西瓜子甾醇	cucurbitol	كۆكۆربيتول
西花椒碱		"库柏碱" گە قاراڭ.
西力生	seresan	سەرەزان
西萝芙木碱	ajmaline	ايمالين، اجمالين
西马芩	simazine	سيمازين
西梅脱	thimet	تيمەت
西母碱类	shimoburo base	شيموبۇرو نەگىزدەرى
西藏麝香	musk tibetene	شيزاك جۇپارى
硒(Se)	selenium	سەلەن (Se)
硒撑间二氮苯		"硒撑嘧啶" گە قاراڭ.
硒撑嘧啶	selenopyrimidine	سەلەندى پييريميدين
硒醇	– selenol – Sen	سەلەنول
硒代磺酸	seleno – acid	سەلەنو قشقلى
硒代氰酸	seleno cyanic acid	سەلەنو سيان قشقلى
硒代酸	seleno – acid	سەلەنو قشقل
硒的化合物	selenium compound	سەلەننىڭ قوسىلىستارى
硒电池	selenium cell	سەلەندى باتارەيا
硒吩	selenophen	سەلەنوفەن
硒砜	selenone	سەلەنون
硒化铵	ammonium selenide (NH₄)₂Se	سەلەندى امموني
硒化钡	barium selenide BaSe	سەلەندى باري
硒化铋	bismuth selenide	سەلەندى بيسمۇت
硒化(二)氢		"硒化氢" گە قاراڭ.
硒化镉	cadmium selenide CdSe	سەلەندى كادمي
硒化钴	cobaltous selenide CoSe	

			سەلەندى كوبالت
硒化钾	potassium selenide	K_2Se	سەلەندى كالي
硒化锂	lithium selenide	Li_2Se	سەلەندى ليتي
硒化钠	sodium selenide	Na_2Se	سەلەندى ناتري
硒化镍	nikelous selenide	NiSe	سەلەندى نيكەل
硒化硼	borium selenide		سەلەندى بور
硒化铅	lead selenide	PbSe	سەلەندى قورعاسىن
硒化氢	hydrogen selenide	H_2Se	سەلەندى سۇتەك
硒化物	selenide	M_2Se	سەلەنيدتەر، سەلەندى قوسىلىستار
硒化锌	zinc selenide		سەلەندى مىرىش
硒化银	silver selenic		سەلەندى كۇمىس
硒基	seleno	$-Se-$	سەلەنو ــ
硒硫化碳	carbon seleno sulfide	CSeS	سەلەن ــ كۇكىرتتى كومىرتەك
硒醚	selenide	M_2Se	سەلەنيد
硒脲	selenourea	NH_2SeNH_2	سەلەندى ۋرەا
硒宁基	selenino –	(HO)OSe	سەلەنينو ــ
硒佅基	selenono –	HO_3Se	سەلەنونو ــ
硒士林	selenan threne		سەلەنانترەن
硒酸	selenic acid	H_2SeO_4	سەلەن قىشقىلى
硒酸铵	ammonium selenate	$(NH_4)_2Se$	سەلەن قىشقىل امموني
硒酸钡	barium selenate	$BaSeO_4$	سەلەن قىشقىل باري
硒酸镝	disprosium selenate		سەلەن قىشقىل ديسپروزي
硒酸钆	gadolinium selenate		سەلەن قىشقىل گادوليني
硒酸钙	calcium selenate	$CaSeO_4$	سەلەن قىشقىل كالتسي
硒酸镉	cadmium selenate	$CdSeO_4$	سەلەن قىشقىل كادمي
硒酸根	selenate radical		سەلەن قىشقىلىنىڭ قالدىعى
硒酸钴	cobaltous selenate	$CoSeO_4$	سەلەن قىشقىل كوبالت
硒酸镓	gallium selenate	$Ga(SeO_4)_3$	سەلەن قىشقىل گاللي
硒酸钾	potassium selenate	K_2SeO_4	سەلەن قىشقىل كالي
硒酸金	auric selenate		سەلەن قىشقىل التىن
硒酸锂	lithium selenate	Li_2SeO_4	سەلەن قىشقىل ليتي
硒酸镁	magnesium selenate	$MgSeO_4$	سەلەن قىشقىل ماگني
硒酸锰	manganous selenate		سەلەن قىشقىل مارگانەتس

硒酸钠	sodium selenate	Na_2SeO_4	سەلەن قىشقىل ناترى
硒酸镍	nickelous selenate	$NiSeO_4$	سەلەن قىشقىل نىكەل
硒酸铍	beryllium selenate	$BeSeO_4$	سەلەن قىشقىل بەرىللى
硒酸铅	lead selenate	$PbSeO_4$	سەلەن قىشقىل قورعاسىن
硒酸氢铵	ammonium biselenate		قىشقىل سەلەن قىشقىل ئاممونى
硒酸铷	rubidium selenate	Rb_2SeO_4	سەلەن قىشقىل رۇبىدى
硒酸铯	cesium selenate	Cs_2SeO_4	سەلەن قىشقىل سەزى
硒酸铈	cerous selenate	$Ce_2(SeO_4)_3$	سەلەن قىشقىل سەرى
硒酸锶	strontium selenate	$SrSeO_4$	سەلەن قىشقىل سترونتسى
硒酸铜	cupric selenate	$CuSeO_4$	سەلەن قىشقىل مىس
硒酸锌	zinc selenate		سەلەن قىشقىل مىرش
硒酸亚铊	thallous selenate	Tl_2SeO_4	سەلەن قىشقىل شالا توتۇق تاللى
硒酸盐	selenate	M_2SeO_4	سەلەن قىشقىللىنىڭ تۇزدارى
硒酸一酰			"硒酰基" گە قاراڭز.
硒酸镱	ytterbium selenate		سەلەن قىشقىل يتتەربى
硒酸银	silver selenate	Ag_2SeO_4	سەلەن قىشقىل كۈمىس
硒羧基			"硒酰基" گە قاراڭز.
硒酰基	selenonyl	$O_2Se=$	سەلەنونىل
硒杂丁环	selenetane		سەلەنەتان
硒杂庚环	selenepane	$C_6H_{12}Se$	سەلەنەپان
硒杂环丁烷			"硒杂丁环" گە قاراڭز.
硒杂茂			"硒吩" گە قاراڭز.
硒整流器	selenium rectifier		سەلەندى تۈزەتكىش
硒唑	selenazoline		سەلەنازول
硒唑啉	selenazoline		سەلەنازولىن
析木兰碱			"巨花精" گە قاراڭز.
矽 silicon			سىلىكون (كرەمنىيدنىڭ بۇرۇنغى اتى)
矽胶			"硅胶" گە قاراڭز.
矽砂	silica sand		كرەمنىيلى قۇم
矽烷化	silylation		سىلاندا، سىلاندانۇ
希拉登	schradan		شرادان
烯胺	enamine		ەنامىن
烯胺式	enamic form		ەنامىن فورمالى

烯丙氨腈		C₄H₆N₂	.ئەگە قاراگۆز "خردل ئامين"
烯丙胺	allyl amine	CH₂CHCH₂NH₂	اللیل امین
烯丙叉	allylidene	CH₂CHCH=	اللیلیدەن
烯丙醇	allylalcohol	CH₂CHCH₂OH	اللیل سپیرتی
烯丙醇聚合物	allyl alcohol polymer		اللیل سپیرتتی پولیمەر
烯丙基	allyl group	CH₂CHCH₂-	اللیل، اللیل گرۆپپاسی
β-烯丙基	β-allyl	CH₂CH(CH₃)-	β - اللیل
烯丙基氨荒酸	allyl dithiocarbamic acid	CH₂CHCH₂NHCSSH	اللیل دیتیو کاربامین قشقىلى
烯丙基苯	allyl benzene	C₆H₅CH₂CHCH₂	اللیل بەنزول
烯丙基苯基醚	allyl phenyl ether	C₃H₅OC₆H₅	اللیل فەنیل ەفیری
烯丙基苯基脲	allyl phenyl urea	C₃H₅NHCONHC₆H₅	اللیل فەنیل ۇرەا
烯丙基苯甲酸酯	allyl benzoate		اللیل بەنزوي قشقىلى ەستەری
烯丙基吡啶	allyl pyridine	C₃H₅C₅H₄N	اللیل پیریدین
烯丙基苄基硫	allyl benzyl sulfide	CH₂CHCH₂SCH₂C₆H₅	اللیل بەنزیلدی كۆكمرت
烯丙基丙二酸	allyl malonic acid	C₃H₅CH(CO₂H)₂	اللیل مالون قشقىلى
烯丙基丙酮	allyl aceton	C₃H₅CH₂COCH₃	اللیل اتسەتون
烯丙基醋酸	allyl acetic acid	CH₂CHC₂H₄COOH	اللیل سىركە قشقىلى
烯丙基碘	allyl iodide	CH₂CHCH₂I	اللیل یود
烯丙基碘六胺	allyl iodide hexamine		اللیل یودتی گەکسامین
烯丙基丁基亚砜	sulfoxide, allyl butyl	CH₂CHCH₂SOC₄H₉	اللیل بۆتیلدی سۆلفوكسید
烯丙基汞化碘	allyl mercuric iodide		اللیل سناپتی یود
烯丙基化硫	allyl sulfide	(CH₂CHCH₂)₂S	اللیلدی كۆكمرت
烯丙基化三硫	allyl trisulfide	(C₃H₅)₂S₃	اللیلدی ۇش كۆكمرت
烯丙基甲胺	allyl methylamine		اللیل مەتیلامین
烯丙基甲苯基醚	ally tolyl ether		اللیل تولیل ەفیری

1-烯丙基-3,4-甲撑二氧基苯 1-allyl-3,4-methylene dioxy benzene

1 ـ اللیل ـ 4، 3 ـ مەتیلەندى دیوكسیل بەنزول

烯丙基甲醇	allyl carbinol	C₃H₅CH₂OH	اللیل كاربینول
烯丙基甲基醚	allyl methyl ether	CHCHCH₂OCH₃	اللیل مەتیل ەفیری
烯丙基芥子油	allyl mustard oil	CH₂NCS	اللیلدى قشى مایى

烯丙基藜芦醚　allyl veratrol　　　　　　　　اللیل ۋەراترول

烯丙基硫醇　allyl sulfhydrate　CH_2CHCH_2SH　اللیل كۆكىرت گیدراتى

烯丙基硫醚　　　　　　　　اللیل گالوگەن " گە قاراڭىز .

烯丙基硫脲　allyl thiourea　$C_3H_5NHCSNH_2$　اللیل تیوۋرەا

烯丙基卤　allyl halide　$CH_2X\cdot CH:CH_2$　اللیل گالوگەن

烯丙基氯　allyl chloride　CH_2CHCH_2Cl　اللیل حلور

烯丙基醚　allyl ethers　$(CH_2\cdot CH:CH_2)OR$　اللیل ەفیرلەرى

烯丙基脲　allyl urea　$C_3H_5NHCONH_2$　اللیل ۇرەا

烯丙基氰　allyl cyanide　$CH_2:CHCH_2CN$　اللیل سیان

烯丙基三氯硅烷　allyl tricholrosilane　اللیل ۇش حلورلى سیلان

烯丙基胂酸　allyl arsonic acid　$CH_2:CHCH_2AsO(OH)$　اللیل ارسون قىشقىلى

烯丙基溴　allyl bromide　CH_2CHCH_2Br　اللیل بروم

烯丙基乙基醚　allyl ethyl ether　$CH_2CHCH_2OC_2H_5$　اللیل ەتیل ەفیرى

烯丙基乙腈　allyl acetonitril　$C_3H_5CH_2CN$　اللیل اتسەتونیتریل

烯丙基乙酰苯　allyl acetophenone　اللیل اتسەتوفەنون

烯丙基乙酰醋酸酯　ethyl allyl acetylacetate　$CH_3COCH(C_3H_5)CO_2C_2H_5$

اللیل اتسەتیل سىركە قىشقىل ەتیل ەستەرى

烯丙基异丙基乙酰脲　allyl isopropylacetylurea　$(C_3H_7)(C_3H_5):CHCONHCONH_2$

اللیل یزوپروپیل اتسەتیل ۇرەا

烯丙基异戊基醚　allyl isoamyl ether　$C_3H_5OC_5H_{11}$　اللیل یزوامیل ەفیرى

烯丙胼　allyl isomitrile　$CH_2:CHCH_2NC$　اللیل یزونیتریل

烯丙硫醇　allyl mercaptane　$CH_2:CHCH_2SH$　اللیل مەركاپتان

烯丙醚　allyl ether　$(CH_2:CHCH_2)_2O$　اللیل ەفیرى

烯丙树脂　allyl resin　اللیل سمولا

烯丙位　allyl position　اللیل ورىن

烯丙位重排　allylic rearrangement　اللیل ورىندا قایتا ورنالاسۇ

烯丙位取代　allylic substitution　اللیل ورىندا الماسۇ

烯丙氧基　allyloxyl, allyloxy　$CH_2:CH_2O-$　اللیلوكسیل

烯丙酯聚合物　allyl ester polymer　اللیل ەستەر پولیمەر

烯醇　enol　$C_2H_{2n-1}\cdot C_2H_5OH$　ەنول ، ولەفین سپیرتى

烯醇的磷酸酯　enol phosphate　ەنولدىڭ فوسفور قىشقىل ەستەرى

烯醇(化)酶　enolase　ەنولازا

烯醇化(作用)　enolization　ەنولدانۇ

烯醇式	enol form	ەنول فورمالى
烯丁酸	3－butenic acid CH_2CHCH_2COOH	3 ـ بۇتەن قىشقىلى
烯二醇	enediol $RC(OH)=C(OH)R$	ەنەديول
烯化多硫	alkylene polysulfide	الكيلەندى پولي كۆكىرت
烯化硫	alkylene sulfide	الكيلەندى كۆكىرت
烯化氧	alkylene oxide	الكيلەن توتعى
烯己酮－[5]		"烯丙基丙酮" گە قاراڭىز.
烯键	ethylenic bond(＝olefinic bond)	ەتيلەندىك بايلانس، ولەفيندىك بايلانس
烯聚合油	olefin polymer oil	ولەفين پوليمەر مايى
烯醛	olefine aldehyde $CnH_{2n-1}·CHO$	ولەفين الدەگيتى
烯属聚合(作用)	alefinic polymerization	ولەفيننىڭ پوليمەرلەنۋى
烯属三醇	ethylene triols	ەتيلەن تريولدار
烯属酸	olefinic acid $CnH_{2n-1}·COOH$	ولەفين قىشقىلى
烯属烃		"链烯" گە قاراڭىز.
烯酸		"烯属酸" گە قاراڭىز.
α－烯酸	α－ethylenic acid	α ـ ەتيلەن قىشقىلى
烯碳	olefinic carbon	ولەفيندىك كومىرتەك
烯糖	glycal	گليكال
烯烃	olefin	ولەفيندەر
烯烃的环化	cyclization of olefin	ولەفيننىڭ ساقينالانۋى
烯烃的水化作用	hydration of olefines	ولەفيننىڭ گيدراتانۋى
烯烃共聚物	olefin copolymer	ولەفين كوپوليمەر
烯烃基	alkylene	الكيلەن
烯烃取代芳香烃	olefine－substituted aromatic	ولەفيننىڭ اروماتتى كومىر
		سۇتەگىن الماستىرۇى
烯烃树脂	olefinic resin	ولەفيندى سمولا (شايىرلار)
烯酮		"乙烯酮" گە قاراڭىز.
烯戊精	allyl acetonitrile $C_3H_5CH_2CN$	الليل اتسەتونيتريل
烯戊酸		"烯丙基醋酸" گە قاراڭىز.
烯亚胺式	enimic form	ەنيمي فورمالى
烯亚胺化作用	enimization	ەنيميلەنۇ
烯族水化物	olefinic hydrate	ولەفين گيدراتى
烯组份	olefinic constituents	ولەفين قۇرامدارى

稀度	dilution	سۇيۇلتۇ دارەجەسى، سۇيۇقتىق دارەجەسى
稀溶液	dilute solution	سۇيۇق ەرىتىندى
稀释	dilution	سۇيۇلتۇ
稀释比例	dilution ratio	سۇيۇلتۇ سالىستىرمىسى
稀释度	dilutability	سۇيۇلعىشتىق
稀释极限	dilution limit	سۇيۇلتۇ شەگى
稀释剂	diluent	سۇيۇلتقىش (اگەنت)
稀释律	dilution law	سۇيۇلتۇ زاڭى
稀释浓度	diluted concentration	سۇيۇتىلعان قويۇلىق
稀释瓶	dilution bottle	سۇيۇلتۇ شولمەگى
稀释热	dilution heat	سۇيۇلتۇ جىلۇى
稀释熵	entropy of dilution	سۇيۇلتۇ ەنتروپياسى
稀释系数	coefficient of dilution	سۇيۇلتۇ كوەففيتسەنتى
稀疏混合物	rarefied mixture	سيرەتىلگەن قوسپا
稀疏气体	rarefied gas	سيرەتىلگەن گاز
稀疏(作用)	rarefaction	سيرەۇ
烯酸	dilute acid	سۇيۇق قىشقىلدار
稀土金属	rare earth metal	سيرەك جەر مەتالدار
稀土元素	rare earth element	سيرەك جەر ەلەمەنتتەر
稀土族	rare earths	سيرەك جەر ەلەمەنتتەر گرۇپپاسى
稀相系统	dilute phase system	سۇيۇق فازا جۇيەسى
稀有混合物	rare mixture	سيرەك قوسپالار
稀有碱土金属	rare alkaline earth metal	سيرەك سىلتىلىك جەر مەتالدار
稀有金属	rare metal	سيرەك مەتالدار
稀有气体	rare gas	سيرەك گازدار
稀有气体化合物	rare gas compound	سيرەك گاز قوسىلىستارى
稀有气体元素	rare gas element	سيرەك گاز ەلەمەنتتەر
稀有元素	rare element	سيرەك ەلەمەنتتەر
息托格劳斯 O		."O 毛罂蓝" گە قاراڭىز
吸电子基		."拉电子基" گە قاراڭىز
吸附	adsorb(= adsorption)	ادسوربتسيا، ادسوربتسيالاۇ
吸附本领	adsorptive capacity	ادسوربتسيالاۇ قابلەتى
吸附层	adsorbed layer	ادسوربتسيالانۇ قاباتى

吸附沉淀剂　adsorption precipitant　ادسوربتسىيالاپ تۆنباعا تۆسىرگمش اگەنت

吸附催化剂　adsorptive catalyst　ادسوربتسىيالىق كاتالىزاتور

吸附电流　adsorption current　ادسوربتسىيالىق توك

吸附电位　adsorption potential　ادسوربتسىيا پوتەنسىيالى

吸附分离　adsorption stripping　ادسوربتسىيالىق ايرۆ

吸附过程　adsorption process　ادسوربتسىيا بارىسى

吸附过滤　adsorption filtration　ادسوربتسىيالىق ٴسۇزۇ

吸附化合物　adsorption compound　ادسوربتسىيالىق قوسىلىستار

吸附剂　adsorbent　ادسوربەنت، ادسوربتسىيالاعىش اگەنت

吸附精制　adsorption refining　ادسوربتسىيالىق مانەرلەۇ

吸附离子　adion　ادىيون، ادسوربتسىيالانعان يون

吸附量　adsorptive capacity　ادسوربتسىيا شاماسى

吸附膜　adsorption film　ادسوربتسىيا جارعاعى

吸附平衡　adsorption equilibrium　ادسوربتسىيا تەپە ـ تەڭدىگى

吸附器　adsorber　ادسوربەر، ادسوربتسىيالاعىش

吸附汽油　adsorption gasoline　ادسوربتسىيالانعان بەنزىن

吸附热　adsorbtion heat　ادسوربتسىيا جىلۇى

吸附色层分离法　adsorption chromatography　ادسوربتسىيالىق حروماتوگرافتاۇ

吸附色谱法　　　　"吸附色层分离法" گە قاراڭىز.

吸附势　adsorption potencial　ادسوربتسىيا پوتەنتسىيالى

吸附速率　rate of adsorption　ادسوربتسىيا جىلدامدىعى

吸附酸　adsorber acid　ادسوربتسىيالاعىش قىشقىل

吸附效应　adsorption effect　ادسوربتسىيا ەففەكتى

吸附性　adsorbability　ادسوربتسىيالاعىشتىق

吸附原子　adatom　اداتوم، ادسوربتسىيالانعان اتوم

吸附指示剂　adsorption indicator　ادسوربتسىيالىق ينديكاتورلار

吸附柱　adsorption column　ادسوربتسىيالاۇ باعاناسى (مۇناراسى)

吸附装置　adsorption plant　ادسوربتسىيالاۇ قوندىرعمىسى (قۇرىلعىسى)

吸附(作用)　adsorption　ادسوربتسىيالاۇ

吸管　sucker　سورۇ تۇتىگى

吸气器　aspirator　اسپىيراتور، گاز سورعىش

吸热　endothermal　جىلۇ ٴسىڭىرۇ

吸热变化　endothermic change　جىلۇ ٴسىڭىرۋپ وزگەرۇ

吸热反应	endothermic reaction	جىلؤ سىممرەتىن رەاكسىيالار
吸热化合物	endothermic compound	جىلؤ سىممرەتىن قوسىلمىستار
吸热转化	endothermic conversion	جىلؤ ئسممرىپ اينالؤ
吸入强度	intensivity of suetion	ئسممرؤ كۈشەمەللىكى
吸收	absorp(= absorption)	ابسورىتسىا، ابسورىتسىالاؤ
吸收本领	absorption power	ابسورىتسىالاؤ قابلەتى
吸收层	absorbed layer	ابسورىتسىالانؤ قاباتى
吸收池	absorption cell	ابسورىتسىالاؤ كۈلشگى
吸收光谱	absorption spectrum	ابسورىتسىا سپەكترلەرى، جؤتىلؤ سپەكترلەرى
吸收化合物	absorption compound	ابسورىتسىالىق قوسىلمىستار
吸收剂	absorbent	ابسورىبەنت، ابسورىتسىالاعىش اگەنت
吸收剂溶液	absorbent solution	ابسورىبەنت ەرىتىندى
吸收率	absorption rate	ابسورىتسىا شاماسى، جؤتىلؤ دارەجەسى
吸收面	absorbing surface	ابسورىتسىالىق بەت
吸收频率	absorption frequency	ابسورىتسىا جىيىلىگى
吸收瓶	absorption bottle	ابسورىتسىا شولمەگى
吸收平衡	absorption equilibrium	ابسورىتسىا تەپە ـ تەڭدگى
吸收器	absorber	ابسورىبەر، ابسورىتسىالاعىش
吸收汽油	absorption gasoline	ابسورىتسىالانعان بەنزىن
吸收色	absorption color	ابسورىتسىالانعان ئتۇس
吸收烧瓶	absorption flask	ابسورىتسىالاؤ كۈلباسى
吸收室	absorption chamber	ابسورىتسىالاؤ كامەراسى
吸收塔	absorbing tower	ابسورىتسىالاؤ مۇناراسى
吸收洗涤器	absorber washer	ابسورىتسىالاپ جؤعىش
吸收系数	absorption coefficient	ابسورىتسىا كوەففىتسەنتى
吸收系统	absorption system	ابسورىتسىا جؤيەسى
吸收性	absorptivity	ابسورىتسىالاعىشتىق
吸收性滤器	absorbent filter	ابسورىتسىالاعىش سۈزگى
吸收液	apsorption liquid	ابسورىتسىالاؤ سۇيىقتىعى
吸收仪器	absorbing apparatus	ابسورىتسىالاؤ اپپاراتى
吸收油	absorbent oil	ابسورىتسىالانعان ماي
吸收纸	absorbent paper	ابسورىتسىالاؤ قاعازى
吸收柱		"吸收塔" گە قاراڭىز.

吸收作用　absorption　　　　　　　　ئابسوربتسىيالاۋ

吸氧剂　oxygen absorbent　　　وتەگىن سىمىرگىش اگەنت

吸着　sorbing　　　　　　　　　　ئسگۇرۇ

吸着比　sorbtion ratio　　　　　ئسگۇرۇ قاتناسى

吸着等温线　sorbrion isotherm　　ئسگۇرۇ يزوتەرميالىق سزرعى

吸着剂　sorbent(= sorbing agent)　　سگۇرگىش (اگەنت)

吸着物　sorbate　　　　　　　ئسگۇرىندى

吸着稀薄化作用　sorbtion exhaust　ئسگۇرلىپ سىرەتلۇ

吸着(作用)　sorbtion　　　　　ئسگۇرۇ (رولى)

锡(Sn)　stannum　　　　　　　قالايى (Sn)

锡箔　　　　　　　　　　"锡纸" گە قاراڭىز.

锡锭　tin ingot　　　　　　　كەسەك قالايى

锡酐　tin anhydride　　　　قالايى انگيدريدتى

锡焊　tin soldering　　　قالايمەن دانەكەرلەۋ

锡块　　　　　　　　"锡锭" گە قاراڭىز.

锡媒染剂　tin mordant　　　قالايى دانەكەر

锡试验　tin test　　　　　　قالايى سىناعى

锡酸　stannic acid　　　　قالايى قىشقىلى

锡酸根　stannate radical　قالايى قىشقىلىنىڭ قالدعى

锡酸钴　cobaltous stannate　$CoSnO_3$　قالايى قىشقىل كوبالت

锡酸钾　potassium stannate　K_2SnO_3　قالايى قىشقىل كالي

锡酸锂　lithium stannate　Li_2SnO_3　قالايى قىشقىل ليتي

锡酸钠　sodium stannate　$NaSnO_3$　قالايى قىشقىل ناتري

锡酸盐　stannate　M_2SnO_3　قالايى قىشقىلىنىڭ تۇزدارى

锡盐　tin salt　$SnCl_2$　قالايى تۇزى

锡纸　tinfoil(= tin leaf)　قالايى قاعاز

锡族　tin family　　　　قالايى گرۇپپاسى

锡族元素　tin family element　قالايى گرۇپپاسىنداعى ەلەمەنتتەر

习惯命名法　customary nomenclature　داعدىلى اتاۋ ئادسى

习用符号　conventional symbol　داعدىلى تاڭبا، داعدىلى بەلگى

习用化学常数　conventional chemical constant　داعدىلى حيميالىق تۇراقتى سان

习用式　conventional formula　داعدىلى فورمۇلا

席夫碱 Schiff base	شيف نەگىزى
席夫试剂 Schiff reagent	شيف رەاكتيۋى
喜蛋花酸 plumieric acid $C_{20}H_{24}O_{12}$	پلۇميەر قىشقلى
洗出液 tluate	جۇندى، جۇندى سۇيىقتىق
洗涤 wash, washing	جۇۋ
洗涤本领 washing power	جۇۋ قابلەتى
洗涤剂 strippant	جۇۋ ٴدارى سۇيىقتىقتارى
洗涤碱 washing soda	جۇۋ سوداسى
洗涤瓶 washing bottle	جۇۋ شولمەگى
洗涤塔 washing tower	جۇۋ مۇناراسى
洗涤液 washing liquid	جۇۋ سۇيىقتىعى
洗涤用碱	"洗衣碱" گە قاراڭز.
洗涤用稀释剂 washing thinner	جۇۋعا ستەتمەتىن سۇيىلتقىش
洗涤用皂	"洗衣皂" گە قاراڭز.
洗汽瓶 gas washing bottle	گازبەن جۇۋ شولمەگى
洗液	"洗涤液" گە قاراڭز.
洗衣粉 washing powder	ۇنتاق سابىن، كىر جۇۋ پاراشوگى
洗衣碱 laundry soda	كىر جۇۋعا ستەتمەتىن سودا
洗衣蜡 laundry wax	كىر جۇۋعا ستەتمەتىن بالاۋز
洗衣皂 laundry soap	كىر سابىن
洗油 1. wash oil ; 2. absorption oil	1. جۇۋ مايى؛ 2. ابسوربتسيالاۋ مايى
洗作石蜡	"洗衣蜡" گە قاراڭز.
卌 forty	قىرىق
系 series	قاتار، قاتارلاس، جەلمەس
系电子 series electron	جەلمەس ەلەكتروندار
系(列)	"系" گە قاراڭز.
系数 coefficient	كوەففيتسەنت
系统 system	جۇيە، سيستەما
系统分析 systematic analysis	جۇيەلىك تالداۋ
系统名(称) systematic name	جۇيەلى اتى، عىلمي اتى
系统命名法 systematic nomenclature	جۇيەلى اتاۋ ٴادسى
系统误差 systematic error	جۇيەلىك قاتەلىك
细胞毒 sytotoxin	سيتوتوكسين

细胞化学	cytochemistry	سيتوحيميا
细胞黄素	cytoflavin	سيتوفلاۋين
细胞解糖酶		"细胞溶解酶" گه قاراڭىز.
细胞内酶		"羁附酶" گه قاراڭىز.
细胞溶解酶	cytase	سيتازا
细胞色素	cytochrome	سيتوحروم
细胞色素过氧化酶	cytochrome peroxidase	سيتوحروم اسقىن وكسيدازا
细胞色素还原酶	cytochrome reductase	سيتوحروم رەدۇكتوزا
细胞色素氧化酶	cytochrome oxidase	سيتوحروم وكسيدازا
细胞外酶		"可溶酶" گه قاراڭىز.
细胞学	sytology	سيتولوگيا
细胞质	sytoplasm	سيتوپلازما
细柄酸	stipitatic acid	ستيپيتات قىشقىلى
细口瓶	narrow – mouthed bottle	تار اۇزدى شولمەك
细微反应		"微量反应" گه قاراڭىز.
细微组织		"显微组织" گه قاراڭىز.
细辛基	asaryl $(CH_3)_6C_6H_2-$	اساريل
细辛脑	asarone	اسارون
细辛醛	asayl aldehyde $(CH_3O)_3C_6H_2CHO$	اساريل الدەگيتى
细辛素	asarinin	اسارينين
细辛酸	asarylic acid $(CH_3O)_2C_6H_2(COOH)$	اساريل قىشقىلى

xia

虾红素	astacin	استاتسين
虾黄质	astaxanthin	استاكسانتين
夏至素	marrubin $C_{20}H_{28}O_4$	ماررۇبين

xian

氙(Xe)	xenonum	كسەنون (Xe)
仙人掌碱己		"佩落碱" گه قاراڭىز.
纤基醋酸钠	tylose	تيلوزا

纤基染料	cellutyl colours	سەللیۆتیل بویاۋلاری
纤精酮	leptospermone	لەپتوسپەرمون
纤克		"克微克" گە قاراڭز.
纤拉厅染料	celatene colours	سەلاتەندی بویاۋلار
纤落散	celloxan	سەللوكسان
纤烷醇	celanol	سەلانول
纤烷醇染料	celanol colours	سەلانول بویاۋلاری
纤烷丝	celanese	سەلانەزا
纤烷丝染料	celanese colours	سەلانەزالی بویاۋلار
纤维	fiber(= fibre)	تالشىق
纤维蛋白		"纤维朊" گە قاراڭز.
纤维蛋白溶酶		"纤维朊溶酶" گە قاراڭز.
纤维蛋白原		"纤维朊原" گە قاراڭز.
纤维蛋白原酶	fibrinogenase	فیبرینوگەنازا
纤维等同周期	fiber period	تالشىق تۇراقتى پەريودى
纤维二糖	cellobiose $C_{12}H_{22}O_{11}$	سەللوبيوزا
纤维二糖酶	cellobiase	سەللوبيازا
纤维二糖醛酸	cellobiuronic acid	سەللوبيۆرون قىشقىلى
纤维己糖	cellohexose	سەللوگەكسوزا
纤维剂	cellotex	سەللوتەكس
纤维结构	fiber structure	تالشىق قۇرىلمى
纤维聚糖	cellulosan	سەللیۆكوزان
纤维蜡	fiber wax	تالشىق بالاۋزى
纤维裂痕	fibrous fracture	تالشىقتىڭ سىزاتتانۋى (جارىلۋى)
纤维强度	fiber stress	تالشىق كۈشەمەللىلگى
纤维朊	fibrin	فیبرین
纤维朊分解作用	fibrinolysis	فیبریننىڭ ىدىراۋى
纤维朊酶	fibrinferment	فیبرین فەرمەنت
纤维朊原	fibrinogen	فیبرینوگەن
纤维三糖	cellotriose	سەللوتريوزا
纤维四糖	cellotetrose	سەللوتەتروزا
纤维素	cellulose $(C_6H_{10}O_5)_{11}$	سەللیۆلوزا
α-纤维素	α-cellulose	α ـ سەللیۆلوزا

β－纤维素	β－cellulose	β ـ سەلليۆلۇزا
γ－纤维素	γ－cellulose(＝gamma celluose)	γ ـ سەلليۆلۇزا، گامما سەلليۆلۇزا
纤维素甲醚		"甲基纤维素" گە قاراڭـز.
纤维素六硝酸酯	guncotton	گۆنكوتون
纤维素滤器	cellulose filter	سەلليۆلۇزا سۈزگـش
纤维素酶	cellulase	سەلليۆلازا
纤维素醚	cellulose ether	سەلليۆلۇزا ەفيرى
纤维素漆	cellulose laquer(＝lacquer)	سەلليۆلۇزالى لاكتار
纤维素树脂	cellulose resin	سەلليۆلۇزالى سمولالار
纤维素酸	cellulosic acid	سەلليۆلۇزا قىشقىلى
纤维素纤维	cellulose base fiber	سەلليۆلۇزا تالشەعى
纤维素Ⅰ型结构	cellulose Ⅰ structure	سەلليۆلۇزا Ⅰ تيپتىك قۇرىلمىى
纤维素Ⅱ型结构	cellulose Ⅱ structure	سەلليۆلۇزا Ⅱ تيپتىك قۇرىلمىى
纤维素Ⅲ型结构	cellulose Ⅲ structure	سەلليۆلۇزا Ⅲ تيپتىك قۇرىلمىى
纤维素乙二醇醚	glycol ether of cellulose	سەلليۆلۇزا گليكول ەفيرى
纤维素乙醚		"乙基纤维素" گە قاراڭـز.
纤维素酯	cellulose ester	سەلليۆلۇزا ەستەرى
纤维素质	cellulose material	سەلليۆلۇزا ماتەريال
纤维填料	fibrous filler	تالشـق ءتارىزدى تولىقتىرعىش ماتەريالدار
纤维酯(醚)塑料	strol	ەترول
纤维质的		"纤维状的" گە قاراڭـز.
纤维状的	fibred(＝fibrous)	تالشـق فورمالى، تالشـق ءتارىزدى
纤维状朊	fibrous protein	تالشـق ءتارىزدى پروتەين
纤维状润滑脂	fiber grease	تالشـق ءتارىزدى گرەازا
酰胺	amide R·CONH₂	اميد
酰胺氮	amide nitrogen	اميدتى ازوت
酰胺叠氮	acid azide	اميدتى ازيد
酰胺丁二酸	amido succinic acid CONH₂·(CH₂)₂·COOH	اميدو سۇكتسين قىشقىلى
酰胺粉	amidpulver	اميد ۇنتاعى
酰胺黑	amido black	اميد قاراسى
酰胺琥珀酸汞	mercuric amido succinate Hg(C₄H₆O₃N)₂	اميدوسۇكتسين

قشقىل سناپ

酰胺化　amidate　　　　　　　　　ئامىدەۋ

酰胺化剂　amidating agent　　　　　ئامىدەگىش ئاگەنت

酰胺化物　amidated　　　　　　　　ئامىدتى قوسۇلمىستار

酰胺化作用　amidation　　　　　　　ئامىدەنۇ

酰胺－环氧树脂　amide－epoxy resin　（شايىر）ئامىدتى ەپوكسىل سمولا

酰胺黄　amido yellow　　　　　　　ئامىدو سارسى

酰胺基　amido　－CO－NH－　　　　ئامىدو

酰胺基酸　amic acid(= amido acid)　ئامىن قشقىلى، ئامىدو قشقىلى

酰胺键　amido bond　NH·CO　　　ئامىدولۇق بايلانىس

酰胺连接法　　　　　　　　　　".肽(式)键(合)" گە قاراڭز

酰胺酶　amidase　　　　　　　　　ئامىدازا

酰胺萘酚红 6B　amidonaphthol red 6B　6B ئامىدو نافتول قزلى

酰胺萘酚红 G　amidonaphthol red G　G ئامىدو نافتول قزلى

酰胺染料　amido colors　　　　　　ئامىدو بوياۋۇلار

酰胺酸　　　　　　　　　　".酰胺基酸" گە قاراڭز

酰胺态氮　　　　　　　　　　　".酰胺氮" گە قاراڭز

酰胺纤维　　　　　　　".尼龙" ,"锦龙" گە قاراڭز

酰胺－6－纤维　　　　".尼龙－6" ,"锦龙－6" گە قاراڭز

酰胺－66－纤维　　　".尼龙－66" ,"锦龙－66" گە قاراڭز

酰胺－11－纤维　　　　　".锦龙－11" گە قاراڭز

酰胺－610－纤维　　　　".锦龙－610" گە قاراڭز

酰苯　－phenone　CO·C₆H₅　　　فەنون

酰苯胺酸　－anilic acid　C₆H₅NHOCRCOOH　ئانىلىن قشقىلى

酰二胺　acid diamide　　　　　　　ئاتسىل دىيامىد

酰辅酶 A　acylcoenzim A　　　　　A ئاتسىل كوەنزىم

酰化　acylate　　　　　　　　　　ئاتسىلدەۋ

酰化剂　acylating agent　　　　　ئاتسىلدەگىش ئاگەنت

酰化了的　acylated　　　　　　　ئاتسىلدەنگەن

酰化(作用)　acylation　　　　　　ئاتسىلدەۋ

酰基　acyl radical　　　　　　　ئاتسىل، ئاتسىل رادىكالى

酰基醋酸　acyl acetic acid　　　　ئاتسىل سىركە قشقىلى

酰基的磷酸酯　acyl phosphate　　ئاتسىل فوسفور قشقىل ەستەرى

酰基碘　acyl iodide		اتسيلدى يود، اتسيل يود
酰基叠氮　acid azide　R·CO·N₃		اتسيل ازيد
酰基－二氮杂茚酮		"酰基吲唑酮" گه قاراڭز.
酰基氟　acyl fluoride　R·COF		اتسيلدى فتور، اتسيل فتور
酰基化(作用)		"酰化(作用)" گه قاراڭز.
酰基肼　acyl hydrazide　R·CO·NH·NH		اتسيل گيدرازيد
酰基卤　acyl halide		اتسيل گالوگەن
酰基氯　acyl chloride		اتسيل حلور
酰基脲　acyl urea　NH₂·CO·NH·CO·R		اتسيل ۇرەا
酰基偶氮化合物　acyl－azo－compound		اتسيل ـ ازو ـ قوسىلىستار
酰基氰　acyl cyanide　R·CO·CN		اتسيل سيان
酰基肉碱　acyl carnitine		اتسيل كارنيتين
酰基溴　acyl bromide		اتسيل بروم
酰基衍生物　acyl derivative		اتسيل تۋىندىلارى
酰基吲唑酮　acylindazolone		اتسيل يندازولون
酰肼　hydrazide		گيدرازيد
酰卤化物　etheride		ەتەريد
酰脒　acid amidine　R·C(NH₂):NH		قىشقىل اميدين
酰萘　naphthone　CO·C₁₀H₇		ـ نافتون
酰脲　ureide		ۇرەيد
酰脲素		"酰脲" گه قاراڭز.
酰替氨基苯乙醚		"酰替苯乙定" گه قاراڭز.
酰替苯胺基脲　phenyl semicarbazide		فەنيل سەميكاربازيد
酰替苯胺　anilide(＝acid anilide)　C₆H₅NHCOR		انيليد، قىشقىل انيليد
酰替苯乙定　－phenetidine　CO·NHC₆·H₄OC₂H₅		فەنەتيدين
酰替二甲苯胺　－xylide　－CONHC₆H₃(CH₃)₂		ـ كسيليد
酰替茴香胺　－anizide　－CONHC₆H₄OCH₃		ـ انيزيد
酰替肌氨酸　N－acyl sarcosine		N ـ اتسيل ساركوزين
酰替甲苯胺　toluidide(＝toluide)　CH₃C₆N₄NH·COR		تولۋيديد،، تولۋيد
酰替卡巴肼　carbohydrazide　RCONHNHCONHNH₂		كاربوگيدرازيد
酰替吗啉　－morpholide　RCON(CH₂)₄O		ـ مورفوليد
酰替萘胺　naphthalide　RCONHC₁₀H₇		نافتاليد
酰替哌啶　piperidine　RCON(CH₂)₅		پيپەريدين

酰替乙氧基苯胺	phenethide	$C_2H_5OC_6H_4NHCOR$	فەنەتید

酰氧基 acyloxy RCOO– اتسیلوكسیل

酰腙 acylhydrazone اتسیل گیدرازون

酰亚胺 "亚胺" گە قاراڭز.

咸水 اششی سۇ، تۇزدی سۇ

显负电性 show electronegative تەرس ھەلەكترلىك قاسیەت كورسەتۇ

显红糊精 erythrodextrin ەریترو دەكسترین

显跡原子 "标记原子" گە قاراڭز.

显色 coloration ئۇس كورسەتۇ، ئۇس ایقىنداۋ

显色反应 color reaction ئۇس كورسەتۇ رەاكسیاسی

显色剂 developer ئۇس كورسەتكش اگەنت

显色染料 developing dye ئۇس ایقىنداعمش بویاۋلار

显色试剂 color reagent ئۇس كورسەتۇ رەاكتیۋى

显色试验 color test ئۇس كورسەتۇ سىناعی

显色液 coloring solution ئۇس كورسەتۇ ەرتىنەندىسی

显微镜 microscope میكروسكوپ

显微镜分析 microscopic analysis میكروسكوپتىق تالداۋ

显微镜台 stage of microscope میكروسكوپ ۇستەلشەسی

显微镜筒 microscope tube میكروسكوپ وزەگی

显微镜旋转台 microscope turn table میكروسكوپتاڭ اینالۋ ۇستەلشەسی

显微镜用灯 microlamp میكروسكوپ لامپاسی

显微镜载片台 microscope stage میكروسكوپتاڭ زات قویاتىن ۇستەلشەسی

显微镜座 microscope base میكروسكوپ تۇعىرى

显微系统 microscopic system میكروسكوپتىق جۇیە

显微照相 microphothograph میكروفوتوگرافیا

显微组织 micro structure (= microscopic structure) میكرو قۇرىلمىم، میكروسكوپتىق قۇرىلمىم

显像 development كەسكىن كورسەتۇ، كەسكىن ایقىنداۋ

显像本领 developing power كەسكىن ایقىنداۋ قابىلەتى

显像基 developing radical كەسكىن ایقىنداعمش رادیكال

显像剂 developing agent كەسكىن ایقىنداعمش (اگەنت)

显像因素 developing factor كەسكىن ایقىنداۋ فاكتورى

显像纸 developing out paper كەسكىن ایقىنداۋ قاعازى

显影	"显像" گە قاراڭز.
显影剂	"显像剂" گە قاراڭز.
显正电性　electropositivity	ۋلگ ەلەكترلىك قاسيەت كورسەتۇ
显踪原子	"标记原子" گە قاراڭز.
苋莱红　amaranth	امارانت
α‒线　α‒rays	α ـ ساۆلە
β‒线　β‒rays	β ـ ساۆلە
γ‒线　γ‒rays	γ ـ ساۆلە
线速度　linear velocity	سىزىقتى جىلدامدىق
线型分子　linear molecule	سىزىقتى مولەكۋلالار
线型酚醛清漆　novolak	نوۆۆلاك
线型结构　linear structure	سىزىقتى قۇرىلىم
线型结构聚合物　linear structure polymer	سىزىق قۇرىلىمدى پوليمەرلەر
线型聚合　linear polymerization	سىزىقتى پوليمەرلەنۇ
线型聚合物　linear polymer	سىزىقتى پوليمەرلەر
线型缩合　linear condensation	سىزىقتى كوندەنساتسيالانۇ
线型缩合环　linear condensed ring	سىزىقتى كوندەنساتسيالانعان ساقينا
线型无定形聚合物　linear amorphous polymer	سىزىقتى ٴپىشىنسىز پوليمەرلەر
线型酯　linear ester	سىزىقتى ەستەرلەر
线型状光谱　line spectrum	سىزىقتى سپەكترلەر
腺甙　adenosine　$C_{10}H_{13}O_4N_5$	ادەنوزين
腺(甙)二磷	"二磷酸腺甙" گە قاراڭز.
腺甙基　adenyl	ادەنيل
腺(甙)三磷	"三磷酸腺甙" گە قاراڭز.
腺甙三磷酸　adenodine triphosphatic acid　$NH_2 \cdot C_5H_2N_4 \cdot C_5H_8O_3 \cdot O \cdot PO_3H_2 \cdot (H_2P_2O_6)$	ادەنوزين ٴۇش فوسفور قىشقىلى
腺甙酸　adenylic acid　$C_{10}H_{14}O_7N_5P$	ادەنيل قىشقىلى
腺甙酸脱氨酶　adenylic (acid) deaminase	ادەنيل (قىشقىل) دەامينازا
腺甙脱氨酶　adenosine deaminase	ادەنوزين دەامينازا
腺嘌呤　adenine　$C_5H_5N_5$	ادەنين
腺嘌呤‒9‒β‒呋喃核糖甙　adenine‒9‒β‒ribofuranoside	ادەنين ـ 9 ـ β ـ ريبوفۇرانوزيد

腺嘌呤核甙酸　adenine nucleotide　ادەنین نۇكلەوتید

腺嘌呤黄素二核甙酸　adenine flavin dinucleotide　ادەنین فلاۋین ەكى نۇكلەوتید

腺嘌呤基　adenyl　ادەنیل

腺嘌呤甲硫(代)戊糖核甙　adenine methyl thiopentoside　ادەنین مەتیل تیوپەنتوزید

腺嘌呤(脱氨)酶　adenine deaminase(＝adenase)　ادەنین دەامینازا، ادەنازا

腺嘌呤一核甙酸　adenine mononucleotide　ادەنین مونونۇكلەوتید

xiang

相　phase　فازا، ʼۇزارا

相变性　interconvertibility　ʼۇزارا ۋزگەرگىشتەك

相的反转　phase reversal　فازالار قارسى اینالؤى

相的关系　phase relation　فازالار بایلانسى (قاتىناسى)

相电流　phase current　فازالىق توك

相对不对称　relative asymmetry　سالىستىرمالى اسیممەتریا

相对的催化活性　relative catalytic activity　سالىستىرمالى كاتالیزدەك اكتیۆتەك

相对电极　relative electrode　سالىستىرمالى ەلەكترود

相对定浓自由能　"相对微分自由能" گە قاراڭىز.

相对毒度　relative toxicity　سالىستىرمالى ۇلىلىق

相对分子量　relative molecular weight　سالىستىرمالى مولەكۇلالىق سالماق

相对黑度　relative blackness　سالىستىرمالى قارالىق

相对挥发度　relative volatility　سالىستىرمالى ۇشقىشتىق

相对活度　relative activity　سالىستىرمالى اكتیۆتەك

相对克分子(量)热含　relative molar heat content　سالىستىرمالى مولیارلىق جملۇ مولشەرى

相对克分子(量)自由能　relative molar free energy　سالىستىرمالى مولیارلىق ەركىن ەنەرگیا

相对克分子热含数　"相对克分子(量)热含" گە قاراڭىز.

相对密度　relative density　سالىستىرمالى تعمزدىق

相对粘度　relative viscosity　سالىستىرمالى تۇتقىرلىق

相对频率　relative frequency　سالىستىرمالى جیلىك

相对溶剂化作用	relative solvation	سالىستۇرمالى ەرىتكىشتەنۇ
相对溶量	relative capacity	سالىستۇرمالى سىيمدلىق
相对湿度	relative humidity	سالىستۇرمالى للعالدلىق
相对速度	relative velocity	سالىستۇرمالى جىلدامدىق
相对微分自由能	relative partial free energy	سالىستۇرمالى پارتسيال (ئىشنارا) ەركىن ەنەرگيا
相对温度	relative temperature	سالىستۇرمالى تەمپەراتۇرا
相对稳(定)度	relative stability	سالىستۇرمالى تۇراقتلىق
相对误差	relative error	سالىستۇرمالى قاتەلىك
相对显负电性	relatively electronegative	سالىستۇرمالى تەرس ەلەكترلىك قاسيەت كورسەتۇ
相对显正电性	relatively positive	سالىستۇرمالى ولكى ەلەكترلىك قاسيەت كورسەتۇ
相对相	relative phase	سالىستۇرمالى فازا
相对性	relativity	سالىستۇرمالللىق
相对选择性	relative selectivity	سالىستۇرمالى تالعامپازدىق
相对有效系数	relative efficiency	سالىستۇرمالى ئۇنىمدى كوەففيتسەنت
相对原子量	relative atomic weight	سالىستۇرمالى اتومدىق سالماق
相对蒸汽密度	relative vapour density	سالىستۇرمالى بۇ تعىزدعى
相对蒸汽压	relative vapour pressure	سالىستۇرمالى بۇ قىسىمى
相对重量	relative weight	سالىستۇرمالى سالماق
相反应	phase reaction	فازالىق رەاكسيالار
相关系数	correlation coefficient	تاۇەلدلىك كوەففيتسەنتى
相和性		"相加性" گە قاراڭىز.
相互反应	interreact(＝interreacion)	ئوزارا اسەر
相互关系	interrelation(＝correlation)	ئوزارا بايلانس، ئوزارا قاتناس
相互交叉	intercross	ئوزارا ايقاسۇ
相互扩散	interdiffusion	ئوزارا ديففۇزيا
相互醚化	interetherication	ئوزارا ەفيرلەنۇ
相互吸引	inter‐attraction	ئوزارا تارتلس
相互酯化	interesterication	ئوزارا ەستەرلەۇ
相互作用		"相互反应" گە قاراڭىز.
相加性	additivity	ئوزارا قوسىلعىشتىق

相界(面)　phase boundary　　　　　　　　　فازا ارالىق (بەت)

相空间　phase space　　　　　　　　　　فازالىق كەڭىستەك

相邻的　adjacent　　　　　　　　　　كورشىلەس، بىرگەلەس

相邻化合物　adjacent compound　　　كورشىلەس (بىرگەلەس) قوسۇلمىستار

相邻双键　adjacent double bonds　　　بىرگەلەس قوس بايلانىستار

相邻碳　adjacent carbon　　بىرگەلەس كومۇرتەكتەر، كورشىلەس كومۇرتەكتەر

相邻碳原子　adjacent carbon atom　　بىرگەلەس كومۇرتەك اتومدارى

相邻位置　adjacent position　　بىرگەلەس ورىندار، كورشىلەس ورىندار

相律　phase rule　　　　　　　　　　　　فازا زاڭى

相平衡　phase equilibrium　　　　　فازالىق تەپە ـ تەڭدىك

相思子碱　　　　　　　　　　".红豆碱" گە قاراڭىز

相思子酸　abric acid　　　　　　　　ابرين قىشقىلى

相似相溶　like dissolves like　ۇقساستاردىڭ ئبىر ـ بىرىنىدە ەرۇى

相特性　phase behavior　　　　　　　فازا ەرەكشەلىگى

相图　phase diagram　　　　　　　　فازا دياگراممّاسى

相域　phase region　　　　　　　　فازالار ئوڭىرى

相转变　phase transition　　　　　فازالىق اينالۇ

相转变图　　　　　　　　　　".相图" گە قاراڭىز

香草叉　vanillylidene(＝vanillal)　$CH_3OC_6H_5(OH)CH=$　ۋانيلليليدەن

香草叉丙酮　vanillalacetone　$CH_3COCH\cdot CHC_6H_3(OCH_3)OH$　ۋانيللال اتسەتون

香草醇　vanillyl alcohol　$CH_3OC_6H_3(OH)CH_2OH$　ۋانيلليل سپيرتى

香草基　vanillyl　　　　　　　　　　ۋانيلليل

香草醛　vanillin　　　　　　　　　　ۋانيللين

香草醛缩　　　　　　　　　　".香草叉" گە قاراڭىز

香草醛乙醚　vanillin ethyl ether　$(CH_3O)C_6H_3(OC_2H_5)CHO$　ۋانيللين ەتيل

ەفيرى

香草酸　vanillic acid　$CH_3OC_6H_3(OH)COOH$　ۋانيلل قىشقىلى

香草酸乙酯　ethyl vanilate　$HO(CH_3O)C_6H_3CO_2C_2H_5$　ۋانيل قىشقىل ەتيل ەستەرى

香草酰　vanilloyl　　　　　　　　　ۋانيللويل

香醋　aromatic vinegar　　اروماتتى سىركە، حوش ئيستى سىركە

香豆基酸　coumarilic acid　C_8H_5OCOOH　كوۇماريل قىشقىلى

香豆灵　coumaline　$CH:CHCOOCH:CH$　كوۇمالين

香豆满　coumaran　C_8H_8O　كوۇماران

香豆满二酮	coumarandion		كوۋمارانديون
香豆满酮	coumaranone		كوۋمارانون
香豆霉素	coumermycin		كوۋمەرميتسين
香豆醛	coumaraldehyde	$OH \cdot C_6H_4CHCHCHO$	كوۋمار الدەگيتى
香豆素	coumarin		كوۋمارين
香豆素糖甙	coumarin glucoside		كوۋمارين گليۇكوزيد
香豆酸	coumaric acid	$HOC_6H_4CHCHCOOH$	كوۋمار قىشقىلى
香豆酮	coumarone	C_6H_4OCHCH	كوۋمارون
香豆酮树脂	coumarone resin		كوۋماروندى سمولا (شايىر)
香豆酮－茚树脂	coumarone－indene resin		كوۋمارون ـ يندەندى سمولا (شايىر)
香柑油内脂	bergaptene		بەرگاپتەن
香桿芹油	ajawa (ajowan) oil		اياۋا مايى
香胶			"香脂" گە قاراڭىز.
香蕉蜡醇	pisangceryl alcohol	$C_{13}H_{22}OH$	بانانسەريل سپيرتى
香蕉蜡酸	pisangcerylic acid	$C_{24}H_{48}O_2$	بانانسەريل قىشقىلى
香蕉油	banana oil		بانان مايى
香精	essence		ەسسەنتسيا، ٴنار، جاۋھار
香精蜡	steropton		ستەروپتون
香精油	essential (volatile) oil		ٴهفير مايلارى
香兰素			"香草醛" گە قاراڭىز.
香料	perfume material		حوش ٴيىستى ماتەريالدار
香料固定剂	perfume fixative		حوش ٴيىس تۇراقتاندىرعىش
香料吸着剂	perfume sorbent		حوش ٴيىستى سيڭىرگىش
香料油	perfumery oil		حوش ٴيىستى ماتەريالدار مايى
香猫醇	civettol		سيۆەتتول
香猫酮	civetone	$CO(CH_2)_7CHCH(CH_2)_6CH_2$	سيۆەتون
香猫烷	civetane	$CH_2(CH_2)_{13}CH_2CHCH$	سيۆەتان
香茅草油			"柠檬草油" گە قاراڭىز.
香茅醇	citronellol	$C_{10}H_{20}O$	سيترونەللول
香茅醇醋酸酯	citronellyl acetate	$C_{12}H_{22}O_2$	سيترونەلليل سىركە قىشقىل ەستەرى
香茅醇甲酸酯	citronellyl formate	$HCO_2C_{10}H_{16}$	سيترونەلليل قۇمىرسقا

قشقىل ەستەرى

香茅醛	citronellal	$C_9H_{17}CHO$	سىترونەللال
香茅酸	citronellic acid		سىترونەللل قشقىلى
香茅油	citronella oil		سىترونەللا مايى
香蒲甾醇	typhasterol		تىفاستەرول
香芹胺	carvacrylamine	$H_2NC_6H_3(CH_3)C_3H_7$	كارۋاكرىلامىن
香芹酚	carvacrol	$(CH_3)(C_3H_7)C_6H_3OH$	كارۋاكرول
香芹酚羧酸	carvacrol – carboxylic acid		كارۋاكرول كاربوكسىل قشقىلى
香芹酚亭醛	carvacro tinic aldehyde		كارۋاكروتىن الدەگىتى
香芹酚亭酸	carvacro tinic acid		كارۋاكروتىن قشقىلى
香芹基	carvacryl		كارۋاكرىل
香芹孟醇	carvomenthol		كارۋومەنتول
香芹孟烯	carvomenthene	$C_{10}H_{18}$	كارۋومەنتەن
香芹孟烯醇	carvomenthenol		كارۋومەنتەنول
香芹酮	carvol(= carvone)	$C_{10}H_{14}O$	كارۋول، كارۋون
d–香芹酮	d – carvone	$C_{10}H_{14}O$	d ـ كارۋون
香芹酮肟	carvoxime	$C_{10}H_{14}COH$	كارۋوكسىم
香芹烯	carvene		كارۋەن
香芹烯醇	carvenol		كارۋەنول
香芹烯酮	carvenone	$C_{10}H_{16}O$	كارۋەنون
香树精	amyrin		امىرىن
香树油	spice woodoil		حوش ئىستى اعاش مايى
香水	aromatic water(= perfumery)		ٴاتىر، ارۋماتتى سۋ
香苇醇	carveol		كارۋەول
香味	spiciness		حوش ئىس، جۇپار ئىس
香叶醇	geraniol		گەرانىول
香叶醇醋酸酯	geranyl acetate	$CH_3CO_2C_{10}H_{17}$	گەرانىل سىركە قشقىل ەستەرى
香叶醇丁酸酯	geranyl butyrate	$C_3H_7CO_2C_{10}H_{17}$	گەرانىل بۇتىر قشقىل ەستەرى
香叶醇甲酸酯	geranyl farmate	$HCO_2C_{10}H_{17}$	گەرانىل قۇمىرسقا قشقىل ەستەرى
香叶基	geranyl	$C_{10}H_{17}$	گەرانىل
香叶醛	geranial	$C_{10}H_{16}O$	گەرانىال
香叶酸	geranic acid	$(CH_3)_2C{:}CH(CH_2)_2C(CH_3){:}CHCOOH$	گەران قشقىلى
香叶烯	mycene	$C_{10}H_{16}$	مىرتسەن

香叶烯醇　mycenol　$C_{10}H_{18}O$　میرتسەنول

香叶油　myrcia oil　میرتسیا مایی

香皂　toilet soap(= ferfumet soap)　ئىستى سابىن، جۇپار سابىن

香脂　balsam　بالزام

香脂甾醇　balsaminasterol　بالزامین استەرول

向蓝团　"浅色团"　گه قاراڭز.

向蓝效应　"浅色效应" گه قاراڭز.

向前反应　porward reaction　ىلگەرىلەگىش رەاكسىيالار

向前作用　porward action　ىلگەرىلەۇ رولى

向上排代(作用)　upward displacement　جوعارى قاراي بعستەرۇ

向上排空气法　upward venting of air　اۇانى جوعارى قاراي بعستەرۇ ادسى

向上排水法　upward drainage　سۇدى جوعارى قاراي بعستەرۇ ادسى

向下排代　downward displacement　تومەن قاراي بعستەرۇ

向下排空气法　downdraft air method　اۇانى تومەن قاراي بعستەرۇ ادسى

向下排水法　downward drainage　سۇدى تومەن قاراي بعستەرۇ ادسى

向阳紫草碱　lasiocarpine　لازيوكارپین

向朱团　"深色团" گه قاراڭز.

向朱效应　"深色效应" گه قاراڭز.

橡浆　"胶乳" گه قاراڭز.

橡胶　rubber　كاۋچۇك، كوكساعمز

橡胶代用品　rubber substitute　كاۋچۇك بالاما بۇيىمدار

橡胶冻　gel rubber　قاتىرىلعان كاۋچۇك جەلمدەر

橡胶防老剂　rubber antioxidant　كاۋچۇكتى كونەرۇدەن ساقتاعمش

橡胶粉　rubber powder　كاۋچۇك ۇنتاعى

橡胶工业　rubber industry　كاۋچۇك ونەركاسبى

橡胶管(子)　rubber tube　رازىنكە تۇتىك

橡胶糊　rubber paste　كاۋچۇك پاستاسى (ەزبەسى)

橡胶混合物　rubber compound(stock)　كاۋچۇك قوسپاسى

橡胶胶水　rubber solution(= rubber cement)　كاۋچۇك ەرىتىندىسى، كاۋچۇك جەلىمى

橡胶绝缘　"橡皮绝缘" گه قاراڭز.

橡胶类似物　caoutchoid　كاۋتحوید، كاۋچۇك تەكتەس زاتتار

橡胶硫化模　rubber mould　كاۋچۇكتى كۇكىرتتەندىرۇ قالبى

橡胶硫黄混合物　rubber－sulfur mix	كاۋچۇك ــ كۆكەرت قوسپاسى
橡胶绿	"橡皮绿" گە قاراڭىز.
橡胶配方　rubber compounding	كاۋچۇك دايىنداۋ
橡胶溶剂　rubber solvent	كاۋچۇك ەرىتكىش (اگەنت)
橡胶树脂　rubber resin	كاۋچۇك سمولاسى (شايىرى)
橡胶烃　rubber hydrocarbon	كاۋچۇك كومىر سۆتەكتەرى
橡胶酮　caoutchone	كاۋچتحون
橡胶异构体－isomer	كاۋچۇك يزومەرلەر
橡胶制品	"橡皮制品" گە قاراڭىز.
橡胶状聚合物　rubber－like polymer	كاۋچۇك ٴتارىزدى پوليمەرلەر
橡胶状物质　rubber－like substance	كاۋچۇك ٴتارىزدى زاتتار
橡皮　rubber	رازىنكە (كۆكەرتتەنگەن كاۋچۇك)
橡皮布　rubber insulation	رازىنكەلەنگەن ماتا
橡皮布面具　rubber cloth mask	رازىنكەلەنگەن ماتا ماسكى
橡皮带　rubber belt	رازىنكە بەلدىك
橡皮垫　rubber gasket	رازىنكە كەپىل
橡皮帆布制品　rubber and canvas article	رازىنكەلەنگەن پەرەزەنت بۇيىمدار
橡皮防老剂　rubber antioxidant	رازىنكەنى كونەرۋدەن ساقتاعىش (اگەنت)
橡皮膏　rubber adhesive plaster	رازىنكە پلاستر
橡皮管(子)　rubber tube	رازىنكە تۇتىك
橡皮缓冲垫　rubber buffer	باسەڭدەتكىش رازىنكە كەپىل
橡皮胶　rubber cement(＝adhesive plaster)	رازىنكەلىك جەلىمدەر
橡皮胶带	"橡皮带" گە قاراڭىز.
橡皮接合剂	"橡皮胶" گە قاراڭىز.
橡皮绝缘　rubber insulation	رازىنكە ارقىلى يزولياتسيالاۋ (جەكەلەۋ، وقشاۋلاۋ)
橡皮绿　rubber green	رازىنكە جاسىلى
橡皮泥　plastcine	ەرمەكساز، رازىنكە سىقپاسى
橡皮塞(子)　rubber stopper	رازىنكە تەعىن
橡皮弹性　rubber elasticity	رازىنكە سەرپىمدىلگى
橡皮酮　rubbone　$C_{10}H_{16}O$	رۋببون
橡皮指套　rubber finger	رازىنكە ساۋساق قاپ
橡皮制品　rubber goods	رازىنكە بۇيىمدار

xiao

消 de‾   ده ـ، شعارۇ

消毒 disinfect(= disinfecition)   دەزىنفەكسىيا، دەزىنفەكسىيالاۇ، ۇسـز داندىرۇ، زاهارسـز داندىرۇ

消毒剂 disinfectant   دەزىنفەكسىيالاعمش

消毒器 desinfector   دەزىنفەكسىيالاعمش (اسپاپ)

消毒皂 disinfectant soap   دەزىنفەكسىيالىق سابىن

消毒作用 desifecting action   دەزىنفەكسىيالاۇ رولى

消光系数   "消化系数" گە قاراڭـز.

消化酶 digestive ferment   قورىتۇ فەرمەنتى

消化系数 digestibility(extinotion) coefficient   قورىتۇ كوەففيتسەنتى

消化(作用) digestion   قورىتۇ (رولى)

消沫剂   "去沫剂" گە قاراڭـز.

消去 elimination(= eliminate)   شعارۇ، نعستمرۇ، ارىلتۇ، جويۇ

消去反应 elimination reaction   شعارۇ رەاكسىيالارى، ارىلتۇ رەاكسىيالارى

消去化合物 elimination of compound   قوسىلىستاردى ارىلتۇ

消去取代基 elimination of gronp   ورىن باسۇ گرۇپپاسىن ارىلتۇ

消去水 elimination of water   سۇدى ارىلتۇ، سۇسىز داندىرۇ

消去作用 elimination action   شعارۇ رولى، ارىلتۇ رولى

消色 achromatism   تۇسسـز دەنۇ، تۇسسـز دەندىرۇ

消色差透镜 achromatic lens   احروماتتى لينزا

消色糊精 achrodextrin   احرودەكسترين

消色指示剂 achromatic indicator   احرومات ينديكاتورلار

消石灰   "熟石灰" گە قاراڭـز.

消旋   "外消旋" گە قاراڭـز.

消旋酶 racemase   راتسەمازا

消旋天冬氨酸 asparacemic acid   COOH·CHNH₂·CH₂·COOH   اسپاراتسەم قىشقىلى

硝氨基 nitramino O₂NNH   نيترامينو ـ

硝铵 amatol(= monobel)   اماتول، مونوبەل

硝铵火药 nitramon   نيترامون

硝胺　nitramine		نیترامین
硝胺合苦味酸　nitramine picrate	$C_6H_5N_2C_6H_3O_7N_3$	نیترامیندی پیکرین
		قشقلی
硝胺基甲酸乙酯		"硝基尿烷" گه قاراڭز.
硝饼		"硫酸氢钠" گه قاراڭز.
硝仿　nitroform	$(NO_2)_3CH$	نیتروفورم
硝化　nitrating		نیترلەؤ، نیترلەنؤ
硝化(程)度　degree of nitration		نیترلەنؤ دارەجەسى
硝化赤藓醇　nitro – erythritol		نیترو ەریتریتول
硝化淀粉　nitrostarch		نیترو كراحمال
硝化反应　nitrating reaction		نیترلەؤ رەاكسیاسى
硝化分离器　nitrator – separator		نیترلەؤ ایرعىش (سەپاراتورى)
硝化甘醇　nitroglycol		نیترو گلیكول
硝化甘露醇　nitromannite		نیترو ماننیت
硝化甘油　nitroglycerine	$(O_2NO)_3C_3H_5$	نیترو گلیتسەرین
硝化甘油代用品　nitroglycerine substitute		نیترو گلیتسەرین بالاما بۇیىمدارى
硝化甘油火药　nitroglycerine powder		نیتروگلیتسەریندى قارا ٴدارى
硝化甘油炸药　nitroglycerine explosive		نیتروگلیتسەرین قوپارعىش ٴدارى
硝化糊精　nitro – dextrin		نیترودەكسترین
硝化级苯　nitration grade benzene		نیترلەنؤ دەڭگەیىندەگى بەنزول
硝化级甲苯　nitration grade toluene		نیترلەنؤ دەڭگەیىندەگى تولۋول
硝化剂　nitrating agent		نیترلەگىش اگەنت
硝化酒精　nitrated alcohol		نیترلەنگەن سپیرت
硝化聚甘油　nitrated polyglycerin		نیترلەنگەن پولیگلیتسەرین
硝化棉　nitro – cotton		نیترو ماقتا
硝化木素　nitrolignin		نیترولیگنین
硝化器　nitrator		نیتراتور، نیترلەگىش (اسپاپ)
硝化试验　nitrating tese		نیترلەؤ سىناعى
硝化酸　nitrating acid		نیترلەؤ قشقلى
硝化涂料　nitrodope		نیترو بور بویاۋلار
硝化细菌　nitrobacteria		نیترو باكتەریا
硝化纤维漆		"硝基漆" گه قاراڭز.
硝化纤维(人造)丝　nitrocellulose silk		نیترو سەللیۋلوزالى (جاساندى) جىبەك

硝化纤维素	nitrocellulose		نيترو سەلليۇلوزا

硝化纤维素　nitrocellulose　　نيترو سەلليۇلوزا

硝化纤维素火药　nitrocellulose powder　نيترو سەلليۇلوزالى قارا ٴداري

硝化纤维素螺萦　nitrocellulose rayon　نيترو سەلليۇلوزالى جاساندى تالشقتار

硝化纤维素喷漆　nitrocellulose lacquer　نيترو سەلليۇلوزالى لاكتار

硝化纤维涂料　nitrocellulose coatings　نيترو سەلليۇلوزالى بور بوياۇلار

硝化乙二醇　dinitroglycol　(O₂NOCH₂)₂　دينيترو گليكول

硝化用的苯　nitration benzol　نيترلەۇگە ستەتلەتىن بەنزول

硝化用产品　nitration grade products　نيترلەۇگە ستەتۇ دەڭگەيىندەگى ونىمدەر

硝化(作用)　nitration　نيترلەۇ

硝基　nitro-, nitro-group　O₂N-　نيترو، نيترو گرۇپپاسى

硝基巴比土酸　nitrobarbituric acid　NO₂C₄H₃O₃N₂　نيترو باربيتۇر قىشقىلى

硝基百里酚　nitrosothymol　نيترو تيمول

硝基苯　nitrobenzene　C₆H₅NO₂　نيترو بەنزول

硝基苯胺　nitroaniline　نيترو انيلين

硝基苯并咪唑　nitrobenzimidazole　NHCHNC₆H₃NO₂　نيترو بەنزيميدازول

硝基苯醋酸　nitrophenyl acetic acid　NO₂C₆H₄CH₂COOH　نيترو فەنيل سىركە قىشقىلى

硝基苯二胺　nitrophenylene diamine　NO₂C₆H₃(NH₂)₂　نيترو فەنيلەن ديامين

硝基苯酚　nitrophenol　نيترو فەنول

硝基苯酚染料　nitrophenolic dye　نيترو فەنول بوياۇلار

硝基苯酚盐　nitrophenolate　NO₂C₆H₄OM　نيترو فەنول تۇزى

硝基苯磺酸　nitrobenzene sulfonic acid　نيترو بەنزول سۇلفون قىشقىلى

硝基苯(甲)醛　nitrobenzaldehyde　نيترو بەنزالدەگيتى

硝基苯甲酸　nitrobenzoic acid　نيترو بەنزوي قىشقىلى

硝基苯(甲)酸盐　nitrobenzoate　نيترو بەنزوي قىشقىلىننىڭ تۇزدارى

硝基苯(甲)酸乙酯　ethylnitrobenzoate　NO₂C₆H₄CO₂C₂H₅　نيترو بەنزوي قىشقىل ەتيل ەستەرى

硝基苯精制物　nitraffine　نيتراففين

硝基苯硫酸过程　nitrobrnzene-sulfuric acid process　نيترو بەنزول كۇكىرت قىشقىل بارىسى

硝基苯偶氮铬变酸　nitrobenzoylazochromotropic acid　NO₂C₆H₄N:NC₁₀H₃(OH)₂　نيترو بەنزويل ازوحرومو - ترويپين قىشقىلى

硝基苯偶氮间苯二酚　nitrobenzene azoresorcinol　نيترو بەنزول

ازورەزورتسينول

硝基苯偶氮萘酚　nitrobenzene azonaphthol　NO₂C₆H₄N:NC₁₀H₆(OH)　نيترو
بەنزول ازونافتول

硝基苯偶氮水杨酸　nitrobenzene azosalicylic acid　NO₂C₆H₄N:NC₆H₃
(OH)CO₂H　نيترو بەنزول ازوسا ـ ليتسيل قشقىلى

硝基苯胂酸　nitrophenylarsonic acid　NO₂C₆H₄AsO(OH)₂　نيترو فەنيل ارسون
قشقىلى

硝基苯酰胺　niitrobenzamide　نيترو بەنزاميد

硝基苯乙烯　nitro‑styrene　NO₂C₆H₄CH:CH₂　نيترو ستيرەن

硝基苄叉乙酰苯　nitrobenzal‑acetophenon　NO₂C₆H₄CH : CHCOC₆H₅
نيترو بەنزال اتسەتوفەنون

硝基丙烷　nitropropane　نيترو پروپان

硝基醋酸　nitroacetic acid　NO₂CH₂COOH　نيترو سىركە قشقىلى

硝基醋酸乙酯　ethyl nitroacetate　NO₂CH₂CO₂C₂H₅　نيترو سىركە قشقىل
ەتيل ەستەرى

硝基丁二醇　nitrobutandiol　CH₃CNO₂:(CH₂OH)₂　نيترو بۇتانديول

硝基丁烷　nitro butane　نيترو بۇتان

硝基对苯二酸　"硝基对酞酸" گە قاراڭىز.

硝基对酞酸　nitroterephthalic acid　NO₂C₆H₃(COOH)₂　نيترو تەرەفتال
قشقىلى

硝基蒽　nitroanthracene　C₁₄H₉NO₂　نيترو انتراتسەن

硝基蒽醌　nitroanthraquinone　نيترو انتراحينون

2‑硝基二苯胺　2‑nitrodiphenylamine　2 ـ نيترو ديفەنيلامين

硝基二苯甲烷　nitrodiphenyl methane　C₁₃H₁₀NO₂　نيترو ديفەنيل مەتان

硝基二甲苯　nitroxylene　(CH₃)₂·C₆H₃·NO₂　نيترو كسيلەن

3‑硝基‑1,2‑二羟基蒽醌　"茜素橙黄" گە قاراڭىز.

硝基非那明　nitrophenamine　(CH₃)₃·C₆H₃·NO₂　نيترو فەنامين

硝基酚　"硝基苯酚" گە قاراڭىز.

硝基呋喃羧酸‑[2]　NO₂C₄H₂OCOOH　نيترو ـ 2 ـ فۇران كاربوكسيل قشقىلى

硝基胍　nitroguanidine　NO₂NHC(NH)NH₂　نيترو گۋانيدين

硝基化合物　nitrocompound　نيترو قوسىلىستار

硝基环己烷　nitrocyclohexane　C₆H₁₁NO₂　نيترو ساقينالى گەكسان

硝基磺酸　nitrosulfonic acid　نيترو سۇلفون قشقىلى

硝基茴香胺 A　nitroanisidine A　نيترو انيزيدين A

硝基茴香醚　nitroanisole　نيترو انيزول

硝基甲苯　nitro toluene　نيترو تولۇئول

硝基甲苯胺　nitro‐methyl aniline(＝nitrotoluidine)　نيترو مەتيل انيلين،
نيترو تولۇئيدين

4‐硝基‐1‐甲基苯酚亚汞　"袂塔酚" گە قاراڭىز.

硝基甲醛苯腙　nitroformaldehyde phenyl hydrazine　$C_6H_5NHN:CHNO_2$
نيترو فورمالدەگيدتى فەنيل گيدرازين

硝基甲烷　nitromethane　CH_3NO_2　نيترو مەتان

硝基假枯烯　nitropseudocumene　$NO_2C_6H_2(CH_3)_3$　نيترو جالعان كۆمەن

硝基间苯二酸　"硝基异酞酸" گە قاراڭىز.

硝基焦粘酸　nitropyromucic acid　$NO_2C_4H_2OCOOH$　نيترو پيرومۆتسين
قشقىلى

硝基酒石酸　nitrotartaric acid　$(NO_2COHCO_2H)_2$　نيترو شاراپتاس قشقىلى

5‐硝基糠醛缩氨基脲　5‐nitro‐2‐furaldehyde semicarazone
$NO_2C_{11}H_3:NNHCONH_2$　5 ـ نيترو ـ 2 ـ فۇرالدەگيدتى سەميكار بازون

硝基糠腙　nitro furazone　$NO_2C_4H_3 : NNHCONH_2$　نيترو فۇرازون

硝基枯烯　nitro‐cumene　$NO_2C_6H_4 \cdot CH(CH_3)_2$　نيترو كۆمەن

硝基喹啉　nitroquinoline　نيترو حينولين

硝基喹哪啶　nitroquinaldine　نيترو حينالدين

硝基酪氨酸　nitrotyrosine　$NO_2C_6H_3(OH)CH_2CH(NH_2)CO_2H$　نيترو تيروزين

硝基联苯胺　nitrobenzidine　$NO_2(NH_2)C_6H_3C_6H_4NH_2$　نيترو بەنزيدين

4‐硝基邻甲苯胺　4‐nitro‐o‐toluidine　4 ـ نيترو ـ ورتو ـ تولۇئيدين

硝基氯苯　nitro chlorobenzene　نيترو حلورو بەنزول

硝基氯苯酚　nitro chlorophenol　$HOC_6H_3(CI)NO_2$　نيترو حلورو فەنول

硝基氯仿　nitrochloroform　نيترو حلورو فورم

硝基米　nitromesitylene　$(CH_3)_3C_6H_2NO_2$　نيترو مەزيتيلەن

硝基萘　nitro‐naphthalene　نيترو نافتالين

硝基萘胺　nitronaphthylamine　$C_{10}H_6(NO_2)NH_2$　نيترو نافتيلامين

硝基萘二磺酸　nitro‐naphthalene‐disulfonic acid　$NO_2C_{10}H_5(SO_3H)_2$
نيترو نافتالينىدى ەكى سۆلفون قشقىلى

硝基萘酚　nitronaphthol　نيترو نافتول

硝基萘磺酸　aitro‐naphthalene‐sulfonic acid　$NO_2 \cdot C_{10}H_6 \cdot SO_3H$　نيترو

نافتالىندى سۇلفون قشقىلى

硝基萘(一)磺酸　nitro‐naphthalene‐monosulfonic acid

NO₂·C₁₀H₆·SO₃H　　　نىترو نافتالىندى مونوسۇلفون قشقىلى

硝基尿嘧啶　nitrouracyl　NO₂C·CH(NHCO)₂　نىترو ۇراتسىل

硝基尿烷　nitrourathane　NO₂NHCO₂C₂H₅　نىترو ۇراتان

硝基脲　nitrourea　NO₂NHCONH₂　نىترو ۇرەا

硝基偶氮苯　nitroazobenzene　نىترو ازو بەنزول

硝基漆　nitro‐lacquer　نىترو لاكتار

2‐硝基‐3‐羟基苯(甲)酸　2‐nitro‐3‐hydroxy benzoic acid

NO₂C₆H₃(OH)COOH　2 ـ نىترو ـ 3 ـ گىدروكسىل بەنزوي قشقىلى

硝基氢化肉桂酸　nitro‐hydrocinnamic acid　NO₂·C₆H₄·CH₂·CH₂·COOH

نىترو سۇتەكتى سىننام قشقىلى

硝基取代　nitro‐substitution　نىترو ورىن باسۇ

硝基染料　nitro‐dye　نىترو بوياۋلار

硝基壬烷　nitrononane　نىترو نونان

硝基肉桂酸　nitrocinnamic acid　NO₂·C₆H₄·CH:CH·COOH

نىترو سىننام قشقىلى

硝基肉桂酸乙酯　ethylnitro cinnamate　NO₂C₆H₄CH:CHCO₂C₂H₅

نىترو سىننام قشقىل ەتىل ەستەرى

硝基萨罗　nitrosalol　NO₂C₆H₃(OH)CO₂C₆H₅　نىترو سالول

硝基噻吩　nitrothiophene　نىترو تيوفەن

硝基三个羟甲基甲烷　nitro trimethylol methane　NO₂C(CH₂OH)₃　نىترو

ۇش مەتىلول مەتان

硝基‐1,2,4‐三甲苯　"硝基假枯烯" گە قاراڭز.

硝基‐1,3,5‐三甲苯　"硝基米" گە قاراڭز.

硝基三氯代甲烷　nitrotrichloromethane　نىترو ۇش حلورلى مەتان

硝基繖花羟　nitro‐cymene　NO₂C₆H₃(CH₃)CH(CH₂)₂　نىترو سىمەن

硝基色料　nitro‐color　نىترو بوياعىشتار، نىترو بوياۋلار

硝基十一(碳)烷　nitroundecane　نىترو ۇندەكان

硝基水化纤维素　nitro‐hydrocellulose　نىتروگيدرو سەللىۇلوزا

硝基酸　nitro acid　نىترو قشقىل

硝基酞　nitrophthalide　NO₂C₆H₃CH₂OCO　نىترو فتاليد

硝基碳酸盐　nitrocarbonate　نىترو كومىر قشقىلىنىڭ تۇزدارى

硝基特丁烷　nitro－tert－butane　　$(CH_3)_3CNO_2$　　نيترو ــ تەرت ــ بۇتان

硝基烃　nitrohydrocarbon　　نيترو كومىر سۇتەكتەر

硝基涂料　　"硝化涂料" گە قاراڭىز.

硝基烷　nitro alkane(＝nitroparaffin)　　نيترو الكان ــ نيترو پارافين

硝基五氨络高钴盐　cobaltic nitropentammine salt　　$[Co(NH_3)_5(NO_2)]X_2$

نيترو پەنتامميندى كوبالت تۇزى

硝基芴　nitrofluorene　　$NO_2C_{12}H_7CH_2$　　نيترو فلۇورەن

硝基纤维漆　nitrocellulose lacquer　　نيترو سەلليۇلوزالى لاكتار

硝基溴仿　nitrobromoform　　نيترو برومۇفورم

4－硝基－5－亚汞氧基隣甲苯酚　4－nitro－5－oxymercuro－o－cresol

$CH_3C_6H_2ONO_2Hg$　　4 ــ نيترو ــ 5 ــ وكسي سىناپتى ــ ورتو ــ كرەزول

硝基亚铁灵　nitroferron(＝nitro－o－phenan throline)　　نيترو فەررون،

نيترو ــ ورتو ــ فەنانترولين

硝基衍生物　nitro－derivative　　نيترو تۇىندىلارى

硝基乙醇　nitroethyl alcohol　　$HOCH_2CH_2NO_2$　　نيترو ەتيل سپيرتى

硝基乙酸　　"硝基醋酸" گە قاراڭىز.

硝基乙烷　nitroethane　　$CH_3CH_2NO_2$　　نيترو ەتان

硝基乙烯　nitroethylene　　CH_2CHNO_2　　نيترو ەتيلەن

硝基异丙苯　　"硝基枯烯" گە قاراڭىز.

3－硝基－1－异丙苯　　"硝基枯烯" گە قاراڭىز.

硝基异丙甲苯　　"硝基伞花烃" گە قاراڭىز.

硝基异喹啉　nitro－isoquinoline　　نيترو يزو حينولين

硝基异酞酸　nitro－isophthalic acid　　$NO_2C_6H_3(COOH)_2$　　نيترو يزو فتال

قىشقىلى

硝基癒创木酚　nitroguicol　　$NO_2C_6H_3(OCH_3)OH$　　نيترو گۇياكول

硝基樟脑　nitrocamphor　　$C_{18}H_{14}COCHNO_2$　　نيترو كامفورا

硝金酸　auric nitrate acid　　$H[Au(NO_3)_4]$　　التىندى ازوت قىشقىلى

硝离子　nitronium ion　　NO_2^+　　ازوت يونى، نيترو يونى

硝磷钾　nitrophoska　　نيترو فوسكا (تىڭايتقىش)

硝脑　nitrol　　نيترول

硝普化钠　　"硝普酸钠" گە قاراڭىز.

硝普酸钠　sodium nitroprusside(＝sodim nitroprussidate)

$NO_2[Fe(CN)_5NO]\cdot2H_2O$　　نيترو پرۇسسيد ناتري

硝普盐	nitro prusside	$[Fe(NO)(CN)_5]^{2-}$	نيترو پرۆسسيد
硝冉酸	nitranilic acid		نيترانيل قىشقىلى
硝石	salitre(= nitre, niter)		سەليترا
硝石盐	saltpetre salt		سەليترا توزى
硝酸	azotic acid(= nitro acid)	HNO_3	ازوت قىشقىلى
硝酸铵	ammonium nitrate	NH_4NO_3	ازوت قىشقىلى امموني

硝酸铵炸药　ammonium nitrate explosive　ازوت قىشقىل اممونى قوپارعش ٴداري

硝酸钯	palladium nitrate		ازوت قىشقىل پاللادي
硝酸钡	barium nitrate	$Ba(NO_3)_3$	اوزت قىشقىل باري
硝酸苯胺	aniline nitrate	$C_6H_5NH_2HNO_6$	ازوت قىشقىل انيلين
硝酸铋	bismuth nitrate	$Bi(NO_3)_3$	ازوت قىشقىل بيسمۆت
硝酸丙酯	propyl nitrate	$CH_3CH_2CH_2ONO_2$	ازوت قىشقىل پروپيل ەستەرى
硝酸次乙酯	ethylene nitrate		ازوت قىشقىل ەتيلەن ەستەرى
硝酸镝	dysprosium nitrate	$Dy(NO_3)_3$	ازوت قىشقىل ديسپروزي
硝酸丁酯	butyl nitrate		ازوت قىشقىل بۇتيل ەستەرى
硝酸铥	thulium nitrate	$Tu(NO_3)_2$	ازوت قىشقىل تۇلي
硝酸铒	erbium nitrate	$Er(NO_3)_3$	ازوت قىشقىل ەربي

硝酸二氨络银　silver diamminonitrate　$[Ag(NH_3)_2]NO_2$　ازوت قىشقىل ەكى اممونيلى كۇمۇس

硝酸二氯丙酯　dichloropropyl nitrate　$ClCH_2ClCH_2NO_3$　ەكى حلورلى ازوت قىشقىل پروپيل ەستەرى

硝酸钆	gadolinium nitrate		ازوت قىشقىل گادولينى
硝酸钙	calcium nitrate	$Ca(NO_3)_2$	ازوت قىشقىل كالتسي
硝酸钙铵	ammonium nitrate limestone		ازوت قىشقىل كالتسي ـ اممونى
硝酸甘油			"硝化甘油" گە قاراڭىز.
硝酸甘油溶液	nitroglycerin liquer		نيترو گليتسەرين ەرتىندىسى
硝酸酐	nitric acid anhydride		ازوت قىشقىل انگيدريدتى
硝酸锆	zirconium nitrate		ازوت قىشقىل زيركونى
硝酸镉	cadmium nitrate	$Cd(NO_3)_2$	ازوت قىشقىل كادمي
硝酸铬	chromic nitrate	$Cr(NO_3)_3$	ازوت قىشقىل حروم
硝酸根	nitrate radical		ازوت قىشقىل قالدىعى

硝酸根五氨络高钴盐　cobaltic nitratopentammine salt　$[Co(NH_3)_5(NO_3)]X_2$

ازوت قشقىل قالدىعىنىڭ پەنتامىنىدى كوبالت تۇزدارى

硝酸汞　mercuric nitrate　$Hg(NO_3)_2$　　ازوت قشقىل سىناپ

硝酸古柯碱　　　　　　　　　　　　"硝酸可卡因" گە قاراڭىز.

硝酸钴　cobaltous nitrate　$Co(NO_3)_2$　ازوت قشقىل كوبالت

硝酸钴钠　sodium cobaltinitrate　$Na_3[Co(NO_2)_6]$　ناتري ـ كوبالت قشقىل ازوت

硝酸胍　guanidine nitrate　$CH_5N_3HNO_3$　ازوت قشقىل گۇانيدين

硝酸癸酯　decyl nitrate　$C_9H_{19}CH_2ONO_2$　ازوت قشقىل دەتسيل ەستەرى

硝酸化过磷酸　nitrate superphosphate　ازوت قشقىلدى اسقىن فوسفور قشقىلى

硝酸还原酶　nitrate reductase　ازوت قشقىل رەدۇكتازا

硝酸钬　holmium nitrate　$H_0(NO_3)_3$　ازوت قشقىل گولمي

硝酸甲酯　methyl nitrate　CH_3ONO_2　ازوت قشقىل مەتيل ەستەرى

硝酸甲酯化物　methonitrae　مەتيل ەستەرلى زات، مەتونيترات ازوت قشقىل

硝酸镓　gallium nitrate　$Ga(NO_3)_3$　ازوت قشقىل گاللي

硝酸钾　potassium nitrate　KNO_3　ازوت قشقىل كالي

硝酸金　atric nitrate acid　ازوت قشقىل التىن

硝酸肼　hydrazine nitrate　ازوت قشقىل گيدرازين

硝酸糠胲　nitrofurazon　نيترو فۇرازون

硝酸钪　scandium nitrate　ازوت قشقىل سكاندي

硝酸可卡因　cocaine nitrate　ازوت قشقىل كوكاين

硝酸镧　lanthanum nitrate　$La(NO_3)_3$　ازوت قشقىل لانتان

硝酸镧钾　potassium lanthanum nitrate　$K_2[La(NO_3)_5]$　لانتان قشقىل ازوت
كالي

硝酸镧钠　sodium lanthanum nitrate　$Na_2[La(NO_3)_5]$　لانتان قشقىل ازوت
ناتري

硝酸铑　rhodium nitrate　$Rh(NO_3)_3$　ازوت قشقىل رودي

硝酸锂　lithium nitrate　$LiNO_3$　ازوت قشقىل ليتي

硝酸磷酸钾　　　　　　　　　　　　"硝磷钾" گە قاراڭىز.

硝酸灵　nitron　$C_{20}H_{16}N_4$　نيترون

硝酸硫磷酯　thiophos　تيوفوس

硝酸铝　aluminum nitrate　$Al(NO_3)_3$　ازوت قشقىل الؤمين

硝酸毛果芸香碱　pilocarpine nitrate　ازوت قشقىل پيلوكارپين

硝酸镁　magnesium nitrate　$Mg(NO_3)_2$　ازوت قشقىل ماگني

硝酸锰　manganous nitrate　$Mn(NO_3)_2$　ازوت قشقىل مارگانەتس

硝酸棉	axite		اكسيت (قوپارعش ٴداری)
硝酸钠	sodium nitrate	$NaNO_3$	ازوت قىشقىل ناتري
硝酸脲	urea nitrate	$Co(NH_2)_2HNO_3$	ازوت قىشقىل ٴۋرەا
硝酸镍	nikelous nitrate	$Ni(NO_3)_2$	ازوت قىشقىل نيكەل
硝酸钕	meodymium nitrate	$Nd(NO_3)_3$	ازوت قىشقىل نەودىم
硝酸钕镨	didymium nitrate		ازوت قىشقىل نەودىم ـ پرازەودىم
硝酸铍	beryllium nitrate	$Be(NO_3)_2$	ازوت قىشقىل بەريللي
硝酸镨	praseodymium nitrate	$Pr(NO_3)_3$	ازوت قىشقىل پرازەودىم
硝酸铅	lead nitrate		ازوت قىشقىل قورعاسىن
硝酸羟胺	hydroxylamine nitrate		ازوت قىشقىل گيدروكسيلامين
硝酸羟高铈	cerichydroxy nitrate	$Ce(OH)(NO_3)_3$	گيدروكسيلدى ازوت قىشقىل سەري
硝酸铷	rubidium nitrate	$RbNO_3$	ازوت قىشقىل رۇبيدي
硝酸三氧二锆	dizirconyl nitrate	$(Zr_2O_3)(NO_3)_2$	ازوت قىشقىل ديزيركونيل
硝酸铯	cesium nitrate	$CsNO_3$	ازوت قىشقىل سەزي
硝酸钐	samaric nitrate	$Sa(NO_3)_3$	ازوت قىشقىل ساماري
硝酸铈	cerous nitrate	$Ce(NO_3)_3$	ازوت قىشقىل سەري
硝酸铈钾	potassium cerous nitrate	$K_2[Ce(NO_3)_4]$	ازوت قىشقىل سەزي ـ كالي
硝酸试剂			"硝酸灵" گە قاراڭىز.
硝酸双氧铀	uranyl nitrate		ازوت قىشقىل ٴۋرانيل
硝酸锶	strontium nitrate	$Sr(NO_3)_2$	ازوت قىشقىل سترونتسي
硝酸铊	thallic nitrate	$Tl(NO_3)_3$	ازوت قىشقىل تاللي
硝酸铽	terbium nitrate	$Tb(NO_3)_3$	ازوت قىشقىل تەربي
硝酸铁	ferric nitrate	$Fe(NO_3)_3$	ازوت قىشقىل تەمىر
硝酸铜	cupric nitrate	$Cu(NO_3)_3$	ازوت قىشقىل مىس
硝酸钍	thorium nitrate	$Th(NO_3)_4$	ازوت قىشقىل توري
硝酸戊酯	amyl nitrate		ازوت قىشقىل اميل ەستەرى
硝酸纤维素	cellulose nitrate		ازوت قىشقىل سەلليۋلوزا
硝酸辛可宁	cinchomin nitrate		ازوت قىشقىل سينحومين
硝酸辛酯	n－octyl nitrate	$CH_3(CH_2)_7ONO_2$	ازوت قىشقىل n ـ وكتيل ەستەرى
硝酸锌	zinc nitrate	$Zi(NO_3)_2$	ازوت قىشقىل مىرىش
硝酸亚汞	mercurous nitrate	$HgNO_3$	ازوت قىشقىل شالا توتىق سىناپ
硝酸亚铈钠	sodium cerous nitrate	$Na_2[Ce(NO_3)_4]$	ازوت قىشقىل شالا توتىق

سەري ـ ناتري

硝酸亚铊	thallous nitrate	TlNO₃	ازوت قشقىل شالا توتىق تاللي
硝酸亚铁	ferrous nitrate	Fe(NO₃)₂	ازوت قشقىل شالا توتىق تەمىر
硝酸亚铜	cuprous nitrate		ازوت قشقىل شالا توتىق مىس
硝酸盐	nitrate	MNO₃	ازوت قشقىلنىڭ تۇزدارى، نيتراتتار
硝酸盐氮			"硝态氮" گە قاراڭىز.
硝酸盐酶	nitratase		نيتراتازا
硝酸氧铋	bismuthyl nitrate	(BiO)NO₃	ازوت قشقىل بيسمۇتيل
硝酸氧锆	zirconyl nitrate	ZrO(NO₃)₂	ازوت قشقىل زيركونيل
硝酸氧化钪	scandium oxynitrate	(Sc₂O)(NO₃)₄	ازوت قشقىل وتتەكتى سكاندي
硝酸氧金	auryl nitrate	(AuO)NO₃	ازوت قشقىل اۇريل
硝酸氧钛	titanyl nitrate	TiO(NO₃)₂	ازوت قشقىل تيتانيل
硝(酸)乙(酸)酐			"硝酸乙酰酯" گە قاراڭىز.
硝酸乙酰酯	acetyl nitrate	CH₂CC₂NO₂	ازوت قشقىل اتسەتيل ەستەرى
硝酸乙酯	ethyl nitrate	C₂H₅ONO₂	ازوت قشقىل ەتيل ەستەرى
硝酸钇	yttrium nitrate	Y(NO₃)₃	ازوت قشقىل يتتري
硝酸镱	ytterbium nitrate	Yb(NO₃)₃	ازوت قشقىل يتتەربي
硝酸异丁酯	isobutyl nitrate	C₄H₉ONO₂	ازوت قشقىل يزوبۇتيل ەستەرى
硝酸异戊酯	isoamyl nitrate	(CH₃)₂CHCH₂CH₂ONO₂	ازوت قشقىل يزواميل ەستەرى
硝酸铟	indium nitrate	In(NO₃)₃	ازوت قشقىل يندي
硝酸银	silver nitrate		ازوت قشقىل كۇمىس
硝酸银氨溶液	ammonical silver nitrate solution		ازوت قشقىل كۇمىس ـ اممي,اك ەرىتىندىسى
硝酸铀	uranium nitrate		ازوت قشقىل ۇران
硝酸铀酰	uranyl nitrate		ازوت قشقىل ۇرانيل
硝酸铕	europium nitrate	Eu(NO₃)₃	ازوت قشقىل ەۇروپي
硝酸蒸馏器	nitric acid still		ازوت قشقىلىن بۇلاندىرۇپ ايداعىش (اسپاپ)
硝酸正丙酯	n‑propyl nitrate		ازوت قشقىل n ـ پروپيل ەستەرى
硝酸酯	nitric acid ester	RO·NO₂	ازوت قشقىل ەستەرى
硝酸重氮苯	diazo benzene nitrate	C₆H₅N₂NO₃	ازوت قشقىل ديازو بەنزول
硝态氮	nitrate nitrogen		نيتراتتى ازوت

硝肟酸	nitrolic acid	RC(NOH)NO₂	نيترول قشقىلى
硝酰	nitryl	– NO₂	نيتريل
硝酰胺	nitramide	O₂N·NH₂	نيترامىد
硝酰氟	nitroxyl fluoride	NO₂F	نيتروكسيل فتور
硝酰(基)	nitroxyl		نيتروكسيل
硝酰氯	nitroxyl chloride	NO₂Cl	نيتروكسيل حلور
硝酯肟酸	nitrosates	NO₃C – C = NOH	نيتروزاتەر
萧尔科夫酸	scholldopf's acid		شولكوپ قشقىلى
小杯	curette		كەشكەنە ستاكان
小檗胺	berbamine	C₃₉H₄₀O₆N₂	بەربامين
小檗二酸	berberilic acid	C₂₀H₁₉O₉N	بەربەريل قشقىلى
小檗二酸酐	berberilic anhydride	C₂₀H₁₇O₈N	بەربەريل انگيدريدتى
小檗碱	berbrerine	C₂₀H₁₉O₅N	بەربەرين
小檗醛	berberal	C₂₀H₁₇O₇N	بەربەرال
小檗三酸	berberonic acid	C₈H₅O₆N	بەربەرون قشقىلى
小檗酸	berberic acid	C₈H₅O₄	بەربەر قشقىلى
小檗因	berbin	C₁₇H₁₃N	بەربين
小光圈	a small aperture		كەشى جارىق شەگبەرى (ميكروسكوپتا)
小环化合物	small ring compound		كەشكەنە ساقينالى قوسىلمىستار
小卡	small calorie		كەشى كالوريا
小孔	pin hole		كەشكەنە تەسىك، ساڭلاۋ
小口瓶	narrow – mouth bottle		كەشكەنە اۋزدى شولمەك
小麦糖	triticin		تريتيتسين
小镊子	pincette		كەشكەنە شمشۇر
小时	hour		ساعات (ۋاقىت، h)
小苏打	sodium bicarbonate	NaHCO₃	كەشى سودا، قشقىل كومىر قشقىل ناترى
小纤维	fibrilla		فيبريللا، ۋساق تالشىقتار
效应	effect		ەففەكت
效应分子	effector molecule		اسەر ەتۋشى مولەكۇلا، ەففەكتور مولەكۇلا
效应器	effector		ەففەكتور
笑气	laughing gas(= dental gasl)		كۇلدىرگىش گاز

xie

楔管比色计	"楔形比计" گه قاراڭز.
楔入化合物　wedging compound	سنا قوسلىستار، سۇئعنىبا قوسلىستار
楔入剂　wedging agent	سنالاعش اگەنت، سۇئعنىندرعمش اگەنت
楔入效应　wedging effect	سنالاۇ ەففەكتى، سۇئعنىندرۇ ەففەكتى
楔形比计　wedge colorimeter	سنا ٴتارىزدى كولەريمەتر
楔形磷块　wedge phosphorus	سنا ٴتارىزدى كەسەك فوسفور
楔形膜　wedge‑shaped film	سنا ٴتارىزدى جارعاق
楔砖　wedge brick	سنا كەرپش، سۇئعنىندرسرما كەرپش
蝎毒　buthtoxin	بۇتوتوكسىن، شايان ۋى
缬氨毒素　valinomycin	ۆالينوميتسىن
缬氨酸　valine　$(CH_3)_2CHCHNH_2COOH$	ۆالين
缬氨酰　valyl　$(CH_3)_2CHCH(NH_2)CO$	ۆاليل
缬草碱　valerine, valerianine	ۆالەرين، ۆالەريانين
缬草脑　valerol	ۆالەرول
缬草酸	"戊酸" گه قاراڭز.
缬草酸盐　relerate, velerinate	ۆالەريان قىشقىلىننىڭ تۇزدارى
缬草油　valerian oil	ۆالەريان مايى
缬草油素	"缬草脑" گه قاراڭز.
缬烯炔　valylene　$CH_2C(CH_3)C \equiv CH$	ۆاليلەن
协合剂　synergist	سەلبەستىرگش (اگەنت)
协合指数　synergic index	سەلبەسۇ كورسەتكشى
协合作用　synergy(＝synergism)	سەلبەسۇ
协调反应　concerted reaction	سايكەستى رەاكسيالار
协助电解质　cupporting electrolte	كومەكشى ەلەكتروليت
斜方硫　rhombic sulfur	رومبى ٴتارىزدى كۇكىرت
偕　gem(＝geminate)	گەم _ ، گەمينات (ۇقساس ٴبىر كومىرتەگى اتومىندا الماسۇ)
偕胺肟　amidoxime　$-C(NON)NH_2$	اميدوكسيم
偕苯代戊醇	"丁基苯基甲醇" گه قاراڭز.
偕二苯基乙二醇	"异氢化苯偶姻" گه قاراڭز.
偕二甲基　gem‑dimethyl	گەم ـ ديمەتيل

偕卤代亚胺	imidociminol－halide	R·CX:NH	گالوگەندى يميدو
偕氯代烃亚胺	acid imidochloride	R·CCl:NH	قشقىلدىق حلورلى يميدو
偕氯代亚胺	imido－chloride	R·CCl:NH	حلورلى يميدو
偕氯代乙亚胺	acetimidochloride	CH₃CHClNH	حلورلى اتسەت يميدو

偕三氯特丁醇　chlorbutol(＝chlorobutanol)　حلوربۇتول، حلورىبۇتانول

偕双烯型化合物　pleiadiene　＝C＝　پلەيادىەن

偕硝基亚硝基烃　"硝脑" گە قاراڭىز.

偕亚氨醇盐　"亚胺酸酯" گە قاراڭىز.

偕亚氨醚　imido－ether　يميدو ەفىرى

泻酸　cathartic acid　كاتارت قشقىلى

泻盐　epsom salt　ەپسوم تۇزى، انگلىز تۇزى

泻盐矿　epsomite　MgSO₄·7H₂O　ەپسومىت

泻药　cathartic　كاتارت، سۈرگى ٴدارى

xin

辛胺　n－octyl amine　CH₃(CH₂)₇NH₂　n ـ وكتيل امين

辛撑　octamethylene　－(CH₂)₈　وكتا مەتيلەن

1, 4－辛撑苯　1, 4－octamethylene benzene　1، 4 ـ وكتا مەتيلەندى بەنزول

辛撑二醇　octamethyleglycol　وكتا مەتيلەندى گليكول

辛醇　octanol(＝n－octyl alcohol, capryl alcohol)　CH₃(CH₂)₆CH₂OH

وكتانول، n ـ وكتيل سپيرتى، كاپريل سپيرتى

辛醇－[1]　octanol－[1]　CH₃(CH₂)₆CH₂OH　وكتانول ـ [1]

辛醇－[2]　octanol－[2]　CH₃(CH₂)₅CHOHCH₃　وكتانول ـ [2]

辛醇－[4]　"丙基·丁基甲醇" گە قاراڭىز.

辛醇－[4]酮－[5]　"丁偶姻" گە قاراڭىز.

辛二醇－[1, 8]　octandiol－[1, 8]　HO(CH₂)₈OH　وكتاندىيول ـ [1، 8]

辛二腈　hexamethylene dicyanide　NC(CH₂)₆CN　گەكسا مەتيلەندى دىسيان

辛二醛　suberic aldehyde　(CH₂)₆(CHO)₂　سۇبەر الدەگيدتى

辛二酸　suberic acid(＝octane diacid)　(CH₂)₆(COOH)₂　سۇبەر قشقىلى، وكتان ەكى قشقىلى

辛二酸二甲酯　methyl suberate　CH₃OCO(CH₂)₆COOCH₃　سۇبەر قشقىل مەتيل

هستەرى

辛二酸钙　calcium suberate　$CaC_8H_{12}O_4$　سۆبەر قىشقىل كالتسي

辛二酸氢盐　disuberate　$COOH\cdot(CH_2)_6COOM$　قىشقىل سۆبەر قىشقىل تۇزدارى

辛二酸氢酯　disuberate　$COOH\cdot(CH_2)_6CO\cdot OR$　قىشقىل سۆبەر قىشقىل ھەستەرى

辛二酸盐　suberate　$MOCO(CH_2)_6CO\cdot CM$　سۆبەر قىشقىلىنىڭ تۇزدارى

辛二酸乙酯　ethyl suberate　$C_2H_5O\cdot CO\cdot(CH_2)_6\cdot CO\cdot OC_2H_5$　سۆبەر قىشقىل ەتيل ھەستەرى

辛二酸酯　suberate　$RO\cdot CO\cdot(CH_2)_6\cdot CO\cdot OR$　سۆبەر قىشقىل ھەستەرى

辛二酮 – [2,3]　octadion – [2,3]　$CH_3(CH_2)_4COCOCH_3$　وكتاديون ـ [3،2]

辛二烯　octadiene　C_8H_{14}　وكتاديەن

辛二烯酸　octadiemoic acid　$C_7H_{11}\cdot COOH$　وكتاديەن قىشقىلى

辛二酰　octanedioyl　$CO(CH_2)_6CO-$　وكتانەديويل

辛环　– ocane　وكان

辛基　octyl　$CH_3(CH_2)_6CH-$　وكتيل

辛基碘　n – octyl iodide　$CH_3(CH_2)_6CH_2I$　n ـ وكتيل يود

辛基氟　n – octyl fluoride　$CH_3(CH_2)_6CH_2F$　n ـ وكتيل فتور

辛基氯　n – octyl chloride　$CH_3(CH_2)_6CH_2Cl$　n ـ وكتيل حلور

辛基溴　n – octyl bromide　$CH_3(CH_2)_6CH_2Br$　n ـ وكتيل بروم

辛(级)烷　"辛烷" گە قاراڭىز.

辛腈　capryl nitrile　$CH_3(CH_2)_6CN$　كاپريل نيتريل

辛咖因　cinchaine　$C_{12}H_{20}O_2N_2$　سينحاين

辛可部酸　cinchomeronic acid　$C_7H_5O_4N$　سينحومەرون قىشقىلى

辛可醇　cinchol　$C_{20}H_{34}O$　سينحول

辛可丹宁酸　cinchotannic acid　سينحوتاننين قىشقىلى

辛可芬　cinchophen　$C_6H_5C_9H_5NCOOH$　سينحوفەن

辛可卡因　cinchocaine　سينحوكاين

辛可勒皮啶　cincholepidine　سينحولەپيدين

辛可灵　cincholine　سينحولين

辛可明　cinchonamin　سينحونامين

辛可尼定　cinchonidine　$C_{19}H_{22}ON_2$　سينحونيدين

辛可宁　cinchonine　$C_{19}H_{22}ON_2$　سينحونين

辛可烯　cinchene　$C_{19}H_{20}N_2$　سينحەن

辛那敏　cinnamein　سيننامەين

辛诺产品　cynol product　سينول ونمدەرى

辛诺催化剂　synol catalyst　سينول كاتاليزاتور

辛诺合成　synol synthesis　سينول سينتەز

辛取三甲硅　octyl－trimethyl－silicane　$C_8H_{17}Si(CH_3)_3$　وكتيل تريمەتيل
كرەمني

辛醛　capryl aldehyde　$C_7H_{15}CHO$　كاپريل الدەگيدتى

辛炔　octyne　C_8H_{14}　وكتين

辛炔－[1]　octyne－[1]　C_8H_{14}　[1] ـ وكتين

辛炔－[2]　"甲基戊基乙炔" گه قاراڭز.

辛炔二酸　octyne diacid　$C_6H_8(COOH)_2$　وكتين ەكى قىشقىلى

辛炔二羧酸　octyne dicarboxylic acid　$C_8H_{11}(COOH)_2$　وكتين ەكى كاربوكسيل
قىشقىلى

辛炔醛　"戊基丙炔醛" گه قاراڭز.

辛炔酸　octynic acid　$C_7H_{11}COOH$　وكتين قىشقىلى

辛酸　octylic acid(＝caprylic acid, octanoic acid)　$C_7H_{15}COOH$　وكتيل
قىشقىلى، كاپريل قىشقىلى، وكتان قىشقىلى

辛酸丙酯　propyl caprylate　$C_7H_{15}CO_2CH_2C_2H_5$　كاپريل قىشقىل پروپيل ەستەرى

辛酸丁酯　butyl capylate　$C_7H_{15}CO_2C_4H_9$　كاپريل قىشقىل بۇتيل ەستەرى

辛(酸)酐　captylic anhydride　$(C_{17}H_{15}CO)_2O$　كاپريل انگيدريدتى

辛酸甲酯　methyl caprylate　$CH_3(CH_2)_6CO_2CH_3$　كاپريل قىشقىل مەتيل ەستەرى

辛酸钠　sodium caprylate　$C_7H_{15}COONa$　كاپريل قىشقىل ناترى

辛酸戊酯　amyl caprylate　$CH_3(CH_2)_6CO_2C_5H_{11}$　كاپريل قىشقىل اميل ەستەرى

辛酸盐　caprylate　$C_7H_{15}COOM$　كاپريل قىشقىلىنىڭ تۇزدارى

辛酸乙酯　erhyl caprylate　$CH_3(CH_2)_6CO_2C_2H_5$　كاپريل قىشقىل ەتيل ەستەرى

辛酸异戊酯　isoamyl caprylate　$C_7H_{15}CO_2(CH_2)_2CH(CH_3)_2$　كاپريل قىشقىل
يزواميل ەستەرى

辛酸酯　caprylate　$C_7H_{15}CO·OR$　كاپريل قىشقىل ەستەرى

辛塔法　synthal process　سينتال ٴادسى

辛糖　octose　وكتوزا

辛酮－[2]　octanone－[2]　$CH_3CO(CH_2)_5CH_3$　[2] ـ وكتانون

辛酮－[3]　"乙基戊基甲酮" گه قاراڭز.

辛酮糖　octulose　وكتۇلوزا

辛烷　octane　C_8H_{18}　وكتان

辛(烷)雌酚　octoestrol　　　　　　　　　وكتو ەستىرول

辛烷单位　octane unit　　　　　　　　وكتان بىرلىگى

辛烷二羧酸　octane dicarboxylic acid　$C_8H_{16}(COOH)$　وكتان ەكى كاربوكسيل قىشقىلى

辛烷曲线　octane curve　　　　　　　وكتان قىسىق سىزعى

辛烷数　octane number　　　　　　　وكتان سانى

辛烷值　octane number　　　　　　　وكتان ٴمانى

辛烯　octene, octylene(= caprylene)　C_8H_{16}　وكتەن، وكتيلەن، كاپريلەن

辛烯二酸　octene diacid　$C_8H_{10}(COOH)_2$　وكتەن ەكى قىشقىلى

辛烯二羧酸　octene dicarboxylic acid　$C_8H_{14}(COOH)_2$　وكتەن ەكى كاربوكسيل قىشقىلى

辛烯酸　octenoic acid(= octylenic acid)　وكتەن قىشقىلى، وكتيلەن قىشقىلى

辛酰　octanoyl(= capryloyl, caprylyl)　$CH_3(CH_2)_6CO-$　وكتانويل، كاپريلويل، كاپريليل

辛酰胺　caprylamide　$C_7H_{15}CONH_2$　كاپريلاميد

辛酰氯　capryl chloride(= caprylyl chloride)　كاپريل حلور، كاپريليل حلور

辛叶素　octofolin　　　　　　　　　وكتوفولين

辛因　- ocine　　　　　　　　　　وكينە

辛英　- ocin　　　　　　　　　　وكين

锌(Zn)　zinc　　　　　　　　　　مىرىش (Zn)

锌白　zinc white(= zinic oxide)　　مىرىش ٴاعى، مىرىش توتىعى

锌钡白　lithopone　　　　　ليتوپون، مىرىش - باري ٴاعى

锌尘　　　　　　　　　"锌蒸气" گە قاراڭىز.

锌矾　zinc vitriol(= vitriol salt)　$ZnSO_4·7H_2O$　مىرىش كۇپوروسى، جەتى مولەكۇلا سۋى بار كۇكىرت قىشقىل مىرىش

锌粉　zinc powder (dust)　　　　مىرىش ۇنتاعى

锌粉蒸馏　zinc dust distillation　مىرىش ۇنتاعىممەن بۇلاندىرىپ ايداۋ

锌铬　zinc chrome　　　　　　　مىرىش - حروم

锌合金　zinc alloy　　　　　　　مىرىش قورىتپاسى

锌华　　　　　　　　　"氧化锌" گە قاراڭىز.

锌黄　zinc yellow　$ZnCrO_4$　　　مىرىش سارسى

锌绿　zinc green　　　　　　　　مىرىش جاسىلى

锌棉　zinc sponge　　　　　　　مىرىشتى گۇبكا

锌冕玻璃	zinc crown	مىرشتى ساپالى شىنى (ئىنەك)
锌磨	zinc mill	مىرش تىرمەن
锌片	zinc sheet(plate)	مىرش پلاستىنكا، مىرش تاقتا
锌酸	zincic acid	H_2ZnO_2	مىرش قشقىلى
锌酸钴	cobalt zincate	$CoZnO_2$	مىرش قشقىل كوبالت
锌酸钾	potassium zincate	K_2ZnO_2	مىرش قشقىل كالي
锌酸钠	sodium zincate	مىرش قشقىل ناترى
锌酸盐	zincate	مىرش قشقىلمنىڭ تۇزدارى
锌蓄电池	zinc accumulator	مىرش اككۇمۇلياتور
锌皂	zinc soap	مىرش سابىن
锌蒸气	zinc fume	مىرش بۇى
新	neo－, meso－	نەو ـ (گرەكشە)، مەزو ـ (گرەكشە)، جاڭا
新百浪多息	neoprontosil	نەو پرونتوزيل
新薄荷醇		"新孟醇" گە قاراڭىز.
新甘露酐	neomannide	نەو ماننيت
新海绵甾醇	neospongosterol	نەو سپونگوستەرول
新胡萝卜素	neocarotene	نەو كاروتەن
新黄质	neoxanthin	نەو كسانتين
新己烷	neohexane	$(CH_3)_3CC_2H_5$	نەو گەكسان
新苦木素	neoquassin	نەو كۇاسسين
新蜡酸	neocerotic acid	نەو كەروتين قشقىلى
新麦角甾醇	neoergosterol	نەو ەرگوستەرول
新霉素	neomycin	نەو ميتسين
新孟醇	neomenthol	$C_{10}H_{20}O$	نەو مەنتول
新品酸性红		"赤藓红" گە قاراڭىز.
新羟曲霉酸	neohydroxy aspergillic acid	نەو گيدروكسيل اسپەرگيل قشقىلى
新曲霉酸	neoaspergillic acid	نەو اسپەرگيل قشقىلى
新洒尔佛散	neosalvarsan	نەو سالۋارسان
新胂凡那明	neoarsphenamine	$C_{13}H_{13}O_4N_2SAs_2Na$	نەو ارسفەنامين
新生霉素		"新生素" گە قاراڭىز.
新生乃复林	neosynephrin	نەو سينەفرين
新生素	novobiocin	نوۋوبييوتسين

新生酸 novobiocic acid		نوۋوبيوتسيك قىشقىللى
新四唑 neotetrazol		نەو تەترازول
新松香酸 neoabietic acid		نەو ابيەتىن قىشقىللى
新酮铁灵 neocupferron	$C_{10}H_7N(NO)ONH_4$	نەو كۇپفەررون
新维生素 A neovitamin A		نەو ۋىتامين A
新闻纸 newspriting paper		اقپاراتتىق قاعاز، اقپارات قاعازى
新戊醇 neopentyl alcohol	$(CH_3)_3CCH_2OH$	نەو پەنتيل سپيرتى
新戊基 neoamyl	$(CH_3)_3CCH_2-$	نەو اميل
新戊基碘 neopentyl iodide	$(CH_3)_3 \cdot C \cdot CH_2I$	نەو پەنتيل يود
新戊基卤 neopentyl halide	$(CH_3)_3 \cdot C \cdot CH_2X$	نەو پەنتيل گالوگەندەر
新戊醛 neovaleraldehyde	$(CH_3)_3 \cdot C \cdot CHO$	نەو ۆالەر الدەگيدتى
新戊烷 neopentane	$(CH_3)_4C$	نەو پەنتان
新戊烷－d －neopentane－d	$CH_2DC(CH_3)_3$	نەو پەنتان ـ d
新鲜催化剂 live catalyst		جاڭا كاتاليزاتور، تازا كاتاليزاتور
新鲜气体 live gas(= virgin gas)		جاڭا گاز، تازا گاز
新鲜石油 live oil		جاڭا مۇناي
新烟碱 neonicotine		نەو نيكوتين
心肌黄酶 diaphorase		ديافورازا
心磷脂 cuorin		كۇورين
心(脏肌)动朊 cardiac actin		كاردياك اكتين
信号弹 signaling bomb		سيگنال بومبىسى، سيگنال وعى
信号火箭 signal rocket		سيگنال راكەتاسى، بەلگى راكەتاسى
信号油 signal oil		سيگنال مايى، بەلگى مايى
信筒子酸		"恩贝酸" گە قاراڭىز.
信息素 pheromone		فەرومون
酥		"内酰亚胺" گە قاراڭىز.

xing

兴德拉电极 Schindler electrode		شيندلەر ەلەكترودى
兴奋剂 stimulant		قوزدىرعىش، جەلىكتىرگىش (اگەنت)
星点 asterism		جۇلدىزشا
星蓝 astral blue		استرال كوگى

星油 astral oil		ئاسترال مايى
星鱼甾醇 stellasterol		ستەللاستەرول
猩红磷 scarlet phosphorus		قىزىل فوسفور
α－形 alpha－form		ئالفا فورما، ئالفا ءپىشىن
形成 formation		فورمالانۇ، قالىپتاسۇ
形成热 formation heat		فورمالانۇ جىلۇيى، قالىپتاسۇ جىلۇيى
形成因素 form factor		فورمالانۇ فاكتورى، قالىپتاسۇ فاكتورى
U 形管 U－tube		U ـ فورمالى تۇتىك
形式 form		فورما، نۇسقا، ۇلگى
形式电荷 formal charge		فورمالى زارياد
形状系数 shape factor		ءپىشىن فاكتورى
杏仁甙		"扁桃甙" گە قاراڭىز.
杏仁酶		"苦杏仁酶" گە قاراڭىز.
杏仁酸		"扁桃酸" گە قاراڭىز.
杏仁油 apricot－kernel oil		ورىك ءدانى مايى
杏子纸 apricot paper		ورىك قاعاز
性质 property		قاسيەت، سيپات

xiong

胸维定 thymovidin		تيموۋيدين
胸腺啶 thymidine		تيميدين
胸腺啶酸 thymidylic acid		تيميديل قىشقىلى
胸腺核甙酸 thymonucleic acid		تيمونۇكلەين قىشقىلى
胸腺核酸解聚酶 thymonucleode polymerase		تيمونۇكلەوده پوليمەرازا
胸腺核酸酶 thymonuclease		تيمونۇكلەازا
胸腺激素 thymin		تيمين
胸腺碱 thymine $C_5H_6O_2N_2$		تيمين
胸腺碱酸 thyminic acid		تيمين قىشقىلى
胸腺嘧啶		"胸腺碱" گە قاراڭىز.
胸腺嘧啶核甙		"胸腺啶" گە قاراڭىز.
胸腺素 thymosin		تيموزين
胸腺酸 thymic acid		ايرشىق بەز قىشقىلى، تيمۇس قىشقىلى

胸腺糖 thyminose		تيمينوزا
胸腺组朊 thymus histone		تيمۇس گيستون
雄定酮 androtermone		اندروتەرمون
雄茸交酯 andrographolide		اندروگرافوليد
雄茸脑酸 andrographolic acid		اندروگرافول قىشقىلى
雄黄 realgar(＝rubisulfur) As_2S_2		رەاككار، قوس كۆكىرتتى قوس ارسەن
雄配素 androgamone		اندروگامون
雄酮		"雄甾酮" گە قاراڭىز.
1, 2－雄烯二酮 1, 2－androstenedione		1، 2 ـ اندروستەنەديون
雄性激素 androgen		اندروگەن
雄刈萱醇		"香茅醇" گە قاراڭىز.
雄刈萱醛		"香茅醛" گە قاراڭىز.
雄甾二酮 androstane dione		اندروستانەديون
雄甾酮 androsterone $C_{19}H_{30}O_2$		اندروستەرون
雄甾烷 androstane		اندروستان
雄甾烷醇 androstanol		اندروستانول
雄甾烷二醇 androstanediol		اندروستانەديول
雄甾烷酮－[3] androstane－3－one		اندروستانە ـ 3 ـ ون
雄甾烯 androstene		اندروستەن
雄甾烯二醇 androstenediol		اندروستەنەديول
雄甾烯二酮 androstenedione		اندروستەنەديون
雄甾烯酮 androstenone		اندروستەنون
熊果醇 uvaol		ۋۆاول
熊果甙 arbutin $HO\cdot C_6H_4\cdot O\cdot C_6H_{11}O$		اربۇتين
熊果碱		"乌搔素" گە قاراڭىز.
熊果酸		"乌搔酸" گە قاراڭىز.
熊果油 arbute seed oil		ايۆ ٴجوزىم مايى
熊曼反应 schoenemann reaction		چوەنمان رەاكسياسى
熊去氧胆酸 ursodesoxycholic acid		ۋرسو وتتەكسىزدەنگەن ٴوت قىشقىلى

xiu

绣线菊甙 spiraein acid		سپيرەين قىشقىلى

绣线菌甙	helicine		گەلیتسین
锈	rust		تات
溴(Br)	bromium		بروم (Br)
溴胺	bromo – amin		برومدى امین، بروم امین
溴巴豆酸	bromocrotonic acid		برومدى كروتون قشقىلى
溴百里酚蓝	bromo thymol blue	$C_{27}H_{28}O_5Br_2S$	برومدى تیمول كوگى
溴苯	bromo benzene	C_6H_5Br	برومدى بەنزول

溴苯丙酸　　"溴代氢化肉桂酸" گە قاراڭىز.

α – 溴 – β – 苯丙酸　α – bromo – β – phenylpropionic acid

α – برومدى – β – فەنيل پروپيون قشقىلى

溴苯酚	bromophenol		برومدى فەنول
溴苯磺酸	bromo – benzene sulfonic acid	$C_6H_4Br \cdot SO_3H$	بروم – بەنزولدى سۇلفون قشقىلى
溴苯基苯酚	bromophenyl phenol	$C_6H_5C_6H_3(Br)OH$	برومدى فەنيل فەنول
1 – 溴 – 2 – 苯基丙烷	1 – bromo – 2 – phenyl – propane		1 – برومدى – 2 – فەنيل پروپان
溴苯基汞化氯	bromophenylmercuric chloride	BrC_6H_4HgCl	برومدى فەنيل سناپتى حلور
溴苯基胲	bromophenyl – hydroxylamine		برومدى فەنيل گيدروكسيلامين
溴苯甲酸	bromo – benzoic acid	BrC_6H_4COOH	برومدى بەنزوي قشقىلى
溴苯甲酰氯	bromo – benzoyl chloride	BrC_6H_4COCl	برومدى بەنزويل حلور
溴苯甲酰溴	bromo – benzoyl bromide	BrC_6H_4COBr	برومدى بەنزويل بروم
溴苯肼	bromophenyl – hydrazine		برومدى فەنيل گيدرازين
溴苯酸甲酯	methyl – bromobenzoate		برومدى بەنزوي قشقىل مەتيل ەستەرى
溴苯酸乙酯	ethyl bromobenzoate	$BrC_6H_4CO_2C_2H_5$	برومدى بەنزوي قشقىل ەتيل ەستەرى

β – 溴 – α – 苯乙醇　　"苯代乙撑溴醇" گە قاراڭىز.

| 溴苯乙烯 | bromstyrol(= bromostyrene) | $C_6H_5CBrCH_2$ | بروم ستيرول، برومدى ستيدەن |

α – 溴苯乙烯　　"溴苯乙烯" گە قاراڭىز.

| 溴吡啶 | bromopyridine | | برومدى پيريدين |

3 – 溴丙醇 – [1]　　"丙撑溴醇" گە قاراڭىز.

| β – 溴丙醇 | β – bromopropyl alcohol | $CH_3CHBrCH_2OH$ | β – برومدى |

پروپیل سپیرتی

3－溴丙炔－[1]　3－bromo propene－[1]　$HC \equiv CCH_2Br$　برومدی پروپهن ـ
[1]

溴丙酸　bromo－propionic acid　CH_2BrCH_2COOH　برومدی پروپیون قشقىلى

α－溴丙酸乙酯　ethyl a－bromopropionate　$CH_3CHBrCO_2C_2H_5$　α ـ برومدی
پروپیون قشقىل هتیل هستهری

溴丙酮　bromoacetone　$BrCH_2COCH_2$　برومدی اتسهتون

溴丙酮腈　bromopyruvic nitrile　برومدی پیرۆۋین نیتریل

溴丙烷　bromopropane　برومدی پروپان

1－溴丙烷　1－bromopropane　$CH_3CH_2CH_2Br$　1 ـ برومدی پروپان

2－溴丙烷　2－bromopropane　$CH_3CHBrCH_3$　2 ـ برومدی پروپان

溴丙烯　bromoprapylene　برومدی پروپیلهن

溴丙烯化氧　bromopropylene oxide　برومدی پروپیلهن توتعی

溴丙酰氯　bromopropionyl chloride　برومدی پروپیونیل حلور

溴铂酸　bromoplatinic acid　$H_2[PtBr_6]$　برومدی پلاتینا قشقىلى

溴铂酸铵　ammonium bromoplatinate　$(NH_4)_2[PtBr_6]$　برومدی پلاتینا قشقىل
امموني

溴铂酸钡　barium promoplatinate　$Ba[PtBr_6]$　برومدی پلاتینا قشقىل باري

溴铂酸钾　potassium bromoplatinate　$K_2[PtBr_6]$　برومدی پلاتینا قشقىل كالي

溴铂酸镁　magnesium bromoplatinate　$Mg[PtBr_6]$　برومدی پلاتینا قشقىل
ماگنيي

溴醇　bromohydrin　برومدی گیدرین

溴醇化物　"羟基溴化物" گه قاراڭىز.

溴戳异丙基苯　"溴枯烯" گه قاراڭىز.

溴醋酸　bromoacetic acid　$BrCH_2COOH$　برومدی سىركه قشقىلى

溴醋酸苯酯　phenyl bromoacetate　$BrCH_2CO_2C_6H_5$　برومدی سىركه قشقىل
فهنیل هستهری

溴醋酸甲酯　methyl bromoacetate　$BrCH_2CO_2CH_3$　برومدی سىركه قشقىل
مهتیل هستهری

溴醋酸乙酯　ethyl bromoacetate　$BrCH_2CO_2C_2H_5$　برومدی سىركه قشقىل
هتیل هستهری

溴代　bromo－Br－　ـ برومو ـ، برومدی

溴代氨基酸　bromo－amino acid　$NH_2RBrCOOH$　برومدی امینو قشقىلى

溴代苯对二酚			"溴氢醌" گه قاراڭز.
溴代丙二酸	bromomlonic acid	BrCH(COOH)₂	برومدى مالون قىشقىلى
溴代丙烯酸	bromoacrylic acid		برومدى اكريل قىشقىلى
溴代丁二酸	bromosuccinic acid	(CH₂CHBr)(COOH)₂	برومدى سؤكتسين قىشقىلى
溴代丁二烯	bromoprene	CH₂CHCBrCH₂	برومويرەن، برومدى يرەن
1–溴代丁烷			"丁基溴" گه قاراڭز.
溴代对苯二酸	bromoterephthalic acid	BrC₆H₃(COOH)₂	برومدى تەرەفتال قىشقىلى
溴代苊	bromoacenaphthene	C₁₂H₉Br	برومدى اتسەنافتەن
溴代二甲苯	xylene bromide	BrC₆H₃(CH₃)₂	برومدى كسيلەن
溴代富马酸	bromofumaric acid	CHCBr(COOH)₂	برومدى فؤمار قىشقىلى
溴代环己烷	bromocyclohexane		برومدى ساقينالى گەكسان
溴代甲碘			"溴碘甲烷" گه قاراڭز.
溴代甲烷	bromomethane	CH₃Br	برومدى مەتان
溴代米	bromomesitylene	BrC₆H₂(CH₃)₃	برومدى مەزيتيلەن
溴代隣苯二酸			"溴酞酸" گه قاراڭز.
溴代马来酸	bromomaleic acid	CHCBr(COOH)₂	برومدى مالەين قىشقىلى
溴代萘	naphthalene bromide	C₁₀H₇Br	برومدى نافتالين
溴代氢化肉桂酸	bromo – hydrocinnamic acid	C₆H₄Br(CH₂)₂COOH	بروم – سؤتەكتى سيننام قىشقىلى
溴代繖化烃	bromocymene	(CH₃)₂CHC₆H₃(Br)CH₃	برومدى سيمەن
溴代酸	bromo – acid		برومدى قىشقىل
溴代烃	bromohydrocarbons		برومدى كومىرسؤتەكتەر
溴代烷类	brominated methanes		برومدى الكاندار
溴代酰胺	bromo – acid amide	RBrCONH₃	برومدى قىشقىل اميد
溴代酰氯	bromacyl chloride		بروماتسيل حلور
溴代酰溴	bromacyl bromide		بروماتسيل بروم
溴代乙醇的硝酸酯	nitrate of ethylene bromohydrin	CH₂BrCH₂ONO₂	ەتيلەن – پروم گيدريندى ازوت قىشقىل ەستەرى
溴(代)乙醛	bromoaced aldehyde	CH₂BrCHO	برومدى سىركە الدەگيدتى
溴代乙烯	bromo ethylene		برومدى ەتيلەن
溴代乙酰醋酸乙酯	bromo – aceto acetic ester	CH₃COCHBrCOOC₂H₅	

برومدى اتسەتو سىركە قىشقىل ھەستەرى

溴代樟脑　　　　　　　　　　　　"溴樟脑" گە قاراڭىز.

溴代脂肪族化合物　bromoaliphatic compound　برومدى الىفات قوسلىستارى

溴胆碱　bromcholine　　　　　　　برمحولين

溴氮化磷　phosphorus bromonitride　PNBr₂　بروم – ازوتتى فوسفور

溴蛋白(质)　bromoprotein　　　　　برومدى پروتەين

溴碘化钙　calcium bromiodide　CaBrI　بروم – يودتى كالتسي

溴碘甲烷　bromoicdomethane　BrCH₂I　بروم – يودتى مەتان

2－溴丁二烯－[1, 3]　　　　　"溴代丁二烯" گە قاراڭىز.

N－溴丁二酰亚胺　N－bromo succinimide　N – برومدى سۇكتسين يمىد

溴丁醛　bromobutyraldehyde　　　برومدى بۋتير الدەگيدتى

溴丁酸　bromobutyric acid　C₃H₆BrCOOH　برومدى بۋتير قىشقىلى

溴丁酸乙酯　ethyl α－bromobutyrate　C₅H₂CHBrCO₂C₂H₅　α – برومدى
بۋتير قىشقىل ەتيل ھەستەرى

溴丁酮　　　　　　　　　"高马炸药" گە قاراڭىز.

溴丁酮　　　　　　　"甲基溴乙基甲酮" گە قاراڭىز.

溴丁酮－[2]　bromobutanone－[2]　برومدى بۋتانون – [2]

1－溴丁烷　1－bromobutane　　1 – برومدى بۋتان

溴二碘甲烷　bromodiiodomethane　BrCHI₂　بروم – ەكى يودتى مەتان

5－溴二甲基戊烷　5－bromo－2－methyl pentane　(CH₃)₂CH(CH₂)₂CH₂Br
5 – برومدى – 2 – مەتيل پەنتان

溴二氯甲烷　bromodichloromethane　CHBrCl₂　برومدى ەكى حلورلى مەتان

溴二乙醚　bromodiethylether　BrCH₂CH₂OC₂H₅　برومدى ەكى ەتيل ەفيرى

溴仿　bromoform　　　　　　　بروموفورم

溴酚红　bromphenol red　　　　بروم فەنول قىزىلى

溴酚蓝　bromophenol blue　برومدى فەنول كوگى، بروم فەنول كوگى

1－溴庚烷　1－bromoheptane　CH₃(CH₂)₅CH₂Br　1 – برومدى گەپتان

溴汞基苯　bromo－mercury benzene　HgBrC₆H₅　"苯汞化溴" گە قاراڭىز.

溴汞基苯酚　bromo－mercuryphenol　HgBrC₆H₄OH　برومدى سىناپ فەنول

溴化　bromating　　　　　　برومدانۋ

溴化氨络银　silver amminobromide　[Ag(NH₃)]Br　برومدى امموني – كۇمىس

溴化氨亚铜　cuprous amminobromide　[Cu(NH₃)]Br　برومدى امموني – مىس

溴化铵　ammonium bromide　NH₄Br　برومدى امموني

溴化钡	barium bromide	$BaBr_2$	برومدى بارى
溴化铋	bismuth bromide		برومدى بيسمۇت
溴化苄	benzyl bromide		برومدى بەنزيل
溴化丙烯	propylene dibromide	$CH_3CHBr \cdot CH_2Br$	ەكى برومدى پروپيلەن
溴化铂	platinic bromide	$PtBr_4$	برومدى پلاتينا
溴化铂铵	ammonium platinic bromide	$(NH_4)_2[PtBr_6]$	برومدى پلاتينا اممونى
溴化镝	dysprosium bromide	$DyBr_3$	برومدى ديسپروزى
溴化碘	iodine bromide	IBr	برومدى يود
溴化丁基镁	butyl magnesium bromide	$MgBrC_4H_9$	برومدى بۇتيل ماگنى
溴化钆	gadolinium bromide		برومدى گادولينى
溴化钙	calcium bromide	$CaBr_2$	برومدى كالتسى
溴化高铅			قاراڭـز. گە "四溴化铅"
溴化锆	zirconium bromide	$ZrBr_4$	برومدى زيركونى
溴化镉	cadmium bromide	$CdBr_2$	برومدى كادمى
溴化铬	chromo bromide	$CrBr_3$	برومدى حروم
溴化汞	mercuric bromide	$HgBr_2$	برومدى سىناپ
溴化钴	cobaltous bromide	$CoBr_2$	برومدى كوبالت
溴化硅	silicon bromide		برومدى كرەمنى
溴化剂	bromating agent		برومداعش اگەنت
溴化镓	gallium bromide		برومدى گاللى
溴化钾	potassium bromide	KBr	برومدى كالى
溴化金	auric bromide	$AuBr_3$	برومدى التىن
溴化金钾	potassium auric bromide	$K[AuBr_4]$	برومدى التىن ـ كالى
溴化金钠	auric sodium bromide	$Na[AuBr_4]$	برومدى التىن ـ ناترى
溴化钪	scandium bromide	$ScBr_3$	برومدى سكاندى
溴化苦	bromopicrin	CBr_3NO_2	برومدى پيكرين
溴化镧	lanthanum bromide	$LaBr_3$	برومدى لانتان
溴化镭	radium bromide	$RaBr_2$	برومدى رادى
溴化锂	lithium bromide	$LiBr$	برومدى ليتى
溴化鏻	phosphonium bromide	PH_4Br	برومدى لانتان
溴化磷	phosphorus bromide		برومدى فوسفور
溴化硫	sulfur bromide	S_2Br_2	برومدى كۆكىرت
溴化铝	aluminum bromide	$AlBr_3$	برومدى الۇمين

溴化镁	magnesium bromide	$MgBr_2$	برومدى ماگنى
溴化锰	manganese bromide		برومدى مارگانەتس
溴化钼	molybdenum bromide	$MoBr_2$	برومدى موليبدەن
溴化钠	sodium bromide	$NaBr$	برومدى ناترى
溴化镍	nickelous bromide	$NiBr_2$	برومدى نيكەل
溴化硼	boron bromide	BBr_3	برومدى بور
溴化铍	beryllium bromide	$BeBr_2$	برومدى بەريللي
溴化镨	praseodymium bromide	$PrBr_3$	برومدى پرازەودىم
溴化铅	lead bromide		برومدى قورعاسىن
溴化氢	hydrogen bromide	HBr	برومدى سۆتەك
溴化氰	cyanogen bromide		برومدى سيان
溴化铷	rubidium bromide	$RbBr$	برومدى رۇبيدي
溴化三甲锡	trimethyl tin bromide	$SnBr(CH_3)_3$	برومدى ٴۇش مەتيل قالايى
溴化铯	cesium bromide	$CsBr$	برومدى سەزي
溴化铯铵	cesium ammonium bromide	$CsBr \cdot NH_4Br$	برومدى سەزي – امموني
溴化钐	samaric bromide	$SaBr_3$	برومدى سامارى
溴化十甲鎓	decamethonium bromide	$(CH_3)_3NBr(CH_2)_{10}NBr(CH_3)_3$	برومدى دەكامەتونيۇم
溴化十六烷基三甲基胺	setrimonium bromide		برومدى سەتريمون
溴化铈	cerous bromide	$CeBr_3$	برومدى سەري
溴化锶	strontium bromide	$SrBr_2$	برومدى سترونتسي
溴化铊	tallium bromide	$TlBr$	برومدى تاللي
溴化钽	tantalum bromide	$TaBr_3$	برومدى تانتال
溴化铽	terbium bromide	$TbBr_3$	برومدى تەربي
溴化铁	ferric bromide	$FeBr_3$	برومدى تەمىر
溴化铜	cupric bromide	$CuBr_2$	برومدى مىس
溴化钍	thorium bromide		برومدى تورى
溴化钨	tungsten bromide	WBr_2	برومدى ۆولفرام
溴化物	bromide		بروميدتەر، برومدى قوسىلىستار
溴化硒	selenium bromide		برومدى سەلون
溴化锡	stannic bromide	$SnBr_4$	برومدى قالايى
溴化橡胶	brominated rubber		برومدى كاۋچۇك
溴化锌	zinc bromide	$ZnBr_2$	برومدى مىرىش

溴化亚铂	platinous bromide	PtBr₂	ەكى برومدى پلاتينا
溴化亚铬	chromous bromide	CrBr₂	ەكى برومدى حروم
溴化亚汞	mercurous bromide	HgBr	ٴبىر برومدى سناپ
溴化亚金			"—溴化金" گه قاراڭىز.
溴化亚铊	thallium monobromide	TlBr	ٴبىر برومدى تاللي
溴化亚锑	antimonous bromide	SbBr₃	ٴۇش برومدى سۇرمە
溴化亚铁	ferrous bromide	FeBr₂	ەكى برومدى تەمىر
溴化亚铁铵	ferroammonium bromide		ەكى برومدى تەمىر – امموني
溴化亚铜	cuprous bromide	Cu₂Br₂	ەكى برومدى مىس
溴化亚锡	tin bibromide	SnBr₂	ەكى برومدى قالايى
溴化亚硝酰			"亚硝酰溴" گه قاراڭىز.
溴化氧铋	bismythyl bromide		برومدى بيسمۇتيل
溴化氧锆	zirconyl bromide	ZrOBr₂	برومدى زيركونيل
溴化氧钼	molybdeny bromide	(MoO)Br	برومدى موليبدەنيل
溴化叶绿醇	phytol bromide		برومدى فيتول
溴化乙炔	acetylene bromide		برومدى اتسەتيلەن
溴化乙烯	ethylene bromide	CH₂Br·CH₂Br	برومدى ەتيلەن
溴化乙酰胆碱	acetylcholine bromide		برومدى اتسەتيل حولين
溴化钇	yttrium bromide	YBr₃	برومدى يتتري
溴化镱	ytterbium bromide	YbBr₃	برومدى يتتەربي
溴化银	silver bromide		برومدى كۇمىس
溴化银胶	bromo jelatine		برومدى جەلاتين
溴化作用	bromination		برومداۋ
溴基			"溴代" گه قاراڭىز.
溴己酸	bromocaproic acid		برومدى كاپرون قىشقىلى
溴己酸乙酯	ethyl α – bromocaproate	CH₃(CH₂)₃CHBrCO₂C₂H₅	

α – برومدى كاپرون قىشقىل ەتيل ەستەرى

1–溴己烷	1– bromohexane	CH₃(CH₂)₄CHBr	1 ــ برومدى گەكسان
溴甲苯	bromotoluene		برومدى تولۇئول
2–溴–1–甲苯基乙酮			"溴乙基·甲苯基甲酮" گه قاراڭىز.
溴甲酚红紫	bromocresol purple		برومدى كرەزول قىزىل كۇلگىنى
溴甲酚蓝			"溴甲酚绿" گه قاراڭىز.
溴甲酚绿	bromocresol green		برومدى كرەزول جاسىلى

溴甲基苯胺	bromo toluidine		برومدى تولۇيدين
溴甲基化	bromomethylation		برومدى مەتيلدەنۇ
溴甲基醚	bromo – methyl – ether	$CH_2Br\cdot O\cdot R$	برومدى مەتيل ەفيرى

溴甲基 β – 萘基甲酮　bromomethyl β – naphthyl ketone　$C_{10}H_7COCH_2Br$

برومدى مەتيل β ـ نافتيل كەتون

溴甲基乙基酮	bromomethyl ethyl ketone		برومدى مەتيل ـ ەتيل كەتون
溴金酸	hydrobromo – auric acid	$H[AuBr_4]$	برومدى التىن قىشقىلى
溴金酸钾	potassium bromaurate	$K[AuBr_4]$	برومدى التىن قىشقىل كالي
溴金酸钠	sodium bromaurate	$Na[AuBr_4]$	برومدى التىن قىشقىل ناتري

溴金酸亚金　aurous bromaurate　$Au[AuBr_4]$ برومدى التىن قىشقىل شالا توتىق
التىن

溴金酸盐	bromaurate	$M[AuBr_4]$	برومدى التىن قىشقىلىننىڭ تۇزدارى
溴咖啡因	bromocaffeine		برومدى كاففەين
溴枯烯	bromocumene	$(CH_3)_2CHC_6H_4Br$	برومدى كۇمەن
溴喹啉	bromoquinolin		برومدى حينولين
溴量滴定	bromometry		بروم تامشلاتۇ، برومدى تامىزىپ ولشەۇ
溴硫磷	bromophos		بروموفوس
溴氯苯	bromochloro benzene		بروم – حلورلى بەنزول
溴氯丙烯	bromochloro propene		بروم – حلورلى پروپەن
溴氯醋酸	bromochloroacetic acid		بروم – حلورلى سىركە قىشقىلى

溴氯二氟甲烷　bromochlorodi fluoromethane بروم – حلور ەكى فتورلى
مەتان

溴氯甲烷	bromochlorom ethane		بروم – حلورلى مەتان
溴氯乙烷	bromochloro ethane		بروم – حلورلى ەتان
溴梦拉	bromural	$(CH_3)_2CHBrCONHCONH_2$	برومۇرال
溴醚	bromo – ether		برومدى ەفير
溴萘酚	bromonaphthol	$BrCH_2NO_2$	برومدى نافتول
溴尿嘧啶	bromouracile		برومدى ۇراتسيل
溴氢			"溴化氢 گە قاراڭىز.
溴氢化作用	hydrobromination		برومدى سۇتەكتەنۇ
溴氢醌	bromohydroquinone	$BrC_6H_3(OH)_2$	برومدى سۇتەك حينون
溴醛	bromal	$Br_3CCH:C$	برومال
溴醛水合	bromal hydrate	$BrCCH(OH)_2$	برومال گيدراتى

溴壬烷	bromononane		برومدى نونان
溴肉桂醛	bromocinnam aldehyde		برومدى سيننام الدەگيدتى
溴肉桂酸	bromocinnamic acid		برومدى سيننام قەشقەلى
溴朊	bromoprotein		برومدى پروتەين
溴三氟甲烷	bromotrifluoromethane		برومدى ٴۇش فتورلى مەتان
2－溴－1,3,5－三甲苯			"溴代米" گە قاراڭىز.
溴三氯甲烷	bromotrichloromethane	CBrCl₃	برومدى ٴۇش حلورلى مەتان

α－溴十二(烷)酸乙酯　ethyl　α－bromolaurate　C₁₀H₂₁CHBrCO₂C₂H₅

α ــ برومدى لاۋرين قەشقىلى ەتيل ەستەرى

1－溴十五烷　1－bromopentadecane　CH₃(CH₂)₁₃CH₂Br　1 ـ برومدى پەنتادەكان

| 溴水 | bromine water | | برومدى سۇ |
| 溴水杨醛 | bromosalicylaldehyde | | برومدى ساليتسيل الدەگيدتى |

3－溴水杨酰羟肟酸　3－bromosalicyloyl hydroxamic acid　3 ـ برومدى
ساليتسيلويل گيدروكسامين قەشقىلى

1－溴－2,3,4,6－四乙酰葡糖　　"乙酰溴葡糖" گە قاراڭىز.

溴素滴定法	bromination titration method		بروم تامشلاتۇ ٴادسى
溴素纸	bromide paper		برومدى قاعاز
溴酸	bromic acid	HBrO₃	بروم قەشقىلى
溴酸钡	barium bromate	Ba(BrO₃)₂	بروم قەشقىل باري
溴酸镝	dysprosium bromate		بروم قەشقىل ديسپروزي
溴酸钆	gadolinium bromate	Gd(BrO₃)₂	بروم قەشقىل گادوليني
溴酸钙	calcium bromate	Ca(BrO₃)₂	بروم قەشقىل كالتسي
溴酸镉	cadmium bromate	Cd(BrO₃)₂	بروم قەشقىل كادمي
溴酸根	bromate radical		بروم قەشقىل قالدىعى
溴酸根离子	bromate ion	(BrO₃)	بروم قەشقىل قالدىعى يونى
溴酸汞	mercuric bromate		بروم قەشقىل سناپ
溴酸钴	cobaltous bromate	Co(BrO₃)₂	بروم قەشقىل كوبالت
溴酸钾	potassium bromate	KBrO₃	بروم قەشقىل كالي
溴酸镧	lanthanum bromate	La(BrO₃)₃	بروم قەشقىل لانتان
溴酸锂	lithium bromate	LiBrO₃	بروم قەشقىل ليتي
溴酸铝	aluminum bromate	Al(BrO₃)₃	بروم قەشقىل الٴۇمين
溴酸镁	magnesium bromate	Mg(BrO₃)₂	بروم قەشقىل ماگني
溴酸钠	sodium bromate	NaBrO₃	بروم قەشقىل ناتري

溴酸镍	nickelous bromate		بروم قىشقىل نىكەل
溴酸钕	nedymium bromate	$Nd(BrO_3)_3$	بروم قىشقىل نەودىمي
溴酸镨	praseodymium bromate	$Pr(BrO_3)_3$	بروم قىشقىل پرازەودىم
溴酸铅	lead bromate	$Pb(BrO_3)_2$	بروم قىشقىل قورعاسىن
溴酸铷	rubidium bromate	$RbBrO_3$	بروم قىشقىل رۇبىدي
溴酸铯	cesium bromate	$CsBrO_3$	بروم قىشقىل سەزي
溴酸钐	samaric bromate	$Sa(BrO_3)_3$	بروم قىشقىل ساماري
溴酸铈	cerous bromate	$Ce_2(BrO_3)_6$	بروم قىشقىل سەري
溴酸锶	strontium bromate	$Sr(BrO_3)_2$	بروم قىشقىل سترونتسي
溴酸铜	cupric bromate		بروم قىشقىل مىس
溴酸锌	zinc bromate	$Zn(BrO_3)_2$	بروم قىشقىل مىرىش
溴酸亚汞	mercurous bromate		بروم قىشقىل شالا توتىق سىناپ
溴酸亚铊	thallous bromate	$TlBrO_3$	بروم قىشقىل شالا توتىق تاللي
溴酸盐	bromate	$MBrO_3$	بروم قىشقىلىنىڭ تۇزدارى
溴酸钇	yttrium bromate		بروم قىشقىل يتتري
溴酸银	silver bromate	$AgBrO_3$	بروم قىشقىل كۇمىس
溴酞酸	bromophthalic acid	$BrC_6H_3(COOH)_2$	برومدى فتال قىشقىلى
溴替安替比林	N－bromoantipyrine	$BrC_6H_4C_5H_7ON_2$	N – برومدى انتيپيرين
溴替胺			"溴胺" گە قاراڭىز.
溴替乙酰胺	N－bromoacetamide	$CH_3CONHBr$	N – برومدى اتسەتامىد
溴鎓	bromoium		برومونيۇم
溴戊酮	bromopentanon		برومدى پەنتانون
1－溴戊烯	amylene bromide		برومدى امىلەن
溴硝基甲烷	bromonitramethane	$BrCH_2NO_2$	برومدى نيترومەتان
溴硝菌素	bromonitrin		برومدى نيترين
溴辛烷	bromooctane		برومدى وكتان
溴亚铂酸钾	potassium bromoplatinite	$K_2[PtBr_4]$	برومدى پلاتينالى قىشقىل كالي
溴亚金酸	aurous bromide acid	$H[AuBr_2]$	برومدى التىن قىشقىلى
溴亚金酸盐	bromaurite	$M[AuBr_2]$	برومدى التىن قىشقىل تۇزى
溴亚铜酸盐	cuprobromide	$M[CuBr_2]$	برومدى مىس قىشقىل تۇزى
溴氧化铋	bismuth oxybromide	$BiOBr$	بروم – وتەكتى بيسمۇت
溴氧化钒	vanadium oxybromide	$VOBr_2$	بروم – وتەكتى ۋانادي

溴氧化镉　cadmium oxybromide　BrCd·O·CdBr　بروم – وتەكتى كادمي

溴氧化镧　lanthanum oxybromide　LaOBr　بروم – وتەكتى لانتان

溴氧化钼　molybdenum oxybromide　بروم – وتەكتى موليبدەن

溴氧化钨　tungsten oxybromide　WOBr₄　بروم – وتەكتى ۋولفرام

溴氧化物　oxybromide　وتەكتى برومىدتەر

溴氧化铟　indium oxybromide　InOBr　بروم – وتەكتى يندي

2 - 溴乙醇　2 - bromoethanol　BrCH₂CH₂OH　برومدى ەتانول

2 - 溴乙基苯基醚　2 - bromoethyl - phenyl ether　2 – برومدى ەتيل – فەنيل
ەفيرى

溴乙基甲苯基甲酮　bromethyl tolyl ketone　CH₃C₆H₄COCH₂Br₂　بروم ەتيل –
توليل كەتون

溴乙基甲基醚　bromo - ethyl - methyl ether　C₂H₄Br·O·CH₃　برومدى ەتيل –
مەتيل ەفيرى

溴乙基酯　bromo - ethyl ester　R·CO·O·C₂H₄Br　برومدى ەتيل ەستەرى

溴乙腈　bromoacetonitril　BrCH₂CN　برومدى اتسەتونيتريل

溴乙炔　bromoacetylene　CH:CHBr　برومدى اتسەتيلەن

溴乙酸　　"溴醋酸" گە قاراڭىز.

溴乙缩醛　bromoacetal　BrCH₂CH(OC₂H₅)₂　برومدى اتسەتال

溴乙烷　bromoethane　C₂H₅Br　برومدى ەتان

溴乙酰醋酸乙酯　ethylbromoaceto acetate　CH₃COCHBrCO₂C₂H₅　برومدى
اتسەتو سىركە قشقىل ەتيل ەستەرى

溴乙酰氯　birmoacetyl chloride　CH₂BrCOCl　برومدى اتسەتيل حلور

溴乙酰萘　"溴甲基 β – 萘基甲酮" گە قاراڭىز.

溴乙酰溴　bromoacetyl bromide　BrCH₂COBr　برومدى اتسەتيل بروم

溴乙氧基甲烷　"溴乙基甲基醚" گە قاراڭىز.

5 - 溴 - 2 - 乙氧基乙酰替苯胺　5 - bromo - 2 - ethoxyacetanilide
5 – برومدى – 2 – ەتوكسيل اتسەت انيليد

α - 溴异丁酸乙酯　ethyl α - bromo isobutyrate　(CH₃)₂CBrCO₂C₂H₅
α – برومدى يزوبۇتير قشقىل ەتيل ەستەرى

α - 溴异戊酸冰片酯　bornyl α - bromoiso valerate　α – برومدى
يزوۋالەريان قشقىل بورنيل ەستەرى

溴异戊酸甲酯　methylbromo isovalerate　(CH₃)₂CHCHBrCO₂CH₃　برومدى
يزوۋالەريان قشقىل مەتيل ەستەرى

溴异戊酰脲　bromovalerylurea　　　　　　　　برومدى ۋالەريل ۇرەا

α－溴异戊酰脲　　　　　　　　　　　"溴梦拉" گە قاراڭـز.

溴原儿茶醛　bromoprotocatechuic aldehyde　برومدى پروتوكاتـحين الدەگيدتى

溴樟脑　bromo－camphor　　$C_{10}H_{15}Br$　برومدى كامفورا

溴值　bromine number　　　　　　　　بروم ٴمانى

溴酯　bromo－ester　　　　　　　　　برومدى ەستەر

xu

虚分子量　fictitious molecular weight　　جوراماڵ مولەكۇلالىق سالماق

蓄电池　accumulatory　　　　　　　اككۇمۇلياتور

xuan

旋风器　cyclone　　　　　　سيكلون، قۇيىنداتقىش (اسپاپ)

旋复花粉　inulin　$(C_6H_{10}O_5)_n$　　　　ينۇلين

旋复花粉酶　inulinase　　　　　　ينۇلينازا

旋复花酶　inulase　　　　　　　ينۇلازا

旋复花酸　inulic acid　　　　　ينۇل قىشقـلى

旋复花糖　inulenine　$(C_6H_{10}O_5)_x$　　ينۇلەنين

旋光度　　　　　　　　"旋光性" گە قاراڭـز.

旋光对映体　optical antimer　وپتيكالىق انتيمەر، وپتيكالىق انتيدەنە

旋光分析　rotational analysis　　روتاتسيالىق تالداۋ

旋光共价化合物　opticaly active covalen compound　وپتيكالىق اكتيۆتەنگەن ورتاق ۋالەنتتى قوسىلىستار

旋光碳(原子)　optical active carbon　وپتيكالىق اكتيۆتەنگەن كومـرتەك (اتومى)

旋光性　optical activity　　　　وپتيكالىق اكتيۆتىك

旋光异构　optical isomerism　　وپتيكالىق يزومەريا

旋光异构体　optical isomer　　وپتيكالىق يزومەر

旋光异构物　　　　　　"旋光异构体" گە قاراڭـز.

旋光异构现象　　　　　　"旋光异构" گە قاراڭـز.

旋花胺　convolvamine　　　　كونۆولۆامين

旋花甙	"旋花灵" گه قاراڭز.
旋花碱　convolvine	كولۇۋولۇين
旋花灵　convolvulin	كونۇۋولۇۋلين
旋花灵脑酸　convolvulinolic acid	كونۇۋولۇۋلينول قشقىلى
旋花灵酸　convolvulinic acid	كونۇۋولۇۋلين قشقىلى
旋花素　convolvicin	كونۇۋولۇۋيتسين
旋性的　active	اكتيۋ، اكيتۋتى
旋性戊醇　active–amyl alcohol　$C_2H_5CH(CH_3)CH_2OH$	اكتيۋ اميل سپيرتى
旋性戊基　active amyl　$CH_3CH(C_2H_5)CH_2-$	اكتيۋ اميل
旋性戊基汞化溴　active amyl mercuric bromide　$C_5H_{11}HgBr$	اكتيۋ اميل سىناپتى بروم
旋性戊基甲基甲酮　active amyl methyl ketone	اكتيۋ اميل – مەتيل كەتون
旋学常数　optical constant	وپتيكالىق تۇراقتى
旋学特性　optical character	وپتيكالىق سيپاتتاما
旋转滴汞电极　rotated dropping mercury electrode	سىناپتالعان اينالمالى ەلەكترود
旋转扩散系数　rotational diffusion coefficient	اينالمالى ديففۇزيا كوەففيتسەنتى
旋转异构体　rotational isomer(＝rotamer)	روتاتسيالىق يزومەر، روتامەر
玄参红酸　azafrin	ازافرين
悬滴　hanging drop	اسپ (قويپ) تامشلاتۇ
悬滴法　hanging method	اسپ (قويپ) تامشلاتۇ ٴادسى
悬滴试验　hanging drop test	اسپ (قويپ) تامشلاتۇ سىناعى
悬浮　suspension	قالقۇ، ٴجۇزۇ، سۇسپەنزيا
悬浮法　suspension method	سۇسپەنزيالىق ٴادس
悬(浮)胶(体)　suspension colloid	سۇسپەنزيالىق كوللويد
悬浮聚合(法)　suspension polymerization	سۇسپەنزيالىق پوليمەرلەۋ
悬浮粒子　suspended particles	سۇسپەنزيالىق بولشەكتەر
悬浮体　suspended substance	جۇزگىندەر
悬浮(体)系　suspension system	جۇزگىندەر جۇيەسى
悬浮物　suspended matter	جۇزگىندىك زاتتار
悬浮相　suspended phase	جۇزگىندىك فازا
悬浮液　suspension	جۇزگىن
悬浮质	"悬浮物" گه قاراڭز.

悬浮状(态) suspended state — جۇزگىنندىك كۇي

悬胶态 suspensoid state — سۇسپەنزرويدتىق كۇي

悬胶(体) suspensoid — سۇسپەنزرويد

悬浊液 suspension — سۇسپەنزيا

选择 selection — تاڭداۋ، تالعاۋ

选择催化裂化 selective catalytic cracking — تالعامدى كاتاليزدىك بولشەكتەۋ

选择的 selective — تالعامدى

选择(的)溶剂 selective solvent — تالعامدى ەرىتكىش

选择发酵 selective fermentation — تالعامدى اشۋ

选择分馏 selective rectification — تالعامدى ءبولىپ ايداۋ

选择加氢裂化 selective hydrocracking — سۇتەگمەن قوسىپ تالعامدى بولشەكتەۋ

选择聚合 selective polymerization — تالعامدى پوليمەرلەۋ

选择聚合过程 selective polymerization process — تالعامدى پوليمەرلەۋ بارسى

选择离子交换树脂 selective ion exchange resin — تالعامدى يون الماستىرعىش سمولالار

选择裂化 selective cracking — تالعامدى بولشەكتەۋ

选择破坏加氢 selective destructive hydrogenation — سۇتەگمەن قوسىپ تالعامدى بۇزۇ

选择燃烧 selective combustion — تالعامدى جانۋ

选择试剂 selective reagent — تالعامدى رەاكتيۆ

选择提取 selective extraction — تالعامدى ەكستراكتسيالاۋ (ايرىپ الۋ)

选择烃化反应 selective alkylation — تالعامدى الكيلدەۋ

选择烃化过程 selective alkylation process — تالعامدى الكيلدەۋ بارسى

选择吸附 selective adsorption — تاڭداپ ءسىمىرۋ

选择吸收 selective absorption — تاڭداپ ءسىمىرۋ

选择性 selectivity — تالعامپازدىق، تالعامدىق

选择性除草剂 selective herbicide — تالعامدى ءشوپ وتەمش (اگەنت)

选择性除草油 selective herbicidal oil — تالعامدى ءشوپ وتەمش ماي

选择性催化氧化 selective catalytic oxide — تالعامدى كاتاليزدىك توتىعۋ

选择性的置换剂 selective entraining agent — تالعامدى ورىن باسقىش اگەنت

选择性试验 selective test — تالعامدى سىناق

选择性亲和力 selective affinity — تالعامدى بىرىگۋ كۇشى

选择学说 selective theory — تالعام تەورياسى

选择作用　selective action　تاڭداۋ رولى، تالعاۋ رولى

xue

靴二蒽	perepyrene	پەرەپيرون
薛佛酸	Schaffer's acid　$OHC_6H_{10}SO_3H$	شاففەر قشقىلى
薛佛盐	Schaffer's salt	شاففەر تۇزى
鸳鸟红	cardinal red	كاردينال قىزىلى
雪花氨酸	galanthaminic acid	گالانتامين قشقىلى
雪花胺	galanthamine	گالانتامين
雪花碱	galanthine	گالانتين
雪花脒	galanthamidine	گالانتاميدين
雪花石膏	alabaster	الاباستەر
雪松醇	cedrol　$C_{15}H_{26}O$	كەدرول
雪松坚果油	cedar‐nut oil	سامىرسىن قاتتى جەمىسى مايى
雪松木油	cedar‐wood oil	سامىرسىن اعاشى مايى
雪松素	cedrin　$C_{15}H_{24}$	كەدرين
雪松烯	cedrene　$C_{15}H_{24}$	كەدرەن
雪松叶油	cedar‐leaves oil	سامىرسىن جاپىراعى مايى
雪松油	cedar oil	سامىرسىن مايى
鳕油酸		"甘碳烯酸" گە قاراڭىز.
血安生	haemanthine	گەمانتين
血吡啉	hemopyrrole　$HCC(C_2H_5)C(CH_3)C(CH_3)$	گەموپيررول
血卟啉	hematoporphyrin　$C_{34}H_{38}O_6N_4$	گەماتوپورپيرين
血胆红素	hemobilirubin	گەموبيليرۇبين
血毒素	hemotoxin	گەموتوكسين
血根碱	sanguinarine　$C_{20}H_{15}O_5N$	سانگۋينارين
血根碱硫酸盐	sanguinarine sulfate	سانگۋينارين كۆكىرت قشقىل تۇزدارى
血根碱硝酸盐	sanguinarine nitrate	سانگۋينارين ازوت قشقىل تۇزدارى
血褐素	hemofuscin	گەموفۇسكين
血红蛋白	hemoglobin	گەموگلوبين
血红朊		"血红蛋白" گە قاراڭىز.
血红朊计	hemoglobinometer	گەموگلوبينومەتر

血红朊尿	hemoglobinuria	پەسەن گەموگلوبيندى
血红素	haem, heme	گەم، گەما
血红素酸	hematinic acid	گەماتين قشقملى
血黄素	xanthematin	كسانتەماتين
血浆全朊	orosin	وروزين
血胶精	haemagglutinin	گەماگگليۋتينين
血晶	hemin	گەمين
血绿卟啉	spirographis porphyrine	سپيروگرافيز پورفيرين
血绿朊	chlorocruorin(e)	حلوروكرۋورين
血绿素	spirographis heme	سپيروگرافيزگەما
血绿(素)原	verdohemochromogen	ۋەردوگەموحروموگەن
血敏素	haemosensitin	گەموزەنزيتين
血母	hemotogen	گەموتوگەن
血青朊	hemocyanin	گەموسيانين
血青朊辅基	hemocuprin	گەموكۋپرين
血清白朊	serum albumin	سەرۋم البۋمين، قان سارسۋى البۋمينى
血清反应	cero – reaction	قان سارسۋى رەاكسياسى
血清类粘朊	sero – mucoid	سەرومۋكويد
血清球朊	cerum globulin	سەرۋم گلوبۋلين، قان سارسۋى گلوبۋلينى
血清糖朊	seroglycoid	سەروگليكويد
血清学	serology	سەرولوگيا
血朊	haemproteins	گەموگلوبيين
血色原	hemochromogen	گەموحروموگەن
血酸	hematic acid	قان قشقملى
血糖	blood sugar	قان قانتى
血铁素	hemoferrin	گەموفەررين
血铜朊	hemocuprein	گەموكۋپرەين
血鲜红质	floridin	فلوريدين
血液学	hematology	گەماتولوگيا

xun

| 薰衣草花醇 | lavandulol | لاۋاندۋلول |

薰衣草花油	lavander flower oil	لاۋاندەر گۆلى مايى
薰衣草酒	lavender spirit	لاۋەندەر سپىرتى
薰衣草油	lavender oil	لاۋەندەر مايى
熏蒸法	fumigation	ستاۋ ئادسى
熏蒸剂	fumigant	ستاعش (اگەنت)
循环	cycle	ايناللس، ايناللم
循环比	cycle ratio	ايناللس سالستەرماسى (قاتناسى)
循环层	circulation layer	ايناللس قاباتى
循环蒽	circumanthracene	انتراتسەن ايناللمى
循环负荷	circulating load	ايناللس كوتەرمدلمگى
循环供给系统	circulation supply system	اينالستى قامداۋ جۇيەسى
循环公式	racursion formula	قايتالاي ايناللس فورمۇلاسى
循环管	circulation tube	ايناللس تۇتمگى
循环过程	cyclic process	ايناللس بارسى
循环进程调节	cyclo control	ايناللس بارسسن رەتتەۋ
循环馏分	recycle fraction	قايتالاي اينالمالى پراكتسيالاۋ
循环酶	cyclophorase	سيكلوفورازا
循环气体	recyle gas	قايتالاي ايناللستاعى گاز
循环汽油	recycle gasoline	قايتالاي ايناللستاعى بەنزين
循环设备	recyle unit	قايتالاي ايناللس جابدقتارى
循环时间	cycle length	ايناللس ۋاقتى
循环水	criculating water	ايناللستاعى سۇ
循环酸	recycle acid	قايتالاي ايناللستاعى قشقىل
循环瓦斯油	recycle gas oil	قايتالاي ايناللستاعى گاز مايى
循环系统	recycle system	قايتالاي ايناللس جۇيەسى
循环线路	recycle circuit	قايتالاي ايناللس جولى
循环油	cycle oil	ايناللستاعى ماي
循环周期	cycle period	ايناللس پەريودى
鲟精肮	sturin	ستۇرين
蕈毒碱		"蝇蕈碱. گە قاراڭز
蕈毒素	muscarin	مۇسكارين
蕈素	clitocibin	كليتوتسيبين
逊	sub-	سۇب ـ (لاتىنشا)

逊原子的　subatomic سۇب اتومدى، سۇباتومدى

逊原子反应　subatomic reaction سۇباتومدىق رەاكسىا

逊原子分解　subatomic decomposition سۇباتومدىق بدراۋ

逊原子微粒　subatomic particle سۇباتومدىق مىكرو بولشەكتەر

逊原子现象　subatomic phenomenon سۇباتومدىق قۇبىلس

逊原子学　subatomics سۇباتومىكا

Y

ya

压力　pressure	قىسىم
压力化学　piezochemistry	قىسىم حىمىياسى
压力计　manometer	مانومەتر
压力系数　pressure coefficient	قىسىم كوەففىتسەنتى
压缩　compression	سەۋ، قىسۇ
压缩丙烷　compressed propane	سەملەان پروپان
压缩酵母　compressed yeast	سەملەان اشتقى
压缩空气　compressed air	سەملەان اۋا
压缩气体　compressed gas	سەملەان گاز
压缩强度　compressive strength	سەۋ كۆشەمەللىگى
压缩热　compression heat	سەۋ جىلۇيى
压缩纤维　pressured fiber	سەملەان تالشق
压缩性　compressibility	سەملەشتىق
压缩氧气　comperssed oxygen	سەملەان وتەك
压效应　pressure effect	قىسىم ەففەكتى
鸦片　opium	اپىىن
鸦片胶　gum opium	اپىىن جەلمى
鸦片蜡　opium wax	اپىىن بالاۋزى
鸭片酸　opianic acid	اپىىن قشقلى
鸭茅灵　dactilin	داكتىلىن
崖椒醇　fagarol　$C_{20}H_{18}O_6$	فاگارول
崖椒碱　fagarine　$C_{21}H_{23}O_5N$	فاگارىن
γ–崖椒碱　γ–fagarine	γ – فاگارىن
崖椒醛　fagaric aldehyde　$C_{12}H_{11}O_4N$	فاگار الدەگىدتى
崖椒酸　fagaric acid　$C_{12}H_{11}O_5N$	فاگار قشقلى
崖椒酰胺　fagaramide	

فاگار امید

牙膏　tooth paste, dentifrice　ئتس پاستاسى، ئتس پاراشوگى

牙科石膏　dental plaster　ئتس گيپسى

牙皂　dentnl soap, tooth soap　ئتس سابنى

牙质　dentin(e)　دەنتين

芽根灵　terbutol　تەربۇتول

芽子定　ecgonidine　ەگونيدين

芽子碱　ecgonine　$C_9H_{15}O_3N$　ەگونين

芽子碱酸　ecgoninic acid　$C_7H_{11}O_3N$　ەگونين قشقنلى

蚜灭多　vamidothion　ۋاميدوتيون

雅片黄　xanthaline　$C_{37}H_{36}O_9N_2$　كسانتالين

亚氨　imido－　HN=　يميدو－

亚氨代氨基磷酸　phosphoramidimidic acid　$(HO)_2(H_2N)P(NH)$　فوسفور اميديميد قشقنلى

亚氨代甲基　formimidoyl　HC(:NH)－　فورميميدويل

亚氨代甲基醚　formimido ether　CH(OR):NH　فورميميدو ەفيرى

亚氨二醋酸　imido－acetic acid　$(CH_2COOH)_2NH$　يميدو سركه قشقنلى

亚氨二醋酸　iminodiacetic acid　$HN(CH_2COOH)_2$　يمينو ەكى سركه قشقنلى

亚氨二磺酰胺　imidodisulfamide　$H_2NSO_2NHSO_2NH$　يميدو ديسۇلفاميد

亚氨二甲酸　iminodiformic acid　يميۇ ەكى قۇمسرسقا قشقنلى

亚氨二磷酸　imidodiphosphoric acid　$H_4P_2O_6NH$　يميدو ەكى فوسفور قشقنلى

亚氨二磷酸盐　imidodiphosphate　يميدو ەكى فوسفور قشقنلننڭ تۇزدارى

亚氨二硫酸　imidodisulfuric acid　يميدو ەكى كۆكرت قشقنلى

亚氨二硫酸盐　imidodisulfate　يميدو ەكى كۆكرت قشقنلننڭ تۇزدارى

亚氨二羧酸　imidodicarboxylic clcid　$NH(COOH)_2$　يميدو ەكى كاربوكسيل قشقنلى

亚氨二乙腈　iminodiacetonitrile　$HN:(CH_2CN)_2$　يمينو ەكى اتسەتو نيتريل

亚氨赶醌　"醌亚胺" گه قاراڭـز.

亚氨赶醌醇　"醌醇亚胺" گه قاراڭـز.

亚氨赶碳酸　imido－carbonic acid　$OH_2·C:NH$　يميدو كومسر قشقنلى

亚氨赶乙酰蜡酸　imino－aceto－acetic acid　$CH_3C(NH)CH_3COOH$　يمينو اتسەتو سركه قشقنلى

亚氨桂苄基　benzimidoyl, benzimido－　$C_6H_5C(NH)$－　بەنزيميدويل،

بەنزيمىدو –

亚氨化合物　imino compound　يمينو قوسلمستارى

亚氨化锗　germaniym imide　گەرمانيي يمىد

亚氨基　imino −　NH=　يمىنو –

亚氨基丙酸　iminopropionic acid　يمىنو پروپيون قىشقىلى

亚氨基甲酰氯　imino − formyl chloride　CHCl:NH　يمىنو فورمىل حلور

亚氨基酸　imino − acid　NH·(R·COOH)₂　يمىنو قىشقىلى

亚氨碱　imino − base　R₂NH　يمىنو نەگىز

亚氨磷酸　imido phosphoric acid　يمىدو فوسفور قىشقىلى

亚氨膦酸　imodo phosphonic acid　يمىدو فوسفون قىشقىلى

亚氨三磷酸　imidotriphosphoric acid　يمىدو ٴۇش فوسفور قىشقىلى

亚氨三偏磷酸　imidotrimeta phos phoric acid　يمىدو تريمەتا فوسفور قىشقىلى

亚氨乙基　"亚氨逐乙酰基" گە قاراڭىز.

亚氨乙烷撑菲　iminoethanophenanthrene　يمىنو ەتاندى فەنانترەن

亚氨逐磷酸　phosphorimidic acid　(HO)₃P(NH)　فوسفور يمىد قىشقىلى

亚氨逐膦酸盐　phosphoro − imidate　فوسفور يمىد قىشقىلنىڭ تۇزدارى

亚氨逐乙酰基　acetimidoyl(= acetimido)　CH₃C(:NH) −　اتسەتيميدويل

亚胺　imine　يمين

亚胺赶碳酸酯　imido − carbonic ester　(RO)₂·C:NH　يمىدو كومىر قىشقىل ەستەرى

亚胺基　imido − (= imidogen)　(NH:)　يمىدو –، يمىدوگەن

亚胺醌蓝　indophenol blue　يندوفەنول كوگى

亚胺硫磷　imidan　يمىدوتيون

亚胺酸　imidic acid　RC(NH)OH　يمىد قىشقىلى

亚胺酸酯　imidic ester(= imino ester)　RC(OR)NH　يمىد ەستەرى

亚胺型氮　imino − nitrogen　يمىنو ازوت

亚胺型氢　imido − hydrogen　يمىد ٴتيپتى سۇتەگى

亚胺盐　imide salt　يمىد تۇزى

亚巴精　abasin　ابازين

亚钯化合物　palladous compound　پاللاديلى قوسىلمىستار

亚苄　"苄叉" گە قاراڭىز.

亚苄二醋酸酯　benzal diacetate　C₆H₅CH(O₂CCH₃)₂　بەنزال ەكى سىركە قىشقىل ەستەرى

亚苄基		"苄叉" گه قاراڭز.
亚苄肼 benzal hydrazine		بەنزال گیدرازین
亚丙基		"丙叉" گه قاراڭز.
亚丙酮基		"丙酮叉" گه قاراڭز.
亚丙烯基		"丙烯叉" گه قاراڭز.
亚丙烯 - [2] - 基		"烯丙叉" گه قاراڭز.
亚铂化合物 platinous compound		پلاتينالى قوسىلىستار
亚次乙基		"乙炔" گه قاراڭز.
亚氮氧化物 nitrosite		نيتروزيت
亚当氏毒气 adamsite		ادامس ۇلى گازى، ادامسيت
亚当斯催化剂 adams catalyst		ادامس كاتاليزاتورى
亚碲酸 tellurous acid	H_2TeO_3	تەللۇرلى قىشقىل
亚碲酸酐 tellurous acid anhydride		تەللۇرلى قىشقىل انگيدريدتى
亚碲酸钾 potassium tellurite		تەللۇرلى قىشقىل كالي
亚碲酸钠 sodium tellurite	Na_2TeO_3	تەللۇرلى قىشقىل ناتري
亚碲酸盐 tellurite	M_2TeO_3	تەللۇرلى قىشقىلدىڭ تۇزدارى، تەللۇريتتەر
亚碘的 iodous		يودووس، يودتى
亚碘酸 iodous acid		يودتى قىشقىل
亚碘酸盐 iodite	MIO_2	يودتى قىشقىلدىڭ تۇزدارى، يوديتتەر
亚碘酰 iodoso	$OI-$	يودوزو
亚碘酰苯 iodosylbenzene(= iodosobenzene)	C_6H_5IO	يودوزيل بەنزول، يودوزو بەنزول
亚碘酰化合物 iodoso compound		يودوزو قوسىلىستارى
亚碘酰基苯甲酸 iodosobenzoic acid		يودوزو بەنزوي قىشقىلى
亚丁基		"丁叉" گه قاراڭز.
2 - 亚丁烯基		"2 - 丁烯撑" گه قاراڭز.
亚苊基		"苊叉" گه قاراڭز.
亚蒽基		"蒽撑" گه قاراڭز.
亚钒酸盐 vanadite	$M_2V_4O_9$	ۋاناديلى قىشقىلدىڭ تۇزدارى، ۋاناديتتەر
亚芳基 arylidene	$ArCH=$	اريليدەن
亚砜 sulfoxide	$RSOR'$	سۇلفوكسيد
亚镉化合物 cadmous compound		كادميلى قوسىلىستار

亚铬的	"二价铬的" گە قاراڭـز.
亚铬化合物　chromous compound	حرومدى قوسىلمىستار
亚铬酸　chromous acid　HCrO₂	حرومدى قشقىل
亚铬酸盐　chromite　MCrO₂	حرومدى قشقىلدىڭ تۇزدارى، حروميتەر
亚铬盐　chromous salt	حرومدى تۇز، ٷكى ۋالەنتتى حروم تۇزى
亚汞的	"一价汞的" گە قاراڭـز.
亚汞化合物	"一价汞化合物" گە قاراڭـز.
亚汞盐　mercurous salt	سناپتى تۇز، ٷبىر ۋالەنتتى سناپ تۇزى
亚环己二烯基　cyclohexadienylene　– C₆H₆ –	ساقينالى گەكسا ديەنيلەن
亚环己基	"环己叉" گە قاراڭـز.
亚环戊基	"环戊叉" گە قاراڭـز.
亚磺基　sulfino –　(HO)OS –	سۇلفينو –
亚磺酸　sulfinic acid　RSO₂H	سۇلفين قشقىلى، سۇلفوندى قشقىل
亚磺酸盐　sulfinate　RSO₂M	سۇلفين قشقىلىنناڭ تۇزدارى
亚磺酰　sulfinyl　–SO–	سۇلفينيل
亚磺酰胺　sulfinamide　– SONH₂	سۇلفيناميد
亚磺酰替苯胺　sulfenanilide	سۇلفەن انيليد
亚己基	"己叉" گە قاراڭـز.
亚镓的	"二价镓的" گە قاراڭـز.
亚镓化合物　gallous compound	گالليلى قوسىلمىستار، ٷكى ۋالەنتتى گاللي قوسىلمىستارى
亚甲	"甲叉" گە قاراڭـز.
3,4 – 亚甲二氧苯甲基	"胡椒基" گە قاراڭـز.
3,4 – 亚甲二氧苄基	"胡椒基" گە قاراڭـز.
3,4 – 亚甲二氧基苯甲醇	"胡椒醇" گە قاراڭـز.
3,4 – 亚甲二氧基苯甲醛	"胡椒醛" گە قاراڭـز.
3,4 – 亚甲二氧基苯甲酸	"胡椒基酸" گە قاراڭـز.
亚甲基	"甲叉" گە قاراڭـز.
亚甲基丁二酸	"甲叉丁二酸" گە قاراڭـز.
2 – 亚甲基丁二酸	"甲叉丁二酸" گە قاراڭـز.
3 – 亚甲基 – 7 – 甲基辛二烯 – [1,6]	"香叶烯" گە قاراڭـز.

亚甲基天蓝　methylene azure　　　　　　　　　　مەتىلەندى كوگەلدىر

亚甲蓝　methlene blue　[(CH₃)₂N]₂C₁₂H₆NS(OH)　　مەتىلەندى كوك

亚甲蓝反应　methylene blue reaction　　　　مەتىلەندى كوك رەاكسىياسى

亚甲蓝试验　methylene blue test　　　　　　مەتىلەندى كوك سىناعى

亚甲蓝吸收　methylene blue absorption　مەتىلەندى كوك ابسورىتسىياسى

亚甲绿　methylene green　　　　　　　　　　　مەتىلەندى جاسىل

亚甲桥　methylene bride　　　　　　　　　　　مەتىلەن كوپىر

亚甲天蓝　　　　　　　　　"亚甲基天蓝" گە قاراڭىز.

亚甲紫　methylene－violet　　　　　　　　　مەتىلەندى كۆلگىن

亚金化合物　aurous compound　　ٴبىر ۆالەنتتى التىن قوسىلىستارى

亚金基　auro　Au　　　　　　　ٴبىر ۆالەنتتى التىن رادىكالى

亚金酸盐　aurite　MAuO　　التىندى قىشقىلدىڭ تۇزدارى

亚金盐　aurous salt　　　　　ٴبىر ۆالەنتتى التىن تۇزى

亚金正金化合物　auroso－auric compound　ٴبىر جانە ٴۇش ۆالەنتتى التىن
قوسىلىستارى

亚铼酸盐　rhenite　M₂ReO₃　رەنىلى قىشقىلدىڭ تۇزدارى، رەنىيتتەر

亚联氨基　　　　　　　　　　　　"肼叉" گە قاراڭىز.

亚钌的　　　　　　　　　　　　　"二价钌的" گە قاراڭىز.

亚钌化物　ruthenous compound　ەكى ۆالەنتتى رۇتەنى قوسىلىستارى

亚膦酸　phosphonous acid　RP(OH)₂　　فوسفوندى قىشقىل

亚磷的　　　　　　　　　　　　"三价磷的" گە قاراڭىز.

亚磷酐　phosphorous anhydride　P₂O₃　فوسفورلى انگيدريد

亚磷酸　phosphorous acid　H₃PO₄　　فوسفورلى قىشقىل

亚磷酸铵　ammonium phosphite　(NH₄)₃PO₃　فوسفورلى قىشقىل اممونى

亚磷酸苯酯　phenyl phosphite　C₆H₅OP(OH)₂　فوسفورلى قىشقىل فەنىل ەستەرى

亚磷酸二氢钠　sodium dihydrogen phosphite　NaH₂PO₃　قوس قىشقىل
فوسفورلى قىشقىل ناتري

亚磷酸二乙酯　diethyl phosphite　فوسفورلى قىشقىل دىيەتيل ەستەرى

亚磷酸甲基酯　methyl phosphite　CH₃OP(OH)₂　فوسفورلى قىشقىل مەتيل
ەستەرى

亚磷酸钾　potassiunl phosphite　K₃PO₃　فوسفورلى قىشقىل كالي

亚磷酸钠　sodium phosphite　Na₂HPO₃·5H₂O　فوسفورلى قىشقىل ناتري

亚磷酸氢钡　barium phosphite　BaHPO₃

قشقىل فوسفورلى قشقىل بارى

亚磷酸氢二钾　dipotassium hydrogen phosphite　قشقىل فوسفورلى قشقىل قوس كالى

亚磷酸氢钾　potassium hydrogen phosphite　K_2HPO_3　قشقىل فوسفورلى قشقىل كالى

亚磷酸氢铅　lead hydrogen phosphite　$PbHPO_3$　قشقىل فوسفورلى قشقىل قورعاسىن

亚磷酸三苯酯　triphenyl phosphite　$(C_6H_5O)_3P$　فوسفورلى قشقىل تريفەنيل ەستەرى

亚磷酸三个对甲苯酯　tri-p-cresyl phosphite　فوسفورلى قشقىل ٴۇش ـ پارا ـ كرەزيل ەستەرى

亚磷酸三个甲苯酯　tricresyl phosphite　$(CH_3C_6H_4O)_3P$　فوسفورلى قشقىل ٴۇش كرەزيل ەستەرى

亚磷酸三乙酯　triethyl phosphite　$(C_2H_5O)_3P$　فوسفورلى قشقىل تريەتيل ەستەرى

亚磷酸盐　phosphite　1. MPO_3; 2. M_2HPO_3; 3. $M_4P_2O_5$　فوسفورلى قشقىلداڭ تۇزدارى

亚磷酯肟酸　phospharite　فوسفوريت

亚硫　sulfurous　كۆكىرتتى

亚硫酸　sulfurous acid　H_2SO_3　كۆكىرتتى قشقىل

亚硫酸铵　ammonium sulfite　$(NH_4)_2SO_3$　كۆكىرتتى قشقىل اممونى

亚硫酸饱充法　“亚硫酸处理” گه قاراڭز.

亚硫酸钡　barium sulfite　$BaSO_3$　كۆكىرتتى قشقىل بارى

亚硫酸处理　sulfitation process　كۆكىرتتى قشقىلمەن وڭدەۋ

亚硫酸二丙酯　dipropyl sulfite　كۆكىرتتى قشقىل ديپروپيل ەستەرى

亚硫酸二丁酯　dibutyl sulfite　$(C_4H_9O)_2SO$　كۆكىرتتى قشقىل ديبۋتيل ەستەرى

亚硫酸二甲酯　dimethyl sulfite　$(CH_3O)_2SO$　كۆكىرتتى قشقىل ديمەتيل ەستەرى

亚硫酸二戊酯　diamyl sulfite　$(C_5H_{11}O)_2SO$　كۆكىرتتى قشقىل ديامىل ەستەرى

亚硫酸钙　calcium sulfite　$CaSO_3$　كۆكىرتتى قشقىل كالتسى

亚硫酸酐　sulfurous acid anhydride　كۆكىرتتى انگيدريدتى

亚硫酸酐果浆混合器　sulfitator　سۆلفيتاتور

亚硫酸酐消毒法　“亚酸盐处理” گه قاراڭز.

亚硫酸镉	cadmium sulfite	CdSO₃	كۆكىرتتى قىشقىل كادمي
亚硫酸铬	chromous sulfite		كۆكىرتتى قىشقىل حروم
亚硫酸钴	cobaltous sulfite		كۆكىرتتى قىشقىل كوبالت
亚硫酸化作用	sulfitation		كۆكىرتتى قىشقىلداۋ، سۇلفيتتاۋ
亚硫酸钾	potassium sulfite	K₂SO₃	كۆكىرتتى قىشقىل كالي
亚硫酸锂	lithium sulfite	Li₂SO₃	كۆكىرتتى قىشقىل ليتي
亚硫酸铝	aluminum sulfite	Al₂(SO₃)₃	كۆكىرتتى قىشقىل الۇمين
亚硫酸镁	magnesium sulfite	MgSO₃	كۆكىرتتى قىشقىل ماگني
亚硫酸锰	magnesium sulfite	MnSO₃	كۆكىرتتى قىشقىل مارگانەتس
亚硫酸钠	sodium sulfite	Na₂SO₃	كۆكىرتتى قىشقىل ناتري
亚硫酸镍	nickelous sulfite		كۆكىرتتى قىشقىل نيكەل
亚硫酸漂白法			"亚硫酸处理" گە قاراڭىز.
亚硫酸铅	plumbous sulfite	PbSO₃	كۆكىرتتى قىشقىل قورعاسىن
亚硫酸氢铵	ammonium bisulfite	(NH₄)HSO₃	قىشقىل كۆكىرتتى قىشقىل امموني
亚硫酸氢钡	barium bisulfite	Ba(HSO₃)₂	قىشقىل كۆكىرتتى قىشقىل باري
亚硫酸氢钙	calcium bisulfite	Ca(HSO₃)₂	قىشقىل كۆكىرتتى قىشقىل كالتسي
亚硫酸氢钾	potassium bisulfite	KHSO₃	قىشقىل كۆكىرتتى قىشقىل كالي
亚硫酸氢钠	sodium bisulfite	NaHSO₃	قىشقىل كۆكىرتتى قىشقىل ناتري
亚硫酸氢铷	rubidium bisulfate	RbHSO₃	قىشقىل كۆكىرتتى قىشقىل رۇبيدي
亚硫酸氢锶	strontium bisulfite	Sr(HSO₃)₂	قىشقىل كۆكىرتتى قىشقىل سترونتسي
亚硫酸氢盐	bisulfite	MHSO₃	قىشقىل كۆكىرتتى قىشقىل تۇزدارى
亚硫酸锶	strontium sulfite	SrSO₃	كۆكىرتتى قىشقىل سترونتسي
亚硫酸锌	zinc sulfite	ZnSO₃	كۆكىرتتى قىشقىل مىرىش
亚硫酸亚铜	cuprous sulfite	Cu₂SO₃	كۆكىرتتى قىشقىل شالا توتىق مىس
亚硫酸盐	sulfite	M₂SO₃	كۆكىرتتى قىشقىلداڭ تۇزدارى، سۇلفيتتەر
亚硫酸盐法	sulfite process		كۆكىرتتى قىشقىل تۇزىمەن وڭدەۋ ٴادىسى
亚硫酸盐废液	sulfite waste liquor		كۆكىرتتى قىشقىل تۇزدارىنىڭ جارامساز سۇيىقتىعى
亚硫酸盐化作用			"亚硫酸处理" گە قاراڭىز.
亚硫酸一酰			"亚磺基" گە قاراڭىز.
亚硫酸一乙酯	monoethyl-sulfite	C₂H₅O·SO₂H	كۆكىرتتى قىشقىل مونوەتيل

ﻫﻪﺳﺘﻪﺭﻯ

亚硫酸银	silver sulfite	Ag₂SO₃

ﻛﯚﻛﻪﺭﺗﻰ ﻗﺸﻘﯩﻞ ﻛﯚﻣﯜﺵ

亚硫酸酯　sulfite

ﻛﯚﻛﻪﺭﺗﻰ ﻗﺸﻘﯩﻞ ﻫﻪﺳﺘﻪﺭﻯ، ﺳﯘﻟﻔﯩﺘﺘﻪﺭ

亚硫酰　thionyl（＝sulfinyl）

ﺗﯩﯘﻧﯩﻞ، ﺳﯘﻟﻔﯩﻨﯩﻞ

亚硫酰二氟　thionyl fluoride

ﺗﯩﯘﻧﯩﻞ ﻓﺘﻮﺭ

亚硫酰二氯　thionyl chloride

ﺗﯩﯘﻧﯩﻞ ﺧﻠﻮﺭ

亚硫酰二溴　thionyl bromide

ﺗﯩﯘﻧﯩﻞ ﺑﺮﻭﻡ

亚硫酰基

"亚磺酰" ﮔﻪ ﻗﺎﺭﺍﯕﯩﺰ.

亚氯的　chlorous

ﺧﻠﻮﺭﻟﻰ

亚氯酸　chlorous acid　HClO₂

ﺧﻠﻮﺭﻟﻰ ﻗﺸﻘﯩﻞ

亚氯酸钡　barium chlorite　Ba(ClO₂)

ﺧﻠﻮﺭﻟﻰ ﻗﺸﻘﯩﻞ ﺑﺎﺭﻯ

亚氯酸钾　potassium chlorite　KClO₂

ﺧﻠﻮﺭﻟﻰ ﻗﺸﻘﯩﻞ ﻛﺎﻟﻰ

亚氯酸钠　sodium chlorite　NaClO₂

ﺧﻠﻮﺭﻟﻰ ﻗﺸﻘﯩﻞ ﻧﺎﺗﺮﻯ

亚氯酸铅　lead chlorite　Pb(ClO₂)₂

ﺧﻠﻮﺭﻟﻰ ﻗﺸﻘﯩﻞ ﻗﻮﺭﻏﺎﺳﯩﻦ

亚氯酸盐　chlorite　MClO₂

ﺧﻠﻮﺭﻟﻰ ﻗﺸﻘﯩﻠﺪﻩﻙ ﺗﯘﺯﺩﺍﺭﻯ

亚氯酸银　silver chlorite

ﺧﻠﻮﺭﻟﻰ ﻗﺸﻘﯩﻞ ﻛﯚﻣﯜﺵ

亚麻布　linen

ﻟﯩﻨﻪﻥ

亚麻醇　linolenyl alcohol　C₁₈H₃₂O

ﻟﯩﻨﻮﻟﻪﻧﯩﻞ ﺳﭙﯩﺮﺗﻰ

亚麻二烯酸

"亚油酸" ﮔﻪ ﻗﺎﺭﺍﯕﯩﺰ.

亚麻精　linolenin

ﻟﯩﻨﻮﻟﻪﻧﯩﻦ

亚麻三烯酸

"亚麻酸" ﮔﻪ ﻗﺎﺭﺍﯕﯩﺰ.

亚麻酸　linolenic acid　C₁₇H₂₉COOH

ﻟﯩﻨﻮﻟﻪﻥ ﻗﺸﻘﯩﻠﻰ، ﺯﻩﻏﻪﺭ ﻗﺸﻘﯩﻠﻰ

亚麻酸铅　lead linoleate

ﻟﯩﻨﻮﻟﻪﻥ ﻗﺸﻘﯩﻞ ﻗﻮﺭﻏﺎﺳﯩﻦ

亚麻油　flaxseed oil

ﺯﻩﻏﻪﺭ ﻣﺎﻳﻰ

亚麻油脂

"亚油精" ﮔﻪ ﻗﺎﺭﺍﯕﯩﺰ.

亚麻子油　linseed oil

ﺯﻩﻏﻪﺭ ﯗﺭﯗﻗﻰ ﻣﺎﻳﻰ، ﺯﻩﻏﻪﺭ ﻣﺎﻳﻰ

亚锰酸　manganous acid　H₄MnO₄

ﻣﺎﺭﮔﺎﻧﻪﺗﺴﺘﻰ ﻗﺸﻘﯩﻞ

亚锰酸盐　manganite　M₄MnO₄

ﻣﺎﺭﮔﺎﻧﻪﺗﺴﺘﻰ ﻗﺸﻘﯩﻠﺪﻩﻙ ﺗﯘﺯﺩﺍﺭﻯ

亚钼的

"二价钼的" ﮔﻪ ﻗﺎﺭﺍﯕﯩﺰ.

亚铌

"三价铌" ﮔﻪ ﻗﺎﺭﺍﯕﯩﺰ.

亚硼酸　borous acid　H₃BO₃

ﺑﻮﺭﻟﻰ ﻗﺸﻘﯩﻞ

亚砷酸

"亚砷酸" ﮔﻪ ﻗﺎﺭﺍﯕﯩﺰ.

亚苣基		"环己烯亚基" گە قاراڭـز.
亚铅酸	plumbous acid H_2PbO_2	قورعاسـندى قشقـىل
亚铅酸钠	sodium plumbite	قورعاسـندى قشقـىل ناتري
亚铅酸盐	plumbite M_2PbO_2	قورعاسـندى قشقـىلدىڭ تۇزدارى
亚钐化物	samarous	سامارىـلى قوسىلـىستار
亚砷		"三价砷" گە قاراڭـز.
亚砷酸	arsenous acid $HAsO_2$	ارسـەندى قشقـىل
亚砷酸铵	ammonic arsenite $(NH_4)AsO_2$	ارسـەندى قشقـىل اممـونى
亚砷酸钡	barium arsenite $Ba(AsO_2)_2$	ارسـەندى قشقـىل بارى
亚砷酸二氢钾	potassium dihydragen arsenite KH_2AsO_3	قوس قشقـىل ارسـەندى قشقـىل كالي
亚砷酸二氢钠	sodium dihydrogen arsenite NaH_2AsO_3	قوس قشقـىل ارسـەندى قشقـىل ناترى
亚砷酸钙	calcium arsenite	ارسـەندى قشقـىل كالتسى
亚砷酸酐	arsenous acid anhydride As_2O_3	ارسـەندى قشقـىل انگيدريدتى
亚砷酸钾	potassium arsenite $KAsO_2$	ارسـەندى قشقـىل كالي
亚砷酸镁	magnesium arsenite	ارسـەندى قشقـىل ماگنى
亚砷酸钠	sodium arsenite $NaAsO_2$	ارسـەندى قشقـىل ناترى
亚砷酸铅	plumbous arsenite	ارسـەندى قشقـىل قورعاسـىن
亚砷酸氢钾	potassium hydrogen arsenite K_2HAsO_3	قشقـىل ارسـەندى قشقـىل كالي
亚砷酸氢酮	Scheele's green $CuHAsO_3$	قشقـىل ارسـەندى قشقـىل كەتون
亚砷酸锶	strontium arsenite	ارسـەندى قشقـىل سترونتسى
亚砷酸铜	cupric arsenite $Cu_3(AsO_3)_2$	ارسـەندى قشقـىل مىس
亚砷酸锌	zinc arsenite	ارسـەندى قشقـىل مـىرىش
亚砷酸盐	arsenite	ارسـەندى قشقـىلدىڭ تۇزدارى، ارسـەنيتـەر
亚砷酸乙酯	ethyl arsenite $(C_2H_5)_3AsO_2$	ارسـەندى قشقـىل ەتيل ەستـەرى
亚砷酸银	silver arsenite Ag_3AsO_3	ارسـەندى قشقـىل كـۇمـىس
亚砷酰	arsenoso− $O:As$	ارسـەنوزو −
亚胂基		"肿叉" گە قاراڭـز.
亚铊的		"一价铊的" گە قاراڭـز.
亚钛		"三价钛" گە قاراڭـز.
亚钽的		

"三价钽的" قاراڭىز گە.

亚碳 "二价碳" قاراڭىز گە.

亚碳化物　carbenes ساري قوسىلستاك كومىرتەك ۋالەنتتى ۆكى

亚锑的 "三价锑的" قاراڭىز گە.

亚锑化合物　antimonous قوسىلستار سۇرمەلى

亚锑基　stibylene　HSb＝ ستيبيلەن

亚锑酸　antimonous acid قىشقىل سۇرمەلى

亚锑酸酐　antimonous acid anhydride　Sb₂O₃ انگيدريدتى قىشقىل سۇرمەلى

亚锑酸盐　antimonite انتيمونيتەر، تۇزدارى قىشقىلدىڭ سۇرمەلى

亚锑酰　stiboso-　OSb- ستيبوزو -

亚锑盐　antimonous salt تۇزى سۇرمە ۋالەنتتى ۇش تۇز، سۇرمەلى

亚铁的 "二价铁的" قاراڭىز گە.

亚铁化合物　ferrous compound قوسىلستار تەمىرلى

亚铁氰化镓　gallium ferrocyanide گاللىي سياندى تەمىرلى

亚铁氰化钾　potassium ferrocyanide　K₄[Fe(CN)₆] كالي سياندى تەمىرلى

亚铁氰化钾钠　potassium sodium ferrocyanide ناتري ـ كالي سياندى تەمىرلى

亚铁氰化钠　sodium ferrocyanide ناتري سياندى تەمىرلى

亚铁氰化铅　lead ferrocyanide قورعاسىن سياندى تەمىرلى

亚铁氰化铁　ferric ferrocyanide　Fe₄[Fe(CN)₆]₃ تەمىر سياندى تەمىرلى

亚铁氰化物 "氰亚铁酸盐" قاراڭىز گە.

亚铁氰氢酸　hydro ferrocyanic acid قىشقىلى سيان تەمىرلى قىشقىل

亚铁氰酸　ferrocyanic acid قىشقىلى سيان تەمىرلى

亚铁酸　ferrous acid قىشقىل تەمىرلى

亚铁酸盐　perferrite تۇزدارى قىشقىلدىڭ تەمىرلى

亚铁血红素　ferrogeme فەرروگەم

亚铁盐　ferrous salt تۇزى تەمىر ۋالەنتتى ەكى تۇز، تەمىرلى

亚铁正铁化合物　ferroferric compound تەمىر ـ تەمىرلى، قوسىلستارى تەمىر ۋالەنتتى ۇش ـ ەكى قوسىلستارى

亚烃基　alkylene الكيلەن

亚烃醚化硫　alkylene ether sulfide كۇكىرت فيرلى ەفيرلى الكيلەندى

亚铜的 "一价铜的" قاراڭىز گە.

亚铜化合物　cuprous compound مىس ۋالەنتتى بىر قوسىلستار، مىستى

قوسلىستارى

亚铜盐　cuprous salt　مىستى تۆز، ئۇبىر ۋالەنتتى مىس تۆزى

亚稳定的　metastable　ورنىقتىلاۋ

亚稳离子　metastable ion　ورنىقتىلاۋ يون

亚戊基　"戊叉" گە قاراڭىز.

亚芴基　"芴叉" گە قاراڭىز.

亚硒的　"二价硒的" گە قاراڭىز.

亚硒酐　selenous anhydride　سەلەندى انگيدريد

亚硒酸　selenous acid　H_2SeO_3　سەلەندى قىشقىل

亚硒酸铵　ammonium selenite　$(NH_4)_2SeO_3$　سەلەندى قىشقىل امموني

亚硒酸钡　barium selenite　$BaSeO_3$　سەلەندى قىشقىل باري

亚硒酸钙　calcium selenite　$CaSeO_3$　سەلەندى قىشقىل كالتسي

亚硒酸酐　selenious acid anhydride　SeO_2　سەلەندى قىشقىل انگيدريدتى

亚硒酸根　selenite radical　سەلەندى قىشقىل قالدعى

亚硒酸汞　mecuric selenite　$HgSeO_3$　سەلەندى قىشقىل سناپ

亚硒酸钾　potassium selenite　K_2SeO_3　سەلەندى قىشقىل كالي

亚硒酸锂　lithium selenite　Li_2SeO_3　سەلەندى قىشقىل ليتي

亚硒酸钠　sodium selenite　سەلەندى قىشقىل ناتري

亚硒酸盐　selenite　M_2SeO_3　سەلەندى قىشقىلدىڭ تۆزدارى

亚硒酸一酰基　"硒宁基" گە قاراڭىز.

亚硒酸镱　ytterbium selenite　سەلەندى قىشقىل يتتەربي

亚硒羧基　"硒宁基" گە قاراڭىز.

亚硒酰　seleninyl　$OSe=$　سەلەنينيل

亚锡的　"二价锡的" گە قاراڭىز.

亚锡化合物　stannous compound　قالايىلى قوسىلىستار

亚锡酸　stannous acid　H_2SnO_2　قالايىلى قىشقىل

亚锡酸盐　stannite　M_2SnO_2　قالايىلى قىشقىلدىڭ تۆزدارى

亚锡盐　stannous salt　قالايىلى تۆز، ەكى ۋالەنتتى قالايى تۆزى

亚显微结构　submicroscopic structure　قوسالقى ميكرو قۇرىلىم

亚硝氨叉　nitrosimino-　$ONN=$　نيتروزيمنيو ــ، نيتريليدەن

亚硝氨基　nitrosamino-　$ONNH-$　نيتروزامينو ــ

亚硝胺　nitrosamine　$-NHNO$　نيتروزاميندەر

亚硝的 hitrous	نیترووۇش، ازوتتى
亚硝高钴酸钾 potassium cobaltinitrite $K_3[Co(NO_2)_6]$	ازوتتى كوبالت قشقىل كالي
亚硝化作用 nitrosation	نیتروزالاۋ
亚硝基 nidroso – group(＝nitroso –)	نیتروزو
亚硝基百里酚 hitrosothymol $ONC_{10}H_{12}OH$	نیتروزوتیمول، نیتروزتیمول
亚硝基苯 nitrosobenzene C_6H_5NO	نیتروزوبەنزول، نیتروزبەنزول
亚硝基苯胲 nitrosophenyl hydroxylamine	نیترو فەنیل گیدروكسیلامین
亚硝基苯胲铵 ammonium nitrosophenyl hydroxylamine	نیتروزوفەنیل گیدروكسیلامین اممونی
N－亚硝基(β－)苯胲铵	"بویلى فەنیل گیدرو ۇش كسیلامین. گە قاراڭز "铜铁灵"
亚硝基代苯胲	گە قاراڭز. "试铜铁灵"
亚硝基二甲基苯胺 nitrosodimethylaniline	نیتروزو دیمەتیل انیلین
亚硝基化合物 nitroso compound	نیتروزو قوسىلىستار، نیتروز قوسىلىستار
亚硝基甲苯 nitroso toluene	نیتروزوتولۇؤول، نیتروزتولۇؤول
亚硝基甲替尿烷 nitroso – n – methyl – urethane $CHN(NO)CO_2C_2H_5$	نیتروزو – N – مەتیل ۇرەتان
亚硝基间苯二酚 nitroso – resorcinol $ONC_6H_3(OH)_2$	نیتروزو رەزورتسینول
亚硝基硫酸 nitroso sulfuric acid $NO·HSO_4$	نیتروزو كۇكىرت قىشقىلى، نیتروزیل كۇكىرت قىشقىلى
亚硝基硫酸盐 nitrosyl sulfate $NOSO_4M$	نیتروزیل كۇكىرت قىشقىلىنىڭ تۇزدارى
亚硝基萘酚 nitrosonaphthol	نیتروزونافتول
亚硝基－β－萘酚 nitroso – β – naphthol	نیتروزو – β – نافتول
N－亚硝基α－萘胲	گە قاراڭز. "新铜铁灵"
亚硝基－2－羟基萘二磺酸钠－[3,6]	گە قاراڭز. "亚硝基R盐"
亚硝基染料 nitroso dye	نیتروزو بویاۋلار، نیتروز بویاۋلار
亚硝基替哌啶 N – nitroso – pipeyidine $C_5H_{10}NHO$	N – نیتروزو پیپەریدین
亚硝基铁氰化钠 sodium nitroferricyanide	نیتروتەمىر – سیاندى ناترى
亚硝基R盐 nitrosos – R – salt $ONC_{10}H_4(SO_3Na)_2OH$	نیتروزو – R – تۇزى
亚硝基衍生物 nitroso compound	نیتروزو تۇىندىلارى
亚硝碱液 nitriteliquor	نیتریتتى سۇىقتىق، نیتریتتى ەرىتىندى
亚硝气 nitrous gases	ازوتتى گازدار

亚硝酸　nitrous acid　HNO₂　ازوتتى قىشقىل

亚硝酸铵　ammonium nitrite　NH₄NO₂　ازوتتى قىشقىل ئاممونى

亚硝酸钡　barium nitrite　Ba(NO₂)₂　ازوتتى قىشقىل بارى

亚硝酸丙酯　propyl nitrite　CH₃CH₂CH₂ONO　ازوتتى قىشقىل پروپىل ەستەرى

亚硝酸次乙酯　ethylene nitrite　(ONOCH₂)₂　ازوتتى قىشقىل ەتيلەن ەستەرى

亚硝酸丁酯　butyl nitrite　C₄H₉ONO　ازوتتى قىشقىل بۇتيل ەستەرى

亚硝酸钙　callium nitrite　Ca(NO₂)₂　ازوتتى قىشقىل كالتسى

亚硝酸酐　nitrous anhydride　ازوتتى ئانگيدريد

亚硝酸根络高钴酸盐　cobaltinitrite　M₃[Co(ONO)₆]　ازوتتى قىشقىل كوبالت تۇزى

亚硝酸根五氨络高钴盐　cobaltic nitrito pelltammine salt　[Co(NH₃)₃(ONO)]X₂
ازوتتى قىشقىل پەنتاممين كوبالت تۇزى

亚硝酸庚酯　heptyl nitrite　CH₃(CH₂)₆ONO　ازوتتى قىشقىل گەپتيل ەستەرى

亚硝酸钴钾　potassium cobaltinitrite　ازوتتى قىشقىل ـ كوبالت ـ كالي

亚硝酸钴钠　sodium cobaltinitrite　ازوتتى قىشقىل كوبالت ـ ناترى

亚硝酸癸酯　decyl nitrite　C₉H₁₉CO₂ONO　ازوتتى قىشقىل دەتسيل ەستەرى

亚硝酸化合物　nitrous compound　ازوتتى قىشقىل قوسىلمستارى

亚硝酸还原酶　nitrite reductase　ازوتتى قىشقىل رەدۇكتازا

亚硝酸己酯　hexyl nitrite　C₆H₁₃ONO　ازوتتى قىشقىل گەكسيل ەستەرى

亚硝酸甲酯　methyl nitrite　CH₃ONO　ازوتتى قىشقىل مەتيل ەستەرى

亚硝酸钾　potassum nitrite　KNO₂　ازوتتى قىشقىل كالي

亚硝酸锂　lithium nitrite　LiNO₂　ازوتتى قىشقىل ليتى

亚硝酸镁　magnesium nitrite　Mg(NO₂)₂　ازوتتى قىشقىل ماگنى

亚硝酸钠　sodium nitrite　NaNO₂　ازوتتى قىشقىل ناترى

亚硝酸镍　nickelous nitrite　Ni(NO₂)₂　ازوتتى قىشقىل نيكەل

亚硝酸铅　plumbous nitrite　Pb(NO₂)₂　ازوتتى قىشقىل قورعاسىن

亚硝酸铯　cesium nitrite　CsNO₂　ازوتتى قىشقىل سەزي

亚硝酸锶　strontium nitrite　Sr(NO₃)₂　ازوتتى قىشقىل سترونتسى

亚硝酸铜　cupric nitrite　Cu(NO₂)₂　ازوتتى قىشقىل مىس

亚硝酸戊酯　amyl nitrite　ازوتتى قىشقىل ئەمىل ەستەرى

亚硝酸辛酯　n‑octyl nitrite　CH₃(CH₂)₇ONO　ازوتتى قىشقىل n ـ وكتيل ەستەرى

亚硝酸盐　nitrite　MHNO₂　ازوتتى قىشقىلدىڭ تۇزدارى، ينتريتتەر

亚硝酸乙酯　ethyl nitrite　C_2H_5ONO　ازوتتى قشقىل ەتيل ەستەرى

亚硝酸异丁酯　isobutyl nitrite　$(CH_3)_2CHCH_2ONO$　ازوتتى قشقىل يزوبۇتيل ەستەرى

亚硝酸异戊酯　isoamyl nitrite　$(CH_3)_2CHCH_2ONO$　ازوتتى قشقىل يزوامىل ەستەرى

亚硝酸银　silver nitrite　$AgNO_2$　ازوتتى قشقىل كۇمىس

亚硝酸正戊酯　n－amyl nitrite　$C_5H_{11}ONO$　ازوتتى قشقىل n ـ امىل ەستەرى

亚硝酸酯　nitrous acid ester　$R·ONO$　ازوتتى قشقىل ەستەرى

亚硝态氮　nitrite nitrogen　نيتريتتى ازوت

亚硝替三乙酮胺　n－nitroso－triacetonamine　$C_9H_{16}CNNO$　n ـ نيتروزو ترياتسەتون امين

亚硝替乙替苯胺　n－nitroso－ethylaniline　$C_6H_5N(NO)C_2H_5$　n ـ نيتروزو ەتيل انيلين

亚硝铁氰化铜　cupric nitroprussiate　$Cu[Fe(CN)_5NO]$　ازوتتى تەمىر سياندى مىس

亚硝肟酸　nitrosolic acid　$-C(:NOH)NO$　نيتروزول قشقىلى

亚硝酰基　nitrosyl　$NO-$　نيتروزيل

亚硝酰硫酸　nitrosyl hydrogen sulfate　نيتروزيل كۇكىرت قشقىلى

亚硝酰氯　nitrosyl chloride　$NOCl$　نيتروزويل حلور

亚硝酰溴　nitrosyl bromide　$NOBr$　نيتروزيل بروم

亚硝烟　nitrous fumes　ازوتتى ٴتۇتىن

亚硝蒸汽　nitrous vapours　ازوتتى بۇ

亚硝酯肟酸　nitrosite　نيتروزين

亚溴酸　bromous acid　$HBrO_2$　برومدى قشقىل

亚氧钒根　"一价氧钒根" گە قاراڭز.

亚乙硅烷基　"乙硅烷撑" گە قاراڭز.

亚乙基　"乙叉" گە قاراڭز.

亚乙脲　ethylidene urea　$CH_3CHNCONH_2$　ەتيليدەندى ۇرەا

亚乙烯基　"乙烯叉" گە قاراڭز.

亚乙烯树脂　vinylidene resin　ۆينيليدەندى سمولا (شايىر)

亚异丁基　"异丁叉" گە قاراڭز.

亚异己基　"异己叉" گە قاراڭز.

亚异戊基	"异戊叉" گه قاراڭىز.
亚油精　linolein	لينولەين
亚油酸　linolic acid　$C_{17}H_{31}COOH$	لينول قىشقىلى
亚油酸铵　ammonium linoleate	لينول قىشقىل اممونيي
亚油酸甲酯　methyl linoleate	لينول قىشقىل مەتيل ەستەرى
亚油酸锰　manganese linoleate　$Mn(C_{18}H_{31}O_2)_2$	لينول قىشقىل مارگانەتس
亚油酸系列　linoleic acid series　$CnH_{2n-4}O_2$	لينول قىشقىل قاتارلى
亚油酸盐　linoleate　$C_{18}H_{35}OOM$	لينول قىشقىلىنىڭ تۇزدارى، لينولاتتار
亚铀的	"四价铀的" گه قاراڭىز.
亚原砷酸钾　potassium orthoarsenite　K_3AsO_3	ورتوارسەندى قىشقىل كالي
亚锗的	"二价锗的" گه قاراڭىز.
亚锗化合物　germanous compound	گەرمانيلى قوسىلستار
亚锗酸盐　germanite　M_2GeO_2	گەرمانيلى قىشقىلدىڭ تۇزدارى
氩(Ar)　argonium	ارگون (Ar)

yan

烟草香素　nicotianine	نيكوتيانين
烟草中毒　tabacco poisoning, tabacosis	تەمەكىدەن ۇلانۇ
烟灰　soot	كۇيە، س
烟碱　nicotine　$C_{10}H_{14}N_2$	نيكوتين
α−烟碱　α−nicotine	α ـ نيكوتين
β−烟碱　β−nicotine	β ـ نيكوتين
烟碱烯　nicotyrin(e)	نيكوتيرين
烟碱血色原　nicotine hemochromogen	نيكوتيندى گەموحروموگەن
烟碱中毒　nicotine poisoning, nicotinism	نيكوتيننان ۇلانۇ
烟菌酸	"俘精酸" گه قاراڭىز.
烟煤　bituminous coal	ئۇتىندى كومىر
烟脒　nicotinamidine	نيكوتيناميدين
烟尿酸　nicotinuric acid	نيكوتيندى نەسەپ قىشقىلى
烟曲霉醌　fumigatin　$C_8H_8O_4$	فۇميگاتين
烟曲霉素　fumagillin	فۇماگيللين
烟曲霉酸　helvolic acid(＝fumigacin)　$C_{32}H_{44}O_8$	گەلۆول قىشقىلى،

فؤميگاتسين

烟醛　nicotinaldehyde　　　　　　　　　نيكوتين الدەگيدتى

烟酸　nicotinic acid　$C_5H_4N \cdot COOH$　　　نيكوتين قشقىلى

烟酸化苦味酸　nicotinic acid picrate　$C_6H_5O_2NC_6H_3O_7N_3$　نيكوتين قشقىلدى

پيكرين قشقىلى توزى

烟酸化氢氯　nicotinic acid hydrochloride　$C_5H_4NCO_2HHCl$　نيكوتين قشقىلدى

سۆتەك حلور

烟酸乙酯　ethyl nicotinate　$C_5H_4NCO_2C_2H_5$　نيكوتين قشقىل ەتيل ەستەرى

烟台林　nicotelline　　　　　　　　　نيكوتەللين

烟雾剂　smoke agent, aerosol　　تۇماندانقاتقىش اگەنت، اەروزول

烟酰胺　nicotinamide　$C_5H_4NCONH_2$　　　نيكوتيناميد

烟酰胺核甙酸　nicotinamide nucleotide　　نيكوتيناميد نۇكلەوتيد

烟酰胺化甲卤　nicotinamide methohalides　نيكوتيناميدتى مەتوگالوگەندەر

烟酰胺腺嘌呤二核甙酸　nicotinamide adenine dinucletide(= NAD)

نيكوتيناميد ادەنيندى دينۇكلەوتيد

烟酰胺泉嘌呤二核甙酸磷酸酯　nicotinamide adenine dinucleotide

phosphate(= NADP)　نيكوتيناميد ادەنيندى دينۇكلەوتيد فوسفور قشقىل ەستەرى

胭脂虫粉　　　　　　　　　".虫胭脂" گە قاراڭىز

胭脂虫红　cochineal　　　　　　كوحينەال، كوحينال

胭脂虫红酸　cochenillic acid　كوحەنيلل قشقىلى، كوحەنيل قشقىلى

胭脂虫碱　coccinine　　　　　　كوكسينين

胭脂红蜡　coccerin　　　　　　كوكسەرين

胭脂虫蜡醇　cocceryl alcohol　كوكسەريل سپيرتى

胭脂虫蜡基　cocceryl　　　　　كوكسەريل

胭脂虫蜡酸　cocceric acid　　كوكسەرين قشقىلى

胭脂虫酸　coccinic acid　　　كوكسين قشقىلى

胭脂红　carmine(= nacarat)　كارمين، ناكارات

胭脂红酸　carminic acid　　كارمين قشقىلى

胭脂树橙　bixin(= annatto)　بيكسين، انناتتو

颜料　pigment　　　　　پيگمەنتتەر، بوياۋلار

颜料橙　pigment orange　بوياۋلىق قىزعىلت سارى

颜料铬黄　pigment chromo yellow　بوياۋلىق حرومدى سارى

颜料红 NA　pigment red NA　بوياۋلىق قىزىل NA

颜料红紫	pigment purple	بوياۋلىق قىزىل كۆلگىن
颜料绿 B	pigment green B	بوياۋلىق ياسىل B
颜料色素	pigment color	بوياۋلىق ئتوس
颜料体积浓度	pigment volume concentration	بوياۋلىق كۆلەم قويۇۋلىغى
颜料猩红 3B	pigment scarlet	بوياۋلىق قىزعملت 3B
颜料玉红 R	pigment rubine R	بوياۋلىق رۆبين R
颜料枣红	pigment bordeaux	بوياۋلىق قىزىل كۆرەك
颜料棕	pigment brown	بوياۋلىق قىزىل قوڭۇر
颜色	color	ئتوس، رەك
颜色安定度	color stability	ئتوس تۇراقتلعى
颜色安定剂	color stabilizer	ئتوس تۇراقتاندرعىش (اگەنت)
颜色安定性指数	color stability index	ئتوس تۇراقتلىق كورسەتكىشى
颜色比例	color – ratio	ئتوس سالىستىرماسى
颜色标准	color standard	ئتوس ۋلشەمى
颜色反应	color reaction	ئتوس رەاكسياسى
颜色分析器	color analyzer	ئتوس تالداعىش (اسپاپ)
颜色改良剂	color improver	ئتوس جاقسارتقىش (اگەنت)
颜色强度	color intensity	ئتوس كۆشەمەللىلگى
颜色温度	color temperature	ئتوس تەمپەراتۇراسى
颜色纸		"有色纸" گە قاراڭىز.
研钵	mortar box	كەلى
研杵	mortar pestle	كەلى ـ كەلساپ
芫荽醇		"里哪醇" گە قاراڭىز.
芫荽油	coriander oil	كورياندەر مايى
盐	salt	تۇز
盐饼		"芒硝" گە قاراڭىز.
盐混子	see mixte	تۇز قوسپاسى، سور (NaCl مەن MgSO$_4$ · 7H$_2$O دىك تابيعي قوسپاسى)
盐类的水解	hydrolysis of salt	تۇز داردىك گيدروليزدەنۋى
盐量计	halometer (= salinometer)	گالومەتر، تۇز مولشەربىن ۋلشەگىش
盐卤	bittern	تۇزدى گالوگەندەر
盐喷实验	salt spray test	تۇز بۇركۇ سىناعى
盐桥	salt bridge	تۇز كوپىرشە

盐溶液　salt solution　　　　　　　　　　تۇز ەرىتىندىسى

盐霜　salt efflorescence　　　　　　　　　تۇز قەلاۋى

盐水　salt liquor　　　　　　　　　　　　تۇزدى سۇ

盐水合　salt hydrate　　　　　　　　　　تۇز گيدراتى

盐酸　chlorhydric, hydrochloric acid　　　تۇز قىشقىلى

盐酸阿美索卡因　amethocaine hydrochlaride　تۇز قىشقىلدى اموتوكاين

盐酸阿米准卡因　amidricaine hydrochloride　تۇز قىشقىلدى اميدريكاين

盐酸阿朴吗啡　apomorphine hydrochloride　تۇز قىشقىلدى اپومورفين

盐酸吖啶黄　acriflavine hydrochoride　　　تۇز قىشقىلدى اكريفلاۋين

盐酸氨基甲酰肼　ammourea hydrochloride　تۇز قىشقىلدى كارباميل
گيدرازين

盐酸氨基脲　semicarbazide hydrochloride　تۇز قىشقىلدى اميۇ نەسەپ

盐酸 3－氨基－4－羟苯基胛化氧　　　　　"盐酸氧苯胛" گە قاراڭز.

盐酸北美黄连次碱　hydrastinine hydrcchloride　تۇز قىشقىلدى گيدراستينين

盐酸苯胺　aniline hydrochloride　　　　　تۇز قىشقىلدى انيلين

盐酸苯丙醇胺　phenyl proponolamine hydrochloride　تۇز قىشقىلدى فەنيل
پروپونولامين

盐酸苯丙甲胺　　　　　　　　　　　　　"汪尼君" گە قاراڭز.

盐酸苯甲吗啡　benzylmorphine hydrochloride　تۇز قىشقىلدى بەنزيل مورفين

盐酸苯肼　phenylhydrazine hydrochloride　تۇز قىشقىلدى فەنيل گيدرازين

盐酸苯扎明　benzamine hydrochloride　　تۇز قىشقىلدى بەنزامين

盐酸吡啶　pyridine hydrochloride　　　　تۇز قىشقىلدى پيريدين

盐酸吡咯啉　pyrrolinum hydrochloride　　تۇز قىشقىلدى پيررولين

盐酸苄胺基苯酚　benzylaminophenol hydrochloride　$C_{13}H_{13}ONHCl$ تۇز
قىشقىلدى بەنزيل امينوفەنول

盐酸丙氨酸乙酯　alanine ethyl ether hydrochloride　$CH_3CH(NH_2)CO_2C_2H_5HCl$
تۇز قىشقىلدى الانين ەتيل ەستەرى

盐酸丙嗪　promazin hydrochloride　　　　تۇز قىشقىلدى پرومازين

盐酸丁卡因　dicain hydrochloride　　　　تۇز قىشقىلدى ديكاين

盐酸二氨偶氮苯　　　　　　　　　　　　"金黄素" گە قاراڭز.

盐酸二氯苯胛　dichloro phenasine hydrochloride　تۇز قىشقىلدى ەكى حلورلى
فەنازين

盐酸二乙酰吗啡　　　　　　　　　　　　"盐酸海洛因" گە قاراڭز.

盐酸非哪明　phenamine hydrochloride　$C_{10}H_{14}O_2N_2HCl$　تۇز قىشقىلدى فەنامىن

盐酸副蔷薇苯胺　pararosaniline hydrochloride　$C_{25}H_{30}N_3Cl\cdot 9H_2O$　تۇز قىشقىلدى پاراروزانىلىن

盐酸胍　guanidine hydrochloride　$CH_5H_3\cdot HCl$　تۇز قىشقىلدى گۇانىدىن

盐酸胲　hydroxylamine hydrochloride　$NH_2OH\cdot HCl$　تۇز قىشقىلدى گىدروكسىلامىن

盐酸海洛因　diamorphine hydrochloride　تۇز قىشقىلدى دىامورفىن

盐酸化苯肼　phenylhydrasine hydrochloride　تۇز قىشقىلدى فەنىل گىدرازىن

盐酸化物　hydrochloride　تۇز قىشقىلنىڭ قوسىلىستارى

盐酸化亚氨基醚　iminoether hydrochloride　تۇز قىشقىلدى ىمىنو ەفىر

盐酸化鱼藤酮　rotenone hydrochloride　تۇز قىشقىلدى روتەنون

盐酸氯环嗪　chlorcyclyzine hydrochloride　تۇز قىشقىلدى سىكلىزىن

盐酸甲胺　"甲胺化氢氯" گە قاراڭىز.

盐酸肼　hydrazine hydrochloride　$N_2H_4\cdot 2HCl$　تۇز قىشقىلدى گىدرازىن

盐酸精氨酸　arginine hydrochloride　$C_6H_{14}O_2N_2HCl$　تۇز قىشقىلدى ارگىنىن

盐酸卡红　carmine hydrochloride　تۇز قىشقىلدى كارمىن

盐酸柯衣定　chrisoidine hydrochloride　$C_{12}H_{12}N_4HCl$　تۇز قىشقىلدى حرىزوىدىن

盐酸可卡因　cocaine hydrochloride　تۇز قىشقىلدى كوكاىن

盐酸可他宁　"止血素" گە قاراڭىز.

盐酸奎宁　quinine hydrochloride　تۇز قىشقىلدى حىنىن

盐酸赖氨酸　lisine hydrochloride　$C_6H_4O_2N_2HCl$　تۇز قىشقىلدى لىزىن

盐酸硫胺素　thiamine hydrochloride (= vitamin B_1)　تۇز قىشقىلدى تىيامىن، ۋىتامىن B_1

盐酸氯胍　chloroguanidine hydrochloride　تۇز قىشقىلدى حلورلى گۇانىدىن

盐酸麻黄碱　ephedrine hydrochloride　تۇز قىشقىلدى ەفەدرىن

盐酸吗啡　morphine hydrochloride　تۇز قىشقىلدى مورفىن

盐酸脒　amidine hydrochloride　$R\cdot C(NH_2):NH\cdot HCl$　تۇز قىشقىلدى امىدىن

盐酸脲　urea hydrochloride　$CO(NH_2)_2\cdot HCl$　تۇز قىشقىلدى ۋرەا

盐酸蒎烯　pinene hydrochloride　تۇز قىشقىلدى پىنەن

盐酸普鲁卡因　procaine hydrochloride　$NH_2C_6H_4COOCH_2N(C_2H_5)_2\cdot HCl$　تۇز قىشقىلدى پروكاىن

盐酸羟胺　hydroxylamine hydrochloride　$NH_2OH\cdot HCl$　تۇز قىشقىلدى گىدروكسىلامىن

盐酸三乙胺　triethylamine hydrochloride　$(C_2H_5)_3NHCl$　تۇز قىشقىلدى ئۇچ
ەتيلامين

盐酸色胺　tryptamine hydrochloride　$C_{10}H_{12}N_2HCl$　تۇز قىشقىلدى تريپتامين

盐酸松伯甙　coniferin hydrochloride　$(HO)_2C_6H_3CH(OH)CH(NH)_2CH_3HCl$　تۇز
قىشقىلدى كونيفەرين

盐酸甜菜碱　betain hydrochloride　$C_5H_{11}O_2NCl$　تۇز قىشقىلدى بەتاين

盐酸萜烯　terpene hydrochloride　تۇز قىشقىلدى تەرپەن

盐酸土透卡因　tutocaine hydrochloride　$NH_2C_6H_4CO_2CH(CH_3)CH(CH_3)$
$CH_2N(CH_3)_2HCl$　تۇز قىشقىلدى تۇتوكاين

盐酸戊酯卡因　amylocaine hydrochloride　تۇز قىشقىلدى اميلوكاين

盐酸橡胶　rubber hydrochloride　تۇز قىشقىلدى كاۋچۇك

盐酸盐　hydrochlorate　تۇز قىشقىلنىڭ تۇزدارى

盐酸氧苯胂　oxophenarsine hydrochloride　$NH_2(HO)C_6H_5AsO_2 \cdot HCl$　تۇز
قىشقىلدى وكسوفەنارزين

盐酸优卡托品　eucotropine hydrochloride　تۇز قىشقىلدى ئۆكوتروپين

盐酸优卡因　eucaine hydrochloride　تۇز قىشقىلدى ئۆكاين

盐酸组胺　histamine hydrochloride　$C_5H_9N_3 \cdot 2HCl$　تۇز قىشقىلدى گيستامين

盐酸组胺酸　nistidine hydrochloride　تۇز قىشقىلدى گيستيدين

盐析　salting out　تۇزبەن ايىرۋ

盐析点　salt point　تۇزبەن ايىرۋ نۇكتەسى

盐析色谱法　salting – out chromatography　تۇزبەن ايىرسپ حروماتوگرافتاۋ

盐系统　salt system　تۇز جۈيەسى، تۇز جەلسى

盐效应　salt effect　تۇز ەففەكتى

盐釉　salt glase　تۇزدى ەمال (كەرەۋۆكە)

盐沼　salt marsh　تۇزدى شالشىق

盐之变性　salt denaturation　تۇز قاسيەتىنىڭ وزگەرۈى

盐之沉降　salt　تۇزدىڭ شوگۈۇى

盐之形成　salt formation　تۇزدىڭ قالىپتاسۇى

盐汁　　"盐水" گە قاراڭىز.

岩茨烯　lantadene　لانتادەن

岩芹炔酸　petroselinolic acid　پەتروسەلينول قىشقىلى

岩芹酸　petroselinc acid　$C_{18}H_{34}O_2$　پەتروسەلين قىشقىلى

岩芹烷　petrosilane　$C_{20}H_{42}$　پەتروسيلان

岩盐		"石盐" گه قاراڭز.
岩藻固醇		"岩藻甾醇" گه قاراڭز.
岩藻黄素		"岩藻黄质" گه قاراڭز.
岩藻黄质	fucoxanthin $C_{40}H_{56}O_6$	فۇكوكسانتين
岩藻聚糖	fucosan	فۇكورزان
岩藻糖	fucose $C_5H_{11}O_4CHO$	فۇكوزا
岩藻糖基	fucosido	فۇكوزيدو
岩藻甾醇	fucosterol	فۇكوستەرول
延德耳现象	tyndall penomenon	تيندال قۇبىلسى
延胡索酸		"富马酸" گه قاراڭز.
延胡索酸酶		"富马酸酶" گه قاراڭز.
延胡索酸氢化酶		"富马酸氢化酶" گه قاراڭز.
延性	ductility	سوزىلعىش، سوزىلعىشتىق
演示实验	lecture experiment	كورسەتپە تاجريبە
衍酪蛋白	paracasein	"副酪蛋白" گه قاراڭز.
衍酪朊		"衍酪蛋白" گه قاراڭز.
衍生蛋白质		"衍生朊" گه قاراڭز.
衍生高聚物	derived high polymer	جوعارى دارەجەلى تۋىندى پوليمەر
衍生朊	derived protein	تۋىندى پروتەين
衍生物	derivative, derivate	تۋىندىلار، تۋىندى زاتتار
衍生作用	derivatization	تۋىنداۋ
燕麦碱	avenine $C_{55}H_{21}O_{18}N$	ۇؤەنين
燕麦灵	barban	باربان
燕麦朊	avenin	ۇؤەنين
验油比重计	elaiometer	ەلايومەتر
CO 焰		"蓝焰" گه قاراڭز.
焰底	flame base	جالىن ئتۇبى
焰桥	flame bridge	جالىن كوپىرى
焰色	flame colaration	جالىن ئتۇسى
焰色反应	flame reaction	جالىن رەاكسياسى
焰色实验	flame(color)test	جالىن سىناعى
焰心	flame core, flame cone	جالىن وزەگى

焰轴　flame axis　　　　　　　　　　　　جالىن ئوسى

yang

羊齿油　fern oil		مالەفەرن مايى
羊角拗醇　strophanthidol		ستروفانتيدول
羊角拗定　strophanthidin	$C_{23}H_{32}O_6$	ستروفانتيدين
羊角拗二糖　strophanthobiose	$C_{12}H_{22}O_{11}$	ستروفانتوبييوزا
羊角拗灵　strophanthilin		ستروفانتيلين
羊角拗配质　strophanthigenin		ستروفانتيگەنين
羊角葡糖甙　strophanthus glucoside		ستروفانت گليؤكوزيد
羊角拗酸　strophanthic acid	$C_{28}H_{30}O_8$	ستروفانت قىشقىلى
R-羊角拗糖甙　R-strophantoside		ستروفانتوزيد
羊角拗质　strophanthin	$C_{21}H_{48}O_{12}$	ستروفانتين
g-羊角拗质　g-strophanthin		ستروفانتين
羊角拗质酸　strophanthinic acid		ستروفانتين قىشقىلى
羊蜡酸		"正癸酸" گە قاراڭىز.
羊毛蒽蓝　erioanthracene blue		ەريو انتراتسەندى كوك
羊毛铬黑　eriochromo black		ەريو حرومدى قارا
羊毛铬黑 A　eriochrome black A		ەريو حرومدى قارا A
羊毛铬红　eriochrome - red		ەريو حرومدى قىزىل
羊毛铬红 B　eriochrome red B		ەريو حرومدى قىزىل B
羊毛铬蓝黑　eriochrome blue - black		ەريو حرومدى قارا كوك
羊毛蜡　lanocerin(＝wool wax)		لانوتسەرين
羊毛蜡醇　lanocerin alcohol		لانوتسەرين سپيرتى
羊毛蜡酸　lanoceric acid		لانوتسەرين قىشقىلى
羊毛蓝醇　lanosterol		لانوستەرول
羊毛硫氨酸　lanthionine		لانتيونين
羊毛绿 B　eriogreen B		ەريو جاسىلى B
羊毛茜素蓝　erioalizarine blue		ەريو اليزاريندى كوك
氧毛茜素紫　erioalizarine violet		ەريو اليزاريندى كؤلگىن
羊毛罂红　erioglaucine		ەريو گلاؤتسين
羊毛罂红 A　erioglaucine A		ەريو گلاؤتسين A

羊毛甾醇　lanosterol(= lanosterine)　　　لانوستەرول، لانوستەرين

羊毛甾二烯　lanostadiene　　　لانوستادىەن

羊毛甾二烯醇　lanostadienol　　　لانوستادىەنول

羊毛甾烷　lanostane　　　لونوستان

羊毛甾烯　lanostene　　　لانوستەن

羊毛甾烯酮　lanostenone　　　لانوستەنون

羊毛脂　lanolin　　　لانولىن

羊毛脂醇　lanolin alcohol　　　لانولىن سپىرتى

羊毛棕榈酸　lanopalmitic acid　　　لانوپالمىتىن قشقىلى

羊皮纸　parchment paper　　　پەرگامەنتتى قاغاز

洋油酸　　　"正己酸" گە قاراڭىز.

洋菜　agar－agar　　　اگار ـ اگار

洋地黄烷醇　　　"地芰烷醇" گە قاراڭىز.

洋甘菊定　anthemidine　　　انتەمىدىن

洋甘菊脑　anthemol　$C_{10}H_{16}O$　　　انتەمول

洋甘菊烷　anthemane　$C_{18}H_{38}$　　　انتەمان

洋甘菊烯　anthemene　$C_{18}H_{36}$　　　انتەمەن

洋红　　　"品红" گە قاراڭىز.

洋灰　　　"水泥" گە قاراڭىز.

洋李醇　prunol　　　پرۇنول

洋李脑　borneol　　　پرۇنەتول

　　　وكسونىۆم

杨甙　benzoyl salicin　　　بەنزىل سالىتسىن

杨梅甙　myricetrin　　　مىرىتسەترىن

杨梅酸　myricininic acid　$CH_3(CH_2)_{29}COOH$　　　مىرىتسىن قشقىلى

杨梅酮　myricetin　$C_{15}H_{10}O_8$　　　مىرىتسەتىن

杨梅油　myrica oil　　　مىرىتسا مايى

杨梅脂　myricin　$C_{30}H_{61}O_2C_{16}H_{31}$　　　مىرىتسىن

杨氏模量　Young's modulus　　　يوڭگس مودۇلى

杨属灵　populin　　　پوپۇلىن

阳电　positive electricity　　　وڭ ەلەكتر

阳电荷　positive charge　　　وڭ زارياد

阳电荷胶体　positive colloid

ولۇ كوللويدتار

阳电荷溶胶　positive sol　　　　ولۇ زاريادتى كمرنه

阳电极　positive electrode(= anod)　　ولۇ ەلەكترود (= انود)

阳电离子交换　cation exchange　　كاتيون الماسۇ

阳电势　electropositive potential　ولۇ ەلەكترلمك پوتەنتسيال

阳电性的　electropositivity(= positive)　ولۇ ەلەكترلمك

阳电性根　electropositive radical　ولۇ (ەلەكترلمك) راديكال

阳电性离子　electropositive ion　ولۇ ەلەكترلمك يون

阳电性溶胶　　　　"阳电荷溶胶" گە قاراڭىز.

阳电性元素　electropositive element　ولۇ ەلەكترلمك ەلەمەنتتەر

阳电子　positive electron(= positron)　ولۇ ەلەكترون، پوزيترون

阳根　positive radical　ولۇ راديكال

阳极　anode(= positive pole)　انود، ولۇ ۇيەك

阳极板　positive plate　ولۇ ەلەكترود تاقتاسى

阳极电解液　anolite(= anode liquor)　انود سۇيقتمعى، انوليت

阳极电流　anode current　انودتاعى توك، انودتى توك

阳极电流密度　anode current density　انودتاعى توك تمعزدعى

阳极电流效率　anode current efficiency　انودتاعى توك ونمدلملگى

阳极淀渣　anode slime　انودتاعى تۇنبا قوقس

阳极端　positive terminal　انودتاڭ ولۇ ۇشى

阳极钝态　anodic passivity　انودتق پاسسيۇتەنۇ

阳极法　anode process　انود ادسى

阳极反应　anode reaction　انودتاعى رەاكسيا

阳极过电压　anodic overvoltage　انودتاعى ارتىق توك كەرنەۇى

阳极化　anodizing, anodization　انودتانۇ، انودتاندىرۇ

阳极极化　anodic polarization　انودتق پولياڭلانۇ، انودتق ۇيەكتەلۇ

阳极泥　anode mud, anode slime　انود لايى

阳极射线　positive ray　انود ساۇلەسى

阳极室　anode chamber　انود كامەراسى، انود ۇياشمعى

阳极消耗　anode consumption　انودتاڭ جۇمسالۇى، انودتاڭ سارپ بولۇى

阳极氧化　anodic oxidation　انودتق توتىقتىرۇ

阳极杂质　anode impurity　انودتاعى ارالاسپا زاتتار

阳极作用　anodize　انودتار

阳离子　cation(= positive ion)		كاتيون، ۋك يون
阳离子催化聚合作用　cationic polymerization		كاتيوندىق پوليمەرلەنۋ
阳离子电泳　cataporesis		كاتاپورەز
阳离子分析　cation analysis		كاتيوندىق تالداۋ
阳离子活度　cationoid activity		كاتيوننىڭ اكتيۆتىگى
阳离子活化作用　cationic activation		كاتيوننىڭ اكتيۆتەنۋى
阳离子交换　cation‒exchange		كاتيون الماسۋ
阳离子交换化合物　cation exchanging compound		كاتيون الماستىرعىش قوسىلىستار
阳离子交换剂　cationite		كاتيونيتتەر، كاتيون الماستىرعىش اگەنتتەر
阳离子交换膜　cantion exchange membrane		كاتيون الماستىرعىش جارعاق
阳离子交换树脂　cation exchange resin		كاتيون الماستىرعىش سمولالار
阳离子交换体　cation exchanger		كاتيون الماستىرعىش دەنەلەر
阳离子酸　cation acid		كاتيون قىشقىلى
阳离子型表面活性剂　cationic surfactant		كاتيون تۇرپاتتى بەتتەك اكتيۆتەندىرگىش (اگەنت)
阳离子移变(现象)　cationotropy		كاتيوننىڭ اۋسۋى (قۇبىلىس)
阳膜		"阳离子交换膜" گە قاراڭىز.
阳碳		"碳翁" گە قاراڭىز.
阳碳离子		"碳翁离子" گە قاراڭىز.
阳性反应　positive reaction		ۋك رەاكسيا
阳性取代基　positive substituent		ۋك ەلەكترلىك الماسۋ راديكالى
阳性元素　positive element		ۋك (ەلەكترلىك) ەلەمەنتتەر
阳性皂　positive soap		ۋك ەلەكترلىك سابىن
阳性组分　positive component		ۋك ەلەكترلىك قۇرامدار
阳子		"阳电子" گە قاراڭىز.
氧(O)　oxygenium		وتتەك (O)
氧饱和　oxygen saturation		وتتەگىنە قانۋ
氧苯酮　oxybenzone		وكسيبەنزون
氧铋基　bismuthyl　(BiO)		بيسمۇتيل
氧丙环		"环氧乙烷" گە قاراڭىز.
氧丙酸乙酯　ethylpyruvate　$CH_3COCO_2C_2H_5$		پيرووۆين قىشقىل ەتيل ەستەرى
氧撑		

	"环氧" گە قاراڭز.
氧撑二乙醛	"二甘醇醛" گە قاراڭز.
4,7－氧撑异氧茚　4,7－epoxyisobenzo furan	4، 7 ـ ەپوكسيبەنزو فۇران
氧代　oxo, keto　O=	وكسو، كەتو
氧代吡咯烷　ketopyrrolidine　NH(CH₂)₃CO	كەتو پيروليدين
2－氧代丙二酰脲	"中草酰脲" گە قاراڭز.
氧代丁酸　ketobutyric acid　CH₃CH₂COCOOH	كەتو بۇتير قشقىلى
氧代－4,5－二氢化－1,2－二氮杂茂	"吡唑啉酮" گە قاراڭز.
3－氧代莰	"表樟脑" گە قاراڭز.
氧代生物素　oxibiotin	وتەكتى بيوتين
氧代维素	"氧代生物素" گە قاراڭز.
氧代戊二酸　keto－glutaric acid　COOHCH₂CH₂CO COOH	كەتو گليۇتار قشقىلى
β－氧代戊二酸　β－ketoglutaric acid　CO:(CH₂CO₂H)₂	β ـ كەتو گليۇتار قشقىلى
α－氧代戊二酸盐　α－oxoglutarate	وكسوگليۇتار قشقىلىنىڭ تۇزدارى
4－氧代戊酸	"乙酰丙酸" گە قاراڭز.
2－氧代－3－亚氨基－3,3－二氢化氮茚	"衣氨酸酐" گە قاراڭز.
氧代氧杂茂烷酸	"仲康酸" گە قاراڭز.
氧代硬脂酸　ketostearic acid　C₁₈H₃₄O₃	كەتوستەارين قشقىلى
氧氮芥　nitrobin	نيتروبين
1,2－氧氮萘	"1,2－苯并异恶嗪" گە قاراڭز.
1,3,2－氧氮萘	"1,3,2－苯并恶嗪" گە قاراڭز.
1,4－氧氮萘	"1,4－苯并异恶嗪" گە قاراڭز.
1,4,2－氧氮萘	"1,4,2－苯并恶嗪" گە قاراڭز.
2,3,1－氧氮萘	"2,3,1－苯并恶嗪" گە قاراڭز.
2,4,1－氧氮萘	"2,4,1－苯并恶嗪" گە قاراڭز.
1,2－氧氮芑	"1,2－异恶嗪" گە قاراڭز.
1,2,4－氧氮芑	"1,2,4－恶嗪" گە قاراڭز.
1,2,6－氧氮芑	"1,2,6－恶嗪" گە قاراڭز.
1,3,2－氧氮芑	"1,3,2－恶嗪" گە قاراڭز.

1,3,6－氧氮芑	"1,3,6－恶嗪" گه قاراڭز.
1,4－氧氮芑	"1,4－异恶嗪" گه قاراڭز.
1,4,2－氧氮芑	"1,4,2－恶嗪" گه قاراڭز.
氧氮染料　oxazine dye	وكسازيندى بوياۋلار
氧氮戊环基	"恶唑烷基" گه قاراڭز.
1,2－氧氮茚	"苯并异恶唑" گه قاراڭز.
1,2－氧氮杂苯	"邻恶嗪" گه قاراڭز.
1,4－氧氮杂苯	"对恶嗪" گه قاراڭز.
氧氮杂蒽的　oxiazine	وكسازيندى
氧氮杂蒽染料　oxiazine dye	وكسازيندى بوياۋلار
1,2－氧氮杂环丁烷　1,2－oxazetidine	1، 2 ـ وكسازەتيدين
1,4－氧氮杂环己烷	"吗啉" گه قاراڭز.
1,3－氧氮杂环戊烷	"恶唑烷" گه قاراڭز.
1,3－氧氮杂环戊烯－[2]	"恶唑啉" گه قاراڭز.
1,2－氧氮杂茂	"异恶唑" گه قاراڭز.
1,3－氧氮杂茂	"恶唑" گه قاراڭز.
氧氮杂茂基	"恶唑基" گه قاراڭز.
1,2－氧氮杂茂基	"异恶唑基" گه قاراڭز.
氧氮杂茂酮	"恶唑酮" گه قاراڭز.
氧氮杂萘	"苯并恶嗪" گه قاراڭز.
氧氮杂萘基	"苯并恶嗪基" گه قاراڭز.
氧氮杂萘酮	"苯并恶嗪酮" گه قاراڭز.
氧氮杂芑	"恶嗪" گه قاراڭز.
氧氮杂芑基	"恶嗪基" گه قاراڭز.
氧氮杂戊环烯基	"恶唑啉基" گه قاراڭز.
氧蛋白磺酸	"氧朊磺酸" گه قاراڭز.
氧蛋白酸　oxyproteic acid	وتەكتى پروتەيىن قىشقىلى
氧的过氧化物　oxygen superoxide	وتەگىنىڭ اسقىن توتىقتارى
氧碲基　telluryl　OTE＝	تەللۇريل
氧碘化汞　mercuric oxyiodide	وتەكتى يودتى سىناپ
氧碘化物　oxyiodide	

وتتەكتى يوديدتەر، وتتەكتى يود قوسىلىستارى

氧碘基	"亚碘酰" گە قاراڭىز.
3-氧丁酰基	"乙酰乙酰基" گە قاراڭىز.
1,2,3-氧二氮茂	"1,2,3-恶二唑" گە قاراڭىز.
1,2,4-氧二氮茂	"1,2,4-恶二唑" گە قاراڭىز.
1,3,4-氧二氮茂	"1,3,4-恶二唑" گە قاراڭىز.
1,2,3-氧二氮茚	"苯并恶二唑" گە قاراڭىز.
1,2,5-氧二氮茂茂	"呋咱" گە قاراڭىز.
氧钒根　vanadyl	ۋانادىيل
氧钒基　vanadyl	ۋانادىيل
氧锆基　zirconyl　ZrO=	زىركونىيل
氧铬基　chromyl　CrO-	حرومىيل
氧钴根　cobaltyl　(CoO)	كوبالتىيل
氧硅烷	"硅氧烷" گە قاراڭىز.
氧过剩　oxygen excess	وتتەگىننىڭ ارتىپ قالۇيى
氧合血蓝蛋白　oxyhemocyanine	وكسيگە موسيانين
氧合血蓝朊	"氧合血蓝蛋白" گە قاراڭىز.
氧化　oxy-, oxidating	توتعۇ، توتىقتىرۇ
α-氧化　α-oxidation	الفا ورىندا توتعۇ
β-氧化　β-oxidation	بەتا ورىندا توتعۇ
γ-氧化　γ-oxidation	گامما ورىندا توتعۇ
氧化胺　amine oxide　$R_3 \cdot NO_4$	امين توتعىسى
氧化钯　palladium oxide	پاللادي توتعىسى
氧化钡　barium oxide(= barium monoxide)	باري توتعىسى، باري شالا توتعىسى
氧化钡混合物　baryta mixture	باري توتعىنىڭ قوسپاسى
氧化铋　bismuth oxide	بيسمۇت توتعىسى
氧化吡啶　pyridine oxide	پيىريدين توتعىسى
氧化苄胂　benzyl arsine oxide　$C_6H_5CH_2AsO$	بەنزيل ارسين توتعىسى
氧化丙烯　propylene oxide　C_3H_6O	پروپيلەن توتعىسى
氧化铂　platinum oxide	پلاتينا توتعىسى
氧化铂催化剂　platium-oxide catalyst	پلاتينا توتىقتى كاتاليزاتور
氧化步骤　oxidation step	توتعۇ ساتىسى

氧化测定法		"氧化还原测定法" گه قاراڭز.
氧化层		"氧化带" گه قاراڭز.
氧化产品	oxygenated products	وتەكتەنگەن ونمدەھ
氧化产物	oxidation products	توتعۇ ونمدەرى
氧化促进剂	oxidation promotor	توتعۇدى تەزدەتكش (اگەنت)
氧化催化	oxidation catalysis	توتعۇدى كاتالیزدەۇ
氧化催化剂	oxidation catalyst	توتعۇ كاتالیزاتورى
氧化带	oxidation zome	توتعۇ ئوڭرى، توتعۇ قاباتى
氧化氮	nitrogen oxide	ازوت توتعی
氧化氮苯		"氧化吡啶" گه قاراڭز.
氧化氘	denterium oxide	دەيتەري توتعی، اۇرسۇ
氧化的	oxidative(= oxidizing)	توتققان
氧化低价某		"低氧化物" گه قاراڭز.
氧化镝	dysprosium oxide Dy₂O₃	دیسپروزي توتعی
氧化碲	tellarium oxide	تەللۇر توتعی
氧化碘	iodine oxide	يود توتعی
氧化电极	oxidizing electrode	وتەكتی ەلەكترود
氧化淀粉	oxidized starch	توتققان كراحمال
氧化铥	thulium oxide Tu₂O₃	تۇلي توتعی
氧化毒扁豆碱	geneserin	گەنەسەرین
氧化毒素	oxytoxin	وكسیتوكسین
氧化度	oxidisability	توتعۇ دارەجەسی
氧化段	oxidation panel	توتعۇ بولگی
氧化锇	osmium oxide OsO	وسمي توتعی
氧化铒	erbium oxide Er₂O₃	ەربي توتعی
氧化二卡可基		"卡可基氧" گه قاراڭز.
氧化法	oxidation process	توتعۇ بارسی
氧化钒	vanadium oxide VO	ۋانادي توتعی
氧化反应	oxidation reaction	توتعۇ رەاكسیاسی
氧化氛	oxidizing atmosphere	توتققان اتموسفەرا
氧化分解	oxidative decomposition	توتعپ بدراۇ
氧化钆	gadolinium oxide CdO₃	گادولیني توتعی
氧化钙	culcium oxide CaO	

كالتسي توتىعى

氧化高钴　cobaltic oxide　Co_2O_3　كوبالت ٴۇش توتىعى

氧化高镍　nicelic oxide　Ni_2O_3　نيكەل ٴۇش توتىعى

氧化高铈　"二氧化铈" گە قاراڭىز.

氧化高银　"氧化银" گە قاراڭىز.

氧化锆　zirconium oxide　Zr_2O_3　زيركونيي توتىعى

氧化铬　chromic oxide　Cr_2O_3　حروم توتىعى

氧化镉　cadmium oxide　كادەمي توتىعى

氧化汞　mercuric oxide　HgO　سىناپ توتىعى

氧化钴　cobaltous oxide　CoO　كوبالت توتىعى

氧化硅　silicon oxide　SiO　كرەمني توتىعى

氧化硅胶　"硅胶" گە قاراڭىز.

氧化合成　oxo－synthesis　وكسوسينتەز

氧化合物　oxygen compound　وتتەك قوسىلمىستارى

氧化还原催化剂　oxidation－reduction catalyst　توتعۇ ـ توتىقسىزدانۇ كاتاليزاتورى

氧化还原当量　oxidation－reduction equivalent　توتعۇ ـ توتىقسىزدانۇ ەكۆيۆالەنتى

氧化还原滴定法　oxidation－reduction titration　توتعۇ ـ توتىقسىزدانۇلىق تامشلاتۇ

氧化还原滴定法　oxidation－redaction process　توتعۇ ـ توتىقسىزدانۇلىق تامشلاتۇ ٴادىسى

氧化还原电池　oxidation－reduction cell　توتعۇ ـ توتىقسىزدانۇلىق باتارەيا

氧化还原电极　oxidation－reduction electrode　توتعۇ ـ توتىقسىزدانۇ ەلەكترودى

氧化还原电位　oxidation－reduction potential　توتعۇ ـ توتىقسىزدانۇ پوتەنتسيالى

氧化还原电位法　oxidation－reduction process　توتعۇ ـ توتىقسىزدانۇ پوتەنتسيالى ٴادىسى

氧化还原法　oxidation－reduction method　توتعۇ ـ توتىقسىزدانۇ ٴادىسى

氧化还原反应　oxidation－reduction reaction　توتعۇ ـ توتىقسىزدانۇ رەاكسيالارى

氧化还原过程　oxidation－reduction process　توتعۇ ـ توتىقسىزدانۇ

بارسى

氧化还原聚合　oxidation－reduction polymerization　توتعؤ ـ توتقسـزدانؤلـق پوليمـەرلەنؤ

氧化还原离子交换树脂　oxidation－reduction ionexchange resin
(＝redox ion exchanger)　توتعؤ ـ توتقسـزدانؤ يون الماستـرعمش سمولالارى (شايـرلار)

氧化还原酶　oxide－reductase　وكسيدورەدؤكتازا

氧化还原势　"氧化还原电位" گە قاراڭـز.

氧化还原树脂　oxidation－reduction resin(＝redox resin)　توتعؤ ـ توتقسـزدانؤ سمولالارى

氧化还原系统　oxidation－reduction system　توتعؤ ـ توتقسـزدانؤ جؤيەسى

氧化还原性　oxidation－reduction quality　توتعؤ ـ توتقسـزدانعنعشتـنق

氧化还原指示剂　oxidation－reduction indicator　توتعؤ ـ توتقسـزدانؤ ينديكاتورلارى

氧化还原(作用)　oxidation－reduction(＝rodex)　توتعؤ ـ توتقسـزدانؤ

氧化钬　holmium oxide　HO_2O_3　گولمي توتعى

氧化级　"氧化状态" گە قاراڭـز.

氧化剂　oxidizing agent　توتقتـرعمش اگـەنت

氧化甲肼　"甲肼化氧" گە قاراڭـز.

氧化钾　potassium oxide　K_2O　كالي توتعى

氧化降解作用　oxidation degradation　توتعمپ بدسراؤ

氧化金　auric oxide(＝gold trioxide)　Au_2O_3　التـن توتعى (التـن ؤش توتعى)

氧化金属　oxidized metal　توتققان مەتالدار

氧化聚合　oxidation polymerization　توتعمپ پوليمـەرلەنؤ

氧化钪　scandium oxide　Sc_2O_3　سكاندي توتعى

氧化铼　rhenium oxide　رەني توتعى

氧化镧　lanthanum oxide　La_2O_3　لانتان توتعى

氧化铑　rhodium oxide　رودي توتعى

氧化锂　lithium oxide　Li_2O　ليتي توتعى

氧化沥青　oxidized asphalt　توتققان اسفالت

氧化力　oxidizing power　توتعؤ كؤشى

氧化钌　ruthenium oxide　RuO　رؤتەني توتعى

氧化裂化催化剂　oxide cracking catalyst　توتعمپ بولشەكتەنؤ كاتاليزاتورى

氧化磷	phosphorus oxide		فوسفور توتعى
氧化磷酸化	oxidative phosphorylation		توتقتىرپ فوسفورلاۋ
氧化硫	sulfur oxide		كۆكەرت توتعى
氧化炉	oxidation oven		توتعۇ پەشى
氧化镥	lutecium oxide	Lu_2O_3	لۇتەتسى توتعى
氧化铝	aluminium oxide	Al_2O_3	ئالۇمين توتعى
氧化铝坩埚	aluminium oxide crucible		ئالۇمين توتقتى تيگەل
氧化铝凝胶	alumina hydrogel		ئالۇمين توتقتى سىرنە
氧化铝水凝胶	alumina hydrogel		ئالۇمين توتقتى سۇيىق سىرنە
氧化铝-氧化硼催化剂	alumina boria catalyst		ئالۇمين توتقتى - بورتوتقتى كاتاليزاتور
氧化铝载体	alumina supporter		ئالۇمين توتقتى تاسۇشى
氧化铝载体催化剂	alumina base catalyst		ئالۇمين توتقتى تاسۇشى كاتاليزاتور
氧化氯	chlorine monoxide	Cl_2O	حلور شالا توتعى
氧化镁	magnesium oxide		ماگني توتعى
氧化酶	oxidase		وكسيدازا
氧化锰	manganese oxide		مارگانەتس توتعى
氧化膜	oxide film(= oxidation flame)		توتق قابىرشاعى، توتعۇ قابىرشاعى
氧化钼	molybdenum oxide	MoO	موليبدەن توتعى
氧化钠	sodium oxide	Na_2O	ناتري توتعى
氧化铌	niobium oxide	NbO	نيوبي توتعى
氧化镍	nickelous oxide	NiO	نيكەل توتعى
氧化钕	neodymium oxide	Nd_2O_3	نەوديم توتعى
氧化钕镨	didymium oxide	Di_2O_3	ديديميۇم توتعى
氧化偶氮苯	azoxybenzene	$C_6H_5N(O)NC_6H_5$	ازوكسي بەنزول
氧化偶氮苯甲酸	azoxybenzoic acid		ازوكسي بەنزوي قشقىلى
氧化偶氮化合物	azoxy compound		ازوكسي قوسىلمستارى
氧化偶氮基	azoxy -	$-N(O)N-$	ازوكسي
氧化偶氮萘	azoxynaphthalene		ازوكسي نافتالين
氧化漂白	oxidation bleaching		توتعبپ اعارۇ
氧化硼	boron oxide		بور توتعى
氧化铍	beryllium oxide	BeO	بەريللي توتعى

氧化锆	"三氧化二锆" گه قاراڭز.
氧化铅　lead oxide	قورعاسىن توتعى
氧化强化剂　prooxidant	توتعۇدى كۇشەيتكىش (اگەنت)
氧化侵蚀　oxidative attack	توتعۇپ ٔشىرۇ
氧化倾向　oxidation tendency	توتعۇ اۆقمىى
氧化染料　oxidation dye	توتعۇ بوياۋلارى
氧化热　heat of oxidation	توتعۇ جىلۇى
氧化熔化　oxidizing fusion	توتقتىرىپ بالقتۇ
氧化铷　rubidium oxide　Rb_2O	رۇبيدي توتعى
氧化三苄胂　tribenzyl－arsine oxide　$(C_6H_5CH_2)_3AsO$	تريبەنزيل، ارسين توتعى
氧化色基	"四胺" گه قاراڭز.
氧化铯　cesium oxide　Cs_2O	سەزي توتعى
氧化钐　samarium oxide　Sa_2O_3	ساماري توتعى
氧化砷　arsenic oxide	ارسەن توتعى
氧化生物素	"氧代生物素" گه قاراڭز.
氧化石蜡　oxide wax	توتققان بالاۋز
氧化势　oxidation potential	توتعۇ پوتەنتسيالى
氧化试验　oxidation test	توتعۇ سىناعى
氧化室　oxidizing chamber	توتقتىرۇ كامەراسى
氧化铈　cerous oxide	سەري توتعى
氧化淑胂　trialkyl－arsine oxide	تريالكيل ارسين توتعى
氧化数　oxidation number	توتعۇ سانى
氧化树脂　resene	رەزەن
氧化双二甲胂　cocodyl oxide	كوكوديل توتعى
氧化双三甲锡　trimethyl tin oxide　$(CH_3)_3SnOSn(CH_3)_3$	تريمەتيل قالايى توتعى
氧化锶　strontium oxide	سترونتسي توتعى
氧化苏木精	"苏木因" گه قاراڭز.
氧化速度　oxidation rate	توتعۇ تەزدىگى
氧化酸　oxidizing acid	توتققان قىشقىل
氧化铊　thallium oxide	تاللي توتعى
氧化塔　oxidation tower	توتعۇ مۇناراسى
氧化态　state of oxidation	

تۇتۇۇ كۆيى

氧化钛	titanium oxide	تىتان تۇتعى، تىتان قوس تۇتعى
氧化钽	tantalum oxide	تانتال تۇتعى
氧化碳	carbon oxide	كۆمۈرتەك تۇتعى
氧化铽	terbium oxide (= terbium sesquioxide) Tb₂O₃	تەربى تۇتعى، تەربى ٴۇش تۇتعى

氧化锑	antimonic oxide Sb₂O₅	سۈرمە تۇتعى
氧化铁	ferric oxide Fe₂O₃	تەمىر تۇتعى، تەمىر ٴۇش تۇتعى
氧化铁颜料	iron oxide pigment	تەمىر تۇتقتى بوياۋلار
氧化铜	cupric oxide CuO	مىس تۇتعى
氧化铜片	cupric oxide plate	مىس تۇتعى پلاستينكاسى
氧化钍	thorium oxide ThO₂	تورى تۇتعى
氧化脱氨作用	oxidative deaminization	تۇتعپ امينوسىزدانۇ
氧化脱氢酶		"氧化还原酶" گە قاراڭىز.
氧化稳定性	oxidation stability	تۇتۇ تۇراقتىلعى
氧化钨	tungsten oxide	ۋولفرام تۇتعى
氧化物	oxide	تۇتقتار
氧化物层	oxide coating	تۇتق قاباتى
氧化物催化剂	oxide catalyst	تۇتقتى كاتاليزاتور
氧化物发光本领	luminosity of oxide	تۇتقتاڭ جارقىراۇ قابىلەتى
氧化物陶瓷	oxide ceramics	تۇتقتى قىش ـ كارلەن (فارفور)
氧化物盐类	oxide salt	تۇتق تۇزدارى
氧化物阴极	oxide cathode	تۇتق كاتود
氧化矽胶		"硅胶" گە قاراڭىز.
氧化系数	coefficient of oxidation	تۇتۇ كوەففيتسەنتى
氧化锡	stannic oxide SnO₂	قالايى تۇتعى
氧化纤维素	oxycellulose	وكسيسەلليۋلوزا، وتتەكتى سەلليۋلوزا
氧化纤维酯	ester oxycellulose	وتتەكتى سەلليۋلوزا ەستەرى
氧化锌	zinc oxide ZnO	مىرش تۇتعى
氧化锌粉	zinc oxide powder	مىرش تۇتعىننڭ ۇنتاعى
氧化性	oxidizability	تۇتقتشتمق
氧化性能	oxidation susceptibility	تۇتۇ قابىلەتى
氧化血红朊		"正铁血红朊" گە قاراڭىز.

氧化亚铂		گە قاراڭز. "一氧化铂"
氧化亚氮		گە قاراڭز. "一氧化二氮"
氧化亚钒		گە قاراڭز. "一氧化二钒"
氧化亚镉		گە قاراڭز. "一氧化镉"
氧化亚铬		گە قاراڭز. "一氧化铬"
氧化亚汞	mercurous oxide	Hg₂O	سناپ شالا توتعى
氧化亚镓	gallous oxide	GaO	گاللي شالا توتعى
氧化亚金		گە قاراڭز. "一氧化金"
氧化亚钌		گە قاراڭز. "一氧化钌"
氧化亚麻油	linoxyn	لينوكسين
氧化亚锰		گە قاراڭز. "一氧化锰"
氧化亚铅		گە قاراڭز. "一氧化铅"
氧化亚铊		گە قاراڭز. "一氧化二铊"
氧化亚锑		گە قاراڭز. "一氧化二锑"
氧化亚铁	ferrous oxide	FeO	تەمىر شالا توتعى
氧化亚铜		گە قاراڭز. "一氧化二铜"
氧化亚锡		گە قاراڭز. "一氧化锡"
氧化亚银	argentous oxide	كۇمىس شالا توتعى
氧化焰	oxidation flame	توتعۇ جالىنى
氧化铱	iridium oxide	يريدي توتعى
氧化乙烯	ethylene oxide	(CH₂)₂O	ەتيلەن توتعى
氧化乙酰	acetic oxide	(CH₃CO)₂O	اتسەن توتعى
氧化钇	yttrium oxide	Y₂O₃	يتتري توتعى، يتتري ٴۇش توتعى
氧化抑制剂	oxidation ingibitor	توتعۇ تەجەگشتەرى
氧化镱	ytterbium oxide	Yb₂O₃	يتتەربي توتعى
氧化铟	indium oxide	In₂O₃	يندي توتعى
氧化银	silver oxide	Ag₂O	كۇمىس توتعى
氧化油	oxidized oil	توتىققان ماي
氧化铀	uranium oxide	ۋران توتعى
氧化铕	europium oxide	ەۋروپي توتعى
氧化渣	oxidation sludge	توتىق قالدعى
氧化锗	germanium oxide	

گەرماني توتعى

氧化正铁	"三氧化铁" گە قاراڭـز.
氧化正铜	"氧化铜" گە قاراڭـز.
氧化正亚金	"四氧化四金" گە قاراڭـز.
氧化正亚铁	"四氧化三铁" گە قاراڭـز.
氧化值 oxidation number	توتعۆ ٴمانى
氧化状态 oxidation state	توتعۆ كۇيى، توتعۆ دەڭگەيى
氧化组	"氧化段" گە قاراڭـز.
氧化作用 oxidation	وكسيدتەۆ، توتعۆ، توتىقتىرۇ
氧荒酸	"黄原酸" گە قاراڭـز.
氧基醇	"酮醇" گە قاراڭـز.
氧基化合物 oxy – compound (= oxo – compound)	وكسي قوسىلىستار
氧己环	"戊撑氧" گە قاراڭـز.
氧金根 auryl (AuO)	اۆريل
氧苦参素 oxymatrine	وكسيماترين
氧磷川	"磷酰" گە قاراڭـز.
氧磷基 phosphoro so – OP –	فوسفوروزو –
氧硫叉 sulfenyl OS –	سۆلفەنيل
氧硫化硅 silicon oxysulfide SiOS	وتتەكتى كۇكىرتتى كرەمني
氧硫化碳 carbon oxysulfide COS	وتتەكتى كۇكىرتتى كومىرتەك
氧硫基	"氧硫叉" گە قاراڭـز.
氧硫杂蒽	"吩噻恶" گە قاراڭـز.
氧硫杂环己烷	"噻恶烷" گە قاراڭـز.
氧六环	"吡喃环" گە قاراڭـز.
氧六环果糖	"吡喃果糖" گە قاراڭـز.
氧六环葡糖	"吡喃葡糖" گە قاراڭـز.
氧六环式	"吡喃型" گە قاراڭـز.
氧六环型	"吡喃型" گە قاراڭـز.
氧氯化作用 oxychlorination	وكسيحلورلاۆ، وتتەكتى حلورلاۆ
氧络	"氧代" گە قاراڭـز.
氧络血红蛋白	"氧络血红朊" گە قاراڭـز.

氧络血红朊	oxyhemoglobin	وتەكتى گەموگلوبين
氧络血青朊	oxyhemoglobin	وتەكتى گەموسيانين

氧茂　　　　　　　　　　　　　　　　"呋喃" گە قاراڭىز.

α－氧茂基醋酸　　　　　　　　　　"糖基醋酸" گە قاراڭىز.

氧茂甲醇　　　　　　　　　　　　"糖醇" گە قاراڭىز.

氧酶　oxygenase　　　　　　　　　وكسيگەنازا

氧煤气　oxy－coal gas　　　　　وتەكتى كومىر گازى

氧钼根　　　　　　　　　　　　　"羟氧钼根" گە قاراڭىز.

氧钼基　molybdenyl　MoO－　　　موليبدەنيل

氧萘　　　　　　　　　　　　　　"色芑" گە قاراڭىز.

氧萘基　　　　　　　　　　　　　"苯并吡喃基" گە قاراڭىز.

氧萘满酮　　　　　　　　　　　　"色满酮" گە قاراڭىز.

1,4－氧萘酮	1,4－benzopyrone	$C_9H_6O_2$	1، 4 ـ بەنزوپيرون
2,1－氧萘酮	2,1－benzopyrone	$C_6H_6O_2$	1، 2 ـ بەنزوپيرون

2,3－氧萘酮　　　　　　　"2,3－苯并吡喃酮" گە قاراڭىز.

氧硼基　boryl　O:B－　　　　　بوريل

氧平衡　oxygen balance　　　وتەك تەپە ـ تەڭدىگى

氧气环糖　sentanose　　　　　سەپتانوزا

α－氧芑　　　　　　　　　　　"α－吡喃" گە قاراڭىز.

γ－氧芑　　　　　　　　　　　"γ－吡喃" گە قاراڭىز.

γ－氧芑酮　　　　　　　　　　"γ－吡喃酮" گە قاراڭىز.

氧芑翁盐　　　　　　　　　　　"吡喃盐" گە قاراڭىز.

氧气　oxygen gas　　　　　وتەك گازى، وتەك

氧气瓶　oxygen sylinder　　وتەك ساۋىتى

氧桥　oxygen bridge　　　　وتەك كوپىرشە

氧桥氯甲桥萘　　　　　　　　"狄氏剂" گە قاراڭىز.

氧氢键　oxygen hydrogen bond　وتەك ـ سۇتەكتەك بايلانىس

氧朊磺酸　oxyprotosulfonic acid　وتەكتى پروتو سۇلفون قىشقىلى

氧朊酸混合物　oxyproteic acid　وتەكتى پروتەين قىشقىل قوسپاسى

1,2,3,4－氧三氮茂　　　　　　"1,2,3,4－恶三唑" گە قاراڭىز.

1,2,3,5－氧三氮茂　　　　　　"1,2,3,5－恶三唑" گە قاراڭىز.

氧砷基二苯甲酮　arsino – oxybenzophenon　$C_6H_5COC_6H_4AsO$　وتەكتى

ارسينو بەنزوفەنون

氧四环素　oxytetracycline　وكسيتەترا سيكلين، وتەكتى تەترا سيكلين

氧弹　oxygen bomb　وتەك بومبى

氧锑根　antimonyl　SbO　انتيمونيل

氧翁化合物　oxonium compound　وكسونييۇم قوسىلمىستارى، ئتورت ۋالەنتى

وتەك قوسىلمىستارى

氧翁离子　oxonium ion　وكسونييۇم يونى

氧翁型　oxonium form　وكسونييۇم فورمالى

氧翁盐　oxonium salt　وكسونييۇم تۇزى

氧肟酸　hydroxamic acid　RC(O)NHOH　گيدروكسام قىشقىلى

氧芴　dibenzofuran　$C_{12}H_8O$　ديبەنزوفۇران

氧戊环　"丁撑氧" گە قاراڭز.

氧硒基　senlenyl　= SeO　سەلەنيل

氧消耗　oxygen consumption　وتەگىننىڭ جۇمسالۇى

氧乙炔　oxy – acetylene　وتەكتى اتسەتيلەن

氧乙炔吹管　oxyacetylene blowpipe　وتەكتى اتسەتيلەن (ۇرلەۋ) تۇتىگى

氧乙炔焰　oxyacetylene flame　وتەكتى اتسەتيلەن جالىنى

氧茚　"香豆酮" گە قاراڭز.

氧茚基　"苯并呋喃基" گە قاراڭز.

氧茚甲酸　"香豆基酸" گە قاراڭز.

氧茚树脂　coumaron resin　كوۋمارون سمولاسى (شايىرى)

氧杂　"恶" گە قاراڭز.

2 – 氧杂二环[3,2,1]辛烷　2 – oxabicyclo [3,2,1] octane　$C_7H_{12}O$　وكسا ــ 2

هكى ساقينالى [1,2,3]وكتان

氧杂环丙烷　oxacyclopropane　وكسا ساقينالى پروپان

氧杂环丁烷　"丙撑氧" گە قاراڭز.

氧杂环己烷环　amylene oxide ring　اميلەن توتعننىڭ ساقيناسى

氧杂环戊烷　tetramethylene – oxide　$CH_2(CH_2)_2CH_2O$　ئتورت مەتيلەندى توتىق

氧杂茂　"呋喃" گە قاراڭز.

氧杂茂 – [2] – 甲基　"糖基" گە قاراڭز.

α – 氧杂茂甲醛缩甘油　"糖醛缩甘油" گە قاراڭز.

氧杂茂羧酸－[2]戊酯	"焦粘酸戊酯" گه قاراڭز.
氧杂茂亚甲二醋酸酯	"糖醛二醋酸酯" گه قاراڭز.
氧杂萘基	"苯并吡喃基" گه قاراڭز.
氧杂萘邻酮	"香豆素" گه قاراڭز.
氧杂萘满	"色满" گه قاراڭز.
氧杂萘满基	"色满基" گه قاراڭز.
氧杂萘酮	"苯并吡喃酮" گه قاراڭز.
1,2－氧杂萘酮　1,2－benzopyrone	1، 2 ـ بەنزوپيرون
氧杂芑	"吡喃" گه قاراڭز.
氧杂芑基	"吡喃基" گه قاراڭز.
氧杂芑酮	"吡喃酮" گه قاراڭز.
氧杂茚	"苯并吡咯" گه قاراڭز.
氧杂茚满	"香豆满" گه قاراڭز.
氧杂茚满二酮	"香豆满二酮" گه قاراڭز.
氧杂茚满酮－[3]	"香豆满酮" گه قاراڭز.
氧载体　oxygen carrier	وتەك تاسۇشى
氧族　chalcogen	وتەك گرۇپپاسى
氧族元素　oxygen family element	وتەك گرۇپپاسىنداعى ەلەمەنتتەر

yao

药鼠李素　cascarin	كازكارين
药特灵　yatren	ياترەن
药物化学　pharmacochemistry	فارماكو حيميا
药用石蜡　medicinal parffin(wax)	دارىلىك پارافين (بالاۋىز)
药用炭精　medicinal carbon	دارىلىك كومىر
药用香料　medicinal flavours	دارىلىك ئيستى ماتەريالدار
药用油　medicinal oil	دارىلىك مايلار
药用皂　medicinal soap	ٴداري سابىن
药用植物　medicinal plant	دارىلىك وسىمدىكتەر
钥匙链子　keychain	كىلت تىزبەك، باستى تىزبەك
钥原子　key－atom	

ye

椰子壳油 copra oil　　　　　　　　　　كوكس قابىعى مايى

椰子油 coconut oil　　　　　　　　　كوكوس مايى

椰子脂 cupraol　　　　　　　　　　　كۇپراول

耶维耳液　　　　　　　　　　"甲物列水" گە قاراڭىز.

野靛毒 baptitoxine　　　　　　　　باپتيتوكسين

野靛碱　　　　　　　　　　　"金雀花碱" گە قاراڭىز.

ψ－野靛配质 ψ－baptigenin　　ψ ـ باپتيگەنين

ψ－野靛配质亭 ψ－baptigenetin　ψ ـ باپتيگەنەتين

野靛叶素 baptifoline　　　　　　　باپتيفولين

野靛酮　　　　　　　　　　　"金雀花酮" گە قاراڭىز.

野决明素 cytitone　　　　　　　　سيتيتون

野生橡胶 wild rubber　　　　　　　جابايى كاۋچوك

野樱素 cerasin(e)　　　　　　　　كەرازين

冶金 metallurgy　　　　　　　　　مەتال قورىتۇ

冶金焦炭 metallurgical coke　　　مەتال قورىتۇ كوكسى

冶金煤 metallurgical coal　　　　مەتال قورىتۇ كومىرى

冶金学 metallurgy　　　　　　　　مەتاللۇرگيا

冶铁学 siderology　　　　　　　　سيدەرولوگيا

液度固定计 lysimeter　　　　　　　ليزيمەتر

液固胶体　　　　　　　"内液外固胶体" گە قاراڭىز.

液化 liquedation(＝liquefy)　　سۇيىلۇ، سۇيىقتانۇ

液化比率 liquefaction ratio　　سۇيىلۇ سالىستىرما شاماسى

液化的 liquefied　　　　　　　　سۇيىلتىلعان

液化点 liquefaction point　　　سۇيىلۇ نۇكتەسى

液化度 degree of liquefaction　سۇيىلۇ دارەجەسى

液化剂 liquefier　　　　　　　　سۇيىلتقىش (اگەنت)

液化空气 liquid air　　　　　　　سۇيىلتىلعان اۋا

液化气体 liquefied gas(＝liquid gas)　سۇيىلتىلعان گاز

液化气体燃料 liquid gas fuel　سۇيىلتىلعان گاز جانار زات

液化热 heat of liquefaction سۇيىلۇ جىلۇى

液化石油气 liquefied petroleum gas سۇيىلتملعان مۇناي گاز

液化天然气 liquefied natural gas سۇيىلتملعان تابيعى گاز

液化性 liquescency سۇيىلعشتىق، سۇيىقتانعمشتىق

液化作用 liquefaction سۇيىلتۇ، سۇيىلۇ

液胶 "溶胶" گه قاراڭىز.

液解作用 lyolysis سۇيىلتىپ ىدراتۇ

液胶 "溶胶" گه قاراڭىز.

液晶体 liquid crystal سۇيىق كرىستال

液流学 "流变学" گه قاراڭىز.

液面 liquid level سۇيىقتىق دەڭگەيى

液面测量计 liqiudometer سۇيىقتىق دەڭگەيىن ولشەگىش (اسپاپ)

液面调节器 liquor – level regulator سۇيىقتىق دەڭگەيىن رەتتەگىش (اسپاپ)

液面指示器 liquid level indicator سۇيىقتىق دەڭگەيىن كورسەتكىش (اسپاپ)

液膜 liquid film سۇيىقتىق قابىرشاعى

液膜控制 liquid – film controlling سۇيىقتىق قابىرشاعىن تەجەۇ

液膜系数 liquid film coefficient سۇيىقتىق قابىرشاعى كوەففيتسەنتى

液 - 气系统 liquid – gas system سۇيىقتىق ـ گاز جۇيەسى

液气悬胶 ligasoid ليگازويد

液蚀作用 liquid corrosion سۇيىقتىقتىق كوررۇزيالانۇ

液态 liquid state سۇيىق كۇي، سۇيىقتىق كۇيى

液态氨 liquid ammonia سۇيىق كۇيدەگى اممياك

液态苯酚 "液态石炭酸" گه قاراڭىز.

液态丙烷 liquid propane سۇيىق كۇيدەگى پروپان

液态氮 liquid nitrogen سۇيىق كۇيدەگى ازوت

液态丁烷 liquefied butane سۇيىق كۇيدەگى بۇتان

液态二氧化硫 liquid sulfur dioxide سۇيىق كۇيدەگى كۇكىرت قوس توتىعى

液态二氧化碳 liquid carbon dioxide سۇيىق كومىرتەك قوس توتىعى

液态酚 liquid phenol سۇيىق كۇيدەگى فەنول

液态氦 liquid helium سۇيىق كۇيدەگى گەلي

液态胶质 liquid gum سۇيىق كۇيدەگى جەلىم

液态金属 liquid metal سۇيىق كۇيدەگى مەتال

液态晶体 liquid crystal

سۈيىق كۆيدەھگى كرىستال

液态空气　liquid air سۈيىق كۆيدەھگى اۋا

液态空气容器　liquid air container سۈيىق كۆيدەھگى اۋا بدسى

液态沥青　liquid asphalt سۈيىق كۆيدەھگى اسفالت

液态离子交换剂　liquid ion exchanger سۈيىق كۆيدەھگى يون الماستىرعمش
(اگەنت)

液态氯　liquid chlorine سۈيىق كۆيدەھگى حلور

液态气体　liquid gas سۈيىق كۆيدەھگى گاز

液态氢　liquid hydrogen سۈيىق كۆيدەھگى سۆتەك

液态时阻力　liquid resistance سۈيىق كۆي (كەزبندەھگى) كەدەرگى

液态石炭酸　liquefied carbolic acid سۈيىق كۆيدەھگى كاربول قشقىلى

液态烃　liquid hydrocarbon سۈيىق كۆيدەھگى كومىر سۆتەكتەر

液态吸收剂　stripping liquid سۈيىق كۆيدەھگى سورعمش (اگەنت)

液态氧　liquid oxygen سۈيىق كۆيدەھگى وتەك

液态元素　liquid element سۈيىق كۆيدەھگى ھلەمەنتتەر

液态乙烯　liquid ethylene سۈيىق كۆيدەھگى ەتيلەن

液体　liquid سۈيىقتىق، سۈيىق دەنە

液体泵　liquor pump سۈيىقتىق ناسوسى

液体比重计　areometer(= hydrometer) ارەومەتر، گيدرومەتر

液体丙烷　petrogas مۇناي گازى

液体薄膜 "液膜" گە قاراڭىز.

液体测量　liquid measure سۈيىقتىقتى ولشەۋ

液体产品产率　liquid yield سۈيىق ءونمىننىڭ تۆسمدىلگى

液体产品空间速度　liquid space velocity سۈيىق (ءونمىننىڭ)
كەڭىستىكتەگى جىلدامدىعى

液体动力燃料　liquid motor fuel سۈيىق قوزعالتقىش جانار زاتتار

液体肥料　liquid fertilizer سۈيىق تەڭايتقىشتار

液体肥皂　liquid soap سۈيىق سابىن

液体分离器　liquid trap سۈيىقتىق بولگىش (اسپاپ)

液体干燥剂　liquid drier سۈيىق قۇرعاتقىش (اگەنت)

液体干燥剂脱水　liquid desiccation سۈيىق قۇرعاتقىشپەن سۆسسز داندىرۇ

液体－固体界面　liquid－solid interface سۈيىقتىق ـ قاتتى دەنە شەكارا بەتى

液体火箭燃料　liquid rocket fuel راكەتانىڭ سۈيىق جانار زاتى

液体甲烷　liquid methane　　　　　　　　سۇيىق مەتان

液体介质　liquid medium　　　　　　　　سۇيىق ورتا

液体矿脂　　　　　　　　　"凡士林油" گە قاراڭىز.

液体冷冻剂　liquid coolant　　سۇيىق مۇزداتقىش (اگەنت)

液体冷却　liquid cooling　　　　　　سۇيىقتىق سۆنتۆ

液体力学　　　　　　　　　　"水利学" گە قاراڭىز.

液体粘度计　liquid viscosimeter　سۇيىقتىق تۇتقۇرلىغىن ولشەگىش

液体－气体界面　liquid－vapour interface　سۇيىقتىق ـ گاز ارالىق بەت

液体燃料　liquid fuel　　　　　　سۇيىق جانار زاتتار

液体燃料油　liquid fuel oil　　　　سۇيىق جانار مايلار

液体容量　liquid capacity　　　سۇيىقتىق سىمدىلمىسى

液体溶液　liquid solution　　　　سۇيىق ەرىتىندى

液体润滑剂　liquid lubricant　سۇيىق مايلاغىش (اگەنت)

液体润滑脂　liquid grease　سۇيىق گرەازا، سۇيىق مايلاۋ مايى

液体色谱法　liquid chromatography　سۇيىقتىق حروماتوگرافتاۋ

液体石蜡　liquid paraffin(= atoline)　سۇيىق پارافين، اتولين

液体石蜡油　saxol, saxoline　　ساكسول، ساكسولين

液体石油膏　petralol(= semprelin)　پەترالول، سەمپىرەلين

液体提取物　liquid extract　سۇيىقتىقتان المنعان زات

液体温度计　liquid filled thermometer　سۇيىقتىق قۇيىلغان تەرمومەتر

液体－液体的提取　liquid－liquid extraction　سۇيىقتىقتان سۇيىقتىق الۋ
(شايعىنداۋ)

液体原料　liquid charging stock　سۇيىق شيكىزات

液体皂基　liquid soap base　سۇيىق سابىن نەگىزى

液体置换　liquid displacement　سۇيىقتىقتاڭ ورنىن اۋسۇى

液体状态　　　　　　　　　"液态" گە قاراڭىز.

液相　liquid phase　　　　　　　سۇيىق فازا

液相操作　　　　　　　　"液相过程" گە قاراڭىز.

液相反应　liquid phase reaction　سۇيىق فازالى رەاكسيا

液相过程　liquid phase operation　سۇيىق فازالى بارىس

液相精制　liquid phase refining　سۇيىق فازالى مانەرلەۋ

液相聚合　liquid phase polymerization　سۇيىق فازالى پوليمەرلەۋ

液相聚合法　liquid polymerization

سۆيىق فازالى پوليمەرلەۋ ادسى

液相裂化　liquid phase cracking　سۆيىق فازالى بولشەكتەۋ

液相裂化过程　liquid – phase cracking process　سۆيىق فازالى بولشەكتەۋ
بارسى

液相热裂化　liquid phase thermal cracking　سۆيىق فازالى جىلۋمەن بولشەكتەۋ

液相缩聚　liquid phase condensation – polymerization　سۆيىق فازالى
كوندەنساتسيالاۋ – پوليمەرلەۋ

液相悬浮法　liquid phase suspension process　سۆيىق فازالى سۆسپەنزيالاۋ ادسى

液相氧化　liquid phase oxidation　سۆيىق فازالى توتعۋ

液相异构化过程　liquid phase isomerization proeess　سۆيىق فازالى
يزومەرلەۋ بارسى

液 – 液提取　"液体 – 液体的提取" گە قاراڭـز.

液 – 液系统　liquid – liquid system　سۆيىقتـق – سۆيىقتـق جۈيەسى

液状凝胶　liquogel　ليكۆوگەل، سۆيىق كۆيدەگى سـرنە

液吡咯　phyllopyrrol　فيللوپيررول

叶卟啉　phylloporphyrin　فيللوپورفيرين

叶赤素　phylloerythrin　فيللوەريترين

叶初卟啉　phylloaetioporphyrin　فيللوەتيو پورفيرين

β – 叶红二氧茂　"金色素" گە قاراڭـز.

α – 叶红呋喃素　"黄色素" گە قاراڭـز.

叶红素　erythrophyll　ەريتروفيل

叶红素酶　"胡罗卜素酶" گە قاراڭـز.

叶黄呋喃素　"黄黄质" گە قاراڭـز.

叶黄素　lutein(= xanthophyll)　لۆتەين، كسانتوفيل

叶黄质　xanthophyll　كسانتوفيل

叶精　folacin　فولاتسين

叶坎生　folicanthine　فوليكانتين

叶蜡石　pyrophyllite　$H_2Al_2Si_4O_{22}$　پيروفيلليت

叶绿醇　"植醇" گە قاراڭـز.

叶绿基　"植基" گە قاراڭـز.

叶绿醌　phylloquinone　فيللوحينون

叶绿朊　chloroplastin　حلوروپلاستين

叶绿素 chlorophyll		حلوروفيل
叶绿素 A chlorophyll A		حلوروفيل A
叶绿素 B chlorophyll B		حلوروفيل B
叶绿素酶 chlorophyllase		حلوروفيللازا
叶绿素乙酯 ethyl chlorophyllid		ەتيل حلوروفيلليد
叶绿素原 chlorophyllogen		حلوروفيللوگەن
叶绿酸 chlorophyllin		حلوروفيللين
叶青酸 phyllocyanic acid		فيللوسيان قشقىلى
叶噻灵 fentiazon		فەنتيازون
叶虱醇 psylla alcohol $C_{33}H_{67}OH$		پسيللا سپيرتى
叶虱蜡 psylla wax		پسيللا بالاۋنزى
叶虱蜡酸 psyllaic acid $CH_3(CH_2)_{30}COOH$		پسيللا بالاۋنز قشقىلى
叶虱酸 psyllic acid $C_{32}H_{65}COOH$		پسيللا قشقىلى
叶虱硬脂醇 psyllostearyl alcohol		پسيللوستەاريل سپيرتى
叶虱硬脂醇苯酸酯 psyllosteayl benzoate		پسيللوستەاريل بەنزوي قشقىل ەستەرى
叶虱硬脂醇醋酸酯 psyllostearyl acetate		پسيللوستەاريل سركە قشقىل ەستەرى
叶虱硬脂酸 psyllostearyl acid		پسيللوستەاريل قشقىلى
叶素 folin(e)		فولين
叶酸 folic acid		جاپىراق قشقىلى، ۋيتامين M
叶酸钙 calcium folate		جاپىراق قشقىل كالتسي
叶酸钠 sodium folate		جاپىراق قشقىل ناتري

yi

衣氨酸 isamic acid $C_{16}H_{13}N_3O_4$		يزام قشقىلى
衣氨酸酐 imasatin $C_6H_4C(NH)CONH$		يمازاتين
衣酚酸 isapenic acid $C_{17}H_{11}NO_3$		يزافەن قشقىلى
衣酒石酸 itatartaric acid		يتا شاراپتاس قشقىلى
衣康酸 itaconic acid $CH_2C(CO_2H)CH_2CO_2H$		يتاكون قشقىلى
衣康酸酐 itaconic anhydride		يتاكون انگيدريدتى
衣康酸盐 itaconate		يتاكون قشقىلىنىڭ تۇزدارى

衣康酸酯 itaconate	يتاكون قشقىل ەستەرى
衣马苯酰 imabenzil	يمابەنزيل
衣袂醇 imecic alcohol $C_{22}H_{38}O$	يەمەتسين سپيرتى
衣苹酸 itamalic acid $CH_2OHCHCOOHCH_2COOH$	يتامال قشقىلى
衣散酸 isonic acid $C_{14}H_{20}O_2$	يزان قشقىلى
衣色橙 icyl orange	يتسيل قىزعىلت سارىسى
衣色蓝 icyl blue	يتسيل كوكى
衣色染料 icyl colors	يتسيل بوياۋلارى
衣托肟 isatoxime $C_8H_6O_2N_2$	يزاتوكسيم
衣妥纳 irgafen	يرگافەن
衣卓酸 isatropic acid $C_{18}H_{16}O_4$	يزاتوپ قشقىلى
铱(Ir) iridiu	يريدي (Ir)
铱的	"四价铱的" گه قاراڭـز.
铱化合物 iridic compound	يريدي قوسىلىستارى
依地酸	"乙底酸" گه قاراڭـز.
依尬米德 Igamide	يگاميد
依兰油 cananga oil	كانانگا مايى
一 mono —	مونو ـ (گرەكشه)، ءبىر، دارا
一氨基氮 monoamino nitrogen	مونو امينو ازوت
一氨基二羧酸 monoamino – dicarboxylic acid $NH_2·R(COOH)_2$	مونو امينو ەكى كاربوكسيل قشقىلى
一氨基三羧酸 monoamino tricarboxylic acid $NH_2·R·(COOH)_3$	مونو امينو ءۇش كاربوكسيل قشقىلى
一氨基酸 monoamino acid	مونو امينو قشقىلى
一氨基一羧酸 monoamino monocarboxylic acid $NH_2·R·COOH$	مونو امينو ءبىر كاربوكسيل قشقىلى
一倍半	"一个半" گه قاراڭـز.
一次	"一级" گه قاراڭـز.
一次反应	"一级反应" گه قاراڭـز.
一醋精 monoacetin $CH_3CO_2CH(CH_2OH)_2$	مونو اتسەتين
一醋酸铝 aluminium monoacetate	مونو سىركه قشقىل الۋمين
一醋酸酯 monoacetate	مونو سىركه قشقىل ەستەرى
一代的 primary	

پریماري (بەيورگانيكالـق تۇزداردا)

一代磷酸铵　ammonium primary phosphate　$(NH_4)H_2PO_4$　پریماري فوسفور
قشقىل اممونی

一代磷酸钙　primary calcium phosphate　$Ca(H_2PO_4)_2$　پریماري فوسفور قشقىل
كالتسی

一代磷酸钠　sodium orthophosphate (monometallic)　NaH_2PO_4　ورتو فوسفور
قشقىل ناتری

一代磷酸锶　strontium phosphate, primary　پریماري فوسفور قشقىل
سترونتسی

一代磷酸盐　primary phosphate　MH_2PO_4　پریماري فوسفور قشقىل تۇزداری

一代砷酸盐　primary arsenate　MH_2AsO_4　پریماري ارسەن قشقىل تۇزداری

一代盐　primary salt　پریماري تۇز

一代正磷酸钾　potassium orthophosphate (mono metallic)　ورتو فوسفور
قشقىل كالی (ءبر مەتالدی)

一氮化二钴　cobalt nitride　CoN　"氮化二钴" گە قاراڭـز.

一氮化二铁　iron nitride　Fe_2N　ازوتتى تەمىر

一氮化钒　vanadium nitride　VN　ازوتتى ۋانادي

一氮化铬　chromium nitride　ازوتتى حروم

一氮化铝　aluminium nitride　AlN　"氮化铝" گە قاراڭـز.

一氮化铌　niobium nitride　NbN　ازوتتى نيوبي

一氮化硼　boron nitride　BN　"氮化硼" گە قاراڭـز.

一氮化三锂　lithium nitride　Li_3N　ازوتتى ليتي

一氮化三钠　sodium nitride　Na_3N　ازوتتى ناتری

一氮化三铜　copper nitride　Cu_3N　ازوتتى مىس

一氮化三银　silver nitride　Ag_3N　ازوتتى كۆمىس

一氮化钛　titanium nitride　TiN　ازوتتى تيتان

一氮化钽　tantalum nitride　TaN　ازوتتى تانتال

一氮化硒　selenium nitride　Se_2N_2　ازوتتى سەلەن

一碘苯酚　iodophenic acid　$I \cdot C_6H_4 \cdot OH$　ءبر يودتى فەنول، يودوفەن قشقىلى

一碘醋酸　monoiodo acetic acid　$CH_2I \cdot COOH$　ءبر يودتى سىركە قشقىلى

一碘代苯　monoiodo – benzene　C_6H_5I　ءبر يودتى بەنزول

一碘化的　monoiodated　ءبر يودتى، ءبر يودتانعان

一碘化金　gold monoiodide　AuI　ءبر يودتى التىن

一碘化硫　sulfur iodide　S_2I_2　　يودتى كۆكىرت

一碘化铊　　　　　"碘化亚铊" گە قاراڭىز.

一碘化物　monoiodide　　ءبىر يودتى قوسىلىستار

一碘化氧锑　antimonyl iodide　SbOI　يودتى انتيمونيل

一碘化铟　indium monoiodide　InI　ءبىر يودتى يندي

一碘化作用　monoiodination　ءبىر يودتاۋ، ءبىر يودتانۋ

一碘醚　monoioda – ether　　ءبىر يودتى ەفير

一碘氧化锑　　　　"一碘化氧锑" گە قاراڭىز.

一碘乙酸　　　　"一碘醋酸" گە قاراڭىز.

一碘酯　monoiodo ester　　ءبىر يودتى ەستەر

一丁基对氨基苯酚　monobutyl – para – amino pheno　مونوبۇتيل ـ پارا ـ
امينو فەنول

一分子的　　　　"单分子的" گە قاراڭىز.

一氟代苯　monofluoro – benzne　ءبىر فتورلى بەنزول

一氟代醋酸　monofluoro – acetic acid　$CH_2F \cdot COOH$　ءبىر فتورلى سىركە
قىشقىلى

一氟化的　monofluoreted　ءبىر فتورلى، ءبىر فتورلانعان

一氟二氯化铊　thallic fluodichloride　$TlFCl_2$　ءبىر فتور ـ ەكى حلورلى تاللي

一氟化硫　sulfur monofluoride　ءبىر فتورلى كۆكىرت

一氟化氯　chlorine monofluoride　ءبىر فتورلى حلور

一氟化铊　　　　"氟化亚铊" گە قاراڭىز.

一氟化物　monofluoride　ءبىر فتورلى قوسىلىستار

一氟化作用　monofluorination　ءبىر فتورلاۋ، ءبىر فتورلانۋ

一氟磷酸　monofluoro – phosphoric acid　H_2PO_3F　ءبىر فتورلى فوسفور
قىشقىلى

一氟磷酸钠　sodium monofluoro phosphate　$NaPO_3F$　ءبىر فتورلى فوسفور
قىشقىل ناتري

一氟醚　monofluro – ether　ءبىر فتورلى ەفير

一氟三氯甲烷　fluorotrichloromethane　Cl_3CF　ءبىر فتور ـ ءۇش حلورلى
مەتان

一氟三氯乙烯　fluorotrichloroethylene　$FClC:CCl_2$　ءبىر فتور ـ ءۇش حلورلى
ەتيلەن

一氟五氯乙烷　fluoropentachlorothane　Cl_3CCCl_2F

ئبىر فتور ـ بەس حلورلى ەتان

一氟五溴乙烷　fluoropentabromoethane　Br_3CCBr_2F ئبىر فتور ـ بەس

برومدى ەتان

一氟酯　monofluoro－ester ئبىر فتورلى ەستەر

一甘醇酯　monoglycol ester مونوگليكول ەستەرى

一甘油酯　monoglyceryl ester مونوگليتسەريل ەستەرى

一个半　sesqui－ سەسكۇي ـ (لاتىنشا)، ئبىر جارىم، ئبىر جارىم ەسە

一硅化二铜　copper silicide　Cu_2Si كرەمنيلى مىس

一号橙Ⅰ　orange Ⅰ　$NaO_3SC_6H_4N{:}NC_{10}H_6OH$ قىزعىلت سارى Ⅰ

一号科㳆油Ⅰ　kogasin Ⅰ كوگازين Ⅰ

一环的　monocyclic ئبىر ساقينالى

一磺酸　monosulfonic acid　$R{\cdot}SO_3H$ مونو سۇلفون قىشقىلى

一级　first order بىرىنشىلىكتى، ئبىرىنشى رەتكى، العاشقى

一级醇　primary alcohol بىرىنشىلىكتى سپيرتتەر

一级反应　first order reaction بىرىنشىلىكتى رەاكسيالار

一级结构　primary structure العاشقى قۇرىلىم

一级试剂　extra pure reagent بىرىنشىلىكتى رەاكتيق تەر

一甲基化的　monomethylated مونو مەتيلدەنگەن، ئبىر مەتيلدەنگەن

一甲基化作用　monomethylation مونو مەتيلدەۋ، ئبىر مەتيلدەۋ

一甲基醚　monomethyl ether مونو مەتيل ەفيرى

一甲基尿酸　monomethyl－uric acid　$C_5H_3NO_3CH_3$ مونو مەتيل نەسەپ قىشقىلى

一甲基砷　monomethyl arsin　CH_3AsH_2 مونومەتيل ارسين

一甲基酯　monomethyl ester مونومەتيل ەستەرى

一甲精　monoformin　$HCO_2CH_2CHOHCH_2OH$ مونوفورمين

一甲灵　monomethylin　$CH_3OC_3H_5(OH)_2$ مونومەتيلين

一价　univalence ئبىر ۆالەنت، دارا ۆالەنت

一价饱和烃基　univalent saturated hydrocarbon radical ئبىر ۆالەنتتى

قانىققان كومىر سۇتەك راديكالى

一价不饱烃基　univalent unsaturated hydrocarbon radical ئبىر ۆالەنتتى

قانىقپاعان كومىر سۇتەك راديكالى

一价醇　monovalent alcohol ئبىر ۆالەنتتى سپيرتتەر

一价的　univalent(monovalent) ئبىر ۆالەنتتى

一价汞的　mercurous ئبىر ۆالەنتتى سناپ

一价汞化合物　mercurous compound　ٴبىر ۋالەنتتى سىناپ قوسىلىستارى

一价基　monad　موناد، ٴبىر ۋالەنتتى گرۇپپا

一价碱　monovalent base(＝monoatomic base)　ٴبىر ۋالەنتتى نەگىز، ٴبىر اتومدى نەگىز

一价键　monovalent bond　ٴبىر ۋالەنتتىك بايلانىس

一价金基 Au－　auro－　اۋرو ـ، ٴبىر ۋالەنتتى التىن راديكالى

一价金属　monovalent metal　ٴبىر ۋالەنتتى مەتال

一价硫酸根　"硫酸氢根" گە قاراڭىز.

一价酸　monobasic acid　ٴبىر نەگىزدى قىشقىلدار

一价酸酯　"一元酸酯" گە قاراڭىز.

一价铊的　thallous　ٴبىر ۋالەنتتى تاللي

一价烃基　monovalent hydrocarbon radical　ٴبىر ۋالەنتتى كومىر سۋتەك راديكالى

一价铜的　cuprous　ٴبىر ۋالەنتتى مىس

一价酮酸　keto－monobasic acid　R·CO·COOH　ٴبىر نەگىزدى كەتون قىشقىلى

一价物　monad　ٴبىر ۋالەنتتى زات

一价氧钒根　vanadylous　Vo⁺　ٴبىر ۋالەنتتى ۆاناديل

一价元素　monovalent element　ٴبىر ۋالەنتتى ەلەمەنتتەر

一碱价草酸钾　monobasic potassium oxalate　ٴبىر نەگىزدى قىمىزدىق قىشقىل كالي

一碱价的　monobasic　ٴبىر نەگىزدى

一碱价多原子酸　monobasicpolyatomic acid　ٴبىر نەگىزدى كوپ اتومدى قىشقىل

一碱价二原子酸　monobasicdiatomic acid　ٴبىر نەگىزدى ەكى اتومدى قىشقىل

一碱价酒石酸钾　monobasic potassium tartrate　KHC₄H₄O₆　ٴبىر نەگىزدى شاراپتاس قىشقىل كالي

一碱价柠檬酸钾　monobasic potassium citrate　KH₂C₆H₅O₇　ٴبىر نەگىزدى ليمون قىشقىل كالي

一碱价酸　"一元酸" "一价酸" گە قاراڭىز.

一碱价酯　monobasic ester　ٴبىر نەگىزدى ەستەر

一碱式磷酸盐　phosphate, monobasic　MH₂PO₄　ٴبىر نەگىزدى فوسفور

قشقىل تۆزدارى

一金属盐 monometallic salt		ئبىر مەتالدى توز
一磷化二钴 dicobalt phosphide Co₂P		فوسفورلى كوبالت
一磷化铬 chromium phosphide CrP		فوسفورلى حروم
一磷化硼 boron phosphide		ئبىر فوسفورلى بور
一磷化三钠 sodium phosphide		فوسفورلى ناتري
一磷化砷 arsenous phosphide AsP		ئبىر فوسفورلى ارسەن
一磷化钛 titanium phosphide		ئبىر فوسفوررلى تيتان
一磷酸胞代 cytidine monophosphate		ئبىر فوسفور قشقىلدى سيتيدين
一磷酸己糖 hexose monophosphate		ئبىر فوسفور قشقىلدى گەكسوزا
一磷酸己糖循环 hexose monophosphate cycle		ئبىر فوسفور قشقىلدى گەكسوزا ئينالىسى
一磷酸腺甙 adenosine monophosphate		ئبىر فوسفور قشقىلدى ادەنوزين
一磷酸盐 monophosphate		ئبىر فوسفور قشقىل تۆزدارى
一〇五九 demeton		دەمەتون، 1059
一硫醇钠 sodium ethyl mercaptide C₂H₅SNa		ەتيلدى مەركاپتان ناتري
一硫代氨基甲酸 monothiocarbamic acid CS·NH₂OH		ئبىر كۆكىرتتى كاربامين قشقىلى
一硫代碳酸 monothiocarbonic acid CS(OH)₂		ئبىر كۆكىرتتى كومىر قشقىلى
一硫代钨酸盐		"三氧硫铬钨酸盐" گە قاراڭىز.
一硫代酯 monothio ester R₂S		ئبىر كۆكىرتتى ەستەر
一硫二氧化钼 molybdenum dioxysulfide MoO₂S		ئبىر كۆكىرت ـ ەكى وتتەكتى موليبدەن
一硫赶碳酸 carbonyl - monothio - acid CO·(SH)·OH		ئبىر كۆكىرتتى كاربونيل قشقىلى
一硫化钡 barium monosulfide		ئبىر كۆكىرتتى باري
一硫化二铊		"硫化亚铊" گە قاراڭىز.
一硫化二铜		"硫化亚铜" گە قاراڭىز.
一硫化二铟 indium monosulfide In₂S		ئبىر كۆكىرتتى ىندي
一硫化钒 vanadium monosulfide		ئبىر كۆكىرتتى ۋانادي
一硫化铬 chromium monosulfide CrS		ئبىر كۆكىرتتى حروم
一硫化汞		"硫化亚汞" گە قاراڭىز.

一硫化铑	rhodium sulfide	RhS	كۆكىرتتى رودي
一硫化锰	manganous sulfide	MnS	ʼبىر كۆكىرتتى مارگانەتس
一硫化锶			"硫化锶" گە قاراڭىز.
一硫化碳	carbon monosulfide	CS	ʼبىر كۆكىرتتى كومىرتەك
一硫化铁	iron monosulfide	FeS	ʼبىر كۆكىرتتى تەمىر
一硫化物	monosulfide		ʼبىر كۆكىرتتى قوسىلىستار
一硫化矽	silicon monosulfide		ʼبىر كۆكىرتتى كرەمني
一硫化硒	selenium sulfide	SeS	كۆكىرتتى سەلەن
一硫化锡	tin monosulfide	SnS	ʼبىر كۆكىرتتى قالايى
一硫化锗	germanium monosulfide		ʼبىر كۆكىرتتى گەرماني
一六○五	parathion		پاراتيون، 1605
一卤丙酮	monohalogen – acetone		ʼبىر گالوگەندى اتسەتون
一卤代苯	monohalogen – benzene	C_6H_5X	ʼبىر گالوگەندى بەنزول
一卤代的	monohalogenated		ʼبىر گالوگەندى، ʼبىر گالوگەندەنگەن
一卤化物	monohalide		ʼبىر گالوگەندى قوسىلىستار
一卤化作用	monohalogenation		ʼبىر گالوگەندەۋ، ʼبىر گالوگەندەنۇ
一卤醚	monohalogen ether		ʼبىر گالوگەندى ەفير
一卤炔	monohalogen – acetylene		ʼبىر گالوگەندى اتسەتيلەن
一卤酯	monohalogen ester		ʼبىر گالوگەندى ەستەر
一氯苯	monochlorobenzen		ʼبىر حلورلى بەنزول
一氯丙酮	monochloroacetone		ʼبىر حلورلى اتسەتون
一氯醋酸	monochloroacetic acid		ʼبىر حلورلى سىركە قشقىلى
一氯醋酸酐	monochloroacetic anhydride		ʼبىر حلورلى سىركە قشقىل انگيدريدتى
一氯醋酸钠	sodium monochloroacetate		ʼبىر حلورلى سىركە قشقىل ناتري
一氯代苯	monochloro benzene	C_6H_5Cl	ʼبىر حلورلى بەنزول
一氯代苯酚	chlorophenic acid	$Cl·C_6H_4OH$	ʼبىر حلورلى فەنول
一氯代丙酮	acetone monochloride	$CH_2Cl·CO·CH_2$	ʼبىر حلورلى اتسەتون
一氯代醋酸	monochloroacetic acid	$CH_2Cl·COOH$	ʼبىر حلورلى سىركە قشقىلى
一氯代萘	monochloro – naphthalene	$C_{10}H_7Cl$	ʼبىر حلورلى ناقتالين
一氯代脲	monochloro – urea	$NH_2·CO·NHCl$	ʼبىر حلورلى ۇرەا
一氯二碘甲烷	chlorodiiodomethane	$ClCHI_2$	ʼبىر حلور – ەكى يودتى مەتان

一氯二氟甲烷　monochloro difluoro methane　ئبر حلور ـ ەكى فتورلى مەتان

一氯二甲醚　monochlorodimethyl ether　ClCH₂OCH₃ ئبر حلور ـ ديمەتيلدى
ەفير

一氯二氢氧化铬　chromic dihydroxychloride　Cr(OH)₂Cl　حلور ـ
ديگيدروكسيلدى حروم

一氯二溴化铊　thallium chlorodibromide　TlClBr₂ حلور ـ ەكى برومدى تاللي

一氯二溴甲烷　chlorodibromomethane　ClCHBr₂ ئبر حلور ـ ەكى برومدى
مەتان

一氯二乙醚　monochloro – diethyl ether　C₂H₅OCH₂CH₂Cl ئبر حلور ـ
ديەتيلدى ەفير

一氯化铂　platinum monochloride　PtCl　ئبر حلورلى پلاتينا

一氯化的　monochlorated　ئبر حلورلى، ئبر حلورلانئو

一氯化碘　iodine monochloride　ICl　ئبر حلورلى يود

一氯化二氯四氨络钴　praseocobaltichloride　[Co(NH₃)₄Cl₂]Cl ئتورت امينو ـ
حلورلى كوبالت

一氯化铬　chromium monochloride　CrCl　ئبر حلورلى حروم

一氯化汞　mercury subchloride　HgCl　تومەن حلورلى سناپ، كەپرەش

一氯化金　gold monochloride　AuCl　ئبر حلورلى التىن

一氯化硫　sulfur monochloride　S₂Cl₂　ئبر حلورلى كؤكمرت

一氯化三氯乙醛　“氯醛氨” گە قاراڭىز.

一氯化铊　“氯化亚铊” گە قاراڭىز.

一氯化物　monochloride　ئبر حلورلى قوسىلمىستار

一氯化硒　selenious chloride　SeCl₂　ئبر حلورلى سەلەن

一氯化溴　bromide chloride　BrCl　حلورلى بروم

一氯化氧钒　vanadylous chloride　VOCl　ئبر حلورلى ۋاناديل

一氯化氧钼　molybdenyl chloride　(MoO)Cl　حلورلى موليبدەنيل

一氯化氧锑　antimonous oxylchloride (= antimony chloride)　حلورلى
وتتەكتى سؤرمە، حلورلى انتيمونيل

一氯化铟　indium monochloride　InCl　ئبر حلورلى يندي

一氯化作用　monochlorination　ئبر حلورلاؤ، ئبر حلورلانئو

一氯甲烷　monochloromethane　ئبر حلورلى مەتان

一氯醚　monochlroether　ئبر حلورلى ەفير

一氯三氟甲烷　chlorotribromomethane　ئبر حلور ـ ئۇش فتورلى مەتان

一氯三溴甲烷　chlorotribromomethane　$ClCBr_3$　ءبىر حلور – ءۇش برومدى مەتان

一氯杀螨砜　sulfenone　سۇلفەنون

一氯四硫化三氮　"硫氯化氮" گە قاراڭز.

一氯铜酞花青　monochlorocopper phthalocyanine　ءبىر حلورلى مىس – فتال سيانين

一氯五溴乙烷　chloropentabromothane　$ClCBr_2CBr_3$　ءبىر حلور – بەس برومدى ەتان

一氯衍生物　monochloro derivatives　ءبىر حلورلى تۇىندىلار

一氯氧化砷　arsenous oxychloride　$AsOCl$　ءبىر حلورلى وتتەكتى ارسەن

一氯氧化铈　cerium oxychloride　$CeOCl$　حلور – وتتەكتى سەري

一氯氧化锑　"一氯化氧锑" گە قاراڭز.

一氯乙酸　"一氯醋酸" گە قاراڭز.

一氯乙酸钠　sodium monochloroacetate　ءبىر حلورلى سىركە قىشقىل ناتري

一氯乙烷　monochloro ethane　C_2H_5Cl　ءبىر حلورلى ەتان

一氯乙酰卤　monochloro – acetyl halide　$CH_2Cl \cdot COX$　ءبىر حلورلى اتسەتيل گالوگەن

一氯乙酰氯　monochloro – acetyl chloride　$CH_2Cl \cdot COCl$　ءبىر حلورلى اتسەتيل حلور

一氯酯　monochloro ester　ءبىر حلورلى ەستەر

一品红　fuchsin　فۇكسين

一羟基醇　"一元醇" گە قاراڭز.

一羟基的　monohydric　مونوگيدروكسيلدى

一羟基二羧酸　monohydroxy dicarboxylic acid　$OH \cdot R \cdot (COOH)_2$　ءبىر گيدروكسيلدى ەكى كاربوكسيل قىشقىلى

一羟基酚　"一元酚" گە قاراڭز.

一羟基三羧酸　monohydroxy tribasic carboxylic acid　$OH \cdot R \cdot (COOH)_3$　مونوگيدروكسيلدى ءۇش كاربوكسيل قىشقىلى

一羟基四羧酸　monohydroxy tetrabasic carboxylic acid　$OH \cdot R \cdot (COOH)_4$　مونوگيدروكسيلدى ءتورت كاربوكسيل قىشقىلى

一羟基酸　"一元酸" گە قاراڭز.

一羟基羧酸　monohydroxy carboxylic acid　$OH \cdot R \cdot COOH$　مونوگيدروكسيل

ئبر كاربوكسيل قشقىلى

一羟基五羧酸　monohydroxy – pentabasic carboxylic acid　$OH·R·(COOH)_5$

مونوگيدروكسيلدى بەس كاربوكسيل قشقىلى

一羟衍生物　monohydroxy derivative

مونوگيدروكسيلدى تۆىندلار

一羟基棕榈酸

"羊毛棕榈酸" گە قاراڭز.

一羟甲基脲　monomethylolurea

مونومەتيلول ۋرەا

一羟甲基尿素

"一羟甲基脲" گە قاراڭز.

一羟五氨络高钴盐　cobaltic hydroxy pentaammine salt　$[Co(NH_3)_5OH_2]X_2$

گيدروكسيل پەنتاممىندى اسقىن كوبالت تۆزى

一羟一元酸　monobasic monohydroxy acid　$OH·R·COOH$

مونوگيدروكسيل

ئبر نەگىزدى قشقىل

一氢碘化物　monohydroiodide　$R·HI$

ئبر سۇتەكتى يودتى قوسىلىستار

一氢氟化物　monohydrofluoride　$R·HF$

ئبر سۇتەكتى فتورلى قوسىلىستار

一氢化二钯　palladium hydride　Pd_2H

سۇتەكتى پاللادي

一氢化锂

"氢化锂" گە قاراڭز.

一氢化铜　copper hydride　CuH

سۇتەكتى مىس

一氢氯化物　manohydrochloride　$R·HCl$

ئبر سۇتەكتى حلورلى قوسىلىستار

一氢溴化物　monohydrobromide　$R·HBr$

ئبر سۇتەكتى برومدى قوسىلىستار

一氢盐　monohydric salt

ئبر سۇتەكتى تۆز

一氢氧化铷　rubidium hydroxide　$Rb(OH)$

رۇبيدي توتعنناڭ گيدراتى

一氰化铊

"氰化亚铊" گە قاراڭز.

一氰化铜

"氰化亚铜" گە قاراڭز.

一砷化铬　chromium arsenide　$CrAs$

ارسەندى حروم

一试灵　ethephon

ەتەفون

一水草酸氢钠　sorrel salt　$KHC_2O_4·H_2O$

سوررەل تۆزى، ئبر سۆلى – قشقىل
قىممزدىق قشقىل ناترى

一水合氨　ammonia monohydrate　$NH_3·H_2O$

ئبر گيدراتى اممياك

一水合氨胺赶对甲苯磺酸钠

"氯胺 T" گە قاراڭز.

一水合硫酸　sulfuric acid monohydrate

ئبر گيدراتى كۇكىرت قشقىلى

一水合碳酸钠　sodium carbonicam monohydrate

ئبر گيدراتى كومىر
قشقىل ناترى

一水合物　monohydrate

ئبر گيدراتى قوسىلىستار

一水化物

"一水合物" گە قاراڭىز.

一水五氨络高钴盐　cobaltic aquopentammine salt　[CO(NH₃)₅H₂O]X₃　ٴبىر سۇلى ـ پەنتاممىندى اسقىن كوبالت ٴتۇزى

一酸的　　　　　　　　　　"一酸价的" گە قاراڭىز.

一酸价的　monoacid　ٴبىر ۆالەنتتى، ٴبىر نەگىزدى

一酸价碱　　　　　　　　　"一价碱" گە قاراڭىز.

一酸价盐　monoacid salt　ٴبىر اتومدى تۇز

一酸式磷酸铵　　　　　　"磷酸氢二氨" گە قاراڭىز.

一酸式磷酸盐　phoshate, monoacid　M₂HPO₄　قىشقىل فوسفور قىشقىل تۇزدارى

一缩二甘油　　　　　　　　"双甘油" گە قاراڭىز.

一缩二亚硫酸　　　　　　　"焦亚硫酸" گە قاراڭىز.

一缩二亚硫酸盐　　　　　　"焦亚硫酸盐" گە قاراڭىز.

一缩二乙二醇　　　　　　　"二甘醇" گە قاراڭىز.

一缩二正硫酸　　　　　　　"焦硫酸" گە قاراڭىز.

一缩原高碘酸　　　　　　　"仲高碘酸" گە قاراڭىز.

一铊化钠　sodium thallide　NaTl　تاللي ناتري

一碳化钒　　　　　　　　　"碳化钒" گە قاراڭىز.

一碳化锆　　　　　　　　　"碳化锆" گە قاراڭىز.

一碳化六硼　　　　　　　　"碳化硼" گە قاراڭىز.

一碳化铌　columbium carbide　NbC　كومىرتەكتى نيوبي

一碳化三锰　manganese carbide　Mn₃C　كومىرتەكتى مارگانەتس

一碳化三镍　nickel carbide　Ni₃C　كومىرتەكتى نيكەل

一碳化三铁　iron carbide　Fe₃C　كومىرتەكتى تەمىر

一锑化三银　silver stibide　Ag₃Sb　سۇرمەلى كۇمىس

一烷基代甲醇　　　　　　　"伯醇" گە قاراڭىز.

一硒化二铜　cuprous selenide　Cu₂Se　ٴبىر سەلەندى مىس

一硒二银　silver selenide　Ag₂Se　سەلەندى كۇمىس

一硒化汞　mercarin selenide　HgSe　سەلەندى سىناپ

一硒化铁　ferous selenide　FeSe　ٴبىر سەلەندى تەمىر

一硒化铜　cupric selenide　CuSe　سەلەندى مىس

一烯胆色素核　bilien

بيلپەن

一酰胺　monamide　　　　　　　　　　　مۇناميد

一硝基苯　mononitrobenzene　$C_6H_5NO_2$　مونو نيترو بەنزول

一硝基酚　mononitrophenol　　　　　مونو نيترو فەنول

一硝基化　mononitration　　　ٴبىر نيتراتاۋ، مونو نيتراتاۋ

一硝基化合物　mononitro – compound　مونو نيترو قوسىلىستار

一硝基甲苯　mononitrotoluene　　　مونو نيترو تولۋول

一硝基甲烷　mononitromethane　　　مونو نيترو مەتان

一硝基萘　mononitronaphthalene　　مونو نيترو، نافتالين

一硝基衍生物　mononitro – derivative　مونو نيترو تۇىندىلار

一硝酸盐　mononitrate　　　　مونو ازوت قىشقىل تۇزدارى

一硝酸酯　monanitrate　　　مونو ازوت قىشقىل ەستەرى

一溴代苯　monobromo – benzene　　ٴبىر برومدى بەنزول

一溴代醋酸　monobromo – acetic acid　$CH_2Br\cdot COOH$　ٴبىر برومدى سىركە قىشقىلى

一溴代酯　monobromo – ester　　　ٴبىر برومدى ەستەر

一溴二碘甲烷　bromodiiodomethane　$BrCHI_2$　بروم – ەكى يودتى مەتان

一溴二酚　bromophenic acid　$C_6H_5\cdot Br\cdot OH$　برومدى فەنول

一溴二氯化铊　thallium bromodichloride　$TlBrCl_2$　بروم – ەكى حلورلى تاللي

一溴化的　monodromited　　ٴبىر برومدى، ٴبىر برومدانعان

一溴化碘　iodine monobromide　IBr　ٴبىر برومدى يود

一溴化金　gold monobromide　$AuBr$　ٴبىر برومدى التىن

一溴化硫　sulfur monobromide　　ٴبىر برومدى كۇكىرت

一溴化铊　　　　　"溴化亚铊" گە قاراڭىز.

一溴化物　monobromide　　ٴبىر برومدى قوسىلىستار

一溴化氧锑　antimonyl bromide(= antimonous oxybromide)　$SbOBr$
برومدى انتيمونيل، ٴبىر برومدى وتتەكتى سۇرمە

一溴化铟　indium monobromide　$InBr$　ٴبىر برومدى يندي

一溴化樟脑　monobromoted camphor　$C_{10}H_{15}Br$　ٴبىر برومدانعان كامفورا

一溴化作用　monobromination　　ٴبىر برومداۋ

一溴醚　monobromo – ether　　ٴبىر برومدى ەفير

一溴三氟甲烷　monobromo trifluoromethane　ٴبىر بروم – ٴۇش فتورلى مەتان

一溴五氨络高钴盐　cobaltic bromopentammine salt　$[Co(NH_3)_5Br]_2$　بروم –

			بەنتاممىندى كوبالت تۇزى
一溴氧化锑			"一溴化氧锑" گە قاراڭـز.
一溴樟脑	monobromocamphor		ٴبىر برومدى كامفورا
一亚硝基五氰络(三价)铁酸盐			"硝普盐" گە قاراڭـز.
一亚硝基五氰铁酸钠			"硝普盐钠" گە قاراڭـز.
一氧二氮杂苯			"恶三嗪" گە قاراڭـز.
一氧二氮杂茂			"恶三唑" گە قاراڭـز.
一氧二氮杂茂硫酮			"恶三唑啉硫酮" گە قاراڭـز.
一氧化钯	palladium monoxide	PdO	پاللادي شالا توتعى
一氧化钡	barium monoxide	BaO	باري شالا توتعى
一氧化铂	platium monoxide	PtO	پلاتينا شالا توتعى
一氧化氮	nitrogen monoxide		ازوت شالا توتعى
一氧化碲	tellurium oxide		تەللۇر شالا توتعى
一氧化锇	osmium monoxide	OsO	وسمي شالا توتعى
一氧化二氮	nitrogen monoxide	[N₂]O	ازوت شالا توتعى، كۇلدىرگىش گاز
一氧化二钒	vanadium suboxide	V₂O	ۆانادي تومەن توتعى
一氧化二镉	cadmium suboxide	Cd₂O	كادمي تومەن توتعى
一氧化二钴	cobalt suboxide	Co₂O	كوبالت تومەن توتعى
一氧化二氯			"氧化氯" گە قاراڭـز.
一氧化二钠			"氧化钠" گە قاراڭـز.
一氧化二铅	lead suboxide	Pd₂O	قورعاسىن تومەن توتعى
一氧化二铊	thallium monoxide	Tl₂O	تاللي شالا توتعى
一氧化二铜	cuprous oxide	Cu₂O	مىس شالا توتعى
一氧化二银			"氧化银" گە قاراڭـز.
一氧化钒	vanadium monoxide		ۆانادي شالا توتعى
一氧化镉	cadmium oxide	CdO	كادمي توتعى
一氧化铬	chromium monoxide	CrO	حروم شالا توتعى
一氧化汞			سىناپ توتعى
一氧化钴	cobalt monoxide	CrO	كوبالت شالا توتعى
一氧化钴合三氧化二钴			"四氧化三钴" گە قاراڭـز.
一氧化硅	silicon monoxide		كرەمني شالا توتعى
一氧化镓	gallium monoxide	GaO	گاللي شالا توتعى

一氧化金	gold monoxide	Au₂O	التىن شالا توتسعى
一氧化铑	rhodium monoxide	RhO	رودي شالا توتسعى
一氧化钌	ruthenous oxide	RuO	رۇتەني شالا توتسعى
一氧化硫	sulfur monoxide	SO	كۇكىرت شالا توتسعى
一氧化锰	manganese monoxide	MnO	مارگانەتس شالا توتسعى
一氧化钼	molybdenum monoxide	MoO	موليبدەن شالا توتسعى
一氧化铌	columbium monoxide	NbO	نيوبي شالا توتسعى
一氧化镍	nickel monoxide	NiO	نيكەل شالا توتسعى
一氧化铅	lead monoxide	PbO	قورعاسىن شالا توتسعى
一氧化铅混合剂	litharge stock		قورعاسىن شالا توتسعىن ارالاستىرعىش اگەنت
一氧化铯	cesium monoxide	Cs₂O	سەزي شالا توتسعى
一氧化四磷	phosphorus suboxide	P₄O	فوسفور تومەن توتسعى
一氧化四银	silver suboxide	Ag₄O	كۇمىس تومەن توتسعى
一氧化铊	thallosic oxide	TlO₂·Tl₂O₃	تاللىدىڭ شالا ــ دارا توتسعى
一氧化钛	titanium monoxide	TiO	تيتان شالا توتسعى
一氧化碳	carbon monoxide		كومىرتەك شالا توتسعى، ىس گازى
一氧化碳醋酸酯	carbon monoxide acetate	C(OC₂H₅)₂	كومىرتەك شالا توتسعى سىركە قىشقىل ەستەرى
一氧化碳的加氢	hydrogenation of carbon monoxide		كومىرتەك شالا توتسعىن سۇتەكتەندىرۇ
一氧化碳记录器	carbon monoxide recorder		كومىرتەك شالا توتسعىن جازعىش (اسپاپ)
一氧化碳－氢气混合物	carbon monoxide hydrogen mixture		كومىرتەك شالا توتسعى ــ سۇتەك قوسپاسى
一氧化碳中毒	carbon monoxide poisoning		ىس گازىنان ۋلانۇ
一氧化铁			"氧化亚铁" گە قاراڭىز.
一氧化铜	copper oxide	CuO	مىس توتسعى
一氧化物	monoxide		شالا توتىقتار
一氧化矽			"一氧化硅" گە قاراڭىز.
一氧化锡	stannous(tin) oxide	SnO	قالايى شالا توتسعى
一氧化锌			"氧化锌" گە قاراڭىز.
一氧化一氮			"氧化氮" گە قاراڭىز.
一氧化锗	germanium monoxide	GeO	

گەرمانى شالا توتمعى

一乙换磷酸　monoethyl－phosphoric acid　مونوەتيل فوسفور قشقىلى

一乙基过氧化氢　monoethylhydrogen peroxide　مونوەتيل اسقىن سؤتەك قشقىلى

一乙基化的　monotthylated　مونوەتيلدى، مونوەتيلدەنگەن

一乙基醚　monoethyl ether　مونوەتيل ەفيرى

一乙基酯　mono ethyl ester　مونوەتيل ەستەرى

一异灵　monoethyline　$C_3H_5(OH)_2OC_2H_5$　مونوەتيلين

一异丁基对氨基苯酚　monoisobutyl para－aminophenol　مونويزوبؤتيل پارا ـ امينو فەنول

一油精　monoolein　مونوولەين

一又二分之一　"一个半" گە قاراڭز.

一元胺　monoamine　مونوامين

一元氨氧化酶　monoamine oxidase　مونوامين وكسيدازا

一元醇　monobasic alcohol　ئبر نەگىزدى سپيرت

一元的　"一碱价的" گە قاراڭز.

一元酚　monohydric phenol　ئبر نەگىزدى فەنول

一元酚酸　monobasic phenol acid　$HO\cdot C_6H_4\cdot R\cdot COOH$　ئبر نەگىزدى فەنول قشقىلى

一元碱　monoacidbase　ئبر نەگىزدى نەگز

一元酸　monobasic acid　ئبر نەگىزدى قشقىل

一元酸酯　monobasic acid ester　ئبر نەگىزدى قشقىل ەستەرى

一元羧酸　monobasic carboxylic acid　$R\cdot COOH$　ئبر نەگىزدى كاربوكسيل قشقىلى

一元羧酸酯　monocarboxylic ester　$R\cdot COOH\cdot OR$　ئبر نەگىزدى كاربوكسيل قشقىل ەستەرى

医疗化学　iatrochemistry　ەمدەۋ حيمياسى، مەديتسينالىق حيميا

医学　modicine　مەديتسينا

医药化学　modical chemistry　دارىلىك حيميا

伊菠因　ibogaine　يبوگاين

伊博格碱　"伊菠因" گە قاراڭز.

伊红　"署红" گە قاراڭز.

伊维巴　evipal

ھۆيپال

伊维潘　evipane　$C_4HO_3N_2(CH_3)_2C_6H_9$　ھۆيپان

宜和兰红　neolan red R　نەولان قىزللى R

宜和兰蓝　neolan blue　نەولان كوگى

宜和兰绿 G　neolan green G　نەولان ياسللى G

宜和兰染料　neolan colurs　نەولان بوياۋلارى

胰蛋白酶　trypsin　تريپسين

胰蛋白酶原　trypsinogen　تريپسينوگەن

胰岛素　insulin　ينسۇلين

胰岛素酶　insulinase　ينسۇلينازا

胰淀粉酶　amylopsin　اميلوپسين

胰酶　pancreatin　پانكرەاتين

胰凝乳蛋白酶　chymotrypsin　حيموتريپسين

胰凝乳蛋白酶原　chymotrypsinogen　حيموتريپسينوگەن

胰肌酶　trypsinase, trypsin　تريپسينازا، تريپسين

胰肌酶原　trypsinogen　تريپسينوگەن

胰舒血管素　kallikroin　كاللىكروين

胰脂酶　steapsin　ستەاپسين

胰脂酶原　steap sinogen　ستەاپسينوگەن

遗传密码　genetic code　تۆقىم قۋالاۋ شيفرى، گەنەتيكالىق شيفر

遗传信息　genetic information　تۆقىم قۋالاۋ حابارى

遗传学　genetics　گەنەتيكا

仪器　instrument　اسپاپ

仪器常数　instrumental constant　اسپاپ تۇراقتىسى

仪器分析　instrumental analysis　اسپاپتىق تالداۋ

移层电子　metastasic electron　جىلجىمالى قاباتتاعى ەلەكتروندار

移动键　shifting bonds　جىلجىمالى بايلانىس

移位变化　metastasis　ورنى اۋسسپ وزگەرۋ

移位电子　metastasic electron　جىلجىمالى ەلەكتروندار

移位酶　transfeferase　ترانسفەرازا

移液管　pipet　پيپەتكا

移液吸移管　transfer pipet　سۈيىقتىق جوتكەۋ پيپەتكاسى

移转酶　“移位酶” گە قاراڭىز.

蚁醛	"甲醛" گە قاراڭىز.
蚁醛溶液	"福尔马林" گە قاراڭىز.
蚁醛试验	"甲醛试验" گە قاراڭىز.
蚁酸	"甲酸" گە قاراڭىز.
蚁酸铵	"甲酸铵" گە قاراڭىز.
蚁酸铜	"甲酸铜" گە قاراڭىز.
乙氨酸	"甘氨酸" گە قاراڭىز.

乙胺　ethylamine　$C_2H_5NH_2$ ەتيلامين

乙胺化氢碘　ethylamine hydroiodide　$C_2H_5NH_2HI$ ەتيلامين سۆتەكتى يود

乙胺化氢氯　ethylamine hydrochloride　$C_2H_5NH_2HCl$ ەتيلامين سۆتەكتى حلور

乙胺化氢溴　ethylamine hydrobromide　$C_2H_5NH_2HBr$ ەتيلامين سۆتەكتى بروم

乙胺基　ethylamino－　$C_2H_5NH－$ ەتيل امينو －

乙胺基磺酸　ethyl－thionamic acid　$C_2H_5NHSO_3H$ ەتيل تيونامين قىشقىلى

乙胺基乙醇　ethylaminoethanol(ethylalcohol)　$C_2H_5NHCH_2CH_2OH$ ەتيل امينوەتانول (ەتيل سپيرتى)

乙伴磷　disyston ديسيستون

乙抱醋酸　ethylene－acetic acid　$(CH_2)_2CHCOOH$ ەتيلەندى سىركە قىشقىلى

乙苯　ethyl benzene　$C_6H_5C_2H_5$ ەتيل بەنزول

乙苯取三乙基硅　ethyl－phenyl－triethyl silicane　$C_2H_5C_6H_4Si(C_2H_5)_3$ ەتيل ـ فەنيل تريەتيل كرەمني

乙苯替亚硝胺　ethyl－phenyl－nitrosamine　$C_6H_5N(NO)C_2H_5$ ەتيل ـ فەنيل نيتروزامين

乙苄　ethyl isocyanide ەتيل يزوسيان

乙丙橡胶 "乙烯丙烯橡胶" گە قاراڭىز.

乙草酰基　ethoxalyl　$C_2H_5COCCO－$ ەتوكساليل

乙叉　ethylidene, ethidene　$CH_3CH＝$ ەتيليدەن، ەتيدەن

乙叉胺基　ethyleneimino－　$CH_3CH:N＝$ ەتيلەن يمينو －

乙叉丙酮　ethylidene acetone　$CH_3CHCHCOCH_3$ ەتيلەندى اتسەتون

乙叉撑 "乙炔" گە قاراڭىز.

乙叉丁二酸酐　ethylidene－succinic anhydride　$CH_3CHC_4H_2O_3$ ەتيليدەندى سۆكتسين انگيدريدتى

乙叉二胺　ethylidene diamine　$CH_2CH(NH_2)_2$ ەتيليدەندى ديامين

乙叉二醇　ethylidene glycol　MeCH(OH)₂　　　ەتیلیدەندى گلیكول

乙叉二碘　ethlylidene iodide(diiodide, periodide)　CH₃·CHI₂　ەتیلیدەندى یود
（ەكى یود）(اسقىن یود)

乙叉二氟　ethylidene fluoride(difluoride, perfluoride)　CH₃·CHF₂　ەتیلیدەندى
فتور (ەكى فتور، اسقىن فتور)

乙叉二卤　ethylidene halide(dihali)　CH₃·CHX₂　ەتیلیدەندى گالوگەن (ەكى
گالوگەن)

乙叉二氯　ethylidene chloride(dichoride, perchloride)　CH₃·CHCl₂
ەتیلیدەندى حلور (ەكى حلور، اسقىن حلور)

乙叉二尿烷　ethylidene diurethane　CH₃CH:(NHCO₂C₂H₅)₂　ەتیلیدەندى ەكى
ۇراتان

乙叉二溴　ethylidene bromide(dibromide, perbromide)　CH₃·CHBr₂
ەتیلیدەندى بروم (ەكى بروم، اسقىن بروم)

乙叉基　　　　　　　　　　　　　"乙叉" گە قاراڭىز.

乙叉两个氨基甲酸乙酯　　　　　　"乙叉二尿烷" گە قاراڭىز.

乙叉茂　　　　　　　　　　"6－甲基甲叉茂" گە قاراڭىز.

乙叉尿烷　ethylidene urethane(diurethane)　(ەكى ۇرەتان) ەتیلیدەندى ۇرەتان

乙叉脲　ethyliden－urea　CH₃CH:NCONH₂　　ەتیلیدەن ۇرەا

乙叉氰醇　ethylidene cyanbydrin　C₂H₄(OH)CN　ەتیلیدەندى سیان گیدرین

乙叉替苯胺　ethylidene aniline　CH₃CH:NC₆H₅　ەتیلیدەندى انیلین

乙撑　　　　　　　　　　　　　"乙烯" گە قاراڭىز.

乙撑丙二酸　ethylene malonic acid　CH₂CH₂C(COOH)₂　ەتیلەندى مالون
قىشقىلى

乙撑碘醇　ethylene iodohydrin　ICH₂CH₂OH　ەتیلەندى یودتى گیدرین

乙撑二胺　　　　　　　　　　　"乙二胺" گە قاراڭىز.

乙撑二胺三醋酸　ethylenediaminetriaccic acid　ەتیلەندى دیامین ٴۇش سىركە
قىشقىلى

乙撑二胺四醋酸　ethylenediaminetetracetic acid　ەتیلەندى دیامین ٴتورت
سىركە قىشقىلى

乙撑二苯醚　ethylene diphenyl ether　(C₆H₅OCH₂)₂　ەتیلەندى دیفەنیل ەفیرى

乙撑二醇　　　　　　　　　　　"乙二醇" گە قاراڭىز.

乙撑二碘　　　　　　　　　　　"碘化乙烯" گە قاراڭىز.

乙撑二氟　ethylene difluoride　CH₂F·CH₂F　　　　ھەكى فتورلى ەتیلەن

乙撑二磺酸　ethylene disulfonic acid　(HO₃SCH₂)₂　　ەتیلەندى ەكى سۇلفون قىشقىلى

乙撑二硫醇　ethylene mercaptan　HSCH₂·CH₂SH　　ەتیلەندى مەركاپتان

乙撑二氯　ethylene dichloride　　"二氯化乙烯" گه قاراڭز.

乙撑二氰　ethylene dicyanide　　　ھەكى سیاندى ەتیلەن

乙撑二溴　　　　"二溴化乙烯" گه قاراڭز.

乙撑两个氨荒酸钠　　　　"代森钠" گه قاراڭز.

乙撑两个氨荒酸锌　zinab　　　　زیناپ

乙撑两个苯砜　ethylene diphenyl sulfone　(C₆H₅SO₂CH₂)₂　ەتیلەندى دیفەنیل سۇلفون

乙撑两个丙二酸　ethylene dimalonic acid　(COOH)₂·CH(CH₂)₂·CH(COOH)₂　ەتیلەندى ەكى مالون قىشقىلى

乙撑氯醇　ethylene chlorohydrin　ClCH₂CH₂OH　ەتیلەندى حلورلى گیدرین

乙撑萘　ethylene naphthalene　　ەتیلەندى نافتالین

乙撑脲　ethylene urea　(CH₂NH)₂CO　ەتیلەندى ۇرەا

乙撑氰醇　ethylene cyanohydrin　HOCH₂CH₂CN　ەتیلەن ـ سیاندى گیدرین

乙撑双氨荒酸钠　　　　"代森钠" گه قاراڭز.

乙撑双氨荒酸锌　　　　"乙撑两个氨荒酸锌" گه قاراڭز.

乙撑双二硫代氨基甲酸钠　　　　"代森钠" گه قاراڭز.

乙撑双二硫代氨基甲酸锌　　　　"代森锌" گه قاراڭز.

乙撑四羧酸　　　　"双丙二酸" گه قاراڭز.

乙撑溴醇　ethylene bromohydrin　BrCH₂CH₂OH　ەتیلەن ـ برومدى گیدرین

乙撑亚胺　ethyleneimine　NHCH₂CH₂　ەتیلەندى یمین

乙撑氧　　　　"乙烯化氧" گه قاراڭز.

乙川　ethylidyne　CH₃C≡　　ەتیلیدین

乙醇　etlyl alcohol, ethanol　C₂H₅OH　ەتیل سپیرتى، ەتانول

乙醇-d　ethyl alcohol-d　CH₃CH₂OD　ەتیل سپیرتى - d

乙醇胺　ethanolmine　NH₂CH₂CH₂OH　ەتانولامین

乙醇胺法脱硫　removal of sulfur byethanolamine　ەتانولامین ادىسمەن كۇكىرتسىزدەندىرۇ

乙醇钡　barium ethylate(= barium ethoxide)　Ba(C₂H₅O)₂　ەتانول بارى،

ھتوكسي باري

乙醇分解 ethanolysis   ھتانول ىدىراۋ، ھتانولدى ىدىراتۇ

乙醇分解法 ethanolysis method   ھتانولدى ىدىراتۇ ٴادىسى

乙醇钙 calcium thalate(= barium ethoxide) $Ca(OC_2H_5)_2$ ھتانول كالتسي،

ھتوكسي كالتسي

乙醇化物 alcoholate   ھتيل سپيرتى قوسلمستارى

乙醇基   "乙氧基" گە قاراڭىز.

乙醇钾 potassium ethylate(= potassium ethoxide) KOC_2H_5 ، ھتانول كالي،

ھتوكسي كالي

乙醇腈 glycolic nitrile $HOCH_2CN$ گليكول نيتريل

乙醇锂 lithium ethoxide $LiOC_2H_5$ ھتوكسي ليتي

乙醇铝 aluminum ethylate(= aluminum ethoxide) $Al(C_2H_5O)_3$ ، ھتيلات،

الۇمين، ھتوكسي الۇمين

乙醇镁 magnesiumelthylate(= magnesium ethoxide) $Mg(OC_2H_5)_2$ ھتيلات

ماگنى، ھتوكسي ماگنى

乙醇钠 sodium ethylate(= sodium ethoxide) $NaOC_2H_5$ ھتيلات ناتري، ھتوكسي

ناتري

乙醇脲   ھتانولدى ۇرەا

乙醇汽油混合物 alcogas   الكو گاز

乙醇醛 glycolaldehyde, glycolal $HOCH_2CHO$ گليكول الدەگيدتى

乙醇醛缩二乙醇 glycoaldehyde diethyl acetal $HOCH_2(OC_2H_5)_2$ گليكول

الدەگيدتى ديەتيل اتسەتال

乙醇酸 glycolic acid $HOCH_2COOH$ گليكول قىشقىلى

乙醇酸丙酯 propyl glycolate $HOCH_2CO_2C_3H_7$ گليكول قىشقىل پروپيل ەستەرى

乙醇酸酐 glycolic anhydride $(OHCH_2CO)_2O$ گليكول انگيدريدتى

乙醇酸甲酯 methyl glycolate $HOCH_2CO_2CH_3$ گليكول قىشقىل مەتيل ەستەرى

乙醇酸交酯 glycolide glycollide $CH_2CO_2CH_2COO$ گليكوليد، گليكولليد

乙醇酸盐 gly collate   گليكول قىشقىلىنىڭ تۇزدارى

乙醇酸乙酯 ethyl glycolate $HOCH_2CO_2C_2H_5$ گليكول قىشقىل ھتيل ەستەرى

乙醇酰 glycolyl $HOCH_2CO-$ گليكوليل

乙醇酰胺 glycollic amide $HOCH_2CONH_2$ گليكول اميد

乙醇盐 lthylate(= ethoxide) C_2H_5OM ھتيلات، ھتوكسيد

乙醇中毒 ethyl alcohol poisoning   ھتيل سپيرتتنەن ۋلانۇ

乙醇戳三丙苯　ethyl tripyopyl benzene　ھتیل تریپروپیل بەنزول

乙次膦酸　ethyl phosphinic acid　$C_2H_5PO(H)(OH)$　ھتیل فوسفین قىشقىلى

乙代溴乙酰脲　carbromal　$(C_2H_5)_2 \cdot CBr \cdot CO \cdot NH \cdot CO \cdot NH_2$　كاربرومال

乙底酸　editic acid(pedta)　$(HOOCCH_2)_2NCH_2CH_2N:(CH_2COOH)_2$　ھدیت قىشقىلى

乙·丁硫醚　"乙基·丁基硫" گە قاراڭىز.

乙二胺　ethylenediamine　ھتیلەندی دیامین

乙二胺－[1,2]　ethylenedimine　$NH_2CH_2CH_2NH_2$　ھتیلەندی دیامین

乙二胺合硫酸汞　"升胺" گە قاراڭىز.

乙二胺合一水　ethylene diamin hydrate　$(CH_2NH_2)_2H_2O$　ھتیلەندی دیامین گیدراتى

乙二胺四醋酸　complexon Ⅱ(= ethylene diamine tetraacetic acid, EDTA　$(HOOCCH_2)_2NCH_2CH_2N(CH_2COOH)_2$　كومپلەكسون Ⅱ

乙二胺四醋酸滴定法　EDTA titration　EDTA نى تامشىلاتۇ ٴادسى

乙二胺四酯酸钠 B　coplexon B　كومپلەكسون B

乙二胺四醋酸钠　complexon Ⅲ(= disodium EDTA)　كومپلەكسون Ⅲ

乙二胺四乙酸　"乙二胺四醋酸" گە قاراڭىز.

乙二胺四乙酸二钠　disodium EDTA　EDTA ەكى ناتري

乙二醇　glycol(= ethylene glycol)　گلیكول، ھتیلەندى گلیكول

乙二醇－[1,2]　ethandiol－[1,2](= glycol)　$HOCH_2CH_2OH$　(2 ، 1) ھتاندیول گلیكول

乙二醇单苯醚　ethylene glycolmonaphenyl ether　ھتیلەندى گلیكول مونوفەنیل ھفیرى

乙二醇单甲醚　ethylene glycol monomethyl ether　ھتیلەندى گلیكول مونومەتیل ھفیرى

乙二醇二苯醚　ethylene diphenate　$(C_6H_5OCH_2)_2$　ھتیلەندى دیفەنیل ھفیرى

乙二醇二苄基醚　glycol dibenzyl ether　$(C_6H_5CH_2OCH_2)_2$　گلیكول دیبەنزیل ھفیرى

乙二醇二丙酸酯　glycol dipropionate　$(C_2H_5CO_2CH_2)_2$　گلیكول ەكى پروپیون قىشقىل ەستەرى

乙二醇二醋酸酯　glycol diacetate　$(CH_3CO_2CH_2)_2$　گلیكول ەكى سىركە قىشقىل ەستەرى

乙二醇二丁酸酯　glycol dibytyrate　$(C_3H_7CO_2CH_2)_2$　گلیكول ەكى بۇتیر قىشقىل ەستەرى

乙二醇二癸酸酯　glycol dicaprate　$(C_9H_{19}CO_2CH_2)_2$　گليكول ەكى كاپرين قشقىل ەستەرى

乙二醇二己酸酯　glycol dicaproate　$(C_5H_{11}CO_2CH_2)_2$　گليكول ەكى كاپرون قشقىل ەستەرى

乙二醇二甲醚　glycol dimethyl ether　$(CH_3OCH_2)_2$　گليكول ديمەتيل ەفيرى

乙二醇二甲酸酯　glycol diformate　$(HCO_2CH_2)_2$　گليكول ەكى قومىرسقا قشقىل ەستەرى

乙二醇二硫氰酸酯　　"硫氰酸次乙酯" گە قاراڭىز.

乙二醇二硝酸酯　glycol dinitrate (= ethylene dinitrate)　گليكول ەكى ازوت قشقىل ەستەرى

乙二醇二辛酸酯　glycol dicaylate　گليكول ەكى كاپريل قشقىل ەستەرى

乙二醇二亚硝酸酯　　"亚硝酸次乙酯" گە قاراڭىز.

乙二醇二硬脂酸酯　glycol distearate　$(C_{17}H_{35}CO_2CH_2)_2$　گليكول ەكى ستەارين قشقىل ەستەرى

乙二醇两个十二烷酸酯　glycol dilaurate　$(C_{11}H_{23}CO_2CH_2)_2$　گليكول ەكى لاۆر قشقىل ەستەرى

乙二醇两个十六烷酸酯　glycol dipalmitate　$(C_{15}H_{31}CO_2CH_2)_2$　گليكول ەكى پالميتين قشقىل ەستەرى

乙二醇两个十四烷酸酯　glycol dimyristate　$(C_{13}H_{27}CO_2CH_2)_2$　گليكول ەكى ميريستين قشقىل ەستەرى

乙二醇两个愈创木酚醚　glycol diguaiacic ether　$(CH_3OC_6H_4OCH_2)_2$　گليكول ەكى گۇاياكول ەفيرى

乙二醇醚　glycol ether　گليكول ەفيرى

乙二醇浓度　glycol concentration　گليكول قويۇلعى

乙二醇浓缩　glycol concentration　گليكولدى قويۇلاتۇ

乙二醇三羧酸　　"脱草酸" گە قاراڭىز.

乙二醇缩乙醛　glycol ethylidene – acetal　گليكول ەتيليدەن اتسەتال

乙二醇一苄醚　glycol monobenzyl ether　$C_7H_7OC_2H_4OH$　گليكول مونو بەنزيل ەفيرى

乙二醇一醋酸酯　glycol monoacetate　$CH_3CO_2CH_2CH$　گليكول مونو سىركە قشقىل ەستەرى

乙二醇一丁醚　ethylene – glycol monobutyl ether　ەتيلەن گليكول مونوبۇتيل ەفيرى

乙二醇一甲醚 glycol monomethyl ether CH₃O(CH₂)₂OH گليكول مونومەتيل
ەفيرى

乙二醇一甲酸酯 glycol monoformate HCO₂CH₂CH₂OH گليكول مونو
قۇمۇرسقا قشقىل ەستەرى

乙二醇一水杨酸酯 glycol monosalicylate C₇H₅O₃C₂H₄OH گليكول مونو
ساليتسيل قشقىل ەستەرى

乙二醇一烃醚 hydroxy – ethyl – alkyl ether CH₂OH·CH₂·O·R گيدروكسي
ەتيل ـ الكيل ەفيرى

乙二醇一乙醚 glycol monoethyl ether HOCH₂CH₂OC₂H₅ گليكول مونوەتيل
ەفيرى

乙二醇乙醚 ethylene glycol ethyl ether ەتيلەن گليكول ەتيل ەفيرى

乙二醇异丙醚 glycol isopropyl ether C₃H₇O(CH₂)₂OH گليكول يزوپروپيل
ەفيرى

乙二磺酸 ethionic acid C₂H₄(SO₃H)₂ ەتيون قشقىلى

乙二磺酸 – [1,2] "乙撑二磺酸" گە قاراڭز.

乙二基巴比土酸钠 sodium diethyl barbiturate ديەتيل باربيتۇر قشقىل
ناتري

乙二基苯胺 – 偶氮 – 苯磺酸铵 ammonium diethyl – aniline – azobenzene
sulfonate ديەتيل انيلين ـ ازوبەنزول سۆلفون قشقىل اممونى

乙二基苯胺 – 偶氮 – 苯磺酸钠 sodium diethyl – aniline – azobenzene
sulfonate ديەتيل انيلين ـ ازوبەنزول سۆلفون قشقىل ناتري

乙二硫醇 – [1,2] ethandithiol – [1,2] HSCH₂CH₂SH ەتانديتيول

乙二硫醇缩酮 ethylene thioketal ەتيلەندى تيوكەتال

乙二醛 glyoxal O:CHCH:O گليوكسال

乙二醛二肟 "乙二肟" گە قاراڭز.

乙二醛酶 glyoxylase(= glyoxalase) گليوكسيلازا، گليوكسالازا

乙二酸 "草酸" گە قاراڭز.

乙二酸发酵 oxalic acid fermentation قىمىزدىق قشقىلدى اشۇ

乙二酸铁铵 "草酸铁铵" گە قاراڭز.

乙二酸盐 oxalate قىمىزدىق قشقىلننىڭ تۇزدارى

乙二酸一甲酯 "草酸一甲酯" گە قاراڭز.

乙二酸一甲酯一酰 "甲草酰" گە قاراڭز.

乙二酸一酰基 oxalo –

ـ وكسالو

乙二酸一乙酯   "草酸—乙酯" گه قاراڭـز.

乙二羧酸 ethylene dicarboxylic acid $COOHCH_2 \cdot CH_2COOH$ ەتىلەندى ەكى
كاربوكسيل قشقىلى

乙二肟 glyoxime $HON:CHCH:NOH$ گلىوكسيم

乙二烯 divinyl   دىۋينيل

乙二酰   "草酰" گه قاراڭـز.

乙二酰胺   "草酰胺" گه قاراڭـز.

乙二酰胺基   "草酰胺基" گه قاراڭـز.

乙二酰二胺   "草酰胺" گه قاراڭـز.

乙二酰基   "草酰" گه قاراڭـز.

乙二酰氯   "草酰氯" گه قاراڭـز.

乙二酰脲   "仲班酸" گه قاراڭـز.

乙二氧撑 ethylenedioxyl $-OCH_2CH_2O-$ ەتىلەندى دىوكسي، ەكى وتەكتى
ەتىلەن

乙酐   "醋酸酐" گه قاراڭـز.

乙硅醚 disiloxanes   دىسيلوكساندار

乙硅烷 disilane Si_2H_6 دىسيلاندار

乙硅烷胺基 disilanylamino- H_3SiSiH_2NH- دىسيلانيل امينو

乙硅烷撑 disilanilene $-SiH_2SiH_2-$ دىسيلانيلەن

乙硅烷基 disilanyl- H_3SiSiH_2- دىسيلانيل

乙硅烷硫基 disilanylthio- H_3SiSiH_2S- دىسيلانيلتىو

乙硅烷氧基 disilanoxy- H_3SiSiH_2O- دىسيلانوكسي

乙过醇   "乙基过氧化氢" گه قاراڭـز.

乙胲 ethylhyoroxylamine C_2H_5NHOH ەتيل گيدروكسيلامين

乙换磷酸 ethyl-hosphoric acid   ەتيل فوسفور قشقىلى

乙换硫酸 sulfovinic acid $C_2H_5SO_4H$ سۇلفوۆين قشقىلى

乙换硫酸钡 barium sulfovinate (= barium ethyl sulfate) $Ba(SO_4C_2H_5)_2$
سۇلفوۆين قشقىل باري، ەتيل كۇكەرت قشقىل باري

乙换硫酸铅 lead ethylsulfate $Pb(C_2H_5SO_4)_2$ ەتيل كۇكەرت قشقىل قورعاسىن

乙换硫酸盐 sulfovinate $C_2H_5SO_4M$ سۇلفوۆين قشقىلىنىڭ تۇزدارى

乙荒酸   "二硫代醋酸" گه قاراڭـز.

乙荒酰胺	"硫代乙酰胺" گە قاراڭىز.
乙荒酰替苯胺	"硫代乙酰替苯胺" گە قاراڭىز.
乙荒酰替二甲胺	"硫代乙酰替二甲胺" گە قاراڭىز.
乙黄原酸	"乙氧基荒酸" گە قاراڭىز.
乙黄原酸甲酯 methyl xanthate C₂H₅O₅CSSCH₂	مەتيل قىشقىل كسانتوگەن ەستەرى
乙黄原酸亚铜 cuprous ethylxanthate	توتۇق شالا قىشقىل كسانتوگەن ەتيل مىس
乙黄原酸乙酯	"黄原酸乙酯" گە قاراڭىز.
乙黄原酰胺 xanthogenamide C₂H₅OCSNH₂	كسانتوگەناميد
乙磺酸 ethyl sulfonic acid C₂H₅SO₂OH	قىشقىلى سۇلفون ەتيل
乙磺酰胺 ethyl–sulfonamide C₂H₅SO₂NH₂	سۇلفوناميد ەتيل
乙磺酰氯 ethyl sulfonyl chloride C₂H₅SO₂Cl	حلور سۇلفونيل ەتيل
乙基 ethyl, ethyl group CH₃CH₂–	گرۇپپاسى ەتيل، ەتيل
2–乙基–1–氨基己烷 2–ethyl–1–aminohexane C₄H₉(C₂H₅)CHCH₂NH₂	2 ـ ەتيل ـ 1 ـ امينو گەكسان
乙基氨腈 ethyl cyanamide EtNHCN	سياناميد ەتيل
乙基巴豆酸 ethyl crotonic acid	قىشقىلى كروتون ەتيل
乙基苯	"乙苯" گە قاراڭىز.
N–乙基苯胺 N–ethylaniline	انيلين ەتيل ـ N
乙基苯丙烯酸	"乙基肉桂酸" گە قاراڭىز.
乙基苯酚 ethyl phenol C₂H₅C₆H₄OH	فەنول ەتيل
5–乙基–5–苯基巴比土酸	"鲁米那" گە قاراڭىز.
乙基苯基巴比土酸钠 sodium ethyl phenyl barbiturate C₁₂H₁₁O₃N₂Na	ەتيل فەنيل باربيتۇۋر قىشقىل ناتري
乙基苯基巴比土酸盐 ethyl phenyl barbiturate	ەتيل فەنيل باربيتۇۋر قىشقىلىننىڭ تۇزدارى
乙基苯基砜 ethyl phenyl sulfone C₂H₅SO₂C₆H₅	سۇلفون ەتيل فەنيل
乙基苯基甲醇 ethyl phenyl carbinol C₂H₅CHOHC₆H₅	كاربينول ەتيل فەنيل
乙基苯基甲酮 ethyl phenyl ketone C₂H₅COC₆H₅	كەتون ەتيل فەنيل
α–乙基苯基肼 α–ethyl phenyl hrdvazine C₂H₅NHNHC₆H₅	ەتيل فەنيل گيدارازين

乙基苯基硫　ethyl phenyl sulfide　$C_6H_5SC_2H_5$　ەتیل فەنیل كۆكىرت

乙基苯基醚　ethyl phenyl ether　PhOEt　ەتیل فەنیل ەفیری

乙基苯基脲　ethyl phenyl urea　ەتیل فەنیل ۇەرا

α - 乙基 b - 苯基脲　α - cthyl b - phenyl urea　α ـ ەتیل b ـ فەنیل ۇەرا

乙基苯基亚硝胺　ethyl - phenyl nitrosamine　ەتیل فەنیل نیتروزامین

乙基苯基乙炔　ethyl phenyl acetylene　$C_6H_5C \equiv CC_2H_5$　ەتیل فەنیل اتسەتیلەن

1- 乙基苯酰撑脲　1 - ethylbenzoylene urea　$C_{10}H_{10}O_2N$　1 ـ ەتیل بەنزویلەن ۇەرا

乙基吡啶　ethylpyrindine　$C_2H_5C_5H_4N$　ەتیل، پیریدین

乙基苄基苯　ethyl benzylbenzene　$C_2H_6C_6H_4CH_2C_6H_5$　ەتیل بەنزیل بەنزول

乙基苄基苯胺　ethyl - benzylaniline　$C_6H_5N(C_2H_5)C_7H_7$　ەتیل بەنزیل انیلین

乙基苄基甲酮　ethyl benzyl ketone　$C_2H_5COCH_2C_6H_5$　ەتیل بەنزیل كەتون

乙基苄基醚　ethyl benzyl ether　$C_2H_5OCH_2C_6H_5$　ەتیل بەنزیل ەفیری

乙基苄基纤维素　ethyl benzyl cellulose　ەتیل بەنزیل سەللیۆلوزا

乙基丙二酸　ethyl malonic acid　$C_2H_5CH(COOH)_2$　ەتیل مالون قىشقىلى

乙基丙二酸盐　ethyl malonate　$C_2H_5CH(COOM)_2$　ەتیل مالون قىشقىلىنىڭ تۇزداری

乙基丙二酸一异戊酯　monoisoamyl ethylmalonate　$HOOCCH(C_2H_5)$ $CO_2C_5H_{11}$　ەتیل مالون قىشقىل مونویزو امیل ەستەری

乙基丙二酸酯　ethyl malonate　$C_2H_5CH(COOR)_2$　ەتیل مالون قىشقىل ەستەری

乙基丙基丙烯醛　ethyl propyl acrolein　$C_3H_7CHC(C_2H_5)CHO$　ەتیل پروپیل اكرولەین

乙基丙基甲酮　ethyl propyl ketone　$C_2H_5COCH_2C_2H_5$　ەتیل پروپیل كەتون

乙基丙基醚　ethyl propyl ether　$C_2H_5OCH_2C_2H_5$　ەتیل پروپیل ەفیری

乙基丙腈酸　ethyl - cyanacetic acid　$CNCH(C_2H_5)COOH$　ەتیل سینان سىركە قىشقىلى

乙基薄荷醇　ethyl menthol　$C_{12}H_{24}O$　ەتیل مەنتول

乙基草醋酸　ethyl - oxalacetic acid　$COOHCOCH(C_2H_5)COOH$　ەتیل قىمىزدىق سىركە قىشقىلى

乙基草醋酸乙酯　ethyl - oxalacetic ester　$C_2H_5O(CO)_2CH(C_2H_5)CO_2C_2H_5$　ەتیل قىمىزدىق سىركە قىشقىل ەتیل ەستەری

乙基草醋酸酯　ethyl - oxalacetic ester　$ROCO_2CH(C_2H_5)COOR$　ەتیل قىمىزدىق

سىركە قشقىل ەستەرى

乙基橙　ethyl orange　　　　　ەتىل قىزغىلت سارسى

乙基醋酸　ethyl – acetic acid　C_3H_7COOH　ەتىل سىركە قشقىلى

乙基单体　vinyl monomer　　　ۋينيل مونومەر

乙基碲酸　ethane telluronic acid　$C_2H_5 \cdot TeO_2 \cdot OH$　ەتىل تەللۇر قشقىلى

乙基碘　ethyl iodide　C_2H_5I　ەتىل يود

乙基丁二酸　ethyl snccinic acid　$COOHCH_2CH(C_2H_5)COOH$　ەتىل سۆكتسين
قشقىلى

5－乙基－5－丁基巴比土酸　5 – ethyl – 5 – butyl – barbituric acid
$(CONH)_2COC:(C_2H_5)(C_4H_9)$　　　5 ـ ەتىل ـ 5 ـ بۇتىل باربيتۇر قشقىلى

乙基丁基甲酮　ethyl butyl ketone　$C_2H_5COC_4H_9$　ەتىل بۇتىل كەتون

乙基丁基硫　ethyl butyl sulfide　$C_2H_5SC_4H_9$　ەتىل بۇتىل كۆكەرت

乙基丁基醚　ethyl butyl ether　$C_2H_5OC_4H_9$　ەتىل بۇتىل ەفيرى

乙基丁基纤维素　ethyl butyl cellulose　ەتىل بۇتىل سەلليۇلوزا

2－乙基丁酮－[2]－二酸－[1,4]的酯　“乙基草醋酸酯” گە قاراڭز.

2－乙基丁酮－[2]－二酸－[1,4]乙酯　“乙基草醋酸乙酯” گە قاراڭز.

2－乙基丁酮－[3]－酸－[1]　“乙基乙酰醋酸” گە قاراڭز.

乙基蒽　ethyl anthracene　$(C_6H_4)_2C_2HC_2H_5$　ەتىل انتراتسەن

乙基二苯胺　ethyl diphenylamine　$C_2H_5N(C_6H_5)_2$　ەتىل ديفەنيلامين

乙基二苯膦　ethyl diphenyl phosphine　$C_2H_5P(C_6H_5)_2$　ەتىل ديفەنيل فوسفين

乙基二氯胂　ethyl dichloroarsine　$C_2H_5AsCl_2$　ەتىل ەكى حلورلى ارسين

乙基二溴胂　ethyl dibromoarsine　$C_2H_5AsBr_2$　ەتىل ەكى برومدى ارسين

乙基砜　ethyl sulfone　Et_2SO_2　ەتىل سۆلفون

乙基氟　ethyl fluoride　C_2H_5F　ەتىل فتور

乙基甘氨酸　ethyl glycine　$C_2H_5NHCH_2COOH$　ەتىل گليتسين

乙基镉　ethyl cadmium　$Cd(C_2H_5)_2$　ەتىل كادمي

乙基庚基醚　ethyl heptyl ether　$C_2H_5O_5C_7H_{15}$　ەتىل گەپتيل ەفيرى

乙基汞化碘　ethyl – mercuric – iodide　$HgIC_2H_5$　ەتىل سناپتى يود

乙基汞化氯　ethyl – mercuric – chloride　$HgClC_2H_5$　ەتىل سناپتى حلور

乙基汞化氢氧　ethyl mercuric hydroxide　C_2H_5HgOH　ەتىل سناپ
توتعننىڭ گيدراتى

乙基过氧化氢　ethyl – hydroperoxide　$C_2H_5O \cdot OH$　ەتىل اسقىن سۆتەك توتعى

乙基化　ethylation, ethylating　ەتيلدەنۋ، ەتيلدەندۈرۈ

乙基化剂　ethylating agent　　　　　　　　　　　　ەتیلدەگەش اگەنت

乙基化汽油　ethylated gasoline　　　　　　　　　ەتیلدەنگەن بەنزین

乙基化物　ethide　$M \cdot C_2H_5$　　　　　　　ەتید، ەتیل قوسىلمىستارى

乙基化作用　ethylation　　　　　　　　　　　　　　　　ەتیلدەۋ

乙基环庚酸　ethyl cycloheptane　$C_2H_5C_7H_{13}$　ەتیل ساقینالى گەپتان

乙基环己基巴比妥酸　　　　　　　"非罗多" گە قاراڭىز.

乙基环己烷　ethyl cyclohexane　$C_2H_5C_6H_{11}$　ەتیل ساقینالى گەكسان

乙基换硫酸　ethyl sulfuric acid　$C_2H_5OSO_2OH$　ەتیل كۇكىرت قىشقىلى

乙基换亚硫酸　ethyl sulfuron acid　$C_2H_5OSO_2H$　ەتیل كۇكىرتتى قىشقىل

乙基黄原酸　xanthogenic acid　　　　　　　كسانتوگەن قىشقىلى

乙基黄原酸钾　potassium ethyl xanthate　ەتیل كسانتوگەن قىشقىل كالي

乙基黄原酸钠　sodium ethyl – xanthate　$C_2H_5OCSSNa$　ەتیل كسانتوگەن
　　　　　　　　　　　　　　　　　　قىشقىل ناتري

乙基己醇　ethylhexanol　　　　　　　　　　　ەتیل گەكسانول

2 – 乙基己二醇 – [1,3]　2 – ethyl – 1,3 – hexanediol　2 – ەتیل – 3،1 –
　　　　　　　　　　　　　　　　　گەكسا نەدیول

乙基己基醚　ethyl hexyl ether　$C_2H_5OC_6H_{13}$　ەتیل گەكسیل ەفیرى

乙基己烷　ethyl hexane　　　　　　　　　　　ەتیل گەكسان

乙基己烯　ethylhexene　　　　　　　　　　　ەتیل گەكسەن

乙基甲苯　ethyltoluene　$C_2H_5C_6H_4CH_3$　　ەتیل تولۋول

乙基甲苯胺　ethyl toluidine　$CH_3C_6H_4NHC_2H_5$　ەتیل تولۇیدین

乙基甲苯基醚　ethyl tolyl ether　$C_2H_5C_6H_4CH_3$　ەتیل تولۇیل ەفیرى

乙基甲硅酸　ethyl siliconic acid　C_2H_5SiOOH　ەتیل كرەمني قىشقىلى

乙基甲硅烷　ethyl silicane　$C_2H_5SiH_3$　　　ەتیل سیلیكان

4 – 乙基 – 2 – 甲基吡啶　　　　　　　　"可力丁" گە قاراڭىز.

乙基甲基次胂酸　ethyl methyl arsinic acid　ەتیل مەتیل ارسین قىشقىلى

乙基甲基醋酸　ethyl methyl acetic acid　$EtCHMeCOOH$　ەتیل مەتیل سىركە
　　　　　　　　　　　　　　　　　قىشقىلى

乙基甲基砜　sulfone, ethyl methyl　$C_2H_5SO_2CH_3$　ەتیل مەتیل سۇلفون

乙基钾　ethyl potassium　KC_2H_5　　　　ەتیل كالي

4 – 乙基间二甲苯　4 – ethyl – m – xylene　$C_2H_5C_6H_3(CH_3)_2$　4 – ەتیل – m –
　　　　　　　　　　　　　　　　　كسیلەن

乙基芥子油　ethyl mustard oil　$C_2H_5 \cdot NCS$　ەتیل قىشى مایى

乙基卡可基　ethyl‒cacodyl　　　　　　　　　　ﻪﺗﯩﻞ ﻛﺎﻛﻮﺩﯨﻞ

乙基长可酸　ethyl cacodylic acid　(Et)₂AsOOH　　ﻪﺗﯩﻞ ﻛﺎﻛﻮﺩﯨﻞ ﻗﻪﺷﻘﯩﻠﻰ

乙基咔唑　ethyl carbasole　C₆H₆NC₂H₅　　　　　ﻪﺗﯩﻞ ﻛﺎﺭﺑﺎﺯﻭﻝ

N‒乙基咔唑　N‒ethyl carbazole　C₁₂H₆NC₂H₅　　N ‒ ﻪﺗﯩﻞ ﻛﺎﺭﺑﺎﺯﻭﻝ

乙基胩　ethyl carbylamine　CH₃CH₂·NC　　　　ﻪﺗﯩﻞ ﻛﺎﺭﺑﯩﻼﻣﯩﻦ

乙基喹诺酮　ethyl carbostyrile　C₆H₄CH:C(C₂H₅)NHCO　ﻪﺗﯩﻞ ﻛﺎﺭﺑﻮﺳﺘﯩﺮﯨﻞ

乙基锂　lithium ethide　LiC₂H₅　　　　　　　ﻪﺗﯩﻞ ﻟﯩﺘﻰ

乙基磷酸　　　　　　　　　　　　.ﺋﻪﺗﯩﻞ ﻓﻮﺳﻔﻮﺭ ﻛﯩﺸﻠﯩﻖ" ﮔﻪ ﻗﺎﺭﺍﯓﺰ

乙基硫氨酸　ethionine　　　　　　　　　　　ﻪﺗﯩﻮﻧﯩﻦ

乙基硫氰　　　　　　　　　　　　　.ﺳﯘﻟﻔﻮﺳﯩﺎﻥ ﻛﯩﺸﻠﯩﻖ ﺋﻪﺗﯩﻞ" ﮔﻪ ﻗﺎﺭﺍﯓﺰ

乙基硫酸　　　　　　　　　　　.ﺋﻪﺗﯩﻞ ﺋﺎﻟﻤﺎﺵ ﺳﯘﻟﻔﻮﺳﯩﻞ" ﮔﻪ ﻗﺎﺭﺍﯓﺰ

乙基硫酸氨　ammonium ethyl sulfate　　ﻪﺗﯩﻞ ﻛﯚﻛﯛﺭﺕ ﻗﻪﺷﻘﯩﻞ ﺋﺎﻣﻤﻮﻧﻰ

乙基硫酸钡　barium ethyl sulfate　　　ﻪﺗﯩﻞ ﻛﯚﻛﯛﺭﺕ ﻗﻪﺷﻘﯩﻞ ﺑﺎﺭﻯ

乙基硫酸奎宁　quinine ethyl sulfate　　　　　ﺋﻮﭼﺤﯩﻨﯩﻦ

乙基硫酰氯　ethyl sulfuryl chloride　C₂H₅OSO₂Cl　ﻪﺗﯩﻞ ﺳﯘﻟﻔﯘﺭﯨﻞ ﺣﻠﻮﺭ

乙基硫乙烷　ethylthioethane　　　　　　　　ﻪﺗﯩﻞ ﺗﯩﻮﻩﺗﺎﻥ

乙基卤　ethyl halide　C₂H₅X　　　　　　　　ﻪﺗﯩﻞ ﮔﺎﻟﻮﮔﻪﻥ

乙基铝　aluminium ethyde　Al(C₂H₅)₃　　　　ﻪﺗﯩﻞ ﺋﺎﻟﯘﻣﯩﻦ

乙基氯　ethyl chloride　C₂H₅Cl　　　　　　　ﻪﺗﯩﻞ ﺣﻠﻮﺭ

乙基绿　ethyl green　　　　　　　　　　　　ﻪﺗﯩﻞ ﻳﺎﺳﯩﻠﻰ

乙基吗啡　ethyl morphine　C₁₉H₂₃O₃N　　　　ﻪﺗﯩﻞ ﻣﻮﺭﻓﯩﻦ

乙基镁化卤　ethyl magnesium halide　MgXC₂H₅　ﻪﺗﯩﻞ ﻣﺎﮔﻨﯩﻴﻠﻰ ﮔﺎﻟﻮﮔﻪﻥ

乙基镁化氯　ethyl magnesium chloride　MgClC₂H₅　ﻪﺗﯩﻞ ﻣﺎﮔﻨﯩﻴﻠﻰ ﺣﻠﻮﺭ

乙基镁化溴　ethyl magnesium bromide　MgBrC₂H₅　ﻪﺗﯩﻞ ﻣﺎﮔﻨﯩﻴﻠﻰ ﺑﺮﻭﻡ

乙基醚　ethyl ether　R·OC₂H₅　　　　　　　　ﻪﺗﯩﻞ ﻫﻪﻓﯩﺮﻯ

乙基敏感性　ethyl susceptibility　ﻪﺗﯩﻠﺪﻙ ﺳﻪﺯﮔﻪﺷﺘﻪﻙ (ﻗﻮﺭﻏﺎﺳﯩﻦ ﺳﻪﺯﮔﻪﺷﺘﻪﻙ)

乙基钠　sodium ethyl　C₂H₅Na　　　　　　　ﻪﺗﯩﻞ ﻧﺎﺗﺮﻯ

乙基钠代乙酰醋酸乙酯　ethyl‒sodio‒acetoacetic ester　ﻪﺗﯩﻞ ﻧﺎﺗﺮﯨﻠﻰ ﺋﺎﺗﺴﻪﺗﻮ
　　　　　　　　　　　　　　ﺳﯩﺮﻛﻪ ﻗﻪﺷﻘﯩﻞ ﻪﺗﯩﻞ ﻪﺳﺘﯩﺮﻯ

乙基钠代乙酰醋酸酯　ethyl‒sodio‒acetoacetic ester　ﻪﺗﯩﻞ ﻧﺎﺗﺮﯨﻠﻰ ﺋﺎﺗﺴﻪﺗﻮ
　　　　　　　　　　　　　　ﺳﯩﺮﻛﻪ ﻗﻪﺷﻘﯩﻞ ﻪﺳﺘﯩﺮﻯ

乙基萘胺　ethyl naphthylamine　C₂H₅NHC₁₀H₇　ﻪﺗﯩﻞ ﻧﺎﻓﺘﯩﻼﻣﯩﻦ

乙基萘基醚　ethyl naphthyl ether　　　　　　ﻪﺗﯩﻞ ﻧﺎﻓﺘﯩﻞ ﻫﻪﻓﯩﺮﻯ

乙基 α - 萘基醚　ethyl α - naphthyl ether　$C_{10}H_7OC_2H_5$　ەتیل ـ α نافتیل فیری

乙基尿烷　ethyl urethane　$C_2H_5COONH_2$　ەتیل ۇرەتان

乙基哌啶　ethyl piperidine　ەتیل پیپەریدین

乙基硼酸　ethyl boric acid　$C_2H_5B(OH)_2$　ەتیل بور قشقىلى

乙基汽油　ethyl gasoline　ەتیل بەنزین

乙基 - 2 - 羟基喹啉　"乙基喹诺酮" گە قاراڭز.

乙基羟吲哚　ethyl - oxindol　$C_3H_6ONC_2H_5$　ەتیل وكسيندول

乙基氰　ethyl cyanide　C_2H_5CN　ەتیل سينان

乙基氰基醋酸酯　ethyl - cyanacetic acid　$C_2H_5CH(CN)COOR$　ەتیل سيان سركە قشقىل ەستەرى

乙基·炔丙基醚　ethyl propargyl ether　$CH : CCH_2OC_2H_5$　ەتیل پروپارگيل فیری

乙基溶纤剂　ethyl cellosolve　(اگەنت) ەتیل تالشق ەرىتكش

乙基肉桂酸　ethyl cinnamic acid　$C_2H_5C_6H_4CHCHCOOH$　ەتیل سيننام قشقىلى

乙基噻吩　ethylthiophene　ەتیل تيوفەن

乙基三丙苯　ethyl tripropyl benzene　$C_2H_5C_6H_2(C_3H_7)_3$　ەتیل تريپروپيل بەنزول

乙基三氯甲基砜　ethyl trichloro methyl sulfoxide　C_2H_5SOCC1　ەتیل ٴۇش حلورلى مەتیل سۆلفوكسيد

乙基肼　"肼基乙烷" گە قاراڭز.

乙基砷酸　ethyl arsenic acid　$C_2H_5 \cdot AsO \cdot (OH)_2$　ەتیل ارسەن قشقىلى

乙基十一基甲酮　ethyl undecyl ketone　$C_2H_5COC_{11}H_{28}$　ەتیل ۇندەتسيل كەتون

乙基石油醚　ethyl petrol　ەتیل پەترول

α - 乙基特窗酸　α - ethyl tetronic acid　$C_2H_5C_4H_3O_3$　α ـ ەتیل تەترون قشقىلى

乙基特丁基醚　ethyl tert butyl ether　$C_2H_5OC(CH_3)_3$　ەتیل تەرت، بۇتيل ەفیری

乙基脱植基叶绿素　ethyl chlorophyllide　ەتیل حلوروفيلليد

乙基戊醇　ethyl pentanol　ەتیل پەنتانول

α - 乙基戊二酸　α - ethyl glutaric acid　$C_2H_5C_3H_5(COOH)_2$　α ـ ەتیل گليۆتار قشقىلى

乙基戊基甲酮　ethyl n - amylketone　$C_2H_5COC_5H_{11}$　ەتیل n ـ اميل كەتون

乙基戊烷　ethyl pentane　$(C_2H_5)_3CH$　ەتیل پەنتان

乙基戊烯　ethyl pentene　ەتیل پەنتەن

乙基硒氢	ethyl – hydro selenide	C_2H_5SeH	ەتيل سەلەندى سۇتەك
乙基硒酸	ethyl selenonic acid	$C_2H_5SeO_3H$	ەتيل سەلەن قىشقىلى
乙基烯丙基醚	ethyl allyl ether	$CH_2CHCH_2OC_2H_5$	ەتيل الليل ەفيرى
乙基锡化三氯	ethyl – tin – trichloride	$SnCl_3(C_2H_5)$	ەتيل قالايلى ٴۇش حلور
乙基锡酸	ethyl tin acid		ەتيل قالايى قىشقىلى
乙基纤维素	ethyl cellulose ethocel		ەتيل سەلليۇلوزا، ەتوتسەل
乙基香草醛	ethyl vanillin	$HO(C_2H_5O)C_6H_3CHO$	ەتيل ۆانيللين
乙基橡胶	ethyl rubber		ەتيل كاۋچوك
乙基辛基甲酮	ethyl octyl ketone	$C_2H_5COC_8H_{17}$	ەتيل وكتيل كەتون
乙基辛基醚	ethyl octyl ether	$C_2H_5OC_8H_{17}$	ەتيل وكتيل ەفيرى
乙基辛烷	ethyl octane		ەتيل وكتان
乙基溴	ethyl bromide	C_2H_5Br	ەتيل بروم
乙基旋性戊基醚	ethyl active amyl ether	$C_2H_5OC_5H_{11}$	ەتيل اكتيۆ اميل ەفيرى
乙基亚碲酸	ethyl tellurinic acid	$C_2H_5·TeO·OH$	ەتيل تەللۇرلى قىشقىل
乙基亚砜	ethyl – sufoxide	$(C_2H_5)_2·S:O$	ەتيل سۇلفوكسيد
乙基亚磷酸	ethyl phosphorous acid	$C_2H_5PO(OH)_2$	ەتيل فوسفورلى قىشقىل
乙基液	ethyl fluid		ەتيل سۇيىقتىعى
乙基乙醇胺	ethylethanolamine		ەتيل ەتانولامين
乙基乙二醇	ethyl glycol		ەتيل گليكول
乙基乙炔	ethyl acetylene	$C_2H_5C:CH$	ەتيل اتسەتيلەن
乙基乙酮醇	ketol, ethyl	$EtCOCH_2OH$	ەتيل كەتون
乙基乙烯	ethyl ethylene		ەتيل ەتيلەن
乙基乙烯基甲醇	ethyl vinyl carbinol	$CH_2CHCHOHC_2H_5$	ەتيل ۆينيل كاربينول
乙基乙烯基硫	ethyl vinyl sulfide	$CH_2CHSC_2H_5$	ەتيل ۆينيل سۇلفيد
乙基乙酰醋酸	ethyl – acetoacetic acid	$CH_3COCH(C_2H_5)COOH$	ەتيل اتسەتو سىركە قىشقىلى

| 乙基乙酰醋酸乙酯 | ethyl ethylacetoacetate | $CH_3COCH(C_2H_5)CO_2C_2H_5$ | ەتيل اتسەتو سىركە قىشقىل ەتيل ەستەرى |

| 乙基乙酰醋酸酯 | ethyl – acetoacetic ester | $CH_3COCH(C_2H_5)COOR$ | ەتيل اتسەتو سىركە قىشقىل ەستەرى |

| 2 – 乙基 – 4 – 乙酰丁酸 | 2 – ethyl – 4 – acethyl – n – butyric acid | | 2 ـ ەتيل ـ 4 ـ اتسەتيل ـ n ـ بۇتير قىشقىلى |
| $CH_3COCH_2CH_2CH(C_2H_5)COOH$ | | | |

| 乙基义 | | | "乙烯撑" گە قاراڭىز. |

乙基异丙基甲酮　ethyl isopropyl ketone　$C_2H_5COCH(CH_3)_2$　ەتیل یزوپروپیل كەتون

乙基异丙基醚　ethyl isoprcpyl ether　$C_2H_5OCH(CH_3)_2$　ەتیل یزوپروپیل ەفیری

乙基异丁基甲酮　ethyl isobutyl ketone　$C_2H_5COC_4H_9$　ەتیل یزوبۇتیل كەتون

乙基异丁基醚　ethyl isobutyl ether　$C_2H_5OCH_2CH(CH_3)_2$　ەتیل یزوبۇتیل ەفیری

乙基异戊基甲酮　ethyl isoamyl ketone　$C_2H_5COC_5H_{11}$　ەتیل یزوامیل كەتون

乙基异戊基醚　ethyl isoamyl ether　$C_2H_5OC_5H_{11}$　ەتیل یزوامیل ەفیری

乙基锗　germanium ethide　ەتیل گەرماني

乙基正丙基甲酮　ethyl n‑propyl ketone　$C_2H_5COC_3H_7(n-)$　ەتیل n – پروپیل كەتون

乙基正戊基甲酮缩二甲醇　ethyl n‑amyl ketone dimethyl ketal　ەتیل n – امیل كەتوندی دیمەتیل كەتون

乙基正戊基醚　ethyl n‑amyl ether　$C_2H_5OC_5H_{11}$　ەتیل n – امیل ەفیری

乙基值　ethyl number(value)　ەتیل ٴمانی

乙基紫　ethyl violet　ەتیل كۆلگنی

4‑乙‑2‑甲氯苯　"可力丁" گە قاراڭـز.

乙甲双酮　paramethadlone　پارامەتادلون

乙交酯　"乙醇酸交酯" گە قاراڭـز.

乙阶酚醛树脂　resitol(= bakelite B)　رەزیتول، باكەلیت B

乙腈　acetonitril　CH_3CN　اتسەتونیتریل

乙肼　ethyl hydrazine　$C_2H_5NHNH_2$　ەتیل گیدرازین

乙菌定　ethirimol　ەتیریمول

乙卡可基　"四乙化二肼" گە قاراڭـز.

乙肼　ethylcarbilamine(= ethyl isouitrile)　C_2H_5CN　ەتیل كاربیلامین، ەتیل یزونیتریل

乙膦　ethyl phosphine　$C_2H_5PH_2$　ەتیل فوسفین

乙膦酸　ethyl‑phosphonic acid　$C_2H_5PO(OH)_2$　ەتیل فوسفون قىشقىلى

乙灵　ethylin　ەتیلین

乙硫醇　ethyl mercaptan　C_2H_5SH　ەتیل مەركاپتان

乙硫醇汞　mercury ethyl mercaptide　$Hg(C_2H_5S)_2$　ەتیل مەركاپتان سیناپ

乙硫醇纳　sodium ethyl mercaptide　C_2H_5SNa　ەتیل مەركاپتان ناتري

乙硫基　ethylthio‑　CH_3CH_2S-　ەیلتیو –

乙硫基苯　"乙基苯基硫" گە قاراڭـز.

乙硫基醋酸	ethylthioglycollic acid	$C_2H_5SCH_2COOH$	ەتيلتيو سىركە قشقىلى
乙硫基丁烷			"乙基丁基硫" گە قاراڭىز.
乙硫基磺酸	ethyl thiosulfonic acid	$C_2H_5S \cdot SO_2H$	ەتيلتيو سۇلفون قشقىلى
乙硫基氯	ethane sulfonyl chloride		ەتان سۇلفونيل حلورى
乙硫基乙烯			"乙基·乙烯基硫" گە قاراڭىز.
乙硫聚合物	thiocol polymer		تيوكول پوليمەر
乙硫磷	ethion		ەتيون
乙硫醚	ethyl – thio ether	$(C_2H_5)_2S$	ەتيل تيو ەفيرى
乙硫脲	ethyl – thiourea		ەتيل تيوۋرەا
乙硫羟酸			"硫化醋酸" گە قاراڭىز.
乙硫醛	thioacetaldehyde		تيو سىركە الدەگيدتى
乙硫醛化氨			"噻啶" گە قاراڭىز.
乙硫酸	uinin acid		ۋينين قشقىلى
乙硫酸钙	calcium sulfovinate	$Ca(SO_4C_2H_5)_2$	ۋينين قشقىل كالتسي
乙硫酸钙	calcium ethy lsulfate	$Ca(SO_4C_2H_5)_2$	ەتيل كۆكىرت قشقىل كالتسي
乙硫酸钠	sodium ethyl sulfate	$C_2H_5SO_4Na$	ەتيل كۆكىرت قشقىل ناتري
乙硫橡胶			"聚硫橡胶" گە قاراڭىز.
乙氯醛	aceto chloral	Cl_3CCHO	اتسەتو حلورال
乙脒	acetamidine	$CH_3(NH)NH_2$	اتسەتاميدين
乙脒化盐酸	acetamidine hydrochloride	$CHC(NH)NH_2HCl$	اتسەتاميندى تۇز قشقىلى
乙醚	ethyl ether	$C_2H_5OC_2H_5$	ەتيل ەفيرى
乙萘	ethyl naphthalene	$C_2H_5C_{10}H_7$	ەتيل نافتالين
乙内酰硫脲			"海硫因" گە قاراڭىز.
乙内酰脲	glycolyl urea	$NHCH_2CONHCO$	گليكوليل ۇرەا
乙内酰脲基代醋酸			"海因醋酸" گە قاراڭىز.
乙脲	ethyl urea	$C_2H_5NHCONH_2$	ەتيل ۇرەا
乙脲基苯			"α – 乙基·b – 苯基脲" گە قاراڭىز.
乙偶姻	acetoin	$CH_3CHOHCOCH_3$	اتسەتوين
乙硼烷	diborane	B_2H_6	ديبوران
乙羟肟酸	acethydroximic acid	$CH_3C(OH)NOH$	اتسەت گيدروكسيم قشقىلى
乙取丙取二苄基硅	ethyl – propyl – dibenzyl silicane		

$(C_2H_5)(C_3H_7)(C_6H_5CH_2)_2Si$	هتیل ـ پروپیل ـ دیبەنزیل کرەمني
乙取三苯基硅 ethyl triphenyl - silicane $C_2H_5Si(C_6H_5)_8$	هتیل تریفەنیل کرەمني
乙取三甲基硅 ethy - trimethyl - silicane $C_2H_5Si(CH_3)_3$	هتیل تریمەتیل کرەمني
乙取三氯硅 ethyl trichloro - silicane $C_2H_5SiCl_3$	هتیل ٴۇش حلورلی کرەمني
乙取三乙氧基硅 ethyl - trithoxy - silicane $C_2H_5Si(OC_2H_5)$	هتیل تریەتوکسیل کرەمني
乙醛	"醋酸" گه قاراڭز.
乙醛 - d acetaldehyde - d CH_3CDO	سەرکه الدەگید ـ d
乙醛 - d₄ acetaldehyde - d₄ CH_3CDO	سەرکه الدەگید ـ d₄
乙 - d₃ - 醛 - d acet - d₃ - aldehyde - d CH_3CDO	سەرکه ـ d₃ ـ الدەگید ـ d
乙 - t₃ - 醛 acet - t₃ - aldehyde CT_3CHO	سەرکه ـ t₃ ـ الدەگیدتی
乙醛苯腙 acetaldehyde phenylhydrazone $C_6H_5NHNCHCH_3$	سەرکه الدەگیدتی فەنیل گیدرازون
乙醛合氨 acetaldehyde ammonia	سەرکه الدەگیدتی امماك
乙醛合亚硫酸氢钠 acetaldehyde sodium bisulfite $CH_3CHO \cdot NaHSO_3$	سەرکه الدەگیدتی قشقىل کوکمرتتى قشقىل ناتري
乙醛连氮 acetaldazine $CH_3CHNHCHCH_3$	اتسەتالدازین، سەرکه الدازین
乙醛酶 acetadehydase	اتسەتالدەگیدازا، سەرکه الدەگیدازا
乙醛树脂 acetaldehyde resin	سەرکه الدەگیدتی سمولا (شایرلار)
乙醛酸 glyoxalic acid	گلیوکسال قشقىلى
乙醛酸盐 glyoxylate	گلیوکسال قشقىلىنىڭ تۇزداری
乙醛缩氨基脲 acetaldehyde semicarbazone $CH_3CHNHCONH_2$	سەرکه الدەگیدتی سەمیکار بازون
乙醛缩苯氨基脲 phenylsemicarbazone, acetaldehyde	سەرکه الدەگیدتی فەنیل سەمیکاربازون
乙醛缩二甲醇 acetaldehyde dimethyl acetal $CH_3CH(OMC)_2$	سەرکه الدەگیدتی دیمەتیل اتسەتال
乙醛缩二乙醇 acetaldehyde diethyl acetal $CH_3CH(OC_2H_5)_2$	سەرکه الدەگیدتی دیەتیل اتسەتال
乙醛缩 - 丙醇 acetaldehyde propyl semiacetal $CH_3CH(OH)(OC_3H_7)$	سەرکه الدەگیدتی پروپیل سەمیاتسەتال

乙醛羧酸	glyoxal carboxylic acid		گیلوکسال کاربوکسیل قشقىلى
乙醛糖酸	aldobionic acid		الدوبیون قشقىلى
乙醛肟	acetaldoxime	CH_3CHNOH	اتسەتالدوکسیم، سىرکە الدەگیدتى وکسیم
乙醛酰	glyoxylyl, glyoxyloyl	$OHCCO-$	گلیوکسیلیل، گلیوکسیلویل
乙炔	acetylene, ethine	$CH \equiv CH$	اتسەتیلەن، ەتین
乙炔撑	ethynylene	$-C \equiv C-$	ەتینیلەن
乙炔灯	acetylene burner		اتسەتیلەن شام
乙炔二钠	disodium acetylene	C_2Na_2	ەکى ناتریلى اتسەتیلەن
乙炔二氰	acetylene dinitri	$CN \cdot C \equiv C \cdot CN$	ەکى نیتریلدى اتسەتیلەن
乙炔二羧酸	acetylenedicarboxylic acid	$COOHC \equiv CCOOH$	اتسەتیلەن ەکى کاربوکسیل قشقىلى
乙炔发生器	acetylene generator		اتسەتیلەن گەنەراتور
乙炔汞	mercuric acetilide	HgC_2	اتسەتیلەندى سناپ، سناپ اتسەتیلیدى
乙炔黑	acetylene black		اتسەتیلەندى قارا
乙炔化二碘	acetylenediiodide	$CHI:CHI$	اتسەتیلەندى ەکى یود
乙炔化二卤	acetylenedihalide	$CHX:CHX$	اتسەتیلەندى ەکى گالوگەن
乙炔化二氯	acetylenedichloride	$CHCl:CHCl$	اتسەتیلەندى ەکى حلور
乙炔化二溴	acetylene dibromide	$CHBr:CHBr$	اتسەتیلەندى ەکى بروم
乙炔化氟氯	acetylene fluorochloride	$CHCl:CHF$	اتسەتیلەندى فتور ـ حلور
乙炔化氟溴	acetylenefluorobromide	$CHBr:CHF$	اتسەتیلەندى فتور ـ بروم
乙炔化氯碘	acetylene chlorooiodide	$CHCl:CHI$	اتسەتیلەندى حلور ـ یود
乙炔化氯溴	acetylene chlorobromide	$CHCl:CHBr$	اتسەتیلەندى حلور ـ بروم
乙炔化四碘	acetylenetetraiodide	$CHI_2 \cdot CHI_2$	اتسەتیلەندى ٴتورت یود
乙炔化四卤	acetylene tetrahaliode	$CHX_2 \cdot CHX_2$	اتسەتیلەندى ٴتورت گالوگەن
乙炔化四氯	acetylene tetrachloride	$CHCl_2 \cdot CHCl_2$	اتسەتیلەندى ٴتورت حلور
乙炔化四溴	acetylene tetrabromide	$CHBr_2 \cdot CHBr_2$	اتسەتیلەندى ٴتورت بروم
乙炔化物	acetylide	$MC : CM$	اتسەتیلەن قوسىلىستارى، اتسەتیلیدتەر
乙炔化作用	ethynylation		ەتینیلدەۋ
乙炔基	ethynyl, ethynyl group, acetenyl	$-CH : C-$	ەتینیل ـ ەتینیل گرۋپپاسى، اتسەتەنیل
乙炔基苯	acetylenyl benzene	$CH \cdot C \cdot C_6H_5$	اتسەتیلەنیل بەنزول
乙炔基碘	acetylene iodide	$CH : Cl$	اتسەتیلەندى یود
乙炔基丁间二烯	acetylene divinyl	$CH_2:CH - CH:CH \cdot C : CH$	اتسەتیلەندى

ديۆينيل

乙炔基甲醇　ethynyl carbinol　CH∶C·CH₂OH　ەتینیل كاربینول

乙炔基甲叔醇　tert. - ethynyl carbinols　تەرت . ـ ەتینیل كاربینول

乙炔基金属　metal acetylide　اتسەتیلەندى مەتال

乙炔基卤　acetylene halide　CH∶CX　اتسەتیلەندى گالوگەن

乙炔基氯　acetylene chloride　CH∶CCl　اتسەتیلەندى حلور

乙炔基羧酸　acetylenecarboxylic acid　CH∶C·COOH　اتسەتیلەن كاربوكسیل قىشقىلى

乙炔基溴　acetylene bromide　CH:CBr　اتسەتیلەندى بروم

乙炔镁化溴　magnesium bromide ethynyl　ەتینیل ماگنیلى بروم

乙炔钠　sodium carbide(= sodium acetylide)　Na₂C₂　ناتري كاربید

乙炔气焊装置　acetylene welding set　اتسەتیلەن گازمەن دانەكەرلەۋ قۇربلعەسى

乙炔气瓶　acetylene cylinder　اتسەتىلەن سیلیندرى

乙炔铜　copper acetylide　اتسەتیلەندى مىس، مىس اتسەتیلیدى

乙炔型硫醚　acetylenic thioether　اتسەتیلەندى تیوەفیرى

乙炔氧气焰　acetylene - oxigen flame　اتسەتیلەن ـ وتەك جالىنى

乙炔一钠　monosodium acetylide　CH∶CNa　ٴبىر ناتریلى اتسەتیلەن

乙炔银　silver carbide (= silver acetylide)　Ag₂C₂　كۇمىس كاربید

乙胂　ethyl arsine　C₂H₅AsH₂　ەتیل ارسین

乙胂化二硫　ethyl - arsine - disulfide　C₂H₅AsS₂　ەتیل ارسیندى ەكى كۇكىرت

乙胂化二氯　"乙基二氯胂" گە قاراڭز .

乙胂化二溴　"乙基二溴胂" گە قاراڭز .

乙胂化硫　ethyl - arsine - sulfide　C₂H₅·As·S　ەتیل ارسیندى كۇكىرت

乙胂化氧　ethyl - arsine oxide　C₂H₅As·O　ەتیل ارسین توتىعى

乙胂酸　"乙基砷酸" گە قاراڭز .

乙四羧酸四乙酯　tetraethyl ethane tetracarboxylate　[(C₂H₅O₂C)₂CH]₂　ٴتورت ەتیل ەتاندى ٴتورت كاربوكسیل قىشقىل ەتیل ەستەرى

乙酸　"醋酸" گە قاراڭز .

乙酸铵　"醋酸铵" گە قاراڭز .

乙酸苄酯　"醋酸苄酯" گە قاراڭز .

乙酸丁酸纤维素　"醋酸·丁酸纤维素" گە قاراڭز .

乙酸丁酯　"醋酸丁酯" گە قاراڭز .

乙酸发酵	"醋酸发酵" گه قاراڭز.
乙酸钙	"醋酸钙" گه قاراڭز.
乙酸酐	"醋酸酐" گه قاراڭز.
乙酸镉	"醋酸镉" گه قاراڭز.
乙酸汞	"醋酸汞" گه قاراڭز.
乙酸癸酯	"醋酸癸酯" گه قاراڭز.
乙酸甲酯	"醋酸甲酯" گه قاراڭز.
乙酸钾	"醋酸钾" گه قاراڭز.
乙酸里哪酯	"醋酸里哪酯" گه قاراڭز.
乙酸铝	"醋酸铝" گه قاراڭز.
乙酸镁	"醋酸镁" گه قاراڭز.
乙酸锰	"醋酸锰" گه قاراڭز.
乙酸钠	"醋酸钠" گه قاراڭز.
乙酸镍	"醋酸镍" گه قاراڭز.
乙酸铅	"醋酸铅" گه قاراڭز.
乙酸三丁基锡 tin tributyl acetate	سىركە قىشقىل تريبۇتيل قالايى
乙酸锶	"醋酸锶" گه قاراڭز.
乙酸铁	"醋酸铁" گه قاراڭز.
乙酸铜	"醋酸铜" گه قاراڭز.
乙酸戊酯	"醋酸戊酯" گه قاراڭز.
乙酸纤维	"醋酸纤维" گه قاراڭز.
乙酸纤维素	"醋酸纤维素" گه قاراڭز.
乙酸辛酯	"醋酸辛酯" گه قاراڭز.
乙酸锌	"醋酸锌" گه قاراڭز.
乙酸亚汞	"醋酸亚汞" گه قاراڭز.
乙酸亚铁	"醋酸亚铁" گه قاراڭز.
乙酸盐	"醋酸盐" گه قاراڭز.
乙酸乙烯酯	"醋酸乙烯酯" گه قاراڭز.
乙酸乙酯	"醋酸乙酯" گه قاراڭز.
乙酸异丁酯	"醋酸异丁酯" گه قاراڭز.

乙酸异戊酯			"醋酸异戊酯" گە قاراڭىز.
乙酸银			"醋酸银" گە قاراڭىز.
乙酸酯			"醋酸酯" گە قاراڭىز.
乙缩氯醛	chloral－acetal	$Cl_3CCH(OC_2H_5)_2$	حلورال اتسەتال
乙缩醛	acetal	$CH_3CH(OC_2H_5)_2$	اتسەتال
乙糖	biose(＝diose)	$C_2H_4O_2$	بيوزا، ديوزا
乙替苯胺	N－ethylaniline	$C_6H_5NHC_2H_5$	N ـ ەتيل انيلين
乙替苯胺磺酸盐	ethylaniline－sulfonate		ەتيل انيليەندى سۇلفون قىشقىلىنىڭ تۇزداري
乙替苯酰胺	N－ethylbenzamide	$C_2H_5CONHC_2H_5$	N ـ ەتيل بەنزاميد
乙替吡咯	N－ethyl pyrrole	$C_4H_4NC_2H_5$	N ـ ەتيل پيررول
乙替苄亚胺			"苄叉替乙胺" گە قاراڭىز.
乙替甲酰胺	ethyl－formamide	$HCONHC_2H_5$	ەتيل فورماميد
乙替咪唑			"N－乙基咪唑" گە قاراڭىز.
乙替乙酰胺	N－ethyl acetamide	$CH_3CONHC_2H_5$	N ـ ەتيل اتسەتاميد
乙替乙酰替苯胺	N－ethyl acetanilide	$CH_3CON(C_2H_5)C_6H_5$	N ـ ەتيل اتسەتانيليد
乙酮醇	ketol	RCOCHOHR	كەتول
乙酮肟	acetoxime	$(CH_3)_2C:NOH$	اتسەتوكسيم
乙烷	ethane	C_2H_6	ەتان
乙烷二磺酸	ethane disulfonic acid	$HSO_3CH_6CH_2SO_3H$	ەتان ەكى سۇلفون قىشقىلى
乙烷二羧酸	ethane dicarboxylic acid	$C_2H_4(COOH)_2$	ەتان ەكى كاربوكسيل قىشقىلى
乙烷基			"乙基" گە قاراڭىز.
乙烷四羧酸	ethane tetracarboxylic acid	$(COOH)_2 \cdot CH \cdot CH \cdot (COOH)_2$	ەتان ٴتورت كاربوكسيل قىشقىلى
乙烷乙烯馏份	ethane－ethylene fraction		ەتان ـ ەتيلەندى فراكتسيالاۋ
乙肟胺	acetohydroxamamide	$CH_3C(:NOH)NH_2$	اتسەتو گيدروكسام اميد
乙矽醚			"乙硅醚" گە قاراڭىز.
乙矽烷			"乙硅烷" گە قاراڭىز.
乙矽烷基			"乙硅烷基" گە قاراڭىز.

乙硒醇 ethyl selenomercaptan		ەتيل سەلەندى مەركاپتان
乙烯 ethenel(= ethylene) C_2H_4		ەتەن، ەتيلەن
乙烯胺 vinylamine CH_2CHNH_2		ۆينيل ـ امين
乙烯吡咯烷酮 vinyl pyroliden		ۆينيل پيروليدەن
乙烯－丙烯三聚物 ethylene － propylene tripolymer		ەتيلەن ـ پروپيلەندى تريپوليمەر
乙烯丙烯橡胶		"乙丙橡胶" گە قاراڭز.
乙烯叉 vinylidene(= ethenylidene) $CH_2:CH =$		ۆينيليدەن، ەتەنيليدەن
乙烯叉二氯 vinylidene chloride		ۆينيليدەندى حلور
乙烯叉二氰 vinylideng cyanide $CH_2:C(CN)_2$		ۆينيليدەندى سيان
乙烯撑 vinylene $- CH:CH -$		ۆينيلەن
乙烯醇 vinyl alcohol		ۆينيل سپيرتى
乙烯化氢 ethylene hydride		ەتيلەندى سۆتەك
乙烯化氧 ethylene oxide CH_2CH_2O		ەتيلەن توتعى
乙烯化作用 ethylenation(= vinylation)		ەتيلەندەۆ، ۆينيلدەۆ
乙烯磺酸 vinyl sulfonic acid CH_2CHSO_3H		ۆينيل سؤلفون قىشقىلى
乙烯磺酸酐 carbyl sulfate $C_2H_4O_6S_2$		ۆينيل سؤلفون قىشقىل انگيدريدتى
乙烯基 vinyl, vinyl group		ۆينيل، ۆينيل گرۇپپاسى
乙烯基苯酚 vinylphenol		ۆينيل فەنول
乙烯基·苯基醚 vinyl phenyl ether $CH_2CHOC_6H_5$		ۆينيل فەنيل ەفيرى
乙烯基苯乙烯 vinyl styrene		ۆينيل ستيرەن
乙烯基吡啶 vinyl pyridine		ۆينيل پيريدين
乙烯基丙烯酸 vinylacrylic acid $CH_2(CH)_2CHCOOH$		ۆينيل اكريل قىشقىلى
乙烯基雌二醇 ethnyl estradiol		ەتەنيل ەستراديول
乙烯基醋酸 vinylacetic acid CH_2CHCH_2COOH		ۆينيل سىركە قىشقىلى
乙烯基醋酸盐 uinyl acetate CH_2CHCH_2COOM		ۆينيل سىركە قىشقىل تۇزدارى
乙烯基碘 vinyl iodide CH_2CHI		ۆينيل يود
乙烯基丁基醚 vinyl butyl ether $CH_2CHOC_4H_9$		ۆينيل بۇتيل ەفيرى
乙烯基氟 vinyl fluoride $CH_2:CHF$		ۆينيل فتور
乙烯基睾丸甾酮 ethenyl testosterone		ۆينيل تەستوستەرون
乙烯基甲苯 vinyl toluene		ۆينيل تولۋول
乙烯基甲基醚 vinyl methyl ether		ۆينيل مەتيل ەفيرى

乙烯基甲酮类　vinyl ketones　CH₂CHCO·R　ۋىنىل كەتوندار

乙烯基聚合物　uinyl polymer　ۋىنىل پوليمەر

乙烯基咔唑　vinyl carbazole　ۋىنىل كاربازول

乙烯基氯　vinyl chloride　CH₂:CHCl　ۋىنىل حلور

乙烯基醚　vinyl ether　CH₂:CHOR　ۋىنىل ەفىرى

乙烯基氰　vinyl cyanide　CH₂:CHCN　ۋىنىل سيان

乙烯基氰胂　vinylcyanoarsine　CH₂CHAsHCN　ۋىنىل سياندى ارسين

乙烯基树脂　vinyl resin　ۋىنىل سمولا (شايسرلار)

乙烯基塑料　vinyl plastic　ۋىنىل سۆلياۆ

乙烯基涂料　vinyl coating　ۋىنىل بور بوياۆلار

乙烯基烯丙基型　"戊间二烯型" گە قاراڭز.

乙烯基溴　vinyl bromide　CH₂:CHBr　ۋىنىل بروم

乙烯基乙醇　vinyl ethyl alcohol　C₃H₅CH₂OH　ۋىنىل ەتيل سپيرتى

乙烯基乙醇酸　vinyl glycollic acid　CH₂CHCHOHCOOH　ۋىنىل گليكول قىشقىلى

乙烯基乙基醚　vinyl ethyl ether　CH₂:CHOC₂H₅　ۋىنىل ەتيل ەفىرى

乙烯基乙炔　vinyl acethylene　ۋىنىل اتسەتيلەن

乙烯基异丙基醚　vinyl isopropyl ether　CH₂:CHOC₃H₇　ۋىنىل يزوپروپيل ەفىرى

乙烯基异丁基醚　vinyl isobutyl ether　CH₂:CHOC₄H₉　ۋىنىل يزوبۇتيل ەفىرى

乙烯基异戊基醚　vinyl isoamyl ether　CH₂:CHOC₅H₁₁　ۋىنىل يزواميل ەفىرى

乙烯基愈创木酚　vinyl guaiacol　CH₂CHC₆H₃(OH)(OCH₃)　ۋىنىل گۆاياكول

乙烯基酯　vinyl ester　ۋىنىل ەستەرى

乙烯聚合油　ethylene polymer oil　ەتيلەندى پوليمەر ماي

乙烯空气混合物　ethylen－air mixture　ەيلەن ـ اۋا قوسپاسى

乙烯利　ethrel　ەترەل

乙烯磷　ethephon　ەتەفون

乙烯硫醚　"二乙烯基硫" گە قاراڭز.

乙烯硫酮　－thio－ketone　:C:C:S　تيوكەتون

乙烯醚　vinyl ether　(CH₂CH)₂O　ۋىنىل ەفىرى

乙烯石油共聚物　ethylene－petroleum oil coplymers　ەتيلەندى مۇناي كوپوليمەرلەرى

乙烯属碳氢化合物　ethylene hyodrocarbons　CnH₂n　ەتيلەندى كومىر

سۆتەك قوسىلستارى

乙烯属烃　ethylene hydrocarbons　CnH₂n　ەتىلەندى كومىر سۆتەكتەر

乙烯四羧酸　ethylene－tetracaboxylic acid　(COOH)₂·C:C·(COOH)　ەتىلەندى
ٴتورت كاربوكسيل قىشقىلى

乙烯酮　ketene　H₂C:C:O　كەتەن

乙烯系　ethylene series　ەتىلەن قاتارى

乙烯系弹料　vinyl elestomer　ۆينيل ەلەستومەر

乙烯系共聚物　vinyl copolymer　ۆينيل كوپوليمەر

乙烯系化合物　vinyl compound　ۆينيل قوسىلستارى

乙烯系碳氢化合物　hydrocarbon of ethylene series　ەتىلەن قاتار ىنداعى
كومىر سۆتەك قوسىلستارى

乙烯型的　ethenoid　ەتونويد، ەتەن تۇرپاتتى

乙酰　acetyl, aceto　CH₃CO－　اتسەتيل، اتسەتو

乙酰氨茴内酐　acetyl anthranil　C₉H₇C₂N　اتسەتيل انترانيل

乙酰氨基酸　acetyl amino acid　اتسەتيل امينو قىشقىلى

乙酰胺　acetamide　CH₃CONH₂　اتسەتاميد

乙酰胺　acetamide－N, 2－d₂　CH₂DCONHD　اتسەتاميد ـ N ، 2 ـ d₂

2－d－酰胺－d　ecet－d－amide－d　CH₂DCONHD　اتسەت ـ d ـ اميد ـ d

乙酰胺叉　acetylimino－(＝acetimido－)　CH₃CON＝　اتسەتيل يمينو ـ،
اتسەتيميدو

乙酰胺叉二醋酸　acetylimino diacetic acid　اتسەتيل يمينو ەكى سىركە
قىشقىلى

乙酰胺基　acetamido－(＝acetamino－)　CH₃CONH－　اتسەتاميدو ـ،
اتسەتامينو ـ

乙酰胺基苯酚　acetaminophenol　CH₃CO·NH·C₆H₄OH　اتسەتامينو فەنول

乙酰胺基苯甲酸　acetaminobenzoic acid　CH₃CONHC₆H₄COOH　اتسەتامينو
بەنزوي قىشقىلى

4－乙酰胺基苯醛缩氨基硫脲　4－acetaminobenzaldhyde－thiosemi
carbazone　4 ـ اتسەتامينو بەزالدەگيد ـ تيو سەميكاربازون

乙酰胺基苯胂酸钠　"胂酸精" گە قاراڭىز.

乙酰胺基苯乙醚　"乙酰替乙氧苯胺" گە قاراڭىز.

乙酰胺基醋酸　acetylaminoacetic acid　CH₃·CO·NH·CH₂·CH₂COOH　اتسەتيل
امينو سىركە قىشقىلى

乙酰胺基偶氮甲苯　acetylamidoazotoluene　$CH_3C_6H_4N:N\cdot C_6H_3(CH_3)\cdot NH\cdot COCH_3$

اتسەتیل امیدو ازوتولۇول

3－乙酰胺基－4－羟基苯胂酸　　　　　"醋酰胺胂" گە قاراڭىز.

乙酰胺基水杨酸　acetaminosalicylic acid　$CH_3CONH\cdot C_6H_3(CH)COOH$

اتسەتامینو سالیتسیل قىشقىلى

2－乙酰胺基－5－硝基噻唑　2－acetamido－5－nitrothiazole

2 ــ اتساتامیدو ــ 5 ــ نیتروتیازول

乙酰半胱氨酸　acetylcysteine

اتسەتیل سیستەیین

乙酰苯　　　　　　　　"苯乙酮" گە قاراڭىز.

乙酰苯胺　　　　　　"乙酰替苯胺" گە قاراڭىز.

乙酰苯酚　acetophenol　$CH_3COC_6H_4OH$

اتسەتو فەنول

乙酰苯间二酚　acetyl－resorcin　$CH_3CO_2C_6H_4OH$

اتسەتیل رەزورتسین

乙酰苯偶姻　acetyl benzoin

اتسەتیل بەنزوین

乙酰苯酰　acetylbenzoyl

اتسەتیل بەنزوین

乙酰苯酰过氧　acetylbenzoyl peroxide　$CH_3CO\cdot OO\cdot COC_6H_5$

اتسەتیل بەنزویل اسقىن توتعى

乙酰吡咯　acetyl－pyrrole　$CH_3CONC_4H_4$

اتسەتیل پیررول

乙酰苄基醋酸酯　benzoylacetoacetic ether　$CH_3COCH(C_6H_5CH_2)COOR$

اتسەتو بەنزویل سىركە قىشقىل ەستەرى

乙酰丙二酸二乙酯　diethyl acetyl malonate　$CH_3COCH(CO_2C_2H_5)_2$

اتسەتیل مالون قىشقىل دیەتیل ەستەرى

乙酰丙醛　levulinic aldehyde　$CH_3CO(CH_2)_2CHO$

لەۋۇلین الدەگیدتى

乙酰丙酸　levulinic acid　$CH_3COCH_2CH_2COOH$

لەۋۇلین قىشقىلى

乙酰丙酮　acetylacetone　$(CH_3CO)_2CH_2$

اتسەتیل اتسەتون

乙酰丙酮合铍　beryllium acetyl acetonate

اتسەتیل اتسەتوندى بەریللي

乙酰丙酮酸乙酯　ethyl aceto－pyruvate　$CH_3COCH_2COCO_2C_2H_5$

اتسەتو پیرۇۆین قىشقىل ەتیل ەستەرى

乙酰丙酰　acetyl－propionyl　$CH_3COCOCH_2CH_3$

اتسەتیل پروپیونیل

乙酰纯黄　acetyl pure yellow

اتسەتیل سارسى

乙酰醋酸　aceto acetic acid　CH_3COCH_2COOH

اتسەتو سىركە قىشقىلى

乙酰醋酸丙酯　propylacetoacetate　$CH_3COCH_2CO_2C_3H_7$

اتسەتو سىركە قىشقىل پروپیل ەستەرى

乙酰醋酸丁酯　butyl acetoacetate　$CH_3COCH_2CO_2C_4H_9$

اتسەتو سىركە قىشقىل

بۇتیل ھەستەری

乙酰醋酸甲酯　methyl acetoacetate　$CH_3COCH_2CO_2CH_3$　اتسەتو سىركە قوشقىل

مەتیل ھەستەری

乙酰醋酸盐　aceto acetate　CH_3COCH_2COOM　اتسەتو سىركە قوشقىلىنىڭ

تۇزداری

乙酰醋酸乙酯　acetoacetic ester　$CH_3COCH_2COOC_2H_5$　اتسەتو سىركە قوشقىل

ەتیل ھەستەری

乙酰醋酸酯　acetoacetic ester　CH_3COCH_2COOR　اتسەتو سىركە قوشقىل ھەستەری

乙酰醋酸酯合成　acetoacetic ester synthesis　اتسەتو سىركە قوشقىل

ھەستەردی سینتەزدەۋ

乙酰代苯胺　"氨基苯乙酮" گە قاراڭىز.

乙酰丹宁　acetannin　اتسەتاننین

乙酰丹宁酸　acetyltannic acid　اتسەتیل تاننین قوشقىلى

乙酰胆碱　acetylcholine　اتسەتیل حولین

乙酰胆碱酯酶　acetyl choline esterase　اتسەتیل حولین ھەستەرازا

乙酰碘　acetyl iodide　$CH_3·COI$　اتسەتیل یود

乙酰靛红　acetyl isatin　$CH_2CO·N·(CO)_2C_6H_4$　اتسەتیل یزاتین

乙酰丁醇　acetobutyl alcohol　$CH_3CO[CH_2]_3CH_2OH$　اتسەتو بۇتیل سپیرتى

乙酰丁基醋酸酯　butyl acetoacetic ester　$CH_3COCH(C_4H_9)CO·OR$　اتسەتو

بۇتیل سىركە قوشقىل ھەستەری

乙酰丁酰　acetyl butyryl　$CH_3CO·COCH_2CH_2CH_3$　اتسەتیل بۇتیریل

乙酰对氨基苯胂酰　acetyl atoxyl　اتسەتیل اتوكسیل

乙酰二甲苯　accto-xylene　اتسەتوكسیلەن

乙酰二氯丙醇　acetyl dichlorohydrin　اتسەتیل ەكی حلورلى گیدرین

乙酰菲　acetophenanthrene　$CH_3COC_{14}H_9$　اتسەتو فەنانترەن

乙酰呋喃　acetyl furan　اتسەتیل فۇران

乙酰辅酶 A　acetyl coenzyme A　اتسەتیل كوەنزیم A

乙酰辅酶 A 水鲜酶　acetyl coenzime A hydrolase　اتسەتیل كوەنزیم A

گیدرولازا

乙酰氟　acetyl fluoride　$CH_3·COF$　اتسەتیل فتور

乙酰甘氨酸　acetylglycine　$CH_3CONHCH_2COOH$　اتسەتیل گلیتسین

乙酰汞辛酚　acetomeroctol　اتسەتو مەروكتول

乙酰过氧化苯甲酰　acetyl benzoyl peroxide　$C_6H_5CO·O_2·COCH_3$　اتسەتیل

بەنزويل اسقىن توتعى

乙酰海硫因　acetyl thiohydantoin　$CH_3CONCH_2CONHCS$ ئەتسەتيل تيوگيدانتوين

N－乙酰胲　N－acetylhydroxylamine　$CH_3CONHOH$ ئەتسەتيل گيدروكسيلامين

乙酰化　acetylate ئەتسەتيلدەنۇ

乙酰化蛋白　coacetylated protein ئەتسەتيلدەنگەن پروتەين

乙酰化的　acetylating ئەتسەتيلدەنگەن

乙酰化辅酶　coacetylase كواتسەتيلازا

乙酰化过氧　acetylperoxide　$(CH_3CO)_2O_2$ ئەتسەتيل اسقىن توتعى

乙酰化过氧氢　acetylhydroperoxide　$CH_3CO_2 \cdot O \cdot H$ ئەتسەتيل سۇتەك اسقىن توتعى

乙酰化混合剂　acetylating mixture ئەتسەتيلدەگىش قوسپا اگەنت

乙酰化剂　acetylating agent ئەتسەتيلدەگىش اگەنت

乙酰化了的　acetylated ئەتسەتيلدەنگەن

乙酰化器　acetylator ئەتسەتيلاتور، ئەتسەتيلدەگىش (اسپاپ)

乙酰化氧　acetyl oxide　$(CH_3CO_2)_2O$ ئەتسەتيل توتعى

乙酰化值　acetylation number (value) ئەتسەتيلدەنۇ ئمانى، ئەتسەتيل ئمانى

乙酰化作用　acetylation ئەتسەتيلدەنۇ

乙酰环丙烷　acetocyclo propane　$CH_3COC_3H_5$ ئەتسەتو ساقينالى پروپان

乙酰环己烷　acetocyclohexane　$CH_3COC_6H_{11}$ ئەتسەتو ساقينالى گەكسان

乙酰环己烯　acetocylohexene　$CH_3COC_6H_9$ ئەتسەتو ساقينالى گەكسەن

乙酰环戊烷　acetocyclo pentane　$CH_3COC_5H_9$ ئەتسەتو ساقينالى پەنتان

乙酰磺胺　sulfacetamide سۇلفا ئەتسەتاميد

乙酰磺胺钠　sulfacetamide sodium سۇلفا ئەتسەتاميد ناتري

乙酰基　acetyl, acetyl group　CH_3CO- ئەتسەتيل، ئەتسەتيل گرۇپپاسى

乙酰基苯甲酸　acetylbenzoic acid　$CH_3COC_6H_4COOH$ ئەتسەتيل بەنزوي قىشقىلى

乙酰基萘酚　acetonaphthol　$HOC_{10}H_6COCH_3$ ئەتسەتوناقتول

乙酰基苹果酸　acetyl－malic acid　$C_2H_3O_2C_2H_3(COOH)_2$ ئەتسەتيل الما قىشقىلى

乙酰基缩二脲　acetyl biuret　$CH_3CO(NHCO)_2NH_2$ ئەتسەتيل بيۇرەت

乙酰己酰　acetyl caproyl　$CH_3COCO(CH_2)_4CH_3$ ئەتسەتيل كاپرويل

乙酰剂 "乙酰化剂" گە قاراڭىز.

乙酰甲胺磷	acephate		اتسەفات
乙酰甲叉			"丙酮叉" گە قاراڭىز.
乙酰甲醇			"丙酮醇" گە قاراڭىز.
乙酰甲基			"丙酮基" گە قاراڭىز.
乙酰甲酸	acetyl formic acid	$CH_3COCOOH$	اتسەتيل قۇمۇرسقا قىشقىلى
乙酰间苯三酚			"根皮乙酰苯" گە قاراڭىز.
乙酰肼	acethydrazide	$CH_3CONHNH_2$	اتسەت گيدرازيد
乙酰藜芦酮	acetoveratrone		اتسەتو ۋەراترون
乙酰亮蓝	acetyl brilliant blue		اتسەتيل جارقىراڭق كوگى
乙酰磷酸	acetyl phosphpric acid		اتسەتيل فوسفور قىشقىلى
乙酰磷酸盐	acetyl phosphate		اتسەتيل فوسفور قىشقىلىنىڭ تۇزدارى
乙酰磷酸酯	acetyl phosphate		اتسەتيل فوسفور قىشقىل ەستەرى
乙酰硫脲	acetyl – thiourea	$CH_3CONHCSNH_2$	اتسەتيل تيوۋرەا
乙酰硫酸	acetyl sulfuric acid	CH_3COOSO_3H	اتسەتيل كۆكىرت قىشقىلى
乙酰氯	acetyl chloride	CH_3COCl	اتسەتيل حلور
乙酰氯胺	acetochloroamide	$CH_3CONHCl$	اتسەتو حلور اميد
乙酰氯替苯胺	acetochloroanilide	$CH_3CON(Cl)C_6H_5$	اتسەتو حلور انيليد
乙酰萘	acetonaphthalene	$CH_3COC_{10}H_7$	اتسەتو نافتالين
乙酰脲	acetyl urea	$CH_3CONHCONH_2$	اتسەتيل ۇرەا
乙酰哌啶	acetyl piperidine	$H_3CCONC_5H_{10}$	اتسەتيل پيپەريدين
乙酰氰	acetyl cyanide	CH_3COCN	اتسەتيل سيان
乙酰染料	acetyl colors		اتسەتيل بوياۋلارى
乙酰肉桂酮	acetosinnamone		اتسەتو سيننامون
乙酰萨罗	acetyl salol	$CH_3CO_2C_6H_4CO_2C_6H_5$	اتسەتيل سالول

1－乙酰－2三苯甲基联亚胺　1－acetyl－2－triphenylmethyl diimide
$CH_3CON:NC(C_6H_5)_5$　1 ـ اتسەتيل ـ 2 ـ تريفەنيل مەتيل دييميد

8－乙酰－5,6,7－三甲氧基－2,2－二甲基色烯　8－acetyl－5,6,7－
trimethoxy－2,2－dimethylchromene　8 ـ اتسەتيل ـ 5، 6، 7 ـ
تريمەتوكسي ـ 2، 2 ـ ديمەتيل حرومەن

乙酰水杨醛	acetyl – salicylaldehyde	$C_9H_8O_3$	اتسەتيل ساليتسيل الدەگيدتى
乙酰水杨酸	acetyl – salicylic acid	$CH_3CO_2C_6H_4COOH$	اتسەتيل ساليتسيل قىشقىلى
乙酰水杨酸苯酯	acetylphenyl salicylate	$CH_3CO_2C_6H_4CO_2C_6H_5$	اتسەتيل

乙酰水杨酸甲酯　methyl acetyl‒salicylate　$CH_3CO_2C_6H_4CO_2CH_3$ ساليتسيل قشقىل فەنيل مەستەرى
اتسەتيل

乙酰水杨酸乙酯　ethyl acetyl salicylate　$CH_3CO_2C_6H_4CO_2C_2H_5$ ساليتسيل قشقىل مەتيل مەستەرى
اتسەتيل

乙酰‒H‒酸　acetyl‒H‒acid　ساليتسيل قشقىل ەتيل مەستەرى
اتسەتيل ‒ H ‒ قشقىلى

乙酰替苯氨基脲　phenyl‒semicarbazide, acetyl　اتسەتيل فەنيل
سەميكاربازيد

乙酰替苯胺　monoacetylaniline(＝acetanilide)　$C_6H_5·NH·CO·CH_3$ مونو
اتسەتيل انيلين، اتسەتانيليد

乙酰替苯胺基醋酸　N‒acetylphenylglycine　$C_6H_5N(COCH_3)CH_2COOH$
N ‒ اتسەتيل فەنيل گليتسين

乙酰替苯胺钠　sodium acetanilide　$CH_3CON(Na)C_2H_5$ اتسەتانيليد ناترى

乙酰替苯酰甲氧基苯胺　"睡乙酰胺" گە قاراڭىز.

乙酰替苯乙定　acetophenetidide　$CH_3CONHC_6H_4OC_2H_5$ اتسەتوفەنەتيديد

乙酰替丙氨酸　acetyl alanine　$CH_3CHNH(COCH_3)COOH$ اتسەتيلى الانين

乙酰替氮杂茚满二酮　"乙酰靛红" گە قاراڭىز.

乙酰替丁替苯胺　acetyl butylaniline　$CH_3CO·N(C_4H_9)·C_6H_5$ اتسەتيل بۇتيل
انيلين

乙酰替对甲氧基苯胺　metacetin　$C_9H_{11}O_2N$ مەتاتسەتين

乙酰替二苯胺　acetyl diphenylamine　$(C_6H_5)_2NCOCH_3$ اتسەتيل ديفەنيلامين

乙酰替二甲苯胺　acetoxylide　$CH_3CONHC_6H_3(CH_3)_2$ اتسەتوكسيليد

乙酰替甘氨酸　"乙酰胺基醋酸" گە قاراڭىز.

乙酰替茴香胺　acetyl‒anisidine　$CH_3OC_6H_4NHCOCH_3$ اتسەتيل انيزيدين

乙酰替甲苯胺　acetyl toluidine　$CH_3C_6H_4NHCOCH_3$ اتسەتيل تولۇيدين

乙酰替甲氧基苯胺　"乙酰替茴香胺" گە قاراڭىز.

乙酰替咔唑　N‒acetyl carbazole　$CH_3CONC_{12}H_8$ N ‒ اتسەتيل كاربازول

乙酰替邻氨基苯酸　acetylathranilic acid　$C_9H_9O_3N$ اتسەتيل انترانيل
قشقىلى

乙酰替邻氨基苯酸内酯　acetylathranyl　$C_9H_7C_2N$ اتسەتيل انترانيل

乙酰替氯苯胺　chloroacetanilide　$ClC_6H_4NHCOCH_3$ حلورلى اتسەتانيليد

乙酰替萘胺　acetyl naphthylamine　$CH_3CONHC_{10}H_7$ اتسەتيل نافتيلامين

乙酰替‒2‒羟基己胺　"乙酰替乙醇胺" گە قاراڭىز.

乙酰替溴苯胺　bromoacetanilide　برومدى اتسەتانیلید

乙酰替乙醇胺　N‐acetyl ethanolamine　$HO(CH_2)_2NHCOCH_3$　N ـ اتسەتیل
ەتانولامین

乙酰替乙氧苯胺　acetophenetide(= acetophenetidine)　$CH_3CONHC_6H_4C_2H_5$
اتسەتو فەنەتید، اتسەتو فەنەتیدین

乙酰替乙氧基苯胺　acetophenetidine　$C_2H_5OC_6H_4NHCOCH_3$　اتسەتو فەنەتیدین

乙酰替吲哚　N‐acetyl indole　$CH_3CONC_8H_6$　N ـ اتسەتیل یندول

乙酰脱氢酶　acetodehydrogenase　اتسەتو دەگیدرو گەنازا

乙酰纤维素　acetyl cellulose　اتسەتیل سەللیۇلوزا

乙酰香草酮　acetovallinone　اتسەتو ۋاللینون

乙酰香豆素　acetocoumarin　$C_{11}H_8O_3$　اتسەتو كوۋمارین

乙酰猩红　acetyl scarlet　اتسەتیل قىپ ـ قىزلى

乙酰溴　acetyl bromide　CH_3COBr　اتسەتیل بروم

乙酰溴胺　acetobromamide　$CH_3CONHBr$　اتسەتو بروم امید

乙酰溴葡糖　acetobromoglucose　$C_{14}H_{19}O_9Br$　اتسەتو برومدى گلیۇكوزا

乙酰亚胺基　"乙酰胺叉" گە قاراڭز.

乙酰氧基　"醋酸基" گە قاراڭز.

乙酰乙酸　"乙酰醋酸" گە قاراڭز.

乙酰乙酸甲酯　methyl acetoacetate　اتسەتو سىركە قىشقىل مەتیل ەستەرى

乙酰乙酸乙酯　ethyl acetoacetate　اتسەتو سىركە قىشقىل ەتیل ەستەرى

乙酰乙酸酯　acetoacetic ester　CH_3COCH_2COOR　اتسەتو سىركە قىشقىل ەستەرى

乙酰乙酰基　acetoacetyl　CH_3COCH_2CO-　اتسەتو اتسەتیل

乙酰乙酰替苯胺　acetoacetanilide　$CH_3COCH_2CONH_2C_6H_5$　اتسەتو اتسەتانیلید

乙酰异丁酰　acetyl‐isobutyryl　$CH_3COCOCH(CH_3)_2$　اتسەتیل یزوبۇتیریل

乙酰异戊酰　acetyl‐isovaleleryl　$CH_3COCOCH_2CH(CH_3)_2$　اتسەتیل یزوۋالەریل

乙酰皂化值　acetyl saponification number　اتسەتیلدك سابىندانۇ ٴمانى

乙酰樟脑　acetyl camphor　$C_{12}H_{18}O_2$　اتسەتیل كامفورا

乙酰纸　acetylated paper　اتسەتیلدەنگەن قاعاز

乙酰值　acetyl number　اتسەتیل ٴمانى

乙酰唑胺　acetazolamide　اتسەت ازولامید

乙硝肟酸　ethylnitrolic acid　$(NOH)NO_2$　ەتیل نیترول قىشقىلى

乙亚胺　ethylidenimine　CH_3CHNH　ەتیلیدەن یمین

乙亚胺基　"乙叉胺基" گە قاراڭز.

乙亚磺酸　ethylsulfinic acid　C_2H_5COOH　هتيل سۆلفين قىشقىلى

乙亚胂酸　ethane arsonous acid　$C_2H_5As(OH)_2$　هتان ارسونودى قىشقىل

乙亚硝胺　ethylni trosamine　C_2H_5NHNO　هتيل نيتروزامين

乙亚硝肟酸　acetonitrosolic acid　$CH_3C(NOH)NHO$　اتسەتو نيتروزول قىشقىلى

乙氧苯胺基　phenetidino －　$C_2H_5OC_6H_4NH -$　ـ فەنەتيدينو

乙氧苯酚　guolthol　گۆۋەتول

乙氧苯基　ethoxyphenyl －　$(C_2H_5O)C_6H_4 -$　هتوكسيفەنيل

乙氧基　ethoxy －　C_2H_5O　هتوكسي

乙氧基钡　barium ethoxyde　$Ba(C_2H_5O)_2$　هتوكسي باري

乙氧基苯　ethoxybenzene　هتوكسي بەنزول

乙氧基苯胺　ethoxy aniline　$C_2H_5OC_6H_4NH_2$　هتوكسي انيلين

乙氧基苯甲醛　ethdxy － benzaldehyde　$C_2H_5OC_6H_4CHO$　هتوكسي بەنزالدەگيدتى

乙氧基苯甲酸　ethoxy benzoic acid　$C_2H_5OC_6H_4COOH$　هتوكسي بەنزوي قىشقىلى

乙氧基苯脲　ethoxy － phenyl urea　$C_6H_5OC_6H_4NHCONH_2$　هتوكسي فەنيل ۇرەا

乙氧基苯偶姻　ethoxybenzoin　$C_6H_5CH(OC_2H_5)COC_6H_5$　هتوكسي بەنزوين

乙氧基丙炔　“乙基炔丙基醚” گە قاراڭز.

乙氧基丙烷　“乙基·丙基醚” گە قاراڭز.

乙氧基醋酸　ethoxyacetic acid　$C_2H_5OCH_2COOH$　هتوكسي سىركە قىشقىلى

乙氧基二硫羰酸　“磺原酸” گە قاراڭز.

乙氧基庚烷　ethoxyheptane（＝ethylheptyl ether）　$C_2H_5OC_7H_{15}$　هتوكسي گەپتان

乙氧基荒酸　ethyl － oxydithiocarbonic acid　$C_2H_5O \cdot CS \cdot SH$　هتيل وتتەك ەكى كۆكىرتتى كومىر قىشقىلى

乙氧基己烷　ethoxy hexane（＝ethyl hexyl ether）　$C_2H_5OC_6H_{13}$　هتوكسي گەكسان

乙氧基金属　“乙醇盐” گە قاراڭز.

乙氧基联二苯　ethoxybiphenyl　$C_2H_5OC_6H_4C_6H_5$　هتوكسي بيفەنيل

8－乙氧基邻苯酰胺基喹啉　8 － ethoxy － o － benzoyl amino quinoline　8 ـ هتوكسي ـ ورتو ـ بەنزويل امينو حينولين

乙氧基镁　“乙醇镁” گە قاراڭز.

乙氧基钠　“乙醇钠” گە قاراڭز.

3－乙氧基－4－羟基苯甲醛　3－ethoxy－4－hydroxy benzaldehyde

3 ـ ەتوكسي ـ 4 ـ گيدروكسيل بەنزالدەگيدتى

乙氧基肉桂酸　ethoxy cinnamic acid　$C_2H_5OC_6H_4CHCHCOOH$

ەتوكسي سيننام قشقىلى

2－乙氧基乙醇　2－ethoxyethanol　$C_2H_5O(CH_2)_2OH$

ەتوكسي ەتانول

乙氧基乙氯

"一氯二乙醚" گە قاراڭىز.

乙氧基乙烯

"乙烯基乙基醚" گە قاراڭىز.

乙氧基乙烯酮　ethoxy ketone　C_2H_5OCHCO

ەتوكسي كەتون

乙氧基原子团　ethoxy group

ەتوكسي گرۇپپاسى

乙氧甲酰

"乙酯基" گە قاراڭىز.

乙氧羰基

"乙酯基" گە قاراڭىز.

乙氧乙氧基乙醇

"卡必酸" گە قاراڭىز.

乙锗烷　digermane

ديگەرمان

乙酯　ethyl ester

ەتيل ەستەرى

乙酯草酸　ethoxal

ەتوكسال

乙酯基　carbethoxy（＝ethoxycarbonyl）　C_2H_5OOC-

كاربەتوكسي، ەتوكسي كاربونيل

2－乙酯基环戊酮　2－carbethoxycyclopentanone　كاربەتوكسي ساقينالى پەنتانون ـ 2

乙种维生素

"β－纤维素" گە قاراڭىز.

已熟化树脂　resinoid

جەلدۇدان قاتايىعان سمولا (شايىر)

钇(Y)　yttrium

يتتري (Y)

镱(Yb)　ytterbium

يتتەربي (Yb)

意外反应　unexpected reaction

كەزدەيسوق رەاكسيالار

易挥发燃料　light volatile fuel

ۇشقىش جانار زاتتار

易燃的

"可燃的" گە قاراڭىز.

易燃物

"可燃物" گە قاراڭىز.

易燃性

"可燃性" گە قاراڭىز.

易燃性气体　inflammable gas

جانعىش گازدار

易燃性试验　inflammability test

جانعىشتىق سىناعى

易燃液体

"可燃液" گە قاراڭىز.

易燃蒸气　inflammable vapours

جانعىش بۇ، وتالعىش بۇ

易熔合金	fusible alloy		بالقعەش قورىتپا
易熔金属	fusible metal		بالقعەش مەتال
易熔粘土	fusible clay		يلەنگەش ساەمز توپىراق
易熔盐	fusible salt	NaNH₄·HPO₄	ەرىگەش توز
易着火的	fire hazardous		جانەش، وتالعەش، تۇتانعەش
抑素	chalon		حالون
抑肽酶	aprotinin, trasytol		اپروتينين، ترازيتول
抑制	inhibition(= depress)		تەجەۇ
抑制的	inhibited(= inhibitory)		تەجەلۇ، تەجەلگەن
抑制反应	inhibition reaction		تەجەلگەن رەاكسيا
抑制剂	inhibitor(= depvessant)		تەجەگىشتەر (اگەنت)
抑制剂染料	inhibitor dye		تەجەگەش بوياۋلار
抑制期	inhibitory stage(= inhibition period)		تەجەلۇ ۋاقتى، تەجەۇ پەريودى
抑制试验	inhibition test		تەجەۇ سىناعى
抑制素	inhibin		ينگيبين
抑制相	inhibitory phase		تەجەلگەن فازا
抑制效应	depressor effect		تەجەۇ ەففەكتى
抑制氧化	inhibited oxidation		تەجەلگەن توتعۇ
抑制油	inhibited oil		تەجەلگەن ماي
抑制值	inhibited value		تەجەلۇ ماني
异	iso –		يزو _ (گرەكشە)، بوتەن، بوگدە، جات، وزگە
异阿托酸	isoatropic acid		يزواتروپ قشقىلى
异阿魏酸	isoferulic acid	CH₃OC₆H₃(OH)CH:CHCOOH	يزوفەرۇل قشقىلى
异艾氏剂	isodrin		يزودرين
异巴比土酸	isobarbituric acid		يزوباربيتۇر قشقىلى
异巴豆酸	isocrotonic acid		يزوكروتون قشقىلى
异巴豆酸丁酯	butyl isocrotonate	CH₃CHCHCO₂C₄H₉	يزوكروتون قشقىل بۇتيل ەستەرى
异白氨酰	isoleucyl	C₂H₅CH(CH₃)CH(NH₂)CO –	يزولەۇتسيل
异白氨酸	isoleucine	(C₂H₅)(CH₃)CHCHNH₂COOH	يزولەۇتسين
异百部定	isostemonidine		يزوستە مونيدين
异百里酚	isothymol		يزوتيمول
异半蒎酸	isohemipinic acid		يزوگەميپين قشقىلى

异苯二甲撑	isophthalal		يزوفتالال
异苯二酸			"异酞酸" گه قاراڭـز.
异吡唑	imidazole		يميدازول
异蓖酸	isoricinoleic acid		يزوريتسينول قشقملى
异冰片	isoborneol	$C_{10}H_{17}OH$	يزوبورنەول
异冰片基	isobornyl	$C_{10}H_{17}$	يزوبورنيل
异冰片基卤	isobornyl halide	$C_{10}H_{17}X$	يزوبورنيل گالوگەندەر
异冰片基氯	isobornyl chloride	$C_{10}H_{17}Cl$	يزوبورنيل حلور
异冰片基溴	isobornyl bromide	$C_{10}H_{17}Br$	يزوبورنيل بروم
异冰片烯	isobornylene	$C_{10}H_{16}$	يزوبورنيلەن
异丙胺	isopropyl amine	$(CH_3)_2CHNH_2$	يزوپروپيل امين
异丙苯			"枯茗" گه قاراڭـز.
异丙苯化过氧氢	cumine hydroperoxide		گۆمينـدى سۆتـەك اسقـن توتـعى
异丙苯基			"枯烯基" گه قاراڭـز.
异丙苯基化过氧氢			"枯基过氧氢" گه قاراڭـز.
异丙叉	isopropylidene	$(CH_3)_2C=$	يزوپروپيليدەن
异丙叉丙酮	isopropylidene aceton	$(CH_3)_2CCHCOH$	يزوپروپيليدەندى اتسەتون
异丙叉丁二酸	tetraconic acid	$(CH_3)_2C:C(COH)CH_2COOH$	تەتراكون قشقملى
异丙醇	isopropyl alcohol	$(CH_3)_2CHOH$	يزوپروپيل سپيرتى
异丙醇胺	isopropanolamine	$NH_2CH_2CHOHCH_3$	يزوپروپا نولامين
异丙醇钙	calcium isopropoxide	$Ca(OC_3H_7)_2$	يزوپروپانول كالتسي
异丙醇钾	potassium isopropoxide	KOC_3H_7	يزوپروپانول كالي
异丙醇铝	aluminium isoprooxide	$Al(C_3H_7O)_3$	يزوپروپانول الؤمين
异丙醇镁	magnesium isopropoxide	$Mg(OC_3H_7)_2$	يزوپروپانول ماگني
异丙醇钠	sodium isopropoxide	$NaOC_3H_7$	يزوپروپانول ناتري
异丙醇－水混合物	isopropanol－water mixture		يزوپروپانول － سؤ قوسپاسى
异丙戳苄基	ar－isopropylbenzyl	$(CH_3)_2CHC_6H_4CH_2-$	ar － يزوپروپيل بەنزيل
异丙硅烷基	silyldisilanyl	$(H_3Si)_2SiH$	سيليل ديسيلانيل
异丙基	isopropyl	$(CH_3)_2CH-$	يزوپروپيل
异丙基苯	isopropyl benzene	$C_6H_5CH(CH_3)_2$	يزوپروپيل بەنزول
异丙基苯胺	isopropyl aniline	$(CH_3)_2CHC_6H_4NH_2$	يزوپروپيل انيلين
异丙基苯酚	isopropyl－phenol		

يزوپروپيل فەنول

异丙基苯基甲醇　isopropyl phenyl carbinol　$C_3H_7CHOHC_6H_5$　يزوپروپيل
فەنيل كاربينول

异丙基苯基甲酮　isopropyl phenyl ketone　$(CH_3)_2CHCOC_6H_5$　يزوپروپيل
فەنيل كەتون

异丙基吡啶　isopropyl pyridine　يزوپروپيل پيريدين

异丙基·苄基甲酮　isopropyl benzyl ketone　$C_6H_5CH_2COCH(CH_3)_2$　يزوپروپيل
بەنزيل كەتون

异丙基丙二酸　isopropyl malonic acid　$C_3H_7CH(COOH)_2$　يزوپروپيل مالون
قىشقىلى

3 - 异丙基丙烯酸　3 - isopropylacrylic acid　يزوپروپيل اكريل قىشقىلى ـ 3

异丙基碘　isopropyl iodide　CH_3CHICH_3　يزوپروپيل يود

异丙基对甲苯基甲酮　isopropyl - p - tolyl ketone　يزوپروپيل ـ پارا ـ توليل
كەتون

异丙基氟　isopropyl fluoride　CH_3CHFCH_3　يزوپروپيل فتور

异丙基环己烷　isopropyl cyclohexane　C_9H_{18}　يزوپروپيل ساقينالى گەكسان

3 - 异丙基环戊烯 - [1]　.نز.اڭقارا گە "龙脑烯"

异丙基甲基对氨基苯酚　isoproyl monomethyl - p - aminophenol
يزوپروپيل مونومەتيل ـ پارا ـ امينو فەنول

异丙基·间甲苯基甲酮　isopropyl m - tolyl ketone　$CH_3C_6H_4COCH(CH_3)_2$
يزوپروپيل ـ مەتا ـ توليل كەتون

异丙基芥子油　isopropyl mustard oil　$(CH_3)_2 \cdot CH \cdot NCS$　يزوپروپيل قىشى مايى

异丙基卤　isopropyl halide　$(CH_3)_2CHX$　يزوپروپيل گالوگەندەر

异丙基氯　isopropyl chloride　$CH_3CHClCH_3$　يزوپروپيل حلور

异丙基 α - 萘基甲酮　isopropyl α - naphthyl ketone　$(CH_3)_2CHCOC_{10}H_7$
يزوپروپيل α ـ نافتيل كەتون

异丙基特丁基甲酮　isopropyl tert - butyl ketone　$(CH_3)_2CHCOC(CH_3)_3$
يزوپروپيل تەرت ـ بۇتيل كەتون

异丙基烯丙基巴比土酸　isopropyl allyl - barbituric acid
$(C_3H_5)(C_3H_7)C_4H_2O_3N_2$　يزوپروپيل الليل باربيتۇر قىشقىلى

异丙基溴　isopropyl bromide　$CH_3CHBrCH_3$　يزوپروپيل بروم

异丙基乙炔　isopropyl - acetylene　$(CH_3)_2CHC \vdots CH$　يزوپروپيل اتسەتيلەن

异丙基乙烯　isopropyl - ethylene　$(CH_3)_2CHCH:CH$　يزوپروپيل ەتيلەن

异丙基正丁基甲酮　isopropyl n－butyl ketone　$(CH_3)_2CHCO(CH_2)_3CH_2$

يزوپروپييل نورمال ـ بۇتيل كەتون

异丙基正己基甲酮　isopropyl n－hexyl ketone　$(CH_3)_2CHCOC_6H_{13}$

يزوپروپييل نورمال ـ گەكسيل كەتون

异丙基正戊基甲酮　isopropyl n－amyl ketone　$CH_3(CH_2)_4COCH(CH_3)_2$

يزوپروپييل نورمال ـ اميل كەتون

异丙胩　isopropyl carbilamine　$(CH_3)_2CHN:C$　يزوپروپييل كاربيلامين

异丙硫醇　isopropyl mercaptan　$(CH_3)_2CHSH$　يزوپروپييل مەركاپتان

异丙醚　isopropyl ether　$R·O·CH(CH_3)_2$　يزوپروپييل ەفيرى

异丙嗪　promethazine　پرومەتازين

异丙肾上腺素　isoproterenol　يزوپروتەرەنول

异丙烯基　isopropenyl(＝pseucdo allyl)　$CH:C(CH_3)-$　يزوپروپەنيل، جالعان الليل

异丙酰苯　respropiophenone　رەسپروپييوفەنون

异丙氧基　isopropoxy　$(CH_3)_2CHO-$　يزوپروپوكسي

异丙氧基甲烷　"甲基异丙基醚" گە قاراڭىز.

异丙氧基乙烷　"乙基异丙基醚" گە قاراڭىز.

异丙氧基乙烯　"乙烯基异丙基醚" گە قاراڭىز.

异薄荷醇　isomenthol　$C_{10}H_{20}O$　يزومەنتول

异薄荷酮　isomenthone　$C_{10}H_{18}O$　يزومەنتون

异常价　"隐价" گە قاراڭىز.

异橙皮甙　"柚甙" گە قاراڭىز.

异胆固醇　"异胆甾醇" گە قاراڭىز.

异胆碱　isocholine　يزوحولين

异胆甾醇　isocholesterin(＝isocholesterol)　$C_{27}H_{45}OH$　يزوحولەستەرين، يزوحولەستەرول

异氮杂萘　"异喹啉" گە قاراڭىز.

异氮杂茚基　"异吲哚基" گە قاراڭىز.

异氮杂茚满级　"异吲哚满" گە قاراڭىز.

异当归酸　isoangelic acid　$CH_2CH:C(CH_3)COOH$　يزوۋانگەل قىشقىلى

异蒂巴因　isothebaine　$C_{19}H_{21}O_3N$　يزوتەباين

异狄氏剂　endrin　ەندرين

异靛　isoindigo يزوينديگو

异丁胺　isobutyl amine　$(CH_3)_2CHCH_2NH_2$ يزوبۇتيل امين

异丁胺基甲酸乙酯　"异丁基尿烷" گه قاراڭز.

异丁苯醚　isobutyl phenyl ether　$C_6H_5OCH_2CH(CH_3)_2$ يزوبۇتيل فەنيل ەفيرى

异丁叉　isobutylidene　$(CH_3)_2CHCH=$ يزوبۇتيليدەن

异丁叉氨基脲　"乙丁醛缩氨基脲" گه قاراڭز.

异丁叉丙酮　isobutylidene aceton　$CH_3COCHCHCH(CH_3)_2$ يزوبۇتيليدەندى اتسەتون

异丁撑　isobutylene　$(CH_3)_2CCH_2-$ يزوبۇتيلەن

异丁撑二醇　isobutylene glycol　$(CH_3)_2COHCH_2OH$ يزوبۇتيلەندى گليكول

异丁川　isobutylidyne　$(CH_3)_2CHC\equiv$ يزوبۇتيليدين

异丁醇　isobutyl alcohol　$(CH_3)_2CHCH_2OH$ يزوبۇتيل سپيرتى

异丁醇酸　butyl lactic acid　$(CH_3)_2C(OH)COOH$ بۇتيل ٴسۇت قىشقىلى

异丁二酸　isosuccinic acid　$CH_3CH(COOH)_2$ يزوسۇكتسين قىشقىلى

异丁基　isobutyl, isobutyl group　$(CH_3)_2CHCH_2-$ يزوبۇتيل، يزۇبۇتيل گرۇپپاسى

异丁基苯　isobutyl benzene　$C_6H_5C_4H_9$ يزوبۇتيل بەنزول

异丁基苯胺　isobytyl-aniline　$C_6H_5NHC_4H_9$ يزوبۇتيل انيلين

异丁基苯基甲酮　isobutyl benzyl ketone　$C_4H_9COC_6H_5$ يزوبۇتيل فەنيل كەتون

异丁基苄基甲酮　isobutyl benzyl ketone　$C_{12}H_{16}O$ يزوبۇتيل بەنزيل كەتون

3-异丁基丙烯酸　"异庚烯酸" گه قاراڭز.

异丁基碘　isobutyl iodide　$(CH_3)_2CHCH_2I$ يزوبۇتيل يود

异丁基对氨基苯酚　isobutyl-p-amino phenol يزوبۇتيل – پارا – امينو فەنول

异丁基氟　isobutyl fluoride　$(CH_3)_2CHCH_2F$ يزوبۇتيل فتور

异丁基癸酰胺　isobutylcapramide يزوبۇتيل كاپراميد

异丁基氯　isobutyl chloride　$(CH_3)_2CHCH_2Cl$ يزوبۇتيل حلور

异丁基尿烷　isobutyl urethane　$C_4H_9NHCO_2C_2H_5$ يزوبۇتيل ۇرەتان

异丁基氰　isobutyl cyanide　$(CH_3)_2CHCH_2CN$ يزوبۇتيل سيان

异丁基替十一烯酰胺　n-isobutylundecylenamide نورمال – يزوبۇتيل ۇندەتسيلەن اميد

异丁基·烯丙基巴比土酸　isobutyl allyl barbitulic acid　$C_4H_9(C_3H_2)C_4H_2O_3N_2$ يزوبۇتيل الليل باربيتۆر قىشقىلى

异丁基溴　isobutyl bromide　$(CH_3)_2CHCH_2Br$　يزوبۆتيل بروم

异丁基乙炔　isobutyl acetylene　$(CH_3)_2CHCH_2C:CH$　يزوبۆتيل اتسەتيلەن

异丁芥子油　isobutyl mustard oil　$(C_2H_5)(CH_3)·CH·NCS$　يزوبۆتيل قىشى مايى

异丁腈　isobutyronitrile　$(CH_3)_2CHCN$　يزوبۆتيرو نيتريل

异丁胩　isobutyl carbylamine　$(CH_3)_2CHCH_2NC$　يزوبۆتيل كاربيلامين

异丁硫醇　isobutyl mercaptan　$(CH_3)_2CHCH_2SH$　يزوبۆتيل مەركاپتان

异丁脲　isobutyl urea　$C_4H_9NHCONH_2$　يزوبۆتيل ۇرەا

异丁偶姻　isobutyroin　$(CH_3)_2CHCHOHCOCH(CH_3)_2$　يزوبۆتيروين

异丁取三甲基硅　isobutyl – trimethyl – silicane　$C_4H_9Si(CH_3)_2$　يزوبۆتيل تريمەتيل كرەمني

异丁取三乙基硅　isobutyl – triethyl – silicane　$C_4H_9Si(C_2H_5)_2$　يزوبۆتيل تريەتيل كرەمني

异丁醛　isobutyraldehyde　$(CH_3)_2CHCHO$　يزوبۆتير الدەگيدتى

异丁醛缩氨基脲　isobutyraldehyde semicarbazone　$C_3H_7CH:N_3CH_3O$　يزوبۆتير الدەگيدتى سەميكار بازون

异丁酸　isobutyric acid　$(CH_3)_2CHCOOH$　يزوبۆتير قىشقىلى، يزوماسليان قىشقىلى

异丁酸苯乙酯　phenyl ethyl isobutyrate　يزوبۆتير قىشقىل فەنيل ەتيل ەستەرى

异丁酸丙酯　propyl isobutyrate　$(CH_3)_2CHCO_2C_3H_7$　يزوبۆتير قىشقىل پروپيل ەستەرى

异丁酸酐　isobutyric anhydride　$[(CH_3)_2CHCO]_2O$　يزوبۆتير انگيدريدتى

异丁酸甲酯　methyl isobutyrate　$(CH_3)_2CHCO_2C_2H_3$　يزوبۆتير قىشقىل مەتيل ەستەرى

异丁酸乙酯　ethyl isobutyrate　$(CH_3)_2CHCO_2C_2H_5$　يزوبۆتير قىشقىل ەتيل ەستەرى

异丁酸异丙酯　isopropyl isobutyrate　$(CH_3)_2CHCO_2CH(CH_3)_2$　يزوبۆتير قىشقىل يزوپروپيل ەستەرى

异丁酸异丁酯　isobutyl isobutyrate　$(CH_3)_2CHCO_2C_4H_9$　يزوبۆتير قىشقىل يزوبۆتيل ەستەرى

异丁酸异戊酯　isoamyl isobutyrate　$(CH_3)_2CHCO_2C_5H_{11}$　يزوبۆتير قىشقىل يزواميل ەستەرى

异丁烷　isobutane　$(CH_3)_2CHCH_3$　يزوبۆتان

异丁烯　isobutene (= isobutylene)　$(CH_3)_2C:CH_2$　يزوبۆتەن، يزوبۆتيلەن

异丁烯化氧　isobutylene－oxide　$(CH_3)_2CCH_2O$　يزوبۇتيلەن توتسعى

异丁烯基　isobutenyl　يزوبۇتەنيل

异丁烯基碘　isocrotyl iodide　$(CH_3)_2 \cdot C:CHI$　يزوكروتيل يود

异丁烯基卤　isocrotyl halide　$(CH_3)_2 \cdot C:CHX$　يزوكروتيل گالوگەندەر

异丁烯基氯　isocrotyl chloride　$(CH_3)_2 \cdot C:CHCl$　يزوكروتيل حلور

异丁烯基氯溴　isocrotyl bromide　$(CH_3)_2 \cdot C:CHBr$　يزوكروتيل بروم

异丁烯－甲基丁二烯共聚物　isobutylene－isoprene copolymer

يزوبۇتيلەن ـ يزوپرەندى كوپوليمەر

异丁烯腈　"甲基丙烯腈" گە قاراڭىز.

异丁烯醛　"2－甲基丙烯醛" گە قاراڭىز.

异丁烯树脂　isobutylene resin　يزوبۇتيلەندى سمولا (شايسرلار)

异丁烯酸　"甲基丙烯酸" گە قاراڭىز.

异丁烯酸丁酯　"甲基丙烯酸丁酯" گە قاراڭىز.

异丁烯酸甲酯　"甲基丙烯酸甲酯" گە قاراڭىز.

异丁烯酸盐　"甲基丙烯酸盐" گە قاراڭىز.

异丁烯酸乙酯　"甲基丙烯酸乙酯" گە قاراڭىز.

异丁烯酸酯　"甲基丙烯酸酯" گە قاراڭىز.

异丁烯酰　"甲基丙烯酰" گە قاراڭىز.

异丁烯橡胶　isobutene rubber(＝butyl rubber)　يزوبۇتەندى كاۋچوك، بۇتيل
كاۋچوك

异丁酰　isobutyryl　$(CH_3)_2CHCO-$　يزوبۇتيريل

异丁酰胺　isobutyramide　$(CH_3)_2CHCONH_2$　يزوبۇتيراميد

异丁酰苯　isobutyrophenone　$(CH_3)_2CHCOC_6H_5$　يزوبۇتيروفەنون

异丁酰甲苯　"异丙基·苄基甲酮" گە قاراڭىز.

异丁酰氯　isobutyryl chloride　$(CH_3)_2CHCOCl$　يزوبۇتيريل حلور

异丁橡胶　"异丁烯橡胶" گە قاراڭىز.

异丁氧基　isobutoxy　$(CH_3)_2CHCH_2O-$　يزوبۇتوكسي

异丁氧基苯　"异丁·苯醚" گە قاراڭىز.

异丁氧基甲烷　"甲基·异丁基醚" گە قاراڭىز.

异丁氧基乙烯　"乙烯基·异丁基醚" گە قاراڭىز.

异丁子香酚　isoeugenol　$C_6H_3(C_3H_5)(OCH_3)OH$　يزوەۋگەنول

异丁子香酚苄醚　eugenol ether benzyl

بەنزيل ۋۇگەنول

异丁子香酚甲醚　methyl isotugenol　　مەتيل يزوەۋگەنول

异丁子香酚乙酸酯　isoeugenol acetate　　يزوەۋگەنول سركە قشقىل ەستەرى

异豆香素　isocoumarin　$C_6H_4CH:CHOCO$　يزوكوۇمارين

异杜烯　isodurene　$(CH_3)_4C_6H_2$　يزودۇرەن

1,2 - 异恶嗪　1,2 - isooxazine　C_4H_5NO　1، 2 ـ يزووكسازين

1,4 - 异恶嗪　1,4 - isooxazine　C_4H_5NO　1، 4 ـ ھيزووكسازين

异恶唑　isoxazole　ONCHCHCH　يزوكسازول

异恶唑基　isoxazolyl　C_3H_2NO-　يزوكسازوليل

异恶唑磷　isoxathion　يزوكساتيون

17 - 异厄米磁麻甙　17 - isoemicymarin　17 ـ يزوەميتسيمارين

异蒽　isoanthracene　$C_{14}H_{10}$　يزوانتراتسەن

异蒽磺酸　isoanthracene　$C_{14}H_6O_2(OH)_2$　يزو انترافلاۋين قشقىلى

异 - 1,2 - 二苯基乙烯　"异芪" گە قاراڭىز.

异二甲基吗啡　"异蒂巴因" گە قاراڭىز.

异二溴丁二酸　isodibromosuccinic acid　$COOH·C_2H_2Br_2·COOH$　يزو ەكى برومدى سۆكتسين قشقىلى

异分子聚合物　copolymer　كوپوليمەر

异分子聚合作用　"共聚作用" گە قاراڭىز.

异莳醇　isofenchyl alcohol　$C_{10}H_{18}O$　يزوفەنحيل سپيرتى

异佛尔酮　isophorone　$HC:C(CH_3)CH_2C(CH_3)_2CH_2CO$　يزوفورون

异甘露醇　isomannite　$C_6H_{10}O_4$　يزوماننيت

异杠柳磁麻甙　isoperiplocymarin　يزو پەريپلو سيمارين

异杠柳配质　isoperiplogenin　يزوپەريپلوگەنين

异庚二酸　isopimelic acid　$(C_2H_5)(CH_3)CCH_2(COOH)_2$　يزوپيمەل قشقىلى

异庚二酮 - [2,3]　"异酰异戊酰" گە قاراڭىز.

异庚基　"5 - 甲代己基" گە قاراڭىز.

异庚酸　"异戊基醋酸" گە قاراڭىز.

异庚烷　isoheptane　$(CH_3)_2CHC_4H_9$　يزوگەپتان

异庚烯酸　isoheptenoic acid　$(CH_3)_2CHCH_2CH:CHCOOH$　يزوگەپتەن قشقىلى

异构　isomerism　يزومەريا

异构变化　isomeric change　يزومەرلىك وزگەرس

异构产品 isomate	یزومەرلىك ئونمى
异构催化作用 isomeric calatysis	يزومەرلىك كاتاليز
异构过程 isomate process	يزومەرلىك بارس
异构合成	"异链烷烃合成" گە قاراڭمز.
异构化 isomerizate	يزومەرلەنۇ
异构化反应 isomerization reaction	يزومەرلەۇ رەاكسياسى
异构化过程 isomerization process	يزومەرلەنۇ بارسى
异构化合物 isocompound(= isomeric compound)	يزومەرلى قوسىلىستار
异构化橡胶 isomerized rubber(= isorubber)	يزومەرلەنگەن كاۋچۇك
异构化作用 isomerization	يزومەرلەۇ
异构聚合物 isomeric polymer	يزومەرلى قوسىلىستار
异构酶 isomerase	يزومەرازا
异构热 isomerization heat	يزومەرلەۇ جىلۇى
异构体 isomer	يزومەر
异构烃 isohydrocarbon	يزو كومىرسۇتەكتەر
异癸醇 isodecyl alcohol	يزودەتسيل سپيرتى
异癸基氯 isodecyl chloride	يزودەتسيل حلور
异癸醛 isocapric aldehyde (CH$_3$)$_2$CH(CH$_2$)$_6$CHO	يزوكاپرين الدەگيدتى
异癸酮 – [7]	"异丙基·正己基甲酮" گە قاراڭمز.
α–异癸酮酸 α – ketoisocapric acid	α ـ كەتويزوكاپرين قىشقىلى
异癸烷 isodecane (CH$_3$)$_2$CH(CH$_2$)$_6$CH$_3$	يزودەكان
异核黄素 isoriboflavin	يزوريبوفلاۋين
异核双原子分子 heteronuclear diatomics	بوگدە يادرولى قوس اتومدى مولەكۇلالار
异胡薄荷醇	"异蒲勒醇" گە قاراڭمز.
异胡薄荷酮	"异蒲勒酮" گە قاراڭمز.
异花青 isocyanin	يزوسيانين
异化作用 dissimilation	ديسسيميلياتسيا
异黄蝶冷 isoxanthopterin	يزوكسانتوپتەرين
异黄酮 isoflavone	يزوفلاۋون
异黄酮甙	"黄豆素" گە قاراڭمز.
异黄樟脑 isosafrole CH$_2$O$_2$C$_6$H$_3$CHCHCH$_3$	يزوسافرول
异黄樟素	

"异黄樟脑" گە قاراڭـز.

异极的　hetero polar　　　　　　　گەتەرو پولیارلی

异极分子　hetero polor molecule　گەتەرو پولیارلی مولەكۆلا

异极键　hetero polar bond　گەتەرو پولیارلىق بایلانس، گەتەرو ۋیەكتى بایلانس

异极组合　hetero polar combination　گەتەرو پولیارلى بىرىگۆ

异己氨酸　　　　　　　　　　　　"白氨酸" گە قاراڭـز.

异己叉　isohexylidene　(CH₃)₂CH(CH)₂CH＝　یزوگەكسیلیدەن

异己丑酮　　　　　　　　　　　"异己酮" گە قاراڭـز.

异己川　isohexylidyne　(CH₃)₂CH(CH₂)₂C≡　یزوگەكسیلیدین

异己二酮－[2,3]　　　　　　"异酰异丁酰" گە قاراڭـز.

异己基　isohexyl　(CH₃)₂CH(CH₂)₂CH₂－　یزوگەكسیل

异己基溴　isohexyl bromide　(CH₃)₂CH(CH₂)₂CH₂Br　یزوگەكسیل بروم

异己腈　isocapronitrile　(CH₃)₂CH(CH₂)₂CN　یزوكاپرونیتریل

异己炔　　　　　　　　　　　"异丁基乙炔" گە قاراڭـز.

异己酸　isocaproic acid　(CH₃)₂CH(CH₂)₂COOH　یزوكاپرون قىشقىلى

异己酮　hexon(e)　(CH₃)₂(CH₂)₂COCH₃　گەكسون

异己酮－[2]　　　　　　　　　"异己酮" گە قاراڭـز.

异己酮－[3]　　　　　　　"乙基·异丙基甲酮" گە قاراڭـز.

异己酮酸　ketoisocaproic acid　كەتویزو كاپرون قىشقىلى

异己烷　isohexane　(CH₃)₂CH(CH₂)₂CH₃　یزوگەكسان

异己烯酸　isohexenoic acid　(CH₃)₂CHCH:CH:CHCOOH　یزوگەكسان قىشقىلى

异己酰苯　isohexanoyl benzene　C₅H₁₁COC₆H₅　یزوگەكسانویل بەنزول

异胶质　isocolloid　یزوكوللوید

异芥子酸　isoerucic acid　یزوەرۋتسى قىشقىلى

异腈　isonitrile　یزونیتریل

异鲸脑酸　isocetic acid　یزوتسەتین قىشقىلى

异菊内酯　isogelenalin　یزوگەلەنالین

异莰烷　isocamphane　C₁₀H₁₈　یزوكامفان

异抗坏血酸　isoascorbic acid　C₆H₈O₆　یزواسكوربین قىشقىلى

异喹啉　isoquinoline　C₆H₄CHNCHCH　یزوحینولین

异喹啉基　isoquinolyl　C₉H₆N－　یزوحینولیل

异蜡醇　isoceryl alcohol　یزوسەریل سپیرتى

异酪酸			يزوكازەين قشقىلى
异乐灵	isopropalin		يزوپروپالين
异链烷烃	isoparaffin		يزوپارافين
异链烷烃合成	isoparaffin synthesis		يزوپارافيندىك سينتەز
异量元素	heterobar		گەتوروبار
异亮氨酸	isolen cine		يزولەۋتسين
异裂反应	heterolysis		گەتەروليز، گەتەروليزدەنۇ
异硫脲	isothiourea	R·CS·(NH₂):NH	يزوتيو ۋرەا
异硫氰基	isothiocyano −	S:C:N −	يزوتيو سيانو −
异硫氰酸	isorhodanic acid		يزوتيوسيانات قشقىلى

异硫氰酸苯乙酯 "苯乙基芥子油" گە قاراڭز.

异硫氰酸苯酯	phenyl − isorhodanate	C₆H₅NCS	يزورودان قشقىل فەنيل ەستەرى، فەنيل يزوتيوسيانات
异硫氰酸苄酯	benzyl − thiocyanate	C₆H₅CH₂SCN	يزوتيوسيان قشقىل بەنزيل ەستەرى، بەنزيل يزوتيوسيانات
异硫氰酸丙酯	propyl isothiocyanate	CH₃CH₂CH₂NCS	يزوتيوسيان قشقىل پروپيل ەستەرى، پروپيل يزوتيوسيانات
异硫氰酸丁酯	butyl isothiocyanate	C₄H₉·NCS	يزوتيوسيان قشقىل بۇتيل ەستەرى، بۇتيل يزوتيوسيانات
异硫氰酸根络	isothiocyanato −	S:C:N −	يزوتيوسياناتو −
异硫氰酸甲苯酯	tolyl − isorhodanate	CH₃·C₆H₄·NCS	يزورودان قشقىل توليل ەستەرى، انتەرانيل يزوتيوسيانات
异硫氰酸甲酯	methyl − isorhodanate		يزورودان قشقىل مەتيل ەستەرى، مەتيل يزوتيوسيانات
异硫氰酸联苯酯	biphenyl isothiocyanate	C₁₂H₉·NCS	يزوتيوسيان قشقىل بيفەنيل ەستەرى
异硫氰酸另丁酯	sec − butyl isothiocyanate	C₄H₉·NCS	يزوتيوسيان قشقىل sec − بۇتيل ەستەرى
异硫氰酸 α − 萘酯	α − naphthyl isothiocyanate	C₁₀H₇·NCS	يزوتيوسيان قشقىل α − نافتيل ەستەرى

异硫氰酸羟苄酯 "羟苄基硫氰酸酯" گە قاراڭز.

| 异硫氰酸炔丙酯 | propargyl isosulfocyanate | | يزوكۇكەرت سيان قشقىل پروپارگيل ەستەرى |

异硫氰酸特丁酯　tert – butyl isothiocyanate　(CH₃)₃·CNCS　يزوتيوسيان قەشقىل تەرت ـ بۇتيل ەستەرى

异硫氰酸特戊酯　tert – amyl isothiocyanate　C₅H₁₁·NCS　يزوتيوسيان قەشقىل تەرت . ـ اميل ەستەرى

异硫氰酸烷基酯　alkyl – isothiocyanate　R·NCS　يزوتيوسيان قەشقىل الكيل ەستەرى، الكيلدى يزوتيوسيانات

异硫氰酸戊酯　amyl – isothiocyanate　C₅H₁₁·NCS　يزوتيوسيان قەشقىل اميل ەستەرى، اميل يزوتيوسيانات

异硫氰酸烯丙酯　allyl – isothiocyanate　C₃H₅N:CS　يزوتيوسيان قەشقىل الليل ەستەرى، الليل يزوتيوسيانات

异硫氰酸盐　isothiocyanate　يزوتيوسيان قەشقىلىنىڭ تۇزدارى

异硫氰酸乙酯　ethyl – isothiocyanate　C₂H₅N:C:S　يزوتيوسيان قەشقىل ەتيل ەستەرى، يزوتيوسيانات

异硫氰酸异丁酯　isobutyl mustard oil　(CH₃)₂CHCH₂N:CS　يزوبۇتيل قەشى مايى، يزوبۇتيل يزوتيوسيانات

异硫氰酸异戊酯　isoamyl – isothiocyanate　(CH₃)₂CH(CH₂)₂N:CS　يزوتيوسيان قەشقىل يزواميل ەستەرى

异硫氰酸正丁酯　n – butyl – isothiocyanate　يزوتيوسيان قەشقىل n ـ بۇتيل ەستەرى

异硫氰酸正戊酯　n – amyl – isothiocyanate　CH₃(CH₂)₄N:C:S　يزوتيوسيان قەشقىل n ـ اميل ەستەرى

异硫氰酸酯　isothiocyanic ester (= isothiocyanide)　R·NCS　يزوتيوسيان قەشقىل ەستەرى

异咯嗪　isoalloxazine　يزواللوكسازين

异咯嗪单核甙酸　isoalloxazine mononucleotide　يزواللوكسازين مونونۇكلەوتيد

异咯嗪一核甙酸　"异咯嗪单核甙酸" گە قاراڭىز.

异咯嗪腺甙二核甙酸　isoalloxazine adenine dinucletide　يزواللوكسازين ادەنين دينۇكلەوتيد

异咯嗪一核酸　alloxasine mononucleotide　اللوكسازين مونونۇكلەوتيد

异马萘雌酮　isoequilenin　C₁₈H₁₈O₂　يزوەكۇيلەنين

异马烯雌酮　"马尿灵" گە قاراڭىز.

异麻黄碱　isoephedirine　يزو ەفەدرين

异麦牙糖	isomaltose	$C_{12}H_{22}O_{11}\cdot H_2O$	يزو مالتوزا
异龙牛儿醇	isogeraniol	$C_{10}H_{18}O$	يزو گەرانيول
异毛果芸香碱	isopilocarpine		يزو پيلوكارپين
异酶	isozme		يزو زم
异萘茜	isonaphthazarin	$(HO)_2C_{10}H_4O_2$	يزو نافتازارين

异廿六醇		"异蜡醇" گە قاراڭىز.

异廿六碳烷	isohexacosane	$(CH_3)_2CH(CH_2)_{22}CH_3$	يزو گەكساكوسان
异廿四碳烷	isotetracosane	$(CH_3)_2CH(CH_2)_{20}CH_3$	يزو تەتراكوسان
异鸟扎配质	isouzarigenin		يزو ۋزاريگەنين
异尿素	carbamide		كاربامىد
异尿酸	isouric acid		يزو نەسەپ قىشقىلى
异脲	isourea	$NH_2\cdot C(OH):NH$	يزوۋرەا
异柠檬酸	isocitric acid	$HO_2CCHOHCH(CO_2H)CH_2CO_2H$	يزو ليمون قىشقىلى
异柠檬酸脱氢酶	isocitric dehydrogenase	يزو ليمون قىشقىل دەگيدروگەنازا	
异柠檬烯	isolimonene		يزوليمونەن
异蒲勒醇	isopulegol	$C_{10}H_{17}OH$	يزوپۋلەگول
异蒲勒醇醋酸酯	isopulegol acetate	$CH_3CO_2C_{10}H_{17}$	يزوپۋلەگول سىركە قىشقىل ەستەرى
异蒲勒酮	isopulegone	$C_{10}H_{16}O$	يزوپۋلەگون
异芪	isostilbene		يزوستيلبەن

异羟基洋地黄毒甙		"地谷新" گە قاراڭىز.
异羟肟酸		"氧肟酸" گە قاراڭىز.

异芹菜脑	isoapiole	$C_{12}H_{14}O_4$	يزواپيول
异氢化苯偶姻	isohydrobenzoin	$C_{14}H_{12}(OH)_2$	يزو سۇتەكتى بەنزوين
异氰	isocyan		يزوسيان
异氰化物	isocyanide		يزوسيانيدتەر
异氰基	isocyano		يزوسيانو
异氰尿酸	isocyamuric acid	$NCCH(NO_2)CO$	يزوسيان نەسەپ قىشقىلى
异氰尿酸甲酯	methyl isocyanurate	$(CH_3)_3(CON)_3$	يزوسيان نەسەپ قىشقىل مەتيل ەستەرى
异氰尿酰亚胺	isocyanurimide		يزوسيانۋر يميد
异氰酸	isocyanic acid	$O:C:NH$	يزوسيان قىشقىلى
异氰酸苯酯	phenyl isocyanate	$C_6H_5N:CO$	يزوسيان قىشقىل فەنيل ەستەرى

异氰酸苄酯			"苄基芥子油" گه قاراڭـز.
异氰酸丙酯	propyl isocyanate	C₃H₇·NCO	يزوسيان قشقـل پروپيل ەستـەرى
异氰酸根络	isocyanato	O:C:N–	يزوسياناتو –
异氢酸基			"异氰酸根络" گه قاراڭـز.
异氰酸甲酯	methyl isocyanate	CH₃NCO	يزوسيان قشقـل مەتيل ەستـەرى
异氰酸联苯酯	biphenylene isocyanate	C₆H₅C₆H₄NCO	يزوسيان قشقـل بيفەنيل ەستـەرى
异氰酸 α–萘酯	α–naphthyl isocyanate	C₁₀H₇N:CO	يزوسيان قشقـل α – نافتيل ەستـەرى
异氰酸 β–萘酯	β–naphthyl isocyanate		يزوسيان قشقـل β – نافتيل ەستـەرى
异氰酸烷基酯	alkyl isocyanate	R·NCO	يزوسيان قشقـل الكيل ەستـەرى
异氰酸硝基苯酯	nitro–phenyl isocyanate	NO₂C₆H₄N:CO	يزوسيان قشقـل نيترو فەنيل ەستـەرى
异氰酸盐	isocyanate		يزوسيان قشقـلـنـڭ تۇزدارى
异氰酸乙酯	ethyl isocyanate	C₂H₅NCO	يزوسيان قشقـل ەتيل ەستـەرى
异秋水仙碱	isocolchicine		يزوكولحيتسين
异壬烷	isononane	(CH₃)₂CHC₆H₁₃	يزونونان
异肉桂酸	isocinnamic acid	C₆H₅CHCHCOOH	يزوسيننام قشقـلى
异肉桂酸酐	isocinnamic anhydride	(C₆H₅CHCHCO)₂O	يزوسيننام انگيدريدتى
异肉桂酰胺	isocinnamylamide	C₆H₅C₂H₂CONH₂	يزوسينناميل اميد
异肉桂酰氯	isocinnamyl chloride	C₆H₅CHCHCOCl	يزوسينناميل حلور
异乳糖	isolactose		يزولاكتوزا
异噻唑	isothiazole	(CH)₃SN	يزوتيازول
异三聚氰酸			"异氰尿酸" گه قاراڭـز.
异三十碳烷	isotricontane	C₃₀H₆₂	يزوتريكونتان
异色异构物	chromo–isomer		حرومو – يزومـەر
异色异构现象	chromo–isomerism		حرومو يزومـەريزم
异生长素	heteroauxin		گەتەرو اۇكسين
异十八碳三烯酸			"异亚麻酸" گه قاراڭـز.
异十八碳三烯–(9, 12, 15)–酸			"异亚麻酸" گه قاراڭـز.
异十八碳烷	isooctadecane		يزووكتادەكان
异鼠李糖	isorhamnose		

يزورامنوزا

异鼠李糖甙	isorhamnoside	يزورامنوزيد
异鼠李亭	isorhamnetin	يزورامنەتين
异丝氨酸	isoserine	$NH_2CH_2CHOHCOOH$

يزوسەرين

异松油烯	terpinolene	تەرپينولەن
异苏氨酸	isothreonine	يزوترەونين
异酞氨酸	isophthalamic acid	يزوفتالامين قىشقىلى
异酞撑	isophthalylidene	يزوفتاليليدەن
异酞氰	isophthalonitrile	$C_6H_4(NH)_2$

يزوفتالونيتريل

异酞醛	isophthalic aldehyde	$C_6H_4(CHO)_2$

يزوفتال الدەگيدتى

异酞酸	isophthalic acid	$C_6H_6(COOH)_2$

يزوفتال قىشقىلى

异酞酰	isophthaloyl	$-COC_6H_4CO-(m)$

يزوفتالويل

异酞酰氯	isophthalyl chloride	$C_6H_4(COCl)_2$

يزوفتاليل حلور

异糖精酸　isosaccharinic acid　$CH_2OHCHOHCH_2COH\cdot(CH_2OH)COOH$

يزوساحارين قىشقىلى

异糖质酸	isosaccharic acid	$(CHOHCHCO_2H)_2O$

يزوساحار قىشقىلى

异萜烯醇	terpineol	تەرپينەول
异头物		"成代异构物" گە قاراڭىز.
异吐昔酸	isotruxillic acid	$(C_6H_4)_2C_4H_4(COOH)_2$

يزوترۇكسيل قىشقىلى

异烷烃	isoalkane	يزوالكان
异肟	isooxime	$R\cdot CH_2\cdot CH_2NO$

يزوكسيم

异戊氨酸　amino-isovaleric acid　$(CH_3)_2CHCHCHNH_2COOH$ امينو – يزوۋالەريان

قىشقىلى

异戊氨酰		"缬氨酰" گە قاراڭىز.
异戊胺	isoamyl amine	$(CH_3)_2CH(CH_2)_2NH_2$

يزوۋاميل امين

异戊巴比妥	amobarbital	اموباربيتال
异戊巴比妥钠	amobarbital sodium	اموباربيتال ناتري
异戊叉	isopentylidene	$(CH_3)_2CHCH_2CH=$

يزوپەنتيليدەن

异戊川	isopentylidyne	$(CH_3)_2CHCH_2C\equiv$

يزوپەنتيليدين

异戊醇	isoamyl alcohol	$(CH_3)_2CHCH_2OH$

يزوۋاميل سپيرتى

异物醇-[3]		"特戊醇" گە قاراڭىز.
异戊二烯	isoprene	يزوپرەن
异戊二烯橡胶	isoprene rubber	يزوپرەنەندى كاۋچۇك (شايىرلار)

异戊基	isopentyl（＝isoamyl）	(CH₃)₂CHCH₂CH₂ –	يزوفەنتيل، يزواميل
异戊基苯	isoamyl benzene	C₆H₅CH₂CH₂CH(CH₃)₂	يزواميل بەنزول
异戊基苯胺	isoamyl aniline	C₆H₅NHCH₂CH₂CH(CH₃)₂	يزواميل انيلين
异戊基苯基甲醇	isoamyl phenyl carbinol	(CH₃)₂CH(CH₂)₂CHOHC₆H₅	يزواميل فەنيل كاربينول
异戊基苯基醚	isoamyl phenyl ether	C₅H₁₁OC₆H₅	يزواميل فەنيل ەفيرى
异戊基苄基甲酮	isoamyl benzyl ketone	C₆H₅CH₂CO(CH₂)₂CH(CH₃)₂	يزواميل بەنزيل كەتون
异戊基苄基醚	isoamyl benzyl ether	C₆H₅CH₂OC₅H₁₁	يزواميل بەنزيل ەفيرى
异戊基丙二酸	isoamyl – malonic acid	C₅H₁₁CH(COOH)₂	يزواميل مالون قىشقىلى
异戊基丙酮	isoamyl acetone	(CH₃)₂CHCH₂CH₂CH₂COCH₃	يزواميل اتسەتون
异戊基醋酸	isoamyl acetic acid	(C₅H₁₁)CH₂COOH	يزواميل سىركە قىشقىلى
异戊基碘	isoamyl iodide	(CH₃)₂CHCH₂CH₂I	يزواميل يود
异戊基砜	isoamyl sulfone	(C₅H₁₁)₂SO₂	يزواميل سۇلفون
异戊基化硫	isoamyl sulfide	(C₅H₁₁)₂S	يزواميل كۆكىرت
异戊基硫醚			"异戊基化硫" گە قاراڭىز.
异戊基氯	isoamyl chloride	(CH₃)CH(CH₂)₂Cl	يزواميل حلور
异戊基镁化溴	isoamyl – magnesium – bromide	MgBrC₅H₁₁	يزواميل ماگنيىلى بروم
异戊基萘	isoamyl naphthalene	C₅H₁₁C₁₀H₇	يزواميل نافتالين
异戊基氰	isoamyl cyanide	(CH₃)₂CH(CH₂)₂CN	يزواميل سيان
异戊基溴	isoamyl bromide	(CH₃)₂CH(CH₂)₂Br	يزواميل بروم
异戊基·乙基巴比土酸	isoamyl ethyl barbituric acid		يزواميل ەتيل باربيتۇر قىشقىلى
异戊间二烯	isoprene	CH₂CHC(CH₃)CH₂	يزوپرەن
异戊间二烯 – 苯乙烯胶乳	isoprene – styrene latex		يزوپرەن – ستيرەندى ٴسۇتساعمز
异戊间二烯醇	isoprene alcohol	CH₂C(CH₃)CHCHOH	يزوپرەن سپيرتى
异戊间二烯化合物	isoprenoid		يزوپرە نويد
异戊间二烯橡胶	isoprene rubber		يزوپرەندى كاۋچۇك (شايىرلار)
异戊腈	isovaleronitrile	(CH₃)₂CHCH₂CN	يزوۆالەرو نيتريل
异戊肼	isoamyl isonitrile	(CH₃)₂CH(CH₂)₂NC	يزواميل يزونيتريل

异戊硫醇	isoamyl mercaptan	$(CH_3)_2CHCH_2CH_2SH$	يزواميل مەركاپتان
异戊醚	isoamyl oxide	$C_5H_{11}\cdot O\cdot C_5H_{11}$	يزواميل توتمعى، يزواميل ەفيرى
异戊脲	isoamyl urea	$C_5H_{11}NHCONH_2$	يزواميل ۇرەا
异戊取三甲基硅	isoamyl – trimethyl – silicane		يزواميل تريمەتيل كرەمنى
异戊取三乙基硅	isoamyl – triethyl – silicane	$(C_5H_{11})Si(C_2H_5)_3$	يزواميل تريەتيل كرەمنى
异戊取三乙氧基硅	isoamyl – triethoxy – silicane	$C_5H_{11}Si(OC_2H_5)_3$	يزواميل تريەتوكسي كرەمنى
异戊醛	isovaleraldehyde	$(CH_3)_2CHCH_2CHO$	يزوۋالەر الدەگيدتى
异戊醛肟	isovaleraldehyde oxime	C_4H_9CHNOH	يزوۋالەر الدەگيدتى وكسيم
异戊炔			"异丙基乙炔" گە قاراڭىز.
异戊酸	isovaleric acid	$(CH_3)_2CHCH_2COOH$	يزوۋالەرين قشقىلى
异戊酸苄酯	benzyl isovalerate	$C_4H_9COOC_7H_7$	يزوۋالەرين قشقىل بەنزيل ەستەرى
异戊酸冰片酯	bornyl isovalerate(= bornyral)	$(CH_3)_2CHCH_2CO_2C_{10}H_{17}$	يزوۋالەرين قشقىل بورنيل ەستەرى، بورنيرال
异戊酸丙酯	propyl isovalerate	$C_4H_9CO_2CH_2C_2H_5$	يزوۋالەرين قشقىل پروپيل ەستەرى
异戊酸薄荷醇酯	menthyl isovalerate		مەنتول يزوۋالەرات
异戊酸酐	isovaleric anhydride	$(C_4H_9CO)_2O$	يزوۋالەرين انگيدريدتى
异戊酸基醋酸冰片酯	bornyl isovalerylglycolate(= neobornyra)		يزوۋالەرين سركە قشقىل بورنيل ەستەرى، نەوبورنيرال
异戊酸甲酯	methyl isovalerate	$(CH_3)_2C_2H_3CO_2CH_3$	يزوۋالەرين قشقىل مەتيل ەستەرى
异戊酸另丁酯	sec . – butyl isovalerate	$(CH_3)_2CHCH_2CO_2C_4H_9$	يزوۋالەرين قشقىل سەك. ـ بۇتيل ەستەرى
异戊酸孟酯	menthyl isovalerate		يزوۋالەرين قشقىل مەنتيل ەستەرى
异戊醇特戊酯	tert . – amyl isovalerate		يزوۋالەرين قشقىل تەرت. ـ اميل ەستەرى
异戊酸烯丙酯	allyl isovalerate	$(CH_3)_2CHCH_2CO_2C_3H_5$	يزوۋالەرين قشقىل الليل ەستەرى
异戊酸乙酯	ethyl – isovalerate	$(CH_3)_2CHCH_2CO_2C_2H_5$	يزوۋالەرين قشقىل ەتيل ەستەرى

异戊酸异丙酯	isopropyl isovalerate	$C_4H_9CO_2CH(CH_3)_2$	يزوۋالەرين قىشقىل يزوپروپىل ەستەرى
异戊酸异丁酯	isobutyl isovalerate	$C_4H_9CO_2C_4H_9$	يزوۋالەرين قىشقىل يزوبۇتيل ەستەرى
异戊酸异戊酯	isoamyl isovalerate	$C_4H_9CO_2C_5H_{11}$	يزوۋالەرين قىشقىل يزواميل ەستەرى
异戊酸正丁酯	n - butyl isovalerate	$(CH_3)_2CHCH_2CO_2C_4H_9$	يزوۋالەرين قىشقىل n ـ بۆتيل ەستەرى
异戊烷	isopentane	$(CH_3)_2CHC_2H_5$	يزوپەنتان
异戊烷分离	isopentane separation		يزوپەنتاندى اجىراتۇ
异戊烯	isopentene(= isoamylene)	C_5H_{10}	يزوپەنتەن، يزواميلەن
异戊烯巴比妥	vinbarbital		ۋينباربيتال
异戊烯基	1 - isopentenyl		1 ـ يزوپەنتەنيل
异戊烯 - [1] - 基			قاراڭىز. "异戊烯基" گە
异戊烯炔			قاراڭىز. "缬烯炔" گە
异戊烯酸			قاراڭىز. "千里酸" گە
异戊烯酰			قاراڭىز. "千里酰" گە
N^6 - 异戊烯腺嘌呤			قاراڭىز. "玉米素" گە
异戊酰	isovaleryl	$(CH_3)_2CHCH_2CO -$	يزوۋالەريل
异戊酰胺	isovaleramide	$C_4H_9CONH_2$	يزوۋالەراميد
异戊酰苯			قاراڭىز. "异丁基·苯基甲酮" گە
异戊酰二乙胺	isovaleryl diethylamine	$(CH_3)_2CHCH_2CON(C_2H_5)_2$	يزوۋالەريل ديەتيلامين
异戊酰甲苯			قاراڭىز. "异丁基·苄基甲酮" گە
异戊酰氯	isoveryl chloride	$(CH_3)_2CHCH_2COCl$	يزوۋەريل حلور
异戊酰替苯胺	isovaleryl aniline	$C_4H_9CONHC_6H_5$	يزوۋالەريل انيلين
异戊氧基	isopentyloxy(= isoamoxy)	$(CH_3)_2CHCH_2CH_2O$	يزوپەنتيلوكسي، يزواموكسي
异戊氧基苯			قاراڭىز. "异戊基·苯基醚" گە
异戊氧基丙烯			قاراڭىز. "烯丙基·异戊基醚" گە
异戊氧基甲苯			قاراڭىز. "异戊基·苄基醚" گە
异戊氧基甲烷			قاراڭىز. "甲基·异戊基醚" گە

异戊氧基乙烯		"烯基·异戊基醚" گە قاراڭىز.
异戊甾		"降胆烷" گە قاراڭىز.
异烯烃 isoalkene(＝isoolefine)		يزوالكەن، يزوولەفين
异纤维二糖 isocellabiose		يزوسەللوبيوزا
异腺嘌呤 isoadenine		يزوادەنين
异香草醛 isovanilline	(CH₃O)C₆H₃(OH)CHO	يزوۋانيللين
异香草酸 isovanillic acid	C₆H₃(COOH)(OH)(OCH₃)	يزوۋانيل قىشقىلى
异香豆素 isocoumarin	C₉H₆O₂	يزوكوۋمارين
异硝基 isonitro	HOON‒	يزونيترو
异辛烷 isooctane		يزووكتان
异辛甾醇		"粪甾醇" گە قاراڭىز.
异辛甾烯醇		"胆甾醇" گە قاراڭىز.
异性脱水颠茄碱 belladonnine		بەللادوننين
异雄甾酮 isoandrasterone		يزواندراستەرون
异序同晶的 eutropic		ەۋتروپپيكتى
异序同晶系 eutropic series		ەۋتروپپيكتىك قاتار
异序同晶现象 eutropy		ەۋتروپپيا
异序元素		"异原子序元素" گە قاراڭىز.
异序原子 heterotopic atom		گەتەرو توپتىق اتوم
异亚麻酸 isolenic acid		يزولەن قىشقىلى
异亚硝基 isonitroso‒	HON＝	يزونيتروزو
异烟碱 isonicotine		يزونيكوتين
异烟酸 isonicotinic acid		يزونيكوتين قىشقىلى
异烟酰肼 isonicotinyl hydrazide(＝rimifon)		يزونيكوتينيل گيدرازيد،
		ريميفون
异烟腙 isoniazon		يزونيازون
异洋芫荽脑		"异芹菜脑" گە قاراڭىز.
异宜合蓝酮 isoviolanthrone		يزوۋيولانترون
异乙炔 isoacetylene		يزواتسەتيلەن
异吲哚 4‒isobenzazole	C₈H₃NCH₂CHCH	4 ‒ يزوبەنزازول
异吲哚基 isoindolyl	C₈H₆N‒	يزويندوليل
异吲哚满基 isoindolinyl	C₈H₈N‒	يزويندولينيل

异吲唑 isoindazole C_6H_4NHNCH	يزويندازول
异硬脂酸 isostearic acid	يزوستەارين قىشقىلى
异油酸 isooleic acid	يزوولەين قىشقىلى
异右香醛 isodextropimrinal	يزودەكستروين الدەگيدتى
异鱼藤酮 isorotenone	يزوروتەنون
异原子 heteroatom	گەتەرو اتوم، بوگدە اتوم تىزبەگىنىڭ ەلەمەنتى
异原子序元素 heterotope	گەتەروتوپ
3－异呫吨酮	"荧光酮" گە قاراڭز.
异樟脑 isocampor $C_{10}H_{16}O$	يزوكامفورا
异樟脑三酸	"异樟脑酮酸" گە قاراڭز.
异樟脑酸 isocamphoric acid $C_8H_{14}(COOH)_2$	يزوكامفورا قىشقىلى
异樟脑酮酸 isocamphoronic acid $C_9H_4O_6$	يزوكامفورون قىشقىلى
异芝麻素 isosesamine	يزوسەزامين
异质同晶现象 allomerism	اللومەريزم
异种高聚物共聚物	"共聚物" گە قاراڭز.
异种溶解 heterolysis	گەتەرو ەرۆ، بوگدە تۇردە ەرۆ (سىرتقى كۈشتنىڭ اسەرننەن ەرۆ)
异种溶血素 heterohemolysin	گەتەروگەموليزين

yin

因次 dimensivn	ولشەمدەك
因次的 dimensional	ولشەمدى
因次分析 dimensional analysis	ولشەمدەك تالداۋ
因次式 dimensional formula	ولشەمدى فورمۇلا
因光异色微粒 metachromatic corpuseles	مەتاحروماتتى ميكرو بولشەك، گەتەروحروماتين
因光异色现象 metachromasy	مەتاحرومازيا، جارىق ديسپەرسيا
因数 factor	فاكتور
因素 factor	فاكتور
因烷酸 etianic acid	ەتيان قىشقىلى
因烷酸酯 etianate	ەتيان قىشقىلى ەستەرى
茵阵素 capilin	كاپيلين

茵阵酮	capillon	كاپىللون
茵芋碱	skimmianine $C_{14}H_{13}O_4N$	سكىممىانىن
铟(In)	indium	ىندي (In)
铟钾矾	potassium indium alum $KIn(SO_4)_2 \cdot 12H_2O$	ىندي ـ كالىلى اشؤداس
铟钠矾	sodium indium alum $NaIn(SO_4)_2 \cdot 12H_2O$	ىندي ـ ناترىلى اشؤداس
铟铷矾	rubidium indium alum	ىندي ـ رؤبىدىلى اشؤداس
阴丹士林	indanthrene $C_{28}H_{14}N_2O_4$	ىندانترەن
阴丹士林暗蓝	indanthrene dark blue	ىندانترەندى قارا كوك
阴丹士林暗蓝 BO	indanthrene dark blue BO	ىندانترەندى قارا كوك BO
阴丹士林橄榄绿	indanthrene olive(green)	ىندانترەندى سارعمش جاسىل
阴丹士林橄榄绿 B	indanthrene olive green B	ىندانترەندى سارعمش جاسىل B
阴丹士林橄榄绿 GB	indanthrene olive(green) GB	ىندانترەندى سارعمش جاسىل GB
阴丹士林橄榄绿 R	indanthrene olive(green) R	ىندانترەندى سارعمش جاسىل R
阴丹士林黑 B	indanthrene black B	ىندانترەندى قارا B
阴丹士林红 FBB	indanthrene red FBB	ىندانترەندى قـزىل FBB
阴丹士林红 RK	indanthrene red RK	ىندانترەندى قـزىل RK
阴丹士林红紫 RN	indanthrene red – violet RN	ىندانترەندى قـزىل كؤلگىن RN
阴丹士林黄 G	indantrene yellow G	ىندانترەندى سارى G
阴丹士林黄 GK	indanthrene yellow GK	ىندانترەندى سارى GK
阴丹士林黄 5GK	indanthrene yellow 5GK	ىندانترەندى سارى 5GK
阴丹士林黄灰 M	indanthrene grey M	ىندانترەندى سؤرى M
阴丹士林金橙	indanthrene golden orange	ىندانترەندى التىن قـزعـلت سارى
阴丹士林金橙 3G	indanthrene golden orange 3G	ىندانترەندى التىن قـزعـلت سارى 3G
阴丹士林金黄 GK	indanthrene golden yellow GK	ىندانترەندى التىن سارى GK
阴丹士林金黄 GKA	indanthrene golden yellow GKA	ىندانترەندى التىن سارى GKA
阴丹士林金黄 RK	indanthrene golden yellow RK	ىندانترەندى التىن

ساری RK

阴丹士林蓝　indanthrene blue　يندانترەھندى كوك

阴丹士林蓝 BOS　indanthrene blue BOS　يندانترەھندى كوك BOS

阴丹士林蓝 GCD　indanthrene blue GCD　يندانترەھندى كوك GCD

阴丹士林蓝 R(或 Rs)　indanthrene blue R　يندانترەھندى كوك R (ياكي Rs)

阴丹士林蓝绿　indanthrene blue – green　يندانترەھندى كوك جاسىل

阴丹士林亮橙　indanthrene brilliant orange　يندانترەھندى جارقىراۋق قىزعىملت ساري

阴丹士林亮橙 GK　indanthrene brilliant orange GK　يندانترەھندى جارقىراۋق قىزعىملت ساري GK

阴丹士林亮橙 GR　indanthrene brilliant orange GR　يندانترەھندى جارقىراۋق قىزعىملت ساري GR

阴丹士林亮橙 RK　indanthrene brilliant orange RK　يندانترەھندى جارقىراۋق قىزعىملت ساري RK

阴丹士林亮蓝　indanthrene brilliant blue　يندانترەھندى جارقىراۋق كوك

阴丹士林亮绿　indanthrene brilliant green　يندانترەھندى جارقىراۋق جاسىل

阴丹士林亮绿 GG　indanthrene brilliant green GG　يندانترەھندى جارقىراۋق جاسىل GG

阴丹士林亮玫瑰红　indanthrene brilliant rose　يندانترەھندى جارقىراۋق كۆلگىن قىزىل

阴丹士林亮玫瑰红 BBL　indanthrene brilliant rose BBL　يندانترەھندى جارقىراۋق كۆلگىن قىزىل BBL

阴丹士林亮桃红 BBL　indanthrene brilliant pink BBL　يندانترەھندى جارقىراۋق سولعىن قىزىل BBL

阴丹士林亮猩红 RK　indanthrene brilliant scarlet RK　يندانترەھندى جارقىراۋق قىپ ـ قىزىل RK

阴丹士林亮紫 RR　indantrene brilliant violet RR　يندانترەھندى جارقىراۋق كۆلگىن RR

阴丹士林亮紫 3B　indanthrene brilliant violet 3B　يندانترەھندى جارقىراۋق كۆلگىن 3B

阴丹士林染料　indanthrene colors　يندانترەھندى بوياۋلار

阴丹士林玉红 B　indanthrene rubine B　يندانترەھندى رۇبين B

阴丹士林枣红　indanthrene bordeaux　يندانترەھندى كۆرەك قىزىل

阴丹士林枣红 RR	indanthrene bordeaux RR	يندانترەھندى كۆرەڭ قىزىل RR
阴丹士林紫 R	indanthrene violet R	يندانترەھندى كۆلگىن R
阴丹士林紫 RN	indanthrene violet RN	يندانترەھندى كۆلگىن RN
阴丹士林棕 BR	indanthrene brown BR	يندانترەھندى قىزىل قوڭۇر BR
阴丹士林棕 GG	indanthrene brown GG	يندانترەھندى قىزىل قوڭۇر GG
阴丹士林棕 R	indanthrene brown R	يندانترەھندى قىزىل قوڭۇر R
阴丹士林棕 RRD	indanthrene brown RRD	يندانترەھندى قىزىل قوڭۇر RRD
阴丹酮	indan throne	يندانترون
阴电		"负电" گە قاراڭز.
阴电荷		"负电荷" گە قاراڭز.
阴电荷胶体	megative colloid	تەرس زاريادتى كوللويد
阴电荷溶胶		"负电性溶胶" گە قاراڭز.
阴电极		"负电极" گە قاراڭز.
阴电势	electronegative potential	تەرس ەلەكترلىك پوتەنتسيال
阴电性		"负电性" گە قاراڭز.
阴电性根	electronegative radical	تەرس ەلەكترلىك راديكال
阴电性构份	negative constituent	تەرس ەلەكترلىك قۇرام
阴电性离子	electronegative ion	تەرس ەلەكترلىك يون
阴电性溶胶		"阴电荷溶胶" گە قاراڭز.
阴电性微粒	negative corpuscle	تەرس ەلەكترلىك بولشەكتەر
阴电性元素		"电负性元素" گە قاراڭز.
阴电性组份	negative component	تەرس ەلەكترلىك قۇرام
阴电子		"负电子" گە قاراڭز.
阴根		"负性素" گە قاراڭز.
阴极		"负极" گە قاراڭز.
阴极保护器	cathodic protector	كاتودتىق قورعانىش
阴极淀积	cathode deposit (deposition)	كاتود شوگمىندىسى، كاتود تۆنباسى
阴极电解液	cathode liquor (= catholite)	كاتود سۈيىقتىعى، كاتوليت
阴极电势	cathode potential	كاتود پوتەنتسيالى
阴极发光	cathode luminescence	كاتود جارقىلى
阴极反应		"负极反应" گە قاراڭز.
阴极腐蚀	cathode corrosion	كاتود كوررروزيالانۇ

阴极化　cathodic		كاتودتانؤ
阴极还原　cathodic reduction		كاتودتىق تۆتمقسىزدانؤ
阴极极化　cathodic polarziation		كاتودتىق پولىيارلانؤ (ۆيەكتەلؤ)
阴极粒子　cathode particle		كاتود بولشەكتەرى
阴极密度　cathode density		كاتود تىعىزدىعى
阴极区　cathode chamber (department)		كاتود رايونى (ۇؚماعى)
阴极射线　cathode ray		كاتود ساؤلەسى
阴极室　cathode chamber		كاتود كامەراسى
阴极势降　chatode fall		كاتود پوتەنتسيالى ئتۆسؤى
阴离子		"负离子" گە قاراڭىز.
阴离子表面活性剂　anionic surfactant		انيوندىق بەتتىك اكتيۆتەندىرگىش (اگەنت)
阴离子催化聚合　anionic catalytic polimerization		انيوندىق كاتاليزدىك پوليمەرلەنؤ
阴离子催化聚合作用　anionic polimerization		انيوندىق پوليمەرلەؤ
阴离子电泳　anaphoresis		انافورەز، انيوندىق ەلەكتر جىلىستاؤ
阴离子交换　anion exchange		انيون الماسؤ
阴离子交换剂　anion exchanger		انيون الماسىرعىش اگەنت
阴离子交换膜　anion exchange membrane		انيون الماسىرعىش جارعاق
阴离子交换树脂　anion exchange resin		انيون الماسىرعىش سمولالار
阴离子交换体　anion exchanger		انيون الماسىرعىش زاتتار
阴离子聚合		"负离子聚合" گە قاراڭىز.
阴离子移变现象　anionotropy		انيوننىڭ اؤىسؤ قۇبىلىسى
阴膜		"阴离子交换膜" گە قاراڭىز.
阴碳离子　carbanion		كاربانيون
阴碳离子加戊作用　cabanion additions		كاربانيوننىڭ قوسىپ الؤى
阴性反应		"负反应" گە قاراڭىز.
阴性取代基　negative substituent		تەرىس ەلەكترلىك الماسؤ راديكالى
阴性元素　negative element		تەرىس ەلەكترلىك ەلەمەنتتەر
阴质子　negative proton		تەرىس پروتون
淫羊藿甙　icariin　$C_{33}H_{42}O_6$		يكاريين
银 Ag　argentum Ag		كۇمىس (Ag)
银白　silver white		

كۆمىستەي اق

银白色　silverines　كۆمىستەي اق ئۇستى

银箔　silver paper(= silver foil)　كۆمىس قاغاز

银滴定电量计　silver titration coulometer　كۆمىس تامشلاتۇ كوۇلومەترى

银电量计　silver coulometer(= silver veltometer)　كۆمىس كوۇلومەتر،

كۆمىس ولشەگش

银汞合金　silver amalgam　كۆمىس امالگاما، كۆمىس ــ سناپ قورىتپاسى

银汞剂　"银汞合金" گە قاراڭز.

银焊　silver soldering　كۆمىس دانەكەرلەۇ

银焊条　silver solder　كۆمىس دانەكەر تاياقاشا

银胶菊　guayule　گۆيايۇلا

银镜　silver mirror　كۆمىس اينا

银镜反应　silver mirror reaction　كۆمىس اينا رەاكسياسى

银镜试验　silver mirror test　كۆمىس اينا سناعى

银菊胶　"银胶菊" گە قاراڭز.

银菊橡胶　guayule rubber　گۆيايۇلا كاۇچۇگى

银莲化素　anemonion　انەمونين

银量滴定法　argontometric titration　كۆمىس تامشلاتۇ ئادسى

银条　silver bullion　كۆمىس تاياقشاسى

银松脂　"松脂烃" گە قاراڭز.

银杏酚　bilobol　$C_{21}H_{34}O_2$　بيلوبول

银皂　silver soap　كۆمىس سابىن

银值　silver number　كۆمىس ئمانى

银中毒　silver poisoning　كۆمىستەن ۋلاڭ

银朱　vermilion　ۋەرميليون، كۆكىرتتى سناپ

银朱涂料　vermilion paint　ۋەرميليون، بور بوياۇ

引杜林　indulines　يندۇلين

引杜林染料　induline　يندۇلين بوياۇلارى

引杜林色基 B　induline base B　يندۇلين تاعاناعى B

引发剂　primer(= initiator)　تۇدرعش (اگەنت)

引火反应　pyrophoric reaction　ۋتالۇ رەاكسياسى

引火合金　pyrophortic allow　ۋتالعش قورىتپا

引火物　"自燃物" گە قاراڭز.

引入甲苯基 tolylation $CH_3 \cdot C_6H_4$	تولىيلداۋ
引诱剂 attractant	ىقپالداعمش، باۋراعمش (اگهنت)
吲达胺 indamine $C_{12}H_{11}N_2$	ىندامىن
吲订蓝 2RD indine blue 2RD	ىندىندى كوك 2RD
吲哚 indole C_8H_7N	ىندول
吲哚丙酸 indolepropionic acid	ىندول پروپيون قشقملى
吲哚丙酮酸 indolepyruvic acid	ىندول پىرۋۆين قشقملى
吲哚并咔唑 indolecarbazole	ىندول كاربازول
吲哚丁酸 indolebutyric acid	ىندول بۇتير قشقملى
吲哚酚 indolol	ىندولول
吲哚酚–[3] 3–indolol(=indoxyl) $HNCH{:}C(OH)C_6H_4$	3 ــ ىندولـول، ىندوكسيل
吲哚酚丙酸 indololepropionic acid	ىندولول پروپيون قشقملى
吲哚酚醋酸 indololeacetic acid	ىندولول سركه قشقملى
吲哚酚硫酸	"吲羟硫酸" گه قاراڭز.
吲哚酚葡糖醛酸 indololeglucuronic acid	ىندولول گليۆكۆرون قشقملى
吲哚酚尿 indoxyluria	ىندوكسيل ۇريا، ىندوكسيلدى نەسەپ
吲哚根 indogen	ىندوگەن
吲哚根化物 indogenide	ىندوگەنيدەر
吲哚基 indolyl(=indyl)	ىندوليل، ىنديل
2–吲哚基 2–indolyl	2 ــ ىندوليل
β–吲哚基丙氨酸	"色氨酸" گه قاراڭز.
3–吲哚基丙酮酸 3–indolylpyruvic acid	3 ــ ىندوليل پىرۋۆين قشقملى
吲哚基醋酸 indolyl acetic acid $C_8H_6N \cdot CH_2 \cdot COOH$	ىندوليل سركه قشقملى
3–吲哚基醋酸 3–indolyl acetic acid	3 ــ ىندوليل سركه قشقملى
β–吲哚基乙胺	"色胺" گه قاراڭز.
吲哚满	"氮印满" گه قاراڭز.
吲哚满叉 indolinylydene $CH_2NHC_6H_4C=$	ىندولينيليدەن
吲哚满二酮	"靛红" گه قاراڭز.
吲哚满基 indolinyl C_8H_8N-	ىندولينيل
吲哚尿 indoleuria	ىندولدى نەسەپ
吲哚–β–葡糖甙	"吲羟–β–葡糖甙" گه قاراڭز.

吲哚酸氧化酶   "靛酚氧化酶" گه قاراڭز.

吲哚酮－[3]   3－ketohydroindole   3 ـ كەتوگيدروويندول، 4 ـ يندوكسيل

吲哚乙酸   indoleacetic acid   يندول سىركه قىشقىلى

吲哚因   indoine   يندوين

吲哚因蓝   indoine blue   يندويندى كوك

吲羟   indoxyl $HNCH:C(OH)C_6H_4$ يندوكسيل

吲羟硫酸   indoxyl－sulfuric acid   يندوكسيل كؤكىرت قىشقىلى

吲羟－β－葡糖甙   indoxyl－β－glucoside   ـ β ـ يندوكسيل
                                      گليؤكوزيد

吲羟酸   indoxylic acid $C_6H_4(COH)C(COOH)\cdot NH$ يندوكسيل قىشقىلى

吲唑   indazole $C_6H_4CH:NNH$ يندازول

吲唑基   indazolyl $C_7H_5N_2-$ يندازوليل

吲唑酮   indazolone   يندازولولون

隐   crypto－   كريپتو ـ ، جاسىرىن

隐吡咯   cryptopyrrole $C_8H_{13}N$ كريپتو پيررول

隐醇   cryptol $C_9H_{16}O$ كريپتول

隐氮茂   "隐吡咯" گه قاراڭز.

隐花青   cryptocyanine   كريپتو سيانين

隐花青 O·A·2   cryptocyanine O·A·2   2·A·D كريپتو سيانين

隐花素   cryptoflavin $C_{40}H_{56}O_2$ كريپتو فلاؤين

隐黄质   cryptoxanthin   كريپتو كسانتين

隐价   cryptovalency   كريپتو ؤالەنت

隐卡文   cryptocavine   كريپتو كاؤين

隐尿酸   cryptophanic acid   كريپتوفان قىشقىلى

隐配质   cryptogenin $C_{27}H_{42}O_4$ كريپتوگەنين

隐品碱   cryptopine $C_{21}H_{23}O_5N$ كريپتوپين

隐品酮   cryptone   كريپتون

隐樟碱   cryptocarine   كريپتو كارين

隐甾醇   cryptosterol   كريپتو ستەرول

印报纸   newsprint paper   گازەت قاعازى، اقپارات قاعازى

印度菜油   Indian rape oil   يندىيا زەعەر مايى

印度草油   Indian grass oil   يندىيا ٴشوپ مايى

印度蜂花油   Indian melissa oil   يندىيا مەليسسا مايى

印度蜂蜡	Indian bees wax	يندىيا سارى بالاۋنزى
印度红	Indian red	يندىا قىزىلى
印度黄	Indian yellow	يندىا سارسى
印度胶	gum ghatti	يندىا جەلىمى
印度芥子油	Indian mustard seed oil	يندىا قىشى مايى
印度墨	Indian ink	يندىا سىياسى
印度树胶	Indian gum	يندىا اعاش جەلىمى
印度橡皮	Indian rubber	يندىا رازىنكەسى
印度月桂油	Indian laurel oil	يندىا لاۋر مايى
印楝素	nimbin $C_{23}H_{40}O_8$	نيمبين
印楝素酸	nimbinic acid	نيمبين قىشقىلى
印楝酸	nimbic acid	نيمبى قىشقىلى
印染	textile printing	بوياۋ، گۈل باسۇ – بوياۋ
印乌头碱	indaconitine	ينداكونيتيىن، يندىا اكونيتينى
印相纸	photographic paper	سۈرەت قاعاز
印像纸		"印相纸" گە قاراڭىز.
茚	indene $C_6H_4CH_2CH:CH$	يندەن
茚百酸	indosentoic acid	يندوكەنتوين قىشقىلى
茚苯胺染料	indoaniline dyes	يندوانيليندى بوياۋلار
茚并	indeno –	يندەنو –
茚并丁省	indeno naphthacen	يندەنو نافتاتسەن
茚并二唑	indodiazole	يندوديازول
茚并芴	indenofluorene	يندەنوفلۇورەن
茚并异喹啉	indenoisoquinoline	يندەنويزوحينولين
茚并(1, 2, 6)吲哚	indeno (1, 2, 6) indole	يندەنو (1، 2، 6) يندول
茚并茚	indenoindene	يندەنو يندەن
茚酚	indenol	يندەنول
茚基	indenyl $C_9H_7–$	يندەنيل
茚基醋酸	indene acetic acid	يندەن سىركە قىشقىلى
茚聚合	indene polymerization	يندەن پوليمەرلەنۇ
茚满	indane(= hidrindene) $C_6H_4CH_2CH_2$	يندان، گىدرينەدەن
茚满醇丑酮		"二氧吲哚" گە قاراڭىز.
茚满二酮	indandione $C_6H_4COCH_2CO$	ينداندىيون

茚满基　indanyl　C_9H_9-　　　　　　　　　　　يندانيل

茚满三酮　　　　　　　　　　　قاراڭز "水合茚满三酮" گه.

茚满三酮反应　ninhydrin reaction　　　نينگيدرين رەاكسياسى

茚满三酮合水　triketohydrindenehydrate　$C_6H_4(CO)_2 : C(OH)_2$

تريكەتوگيدريندەن گيدراتى

茚满酮　indanone(= hydrindone)　　　يندانون، گيدريندون

α - 茚满酮　α - indanone　$C_6H_4CH_2CO$　　　α - يندون

β - 茚满酮　β - indanone　$C_6H_4CH_2COCH_2$　　β - يندانون

茚三酮试验　ninhydrin test　　　　　نينگيدرين سناعى

茚树脂　indene resin　　　　　　(يندەهندى سمولا (شايەر

茚唑　　　　　　　　　　　قاراڭز "吲唑" گه.

茚唑基　　　　　　　　　　قاراڭز "吲唑基" گه.

茚唑酮　　　　　　　　　　قاراڭز "吲唑酮" گه.

ying

英国单位　British units　　　　　　انگليا بىرلىگى

英国加仑（合 4.546L）　imperial gallon　يمپەريال گاللون، اەلشىن

گاللونى

英国冷冻单位　British unit of refrigeration　انگليا سۆنتۆ بىرلىگى

英国热量单位　British termal unit　انگليا جەلۆلىق بىرلىگى

英国银朱　British vermilion　　　انگليا ۋەرميليونى

英国植物胶　British gum　انگليا ۋسممدىك جەلىمى، انگليا جەلىمى

英里　mile　　　　　　　　　　　ميل

罂粟胺　papaveramin　　　　　پاپاۋەرامين

罂粟醇　papaverinol　$C_{20}H_{21}O_5N$　　پاپاۋەرينول

罂粟啶　papaveraldine　$C_{20}H_{19}O_5N$　　پاپاۋەرالدين

罂粟碱　papaverine　$C_{20}H_{21}O_4N$　　　پاپاۋەرين

罂粟灵　papaveroline　$C_{16}H_{13}O_4N$　　پاپاۋەرولين

罂粟内酯　meconyl(= opianyl)　مەكونيل، ۋپيانيل

罂粟酸　papaveric acid　پاپاۋەر قەشقەلى، كوكنار قەشقەلى

罂粟油　poppy oil　　　　　كوكنار مايى

罂粟子油　poppy seed oil

كوكنار ۇرۇعى مايى

罂酸	"亚油酸" گە قاراڭىز.
櫻草甙 primeverin(＝primverin)	پريمەۋەرين، پريمۋەرين
櫻草根甙 primulaverin	پريمۇلاۋەرين
櫻草粒糖 primulite	پريمۇليت
櫻草灵 primulin(e)	پريمۇلين، بەتاين
櫻草灵类染料 primulin(e) dye	پريمۇلين بوياۋلارى
櫻草酶 primverase	پريمۋەرازا، سيترينازا
櫻草糖 primeverose	پريمەۋەروزا، ريكتوزا
櫻花甙 sakuranin $C_{16}H_{14}O_5$	ساكۇرانين
櫻花亭 sakuranetin $C_{16}H_{14}O_5$	ساكۇرانەتين
鹰爪豆碱 sparteine	سپارتەين
荧蒽 fluoranthene $C_{16}H_{10}$	فلۇورانتەن
荧光 fluoresecence	فلۇورەستسەنتسيا
荧光促进剂 fluoresecence imporover	فلۇورەستسەنتتەك ىلگەرىلەتكىش (اگەنت)
荧光灯 fluorercent lamp	فلۇورەستسەنتسيا لامپاسى
荧光分析 fluorerscence analysis	فلۇورەستسەنتتەك تالداۋ
荧光光谱 fluorerscence spectrum	فلۇورەستسەنتسيا سپەكترى
荧光环 fluorubin	فلۇورۇبين
荧光黄 fluorescein	فلۇورەستسەين
荧光染剂	"荧色物" گە قاراڭىز.
荧光染料 fluorescent dye	فلۇورەستسيرلەۋشى بوياۋلار
荧光 X 射线 fluorescent X－ray	فلۇورەستسەنتتەك X ـ ساۋلەسى
荧光生 fluorescin $C_{20}H_{14}O_5$	فلۇورەستسين
荧光素	"荧光黄" گە قاراڭىز.
荧光素二醋酸酯 fluorescein diacetate $C_{24}H_{16}O_7$	فلۇورەستسەين ەكى سىركە قىشقىل ەستەرى
荧光素酶 luciferase	لۇتسيفەرازا
荧光素钠 uranin(＝fluorescein sodium) $Na_2C_{20}H_{10}O_5$	ۇرانين، فلۇورەستسەين ناترى
荧光素试纸 fluorescein paper	فلۇورەستسەين سىناعىش قاعازى
荧光体 fluoresent substance	فلۇورەستسەنتتەك دەنە

荧光酮	fluorone	فلۇورون
荧光酮类	flurones	فلۇوروندار
荧光涂料	fluorescent paint	فلۇورەستسىدلەۆشى بور بوياۆلار
荧光团	fluorophora	فلۇوروفورا
荧光油	fluorescent oil	فلۇورەستسەنتتىك ماي
荧光增白剂	fluorescent whitening agent	فلۇورەستسەنتتىك ئاراتقىش اگەنت
荧光指示剂	fluorescence indicator	فلۇورەستسەنتتىك ىندىكاتور
荧红环	fluornbin	فلۇورۆبين
荧黄素	fluoflavin	فلۇوفلاۆين
荧色物	fluorochrome	فلۇوروحروم
荧烷	fluorane $C_{20}H_{12}O_3$	فلۇوران
荧烷二醇	fluorandiol	فلۇوراندىيول
营养	nutrition	قورەك، قورەكتەك
营养平衡	nutritive equilibrium	قورەكتەك تەپە ـ تەڭدەك
营养凉脂	nutrient agar	قورەكتەك اگار
营养素	nutrient	قورەكتەك زات
营养学	nutriology	نۆترىيولوگيا
营养值	nutritive value	قورەكتەك ئمانى
蝇蕈碱	muscarine	مۇسكارين
蝇蕈绛素	muscarufin	مۇسكارۆفين
应力腐蚀	stress corrosion	كەرنەۆلىك كوررۇزيا
应用化学	applied chemistry	قولدانىلمالى حىميا
硬玻璃	hard glass	قاتتى ئينەك، قاتتى شنى
硬瓷	hard porcelain	قاتتى كارلەن، قاتتى فارفور
硬蛋白		"硬朊" گە قاراڭىز.
硬度	degree of hardness	قاتتىلىق دارەجەسى، قاتتىلىق
硬度标度	hardness scale	قاتتىلىق شكالاسى (كورسەتكىشى)
硬度计	sclerometer(＝durometer)	سكلەرومەتر، دۆرومەتر، قاتتىلىق ۆلشەگىش
硬度试验	hardness test	قاتتىلىق سىناعى
硬度系数	coefficient of hardness	قاتتىلىق كوەففىتسەنتى
硬肥皂		"钠肥皂" گە قاراڭىز.
硬钢	hard steel	قاتتى بولات

硬合金	hard alloy	قاتتى قورتپا
硬黑	hard black	قاتتى كۆيە
硬化	hardening	قاتايۇ
硬化的	hardened	قاتايغان، قاتايتىلغان
硬化钢	hardened steel	قاتايغان بولات
硬化剂	hardening agent	قاتايتقىش اگەنت
硬化炉	hardening furnace	قاتايتۇ پەشى، سۇارۇ پەشى
硬化松香	hardened rosin	قاتايغان كانيفول، قاتايغان شايىرشىق
硬化塑料	rigid plastic	قاتايغان سۇليياۇ
硬化碳	hardening carbon	قاتايغان كومۇرتەك
硬化铁	hardened iron	قاتايغان تەمىر
硬化温度	hardening temperature	قاتايۇ تەمپەراتۇراسى
硬化橡胶	rigidifled rubber	قاتايغان كاۋچۇك
硬化液	hardening liquide	قاتايتۇ سۇيىقتەمى، سۇارۇ سۇيىقتەمى
硬化油	hardening oil	قاتايتىلغان ماي، سۇارىلغان ماي
硬化浴	hardening bath	قاتايتۇ ۋاننىاسى، سۇارۇ ۋاننىاسى
硬化作用	hardening	قاتايتۇ
硬灰煤	hard ash coal	كۆلدى كومۇر، كەنەۆسىز كومۇر
硬胶		"硬质胶" گە قاراڭىز.
硬焦碳	hard coke	قاتتى كوكس
硬柯巴	hard copal	قاتتى كوپا
硬蜡	hard wax	قاتتى بالاۋنز
硬沥青	hard asphalt(= hard pitch)	قاتتى اسفالت
硬铝	hard aluminum(= duralumin)	قاتتى الۇمين، دۇر الۇمين
硬煤	hard coal	قاتتى كومۇر، ئتۇتىنسىز كومۇر
硬木焦油	hardwood tar	قاتتى اعاش كوكس مايى
硬木焦油沥青	hardwood tar pitch	قاتتى اعاش كوكس ماي اسفالتى
硬木焦油酸	hardwood tar acid	قاتتى اعاش كوكس مايى قىشقىلى
硬漆	hard lacquer	قاتتى لاكتار
硬铅	hard lead	قاتتى قورعاسىن
硬青铜	hard brozne	قاتتى قولا
硬朊	scleroprotein	قاتتى پروتەين
硬烧氧化镁	hard burned manganesia	قاتتى كۆيدۇرۇلگەن مانگانەزيا

硬石膏	karstenite(= anhydrite)	$CaSO_4$	كارستەنيت، قاتتى گيپس
硬石蜡	hard paraffin		قاتتى پارافين
硬树胶	hard gum		قاتتى جەلىم
硬树脂	hardened resin		قاتايعان سمولا (شايىر)
硬水	hard water		كەرمەك سۇ
硬水肥皂	hard water soap		كەرمەك سۇ سابنى
硬碳	hard carbon		قاتتى كومىرتەك
硬铁	hard iron		قاتتى تەمىر
硬尾醇	sclareol		سكلارەول
硬纤维	hard fiber		قاتتى تالشقتار
硬橡胶	solid rubber		قاتتى كاۋچوك
硬橡皮	hard rubber(= solid rubber)		قاتتى رازىنكە
硬锌	hard zinc		قاتتى مىرش
硬性	hardness		قاتتىلىق، قاتايعىشتىق
硬性射线	hard ray		قاتاڭ ساۋلەلەر
硬烟末			"硬黑" گە قاراڭىز.
硬岩磷酸盐	hard rock phosphate		قاتتى جىنىستى فوسفور قشقىل تۇزى
硬油	hard oil		قاتتى ماي
硬脂	hard fat		قاتتى ماي
硬脂苯酮	stearophenone		ستەاروفەنون
硬脂醇	stearyl alcohol		ستەاريل سپيرتى
硬脂膏	hard grease		قاتتى گرەازا، قاتتى مايپاستا
硬脂腈	stearonitrile	$C_{17}H_{35}CN$	ستەارونيتريل
硬脂精	stearin	$C_3H_5(OOCC_{17}H_{35})_2O$	ستەارين
硬脂脑	stearoptene(= oleoptene)		ستەاروپتەن، ولەوپتەن
硬脂内酯	stearolactone		ستەارولاكتون
硬脂醛	stearoldehyde	$C_{17}H_{35}\cdot CHO$	ستەار الدەگيدتى
硬脂炔酸	stearolic acid	$C_8H_{17}:C(CH_2)_7COOH$	ستەارول قشقىلى
硬脂酸	stearic acid	$C_{17}H_{35}COOH$	ستەارين قشقىلى
硬脂酸铵	ammonium stearate	$C_{17}H_{35}CO_2NH_4$	ستەارين قشقىل اممونى
硬脂酸钡	barium stearate	$Ba(C_{18}H_{35}O_2)_2$	ستەارين قشقىل باري
硬脂酸苯酯	phenyl stearate	$C_{17}H_{35}CO_2C_6H_5$	ستەارين قشقىل فەنيل ەستەرى
硬脂酸丁酯	butyl stearate	$C_{17}H_{35}CO_2C_4H_9$	ستەارين قشقىل بۇتيل ەستەرى

硬脂酸钙	calcium stearate		ستەارىن قىشقىل كالتسى
硬脂酸酐	stearic anhydride		ستەارىن انگيدرىدتى
硬脂酸甘油酯	gylcerol stearate (glyceryl stearate)		ستەارىن قىشقىل گايتسەرىدى
硬脂酸铬	chrome stearate		ستەارىن قىشقىل حروم
硬脂酸根	stearate radical		ستەارىن قىشقىل رادىكالى (قالدىعى)
硬脂酸汞	mercuric stearate		ستەارىن قىشقىل سىناپ
硬脂酸钴	cobalt stearate		ستەارىن قىشقىل كوبالت
硬脂酸甲酯	methyl stearate	$C_{17}H_{35}CO_2CH_3$	ستەارىن قىشقىل مەتيل ەستەرى
硬脂酸钾	potassium stearate	$KC_{18}H_{35}O_2$	ستەارىن قىشقىل كالي، كالي ستەاراتى
硬脂酸精	sterin		ستەارىن
硬脂酸锂	lithium stearate		ستەارىن قىشقىل ليتي
硬脂酸铝	aluminium stearate	$Al(C_{18}H_{35}O_2)_3$	ستەارىن قىشقىل الۇمين
硬脂酸镁	magnesium stearate	$Mg(C_{18}H_{35}O_2)_2$	ستەارىن قىشقىل ماگني
硬脂酸锰	manganese stearate		ستەارىن قىشقىل مارگانەتس
硬脂酸膜	stearic acid film		ستەارىن قىشقىل قابىرشاعى
硬脂酸钠	sodium stearate	$NaC_{18}H_{35}O_2$	ستەارىن قىشقىل ناتري
硬脂酸镍	nickel stearate		ستەارىن قىشقىل نيكەل
硬脂酸铅	tead stearate		ستەارىن قىشقىل قورعاسىن
硬脂酸铈	ceric stearate		ستەارىن قىشقىل سەري
硬脂酸锶	stronti stearate		ستەارىن قىشقىل سترونتسي
硬脂酸铁	iron stearate		ستەارىن قىشقىل تەمىر
硬脂酸纤维素	cellulose stearate		ستەارىن قىشقىل سەلليۇلوزا
硬脂酸锌	zinc stearate		ستەارىن قىشقىل مىرىش
硬脂酸旋性戊酯	activeamyl stearate		ستەارىن قىشقىل اكتيۆ اميل ەستەرى
硬脂酸盐	stearate	$C_{17}H_{35}CO_2M$	ستەارىن قىشقىلىننىڭ تۇزدارى
硬脂酸乙酯	ethyl stearate	$C_{17}H_{35}CO_2M$	ستەارىن قىشقىل ەتيل ەستەرى
硬脂酸异丁酯	isobutyl stearate	$C_{17}H_{35}CO_2C_4H_9$	ستەارىن قىشقىل يزوبۇتيل ەستەرى
硬脂酸异戊酯	isoamyl stearate	$CH_3(CH_2)_{16}CO_2C_5H_{11}$	ستەارىن قىشقىل يزواميل ەستەرى
硬脂酸酯	stearate		ستەارىن قىشقىل ەستەرى

硬脂萜　stearoptene　　　　　　　　　　　ستەاروپتەن

硬脂酮　stearone　$C_{35}H_{70}O$　　　　　　　ستەارون

硬脂氧酸　stearoxylic acid　$CH_3\cdot(CH_2)_7\cdot CO\cdot CO\cdot(CH_2)_7\cdot COOH$　ستەاروكسيل
　　　　　　　　　　　　　　　　　　　قىشقىلى

硬脂油　stearine oil　　　　　　　　　　　ستەارين مايى

硬质胶　　　　　　　　　　　"硬橡皮" گە قاراڭز.

硬质沥青　　　　　　　　　　"硬沥青" گە قاراڭز.

硬质滤纸　hardened filter paper　　　قاتايتىلعان سۇزگى قاغاز

硬质纤维板　hard board　　　　　قاتتى تالشقتى فانەركا

硬质橡胶　　　　　　　　　　"硬质胶" گە قاراڭز.

yong

永久沉淀　permanent precipitation　　　تۇراقتى تۇنبا

永久橙　permanent orange　　　تۇراقتى قىزعىلت سارى

永久的　permanent　　　　　　　　　　تۇراقتى

永久红 B　permanent red B　　　　تۇراقتى قىزىل B

永久红 4B　permanent red 4B　　　تۇراقتى قىزىل 4B

永久红 R　permanent red R　　　　تۇراقتى قىزىل R

永久气体　permanent gas　　　　　　تۇراقتى گاز

永久形变　permanent deformation　ماڭگىلىك ٴتۇر وزگەرتۇ، ۋنەمەلىك ٴتۇر
　　　　　　　　　　　　　　　　　وزگەرتۇ

永久性　permanence, permanency　تۇراقتىلىق، ماڭگىلىك

永久性偶极　permanent dipole　　تۇراقتى ديپول

永久应变　permanent set　تۇراقتى وزگەرۇ، تۇراقتى سايكەسۇ

永久硬度　permanent hardness　تۇراقتى كەرمەكتىك

永久硬水　permanent hard water　تۇراقتى كەرمەك سۇ

永久运动定律　law of perpetual motion　تۇراقتى قوزعالىس زاڭى

用高锰酸钾漂白　permanganate bleack　اسقىن مارگانەتس قىشقىل كاليمەن
　　　　　　　　　　　　　　　　　اعارتۇ

用水溶颜料　　　　　　　　"水彩颜料" گە قاراڭز.

用锡媒染　tin mordanting　قالايىنى دانەكەر ەتىپ بوياۇ

you

优棓酚	eugallol	ەۋگاللول
优达烯	eudalene	ەۋدالەن
优地酮	eudiaron	ەۋدیارون
优黄素	euflavine	ەۋفلاۋین
优黄酸	euxanthinic acid $C_{19}H_{16}O_{10}$	ەۋكسانتین قشقىلى
优黄原	euxanthogen	ەۋكسانتوگەن
优黄质	euxanthin	ەۋكسانتین
优降宁	eutonyl	ەۋتونیل
优角朊	eukertin	ەۋكەرتین
优卡林	eucalin $C_{12}H_{12}O_6$	ەۋكالین
优奎宁	euquinine	ەۋحینین، ﻩحینین
优皮酮	eupittone	ەۋپیتتون
优皮酮酸	eupittonic acid $C_{19}H_8(OCH_3)_6O_3$	ەۋپیتتون قشقىلى
优球蛋白	euglobulin	ەۋگلوبۇلین
优球朊		"优球蛋白" گە قاراڭىز.
优惹琐	euresol	ەۋرەزول
优山道年	eusantonine	ەۋسانتونین
优山道年烯酸	eusantonic acid	ەۋسانتونەن قشقىلى
优琐林		"乌搔灵" گە قاراڭىز.
优香芹酮	eucarvone	ەۋكارۋون
优呫吨酮	euxanthone	ەۋكسانتون
优呫吨酮酸	euxanthonic acid $C_{13}H_{10}O_5$	ەۋكسانتون قشقىلى
游离	free	بوس، ەركىن
游离氨	free ammonia	بوس كۇیدەگى اممیاك
游离氮	free nitrogen	بوس كۇیدەگى ازوت
游离胆固醇	free cholesterol	بوس كۇیدەگى حولەستەرول
游离的		"自由的" گە قاراڭىز.
游离电荷		"自由电荷" گە قاراڭىز.
游离度		"自由度" گە قاراڭىز.

游离硅酸 free silicic acid	بوس كۆيدەگى كرەمنى قىشقىلى
游离酐 free anhydride	بوس كۆيدەگى انگيدريد (كۆكىرت قىشقىل انگيدريدتى)
游离基	"自由基" گە قاراڭىز.
游离基反应	"自由基反应" گە قاراڭىز.
游离基机构 radical mechanism	راديكالدار مەحانيزمى
游离基接受体	"自由基接受体" گە قاراڭىز.
游离基聚合	"自由基聚合" گە قاراڭىز.
游离基引发反应	"自由基引发反应" گە قاراڭىز.
游离基引发聚合	"自由基引发聚合" گە قاراڭىز.
游离基引发聚合反应	"自由基引发聚合反应" گە قاراڭىز.
游离碱 free base, free alkali	1. بوس كۆيدەگى نەگىز؛ 2. بوس كۆيدەگى ٴسلتى
游离碱度 free alkalinity	بوس كۆيدەگى ٴسلتى دارەجەسى (مۇناي ونىمدەرىندە)
游离硫 free sulfur	بوس كۆيدەگى كۆكىرت
游离石灰 free lime	بوس كۆيدەگى اك
游离石蜡 free paraffins	بوس كۆيدەگى پارافين
游离水 free water	ەركىن سۋ
游离水分	"自由湿气" گە قاراڭىز.
游离松香 free rosin	بوس كۆيدەگى كانيفول، بوس كۆيدەگى شايىرشىق
游离酸 free acid	بوس كۆيدەگى قىشقىل
游离态 free state	بوس كۆي، ەركىن كۆي
游离态氮	"游离氮" گە قاراڭىز.
游离碳 free carbon	بوس كۆيدەگى كومىرتەك
游离溴反应 free bromine reaction	بوس كۆيدەگى بروم رەاكسياسى
游离盐酸 free hydrochloride	بوس كۆيدەگى تۇز قىشقىلى
游离原子	"自由原子" گە قاراڭىز.
游离脂肪酸 free fatty acids	بوس كۆيدەگى ماي قىشقىلدارى
游离状态	"游离态" گە قاراڭىز.
游码 rider	جىلجىمالى گىر تاسى
游子	"离子" گە قاراڭىز.
油 oil	[1] ماي، [2] مۇناي
β-油 beta oil	بەتا ماي
LB 油 LB-oils	LB ماي

LB－X－油 LB－X－oils	LB－X ـ ماي
油比重计　oleometer	ولەومەتىر
油醇　oleic alcohol	ولەين سپىرتى
油淬硬钢　oil hardening steel	مايمەن سۇارىلغان بولات، مايمەن قاتايتىلغان بولات
油的变黑　oil darkening	مايداڭ قارايۇى
油的恶化　oil deterioration	مايداڭ ەسكىرۇى، مايداڭ ساپاسىزدانۇى
油的分解　oil decomposition	مايداڭ ىدىراۇى (ەسكىرۇى ياكي توتعۇى)
油的分类　oil classification	مايداڭ جىكتەلۇى
油的分离　oil separation	مايداڭ ٴبولىنىپ شعۇى
油的分散性质　oil－dispersing property	مايداڭ بىتىراۇ قاسيەتى
有的挥发性　oil volatility	مايداڭ ۇشقىشتىعى
油的老化	"油的恶化" گە قاراڭىز.
油的粘度　oil viscosity	مايداڭ تۇتقىرلىعى
油的漂白　oil bleaching	مايداڭ اعارۇى، (تۇسسىزدەنۇى)
油的脱胶　oil degumming	مايداڭ تۇتقىرسىزدانۇى
油的脱蜡　oil dewaxing	مايداڭ بالاۋىزسىزدانۇى
油的脱色　oil decolorization	مايداڭ تۇسسىزدەنۇى
油的脱水　oil dehydrating	مايداڭ سۇسىزدانۇى
油的组分　oil composition	مايداڭ قۇرامدارى
油二饱甘油酯　oleodisatarated glycoside	مايلى ەكى قانىققان كليكوزيد
油腐蚀　oil corrosion	مايداڭ كوررۇزيالانۇى (مايداعى قىشقىل زاتتىڭ كوررۇزيالانۇى)
油甘皂　olein soap	ولەين سابىن
油膏　factice	مايپاستا
油基清漆　oil base varnish	مايلى لاكتار
油焦	"石油焦炭" گە قاراڭىز.
油焦炭	"石油焦炭" گە قاراڭىز.
油精　olein　$(C_{17}H_{33}COO)_3C_3H_5$	ولەين
油井气　casing－head gas	مۇناي قۇدىعى گازى
油沥青　oil bitumen	مايلى بيتۇم
油毛毡	"沥青毡" گە قاراڭىز.
油母质　kerogen	كەروگەن
油漆　oil varnish, oil paint	

"油质清漆" گه قاراڭىز.

油气　oil gas　　مايلى گاز

油气焦油　oil gas tar　　مايلى گازدى كوكس مايى

油燃料　oil fuel　　ماي جانار زاتتار

油溶苯胺黑　　"نيگروزين" گه قاراڭىز.

油溶尼格洛辛　nigrosine fat soluble　　مايدا ەريتىن نيگروزين

油溶染料　oil－soluble deyes　　مايدا ەريتىن بوياۋلار

油溶树脂　oil－soluble resin　　مايدا ەريتىن سمولا (شايىر)

油溶性　oil soluble　　مايدا ەرىگىشتەك

油溶性溶剂　oil－dissolving solvent　　مايدا ەرىگىش ەرىتكىش

油溶引杜林　induline fat－soluble　　مايدا ەريتىن يندۇلين

油鞣革　chamios leather　　ساقتيان، كۇدەرى، زامشا

油树脂　oleoresin　　مايلى سمولا (شايىرلار)

油树脂清漆　oleoresinous varnish　　مايلى سمولالى لاكتار

油酸　oleic acid　$C_{17}H_{33}COOH$　　ولەين قشقىلى

油酸铵　ammomium oleate　　ولەين قشقىل امموني

油酸苯汞　phenyl mercuric oleate　　ولەين قشقىل فەنيل－سناپ

油酸吡啶汞　pyridylmercuric oleate　　ولەين قشقىل پيريديل－سناپ

油酸铋　bismuth oleate　$Bi(C_{18}H_{33}O_2)_3$　　ولەين قشقىل بيسمۇت

油酸丁酯　butyl oleate　$C_{17}H_{33}CO_2C_4H_9$　　ولەين قشقىل بۋتيل ەستەرى

油酸发酵　oleic acid fermentation　　ولەين قشقىلدى اشۇ

油酸钙　calcium oleate　　ولەين قشقىل كالتسي

油酸汞　mercuric oleate　　ولەين قشقىل سناپ

油酸甲酯　methyl oleate　$C_{17}H_{33}CO_2CH_3$　　ولەين قشقىل مەتيل ەستەرى

油酸钾　potassium oleate　$KC_{18}H_{33}O_2$　　ولەين قشقىل كالي

油酸铝　aluminum oleate　　ولەين قشقىل الۋمين

油酸镁　magnesium oleate　$Mg(C_{18}H_{33}O_2)_2$　　ولەين قشقىل ماگني

油酸锰　manganese oleate　　ولەين قشقىل مارگانەتس

油酸钠　sodium oleate　$NaC_{18}H_{33}O_2$　　ولەين قشقىل ناتري

油酸钠凝胶　sodium oleate gel　　ولەين قشقىل ناتريلى سىرنە

油酸铅　lead oleate　　ولەين قشقىل قورعاسىن

油酸铅硬膏　diachylonplaster　　دياحيلون پلاستر

油酸铁　ferric oleate　　ولەين قشقىل تەمىر

油酸同系物	oleic acid series		ولەيىن قىشقىلىنىڭ قاتارلىرى (گومولوكتارى)
油酸铜	cupric oleate	$Cu(C_{18}H_{33}O_2)_2$	ولەيىن قىشقىل مىس
油酸锌	zinc oleate		ولەيىن قىشقىل مىرىش
油酸盐	oleate	$C_{18}H_{33}O_2M$	ولەيىن قىشقىلىنىڭ تۇزدارى
油酸乙酯	ethyl oleate	$C_{17}H_{33}CO_2C_2H_5$	ولەيىن قىشقىل ەتىل ەستەرى
油酸异丁酯	isobutyl oleate		ولەيىن قىشقىل يزوبۇتيل ەستەرى
油酸异戊酯	isoamyl oleate	$C_8H_7CH:CHC_7H_{14}CO_2C_5H_{11}$	ولەيىن قىشقىل يزواميل

ەستەرى

油酸酯酶	olease	ولەازا
油田	oil field	مۇناي الابى، مۇنايلىق
油田气	oil field gas	مۇنايلىق گازى
油萜	elaoptene(=eleoptene)	ەلاوپتەن، ەلەوپتەن
油涂料	oil paint	مايلى بور بوياۋ (سىر)
油酰	oleoyl	$CH_3(CH_2)_7CH:CH(CH_2)_7CO-$	ولەۋىل
油酰胺	oleamide	$CH_3(CH_2)_7CH:CH(CH_2)_7CONH_2$	ولەاميد
油酰氯	oleoyl chloride	$CH_3\cdot(CH_2)_7\cdot CH:CH\cdot(CH_2)_7\cdot COCl$	ولەۋىل حلور
油性	oiliness	مايلىلىق، مايلى
油性度	oiliness degree	مايلىلىق دارەجەسى
油性膜	oiliness film	مايلى كەلەگەي، مايلى قابىرشاق
油性载体	oiliness carrier	مايلى تاسۇشى
油性指示	oiliness index	مايلى كورسەتكىش
油焰	oily flame	ماي جالىنى
油颜料	oil color	مايلى بوياۋ
油硬脂	oleostearin	ولەوستەارين
油毡	linoleum	ماي قاعاز، قاراماي قاعاز
油脂	oil and fat	سۇيىق ماي ـ قاتتى ماي
油脂混合物	rich mixture	ماي قوسپاسى
油脂火焰		"油焰" گە قاراڭىز.
油脂溶剂	fat solvent	ماي ەرتكىش (اگەنت)
油脂溶液	fat solution	ماي ەرىتىندىسى
油指示剂	oil indicator	ماي ينديكاتورى
油砾红	oil indicator	ماي ۋەرمىليونى
油状液体	oily liquids	ماي ٴتارىزدى سۇيىقتىق

铀(U)　uranium　　　　　　　　　　　　　　ئۇران (U)

铀玻璃　uranium glass　　　　　　　　　ئۇراندى ئەينەك، ئۇراندى شىنى

铀后元素　transuranic element　　ترانسۇراندار، ئۇراننان كېيىنگى ەلەمەنتتەر

铀矿　uranite　$Ca(UO_2)_2P_2O_3 \cdot 8H_2O$　　　ئۇرانيدتەر، ئۇران كەنى

铀矿物　uranium minerals　　　　　　　　　ئۇران مينېرالى

铀镭系　uranium – radium series　　　　ئۇران – رادي قاتارى

铀镭族　family uranium – radium　　　ئۇران – رادي گرۇپپاسى

铀酸　uranic acid　　　　　　　　　　　　ئۇران قىشقىلى

铀酸铵　ammonium uranate　$(NH_4)_2UO_4$　ئۇران قىشقىل امموني

铀酸钠　sodium uranate　Na_2UO_4　　　ئۇران قىشقىل ناتري

铀酸双氧铀　uranyl uranate　$UO_2 \cdot UO_4$　ئۇران قىشقىل ئۇرانيل

铀酸盐　uranate　$M_2(UO_4)$　　　　　ئۇران قىشقىلىنىڭ تۇزدارى

铀铁合金　ferro – uranium　　　　　　ئۇران – تەمىر قورىتپاسى

铀系　uranium series　　　　　　　　　ئۇران قاتارى

铀酰　　　　　　　　　　　　　"双氧铀根" گە قاراڭىز.

铀酰氯　uranly chloride　　　　　　　ئۇرانيل حلور

铀中毒　uranium poisoning　　　　　　ئۇراننان ۋلاڭۇ

有规聚合物　tactic polymer　　　　رەتتى پوليمەر، نيكالىق

有规立构合成　stereospecific synthesis　رەتتى ستەرەئولىق سينتەز،
باعدارلى سينتەز

有规立构聚合　stereoregular polymerization　جۇيەلى ستەرەئولىق
پوليمەرلەنۇ، باعدارلى پوليمەرلەنۇ

有规立构橡胶　stereoregular rubber　جۇيەلى ستەرەئولىق كاۋچۇك، باعدارلى
كاۋچۇك

有核的　　　　　　　　　　　　"含核的" گە قاراڭىز.

有核原子　　　　　　　　　　　"含核原子" گە قاراڭىز.

有机半导体　organic semiconductor　ۋرگانيكالىق جارتىلاي ۋتكەزگىش دەنە

有机铋化合物　bismuth organic compound　ۋرگانيكالىق بيسمۇت
قوسىلىستارى

有机玻璃　organic glass　　　　ۋرگانيكالىق ئەينەك (شىنى)

有机沉淀物　organogenous sediments　ۋرگانيكالىق تۇنبا زاتتار

有机氮　organic nitrogen　　　　ۋرگانيكالىق ازوت

有机氮肥　organic nitrogenous fertilizer　ۋرگانيكالىق ازوتتى تىڭايتقىش

有机的　organic　ورگانیكالىق

有机碘化物　organic iodide　ورگانیكالىق یودتى زات (یودیدتەر)

有机电化学　organic electrochemistry　ورگانیكالىق ەلەكترو حیمیا

有机定量分析　organic quantitative analysis　ورگانیكالىق ساندىق تالداۋ

有机多分子硅醚　organopolysiloxane　ورگانیكالىق پولیسیلوكسان

有机多硫化物　organic polysulfide　ورگانیكالىق پولي كۆكىرتتى زات
(پولیسۆلفیدتەر)

有机二硫化物　organic disulfide　R_2S_2　ورگانیكالىق قوس كۆكىرتتى زات
(دیسۆلفیدتەر)

有机反应　organic reaction　ورگانیكالىق رەاكسیالار

有机反应机理　organic reaction mechanism　ورگانیكالىق رەاكسیالار
مەحانیزمی

有机肥料　organic fertilizer　ورگانیكالىق تەڭايتقىشتار

有机分析　organic analysis　ورگانیكالىق تالداۋ

有机分子　organic molecula　ورگانیكالىق مولەكۆلالار

有机分子化合物　organic molecular compound　ورگانیكالىق مولەكۆلالىق
قوسىلىستار

有机高分子　organic polymer　ورگانیكالىق جوعارى مولەكۆلالار

有机高分子材料　organic polymermaterial　ورگانیكالىق جوعارى مولەكۆلالى
ماتەریالدار

有机高分子合成材料　organic synthesized polymer material　ورگانیكالىق
جوعارى مولەكۆلالى سینتەزدىك ماتەریالدار

有机高分子化合物　organic macromolecule compound　ورگانیكالىق جوعارى
مولەكۆلالى قوسىلىستار

有机根　organic radical　ورگانیكالىق رادیكال (قالدىق)

有机汞　organic mercury　ورگانیكالىق سىناپ

有机汞化合物　organo – mercuric compound　ورگانیكالىق سىناپ
قوسىلىستارى

有机汞卤化合物　organo – mercuric halide(compound)　$R \cdot Hg \cdot X$
ورگانیكالىق سىناپ ـ گالوگەن قوسىلىستارى

有机硅　organic silicon　ورگانیكالىق كرەمني

有机硅化合物　organic silicon compound　ورگانیكالىق كرەمني قوسىلىستارى

有机硅聚合物　organosilicon polymer　ورگانیكالىق كرەمنیلى پولیمەر

有机过酸　organic peracid　R·CO·O·OH　ورگانیکالـق اسقـن قشقـلدار

有机过氧化物　organic peroxide　ورگانیکالـق اسقـن توتقتار

有机含磷杀虫剂　organophosphorus insecticide　ورگانیکالـق فوسفورلـی قۇرت قەرعش

有机合成　organic synthesis　ورگانیکالـق سینتەز

有机合成材料　organic synthesized material　ورگانیکالـق سینتەزدـاك ماتەریالدار

有机合成农药　synthetic organic pesticides　ورگانیکالـق سینتەزدـاك اۇل شارۇاشلـق دارىلەری

有机化合物　organic compound　ورگانیکالـق قوسلـستار

有机化学　organic chemistry　ورگانیکالـق حیمیا

有机化学反应　organic chemical reaction　ورگانیکالـق حیمیالـق رەاكسیالار

有机磺酸金属盐　metal organic shlfonate　ورگانیكالـق سۇلفون قشقـلدـاك مەتال تۇزدـاری

有机基　organic radical　ورگانیكالـق رادیكال

有机基团　organic group　ورگانیكالـق گرۇپپا

有机碱　organic base　ورگانیكالـق نەگـزدەر

有机喊化合物　organo - alkali compound　ورگانیكالـق ەسلتى قوسلـستاری

有机金属的　metallorganic　ورگانیكالـق مەتالدـق، ورگانیكالـق مەتالدى

有机金属化合　organometallic compound　ورگانیكالـق مەتال قوسلـستاری

有机聚矽氧烷　organopoly siloxane　ورگانیكالـق پولیسیلوكسان

有机理论　organic theory　ورگانیكالـق تەوریا (مۇنایدـاك ەتۇزبلـۇی تۇرالى)

有机锂化合物　organolithium compound　ورگانیكالـق لیتى قوسلـستاری

有机离子　organic ion　ورگانیكالـق یون

有机磷化合物　organophosphosphorous compound　ورگانیكالـق فوسفور قوسلـستاری

有机磷杀虫剂　organophosphorous insecticide　ورگانیكالـق فوسفورلـی قۇرت قەرعش

有机磷酸酯　organophosphate　ورگانیكالـق فوسفور قشقـل ەستەری

有机硫　organic sulfur　ورگانیكالـق كۇكـرت

有机硫化合物　organosulfur compound　ورگانیكالـق كۇكـرت قوسلـستاری

有机硫化物　organic sulfide　ورگانیكالـق كۇكـرتتى زات (سۇلفیدتەر)

有机硫磺化合物　organic sulfur compound　ورگانیكالـق كۇكـرت

قوسىلىستارى

有机卤化物　organic halide　ورگانىكالىق گالوگەندى زات (گالوگەيندتەر)

有机氯　organic chlorine　ورگانىكالىق حلور

有机氯化物　organic chloride　ورگانىكالىق حلورلى زات (حلوريدتەر)

有机氯杀虫剂　organiochloro insecticide　ورگانىكالىق حلورلى قۇرت قىرعىش

有机氯矽烷　organochlorosilane　ورگانىكالىق حلورلى سيلان

有机镁化合物　organo – magnesium compound　ورگانىكالىق ماگنىي قوسىلىستارى

有机镁卤化合物　organo – magnesium halide(compound)　R·Mg·X

ورگانىكالىق ماگنىي ــ گالوگەن قوسىلىستارى

有机醚　organic ether　ورگانىكالىق ەفير

有机泥煤　organic slime　ورگانىكالىق شىمتەزەك، ورگانىكالىق تورف

有机凝胶　organogel　ورگانوگەل، ورگانىكالىق سىرنە

有机硼化合物　organoboron compound　ورگانىكالىق بور قوسىلىستارى

有机铅化合物　organo – lead compound　ورگانىكالىق قورعاسىن قوسىلىستارى

有机染料　organic dyestuff(dye)　ورگانىكالىق بوياۋلار

有机溶剂　organic solvent　ورگانىكالىق ەرىتكىش

有机溶胶　organosol　ورگانوزول، ورگانىكالىق كەرنە

有机试剂　organic reagent　ورگانىكالىق رەاكتيۆ

有机树脂　organic resin　ورگانىكالىق سمولا (شايىر)

有机术语　organic terminology　ورگانىكالىق تەرمىيندەر، ورگانىكالىق اتاۋلار

有机四价硫化合物　sulfonium compound　ئتورت ۆالەنتتى كؤكىرتتەڭ ورگانىكالىق قوسىلىستارى

有机酸　organic acid　ورگانىكالىق قىشقىلدار

有机酸度　organic acidity　ورگانىكالىق قىشقىلدىق دارەجەسى

有机酸性　organic acidity　ورگانىكالىق قىشقىلدىعى

有机碳　organic carbon　ورگانىكالىق كومىرتەك

有机碳环　organic carbon cycle　ورگانىكالىق كومىرتەك ساقيناسى

有机物　organic matter　ورگانىكالىق زاتتار

有机物符号　organic symbol　ورگانىكالىق زاتتاردىڭ تاڭباسى

有机物燃烧　organic combustion　ورگانىكالىق زاتتاردىڭ جانۋى

有机矽		"有机硅" قا قاراڭىز.
有机矽化合物		"有机硅化合物" قا قاراڭىز.
有机矽聚合物		"有机硅聚合物" قا قاراڭىز.
有机矽烷	organosilane	ورگانىكالىق سىلان
有机矽烷醇	organosilanol	ورگانىكالىق سىلانول
有机锡化合物	organo – tin compound	ورگانىكالىق قالايى قوسىلمىستارى
有机锌化合物	organio zinc compound	ورگانىكالىق مىرش قوسىلمىستارى
有机盐	organic salt	ورگانىكالىق تۇز
有机衍生物	organic derivative	ورگانىكالىق تۇىندىلار
有机阳离子	organic ation	ورگانىكالىق كاتيون
有机液体	organic liquid	ورگانىكالىق سۇيىقتىق
有机抑止剂	organic inhibitor	ورگانىكالىق تەجەگىشتەر
有机阴离子	organic anion	ورگانىكالىق انيون
有机淤泥	organic sludge	ورگانىكالىق باتپاق
有机酯	organic ester	ورگانىكالىق ەستەر
有极的		"异极的" قا قاراڭىز.
有极分子		"极性分子" قا قاراڭىز.
有极化合价	hetero polar valence	گەتەرو پوليارلى ۆالەنت
有极化合物	heteropolar compound	گەتەرو پوليارلى قوسىلمىستار
有极键		"异极键" قا قاراڭىز.
有极链分子		"极链分子" قا قاراڭىز.
有极性	heteropolarity	گەتەرو پوليارلىلىق
有理指数定律	law of rational indices	راتسيونال كورسەتكەش زاڭى
有色玻璃	colored glass	ءتۇستى شىنى، ءتۇستى ايىنەك
有色蛋白质		"色肮" قا قاراڭىز.
有色和金	non – ferrous alloy	ءتۇستى قورتپالار
有色化合物	colored compound	ءتۇستى قوسىلمىستار
有色金属	non – ferrous metal	ءتۇستى مەتالدار
有色离子	colored ion	ءتۇستى يوندار، رەڭدى يوندار
有色肮		"色肮" قا قاراڭىز.
有色物	colored substance	ءتۇستى زاتتار
有色釉	colored glase	ءتۇستى ەمال، ءتۇستى كىرەۇژەكە

有色纸	colored paper	ئۆستى قاغاز، رەڭدى قاغاز
有效表面	active surface	ئونمدى بەت، اكتىۋ بەت
有效成分	active ingredient	ئونمدى قۇرام، اكتىۋ قۇرام
有效的	active(= effective)	ئونمدى، جارامدى، اكتىۋ
有效肥料	available fertilizer	ئونمدى تەڭايتقىشتار
有效化合价	active valence	ئونمدى ۋالەنت، اكىتۋ ۋالەنت
有效量子数	effective quantum number	ئونمدى كۋانت سانى
有效磷酸	available phosphoric acid	ئونمدى فوسفور قشقلى
有效磷酸盐	available phosphate	ئونمدى فوسفور قشقلمنىڭ تۇزدارى
有效氯	available chlorine	ئونمدى حلور
有效面积	useful area	ئونمدى ئۇدان
有效能	available energy	ئونمدى ھەرگيا
有效浓度	effective concentration	ئونمدى قويۇلسق
有效碰撞	effective collision	ئونمدى سوقتىعۇ، ئونمدى سوقتىعسۇ
有效期	useful life	ئونمدى مەرزىمى، جارامدى مەرزىمى
有效氢	available hydrogen	ئونمدى سۇتەك
有效热	effective head	ئونمدى جلۇلسق
有效容积	active volume	ئونمدى سيمدىلسق
有效容量	useful capacity	ئونمدى سيمدىلسق
有效溶剂	active solvent	اكتىۋ ھەرتكش (اگەنت)
有效吸收容积	active absorbtion volume	اكتىۋ ئسمرۇ سيمدىلعى
有效氧	available oxygen	ئونمدى وتەك
有效原子数	effective atomic number	ئونمدى اتوم سانى
有效质量	active mass	ئونمدى ماسسا
有效中心		"活性中心" گە قاراڭز.
有效组份		"有效成分" گە قاراڭز.
有意义链	sense strand	ئماندى تىزبەك
铕(Eu)	europium	ۆروپي (Eu)
右糖酐铁	iron dextran	تەمرلى دەكستران
右香醛	dextropimarinal	دەكستروپيمارينال
右旋的	dextro – (=d–)	دەكسترو، _ ، ۆڭعا اينالۇ ، –d
右旋地衣酸	d – usninic acid	ۇسنين قشقلى – d
右旋海松酸	dextropimaric acid	دەكسترو پيمارين قشقلى

右旋化合物　dextrorotatory compound　　　دەستىرو قوسلمستار، d ـ دەنە

右旋酒石酸　d－tartaricacid(＝dextrotartaric acid)　شاراپ قشقىلى، d ـ

دەستىرو شاراپ قشقىلى

右旋－木糖　d－xylose　　　　　كسيلوزا ـ d

右旋－X－蒎烯　d－2－pinene　　　پىنەن ـ 2 ـ d

右旋乳酸　d－lactic acid（＝dextrolactic acid)　ئسۇت قشقىلى، d ـ

دەستىرو ئسۇت قشقىلى

右旋乳酸盐　　　　　　"肌乳酸盐" گە قاراڭز.

右旋糖　dextrose　$C_6H_{12}O_6$　　　دەستىروزا

右旋糖酐　dextran　　　دەستىران

右旋糖酐铁　　　　　"右糖酐铁" گە قاراڭز.

右旋糖酶　dextrase　　　دەستىرازا

右旋萜烯－[8]－醇－[3]　　　　"异蒲勒醇" گە قاراڭز.

右旋同分异构体　dextroisomer　　دەستىرو يزومەر

右旋物　dextro－compound　　دەستىرو قوسلمستار

右旋型　dextrorotatory form　دەستىرو تۇرپاتتى، دەستىرو فورمالى

右旋作用　dextrotation　　دەستىرولاۋ

柚甙　naringin(＝naringosid)　$C_{27}H_{32}O_{14}$　نارينگىن، نارينگوزيد

柚木柯因　tectochrysin　　تەكتوحريزين

柚配质　naringenin　$C_{15}H_{12}O_5$　نارينگەنين

柚皮甙　　　　"柚甙" گە قاراڭز.

釉　glaze　　ەمال، كەرەۋكە

釉底料　engobe　　ەمال استارلىق ماتەريال

釉底颜料　under－glaze color　ەمال استارلىق بوياۋ

釉面颜料　over－glaze color　ەمال بەتتىك بوياۋ

釉纸　　　　"石蜡纸" گە قاراڭز.

诱导　induction　　يندۇكتسيا

诱导催化剂　inducing catalyst　يندۇكتسيالىق كاتاليزاتور

诱导反应　induced raction　يندۇكتسيالىق رەاكسيا

诱导分解　induced decomposition　يندۇكتسيالىق ىدىراۋ

诱导率　inductivity　يندۇكتسيالاۋ دارەجەسى

诱导酶　induced enzyme　يندۇكتسيا ەنزيم

诱导期　induction period

 يندۇكتسيا پەريودى

诱导期试验　induction period test   يندۇكتسيا پەريودى سىناعى

诱导物　inductor   يندۇكتور، يندۇكتسيالاۋشى زات

诱导效应　induction effect   يندۇكتسيالىق ەففەكت

诱发混合物　inducted mixture   يندۇكتسيالىق قوسپا

yu

余价　partial valence   ارتىق ۆالەنت، قالدىق ۆالەنت

余酸　spent acid   قالدىق قىشقىل

余效　residual effect   قالدىق ەففەكت

鱼蛋白纤维　fish protein fiber   بالىق پروتەين تالشعى

鱼肝油　fish liver oil   بالىق باۋرى مايى

鱼胶　fish glue   بالىق جەلمى

鱼鳞硬朊　ichthylepidin   يحتيلەپيدين

鱼卵磷朊　ichthulin   يحتۇلين

鱼石脂　ichthyol (= ichthammol)   يحتيول، يحناممول

鱼石脂磺酸　ichthyolsulfonic acid   يحتيول سۇلفون قىشقىلى

鱼石脂磺酸铵　ichthyol sulfonate   يحتيول سۇلفون قىشقىل اممونى

鱼藤醇　elliptol   ەلليپتول

鱼藤醇酮　elliptolone   ەلليپتولون

鱼藤醇酮Ⅰ　rotenolone Ⅰ   روتەنولون Ⅰ

鱼藤醇酮Ⅱ　rotenolone Ⅱ   روتەنولون Ⅱ

鱼藤二酮   . قاراڭىز گە "鱼藤酮酮"

鱼藤素　deguelin   دەگۇەلين

鱼藤酸　rotenic acid $C_{12}H_{12}O_4$ روتەن قىشقىلى

鱼藤酮　rotenone (= elliptone) $C_{23}H_{22}O_6$ روتەنون، ەلليپتون

鱼藤酮酮　rotenonone (= elliptonone)   روتەنونون، ەلليپتونون

鱼油　fish oil   بالىق مايى

鱼脂　fish tallow   بالىق مايى

宇宙的　cosmic   كوسموستىق، عارشتىق، الەمدىك

宇宙辐射　cosmic radiation   كوسموستىق راديﺎتسيا، عارشتىق راديﺎتسيا (ساۋلە شعارۋ)

宇宙化学	cosmochemistry	كوسمو حيميا، عارش حيميا
宇宙射线	cosmic ray	كوسموستىق ساۋله، عارشتىق ساۋله
宇宙万物	cosmic inventory	كوسموستىق جان ـ جاقتىلمىق، عارشتىق امبەباپتىق
宇宙微粒	cosmic particle	كوسموس ميكرو بولشەكتەرى، عارش ميكرو بولشەكتەرى

羽红素	turacin	تۇراتسين
羽明矾		"发盐" گە قاراڭىز.
羽扇醇	lupeol	لۇپەول
羽扇豆定	lupinidine	لۇپينيدين
羽扇豆宁	lupinine	لۇپينين
羽扇豆醛	lupinal	لۇپينال
羽扇豆酸	lupinic acid	لۇپين قىشقىلى
羽扇豆烷	lupinane	لۇپينان
羽扇豆植物碱	lupinalkaloid	لۇپين الكالويد
羽扇豆中毒	lupinosis	لۇپيننەن ۋلانۇ
羽扇糖	lupeose	لۇپەوزا
羽扇烷醇	lupanol	لۇپانول
羽扇烷宁	lupanine	لۇپانين
羽扇烷酮	lupanone	لۇپانون
羽扇烯	lupene	لۇپەن
羽扇烯酮	lupenone	لۇپەنون
玉红	rubin	رۇبين، لاعمل
玉红氨酸		"茜根酸" گە قاراڭىز.
玉红玻璃	ruby glass	رۇبين شىنى، رۇبين اينەك
玉红丹宁酸	rubitannic acid $C_{14}H_{22}O_{12}\cdot H_2O$	رۇبيتاننين قىشقىلى
玉红啶	rubidine $C_{11}H_{17}N$	رۇبيدين
玉红黄质	rubixanthin $C_{40}H_{55}OH$	رۇبيكسانتين
玉红杰尔碱	rubijervine	رۇبيجەرۋين
玉红色素	rubichrome	رۇبيحروم
玉红省	rubicen $C_{26}H_{14}$	رۇبيتسەن
玉米淀粉	corn starch	جۇگەرى كراحمال
玉米黄质	zeaxanthin	زەاكسانتين

玉米朊	zein		زەىن
玉米素	zeatin		زەاتىن
玉米纤维	zein fiber		زەىن تالشعى
玉米油	corn oil		جۈگەرى مايى، مايىز مايى
玉蕊精醇	barringtogenol		باررىنگتوگەنول
玉蕊精宁	barringtogenin		باررىنگتوگەنىن
玉蕊精酸	barringtogenic acid		باررىنگتوگەن قشقىلى
玉蕊精停	barringtogentin		باررىنگتوگەنتىن
玉蕊宁	barringtonin	$C_{18}H_{28}O_{10}$	باررىنگتونىن

玉蕊配质　　　　　　　　　　"玉蕊精宁" گە قاراڭز.

玉蜀黍醇溶朊　　　　　　　　"玉米朊" گە قاراڭز.

玉黍黄二呋喃素　　　　　　　"金黄质" گە قاراڭز.

玉髓	calcedony	SiO_2	شاقپاق تاس
育亭宾	yohimbine	$C_{21}H_{26}O_3N_2$	يوگىمبىن
育亭酸	yohimbic acid	$C_{20}H_{24}O_3N_2$	يوگىمبي قشقىلى
育亭烷	yohimbane		يوگىمبان
育亭烯	yohimbene	$C_{21}H_{26}O_3N_2$	يوگىمبەن
愈疮酚磺酸钾	thiocol		تىوكول
愈疮木酚	guaiacol	$CH_3OC_6H_4OH$	گۈاياكول
愈疮木酚苯酸酯	guaiacol benzoate	$CH_3OC_6H_4O_2C_7H_5$	گۈاياكول بەنزوي قشقىل ەستەرى
愈疮木酚醋酸酯	guaiacol acetate	$CH_3OC_6H_4O_2CCH_3$	گۈاياكول سىركە قشقىل ەستەرى
愈疮木酚肉桂酸酯	guaiacol cinnamate	$CH_3OC_6H_4O_2C_9H_7$	گۈاياكول سىننام قشقىل ەستەرى
愈疮木酚水杨酸酯	guaiacol salicylate	$C_{14}H_{12}O_4$	گۈاياكول سالىتسىل قشقىل ەستەرى
愈疮木酚戊酸酯	guaiacol valerate	$CH_3(CH_2)_3CO_2C_6H_4OCH_3$	گۈاياكول ۆالەرىان قشقىل ەستەرى
愈疮木酚正己酸酯	guaiacol n-caproate	$CH_3OC_6H_4O_2C_6H_{11}$	گۈاياكول n _ كارپون قشقىل ەستەرى
愈疮木基	guaiacyl		گۈاياتسىل
愈疮木油	guaiac wood oil		

گۆیا اعاش مایى

愈疮内酯　guaianolid　　گۆیانولید

愈疮树脂　guaiac resin　　گۆیاكتى سمولالار

愈疮酸　guaiaretic acid　　گۆیارەت قشقىلى

预　pre‐　　ورگانیكالىق پرە ‐ (لاتىنشا)، اۇەلى، الدەمەن، الدىن الا، بۇرىن،
كۆنى بۇرىن

预白朊　prealbumin　　پرەالبۇمین

预苯酸　prephenic acid　　پرەفەن قشقىلى

预处理　pretreatment, preprocessing　　الدىن الا وڭدەۋ

预定压力　predetermined pressure　　الدىن الا بەلگىلەنگەن قىسىم

预防剂　preventive　　الدىن العش (اگەنت)

预防溶液　preventive solution　　الدىن الۇ ەرتىندىسى

预固化　precure　　الدىن الا قاتایتۇ

预混合　premixing　　الدىن الا ارالاستىرۇ

预焦化　precoking　　الدىن الا كوكستەندىرۇ

预聚物　　"前聚合物" گە قاراڭىز.

预冷却　precooling　　الدىن الا سۇتۇ

预冷却器　precooler　　الدىن الا سۇتقىش (اسپاپ)

预离解作用　predissociation　　الدىن الا بدراتۇ

预燃反应　preflame reaction　　الدىن الا وتالۇ رەاكسیاسى

预燃烧　precombustion　　الدىن الا جانۇ

预燃烧反应　precombustion reaction　　الدىن الا جانۇ رەاكسیاسى

预燃烧室　precombustion chamber　　الدىن الا جانۇ كامەراسى

预燃氧化　preflame oxidation　　الدىن الا جانىپ توتىعۇ

预燃作用　preignition　　الدىن الا جانۇ

预热　preheating　　الدىن الا قىزدىرۇ

预热段　preheating sector　　الدىن الا قىزدىرۇ بولىگى

预热炉　preheating oven　　الدىن الا قىزدىرۇ پەشى

预热器　preheater　　الدىن الا قىزدىرعىش (اسپاپ)

预热区　preheating zone　　الدىن الا قىزدىرۇ اۇماعى

预热室　preheating chamber　　الدىن الا قىزدىرۇ كامەراسى

预洗　prewashing　　الدىن الا جۇۇ

预先混合器　premixer　　الدىن الا ارالاستىرعىش (اسپاپ)

预先加油　preoiling　الدىن الا ماي قوسۇ

预先加油器　preoiler　الدىن الا ماي قوسقمش (اسپاپ)

预先甲酰化作用　preformylation　الدىن الا فورمىلداۇ

预先硫化　prevulcanize　الدىن الا كۆكىرتتەندىرۇ

预先硫化作用　prevulcanization　الدىن الا كۆكىرتتەۇ

预先压缩　precompression　الدىن الا سعۇ، الدىن الا قىسۇ

预先压缩的空气　precompressed air　الدىن الا سعىلعان اۋا

预先氧化　preoxidized　الدىن الا توتىقتىرۇ

薁　azulene　ازۇلەن

薁醇　azurol　ازۇرول

薁精　azulogens　ازۇلوگەن

薁内酯　azulenelacton　ازۇلەندى لاكتون

薁醛类　azulene aldehyde　ازۇلەندى الدەگىدتەر

薁酮类　azulene ketons　ازۇلەندى كەتوندار

薁烷酮　azululanone　ازۇلۇلانون

yuan

鸢尾粹　irisoid　يرىزوىد

鸢尾精醇　irigenol　يرىگەنول

鸢尾配质　irigenin　يرىگەنىن

鸢尾素　irisin　يرىزىن

鸢尾酮　irone　يرون

β－鸢尾酮　β－iron　β － يرون

鸢尾油　iris oil　يرىز مايى

元素　element　ەلەمەنت

元素成分　elementary composition　ەلەمەنتتىك قۇرام

元素定量分析　quantitative elementary analysis　ەلەمەنتتىك ساندىق تالداۇ

元素定性分析　qualitative elementary analysis　ەلەمەنتتىك ساپالىق تالداۇ

元素分析　elementary analysis　ەلەمەنتتىك تالداۇ

元素符号　symbol of element　ەلەمەنت تاڭباسى

元素硫　elementary shlfur　ەلەمەنت كۆكىرت

元素名称　element name　ەلەمەنت اتى

元素性质　property of element　ئەلەمەنتتەردىڭ قاسىەتى

元素有机分析　elementary organic analysis　ئەلەمەنتتەردى ورگانىكالىق تالداۋ

元素周期表　periodic table　ئەلەمەنتتەردىڭ پەرىيودتىق كەستەسى

元素周期律　periodic law　ئەلەمەنتتەردىڭ پەرىيودتىق زاڭى

元素周期系　periodic system　ئەلەمەنتتەردىڭ پەرىيودتىق جۇيەسى

元素组成　ultimate composition, elemental composition　ئەلەمەنتەر قۇرىلمى

芫花素　genkwanin　گەنكۋانىن

原　oproto－,ortho－　پروتو ـ (گرەكشە)، ورتو ـ (گرەكشە)، العاشقى، باستاپقى

原丙酸三乙酯　triethylorthopropionate　$C_2H_5C(OC_2H_5)_3$　ورتو پروپيون قىشقىل تريەتيل ەستەرى

原卟啉　protoporphyrin　پروتوپورفيرين

原材料　raw material　شيكىزات

原初卟啉　protoaetioporphyrin　پروتوەتيوپورفيرين

原醋酸　ortho－acetic acid　$CH_3·C(OH)_3$　ورتو سىركە قىشقىلى

原醋酸三乙酯　triethylorthoacetate　$CH_3C(OC_2H_5)_3$　ورتو سىركە قىشقىل تريەتيل ەستەرى

原醋酸乙酯　ethyl orthoacetate　$CH_3C(OC_2H_5)_3$　ورتو سىركە قىشقىل ەتيل ەستەرى

原醋酸酯　ortho－acetate　$CH_3C(OR)_3$　ورتو سىركە قىشقىل ەستەرى

原碲酸　orthotelluric acid　H_6TeO_6　ورتو تەللۇر قىشقىلى

原碲酸盐　orthotellurate　M_6TeO_6　ورتو تەللۇر قىشقىلىنىڭ تۇزدارى

原蔗烷　norpinane　C_9H_{16}　توربينان

原地甘菊精　prochamazulenogen　پروحامازۇلەنوگەن

原地衣硬酸　protolichesterinic acid　پروتوليچەستەرين قىشقىلى

原电池　galvanic element　گالۆانى ەلەمەنتى

原电池反应　galvanic battery reaction　گالۆانى ەلەمەنتى رەاكسياسى

原电池组　primary battery　گالۆانى باتارەياسى

原儿茶醇　protocatechuyl alcohol　$(HO)_2C_6H_3CH_2OH$　پروتوكاتەحيل سپيرتى

原儿茶基　protocatechuyl　$(HO)_2C_6H_3CH_2-$　پروتوكاتەحيل

原儿茶酸　protocatechuic acid　$(HO)_2C_6H_3COOH$　پروتوكاتەحين قىشقىلى

原儿茶酰　protocatechuoyl　$3.4-(HO)_2C_6H_3CO-$　پروتوكاتەحويل

原儿硅酸钙	calcium orthodisilicate		ورتو ەكى كرەمني قشقەل كالتسي
原儿硅酸镁	magnesium orthodisilicate		ورتو ەكى كرەمني قشقەل ماگني
原钒酸	ortho－vanadic acid	H_3VO_4	ورتو ۋانادي قشقىلى
原钒酸钠	sodium orthovanadate	Na_3VO_4	ورتو ۋانادي قشقەل ناتري
原钒酸盐	ortho－vanadate	M_3VO_4	ورتو ۋانادي قشقىلىنىڭ تۇزدارى
原仿	orthoform	$C_6H_3(COOCH_3)OHNH_2$	ورتوفورم
原氟	prothofluorine		پروتوفتور
原钙	prothocalcium		پروتو كالتسي
原高碘酸	ortho－periodic acid	H_7IO_7	ورتو اسقىن يود قشقىلى
原高碘酸盐	orthoperiodate	M_7IO_7	ورتو اسقىن يود قشقىلىنىڭ تۇزدارى
原高铅酸	ortho－plumbic acid	H_4PbO_4	ورتو قورعاسىن قشقىلى
原高铅酸钙	calcium orthoplumbate	Ca_2PbO_4	ورتو قورعاسىن قشقەل كالتسي
原高铅酸铅	plumbous orthoplumbate	$Pb_2(PbO_4)$	ورتو قورعاسىن قشقەل قورعاسىن
原高铅酸盐	ortho－plumbate	M_4PbO_4	ورتو قورعاسىن قشقىلىنىڭ تۇزدارى
原锆酸	ortho－zirconic acid	H_4ZrO_4	ورتو زيركوني قشقىلى
原铬酸	ortho－chromic acid	H_6CrO_6	ورتوحروم قشقىلى
原硅酸	ortho－silicic acid	H_4SiO_4	ورتو كرەمني قشقىلى
原硅酸钡	barium orthosilicate	Ba_2SiO_4	ورتو كرەمني قشقەل باري
原硅酸钙	calcium orthosilicate	Ca_2SiO_2	ورتو كرەمني قشقەل كالتسي
原硅酸铬	cadmium orthosilicate	Cd_2SiO_4	ورتو كرەمني قشقەل كادمي
原硅酸锂	lithium orthosilicate	Li_4SiO_4	ورتو كرەمني قشقەل ليتي
原硅酸镁	magnesium orthosilicate	Mg_2SiO_4	ورتو كرەمني قشقەل ماگني
原硅酸钠	sodium orthosilicate	Na_4SiO_4	ورتو كرەمني قشقەل ناتري
原硅酸亚铁	ferrous orthosilicate	$FeSiO_4$	ورتو كرەمني قشقەل شالا توتىق تەمىر
原硅酸盐	ortho－silicate	M_4SiO_4	ورتو كرەمني قشقەلمنىڭ تۇزدارى
原硅酸酯	ortho－silicate	$Si(OR)_4$	ورتو كرەمني قشقەل ەستەرى

原果胶	protopectin	پروتوپەكتين
原甲硅酸	ortho – siliformic acid(= leucon)　HSi(OH)₃	ورتو كرەمنيلى
		قۇمىرسقا قشقىلى، لەؤكون
原甲酸	ortoformic acid　HC(OH)₃	ورتو قۇمىرسقا قشقىلى
原甲酸三苯酯	triphenyl orthoformate　HC(OC₆H₅)₃	ورتو قۇمىرسقا قشقىل
		تريفەنيل ەستەرى
原甲酸三丙酯	tripropyl orthoformate　HC(OCH₂C₂H₅)₃	ورتو قۇمىرسقا
		قشقىل تريپروپيل ەستەرى
原甲酸三丁酯	tributyl orthoformate　HC(OCH₂CH₂C₂H₅)₃	ورتو قۇمىرسقا
		قشقىل تريبۇتيل ەستەرى
原甲酸三戊酯	triamyl orthoformate　HC(OC₅H₁₁)₃	ورتو قۇمىرسقا قشقىل
		ترياميل ەستەرى
原甲酸三乙酯	triethyl orthoformate　HC(OC₂H₅)₃	ورتو قۇمىرسقا قشقىل
		تريەتيل ەستەرى
原甲酸乙酯	ethyl – orthoformate　HC(OC₂H₅)₃	ورتو قۇمىرسقا قشقىل
		ەتيل ەستەرى
原甲酸酯	orthoformate　HC(OR)₃	ورتو قۇمىرسقا قشقىل ەستەرى
原焦油	crude tar	وگدەلمەگەن كوكس مايى
原莰烷	norcamphane	نوركامفان
原莰烷基	norcamphanyl　C₇H₁₁	نوركامفانيل
原可土树皮素	protocotoin	پروتوكوتوين
原可土因		"原可土树皮素" گە قاراڭىز.
原藜芦定	protoveratridine	پروتوۆەراتريدين
原沥青	protobitumen	پروتوبيتۆم
原硫酸	ortho – sulfuric acid	ورتو كۆكىرت قشقىلى
原硫酸盐	ortho – sulfate	ورتو كۆكىرت قشقىلىننىڭ تۇزدارى
原铝酸	ortho – aluminic acid　H₃AlO₃	ورتو الۆمين قشقىلى
原铝酸盐	ortho – aluminate	ورتو الۆمين قشقىلىننىڭ تۇزدارى
原煤	raw coal	سۇرىپتالماعان كومىر
原煤气	crude gas	وگدەلمەگەن كومىر گازى
原钼酸	ortho – molybdic acid　H₆MoO₆	ورتو موليبدەن قشقىلى
原蒎烷	norpinane　C₉H₁₁	نورپينان
原硼酸	orthoboric acid　H₃BO₃	ورتو بور قشقىلى

原硼酸镁　magnesium orthoborate　$Mg(BO_3)_2$　ورتو بور قشقىل ماگني

原硼酸盐　ortho borate　M_3BO_3　ورتو بور قشقىلننىڭ تۇزدارى

原千金藤碱　protostephanine　پروتوستەفانين

原氢　protohydrogen　پروتو سۆتەك

原燃料　crude fuel　وڭدەلمەگەن جانار زاتتار

原色　primary color　باستاپقى ئتۇس، العاشقى ئتۇس

原色还原蓝　"阴丹士林蓝 R(或 RS)" گە قاراڭز.

原色母　orthochrome　$C_{22}H_{23}N_2(C_2H_5I)$　ورتوحروم

原色偶氮胺玫瑰红　"硝基茴香胺 A " گە قاراڭز.

原砷酸　orthoarsenic acid　H_3AsO_4　ورتو ارسەن قشقىلى

原砷酸盐　ortho－arsenate　M_3AsO_4　ورتو ارسەن قشقىلننىڭ تۇزدارى

原砷酸银　silver orthoarsenote　Ag_3AsO_4　ورتو ارسەن قشقىل كۆمس

原石蜡　protoparaffin(＝crude wax)　پروتوپارافين، وڭدەلمەگەن بالاۋز

原石油　protopetroleum　تابيعي مۇناي، شيكى مۇناي

原始混合物　basemix　العاشقى قوسپا، باستاپقى قوسپا

原酸　ortho－acid　ورتو قشقىل

原酸酯　ortho－ester　ورتو ەستەر

原钛酸　ortho－titanic acid　H_4TiO_4　ورتو تيتان قشقىلى

原钛酸盐　ortho－titanate　M_4TiO_4　ورتو تيتان قشقىلننىڭ تۇزدارى

原碳酸　protocarbonic acid　H_4CO_4　ورتو كومىر قشقىلى

原碳酸四丙酯　tetrapropyl orthocarbonate　$C(OCH_2C_2H_5)_4$　تەترا پروپيل ورتو كومىر قشقىل ەستەرى

原碳酸四乙酯　tetraethyl orthocarbonate　$C(OC_2H_5)_4$　ورتو كومىر قشقىل تەترا ەتيل ەستەرى

原碳酸盐　orthocarbonate　M_4CO_4　ورتو كومىر قشقىلننىڭ تۇزدارى

原碳酸乙酯　ethyl－orthocarbonate　$C(OC_2H_5)_4$　ورتو كومىر قشقىل ەتيل ەستەرى

原碳酸酯　orthocarbonate　ورتو كومىر قشقىل ەستەرى

原锑酸　ortho－antimonic acid　H_3SbO_4　ورتو سۇرمە قشقىلى

原锑酸盐　ortho－antimonate　M_3SbO_4　ورتو سۇرمە قشقىلننىڭ تۇزدارى

原钨酸　ortho－tungstic acid　ورتو ۋولفرام قشقىلى

原矽酸　"原硅酸" گە قاراڭز.

原纤维　fibril　فيبريل

原缬氨酸			"戊氨酸" گە قاراڭىز.
原鸦片碱			"前陶品" گە قاراڭىز.
原亚磷酸	ortho – phosphorous acid	H_3PO_3	ورتو فوسفورلى قىشقىل
原亚砷酸	ortho – arsenous acid	H_3AsO_3	ورتو ارسەندى قىشقىل
原亚砷酸钙	calcium orthoarsenite	$Ca(AsO_3)_2$	ورتو ارسەندى قىشقىل كالتسي
原亚砷酸钠	sodium orthoarsenite	Na_3AsO_3	ورتو ارسەندى قىشقىل ناتري
原亚砷酸铜	cuprous orthoarsenite		ورتو ارسەندى قىشقىل مىس
原亚砷酸盐	ortho – arsenite	M_3AsO_3	ورتو ارسەندى قىشقىلىننىڭ تۇزدارى
原亚砷酸银	silver orthoarsenite	Ag_2AsO_3	ورتو ارسەندى قىشقىل كۇمىس
原亚锑酸	ortho – antimonous acid	H_3SbO_3	ورتو سۇرمەلى قىشقىل
原亚锑酸盐	ortho – antimonide	M_3SbO_3	ورتو سۇرمە قىشقىلىننىڭ تۇزدارى
原胭脂树酸甲酯	methyl norbixinate	$C_{25}H_{30}O_4$	مەتيل نوربيكسين قىشقىل ەتيل ەستەرى
原叶素	protophyllin		پروتو فيللين
原油	crude oil		وڭدەلمەگەن مۇناي
原子	atom		اتوم
原子百分数	atom percent		اتوم پروتسەنت سانى
原子半径	atomic radius		اتومدىق راديۇس
原子本性	atomic nature		اتومدىق وزىندىك قاسيەت
原子变化	atomic change		اتومدىق وزگەرىس
原子参量	atomic parameter		اتومدىق پارامەتر
原子层	atomic shell		اتومدىق قابات
原子传导率	atomic conductivity		اتومدىق وتكىزگىشتىك
原子创造	atomic creation		اتومدىق جاسالۇ
原子磁力	atomic magnetic force		اتومدىق ماگنيتتىك كۇش
原子簇	cluster		اتوم شوعىرى، اتومدىق شوعىر
原子单位	atomic unit		اتومدىق بىرلىك
原子弹	atomic bomb		اتومدىق بومبى
原子的	atomic, atomica		اتومدىق
原子的量子学	atomic quantum mechanics		اتومدىق كۆانت مەحانيكاسى
原子等张比容	atomic parachor		اتومدىق تەڭ كەرىلۇ سالمەترما سيمدىلمعى

原子电荷	atomic charge	اتوم زاريادى
原子电位	atomic potential	اتومدىق پوتەنتسيال
原子动力	atomic powder	اتومدىق قوزغاۋشى كۇش
原子动振	atomic oscilation	اتومدىق سىلكىنىس
原子反应	atomic reaction	اتومدىق رەاكسيا
原子反应堆	nuclear reaction	اتوم رەاكسيا قازانى
原子反应炉		"原子反应堆" گە قاراڭىز.
原子反应器	atomic reactor	اتومدىق رەاكتور
原子分散	atomic dispersion	اتومدىق بىتىراۋ
原子符号	atomic symbol	اتوم تاڭباسى، اتومدىق تاڭبا
原子格子	atomic lattice	اتومدىق رەشەتكا
原子构成	atomic building	اتومدار قۇرىلىسى
原子构造		"原子构成" گە قاراڭىز.
原子光谱	atomic spectrum	اتومدىق سپەكترلەر
原子轨道	atomic orbit	اتومدىق وربيتا
原子轨函数	atomic orbital	اتومدىق وربيتالدار
原子核	atomic nucleus	اتومدىق يادرو
原子核半径	atomic nuclear radius	اتومدىق يادرو راديۇسى
原子核反应		"核反应" گە قاراڭىز.
原子核分裂	atomic fission	اتومدىق يادرو ٴبولىنۇ
原子核化学		"核化学" گە قاراڭىز.
原子核结构	atomic nuclear structure	اتومدىق يادرو قۇرىلىمى
原子核裂变	atomic fission	اتومدىق يادرو ٴبولىنۇ
原子核模型	atomic nuclear model	اتومدىق يادرو مودەلى
原子核能	atomic energy	اتومدىق يادرو ەنەرگيياسى
原子核外电子	extranuclear electron	اتوم يادروسى سىرتىنداعى ەلەكترونىدار
原子核外电子排布	configuration of extranuclear	اتوم يادروسى سىرتىنداعى ەلەكترونىداردىڭ ورنالاسۇى
原子核外电子运动	motion of extranuclear electron	اتوم يادروسى سىرتىنداعى ەلەكترونىداردىڭ قوزعالىسى
原子化合物	atomic compound	اتومدىق قوسىلىستار
原子激变	atomic catalysm	اتومدىق وزگەرۇى
原子激发	atomic excitation	

اتومدىق قورۇ

原子极化　atomic polarization　اتومدىق پولىيارلانۇ

原子极化性　atomic polarity　اتومدىق پولىيارللىق

原子假说　atomic hypothesis　اتومدىق گىپوتەزا، اتومدىق بولجاۇ

原子价　atomicty(= valence)　اتوم ۋالەنتى

原子价电子　"价电子" گە قاراڭز.

原子价模型　"模型" گە قاراڭز.

原子价数　"价数" گە قاراڭز.

原子价异构现象　"价异构现象" گە قاراڭز.

原子间距离　interatomic distance　اتوم ارالىق قاشقتىق

原子间力　interatomic force　اتوم ارالىق كۈش

原子键　atomic bond　اتومدىق بايلانىس

原子键合　atomic linkage　اتومدىق بايلانىس ئۇزۇلۇ

原子结构　atomic structure　اتومدار قۇرۇلمىسى

原子结构化学　metachemistry　مەتا حىمىيا

原子距离　atomic distance　اتومدىق قاشقتىق

原子力学　atom mechanics　اتوم مەحانىكاسى

原子量　atomic weight　اتومدىق سالماق

原子量单位　atomic weight unit　اتومدىق سالماق بىرلىگى

原子论　atomism, atomics　اتوم تەورىياسى

原子面　atomic plane　اتومدىق جازىقتىق، اتوم بەتى

原子名称　atomic name　اتوم اتى

原子模型　atomic model　اتوم مودەلى

原子内的　intra – atomic　اتوم ئشى

原子内能　intra – atomic energy　اتومدىق ئشكى ەنەرگىيا

原子能　atomic energy　اتومدىق ەنەرگىيا

原子能级　atomic energy level　اتومدىق ەنەرگىيا دەڭگەيى

原子排代反应　atomic displacement reaction　اتومدىق نەستەرۇ رەاكسىياسى

原子排列　atomic arrangement　اتومدىق ئتزىلۇ

原子频率　atomic frequency　اتوم جىيلىگى، اتومدىق جىيلىك

原子碰撞　atomic collision　اتومدىق قاقتىعىسۇ (سوقتىعىسۇ)

原子破裂　atomic disruption　اتومدىق ئبولىنۇ

原子破片　atomic fragment

اتومدىق پارشالار، اتوم پارشالارى

原子迁移　atomic migration
اتومدار جوتكەلۈ

原子桥　atomic bridge
اتومدىق كوپىرشە

原子氢　atomic hydrogen
اتومدىق سۆتەك

原子热容　atomic heat
اتومدىق جىلۈ (سىمدىلمق)

原子散射因素　atomic scattering factor
اتوم شاشىراۈ فاكتورى

原子嬗变
"原子演变" گە قاراڭىز.

原子场　atomic field
اتوم ئورسى، اتومدىق ئورس

原子射线　atomic beam
اتومدىق ساۆلە

原子实　atomic kernel
اتومدىق قالدىق

原子式　atomic formula
اتومدىق فورمۇلا

原子数　atomic number
اتوم سانى

原子体积　atomic volume
اتومدىق كولەم

原子团　atomic group(= radical)
اتومدىق توپ، اتومدار توبى، راديكال

原子团重(原子团的原子量和)　radical weight
راديكالدىق سالماق (اتومدار
توبىنىڭ اتومدىق سالماق قوسىندىسى)

原子脱变　atomic disintegration
اتومدىق ددراۈ

原子物理学　atomic physics
اتومدىق فيزيكا

原子吸光分析　atomic absorption analysis
اتومدى ابسوربتسيالىق تالداۈ

原子吸收　atomic absorption
اتومدىق ابسوربتسيا، اتومدىق جۇتلۈ

原子吸收光谱　atomic absorption spectrum
اتومدىق ابسوربتسيا
سپەكترلەرى

原子吸收系数　atomic absorption coefficient
اتومدىق ابسوربتسيا
كوەففيتسەنتى

原子性
"原子本性" گە قاراڭىز.

原子序数　atomic number
اتومدىق رەت ئنومىر

原子旋转　atomic rotation
اتومدىق اينالۈ

原子学　atomology
اتومولوگيا

原子学说　atomic theory
اتومدىق تەوريا

原子演变　atomic elevition
اتومدىق وزگەرۈ

原子荧光分析　atomic fluorescence analysis
اتومدى فلۈورەستسەنتتىك
تالداۈ

原子与分子理论　atomic – molecular theory

اتوم ـ مولەكۆلا تەورياسى

原子折射度	atomic refraction	اتومدىق سنۆ دارەجەسى
原子振动	atomic vibration	اتومدىق تەربەلسى
原子直径	atomic diameter	اتوم ديامەترى، اتومدىق ديامەتر
原子质量	atomic mass	اتوم ماسساسى
原子质量单位	atomic mass unit	اتومدىق ماسسا بىرلىگى
原子种类	atomic species	اتوم تۈرلەرى
原子中心	atomic center	اتوم سەنترى، اتوم ورتالىعى
原子转变	atomic transformation	اتومدىق وزگەرۆ، اتومدىق بۇرىلسى
圆底烧瓶	round – bottomed flask	دوڭگەلەك ٴتۈپتى كولبا
圆叶酮	rotundifolone	روتۇندىيفولۇن
远红外线	far infrared ray	الىس ينفرا قىزىل ساۋلە
远距离测定	telemetering	الىستان ولشەۆ، الىس ارالىقتان ولشەۆ
远裂亭	teloschistin	تەلوسحيستين
远志精	senegin $C_{32}H_{52}O_{17}$	سەنەگين
远志苦甙	polygamarin	پوليگامارين
远志灵	polygalin $C_{32}H_{54}O_{18}$	پوليگالين
远志配置	senegenin $C_{26}H_{44}O_6$	سەنەگەنين
远志树脂	senegal	سەنەگال
远志酸	polygalic acid(= senegeninic acid)	پوليگال قىشقىلى، سەنەگەنين قىشقىلى
远志糖醇	polygalitol	پوليگاليتول
远紫外线	far ultraviolet ray	الىس ۋلترا كۈلگىن ساۋلە

yue

月桂苯酮	laurophenone $C_6H_5CO(CH_2)_{10}CH_3$	لاۋروفەنون
月桂醇	lauryl alcohol	لاۋريل سپيرتى
月桂果油	laurel beries oil	لاۋر جەمىسى مايى
月桂基	lauryl	لاۋريل
月桂基磺酸钠	sodium lauryl sulfonate	لاۋريل سۋلفون قىشقىل ناترى
月桂基取三甲基硅	lauryltrimethyl – silicane $(C_{12}H_{25})Si(CH_3)_3$	لاۋريل تريمەتيل كرەمنى

月桂基溴	lauryl bromide		لاۇريل بروم
月桂腈	lauronitrile	$C_{11}H_{23}CN$	لاۇرونيتريل
月桂精	laurin		لاۇرين
月桂蜡	laurel wax		لاۇر بالاۇزى
月桂硫醇	lauryl mercaptane		لاۇريل مەركاپتان
月桂醛	lauraldehyde	$C_{11}H_{23}CHO$	لاۇر الدەگيدتى
月桂实油	laurel – nut oil		لاۇر جەمسى مايى
月桂酸	lauric acid	$C_{11}H_{23}COOH$	لاۇر قىشقىلى
月桂酸铵	ammonium laurate	$C_{11}H_{23}CO_2NH$	لاۇر قىشقىل اممونى
月桂酸酐	lauric anhydride	$(C_{11}H_{23}CO)_2O$	لاۇر انگيدريدتى
月桂酸甲酯	methyl laurate		لاۇر قىشقىل مەتيل ەستەرى
月桂酸盐	laurate	$C_{11}H_{23}COOM$	لاۇر قىشقىلىنىڭ تۇزدارى
月桂酸酯	laurate	$C_{11}H_{23}COOR$	لاۇر قىشقىل ەستەرى
月桂酮	laurone	$(C_{11}H_{23})_2CO$	لاۇرون
月桂酮酸	lauronic acid	$C_9H_{16}O_2$	لاۇرون قىشقىلى
月桂烷	laurane		لاۇران
月桂烯酸	lauroleic acid	$C_{11}H_{21}COOH$	لاۇرول قىشقىلى
月桂酰	lauroyl	$CH_3(CH_2)_{10}CO-$	لاۇرويل
月桂酰胺	lauramide	$C_{11}H_{23}CONH_2$	لاۇراميد
月桂酰氯	lauroyl chloride	$CH_3(CH_2)COCl$	لاۇرويل حلور
月桂叶油	laurel leaves oil		لاۇر جاپىراعى مايى
月桂油	laurel oil		لاۇر مايى
越霉素	destomycin		دەستوميتسين

yun

晕苯	coronene	$C_{24}H_{12}$	كورونەن
云玛瑙	clouded agate	SiO_2	بۇلىڭعىر اقىق، كۇڭگىرت اقىق
云木香碱	saussurine		ساۇسسۇرين
云木香烯	aplotaxene		اپلوتاكسەن
云杉甙	piceoside		پيكوزيد
云杉素	picein	$C_{14}H_{18}O_7$	پيكەين
芸康酸	teraconic acid	$(CH_3)_2C{:}C(CO_2H)CH_2CO_2H$	تەراكون قىشقىلى

芸实　divi－divi　　　　　　　　　　　　دىۋي – دىۋي

芸实醇　divinol　　　　　　　　　　　　دىۋىنول

芸实碱　divicine　　　　　　　　　　　　دىۋىتسىن

芸苔素　brrasin　　　　　　　　　　　　بررازىن

芸香甙　rutin(＝rutoside)　$C_{27}H_{32}O_{16}$　رۇتىن، رۇتوزىد

芸香十烯酸　rutic acid　　　　　　　　رۇتىن قشقىلى

芸香酸　　　　　　　　　　"特惹酸" گە قاراڭز.

芸香糖　rutinose　　　　　　　　　　　رۇتىنوزا

芸香糖甙　rutinoside　　　　　　　　　رۇتىنوزىد

芸香烯　　　　　　　　　　"特惹烯" گە قاراڭز.

勿霉素　homomycin, hygromycin　گومومىتسىن، گىگرومىتسىن

允许腐蚀度　corrosion allowance　جول قويىلاتىن كوررروزىيا دارەجەسى

允许液面　level allovance　جول قويىلاتىن سۇيىقتىق دەڭگەيى

运动粘度　kinematic viscosity　قوزعالىس توتقىرلىعى، قوزعالىستاعى توتقىرلىق

运动徐缓素　bradykinin　　　　　　　بىرادىكىنىن

运动学　kinematics　　　　　　　　　كىنەماتىكا

孕激素　lutin(＝progestin)　　　　لۇتىن، پروگەستىن

孕酮　progesterone　　　　　　　　پروگەستەرون

孕酮类　progesteroid　　　　　　　پروگەستەرويد

孕烷　　　　　　　　　　"娠烷" گە قاراڭز.

孕烷二醇葡萄糖醛酸甙　pregnanediol glucuronide　پرەگنانەدىول گلىۋكۇرونىد

孕烷二酮　　　　　　　　　"娠烷二酮" گە قاراڭز.

孕烯　　　　　　　　　　"娠烯" گە قاراڭز.

孕烯醇酮　pregenolone　　　　　　پرەگەنولون

孕烯二酮　　　　　　　　　"娠烯二酮" گە قاراڭز.

孕烯炔醇酮　pregneninolone　　　پروگنەنىنولون

孕甾酮　progeston(＝progesterone)　$C_{21}H_{30}O_2$　پروگەستون، پروگەستەرون

Z

za

杂 hetero	گەتەرو ـ (گرەكشە)، ارالاس
杂醇油 fusel oil	فۇزەل مايى، ۋ سويقى مايى
杂多酸 hetero poly aeid	گەتەرو پولي قشقملى
杂多酸化合物 hetero poly acid compound	گەتەرو پولي قشقىل قوسىلستارى
杂芳化作用 heteraylation	گەتەرور اريلدەنۇ
杂酚 creosote	كرەوزوت
杂酚油 creoste oil	كرەوزوت مايى
杂酚皂液	"来苏尔" گە قاراڭز.
杂官能缩合 hetero functional condensation	گەتەرو فۇنكتسيالىق كوندەنساتسيالانۇ
杂化轨道 hybrid orbital	گەتەرو وربيتا
杂化轨函数 hybrid orbital function	گەتەرو وربيتالدار
杂化(作用) hybridization	گيبريدتەنۇ، ارالاسۇ
杂桦木脑 heterobetulin	گەتەرو بەتۇلين
杂环 heterocyclic ring	گەتەرو ساقينا
杂环的 heterocylic	گەتەرو ساقينالى
杂环核 heterocyclic nuclear	گەتەرو ساقينالى يادرو
杂环化合物 heterocyclic com pound	گەتەرو ساقينالى قوسىلستار
杂环基 heterocyclic radical	گەتەرو ساقينالى راديكال
杂环母核 hetero cyclic stem nucleus	گەتەرو ساقينالى انا يادرو
杂环取代反应 heteronuclear substitution	گەتەرو ساقينالى ورىن باسۇ رەاكسياسى
杂环乙烷	"丙撑二醇" گە قاراڭز.
杂环原子 heterocyclic atom	گەتەرو ساقينالى اتوم
杂聚物 heteropolymer	گەتەرو پوليمەر
杂离子 heteroion	

گەتەرويون

杂链聚合物　hetero chain polymer　گەتەرو تـزبەكتى پوليمەر

杂络物　heterocomplex　گەتەرو كومپلەكس

杂凝胶　heterogel　گەتەروگەل، گەتەرو سـرنە

杂烯系　heteroenoid system　گەتەرو ەنويد جۇيەسى

杂原子　hetero atom　گەتەرو اتوم

杂原子的　hetero atomic　گەتەرو اتومدى، گەتەرو اتومدىق

杂(原子)环　heteroatomic ring　گەتەرو اتوم ساقيناسى

杂质　impurity　ارالاسپا زات، كـرمە زات

杂种　hybrid　گيبريد، بۇدان تۇقمم

杂茁长素　heteroauxin　گەتەرو اۇكسين

zai

甾醇　sterol　ستەرول

甾醇类　sterols　ستەرولدار

甾醇酮　androsteron　$C_{19}H_{30}O_2$　اندروستەرون

甾甙　sterioside　ستەريوزيد

甾核　steroid nucleus　ستەرويد يادروسى

甾环　"环戊稠全氢化菲" گە قاراڭـز.

甾体化合物　steroid compound　ستەرويد قوسىلىستارى

甾体激素　steroid hormone　ستەرويد گورمون

甾酮　sterone　ستەرون

甾酮类化合物　ketosteroid compounds　كەتو ستەرويد قوسىلىستارى

甾烷　gonane　گونان

甾择环 A　stereoselective ring A　ستەرو تالعامدى ساقينا A

甾族胺　steroidal amine　ستەرويدال امين

甾族胆汁酸　stero – bile acid　ستەرو ٴوت قىشقىلى

甾族化合物　steroid　ستەرويدتار

甾族化学　steroid chemistry　ستەرويدتىق حيميا

甾族皂甙　steroid saponin　ستەرويد ساپونين

甾族生化碱　steroid alkaloid　ستەرويد الكالۇيد

甾族皂草甙　"甾族皂草甙" گە قاراڭـز.

再沉淀	reprecipitation	قايتا تۇنباعا ئۆسىرۇش
再结晶	recrystallization	قايتا كرىستالداش
再生	regeneration	قايتا تۇغنداش جاڭغەرتۇ
再生蛋白质纤维	regenerated protein fiber	جاڭغەرتىلگەن پروتەيىندى تالشىق
再生剂	regenerant	جاڭغەرتقىش (اگەنت)
再生气体	regeneration gas	جاڭغەرتىلگەن گاز
再生溶液	actified solution	جاڭغەرتىلگەن ەرىتمەندى
再生石膏	reclaiment gypsum	جاڭغەرتىلگەن گيپس
再生温度	regenration system	جاڭغەرتۇ تەمپەراتۇراسى
再生系统	regeneration system	جاڭغەرتۇ جۇيەسى
再生纤维素	regenerated cellulose	جاڭغەرتىلگەن سەلليۇلوزا
再生(橡)胶	regenerated rubber	جاڭغەرتىلگەن رازىنكە
再生循环	regenerative cycle	جاڭغەرتۇ اينالىسى
再生周期	regnration period	جاڭغەرتۇ پەريودى
再生作用	actification	جاڭغەرتۇ
再水化	rehydration	قايتا سۇلاندىرۇ
再现性	reproducibility	قايتالاي كورىنگىشتىك
再循环	recycle	قايتالاي اينالىس
再循环异丁烷	secondary recycle isobutane	قايتالاي اينالىستامى يزوبۇتان
再蒸馏	redistillation	قايتالاي بۇلاندىرسپ ايرۇ
载气	carrier gas	گاز سۇ
载热体	heat transfer medium	جىلۇ تاسۇشى دەنە
载体	carrier	تاسۇشى دەنە
载(物)片	microscope slide	جايقىش پلاستينكا
载物玻璃	microscope slide	"载(物)片" گە قاراڭىز.
载氧体	oxygen carrier	وتتەگمەن تاسۇشى دەنە

zan

暂时酸度	temporary acidity	ۋاقىتشا قىشقىلدىق دارەجەسى
暂时硬度	temporary hardness	ۋاقىتشا كەرمەكتىك
暂时状态	temporary state	ۋاقىتشا كۇي، ۋاقىتتىق كۇي

zang

藏红	safranine		سافرانين
藏红 T	safranine T		سافرانين T
藏红醇	safraninol	$C_{18}H_{13}ON_3$	سافرانينول
藏红花甙	crocin		كروتسين
藏红花苦素	picrocrocin		پيكروكروتسين
藏红花酸	crocetin		كروتسەتين
藏红杂料	safranine dye		سافرانيندى بوياغ
藏花橙	crocein orange		كروتسەين قىزعىلت سارسى
藏花醇	safranol	$C_{18}H_{12}D_2N_2$	سافرانول
藏花精	crocein		كروتسەين
藏花霉素	croceomycin		كروتسە وميتسين
藏花醛	safranal	$C_{10}H_{14}O$	سافرانال
藏花染料			"藏红杂料" گە قاراڭىز.
藏花素	crocin		كروتسين
藏花酸			"藏红花酸" گە قاراڭىز.
藏花油	saffron oil		ساففرون مايى، زاعىپران مايى
藏茴香酮	carvol		كارۋول
藏茴香烯	carvene		كارۋەن

zao

枣红	bordeaux		كۆرەڭ، قىزىل كۆرەڭ
枣红 B	bordeaux		قىزىل كۆرەڭ B
枣红松节油	bordeaux turpentine		قىزىل كۆرەڭ ئتوستى تەرپەنتين، فرانسيا تەرپەنتينى
藻红	erythrsin(e)		ەريتروزين
藻红蛋白	phyeoerythrin		پيكو ەريترين
藻红朊			"藻红蛋白" گە قاراڭىز.
藻红素	phycory throbilin		فيكوەريتروبيلين
藻胶	algin		الگين
藻蓝素	phycocyanine		فيكوسيانين

藻类定性素	termone	تەرمون
藻青甙	phycocyanin	فيكو سيانين
藻青蛋白		"藻青朊" گە قاراڭىز.
藻青朊	phycocyan	فيكوسيان
藻青素	phycocyanobilin	فيكوسيانوبيلين
藻溶胶	algosol	الگوزول، بالدىر سەرنە
藻朊酸铝纤维	aluminium alginate fiber	الگين قىشقىل ئۈمين تالشىق
藻色素	phycochrome	فيكوحروم
藻素	algin	الگين
藻酸	alginic acid	الگين قىشقىلى
藻酸铵	ammonium alginate	الگين قىشقىل اممونى
藻酸钠	sodium alginate	الگين قىشقىلى ناترى
藻酸纤维	alginate fiber	الگين قىشقىلدى تالشىق
藻酸盐	alginate	الگين قىشقىلىنىڭ تۇزدارى
蚤休甙	pariden	پاريدەن
蚤休土宁甙	paristyhnin	پاريستيگنين
皂	soap	سابىن، كىر سابىن
皂草甙	saponin(= saponarin) $C_{21}H_{24}O_{12}$	ساپونين
皂草(甙)配质	sapogenin	ساپوگەنين
皂草毒	sapotoxin $C_{17}H_{26}O_{10}$	ساپو توكسين
皂草精醇	sapogenol	ساپوگەنول
皂草亭	saponetin $C_{40}H_{66}O_{15}$	ساپونەتين
皂胆酸	sapocholic acid	ساپوحول قىشقىلى
皂矾		"硫酸亚铁" گە قاراڭىز.
皂粉	soap powder(= powdered soap)	سابىن ئۇنتاعى، ۇنتاق سابىن
皂核		"皂粒" گە قاراڭىز.
皂化	saponification	سابىندانۇ
皂化当量	saponification equivalent	سابىندانۇ ەكۆيۆالەنتى
皂化的基	sapionfiable group	سابىنداناتىن گرۇپپا
皂化反应	saponification agent	سابىنداۇ رەاكسياسى
皂化剂	saponification agent	سابىنداندىرعىش اگەنت
皂化率	saponification rate	سابىندانۇ مولشەرى
皂化石油	sapongted petroleum	سابىندانعان مۇناي

皂化性　saponifiability سابىندانغشتىق

皂化油　saponification value سابىندالغان ماي

皂化值　saponification value سابىندانۇ ٴمانى

皂化作用　saponificatian سابىندانۇ

皂基　soap base سابىن نەگىزى، سابىن تۇركىسنى

皂基润滑脂　soap grease سابىن نەگىزدى گرەازا

皂荚配质　gledigenin　$C_{30}H_{48}O_3$ گلەديگەنين

皂(碱)液　soap lye سابىن (نەگىزدىك) سۇيىقتىعى

皂角甙 "皂草甙" گە قاراڭىز.

皂角甙配质 "皂草(甙)配质" گە قاراڭىز.

皂角毒 "皂草毒" گە قاراڭىز.

皂料　coap atock سابىن ماتەريالدارى

皂粒　neat soap بۇزاۇشىق

皂石　saponit ساپونيت، سابىنتاس

皂树酸　quillaic acid كۆيللاين قىشقىلى

皂液甘油　soaplye glycerin سابىن سۇيىقتىعى گليتسەرين

皂制甘油　saponification glycerin سابىننان جاسالغان گليتسەرين

ze

泽兰醇　eupatol ەۇپاتول

泽兰烯　eupatene ەۇپاتەن

憎水的 "疏水的" گە قاراڭىز.

憎水基 "疏水基团" گە قاراڭىز.

憎水胶体 "疏水胶体" گە قاراڭىز.

憎水烃基　hydrophobic alkyl radical سۆ سۇيمەيتىن الكيل راديكالى

憎水尾　hydrophobic head سۆ سۇيمەيتىن جاعى (قۇيرىعى)

憎液的 "疏液的" گە قاراڭىز.

憎液胶体 "疏液胶体" گە قاراڭىز.

增稠本领　thickening power قويۇلانۇ قابىلەتى

增稠的　thickened قويۇلانعان

增稠过程　thickening قويۇلانۇ بارىسى، قويىلۇ بارسى

增稠剂　thickening agent قويىلتقىش اگەنت

增稠媒染剂　thickened mardant　　　قويۇلانغان بوياۇ سىڭدۇرگۈش (ئاگېنت)

增稠器　thickener　　　قويۇلاندۇرغۇش (ئاسپاپ)

增稠汽油　thickened gasoline　　　قويۇلانغان بەنزىن

增稠速度　thickening rate　　　قويۇلۇ تېزدىگى

增稠颜料　thickened printing color　　　قويۇلانغان بوياۇ، قويۇ بوياۇ

增稠油　thickened oils　　　قويۇلانغان ماي، قويۇ ماي

增量剂　extender　　　ئۇستەمەلەگۈش ئاگېنت

增粘剂　tackifer　　　تۆتقۇرلۇقىنى ئارتتۇرغۇش ئاگېنت

增强剂　reinforcing agent　　　كۈشەيتكۈش ئاگېنت

增强塑料　reinforced plastic　　　كۈشەيتىلگەن سۆلياۇ

增溶溶解　solubilozation　　　ئېرىتىندىنىڭ ئېرىگۈشتىگىنى ئارتتۇرۇۇ

增湿剂　humidifier　　　للئالدىقنى ئارتتۇرغۇش ئاگېنت

增湿作用　humidfication　　　للئالدىقنى ئارتتۇرۇۇ

增塑　plasticization　　　سوزۇلۇۇدى ئارتتۇرۇۇ

增塑剂　plasticzer　　　سوزۇلۇۇدى ئارتتۇرغۇش ئاگېنت

增碳　carburetting　　　كومۇرتەكتى ئارتتۇرۇۇ

增碳器　carburetor　　　كومۇرتەكتى ئارتتۇرغۇش (ئاسپاپ)

增碳水煤气　carburetted water gas　　　كومۇرتەك ئارتتۇرۇلغان سۇ گازى

增碳用油　carbaretting oil　　　كومۇرتەك ئارتتۇرۇلغان ماي

增效剂　synergist　　　ونمدەنندۇرگۈش ئاگېنت

增长反应　propagation reaction　　　كۈبەيتۇ رەاكسىياسى، ئارتتۇرۇۇ رەاكسىياسى

增殖反应堆　breeder reactor　　　كۈبەيتكۈش رەاكتور

zhan

呫吨　xanthene　$C_6H_4CH_2C_6H_4O$　　　كسانتەن

呫吨酚　xanthenol　　　كسانتەنول

呫吨基　xanthenyl(＝xanthyl)　$C_{13}H_9O-$　　　كسانتىل، كسانتەنىل

呫吨频哪醇　xanthopinacol　　　كسانتوپيناكول

呫吨氢醇　xanthydrol　$HOCH:(C_6H_4)_2O$　　　كسانتيدرول

呫吨氢基　xanthydryl　　　كسانتيدرىل

呫吨染料　xanthene dye　　　كسانتىيندى بوياۇ

呫吨酮　xanthenone(＝xanthone)　$OC:(C_6H_4)_2O$　　　كسانتەنون، كسانتون

展性　malleability　جازىلعىش، سوزىلعىش

展性生铁　malleable pig iron　جازىلعىش شويىن

展性铁　malleable iron　جازىلعىش تەمىر

展性铸铁　malleable cast iron　جازىلعىش قۇيما شويىن

zhang

樟脑　com phor　$C_{10}H_{16}O$　كامفورا

β－樟脑　beta camphor　$C_{10}H_{16}O$　بەتا كامفورا

樟脑氨酸　camphoramic acid　$C_8H_{14}\cdot(CONH_2)\cdot COOH$　كامفورامين قشقىلى

樟脑苯胺酸　camphor anilic acid　كامفورانيلين قشقىلى

樟脑搽剂　camphor liniment　كامفورا سىلاعىش

樟脑磺酸　camphor sulfonic acid　$C_{10}H_{15}OSO_2H$　كامفور سۇلفون قشقىلى

樟脑基　camphoryl　$C_{10}H_{15}O-$　كامفوريل

樟脑酒精　camphort spirit　كامفورا سپيرتى

樟脑醌　camphorqninon　$C_{10}H_{14}O_2$　كامفور حينون

樟脑醛　camphor aldehyde　كامفورا الدەگيدتى

樟脑三酸　كامفورا تۇمۇر　“樟脑酮酸” گە قاراڭز.

樟脑水　camphor water　كامفورا سۋى

樟脑酸　camphoric acid　$C_9H_{13}O_2\cdot COOH$　كامفورا قشقىلى

樟脑酸铵　ammonium camphorate　كامفورا قشقىل امموني

樟脑酸铋　bismuth camphorate　$Bi(C_{10}H_{14}O_4)_3$　كامفورا قشقىل باري

樟脑酸酐　camphoric anhydride　$C_{10}H_{14}O_3$　كامفورا انگيدريدتى

樟脑酸酰胺　camphoric acid amide　كامفورا قشقىل اميد

樟脑酮　camphorone　كامفورون

樟脑酮酸　camphoronic acid　$C_9H_{14}O$　كامفورون قشقىلى

樟脑丸　camphor ball　قارا كۇيە ەدارىسى

樟脑肟　camphor oxime　$C_9H_{16}C:NOH$　كامفور وكسيم

樟脑烯　camphorene　$C_{20}H_{32}$　كامفورەن

樟脑酰　camphoroyl　$C_{10}H_{14}O_2=$　كامفورويىل

樟脑酰氨酸　“樟脑氨酸” گە قاراڭز.

樟脑酰亚胺　camphorimide　$C_{10}H_{15}O_2$　كامفوريميد

樟脑醋　“樟脑酒精” گە قاراڭز.

樟脑油	camphor oil	كامفورا مايى
樟烯	camphylene $C_{10}H_{16}$	كامفيلەن
蟑螂酸	blattic acid	بلاتتين قشقملى
獐牙菜精	swerchirin	سۆەرحيرين
章肉碱	octopine	وكتوپين
掌玫油	palmarose oil	پالماروزا مايى

zhao

着火	ignition	وتالۆ، جانۆ
着火点	ignition point	وتالۆ نۆكتەسى. تۇتانۇ نۆكتەسى
着火范围	ignition range	وتالۆ كولەمى، تۇتانۇ كولەمى
着火热	ignition heat	تۇتانۇ جىلۆى
着火试验	fire test	وتالۆ سىناعى، تۇتانۇ سىناعى
着火温度	ignition temperature	وتالۆ تەمپەراتۇراسى، تۇتانۇ تەمپەراتۇراسى
着火中心	igniton center	وتالۆ سەنترى، تۇتانۇ سەنترى
爪哇镰霉素	jivanicin	ياۋانيتسين
爪哇杏仁油	jave almond oil	ياۋا ورىگى ءدانى مايى
沼气	marsh gas	شالشىق گازى، باتپاق گازى، مەتان
兆(M)	mega –	مەگا (M، گرەكشە)
兆巴	megabarye	مەگابار (قسىم بەرلىگى)
兆模酸		"兆模酸" گە قاراڭىز.
兆模油		"兆模油" گە قاراڭىز.
兆瓦	megawat	مەگاۋات
兆周	mega herts(= megacycle)	مەگاگەرتس
照明弹	light shell	جارىق وق
照明火箭	light rocket	جارىق راكەتا
照明气	lighting gas	جارىقتاندىرعىش گاز
照像化学	photographic chemistry	فوتوگرافيالىق حيميا

zhe

遮盖本领	covering power	جابىندىق قابىلەتى

遮盖力		"遮盖本领" گه قاراڭز.
遮盖颜料	covering pigment	جابىندىق پيگمەنتتەر (بوياۋؤلار)
折叠滤纸	folded filter paper	بۆكتەلگەن سۆزگى قاعاز
折合质量	reducet mass	كەلتىرىلگەن ماسسا
折射	refraction	سىنۇ ـ ساۇلە سىنۇ
折射系数	specific refraction	سىندىرۇ كوەففيتسەنتى
锗(Ge)	Germanium	گەرماني (Ge)
锗酸钠	sodium germanate Na_2GeO_3	گەرماني قىشقىل ناتري
锗酸盐	germonate M_2GeO_3	گەرماني قىشقىلىننىڭ تۇزدارى
锗烷	germane	گەرمان
蔗二糖	saccharobiose	ساحاروبيوزا
蔗糖	saccharose sucrose $C_{12}H_{22}O_{11}$	ساحاروزا، سۆكروزا
蔗糖钙	calcium saccharose $3CaO \cdot C_{12}H_{22}O_{11}$	ساحاروزا كالتسي
蔗糖酶	saccharase(= invertase)	ساحارازا، ينۋەرتازا
蔗糖锶	strontium sucrose $CrO \cdot C_{12}H_{22}O_{11}$	ساحاروزا ستروونتسي
蔗糖盐	saccharate	ساحاروزا تۇزى

zhen

榛仁球朊	corilin	كوريلين
针形硫		"单斜(晶)硫" گه قاراڭز.
针状虫胶	needle lac	قىلقان ئتارىزدى لاك
针状蜡结晶	needle wax crystals	قىلقان ئتارىزدى بالاۋىز كريستالى
真比重	true specific gravity	ناق مەنشىكتى سالماق
真纯度	true purity	ناق تازالىق دارەجەسى
真芳基硝基化合物	true acrylniero compound	ناق اريلدى نيترو قوسىلىستار
真沸点	true boiling point	ناق قايناۇ نۆكتەسى
真化学常数	true chemical constant	ناق حيميالىق تۇراقتى
真胶体	eucolloid(= truecolloid)	ناق كوللويد
真酵母	true yeasts	ناق اشتقى، ناق ۇيتقى
真聚合物	true polymers	ناق پوليمەرلەر
真空	vacuum	ۋاكۋۇم

真空泵 vacuum pump	ۋاكۇۇم ـ سورعى (ناسوس)، اۋاسىز ناسوس
真空成型(形) vacuum forming	ۋاكۇۇم ـ قالىپتاۋ (پىشىندەۋ)
真空度 degree of vacuum	ۋاكۇۇمدىك دارەجەسى
真空干燥 vacuum drying	ۋاكۇۇم ــ كەپتىرۋ
真空干燥器 vacuum drier	ۋاكۇۇم ــ كەپتىرگىش
真空焦油 vacuum tar	ۋاكۇۇم ــ كوكس مايى
真空结晶 vcuum crystal	ۋاكۇۇم ــ كرىستالدانۋ
真空结晶器 vacuum crystallizer	ۋاكۇۇم ــ كرىستالداندىرعىش (اسپاپ)
真空空向 vacnum space	ۋاكۇۇم ــ كەڭىستىك
真空滤器 vacuum filter	ۋاكۇۇم ــ سۇزگى
真空压力计 vacuummanometer	ۋاكۇۇم مانومەتر
真空计 vacuometer	ۋاكۇۇم مەتر
真空蒸发 vacuum evaporation	ۋاكۇۇم ــ بۋلاندىرۋ
真空蒸发器 vacuum evaporator	ۋاكۇۇم ــ سۇلتقىش (اسپاپ)
真空蒸馏 vacuum distillation	ۋاكۇۇم ــ بۋلاندىرىپ ايداۋ
真空蒸馏器 vacuum distilling apparatus	ۋاكۇۇم ــ بۋلاندىرىپ ايداعىش (اسپاپ)
真空装置 vacuum apparatus	ۋاكۇۇم ــ قۇرالعى (قوندىرعى)
真流动性 true fludity	ناق اققىشتىق
真密度 true density	ناق تىعىزدىق
真粘度 true viscosity	ناق تۇتقىرلىق
真球朊 euglobulin	ەۋگلوبۋلين
真热容量 true heat capacity	ناق جىلۋ سىيمدىلىق
真溶液 true solution	ناق ەرىتىندى
真乳化液 true emulsion	ناق ەمۋلتسيا
真实性 trueness	ناقتىلىق، شىنايلىق
真酸度 true acidity	ناق قىشقىلدىق دارەجەسى
真萜烯 true terpene	ناق تەرپەن
真稳定平衡 true equilibrium	ناق تۇراقتى تەپە ـ تەڭدىك
真烯烃聚合 true polymerization of olefines	ناق ولەفيندىك پوليمەرلەنۋ
真系数 true coeffcient	ناق كوەففيتسەنت
真硬度 true hardness	ناق كەرمەكتىك، ناق قاتتىلىق
真质量流动 truemass flow	ناق ماسسالىق اعىس

枕酸	pulvinic acid	پۆلّۋىن قشقىلى
振动键	oscillating bond	تەربەلستەك بايلانس
振动双键	oscillating double bond	تەربەلستەك قوس بايلانس
镇静胺	sedamine	سەدامىن
镇静剂	sedative	تىنىشتاندۇرغۇش
镇神定	neurodin $C_{13}H_{16}O_3N$	نەۋرودىن

zheng

蒸发		"汽化" گە قاراڭز.
蒸发本领	evaporative power	بۇلانۇ قابلىيەتى
蒸发度	evaparotivity	بۇلانۇ دارەجەسى
蒸发皿	evaporating dish	بۇلاندىرۇ ىدىسى
蒸发器		"汽化器" گە قاراڭز.
蒸发(潜)热		"汽化潜热" گە قاراڭز.
蒸发热		"汽化热" گە قاراڭز.
蒸发试验	evaporation test	بۇلانۇ سىناعى
蒸发速度	evaporation rate	بۇلانۇ جىلدامدىعى
蒸发体积	evaporated volume	بۇلانۇ كولەمى
蒸发系数	evaporation coefficient	بۇلانۇ كوەففيتسەنتى
蒸干	evaporation to driness	سۇلتۇ
蒸馏		"汽馏" گە قاراڭز.
蒸馏分离	fractionation by distillation	بۇلاندىرىپ ايداپ ايىرۇ
蒸馏瓶	distillation flask	بۇلاندىرىپ ايداۇ كولباسى
蒸馏气	distillation gas	بۇلاندىرىپ ايدالعان گاز
蒸馏器	distillator	بۇلاندىرىپ ايداعىش (اسپاپ)
蒸馏试验	distillation test	بۇلاندىرىپ ايداۇ سىناعى
蒸馏水	distilled water	ايدالعان سۇ
蒸馏速度	distilling rate	(بۇلاندىرىپ) ايداۇ جىلدامدىعى
蒸馏终点	distillation end point	(بۇلاندىرىپ) ايداۇدىڭ اقىرعى نۇكتەسى
蒸馏装置	distilling apparatus	(بۇلاندىرىپ) ايداۇ قوندىرعىسى (قۇرىلعىسى)
蒸汽	steam vapor	بۇ
蒸汽发生器	vapor generator	بۇگەنەراتور

蒸汽分馏过程	vapor rectification process	بۇدى ئۇبۇلـمپ ايداۇ بارسى
蒸汽分子	steam molecula	بۇ مولەكۇلاسى
蒸汽干燥器	steam drier	بۇلى كەپتـرگـش (اسپاپ)
蒸汽换热器	vapor heat exchanger	بۇ جملۇىن الماستـرعـمش (اسپاپ)
蒸汽活化(作用)	steam activation	بۇدىك اكتيۋ̇تەنۇى
蒸汽空气混合气	steam and air mixture	بۇ ـ اۇا قوسپا گازى
蒸汽空气活化(作用)	steam air activation	بۇ ـ اۇا اكتيۋ̇تەنۇى
蒸汽硫化	steam cure	بۇمەن كۇكـرتتەندىرۇ
蒸汽煤气混合气	vapor – gas mixture	بۇ ـ گاز قوسپا گازى
蒸汽密度	vepor density	بۇ تععـزدبعى
蒸汽灭火	steam – smoothering	بۇ مەن ئورت ئسوندىرۇ
蒸水灭菌		"蒸汽消毒" گە قاراڭـز.
蒸汽泡	steam bubble	بۇ كوپـرشـگى، بۇ كوبگى
蒸汽喷雾	steam sparay	بۇ بۇركۇ
蒸汽膨胀	vapor expansion	بۇدىك كەڭيۇى
蒸汽平衡器	vapor balancer	بۇ تەڭگەرگـش (اسپاپ)
蒸汽热	steam heat	بۇ جملۇى
蒸汽容积	vapor volume	بۇ كولەمى
蒸汽室	steam chamber	بۇ كامەراسى
蒸汽速度	vapor velocity	بۇ جـلدامدعى
蒸汽温度	vapor temperature	بۇ تەمپەراتۇراسى
蒸汽温度计	vapor tension thermometer	بۇ تەرمومەترى
蒸汽相		"气相" گە قاراڭـز.
蒸汽消毒	steam sterilizing	بۇمەن دەزينفەكتسيالاۇ
蒸汽压测定	vapor – pressure test	بۇ قسـممـن ولشەۇ
蒸汽压计	vapor tension meter	بۇ قسـممـن ولشەگش
蒸汽压(力)	vaopr pressure	بۇ قسـمى (كۇشى)
蒸汽液体平衡	vapor – liquid equilibrium	بۇ ـ سۇيقتـق تەپە ـ تەڭدىگى
蒸汽张力	vapor tension	بۇدىك كەرىلۇ كۇشى
整体聚合		"本体聚合" گە قاراڭـز.
正	① normal – , n – ; ② ortho – , o – ; ③ positive	① نورمال، ـ n ،ـ قالـپتى، ② ورتو ـ، o ـ (گـرەكشە) ③ وك
正钯的		"四价钯的" گە قاراڭـز.

正钯化合物	palladic compound	ٔتورت ۋالەنتتى پاللادي قوسىلىستارى
正白氨酸		"己氨酸" گە قاراڭىز.
正白氨酰		"己氨酰" گە قاراڭىز.
正标准燃料	primary standard fuel	ناءمز ولشەمدى جانار زاتتار
正丙胺	n‒proylamine $CH_3CH_2CH_2NH_2$	n – پروپپلامين
正丙醇	n‒proyl alcohol $CH_3CH_2CH_2OH$	n– پروپپىل سپيرتى
正丙基	n‒propyl $CH_3CH_2CH_2-$	n – پروپپىل
正丙硫醇	n‒propyl mercaptane	n – پروپپىل مەركاپتان
正铂的		"四价铂的" گە قاراڭىز.
正常卜特兰水泥	normal portland cement	ادەتتەگى پورلاند سەمەنتى
正常稠度	normal consistence	نورمال قويمالجىڭدىق
正常分散	normal dispersion	نورمال تارالۇ
正常共价	normal covalent	نورمال كوۋللەنت، نورمال ورتاق ۋالەنت
正常合金	normal alloy	نورمال قورىتپا
正常价	normal valency	نورمال ۋالەنت
正常密度	normal density	نورمال تعمزدىق
正常体积	normal volume	نورمال كولەم
正常温度	normal temperature	نورمال تەمپەراتۇرا
正常纤维素	normal cellulose	نورمال سەلليۋلوزا
正常液体	normal liquid	نورمال سۇيىقتىق
正常原子	normal atom	نورمال اتوم
正常重量	normalweight	نورمال سالماق
正催化剂	pasitive catalyst	وڭ كاتاليزاتور
正的	positive	وڭ
正电		"阳电" گە قاراڭىز.
正电荷		"阳电荷" گە قاراڭىز.
正(电)极		"阳(电)极" گە قاراڭىز.
正电射线		"阳(极)射线" گە قاراڭىز.
正电势		"阳电势" گە قاراڭىز.
正电位		"阳电势" گە قاراڭىز.
正电性	positive electric	وڭ ەلەكترلىك
正电性的		"带阳电荷的" گە قاراڭىز.
正(电)(性)根		"阳根" گە قاراڭىز.

正(电)(性)基			"正(性)基" گه قاراڭز.
正(电)(性)离子			"阳离子" گه قاراڭز.
正(电)(性)微粒			"带阳电(荷)粒子" گه قاراڭز.
正(电)子			"阳电子" گه قاراڭز.
正电子素	positronium		پوزيترونيۇم
正丁胺	n－butylamine	$C_2H_5(CH_2)_2NH_2$	n－ بۇتىلامىن
正丁醇	n－batyl alcohol	$C_2H_5(CH_2)_2OH$	n－ بۇتيل سپيرتى
正丁二酰亚胺			"琥珀酰亚胺" گه قاراڭز.
正丁基苯	n－butyl benzene	$C_6H_5C_4H_9$	n－ بۇتيل بەنزول
正丁基苯基甲酮	n－butyl phenyl ketone	$C_4H_9COC_6H_5$	n－ بۇتيل فەنيل كەتون
正丁基氯	n－butyl chloride	$C_2H_5CH_2CH_2Cl$	n－ بۇتيل حلور
正丁基溴	n－butyl bromide	$C_2H_5CH_2CH_2Br$	n－ بۇتيل بروم
正丁基乙烯酮	n－butyl vinyl ketone		n－ بۇتيل ۆنيل كەتون
正丁硫醇	n－butyl mercaptane	$C_2H_5(CH_2)_2SH$	n－ بۇتيل مەركاپتان
正丁醛	n－butyl aldehyde	$C_2H_5CH_2CHO$	n－ بۇتيل الدەگيدتى
正丁肿酸	n－butyl arsenic acid	$C_4H_9AsO(OH)_2$	n－ بۇتيل ارسەن قىشقىلى
正丁酸	n－butyric acid	$C_2H_5CH_2COOH$	n－ بۇتير قىشقىلى
正丁烷	normal butane		نورمال بۇتان
正反应			"阳性反应" گه قاراڭز.
正镉的			"二价镉" گه قاراڭز.
正镉化合物	cadmic compound		ەكى ۆالەنتتى كادمي قوسىلمىستارى
正庚基	n－heptyl		n－ گەپتيل
正庚烷	n－heptane	$CH_3(CH_2)_5CH_3$	n－ گەپتەن
正汞化合物			"二价汞化合物" گه قاراڭز.
正汞基			"二价汞基" گه قاراڭز.
正共沸混合物	positive azeotropy		ولك ورتاق قاينايتىن قوسپا
正构化合物	normal compound		نورمال قوسىلىس
正钴的			"二价钴的" گه قاراڭز.
正规分布	normal distribution		جۇيەلى ورنالاسۇ
正规溶液	regular solution		تۇراقتى ەرتىندى
正硅酸			"原硅酸" گه قاراڭز.
正硅酸盐			"原硅酸盐" گه قاراڭز.

正硅酸乙酯　ethyl－orehosilicate　$Si(OC_2H_5)_4$　　ورتو كرەمني قشقىل ەتيل
ھستەرى

正癸醇　n－decyl alcohol　$CH_3(CH_2)_8CH_2OH$　　n ـ دەتسيل سپيرتى

（正）癸腈　n－capric nitril　$CH_3(CH_2)_8CN$　　n ـ كاپرين نيتريل

正癸醛　n－capric aldehyde　$CH_3(CH_2)_8CH{:}O$　　n ـ كاپرين الدەگيدتى

（正）癸酸　n－capric acid　$CH_3(CH_2)_8COOH$　　n ـ كاپرين قشقىلى

正癸烷　n－decane　$CH_3(CH_2)_8CH_3$　　n ـ دەكان

正氦　ortho helium　　ورتوگەلي

正化合价　positive valence　　ولگ ۆالەنت

正极　　"阳极" گە قاراڭىز.

正己醇　n－hexyl alcohol　$CH_3(CH_2)_4CH_2OH$　　n ـ گەكسيل سپيرتى

正己基　n－hexyl　　n ـ گەكسيل

正己基·苯基砜　n－hexyl phenrl sulfone　　n ـ گەكسيل فەنيل سۆلفون

正己基乙炔　n－hexyl acetylene　　n ـ گەكسيل اتسەتيلەن

正己醚　n－hexyl ether　　n ـ گەكسيل ەفيرى

正己醛　n－hexyl aldehyde　$CH_3(CH_2)_4CH{:}O$　　n ـ گەكسيل الدەگيدتى

正己酸　n－caproic acid　$CH_3(CH_2)_4COOH$　　n ـ كاپرون قشقىلى

正己酸酐　n－caproic anhydride　$(C_5H_{11}CO)_2O$　　n ـ كاپرون انگيدريدتى

正己烷　n－hexane　$CH_3(CH_2)_4CH_3$　　n ـ گەكسان

正己烯　n－hexylene　$CH_3(CH_2)CH{:}CH_3$　　n ـ گەكسيلەن

正己酰胺　n－caproamide　$C_5H_{11}CONH_2$　　n ـ كاپروامید

（正）己酰替苯胺　n－caproanilide　$C_5H_{11}CONHC_6H_5$　　n ـ كاپروانيليد

正镓的　　"三价镓的" گە قاراڭىز.

正镓化合物　gallic compound　　گاللي قوسىلىستارى

正价汞基　　"二价汞基" گە قاراڭىز.

正交晶系　rhombic system　　رومبالى جۇيە

正交硫　rhombic sulfur　　رومبالى كؤكىرت

正金的　　"三价金的" گە قاراڭىز.

正金化合物　auric compound　　(ؤش ۆالەنتتى) التىن قوسىلىستارى

正金亚金化合物　auro－auric compound　　ؤش جانە ءبىر ۆالەنتتى التىن
قوسىلىستارى

正离子　　"阳离子" گە قاراڭىز.

正链　normal chain　　نورمال تىزبەك

正链烷属烃　normal paraffin　نورمال پارافيندەر

正链烷烃　normal paraffin hydrocarbon　نورمال پارافين كومىر سۆتەكتەر

正亮氨酸　norleucine　نورلەۋ تسين

正钌的　"四价钌的" گە قاراڭز.

正钌化合物　"钌化合物" گە قاراڭز.

正磷酸　ortho phosphoric acid　H_3PO_4　ورتو فوسفور قىشقىلى

正磷酸钙　calcium ortho phosphate　$Ca_3(PO_4)_2$　ورتو فوسفور قىشقىل كالتسي

正磷酸铬　chromic ortho phosphate　$CrPO_4$　ورتو فوسفور قىشقىل حروم

(正)磷酸钾　potassium ortho phosphate　ورتو فوسفور قىشقىل كالي

(正)磷酸镧　lanthanum orthophosphate　$LaPO_4$　ورتو فوسفور قىشقىل لانتان

(正)磷酸镁　magnesium orthophosphate　$Mg_3(PO_4)_2$　ورتو فوسفور قىشقىل ماگني

(正)磷酸钠　sodium ortho phosphate　Na_3PO_4　ورتو فوسفور قىشقىل ناتري

正磷酸铅　lead ortho phosphate　$Pb_3(PO_4)_2$　ورتو فوسفور قىشقىل قورعاسىن

正磷酸氢二铵　diammonium ortho phosphate　$(NH_4)_2HPO_4$　قىشقىل ورتو فوسفور قىشقىل قوس ئمموني

正磷酸钐　samaric ortho phosphate　$SaPO_4$　ورتو فوسفور قىشقىل ساماري

正磷酸铈　cerous ortho phosphate　$CePO_4$　ورتو فوسفور قىشقىل سەري

正磷酸锶　strontium ortho phosphate　$Sr_3(PO_4)_2$　ورتو فوسفور قىشقىل سترونتسي

正磷酸盐　orthophosphate　ورتو فوسفور قىشقىلىنىڭ تۇزدارى

正磷酸镱　ytterbium orthophosphate　$YbPO_4$　ورتو فوسفور قىشقىل يتتەربي

正钼化合物　molybdic compound　موليبدەن قوسىلىستارى

(正)廿二(碳)烷　n-docosane　$CH_3(CH_2)_{20}CH_3$　n ـ دوكوسان

正廿六(碳)烷　n-hexacosane　$CH_3(CH_2)_{24}CH_3$　n ـ گەگساكوسان

正廿七(碳)烷　n-hepta cosane　$CH_3(CH_2)_{25}CH_3$　n ـ گەپتاكوسان

正廿三(碳)烷　n-tricosane　$CH_3(CH_2)_{21}CH_3$　n ـ تريكوسان

正廿四(碳)烷　n-tetracosane　$CH_3(CH_2)_{22}CH_3$　n ـ تەتراكوسان

正廿(碳)烷　n-eicosane　$CH_3(CH_2)_{18}CH_3$　n ـ ھيكوسان

正廿五(碳)烷　n-penta cosane　$CH_3(CH_2)_{23}CH_3$　n ـ پەنتا كوسان

正廿一(碳)烷　n-heneicosane　$CH_3(CH_2)_{19}CH_3$　n ـ گەنەيكوسان

正镍　"二价镍" گە قاراڭز.

正镍化合物　nickelous compound　نيكەل قوسىلىستارى

正硼酸三丁酯 ："三丁氧基硼" گە قاراڭىز.

正片 ："阳极板" گە قاراڭىز.

正七十(碳)烷　n－heptacontane　n ـ گەپتاكونتان

正氢　ortho－hydrogen　ورتو سۆتنەك

正壬醇　n－nonyl alcohol　n ـ نونيل سپيرتى

正壬醛　n－nonyl aldehyde　n ـ نونيل الدەگيدتى

正壬酸　n－nonanic acid　n ـ نونان قىشقىلى

正三十二(碳)烷　n－dotriacontane　$CH_3(CH_2)_{30}CH_3$　n ـ دوتريا كونتان

正三十五(碳)烷　n－penta triacontane　$CH_3(CH_2)_{33}CH_3$　n ـ پەنتاتريا كونتان

正钐化合物　samaric compound　(ءۇش ۆالەنتتى) سامارى قوسىلىستارى

正砷酸　orthoarsenic acid　ورتو ارسەن قىشقىلى

正砷酸钙　calcium ortho arsenate　ورتو ارسەن قىشقىل كالتسي

(正)砷酸铜　cupric arsenate　$Cu_3(AsO_4)_2$　(ورتو) ارسەن قىشقىل مىس

正砷酸锌　zinc orthoarsenate　ورتو ارسەن قىشقىل مىرىش

正十八烷　n－octadecane　n ـ وكتا دەكان

正十二醇　n－dodecanol　n ـ دودەكانول

正十二烷　n－dodecane　$CH_3(CH_2)_{10}CH_3$　n ـ دودەكان

正十九(碳)烷基　n－nonadecyl　n ـ نونا دەتسيل

正十六(碳)烷　n－hexadecane　$CH_3(CH_2)_{14}CH_3$　n ـ گەكسا دەكان

正十六(碳)烷基　n－hexadecyl　n ـ گەكسا دەتسيل

正十七(碳)烷　n－heptadecane　$CH_3(CH_2)_{15}CH_3$　n ـ گەپتا دەكان

正十三(碳)烷　n－tridecane　$CH_3(CH_2)_{11}CH_3$　n ـ تريدەكان

正十四碳烷　n－tetradecane　$CH_3(CH_2)_{12}CH_3$　n ـ تەترادەكان

正十五(碳)烷　n－pentadecane　$CH_3(CH_2)_{13}CH_3$　n ـ پەنتا دەكان

正十五(碳)烷基　n－pentadecyl　n ـ پەنتا دەتسيل

正十一基胺　n－undecylamine　n ـ ۆندەتسيلامين

正十一(碳)烷　n－undecane　$CH_3(CH_2)_9CH_3$　n ـ ۆندەكان

正十一(碳)烷基　n－undecyl　$CH_3(CH_2)_9CH_3$　n ـ ۆندەتسيل

正石髓　quartzine　SiO_2　كۆارتزين

正铈的 ："三价铈的" گە قاراڭىز.

正铈化合物　cerous compound　ءۇش ۆالەنتتى سەرى قوسىلىستارى

正酸 ："原酸" گە قاراڭىز.

正钛 ："四价钛" گە قاراڭىز.

正钽   "五价钽的" گە قاراڭـز.

正碳离子   "碳镎离子" گە قاراڭـز.

正碳链   normal carbon chain   نورمال كومـىرتەك تـىزبەگى

正锑的   "五价锑的" گە قاراڭـز.

正锑酸   orthoantimonic acid   ورتو سۇرمە قىشقىلى

正铁的   "三价铁的" گە قاراڭـز.

正铁化合物   ferric compound   (ءۇش ۆالەنتتى) تەمـىر قوسىلىستارى

正铁氰化亚铁   ferro ferric cyanide $Fe_3[Fe(CN)_6]_2$ ءۇش ۆالەنتتى تەمـىر سياندى
شالا توتىق تەمـىر

正铁血红朊   methemoglobin   مەتگە موگلوبين

正铁血红素   protohematin(= heme) $C_{34}H_{32}O_4N_4 \cdot Fe$ گەما، پروتوگەماتين

正(铁)亚铁的   ferriferrous   ءۇش جانە ەكى ۆالەنتتى تەمـىر

正铁亚铁化合物   ferri ferrous compound   ءۇش جانە ەكى ۆالەنتتى تەمـىر
قوسىلىستارى

正同系物   normal gomologue   نورمال گومولوك

正铜的   "二价铜的" گە قاراڭـز.

正铜化合物   cupric compound   ەكى ۆالەنتتى مىس قوسىلىستارى

正位异构化(作用)   anomerization   انومەريلەنۇ

正戊胺   n－amyl amine $CH_3(CH_2)_4NH_2$ n － امىلامين

正戊醇   n－amyl alcohol $CH_3(CH_2)_3CH_2OH$ n － امىل سپيرتى

正戊汞化氯   n－amyl mercnric chloride $C_5H_{11}ClHg$ n － امىل سىناپتى حلور

(正)戊基   n－amyl $CH_3(CH_2)_4$ －   n － امىل

正戊基苯   n－amylbenzene $C_6H_5(CH_2)_4CH_3$ n － امىل بەنزول

正戊基苯基醚   n－amyl ether $CH_3(CH_2)_4OC_6H_5$ n － امىل فەنيل ەفيرى

正戊基丙二酸   n－amyl malonic acid $C_5H_{11}CH(COOH)_2$ n － امىل مالون
قىشقىلى

正戊基碘   n－amyl iodide $CH_3(CH_2)_3CH_2I$ n － امىل يود

正戊基氯   n－amyl chloride $CH_3(CH_2)_3CH_2Cl$ n － امىل حلور

正戊基溴   n－amyl bromide $CH_3(CH_2)_3CH_2Br$ n － امىل بروم

正戊硫醇   n－amyl mercaptane $CH_3(CH_2)_3CH_2SH$ n － امىل مەركاپتان

正戊醛   n－valer aldehyde $C_2H_5CH_2CH_2CHO$ n － ۆالەر الدەگيدتى

正戊酸   n－pentanoic acid   n － پەنتان قىشقىلى، n － ۆالەريان قىشقىلى

正戊烷   n－pentane $(C_2H_5)_2CH_2$ n － پەنتان

正戊酰胺　n－valeramide　$CH_3(CH_2)_3CONH_2$　ۋالەرمىد

正吸附　positive adsorption　ۋاك ادسوربتسىيا

正锡的　"四价锡的" گە قاراڭىز.

（正）锡化合物　stannic compound　قالايى قوسىلىستارى

正辛醇　n－octyl alcohol　n ـ ۋكتيل سپيرتى

正辛基　n－octyl　n ـ ۋكتيل

正辛硫醇　n－octyl mercaptane　n ـ ۋكتيل مەركاپتان

正辛醛　n－octyl aldehyde　n ـ ۋكتيل الدەگيدتى

正辛酸　n－caprylic acid　$CH_3(CH_2)_6COOH$　n ـ كاپريل قىشقلى

正辛烷　n－octane　$CH_3(CH_2)_6CH_3$　n ـ ۋكتان

正(性)基　"阳根" گە قاراڭىز.

正压(力)　"压力" گە قاراڭىز.

正亚磷酸盐　ortho phosphite　M_2HPO_4　ورتو فوسفورلى قشقىل توزدارى

正亚铜化合物　cupro cupric compound　ەكى جانە ٴبىر ۋالەنتتى مىس قوسىلىستارى

正盐　normal salt　نورمال توز

正羊脂酸　"正辛酸" گە قاراڭىز.

正铀的　"六价铀的" گە قاراڭىز.

正锗　"四价锗的" گە قاراڭىز.

正锗化合物　germanic compound　التى ۋالەنتتى گەرمانى قوسىلىستارى

正质子　"质子" گە قاراڭىز.

正子　"阳电子" گە قاراڭىز.

zhi

芝加哥蓝 6B　chicago blue 6B　چيكاگو كوگى 6B

芝加哥蓝 RW　chicaho blue RW　چيكاگو كوگى RW

芝加哥酸　chicago acid　چيكاگو قىشقلى

芝麻酚　sesamol　سەزامول

芝麻明　sesamin　سەزامين

芝麻油　sesame oil　كۇنجىت مايى

支反应　"副反应" گە قاراڭىز.

支化度　degree of branching　تارماقتالۇ دارەجەسى

支基　fork(forked)group	تارماق گرۇپپا، قوسمشا گرۇپپا
支链	"侧链" گه قاراڭىز.
支链淀粉　amylopectin	اميلو پهكتين
支链淀粉酶　amylopectase	اميلو پهكتازا
支链反应　branched chain reaction	تارماقتالعان تىزبهكتى رهاكسىالار
支链化合物　branched chain compound	تارماقتالعان تىزبهكتى قوسىلمستار
支链基　branched chain group	تارماقتالعان تىزبهك گرۇپپاسى
支链取代　substitution in side chain	تارماق تىزبهكته ورىن باسۇ
支链的卤　galogen in chain	تارماق تىزبهكتهگى گالوگهن
支链烃　branched chain hydrocarbon	تارماقتالعان تىزبهكتى كومىر، سۋتهكتهر
支链型结构　branched chain structure	تارماقتالعان تىزبهك قۇرىلىمى
支(碳)链　branched (carbon) chain	تارماقتالعان (كومىرتهك) تىزبهك
支戊四醇	"季戊四醇" گه قاراڭىز.
支(型)聚(合)物　branched polymer	تارماقتالعان پولىمهرلهر
支折原子　branched atom	تارماقتالعان اتوم
脂白蛋白	"脂白朊" گه قاراڭىز.
脂白朊　lipoalbumin	ليپو البۇمين
脂苯基　alphyl	الفيل
脂醇　lipidol	ليپيدول
脂蛋白　lipoprotein	ليپو پروتهين
脂多糖类　lipopoly sac charides	ليپو پوليسا حاريدتهر
脂肪　fat	مايى
脂肪代谢　fat metabolism	مايلار الماسۇى
脂肪分解　fat – splitting	مايلار بدىراۇى
脂肪分解剂　fat splitting agent	مي بدىراتقىش اگهنت
脂肪分解酶	"解脂酶" گه قاراڭىز.
脂肪膏　grease	گرهازا
脂肪酶　lipase	ليپازا
脂肪酶原　prolipase	پروليپازا
脂(肪溶)解　lipolysis	ماي هرۇ، مايلار هرۇى
脂肪生成　fatformation	مايداڭ ئوزىللۇى
脂肪酸　fatty acid	ماي قىشقىلى
脂肪酸甘油酯　fatty glyceride	ماي گليتسهريدى، ماي قىشقىل گليتسهرين

ھەستەرى

脂肪酸沥青　fatty acid pitch　ماي قىشقىلدى اسفالت

脂肪酸乙硫腈　lethane 60　L ـ 60 ،60 لەتان

脂肪酸酯　fatty acid ester　ماي قىشقىلى ھەستەرى

脂肪烃　fatty hydrocarben　مايلى كومىر سۆتەكتەر

脂肪系　fatty series　ماي قاتارى

脂肪氧化酶　lipoxidase　لىپوكسيدازا

脂肪(引)杜林 R　fatinduline　R　مايلى يندۆلين R

脂肪油　fatty oil　ۇشپايتىن ماي، قاتتى ماي

脂肪族　fatty group　ماي گرۆپپاسى

脂肪族醇　fatty alcohol　ماي گرۆپپاسىنداعى سپيرت

脂肪族化合物　aliphatic compound　اليفاتتى قوسىلىستار

脂肪族酸　aliphatic acid　اليفات قىشقىلى

脂分节系数　aliphatic coefficient　ماي ىدىراتۆ كوەففيتسەنتى

脂分解作用　aliphatic action　مايدىڭ ىدىراۆ رولى

脂光橡皮　resinit　رەزينيت

脂环基　alicyl　التسيل، اليساقينالى

脂环酸　alicyclic acid　اليساقينالى قىشقىلدار

脂环烃　alieyclic hydrocarbon　اليساقينالى كومىر سۆتەكتەر

脂环系　alicyclic series　اليساقينالى قاتار

脂环族化合物　alicyclic compound　اليساقينالى قوسىلىستار

脂基芳基混合酮　mixed aliphatic - aromatic ketone　اليفات ــ اروماتتى
قوسپا كەتون

脂类分解(作用)　lipolysis　مايلاردىڭ ىدىراۋى

脂卵黄磷朊　lipvitellin　لىپو ۆيتەللين

脂酶　"脂肪酶 گە قاراڭىز."

脂醛　lipidal　لىپيدال

脂溶的　liposoluble　مايدا ەرۆ، مايدا ەريتىن

脂溶维生素　fat - soluble vitamin　مايدا ەريتىن ۆيتامين

脂溶性　fat solubie　مايدا ەرىگشتىك

脂溶性尼格(洛辛)B　fatnigrosine B　مايدا ەرىگش نيگزوزين B

脂朊　lipoprotein　لىپوپروتەين

脂色素　lipochrome　لىپوحروم

脂酸冻点　titre　　　　　　　　　　　ماي قىشقىلىنىڭ قاتۇ نۇكتەسى

脂酮酸　liponic acid　　　　　　　　　　　　　ليپون قىشقىلى

脂油　　　　　　　　　　　　　　　گە قاراڭىز. "脂肪油"

脂族　aliphatic series　　　　　　　　　　اليفا تيكالىق قاتار

脂族饱和烃　aliphatic saturated hydrocarbon　اليفاتتى قانىققان كومىر
سۇتەكتەر

脂族倍半萜　aliphatic sesauiterpene　اليفاتتى سەسكۇي تەرپەن

脂族不饱烃　aliphatic unsaturated hydrocarbon　اليفاتتى قانىقپاعان كومىر
سۇتەكتەر

脂族醇　aliphatic alcohol　　　　　　　اليفاتتىق سپيرتتەر

脂族多环烃　aliphatic polycylo hydrocarbon　اليفاتتى پوليساقينالى كومىر
سۇتەكتەر

脂族二烯　aliphatic diolefine　　　　　اليفاتتى ديولەفين

脂族化合物　aliphatic compound　　　اليفاتتى قوسىلىستار

脂族磺酸　aliphatic sulfonic acid　R·SO₃H　اليفاتتى سۇلفون قىشقىلى

脂族基　aliphatic group　　　　　　　اليفات گرۇپپاسى

脂族卤话物　aliphatic halide　　　اليفاتتى گالوگەن قوسىلىستارى

脂族醚　aliphat ether　　　　　　　　　اليفات ەفيرى

脂族醛　aliphataldehyde　　　　　　اليفات الدەگيدتى

脂族酸　alipbatic acid　　　　　　　　اليفات قىشقىلى

脂族羧酸　aliphatic carboxylic acid　اليفاتتى كاربوكسيل قىشقىلى

脂族烃　aliphatic hydrocarbon　　اليفاتتى كومىر سۇتەكتەر

脂族烯　aliphatic olefin　　　　　　اليفاتتى ولەفين

脂族亚磺酸　aliphatic sulfinic acid　R·SO₂H　اليفاتتى سۇلفين قىشقىلى

脂族氧化物　aliphatic oxide　　　　اليفاتتى توتىقتار

脂族酯　aliphatic ester　　　　　　　اليفات ەستەرى

直达纯蓝　immedial pure blue　　　توتە ناق كوك

直达栗棕 B　immedial maroon B　توتە سارەمش قوڭىر B

直达绿　immedial green　　　　　　توتە جاسىل

直达青　immedial sky blue　　　　توتە كوكشىل

直达茚酮　immedial indone　　　　توتە يندون

直达枣红 C　immedial bordeaux C　توتە قىزىل كۇرەڭ C

直接暗绿　direct dark green　　　تىكە قويۇ جاسىل

直接橙 Y	direct orange Y	تكه قىزعىلت سارى Y
直接胆红素 C	direct bilirabin C	تكه بىلىرۇبىن C
直接碘化作用	direct iodination	تكه يودتاۋ
直接肥料	direct fertilizer	تكه تېڭايتقىش
直接分馏	straight fractional distillation	ئبولپ ايداۋ تكه
直接过滤	direct filtration	ئسۈزۈ تكه
直接黑 BH	direct black BH	ا قارا BH تكه
直接黑 BL	direct black BL	ا قارا BL تكه
直接黑 EL	direct black EL	ا قارا EL تكه
直接化合价	direct valency	ۋالەنتتىك تكه
直接黄 R	direct yellow R	سارى R تكه
直接磺化作用	direct sulfonation	سۈلفوندا تكه
直接加成	direct addition	قوسۇ تكه
直接加热	direct heating	قىزدىرۇ تكه
直接菊黄	chrisophenine	حرىزوفەنىن
直接蓝 2B	direct blue 2B	كوك 2B تكه
直接亮蓝 G	direct brilliant blue G	جارقىراۋۇق كوك G تكه
直接卤化作用	direct halgenation	گالوگەندەۋ تكه
直接氯化作用	direce chlorination	حلورلاۋ تكه
直接绿 B	direct green B	جاسىل B تكه
直接绿 G	direct green G	جاسىل G تكه
直接排代	direct displcement	بەستىرۇ تكه
直接青	direct sky blue	كوكشىل تكه
直接取代	direct substitution	ورىن باسۇ تكه
直接染料	direct dye (color)	بوياۋلار، تكه بوياعمشتار تكه
直接热交换	direct heat exchange	جلۇ الماستىرۇ تكه
直接熔化	direct fusion	بالقىتۇ تكه
直接烧	direct firing	كۇيدىرۇ (قىزدىرۇ) تكه
直接硝化作用	direct nitration	نىترلەۇ تكه
直接效应	direct effect	ەففەكت تكه
直接溴化作用	direct bromination	برومداۋ تكه
直接氧化作用	direct oxidation	توتىعۇ تكه
直接印染	direct printing	بوياۋ تكه

直接蒸发	direct evaporation	تىكە بۇلانىۋ
直接蒸馏	straight run distillation	تىكە بۇلاندىرىپ ايداۋ
直接蒸汽	open steam	تىكە بۇ
直接蒸汽硫化	open steam vulcanization	تىكە بۇمەن كۆكىرتتەندىرۋ
直接酯化	direct esterfication	تىكە ەستەرلەۋ
直接置换	direct replacement	تىكە ورسن باسۋ
直接制氨法	direct ammonia process	تىكە امميياك الۋ ٴادىسى
直接紫	direct violet	تىكە كۆلگىن
直接棕	direct brown	تىكە قىزىل قوڭىر
直径	diameter	ديامەتر
直立键	axial bond	تاك بايلانىس
直链	linear chain(= straight chain)	ٴتۇزۇ تىزبەك
直链淀粉	amylose granulose	ٴتۇزۇ تىزبەكتى كراحمال اميلوزا
直链高级脂肪酸	linear chain higher fatty acid	ٴتۇزۇ تىزبەكتى جوعارى دارەجەلى ماي قىشقىلى
直链化合物	linear compound	ٴتۇزۇ تىزبەكتى قوسىلىستار
直链烃	straight chain hydrocarbon	ٴتۇزۇ تىزبەكتى كومىر سۋتەكتەر
直链烷烃	straight chain paraffin	ٴتۇزۇ تىزبەكتى پارافين
直链脂肪酸	normal fatty acid	ٴتۇزۇ تىزبەكتى ماي قىشقىلى
直链酯		"线型酯" گە قاراڭىز.
直馏	straight run distillation	تىكە ايداۋ
直馏产品		"直馏馏分" گە قاراڭىز.
直馏粗柴油	virgin gas oil	تىكە ايدالعان گاز، ماي
直馏沥青	straight run pitch	تىكە ايدالعان اسفالت
直馏馏分	straight run	تىكە ايدالعان قۇرامدار
直馏煤油	virgin kerosene	تىكە ايدالعان كارەسىن، تازا كارەسىن
直馏汽油	straight run gasoline	تىكە ايدالعان بەنزين
直馏石脑油	virgin naphtha	تىكە ايدالعان نافتا، تازا نافتا
直馏油	virgin oil	تىكە ايدالعان ماي
直碳链		"正碳链" گە قاراڭىز.
直线标度	linear scale	ٴتۇزۇ سىزىقتى شكالا
直线膨胀	linear expansion	سىزىقتى كەڭىۋ
直线膨胀系数	linear exchansivity	ٴتۇزۇ سىزىقتى كەڭىۋ كوەففيتسەنتى

(直)线型分子		"线型分子" گە قاراڭىز.
直线型结构		"线型结构" گە قاراڭىز.
直应胆红素 cholebilrubin		حولەبيليرۇبين
直蒿子油 caraway oil		كارۋاي مايى
γ – 值 gamma value		گامما ٴمانى
PH 值 PH value		PH ٴمانى
植醇 phytol $C_{20}H_{29}OH$		فيتول
植二烯 phytadiene $C_{20}H_{38}$		فيتاديەن
植基 phytyl grow $C_{20}H_{39}$		فيتيل، فيتيل گرۇپپياسى
植素		"非灵" گە قاراڭىز.
植酸 phytic acid		وسمدك قشقىلى
植酸钙镁 phytin		فيتين
植酸酶 phytase		فيتازا
植酸钠 sodium phytate		وسمدك قشقىل ناتري
植烷 phytane $C_{20}H_{42}$		فيتان
植烷醇 phytanol $C_{20}H_{41}OH$		فيتانول
植烷醇钠 sodium phytanolate $C_{20}H_{41}ONa$		فيتانول ناتري
植烷醇盐 phytanolate		فيتانول تۇزى
植物病力学 phytopatology		فيتو پاتولوگينا
植物沉淀素 phytoprecipitin		فيتو پرەتسيپپيتين
植物毒 vegetable poison		وسمدك ۇى
植物毒素 phytotoxin		فيتو توكسين
植物肥料 vegetable fertilizer		وسمدك تەڭايتقشتار
植物钙镁 phytin		فيتين
植物固醇 phytosterol		فيتو ستەرول
植物固醇甙 phytosterolin		فيتو ستەرولين
植物核酸 phytonacleic acid		فيتو نۇكلەين قشقىلى
植物化学 phytochemisery		فيتو حيميا، وسمدك حيمياسى
植物化学合成(作用) phytochemical syntesis		فيتو حيميالىق سينتەزدەۇ
植物化学还原(作用) phytochemical reduction		فيتو حيميالىق توتقسىزدانۇ
植物黄素 phyto flavin		فيتو فلاۋين
植物激素 phyto hormone		فيتو گورمون، وسمدك گورمونى
植物碱 plant alhaloid		وسمدك ٴسىلتىسى

植物胶　vegetable gum　　　　　　　　وسمدك جەلىمدەر

植物解剖学　vegetable anatomy　　　　وسمدكتەر اناتومياسى

植物(解)脂酶　vegetable lipase　　　　وسمدك ليپازاسى

植物蜡　vegetable wax　　　　　　　وسمدك بالاۋنزى

植物酶　phytase　　　　　　　　　فيتازا

植物鞣(法)　vegetable tanning　　　　(وسمدك مالما (ٴادىسى

植物鞣剂　vegetable tanning agent　　وسمدك مالما اگەنتى

植物生理学　plant physiology　　　　وسمدكتەر فيزيولوگياسى

植物生米激素　auxin　　　　　　　اۇكسين

植物生长剂　plant growth substance　وسمدك وسىرگىش اگەنت

植物生长调节剂　plant growth regulator　(وسمدك ٴوسۋن رەتتەگىش (اگەنت

植物生长抑制剂　plant growth retardant　وسمدك ٴوسۋن تەجەگىشتەر

(اگەنت)

植物色素　phytochrome　　　فيتو حروم، وسمدك پيگمەنتى

植物苏打　vegetable soda　　　　　وسمدك سودا

植物酸　plant acid　　　　　　　وسمدك قىشقىلى

植物纤维　vegetable fiber　　　　　وسمدك تالشەعى

植物性物质　vegetable matter　　　وسمدك سيپاتتى زات

植物羊皮纸　vegetable parchment　وسمدكتەك پەرگامەنتتى قاعاز

植物油　vegetable oil　　　　　　وسمدك مايلارى

植物油脂　　　　　植物脂肪" گە قاراڭز.

植物甾醇　phytosterol(=phytosterin)　$C_{26}H_{44}O$　فيتو ستەرول، فيتوستەرين

植物甾醇甙　phytosterolin　$C_{34}H_{56}O_6$　فيتو ستەرولين

植物脂肪　vegetablefat　　　　　وسمدك مايى

植物质松节油　vegetable tarpentine　وسمدكتەك تەرپەنتين

植烯　phytene　$C_{20}H_{40}$　　　فيتەن

止链剂　chain terminal　　　(تىزبەك اياقتاتقىش (اگەنت

止血醇　styptol　　　　　　　ستيپتول

止血素　stypticine　$C_{12}H_{15}O_4NHCl$　ستيپتيتسين

指示剂　indicator　　　ينديكاتور، كورسەتكىش اگەنت

指示剂变色范围　color range of indicator　ينديكاتورلىق ٴتۇس وزگەرۋ كولەمى

指示剂常数　indicator constant　　ينديكاتور تۇراقتىسى

指示剂盘　indicator dial　　　　ينديكاتور تاباقشاسى

指示剂试验	indicator test	يىندىكاتور سىنامى
指数	index	كورسەتكىش، كورسەتكىش سان، يىندەكس
酯	ester RCOOR′	ەستەر، كۆردەلى ەفير
酯化	esterify	ەستەرلەنۇ
酯化催化剂	esterification catalyst	ەستەرلەنگەن كاتاليزاتور
酯化反应	esterification reaction	ەستەرلەۇ رەاكسياسى
酯化律	estrification law	ەستەرلەنۇ زاڭى
酯化树脂		"树脂酯" گە قاراڭىز.
酯化值	esterification number	ەستەرلەنۇ ٴمانى
酯化(作用)	esterification	ەستەرلەۇ
酯基转移作用	transestrrification	ەستەردىك جوتكەلۇى
酯交换	ester exchange	ەستەر الماسۇ
酯蜡	ester wax	ەستەر بالاۋنزى
酯酶	esterase	ەستەرازا
酯树胶	ester gum	ەستەر جەلىم
酯缩合(作用)	ester condensation	ەستەردى كوندەنساتسيالاۋ
酯烷基	ester alkyl	ەستەردەگى الكيل، ەستەر الكيل
酯油	ester oil	ەستەر مايلارى
酯值	ester value	ەستەر ٴمانى
纸	paper	قاعاز
纸层析	paper chromatogram	قاعاز قاباتىن تالداۋ
纸电泳法	paper electro poresis	قاعاز ەلەكتر پورەزدەۇ (جىلمستاۋ)
纸电泳分离法	paper electroporeric separation	قاعازدا ەلەكتر بورەزدىك ايرۇ
纸蜡	paper wax	قاعاز بالاۋنزى
纸上色层分析法	paper chromatography(analysis)	قاعازدا حروماتوگرافتىق تالداۋ
纸(上)色谱法	paper chromatography	قاعازدا حروماتوگرافتاۋ
置换	replace	ورىن باسۇ، بەسستەمرۇ
置换(次)序	replacement series	"排代次序" گە قاراڭىز.
置换定律		"排代定律" گە قاراڭىز.
置换反应	replacement reaction(= displacement reaction)	ورىن باسۇ رەاكسيالارى
置换剂		"排代剂" گە قاراڭىز.

置换体积		"排出体积" گه قاراڭىز.
置换(作用)		"排代(作用)" گه قاراڭىز.
致癌含氮化合物	carcinogenic nitrogen compound	راك اۆرۈن تۆدىراتىن ازوتتى قوسىلمىس
致癌化合物	carcinogenic compound	كارتسينوگەندىك قوسىلىس (راك اۆرۈن تۆدىراتىن قوسىلمىس)
致癌物	carcinogen(= carcinogenic substance)	كارتسينوكەن (راك اۆرۈن تۆدىراتىن زاتتار)
致癌作用	carcinogenesis	كارتسينوكەنەز (راك اۆرۈن تۆدىرۈ رولى)
致病酶	zymin	زيمين
致活酶		"激酶" گه قاراڭىز.
致冷剂	refrigerant	سۈتقىش (اگەنت)
致冷循环	refrigerating cycle	سۈتۈ اينالىسى
致死剂	lethal agent	ولتىرگىش اگەنت
致死浓度	lethal concentration	ٴولتىرۈ قويۇلعى
致死(药)量	lethal dose	ٴولتىرۈ دوزاسى
制癌霉素		"嗜癌素" گه قاراڭىز.
制大肠菌素	colistatin(= colistin)	كوليستاتين، كوليستين
制霉菌素	nystatin	نيستاتين
制药化学		"药物化学" گه قاراڭىز.
制止反应		"停止反应" گه قاراڭىز.
智利硝石	chili nitrogene	چيلي سەليتراسى
α – 质点	alpha – particle	الفا — ماتەريالىق نۆكتە
β – 质点	beta – particle	بەتا — ماتەريالىق نۆكتە
质量	① mass; ② quality	① ماسسا؛ ② ساپا
质量百分数	mass percent	ماسسالىق ۇلەس
质量比	mass ratio	ماسسالار قاتىناسى
质量不变		"质量守恒" گه قاراڭىز.
质量不灭(定)律		"物质守恒(定)律" گه قاراڭىز.
质量测定	quality determination	ساپالىق ولشەۇ
质量单位	mass unit	ماسسالىق بىرلىك
质量(定)律	mass law	ماسسا زاڭى
质量范围	mass range	ماسسالىق كولەم

质量分数		ماسسالىق ۇلەس
质量分析仪	mass spectrometer	ماسسالىق سپەكترمەتر
质量改善剂	quality booster	ساپا جاقسارتقۇش (اگەنت)
质量控制	quality control	ساپالىق تەجەۋ
质量浓度	mass concentration	ماسسالىق قويۇلۇق
质量试验	qualitication test	ساپالىق سىناق
质量守恒	mass conservation	ماسسالاردىڭ ساقتالۇئى
质量守恒定律	law of conservation of mass	ماسسالاردىڭ ساقتالۇ زاڭى
质量数	mass number	ماسسالىق سان
质量速度	mass velocity	ماسسالىق جىلدامدىق
质量损失	mass defect	ماسسانىڭ اقاۋلارى
质量吸收系数	mass absorption coefficient	ماسسالىق ابسوربتسيا كوەففيتسەنتى
质量系数	quality coefficient	ساپا كوەففيتسەنتى
质量作用	mass action	ماسسالىق اسەر
质量作用定律	mass action law	ماسسالىق اسەر زاڭى
质量作用原理	mass action principle	ماسسالىق اسەر قائيداسى
质能关系	mass - energy relation	ماسسا ـ ەنەرگيا بايلانسى
质能守恒定律	law of conservation of mass energy	ماسسا ـ ەنەرگياننىڭ ساقتالۇ زاڭى
质谱	mass spectrum	ماسسا سپەكترلەرى
质谱法	mass spectroscopy (MS)	ماسسا سپەكتر ءادسى
质谱分析(法)	mass spectrometry	ماسسا سپەكترلىك تالداۋ
质谱检定(法)	mass - spectrometric detection	ماسسا سپەكترلىك انىقتاۋ (ءادسى)
质谱数据	mass - spectrometric data	ماسسا سپەكترلىك ساندى مالىمەت
质谱仪	mass spectrography	ماسسا سپەكتروگرافى
质谱仪原理	mass spectrography principle	ماسسا سپەكتروگراف قائيداسى
质子	proton	پروتون
质子传递(作用)	proton transfer	پروتون جەتكىزۇ
质子惰性的	aporotic	پروتون ەنجارلىق
质子给予体	proton donor	پروتون بەرۇشى (دەنە)
质子核磁共振	proton magnetic resonans (= PMR)	پروتون ماگنيتتىك

رەزونانس، PMR

质子化了的　protonated　پروتوندانۇ، پروتوندانغان

质子化作用　protanation　پروتونداۋ

质子活度　proton activity　پروتون اكتیۋتنگی

质子接受体　proton aceptor　پروتون قابىلداۋشى (دەنە)

质子平衡　proton equilibrium　پروتون تەپە ـ تەڭدىگى

质子迁移反应　protolysis reaction　پروتولیتتىك رەاكسیالار

质子迁移(作用)　protolysis　پروتون كوشۋ، پروتون جوتكەلۋ

质子亲合性　proton affinity　پروتون قوسىلعىشتىق

质子溶剂　protic solvent　پروتوندىق ەرىتكىش (اگەنت)

质子数　proton number　پروتون سانى

质子显微镜　proton microscope　پروتوندىق میكروسكوپ

质子移变　protopic change　پروتوندىق وزگەرۋ

质子移动　prototropy　پروتون جىلجۋى

质子质量　proton mass　پروتون ماسساسى

治疗化学　therapeutical chenmistry　ەمدەۋ حیمیاسى

治疗剂　therapeutical agent　ەمدەۋ اگەنتى

治疗酸　therapic acid　ەمداك قىشقىل، ەمدەۋ قىشقىلى

治疗学　therapy　تەراپیا

zhong

中　meso-　مەزو ـ (گرەكشە)، ارا، ارالىق

中卟啉　mesoporphyrin　مەزوپورفیرین

中卟啉原　mesoporphyrinogen　مەزوپورفیرینوگەن

中草酸　mesoxalic acid　$COOH \cdot CO \cdot COOH$　مەزوكسال قىشقىلى

中草酰　mesoxalyl　$-CO\,CO\,CO-$　مەزوكسالیل

中草酰脲　mesoxalyl urea　$C_4H_2O_4N_2$　مەزوكسالیل ۇرەا

中胆红素　mesobilirubin　مەزوبیلیرۇبین

中胆红素原　mesobilirubinogen　مەزوبیلیرۇبینوگەن

中胆氯素　mesobiliverdin　مەزوبیلوەردین

中胆玫素　mesobilirhodin　مەزوبیلیرودین

中胆青素　mesobilicyanin　مەزوبیلیسیانین

中单色素原　mesobilinogen مـەزوبيلينوگـەن

中胆紫素　mesobiliviolin مـەزوبيليۆيولين

中氮茚 "焦可林" گە قاراڭـز.

中氮茚并甾类(化合物)　pyrrocolino‐steroids بيررروكولينـدى ستـەرويدتـەر

中蝶呤　mesopterine مـەزوپتـەرين

中毒　intoxication ۋلانـۇ، زاهارلانـۇ

中度裂化　moderate craking ورتاشا بولشـەكتـەنـۇ

中高碘酸　meso‐periodic acid $H_3IO_5; I_2O_7 \cdot 3H_2O$ مـەزو اسقـن پور قشـقـلـى

中高铼酸盐　mesoper rhonate M_3ReO_5 مـەزو اسقـن رەنـي قشـقـلـلـنـناڭ تـۇزدارى

中国白　Chinese white جـۇڭگو اعى، مـرش اعى

中国红　Chinese red جـۇڭگو قـزـلـى

中国蜡　Chinese wax جـۇڭگو بالاۋزى

中国蓝　China blue(= Chinese blue) جـۇڭگو كوگى

中国漆　Chinese lacquer جـۇڭگو لاكتارى

中和　neutrality بـەيتاراپ، بـەيتاراپتانـۇ

中和比例 "中和比率" گە قاراڭـز.

中和比率　neutralization ratio بـەيتاراپتاۋ سالـستـرماسى

中和槽　neutralizing tank بـەيتاراپتاۋ ناۋاسى

中和产品　neutralized product بـەيتاراپتانعان ونـمـدەر

中和处理　neutralizing treatment بـەيتاراپتاپ وگدەۋ

中和当量　neutralization equivalent بـەيتاراپتاۋ ەكۆيۆالـەنتى

中和的　neu tral(= neutrality) بـەيتاراپتى، بـەيتاراپتانعان

中和滴定　neutralization titration تامشـلاتـپ بـەيتاراپتاۋ

中和点　neutral point بـەيتاراپتاۋ نـۇكتـەسى

中和反应　neutralization reaction بـەيتاراپتاۋ رەاكسياسى

中和剂　neutralization agent بـەيتاراپتاعـش اگـەنت

中和热　neutralization heat بـەيتاراپتاۋ جـلـۇى

中和试验　neutralization test بـەيتاراپتاۋ سنـاعى

中和系统 "中性系统" گە قاراڭـز.

中和值　neutralization number بـەيتاراپتاۋ مانى

中和值测定　neutralization test بـەيتاراپتاۋ مانـن ولشـەۋ

中和(作用)　neutralization بـەيتاراپتاۋ

中环化合物　medium‐ring compound ورتا ساقينالى قوسلـستار

中基反式丁烯二酸   "中基富马酸" گە قاراڭىز.

中基富马酸 methyl fumaric acid   مەتيل فؤمارين قىشقىلى

中级油 middle oil   ورتا دارەجەلى ماي

中甲撑型碳 mesomethylene carbon   مەزو مەتيلەن تۇرپاتتى كومىرتەك

中(间) meso –   مەزو ـ (گرەكشە)، ارالىق

中间产品 intermediates   ارالىق ونىمدەر

中间产物 intermediate product   ارالىق تۇىندىلار

中间代谢 intermediary metabolism   ارالىق زات الماسۇ

中间反应塔 intermediate reaction tower   ارالىق رەاكسيا مۇناراسى

中间合金 intermediate allow   ارالىق قورتپا

中间化合物 intermediate compound   ارالىق قوسىلىستار

中间基原油 intermediate base crude oil   ارالىق نەگىزدى ۆگدەلمەگەن مۇناي

中间剂 intermediate agent   ارالىق اگەنت

中间接受器 intermediate receiver   ارالىق قابىلداعىش (اسپاپ)

中间蜡 intermediate scale wax   ارالىق بالاۋىز

中间馏份 intermediate fraction   ارالىق ايدالعان قۇرامدار

中间体 intermediate   ارالىق دەنە، ارالىق زات

中间物   "中间体" گە قاراڭىز.

中间酰脲   "中草酰脲" گە قاراڭىز.

中间相 mesophase   مەزوفازا، ارالىق فازا

中间辛烷值 mesooctane number   مەزوكتان ٴمانى

中间状态   "过度状态" گە قاراڭىز.

中介的 mesomeric   مەزومەرلى، مەزومەرلىك

中介离子 mesomeric ion   مەزومەر يون

中介态 mesomeric state   مەزومەرلىك كۇي

中介(现象) mesomerism   مەزومەرلەنۇ، مەزومەرلىك قۇبىلىس

中介效应 mesomeric effect   مەزومەرلىك ەففەكت

中介子 neutratto   بەيتاراپ مەزون

中酒石酸 mesotartaric acid (CHOHCOOH)$_2$ مەزو شاراپ قىشقىلى

中酒石酸钙 calcium mesotartrate C$_4$H$_4$O$_6$Ca   مەزو شاراپ قىشقىل كالتسي

中酒石酸盐 meso tartrate   مەزو شاراپ قىشقىلىنىڭ تۇزدارى

中康酸 mesaconic acid HOOCC(Me):CHCOOH   مەزاكون قىشقىلى

中康酸盐 mesaconate   مەزاكون قىشقىلىنىڭ تۇزدارى

中康酰　mesaconoyl　COC(CH₃):CHCO　مەزاكونويل

中离子化合物　mesoionic compound　مەزويوندى قوسلمستار

中氯化血红素　mesohemin　مەزوگەمين

中硼酸　mesoboric acid　H₄B₂O₇　مەزو بور قشقللى

中式盐　"正盐" گە قاراڭىز.

中微子　neutrino　نەۋترينو

中(位)　meso－position　مەزو ورىن

中温干馏　medium temperature dry distillation　ورتا تەمپەراتۇرادا قۇرعاق ايداۇ

中文碳化　medium temperature carbonization　ورتا تەمپەراتۇرادا كومىرتەكتەۇ

中性　"中和" گە قاراڭىز.

中性白土　neutral clay　بەيتاراپ ساعىز توپراق، بەيتاراپ بالشىق

中性醇　neutral alcohol　بەيتاراپ سپيرت

中性的　"中和的" گە قاراڭىز.

中性点　"中和点" گە قاراڭىز.

中性反应　neutral reaction　بەيتاراپ رەاكسيا

中性分子　neutral molecule　بەيتاراپ مولەكۇلا

中性红　neutral red　C₁₅H₁₆N₄HCl　بەيتاراپ قىزىل

中性(红)碘　neutral iodine　بەيتاراپ (قىزىل) يود

中性红琼脂　neutral red agar　بەيتاراپ قىزىل اگار

中性化合物　neutral compound　بەيتاراپ قوسىلىستار

中性还原　neutral reduction　بەيتاراپ توتقسىزدانۇ

中性火焰　neutral flame　بەيتاراپ جالىن

中性蓝　neutral blue　بەيتاراپ كوك

中性耐火(材)料　neutral refractories　بەيتاراپ وتقا ٴتوزىمدى ماتەريالدار

中性溶液　neutral solution　بەيتاراپ ەرىتىندىلەر

中性石蕊试纸　litmus neutral test paper　بەيتاراپ لاكمۇس سىناعىش قاعازى

中性树脂　neutral resins(＝resinene)　بەيتاراپ سمولالار، رەزينەن

中性水玻璃　neutral water glass　بەيتاراپ سۇيىق شىنى (اينەك)

中性苏打　neutral soda　بەيتاراپ سودا

中性系统　neutralized system　بەيتاراپتانعان جۇيە

中性纤维　neutral fiber　بەيتاراپ تالشىقتار

中性盐　neutral salt　بەيتاراپ تۇزدار

中性氧化物　neutral oxide　بەيتاراپ توتىقتار

中性氧化作用　neutral oxidation　بەيتاراپ توتسعۇ

中性油　neutral oil　بەيتاراپ ماي

中性原子　neutral atom　بەيتاراپ اتوم

中性脂肪　neutral fat　بەيتاراپ ماي

中性酯　neutral ester　بەيتاراپ ەستەر

中性助熔剂　neutral flux　بەيتاراپ كومەكشى بالقىتقىش (اگەنت)

中性紫　neutral violet　$C_{14}H_{14}N_4 \cdot HCl$　بەيتاراپ كۇلگىن

中压聚乙烯　polyethylene from medium pressure　ورتا قىسىمدى بوليەتيلەن

中叶激素　intermedin　ينتەرمەدين

中止反应　"停止反应" گە قاراڭز.

中子　neutron　نەيترون

中子弹　neutron bomp　نەيترون بومبى

中子激化了的溴苯　neutron – irradiated bromobenzene　نەيترون قوزدىرعان بروم بەنزول

中子密度　neutron density　نەيترون تىعىزدىعى

中子数　neutron number　نەيترون سانى

中子吸收作用　neutron absorption　نەيترون ابسوربتسىيالاۋى

中子质量　neutron mass　نەيترون ماسساسى

中棕酸　metazonic acid　$NaOH : CHCH : NOONa$　مەتازون قىشقىلى

钟表油　watch oil(= clock oil)　ساعات مايى

钟罩法　bell jar process　بەلل ٴادىسى، ساعان قالپاعى ٴادىسى

钟罩反应　bell reaction　بەلل رەاكسىياسى، ساعات قالپاعى رەاكسىياسى

终点　end point(= terminal)　سوڭعى، اقىرى، سوڭعى نۇكتە، اقىرعى نۇكتە

终点馏分　end point of fraction　سوڭعى ايدالعان قۇرامدار

终点汽油　end point gasoline　اقىرعى نۇكتەدەگى بەنزين، اقىرعى بەنزين

终点速度　terminal velocity　اقىرعى جىلدامدىق

终反应　end reaction　اقىرعى رەاكسيا

终沸点　end boiling point　اقىرعى قايناۋ نۇكتەسى

终结发酵　end permentation　اقىرعى اشۇ

终结气体　end gas　اقىرعى گاز، جاراقسىز گاز

终结气体反应　end gas reaction　اقىرعى گاز رەاكسىياسى

终油酸　"橄仁树脑酸" گە قاراڭز.

终止反应　cessation(termination) reaction　تىزبەكتەڭ اياقتاسۇ رەاكسىياسى،

اقىرلاسۇ رەاكسىياسى

终止剂 termination agent	(تىزبەكتى) ئاياقتاتقمش ئاگەنت، اقىرلاستمرعمش ئاگەنت
终止(作用) termination	ئاياقتاۇ، اقىرلاسۇ
种氨酸 gunaminic acid	گۇنامىين قىشقىلى
种植橡胶 plantation rubber	ئەكپە كاۋچۇك
仲 para-; secondary(=sec)	پارا، سەكوندارى، سەك
仲胺 secondary amine	سەكوندارى امىن
仲班酸 parabanic acid $C_3H_2O_3N$	پارابان قىشقىلى
仲苯乙醇 sec-phenetyl alcohol	sec ـ فەنەتىل سپىرتى
仲扁桃酸 para-mandelic acid $C_6H_5CHOH\cdot COOH$	پارا ماندەل قىشقىلى
仲醇 secondary alcohol $CH_3CH_2CHOHCH_2CH_3$	سەكوندارى سپىرتى
仲碘酸 para-iodic acid	پارا يود قىشقىلى
仲丁醇 secondary butyl alcohol	سەكوندارى بۇتىل سپىرتى
仲蒽 para-anthracene	پارا انتراتسەن
仲高碘醇 $I_2O_7\cdot 5H_2O$; H_5IO_6	پارا اسقىن يود قىشقىلى
仲高碘酸钠 sodium para-periodate	پارا اسقىن يود قىشقىل ناترى
仲氦 parahelium	پارا گەلي
仲甲醛 paraformaldehyde (CH_2O)	پارا فورمالدەگىدتى
仲康酸 paraconic acid $C_4H_5O_2\cdot COOH$	پاراكون قىشقىلى
仲康因 paraconiine $C_8H_{15}N$	پاراكونىين
仲膦 secondary phosphine	سەكوندارى فوسفىن
仲钼酸 para-molybdic acid	پارا مولىبدەن قىشقىلى
仲氢 para-hydrogen	پارا سۇتەك
仲氰 paracyanogen $(CN)n$	پارا سىانوگەن
仲醛醇 paraldol $(C_4H_8O_2)_2$	پارالدول
仲山梨酸 parasorbic acid	پارا سوربىن قىشقىلى
仲叔醇 secondary-tertiary alcohol	سەكوندارى ـ تەرتىارى سپىرت
仲酸 para-acid	پارا قىشقىل
仲酸氰 paracyanic acid	پارا سىان قىشقىلى
仲碳原子 secondary carbon atom	سەكوندارى كومىرتەك اتومى
仲烷基硫酸钠	"梯普尔" گە قاراڭز.
仲钨酸 para-wolframic acid	پارا ۋولفرام قىشقىلى

仲钨酸铵	ammonium paratungstate		پارا ۋولفرام قشقىل ئاممونى
仲钨酸钠	sodium paratungstate		پارا ۋولفرام قشقىل ناترى
仲钨酸盐	para tungstate	$M_2O\cdot12WO_3\cdot11H_2O$	پارا قشقىللىرىنىڭ تۇزدارى
仲硝基化合物	para－nitrocompound		پارا نيترو قوسىلستار
仲乙硫醛	sulfoparaldehyde		سۈلفو پارا الدەگيد
仲(乙)醛	paraldehyde	$(C_2H_4O)_3$	پارا الدەگيد، پارا سىركە الدەگيد
重苯	heavy benzol		ئاۋىر بەنزول
重苯胺			"半联胺" . گە قاراڭىز
重差计	gravimeter		گراۋيمەتر
重氮氨基苯	diazoaminobenzene	$C_6H_5N{:}NNHC_6H_5$	ديازو امينو بەنزول
重氮氨基化合物	diazoamino compound		ديازو امينو قوسىلستار
重氮胺	diazoamine		ديازو امين
重氮胺撑	diazo amino	$-N\cdot NNH-$	ديازو امينو
重氮胺橙	diazamine orange		ديازو امينىدى قىزعىلت سارى
重氮胺酚	diazo－aminols		ديازو امينولدار
重氮胺坚牢红	diazamine fast red		ديازو امينىدى جۇعمەدى قىزىل
重氮胺蓝	diazamine blue		ديازو امينىدى كوك
重氮胺亮黑	diazamine brilliant black		ديازو امينىدى جارقىراۋىق قارا
重氮胺染料	diazamine colors		ديازو امينىدى بوياۋلار
重氮胺枣红	diazamine bordeaux		ديازو امينىدى كۆرەڭ قىزىل
重氮胺紫	diazamine violet		ديازو امينىدى كۆلگىن
重氮苯	diazobenzene		ديازو بەنزول
重氮苯磺酸	diazobenbenzene sulfonic acid		ديازو بەنزول سۈلفون قشقىلى
重氮靛蓝	diazo indigo blue		ديازو ينديگو كوگى
重氮二硝基苯酚	diazo dinitro phenol		ديازو دينيترو فەنول
重氮分解物	diazosoplit		ديازو ىدىراندىلارى
重氮橄榄绿	diazo olive		ديازو ئزايتۇن جاسىلى
重氮黑	diazo black		ديازو قاراسى
重氮(化)	diazonium	$N{(\colon}N)-$	ديازولانۋ
重氮化本领	diazotability		ديازولانۋ قابلەتى
重氮化的	diazotizating		ديازوتتى
重氮化滴定法	diazotization titration method		تامشلاتىپ ديازوتتاۋ ئادسى
重氮化反应	diazo reaction		ديازو رەاكسياسى

重氮化合物	diazo compound		دیازو قوسلمستار
重氮化了的	diazotized		دیازوتتانعان
重氮化作用	diazotization		دیازولاۋ
重氮磺酸	diazo sulfonic acid		دیازو سۇلفون قشقىلى
重氮磺酸盐	diazo sulfonate		دیازو سۇلفون قشقىلننىڭ تۇزدارى
重氮基	diazo	$-N:N-$	دیازو
重氮基醋酸	diazo acetic acid	$N_2:CHCOOH$	دیازو سىركه قشقىلى
重氮基醋酸盐	diazo acetate	$N_2:CHCOOM$	دیازو سىركه قشقىلننىڭ تۇزدارى
重氮基醋酸乙酯	ethyl diazoacetate	$N_2CHCOOOC_2H_5$	دیازو سىركه قشقىل هتيل هستهرى
重氮基醋酸酯	diazo acetate	$N_2:CHCOOR$	دیازو سىركه قشقىل هستهرى
重氮甲酸酯	diazo ester	$R·C·N_2·CO·OR$	دیازو هستهرى
重氮甲烷	diazomethane	CH_2N_2	دیازو مهتان
重氮坚牢黄	diazo fast yellow		دیازول جۇعممدى سارسى
重氮坚牢蓝	diazo fast blue		دیازو جۇعممدى كوگى
重氮精黑	diazogen black		دیازوگهن قاراسى
重氮精红	diazogen red		دیازوگهن قـزىلى
重氮精蓝	diazogen blue		دیازوگهن كوگى
重氮精染料	diazogen colors		دیازوگهن بویاۋلارى
重氮精枣红	diazogen bordeaux		دیازوگهن كۇرهڭ قـزىلى
重氮亮绿	diazo brilliant green		دیازو جارقـراۋنق جاسلى
重氮硫化四氯苯	micasin		ميكازين
重氮霉素	diazomycin		دیازوميتسين
重氮尿嘧啶	diazouracyl	$C_4H_4N_4O_3$	دیازو ۇراتسيل
重氮偶合反应	diazo coupling		دیازو ورايلاس رهاكسيالار
重氮浅枣红	diazo light bordeaux		دیازو اشـق كۇرهڭ قـزىلى
重氮染料	diazo colors		دیازو بویاۋلار
重氮实验	diazo – test		دیازو سىناعى
重氮水杨酸	diazosalicylic acid		دیازو ساليتسيل قشقىلى
重氮丝氨酸	azaserine		ازاسهرين
重氮四唑	diazo tetrazol		دیازو تهترازول
重氮酸	diazoic acid	$R·N_2·OH$	دیازو قشقىلى
重氮酸钠	sodium diazoate		دیازو قشقىل ناترى

重氮酸盐	diazoate	ArNNOOM	ديازو قىشقىلىنىڭ تۇزداری
重氮酮	diazo–ketones		ديازو كەتوندار
重氮硝基酚	diazonitro phenol		ديازو نيترو فەنول
重氮盐	diazo salt(=diazonium saltl)		ديازو تۇزى
重氮盐坚牢橙	diazol fast orange		ديازول جۇعمىدى قىزعىلت سارسى
重氮盐坚牢猩红	diazol fast scarlet		ديازول جۇعمىدى قىزعىلتىمى
重氮盐类	diazolos, diazo salts		ديازولدار، ديازول تۇزداری
重氮盐浅橙	diazol light orange		ديازول اشىق قىزعىلت سارسى
重氮盐浅黄	diazol light yellow		ديازول سارعىشى
重氮盐染料	diazol colors		ديازول بوياۋلار
重氮盐枣红	diazol bordeaux		ديازول كۈرەڭ قىزىلى
重氮氧化物	diazol oxide		ديازو توتقتار
重氮乙烷	diazoethane(=aziethane)		ديازو ەتان، ازيەتان
重氮枣红	diazogen bordeaux		ديازوگەن كۈرەڭ قىزىلى
重氮纸	diazo paper		ديازو قاغاز
重氮紫	diazo violet		ديازو كۈلگىنى
重的	heavy		اۋىر
重电子	heavy electron(=mesotron, meson)		اۋىر ەلەكترون، مەزوترون
重钙			"重过磷酸钙" گە قاراڭىز.
重铬酸	dichromic acid	$H_2Cr_2O_7$	قوس حروم قىشقىلى
重铬酸铵	ammonium bichromate	$(NH_4)_2Cr_2O_7$	قوس حروم قىشقىل امموني
重铬酸钡	barium bichromate	$BaCr_2O_7$	قوس حروم قىشقىل باري
重铬酸滴定法	dichromate method		قوس حروم قىشقىلىن تامشىلاتۇ ٴادىسى
重铬酸电池	dichromate cell		قوس حروم قىشقىلدى باتارەيا
重铬酸钙	calcium bichromate	$CaCr_2O_7$	قوس حروم قىشقىلدى كالتسي
重铬酸汞	mercuric bichromate	$HgCr_2O_7$	قوس حروم قىشقىل سىناپ
重铬酸钾	potassium bichromate	$K_2Cr_2O_7$	قوس حروم قىشقىل كالي
重铬酸锂	lithium bichromate	$Li_2Cr_2O_7$	قوس حروم قىشقىل ليتي
重铬酸(六价)钼	molybdenum dichromate	$Mo(Cr_2O_7)_3$	قوس حروم قىشقىل موليبدەن
重铬酸铝	aluminium bichromate	$Al_2(Cr_2O_7)_3$	قوس حروم قىشقىل الۋمين
重铬酸镁	magnesium bichromate	$MgCr_2O_7$	قوس حروم قىشقىل ماگني
重铬酸钠	sodium bichromate		قوس حروم قىشقىل ناتري

重铬酸铅	plumbous bichromate		قوس حروم قشقىل قورعاسىن
重铬酸溶液	bichromate solution		قوس حروم قشقىل ەرىتمىندىسى
重铬酸铷	rubidium bichromate	$RbCr_2O_7$	قوس حروم قشقىل رۇبيدي
重铬酸铯	cesium bichromate	$Cs_2Cr_2O_7$	قوس حروم قشقىل سەزي
重铬酸锶	strontium bichromate	$SrCr_2O_7$	قوس حروم قشقىل سترونتسي
重铬酸铁	ferric bichromate		قوس حروم قشقىل تەمىر
重铬酸铜	cupric bichromate	$CuCr_2O_7$	قوس حروم قشقىل مىس
重铬酸锌	zinc dichromate	$ZnCr_2O_7$	قوس حروم قشقىل مىرىش
重铬酸亚银	silver bichromate	$Ag_2Cr_2O_7$	قوس حروم قشقىل شالا توتىق كۇمىس
重铬酸盐	bichromate (= dichromate)		قوس حروم قشقىلىنىڭ تۇزداري
重铬酸盐滴定法	dichromate titration		قوس حروم قشقىلىنىڭ تۇزىن تامشىلاتۇ ئادىسى
重铬酸盐法			"重铬酸盐滴定法" گە قاراڭىز.
重铬酸氧铋	bismuthyl dichromate		قوس حروم قشقىل بيسمۇتيل
重铬酸银	silver bichromate		قوس حروم قشقىل كۇمىس
重工业	heavy industry		اۆىر ونەركاسىپ
重过磷酸钙	bisuperphosphate		قوس اسقىن فوسفور قشقىل كالتسي
重化学工业	heavy chemical industry		اۆىر حيميالىق ونەركاسىپ
重化学品	heavy chemical		اۆىر حيميالىق بۇيىمدار
重键	mutipel bond		ەسەلى بايلانىستار
重焦油	tar oil		اۆىر كوكس مايى
重金属	heavy metal		اۆىر مەتالدار
重金属离子	heavy metal ione		اۆىر مەتال يونداري
重金属盐	heavy metal salt		اۆىر مەتال تۇزداري
重金属之素	heavy metal element		اۆىر مەتال ەلەمەنتتەر
重晶石	barite (= heavy spar)	$BaSO_4$	پاريت، اۆىر شپات
重晶石粉			"硫酸钡粉" گە قاراڭىز.
重酒石酸间羟胺	metaraminol bitartras (= aramin)		قوس شاراپ قشقىل مەتارامينول
重酒石酸锂	lithium bitartrate		قوس شاراپ قشقىل ليتي
重聚合物	heavy polymer		اۆىر پوليمەرلەر
重沥青	heavy asphalt		اۆىر اسفالت

重力 gravity	ئۆرلۈق كۈشى
重力测定 gravity determination	ئۆرلۈق كۈشپەن ولشەۋ
重力沉降 gravitational settlling	ئۆرلۈق كۈشمەن شوگۈ
重力电池 gravity cell	ئۆرلۈق كۈش باتارەياسى
重力分离 gravitational separation	ئۆرلۈق كۈشنه قاراي ايرۆ
重力过滤 gravity filtration	ئۆرلۈق كۈشپەن ʼسۈزۈ
重力浓度 gravity concentration	ئۆرلۈق كۈش قويۈلعى
重力水 gravity water	ئۆرلۈق كۈشندك سۈ
重力脱蜡 gravity dewaxing	ئۆرلۈق كۈشپەن بالاۆنزسزداندرۈ
重力循环 gravity circulation	ئۆرلۈق كۈش اينالسى
重量 weight	سالماق، ئۆرلۈق
重量百分数 weight percent	سالماقتق پروتسەنت
重量比 weight ratio	سالماقتار قاتناسى
重量传导系数 weight conductivity	سالماق جەتكزۈ كوەففيتسەنتى
重量当量浓度 weight – normality	سالماق ەكۆيۆالەنتتك قويۈلۈق
重量电量计 weight coulometer	سالماق كوۈلومەترى
重量分布函数 weight distribution function	سالماقتق تارالۈ فۈنكتسياسى
重量分布曲线 weight distribution curve	سالماقتق تارالۈ قيسق سزعى
重量分数 weight fraction	سالماقتق ۈلەس
重量分析 gravimetric analysis	سالماقتق تالداۈ
重量分析法 gravimetric method	سالماقتق تالداۈ ʼادسى
重量分析因数 gravimetric factor	سالماقتق تالداۈ فاكتورى
重(量)规(度)	"重量当量浓度" گە قاراڭز.
重量计 weightmeter	ئۆرلۈق ولشەگش
重量克分子的 molal	موليالدى، موليالدق
重量克分子沸点升高常数 molal elevation constant	موليالدق قايناۈ
	نۆكتەسننك جوعارلاۈ تۈراقتسى
重量克分子凝固点降低常数 molal depression constant	موليالدق قاتۈ
	نۆكتەسننك تومەندەۈ تۈراقتسى
重量克分子浓度 weight – molar concentration	موليالدق قويۈلۈق
重量克分子(浓度)的 weight – molal	سالماق ـ موليالدى، موليالدى
重量克分子潜热	"模量潜热" گە قاراڭز.
重量克分子溶液 molal solution	موليالدق ەرتسندى

中文	英文	维文
重量克式量(浓度)的	weight – formal	سالماق فورمالدى
重量克式浓度	weight – formality	سالماق ـ فورمالدىق قويۇلىق
重量浓度	weight concentration	سالماقتىق قويۇلىق
重量平均分子量	weight average molecular weight	سالماعى ورتاشا مولەكۇلالىق سالماق
重量体积	bulking value	سالماقتىق كولەم
重量系数	weight coefficient	سالماقتىق كوەففيتسەنتى
重硫奎宁	quinine bisulfid	قوس كۆكىرتتى حينين
重硫酸钾	potassium bisulfate	قوس كۆكىرت قىشقىل كالي
重硫酸盐	bisulfate	قوس كۆكىرت قىشقىلىنىڭ تۇزدارى
重馏份	heavy feaction	اۆىر ايدالعان قۇرامدار، اۆىر فراكتسيا
重煤油		"焦石脑油" گە قاراڭىز.
重模	molality	موليالدىق
重模的		"重量克分子(浓度)的" گە قاراڭىز.
重模浓度		"重量克分子浓度" گە قاراڭىز.
重模潜热	molal latent heat	موليالدىق جاسىرىن جىلۇ
重模溶液		"重量克分子溶液" گە قاراڭىز.
重汽油	heavy petrol	اۆىر بەنزين
重氢 H^2	heavy hydrogen	اۆىر سۇتەك
重氢核		"氘核" گە قاراڭىز.
重氢键		"氘键" گە قاراڭىز.
重石脑油	heavy naphtha	اۆىر نافتا
重石油精	heavy petroleum spirit	اۆىر مۇناي سپيرتى، اۆىر مينەرال سپيرتى
重石油醚		"莰那油" گە قاراڭىز.
重水	heavy water	اۆىر سۇ
重水杨酸铋	bismuth bisalicylate	قوس ساليتسيل قىشقىل بيسمۇت
重苏打	heavy soda	اۆىر سودا
重苏打灰	heavy soda ash	اۆىر سودا كۇلى
重酸	heavy acid	اۆىر قىشقىل
重碳酸铵		"碳酸氢铵" گە قاراڭىز.
重碳酸钙		"碳酸氢钙" گە قاراڭىز.
重碳酸钠		"碳酸氢钠" گە قاراڭىز.
重碳酸铷		"碳酸氢铷" گە قاراڭىز.

重碳酸盐		"碳酸氢盐" گه قاراڭىز.
重瓦斯油	heavy gas oil	ئۇر گاز مايى
重型柴油	heavy duty diesel oil	ئۇر تورپاتتى ديزەل مايى
重型油	heavy duty oil	ئۇر تورپاتتى ماي
重循环油	heavy cycle oil	ئۇر اينالستاعى ماي
重亚硫酸盐	bisulfite	قوس كۆكىرتتى قشقىلدىك تۇزدارى
重油	heavy oil	ئۇر ماي
重油裂化	heavy oil cracking	ئۇر مايدىك بولشەكتەنۇى
重铀酸铵	ammonium diuranate $(NH_4)_2V_2O_7$	قوس ژران قشقىل امموني
重铀酸钠	sodium biuranate	قوس ژران قشقىل ناتري
重元素	heavy element	ئۇر ەلەمەنتتەر
重原子	heavy atom	ئۇر اتوم
重原子法	heavy atom method	ئۇر اتوم ٴادسى
重质玻璃	heavy glass	ئۇر شىنى، ئۇر اينەك
重质环油	heavy cycle oil	ئۇر ساقينالى ماي
重质蜡		"焦石蜡" گه قاراڭىز.
重质沥青		"重沥青" گه قاراڭىز.
重质煤油	mineral seal oil	مينەرال تەكتى ماي
重燃料	heavy fuel	ئۇر جانار زاتتار
重质天然汽油	heavy natural gasoline	ئۇر تابيعي بەنزين
重质烃化物	heavy alkylate	ئۇر كومىر سۇتەك قوسىلستارى
重质烃类气体	heavy hydrocarbon gases	ئۇر كومىر سۇتەكتى گاز
重质烃油	heavy hydrocarbon oil	ئۇر كومىر سۇتەكتى ماي
重质液体	heavy liquid	ئۇر سۇيىقتىق
重质原料	heavy charge	ئۇر شيكىزاتتار
重质中性油	heavy neutral oil	ئۇر بەيتاراپ ماي
重子	barion	باريون

zhou

周萘	perinaphthene	پەرينافتەن
周萘酮	perinaphthenone	پەرينافتەنون
周萘茚阳离子	perinaphthindenylium	پەرينافتيندەنيل

周期 period	پەریود
周期表 peropdic table（chart）	پەریودتىق كەستە
周期的 periodic（＝periodical）	پەریودتى، پەریودتىق
周期分类 periodic classification	پەریودتى جكتەۋ
周期函数 periodic function	پەریودتىق فؤنكتسيا
周期类 periodic group	پەریود تۇرلەری
周期链 periodic chain	پەریودتىق تىزبەك
周期律 periodic law	پەریود زاڭى
周期试验 periodic test	پەریودتىق سناق
周期数 period number	پەریود سانى
周期现象 perio dic phenomena	پەریودتىق قۇبىلىس
周期系(统) periodic system	پەریودتىق جۆيەلەر
周期性 prio dicity	پەریودتىلىق
周期性质 periodic property	پەریودتىق قاسيەت
周期序号 periodic number	پەریوت (رەت) ٔنومىرى
周期序数	"周期序号" گە قاراڭىز.
周期元素 period element	پەریود ەلەمەنتتەرى
周期运动 periodic motion	پەریودتىق قوزعالىس
周期族 periodic family	پەریودتىق گرۇپپا
轴比 axial ratio	ۆستەك قاتىناس
轴对称 axial symmetry	ۆستەك سيممەتريا
轴键	"直立键" گە قاراڭىز.
轴霉素 axenomycine	اكسەنوميتسين
轴索 axon	اكسون
轴位取代 axial – substitution	ٔوس ورننندا الماسۇ
轴(用)滑油 axial grease	ۆستەك جاعىن ماي
皱胃酪朊 kenett casein	ۇلتابار كازەينى، رەنەت كازەينى
绉纹纸 crepe paper	بەدەرلى قاعاز
绉(橡)胶 crepe	بورتپە كاۋچۇك

zhu

| 猪胆酸 hyocholic acid | گيوحول قىشقىلى |

猪耳草毒素	cotyledon toxin	كوتيلەدون توكسىن
猪霍乱菌毒		"苏搔毒" گە قاراڭىز.
猪毛菜定	salsolidine	سالسولىدىن
猪毛菜碱	salsoline $C_{11}H_{15}NO_2$	سالسولىن
猪脱氧胆酸	hyodeoxycholic acid	وتتەكسىزدەنگەن گيوحول قىشقىلى
猪殃丹宁酸	galittannic acid $C_{14}H_{16}O_{16}H_2O$	گاليتاننين قىشقىلى
猪胰汁粉	eukinase	ەۋكينازا
硃叉二肼		"硫卡巴肼" گە قاراڭىز.
硃基 SC=	thiocarbonyl	تيوكاربونيل
硃基氯	thiocarbonyl chloride	تيوكاربونيل حلور
硃砂	cinnabar	سيننابار، كينوۋار
硃砂颜料		"硃砂" گە قاراڭىز.
珠层铁	pearlite	پەرليت
珠蛋白		"珠朊" گە قاراڭىز.
珠光结构	perlitic structure	پەرليتتەك قۇرىلمىم
珠光酸	perlatolic acid	پەرلاتول قىشقىلى
珠光脂酸		"十七(烷)酸" گە قاراڭىز.
珠朊	globin	گلوبيين
烛果油	carapa oil	كاراپا مايى
逐步分解	step-wise decomposition	بىرتىندەپ بدىراۇ
逐步聚合	stepwise polymerization	بىرتىندەپ بوليمەرلەنۇ
逐步离解	step-wise dissociation	بىرتە ـ بىرتە ٴبولىنۇ
主电极	main electrod	نەگىزگى ەلەكترود، باس ەلەكترود
主份酸	body acid	نەگىزگى قۇرامدىق قىشقىل
主价	primary valence(=principal valence)	نەگىزگى ۆالەنتتىك
主键	principal bond	نەگىزگى بايلانس
主链	stem nucleus	نەگىزگى تىزبەك
主链物	taxogen	تاكسوگەن
主量子数	principal quantum number	باس كۆانت سانى
主要产品	main product	باستى ونىمدەر، نەگىزگى ونىمدەر
主要成分	essential component	نەگىزگى قۇرام، باستى قۇرام
主要发酵	principal fermentation	نەگىزگى اشۇ
主要反应	principal reaction	نەگىزگى رەاكسيالار، باستى رەاكسيالار

主(要化合)价	"主价" گه قارالغز.
主要溶剂　primary solvent	نەگىزگى ھەرىتكىش (اگەنت)
主要元素　principal element	نەگىزگى ەلەمەنتتەر
主要原子团　essential group	نەگىزگى اتوم توبى
主族　main group(= subgroup A)	نەگىزگى گرۇپپا (پەرىيودتىق كەستەدە)
主族序数　main group number	نەگىزگى گرۇپپانىڭ رەت ئنومىرى
主族元素　main graup element	نەگىزگى گرۇپپاداعى ەلەمەنتتەر
主族元素最低负化合价　minimum neg	نەگىزگى گرۇپپا ەلەمەنتتەرىنىڭ ەڭ
	تومەن تەرس ۋالەنتتىگى
煮皂　soap boiling	سابىن قايناتۇ
煮皂锅　soap kettle	سابىن قايناتاتىن قازان
贮备溶液	"储(备溶)液" گه قارالغز.
贮氢合金	"储氢合金" گه قارالغز.
柱层析　column chromatography	مۇنارادا قاباتقا ايىرۇ
柱晶白霉素　leucomycin	لەۋكومىيتسىن
柱钠铜矾　kronkite	كرىيونكىت
柱形色层(分)离法　column chromatography	مۇنارا شەقتى حروماتوگرافتاۇ
柱型色谱(法)	"柱型色层(分)离法" گه قارالغز.
柱中浓缩　column evaporation	مۇنارادا قويىلتۇ
铸板玻璃　cast plate glass	قۇيما تاقتا شتى (اينەك)
铸钢　cast steel	قۇيما بولات
铸铝　cast aluminum	قۇيما الۇمىن
铸模石膏　casting gyps	قالىپتالعان گىپس
铸模树脂　casting resin	قالىپتالعان سمولا
铸塑酚醛树脂　cast phenolic resin	قۇيما فەنولدى سمولا
铸塑酚醛塑料　catalin	كاتالىن
铸塑树脂　cast resin	قۇيما سمولا
铸塑塑料　cast plastic	قۇيما سۆلياۇ
铸铁	"生铁" گه قارالغز.
铸型　casting mold	قۇيما ۉلگى، قۇيما نۇسقا
铸造　founding	قۇيۇ
铸造砖　cast brick	قۇيما كەرپىش
著火	"着火" گه قارالغز.

著火点		"着火点" گه قاراڭـز.
著火温度		"着火温度" گه قاراڭـز.
著色		"着色" گه قاراڭـز.
著色本领	tinic torial power	بويالۇ قابىلەتى، تۇستەنۇ قابىلەتى
著色剂	coloring agent	بوياعىش اگەنت
著色力	tinting strength	بويالۇ قۇاتى، تۇستەنۇ كۇشى
著色性	dyeing property	تۇستەنگىشتىك، بويالعىشتىق
助催化剂	promoter(＝co－catalyst)	كومەكشى كاتالىزاتور
助剂	assistant	كومەكشى اگەنت
助聚剂		"助催化剂" گه قاراڭـز.
助滤剂	filter aid	كومەكشى سۇزگىش (اگەنت)
助熔剂	flux	كومەكشى بالقىتقىش (اگەنت)
助色团	auxochrome	اۇكسوحروم

zhuan

转氨酶	transaminase	ترانسامينازا
转变		"转化" گه قاراڭـز.
转变次序	transition order	وزگەرۇ رەتى
转变点	transition point	"转化点" گه قاراڭـز.
转变(定)律	transition law	وزگەرۇ زاڭى
转变范围	transition range(interval)	وزگەرۇ كولەمى
转变间隔	transition(interval)	وزگەرۇ ارەدگى
转变热	transition heat	"转化热" گه قاراڭـز.
转变温度	transition temperature	وزگەرۇ تەمپەراتۇراسى
转变性		"转化性" گه قاراڭـز.
转变原理	transforming principle	وزگەرۇ قاعيداسى
转动的电极	rotating electrode	اينالمالى ەلەكترود
转动光谱	rotation spectrum	اينالۇ سپەكترى
转动量子数	rotational quantum number	اينالۇ كۆانت سانى
转动能	rotation energy	اينالدىرۇشى ەنەرگيا
转动频率	rotational frequency	اينالۇ جيىلىگى
转化	conversion, inversion	وزگەرۇ، اينالۇ، اۇسۇ

转化催化剂	conversion catalyst	وزگەرتۆشى كاتالىزاتور
转化点	inversion point	وزگەرۆ نۆكتەسى، اۆسۆ نۆكتەسى
转化过程	conversion process	وزگەرۆ بارسى
转化酶	invertase	ينۆەرتازا
转化器	convertor(= converter)	وزگەرتكش (اسپاپ)
转化热	transition heat	وزگەرۆ جلۆى، وزگەرگەن جلۆلىق
转化深度	conversion level	وزگەرۆ دارەجەسى
转化试验	conversion test	وزگەرۆ سىناعى
转化速度	conversion rate	وزگەرۆ جىلدامدىعى
转化糖	inver sugar	وزگەرگەن قانت
转化温度		"转变温度" گە قاراڭىز.
转化性	convertibility	وزگەرگىشتەك
转化装置	conversion system	وزگەرتۆ قۇرعىسى
转换点		"转化点" گە قاراڭىز.
转换器	inverter, converter	جوتكەگىش تەتەك (مىكروسوپتا)، اۆستىمرعىش
转换热		"转化热" گە قاراڭىز.
转炉	converter	اينالمالى پەش
转醛酶	transseldolase	ترانسسەلدولازا
转酮醇酶	transketolase	ترانسكەتولازا
转位酶		"移位酶" گە قاراڭىز.
转移	transfer	جوتكەۆ، جوتكەلۆ
转移酶	transferase	ترانسفەرازا
转子	rotor(= rotator)	روتور

zhuang

装甲玻璃	armoured glass	ارقاۋلانعان شىنى (اينەك)
装配	assemble	قۇراستىرۆ
装片	preparat	پرەپارات
装置	apparatus	قۇرعى
P - 状多肽	P - like polypeptide	P - تۆردەگى پولىپەپتيد
(状)态	state(= condition)	كۇي، جاعداي
庄园橡胶		"种植橡胶" گە قاراڭىز.

zhui

锥虫红	trypan red	تريپان قىزىلى
锥虫黄	trypa flavin	تريپافلاۋىن
锥虫胂胺	tryparsamide	تريپارس امىد
锥瓶		"锥形瓶" گه قاراڭز.
锥丝定	conessidine	كونەسسىدىن
锥丝甲碱	conessimethine	كونەسسىمەتىن
锥丝碱	conessine	كونەسسىن
锥丝亚胺	conessimine	كونەسسىمىن
锥形杯		"锥形烧杯" گه قاراڭز.
锥形量杯	conical graduate	كونۇس ئتارىزدى مەنزۇركا
锥形磨	cone mill	كونۇس ئتارىزدى تىرمەن
锥形瓶	conical flask	كونۇس ئتارىزدى كولبا
锥形烧杯	conical beaker (= beaker flask)	كونۇس ئتارىزدى حىمىيالىق ستاكان
追踪物		"示踪物" گه قاراڭز.
追踪原子		"示踪原子" گه قاراڭز.
缀合		"共轭" گه قاراڭز.
缀合蛋白质		"缀合朊" گه قاراڭز.
缀合基	conjugated group	"轭合基" گه قاراڭز.
缀合朊	conjugated protein	تۇيىندەس پروتەين
缀合脂	conjugated lipid	تۇيىندەس لىپىر

zhun

准	eka-	ەكا ـ
准碘(即:砹)	eka-iodine (= astatium)	ەكا ـ يود (ياعنى: استات)
准锇	eka-osmium	ەكا ـ وسمي
准分子	quasi molecule	كۋازي مولەكۇلا
准硅(即:锗)	eka-silicon (= germanium)	ەكا ـ كرەمني (ياعنى: گەرماني)
准焦螺旋	quasi focal spiral	قاراۇل ۇەنت (مىكروسكوپتا)، فوكۇسقا تۇرالاۇ
准金属		"非金属" گه قاراڭز.

准金属晶体　metalloid crystal　　　　　　　بەيماتال كريستال

准晶质　crystalloid　　　　　　　　　　　كريستاللويد

准铼　eka‐rhenium　　　　　　　　　　ەكا‐رەني

准铝(即：镓)　eka‐aluminum(=galliuum)　ەكا الؤمين (ياعني: گاللي)

准硼(即：钪)　eka‐borium(=scandium)　ەكا‐بور (ياعني: سكاندي)

准确度　accuacy　　　　دالدىك دارەجەسى، دؤرستمتق دارەجەسى

准钽　eka‐tantalum　　　　　　　　　ەكا‐تانتال

准钨　eka‐wolfram　　　　　　　　　ەكا‐ۋولفرام

zhuo

浊点　　　　　　　　　　　"浊度点" گە قاراڭز.

浊度　　　　　　　　　　　"混浊度" گە قاراڭز.

浊度标　turbidity scale　　　　　لايلانؤ شكالاسى

浊度测定法　turbidimetric method　لايلانؤ دارەجەسن ولشەؤ ءادسى،

　　　　　　　　　　　　　　تؤربيديمەترلەؤ

浊度点　turbidity point　　　　　لايلانؤ نؤكتەسى

浊度滴定　turbidity titration　　تامشلاتپ لايلاندىرؤ

浊度计　turbidimeter　لايلانؤ دارەجەسن ولشەگش، تؤربيديمەتر

浊沸石　lomonite　　　　　　　　لومونيت

浊值　turbidity value　　　　　　لايلانؤ ءمانى

着色　① coloring；② staining　① ءتؤس بەرؤ، رەڭ بەرؤ، بوياؤ جاعؤ؛

　　　　　　　　　② تؤستەنؤ، تؤسكە ەنؤ، بويالؤ

苗长素　auxin　　　　　　　　　اؤكسين

苗长素 A　auxin A　　　　　　　اؤكسين A

苗长素 B　auxin B　　　　　　　اؤكسين B

zi

紫胺 R　violamine R　　　　　　ۆيولامين R

紫菜碱　porphyrine　$C_{21}H_{25}O_2N_3$　　پورفيرين

紫菜嗪　porphyazine　　　　　پورفيرازين

紫菜酸　　　　　　　　　"卟非酸" گە قاراڭز.

紫草红	alkannin	$C_{15}H_{14}O_4$	الكاننين
紫草宁	shikonin	$C_{16}H_{16}O_5$	شيكونين
紫草酸	alkannic acid		الكاننين قىشقىلى
紫草烷	alkannan		الكاننان
紫丁香甙	syringin		سيرينگين
紫放线菌素			"لىنك أينئ سۇ" گە قاراڭز.
紫光			"زىي شەئ سيان" گە قاراڭز.
紫红	violet red		كۈلگۈن قىزىل
紫糊精	amylodextrin		امىلودەكسترين
紫黄质			"بىنەپشە سارغىش سۇپ" گە قاراڭز.
紫(胶虫)胶			"چۇڭ جيائو" گە قاراڭز.
紫堇胺	corycavamine	$C_{21}H_{21}O_5N$	كورىكاۋامين
紫堇丁	corydine	$C_{21}H_{23}O_4N$	كورىدين
紫堇碱	corydaline	$C_{22}H_{27}O_4N$	كورىدالين
紫堇块茎碱	corytuberine		كورىتۇبەرين
紫堇鳞茎碱	corybulbin		كورىبۇلبين
紫堇杷灵	corypalline		كورىپاللىن
紫堇酸			"فۇ ما سۇ" گە قاراڭز.
紫堇维定	corycavidine		كورىكاۋىدىن
紫堇文	corycavine	$C_{21}H_{21}O_5N$	كورىكاۋىن
紫精	purpurin		پۇرپۇرين
紫菌红素丙	rhodopurpurin		رودوپۇرپۇرين
紫菌红素丁			"مۇي خۇڭ خۇ سۇ" گە قاراڭز.
紫菌红素甲	flavorhodine		فلاۋورودين
紫菌素戊			"مۇي خۇڭ زى سۇ" گە قاراڭز.
紫菌红素乙			"مۇي خۇڭ پىن" گە قاراڭز.
紫矿春	butrin	$C_{27}H_{32}O_{15}$	بۇترين
紫矿胶	butea gum		بۇتا جەلىمى
紫矿亭	butin	$C_{15}H_{12}O_5$	بۇتين
紫矿因	butein	$C_{15}H_{12}O$	بۇتەين
紫磷	violet phosphorus	P_4	كۈلگۈن فوسفور
紫罗酮	ionone		يونون
紫罗酮缩氨基脲	ionone semicarbazone		يونون سەمىكاربازون

紫络物　rhodo complex compound　ۋلگىن كومپلەكس قوسۇلسلستار

紫络盐　rhodo salt　كۆلگىن توز

紫霉素　viomycin　ۋيومىتسىن

紫茉莉甙　jalapin　جالاپين

紫茉莉脑酸　jalepinolic acid　$CH_3(CH_2)_4CHOH(CH_2)_9COOH$　جالاپينول قىشقىلى

紫尿酸　violuric acid　$CO(NHCO)_2C:NOH$　كۆلگىن نەسەپ قىشقىلى

紫尿酸钠　sodium violurate　$C_4H_2O_4N_3Na$　كۆلگىن نەسەپ قىشقىل ناتري

紫尿酸盐　violurate　$C_4H_2O_4N_3M$　كۆلگىن نەسەپ قىشقىلىنىڭ توزدارى

紫色　violet　كۆلگىن، كۆلگىن ئتۈس

紫色石蕊　litmus　كۆلگىن لاكمۇس

紫色素　purpurin　پۇرپۇرين

紫杉碱　taxin　تاكسىن

紫杉紫素　．"玫红黄质" گە قاراڭىز

紫射线　violet ray　كۆلگىن ساۋلە

紫石英　．"紫水晶" گە قاراڭىز

紫水晶　amethyst　امەتيست

紫苏子油　perilla oil　پەريللا مايى

紫穗槐甙　amorphin　امورفين

紫檀红素　sandalin　سانتالين

紫檀素　pterocarpine　پتەروكارپين

紫外　ultra violet　ۋلترا كۆلگىن

紫外光谱　ultra violet spectrum　ۋلترا كۆلگىن جارىق سپەكترى

紫外线　ultra violet ray　ۋلترا كۆلگىن ساۋلە

紫外线吸收光谱　ultra violet absorption spectrum　ۋلترا كۆلگىن ساۋلەنى جۇتۇۋ سپەكترى

紫菀油　madia oil　استرا مايى

紫燕草碱甲　ajaconine　اياكونين

紫罂粟碱　adlumine　ادلۇمين

紫甾醇　viosterol　ۋيوستەرول

紫朱草素　alkannin　الكاننين

紫朱草酸　alkannic acid　الكاننا قىشقىلى

子丑位不饱　."α, β - 不饱和" گە قاراڭىز

子丑位双键　."α, β - 双键" گە قاراڭىز

子宫绿素	uteroverdin	ئۇتەروۋەردىن
子萘酚		"α – 萘酚" گە قاراڭىز.
子囊甾醇	ascosterol	اسكوستەرول
子位取代		"α – 取代" گە قاراڭىز.
子位炔		"α – 炔" گە قاراڭىز.
子位碳		"α – 碳" گە قاراڭىز.
子位碳原子		"α – 碳原子" گە قاراڭىز.
子位氧化		"α – 氧化" گە قاراڭىز.
子元素	daughter element	بالا ەلەمەنت
子种酚	alphol	الفول
子种绿	alphazurine	الفازۇرين
子种纤维		"α – 纤维素" گە قاراڭىز.
自催化反应	selt – catalyzed reaction	ئۇتوكاتاليزدەك رەاكسيالار
自动	auto –	ئۇتو ـ (گرەكشە)، ۋزدىگىنەن
自动秤	automatic scale	ئۇتوماتىى تارازى
自动传播的放热反应	self – propagating exothermic reaction	ۋزدىگىنەن تارالاتىن جىلۇ شىعارۇ رەاكسياسى
自动催化	autocatalysis	ئۇتوماتىى كاتاليزدەنۇ، ئۇتوكاتاليز
自动催化反应		"自催化反应" گە قاراڭىز.
自动催化氧化作用	autocatalyzed oxidation	ئۇتوماتىى كاتاليزدەك توتعۇ
自动催化作用	autocatalytic action	ئۇتوماتىى كاتاليزدەك رول
自动滴定	automatic titration	ئۇتوماتىى تامشلاۇ
自动滴定器	automatic titration	ئۇتوماتىى تامشلاتقىش (اسپاپ)
自动发酵	autofermentation	ئۇتوماتىى اشۇ (بوجۇ)
自动分解	autodecomposition	ئۇتوماتىى ىدىراۇ
自动分系	automatic analysis	ئۇتوماتىق تالداۇ
自动富化	autorich	ئۇتوماتىى بايۇ (جانعان قوسپانىڭ قاتىناسى)
自动富化位置	automatic rich position	ئۇتوماتىى بايۇ ورنى
自动干燥器	automatic drier	ئۇتوماتىى كەپتىرگىش (اسپاپ)
自动过滤	automatic filtration	ئۇتوماتىى ٴسۇزۇ
自动合成	autosynthesis	ئۇتوماتىى سينتەز
自动化	automation	ئۇتوماتتانۇ
自动活化	auto – activation	ئۇتوماتىى اكتيۋتەنۇ

自动计量	automatic gauge	ئوتوماتتى ولشەۋ
自动加热	self‐heat	وزدىگىنىن قىزۋ
自动聚合	auto‐polymerization	ئوتوماتتى پولىمەرلەنۋ
自动控制	automatic control	ئوتوماتتى تەجەۋ
自动控制器	automatic controller	ئوتوماتتى تەجەگىش (اسپاپ)
自动离合器	automatic clutch	ئوتوماتتى ايىرىپ ـ قوسقىش (اسپاپ)
自动凝集作用	auto‐agglutination	ئوتوماتتى ۋيۋ
自动凝结	autocagulation	ئوتوماتتى قاتۋ
自动贫化	autoweak	ئوتوماتتى كەمۋ (جانعان قوسپانىڭ سالمستمرماسى)
自动贫化燃烧混合物	automatic lean composition	ئوتوماتتى كەمپ جانعان قوسپا
自动去偶	spin‐spin decoupling	وزدىگىنىن جۇپسىزدانۋ
自动溶解器	automatic dissolver	ئوتوماتتى ەرىتكىش
自动天平	automatic balance	ئوتوماتتى تارازى
自动调节	self‐regulation	وزدىگىنىن رەتتەلۋ
自动调节器	automatic regulator	ئوتوماتتى رەتتەگىش (اسپاپ)
自动吸(移)管	automatic pipet	ئوتوماتتى پىيپەتكا
自动氧化	automatic oxidation	ئوتوماتتى توتعۋ
自动氧化剂	autooxidator	ئوتوماتتى توتىقتىرعىش (اگەنت)
自动氧化物	autoxidisable substance	ئوتوماتتى توتىققان زاتتار
自动着火	autogenous ignition	وزدىگىنىن توتانۋ
自动着火点		"自动着火温度" گە قاراڭىز.
自动着火温度	autogenous ignition temperature	وزدىگىنىن توتانۋ تەمپەراتۇراسى
自动著火		"自动着火" گە قاراڭىز.
自发变化	spontaneous change	وزدىگىنىن وزگەرۋ
自发反应	spontaneous reaction	وزدىگىنىن جۇرىلەتىن رەاكسيا
自发过程	spontaneous process	وزدىگىنىن جۇرىلەتىن بارس
自发极化法	spontaneous polarization method	وزدىگىنىن پوليارلانۋ ٴادسى
自发结晶	spontaneous crystallization	وزدىگىنىن كريستالدانۋ
自发燃烧	spontaneous combustion	وزدىگىنىن جانۋ
自发着火		"自动着火" گە قاراڭىز.
自发着火点		"自动着火温度" گە قاراڭىز.

自发著火		"自动着火" گه قاراڭنز.
自共轭反应	self-conjugate reaction	ٴوز ورايلاس رەاكسيالار
自己放电	self-discharge	ٴوزى توك شعارۇ، ٴوزى زاريادسىزدانۇ
自(己)溶(解)	autolyse	ٴوزى ەرۇ، وزدىگىنەن ەرۇ
自聚物	autopolymer	اۆتو پوليمەر
自然对流	natural convection	تابيعي ٴوتمسۇ
自然发酵	natural curing	تابيعي اشۇ، بوجۇ
自然法则	natural law	جاراتىلىس زاڭى، تابيعات زاڭى
自然分解	natural decomposition	تابيعي ەرۇ
自然火	spontaneous fire	تابيعي وت
自然基反应	radical reactin	راديكال رەاكسياسى
自然加热	spontaneous heating	تابيعي قىزۇ
自然金	native gold	تابيعي التىن
自然科学	natural science	جاراتىلىستىق عىلىم
自然冷却	natural cooling	تابيعي سۇنۇ
自然硫	native sulfur	تابيعي كۇكىرت
自然燃烧	spontaneous firing	تابيعي جانۇ
自然乳胶	spontaneous emulsion	تابيعي ەمۇلتسيا
自然砷	native arsenic	تابيعي ارسەن
自然锑	native antimonic	تابيعي سۇرمە
自然通风	natural ventilation	تابيعي اۋا الماسۇ
自然铜	native copper	تابيعي مىس
自然循环	natural circulation	تابيعي اينالىس
自然氧化	natural oxidation	تابيعي توتىعۇ
自然银	native silver	تابيعي كۇمىس
自然蒸发	natural evaporation (draught)	تابيعي بۇلانۇ
自燃		"自动着火" گه قاراڭنز.
自燃促进剂	ignition dope	وزدىگىنەن جانۇدى تەزدەتكىش (اگەنت)
自燃混合物	self-inflammable mixture	وزدىگىنەن جاناتىن قوسپا
自燃煤	spontaneous combustion coal	وزدىگىنەن جاناتىن كۇمىر
自燃物	pyrophorus	وزدىگىنەن جاناتىن زاتتار
自燃(着火)点	self-ignition point	وزدىگىنەن تۇتانۇ نۇكتەسى
自溶		"自(己)溶(解)" گه قاراڭنز.

自溶产物	autolysate	وزدىگىنىن ەرۆ ئونىمى
自溶酶	autolytic enzyme	وزدىگىنىن ەرىتىن فەرمەنت
自溶脂酶	autolytic lipase	وزدىگىنىن ەرىتىن لىپازا
自(身)硬(化)的	self – chardening	ئوزى قاتايۇ، وزدىگىنىن قاتايۇ
自生(链锁)反应	self – sustaining reaction	وزدىگىنىن تۇلاتىن (جالعاستى) رەاكسيا
自缩合作用	automatic condensation	اۋتوماتتى كوندەنساتسيالانۇ
自吸(收)	self – absorption	وزدىگىنىن جۇتىلۇ
自旋		"自转" گە قاراڭىز.
自旋电子		"自转电子" گە قاراڭىز.
自旋间相互作用	spin – spin interaction	ايناڵۇ اراسىنداعى ئوزارا اسەر
自旋偶合	spin – spin coupling	ايناڵىپ جۇپتاسۇ
自氧化		"自动氧化" گە قاراڭىز.
自硬钢	self – chardening steel	وزدىگىنىن قاتاياتىن بولات
自由表面	free surface	ەركىن بەت
自由表面能	free surface energy	ەركىن بەتتىك ەنەرگيا
自由沉降	free settling	ەركىن شوگۇ
自由的	free	ەركىندىك، بوس كۇي
自由电荷	free charge	ەركىن زارياد
自由电子	free electron	ەركىن ەلەكترون
自由度	degree of freedom	ەركىندىك دارەجەسى
自由度数	number of degree of freedom	ەركىندىك دارەجە سانى
自由二氧化硫	free sulfur dioxide	بوس كۇكىرت قوس توتىعى
自由分子	free molecule	ەركىن مولەكۇلا
自由基	free radical	ەركىن راديكال، بوس راديكال
自由基反应	free radical reaction	ەركىن راديكال رەاكسياسى
自由基间的反应	radical reaction	ەركىن راديكالدار اراسىندا جۇرىلەتىن رەاكسيالار
自由基接受体	radical scavenger	راديكال قابىلداۋشى دەنە
自由基聚合	radical polymerization	راديكالدىق پوليمەرلەنۇ
自由基引发反应	free radical initiation reaction	ەركىن راديكال تۇدىراتىن رەاكسيالار
自由基(引发)聚合	free radical polymerization	ەركىن راديكال (تۇدىراتىن)

پوليمەرلەنۇ

自由基(引发)聚合(反应)　radical polymerization ， رادىكال (تۆدرەتىن)

پوليمەرلەنۇ (رەاكسىياسى)

自由价　free valence ， ەركىن ۋالەنت

自由键　free linkage ， ەركىن بايلانس

自由空间　free space ， ەركىن كەڭىستىك

自由流出　free discharge ， ەركىن اعىپ شعۇ

自由流动　free flow ， ەركىن اعۇ

自由能　free energy ， ەركىن ەنەرگىا

自由膨张　free expansion ， ەركىن ۇلعايۇ

自由气流　free jet ， ەركىن گاز اعىسى

自由亲力　free affinity ， ەركىن قوسىلۇ كۇشى

自由湿气　free moisture ， بوس كۇيدەگى ىلعالدىق

自由水分　free water ， ەركىن سۇ، بوس سۇ

自由体积　free volume ， بوس كولەم

自由烷烃链　free paraffin chains ， ەركىن پارافين تىزبەگى

自由原子　free atom ， ەركىن اتوم

自由转动　free rotation ， ەركىن اينالۇ

自转　spin ， ۇزىن ۇزى اينالۇ

自转电子　spinning electron ， ۇزىن ۇزى ايناﻻتىن ەلەكترون

zong

棕儿茶碱　gambirine ， گامبيرين

棕腐酸 ， "赤榆酸" گە قاراڭىز.

棕腐质 ， "赤榆树脂" گە قاراڭىز.

棕腐质化合物　ulmin compound ， ۇلمين قوسىلىستارى

棕黑　brownish black ， قارا قوڭىر

棕红　brownish red ， قىزىل قوڭىر

棕黄反应　browning reaction ， سارعىش قوڭىر تۇستى رەاكسيا

棕榈醇　palmityl alcohol ， پالميتيل سپيرتى

棕榈基　palmityl ， پالميتيل

棕榈腈　palmitonitrile　$C_{15}H_{31}CN$ ， پالميتو نيتريل

棕榈蜡	palm wax	پالما بالاۋزى
棕榈醛	palmitic aldehyde $CH_3(CH_2)_{14}CHO$	پالميتين الدەگيد
棕榈醛肟	palmitic aldehydeoxime $C_{15}H_{31}CH:NOH$	پالميتين الدەگيد وكسيم
棕榈炔酸	palmitolic acid $CH_3(CH_2)_7C:C(CH_2)_{15}COOH$	پالميتول قشقىلى
棕榈仁油	palm – kernel oil	پالما ۋرعى مايى
棕榈酸	palmitic acid $CH_3(CH_2)_{14}COOH$	پالميتين قشقىلى
棕榈酸酐	palmitic anhydride $(C_{15}H_{31}CO)_2O$	پالميتين انگيدريدتى
棕榈酸甲酯	methyl palmitate $C_{15}H_{31}CO_2CH_3$	پالميتين قشقىل مەتيل ەستەرى
棕榈酸钾	potassium palmitate $KC_{16}H_{31}O_2$	پالميتين قشقىل كالي
棕榈酸铝	aluminium palmitate	پالميتين قشقىل الۇمين
棕榈酸镁	magnesium palmitate $Mg(C_{16}H_{31}O_2)_2$	پالميتين قشقىل ماگني
棕榈酸钠	sodium palmitate $NaC_{16}H_{31}O$	پالميتين قشقىل ناتري
棕榈酸十八烷醇酯	octadecyl palmitate	پالميتين قشقىل وكتادەتسيل ەستەرى
棕榈酸酰胺	palmitic acid amide $C_{15}H_{31}CONH_2$	پالميتين قشقىل اميد
棕榈酸盐	palmitate $CH_3(CH_2)_{14}COOM$	پالميتين قشقىلنىڭ تۇزدارى
棕榈酸乙酯	ethyl palmitate	پالميتين قشقىل ەتيل ەستەرى
棕榈酮	palmitone $(C_{15}H_{31})_2CO$	پالميتون
棕榈酮酸	ketopalmitic acid	كەتو پالميتين قشقىلى
棕榈酰	palmitoyl $CH_3(CH_2)_{14}CO-$	پالميتويل
棕榈酰胺	palmytic amide	پالميتين اميد
棕榈酰氯	palmitoyl chloride $C_{15}H_{31}COCl$	پالميتويل حلور
棕榈油	palm oil	پالما مايى
棕榈油酸	palmitoleic acid	پالميتولەين قشقىلى
棕榈油皂	palm oil soap	پالما ماي سابىن
棕榈油脂	palm oil grease	پالما ماي گرەازا
棕霉素	bruneomycin	برۇنەوميتسين
棕色	brown	قوڭىر، قوڭىر ٴتۇس
棕色硫化油膏	brown factice	قوڭىر ٴتۇستى ماي پاستا
棕色硫酸	brown vitrol	قوڭىر ٴتۇستى ۆيترول
棕色酸	brown acids	قوڭىر ٴتۇستى قشقىل
棕色氧化物	brown oxide	قوڭىر ٴتۇستى توتىق
棕色油	brown oil	قوڭىر ٴتۇستى ماي

棕色绉(橡)胶　brown crepe　قوڭىر ئۇستى بورتپە كاۋچۇك

棕石灰　brown lime　قوڭىر ئۇستى اك

棕鱼油　brown fish oil　قوڭىر ئۇستى بالىق مايى

腙　hydrazone　گيدرازون

总成分　overal composition　جالپى قۇرام

总传热系数　overal coefficient of heat transfer　جالپى جىللۇ تاراتۇ
كوەففيتسەنتى

总反应　overal reaction　جالپى رەاكسيا

总碱值　total base number　جالپى نەگىز ئمانى

总量子数　total quantum number　جالپى كۆانت سانى

总热值　total heating valume　جالپى جىللۇ ئمانى

总溶解热　total heat of solution　جالپى ەرۇ جىللۇى

总溶质　total soluble matters　جالپى ەرىگىش زاتتار، جالپى ەرىگىش

总酸度　total acidity　جالپى قىشقىلدىق دارەجەسى

总酸值　total acid number　جالپى قىشقىل ئمانى

总弹性　proof resilience　جالپى سەرپىمدىلىك

总压力　total pressure　جالپى قىسىم كۇش

总系数　overall coefficient　جالپى كوەففيتسەنت

总硬度　total hardness　جالپى قاتتىلىق دارەجەسى، جالپى كەرمەكتىك دارەجەسى

纵行　wale; longitudinal　تىك قاتار (پەريودتىق كەستەدە)

ZU

族　group(subgroup)　گرۇپپا (پەريودتىق كەستەدە)

A 族　sub group A　A گرۇپپا، نەگىزگى گرۇپپا (پەريودتىق كەستەدە)

B 族　sub group B　B گرۇپپا، قوسىمشا گرۇپپا (پەريودتىق كەستەدە)

族序数　family ordinal number　گرۇپپانىڭ رەت ئنومىرى

祖母绿　emeraid　"子母绿" گە قاراڭىز.

祖元素　ancestral element　انسەسترال ەلەمەنتتەر، تەكتەس ەلەمەنتتەر

阻化剂　depressor　تەجەگىش اگەنت

阻聚剂　　"聚合阻抑剂" گە قاراڭىز.

阻氧化剂　anti–oxidant　توتىعۇدى تەجەگىش اگەنت، انتيوكسيدانت

阻滞反应　retarded reaction　توسۇشى رەاكسيا

组氨霉素	histidomycin	گیستیدومیتسین
组氨酶	histaminase	گیستامینازا
组氨酸	histidine	گیستیدین
组氨酸酶	histidase	گیستیدازا
组氨酸尿	histidinuria	گیستیدیندى نەسەپ
组氨酸甜菜碱	hercynin	گیستیدین بەتاین
组氨酸脱氨基酶	histidine dezaminase	گیستیدین دەزامینازا
组氨酸脱氨酶		"组氨酸脱氨基酶" گه قاراڭز.
组氨酸脱羧酶	histidine decarboxylase	گیستیدین دەكاربوكسیلازا
组氨酰	histidyl	$N_2C_3H_3CH_2CH(NH_2)CO-$ گیستیدیل
组胺	histamine	$C_3H_3N_2C_2H_4NH_2$ گیستامین
组胺酶	histaminase	گیستامینازا
组胺脲	histaminurea	گیستامین ۋرەا
组成	composition	قۇراۋ، قۇرىلۇ، قۇرام
组蛋白类	histones	گیستوندار
组反应	group reaction	گرۇپپا رەاكسیاسى
组份	component(=builder)	قۇرام
组份分析		"近似分析" گه قاراڭز.
组份蒸馏	component distillation	قۇرامداردى بۇلاندىرسپ ايداۋ
组朊	histone	گیستون
组织胺		"组胺" گه قاراڭز.
组织蛋白酶	cathepsin	كاتەپسین
组织化学	histochemistry	گیستو حیمیا، گیستولوگیالىق حیمیا
组织朊酶		"组织蛋白酶" گه قاراڭز.
组织酸		"组氨酸" گه قاراڭز.
组织学	histology	گیستولوگیا

zui

最大的	maximum	ەڭ ۇلكەن، ەڭ زور
最大量	maximum	ەڭ زور مولشەر، ەڭ ۇلكەن شاما
最大密度	maixmum density	ەڭ جوعارى تىعىزدىق
最大湿度	maximum humidity	ەڭ جوعارى ىلعالدىق

最大吸收	maximum absorption	ھالق جوعارى ابسوربتسيا
最大应力	maximum stress	ھالق ۋلكەن كەرنەۋلمك
最大值	maximum value	ھالق ۋلكەن ٴمان
最低的	minimum	ھالق تومەن
最低负化合价	minimum negative valence	ھالق تومەن تەرس ۋالەنت (ۋالەنتتەك)
最低化合价	minivalence	ھالق تومەن ۋالەنت، ھالق تومەن ۋالەنتتەك
最低量	minimum	ھالق تومەن مولشەر، شاما
最低能	minimum energy	ھالق تومەن ەنەرگيا
最低数	minimum number	ھالق تومەن سان
最低温度计	minimum thermometer	ھالق تومەن تەرمومەتر
最低压	minimum pressure	ھالق تومەن قىسىم
最多的	maximum	ھالق كوپ
最多量	maximum	ھالق كوپ مولشەر، شاما
最多数	maximum number	ھالق كوپ سان
最高的	maximum	ھالق جوعارى
最高点	maximum	ھالق جوعارى شەك
最高化合价	maxivalence	ھالق جوعارى ۋالەنت، ھالق جوعارى ۋالەنتتەك
最高价		"最高化合价" گە قاراڭىز.
最高价氧化物	maxivelence oxide	ھالق جوعارى ۋالەنتتى توتىقتار
最高量	maximum	ھالق جوعارى مولشەر
最高燃速混合物	maximum – speed mixture	جانۋ جىلدامدىعى ھالق جوعارى قوسپا
最高数	maximum number	ھالق جوعارى سان
最高温度	ceiling temperature	ھالق جوعارى تەمپەراتۇرا
最高温度计	maximum thermometer	ھالق جوعارى تەرمومەتر
最高压	maximum pressure	ھالق جوعارى قىسىم
最高正化合价	maximum positive valence	ھالق جوعارى ولك ۋالەنت (ۋالەنتتەك)
最高最低温度计	maximum and minimum thermometer	ھالق جوعارى جانە ھالق تومەن تەرمومەتر
最后产物	end product	ھالق سوڭعى ٴونىم
最后分析		"元素分析" گە قاراڭىز.
最贫混合物	weakest mixture	ھالق كەم قوسپا
最少的	minimum	ھالق از

最少量　minimum　شاما، مولشەر از ەڭ

最少数　minimum number　سان از ەڭ

最适 PH　optimum PH　PH ۋىلەسمدى ەڭ

最适硫化　optimum ulcanization (cure)　كۆكىرتتەنۆ ۋىلەسمدى ەڭ

最适条件　optimum conditions　جاعدايلار ـ شارت ۋىلەسمدى ەڭ

最适温度　optimum temperature　تەمپەراتۆرا ۋىلەسمدى ەڭ

最外层电子数　outermost electron number　ساني ەلەكتروندار قاباتتاعى سىرتقى ەڭ

最外电子层　outermost shell　قابات ەلەكتروندىق سىرتقى ەڭ

最小的　minimum　كشى ەڭ

最小量　minimum　شاما كشى ەڭ

最小数　minimum number　سان كشى ەڭ

最硬水　the most hard water　سۆ كەرمەك ەڭ

醉椒树脂　kavaresin　سمولاسى كاۋا ،رەزين كاۋا

醉椒素　kavain　$CH_3OC_{13}H_{11}O_7$　كاۋاين

醉椒酸　kavaic acid　$C_{13}H_{12}O_3$　قىشقىلى كاۋا

醉人素　methysticin　مەتيستيتسين

醉人酸　methystic acid　قىشقىلى مەتيستين

ZUO

左的　laevo(= levo)　جاق سول ،(لاتىنشا) ـ لەۆو

左聚糖　levan　لەۆان

左聚糖生成酶　levan sucrase　سۆكرازا لەۆان

左旋　levorotation　اينالۆ سولعا

左旋的　levorotary　اينالاتىن سولعا

左旋构型　laevo - configuration　تيپ قۇرىلىستىق لەۆو

左旋谷氨酸　"L - 谷氨酸" گە قاراڭىز.

左旋化合物　levo - compound　قوسىلىستار ـ L ،قوسىلىستار لەۆو

左旋结晶　left handed crystal　كريستال ـ L

左旋酒石酸　L - tartaric acid　قىشقىلى شاراپ ـ L

左旋酪氨酸　L - tyrosine　تيروزين ـ L

左旋霉素　laevomycetin　لەۆميتسەتين

左旋咪唑	levamisole	لەۋاميزول
左旋乳酸	L‒lactic acid $CH_3COCH_2CH_2COOH$	L ـ ئسۇت قىشقىلى
左旋色氨酸	L‒tryptophane	L ـ تريپتوفان
左旋鼠李糖	L‒rhamnose	L ـ رامنوزا
左旋酸		"乙酰丙酸" گە قاراڭىز.
左旋糖	levulose	لەۋۋۆلوزا
左旋糖脎	levulosazone	لەۋۋۆلوسازون
左旋天门冬酰胺酶	L‒asparaginase	L ـ اسپاراگينازا
左旋(同分)异构体	laevoisomer	لەۋۋيزومەر
左旋物质	levo‒rotatory substance	سولعا بۇرىلاتىن زاتتار
左旋现象	laevo‒rotation	سولعا بۇرىلۇ قۇبىلىسى
左旋油	laevo rotatory oil	سولعا بۇرىلاتىن ماي
作用速率	rate of reaction	رەاكسيالاسۇ جىلدامدىعى
唑	azole	ازول
唑系		"氮杂茂环系" گە قاراڭىز.

قوسمشا I :

حيميالىق دلەمەنتتەردىڭ قىسقاشا تابلۇ تاريحى جانە اتالۇ سەبەبى

(كەستەدە ەلەمەنتتەر اتومداردىڭ رەت ئنومەرىنىڭ ارتۇ ئارتىبى بويىنشا ورنالاستىرىلعان. ەلەمەنتتەڭ الدىنداعى رەت ئنومىرى ەلەمەنتتەڭ اتومدىق رەت ئنومەرىن كورسەتەدى).

1 ـ دلەمەنتتىڭ اتى: سۇتەگى   (氢)   H

1766 ـ جىلى تابىلعان. تابۇشى: [انگليالىق]   كاۋىندىش (Cavendish)   (1731 ـ 1810).

تابلۇ جولى جانە اتالۇ سەبەبى: سۇتەك مەتال مەن قىشقىلدى ارەكەتتەستىرگەندە السنعان گازدان تابىلادى. گرەكشە سۇ ئتوزۇۇشى [گيدرو (Hydro)] ـ سۇ، گەنناۇ (Gennao) ـ پايدا بولۇ] دەگەن ئسوز. حانزۇشا ەڭ جەڭىل زات دەگەن ماعنادا، قازاقشا سۇتەگى دەپ اتالادى.

2 ـ دلەمەنتتىڭ اتى: گەلي   (氦)   He

1868 ـ جىلى تابىلعان. تابۇشى: [فرانسيالىق]   جانسەن (Janssen) (1824 ـ 1907)،   [انگليالىق]   لوكيەر (Lochyer) (1836 ـ 1924)، [انگليالىق]   رامساي (Ramsay) (1852 ـ 1916).

تابلۇ جولى جانە اتالۇ سەبەبى: باستاپتا، كۇن تاجى سپەكترىنەن كۇندە جاڭا ەلەمەنتتەڭ بار ەكەندىگىن بايقاعان، كەيىن كەلە، 1895 ـ جىلى، رامساي كلەۋەيت (مينەرال) بەن كۇۆكىرت قىشقىلىن ارەكەتتەستىرگەندە ئبولىنىپ شىققان گازدان جەر شارىندادا وسىنداي ەلەمەنتتەڭ بار ەكەندىگىن بايقاعان. مۇنىڭ ەڭ العاش كۇن سپەكترىنەن تابىلعاندىعىن ەسكە ئتوسىرۇ ئوشىن گرەكشە گەليوس (Helios) ـ كۇن

دەگەن ماعنادا گەلى دەپ اتاعان.

3 ـ دەلەمەنتتىڭ اتى: لیتی   (锂)   Li

1817 ـ جىلى تابلعان. تابۇشى: [شۋەتسیالىق] ارفۇەرسون
(Arfuedson) (1792 ـ 1841).

تابلۇ جولى جانه اتالۇ سەبەبى: لینى ەڭ العاش پەتالیتقا (مینەرال)
تالداۇ جاساعاندا تابلعان. كەیىن براندەس (Brandes) ەلەكترولیزدەۇ
جولمەن عانا مەتال لیتیدى العان. مۇنى گرەكشه لیتوس (Lithos) — تاس
دەگەن ماعنادا لیتی دەپ اتاعان.

4 ـ دەلەمەنتتىڭ اتى: بەریللى   (铍)   Be

1797 ~ 1798 ـ جىلدارى تابلعان. تابۇشى: [فرانسیالىق]
ۋاكۇەلین (Vauquelin) (1763 ـ 1829).

تابلۇ جولى جانه اتالۇ سەبەبى: بەریللى ەڭ العاش بەریللیدى
زەرتتەگەندە تابلعان. كەیىن، 1828 ـ جىلى ۋەلەر (Wohier) قاتارلىلار
كالی مەن بەریللیدى ارەكەتتەستىرۇ ارقىلى مەتال بەریللیدى العان. مۇنى
گرەكشه بەریل (Beryl) — مەرۇەرت تاس دەگەن ماعنادا بەریللى دەپ
اتاعان.

5 ـ دەلەمەنتتىڭ اتى: بور   (硼)   B

1807 ~ 1808 ـ جىلدارى تابلعان. تابۇشى: [انگلیالىق] داۋی
(Davy) (1778 ـ 1829)، [فرانسیالىق] گای ـ لیۇسساك (Gay-Lussac)
(1778 ـ 1850)، [فرانسیالىق] تەنارد (Thenard) (1777 ـ 1857).

تابلۇ جولى جانه اتالۇ سەبەبى: بور قىشقىلىن گالیمەن
توتقسىزداندىرۇ ارقىلى جاي زات بوردى العان مۇنى «بوراكستە
ساقتالعان» دەگەن ماعنادا بور دەپ اتاعان. بور — ارابشا بۇروك (Buroq)
«اق ئۇستى» دەگەن سوزدەن وزگەرۇ ارقىلى كەلگەن.

6 ـ دەلەمەنتتىڭ اتى: كومىرتەگى   (碳)   C

ەرته زاماندا تابلعان.

تابلۇ جولى جانە اتالۇ سەبەبى: تاريحتان بۇرىنعى ادامزات اعاش كومىرى مەن كۇيەنى بىلگەن، ٴارى ەرتەدەگى يندىا كىتاپتارىندا الماز جوننىدە ايتىلعان. كومىرتەكتىڭ شەتەل تىلىندەگى اتى لاتىنشا كاربو (Carbo) — اعاش كومىرى دەگەن سوزدەن كەلگەن. قازاقشا كومىرتەگى دەپ اتالادى.

7 ـ ەلەمەنتتىڭ اتى: ازوت (氮) N

1772 ـ جىلى تابىلعان. تابۇشى: [انگليالىق] رۇتەرفورد (Daniel Rutherford) (1749 ـ).

تابىلۇ جولى جانە اتالۇ سەبەبى: ازوت فوسفور مەن اۋانى ارەكەتتەستىرگەندە اسپ قالعان گازدان تابىلعان. سونداي ـ اق ازوت ەلەمەنتى دەپ بەلگىلەنگەن. لاتىنشا «سەليترا ٴتۇزۇشى ەلەمەنت» [نيترۇم (Nitrum) — سەليترا، گەنناۇ (Gennao) — پايدا بولۇ] دەگەن ٴسوز، حانزۇشا سۇيىلتۇ دەگەن ماعنادا.

8 ـ ەلەمەنتتىڭ اتى: وتتەگى (氧) O

1774 ـ جىلى تابىلعان. تابۇشى: [انگليالىق] پريەستلىي (Priestley)، (1737 ـ 1804)، [شۇۋەتسيالىق] شەەلە (Scheele) (1742 ـ 1786).

تابىلۇ جولى جانە اتالۇ سەبەبى: وتتەك سناپ توتىعىن شىنى ىدىستا قىزدىرۇ ارقىلى العان، شەەلە مۇنى ازوت قىشقىلىنىڭ تۇزىن ىدىراتۇ جانە قويۇ كۇكىرت قىشقىلى مەن مارگانەتس قوس توتىعىن ارەكەتتەستىرۇ ارقىلى العان. فرانسيالىق لاۆۇازە (1743 ـ 1794، Lavisier) مۇنى «قىشقىل ٴتۇزۇشى فاكتور» [وكسيس (Oxys) — قىشقىل ٴامدى، گەنناۇ (gennao) — پايدا بولۇ] دەگەن ماعنادا اتاعان. حانزۇشا جان ازىعى دەگەن ماعنادا، قازاقشا وتتەگى دەپ اتالادى.

9 ـ ەلەمەنتتىڭ اتى: فتور (氟) F

1810 ~ 1886 ـ جىلدارى تابىلعان. تابۇشى: [فرانسيالىق] مويسسان (Moissan) (1852 ـ 1907).

تابلۇ جولى جانە اتالۇ سەبەبى: 1812 ـ جملى، امپەر (Ampere) فتور ھلەمەنتننىڭ بار ھەكەندىگەن اتاپ كورسەتكەن، 1886 ـ جىلعا دەيىن، مويسسان پلاتينادان جاسالعان U فورمالى تۆتككە پلاتينا ـ يرىدي قورتپاسىن ھلەكترود ەتىپ، قۇرعاق فتورلى سۆتەك كالىدى (سۆسسز بالقتقش قشقىلدا ەرىدى) ھلەكتروليزدەۇ ارقلى فتوردى العان، مۇنى لاتنشا فلۇەرە (Fluere) ـ «اعۇ» دەگەن ماعنادا فتور دەپ اتاعان.

10 ـ دلەمەنتتىك اتى: نەون Ne (氖)

1893 ~ 1898 ـ جىلدارى تابلعان. تابۇشى: [انگليالىق] رامساي (Ramsay) (1852 ـ 1916)، [انگليالىق] تراۋەرس (Travers) (1872 ـ).

تابلۇ جولى جانە اتالۇ سەبەبى: نەون سۆيىق ارگوندى بۇلاندىرعان كەزدە، ەڭ الدىمەن ‹بولىنىپ شىققان گاز سپەكترىنەن تابلعان مۇنى گرەكشە «نەوس» (Neos) ـ جاڭا دەگەن ماعنادا نەون دەپ اتاعان.

11 ـ دلەمەنتتىك اتى: ناتري Na (钠)

1807 ~ 1808 ـ جىلدارى تابلعان. تابۇشى: [انگليالىق] داۇي (Davy) (1778 ـ 1829).

تابلۇ جولى جانە اتالۇ سەبەبى: ناترى بالقعان سودا مەن ناترى توععننىڭ گيدراتىن ھلەكتروليزدەگەن كەزدە تابلعان. «النعان كۆلداڭ» سۆدائى تۆنباسى دەپ اتاعان، اعلشننشا «سودا» (Soda) ـ دەگەن ماعنادا.

12 ـ دلەمەنتتىك اتى: ماگني Mg (镁)

1775 ~ 1808 ـ جىلدارى تابلعان. تابۇشى: [انگليالىق] داۇي (Davy) (1778 ـ 1829).

تابلۇ جولى جانە اتالۇ سەبەبى: ماگنى توتعەن گاليمەن توتقسسزداندىرسپ، باستاپتا از مولشەردە ماگنى العان. مۇنى «ماگنەزيا البا (Magnezia alba) ـ اق ماگنى توتعى» دەگەن ماعنادا ماگنى دەپ

اتاعان.

13 ـ دەلەمەنتتىڭ اتى: الؤمين (铝) Al

1825 ~ 1827 ـ جىلداری تابىلعان. تابؤشى: [گەرمانيالىق] ؤەلەر (Wohler) (1800 ـ 1882).

تابىلؤ جولى جانە اتالؤ سەبەبى: كالي مەن سؤسىز حلورلى الؤمينى بىرلىكتە قىزدىرؤ ارقىلى الؤمينى العان. مۇنى لاتىنشا «الؤمين» (Alumen) (باستاپقى ماعىناسى «كؤپوروس») دەپ اتاعان.

14 ـ دەلەمەنتتىڭ اتى: كرەمني (硅) Si

1823 ـ جىلى تابىلعان. تابؤشى: [شؤەتسيالىق] بەرزەليؤس (Berzelius) (1779 ـ 1848).

تابىلؤ جولى جانە اتالؤ سەبەبى: ئتورت فتورلى كرەمني نەمەسە فتورلى كرەمني قىشقىل كالي مەن كاليدى بىرلىكتە قىزدىرؤ ؤنتاق كؤيدەگى كرەمنيدى العان. مۇنى لاتىنشا سيلەكس (Silex) — «شاقپاق تاس» دەگەن ماعىنادا كرەمني دەپ اتاعان.

15 ـ دەلەمەنتتىڭ اتى: فوسفور (磷) P

1669 ـ جىلى تابىلعان. تابؤشى: [گەرمانيالىق] براند (Brand).

تابىلؤ جولى جانە اتالؤ سەبەبى: ادام نەسەبىن بؤلاندىرىپ جانە قؤرعاق ايداعاننان كەيىنگى زاتتان اق فوسفوردى العان. مۇنى «جارىق شەعاراتىن دەنە» [جارىق (Phos) ، تاسؤشى (Phros)] دەگەن ماعىنادا فوسفور دەپ اتاعان.

16 ـ دەلەمەنتتىڭ اتى: كؤكىرت (硫) S

ەرتە زامان تابىلعان.

تابىلؤ جولى جانە اتالؤ سەبەبى: تابيعي كؤكىرت ەرتە زاماننىڭ وزىندە ـ اق بەلگىلى بولعان. مۇنى لاتىنشا «سؤلفؤريؤم» (Sulphurium)، قازاقشا كؤكىرت دەپ اتاعان.

17 ـ دەلەمەنتتىڭ اتى: حلور (氯) Cl

1774 ـ جىلى تابىلعان. تابۇشى: [شۋەتسيالىق] شەەلە (Scheele)
(1742 ـ 1786).

تابلىۇ جولى جانە اتالۇ سەبەبى: تۇز قىشقىلى مەن مارگانەتس قوس
توتىعىن ارەكەتتەستىرۇ ارقىلى حلور گازىن العان. ول كەزدە بۇل «توتىققان
تۇز قىشقىلى» دەپ قاتە تانلعان. 1810 ـ جىلى، داۋي مۇنى ەلەمەنت دەپ
بەلگىلەگەن. مۇنى حلوروس (Chloros) ـ «سارى جاسىل ئتۇستى» دەگەن
ماعىنادا حلور دەپ اتاعان.

18 ـ دەلەمەنتتىڭ اتى: ارگون   ارگون   (氩)   Ar

1894 ـ جىلى تابىلعان. تابۇشى: [انگليالىق] رايلەي (Rayleigh)
1919 ـ 1842)، [انگليالىق] رامساي (Ramsay) (1916 ـ 1852).

تابلىۇ جولى جانە اتالۇ سەبەبى: اۇادان وتتەكتى، ازوتتى شعارىسپ
جبەرگەننەن كەينگى قالعان از مولشەردەگى گازعا سپەكترلىك تالداۇ
جاساۇ ارقىلى ارگوندى تاپقان. مۇنى گرەكشە ارگوس (Argos) ـ «ەنجار»
دەگەن ماعىنادا ارگون دەپ اتاعان.

19 ـ دەلەمەنتتىڭ اتى: كالي   كالي   (钾)   K

1807 ـ جىلى تابىلعان. تابۇشى: [انگليالىق] داۋي (Davy)
(1778 ـ 1829).

تابلىۇ جانە اتالۇ سەبەبى: بالقعان كالي توتىعىننىڭ گيدراتىن
ەلەكتروليزدەۇ ارقىلى مەتال كاليدى تاپقان. مۇنى پوتاشەس (Potashes) ـ
«اعاش كۇلى» جانە اراپشا كاليان (Kalian) ـ «كۇل» دەگەن ماعىنادا كالي
دەپ اتاعان.

20 ـ دەلەمەنتتىڭ اتى: كالتسي   كالتسي   (钙)   Ca

1808 ـ جىلى تابىلعان. تابۇشى: [انگليالىق] داۋي (Davy)
1778 ـ 1829)، [شۋەتسيالىق] بەرزەليۇس (Berzelius) (1779 ـ 1848).

تابلىۇ جانە اتالۇ سەبەبى: سىناپ كاتودتى قولدانىپ ك تاسىنان
المنعان ەلەكتروليتتى ەلەكتروليزدەۇ ارقىلى كاتودتاعى اماككامادان مەتال

كالتسيدى العان. مۇنى «اك تاسى» (Calx) دەگەن ماعنادا كالتسي دەپ اتاعان.

21 ـ دەلەمەنتتىك اتى: سكاندي (钪) Su

1876 ـ جىلى تابىلعان. تابۇشى: [شۇەتسيالىق] نيلسون (Nilson) (1840 ـ 1899).

تابىلۇ جولى جانە اتالۇ سەبەبى: ەۆكسەنيت رۇداسىن زەرتتەگەن كەزدە، مۇندا جاڭا ەلەمەنت بار ەكەندىگىن بىلگەن ياعني سكانديەدى تاپقان. مۇنى سولتۇستىك ەۆروپاداعى سكانديناۆيا (Scandinavia) تۆبەگىن ەسكە ءتۇسىرۇ ءۇشىن سكاندي دەپ اتاعان.

22 ـ دەلەمەنتتىك اتى: تيتان (钛) Ti

1791 ـ جىلى تابىلعان. تابۇشى: [انگليالىق] گرەگور (Gregor) (1762 ـ 1817).

تابىلۇ جولى جانە اتالۇ سەبەبى: قارا ءتۇستى ماگنيتتى قۇمدى (FeTiO₃) زەرتتەگەن كەزدە، مۇندا جاڭا ەلەمەنت بار ەكەندىگىن بايقاعان. 1849 ـ جىلى، ۆۆلەر (Wohler) مەن داۆي كالي مەن فتورلى تيتان قىشقىل كاليدى بىرلىكتە قىزدىرۇ ارقىلى تازا بولماعان مەتال تيتاندى العان. مۇنى گرەك ميفولوگياسىنداعى جەر تاڭىرىنەن تۆلەگەن الىپ ادام «تيتانىستى» (Titans) ەسكە ءتۇسىرۇ ءۇشىن تيتان دەپ اتاعان.

23 ـ دەلەمەنتتىك اتى: ۆانادي (钒) V

1830 ـ جىلى تابىلعان. تابۇشى: [شۇەتسيالىق] سەفستروم (Sefctrom) (1787 ـ 1845).

تابىلۇ جولى جانە اتالۇ سەبەبى: سالامان تەمىر رۇداسىنىڭ تەمىر قالدىعىنا زەرتتەۇ جۇرگىزگەن كەزدە، ۆانادي توتىعىن العان. كەيىنتىندە، 1869 ـ جىلى، روسكو (Roscoe) ەكى حلورلى ۆاناديدى سۇتەگىمەن توتىقسىزداندىرىپ مەتال ۆاناديدى العان. مۇنى سولتۇستىك ەۆروپا ايەل پەرىشتەسى «ۆاناديستى» (Vanadis) ەسكە ءتۇسىرۇ ءۇشىن ۆانادي دەپ

اتاعان.

24 ــ دەلەمەنتتىك اتى: حروم (铬) Cr

1797 ــ جىلى تابىلعان. تابۇشى: [فرانسىيالىق] ۋاكۇەلىن
(Vauguelin) (1763 ــ 1829).

تابلۇ جولى جانە اتالۇ سەبەبى: باستابىندا، سىبوياادان ۋندىرىلگەن قىزىل قورعاسىن رۇداسى مەن تۇز قىشقىلىن ارەكەتتەستىرگەندەگى تۇنىندى زاتتان قورعاسىن ئۇش توتىعىن العان. كەيىن، اعاش كۇمىرى مەن حرومدى بىرلىكتە قىزدىرۇ ارقىلى مەتال حروم ۋنتاعىن العان. حروم تۇزىندا اشىق ايقىن ئتۇس بولاتىندىقتان، گرەكشە حروما (Chroma) «ئتۇس» دەگەن ماعىنادا حروم دەپ اتاعان.

25 ــ دەلەمەنتتىك اتى: مارگانەتس (锰) Mn

1774 ــ جىلى تابىلعان. تابۇشى: [شۇەتسىيالىق] گاهن (Gahn) (1745 ــ 1818).

تابلۇ جولى جانە اتالۇ سەبەبى: جۇمساق مارگانەتس رۇداسى مەن اعاش كۇمىرىن تىگەلدە بىرلىكتە قىزدىرۇ ارقىلى تۇيمەدەي مارگانەتس ئتۇيىرىن العان. ۆيتكەنى جۇمساق مارگانەتس رۇداسىننىك (پىيرولىيۇزىتتىك) سىرتقى كۇرىنىسى ۋنىمەن وتە ۋقسايتىندىقتان، باستاپتا، ماڭگانىيزو (Mangganizo) دەپ اتاعان.

26 ــ دەلەمەنتتىك اتى: تەمىر (铁) Fe

ەرتە زاماندا تابىلعان.

تابلۇ جولى جانە اتالۇ سەبەبى: لاتىنشا فەررۇم (Ferrum) ــ «بەرىك» دەگەن ماعىنادا، قازاقشا تەمىر دەپ اتالادى.

27 ــ دەلەمەنتتىك اتى: كوبالت (钴) Co

1735 ــ جىلى تابىلعان. تابۇشى: [شۇەتسىيالىق] براند (Brandt) (1694 ــ 1768).

تابلۇ جولى جانە اتالۇ سەبەبى: كوبالتتى كوبالت رۇداسىن ورتەگەن

كەزدە العان. مۇنى كوبولوس (Coblos) — «جەر استىننداعى سايتان» دەگەن ماعنادا كوبالت دەپ اتاعان. ۆيتكەنى كوبالتتى مىس رۇداسىن قورىتقان كەزدە قۇبجىق قۇبىلمىستار پايدا بولعان.

28 ـ دەلەمەنتتىڭ اتى: نيكەل   (镍)   Ni

1751 ـ جىلى تابىلعان. تابۇشى: [شۆەتسيالىق] كرونستەت (Cronstedt) (1722 ـ 1765).

تابىلۇ جولى جانە اتالۇ سەبەبى: كۇپفەر نيكەل رۇداسىنىڭ (Coppernickel) بەتى ۇگلگەننەن كەيىنگى كريستال ٴتۇيىرىن اعاش كومىرمەن بىرلىكتە قىزدىرۇ ارقىلى نيكەلدى العان ٴارى ونى ەلەمەنت دەپ بەلگىلەگەن. مۇنى «ستەتۇگە كەلمەيتىن مىس» ياعني «جالعان مىس» دەگەن ماعنادا نيكەل دەپ اتاعان.

29 ـ دەلەمەنتتىڭ اتى: مىس   (铜)   Cn

ەرتە زاماندا تابىلعان.

تابىلۇ جولى جانە اتالۇ سەبەبى: مىستىڭ لاتىنشا كۇپرۇم (Cuprum) مىس كەنى (رۇداسى) ەڭ العاش كيپرۇستان (سيپرۇستان) تابىلعاندىقتان وسىلاي اتالعان، قازاقشا مىس دەپ اتالادى.

30 ـ دەلەمەنتتىڭ اتى: مىرىش   (锌)   Zn

ەرتە عاسىردا تابىلعان. تابۇشى: [جۇڭگودا تابىلعان] .

تابىلۇ جولى جانە اتالۇ سەبەبى: سۇڭ يۇشيڭنىڭ «تابيعات بايلىقتارىنان پايدالانۇ» دەگەن كىتابىندا (1637 ـ جىلى جاريالانعان) مىرىش ٴوندىرۇدىڭ جولدارى تولىق جازىلعان. 16 ـ عاسىردان كەيىن، مىرىش ەۋروپاعا كوپ مولشەردە شىعارىلعان. 1738 ـ جىلى، لاۋسۇن (Lawson) جۇڭگونىڭ مىرىش ٴوندىرۇ تەحنيكاسىن ۆيرەنگەننەن كەيىن، انگليادا زاۆود قۇرعان. ەۋروپالىقتاردىڭ قاراۇىنشا گەرمانيا حيميگى مارگگراف (Marggraf) 1746 ـ جىلى، كالامين (H$_2$Zn$_2$SiO$_5$) مەن اعاش كومىرىن بىرلىكتە قىزدىرۇ ارقىلى مىرىشتى العان. سونداي ـ اق، ەلەمەنت دەپ

بەلگىلەپ، لاتىنشا «زينكەن» (Zinken) ـــ «اق ئۇستى جۇقا قابات» دەگەن ماعنادا مىرش دەپ اتاعان.

31 ـ دەلەمەنتتىڭ اتى: گاللي (镓) Ga

1875 ـ جىلى تابىلعان. تابۇشى: [فرانسيالىق] بويسباۇدران (Boisbaudran) (1838 ـ 1912).

تابىلۇ جولى جانە اتالۇ سەبەبى: سپالەريتتەن (رۇدا) السنعان زاتقا سپەكترلمك تالداۇ جاساعاندا گالليدى تاپقان. كەيىن، گاللي توتمعسننڭ گيدراتىن كۇيدىرگىش كالي ەرتىندىسىندە ەلەكتروليزدەۇ ارقىلى مەتال گاللىدى العان. فرانسيانىڭ ەجەلگى اتى گاللىا (Gallia) بولعاندىقتان، فرانسيانى ەسكە ئۇسىرۇ ئۇشىن گاللي دەپ اتاعان.

32 ـ دەلەمەنتتىڭ اتى: گەرماني (锗) Ge

1886 ـ جىلى تابىلعان. تابۇشى: [گەرمانيالىق] ۋينكلەر (Winkler) (1838 ـ 1904).

تابىلۇ جولى جانە اتالۇ سەبەبى: ارگيروديت رۇداسىنا تالداۇ جاساعاندا، مۇنىڭ ىشىندە جاڭا ەلەمەنت بار ەكەندىگىن بىلگەن؛ كەيىن، كۇكىرتتى گەرماني مەن سۇتەكتى بىرلىكتە قىزدىرۇ ارقىلى گەرمانيدى العان. مۇنى گەرمانيانى (Germania) ەسكە ئۇسىرۇ ئۇشىن گەرماني دەپ اتاعان.

33 ـ دەلەمەنتتىڭ اتى: ارسەن (砷) As

1250 ـ جىلى (ورتا عاسىر) تابىلعان. تابۇشى: [ريمدىك] البەرتۇس ماگنۇس (Albertus Magnus).

تابىلۇ جولى جانە اتالۇ سەبەبى: رەالگار (قىزىل ارسەن ياعني قىزىل كۇشالا) مەن كمر سابىندى بىرلىكتە قىزدىرۇ ارقىلى ارسەندى العان.

1649 ـ جىلى، شروەدەر (Schroeeder) ونى ەلەمەنت دەپ بەلگىلەگەن. مۇنى گرەكشە ارسەنيكەن (Arseniken) ـــ قىزىل ارسەن ياعني قىزىل كۇشالا دەگەن ماعنادا ارسەن دەپ اتاعان.

34 ـ دەلەمەنتتىڭ اتى: سەلەن (硒) Se

1817 ـ جىلى تابىلغان. تابۇشى: [شۇەتسيالىق] بەرزەليۇس
(Berzelius) (1848 ـ 1779).

تابلۇ جولى جانە اتالۇ سەبەبى: سەلەندى كۆكمرت قىشقىلى زاۋودى قورعاسىن بولمەسىنىڭ ەدەننەدەگى جابسقاق زاتتان العان. مۇنى گرەكشە سەلەن (Selene) ـ «اي» دەگەن ماعنادا سەلەن دەپ اتاعان.

35 ـ دلەمەنتتىڭ اتى: بروم (溴) Br

1824 ـ جىلى تابىلغان. تابۇشى: [فرانسيالىق] بالارد (Balard) (1876 ـ 1802).

تابلۇ جولى جانە اتالۇ سەبەبى: حلور گازىن جاراقسىز تەڭىز تۇزىنىڭ انا ەرتىندسىننە جىبەرۇ ارقىلى برومدى العان. سول جىلى ەلەمەنت دەپ تانىلغان. مۇنى بروموس (Bromos) ـ «وتە ساسىق» دەگەن ماعنادا بروم دەپ اتاعان.

36 ـ دلەمەنتتىڭ اتى: كريپتون (氪) Kr

1898 ـ جىلى تابىلغان. تابۇشى: [انگليالىق] رامساي (Ramsay) (1916 ـ 1852)، [انگليالىق] تراۋەرس (Travers) (1872 ـ).

تابلۇ جولى جانە اتالۇ سەبەبى: سۇيىق اۋانى بۇلاندرعاننان كەيىن اسپ قالعان قالدىق گازعا سپەكترلمك تالداۋ جاساۋ ارقىلى كريپتوندى تاپقان. مۇنى گرەكشە حريپتەس (Chryptes) ـ «جاسىرىن» دەگەن ماعنادا كريپتون دەپ اتاعان.

37 ـ دلەمەنتتىڭ اتى: رۇبيدي (铷) Rb

1861 ـ جىلى تابىلغان. تابۇشى: [گەرمانيالىق] بۇنزەن (Bunsen) (1899 ـ 1811)، [گەرمانيالىق] كيرحوۋ (Kirchhoff) (1887 ـ 1824).

تابلۇ جولى جانە اتالۇ سەبەبى: سپەكترلمك تالداۋ جاساۋ ارقىلى قابىرشاقتى شرىمتالدان المنعان زاتتا ەرەكشە قىزىل ئۇستى سپەكتر سىزعى بار ەكەندگىن بايقاپ، سودان رۇبيديدى تاپقان. مۇنى «رۇبيدۇس»

(Rubidus) — «قىزىل ٴتۇس» دەگەن ماعنادا رۇبيدي دەپ اتالعان.

38 ـ دەلەمەنتتىڭ اتى: سترونتسي (锶) Sr

1808 ـ جىلى تابىلعان. تابۇشى: [انگليالىق] كراۇفورد
(Crawford)، [انگليالىق] داۆي (Davy) (1778 ـ 1829).

تابىلۇ جولى جانە اتالۇ سەبەبى: كراۇفورد قورعاسىن كەنى ۇڭگىرىنەن
جيناپ اكەلگەن ٴبىر ٴتۇرلى جاتقا رۇدانى زەرتتەگەن كەزدە، مۇنىڭ ىشىندە
جاتقا زات بار ەكەندىگىن بايقاعان، مۇنى سترونتسي توپىراعى دەپ اتالعان.
كەيىن كەلە، داۆي سترونتسي رۇداسىنان المىنعان ەلەكتروليتتى
ەلەكتروليزدەۇ ارقىلى مەتال سترونتسيدى العان. مۇنى شوتلانديانىڭ
سترونتيان (Strontian) دەگەن قىستاعىنداعى سترونتسي توپىراعىنان
تاپقاندىقتان سترونتسي دەپ اتالعان.

39 ـ دەلەمەنتتىڭ اتى: يتتري (钇) Y

1794 ـ جىلى تابىلعان. تابۇشى: [فينلانديالىق] گادولين
(Gadolin) (1760 ـ 1852).

تابىلۇ جولى جانە اتالۇ سەبەبى: شۆەتسيانىڭ شاعىن قالاشەعى
يتتەربيدەن شىققان قارا تاستا توپىراق سارسى بارلمعەن بايقاعان.
سول كەزدە، بۇل يتتري توپىراعى دەپ اتالعان. مۇنى قالاشىق يتتەربيدى
ەسكە ٴتۇسىرۇ ٴۇشىن يتتري دەپ اتالعان.

40 ـ دەلەمەنتتىڭ اتى: زيركوني (锆) Zr

1789 ـ جىلى تابىلعان. تابۇشى: [گەرمانيالىق] كلاپروت
(Klaproth) (1743 ـ 1817).

تابىلۇ جولى جانە اتالۇ سەبەبى: سەيلوننىڭ (قازىرگى سريلانكا)
زيركوني رۇداسىننا زەر سالا تالداۇ جاساعاندا، زيركوني توپىراعىنان تاپقان.
كەيىن، 1924 ـ جىلى، بەرزەليۇس كالي مەن سياندى زيركوني كاليدى
بىرلىكتە قىزدىرۇ ارقىلى زيركونيدى العان. مۇنى زەرك (Zerk) —
«اسىل تاس» دەگەن ماعنادا زيركوني دەپ اتالعان.

41 ـ دەلەمەنتتىك اتى: نيوبي   Nb (铌)

1801 ـ جىلى تابىلعان. تابۇشى: [انگليالىق] حاتشەت (Hatchet)
(1847 ـ 1765).

تابلۇ جولى جانە اتالۇ سەبەبى: امەرىكا قۇرىلمعىنداعى جاڭا ينگلاندتا ۋندىرىلگەن قارا ئتۇستى رۇداعا تالداۇ جاساعاندا، مۇندا جاڭا ەلەمەنت بار ەكەندىگىن بايقاعان. 1864 ـ جىلى، بلومستراند (Blomstrand) حلورلى نيوبيدى سۇتەگمەن توتىقسىزداندىرۇ ارقلى نيوبيدى العان. مۇنى ايەل پەرىشتەسى نيوبەنناڭ (Niobe) اتىمەن نيوبي دەپ اتاعان.

42 ـ دەلەمەنتتىك اتى: موليبدەن   Mo (钼)

1782 ـ جىلى تابىلعان. تابۇشى: [شۆەتسيالىق] حيەلم (Hielm)
(1813 ـ 1746).

تابلۇ جولى جانە اتالۇ سەبەبى: 1781 ~ 1782 ـ جىلدارى نينۇل ماينمەن تەكشەلگەن اعاش كومىرى مەن موليبدەن قىشقىلىنناڭ قوسپاسىن تۇيىقتاپ قاتتى ورتەۇ ارقلى موليبدەندى العان. موليبدەنيتتىك (رۇدا) سىرتقى كورىنىسى قورعاسىنعا ۇقسايتىندىقتان، مۇنى موليبدوس (Molybdos) ـــ قورعاسىن دەگەن ماعىنادا موليبدەن دەپ اتاعان.

43 ـ دەلەمەنتتىك اتى: تەحنەتسي   Tc (锝)

1937 ـ جىلى تابىلعان. تابۇشى: [امەريكالىق] پەررىەر (Perrier)، [امەريكالىق] سەگرە (Segre).

تابلۇ جولى جانە اتالۇ سەبەبى: لاۋلۇنيس جىلدامدىقتى تەزدەتكىشتە دەيتەرى يادروسىمەن 42 Mo نى اتقلاۇ ارقلى تەحنەتسيدى العان. 1949 ـ جىلى، ۇجيانشيۋك ۇراننىڭ جارىلۇنان پايدا بولعان تۇندى زاتتان تەحنەتسيدى تاپقان. مۇنى گرەكشە تەحنيكي (Technique) ـــ »جاساندى« دەگەن ماعىنادا تەحنەتسي دەپ اتاعان.

44 ـ دەلەمەنتتىك اتى: رۇتەني   Ru (钌)

1844 ـ جىلى تابىلعان. تابۇشى: [روسسيالىق] K.K كلاۇس

‫.(1864 ـ 1796) (Klaus)‬

‫تابلۇ جولى جانە اتالۇ سەبەبى: ورال تاۋىنداعى پلاتينا رۇداسىننڭ‬
‫قالدعىنان حلور ـ رۇتەنيلى اممونيدى العان، سونداي ـ اق ونى ورتەۇ‬
‫ارقلى رۇتەنيدى العان. روسسيانى (Rusi) ەسكە ئتۇسىرۇ ئوشىن رۇتەنى‬
‫دەپ اتاعان.‬

‫45 ـ ەلەمەنتتىڭ اتى: رودي (铑) Rh‬

‫1803 ـ جلى تابلعان. تابۇشى: [انگليالىق] ۋوللاستون‬
‫.(1828 ـ 1766) (Wollaston)‬

‫تابلۇ جولى جانە اتالۇ سەبەبى: هڭ اۇەلى، قورتىلعان پاللادي ـ‬
‫پلاتينا قالدعىننڭ روزا ئتۇستى تۇزىندا جاڭا ەلەمەنت بار هكەندگىن اتاپ‬
‫كورسەتكەن، سونداي ـ اق حلورلى ناترى ـ روديدى سۇتەگىمەن‬
‫توتىقسىزداندىرۇ ارقلى روديدى العان. مۇنى «روزا ئتۇستى» (Rodeos)‬
‫دەگەن ماعنادا رودي دەپ اتاعان.‬

‫46 ـ ەلەمەنتتىڭ اتى: پاللادي (钯) Pd‬

‫1803 ـ جلى تابلعان. تابۇشى: [انگليالىق] ۋوللاستون‬
‫.(1828 ـ 1766) (Wollaston)‬

‫تابلۇ جولى جانە اتالۇ سەبەبى: وكدەلمەگەن پلاتينانى پاتشا سۇيعىننداا‬
‫(تۇز قىشقىلى مەن ازوت قىشقىلىننڭ قوسىندسى) هرىتىپ، ارتىق‬
‫قىشقىلدى بۇلاندىرسپ جببەرگەننەن كەيىن، وعان سيانىدى شالا توتىق‬
‫سناپتى قوسۇ ارقلى سارى ئتۇستى تۇنبا العان، ونى قاتتى قىزدسرۇ‬
‫ارقلى پاللادىدى العان. مۇنى كمشى پلانەتانىڭ ئبرى پاللاستىڭ (Pallas)‬
‫اتىمەن پاللادي دەپ اتاعان.‬

‫47 ـ ەلەمەنتتىڭ اتى: كۇمس (银) Ag‬

‫هرتە زاماندا تابلعان.‬

‫تابلۇ جولى جانە اتالۇ سەبەبى: ەلەمەنت تاڭباسى ارگەنتۇم‬
‫(Argentum) — «اق ئتۇستى» دەگەن سوزدەن المنعان. قازاقشا كۇمس دەپ‬

اتالادى.

48 ـ دەلەمەنتتىك اتى: كادمي   (镉)   Gd

1817 ـ جىلى تابىلعان. تابۇشى: [گەرمانىيالىق] سترومەيەر
(Stromeyer) (1776 ـ 1835).

تابىلۇ جولى جانە اتالۇ سەبەبى: تازا بولماعان مىرىش توتىعىنان
(كەيبىرەۋلەر كومىر قىشقىل مىرىشتان دەيدى) قوڭىر ءتۇستى ۇنتاقتى
ايىرىپ الىپ، ونى اعاش كومىرىمەن بىرلىكتە قىزدىرۇ ارقىلى كادميدى
العان. ونى كادمي رۇداسىندا (Cadmin) ساقتالعاندىقتان كادمي دەپ اتاعان.

49 ـ دەلەمەنتتىك اتى: يندي   (铟)   In

1863 ـ جىلى تابىلعان. تابۇشى: [گەرمانىيالىق] رەيچ (Reich)
(1799 ـ 1882)، [گەرمانىيالىق] رىچتەر (Richter) (1824 ـ 1898).

تابىلۇ جولى جانە اتالۇ سەبەبى: سفالەرىتتى (رۇدا) سپەكترلىك ٴادىس
ارقىلى زەرتتەپ، مۇندا جاڭا ەلەمەنت بار كوگىلدىر ٴتۇستى، جارقىراعان
سپەكترلىك سىزىقتى بايقاعان. كەيىن، اعاش كومىرى، يندي توتىعى،
سودان يندىدى العان. سونداي ـ اق سۇتەك پەن يندي توتىعىنان تازا
يندىدى العان. مۇنى يندىكۇم (Indicum) ـ «قارا كوك ٴتۇس» دەگەن
ماعىنادا يندي دەپ اتاعان.

50 ـ دەلەمەنتتىك اتى: قالايى   (锡)   Sn

ەرته زاماندا تابىلعان.

تابىلۇ جولى جانە اتالۇ سەبەبى: قالايى ادامزات ٴوندىرىس پەن
تۇرمىستا ەرته قولدانعان مەتالداردىك ٴبىرى، ٴارى قولا قورىتپاسىنىك
باستى قۇرامى. ەلەمەنت تاڭباسى قالايىنىك لاتىنشا اتى ستاننۇم
(Stannum) دەگەن سوزدەن العان، قازاقشا قالايى دەپ اتالادى.

51 ـ دەلەمەنتتىك اتى: سۇرمە   (锑)   Sb

ەرته زاماندا تابىلعان.

تابىلۇ جولى جانە اتالۇ سەبەبى: كۇكىرتتى سۇرمە رۇداسىن

(Antimony glance) بايمرعى گرەكتەر قاس وگدەيتمن قارا بوياۇ رەتىندە
قولدانعان، سۇرمەنىڭ اتى مىنە وسدان شققان. 1450 ـ جىلى ۆالەنتين
(Valentine) ٴوزىنىڭ شعارماسىندا سۇرمە جونىندە جازعان.

52 ـ دەلەمەنتتىڭ اتى: تەللۇر   Te (碲)

1782 ـ جىلى تابلعان. تابۇشى: [گەرمانيالىق]   مۇللەر
(Muller) (1825 ـ 1740).

تابلۇۇ جولى جانە اتالۇ سەبەبى: ٴسال كوكشىل كەلگەن اق ٴتۇستى
التىن رۇداسىنان اق ٴتۇستى، مەتال ٴتارىزدى زات ايىرىپ الىپ، ونى جاتا
ەلەمەنت دەپ اتاپ كورسەتكەن، ٴبىراق مۇنى ادامدار ەلەمەگەن. 1798 ـ
جىلى كلاپروت (Klaproth) تاعى دا التىن رۇداسىنان تەللۇردى ايىرىپ
الىپ، ونى تەللۇس (Tellus) ــ «جەر شارى» دەگەن ماعنادا تەللۇر دەپ
اتاعان.

53 ـ دەلەمەنتتىڭ اتى: يود   I (碘)

1811 ـ جىلى تابلعان. تابۇشى: [فرانسيالىق]   كوۇرتويس
(Courtois).

تابلۇۇ جولى جانە اتالۇ سەبەبى: كۇكمرت قشقىلمەن تەڭىز ٴشوبى
كۇلىنىڭ انا ٴرتىندىسىن وگدەگەندە كۇلگىن ٴتۇستى بۇ العان ٴارى ونى
قاتايتىپ كۇڭگمرت كۇلگىن ٴتۇستى كريستالعا اينالدىرۇ ارقىلى يودتى
تاپقان. مۇنى يوۆيدەس (ioeides) ــ «كۇلگىن ٴتۇس» دەگەن ماعنادا يود دەپ
اتاعان.

54 ـ دەلەمەنتتىڭ اتى: كسەنون   Xe (氙)

1898 ـ جىلى تابلعان. تابۇشى: [انگليالىق]   رامساي (Ramsay)
(1916 ـ 1852)، [انگليالىق]   تراۆەرس (Travers) (1872 ـ).

تابلۇۇ جانە جولى اتالۇ سەبەبى: كسەنوندى سۇيىق كۇيدەگى كريپتوندى
ٴبولىپ ايداعان كەزدە تاپقان، سونداي ـ اق سپەكترلىك تالداۇ جاساۇ
ارقىلى جانە زارياسىزداندىرۇ تاجربيەسىن جاساعاننان كەيىن، ونى جاتا

ھەمەنت دەپ بەلگىلەگەن. مۇنى گرەكشە كسەنوس (Xenos) ــ «جات ادام» دەگەن ماغنادا كسەنون دەپ اتاغان.

55 ـ دەلەمەنتتىڭ اتى: سەزي (铯) Cs

1860 ـ جىلى تابىلغان. تابۇشى: [گەرمانىيالىق] بۇنزەن (Bunsen) (1811 ـ 1899)، [گەرمانىيالىق] كىرحوۋ (Kirchhoff) (1824 ـ 1887).

تابىلۇ جولى جانە اتالۇ سەبەبى: مىنەرالدى بۇلاقتان ايسرسپ المنغان زاتقا سپەكترلىك تاجىرىبە جاساپ پايدا بولغان ھەركشە كوك ئتۇستى سپەكتر سىزغىنا زەرتتەۇ جۇرگىزسپ سەزىدى تاپقان. مۇنى سەزيۇس (Saesius) ـ «كوگىلدىر ئتوس» دەگەن ماغنادا سەزي دەپ اتاغان.

56 ـ دەلەمەنتتىڭ اتى: باري (钡) Ba

1808 ـ جىلى تابىلغان. تابۇشى: [انگلىيالىق] داۇي (Davy) (1778 ـ 1829).

تابىلۇ جولى جانە اتالۇ سەبەبى: سناپتى كاتود ەتپ بارىتتان (اۇسر شپاتىتان) المنغان ەلەكتروليىتتى ەلەكتروليزدەۇ. سناپتى بۇلاندىرسپ جبەرۇ ارقلى بارىدى العان. مۇنى بارىتتان (Barite) تاپقاندىقتان باري دەپ اتاغان.

57 ـ دەلەمەنتتىڭ اتى: لانتان (镧) La

1839 ـ جىلى تابىلغان. تابۇشى: [شۇەتسىيالىق] موساندەر (Mosander) (1797 ـ 1858).

تابىلۇ جولى جانە اتالۇ سەبەبى: ازوت قشقىل سەرىدىڭ ىدراغاندا اعى تۇنندى زاتىن زەرتتەگەندە، تازا بولماغان لانتان توتىغىن تاپقان ئارى ونى ەكستراكتسيالاغان. مۇنى گرەكشە لانتانەين (Lanthanein) ـ «وڭايلىقتا قولعا تۇسپەيتىن» دەگەن ماغنادا لانتان دەپ اتاغان.

58 ـ دەلەمەنتتىڭ اتى: سەري (铈) Ce

1803 ـ جىلى تابىلغان. تابۇشى: [گەرمانىيالىق] كلاپروت

(Klaproth) (1743 ـ 1817)، [شۇەتسيالىق] گيـسينگـەر (Hisinger)
(1767 ـ 1852)، [شۇەتسيالىق] بەرزەليۇس (Berzelius) (1779 ـ 1848).

تابـلۇ جولى جانە اتالۇ سەبەبى: مەنشكتى سالماعى اۇر رۇدادان سەري
توپـراعـن تاپقان. كەيـن كـەلە، 1875 ـ جىلى، گيللەبەراند (Hilleberand)
پەن نورتون (Norton) مەتال سەريدى العان. مۇنى گرەكشە سـەروس (Seros) ـــ
سەرەرا پلانەتاسىننىڭ اتـمـەن سەري دەپ اتاعان.

59 ـ دەلەمەنتتىڭ اتى: پرازەودىم   Pr (镨)

1885 ـ جىلـى تابـلـعان. تابۇشى: [اۇستريـالـىق] ۋەلـسـباح
(Welsbach) (1858 ـ 1929).

تابـلـۇ جولى جانە اتالۇ سەبەبى: سـول كـەزدە ازوت قشقمل ديديۇم
امـونى دەپ اتالاتـىن قوسىلـىستان پرازەودىم توپـراعى مـەن نـەودىم
توپـراعـمـن ئبولـىپ العان. بۇنزەن وندا جاڭا ەلەمەنت بار دەپ تانـعان.
1879 ـ جىلى بويسباۇدران وسى توپـراق ساراسـن تاپقان. مۇنى «جاسـل
ئـۇسـتـى ەگـز بالا» دەگـەن مـاعـنـادا پرازەودىم دەپ اتاعان. ۆيتـكـەنى
پرازەودىم مـەن نـەودىم ئبـر ۋاقـتـتا تابـلـعان.

60 ـ دەلەمەنتتىڭ اتى: نـەودىم   Nd (钕)

1885 ـ جىلـى تابـلـعان. تابۇشى: [اۇستريـالـىق] ۋەلـسـباح
(Welsbach) (1858 ـ 1929).

تابـلـۇ جولى جانە اتالۇ سەبەبى: سـول كـەزدە ازوت قشقمل ديديۇم
امـونى دەپ اتالاتـىن قوسىلـىستان پرازەودىم توپـراعى مـەن نـەودىم
توپـراعـمـن ئبولـىپ العان. بۇنزەن وندا جاڭا ەلەمەنت بار دەپ تانـعان.
1879 ـ جىلى بويسباۇدران وسى تـوپـراق ساراسـن تاپقان. مۇنى «جاڭا
ەگـز بالا» دەگـەن ماعـنادا نەودىم دەپ اتاعان.

61 ـ دەلەمەنتتىڭ اتى: پرومەتي*   Pm (钷*)

1945 ـ جىلى تابـلـعان. تابۇشى: [امـەريكالـىق] مارينسكي
(Marinsky)، [امەريكالـىق] گلـەندەنين (Glendenin)، [امـەريكالـىق]

كوريەل (Coryell).

تابلۇ جولى جانه اتالۇ سەبەبى: 1945 ـ جىلى، اتوم قازاننداعى ۇراننىڭ بولىنۇنئەن پايدا بولعان تۇنندى زاتتان پرومەتيدى ايەرپ العان. 1949 ـ جىلى، مۇنى حالىقارالىق حيميا قوعامى مويىنداعان. گەرەك ميفولوگياسىنداعى اسپاننان ادامدار ورتاسىنا كەلگەن وت قاراقشسى پرومەتيدى (promethium) ەسكە ئتۇسىرۇ ئۇشىن پرومەتي دەپ اتاعان.

62 ـ دەلەمەنتتىڭ اتى: ساماري (钐) Sm

1879 ـ جىلى تابىلعان. تابۇشى: [فرانسيالىق] بويسباۇدران (Boisbaudran) (1838 ـ 1912).

تابلۇ جولى جانه اتالۇ سەبەبى: سول كەزدە، ديديۇم توپىراعى دەپ اتالاتىن زاتتان جاڭا تۇنبانى ايەرپ السپ، وعان سپەكترلىك تالداۇ جاساۇ ارقىلى سامارىدى تاپقان. مۇنى روسسيالىق سامارسكيدى (Samarsky) ەسكە ئتۇسىرۇ ئۇشىن ساماري دەپ اتاعان.

63 ـ دەلەمەنتتىڭ اتى: ەۆروپي (铕) Eu

1901 ـ جىلى تابىلعان. تابۇشى: [فرانسيالىق] دەمارساي (Demarsay) (1852 ـ 1904).

تابلۇ جولى جانه اتالۇ سەبەبى: ازوت قشقىل ساماري ـ ماگنيگە وتە نازىك تالداۇ جاساعاندا ەۆروپي توپىراعىن تاپقان. مۇنى ەۆروپانى (Europe) ەسكە ئتۇسىرۇ ئۇشىن ەۆروپي دەپ اتاعان.

64 ـ دەلەمەنتتىڭ اتى: گادولينى (钆) Gd

1880 ـ جىلى تابىلعان. تابۇشى: [شۇەتسارىالىق] ماريگناك (Marignac) (1817 ـ 1894).

تابلۇ جولى جانه اتالۇ سەبەبى: سول كەزدە، كولومبي (قازىرگى نيوبي) قشقىل يتتري دەپ اتالاتىن رۇدادان ياعني گادولينى توپىراعىن ايەرپ العان. مۇنى گادالين (Gadalin) رۇداسىنان تاپقاندىقتان گادولينى دەپ اتاعان.

65 ـ دەلەمەنتتىك اتى: تەربي   Tb （铽）

1843 ـ جىلى تابلعان. تابۇشى: [شۇەتسيالىق] موساندەر
(Mosander) (1797 ـ 1858).

تابلۇ جولى جانە اتالۇ سەبەبى: يتتەربي رۇداسىنا شكەرلىەي تالداۇ
جاساۇ ارقلى سارى ٴتۇستى تەربي توپىراعمن تاپقان. بۇل شۇەتسيانىك
شاعىن قالاشعى يتتەربيدەن (Yterby) تابلعاندقتان. مۇنى يتتەربيدىك
2 ـ ، 6 ـ ارىپتەرى بويىنشا تەربي دەپ اتاعان.

66 ـ دەلەمەنتتىك اتى: ديسپروزي   Dy （镝）

1886 ـ جىلى تابلعان. تابۇشى: [فرانسيالىق] بويسباۇدران
(Boisbaudran) (1838 ـ 1912).

تابلۇ جولى جانە اتالۇ سەبەبى: باسقىشتاپ تۇنباعا ٴتۇسىرۇ ارقلى
تازا بولماعان گولميدىك قوسىلىسىنان ديسپروزي توپىراعمن تاپقان. مۇنى
گرەكشە ديسپروزيتوس (Dysprositos) — «وڭاي قولعا تۇسپەيتىن» دەگەن
ماعىنادا ديسپروزي دەپ اتاعان.

67 ـ دەلەمەنتتىك اتى: گولمي   Ho （钬）

1879 ـ جىلى تابلعان. تابۇشى: [شۇەتسيالىق] كلەۇ (Cleve)
(1840 ـ 1905).

تابلۇ جولى جانە اتالۇ سەبەبى: يتتەربي توپىراعى مەن ەربي
توپىراعمنان المنعان قالدىق زاتتى شيكىزات ەتپ، وعان مۇقيات تالداۇ
جاساۇ ارقلى گولمي توپىراعمن تاپقان. شۇەتسيا استاناسىنىك ەجەلگى اتى
گولم (Holm) بولعاندقتان، مۇنى گولمي دەپ اتاعان.

68 ـ دەلەمەنتتىك اتى: ەربي   Er （铒）

1842 ـ جىلى تابلعان. تابۇشى: [شۇەتسيالىق] موساندەر
(Mosander) (1797 ـ 1858).

تابلۇ جولى جانە اتالۇ سەبەبى: يتتەربي رۇداسىنا شكەرلىەي تالداۇ
جاساۇ ارقلى روزا گۇلى تۇستەس ەربي توپىراعمن تاپقان. مۇنى

شۇەتسىياناڭ قالاشعى يتتەربيىدناڭ 4 ـ، 5 ـ ارپتەرى بويىنشا ھربي دەپ
اتالعان.

69 ـ دەلەمەنتتىڭ اتى: تۇلى   (铥)   Tm

1879 ـ جىلى تابىلعان. تابۇشى: [شۇەتسىيالىق]   كلەۋ (Cleve)
.(1905 ـ 1840)

تابـلـۇ جولى جانە اتالۇ سەبەبى: يتتەربي توپىراعى مـەن ھربي
توپىراعمنان المنعان قالدىق زاتقا شكەرلمەي تالداۋ جاساۋ ارقملى تۇلى
توپىراعن العان. سولتۇستىك ەۇروپادايما سكاندىناۋيا تۇبەگىننىڭ ەجەلگى
اتى تۇلى (Thule) بولعاندقتان، مۇنى تۇلى دەپ اتالعان.

70 ـ دەلەمەنتتىڭ اتى: يتتەربي   (镱)   Yb

1907 ـ جىلى تابىلعان. تابۇشى: [فرانسيالىق]   ۇرباين (Urbain)
.(ـ 1872)

تابلۇ جولى جانە اتالۇ سەبەبى: گادولينيت رۇداسىنان المنعان ھربي
توپىراعمنان يتتەربي توپىراعن دا ايـەرىپ العان. مۇنى شۇەتسىيانـاڭ
قالاشعى يتتەربيىدناڭ (Ytterby) ارپتەرى بويىنشا يتتەربي دەپ اتالعان.

71 ـ دەلەمەنتتىڭ اتى: لۇتەتسي   (镥)   Lu

1907 ـ جىلى تابىلعان. تابۇشى: [فرانسيالىق]   ۇرباين (Urbain)
.(ـ 1872)

تابـلـۇ جولى جانە اتالۇ سەبەبى: ازوت قمشقمل يتتەربيىدى ازوت
قمشقمل ەرتمەندسسىندە كوپ رەت كريستالداۋ ارقملى لۇتەتسي توپىراعن
الـعان. پاريجدىڭ ەجەلگى اتى لۇتەتسي (Lutetia) اتىمـەن لۇتەتسي دەپ
اتالعان.

72 ـ دەلەمەنتتىڭ اتى: گافني   (铪)   Hf

1923 ـ جىلى تابىلعان. تابۇشى: [گەرمانيالـىق]   كوستـەر
(Coster)،   [ۇەنگريالىق]   حەۋەسەي (Hevesey) (1885 ـ).

تابلۇ جولى جانە اتالۇ سەبەبى: گافنيدى زيركونى رۇداسىنا رەنتكەن

ساۋلەسمەن تالداۋ جاساۋ ارقىلى تاپقان. مۇنى دانيا استاناسىننىڭ مەجەلگى
اتى «گافنيا» (Hafnia) بولغاندىقتان، مۇنى گافنيى دەپ اتاعان.

73 ـ دەلەمەنتتىڭ اتى: تانتال   (鉭) Ta

1802 ـ جىلى تابىلعان. تابۇشى: [شۋەتسيالىق]   ەكەبەرگى
(1813 ـ 1767) (Ekeberig).

تابىلۇ جولى جانە اتالۇ سەبەبى: تانتالدى فينلانديادا شعەاتىن تانتال
رۇداسى مەن يتتەربيدە شعەاتىن لورانكيت رۇداسىنان ايسرپ العان. بۇل
گرەك ميفولوگياسىنداعى ئاتمىر تانتالوستىڭ (Tantalus) اتىمەن تانتال
دەپ اتاعان.

74 ـ دەلەمەنتتىڭ اتى: ۋولفرام   (钨) W

1783 ـ جىلى تابىلعان. تابۇشى: [يسپانيالىق]   دەلحۇيار
(Delhuyar).

تابىلۇ جولى جانە اتالۇ سەبەبى: 1779 ـ جىلى ۋولف (Woulfe)
ۋولفرام رۇداسىن زەرتتەگەن. 1781 ـ جىلى، شەەلەوسى رۇدادا شەەليتتىڭ
بار ەكەندىگىن اتاپ كورسەتكەن. 1783 ـ جىلى اعالى ـ ئنىلى
دەلحۇيارلار ۋولفرام قىشقىلىن العان، ئارى وني اعاش كومىرى ۇنتاعمەن
بىرلىكتە قىزدىرۇ ارقىلى قارا قوڭىر ئتۇستى مەتال ۋولفرام ئتۇيسرىن
العان. مۇنى لاتىنشا ۋولف (Woulfe) ـ شەەليت (اۇىر تاس) دەگەن
ماعنادا ۋولفرام دەپ اتاعان.

75 ـ دەلەمەنتتىڭ اتى: رەنيى   (铼) Re

1925 ـ جىلى تابىلعان. تابۇشى: [گەرمانيالىق]   نودداك
(Noddack)،   [گەرمانيالىق]   تاكە (Tacke)،   [گەرمانيالىق]   بەرگ
(Berg).

تابىلۇ جولى جانە اتالۇ سەبەبى: سول كەزدە نيەوبيت دەپ اتالاتىن
رۇدانىڭ قويىلتىلعان سەعەندى ەرتتەندسسندەگى X ساۋلەسىنىڭ
شاشراۋىنا تەكسەرۇ جۇرگىزگەندە رەنيدى تاپقان. مۇنى رەيىن وزەننىن

(Rhine) ھسكە ئۆسىرۆ ئۆشىن رەنى دەپ اتاغان.

76 ـ دەلەمەنتتىك اتى: وسمي   (锇) Os

1803 ـ جىلى تابىلغان. تابۇشى: [انگلىيالىق] تەننانت
(Tennant) 1761 ـ 1815).

تابلۇ جولى جانە اتالۇ سەبەبى: پلاتىنا تۆزىنىڭ اسپ قالغان قارا
ئۆۇستى ۋنتاغىنا قىشقىل نەگمزبەن الما كەزەك اسەر ەتۇ ئادىسى ارقىلى
تالداۇ جاساغاندا مەتال يەرىدىدى جانە مەتال وسمىدى العان. مۇنى گرەكشە
وسمي (Osme) ــ «ساسىق لوبى ئىستى» دەگەن ماغنادا وسمي دەپ
اتاغان.

77 ـ دەلەمەنتتىك اتى: يەرىدي   (铱) Ir

1803 ـ جىلى تابىلغان. تابۇشى: [انگلىيالىق] تەننانت
(Tennant) 1761 ـ 1815).

تابلۇ جولى جانە اتالۇ سەبەبى: پلاتىنا تۆزىنىڭ اسپ قالغان قارا
ئۆۇستى ۋنتاغىنا قىشقىل نەگمزبەن الما كەزەك اسەر ەتۇ ئادىسى ارقىلى
تالداۇ جاساغاندا مەتال يەرىدىدى جانە مەتال وسمىدى العان. يەرىس (Iris) ــ
«كەمپىر قوساق ايەل پەرىشتەسى» دەگەن ماغنادا يەرىدي دەپ اتاغان.

78 ـ دەلەمەنتتىك اتى: پلاتىنا   (铂) Pt

1735 ـ جىلى تابىلغان. تابۇشى: [يسپانىيالىق] ۇللۋا (Ullua)
(1716 ـ 1795)،   [يسپانىيالىق] ۋوود (Wood).

تابلۇ جولى جانە اتالۇ سەبەبى: بۇلار وگتۆۇستىك امەرىكا مەن
يسپانىيانىڭ كاتاحىنا ساي دەگەن رايونىنان جەكە ـ جەكە از مولشەردە
پلاتىنا ئۆيىرىن تاپقان. مۇنى يسپانىياشا پلاتا (Plata) ــ «كۆمىس» دەگەن
ماغنادا پلاتىنا دەپ اتاغان.

79 ـ دەلەمەنتتىك اتى: التىن   (金) Au

ەرتە زاماندا تابىلغان.

تابلۇ جولى جانە اتالۇ سەبەبى: لاتىنشا «تاڭ شاپاعى نۇرلانىسپ،

التـنداي جارقـرايدى» دەگەن مـاعنادا اتـاعان. ەلـەمەنت تاڭباسى اۇرۇم
(Aurum) — «قـزىل نـۇر» دەگەن سوزدەن الـمـنعان. قازاقشا التـن دەپ
اتالادى.

80 ـ دەلەمەنتتىك اتى: سنناپ   (汞) Hg

ەرتە زاماندا تابـلعان.

تابلۇ جولى جانە اتالۇ سەبەبى: لاتـنشا «سۇيـيق كۇمـس»، اعلشننشا
مـەركـۇري (Mercury) — «كشى شولپان» دەگەن مـاعنادا اتـاعان. قازاقشا
سنناپ دەپ اتالادى.

81 ـ دەلەمەنتتىك اتى: تاللي   (铊) Tl

1861 ـ جـلـى تابـلـعان. تابـۇشى: [انگـلـيـالـىق] كـروكـس
.(Crookes)

تابلۇ جولى جانە اتالۇ سەبەبى: سپەكتروسكوپپەن كۇكـرت قشقـلى
زاۋودننىڭ قالدىق قوقـستارنا تالداۇ جاساعاندا، جاڭا ەلەمەنتتىك كوركەم
جاسـل ءتۇستى سپەكتر سزرعى بار ەكەنـدگـن بايقاعان. كەيـن كەلـە،
لامي (Osme) ءۇش حلورلى تاللىدى ەلەكترولىزدەۇ ارقلى مەتال تاللىدى
العان. مۇنى تاللۇس (Thallus) — «بالعـن جاسـل ءتۇستى اعاش بۇتاعى»
دەگەن ماعنادا تاللي دەپ اتاعان.

82 ـ دەلەمەنتتىك اتى: قورعاسـن   (铅) Pb

ەرتە زاماندا تابـلعان.

تابلۇ جانە جولى اتالۇ سەبەبى: ەرتە زاماندا ادامـزات قولدانعان
مـەتالداردىڭ ءبـرى. ەلـەمەنت تاڭباسى لاتـنشا پلـۇمبـۇم (Plumbum) دەگـەن
سـۇزدەن المـنعان. قازاقشا قورعاسـن دەپ اتالادى.

83 ـ دەلەمەنتتىك اتى: بيسمۇت   (铋) Bi

1753 ـ جـلى تابـلعـان. تابـۇشى: [فـرانسيالـىق] گەوفـفـروي
.(Geoffroy)

تابلۇ جولى جانە اتالۇ سەبەبى: 1937 ـ جـلى، حەلـلـوت (Hellot)

كوبالت رۇداسـنا ۋت ارقـلـى تالداۇ جاساعاندا، كـمشكـنه ٴبـر ٴتۇيـر بيسمۇت العان. 1753 ـ جىلى، گەوففروۆي زەرتتەپ، تالداۇ جاساۇ ارقلـى مۇنى جاڭا ٴەلـەمـەنت دەپ بـەلگـلـەگـەن. ٴارى ۋنى «اق ٴتۇستى ٴتۇيـر» (Wismuth) دەگـەن ماعـنادا بيسمۇت دەپ اتاعان.

84 ـ ٴەلـەمـەنتتـك اتى: پولونٸ   (钋) Po

1898 ـ جىلى تابىلعـان. تابۇشى: [پولشالىـق] ماريا . كيۇري (Marie·Curie) (1867 ـ 1934)، [فرانسيالـق] پيـر . كيۇري (Pierre·Curie) (1859 ـ 1906).

تابىلۇ جولى جانه اتالۇ سەبـەبى: ۇرانينـيـت (رۇدا) پەن بيـسمـۇتـتى ارەكەتتەستـرـپ پولونيدى العان. مۇنى پولشانى (Polonia) ەسكه ٴتۇسـرۇ ٴۇشـن پولونٸ دەپ اتاعان.

85 ـ ٴەلـەمـەنتتـك اتى: استاتين   (砹) At

1940 ـ جـىلى تابـلعـان. تابۇشى: [پـولشالىـق] كـورسـون (Corrson)، [اـمـريكالـق] مـاكـنزي (Mackenzie)، [يتـالىالـق] سـەگرە (Segre).

تابـلـۇ جولـى جانـه اتالۇ سـەبـەبى: امـەريكانـمـك كـاليفورنيا ۇنيۇۆەرسيتـەتـنده α بولـشەكپـەن بيسمـۇتتى اتقـلاعاندا، جـارتـلاي ىدـراۇ پەريودى 8.3 سـاعاتتـمق استاتينـدى العان. بۇل جونـندەگى ماقالا 1947 ـ جىلى جاريالاندى. مۇنى گرـەكشە استاتوس (Astatos) — «تۇراقسـز» دەگـەن ماعـنادا استاتين دەپ اتاعان.

86 ـ ٴەلـەمـەنتتـك اتى: رادون   (氡) Rn

1900 ـ جىلى تابـلعـان. تابۇشى: [گـەرمـانيالـق] دورن (Dorn) (1848 ـ   ).

تابـلـۇ جولى جانـه اتالۇ سـەبـەبى: رادي ىدـراعـانـنـان كـەين پايدا بولعـان گـازدى زەرتتـەگـەنده، جاڭا ٴەلـەمـەنت رادوننـك (راديدان شاشـراعـان گاز) بار ەكـەنـدـگـمـن بايقـاعـان، ٴارى دالـەلـدەگـەن مـۇنى رادىۇس (Radius) —

«رادىۋاكتىۋتىڭ ساۋلە» دەگەن مائنادا رادون دەپ اتاعان.

87 ـ دەلەمەنتتىڭ اتى: فرانتسى (鈁) Fr

1939 ـ جىلى تابىلعان. تابۇشى: [فرانسىيالىق] مارگۇەرىت (Margueritte)، [فرانسىيالىق] پەرەي (M.M.perey).

تابىلۇ جولى جانە اتالۇ سەبەبى: اكتىنى بولىنكەندەگى تۇنندى زاتتان جارتىلاي ىدىراۇ پەرىيودى 21 مىنۇتتىق فرانتسىيدى تاپقان. مۇنى فرانسىيانى (France) ەسكە ئتۇسىرۇ ئۇشىن فرانتسى دەپ اتاعان.

88 ـ دەلەمەنتتىڭ اتى: رادى (镭) Ra

1898 ـ جىلى تابىلعان. تابۇشى: [پولشالىق] ماريا . كيۇرى؛ [فرانسىيالىق] پيەر . كيۇرى.

تابىلۇ جولى جانە اتالۇ سەبەبى: حلورلى بارىمەن ۇرانىينىتتى (رۇدا) وگدەۇ، بۇدان المنعان رادىۋاكتىۋتىڭ قاسىەتكە يە حلورلى بارىدى قايتا ـ قايتا ايىرۇ ارقىلى اق ئتۇستى ئارى جارىق شعاراتىن حلورلى رادىدى العان. ئارى 1910 ـ جىلى، مەتال رادىدى العان. مۇنى رادىۇس (Radius) ـ «ساۋلە شعارۇ» دەگەن مائنادا رادى دەپ اتاعان.

89 ـ دەلەمەنتتىڭ اتى: اكتىنى (锕) Ac

1899 ـ جىلى تابىلعان. تابۇشى: [فرانسىيالىق] دەبيەرنە (Debierne).

تابىلۇ جولى جانە اتالۇ سەبەبى: ۇرانىينىتتى(رۇدا) ەرتىىپ، ونان سوڭ ونى امىياكتى سۇمەن وگدەۇ ارقىلى جاڭا تۇنبا العان. وسىدان اكتىنىيدى تاپقان. مۇنى گرەكشە اكتىنوس (Aktinos) ـ «ساۋلە شعارۇ» دەگەن مائنادا اكتىنى دەپ اتاعان.

90 ـ دەلەمەنتتىڭ اتى: تورى (钍) Th

1828 ـ جىلى تابىلعان. تابۇشى: [شۇەتسىيالىق] بەرزەليۇس (Berzelius) (1779 ـ 1848).

تابىلۇ جولى جانە اتالۇ سەبەبى: مەتال كالي مەن فتورلى تورلى تورى ـ

كالیدى بىرلىكتە قىزدىرۇ ارقىلى تازا بولماغان توریدى العان. مۇنى
سولتۇستىك ەۋروپانىڭ ناجاعاي ئاتگىرى «تور» دى (Thor) ەسكە ئتۇسىرۇ
ئۇشىن تورى دەپ اتاعان.

91 ـ ەلەمەنتتىڭ اتى: پروتاكتیىنى   (鏷) Pa

1918 ـ جىلى تابىلعان. تابۇشى: [انگىلىيالىق] كرانستون
(Cranston)، [اۋسترىيالىق] حاھن (Hahn)، [اۋسترىيالىق] مەيتنه
(Meitner).

تابلۇ جولى جانە اتالۇ سەبەبى: پروتاكتىینىيدى ۇران سدىراعاننان
كەينگى تۇندى زاتتان تاپقان. 1927 ـ جىلى گروسسه (Grosse) ەكى
میللیگرام پروتاكتیىنى العان. مۇنى گرەكشه «ئبىرىنشى» دەگەن ماعنادا
پروتاكتیىنى دەپ اتاعان.

92 ـ ەلەمەنتتىڭ اتى: ۇران   (铀) U

1789 ـ جىلى تابىلعان. تابۇشى: [گەرمانىيالىق] كلاپروت
(Klaproth) (1743 ـ 1817).

تابلۇ جولى جانە اتالۇ سەبەبى: ۇرانینىیتتىڭ (رۇدا) ازوت قىشقىلى
النعان ەرتىندسىننه كومىر قىشقىل كالیدى قوسىپ جاتا تۇنبا العان.
مۇندا جاتا ەلەمەنت بار ەكەندگىن تاپقان، مۇنى ۇران دەپ اتاعان. 1841 ـ
جىلى عانا پەلیگوت (Peligot) كالي مەن حلۇرلى ۇراندى بىرلىكتە
قىزدىرۇ ارقىلى مەتال ۇراندى العان. مۇنى ۇرانۇس (Uranus) دەگەن
ماعنادا «ۇران» (پلانەتا) دەپ اتاعان.

93 ـ ەلەمەنتتىڭ اتى: نەپتۇنى   (镎) Np

1940 ـ جىلى تابىلعان. تابۇشى: [امەرىكالىق] مكمیللان
(Mcmillan)، [امەرىكالىق] ابەلیسون (Abelisun).

تابلۇ جولى جانە اتالۇ سەبەبى: نەپتۇنى ۇران بولىنگەندەگى تۇندى
زاتتان تابىلعان. مۇنى نەپتۇن (پلانەتا) (Neptune) دەگەن ماعنادا نەپتۇنى
دەپ اتاعان. ياعنى مۇنىڭ اتومدىق رەت ئنومىرى ۇراننان ۇلكەن

ەكەندگمن، ‹ارى ژراننان كەيىن تابلعاندىعمن (استرونومىا تارىحمندا
ژران نەپتۆننان بۇرىن تابلعان) كورسەتەدى.

94 ـ دلەمەنتتىك اتى: پلۆتونى (钚) Pu

1940 ـ جىـلى تابـلعـان. تابـۇشى: [امـرىكـالىق] سـەابـورى
(Seabory)، [امـرىكالىق] كەنـنەدى (Kennedy)، [امـرىكالىق] ۋال
(Wahl)، [امـرىكالىق] مكمىللان (Mcmillan).

تابلۇ جولى جانە اتالۇ سەبەبى: پلۆتونى مڭ العاش ژران بولىنگەندەگى
تۆنـدى زاتتان تابـلعـان، كـەيـن ونى ژران ـ 238 ارقـلى العـان.
سونىدقتان مـۇنى پلۆتـون (پلانەتا) (Pluto) دەگـەن ماعىنـادا پلۆتونى دەپ
اتاعان. مۇنىڭ اتومدىق رەت ‹نومىرى نەپتۆنيدەن ۇلكەن.

95 ـ دلەمەنتتىك اتى: امـەرىتسى* (镅*) Am

1944 ـ جىـلى تابـلعـان. تابـۇشى: [امـرىكـالىق] سـەابـورى
(Seabory)، [امـرىكالىق] جامـس (James)، [امـرىكالىق] مـورگـان
(Morgan)، [امـرىكالىق] گيورسو (Ghiorso).

تـابـلۇ جولـى جانە اتالۇ سەبەبى: مڭ اۇەلى پلۆتونى ـ 239 دى
نەيترونـمەن اتقمـلاۋ ارقملى پلۆتونى ـ 241 دى العان. كەينگـسى β
بدراۋدان وتكەندە امـەرىتسى ـ 241 دى العان. مۇنى امـرىكا قۇرلىعـن
(America) ەسكە ‹تۆسرۇ ‹ۇشىن امەرىتسى دەپ اتاعان.

96 ـ دلەمەنتتىك اتى: كيۆرى* (锔*) Cm

1944 ـ جىـلى تابـلعـان. تابـۇشى: [امـرىكـالىق] سـەابـورى
(Seabory)، [امـرىـكـالـىق] جامـس (James)، [امـرىـكـالـىق]
گيورسو (Ghiorso).

تابلۇ جولى جانە اتالۇ سەبەبى: گەلى يادروسمسمەن پلۆتونى ـ 239 دى
اتقـملاۋ ارقملى كيۆريدى العان. مۇنى ەرلى ـ زايىپتى كيۆريدى (Curie)
ەسكە ‹تۆسرۇ ‹ۇشىن كيۆرى دەپ اتاعان.

97 ـ دلەمەنتتىك اتى: بەركلى* (锫*) Bk

1949 ـ جىلى تابلعان. تابۆشى: [امەريكالىق] تومپسون
(Thompson)، [امەريكالىق] گيورسو (Ghiorso)، [امەريكالىق]
سەابورى (Seabory).

تابلۆ جولى جانە اتالۆ سەبەبى: بەركەلەي (Berkeley) قالاسى
تاجريبمحاناسىنداعى اينالمالى تەزدەتكەشتە گەلى يادروسمەن امەريتسى ـ
241 دى اتقىلاۋ ارقىلى بەركليدى العان. مۇنى سول قالانى ەسكە ٴتۇسىرۆ
ٴۇشىن بەركلي دەپ اتاعان.

98 ـ دەلەمەنتتىك اتى: كاليفورنى *(鉶)* Cf

1950 ـ جىلى تابلعان. تابۆشى: [امەريكالىق] تومپسون
(Thompson)، [امەريكالىق] گيورسو (Ghiorso)، [امەريكالىق]
سەابورى (Seabory)، [امەريكالىق] سترەت (Street).

تابلۆ جولى جانە اتالۆ سەبەبى: امەريكانىڭ كاليفورنيا شتاتىنداعى
اينالمالى تەزدەتكەشتە جوعارى ەنەرگيالى گالي يادروسمەن كيۇرى ـ
242 نى اتقىلاۋ ارقىلى كاليفورنيدى العان. مۇنى كاليفورنيا شتاتىن
(California) ەسكە ٴتۇسىرۆ ٴۇشىن كاليفورنى دەپ اتاعان.

99 ـ دەلەمەنتتىك اتى: ەينشتەينى *(锿)* Es

1952 ـ جىلى تابلعان. تابۆشى: [امەريكالىق] گيورسو
(Ghiorso) قاتارلىلار.

تابلۆ جولى جانە اتالۆ سەبەبى: ەينشتەينى سۆتەگى بومبىسىن جارعان
كەزدەگى تۇنندى زاتتان تاپقان. مۇنى ەينشتەينى (Einstein) ەسكە
ٴتۇسىرۆ ٴۇشىن ەينشتەينى دەپ اتاعان.

100 ـ دەلەمەنتتىك اتى: فەرمى *(镄)* Fm

1952 ـ جىلى تابلعان. تابۆشى: [امەريكالىق] گيورسو
(Ghiorso) قاتارلىلار.

تابلۆ جولى جانە اتالۆ سەبەبى: فەرميدى سۆتەگى بومبىسىن جارعان
كەزدەگى تۇنندى زاتتان تاپقان. مۇنى يتاليانىڭ يادرو فيزيگى فەرميدى

(Fermi, 1901 – 1954) هەسكە ئاتۆسىرۆ ئۆشىن فەرمي دەپ اتاعان.

101 ـ دەلەمەنتتەك اتى: مەندەلەەۋي *(钔) Md

1955 ـ جىلى تابىلعان. تابۇشى: [امەرىكالىق] گىيورسو
(Ghiorso) قاتارلىلار.

تابلۇ جولى جانە اتالۇ سەبەبى: مەندەلەەۋيدى اينالمالى تەزدەتكمشتە گەلي يادروسمەن ھينشتەينيدى اتقلاۇ ارقلى تاپقان. مۆنى ورستەك ۇلى حيميگى مەندەلەەۋيدى (1907 – 1834 ,Mendeleev) ھەسكە ئاتۆسىرۆ ئۆشىن مەندەلەەۋي دەپ اتاعان.

102 ـ دەلەمەنتتەك اتى: نوبەلي *(锘) No

1958 ـ جىلى تابىلعان. تابۇشى: [امەرىكالىق] گىيورسو
(Ghiorso) قاتارلىلار.

تابلۇ جولى جانە اتالۇ سەبەبى: نوبەليدى كومسىرتەك يونىنمەن كيۇرىيدى اتقلاۇ ارقلى تاپقان. مۆنى شۆەتسيا عالىمى نوبەلدى (Nobel) ھەسكە ئاتۆسىرۆ ئۆشىن نوبەلي دەپ اتاعان.

103 ـ دەلەمەنتتەك اتى: لاۆرەنسي *(铹) Lr

1961 ـ جىلى تابىلعان. تابۇشى: [امەرىكالىق] گىيورسو
(Ghiorso) قاتارلىلار.

تابلۇ جولى جانە اتالۇ سەبەبى: لاۆرەنسيدى بور يادروسمەن كاليفورنيدى اتقلاۇ ارقلى تاپقان. اينالمالى تەزدەتكشتى تاپقرلاعان ادام لاۆرەنسيدى (Lawrance) ھەسكە ئاتۆسىرۆ ئۆشىن مۆنى لاۆرەنسي دەپ اتاعان.

104 ـ دەلەمەنتتەك اتى: رەزەرفوردى * Rf

1964 ـ جىلى تابىلعان. تابۇشى: [امەرىكالىق] گىيورسو
(Ghiorso) قاتارلىلار، [بۇرىنعى سوۆەت وداعى] فلوروۆ.

105 ـ دەلەمەنتتەك اتى: دۇبني * Db

1967 ـ جىلى تابىلعان. تابۇشى: [امەرىكالىق] گىيورسو
(Ghiorso) قاتارلىلار، [بۇرىنعى سوۆەت وداعى] دۇبنا تاجرىبحاناسى.

تابلۇ جولى جانە اتالۇ سەبەبى: نـەون يوتمـەن امـەريتسـيدى اتقـلاۇ
ارقـلى دۇپنيدى العان.

106 ـ دلەمەنتتىك اتى: سـەابورگـى* Sg

1974 ـ جـلـى تابـلـعـان. تابـۇشى: [امـەريكـالـىق]   گـيـورسـو
(Ghiorso) قاتارلـىلار،   [بۇرنـعى سوۆّەت وداعى]   دۇبنا تاجرىبمـاناسى.

107 ـ دلەمەنتتىك اتى: بوحرى* Bh

1976 ـ جـلـى تابـلـعـان. تابۇشى: [بۇرنـعى سوۆّەت وداعى]   دۇبنا
تاجرىبمـاناسى.

108 ـ دلەمەنتتىك اتى: حاسسـى* Hs

109 ـ دلەمەنتتىك اتى: مـەيتنـەرى* Mt

1982 ـ جـلـى تابـلـعـان.   [گـەرمـانيا فيزىكتـەرى]   .

تابلۇ جولى جانە اتالۇ سەبەبى: عالـمدار تاجرىبمـانانـىك 120 مەترلىك
ءتۇزۇ سىزىقتى تەزدەتكشى ارقـلى تەزدەتـلگەن جـوعارى تەزدكتـەگى ءبـر
تەمـر اتومـنـىك اتوم يـادروسـمـەن بيـسمۇتتەك ءبـر اتومـنـىك يـادروسـىن
اتقـلاعانـدا مـەيتنـەر پايدا بولعان.

110 ـ دلەمەنتتىك اتى: دارمشتادنـى* Ds

2003 ـ جـلـى تابـلـعـان. تابۇشى: [گـەرمـانيا دامشتـات اۇر يوندى
زەرتتـەۇ ورتالـمعنـداعى فيزكتـەر]   .

تابلۇ جولى جانە اتالۇ سەبەبى: 2003 ـ جـلـى حالـقارالـىق نازاريا مـەن
حيميا بـىرلـەستـىگى گـەرمـانيانـىك دامشتـات اۇر يوندى زەرتتـەۇ ورتالـمعنـنـىك
ۇسـنـىسـىن قابـلـداپ، دامشتـات دەگـەن جەر اتـمـەن اتاۇدى ۇيعارـىپ،
دامشتـادنـى (Darmstadtium) دەپ اتادى. 110 ـ ءنـومـرلى ەلـەمـەنت ءبـر
ءتۇرلـى جاسانـدى جـولـمـەن سيـنتـەزدەلـگـەن راديواكتيـۇتەك حيـميالـىق
ەلـەمـەنت، وتپەلى مـەتالـداردىك بـىرنـە جاتادى.

111 ـ دلەمەنتتىك اتى: رونتگينـى* Rg

2003 ـ جـلـى تابـلـعـان. تابۇشى: [گـەرمـانيا دامشتـات اۇر يوندى

زەرتتەۋ ورتالعنىداعى فيزكتەر] .

تابلۇ جولى جانە اتالۇ سەبەبى: 111 ـ ءنومىرلى ەلەمەنتتى گەرمانياننىڭ اۋر يونداردى زەرتتەۋ ورتالعى سەرگۇد گوفمان پروفەسسور باسشلىق ەتكەن حالىقارالىق علمي زەرتتەۋ گرۇپپاسى 1994 ـ جلى الدمەن بايقاعان جانە دالەلدەگەن. بۇل ەلەمەنتتەردىڭ راديواكتيۆتىگى كۇشتى، جارتىلاي ىدراۋ ۋاقىتى مىڭنان ءبىر بەس سەكۇند. 2003 ـ جلى حالىقارالىق حيميا بىرلەستىگى بۇل زەرتتەۋ ورتالعننىڭ الدمەن حيميالىق ەلەمەنت 111 ەكەننن رەسمي مويىندادى ءارى 2004 ـ جلى ونى Rg دەپ اتاۋ ۇسىنىسىن قابىلدادى. وسى جلى فيزيكا عالىمى رەنتگەنننىڭ رەنتگەن ساۋلەلەسىن تاپقىرلاعاندىعىننىڭ 111 ـ جىلدىعىن تويلاپ، گەرمانياننىڭ دامشتات قالاسىنىداعى اۋر يونىدى زەرتتەۋ ورتالعەننىدا سالت وتكىزىپ، 111 ـ ەلەمەنتتى رەسمي (Roentgenium) رونتگينيۇ دەپ اتادى.

112 ـ ەلەمەنتتىڭ اتى: Uub

جاۋاپتى رەداكتورى: بەك دوكەي ۇلى   جانار زەينەل قىزى

رەداكسياسىن قاراعان: جۇماش جومارت ۇلى

سالتانات ٴجامساپ قىزى

جاۋاپتى كوررەكتورى: مارعۇا ازاتقان قىزى

مۇقاباسىن جوبالاعان: حايلۇك شجۇە

حانزۇشا ـ قازاقشا ـ اعلشىنشا تەرمينولوگيالىق سوزدىك

حيميا

سوزدىكتى قۇراستىرعان:

قيزامەدەن قۇرمان ۇلى بەيسەنوۆ

ۇلتتار باسپاسى باستىردى، تاراتادى

شينحۇا كىتاپ دۇكەندەرىندە ساتىلادى

حبەي شينجاۋيۇان باسپا

شەكتى سەرىكتەستگىندە باسىلدى

2021 ـ جىلى 1 ـ اي، ٴبىرىنشى باسپاسى

2021 ـ جىلى 1 ـ اي، بەيجيڭ، 1 ـ باسىلۋى

باعاسى: 300.00 يۇان

图书在版编目（CIP）数据

汉哈英化学词典: 汉文, 哈萨克文, 英文 / 合扎木丁·库尔满编.
-- 北京: 民族出版社, 2020.12

ISBN 978-7-105-16275-8

Ⅰ. ①汉… Ⅱ. ①合… Ⅲ. ①化学—词典—汉、哈、英 Ⅳ.
①O6-61

中国版本图书馆CIP数据核字(2021)第007806号

汉哈英化学词典

合扎木丁·库尔满编

责任编辑：别克　　加娜尔
编　　辑：朱马西·朱马尔特
英文审稿：萨丽塔娜特·加木沙甫
责任校对：玛尔胡瓦·阿扎提汗
封面设计：海龙视觉
出版发行：民族出版社出版发行
地　　址：北京市和平里北街14号　　邮编：100013
网　　址：http://www.mzpub.com
印　　刷：河北鑫兆源印刷有限公司
经　　销：各地新华书店经销
版　　次：2021年1月第1版　2021年1月北京第1次印刷
开　　本：170 毫米 × 240 毫米 1/16　印张：96.5
定　　价：300.00元

ISBN 978-7-105-16275-8/0 · 39（汉 3）

ريودتىق كەستەسى

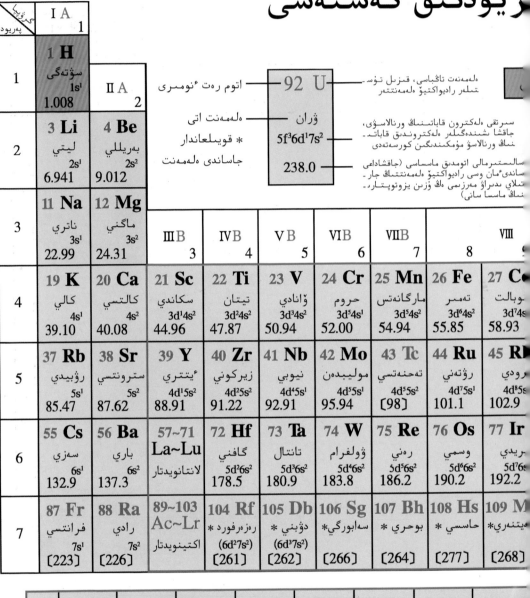

گۇرۇپپا / پەريود	I A 1							
1	**1 H** سۇتەگى 1s¹ 1.008	**II A** 2						
2	**3 Li** ليتي 2s¹ 6.941	**4 Be** بەريللى 2s² 9.012						
3	**11 Na** ناتري 3s¹ 22.99	**12 Mg** ماگنى 3s² 24.31	**III B** 3	**IV B** 4	**V B** 5	**VI B** 6	**VII B** 7	**VIII** 8
4	**19 K** كالي 4s¹ 39.10	**20 Ca** كالتسي 4s² 40.08	**21 Sc** سكاندي 3d¹4s² 44.96	**22 Ti** تيتان 3d²4s² 47.87	**23 V** ۋانادي 3d³4s² 50.94	**24 Cr** حروم 3d⁵4s¹ 52.00	**25 Mn** مارگانەتس 3d⁵4s² 54.94	**26 Fe** تەمىر 3d⁶4s² 55.85	**27 Co** كوبالت 3d⁷4s² 58.93
5	**37 Rb** رۇبيدي 5s¹ 85.47	**38 Sr** سترونتسي 5s² 87.62	**39 Y** ئيتتري 4d¹5s² 88.91	**40 Zr** زيركوني 4d²5s² 91.22	**41 Nb** نيوبي 4d⁴5s¹ 92.91	**42 Mo** موليبدەن 4d⁵5s¹ 95.94	**43 Tc** تەحنەتسي 4d⁵5s² [98]	**44 Ru** رۇتەني 4d⁷5s¹ 101.1	**45 Rh** رودي 4d⁸5s¹ 102.9
6	**55 Cs** سەزي 6s¹ 132.9	**56 Ba** باري 6s² 137.3	**57~71** La~Lu لانتانويدتار	**72 Hf** گافني 5d²6s² 178.5	**73 Ta** تانتال 5d³6s² 180.9	**74 W** ۋولفرام 5d⁴6s² 183.8	**75 Re** رەني 5d⁵6s² 186.2	**76 Os** وسمي 5d⁶6s² 190.2	**77 Ir** يريدي 5d⁷6s² 192.2
7	**87 Fr** فرانتسي 7s¹ [223]	**88 Ra** رادي 7s² [226]	**89~103** Ac~Lr اكتينويدتار	**104 Rf** رەزەرفورد * (6d²7s²) [261]	**105 Db** دۇبني * (6d³7s²) [262]	**106 Sg** سەابورگي* [266]	**107 Bh** بوحري * [264]	**108 Hs** حاسسي * [277]	**109 Mt** مەيتنەري* [268]

92 U — اتوم رەت ئنومىرى — ھەمەنت تاڭباسى، قىزىل تۇس ـ تەلەر راديواكتيۋ ھەمەنتتەر

ۋران — ھەمەنت اتى * قويىلعاندار — سىرتقى ەلەكترون قاباتىنىڭ ورنالاسۇى، جاقشا شىندەگىلەر ەلەكتروندىق قاباتـ

5f³6d¹7s² — ناڭ ورنالاسۇ مۇمكىندىگىن كورسەتەدى

238.0 — جاساندى ھەمەنت — سالتسەرمالى اتومدىق ماسساسى (جاقشادائى سانـدى ـمان وسى راديواكتيۋ ھەمەنتتەڭ جارـ تەلاي ىدىراۋ مەرزىمى ەڭ ۇزىن يزوتوپتارـ ناڭ ماسسا سانى)

لانتانويدتار	**57 La** لانتان 5d¹6s² 138.9	**58 Ce** سەري 4f¹5d¹6s² 140.1	**59 Pr** پرازەوديم 4f³6s² 140.9	**60 Nd** نەوديم 4f⁴6s² 144.2	**61 Pm** پرومەتي 4f⁶6s² [145]	**62 Sm** ساماري 4f⁶6s² 150.4	**63 Eu** ەۋروپي 4f⁷6s² 152.0	**64 Gd** گادولينى 4f⁷5d¹6s² 157.3
اكتينويدتار	**89 Ac** اكتيني 6d¹7s² [227]	**90 Th** تۇري 6d²7s² 232.0	**91 Pa** پروتاكتيني 5f²6d¹7s² 231.0	**92 U** ۋران 5f³6d¹7s² 238.0	**93 Np** نەپتۇني 5f⁴6d¹7s² [237]	**94 Pu** پلۇتوني 5f⁶7s² [244]	**95 Am** امەريتسي* 5f⁷7s² [243]	**96 Cm** كيۇري* 5f⁷6d¹7s² [247]